葡英汉
工程技术词典

Dicionário de Engenharia e Tecnologia
Português-Inglês-Chinês

任凯 编

商务印书馆
The Commercial Press

图书在版编目(CIP)数据

葡英汉工程技术词典/任凯编. —北京:商务印书
馆,2023
　ISBN　978 - 7 - 100 - 22380 - 5

　Ⅰ.①葡…　Ⅱ.①任…　Ⅲ.①工程技术—词典—
葡、英、汉　Ⅳ.①TB - 61

中国国家版本馆CIP数据核字(2023)第073627号

权利保留,侵权必究。

葡英汉工程技术词典

任凯　编

商　务　印　书　馆　出　版
(北京王府井大街36号　邮政编码100710)
商　务　印　书　馆　发　行
北京中科印刷有限公司印刷
ISBN 978 - 7 - 100 - 22380 - 5

2023年9月第1版　　　　开本880×1230　1/32
2023年9月北京第1次印刷　印张40⅜
定价:198.00元

前　　言

葡萄牙语是世界第六大语言，使用人数超过两亿，遍及欧洲、南美洲、非洲、亚洲，又因为澳门这个特殊纽带，与中国产生了不解之缘。自 16 世纪葡萄牙人初次登陆澳门，到 20 世纪中叶中国与亚非拉国家建立友好关系，再到 1999 年澳门回归、新世纪中国大力推行"走出去"战略，中国与葡语国家在文化、经贸、基础设施领域建立了紧密的合作关系。仅从经贸（含基础设施）领域来看，金砖国家巴西是中国前十大贸易伙伴国之一，而地处非洲的安哥拉常年位居中国非洲贸易伙伴国前三名和原油输出国前二名。由此，葡萄牙语的重要性不言而喻。

然而，与中国和葡语国家的合作规模不相称的是，经贸、工程领域的葡语参考资料非常稀少，特别是工程领域，长期处于"无典可据"的窘境。为满足业务和翻译工作需要，我自 2008 年起开始编写一套"葡汉建筑词汇表"。经过多年来的扩充和修订，形成了如今的《葡英汉工程技术词典》。

本书收录葡、英、汉三语词条各约 7.1 万条（其中单词及义项约 2.4 万条，复合词约 4.7 万条），内容涵盖一般房建、特种建筑、西方古典建筑、市政给排水、电力、水利、农业、广播电视、油气开发、道路与交通、铁路、冶金、机械加工等工程及技术领域的词汇，涉及项目执行过程中从招投标、合同、设计、勘察、地基基础、工程建设、施工工艺、运营维护到机电设备、弱电系统、工程机械、建筑材料、工程机具、农业机械等各个方面，同时兼顾与工程实务相关性较强的法律、工商管理、贸易、经济、金融、数学、物理、化学、地理、体育等领域词汇。本书可供工程及相关领域技术人员、翻译工作者使用。

本书在编纂期间得到了许多师长、领导、同事和亲朋好友的支持、鼓励和帮助，在此一并表示衷心的感谢。我的恩师赵鸿玲老师、商务印书馆崔燕老师为本书出版提供了莫大的支持，肖汉、庄苏、张春明、董浩和苏冠人几位朋友为本书的资料收集和出版工作提供了很多帮助，在此谨致以最诚挚的感谢。

词典是一门遗憾的艺术，永远无法做到完美，加之本人水平有限，疏漏、错误之处在所难免，恳请各位读者和专家、学者批评指正。

联系邮箱：detpic@126.com

编者

2023 年 5 月

目　录

体例说明

集合名词

缩写或符号

documento de arrecadação de receita (DAR) revenue collection document 税收征管文件

dormer window *s.f.* dormer window 老虎窗

dormina *s.f.* dormin 休眠素

dormitório *s.m.* dormitory 宿舍

dorsal *s.f.* ocean ridge 洋脊

   dorsal meso-oceânica (/submarina) mid-ocean ridge 洋中脊

   dorsal oceânica ⇨ dorsal

dorso *s.m.* back 背部，背面

主词条

dosador *s.m.* ❶ batcher, dispenser [巴] 计量器，配料器；配料机，加药机 ❷ feed regulator 给料调节器；给水调节器

子词条

   dosador da água water regulator 水量调节器，控水器

   dosador de débito fuel distributor 燃油分配器

   dosador de nível constante constant level dispenser 液面恒定式加药装置

   dosador e distribuidor de reagente metering and distributor device of reagent 试剂计量分配装置

   dosador por pesagem weigh-batcher 称量配料器

词性

dosagem *s.f.* dosage, dosing 剂量配比，配制混凝土

   dosagem de concreto concrete dosage, concrete batching 混凝土配料

   dosagem por volume proportioning by volume 按体积配合

dosar *v.tr.* (to) dose, (to) measure out 按量配给

lasca *s.f.* spall, chip（石头、矿石等的）碎片，裂片，片屑

lascada *s.f.* chipped stone surface 石屑铺面，琢石面

主词条的不同拼写

lascado *adj.* flaked 剥落的

lascagem/lascadura *s.f.* spalling 裂开，碎裂，（水泥的）散裂

lascamento *s.m.* ⇨ lascagem

lascar *v.tr.* (to) cleave, (to) chip 裂开，碎裂

一级义项号

laser *sig.,s.m.* ❶ 1. laser (light) 激光 2. laser (device) 激光器，激光设备 ❷ laser (technique) 激光（技术），受激辐射式光频放大

LASH *sig.,s.m.* LASH (lighter aboard ship) 子母船

doseador de sabonete soap dispenser, liquid soap dispenser 皂液器

doseador por aspersão pneumatic spray 气力喷雾机

参见

doseamento *s.m.* ⇨ dosagem

dosear *v.tr.* ⇨ dosar

dosificador *s.m.* ❶ batcher, dispenser 计量器，配料器；配料机，加药机 ❷ dispenser 播种机上的播种盘

dosificador de água water batcher 量水箱，量水槽

地区用语

dosificar *v.tr.* [巴] ⇨ dosar

dossel *s.m.* canopy, dossal 天棚，雨棚

   dossel de aço steel canopy 钢遮棚

dossier/dossiê *s.m.* dossier 档案，卷宗；[集]文件

doublet *s.f.* doublet 双层宝石

释义补充说明

dougong *s.f.* dougong 斗拱 [葡语对等事物：misula]

douração *s.f.* ⇨ douramento

douradura *s.f.* gilt 镀金（用的薄片）

douramento *s.m.* gilding 镀金

   douramento de vidro glass gilding 玻璃镀金

dourar *v.tr.* (to) gild 镀金

downlight *s.f.* downlight 嵌灯，筒灯，嵌入式筒灯

download *s.m.* download 下载

down payment *s.m.* down payment 定金

downsizing *s.m.* downsizing 缩减规模

派生子词条

doze *num.card.* twelve 十二，十二个

  ◇ duodécuplo twelvefold 十二倍的

  ◇ dúzia dozen 十二个，一打

拉丁学名

louro *s.m.* laurel 月桂树，月桂木（*Laurus nobilis*）

   louro vermelho red louro 红绿心樟（*Ocotea rubra Mez.*）

lousa *s.f.* ❶ slate 板岩，黏板岩 ❷ flipchart 活动挂图 ❸ tombstone, gravestone 墓碑

louseira *s.f.* slate quarry 板岩采石场

loxodromia *s.f.* ❶ loxodromics 斜航法 ❷ rhumb line, loxodrome 恒向线

LSA *sig.,s.m.* LSA (linear servo actuator) 线性伺服执行器

首字母大写

lua *s.f.* ❶ [M] Moon 月球 ❷ moon 卫星

   lua cheia full moon 满月，望月

   lua nova new moon 新月

二级义项号

体例说明

1. 词条与词目

1.1 词条

本词典所收条目分为主词条和子词条 2 级，主词条包括葡萄牙语在工程和技术领域使用的单词、复合词、缩略词、词缀等，用蓝色粗体字表示；子词条为主词条衍生的复合词、词组等，用蓝色字体表示。

1.2 词条的构成

主词条的主要部分包括词目、词性、英文释义和中文释义，每个子词条的主要部分包括词目、英文释义和中文释义。为更好地区分葡语词条和英语释义，英语释义采用黑色的不同字体。

另，根据实际需要，添加缩略语、缩写形式、对应符号、地区用语、参见符号等标识。

1.3 义项划分

同一词条有多个义项的，用❶、❷、❸等编号划分。如同一义项下还有更多细分含义的，用 1、2、3 等编号划分。

1.4 词条的排序

词条按字母顺序排列。排序时不区分大小写；前置词与冠词缩合的形式（如 do, dos, pela, no 等）视同前置词原形；词尾发生了屈折变化的词（如阴阳性、单复数等变化），排序时视同其原形。

1.5 正字法及拼写差异

1.5.1 主词条的书写原则上以 45 年正字法（旧正字法）、葡葡的拼写形式为优先，子词条以实际语料中的拼写形式为优先。未注明 [葡]、[巴]、[安] 等地区用语标注的词条及词义，一般为各葡语国家通用。

1.5.2 对于巴葡及其他变体拼写，本书酌情收录。未收录的 90 年正字法（新正字法）、巴葡及其他变体拼写形式，可查阅《常用拼写转换表》进行转换。

1.5.3 专有名词第一个字母大写，缩略词通常全部字母大写。首字母大小写的不同可产生歧义的，大写形式用 [M] 标出。

1.6 同源词及异体词

1.6.1 相同词源的葡葡、巴葡词汇，如拼写相近而不影响词条排序，则合并在同一主词条下，如 hidrogénio/hidrogênio, controlo/controle；如拼写相差较大、性数不同或各自衍生的子词条较多，则分列为独立主词条，如：assimptota/assintota, média/mídia, betão/concreto。

1.6.2 两者后缀不同，但阴阳性相同、字母表顺序接近、词义相近的，合并在同一主词条下，用"/"分隔。如：-ção/-gem/-dura 结尾的同源词。

1.6.3 两者后缀、阴阳性不同，但字母表顺序接近、词义相近的，分列为不同的主词条，较不常用的词条省略中 / 英文释义，用 ⇒ 标识较为常用的一方。如：-gem/-mento 结尾的同源词。

1.7 缩略词

1.7.1 缩略词原则上不作为主词条收录，仅在对应的表达全写后括号内标出，并在《附录 1 缩略词和符号表》中收录。如：

zona económica especial (ZEE) special economic zone(SEZ) 经济特区

1.7.2 但有以下情况的，视情况作为主词条收录：

1. 已成为日常词汇、通用词汇的。如：CPU, laser；

2. 词典正文已收入其派生词条的。如：PVC, ETA；

3. 可拼读的（acrónimo）。如：ETAR, AVAC；

4. 一些全称较为复杂的化学、材料学名词。如：DDT, PRFV。

1.8 外来语

工程技术领域外来语数量多且来源复杂，因此，本书中外来语不特别注明源语言，但通常会在中文释义后用箭头（→）给出其对应葡语表达。

1.9 拉丁学名

拉丁学名用斜体表示，放入圆括号内，在中文释义之后给出，如：

carvalho s.m. oak 栎木，橡木 (*Quercus*)

2. 词类和词性

2.1 注明方式

主词条标注词性，子词条不标注词性。

主词条各义项为同一词性的，在所有义项之前用缩略语标注；各义项词性不同的，在义项号后分别用缩略语标注。

2.2 形容词词条的拼写和标注

形容词词条，凡变化规则者，以阳性单数形式出现，标注为 *adj.*。不规则者标出其类型，如 *adj.2g.*（阴阳性同形）、*adj.pl.*（仅适用复数形式）等。

3. 各种符号用法

3.1 [ ]

在中文释义中，标明语法、地区方言和其他必要性的说明。

3.2 （）或 ( )

3.2.1 在主词条、词类词性及英文释义中，标明：

1. 常用的固定搭配，如：

(de) alto padrão high-end 高端的，高档的

2. 实际使用中可省略的部分，如：

físico (of) paper （文件）纸质的，对应 digital → em papel

cortador (a) laser laser cutter 激光切割机

3.2.2 词义释文的补充部分，或该词条的缩略词。如：

firme adj.2g. massive, solid；unaltered （岩石，煤等）结实的，成块的；未蚀变的

3.2.3 该词条的缩略词或符号。如：

barramento de eqüipotencialização local (BEL) local equipotential bonding (LEB) 局部等电位联结

quilovolt (kV) s.m. kilovolt (Kv) 千伏

3.3 ◇

标注形容词前置、副词前置或其他特殊排序的子词条。

3.4 /

标明：

1. 两者为关系相近的同源词或异体词。

2. 与 ( ) 联用，标明同义的表达，如：

filtro a (/de) vácuo vacuum filter 抽滤装置，真空抽滤器

parafuso de ajustamento (/regulagem/ajustagem/ajuste) adjusting screw, adjustment screw, regulating screw 调节螺丝，调整螺丝

3. 类似的词语搭配，如：

camada K (/L/M/N/O/P/Q…) K(/L/M/N/O/P/Q…)-shell （电子层）K(/L/M/N/O/P/Q…）层

T2/T3/T4/T5 two(/three/four/five)-bedroom 二 / 三 / 四 / 五居室

3.5 ⇨

⇨ 表示参见，标明与之同义或近义的词条。

缩略语表

s.	名词	*adj.*	形容词
s.f.	阴性名词	*adj.2g.*	阴阳性同形的形容词
s.f.(pl.)	多使用复数形式的阴性名词	*adj.pl.*	仅使用复数形式的形容词
s.f.pl.	仅使用复数形式的阴性名词	*adj.inv.*	无性数变化的形容词
s.f.2n.	单复数同形的阴性名词	*v.*	动词
s.m.	阳性名词	*v.tr.*	及物动词
s.m.(pl.)	多使用复数形式的阳性名词	*v.intr.*	不及物动词
s.m.pl.	仅使用复数形式的阳性名词	*v.pron.*	反身动词
s.m.2n.	单复数同形的阳性名词	*adv.*	副词
s.m./f.	阴阳性未定的名词	*loc.*	短语
s.2g.	阴阳性同形的名词	*loc.adj.*	作为形容词使用的短语
s.2g.pl.	阴阳性同形、仅使用复数形式的名词	*num.card.*	基数词
s.2g.2n.	阴阳性、单复数同形的名词	*sig.*	首字母缩写词（sigla）及缩略词（abreviatura）*
pref.	前缀	*suf.*	后缀
prep.	前置词		

[M]	首字母大写 **

[安]	安哥拉用语	[葡]	葡葡拼写形式；葡萄牙用语
[巴]	巴葡拼写形式；巴西用语	[圣普]	圣多美和普林西比用语
[莫]	莫桑比克用语	[集]	集合名词

* 词典正文仅收录部分缩略词作为主词条，缩略词、首字母缩写词及符号完整清单请参见《附录 1 缩略词和符号表》。

** 仅标示大小写含义不同的条目。

常用拼写转换表

说明：

1. 本书优先使用首选拼写形式。对于次选拼写形式，本书不收录或视情况收录部分，不做穷举。

2. 首选拼写与次选拼写的对应关系类型主要分为三种：旧—新（正字法）、葡葡—巴葡、拼写习惯。其中，旧—新也包含旧正字法中的葡葡—巴葡对应关系。

首选拼写	次选拼写	类型	举例
-acção, -accio-	-ação, -acio-	旧—新	acção/ação, reacção/reação
-act-	-at-	旧—新	acto/ato, acta/ata, reactividade/ reatividade
-ch-	-x-	拼写习惯	chulipa/xulipa, faxina/fachina, chincharel/xinxarel
-ecção, -eccio-	-eção, ecio-	旧—新	protecção/proteção, seleccionamento/selecionamento
-ect-	-et-	旧—新	protector/protetor, tecto/teto, efectivo/ efetivo, selectivo/seletivo, arquitectura/ arquitetura
-énio	-ênio	葡葡—巴葡	arsénio/arsênio, hidrogénio/ hidrogênio
-epção	-eção	旧—新	recepção/receção
-ept-	-et-	旧—新	receptor/recetor
-gui-, -qui-	-güi-, -qüi-	葡葡—巴葡	ambiguidade/ambigüidade, sequência/ seqüência
humid-, humed-, humect-	umid-, umed-, umect-	葡葡—巴葡	humidade/umidade, humidificação/ umedecimento, humectção/ umectação
-ião, -ão	-íon, on	葡葡—巴葡	anião/ânion, electrão/elétron
-ite	-ita	葡葡—巴葡	apatite/apatita, zincite/zincita
-óide	-oide	旧—新	asteróide/asteroide, celulóide/ celuloide
-ómetro	-ômetro	葡葡—巴葡	absorciómetro/absorciômetro
-ónia, -ónico, -ónica	-ônia, -ônico, -ônica	葡葡—巴葡	babilónia/babilônia, arquitectónico/ arquitetônico, electrónico/eletrônico
optim-	otim-	旧—新	optimização/otimização, humidade óptima/ umidade ótima
-ou-	-oi-	拼写习惯	absorvedouro/absorvedoiro
quilo-	kilo-	拼写习惯	quilograma/kilograma

A

a *prep.* to; in 至；在 [表示位置、方向、时间、距离等相互关系。缩合形式：ao, à, aos, às]

ao ar livre outdoor 户外，室外

a base de poliuretano polyurethane based 聚氨酯的

a bordo aboard [巴] 在船上，在飞机上

a ceu aberto open air 露天的

ao comprido stretcher 顺砌（的）；顺砌砖

a construir to build, to be built 将要建的，待建的，拟建的

a granel in bulk 整批地；批发

a jusante downstream 下游

à mão livre freehand 徒手做的

a montante upstream 上游

a prumo upright 垂直的；竖立的

ao redor around 在周围的

a retalho retail sales 零售的

a ser construído ⇨ a construir

a servir 100 horas em stand-by serving 100 hours in standby 待机时间 100 小时

a servir n horas serving n hours 供 n 小时使用

ao troço de at the ration of 按照…比例（配比）

aa *s.f.* aa 块熔岩

Aaleniano *adj.,s.m.* Aalenian; Aalenian Age; Aalenian Stage （地质年代）阿林期（的）；阿林阶（的）

aba *s.f.* ❶ 1. brim, rim; flange 缘，边；（折叠、抽拉式桌子的）加长板 2. flap 护板，裙板 ❷ eaves 屋檐，檐口，挑檐

aba corrida shared balcony （沿屋檐延伸的）大阳台

aba do cilindro cylinder flange 汽缸凸缘

aba do êmbolo piston skirt 活塞裙

aba de empena gable board 山墙顶封铺板

aba do telhado eaves 屋檐，檐口，挑檐

aba de vedação puddle flange 密封唇

abacá *s.m.* abaca, manila hemp 蕉麻，马尼拉麻

abacelamento *s.m.* earthing up, layering 培土（在植物的根部垒土）

abacelar *v.tr.* (to) earth up, (to) layer 培土

abacisco *s.m.* ⇨ abáculo

ábaco *s.m.* ❶ abacus 算盘 ❷ abacus, drop panel 柱顶板，柱头板，滴水板 ❸ abac, nomogram 列线图，算图，诺模图

abáculo *s.m.* tessera （镶嵌用的）彩色马赛克；玻璃砖

abafador *s.m.* ❶ baffle 挡板；阻碍体 ❷ firebroom rake, fire swatter 消防打火把，扑火工具 ⇨ vassoura-de-bruxa

abafa-fogos *adj.inv.* fire-extinguishing 灭火的

abafamento *s.m.* ❶ choking, checking 熄灭；节流；使窒息；窒息法灭火 ❷ 1. masking 掩盖效应 2. quenching （通信信号）断开

abafar *v.tr.* (to) choke 阻塞，窒息

abaixador ❶ *adj.* stepdown （变压器）降压的 ❷ *s.m.* depressor 抑制物；压舌板 ❸ *s.m.* depressor, depressant 抑制剂

abaixador de ponto de fluidez pour-point depressant 降凝剂

abaixamento *s.m.* ❶ lowering 变矮，降低 ❷ settlement 沉降

abaixamento do nível drawdown 水面（或水位）下降，泄降

abaixar *v.tr.* (to) lower 变矮，降低

abaixa-voz *s.m.* ⇨ guarda-voz

abajur *s.m.* ❶ lampshade 灯罩 ❷ lamp [巴] 灯

　abajur de mesa table lamp 台灯

abalar *v.tr.* (to) shake 摇动

abalaustrar *v.tr.* (to) set the balusters 修栏杆，修成栏杆形状

abalizar *v.tr.* (to) mark (out); (to) demarcate 打桩，做界碑

abalo *s.m.* shake 摇动

　abalo premonitório foreshock 前震

　abalo sísmico earth tremor 地震颤动，轻微地震

abampere *s.m.* abampere 电磁制安培，绝对安培

abandonar *v.tr.* (to) abandon 废弃；放弃

abandono *s.m.* abandonment, abandoning 废弃；放弃

　abandono de emprego abandonment of employment 放弃工作

　abandono de poço well plugging, well abandonment 堵井，弃井

abarrancado *adj.* ravined 多沟壑的

abarrancamento *s.m.* ravinement 沟壑

abastardado/abastardo *adj.* nondescript （建筑风格、式样）不伦不类的

abastecer *v.tr.* (to) supply 提供，供给（水、油、气、物资等）

abastecimento *s.m.* supply, supplying 提供，供给（水、油、气、物资等）

　abastecimento de água water supply 供水，给水

　abastecimento de água contra incêndio fire water supply 消防给水

　abastecimento de água e saneamento water supply and sanitation（市政）给排水，上下水

　abastecimento de água intermitente intermittent water supply 间歇供水，断断续续的供水

　abastecimento de água misto composited water supply 混合供水

　abastecimento de água por gravidade (/gravítico) gravity water supply 重力供水

abastecimento de água pressurizado pressurized water supply 加压供水

abastecimento e drenagem de água water supply and drainage（多指室内）给排水，上下水

abastecimento e drenagem de água em série series water supply and drainage 串联给排水

abastecimento e drenagem de água por gravidade gravity water supply and drainage 重力给排水

abastecimento e drenagem de água urbana urban water supply and drainage 城市给排水

abate *s.m.* ❶ slaughter（动物）屠宰 ❷ felling（作物、树木）采伐

abater ❶ *v.tr.* (to) slaughter（动物）屠宰 ❷ *v.tr.* (to) fell（作物、树木）采伐 ❸ *v.intr.* (to) subside, (to) collapse 下陷，塌陷

abatido *adj.* beaten, flat 被踏平的；平的

abatimento *s.m.* ❶ abatement, collapse, subsidence 下降，塌陷，沉降 ❷ slump (of concrete paste)（混凝土浆）坍度 ❸ drift angle, leeway angle 风压偏位角

　abatimento de nível inferior sublevel caving 分段崩落开采法

　abatimento de talude slope flattening 斜坡平整工程

　abatimento do topo do trilho rail batter 轨道马鞍形磨损

　abatimento específico specific drawdown 比液面下降

abaulado *adj.* ❶ cambered, dome shaped 圆顶形的，锅形的；凸面的 ❷ crown shaped（齿轮轮齿）冠形的

abaulamento *s.m.* ❶ 1. crowning 圆顶形，锅形；凸面；冠形 2. upwarping 隆起 ❷ camber, crown 路拱

　abaulamento da borda cortante cutting edge crowning 刀刃卷口

abcisão *s.f.* leaf abscission 叶片脱离

abcissa *s.f.* abscissa 横坐标

abeberamento *s.m.* drinking; watering 饮水，喝水；喂水

abegoaria *s.f.* barn, stable, shed 牲口棚，机械棚

abelheiro *s.m.* honeycomb（混凝土的）蜂窝

abelsonite *s.f.* abelsonite 紫四环镍矿；卟啉镍石

abenakiíte-(Ce) *s.f.* Abenakiite-(Ce) 铈阿贝纳克石

aberração *s.f.* aberration 像差；光行差

aberração anual annual aberration 周年光行差

aberração cromática chromatic aberration 色差；像差

aberração diurna diurnal aberration 周日光行差

aberto *adj.* ❶ open 打开的，敞开的；开放的，有开口的 ❷ running; on （管道、闸门）打开的，通畅的 ❸ open, open-ended （合同、协议等）开放式的，开口的

aberto em ambos os lados walk-through 通透的

◇ **normalmente aberto** N/A (normally open) 常开的

◇ **totalmente aberto** wide open 全开的

abertura *s.f.* ❶ opening 打开，敞开；开洞 ❷ 1. aperture, gap 开口，缺口，缝隙 2. opening, port （小）洞口，壁孔 3. openness 开放性 4. joint aperture, joint opening 节理张开度 5. span, bay 跨度 6. aperture （镜头的）光圈 7. bocca, aperture 熔岩口 ❸ opening ceremony, inauguration 开幕式；开业；开始 ❹ 1. opening, opening angle 开度，开度角 2. central angle 拱中心角 3. subtended angle 包角

abertura central da plataforma moon-pool 船井，月形开口

abertura com comporta sluice; under-sluice 底部泄水道

abertura de abastecimento fill port 装料口

abertura da admissão inlet bore, intake bore 进水孔

abertura do anel ring gap 活塞口间隙

abertura do avental apron opening 闸门口

abertura de chispas spark gap 火花隙

abertura do choke ⇨ abertura do estrangulador

abertura de compensação da pressão pressure equalization port 压力平衡口

abertura de conta opening of account 开户

abertura do coração do jacaré frog heel spread 辙叉跟端宽

abertura de cúpula dome manhole 圆顶人孔

abertura de descarga delivery port 卸货口

abertura de descompressão unloader port, unloading slot 卸荷槽

abertura de drenagem drain port 排放口

abertura de ejecção ejection opening 弹射口

abertura de entrada de meios-fios curb inlet 道牙进水口

abertura de escape exhaust port, smoke outlet, smoke vent 排烟口

abertura do estrangulador choke aperture 节流口

abertura de facho beam aperture 射束孔径

abertura de fardos wool opening 开清棉，开毛

abertura de fractura fracture width 裂缝宽度

abertura de funil hopper opening 漏斗口

abertura de inspecção inspection hole, inspection opening 检查孔

abertura de janela window opening 窗口

abertura do ladrão overflow port 溢流口

abertura de limpeza ❶ cleanout 清洁口 ❷ scour outlet; scour sluice 冲砂孔，泄水道

abertura de limpeza de parede wall cleanout 墙面清洁口

abertura de limpeza de pavimentos floor cleanout 地板清洁口

abertura das pernas do jacaré frog toe spread 辙叉趾宽

abertura dos platinados point gap 触点间隙

abertura de poços shaft sinking 凿井，打井

abertura de projecção projecting aperture （影院）放映口

abertura de proposta bid opening 开标

abertura de ranhuras grooving 开槽

abertura de rasgo de chaveta key-seating 键槽

abertura de retenção hold port 截留口

abertura de retorno do óleo oil return hole 回油孔

abertura de roços opening holes 开槽，开洞

abertura de túnel tunnelling 开挖隧道

abertura de valas (/valetas) trenching 开沟，挖沟

abertura de ventilação vent 通风口

abertura e reposição de estrada opening and replacement of road 道路破除与恢复

abertura em forno de fundir vidro glory--hole 炉口

abertura em paralelo parallel porting 并行开口

abertura no separador central median opening 中央分隔带开口

abertura livre clear opening 净开口

abertura para inspecção manhole 人孔；检修孔

abertura para inspecção para cabos cable manhole 电缆检修孔

abertura para passagem de gelo ice chute 排冰道

abertura piloto pilot port 先导孔

abertura primária primary opening 原生孔隙

abertura protegida protected opening 设防洞口

abertura pública public bid opening 公开开标

abertura reservada spare hole 预留洞 ⇨ roço

abeta s.f. small eave 小屋檐

abeto s.m. fir, fir-tree 杉树，杉木

abeto vermelho spruce fir 云杉

abetumar v.tr. (to) bituminize 铺沥青

abfarad s.m. abfarad 电磁制法拉，绝对法拉

abhenry s.m. abhenry 电磁制亨利，绝对亨利

abichite s.f. abichite 光线矿；砷铜矿

abiogénico adj. abiogenic 非生物成因的

abiólito s.m. abiolith 非生物岩

abiombado adj. screened off 用屏风隔开的

abiótico adj. abiotic 非生物的，无生命的

abismo s.m. abyss 深坑

abissal adj.2g. abyssal, unfathomable 深成的；深海的（深度 4000—6000 米）

abissobêntico adj. abyssobenthic 深海底栖的

abissólito s.m. abyssolith 岩基，深成岩体

abissopelágico adj. abyssopelagic 远洋深海的（深度 4000—6000 米）

ablação s.f. ablation, glacier wastage（冰面）消融

ablação eólica deflation 吹蚀作用

ablação glaciária glacial ablation 冰川消融

abmho s.m. abmho 电磁制姆欧，绝对姆欧

abóbada s.f. ❶ vault 拱顶；穹隆 ❷ upfold 隆皱

abóbada acústica acoustic vault 吸声穹顶

abóbada anglo-saxónica ⇨ abóbada em leque

abóbada anular annular vault 环形穹顶

abóbada apainelada (rib and) panel vault 肋拱穹顶

abóbada casca de ovo hemispherical vault 半圆形拱顶

abóbada celestre heavenly vault 天穹

abóbada cilíndrica barrel-vault 圆柱形屋顶

abóbada circular circular vault 圆拱顶

abóbada composta compound vault 复合拱（两个或多个拱交叉形成的拱）

abóbada cónica conical vault 锥形屋顶

abóbada de ângulo intersecting vault 角形拱顶

abóbada de aresta em ogiva pointed arch 尖肋拱顶

abóbada de arestas groined vault, cross vault 十字拱顶

abóbada de berço barrel vault 半圆形拱顶

abóbada de berço inclinado inclined barrel arch, arch barrel 斜筒拱顶

abóbada de berço rebaixado trough vault 倒槽式拱

abóbada de caracol ⇨ abóbada espiral

abóbada de cerne underpitch vault 交插穹顶

abóbada de claustro cloister vault 回廊穹隆

abóbada de curva dupla double curved vault 双曲拱顶

abóbada de descarga rare arch 扁腹拱

abóbada de encontro ⇨ abóbada de arestas

abóbada de estalactite stalactite vault 钟乳拱

abóbada de estrela star vault 星状肋的穹隆

abóbada de guarda-chuva umbrella vault 伞状穹顶

abóbada de lunetas ⇨ abóbada oblíqua

abóbada de meio ponto ⇨ abóbada de berço

abóbada de nervuras ribbed vault 肋架拱顶

abóbada de seis painéis sexpartite vault 六肋拱穹顶

abóbada de suporte squinch 突角拱

abóbada de tubo ⇨ abóbada de berço

abóbada de túnel tunnel vault 隧道拱顶

abóbada de volta perfeita ⇨ abóbada cilíndrica

abóbada elíptica elliptic vault 椭圆形拱顶

abóbada em leque fan vault 扇形拱顶，扇形穹顶

abóbada esférica spherical dome 球形屋顶

abóbada espiral spiral vault 螺旋形屋顶

abóbada estalactítica ⇨ abóbada de estalactite

abóbada estelar ⇨ abóbada de estrela

abóbada galesa ⇨ abóbada de cerne

abóbada gótica gothic vault 哥特式屋顶

abóbada helicoidal ⇨ abóbada espiral

abóbada misulada corbel vault 托臂拱顶

abóbada montante ramp vault 跛拱顶

abóbada nervurada ⇨ abóbada de nervuras

abóbada nivelada stilted vault 上心穹顶

abóbada normanda ⇨ abóbada em leque

abóbada oblíqua oblique arch 斜交拱

abóbada ogival ogive 尖形拱顶

abóbada plana straight arch 平拱

abóbada pontiaguda surmounted vault 超半圆拱

abóbada quadripartite quadripartite vault 四分穹顶

abóbada rampante rampant vault 跛拱顶

abóbada sem articulação non-hinged arch 无铰拱

abóbada semicircular wagon vault 筒形拱顶

abóbada sobre pendentes polygonal vault 多边形拱顶

abóbada tripartite tripartite vault 三轴穹顶

abobadado *adj.* vaulted, dome-shaped 拱圆形的

abobadela *s.f.* small vault 小拱顶

abobadilha *s.f.* semi-vault 砖砌成的拱顶

abobadar *v.tr.* (to) vault 修建拱顶，做成拱圆形

abocadura *s.f.* ⇨ seteira

abocar *v.tr.* (to) connect （通过螺纹）对接

abohm *s.m.* abohm 电磁制欧姆，绝对欧姆

abolorecer *v.tr.,intr.* (to) become mildewed 发霉

abolorecimento *s.m.* mouldy 发霉

abordagem *s.f.* ❶ approach road 引道；进路 ❷ approach 方法，方式

abordagem baseada no conceito de monitoramento contínuo continuous monitoring approach (CMA) 持续监测做法

abra *s.f.* cove 小海湾

abraçadeira *s.f.* ❶ 1. clamp, locking collar 线夹，夹子，卡箍，抱箍 2. leak clamp （水管等用的）堵漏抱箍 ❷ skirting board 护墙铁板

abraçadeira de fivela cable tie 束线带，尼龙扎带

abraçadeira de fivela com serrilha outside serrated cable tie 反齿扎带，反牙扎带

abraçadeira de fixação holding clamp, retaining clamp 固定夹，压具

abraçadeira de mangueira hose clamp 软管夹，软管环箍

abraçadeira de mangueira tipo cinta band-type hose clamp 带式软管卡箍

abraçadeira de mangueira tipo parafuso bolt-type hose clamp 螺栓传动软管卡箍

abraçadeira de mangueira tipo rosca sem-fim worm gear-type hose clamp 蜗杆传动式软管卡箍

abraçadeira de montagem mounting clamp 安装卡箍

abraçadeira de nylon nylon clamp 尼龙扎带

abraçadeira de tubos pipe clamp 管夹

abraçadeira em T T-clamp T 形卡箍

abraçadeira em U U-clamp U 形管卡

abraçadeira roscada para mangueira hose clip 软管夹

abraçadeira serrilhada (/recartilhada) knurled band 滚花带

abraçadeira superior top clamp 上夹钳

abraçadeira tipo cinta band clamp 带式夹

abraço *s.m.* ❶ acanthus 柱子上的叶形装饰 ❷ overlap; wrap around area; enfolding connection（大坝）重叠式枢纽布置

abraço da barragem overlap; wrap around area; enfolding; connection 重叠式枢纽布置

abrandador *s.m.* softener 软化器，软水器

abrandador de água water softener 软水器，硬水软化器；软水罐

abrandamento *s.m.* ❶ softening 软化 ❷ milling（将皮革）捽软

abrandamento por troca iônica ion exchange softening 离子交换软化

abrandar *v.tr.* ❶ (to) slow down 减弱，缓和 ❷ (to) soften 软化

abrasão *s.f.* abrasion 磨损；擦痕

abrasão marinha marine abrasion 海蚀，海洋磨蚀

abrasão por efeito de pressão blasting 磨毁作用

abrasividade *s.f.* abradability 磨蚀性

abrasivo ❶ *adj.* abrasive 磨损的 ❷ *s.m.* abrasive, abradant, abrading agent 磨料，研磨剂；研磨工具

abre-garrafas *s.m.* bottle opener [葡] 开瓶器，瓶起子

abre-ilhós *s.m.2n.* bodkin, punch 锥子，钻孔器

abre-latas *s.m.* can opener [葡] 开罐器，罐头刀

abre-valas *s.m.2n.* ❶ trencher 挖沟机 ❷ gripper, gutter plough 开沟犁，起垄机

abrideira *s.f.* willow 破布除尘器

abridor *s.f.* opener 开箱器；瓶起子；罐头刀

abridor de garrafa bottle opener 开瓶器，瓶起子

abridor de janela window opener 开窗器

abridor de lata can opener 开罐器，罐头刀

abridor de valas ⇨ abre-valas

abrigar *v.tr.* (to) shelter, (to) accommodate 庇护，保护，遮盖

abrigo *s.m.* ❶ shelter 防空洞，掩体；庇护所，收容所 ❷ shelter; cover; protection 遮蔽处；避雨亭；棚子，遮护

abrigo anti-aéreo air-raid shelter 防空洞

abrigo anti-nuclear nuclear shelter 核掩体

abrigo de chuva rain shelter 避雨亭

abrigo de instrumentos instrument shelter 仪器箱

abrigo de mangueira hose locker 水龙带箱

abrigo de ônibus bus-stop 公交候车亭

abrigo de Stevenson/abrigo inglês Stevenson screen 斯蒂文森百叶箱

abrigo meteorológico thermometer shelter 百叶箱

abrigo subterrâneo ❶ underground shelter 地下避难所 ❷ cyclone cellar 避风窖

abrilhantador *s.m.* brightener 光亮剂，抛光剂

abrir ❶ *v.tr.,intr.* (to) open; (to) unlock; (to) turn on; (to) bore 打开；开洞 ❷ *v.tr.* (to) start; (to) open 开始，开幕

abrolho *s.m.* sea-level reef, abrolhos 暗礁；蘑菇形堡礁

absaroquito *s.m.* absarokite 橄辉安粗岩

abscissa *s.f.* ⇨ abcissa

absentismo *s.m.* leasing of farmland 农田出租，农田承包（土地所有人将农田承包给农场承包人的管理模式）

absidal *adj.2g.* apsidal 拱点的；半圆形室的

abside *s.f.* apse 拱点；教堂东面的半圆形凸出的建筑部分

absidíola *s.f.* apsidiole（教堂的）小半圆壁龛

absoluto *adj.* absolute 绝对的

absorção *s.f.* absorption 吸收

absorção acústica sound absorption, acoustic absorption 吸声

absorção acústica de quarto sound absorption of room 房间吸声

absorção atmosférica atmosphere absorption 大气吸收

absorção de calda grout take 吃浆（量）

absorção de custo indirecto overhead absorption 间接费用分摊

absorção de energia energy absorption 能量吸收

absorção de impactos impact absorption, shock absorption 冲击吸收

absorção de luz light absorption 光吸收

absorção de ressonância resonance absorption 共振吸收

absorção de som sound absorption 吸声

absorção de vibrações vibration-absorption 吸震，减震

absorção dieléctrica dielectric absorption 电介质吸收

absorção diferencial differential absorption 差分吸收

absorção eléctrica electric absorption 电吸收

absorção linear linear absorption 线性吸收

absorção selectiva selective absorption 选择性吸收

absorciometria *s.f.* absorptiometry 吸收测量学

absorciómetro/absorciômetro *s.m.* absorptiometer 吸收比色计，吸光测定计

absorvância *s.f.* absorbance 吸收率

absorvedor *s.m.* absorber 吸收器

absorvedor de impacto (/choque) shock absorber 减震器

absorvedouro *s.m.* swallow hole; ponor 溶沟；落水洞

absorvência *s.f.* ❶ absorbability 吸收性；吸附性 ❷ absorbance 吸收率

absorvente *s.m.* absorbent 吸收剂，吸附剂

absorver *v.tr.* (to) absorb 吸收

absorvibilidade/absortividade *s.f.* absorbabity 吸收性；吸附性

abstração *s.f.* abstraction 抽象化

abstracção cartográfica cartographic abstraction 地图概括化

abundância *s.f.* abundance 丰度

abvolt *s.m.* abvolt 电磁制伏特，绝对伏特

abwatt *s.m.* abwatt 电磁制瓦特，绝对瓦特

acabador *s.m.* ⇨ acabadora

acabadora *s.f.* finisher, finishing machine 修整机；整面机

acabadora de asfalto asphalt paver 沥青摊铺机

acabadora de pavimento de concreto concrete finishing machine, concrete paver 混凝土铺路机；水泥混凝土摊铺机

acabadora de superfície surface finisher 路面整修机

acabamento *s.m.* ❶ finish, finishing, completion 完成 ❷ 1. finish, finishing; finishing works 装修，终饰工程 2. finish, finishing coat 饰面，面层 ❸ fettling（陶瓷制作工艺）修坯，利坯

acabamento a colher trowelled finish 镘抹光面

acabamento a régua screeded finish 整平面层

acabamento acetinado satin finish 缎面处理，光泽装饰

acabamento acústico acoustic finishing 声学装修

acabamento alisado (/afagado/a talocha/a desempenadeira) floated finish 粗抹光面

acabamento áspero rough finish 粗糙装饰

acabamento baço ⇨ acabamento mate

acabamento brilhante glossy finish 光面饰面

acabamento bujardado (/apicoado) bush hammered finish 锤纹饰面

acabamento casca de ovo eggshell finish 粗装饰；蛋壳状装饰

acabamento com vassoura brooming 扫毛

acabamento de agregado aparente exposed aggregate finish 外露骨料饰面

acabamento de colher trowel finish 抹光面，压光面

acabamento de colher de pedreiro dash-troweled finish, rock dash 碎石毛粉饰

acabamento de colher de pedreiro desenhado stipple-troweled finish 点彩饰面

acabamento de concreto aparente

perfeito fair-faced concrete finish 清水混凝土饰面

acabamento de desempenadeira sand-float finish 干黏砂饰面

acabamento de fresagem mill finish 铣削光面

acabamento do pavimento pavement finishing 路面终饰

acabamento de pedra projectada ballast finish 石碴类饰面

acabamento de plástico laminado plastic laminate finish 层压塑料板饰面

acabamento da superfície surface finishing 表面修整

acabamento de taludes trimming of slopes 边坡修整

acabamento decorativo decorative finish 饰面

acabamento desempenado float finish ⇒ acabamento alisado

acabamento duro hard finish 硬质饰面, 硬质面层

acabamento em círculos swirl finish 表面旋涡状加工

acabamento em madeira wood finish 木饰面

acabamento esmaltado enamelled finish 釉面

acabamento espelhado mirror finish 镜面；镜面加工

acabamento estriado broom finish 扫面处理

acabamento final finishing works 终饰工程

acabamento flexível flexible finish 柔性面层

acabamento folheado veneered finish 贴面装饰

acabamento folheado em zebrano zebrano veneered finish 斑马木贴面装饰

acabamento friccionado honed finish 搪磨饰面

acabamento granítico granitic finish 仿花岗石面层

acabamento interno internal finishing 内部装修；内部终饰

acabamentos limpos fair ends, neat finishings 琢石露头

acabamento liso smooth finish 光面精整；光泽装饰；光面饰面

acabamento liso de tinta de emulsão acrílica acrylic emulsion paint smooth finish 丙烯酸酯乳胶漆光滑饰面

acabamento martelado ⇒ acabamento bujardado

acabamento mate matt finish 亚光饰面

acabamento penteado combed finish 带槽纹的饰面

acabamento permanente permanent finish 永久性装修

acabamento pérola pearl finish 珠光漆，珠光饰面

acabamento polido polished finish 抛光饰面

acabamento polvilhado a seco dry-shake finish （表面、抹面处理的）干撒法

acabamento por chama flame finish 火焰抛光

acabamento por laminação (/fresagem) a quente hot-rolled finish 热轧表面加工

acabamento ranhurado ⇒ acabamento estriado

acabamento requintado refined decoration 精装修

acabamento semibrilhante dead finish 半光泽饰面

acabamento superficial surface finish 表面修饰，面层

acabamento térmico thermal finishing （表面）热处理

acabamento trabalhado com colher de pedreiro trowelled worked finish 铲刮过的完工饰面

acabamento transparente clear finishing 上光饰面

acabamento trefilado drawn finish 冷拉饰面

acabar v.tr.,intr. (to) end, (to) finish 结束，完成

academia s.f. ❶ 1. academy 学院；研究院；专科院校 2. college, university 大学；高等院校 ❷ gymnasium, gym 健身房

acafelar v.tr. (to) plaster 涂灰泥

acaju *s.m.* acajou 桃花心木（*Khaya anthotheca*）

acamamento ❶ *s.f.* bedding [巴] 层理，层面 ❷ *s.m.* lodging（庄稼等的）倒伏
acamamento concordante concordant bedding 整合层理，平行层理
acamamento convoluto convolute bedding, curly bedding 旋卷层理，包卷层理
acamamento corrugado crinkled bedding 旋卷层理
acamamento do conjunto de lâminas frontais foreset bedding 前积层理
acamamento deltaico delta bedding 三角洲层理
acamamento discordante discordant bedding 不整合层理
acamamento gradacional graded bedding 粒级层理
acamamento indistinto slurried bed, slurry bedding 淤泥层理
acamamento simétrico symmetrical bedding 对称层理

acamar *v.tr.* (to) lay 一层层地堆放

açamoucado *adj.* jerry-built 偷工减料的（工程），"豆腐渣"（工程）

acampamento *s.m.* camp 帐篷；野营地；营房

acampar *v.tr.* (to) camp 搭帐篷；安营扎寨

acanaladura *s.f.* ⇨ acanalamento

acanalamento *s.m.* fluting 开柱槽；开凹槽

acanalar *v.tr.* (to) furrow, (to) groove 开沟，开槽

acaneladura *s.f.* quirk 凹槽

acantite *s.f.* acanthite 螺状硫银矿

acanto *s.m.* acanthus 茛苕叶饰；叶板

acapelado *adj.* covered with hood（烟囱）做成风帽形的

acapelar *v.tr.* (to) cover with a hood（烟囱）做成风帽形

acaricida *s.f.* acaricide 杀螨剂

acarreio *s.m.* ❶ supply, drift, input 进流；流入 ❷ infiltration（其他物质）渗入，侵入（岩石）

acarreto *s.m.* wheel transport 车辆运输

acasalar *v.tr.* pair, (to) match, (to) couple 配对，配合，匹配

acatassolamento *s.m.* chatoyancy, cat eye effect 猫眼效应

acaustobiólito *s.m.* acaustobiolith 非可燃性生物岩

acavalamento *s.m.* overthrusting 掩冲断层作用

acção/ação *s.f.* ❶ action, operation 动作，行动 ❷ action, effect 作用，效用 ❸ share (certificate), stock (certificate) 股份，股票
acção ao portador bearer share 无记名股票
acção além-centro over-center action 偏心作用
acção bonificada bonus share 红利股；分红股
acção capilar capillary action 毛细管作用
acção catalítica catalytic action 催化作用
acções complementares complementary actions（项目）增补工程
acção contínua continuous operation 连续操作
acção de alavanca leverage 杠杆作用
acção do arco arch action 拱作用
acção de flutuação floating action 浮动作用
ação de frenagem braking action 制动作用
acção de fruição reserved stock 后配股
acção de geada (/congelamento/gelo) frost action 冰冻作用
acção de luz light action 光作用
ação das ondas wave action 波动作用，波浪作用
acção de rolamento rolling action 滚动作用
acção do sulfato sulfate action 硫酸盐作用
acção diferida deferred share 递延股
acção electrolítica electrolytic action 电解作用
acção eólica wind action 风力作用
acção física physical action 物理作用
acção glacial glacial action 冰川作用
acção horizontal horizontal action 水平作用（力）
acção integralizada fully paid-up share 已缴足股款的股份
acção intermitente intermittent operation, intermittent action 间歇运行

acção mecânica mechanical action 机械作用

acção nominativa registered share 记名股票

acção ordinária ordinary share 普通股

acção positiva positive action 正性作用

acção preferencial preference share 优先股

acção preferencial remível redeemable preference share, callable preferred stock 可赎回优先股

acção preferencial sem voto non-callable preferred stock 不可赎回优先股

acção química chemical action 化学作用

acção retardada aftereffect 滞后效应

accionado/acionado *adj.* actuated, driven, powered （被）驱动的；开动了的

accionado a ar air-actuated 气动 ⇨ **pneumático**

accionado a motor engine driven 机动 ⇨ **motorizado**

accionado em tandem tandem powered 串联驱动

accionado hidraulicamente hydraulically actuated 液压驱动 ⇨ **hidráulico**

accionador/acionador *s.m.* driver, actuator 执行器, 启动器

accionador do alarme sonoro warning horn actuator 警报执行器

accionador do freio brake actuator 制动执行器

accionador pneumático pneumatic actuator 气动促动器

accionamento/acionamento *s.m.* ❶ drive, driving aciton 驱动 ❷ actuation, actioning, operation 行动, 活动

accionamento a cremalheira rack drive 齿条传动

accionamento a jacto de água water-jet driving 射水打桩法

accionamento a vapor steam drive 蒸汽驱动

accionamento contínuo continuous operation 连续作业

accionamento de frequência variável variable-frequency drive 可变频驱动

accionamento de gerador generator drive 发电机传动

accionamento do pinhão pinion drive 小齿轮传动

accionamento da porta door control 门控

accionamento dianteiro front wheel drive 前轮驱动

accionamento diesel-eléctrico diesel-electric drive 柴油机电力传动

accionamento eléctrico electrical drive 电力驱动

accionamento electromagnético electro-magnetic drive 电磁驱动

accionamento hidráulico hydraulic drive 液压驱动

accionamento intermitente intermittent operation 间断作业

accionamento manual hand startin 手启动

accionamento mecânico mechanical drive 机械传动

accionamento pneumático pneumatic drive 气力传动

accionamento por atrito friction drive 摩擦传动

accionamento secundário secondary drive 辅助驱动；第二级驱动

accionamento traseiro rear wheel drive 后轮驱动

accionar/acionar *v.tr.* ❶ (to) activate, (to) actuate, (to) drive 激活；驱动；开动 ❷ (to) sue 起诉, 控告

accionista/acionista *s.2g.* shareholder, stockholder （股份有限公司的）持股人, 股东

accionista controlador controlling shareholder 控股股东

acionista preferencialista preferred stockholder 优先股股东

aceiro *s.m.* ❶ steel-worker 钢铁匠，钢铁工 ❷ backfire, trail, fence trail 迎火 ❸ fire barrier 防火隔离带

aceitabilidade *s.f.* acceptability 可接受性

aceitação *s.f.* acceptance 同意；[巴]（工程）接收

aceitação de mercado market acceptance 市场接受度

aceitação definitiva final acceptance 竣工验收，最终接管

aceitação parcial partial acceptance 部分验收；部分接收

aceitação provisória provisional acceptance 临时验收；临时接收

aceitação tácita tacit acceptance 默认

aceitante *s.2g.* acceptor 受体

aceleração *s.f.* ❶ acceleration 加速；加速度 ❷ acceleration 加快进度，赶工

aceleração centrífuga centrifugal acceleration 离心加速度

aceleração centrípeta centripetal acceleration 向心加速度

aceleração construtiva constructive acceleration 赶工，抢工

aceleração da gravidade (g) acceleration of gravity, gravity acceleration (g) 重力加速度

aceleração do solo ground acceleration 地面加速度

aceleração de vibração vibration acceleration 振动加速度

aceleração interina internal acceleration 内部催化

aceleração linear linear acceleration 线性加速度

aceleração máxima full throttle 全油门加速

aceleração máxima do terreno peak ground acceleration 峰值地面加速度

aceleração progressiva gradual acceleration 逐步加速

aceleração reduzida reduced throttle 减小油门

aceleração tangencial tangential acceleration 切向加速度

aceleração vertical vertical acceleration 垂直加速度，纵向加速

acelerador *s.m.* ❶ accelerator 加速器 ❷ throttle; engine governor control 风门，油门；发动机调速器 ❸ accelerator 催凝剂；催化剂

acelerador a impulsos pulsed accelerator 脉冲加速器

acelerador com controle eléctrico electric control accelerator 电控加速器

acelerador de endurecimento hardening accelerator 早强剂，促硬剂

acelerador de jar jar intensifier 震击助力器

acelerador de mão hand throttle 手油门，手风门

acelerador de partículas particle accelerator 粒子加速器

acelerador de pé foot throttle 脚油门

acelerador de presa (/pega) setting accelerator 凝结加速剂；凝固催速剂

acelerador de presa do cimento cement setting accelerator 水泥速凝剂

acelerador-desacelerador accelerator-decelerator 加减速器

acelerador linear linear accelerator 直线加速器

acelerador manual ⇨ acelerador de mão

acelerador parcialmente aberto part throttle 部分开启节流

aceleradora *s.f.* (enterprise) accelerator （新兴小企业的）加速器

acelerar *v.tr.* (to) speed up, (to) accelerate 加速

acelerógrafo *s.m.* accelerograph 自计加速器

acelerograma *s.m.* seismogram, seismographic record 地震图

acelerómetro/acelerômetro *s.m.* accelerometer 加速规，加速度计

acendedor *s.m.* lighter 点火器

acendedor de cigarros cigarette lighter 点烟器

acendedor piezo piezolighter 压电点火器

acepilhador *s.m.* planer 刨工

acepilhar *v.tr.* (to) plane 刨平

acéquia *s.f.* aqueduct 水沟，水渠

acertador *s.m.* adjuster, fitter 调整器，校正器

acertador de valas ditch sloper 整沟机

acertar *v.tr.* (to) adjust 调整，校准

acerto *s.m.* setting 解决；决算

acerto dos litígios settlement of disputes 解决争端

acerto final final account [巴] 决算

acervo *s.m.* ❶ heap, pile, mass 一大堆，大量 ❷ collection, content, heritage 全部财

产，全部藏品

acervo técnico technical experience 技术经验

acessante *s.2g.* access unit （电网的）接入单位（包括发电方、配电方、电力进出口方、用户等）

acessante de geração power generation company （并入电网的）发电公司

acessibilidade *s.f.* accessibility （残疾人）无障碍性；可达性

acessibilidade de dados data accessibility 资料可达性

acessível *adj.2g.* accessible 易于进入的，无障碍的

acesso *s.m.* ❶ entrance, exit 出入口 ❷ access road 通路，通道 ❸ access （计算机、网络系统等）访问，接入

acesso de emergência emergency access 紧急通道

acesso de emergência para veículos emergency vehicular access 紧急车辆通道

acesso de manutenção service access 维修设施用通道

acesso de subida climbing shaft 攀登柱

acesso de túnel tunnel pit, tunnel shaft 隧道坑

acesso de (/para) veículos vehicle access road, vehicular access 车道，车辆通道

acesso em níveis diferentes grade-separated access 分层通道

acesso livre open access 开放存取

acesso restrito restricted access 限制使用的道路

acessório *s.m.* ❶ accessory, fittings 附件，配件；装置 ❷ attachment 附属农机具

acessórios de canalizações plumbing fixtures 管件

acessórios de dreno anti-vórtice anti-vortex drain fittings 防涡流排水装置

acessórios de fiação wiring accessories 接线附件

acessório de fixação de trilho auxiliary fastening 辅助轨道扣件

acessórios de tubo pipe fittings 管配件

acessório de vácuo vacuum fittings 真空配件

acessório extractor (/de extracção)

---

pulling attachment 拔取装置

acessório para cultivo profundo deep tillage attachment 深耕农机具

acessorista *s.2g.* property man 道具管理员

acetaldeído *s.m.* acetaldehyde 乙醛

acetato *s.m.* acetate 醋酸盐；醋酸酯；乙酸盐；乙酸酯

acetato de amónio ammonium acetate 乙酸铵

acetato de celulose cellulose acetate 醋酸纤维素；纤维素乙酸酯

acetato de polivinila (PVAC) polyvinyl acetate (PVAC) 聚醋酸乙烯酯

acetileno *s.m.* acetylene 乙炔

acetinado *adj.* satiny, silky 柔滑的，柔细的，有绸缎般光泽的

acetona *s.f.* acetone 丙酮

acha *s.f.* log 木柴

achada *s.f.* bench 阶地

acharoador *s.m.* japanner's goldsize 镀金黏料

acharoar *v.tr.* (to) japan, (to) lacquer 涂漆

achatamento *s.m.* flattening, flatness ratio 扁平率，扁平比

achatamento da Terra flattening of the Earth 地球扁平率

achatar *v.tr.* (to) flatten 弄扁

acíclico *adj.* acyclic 非周期性的；非循环的

acicular *adj.2g.* acicular 针状的，针尖状的

acidado *adj.* acid etched, acid embossed （玻璃）酸蚀处理的

acidentado *adj.* rough, uneven 崎岖的

acidente *s.m.* ❶ accident 事故；意外 ❷ accident, unevenness, roughness（地形的）起伏不平，崎岖

acidente de trabalho work accident 工伤事故

acidente de trânsito traffic accident 车祸

acidente de transporte transport accident 运输事故

acidente fisiológico physiological accident 生理事故

acidente geográfico geographical accident 地形起伏

acidente radiológico radiological accident 辐射事故

acidente topográfico topographic accident 地形起伏

acidez *s.f.* acidity 酸性，酸度
  acidez activa active acidity 活性酸度
  acidez do solo soil acidity 土壤酸度
  acidez fixa fixed acidity 固定酸度
  acidez potencial potential acidity 潜性酸度；潜在酸度
  acidez total total acidity 总酸度
acidífero *adj.* acidiferous 含酸的
acidificação *s.f.* acidification 酸化
  acidificação de matriz matrix acidizing 基质酸化
acidificar *v.tr.* (to) acidize 酸化
acidimetria *s.f.* acidimetry 酸定量法；酸量滴定法
acidímetro *s.m.* acidimeter 酸比重计
acidito *s.m.* acidit 酸性岩
ácido *s.m.* acid 酸
  ácido abiético abietic acid 松香酸
  ácido acético acetic acid 冰乙酸
  ácido acetilsalicílico acetylsalicylic acid 乙酰水杨酸，阿司匹林
  ácido aconítico aconitic acid 乌头酸
  ácido acrílico acrylic acid 丙烯酸
  ácido adípico adipic acid 己二酸，肥酸
  ácido aminoacético amino acid 氨基酸
  ácido arsénico arsenic acid 砷酸
  ácido ascórbico ascorbic acid 抗坏血酸，维生素 C
  ácido barbitúrico barbituric acid 巴比妥酸
  ácido benzónico benzoic acid 苯甲酸
  ácido bórico boric acid 硼酸
  ácido brómico bromic acid 溴酸
  ácido bromídrico hydrogen bromide 溴化氢
  ácido cáprico capric acid 癸酸
  ácido caprílico caprylic acid 辛酸
  ácido capróico caproic acid 己酸
  ácido carbólico carbolic acid 石碳酸，苯酚
  ácido carbónico carbonic acid 碳酸
  ácido ciânico cyanic acid 氰酸
  ácido cianídrico hydrocyanic acid 氢氰酸
  ácido cinâmico cinnamic acid 肉桂酸
  ácido cítrico citric acid 柠檬酸
  ácido clórico chloric acid 氯酸
  ácido clorídrico hydrochloric acid 盐酸
  ácido com aditivo redutor de corrosão

⇨ ácido inibido
  ácido crômico chromic acid 铬酸
  ácido crotónico crotonic acid 巴豆酸
  ácido desoxirribonucleico (ADN) deoxyribonucleic acid (DNA) 脱氧核糖核酸
  ácido dibásico dibasic acid 二元酸
  ácido enântico vinic acid 酒酸
  ácido esteárico stearic acid 硬脂酸
  ácido fluorídrico hydrofluoric acid 氢氟酸
  ácido fólico folic acid 叶酸，维生素 Bc
  ácido fórmico formic acid 甲酸
  ácido fosfórico phosphoric acid 磷酸
  ácido fosforoso phosphorous acid 亚磷酸
  ácido ftálico titanic acid 钛酸
  ácido fulmínico fulminic acid 雷酸
  ácido fumárico fumaric acid 富马酸，反式丁烯二酸
  ácido gálico gallic acid 五倍子酸
  ácido glutâmico glutamic acid 谷氨酸
  ácido gordo (/graxo) fatty acid 脂肪酸
  ácido húmico humic acid 腐殖酸
  ácido húmido ⇨ ácido húmico
  ácido inibido inhibited acid 加缓蚀剂的酸
  ácido inorgânico inorganic acid 无机酸
  ácido iódico iodic acid 碘酸
  ácido láctico lactic acid 乳酸
  ácido láurico lauric acid 月桂酸
  ácido linoléico linoleic acid 亚油酸
  ácido lisérgico lysergic acid 麦角酸
  ácido maleico maleic acid 马来酸，顺丁烯二酸
  ácido málico malic acid 苹果酸
  ácido malónico malonic acid 丙二酸
  ácido margático margaric acid 十七酸
  ácido melítico mellic acid 苯六酸
  ácido metafosfórico metaphosphoric acid 偏磷酸
  ácido molíbdico molybdic acid 钼酸
  ácido monobásico monobasic acid 一元酸
  ácido naftênico naphthenic acid 环烷酸
  ácido nicotínico nicotinic acid 烟酸
  ácido nítrico nitric acid 硝酸
  ácido nitroso nitrous acid 亚硝酸
  ácido nucleico nucleic acid 核酸
  ácido oleico oleic acid 油酸
  ácido orgânico organic acid 有机酸
  ácido ortofosfórico orthophosphoric acid

正磷酸

ácido oxálico oxalic acid 草酸，乙二酸

ácido palmítico palmitic acid 棕榈酸，十六烷酸

ácido pantotécnico pantothenic acid 泛酸，本多生酸

ácido pelargónico pelargonic acid 壬酸

ácido perclórico perchloric acid 高氯酸

ácido permangânico permanganic acid 高锰酸

ácido persulfúrico persulfuric acid 过硫酸

ácido pimélico pimelic acid 庚二酸

ácido pirofosfórico pyrophosphoric acid 焦磷酸

ácido polibásico polybasic acid 多元酸

ácido rosólico rosolic acid 玫红酸

ácido salicílico salicylic acid 水杨酸

ácido slícico silicic acid 硅酸

ácido succínico succinic acid 琥珀酸，丁二酸

ácido sulfanílico sulfanilic acid 磺胺酸

ácido sulfídrico sulfocyanic acid 硫氰酸

ácido sulfónico sulfonic acid 磺酸

ácido sulfúrico sulphuric acid 硫酸

ácido sulfuroso sulphurous acid 亚硫酸

ácido tânico tannic acid 单宁酸

ácido tartárico tartaric acid 酒石酸

ácido úrico uric acid 尿酸

ácido valérico valeric acid, valerianic acid 戊酸

acidófilo *adj.* acidophilus 嗜酸的

acidorresistente *adj.2g.* acid resistant 耐酸的，抗酸的

acima *adv.* above 在上面

acima de above, over 在…之上

acima do nível da pista above aerodrome level 高出机场场面

acima do nível médio do mar above mean sea level 高出平均海平面

acinzentado *adj.* grizzly 灰白的

aclaramento *s.m.* ambience lighting 环境照明

aclástico *adj.* aclastic 无折光性的，不折射的

aclimatação *s.f.* acclimation 水土适应；风土驯化

aclimatar *v.tr.* (to) acclimatize, (to) acclimate 使适应新环境，使服水土

aclinal *adj.2g.* aclinal 非倾斜的，无倾角的

aclive *s.m.* slope, upslope 斜坡，上坡

aclive máximo maximum upgrade, maximum acclivity 最大坡度

aclividade *s.f.* acclivity 上行坡

acmite *s.f.* acmite 霓石，锥辉石

acmite-augite acmite-augite 霓辉石

acmólito *s.m.* akmolith 大气沉积岩

aço *s.m.* steel 钢

aço ao boro boron alloy steel 硼合金钢

aço ao carbono ⇨ aço-carbono

aço ao tungsténio tungsten steel 钨钢

aço ao vanádio ⇨ aço-vanádio

aço ácido acid steel 酸性钢

aço acimentado ⇨ aço endurecido

aço antimagnético non-magnetic steel 非磁性钢

aço argentífero ⇨ aço prateado

aço austenítico austenitic steel 奥氏体钢

aço básico basic steel 碱性钢

aço batido shear steel 剪刀钢

aço Bessemer Bessemer 酸性转炉钢

aço bruto raw steel 原钢；粗钢

aço calmado ⇨ aço morto

aço-carbono carbon steel 碳素钢

aço-carbono-manganês carbon manganese steel 碳锰钢

aço-carbono sem liga unalloyed carbon steel 非合金碳素钢

aço-carbono simples plain carbon steel 普通碳素钢

aço-cobalto cobalt steel 钴钢

aço cementado cement steel 渗碳钢

aço com teor de chumbo leaded steel 加铅钢

aço comercial commercial steel 型钢

aço comprimido compressed steel 压钢

aço corten corten steel 耐候钢，考顿钢

aço cromado chrome steel, chromium steel 铬钢

aço de alta-liga high alloy steel 高合金钢

aço de alta resistência high strength steel 高强度钢

aço de alta resistência à tracção high tensile steel 高抗拉钢

aço de alta resistência e baixa liga high strength, low alloy steels 高强度低合金钢

aço de alta tensão high tension steel 高强度钢；高拉力钢

aço de alto (teor de) carbono high carbon steel 高碳钢

aço (especial) de arado plow steel 犁钢

aço de auto-endurecimento self-hardening steel 自硬钢

aço de baixa histérese low hysteresis steel 低磁滞钢

aço de baixo (teor de) carbono low carbon steel 低碳钢

aço de baixa-liga low alloy steel 低合金钢

aço de bolha ⇨ aço empolado

aço de cadinho crucible steel 钢坩埚

aço de elevada elasticidade high yield steel 高屈服强度钢

aço de elevada resistência ⇨ aço de alta resistência

aço de endurecimento profundo deep hardening steel 深硬化钢

aço de forja forge steel 锻钢

aço de fundição ⇨ aço fundido

aço de matriz quente hot-die steel 热锻模钢

aço de médio (teor de) carbono medium carbon steel 中碳钢

aço de meia-têmpera semi-steel 钢性铸铁

aço de (/para) molas spring steel 弹簧钢

aço de revestimento de plástico plastic coated steel 喷塑钢

aço de têmpera ao ar air-hardening steel 空气硬化钢

aço de têmpera no óleo oil-hardening steel 油淬钢

aço desoxidado ⇨ aço morto

aço doce mild steel 软钢

aço doce galvanizado galvanized mild steel 镀锌软钢

aço duplex duplex steel 二联钢；双炼钢

aço duro hard steel 硬钢

aço electrozincado ⇨ aço galvanizado

aço em armadura steel reinforcement 钢筋；配筋

aço em barra bar steel 条钢

aço em I I-beam 工字钢

aço em U channel, steel channel 槽钢

aço empolado blister steel 泡面钢

aço endurecido case-hardened steel 表面硬化钢

aço especial special steel 特种钢

aço estampado stamped steel, printed steel 冲压钢

aço estirado drawn steel 拔制钢，拉制钢

aço estrutural structural steel 结构钢

aço ferrítico ferritic steel 铁素体钢

aço fino fine steel 优质钢；合金钢

aço forjado forged steel 锻钢

aço fundido cast steel 铸钢

aço fundido por lingotamento contínuo continuous cast steel 连铸钢

aço fundido por lingotamento convencional ingot cast steel, strand cast steel 铸钢锭

aço fundido simples plain cast steel 普通铸钢

aço galvanizado galvanized steel 镀锌钢

aço galvanizado por imersão a quente hot-dip galvanized steel 热浸镀锌钢

aço hexagonal oco hollow hexagonal steel 中空六角钢

aço hiper-eutético hyper-eutectic steel 过共晶钢

aço hipo-eutético hypo-eutectic steel 亚共晶钢

aço hipoeutectóide hypoeutectoid steel 亚共析钢

aço inalterável ⇨ aço resistente ao envelhecimento

aço inox (/inoxidável) stainless steel 不锈钢

aço inox anti-dedadas anti-fingerprint stainless steel 抗指纹不锈钢

aço inoxidável de repuxo profundo deep-drawn stainless steel 深拉伸不锈钢

aço laminado rolled steel 轧制钢

aço laminado a quente hot-rolled steel 热轧钢

aço-liga alloy steel 合金钢

aço liquefeito molten metal 熔态钢

aço macio ⇨ aço doce

aço magnético magnet steel 磁钢

aço maleável malleable steel 展性钢；软钢

aço manganês manganese steel 锰钢

aço martensítico martensite steel 马氏体钢，马登斯体钢

aço Martin Martin steel 平炉钢

aço médio (/meio-doce/meio duro) medium steel 中碳钢；中硬钢

aço moldado ⇨ aço fundido

aço mole ⇨ aço doce

aço morto killed steel 镇静钢

aço não ligado unalloyed steel 非合金钢

aço não refinado ⇨ aço bruto

aço-níquel/aço niquelado nickel steel 镍钢

aço níquel-cromo nickel-chromium steel 镍铬钢

aço para ferramentas de corte ⇨ aço batido

aço para pré-esforço aderente pós-tensionado em cordão coiled ribbed high tension steel applied with post-tension 后张法预应力钢绞线

aço passivado passivated steel 钝化钢

aço pintado painted steel 涂漆钢

aço poroso rimmed steel 沸腾钢

aço prateado silver steel 银亮钢

aço pré-esforçado prestressed steel 预应力钢材

aço prensado pressed steel 压制钢件

aço preto black steel 黑色钢

aço purificado refined steel 精炼钢

aço queimado burnt steel 过烧钢

aço rápido high speed steel (HSS) 高速钢

aço resistente ao envelhecimento aging resistant steel 抗老化钢

aço resistente à oxidação oxidation resistant steel 抗氧化钢

aço semicalmado semi-killed steel 半镇静钢

aço Siemens-Martin Siemens-Martin steel 平炉钢

aço silicomanganés silico-manganese steel 硅锰钢

aço simples com médio teor de carbono plain medium carbon steel 普通中碳钢

aço superior para ferramentas tool steel 工具钢

aço temperado hardened steel 硬化钢；淬火钢

aço Thomas (/Tomás) Thomas steel, basic Bessemer steel 碱性转炉钢

aço tubular galvanizado galvanized tubular steel 镀锌钢管

aço-vanádio vanadium steel 钒钢

aço zincado ⇨ aço galvanizado

acolchoado s.m. ❶ pad, quilted textile 衬垫，织物 ❷ mulch（作物种植使用的）护盖物，护根

acolchoado de tapete carpet pad 地毯衬垫

acolchoamento s.m. pad 衬垫

acomodação s.f. ❶ accommodation 安顿，安置；住所 ❷ accommodation 可容空间（沉积物能随时随地堆积的空间）❸ settlement 沉降

acomodação diferencial differential settlement 不均匀沉降

acomodar v.tr. (to) accommodate, (to) lodge 安顿，安置；留宿

acompanhamento s.m. monitoring; follow-up（项目）监督，跟进

acompanhamento da obra job following 项目跟进

acompanhamento técnico technical follow-up, technical monitoring 技术跟进，技术跟踪；技术监视

acompanhar v.tr. ❶ (to) accompany 陪伴，伴随 ❷ follow (to) 督察，跟踪，密切注意

acompanhar a obra follow a project (to) 跟踪项目，监督工程

acondicionamento s.m. ❶ accommodation; arrangement 收拾，整理；（文件）归档 ❷ packaging 包装

acondicionar v.tr. (to) package, (to) arrange 包装；安置，整理

acondrito s.m. achondrite 无球粒陨石

acoplado adj. coupled 耦合的

acoplador s.m. coupler 耦合器，连接器

acoplador acústico acoustic coupler 声音耦合器，音效耦合器

acoplador-comutador automático automatic coupling switch 自动耦合开关

acoplador de barramento bus-coupler 母线联接

acoplador de cabos cable coupler 电缆耦

合器

acoplador do fixador de pino pin-grabber coupler 抓销连接器

acoplador eléctrico electric coupling 电耦合器

acoplador electrónico electron coupler 电子耦合器

acoplamento *s.m.* ❶ coupling, linking 连接，耦合 ❷ 1. coupling 耦接头；连接器；联轴节 2. clutch 离合器 ❸ accouplement 对柱

acoplamento a fluido fluid coupling 液力耦合器，液压联轴节

acoplamento accionador drive coupling 驱动联轴节

acoplamento capacitivo capacitive coupling 电容耦合

acoplamento centrífugo centrifugal clutch 离心离合器

acoplamento cónico ➪ **acoplamento de Sellers**

acoplamento crítico critical coupling 临界耦合

acoplamento de accionamento rígido straight drive coupling 直接驱动联轴节

acoplamento de avanço overrunning clutch 超越离合器

acoplamento do comando ➪ **acoplamento accionador**

acoplamento de desconexão rápida quick-disconnect coupling 速卸接合

acoplamento da direção steering coupling 转向联轴节

acoplamento de discos disc clutch 片式离合器

acoplamento de eixo shaft coupling 联轴节

acoplamento das estrias spline coupling 花键联轴器

acoplamento do freio brake coupling 制动离合器

acoplamento de fricção friction clutch 摩擦式离合器

acoplamento de garras claw coupling 爪形联轴节，爪形联轴器

acoplamento de mangueiras hose coupler 软管接头

acoplamento de Oldham Oldham coupling 滑块联轴器；十字滑块联轴器；欧氏联轴节

acoplamento de porca giratória swivel nut coupling 旋转螺母接头

acoplamento do reboque trailer coupling 拖车连接器，拖挂装置

acoplamento de segurança safety coupling 安全联轴节；安全联轴器

acoplamento de sela semi-trailer coupling 半挂车连结器

acoplamento de Sellers Sellers coupling 塞勒锥形联轴节

acoplamento de transmissão da bomba pump drive coupling 泵驱动联轴器

acoplamento deslizante das estrias sliding spline coupling 滑动花键联轴器

acoplamento directo direct coupling 直接耦合

acoplamento eléctrico electric coupling 电耦合

acoplamento electromagnético electromagnetic coupling 电磁耦合

acoplamento electrónico electron coupling 电子耦合

acoplamento em cadeia (/corrente) chain coupling 链式联轴节，链条联轴器

acoplamento fêmea female coupling 雌接口；内牙直通；阴螺纹接头

acoplamento flangeado flanged coupling 法兰联轴节

acoplamento flexível flexible coupling 弹性联轴器

acoplamento forte strong coupling 强耦合

acoplamento fraco loose coupling 弱耦合

acoplamento hidráulico ❶ hydraulic coupling 液力连接器，液力联轴器，液压联轴节 ❷ hydraulic clutch 液力离合器

acoplamento impulsor ➪ **acoplamento por impulso**

acoplamento impulsor de magneto magneto impulse coupling 磁电机脉冲接头

acoplamento indutivo inductive coupling 电感耦合

acoplamento magnético magnetic coupling 磁耦合，电磁耦合

acoplamento óhmico ohmic coupling 电

阻耦合

acoplamento por fricção friction-type coupling 摩擦联轴器

acoplamento por impulso impulse coupling 脉冲接头

acoplamento rápido fast coupling 刚性联轴节

acoplamento resistivo resistive coupling 电阻性耦合

acoplante s.m. couplant 耦合剂

acoplante acústico acoustic couplant 声耦合剂

acoplar v.tr. (to) couple; (to) group, (to) connect 连接；耦合

acoplável adj.2g. adaptable 可连接的，可接入的

acordo s.m. agreement 协议

acordos anteriores previous agreements 先前的协议

acordo comum de desenvolvimento joint development agreement 共同开发协议

acordo de arbitragem arbitration agreement 仲裁协议

acordo de cessão de posição contratual agreement of assignment of contractual right 合同权利转让协议

acordo de compra de energia power purchase agreement (PPA) 购电协议

acordo de consórcio consortium agreement 联合体协议

acordo de contingência stand by agreement 备用协定；支持协议

acordo de crédito credit agreement 信贷协议，贷款协议

acordo de desenvolvimento compartilhado shared development agreement [巴] 共同开发协议

acordo de financiamento individual individual funding agreement 单独贷款协议

acordo de individualização da produção shared development agreement [葡] 共同开发协议

acordo de levantamento de petróleo offtake agreement [葡] 承购协议

acordo de mercado market agreement 市场协议

acordo de normas GATT General Agreement on Tariffs and Trade (GATT) 关税及贸易总协定

acordo de operações conjuntas joint operating agreement 联合经营协议

acordo de participação offtake agreement [巴] 承购协议

acordo de projecto project agreement 工程项目协议

acordo de unificação de operações joint operating agreement 联合经营协议

acordo de unitização unitization agreement [葡] 一体化协议

acordo-quadro/acordo-marco framework agreement 框架协议

acordo sobre transportes aéreos air transport agreement 航空运输协定

açorite s.f. azorite 锆石

acostagem s.f. boarding; mooring 停泊，靠港

acostamento s.m. shoulder 路肩

acostamento estabilizado stabilized shoulder 稳定处理路肩

acostamento não pavimentado unpaved shoulder 未铺面路肩

acostamento não revestido shoulder without surfacing 未铺面路肩

acostamento pavimentado paved shoulder 铺面路肩

acostar v.tr. (to) moor 停泊

acotado adj. pitched 斜屋顶的

açoteia s.f. belvedere, terrace 晒台，阳台

açougue s.m. butcher shop 肉店

acre s.m. acre 英亩

acre-pé acre-foot 英亩-英尺（英制容量单位）

acreção s.f. accretion 累计；增生；外展作用

acreção continental continental accretion 大陆增生，大陆外加作用

acreção frontal frontal accretion 前缘增生

acreção planetária planetary accretion 行星吸积

acreção sedimentar sedimentary accretion 沉淀

acreção tectónica tectonic accretion 大陆增生

acreção vertical vertical accretion 垂向加积

acreditação s.f. accreditation 认证

acrescentar v.tr. (to) add; (to) insert 添加，

补充；插入（文本）

acrescento *s.m.* (mouldboard) extension （犁壁）延长板

acrescer *v.tr.* (to) increase; (to) add 增加；附加

acréscimo *s.m.* accretion 增加；附加
acréscimo de valor appreciation 涨价，提价

acribel *s.m.* acrybel 阿克里贝尔丙烯腈共聚物短纤维

ácrico *s.m.* acrisols 低活性强酸土，强淋溶土

acrílico ❶ *adj.* acrylic 丙烯酸的 ❷ *s.m.* acrylic 丙烯酸树脂，亚克力
acrílico opaco opaque acrylic 不透明丙烯，不透明亚克力
acrílico transparente transparent acrylic 透明丙烯，透明亚克力

acrílio *s.m.* acryl 丙基酰基；亚克力

acrilon *s.m.* acrylon 腈纶

acrilonitrilo-butadieno-estireno (ABS) *s.m.* acrylonitrile-butadiene-styrene (ABS) 丙烯腈-丁二烯-苯乙烯，ABS 塑料

acritarca *s.f.* acritarch 疑源类，（类目不明的）单细胞海洋生物化石

acritarcos *s.m.pl.* ⇨ acritarca

acrobacia *s.f.* acrobatics 杂技
acrobacia aérea acrobatic flight 特技飞行

acrofobia *s.f.* acrophobia 恐高症

acroíte *s.f.* achroite 无色碧玺，无色电气石

acrólito *s.m.* acrolith （古希腊的）石首石肢木身雕像；安放在建筑物顶部装饰的雕像

acromático *adj.* achromatic 无色的；消色差的

acropódio *s.m.* acropodium （雕像）架高的基座

acrópole *s.f.* acropolis 卫城

acrotério *s.m.* acroterium 山墙装饰；山墙装饰的基座；建筑物的最高处

acrozona *s.f.* acrozone 络极顶带；生物异限带

acta *s.f.* record, minute 报告文件，记录文件
acta de posse do site site possession minutes 施工场地移交证书
acta de reunião minute of meeting 会议纪要

actinídeo *s.m.* actinides 锕系元素

actínio (Ac) *s.m.* actinium (Ac) 锕

actinobactéria *s.f.* actinobacteria 放线菌

actinobiologia *s.f.* actinobiology 光化生物学

actinolite *s.f.* actinolite 阳起石

actinometria *s.f.* actinometry 光化测定；辐射测量学

activação/ativação *s.f.* ❶ activation 激活；活化作用 ❷ firing 点火；（内燃机汽缸的）发火

activador/ativador *s.m.* activator 活化剂

activar/ativar *v.tr.* ❶ (to) activate 激活 ❷ (to) trigger 触发，开动

actividade/atividade *s.f.* activity 活动；业务
actividade aproximada arriscada near-critical activity 次关键活动
actividade coloidal colloidal activity 胶体活性
actividade empresarial corporate business 公司业务
actividade extrusiva extrusive activity 喷出活动
actividade mineira mining 矿业
actividade principal main activity 主营业务
actividade química chemical activity 化学活性，化学活度
actividade tectónica tectonic activity 构造活动性
actividade vulcânica volcanic activity 火山活动

activo/ativo ❶ *adj.* active 主动的 ❷ *adj.* 1. live 通电的，带电的；有电压的 2. active, active power 有源的 ❸ *s.m.* assets 资产
activo corrente (/circulante/realizável) current assets 流动资产
activo fixo (/imobilizado/ não corrente) fixed assets 固定资产

acto/ato *s.m.* ❶ act, action 行为，行动 ❷ ceremony 仪式 ❸ act; deed 法案；证书
acto inaugural opening ceremony 开幕式，开幕典礼
acto público public ceremony 公共仪式；公开仪式

actuador *s.m.* actuator 致动器，促动器；激发器
actuador do ASR Acceleration Slip Regulation (ASR) actuator 驱动防滑系统执行器

actuador hidráulico hydraulic actuator 液压执行器；液动装置

actualismo *s.m.* actualism 现实论

actualismo paleontológico actuopaleontology 现实古生物学

actualização *s.f.* updating, upgrade 更新，升级

actualizar *v.tr.* (to) update, (to) upgrade 更新，升级

actuar *v.tr.* (to) act 行动

açúcar *s.m.* sugar 糖

açucareira *s.f.* sugar refinery 糖厂

açude *s.m.* weir 堰，坝

açude aligeirado cellular dike 轻质堤坝

açude de parede grossa broad-crested weir 宽顶堰

açude fixo fixed crest weir 固定堰顶式堰

açude livre free weir 不束缩堰

açude parcialmente submerso partially drowned weir 局部潜堰

açude submerso submerged weir 潜堰

acuidade *s.f.* acutance 锐度

acuidade visual visual acuity 视敏度

acumulação *s.f.* accumulation 积累，积聚，堆积

acumulação de água accumulation of water 积水

acumulação de neve snow accumulation 积雪

acumulação sazonal seasonal storage 季节贮水

acumulação sedimentar por avalanche avalanche bedding 陡斜层理

acumulado *adj.* accumulated, heaped 积聚的；堆积的

acumulador *s.m.* ❶ accumulator, storage battery 蓄电池 ❷ accumulator 蓄能器，累加器

acumulador ácido sulfúrico sulfuric acid accumulator 硫酸溶液蓄电池

acumulador alcalino alkaline accumulator 碱性蓄电池

acumulador com pré-carga de nitrogênio nitrogen accumulator 充氮蓄能器

acumulador de ácido e chumbo lead-acid accumulator 铅酸蓄电池

acumulador de ar comprimido compressed air accumulator 压缩空气蓄能器

acumulador de chumbo lead accumulator 铅蓄电池

acumulador de diafragma diaphragm accumulator 膜片式蓄能器

acumulador da direcção steering accumulator 转向蓄能器

acumulador de Drumm Drumm accumulator 德鲁姆蓄电池

acumulador de Edison Edison accumulator 爱迪生蓄电池

acumulador de ferro-níquel iron-nickel battery 铁镍蓄电池

acumulador da lâmina blade accumulator 推土铲蓄能器

acumulador de membrana membrane accumulator 膜片式蓄能器

acumulador de pistão (/êmbolo) piston-type accumulator 活塞式蓄能器

acumulador de Planté Planté accumulator 铅酸蓄电池，普兰特蓄电池

acumulador de prata e zinco silver-zinc accumulator 银锌蓄电池

acumulador de pressão pressure accumulator, pressure reservoir 蓄压器

acumulador de tensão mola spring loaded accumulator 弹簧式蓄能器

acumulador de vapor steam accumulator 蒸汽储蓄器

acumulador eléctrico de calor electric heat accumulator 电蓄热器

acumulador hidráulico (de energia) hydraulic accumulator 液压蓄能器

acumulador hidropneumático tipo diafragma diaphragm type hydro-pneumatic accumulator 隔膜式气压罐

acumulador (hidro) pneumático hydro-pneumatic accumulator, gas-loaded accumulator 气压蓄能器，（水泵）气压罐

acumulador seco dry accumulator 干蓄电池

acumular *v.tr.* (to) accumulate 积累，积聚

acúmulo *s.m.* build-up 堆积，积聚

acúmulo de material material build-up 材料堆积

acunhagem/acunhação *s.f.* wedging 楔入；塞入，挤进

acunhação de roda no eixo journal sticking 抱轴

acunhamento *s.m.* pinch out [巴] 地层尖灭

acunhar *v.tr.* (to) wedge 打楔子，用楔子劈

acurácia *s.f.* accuracy, precision 精确度，准确度

acústica *s.f.* ❶ acoustics 声学，音响学 ❷ sound effects, acoustics 音响效果，音质

acústica arquitectónica architectural acoustics 建筑声学

acústico *adj.* acoustic 声学的，音响学的

acustímetro *s.m.* sound level meter 声级计

acuta *s.f.* bevel square 斜角规

acutância *s.f.* acutance 锐度

acutangular *adj.2g.* acute-angled 锐角的

acutângulo *adj.* ⇨ acutangular

acutilar *v.tr.* (to) gash, (to) slash, (to) cut 砍，劈

ad *prep.* ad 表示"至；在"[拉丁语前置词，同葡语 a]

ad circulum ad circulum 圆分割法（在图形内置入一个与之内切的圆形的空间部分）

ad hoc ad hoc 专门的；特设的

ad quadratum ad quadratum 正方形分割法（在正方形内置入一个与之成 45 度角内接的小正方形的空间分割法。通常小正方形的顶点与外部正方形的中点重合，二者边长比为 $\sqrt{2} : 1$）

ad triangulum ad triangulum 三角形分割法（在图形内置入一个与之内接的小三角形的空间分割法）

ad valorem ad valorem 从价征收的；从价征收地

adamantino *adj.* adamantine 非常坚硬的

adamelito *s.m.* adamellite 石英二长石

adamite *s.f.* adamite 水砷锌矿

adaptabilidade *s.f.* adaptability 适应性

adaptação *s.f.* adaptation 适应

adaptador *s.m.* ❶ adapter, adaptor 适配器，转接头，转接器 ❷ adapter 齿座

adaptador aparafusável de dois prendedores two-strap bolt-on adapter 双带螺栓固定式齿座

adaptador da broca (-tubo) bit sub 钻头短接

adaptador do contagiros revolution counter adapter 转速表接头

adaptador de cruzamento crossover sub 配合接头

adaptador de desvio bent sub 弯接头

adaptador de elevação lifting sub 提升短节

adaptador de encaixe quadrado ⇨ adaptador quadrado

adaptador do hidrovácuo booster adapter 增压器连接装置

adaptador de impulsos pulse adapter 脉冲适配器

adaptador do kelly kelly sub [葡] 方钻杆接头

adaptador de onda curta short wave adapter 短波适配器

adaptador de preservação do kelly kelly sub, kelly saver 方钻杆保护接头

adaptador de pressurização shear sub 剪切接头

adaptador de redução reducer adapter 减压活门连接器

adaptador de salvação do kelly kelly-saver sub 方钻杆保护接头

adaptador do tubo de derivação shunt line adapter 分管接头

adaptador de tubo facetado kelly sub 方钻杆接头

adaptador de válvula flutuante float sub [葡] 浮标接头

adaptador da vela de ignição spark plug adapter 火花塞座

adaptador do volante flywheel adapter 飞轮连接装置

adaptador duplo double nipples adapter 双头螺纹接管

adaptador embutido flush mounted adapter 嵌入式安装底座

adaptador para chave de torque torque wrench adapter 扭矩扳手接头

adaptador para pontas (/pitos) bit adapter （组合式螺丝刀的）接口

adaptador quadrado square adapter 方形接口

adaptador tipo cunha wedge-type adapter 楔式接口

adaptador torto bent sub [葡] 弯接头

adaptar *v.tr.* (to) adapt; (to) adjust; (to) fit 适应；改装

adaptável *adj.2g.* adaptable 可适应的

adarve *s.m.* battlement, parapet 城墙，城墙上的小道

adcumulado *s.m.* adcumulate 累积岩

adega *s.f.* cellar 酒窖

adelgaçamento *s.m.* thinning （地层、煤层等）变薄

adenda *s.f.* addendum 附录，补遗；合同增补

adendo *s.m.* addendum, gear tooth addendum 齿顶高

adenovírus *s.m.* DNA virus DNA 病毒

adensador *s.m.* thickener 浓缩池，增浓器

  adensador de lodo ❶ sludge thickener 污泥增浓器；污泥浓缩池 ❷ mud settler, slurry settler 泥浆沉降器

  adensador de lodo gravitacional gravitational sludge thickener 重力浓缩池

adensamento *s.m.* thickening 增厚；增稠

  adensamento de concreto concrete setting 混凝土凝固

  adensamento do lodo sludge thickening 污泥浓缩

  adensamento de solo soil consolidation, soil thickening 土壤固结

  adensamento primário primary thickening 初生加厚

  adensamento secundário secondary thickening 次生加厚

adensante *s.m.* weighting agent 增重剂，加重剂

adensar *v.tr.* (to) thicken; (to) condense 增厚；增稠

aderência *s.f.* ❶ adhesiveness; grip 黏性，依附性；抓力 ❷ adherence, adhesion, bond 黏附，黏结

  aderência da pasta de cimento cement bond 水泥胶结

  aderência mecânica mechanical bond 机械结合

adesão *s.f.* adhesion 黏合

adesividade *s.f.* adhesivity 黏合性；黏附性

adesivo ❶ *s.m.* sticking plaster, adhesive tape 不干胶，胶带 ❷ *s.m.* adhesive 黏结剂；胶黏剂 ❸ *s.m.* cement 胶泥 ❹ *adj.* adhesive 黏性的

  adesivo cerâmico ceramic binder 陶瓷黏剂

  adesivo de borracha rubber adhesive 橡胶胶黏剂

  adesivo de construção construction adhesive, construction glue 建筑胶

  adesivo de epóxi epoxy adhesive 环氧树脂黏合剂

  adesivo de epóxi rápido fast-setting epoxy adhesive 快凝固环氧胶黏剂

  adesivo de resina sintética synthetic-resin adhesive 合成树脂黏剂

  adesivo dolomítico marble glue 云石胶

  adesivo instantâneo instant adhesive 速干胶

  adesivo para juntas gasket cement 密封胶；衬片黏胶

  adesivo para PVC PVC adhesive PVC 胶黏剂

  adesivo para tubo PVC PVC pipe adhesive PVC 管胶

  adesivo permanente permabond adhesive 永久黏合剂

  adesivo sensível à pressão pressure-sensitive adhesive 压敏黏合剂，压敏胶

  adesivo termoendurecedor thermosetting adhesive 热固性黏合剂

  adesivo termoendurecedor com resistência a solvente solvent resistance thermosetting adhesive 耐溶剂性热固性黏合剂

  adesivo termoplástico thermoplastic adhesive 热塑性黏合剂

  adesivo universal all-purpose adhesive 万能胶

adestramento *s.m.* dressage 驯马；花式骑术训练

  adestramento de animais animal training 动物训练

ad hoc *loc.* ad hoc 专门的；特设的

adiabático *adj.* adiabatic 不传热的；绝热的

adiactínico *adj.* adiactinic 绝光化辐射的

adiantamento *s.m.* advance payment 预付款

  adiantamento de acerto carry-over 结转金额

adiantar *v.tr.* ❶ (to) advance 向前 ❷ (to) put forward 提前 ❸ (to) advance, (to) pay beforehand, (to) pay in advance 提前支付，预付

adição *s.f.* ❶ addition 添加；加法 ❷ addition 增设；加建

adição do edifício building addition 建筑加建

adicional ❶ *adj.2g.* additional, extra 附加的，额外的 ❷ *s.m.* extra, supplement 附加物；附加费用

adicional para risco risk allowance 安全津贴

adicionar *v.tr.* (to) add 添加，增加；加和，做加法

adinola *s.f.* adinole 钠长英板岩

adintelado *adj.* trabeated 柱顶横檐梁式的；平拱的

adipocerite *s.f.* adipocerite 伟晶蜡石

aditivo *s.m.* additive, admixture 添加剂，外加剂；助剂；掺合剂

aditivo ácido acid additive 酸液添加剂

aditivo alimentar food additive 食品添加剂

aditivo controlador da filtração filtration-control agent 渗漏控制剂

aditivo de cimento cement additive 水泥添加剂

aditivo do fluido de perfuração drilling mud addition, flushing additive 钻井液添加剂

aditivo de lama mud additive 泥浆添加剂

aditivo hidrófugo waterproofing admixture 防水混合物；防水剂

aditivo líquido liquid additive 液体添加剂

aditivo para grauteamento de cimento additives for cement grouting 水泥注浆添加剂

aditivo para perda de fluidos (/lama) fluid-loss additive, filtration-control additive 降滤失剂，降失水剂

aditivo redutor de densidade density-reducing additive 减轻剂

aditivo redutor de H₂S H_2S-reducing agent 脱硫化氢剂

aditivo redutor de perda de fluido (/lama) fluid-loss reducing additive 降滤失剂，降失水剂

aditivo redutor de viscosidade viscosity-reducing additive 降黏剂

aditivo sólido solid additive 固体添加剂

aditivo superplastificante superplasti-

cizer 超增塑剂

ádito *s.m.* sanctuary; entrance, hall 秘密的房间；入口

adjacência *s.f.* adjacency 临近，接近

adjacente *adj.2g.* adjoining 接近的，邻近的

adjudicação *s.f.* award of contract 发包，授予合同，授标；中标

adjudicador *s.m.* ⇨ adjudicante

adjudicante *s.f.* contracting authority 发包人

adjudicar *v.tr.* (to) award 给予，授予；授标

adjudicatário *s.m.* purchaser, highest bidder 承包人，中标人

adjuvante *s.m.* adjuvant 辅助剂；佐剂

adjuvante hidrófugo waterproofing powder 防水粉

adjuvante redutor de água water reducing agent 减水剂

administração *s.f.* ❶ administration; management 经营，管理 ❷ 1. administration; administrative department 行政机关；政府机关；（企业的）职能部门 2. administration [集] 行政人员 ❸ board; senior management （企业的）董事会；经理层，高管团队 ⇨ conselho de administração ❹ administratorship 管理者的职位或任期

administração ausente absentee management 缺席管理（由他人代理缺席业主进行的经营管理）

administração centralizada centralized management 集中管理

administração científica scientific management 科学管理

administração consultativa consultative management 协商管理

administração do contrato contract administration 合同管理

administração de cúpula top management 最高管理者

administração de dívida debt management 债务管理

administração de instalações facilities management 设施管理

administração de materiais materials management 物资管理

administração de operações operations management 运营管理

administração dos recursos hídricos

water resource management 水资源管理

administração de risco risk management 风险管理

administração descentralizada decentralized management 分权管理

administração directa direct management 直接管理

administração municipal municipal administration 市政府

administração operativa operating management 经营管理

administração pública civil service （政府的）行政部门，文职部门

administrador *s.m.* ❶ 1. administrator, manager （泛指政府部门、企业等的高级官员）行政长官，高管 2. director, member of the board, administrator 董事；副总经理，副总裁 ⇨ **conselho de administração** ❷ 1. administrator, director, manager （业务、项目、活动的）主管，经理；（为雇主管理工厂、农场等产业的）厂长，场长 2. steward, trustee （资产的）受托人，托管人，管理人 3. administrator, admin （负责网络、通信系统的技术人员）管理员

administrador dos dados data administrator 数据管理员

administrador de insolvência insolvency administrator 破产管理人

administrador de patrimônios wealth manager 理财经理

administrador da rede network manager 网管

administrador executivo executive director, executive administrator 执行董事，常务董事；执行副总裁

administrador independente independent director 独立董事

administrador municipal mayor [安] 市长

administrador não executivo non-executive director, non-executive administrator 非执行董事

administrar *v.tr.* (to) manage, (to) administrate 经营，管理

admissão *s.f.* ❶ 1. entrance 进口，入口 2. intake 引入口，入口管 ❷ imput 输入 ❸ admission 加入许可，进入许可

admissão de ar air intake system 进气系统

admissão da bomba d'água water pump inlet 水泵进口

admissão de energia energy input 能量输入

admissão total (/completa) full input 满载输入

admissibilidade *s.f.* admissibility 可采性，容许性；准入资格

admissível *adj.2g.* allowable 容许的

admitância (Y) *s.f.* admittance (Y) 导纳

admitir ❶ *v.tr.* (to) admit, (to) acknowledge 承认，同意 ❷ *v.intr.* (to) admit, (to) allow in （准许）进入，接收

adoçamento *s.m.* ❶ hollow moulding （墙壁上的）凹饰 ❷ sweetening 变甜，甜化 ❸ sweetening 脱硫；脱臭

adoçamento de gás gas sweetening 天然气脱硫

adobe/adobo *s.m.* ❶ adobe （晒干的）砖坯，生坯 ❷ adobe （制土坯的）重黏土，灰质黏土

adoptado *adj.* adopted, chosen, selected 采用的

adoptar *v.tr.* (to) adopt 采用，采取

adorno *s.m.* adornment, embellishment 装饰，修饰

adossado *adj.* addorsed, back to back 背靠背的，连续的

adquirente ❶ *adj.2g.* acquiring, purchasing 购买的，采购的 ❷ *s.2g.* purchaser, buyer 买方，采购者，采购员 ❸ *s.f.* acquirer 收购方，并购方，主并方

adquirida *s.f.* acquiree 被合并方，被并购方

adquirir *v.tr.* ❶ (to) acquire, (to) purchase 购买，采购；收购，并购 ❷ (to) acquire, (to) obtain 获取

adriça *s.f.* halyard 升降索

adro *s.m.* forecourt; churchyard（建筑物的）前院，前庭；（教堂前或周围的）庭院

adsorbato *s.m.* adsorbate 吸附物；吸附体

adsorção *s.f.* adsorption 吸附，吸附作用

adsorção específica specific adsorption 比吸附

adsorção negativa negative adsorption 负吸附

adsorção positiva positive adsorption 正吸附

adsorvente *s.m.* adsorbent 吸附剂

adsorver *v.tr.* (to) adsorb 吸收，吸附

aduaneiro *adj.* customs 海关的

adubação *s.f.* fertilization, application 施肥；[集] 肥料

adubação de cobertura surface application 表土施肥

adubação de fundo subsoil application 深层施肥

adubação foliar foliar fertilization 叶面施肥

adubação verde green manure 绿肥

adubador *s.m.* manurer 施底肥机，底肥撒施机

adubo *s.m.* manure, fertilizer 肥料，化肥

adubo animal manure 粪肥

adubo composto compost 堆肥，混合肥料

adubo mineral mineral fertilizer 矿物肥料，无机肥料

adubo orgânico organic fertilizer 有机肥

adubo vegetal vegetable manure 植物肥料

adução *s.f.* ❶ adduction 内收 ❷ adduction 引水

aduchar *v.tr.* (to) coil （将绳索、软管等）卷成圈，盘起

aduela *s.f.* arch stone, voussoir 拱石，琢面石

aduela central keystone 券心石

aduela de nascença springer 起拱石

aduela de porta door casing 门框压条

adufa *s.f.* ❶ shutter, lattice 闸板，闸门 ❷ feed gate 进料闸门

adufa hidráulica watersluice 水闸

adularescência *s.f.* adularescence 冰长石光彩

adulária *s.f.* adularia 冰长石

adularização *s.f.* adularization 冰长石化

adutora *s.f.* pipeline （取水点引出的）输水管道，引水管道

advecção *s.f.* advection 平流；平移

advecção fria cold advection 冷平流

advecção geostrófica geostrophic advection 地转平流

advecção por turbulência eddy advection 涡动平流

advecção quente warm advection 暖平流

advertência *s.f.* warning 警告

advertência de lente convexa warning light （凸镜形状的）交通警示灯

aer-/aeri-/aero- *pref.* aer-, aeri-, aero- 表示"气，空气，空中"

aeração/aeragem *s.f.* aeration, airing 曝气；通风；充气

aeração por ar difuso diffused air aeration 扩散空气曝气

aerador *s.m.* ❶ aerator [葡] 曝气机 ❷ aerator [巴] （水龙头出水口的）起泡器

aerador de superfície surface aerator 表面曝气机

aerador lento low speed aerator 低速曝气机

aerador lento fixo fixed low speed aerator 固定低速曝气机

aerador lento flutuante floating low speed aerator 浮式低速曝气机

aerador rápido high speed aerator 快速曝气机

aerador rápido flutuante floating high speed aerator 快速浮式曝气机

aerador rápido flutuante de fluxo ascendente upflow floating high speed aerator 上流式快速浮式曝气机

aerador rápido flutuante de fluxo descendente downflow floating high speed aerator 下流式快速浮式曝气机

aerador submerso submerged aerator 潜水型曝气机

aeráulico *adj.* aeraulic 通风的

aéreo *adj.* aerial 空中的；架空的

aeriductor *s.m.* ⇨ aeroduto

aero-abastecedora *s.f.* refuelling aircraft 加油机

aerobanho *s.m.* air bath 空气浴

aerobarco *s.m.* ⇨ aerodeslizador

aeróbio *adj.* aerobic 需氧的；有氧的

aerobiologia *s.f.* aerobiology 大气生物学

aerobus *s.m.* airbus 空中客车，空中巴士（指大型中短程喷气客机）

aeroclube *s.m.* aeroclub 航空俱乐部

aerocreto *s.m.* air-brick 空心砖；透气砖

aerodeslizador *s.m.* hovercraft 气垫船

aerodinâmica *s.f.* aerodynamics 空气动力学

aerodinâmico *adj.* aerodynamical 空气动

力学的；流线型的

aeródino *s.m.* aerodyne 重航空器

aeródromo *s.m.* airfield; aerodrome 机场，飞行场

　　aeródromo avançado advanced landing field 前方临时着陆场

　　aeródromo civil civil aerodrome 民用机场

　　aeródromo controlado controlled aerodrome （受）管制机场

　　aeródromo de alternativa alternate aerodrome 备降场

　　aeródromo militar military aerodrome 军用机场

　　aeródromos, rotas aéreas e auxílios terrestres aerodromes, air routes and ground aids 机场、航路和地面设备

aeroduto *s.m.* airduct 输气管道，通风管道；气槽

　　aeroduto flexível flexible gas tubing 输气软管

aeroelasticidade *s.f.* aeroelasticity 气动弹性；气动弹性力学

aeroembolia *s.f.* aeroembolism 高空病，气栓症

aeroespacial *adj.2g.* (of) aerospace 航空航天的

aerofólio *s.m.* airvane, aerofoil 空气动力面，机翼，叶片

　　aerofólio de fenda slotted airfoil 开缝翼型

aerofotografia *s.f.* aerophotography, aerial photography 航拍，航空摄影；航拍照片

　　aerofotografia planimétrica low oblique photo 低倾航照

aerofotográfico *adj.* aerophotographic 航空摄影（学）的

aerofotógrafo *s.m.* camera operator 航空摄影师

aerofotograma *s.m.* ⇨ aerofotografia

aerofotogrametria *s.f.* aerial photogrammetry 航空摄影测量

aerofotointerpretação *s.f.* aerial photography interpretation 航拍图像判读

aerofotolevantamento *s.m.* aerial photographic survey 航空照相测量

aerofotomosaico *s.m.* aerial photo-mosaic 航拍图像镶嵌图

aerogare *s.f.* terminal 航站楼

aerogel *s.m.* aerogel 气凝胶

aerogeologia *s.f.* aerogeology 航空地质学

aerogerador *s.m.* aerogenerator 风力发电机

aerografia *s.f.* ❶ aerography 大气（状况）图 ❷ aerography 用气笔整修（照片或图画）

aerógrafo *s.m.* airbrush 喷枪，气笔

aerograma *s.m.* aerogram 航空邮件

aerólito *s.m.* aerolite 陨石

aerologia *s.f.* aerology 高空气象学

aeromagnetómetro/aeromagnetômetro *s.m.* aeromagnetometer 航空地磁仪

aerómetro/aerômetro *s.m.* aerometer; density bottle 量气计；比重瓶

aeromotor *s.m.* air-engine 空气发动机

aeronauta *s.2g.* ⇨ aeronavegante

aeronáutica *s.f.* aeronautics 航空学

aeronave *s.f.* aircraft; airship 航空器，飞机

　　aeronave anfíbia amphibian 水陆两用飞机

　　aeronave arrendada leased aircraft 租赁飞机

　　aeronave canard canard airplane 鸭式飞机

　　aeronave cargueira all-cargo aircraft 全货机

　　aeronave civil civil aircraft 民用飞机，民航机

　　aeronave combinada combination aircraft 客货两用飞机

　　aeronave composta compound aircraft 复合飞机

　　aeronave convertível convertible aircraft 推力换向式飞机

　　aeronave de asa rotativa rotary wing aircraft 旋翼式飞机

　　aeronave de conversão rápida quick-change aircraft 快速客货转换飞机

　　aeronave de (/com) geometria variável variable-sweep aircraft 变后掠翼飞机

　　aeronave de passageiros passenger aircraft 客机

　　aeronave mais leve que o ar lighter-than-air aircraft 轻于空气的航空器

　　aeronave mais pesada que o ar heavier-than-air aircraft 重于空气的航空器

　　aeronave militar military aircraft 军用飞机

aeronave não tripulada unmanned aircraft 无人驾驶飞机

aeronave privada private aircraft 私人飞机

aeronave pública public aircraft 勤务飞机

aeronave remotamente pilotada remotely piloted aircraft 遥控驾驶飞机

aeronave subsônica subsonic aircraft 亚声速飞机

aeronave turboélice turboprop aircraft 涡轮螺旋桨飞机

aeronave turbojato turbojet aircraft 涡轮喷气式飞机

aeronave V/STOL V/STOL aircraft 垂直短距起降飞机

aeronave VTOL VTOL aircraft 垂直起降飞机

aeronavegabilidade *s.f.* airworthiness 适航性；耐飞性

aeronavegabilidade continuada continuing airworthiness 持续适航

aeronavegação *s.f.* aerial navigation; aeronautics 空中航行；航空学

aeronavegante *s.2g.* airman 飞行员，航空勤务员

aeronavegável *adj.2g.* airworthy 飞机性能良好的，适航的

Aeroniano *adj.,s.m.* Aeronian; Aeronian Age; Aeronian Stage （地质年代）埃隆期（的）；埃隆阶（的）

aeronomia *s.f.* aeronomy 高空大气学，高层大气物理学

aeropista *s.f.* runway 飞机跑道

aeroplâncton *s.m.* aeroplakton 空中飘浮生物

aeroplano *s.m.* airplane 飞机

aeroportante *adj.2g.* air-supported 气承式的（结构）

aeroporto *s.m.* airport 机场

aeroporto doméstico domestic airport 国内机场

aeroporto internacional international airport 国际机场

aerosfera *s.f.* aerosphere 大气圈

aerosite *s.f.* aerosite, ruby silver 深红银矿

aerospacial *adj.2g.* ⇨ aeroespacial

aerossol *s.m.* aerosol 气溶胶

aerossustentado *adj.* ⇨ aeroportante

aerostação *s.f.* aerostation 气球驾驶法

aerostática *s.f.* aerostatics 空气静力学

aeróstato *s.m.* aerostat 轻航空器

aerotopografia *s.f.* aerotopografy 航空地形测量

aerotopográfico *adj.* aerotopographic 航空地形测量（学）的

aerotransportado *adj.* airborne 机载的

aerotrem *s.m.* aerotrain 悬浮列车

aerotriangulação *s.f.* aerotriangulation 航空三角测量

aerovia *s.f.* airway 航线，航路

aeroviário *adj.* ❶ (of) air traffic 空中交通的 ❷ (of) air transportation 航空运输的

aetite *s.f.* eaglestone 鹰石

afagamento *s.m.* dressing 修琢（石面）；刨光（木材）

afanite *s.f.* aphanite 隐晶岩，非显晶岩

afanocristalino *adj.* aphanocrystalline 隐晶质的

afanofírico *adj.* aphanophyric 隐晶基斑状的

afastamento *s.m.* ❶ 1. distance, spacing 距离，间隔 2. deviation, departure 偏差，偏离 3. offset 偏离量，偏移量 ❷ burden （一次炸去的）岩石和土堆量 ❸ pitch diameter 节圆直径

afastamento das barras clear opening between bars 钢筋净间距

afastamento de dente tooth pitch 齿距

afastamento do geofone geophone offset 炮检距

afastamento do ponto de tiro shotpoint gap 炮点间隙

afastamento horizontal horizontal displacement 水平位移

afastamento inferior lower deviation 下偏差

afastamento lateral (horizontal) safety clearance 安全距离

afastamento lateral mínimo minimum lateral clearance 最小横向间距

afastamento longitudinal in-line offset 同线离开排列

afastamento radial shift 径向移位

afastamento superior upper deviation 上偏差

afastamento transversal lateral spacing

侧向间距

afastar *v.tr.* ❶ (to) move away 移开 ❷ (to) remove 免职

afectação *s.f.* allocation 分配，配置
afectação de recursos resource allocation 资源配置，资源调配

afélio *s.m.* aphelion 远日点

aferição *s.f.* gauging, calibrating （测量的）校准；在经测量符合标准的物件上做的标记
aferição do zero zero-point adjustment 零点校正

aferidor *s.m.* gauge 测量器，测定器
aferidor de tensão (/deformação) strain gauge 应变计
aferidor eletrônico para sistemas de aparafusamento electronic gauge for tightening systems 螺栓电子检测仪，紧固件电子轴力计

aferir *v.tr.* (to) gauge, (to) calibrate 校准，使符合标准

aferrar *v.tr.* (to) grapple, (to) anchor 用铁器锁住，锚固

aferroar *v.tr.* (to) sting, (to) prick 刺，穿

afiação *s.f.* honing 磨细，磨尖，磨砺，珩磨
afiação a líquido liquid honing 液体研磨
afiamento de fresa milling cutter grinding 铣刀研磨

afiado *adj.* sharp 尖锐的，磨尖的

afiador *s.m.* sharpener 磨具
afiador de cutelo knife sharpener 磨刀器
afiador de ferramenta de corte cutter sharpener 刀具磨刃器

afia-goiva *s.m.* gouge slip 磨凿石

afiamento *s.m.* ⇨ afiação

afiar *v.tr.* (to) hone, (to) sharpen 磨细，磨尖

afilamento *s.m.* gauging; calibrating 校准，调校

afilar *v.tr.* (to) gauge, (to) calibrate 校准，调校

afinação *s.f.* ❶ adjustment 调整，调节 ❷ refining （金属）提纯
afinação do travão brake adjustment 刹车调试，刹车调节
afinação das válvulas valve clearance adjustment 阀隙调整，气门间隙调整

afinador *s.m.* tuner, refiner 调谐器

afinamento *s.m.* ❶ thinning 变稀疏；细化

❷ scarcement 墙凹台，壁阶

afinamento com cisalhamento shear thinning 剪切稀化

afinar *v.tr.* ❶ (to) adjust 调整，调节 ❷ (to) refine （金属）提纯

afincar *v.tr.* (to) drive, (to) nail 打桩，打钉

afinidade *s.f.* affinity 亲和力，亲和性
afinidade eléctrica electric affinity 电亲和力

afírico *adj.* aphyric 无斑隐晶的

afixação *s.f.* ❶ affixation 固定 ❷ posting, sticking 粘贴，贴附

afixar *v.tr.* (to) affix; (to) post 固定；粘贴

afloramento *s.m.* outcrop 露头，岩层显露在地表的部分
afloramento betuminoso tar pit 沥青坑
afloramento de banco de areia outburst bank 海堤中段
afloramento de falha fault outcrop 断层露头
afloramento de rocha longitudinal yardang 风蚀土脊；白龙堆

aflorante *adj.2g.* outcropping 露头的；外露的

afluência *s.f.* affluence, inflow 汇流；流入；流入物

afluente *s.m.* affluent, tributary 支流，注入河
afluente da margem direita right bank tributary 右岸支流
afluente da margem esquerda left bank tributary 左岸支流

afmag *s.m.* afmag 声频磁法

afogador *s.m.* choker 扼流圈；阻气门

afogar *v.tr.* (to) flood （发动机）淹缸，进油过多进气过少

aforquilhar *v.tr.* (to) fork 叉起

afótico *adj.* aphotic 无光的

Aframax *s.m.* Aframax 阿芙拉型油轮

afresco *s.m.* ⇨ fresco

afretador *s.m.* charterer 租船人，租船方

afretamento *s.m.* chartering, affreightment 租船，租船货运

África *s.f.* Africa 非洲

africano *adj.,s.m.* African 非洲的；非洲人

africandito *s.m.* africandite 钛黄云橄岩

afrolito *s.m.* aphrolithic lava 块集熔岩

afromosia *s.f.* afromosia 非洲红豆木

（*Afrormosia elata*）

afrouxamento *s.m.* relieving, relaxation 松弛，释压

afrouxar *v.tr.* (to) loosen, (to) relax 放松，松弛

afundamento *s.m.* settlement （路面）下沉，沉降

afundamento plástico plastic settlement 塑性沉降

afundamento por consolidação consolidation settlement 固结沉降

afundar *v.tr.* (to) sunk 沉没

afunilado *adj.* funnel-shaped, tapering 漏斗形的；尖端细的

afunilamento *s.m.* funneling, bellmouthing （使成）漏斗状，喇叭口状

afunilar ❶ *v.tr.,intr.* (to) funnel 形成漏斗状 ❷ *v.tr.* (to) narrow 使狭窄，收窄

afwilite *s.f.* afwilite 硅钙石

afzelia *s.f.* afzelia 缅茄木 （*Afzelia spp*）

agalmatolite *s.f.* agalmatolite 寿山石；滑石

agaricida *s.m.* acaricide 杀螨剂

agarrador *s.m.* gripper 爪斗

agarrador de testemunho core catcher 岩心爪

agarramento *s.m.* ❶ gripping 夹，抓 ❷ dragging 拖曳作用

agarramento da embreagem clutch dragging 离合器分离不彻底

agarramento do freio brake dragging 制动拖滞

agarramento da lona do freio brake lining dragging 制动衬片拖滞

agarrar *v.tr.* (to) grip 夹，抓

ágata *s.f.* agate 玛瑙

ágata-da-Islândia Iceland agate 黑曜岩

ágata dendrítica dendritic agate 树突状玛瑙

ágata esferolítica spherulitic agate 球粒玛瑙

ágata-íris rainbow agate 虹玛瑙

ágata muscínea (/musgosa) moss agate 苔纹玛瑙

ágata oolítica oolitic agate 鲕状玛瑙

ágata sagenítica sagenitic agate 金红石玛瑙

ágata sanguínea blood agate 血点玛瑙

agatocopalite *s.f.* agathocopalite 化石树脂

agência *s.f.* ❶ agency 代理处，经销处；公众服务机构 ❷ branch 分行，分部，分店，分公司

agência de vendas autorizada authorized seller 授权经销商

agência de viagens travel agency 旅行社

agência financeira de fomento development agency, development bank 金融开发机构，开发银行

agência financeira oficial de fomento official finance agency 官方金融开发机构（相当于我国政策性银行）

agência publicitária advertising agency 广告公司

agência reguladora regulatory agency 监管机构

agência sede head office, main branch （银行）总行

agenciador *s.m.* agent 代理人

agenciador de carga forwarding agent, cargo agent 货运代理

agenciamento *s.m.* ❶ agent fee 代理费 ❷ procuration, agency services 代理，代办

agenciar *v.tr.* (to) act as agent 代理，代办

agenda *s.f.* agenda 日程表；待办事项清单

agendamento *s.m.* scheduling 安排日程；纳入议程

agente ❶ *s.m.* agent 作用剂 ❷ *s.2g.* agent 代理人，代理商；代办，经理 ❸ *s.m.* agent, agency 营力 ❹ *s.m.* agent 动因，因素，因子

agente absorvedor de calor heat absorbing agent 吸热剂

agente activador activating agent 活化剂

agente adesivo adhesion agent 界面剂

agente aditivo addition agent 添加剂

agente anticoagulante anticoagulant 抗凝剂

agente anticongelante antifreezing agent 抗冻剂

agente antidecapante anti-stripping agent 防剥剂，抗剥落剂

agente antielectrostático anti-electrostatic agent 抗静电剂

agente anti-embaciamento anti-dimming 抗朦剂

agente antiespumante antifoam agent

消泡剂

agente antiestático anti-static agent 抗静电剂

agente antifúngico antifungal agent 抗真菌剂

agente atmosférico weathering agency 风化营力

agente branqueador whitening agent 增白剂

agente catalítico catalytic agent 催化剂

agente colector collector agent 浮选捕集剂

agente colocador placement agent; transfer agent 融资代理，承销商；过户代理

agente colorante coloring agent 着色剂

agente complexante complexing agent 络合剂

agente corrosivo corrosion agent 腐蚀剂

agente credenciado accredited agent 授权代理人

agente curiente curing agent, curing compound 养护剂

agente de arrastamento de ar air-entraining agent 加气剂

agente de cura curing agent 固化剂；硬化剂

agente de curtimenta tanning agent 鞣剂

agente de erosão erosion agent, erosion agency 侵蚀营力

agente de escoramento propping agent 支撑剂

agente de extrema pressão extreme pressure agent 极压剂

agente de nivelamento levelling agent 匀染剂；均化剂

agente de obstrução ⇨ agente obturante

agente de refrigeração cooling agent 制冷剂

agente de saponificação saponification agent 皂化剂

agente de separação separation agent 分离剂，脱模剂

agente de sustentação proppant 支撑剂

agente de têmpera hardening agent 硬化剂

agente deflagrador trigger, trigger factor 触发因素

agente depressivo coagulation depression agent 降凝剂

agente desemulsificador emulsion breaker 破乳剂

agente espansor expanding agent 膨胀剂

agente espessante (/espessador/engrossador) thickening agent 增稠剂

agente estabilizador stabilizing agent 稳定剂

agente explosivo blasting agent, explosive agent 爆炸剂

agente exsicante drying agent 干燥剂

agente externo external agent, external agency 外营力

agente extintor extinguishing agent 灭火剂

agente floculento flocculating agent 絮凝剂

agente humedecedor wetting agent 润湿剂

agente interno internal agent, internal agency 内营力

agente isolador sequestering agent 螯合剂

agente marítimo shipping company 船务公司

agente molhante ⇨ agente humedecedor

agente obturante bridging agent 桥堵剂

agente oxidante oxidizing agent 氧化剂

agente para tapagem plugging agent 堵水剂；封堵剂

agente químico amargo bittering agent 苦味剂

agente redutor reducing agent 还原剂

agente redutor de água water reducing agent 减水剂

agente reforçante reinforcing agent 增强剂

agente regenerador (/rejuvenescedor) regenerating agent 再生剂

agente separador ⇨ agente isolador

agente técnico assistant of engineer 助理工程师

agente vedante (/selante) sealing agent 封闭剂，密封剂

agente-motor s.m. prime-mover 原动机

ágio s.m. agio, premium 贴水；扣头；折扣；溢价

agitação s.f. stirring 搅拌

agitação do fundo do mar water-bottom roll 水底地滚波

agitação do solo ground unrest 背景噪声，环境噪声

agitação electromagnética electromagnetic stirring (EMS) 电磁搅拌

agitador *s.m.* agitator, stirrer 搅拌器

agitador de garrafas bottle rocker 摇瓶机

agitador de minério vanner 淘矿机

agitador de solução agitator 溶液搅拌器

agitador de tubos test tube shaker 试管振荡器

agitador dispersor de solos soil dispersion apparatus 土样分散装置

agitador eletromagnético electromagnetic stirrer 电磁搅拌器

agitador hidráulico hydraulic agitator 液力搅拌器

agitador/homogeneizador em V V-shape homogenizer stirrer V 形均质搅拌器

agitador/homogeneizador em Y Y-shape homogenizer stirrer Y 形均质搅拌器

agitador magnético magnetic stirrer 磁力搅拌器

agitador magnético de 6 provas 6-position magnetic stirrer 6 头磁力加热搅拌器

agitador mecânico mechanical agitator 机械搅拌器

agitador mecânico multi-provas multi-position mechanical stirrer 多头机械搅拌器

agitador rotativo rotating mixer 旋转混合仪

agitador submerso submerged stirrier 潜水搅拌器，潜水搅拌机

aglomeração *s.f.* agglomeration 黏合，黏结

aglomeração de recifes reef cluster 礁丛

aglomerado *s.m.* ❶ 1. heap; mass 聚积物，集合物 2. agglomerate 集块岩 3. caking, sintered brick 结块，烧结砖 ❷ chipboard 刨花板，木屑板

aglomerado de diques dyke swarm 岩脉群

aglomerado de fibras de densidade média (MDF) medium density fiberboard (MDF) 中密度纤维板

aglomerado de fibras duro hard fiber-board 硬质纤维板

aglomerado de minério ore briquet 团矿

aglomerado de partículas longas e orientadas (OSB) oriented standard board (OSB) 欧松板，定向刨花板

aglomerado endurecido filter cake 滤饼

aglomerado expandido puro pure expanded corkboard 纯膨胀软木板

aglomerado negro de cortiça black agglomerated cork 黑色软木板

aglomerado urbano city 城市

aglomerado vulcânico volcanic agglomerate 火山集块岩

aglomerante *s.m.* agglomerative 黏合剂，黏结剂

aglomerar *v.tr.* (to) agglomerate 黏合，黏结

aglutinação *s.f.* agglutination 凝集；胶合

aglutinação activada activated sintering 活化烧结

aglutinado *s.m.* agglutinate 黏合集块岩

aglutinador *s.m.* binder （玻璃拉丝工艺使用的）集束轮

aglutinante *s.m.* agglutinant, binder 烧结剂；凝集剂；黏合料

aglutinante elastomérico elastomeric binder 弹性黏合剂

aglutinante sintético synthetic binder 合成黏合剂

aglutinar *v.tr.* (to) agglutinate 凝集；胶合

aglutinoscópio *s.m.* agglutinoscope 凝集检视镜，凝集反应镜

agmatito *s.m.* agmatite 角砾混合岩

agnata *s.f.* agnatha 无颌类，无颌类脊椎动物

agónica *s.f.* agonic line 无偏线；无磁差线

agónico *adj.* agonic 无磁偏的

ágora *s.f.* agora 广场

agpaíto *s.m.* agpaite 钠质火成岩

agradação *s.f.* aggradation 加积；填积；淤高

agradação costeira coastal aggradation 海岸加积

agrafador *s.m.* stapler [葡] 订书机

agrário *adj.* agrarian 农业的，农田的

agrávico *adj.* agravic 无重力的

agregação *s.f.* aggregation 聚合，聚集

agregação por atributos aggregation by attributes 根据属性聚合

agregado *s.m.* ❶ aggregate 集料，骨料 ❷

aggregate 团聚体；集合体，聚合体

agregado à prova de fogo fireproof aggregate 耐火骨料

agregado artificial artificial aggregate 人造骨材

agregados britados crushed aggregates 碎料

agregado calcinado calcined aggregate 煅烧骨料

agregado classificado ⇨ **agregado graduado**

agregado com torrões de argila clay contaminated aggregate 泥土污染骨料

agregado comagmático comagmatic assemblage 同源岩浆岩组

agregado cristalino crystalline aggregate 晶质集合体

agregado de graduação contínua continuously graded aggregate 连续级配骨材

agregados de origem marítima marine aggregate 海成骨料

agregado de pedra corrida crusher run aggregate, all in aggregate, run-of-bank 破碎骨料

agregados densos ⇨ **agregados pesados**

agregado exposto exposed aggregate 暴露骨料

agregado fino fine aggregate 细骨料，细集料

agregado graduado graded aggregate 级配骨材

agregado granulado granular aggregate 粒状集料

agregado granulometricamente adequado well graded aggregate 级配良好的骨料

agregado grosso (/graúdo) coarse aggregate 粗骨料

agregado hidrófilo hydrophilic aggregate 亲水性集料

agregado leve light weight aggregate 轻骨料

agregado miúdo ⇨ **agregado fino**

agregado natural natural aggregate 天然骨料

agregado para cobertura cover aggregate 盖面集料

agregados pesados heavy weight aggregates 重质骨材

agregado polido polished aggregate 抛光骨料

agregado pré-envolvido previously coated aggregate, precoating 裹浆粒料

agregados rolados stream gravel 河砾石

agregado seco dry aggregate 干集料

agregado sintético synthetic aggregate 人造集料，合成集料

agregado uniforme single sized aggregate 均匀颗粒骨料，单径骨料，单一粒度骨料

agregar *v.tr.* (to) aggregate 聚合，聚集

agressividade *s.f.* aggressiveness, corrosiveness 侵蚀性

agressividade de água corrosiviness of water 水的侵蚀性

agressividade da água freática (/subterrânea) corrosiveness of groundwater 地下水侵蚀性

agressividade da água salgada corrosiveness of salt water 盐水的侵蚀性

agressividade química chemical corrosiveness 化学腐蚀性

agressivo *adj.* aggressive 侵蚀性的

agrícola *adj.2g.* agricultural 农业的

agricultor *s.m.* farmer 农民

agricultura *s.f.* ❶ agriculture; crop cultivation [狭义]农（耕）业，种植业；种植（行为）⇨ **cultura, lavoura** ❷ agriculture; agriculture and cattle raising [广义]农业，农畜牧业 ⇨ **agropecuária**

agricultura de precisão precision farming, precision agriculture 精准农业；精细农业

agrimensor *s.m.* surveyor 测量员，测量师

agrimensura *s.f.* surveying, land-surveying 土地测量

agro-florestação *s.f.* agroforestry 农林业

agro-indústria *s.f.* agroindustry 农产品加工业；农业-加工业

agro-industrial *adj.2g.* agroindustrial 农产品加工业的；农业-加工业的

agrologia *s.f.* agrology 农业土壤学

agronegócio *s.m.* agribusiness 大农场经

营，农业综合经营；农业综合企业

agronomia *s.f.* agronomy 农学

agrónomo *s.m.* agronomist, agriculturalist 农业专家，农学专家

agropecuária *s.f.* agriculture and cattle raising 农畜牧业

agroquímico *s.m.* agrochemical 农用化学品

agrotóxico *s.m.* agro-toxins 农用杀虫剂

agroturismo *s.m.* agritourism 农业旅游

agrupamento *s.m.* cluster 群，簇

agrupar *v.tr.,pron.* (to) group 成组，聚集

água *s.f.* ❶ 1. water 水 2. aqua, hydrogen oxide 溶液；氧化氢 ❷ *pl.* sea, waters 海洋；海域，水域；大片的水 ❸ *pl.* water affairs 水务 ❹ 1. slope, slanted pane of a roof 屋顶坡面 2. pitched roof 坡屋面，斜尖屋顶 ❺ water （宝石的）水头，水色

água a ferver boiling water 开水

água absorvida absorbed water 吸收水

água ácida acidic water 酸性水

água actual actual water, vadose water 渗流水

água adoçada upper slope of a mansard roof 复折式屋顶的上部坡

água adsorvida adsorbed water 吸附水

água adsorvida à argila clay-bound water 黏土束缚水

água agressiva aggressive water 侵蚀性水

água agressiva salgada aggressive salt water 侵蚀性盐水

água aprisionada ⇨ água de combinação

água arejada aerated water 充气水

águas arquipelágicas archipelagic waters 群岛水域

água artesiana artesian water 自流水；承压水

água ascendente ⇨ água juvenil

água atmosférica atmospheric water 大气水

água branca clear water 清水，净水

água branda soft water 软水

água brava runoff water 径流水

água bruta raw water 原水，未经净化的水

água calcária calcareous water 石灰水

água capilar capillary water 毛细水

água cársica karst water 岩溶水

água cársica de sinclinal syncline karst water 向斜岩溶水

água clorada chlorinated water 氯水

água conata (/congênita) connate water 原生水

água condensada condensed water 冷凝水，凝结水

águas continentais continental waters 陆架区海域；大陆架水域

água cristalina crystalline water 结晶水

água-de-alfazema lavender water 薰衣草水

água de alimentação (/adução) feed-water 给水

água de amassadura (/amassamento) mixing water 拌和水，拌和用水

água de arrefecimento cooling water 冷却水

água de arroiamento ⇨ água de escorrência

água de cal lime water 石灰水

água da camisa do motor jacket water 缸套水

água de cheia flood water 洪水

água de chuva rainwater 雨水

água de combinação bound water; tie water 结合水

água de compactação (/compacção) compaction water 挤压水；化石水

água de compensação compensation water 补偿水

água de constituição constitutional water 结构水

água de consumo (humano) drinking water 饮用水

água de cristalização water of crystallization 结晶水

água de descarga flushing water 冲洗水，冲厕水，冲厕用水

água de descarregamento overfalling water 溢流水

água de despejo wastewater 废水

água de embebição soaking water 吸着水

água de enchente ⇨ água de cheia

água de escorrência runoff water 径流水

água de escorvamento priming water 引

动水
água de esgoto sewage 污水
água de fonte ⇨ água de nascente
água de (/em) formação formation water 地层水
água de fundo bottom water 底层水
água de hidratação water of hydration 水合水
água de imbibição imbibition water 吸入水
água de impregnação impregnation water 吸湿水，湿存水
água de infiltração infiltration water 渗入水
água de injecção injection water 注射水，注射用水
água de jazida petroleum field water 油田水
água de jusante tailwater 尾水，下游水
água de lavagem wash water 洗涤水
água de lavagem de furos wash water 洗矿水
água do mar seawater 海水
água de metamorfismo metamorphism water 变质水；化石水
água de mistura mixing water 混合水
água de nascente source water 水源水
água de origem native water 原生水
água de percolação percolating water 渗透水，渗漏水
água de (/para) perfuração drill water 钻进用水
água de plasticidade water of plasticity 起塑水
água dos poros pore water 孔隙水
água de refluxo back-water 回水
água de refrigeração cooling water 冷却水
água de retenção retained water 滞留水，阻滞水
água de reuso reuse water 回用水
água de síntese synthetic water 合成水
água do solo soil water 土壤水
água do subsolo subsoil water 地下水
água de superfície surface water 地表水，表层水
água de toalha artesiana confined ground water 承压地下水

água desionizada deionized water 去离子水
água desmineralizada demineralized water 软化水，脱矿质水
água destilada distilled water 蒸馏水
água diagenética diagenetic water 成岩水
água doce fresh water 淡水
água doméstica domestic water 生活用水
água dormente dormant water 化石水
água dura hard water 硬水
água estagnada stagnant water 死水；停滞水
água esterilizada sterilized water 灭菌水
água excedentária disposal water 处理水
água férrea chalybeate water 铁质水
água fervida boiled water 开水
água filtrada filtered water 过滤水
água fluvial river water 河水
água fóssil fossil water, connate water 化石水，原生水
água freática phreatic water 地下水，潜水
água fria doce soft cold water 软冷水
água fria doméstica domestic cold water 家用冷水
águas-furtadas attic 阁楼 ⇨ sótão
água gravítica (/gravitacional) gravitational water 重力水
água hidrotermal hydrothermal water 地热水
água higroscópica hygroscopic water 吸湿水，湿存水
água hipertermal hyperthermal water 热液；热水；温泉水
água hipogénica hypogene water 上升水
água inata connate water, native water 封存水；原生水
água industrial industrial water 工业用水
águas inferiores basal ground water 油层下部底水
água infiltrante infiltrating water 入渗水，渗透水
água infraglaciária subglacial water 冰下水
águas interiores internal waters 内水
água intersticial interstitial water, pore water 间隙水，孔隙水
água intersticial livre free interstitial

water 自由隙间水

água ionizada ionized water 离子水

água juvenil juvenile water 初生水；岩浆水

água lacustre lake water 湖水

água límpida clear water 清水；澄清水

água líquida liquid water 液态水

água livre free water 游离水；自由水分

água magmática magmatic water 岩浆水

água medicinal medicinal water 医疗用水

água mestra trapezoidal slope of hip roof（四坡屋面的）矩形坡面

água meteórica meteoric water 天落水

água mineral mineral water 矿泉水

água mole ⇨ água branda

água molhada wetting agent 湿润剂

água morta dead water 死水；化石水

águas mortas neap tide 小潮

água móvel mobile water 自由水

água não dura ⇨ água branda

água natural natural water 天然水

água negra ⇨ água suja

água no porão bilge-water 舱底污水

água oleosa oily water 混油水，含油污水

água osmotizada osmosed water 反渗透处理水

água oxigenada hydrogen peroxide 双氧水，过氧化氢

água parada ⇨ água estagnada

água pelicular pellicular water 薄膜水

água pesada heavy water 重水

água poluída polluted water 污水，被污染的水

água potável potable water 饮用水

água precipitável precipitable water 可降水

água produzida produced water; treated water 采出水；已处理水

água profunda deep water 深层水；化石水

águas profundas deep waters 深水区（水深在300米—1500米之间）

água pura pure water 纯净水

água quebrada curb-roof 复斜屋顶；复折式屋顶

água quente doce soft hot water 软热水

água quente doméstica domestic hot water 家用热水

água quente sanitária (AQS) sanitary hot water 卫生用热水

água química chemical water 化学（结合）水

águas rasas shallow waters 浅水区；浅海（水深 <300 米）

água refrigerada chilled water 冷冻水

água regenerada regenerated water 再生水；再生原水

água residual waste water, residual water 废水，污水，残留水

água salgada salt water, saline water 盐水；海水

água salina saline water 盐水；海水

água salobre brackish water 苦咸水

água sanitária sanitary water 卫生用水

água saponosa soapy water 肥皂水

água selvagem ⇨ água de escorrência

água servida sewage 污水，废水

água subálvea underground current 地下水流

água subterrânea subsoil water, ground water 地下水

água suja foul water 污水，脏水（指马桶排放的水）

água sulfurosa sulphurous water 硫黄水

água superficial surface water 地表水

água supergénica supergene water 表生水

água supersaturada supersaturation water 过饱和水

água suspensa suspended water 悬着水

água termal thermal water 热液；热水；温泉水

água termomineral thermomineral water 医用热矿水

águas territoriais territorial waters 领海，领水

água tranquila still water 静水

água tratada descloretada dechlorinated water, dechlorination treated water 脱氯水

água turva turbid water 浑水

água ultrapura ultrapure water 超纯水

águas ultraprofundas ultra deep waters 超深水域（水深 >1500 米）

água vadosa vadose water 渗流水

águas vivas spring tides 大潮

água zeolítica zeolite water 沸石水

◇ **Direcção Nacional de Águas (DNA)** National Directorate for Water Affairs 国家水务局

◇ **Secretaria de Estado das Águas (SEA)** Secretary of State for Water 国家水务秘书处

aguaçal *s.m.* slough; swamp 泥沼，沼泽

aguaceiro *s.m.* cloudburst 大暴雨

aguada *s.f.* ❶ cement lime mortar 水泥石灰砂浆 ❷ water supply 食水供应

aguada de aderência bond coat 黏合层

águada de cimento cement slurry 水泥浆

água forte *s.f.* ❶ aqua fortis 王水 ❷ etching 蚀刻版画

água-marinha *s.f.* aquamarine 海蓝宝石

aguardamento *s.m.* waiting 等待，等候

aguardamento da pega do cimento waiting on cement (WOC) 水泥候凝

aguarrás *s.m.2n.* essence of turpentine; turpentine 松节油

aguçado *adj.* sharpened 磨尖的

aguçar *v.tr.* (to) sharpen 磨锋利，弄尖

agudo *adj.* acute 尖锐的，锐角的

agueira *s.f.* gutter; drain, water-spout 排水沟；檐槽；水槽

agueiro *s.m.* ❶ gutter; drain, water-spout 排水沟；檐槽；水槽 ❷ weepholes 泄水孔，泄水洞

agulha *s.f.* ❶ needle 针 ❷ compass 指南针，罗盘 ❸ railway switch 铁路道岔 ❹ broach, spire（建筑物）尖顶，塔尖 ❺ needle beam 针梁 ❻ needle, aiguille 针状结晶 ❼ bean（喷）油嘴

agulha azimutal azimuth-compass 方位罗盘

agulha californiana (/califórnia) California switch 浮放道岔

agulha curva curved switch 曲线尖轨

agulha de AMV switch 转轨，转辙

agulha de imersão dipping needle 升降针；磁倾针

agulha do injector pintle 喷油器针栓

agulha de "Le Chatelier" Le chatelier mould, Le chatelier needle 雷氏夹

agulha de marear compass needle 罗经磁针；罗盘针

agulha de toca-discos stylus 唱针

agulha de transepto transept spire 翼部尖塔

agulha de trânsito acute angle junction（道路）锐角 Y 形交叉口

agulha de trilho de fenda (para vias calçadas) tongue switch 舌形转辙器

agulha de vibrador vibrating needle 振动磁针

agulha flexível spring tongue 弹簧尖轨

agulha giromagnética gyromagnetic compass 陀螺磁罗盘

agulha isolada eletricamente insulated switch 绝缘开关

agulha magnética (/imanizada) magnetic needle 磁针

agulhas móveis de um cruzamento center points 中心点

agulha Próctor Proctor needle 普氏贯入针

agulha recta ❶ straight switch rail, tangential switch 直线尖轨 ❷ straight tongue 直纹凸榫

agulhado *adj.* needled 针刺的

agulheado *adj.* needle-shaped 针状的

agulheiro *s.m.* ❶ scaffolding hole 脚手眼 ❷ weepholes 泄水孔，泄水洞 ❸ pointsman; switchman（铁路）道岔工

agulheiro de andaime scaffolding hole 脚手眼

agulheta *s.f.* ❶ nozzle 喷嘴；管嘴 ❷ bodkin（绳子、带子两端的）金属包头

agulheta de jacto de água water jet nozzle 喷水嘴

agulheta de jacto de vapor steam jet nozzle 蒸汽喷嘴

agulheta de limpeza nozzle cleaner 清洁喷嘴

agulheta de mangueira watering nozzle 软管喷嘴

aide-mémoire *s.m.* aide mémoire 备忘录

aido *s.m.* corral 畜栏，圈

aileron *s.m.* aileron 副翼

aileron com fenda slotted aileron 开缝副翼

ailerons diferenciais differential ailerons 差动副翼

ailerons para baixo aileron droop 副翼下垂

ailerons para cima aileron up-float 副翼上偏

aileron tipo frise frise aileron 弗利兹副翼

ailiquito *s.m.* aillikite 方解霞黄煌岩

ailsito *s.m.* ailsyte 钠闪微岗岩

airbag *s.m.* airbag 气囊

airbag de cortina curtain airbag 帘式侧气囊

airshow *s.m.* airshow 空中飞行表演

aiveca *s.f.* mouldboard 犁壁，犁镜

aiveca cilíndrica cylindrical mouldboard 圆柱形犁壁

aiveca cilíndro-helicoidal (/americana/ mista) semi-digger mouldboard 圆柱−螺旋混合形犁壁

aiveca de tiras slat mouldboard 栅条式犁壁

aiveca helicoidal helical mouldboard 螺旋形犁壁

aiveca universal general purpose bottom 通用犁

aivequilho *s.m.* covering shovel 芯铧式开沟器的侧板（置于芯铧后部）

ajardinagem *s.f.* ❶ landscaping, gardening 园林绿化；景观工程 ❷ landscape, landscape painting [集] 园景；景观

ajardinamento *s.m.* landscaping, gardening 园林绿化，景观工程

ajardinar *v.tr.* (to) landscape 对…做景观美化，给…做园林美化

ajkaíte *s.f.* ajkaite 块树脂石

ajudante *s.2g.* assistant 副手，帮手

ajudante de sondador roughneck 钻工

ajuntadouro *s.m.* gathering place 集结场地

ajuntoura *s.f.* header, honder 露头砖，露头石，丁砖

ajuntourado *adj.* (wall) with header bricks 加丁砖的（砌体墙）

ajustabilidade *s.f.* adjustability 可调性

ajustador *s.m.* ❶ fitter 钳工；修配工 ❷ adjuster 调节器

ajustador de folga (dos freios) slack adjuster, brake adjuster（刹车）松紧调整器，间隙调整器

ajustador de folga tipo diafragma diaphragm-type slack adjuster 隔膜式间隙调整器

ajustador de folga tipo pistão pis-ton-type slack adjuster 活塞式间隙调整器

ajustador do freio brake adjuster 刹车调节器

ajustagem *s.f.* ❶ adjusting, adjustment 调整；调校 ❷ setting, adjustment 设置

ajustagem da convergência toe-in adjustment 前束调整

ajustagem da cremalheira rack setting 齿条安装，齿条调定

ajustagem da divergência toe-out adjustment 前张调整，后束调整

ajustagem da folga da válvula valve clearance adjustment 气门间隙调整

ajustagem de mancal bearing adjustment 轴承调整

ajustagem da potência power setting 动力调整

ajustagem da pressão pressure setting 压力调整；压力校正

ajustagem da tensão voltage setting 电压设定

ajustagem do tucho lifter setting 提升装置设置

ajustagem final final adjustment 最后调整

ajustagem folgada loose fit 松配合

ajustagem perfeita tight fit 紧配合

ajustagem precisa fine adjustment 微调

ajustamento *s.m.* ❶ adjusting, adjustment 调整；调校 ❷ matching, fit 装配，配合

ajustamento central center adjustment 置中

ajustamento com aperto shrinkage fit 收缩配合

ajustamento no fecho crown cantilever adjustment 拱冠悬臂梁校正

ajustamento por contracção shrinkage fit 收缩配合

ajustamento por interferência interference fit 干涉配合

ajustamento radial radial adjustment 径向调节

ajustamento rotativo duro wringing 拧；扭

ajustamento selectivo selective fit 选择配合

ajustamento variável transition fit 过渡配合

ajustamento vertical vertical adjustment 垂直调整，高度调节；高程平差

ajustar *v.tr.* (to) adjust, (to) fit 调整；调校

ajustável *adj.2g.* adjustable 可调校的

hidraulicamente ajustável hydraulically adjustable 液压可调

ajuste *s.m.* ❶ 1. adjustment, lining-up 校准，校正 2. fit, fit-up 装配，配合 ❷ arrangement; agreement 约定，协定 ❸ brickwork, bond 砌砖；砌法

ajuste da agulha switch adjustment 开关调整

ajuste da angulagem angle adjustment 角度调整

ajuste de banco seat adjustment 座椅调节

ajuste da baseline baseline adjustment 基准线调整

ajuste de interferência interference fit 紧配合；过盈配合

ajuste de superfície surface fitting 曲面拟合法

ajuste directo direct agreement; direct award 直接磋商，直接谈判；直接授标

ajuste directo pelo critério do valor direct agreement by price standards 基于合同金额的直接磋商（指当合同标的低于一定金额时，可免除招标直接进入议标程序）

ajuste directo pelo critério material direct agreement by substantive standards 基于实质标准的直接磋商（指由于合同标的或实际情况的特殊性，合同免除招标直接进入议标程序）

ajuste posterior L/P profit and loss adjustment 损益调整

akerito *s.m.* ⇨ aquerito

ala *s.f.* ❶ 1. wing 建筑物的侧面部分，配楼，侧楼 2. flank wall 边墙 ❷ beam flange 梁翼 ❸ wing 机翼

ala de bueiro culvert wing 涵洞八字墙
ala da viga beam flange 梁翼

alabanda *s.f.* black marble 黑大理石

alabandite *s.f.* alabandite 硫锰矿

alabastrite *s.f.* alabastrite 雪花石膏

alabastro *s.m.* alabaster 雪花石膏；细纹大理石

alabastro oriental oriental alabaster; onyx 细纹大理石

alagadiço *s.m.* swamp, marsh 沼泽

alagado ❶ *adj.* flooded; inundated （被）淹没的 ❷ *s.m.* swamp 水洼，沼泽

alagado parálico paralic swamp 近海沼泽

alagamento *s.m.* flooding, water-drive 水灾；充溢；泛溢

alagem *s.f.* hoisting 提升；起重

alalinito *s.m.* allalinite 浊变辉长岩

alambique *s.m.* still; alembic 立式蒸馏釜

alambor *s.m.* wall with stronger base 由下向上渐薄的墙面

alambrado *s.m.* wire fence 铁丝围网，铁丝栅栏

alambre *s.m.* ⇨ arame

alameda *s.f.* boulevard, grove, parkway 林荫道

álamo *s.m.* poplar 杨树

álamo branco white poplar 白杨

alanite *s.f.* allanite 褐帘石

ALARA *sig.,loc.* ALARA (as low as reasonably achievable) （环境保护、污染物排放的）最低合理可行

alaranjado *s.m.* orange 橙色

alaranjado de metila methyl orange 甲基橙

alargador *s.m.* ❶ reamer, enlarging bit, reamer bit 扩孔器，扩孔钻；扩孔钻头 ❷ widener 加宽工具 ❸ increaser 扩径管 ❹ bell bucket 斜坡基脚，喇叭形基脚

alargador cónico taper reamer 锥度铰刀

alargador de braços móveis underreamer 管下扩眼器

alargador de estrada road widener 扩路机

alargador de estria recta straight-flute reamer 直槽铣刀

alargador de expansão expanding reamer 扩张式铰刀

alargador de poço reamer 铰刀，钻孔器

alargador de três/quatro/cinco cones three (four/five)-cones welded hole opener 三/四/五刃扩孔钻

alargador oco hollow reamer 空心扩孔器；空心铰刀

alargador oscilante floating reamer 浮动铰刀

alargamento *s.m.* widening 加宽，拓宽

alargamento à broca drifting 扩孔

alargamento do contraforte buttress splay 支墩倾斜

alargamento da via street widening 道路拓宽

alargamento para ultrapassagem passing bay 让车道，让车弯

alargar *v.tr.* (to) enlarge, (to) widen 加宽，拓宽

alarme *s.m.* alarm 警报；警报器

alarme de alerta warning alarm 警报

alarme de baixa pressão low pressure alarm 低压报警器

alarme de baixa pressão do ar low air pressure alarm 低气压报警器

alarme de circulação do sistema de arrefecimento coolant flow warning 冷却液流量报警器

alarme de evacuação evacuation alarm 疏散警报

alarme de incêndio fire alarm 火灾警报

alarme de marcha à ré (/atrás) back-up alarm 倒车警报器

alarme de superaquecimento overheating alarm 过热报警器

alarme sonoro acoustic alarm 声响报警器

alarme sonoro de falhas fault alarm 故障报警

ALARP *sig.,loc.* ALARP (as low as reasonably practicable)（安全、风险控制管理的）最低合理可行

alastramento *s.m.* spread; spreading （涂料的）敷涂；摊铺

alastrar *v.tr.* (to) spread 敷涂；摊铺（涂料）

alavanca *s.f.* ❶ 1. lever 杆，杠杆 2. handle 手柄杆 ❷ crowbar 撬棍

alavanca angular bell-crank lever 曲拐，直角形杠杆

alavanca articulada toggle lever 肘节杆

alavanca avante-ré ⇨ alavanca de reversão

alavanca com cremalheira pawl rod 棘爪杆

alavanca curva toggle lever 肘节杆，曲杆

alavanca de accionamento operating lever 操纵杆

alavanca de ajuste (/ajustagem) adjusting lever 调节杆

alavanca de alinhamento lining bar 撬棍；垫杆

alavanca de arranque starting lever, starting handle 起动杆

alavanca de arrasto follower lever 从动杆

alavanca de avanço forward lever 前进杆

alavanca de avanço do revólver turret feed lever 刀架进给手柄

alavanca de câmbio ⇨ alavanca de marcha

alavanca de comando control lever, operating lever 操纵杆，控制杆

alavanca de comando do tambor belt pulley control 皮带轮控制杆

alavanca de compressão push rod 推杆

alavanca de controlo (/controle) control lever, operating lever 控制杆，操纵杆

alavancas do controle de força power control levers 功率控制杆

alavanca de controle do freio brake handle 制动杆

alavanca de controle do governador governor control lever 调速器控制杆

alavanca de controle das marchas forward-neutral-reverse lever 挡位控制杆

alavanca de controlo de esforço de tracção pull control lever 牵引力控制杆

alavanca de controlo de posição position control lever 位置控制杆

alavanca de controlo do sistema hidráulico power lift control lever 液压系统控制杆

alavanca de cunha wedge lever 楔形杆

alavanca de debreagem release lever 离合器分离杆

alavanca de descompressão compression release lever 减压杆

alavanca de desengate release lever 分离杆

alavanca de desengate da embreagem clutch disengaging lever, clutch release lever 离合器分离杆

alavancas de direcção steering levers 转向杆

alavanca de embreagem clutch lever 离合器杆

alavanca de embreagem de direcção steering clutch lever 转向离合器操向杆

alavanca de embreagem do volante flywheel clutch lever 飞轮离合器操向杆

alavanca de encosto stop lever 挡杆；止动杆

alavanca de engate engaging lever 接合杆

alavanca de engrenagem gear lever 变速杆

alavanca de fechamento locking lever 联锁杆

alavanca de ferro gavelock, lever 铁棒，铁杆

alavanca do freio (/frenagem) brake lever 制动杆

alavanca do freio da embreagem clutch brake lever 离合器刹车杆

alavanca do freio de estacionamento parking brake lever 驻车制动杆

alavanca de freio de mão hand brake lever 手刹杆

alavanca do garfo forked lever 叉形杆

alavanca de inclinação tilt lever 翻斗连杆

alavanca de inversão reversing lever 回动杆

alavanca de ligação steering arm 转向臂

alavanca de luva dosadora sleeve lever 杠杆套筒

alavanca de manobra ❶ gear lever 变速杆 ❷ throw lever 扳道握柄

alavanca de mão hand lever 手杆

alavanca de marcha (/de mudança) shift lever; transmission gear selector 换挡杆，变速杆

alavanca da mola spring lever 弹簧杆

alavanca de parafuso tommy bar 螺丝旋杆

alavanca de percussão striking lever 操纵杆

alavanca de porca dividida half-nut lever 对开螺母手柄

alavanca do redutor de velocidades reduction gear lever 减速杆

alavanca de reversão (das marchas) transmission forward-reverse lever, transmission reverse lever 前进回动杆

alavanca de reviramento reverse lever 反转杆；换向杠杆

alavanca de soca tamping bar 捣槌，夯道棍

alavanca (de comando) da tomada de força power take-off operating lever 取力操作杆，动力输出轴操纵杆

alavanca de tracção tension lever 拉杆

alavanca de travamento locking lever 联锁杆；止动柄

alavanca de travão de mão hand brake lever 手刹杆

alavanca de velocidades gear control lever, gear shift lever 换挡杆，变速杆

alavanca desligadora release rod 分离杆

alavanca dupla compound lever 复杆，复式杠杆

alavanca em cotovelo bell-crank lever 曲拐，直角形杠杆

alavanca fixadora fixing lever; set lever 固定杆；调节杆

alavanca flutuante floating lever 浮动杠杆

alavanca guia guide lever 导杆

alavanca inter-resistente lever of the second order 第二类杠杆，省力杠杆

alavanca interfix lever of the first order 第一类杠杆

alavanca intermediária intermediate lever 中间杆

alavanca interpotente lever of the third order 第三类杠杆，费力杠杆

alavanca limitadora de carga load stop lever 负荷截断杆

alavanca manual ⇨ alavanca de mão

alavanca oscilante pendulum lever 摆杆

alavanca reguladora set lever 调节杆

alavanca reversora reversing lever 换向杆，回动杆

alavanca selectora de marcha ⇨ alavanca de marcha

alavanca tensora clamping lever 紧固柄

albanito *s.m.* albanite 阿型白榴岩；地沥青

albarda *s.f.* pack-saddle 驮鞍

albário *s.m.* albarium 大理石灰

albarrã *s.f.* watchtower 瞭望塔，岗楼

albedo *s.m.* albedo 反照率

albedógrafo *s.m.* albedograph 反照仪

albedômetro *s.m.* albedometer 反照率表，

反照率计

albertite *s.f.* albertite 黑沥青；沥青煤

Albiano *adj.,s.m.* Albian; Albian Age; Albian Stage （地质年代）阿尔布期（的）；阿尔布阶（的）

álbico *s.m.* albic soil 白浆土

albite *s.f.* albite 钠长石

albitito *s.m.* albitite 钠长岩

albitização *s.f.* albitization 钠长石化

albitófiro *s.m.* albitophyre 钠长斑岩

albói *s.m.* ❶ skylight 天窗 ❷ hatch 舱口

alboll *s.m.* alboll 漂白软土

alboranito *s.m.* alboranite 拉长安山岩

albronze *s.m.* albronze 铝青铜

albufeira *s.f.* ❶ lagoon, shallow lake 滨海湖 ❷ impounding reservoir, man-made lake 水库，蓄水池；人工湖

albufeira com escorrências próprias reservoir with natural inflow 天然进水水库

albufeira de armazenamento storage reservoir, dam reservoir 蓄水库

albufeira de cabeceiras headwater reservoir 水源地水库

albufeira de regularização interanual year-to-year reservoir 多年调节水库

albufeira de retenção control basin 调洪洼地

albufeiras em cascata reservoirs in cascade 梯级水库

albufeira para abastecimento directo direct supply reservoir 直接供水水库

albufeira para compensação da estiagem reservoir for low flow augmentation 调水水库

albufeira para controlo de cheias flood control reservoir 防洪水库

albufeira para fins energéticos reservoir for power generation 发电用水库

albufeira regularizadora regulating reservoir 调节水库

albumina *s.f.* albumin 白蛋白

alburno *s.m.* alburnum 边材

alça *s.f.* ❶ strap 带，条 ❷ 1. handle 提手 2. loop, bail, ring, eye 提环 ❸ loop （电车、铁路等终点的）回路；让车道 ❹ hanger 梁托

alça de ajuste grab handle 起重钩

alça de apoio hand-hold 把手，手把

alça de cinto de segurança seat belt anchor 座椅安全带固定装置

alça de elevação lifting lug （钢筋笼）吊点筋

alça de isolamento de poliuretano polyurethane insulation handle 聚氨酯绝缘把手

alça de mira back sight 后视；照尺

alça de retenção rebound strap 回跳限制带

alça de segurança retaining strap 固定带，固定扣带

alça-carros *s.m.2n.* cherry picker 动臂装卸机

alcácer *s.m.* alcazar 城堡

alçado *s.m.* elevation （建筑物）立面图；立视图

alçado frontal front elevation 正立面图，正视图

alçado lateral side elevation 侧立面图，侧视图

alçado lateral direito right side elevation 右侧立面图

alçado lateral esquerdo left side elevation 左侧立面图

alçado traseiro (/posterior) rear elevation, back elevation 背立面图，背视图

álcali *s.m.* alkaline （能溶于水的）碱

alcalieto *s.m.* alkalide 碱化物

alcalificação *s.f.* alkalization 碱化

alcalificar *v.tr.* (to) alkalify 碱化

alcalimetria *s.f.* alkalimetry 碱量滴定

alcalinidade *s.f.* alkalinity 碱度

alcalinidade a metil orange do filtrado methyl orange alkalinity of filtrate 滤液甲基橙碱度

alcalinização *s.f.* alkalization 碱化

alcalinizar *v.tr.* (to) alkalinize 碱化；使呈碱性

alcalino *adj.* alkaline 碱的，碱性的

alcalinoterroso *adj.* alkaline-earth 碱土类的

alcalóide *s.m.* alkaloid 生物碱

alcançar *v.tr.* (to) achieve, (to) reach 达到

alcançável *adj.2g.* achievable 可达到的

alcance *s.m.* reach, range 范围；射程

alcance de despejo dumping reach 倾泻

距离

alcance de medição measuring range 测量范围

alcance de trilho rail span 轨距

alcance lateral side reach 横偏，横向冲距

alcance máximo maximum reach 最大范围

alcance mínimo minimum reach 最小范围

alcance visual da (/na) pista runway visual range 跑道视程

◇ **longo alcance** long-range 长射程的

alcano *s.m.* alkane 烷烃

alcantil *s.m.* crag, precipice 悬崖，绝壁

alcantilado *adj.* craggy 多峭壁的

alçapão *s.m.* trap, trap-door, folding door 地板门，活板门

alçaprema *s.f.* upright prop; crowbar, lever 撬起重物的大杠，大撬棍

alçar *v.tr.* ❶ (to) raise, (to) lift 抬高，提高 ❷ (to) edify 修建，建立

alcaraviz *s.m.* tuyere 鼓风口；风管嘴

alcatifa *s.f.* fitted carpet, wall-to-wall carpet 大地毯

alcatifa de parede a parede wall-to-wall carpet 全室地毯

alcatrão *s.m.* tar 煤焦；焦油

alcatrão de carvão coal tar 煤沥青

alcatrão de hulha coal tar pitch 煤焦油沥青

alcatrão fluido tar oil 煤焦油

alcatrão mineral mineral tar 矿质焦油

alcatrão refinado refined tar 精炼焦油

alcatroagem *s.f.* ⇨ alcatroamento

alcatroamento *s.m.* tarring 焦油化

alcatroar *v.tr.* (to) tar 涂焦油

alcatruz *s.m.* bucket 铲斗；吊桶

alceno *s.m.* alkene 烯烃

alcino *s.m.* alkyne 炔烃

Alclad *s.m.* Alclad 铝衣合金

Alcomax *s.m.* Alcomax 无碳铝镍钴磁铁

álcool *s.m.* alcohol 酒精，乙醇

álcool anidro anhydrous ethanol 无水乙醇

álcool industrial industrial alcohol 工业酒精

álcool metílico methyl alcohol, methanol 甲醇

álcool mineral mineral spirits 溶剂油；松

香水

álcool polivinílico (PVA) polyvinyl alcohol (PVA) 聚乙烯醇

alcoólise *s.f.* alcoholysis 醇解

alcoolização *s.f.* alcoholization 醇化作用

alcoómetro/alcoômetro *s.m.* alcoholmeter 酒精比重计

alcorca *s.f.* furrow, drainage-channel 犁沟；水沟

alcova *s.f.* ❶ alcove, recess 凹室 ❷ bedroom 小卧室

alcóxido *s.m.* alkoxide 醇盐

alcreto *s.m.* alcrete 铝土矿

aldeamento *s.m.* village（尤指统一建设而非自然形成的）村

aldeia *s.f.* village 村子，村落

aldeído *s.m.* aldehyde 醛；乙醛

aldeído fórmico formaldehyde 甲醛

aldeola/aldeota *s.f.* hamlet, small village 小村庄

aldraba *s.f.* ❶ knocker; door-handle 门环 ❷ latch, catch 门扣，门闩

aldrabagate *s.m.* aldrabagate latch 铡刀式门闩

aldrava *s.f.* ⇨ aldraba

álea *s.f.* ⇨ aléia

aleatório *adj.* ❶ random 随机的 ❷ uncoursed 不分层的，乱砌的

aléia *s.f.* allée（花园里两侧栽树或安设雕像的）小径

aleijão *s.m.* shoddy work 劣质工程

alemontite *s.f.* allemontite 砷锑矿

além-país *s.f.* hinterland 内地，腹地

alerta *s.m.* ❶ alert; alarm 警报，警号 ❷ warning light（机械、车辆等的）警示灯

alerta de cheias flood warning 洪水警报

alerta de cinto de segurança seat belt warning light 安全带警示灯

alerta de nível de combustível baixo low fuel warning light 低燃油警示灯

alerta situacional situation awareness 态势感知

aleta *s.f.* ❶ rib, blade 翼状物，肋片 ❷ aileron 副翼

aleta de helicoidal helical vane 螺旋叶片

aletas do radiador radiator fins 散热器片

aletas de refrigeração cooling rib 冷却

肋片
aleta de válvula rib of a valve 阀肋
aleta fixa fixed vane 固定叶片
aleta móvel mobile vane 活动叶片
aleuritas *s.f.pl.* aleurites 油桐属（植物）
aleurito *s.m.* aleurite 粉砂
aleurólito *s.m.* aleurolite 粉砂岩
aleurona *s.f.* aleurone 糊粉
aleutito *s.m.* aleutite 闪辉长斑岩，易辉安山岩
alexandrite *s.f.* alexandrite 变石，紫翠玉
alexandrite sintética synthetic alexandrite 人造紫翠玉
alfaia *s.f.* ❶ 1. farm tools （非机械化的）农具 2. farm equipment, scarification equipment 农用机械设备，整地设备 ❷ household furniture 家具 ❸ ornament, adornment 装饰物
alfaias rotativas rotary tillage equipment 旋耕设备
alfaiataria *s.f.* tailor's shop 裁缝
alfândega *s.f.* custom-house 海关
alfandegário *adj.* customs 海关的 ⇨ aduaneiro
alfanumérico *adj.* alphanumeric 字母数字的
alfaque *s.m.* sand bank 沙滩；沙坝
alfarge *s.m.* alfarje work （葡萄牙、西班牙传统建筑）有复杂的彩画、雕塑等装饰的顶棚
alfatron *s.m.* alphatron α 射线管
alferce *s.f.* pick-axe; mattock 丁字镐，鹤嘴锄
alfinete *s.m.* ❶ pin, safety pin 大头针 ❷ bar cramp, stirrup, link 杆夹，箍筋
alfissolo *s.m.* alfisol 淋溶土
alforsite *s.f.* alforsite 钡磷灰石，氯磷钡石
alfundão *s.m.* gutter 深沟，谷
alga *s.f.* algae 藻类
algas azuis blue algae 蓝藻
alga calcária calcareous algae 钙藻
alga coralina coralline alga 珊瑚藻
algáceo *adj.* algal [葡] 藻类的
algálico *adj.* algal [巴] 藻类的
algacultura *s.f.* algaculture 藻类培养
algar *s.m.* doline, pothole, swallow hole 落水洞，灰岩坑
algarismo *s.m.* number, figure 数字，数位
algarocho *s.m.* small doline 小落水洞
algarvito *s.m.* algarvite 云霞霓岩；云霓霞辉

长石
algema *s.f.* shackle 连结环；卸扣
algema de mola spring shackle 弹簧吊耳，弹簧钩环
algeroz/algeiroz *s.m.* gutter 水槽，檐沟
algibe *s.f.* cistern 蓄水池，水箱
algicida *s.f.* algicide 除藻剂
alginite *s.f.* alginite 藻煤素
algite *s.f.* algite 藻类体
algodão *s.m.* cotton 棉花
algodão absorvente (/hidrófilo) absorbent cotton 脱脂棉花，吸水棉
algon *s.m.* algon 分解的有机屑
algoritmo *s.m.* algorithm 算法
alheta *s.f.* lug 突块，突耳
alhete *s.m.* rain gutter （窗台上的）导水槽
álias *s.m.* alias 混叠，混淆，失真 ⇨ falseamento
alicate *s.m.* pliers 钳子
alicate águia eagle pliers 鹰嘴钳
alicate ajustável slip joint pliers 鲤鱼钳
alicate combinado combination pliers 钢丝钳，鲤鱼钳
alicate cortante de arame duro hard-wire cutters 硬线钳
alicate cortante de arame substituível replaceable wire cutters 可替换剪线钳
alicate cortante de arame trançado stranded-wire cutters 绞线断线钳
alicate de agarrar gripping pliers 夹管钳
alicate de bico (/boca/ponta) nose pliers 尖嘴钳
alicate de bico curvo snipe nose pliers 弯钳，弯头剪
alicate de bico direito straight nose pliers 直嘴钳
alicate de bico fino needle nose pliers 针头钳
alicate de bico recto vacuum grip needle nose pliers 真空针头钳
alicate de boca longa long nose pliers 长嘴钳
alicate de boca plana flat nose pliers 平口钳；平头钳；扁嘴钳
alicate de boca redonda round nose pliers, round mouth tongs 圆口钳
alicate de cadinho ⇨ pinça de cadi-

nho

alicate de corrente chain tongs 链钳

alicate de corte (/cortar) cutting nippers, side cutter 剪钳

alicate de corte diagonal (/inclinado) diagonal-cutting plier, diagonal pliers 斜口钳；斜嘴钳

alicate de corte lateral side cutting pliers 侧剪钳，斜口钳

alicate de crimp crimping pliers, wire crimpers 压线钳，端子钳

alicate de crimpar cabos wire strippers 剥线钳

alicate de freios brake caliper 制动钳

alicate de frisar crimping tool 卷边工具

alicate de pressão vise grips 大力钳

alicate de punção punch pliers 冲孔钳，打孔钳

alicate de rebitar rivet tongs 铆钉钳

alicate de revisor ticket punch 轧票钳，检票钳

alicate de soldador welder's pliers 电焊钳

alicate de unhas nail clipper 指甲刀

alicate desbastador skiving vise 刮削台钳

alicate descasca-fios wire stripper, wire stripping pliers 电线剥线钳

alicate dobra-tubos pipe bending pliers 弯管钳

alicate eléctrico wire nippers, electrician's pliers 电工钳

alicate electrónico electronic pliers 电子钳

alicate fixador vise grip pliers 大力钳

alicate frisador ⇨ **alicate de frisar**

alicate isolado insulated pliers 绝缘钳

alicate para anel de retenção snap ring pliers 卡环钳，弹簧圈装卸钳

alicate para arruelas washer caliper 垫圈钳

alicate para cortar arame wire cutters 钢丝剪

alicate para electrónica ⇨ **alicate electrónico**

alicate para gás gas pliers 气管钳

alicate universal universal pliers 万用钳

alicerce *s.m.* foundation, basis 基础，（尤指）墙基

alicerce de tijolos brick foundation 砖基础

alicerces sobre estacaria pile foundation 桩地基；桩基础

álico *s.m.* allite, allitic soil 富铝土

alidade *s.f.* alidade 照准仪；旋标装置

alifático *adj.* aliphatic 脂（肪）族的

alijamento *s.m.* jettison, throwing overboard （为减轻重量而从行驶的飞机或船上）投弃

alijável *adj.2g.* dischargeable 可投弃的

alimentação *s.f.* ❶ supply, feeding 供给（送风，供水，馈电等）❷ food 食品 ❸ gating system 浇注系统

alimentação a partir do UPS feed from UPS 从 UPS 馈电

alimentação assíncrona asynchronous power supply 异步电力供应

alimentação de energia power supply 动力供应，电力供应

alimentação de energia de emergência (EPS) emergency power supply (EPS) 应急电源

alimentação de energia eléctrica electric power supply 电力供应

alimentação de indutância choke feed 扼流圈馈电

alimentação de óleo oil supply 给油

alimentação de passagem feedthrough 引线；连接线

alimentação de placa plate feed 圆盘给料器

alimentação de tensão voltage feed 电压馈电

alimentação em série series feed 串联馈电

alimentação forçada forced feed, pressure supply 强制进给，强制喂料，压力供给

alimentação humana e animal food and feed 食品和饲料

alimentação induzida induced recharge 诱导补给

alimentação manual hand feed 人工给料

alimentação mecânica mechanical feed 机械进给

alimentação por gravidade gravity feed 重力供给，重力自动加料

alimentação sob pressão pressure supply, forced feed 压力供给，强制进给，强制

喂料

alimentador *s.m.* ❶ feeder; hopper 送料机，加料器，供给装置 ❷ feeder, feeder line 馈线 ❸ feedhorn 喇叭天线

alimentador a percussão percussion feeder 冲击型进料器

alimentador contínuo continuous feeder 连续给料装置

alimentador de forquilhas (/dentes rígidos) feed fork, finger packer 喂入叉

alimentador de grelha de cadeias chain gate stoker 链式炉箅加煤机

alimentador de parafuso sem-fim feed auger 喂入螺旋

alimentador de reagentes reagent feeder 给药机，试剂加入器

alimentador de roda de pás paddle-wheel hooper 桨轮式料斗装置

alimentador de tambor barrel hopper 圆筒式装料斗

alimentador de tracção tractor feeder 牵引馈入机

alimentador inferior de retortas múltiplas multiple-retort underfeed stoker 多甑式下给加煤机

alimentador mecânico mechanical stoker 机械加煤机

alimentador vibratório vibrating feeder 振动给料机

alimentadora móvel mobile feeder 移动给料机

alimentar *v.tr.* (to) feed, (to) supply 供给（送风，供水，馈电等）

aliminite *s.f.* alum-stone 明矾石

alinhador *s.m.* aligner 对准器；定位器；调整器

alinhador de correia belt corrector 皮带纠偏器

alinhador de máscaras mask aligner 光刻机，掩模对准曝光机

alinhador de máscaras para wafer wafer mask aligner 晶圆光刻机

alinhadora *s.f.* ❶ aligner 对准器；定位器；调整器 ❷ cable aligner 线缆对线器

alinhadora de via track liner 拨轨器

alinhamento *s.m.* ❶ 1. alignment 定线，放线；拉直线；对准 2. alignment；matching 比对；匹配 3. lining-up 校准，校正 ❷ 1. alignment（道路等的）路线，线向 2. segment, section 线段；路段 ❸ joining; engagement 加入；参与

alinhamento angular angular alignment 角度对准

alinhamento axial axial alignment 轴向排列，轴向定线；轴向调准

alinhamento de andaime e monocarril mono rail cradle tracking 单轨吊篮导轨

alinhamento de centragem ⇨ alinhamento axial

alinhamento de construções building line 建筑红线

alinhamento de exploração topographic alignment 地形排列线

alinhamento de paralelismo ⇨ alinhamento radial

alinhamento das rodas wheel alignment; four-wheel alignment 车轮定位；四轮定位

alinhamento da via track lining 拨道

alinhamento frontal 45° parallel 45度纬线

alinhamento horizontal horizontal alignment 水平线向；平面线形

alinhamento horizontal de estrada horizontal road alignment 道路水平线向

alinhamento radial radial alignment 径向排列；径向调准

alinhamento recto ❶ tangent（铁路、公路）直线区间 ❷ straight reach 直线河段，顺直河段

alinhamento vertical vertical alignment 竖向定线

alinhar *v.tr.* (to) align 对准；调直；定线

aliós *s.m.2n.* hard pan, alio 硬土层

aliótico *adj.* aliotic 硬土层的

alíquota *s.f.* ❶ rate [巴] 税率 ❷ aliquot 整除数

aliquota de royalties royalty rate 专利费税率

alisador *s.m.* ❶ sleeker, flatter 抹镘；磨光器 ❷ smoother 滤波器

alisadora *s.f.* trowel （抹灰用的）泥刀

alisamento *s.m.* smoothing; straightening 使光滑，磨光；使顺直，矫直

alisamento com desempenadeira floated finish 饰面抹灰

alisar *v.tr.* (to) smooth; (to) straighten 使光滑，磨光；使顺直，矫直

alissolo *s.m.* alisol 高活性强酸土

alita *s.f.* alite [巴] 硅酸三钙

alitização *s.f.* alitization 渗铝，铝化

alivalito *s.m.* alivalite 橄榄钙长岩；橄长岩

aliviado *adj.* alleviated 缓和的

aliviar *v.tr.* (to) relief, alleviate 缓和

alívio *s.m.* relief 缓和

alívio de carga load relieving 荷载缓和

alívio de pressão pressure relief 泄压

alívio de tensão stress relieving, stress relief 应力消除

alizar *s.m.* ❶ door-case; antepagment 门框；门窗洞口装饰线脚 ❷ wainscot 护壁板；装饰墙壁的材料

alizares de janela window frame 窗框

alizar de orelhas crossette, dog-ear 门耳

Alleröd *s.m.* Alleröd 阿勒罗德间冰期

alma *s.f.* ❶ 1. core （线缆）芯线 2. core wire （焊条）焊芯 ❷ web 梁腹；腹板

alma de aço independente independent wire rope center (IWRC) 钢丝绳独立绳芯

alma do cabo cable core 电缆芯线

alma de contraforte buttress web; buttress stem 墩肋

alma do trilho rail web 轨腹

alma de viga beam web, girder web 梁腹；腹板

alma estaiada braced core 格架式筒体

almagral *s.m.* ⇨ almagreira

almagre *s.m.* red ochre 代赭石

almagreira *s.f.* mine of red ochre 代赭石料场

almandina/almandite *s.f.* almandite 铁铝榴石

almocântara *s.f.* almucantar, almacantar 地平纬圈

almofada *s.f.* ❶ cushion 缓冲垫；软垫 ❷ bolster （铁轨）承枕 ❸ bearing sheet 支承层 ❹ door panel 门芯板

almofada à face ⇨ almofada embutida

almofada anti-vibração anti-vibration pad 减振垫

almofada aquecível heating cushion 加热坐垫

almofada de água water cushion 水垫

almofada de ar air cushion; air spring bellows 气垫；囊式空气弹簧

almofada de areia sand cushion 砂垫层

almofada do assento seat cushion 坐垫

almofada do assento do operador operator's seat cushion 操作员坐垫

almofada de elastómero elastomeric bearing (sheet) 弹性支承层

almofada de elastómero fretado elastomeric bearing with reinforcement 加固弹性支承层

almofada de encosto backrest cushion 靠背垫

almofada de gás gas cushion 气垫

almofada de porta door-panel 门芯板

almofada de tapete carpet pad 地毯衬垫

almofada de tinta para carimbos ink-pad 印油

almofada de travão brake pad 刹车片

almofada eléctrica electric cushion 电热垫

almofada elevada raised panel 凸镶板；凸嵌板

almofada embutida flush panel 平镶板，平嵌板

almofada encovada sunk panel 凹形镶板

almofada intermediária seat adapter 座椅适配器

almofada pneumática air-cushion 气垫

almofadada *s.f.* paneling [集] 镶板

almofadão *s.m.* template 承梁短板；垫石

almofariz *s.m.* mortar 研钵

almotolia *s.f.* oil can; spray can 油壶；注油罐；喷罐

almoxarifado *s.m.* warehouse 仓库

almoxarifado de residência de via section tool house 线路工区工具房

almude *s.m.* "almude" （容量）葡制斗（容量单位，用作量液单位合 31.94 升，用作干量合 16—25 升不等）

Alnico *s.m.* Alnico 磁钢；铝镍钴合金；阿尔尼科永磁合金

alnoíto *s.m.* alnöite 黄长煌斑岩，橄辉煌斑岩

alóbaro *s.m.* allobar 同素异重体

alocação *s.f.* allocation 分配，配置

alocação de excedente financeiro financial surplus allocation 财政盈余分配

alocação de memória memory allocation 内存分配

alocação de tráfego traffic assignment 交通分配

alocar *v.tr.* (to) allocate 分配，配置

alochetito *s.m.* allochetite 霞辉二长斑岩

alocroíte *s.f.* allochroite 粒榴石；钙铁榴石

alocromático *adj.* allochromatic 他色的，杂质引起光化作用的

alocromia *s.f.* allochromy 磷光效应

alóctone *adj.2g.* allochthonous 外来的，移置的

aloestratigrafia *s.f.* allostratigraphy 传统地层学，外源地层学

alofana *s.f.* ⇨ alofânio

alofânio *s.m.* allophane 水铝英石

aloformação *s.f.* alloformation 不整合地层

alogénico *adj.* allogenic （岩石某种成分）异生的，他生的

alogrupo *s.m.* allogroup 不整合地层群

alojador *s.m.* housing [巴]（设备的）壳体，机壳

alojador com curvatura bent housing 弯外壳

alojador com curvatura ajustável adjustable bent housing 可调式弯壳体

alojador de coluna tubing head 油管头

alojamento *s.m.* ❶ lodging 住所；提供住处 ❷ housing 壳体，箱 ❸ port 门，口

alojamento da bomba d'água water pump cage 水泵壳体

alojamento da bomba injectora injection housing 喷射泵壳体

alojamentos de canteiro site huts; site accommodation; lodgings 工地宿舍

alojamento do comando drive housing 传动箱

alojamento do compressor compressor housing 压气机气缸；压缩机壳体

alojamento do eixo dianteiro front axle housing 前桥壳

alojamento do eixo oscilante oscillating axle housing 摇动桥壳

alojamento do eixo traseiro rear axle housin 后桥壳，后车轴外壳

alojamento da embreagem clutch hous-

ing 离合器壳体

alojamento da engrenagem do círculo circle gear housing 转盘传动箱体

alojamento da engrenagem sem-fim worm gear housing 涡轮传动装置壳体

alojamento das engrenagens de distribuição timing gear housing 定时齿轮室

alojamento do filtro de óleo oil filter case 机油滤清器箱体

alojamento do munhão trunnion housing 耳轴箱

alojamento do pinhão pinion cage 齿轮箱

alojamento da ponta-de-eixo spindle housing 心轴轴承壳

alojamento do rolamento bearing cage 轴承罩

alojamento da transmissão marítima marine gear housing 船用齿轮箱

alojamento da turbina turbine housing 涡轮机壳体

alojamento da válvula de escape exhaust valve housing 排气阀壳体

alojamento do volante flywheel housing 飞轮壳

alojamento dianteiro front housing 前壳体

alojamento e base do filtro filter housing and base, housing and base of filter 过滤器外壳和底座

alojamento giratório rotating housing 旋转壳体

alojamento traseiro rear housing 后壳体

alojar *v.tr.* ❶ *pron.* (to) accommodate, (to) lodge; (to) stay 留宿；入住 ❷ (to) store 储存，存放

alombar *v.tr.* (to) curve, (to) bend 弯曲

alomembro *s.m.* allomember 不整合地层段

alomórfico *adj.* allomorphic 同质异晶的

alomorfismo *s.m.* allomorphism 同质异晶（现象）

alomorfo *s.m.* allomorphs 同质异晶；同质异形体

alonga *s.f.* ❶ bar, cantilever bar, roof bar 支撑杆，悬臂杆，顶杆 ❷ extension bar 延长杆

alonga articulada articulated drill collar 铰接式钻杆

alonga corrediça slide bar, sliding rail

滑轨

alonga de aço steel bar 钢条

alonga de aço de mola spring-steel roof member 弹性钢顶梁

alonga de aço ondulado corrugated steel bar 竹节钢筋，螺纹钢

alonga de rótula ball joint roof bar 球铰顶梁

alonga em consola cantilever bar 悬臂软杆

alongador *s.m.* extension link; extension sleeve 加长连杆；延长套筒

alongadores de garfos fork extension sleeves 叉延长套

alongamento *s.m.* elongation 伸长；伸长率

alongamento da coluna de hastes rod stretch 抽油杆伸长

alongamento da esteira track stretching 履带拉伸

alongamento plástico plastic yield 塑性屈服

alongamento relativo relative elongation 相对伸长

alongâmetro *s.m.* deformeter 变形仪

alongar *v.tr., pron.* (to) lengthen, (to) elongate 变长，伸长

aloquete *s.m.* padlock 挂锁，扣锁

aloquímico *adj.* allochemical, allochem 他化的

alostratigráfica *s.f.* allostratigraphic unit 异型地层单位

alotriomórfico/alotriomorfo *adj.* allotriomorphic 他形的，无本形的

alotrófico *adj.* allotrophic 异养的

alotropia *s.f.* allotropy 同素异形，同素异形体

alotrópico *adj.* allotropic 同素异形的

aloxite *s.f.* aloxite 人造刚玉，铝砂

alpaca *s.f.* silver-copper-zinc-nickel alloys 银铜锌镍合金

alpendrada *s.f.* large porch （以柱支撑着的）大檐篷，大屋檐

alpendre *s.m.* ❶ shed, porch （大楼主入口前的）屋檐，雨篷 ❷ penthouse 披屋，耳房

alpides *s.f.* alpides 阿尔卑斯造山带

alpondras *s.f.pl.* stepping-stones （庭院里、水中的）踏脚石

alqueire *s.m.* ❶ "alqueire" （干量）葡制斗

（用于计量粮食等的干量单位，合 13—22 升不等，通常为 13.8 升）❷ "alqueire" （面积）葡制斗（面积单位，根据使用地区不同，合 40 或 80 葡制升）

alqueive *s.m.* fallow ground 休耕地；休闲地

alquídico/alquido *adj.* alkyd 醇酸树脂的，含醇酸树脂的

alquilação *s.f.* alkylation 烷基化

alsbaquito *s.m.* alsbachite 榴云细斑岩

alstonite *s.f.* alstonite 碳酸钙钡矿

alta *s.f.* ❶ rise; increase （尤指价格）上升 ❷ high, anticyclone 高气压

alta de preços cost escalation 成本上升

altaíte *s.f.* altaite 碲铅矿

altar *s.m.* altar, shrine 神龛

altar-mor high altar 主祭坛

alteamento *s.m.* rising, lifting （建筑物、构筑物）加高

alteamento de uma barragem heightening of dam; raising of dam 坝顶加高

altear *v.tr.,intr.,pron.* (to) make higher, (to) raise 提高，抬高，加高

alterabilidade *s.f.* alterability 可更改性；可变性

alteração *s.f.* ❶ change 变更，更改 ❷ alteration 改建；改动 ❸ 1. alteration 蚀变作用 2. weathering, weathering alteration 风化，风化作用

alteração bioquímica biochemical alteration 生物化学风化作用

alteração de ativo asset change 资产变动

alteração de formação wall-rock alteration 围岩蚀变

alteração da matriz die change 换模

alteração de rocha rock alteration 围岩蚀变

alteração deutérica deuteric alteration, synantexis 岩浆后期变质

alteração diagenética diagenetic alteration 成岩蚀变

alteração física physical alteration 物理风化作用

alteração hidrotérmica hydrothermal alteration 热液蚀变

alteração hipogénica hypogene alteration 深成蚀变

alteração mecânica mechanical weathering 机械风化

alteração meteórica weathering 风化

alteração per ascensum ⇨ **alteração deutérica**

alteração química chemical weathering 化学风化作用

alteração supergénica supergenic alteration 表生变化

alterado *adj.* ❶ changed, altered 改变（过）的，变更（过）的 ❷ weathered 风化的

alterar *v.tr.* (to) change, (to) alter 变更，更改

alterito *s.m.* alterite 蚀变重矿物；蚀变砂矿物

alternado *adj.* staggered 错列的，叉排的

alternador *s.m.* alternator, alternating current generator 交流发电机

alternador bifásico two-phase alternator 双相交流发电机

alternador bipolar two-pole switch 双刀开关

alternador de alta voltagem high voltage alternato 高压交流发电机

alternador de corrente charging alternator 充电交流发电机

alternador de eixo vertical vertical shaft alternator 立轴式交流发电机

alternador polifásico polyphase alternator 多相交流发电机

alternância *s.f.* ❶ alternation 轮流；交替 ❷ alternating （电流）交流；做交流电运转

alternância de culturas rotation of crops （农业种植）轮作

alternar *v.tr.,intr.,pron.* (to) alternate （使）交替，（使）轮换

alternativa *s.f.* alternative proposal, alternative design 替代设计，替代方案

alternativa de localização alternative site 替代选址，替代地址

alti-/alto- *pref.* high, alto-, alti- 表示"高的"

altifalante *s.m.* speaker, loudspeaker 扬声器

altifalante de difusão pública PA speaker 扩声音箱

altifalante de evacuação de incêndio montado na parede wall mounted fire evacuation speaker 墙装式火灾疏散扬声器

altifalante de evacuação de incêndio montado no tecto ceiling mounted fire evacuation speaker 吸顶式火灾疏散扬声器

altifalante de (/no) tecto ceiling mounted speaker 吸顶扬声器，天花板喇叭

altifalante monitor activo active monitoring loudspeaker 有源监听扬声器

altimetria *s.f.* altimetry 测高

altimetria a radar radar altimetry 雷达测高

altímetro *s.m.* height finder, altimeter, height gauge 高度表，高度计，测高计

altímetro absoluto absolute altimeter 绝对高度计

altímetro aneróide aneroid altimeter 无液高度计

altímetro capacitivo capacitance altimeter 电容式测高计

altímetro de laser laser altimeter 激光高度计

altímetro de radar radar altimeter 雷达高度表

altitude-densidade density altitude 密度高度

altitude *s.f.* altiutude 海拔，海拔高度

altitude absoluta absolute altitude 绝对海拔高度，绝对高度

altitude de chegada ao terminal terminal arrival altitude 终端进场高度

altitude de decisão decision altitude 决断高度

altitude de transição transition altitude 过渡高度

altitude elipsoidal ellipsoidal height ⇨ **altitude geodésica**

altitude geocêntrica geocentric altitude 地心高度

altitude geodésica geodetic altitude 大地测量高度

altitude máxima maximum altitude 最大海拔高度

altitude mínima de área area minimum altitude 区域最低高度

altitude mínima de recepção minimum reception altitude 最低接收高度

altitude mínima do sector minimum sector altitude 最低扇区高度

altitude mínima de segurança minimum safe altitude 最低安全高度

altitude ortométrica (/natural) orthometric height 正高，正米制高度

altitude verdadeira true altitude 真实高度

alto ❶ *adj.* high 高的 [常与名词组成复合名词] **❷** *s.m.* top 顶部，最高处 **❸** *s.m.pl.* upper story, upper stories （两层或多层建筑物的）顶层，上层

alta administração senior management 高级管理人员

alto brilho high gloss 高光泽

alta cilindrada high displacement 大排量

alto-cúmulo altocumulus 高积云

alta definição high definition 高清晰度

alta dissipação high dissipation 高消耗

alta ductilidade high ductility 高延展性

alta emissão high emission 高排放

alta explosão high explosion 强爆炸，高爆

alto-explosivo high explosive 烈性炸药；高爆炸药

alto-falante ➯ **altifalante**

alta-fidelidade high fidelity, hi-fi Hi-Fi 高保真

alta frequência high frequency 高频

alto-forno blast furnace 高炉，鼓风炉

alta gerência top management 高级管理人员

alto latão top brass 顶部轴衬

alto-mar deep sea 深海

alta montanha high mountains 高山

(de) alto padrão high-end 高端的，高档的

alto poder calorífico high heat value 高热值

alto polímero high polymer 高聚物

alto potencial high potential 高电势

alta pressão high pressure 高压，高压强

alto-relevo high-relief, alto-relievo 高浮雕

alta resistência high strength 高强度

alta resistência à tracção high tensile 高抗拉强度

alta resolução high resolution （显示器）高分辨率

alto risco de incêndio high fire risk 高度火灾风险

alta tecnologia high technology 高科技

alta tensão (AT) high voltage (HV) 高（电）压

alto torque de giro high swing torque 高回转扭矩

alto vácuo high vacuum 高真空

alta voltagem high voltage (HV) 高（电）压

altostrato *s.m.* altostratus 高层云

altura *s.f.* ❶ height 高度 ❷ head, lift 水头，扬程

altura acima do nível do solo (/terreno) height above ground level 地面以上高度

altura angular angle elevation 仰角

altura aparente apparent altitude 视高度

altura barométrica barometric height, barometric altitude 气压高度

altura cinética velocity head, kinetic head 速位差，速度头，动压头

altura cotada spot height 高程点，地面点高度

altura crítica critical head 临界水头

altura crítica de aterro embankment critical height 路基临界高度

altura de ascensão capilar capillarity height, capillarity rise 毛细高度

altura de aspiração suction lift 吸程，吸升水头

altura de assentamento crush height 压紧量高度

altura de astro height (of celestial body) 天体高度

altura da barragem acima do ponto mais baixo das fundações height above lowest foundation of dam 坝基最底部以上高度

altura do bordo freeboard 干舷，出水高度

altura de calibragem timing dimension 正时尺寸

altura da canal duct height 波导高度

altura de carga pressure head 压头

altura de chuva rainfall rate 降雨量

altura da coluna de água hydraulic head; head 水头

altura de corte cutting height 切割高度

altura de decisão decision height 决断高度

altura de dente de engrenagem dedendum 齿根高

altura de descarga discharge height 卸料高度

altura de despejo dumping height 卸载高度

altura do edifício building height 建筑高度

altura de elevação height of lift, lift 提升高度，扬程

altura de elevação efectiva effective head 有效扬程，有效水头

altura de elevação geodésica de bomba geodetic elevation head of pumping system 泵送系统的高程水头

altura de elevação hidrostática hydrostatic head 静水压头

altura de energia total total energy head 总能量头

altura de espelho de degrau rise, riser height 踏步高度

altura do estrado ao solo platform height（农机等的）工作平台高度

altura de evaporação no tanque pan evaporation loss 蒸发损失

altura do fio de rosca height of thread 螺纹牙高

altura de fractura fracture height 裂缝高度

altura da frente working thickness of a seam 煤层开采厚度

altura de grauteamento grouting lift 灌浆高度

altura de instrumento height of instrument 仪器高

altura de maré tide height 潮高

altura da onda wave height 波高

altura de onda significativa significant wave height 有效波高

altura de passo bench height 台阶高度

altura de percurso rise（电梯的）运输高度

altura do perfil de trilho rail height 轨道高度

altura de plataforma platform height 平台高度

altura do pólo polar altitude 仰极高度

altura do ponto de tiro shot-hole elevation 炮孔口标高

altura de precipitação precipitation height; precipitation depth 降水高度；降水厚度

altura de pressão head, pressure head 压头，压力水头；压位差

altura de pressão hidrostática hydrostatic head 静水压头

altura de pressão manométrica manometric pressure head 液压计示压头

altura de som ⇨ altura tonal

altura de sucção suction lift 吸程，吸升水头

altura dos taipais boards height 栏板高度

altura de trabalho working height 工作高度

altura de transporte ⇨ altura de percurso

altura de um arco pitch of an arch 拱间距

altura de vôo height of flight 飞行高度，航行高度

altura de vôo absoluta absolute flying height 绝对航高

altura dinâmica dynamic height 动力高度

altura efectiva effective heigh 有效高度

altura geoidal geoid height 大地水准面高

altura livre vertical clearance, headroom 垂直净空，竖向净空

altura livre do eixo traseiro rear wheel clearance 后轮净高

altura livre mínima minimum headroom 最小自由高度

altura livre sobre o solo ground clearance 离地净高

altura manométrica manometric head, lift, head 扬程，压力头

altura máxima maximum height 最大高度

altura máxima da barragem maximum height of dam 最大坝高

altura média mean height 平均高度

altura meridiana meridian altitude 子午线高度

altura piezométrica piezometric height 测压高度

altura tonal pitch 音高

altura total overall height 总高度

altura útil effective depth 有效深度

altura verdadeira observed altitude, true

altitude 观测高度

altura vertical angle elevation 仰角

alucobond *s.m.* Alucobond 铝塑板，（品牌）阿鲁克邦

alude *s.m.* avalanche; downfall 雪崩

aluguel/aluguer *s.m.* rent 出租，租赁
aluguel de casa house rent 租房

aluimento *s.m.* ❶ ground subsidence; bottom subsidence; cave-in, falling in 地面沉降；底部沉陷；塌方；陷落 ❷ slump; mass wasting 物质坡移；块体坡移

aluimento circular fault pit 断层坑

aluimento diferencial differential settlement 不均匀沉降

aluimento parcial partial subsidence 局部沉降

aluimento residual residual subsidence 残余沉降

aluimento retardado delayed subsidence 延迟沉降

alúmen *s.m.* alum 矾

alúmen de ferro halotrichite 铁明矾

alúmen de magnésio magnesia alum 镁明矾

alúmen de potássio potassium alum 钾明矾

alúmen férrico iron alum 铁明矾

alumina *s.f.* alumina 氧化铝

aluminato *s.m.* aluminate 铝酸盐

aluminato tricálcico tricalcium aluminate 铝酸三钙

alumínio (Al) *s.m.* aluminum, aluminium (Al) 铝

alumínio anodizado anodised aluminum 阳极氧化铝

alumínio de alto teor de silício high-silicon aluminum 高硅铝合金

alumínio de baixo teor de silício low silicon aluminum 低硅铝合金

alumínio escovado brushed aluminum 拉丝铝

alumínio injectado cast aluminum 铸铝

alumínio lacado lacquered aluminum 涂装铝

alumínio perfilado profiled aluminum 铝型材

alumínio sobre aço steel-backed aluminum 钢背铝

alumínio termolacado thermocoated aluminum, thermo-lacquered aluminum 热浸铝涂层

aluminite *s.f.* aluminite 铝氧石；矾土石

aluminização *s.f.* aluminizing 渗铝

aluminizado *adj.* aluminized 镀铝的，渗铝的

aluminocreto *s.m.* aluminocrete 铝土矿

aluminossilicatos *s.m.pl.* aluminosilicates 铝硅酸盐

aluminotermia *s.f.* aluminothermics, aluminothermic process 铝热法

alundo *s.m.* alundum 刚铝玉

alunite *s.f.* alunite 明矾石

alunogénio *s.m.* alunogen 毛矾石；水硫酸铝石

aluviação *s.f.* alluviation 冲积，冲积作用

aluvial *adj.2g.* alluvial 冲积的；淤积的

aluviamento *s.m.* sedimentation 沉积

aluvião *s.f.* alluvium 冲积层，冲积土

alúvio *s.m.* ⇨ aluvião

aluvionar *adj.2g.* ⇨ aluvial

aluviossolo *s.m.* ⇨ luvissolo

aluxar *v.tr.* (to) loosen 放松，解开

alvaiade *s.m.* white lead 白铅，铅白

alvaiade de chumbo white lead 白铅

alvaiade de zinco white zinc 白锌

alvaiade em pó white lead powder 铅白，白铅粉

alvanel *s.m.* mason 砖石工；泥瓦工；石工

alvará *s.m.* license 证书，执照

alvará comercial business license 营业执照

alvará de construção building permit 建筑许可证

alvará de empreiteiro de obras públicas public works building contractor license 公共工程承包资质证书

alvará mineiro mining permit （建材用）采矿许可证

alvejamento *s.m.* bleaching 漂白

alvejar *v.tr.* (to) bleach 漂白

alvenaria *s.f.* masonry; stonework, brickwork 砖砌体；砌体工程；砖石建筑

alvenaria armada (/cintada) ⇨ alvenaria grauteada reforçada

alvenaria de blocos vazados hollow

block masonry 空心砌块砌体

alvenaria de pedra argamassada (/pedra seca com rejuntamento) stone pitching with filled joints 浆砌石护坡

alvenaria de pedra arrumada embedded stone pitching 埋藏式砌石护坡

alvenaria de pedra em seco dry-laid masonry 干砌墙

alvenaria de pedra rústica rustic stone masonry 粗面石块砌筑

alvenaria de pedra seca dry laid masonry 干石砌体，干砌石圬工

alvenaria de tijolo brick walling, ashlar masonry 琢石圬工

alvenaria em tijolos e em blocos brick and block masonry 砖砌体

alvenaria grauteada grouted masonry 灌浆砌体，灌浆圬工

alvenaria grauteada reforçada reinforced grouted masonry 加筋灌浆砌体

alvenaria insossa (/seca) ⇨ alvenaria de pedra seca

alvenaria sólida solid masonry 实心砌体

alvenaria vazada hollow unit masonry 空心砌块砌体

álveo s.m. riverbed 河床

alveolar adj.2g. alveolar 蜂窝状的，气泡状的，齿槽的

alvéolo s.m. ❶ alveole 蜂窝状小窝 ❷ cell 光电元件 ❸ jack （电源插座的）插孔

alvéolo protegido protected jack 插孔带保护

alverca s.f. marsh, fen, swamp 沼泽，湿地

alvião s.m. mattock 十字镐，鹤嘴锄的一种

alviquito s.m. alvikite 细粒方解碳酸岩

alvo s.m. sighting disc, target 觇标，观察盘

alvo reflector reflective target （工程测绘用的）反射器

amaciamento s.m. running-in, break-in （发动机、设备等）磨合

amaciante s.m. fabric conditioner 衣物柔顺剂

amaciar v.tr. ❶ (to) soften （使）变软 ❷ intr. (to) run-in 磨合

amadurecer v.tr.,intr. (to) mature 成熟

amadurecimento s.m. ripeness; maturity 成熟，完备

amadurecimento de betão concrete curing 混凝土硬化，混凝土养护

amagat s.m. amagat 阿马伽（密度单位）

amálgama s.m./f. amalgam 汞齐，汞合金

amalgamação s.f. amalgamation 混汞法，汞齐化法

amalgamação em barril barrel amalgamation 桶式混汞法

amalgamação em placa plate amalgamation 平板混汞法；板上混汞法

amalgamador s.m. amalgamator, amalgam barrel 混汞器，混汞桶

amalgamar v.tr. (to) amalgamate 混汞；汞齐化

amanho s.m. tilling, tillage, culture 耕作，耕种

amantilho s.m. topping lift 千斤索

amaragem s.f. ditching 在海面降落

amarelecer v.tr.,intr. (to) yellow 发黄；黄化

amarelecimento s.m. yellowing 发黄；黄化

amarelo adj.,s.m. yellow 黄色的；黄色

amarelo de benzidina benzidine yellow 联苯胺黄

amarelo de cádmio cadmium yellow 镉黄

amarelo de crómio chrome yellow 铬黄

amarelo de óxido de ferro iron oxide yellow 氧化铁黄

amarelo de zinco zinc yellow 锌黄（一种颜料）

amarra s.f. ❶ 1. tether 系绳，系链 2. chain cable 锚链 ❷ cable 链（海上测距单位，约合 185 米或 219 米）

amarra de ancoragem anchor chain 锚链，限位链

amarração s.f. ❶ fastening 绑，扎，系 ❷ hawse, mooring 系泊；系泊船；系泊处；系泊属具 ❸ binding, bonding （砌体等的）结合，黏合

amarração de poço well tie 钻井连测，连井

amarração de tempo time tie （地震勘测法）时间互换

amarração para cabos tension sets 耐张绝缘子串组

amarração superficial surface bonding 表面黏结

amarrar *v.tr.,intr.* (to) moor; (to) fasten 系泊；绑，扎，系

amarroado *adj.* hammered （被）锤击的，锤成的

amarrotado *adj.* crumpled, wrinkled, rumpled 弄皱的，起皱的

amassadeira *s.f.* dough mixer 和面机，揉面机

amassado *adj.* kneaded 揉过的，揉捏过的

amassador *s.m.* masher 捣泥器

amassadouro *s.m.* ❶ mortar trough 灰浆搅拌槽 ❷ dough trough 碎浆机槽；揉面缸

amassadura *s.f.* ❶ dough making 和面 ❷ batch, batching 配料；搅拌，拌和

amassamento *s.m.* batch, batching 配料；搅拌，拌和

amassamento manual (de concreto) hand mixing of concrete （混凝土）人工搅拌

amassamento mecânico (de concreto) mechanical mixing of concrete （混凝土）机械搅拌

amassar *v.tr.* (to) batch, (to) knead 揉；搅拌

amassilho *s.m.* ❶ quantity of flour to be kneaded （一次的）搅拌量 ❷ kneading-machine 搅拌机

amazonite *s.f.* amazonite 天河石，微斜长石

amazonomaquia *s.f.* amazonomachy 描绘亚马逊之战的浮雕

ambão *s.m.* ambo （早期教堂的）读经台，讲道台

âmbar *s.m.* amber 琥珀

amberito *s.m.* amberite, ambrite 灰黄琥珀

amberóide *s.m.* amberoid 人造琥珀

ambientador *s.m.* air freshener 空气清新剂

ambientalismo *s.m.* environmentalism 环境论，环境决定论

ambientalista *s.2g.* environmentalist 环保人士

ambiente *s.m.* ambient 环境

ambiente contaminado contaminated environment 被污染的环境

ambiente controlado ⇨ atmosfera controlada

ambiente de deposição depositional environment 沉积环境

ambiente de fundo submarino deep-sea environment 深海环境

ambiente de trabalho desktop（电脑的）桌面

ambiente hostil harsh environment 恶劣环境

ambiente oxidante oxidizing environment 氧化环境

ambiente sedimentar sedimentary environment 沉积环境

ambiente sulfuroso (/sulfurado) sulfur environment, sour environment 含硫环境

âmbito *s.m.* scope, area 范围，范畴；领域

ambligonite *s.f.* amblygonite; amblygonite montebrasite 磷铝石；磷锂铝石

ambrosina *s.f.* ambrosine 褐黄琥珀

ambulância *s.f.* ❶ ambulance 救护车 ❷ ambulance [巴]（用于运送无生命危险病人的）救护车 ⇨ unidade de resgate

ambulatório *s.m.* ambulatory 回廊

ameia *s.f.* ❶ battlement 城垛 ❷ *pl.* castellation [集] 城堡锯齿，锯齿形女儿墙

ameiado *adj.* crenelated 有雉堞的，雉堞状的，城垛形的

amenização *s.f.* sweetening 变甜

amenizar *v.tr.* (to) sweeten 变甜

América *s.f.* America 美洲

América do Norte North America 北美洲

América do Sul South America 南美洲

América Latina Latin America 拉丁美洲

americano *adj.,s.m.* American 美洲的；美国的；美洲人的；美国人的

amerício (Am) *s.m.* americium (Am) 镅

amerissagem *s.f.* water landing 水上降落

amerissagem forçada ditching 水上迫降

ametista *s.f.* amethyst 紫水晶

ametista bicolor bicolor amethyst 双色紫水晶

ametista-oriental oriental amethyst 紫刚玉

ametrino *s.m.* ametrine 紫黄晶

amianto *s.m.* amianthus, asbestos 石棉

amianto azul blue asbestos 青石棉

amianto branco white asbestos 白石棉

amianto de anfíbola amphibole asbestos 闪石石棉

amianto de horneblenda hornblende asbestos 角闪石石棉

amianto de serpentina serpentine asbestos 蛇纹石石棉

amida *s.m.* amide 酰胺

amido *s.m.* starch, amyl 淀粉

amido de mandioca tapioca starch 木薯淀粉

amido solúvel soluble starch 可溶性淀粉

amígdala *s.f.* ⇨ amigdalóide

amigdaloidal *adj.2g.* amygdaloidal 杏仁状的

amigdalóide *s.m.* amygdale, amygdule 杏仁孔

amina *s.f.* amine 胺

aminar *v.tr.* (to) aminate 氨化

aminação *s.f.* amination 氨基化，胺化作用

amistoso *adj.* friendly 友好的，融洽的，和睦的

amoladeira *s.f.* grinding machine 磨床；研磨机；磨石机

amoladeira-rebarbadeira grinder-trimmer 磨削修边机

amolar *v.tr.* (to) sharpen 削尖，磨快

amolecimento *s.m.* softening 软化

amolecimento de água water softening 水软化

amolgadela *s.f.* dent 凹陷，凹痕，压痕

amolgamento *s.m.* remolding （土壤结构）破碎

amolite *s.f.* amolite 斑彩石

amónia *s.f.* ammonia 氨水

amoniacal *adj.2g.* ammoniacal 含氨的

amoníaco *s.m.* ammonia, volatile alkali 氨气

amonificação *s.f.* ammonification 氨化

amonite *s.f.* ammonite 菊石

amonólise *s.f.* ammonolysis 氨解

amontoador *s.m.* ❶ handler, buncher 堆垛机，码垛机 ❷ ridger 起垄犁

amontoador de aivecas mouldboard ridger 铧式起垄犁

amontoador de discos disc ridger 圆盘起垄犁

amontoar *v.tr.* (to) pile, (to) heap up 堆积

amorfa *s.f.* amorphous substance 无定形物质

amorfo *s.m.* amorphous 无定形的；非晶质的

amortecedor *s.m.* ❶ damper, shock-absorber, amortisseur, dashpot, buffer 阻尼器，减振器，缓冲器 ❷ muffler of sound 消音器

amortecedor de ar air vessel, air-bottle pressure dumper 空气瓶，空气罐，压缩空气箱

amortecedor de atrito frictional damper 摩擦阻尼器

amortecedor de borracha rubber damper 橡胶缓冲器

amortecedor de borracha da árvore de manivelas crankshaft rubber damper 曲轴橡胶减振器

amortecedor de calor heat sink 热沉；吸热装置，散热装置

amortecedor de choques shock absorber 减振器

amortecedor de fluido viscoso viscous damper 黏性阻尼器

amortecedor de golpe de aríete water hammer arrestor 水锤消除器

amortecedor de guinada yaw damper 偏航阻尼器

amortecedor de massa dinâmico tuned mass damper 调谐质量阻尼器

amortecedor do motor engine shock absorber 发动机减振器

amortecedor de oscilações laterais shimmy damper 减摆器

amortecedor de pistão piston buffer 活塞缓冲器

amortecedor do platinado contact point bumper block 触点缓冲块

amortecedor de porta door closer 闭门器

amortecedor de pulsação pulsation dampener 压力缓冲器

amortecedor de vibrações vibration damper 减振器

amortecedor de virabrequim crankshaft damper 曲轴减振器

amortecedor hidráulico ❶ hydraulic shock absorber 水力减振器 ❷ hydraulic buffer, hydraulic dashpot 液压缓冲器

amortecedor horizontal horizontal damper 水平减振器

amortecedor líquido da árvore de manivelas crankshaft viscous damper 曲轴黏滞阻尼器

amortecedor pneumático pneumatic shock-absorber 气动式减振器

amortecedor posterior backcheck (of door) 门掣

amortecedor "Stockbrige" Stockbrige damper 司托克防振锤，Stockbrige 形防振锤

amortecer *v.tr.* (to) cushion, (to) damp 缓冲，减弱

amortecer um poço kill a well [巴] 制井，压井

amortecido *adj.* damped 阻尼的；衰减的

amortecimento *s.m.* ❶ 1. absorption, muffling, damping 减弱，缓和；消音；减震 2. damping 阻尼 ❷ cushion 缓冲垫

amortecimento absoluto absolute damping 绝对阻尼

amortecimento aerodinâmico aerodynamic damping 气动阻尼

amortecimento de borracha rubber cushion 橡胶垫

amortecimento da cheia pelo reservatório reservoir flood routing 水库洪水演进

amortecimento da enchente flood routing 河道洪水演进

amortecimento interno internal damping 内阻尼

amortecimento modal modal damping 模态阻尼

amortecimento óptimo optimum damping 最佳阻尼

amortecimento por atrito frictional damping 摩擦阻尼

amortecimento por histerese hysteresis damping 滞后阻尼；滞后缓冲作用

amortecimento viscoso viscous damping 黏性阻尼

amortiguador *s.m.* damper, shock-absorber 阻尼器，减振器，缓冲器

amortiguador de eixo axle damper 轴减震器

amortização *s.f.* ❶ amortization 分期偿还，按揭；摊销，折旧 ❷ amortizement 扶壁的斜顶

amortização da dívida debt amortization 债务摊销

amortizar *v.tr.* (to) amortize 分期偿还，摊销

amostra *s.f.* ❶ sample; specimen 样本，选样 ❷ test piece 试件

amostra ao acaso random sample 随机抽样

amostra amolgada remoulded sample 重塑土样

amostra composta composite sample 混合样品；复合试样

amostra consistente ⇨ amostra de confiança

amostra de betão (/concreto) concrete sample 混凝土样本

amostra de calha drill cuttings 钻屑

amostra de campo field sample 野外样品

amostra de concreto endurecido concrete core 混凝土芯

amostra de confiança trustworthy sample 可靠样品

amostra de ensaio test sample 测试样本

amostra de fundo bottom sample 孔底样品，底质样品

amostra de laboratório laboratory sample 实验室样品

amostra de solo intacto undisturbed soil sample, undisturbed sample of soil 未扰动土样，未扰动土壤样本

amostra de sondagem (/perfuração) boring sample 钻取岩样

amostra de testemunho core sample 岩心样品

amostra deformada disturbed sample 非原状样品

amostras espaçadas spaced samples 间隔采样

amostra indeformada undisturbed sample 原状样品；未扰动试样

amostra intacta intact sample, undisturbed sample 未扰动样品，完整样品

amostra isocinética isokinetic sample 等动态样品

amostra lateral lateral core 井壁取心

amostra orientada oriented core 定向岩心

amostra padrão reference material 标准样品

amostra para laudo judicial arbitration sample 仲裁样品

amostras pobres poor samples 不充分样本

amostra reduzida (/quarteada) reduced sample 缩分样品

amostra remexida disturbed sample 扰动样品

amostra representativa representative sample 代表样本

amostra única spot sample 点试样；局部试样

amostrador *s.m.* ❶ 1. sampler 采样机，土壤采样机 2. core barrel 岩心筒 ❷ sampler 采样员

amostrador automático autosampler, automatic sampler 自动进样器

amostrador automático cross belt cross-belt type automatic sampler 交叉法自动取样机

amostrador automático linear straight-line type automatic sampler 直线型自动取样器

amostrador cilíndrico tube sampler 管式采样器，取土筒

amostrador de abrir split spoon sampler 对开式取土器

amostrador de diamantes diamond coring barrel 金刚石取心筒

amostrador de fundo sediment trap 沉积物收集器

amostrador de sedimentos silt sampler 泥沙取样器

amostrador de solo soil sampler 取土器，土样采集器

amostrador isocinético isokinetic sampler 等动力采样器

amostrador padrão standard sampler 标准取样器

amostrador Shelby Shelby sampler 谢尔贝薄壁取样器

amostragem *s.f.* sampling 取样，采样，抽样

amostragem aleatória random sampling 随机抽样

amostragem com testemunho coring, core drilling 岩心取样，钻取样本；钻探抽样

amostragem composta composite sampling 复合采样

amostragem contínua continuous core drilling 连续取心钻探

amostragem de ar air sampling 空气采样

amostragem de corrente stream sampling 分流取样

amostragem de poeira dust sampling 粉末取样；粉尘取样

amostragem de superfície surface sampling 表面采样

amostragem descontínua spot coring 不连续采样

amostragem digital digital sampling 数字采样

amostragem dupla double sampling 二重抽样；复式取样

amostragem integral de rocha integral rock sampling 全岩样品

amostragem lateral sidewall coring 井壁取心，井壁取样

amostragem por sonda probe sampling 探针采样

amostragem única single sampling 单独抽样检验

amostrar *v.tr.* (to) sampling 取样，采样，抽样

amparo *s.m.* support; bearing; prop 支撑；支撑物

ampelito *s.m.* ampelite 黄铁炭质页岩

amperagem *s.f.* amperage 安培数；电流强度

ampere (A) *s.m.* ampere (A) 安（培）（电流单位）

ampere-espira *s.m.* ampere-turn 安匝

ampere-hora *s.m.* ampere-hour 安培小时

ampere-volta *s.m.* ampere-volt 伏安

amperímetro *s.m.* ammeter, ampere-meter, current indicator 电流表，安培计，电流指示器

amperímetro de tenaz (/fixação) clamp-on ammeter 钳式安培计，钳形电流表

amperímetro digital digital ammeter 数字电流表

ampliação *s.f.* ❶ enlargement, extension 扩大，增大；（建筑物）增建 ❷ enlarging, blowup, magnifying （照片、图像）放大

ampliador *s.m.* ❶ enlarger （照片、图像）放大机，放像机 ❷ magnifier 放大镜

ampliar *v.tr.* (to) enlarge, (to) extend 扩大，增大

amplidina *s.f.* amplidyne 交磁放大机；电机放大机

amplificação *s.f.* amplification 放大；增强

amplificador *s.m.* amplifier 放大器

amplificador contrafásico (/em contrafase) ⇨ amplificador push-pull

amplificador da embreagem clutch booster 离合器助力器

amplificador do freio brake booster 制动助力器

amplificador de ganho binário binary-gain amplifier 二进制增益放大器

amplificador de grelha grid-amplifier 栅极放大器

amplificador de ignição ignition amplifier 点火增强器

amplificador de linha line amplifier 线路放大器

amplificador de oscilação deflection amplifier 偏转放大器

amplificador de ponto flutuante floating-point amplifier 浮点放大器

amplificador de potência amplifier, power amplifier 功率放大器，功放

amplificador de terminal de distribuição headend amplifier 前端放大器

amplificador-detector detector-amplifier 检波放大器

amplificador push-pull push-pull amplifier 推挽放大器

amplificador sonoro sound amplifier 音频放大器

amplificar *v.tr.* (to) amplify 放大；增强

amplitude *s.f.* amplitude 振幅；范围；广度

amplitude absoluta absolute amplitude 绝对振幅

amplitude do abaixamento do nível da água drawdown range 水面降落范围

amplitude de dispersão scatter, range of scatter 散射面

amplitude de enfocação range of focus setting 调焦幅度

amplitude da envoltória envelope amplitude 包络振幅

amplitude de espalhamento atômico atomic scattering amplitude 原子散射振幅

amplitude do fluxo flow range 流量范围

amplitude de frequência frequency range 频率范围

amplitude de maré tidal range 潮差

amplitude de onda wave amplitude 波幅

amplitude de reflexão reflection amplitude 反射（波）振幅

amplitude de variação da queda range of head 水头范围

amplitude dupla double amplitude 双幅；倍幅

amplitude ecológica ecological amplitude 生态幅度

amplitude instantânea instantaneous amplitude 瞬时振幅；瞬态振幅

amplitude relativa relative amplitude 相对振幅

amplitude sísmica seismic amplitude 地震振幅

amplitude-tempo amplitude-time 振幅－时间（关系）

amplitude térmica temperature range 温度范围

amplitude versus afastamento (AVO) amplitude versus offset (AVO) 振幅随偏移距变化

amplitude versus ângulo (AVA) amplitude versus angle (AVA) 振幅随入射角变化

ampola *s.f.* ampoule 安瓿

ampulheta *s.f.* sand-glass, log-glass, hourglass 沙漏

AMV/amv *sig.,s.m.* railroad switch, turnout [巴] 道岔，转辙器

amv à direita right-hand turnout 右开道岔

amv à esquerda left-hand turnout 左开道岔

amv eqüilateral equilateral turnout 对称道岔，双开道岔

amv lateral lateral turnout 单开道岔

anabergita *s.f.* nickel bloom, annabergite 镍华

anaclinal *adj.2g.* anaclinal, anti-dip （与周围岩层下倾方向）逆斜的

anaco *s.m.* lamb （四个月到一岁之间的）羊羔

anadiagénese *s.f.* anadiagenesis 后生成岩作用

anaeróbica *s.f.* anaerobic digestion 厌氧消化法

anaeróbico *adj.* anaerobic 厌氧的

anaeróbio ❶ *s.m.* anaerobe 厌氧性生物，厌氧菌 ❷ *adj.* ⇨ anaeróbico

anaeuróbico *adj.* euxinic 静海相的

anagenito *s.m.* anagenite 杂砾岩，石英质砾岩

anaglaciário *s.m.* anaglacial 始冰期

anáglifo *s.m.* ❶ anaglyph 浅浮雕上的浮雕装饰 ❷ anaglyph 视差图像

analatismo *s.m.* anallatism 准距性，消加常数

análcime *s.m.* analcime, analcite 方沸石

analcimito *s.m.* analcimite 方沸石岩

análcite *s.f.* analcite, analcime 方沸石

analema *s.m.* analemma 地球正投影仪；日行迹

analisador *s.m.* analyzer, analyser 分析机，分析装置

　　analisador bioquímico biochemical analyzer 生化分析仪

　　analisador de actividade de água water activity meter 水活性分析仪

　　analisador de alumínio aluminum analyzer 铝含量分析仪

　　analisador de anéis de crescimento tree rings analyzer 年轮分析仪

　　analisador de cilindros cylinder analyzer 气缸分析仪

　　analisador de cloro residual residual chlorine analyzer 余氯分析仪

　　analisador (de propriedade mecânica) de disjuntor a vácuo mechanical property tester for vacuum circuit breaker 真空断路器机械特性测试仪

　　analisador de fotossíntese photosynthesis analyzer 光合作用分析仪

　　analisador de fotossíntese através da trocas gasosas e fluorescência da clorofila gas exchange fluorescence system 气体交换暨叶绿素萤光光合作用分析仪

　　analisador de gás gas analyzer 气体分析仪，气体分析器

　　analisador de gases do escape exhaust gas analyzer 废气分析仪，尾气分析仪

　　analisador de metais pesados heavy metals analyzer 重金属分析仪

　　analisador de oxigénio dissolvido dissolved oxygen analytic instrument 溶解氧分析仪

　　analisador do sistema de carga e par- tida starting/charging analyzer 起动 / 充电分析仪

　　analisador de sólidos em suspensão suspended solids analyzer 悬浮固体分析仪

　　analisador de TOC TOC analyzer 总有机碳分析仪

　　analisador de TOC por método de combustão combustion method TOC analyzer 燃烧法总有机碳分析仪

　　analisador de turbidez turbidity analyzer 浊度分析仪

　　analisador de turbidez de água bruta raw water turbidity analyzer 原水浊度分析仪

　　analisador dinâmico de sinais dynamic signal analyzer 动态信号分析器

analisar *v.tr.* (to) analyse 分析

análise *s.f.* analysis 分析

　　análise acústica acoustic analysis 声学分析

　　análise bacinal basin analysis 盆地分析

　　análise completa complete analysis 完全分析

　　análise crítica do projecto design review 设计评审

　　análise de activação activation analysis 激活分析，活化分析

　　análise de água water analysis 水分析

　　análise de água subterrânea subsurface water analysis 地下水分析

　　análise de ciclo de vida life cycle analysis 生命周期分析

　　análise de cluster cluster analysis 群分析，聚类分析，点群分析

　　análise de custo-benefício cost-benefit analysis 成本效益分析

　　análise de custo de ciclo de vida life-cycle cost (LCC) analysis 全寿命周期费用分析

　　análise de custo de distribuição distribution cost analysis 分配成本分析

　　análise de custo-eficácia cost-effectiveness analysis 成本效益分析，成本效果分析

　　análise de custo-volume-lucro cost-volume-profit analysis 成本-数量-利润分析，本量利分析

　　análise de dados data analysis 资料分析

análise de desempenho performance analysis 业绩分析；性能分析

análise de difracção diffraction analysis 衍射分析

análise de dimensão de partícula particle size analysis 粒度分析

análise de entrada e saída input-output analysis 投入产出分析

análise de estabilidade stability analysis 稳定性分析

análise de estabilidade estrutural structural stability analysis 结构稳定性分析

análise de fácies facies analysis 相分析

análise das fácies sísmicas seismic facies analysis 地震相分析

análise de falha (/falta) fault analysis 故障分析

análise de Feather Feather analysis 费瑟分析法

análise de feixe de electrões electron beam analysis 电子束分析

análise de frequência frequency analysis 频率分析

análise de frequência granulométrica size-frequency analysis 粒径频率分析

análise de gradiente gradient analysis 梯度分析

análise dos gráficos graphical derivation 图形分析

análise de impacto ambiental enviroment impact analysis 环境影响分析

análise de incêndio fire analysis 火灾分析

análise de informação information analysis 信息分析

análise do infravermelho infrared analysis 红外分析

análise de lama mud analysis 泥浆分析

análise de modos e efeitos de falhas failure modes and effects analysis (FMEA) 故障模式和影响分析

análise de modos, efeitos e criticidade de falhas failure modes, effects and criticality analysis (FMECA) 故障模式，影响和临界分析

análise de padrões pattern analysis 模式分析

análise de paleocorrentes paleocurrent analysis 古水流分析

análise de Pareto Pareto analysis 帕累托分析

análise de peneira sieve analysis 筛分实验分析

análise de pontos de ebulição verdadeiros (PEV) true boiling point (TBP) analysis 真沸点分析

análise de preços price analysis 价格分析

análise de proximidade proximity analysis 接近度分析

análise de qualidade quantitative analysis 定量分析

análise de redes network analysis 网络分析

análise de regressão simples simple regression analysis 简单回归分析

análise dos resultados analysis of results 结果分析

análise de risco risk analysis 风险分析

análise de ruído noise analysis 噪声分析；干扰波研究

análise de secção section analysis 截面分析

análise de sedimentação sedimentation analysis 沉积分析，沉降分析

análise de sensibilidade sensitivity analysis 敏感性分析

análise de sequência seismic sequence analysis 地震层序分析

análise de solo soil analysis 土壤分析

análise de tamanho das partículas particle size analysis 粒径分析

análise de tensão stress analysis 应力分析

análise de testemunho (/tarolo) core analysis 岩心分析

análise de testemunho por lavagem coreflood, core flushing 岩心驱替试验

análise de textura fabric analysis 组织分析；岩组分析

análise de valor value analysis 价值分析

análise de variância analysis of variance 方差分析

análise de vazamento leakage analysis 泄漏点分析

análise de vento longitudinal longitudinal wind analysis 纵向风力分析

análise dimensional dimensional analysis 量纲分析

análise discriminante discriminant analysis 判别分析

análise elástica elastic analysis 弹性分析

análise elástica de primeira ordem elastic analysis of first order 一阶弹性分析方法

análise elemental elemental analysis 元素分析

análise espectral spectral analysis 光谱分析

análise estática static analysis 静态分析

análise estereométrica stereometric analysis 立体测量分析

análise estrutural structural analysis 结构分析

análise f-k f-k analysis F-K 分析，频率–波数分析

análise granulométrica grain-size analysis 粒度分析，粒径分析

análise granulométrica por peneiramento sieve analysis 筛分法粒径分析

análise gravimétrica gravimetric analysis 重量分析

análise isotópica isotopic analysis 同位素分析

análise lateral de velocidade horizon velocity analysis 层速度分析

análise mecânica mechanical analysis 力学分析；机械分析

análise mecânica por sedimentação para materiais finos mechanical analysis by sedimentation for fine materials 沉降法微细物料粒度分析

análise modal modal analysis 模态分析

análise Monte Carlo Monte Carlo analysis 蒙特卡罗分析

análise morfométrica morphometric analysis 形态测定分析

análise multivariada multivariate analysis 多变量分析

análise nodal nodal analysis 节点分析

análise normal normal analysis 常规分析

análise numérica numerical analysis 数值分析

análise objectiva objective analysis 客观分析

análise por árvore de falhas fault tree analysis (FTA) 故障树分析

análise por casca shell analysis 壳分析

análise por crivo sieve analysis 筛分实验分析

análise pelo espectro de resposta response spectra analysis 反应谱分析

análise pelo método de Horner Horner analysis 赫诺解释方法，赫诺分析法

análise por raio X X-ray analysis X 射线分析

análise por via húmida wet assay 湿分析法

análise preditiva predictive analytics 预测分析

análise qualificativa qualitative analysis 定性分析

análise quantitativa de risco quantitative risk assessment 量化风险评价

análise química de materiais metálicos chemical analysis on metallic materials 钢铁化学分析

análise radiográfica radiographic analysis 放射学分析

análise regressiva regressive analysis 回归分析

análise sequencial sequence analysis 序列分析

análise sinóptica synoptic analysis 天气分析

análise tendencial trend analysis 趋势分析

análise térmica thermal analysis 热分析

análise térmica diferencial (ATD) differential thermal analysis (DTA) 差热分析法

analista s.2g. analyst 分析员，分析师

analista de investimentos investment analyst 投资分析师

analista de sistemas systems analyst 系统分析师

analítico adj. analytical 分析的，解析的

analogia s.f. analogy 类似；类推；模拟

analógico adj. analogue; analogical 类似的；类推的；模拟的

anamesito s.m. anamesite 中粒玄武岩；细

玄岩

anamorfismo *s.m.* anamorphism 岩石变性；合成变质

anamorfose *s.f.* anamorphosis 歪像；失真图像

anamorfose cartográfica cartographic anamorphosis 歪像地图

anarmónico/anarmônico *adj.* anharmonic 非谐的，非协调的

anastomosado *adj.* braided （河流）纵横交错的，构成交错水流网的

anátase *s.f.* anatase 锐钛矿

anatásio *s.m.* ⇨ anátase

anastilose *s.f.* anastylosis 原物归位法；分析重建术（建筑物修缮时将构件拆除修缮后安装回原位的方法）

anatexia *s.f.* anatexis 深熔作用

anatexito *s.m.* anatexite 深熔岩；重熔混合岩

anauxite *s.f.* anauxite 富硅高岭石

ancaramito *s.m.* ankaramite 富辉橄玄岩

ancaratrito *s.m.* ankaratrite 橄霞玄武岩；黄橄霞玄岩

ancilar *adj.2g.* ancillary 辅助的

ancinho *s.m.* rake, clearing rake 耙子

ancinho enleirador tedder, raking machine 搂草机

ancinho giratório rotary harrow 旋转耙

ancinho para desmatamento brush rake 杂草清理耙

ancinho para limpeza brush and clean-up rake 灌木杂草清理耙

anco *s.m.* crooked frith or inlet 小海湾

âncora *s.f.* ❶ anchor （船用的）锚 ❷ anchor （锚固支护的）锚栓，锚杆 ❸ anchor escapement 锚式擒纵机构

âncora de amarração rope anchorage 缆索紧固锚

âncora de capa drag anchor 浮锚

âncora de carga vertical vertical load anchor (VLA) 垂向荷载锚

âncora de expansão expansion anchor 膨胀螺栓

âncora do freio brake anchor 制动锚

âncora de fundo mud anchor 泥底锚

âncora de gás gas anchor 气锚

âncora de medição measuring anchor 测力锚

âncora de solo soil anchor 入泥锚定竿

âncora de tubulação tubing anchor 油管锚

âncora do whipstock whipstock anchor 造斜器固定锚

âncora selante anchor seal 锁紧式密封

ancorado *adj.* anchored 抛锚的；锚固的

ancorado em betão frame anchored to concrete 锚固在混凝土中

ancoradouro *s.m.* berth, mooring 停泊处，锚地

ancoragem *s.f.* ❶ anchorage 锚固，固定 ❷ anchorage [集] 锚

ancoragem com complacência diferenciada (DICAS) differentiated compliance anchoring (DICAS) 多组分锚泊系统

ancoragem com gancho bent bar anchorage 弯筋锚固

ancoragem do cinto de segurança seat belt anchor 座椅安全带固定装置

ancoragem de condutor conductor anchoring （输电线路杆塔拉线的）拉线棒

ancoragem de estaca-prancha sheet pile anchorage 板桩锚

ancoragem de fundo bottom hold-down 井底防下滑器

ancoragem de rocha rock bolting; rock anchor 岩石锚杆支护

ancoragem do terceiro trilho à via third rail anchor 第三轨锁定器

ancoragem de topo top hold-down 上部压板

ancorar *v.tr.* ❶ (to) anchor 抛锚 ❷ (to) anchor 锚固，固定

andador *s.m.* walking frame 助行架

andaimaria *s.f.* scaffolding [集] 脚手架

andaime *s.m.* scaffolding, falsework 棚架；脚手架；施工架

andaime de assentador de tijolos bricklayer's scaffold 瓦工脚手架

andaime de berço cradle scaffold 悬挂式脚手架

andaime de madeira builder's staging 施工台架

andaime de parede wall frame 承托墙壁框架

andaime de pedreiro bricklayer's scaffold 瓦工脚手架

andaime em balanço basket 吊篮

andaime fachadeiro door-type scaffolding 门式脚手架

andaime simplesmente apoiado console scaffold 落地式脚手架

andaime suspenso travelling cradle 移动式吊篮

andaime tubular tubular steel scaffolding 钢管脚手架

andaluzite *s.f.* andalusite 红柱石

andamento *s.m.* ❶ development, progress 进度，进展 ❷ running（车辆）行驶，行进

andar ❶ *v.intr.* (to) walk; (to) travel 步行；（乘坐交通工具）行进 ❷ *v.intr.* (to) work 运行 ❸ *s.m.* floor（底层之外的）楼层 ❹ *s.m.* stage 阶（时间地层单位，série 的下一级，cronozona 的上一级，对应地质时代单位 idade）

Andar 2 Stage 2 [M]（地质年代）第二阶

Andar 3 Stage 3 [M]（地质年代）第三阶

Andar 4 Stage 4 [M]（地质年代）第四阶

Andar 5 Stage 5 [M]（地质年代）第五阶，Wuliuano 的旧称

Andar 10 Stage 10 [M]（地质年代）第十阶

andar climatostratigráfico climatostratigraphic stage 气候地层

andar de porão basement floor 地下室层

andar nobre main story, Piano nobile 主楼层，主要楼层，有客厅的楼层（多指底层／零层）

andar superior ❶ upper floor, upper storey 上层 ❷ top floor, last floor 顶层，最高楼层

andar térreo ground floor 底层，零层

◇ último andar top floor, last floor 顶层，最高楼层

andebol *s.m.* handball 手球

andersonite *s.f.* andersonite 水碳钠钙铀矿

andesina/andesite *s.f.* andesine, andesite, trap rock 中长石，安山岩

andesinito *s.m.* andesinite 中长岩

andesítico *adj.* andesitic 安山岩的

andesito *s.m.* andesite 安山岩

andesito quartzífero quartz andesite 石英安山岩

andissolo *s.m.* ⇨ andossolo

ândito *s.m.* footpath, sidewalk, passage（建筑物、桥梁、道路周围的）行人路

andossolo *s.m.* andosols 火山灰土

andradite *s.f.* andradite 钙铁榴石

anecúmena *s.f.* anecumene（地球上的）无人居住区

anédrico *adj.* anhedral 他形的

anel *s.m.* ❶ ring; link (of a chain) 圈，环 ❷ ring road 环路，环形道路

anel adaptador adapter ring 接合环

anel amortecedor damping ring 阻尼环，减震环

anel antiextrusão antiextrusion ring 抗挤塑环，挡圈

anel anual annual ring 年轮

anel arrastador follower ring 随动圈；从动环

anel benzénico benzene ring 苯环

anel calibrador ring gauge 环规

anel centralisador centering ring 定心环

anel colector collector ring, slip ring 集电环

anel colocado a quente shrink ring 热套环；热套圈

anel corta-fogo fire stopping collar 阻火圈

anel de aço steel ring 钢圈

anel de ajustagem adjusting ring, set collar 调整环；定位环

anel de aperto clamping ring 压圈；夹圈

anel de apoio shoulder ring 轴肩挡圈

anel de arco arcing ring 环形消弧器；屏蔽环

anel de borracha rubber ring 橡胶圈

anel de calibração gauge ring 内径规，内径仪

anel de calibrador female ring 内螺纹环

anel da capota cowling ring 整流罩环

anel de carga load ring 负载环

anel de carga elastoméricos elastomeric loadring 橡胶负载环

anel de chave soffit cusp 拱尖

anel de cobertura cover ring 盖环

anel de compensação compensating ring 补偿圈，均力环

anel de compressão compression ring 受压环；压缩环

anel de compressão do pistão piston

compression ring 活塞压缩环

anel do comutador commutator ring 换向器环

anel de confinamento ring sampler, cutting ring 取土刀环；环刀取样器；环形取样器

anel de contacto contact ring 接触环

anel de contraventamento tensioning ring 张力圈，拉紧环

anel de corrente chain ring 链环

anel de crescimento growth ring, annual ring 生长环；年轮

anel de desengate release ring 松放圈

anel de desgaste wear ring 磨耗环

anel de distanciamento ⇨ anel distanciador

anel de drenagem seepage collar 减渗环，截流环

anel de duplo cone double-row tapered roller bearing 双列圆锥滚子轴承

anel de encosto backup ring, thrust ring 止推环

anel do excêntrico cam ring 凸轮环

anel de fechamento end ring 端环

anel de feltro felt ring 毡圈

anel de ferro hasp, cleat, stirrup 铁扣；铁环；箍筋

anel de fixação ❶ lock ring, retaining ring 扣环，锁环 ❷ mounting ring 安装环；装配环

anel de fogo fire retardant ring 阻火圈

anel de fricção friction ring 摩擦环，摩擦圈

anéis de Liesegang Liesegang rings 李泽冈环

anel de ligação joint ring 接合环，连接环

anel de ligação de tubos pipe coupling 管接头

anel de lubrificação oiling ring 油环；给油环

anel de mancal bearing ring 轴承套圈

anel de medição measuring ring 测力环

anel do motor cowling ring 整流罩环

anel de ornamento ornamental ring 装饰环

anel de pistão piston ring 活塞环

anel de pistão de face recta squared-face piston ring 方形活塞环

anel de pressão lock washer, thrust ring 锁紧垫圈，止推环

anel de pressão de borracha rubber pressure ring 橡胶压环

anel de rebordo clincher rim 紧钳轮辋；钳入式轮辋

anel de recheio filler ring 填充垫环

anel de reforço reinforcing ring 加强环

anel de retenção snap ring, retaining ring 卡环，挡圈

anel de rolamento de esferas ball race 滚珠座圈

anel de saída discharge ring 出口环

anel de secção rectangular rectangular section ring 方断面密封圈

anel de segmento (óleo) scraper ring, oil control ring 刮油环

anel de suspensão suspension ring 吊环

anel de tolerância tolerance ring 容差环

anel de trava do rolamento da roda wheel bearing circlip 轮毂轴承卡簧

anel de união connection ring 连接环

anel de vedação seal ring 密封环

anel defletor de óleo oil baffle 挡油圈

anel desligador release ring 松放圈

anel deslizante slip ring 滑环

anel distanciador spacer ring 隔环

anel e arruela de borracha rubber ring and washer 橡胶环和垫圈

anel envolvente da turbina turbine shroud ring 涡轮壳环

anel esférico spherical ring 球形环

anel excêntrico eccentric ring 偏心环

anel expansor expander ring 胀圈

anel externo de rolamento bearing cup 轴承外圈

anel fixador ⇨ anel de fixação

anel-guia guide ring, control ring 导环

anel-guia de ar air guide ring 空气导流环

anel-guia do êmbolo piston guide ring 活塞油环

anel-guia de óleo oil control ring 油环

anel injector splash ring 溅油环

anel intermediário (de pistão de motor) intermediate ring, piston center ring

中心环，活塞中心环
anel interno inner race 内圈
anel interno do rolamento bearing cone 轴承内圈
anel isolador insulating ring; grummet 绝缘环；绝缘垫圈
anel isolante insulating ring 绝缘环
anel laminado rolled ring 轧环
anel luva banjo union 鼓形接头
anel magnético magnet (rings in magnetic screen) 磁屏环
anel metálico metal ring 金属环
anel metálico de retentor seal metal ring 金属密封环
anel-O O-ring O 形圈
anel padrão ring gauge 环规
anel partido split ring 开口环
anel planetário planetary gear ring 行星齿轮环
anel protector protective ring 护环
anel ranhurado grooved ring 槽环
anel raspador de óleo oil baffle, oil scraper ring 挡油圈，刮油环
anel retentor retainer ring, clamping ring 卡环；压圈
anel retentor de borracha rubber seal ring 橡胶密封环
anel retentor de óleo oil seal ring 封油圈
anel rodoviário ring road 环路，环形道路
anel roscado screw collar 螺旋止环
anel superior top loop, top ring 顶环
anel superior de aço inoxidável stainless steel top ring reduces ring 不锈钢顶环
anel tensionador tensioner ring 扩张环，胀环
anel torcional twist ring （发动机活塞）扭环
anel tórico torus O-ring 环面 O 形圈
anel trava lock ring, snap ring 锁环，卡环
anel trava do rolamento da roda wheel bearing circlip 轮毂轴承卡簧
anel tubular annulus 环带，环形套筒
anel vedante de estator de turbina turbine static shroud 涡轮篦齿密封装置静止环
anel vedante de rotor de turbina turbine rotary shroud 涡轮篦齿密封装置转动环

anel viário ring doad 环路，环形道路
anelar *adj.2g.* annular 环形的
anemoclasto *s.m.* anemoclast 风成碎屑岩
anemógrafo *s.m.* anemograph 风速记录仪
anemómetro/anemômetro *s.m.* anemometer; wind gauge 风速计
anemoscópio *s.m.* anemoscope 风向仪
anergia *s.f.* unconvertible energy （在特定条件下）无法转化的能量
aneróide *s.m.* aneroid 无液气压计；膜盒气压计
anexar *v.tr.* (to) annex, (to) attach （使）附属；添加附件
anexo *s.m.* ❶ annexe, supplementary building, auxiliary buildings 配楼，附属建筑，附属用房 ❷ attachment, appendix 附属物；（文件）附录
anfíbio *s.m.* amphibian 水陆两用飞机
anfíbola *s.f.pl.* amphibole [葡] 闪石，角闪石
anfibólico *adj.* amphibolic 角闪石的
anfibólio *s.m.* amphibole [巴] 闪石，角闪石
anfibolítico *adj.* amphibolitic 角闪岩的
anfibolitização *s.f.* amphibolization, amphibolitization 角闪石化
anfibolito *s.m.* amphibolite 闪岩，角闪岩
anfiboloxisto *s.m.* amphibole schist 角闪石片岩
anfigénio/anfigênio *s.m.* amphigene 白榴石
anfipróstilo *adj.,s.m.* amphiprostyle 前后两端有门廊的（建筑）；前后列柱式
anfiteatro *s.m.* ❶ amphitheater 古罗马圆形竞技场 ❷ 1. amphitheater 圆形剧场，报告厅 2. lecture theater 阶梯教室
anfótero/anfotérico *adj.* amphoteric 两性的，酸性的或碱性的
angledôzer *s.m.* angledozer, angle bulldozer 斜铲推土机
anglesite *s.f.* anglesite 硫酸铅矿
angra *s.f.* bight 小海湾
angrito *s.m.* angrite 钛辉无球粒陨石
angström (Å) *s.m.* Angstrom (Å) 埃（长度单位，合 10^{-10} 米）
angulagem *s.f.* angular adjustment 角度调整
angulagem da lâmina buldôzer angling adjustment 推土机角度调整
angular ❶ *adj.2g.* angular 角的；角形的 ❷ *v.tr.,intr.* (to) angulate; (to) adjust the

angle 使有角度；调整角度

angulável *adj.2g.* angling 角度可调的

ângulo *s.m.* ❶ angle 角，角度 ❷ angle bar, angle steel, angle bead 角铁，角钢，护角

ângulo agudo acute angle 锐角

ângulo alterno alternate angle 交错角；错角

ângulo axial óptico optical axial angle 光轴角

ângulo azimutal azimuthal angle 方位角

ângulo central (/ao centro) central angle 圆心角

ângulo central de curva curve central angle 弯道中心角

ângulo complementar complement angle, complementary angle 余角

ângulo crítico critical angle 临界角

ângulo de abertura opening angle 张角，开角

ângulo da agulha switch angle 转辙角

ângulo de apoio ❶ bearing angle 方位角 ❷ angle of relief 后角

ângulo de aproximação approach angle 接近角

ângulo de arfagem pitch angle 俯仰角

ângulo de ataque ❶ angle of attack 攻角，迎角，冲角 ❷ back-rake angle 后倾角 ❸ working angle, cutting angle 切削角

ângulo de atraso angle of lag 滞后角

ângulo de atrito de interface (/atrito interno solo-parede) ⇨ ângulo de atrito externo

ângulo de atrito no repouso angle of static friction 静摩擦角

ângulo de atrito externo angle of external friction 外摩擦角

ângulo de atrito interno angle of internal friction 内摩擦角

ângulo de atrito interno efectivo effective angle of internal friction 有效内磨擦角

ângulo de auxílio bearing angle 方位角

ângulo de avanço angle of lead, angle of advance 移前角；超前角，提前角

ângulo de azimute azimuth angle 方位角

ângulo de balanço roll 旁向倾角

ângulo de Bragg bragg angle 布喇格角

ângulo de cisalhamento angle of shear 剪切角

ângulo de condução angle of flow 导通角

ângulo de contacto angle of contact 接触角

ângulo de contracção do filão angle of nip 咬入角

ângulo de convergência convergence angle 会聚角

ângulo de coordenadas coordinate angle 坐标角

ângulo de corte cutting angle 切削角

ângulo de cruzamento crossing angle 交叉角

ângulo de declinação angle of declination 偏角

ângulo de deflexão deflection angle 偏转角

ângulo de depressão angle of depression 俯角

ângulo de deriva drift angle 偏差角

ângulo de deslizamento slip angle 偏离角；滑脱角；下滑角

ângulo de desvio angle of deviation 偏向角

ângulo de desvio mínimo angle of minimum deviation 最小偏向角

ângulo de difracção diffraction angle 衍射角

ângulo de dispersão scattering angle 散射角

ângulo de divergência angle of divergence 发散角

ângulo de elevação elevation angle, angle of elevation 高度角；仰角

ângulo de emergência emergence angle 出射角

ângulo de escarificação ripping angle 裂土角度

ângulo de escavação digging angle 挖角

ângulos de Euler Euler angles 欧拉角

ângulo de extracção angle of draw 陷落角

ângulo da face face angle 面角；齿面角

ângulo de falha hade 偃角（矿脉与垂直面所成的斜角）

ângulo de fase phase angle 相位角

ângulo do feixe beam angle 射束孔径角

ângulo de fibra slope of grain 纹理斜率，

木纹斜度

ângulo de flanco flank angle 螺纹侧面角

ângulo de fluxo angle of flow 导通角

ângulo de giro round angle 周角

ângulo de guinada yaw angle 偏航角

ângulo de impedância impedance angle 阻抗角

ângulo de incidência angle of incidence 入射角

ângulo de inclinação ❶ 1. angle of inclination, tilt angle 倾斜角，倾角 2. share pitch, share suction 犁体倾角 ❷ grade angle, grading angle 平地坡度角 ❸ angle of slide, dip angle 滑动角，倾角 ❹ pitch positions 螺距位置

ângulo de inclinação de tubeira nozzle angle 喷嘴角

ângulos de inclinação frontal blade pitch positions 铲刀螺距位置

ângulo de interferência interference angle 干涉角

ângulo de interposição angle of cut-off 截止角

ângulo de intersecção intersection angle 交会角

ângulo do jacaré frog angle 岔心角

ângulo de ligação bond angle 键角

ângulo de mergulho plunge angle 俯角

ângulo de nivelamento grade angle, grading angle 平地坡度角

ângulo de orientação direction angle 方向角

ângulo de oscilação swing angle 摆动角

ângulo de passo de engrenagem pitch angle of gear （齿轮的）节面角

ângulo de penetração angle of penetration 犁体倾角

ângulo de perda loss angle 损耗角

ângulo de polarização polarization angle, angle of polarization 偏振角

ângulo de posição attitude angle 姿态角

ângulo de pressão pressure angle 压力角

ângulo de radiação radiation angle 辐射角

ângulo de recepção acceptance angle 接受角度

ângulo de reflexão angle of reflection 反射角

ângulo de refracção angle of refraction 折射角

ângulo de repouso rest angle, repose angle 休止角

ângulo de rotação angle of rotaion 旋转角；旋光角

ângulo de saída ❶ angle of departure 出射角 ❷ draft angle 脱模角；模锻斜度；烟囱锥度

ângulo da sede seat angle 座角钢

ângulo de subida climb angle 爬升角

ângulo de sucção inferior body pitch, downward inclination of a body 犁体倾斜度

ângulo de sucção lateral horizontal suction, side suction, land suction 犁体水平间隙

ângulo do talão heel angle 横倾角；侧倾角

ângulo de tombamento pitch angle 俯仰角，螺距角

ângulo de toque angle of bite 咬入角

ângulo de torção angle of twist 扭转角

ângulo de trajetória de planeio ILS ILS glide path angle 仪表着陆系统下滑角

ângulo de vedação shielding angle 遮光角

ângulo descendente angle of depression 俯角

ângulo diedro dihedral angle 二面角

ângulo e eixo de desorientação angle and axis of misorientation 取向差角和取向差旋转轴

ângulo e eixo de rotação angle and axis of rotation 旋转角和旋转轴

ângulo eléctrico electrical angle 电角

ângulo esférico spherical angle 球面角

ângulo excêntrico eccentric angle 偏心角

ângulo externo exterior angle 外角

ângulo facial da ponta tip face angle 齿面角

ângulo geocêntrico geocentric angle 地心角

ângulo guia lead angle 超前角，导程角

ângulo horário hour angle 时角

ângulo horizontal horizontal angle 水平角

ângulo incluso included angle 夹角

ângulo interno interior angle 内角

ângulo interplanar interplanar angle 晶面夹角

ângulo lateral flank angle 侧面角

ângulo-limite ⇨ ângulo crítico

ângulo morto dead angle 盲点，视觉死角

ângulo nadiral angle of tilt 倾角

ângulo negativo negative angle 负角

ângulo no pólo meridian angle 子午线角

ângulo oblíquo glancing angle 掠射角

ângulo obtuso obtuse angle 钝角

ângulo paraláctico parallactic angle 星位角

ângulo polar polar angle 极角

ângulo positivo positive angle 正角

ângulo preferencial preferred angle 首选角度

ângulo pronunciado sharp angle 锐角

ângulo raso straight angle 平角

ângulo rectilíneo rectilinear angle 直线角

ângulo recto right angle 直角

ângulo reentrante reentry angle 再入角，内凹角

ângulo saliente salient angle 凸角

ângulo sideral (AS) sidereal angle 恒星角

ângulo sólido solid angle 立体角

ângulo topocêntrico topocentric angle 侧心角

ângulo vertical vertical angle 垂直角

ângulo zenital zenithal angle 天顶角

anguloso *adj.* angulate 有棱角的

anhara *s.f.* savannah [安] 稀树草原

anião *s.m.* anion [葡] 阴离子

anidrido *s.m.* anhydride 酸酐，无水酸

anidrido carbónico carbon dioxide 二氧化碳

anidrido silícico silicic anhydride 硅酸酐

anidrido sulfúrico sulfuric anhydride 硫酸酐；三氧化硫

anidrite *s.f.* anhydrite 硬石膏，无水石膏

anidrito *s.m.* anhydrite rock 硬石膏岩

anidro/anídrico *adj.* anhydrous 无水的

anil *s.m.* indigo 靛蓝，靛蓝色；靛蓝染料

anil de cobre indigo copper 铜蓝

anilha *s.f.* washer, ring 垫圈

anilha de aperto lock washer 锁紧垫圈

anilina *s.f.* aniline 苯胺

aniolite *s.f.* anyolite 红宝黝帘石

ânion *s.m.* anion [巴] 阴离子

aniónico/aniônico *adj.* anionic 阴离子的

Anisiano *adj.,s.m.* Anisian; Anisian Age; Anisian Stage （地质年代）安尼期（的）；安尼阶（的）

anisodésmico *adj.* anisodesmic （晶体）异键的

anisotropia *s.f.* anisotropy 各向异性

anisotropia aparente apparent anisotropy 视各向异性

anisotropia de velocidade velocity anisotropy 速度各向异性

anisotropia eléctrica electrical anisotropy 电各向异性

anisotropia sísmica sismic anisotropy 地震各向异性

anisotrópico *adj.* anisotropic 各向异性的

anita *s.f.* annite 铁云母

ankerite *s.f.* ankerite 富铁白云石

anmor *s.m.* anmor 近沼泽泥

ano *s.m.* year 年

ano agrícola agricultural year 农业年

ano anomalístico anomalistic year 近点年

ano-base base year 基准年

ano chuvoso (/húmido) wet year 丰水年，多雨年

ano civil (/de calendário) calendar year 日历年

ano de conclusão year of completion 竣工年

ano de exercício (financeiro) financial year 财年

ano de precipitação média year of average rainfall 平均雨量年份

ano galáctico galactic year 银河年

ano hidrológico hydrological year 水文年度

ano juliano Julian year 儒略年

ano-luz light-year 光年

ano-meta (/de projecto) design year 设计年限

ano seco dry year 枯水年，干旱年

ano sideral sidereal year 恒星年

ano trópico tropical year 回归年

anódico *adj.* anodic 阳极的

anodização *s.f.* anodizing 阳极化处理，阳极氧化

ânodo/anódio *s.m.* anode 阳极
　ânodo de alumínio aluminum anode 铝阳极
　ânodo de zinco zinc anode 锌阳极
　ânodo galvânico galvanic anode 牺牲阳极
　ânodo sacrificial (/de sacrifício) sacrificial anode 牺牲阳极

anomalia *s.f.* anomaly 异常
　anomalia de amplitude amplitude anomaly 振幅异常
　anomalia de Bouguer Bouguer anomaly 布格异常
　anomalia de frequência frequency anomaly 频率异常
　anomalia de gravidade gravity anomaly 重力异常
　anomalia de irídio iridium anomaly 铱异常
　anomalia geomagnética geomagnetic anomaly 地磁异常
　anomalia geoquímica geochemical anomaly 地球化学异常
　anomalia geotérmica geothermal anomaly 地热异常
　anomalia gravítica gravitational anomaly 重力异常
　anomalia intraembasamento intrabasement anomaly 基底内异常
　anomalia isostática isostatic anomaly 均衡异常，地壳均衡异常
　anomalia magnética magnetic anomaly 磁异常
　anomalia superficial surface anomaly 地表异常

anorogénico *adj.* anorogenic 非造山运动的
anortite *s.f.* anorthite 钙长石
anortitito *s.m.* anorthitite 钙长岩
anortóclase *s.f.* anorthoclase 歪长石
anortoclasito *s.m.* anorthoclasite 歪长岩
anortosito *s.m.* anorthosite 斜长岩
　anortosito foidífero foidiferous anorthosite 含似长石斜长岩
　anortosito quártzico quartzic anorthosite 石英斜长岩

anotação *s.f.* annotation, comment; explanatory note 注释；释文

anotação de responsabilidade técnica (ART) technical term of responsibility 技术责任注释

anotar *v.tr.* (to) note, (to) annotate 做笔记；注释

anoxia *s.f.* anoxia 缺氧；缺氧症
anóxico *adj.* anoxic 缺氧的
anquimetamórfico *adj.* anchimetamorphic 近（地表）变质的
anquimetamorfismo *s.m.* anchimetamorphism 近地表变质作用
anquizona *s.f.* anchizone 近变质带
anta *s.f.* anta 壁柱，墙端柱
antagonismo *s.m.* antagonism 拮抗作用
　antagonismo iónico ion antagonism 离子拮抗作用
antarcticite *s.f.* antarcticite 南极石，南极钙氯石
Antártica *s.f.* Antarctica 南极洲
antárctico *adj.* Antarctic 南极的；南极地带的
ante- *pref.* ante- 表示"对立；在…之前"
antealcova *s.f.* antechamber 卧室前厅
ante-arco *s.m.* forearc 弧前（区）
antecâmara *s.f.* ❶ antechamber 前厅，接待室 ❷ plenum chamber 增压室
antecedência *s.f.* antecedence, antecedention 先成作用
antecedente *adj.2g.* antecedent 先成的
antechoque *s.m.* foreshock [巴] 前震
antecipação *s.f.* advance, prepayment 预付，预支
antecipar *v.tr.,pron.* (to) anticipate 提前
antecoluna *s.f.* coupled column （门前的）对柱
antecos *s.m.pl.* antecians 分别住在赤道两侧同一经度、相同纬度数的人
anteduna *s.f.* foredune 水边低沙丘
antefixa *s.f.* antefix 瓦檐饰，檐口饰
antefixo *s.m.* ⇨ antefixa
antefortificação *s.f.* outwork （城堡、堡垒的）外线工事
antefossa *s.f.* foreland basin 前陆盆地
anteigreja *s.f.* ⇨ nártex
antejanela *s.f.* opposite window 与另一扇窗相对的窗
antemeridiano *adj.* ante meridian 上午的

antemuro *s.m.* antemural 外墙

antena *s.f.* antenna 天线

  antena activa active antenna 有源天线

  antena de posicionamento positioning antenna 定位天线

  antena de um quarto de onda quarter-wave antenna 四分之一波长天线

  antena direccional ❶ directional aerial antenna 定向天线 ❷ yagi 引向反射天线；八木天线

  antena embutida embedded antenna 嵌入式天线；印刷天线

  antena embutida nos vidros printed glass antenna 玻璃印刷天线

  antena FM FM antenna 调频（FM）天线

  antena parabólica satellite antenna 卫星天线

  antena passiva passive antenna 无源天线

  antena UHF UHF antenna 超高频天线

  antena VHF VHF antenna 其高频天线

antepaís *s.m.* foreland 前沿地，前陆

antepara *s.f.* bulkhead 隔板，隔壁；防水壁，分壁

  anteparas de mancais bearing bulkheads 轴承座隔壁

anteparo *s.m.* shield 防护罩；遮护；挡板，隔板

  anteparo a respingos splash back （厨房）防溅挡板

  anteparo antissonoro tormentor （摄制影片时用的）回声防止幕

  anteparo contra chuva rain screen 雨幕

  anteparo de semáforo signal shield 信号灯遮沿

  anteparo protector protective shield 防护屏，防护罩

  anteparo térmico heat shield; thermal break 隔热板，隔热罩；断热层，隔热条

  anteparo térmico laminado laminated thermo-shield 层状隔热罩

antepoço *s.m.* derrick cellar 井口圆井

anteporta *s.f.* outer door 头道门，前门，外层挡风门

anteporto *s.m.* safe anchorage for ships near the habour 外港

antepraia *s.f.* backbeach, backshore 后滩

anteprojecto *s.m.* preliminary design; preliminary plan 初步设计；初步方案

anterrecife *s.m.* forereef 前礁

ante-sala *s.f.* antechamber, anteroom 接待室

antes-e-depois *s.m.2n.* before-and-after 前后试验

ante-sobrado *s.m.* subfloor 底层地板；毛地板

anti- *pref.* ❶ anti- 表示"反对，相反" ❷ anti- 表示"防…的，耐…的"

antiabrasivo *s.m.* anti-abrasive 耐磨剂

antiacústico *adj.* anti-acoustic 消声的

antiaderente *adj.2g.* non-stick 不黏的

antiaéreo *adj.* antiaircraft 防空的

antialcalino *s.m.* anti-alkali 抗碱剂

anti-apodrecimento *adj.,s.m.* preservative 防腐（的）

anti-arrombamento *s.m.* anti-burglary, burglar-proof 防破坏的，防盗的

antibacteriano *adj.* anti-bacterial 抗菌的

anticalcário ❶ *s.m.* water softener 软水剂 ❷ *adj.* water softening 水软化的

anticiclogénese *s.f.* anticyclogenesis 反气旋生成

anticiclólise *s.f.* anticyclolysis 反气旋消散

anticiclone *s.m.* anticyclone 反气旋

anticlinal/anticlíneo *s.m.* anticline 背斜；背斜层

anticlinório *s.m.* anticlinorium 复背斜

anticlise *s.f.* anticlise 台背斜

anticloro *s.m.* antichlor 除氯剂，去氯剂

anticompressão *adj.inv.,s.f.* antisqueeze 抗挤压的；抗挤压

anticongelante *s.m.* antifreeze, anticoagulant 防冻液

anticorrosão *s.f.* anti-corrosion 防腐，防蚀

anticorrosivo ❶ *s.m.* 1. corrosion inhibitor 防蚀剂；缓蚀剂；腐蚀抑制剂 2. rust inhibitor 防锈剂 ❷ *adj.* anticorrosive, rust-proof 防腐蚀的；防锈的

anticravamento *adj.* ⇨ camada anticravamento

anticriptogâmico *adj.* fungicide 杀真菌的

anticum *s.m.* anticum 前门廊

anti-dedadas *adj.inv.* anti-fingerprint 抗指纹的，不留指纹痕迹的

antideflagrante *adj.2g.* flameproof 防爆燃

antidegradante *s.m.* anti-aging agent 抗老化剂

antiderramamento *s.m.* spill-proof 防溢

antiderrapante *adj.2g.* anti-skidding, skid resistance 防滑的

antidesgaste *adj.,s.m.* anti-wear 抗磨的；抗磨

anti-descoloração *s.f.* fade-proof, anti-fading 防褪色

antideslizante *adj.2g.* anti-slip 防滑的

antidetonante *adj.2g.* anti-knock 抗爆的

antidumping *adj.inv.* anti-dumping 反倾销的

antiduna *s.f.* antidune 反沙丘；逆行沙丘

antiencandeamento *s.m.* antiglare 防眩光

antiengripante *adj.2g.* antiseize 防黏的

antientalamento *s.m.* anti-pinch（门、窗）防夹，防夹手

antiesmagamento *s.m.* anti-crush 抗压；不变形

antiespuma *s.f.* antifoaming 消泡

antiespumante *s.m.* antifoamer 消泡剂

antiestático *adj.* anti-static 防静电的

antiestolagem *s.f.* anti-stall, anti-stalling 防失速

antiferroelectricidade *s.f.* antiferroelectricity 反铁电性

antiferromagnetismo *s.m.* antiferromagnetism 反铁磁性

antiferrugem *adj.inv.* anti-rust; rustproofing 防锈的

antifloculante *s.m.* deflocculant, deflocculating agent 抗絮凝剂, 悬浮剂

antifogo *s.m.* fire protective 防火

antiforma *s.f.* antiform 背斜型构造

antifricção ❶ *s.f.* antifriction 防磨，耐磨；减磨设备 ❷ *adj.inv.* antifriction, friction proof 防磨的，耐磨的

antifúngico *s.m.* antifungal 抗真菌剂

antifurto *adj.* anti-theft 防盗的

antigás *adj.inv.* (against) toxic gas 防毒气的

antigelo *adj.,s.m.* anti-ice 防冰（的）

antigo *adj.* ❶ old; former 古旧的，古代的；过去的 ❷ antique（仿古式）无色凹凸印刷的

antigorite *s.f.* antigorite 叶蛇纹石

antigrafitti *adj.,s.m.* anti-grafitti 防涂鸦的；防涂鸦

antigrimpante *s.m.* mold lubricant 塑模润滑剂

anti-halo *adj.inv.* anti-halo, non-halating 消晕的；反晕圈的

anti-incrustador *s.m.* anti-incrustator 防垢剂

anti-incrustante *adj.2g.* anti-scaling, antifouling 防结垢的，防塞的

anti-infiltração *s.f.* anti-infiltration 抗渗，防渗

antimagnético *adj.* antimagnetic, nonmagnetic 防磁的；抗磁的；非磁性的

antimofo *adj.* mould proof 防霉的

antimónio/antimônio (Sb) *s.m.* antimony (Sb) 锑

antimonite/antimonita *s.f.* antimonite 亚锑酸盐；辉锑矿

antinevoeiro *adj.* antifogging, antifogmatic 防雾的

anti-nidificação *s.f.* anti-nesting 防止鸟筑巢

antinódoas ❶ *s.m.2n.* spot remover 除渍剂 ❷ *adj.inv.* stain-repellent 防污的

antiofuscante *adj.2g.* non-glare 防眩的

antioxidante *s.m.* antioxidant 抗氧化剂

antipatinagem *s.f.* wheel slide protection 加速防滑控制器

antipele *s.m.* anti-skinning agent 防结皮剂

antipertite *s.f.* antipertite 反纹长石

anti-pó *adj.inv.* dust-proof 防尘的

antípodas ❶ *s.m.pl.* antipodes, antithetical point 对跖点 ❷ *s.2g.pl.* antipodes 对跖人

antipouso *s.m.* bird repelling 驱鸟，防鸟

antipútrido *adj.* preservative 防腐的

anti-rachante *s.m.* anti-splitting iron 防裂铁件

anti-rachante tipo "cama de faquir" gang-nail plate 齿板连接

anti-roubo *adj.inv.* anti-theft 防盗的

antirrapakivi *adj.inv.* anti-rapakivi 反环斑的

anti-rugas *adj.inv.* anti-wrinkle 防褶皱的

anti-sedimentante *s.m.* anti-settling agent 防沉剂

anti-séptico *s.m.* antiseptic 杀菌剂，消毒剂

antissísmico *adj.* earthquake-proof 防震的，抗震的

antitético *adj.* antithetic 对立的

antitorque *s.m.* anti-torque 反扭矩

anti-transbordo *adj.* overflow protection 防溢出的

antiumectante *s.m.* anti-wetting agent, anti-humectant agent 抗湿剂

antivibrador *s.m.* vibration absorber 消振器

antivírus *s.m.2n.* antivirus 杀毒软件

antivórtice *s.m.* anti-swirl 防涡流

antizumbido *adj.2g.,s.m.* humbucking 抑制交流声（的）

antlerite *s.f.* antlerite 块铜矾

antofilite *s.f.* anthophyllite, bidalotite 直闪石

antracítico *adj.* anthracitic 无烟煤的

antracitização *s.f.* anthracitization 无烟煤化作用

antracite *s.f.* anthracite; blind coal 无烟煤

antracito *s.m.* ⇨ antracite

antracolito *s.m.* anthracolite 无烟煤；黑方解石

antracolização *s.f.* anthracolitization 煤化作用

antraconito *s.m.* anthraconite 黑沥青灰岩

antracoxenite *s.f.* anthracoxene 碳沥青质

antraxilon *s.m.* anthraxylon 镜煤，纯木煤

antraxolito *s.m.* anthraxolite 碳沥青

antrópico *adj.* anthropic 有关人类的，人类的

antropogénico *adj.* anthropogenic 人为的

antropologia *s.f.* anthropology 人类学

antropometria *s.f.* anthropometry 人体测量学；人体测量术

antropomórfico/antropomorfo *adj.* anthropomorphous 人形的

anuência *s.f.* consent, approval 同意，许可

anulação *s.f.* ❶ annulment, invalidation 废除，使无效 ❷ cancellation 取消

　anulação de dívida debt relief 债务免除

anular ❶ *v.tr.* (to) annul, (to) invalidate 废除，使无效 ❷ *v.tr.* (to) cancel, (to) call off 取消 ❸ *adj.2g.* annular 环形的 ❹ *s.m.* annulus 环带，环形间隙

　anular revestimento-coluna de produção tubing-casing annulus 油管–套管环形空间

ânulo *s.m.* annulet 圆箍线，环状平缘

anunciador *s.m.* annunciator 信号器；报警器

anunciar *v.tr.* (to) announce 公告，宣布

anúncio *s.m.* announcement 公告，通告

　anúncio do concurso announcement of tender, call for bid 招标通告

anzol *s.m.* jig 夹具；钻模

apachito *s.m.* apachite 闪辉响岩

apagador *s.m.* ❶ eraser, board rubber 黑板擦，板擦 ❷ eraser, cleaner 消除器，清除器

　apagador de rodas track cleaner, track eliminator, track eradicator 轮迹消除器

　apagador de velas candle snuffer 烛花剪

apaga-fogo *adj.inv.* fire-resistant 灭火的

apagar *v.tr.* ❶ (to) extinguish; (to) erase; (to) snuff out 消除；擦除；扑灭（火焰） ❷ (to) switch off 关灯

apainelado ❶ *adj.* panelled, panelike 嵌板的，镶板的 ❷ *s.m.* panel work 装饰格板

apainelar *v.tr.* (to) panel 嵌镶板

apalpador *s.m.* feeler, finder, sensing device 探针；触针

apalpa-folgas *s.m.2n.* metric feeler gauge 测隙规，塞尺

apalpar *v.tr.* (to) feel, (to) touch 触摸

apanha *s.f.* collecting, pick up 采摘，收获

apanha- *pref.* picker 采摘⋯的，抓⋯的（设备）

apanha-folhas *s.m.2n.* leaf-catcher 截叶器

apanha-frutos *s.m.2n.* fruit picker 采果剪，采果器

apanha-fumos *s.m.2n.* fume collector 集尘器

apanha-moscas *s.m.2n.* fly-trap 捕蝇器；诱蝇笼

apanhar *v.tr.* ❶ (to) catch, (to) pick up 抓住，捡起 ❷ (to) pick 采摘，收获

apara *s.f.* chippings 碎屑；破片

　aparas de madeira wood chips 刨花

　apara de rocha rock cuttings 岩屑

apara-barro *s.m.2n.* mud guards, mud flaps 挡泥板

aparação *s.f.* trimming 修整，切边，（皮革）修边

aparador *s.m.* ❶ sideboard （可以放东西的矮）橱柜 ❷ trimmer （手持式）剪草器

　aparador de cerca (viva) hedge trimmer

绿篱机

aparador de grama (/relva) timmer（手持式）剪草器

aparafusado *adj.* bolted-up, bolt-on 螺栓式的；螺栓紧固的；上紧螺栓的

aparafusador *s.m.* screwdriver 螺丝刀

aparafusador sem fios cordless screwdriver 充电式螺丝刀

aparafusadora *s.f.* ⇨ aparafusador

aparafusamento *s.m.* bolt-up 上紧螺栓

aparafusar *v.tr.* (to) screw 用螺钉固定

apára-lápis *s.m.2n.* pencil sharpener [葡] 铅笔刀

aparar *v.tr.* (to) trim, (to) cut 修整，切边

aparato *s.m.* apparatus 装置，设备

aparato antifogo fire assembly 防火门窗配件

aparato autocerrador self-closing fire assembly 防火自闭装置

aparecimento *s.m.* appearance 出现

aparecimento de gás gas show 气显示；天然气苗

aparelhado *adj.* dressed（木材）刨光的，（石材）修琢过的

aparelhador *s.m.* outfitter（机器）安装工

aparelhagem *s.f.* ❶ gear (tools, implements, etc. for a purpose) [集]仪器，工具 ❷ sound system 音响设备 ❸ electrical installation box （线缆）接线盒

aparelhagem de comutação switchgear 开关设备

aparelhagem de comutação MT MV switchgear 中压开关

aparelhagem de laboratório laboratory equipment 实验室设备

aparelhagem de som sound system 音响设备

aparelhamento *s.m.* equipping, assembly 装备，装配

aparelhar *v.tr.* (to) equip, (to) prepare 装备，配备，准备

aparelho *s.m.* ❶ 1. apparatus, equipment 仪器；装置；器具；器材 2. rigging [集]（船上的全套）索具 ❷ brickwork, bond 砌砖，砌法 ❸ undercoat 中层漆 ⇨ sub-capa

aparelho à 3/4 vez 3/4 brick wall 3/4 砖墙，18 墙

aparelho ao comprido running bond 跑砖砌合，顺砖砌合

aparelho ao cutelo (/ao alto/a galga) 1/4 brick wall, bull stretcher 1/4 砖墙，斗砖墙

aparelho a duas vezes 2 brick wall, double brick wall 2 砖墙，49 墙

aparelho a duas vezes e meia 2½ brick wall 2 砖半墙，62 墙

aparelho à meia vez half brick wall 半砖墙，12 墙

aparelho à meia vez "esquerda-direita" stretcher bond, running bond 全顺式砌法

aparelho à meia vez "frente-trás" header bond 全丁式砌法

aparelho à uma vez one brick wall 1 砖墙，24 墙

aparelho a uma vez e meia brick-and-a-half wall, one and half brick wall 1 砖半墙，37 墙

aparelho alternado long-and-short work 长短交替砌石

aparelho americano american bond 美国式砌墙法

aparelho belga ⇨ aparelho inglês em cruz

aparelho comum common bond 五顺一丁式砌法

aparelho de Abel Abel flashpoint apparatus 阿贝耳闪点试验器

aparelho de apoio bridge bearing 桥梁支座

aparelho de apoio elastomérico elastomeric bridge bearing 弹性支座，橡胶支座

aparelho de apoio tipo panela plate type bridge bearing 平板支座

aparelho de audição ⇨ audiofone

aparelho de Beckmann Beckmann apparatus 贝克曼仪器

aparelho de cantaria regular coursed ashlar 成层琢石

aparelho de casagrande casagrande box 卡氏液限仪

aparelho de controlo de fluxo flow control device 流量控制装置

aparelho de controlo de segurança safety control device 安全控制装置

aparelho de elutriação de ar air elutriator 空气分离器，风选器

aparelho de gás gas appliance 煤气用具

aparelho de imersão immersible unit 浸入式设备

aparelho de juntas recortadas block-incourse 成层砌石块体

aparelho de Kipp Kipp's apparatus 启普发生器

aparelho de manobra switch stand 转辙器座

aparelho de marcar azimuth circle, bearing circle 方位圈

aparelho de medir carga de eixo axle-load meter 轴重仪

aparelho de mudança de via (amv) turnout 道岔

aparelho de muro de jardim garden wall bond 园墙砌法

aparelho de pedras da mesma altura na mesma fiada regular-coursed rubble 毛石整层砌石

aparelho de pedregulho irregular random rubble 乱砌毛石圬工

aparelho de pedregulho poligonal coursed rubble 成层粗石圬工

aparelho de pedregulho regular squared rubble 方块毛石圬工

aparelho de pressão ⇨ medidor de pressão

aparelho de refrigeração refrigerator 制冷机组

aparelho de remo rowing machine 划船机

aparelho de respiração breathing apparatus 呼吸器，空气呼吸器

aparelho de step step machine （健身器材）踏步机，健步机

aparelho de Soxhlet Soxhlet apparatus 索氏提取器

aparelho de telefone tipo entrada entry type telephone set 输入型话机

aparelho de telefone tipo executivo executive type telephone set 执行型话机

aparelho de telefone tipo sénior senior type telephone set 管理型话机

aparelho divisor dividing head 分度器，分度头

aparelho em espiga raking bond 斜纹砌法

aparelho em pedra rustication 粗面石工

aparelho espanhol ⇨ aparelho à meia vez

aparelho flamengo flemish bond 佛兰德式砌法，梅花丁字式砌法

aparelho flamengo diagonal flemish diagonal bond 佛兰德式斜纹砌法

aparelho flamengo transversal flemish cross bond 佛兰德式交叉砌法

aparelho francês brickwork with one stretching course per heading course 一顺一丁式砌法

aparelho holandês dutch bond 荷兰式砌法

aparelho inglês (/gótico) english bond 英国式砌法，一顺一丁式砌法

aparelho inglês em cruz english crossing bond 砖头缝错开的英国式砌法

aparelho inglês transversal English cross bond 英式十字砌法

aparelho irregular ⇨ opus incertum

aparelho irregular de cantaria random ashlar 乱砌方石圬工

aparelho isódomo ⇨ opus isodomum

aparelho medidor de intemperismo acelerado weatherometer 耐风蚀测试仪，老化试验机

aparelho medidor de neve snow gauge 雪量计 ⇨ nevómetro

aparelho misto in-and-out bond 交替砌合法

aparelho para ensaio de adensamento consolidometer; oedometer 固结仪；渗压仪 ⇨ consolidómetro

aparelho para exercícios gym machine 健身器械

aparelho protector safety guard 防护装置

aparelho Proctor Proctor apparatus 普氏贯入仪

aparelho pseudoisódomo ⇨ opus pseudoisodomum

aparelho regulador de vazão fixed-flow regulator 流量控制装置

aparelho regular regular bond; american bond 普通砌合法；美国式砌合法

aparelhos romanos Roman brickwork techniques 罗马砌筑技术 ⇨ opus

aparelho sanitário ⇨ louças sanitárias

aparelho tensor stretching gear 拉伸装置

aparelhos topográficos survey instruments 测量仪器

aparelho triaxial triaxial apparatus 三轴试验仪

aparência s.f. appearance 外观

aparente adj.2g. apparent 表面上的，表观的

aparite s.f. chipboard 刨花板，木屑板

apartamento s.m. ❶ apartment 公寓；房间 ❷ departure 横距；东西距

  apartamento conjugado studio apartment 一室一厅的公寓

  apartamento duplo twin bedroom 双人间，有一对单人床的房间

  apartamento para deficientes disabled room 残疾人间，残疾人客房

  apartamento standard standard rooms 标准间，标准客房

aparthotel s.m. aparthotel 酒店式公寓，公寓酒店

apatite s.f. apatite 磷灰石

  apatite amarelada asparagus stone 黄绿磷灰石

apatitolito s.m. apatitolite 板状磷灰石岩

apaumador s.m. strongback, stiffback （模板的）撑架；强力背材

apêndice s.m. (mouldboard) extension （犁壁）延长板

aperfeiçoar v.tr.,pron. (to) improve 改进，改善

apertado adj.2g. tight 紧的

apertar v.tr. (to) tighten, (to) fasten 收紧；扣紧，固定

aperto s.m. tightening 收紧

  aperto excessivo overtightening 过紧

  aperto insuficiente undertorquing 不够紧，扭矩不足

apetrechamento s.m. equipping; supplying 提供设备；安装设备

apetrechar v.tr. (to) equip, (to) provide 配备，装备

ápice s.m. apex 顶；顶部

apicoado adj. rough 毛面的（石材）

apicoamento s.m. roughening （石材）糙化处理，毛面处理

apicoar v.tr. (to) pare down with a pickaxe （用凿子等工具）凿，啄

apiloado adj. tamped 夯实的，砸实的

apiloador s.m. hammer, tamper 夯土机

apiloamento s.m. soil compacting, tamping 土壤夯实

apiloar v.tr. (to) tamp 夯实，砸实

apinhado adj. heaped up, piled up 堆集起来的，聚集起来的

apinhar v.tr. (to) heap up, (to) pile up 堆积，堆起

apinito s.m. appinite 富闪深成岩

aplainador s.m. flatter, planisher 打平器

aplainadora s.f. ❶ cold planer 冷铣刨机 ❷ drawn grader 拖式平地机

aplainamento s.m. planing, smoothing 刨平，铲平

aplainar v.tr. (to) plane off, (to) flatten 刨平，铲平

aplanação s.f. leveling （外营力造成的）夷平

aplanadora s.f. motor grader 平地机

aplanar v.tr. (to) smooth, (to) flatten 平整，铲平

aplástico adj. having no plasticity 无黏性的，无可塑性的

aplicabilidade s.f. applicability 适用性；适应性

aplicação s.f. ❶ 1. application （泛指）使用，应用 2. installation （泛指）安装 3. application 刷，抹（灰浆）；砌，垒（砖块、砌块）；施用（涂料，化肥等）❷ application [葡] 应用程序

  aplicação de barras de nivelamento screeding 冲筋，标筋

  aplicação de massa applying putty 抹泥子

  aplicação em múltiplas camadas apply in multi coats 多层涂覆

  (de) aplicação geral general purpose 通用

  (de) aplicação leve light duty 轻型

  (de) aplicação plena full on （功率）全开

  (de) aplicação severa heavy duty 重型

aplicado adj. applied 垒起来的；涂抹的；应用的

  aplicado a ar air-applied 气动的

aplicado a frio cold applied 冷铺的

aplicador *s.m.* applicator 敷抹器，敷料器，涂抹器，涂药器

aplicador de nutrientes nutrient applicator 营养素撒布机

aplicar *v.tr.* (to) apply, (to) use 使用，应用

aplicativo *s.m.* application [巴] 应用程序

aplique *s.m.* ❶ wall lamp, wall-chandelier（有装饰效果的）壁灯 ❷ applique 贴花

aplique a prova de água waterproof wall lamp 防水壁灯

aplique móvel swivel wall lamp 旋转壁灯

aplítico *adj.* aplitic 细晶状的

aplito *s.m.* aplite 细晶岩

aplito granítico granite aplite 花岗细晶岩

aplodiorito *s.m.* aplodiorite 淡色闪长岩

aplogranito *s.m.* aplogranite 淡色花岗岩

aplossienito *s.m.* aplosyenite 淡色正长岩

apo *s.m.* plow beam, plough beam 犁梁，犁辕

apo de charrua ⇨ apo

apodrecer *v.tr.* (to) putrefy, (to) decay 腐烂

apodrecimento *s.m.* decay 腐烂

apodrecimento da madeira wood decay 木材腐朽

apodrecimento seco dry rot 木材干腐

apófige *s.f.* apophyge 柱端凹线脚

apófige inferior apophyge inferior 柱轴与基座连接处的凹线脚

apófige superior apophyge superior 柱轴与柱顶连接处的凹线脚

apofilite *s.f.* apophyllite 鱼眼石

apófise *s.f.* apophysis 岩枝

apogeu *s.m.* apogee 远地点

apógrafo *s.m.* blueprinting machine 晒图机

apogranito *s.m.* apogranite 变花岗岩

apoiar *v.tr.* (to) support 支持，支撑

apoio *s.m.* ❶ support, rest 支撑物；支柱 ❷ reference 参考物，参照物

apoio basculante pivoting bearing 中心支承

apoio de aperto clamping fixture 夹具

apoio da bandeja de suspensão control arm stay 控制臂侧撑

apoio de braço ⇨ descansa-braços

apoio do braço basculante folding armrest 折叠扶手

apoio de (/para) cabeça head cushion,

headrest 座椅头枕

apoio da cambota main journal 主轴颈

apoio de carga load backrest 承载支架

apoio do cofre hood support 机罩支架

apoio dos pés footrest 踏脚板

apoio de um único rolete single-roller bearing 单列滚柱轴承

apoio elastomérico elastomeric support 弹性体支撑

apoio em ângulo angle bearing 角轴承

apoio em arco arch brace 拱形支撑，拱形支撑

apoio em balanceio rolling contact 滚动接触

apoio em cabo cable support 缆索托架

apoio em rolete roller support 滚动支座，滚轴支承

apoio extremo end support 端点支承；端承

apoio fotogramétrico photogrammetric reference 摄影测量参考（线、面、标记等）

apoio horizontal horizontal reference 水平参考（线、面、标记等）

apoio intermédio intermediate support 中间支点；中间支承

apoio para livro book stand 书立，书夹

apólice *s.f.* policy, certificate 保险单

apólice de seguro insurance policy 保险单，保单

apólice flutuante floating policy 流动保单，总保险单

apomagmático *adj.* apomagmatic 外岩浆的

apomecómetro/apomecômetro *s.m.* apomecometer 测距仪

apontador *s.m.* ❶ overseer 记录员；考勤员 ❷ pointer 指针 ❸ sharpener 削尖器

apontador de lápis pencil sharpener [巴] 铅笔刨，铅笔刀

apontamento *s.m.* work attendance checking 考勤，出勤

apontar *v.tr.* ❶ (to) point; (to) show 指向，指出，指明 ❷ (to) sharpen 弄尖，削尖

aporriolito *s.m.* aporhyolite 脱玻流纹岩

aporte *s.m.* input, contribution 输入，贡献

aporte de calor heat contribution 热贡献

aporte de energia energy input 能量输入

aporte de sedimentos sediment inflow;

sediment yield 来沙（量）

aporte financeiro financial contribution, financial injection 财政资助；注资

após *prep.* after 在…之后

após impostos after-tax 税后

após o ponto morto superior after top dead center (ATDC) 上止点后

aposento *s.m.* room, chamber 房间；公寓

apostila *s.f.* ❶ apostil, apostille 旁注 ❷ endorsement, additional document 附加条款，补充文件

apostilamento *s.m.* annotation 注释，注解

apótema *s.m.* apothem 边心距

aprazamento *s.m.* appointment 规定期限

apreciação *s.f.* evaluation, appreciation 评估，鉴别

apreciação das propostas evaluation of the bids 评标，标书评审

apreciar *v.tr.* (to) evaluate 评估，鉴别

aprender *v.tr.* (to) learn 学习，学会

aprendiz *s.m.* apprentice 学徒

aprendizagem *s.f.* apprenticeship 学习；学徒期

apresentação *s.f.* ❶ presentation, submission 提交；出示 ❷ presentation 演示，展示

apresentação de dados data display 资料展示

apresentar *v.tr.* ❶ (to) present, (to) submit 提交；出示 ❷ (to) present 演示，展示

apresto *s.m.* first coat 头道漆

à prova de *loc.* proof 防…的

à prova de água waterproof 防水的

à prova de balas bullet-proof 防弹的

à prova de explosão explosion proof 防爆的 ⇒ anti-explosivo

à prova de falhas fail-safe 防故障（的），失效保护（的）

à prova de fogo fireproof 防火的

à prova de humidade damp proof 防潮的

à prova de intempéries weatherproof 耐候性的；防风雨的，不受天气影响的

à prova de poeiras dust-proof 防尘的 ⇒ anti-pó

à prova de radiação radiation-proof 防辐射的

à prova de roubo burglar-proof 防盗的 ⇒ anti-roubo

à prova de som soundproof 隔音的

apron piece *s.f.* apron piece 支承小梁；承台梁

aprovação *s.f.* approval 批准

aprovação de um projeto project approval 项目批准

aprovar *v.tr.* (to) approve 批准

aproveitamento *s.m.* ❶ 1. development 发展，开发，建设 2. development, project 工程项目 ❷ power facilities 发电设施

aproveitamento de bombagem pumped storage plant 抽水蓄能电站

aproveitamento de nascente spring resource development 源头资源开发

aproveitamento de queda alta high-head scheme 高水头电站

aproveitamento de queda baixa low head scheme 低水头电站

aproveitamento de queda média medium head scheme 中水头电站

aproveitamento económico economic exploitation 经济开发

aproveitamento hidráulico hydropower station 水电站

aproveitamento hidrelétrico ❶ hydro-electric development 水电开发 ❷ hydro-power station 水电站

aproveitamento por bombeamento pumped storage scheme 抽水蓄能电站

aproveitar *v.tr.* (to) take advantage, (to) use 开发，利用

aproveitável *adj.2g.* usable 可用的

aprovisionamento *s.m.* supply, provisioning 供应，供给

aprovisionar *v.tr.* (to) supply, (to) provision 供应，供给

aproximação *s.f.* ❶ approach 引道，接驳道路；引桥 ❷ approach 进近

aproximação de não-precisão non-precision approach 非精密进近

aproximação de ponte bridge approach 桥梁引道

aproximação de precisão precision approach 精密进近

aproximação direta straight-in approach 直线进近

aproximação direta IFR straight-in approach IFR 仪表飞行规则的直线进近

aproximação direta VFR straight-in approach VFR 目视飞行规则的直线进近

aproximação estabilizada stabilized approach 稳定进近

aproximação final final approach 最后进近

aproximação inicial initial approach 起始进近

aproximação normal normal approach 正常进近

aproximação para circular circling approach 盘旋进近

aproximações paralelas dependentes dependent parallel approaches 不独立平行进近

aproximações paralelas independentes independent parallel approaches 独立平行进近

aproximação perdida missed approach 复飞，进场失败

aproximação por instrumentos instrument approach 仪表进近

aproximação radar radar approach 雷达进近

aproximação visual visual approach 目视进近

aprumado adj. upright 垂直的，直立的

aprumar v.tr. (to) plumb 用铅锤校正垂直度

apside s.f. apsis 拱点

aptério adj. apteral 无侧柱的

Aptiano adj.,s.m. Aptian; Aptian Age; Aptian Stage （地质年代）阿普特期（的）；阿普特阶（的）

aptidão s.m. ability 能力，才能

aptidão para aterragem violenta crashworthiness 耐坠毁性

aptitude s.f. ⇨ aptidão

apurar v.tr. ❶ (to) ascertain; (to) investigate 查明；调查 ❷ (to) select; (to) shortlist 选择；列入短名单

aqua belt s.f. aqua belt 腰带式浮版

aquacultura s.f. ⇨ aquicultura

aquaplanagem s.f. aquaplaning 打滑，漂滑现象

aquaplanagem dinâmica dynamic hydroplaning 动力滑水

aquaponia s.f. aquaponics（农业养殖模式）鱼菜共生

aquatilite s.f. aquatillite 冰海碛沉积

aquaviário adj. ❶ (of) waterway 航道的，水路的 ❷ (of) maritime transportation 海洋运输的

aquecedor s.m. heater, air heater 电暖气；加热器

aquecedor a ar quente hot air heater 热风机

aquecedor a ar regenerado regenerative air heater 再生式空气预热器；回热式空气加热器

aquecedor de água water heater 热水器

aquecedor de água a gás gas geyser 煤气热水炉

aquecedor de água de adução feed-water heater 给水加热器

aquecedor de água instantâneo instantaneous water heater 瞬时电热水器，即热式热水炉

aquecedor de alimentos overhead food warmer（红外灯式）食品保温站

aquecedor de alta pressão high pressure heater 高压加热器

aquecedor de ambiente space heater 空间加热器

aquecedor de ar air heater 空气加热器，热风机

aquecedor de ar recuperativo recuperative air heater 同流换热式空气预热器

aquecedor de baixa pressão low pressure heater 低压加热器

aquecedor da cabine cab heater 驾驶室加温器

aquecedor de janela window heater 车窗加热器

aquecedor de quartzo quartz heater 石英加热器

aquecedor de rodapé baseboard heater 踢脚板式供暖器

aquecedor eléctrico electric heater 电热器

aquecedor halogéneo halogen heater 卤素管电暖器

aquecedor individual unit heater 单体式供暖机组

aquecedor para cama bed-warmer 暖床器

aquecedor por convecção convector heater 对流式电暖气

aquecedor-ventilador fan heater 暖风机

aquecer v.tr. (to) heat 加热

aquecimento s.m. ❶ heating, warming 加热，变暖 ❷ heating, heating installation 供暖；暖气（装置）❸ firing 点火；烧制

aquecimento adiabático adiabatic heating 绝热加热

aquecimento artificial artificial heating 人工加热

aquecimento central central heating 集中供热，集中供暖

aquecimento das casas ⇨ aquecimento residencial

aquecimento dinâmico dynamic heating 动力加热

aquecimento eléctrico electric heating, electrical heating 电加热，电热

aquecimento excessivo overheating 过热

aquecimento global global warming 全球变暖

aquecimento integral soaking 均热处理

aquecimento por distribuição de ar quente hot air heating 热风采暖，热风供热

aquecimento por piso (/chão) radiante underfloor heating 地暖，地板下供暖

aquecimento por tecto radiante ceiling heating 天花板供热

aquecimento residencial house heating 住宅取暖

aquecimento solar activo active solar heating 主动式太阳能供暖

aquecimento solar passivo passive solar heating 被动式太阳能供暖

aquecimento, ventilação e ar condicionado (AVAC) heating, ventilation and air conditioning (H.V.A.C) 暖通空调，采暖通风 ⇨ climatização

aqueduto s.m. aqueduct 输水管道

aquerito s.m. akerite 英辉正长岩

aquicludo s.m. aquiclude 隔水层；含水土层

aquicultura s.f. aquiculture 水产养殖

aquífero s.m. aquifer 含水层，蓄水层

aquífero anisótropo anisotropic aquifer 异向性含水层

aquífero artesiano artesian aquifer 自流水层

aquífero cársico karst aquifer 岩溶含水层

aquífero confinado confined aquifer 承压含水层；自流含水层

aquífero inferior basal ground water 油层下部底水

aquífero livre free aquifer 自由含水层

aquífero semiconfinado semi-confined aquifer 半承压含水层

aquífero suspenso perched aquifer 表层含水层

aquifugo s.m. aquifuge 不透水层

aquisição s.f. ❶ acquisition 获取 ❷ procurement 采购 ❸ acquisition, takeover（企业等的）收购

aquisição amigável friendly takeover 善意收购

aquisição centralizada central buying 集中采购

aquisição de dados data acquisition 获取资料，数据采集

aquisição de equipe staff acquisition 人员招募

aquisição de parte de concessão por terceiros farm-in 开采权益的转入；租入；让入

aquisição em exclusividade exclusive purchase 独家采购

aquisição governamental government procurement 政府采购

aquisição hostil hostile acquisition 敌意收购

aquisição sísmica seismic acquisition 地震采集

Aquitaniano adj.,s.m. Aquitanian; Aquitanian Age; Aquitanian Stage （地质年代）阿基坦期（的）；阿基坦阶（的）

aquitardo s.m. aquitard 弱含水层

aquoso adj. aqueous 水的，水状的

ar s.m. air 空气

ar aspirado air drawn 吸入（的）空气，引入（的）空气

ar carregado de humidade moisture laden air 潮湿空气

ar carregado de poeira dust-laden air 含尘空气

ar comprimido compressed air 压缩空气

ar controlado still air 静止空气

ar corrosivo corrosive air 腐蚀性空气

ar corrupto bad-air 污浊空气

ar de combustão combustion air 燃烧空气

ar de exaustão exhaust air 排出空气

ar de excesso excess air 过量空气

ar de insuflamento supply air 供给空气

ar de recirculação recirculating air 再循环空气

ar de retorno return air 回风，回流空气

ar do solo ground air 土壤空气

ar expelido effluent gas 排出的气体

ar fresco (/exterior/externo) fresh air 新风

ar incorporado (/entranhado) entrained air 掺入的空气，加入的空气

ar livre open air 露天

ar ocluso entrapped air 截留空气

ar pressurizado pressurized air 压缩空气

ar primário primary air 一次风，一次空气

ar puro pure air 纯净空气

ar saturado saturated air 饱和空气

ar viciado foul air 污浊空气

ara *s.f.* altar, altar stone 祭坛；祭典石

arabesco *s.m.* arabesque 蔓藤花饰

aração *s.f.* plowing 耕地，犁地

aração de raízes root plowing 除根，挖根

arado *s.m.* plow 犁

arado de aiveca moldboard plow 铧式犁

arado de discos disk plow, disc plough 圆盘犁

arado extirpador (/para raízes) root plow 除根犁，挖根犁

arado reversível reversible plow 翻转犁

aragonite *s.f.* aragonite 霰石

aragotite *s.f.* aragotite 黄沥青

araldite *s.f.* araldite 环氧树脂

arame *s.m.* wire, mesh 金属线，金属网

arame de aço steel wire mesh 钢丝网

arame de aço inox stainless steel wire mesh 不锈钢网

arame de liga alloy wire 合金钢丝

arame de (/para) solda solder wire 焊锡丝

arame de solda forte brazing wire 钎焊丝

arame de trava (/segurança) lockwire 安全锁线

arame farpado barbed wire 带刺铁丝网

arame guia guide wire 导丝

arame laminado rolled wire 轧制钢丝

arame quadrado square wire 方形丝

arameiro *s.m.* wire worker; wire manufacturer 铁丝工人；铁丝厂家

arandela *s.f.* wall lamp 壁灯

aranha *s.f.* ❶ spider 多脚架 ❷ chandelier, spider 枝形吊灯；灯罩框架 ❸ spider （放置贺卡、蜡烛等的）支架

arapaíto *s.m.* arapahite 磁玄岩

arar *v.tr.* (to) plow 耕地，犁地

ar-ar *adj.inv.* air-to-air 空对空的

arara *s.f.* movable clothes rack （商店里用的）移动挂衣架

arável *adj.2g.* arable （土地）可耕种的

arbitragem *s.f.* arbitration 仲裁

arbitramento *s.m.* ⇨ arbitragem

arbitrar *v.tr.* (to) arbitrate 仲裁

arbitrário *adj.* discretionary 自由裁量的，随意的

árbitro *s.m.* arbitrator 仲裁员

arbóreas *s.f.pl.* tree species, trees 乔木类植物

arbóreas frutíferas fruit trees 果树

arbóreas ornamentais ornamental trees 观赏树木

arbóreas palmeiras palm trees 棕榈树

arbóreo *adj.* arboreal 树的；木本的

arborescente *adj.2g.* arborescent 树木状的

arboreto *s.m.* arboretum 植物园

arboricultor *s.m.* arboriculturist 树木栽培员

arboricultura *s.f.* arboriculture 树木栽培；种树业

arborização *s.f.* arborization 绿化（尤指植树）；[集]树

arborização urbana street tree 行道树

arborizado *adj.* ❶ green; wooded 绿化的，植树的 ❷ arborized 有树枝状纹络的（矿物）

arborizar *v.tr.* (to) greening, (to) afforest 绿化

arbustivas *s.f.pl.* shrubs 灌木类植物

arbustivo *adj.* shrubby 灌木的，灌木构成的

arbusto *s.m.* shrub 灌木

arca *s.f.* ❶ 1. chest 柜子 2. linen chest 衣箱 ❷ freezer 冰柜

arca congeladora freezer 冰柜

arca horizontal horizontal freezer 卧式冰柜

arcabouço/arcaboiço *s.m.* ❶ chest, framework 木框架，木结构 ❷ fabric 组构；岩组；结构

arcada *s.f.* ❶ arcade, arched vault 拱廊 ❷ arch [集] 拱

arcada aberta loggia 拱廊，柱廊

arcada cega blind arcade, arcature 假拱廊

arcada cheia com alvenaria blind arcade 假拱廊

arcada de intersecção intersecting arcade 交叉拱廊

arcada direita straight arch 平拱

arcada entrelaçada interlacing arcade 内叉拱廊

arcada frontal face arch 前拱

arcada ogival equilateral arch 等角拱

Arcaico *adj.,s.m.* Archean; Archean Eon; Archean Eonothem [葡] （地质年代）太古宙（的）；太古宇（的）

arcaria *s.f.* arcade 拱廊

arcatura *s.f.* arcature 假拱廊；小拱廊

arc doubleau *s.m.* arc doubleau 横向拱

archerte/archeta *s.f.* arched ornament 拱状饰

archote *s.m.* torchiete 向天花照的灯

arciforme *adj.2g.* arciform, bow-shaped 拱状的；弓形的

arco *s.m.* ❶ arc 弧；（泛指）弧形物，弓形物 ❷ arch 拱；拱门 ❸ arc, electric arc 电弧

arco abatido flat arch 平拱，弧形拱

arco abaulado depressed arch, segmental arch 平卧拱

arco activo active arch 有效拱

arco adintelado (/achatado) jack arch 平拱

arco afestoado festooned arch 垂花雕饰拱

arco agudo acute arch 尖顶拱

arco angular angular arch 棱角拱

arco apontado pointed arch 尖拱

arco árabe ⇨ arco mourisco

arco articulado articulated arch; hinged arch 铰接拱

arco aviajado (/ascendente) rampant arch, raking arch 跋拱

arco biarticulado two-hinged arch 双铰拱

arco cantante singing arc 歌弧，杜德尔弧

arco capaz major arc of a circle divided by a inscribed angle （圆周角所对的）优弧

arco cego blind arch 盲拱

arco circular circular arch 圆拱

arco compósito composite arch 复合拱

arco composto compound arch 复合拱

arco concêntrico concentric arch 同心拱

arco conopial ogee arch 葱形拱

arco continental continental arc 陆弧

arco crepuscular crepuscular arch 曙暮弧

arco cruzeiro interlaced arch 交织拱

arco de alça (/asa) de cesto basket handle arch 三心拱

arco de alívio ⇨ arco de descarga

arco de alvenaria masonry arch 砌石拱

arco de aproximação arc of approach 渐近弧

arco de arestas de encontro groined arch 穹棱拱

arco de arranques desiguais ⇨ arco aviajado

arco de Brocken Brocken bow 反日冕

arco de botaréu counter arch 扶垛拱

arco de catenária catenary arch 悬链线坡拱

arco de cinco centros five-centered arch 五心拱

arco de curvatura variável variable curvature arch 变曲率拱

arco de descarga relieving arch 减压拱

arco de duas articulações (/duas rótulas/ dupla articulação) ⇨ arco biarticulado

arco de encontro groin arch 交叉拱

arco de escarção discharging arch 肋拱，卸载拱

arco de ferradura round horseshoe arch 圆形马蹄拱

arco de fila ⇨ arco elíptico

arco de flecha camber arch 弯拱

arco de ilhas island arc 弧形列岛

arco de jardim garden arch （花园的）花

拱架

arco de lanceta lancet arch 椭圆形尖顶拱

arco da lareira chimney arch 壁炉上的圆拱

arco de leque segmental arch 扇形拱

arco de margem continental continental margin arc 陆缘岛弧

arco de meio ponto (/meio redondo) semicircular arch 半圆拱

arco de nervuras ribbed arch 肋拱

arco de parede inteira plate arch 板拱

arco de pés desiguais ⇨ arco aviajado

arco de ponte bridge span 桥跨

arco de proscênio proscenium arch 舞台台口上面的拱

arco de pua speed handle 曲拐扳手柄

arco de quatro centros four-centered arch 四心拱

arco de segurança ❶ roll-guard, rollover protection, safety arc, safety bow 翻滚保护 ❷ safety arch, relieving arch 安全拱；分载拱

arco de solda welding arc 焊弧

arco de suporte squinch arch 尖角拱

arco do tecto roof bow 车篷弓

arco de tijolo refractário firebrick arch 耐火砖拱

arco de três centros three-centered arch 三心拱

arco de tripla articulação ⇨ arco triarticulado

arco de triunfo ⇨ arco triunfal

arco de vários centros ⇨ arco policêntrico

arco descendente ⇨ arco aviajado

arco diminuído diminished arch 平圆拱

arco dobrado traverse arch 横拱

arco duplo ogee 双弯曲线

arco eléctrico arc, electric arc 电弧

arco elíptico elliptical arch 椭圆拱

arco em balanço corbel arch 叠涩拱

arco em ferradura horseshoe arch 马蹄拱

arco em gota drop arch 垂拱

arco em rampa (/talude) ⇨ arco aviajado

arco em sino bell arch 钟形拱

arco em trifólio ⇨ arco trifoliado

arco engastado ⇨ arco fixo

arco enviesado oblique arch, skew arch 斜拱

arco equilátero equilateral arch 变二心桃尖拱

arco esconso skew arch 斜拱

arco falso false arch 假拱

arco fixo fixed arch 固定拱

arco florentino Florentine arch 佛罗伦萨拱

arco francês French arch 法国式拱

arco frontal face arch 前拱

arco geminado twin arch 双拱

arco gótico gothic arch 哥特式拱，尖顶拱

arco gótico rebaixado ⇨ arco em gota

arco inclinado inclined arch 倾斜拱

arco inflectido inflected arch 倒拱，反弯拱

arco insular island chain, island arc 岛链；弧形列岛

arco interrompido interrupted arch 间断拱

arco intraoceânico intraoceanic arc 洋内弧

arco invertido inverted arch 反向拱

arco invertido de túnel tunnel inverted arch 隧道仰拱

arco invertido provisório de túnel tunnel pre-radier 隧道临时仰拱

arco lanceolado ⇨ arco de lanceta

arco lobulado foiled arch 叶形饰拱

arco magmático magmatic arc 岩浆弧

arco montanhoso ⇨ arco continental

arco montante rising arch 起拱

arco mourisco moorish arch 摩尔拱

arco oblíquo ⇨ arco enviesado

arco ogival ogival arch 尖拱

arco ogival rebaixado ⇨ arco em gota

arco para toras logging arch 集材拱架

arco parabólico parabolic arch 抛物线拱

arco pingente ⇨ arco em gota

arco plano flat arch 平拱

arco policêntrico multi-centered arch 多心拱

arco polilobado multifoil arch 多叶拱

arco quebrado broken arch 破拱

arco rampante ⇨ arco aviajado

arco rebaixado depressed arch, segmental arch 平卧拱

arco recto (/rectilíneo) flat arch 平拱

arco redondo round arch 圆拱

arco retificador trimmer arch 壁炉前拱

arco reversivo counter-vault 反拱

arco rígido rigid arch 刚性拱

arco romano roman arch 半圆拱

arco segmentar segmental arch 扇形拱

arco sem articulação hingless arch 无铰拱

arco semicircular full-center arch 半圆弧

arco semielíptico semiellipse arch 半椭圆拱

arco suspenso suspended arch 悬弧

arco transversal transverse arch 横向拱

arco triangular triangular arch 三角形拱

arco triarticulado three-hinged arch 三铰拱

arco trifoliado (/trilobado) trefoil arch 三叶形拱

arco triunfal triumphal arch 凯旋门

arco tudor Tudor arch 都铎式拱

arco ultrapassado ⇨ arco em ferradura

arco veneziano Venetian arch 威尼斯拱

arco voltaico voltaic arc 电弧

arco vulcânico volcanic arc 火山弧

arcobante/arcobotante *s.m.* flying buttress 拱扶垛；飞扶壁

arco-íris *s.m.* rainbow 彩虹

arco-íris branco white rainbow, fog bow 白虹，雾虹

arco-íris de nevoeiro fog bow, white rainbow 雾虹，白虹

arco-íris primário primary bow 主虹

arco-íris secundário secondary bow 副虹

arcologia *s.f.* arcology 生态建筑

ar condicionado (Ac) *s.m.* air conditioner 空调

ar condicionado automático bi-zona dual zone automatic air conditioner 双温区自动空调

ar condicionado bi-split bi-split air conditioner 一拖二空调

ar condicionado inverter split split inverter air conditioner 分体式变频空调

ar condicionado multi-split multi-split air conditioner 多联空调

ar condicionado multi-split inverter multi-split inverter air conditioner 变频多联空调

ar condicionado mural wall air conditioner 壁挂式空调

ar condicionado piso-tecto ceiling type air conditioner 吊顶式空调

ar condicionado quadri-split quadri-split air conditioner 一拖四空调

ar condicionado split split air conditioner 分体空调，分体式空调

ar condicionado split built-in (/embutido) built-in type split air conditioner 嵌入式分体空调

ar condicionado split cassete cassette type split air conditioner 吸顶式分体空调

ar condicionado split de parede wall split air conditioner 壁挂式分体空调器

ar condicionado tipo empacotado packaged air conditioner 单元式空调机组；组合式空调器

ar condicionado tipo empacotado de telhado packaged rooftop air conditioning units 吸顶单元式空调机

ar condicionado tipo janela window type air conditioning units 窗式空调

ar condicionado tri-split tri-split air conditioner 一拖三空调

ar condicionado vertical floor air conditioner 立式空调器

arcosarenito *s.m.* arkosarenite 长石砂岩

arcose *s.f.* arkose 长石砂岩

arcose impura dirty arkose 不纯长石砂岩

arcose quartzítica quartzitic arkose 长石石英岩

arcóseo *adj.* arkosic [巴] 长石砂岩的

arcósico *adj.* arkosic [葡] 长石砂岩的

arcósio *s.m.* arkose [巴] 长石砂岩

arcósito *s.m.* arkosite 长石石英岩

arco-soldagem *s.f.* arc welding 电弧焊

arcossólio *s.m.* arcosolium 拱形小室

árctico *adj.* arctic 北极的；北极地带的

arcual *adj.2g.* arcuate, arcuated 拱式的，拱形的

ardósia *s.f.* slate 石板，板石，石板瓦

 ardósia expandida expanded slate 膨胀页岩

 ardósias irregulares random slates 不规则石板

 ardósias regulares sized slates 规则石板

 ardósia rústica rustic slate 粗板

are (a) *s.m.* are (a) 公亩

área *s.f.* ❶ area 区域 ❷ area 面积

 área ao ar livre open area 露天场地

 área a ser evitada area to be avoided 避航区

 área activa active area 有源区；作用区域

 área adjacente ❶ adjoining area 毗邻地区 ❷ road side 路边，路侧

 área agregada aggregate area 总面积

 área ajardinada garden area 花园区

 área arborizada wooded area 绿化区域

 área backup back-up area 后勤区；辅助场地

 área bruta gross area 建筑面积

 área bruta de secção transversal gross cross-sectional area 毛截面面积

 área bruta locável (ABL) gross lettable area (GLA) 总可出租面积

 área coberta coverage area 覆盖面积；室内面积

 área com rebaixo step area 分段面积

 área comum common zone 公共区域，公用区

 área confinada confined area 承压区

 área contribuinte tributary area 从属面积

 área controlada controlled area 管制区

 área costeira coastal area 沿岸区，海岸区

 área de agarramento gripper area 夹持面积

 área de amontoamento stockpiling area 贮料区

 área de apoio de carga load bearing area 承载面积

 área de apoio do dormente tie bed 枕基

 área de apoio do trilho rail seat 轨铁

 área de aproximação approach area 飞机进近区

 área de aproximação final e de decolagem final approach and take-off area 最后进近和起飞区

área de armazenagem storage area 存放区

área de armazenamento da comporta ensecadeira stoplog storage site 叠梁存放处

área de base de construção area of base 建筑基底面积

área de bota-fora disposal area 弃土区

área de captação hydrographic basin, catchment area 集水区

área de colectores collector area 集热面积

área de concessão concession area 特区经营区域

área de confortos amenity area 美化市容地带

área de construção building area 建筑面积

área de controle control area 控制区

área de controle de terminal terminal control area 终端管制区

área de descarregamento público public dumping 公众倾倒物料区

área de desenvolvimento compreensivo comprehensive development area 综合发展区

área de deslizamento slide area 崩塌易发区

área de despejo dumping area 倾倒物料区

área de drenagem drainage area 排水容泄区

área de embarque barging area 驳运地点

área de embarque e desembarque loading/ unloading area 上落客货区；货物起卸处

área de empenagem horizontal horizontal tail area 水平尾翼面积

área de empréstimo borrow area 料场，采料区

área de empréstimo marítima marine borrow area 海洋采料区

área de ensino teaching area 教学区

área de escritório office area 办公区

área de estacionamento parking area 停车场

área de expedição shipping area, dispatch area 发货区

área de experimentação experimental area 实验区
área de formação training area 培训区
área de fundeio anchorage area 锚泊地
área de grelha grate area 炉箅面积
área de incêndio fire area （建筑内部的）防火区
área de influência influence zone 影响区域
área do lago water surface area; lake area 湖的水面面积
área de localização (/locação) location area 定位区
área de lote parcel area 地块面积，占地面积
área de manobra turning area 回车处
área de manuseio de cargas cargo handling area 货物装卸区
área de montagem erection area, assembly area 安装区，装配区
área de não fumantes non-smoking section 禁烟区
área de navegação restrita restricted navigation area 禁航区
área de operação surface of operation 操作区
área de passagem passage area 通道面积
área de pedonal pedestrian area, pedestrian zone, pedestrian precinct 行人专区
área da piscina na cobertura swimming pool area at roof 屋顶泳池区
área de portagem toll area 收费区
área de pouso e decolagem touchdown and lift-off area 接地和离地区
área de pré-fabricação prefabrication area 预装区
área de preparação preparation area 准备区
área de preservação permanente permanent preservation area 永久性保护区
área de produção production area 生产区
área de prospecção prospective area 远景区
área de protecção protected area 保护区
área de protecção ambiental (APA) environment protection area 环境保护区
área de refúgio refuge area 避难区

área de reparação e manutenção da técnica Auto repair & maitenance area 汽修区
área do reservatório reservoir area 库区
área de secção sectional area 截面面积
área de secção transversal cross sectional area 横截面积
área de segurança firebreak 防火空隙地带
área de serviço service area 服务区；作业区域
área do terreno area, land area, plot area 占地面积
área de toque e elevação inicial touchdown and lift-off area 接地和离地区
área de trabalho working area 工作场所
área de trabalho aberta open working area 露天工场
área de tráfego apron （机场）停机坪
área de triagem marshalling area 调车处；集结地
área de uso comum ⇨ área comum
área desportiva sport area 运动区
área efetiva da armadura effective area of reinforcement 有效钢筋面积
área efetiva de concreto effective area of concrete 混凝土有效面积
área encerrada closed area 封闭区
área epicêntrica epicenter area 震中区
área estéril sterile area 无菌区
área estruturada structured area 有组织建设的区域
área fechada closed area 封闭区，禁区
área fonte source area 源区，源地
área horizontal horizontal area 水平面积
área húmida wet areas 湿地
área industrial industrial area 工业区
área interfacial interfacial area 界面面积
área interna internal area 内部面积
área líquida de seção transversal net cross-sectional area 净横截面积
área máxima de trabalho maximum working area 最大工作面积
área medida em acres acreage（土地的）亩数
área metropolitana metropolitan area 大都市区
área não estruturada non-structured

area 无组织建设的区域

área negativa negative area 负向区，沉降区

área non aedificandi non-building area 非建筑用地

área oculta blind area 封闭地块；阴影区

área ocupada occupied area 用地面积

área para lazer recreation area; leisure area 休闲区，娱乐区

área para pré-moldagem precast yard 预制场

área pavimentada paved area 硬化区域，已铺面区域

área perigosa danger area 危险区

área periurbana urban fringe area 城市边缘区

área plana ❶ level area 平坦地块 ❷ plain area 平原区

área planeada planning area 规划区

área portuária port area 港口区

área privativa private area 私有地；私人区域

área proibida prohibited area 禁区，禁航区

área projectada projected area 投影面积

área promissora promising area 有找矿潜力的地区

área recreativa recreation area 休闲区，娱乐区

área reservada reserved area 预留区域，拟建区域

área residencial residential area 住宅区

área restrita restricted area 限制区

área rural rural area 乡郊地区

área seca dry area 采光井；干摩擦点；房基通风井

área submersa submerged area, flooded area 淹没区

área superficial superficial area 表面面积

área técnica technical area 技术区

área total total area; total floor area 总面积；总楼面面积

área total de construção gross building area 总建筑面积

área total ocupada total occupied area 总用地面积

área urbana urban area 市区

área usada used area 使用面积

área útil ❶ usable area 可用面积，实用面积 ❷ usable floor area 可用建筑面积

área variável variable-area 可变面积

área verde grass verge 路旁草坪

areação s.f. sandblasting, sanding 用砂子打磨，喷砂打磨法

areação de metais sandblasting of metals 金属喷砂

areado adj. sandy 用沙子覆盖的

areal s.m. sand-pit; beach 沙地；沙滩

areamento s.m. ⇨ areação

areão s.m. course sand 砂砾，大砂粒

arear v.tr. (to) sandblast 用砂子打磨，喷砂打磨

areeiro s.m. sand-box, sand-pit 采沙场，沙地

areia s.f. sand 沙，砂，砂土

areia a descoberto open sand 粗沙

areia aluvial alluvial sand 冲积沙

areia arcósica ⇨ areia feldspática

areia argilosa argillous sand 黏质砂土

areia artificial artificial sand 人工砂

areia-asfalto/areia asfáltica sand asphalt 沥青砂

areia-asfalto a quente hot sand asphalt 热沥青砂

areia aurífera gold sand 金砂

areia-betume/areia betuminosa bituminous sand 沥青质砂

areia branca white sand 白砂

areia bruta unwashed sand 原状未洗砂

areia calcária calcareous sand 石灰质砂

areia carbonatada carbonate sand 钙质砂

areia classificada graded sand 粒级砂，级配砂

areia com gás gas bearing sand 含气砂

areia coralina (/de coral) coral sand 珊瑚砂

areia crivada riddled sand 筛分砂

areia de canal channel sand 河道砂

areia de duna dune sand 丘沙；沙丘沙

areia de esmeril grinding sand 金刚砂，研磨砂

areia de filtração filter sand 滤砂，滤料

areia de fundição facing sand, fire sand, foundry sand 型砂，铸模砂

areia de grão grosseiro coarse sand 粗粒砂

areia de grão médio medium sand 中粒砂

areia de grãos agudos sharp sand 尖角沙

areia do mar marine sand 海砂

areia de moldagem moulding sand 型砂

areia de quartzo quartz sand 石英沙

areia de resíduos aqueo-residual sand 水蚀余砂

areia do rio river sand 河沙

areia de rocha rock flour 岩粉

areia de separação parting sand 分型砂

areia e cascalho sand and gravel 沙砾石，沙土或石砾

areia em estado natural ⇨ areia natural

areia em lençol sheet sand 席状砂

areia em manto blanket sand 砂席，冲积覆盖砂层

areia eólica blown sand, eolian sand 风成砂

areia feldspática feldspathic sand 长石砂

areia fina fine sand 细砂

areia fitogénica phytogenic sand 植成沙

areia fluvial fluvial sand 冲积沙

areia fosfatada phosphate sand 磷矿砂

areia glaciária glacial sand 冰川砂

areia glauconítica glauconitic sand 海绿石砂

areia grosseira (/grossa) coarse sand 粗砂

areia impregnada impregnated sand 浸染砂

areia joeirada riddled sand 筛分砂

areia lavada washed sand 水洗砂；洗砂

areia lavada de rio washed river sand 河洗砂

areia limosa (/lodosa) ⇨ areia siltosa

areia magra dry sand 干型砂

areia marinha ⇨ areia do mar

areia média medium sand 中砂

areia molhada wet sand 湿砂

areia movediça quicksand 流沙，散沙

areia muito fina very fine sand 极细砂

areia muito grosseira very coarse sand 极粗砂

areia natural natural sand; dry sand 天然砂；干型砂

areia negra black sand 黑砂

areia nerítica neritic sand 浅海海砂

areia para jateamento jet sand 喷砂

areia para machos core sand 型芯砂

areia pesada heavy sand 重油砂层

areia petrolífera (/produtiva) petroleum-impregnated sandstone, productive sand 油浸砂岩

areia quartzífera quartz sand 石英砂

areia quartzosa quartzose sand 多石英砂；石英砂

areia seca dry sand 干砂

areia-seixo pebbly sand 砂卵石

areia siliciclástica siliciclastic sand 硅质碎屑砂

areia siliciosa siliceous sand 硅砂，硅质砂

areia siltosa silty sand 粉砂

areia sintética synthetic sand 合成砂

areia suja dirty sand [巴] 淤积砂

areia terrígena terrigenous sand 陆源砂

areia uniforme uniform sand 均质砂

areia verde greensand 绿砂

areia vulcânica volcanic sand 火山砂

areião s.m. loose sand 疏松砂岩

areiamento s.m. ⇨ areação

arejador s.m. aerator [巴] 曝气机

arejador de grama lawn aerator 草坪松砂机，草坪打孔通气机

arejador submersível radial radial submersible aerator 径向潜水曝气机

arejador tipo bandejas disk aerator 转盘曝气机

arejar v.tr. (to) aerate 充气，通气，曝气

arena s.f. ❶ arena, amphitheater 竞技场 ❷ grit 砂砾，粗砂石

arenáceo adj. arenaceous 砂的，多砂的，砂质的

arenisca s.f. ⇨ arenito

arenito s.m. sandstone, grit 砂岩，粗屑岩

arenito arcósico arkosic sandstone 长石砂岩

arenito argiloso argillous sandstone 泥质砂岩

arenito asfáltico (/betuminoso) asphaltic sandstone 沥青砂岩

arenito bréchico breccia sandstone 角砾砂岩

arenito calcário ❶ calcareous sandstone 石灰质砂岩 ❷ calcarenite 灰屑岩；钙质岩

arenito calcítico calcarenaceous sandstone 钙屑砂岩

arenito carbonático carbonate-arenite 钙质砂屑岩

arenito carbonífero ❶ carboniferous sandstone 石炭系砂岩 ❷ carbonaceous sandstone 碳质砂岩

arenito chamosítico chamositic sandstone 鲕绿泥石砂岩

arenito cinzento gray sandstone 灰色砂岩

arenito conglomerático conglomeratic sandstone 砾质砂岩

arenito de granulação grossa grit 砂砾；砂粒

arenito de La Brea La Brea sandstone 拉布雷亚砂岩

arenito de praia beach rock 海滩岩

arenito feldspático feldspathic sandstone 长石质砂岩

arenito ferruginoso ferruginous sandstone 铁质砂岩；含铁砂石

arenito flexível itacolumite 可弯砂岩

arenito-folhelho sandshale [巴] 砂页岩

arenito jurássico Jurassic sandstone 侏罗系砂岩

arenito limpo clean sandstone 纯砂岩，净砂岩

arenito lítico lithic sandstone 石质砂岩，岩屑砂岩

arenito margoso marly sandstone 泥灰砂岩

arenito micáceo micaceous sandstone, flagstone 云母质砂岩

arenito pardo brown sandstone 褐色砂岩

arenito petrolífero petroleum-bearing sandstone 含油砂岩

arenito quártzico quartzarenite 石英砂屑岩

arenito quartzífero quartzitic sandstone 石英岩质砂岩

arenito quartzoso quartzose sandstone, quartz sandstone 石英岩质砂岩

arenito sericito sericitic sandstone 绢云母砂岩

arenito silicioso siliceous sandstone 硅质砂岩

arenito-xisto argiloso sandshale [葡] 砂页岩

arenização *s.f.* arenization 砂屑化

arenolutito *s.m.* arenolutite 砂泥质岩

arenopelítico *adj.* arenopelitic 砂泥质的

arenopelito *s.m.* arenopelite 砂泥质岩

arenorrudito *s.m.* arenorrudite 砾砂岩

arenoso *adj.* arenaceous, sandy 多砂的，砂质的

arenossolo *s.m.* arenosol 红砂壤；红砂土

areola *s.f.* sand-pit; sandy ground 砂坑；采砂场

areómetro/areômetro *s.m.* areometer 液体比重计

areossistilo *s.m.* araeosystyle （柱距分别等于柱径 2 倍和 4 倍做交替排列的）对柱式

areostilo *s.m.* araeostyle （柱距等于柱径 4 倍或 4 倍以上的）疏柱式

areotectónica/areotectônica *s.f.* strategy of attacking and defending fortifications 工事学，工事修建技术

aresta *s.f.* ❶ awn; edge, corner 拐角，棱角 ❷ groin 窟棱，拱肋

aresta biselada beveled edge 斜切边

aresta chanfrada ❶ scarfed edge 嵌接边；嵌接边缘 ❷ arris edge 尖棱角；斜边

aresta de cunha edge of wedge 楔棱

aresta de encontro groin 窟棱，拱肋

aresta da leiva furrow crown, comb of the furrow 田埂

aresta quebrada notched edge 缺口边

aresta viva sharp edge 锐边；阳角

arfagem *s.f.* ❶ heave （地层、矿脉等）错开，平错 ❷ pitch 航向倾角

arfagem de um avião aircraft pitch 飞机俯仰

arfvedsonite *s.f.* arfvedsonite 钠铁闪石

argamassa *s.f.* mortar 砂浆；灰泥

argamassa acústica acoustic plaster 吸声砂浆

argamassa aérea air mortar, air hardening mortar 气硬砂浆

argamassa aérea de cimento air hardening cement mortar 气硬性水泥砂浆

argamassa antimancha nonstaining mortar 抗污染灰浆

argamassa armada reinforced mortar 增强砂浆，加筋砂浆

argamassa asfáltica asphalt mortar 沥青砂浆

argamassa autonivelante self-levelling mortar 自流平砂浆

argamassa bastarda composite mortar （水泥，生石灰，砂浆的）混合砂浆

argamassa betuminosa bituminous mortar, asphalt grout 沥青砂浆

argamassa celular foamed mortar 泡沫砂浆

argamassa cheia rich mortar 骨料与胶凝材料配比相同的砂浆

argamassa colante bond plaster 黏结灰泥

argamassa com fibras de madeira wood-fibered plaster 木丝灰泥

argamassa de assentamento bedding mortar 垫层砂浆

argamassa de cal lime mortar 石灰砂浆

argamassa de cal hidráulica hydraulic lime mortar 水硬石灰砂浆

argamassa de cal ordinária ordinary lime mortar 普通石灰砂浆

argamassa de cimento cement mortar 水泥砂浆

argamassa de cimento aluminoso aluminous cement mortar 高铝水泥砂浆

argamassa de cimento e areia cement mortar, cement sand mortar 水泥砂浆

argamassa de cimento e cal cement-lime mortar 水泥石灰砂浆

argamassa de cimento portland portland cement mortar 硅酸盐水泥砂浆

argamassa de cimento portland e cal portland cement-lime mortar 硅酸盐水泥石灰砂浆

argamassa de enchimento filler mortar 填充砂浆

argamassa de epóxi epoxy mortar 环氧砂浆，环氧胶泥

argamassa de fixação bond coat 黏合砂浆

argamassa de gesso gypsum mortar 石膏灰浆

argamassa de gesso e perlita gyp-sum-perlite plaster 石膏珍珠岩灰浆

argamassa de gesso e vermiculita gyp-sum-vermiculite plaster 石膏蛭石灰浆

argamassa de gesso puro neat plaster 净灰浆，纯灰浆

argamassa de granulado de cortiça cork grain mortar 软木颗粒砂浆

argamassa de granulado de poliureta-no polyurethane grain mortar 聚氨酯颗粒砂浆

argamassa de isolamento insulation mortar 保温砂浆

argamassa de polímero polymer mortar 聚合物砂浆

argamassa de recobrimento da junta bedding mortar 填缝砂浆

argamassa de resina resin mortar 树脂胶浆

argamassa gorda fat mortar 富灰浆，富砂浆

argamassa hidráulica hydraulic mortar 水硬砂浆

argamassa hidrófuga (/impermeável) waterproof mortar 防水砂浆，防潮砂浆

argamassa industrializada ⇨ argamassa pronta

argamassa magra lean mortar 贫灰浆，贫砂浆

argamassa mista composite mortar 混合砂浆

argamassa modificada com polímeros polymer-modified mortar 聚合物砂浆

argamassa monomassa decoration mortar （单层）装饰砂浆

argamassa não retráctil non-retractable mortar 非伸缩砂浆

argamassa para remendos patching mortar 修补砂浆

argamassa polimérica polymeric mortar 聚合物砂浆

argamassa porosa porous mortar 多孔砂浆

argamassa pozolânica pozzolanic mortar 火山灰-石灰灰浆

argamassa pré-dosada (/pré-mistura-da) pre-mixed mortar 预拌砂浆

argamassa pré-dosada húmida premixed wet mortar 湿拌砂浆

argamassa pré-dosada seca premixed dry mortar 干粉砂浆

argamassa projectada jet mortar 喷射砂浆

argamassa pronta ready-mixed plaster 预拌砂浆

argamassa resistente a ácidos acid-resistant mortar 耐酸砂浆

argamassa resistente a álcalis alkaline-resistant mortar 耐碱砂浆

argamassa rígida hard mortar 干硬砂浆

argamassa seca modificada com polímeros polymer-modified dry-spray mortar 聚合物干粉砂浆

argamassa térmica thermal mortar 保温砂浆

argamassar *v.tr.* (to) plaster, (to) mortar 抹灰浆

argentão *s.m.* argentan; German silver 德国银；铜镍锌合金

argentífero *adj.* argentiferous 含银的，产银的

argentite *s.f.* argentite 辉银矿

argila *s.f.* argil, clay 黏土

argila altamente aluminosa high-alumina clay 高铝黏土

argila aluvial varved clay 纹泥

argila amassada (/batida) clay puddle 黏土胶泥

argila apiloada pug, clay puddle 胶泥黏土

argila arenosa sandy clay 砂质黏土

argila bentonítica bentonite clay 膨润土

argila calcária calcareous clay 石灰质黏土

argila caulínica argil, white clay 白黏土；高岭土

argila coloidal colloidal clay 胶质黏土

argila com blocos boulder clay 冰砾泥

argila com manchas mottled clay 斑杂黏土

argila comum mudstone 泥岩

argila de carvão coal clay 耐火黏土；底黏土

argila de falha fault gouge 断层泥

argila de filtro filter clay 过滤用白土

argila de oleiro potter's clay 陶土

argila detrítica detrital clay 碎屑黏土

argila dispersa dispersed clay 分散的黏土

argila dispersiva dispersive clay 分散性黏土

argila dura strong clay 强黏土

argila endurecida clay stone 黏土石；黏土岩

argila esméctica smectic clay, smectite 蒙脱石

argila expandida expanded clay 膨胀黏土

argila expansiva swelling clay, expanding clay 膨胀性黏土

argila fina fine clay 细黏土

argila finamente estratificada finely stratified clay 薄成层黏土

argila fissurada fissured clay 裂隙黏土

argila floculada flocculated clay 絮凝黏土

argila fulónica fuller's earth 漂白土

argila fusível fusible clay 易熔黏土

argila gorda fat clay 重黏土，富黏土

argila herdada ⇨ argila detrítica

argila interstratificada mixed-layer clay 混合层黏土

argila lacustre lacustrine clay, lake clay 湖积黏土，湖泥

argila laterítica com areia (ALA) lateritic clay-sand mixes 加砂红黏土

argila lavada washed clay 洗黏土，淘洗黏土

argila magra meagre clay, lean clay 低可塑性黏土；瘦黏土

argila margosa (/marnosa) marly clay 泥灰质黏土

argila marinha marine clay 海成黏土，海相黏土

argila metastável quick clay, sensitive clay 流黏土

argila mole soft clay 软黏土

argila orgânica organic clay 有机黏土

argila para cerâmica ceramic clay 陶瓷土

argila para modelagem clay loam 黏性壤土

argila plástica plastic clay 塑性黏土

argila porosa porous clay 多孔黏土

argila pré-consolidada preconsolidated clay 先期固结黏土

argila pura pure clay 纯黏土

argila refinada (/purificada) refined clay 精炼黏土

argila refractária refractory clay 耐火黏土

argila residual residual clay 残余黏土

argila saibrosa boulder clay 冰砾土；泥砾

argila sensível sensitive clay 水敏性黏土；敏感黏土

argila siltosa silty clay 粉质黏土

argila sob jazida de carvão underclay 底黏土

argila terrígena terrigenous clay 碎屑黏土

argila tixotrópica thixotropic clay 触变黏土

argila triturada ⇨ argila lavada

argila variegada variegated clay 杂色黏土

argila varvada varve clay, glacial clay 纹泥

argila verde green earth 绿鳞石

argila vermelha red clay, loam 红黏土

argila vitrificada vitrified clay 玻化黏土，釉面陶土

argila vitrificável vitrifiable clay 易玻璃化黏土

argila xistosa mudstone, clay-slate 泥板岩，泥岩

argiláceo adj. argillaceous 黏土的，含黏土的，黏土质的

argileira s.f. clay pit 黏土场

argílico adj. argillic 泥质的

argilito s.m. argillite, claystone 黏土岩，泥质岩

argilito silicioso siliceous shale 硅质页岩

argilito terrígeno (/herdado) terrigenous argillite 陆源黏土岩

argilito xistoso shale 页岩

argilização s.f. argillization 泥化作用，黏土化作用

argilocinese s.f. shale flowage 页岩流动

argilólito s.m. argillolite 泥质层凝灰岩；硅质细粒凝灰岩

argilomineral s.m. clay mineral 黏土质矿物

argilosidade s.f. shaliness 泥质含量

argiloso adj. argillaceous 黏土的，含黏土的，黏土质的

argirite s.f. argyrite 辉银矿

argiritrose s.f. argyrythrose, pyrargyrite 硫锑银矿

argirodite s.f. argyrodite 硫银锗矿

argola s.f. ❶ ring 环，环状物 ❷ door knocker 门环 ❸ ring ties 固枝环

argola de cadeado shackle 连结环，钩环铁

árgon (Ar) s.m. argon (Ar) 氩

argumento s.m. argument 自变量

aridissolo s.m. aridisol 旱成土

árido adj. arid 干旱的

ariegito s.m. ariegite 尖馏辉岩

aríete s.m. rammer 锤；夯

aríete de água water hammer 水锤

arinque s.m. anchor buoy rope 锚标绳

arisco adj. ⇨ areado

arizonito s.m. arizonite 长英脉岩；正长脉岩

arma s.f. weapon 武器

arma competitiva competitive weapon 竞争武器

arma convencional onventional weapon 常规武器

arma nuclear nuclear weapon 核武器

arma química chemical weapon 化学武器

arma radioactiva radioactive weapon 放射性武器

armação s.f. ❶ framework 骨架，结构，构架，框架 ❷ cradle 吊架；支架 ❸ reinforcement cage 钢筋笼 ❹ steel reinforcement [集] 钢筋；配筋

armação de acomodação accommodation rig 半潜式居住和供应海洋平台

armação do banco seat frame 座椅框架

armação de caixa box frame 箱形构架

armação de cama bed-frame 床架

armação do carro car frame 车架；（电梯）轿厢架

armação de chapas sheathing 覆板

armação do contrapeso counterweight frame 配重块架，对重框

armação de duas luzes (/partes) two-light frame 两扇窗框

armação de empuxo push frame 顶推架

armação de madeira wood chassis 木质底盘

armação de montagem mounting frame 安装架

armação dos roletes roller frame, track roller frame 滚轮架

armação de segurança safety cage 安全笼

armação de suporte supporting frame 支承构架；承重构架

armação de telhado principal 屋架

armação de telhado à inglesa English roof truss 英国式屋架

armação de tracção draft frame 牵引架

armação de vigas poligonais polygonal truss 多边形桁架

armação de Warren Warren truss 沃伦式桁架

armação em A A-truss A 形骨架；A 形构架

armação em C C-frame C 形框架

armação em esteira horizontal horizontal flat frame 耐张绝缘子串杆塔

armação em esteira horizontal para alinhamento horizontal flat frame for line-up pole (HAL) 耐张绝缘子串直线杆塔

armação em esteira horizontal para derivação horizontal flat frame for derivation (HDR) 耐张绝缘子串分支杆塔

armação em esteira vertical dupla para poste de alinhamento (EVDAL) double vertical flat frame for line-up pole 双回路悬垂绝缘子串直线杆塔

armação em esteira vertical dupla para poste de ângulo (EVDAN) double vertical flat frame for angle pole 双回路悬垂绝缘子串转角杆塔

armação em esteira vertical para alinhamento vertical flat frame for line-up pole (VAL) 悬垂绝缘子串直线杆塔

armação em esteira vertical para amarração dos condutores a fuste de poste de ângulo (EVFAN) vertical flat frame for angle pole 悬垂绝缘子串转角杆塔

armação em esteira vertical para amarração dos condutores a fuste de poste de reforço (EVFR) vertical flat frame for reinforcement pole 悬垂绝缘子串补强杆塔

armação em esteira vertical para ângulo vertical flat frame for angle pole (VAN) 悬垂绝缘子串转角杆塔

armação em galhardete para poste de alinhamento (GAL) pennant frame for line-up pole 叉骨形直线杆塔

armação em galhardete para poste de ângulo (GAN) pennant frame for angle pole 叉骨形转角杆塔

armação em plataforma platform frame 平台式框架

armação em triângulo para alinhamento triangle frame for line-up pole (TAL) 三角形直线杆塔

armação em triângulo para ângulo triangle frame for angle pole (TAN) 三角形转角杆塔

armação estrutural structural frame 结构构架

armação exterior de escada outer string 楼梯外侧小梁

armação francesa ⇨ asna francesa

armação inferior lower frame 底部框架

armação inteiriça solid frame 实心窗框；实心门框

armação metálica metal lathing 钢丝网

armação móvel movable frame 活动构架

armação negativa negative reinforcement 负弯矩钢筋

armação para carro car rack 车架

armação para pórtico em alinhamento (PAL) H-pole frame in line-up pole 门形直线杆塔

armação por painéis panelled framing 镶板门框架

armação portante supporting frame 支承构架

armação positiva positive reinforcement 正弯矩钢筋

armação recta straight frame 直框架

armação rígida rigid armoring 刚性钢筋

armação superior upper frame 顶架

armação traccionadora ⇨ armação de tracção

armadilha s.f. ❶ trap, entrapment 陷阱，圈套 ❷ trap（地质构造）圈闭

armadilha anticlinal anticlinal trap 背斜圈闭

armadilha de calor heat sink 热沉；吸热装置，散热装置

armadilha de domo salino salt dome

trap 盐丘圈闭

armadilha de gás gas trap 气井

armadilha estratigráfica stratigraphic trap 地层圈闭

armadilha estrutural structural trap 构造圈闭

armadilha luminosa ight trap 昆虫诱捕灯，灭蚊灯

armadilha sedimentar sedimentary trap 沉积圈闭

armado *adj.* reinforced 加（钢）筋的

armador *s.m.* ❶ shipowner 船东，船主，船务公司 ❷ 1. outfitter（机器）安装工 2. steel fixer 钢筋工 ❸ ⇨ **armador de camalhões**

armador de camalhões hiller 培土器

armador de ferro plumber 水管工

armadura *s.f.* ❶ 1. steel reinforcement [集] 钢筋；配筋 2. reinforcement cage 钢筋笼 ❷ armor 装甲，铠装 ❸ armature（电机的）转子，电枢；（继电器、磁铁的）衔铁 ❹ lighting structure 灯架，灯具

armadura contra esforços de contração shrinkage reinforcement 防缩钢筋

armadura contra esforços de temperatura temperature reinforcement 抗温钢筋

armadura de aço steel reinforcement [集] 钢筋；配筋

armaduras de alta aderência high bond reinforcing bars 高握裹力钢筋

armadura de barra bar reinforcement 钢筋，钢筋条

armadura de cabo cable shield 电缆包皮，电缆护套

armadura de cintagem hoop reinforcement 环箍钢筋

armadura de compressão compression reinforcement 抗压钢筋；受压钢筋

armadura de costura reinforcing bars, dowel bars and nominal reinforcement [集] 配筋，接头插筋和标称钢筋的合称

armadura de distribuição reinforcing bars binding 钢筋连接

armadura de espera starter bars, dowel bars 预留搭接钢筋

armadura de fibra de vidro fiberglass reinforcement 玻璃加强纤维

armadura de flexão bending reinforcement 弯曲钢筋

armadura de iluminação light structure 灯架，灯具

armadura de ligação dowel bar 传力杆；暗销杆

armadura de pele crack control reinforcement 防裂配筋，控制裂缝配筋

armadura de retracção ⇨ **armadura contra esforços de contração**

armadura de seixo pebble armor 风蚀砾漠

armadura de tracção tension reinforcement 拉力钢筋，抗拉钢筋

armadura estrutural structural reinforcement 结构加固，结构补强，结构配筋

armadura frouxa secondary reinforcement, transverse reinforcement 辅助配筋

armadura helicoidal spiral reinforcement 螺旋钢筋

armadura lateral lateral reinforcement 侧向钢筋

armaduras lisas plain reinforcing bars 光面钢筋

armadura longitudinal longitudinal reinforcement 纵向钢筋

armadura não aderente unbonded prestressed reinforcement 无黏结预应力钢筋

armadura negativa negative reinforcement; top reinforcement, top bar 负筋，负弯矩筋；（通常指）上部钢筋

armadura nervurada ribbed steel bar 螺纹钢

armadura olho de boi moisture-proof lamp 防潮灯

armaduras (de juntas) para alvenarias masonry reinforcement 砌体加固，拉墙筋

armaduras para concreto reinforcing bars; steel reinforcement; rebars 混凝土配筋

armadura para pré-esforço prestressing reinforcement 预应力钢筋

armadura passiva secondary reinforcement 辅助配筋

armadura positiva positive reinforcement; bottom reinforcement, bottom bar 正筋，正弯矩筋；（通常指）下部钢筋

armadura positiva contínua continuous

bottom bar 下部钢筋连续通过

armadura positiva interrompida interrupted bottom bar 下部钢筋不连续通过

armadura pós-tracionada poststressed reinforcement 后张法预应力钢筋

armadura pré-esforço por pós-tensão post-tensioned prestressed reinforcement 后张预应力钢筋

armadura pré-esforço por pré-tensão pre-tensioned prestressed reinforcement 先张预应力钢筋

armadura pré-tracionada prestressed reinforcement 预应力钢筋

armadura principal main reinforcement 主钢筋

armaduras secundárias distribution reinforcement 匀力钢筋；分布钢筋

armadura transversal web reinforcement 横向钢筋

armadura vertical vertical reinforcement 竖向钢筋

armalcolite *s.f.* armalcolite 阿姆阿尔科林月球石，镁铁钛矿

armário *s.m.* cabinet 柜子，贮存柜

armário baixo low cabinet 矮柜

armário com fechadura locker 带锁储物柜

armário de arquivo file cabinet 文件柜，档案柜

armário de arrumação storage cupboard 储物柜

armário de bico de mangueira de incêndio fire hose nozzle cabinet 消防水龙带喷嘴箱

armário de bilhar billiard cabinet 台球柜

armário de chão floor cabinet 地柜

armário de compensação compensating cabinet 补偿柜

armário de controlo e de visualização control and display cabinet 控制和显示柜

armário da cozinha kitchen cupboard, cupboard unit 橱柜，碗柜

armário de distribuição switch box 配电柜

armário de distribuição de energia de baixa tensão low voltage switch box 低压配电柜

armário de folha dupla double leaf closet 双开门柜

armário de mangueira de incêndio fire hose cabinet 消防水龙带柜

armário de medição measuring cabinet 计量柜

armário de parede wall cabinet 壁橱，挂墙柜

armário de ponto de enchimento de combustível fuel filling point cabinet 燃料加注点柜

armário de SCR silicon rectifier cubicle 硅柜，硅整流柜

armário de telecomunicação do edifício (ATE) telecommunication cable switching box 电信电缆交接箱

armário do terminal principal (MTC) main terminal cabinet (MTC) 主终端控制柜

armário eléctrico switch box 配电柜

armário embutido built-in wardrobe 内嵌式衣橱

armário mural refrigerado open display case 开口柜，风幕柜

armário porta-mangueiras hose rack cabinet 消防软管柜

armário rolante cabinet with caster 带脚轮柜子

armário suspenso wall cupboard 吊柜

armazém *s.m.* warehouse, store, storehouse 仓库，库房

armazém alfandegado (/alfandegário) bonded warehouse 保税仓库

armazém de explosivos explosive store 爆炸品仓库

armazém de logística logistics warehouse 后勤库房

armazém de produtos perigosos dangerous goods store 危险品仓库

armazém de vendas show-room, saleroom 售货处

armazém de víveres supplies store 军粮仓库

armazém graneleiro bulk warehouse 散装仓库

armazenabilidade *s.f.* storability 耐贮性，可存储性

armazenagem *s.f.* ❶ storage 仓储 ❷ storage fee 仓储费

armazenagem «under bond» under bond warehousing 保税仓储

armazenamento *s.m.* ❶ 1. storage 仓储 2. storage 储量 ❷ storage fee 仓储费

armazenamento auxiliar auxiliary storage 辅助存储

armazenamento de água water storage 储水

armazenamento de dados data storage 数据保存，资料保存

armazenamento de neve snow storage 冰雪储量，雪水储量

armazenamento de nutrientes nos reservatórios retention of nutrients by reservoirs; entrapment of nutrients by reservoirs 水库的（鱼类）食料截流

armazenamento específico specific storage 比容量

armazenamento intermediário buffer 缓冲存储器，缓存

armazenar *v.tr.* (to) store 存储，储备

armazenista *s.2g.* warehouse-keeper, store-keeper 仓库保管员，库工

ARMCO *s.m.* ARMCO 阿姆科金属挡板；波纹白铁管

armela *s.f.* bolt slot （挂锁的）锁扣；门闩槽

armila *s.f.* annulet, fillet 柱脚的圆箍线

armoricana *s.f.* armorican 阿摩力克运动

arneiro/arnado *s.m.* barren sandy ground 贫瘠的沙地

arnês *s.m.* ❶ harness 降落伞背带；保险带；安全带 ❷ armor 保护，防护

arnês com ancoragens e cinta lombar safety harness with karabiner and lombar belt 带安全绳围杆式安全带

aro *s.m.* ❶ 1. ring 圈，环 2. ring, hoop 篮圈 ❷ wheel rim, felloe 轮辋 ❸ frame 门框，窗框

aro de borracha rubber ring 橡胶垫圈

aro de fecho locking ring 锁紧环

aro de ferro iron-band, iron hoop 铁箍

aro de fixação securing ring 紧固环

aro de guia guide ring 导环

aro de roda wheel rim, felloe 轮辋

aro da roda-guia idler rim 张紧轮轮缘

aro da roda motriz sprocket rim 驱动轮辋

aro da roda motriz aparafusado sprocket bolt-on rim 螺栓固定的驱动轮辋

aro da roda motriz soldado sprocket weld-on rim 链轮轴焊接轮毂

aro do rolete roller rim 支重轮轮缘

aro de segurança (de manilha) safety collar 安全环，安全圈

aro fendido split-ring 开口环

aromático *adj.* aromatic 芳香的；芳香族的

aromatização *s.f.* aromatization 芳香化，芳构化

aromatizar *v.tr.* (to) aromatize 使芳香

aromatizante *s.m.* aromatics 芳香剂

arqueação *s.f.* ❶ arching 成弓形弯曲 ❷ gauging (of the cubic content of a ship) 测量船舱容量 ❸ tonnage （船舶）吨位，吨数

arqueação bruta (AB) gross tonnage (GT) 总吨位，总吨数

arqueação de tanques outage measurement 油罐空高测量

arqueação líquida (AL) net tonnage (NT) 净吨位，净吨数

arqueado *adj.* arched; arcuated 拱形的；弓形的

arqueadura *s.f.* ⇨ arqueamento

arqueamento *s.m.* ❶ arching 弓形结构 ❷ camber 弧面；曲度

arqueamento cônico conical camber 锥形弯曲

arqueomagnetismo *s.m.* archaeomagnetism 古地磁学

Arqueano *adj.,s.m.* Archean; Archean Eon; Archean Eonothem [巴]（地质年代）太古宙（的）；太古宇（的）⇨ **Arcaico**

arquear *v.tr.* ❶ (to) arch, (to) curve 成弓形弯曲 ❷ (to) gauge 测量船容量

Arqueozóico *adj.,s.m.* Archeozoic [巴]（地质年代）始生代（的）

arquerite *s.f.* silver amalgam 银汞合金

arqueta *s.f.* eyebrow eave 窗头线（饰）

arquétipo *s.m.* archetype 原型

arquibancada *s.f.* rows of seats 看台，阶梯座位

arquibêntico *adj.* archibenthic 半深海底的

arquipélago *s.m.* archipelago 群岛

arquitectação *s.f.* planning; construction 设

计；建造

arquitectado *adj.* architected 设计的；建造的

arquitectar *v.tr.* ❶ (to) build 建造 ❷ (to) design, (to) planning 设计

arquitecto/arquiteto *s.m.* architect 建筑师

arquitecto paisagista landscape architect 园林建筑师

arquitecto principal principal architect 首席建筑师

arquitectónica *s.f.* architectonics 建筑原理

arquitectónico *adj.* architectural 建筑的，建筑学的

arquitectonografia *s.f.* architectural graphing 建筑制图

arquitectonográfico *adj.* architectural graphic 建筑制图的

arquitectonógrafo *s.m.* architectural draftsman 建筑制图员

arquitectura/arquitetura *s.f.* architecture, architectonics 建筑；建筑学；结构

arquitectura absoluta absolute architecture 纯粹建筑

arquitectura civil civil architecture 民用建筑

arquitectura clássica classical architecture 古典建筑

arquitectura moderna modern architecture 现代建筑

arquitectura neoclássica neoclassical architecture 新古典主义建筑

arquitectura orgânica organic architecture 有机建筑

arquitectura pneumática pneumatic architecture 充气建筑

arquitectura rural rural architecture 乡村建筑

arquitectura urbana urban architecture 城市建筑

arquitectura verde green architecture 绿色建筑

arquitectura vernacular vernacular architecture 乡土建筑

arquitectural *adj.2g.* architectural 建筑学的；建筑的

arquitecturismo *s.m.* ❶ architectural drawing, architectural photography 建筑绘画；建筑摄影 ❷ architecture tour 建筑旅游

arquito *s.m.* arkite 黑白榴霞斑岩

arquitrave *s.f.* architrave 额枋，柱顶过梁；框缘

arquitrave transversal transverse architrave 横线脚

arquivador *s.m.* file cabinet 文件架，文件柜；文件夹

arquivar *v.tr.* (to) file, (to) archive 存档，归档

arquivista *s.2g.* archivist 档案管理员

arquivo *s.m.* file, archive 文件，文档

arquivolta *s.f.* archivolt 拱门饰，拱内缘饰

arrabalde *s.m.* suburb 郊区，市郊

arrancador *s.m.* ❶ starter 起动器 ❷ puller; extirpator 拉出器；除草机

arrancador-carregador potato harvester with delivery to trailer 土豆收获装载机

arrancador combinado potato harvester 土豆收获机

arrancador de alta voltagem high volt starter 高压起动器

arrancador de árvores tree mover 挖树机

arrancador de batatas potato digger 土豆收获机，土豆挖掘机

arrancador de beterraba sugar-beet lifter 甜菜挖掘机

arrancador de inço lawn weeder（草坪）除草铲

arrancador-ensacador bagging potato harvester 土豆收获装袋机

arrancador fluorescente eléctrico electric fluorescent starter 启辉器

arrancador-limoador potato digger and cleaner 土豆挖掘清选机

arrancador magnético magnet starter 磁力起动器

arrancador rotativo ❶ rotary digger, rotary lifter 旋转式挖掘机 ❷ potato spinner 旋转式土豆收获机

arrancador simples potato plough 土豆挖掘犁

arranca-estacas *s.m.2n.* pile-drawer 拔桩机

arrancamento *s.m.* pulling out; tearing out 拔出；撕开

arrancamento de estacas extraction of

piles 拔桩

arranca-pregos *s.m.2n.* nail puller, pull-out jack 拔钉器

arrancar ❶ *v.intr.* (to) start, (to) start up, (to) move off（设备、车辆等）启动，开动 ❷ *v.tr.* (to) uproot 铲掉，（树木）连根拔起

arranha-céus *s.m.2n.* skyscraper 摩天大楼

arranhado *adj.* scored 有抓痕的

arranhador *s.m.* casing scraper; scratcher 套管清刮器

arranhar *v.tr.* (to) scratch 划，抓；划破

arranjo *s.m.* ❶ repair, arrangement 修缮；处理，布置 ❷ array 阵列，排列，组合

arranjo básico do motor basic engine arrangement 机器基本布置

arranjo colinear collinear array 共线阵列

arranjo cruzado cross array 十字形阵列，交叉阵列

arranjo de barramento bus arrangement 母线布置，总线布置

arranjo de barramento em disjuntor e meio one and a half breaker connection, 3/2 breaker configuration 一台半断路器接线，二分之三断路器接线

arranjo de barramento em disjuntor e um terço 4/3 breaker connection, 4/3 breaker configuration 三分之四断路器接线

arranjo de canhões de ar air-gun array 气枪组合

arranjo de Chebyshev Chebyshev array 切比雪夫阵列

arranjo dos condutores conductor arrangement 配线，布线

arranjo de detetores detectors array 探测器阵列；检波器组合

arranjo de eletrodos electrode array 电极阵列

arranjo de hidrofones hydrophone array（水下）检波器排列

arranjo equatorial equatorial array 赤道电极排列

arranjos exteriores external works 外部工程，室外工程

arranjo geral do motor general engine arrangement 机器总体布置

arranjo paisagístico landscaping 园林绿化

arranjo paralelo parallel arrangement 并联装置；平行排列

arranjo pluma feather pattern 羽状模式；羽状组合

arranjo ponderado weighted array, tapered array 加权组合，变距阵列

arranjo sincronizado tuned array 调谐阵列

arranque *s.m.* ❶ start（设备）启动；（工程）动工；开工日期 ❷ extraction 开采 ❸ starter bar, dowel bar 预留搭接钢筋；植筋，插筋 ❹ newel post 楼梯端柱 ❺ springing 起拱点 ❻ starter 启动器

arranque a frio cold start 冷启动

arranque a quente hot start 热启动

arranque completo complete extraction 全部回采

arranque elétrico electric start 电启动

arranque em rampa hill starting 坡道起步

arranque parcial partial extraction 部分开采

arranque suave soft start 软启动

arrasamento *s.m.* truncation, leveling（外营力造成的）夷平

arrasar *v.tr.* (to) demolish 拆毁，夷平

arrastador *s.m.* carrier; dragger 运送装置；牵引机

arrastamento *s.m.* hauling 搬运；拖动

arrastar *v.tr.* (to) drag, haul 拖动

arrasto *s.m.* ❶ drag 拖运 ❷ drag 阻力 ❸ wash-down 冲洗，冲落

arrasto de água priming of water 起动注水

arrasto de fluido heating fluid 加热流体

arrasto de formato form drag 型阻，形状阻力

arrasto e seleção de material skidding and sorting 集材和拣料

arrasto parasita parasitic drag 寄生阻力

arrasto total total drag 总阻力

arrátel *s.m.* "arrátel" 葡制磅（合 459 克）

arrebate *s.m.* sill, threshold, doorstep 门槛

arrebentamento *s.m.* bursting（软管或密封）爆裂

arre-burrinho *s.m.* teeter-totter [葡] 跷跷板

arrecadação *s.f.* ❶ store-room 布草间；储

物间 ❷ collection 征收

arrecadação de impostos tax collection 征税

arrecadar *v.tr.* (to) levy 征收，征税

arredondado *adj.* ❶ rounded 磨圆的；滚圆的 ❷ rounded（数字）经过四舍五入的

arredondamento *s.m.* ❶ roundness 圆度 ❷ rounding off 四舍五入 ❸ flare-out（飞行动作）拉平

arredondamento por defeito rounding down 向下取整，去尾法

arredondamento por excesso rounding up 向上取整，进一法

arredondar *v.tr.,intr.* ❶ (to) roundout（使）变圆 ❷ (to) round off 四舍五入

arredores *s.m.pl.* surroundings 邻近，周围

arrefecedor *s.m.* cooler 冷却器

arrefecedor a ar air cooler 空气冷却器

arrefecedor com água da camisa jacket water cooler 气缸套水冷却器

arrefecedor de admissão aftercooler 后冷器

arrefecedor de ar-para-óleo air-to-oil cooler 气制油冷却器

arrefecedor do freio ⇨ trocador de calor do freio

arrefecedor de óleo oil cooler 油冷却器

arrefecedor de óleo arrefecido a ar air-cooled oil cooler 风冷式油冷却器

arrefecedor do óleo hidráulico hydraulic oil cooler 液压油冷却器

arrefecedor de óleo refrigerado a água water-cooled oil cooler 水冷式油冷却器

arrefecedor de óleo tipo placa plate-type oil cooler 板式油冷却器

arrefecedor de quilha keel cooler 龙骨冷却器

arrefecido *adj.* cooled（被）冷却的

arrefecido a água water-cooled 水冷的

arrefecido a óleo oil-cooled 油冷的

arrefecer *v.tr.* (to) cool (down) 冷却

arrefecimento *s.m.* cooling 冷却

arrefecimento ablativo ablative cooling 烧蚀冷却

arrefecimento evaporativo evaporative cooling 蒸发冷却

arrefecimento excessivo overcooling 过冷

arrefecimento por água water cooling 水冷

arrefecimento por ar air cooling 空气冷却，气冷

arrefecimento por humidificação spray cooling 喷雾降温，加湿降温

arrefecimento pelo solo ground cooling 地面冷却

arrefecimento radiativo radiation cooling 辐射冷却

arreica *s.f.* arheic region 无流区

arreísmo *s.m.* arheism 无流区现象（无径流和水系）

arrelvamento *s.m.* turfing 铺草皮

arrelvar *v.tr.* (to) turf 铺草皮

arremate *s.m.* ❶ tie-in (in weld) 焊接接头 ❷ finishing touch 最后精整

arremetida *s.f.* go around 复飞（飞机在下降着陆过程中，遇到某种特殊情况时，立即中止下滑着陆，重新转入正常上升状态的过程）

arrenda *s.f.* second weeding 二次除草

arrendador *s.m.* lessor 出租人

arrendamento *s.m.* ❶ renting letting leasing 出租；租赁 ❷ rent 租金

arrendamento financeiro finance leasing, financial leasing 融资租赁

arrendamento mercantil mercantile leasing 商业租赁

arrendamento operacional operational leasing 经营性租赁

arrendatário *s.m.* tenant, lessee 承租人

arriba *s.f.* cliff 悬崖

arriba fóssil fossil cliff, dead cliff 古海蚀崖

arribanceirada *s.f.* badland 劣地

arribar *v.tr.* (to) gype, (to) bear away 改变航道

arrife *s.m.* reef, skerry 暗礁

arrimar *v.tr.* (to) support 支撑；支持

arrimo *s.m.* prop 支柱

arroba *s.f.* "arroba" 四分之一葡制担 (quintal)

arroiamento *s.m.* runoff; rain-wash [集] 径流

arroio *s.m.* arroyo, rivulet 小溪

arroteamento *s.m.* reclamation, cultivation 开垦，开荒

arrotear *v.tr.* (to) clear 开垦，开荒

arroteia *s.f.* ❶ reclamation, cultivation 开垦，开荒 ❷ newly reclaimed land 新垦地

arroz *s.m.* rice 水稻，大米

arroz branqueado glazed rice 白米，精白米

arroz de sequeiro upland rice 旱稻

arroz descascado husked rice 舂米，打去稻壳的米

arroz integral brown rice 糙米

arroz polido polished rice 精米

arruamento *s.m.* street layout; road works 道路工程；街道划分；[集] 街道

arruela *s.f.* washer, gasket 垫圈，垫片

arruela calibradora gauge washer 隔距垫片

arruela comum ⇨ arruela lisa

arruela côncava cup washer 杯形衬垫

arruela de aço steel washer 钢垫圈

arruela de bandeja de suspensão control arm washer 控制臂垫圈

arruela de borracha rubber washer, rubber grommet 橡皮垫，橡胶孔环，橡胶索环

arruela de chumbo lead washer 铅垫圈

arruela do cubo hub plate 毂衬

arruela de dentes externos external tooth spring washer 外齿锁紧垫圈

arruela de dentes internos internal tooth spring washer 内齿锁紧垫圈

arruela de desgaste wear washer 磨损垫圈

arruela de encosto ❶ thrust washer 推力垫圈 ❷ backup washer 支撑垫圈

arruela de fixação retaining washer 固定垫圈

arruela de mola spring washer 弹簧垫圈

arruela de pressão lockwasher 锁紧垫圈

arruela de pressão bipartida split type lockwasher 对开锁紧垫圈

arruela de retenção detent washer, retaining washer 止动垫圈

arruela de segurança lock washer 锁紧垫圈

arruela dentada toothed washer 带齿垫圈

arruela elástica spring washer, spacing washer 弹性垫圈

arruela embutida countersunk washer 埋头垫圈

arruela esférica spherical washer 球面垫圈

arruela espaçadora spacer washer 间隔垫圈

arruela indicadora de carga load indicating washer 负荷指示垫圈

arruela lisa (/plana/simples) plain washer, flat washer 平垫圈

arruela lisa de pressão plain lockwasher 平锁垫圈

arruela métrica metric washer 公制垫圈

arruela ondulada wave washer 波浪式垫圈

arruela retentora ⇨ arruela de retenção

arruela retentora de borracha rubber sealing washer 橡胶密封垫圈

arruela tensora conical spring washer 锥形弹性垫圈

arruela-trava lock plate 定位板

arruela vedadora seal washer, sealing washer 密封垫圈

arrumação *s.f.* arrangement 整理；清理

arrumar *v.tr.* (to) arrange 整理；清理

arrumo *s.m.* box-room, store-room 清洁工具储存室

arsenal *s.m.* armory 兵工厂，军械库

arseniato *s.m.* arsenate 砷酸盐

arsenieto *s.m.* arsenide 砷化物

arsénio/arsênio (As) *s.m.* arsenic (As) 砷

arsenito *s.m.* arsenite 亚砷酸盐

arsenólito *s.m.* arsenolite 砷华

arsenopirite *s.f.* arsenopyrite, mispickel 毒砂；砷黄铁矿

arsoíto *s.m.* arsoite 辉橄粗面岩

Art Deco *s.f.* Art Deco 装饰派艺术

arte *s.f.* ❶ art 艺术 ❷ skill, craft 技术，工艺

artes plásticas plastic arts, visual arts 造型艺术

artefacto/artefato *s.m.* ❶ artefact 人工产品 ❷ artefact 人为因素

artefato de barro earthenware 陶器

arterito *s.m.* arterite 脉状混合岩

ar-terra *adj.inv.* air-to-ground 空对地的

artesa *s.f.* mortar trough 灰浆槽

artesanato *s.m.* workmanship 手艺，工艺；

技巧；做工

artesanato em vime wickerwork 柳条制品

artesão *s.m.* ❶ artisan 手艺人，工人 ❷ coffer 花格镶板

artesianismo *s.m.* artesianism 喷水现象，自流现象

artesiano ❶ *s.m.* artesian well 自流井 ❷ *adj.* artesian 自流（水）的

artesoado *adj.* coffered 有花格镶板的

articulação *s.f.* ❶ linkage（泛指）连接装置，联动装置 ❷ pivot 中支枢；枢轴；转轴 ❸ hinge 铰链

articulação angular angle joint 角接

articulação de aceleração (/acelerador) throttle linkage 节气门联动机构

articulação de alavanca lever pivot 杠杆枢轴

articulação da armação em "C" C-frame pivot C 形梁架接头

articulação de armação triangular hinge-type linkage 铰链型传动杆系

articulação de até 90 graus up to 90 degree articulation 最大 90 度的铰接

articulação do avental apron pivot 闸门枢轴

articulação do balancim rocker arm pivot 摇臂枢轴

articulação de batimento flapping hinge 挥舞铰链

articulação do braço traccionador draft arm pivot 牵引臂枢轴

articulação da carroceira body pivot 翻斗式车厢枢轴

articulação de controle control linkage 操纵联动机构，控制杆系

articulação de controle da embreagem clutch control linkage 离合器控制联动

articulação da direcção steering linkage 转向传动杆系

articulação do dispositivo de travamento interlock linkage 联锁杆件

articulação do escarificador (/ríper) ripper linkage 裂土器架

articulação de esfera ball joint 球形接头；球窝接头

articulação do freio brake linkage 制动

器连杆

articulação de inclinação das rodas wheel lean pin 车轮倾斜销；车轮倾斜轴

articulação de joelho knee joint 弯头接合

articulação de pivô pivot hinge 尖轴铰链

articulação de rótula ⇨ articulação de esfera

articulação delta delta hinge 三角铁链

articulação em H H-hinge 工字合页；工字铰链

articulações em linha in-line linkage 直连式动力转向装置

articulação em Z Z-bar linkage 反转六连杆机构

articulação esférica ⇨ articulação de esfera

articulação flexibilizadora da coluna de perfuração drilling jar [葡] 随钻震击器

articulação helicoidal helical hinge 双开式旋转铰链

articulação mecânica mechanical linkage 机械联动装置

articulações pantográficas pantograph linkage 集电弓连杆机构

articulação plástica plastic hinge 塑性铰链

articulação universal universal joint 万向节

articulado *adj.* articulated, hinged 连接的，联动的，铰接的

articular *v.tr.* (to) connect; (to) link up 连接，联动

articulito *s.m.* articulite 可弯砂岩

artífice *s.2g.* artisan, artificer 工匠

artificial *adj.2g.* artificial 人工的，人造的

artifício *s.m.* artifice 技巧

artigo *s.m.* ❶ article 物件，物品 ❷ article（法律）条文，条款

artigos combustíveis combustible goods 可燃物品

artigos de aço steelwares 钢件

artigo de consumo de baixo valor low-value consumables 低值易消耗品

artigos de correeiro e seleiro saddlery and harnesses 鞍具和挽具

artigos perigosos dangerous articles 危险品

artigos provisórios provisional items 临时项目

artilharia *s.f.* artillery [集] 火炮，大炮；炮兵（部队）

Artinskiano *adj.,s.m.* Artinskian; Artinskian Age; Artinskian Stage （地质年代）亚丁斯克期（的）；亚丁斯克阶（的）

Art Nouveau *s.f.* Art Nouveau 新艺术派（流行于十九世纪末的欧美装饰艺术风格）

arvense *adj.2g.* growing or living on cultivated land 生长在耕地上的（植物）

árvore *s.f.* ❶ 1. axle, shaft, spindle 轴，转轴 2. axle-tree, drive axle 轮轴，驱动桥 ❷ tree 树 ❸ 1. tree-formed object, tree-formed structure 树形物，树形结构 2. tree diagram 树形图

árvore central central axis 中心轴

árvores coníferas coniferous trees 针叶树

árvore de arranque starting shaft 起动轴

árvore de balanceamento balance shaft 平衡轴

árvore de cames camshaft 凸轮轴

árvore de cardans cardan shaft 万向轴

árvore de comando de válvulas valve camshaft 气门凸轮轴

árvore de decisão decision tree 决策树

árvore de direcção steering column 转向柱

árvore de eixo axle-tree 车轮轴

árvore de eventos event tree 事件树

árvore de expansão expanding arbor 胀开心轴

árvore de falhas fault tree 故障树，故障树形（分枝）图

árvore de hélice propeller shaft 螺桨轴

árvore de macho core spindle 心骨轴

árvore de manivelas crankshaft [巴] 曲轴

árvore de natal Christmas tree 采油树

árvore de natal molhada wet Christmas tree 湿式采油树，水下采油树

árvore de natal seca ⇨ árvore de superfície

árvore de produção production tree 采油树，井口采油装置

árvore de superfície surface tree 水面型采油树

árvore de transmissão drive shaft 传动轴

árvore de turbina turbine shaft 涡轮轴

árvores folhosas deciduous trees 落叶树

árvore-guindaste head tree 顶木托块

árvore intermediária da transmissão transmission countershaft 变速器中间轴，中间传动轴

árvore intermediária inferior lower countershaft 下中间轴

árvore intermediária superior upper countershaft 上中间轴

árvore motora driving-shaft 驱动轴

árvores resinosas ⇨ árvores coníferas

árvore secundária jackshaft 中桥

árvore submarina subsea tree 水下采油树

árvore submarina de teste subsea test tree [巴] 水下测试井口装置

asa *s.f.* ❶ wing 翼；翼状物；（飞机）机翼 ❷ wing 配楼，耳房

asa aero-isoclínica aero isoclinic wing 等迎角机翼

asa afilada tapered wing 梯形翼

asa cantilever cantilever wing 悬臂翼

asa de mola spring toggle 兰花夹

asa de ponta quadrada clipped wing 截梢机翼

asa delta delta wing 三角翼

asa gaivota gull wing 鸥形翼

asa "M" M-wing M 形机翼

asa voadora flying wing 飞翼；飞翼式飞机

asa "W" W-wing W 形机翼

asbesto *s.m.* amianthus, asbestos 石棉

asbolana *s.f.* asbolane, earthy cobalt 钴土矿

asbolite *s.f.* asbolite, earthy cobalt 钴土矿

ascendente *adj.2g.* upward 向上的，增加的

ascender *v.tr.* (to) rise, (to) ascend 上升；崛起

ascensão *s.f.* ascending 上升；崛起

ascensão capilar capillary rise 毛细升高

ascensão de óleo por meio de gás injetado gas lift 气举

ascensão recta right ascension 赤经

ascensor *s.m.* lift, elevator 电梯（尤指客梯和货梯的合称）⇨ elevador; monta-cargas ascensor inclinado inclined lift 倾斜式电梯

ascensorista *s.2g.* elevator operator, lift operator 电梯操作员，电梯司机，司梯工

asfaltagem *s.f.* asphalting 铺沥青，浇灌沥青

asfaltar *v.tr.* (to) asphalt 铺沥青

asfaltenos *s.m.pl.* asphaltenes 沥青质；沥青稀

asfáltico *adj.* asphaltic 柏油的，沥青的

asfaltito *s.m.* asphaltite 沥青岩

asfalto *s.m.* asphalt 柏油，沥青

asfalto coado melted asphalt 熔化沥青

asfalto com borracha rubber asphalt 橡胶沥青

asfalto compactado rolled asphalt 滚压沥青

asfalto de "cracking" cracked asphalt 裂化沥青

asfalto de petróleo oxidado blown petroleum asphalt 氧化沥青

asfalto diluído cut-back asphalt 油溶沥青

asfalto diluído de cura lenta slow curing cut-back 慢凝油溶沥青

asfalto diluído de cura média medium curing cut-back 中凝油溶沥青

asfalto diluído de cura rápida rapid curing cut-back 快干油溶沥青

asfalto elastomérico elastomer asphalt 弹性体沥青

asfalto emulsificado emulsified asphalt 乳化沥青

asfalto expandido expansive asphalt, foamed asphalt 膨胀沥青，泡沫沥青

asfalto lacustre lake asphalt 湖沥青

asfalto líquido liquid asphalt, cut-back asphalt 液态沥青

asfalto nativo native asphalt 天然沥青

asfalto natural native asphalt, natural asphalt 天然沥青

asfalto oxidado oxidized asphalt 氧化沥青

asfalto pirobetuminoso asphaltic pyrobitumen 焦性地沥青

asfalto plastomérico plastomer asphalt 塑性体沥青

asfalto sólido solid asphalt 固态沥青

asfaltóide *adj.2g.* asphaltoide 沥青类的

asfixiante *adj.2g.* asphyxiating （气体）窒息性的

Ásia *s.f.* Asia 亚洲

asiático *adj.,s.m.* Asian 亚洲的；亚洲人

asilo *s.m.* asylum 收容所

asna *s.f.* truss 桁架

asna de duplo pendural queen post truss 双柱桁架

asna de telhado roof truss 屋架；支持屋顶的三角形桁架

asna em dente-de-serra sawtooth truss 锯齿式屋架

asna francesa French truss 法国式桁架

asna poligonal polygonal truss 多边形桁架

aspa *s.f.* X bracing 斜十字支撑结构

asparagólito *s.m.* asparagus stone 黄绿磷灰石

aspecto *s.m.* ❶ appearance 外观 ❷ aspect, appearance 方面，因素

aspectos decorativos decorative features 装饰（物）

aspectos decorativos de betão pré-moldado precast concrete decorative features 预制混凝土装饰

aspecto pincelado brushed surface 拉毛表面

aspecto proporcional aspect ratio 高宽比，纵横比

aspergir *v.tr.* (to) sprinkle, (to) asperse 撒，喷洒

áspero *adj.* rough 粗糙的，不光滑的

aspersão *s.f.* aspersion, spraying 喷洒，喷灌

aspersor *s.m.* sprinkler, sprayer 喷洒器，喷水器，喷雾器，播撒器

aspersor automático automatic sprinkler 自动喷淋器

aspersor rotativo rotary sprinkler 旋转喷头

aspiração *s.f.* aspiration 吸，吸入

aspiração automática self-suction 自吸式（的）

aspiração descendente downdraft 下向通风

aspiração e impulsão aspiration and impulse 吸气和增压

aspirador *s.m.* aspirator 吸气器，吸水机；吸尘器

aspirador centrífugo centrifugal dust exhausting fan 离心排尘风机

aspirador de água e pó wet/dry vacuum cleaner 干湿两用吸尘器

aspirador de pó vacuum cleaner 吸尘器

aspirador manual hand vacuum cleaner 手持式吸尘器

aspirar *v.tr.* (to) aspirate 吸，吸入

asquisto *s.m.* aschistite 未分异岩

assadeira *s.f.* ovenproof dish; grill pan 烤盘；烤肉盘

Asseliano *adj.,s.m.* Asselian; Asselian Age; Asselian Stage（地质年代）阿瑟尔期（的）；阿瑟尔阶（的）

assembleia *s.f.* ❶ 1. meeting 会议 2. meeting 会议全体成员 ❷ assembly 议会 ❸ assemblage（生物、矿物等的）组合；集群

assembleia de funcionários employee meeting 员工大会

assembleia geral ❶ general assembly, general meeting 全体大会 ❷ general meeting of shareholders（有限责任公司的）股东会，（股份有限公司的）股东大会

assembleia geral extraordinária extraordinary general meeting 临时股东大会

assembleia geral ordinária ordinary general meeting 定期股东大会

Assembleia Nacional National Assembly 国民议会

assembleia universal universal meeting 全体股东大会

assentador *s.m.* ❶ flattener, set hammer 压延机，压印锤 ❷ layer 铺设者；敷设机

assentador de tijolo bricklayer 瓦工

assentador de tubos pipelayer 铺管机，吊管机

assentamento *s.m.* ❶ laying, putting in place 安装，铺设（管线，地砖）❷ settlement 沉降 ❸ imbedding 嵌入 ❹ seating [巴] 基座，底座 ❺ settlement（居民）定居地

assentamento das linhas cable-laying 电缆敷设

assentamento do obturador packer seating 封隔器座封

assentamento de tijolos bricklaying 砌砖

assentamento de trilhos tracklaying 铺轨

assentamento de tubagem ducting works 管道敷设工程

assentamento diferencial differential settlement 不均匀沉降

assentamento imediato immediate settlement 瞬时沉降

assentamento plástico plastic settlement 塑性沉降

assentamento por consolidação (/afundimento) consolidation settlement 固结沉降

assentamento secular secular settlement 长期缓慢沉降

assentamento tipo anel seating ring 密封圈

assentamento tipo copo seating cup 密封皮碗

assentamento total total settlement 总沉降

assentar *v.intr.* (to) settle 沉淀

assento *s.m.* ❶ seat 座椅，座位 ❷ seating, support, base 基座

assento abatível folding seat 折叠座椅

assento ajustável (/regulável) adjustable seat 可调式座椅

assento anatômico bucket seat 凹背折椅

assento com suspensão suspension seat 悬架座椅

assento condutor com memorias driver seat with memory 带记忆功能座椅

assento corrediço sliding seat 滑座

assento da barra equalizadora equalizer saddle 平衡梁鞍座

assento da cabeça do parafuso bolt head seating 螺栓头座

assento de calha fixo de vão de janela carol 凸窗座

assento de dobrar ⇨ assento dobrável

assento da frente front seat 前座

assento de janela window seat 窗座

assento do mancal bearing crush 轴承杯，轴承钢碗

assento da mola spring seat 弹簧座椅

assento de motorista driver's seat 驾驶座

assento do operador operator's seat 操

作员座位

assento do rolamento bearing crush 轴承杯，轴承钢碗

assento de suspensão amortecida suspension seat 悬架座椅

assento de trás rear seat 后座

assento de tubos pipe saddle 鞍形管座

assento de válvula valve seat 阀座，气门座

assento dianteiro front seat 前座

assento dobrável tip-up seat, flap-up seat 折叠椅

assento duplo/triplo double/triple occupancy seat 双 / 三人座

assento ejetável ejection seat, ejector seat 弹射座椅

assento em pele leather seat 真皮座椅

assento na janela window seat 靠窗座位

assento no corredor aisle seat 靠走廊座位

assento fixo fixed seating 固定座位

assentos orientados inversamente side facing seats 侧向安置的座椅

assento para bebê baby seat 婴儿座椅

assento para criança child's seat 儿童座椅

assento todo (/totalmente) ajustável (/regulável) fully adjustable seat 完全可调座椅

assento traseiro rear seat 后座

assento ventilado air ride seat 气垫座椅

assiderito *s.m.* asiderite 无铁陨石

assimetria *s.f.* ❶ 1. asymmetry 不对称 2. imbalance, disparity 不平衡，失衡；差异 ❷ skewness 偏斜度

assimetria de informação information asymmetry 信息不对称

assimetria de sustentação lift dissymmetry 升力不对称

assimétrico *adj.* asymmetric, asymmetrical 不对称的

assímetro *s.m.* asymeter 非对称计

assimilação *s.f.* assimilation 同化

assimilação magmática magmatic assimilation 岩浆同化作用

assímptota *s.f.* asymptote [葡] 渐近线

assinar *v.tr.* (to) sign 签署

assinatura *s.f.* ❶ signature 签署；签字 ❷ signature 特征

assinatura do contrato signing of the contract 合同签订，合同签约

assinatura da fonte source signature 震源特征；震源信号

assinatura espectral spectral signature 光谱特征

assinatura isotópica isotopic signature 同位素特征

assinatura magnética magnetic signature 磁性特征

assinatura sísmica seismic signature 地震特征

assintito *s.m.* assyntite 钛辉方钠正长岩

assíntota *s.f.* asymptote [巴] 渐近线

assísmica *s.f.* aseismic region 无震区

assísmico *adj.* aseismic, aseismatic, quakeproof 抗震的，防震的

assistência *s.f.* assistance 帮助，协助

assistência adicional de frenagem brake assist system (BAS) 辅助刹车系统

assistência de arranque em subidas hill start assist (HAC) 坡起辅助

assistência de travagem de emergência emergency brake assist (EBA) 紧急刹车辅助

assistência dos travões brake assist 刹车辅助

assistência financeira financial assistance 财政援助

assistência médica medical assistance 医疗救助

assistência médico-medicamentosa medical and pharmaceutical care 医药援助

assistência técnica technical assistance 技术援助

assistente *s.2g.* assistant 助理

assistente de director geral general manager assistant 总经理助理

assistido *adj.* assisted 有…辅助的，有…协助的

assistido por mergulhador diver assisted 有潜水员协助的

assoalhada *s.f.* (floored) room （铺有地板的）房间

assoalhar *v.tr.* (to) floor 铺地板

assoalho *s.m.* floor（房间、车辆等的）地板；底板

assoalho dos pedais toeboard 搁脚板，脚踏板

assoalho de pranchas plank flooring 木板条地板

assoalho oceânico ocean floor 洋底

associação *s.f.* ❶ association, grouping, combination 联合，组合 ❷ association 协会，联合会 ❸ mineral association 矿物组合

Associação Brasileira de Normas Técnicas (ABNT) Brazilian Technical Standards Association 巴西技术标准协会

associação de empresas association of undertakings 企业联合会

associação de fácies facies association 相组合

associação de rochas rock association 岩石组合，矿岩聚合体

associação geoquímica geochemical element association 地球化学元素组合

associação mineral mineral association 矿物组合

associação petrotectónica petrotectonic association 岩石构造组合

associação por acções de capital equity joint venture 股权式合营

associado *s.m.* parter, associate 合股人，合伙人

assoreamento *s.m.* silting up, siltation 河流淤塞

assoreamento com areia accretion of sand 淤沙

assoreamento com lodo siltation; silting; filling with mud 淤泥充塞

assorear *v.tr.,intr.* (to) silt up 淤积

assucador *s.m.* ridging plough, bed former 起垄犁；筑床机

assunto *s.m.* ❶ subject 主题 ❷ matter, affair, business 问题，事务，事项

assunto final end matter（书籍正文后的）附加资料，补充材料

ástato (At) *s.m.* astatine (At) 砹

astenólito *s.m.* asthenolith 熔岩浆体

astenosfera *s.f.* asthenosphere 软流圈

astéria *s.m.* asteria 星彩宝石

asterisco *s.m.* asterisk 星号

asterismo *s.m.* ❶ asterism 星光效应 ❷ asterism 星群

asteróide *s.m.* asteroid 小行星

astrágalo *s.m.* ❶ astragal 柱头或柱脚的环带，半圆饰，半圆线脚 ❷ astragal 压缝条

astridite *s.f.* astridite 铬软玉

astroblema *s.m.* astrobleme 天体碰撞坑

astrofilite *s.f.* astrophyllite 星叶石

astrolábio *s.m.* astrolabe 星盘

atacamite *s.f.* atacamite 氯铜矿

atadeira *s.f.* knotter, baler 打捆器，打包机

atadeira de fardos hay baler 牧草打包机，牧草打捆机

atador *s.m.* knotter, knotting mechanism 打捆器，打结器

atador de arame wire knotter 铁丝扭结器，铁丝捆扎装置

atalaia *s.f.* watchtower（城堡的）瞭望台

atalho *s.m.* ❶ shortcut 便道，近道 ❷ cutoff（水流）裁弯取直 ❸ shortcut（计算机）快捷方式

atapulgite *s.f.* attapulgite 凹凸棒石，绿坡缕石，硅美土

atamancar *v.tr.* (to) botch 草草修补

ataque *s.m.* ❶ attack, assault 攻击，袭击；（消防用语）进攻 ❷ etching 侵蚀，浸蚀

ataque atmosférico atmospheric attack 大气侵蚀

ataque químico ❶ chemical attack 化学腐蚀，化学侵蚀 ❷ chemical etching 化学蚀刻

atar *v.tr.* (to) tie 捆，绑

atarraxar *v.tr.* (to) screw, (to) rivet 上螺丝钉；用钉固定

ataxito *s.m.* ataxite 镍铁陨石

atectónico *adj.* atectonic; anorogenic 非构造的；非造山运动

atelier *s.m.* atelier 工作室

atemperador *s.m.* ⇨ dessuperaquecedor

atenção *s.f.* attention 注意

atenuação *s.f.* attenuation 减弱，衰减

atenuação da onda wave attenuation 波衰减

atenuação de risco risk mitigation 风险消减

atenuação de sinal signal attenuation 信号衰减

atenuação por raios gama gamma-ray attenuation 伽马射线衰减

atenuação radioactiva radiation attenuation 辐射衰减

atenuador *s.m.* attenuator 衰减器

atenuador de impacto crush barrier 隔离护栏

atenuador de ruído silencer; noise suppressor 消音器；噪声抑制器

atenuar *v.tr.,pron.* (to) attenuate 减弱，衰减

aterradora *s.f.* backfiller, trenchfiller 填沟机，回填机

aterradora de valas ⇨ aterradora

aterragem *s.f.* landing [葡] 降落

aterragem de emergência emergency landing 紧急降落

aterragem forçada forced landing 迫降

aterramento *s.m.* earthing 接地

aterramento de protecção protective earthing 保护性接地

aterramento funcional functional earthing 功能性接地

aterramento neutro neutral earthing/grounding 中性接地

aterramento pára-raios grounding for lightning 防雷接地

aterrar ❶ *v.tr.* (to) cover with earth 填土，回填 ❷ *v.intr.* (to) land [葡] 降落

aterrisagem *s.f.* landing [巴] 降落

aterrisar *v.intr.* (to) land [巴] 降落

aterro *s.m.* ❶ 1. fill, landfill （指行为）填方，填土 2. backfilling （指行为）回填 3. fill, backfill （指土）填土，回填土 ❷ bank, earthfill road embankment 岸，堤；填土路堤 ❸ landfill （垃圾）掩埋场；堆填区

aterro asfixiante asphyxiant earthing （用来灭树根的）窒息性覆土

aterro compactado tamped backfill 夯实回填土

aterro controlado controlled fill 分层填方，逐层填方，控制填方

aterro de barragem dam embankment （土石坝的）坝体

aterro de estrada road embankment 路堤

aterro de material não seleccionado random fill 杂填土

aterro de material seleccionado select-ed fill 选择性回填材料

aterro de pedras secas dry stone fill 干填石

aterro de ponta tipped fill 矿渣堆

aterro de vala levelling (of low-lying ground) 地沟回填

aterro e compactação landfill and compaction 夯填土

aterro experimental trial embankment 试验堤，试验坝

aterro fechando vale valley fill 河谷堆积，河谷填积

aterro hidráulico hydraulic fill, hydraulic ground fill 冲填土

aterro inicial starter dam 初期坝

aterro lançado dumped rockfill 抛填堆石

aterro rochoso rockfill 堆石

aterro sanitário landfill, sanitary landfill 垃圾填埋场；卫生填地

atestado *s.m.* certificate 证明，证明书

atestado de vacinas certificate of vaccination 疫苗接种证明

atestar *v.tr.* (to) attest, (to) certify 证明

atesto *s.m.* filling, fill-up 灌满，注满（液体）

atiçador *s.m.* ❶ gagger （铸模中加固砂模用的）泥芯撑，型芯撑 ❷ poker （火炉用的）拨火棍

ático ❶ *s.m.* attic, loft 阁楼，顶楼层，屋顶层 ❷ *adj.* attic 古希腊城邦阿提卡的，雅典的

ático falso false attic 假阁楼

aticurgo *adj.* atticurge 梯形的（门洞、窗洞）

atingível *adj.2g.* attainable 可达到的

atingir *v.tr.* (to) achieve, (to) reach 达到

atirador *s.m.* shooter 爆炸工；油井射孔工

atitude *s.f.* attitude, occurrence 姿态；（矿体）产状

atitude de arfagem pitch attitude 俯仰姿态

atitude de um satélite satellite attitude 卫星姿态

atitude de voo flight attitude 飞行姿态

atlante *s.m.* atlantes 男像柱

atlântico *adj.* atlantic 大西洋的

atlantito *s.m.* atlantite 暗霞碧玄岩

atlas *s.m.2n.* atlas 地图集；图集

atmoclasto *s.m.* atmoclast 大气碎屑岩

atmófilo *adj.* atmophile 亲大气的

atmosfera *s.f.* ❶ atmosphere 大气，大气圈 ❷ **(atm)** atmosphere (atm), atmosphere pressure 大气压（压强单位，合 101,325 帕）

atmosfera controlada controlled atmosphere 受控炉气；受控气氛；受控制的空气

atmosfera do solo soil atmosphere 土壤大气

atmosfera-litro (l atm) liter atmosphere (l atm) 公升大气压

atmosfera não controlada uncontrolled atmosphere 不受控气氛

atmosfera natural natural atmosphere 自然大气；自然气氛

atmosfera padrão standard atmosphere, standard atmosphere pressure 标准大气压

atmosfera padrão internacional international standard atmosphere 国际标准大气压

atmosfera perigosa hazardous atmosphere 危险空气

atmosfera redutora reducing atmosphere 还原气氛

atmosférico *adj.* atmospheric 大气的

atocho *s.m.* wedge 楔，楔状物；垫块

atol *s.m.* atoll 环礁

atoleiro *s.m.* slough; swamp 泥沼，沼泽

atomização *s.f.* atomization 雾化

atomizador *s.m.* atomizer 雾化器，喷雾器

atomizador de dorso engine-driven portable sprayer 背负式喷雾器

atomizador de jato de ar airblast atomizer 气动雾化喷嘴

atomizar *v.tr.* (to) atomize 雾化

átomo *s.m.* atom 原子

átomo aceitador acceptor atom 受主原子

atracação *s.f.* boarding, berthing 靠岸

atracadouro *s.m.* wharf, mooring 靠泊码头，锚地

atracamento *s.m.* closing of contact 触点闭合

atracar *v.tr.* (to) boarding, berthing 靠岸

atracção/atração *s.f.* attraction 吸引，吸引力

atracção gravitacional gravitational attraction 万有引力

atração capilar capillary attraction 毛细管引力

atrair *v.tr.* (to) attract 吸引，吸引力

atrasador *s.m.* delayer 延时器

atrasados *s.m.pl.* arrears 逾期欠款

atrasar *v.tr.,pron.* (to) delay 迟到；拖欠

atrasina *s.f.* atrazine 莠去津

atraso *s.m.* delay 迟到；拖欠；延迟

atraso de fase phase delay, phase lag 相位延迟，相位滞后

atraso de fecho da válvula de escape delayed closing 排气阀迟关闭

atraso de fecho de válvula de admissão delayed admission 进气阀延迟关闭

atraso de grupo group delay 群延迟

atraso de voo delay 航班延误

atravessado *adj. s.m.* header 丁砖（的），丁砖砌法（的）

atravessadouro *s.m.* private path 私人土地内的道路

atravessadouro particular ⇨ atravessadouro

atravessar *v.tr.,pron.* (to) cross, (to) transverse, (to) pass through 横穿，穿过

atrelado *s.m.* trailer, plate-car 挂车

atrelado basculante de 2 rodas com taipais two-wheeled tilt trailer with side dampers 两轮带侧挡板自卸挂车

atrelado de 2 rodas com taipais two-wheeled trailer with side dampers 两轮带侧挡板挂车

atrelado de 2 rodas sem lados two-wheeled trailer without side dampers 两轮不带侧挡板挂车

atrelado de grão grain trailer 谷物挂车

atrelado lateral agricultural side-tipping trailer 农用挂车（侧），侧卸农用挂车

atrelado traseiro agricultural rear-tipping trailer 农用挂车（后），后卸农用挂车

atrelamento *s.m.* hitching 挂接

atrelar *v.tr.* (to) couple, (to) hitch 挂接

atribuição *s.f.* assignment 赋值

atribuir *v.tr.* (to) assign; (to) give 分配；给予；赋值

atributo *s.m.* attribute 属性

atributo gráfico graphical attribute 图形属性

atributos instantâneos instantaneous attributes 瞬时属性

atributo sismoestratigráfico seismostratigraphic attribute 地震地层属性

atrição *s.f.* attrition 摩擦，磨损

atrinite *s.f.* attrinite 细屑体

átrio *s.m.* atrium, hall （建筑之内的）中庭；心房

atríolo *s.m.* small atrium 小中庭

atrito *s.m.* friction 摩擦；摩擦力 ⇨ **fricção**

　atrito de aderência ⇨ **atrito estático**

　atrito de deslizamento (/escorregamento) sliding friction 滑动摩擦

　atrito do fluido fluid friction 流体摩擦

　atrito de maré tidal friction 潮汐摩擦

　atrito do munhão journal friction 轴颈摩擦

　atrito de rolamento (/rotação) rolling friction 滚动摩擦

　atrito de vento windage 风力修正量；风力影响；气压损伤

　atrito dinâmico dynamic friction 动摩擦

　atrito estático static friction 静摩擦

　atrito hidráulico hydraulic friction 水力摩擦

　atrito interno internal friction 内摩擦；内耗

　atrito lateral lateral friction 侧向摩擦

　atrito negativo negative friction 负摩擦

　atrito superficial skin friction 表面摩擦

　atrito terras-muro wall friction 墙面摩擦

atropelamento *s.m.* running over; running down 碾过

atropelar *v.tr.* (to) run over 碾过

atto- (a) *pref.* atto- (a) 表示 "10⁻¹⁸"

atuador *s.m.* actuator [巴] 执行器

　atuador de ralenti idle speed actuator 急速执行器

aubrito *s.m.* aubrite 顽火无球粒陨石

audibilidade *s.f.* audibility 声音清晰度，可闻度，声强度

audição *s.f.* hearing 听力

audiência *s.f.* ❶ hearing 听证会 ❷ audience 接见 ❸ ratings 收视率

　audiência de conciliação conciliation hearing 调解听证会

　audiência de solução de conflito conflict resolution hearing 冲突解决听证会

　audiência pública public hearing 公开听证会

audímetro *s.m.* people meter 收视记录器，个人收视记录仪

audiofone *s.m.* audiphone 助听器

audiofrequência *s.f.* audio-frequency 声频

audiograma *s.m.* audiogram 听力图

audiomagnetotelúrico *adj.* audio-magnetotelluric 声频磁大地电流的

audiómetro/audiômetro *s.m.* audiometer 听力计

auditar *v.tr.* (to) audit 审计；查账

auditivo *adj.* auditory, hearing 听觉的，听力的

auditor *s.m.* auditor 审计员

auditoria *s.f.* audit, auditing 审计

auditório *s.m.* ❶ audience, auditorium 报告厅 ❷ auditorium 观众席

auganito *s.m.* auganite 辉安岩

augite *s.f.* augite 辉石

augitito *s.m.* augitite 玻辉岩

aulacógeno *s.m.* aulacogen 拗拉槽

aumentar *v.tr.,intr.* (to) increase 增加；上升

aumento *s.m.* increase 增加；上升

　aumento de comprimento do trilho rail creep 轨道蠕变

　aumento do nível nutriente nutrient enrichment 养物富集

　aumento da resistência com a deformação strain hardening 应变硬化，应变强化

　aumento da tenacidade toughening 增韧，韧化

　aumento de torque líquido net torque rise 扭矩净储备

auréola *s.f.* aureole, halo 光轮；晕

　auréola de contacto contact aureole 接触变质带

　auréola de metamorfismo metamorphic aureole 变质圈，变质晕

auricalcite *s.f.* aurichalcite 绿铜锌矿

aurífero *adj.* auriferous, gold-producing 含金的，产金的

auripigmento *s.m.* orpiment 雌黄

aurora *s.f.* aurora 极光

　aurora austral aurora australis 南极光

　aurora boreal aurora borealis 北极光

auscultação *s.f.* monitoring 监测

austêmpera *s.f.* austempering 等温淬火，奥氏体等温淬火

austenite *s.f.* austenite [葡] 奥氏体

austenítico *adj.* austenitic 奥氏体的

austenização *s.f.* austenitizing 奥氏体化

austinite *s.f.* austinite 砷锌钙矿

austral *adj.2g.* austral 南方的，南部的

australito *s.m.* australite 澳洲玻璃陨体

autenticação *s.f.* authentication 鉴定，查验；验钞

autenticar *v.tr.* (to) authenticate, (to) certify 鉴定，查验

autigénese *s.f.* authigenesis 自生作用

autigénico *adj.* authigenic 自生的

autígeno *s.m.* authigenic rocks 自生矿石

auto ❶ *s.m.* record, minute 报告文件，记录文件 ❷ *s.m.* car 车，车辆 ❸ *adj. inv.* automobile, automotive 汽车的

auto de consignação ❶ consignment agreement 委托协议书 ❷ site possession minutes 施工场地移交证书

auto de infracção ticket 违章通知单，交通罚款单

auto de inspeção de linha/auto-de-linha track inspection car, track motor car 轨道检查车，查道车

auto de medição measurement report 工程计量报告

auto de recepção acceptance certificate 接管证书

auto de recepção definitiva final acceptance certificate (FAC) 最终验收证书

auto de recepção provisória provisional acceptance certificate (PAC) 临时验收证书

auto de vistoria record of acceptance 验收记录，收房记录

auto- *pref.* ❶ self- 自…的，自身的，自动的 ❷ auto-, moto- 车的，汽车的

auto-adesivo *adj.,s.m.* self-adhesive 自黏的；自黏纸

autoafiado *adj.* ⇨ autoafiante

autoafiante *adj.2g.* self-sharpening 自磨刃式

auto-alimentador *adj.* self-feeding 自动供给的，自动进料的

auto-aperto ❶ *adj.inv.* self-locking 自动锁定的，自锁的 ❷ *s.m.* servoaction 自增力作用

auto-aquecimento *s.m.* self-heating 自（加）热

autoaspirante *adj.2g.* ⇨ autoescorvante

autobetoneira *s.f.* motomixer 搅拌车

autobomba (AB) *s.f.* fire (fighting) truck, fire vehicle [巴] 消防车

autobomba de escada (ABE) fire vehicle with aerial ladder 云梯消防车

autobomba de plataforma (ABP) fire vehicle with elevating platform 登高平台消防车

autobomba de salvamento (ABS) emergency rescue fire vehicle 抢险救援消防车

autobomba de tanque (ABT) tanker pumper fire truck（容量不大于 6000 升的）水罐消防车

autobomba química (ABQ) chemistry washing fire vehicle 化学洗消消防车

autocarregamento *s.m.* self-loading 自行装载

autocarregável *adj.2g.* self-loader 自装载式

autocarro *s.m.* bus [葡] 公共汽车，巴士

autocarro-biblioteca mobile library 流动图书馆

autocarro pendular shuttle bus 专线车，摆渡车

autociclicidade *s.f.* autocyclicity 自旋回

autociclo *s.m.* autocycle 机动脚踏车

autoclástico *adj.* autoclastic 自碎的

autoclavagem *s.f.* autoclave（砖、砌块等的）蒸养

autoclave *s.f.* autoclave, sterilizer 高压灭菌器，蒸压釜

autoclave horizontal horizontal autoclave 卧式蒸压釜

autoclave vertical vertical autoclave 立式蒸压釜

autoclismo *s.m.* flushing system（卫生间的）冲水箱

autocolimação *s.f.* autocollimation 自准直

autocolimador *s.m.* autocollimator 自动准直仪

auto-compactante *adj.2g.* self-compacting 自密实的

autoconsumo *s.m.* self-consumption 自用

autocorrelação *s.f.* autocorrelation 自动校正

autóctone ❶ *adj.2g.* autochthonous（矿石、岩石等）原地生成的 **❷** *s.m.* autochthon 原地岩

autodepuração *s.f.* self-purifying 自净，自我净化

autodesnudante *adj.2g.* (of) insulation displacement 绝缘位移的，绝缘置换的

auto-diagnóstico *s.m.* self-diagnostic 自我诊断

auto-diagnóstico eletrônico electronic self-diagnostic 电子设备自诊断

autodifusão *s.f.* self-diffusion 自扩散

autódromo *s.m.* speedway 高速车道

auto-endurecível *adj.2g.* self-hardening 自硬性的

auto-escada (AE) *s.f.* aerial ladder truck [巴] 云梯车

autoescorvante *adj.2g.* self-priming 自吸的

auto-estabilização *s.f.* self-stabilization 自稳定

autoestrada *s.f.* highway, express way 高速公路

autoestrada arterial arterial highway 干线道路

autoextinguível *adj.2g.* self-extinguishing 自动灭火的，自熄的

autofoco *s.m.* autofocus 自动聚焦，自动对焦

autogeossinclinal *s.m.* autogeosyncline 平原地槽

autogiro *s.m.* autogyro 旋翼机

auto-grua *s.f.* truck crane, lorry crane 起重汽车，汽车吊；自装卸汽车（随车吊）

autoguincho (AG) *s.m.* tow truck [巴] 拖吊车

auto-ignição *s.f.* **❶** autoignition 自燃 **❷** self-ignition 自点火

auto-iluminação (AI) *s.f.* lighting vehicle [巴] 照明车

auto-indução *s.f.* self-induction 自感应

autoinjecção *s.f.* auto-injection 残液注入作用

auto-intersticial *adj.2g.* self-interstitial 自间隙的

auto-limpante *adj.2g.* self-cleaning 自动清洗的；自洁式的

autólito *s.m.* autolith, cognate inclusion 同源包体，内生夹杂物

autolitografia *s.f.* autolithography 直接平版印刷法

autolubrificação *s.f.* self-lubrication 自润滑

automação *s.f.* automation, automatization 自动化

automação do edifício building automation 楼宇自动化，楼宇自控

automático *adj.* automatic 自动的

totalmente automático fully automatic 全自动的

automatismo *s.m.* **❶** automatism 自动作用 **❷** automatic machine 自动机械，自动装置

automatismo de controlo automatic control device 自动控制机构

automatização *s.f.* ⇨ automação

autómato *s.m.* automatic machine 自动机械，自动装置

autómato programável programmable automatic machine 可编程自控设备

autometamorfismo *s.m.* autometamorphism 自变质作用

automobilismo *s.m.* motorsport, motor racing 赛车运动

automobilístico *adj.* **❶** (of) racing 赛车（运动）的 **❷** automobile, (of) car 汽车的

automórfico *adj.* automorphic 自形的，自守的，自同构的

automotor *adj.* self-propelled 自动推进的，自走式的

automotora *s.f.* railcar [葡] 轨道车，（轨道式）梭车

automotriz *s.f.* [巴] ⇨ automotora

automotivo *adj.* **❶** automotive; (of) auto industry 汽车的；汽车工业的 **❷** self-propelled 自动推进的，自走式的

automóvel ❶ *s.m.* car, automobile 汽车 **❷** *adj.2g.* automobile, (of) car 汽车的

automóvel-equivalente ⇨ carro-equivalente

autonivelante ❶ *adj.2g.* self-levelling 自流平（的） **❷** *s.m.* self-levelling epoxy 环氧自流平地坪

autonomia *s.f.* endurance, life （机械设备、家用电器等的）续航时间，自持力

autonomia de voo flying range 航程

autónomo ❶ *adj.* autonomous; independent; stand-alone 自主的；独立的；独立运

作的 ❷ *adj.* self-employed 个体经营的，自己经营的 ❸ *s.m.* self-employed worker 个体经营者

autopeça *s.f.* automotive part 汽车零配件

autopert *s.m./f.* autopert 自动计划评审法

autopista *s.f.* highway, express way 高速公路

  autopista urbana urban express way 城市快速路

autoplataforma (AP) *s.f.* elevating platform truck [巴] 登高平台车

autopneumatólise *s.f.* autopneumatolysis 自气化作用

autoportante *adj.2g.* self-supporting 自承的，自撑的

autoprodutor *s.m.* self-producer 自发电用户（企业、工厂等）

autoprodutos perigosos (APP) *s.m.2n.* dangerous goods transport vehicle [巴] 危险品运输车

autopropelido *adj.* self-propelled 自动推进的，自走式的

autopropulsor *adj.* self-propelling, self-propelled 自动推进的，自走式的

autoquímico (AQ) *s.m.* chemicals transport vehicle [巴] 化学品运输车

auto-rectificação *s.f.* self-rectification 自矫频

auto-redutor *adj.* self-reducing 自动归算的

auto-regulação *s.f.* self-regulation 自动调节

auto-regulado *adj.* self-regulated 自调节的

auto-regulador *s.m.* autothrottle 自动节流活门，自动油门

auto-retráctil *adj.2g.* self-retracting 自动收回的

autoridade *s.f.* ❶ authority 当局；权威 ❷ authority 权限，授权；职权

  autoridade competente competent authorities 主管当局

  autoridade local local authority 地方当局

  autoridade reguladora regulatory authority 管理机构，监管部门

autorização *s.f.* authorization 授权，许可

autorizar *v.tr.* (to) authorize 授权，许可

autorregistrador *adj.* self-recording 自动记录的

autorrestabelecimento *s.m.* black start 无电源启动，黑启动

autorrotação *s.f.* autorotation 自转

auto-salvamento (AS) *s.m.* rescue vehicle [巴] 抢险救援车

  auto-salvamento especial (ASE) special rescue vehicle [巴] 特种抢险救援车

auto-saneamento *s.m.* self-cleaning 自清洁

auto-silo *s.m.* multistorey parking garage （圆筒形）立体停车场

auto-sincronização *s.f.* self-synchronization 自同步

auto-sincronizador *s.m.* self-synchronizer 自动同步器

auto-sintonia *s.f.* self-tuning 自动调谐

auto-suficiência *s.f.* self-sufficiency 自足性，自给自足

  auto-suficiência energética self-sufficiency of energy 能源自给

auto-sustimento *s.m.* self-supporting properties 自支撑性

autotanque *s.m.* water tanker [巴] 水罐车，运水车

  autotanque de bomba (ATB) tanker pumper fire truck [巴] （容量大于 6000 升的）水罐消防车

  autotanque de reboque (ATR) truck with tank trailer [巴] 拖挂式水罐车

autotransdutor *s.m.* autotransductor 自耦磁放大器，自控饱和电抗器

autotransformador *s.m.* autotransformer 自耦变压器

autotravamento *s.m.* auto lock （机械锁、电子锁或电子系统）自动锁定

autotrem *s.m.* truck-train 拖挂运输

autunite *s.f.* autunite 钙铀云母

auxiliar ❶ *v.tr.* (to) help, (to) assist 帮助，辅助，支持 ❷ *adj.2g.* auxiliary 辅助的

auxílio *s.m.* ❶ help, assistance, support 帮助，辅助，支持 ❷ subsidy; allowance 补贴，补助

  auxílio à navegação aid to navigation 导航辅助设备

  auxílio para doença sick pay 病假工资

AVAC *sig.,s.f.* heating, ventilation and air conditioning (H.V.A.C.) 暖通空调，采暖通风

aval *s.m.* guarantee, endorsement 担保

avalancha *s.f.* avalanche, snow-slip 雪崩

avalancha ardente glowing avalanche, fire avalanche 灼热崩落

avalancha de detritos debris avalanche 岩屑崩落

avaliação *s.f.* estimate, valuation, estimation 核定；评估

avaliação de campo field appraisal 野外评价

avaliação de campo petrolífero field appraisal 油田评估

avaliação da cimentação de poço well cement evaluation 固井质量评价

avaliação de defeitos defects evaluation 缺陷评定

avaliação de desempenho performance appraisal 绩效考核

avaliação de desempenho ambiental environmental performance assessment 环境性能评估

avaliação de estrutura structural appraisal 结构勘测评估；结构检定

avaliação de formação formation evaluation, well testing, drill stem testing 地层评价

avaliação de impacto ambiental (AIA) environmental impact assessment (EIA) 环境影响评估

avaliação de proposta bidding evaluation, tender assessment 评标，标书评审

avaliação de riscos risk assessment 风险评估

avaliação de terceira parte third-party evaluation [巴] 第三方评估

avaliação e aprovação examination and approval 审批

avaliação econômica de um projeto economic evaluation of a project 项目经济评价

avaliação formal de segurança formal safety assessment (FSA) 规范化安全评估

avaliação formativa formative assessment 形成性测试

avaliação independente independent evaluation 独立评估

avaliação por entidade independente independent third-party evaluation 独立的第三方评估

avaliação por terceiros ⇨ avaliação de terceira parte

avaliação pós-ocupação post occupancy evaluation 使用后评价

avaliação técnica technical evaluation 技术评审

avalite *s.f.* avalite 铬云母

avançamento *s.m.* advancement 突出部，凸出部

avançar *v.tr.* (to) advance 前进；发展

avanço *s.m.* ❶ advance, forward movement; breakthough 前进，向前移动；取得进展 ❷ advance 提前 ❸ drilling rate 钻进速度

avanço à abertura da válvula de admissão advanced admission, advanced opening 提前进气

avanço à abertura da válvula de escape advanced exhaust 提前排气

avanço automático automatic timing advance 自动定时提前

avanço axial axial pitch 轴向节距

avanço balanceado weave beading; weaving welding 摆动焊

avanço costeiro coastal encroachment 海岸进侵

avanço de admissão outside lap 外余面；进气余面

avanço de escape inside lap 内余面

avanço do escudo para perfuração de túnel shield driving 盾构掘进

avanço da injecção timing advance 定时超前

avanço da onda wave run-up 波浪爬高

avanço glaciário glacier advance 冰川前进

avanço linear stringer beading 直焊

avanço mecânico power feed 自动推进

avanço para este easting 东行航程，东距

avanço para oeste westing 西行航程，西距

avanço rápido fast forward 快进

avante ❶ *adv.* forward 向前地 ❷ *s.f.* forward 前进（挡位）

avaria *s.f.* damage, failure 损坏，故障

avaria estrutural structural failure 结构损坏

avariado *adj.* damaged, out of order 损坏

的；失灵的

avariar *v.tr.,intr.,pron.* (to) damage, (to) fail 损坏，故障

avcat *sig., s.m.* avcat 航空用重煤油

aveludado *adj.* velvety 天鹅绒似的；绒面的（涂料）

avença *s.f.* subscription; rate; charge 定期缴纳的费用；公司代缴费用

avenida *s.f.* avenue 大街，宽阔的街道

avenida-parque park way 公园道路

avental *s.m.* ❶ apron 围兜 ❷ apron 挡板，护板，裙板；闸门，闸板

avental curvo deep apron 深槽裙

avental de accionamento hidráulico power apron 液压闸门

aventurescência *s.f.* aventurescence 砂金效应

aventurina *s.f.* aventurine 砂金石

averiguação *s.f.* check, checkout, verification 检查，检验

averiguar *v.tr.,intr.* (to) check, (to) verify 检查，检验

aversão *s.f.* aversion 厌恶，反感

aversão ao risco risk aversion 风险厌恶

avesso *s.m.* carpet backing 地毯底布

avgas *sig., s.f.* avgas 航空汽油

aviação *s.f.* aviation 航空

aviação comercial commercial aviation 商用航空

aviajado *adj.* rampant (arch) 高低脚的（拱）

aviamento *s.m.* implements, accessories [集] 建筑材料，建筑配件

aviamentos da obra ⇨ aviamento

avião *s.m.* aeroplane 飞机

avião a jacto jet aeroplane 喷气式飞机

avião bombardeiro ⇨ bombardeiro

avião de asas batentes flapping wing aircraft 扑翼机

avião de caça fighter aircraft 战斗机，歼击机

avião de carga freighter aeroplane 运输机

avião de fotografia aérea camera plane 摄影飞机

avião de guerra war-plane 战斗机

avião de instrução training aircraft 教练机

avião de instrução primária primary training aircraft 初级教练机

avião de porta-aviões shipboard aircraft 舰载机

avião de reconhecimento scout plane 侦察机

avião de transporte de passageiros passenger aircraft 客机

avião-esqui skiplane 雪上飞机；滑橇起落架飞机

avião rebocador towing aircraft 拖航机

avião STOL STOL aircraft 短距起落飞机

avião subsónico subsonic aircraft 亚声速飞机

avião supersónico supersonic jet 超声速飞机

avião-tanque tanker, refuelling plane 加油机

avião terrestre landplane 陆上飞机

avião turboélice turboprop plane 涡轮螺旋桨飞机

aviário *s.m.* chicken coop 鸡舍；家禽饲养场

avicultor *s.m.* poultry farmer 家禽养殖员

avicultura *s.f.* poultry farming 家禽养殖

avifauna *s.f.* avifauna 鸟类区系

avioneta *s.f.* light aircraft 轻型飞机

aviônicos *s.m.pl.* avionics [巴] 航空电子设备

avisador *s.m.* warner [巴] 报警器

avisador sonoro audible warning device 声音报警器

avisador sonoro visual audible and visual warning device 声音视觉报警器

avisador visual visual warning device 视觉报警器

aviso *s.m.* warning 通知；信号；警报

aviso de estol stall warning 失速告警

aviso de passagem em nível crossing warning 道口警示标志

aviso de responsabilidade disclaimer 免责声明

aviso de tempestade gale warning 狂风警报

avtag *sig., s.m.* avtag 航空涡轮用汽油

avtur *sig., s.m.* avtur 航空涡轮用煤油

avulsão *s.f.* avulsion （因洪水或河流改道等而引起的）土地的突然变迁或转位

avulso *adj.* loose 松的，松散的，不牢固的

avultamento *s.m.* bulking, loosening 膨

胀，胀大；鼓起，隆起

axial *adj.2g.* axial 轴的

aximez *s.m.* ajimez 细直棂分隔式双窗

axinite *s.f.* axinite 斧石

axiólito *s.m.* axinolite 椭球粒；放射状椭球粒

axiotrão *s.m.* axiotrion 阿克西磁控管；磁控管

axonometria *s.f.* axonometry 轴线测定法；均角投影图法

axonométrico *adj.* axonometric 轴测法的；三向投影的

axonómetro/axonômetro *s.m.* axonometer 镜轴计

azeviche *s.m.* jet 煤玉；贝褐碳

azevinho *s.m.* holly 冬青树

azimutal *adj.2g.* azimuthal 方位角的

azimute *s.m.* azimuth, bearing 方位；方向角

azimute astronómico (/natural) astronomical azimuth 天文方位角

azimute cartográfico grid azimuth, grid bearing 坐标方位角

azimute de compasso (/agulha) compass azimuth, compass bearing 罗盘方位角

azimute de grade grid bearing, grid azimuth 格网方位角

azimute geodésico geodetic azimuth 大地方位角

azimute magnético magnetic azimuth 磁方位角

azinhaga *s.f.* narrow path, narrow passage （墙间的）狭窄小路

azonal *s.m.* azonal soil 泛域土；非地带性土壤；非分带土

azorite *s.f.* azorite 锆石

azotado *adj.* nitrogenous 含氮的

azoto *s.m.* ❶ nitrogen 氮 ❷ nitrogenous manure 氮肥

azoto amoniacal ammoniacal nitrogen 氨态氮

azoto Kjeldahl Kjeldahl nitrogen 凯氏氮

azougue *s.m.* quicksilver mercúrio（水银）的旧称

azoxistrobina *s.f.* azoxystrobin 嘧菌酯

azul *adj.2g.,s.m.* blue 蓝色的；蓝色

azul de cobalto cobalt blue 钴蓝

azul de ftalocianina phthalocyanine blue 酞菁蓝

azul de Paris Paris blue 绀青；巴黎蓝

azul da Prússia Prussian blue 普鲁士蓝

azul de ultramarina ultramarine blue 群青

azul-marinho navy blue 深蓝色，藏青色

azul-turquesa turquoise 土耳其玉色

azulejar *v.tr.* (to) tile 铺瓷砖

azulejo *s.m.* ❶ "azulejo" 葡萄牙瓷砖画 ❷ ceramic tile 瓷砖

azulejo de cerâmica vitrificado glazed ceramic tiles 釉面瓷砖

azulejo da parede wall tiles 墙面瓷砖

azulejo pintado à mão hand painted tile 手绘瓷砖

azurite *s.f.* azurite, chessylite 蓝铜矿

azurlite *s.f.* azurlite 蓝玉髓

azurmalaquite *s.f.* azurmalachite 蓝孔雀石

B

babadouro *s.m.* under ridge tile 舌形当沟瓦

babilónia/babilônia *s.f.* ❶ disordered city, chaotic city 布局混乱的城市 ❷ majestic building 雄伟的建筑

babilónico/babilônico *adj.* grand, majestic 雄伟的

bacalhau *s.m.* spline 塞缝片

bacalite *s.f.* bacalite 淡黄琥珀

bacia *s.f.* ❶ basin 盆，脸盆，洗手盆 ❷ basin （人造的）水池；水库 ❸ basin 盆地；流域 ❹ balcony slab （阳台向外伸出的）悬挑板

bacia activa active basin 活动盆地

bacia ante-arco forearc basin 弧前盆地

bacia artesiana artesian basin 自流泉盆地

bacia carbonífera coal basin 煤盆地

bacia com soleira terminal bucket basin with sill 有尾槛的戽斗式静水池

bacia contribuinte ⇨ bacia de contribuição

bacia de afundamento fault basin 断层盆地

bacia de amortecimento ❶ stilling basin 消力池，消力塘 ❷ scour basin 冲刷盆地 ❸ plunge basin （瀑布冲积而成的）瀑布潭

bacia de antepaís foreland basin 前陆盆地

bacia de cabeceira forebay; head pond （拦水坝上围起的）前池

bacia de captação catchment basin 集水盆地；集水池

bacia de carvão ⇨ bacia carbonífera

bacia de compensação ❶ compensating reservoir 补偿调节水库 ❷ afterbay reservoir 尾水水库

bacia de contribuição drainage basin 流域

bacia de decantação settling lagoon, settling basin, desilting basin 沉淀湖，沉淀池

bacia de deflação deflation basin 风蚀盆地

bacia de desamortecimento plunge basin （瀑布冲击而成的）瀑布潭

bacia de desligamento strike-slip basin 走向滑动盆地

bacia de dissipação stilling basin, dissipation basin 消力池，消能池

bacia de dissipação com blocos impact basin with baffle blocks 带消力墩的消力池

bacia de dissipação de soleira côncava solid bucket basin; roller bucket basin; bucket basin 有尾槛的戽斗式消力池

bacia de drenagem drainage basin 排水盆地

bacia de evolução maneuvering basin （港口）掉头区

bacia de extensão longitudinal pull-apart basin 拉分盆地

bacia de filtração filtering basin 过滤池

bacia de impacto ❶ plunge basin; plunge pool 跌水池，跌水坑 ❷ stilling basin, dissipation basin 消力池，消能池

bacia de inundação de rio flood basin of river 防洪盆地

bacia de meia-maré half-tide basin 半潮港地

bacia de plástico plastic basin 塑料盆

bacia de recepção reception basin, catchment basin 集水盆地；受水盆地

bacia de ressalto hidráulico ⇨ bacia de dissipação

bacia de ressalto hidráulico com blocos dissipadores stilling basin with impact blocks 带消力墩的消力池

bacia de retrete ⇨ bacia sanitária

bacia de rifte rift basin 裂谷盆地

bacia de subsidência subsidence basin 沉陷盆地

bacia deflectora deflector bucket 挑流鼻坎

bacia e cordilheira basin-and-range area 盆岭区

bacia endorréica endorheic basin 内流盆地

bacia entre montanhas intermontane basin 山间盆地

bacia estrutural structural basin 构造盆地

bacia faminta starved basin 不补偿盆地，饥饿盆地

bacia fechada closed basin 封闭盆地，闭合盆地；闭合流域

bacia fluvial river basin 河流盆地，江河流域

bacia foreland ⇨ bacia de antepaís

bacia glaciária glacial basin 冰川盆地

bacia hidráulica drainage area 排水容泄区

bacia hídrica bolson 河流汇交盆地，沙漠盆地

bacia hidrogeológica hydrogeologic basin, ground-water basin 地下水盆地

bacia hidrográfica catchment area 引集范围，集水区（水库或集水盆地）

bacia hidrológica hydrological basin 流域

bacia inactiva inactive basin 稳定盆地

bacia intercontinental intercontinental basin 陆间洋盆

bacia intracontinental intracontinental basin 陆内盆地

bacia intracratónica intracratonic basin 克拉通内盆地

bacia intramontanhosa intermountainous basin 山间盆地

bacia lacustre lake basin 湖泊盆地

bacia lagunar paralic basin, lagoonal basin 近海盆地

bacia límnica limnic basin 淡水盆地

bacia litorânea coastal basin 海岸水域；海岸盆地

bacia marginal marginal basin 边缘盆地

bacia marinha lagoon 咸水湖

bacia oceânica ocean basin 海洋水域；海洋盆地

bacia parálica paralic basin 近海盆地

bacia petrolífera petroleum accumulation, oilfield 油田

bacia pós-deposicional post-depositional basin 后沉积盆地

bacia pré-deposicional pre-depositional basin 沉积前盆地

bacia pull-apart ⇨ bacia de extensão longitudinal

bacia retro-arco retroarc basin 弧后盆地

bacia sanitária closet pan, toilet bowl 大便池，大便坑

bacia sedimentar sedimentary basin 沉积盆地

bacia sindeposicional syndepositional basin 同沉积盆地

bacia sob controle monitored basin 受监测的流域

bacia tectónica tectonic basin 构造盆地

bacia turca squatting pan 蹲便器

bacilárias s.f.pl. tripoli powder, tripolite 硅藻土；板状硅石

bacilo s.m. bacillus 杆菌

bacilo filtrante filter-passer 滤器穿透菌

bacinal adj.2g. basinal 盆地的

back office s.m. back office 后勤部门，内勤部门

backup s.m. backup 备份

bactéria s.f. bacteria 细菌

bactéria aeróbica aerobic bacteria 好气细菌，嗜氧细菌

bactéria anaeróbica anaerobic bacteria 嫌气细菌，厌氧细菌

bactéria efluente bacteria in effluent 出水细菌

bactéria fixadora de nitrogénio nitrogen-fixing bacteria 固氮菌

bactérias indicadoras de contamina-

ção fecal fecal indicator bacteria (FIB) 粪便污染指示菌

bactéria redutora de sulfato mesofílico mesophilic sulfate-reducing bacteria 嗜温硫酸盐还原菌

bactéria sulfatorredutora sulfate-reducing bacteria 硫酸盐还原菌

bactericida *s.m.* bactericide 杀菌剂

bacteriogénico *adj.* bacteriogenic 细菌成因的

bacteriostático *adj.* bacteriostatic 抑制细菌的；阻止细菌繁殖的

badame *s.m.* ⇨ bedame

baddeleyite/badelsite *s.f.* baddeleyite 斜锆石

bafflestone *s.f.* bafflestone 生物捕积岩

bagacina *s.f.* lapilli 火山砾

bagaço *s.m.* pomace, bagasse 果渣，油渣

bagaço de colza rapeseed meal 菜籽粕

bagaço de soja moído soya bean cake 豆饼

bagageira *s.f.* baggage compartment 行李舱

bagagem *s.f.* luggage, baggage 行李

bagagem abandonada unclaimed baggage 无人认领行李

bagagem de mão hand baggage 手提行李，随身行李

bagagem desacompanhada unaccompanied baggage 不随身行李

bagagem excedente excess luggage, excess baggage 超重行李

bagagem extraviada lost luggage, lost baggage 丢失行李

bagagem não identificada unidentified baggage 无主行李

bagagem registrada checked baggage 交运行李

baguete *s.f.* baguette, baguet 小圆凸线，半圆饰

bahamito *s.m.* bahamite 巴哈马灰岩

baía *s.f.* ❶ bay, gulf （小）海湾 ❷ passing bay 避车处 ❸ drive bay 驱动器托架，驱动器槽

Baía de Luanda Luanda Bay 罗安达湾

baía fechada closed bay 封闭海湾

baia *s.f.* stall, bail （牲畜棚的每一个）隔间

baicalite *s.f.* baikalite 贝钙铁辉石

bailéu *s.m.* cradle, scaffolding; stage 吊架，悬吊式脚手架

bainha *s.f.* ❶ sheath; tubing for prestressing cable 护套，包皮 ❷ lap 搭头

bainha de cabo cable sheath 电缆包皮；电缆护皮；电缆护套

bainha de cimento cement sheath 水泥护层

bainha do diferencial rear axle tube 后桥半轴套管

bainha de lâmina blade sheath 叶鞘

bainha isolante insulating hose, loom 绝缘软管

bainita *s.f.* bainite 贝氏体

baioneta *s.f.* bayonet, bayonet fitting 灯泡接口

baiquerite *s.f.* baikerite 贝地蜡

bairro *s.m.* ward, district, quarter 区，小村庄

baixada *s.f.* ❶ plain between mountains, valley 山中的平原 ❷ drop cable （架空电缆的）引下电缆，引落电缆

baixa-mar *s.f.* low tide 低潮

baixar *v.tr.* ❶ *intr.,pron.* (to) lower, (to) let down 变矮，降低，下降 ❷ (to) power down （设备）关闭，断电 ❸ (to) down-load 下载

baixio *s.m.* sand bank, shoal 浅滩

baixo ❶ *adj.* low 低的，矮的 [常与名词组成复合名词] ❷ *s.m.pl.* basement, ground floor （两层或多层建筑物的）底层，零层，地面层

baixa frequência low frequency 低频

baixos fumos e fumaça low smoke and fumes 低烟雾

baixo nível de emissões low emissions 低排放

baixo perfil low profile 薄的，薄断面的

baixo poder calorífico low heat value 低热值

baixa potência nominal de rotação low rpm rating 低转速

baixa pressão low pressure 低（水、气）压

baixo-relevo bas-relief, low-relief 浅浮雕

baixa tensão (BT) low voltage 低（电）压；弱电

Bajociano *adj.,s.m.* Bajocian; Bajocian

Age; Bajocian Stage （地质年代）巴柔期
（的）；巴柔阶（的）
bajolo *s.m.* pebble 卵石，石子
balaclava *s.f.* fire helmet, balaclava （包含
盔壳、面罩、披肩等的）消防头盔；巴拉克拉
法帽
balança *s.f.* scales, balance 秤；天平；体
重计
balança analítica analytical balance 分析
天平
balança de análise analysis balance 分析
天平
balança de camião truck scale 汽车衡，
地磅
balança de Cavendish Cavendish balance 卡文迪什天平
balança de corrente current balance 电
流秤
balança de Coulomb Coulomb balance
库仑扭秤
balança de Curie Curie balance 居里秤
balança da densidade do fluido a
pressão ⇨ **balança pressurizada**
balança de Eotvos Eotvos balance 奥特
沃什扭力天平
balança de Jolly Jolly balance 约利比重秤
balança de mola spring balance 弹簧秤
balança de plataforma platform scale 台
秤，地磅，磅秤
balança de precisão precision balance 精
密天平
balança de torção torsion balance 扭秤
balança determinadora de umidade
moisture balance 水分测定仪
balança Du Bois Du Bois balance 杜布瓦
磁秤
balança electrónica electronic balance 电
子天平
balança magnética magnetic balance 磁
力天平，磁秤
balança manométrica manometric balance 压力秤
balança-padrão master track scale 标准
轨道衡
balança pressurizada pressurized fluid
density balance 加压流体密度秤
balança semi-analítica semi-analytical

balance 半分析天平
balança vertical vertical-field balance 垂
直分量磁秤
balança vertical Schmidt Schmidt vertical balance 施密特磁秤
balançar *v.tr.,intr.* ⇨ **balancear**
balancé *s.m.* balance pad （健身器材）平
衡垫
balancé oval oval balance pad 椭圆形平
衡垫
balanceado *adj.* balanced 平衡的，均衡的
balanceadores *s.m.pl.* eccentric balancers
偏心平衡器
balanceamento *s.m.* ❶ oscillation, rocking
摆动 ❷ counterbalancing 起平衡作用，对
重平衡 ❸ corbeling [集] 托架；支柱工程；
支柱结构
balanceamento corte-aterro balanced
cut and fill 随挖随填
balanceamento de rodas wheel balance
车轮平衡
balanceamento dinâmico dynamic balance 动态平衡
balancear *v.tr.,intr.* ❶ (to) oscillate 摆动 ❷
(to) counterbalance 起平衡作用，对重平衡
balanceiro *s.m.* rocker, rocker arm [葡] 摇
臂，摆臂
balancete *s.m.* balance-sheet 资产负债表；
资金平衡表
balancim *s.m.* ❶ rocker, rocker arm [巴] 摇
臂，摆臂 ❷ walking beam 游梁；摇梁
balancim de acelerador throttle rocker
油门摇臂
balancim da bomba embutida pumping jack 深井泵传动装置
balancim de marchas shifting rocker 选
挡摇臂
balanço *s.m.* ❶ swinging, oscillation 摆动
❷ balance 平衡 ❸ balance, accout 收支平
衡表，资产负债表 ❹ 1. advancement （建
筑物主体上的）突出部，凸出部 2. corbel （装
在墙上的）翅托，托架 ❺ heave （地层、矿
脉等）错开；使隆起
balanço do auto-de-linha galloping
goose 飞雁步道，雁翔小径
balanço do barco pitch 船舶倾角
balanço de energia elétrica electric

power balance 电力平衡表

balanço de pagamentos balance of payments 国际收支平衡表

balanço energético global global energy balance 综合能源平衡表

Balanço Energético Nacional (BEN) National Energy Balance 国家能源平衡表

balanço hídrico water balance 水平衡

balanço hidrofílico-lipofílico hydrophilic-lipophilic balance (HLB) 亲水亲油平衡

balanço livre free-swinging 自由摆动

balanço precipitação-evaporação rainfall-evaporation balance 降雨蒸发平衡

balanço sedimentar sedimentar balance 沉积平衡；沉淀平衡

balanço térmico thermal balance 热平衡

balangeroíta s.f. balangeroite 羟硅铁锰石

balão s.m. ❶ glass flask 球形容器，圆底烧瓶 ❷ aerostat, balloon 气球 ❸ ballon, ballon-shaped U-turn（气球形的）掉头弯

balão cativo captive balloon 系留气球

balão de ar quente hot air balloon 热气球

balão de barragem barrage balloon 阻塞气球

balão de destilação distilling flask 蒸馏烧瓶

balão de ensaio ballon-flask, bulb, matrass 球形烧瓶，圆底烧瓶

balão de fundo chato flat bottom flask 平底烧瓶

balão de fundo redondo round-bottom(ed) flask 圆底烧瓶

balão de observação observation balloon 观测气球

balão de oxigénio oxygen tank 氧气罐

balão de vidro bell jar 钟形罩

balão dilatável dilatable balloon 可变容积气球

balão livre free balloon 自由气球

balão livre não tripulado unmanned free balloon 无人驾驶自由气球

balão livre tripulado manned free balloon 有人驾驶自由气球

balão-papagaio kite balloon 系留气球

balão-sonda pilot ballon 测风气球，探空气球

balão volumétrico volumetric flask 容量瓶

balastragem s.f. ballasting 铺道砟

balastrar v.tr. (to) ballast 铺道砟

balastro s.m. ❶ ballast 道砟 ❷ ballast 镇流器 ❸ ballast 压舱物

balastro electrónico electronic ballast 电子镇流器

balaustrada s.f. railing, balustrade 栏杆

balaustrada com painel de vidro balustrade with glass panel 玻璃栏板

balaustrada de aço inox railing of stainless steel 不锈钢栏杆

balaustrada de betão pré-moldado decorativa decorative precast concrete balustrades 装饰性预制混凝土栏杆

balaustrada de janela balconet 阳台式窗栏

balaustrada ornamental (/decorativa) ornamental railing 装饰栏杆

balaustrada tubular tubular railing 管状栏杆

balaustrada tubular lisa plain tubular railing 光面管状栏杆

balaustrado adj. balustraded 装有栏杆的

balaústre s.m. banister, grab pole 栏杆柱，立柱

balaústre de suporte bracket baluster 踏步栏杆柱

balcão s.m. ❶ balcony 阳台 ❷ counter 柜台，前台 ❸ balcony （剧院）楼座

balcão corrido shared balcony （两个或多个房间共通的）大阳台

balcão de alimentos quentes hot food counter 热食柜台

balcão de atendimento service desk 前台，服务台，接待台

balcão do bar bar counter 吧台

balcão de caixa cashier desk 收银台

balcão de evasão externo exterior exit balcony 应急逃生阳台

balcão de exibição multicamadas refrigerado refrigerated multitier display 冷藏式多层展示柜

balcão de recepção reception counter 前台

balcão da recepção do Spa e Clube de Saúde spa and health club reception counter 健身房和 SPA 接待台

balcão da recepção do saguão lobby reception counter 大堂接待柜台

balcão envidraçado oriel 凸肚窗

balcão fixo fixed counter 固定台

balcão frigorífico refrigerating cabinet 冰柜，雪柜

balcão lateral wing balcony （剧场的）侧包厢

balcão recolhido (/entalado) recessed veranda 凹阳台

balcão refrigerado refrigerated counter 冷藏柜

◇ primeiro balcão dress circle 楼厅前座

◇ segundo balcão upper circle 楼厅后座

balconete *s.m.* balconet 阳台式窗栏

balconista *s.2g.* shop assistant 柜员，站柜台的店员

baldada *s.f.* bucketful, bucket （一）桶，满桶

baldaquim/baldaquino *s.m.* baldachin, baldaquin 天篷，华盖

balde *s.m.* ❶ bucket, pail 桶 ❷ earth bucket, earth scoop, earth shovel 挖土铲斗

balde d'água bucket 水桶

balde de alumínio aluminum bucket 铝桶

balde de areia sand bucket 砂桶

balde de borracha rubber bucket 橡胶桶

balde de cinza ash bucket 灰斗，灰桶

balde de gelo ice bucket 储冰盒，冰桶

balde de maxilas dual scoop grabs 双瓣抓斗

balde de plástico plastic bucket 塑料提水桶

balde para incêndios fire bucket 消防桶

balde-sonda bucket probe 地基挖眼打桩机

baldeação *s.f.* ❶ transfusion, decanting 移注 ❷ transfer; transshipment 转运，转载，转船

baldear *v.tr.* ❶ (to) transfuse, (to) decant 移注 ❷ (to) transfer, (to) transship 转运，转载，转船

baldinho *s.m.* bucket auger 短管螺旋钻具

baldio *s.m.* uncultivated land, wasteland 荒地

baldito *s.m.* baldite 辉沸煌岩

baldrame *s.m.* foundation （不带承台的）条形基础

baleeira *s.f.* lifeboat 救生船

balestilha *s.f.* cross-staff 十字杆；直角仪；照准仪

balestreiro *s.m.* machicolation 堞眼；突堞

baliza *s.f.* land-mark, beacon 信标，立标，界标；航标

baliza aérea air marker 对空标志

baliza de advertência warning beacon 警告标志，警告航标

baliza de topografia survey rod 测杆

baliza emétrica acoustic transponder 声应答器

baliza luminosa light beacon 灯光信标

balizador *s.m.* reflecting stud 反光杆

balizagem *s.f.* marking, demarcating; buoyage 划界，分界；设航标

balizamento *s.m.* ❶ marking, demarcating; buoyage 划界，分界；设航标 ❷ program, schedule （施工）进度计划

balizar *v.tr.* (to) mark, (to) demarcate, (to) put buoys 划界，分界；设航标

balmaz/balmázio *s.m.* round-headed tack 图钉

balneário *s.m.* bath, bathhouse, bathroom 淋浴间，浴室

balneário feminino female bathroom 女淋浴室

balneário masculino male bathroom 男淋浴室

balonete *s.m.* ballonnet 副气囊

balsa *s.f.* barge; raft 驳船；筏

balsa-guindaste crane barge 起重机驳船，船式起重机

balsa salva-vidas liferaft 救生筏

bálteo *s.m.* balteus 扁带饰

baltimorite *s.f.* baltimorite 叶蛇纹石

baluarte *s.m.* bulwark, fortress 堡垒

bambolina *s.f.* teaser, house header; border （舞台前部上面的）檐幕；横条幕

bambolina reguladora teaser, house header （舞台前部上面的）檐幕

bambu *s.m.* bamboo 竹子

banaquito/banakito *s.m.* banakite 橄云安粗岩；粗绿岩

banatito *s.m.* banatite 正辉英闪长岩

banca *s.f.* ❶ bench 工作台 ❷ stand 摊位 ❸

banking [集] 银行，银行业

banca de jornal news stand 报摊

banca de mercado (/feira) market stall 市场摊位

banca de teste de bomba de óleo test bed of oil pump 油泵调试台

banca de trabalho workbench 工作台

bancada *s.f.* ❶ row of seats [集] 一排凳子，长凳 ❷ long bench, row of benches [集] 一排工作台，长工作台，案子 ❸ bank, bed （地）层，底；（尤指沉积岩的）一层

bancada com pia worktable with sink 带水槽的工作台

bancada com uma pia worktable with single sink 单星工作台，单水槽工作台

bancada de alimentos food counter 食品柜台

bancada de cozinha kitchen counter 厨房操作台

bancada de ensaio test rig 试验台

bancada de pedreira quarry bench 台段

bancada de prova de bombas injectoras fuel injection test bench 燃油喷射测试台

bancada de testes hidráulicos hydraulic test bench 液压试验台

bancada de titulação titrate stand 滴定台

bancada do torno lathe bed 车床床身；车床床台

bancada de trabalho work bench 工作台

bancada posterior com pia back counter with sink 单水槽背台

bancada refrigerada horizontal refrigerator 冷柜

bancada serra de mesa bench saw 台锯

bancada subjacente underlying seam 下部煤层

bancário *adj.* (of) bank 银行的

bancável *adj. 2g.* bankable 银行融资级的，可用于银行融资的，可获取银行融资的

banco *s.m.* ❶ seat, bench 凳子；（汽车上的一排）座椅 ❷ bench 工作台 ❸ bank 银行；库 ❹ bank 一组，一套 ❺ 1. sandbank 浅滩，沙洲 2. alluvial land 冲积地 ❻ bank 岩层

banco central central bank 中央银行，央行

banco comercial commercial bank 商业银行

banco de areia sand bank, shoal 浅滩

banco de baterias battery bank 蓄电池组

banco de capacitores capacitor bank 电容器组

banco de carpinteiro joiner's bench 木工工作台

banco de cérebros brain trust 智囊团

banco de cilindros bank of cylinders, cylinder bank 汽缸组

bancos do consórcio consortium banks 银团银行

banco de coral coral bed 珊瑚礁

banco de dados database, data bank 资料库

banco de desconto discount bank 贴现银行

banco de ensaio test bench 试验台，试验桌

banco de ensaio de motores engine test stand 发动机试验台

banco de frente front seat （车上的）前排座椅

banco de gelo pack ice, drift ice 浮冰群，积冰

banco de investimento ❶ investment bank 投资银行 ❷ merchant bank （以承兑外国汇票和发行证券为主要业务的）商人银行

banco de mecânico mechanical test bench 机械试验台

banco de nuvens cloud bank 云堤

banco de oficina bench 工作台

banco de ostras oyster bank 牡蛎滩

banco de pedreiro banker 石工工作台

banco de reatores reactor bank 电抗器组

banco de sangue blood bank 血库

banco de teste (/prova) ⇒ banco de ensaio

banco de tijoleiro banker 砖工工作台

banco de torno lathe bed 车床床台

banco de transformadores transformer bank 变压器组

banco de trás back seat （车上的）后排座椅

banco dianteiro ⇒ banco de frente

banco eléctrico electric seat 电动座椅

banco em couro leather seat [巴] 真皮座椅

banco esportivo sport seat [巴] 运动座椅

banco fixo no vão de janela bay-stall 凸窗座

banco liquidante clearing bank 清算行

banco marinho marine bank 海底灰岩滩

banco óptico optical bench 光具座

banco para chuveiro shower seat 浴室凳

banco sem encosto backless bench 无靠背的凳子

banco traseiro ⇨ banco de trás

banda s.f. ❶ band 条，带 ❷ band, wave band 频带；波段 ❸ tire tread 轮胎花纹，轮胎胎面，胎面胶

banda de anéis ring belt area 环带区

banda de argila clay band 黏土夹层

bandas de cisalhamento shear bands 剪切带

banda de condução conduction band 导带；传导带

banda de frequência frequency band, band of frequency 频带，频段

banda de guarda guard band 保护频带

banda de onda wave band 波段

banda de pneu (/rodagem) tire tread 轮胎花纹，轮胎胎面，胎面胶

banda de tracção traction tread 牵引性轮胎胎面

banda de valência valence band 价带

banda espectral spectral band 光谱带

banda extra-grossa (/extra-profunda) extra deep tread 超深胎面花纹

banda interna undertread 底胎面

banda larga broadband 宽带

banda lombarda lesene, pilaster strip 壁柱；无帽壁柱

banda para tubos pipe band 生料带，水管密封带

bandada s.f. band （地质）夹层

bandaíto s.m. bandaite 拉长英安岩

bandamento s.m. banding 条带状构造，带层

bandamento composicional compositional banding 成分条带

bandeira s.f. ❶ flag 旗 ❷ flag 船籍港，船国籍 ❸ 1. fanlight （门、窗上的）横楣窗，气窗 2. opening light 开敞式窗洞 ❹ drapery, curtain 石幔

bandeira de advertencia warning flag 警告旗

bandeira da porta door fanlight 门亮子

bandeira de sinal switch target 转辙表示器

bandeira em leque (/arqueada) fanlight 扇形气窗

bandeira nacional national flag 国旗，舰旗

bandeirola s.f. ❶ signal-flag, banderol（地勘用的）小旗 ❷ 1. bar, rod, pole 杆，柱 2. fence post 栅栏柱 3. range pole, range rod （测距用）标杆

bandeja s.f. ❶ tray, salver, pallet 托盘，货板 ❷ tray 线盘，桥架 ❸ arm 臂，臂状物

bandeja colectora drip pan 滴油盘，接油盘

bandeja de bateria battery tray 电池托盘

bandeja de cabos cable tray 电缆桥架

bandeja de forno baking tray 烤盘，烘箱盘

bandeja de suspensão control arm 控制臂

bandeja magnética magnetic tray 磁性托盘

bandeja para cabos coberta covered cable tray 带盖电缆桥架

bandeja porta-objectos tray, pigeonhole 托架；分格架

banderola s.f. signal-flag, banderol （地勘用的）小旗

bandó s.m. fireproof shawl 防火披肩

bangaló/bangalô s.m. bungalow 平房；（度假村等的）木屋小别墅，木屋会所

banhado ❶ adj. plated 镀有…的 ❷ s.m. marsh, bog, swampy land 沼泽地

banhado a níquel nickel plated 镀镍的

banhado a ouro gold plated 镀金的

banhado costeiro coastal marsh 海岸沼泽

banheira s.f. bath, bathing-tub 浴缸，浴盆

banheira de hidromassagem jacuzzi 按摩浴缸

banheira encastrada embedded tub 嵌入式浴缸

banheiro s.m. toilet [巴] 卫生间，洗手间，

banho *s.m.* ❶ bathing, bath 洗澡，沐浴 ❷ bath 浸洗；浸洗液 ❸ bain marie 浴器，浴锅

banho de chuveiro shower bath 淋浴

banho de cobrear copper bath, coppering bath 硫酸铜浴液

banho de decapagem picking bath 酸洗

banho de fusão weld pool 焊接熔池

banho de imersão dip, tub bath 浴，浸浴

banho-maria water-bath; bain marie 汤池，蒸锅，保温台

banho-maria a gás gas bain marie 燃气热汤池

banho-maria eléctrico electric bain marie 电热汤池

banho de óleo oil bath 油浴

banho de têmpera quench bath 淬火槽；淬火浴

banho de vapor steam bath 蒸汽浴

banho termostático water-curing bath 水浴养护

banho termostático de "Le Chatelier" Le Chatelier water bath 雷氏沸煮箱，水泥沸煮箱

banho termostatizado thermostated bath 恒温槽

banho turco Turkish bath 土耳其浴

banho ultrassônico ultrasonic bath 超声波清洗器

banisterite *s.f.* bannisterite 硅锰矿

banqueta *s.f.* ❶ 1. stool 小板凳 2. bar stool 酒吧椅；无靠背椅 ❷ 1. banquette; banquette of a parapet 踏垛；台槛 2. window ledge 窗台

banqueta lateral banquette, sidewalk 护道；护坡道

banqueteamento *s.m.* benching 台阶式挖土法

banqueteamento de talude slope benching 坡级；坡台

banquinho *s.m.* stool 小板凳

banquinho dobrável folding stool 折凳；马扎

banquisa *s.f.* field ice 大浮冰，冰原冰

banzo *s.m.* ❶ stringboards 爬梯的扶手柱；楼梯斜梁侧板 ❷ chord 弦杆 ❸ flange of

section（工字钢等的）翼缘

banzo aberto (/recortado) open-string 外露式楼梯斜梁

banzo engastado housed string 暗楼梯基

banzo externo face string 外露楼梯基

banzo inferior lower chord 下弦（杆）

banzo interno (/da parede) wall string 墙楼梯斜梁

banzo recortado e juntado em meiaesquadria cut-and-miter string 斜梁隅角槽

banzo superior upper chord 上弦（杆）

baptistério *s.m.* baptistry, baptistery 洗礼堂

baquelite *s.f.* bakelite 电木，酚醛塑料

bar *s.m.* ❶ bar, counter, bar-room 吧，吧台，酒吧间 ❷ bar 巴（压强单位）

bar da piscina pool bar 泳池酒吧

bar restaurante bar restaurant 酒吧餐馆

baraço *s.m.* ⇨ barbante

baramito *s.m.* baramite 菱镁蛇纹岩

baraticida *s.m.* cockroach killer （灭）蟑螂药

barbacã *s.f.* ❶ weephole （墙上的）排水孔 ❷ barbican 外堡碉楼

barbante *s.m.* twine, string, cord 细麻绳

barbará *s.m.* pedestal fire hydrant 座墩消火栓，柱形消防栓

barbate *s.m.* ridge purlin 脊檩

barbeador *s.m.* shaver 剃须刀

barbearia *s.f.* barbershop 理发店

barbeito/barbecho *s.m.* first ploughing 初耕

barbote *s.m.* knot （瓷砖、马赛克等）起翘；翘角

barbotina *s.f.* barbotine （涂敷于陶器上的）装饰用料浆

barca *s.f.* barque, boat 船

barca ferroviária car ferry, car float 汽车渡船；汽车轮渡

barcaça *s.f.* barge, scow 平底驳船

barcaça guindaste crane barge 起重机驳船，船式起重机

barcaça LASH LASH barge "拉希"式载驳船，子母载驳船

barcana *s.f.* barchan 新月形沙丘

barco *s.m.* ❶ boat 小船 ❷ vessel, ship, boat[葡]（泛指各种）船，艇

barco automóvel (/a gasolina) ⇨ barco de motor

barco contra incêndio fire float 消防船

barco de abastecimento supply vessel 供应船

barco de apoio supply boat [葡] 供应船，支援船

barco de apoio a mergulho diving support vessel 潜水支援船

barco de apoio a perfuração drilling tender 钻探辅助船

barco de apoio à plataforma platform supply vessel (PSV) 平台供应船

barco de apoio a ROV ROV support vessel 潜水器支持母船

barco de estimulação de poços well stimulation vessel 油井增产船

barco de lançamento de linhas laying support vessel 铺设支持船

barco de manuseio de âncora anchor handling tug supply vessel (AHTS) 抛锚拖带供应船

barco de motor motorboat 摩托艇

barco de motor à popa outboard-motor boat 尾挂机艇

barco de pesca fishing boat 渔船

barco de posicionamento dinâmico dynamic positioning vessel 动态定位船

barco de recreio pleasure boat 游船

barco de suprimento supply vessel [葡] 供应船

barco multiuso multi-service vessel, multipurpose support vessel 多用工作船

barco para lançamento de condutas pipe laying vessel 铺管船，敷管船

barco-patrulha guard-boat 巡逻艇

barco salva-vidas life-boat 救生船

barco sonda drillship 钻井船

bária *s.f.* barye 巴列，微巴（压强单位，等于 1 达因 / 平方厘米）

baricentro *s.m.* barycenter 重心

baridade *s.f.* bulk density, aparent density 容积密度，表观密度

baridade seca dry bulk density, dry apparent density 干容重，干表观密度

barilito *s.m.* barylite 硅铍钡矿

bário (Ba) *s.m.* barium (Ba) 钡

barisfera *s.f.* barysphere 重圈；地核

barite *s.f.* barytone, baryte, baryta 重土，氧化钡

baritina *s.f.* barytine 重晶石

baritite *s.f.* barytite 重晶石

baritocalcite *s.f.* barytocalcite 钡解石

barkevicite *s.f.* barkevicite 棕闪石

barn (b) *s.m.* barn (b) 靶（核反应截面单位）

barlavento *s.m.* windward 迎风面，上风面

barógrafo *s.m.* barograph 气压计

barométrico *adj.* barometric 气压的

barómetro/barômetro *s.m.* barometer, weather-glass 气压表

barotermógrafo *s.m.* barothermograph 气压温度记录器

barotrópico *adj.* barotropic 正压的

barra *s.f.* ❶ bar, rod 杆，条 ❷ bar, steel bar 钢筋；条钢 ❸ bar（河口、港口处妨碍通行的）沙洲，浅滩 ❹ mole, bar 防波堤 ❺ bus, busbar 母线，汇流排

barras-abraçadeiras reviradas wrap-around tie bars 加固围框

barra angular ⇨ barra de chaminé

barra anticurvatura (/anti-arqueamento) antisag bar 支垂杆

barra anti-pânico anti-panic bar （逃生门上的）推拉杆

barra anti-torção torsion bar 扭杆

barra arqueada arched bar 拱形梁，拱形条

barra boleada (/bruta) billet 短木材

barra cabrestante handspike 杠杆，撬棍，操纵杆

barra colectora de corrente trolley pole 集电杆

barra condutora (/colectora) busbar 总线，母线，汇流排，汇流条

barra cruzada crossbar 交叉撑条

barra cuspada composta compound cuspate bar 复合三角沙坝

barra de aço bar, steel bar 钢筋；条钢

barra de aço laminada a quente hot-rolled steel bar 热轧钢筋条

barra de aço-liga alloy steel bar 合金钢筋

barra de aço nervurada corrugated steel bar 竹节钢筋，螺纹钢

barra de acoplamento coupling rod 联

接杆

barra de alimentação feeding rod 补给口捣棒

barra de altura dip stick 量杆，油杆

barra de amarração torque bar 转矩连杆

barra de amv switch rod 转辙杆

barra de aperto dwang 大螺帽扳手

barra de apoio brace 撑杆；支撑；扶手条

barra de arbitragem arbitration bar 抗弯试棒

barras de armadura reinforcing bars; steel reinforcement; rebars 钢筋

barra de arrasto drag link 拉杆，牵引杆

barra de articulação hinge bar 铰链杆

barra de aterramento ground-bus 接地母线

barra de bicicleta cross bar（自行车的）横梁

barra de bloqueamento da direcção safety link 安全连杆

barra de bornes terminal bar 接线柱

barra de cabeceira de baía bay head bar 湾头坝

barra de cama bedstead 床架

barra de canal channel bar 河道沙洲，河心沙坝

barra de cantoneira angle iron 角钢；角铁

barra de chaminé chimney bar 壁炉条

barras de Colby Colby's bars 考尔巴杆尺

barra de comando operating rod 操作杆

barra de combustível fuel rod（核）燃料棒

barra de compensação compensating bar 均力杆，校正铁

barra do comutador commutator bar 整流条

barra de conexão connector bar 连接杆

barra de conjugação ajustável adjustable switch rod 密贴调整杆

barra de conjugação número 1 head rod（辙尖）头杆

barra de contacto conductor rail 导电轨

barra de controle control rod（核）控制棒

barra de corrimão handrail bolt 扶手螺栓

barra de corte ❶ cutter bar; knife coulter bar（农机用谷物）切割器；犁刀杆 ❷ finger-type cutter bar 指形刀杆

barra de corte convencional cutter-bar for high cut, coarse finger spacing cutter bar 高割型切割器

barra de corte dinamarquesa cutter-bar for low cut, fine finger spacing cutter bar 低割型切割器

barra de corte dupla foice double knife cutter bar 双刀杆切割器

barra de corte intermédia cutter-bar for middle cut, windrow 中割型切割器

barra de cortina curtain rod 窗帘杆

barra de desembocadura de canal channel-mouth bar 河口沙洲

barra de desembocadura de distributário distributary mouth bar 分流河口（沙）坝

barra de desengate release bar 解锁条，释放闩

barra de desligamento shut-down rod 停堆棒

barra de deslizamento skid bar 滑杆，滑道轨条

barra de desvio ⇨ **barra de chaminé**

barra da direcção steering rod 转向拉杆

barra de engate ⇨ **barra de ligação**

barra de envidraçamento glazing bar, sash bar 玻璃格条

barra de equilíbrio balance bar 平衡杆

barra do escarificador ripper beam 裂土器横梁

barra de espera starter bars, dowel bars 预留搭接钢筋

barra de face front rod 前杆

barra de ferro flat-iron 扁铁

barra de ferro bruto puddled bar 熟铁棒材

barra de fixação locating bar 定位杆

barra de fixação do pino pin retainer bar 挡料销保持器

barra de forro filler rod 焊条

barra de gancho para levantar dog 卡爪

barra de gelo ice bar 条冰，冰条

barra de ginástica horizontal bar 体操棒

barra de gradil handrail bolt 扶手螺栓

barra de grelha fire bar 炉箅，炉条
barra de guia guide bar 导杆
barra de herbicida bar of herbicide 喷药杆，喷药臂
barra de imersão dip stick 量杆，油杆
barra de inclinação lean bar 倾斜杆
barra de induzido armature bar 电枢条
barra da lareira ⇨ barra de chaminé
barra de latão brass flat bar 铜扁条
barra do leme tiller 舵杆
barra de ligação ❶ coupling bar, connecting rod 结合杆，连杆 ❷ tie bar 并联梁
barra de ligação da inclinação das rodas wheel lean tie bar 车轮倾斜连接杆
barra de limpeza cleaner bar 刮土板
barra de manobra de segurança lock rod 锁杆
barra de maré tide bar 防潮堤
barra de meandro meander bar 曲流沙坝
barras de montagem chairs 钢筋马凳
barra de movimento motion bar 滑杆
barra de olhal eyebar 带孔拉杆
barra de peso sinker bar 冲击式钻杆
barra de polir polish bar 抛光条
barra de porta-dentes múltiplos multi-shank beam 多齿悬挂架
barra de pressão pressure bar 压力棒
barra de pulverização spray boom 喷杆
barra de puxo drawbar, hitch bar 拉杆
barra de quartzo quartz rod 石英棒
barra de reação (de freios) torque bar 连矩连杆
barra de reboque tow bar 牵引杆，拖杆
barra de reforço reinforcement bar, reinforcing bar 钢筋条
barra de retenção radius bar 支杆；推杆
barra de senos sine bar 正弦规
barra de subestação substation busbars 变电所母线
barra de suporte rib 支撑杆
barra de suspensão dianteira ⇨ barra equalizadora
barra de suspensão rígida hard bar 刚性悬挂杆
barra de tejadilho roof rail 车顶行李架
barra de tensão ❶ tension rod 张杆，拉杆 ❷ twist bar（健身器材）臂力器

barra de terminais ❶ busbar 母线 ❷ terminal strip 接线条，端子板
barra de torção ❶ torque bar 转矩连杆 ❷ stress-bar 应力连杆 ❸ antiroll bar 抗侧倾杆
barra de tracção drawbar 牵引杆，连杆，拖杆
barra de tracção elevada high drawbar 高位牵引杆
barra de tracção oscilante (/giratória) swinging drawbar 摆动式拖杆，摆动式连接装置
barra de tracção rígida fixed drawbar 刚性牵引装置
barras de transferência dowel bars 传力杆
barra de união connecting rod 连接杆
barra de vedação sealing bar 密封棒
barra de zumbido hum bar 交流带；图像波纹横条
barra deformada deformed bar 变形钢筋
barra denteada indented bar 齿印钢筋
barra deslizante ⇨ barra de deslizamento
barra directriz guide bar 导杆
barra dobrada bend bar; bent-up bar 弯起钢筋
barra em I I-bar 工字钢，I 形钢
barra em T T-bar 丁字钢，T 形材，T 形梁
barra em Z Z-bar 之字钢，Z 形钢
barra em cúspide cuspate bar 尖头沙坝
barra em pontal point bar 点沙坝
barra equalizadora equalizer bar 平衡梁，平衡杆
barra estabilizadora ❶ stabilizer bar 稳定拉杆 ❷ sway bar 防倾杆
barra flexível flexible busbar 软母线
barra fluvial river bar 河成沙坝
barra graduada graduated bar 刻线量棒
barra hidráulica hydraulic boom 液压臂
barra inferior lower bar 下部钢筋，下通筋
barra limitadora stop bar 止动杆
barra linguóide linguoid bar 舌形沙坝
barra lisa dado, wainscot, stuccofacing 护墙板，墙裙
barra longitudinal longitudinal bar 纵沙洲

barra metálica metallic strip 金属带

barra neutra neutral busbar 中性母线

barra ônibus ⇨ barra condutora

barra oscilante oscillating bar 摆杆，摆动导杆

barra padrão master bar 标准棒；母条；校对棒

barra para ancoragem anchor bar 锚筋

barra para endireitar (/curvar) bending iron 弯钢筋搬头

barra para roupa clothes-rail 挂衣杆

barra porta-ferramenta (/porta-dentes) tool bar 机具架，农具架

barra porta-ferramenta reversível (/giratória) swing around tool bar 回转式机架

barras preventivas jiggle bars, rumble strips 隆起带，隆起标线，响带（为使驾驶员知道前方是危险区段而故意设置的能造成车体震动的区段）

barra quadrada giratória grief stem 方钻杆

barra radial ❶ radius bar 径向杆 ❷ radius rod 半径杆

barra rectangular em aço square steel 方钢

barra rectangular em ferro rectangular iron bar 方形铁条

barra rendilhada bar tracery 铁楞窗格

barra rígida rigid busbar 硬母线

barra simples single busbar 单母线

barra superior upper bar 上部通长筋，上通筋

barra T em ferro iron T-bar 铁丁字架

barra terminal terminal bar 接线柱

barra transversal ❶ spreader bar 扩杆，撑杆 ❷ cross bar 横杆；闩；（自行车的）横梁 ❸ transverse bar 横沙坝

barra vertical vertical bar 竖杆

barraca *s.f.* tent, hut, stall 简陋小屋，窝棚

barraca de gerador generator shed 发电机棚

barraca temporária temporary shed 临时屋棚

barracão *s.m.* shed, hangar 大窝棚，临时仓库

barrado *s.m.* dado, wainscot, stuccofacing 护墙板，墙裙

barragem *s.f.* dam; weir 坝，水坝；堰

barragem (de) abóbada arch dam 拱坝，拱形坝

barragem abóbada cilíndrica cylindrical arch dam 圆筒拱坝

barragem abóbada de ângulo constante constant angle arch dam 等中心角拱坝

barragem abóbada de curvatura simples single curvature arch dam 单曲拱坝

barragem abóbada de dupla curvatura double curvature arch dam 双曲拱坝

barragem abóbada de espessura constante constant thickness arch dam 等厚拱坝

barragem abóbada de espessura variável variable thickness arch dam 不等厚拱坝

barragem abóbada de espiral logarítmica logarithmic spiral arch dam 对数螺线形拱坝

barragem abóbada de raio constante constant radius arch dam 等半径拱坝

barragem abóbada de raio variável variable radius arch dam 变半径拱坝

barragem abóbada de vários centros multi-centered arch dam 多心拱坝

barragem abóbada delgada thin arch dam 薄拱坝

barragem abóbada elíptica elliptical arch dam 椭圆形拱坝

barragem abóbada espessa thick arch dam 厚拱坝

barragem abóbada parabólica parabolic arch dam 抛物线拱坝

barragem Ambursen fixed buttress weir, Ambursen dam 安布森式坝，平板支墩坝

barragem arco-gravidade arch-gravity dam 重力式拱坝

barragem com vigilância dam with attendance 有看护的坝

barragem de abóbadas múltiplas multiple arch dam 连拱坝

barragem de abóbadas múltiplas de dupla curvatura multiple dome dam 弓顶连拱坝

barragem de água ⇨ barragem

barragem de alvenaria masonry dam 圬工坝

barragem de alvenaria rústica rubble dam 堆石坝

barragem de aterro embankment dam; fill dam 土石坝

barragem de aterro hidráulico hydraulic fill dam 水力充填坝

barragem de CCR ⇨ barragem de concreto compactado a rolo

barragem de compensação afterbay dam; re-regulating dam 尾水池坝

barragem de concreto concrete dam 混凝土坝

barragem de concreto compactado a rolo roller compacted concrete dam (RCC dam) 碾压混凝土坝

barragem de contrafortes buttress dam, counterfort dam 扶垛坝

barragem de contrafortes de cabeça alargada solid head buttress dam 大头坝

barragem de contrafortes de cabeça arredondada round head buttress dam 圆头支墩坝

barragem de contrafortes de cabeça de diamante diamond head buttress dam 钻石式支墩坝，大头坝

barragem de contrafortes de lajes planas flat slab dam; ambursen dam; deck 平板坝，平板支墩坝

barragem de contrafortes de planta curva arch buttress dam; curved buttress dam 拱式支墩坝

barragem de derivação diversion dam; diversion weir 分水坝；分水堰

barragem de detritos debris dam 碎石坝，堆砂堤

barragem de elementos pré-fabricados precast dam 装配式坝

barragem de enrocamento rockfill dam, embankment dam; fill dam 堆石坝，土石坝

barragem de enrocamento com face de concreto (BEFC) concrete face rockfill dam, CFR dam (CFRD) 混凝土面板堆石坝

barragem de enrocamento com núcleo de argila inclinado rockfill dam with inclined clay core 黏土斜墙堆石坝

barragem de enrocamento com núcleo de argila vertical rockfill dam with vertical clay core 黏土垂直墙堆石坝

barragem de enrocamento com núcleo de concreto betuminoso rockfill dam with asphaltic concrete core wall 沥青混凝土心墙堆石坝

barragem de estacas piles weir 桩堰

barragem de estéreis tailings dam, mine tailings dam 尾矿坝

barragem de gabiões basket dam, gabion dam 石笼坝

barragem de gravidade gravity dam 重力坝

barragem de gravidade aligeirada (/aliviada) hollow gravity dam; cellular gravity dam 空心重力坝

barragem de gravidade de concreto com paramento de montante revestido com alvenaria concrete gravity dam with masonry facing 干砌石护坡灌注混凝土重力坝

barragem de gravidade de planta curva curved gravity dam 拱形重力坝

barragem de gravidade em arco arch gravity dam 重力拱坝

barragem de maré estuary barrage 河口坝

barragem de pedra stone dam 石坝

barragem de protecção embankment 堤；堤岸；堤防

barragem de reguardos ⇨ barragem de enrocamento

barragem de regularização regulating dam;regulating weir 调节坝；调节堰

barragem de rejeitos (/resíduos) waste dam, refuse dam 垃圾坝

barragem de rejeitos industriais industrial waste dam 工业垃圾坝

barragem de sifão siphon weir 虹吸坝

barragem de soleira vertente ⇨ barragem vertedoura

barragem de tambor drum weir 鼓形闸门堰

barragem de terra earth dam, earthfill dam 土坝

barragem de terra armada reinforced earth dam 加筋土坝

barragem de terra em seção homogênea homogeneous earthfill dam 均质土坝

barragem de terra zonada zoned earthfill dam 非均质土坝，分区式土坝

barragem descarregadora ⇨ barragem vertedoura

barragem em arco arch dam 拱坝，拱形坝

barragem esgotadouro de derivação overflow diversion dam, closed weir 闭合堰

barragem fixa barrage-fixe 固定坝

barragem galgável ⇨ barragem vertedoura

barragem inchável (/insuflável) inflatable dam, inflatable weir 充气水闸；充气坝

barragem mista composite dam 混合坝

barragem móvel barrage, gate-structure dam 拦河闸，拦河坝

barragem não galgável non-overflow dam, non-spill dam 非溢流坝

barragem para abastecimento de água dam for water supply 供水坝

barragem para controle de cheias flood control dam 防洪大坝

barragem para fins múltiplos multipurpose dam 多用途水坝

barragem para produção de energia hydroelectric dam 水电站坝

barragem para retenção de sólidos check dam, debris dam 拦沙坝

barragem protendida prestressed dam 预应力坝

barragem sela saddle dam 副坝

barragem vertedoura overflow dam 溢流坝

barral *s.m.* clay pit, loam pit 采黏土场

barramento *s.m.* ❶ bus, busbar 总线，母线，汇流排，汇流条 ❷ barring 阻塞，限制 ❸ backplane 底板，背板，机架

barramento de chamadas call barring 呼叫限制

barramento das chamadas de entrada incoming calls barring 拨入电话限制

barramento das chamadas de saída outgoing calls barring 拨出电话限制

barramento de equipotencialização local (BEL) local equipotential bonding (LEB) 局部等电位连接

barramento de equipotencialização principal (BEP) main equipotential bonding (MEB) 总等电位连接

barramento de equipotencialização suplementar (BES) supplementary equipotential bonding (SEB) 辅助等电位连接

barramento de paralelismo parallel bus 并行总线

barramento do torno lathe frame 车床床座；车床架

barramento de transferência transfer bus 转接母线

barramento duplo double bus 双母线

barramento em anel ring bus 环形母线

barramento flexível flexible bus 软母线

barramento industrial fieldbus 现场总线

barramento principal main bus 主母线，主总线

barramento rígido rigid bus 硬母线

barramento seccionado sectionalized busbars 分段母线

barramento selectivo selective call barring 选择性呼叫禁止，来电防火墙

barramento simples single busbar 单母线

barrancal *s.m.* badland 劣地

barranco *s.m.* ravine, barranco; precipice 悬崖；峡谷

barredo *s.m.* loam pit, clay pit 采黏土场

barreira *s.f.* ❶ barrier 栅栏；护栏；障碍物；屏障 ❷ barrier bar 障壁沙坝，滨外沙坝；堰洲 ❸ clay pit, loam pit 采黏土场

barreiras a entrada entry barriers（市场、业务等的）进入壁垒

barreira activa active barrier 有源屏障

barreira acústica sound barrier 隔声板

barreira antiformigas termite shield 白蚁挡板；防白蚁垫片；防蚁罩

barreira anti-pânica panic barrier 紧急栏障

barreira anti-ruído noise barrier 隔音屏障；隔声板

barreira contínua continuous barrier 连

续护栏
barreira contra (/de) vapor ⇨ **barreira pára-vapor**
barreira contrafogo fire separation 防火隔墙
barreira de aço doce mild steel barrier 软钢围栏
barreira de água doce fresh water barrier 淡水障壁
barreira de barulho ⇨ **barreira anti-ruído**
barreira de betão concrete barrier 混凝土防撞栏
barreira de distância distance separation 防火间隔
barreira de elevação automática automatic rising barrier 自动闸杆
barreira de fogo fire barrier 防火屏障
barreira de föhn foehn wall 焚风云壁
barreira de gelo ice jam 冰塞，冰障
barreira de isolamento insulating barrier 绝缘障
barreira de nuvens cloud bar 云带
barreira de pedágio toll bar 缴费路障杆
barreira de pedra rock fall 岩石崩落
barreira de protecção protective barrier 防护栏杆，防护栏障
barreira de raízes root barrier 根障
barreira de segurança safety barrier 安全栅
barreira de som sound barrier 声障
barreira ecológica ecological barrier 生态屏障
barreira extensível extendible barrier 可延伸护栏
barreira flutuante para reter detritos trash boom 拦污浮排
barreira flutuante para reter troncos log boom 木材堰
barreira móvel mobile barrier 活动屏障
barreira pára-vapor vapor control layer, vapor barrier 隔汽层，防潮层
barreira plena plenum barrier 隔声屏障
barreira protectiva ⇨ **barreira de protecção**
barreira sonora ⇨ **barreira de som**
barreira térmica thermal barrier 热阻

barreiras verdes anti-ruído green noise barrier 绿色隔音屏障
barreira viva shelter forest 防护林
barreiro *s.m.* clay pit, loam pit 采黏土场
Barremiano *adj.,s.m.* Barremian; Barremian Age; Barremian Stage（地质年代）巴列姆期（的）；巴列姆阶（的）
barrena *s.f.* drill bit 采矿用的钻头
barrena de percussão percussion bit 冲击钻头
barrena de quatro cortantes fourway bit 四翼刮刀钻头
barrena de turbina turbobit, turbodrill 涡轮钻头
barrena em cruz cross roller bit 十字形齿轮钻头
barrena excêntrica eccentric bit 偏心钻头
barrena helicoidal spiral bit, spiral drill 螺旋钻头；麻花钻头
barreno *s.m.* blasthole（放置炸药的）爆破孔
barrento *adj.* loamy, clayey 黏土的
barreta *s.f.* ❶ little bar (of metal) 小条 ❷ little bar, little mole 小型坝 ❸ barrette（航空地面灯具）短排灯
barricada *s.f.* barricade, roadblock 街垒，路障，挡墙
barricada de calhaus boulder barricade 砾石埂，砾石堤
barriga *s.f.* ❶ salience 隆起，突出 ❷ belly（飞机）机腹
barril *s.m.* ❶ barrel 桶 ❷ barrel 桶（容量单位，约合 160 升）
barril equivalente de petróleo (bep) barrel oil equivalent (boe) 桶油当量
barrilete *s.m.* ❶ bench-hook, clamp 木工工作台夹具 ❷ barrel（泵的）活塞筒 ❸ barrel（钟表的）发条盒 ❹ branching pipe 分支管，歧管
barrilete amostrador core barrel 岩心筒
barrilete de testemunhagem core barrel [巴] 岩心筒
barrilete interno de testemunhagem inner core barrel [巴] 内岩心筒
barrilha *s.f.* kelp, calcined ashes of saltwort 海草灰
barro *s.m.* clay, potter's earth 黏土；陶土
barro amassado puddle 胶泥

barro-de-mão ⇨ pau-a-pique

barro não vidrado non-glazed clay 无釉黏土

barro negro black clay 黑黏土

barro refractário fire clay 耐火黏土

barro refractário esmaltado enamelled fire clay 釉瓷耐火黏土

barro vermelho red clay 红黏土

barro vidrado glazed clay 釉面黏土

barroca *s.f.* clough, gutter 深沟，谷

barroco *s.m.* ❶ baroque （建筑风格）巴洛克式 ❷ small boulder （形状不规则的）卵石；漂砾

barrotar *v.tr.* (to) rafter, (to) put in the beams 用椽子承托

barrote *s.m.* rafter, spar 椽；椽子

barrote chato half round timber 半圆木

barrote de costaneira flitch beam 组合板梁

barrote de face e canto quarter round timber 四分之一圆木

barrote redondo round timber 圆木材

barrote vertical de empena barge board 山墙封檐板

barshauito *s.m.* barshawite 中长沸基辉闪斑岩

Bartoniano *adj.,s.m.* Bartonian; Bartonian Age; Bartonian Stage （地质年代）巴顿期（的）；巴顿阶（的）

barulho *s.m.* noise 噪音

basal *adj.2g.* basal, basic 基部的

basáltico *adj.* basaltic 玄武岩的

basalto *s.m.* basalt 玄武岩

basalto alcali-olivínico alkali olivine basalt 碱性橄榄玄武岩

basalto alcalino alkaline basalt 碱性玄武岩

basalto amigdaloide amygdaloidal basalt 杏仁状玄武岩

basalto calco-alcalino calc-alkaline basalt 钙碱性玄武岩

basalto colunar columnar basalt 柱状玄武岩

basalto dos planaltos plateau basalt 高原玄武岩

basalto favado ⇨ basalto vesicular

basalto feldspatóidico foidal basalt 似长石玄武岩

basalto leucocrata labradorite 富拉玄武岩

basalto melilítico melilite basalt 黄长玄武岩

basalto picrítico picritic basalt 苦橄玄武岩

basalto quartzífero quartz basalt 石英玄武岩

basalto toleítico tholeiitic basalt 拉斑玄武岩

basalto vesicular (/vacuolar) vesicular basalt 多孔状玄武岩

basamento *s.m.* old land, basement 古陆

basanito *s.m.* basanite 碧玄岩

basanitóide *s.m.* basanitoid 玻基碧玄岩

báscula *s.f.* ❶ weighbridge; platform scale 地磅，桥秤；台秤 ❷ axle-load meter 轴重秤，轴重仪

basculado *adj.* tilted, balanced （地层）偏斜的，翘起的

basculador *s.m.* dumper 倾卸装置

basculador frontal tipo caçamba self-dumping hopper 自卸式箕斗

basculamento *s.m.* ❶ dumping 倾倒 ❷ tilt, tilting 使（地层）偏斜

basculante *s.m.* dumper 翻斗车，自卸车

base *s.f.* ❶ base, basis, foundation 基础，依据 ❷ base, foundation 基础，底板；底面；（道路）基层 ❸ base, bottom, foot, support 基座，底座；底部；柱脚 ❹ base （油漆等的）底层，底涂，基料；（混合物的）主要成分 ❺ base 基地，根据地 ❻ base 基线；底边 ❼ base 碱，碱基

base acústica acoustic pad 隔声垫

base aérea air base 空军基地

base alargada splayed footing 八字形基脚

base ática attic base 座盘

base de aço steel back 钢背

base de alicerce base course 基层

base de assentamento (/assento) bedplate 底板

base de assentamento de chumaceira base plate 底板；垫板

base do aterro embankment base 路堤基底

base de baioneta bayonet cap 卡口灯座

base da camada de intemperismo base of weathering 风化层底面

base do carregador charger cradle 充电器底座

base de chave switch base 开关底座，开关底板

base de cilindro cylinder base 汽缸座

base de coluna column base, post base 柱基，柱座

base do dente de engrenagem root 齿根

base de equipamentos seat of equipments 设备底座，设备基础

base de estrada road base 道路基层

base de exercício accrual basis 权责发生制；应计基础

base do filtro base of filter 滤清器座

base do filtro de óleo oil filter base 机油滤清器基座

base de folheado veneer base 石膏饰面基层

base de fundação sole plate 底板，基础板

base de gerador seat of generator 发电机基座

base de haste de bandeira flagpole base 旗杆基座

base de inércia inertia base 避震垫

base de interruptor switch base 开关底座，开关底板

base de lâmpada lamp base 灯头

base de máquina seat of machine 设备座，设备基础

base de más condições bad foundation 不良地基

base de montagem mounting base 安装座，安装底座

base de montagem de radiador mounting base of radiator 散热器安装座

base do motor engine base 发动机底座

base de nuvem cloud base 云底

base de ondulação wave base 浪基面

base de pá da hélice propeller root 螺旋桨根

base de porcelana porcelain socket 瓷插座

base de projecto design basis 设计依据

base de rodas wheel base 轴距

base da tala de junção joint bar toe 钢轨连接板铁座

base de torre tower base 塔基

base de triangulação triangulation base 三角测量基线

bases de troca exchangeable bases 交换性盐基

base drenante draining base 排水基层

base Edison Edison screw-cap 爱迪生螺丝灯头

base estabilizadora stabilized base course 稳定基层

base fixa fixed bearing 固定支座

base-guia guide base 导向基座

base-guia permanente permanent guide base (PGB) 永久导向基座

base Locquic locquic primer 表面活化剂

base logística logistic base 物流基地

base naval naval base 海军基地

base negra black base 沥青基层

(de) base oca hollow-backed 背凹的（板材）

base retráctil para projectores de vídeo retractable stand for video projectors 投影仪伸缩支架

base rosqueada (de uma lâmpada) threaded base (of a lamp) 螺纹灯头

base sem ligante unbound base 碎石基层

base sólida hard pan 硬土层

base telford telford base 块石基层

basebol s.m. baseball 棒球，棒球运动

base de dados s.f. database 数据库

base de dados relacional relational database 关系数据库

baseline s.f. baseline 基准线

Bashkiriano adj.,s.m. [巴] ⇨ Basquiriano

basicidade s.f. basicity 碱性，碱度

básico adj. ❶ basic, elementary 基本的，基础的 ❷ basic, alkaline 碱的，碱性的

basificação s.f. basification 碱（性）化

basificar v.tr. (to) basify （使）碱化

basilar adj.2g. basilar 基部的，基底的

basílica s.f. basilica 长方形基督教堂；长方形廊柱大厅

basito s.m. basite 基性岩

basquetebol/básquete s.m. basketball 篮球（运动）

Basquiriano adj.,s.m. Bashkirian; Bashkirian Age; Bashkirian Stage [葡]（地质年代）巴什基尔期（的）；巴什基尔阶（的）

bastão *s.m.* ❶ stick 拐杖，手杖；杆 ❷ torus 座盘饰

bastão-alinhador grass rod, grass stick, swathing rod 拨草杆，挡草杆

bastião *s.m.* bastion 棱堡

bastidor *s.m.* ❶ 1. frame, rack 架子；机柜，机架 2. embroidering frame 绣花架 ❷ wing 舞台侧翼

bastidor de elevação lifting frame 吊架

bastidor de som sound rack 音频设备机架

bastidor horizontal teaser 檐幕

bastilha *s.f.* bastille 堡垒，城堡

bastilhão *s.m.* turret 塔楼，角楼

bastite *s.f.* bastite 绢石

bastnasite *s.f.* bastnasite 氟碳铈镧矿

bastonário *s.m.* bâtonnier（律师协会、医师协会等职业协会的）会长

bata *s.f.* white gown（医生的）白大褂，（学生的）白校服

batalhão *s.m.* battalion（军队编制）营

batata *s.f.* potato 土豆

batata-doce sweet potato 番薯

batata-doce roxa red sweet potato 红薯

bate-cadeira *s.m.* ⇨ bate-maca

bate-carrinho *s.m.* crash barrier（商场里用来防止购物车撞在柜台、墙上的）防撞栏

bate-chapa *s.m.* panel beater, plate-flattener 钣金工，（汽车车身的）修理工

bate-chaparia *s.f.* automobile beauty shop 汽车钣金店，汽车美容店

batedeira *s.f.* churn, butter-vat, mixer 食物搅拌器

batedor *s.m.* ❶ beater 打击器，搅拌器 ❷ threshing drum 脱粒滚筒 ❸ beater 打击者

batedor de carne meat tenderizer 松肉锤

batedor de dentes drum with pins, spike-tooth cylinder 钉齿式滚筒

batedor de ouro gold beater 金箔匠

batedor de ovos (/claras) egg beater, egg whisk 打蛋器

batedor de réguas drum with bars, rasp-bar cylinder 纹杆式滚筒

batedor de tapetes carpet-beater 地毯拍打器

bate-estacas *s.m.2n.* piling machine, pile-driver 打桩机

bate-estacas de mão monkey 锤式打桩机

bate-estacas flutuante floating pile-driver 水上打桩机

bate-estacas hidráulico hydraulic pile-driver 液压打桩机

bate-estacas pneumático pneumatic pile-driver 风动打桩机

bátega *s.f.* sudden shower, downpour 阵雨

bateia *s.f.* bowl 淘金用的碗

batelada *s.f.* batch 配料；搅拌，拌和

batelão *s.m.* barge 驳船

batelão de guindaste crane barge 起重机驳船，船式起重机

batelão de porta-oleoduto reel barge 卷筒式铺管船

bate-maca *s.m.* bumper guard（墙体上防止椅背等撞击的）横护板

batente *s.m.* ❶ doorjamb, doorpost 门侧柱，门框，门套 ❷ leaf of a folding door 折门门扇 ❸ door knocker 门环 ❹ doorstop 门碰头；门制器 ❺ stop, buffer 限位挡块，挡铁

batente antioscilante side sway stop 减侧摆器

batente argamassado grouted frame 砂浆填充门框

batente de caixilho stop bead 窗压条，窗止条

batente de eclusa clap-sill, mitre sill 人字闸槛

batente do eixo axle stop 轴挡块，桥挡块

batente de embraiagem clutch stop 离合器小制动器；止动凸爪

batente do platinado contact point bumper block 触点缓冲块

batente de rebaixo duplo double egress frame 双向开门框

batente de segurança safety stop 安全限制器；安全止挡

batente desmontado knockdown frame 装配式门框（含三个或更多部件，需要现场安装的门框）

batente embutido flush frame 嵌入式门套

batente hidráulico hydraulic stop 液压限位器

batente metálico oco hollow metal frame 中空金属门框

batente soldado welded frame 焊接门框

134

bate-pneu *s.m.* wheel stop （停车使用的）车轮挡，车轮定位器

bate-porta *s.m.* base knob 门碰

bater *v.tr.* (to) beat 打，敲

bateria *s.f.* ❶ battery 蓄电池，电池组 ❷ battery 一群，一套，一组 ❸ 1. battery 炮群，排炮 2. battery 炮台，炮兵阵地 3. battery 炮兵队

bateria "A" A battery 丝极电池组

bateria auxiliar auxiliary battery 辅助蓄电池

bateria de acumuladores accumulator battery 蓄电池

bateria de água arrefecida cold water coil 冷水盘管

bateria de carvão e zinco carbon-zinc battery 碳锌电池

bateria de cilindros cylinder battery （压缩气体的）瓶组，罐组

bateria de condensadores capacitor battery 电容器组

bateria de lítio lituium battery 锂电池

bateria de níquel-cádmio nickel-cadmium battery 镍镉电池

bateria de pilhas secas dry battery 干电池

bateria de placa úmida [巴] ⇨ bateria de placas submersas

bateria de placas submersas wet battery, wet cell battery 湿电池

bateria de poços battery of wells 井群

bateria de reforço booster battery 升压电池；升压电池组

bateria descarregada undercharged battery 充电不足电池

bateria sem (/livre de) manutenção maintenance-free battery 免维护蓄电池

bateria sobrecarregada overcharged battery 过充电电池

bate-rodas *s.m.2n.* ❶ wheel stop （停车使用的）车轮挡，车轮定位器 ❷ kerb, curb 路缘石，（尤指）侧缘石，立缘石

Bathoniano *adj.,s.m.* [巴] ⇨ Batoniano

batiabissal *adj.2g.* bathyabyssal 半深海-深海的（深度 1000—6000 米）

batial *adj.2g.* bathyal 半深海的（深度 1000—4000 米）

batibêntico *adj.* bathybenthic 半深海底栖生物的

batida *s.f.* ❶ knock 爆震 ❷ rapping 轻敲，松模

batida de motor engine knock 发动机爆震

batida do pistão piston knock 活塞敲缸

batida na combustão combustion knock 燃烧爆震

batido ❶ *adj.* beaten, hammered （被）踏平的；（被）锤击的，锤成的 ❷ *s.m.* milkshake 奶昔

batimento *s.m.* ❶ chatter 颤振 ❷ flapping 桨叶挥舞

batimetria *s.f.* bathymetry 海洋测深学；深度测量法

batímetro *s.m.* bathometer 水深测量计

batipelágico *adj.* bathypelagic 半深海的（深度 1000—4000 米）

batiplâcton *s.m.* bathyplankton 深海浮游生物

batíscafo *s.m.* bathyscaphe （用于测深的）深海潜水器，探海（潜）艇

batissismo *s.m.* bathyseism 深源地震

batistério *s.m.* ⇨ baptistério

batitermograma *s.m.* bathythermogram 深度温度记录

batólito *s.m.* batholith 岩基；底盘

batometria *s.f.* bathometry ⇨ batimetria

Batoniano *adj.,s.m.* Bathonian; Bathonian Age; Bathonian Stage [葡] （地质年代）巴通期（的）；巴通阶（的）

batuquito *s.m.* batukite 暗白榴玄武岩

batvilite *s.f.* bathvillite 黄褐块碳

baú *s.m.* trunk; chest; locker 箱子，皮箱

baú térmico ice pail 冰桶

baud *s.m.* baud 波特（发报速率单位）

bauerite *s.f.* bauerite 片石英

baueritização *s.f.* baueritisation 片石英化

bauxite *s.f.* bauxite 铝土岩

bauxítico *adj.* bauxitic 铝土岩的

bauxitização *s.f.* bauxitization 铝土化作用

BDS *sig.,s.m.* BDS (Beidou Navigation Satellite System) 北斗卫星导航系统

Beaufort *s.m.* Beaufort 蒲福风级（风力等级单位）

bebedourito *s.m.* bebedourite 钙钛云辉岩

bebedouro *s.m.* ❶ watering-place, drinking fountain 饮水处 ❷ under ridge tile 舌形当沟瓦 ⇨ tamanco

bécher *s.m.* beaker [巴] 烧杯

beckerite *s.f.* beckerite 酚醛琥珀，伯克树脂石

beco *s.m.* alley, lane 巷；胡同
　beco sem saída dead-end street, cul-de-sac 死胡同，死巷
　beco sem saída com retorno cul-de-sac with U-turn 带掉头弯的尽头路

becquerel (Bq) *s.m.* becquerel (Bq) 贝克勒耳（放射性活度单位）

becquerelite *s.f.* becquerelite 深黄铀矿

bedame *s.m.* mortise-chisel, cross-cut chisel 榫凿
　bedame chato cross-cut chisel 扁尖凿

bediasito *s.m.* bediasite 贝迪阿熔融石

bedrock *s.f.* bedrock 基岩

beekite *s.f.* beekite 玉髓燧石

beerbachito *s.m.* beerbachite 微晶辉长岩

beerite *s.f.* beerite 一种由大理石粉、玻璃粉、石灰、沙子等材料制造而成的人造大理石

beforsito *s.m.* beforsite 细白云岩，镁云碳酸岩；白雪碳酸岩

bege *adj.2g.,s.m.* beige 米色(的)，米黄色(的)

beidelite *s.f.* beidellite 贝得石

Beidou *s.m.* Beidou 北斗卫星导航系统

beira *s.f.* ❶ edge, rim 边，缘 ❷ bank, shore, margin（河、海、湖的）岸，堤
　beira de cordão weld toe 焊趾
　beira-mar seaside 海边，海滨

beirado *s.m.* eaves; eave board 檐口；封檐，封檐板

beiral *s.m.* eaves 屋檐；檐口；挑檐
　beiral aberto open eaves 露椽檐口
　beiral de empena bargecourse 山墙压顶层

bel (B) *s.m.* bel (B) 贝尔（音量比率单位）

belemnite *s.f.* belemnite 箭石

belga *s.f.* ❶ narrow strip of cultivated land（窄）条田 ❷ Belgian truss 比利时式桁架

beliche *s.m.* bunk bed 双层床，上下铺

beloeilito *s.m.* beloeilite 长霓方钠岩，长辉方钠岩

belonito *s.m.* belonite 针雏晶

belugito *s.m.* belugite 闪长辉长岩

belveder/belver/belvedere *s.m.* belvedere 眺远亭；观景楼；瞭望台

bema *s.f.* bema 高座；讲坛

bem-cozido *adj.* hard-burned 用烈火烧硬的

beneficiação *s.f.* ❶ betterment, improvement, amelioration 改良，改善 ❷ repair, betterment 修缮
　beneficiação e resselagem das ruas repairing and resurfacing of roads 道路修缮和重铺

beneficiamento *s.m.* processing （整套）加工过程
　beneficiamento e ensacamento de milho e feijão processing and bagging of maize and beans 玉米和菜豆的加工和包装

beneficiar *v.tr.* ❶ (to) better, (to) improve, (to) ameliorate 改良，改善 ❷ (to) repair, (to) better 修缮

beneficiário *s.m.* beneficiary 受益人

benefício *s.m.* benefit 效益
　benefícios adicionais fringe benefits 附带利益；附加福利
　benefício directo direct benefit 直接效益
　benefício indirecto indirect benefit 间接效益

benfeitoria *s.f.* repair, betterment 修缮

bengala *s.f.* walking stick 手杖，拐杖
　bengala de quatro pés quadruped stick 四脚手杖
　bengala ortopédica ortho-stick 直角拐杖

bengaleiro *s.m.* umbrella-stand; coat-stand 伞筒；（柱式）衣帽架

benitoíte *s.f.* benitoite 蓝锥矿

benjamim *s.m.* electric extension cord 接线板，排插

benmoreíto *s.m.* benmoreite 歪长粗面岩

bens *s.m.pl.* goods 资产
　bens corpóreos ⇨ bens tangíveis
　bens culturais cultural assets 文化资产
　bens de capital (BK) capital goods 资本货物；固定资产；生产资料
　bens de capital seriado (BKS) serial capital goods 连续生产的资本货物
　bens de capital sob encomenda (BKE) one-of-a-kind goods 单件生产的资本货物
　bens de consumo consumer goods 消费品
　bens de consumo duráveis consumer

durables 耐用消费品

bens de raiz real estate 不动产，房产

bens electrónicos de consumo consumer electronics 消费性电子产品

bens intangíveis (/incorpóreos) intangible assets 无形资产

bens intermediários intermediate goods 中间品

bens móveis movable property 动产

bens patrimoniais imóveis real-state 不动产

bens tangíveis tangible assets 有形资产

bens vinculados entail property 相关财产

bental adj.2g. ⇨ **bêntico**

bentazona s.f. bentazone 苯达松

bêntico adj. benthic 海底的，底栖的

bentogénico adj. benthogene 底栖生物沉积的

bentónico adj. benthonic 海底的，底栖的

bentonítico adj. bentonitic 膨润土的

bentonite s.f. bentonite 膨润土

bentonite de Wyoming Wyoming bentonite 怀俄明膨土

bentos s.m.pl. benthos 底栖生物；海底生物

benzénico adj. (of) benzene, benzenic 苯的

benzeno s.m. benzene 苯

benzina s.f. benzine 轻质汽油

benzina natural casinghead gasoline, natural gasoline 井口汽油

benzol s.m. benzol 不纯苯

bequerite s.f. beckerite 酚醛琥珀，伯克树脂石

bequinquinito s.m. bekinkinite 霞辉岩

beraunite s.f. beraunite 簇磷铁矿

berbequim s.m. hand drill 手摇钻

berbequim de manivela ⇨ berbequim

berbequim eléctrico power drill 手提式电钻

berçário s.m. nursery 保育室；儿童室

berço s.m. ❶ 1. cradle （摇篮形）托架，垫架 2. baby's cot, baby crib 婴儿床 ❷ template 承梁短板；垫石 ❸ engine mounting 发动机架

berço de guiamento angle clamp 角钢夹

berengelito s.m. berengelite 脂光沥青

beresito s.m. beresite 黄铁长英岩

bergalito s.m. bergalite 蓝方黄长煌斑岩

bergschrund s.f. bergschrund 冰川边沿裂隙

berílio (Be) s.m. beryllium (Be) 铍

berilo s.m. beryl 绿玉，绿柱石

berilonite s.f. beryllonite 磷酸钠铍石

beringito s.m. beringite 棕闪粗面岩；钠闪安山岩

berma s.f. berm; road margin 护道；路肩

berma de estabilização de pé toe weight 坝趾压重

berma de estabilização de talude slope weight 边坡压重

bermas e rebordos kerbs and edgings 路缘和边坡

berma montável mountable kerb 斜式路缘石

bermudito s.m. bermudite 黑云霞煌岩

berndtite s.f. berndtite 三方硫锡矿

berondrito s.m. berondrite 辉闪霞斜岩

berquélio (Bk) s.m. berkelium (Bk) 锫

Berriasiano adj.,s.m. Berriasian; Berriasian Age; Berriasian Stage （地质年代）贝里阿斯期（的）；贝里阿斯阶（的）

bertonite s.f. bertonite 水镁铬矿

bertrandite s.f. bertrandite 硅铍石

berzelianite s.f. berzelianite 硒铜矿

besante s.m. bezant 银币饰

beschtauito s.m. beschtauite 石英二长斑岩

besuntar v.tr. (to) anoint 涂油，用油擦

betafite s.f. betafite 贝塔石，铌钛铀矿

betão s.m. concrete [葡] 砼，混凝土 ⇨ concreto

betão ao bário barytes concrete 重晶石混凝土

betão a vácuo vacuum concrete 真空混凝土

betão afagado (/alisado) polished concrete 抛光混凝土；光面混凝土

betão aglomerado slag concrete 矿渣混凝土

betão aglomerado ocos agglomerate foam concrete 泡沫矿渣混凝土

betão aglomerado pleins dense agglomerate concrete 密实矿渣混凝土

betão agro ⇨ betão pobre

betão amassado em seco dry batched concrete; dry mixed concrete 干拌合混凝土

betão amassado em trânsito transit-mixed concrete, truck-mixed concrete 车送混凝土

betão apiloado tamped concrete 捣实混凝土

betão arejado ❶ air concrete, aerated concrete 加气混凝土 ❷ air-entrained lightweight concrete 加气轻质混凝土

betão arejado YTONG YTONG aerated concrete 伊通加气混凝土

betão armado reinforced concrete 钢筋混凝土

betão armado com fibra fiber-reinforced concrete 纤维混凝土

betão armado pré-esforçado prestressed reinforced concrete 预应力钢筋混凝土

betão asfáltico asphalt concrete 沥青混凝土

betão autocompactável (BAC) self-compaction concrete (SCC) 自密实混凝土

betão balsático basalt concrete 玄武岩纤维混凝土

betão betuminoso bituminous concrete 沥青混凝土

betão betuminoso a frio cold asphalt concrete 冷拌沥青混凝土

betão betuminoso a grão médio medium grained asphalt concrete 中粒级配沥青混凝土

betão betuminoso com betume modificado com polímeros (SBS) 5% a grão fino fine grained 5% SBS modified asphalt concrete 5%SBS改性细粒式沥青混凝土

betão (aparente) bujardado bush hammered concrete 露骨混凝土

betão celular foamed concrete, cellular concrete 泡沫混凝土, 多孔混凝土, 加气混凝土

betão centrifugado spun concrete 旋制混凝土, 离心成形混凝土

betão ciclópico (/cyclópeo) cyclopean concrete 蛮石混凝土

betão coloidal colloidal concrete 胶质混凝土

betão com fibras fiber concrete 纤维混凝土

betão com polímeros polymer concrete 聚合物胶接混凝土

betão com resina resin concrete 树脂混凝土

betão compactado compacted concrete 压实混凝土

betão compactado a frio dry tamped concrete 干捣实混凝土

betão curado a vapor steam-cured concrete 蒸汽养护混凝土

betão curado pelo vácuo vacuum concrete 真空处理混凝土

betão de agregado leve light aggregate concrete, ceramisite concrete 轻骨料混凝土, 陶粒混凝土

betão de alcatrão por aplicar a quente hot tar concrete 热拌沥青混凝土

betão de alta resistência contra a fissuração non-cracking concrete 抗开裂混凝土

betão de amianto asbestos concrete 石棉混凝土

betão de argamassa pronta ready-mixed concrete 预拌混凝土

betão de baixa resistência low strength concrete 低强度混凝土

betão de blocagem ⇨ betão de enchimento

betão de cascalho rubble concrete 毛石混凝土

betão de cascalho rolado pea gravel concrete 豆石混凝土

betão de ceramsite ceramsite concrete 陶粒混凝土

betão de cimento cement concrete 水泥混凝土

betão de cimento hidráulico hydraulic cement concrete 水硬水泥混凝土

betão de cinza cinder concrete 炉渣混凝土

betão de cinzas volantes fly ash concrete 粉煤灰混凝土

betão de consistência firme zero slump concrete 坍落度为零的混凝土

betão de elevado desempenho high performance concrete 高性能混凝土

betão de enchimento fill concrete, make

up concrete 回填混凝土

betão de endurecimento lento slow-setting concrete 缓凝混凝土

betão de fibras de madeira wood fiber concrete 木质纤维混凝土

betão de isolamento térmico heat-insulating concrete 绝热混凝土

betão de limonite limonite concrete 褐铁矿混凝土

betão de limpeza ❶ ⇨ **betão de regularização** ❷ fair-faced concrete 清水混凝土

betão de limpeza de fundações bedding concrete for foundation 混凝土基础垫层

betão de magnésio magnesium oxychloride concrete 菱镁混凝土

betão de magnetite magnetite concrete 磁铁矿混凝土

betão de pega rápida fast setting concrete 速凝混凝土

betão de polímero polymer concrete 聚合物混凝土

betão de presa lenta slow-setting concrete 缓凝混凝土

betão de qualidade inferior sub-standard concrete 未符标准的混凝土

betão de regularização bedding concrete, blinding concrete 混凝土垫层

betão de resina vinílica vinyl resin concrete 乙烯基酯树脂混凝土

betão de retracção compensada shrinkage-compensated concrete 补偿收缩混凝土

betão descofrado stripped surface of concrete 脱模的混凝土

betão em massa mass concrete 大块混凝土

betão em tetrápodes concrete in tetrapods 四角防波石

betão endurecido hardened concrete 硬化混凝土

betão endurecido a ar air-cured concrete 空气养护混凝土

betão enterrado buried concrete 埋入地下的混凝土

betão escamado spalling concrete 剥落混凝土

betão estrutural structural concrete 结构混凝土

betão expansivo high expansion concrete 膨胀混凝土

betão fraco lean concrete 贫混凝土

betão fresco fresh concrete 新浇混凝土

betão gasoso aerated concrete 加气混凝土

betão gordo fat concrete, rich concrete 富混凝土

betão hidráulico hydraulic concrete 水工混凝土

betão hidrófugo water-repellent concrete 防水混凝土

betão impermeável water tight concrete 防水混凝土；抗渗混凝土

betão in situ in situ concrete 现浇混凝土

betão leve lightweight concrete 轻混凝土，轻质混凝土

betão magro lean concrete, lean mix concrete 贫混凝土，少灰混凝土

betão modificado modified concrete 改性混凝土

betão moldado no local ⇨ **betão in situ**

betão para água de mar seawater concrete 耐海水混凝土

betão pesado heavy concrete 重混凝土

betão plástico plastic concrete 塑性混凝土

betão pobre lean concrete, weak concrete 贫混凝土

betão polimérico ⇨ **betão de polímero**

betão pomes ❶ pumice concrete 浮石混凝土 ❷ cellular pumice 泡沫混凝土

betão poroso porous concrete 多孔混凝土

betão pós-tensionado post-tensioned concrete 后张混凝土

betão pré-esforçado (/pré-reforçado) prestressed concrete 预应力混凝土

betão pré-esforçado com aderência bonded prestressed concrete 有粘结预应力混凝土

betão pré-esforçado sem aderência unbonded prestressed concrete 无粘结预应力混凝土

betão pré-moldado precast concrete 预制混凝土

betão pré-tensionado pre-tensioned concrete 先张混凝土

betão projectado shotcrete, sprayed concrete 喷射混凝土

betão pronto (a aplicar) ready-mix concrete 预拌混凝土

betão reforçado ⇨ betão armado

betão refractário refractory concrete, fire proof concrete 耐火混凝土

betão rico rich concrete 富混凝土

betão-rocha rock-concrete 岩石混凝土

betão sem finos non-fine concrete 无砂混凝土

betão Siporex Siporex concrete 西波列克斯加气混凝土

betão tratado pelo vácuo vacuum processed concrete 真空法混凝土

betão vibrado vibrated concrete 振实混凝土

betão vidrado glazed concrete 釉面混凝土

betonada s.f. batch 混凝土搅拌机一次的产量

betonagem s.f. concreting 灌注混凝土，打砼；混凝土工程

betonagem in situ cast-in-place (CIP) 灌注；现场浇筑

betonar v.tr. (to) concrete 灌注混凝土，打砼

béton brut s.m. béton brut 粗制混凝土

betoneira s.f. ❶ concrete mixer; batching plant 混凝土混合机，混凝土搅拌机；混凝土配料机 ❷ concrete batcher 混凝土搅拌站

betoneira basculante tilting drum mixer 斜鼓搅拌机

betoneira contínua pan mixer 转锅式拌和机

betoneira de cimento cement mixer 水泥搅拌机

betoneira de eixo horizontal horizontal axis mixer 横轴拌和机

betoneira de eixo inclinado inclined axis mixer 斜轴拌和机

betoneira de tambor pan mixer 转锅式拌和机

betoneira estacionária concrete batching plant 混凝土搅拌站，固定式混凝土搅拌机

betoneira grande concrete batcher 混凝土搅拌站

betoneira pequena concrete mixer 混凝土混合机

betonilha s.f. fine aggregate concrete 细石混凝土

betonilha armada reinforced fine aggregate concrete 钢筋细石混凝土

betonilha de regularização floor screed materials 细石混凝土找平层

bétula s.f. birch 桦木

betumadeira s.f. bitumen mixer 沥青搅拌机

betumar v.tr. (to) bituminize, (to) cover with bitumen 加沥青处理

betume s.m. bitumen, asphalt 沥青

betume asfáltico asphaltic bitumen 地沥青

betume de cracking cracked asphalt 裂化沥青

betume de destilação directa ⇨ betume asfáltico

betume duro hard bitumen, hard asphalt 硬质沥青

betume fluidificado cut-back bitumen 稀释沥青

betume líquido liquid bitumen, liquid asphalt 液态沥青

betume modificado modified bitumen 改性沥青

betume residual residual bitumen 残留沥青

betuminito s.m. bituminite 烟煤；沥青质体；油页岩

betuminização s.f. bituminization 沥青固化

betuminizar v.tr. (to) bituminization 沥青固化

betuminoso adj. bituminous 沥青的

bi- pref. bi-, di- 表示"二元的，双重的"

biácido s.m. diacid 二元酸

biangulado adj. ⇨ biangular

biangular adj.2g. biangular 双角的

biaxial adj.2g. biaxial 双轴的，二轴的

bibásico adj. dibasic, bibasic 二元的；二碱基的

biblioteca s.f. library 图书馆，图书室；（信息、资料）库

biblioteca pública public library 公共图书馆

bica s.f. ❶ 1. water pipe 水管 2. scupper（墙上的）排水孔 ❷ crushed rock 碎石

bica corrida ⇨ brita corrida

bica flexível metallic hose, metal hose 金

属软管

bicarbonato *s.m.* bicarbonate 碳酸氢盐；重碳酸盐

bicarbonato de sódio baking soda 小苏打

bicha *s.f.* hose, flexible pipe 软管

bicheira *s.f.* honeycomb（混凝土的）蜂窝

bichouro *s.m.* gravel, granule 卵石，大沙砾

bicicleta *s.f.* bicycle 自行车

bicicleta ergométrica exercise bike 健身车，动感单车

bicicletário *s.m.* bicycles parking spot, bicycle stand 自行车停放处；自行车停放架

bico *s.m.* ❶ nozzle 喷嘴，喷口，喷水孔 ❷ burner 灯头，煤气喷嘴 ❸ share 犁头，犁铧 ❹ nose（飞机）机头 ❺ 1. beak 鸟嘴形 2. beak（柱头檐口的）尖弯头 ❻ bird（一）只（鸟，尤指家禽）[经常用作量词]

bico bifluido two-fluid nozzle 二流体喷嘴

bico centrífugo centrifugal nozzle 离心式喷嘴

bico de água de alta pressão high pressure water jet 高压喷水器，高压水力喷射器

bico de arrefecimento do pistão piston cooling jet 活塞冷却喷嘴

bico de aspiração suction nozzle 吸嘴

bico de bigorna beak iron 砧角

bico de Bunsen Bunsen burner 本生灯

bico de câmara de turbulência swirl nozzle 旋流喷嘴

bico de chuveiro automático automatic sprinkler 自动喷淋嘴

bico de corte cutting nozzle 喷割嘴；割嘴

bico do dente tooth point 齿尖

bico de descarga release nozzle 泄放喷嘴

bico-de-diamante diamond-shaped stones 凸面马赛克

bico de dupla fenda double fan nozzle 双扇形喷头

bico de entrada inlet nozzle 进气喷口，吸入喷嘴

bico de espelho flooding nozzle, impact nozzle, deflector-type flooding 冲洗喷嘴

bico de fenda fan nozzle 扇形喷嘴

bico de fenda anti-deriva anti-drift fan nozzle 防飘扇形喷头

bico de gás gas-jet, gas-burner 气嘴；煤气喷头；灯头

bico de gás de alta pressão high pressure burner 高压炉头

bico de jacto cónico ⇒ **bico de câmara de turbulência**

bico de jacto de água water jet 喷水器

bico de jacto regulável adjustable cone nozzle 可调锥喷嘴

bico de lubrificação do pistão piston oil jet 活塞喷油嘴

bico-de-mocho bird's-mouth 鸟嘴形装饰线条

bico de pássaro bird's-mouth 凹角接合

bico-de-pato duckbill 鸭嘴装载机

bico de pulverização spray nozzle 喷雾嘴

bico de purgação da saída outlet bleed nozzle 出口排气喷嘴

bico deflector deflector-type nozzle 导流式喷嘴

bico extirpador extirpator share 除草犁铧

bico inflador inflating nozzle 充气嘴

bico injector injection nozzle 喷嘴

bico injector do combustível fuel injection nozzle 喷油嘴

bico pulverizador ⇒ **bico de pulverização**

bico rotativo rotating nozzle 旋转喷嘴

bico substituível detachable share 可拆卸犁铧

bicôncavo *adj.* biconcave, concave-concave（镜片、透镜等）双凹的

biconvexo *adj.* biconvex, convexo-convex（镜片、透镜等）双凸的

bicozedura *s.f.* double firing 二次烧成

bicromato *s.m.* bichromate 重铬酸盐

bicromato de sódio sodium bichromate 重铬酸钠

bidão *s.m.* barrel 桶

bidão de óleo vago empty oil drum 空油桶

bidão de plástico plastic barrel 塑料桶

bidé/bidê *s.m.* bidet 坐浴盆，洗涤盆，净身盆

bidireccional *adj.2g.* two-way 双向的；两路的

bieberite *s.f.* bieberite 赤矾

biela *s.f.* ❶ connecting rod, arm 连接杆，连接臂 ❷ piston rod 活塞连杆 ❸ crankshaft connecting rod 曲轴连杆

biela da bomba pump-link 泵连杆

biela da direcção track arm, steering swivel arm 转向臂

biela de manivela crank rod 曲柄连杆

biela-mestra master connecting-rod 主连杆

biela oca hollow rod 空心抽油杆

biela restabelecedora king rod 转向立轴

biela simples plain connecting rod 普通连杆

bielenito *s.m.* bielenite 顽剥橄榄岩

bierezito *s.m.* bjerezite 霞辉中长斑岩

biesfenóide *s.m.* disphenoid, bisphenoid 双半面晶形

bifásico *adj.* diphase; two-phase 二相的，双相的

bifelina *s.f.* biphenyl 联苯

bifelina policlorada (PCB) polychlorinated biphenyl (PCB) 多氯联二苯

bifilar *adj.2g.* bifilar 双线的；双股的

bifocal *adj.2g.* bifocal 双焦点的

bífore *adj.2g.* two-winged (doors) 双开门的

bifuncional *adj.2g.* ❶ bifunctional 双功能的 ❷ bifunctional 双官能团的，双功能团的

bifurcação *s.f.* ❶ bifurcation 分叉，分支 ❷ bifurcation, Y intersection 分岔路，Y 形岔路口

bifurcar *v.tr., pron.* (to) bifurcation 分叉，分支

bigode *s.m.* side outlets of road 土路两侧（形似八字胡）的排水口

bigorna *s.f.* anvil 铁砧；双角铁砧

bilha *s.f.* pitcher 水罐，水壶

bilha de gás gas cylinder 煤气罐

bilhão *num.card., s.m.* milliard (long scale), billion (short scale) （短级差制的）十亿，合 10^9

bilhões de barris equivalentes de petróleo (BBOE) billion barrels of oil equivalent (BBOE) 十亿桶油当量

bilheta *s.f.* billet 短木材

bilhete *s.m.* ❶ ticket, card 票证，卡，券 ❷ note 便条

bilhete de indentidade (BI) identification card, ID card 身份证

bilheteira *s.f.* ticket office 售票处

bilheteira automática ticket vending machine 自动售票机

bilião *num.card., s.m.* billion (long scale), trillion (short scale) （长级差制的）万亿，合 10^{12}

bilitonito *s.m.* billitonite 勿里洞玻陨石

bimbarra *s.f.* big wooden lever, handspole 大木杠

bimicáceo *adj.* (of) two-mica 二云母的

bimodal *adj.2g.* bimodal 双峰的

bimotor *s.m.* two-engined 双发动机的

binário ❶ *adj.* binary, dual 二元的 ❷ *s.m.* couple 力偶；扭矩 ❸ *s.m.* binary system 二进制

binário de arranque starting torque 起动扭矩

binário de cisalhamento shear torque 轴扭矩

binário da conexão makeup torque 上扣扭矩，上紧扭矩

binário de torção turning torque 倾转力矩

binário flector bending moment 弯矩，弯曲力矩

binário máximo maximum torque 最大扭矩

bindstone *s.f.* bindstone 黏结灰岩

bingo fuel *s.m.* bingo fuel 回航安全油量

binóculo *s.m.* binoculars 双筒望远镜

binómio *s.m.* binomial 二项式

bio- *pref.* bio- 表示"生物的，生物学的"

bioacumulação *s.f.* bioaccumulation （环境中有毒化学物质、杀虫剂等的）生物体内积累

bioarejamento *s.m.* bio-aeration 生物通气，生物曝气

biocalcarenito *s.m.* biocalcarenite 生物砂屑石灰岩

biocalcilutito *s.m.* biocalcilutite 生物泥屑灰岩

biocalcirrudito *s.m.* biocalcirudite 生物砾屑灰岩

biocenose *s.f.* biocenosis 生物群落

biocida *s.m.* biocide 杀虫剂

bioclástico *adj.* bioclastic 生物碎屑的

bioclastito *s.m.* bioclastite 生屑灰岩

bioclasto *s.m.* bioclast 生物碎屑

bioclimatologia *s.f.* bioclimatology 生物气候学

biocombustível *s.m.* biofuel 生物燃料

bioconcentração *s.f.* bioconcentration 生物浓缩，生物富集

bioconstruído *adj.* bioconstructed 生物建造（作用）的

biocrono *s.m.* biochron 生物时，生物年代

biocronozona *s.f.* biochronozone 生物地层带

biodegradabilidade *s.f.* biodegradability 生物降解性

   biodegradabilidade de efluentes sewage biodegradability 污水可生化性；污水的可生物降解能力

biodegradação *s.f.* biodegradation 生物降解（作用）

biodegradável *adj.2g.* biodegradable 可生物降解的

biodiesel *s.m.* biodiesel 生物柴油

biodigestor *s.m.* biodigester 生物消纳机；沼气池

biodisco *s.m.* biodisc, rotating biological contactor (RBC) 生物转盘

biodiversidade *s.f.* biodiversity 生物多样性

bioedificado *adj.* ⇨ bioconstruído

bioerma *s.f.* bioherm 生物岩礁

bioermito *s.m.* biohermite 生物岩

bioerosão *s.f.* bioerosion 生物侵蚀

bioestratigrafia *s.f.* biostratigraphy 生物地层学

biofábrica *s.f.* biofactory 生物工厂

biofácies *s.f.* biofacies 生物相

biofísica *s.f.* biophysics 生物物理学

biofunção *s.f.* biofunction 生物因素；生物功能性

biogás *s.m.* biogas 沼气

biogénese *s.f.* biogenesis 生物起源，生物发生

biogénico *adj.* biogenetic 生物起源的；生物发生的

biogeografia *s.f.* biogeography 生物地理学

bio-horizonte *s.m.* biohorizon 含生物层

biolitito *s.m.* biolithite 生物岩

   biolitito algáceo algal biolithite 藻丛生物岩

biólito *s.m.* biolith, biolite 生物岩

biologia *s.f.* biology 生物学

biológico *adj.* biologic, biological 生物的，生物学的

bioma/biome *s.m.* biome 生物群落，生物群系

bioma desértico desert biome 沙漠生物群落

biomarcador *s.m.* biomarker 生物标志物

biomassa *s.f.* biomass 生物量

biombo *s.m.* folding screen 屏风，折屏风

biomecânica *s.f.* biomechanics 生物力学

biomicrito *s.m.* biomicrite 生物微晶灰岩

biomicrosparito *s.m.* biomicrosparite 生物微亮晶灰岩

biomicrudito *s.m.* biomicrudite 生物微晶砾屑灰岩

biomineração *s.f.* biomining 生物采矿

biomineral *s.m.* biomineral 生物矿物

biomineralização *s.f.* biomineralization 生物矿化作用

biopelito *s.m.* biopelite 黑色页岩

biopelmicrito *s.m.* biopelmicrite 生物球粒微晶灰岩

biopiriboles *s.f.pl.* biopyriboles 黑云辉闪石类

biopolímero *s.m.* biopolymer 生物聚合物

bioquímica *s.f.* biochemistry 生物化学

bio-reactor/bio-reator *s.m.* bioreactor 生物反应器

   bio-reator de membranas membrane bioreactor 膜生物反应器

bio-rexistasia *s.f.* biorhexistasy 生物破坏搬运作用

biornsioíto *s.m.* björnsjoite 钠英正斑岩

biorrítmo *s.m.* biorhythm 生物节律

biortogonal *adj.2g.* biorthogonal 双正交的

biosfera *s.f.* biosphere 生物圈

biosparito *s.m.* biosparite 生物亮晶灰岩

biospeleologia *s.f.* biospeleology 洞穴生物学

biostasia *s.f.* biostasy 生物极盛期

biostratigrafia *s.f.* ⇨ bioestratigrafia

biostroma *s.m.* biostrome 生物层

biota *s.f.* biota 生物区（系），生物群

biótico *adj.* biotic 生物的

biotitagranito *s.m.* biotite granite [巴] 黑云母花岗岩

biotite *s.f.* biotite 黑云母

biotitito *s.m.* biotitite 黑云母岩

biotitização *s.f.* biotitization 黑云母化

biótopo *s.m.* biotope 生态小区，（群落）生境

biotriturador *s.m.* wood chipper 木材削片机

bioturbação *s.f.* bioturbation 生物扰动作用

biovasa *s.f.* ooze 软泥

 biovasa calcária calcareous ooze 钙质软泥

 biovasa silicosa siliceous ooze 硅质软泥

biozona *s.f.* biozone 生物带

bipartido *adj.* split 分成两部分的；透裂的

bipé *s.m.* bipod 二脚架；两脚架

bipirâmide *s.f.* bipyramid 双棱锥

biplace *s.m.* biplace 双座飞机

biplano *s.m.* biplane 双翼飞机

bipolar *adj.2g.* double pole 双极的，双刀的

bipolo *s.m.* bipole 双极，两极

biqueira *s.f.* gutter （屋顶排水用的）天沟，檐槽

biquinário *adj.* biquinary 二五混合进制的

birbirito *s.m.* birbirite 蚀变橄榄岩

birnessite *s.f.* birnessite 水钠锰矿

birrefringência *s.f.* ❶ double refraction 双折射 ❷ splitting 解列，分裂

biruta *s.f.* wind sleeve [巴] 风向袋

bisagra *s.f.* hinge 铰链

 bisagra de janeira window hinge 窗铰链

 bisagra de mola spring hinge 弹簧铰链

bischofite *s.f.* bischofite 水氯镁石

bisel *s.m.* bevel 斜角，侧割面

 bisel do disco disc bevel 圆盘斜角

 bisel exterior outer bevel, outer convex edge 外斜角

 bisel interior inside bevel, inside concave edge 内斜角

biselado *adj.* beveled 斜面的，坡口的

biseladora *s.f.* beveling machine, beveler 倒斜边机，倒斜角机

 biseladora de tubos pipe beveling machine 管道坡口机

biselamento *s.m.* beveling 开坡口，切斜边

biselar *v.tr.* (to) bevel 开坡口，切斜边

bisfenol A *s.m.* bisphenol A 双酚 A

bismálito *s.m.* bysmalith 岩栓

bismite *s.f.* bismite 铋华

bismutinite *s.f.* bismutinite 辉铋矿

bismutite *s.f.* bismutite 泡铋矿

bismuto (Bi) *s.m.* bismuth (Bi) 铋

bisotado *adj.* beveling 开坡口的，斜边的，倒边的

bisotê *s.m.* biseauté, beveled [巴] （玻璃或

镜子的）斜边，磨斜边

bissectriz/bissetriz *s.f.* bisectrix 二等分线

bissialitização *s.f.* bisiallitization 双硅铝化作用

bistagito *s.m.* bistagite 纯透辉石；透辉岩

bistre *s.m.* bistre, bister 茶褐色；茶褐色斑迹

bisturi *s.m.* bistoury 切割刀

bit *s.m.* ❶ bit, drill bit, cutting edge 钻头，切削刃 ❷ bit 比特（二进位制信息单位）

bit por segundo (bps) bit per second (bps) 位秒，每秒比特

bitácula *s.f.* binnacle 罗经箱

bite *s.m.* glazing bead 玻璃压条；镶玻璃条

bitola *s.f.* ❶ standard measure 标准量度，标准尺寸 ❷ wheel tread （火车）轨距，（车）轮距 ❸ span （人字梁的）跨度

bitola apertada ⇨ bitola estreita

bitola da cidade do Cabo cape gauge 开普轨距（1067mm）

bitola de fabrico manufacturing gauge 制造量规

bitola do tractor tractor width gauge 拖拉机轮距

bitola da via track gauge 轨距

bitola dianteira front tread 前轮距

bitola estreita narrow gauge 窄轨，窄轨距

bitola fixa fixed gauge 固定规

bitola folgada wide gauge 宽轨距

bitola larga broad gauge 宽轨，宽轨距（巴西为 1600mm）

bitola mista double gauge, mixed gauge track 混合轨距

bitola normal (/padrão) standard gauge 标准规；标准轨距（巴西为 1435mm）

bitola padrão de fio (SWG) standard wire gauge (SWG) 标准线规

bitola traseira rear tread 后轮距

bitolamento *s.m.* gauging of track 轨距测量

bitownite *s.f.* bytownite 倍长石

bitownitito *s.m.* bytownitite 倍长岩

bitrem *s.m.* double-trailer truck 带两节半挂车的卡车

bixbite *s.f.* bixbite 红色绿宝石；红绿柱石

bizardito *s.m.* bizardite 霞黄煌斑岩

black galaxy *adj.,s.m.* black galaxy （质地、颜色）星空黑，黑金砂

blackout *s.m.* ⇨ blecaute

blackriveriano *s.m.* blackriverian 黑河亚阶

black start *s.m.* black start 无电源起动，黑启动

blairmorito *s.m.* blairmorite 淡方钠岩

blastese *s.f.* blastesis 变晶作用

blástico *adj.* blastic 变晶的

blastito *s.m.* blastite 变晶岩

blastofilítico *adj.* blastophyllitic 变余千枚岩的

blastofítico *adj.* blastophitic 变余辉绿岩的，变余辉绿状的

blastogranítico *adj.* blastogranitic 变余花岗状的

blastomilonito *s.m.* blastomylonite 变余糜棱岩

blastopelítico *adj.* blastopelitic 变余泥质的

blastoporfirítico *adj.* blastoporphyritic 变余斑状的

blastopsamítico *adj.* blastopsammitic 变余砂状的

blastopsefítico *adj.* blastopsephitic 变余砾状的

blecaute *s.m.* blackout 电力中断

blenda *s.f.* blende 闪锌矿

blenda de zinco zinc blende 闪锌矿

BLEVE *sig.,s.f.* BLEVE (boiling liquid expanding vapor explosion) 沸腾液体膨胀蒸汽爆炸

blindagem *s.f.* ❶ screening, casing 护罩 ❷ shielding 屏蔽；铠装 ❸ armor; armor-plate, blindage 保护板，汽车底盘的挡板

blindagem ablativa ablative shielding 烧蚀保护层

blindagem de galeria tunnel support 隧道支护

blindagem da mangueira hose armor 软管钢丝包皮

blindagem eléctrica shielding 电气屏蔽

blindagem eletrostática electrostatic shielding 静电屏蔽

blindagem em fita de aço steel-tape armoring 钢带铠装

blindagem exterior outer shield 外护罩

blindagem externa armoring; steel lining 铠装，钢板衬层

blindagem indutiva inductive shielding 感应屏蔽

blindalete *s.m.* explosion-proof junction box 防爆接线盒

blindalete à prova de explosão ⇨ blindalete

blisk *s.m.* blisk 整体叶盘

blocagem *s.f.* ❶ locking, blocking 锁定 ❷ telford base 块石基层 ❸ sample and hold 取样与保持

blocagem do diferencial differential locking, differential blocking 差速器锁定

blocar *v.tr.* (to) lock, (to) block 锁定，锁紧

bloco *s.m.* ❶ 1. block（泛指）块，块状物；模块；盒 2. block 岩块，断块 3. boulder 漂砾 4. block, check block 挡块 5. block 镇墩 ❷ block 砌块；空心砖 ❸ block, bank, unit 机组，单元；[用作量词]（一）组 ❹ block 单元楼，大楼；（多栋连体楼的）一栋，一个片区

bloco A, B, C... block A, B, C... A栋，B栋，C栋…；A座，B座，C座…

bloco ao comprido stretcher block 顺砌砌块

bloco acústico acoustic block 吸声砌块

bloco amortecedor cushion block, bumper block 缓冲块，减震垫块

bloco angular ⇨ bloco de ângulo

bloco canelado fluted block 榫槽面砌块

bloco carregador charger unit 充电器单元

bloco cerâmico ceramic block 陶瓷砌块

bloco cimeiro crown block 定滑轮

bloco copolímero block copolymer 嵌段共聚物，成块共聚物

bloco de ancoragem anchor block 地锚，镇墩

bloco de ancoragem na extremidade thrust block 止推座

bloco de ângulo angle block 角块；角木块；角铁

bloco de arenito sarsen 砂岩漂砾

bloco de argila clay brick 黏土砖

bloco de asfalto asphalt block 沥青块

bloco de baixo ruído (LNB) low noise block (LNB) 低噪声隔离器，高频头

bloco de betão concrete block 混凝土砌块

blocos de betão de encaixe interlocking concrete blocks 嵌锁混凝土砖

bloco de betão de vedação non-load-bearing concrete block, concrete block for filler wall 填充墙混凝土砌块

bloco de betão estrutural load-bearing concrete block 承重混凝土砌块

bloco de betão oco concrete hollow block 混凝土空心砌块

bloco de betão para pavimento concrete paving block 混凝土铺路砖

bloco de betão pré-moldado precast concrete segment 预制混凝土砌块

bloco de betão sólido solid concrete blocks 实心混凝土砌块

bloco de betão vazado hollow concrete blocks 空心混凝土砌块

bloco de borracha rubber block 橡胶块

bloco de caixilho sash block （端部有槽、用来安装门窗侧柱的）洞口砌块

bloco de canto corner block 转角砌块

bloco de cantos arredondados bullnose block 圆角砌块

bloco de cilindros cylinder block, engine block 气缸体，发动机缸体

bloco de cimalha coping block 压顶砌块

bloco de cimento cement brick 水泥砖

bloco de concreto concrete block 混凝土砌块

bloco de coroamento coping block （桩基础基桩之上的）承台

bloco de corte cutter block 组合铣刀

bloco de derivação junction block 接线块

bloco da derivação do chicote de fiação wiring harness junction block 线束接线块

bloco de desmoronamento falling rock 崩落岩块

bloco de divisória partition block 隔墙砌块

bloco de empuxo push block 顶推座

bloco de empuxo amortecedor cushion push block 缓冲式顶推座

bloco de enchimento filler block 填块

bloco de ensaio test block, test specimen 试块

bloco de escórias slag block 矿渣砌块

bloco de estanho tin block 锡块

bloco de extremidade vazada open-end block 敞口砌块

bloco de face cortada split-face block 裂纹式砌块

bloco de falha fault block 断裂地块

bloco de fixação fixing block 受钉块

bloco de forma manual hand form block 手工成形模

bloco de fundação foundation block 基础块体

bloco do gancho hook block 带钩滑车

bloco de gavetas com rodas file cabinets on castors 带脚轮矮柜

bloco de gelo ice floe 浮冰块

bloco de gesso gypsum block 石膏砌块

bloco de granito granite block 花岗石块料

bloco do grupo gerador unit bay, set bay 机组段

bloco de habitação domestic block 住宅楼宇

bloco de imersão mattress （护堤用的）沉床；沉排

bloco de imposta impost block 柱头拱墩

bloco de inércia inertia block 惯性块

bloco de informações information block 信息模块

bloco de jamba ⇨ bloco de caixilho

bloco de junção ⇨ bloco de derivação

bloco de junta de controle control-joint block 控制缝块

bloco de linha line block 绳滑车

bloco de lintel lintel block 过梁砌块

bloco de madeira square log 枋材

bloco de matriz die block 块形模体

bloco de motor engine block 发动机缸体，发动机组

bloco de paramento faced block 盖面砌块，饰面砌块

bloco de peitoril ⇨ bloco de soleira

bloco de pilastra pilaster block 壁柱砌块

bloco de plinto plinth block 底座砌块

bloco de queda ⇨ bloco dissipador da calha

bloco de radiador radiator block 散热器组

bloco de remate cap block, coping block 压顶块

bloco de rocha rock block 岩石块

bloco de soleira sill block 窗台砌块
bloco de tabique screen block 镂空墙砖
bloco de terminais terminal block 接线盒
bloco de transformadores bank of transformers 变压器组
bloco de umbral ⇨ bloco de caixilho
bloco de vedação backing brick 填充砖
bloco de vidro glass block 玻璃砖
bloco de viga de amarração bond-beam block 组合梁砌块
bloco deflector splitter (spillways) 分流墩
bloco-diagrama block-diagram 框图；方块图；立体地质剖面图
bloco digestor block digester 热板消化器
bloco dissipador baffle block, impact block 消力墩
bloco dissipador da calha chute block 陡槽消力墩
bloco em V V block V 形架
bloco errático erratic block 漂砾
bloco esconso kneeler 山墙角石
bloco esquadrejado squared block 方形块
bloco estriado striated boulder 擦痕巨砾；擦痕漂砾
bloco exótico exotic block 外来岩块
bloco fixo fixed block 固定块
bloco glaciário glacial block 冰川块
bloco-guia guide block 导块，滑块
bloco isolante insulating block 绝热砌块
bloco laminado laminated block 层压块
bloco leve light block 轻型砌块
bloco liso smooth block 光面砌块
bloco liso escovado brushed smooth block 拉丝面砌块
bloco maciço solid block 实心砌块
bloco operatório operating room 手术室
bloco óptico beam unit 灯光组
bloco padrão gauge block 量块，块规
bloco para aeração nappe interrupter 水舌掺气齿坎
bloco para calcetar paving block 铺路块
bloco peripiano header block 丁头接缝砌块
bloco petrolífero petroliferous block 产油区块
bloco principal main block 主体大厦
blocos rolados stone blocks, great boul-

ders 大块石，巨砾
bloco silenciador silent block 阻尼器；减震器
bloco sílico-calcário sand-lime block 灰砂砌块
bloco solto discrete block 松动岩块
bloco split split block 劈裂面砌块
bloco tectónico tectonic block 构造块体
bloco U U-shaped block 槽形砌块
bloco unitário unit block 单元块
bloco vazado hollow brick 空心砖，空心砌块
bloco viajante travelling block 移动滑车
blomstrandina s.f. blomstrandine, priorite 钇易解石
blondin s.m. blondin, cable crane 索道起重机
bloqueador s.m. locking mechanism, locking device 锁定装置，锁定机构
bloqueador do acelerador accelerator lock 加速器锁
bloqueador da cadeia de corte chain saw locking device 链锯锁固装置
bloqueador da marcha gear interlock 齿轮联锁
bloqueador dos travões brake locking device 制动器锁紧装置
bloqueamento s.m. lock, blockage 锁定，锁紧；（手机，电脑等）锁定
bloquear v.tr. (to) block 锁定，锁紧；（手机，电脑等）锁定
bloqueio s.m. ❶ lock, blockage 锁定，锁紧；（手机，电脑等）锁定 ❷ end cap; drain plug 堵头
bloqueio do conversor de torque torque converter lock 转矩变换器锁
bloqueio do diferencial differential lock 差速锁
bloqueio de gás gas lock 气锁
bloqueio de porta door holder 门扣
bloqueio magnético de porta magnetic door holder 电磁门槽
bloquete s.m. paver [巴] 铺路石
bloquete de pavimentação ⇨ bloquete
bluetooth s.m. bluetooth 蓝牙
boa fé s.f. good faith 诚实信用；真心诚意；

善意

bobina/bobine *s.f.* ❶ wire coil 线圈；簧圈 ❷ winder, bobbin winder 绕线器，络纱机

bobina de aço coil of steel 钢卷，卷钢

bobina de alta tensão high tension coil, magneto high tension coil 高压线圈，高压磁线圈

bobina de baixa perda low-loss coil 低耗线圈

bobina de calibração calibration coil 校准线圈

bobina de detector detector coil 探测器线圈

bobina de excitação exciter coil, energizing coil 励磁线圈

bobina de filtro de cristal crystal filter coil 晶体滤波器线圈

bobina de fio twine ball, twine spool 卷线轴

bobina de freio eléctrico brake coil 制动线圈

bobina de Hemholtz Helmholtz coil 赫姆霍兹线圈，探向器线圈

bobina de ignição ignition coil 点火线圈

bobina de reaquecimento reheat coil 再热器

bobina de seções múltiplas multi-section coil 多单元线圈

bobina de sensor sensor coil 感应器线圈

bobina de Tesla Tesla coil 特斯拉线圈

bobina primária primary coil 一次线圈

bobina relés relay coil 继电器线圈

bobina secundária secondary coil 副线圈；次级线圈；二次线圈

bobinadora *s.f.* coil-winder 绕线机

bobinadora cortadora slitter rewinder machine 分切复卷机

bobinagem *s.f.* winding, coil [集] 线圈，绕组

bobinagem axial axial winding 轴向绕组

bobinagem balanceada balanced winding 均衡绕阻

bobinagem encapsulada encapsulated winding 包封线圈

boca *s.f.* ❶ 1. mouth, port （泛指）口，口状物 2. bocca 熔岩口 ❷ beam 船宽

boca de bueiro culvert entry 涵洞口

boca de carga feeding head 绕丝头；补缩

冒口

boca de cena proscenium 舞台前部

boca de filtro filter tip 过滤嘴

boca de galeria de mina head 水平巷道，（煤矿层中的）开拓巷道

boca de limpeza clean-out hole 清扫口

boca de serra gorge 峡谷

boca de sino bell-mouthed 钟形口

boca de sucção intake pipe socket 进气口

boca de vento forçada forced vent 加压送风口

boca-de-visita manhole 人孔

boca de incêndio *s.f.* fire hydrant 消防栓

boca de incêndio em pescoço de cisne swan neck fire hydrant 鹅颈消防栓

boça-de-chapa *s.f.* monkey face 三角眼铁

boca-de-leão *s.f.* drain pipe, gully 排水管，排水沟

boca-de-lobo *s.f.* ❶ catch basin （装设在下水道入口处的）滤污器；铁箅子 ❷ drain pipe, gully 排水管，排水沟 ❸ clevis U 形钩

bocal *s.m.* nozzle, mouthpiece 管口，容器口；喷嘴

bocal com flange flanged nozzle 凸缘喷嘴

bocal convergente-divergente convergent-divergent nozzle 收敛扩散形喷嘴

bocal de abastecimento (/enchimento) filler neck 加料口，加油口；加油管

bocal de ar air lance 吹管；压缩空气吹风管

bocal de ejector ejector nozzle 喷口；喷射嘴

bocal de enchimento de óleo oil filler 加油口

bocal de enchimento em cotovelo filler elbow 加油管弯头

bocal de esguicho spray nozzle 喷雾嘴

bocal de gás gas port 气口

bocal de injecção de ar blast nozzle 喷气嘴

bocal de jacto jet nozzle 喷嘴

bocal de mangueira hose nipple 软管接头

bocal de purga (/purgação/ sangria) bleed nipple 放气嘴；减压嘴

bocal de vazão flow nozzle 流速喷嘴，测流嘴

bocal fêmea female nozzle 阴喷嘴

bocal injector jet nozzle, injector 喷嘴

bocal roscado nipple 螺纹接管

bocal sónico sonic nozzle 声速喷嘴

bocel *s.m.* ❶ torus 柱基四周的圆凸线脚 ❷ nosing 楼梯踏步的前缘

bocel de segurança safety nosing （楼梯踏步上的）防滑条

bocel lateral tread return 踏板端翼

bocelão *s.m.* large torus 大半圆线脚装饰

bocelinho/bocelino *s.m.* thinnest part of a column 柱子最细的地方

bocete *s.m.* bossette （天花板中央的）图案花饰

bocha *s.f.* bocce 地掷球（运动）

boçoroca *s.f.* gully 冲沟

boehmite *s.f.* boehmite 勃姆石

boghedito *s.m.* boghedite 藻煤

bogie *s.m.* bogie 转向架

bogusito *s.m.* bogusite 淡沸绿岩

bóhrio *s.m.* bohrium 铍

bóia/boia *s.f.* buoy, float 浮标，浮子；浮筒

boia aérea air marker 对空标志

boia CALM CALM Buoy 悬链式锚腿系泊浮筒

bóia do carburador carburetor float 汽化器浮筒

boia de marcação marker buoy 标志浮标，标位浮标

bóia-mola spring buoy 弹力浮筒

boia telemétrica telemetric buoy 遥测浮标

boião *s.m.* jar, pot 罐，壶

boião de tinta paint can 油漆罐

boiler *s.m.* boiler 锅炉

boiserie *s.f.* boiserie 细木护壁板

bojito *s.m.* bojite 角闪辉长岩

Bokeh *s.m.* Bokeh 散景；背景虚化

bola *s.f.* ❶ ball 球，球状物 ❷ ball knob 球状捏手，球形把手

bolas de algodão cotton balls 棉球

bola de argila clay ball 黏土团，黏土球

bola de carvão coal ball 煤层石球，煤结核

bola de demolição wrecking ball 落锤破碎机；破碎球

bola de engate coupling ball 球状连接器

bola-garfo ball clevis 球头挂板

bolbo *s.m.* bulb, bulb shaped part 球状物

bolbo de selagem deadman, anchor block, anchor plate 锚墩，锚块

boldrié *s.m.* shoulder-belt 肩带，肩安全带

boleado ❶ *s.m.* bullnose 外圆角 ❷ *adj.* bullnosed 外圆角的 ❸ *adj.* rounded 磨圆的；滚圆的

boleador *s.m.* melon baller（水果、冰淇淋）挖球器

boleadora *s.f.* bead-tool 旋边工具

boleamento *s.m.* rounding 倒圆角

boleamento de degraus rounding of noses 踏步阳角倒圆角

bolembreano *s.m.* "bolembreano"（葡萄牙的）二等、三等三角点的合称

boletim *s.m.* ❶ bulletin 公报，通报，简报 ❷ form （供填写的）表格

boletim de sondagem boring log 钻井记录

boletim meteorológico weather report 天气简报

boleto *s.m.* ❶ billet 小钢坯 ❷ railhead 轨头；铁路端点 ❸ bill （银行）票据

boleto bancário ❶ bank slip 银行水单 ❷ bank bill [巴] 银行汇票

boleto de cobrança collection voucher 收入传票

boleto de trilho railhead 轨头；铁路端点

boleto de trilho esmagado rail crushed head 压陷轨头

bolha *s.f.* ❶ bubble 泡，泡状物 ❷ blowhole （铸件上的）破孔，气孔，（金属上的）砂眼

bolha de ar ❶ air-bubble 气泡 ❷ blister （玻璃、油漆等的）气泡 ❸ bubble level 气泡水平仪

bolha de gás gas bubble 气泡

bolha em fundição blowhole（铸件上的）破孔

bolha no vidro seed （玻璃中的）气泡

bolha superficial worm-hole 条虫状气孔

boliche *s.m.* bowling 保龄球（运动）

bólide *s.f.* bolide 火流星

bolómetro/bolômetro *s.m.* bolometer 辐射热计

bolor *s.m.* mould 霉；霉菌；霉味

bolsa *s.f.* ❶ bag, pocket 手提袋，袋状物 ❷ pocket 矿穴；矿囊；气囊；气穴；岩石上的凹坑 ❸ bell （承插式接口的）承口 ❹ stock exchange; bourse 证券交易所

bolsa de água water pocket 跌水潭

bolsa de ar downdraft 下降气流

bolsa de ferramentas tool bag 工具袋

bolsa de gás gas pocket 气窝

bolsa da porta door pocket 车门置物盒

bolsa de primeiro socorro (/prontoso-corro) first aid bag 急救包

bolsa de resina pitch pocket 树脂束

bolsa de viagem holdall 旅行包

bolsa e rosca bell-and-spigot 承插接合，承插接头

bolsa embutida insert pocket 嵌件腔

bolsa inflável inflatable bag 充气袋

bolsada *s.f.* ❶ bag 一袋的容量 ❷ ore pile; stockpile 矿堆

bolsão *s.m.* (big) pocket [bolsa 的指大词] 大袋子，大口袋

bolsão de água (/lama) no lastro ballast water pocket 道砟袋，道砟陷槽

bolso *s.m.* pocket 口袋

boma *s.f.* boma （度假村式酒店里用树枝篱笆围出的、通常有篝火的）露天宴会厅

bomba *s.f.* ❶ pump 泵 ❷ gas station 加油站 ❸ span, well (of a staircase) （楼梯）梯井 ❹ bomb 炸弹 ❺ volcanic bomb 火山弹，熔岩球

bomba a pedal ⇨ bomba de pé

bomba alimentadora ⇨ bomba de alimentação

bomba alimentadora auxiliar auxiliary feedwater pump 辅助给水泵

bomba alternativa reciprocating pump 往复泵，往复式泵

bomba aspiradora (/aspirante) sucking-pump 抽气泵；抽吸泵

bomba aspiradora de óleo oil scavenge pump 吸油泵

bomba aspirante-premente force and lifting pump, lift and force pump 吸抽加压泵

bomba atómica atomic bomb 原子弹

bomba autoferrante (/autoescorvan-te) self-priming pump 自吸泵；自注泵

bomba auxiliar auxiliary pump 辅助泵

bomba auxiliar de combustível auxiliary fuel pump 辅助燃油泵，辅助燃料泵

bomba auxiliar de óleo lubrificante auxiliary lubricating oil pump 辅助润滑油泵

bomba axial axial pump 轴流泵

bomba booster (de água) water booster pump 增压泵，增压水泵

bomba "bosta de vaca" cow pie bomb 牛粪状火山弹

bomba calorimétrica calorimeter bomb 氧弹式量热计

bomba centrífuga centrifugal pump, centrifugal-type pump [巴] 离心泵

bomba centrifugadora centrifugal pump [葡] 离心泵

bomba centrifugadora (/centrífuga) de múltiplos estágios multistage centrifugal pump 多级离心泵

bomba centrifugadora (/centrífuga) horizontal horizontal centrifugal pump 卧式离心泵

bomba centrifugadora (/centrífuga) submersa electrical submersible pump (ESP) 电动潜水泵

bomba centrifugadora (/centrífuga) vertical vertical centrifugal pump 立式离心泵

bomba cilíndrica cylindrical bomb 长柱形火山弹

bomba cinética kinetic pump 动力泵

bomba circulante circulating pump 循环泵

bomba côdea-de-pão ⇨ bomba "crosta de pão"

bomba compressora pressure pump 压力泵

bomba cored ⇨ bomba nucleada

bomba "crosta de pão" bread-crust bomb 面包皮状火山弹

bomba de acção dupla dual pump 双泵；双缸泵

bomba de accionamento em tandem tandem drive pump 串联驱动泵

bomba de aceleração acceleration pump 加速泵

bomba de acesso directo direct-acting pump 直动泵；直接作用泵

bomba de ácido acid pump 酸液泵

bomba de água/bomba d'água water

pump 水泵

bomba d'água auxiliar auxiliary water pump 辅助水泵

bomba de água branca clean-water pump 清水泵

bomba de água centrífuga com caixa bipartida split case centrifugal water pump 分体式离心式水泵

bomba de água centrífuga com sucção terminal end suction centrifugal pump 端吸离心泵

bomba de água centrífuga com sucção terminal completas com colchão de inércia end suction centrifugal water pumps complete with inertia pad 带避震垫的端吸离心泵

bomba de água de alimentação de caldeira boiler feed water pump 锅炉给水泵

bomba de água de arrefecimento cooling water pump 冷却水泵

bomba de água de circulação circulating water pump 循环水泵

bomba de água de consumo drinking water pump 生活水泵

bomba de água de injecção injection water pump 喷射水泵

bomba de água do mar seawater pump, salt water pump 海水泵，海水抽水机

bomba de águas de serviço service water pump 服务水泵

bomba de água doce fresh water pump 淡水泵；清水泵

bomba d'água natural raw water pump 原水泵

bomba de água para poço well water pump 井水泵

bomba de água potável potable water pump 食水泵

bomba de água resfriada chilled water pump 冷冻水泵

bomba de álcalis alkaline pump 碱液泵

bomba de aletas vane pump 叶轮泵

bomba de alimentação ❶ feed pump 给水泵 ❷ fuel pump 燃料泵

bomba de alimentação de partida start-up feed pump 起动给水泵

bomba de alta pressão high pressure

pump 高压泵

bomba de anel de água liquid ring pump 液环泵

bomba de aquecimento heat pump 热泵

bomba de ar ❶ air-pump 气泵，空气泵 ❷ tyre inflater 抽气筒；轮胎充气机

bomba de ar comprimido ❶ airlift pump 空气提升泵，气动升液泵 ❷ compressed air pump 压缩空气泵

bomba de ar de turbina turbine air pump 空气涡轮泵

bomba de ar horizontal horizontal air-pump 卧式气泵

bomba de ar manual hand air pump 手动打气泵

bomba de ar seco dry air pump 干空气泵；干气泵

bomba de areia sand pump, sludger 砂泵

bomba de argamassas mortar pump 砂浆泵

bomba de armazenamento storage pump 蓄水泵

bomba de arranque starting pump 起动泵

bomba de aspiração ⇨ bomba aspiradora

bomba de bacia de querenagem dock pump 船坞泵

bomba de betão concrete pump 混凝土（输送）泵

bomba de betão de pistão piston concrete pump 活塞式混凝土泵

bomba de betão de rotor rotor concrete pump 转子式混凝土泵

bomba de bombeamento mecânico sucker rod pump 有杆泵

bomba de cadeia chain pump 链式泵

bomba de calibragem calibration pump 校准泵

bomba de calor heat pump; residual heat removal pump 热泵；余热排出泵

bomba de calor aerotérmica heat pump 蒸汽泵

bomba de carcaça rotativa rotating casing pump 旋转壳体泵

bomba de carga booster pump [安]增压泵

bomba de carretos gear pump 齿轮泵

bomba de cavidade progressiva (BCP) progressive cavity pump (PGP) 螺杆泵

bomba de cimentação cementing pump 注水泥泵，固井泵

bomba de circuito fechado das caldeiras boilers closed loop pump 锅炉闭环泵

bomba de circulação circulating pump, circulation pump 循环泵

bomba de circulação de água water circulating pump 循环水泵

bomba de circulação de água quente hot water circulation pump 热水循环泵

bomba de circulação de água resfriada chilled water circulation pump 冷冻水循环泵

bomba de circulação de lama mud pump 泥浆循环泵

bomba de circulação do líquido de refrigeração coolant pump 冷却液循环泵

bomba de circulação horizontal horizontal circulating-pump 卧式循环泵

bomba de combustível ❶ fuel pump 燃油泵 ❷ gas station 加油站

bomba de compressão force pump 压力泵

bomba de concreto concrete pump 混凝土（输送）泵

bomba de débito variável variable displacement pump 变量泵

bomba de depressão vacuum pump 真空泵

bomba de deslocamento displacement pump 往复式泵

bomba de deslocamento positivo ⇒ bomba volumétrica

bomba de diafragma diaphragm-type pump 隔膜泵

bomba de diafragma movidas a ar comprimido air operated diaphragm pump 气动隔膜泵

bomba de difusão diffusion pump 扩散泵

bomba da direcção steering pump 转向泵

bomba de direção hidráulica power steering pump, P/S pump 动力转向泵

bomba de dois cilindros duplex pump 双缸泵

bomba de drenagem drainage pump 排水泵

bomba de êmbolo piston pump 活塞泵，活塞式泵

bomba de êmbolos com sensor de carga load sensing variable pump 负载感应自调节泵

bomba de êmbolo-membrana piston-diaphragm pump 活塞隔膜泵

bomba de êmbolo rotativo rotating plunger pump 旋转式柱塞泵

bomba de emergência do óleo lubrificante emergency lubricating oil pump 应急润滑油泵

bomba de emergência de selagem emergency sealing pump （应急）密封油泵

bomba de enchimento ❶ filling pump 灌注泵；注油泵 ❷ tyre pump, air pump 轮胎打气泵

bomba de engraxar manual hand operated grease gun 手摇注油枪

bomba de engrenagens gear pump 齿轮泵

bomba de engrenagem de espinha de peixe herringbone gear pump 人字齿齿轮泵

bomba de escorva (/escorvamento) priming pump 起动泵；灌注泵

bomba de esgoto sewage pump, foul water pump 污水泵

bomba de extracção discharge pump 排出泵；排水泵

bomba de extrazão do condensado condensate extraction pump 凝结水泵，冷凝泵

bomba de fluxo misto mixing-flow pump 混流泵

bomba de foles bag pump 风箱泵

bomba de fossa sump pump 凹坑排水泵

bomba de fundo do poço bottom-hole pump 井底泵

bomba de gás gas pump 煤气泵

bomba de gás Humphrey Humphrey gas pump 汉弗莱气泵

bomba de gasolina ❶ petrol pump 汽油泵，供油泵 ❷ gas station （汽油）加油站

bomba de grande profundidade deep well water pump 深井水泵

bomba de hélice propeller pump 螺浆泵
bomba do hidráulico hydraulic lift pump 液压升降泵
bomba de hidrogénio fusion bomb, hydrogen bomb 氢弹
bomba de incêndio fire pump 消防水泵，消防泵
bomba de incêndio de caixa bipartida horizontal horizontal split case fire pump 水平中开消防泵
bomba de incêndio horizontal de accionamento eléctrico electric drive horizontal fire pump 电动水平消防泵
bomba de injecção ❶ injection pump 喷射泵 ❷ grout pump 灌浆泵 ❸ bulk-injection pump 引射泵
bomba de injecção de ar air injection pump 空气喷射泵
bomba de injecção de combustível fuel injection pump 燃料喷射泵
bomba de injecção directa direct-injection pump 直接喷射式燃料泵
bomba de inserção rod pump 杆式泵
bomba de jacto jet pump, injection pump 喷射泵
bomba de jacto de água flush water pump 冲水泵
bomba de jacto de água booster flush water booster pump 冲水增压泵
bomba de jacto de combustível ⇨ bomba injectora de combustível
bomba de lama mud pump 泥浆泵
bomba de lama de alta-pressão high pressure mud pump 高压泥浆泵
bomba de lodos slurry pump, sludge pump 泥浆泵，吸泥泵
bomba de lubrificação grease gun 注油枪
bomba de mão hand-pump, hand operated valve 手泵，手动阀，手摇泵
bomba de membrana ⇨ bomba de diafragma
bomba de mergulhador ⇨ bomba submersível
bomba de napalm napalm bomb 凝固汽油弹
bomba de neutrões neutron bomb 中子弹
bomba de óleo oil pump 油泵，抽油机

bomba de óleo do motor engine oil pump 机油泵
bomba de palhetas vane pump 叶轮泵
bomba de parafusos screw pump 螺杆泵
bomba de pé foot pump 脚踏泵
bomba de piscina swimming pool pump 泳池泵
bomba de pistão piston-type pump 活塞泵，活塞式泵
bomba do porão bilge-pump 舱底泵，舱底水泵
bomba de pressão pressure pump, force-pump 压力泵，压力水泵，加压泵
bomba de pressurização pressurizing pump 增压泵
bomba de produtos químicos chemical pump 化工泵
bomba de profundidade depth bomb 深水炸弹
bomba de recalque (de água) force pump, booster pump 增压泵，压力泵
bomba de recirculação recirculating pump 再循环泵
bomba de recolha de amostra sample pump 采样泵
bomba de recuperação ⇨ bomba de retorno
bomba do reforçador (/reforço) ⇨ bomba premente
bomba de refrigeração coolant pump 冷却液泵
bomba de repuxo water jet pump 喷射泵；喷水泵
bomba de rescaldo bilge pump 舱底泵
bomba de reserva standby water pump 备用水泵
bomba de resíduos sump pump 水仓泵，水窝泵
bomba de resíduos de esgoto do tipo duplex duplex sewage sump pump 双工污水泵
bomba de resíduos de fossa do tipo duplex duplex waste sump pump 双工废水泵
bomba de retorno scavenge pump 回油泵
bomba de retro-lavagem backwash pump 反冲洗泵

bomba de roletas roller vane pump 滚轴叶片泵

bomba de rosário chain pump 链式泵

bomba de secção única single section pump 单节泵

bomba de sucção suction pump 吸水泵, 抽水泵

bomba de suspensão suspension pump 悬挂装置滑油泵

bomba de transferência transfer pump 输送泵

bomba de transferência de lodo mud transferring pump 泥传输泵

bomba da transmissão transmission pump 输送泵

bomba de tratamento de água water treatment pump 水处理泵

bomba de três cilindros triplex pump 三缸泵

bomba de três cilindros de êmbolo triplex plunger pump 三柱塞泵

bomba de tubo Pitot Pitot tube pump 皮托管泵

bomba de turbina turbine pump 涡轮泵; 汽轮泵; 水轮泵

bomba de único estágio single stage pump 单级泵

bomba de vácuo (/vazio) vacuum air pump 真空泵

bomba de vácuo do condensador condenser vacuum pump 凝汽器真空泵

bomba de vapor steam-pump 蒸汽泵

bomba de verificação de pressão pressure testing pump 试压泵

bomba diagonal diagonal pump 斜流泵

bomba distribuidora de combustível fuel dispensing pump 燃油分配泵

bomba dosadora dosing pump [巴] 计量泵

bomba doseadora dosing pump [葡] 计量泵

bomba doseadora de membrana diaphragm dosing pump 隔膜计量泵

bomba doseadora de membrana electromecânica electromechanical diaphragm dosing pump 机电式隔膜计量泵

bomba duplex duplex pump 双缸泵

bomba ejectora ejector pump 喷射泵

bomba electromagnética electromagnetic pump 电磁泵

bomba elevatória lift pump 提升泵

bomba elevatória de combustível fuel lift pump 升油泵

bomba em fita ribbon bomb 长扁形火山弹

bomba em fuso ➪ bomba fusiforme

bomba em linha in-line plunger piston pump 直列式柱塞泵

bomba esférica spherical bomb 椭球形火山弹

bomba excêntrica espiral Mono mono pump, eccentric worm screw pump 偏心螺杆泵

bomba fixa fixed pump 固定泵

bomba flutuante floating pump 浮动泵

bomba fusiforme fusiform bomb, spindle bomb 纺锤形火山弹

bomba gástrica stomach pump 洗胃器

bomba helicoidal helicoidal pump 螺旋泵

bomba hidráulica hydraulic pump 液压泵

bomba hidráulica de jacto hydraulic jet pumping 水力喷射泵

bomba hidrófora hydrophore pump 保压泵

bomba hidropneumática pneumatic control hydraulic pump 气动控制液压泵

bomba horizontal horizontal pump 卧式泵

bomba incendiária incendiary bomb 燃烧弹

bomba injectora ➪ bomba de injecção

bomba injectora de combustível fuel injection pump 燃油喷射泵

bomba insertável ➪ bomba de inserção

bomba jockey (/jóquei) jockey pump 稳压泵

bomba magnética magnetic drive pump 磁力泵

bomba mecânica mechanical pump 机械泵

bomba monobloco monoblock pump 单体泵, 整装泵

bomba multiestágios multistage pump
多级泵
bomba multifásica multiphase pump 多
相泵
bomba multifásica de parafuso screw
multiphase pump 螺杆式多相混输泵
bomba multifásica duplo-parafuso
twin-screw multiphase pump 双螺杆式多
相泵
bomba multifásica helicoaxial helico-axial multiphase pump 螺旋轴流式混
抽泵
bomba nucleada cored bomb 结核火山弹
bomba nuclear nuclear bomb 核弹
bomba para águas servidas sewage
pump 污水泵
bomba para celulosa cellulose pulp
pump 黏浆泵
bomba para dragagem dredge pump 吸
泥泵；挖泥泵；排泥泵；泥浆泵
bomba para drenagem drainage pump
排水泵
bomba para líquidos químicos chemical liquid pump 化学液体泵
bomba para lixívia lye pump 耐碱泵
bomba para massas fibrosas fiber stuff
pump 纤维浆料泵
bomba para mineração e serviços pesados heavy duty mine pump 重型矿用泵
bomba para pneus tire pump 打气筒，轮
胎打气泵
bomba para poços well pump 井泵，井
水泵
bomba para produtos alimentícios
foodstuff pump 食物浆液泵
bomba periférica peripheral pump 旋涡泵
bomba peristáltica peristaltic pump 蠕
动泵
bomba pneumática pneumatic pump,
air-operated pump 气动泵
bomba pneumática de duplo diafragma compressed air double membrane
pump 双隔膜空气压缩泵
bomba premente force-pump 增压泵
bomba principal main pump 主泵
bomba principal de óleo combustível
main fuel oil pump 主燃油泵

bomba principal de selagem main sealing pump 主密封泵
bomba regenerativa regenerative pump
再生泵
bomba relé booster pump 旋涡泵；周边泵
bomba-relógio time bomb 定时炸弹
bomba reversível reversible impeller
pump 双向叶轮泵
bomba rotativa rotary pump 回转泵，转
子泵，旋转泵
bomba rotativa multicelular rotary
vane pump 旋转叶片泵
bomba rotodinâmica rotodynamic
pump 回转动力式泵，转子动力泵
bomba secundária gathering pump 辅
助泵
bomba submarina aerial depth charge 空
投深水炸弹
bomba submersa para poço deep well
submersible pump 深井潜水泵
bomba submersível (/submergível/
submersa) submersible pump 潜水泵
bomba submersível de esgoto submersible sewage pump 潜水排污泵
bomba submersível vortex submersible
vortex pump 旋流潜水泵
bomba triplex triplex pump [巴] 三缸泵
bomba triplex de êmbolo triplex plunger pump [巴] 三柱塞泵
bomba vertical vertical pump 立式泵
bomba voadora robot bomb 自动航导弹
bomba volumétrica volume pump, volumetric pump, positive displacement pump
容积泵，容积式泵
bomba vulcânica volcanic bomb 火山弹，
熔岩球
bombagem s.f. pumping 泵送，帮浦，抽吸
bombagem centrífuga submersa electrical submersible pumping 电动潜水泵送
bombagem em vazio pump-off 泵出
bombagem hidráulica hydraulic pumping 液压泵送
bombagem multifásica submarina
subsea multiphase pumping 海底多相泵送
bombar v.tr. (to) pump 泵，泵送
bombardeira s.f. embrasure （ 防御工事上

的）炮眼

bombardeiro *s.m.* bomber 轰炸机

bombeabilidade *s.f.* pumpability 可泵（送）性；泵送能力

bombeabilidade do cimento cement pumpability 水泥泵送性

bombeamento *s.m.* ❶ bombardment 轰炸 ❷ pumping 泵送，帮浦，抽吸

bombear *v.tr.* ❶ (to) bombard 轰炸 ❷ (to) pump 泵，泵送 ⇨ bombar

bombeio *s.m.* ⇨ bombagem

bombeiro *s.m.* ❶ firefighter 消防员 ❷ boiler man 锅炉操作员

bombona *s.f.* plastic drum 塑料桶

bombona plástica ⇨ bombona

bombordo *s.m.* port 左舷

bond breaker *s.m.* bond breaker 防黏结材料；黏合分隔材料

bonde *s.m.* streetcar, tram 有轨电车

boneca *s.f.* ❶ sideroom 门垛 ❷ polishing pad; small bag for polishing 抛光垫；抛光小布包 ❸ doll 黄土结核

boneca-de-areia sand doll 沙结核

boneca-de-loess loess doll 黄土结核

boninito *s.m.* boninite 玻安岩

bonsai *s.m.* potting, pot culture, potted plants 盆栽（技术）；盆栽植物

booster *s.m.* booster 升压器，增压器

boqueirão *s.m.* street ending at a river (or canal) 通往河口的路

boracite *s.f.* boracite 方硼石

boralloy *s.m.* boralloy 硼合金

borato *s.m.* borate 硼酸盐

bórax *s.m.2n.* borax 硼砂

borboleta *s.f.* ❶ 1. butterfly valve 蝶阀，节流装置 2. mixture controller 混合比调节器 ❷ turnstile 旋转式栅门，回转栏

borboleta do acelerador throttle butterfly 蝶形节流阀

borboleta do carburador throttle plate 化油器节流板；节流孔板

borboleta reguladora de ar air strangler; choke disc 阻风门，阻风盘

borbulhador *s.m.* bubbler 喷水式饮水口

borda *s.f.* ❶ 1. brink, edge 边缘 2. bank, margin 海岸 3. shoulder, hard shoulder (road) 路肩 4. board 甲板 ❷ cutting edge 切削刃

borda central de ataque stinger 入土铲刃

borda cortante cutting edge 切削刃

borda cortante aparafusada bolt-on cutting edge 螺栓连接切削刃

borda cortante curva curved cutting edge 弧形切削刃

borda cortante em V V-cutting edge V 形切削刃

borda cortante para caçambas bucket cutting edge 铲斗铲刃

borda cortante parafusada substituível replaceable bolt-on cutting edge 可替换的螺栓连接切削刃

borda cortante plana flat cutting edge 平切削刃

borda cortante reta straight cutting edge 直切削刃

borda cortante revirada wrap-around cutting edge 环绕型切削刃

borda cortante tipo pá spade-type cutting edge 铲形切削刃

borda de aplicação geral general purpose edge 通用切削刃

borda de ataque leading edge 前缘

borda de ataque da lâmina blade point, blade toe 入土铲刃

borda de caçamba aparafusada bolt-on bucket edge 螺栓连接铲斗刃

borda de fuga trailing edge 后缘

borda da plataforma shelf edge 陆架边缘

borda do tambor drum edge 碾轮边缘

borda da válvula valve lip 气门凸缘

borda externa outer edge 外缘

borda-falsa bulwark 甲板栏栅

borda livre freeboard 干舷，出水高度

borda livre molhada distance between designed flood level and maximum operating level （水坝）最高运行水位和设计洪水位之间的高差

borda livre seca distance between designed flood level and dam crest （水坝）设计洪水位和坝顶之间的高差

borda niveladora grader edge 平地机铲刃

borda padronizada standardized edge 标准化铲斗刃

borda para rocha em V com dentes

toothed V-type rock edge 带齿 V 形铲刀刃

borda plana aparafusada flat bolt-on edge 螺栓连接铲斗刃

borda pontiaguda jagged edge 锯齿形铲斗刃

borda serrilhada (/serreada) serrated edge 锯齿形切削刃

borda vedadora flexível soft rubber lip seal 软橡胶唇形密封

bordado *s.m.* embroidery; needlework 刺绣；刺绣品

bordadura *s.f.* ❶ boundary 边缘 ❷ surround sound 环绕声，环绕音效

bordeaux *adj.2g.,s.m.* burgundy 酒红色（的）

bordereau/borderô *s.m. pl.* bordereaux 银行回单；业务报表

bordo *s.m.* edge, margin 岸，边

bordo a (/contra) bordo edge to edge 边缘到边缘的

bordo de empena barge cornice 山墙的斜屋檐

bordo de fuga trailing edge 后缘

bordo de fuga da lâmina blade trailing edge 叶片出汽边

bordo de plataforma platform edge 台地边缘

bordo lateral raking cornice 斜屋檐

boreal *adj.2g.* boreal 北的，北方的

borescópio *s.m.* borescope 管道镜；光学孔径仪

boretação *s.f.* boration 硼化

bóhrio (Bh) *s.m.* bohrium (Bh) 铍，107 号元素

borla *s.f.* tassel 穗子，流苏；流苏状装饰物

bornadeira *s.f.* unedged sawn timber 毛边锯材

borne *s.m.* ❶ terminal, terminal post 端子；接线柱 ❷ binding-screw 紧固螺钉，接线螺钉 ❸ alburnum 边材

borne autodesnudante insulation displacement connector 绝缘位移连接器

borne com parafuso screw terminal 螺丝接线端

borne da bateria battery connector 电池连接器

borne de pressão binding-screw 紧固螺钉，接线螺钉

borne para solda soldering terminal 焊片

borneira *s.f.* terminal block 接线板；接线盒

bornite *s.f.* bornite 斑铜矿

boro (B) *s.m.* boron (B) 硼

boro em aço boralloy 硼合金

borolanito *s.m.* borolanite 霞榴正长岩

boronização *s.f.* boronizing 渗硼，硼化处理

borra *s.f.* sledge 污泥，油泥

borra ácida acid sludge 酸性淤渣，酸性污泥

borra de petróleo petroleum sludge 石油污泥

borracha *s.f.* ❶ rubber 橡胶 ❷ rubber part, rubber strip 橡胶件，橡胶条

borracha alveolar foam rubber 泡沫橡胶

borracha butílica butyl rubber 丁基橡胶

borracha clorada chlorinated rubber 氯化橡胶

borracha crua raw rubber 生橡胶

borracha de cloropreno chloroprene rubber 氯丁橡胶

borracha de nível spirit level 气泡水准仪

borracha de palheta wiper rubber 雨刮器橡胶

borracha de recheio rubber filler 橡胶填料

borracha de silicone silicone rubber 硅橡胶

borracha de vedação weatherstripping, rubber seal （门或窗的）挡风雨条，橡胶密封条

borracha esponjosa sponge rubber 海棉橡胶

borracha etileno-propileno (EPR) ethylene propylene rubber (EPR) 乙丙橡胶

borracha etileno-propileno-dieno (EPDM) EPDM (ethylene-propylene-diene monomer) 三元乙丙橡胶

borracha natural natural rubber 天然橡胶

borracha-nora nora-rubber 诺拉橡胶

borracha química chemical rubber 化工橡胶

borracha resiliente resilient rubber 弹性橡胶

borracha sintética synthetic rubber 合成橡胶

borracha vulcanizada vulcanized rubber

硫化橡胶

borracharia *s.f.* ❶ rubbers, rubber works [集] 橡胶；橡胶工程 ❷ rubber factory 橡胶工厂

borracheiro *s.m.* ❶ latex collector 收胶员 ❷ tire fitter 轮胎装配工

borrachudo *s.m.* pavement settlement 路面沉降

borrasca *s.f.* tempest, thunderstorm 暴风雨

borrifar *v.tr.* (to) spray 喷淋

borrifo *s.m.* spray 喷淋

bort *s.m.* bort 圆粒金刚石

bosque *s.m.* bush 灌木丛，树丛

bossa *s.f.* boss 凸饰，饰钮；轮球，轴毂
bossa para chaveta key boss 键（连接的）轮毂

bossagem *s.f.* bossage; raised panel 凸饰；凸镶板，凸嵌板

bostonito *s.m.* bostonite 淡歪细晶岩

bota-dentro *s.m.* borrow pit 取土坑，借土坑

bota-fora *s.m.* ❶ 1. disposal （土方开挖后的）弃土 2. spoil dump, waste disposal area 弃土堆，弃渣场 ❷ launching (of a ship) 船下水

botão *s.m.* ❶ button, push button 按钮 ❷ knob 球形把手；旋钮 ❸ road stud, reflecting road stud （用胶水固定的）道钉，反光道钉 ❹ *pl.* ballflower 球形花饰

botão Champagne plum blossom screw 梅花手柄螺丝

botão do afogador choke knob 扼流旋钮

botão de ajuste adjustment knob 调节旋钮

botão de ajuste de altura height adjustment knob 调高旋钮

botão de arranque start button 启动按钮

botão de buzina horn button 喇叭按钮

botão de chamada call button 呼叫按钮

botão de comando control knob, push button 控制钮

botão de contacto contact stud 接触钉；接触柱

botão de emergência emergency push button 紧急按钮

botão de focagem focusing knob 调焦旋钮

botão de informação information button 信息钮

botão de parada de emergência emergency stop button, emergency shut-off button 紧急关停按钮，紧急止动按钮

botão de pressão ❶ push button 按钮 ❷ popper 摁扣

botão de puxar e empurrar push-pull knob 推拉手把

botão de regulagem ⇨ botão de ajuste

botão de travamento cut-off key 切断按钮，制动按钮

botão rotativo knob 旋钮

botão tipo liga-desliga push button switch 按钮开关，开关按钮

botaréu *s.m.* buttress 扶垛，支墩

botas *s.f.pl.* boots 靴子

botas com biqueira de aço steel-tipped boots 钢头靴

botas com palmilha e biqueira de aço boots with steel bottom and steel head 钢头钢底靴

botas de borracha rubber boots 橡胶靴

botas de borracha cano alto tall rubber boots 高筒橡胶靴

botas de chuva rain boots 雨靴

botas de escalada climbing boots 登山靴

bote *s.m.* boat; skiff 小船，小艇

bote pneumático inflatable dinghy 充气船

bote salva-vidas liferaft 救生筏

botija *s.f.* bottle 罐子，坛子，瓶子

botija de água quente hot water bottle 热水袋

botija de gás gas cylinder 煤气罐

botijão *s.m.* bottle 大钢瓶，大煤气罐

botoeira *s.f.* ❶ buttonhole 扣眼；钮扣孔 ❷ push button 按钮

botoeira pendente pendant push button 悬挂按钮

botoneira *s.f.* push button panel; push button 按钮面板；按钮

botoneira de alarme manual inteligente intelligent manual call point 智能手动报警按钮

botoneira de disparo call point （火灾）报警按钮

botoneira manual analógica endereçável analogue addressable manual call point 模拟寻址手动报警按钮

botrióide/botrioidal *adj.2g.* botryoidal 葡萄状（构造）的

bottoming cycle *s.m.* bottoming cycle 后发电循环，底循环

bouclé *s.m.* bouclé 结子花式线

boudinage *s.m./f.* boudinage 香肠构造

boundstone *s.f.* boundstone 黏结灰岩

bournonite *s.f.* bournonite, berthonite 车轮矿

bóveda *s.f.* vault 拱顶

bovinicultura *s.f.* cattle breeding 养牛

bovino *s.m.* bovine 牛，牛科动物

bovino para produção de carne beef cattle 肉牛

bowenite *s.f.* bowenite 硬绿蛇纹石，鲍文玉

bowlingite *s.f.* bowlingite 包林皂石

bowmanite *s.f.* bowmanite 羟磷铝锶石

bowralito *s.m.* bowralite 透长伟晶岩

braça *s.f.* ❶ (fath) fathom (fath) 英寻（英制长度单位，合 1.8288 米）❷ "braça" 葡制寻（合 2.2 米）

braçadeira *s.f.* brace, band, clamp 箍，夹

braçadeira da barra de direção tie rod clamp 系杆夹

braçadeira de cabo cable clamp 电缆夹具

braçadeira de canto corner brace 角撑

braçadeira de escape exhaust clamp 排气管夹

braçadeira de fileira angle brace, bracket 角撑，隔撑

braçadeira da mangueira hose clamp 管箍

braçadeira da mola spring clamp 弹簧卡子

braçadeira da ponteira tail pipe clamp 尾管夹

braçadeira do silencioso muffler clamp, muffler strap 消声器夹

braçadeira de suporte sway brace 抗摇系杆

braçadeira de suspensão hanger 梁托

braçadeira do telescópio strut brace 撑杆臂

braçadeira para tubos pipe-clip, pipe-saddle 管道支座

braçadeira roscada threaded clamp 螺纹管箍

braçal *adj.2g.* brachial 手工的（活计）

bracelete *s.m.* brace, band, clamp 箍，夹

bracianito *s.m.* braccianite 富白碱玄岩

braço *s.m.* ❶ arm 臂，臂状物，杆 ❷ river branch 河道支流；河流叉道

braço angulável angle brace 角撑，角铁撑

braço apalpador feeler arm 探针臂

braço auxiliar idler arm 空转臂

braço basculante swivel arm 转臂

braço de ajustagem adjusting arm 弹簧调整臂

braço de alavanca ❶ lever arm 杠杆臂 ❷ moment arm 力臂

braço de avental apron arm 闸门臂

braço de buldôzer bulldozer brace 推土机撑臂

braço de caixilho casement stay 窗风撑，窗风钩

braço de controle control arm 控制臂

braço de desengate trip arm 松放杆

braço de deslocamento central center-shift link 转盘连杆

braço da direcção steering arm 转向臂

braço de elevação ⇨ braço de levantamento

braço de empuxo push arm 推手，推动杆

braço de (montagem do) escarificador scarifier mounting arm 松土机挂接臂

braço de escavadeira stick 铲斗柄

braço de excêntrico cam arm 凸轮摇臂

braço do fonocaptador pick-up arm 拾音器臂

braço de fundo retrátil pivoting floor arm 转动底板臂

braço de inclinação tilt arm 倾斜臂，倾斜杆

braço de levantamento lift arm 提升臂

braço de ligação yoke 轭

braço de manivela crank arm 曲柄臂

braço de maré tidal inlet 进潮口

braço de momento moment arm 力臂

braço de nónio vernier arm 游标臂

braço do queimador flare boom 火炬臂，燃烧臂

braço de rio river branch 河道支流；河流叉道

braço de suporte supporting arm, mounting arm 支臂，托臂

braço de tracção draft arm 牵引臂

braço de tracção da lâmina dozer push arm 推土机的推臂

braço de transferência transfer arm 转送臂

braço de virabrequim crankshaft throw 曲轴行程；曲轴弯程

braço desarmador ⇒ braço de desengate

braço inclinado inclined cross arm 倾斜式横向臂

braço inferior do hidráulico ❶ lower link 下连杆 ❷ drawbar 牵引杆

braço morto oxbow, dead arm 牛轭湖

braço móvel movable arm, removable arm 动臂

braço oscilante control arm 控制臂

braço pantográfico pantograph 导电弓

braço pitman pitman arm 转向摇臂

braço porta-escovas brush-holder arm 电刷握柄

braço principal inner boom 内（起重）机臂

braço radial radial arm 旋臂

braço secundário outer boom 外（起重）机臂

braço superior top clamp (logging fork) 上夹钳

braço superior do hidráulico top link, upper link 上连杆

braço telescópico telescopic arm 伸缩臂

braço tensor tension arm 张力臂

braço traccionador ⇒ braço de tracção

braço transversal cross arm 横臂

braçolas s.f.pl. coaming 围板

bradal s.m. bradawl 打眼钻，锥钻

braille s.m. braille 盲文

brainstorming s.m. brainstorming 头脑风暴

brain trust s.m. brain trust 智囊团

branco adj.,s.m. white 白色的；白色

branco de antimónio antimony white 锑白

branco de chumbo (/ceruma) lead white 铅白

branco de zinco white zinc 白锌；氧化锌

branco fixo fixed white 硫酸钡

branco leitoso milk white 乳白色

branda s.f. soft rock 软石；软岩

brandal s.m. shroud 支索

brando adj. soft, mild 软的，柔软的

brandbergito s.m. brandbergite 正长英云细晶岩

branqueação s.f. whitewashing 粉刷，刷白

branqueamento s.m. laundering, bleaching 洗涤，洗白，漂白

branqueamento de capitais (/dinheiro) money laundering 洗钱

braquianticlinal s.m. brachyanticline 短背斜

braquissinclinal s.m. brachysyncline 短向斜

brasagem s.f. brazing 钎焊

brasagem forte hard soldering 硬钎焊

brasagem fraca soft soldering 软钎焊

brasilianite s.f. brazilianite 磷铝钠石，巴西石

brasilite s.f. baddeleyite 斜锆石

brattice s.f. brattice 临时木构

braunite s.f. braunite 褐锰矿

brecagem s.f. turning radius （车辆）转弯半径

brecha s.f. ❶ breccia 角砾岩 ❷ breach, gap, opening 裂缝，裂口

brecha aloclástica alloclastic breccia 火山碎屑角砾岩

brecha alodápica allodapic breccia 浊积角砾岩

brecha argilosa clayey breccia 泥质角砾岩

brecha autoclástica autoclastic breccia 自生碎屑角砾岩

brecha autóctone autochthonous breccia 原地角砾岩

brecha calcária calcareous breccia 钙质角砾岩

brecha cataclástica cataclastic breccia 碎裂角砾岩

brecha de ablação ablation breccias 溶解角砾岩，消融角砾岩

brecha de avalancha avalanche breccia 岩崩角砾岩

brecha de carreamento overthrust breccia 逆掩断层角砾岩

brecha das cavernas cave breccia 洞穴角砾岩

brecha de colapso collapse breccia 塌陷角砾岩

brecha de contacto contact breccia 接触角砾岩

brecha de dessecação desiccation breccia 干裂角砾岩

brecha de diápiro de sal salt-dome breccia 盐丘角砾岩

brecha de enchimento solution breccia, fill breccia 溶塌角砾岩

brecha de erupção eruption breccia 喷发角砾岩

brecha de escorregamento slump breccia 崩滑角砾岩，坍塌角砾岩

brecha de explosão explosion breccia 爆发角砾岩

brecha de falha fault breccia 断层角砾岩

brecha de impacto impact breccia 撞击角砾岩

brecha de ossos bone breccia 骨角砾岩

brechas de trapes trappoid breccias 暗色岩状角砾岩

brecha de vertente slope breccia 坡积角砾岩

brecha elástica clastic breccia 碎屑角砾岩

brecha eluvial eluvial breccia 残积角砾岩

brecha eruptiva eruptive breccia 喷发角砾岩；火成角砾岩

brecha espeleolítica cave breccia, speleolithic breccia 洞穴角砾岩

brecha fina fine crush breccia 细角砾岩

brecha fragmentar crush breccia 压碎角砾岩

brecha glaciária glacial breccia, tillite 冰川角砾岩

brecha homomíctica homomictic breccia 单成分角砾岩

brecha ígnea igneous breccia 火成角砾岩

brecha interformacional (/intraformacional) interformational breccia 层内角砾岩

brecha intrusiva intrusive breccia 侵入角砾岩

brecha monogénica monogenic breccia 单成分砾岩

brecha oligomíctica oligomictic breccia 单成分砾岩

brecha pedogénica pedogenic breccia

brecha piroclástica pyroclastic breccia 火山角砾岩

brecha poligénica polygenic breccia 复成分角砾岩

brecha recifal reef breccia 礁角砾岩

brecha salífera saliferous breccia, evaporite solution breccia 盐溶角砾岩

brecha sedimentar sedimentary breccia 沉积角砾岩

brecha tectónica tectonic breccia 构造角砾岩

brecha vulcânica volcanic breccia 火山角砾岩

brecheação/brechificação *s.f.* brecciation 角砾岩化

bréchico *adj.* (of) breccia 角砾岩的

brechiforme *adj.2g.* brecciform 似角砾岩的

brechóide *adj.2g.* breccioid 似角砾岩的

breezeway *s.f.* breezeway 有顶的通路

brejo *s.m.* marsh, fen, swamp 沼泽

breque *s.m.* break 刹车装置

breu *s.m.* pitch 沥青，人造沥青

brevê *s.m.* brevet 飞机驾照，航空器驾驶员执照

brewsterite *s.f.* brewsterite 锶沸石

briartite *s.f.* briartite 灰锗矿

brigada *s.f.* brigade （军队编制）旅

brilhante *adj.2g.* shiny 亮的，有光泽的

brilho *s.m.* ❶ brightness 亮度 ❷ luster, gloss 光泽

brilho adamantino adamantine luster 金刚光泽

brilho desconfortável discomfort glare 不舒适眩光

brilho gorduroso greasy luster 油脂光泽

brilho incapacitante disabling glare 失能性眩光

brilho metálico metallic luster 金属光泽

brilho nacarado nacreous luster 珍珠光泽

brilho ofuscante blinding glare 失明眩光

brilho porcelanóide porcelainous luster 陶瓷光泽

brilho resinoso resinous luster 树脂光泽

brilho sedoso silky luster 丝绢光泽

brilho subadamantino subadamantine luster 亚金刚光泽

brilho submetálico submetallic luster 亚金属光泽

brilho vítreo vitreous luster, glassy luster 玻璃光泽

brinde s.m. present 赠品

brinquedoteca s.f. toy room 儿童游玩区，玩具间

briomol s.m./f. bryomol 苔藓虫-软体动物组合碳酸盐岩

brionoderma s.m./f. bryonoderm 苔藓虫-棘皮组合碳酸盐岩

brisa s.f. breeze 微风

brise-soleil s.m. brise-soleil 遮阳屏板；窗户前的遮阳板

brita s.f. crushed rock 碎石

brita corrida crusher run stone 机轧碎石

brita fina fine crushed rock 细碎石

britabilidade s.f. crushability 可碎性

britadeira s.f. stone breaker 轧碎机；碎石机

britadeira portátil portable breaker, jackhammer 手持式凿岩机

britadeira primária primary breaker 初级破碎机；初碎机

britado adj. crushed 压碎的

britador s.m. stone breaker 轧碎机；碎石机

britador cônico cone crusher 圆锥破碎机

britador de lastro ballast crush 道砟轧碎机

britador de mandíbulas jaw crusher 颚式破碎机

britador de rolos (/cilíndros) roller crusher 滚筒式碎石机

britador giratório gyratory crusher 回转压碎机

britador para moer o gelo ice crusher 碎冰机

britador primário primary crusher 粗碎机，初级破碎机

britador secundário secondary crusher 二级破碎机

britador terciário tertiary crusher 三级破碎机

britagem s.f. breaking, crushing, trituration 粉碎，碾碎

britar v.tr. (to) break, (to) crush, (to) triturate 粉碎，碾碎

broa s.f. circular brick（砌圆柱用的）圆形砖

broca s.f. drill bit; drag bit 钻头；切削型钻头

broca ajustável expanding bit 扩孔钻头

broca antiwhirl anti-whirl drill bit 抗回旋钻头

broca anular annular bit 环形钻；环形钻头

broca anular de pedra annular borer 套环钻

broca Banka Banka drill 冲积层勘探钻

broca batedeira churn drill 旋冲钻

broca bicêntrica bicentric bit 双心钻头

broca bicónica bicone bit 双牙轮钻头

broca chata flat drill 扁钻；平钻

broca cilíndrica cylinder bit 圆柱钻

broca de alta velocidade high speed drill 高速钻头

broca de alvenaria masonry drill 石工钻头

broca de cabeça cilíndrica plug center bit 插头中心钻

broca de calibre activo active-gauge bit 有效保径钻头

broca de canhão gun drill 枪钻

broca de central center drill 中心钻

broca de cones roller-cone bit（多）牙轮钻头

broca de contrapunçoar countersunk drill 埋头钻

broca de dentes de aço steel-tooth bit 钢齿钻头

broca de diamante diamond bit 金刚石钻头

broca de diâmetro máximo full-gauge bit 原尺寸钻头，全径钻头

broca de disco disc bit 圆盘滚刀

broca de eixo oco hollow stem auger 中空螺旋钻

broca de escatelar slotting bit 斜刻刀

broca de início de perfuração spudding bit 开眼钻头

broca de mineração jumper 冲击钻杆

broca de percussão percussion drill 冲击钻

broca de perfuração drilling bit 钻头

broca de rocha rock drill 凿岩机

broca de roquete ratchet-drill 棘轮钻

broca de segurança safety drill 安全钻头

broca de solo ground auger 地钻；土钻

broca de testemunhagem core bit 岩心钻头，取心钻头

broca de três pontas three point bit 三尖钻头

broca de tripé tripod drill 三脚架式钻机

broca em espiral helical drill 螺旋面钻

broca francesa ⇨ broca chata

broca gasta ⇨ broca moída

broca giratória ⇨ broca batedeira

broca helicoidal twist drill 麻花钻，螺旋钻

broca moída milled bit [葡] 铣齿钻头

broca para carpintaria wood drill 木工钻头

broca para destruição milled bit [巴] 铣齿钻头

broca para pedra aiguille 钻石器

broca PDC PDC bit 聚晶金刚石钻头

broca-piloto pilot bit 导向钻头，领眼钻头，超前钻头

broca plana spade bit 铲形钻头

broca pneumática pneumatic drill 气钻

broca rabo de peixe fishtail bit 鱼尾钻头

broca radial radial drill 摇臂钻

broca rotativa rotary drill 旋转钻机

broca tricónica three-cone bit, tricone bit 三牙轮钻头

broca vertical jig borer 坐标镗床

brocadora-perfuradora *s.f.* axial post hole digger 轴向螺旋挖坑机

brocadora-perfuradora axial axial post hole digger 轴螺旋挖坑机

brocadora-perfuradora descentrada offset post hole digger 偏置螺旋挖坑机

brocantite *s.f.* brochantite, warringtonite 水胆矾

brocatelo *s.m.* brocatelle 彩花石，彩色大理石

brocha *s.f.* ❶ tack 大头钉 ❷ axle-pin 轴销

brochadeira ❶ *s.f.* broaching machine 拉床；剥孔机，铰孔机

brochadeira vertical vertical broaching machine 立式拉床

brochamento *s.m.* broaching 拉削；拉孔

brochura *s.f.* brochure 宣传册，小册子

brochura de dobragem em C basic fold brochure C 形折页，普通折页，关门折页

brochura de dobragem em Z accordion fold brochure Z 形折页，风琴折页

brogito *s.m.* broggite 褐地沥青

bromargirite *s.f.* bromargyrite 溴银矿

bromato *s.m.* bromate 溴酸盐

brometo *s.m.* bromide 溴化物

bromito *s.m.* bromite 亚溴酸盐

bromo (Br) *s.m.* bromine (Br) 溴

bromofórmio *s.m.* bromoform 溴仿，三溴甲烷

bronze *s.m.* bronze 青铜

bronze ao silício ⇨ bronze-silício

bronze alumínico aluminum bronze 铝青铜

bronze arquitectónico architectural bronze 建筑青铜

bronze comercial commercial bronze 工业用铜

bronze de alto teor de chumbo high lead bronze 高铅青铜

bronze de estanho-níquel nickel-tin bronze 镍锡青铜

bronze de manganés manganese bronze 锰青铜

bronze de ouro gold bronze 金青铜

bronze de sino bell metal 钟铜

bronze duro hard bronze 硬青铜

bronze esmaltado enameled bronze 釉面青铜

bronze fosforoso phosphorous bronze 磷铜

bronze maleável plastic bronze 塑性青铜

bronze para canhões gun metal 炮铜

bronze-silício silicon bronze 硅青铜

bronze Tobin Tobin bronze 铜锌锡青铜；托宾青铜

bronze vanádio vanadium bronze 钒黄铜；钒青铜

bronze vermelho red brass, gun metal 红黄铜

bronzeamento *s.m.* bronzing 镀青铜

bronzina *s.f.* bronze bearing 青铜轴承

bronzina da biela connecting rod bearing 连杆轴承

bronzinas do virabrequim crankshaft

bearing 曲轴轴承

bronzite *s.f.* bronzite 古铜辉石

bronzitito *s.m.* bronzitite 古铜辉岩

brookite *s.f.* brookite 板钛矿

broquear *v.tr.* (to) drill, (to) bore 钻孔，打孔

brownstone *s.f.* brownstone 褐沙石房屋

broxa *s.f.* brush; painter's brush 排笔，油漆刷

brucite *s.f.* brucite 水镁石

bruma *s.f.* haze 霭；烟雾

brunideira *s.f.* polishing machine 抛光机

brunido *adj.* burnished, polished 磨光的，擦亮的

brunidor *s.m.* polishing head 抛光头

brunidura *s.f.* ⇨ brunimento

brunimento *s.m.* burnishing, honing 抛光，珩磨；打磨

brunimento de camisa de cilindro cylinder liner honing 缸套珩磨

brunir *v.tr.* (to) burnish, (to) hone 打磨；抛光，珩磨

brunizém *s.m.* brunizem 湿草原土，黑土

brutalismo *s.m.* brutalism 粗野主义

bruto *adj.* ❶ raw, crude 粗糙的；天然的，未加工的 ❷ gross 总共的，毛的，（重量）未扣除包装的，（金额）未扣除各项税费的

bruto de forjamento as-forged 锻后状态

bruto de fusão as-cast 铸态

bruto de laminação as-rolled 轧制状态

bruto de recebimento as-received 收到基；验收态

BTEX *s.m.pl.* BTEX (benzene, toluene, etyl benzene, xylene) 苯系物

bubinga *s.f.* bubinga 古夷苏木（*Guibourtia spp*）

bucha *s.f.* ❶ plug, stopper, bung 塞子 ❷ bush, bushing 轴衬，衬套 ❸ expanding tube （膨胀螺丝的）胀管

bucha adaptadora adapter bowl, adapter bushing 适配器衬套

bucha centralisadora centering bushing, centering sleeve 定心套，定心套

bucha com colar collar bushing 轴环衬套

bucha do acoplamento coupling sleeve 连接套筒

bucha de alta tensão high voltage bushing 高压套管

bucha do amortecedor shock bushing 冲击衬套

bucha de articulação da rótula ball socket bushing 球座衬套

bucha do balancim rocker arm bushing 摇臂衬套

bucha de bronze-manganês manganese-bronze bushing 锰青铜衬套

bucha de comando drive bushing 驱动衬套

bucha de contração thrust sleeve 推力套筒

bucha de desgaste wear bushing 耐磨补心

bucha da dobradiça hinge bushing 铰链衬套

bucha da esteira track bushing 履带衬套

bucha de expansão clamping sleeve 夹紧连接轴套

bucha de ferro fundido cast iron bushing 铸铁衬套

bucha de flange flange bushing 凸缘衬套，法兰套筒

bucha da haste da válvula valve stem bushing 阀杆衬套

bucha do kelly kelly bushing 方钻杆补心

bucha de mancal bearing bushing 轴承衬套

bucha de mola spring bushing, spring sleeve 弹簧衬套

bucha de nylon nylon bush 尼龙轴套

bucha de pino pin bush 销套

bucha de suporte supporting sleeve 支撑套

bucha de torno bell-chuck 钟形卡盘；带螺钉钟壳形夹头

bucha de tubo facetado kelly bushing (KB) 方钻杆补心，方钻杆套管

bucha de válvula valve bushing, valve sleeve 阀门衬套

bucha excêntrica eccentric bushing 偏心衬套

bucha flangeada gland 密封压盖

bucha flutuante floating bushing 浮动衬套

bucha guia guide bushing, guide sleeve 导套

bucha isoladora insulating bushing 绝缘套管

bucha livre (/solta) loose gland 活动密封环

bucha mestra master bushing 主衬套

bucha roscada threaded bushing 螺纹衬套

bucha universal concentric chuck 同心卡盘

buchito *s.m.* buchite 玻化岩

buchnerito *s.m.* buchnerite 二辉橄榄岩

buchonito *s.m.* buchonite 闪云灰玄岩

bucim *s.m.* gland 封头；压盖，密封压盖

bucim da bomba do porão bilge-pump gland 舱底泵压盖

bucrânio *s.m.* bucranium 牛头骨状饰

bueiro *s.m.* ❶ culvert 涵管，涵洞 ❷ manhole 人孔；检修井 ❸ gutter, gully 排水沟

bueiro capeado covered culvert 盖板箱涵

bueiro celular cellular culvert, box culvert 箱形暗渠；箱形涵洞

bueiro celular múltiplo multiple box culvert 多孔箱涵

bueiro de alvenaria masonry culvert 砌石涵洞，圬工涵

bueiro de chapa corrugada corrugated steel plate culvert 波纹钢板涵

bueiro de concreto concrete culvert 混凝土涵

bueiro de greide grade-separation culvert 立交地涵

bueiro de grota culvert 涵洞

bueiro de secção celular ⇨ bueiro celular

bueiro de secção tubular ⇨ bueiro tubular

bueiro de talvegue culvert 涵洞

bueiro duplo double culvert 双孔涵

bueiro em arco arch culvert 拱涵

bueiro metálico metal pipe culvert 波纹管涵

bueiro múltiplo multiple culvert 多孔涵

bueiro parabólico parabolic culvert 抛物线形拱涵

bueiro rectangular box culvert 箱形涵洞

bueiro simples single culvert 单孔涵

bueiro tipo Armco riveted steel culvert pipe 皱纹铁管涵

bueiro triplo triple culvert 三跨拱涵

bueiro tubular tubular culvert 管形涵洞

bueiro tubular de betão concrete pipe culvert 砼管涵

bueiro tubular de chapas de aço rebitadas ⇨ bueiro tipo Armco

bueiro tubular de concreto armado reinforced concrete culvert pipe 钢筋混凝土涵管

bueiro-tubulação *s.f.* pipe culvert, pipeline gallery 管涵；管渠，管状排水渠

buffeting *s.m.* buffeting（飞机）抖振

bugito *s.m.* bugite 紫苏闪长岩

buir *v.tr.* (to) polish 磨光，擦亮

bujão *s.m.* ❶ plug, pipe plug, stopper 塞；管塞，管堵 ❷ plug, core bar 插头；芯棒，芯杆

bujão de aço inoxidável stainless steel plug 不锈钢旋塞

bujão de ajuste do freio brake adjusting plug 刹车调整旋塞

bujão de borracha rubber plug 橡胶塞

bujão de descarga discharge plug; drain plug 卸料塞；排水塞

bujão de drenagem drain plug 排水塞

bujão de drenagem do óleo oil drain plug 放油螺塞

bujão de drenagem magnético magnetic drain plug 磁性螺塞

bujão de dreno do radiador radiator drain plug 散热器放油塞

bujão de enchimento filler plug 填料堵塞

bujão de enchimento de óleo oil filler plug 注油塞；加油塞

bujão de expansão expansion plug 膨胀塞

bujão de fenda slotted plug 槽塞

bujão de limpeza cleaning plug 清除塞

bujão de plástico plastic plug 塑料塞

bujão de respiro vent plug 通气孔塞

bujão de sangria air bleed plug, bleed plug 排气塞

bujão de segurança safety plug 安全插头；安全塞

bujão de silicone silicone stopper 硅胶塞

bujão de trava locking plug 闭锁塞，固定插头

bujão esférico ball plug 球形塞

bujão magnético magnetic plug 磁性塞

bujarda *s.f.* two headed hammer 双头锤

bujardão *s.m.* heavy two headed hammer 大双头锤

bujarrona *s.f.* jib-sail 船首三角帆

bulbo *s.m.* ❶ bulb 球状物 ❷ bulb 温度计的玻璃泡 ❸ bulb, light bulb, glass bulb 灯泡 ❹ bulb-shape turn 灯泡形调头弯

bulbo de ácido acid bottle 储酸瓶

bulbo de pressão pressure bulb 充压灯泡

bulbo de tensões stress bulb 应力球

buldôzer *s.m.* bulldozer [巴] 推土机

buldôzer (accionado) a cabo cable dozer 电动推土机

buldôzer (de lâmina) angulável angledozer, angle bulldozer 斜铲推土机 ⇨ angledôzer

buldôzer com barra de torção torsion bar bulldozer 扭杆悬挂式推土机

buldôzer com lâmina amortecedora cushion bulldozer 垫式推土铲推土机，弹性缓冲推土铲推土机

buldôzer de esteiras track bulldozer 履带式推土机

buldôzer de lâmina inclinável tiltdozer 斜铲推土机 ⇨ tiltdôzer

buldôzer de lâmina reta straight bulldozer 直铲推土机

buldôzer de lâmina universal U-dozer U 形铲推土机

buldôzer de rodas wheel dozer 轮式推土机

buldôzer em V V-dozer V 形铲推土机

buldôzer para raízes root dozer 除根机

bulevar *s.m.* boulevard 林荫大道

bulldozer *s.m.* bulldozer [葡] 推土机

bulldozer de largarta track bulldozer 履带式推土机

buna-N *s.f.* buna-N 丁腈橡胶

bundoril *s.m.* bench（广场、候车亭、商场里的）无靠背座椅 ⇨ peitoril

buraco *s.m.* hole, pit 洞，坑

buraco de drenagem drainage hole 排水孔

buraco de elevador lift shaft 电梯井道，升降机井

buraco de fechadura keyhole 钥匙孔，锁孔

buraco de limpeza cleaning hole, cleanout opening 清扫口

buraco de manutenção maintenance pit 维修坑，检修孔

buraco do rato rat hole 鼠洞（钻孔旁容纳备用钻杆的浅孔）

buraco no leito de estrada pot hole 坑洞；坑洼；路面凹坑

burbankite *s.f.* burbankite 黄菱锶铈矿

Burdigaliano *adj.,s.m.* Burdigalian; Burdigalian Age; Burdigalian Stage（地质年代）波尔多期（的）；波尔多阶（的）

bureta *s.f.* burette 滴定管，量管

bureta automática automatic burette 自动滴定管

burgaleira *s.f.* gravel pit 砾石场

burgau/burgalhau *s.m.* pebble 卵石；石子

burial *adj.2g.* buried 埋藏的，隐伏的

buril *s.m.* chipping chisel; burin 雕刻刀，镂刀

burilada *s.f.* stroke of a burin 雕刻作业

burilador *s.m.* engraver, carver, graver 雕刻机

burilagem *s.f.* engraving 雕刻，雕刻术

burilar *v.tr.* (to) engrave 雕刻

burlstone *s.f.* burlstone 块燧石，磨石

burmito *s.m.* burmite 缅甸硬琥珀

burocracia *s.f.* bureaucracy 官僚机构；官僚作风

buropatologia *s.f.* bureaupathology 官僚病态；官僚病态学

burrinho *s.m.* donkey pump, duplex pump 蒸汽往复泵；双联泵

busca-pólos *s.m.2n.* pole-finder 验电笔，极性测定器

buscar *v.tr.* ❶ (to) fetch, (to) pick up 取，拿 ❷ (to) search, (to) seek 找，寻找，寻求

bushel *s.m.* bushel 蒲式耳（容量单位）

bússola *s.f.* compass 罗盘，指南针

bússola azimutal azimuthal compass 方向罗盘

bússola de geólogo magnetic compass 磁罗盘

bússola de inclinação dip needle 磁倾针

bússola de orientação orienteering compass 定向罗盘

bússola marítima ship's compass 船用罗经

bússola prismática prismatic compass 棱镜罗盘，棱镜罗经

bustito *s.m.* bustite 顽火无球粒陨石

butano *s.m.* butane 丁烷

butileno *s.m.* butylene 丁烯

butilo *s.m.* butyl 丁基

butiral *s.m.* butyral resin 丁醛树脂，丁缩醛树脂

butiral de polivinilo (PVB) polyvinyl butyral (PVB) 聚乙烯醇缩丁醛；聚乙烯醇缩丁醛树脂，PVB 树脂

butirina *s.f.* butyrin 酪脂

butirómetro/butirômetro *s.m.* butyrometer 乳脂计

butte *s.m.* butte 地垛；孤山

buzina *s.f.* horn, trumpet 喇叭

buzina a ar (comprimido) air horn, pneuphonic horn 气动喇叭

buzina de marcha avante forward warning horn 前进警报喇叭

buzina elétrica electric horn 电喇叭

buzina pneumática air horn 气动喇叭

buzinote *s.m.* drainpipe (of balconies or terraces) 露台、屋顶的排水管

by-pass *s.m.* by-pass 绕道；支路；支管；旁路管，旁通管

by-pass electrónico electronic by-pass, static bypass 电子旁路，静态旁路

by-pass estático static by-pass 静态旁路

by-pass manual manual by-pass 手动旁路

byte *s.m.* byte 字节

byte por segundo (B/s) byte per second (B/s) 字节／秒

bytownite *s.f.* ⇨ bitownite

C

caatinga *s.f.* caatinga 卡廷加群落，长有矮乔木及灌木的草原

cabana *s.f.* hut, cot 简陋的小屋

cabaré *s.m.* cabaret （有歌舞、滑稽短剧助兴的）餐馆

cabasite *s.f.* cabasite 菱沸石

cabeamento *s.m.* wiring 布线，敷设电线
cabeamento genérico generic cabling 综合布线

cabeça *s.f.* ❶ 1. head （泛指物件、构件、设备的）头，头部 2. screw head 螺丝头 3. head (of fire) 火头（森林火灾中蔓延速度最快、火势最强的部分）❷ head [用作量词] （一）头（动物，尤指家畜）

cabeça Allen Allen head 六角头

cabeça boleada ⇨ cabeça redonda

cabeça chata countersunk head 平头

cabeça cilíndrica pan head 盘头；平头

cabeça cilíndrica ranhurada fillister head 圆筒形螺丝头

cabeça cortante cutterhead （盾构机的）刀盘

cabeça cravada de rebite tail head 尾头，铆钉镦头

cabeça de água head of water 激流，洪流，水头

cabeça de armação truss head 扁圆头

cabeça da barra de direcção drag link end 连杆端，大端

cabeça da biela connecting rod end 连杆端，大端

cabeça de botão ⇨ cabeça redonda

cabeça do bueiro head of culvert 涵洞头

cabeça do cabo cable head 电缆分线盒，电缆头

cabeça do carril rail head 轨头

cabeça de cerâmica ceramic cartridge 陶瓷拾音头

cabeça do cilindro cylinder head 汽缸盖

cabeça do cilindro hidráulico hydraulic cylinder head 液压缸压盖

cabeça de cimentação cementing head 水泥头

cabeça de cisalhamento shear head 抗剪顶座

cabeça de corneta bugle head 喇叭头

cabeça de descarga discharge head 压头；出口压头；排气压头

cabeça de disparo firing head 发火头，引爆头

cabeça de eclusa head bay of lock 船闸闸首

cabeça do êmbolo piston head 活塞头

cabeça de estaca pile cap, head of pegs 桩帽，桩顶

cabeça da foice knife head 刀头

cabeça de furação cutting head 钻头

cabeça de impressão print head 打印头，印刷头

cabeça de injecção swivel, injection nozzle 泥浆喷嘴

cabeça de inserção insertion head 插入头

cabeça do motor cylinder head [葡] 汽缸盖

cabeça do parafuso screw head 螺钉头

cabeça de pescaria fishing head [葡] 打

捞头

cabeça do pilar cutwater; upstream fairing (of pier) 分水尖，分水角

cabeça do pistão piston head 活塞头

cabeça de poço wellhead 井口

cabeça de poço submarina subsea wellhead, subsea housing 水下井口

cabeça de ponte bridgehead 桥头堡

cabeça de rebite set head 铆钉压模

cabeça de segurança security head 防拆螺丝帽

cabeça de sentido único one way head 防退头

cabeça de soquete socket head 方形凹头

cabeça de teste submarina subsea test tree 水下测试井口装置

cabeça da unidade de bombeio horsehead （抽油机的）驴头

cabeça da válvula ❶ valve head; bonnet 气门头；阀帽 ❷ valve spring 气门弹簧 ❸ valve disc 阀盘

cabeça divisora dividing head 分度头

cabeça em T crosshead 十字头

cabeça esférica ball head 球头

cabeça estampada (/formada) rivet-point 铆端

cabeça fendida slotted head 平槽头，一字头

cabeça gravadora de discos fonográfigos cutter head 机械录音头

cabeça hemisférica cup head 半圆头

cabeça oval oval head 扁圆埋头；半沉头

cabeça oval cilíndrica fillister head 圆筒形螺丝头

cabeça Phillips Phillips head 十字螺丝刀刀头

cabeça plana flat head 平封头，平头

cabeça quadrada square head 方头

cabeça quente hot top 热顶

cabeça rebaixada ⇨ cabeça chata

cabeça redonda round head 圆头

cabeça sextavada hex head, hexagon head 六角头

cabeçalho *s.m.* title, head, heading （报纸、页面等的）版头，题头，抬头

cabeçalho do traço trace header 道头，地震道记录头

cabeceio *s.m.* head （油井）间歇喷油，间歇流油

cabeceio do barco pitch[巴] 船舶倾角

cabeceira *s.f.* ❶ 1. head （泛指物体的）头部 2. head of a bed; headboard 床头；床头板 3. newel （扶梯）搭乘口处的扶手 4. river head, spring 河流的源头 ❷ chevet （教堂）伸出的礼拜堂

cabeceira de cama head of a bed; headboard 床头，床头板

cabeceira de pedra stone head 岩巷

cabeceira da pista threshold （跑道）入口

cabeço *s.m.* ❶ hilltop 小山顶 ❷ knoll, hillock 小山，小丘 ❸ mooring post 系船柱，系缆柱

cabeço algáceo algal head 藻丘

cabeçote *s.m.* ❶ head （泛指物件、构件、设备的）头，前端，端部 ❷ headstock, poppet （车床等的）轴承（台）；镔头 ❸ header （收获机械的）割取装置，割取部 ❹ chuck 夹盘，夹头

cabeçote com fluxo cruzado cross-flow head design 交叉气流顶部设计

cabeçote corrediço (do torno) ⇨ cabeçote móvel

cabeçote da chave key head 键头

cabeçote de chave de fenda screwdriver bits 螺丝刀头

cabeçote de contrapressão poppet of a grinder 磨床尾座

cabeçote de corte shear head 切割头

cabeçote de cravação pile cover 桩帽

cabeçote de derrubada felling head 砍伐头

cabeçote do filtro filter head 滤头，滤清器端部

cabeçote de fresa milling head 铣头

cabeçote de harvester harvester head 收割头

cabeçote de máquina engine-head 发动机机头

cabeçote de motor cylinder head[巴] 汽缸盖

cabeçote dos pesos volantes ballhead 飞球头

cabeçote de poste pole cap （电杆）杆顶帽，杆顶架，杆顶铁

cabeçote de segurança safety head 安全盖；安全头盖

cabeçote de serra saw head 锯头

cabeçote de tubulação tubing head 油管头

cabeçote divisor dividing head, indexing head 分度头

cabeçote electromagnético electromagnetic head 磁头

cabeçote escocês Scotch yoke 苏格兰轭

cabeçote fixo headstock 头架；头座

cabeçote hidráulico hydraulic crimper 液压压接钳

cabeçote móvel (do torno) poppet-head, poppet footstock (of a lathe); tailstock, loose headstock （机床的）随转的尾座；床尾，后顶针座

cabeçote processador processor head 加工头

cabedelo s.m. sandbank, restinga 沙洲

cabeira s.f. end mouldings on floor or ceiling panels （地板、顶棚镶板的）收口条

cabelo s.m. ❶ hair [集] 头发；发状物 ❷ hairspring 游丝；细弹簧

cabelos de Pelea Pele's hair 火山玻璃毛

cabelos de Vénus Venus hair 发金红石

cabide s.m. coat hanger 晾衣架

cabide para roupas garment rack 衣帽架

cabimentação s.f. ❶ budgeting 编制预算；（将资金安排）编入预算；为预算款项确定用途 ❷ financial arrangement 财务安排，资金安排；（专项）资金

cabine/cabina s.f. ❶ booth, cabinet 小房间；柜 ❷ 1. cab, control cabin 驾驶室 2. (de avião) cockpit （飞机）机舱

cabine à prova de viragem roll-over proof cab 防倾覆驾驶室

cabine acústica acoustic booth 隔声电话室

cabina climatizada air conditioned tractor cab 配有空调的驾驶舱

cabine de comando cockpit, flight deck 驾驶舱

cabine de comando das comportas gate control house 闸门控制室

cabina de controle de sinais signal-box 信号箱

cabine de duche shower cabinet 淋浴间

cabine de elevador ❶ elevator cab 电梯轿厢，升降机厢 ❷ car cab （与 carro 相区时，专指轿厢内部空间）轿厢体

cabine de interpretação simultânea simultaneous translation cabin 同传间

cabine de locução voice-over cabin 旁白配音室

cabine do operador operator's compartment 操作间

cabine de passageiros cabin 客舱

cabine de pedágio toll booth [巴] 通行费缴款处；收费站；收费亭

cabine de pilotos cockpit 驾驶舱，机舱

cabine de projecção projection booth, projection room （电影院）放映间，放映机房

cabina de provas (em loja) fitting room 试衣间

cabina de secagem drying cabinet 干燥柜，干燥箱

cabine de segurança safety cab 安全驾驶室

cabine de segurança biológica biological safety cabinet 生物安全柜

cabine de sinalização signal cabin 信号室

cabine do transformador transformer vault 变压器室

cabine espaçosa, vedada e pressurizada spacious, sealed and pressurized cab 宽敞的密封增压驾驶室

cabine lateral wing car 旁艇

cabina telefónica telephone booth, telephone box 电话亭

cablagem s.f. ⇨ cabeamento

cabo s.m. ❶ 1. cable, electric cable 电缆，线缆 2. lead 导线；引线 ❷ 1. rope 缆绳；绳索 2. guy, guy rope 拉索 3. sling 吊索 ❸ handle, tool handle 柄，把手，工具手柄 ❹ (cbl) cable (cbl) 链（长度单位，合 0.1 海里，即 185.2 米）❺ cable 卷缆状装饰线脚 ⇨ calabre ❻ terminal, end 端，末端；尾部 ❼ cape 海岬 ❽ coporal 班长，小队长

cabo AC AC cable 交流电缆

cabo adaptador adapter cable 转接线

cabo aéreo ❶ overhead cable 架空电缆 ❷ blondin, cable crane 索道起重机

cabo antirrolamento anti-rolling wire 抗滚转索

cabo armado armored cable 铠装电缆

cabo auxiliar ❶ jumper cable 跨接电缆，跳线 ❷ auxiliary handle 辅助手柄，辅助把手

cabo bifilar twin cable, duplex cable 双芯电缆

cabo bifilar concêntrico two-concentric cable 双管同轴电缆

cabo blindado screened cable 铠装电缆

cabo bowden bowden cable 鲍登线

cabo CAT 1 Cat 1 一类线，实心导体电缆

cabo CAT 2 Cat 2 二类线，绞合导体电缆

cabo CAT 3 Cat 3 三类线，三类双绞线

cabo CAT 4 Cat 4 四类线，四类双绞线

cabo CAT5/CAT5E Cat 5/5e 五类 / 超五类双绞线，五类 / 超五类网线

cabo CAT6/CAT6A Cat 6/6a 六类 / 超六类双绞线，六类 / 超六类网线

cabo CAT7/CAT7A Cat 7/7a 七类 / 超七类双绞线，七类 / 超七类网线

cabo CAT 8 Cat 8 八类双绞线，八类网线

cabo chato flat cable 扁平电缆

cabo cheio de óleo oil-filled cable 充油电缆

cabo circular cable loop （辐射式悬索结构屋面中心处的）受拉内环

cabo coaxial coaxial cable 同轴电缆

cabo coaxial excêntrico eccentric line 偏心同轴电缆

cabo coaxial flexível flexible coaxial cable 软同轴电缆

cabo com enchimento de gás gas filled cable 充气电缆

cabo com isolamento de ar air-spaced cable 空气绝缘电缆

cabo com retardo de fogo flame retardant cable 阻燃电缆

cabo com retardo de fogo blindado screened flame retardant cable 铠装阻燃电缆

cabo composto composite cable 复合电缆

cabo concêntrico trifilar (/triplo) triple concentric cable 三芯同轴电缆

cabo concha shell-type handle 贝壳拉手

cabo condutor conductor cable, lead 导线

cabo corrediço sliding handle 可滑动手柄

cabo curto patchcord 插入线

cabo DC DC cable 直流电缆

cabo de (/para) alta temperatura high temperature cable 耐高温电缆

cabo de aço steel cable, wire rope 钢丝绳

cabo de aço-alumínio aluminum-steel cable 钢芯铝线

cabo de aço trançado galvanizado stranded galvanized steel wire 镀锌钢绞线

cabos de ailerons aileron cables 副翼操纵索

cabo da alavanca de controle control handle 操纵把手

cabo de alimentação power cord, power cable 电源线

cabo de alta frequência litz wire 绞合线

cabo de alta tensão high tension cable 高压电缆

cabo de amarração ❶ dock line, mooring cable, gripes 系泊缆 ❷ balloon flying cable 气球系留电缆

cabo de ancoragem anchor cable 锚索

cabo da antena antenna cable 天线电缆

cabo de arrasto drag line, drag rope 拖绳

cabo de aterramento grounding cable 接地电缆

cabo de baixa tensão low tension cable 低压电缆

cabo de baixada down conductor, downlead 防雷引下线

cabo da bateria battery cable 电池线

cabo de blindagem não metálica nonmetallic sheathed cable 非金属护皮电缆

cabo de bobina coil wire 线圈导线

cabo de carga load line cable 载重电缆

cabo de catraca ratchet handle 棘轮手柄

cabo de cofre hood handle 机罩柄

cabo de comando command wire 指挥线路

cabo de comando da embreagem clutch cable 离合器拉线

cabo de compensação ❶ compensating cable 补偿导线 ❷ compensation chain （配重装置等的）补偿链，补偿钢丝绳

cabo de comunicação communication

cable 通信电缆

cabo de condutor perfilado shaped-conductor cable 特性导线电缆

cabo de conexão connecting cable 连接电缆

cabo de contato lead 导线，引线

cabo de controlo control cable 控制电缆

cabo de coquilha ⇨ cabo concha

cabo de dados data wire 数据线

cabo de desacelerador decelerator cable 减速器电缆

cabo de descida drop cable 引入电缆

cabo de diagrafias logging cable, survey cable [葡] 测井电缆

cabo de dois condutores flat twin cable 双芯扁电缆

cabo de elevação lifting rope 吊绳，吊索

cabo de estai guy-line 牵绳；绷索

cabo de ferramenta handle, tool handle 工具手柄

cabo de fibra óptica fiber optic cable 光缆

cabo de fibra óptica monomodal single mode fiber optic cable 单模光纤电缆

cabo de fibra óptica multimodal multi mode fiber optic cable 多模光纤电缆

cabo de força power lead 电源线

cabo do freio brake cable 制动器拉线

cabo de fundo do mar ocean-bottom cable 海底电缆

cabo de gerador generator lead 发电机导线

cabo de guarda ground wire 避雷地线

cabo de guarda com fibra óptica (OPGW) optical fiber composite overhead ground wire, optical ground wire (OPGW) 复合光缆地线，光纤复合架空地线光缆

cabo de hidrofones hydrophone streamer 水中检波器拖缆

cabo de içar (/içamento/guindagem) fall rope 起重机绳

cabo de ignição blasting cable 引爆电缆

cabo de isolamento de ar dry-core cable 干芯电缆

cabo de isolamento mineral mineral insulation cable 矿物绝缘电缆

cabo de isolamento não-metálico non-metallic insulation cable 非金属绝缘电缆

cabo da lança boom line cable 动臂线缆

cabo de ligação à terra earth cable, earthing cable 接地线

cabo de ligação em ponte jumper cable 跨接电缆，跳线

cabo de linha tronco trunk cable 干线线缆

cabo de machado helve of an axe 斧头柄

cabo de madeira wood handle 木柄，木把

cabo de massa ⇨ cabo de ligação à terra

cabo de não associação non-association cable 非标准电缆

cabo de núcleo múltiplo multicore conductor 多芯电缆

cabo de núcleo seco dry-core cable 干芯电缆

cabo de núcleo simples não blindado unarmored single core cable 单芯非铠装电缆

cabo de par trançado (/entrelaçado) twist pair cable 双绞线，对绞电缆

cabo de pares paired cable 双线电缆；对绞电缆

cabo de perfilagem logging cable, survey cable [巴] 测井电缆

cabo de perfuração drilling line 钻井钢丝绳

cabo de portaló entering ladder, ladder rope 梯绳的绳

cabo de protensão prestressing cable 预应力钢索

cabo de protensão colgado draped tendon 挠曲钢筋束

cabo de protensão concêntrico concentric tendon 同心预应力钢筋束

cabo de protensão em harpa harped tendon 竖琴形钢筋束

cabo de protensão excêntrico eccentric tendon 偏心预应力钢筋束

cabo de quatro fios four-stranded wire 四绞线

cabo de reboque tow rope, drag wire 牵索

cabo de rede network cable 网线

cabo de reforço reinforcing edge cable

（悬索结构的）边界索
cabo de retenção ⇨ cabo de estai
cabo de serra saw handle 锯柄
cabo de soldar welding cable 电焊电缆
cabo de sujeição retaining cable 固定缆绳
cabo de sustentação supporting rope 支承缆索
cabo do talão (do pneu) bead core, bead filler 胎圈芯
cabo de tensão tension cable 受拉缆索
cabo de terra earth cable 接地电缆
cabo de tracção traction rope 拖缆，牵引索
cabo de tracção directa direct rope haulage 头绳运输
cabo de transmissão driving rope,transmission rope 传动索
cabo de transporte aéreo aerial ropeway 架空索道
cabo de três condutores three-core cable 三芯电缆
cabo de um só condutor ⇨ cabo unipolar
cabo de vaivém horse （升降帆等用的）滑绳，踏脚索
cabo de vassoura broomstick 扫帚把
cabo da vela de ignição ignition cable 点火电缆
cabo da vida safety rope 安全绳
cabo directamente enterrado direct buried cable 直埋电缆
cabo dúplex duplex cable 双芯电缆
cabo duplo twin cable, duplex cable 双芯电缆
cabo duplo achatado flat twin cable 扁形双芯电缆
cabo duplo compensado balanced-pair cable 平衡双绞线电缆
cabo eléctrico electric cable 电缆
cabo electrizado power lead 电源线
cabo em T tee handle T形手柄
cabo entrançado de aço steel stranded wire 钢绞线
cabo exposto exposed wire 明线
cabo fixo dead ropes, standing rigging 固定索具
cabo flexível flexible cable 软电缆

cabo flutuador streamer 等浮电缆
cabo frouxo slack line 松线式索道
cabo geminado múltiplo multiple-twin cable 复双绞电缆
cabo guarda protective earthing conductor 保护接地导体
cabo-guia cable guide 电缆导管；电缆引导管
cabo insolado insulated cable 绝缘电缆
cabo mensageiro pick-up line 检拾信号线
cabo metálico wire rope 钢缆，钢索
cabo misto composite cable 复合电缆
cabo multicondutor multicore cable 多芯电缆
cabo multidireccional multi way cable 多分支电缆
cabo multipares multipairs cable 大对数电缆
cabo multipares CAT 3 Cat 3 multipairs cable 三类大对数电缆
cabo não blindado unarmored cable 非铠装电缆
cabo não indutivo non-inductive cable 无感电缆
cabo negativo negative cable 负极电缆
cabo nú de cobre bare copper wire 裸铜线
cabo para bateria jumper cable 跨接电缆，跳线 ⇨ chupeta
cabo para carregador charger cable 充电线
cabo para-raios lightning-protective cable 避雷电缆
cabo patch patch cable, patch cord 插线电缆，跳线
cabo plano ribbon cable 带状电缆
cabo portador message wire 信息传送线路
cabo pós-tensionado post-tensioned tendon 后张钢筋束
cabo positivo positive cable 正极电缆
cabo pré-esforçado prestressing tendon 预应力钢筋束
cabo pré-tensionado pre-tensioned tendon 先张钢筋束
cabo principal main cable 主电缆；主钢缆
cabo redondo round cable 圆电缆
cabo resistente ao fogo fire-resistant

cable 耐火电缆

cabo revestido locked rope 密封钢丝绳

cabo revestido de cobre copper-sheathed cable 铜护套电缆

cabo Romex Romex cable 罗密克电缆

cabo seco dry-type cable 干式电缆

cabo secundário secondary cable 次级电缆

cabo sem fim endless rope 环形绳，环索

cabo subaquático underwater cable 水下电缆

cabo submarino submarine cable 海底电缆

cabo subterrâneo underground cable 地下电缆

cabo telefónico telephone cable 电话线缆

cabo terra ⇨ cabo de ligação à terra

cabo tetrapolar quadrupole cable 四极电缆

cabo torçado twisted pair 双绞线

cabo torcido stranded wire 绞线

cabo trançado braided rope 编织绳

cabo trifilar triple cable 三芯电缆

cabo trimonopolar three single-core cable 三单芯电缆，分相铅套电缆

cabo tripolar triple-core cable 三芯电缆

cabo unipolar single-core cable 单芯电缆

cabo UTP UTP, unshielded twisted-pair 非屏蔽双绞线

cabochão s.m. ❶ cabochon 弧面，戒面 ❷ cabochon [巴] （大小组合式地砖中）45 度斜铺的菱形拼花地砖

cabodá s.m. groove, hole （夯土墙施工时设置的）脚手眼，孔眼

cabotagem s.f. cabotage 沿（海）岸航行

caboucador s.m. ditchdigger, digger, ditcher, trencher 挖沟机；挖沟工

caboucar v.tr. (to) dig, (to) cut ditches 开挖，挖沟

cabouco s.m. foundation pit 基础沟，基坑

cabouqueiro s.m. ditchdigger; quarryworker 挖沟工；矿工

cabra s.f. she-goat 母山羊

cábrea s.f. ❶ hydraulic jack 液压千斤顶，液压起重器 ❷ gin, crab 三脚起重机，起重装置 ❸ sheer leg 起重机支架

cábrea volante sheers 人字起重架

cabrestante s.m. capstan, windlass 绞盘，绞车；卷扬机

cabrestante-molinete catwork 猫头绞车

cabresto s.m. bridle 电缆连接器

cabrilha s.f. sheer leg 起重机支架

caça s.m. fighter 战斗机，歼击机

caçamba s.f. ❶ bucket [巴] （装运机械的）斗；铲斗 ❷ pail 桶，提桶 ❸ bowl 杯，杯状物

caçamba basculante skip bucket, tilting skip （翻斗车的）斗

caçamba com ejetor bucket with ejector 装有推卸器的铲斗

caçamba de aplicação geral general purpose bucket 通用料斗

caçamba de aplicação múltipla multi-purpose bucket 多用料斗

caçamba de arrasto drag-line bucket 拉铲挖掘机抓斗

caçamba de demolição demolition bucket 拆除用铲斗

caçamba de despejo lateral side dump bucket 侧卸式料斗

caçamba de mandíbula(s) clamshell 抓斗，抓岩机

caçamba ejetora (/de ejector) ejector bucket 推卸斗

caçamba estrutural skeleton-type bucket 骨架式铲斗

caçamba frontal shovel 铲斗

caçamba para detritos trash skip （垃圾车的）渣斗

caçamba para escória slag bucket, bucket for slag 渣斗

caçamba para material leve light material bucket 轻质材料料斗

caçamba para material solto loose material bucket 松散材料料斗

caçamba para pedreira quarry bucket 采石铲斗

caçambeio s.m. dump bailer 可倾式水泥筒

caçarola s.f. casserole dish 砂锅

caçarola de barro earthenware dish 陶质炖锅

caçarola de fundição skillet 铸锅

cachaço s.m. neck beef 牛颈肉

cachão s.m. waterfall 瀑布

cachimbo *s.m.* pipe 管；烟斗管
cachimbo de barro clay pipe 陶管
cachoeira *s.f.* ❶ waterfall 瀑 布 ❷ rapids
急流
cacholongo *s.m.* cacholong 美蛋白石
cachorrada *s.f.* corbelling, corbel work [集]
托架；支柱工程；支柱结构
cachorro *s.m.* corbel, corbelling, prop （装
在墙上的）翅托，托架；（木构架屋顶的）
梁托
cacifo *s.m.* locker, file-case, box （分格的）
储物柜；衣物柜
cacimba *s.f.* [安] ❶ waterhole, well 水井 ❷
fog; drizzle 浓雾；小雨 ❸ "cacimba" 小
旱季（雨季中 1—2 月之间雨量较少的时节）
cacimbo *s.m.* dry season [安] 旱季（通常在
5—9 月）
caco *s.m.* shard 凝灰质沉淀物玻璃碎屑
cactólito *s.m.* cactolith 仙人掌状岩体
cadastramento *s.m.* registration 注册，登记
cadastrar *v.tr.* (to) register 注册，登记（在册）
cadastro *s.m.* ❶ cadastre 地籍图，地籍册，
房地产登记册 ❷ registry, registration 注册，
登记
cadastro técnico technical registry 技 术
资质登记
cadeado *s.m.* padlock 挂锁，扣锁
cadeia *s.f.* ❶ chain 链，链 条 ❷ insulator
string, insulator set 绝缘子串组 ❸ chain 造
山带
cadeia alimentar food chain 食物链
cadeia bimarginada bimarginal chain 碰
撞造山带
cadeia de abastecimento supply chain
供应链
cadeia de acoplamento coupling chain
连接链
cadeia de acreção accretion chain 陆缘造
山带
cadeia de agrimensor surveyor's chain
测链
cadeia de alinhamento straight line
insulator set 直线绝缘子串
cadeia de amarração (/ancoragem)
strain insulator string 耐张绝缘子串
cadeia de barreiras barrier chain 沙洲链
cadeia de carbono carbon chain 碳链

cadeia de colisão collision chain 碰撞造
山带
cadeia de dunas chain of dunes 沙丘链
cadeia de elevador elevator chain 升 运
链；提升链
cadeia de encostas escarpadas hogback
猪背岭
cadeia de engate ⇨ cadeia de acoplamento
cadeia de engenheiro engineer's chain
工程测链
cadeia de estações de rádio network of
radio stations 广播网
cadeia de fabricação ⇨ cadeia produtiva
cadeia de frio cold chain 冷链
cadeia de Gunter Gunter's chain, surveyor's chain 冈特测链，冈氏测链
cadeia de isoladores insulator string,
insulator set 绝缘子串组
cadeia de isoladores de vidro de amarração tension glass insulator set 耐张玻璃
绝缘子串组
cadeia de montagem assembly line 装
配线
cadeia de montanhas mountain chain 造
山带
cadeia de quadro barras four-bar chain
四杆链
cadeia de retenção backstay 背撑牵条
cadeia de roletes set of rollers 滚筒组，
滚子组
cadeia de supermercados supermarket
chain 连锁超市
cadeia de suprimento ⇨ cadeia de
abastecimento
cadeias de suspensão suspension insulator set 悬垂绝缘子串组
cadeia de tracção pull chain 牵引链
cadeia de transmissão chain of transmission 传动链
cadeia de transposição transposition
insulator string 换位绝缘子串
cadeia de valor value chain 价值链
cadeia dupla ❶ duplex chain 双滚柱链；
双排滚子链 ❷ twin insulator strings 双联绝
缘子串

cadeia em V V-shaped insulator string V 形绝缘子串

cadeia insaturada unsaturated chain 不饱和链

cadeia logística logistics chain 物流链

cadeia métrica ⇨ cadeia de Gunter

cadeia monomarginada monomarginal chain 陆缘造山带

cadeia múltipla multiple insulator string 多联绝缘子串

cadeia orogénica orogenic chain 造山带

cadeia pericontinental pericontinental chain 陆缘造山带

cadeia pericratónica pericratonic chain 陆缘造山带

cadeia produtiva production line 生产线

cadeia saturada saturated chain 饱和链

cadeia simples single insulator string 单联绝缘子串

cadeia trófica ⇨ cadeia alimentar

cadeira s.f. seat; chair 座椅，椅子

cadeira articulada ⇨ cadeira dobrável

cadeira de balanço rocking chair, rocker 摇椅，安乐椅

cadeira de costa alta high back chair 高背椅

cadeira de dentista dentists' chair 牙科治疗椅

cadeira de diretor director's chair 导演椅；轻便扶手折椅

cadeira de escritório office chair 办公椅

cadeira de palhinha cabriole chair 弯脚椅

cadeira de praia beach lounge chair 沙滩椅

cadeira de recosto chaise longue 躺椅，长靠椅

cadeira de rodas wheel-chair 轮椅

cadeira de teleférico chair lift 索道升降椅

cadeira dobrável folding chair 折叠椅

cadeiras empilháveis stacking chairs 叠椅

cadeira-escabelo step chair 踏板高椅

cadeira executivo executive chair 老板椅

cadeira giratória swivel chair 转椅

cadeira para salões de cabeleireiro barber's chair 理发椅

cadeira reclinável reclining chair 躺椅

cadeira reversível reversible seat 可旋转式坐椅

cadeira Wassily Wassily chair 钢管皮革椅，瓦西里椅

cadeirão s.m. ❶ armchair 扶手椅 ❷ high chair 宝宝餐椅

cadeirão com massagem massage armchair 按摩椅

cadeirão relax lounge chair 休闲椅

cadeirão rotativo revolving chair 转椅

cadeirão verga rattan armchair 藤条扶手椅

cadência s.f. ❶ cadence, rythm 节奏；韵律 ❷ pulse duty factor 脉冲占空系数

cadernal s.m. sheave block 滑轮组

caderneta s.f. booklet; notebook 小册子；笔记本

caderneta de campo field book 野外工作记录本

caderneta predial property ownership certificate 房产证

caderno s.m. notebook 本子，笔记本

caderno de encargos tender documents; employer's requirements 招标说明书，招标文件

caderno de medições measurement book 工程量计量书

cadinho s.m. crucible, melting pan 坩埚

cadinho de amalgamação amalgamation pan 混汞盘

cadinho de fundição casting ladle 浇桶；浇注包

cadinho de Gooch Gooch crucible 古氏坩埚

cadinho de grafite graphite crucible 石墨坩埚

cadinho de porcelana porcelain crucible 瓷坩埚

cadinho sinterizado sintered crucible 烧结坩埚

cádmio (Cd) s.m. cadmium (Cd) 镉

caducar v.intr. (to) expire 过期，失效

caducidade s.f. expiration 过期，失效

caduco adj. expired, invalid 过期的，失效的

café s.m. ❶ coffee 咖啡 ❷ café, coffee bar

咖啡馆；小餐馆

cafeína *s.f.* caffeine 咖啡因

cafémico *adj.* cafemic 钙铁镁质的

cafetaria *s.f.* coffee shop; coffee bar 咖啡店；咖啡馆

cafeteira *s.f.* ❶ coffee-pot 咖啡壶 ❷ coffee machine 咖啡机

cafofo *s.m.* ❶ foundation pit （不包含房心部分的）基础坑 ❷ marshy ground 沼泽地

caiação *s.f.* whitewashing 粉刷，刷白

caiar *v.tr.* (to) whitewash 粉刷，刷白

caibral *s.m.* counter batten; rafter 顺水条；[集]椽子

caibramento *s.m.* rafters [集] 椽子

caibro *s.m.* rafter, roof timber 椽子，方子

caibro auxiliar auxiliary rafter 辅助椽

caibro comum common rafter 普通椽

caibro corrido flying rafter 飞檐椽

caibro de espigão hip rafter 斜面梁；角椽

caibro de rincão corner rafter 从角椽

caibro de tecto roof board 屋面板

caibro intermédio intermediate rafter 中间椽

caieira *s.f.* lime-pit; lime-kiln 石灰厂；石灰窑

caieiro *s.m.* whitewasher 粉刷工

caimanito *s.m.* caymanite 开曼石

caimento *s.m.* fall 坡降，斜坡；找坡

caimento transversal cross fall 横向坡度；断面高差

cainite *s.f.* cainite 钾盐镁矾

cairel *s.m.* border, rim 饰带，饰边

cais *s.m.2n.* ❶ quay 码头，埠头；顺岸式码头 ❷ platform （铁路的）月台，站台

cais acostável mooring quay 系泊码头

cais flutuante floating pier 浮码头

caixa ❶ *s.f.* 1. box, cage, case 盒子，箱子 2. cage, case 机箱，机壳 ❷ *s.f.* enclosed space; pit, box （密闭的）空间，房间；坑，井 ❸ *s.f.* gear (box) 齿轮箱 ❹ *s.f.* hardened layer 硬化层，淬硬层 ❺ *s.m./f.* till 收银台 ❻ *s.2g.* cashier 出纳（员）

caixa à prova de fumaça smokeproof enclosure 防烟封闭空间

caixa aberta open well 露明梯井；开敞竖井

caixa acústica ⇨ caixa de som

caixa ascendente climbing form, moving form 提升模板

caixa automática ⇨ caixa de velocidades automática

caixa automático cash machine 自动柜员机

caixa automática de 4 velocidades 4 speed automatic gearbox 4 档自动变速箱

caixa carroçável carriage way 行车道

caixa cega blind casing （不外露的）毛窗框

caixa colectora gullet 排水沟

caixa colectora de decapagem scouring basin 冲沙池

caixa colectora de gordura grease trap 隔油池

caixa colorímetra colorimeter 比色器

caixa de acoplamento coupling box 联轴器箱

caixa de acumulação accumulation box 砂石滤沟

caixa de admissão induction manifold 进气歧管

caixa de adubo compost bin 堆肥箱

caixa d'água water tank; reservoir 水箱

caixa de altifalante loudspeaker enclosure 扬声器箱

caixa de altifalantes de graves subwoofers 低音炮，重低音喇叭

caixa de amortecimento weakening basin 消能工

caixa de aparelhagem funda electrical installation box 接线盒

caixa de ar ❶ air intake case 进气箱 ❷ air-lock chamber 气闸室 ❸ air space （双层墙体中间的）空气层，空腔 ❹ plenum 天花板中的空气间层

caixa de areia sand-box 沙箱

caixa de áudio ⇨ caixa de som

caixa da bateria ❶ battery box 电池箱 ❷ battery case 蓄电池壳体；电池外壳

caixa do bocal de coada nozzle box 喷嘴箱

caixa de bornes terminal box 端子箱

caixa de calefacção heater case 电热箱

caixa de câmbio transmission 变速箱

caixa de câmbio manual manual transmission 手动变速箱

caixa de carga basculante tipping transport box 可倾卸运输箱

caixa de carretos deslizantes sliding gear countershaft transmission 滑动齿轮中间轴变速器

caixa de carretos permanentemente engrenados constant mesh countershaft transmission 常啮合齿轮中间轴变速器

caixa de CD CD case, jewel case （塑料）光盘盒

caixa de cena stagehouse 舞台用房

caixa de cimento para fundação cribwork 马莲垛，木笼

caixa de cisalhamento shear box 剪切盒

caixa de cobertura protective case 保护盒

caixa do comando drive case 传动箱

caixa do comando final final drive case 最终传动箱

caixa de comutador commutator hub, commutator bush 整流子毂

caixa de conexões junction box 分线箱；接线盒

caixa de controle control box 控制箱

caixa de controle de força power control box, power control housing 动力控制箱

caixa de controle eletrônico electronic control box 电子控制盒

caixa de controlo eléctrico electrical control box 电气控制盒，电控箱

caixa da coroa bevel gear case, bevel gear compartment 锥齿轮箱

caixa de correios letter box 信箱

caixa de corte a 45 graus mitre box 斜锯柜

caixa de cortina curtain box 窗帘盒

caixa de décadas decade box 十进位箱

caixa de deflectora baffle box 消能箱

caixa de derivação branch box 分线盒；分线箱

caixa de derivação compensada compensated shunt box 补偿式分流器箱

caixa de derivação do chicote de fiação wiring harness junction box 线束分线盒

caixa de derivação impermeável watertight branch box 水密分电箱

caixa de desaguamento splash block 滴水砖；水簸箕

caixa de descarga flushing cistern 冲水箱；冲厕水箱 ⇨ autoclismo

caixa de desvio diversion box 分水箱

caixa de detritos silt box 沉沙箱；集砂箱

caixa do diferencial differential case 差速器箱；差速器壳

caixa de direcção steering box, steering gear housing 转向机构箱；转向箱

caixa de dissolução dissolving box, dissolving tank 溶解箱

caixa de distribuição ❶ distribution box 接线盒；配电箱；分线盒 ❷ timing case 正时箱

caixa de distribuição a vapor steam chest 蒸汽箱

caixa de distribuição de telefone telephone distribution box 电话分线盒

caixa de divisores splitter box 配电盒

caixa de eixo de manivela crankcase 曲轴箱

caixa de elevador lift pit 电梯井，电梯坑，升降机坑

caixa da embreagem de direcção steering clutch case 转向离合器箱

caixa de engrenagem (/engrenagens) gear box, gear case 齿轮箱

caixa de engrenagem de pré-selector preselector gearbox 预选式变速箱

caixa da engrenagem de transferência transfer gear housing 传动齿轮箱

caixa de equilíbrio balance box 平衡箱

caixa de equipotencialização equipotential terminal box 等电位端子箱

caixa de escadas staircase 楼梯间

caixa do escape smoke box 烟箱

caixa de escova brush box 碳刷盒

caixa do estator stator housing 定子外壳

caixa de estore shutter box （卷闸门）卷轴箱

caixa de falha fault space 断层间隔

caixa de ferramentas tool box 工具箱

caixa de fogo combustion chamber 燃烧室

caixa de fornada gauge box 量料箱

caixa de fusíveis fuse box 保险丝盒

caixa de gordura grease trap 隔油池

caixa de infiltração infiltration box 砂石滤沟

caixa de inspecção inspection chamber 检查井

caixa de inspecção de águas negras sanitary sewer manhole 污水检查井

caixa de instrumentos instrument case 仪表盒，仪器箱

caixa de interruptor switch box 开关盒

caixa de junção junction box, joint box 接入箱，接线盒，接线箱

caixa de junção A/V A/V junction box A/V 接线盒

caixa de lavagem wash box 洗矿槽；跳汰机

caixa de lenço de papel box of tissues 纸巾盒

caixa de ligação junction box 接线盒

caixa de ligações concêntrica concentric plug-and-socket 同心插头和插座

caixa de lixo dust canister 灰尘筒，滤筒

caixa de lubrificação (/massa) grease box 润滑脂箱

caixa de machos core box 岩心箱；型芯盒

caixa do mecanismo ⇨ caixa de mudanças

caixa de medida measuring frame 量料框

caixa de moldagem molding box 砂箱；模箱

caixa de moldar flask 砂箱；模箱

caixa de mudanças gear box, gear case, transmission gear box 变速箱，齿轮箱，传动箱

caixa do par cónico bevel gear housing 锥齿轮传动箱

caixa de passagem ❶ conduit box 导管接线盒 ❷ passage box 过路井，交汇井

caixa de passagem no pavimento floor conduit box 地面过线盒

caixa de passeio passage box 过路井，交汇井

caixa de pavimento pavement 人行道

caixa de persiana shutter box 卷帘式壁龛

caixa de Petri petri dish 培养皿

caixa de piso floor box 地插，地板插座

caixa de plantação planting box 苗木箱

caixa de primeiro socorro first aid box 急救箱

caixa de prova (/testes) da transmis-

são transmission test box 变速箱试验台

caixa de redução reduction gearbox 减速箱

caixa de relés relay box 继电器箱

caixa de resistência resistance box 电阻箱

caixa de rodas wheelhouse 轮罩

caixa do rolo roller box 辊箱

caixa de segmentos piston ring groove 活塞环槽

caixa da servotransmissão powershift transmission case 换挡变速箱

caixa de som speaker 音箱，扬声器

caixa de sucção air intake case 进气箱

caixa de teatro ⇨ caixa de cena

caixa de teste de motores engine boost kit; engine test box 发动机试验箱

caixa de testes da transmissão ⇨

caixa de prova da transmissão

caixa de testes hidráulicos hydraulic test box 液压试验箱

caixa de testemunhos ❶ core box 岩心箱；型芯盒 ❷ box corer 箱式取样器

caixa de tomada plug socket 插线盒

caixa de transferência transfer box 分动器

caixa de transmissão transmission gear box 传动齿轮箱

caixa de trifurcação trifurcating box 三路接线盒；三芯线终端套管

caixa de válvula ❶ valve box 阀箱 ❷ valve pit 阀井

caixa de válvula com hidrómetro valve box with water meter 带水表的阀门箱

caixa de válvula de abastecimento de água feed water valve box 给水阀门井

caixa de válvula de ar air valve pit 进气阀井；放气阀井

caixa de vedação stuffing box 填料箱，填料函

caixa do veículo car body 车身，车体

caixa de velocidades gear box, gear shift, transmission gear box 齿轮箱

caixa de velocidades automática automatic gear box 自动变速箱

caixa de velocidades de carretos epicicloidais planetary gear transmission 行星齿轮传动箱

caixa de velocidades mecânica mechanical gear transmission 机械传动箱

caixa de velocidades sincronizadas synchro-mesh transmission, synchronized countershaft transmission 同步啮合式变速器，同步啮合副轴式变速器

caixa de venezianas superiores overhead shutters box 顶置卷帘盒

caixa de viga beam pocket 梁槽，梁穴

caixa de visita inspection chamber, manhole 检查井

caixa de visita de água pluvial rain watermanhole 雨水检查井

caixa do volante flywheel housing 飞轮壳

caixa de voltagens volt-box 分压器

caixa divisora dividing box 分割箱

caixa doseadora batch box 配料量斗

caixa embutida built-in box 嵌入式箱

caixa espiral spiral case, scroll case 蜗壳

caixa forte strong box 保险箱

caixa fresca cool box 冷却箱；（车载）冰箱

caixa frigorífica cool box 车载冰箱

caixa multimédia multimedia box, multimedia terminal box 多媒体接线盒

caixa negra black box 黑箱；黑匣子

caixa para emenda de cabos cable vault 电缆室

caixa para pedras stone trap 集石器

caixa para pesos ballast box, weight-box 压载箱

caixa para puxar cabos draw-in pit, cable draw pit, draw box 铺缆井，拉线井

caixa porta-objectos storage box 贮藏箱

caixa preta ⇨ caixa negra

caixa registadora cash register 收银机，收款机

caixa satélite vazia differential case 差速器壳

caixa sueca ⇨ medidor hidrostático de recalques

caixa tandem tandem housing 串联传动箱体

caixa térmica cool box 保温箱

caixa-de-correio s.f. boxwork 蜂窝状网络

caixão s.m. ❶ case, crate （大）箱子 ❷ air caisson （矩形）沉井，沉箱 ❸ coffin 棺材 ❹ cofferdam 隔离舱 ❺ mortar trough 灰浆搅拌槽

caixão flutuante caisson （打捞沉船使用的）浮筒，浮箱

caixão mono-celular single-cell box 单孔盒形，单孔式箱形

caixilharia s.f. moulding, framework [集]（门、窗等的）框架

caixilharia de alumínio aluminum framework 铝合金门窗（框）

caixilheiro s.m. (door and window) frame fitter 门窗安装工

caixilho s.m. frame （门、窗）框

caixilho de janela window-frame 窗框

caixilho de porta door-frame, door casing 门框，门套

caixonete s.m. wooden casing of wall cabinet 壁柜的木框架

caixotão s.m. coffer; coffering 藻井；花格镶板

cake s.m. cake 滤饼；粉块

cal s.f. lime 石灰

cal aérea quicklime 生石灰

cal aérea extinta hydrated lime, slaked lime 熟石灰

cal anidra anhydrous lime 无水石灰

cal apagada burned lime, slaked lime, dead lime 熟石灰，消石灰

cal branca white lime 熟石灰

cal cálcica calcined lime, calcium lime 生石灰

cal cáustica quicklime, caustic lime 生石灰

cal comum ⇨ cal gorda

cal dolomítica dolomitic lime 白云石石灰，高镁石灰

cal em pasta lime putty 石灰膏；石灰腻子

cal em pó lime powder 石灰粉

cal extinta slaked lime 熟石灰

cal gorda fat lime 肥石灰；富石灰

cal hidratada hydrated lime 水化石灰，熟石灰

cal hidratada hidráulica hydraulic hydrated lime 水硬性熟石灰

cal hidráulica hydraulic lime 水硬石灰

cal hidráulica fraca feebly hydraulic lime 弱性水硬石灰

cal lenta slow slaking lime 慢化石灰

cal livre free lime 游离石灰

cal magnesiana high-magnesium lime 高镁石灰

cal magra lean lime 贫石灰

cal média medium-slaking lime 中消石灰

cal rápida quick slacking lime 快消石灰

cal viva (/virgem) quick lime, caustic lime 生石灰

calabouço *s.m.* dungeon, jail 禁闭室；地牢

calabre *s.m.* cable 卷缆状装饰线脚

Calabriano *adj.,s.m.* Calabrian; Calabrian Age; Calabrian Stage （地质年代）卡拉布里雅期（的）；卡拉布里雅阶（的）

calado *s.m.* draught （船的）吃水；吃水深度

calador *s.m.* sample collector 取样器

calador pneumático pneumatic collector 气动采样器

calafate *s.m.* ❶ caulker 敛缝工 ❷ cleaning 工完场清（工程完工后交付前的清洁工作）

calafetagem *s.f.* ❶ caulking 堵缝，嵌缝，捻缝；美缝 ❷ diagonal coping course 斜砌顶砖，斜砖压顶

calafetante *s.m.* sealant 填缝料；密封胶

calafetante de junta joint sealant 填缝料；夹口胶

calafetar *v.tr.* (to) caulk 填缝

calafeto *s.m.* caulking 堵缝，嵌缝

calagem *s.f.* ❶ liming of the soil （给土地）施石灰 ❷ levelling 校平

calagem zenital setting of zenith distance 天顶距设置

calaíte/calaína *s.f.* calaite 绿松石

calamidade *s.f.* calamity, catastrophe 灾难

calamidade natural natural hazard; natural disaster 自然灾害

calamina *s.f.* calamine 异极矿

calandra *s.f.* calender; hot-press, bending rolls 压光机，压延机

calandragem *s.f.* calendering 轧光，压光

calandrar *v.tr.* (to) calender 以压光机压光

calaverite *s.f.* calaverite 碲金矿

calçada *s.f.* stone-paved roadway （葡萄牙式）铺石路

calçada à portuguesa traditional Portuguese paving 葡式人行道

calçada coberta covered walkway 有盖人行道

calçadão *s.m.* promenade 步行街

calçado ❶ *s.m.* footwear [集] 鞋 ❷ *adj.* paved 铺石的 ❸ *adj.* wedged, blocked-up 装有垫块 (calço) 的

calçado de segurança safety boot 安全鞋

calcador *s.m.* ❶ presser foot （缝纫机）压脚 ❷ furrow opener; furrower 开沟器

calcadura *s.f.* punning 夯，压

calca-fenos *s.m.2n.* hay press 干草压捆机

calcamento *s.m.* ⇨ calcadura

calçamento *s.m.* pavement 路面

calcanhar *s.m.* heel 犁踵

calcantite *s.f.* chalcanthite, blue vitriol 胆矾；蓝矾

calcar *v.tr.* (to) tamp 夯，压

calçar *v.tr.* (to) pave 铺砌路面

calcarenito *s.m.* calcarenite, lime sand 灰岩

calcarenito oolítico oolitic calcarenite 鲕粒灰岩

calcarenito pisolítico pisolitic calcarenite 豆状灰岩

calcário ❶ *s.m.* limestone 石灰石，石灰岩 ❷ *adj.* calcareous 钙质的，石灰质的

calcário afanítico aphanitic limestone 隐晶质灰岩

calcário algáceo (/de algas) algal limestone 藻灰岩

calcário alóctone allochthonous limestone 异地灰岩

calcário alodápico allodapic limestone 浊积灰岩

calcário aloquímico allochemical limestone 异化粒灰岩

calcário arenítico arenitic limestone 砂屑灰岩

calcário argiloso argillaceous limestone 泥质灰岩

calcário autóctone autochthonous limestone 原地生成石灰岩

calcário betuminoso bituminous limestone 沥青灰岩

calcário bioacumulado bioaccumulated limestone 有机生成石灰岩

calcário bioclástico bioclastic limestone 生物碎屑灰岩

calcário bioconstruído (/bioedificado) biohermal limestone 生物礁灰岩

calcário biogénico biogenic limestone 生

物灰岩

calcário bioquimiogénico biochemical limestone 生物化学石灰岩

calcário brando soft limestone 软石灰岩

calcário brechóide ⇨ brecha cataclástica

calcário calcítico calcitic limestone 方解石灰岩，（纯）石灰岩

calcário conquífero shell limestone, lumachellic limestone 贝壳灰岩

calcário coquinóide coquinoid limestone 介壳灰岩

calcário coralígeno coralline limestone 珊瑚灰岩

calcário crinoidal (/de crinóides /de entroques) crinoidal limestone 海百合灰岩

calcário cristalino crystalline limestone 结晶灰岩

calcário de foraminíferos foraminiferal limestone 有孔虫灰岩

calcário detrítico detrital limestone 碎屑石灰岩

calcário dolomítico dolomitic limestone 白云石灰岩

calcário encrino encrinal limestone 海百合灰岩

calcário endógeno endogenous limestone 内源石灰岩

calcário eólico eolian limestone 风成灰岩

calcário esparítico sparry limestone 亮晶石灰岩

calcário estromatoporídio stromatoporoid limestone 层孔虫灰岩

calcário exógeno exogenous limestone 外源石灰岩

calcário gresífero cornstone 玉米灰岩

calcário hidráulico hydraulic limestone 水硬性灰岩

calcário lacustre lacustrine limestone, freshwater limestone 淡水灰岩

calcário límnico limnic limestone 淡水灰岩

calcário litográfico lithographic limestone 石印灰岩

calcário lumachélico lumachellic limestone, shell limestone 贝壳灰岩

calcário magnesiano magnesian limestone 镁质灰岩

calcário margoso marly limestone 泥灰质石灰岩

calcário marinho marine limestone 海相灰岩

calcário metamórfico metamorphic limestone 变质灰岩

calcário metassomático metasomatic limestone 交代灰岩

calcário micrítico micritic limestone 微晶质灰岩

calcário microcristalino microcrystalline limestone 微晶质灰岩

calcário moído ground limestone 石灰石粉

calcário nerítico neritic limestone 浅海灰岩

calcário numulítico nummulitic limestone 货币虫灰岩

calcário oolítico oolitic limestone 鲕状灰岩

calcário organogénico organogenic limestone 生物灰岩

calcário ortoquímico orthochemical limestone 现地化学性石灰岩

calcário pelágico pelagic limestone 远洋灰岩

calcário pisolítico pisolitic limestone 豆状灰岩

calcário puro ⇨ calcário calcítico

calcário químico (/quimiogénico) chemical limestone 化学石灰岩

calcário recifal reef limestone 礁灰岩

calcário sacaróide saccharoid limestone 砂糖状石灰石

calcário silicioso siliceous limestone 硅质石灰岩

calcário sublitográfico sublithographic limestone 亚石印灰岩

calcarito s.m. calcitic limestone 方解石灰岩

calcedónia s.f. chalcedony 玉髓

calcedónia impura chert, white chert 白色燧石

calcetamento s.m. paving 铺路；铺路材料

calcetamento com seixos pebble-paving 卵石铺面

calcetar v.tr. (to) pave （用石料）铺路

calceteiro *s.m.* paver, paviour 铺路工

calciclástico *adj.* calciclastic 碎屑碳酸盐岩的

calciclasto *s.m.* calciclase 钙长石

cálcico *adj.* calcic 钙的，含钙的

calcicreto *s.m.* calcicrete 钙结砾岩

calcífero *s.m.* calciferous 含钙的；含石灰质的

calcificação *s.f.* calcification 钙化，石灰化

calcificar *v.tr.* (to) calcify 钙化，（使）变成石灰质

calcilito *s.m.* calcilith 钙质生物岩

calcilutito *s.m.* calcilutite 泥屑石灰岩

calcimórfico *s.m.* calcimorphic soil 钙成土

calcinação/calcina *s.f.* calcination 煅烧，焙烧

calcinação à chama flash roasting 闪火焙烧

calcinação completa dead roasting 完全焙烧，全氧化焙烧

calcinação de concreto calcination of concrete 混凝土煅烧

calcinação de sulfatação sulphating roasting 硫酸化焙烧

calcinação doce sweet roasting 全脱硫焙烧

calcinação parcial partial roasting 部分焙烧

calcinação perfeita perfect roasting 完全焙烧

calcinador *s.m.* roaster 焙烧炉

calcinador de Edwards Edwards' roaster 爱德华型焙烧炉

calcinar *v.tr.* (to) calcine 煅烧，焙烧

cálcio (Ca) *s.m.* calcium (Ca) 钙

cálcio-carbonatito *s.m.* calcite carbonatite 方解石碳酸盐岩

calciotermia *s.f.* calciothermy 钙热还原法

calcipelito *s.m.* calcipelite 泥屑石灰岩

calcirrudito *s.m.* calcirrudite, lime gravel 钙质砾岩

calcissiltito *s.m.* calcisiltite 粉砂屑石灰岩

calcissolo *s.m.* calcisol 钙质冲积土，钙冲土

calcite *s.f.* calcite 方解石

calcite amarela yellow calcite 黄色方解石

calcite azul blue calcite (angelita) 蓝色方解石

calcite espática sparry calcite 亮晶方解石

calcite flutuante floe calcite 方解石浮膜

calcite laranja orange calcite 橙色方解石

calcite magnesiana magnesian calcite 镁方解石

calcite óptica optical calcite 光性方解石

calcítico *adj.* calcitic 方解石的

calcitito *s.m.* calcitite 方解石岩

calcitização *s.f.* calcitization 方解石化作用

calciturbidito *s.m.* calciturbidite 钙质浊积岩

calço *s.m.* ❶ 1. wedge, scotch 楔，块；止动块 2. pad, shim 垫片；填隙片 3. bumper (of door) 门碰挡 4. beam seat 梁座 5. chock（轮胎）止动器 ❷ foot pad 脚垫 ❸ heel 犁踵

calço amortecedor damping pad 减震垫

calços de alinhamento alignment shims 校准垫片

calço da bandeja de suspensão control arm shim 控制臂垫片

calço do coice da agulha heel block（转辙器）跟部垫块

calço de compensação shim 垫片

calço do cubo hub shim 轮毂垫片

calço de metal metal shim 金属垫片

calço de mola helicoidal coil spring shim 螺旋弹簧垫片

calço de motor motor shim 发动机垫片

calço da pastilha de freio brake pad shim 刹车片垫片

calço do pivô de suspensão ball joint shim 球头垫片

calço da polia do gerador generator pulley shim 发电机皮带轮垫片

calço de travão brake shoe [葡] 刹车片

calço do volante flywheel shim 飞轮垫片

calço entre armadura e forma reinforcing bar spacer 钢筋隔块

calço extremo end block 端块

calço hidráulico hydrolock, hydrostatic lock 液力阻塞

calço intermediário intermediate layer 中间层

calco-alcalino *adj.* calc-alkaline 钙碱的，钙碱性的

calcocite/calcocina *s.f.* chalcocite ⇨ calcosite

calcopirite *s.f.* chalcopyrite 黄铜矿

calcosina *s.f.* chalcosine ⇨ calcosite

calcosite *s.f.* chalcosite, copper glance 辉铜矿

calcoxisto *s.m.* calc-schist 钙质片岩

calcretização *s.f.* calcretization 钙结壳化

calcreto *s.m.* calcrete 钙质结砾岩；钙结壳

calculador *s.m.* calculator 计算器

calculador do alinhamento de curva curve lining calculator 曲线整正计算器

calculadora *s.f.* calculator 计算器

calcular *v.tr.* (to) calculate 计算

cálculo *s.m.* calculation 计算

cálculo aproximado rough estimate 粗略估计

cálculo bidimensional two-dimensional calculation 二维计算

cálculo com computador computer calculation 计算机计算

cálculos de cunhas wedge analysis 楔形体法

cálculo de estabilidade stability calculation 稳定性计算

cálculos de fiabilidade reliability calculation 可靠性计算，可靠度计算

cálculo da folha de pagamento payroll accounting 工资核算

cálculo da incidência económica (dos fatores ambientais) economic impact evaluation (of environmental factors)（环境因素的）经济影响评估

cálculo de juros calculation of interest 利息计算

cálculo dos lucros calculation of profits 利润计算

cálculo da onda de inundação devida à ruptura da barragem dam break analysis 溃坝分析

cálculo de perdas e danos adjustment of average 海损理算

cálculo da posição do navio dead reckoning 航位推算

cálculo de preço price calculation 价格计算

cálculo de preço de custo costing 成本计算

cálculo de reservas calculation of re-serves 储量计算

cálculo do valor appraisal 评估，估价

cálculo diferencial differential calculus 微分

cálculo dinâmico dynamic calculation 动态计算；动力特性分析

cálculo elasto-plástico elasto-plastic analysis 弹塑性计算

cálculo em regime variável transient calculation; time-history analysis 瞬态计算；时间关系分析

cálculo estático static calculation 静态计算

cálculo estrutural structural calculation 结构计算

cálculo flash flash calculation 闪蒸计算

cálculos globais global calculation 整体计算

cálculo hidráulico hydraulic calculation 水力计算

cálculo infinitesimal infinitesimal calculus 微积分

cálculo por alto rough calculation 粗略计算

cálculo pseudo-estático pseudo-static analysis 拟静力分析

cálculo tridimensional three-dimensional analysis, three-dimensional calculation 三维计算

cálculo visco-elástico visco-elastic analysis 黏弹性分析

calda *s.f.* grout, grout mix 混合浆液

calda de betume (/betuminosa) bituminous grout, bituminous slurry 沥青灰浆

calda de cimento cement grout 薄浆，水泥浆

calda de injecção grout 水泥浆；灌浆材料

calda de silicato de sódio sodium silicate grout 水玻璃浆液

calda estável stable grout 稳定灌浆

calda primária primary slurry 初级浆液，原浆

calda química chemical grout 化学灌浆

caldeamento *s.m.* ❶ coating 涂层 ❷ slaking 熟化；消解；水化

caldeamento de aço inoxidável stainless steel coatings 不锈钢涂层

caldear *v.tr.* ❶ (to) slake, (to) dissolve lime

in water（石灰）消化；熟化 ❷ (to) weld, (to) braze（金属）焊接

caldeira *s.f.* ❶ boiler 锅炉 ❷ caldera 破火山口 ❸ sand sediment trap; gutter 沉沙槽；沟槽

caldeira a gás gas boiler 燃气锅炉

caldeira a (/de) vapor steam-boiler 蒸汽锅炉

caldeira a vapor eléctrica electric steam boiler 电热式蒸汽锅炉

caldeira auxiliar auxiliary boiler 辅助锅炉

caldeira cilíndrica barrel boiler 筒形锅炉

caldeira de água boiler 锅炉

caldeira de água quente hot water boiler 热水锅炉

caldeira da chaminé chimney pot 烟囱顶管

caldeira de cobre copper cauldron 铜釜

caldeira de colapso (/subsidência) collapse caldera 塌陷破火山口

caldeira de explosão explosion caldera 爆裂巨火口

caldeira de parede wall hung stove 壁挂炉

caldeira de pressão pressure boiler 加压锅炉

caldeira de vários elementos sectional boiler 分段锅炉；分节锅炉

caldeira flamotubular flame tube boiler 火管锅炉

caldeira flamotubular compacta ⇨ caldeira pirotubular

caldeira mural a gás wall hung gas boiler 燃气壁挂炉

caldeira pirotubular compact flame tube boiler 小型火管锅炉

caldeira tubular tubular boiler 水管式锅炉

caldeira vertical vertical boiler 立式锅炉

caldeirão *s.m.* ❶ caldron 海釜（河床、海底的锅底状的小型凹地）❷ pothole 壶穴 ❸ pothole 路面坑洞

caldo *s.m.* broth 肉汤；液体培养基

caldo de cultura culture fluid 培养液

caledónica *s.f.* caledonian 加里东变质作用

caledónidas *s.f.pl.* caledonides 加里东山系，加里东造山带

caledonite *s.f.* caledonite 铅蓝矾

calefacção/calefação *s.f.* ❶ calefaction, heating 供暖 ❷ film boiling; Leidenfrost phenomenon 膜态沸腾；球腾蒸发，莱顿弗罗斯特现象

calefação a vapor steam heating 蒸汽供暖

calefação ambiente space heating 空间供热

calefação central central heating 集中供热，集中供暖

calefação perimétrica perimeter heating 周边供热

calefação por água quente hot water heating 热水供暖

calefação por ar quente insuflado forced warm-air heating 强制热风供暖

calefação por (/a) painel panel heating 板式供暖

calefação radiante radiant heating 辐射供暖

calefactor/calefator *s.m.* calefactor, heater 加热器

caleira *s.f.* gutter（雨）水槽；檐槽

caleira arrendada laced valley 搭瓦天沟

caleira do Havre throat（壁炉里的）吸烟口

caleira galvanizada galvanized gutter pipe 镀锌排水管

caleira pendente eaves gutter 檐沟，悬挑檐沟

caleiro *s.m.* liming（皮革）浸灰

calendário *s.m.* calender, schedule 日历；日程表

calendário de implementação implementation schedule 实施计划，实施进度表

calendarização *s.f.* timing, scheduling, timetabling 制订时间表；时间安排

calha *s.f.* ❶ gutter, channel 排水沟，槽沟，檐槽，天沟 ❷ leat 露天人工水渠

calha correspondente ao perfil natural da lâmina free jet chute 自由射流斜槽

calha de aço steel gutter 钢天沟

calha de adução mill race 磨坊引水槽

calha de água water passage 水道

calha de água de chuva drip moulding 雨水槽，滴水线脚

calha de aresta arris gutter V形檐沟

calha de beiral eaves trough 檐沟
calha de cabos cable bridge（电缆）桥架
calha de cabo de alta voltagem high
voltage cable trough 高压线缆槽
calha de canto arris gutter V 形檐槽
calha de colecta gully 集水沟
calha de condensação condensation
gutter 冷凝水排水槽
calha do contra-trilho guardrail groove
护轨轮缘槽
calha de escoamento water drain channel 排水渠，排水沟
calha de esgotamento drip rail 流水槽
calha de frente deltaica delta-front
trough 三角洲前缘槽谷
calha de grãos grain auger trough 谷粒喂
入螺旋槽体
calha de lama mud ditch 泥浆槽
calha de madeira box gutter 匣形水槽
calha de medição ⇨ calha medidora
calha de retorno da lama mud (return) ditch 泥浆槽
calha de retornos returns auger trough 杂
穗回收螺旋槽体
calha de saída check throat 窗槛滴水槽
calha do tubo de descarga rain trap 雨
水排水槽
calha do vertedouro spillway chute 溢洪
道陡槽
calha em caixão box gutter 匣形水槽
calha em V vee gutter, arris gutter 三角
形槽
calha erosional erosion groove 侵蚀槽
calha F em ferro F shaped channel iron
F 形铁槽
calha hidráulica ⇨ calha de água
calha medidora measuring flume 测流槽
calha para protecção de cabo ⇨ calha
de cabos
calha parshall Parshall flume 巴歇耳量
水槽
calha PRFV FRP roof gutter 玻璃钢天沟
calha suspensa hanging gutter 吊挂檐槽，
吊挂檐沟
calha vertedora spillway 槽溢洪道
calhau s.m. pebble 卵石，小漂砾，（可以拿
来打混凝土的）石子

calhau britado gravel （可以拿来打混凝
土的）砂砾
calhau rolado pebble 卵石
calheta s.f. bight 小海湾
calibração s.f. calibration 校准
calibração a seco dry calibration 干标定
calibração com tubo vazio empty pipe
calibration 空管校准
calibração de campo field calibration 现
场校准
calibração de fábrica factory calibration
工厂校准
calibração do medidor meter calibration
计量器校准
calibração dinâmica dynamic calibration
动态校准
calibração estática static calibration 静
态校准
calibração in situ in-situ calibration 原位
校准
calibração intrínseca intrinsic calibration 内参校定
calibração primária primary calibration
一级校准
calibrado adj. ❶ calibrated 校准的 ❷ sorted 挑选的，分选的
calibrador s.m. ❶ caliper 卡尺，测径器 ❷
calibrating device 校准器 ❸ calibrator;
gauge, caliber rule 谷物清选机
calibrador cilíndrico cylindrical gauge
圆柱塞规
calibrador com manómetro dial caliper
带表卡尺
calibrador de ajustagem da cremalheira rack setting gauge 齿条安装测量仪
calibrador de bloco block gauge 量块
calibrador de chapas plate gauge 板规
calibrador de cristal crystal calibrator 晶
体校准器，石英校准器
calibrador de espessura ❶ thickness
gauge 厚薄规，测厚仪 ❷ slip gauge 滑规
calibrador de folgas feeler gauge 测隙规
calibrador de inspecção inspection
gauge 检验量规
calibrador de interiores inside callipers
内卡钳
calibrador de lâminas gap gauge, clear-

ance gauge, feeler gauge 测隙规，量隙规

calibrador de mola ajustável adjustable limit snap gauge 可调式极限卡规

calibrador de multímetros multimeter calibrator 三表校验仪，万用表校验仪

calibrador de orifícios orifice gauge 孔板测流规

calibrador de pneus tire gauge 胎压计

calibrador de profundidade depth meter, depthometer, depth gauge, bathometer 深度规；深度计，测深计

calibrador de tubos tube reamer 扩管器

calibrador digital digimatic caliper 数显卡尺

calibrador electrónico com visor digital electronic digital display caliper 电子显示卡尺

calibrador padrão standard gauge 标准规

calibrador progressivo progressive gauge 分级量规

calibrador traçador de altura vernier hight calliper 游标高度卡尺

calibragem *s.f.* ❶ calibration 校准 ❷ tire balance 平衡轮胎 ❸ calibration, gauging（作物的种子、果实等按照尺寸）筛选

calibragem de pneu tire balance 平衡轮胎

calibrar *v.tr.* ❶ (to) calibrate 校准 ❷ (to) balance, (to) calibrate 使（轮胎）平衡 ❸ (to) gauge, (to) measure 测量尺寸

calibre *s.m.* ❶ caliber, inside diameter 内径 ❷ caliper, gauge 卡钳，卡规

calibre B.S. Brown and Sharp wire gauge 布朗沙普线规

calibre com mostrador dial gauge 测微仪；刻度表

calibre de alma diameter of bore 钻孔直径

calibre de broca regulável adjustable snap gauge 可调整卡规

calibre de carga loading gauge 量载规

calibre de carvão coal sizes 煤块大小

calibre de chapas plate gauge 板规

calibre de comprovação setting gauge 标准量规

calibre de corte cutting gauge 切削规

calibre de espessura média average thickness gauge 平均厚度计

calibre de furos plug gauge 塞规

calibre de inspecção inspection gauge 检验量规

calibre de rosca thread gauge 螺纹规

calibre de tensão strain gauge 应变计

calibre limitador (/de tolerância) limit gauge 限规

calibre micrimétrico micrometer gauge 千分尺

calibre padrão (/normal) standard gauge 标准轨距

calibre reduzido small-bore 小孔径

caliça *s.f.* pieces of dry mortar 脱落的白灰墙皮，灰浆皮

caliche *s.f.* caliche 生硝

califórnio (Cf) *s.m.* californium (Cf) 锎

californite *s.f.* californite 玉符山石

Calímico *adj.,s.m.* Calymmian; Calymmian Period; Calymmian System [葡]（地质年代）盖层纪（的）；盖层系（的）

caliofilite *s.f.* kaliophilite 钾霞石

calinite *s.f.* kalinite 纤维钾明矾

Calloviano *adj.,s.m.* [巴] ⇨ Caloviano

calmaria *s.f.* lull; calm（航海）无风无浪；（航空）o 级风，静风

calo de lavoura *s.m.* plough pan, pressure pan, tillage pan 犁底层

calo de roda *s.m.* wheel flat, flat spot （轮胎）平坦点

calomelano *s.m.* calomel 甘汞

calor *s.m.* heat 热量，热能

calor ao rubro red heat 红热

calor branco (/de incandescência) white heat 白热

calor de condensação condensation heat 凝结热

calor de fusão heat of fusion 熔解热

calor de hidratação hydration heat 水合热，水化热

calor de ocupação heat gain from occupant 人体散热量

calor de solidificação solidification heat 凝固热

calor de têmpera hardening heat 硬化热

calor de vaporização vaporization heat

汽化热，蒸发热

calor eléctrico electric heat 电热

calor específico specific heat 比热

calor específico do cálcio calcium specific heat 钙比热

calor latente latent heat 潜热

calor radiante radiant heat 辐射热

calor sensível sensible heat 显热

calor solar solar heat 太阳热

caloria (Cal, Kcal) *s.f.* calorie (cal) 卡，卡路里

◇ grande caloria large calorie, kilocalorie 大卡，千卡 ⇨ quilocaloria

◇ pequena caloria small calorie 克卡，小卡 ⇨ caloria

caloricidade *s.f.* caloricity 热容量

calorífero ❶ *adj.* caloriferous 产热的，生热的 ❷ *s.m.* calorifier 加热器

calorífugo *adj.* calorifugal 断热的

calorímetro *s.m.* calorimeter 热量表，热量计

calorização *s.f.* calorization 热化

calota/calote *s.f.* ❶ calotte 截球形；帽状拱顶，帽状穹隆 ❷ ice mantle, ice sheet 冰帽；冰盖 ❸ hub cap, hubcap, center cap 轮毂盖

calote de altitude default altitude 平顶冰川

calota de distribuição distribution cap （辐射式悬索结构桅杆柱顶的）受压环梁

calote de montanha mountain ice cap 平顶冰川

calote de planalto plateau ice cap 高原冰帽

calota esférica fragment of a sphere 截球形

calote glaciar ice mantle, ice sheet 冰帽；冰盖

calote polar polar ice cap; inlandsis 极地冰帽

Caloviano *adj.,s.m.* Callovian; Callovian Age; Callovian Stage [葡] （地质年代）卡洛夫期（的）；卡洛夫阶（的）

caltonito *s.m.* caltonite 方沸碧玄岩

Calymmiano *adj.,s.m.* [巴] ⇨ Calímico

cama *s.f.* ❶ 1. bed （家具）床 2.bed （医院、酒店等的）床位 ❷ bed, bedding （像床的设备、地层）床

cama casal double bed 双人床

cama de brozeamento sunbed 紫外线浴床

cama de cultivo culture bed 栽培床

cama de paciente patient bed 病床

cama para a semente seed bed 苗床

cama quente hot bed 温床

cama singular single bed 单人床

camada *s.f.* ❶ 1. layer, stratum; seam, bed 层；面层 2. tier 层级 ❷ bed 层（岩石地层单位，membro 的下一级）

camada A A layer A 层；地球第一层（按震波速度划分的地壳）

camada à prova de humidade damp-proof course (DPC) 防潮层

camada activa active layer 活性层

camada adesiva bonding layer 黏结层；黏合层

camada alterada altered layer 变质层

camada anticravamento seal coat （路面结构）封层，下封层

camada antiderrapante anti-skidding layer 防滑层

camada antifúngica antifungal course 防霉层

camada arável topsoil （可耕）表土

camada areada aerated layer 风化层

camada B B layer B 层；地球第二层（按震波速度划分的上地幔低波速带）

camada basal bottomset bed 底积层

camada basáltica basaltic layer 玄武岩层

camada Beilby Beilby layer 贝尔俾层

camada betuminosa bituminous course 沥青面层

camada C C layer C 层；地球第三层（按震波速度划分的 410—1000 公里的过渡区）

camada cega blind layer 地震记录无反射层

camada chamosítica chamositic layer 鲕绿泥石层

camada-chave key bed 标准层

camada cimentada case 硬化层

camada confinante confining bed 封闭层；隔水层

camada D D layer D 电离层；D 层（相当于下地幔）

camada de aderência tack coat 黏结层；

（路面结构）黏层

camada de aeração aerated layer 风化层

camada de alta velocidade high-velocity layer 高速度层

camada de apoio bearing stratum 持力层，承重层

camada de areia sand course, sand-bed 沙面层，沙垫层，沙层

camada de atrito wear course 耐磨层，上面层

camada de baixa velocidade low-velocity layer 低速层，低速带

camada de base base course 承重层，路面底层

camada de betonilha afagada polished concrete course 磨光混凝土层

camada de betume tack coat 沥青黏层

camada de "binder" binder course（路面）联结层，结合层

camada de bloqueio blanket course 覆盖层

camada de carvão coal bed 煤层

camada de chumbo e estanho lead-tin overlay 铅锡合金镀覆层

camada de concretagem concrete lift; placement lift 混凝土浇筑层；混凝土升高层

camada de desgaste ❶ wearing course 磨耗层，耐磨层 ❷ surface course (of road) 道路表面层

camada de dessolidarização separation layer (between insulation layer and waterproof layer of roof)（屋面防水层和上面的保护层之间的）隔离层

camada de drenagem drainage blanket, drainage layer 排水层；疏水层

camada de enrocamento de brita seca dry-stone base 干砌石基层

camada de forma screed to fall 找坡层

camada de formação de pendente ⇨ camada de forma

camada de fundação ❶ base course 基层 ❷ bedding layer 垫层

camada de fundo bed load 河床负载，底砂

camada de fundo betuminosa basal tar mat 底部焦油垫层

camada de gelo ice cover; consolidated ice cover 冰盖；固结冰盖层

camada de gravilha layer of gravel 砾石层

camada de impermeabilização seal coat 封闭层，封层

camada de independência separation layer between insulation layer and waterproof layer 保温层和防水层之间的隔离层

camada de intemperismo weathering layer 风化带，风化层

camada de isolamento térmico insulation layer 保温层

camada de ligação binder course, binding layer 联结层，结合层；黏合层

camada de material filtrante filter material layer 滤料层

camada de neve snow cover, snow pack 积雪层

camada de nivelamento levelling course 找平层，整平层

camada de oxigénio mínimo oxygen-minimum layer 最小含氧层

camada do ozono ozone layer 臭氧层

camada do pavimento pavement course 路面铺层

camada de pintura coat of paint 漆皮；涂漆层

camada de primário prime coat 打底层，底涂层

camada de protecção protective cover, protective course 保护层

camada de protecção em cobertura roof protection layer 护顶层

camada de referência marker bed 标志层；标志地层

camada de regularização levelling course 整平层，找平层；水平层

camada de revestimento primário prime coat （路面结构）透层

camada de rolamento wearing layer 磨耗层，磨损层

camada de segurança do pneu tire inner liner 轮胎内衬

camada de solo estabilizado stabilized soil layer 稳定土层

camada de suporte bearing layer, bearing course 持力层，承重层

camada delgada thin bed, thin layer 薄层

camada difusa diffuse layer 扩散层

camada drenante drainage course 透水基层，排水层

camada drenante de pavimento pavement drainage course 路面排水层

camada dura hard pan 硬土层

camada E E layer 散块 E 层；E 电离层

camada endurecida hardened case 表面硬化层

camada F F layer 森林残落物层；地核过渡层；F 电离层

camada final finishing coat 面层

camada fotossensível light-sensitive surface 感光面

camada geológica geological layer 地质层

camada guia marker bed 标志层；标志地层

camada hidrófuga waterproof layer 防水层

camada hidrófuga em tela plástica plastic waterproof membrane 塑料防水膜，塑料膜防水层

camada horizontal horizontal layer 水平地层，水平矿层

camada impermeabilizante protectora waterproofing course 防水层

camada impermeável waterproof course, impervious layer 防水层

camada impermeável ao som soundproof layer 隔音层

camada inclinada inclined bedding 倾斜层，斜层理

camada inferior bottom layer 底层

camada inferior do revestimento binder course 结合层

camada infrassalífera pre-salt layer [葡] 盐下层

camada intercalada intercalated bedding 夹层

camada interfacial interface layer 中间层

camada interna inner liner 内衬

camada ionosférica ionospheric layer 电离层

camada isolante insulation lagging 绝缘层

camada isotérmica isothermal layer 等温层

camada K (/L/M/N/O/P/Q...) K (/L/M/N/O/P/Q...)-shell （电子层）K (/L/M/N/O/P/Q…) 层

camada lenticular lenticular bedding 透镜层理

camada limite boundary layer 边界层

camada limite de superfície ❶ surface boundary layer 表面边界层 ❷ Prandt boundary layer 普朗特边界层

camada limite laminar laminar boundary layer 层流边界层

camadas múltiplas multicourse pavement 多层路面

camada não estabilizada unstabilized course 不稳定土层

camada oceânica oceanic layer 大洋层

camada oculta hidden layer, masked layer 盲层，隐蔽层

camada pré-sal pre-salt layer [巴] 盐下层

camada primária prime coat 底涂层

camada produtiva pay zone 产油层

camada protectora protective coating 保护涂层

camada resistente à raspagem scratch resistant layer 划伤耐磨层

camada saturada saturated layer 饱和层

camada sedimentar sedimentary layer 沉积层

camada separadora ❶ separation layer 隔离层，隔断层 ❷ ⇨ camada de dessolidarização

camada subjacente underlay 底基层，衬底

camada superficial superficial layer 表面层

camada superficial do solo topsoil 表土

camada superior overlay 覆盖层

camada temperada ⇨ camada endurecida

camada termoadesiva thermoadhesive layer 热熔黏合层

camada vegetal top soil 表土

camafeu s.m. cameo 浮雕玉石

camaleão s.m. earthroad hump 土路上的路拱

camalhão *s.m.* field, ridge 田垄（通常宽 0.6—0.8 米）

câmara *s.f.* ❶ chamer, room; cabin 卧室；小室；间隔 ❷ chamber 议院；贸易团体 ❸ camera [葡] 摄像机，摄像头；照相机

câmara aerotofogramétrica automática quádrupla quadruple serial air survey camera 四镜头连续航测摄影机

câmara asséptica aseptic chamber 无菌室

câmara bala gun type camera 枪形摄像头

câmara binocular binocular camera 双目摄像机

câmara climática climate chamber 气候试验箱；环境测试箱

câmara climática de alta precisão para cultivo high precision climate chamber 高精度人工气候室

câmara climática de temperatura constante constant temperature climate chamber 恒温气候试验箱

câmara climática para crescimento de plantas climate chamber for plant growth 植物生长试验箱

câmara climática para incubação de insectos insect incubation chamber 昆虫培养箱

câmara climática para sementes climate chamber for seed 种子老化试验箱

câmara comercial chamber of commerce 商会

câmara de absorção absorption well 吸水井

câmara de aquecimento heating chamber 加热室

câmara de ar ❶ inner tube, air tube 内胎 ❷ air chamber 气室

câmara de arbitragem arbitral tribunal, arbitration court 仲裁庭

câmara de bóia float-chamber 浮室；浮子室；浮箱

câmara de bomba pump chamber 泵室

câmara de carga ❶ shot hole 爆破孔 ❷ forebay; head pond （拦水坝上围起的）前池

câmara de chuva rain chamber 喷水水塔

câmara do circuito fechado de TV (CCTV) CCTV camera 闭路电视摄像机

câmara de circulação do radiador radiator header 散热器上水箱

câmara de combustão combustion chamber 燃烧室

câmara de combustão anular annular combustion chamber 环管燃烧室

câmara de combustão de caldeira firebox 火室，火箱

câmara de combustão de turborreactor turbo combustion chamber 涡轮燃烧室

câmara de combustão hemisférica hemispherical combustion chamber 半球形燃烧室

câmara de comporta gate chamber; valve chamber 闸门室

câmara de compressão compression chamber 压缩室

câmara de condensação condensing chamber 冷凝室

câmara de confluência junction chamber 连接井

câmara de contagem people counting camera 人数统计摄像机

câmara de cura curing chamber 硬化室

câmara de depuração ⇨ câmara de filtração

câmara de descompressão decompression chamber 减压室

câmara de detritos grit chamber 沉砂池，沉渣池

câmara de domo dome camera 球形摄像头

câmara de domo controlável controllable dome camera 可控球形摄像头

câmara de domo controlável externa à prova de intempéries weatherproof outdoor controllable dome camera 室外全天候可控球形摄像头

câmara de domo de alta velocidade high speed dome camera 高速球形摄像机

câmara de domo de alta velocidade à prova de intempéries weatherproof high speed dome camera 全天候高速球形摄像机

câmara de domo fixa fixed dome camera 固定式球形摄像头

câmara de domo fixa externa à prova de intempéries weatherproof outdoor fixed dome camera 室外全天候固定球形摄像头

câmara de dosagem metering chamber 计量室

câmara de eclusa lock chamber 船闸室

câmara de empréstimo borrow pit 取土坑，借土坑

câmara de espelho reflex camera 反光取景摄影机

câmara de expansão surge chamber 调压室

câmara de explosão explosion chamber 燃烧室

câmara de fermentação fermentation room 发酵柜，发酵箱

câmara de fibra fiber camera 纤维光学摄影机

câmara de filtração straining chamber 滤水室

câmara de filtro de ar air filter chamber 空气过滤室

câmara do flutuador float chamber 浮子室

câmara de fluxo laminar laminar air flow chamber 分层气流室

câmara de fotografias instantâneas land camera; instant camera 一步成像照相机

câmara de fumaça smoke chamber 烟室，烟腔

câmara de germinação germination chamber 种子发芽室

câmara de germinação com fotoperíodo germination chamber with photoperiod 智能种子发芽室，光照室

câmara de infravermelhos noctovisor 红外摄像机

câmara de inspecção inspection chamber 检查井

câmara de intemperismo acelerado weatherometer 耐风蚀测试仪，老化试验机

câmara de ionização ionization chamber 电离室

câmara de junção junction chamber 接头室

câmara de jusante tail-bay 尾水池

câmara de lubrificante grease chamber 油室

câmara de nevoeiro cloud chamber 云室

câmara de nível constante constant head vessel 恒定液位器

câmara de óleo oil chamber 储油器；储油室

câmara de película contínua continuous-strip camera 连续条形摄影机

câmara de poeira dust chamber 集尘室

câmara de pós-combustão afterburner 加力燃烧室

câmara de pré-aquecimento preheating chamber 预热室

câmara de pré-combustão prechamber, precombustion chamber 预燃室，预燃烧室

câmara de pré-compressão precompression chamber 预压室

câmara de ré backup camera 倒车摄像头

câmara de reflexão reflection camera 反光取景摄影机

câmara de reverberação reverberation chamber, echo chamber 混响室

câmara de rotação horizontal/vertical e zoom (PTZ) PTZ camera 云台摄像机，球摄像机

câmara de Scholander Scholander pressure chamber 植物水势压力室，Scholander 压力室

câmara de sedimentação sedimentation chamber 澄清器，沉淀池，沉降室

câmara de segurança safety chamber 安全腔

câmara de turbina turbine chamber 涡轮室

câmara de turbulência turbulence combustion chamber 湍流燃烧室

câmara de vácuo vacuum box, vacuum tank 真空箱，真空罐

câmara de válvulas valve chamber/house 阀室，气门室，活门室

câmara de vapor steam jacket 蒸汽套

câmara de vídeo camcorder, video camera 摄像机

câmara elevatória lift pump chamber 扬升泵室

câmara escura dark chamber 暗箱

câmara estanque cofferdam 潜水箱，沉箱

câmara estéreo stereo camera 立体摄影机

câmara estereofotogramátrica stereometric camera, photogrammetric stereocamera 立体量测摄影机

câmara estereoscópica stereoscopic camera 立体摄影机

câmara fitotron phytotron 人工气候室

câmara fria (/frigorífica) cold room, cold storage 冷库，冷藏库

câmara HD HD camera 高清摄像机

câmara hidropneumática unidireccional air-water backwashing filter 气水反冲洗滤池

câmara húmida humid room 保湿室

câmara iónica ion chamber 离子室；电离室

câmara Land Land camera 一步成像照相机

câmara LED para crescimento de plantas LED chamber for plant growth LED 植物生长室

câmara magmática magma chamber 岩浆房

câmara miniatura miniature camera 微型照相机

câmara multibanda multiband camera 多谱段摄影机；多波段照相机

câmara multilente multilens camera 多镜头摄影机

câmara panorâmica panoramic camera 全景照相机

câmara plena plenum chamber 增压室

câmara pneumática ❶ air chamber 气室 ❷ rotochamber 旋转室，膜片摇臂室

câmara pneumática de duplo efeito double-acting air chamber 双作用气室

câmara pneumática do freio brake chamber, air rotochamber 制动腔

câmara Polaroid Polaroid camera 宝丽来（一次成像）照相机

câmara protectora do freio protective brake chamber 制动保护气室

câmara refrigeradora reach-in refrigerator 高型冷柜

câmara retentora separator 分离池，隔离池

câmara retentora de gorduras grease trap 隔油池

câmara sonora sound chamber 声室

câmara subterrânea underground chamber 地下室

câmara tipo bala ⇨ câmara bala

câmara web webcam 网络摄像头

camarão s.m. hook nail 钩钉

camarata s.f. dormitory 集体宿舍

camarim s.m. dressing room, tiring room （剧院、演播室等的）化妆室

camarização s.f. installation of cameras; video surveillance project 安装摄像头；视频监控工程

camarote s.m. box, cabin, state room 包厢，包间

camarote de luxo deluxe cabin 豪华包间

camartelo s.m. stone-mason's hammer 凿石锤

cambada s.f. jibe 使（帆或桁）从一舷转至他舷；使（帆）改变方向

cambagem s.f. ⇨ câmber

cambamento s.m. buckling 弯曲变形

câmber s.m. camber 前轮外倾角

cambiador s.m. exchanger 交换器

cambiador de calor heat exchanger 热交换器

câmbico s.m. cambic horizon 雏形层

câmbio s.m. ❶ 1. exchange （货币）兑换 2. exchange rate 汇率 ❷ gearshift 换挡 ❸ cambium （树干）新生层

câmbio automático de mudança de marchas automatic gear shifting 自动变速

câmbio do dia current rate, rate of the day 当日汇率

câmbio do preço oficial de compra official buying exchange rate 官方买入汇率

câmbio do preço oficial de venda official selling exchange rate 官方卖出汇率

câmbio manual de velocidades manual gear shifting 手动变速

cambissolo s.m. cambisol 始成土

cambota s.f. ❶ crankshaft [葡] 曲轴 ❷ semicircular framework; soffit scaffolding 拱形构架；砌拱支架

cambota biela crankshaft & connecting 曲轴连杆

Cambriano adj., s.m. [巴] ⇨ Câmbrico

Câmbrico *adj.,s.m.* Cambrian; Cambrian Period; Cambrian System [葡]（地质年代）寒武纪（的）；寒武系（的）

came *s.m.* cam 凸轮
  came cilíndrico barrel cam 筒形凸轮
  came de disco plate cam 盘形凸轮
  came de dois ressaltos (/duas pontas) two lobed cam 双凸块凸轮
  came de restabelecimento reset cam 回动凸轮
  came de um só ressalto single-lobe cam 单凸块凸轮

câmera *s.f.* camera [巴] 摄像机，摄像头；照相机
  câmera analógica analog camera 模拟摄像机
  câmera APS APS camera 一次成像全自动相机
  câmera compacta compact camera 袖珍相机
  câmera de precisão high-precision camera 高精度摄像机
  câmera de vídeo traseira padrão standard rear video camera 标准后视摄像头
  câmera pinhole pinhole camera 针孔相机
  câmera reflex (monobjetiva) single lens reflex, SLR 单反，单镜头反光相机
  câmera robótica robotic camera 机器人摄像头

camião *s.m.* truck [葡] 卡车，货车，载货汽车
  camião betoneira mixer truck 混凝土搅拌车
  camião caixa fixa trucks with fixed housing（货柜固定的）货柜车
  camião carregador lorry loader 装载车，汽车式装载机
  camião cavalo mecânico e trailer truck with trailer 拖车头带拖车
  camião-cisterna tanker truck 水罐车，油罐车
  camião-cisterna água water tanker 运水车
  camião-cisterna combustível fuel tanker 运油车
  camião com caixa de temperatura controlada temperature controlled truck 带温控系统的货柜车

camião com caixas desmontáveis demountable truck（货柜可卸的）货柜车
camião de betão concrete truck 混凝土运输车
camião de bombas de betão concrete pump truck; concrete pump car 混凝土泵车
camião de caixa basculante tipper truck 翻斗车
camião de caixa com cortinas laterais curtain-sider truck 侧帘货车
camião de caixa fechada box body truck 货柜车
camião de chassis e cabine chassis cab truck 货柜框架卡车
camião de descarga automática auto-dumper 机动翻斗车，自卸汽车
camião de gravação recording truck 操测车，记录车
camião de mudanças removal van, moving van 搬家卡车
camião de tiro shooting truck 爆破车
camião de transporte auto vehicle transporter 车辆运输车
camião de transporte de animais animal transport truck 动物运输卡车
camião de transporte de troncos (/madeira) timber truck 木材运输车
camião Flatbed/Dropside Flatbed/Dropside truck 平板式 / 侧卸式卡车
camião frigorífico isotérmico refrigerator car 冷藏车
camião-grua truck crane, lorry crane 起重汽车，汽车吊；自装卸汽车（随车吊）
camião-guindaste hoist truck 带绞车的卡车
camião oficina p/manutenção no campo maintenance truck 维修车
camião porta-contentores container-frame truck 集装箱运输车
camião porta-máquinas machinery transporter 机械运输车
camião-reboque trailer truck 拖头车
camião wood chip wood chip truck 木材运输车

caminhamento *s.m.* surveyline 测线，测边
  caminhamento do trilho rail creeping 轨道爬行

caminhão *s.m.* truck; lorry [巴] 卡车，货车，载货汽车

caminhão articulado articulated truck 铰接式卡车

caminhão basculante dumper, dump truck 自卸车，翻斗车

caminhão basculante fora-de-estrada off-highway dumper 非公路倾泥车；非公路倾卸车

caminhão basculante pesado tipper 倾卸斗车；运泥车

caminhão-betoneira transit mixer, truck mixer 混凝土搅拌车；运送拌合机

caminhão boiadeiro cattle transport truck 牲畜运输车

caminhão com comboio de lubrificação lube truck 润滑油车，润滑油服务车

caminhão com guindaste de carga ⇨ caminhão guindauto

caminhão com lança elevatória boom truck 伸缩吊臂起重车

caminhao com plataforma aérea truck-mounted aerial platform 高空作业车

caminhão combinado (/conjugado) truck combination 组合货车

caminhão compactador collection truck 垃圾收集车

caminhão de bateia tray truck 托盘搬运车

caminhão de bombeiros fire engine 消防车

caminhão de carroceira aberta open truck, open lorry 敞篷货车

caminhão de carroceira fechada closed truck, closed lorry 厢式货车

caminhão de comissaria catering truck 飞机餐车

caminhão de lixo garbage truck 垃圾车

caminhão de mineração mining truck 采矿卡车

caminhão fora-de-estrada off-highway truck 非公路卡车

caminhão frigorífico refrigerator truck 冷藏车

caminhão-guincho tow truck 拖车；牵引车

caminhão guindauto truck-mounted crane 汽车起重机，随车吊

caminhão leve light truck 轻型货车，轻型卡车

caminhão limpa-neves snow blower 扫雪车

caminhão médio medium truck 中型货车，中型卡车

caminhão misturador agitating truck 混凝土搅拌车

caminhão para sucção de fossa séptica fecal suction truck 吸粪车

caminhão pesado heavy truck, heavy duty truck 重型货车，重型卡车

caminhão pipa ⇨ caminhão tanque

caminhão plataforma flatbed truck 平板货车

caminhão-reboque trailer truck 拖头车

caminhão rígido rigid truck 整体车架式卡车

caminhão semipesado ⇨ caminhão médio

caminhão socorro ⇨ caminhãoguincho

caminhão tanque tanker truck 水罐车，油罐车

caminhão térmico thermosvan, insulatedvan 保温车

caminhão-trator truck-tractor 牵引车

caminhão tremonha hopper truck 料斗车

caminhão varredor street sweeper 街道清扫车

caminho *s.m.* ❶ road, way 路，公路 ❷ path 小径 ❸ path 途径，通道

caminho crítico critical path 关键路径；临界路径

caminho de acesso access road, slip road 进出路径；进口，进场道路

caminho de cabos wireway 电线槽

caminho de canal channelway 河槽，河床

caminho de carros ⇨ caminho para viatura

caminho de pé posto nature trail （乡间或森林等中）通向自然风景区的小径

caminho de percolação seepage path 渗透途径，渗径

caminho de percolação preferencial

preferential path 高渗透通道

caminho de rolamento gantry rail 龙门吊滑轨

caminho de serviço service road 便道；辅助道路

caminho externo external road 外围道路

caminho interno internal road 区内道路

caminho para viatura cart-way, carriageway 行车道，车行路线

caminhos paralelos parallel roads 平行海滩，平行滩列

caminho particular private road 私有路

caminho pioneiro pioneer road 施工便道

caminho-de-ferro *s.m.* ❶ railway, railroad 铁路，铁道 ❷ railroad, railway company 铁路公司

caminho-de-ferro a (/de) cremalheira rack railway 齿轨铁路

caminho-de-ferro de alta velocidade high speed railway 高速铁路

caminho-de-ferro de via estreita light railway 窄轨铁路

caminho-de-ferro em planalto plateau railway 高原铁路

caminho-de-ferro monocarril monorail, single track railway 单轨铁路，跨坐式铁路

caminhonete *s.f.* pick-up truck 皮卡车

caminhonete fechada station wagon 旅行汽车，封闭式皮卡，SUV

camioneiro *s.m.* truck driver 卡车司机，货车司机

camioneta *s.f.* delivery van, pick up 厢式货车

camionista *s.2g.* ⇨ camioneiro

camisa *s.f.* jacket, casing; liner 套，套管；衬套

camisa d'água water jacket 水套

camisa de arrefecimento cooling jacket 冷却套；冷却套管

camisa do cilindro cylinder bushing, cylinder jacket, cylinder liner 缸套，汽缸衬筒

camisa de vapor steam jacket 蒸汽套

camisa deslizante sliding sleeve 滑动套筒

camisa húmida wet liner, wet sleeve 湿式缸套

camisa imersa em água wet-type liner 湿式缸套

camisa seca dry liner, dry sleeve 干式缸套

camiseiro *s.m.* chest drawers 衬衣柜，衬衫柜

camiseta *s.f.* T-shirt T恤

campainha *s.f.* bell, hand bell 铃，门铃

campainha de alarme alarm-bell 警铃，警报钟

campainha da porta door bell 门铃

campana *s.f.* ❶ bell 小钟，钟状物 ❷ bell （科林斯柱式的）铃状柱头

campana de guia bell guide 导向喇叭口

campanário *s.m.* campanile （教堂上的）钟塔

Campaniano *adj.,s.m.* Campanian; Campanian Age; Campanian Stage（地质年代）圣通期（的）；圣通阶（的）

campanilo *s.m.* campanile 钟楼；（独立）钟塔

campanito *s.m.* campanite 碱玄白榴岩

campânula *s.f.* ❶ bell jar 钟形容器；玻璃钟罩 ❷ bellmouth 喇叭口

campânula de sucção suction bell 吸入喇叭口

campânula de sucção da bomba de óleo oil pump suction bell 机油泵吸入口

campão *s.m.* campan marble 康庞大理石

camper *s.f.* camper 露营车

campestre/campesino *adj.* campestral 农村的，农民的

campina *s.f.* meadow 肥沃的低草地，水草地

campo *s.m.* ❶ 1. field; court 田地，田野；场地；运动场 2. (ore, oil, gas) field 矿田，油田，气田 ❷ field （物理学、数学意义的）场，域 ❸ block; field （文件、表格中供填写的）栏；（数据库的）字段 ❹ grass savanna 无树干草原

campo acústico sound field 声场

campo carbonífero terciário Tertiary coalfield 第三纪煤田

campo compensado compensating field 补偿场

campo de absorção absorption field 渗滤场

campo de acção field of activity 活动范围

campo de assinatura signature block 签字栏

campo de basquetebol basketball court 篮球场

campo de despejo disposal filed 渗滤场

campo de desvio deflecting field 偏转场

campo de dunas dune field 沙丘原

campo de engorda pasture for fattening cattle, winter pasture 冬季牧场

campo de espaço livre free-space field 自由空间场

campo de estacionamento multipisos multi-story carpark 多层停车场

campo de falhas fault block field 断块油田

campo de futebol football field 足球场

campo de gelo ice-field 冰原

campo de golfe golf court, golf links 高尔夫球场

campo de imagem image field 像场

campo de infiltração drain field 渗滤场

campo de neve snow field 雪原

campo da normalização field of standardization 标准化领域

campo de onda wavefield 波场

campo de parada parade ground 阅兵场

campo de petróleo ⇨ campo petrolífero

campo de pouso landing field 降落场

campo de secagem grain-sunning ground 晒谷场

campo de ténis tennis court 网球场

campo de tiro shooting range 靶场

campo de treino ao ar livre outdoor training ground 室外训练场

campo de voleibol volleyball court 排球场

campo de vorticidade field of vorticity 涡场

campo desportivo sports ground, playground 运动场

campo desportivo ao ar livre outdoor sport field 室外运动场

campo difuso diffuse field 扩散场；扩散声场

campo dipolar dipole field 偶极场

campo electromagnético electromagnetic field 电磁场

campo eléctrico electric field 电场

campo geomagnético geomagnetic field 地磁场

campo geomagnético de referência internacional international geomagnetic reference field (IGRF) 国际标准地磁场

campo geotérmico geothermal field 地热田

campo gravitacional gravity field 重力场，引力场

campo indutor do gerador generator field 发电机磁场

campo inteligente smart field 智能油田

campo livre free field 自由场

campo maduro mature field 成熟油田

campo magnético magnetic field 磁场

campo magnético reverso reversed magnetic field 反向磁场

campo magnético terrestre ⇨ campo geomagnético

campo marginal marginal field 边际油气田

campo marginal de gás natural marginal natural gas field 边际天然气田

campo marginal de petróleo marginal oil field 边际油田

campo petrolífero oil-field 油田

campo petrolífero off-shore offshore oil field 海上油田

campo petrolífero on-shore onshore oil field 陆地油田

campo polivalente multipurpose field 多功能体育场

campo remoto far-field 远源场

campo rotativo revolving field, rotating field 旋转磁场

campo secundário secondary field 二次场

campo visual visual field 视野

camptonito s.m. camptonite 闪煌岩

campus s.m. campus （大学）校园，园区

camuflagem s.f. camouflage 伪装；保护色，迷彩

camuflar v.tr. (to) camouflage 伪装

camurça s.f. suede 绒面

cana s.f. ❶ cane; reed 甘蔗；芦苇 ❷ rod;

walking stick 杆；手杖

cana-de-açúcar sugarcane 甘蔗

cana de leme tiller, helm 舵杆

canada *s.f.* "canada" 葡制罐（液量单位，合 1.4 升）

canadito *s.m.* canadite 钠霞正长岩

canal *s.m.* ❶ 1. canal; water-course 运河，水道，水渠；河道 2. gutter; channel; conduit 槽，沟 ❷ channel; fairway 渠道，通道 ❸ channel（电视、广播等的）频道

canal abandonado oxbow 牛轭湖

canal aberto open channel, open conduit 明渠，明沟

canal activo active channel 流水河槽

canal aluvial alluvial channel 冲积河床，冲积水道

canal anastomosado braided channel 网状水道，辫状河道

canal cársico karstic channel 岩溶式信道，喀斯特信道

canal coberto covered channel 有盖排水槽；暗槽

canal colector catchwater channel 集水槽

canal com ressalto hidráulico standing wave flume 驻波测流槽

canal condutor cable duct, cable conduit 电缆管道，穿线管

canal de adução ❶ headrace, headrace channel 导水沟 ❷ forebay; head pond（拦水坝上围起的）前池

canal de adução da casa de força power station supply canal; power channel 电站供水渠

canal de aferição rating flume 计量槽

canal de alimentação ❶ supply channel 供水渠 ❷ feeder, feed pipe 给料槽；给矿槽；进料管

canal de aproximação approach channel 引航道，进港航道

canal de atalho chute, chute cutoff 割断曲流，流槽截流

canal de coada slot 狭槽

canal de comunicação communication channel 通讯渠道；通信信道

canal de crevasse crevasse channel 决口水道

canal de cumeada summit canal 越岭运河

运河

canal de dados data channel 数据通道

canal de derivação by-pass channel, diversion channel 溢流槽，分水槽

canal de descarga ❶ draw-off pipe, gully 泄水渠，排水沟 ❷ tail race 尾水沟，尾水渠

canal de desvio diversion canal 引水渠

canal de dissolução solution channel 溶蚀槽

canal de drenagem (/escoamento) drainage channel 排水渠

canal de eclusa lock cut 船闸引渠

canal de estiagem mean low water channel 枯水河槽

canal de evacuação dos gelos ice escape channel; ice pass 泄冰渠

canal de fuga ❶ tailrace, tailrace channel 尾水沟，尾水渠 ❷ discharge channel 排水道 ❸ mill tail 水车出水槽

canais de gases gas channel 气道

canal de gito ingate 内浇道；内浇口

canal de intercepção interceptor channel 截流渠

canal de irrigação irrigation canal 灌溉渠

canal de limpeza flushing channel; flushing canal 冲沙渠道

canal do macho tap flute 丝锥槽

canal de maré tidal channel 潮道

canal de maré vazante ebb channel 落潮水道

canal de medição measuring flume 测流槽

canal de navegação navigation channel, navigation waterway 航道

canal de partida tail-bay 尾水池

canal de represa level canal 平水运河

canal de saída outlet duct 排出道

canal de transbordo overflow groove 溢流槽

canal de vala ditch canal 平水运河

canal de vazamento yard gully 庭院雨水口

canal de ventilação ❶ air flue, airway, cooling vent 风道 ❷ venting channel 排气道

canal do vertedouro spillway channel 溢洪道泄水槽

canal de vidro flume 玻璃水槽

canal em plataforma shelf channel 陆架谷，陆架沟道

canal entrelaçado ⇨ canal anastomosado

canal inclinado para o transporte de madeiras logway; log chute 筏道，滑木道

canal inferior tail race 尾水沟，尾水渠

canal lateral lateral canal 旁支运河

canal livre clear channel 开敞信道，专用信道

canal logístico logistic chain 物流链

canal múltiplo multiple duct 多孔导管

canal na base foundation trench, foundation ditch 基槽

canal não-revestido unlined canal 无衬砌渠道

canal natural natural channel 天然河槽

canal navegável ⇨ canal de navegação

canal navegável natural navigable channel 通航水道

canal para cabos cable channel 电缆沟，电缆槽

canal para gás de escape waste-gas flue 废气风道

Canal Parshall Parshall flume 巴歇耳量水槽，Parshall 斜槽

canal resiliente resilient channel 弹性钢槽

canal resinoso resin canal 树脂道

canal secundário stand-by channel 备用波道

canal subsidiário by-channel 支渠

canal subterrâneo underground channel 地下沟；地下渠道

canal trapezoidal trapezoidal channel 梯形渠

canal verde green channel 绿色通道

canal vermelho red channel 红色通道

canaleta/canalete *s.f.* ❶ gutter; conduit, duct 槽，沟；电线线槽 ❷ runnel 潮沟

canaleta de drenagem superficial surface water channel, surface drainage 排水明渠；路面排水渠

canaleta de piso floor groove, floor duct 地板线槽

canaleta para água da chuva rainwater spouts, rain water pipe 雨水管

canalização *s.f.* ❶ canalization 开运河；开沟 ❷ 1. plumbing works 管道工程；管道敷设工程 2. pipework; piping [集] 管道系统；干管 ❸ channelization（交通）疏通，导流

canalização de água doce fresh water main, fresh water pipe 食水管

canalização de cimento concrete pipe 混凝土管

canalização de compressão delivery conduit 送风道；输出管路

canalização metálica rígida rigid metallic pipework 硬质金属管道

canalização principal main drain/ pipe 排水干管；总排水管

canalizador *s.m.* piper, plumber; canal constructor 管道工，水工

canalizar *v.tr.* (to) canalize; (to) trench 开运河；开沟

canapé *s.m.* settee 长靠椅；长沙发

canard *s.f.* canard 前翼，鸭翼

canastro *s.m.* granary, corn crib 谷仓；玉米仓库

canavial *s.m.* cane field 甘蔗田，甘蔗园

cancalito *s.m.* cancalite 橄榄煌斑岩；橄榄岩

cancela *s.f.* ❶ wrought-iron gate, grilled gate 栅栏门 ❷ railing machine; barrier gate 道闸，路闸，栏杆机

cancelamento *s.m.* cancellation, backout 取消，撤销

cancelar *v.tr.* ❶ (to) cancel; (to) annul, (to) revoke 取消；撤销，撤回 ❷ (to) invalidate, (to) nullify 使无效，作废

cancelo *s.m.* cancelli（基督教堂内部的）矮墙，栅栏

cancerígeno *adj.* carcinogenic 致癌的

cancrinite *s.f.* cancrinite 钙霞石

candeeiro *s.m.* lamp 灯

candeeiro com sensor sensor lamp 感应灯

candeeiro de cria-mudo bed lamp; bed light 床头灯

candeeiro de jardim garden lamp 花园灯，庭院灯

candeeiro de mesa desk light, table light 台灯

candeeiro de parede wall lamp, wall-chandelier 壁灯 ⇨ aplique

candeeiro de pé (/chão) floor lamp, pedestal lamp 落地灯

candeeiro de pé para mesinha de cabeceira bed lamp, bed light 床头落地灯

candeeiro decorativo decorative eye-catcher 花灯

candeia *s.f.* oil lamp 油灯

candela (cd) *s.f.* candela (cd) 坎（德拉）（发光强度单位）

candelabro *s.m.* chandelier; candlestick 枝形吊灯；烛台

candelabro de parede sconce 壁突式烛台

cândico *s.m.* kandic 高岭层

candite *s.f.* kandite 高岭石族矿物

candongueiro *s.m.* minibus [安]（面包车）小公共

canéfora *s.f.* canephora 女像柱

canela *s.f.* spindle 纺锤

canelado *adj.* ribbed 有棱纹的

caneladura *s.f.* channeling, fluting 开槽

canelar *v.tr.* (to) groove, (to) channel 开槽

canelura *s.f.* ❶ stria, flute （柱子上的）线痕，条纹，细沟 ❷ groove mark 沟痕

canevá *s.f.* graticules 经纬网

canfieldite *s.f.* canfieldite 黑硫银锡矿

cânfora *s.f.* camphor wood 樟木（*Cinnamomum camphora*）

canga *s.f.* canga 铁角砾岩

canguru *s.m.* junk sub, junk basket 打捞筒，打捞接头

canhão *s.m.* ❶ cannon 喷枪；大炮 ❷ cylinder shaped component （泛指）筒状零件 ❸ cylinder lock 圆筒销子锁

canhão a ar quente hot air gun 热气喷枪

canhão automotriz self-propelled gun sprinkler 自走式喷灌装置

canhão de alimentação por gravidade gravity feed gun 重力送料式喷枪

canhão de ar air gun 空气枪

canhão de argila clay gun 泥炮

canhão de cimento cement gun 水泥喷枪

canhão de electrões electron gun 电子枪

canhão de rega gun sprinkler, rain gun, rotary rainer 喷灌枪

canhão monitor ⇨ câmara bala

canhão para revestimento casing gun 套管射孔枪

canhão pneumático wide-range spray gun 气动大范围喷枪

canhoneado *s.m.* perforation 射孔孔眼

canhoneio *s.m.* perforating 射孔

canhoneio orientado oriented perforating 定向射孔

canhoneio sub-balanceado underbalanced perforating 欠平衡射孔

canhoneira *s.f.* embrasure （防御工事上的）炮眼

canibalização *s.f.* cannibalization 拆卸旧配件供其他设备使用，同型装配

canibalizar *v.tr.* (to) cannibalize 拆卸旧配件供其他设备使用

caniçada *s.f.* wattle （用以编筑篱笆及围墙的）枝条构架

caniço *s.m.* reed, cane 芦苇

cânion *s.m.* canyon 峡谷 ⇨ desfiladeiro

cânion submarino submarine canyon 海底峡谷

canivete *s.m.* ❶ penknife; pocket knife 折刀 ❷ knife （农机）割刀

cano *s.m.* pipe, tube 管，筒

cano de barro earthenware conduit 陶瓷管道

cano de chaminé flue, flue pipe, discharge flue 废气道；烟道；通气道

cano de chaminé pré-fabricado prefabricated flue 预制排烟道

cano de descarga ⇨ cano de escape

cano de despejo waste pipe 污水管

cano de despejo indireto indirect waste pipe 间接排水管

cano de escape exhaust pipe 排气管

cano de esgoto discharging pipe, drain pipe 排水管

cano de fogão stove pipe 炉管

cano de fumaça smokestack 烟囱

cano enrugado (/ondulado) corrugated tube 波纹管

canópia *s.f.* canopy 雨棚，檐篷，雨遮

canópia insonorizante noise enclosure 隔音盖罩

canopiado *adj.* with canopy 带棚子的，有遮护的

canouro *s.m.* fixed hopper （搅拌机用的）固定料斗

cantalito *s.m.* cantalite 松脂流纹岩；钠玻流纹岩

cantão *s.m.* ❶ canton 凸隅角石 ❷ routine maintenance section （公路、铁路等）日常养护路段

cantaria *s.f.* squared stone; ashlar masonry 方石，琢石

cantaria bujardada bush hammered ashlar masonry 锤凿面石料，锤凿面石墙

cântaro *s.m.* ❶ cantharus （教堂前的）圣水钵 ❷ "cântaro" 葡制坛（液量单位，合16.8 升）

canteiro *s.m.* ❶ stonemason, quarry-man; stone-cutter 石工，石匠 ❷ flower bed 花池，花坛；（苗）床，坛 ❸ jobsite, work site 作业场所，工作现场 ❹ separator （道路的）隔离带

canteiro central central separator 中央隔离带

canteiro de jardim flower bed 花池，花坛

canteiro de obras construction site, jobsite, construction yard 工地，施工场地

canteiro inundável floodable construction site 可淹没的工地

canteiro lateral outer separator 外侧分隔带

cantil *s.m.* ❶ rabbet plane 开槽刨 ❷ water-bottle, canteen 水壶，水罐

cantina *s.f.* canteen 食堂

canto *s.m.* ❶ 1. corner （建筑物的）拐角，拐角处 2. cornerstone, quion 隅石，墙角石 ❷ 1. end bit （平地机铲刀的）铲刀角；（挖斗的）护角 2. shin piece 犁胫

canto chanfrado flat arris 扁平棱

canto de abrasão abrasion end bit 耐磨刀角

canto da bitola gauge corner 轨距边角

canto de desgaste wear bit 耐磨刀角

canto de guia router end bit 角刀刃

canto da lâmina moldboard end bit 铲刀角

canto de lâmina curvo curved end bit 弯刀角

canto de lâmina para serviço pesado

extreme service end bit 重型刀角

canto oco hollow quoin 空心墙角基石

canto protector corner guard 护角

canto reentrante reentrant corner 内隅角

canto vivo sharp corner 锐角转角

cantoneira *s.f.* ❶ 1. angle bar, angle steel, angle bead 角铁，角钢，护角 2. gusset, angle bracket 角撑件，角托架 ❷ bucket corner 铲斗角，铲斗护角

cantoneira angular angle bar, angle steel, angle bead 角铁，角钢，护角

cantoneira contínua encastrada em betão continuous angle frame set in concrete 嵌入混凝土的连续角钢

cantoneira de abas desiguais unequal leg angle 不等边角钢

cantoneira de abas iguais equal leg angle 等边角钢

cantoneira de aço angle steel 角钢

cantoneira de ângulo interno vivo sharp backed angle 锐角内折角钢

cantoneira de apoio support angle 支承角钢

cantoneira de bronze bronze angle 青铜角撑件

cantoneira de ferro angle iron 角铁

cantoneira de flange flange angle 翼角钢，凸缘角铁

cantoneira de latão brass angle 黄铜角撑件

cantoneira de ligação corner connection 角接

cantoneira de protecção corner protection 护角

cantoneira de reforço reinforcement gusset, reinforcing gusset 加固扣板，加强扣板

cantoneira dupla double angle 双角钢

cantoneiro *s.m.* lengthman 道路养护工，路段养路工

canudo *s.m.* long tube, pipe 长管

cão *s.m.* corbel, prop 托架，梁托 ⇨ cachorro

cão de chaminé andiron 壁炉柴架

cão de pedra corbel 梁托

caos *s.m.2n.* chaos 混沌，混乱

caos de blocos bowlder field, bowlder

stream 巨砾流

capa *s.f.* ❶ covering 覆盖物，遮避物；外壳 ❷ cover, wearing course 路面层，磨耗层

capa antideslumbrante glare shield 遮光罩

capa cega blind cap 盲盖

capa de abandono abandonment cap, corrosion cap 弃井封盖

capa de aço steel case 钢机壳

capa da árvore de natal tree cap 采油树罩

capa da biela connecting rod cap 连杆盖

capa de borracha rubber cap 橡皮帽

capa de chumaceira cap bearing, shell bearing 轴承壳

capa de cobertura cover stones 盖面石料

capa de coral coral cap 珊瑚盖层

capa de corrosão corrosion cap 防腐盖

capa de delta delta cap 三角洲上的冲积锥

capa de empuxo push cup 顶推盘

capa de filão hanging wall 顶壁；上盘

capa de fixação ❶ mounting cap 安装盖 ❷ tie wrap 捆绑带

capa de gás gas cap（油层上的）气顶

capa de gás livre free-gas cap 游离气顶

capa de gelo ice sheet 冰盖

capa de grisú fire-damp cap 蓝色焰晕

capa do injector nozzle cap 喷嘴帽

capa de mancal bearing cap 轴承盖，轴承压盖

capa de protecção ❶ protective cap 保护帽 ❷ supporting shell; armor-plate, blindage 保护壳，支持壳；保护板 ❸ protective wrapper 保护性包装

capa de rolamento ❶ bearing cap 轴承盖，轴承压盖 ❷ bearing cup 轴承外圈，轴承外环

capa de tubos pipe covering 管道覆盖层

capa da válvula valve cap, valve jacket 阀盖，阀套

capa de vedação seal cap 密封帽

capas descascáveis strippable coatings 可剥性涂层

capa e bica ❶ cover tile and under tile 盖瓦与底瓦 ❷ "capa e bica" tile 一种 S 形滴水瓦

capa esférica spherical cap 球形盖

capa estabilizadora stabilized course 稳定层

capa impermeabilizante waterproofing course 防水层

capa lateral eaves tile 檐口瓦

capa protectora ⇨ capa de protecção

capa selante ❶ sealing coat, seal coat 密封涂层；隔离涂层；封闭层 ❷ seal coat（路面结构）封层

capacete *s.m.* ❶ helmet, safety helmet 头盔，安全帽 ❷ end cap 端盖，端帽

capacete de bombeiros fire fighting helmet 消防头盔

capacete de contacto central center contact cap 中烛灯帽

capacete de isolador insulator cap 绝缘子帽

capacete de segurança ⇨ capacete

capacete termorretráctil heat shrinkable end cap 热缩端帽

capacho *s.m.* mat 垫子，蹭鞋垫

capacho de porta door-mat 门垫，门前的擦鞋垫

capacidade *s.f.* ❶ capacity 能力；性能 ❷ capacity; content volume 容量，容积；（道路交通）容量，（交通工具）载客量 ❸ capacitance 电容，电容量

capacidade acumulada heaped capacity 铲装容量，堆积容量

capacidade assegurada de um sistema guaranteed system capacity 保证的系统容量

capacidade básica de trânsito basic transit capacity 基本交通容量

capacidade calorífica calorific capacity 热容量

capacidade coroada heaped capacity 铲装容量；卡车装载量

capacidade de acumulação de um reservatório total storage capacity 总库容

capacidade de amortecimento damping capacity 阻尼能力；吸震能力；减震能力

capacidade de armazenamento storage capacity 贮存能力

capacidade de armazenamento de um reservatório usable capacity 有效库容

capacidade do boiler boiler capacity 锅炉容量

capacidade de bombagem pumping capacity 泵送能力
capacidade de campo field capacity 田间持水量
capacidade de carga load capacity, load carrying capacity 载量，承重能力，负载能力
capacidade de carga de um solo soil bearing capacity 土壤承载能力
capacidade de carga de um solo de fundação bearing capacity of foundation soil 地基承载力
capacidade de carga da via carrying capacity of track 线路通过能力
capacidade de carga máxima (/última) ultimate bearing capacity 极限承载力，极限承载量
capacidade de carga no gancho hook load capacity 主钩起重量
capacidade de carregamento ⇨ capacidade de carga
capacidade de circuito circuit capacity 电路容量
capacidade de concretagem concrete production capacity 混凝土生产能力
capacidade de condução driving capability 驱动能力，拖动能力
capacidade do depósito fuel tank capacity 油箱容量
capacidade de descarga discharge capacity 排出量；排流能力
capacidade de elevação lift capacity 提升能力，扬程
capacidade de endurecimento hardenability 硬化能；淬火性
capacidade de entroncamento junction capacity 路口容量
capacidade de escarificação rippability 碎土能力
capacidade de escoamento da superfície capacity of surface drainage 路面排水能力
capacidade de estacionamento parking capacity 停车容量
capacidade de estrada ⇨ capacidade rodoviária
capacidade de evaporação evaporative capacity 蒸发能力，蒸发量

capacidade de fluxo flow capacity 通流能力，排水能力，通过能力
capacidade de fluxo aberto (/pleno) ⇨ capacidade em débito máximo
capacidade de fluxo em fracturas fracture-flow capacity 裂缝导流能力
capacidade de geração generation capacity 发电量
capacidade de geração de ponta peak generation capacity 峰值发电量
capacidade de geração efetiva effective generation capacity 有效发电量
capacidade de geração instalada installed generation capacity 装机发电容量
capacidade de iluminação lighting capability （灯光）照射性能
capacidade de incrustação embeddability 嵌入性；压入能力
capacidade de infiltração infiltration capacity 渗入量；渗透量
capacidade de isolamento sonoro sound-insulation capability 隔声性能，隔声能力
capacidade de isolamento térmico heat-insulating property 隔热能力，保温性能
capacidade de lâmpada lamp rating 灯泡等级
capacidade de levantamento lift capacity 提升能力，起重重量
capacidade de modulação modulation capability 调制能力
capacidade de montagem à distância remote mounting capability 遥置能力
capacidade de over-flow overflow capacity 溢流容量
capacidade de partida cranking power 启动功率
capacidade de partida a frio cold cranking power 冷启动功率
capacidade de perfuração drilling capacity 钻进能力；极限钻进深度
capacidade de permuta de iões ⇨ capacidade de troca de iões
capacidade de projecto design capacity, design volume 设计性能，设计容量
capacidade de recuperação recreacional recreatability 可再造性

capacidade de rede network capacity 网络容量

capacidade de refrigeração cooling capacity 制冷能力，制冷量

capacidade de reserva reserve capacity 备用容量

capacidade de resistência ao vento wind load capacity 风载能力

capacidade de resistência do piso bearing strength 承载强度

capacidade de restabelecimento do sistema system recovery capability 系统恢复能力

capacidade de retenção de água water retaining capacity 保水能力

capacidade de retenção de impurezas dust capacity 储灰能力，容尘量

capacidade de ruptura breaking capacity, rupturing capacity 断路容量

capacidade de sedimentação throwing power 布散能力；深镀能力

capacidade de serviço service capacity 服务容量；工作容量

capacidade de sobrecarga lugging ability; overload capability 过载能力

capacidade de substituição replaceability 可替换性

capacidade de suporte bearing capacity 承载力，承压力

capacidade de têmpera hardening capacity 硬化能力

capacidade de terra ground capacity 接地电容

capacidade de tráfego (/trânsito) traffic capacity 交通容量；容车量

capacidade de transporte transport capacity 运输能力，输送能力

capacidade de transporte de corrente current-carrying capacity, ampacity 载流量

capacidade de transporte de uma linha elétrica transmission capacity of an electric line 输电能力

capacidade de troca exchange capacity 交换容量

capacidade de troca catiónica cation exchange capacity (CEC) 阳离子交换能力

capacidade de troca de iões ion exchange capacity 离子交换容量

capacidade da tubagem (/tubo) pipe capacity 管线输送能力

capacidade de um tanque tankage 池容量

capacidade de uso usability 可用性，易用性

capacidade de válvula tube capacity 电子管电容

capacidade de vedação sealability 密封能力

capacidade de veículo vehicle capacity 车辆载重量；车辆客容量

capacidade de via ⇨ capacidade de tráfego

capacidade dieléctrica dielectric capacity 介电能力

capacidade efectiva effective capacity 有效容积；有效能力

capacidade eléctrica electric capacity 电容量

capacidade em débito máximo open-flow capacity 畅喷能力，无阻流量

capacidade estática static capacity 静载载荷

capacidade firme firm capacity 可靠容量，保证出力

capacidade geradora sincronizada synchronous generating capacity 同步发电量

capacidade inclusiva inclusive fitness 包括适应度

capacidade indutiva específica specific inductive capacity 电容率，介电常数

capacidade instalada capacity installed 装机容量

capacidade instalada de geração ⇨ capacidade de geração instalada

capacidade máxima bruta gross maximum capacity 最大总容量，毛最大容量

capacidade máxima de trânsito maximum transit capacity 最大交通容量

capacidade máxima do vertedouro spillway capacity 溢洪道排水量

capacidade máxima líquida net maximum capacity 净最大容量

capacidade máxima para a água maximum water holding capacity 最大持水量

capacidade nominal ❶ rated capacity 额定容量 ❷ rated output 额定输出

capacidade nominal volumétrica volumetric rating 额定容量

capacidade planeada ⇨ capacidade de projecto

capacidade possível de trânsito possible traffic capacity 可能通行能力

capacidade prática practical ability 实践能力

capacidade prática de trânsito practical traffic capacity 实际运输能力

capacidade prática de um terminal capacity of terminal 终点站容量

capacidade prevista ⇨ capacidade de projecto

capacidade rasa struck capacity 平斗容量；装载容量，堆装容量

capacidade rodoviária road capacity 道路通车容量；容车量

capacidade sincrónica synchronous capacity 同步能力

capacidade técnica technical capacity 技术能力

capacidade teórica theoretical capacity 理论性能，理论容量

capacidade térmica heat capacity, thermal capacity 热容，热容量

capacidade térmica do boiler boiler heating capacity 锅炉供热量

capacidade transportadora (/portadora) de corrente current carrying capacity 载流容量

capacidade utilizável usable capacity 有效储存量，有效库容

capacidade variável variable capacity 可变容量

capacitação *s.f.* capacity building, training, qualification 能力发展，能力建设，职业培训

capacitância *s.f.* capacitance 电容，电容量

capacitância térmica thermal capacitance 热容

capacitividade *s.f.* capacitivity 电容率

capacitor *s.m.* capacitor 电容器

capacitor de armazenamento e retenção sample-and-hold capacitor 采样保持电容

capacitor de oscilação surge capacitor 浪涌电容器

capão *s.m.* coppice 矮林；小灌木林

caparrosa *s.f.* vitriol 矾

caparrosa azul blue vitriol 胆矾；蓝矾

capataz *s.m.* foreman, overseer 工头，工长

capatazia *s.f.* ❶ foremanship 工头、工长的职位；工长制 ❷ port fee, wharfage 靠港费

capeamento *s.m.* ❶ laying (of capstones) 铺压顶石；铺面 ❷ capstone, capping [集] 压顶石

capeamento contra desgaste hardfacing 耐磨堆焊

capeamento da cumeeira ridge capping 屋脊盖瓦

capear *v.tr.* (to) place capstones 铺压顶石

capeia *s.f.* capstone 压顶石

capela *s.f.* ❶ chapel 小礼拜堂 ❷ ventilation hood; dome 通风罩；（蒸汽锅炉等的）干汽室

capela de laboratório draft cupboard （实验室）通风柜，通风橱

capelas para exaustão de gases exhaust hood 排风罩

capela-mor *s.f.* sanctuary 庙宇的圣殿

capelo *s.m.* ventilation hood; dome 通风罩；（蒸汽锅炉等的）干汽室

capelo da chaminé chimney hood, chimney coping 烟囱帽，烟囱盖顶

capialçado *adj.* splayed 八字形的，向外张开的，外宽内窄的

capialço *s.m.* splay 八字面，（门窗）外宽内窄的洞口

capilar *s.m.* capillary tube 毛细管

capilaridade *s.f.* capillarity 毛细作用

capilaridade de solo soil capillarity 土壤毛细管作用

capilarímetro *s.m.* capillarimeter 毛管测液器；毛管检液器

capina *s.f.* weeding 除草

capinadeira *s.f.* weeding machine 除草机

capinaderia química chemical weed destroyer 化学灭草机

capinador *s.m.* weeder 除草锄

capitação *s.f.* capitation 人均数

capital ❶ *s.m.* capital 资本，资金 ❷ *s.f.*

capital 首都，省会；首府

capital circulante floating capital 流转资金，流动资本

capital colectivo joint stock 合股

capital de exploração working capital 营运资金

capital de giro ❶ ⇨ capital circulante ❷ ⇨ capital de exploração

capital de risco (/especulação) venture capital 风险投资

capital em dívida capital in debt 债务性资本

capital excedentário capital surplus 资本盈余

capital fixo (/imobilizado) fixed capital 固定资产

capital inicial original capital 原始资本

capital integralizado paid-up capital 实收资本

capital morto dormant capital 游资；闲置资本

capital nominal nominal capital 名义资本

capital próprio equity capital 权益资本，产权资本

capital social registered capital 注册资本

capital subscrito subscribed capital 认缴资本

Capitaniano adj.,s.m. Capitanian; Capitanian Age; Capitanian Stage （地质年代）卡匹敦期（的）；卡匹敦阶（的）

capitão s.m. chief 首领，头领

capitão de bombeiros fire chief 消防队长

capitel s.f. ❶ capital, column cap 柱头，柱帽 ❷ dome of an alambique 立式蒸馏釜顶部的圆顶形部分

capitel campaniforme bell shaped capital 钟形柱头

capitel de coluna column capital 柱帽，柱头

capitel do mastro newel cap 楼梯栏杆柱顶饰

capitel de pingadeira drip cap 滴水挑檐

capitel em lótus lotus capital 荷花饰柱头

capitel em palmas palm capitel 棕榈柱头

capitel hatórico Hathor-headed capital 刻有爱神哈索尔头像的柱头

capitólio s.m. capitol 罗马的卡皮托利山；卡皮托利神庙；议会大厦；宏伟的建筑

capô s.m. hood, engine hood 发动机罩

capô do motor engine hood 发动机罩

capô perfurado perforated hood 透气孔罩

capoeira s.f. ❶ chicken coop 鸡舍 ❷ brush wood （被开荒过的树林重新长成的）矮树丛，杂木林

capot s.m. ⇨ capô

capota s.f. ❶ canopy 天棚 ❷ 1. cowl 壳，罩 2. hood, engine hood 发动机罩 3. canopy 飞机座舱罩

capota anular ring cowling 环盖

capotagem s.f. rollover, turnover 翻车

capotamento s.m. ⇨ capotagem

capotar v.tr. (to) roll over 翻车

capoto s.m. external thermal insulation composite systems (ETICS) 外墙外保温系统

capricórnio s.m. longhorned beetle 天牛

capricultura s.f. sheep husbandry 山羊养殖，养羊业

capril s.m. sheepfold; sheepcote; sheep pen 羊圈

cápsula s.f. ❶ capsule, cartridge, case 小匣子，小盒子；（化学、医学等的）容器，器皿；（包住酒瓶木塞的）盖子；胶囊 ❷ capsule; cockpit 太空舱；可弹射座椅

cápsula aneróide pressure capsule 压力传感器

cápsula de cartucho primer 底火

cápsula do microfone microphone capsule 传声器炭精盒

cápsula de mola spring capsule 弹簧盒，弹簧罩壳

cápsula de obturação end cap 管端盖板

cápsula de salvamento survival capsule, brucker survival capsule 自给自航球形救生艇

cápsula de válvula valve capsule 阀腔

cápsula explosiva blasting capsule 雷管

cápsula manométrica pressure cell, pressure meter 压力盒，测压计

capsulação s.f. encapsulation 封入胶囊；封装；包装

capsular v.tr. (to) encapsulate 封入胶囊；封装；包装

captação s.f. ❶ 1. collecting of water 集水，

取水 2. captation of water 取水点，取水头；一级泵站 ❷ picking up, reception（信号、图像、声音等的）接收

captação de água collecting of water 集水，取水

captação de águas de montanha mountain spring intake 山泉取水点

captação de grisu degassing, degasifying 除气

captação da torre multiníveis multi-level intake tower 分层取水塔，分层取水建筑物

captações em rio river intake 河上取水口

captação flutuante floating water intake 浮船取水站

captador s.m. ❶ lightning arrester （避雷装置）接闪器，避雷短针 ❷ catcher 捕集器

captador de som sound pickup 拾音器

captar v.tr. ❶ (to) capture 捕捉，捕获 ❷ (to) collect (water) 集水，取水 ❸ (to) pick up, (to) receive 接收（信号、图像、声音等）

captura s.f. ❶ capture 采集，捕捉；捕捞 ❷ piracy, stream capture 河流袭夺

captura de drenagem stream capture 河流袭夺，河流截夺

captura de movimento motion capture 动态捕捉

capturar v.tr. (to) capture 采集，捕捉；捕捞

cápula s.f. hood 排烟罩

capuz s.m. hood （设备、器具的）帽，罩

capuz da chaminé chimney pot 烟囱管帽

caqui adj.2g.,s.m. khaki 土黄色（的），卡其色（的）

caracol s.m. winding roadway 螺旋形；盘旋路

carácter s.m. ❶ character 性质，特性 ❷ character; letter 字母；字符

carácter de reflexão reflection character 反射波特征

carácter metálico metallic character 金属特性

característica s.f. ❶ characteristic 特性；特征 ❷ pl. characteristics （设备）参数，规格

característica de carga load characteristic 负载特性

característica de deformação deformation characteristic 变形特征

características de desempenho performance characteristics 性能特性

características do equipamento equipment characteristic 设备性能，规格

característica de frequência de transmissão transmission frequency characteristic 传输频率特性

característica de minério characteristic of ore 矿石特征

característica de operação operating characteristic 工作特性

característica de temperatura temperature characteristic 温度特性

características de transferência transfer characteristics 转移特性

características físicas physical characteristics 物理特性

características hidrogeológicas hydrogeologic characteristics 水文地质特征

características litológicas lithological characteristics 岩性特征

características técnicas technical characteristics 技术参数

caracterização s.f. characterization 表征；本征试验；[集]特性

caracterização analítica analytical characterization 特性分析

caracterização do solo soil identification 土壤鉴定

caracterização de solos através de ensaios físicos soil characterization through physical testing 物理测试土壤特征

caracterização de solo de fundação foundation soil characterization 地基土特性

caracterização macroscópica de solos macroscopic characterization of soils 土壤宏观特征

caramanchão s.m. ❶ bower, pergola 凉亭 ❷ arbor 藤架；开敞的格子框架

carangueja s.f. gaff 斜桁

caranguejo s.m. chair 钢筋马凳

carapaça s.f. carapace, shell 甲壳，背甲

carapaça argilosa claypan 黏土层，黏磐

caravana s.f. ❶ caravan, camper 野营挂车 ❷ caravan 商队，车队

caravançará/caravançarai s.m. caravanserai 商队旅馆

carbapite s.f. carbonate-apatite 碳酸磷灰石

carbenos *s.m.pl.* carbenes 碳烯，卡宾

carbonação *s.f.* carbonation 碳酸饱和；碳酸化作用

carbonáceo *adj.* carbonaceous 碳的，碳质的，含碳的

carbonado *s.m.* carbonated 含碳的

carbonar *v.tr.* (to) carbonate 溶解碳酸盐；转成碳酸盐

carbonatito *s.m.* carbonatite 碳酸盐岩

carbonatado *adj.* carbonated [葡] 碳化的，碳酸的；含二氧化碳的

carbonático *adj.* carbonated [巴] 碳化的，碳酸的；含二氧化碳的

carbonato *s.m.* carbonate 碳酸盐

carbonato-apatite carbonate-apatite 碳酸磷灰石

carbonato de cálcio calcium carbonate 碳酸钙

carbonato de soda crú black ash 粗碳酸钠；黑灰

carbonato de sódio ❶ sodium carbonate 碳酸钠 ❷ soda ash 苏打粉

carbonato de sódio anidro natrium carbonicum calcinatum 无水碳酸钠

carbonato natural de chumbo white lead 白铅矿；铅白

carboneto *s.m.* carbide 碳化物

carbonetos alongados stringer type carbides 条带碳化物

carboneto metálico metal carbide 金属碳化物，硬质合金

Carbónico *adj.,s.m.* Carboniferous; Carboniferous Period; Carboniferous System [葡]（地质年代）石炭纪（的）；石炭系（的）

Carbonífero *adj.,s.m.* [巴] ⇨ Carbónico

carbonitretação *s.f.* carbonitriding 碳氮共渗

carbonização *s.f.* ❶ carbonization 碳化（作用）❷ coalification, incarbonization 煤化（作用）

carbonizar *v.tr.* ❶ (to) carbonize 碳化；使与碳化合 ❷ (to) coalify 煤化

carbono (C) *s.m.* carbon (C) 碳

carbono 14 carbon 14 碳 14

carbono activado activated carbon 活性炭

carbono combinado combined carbon 结合碳

carbono em pasta carbon-in-pulp 炭浆法

carbono equivalente carbon equivalent 碳当量

carbono fixo fixed carbon 固定碳

carbono orgânico organic carbon 有机碳

carbono orgânico total (COT) total organic carbon (TOC) 总有机碳

carbono total total carbon 总碳

carbono volátil volatile carbon 挥发性碳

carbonoso *adj.* carbonaceous 碳质的；碳的，含碳的

carborundo *s.m.* carborundum 金刚砂

carboxilação *s.f.* carboxylation 羧化

carboximetilcelulose *s.f.* carboxymethylcellulose 羧甲基纤维素

carbúnculo *s.m.* carbuncle 红榴石

carburação *s.f.* ❶ carburation 渗碳作用；汽化作用 ❷ carbonation 碳酸饱和；碳酸化作用

carburação por agente líquido liquid carburizing 液体渗碳

carburação por gás gas carburizing 气体渗碳

carburador *s.m.* carburetor 化油器，汽化器

carburador de aspiração ascendente updraft carburetor 上吸式化油器

carburador de bóia float carburetor 浮动式汽化器

carburador de diafragma duplo para gás natural dual diaphragm natural gas carburetor 双膜片天然气化油器

carburador de injecção injection carburetor 喷射式汽化器

carburador de pulverização spray carburetor 喷雾式汽化器

carburador de sucção descendente downdraft carburetor 下吸式化油器

carburador duplo duplex carburetor 双联汽化器

carburador horizontal cross-draft carburetor 平吸式化油器

carburador invertido (/inverso) downraft carburetor, inverted carburetor 下吸式化油器

carburador vertical ⇨ carburador de aspiração ascendente

carburar *v.tr.* (to) carburate 渗碳；汽化

carbureto *s.m.* ⇨ carboneto

carcaça *s.f.* ❶ shell, casing, housing 套管；外壳，壳体 ❷ carcass, frame 框架，骨架

carcaça do arranque automatic choke housing 自动阻风门外壳

carcaça de árvore de comando cam housing 凸轮箱

carcaça de bomba pump casing 泵体

carcaça de bomba de água water pump housing 水泵壳体

carcaça de bomba de combustível fuel pump housing 燃油泵壳

carcaça de distribuidor distributor housing 分电盘外壳

carcaça de eixo axle housing 轴壳，桥壳；轴箱

carcaça do eixo comando camshaft housing 凸轮轴壳

carcaça de fechadura de ignição ignition lock housing 点火锁体

carcaça de pinça de freio brake caliper housing 刹车闸壳

carcaça de pneu tyre carcass 胎体

carcaça de protecção protective case 保护壳

carcaça do regulador governor housing 调速器外壳

carcaça de remate end housing 端盖

carcaça de rolamento bearing housing 轴承箱

carcaça de rolete roller shell 托轮外框架

carcaça de telescópio strut housing 支撑杆罩

carcaça de termóstato thermostat housing 节温器壳体

carcaça de transmissão ⇨ caixa da transmissão

carcaça do ventilador fan housing 风扇罩

carcaça de volante flywheel housing 飞轮壳

carcaça interna inner case 内套，内壳

carcavão *s.m.* clough, gutter 深沟，谷

carcinogéneo *adj.* carcinogenic 致癌的

cardação *s.f.* carding 梳棉，（纺纱前对毛线或棉线进行的）梳通清理

cardan *s.m.* cardan 万向接头

cardar *v.tr.* (to) card 梳棉

cardenho *s.m.* shack; hovel （工人住的）临时棚屋

carenagem *s.f.* fairing 整流罩

carenagem do cubo da hélice spinner 螺旋桨整流罩

carenagem do motor cowling 发动机整流罩

carepa *s.f.* scale 打铁时溅下的铁渣

carga *s.f.* ❶ loading, shipping 装载，装运；装船，装飞机 ❷ 1. load, weight 负荷；载重；荷载；负载量 2. head 水头 ❸ 1. cargo 货物，装载物，载荷 2. charge 炸药量，炸药 3. extender 体质颜料，填料 ❹ charge 电荷 ❺ charge 充电

carga a granel bulk cargo 散货，散装货物

carga acidental accidental load 偶然荷载

carga acoplada coupled load, connected load 耦合负载

carga acumulada heaped load 堆积荷载

carga adiantada leading load 超前负载

carga admissível safe load 安全载重；安全载荷

carga aérea air cargo 空运货物

carga alongada elongated charge 长条状炸药包

carga alternada alternate load 交替载荷

carga aplicada applied load 外加载荷

carga artificial dummy load 假负载

carga axial axial load, thrust load 轴向载荷

carga balanceada ⇨ carga equilibrada

carga básica basic load 基本负荷，基本荷载

carga central center load 中心载荷

carga centrífuga centrifugal load 离心载荷

carga cíclica cyclic loading 循环载荷；周期载荷

carga combinada combined load 复合载荷

carga completa full cargo 满载

carga concentrada concentrated load, point load 集中载重；集中载荷

carga constante constant load; steady load 恒定负载；稳定负载

carga contínua continuous load 连续载荷，连续负载

carga contrária reverse load 反向负载

carga contribuinte tributary load 分布荷载

carga controlável controllable load 可控负荷

carga coroada ⇨ carga acumulada

carga crítica critical load 临界荷载

carga crítica de flambagem critical buckling load 临界压曲荷载

carga de acomodação settlement load 沉降荷载

carga de água water load 水荷载，水负载

carga de aperto clamp load 夹紧载荷

carga de apoio bearing load 支承载荷

carga de aquecimento heating load 加热负荷，供暖负荷

carga de bateria battery charge 电池充电

carga de cedência yield load 屈服载荷

carga de choque shock load 冲击负荷

carga de cisalhamento shear load 剪切载荷

carga de combustão burning load 燃烧负荷

carga de comprssão compression load 压缩载荷

carga de conservação holding load 制动拉力；制动载荷

carga de consolo bracket load 托臂荷载

carga de construção building load 建筑荷载

carga de contraforte abutment load 支座负载

carga de eixo equivalente equivalent axle load 当量轴载

carga de ensaio test load 试验荷载

carga de entrada feedstock（送入机器或加工厂的）原料；给料

carga do escorvamento priming depth 启动深度

carga de esforço cortante ⇨ carga de cisalhamento

carga de esmagamento crushing load 压碎载荷

carga de estrada highway loading 公路荷载

carga de execução segura máxima maximum safe working load 最大安全施工

负载量

carga de explosão blasting charge 爆破装药

carga de flambagem buckling load 屈曲荷载，挫曲负荷

carga de flambagem de Euler Euler buckling load 欧拉挫曲负载

carga de fundo bed load 推移质

carga de impacto impact load, shock load 冲击荷载

carga de incêndio fire load 火灾荷载

carga de jacto jet charge 聚能射孔弹

carga de multidão crowd load 人群荷载

carga de neve snow load 雪荷载

carga de nó panel load 节点载荷

carga de ocupação occupancy load 居住载荷

carga de pico (/ponta) peak load 最大负载；高峰负荷

carga de piso floor load 楼面载荷

carga de projecto design load 设计载重；设计荷载

carga de prova proof load 试验负荷

carga de recalque diferencial differential settlement load 不均匀沉降荷载

carga de regime rated load, nominal load 额定负载，额定载荷

carga de resfriamento cooling load 冷负荷

carga de retorno load-break rating 遮断容量

carga de roda wheel load 车轮载重，车轮荷载

carga de ruptura (/rotura) failure load, breaking load 破坏荷载，断裂荷载

carga de sedimentos sediment load 输沙量

carga de serviço service load 工作荷载；实用荷载

carga de silte silt load 输沙量；悬移质

carga de superfície surface loading 表面载荷

carga de tecto roof load 屋顶荷载

carga de tejadilho roof load 车顶载荷

carga de terramoto earthquake load 地震荷载

carga de trabalho working load 工作载荷

carga de tracção traction load 牵引载荷

carga de utilização maneuvering load 使用载荷

carga de varejamento buckling load 压曲临界荷载

carga de velocidade velocity head 速度（水）头，流速水头

carga de vento wind load 风载荷，风荷载

carga desequilibrada unbalanced load 不平衡负荷；失衡负载

carga dinâmica dynamic load 动载荷

carga direcional directional charge 定向药包

carga dissolvida dissolved load 溶解（搬运）质

carga distribuída distributed load 分布载荷

carga-e-descarga loading and unloading 装卸

carga eléctrica ❶ electrical load 用电负荷 ❷ electrical charge 电荷

carga electrónica electronic charge 电子电荷

carga na haste polida polished-rod load 光杆负荷

carga equilibrada balanced load 平衡负载，平衡负荷

carga equivalente equivalent load 等效载荷；当量载荷

carga específica specific charge 荷质比

carga estática static load 静载荷，静态负载

carga estática de tombamento static tipping load 静态倾翻载荷

carga excêntrica eccentric load 偏心载荷

carga explosiva ❶ explosive load 爆炸荷载 ❷ explosive cargo 爆炸性货物

carga fictícia dummy load 假负载

carga fora de pico off-peak load 非峰值负载

carga gravitacional gravity load 重力载荷

carga hidráulica hydraulic load, depth of water 水力载荷；水深

carga hidrostática hydrostatic head 液柱静压头，静压头

carga horária work load 工作载荷

carga imposta imposed load 附加荷载；外加荷载

carga imposta vertical vertical imposed load 垂直外加荷载

carga indutiva inductive load 有感负载，电感负载

carga induzida induced charge 感应电荷

carga instalada installed load 安装荷载

carga interruptível interruptible load 可中断负荷

carga invertida reversed load 反向荷载

carga lateral side thrust 侧向推力

carga lenta slow charge 慢速充电

carga leve light load 轻负荷

carga ligada connected load 连接载荷，连接负荷

carga limite limit load 极限荷载

carga linear line load 线负载

carga livre free charge 自由电荷

carga máxima ❶ maximum load; peak load 最大负载；高峰负载 ❷ safe load 安全载荷

carga máxima admissível maximum permitted load 最大容许荷载

carga máxima de suporte da torre da sonda hook load capacity 主钩额定起重量

carga máxima por eixo maximum axle load 最大轴荷重

carga média average load 平均载荷

carga mínima minimum load 最小载荷

carga morta dead load 恒荷载，固定载荷，死载荷

carga móvel moving load 移动载荷

carga não indutiva non-inductive load 无感负载

carga natural natural extender 天然体质颜料

carga negativa negative charge 负电荷

carga no gancho hook load 起吊载荷，大钩载荷

carga nominal rated load, nominal load 额定负载，额定载荷

carga normal normal load 正常负载；法向载荷

carga oblíqua oblique load 斜向载荷

carga ocupante ⇨ carga de ocupação

carga paga payload （飞机的）有效载荷

carga perigosa dangerous cargo 危险货物

carga periódica periodic load 周期负载

carga permanente permanent load 永久荷载

carga permissível allowable load 容许载重；容许荷载

carga pesada heavy load 重负载

carga piezométrica piezometric head 测压管水头

carga pontual point load 点负荷，点荷载

carga por eixo axle load 轴负载，轴载荷

carga por roda wheel load 轮载，轮压，轮重

carga positiva positive charge 正电荷

carga potencial potential head 位势水头

carga prevista rated load 额定载荷，额定载重，额定负载

carga radial radial load 径向载荷

carga rápida boost charge 急速充电

carga reactiva reactive load 无功负载，无功负荷

carga relativa relative bearing 相对荷载

carga residual residual charge 剩余电荷

carga resultante resultant load 合成载荷

carga rolante rolling load 滚动载荷；轧制负荷

carga sazonal seasonal load 季节性负荷，季节性荷载

carga seca dry cargo 干货

carga semi-rápida fast charge 快速充电

carga simétrica symmetrical loading 对称载荷

carga sintética syhthetic extender 合成体质颜料

carga sísmica earthquake loading, seismic load 地震荷载

carga sólida solid load; sediment load 压并载荷；推移质

carga superficial ⇨ carga de superfície

carga suspensa suspended load 悬浮载荷；悬移质

carga tangencial tangential load 切向载荷

carga térmica thermal load 热负荷，热载荷

carga total total load 总荷载，总负荷；全沙

carga transiente transient load 瞬时荷载

carga, transporte, descarga, bomba-gem e vibração mecânica loading, transport, unloading, pumping and mechanical vibration 装，运，卸，泵送，机械振捣

carga transversal transverse loading 横向载荷

carga tributária tax burden 课税负担

carga uniaxial uniaxial load 单轴荷载

carga uniformemente distribuida uniformly distributed load 均布荷载

carga unitária unitary load, intensity of load 负载强度

carga útil ❶ payload, useful load 有效负荷，有效载荷 ❷ live load 活荷载 ❸ net head 净落差；有效落差

carga variável variable load 可变荷载，可变荷载

carga variável de permeabilidade no local in situ permeability falling head 现场变水头渗透试验

carga veicular vehicle load 车辆载荷

carga vertical vertical load 垂直载荷

carga viva live load 活荷载

cargueiro *s.m.* cargo boat 货船

cariátide *s.f.* caryatid 女像柱

carimbo *s.m.* stamp 图章，印章

carimbo a óleo oil seal 油印

carimbos Bates Bates stamping 文件批次编号

carimbo datador ⇨ datador

carimbo de borracha rubber stamp 橡皮图章

carimbo numerador ⇨ numerador

carimbo oficial hall-mark 品质证明标记

carimbo postal postmark 邮戳

carimbo rolante roller handstamp 滚筒邮戳

carlina *s.f.* cross grider (of bridge) 桥的（横梁）

carlinga *s.f.* ❶ cockpit, cabin（飞机的）驾驶舱，座舱 ❷ mast step（船的）桅座 ❸ keelson, carling（船的）内龙骨 ❹ cross girder (of bridge)（桥的）横梁

carmeloíto *s.m.* carmeloite 伊丁玄武岩

carnalite *s.f.* carnallite 光卤石

carneiro *s.m.* ram 撞锤；夯锤

carneiro hidráulico hydraulic ram 液压缸柱塞

carneliana *s.f.* carnelian 光玉髓，（肉）红玉髓

Carniano *adj.,s.m.* Carnian; Carnian Age; Carnian Stage （地质年代）卡尼期（的）；卡尼阶（的）

carniolo *s.m.* cargneule 多孔碳酸盐岩

carnotite *s.f.* carnotite 钾钒铀矿

carófita *s.f.* charophyte 轮藻植物

carote *s.m.* ❶ drill-core, rock-core 岩心 ❷ test core 试样岩心

caroteiro *s.m.* core barrel 岩心筒，岩心钻头

caroteiro interno inner core barrel 内岩心筒

carpedólito *s.m.* stoneline 石纹

carpete *s.f.* mat, pad 地毯，垫子

carpete de anti-ruído insulation mat 隔音垫

carpete de madeira wooden floating floor 木质浮筑楼板

carpete de veludo velour carpet 丝绒地毯

carpintaria *s.f.* ❶ carpentry 木工（活），木工手艺 ❷ carpenter's house 木工房

carpintaria de limpos half-timber work 露木构造（室内装修木工、家具木工等外露型木质工程的合称）

carpintaria rústica rustic woodwork 粗木活

carpinteiro *s.m.* carpenter 木工，木匠

carpinteiro de cofragem form fixer （混凝土）模板工

carpinteiro de limpos carpenter for half-timber work 从事露木构造的木工工匠

carpinteiro de toscos carpenter of rustic woodwork 粗木工，粗木匠

carranca *s.f.* mask 怪状人面（或人头）装饰

carrara *s.m.* carrara （意大利卡拉拉产的）白色大理石

carrara branco white carrara 卡拉拉白，细花白

carreador/carreadouro *s.m.* path; footpath 小路；小径

carreamento *s.m.* ❶ lateral thrust 侧向推力 ❷ overthrust, low-angle thrust 掩冲断层，上冲断层

carregadeira *s.f.* loader[巴]装载机，装载车

carregadeira compacta compact loader 紧凑型装载机

carregadeira de caçambas chain bucket loader 链斗式装载机

carregadeira de correia transportadora belt loader 带式装载机

carregadeira de esteiras track loader 履带式装载机

carregadeira de esteiras compacta compact track loader 紧凑型履带式装载机

carregadeira de esteiras compacta todo terreno compact track and multi terrain loader 小型履带多地形装载机

carregadeira de esteiras para manipulação de resíduos waste handler track loader 履带式垃圾处理装载机

carregadeira de lança articulada knuckle boom loader 抓勾机，铰接动臂装载机

carregadeira de rodas wheel loader 轮式装载机

carregadeira todo o terreno (/para terrenos múltiplos) multi terrain loader 多地形装载机，全地形装载机

carregador *s.m.* ❶ carrier; docker 搬运工，装卸工；码头搬运工 ❷ charger 充电器 ❸ loader[葡]装载机，装载车

carregador automático automatic stoker 自动加煤机

carregador de bateria battery charger 电池充电器

carregador de camião skip loader truck 翻斗式装载车

carregador do carro ❶ car charger, in-car charger 车载充电器 ❷ car charger 汽车充电器

carregador de contêiner container loader[巴]集装箱自装自卸车

carregador de fardos bale loader 草捆装载机

carregador de fardos de plano inclinado pick-up bale loader 捡拾装载机

carregador de toros log loader 原木装载机

carregador elevador elevating loader 提升式装载机

carregador escavador excavating loader 挖掘装载机

carregador frontal front loader 前装载机

carregador hidráulico hydraulic loader 液压装载机

carregador lateral side loader 侧装卸机

carregador mecânico mechanical stoker 机械加煤机

carregador rápido quick charger 快速充电器

carregador-rectificador rectifying charger 整流充电机

carregador solar solar charger 太阳能充电器

carregador traseiro back loader, rear loader 后装载机

carregador universal universal charger 通用充电器，万能充电器

carregador veicular in-car charger 车载充电器

carregadora s.f. loader 装载机，装载车

carregamento s.m. ❶ loading, lading 装载，荷载 ❷ load, cargo 负荷；装载量，荷载量 ❸ burden （一次炸去的）岩石和土堆量 ❹ upload 上传

carregamento à curta distância ⇒ carregamento de vaivém

carregamento a uma velocidade de recalque constante (CRP) constant rate penetration test (CRP) 等贯入率试验

carregamento com escrêiperes conjugados ⇒ carregamento "empurra e puxa"

carregamento de vagão car loading 装车

carregamento de vaivém shuttle loading 回转负载

carregamento "empurra e puxa" push-pull loading 拉压负载

carregamento frontal head-on loading 前部负载

carregamento lento em estágios (SML) slow maintained load test (SML) 慢速维持荷载法试验

carregamento pelo alto (/por elevação e despejo) top loading 上部装载

carregamento por empuxo push loading 推压装载

carregamento por enleiramento straddle loading 跨装

carregamento rápido em estágios

(QML) quick maintained load test (QML) 快速维持荷载法试验

carregar v.tr. ❶ (to) load, (to) carry 装载，装运，运载 ❷ (to) charge 充电 ❸ (to) load; (to) upload （计算机）装载，载入；上传

carreira s.f. ❶ cartway; race ground 车行道；赛（车）场 ❷ career 职业，事业，生涯 ❸ row, line 行，列 ❹ route 交通线路

carreira de tiro shooting range 靶场，射击场

carreira dupla double row 双列

carreta s.f. trailer 拖车，挂车

carreta aberta de duas rodas stake semi-trailer 仓栅式半挂车

carreta com lados removíveis stake platform trailer 栏板式半挂车

carreta florestal forestry trailer 林业拖车

carreta graneleira grain cart （农用）粮食挂车

carretão s.m. transfer table （铁路）移车台

carretão de oficina ⇒ carretão

carrete s.m. cogwheel; gear （嵌）齿轮，钝齿轮

carreteiro s.m. trucking company 卡车运输公司

carretel s.m. ❶ reel 滚筒，辊，卷轴；绞盘 ❷ spool, valve spool （滑阀的）阀芯，阀槽

carretel basculante hose reel 水龙带卷轴

carretel de mangueira de incêndio fire hose reel 消防软管卷筒

carretel da válvula spool, valve spool （滑阀的）阀芯，阀槽

carretel da válvula selectora selector valve spool 选择阀阀芯

carretel selector giratório rotary selector spool 旋转式选择器轴

carreto s.m. ❶ cogwheel; gear （嵌）齿轮，钝齿轮 ❷ freight, carriage 运费

carretos de distribuição distribution gear, timing gear 分配齿轮，正时齿轮

carretos de transmissão transmission pinions 传动齿轮

carretos intermutáveis interchangeable gears 互换性齿轮

carreto livre idler gear 惰齿轮

carril s.m. rail 路轨，铁轨，钢轨

carril aéreo overhead rail, hanger rail 吊轨

carril aéreo para aço em I I-beam overhead rail 工字钢吊轨
carril condutor conductor rail 导电轨
carril contínuo soldado continuous welded rail 连续焊接钢轨
carrilhão *s.m.* carillon 电子钟琴
carrinha *s.f.* small lorry, pick-up 小货车，皮卡车
carrinha 4×4 4×4 pick-up truck 四驱小货车，四驱皮卡
carrinha 4×4 aberta 4×4 open-backed pick-up 开放式货厢的四驱皮卡
carrinha 4×4 cabine dupla 4×4 double-box pick-up 两厢四驱皮卡
carrinha 4×4 p/manutenção (/de serviço) 4×4 pick-up for maintenance 检修用车，抢险车
carrinho *s.m.* dolly 小车，推车
carrinho com rodízios e prateleiras aramadas wire shelving stem caster cart 多层网架手推车
carrinho de alagem hoisting trolly 起重滑车
carrinho de bagagens luggage trolley 行李手推车
carrinho de bandeja trolley, service trolley 托盘架车
carrinho de compras trolley 购物车
carrinho de lavandaria laundry cart 换衣车
carrinho de louça dish dolly 餐具车
carrinho de mão hand truck, trolley, wheelbarrow, single wheel barrow 独轮车，手推车
carrinho de utilidades utility cart 杂务手推车
carrinho para drenagem de óleo oil drain cart 排油车
carrinho para pratos dish dolly 送餐推车
carrinho plataforma warehouse truck 手推平板车
carro *s.m.* ❶ car 汽车，机动车 ❷ dolly 小车，推车 ❸ car, lift car 电梯轿厢，升降机厢
carro com gaveta tool cart, tool trolley （带抽屉的）工具车
carro-controle geometry car, evaluation car 轨道检测车

carro-correio mail car 邮车
carro de alojamento motor home 房车
carro de avanço formwork lining trolley 模板衬砌台车
carro de corrida racing car 赛车
carro de exteriores OB van, outside broadcast van 转播车
carro do lixo dust-cart 垃圾车，收糠车
carro de molde die carriage 模座
carro de passageiro passenger car 客运车辆
carro de perfuração drilling jumbo 钻车，钻孔台车
carro de rega watering car 洒水车
carro de torno lathe carriage 车床拖板
carro elevador lifting truck 提升小车
carro-equivalente passenger car equivalent 客车换算值
carro-frigorífico refrigerator car 冷藏车
carro fúnebre catafalque, hearse 殡车
carro-gabarito clearance car 限界检测车
carro lateral side car （侧三轮摩托车的）跨斗
carro-oficina service car 技术服务车，检修车
carro porta-câmara camera dolly 摄影机小车
carro porta-crisol ladle car 浇斗车
carro-reboque trailer car 拖车
carro-tanque tank car 油罐车
carro (de) teleférico load car 空中吊运车
carro triunfal bandwagon 彩车
carroça *s.f.* carriage; coach 马车
carroçaria *s.f.* car body, car body style [葡] 车体，车身；车体风格
carroceiro *s.m.* coachman 马车夫
carroceria *s.f.* ❶ car body, car body style [巴] 车体，车身；车体风格 ❷ truck body 载重车车斗
carroceria basculante dump body 翻斗，倾翻车厢
carroceria de duplo declive dual slope body 双斜面车斗
carrossel *s.m.* merry-go-round, carousel 旋转木马
carrossel de bagagens luggage carousel 行李传送带

carruagem *s.f.* carriage（火车的一节）车厢
carruagem-cama sleeper 卧铺车厢
carruagem-restaurante restaurant car, dining car 餐车
carruagem-salão pullman car 有个人房间的卧铺车厢
cársico *adj.* karstic 岩溶的，喀斯特的
carsificação *s.f.* karstification 岩溶作用，喀斯特作用
carsificação devida ao degelo ⇨ termocarso
carso *s.m.* karst 岩溶，喀斯特地形
carso coberto covered karst 覆盖型岩溶
carso despido naked karst, bare karst 裸岩溶，裸喀斯特
carso em cone karst cone 锥形喀斯特，漏斗形喀斯特
carso em labirinto labyrinth karst 岩溶迷宫
carso em pináculos pinnacle karst 针状喀斯特
carso fóssil fossil karst 化石岩溶
carso nu naked karst 裸露岩溶
carso profundo deep karst 深岩溶
carso subterrâneo subterranean karst 地下岩溶
carso superficial (/pouco profundo) shallow karst 浅层岩溶
carste *s.m.* ⇨ carso
carstenite *s.f.* karstenite 硬石膏
cárstico *adj.* ⇨ cársico
carstone *s.f.* carstone 砂铁岩
carta *s.f.* ❶ chart 地图 ❷ 1. letter 信函，信件 2. document, license, certificate, diploma（起源于或者类似于信函的）文书，单据，证件，证书 3. charter 宪章，宪法
carta administrativa administrative map 行政区划图
carta aerofotográfica aerophotographic map 航摄地图
carta aerofotogramétrica aerophotogrammetric map 航空摄影测量图
carta aeronáutica aeronautical chart 航空地图
Carta Aeronáutica do Mundo world aeronautical chart 世界航空图
carta anáglifa anaglyph map（戴专用眼镜看的）互补色立体地图
carta anaglíptica tactile map, tactual map 触觉地图
carta anamórfica anamorphic map 歪像地图
carta axonométrica axonometric chart 立体投影图
carta batimétrica bathymetric map 等深线图
carta bioclimática bioclimatic chart 生物气候图
carta branca carte blanche 签好字的空白纸；全权委托
carta celeste star chart 星图
carta circular circular letter 通函
carta climática climatic map 气候图
carta clinográfica ⇨ carta de declives
carta com curvas de nível contour map 等高线地图
carta (de) convite letter of invitation 邀请函
carta corográfica chorography 地区地图
carta coropleta choropleth map 等值区域图，密度分布图
carta credencial credentials 国书
carta cronoestratigráfica chronostratigraphic chart 时间地层表
carta de acompanhamento accompanying letter, covering letter（附于包裹或另一信件内的）说明信
carta de advertência ⇨ carta de cobrança
carta de aeródromo aerodrome chart 机场图
carta de agradecimento letter of thanks 感谢信
carta de altitude upper-air chart 高空图
carta de apresentação ❶ letter of introduction 介绍信 ❷ ⇨ carta de acompanhamento
carta de apresentação de proposta proposal introduction letter 投标函
carta de aproximação ❶ approach chart 进场图；进港引水图 ❷ visual approach chart 目视进近图
carta de aproximação por instrumentos instrument approach chart 仪表进近图

carta de ar superior upper-air chart 高空图

carta de base base map 底图

carta de candidatura letter of application 申请书

carta de chamada ⇨ carta (de) convite

carta de cobrança dunning letter 催款信

carta de condolências letter of condolence 吊唁信

carta de condução driving license [葡] 驾照，驾驶执照

carta de conforto comfort letter, letter of comfort 告慰函，安慰函

carta de contorno contour chart 等高线图

carta de crédito letter of credit 信用证

carta de declinação declination chart 磁偏图

carta de declives slope map 坡度图

carta de espessura thickness chart 厚度图

carta das fácies facies map 相图

carta de fluxos flow map 流谱图

carta de garantia ❶ letter of guarantee 保函 ❷ average bond 海损分担保证

carta de garantia em licitações bid bond 投标保函

carta de impacto impact map, effect map 影响传播图

carta de intenção letter of intent 意向书

carta de isoietas isohyetal map, constant-height chart 等雨量线图

carta de isolinhas isoline map 等值线图

carta de isopletas isopleth map 等值线图

carta de junção map index （分幅图的）索引图

carta de Mercator Mercator map 墨卡托海图

carta de navegação navigation chart 导航图

carta de nível constante (/fixo) constant level chart 等高面图

carta de obstáculos do aeródromo aerodrome obstacle chart 机场障碍物图

carta de ocupação de solo land cover map 土地覆盖图

carta de parede ⇨ carta mural

carta de plasticidade plasticity chart 塑性图

carta de pontos dot map 点示图

carta de porte aéreo airway bill 空运提单

carta de porte ferroviário railway bill 铁路运单

carta de porte rodoviário roadway bill 公路运单

carta de pressão constante constant pressure chart, contour chart 恒压图

carta de processamento process chart 工艺流程图

carta de prognóstico prognostic chart （天气）预报图

carta de protesto letter of protest 拒绝证书

carta de recomendação letter of recommendation 推荐信

carta de Ringelmann Ringelmann chart 林格尔曼图

carta de rotas route map 路线图

carta de rota de altitude superior enroute high-altitude chart 高空航路图

carta de roteamento sailing chart 近海航行海图

carta de saída padrão por instrumentos standard departure chart-instrument 标准仪表离场图

carta de Segrè Segrè chart 赛格瑞图

carta de seguimento follow-up letter （后续的）跟进信件

carta de superfície surface map 地面图

carta de tempo weather map 天气图

carta de tempo significativo significant weather chart 重要天气图

carta de uso do solo land use map 土地利用图

carta de visibilidade viewshed map, visibility map 视域地图

carta demográfica demographic map 人口地图

carta diagramática diagram map 统计图

carta dinamométrica dynamometer card 测力记录卡

carta em relevo plastic relief map 立体地图

carta estatística statistical map 统计图

carta estereoscópica stereoscopic map 视觉立体地图

carta física physical map 自然地图

carta fisiográfica physiographic map 自然现象图

carta fluvial river chart 河图

carta fotoaltimétrica photoaltimetric map 摄影测量高程地图

carta geofísica geophysical map 地球物理地图

carta geográfica geographical map 地理图

carta geológica geological map 地质图

carta geomorfológica geomorphological map 地貌图

carta hidrográfica hydrographic map 水文地图

carta hipsométrica layered relief map, hypsometric map 分层设色地形图

carta-imagem image map 影像地图

carta isobárica isobaric map, isobaric charts 等压线图

carta isógona isogonic chart 等磁差图

carta itinerária itinerary map 路线图

carta litológica lithological map 岩性地图

carta meteorológica weather chart 天气图

carta mural (/parietal) wall map 挂图

carta náutica navigational chart 海图

carta orobatimétrica bottom relief map 海底地形图

carta orográfica relief map 地形图；立体模型地图

carta patente (financial) license（金融）牌照

carta pictórica pictorial map 写景图

carta plana plane chart 平面海图

carta planimétrica planimetric map 平面地图

carta protocolada letter against receipt 有接收凭据的信函

carta psicrométrica psychrometric chart 湿度图

carta qualitativa qualitative map 定性地图

carta quantitativa quantitative map 量化地图，定量地图

carta registada registered letter 挂号信

carta sedimentar sedimentary basin map 沉积盆地图

carta sinóptica synoptic chart 天气图

carta topográfica topographic map 地形图

carta topográfica aeronáutica aeronautical topographic chart 航空地形图

carta urbana urban map 城市地图

cartão *s.m.* ❶ card 卡片 ❷ cardboard 纸板 ❸ cartoon 底图

cartão activo active card 有源（感应）卡

cartão de cidadão certificate of citizenship 公民证

cartão de crédito credit card 信用卡

cartão de débito debit card 借记卡

cartão de embarque boarding card 登机牌

cartão de proximidade proximity card 感应卡

cartão de visita calling card, visiting card 名片

cartão inteligente smart card 智能卡，一卡通

cartão inteligente sem contato contactless smart card 感应式一卡通

cartão magnético magnetic card 磁卡

cartão passivo passive card 无源（感应）卡

cartão perfurado punch card 穿孔卡片

cartão-da-montanha *s.m.* mountain paper 坡缕石 ⇨ paligorsquite

carteação *s.f.* dead reckoning 航迹绘算法

carteira *s.f.* ❶ 1. desk 书桌；课桌 2. chair with writing board 带写字板椅子 ❷ 1. wallet 钱包；皮夹 2. card, license（以小册子形式或封套包装的）证件，卡片 ❸ book; portfolio 册子，文件夹；账簿 ❹ portfolio 证券投资组合 ❺ departments of a bank 银行的一个部门或一种主营业务

carteira bancária banking book 银行账户

carteira comercial commercial portfolio 商业投资组合

carteira de dívida debt portfolio 债务组合

carteira de encomendas ❶ order book, backlog of orders 订货簿 ❷ backlog of orders 现有订货量；已接受订货总数

carteira de estudante student card 学生卡

carteira de identidade id card [巴] 身份证

carteira de identificação identification card 识别卡

carteira de investimento investment

portfolio 投资组合

carteira de motorista driving license [巴] 驾照，驾驶执照

carteira de negociação trading book 交易账户

carteira de títulos securities portfolio 证券投资组合

carteira dupla double desk 双人课桌

carteiras e cadeiras desks and chairs 课桌椅

carteira individual single desk 单人课桌

cartela *s.f.* ❶ cartouche 墩座上用以刻字的平面 ❷ cartouche 图廓花边 ❸ chart 方格图表

cartela de cores color chart 色卡

cárter *s.m.* ❶ cage, casing （齿轮）箱 ❷ oil pan, oil sump 油槽；油底壳，下曲轴箱

cárter a óleo wet sump 湿式油底壳

cárter a seco dry sump 干式油底壳

cárter bipartido split crankcase 拼合式曲柄箱

cárter da caixa de velocidades transmission case, transmission gear housing 传动箱，传动齿轮箱

cárter do motor crankcase 曲轴箱，曲柄轴箱

cárter do óleo oil pan, oil sump 油槽；油底壳

cárter do par cónico bevel gear cage, bevel gear housing 锥齿轮箱

cárter da ponte traseira rear axle housing 后轴壳

cárter de tambor barrel-type crankcase 筒形曲轴箱

cárter húmido wet sump 湿槽；湿式油底壳

cárter seco dry crankcase 干式曲柄箱

cartodiagrama *s.m.* cartodiagram 分区统计图

cartografia *s.f.* cartography, map-drawing 制图学，地图绘制

cartografia aérea aerial cartography, air cartography 航摄制图

cartografia assistida por computador (CAC) computer-assisted cartography (CAC) 计算机辅助制图

cartografia cadastral cadastral mapping 地籍制图

cartografia digital digital mapping 数字制图

cartografia geológica geological cartography 地质制图

cartografia geoquímica geochemical cartography 地球化学制图

cartografia ortorrectificada orthophoto map 正射影像图

cartográfico *adj.* cartographic 地图的，制图的

cartógrafo *s.m.* cartographer 制图员

cartograma *s.m.* ❶ cartogram 统计图 ❷ diagrammatic map 图解地图

cartometria *s.f.* cartometry 地图量算

cartonagem *s.f.* bookbinding, boarding [集] 纸版制品；纸版包装

cartório *s.m.* registry office 文献处，档案馆；登记处

cartório notarial notary's office 公证处

cartoteca *s.f.* map room 地图室

cartucho *s.m.* cartridge （可插入较大外壳的）盒、容器、套筒等；打印机墨盒

cartucho do filtro filter cartridge 过滤器滤芯

cartucho dessecante desiccant cartridge, dehydrating cartridge 干燥剂筒

cartucho-escorva booster, primer 传爆药包，传爆管

cartucho explosivo blasting cartridge 爆炸管

cartucho filtrante cartridge 滤芯

cartucho fusível fuse element 保险丝组件

cartucho hidráulico hydraulic cartridge 水力爆破筒

cartucho para bomba de lubrificação grease gun cartridge 润滑脂筒

cártula *s.f.* cartouche 涡卷饰；卷边形牌匾

carunchamento *s.m.* moth eating 虫蛀

caruncho *s.m.* woodworm, moth, borer 蛀虫

carvalho *s.m.* oak 栎木，橡木 （*Quercus*）

carvalho americano American red oak 美国红橡木 （*Quercus rubra L.*）

carvalho de lambrim wainscot oak 护墙板橡木

carvalho francês chêne d'Europe 英国栎木 （*Quercus pedunculata*）

carvão *s.m.* coal 煤，煤炭；木炭
carvão activado activated charcoal, activated carbon 活性炭
carvão activado em pó powdered activated carbon 粉状活性炭
carvão aderente sticky coal 黏煤
carvão aglomerado caking coal 黏结煤
carvão alóctone allochthonous coal 移置煤，异地生成煤
carvão antraxflico anthraxylous coal 镜煤，凝胶化煤
carvão autóctone autochthonous coal 原地煤
carvão betuminoso bituminous coal 沥青煤；烟煤
carvão carbonoso carbonaceous coal 高碳煤
carvão castanho brown coal 褐煤
carvão classificado screened coal 筛分煤
carvão crivado screened coal 过筛煤
carvão de algas boghead; algal coal 藻煤
carvão de contacto contact carbon 碳触点
carvão de coque coking coal 焦煤
carvão de cutina cutin coal 角质煤
carvão de esporos cannel coal 烛煤
carvão de grau inferior low rank coal 低阶煤
carvão de grau médio medium rank coal 中阶煤
carvão de grau superior higher rank coal 高阶煤
carvão de ossos bone coal 骨煤
carvão-de-pedra stone coal 石煤
carvão de têmpera hardening carbon 硬化碳
carvão em bruto raw coal 原煤
carvão fino culm 细粒煤
carvão-fóssil fossil coal 石煤
carvão gordo fat coal 肥煤；长焰煤
carvão grafitico graphitic carbon 石墨碳
carvão granulado slack 粉煤
carvão húmico humic coal 腐殖煤
carvão lenhocelulósico lignocellulosic coal 木素纤维煤
carvão mate dead coal 非炼焦煤
carvão mineral mineral coal 矿物煤；丝煤
carvão miúdo duff, peas 细煤

carvão nodoso ⇨ carvão de ossos
carvão para caldeiras steam coal 动力煤
carvão parálico paralic coal 近海相煤
carvão piciforme pitch coal, picurite 沥青煤
carvão pulverizado slack; duff; peas 粉煤
carvão queimado burnt coal 天然焦炭
carvão sapropélico sapropelic coal 腐泥煤
carvão seco ❶ dry coal 干煤 ❷ dry burning coal 贫煤；瘦煤
carvão sub-betuminoso sub-bituminous coal 亚烟煤
carvão terroso smut 煤垩，煤炱
carvão xistoso slaty coal 板岩煤
casa *s.f.* ❶ house; building （可住人的）房屋，住房 ❷ house, room （各种功能的）房子，房间 ❸ house; firm 机构；餐馆；商号；商店 ❹ place （数）位
Casa Branca White House 白宫（美国总统官邸及美国官方的代称）
Casa Civil Civil House, Civil Office （总统府）民事办公室，民办
casa de adobe adobe house 土坯房
casa de barco boat house 船库
casa de bomba(s) (/bombagem) pump house 泵房
casa de bomba de esgoto sewage pump house 污水泵房
casa de bomba de incêndio fire pump room 消防泵房
casa de botão button box 按钮盒
casa de câmbio bureau de change, currency exchange 外币兑换行，外汇兑换处
casa de campo country house 郊区住宅
casa do capítulo chapter house 牧师会礼堂
casa de força power station, power plant 发电站
casa de força a céu aberto outdoor power station (no roof over units) 开启式水电站
casa de força abrigada indoor power station 室内电站
casa de força de pé de barragem power station incorporated in dam 坝内水电站
casa de força em forma de poço shaft power station 竖井式电站
casa de força parcialmente a céu aber-

to semi-outdoor power plant 半露天式电站

casa de força subterrânea underground power station 地下电站

casa do gás gas house 煤气房

casa do gerador generator room 发电机房

casa de guardas guard house 警卫室

casa de madeira wood house 木屋

casa de máquinas engine room 机房

casa de ópera opera house 歌剧院

casa de pesagem weigh station 秤重测站

casa de repouso nursing home 疗养院

casa de sapé sod house 草皮房屋

Casa de Segurança Security House, Security Office [安]（总统府）安全办公室，安全办

casa de tábuas plank house 木板房屋

casa de transformador transformer room 变压器间，电力变压房

casa de vegetação greenhouse 温室

casa decimal decimal place 小数位

casa dupla two-family house 双户住宅，双联式住宅

casa económica economically affordable housing 经济适用房

casa em desnível split-level dwelling 错层式住宅

casa em dois níveis bi-level dwelling 错落式双层平房，二层错落式住宅

casa em estilo enxaimel half-timbered house 木桁架屋

casa em terraço terrace house 沿斜坡分布的高低错落的房子

casa esconsa half story 屋顶夹层

casa evolutiva expandable house 半自建住房，可续建住房

casa forte safe-deposit; bank vault（银行）金库

casa geminada simi-detached house, row house 半独立房屋，两户相连的房屋

Casa Militar Military House, Military Office（总统府）军事办公室，民办

casa modular modular house 模块公寓

casa passiva passive house 被动式（节能）建筑

casa pré-fabricada prefabricated house 预制房屋，活动板房

casa protocolar protocol house 接待用房

casa social social house 社会住房，社会福利房

casa solar solar house 太阳能房屋

casa suspensa pole house 干栏式房屋，吊脚楼；下部架空的房屋

casa térrea one-story house 平房

casa de banho s.f. lavatory 卫生间，厕所

casa de banho acessível (/para deficientes) barrier-free bathroom 残疾人厕所，无障碍卫生间

casa de banho feminina (/para senhoras) female toilet 女厕所

casa de banho masculina (/para homens) male toilet 男厕所

casa de banho pública (/social) public toilets 公共厕所

casado adj. bookmatched （饰面板）对称拼接的

casamata s.f. casemate 城墙内的炮台

casario s.m. row of houses 成排的房子

casca s.f. ❶ peel, bark（动植物、水果的）皮；树皮 ❷ shell 薄壳屋顶

casca cilíndrica cylindrical shell 圆筒形壳

casca de fundição casting skin 铸件表皮

casca de laranja orange peel 橘皮面

casca de ovo eggshell 蛋壳（结构）

casca delgada thin shell 薄壳（结构）

cascadito s.m. cascadite 橄榄云煌岩

cascalheira s.f. ❶ gravel pit 砾石场 ❷ gravel bed 砾石层 ❸ alluvial deposit 冲击土层；冲击层

cascalheira de cava gravel pit 采砾场；砾坑

cascalheira de encosta taluvium 岩屑崩塌物

cascalheira de sopé protalus rampart 落石堆前堤

cascalhento adj. pebbly 多砾石的

cascalhinho s.m. fine gravel 细砾石（粒径在 2mm—5mm 之间的砾石）

cascalho s.m. pebble 砾石

cascalho arenoso sandy gravel 砂砾石

cascalho arremessado pebble dash 小卵石灰浆

cascalho aurífero gold-bearing gravel 含金砂砾

cascalho britado crushed gravel 碎砾石；

压碎砾石

cascalho de argila clay gravel 黏土砾石

cascalho de carvão coal gravel 煤砾

cascalho de gema gem gravel 宝石砾层

cascalho de piedmont piedmont gravel 山麓砾石

cascalho de planalto plateau gravel 高原砾石

cascalho de poço well cuttings 钻屑，岩屑

cascalho de praia beach gravel 海滩砾石

cascalho de sílex flint gravel 燧石砾石层

cascalhos eluviais eluvium gravels 残积砾石

cascalho feldspático feldspathic gravel 长石砾石

cascalho glaciário glacial gravel 冰川砾石

cascalho graúdo coarse gravel 粗砂砾

cascalho lavado wash gravel 洗净砾石

cascalho marinho marine gravel 海洋砾石

cascalho misto all-in gravel, mixed gravel 混合砾石

cascalho miúdo pea gravel, fine gravel 小卵石；豆粒砾石

cascalho natural natural gravel 天然砂砾石

cascalho passado pelo crivo hogging 级配砾石

cascalho plistocénico Pleistocene gravel 更新统砾石

cascalho vulcânico volcanic gravel 火山砾

cascalhoso adj. gravelly, pebbly （含）砾石的；布满砾石的

cascão s.m. slate 石板

cascata s.f. cascade 瀑布；小瀑布，艺术瀑布
cascata de gelo ice fall 冰瀑

casco s.m. ❶ shell; hull 壳体；船身，船体 ❷ skeleton （建筑物的）主体；框架
casco externo external shell 外壳
casco urbano (da cidade) town center of city 市中心

casebre s.m. shack; hovel （工人住的）临时棚屋

caseína s.f. casein 可赛银，酪朊

caseiro s.m. farm manager 农场经理，农场承包人

caserna s.f. military barrack （军队）营房
caserna para praças barrack for soldiers 军营，士兵宿营区

casino s.m. casino 赌场

casões s.m.pl. contractor shed 营地，基地

casota s.f. hack; hovel 棚屋
casota de gerador generator shed 发电机棚

casqueira s.f. thin flitch 薄背板，薄板皮

casqueiro s.m. ➭ concheira

casquilho s.m. ❶ 1. sleeve, bushing 套筒，衬套 2. bearing insert 轴承衬套，轴瓦 ❷ lamp thread （灯具的）螺纹 ❸ cup 皮碗
casquilho antifricção antifriction bushing 减摩衬套
casquilho colector de óleo oil drip pan 滴油盘，接油盘
casquilho cónico conical sleeve 锥形套筒
casquilho de ar air cap 空气帽
casquilho de bucim gland bush 压盖衬套
casquilho da esteira track bushing 履带衬套
casquilho do mancal bearing shell 轴承壳套，轴瓦
casquilho do mancal principal main bearing insert 主轴瓦
casquilho primário primary cup 主皮碗
casquilho roscado threaded bushing 螺纹衬套
casquilho secundário secondary cup 副皮碗

casquinha s.f. scotch pine 苏格兰松 （Pinus sylvestris）
casquinha branca sapin 冷杉树 （Abies alba Mill.）
casquinha vermelha scots pine 欧洲赤松 （Pinus sylvestris L.）

cassaíto s.m. cassaite 致密钠云母

cassete s.f. cassette 盒式磁带；封闭式暗盒

cassiterite s.f. cassiterite 锡石

castanha s.f. ❶ ball cup, ball socket head 球头座 ❷ jaw chuck 爪卡盘 ❸ bolt clamp （插销的）卡箍
castanha cónica conical cup 锥形杯
castanha de apoio jackpad 千斤顶垫，起重器垫

castanheta s.f. ➭ castanhola

castanho *s.m.* chestnut wood; chestnut tree 栗木，栗树（*Castanea sativa*）

castanhola *s.f.* axle sleeve, castanet 部分翻转犁中心轴的轴套，因中心轴转动时发出响声而得名

castanozem *s.m.* castanozem 栗钙土

castão *s.m.* knob, handle 球形把手

castelo *s.m.* ❶ castle 城堡 ❷ valve bonnet 阀盖，阀帽

castelo d'água water tower 水塔

cáster *s.m.* ❶ caster 脚轮 ⇨ rodízio ❷ caster 主销后倾角

castiçal *s.m.* sconce 壁灯台，灯杯

castina/castilha *s.f.* flux, limestone flux （助）熔剂，石灰石熔剂

castina fundente melting flux 熔炼焊剂

cat clay *s.f.* cat clay 硬耐火黏土

cata *s.f.* search 淘金

catação *s.f.* sorting （固体废物）分选

cataclase *s.f.* cataclasis 岩石碎裂，碎裂作用

cataclasito *s.m.* cataclasite 碎裂岩

cataclástico *adj.* cataclastic 碎裂的

cataclinal *adj.2g.* cataclinal 下倾型的，顺斜的

cataclismo *s.m.* cataclysm, catastrophe 灾变（大洪水、地震等）

catacústica *s.f.* catacoustics 回声学

catadióptrica *s.f.* catadioptrics 反射折射学

catadióptrico *s.m.* reflector, cat's-eye "猫眼"式反光路标

cataforese *s.f.* cataphoresis 电泳

cataforite *s.f.* kataphorite 红钠闪石

catagénese *s.f.* katagenesis 后生作用；退化

cataglaciário *s.m.* kataglacial 晚冰期

catalisador *s.m.* ❶ catalyst 催化剂，触媒 ❷ catalytic converter 催化转化器

catalisador do escape exhaust catalytic converter 排气催化转化器

catalisar *v.tr.* (to) catalyze 催化

catálise *s.f.* catalysis 催化，催化作用

catalogador *s.m.* cataloguer 编目员；编目器

catalogar *v.tr.* (to) catalogue 为…编目，把…编入目录

catálogo *s.m.* catalog 目录，（商品）一览表

catamarã/catamaran *s.m.* catamaran 双体船

catamorfismo *s.m.* catamorphism 风化变质

catar *v.tr.* (to) sort （固体废物）分选

catarata *s.f.* cataract 大瀑布

catarina *s.f.* traveling block 游车；移动滑车

catasismo *s.m.* kataseism 向震源地壳运动

catastrofismo *s.m.* catastrophism 灾变说

catatermómetro/catatermômetro *s.m.* catathermometer 干湿球温度计

cata-vento *s.m.* wind sleeve [葡] 风向袋

catazona *s.f.* catazone, katazone 深变质带

catedral *s.f.* cathedral 大教堂

categoria *s.f.* category, grade 级别；等级

categoria de construções class of fire 建筑等级

categoria de incêndio fire size class 火灾等级

catena *s.f.* catena, sequences of soil 土壤系列

catenária *s.f.* overhead contact system (OCS), catenary 高架电缆，架空接触网系统

catenóide *s.f.* catenoid 悬链曲面

caterpilar *adj.* caterpillar type 履带式（的）⇨ de esteiras, de lagarta

catéter *s.m.* catheter 导液管

cateto *s.m.* ❶ cathetus, leg 中直线；（直角三角形的）直角边 ❷ axis 轴线，轴心

catetómetro/catetômetro *s.m.* cathetometer 高差计

Catiano *adj.,s.m.* Chattian; Chattian Age; Chattian Stage [葡]（地质年代）夏特期（的）；夏特阶（的）

catião *s.m.* cation, kation [葡] 阳离子

cátion *s.m.* cation, kation [巴] 阳离子

catiónico/catiônico *adj.* cationic 阳离子的

cativo ❶ *adj.* captive （市场）被垄断的 ❷ *adj.* pawned 典当的，抵押的 ❸ *s.m.* indicator mineral （贵重矿石的）指示矿物

cativo de chumbo anatase, titanium dioxide, octahedrite 锐钛矿，八面石

cativo de ferro octahedral iron ore 磁铁矿

catmaiana *s.f.* katmaian 卡特曼型火山喷发

catódico *adj.* cathodic 阴极的

cátodo *s.m.* cathode 阴极

catodoluminescência *s.f.* cathodoluminescence 阴极发光

catóptrica *s.f.* catoptrics 反射光学

catraca *s.f.* ❶ ratchet 棘轮 ❷ turnstile 旋转式栅门，回转栏

catraca pneumática air rachet 气动棘轮扳手

catraca reversível reversible ratchet 可逆棘轮机构

caução *s.f.* security, guarantee, deposit 保证金，质保金，押金

caução definitiva performance security 履约保证金

caução provisória bid security, temporary guarantee 临时保证金

cauda *s.f.* ❶ tail 尾部；尾翼 ❷ solder tail 焊尾 ❸ tail （墙砖）砌入部分，不露头部分 ❹ coda 尾波

cauda de andorinha dovetail 鸠尾榫，燕尾榫

cauda de andorinha comum common dovetail 普通鸠尾榫

cauda de caibro rafter tail 椽尾

cauda de minhoto double dovetail 银锭榫

cauda para cimentação cementing stinger 注水泥插头

caudal *s.m.* flow; flow rate 水流；流量

caudal afluente inflow, influx 流入；流入物；流入水

caudal anual yearly flow 年径流量

caudal crítico critical discharge 临界流量

caudal de cheia (/inundação) flood flow 洪水径流

caudal de estiagem minimum flow 枯水流量，最小流量

caudal diário daily flow 日流量

caudal efluente outflow 流出；流出物；流出水

caudal equipado design flow 设计流量

caudal instantâneo instantaneous flow 瞬时流量

caudal máximo maximum discharge 最大流量

caudal médio average flow 平均流量

caudal óptimo optimum discharge 最佳流量

caudal sólido sediment load 推移质；输沙量

caudal teórico theoretical discharge 理论流量

caudal volúmico volume flow rate 体积流率

caudalímetro *s.m.* flowmeter 流量计

caule *s.m.* stalk; stem （植物的）茎，干

caulículo *s.m.* bud 花蕾柱头

caulino/caulim *s.m.* kaolin 高岭土

caulínico *adj.* kaolinic 高岭土的

caulinite *s.f.* kaolinite 高岭石

caulinização *s.f.* kaolinization 高岭石化，高岭土化

causar *v.tr.* (to) cause, (to) originate 导致

cáustica *s.f.* caustic curve 焦散曲线

causticidade *s.f.* causticity 腐蚀性；苛性度

cáustico ❶ *adj.* caustic 腐蚀性的 ❷ *s.m.* caustic 腐蚀剂

caustificação *s.f.* castification; chemical etching 苛化；化学蚀刻；化学侵蚀

caustobiólito *s.m.* caustobiolith 可燃性生物岩

caustofitólito *s.m.* caustophytolith 可燃性植物岩

caustozoólito *s.m.* caustozoolith 可燃性动物岩

cava *s.f.* pit, excavation 挖坑，开挖

cava da cunha key-seat 键槽

cava de fundação excavation of foundation 地基开挖

cavaco *s.m.* scobs 刨花

cavadeira *s.f.* ❶ dibber 掘穴器，挖穴器 ❷ spading machine 铲掘机

cavadeira tenaz pliers type dibber 钳式挖洞器

cavado *s.m.* hole, hollow 坑，槽

cavado de potencial potential trough 势谷；势能槽

cavado equatorial equatorial trough 赤道槽

cavador *s.m.* digger 挖掘工，矿工

cavadora *s.f.* ploughing-machine [葡]（园艺）犁田机，铲掘机

cavalariça *s.f.* horse stable 马厩

cavaleiro branco *s.m.* white knight 白衣骑士，救星（指帮助公司渡过财政难关或避免公司被收购的人或机构）

cavalete *s.m.* ❶ 1. rack, bracket, support 架子，托架，L形托架 2. easel 挂图架 3. gate-leg （支撑折叠桌子的）活动桌腿 ❷ 1. trestle, bridge 栈桥，高架桥 2. gantry, trestle 门

架，支架，台架 ❸ barricade 路栏 ❹ beam bolster 腹杆钢筋

cavalete de aço steel trestle 钢栈桥

cavalete de caldeira boiler saddle 锅炉托架

cavalete de composição composing frame 排字架

cavalete de extracção head frame, headgear 井架

cavalete do mancal bearing bracket 轴承架

cavalete da mola spring bracket 弹簧架

cavalete de plataforma platform gantry 平台式龙门架

cavalete de sinais signal gantry 信号桥

cavalete de sinalização de trânsito barricade 路栏

cavalete de suspensão corbel 托臂

cavalete de telhado ridge of roof 屋脊

cavalete e seu abrigo trestle and shelter 脚手台架及保护

cavalete porta-polias crown block 天车

cavalgamento s.m. thrust 冲断层，逆断层

cavalo-de-força, hp s.m. horsepower, hp 马力

cavalo-de-força da caldeira, hp (S) boiler horsepower, hp (S) 锅炉马力

cavalo-de-força elétrico, hp (E) electric horsepower, hp (E) 电马力

cavalo-de-força hidráulico hydraulic horsepower 液压马力

cavalo-de-força hora, hp*h horsepower hour, hp*h 马力小时

cavalo-de-força mecânico, hp (I) mechanical horsepower, hp (I) 机械马力

cavalo-de-força métrico, hp (M) metric horsepower, hp (M) 公制马力

cavalo de pau s.m. ❶ sucker rod pump 有杆泵 ❷ ground loop 接地环路

cavalo-força s.m. ⇨ cavalo-de-força

cavalo mecânico s.m. tractor-truck 拖头，拖车头

cavalote s.m. shackle 钩环，U 形挂环

cavalo-vapor (CV) s.m. horsepower (hp) 马力

cave s.f. cave; basement 地库，地窖，地下室

cávea s.f. cage; den; hovel 笼子

caveat emptor loc. caveat emptor, buyer beware 购者自慎，一经出售概不负责

caveat venditor loc. caveat venditor, seller beware 包退包换

cavédio s.m. atrium, hall （建筑之内的）中庭；心房

caverna s.f. cavern 洞穴

caverna de erosão scour hole 冲蚀穴，冲刷坑

caverna transversal intermediária intermediate transverse frame 中间横向构架

cavernícola adj.2g.,s.2g. cavernicole 穴居的；穴居动物

caveto s.m. cavetto 凹弧饰

cavidade s.f. ❶ cavity 空穴，洞穴；穴 ❷ cavitation cavern, cavity 气蚀洞穴 ❸ mining excavation 采矿空区

cavidade de corrosão pitting 斑蚀

cavidade de óleo oil cavity 油室；润滑孔

cavidade do teto ceiling cavity 吊顶空间

cavidade em filão vug 晶壁岩洞

cavilha s.f. ❶ bolt, peg, pin 木钉，销钉 ❷ track pin 履带销 ❸ blank bolt 光螺栓，非切制螺栓

cavilha com gancho hook bolt 钩头螺栓

cavilha com olhal eye bolt 吊环螺栓

cavilha cortante shear pin 剪切销

cavilha de cabeça embutida flush bolt 埋头螺栓

cavilha do cabo cable plug 电缆插头

cavilha do diafragma flex plate dowel 挠性板销子

cavilha do êmbolo piston pin, piston gudgeon pin 活塞销

cavilha de encaixe mortise bolt 暗插销

cavilha de expansão expansion bolt 膨胀螺栓

cavilha de fecho track master pin（履带）主销

cavilha de ferro gudgeon 耳轴

cavilha de fixação fixing plug, anchor bolt 锚定螺栓

cavilha do fulcro fulcrum bolt 支点螺栓

cavilha de ligação connecting bolt 连接螺栓

cavilha de madeira trenail 木钉

cavilha de nivelamento levelling bolt 调

平螺钉
cavilha de rebordo liso bareface tenon 裸面榫

cavilhas de recuperação recovery pegs 参考标桩

cavilha de roda linchpin 车轴销；制轮楔

cavilha de segurança de calha gutter bolt 檐槽螺栓

cavilha de travagem lock bolt 锁紧螺栓

cavilhão *s.m.* ❶ gudgeon pin 活塞销；耳轴销 ❷ king pin, steering swivel pin 中心销，主销；转向销

cavilhão de engate hitch pin, linkpin, locking clamp 牵引杆连接销

cavitação *s.f.* ❶ cavitation 气穴现象；空穴（作用），空腔化（作用）❷ pitting 点状腐蚀

cavitação de hélice propeller cavitation 螺旋桨气蚀

cavitação de vapor vaporous cavitation 蒸汽空泡

cavitação gasosa gaseous cavitation 气体空（腔）化

cavo-relievo *s.m.* cavo-relievo 凹浮雕

cavouco *s.m.* ⇨ cabouco

cavouqueiro *s.m.* ⇨ cabouqueiro

CD *sig.,s.m.* ❶ Compact Disc (CD) 光盘，CD ❷ distribution center 配水中心

CD gravável writable CD 可刻录光盘

CD regravável rewritable CD 可擦写光盘

cedência *s.f.* ❶ yielding 屈服；（因受力或受压而）弯曲，折断 ❷ transfer; assignment, cession 转让，让与

cedência de terras transfer of land 土地转让

ceder *v.tr.* ❶ (to) yield 屈服；（因受力或受压而）弯曲，折断 ❷ (to) transfer, (to) cede 转让，让与

cedricito *s.m.* cedricite 透辉白榴岩

cedro *s.m.* cedar 雪松

cédula *s.f.* warrant 栈单，货栈（或仓库）的进货收据

cédula de identidade ⇨ carteira de identidade

cegadora-debulhadora *s.f.* harvester-thrasher 收割脱粒机

cego *adj.* ❶ blind "盲"的；（通道、管道等）

一端不通的，无孔的；（建筑物）无门窗的；（门、窗等）装饰性的，假的 ❷ blind "盲"的，隐藏的，隐蔽式的；（螺钉等）隐头的 ❸ blunt（刀刃等）钝的，不锋利的

cegonha *s.f.* shadoof, shaduf 桔槔，汲水吊杆

ceifamento *s.m.* clipping, flat-topping, peak sheaving 平顶（作用），削波

ceifeira *s.f.* reaping-machine, harvesting-machine 收割机

ceifeira-atadeira reaper binder 割捆机，收割打捆机

ceifeira-atadeira de milho corn binder 玉米割捆机

ceifeira de arroz rice harvester 水稻收割机

ceifeira-debulhadora harvesting-thrashing machine, combine harvester 收割脱粒机，联合收割机

ceilômetro *s.m.* ⇨ tetômetro

ceilonite *s.f.* ceylonite 镁铁尖晶石

cela *s.f.* ❶ cell 小室；单人小室 ❷ cella（古典寺庙的）内殿；内堂 ❸ bin, surface element 面元

cela cristalina crystal cell 晶胞

cela modular switch cubicle 开关柜

celadonite *s.f.* celadonite 绿鳞石

celamim *s.m.* "celamim" 十六分之一干量葡制斗（alqueire）

celebração *s.f.* signature, conclusion (of contract)（合同）签署

celeiro *s.m.* granary; barn 粮仓

celeiro holandês Dutch barn 荷兰式棚

celeridade *s.f.* rapidity 快，迅速

celestina *s.f.* celestine 天青石

celestite *s.f.* celestite 天青石

celha *s.f.* round wooden tub 圆木桶

celha para lavar minério kieve, dolly tub 洗砂机，精选桶

celotex *s.m./f.* celotex 甘蔗板；隔音板

celsiana *s.f.* celsian 钡长石

celsianite *s.f.* celsianite 钡长石

célula *s.f.* ❶ cell 细胞；小室；光电元件 ❷ cell 电池；电解槽 ❸ cell 隔室；小屋 ❹ air frame（飞机的）机身

célula cristalina unitária crystalline unit cell 晶体晶胞

célula de assentamento settlement cell

沉降盒
célula de atrição attritioning cell（矿用）磨粉机
célula da bateria battery cell 蓄电池单元
célula de carga load cell 测力传感器
célula de combustível fuel cell 燃料电池
célula de empuxo de terra earth pressure cell 土压计，土压力盒
célula de filtração HTHP HTHP fluid loss cell 高温高压滤失仪
célula de fluência creep cell 蠕变传感器
célula de flutuação pneumática pneumatic flotation cell 充气式浮选槽
célula de pressão ❶ pressure cell 压力计，压力受感装置，压敏元件 ❷ ⇨ célula de empuxo de terra
célula de pressão de águas intersticiais porewater pressure cell 孔隙水压力计
célula de pressão total total pressure cell 总压力盒
célula de recalque ⇨ célula de assentamento
célula de segurança dos passageiros safety cell 安全驾驶舱，高强度驾驶舱
célula de trovoada thunderstorm cell 雷暴云泡
célula elétrica electric cell 电池
célula fotoeléctrica photoelectric cell 光电池
célula galvânica galvanic cell 原电池；自发电池
célula solar solar cell 太阳能电池
célula solar de tintura-sensibilizada (DSC) dye-sensitized solar cell (DSC) 染料敏化太阳能电池
célula triaxial triaxial cell 三轴压力室
célula unitária unit cell 单位晶胞
célula voltaica voltaic cell 伏打电池；原电池
celular ❶ adj.2g. cellular 蜂窝状的；分格的 ❷ s.m. mobile phone, cellphone 手机
celulóide s.m./f. celluloid 赛璐珞
celulose s.f. cellulose 纤维素
celulose alcalina alkali cellulose 碱纤维素
cem/cento num.card. hundred 一百
◇ cêntuplo one hundred times 一百倍的
◇ um centésimo one hundredth 百分之一

◇ centena hundred 一百个
◇ centésimo hundredth 第一百的
cementação s.f. ❶ carburizing 渗碳 ❷ case-hardening 表面硬化
cementação excessiva excessive carburization 过度渗碳
cementação líquida liquid carburizing 液体渗碳
cementar v.tr. ❶ (to) carburate 渗碳 ❷ (to) case-harden 表面硬化
cementite/cementita s.f. cementite 渗碳体，碳化铁
cementite globular globular cementite 球状渗碳体
cementite livre free cementite 自由渗碳体
cementita proeutetóide proeutectoid cementite 二次渗碳体，先共析渗碳体
cenáculo s.m. dining room （西方古典建筑的）餐厅
cenário s.m. scenario 情景
cenografia s.f. set 舞台布景
Cenomaniano adj.,s.m. Cenomanian; Cenomanian Age; Cenomanian Stage （地质年代）塞诺曼期（的）；塞诺曼阶（的）
cenotáfio s.m. cenotaph 纪念碑；衣冠冢
Cenozoico adj.,s.m. Cenozoic; Cenozoic Era; Cenozoic Erathem （地质年代）新生代（的）；新生界（的）
cenozona s.f. cenozone 群集带
centauromaquia s.f. centauromachy 描绘拉庇泰人与半马人之战的浮雕
centelha s.f. spark, flashover 飞弧；跳火；放电
centelhamento s.m. sparking 放电，瞬态放电；火花
centelhamento perigoso dangerous sparking 危险火花
centi- (c) pref. centi- (c) 表示"厘，百分之一"
centígrado s.m. centigrade 百分度；摄氏温度
centigrama s.m. centigram 厘克
centigray (cGy) s.m. centigray (cGy) 厘戈瑞
centilitro (cl) s.m. centiliter (cl) 厘升
centímetro (cm) s.m. centimeter (cm) 厘米
centímetro cúbico (cc) cubic centimeter (cc) 立方厘米

centímetro quadrado (cm²) square centimeter (cm²) 平方厘米

centímetros unidos united inches （用于描述矩形物体尺寸，尤用于玻璃板）半周长，长宽之和

centistoke *s.m.* centistoke 厘沱（黏度单位）

centner *s.m.* centner 森特纳（一些欧洲国家使用的重量单位）

centner britânico british centner 英制森特纳（合 50.8 千克）

centner métrico metric centner 米制森特纳（合 100 千克）

centragem *s.f.* centering 定心，定中心

central ❶ *adj.2g.* central 中心的，中央的 ❷ *s.f.* 1. station, plant （工作、生产）站，厂；一整套设备 2. power station, electric plant 发电站，电站，电厂 ❸ *s.m.* host computer, mainframe （电脑）主机

central de água quente sanitária hot sanitary water station 卫生热水供应站

central de ar condicionado central air conditioning plant （中央空调系统）中心制冷站

central de betão concrete mixing plant 混凝土搅拌站

central de britagem crushing plant 破碎装置，压碎场

central de caldeira boiler plant 锅炉房

central de ciclo combinado combined cycle power station 联合循环发电站

central de concreto asfáltico asphaltic concrete batching plant 沥青混凝土搅拌站

central de energia hidráulica ⇒ central hidroeléctrica

central de força de reserva/emergência standby/emergency power plant （事故）备用 / 应急电站

central de frete freight transport station 货物运输站

central de medicamentos e artigos médicos (CMAM) central medical store （国家）医药仓储中心

central de mistura para dosagem, umidificação e homogeneização do material pug mill; material mixing plant for dosage, humidification and homogenization 拌泥机；物料称量，加湿和均化机

central de multiplicação de plantas plant breeding center 植物繁育中心

central de peneiramento screening plant 筛石厂；隔滤厂

central de ponta peak load power station, peaking plant 尖峰负荷发电厂

central de programa armazenado (CPA) SPC exchange (Stored Program Control exchange) 程控交换机

central de semibase semi-base load power station 半基荷电站

central eléctrica power station, electric plant 发电站，电站，电厂

central eléctrica integrada integrated power plant 整体式发电站

central eléctrica nuclear nuclear power plant 核电站

central em escavação buried power station 地下发电站，地下水电站

central em série tandem exchange 汇接局

central estacionária de betão pronto ready-mix plant 预拌混凝土厂

central geotérmica geothermal power plant 地热发电站

central geradora power plant 发电厂

central heliotérmica solar power station 太阳能电站

central hidroeléctrica water-power station, hydroelectric station 水力发电站

central hidroeléctrica de queda alta high-head hydroelectric power station 高水头水电厂

central hidraeléctrica de queda baixa low-head hydroelectric power station 低水头水电厂

central hidropressora booster set 泵站，增压机组

central local local exchange 本地交换机

central misturadora de betão concrete mixing plant 混凝土拌合厂

central nuclear nuclear (power) station 核电站

central predial de GLP LPG bulk plant 液化石油气储配站

central subterrânea cavern power station, underground power station 地下电站

central tandem tandem exchange 汇接局

central telefónica telephone exchange 电
话交换机
central térmica (/termoeléctrica) thermal power station, heat power station 热电
站，火力发电站
◇ pequena central hidrelétrica (PCH)
small hydroelectric power plant (SHPP)
小型水力发电厂
centralidade *s.f.* ❶ centrality 中心性 ❷
urban center, urban hub 城市中心区
◇ nova centralidade new urban district
新城区
centralização *s.f.* ❶ centralization 集中，集
中化 ❷ centering 定心，定中心
centralizador *s.m.* centralizer 扶正器；定心
夹具
centralizador de hastes sucker rod centralizer 抽油杆扶正器
centralizador de revestimento casing
centralizer 套管扶正器
centralizador flexível flexible centralizer, spring-bow centralizer 柔性扶正器，弹
簧弓扶正器
centralizador não soldado non-welded
centralizer 非焊接扶正器
centralizador rígido rigid centralizer 刚
性扶正器
centralizador rígido com mínimo arraste low-drag rigid centralizer 低摩阻刚
性扶正器
centralizador rígido com mínimo
torque (/binário) low-torque rigid centralizer 低扭矩刚性扶正器
centralizador soldado welded centralizer 焊接扶正器
centralizar *v.tr.,pron.* (to) centralize（使）
集中
centrar *v.tr.* (to) center 定心；置于中心
centrífuga *s.f.* spin dryer; centrifuge 甩干
机；离心机
centrífuga de óleo oil centrifuge 油离心机
centrifugação *s.f.* ❶ centrifugation 离心 ❷
centrifugation 甩干
centrifugador *s.m.* centrifuge, centrifuging
machine 离心机
centrifugadora *s.f.* centrifuge, centrifuging
machine 离心机

centrífugo *adj.* centrifugal 离心的
centrípeto *adj.* centripetal 向心的
centro *s.m.* ❶ center 中心，中央；中心点；
圆心 ❷ center, station（活动）中心；中心
机构；中心区；站，厂
centro a centro center to center 中心到中
心；轴间距
centro analático center of anallatism 准
距中心
centro comercial shopping center 购物中
心，商业区
centro de acção center of action 活动中
心，作用中心
centro de água water center 供水站
centro de carga loading center 载荷中心，
负载中心
centro de chamadas call center 话务中心
centro de ciclone cyclone center 气旋
中心
centro do círculo center of circle 圆心
centro de cisalhamento shear center 剪
切中心，剪心
centro de comando e controlo móvel
mobile command and control center 移动
指挥控制站
centro de comutação switching center
交换中心
centro de controle de área area control
center 区域管制中心
centro de controlo de emergência
emergency control center 紧急事故控制
中心
centro de controlo de motor motor
control center (MCC) 电动机控制中心，动
力控制中心
centro de controlo de tráfego traffic
control center 交通控制中心
centro de convenção conference center
会议中心
centro de coordenação de salvamento
conjuntos joint (aeronautical and maritime) rescue coordination center 联合搜救
中心
centro de curvatura center of curvature
曲率中心
centro de custo cost center 成本中心
centro de deposição depocenter 沉积中

心，最厚沉积区
centro de distribuição (CD) distribution center 配水中心
centro de eixo em movimento live center 活顶尖
centro de elasticidade elastic center 弹性中心
centro de emprego employing office 就业中心
centro de empuxo ⇨ centro de impulsão
centro de estágio desportivo sports training center 运动训练中心
centro de excelência (CE) center of excellence (CE) 卓越中心
centro de exploração operating center 营运中心
centro de exposições exhibition center 展览中心
centro de formação training center 培训中心
centro de formação integral integral training center 综合训练中心
centro de gravidade center of gravity 重心
centro de hemodiálises hemodialysis center 血液透析中心
centro de hemoterapia hemotherapy center 血液治疗中心
centro de imprensa press center 新闻中心
centro de impulsão center of buoyancy 浮心
centro de informação information center 信息中心，资讯中心
centro de lazer recreation center 娱乐中心，活动中心
centro de massa center of mass 质量中心，质心
centro de momento moment center 弯矩中心，矩心
centro de negócios business center 商务中心
centro de operação operation center 运营中心
centro de operação regional regional operation center 区域运营中心
centro de origem center of origin 起源

中心
centro de oscilação center of oscillation 摆心，摆动中心
centro de pesquisa research center 研究中心
centro de pressão center of pressure 压力中心
centro de processamento de dados data processing center 数据处理中心
centro de resistência center of resistance 阻力中心，阻心
centro de rigidez center of stiffness 刚度中心，刚心
centro de serviços service center 综合服务中心
centro de simetria center of symmetry 对称中心
centro de simuladores de voo flight simulator center 飞行模拟中心
centro de tempestade storm center 风暴中心
centro de toxicodependentes center for drug addicts 戒毒中心
centro de treinamento training center 训练中心
centro de tufão typhoon eye 台风眼
centro de usinagem machining center 加工中心；自动数控机床
centro de usinagem com comando numérico computadorizado machining center with CNC 数控生产中心；自动数控机床
centro elástico elastic center 弹性中心
centro emissor emission center 发射站，发射中心
centro escuro dark center 暗中心
centro infantil comunitário community children's center 社区儿童中心
centro instantâneo instantaneous center 瞬时中心；瞬心
centro logístico alfandegado bonded logistics center 保税物流中心
centro meteorológico meteorological center 气象中心，气象站
centro meteorológico de vigilância meteorological watch office 气象监视台
centro morto dead center 死点，止点

centro político e administrativo political and administrative center 政治和行政中心

centro recreativo coberta indoor recreation center 室内康乐中心

centro rotativo revolving center 转动中心

centro social activity center 活动中心

centróide *s.m.* centroid 形心

centrosfera *s.f.* centrosphere 地心圈

cepo *s.m.* ❶ stump 残桩；树墩 ❷ frog 辙叉
cepo de madeira fixed guide bar 挡木，固定导杆

cera *s.f.* wax; polish 蜡；蜡状物；上光剂
cera autobrilhante self-shining wax 自亮蜡
cera de parafina paraffin wax 石蜡
cera de silicone silicone wax 硅酮蜡
cera fóssil fossil wax 地蜡
cera líquida liquid wax 液体蜡
cera mate matte wax 哑光蜡
cera mineral mineral wax 矿物蜡
cera para lacrar cartas e documentos sealing wax 火漆
cera para pavimento (/piso) floor polish, floor wax 地板蜡
cera sólida solid wax 固体蜡

cerabetume *s.m.* kerabitumen 油母岩质

cerâmica *s.f.* ceramics 陶瓷；制陶术，制陶业；陶瓷制品
cerâmica biológica biological ceramics 生物陶瓷
cerâmica branca white ceramics 白色陶瓷
cerâmica dieléctrica dielectric ceramics 介电陶瓷
cerâmica electrónica electronic ceramics 电子陶瓷
cerâmica estrutural structure ceramics 结构陶瓷
cerâmica fina fine ceramics 精细陶瓷
cerâmica magnética magnetic ceramics 磁性陶瓷
cerâmica mecânica mechanical ceramics 机械陶瓷
cerâmica óptica optical ceramics 光学陶瓷
cerâmica química chemical ceramics 化学陶瓷

cerâmica refractária refractory ceramics 耐火陶瓷

cerâmica técnica technical ceramic 工业陶瓷

cerâmica térmica thermal ceramics 热陶瓷

cerâmica vermelha red ceramics 红色陶瓷

cerâmico *adj.* ceramic 陶瓷的

cerargirita *s.f.* cerargyrite 角银矿

cerca *s.f.* ❶ fence 篱笆 ❷ enclosure 围栏，围墙
cerca de arame chainlink fence 扣环围栏；铁网围栏
cerca de contenção catch fence 拦截围墙
cerca de segurança safety fence 安全栏；防撞栏
cerca eléctrica electric fence 电篱笆；电围栏
cerca entrelaçada interlaced fencing, interwoven fencing 交织围栏
cerca marginal right-of-way fencing 地界栅栏
cerca viva hedge 绿篱，树篱

cercado *s.m.* hoarding 临时围篱；板围

cercadura *s.f.* border, adornment, garniture 花边，边饰

cercar *v.tr.* (to) fence, (to) hedge 建围栅，围住

cércea *s.f.* ❶ template, gauge, pattern, mould （切割金属、石、木用的）模板 ❷ bore gauge 孔径规 ❸ structure gauge 建筑限界；建筑限高
cércea máxima structure gauge 建筑限界；建筑限高

cerdas *s.f.pl.* bristle （做毛刷用的）鬃毛

cereais *s.m.pl.* cereals 谷类；谷类食品；粮食

cerebelo *s.m.* cerebroid chert nodule 一种脑状的燧石结核

cerejeira *s.f.* cherry tree; cherry wood 樱桃树；樱桃木（Cerasus）
cerejeira americana american cherry 美国樱桃木（Prunus serotina）
cerejeira brasileira amburana 巴西良木豆（Amburana cearensis A. C. Sm.）

ceresite *s.f.* rigid waterproof plaster 刚性防水抹面

cerimónia/cerimônia *s.f.* ceremon 仪式；典礼

cerimónia de abertura opening ceremony（活动、赛事）开幕仪式，开幕典礼；（机构）成立仪式；（公路、桥梁、隧道等）通车仪式

cerimónia de abertura de terra ground-breaking ceremony 破土动工仪式

cerimónia de assentamento da quilha keel-laying ceremony 安放龙骨仪式

cerimónia de corte do primeiro aço first steel (plate) cutting ceremony 首块钢板切割仪式

cerimónia de lançamento lauching ceremony（项目、计划）启动仪式；（新书）发行仪式；（船舶）下水仪式

cerimónia de lançamento de primeira pedra (/pedra fundamental) foundation stone laying ceremony 奠基仪式

cerimónia inaugural opening ceremony, inaugural ceremony ⇒ cerimónia de abertura

cério (Ce) *s.m.* cerium (Ce) 铈

cerite *s.f.* cerite 铈硅石

cerne *s.m.* duramen, heart wood（树）心材

cernozem *s.m.* chernozem[巴]黑钙土

cerogénio *s.m.* kerogen 干酪根，油母岩质

cerra-cabos *s.m.2n.* sealing end, cable termination 电缆封端

cerrado *s.m.* fenced-in tract of land; open pasture 栅栏围起来的土地；开阔牧场

cerra-juntas *s.m.2n.* form clamp 模板夹具

cerrar *v.tr.* (to) close; (to) enclose 关闭；封闭，遮蔽

cerro *s.m.* small hill, hillock（光秃秃的）小山

certame *s.m.* contest, competition 比赛，竞赛

certame licitatório bidding round 投标轮次

certidão *s.f.* proof, certificate 证明，证书

certidão contribuitiva da segurança social social security contribution proof 社会保险缴费证明

certidão de acervo técnico technical qualification certificate 技术资质证书

certidão de registo comercial certificate of commercial registration 商业登记证明

certidão da repartição fiscal como não devedor de imposto ⇒ certidão negativa de tributos

certidão negativa negative certificate, clearance certificate 否定性证明，对于消极事实的证明

certidão negativa de débitos (CND) no-debt certificate 无欠款证明

certidão negativa do registo criminal non-criminal record certificate, police clearance certificate 无犯罪记录证明

certidão negativa de tributos tax clearance certificate 完税证明

certidão positiva positive certificate, liability certificate 肯定性证明，对于积极事实的证明

certidão positiva com efeitos de negativa liability certificate with clearance effects 具有否定效力的肯定性证明

certidão positiva de propriedade property certificate 产权证书

certificação *s.f.* certification 认证，核证

certificação ambiental environmental certification 环境认证

certificado *s.m.* certificate; license 证书；许可证

certificado de aeronavegabilidade airworthiness certificate 适航证书

certificado de boa execução excellent execution certificate 优质竣工证书

certificado de conclusão certificate of completion 完工证明

certificado de conclusão de obra work completion certificate 工程完工证明

certificado de controlo certificate of inspection 检验证明书；检验合格证书

certificado de embarque loading certificate 装货证书，装船证书

certificado de ensaio test certificate 测试证书

certificado de gerenciamento de segurança safety management certificate 安全管理证书

certificado de importação e exportação import & export license 进出口许可证

certificado de navegabilidade ⇒ certificado de aeronavegabilidade certificado de ocupação certificate of occupancy 占用证书

certificado de qualidade certificate of quality 质量证书

certificado de recebimento acceptance certificate 接管证书

certificado de registo certificate of registration 注册证明书；登记证明书

certificado de registo estatístico statistic registry certificate 统计登记证书

certificado digital digital certificate 数字证书

certificado mineiro mining certificate 矿权证

certificar v.tr. ❶ (to) certify, (to) check 查核，核证 ❷ (to) attest 证明，证实

cerussite s.f. cerussite 白铅矿

cervejaria s.f. beer-house, beer-shop 啤酒屋

cerveturismo s.m. bierreise 啤酒旅行，啤酒工业旅游，啤酒厂旅游

césio (Cs) s.m. cesium (Cs) 铯

cessação s.f. termination 停止，终止

cessação do contrato termination of contract 合同终止

cessão s.f. assignment, cession; transfer 转让，让与

cessar v.tr.,intr. (to) cease, (to) stop 停止，终止

cesta s.f. ❶ basket 篮子，筐子；（商场、超市）购物篮 ❷ corbeil 花篮饰

cesta básica market basket 市场篮子

cesta básica de alimentos basic food basket 基础食品篮子，菜篮子

cesta de cimentação cementing basket 水泥伞

cesta de moedas basket of currencies 一篮子货币

cesta de pescaria junk basket 打捞篮

cesta de plástico plastic basket 塑料筐

cesta de referência da OPEP OPEC reference basket 欧佩克参考篮子

cestaria s.f. basketry 篮子编织工艺；编织业，制筐业

cesto s.m. basket 篮子，筐子；篮筐

cesto de arame wire basket 钢丝笼；铁丝筐

cesto de cimentação cementing basket 水泥伞

cesto da gávea crow's nest 桅杆瞭望台

cesto de gelo ice bucket 储冰盒，冰桶

cesto de papéis wastepaper-basket 废纸篓

cetano s.m. cetane 十六烷

céu s.m. sky 天，天空

céu artificial artificial sky 人造天空

céu de fornalha furnace roof 炉顶

cevada s.f. barley 大麦

cevado s.m. fattened hog 生猪，养肥待宰的猪

chã s.f. plain, plateau, tableland 平地，台地

chabazita s.f. chabazite 菱沸石

chácara s.f. villa 别墅

chaço s.m. wedge 木楔

chacotagem s.f. "chacotagem" 瓷器上釉前的一种干燥工艺，将坯放入约 1000 度炉火中焙烧

chafariz s.m. ❶ fountain, spring （景观）喷泉 ❷ public fountain, fountain 公共取水点

chafariz parietal wall fountain 壁泉

chaille s.m./f. chaille 硅质结核

chaira s.f. steel file 磨刀钢锉

chaira imantada magnetic steel file 磁性钢锉

chaise longue s.f. chaise longue 躺椅，长靠椅

chalé s.m. chalet 瑞士阿尔卑斯山脉区的特色木屋；（度假或避暑用的）郊区小屋，山区小屋；（酒店、度假村的）独栋小别墅

chaleira s.f. kettle 水壶

chaleira eléctrica electric kettle 电水壶

chalupa s.f. sloop 单桅纵帆船

chama s.f. flame 火焰；明火

chama carburante carburizing flame 碳化焰

chama neutra (/normal) neutral flame 中性焰

chama oxidante oxidizing flame 氧化焰

chama piloto pilot fire 火种

chama redutora reducing flame 还原焰

chama residual holdover fire 残余火

chama rubra dark red heat 暗红热

chamada s.f. call 呼叫；（一通）电话

chamada de capital cash call 筹现金通知，筹款通知

chamada de emergência emergency call

紧急呼叫

chamada de saída outgoing call 出话呼叫；呼出

chamada de trabalho business call 业务电话，商务电话

chamada em conferência conference call 电话会议

chamada em espera call waiting 呼叫等待

chamada internacional international call, overseas call 国际长途；越洋电话

chamada interurbana long distance call （国内）长途电话

chamada local local call 本埠通话，市内呼叫

chamada perdida lost call 未接通的呼叫

chamada recebida incoming call 来电；呼入

chamada telefónica telephone call 电话呼叫

chamejar v.intr. (to) flame, (to) flare 着火，起火

chaminé s.f. ❶ 1. chimney, chimney stack 烟囱 2. chimney, funnel 通风井；竖管 ❷ chimney 火山管，火山喷烟口 ❸ vent （降落伞的）通风口

chaminé alentejana Alentejo type chimney 阿连特茹式烟囱

chaminé algarvia Algarve type chimney 阿尔加维式烟囱

chaminé de alvenaria brick chimney 砖烟囱

chaminé de ar ⇨ chaminé de descarga

chaminé da caldeira boiler chimney 锅炉烟囱

chaminé de descarga ❶ exhaust stack 排风塔；排气器；排气烟囱 ❷ blowdown stack 放空烟道

chaminé de equilíbrio ❶ standpipe （消除水锤用的）立管 ❷ surge chamber, surge tank (above ground) 调压塔

chaminé-de-fada earth pillar 土柱

chaminé de gás gas chimney（地质现象）气烟囱

chaminé de paraquedas parachute vent （降落伞的）通风口

chaminé de poço de ventilação upcast shaft 出风井

chaminé de tiragem ⇨ chaminé de descarga

chaminé de ventilação ❶ tunnel shaft 隧道通风井 ❷ vent stack 通气立管

chaminé negra black smoker 海底黑烟柱

chaminé vulcânica volcanic pipe, volcanic vent 火山管

chamosite s.f. chamosite 鲕绿泥石

chamosítico adj. chamositic 鲕绿泥石的

chamuscadela s.f. scorch; singe; slight burn （用火）燎

chana s.f. table land [安] 雨季时会被水淹没的有树平原

chandele s.f. chandelle （飞行动作）急转跃升

chanfradeira s.f. beveler 磨斜边机，倒角机

chanfrado adj. beveled 斜面的，坡口的

chanfradura s.f. chamfer 倒角，斜角，斜面，切脚面

chanframento s.m. chamfering 倒角；去角斜切

chanfrar v.tr. (to) chamfer 去角；挖槽；斜切

chanfro s.m. chamfer, bevel 倒角，斜面；凹槽

chanfro de fechamento door bevel 门框斜角

chanfro de 45° miter 斜榫

chanfro em V V-groove V 形槽

chanfro interrompido stop chamfer 局部倒角

chanfro invertido reverse bevel 反向弹簧锁闩

changer s.m. CD changer CD 换碟机

changer de 6 discos changer for 6 CD's 6CD 换碟机

Changhsingiano adj.,s.m. [巴] ⇨ Changxinguiano

Changxinguiano adj.,s.m. Changhsingian; Changhsingian Age; Changhsingian Stage [葡] （地质年代）长兴期（的）；长兴阶（的）

chão ❶ s.m. floor 地面，楼面；地板 ❷ adj. flat, plain 平的，平坦的 ❸ s.m. plain, plateau, tableland 平地，台地

chão à prova de som soundproof floor 隔音地板

chão aberto open floor 露明搁栅楼板
chão radiante heated floor, radiant floor
地热地板，辐射采暖地面
chapa *s.f.* ❶ plate; plate iron 板，板材 ❷
number plate, license plate 车号牌
chapa acrílica canelada corrugated
acrylic plate 波纹亚克力板
chapa acústica acoustic board 吸声板
chapa anticupim termite shield 白蚁挡
板；防白蚁垫片；防蚁罩
chapa aquecedora heater plate 加热板
chapa camarinha channeled steel plate
压型钢板；彩钢板
chapa canelada corrugated plate 波纹板
chapa canelada pintada corrugated col-
or sheet 瓦楞彩钢板
chapa "Charbroiler" charbroiler 炭烤炉
chapa chumbada terne plate 铅锡合金
钢板
chapa contrabalanceada balancing plate
平衡板
chapa corrugada corrugated sheet 波纹板；
瓦楞板
chapa de aço sheet steel, steel plate, steel
strap, flat steel 钢板，扁钢，钢片
chapa de aço de composta composite
steel plate 复合钢板
chapa de aço doce mild steel sheet 软钢
板，低碳钢薄板
chapa de aço doce galvanizado galvanized mild steel plate 镀锌软钢板
chapa de aço galvanizado galvanized
steel sheet 镀锌钢板
chapa de aço inox doce stainless mild
steel plate 不锈软钢板
chapa de aço ondulada simples corrugated single steel plate 压型单板
chapa de alumínio aluminum sheet 铝板
chapa de alma web plate 腹板
chapa de amianto asbestos board 石棉板
chapa de apoio supporting plate, backing
plate 支撑板
chapa de atrito wear plate 耐磨板
chapa de balaústre sideboard 拦板
chapa de bambu bamboo mould plate 竹
胶板
chapa de base base plate 座板，底板

chapa de blindagem armor-plate 护甲板，
保护板
chapa de bloqueio detent plate 制动板
chapa de cavidade recess plate 凹板
chapa de cisalhamento shear plate 剪力
板；剪切板
chapa de cobertura cover plate 盖板
chapa de cobre copper sheet 紫铜板；紫
铜片
chapa de cofragem mould plate 模板
chapa de compensação shim 垫片
chapa de conexão connection plate 连
接板
chapa de consolidação tie plate 锚板；
系板
chapa de contraplacado marítimo marine plywood 海洋板
chapa de costaneira flitchplate 组合板
chapa de cumeeira ridge board 屋脊板
chapa de desgaste wear plate 垫磨板
chapa de empuxo push plate 顶推板，加
固推板
chapa de enchimento filler plate 填隙板，
填料板
chapa de encosto landside 犁侧板
chapa de estanho tin plate 马口铁
chapa do estribo rocker panel 脚踏板；
摇板摇块
chapa de extrução extruded sheet 挤塑板
chapa de fácia fascia board 檐口压板
chapa de ferro iron sheet 铁皮
chapa de fibra fiber plate 纤维板
chapa de fibra curada tempered hardboard 热处理硬质纤维板
chapa de fibras duras (/fibra prensada) hardboard 硬质纤维板
chapa de fixação ❶ lock plate 锁板 ❷
mounting plate 安装板
chapa de gesso gypsum board, plaster
board 石膏板
chapa de lãs minerais mineral wool
plate 矿棉板
chapa de piso ❶ floor plate 楼面板 ❷
deck plate 台面板
chapa de rasto landside clearance（板犁）
水平间隙
chapa de rebordo beaded plate 侧边盖板

chapa de reforço reinforcement plate 补强板

chapa de remate end plate 端板，端盖

chapa de rodagem wheel arch panel 车轮拱板

chapa da sapata shoe plate 支撑板

chapa de tiras waferboard 刨花板

chapa de tiras orientadas oriented strandboard 定向刨花板，欧松板

chapa de topo top plate 顶板，盖板

chapa de união butt plate 对接板，拼接板

chapa de união de trilhos H.W. Henry Williams fishplate 亨利·威廉姆斯鱼尾板

chapa de vedação hoarding sheet 围街板

chapa de vidro glass sheet 玻璃板

chapa deflectora de óleo oil baffle, oil plate 挡油板

chapas denteadas notched plaques 缺口板，凹口板

chapa deslizante sliding plate 滑板，滑动板

chapa dieléctrica dielectric sheet 片状电介质

chapa distribuidora separator plate 板式分离器

chapa divisória partition plate 隔板

chapa dobrada folded plate 折板

chapa eléctrica electric hot plate, electric griddle 电热板，电热平扒炉

chapa em zinco zinc plate 白铁皮，锌板

chapa enxadrezada ⇨ chapa xadrez

chapa estampada stamped sheet 模压板

chapa estriada corrugated iron 瓦楞铁，波纹铁

chapa expandida (/estirada) expanded metal 拉制金属网，多孔金属网

chapa final striker plate （车门）撞板

chapa flutuante floating plate 起浮板

chapa galvanizda galvanized sheet 电镀板，镀锌板

chapa graduada gauge plate 量规定位板，轨距板

chapa grossa thick plate 厚板

chapa guia guide plate 导板

chapa intermediária shim 垫板

chapa interna interior plate 内饰板

chapa laminada rolled plate 轧制板

chapa laminada a quente hot-rolled plate 热轧板

chapa lateral sideboard 拦板；侧板

chapas metálicas da carroceria body sheet metal 车身钣金

chapa ondulada corrugated sheet（金属）波纹板

chapa perfurada perforated sheet 冲孔薄板

chapa plana flat plate 平板

chapa prensada pressed sheet 压型板

chapa preta blackplate 黑钢板

chapa protectora dianteira front protective plate 前保护板

chapa quente eléctrica electric hot plate 电热板

chapa quente eléctrica com forno eléctrico electric hot top with electric oven 电热板带烘烤炉

chapa quinada bent plate 曲板

chapa retentora drip pan 滴料盘；承屑盘

chapa retentora de óleo oil drip pan 滴油盘

chapa sandwich sandwich board 夹层板，夹心板

chapa terminal ❶ end plate 端板 ❷ striker plate （车门）撞板

chapa-testa strike （门锁）扣板

chapa traseira backsheet 背板

chapa trava lock plate 锁板

chapa universal face chuck 花盘；平面卡盘

chapa vedante packing sheet 填密片，封密片

chapa xadrez checkered plate 网纹板；防滑钢板

chapa xadrez anti-derrapante anti-skid chequer 防滑格纹

chapada s.f. plateau, tableland 台地

chapar v.tr. (to) plate 覆金属板

chaparia s.f. panelling 镶板；钣金

chaparral s.m. grass savanna 无树干草原

chapeamento s.m. ❶ electroplating, plating 电镀 ❷ cladding, plating [集] 覆层，包层；镀层

chapeamento escalonado (/em degrau) step plating 梯阶式镀层

chapeamento fechado close plating 紧密涂敷

chapeamento mecânico mechanical plating 机械镀

chapear *v.tr.* ❶ (to) electroplate, plate 电镀 ❷ (to) cladd, plate 覆金属板

chapeleta *s.f.* ❶ valve flap; bonnet （抽水机）阀瓣；阀盖 ❷ chapelet 链斗式提升机

chapelins *s.m.pl.* chaplets 型芯撑

chapéu *s.m.* ❶ cap 帽状部件，盖子，罩 ❷ plate bar 板杆

chapéu arqueado camber beam, cambered girder 反拱梁

chapéu da cabeça da biela connecting rod bearing cap 连杆轴承盖

chapéu de chaminé chimney cap 烟囱帽

chapéu de ferro gossan, iron hat 铁帽

chapéu de muro wall ridge 墙脊

chapéu de ventilação ventilation cap 透气帽

chapim *s.m.* ❶ slipper; skate 扣件，道钉 ❷ support 支撑物，底座；栏杆柱的底座

chapiscar *v.tr.* (to) render （抹灰）基层处理，打底扫毛

chapisco *s.m.* rendering （抹灰）基层处理，基面抹底层灰或界面剂并刮糙、甩毛

chapisco decorativo decorative rendering 装饰性麻面

chapisco, emboço e reboco roughcasting, plastering and painting 基面处理,拉毛，抹灰；砂浆抹基面刮糙或界面剂一道甩毛，砂浆打底扫毛或划出纹道，抹面层砂浆

chapisco pré-misturado premixed rendering 预拌抹灰砂浆

chapuz *s.m.* ❶ wooden-plug, dowel （墙上钉钉子用的）木栓，木钉 ❷ purlin cleat （屋面工程）檩垫

charão *s.m.* japan, lacquer 清漆，亮漆

charca *s.f.* ⇨ charco

charco *s.m.* puddle; pool 水潭，水坑

charcutaria *s.f.* delicatessen shop, sausage shop; meat shop 熟食店

charneca *s.f.* moor （只生长低矮植物的）贫瘠的土地；荒野，荒原

charneira *s.f.* ❶ hinge, joint, foldin-joint 铰；铰链；合页 ❷ hinge （枢纽断层的）旋转轴

charneira de dobra hinge line 枢纽线

charneira universal universal joint 万向节

chaneira em H parliament hinge 长脚铰链

charnoquito *s.m.* charnokite 紫苏花岗岩

charriot *s.m.* log-carrying truck 原木运输卡车

charrua *s.f.* plough 犁

charrua alternante alternate plough 双向犁

charrua de aivecas mouldboard plow, furrow plough 开沟犁；铧式犁

charrua de balanço balance plough 平衡犁

charrua de corpo fixo one-way plow, conventional plough 单向犁

charrua de disco de 3 pontos three-point linkage disk plow 三点悬挂圆盘犁

charrua de disco unidireccional one-way disk plow 单向圆盘犁

charrua de disco(s) disk plow, disc plough 圆盘犁

charrua de discos fixos fixed disc plough 固定圆盘犁

charrua de discos reversível reversible disc plough 翻转圆盘犁，双向圆盘犁

charrua de 1 ferro single furrow plough 单铧犁

charrua de 2/3/4 ferros two (three/four)-furrow disc plough 双/三/多铧犁

charrua de ferros múltiplos multiple plow, multi-furrow plough 多铧犁

charrua de quatro ou mais discos gang disk plow 多组圆盘犁

charrua especial special plough 特种犁

charrua-grade disc harrow, disc tiller, harrow plough 圆盘耙

charrua montada mounted plough, tractor mounted plough 悬挂式犁

charrua para lavoura de regos encostados hillside plow 坡地犁

charrua para surribas deep tilling plow, heavy plough 深耕犁，重型犁

charrua pomareira ⇨ charrua vinhateira

charrua rebocada trailed plough 牵引式犁

charrua reversível reversible plough 双向犁

charrua reversível 90° reversible quarter-turn plough 双向四分之一翻转犁

charrua reversível (com corpos a) 180° reversible half turn plough 双向翻转铧式犁

charrua semi-montada semi-mounted plough 半悬挂式犁

charrua subsoladora subsoiler plow 深耕犁，心土犁

charrua vinhateira vineyard plough 葡萄园微耕机

chase *s.f.* chase 管槽

chashitsu *s.f.* chashitsu 日式茶屋 ⇨ casa de chá

chassis/chassi *s.m.* ❶ frame 框架 ❷ chassis 车身底盘，车架

chassis articulado articulated frame 铰接式框架

chassis automotor self-propelled power frame 自行式底盘

chassis de suporte da caçamba loader frame 装载机车架

chassis dianteiro front frame 前车架

chassis traseiro rear frame 后车架

chata *s.f.* flat boat 平底船

chatelierite *s.f.* lechatelierite 焦石英

chatoyance *s.f.* chatoyance 变彩，猫眼效应 ⇨ olho-de-gato

Chattiano *adj.,s.m.* Chattian; Chattian Age; Chattian Stage [巴] (地质年代) 夏特期 (的)；夏特阶 (的) ⇨ Catiano

chave *s.f.* ❶ 1. key 钥匙 2. axle pin, slot key 轴销，槽键 ❷ wrench 扳手 ❸ screwdriver 螺丝刀，改锥 ❹ switch, circuit breaker 开关，断路器，电闸 ❺ keystone, headstone 拱顶石 ❻ key (关系数据库的) 码

chave a alavanca lever switch 杠杆开关

chave a transpondador key with transponder (汽车) 遥控钥匙

chave ajustável adjustable wrench 可调扳手

chave Allen Allen wrench 六角扳手

chave angular angle-head wrench 弯头扳手

chave articulada toggle switch 拨动开关，钮子开关

chave automática de sobrecarga máxima overload protection switch 过载保护开关

chave automática de transferência automatic transfer switch 自动切换开关

chave bifásica two-phase switch 两相开关

chave bipolar de duas posições liga/desliga double-pole-double-throw switch 双刀双掷开关

chave bipolar de duas posições liga/desliga retangular tipo gangorra double-pole-double-throw rocker switch 双刀双掷翘板开关

chave bipolar de uma posição (/posição única) double pole single throw switch 双刀单掷开关

chave bipolar dupla double-throw switch 双投开关，双掷开关

chave candidata candidate key 候选码

chave (de) catraca ratchet wrench 棘轮扳手

chave catraca pneumática air ratchet wrench 气动棘轮扳手

chave cisalha (eléctrica) (electric) shear wrench (电动) 剪力扳手

chave combinada combination wrench 组合扳手，两用扳手

chaves combinadas com catraca ratchet combination wrench 棘轮组合扳手

chave combinada de boca fixa e boca fechada combination open-end and box-end wrench 组合扳手

chave combinada métrica metric combination wrench 公制组合扳手

chave comutadora changeover switch 转换开关

chave comutadora de um comutador de derivações em carga on-load tap-changer 带载负抽头变换开关

chave conjugada gang switch 联动开关

chave de abóbada ⇨ fecho de abóbada

chave de activação firing key 点火钥匙，启动开关

chave de agulha switch (railway) 转轨，转辙

chave de alavanca tumbler switch 翻转开关，拨动开关

chave de alta tensão high voltage switch
高压开关

chave de amostragem sampling switch
抽样变换器；取样变换器

chave de aperto spanner wrench 活动扳手

chave de aquecimento e partida heat-start switch 加热启动开关

chave de arranque ❶ start switch 启动开关 ❷ start key 启动钥匙

chave de aterramento grounding switch
接地开关

chave de boca (aberta) open-end wrench
开口扳手

chave de boca fechada box-end wrench, ring spanner 套筒扳手，环形扳手

chave de boca para tucho de válvulas open-end tappet wrench 挺杆开口扳手

chave de bóia float switch 浮球开关

chave de botão button-switch 按钮开关

chave de broca bit breaker box, bit box 钻头（装卸器）盒

chave de caixa (/cachimbo/canhão) socket wrench, box wrench 套筒扳手

chave de cano ⇨ chave de grifo

chave de cinta strap-type wrench 带式扳手，绞紧拆卸带

chave de comando control lever, controller 控制杆

chave de controlo control switch 控制开关

chave de corrente chain wrench 链扳手

chave de duas bocas double-ended spanner 双头扳手

chave de duplo contato bipolar bipolar double contact switch 双触点两极开关

chave de estrela (/estrias) box wrench, ring spanner 套筒扳手；梅花扳手

chave de estrela acotovelada offset ring spanner 弯柄梅花扳手

chave de estrela de catraca ratchet box wrench 棘轮套筒扳手

chave de fenda screwdriver 螺丝刀，改锥

chave de fenda acotovelada offset screwdriver 弯角螺丝刀；L 形螺丝刀

chave de fenda com cabo em T screwdriver with T-handle T 形柄螺丝刀

chave de fenda comum ⇨ chave de fenda plana

chave de fenda de golpe air impact screwdriver 冲击螺丝刀

chave de fenda de precisão precision screw driver 精密螺丝刀

chave de fenda em cruz ⇨ chave (de fenda) Philips

chave de fenda estrela ⇨ chave de fenda Torx

chave de fenda magnética magnetic hand screw driver 磁性螺丝刀

chave de fenda para electricista electrician's screwdriver 电工螺丝刀

chave de fenda plana flat screwdriver 一字螺丝刀

chave de fenda portapontas combination screwdriver 组合螺丝刀

chave de fenda pozidriv pozidriv screwdriver 米字螺丝刀

chave de fenda quadrada ⇨ chave de fenda Robertson

chave de fenda reforçada heavy duty screwdriver 强力螺丝刀

chave de fenda Robertson Robertson screwdriver, square screwdriver 四角螺丝刀

chave de fenda sexatavada de esfera com cabo em T Allen screwdriver with T-handle 球形内六角螺丝刀带 T 形柄

chave de fenda Spanner Spanner Head screwdriver 蛇眼螺丝刀

chave de fenda Torq-Set Torq-Set screwdriver 翼形十字螺丝刀，X 形螺丝刀

chave de fenda Torx Torx screwdriver 六角梅花螺丝刀，星形螺丝刀

chave de fenda Tri-Wing Tri-Wing screwdriver 三翼螺丝刀，Y 形螺丝刀

chave de fenda XZN XZN screwdriver, triple square screwdriver 梅花形（内十二星）螺丝刀

chave de flutuador float switch 浮动开关，浮控开关，浮球开关

chave de gancho C-spanner C 形扳手

chave de garras claw type wrench 钩形扳手

chave de grifo pipe wrench 管扳钳，管扳手

chave de ignição ignition key, switch key

点火钥匙，点火开关
chave de impacto impact wrench 冲击扳手
chave de impacto pneumática pneumatic impact spanner 气动扳手
chave de impacto reforçada heavy duty impact wrench 强力冲击扳手，重型气冲击扳手
chave de inversão double-throw switch 双投开关，双掷开关
chave de ligação rápida quick make-and-break switch 快速开关，高速断续开关
chave de limite de carga load limit switch 负荷极限开关
chave de limite final final limit switch 终端极限开关
chave de luneta ring spanner 梅花扳手
chave de luz light switch 灯开关，照明开关
chave do magneto magneto switch 磁电机开关
chave do mandril chuck key 夹头扳手
chave de mercúrio mercury switch 水银开关
chave de mola spring switch 弹簧开关
chave de mudança de via spring point 弹簧辙尖
chave de nível level switch 电平开关，位准开关
chave de onda wave range switch 波段开关
chave de oxiacetiléctico oxy-acetylene key 氧气、乙炔扳手
chave de parafuso screwdriver 螺丝刀 ⇨ chave de fenda
chave de parafuso de percurssão impact screwdriver 冲压螺丝起子
chave de parafusos London London screwdriver 伦敦旋凿
chave de parafusos de marceneiro cabinet screwdriver 小螺钉刀
chave de partida ❶ start switch 启动开关 ❷ start key 启动钥匙
chave de partida a magneto magneto-start switch 磁电机点火开关
chave de porca(s) nutdriver 螺母扳手
chave de porca redonda spanner wrench

螺母扳手
chave de relojoeiro watchmaker's screwdriver, jeweler's screwdriver 钟表螺丝起子
chave de roda wheel wrench 轮胎螺栓扳手
chave de secção section switch 分段开关；区域开关
chave de segurança safety switch 安全开关
chave de selector selector switch 选择开关
chave de torque torque wrench 扭力扳手
chave de torque com escala em quadrante beam type torque wrench 表盘扭力扳手
chave de torque de estalo slipper type torque wrench 自滑转式扭力扳手，打滑式扭力扳手
chave de torque regulada a ar air regulated torque wrench 气动可调扭力扳手
chave de torque tipo "clique" click-type torque wrench 音响报警式扭力扳手
chave de transferência transfer switch 转接开关
chave de trinco latch-key 弹簧锁钥匙，碰锁钥匙
chave de tubos ratchet socket wrench 棘轮套筒扳手
chave de uma só posição single throw switch 单掷开关
chave de virola ⇨ chave em tubo
chave de Woodruff Woodruff key 半圆键，月弧销
chave desligadora do indutor field disconnect switch 磁场断路器
chave dinamométrica ⇨ chave de torque
chave dinamométrica multiplicadora multiplier wrench 力矩放大扳手
chave electromagnética solenoid switch 螺线管开关
chave electromecânica electromechanical switch 机电开关
chave em T T wrench T形扳手
chave em trilhos rail switch 道岔
chave em tubo tube spanner 套筒扳手
chave externa de corte de combustível

do motor external engine fuel cut off switch 外部发动机燃油切断开关

chave externa de desconexão do sistema elétrico external electrical system disconnect switch 外部电气系统断开开关

chave (de) faca knife switch 闸刀开关

chave falsa skeleton key, double key 万能钥匙

chave (de boca) fixa open-end wrench 开口扳手，呆扳手

chave fixa de gancho hook wrench 钩形扳手

chaves flutuantes makeup tongs 接管子用大钳

chave francesa ➩ chave ajustável

chave fusível fuse switch 熔丝开关，保险丝开关

chave geral main switch 总开关；主闸

chave hexagonal hex key, hexagon spanner 六角扳手

chave inglesa ➩ chave ajustável

chave luneta ratchet wrench, ratchet spanner 棘轮扳手

chave (de fenda) macho Allen key 六角扳手

chave magnética ❶ magnet switch 磁性开关 ❷ magneto switch 磁电机开关

chave manual manual switch 手动开关

chave mestra ❶ passkey（开启一系列锁的）总钥匙，万能钥匙 ❷ master switch 总开关；主控开关

chave monofásica single-phase switch 单相开关

chave para berbequim drill chuck key 钻头扳手

chave para eixos axle wrench 轴盖扳手

chave para parafuso de cabeça oca hollow head screw wrench 空心螺钉扳手

chave para porca de cano flare nut wrench 管路螺帽扳手 ➩ chave poligonal aberta

chave para tucho de válvula tappet wrench 挺杆扳手；调整气门间隙扳手

chave pé-de-galinha crowfoot wrench 叉形扳手

chave (de fenda) Philips Phillips screwdriver, cross screwdriver 十字螺丝刀

chave pneumática pneumatic switch 气动开关

chave poligonal ➩ chave de luneta

chave poligonal aberta flare nut wrench 管路螺帽扳手

chave primária primary key 主码

chave raquete ratchet wrench 棘轮扳手

chave reversível ➩ chave articulada

chave seca ➩ interruptor preumático

chave seccionadora disconnecting switch 隔离开关

chave secreta secret key 密钥

chave sextavada hex wrench 内六角扳手 ➩ chave Allen

chave (de) soquete socket wrench 套筒扳手

chave Stillson Stillson wrench 斯蒂尔森扳手，活动扳手，可调式管扳手

chave Storz hook spanner, C spanner 钩形扳手；月牙扳手

chave tipo sueco swedish pattern pipe wrench 瑞典式活扳手

chave Torx (/TX) Torx wrench 六角梅花扳手

chave tripolar three-way switch, three-pole switch 三联开关；三路开关

chave tubular box spanner 套筒扳手

chave umbraco ➩ chave Allen

chave unipolar single pole switch 单极开关

chávena s.f. cup 带把儿的杯子

chávena de café coffee-cup 咖啡杯

chávena de chá teacup 茶杯

chaveamento s.m. switching 开关；转换

chave-na-mão adj.inv. turn-key "交钥匙"的

chaveirão s.m. large key 大钥匙

chaveta s.f. ❶ axle pin, slot key 轴销，槽键 ❷ valve collet 气门锁片

chaveta chata ➩ chaveta plana

chaveta com cabeça gibheads key 弯头键

chaveta côncava saddle key 鞍形键

chaveta cónica taper key 楔键；斜键

chaveta dobrada cotter pin 开口销

chaveta embutida sunk key 埋头键；嵌入键

chaveta falsa false key 活键

chaveta mecânica round key 圆键

chaveta paralela feather 滑键，加强筋；（木板等上供嵌入槽内的）榫牙

chaveta plana flat key 平键

chaveta retangular square key 方键

chaveta tripolar three-way switch, triple-pole key 三联开关；三路开关

chaveta tubular box spanner 套筒扳手

chaveta Woodruff (/semicircular) woodruff key 半圆键，月弧销

check-in s.m. check-in（酒店）登机，入住；（航班）值机

check-out s.m. check-out 结账退房

chedite s.f. cheddite 谢德炸药

chefe s.2g. ❶ boss（非正式称呼）领导，老板，头儿 ❷ 1. head, chief, leader, manager（正式职务或称呼）长官；首脑；主管 2. chief, commander（军事）首长；指挥官 3. chief, in-chief 总的，首席的 [与名词组成复合名词] ⇨ comandante-em-chefe; engenheiro-chefe; economista-chefe

Chefe de Casa Civil Chief of Civil House（总统府）民办主任

Chefe de Casa Militar Chief of Military House（总统府）军办主任

chefe da cozinha chef, head cook 厨师长

chefe do departamento head of department, department head 部门主管

chefe de equipa team leader 队长，组长

chefe de estação stationmaster（火车站）站长

Chefe de Estado head of state 国家元首

chefe de estado maior chief of staff（军事）参谋长

Chefe de Estado Maior General (das Forças Armadas) chief of the general staff 总参谋长

Chefe do Executivo Chief of Executive; head of government 行政长官；政府首脑

Chefe de Gabinete da Casa Branca White House Chief of Staff 白宫幕僚长，白宫办公厅主任

chefe do governo head of government 政府首脑

chefe do partido party leader 政党领袖

chefe do projeto project director; project manager 项目经理，项目总监

chefe de turno shift manager 轮班经理，值班经理

chegada s.f. ❶ arrival 到达，抵达 ❷ arrival station 到达站

chegada de monção burst of monsoon 季风爆发

chegada padrão por instrumentos standard instrument arrival 标准仪表进场

chegar v.intr. (to) arrive, (to) reach 到达，抵达

cheia s.f. flood 洪水

cheias admitidas durante a construção das obras assumed flood during construction 施工期间假设洪水

cheia anual ❶ yearly flood 一年一遇的洪水 ❷ annual flood 年最大洪水；年最大流量

cheia centenária 100 year flood 百年一遇的洪水

cheia de desvio diversion flood; construction flood 分洪洪水；施工洪水

cheia de projecto design flood 设计洪水量

cheia decamilenar 10000 year flood 万年一遇的洪水

cheia decenal 10 year flood 十年一遇的洪水

cheia estacional ⇨ cheia sazonal

cheia instantânea flash flood 骤发洪水，暴洪

cheia máxima/máxima cheia maximum flood 最大洪水

cheia máxima provável (CMP) probable maximum flood (PMF) 可能最大洪水

cheia milenária 1000 year flood 千年一遇的洪水

cheia sazonal seasonal flood 汛；季节性洪水

◇ máxima cheia registrada largest recorded flood 有水文记录以来最大洪水

cheio ❶ adj. full, filled 满的；装满的 ❷ s.m. land 刀棱线条，刀棱面

cheire s.f. cheire（法国奥弗涅地区的）火山熔岩流

cheiro s.m. smell; odor 气味；臭味

cheiro a entubo gob stink 采空区臭味

cheiro a fogo fire stink 烟火气味

chelato s.m. chelate 螯合物 ⇨ quelato

cheluviação *s.f.* cheluviation 螯合淋溶作用

chemin de ronde *s.m.* chemin de ronde （城墙上的）巡逻道 ⇨ adarve

cheque *s.m.* ❶ check, cheque 支票 ❷ check [巴]检查，核对

cheque ao portador bearer cheque 不记名支票

cheque avulso counter cheque 银行取款单

cheque bancário banker's cheque 银行支票

cheque cruzado ❶ crossed cheque 划线支票 ❷ cross-check[巴]交叉检查

cheque de viagem traveller's cheque 旅行支票

cheque devolvido returned cheque 退还支票

cheque em branco blank cheque 空白支票

cheque endossável endorsable cheque 可背书支票

cheque não descontado unpresented cheque 未兑现支票

cheque pós-datado post-dated cheque 期票，远期支票

cheque pré-datado memorandum check 预填日期用以到时偿还债务的支票

cheque visado certified check 保兑支票，保付支票

cheralite *s.f.* cheralite 磷钙钍矿

chernozeme/chernossolo *s.m.* chernozem 黑钙土

cherte *s.m.* chert, flint 燧石

cherte arenoso sandy chert 砂质燧石

cherte biogeno biogenic chert 生物（成因）燧石

cherte diatomáceo (/diatomítico) diatomaceous chert 硅藻燧石

cherte estratiforme stratiform chert 层状燧石

cherte nodular nodular chert 结核状遂石

cherte radiolarítico radiolarian chert 放射虫燧石

chertificação *s.f.* chertification 燧石化

chessilita *s.f.* chessylite, azurite 蓝铜矿

chevrão *s.m.* chevron V 字形条纹

chibanca *s.f.* grubbing hoe 掘根锄

Chibaniano *adj.,s.m.* Chibanian; Chibanian Age; Chibanian Stage （地质年代）千叶期

（的）；千叶阶（的）

chicana *s.f.* ❶ baffle plate 导流板 ❷ entrance partition （卫生间、更衣室等的）玄关隔断

chicana tipo labirinto labyrinth baffle 迷宫式障板

chickenwire *s.f.* chickenwire structure 网状构造

chicote *s.m.* harness 线束

chicote de alimentação elétrica power harness 供电线束，电源线束

chicote de fiação (/fios) wiring harness 电线束

chicote de fibra óptica optical fiber patch cord 光纤跳线

chicote elétrico electrical harness 电气线束

chigui *s.m.* chigi （日式建筑的）叉形尖顶

chincharel *s.m.* beam, floor beam （固定灯具的）龙骨；（支撑地板的）龙骨，地楞

chiffonier *s.m.* chiffonier 带镜高五斗橱

chip *s.m.* chip 芯片

chisel *s.m.* ❶ chisel, graver 錾子 ⇨ cinzel ❷ subsoil cultivator 深耕松土机

chisel plow chisel plow 凿式犁，凿式松土机

chiselagem *s.f.* chiseling 凿开；心土深耕

chispa *s.f.* spark 火花，火星

chispa de ignição ignition spark 点火火花

choça *s.f.* shack 简陋的小屋，棚屋

choco *s.m.* buffer （爆破）缓冲物

choke *s.m.* choke 扼流装置，节流装置 ⇨ estrangulador

choke ajustável adjustable choke 可调阻流器

choke variável variable choke 可变阻流器

chonólito *s.m.* chonolith 畸形岩盘

choque *s.m.* ❶ shock; impact 冲击，撞击 ❷ choke 扼流装置，节流装置 ⇨ choke

choque antiparasitário suppressor choke 抑制扼流圈

choque de aríete water hammer 水锤

choque eléctrico electric shock 电击

choque hidráulico hydraulic impact 水力冲击，液压冲击

choque sísmico seismic shock 地震冲击

choque térmico thermal shock 热冲击，

温度急增

chorume *s.m.* liquid manure 液体肥料

chott *s.m.* shott 浅盐水湖

choupana *s.f.* shack 简陋的小屋，棚屋

choupo *s.m.* poplar 白杨；白杨木（*Populus*）

chulipa *s.f.* ❶ sleeper 枕木 ❷ beam, floor beam 龙骨，地楞

chumaceira *s.f.* ❶ 1. bearing, bearing-assembly 轴承；轴承装置，轴承组合件 2. pillow block, plummer block, bearing block 轴台，轴承座，支撑轴承 ❷ axle box 轴箱

chumaceira de casquilho friction bearing 滑动轴承；摩擦轴承

chumaceira de rolamento de esferas ball bearing, spherical bearing 滚珠轴承

chumaceira de rolamentos de roletes cónicos taper(ed) roller bearing 圆锥滚柱轴承

chumaceira do veio das manivelas crankshaft bearing 曲柄轴承

chumaceira horizontal pillow block 轴台

chumaço *s.m.* wadding, padding 软填料，填塞物，填充物

chumbador *s.m.* ❶ holding down bolt 地脚螺栓；定位螺栓；压紧螺栓 ❷ rock bolt, anchor bolt, rock dowel 石栓，岩石锚杆

chumbador de montante jamb anchor 边框锚固件

chumbador de piso base anchor, floor anchor 地脚；地脚板

chumpador farpado jag-bolt 棘螺栓

chumbadouro/chumbadoiro *s.m.* stonebolt; anchor bolt 锚定螺栓；锚栓

chumbagem *s.f.* bolting 打钉；螺栓固定，螺栓紧固

chumbamento *s.m.* ⇨ chumbagem

chumbo (Pb) *s.m.* lead (Pb) 铅

chumbo de vidreiro came （彩色玻璃窗中用来固定玻璃的）铅条

chumbo duro hard lead 硬铅

chumbo em folha sheet-lead 铅皮；薄铅板

chumbo espático lead spar 白铅矿

chumbo esponjoso sponge lead, lead sponge 海绵铅

chumbo laminado sheet lead, milled lead 轧制铅板

chumbo primordial primordial lead 原始铅

chumbo-vermelho-da-sibéria red lead ore 铬铅矿

chumbo virgem lead ore 铅矿石

chupador *s.m.* sucker 抽水吸盘

chupeta *s.f.* soother 修光工具；橡皮奶头

chupeta para esmerilhar válvulas valve grinding rubber 磨阀橡皮头

churrascaria *s.f.* grillroom 烧烤房

churrasqueira *s.f.* ❶ barbecue 金属烤架 ❷ grillroom 烧烤房

chuva *s.f.* rain 雨

chuva ácida acid rain 酸雨

chuva de erupção eruption rain 喷发雨，火山雨

chuvada *s.f.* ❶ rainfall 降雨，降雨量 ❷ downpour 暴雨

chuvada pesada drencher 大雨，倾盆大雨

chuva-de-prata *s.f.* freestone （室外铺砌用的）毛石

chuveiro *s.m.* shower 莲蓬头，淋浴喷头；喷淋头

chuveiro com misturadora shower mixer 冷热转换淋浴喷头，淋浴水混合器

chuveiro lava-olhos eyewash unit 洗眼器

chuvisco *s.m.* drizzle 毛毛雨

cianamida cálcica *s.f.* calcium cyanamide 氰氨化钙；黑肥

cianato *s.m.* cyanate 氰酸盐

cianetação *s.f.* cyaniding 氰化；液体碳氮共渗

cianeto *s.m.* cyanide 氰化物

cianeto complexo complex cyanide 复杂氰化物

cianeto simples simple cyanide 简单氰化物

cianeto total total cyanide 全氰化物

cianite *s.f.* cyanite 蓝晶石

cianização *s.f.* kyanizing 升汞防腐法

cianizar *v.tr.* (to) kyanize 氯化汞冷浸防腐处理，升汞防腐

cianobactérias *s.f.pl.* cyanobacteria 蓝藻，蓝细菌

cianofíceas *s.f.pl.* cyanophytes 蓝藻

cianosita *s.f.* chalcanthite, blue vitriol 胆矾；

蓝矾

cibernética *s.f.* cybernetics 控制学

ciclano *s.m.* cyclane 环烷烃

cíclico *adj.* cyclic 周期性的

ciclo *s.m.* ❶ cycle 循环；周期 ❷ cycle（地质构造）旋回

ciclo aberto open cycle 开式循环；开口循环

ciclo biogeoquímico biogeochemical cycle 生物地球化学循环

ciclo cársico karst cycle 岩溶旋回

ciclo climático climatic cycle 气候循环

ciclo combinado combined cycle 联合循环

ciclo da água water cycle 水循环

ciclo de arranque starting cycle 启动周期

ciclo de avalanche avalanche cycle 雪崩周期

ciclo de azoto nitrogen cycle 氮循环

ciclo de Bouma Bouma cycle 鲍玛旋回

ciclo de Brayton Brayton cycle 布雷顿循环；气涡轮机循环

ciclo de carbono carbon cycle 碳循环

ciclo de Carnot Carnot cycle 卡诺循环

ciclo de combustão combustion cycle 燃烧循环

ciclo de conversão conversion cycle 转换周期

ciclo de cura healing cycle 凝固周期；养护周期

ciclo de erosão erosion cycle 侵蚀周期

ciclo de erupção eruption cycle 喷发旋回

ciclo de excentricidade eccentricity cycle 偏心率周期

ciclo de funcionamento cycle of operation 运行周期

ciclos de gelo-degelo freeze-thaw cycles 冻融循环

ciclo de histerese hysteresis loop 磁滞回线

ciclo de impulso impulse cycle 脉冲周期

ciclo de linha de praia shoreline cycle 滨线循环，滨线旋回

ciclo de maré tidal cycle 潮汐周期

ciclos de Milankovitch Milankovitch cycles 米兰科维奇旋回

ciclo de operação operation cycle 作业

循环

ciclo de padrão de ar air standard cycle 空气标准循环

ciclo de partida ⇨ ciclo de arranque

ciclos de praia beach cycles 海滩旋回

ciclo de pressão constante constant pressure cycle 等压循环

ciclo de refrigeração refrigeration cycle 制冷循环

ciclo de rocha rock cycle 岩石循环

ciclo de sedimentação cycle of sedimentation 沉积旋回

ciclo de trabalho performance cycle, working cycle 工作周期

ciclo de turborreactor turbojet cycle 气涡轮机循环

ciclo de vapor vapor cycle 蒸汽循环

ciclo de vida do produto product life cycle 产品生命周期

ciclo de vida do projecto project life cycle 项目生命周期

ciclo de Wilson Wilson cycle 威尔逊旋回

ciclo deltaico delta cycle 三角洲旋回

ciclo Diesel Diesel cycle 狄赛尔循环

ciclo economizador economizer cycle（中央空调）节能循环

ciclo eustático eustatic cycle 全球性海面升降旋回

ciclo fechado closed cycle 闭路；闭环

ciclo freático phreatic cycle 地下水位变化周期；地下水循环

ciclo geológico geologic cycle 地质旋回

ciclo geomórfico geomorphic cycle 地貌旋回

ciclo geoquímico geochemical cycle 地球化学循环

ciclo glacial glacial cycle 冰川旋回

ciclo hidrológico hydrological cycle 水文循环

ciclo ígneo igneous cycle 火成旋回

ciclo magmático magmatic cycle 岩浆旋回

ciclo mineral mineral cycle 矿物循环

ciclo operacional operating cycle 营业周期

ciclo orogénico orogenic cycle 造山旋回

ciclo petrogenético petrogenetic cycle 成

岩旋回

ciclo Rankine Rankine cycle 兰金循环

ciclo sedimentar sedimentation cycle, sedimentary cycle 沉积旋回

ciclo vulcânico volcanic cycle 火山旋回

ciclobutano *s.m.* cyclobutane 环丁烷

ciclohexano *s.m.* cyclohexane 环己烷

ciclóide *s.f.* cycloid 摆线，旋轮线，圆滚线

ciclomotor *s.m.* moped 助动车，机动脚踏车

ciclone *s.m.* ❶ cyclone 旋风 ❷ cyclone separator 回旋分离器

ciclonite *s.f.* cyclonite 六素精，高能炸药，旋风炸药

cicloparafina *s.m.* cycloparaffin 环烷烃

ciclopentano *s.m.* cyclopentane 环戊烷

ciclópico *adj.* cyclopean 巨石的，毛石的

ciclopropano *s.m.* cyclopropane 环丙烷

ciclorama *s.m.* cyclorama 大风景画幕；环形全景画；天幕

ciclossilicatos *s.m.pl.* cyclosilicates 环硅酸盐类

ciclostilo *s.m.* cyclostyle 圆形圆柱列建筑（与monóptero 相比少一个内殿）

ciclotema *s.m.* cyclothem 旋回层

ciclovia *s.f.* cycleway, bikeway 自行车道

cicocel *s.m.* cycocel 矮壮素

cidade *s.f.* city 城市

cidade-dormitório dormitory town, bedroom community （有别于市中心办事处集中的）近郊住宅区

cidade-jardim garden city 花园城市

cidade-museu museum city 历史文化名城

cidade-satélite satellite city; satellite town 卫星城

cidade-universitária university town 大学城

cidadela *s.f.* citadel, fortress 城堡，大本营

ciência *s.f.* science 科学

CIF *sig.,adj.inv.* CIF (Cost Insurance and Freight) 到岸价（的）

cifra *s.f.* ❶ number; sum, amount 数目；总数，总额 ❷ cipher, code 密码 ❸ zero, cipher 零

cifrador *s.m.* cipher officer 机要员

cifragem *s.f.* ciphering 加密

cifrar *v.tr.* (to) cipher, cypher 加密

cigarra *s.f.* buzzer 蜂鸣器

cigarra de alarme warning buzzer 警告蜂鸣器

cilindrada *s.f.* cylinder volume; displacement 气缸容积；排量

cilindrada de motor (/total) engine displacement 发动机排量，汽车排量

cilindrada de pistão (/unitária) piston displacement 活塞排气量；活塞位移

cilíndrico *adj.* cylindrical, cylindric 圆筒的

cilindrite *s.f.* cylindrite 圆柱锡石

cilindro *s.m.* ❶ 1. cylinder 圆柱状物；辊子；柱面 2. roller, drum, barrel 滚筒；鼓轮；辊子 ❷ cylinder 气缸；液压缸；气筒 ❸ roller 压路机，辊压路机 ❹ water heater （筒状）热水器 ❺ donut, doughnut 环状物（如汽车轮胎等）

cilindro accionador power cylinder 动力缸，动力油缸

cilindro acumulador accumulator cylinder 蓄能器缸筒

cilindro americano drum with pins, peg drum, spike-tooth cylinder 钉齿式滚筒 ⇨ **batedor de dentes**

cilindro canelado fluted roller 槽纹压延辊，沟槽罗拉

cilindro canelado helicoidal helical fluted roller 螺旋槽辊

cilindro canelado recto direct fluted roller 直槽辊

cilindro circular recto right circular cylinder 直圆柱体；直圆柱

cilindro compactador ❶ roller 压路机，辊压路机 ❷ oil press 油压机

cilindro condicionador conditioning cylinder 润叶机

cilindro de acção simples single-acting cylinder 单作用气缸

cilindro de acetileno acetylene cylinder 乙炔罐；乙炔瓶

cilindro de aço steel cylinder 钢瓶

cilindro de alta pressão high pressure cylinder 高压汽缸

cilindro de ar ⇨ **cilindro pneumático**

cilindro de ar comprimido compressed air cylinder 压缩空气缸

cilindro de basculação hoist cylinder 翻

斗升降液压缸

cilindro de bomba pump barrel 泵筒

cilindro de cadernal friction-roller of block 摩擦辊

cilindro de cloro chlorine cylinder 液氯钢瓶

cilindro de combinação combination cylinder 组合气缸

cilindro do contrapeso counterweight cylinder 配重控制液压缸

cilindro da direcção steering cylinder 转向动力缸；操纵动作筒

cilindro de elevação lift cylinder, lifting cylinder 起重液压缸；提升液压缸

cilindro de embreagem clutch cylinder 离合器缸

cilindro de ensaio test cylinder 圆柱试体；圆柱状试块

cilindro da fechadura de ignição ignition lock cylinder 点火锁芯

cilindro do freio brake cylinder 闸缸；制动器缸

cilindro do freio da roda wheel brake cylinder 车轮制动器油缸

cilindro de fundação foundation cylinder 基础圆柱

cilindro de grelha grid roller 网格式压路机

cilindro de inclinação tilt cylinder 倾斜液压缸

cilindro da injeção do combustível fuel injection barrel 燃油喷射筒

cilindros de interrupção break rolls 对轨辊

cilindro da lança boom cylinder 动臂液压缸，起重臂液压缸

cilindro de lança telescópica telescopic boom cylinder 伸缩臂液压缸

cilindro de levantamento ⇨ cilindro de elevação

cilindro de membrana diaphragm cylinder 隔膜式液压缸

cilindro de motor engine cylinder 发动机气缸

cilindro de pés de carneiro (/pás cónicas) sheepsfoot roller 羊蹄压路机

cilindro de pressão pressure cylinder 增压缸；压力缸

cilindro de rede ⇨ cilindro de grelha

cilindro do ríper ripper cylinder 裂土器液压缸

cilindro da roda wheel cylinder 制动轮缸

cilindro de secagem drying cylinder 烘筒，干燥筒

cilindros de separação ⇨ cilindros de interrupção

cilindro da suspensão suspension cylinder 悬挂油缸

cilindro de tensão tension roll 张力辊

cilindro de tombamento tip cylinder 倾斜液压缸，翻斗液压缸

cilindro de trabalho working cylinder 工作缸

cilindro elevador elevating cylinder 升降液压缸

cilindro empurra-puxa push-pull cylinder 推拉缸

cilindro encamisado jacket cylinder 有套汽缸

cilindro escocês drum with bars, raspbar cylinder 纹杆式滚筒 ⇨ batedor de réguas

cilindro escravo slave cylinder 从动缸，辅助油缸

cilindros exteriores outside cylinders 外气缸

cilindro graduado graduated measuring cylinder 量筒

cilindro hidráulico hydraulic cylinder 液压缸

cilindro hidráulico de ação dupla double action hydraulic cylinder 双作用液压缸

cilindro hidráulico de inclinação hydraulic tilt cylinder 倾斜液压缸

cilindro hidráulico mestre hydraulic master cylinder 液压主缸

cilindro impulsor master cylinder 主油缸；控制缸

cilindro indirecto indirect cylinder 间接式水缸

cilindros internos inside cylinder 内汽缸

cilindro laminador a frio cold rolling mill 辊冷轧机

cilindro manual walk-behind roller 手扶

式压路机

cilindro mestre master cylinder 主缸

cilindro para chapas sheet roll 薄板轧辊

cilindro para estradas ⇨ cilindro compactador

cilindro pneumático air cylinder 气缸；气筒

cilindro-reboque articulated roller 铰接式碾压机

cilindro receptor slave cylinder 从动缸

cilindro recolhedor picker cylinder 采摘滚筒

cilindro rotativo revolving drum 转筒，转鼓

cilindro secador e misturador dryer-mixer drum 干燥–搅拌滚筒

cilindro seguidor follow-up cylinder 随动油缸

cilindro servo servo cylinder 伺服缸

cilindro telescópico telescoping cylinder 伸缩缸

cilindro vibratório vibratory roller, road roller (vibratory) 振动式压路机

cima *s.f.* top 顶部，顶端

cimácio *s.m.* cymatium 浪纹线脚；反曲线

cimalha *s.f.* cyma, cymatium 浪纹线脚；反曲线；（墙的）压顶，盖顶

cimalha de cornija cyma 浪纹线脚；波状花边

cimbramento *s.m.* center, centering [集] 拱模，拱架

cimbre *s.m.* ❶ 1. center, centering 拱模，拱架 2. scaffolding 棚架；施工架 ❷ centering device 定心装置，对心装置

cimbre poligonal polygonal beam, polygonal bowstring 折线梁

cimeira *s.f.* cresting, crest 顶部，顶点

cimeira de fiada de tijolos em cutelo brick-on-edge coping 侧砖压顶

cimentação *s.f.* cementation, cementing 水泥接合，胶接，黏合；注水泥；固井

cimentação através da tubagem de perfuração assente na sapata stab-in cementing [葡] 插入式注水泥

cimentação com alternância de bombagem e períodos de paragem hesitation pumping [葡] 间歇泵送

cimentação em estágios stage cementing 分级注水泥

cimentação primária primary cementing 初注水泥，第一次注水泥

cimentação secundária secondary cementing 挤水泥；第二次注水泥

cimentação sob alta pressão high-pressure squeeze cementing method 高压挤水泥法

cimentação sob baixa pressão low-pressure squeeze cementing method 低压挤水泥法

cimentação stab in stab-in cementing [巴] 插入式注水泥

cimentado ❶ *adj.* cemented 灌水泥的 ❷ *s.m.* screed 砂浆底层，结合层 ❸ *s.m.* cement facing; cement floor 水泥面；水泥地坪

cimentado de cimento-areia cement-sand screeds 水泥砂浆底层

cimentado liso polished cement floor 压光水泥地面

cimentador *s.m.* cementer 水泥工

cimentar *v.tr.* ❶ (to) cement 浇筑水泥，打水泥 ❷ (to) cement 胶结，胶合

cimenteira *s.f.* cement factory 水泥厂

cimento *s.m.* ❶ cement 水泥 ❷ cement, cement gel 胶泥；胶接剂，胶合剂 ❸ cement 胶结物

cimento ao (/de) bário barium cement 钡水泥

cimento a granel bulk cement 散装水泥

cimento aluminoso high alumina cement 高铝水泥

cimento-amianto (/-asbesto) asbestos cement 石棉水泥

cimento arejado air entrained cement [加] 气水泥

cimento armado ⇨ betão armado, concreto armado

cimento asfáltico asphaltic cement 地沥青水泥

cimento aureolar rim cement 边缘胶结物

cimento básico basic cement 未加添加剂的水泥

cimento branco white cement 白水泥

cimento cinzento gray cement 灰水泥

cimento "clinquer" clinker cement 熟料水泥；矿渣水泥

cimento cola cement gel 水泥胶

cimento cola extraforte extra-strong cement gel 强力水泥胶

cimento cola normal normal cement gel 普通水泥胶

cimento coloidal ⇨ cimento gelatino

cimento colorido color cement, colored cement 彩色水泥

cimento com alto teor de alumina ⇨ cimento aluminoso

cimento composto ⇨ cimento misturado

cimento de alto calor (de hidratação) low heat (hydration) cement 高水化热水泥，高热水泥

cimento de alto forno blast furnace cement 高炉水泥

cimento de alta resistência inicial (ARI) high early strength cement, high initial strength cement 高早强水泥

cimento de alvenaria masonry cement 砌筑水泥

cimento de baixo calor (de hidratação) low heat (hydration cement) 低水化热水泥，低热水泥

cimento de elevado teor de alumina ⇨ cimento aluminoso

cimento de escória (/jorra) slag cement 熔渣水泥

cimento de escória de alto-fornos blast-furnace slag cement 炉渣水泥

cimento de Keene Keene's cement 金氏水泥

cimento de magnésia magnesia cement, Sorel's cement 镁氧水泥，索雷尔水泥

cimento de oxicloreto de magnésio magnesium oxychloride cement 高菱镁水泥

cimento de Paros Parian cement 仿云石水泥

cimento de presa (/pega) controlada regulated-set cement 控凝水泥

cimento de presa (/pega) lenta slow-setting cement 缓凝水泥

cimento de presa (/pega) normal nor-mal-setting cement 正常凝结水泥

cimento de presa (/pega) rápida rapid-hardening cement (RHC), quick-setting cement 快干水泥；速凝水泥

cimento de resina resin cement 树脂水泥

cimento de silicato silicate cement 硅酸盐水泥

cimento de tipo drusa (/geode) ⇨ cimento drúsico

cimento drúsico drusy cement 栉壳状胶结物

cimento em lençol ⇨ cimentado liso

cimento expansivo (/expansor) expanding cement 膨胀水泥

cimento férrico ferric-cement 高铁水泥

cimento ferruginoso ferruginous cement 铁质胶结物

cimento fibroso fiber cement 纤维水泥

cimento fracamente alcalino low alkaline cement 低碱水泥

cimento fundido ⇨ cimento aluminoso

cimento gasoso aerated cement 充气水泥

cimento gelatino gel cement 凝胶水泥

cimento hidráulico hydraulic cement 水硬水泥

cimento hidrofóbico hydrophobic cement 憎水水泥

cimento hidrófugo (/impermeável) waterproof cement 防水水泥

cimento Lafarge Lafarge cement, electric cement 拉法基水泥

cimento maciço blocky ciment, massive cement 块状胶结物

cimento Martin Martin's cement 马丁水泥

cimento misturado blended cement 混合水泥

cimento natural natural cement 天然水泥

cimento oxiclórico oxychloride cement 氯氧化水泥

cimento pastoso slurry 水泥浆

cimento Portland Portland cement 波特兰水泥，普通硅酸盐水泥

cimento Portland branco white Portland cement 白色硅酸盐水泥

cimento Portland com ar incorporado

air-entraining Portland cement 加气硅酸盐水泥

cimento Portland comum ordinary Portland cement 普通波特兰水泥，普通硅酸盐水泥

cimento Portland de alto forno blast-furnace Portland cement 高炉波特兰水泥，高炉硅酸盐水泥

cimento Portland normal (CPN) normal Portland cement 普通波特兰水泥

cimento Portland pozolânico Portland pozzolan cement 火山灰硅酸盐水泥

cimento Portland resistente a sulfato sulphate-resisting Portland cement 抗硫硅酸盐水泥

cimento Portland vulgar ⇨ cimento Portland comum

cimento pozolânico pozzolan cement 火山灰水泥

cimento puro neat cement 净水泥

cimento queimado polished cement 压光（后的）水泥

cimento rápido rapid hardening cement 速干水泥，快硬水泥

cimento refractário refractory cement 耐火水泥

cimento resistente a sulfatos sulfate resistant cement 抗硫酸盐水泥

cimento romano Roman cement 罗马水泥

cimento sem agregados finos non-fines concrete 无砂混凝土

cimento sílico-calcário silica-lime cement 石英砂石灰水泥

cimento sobresulfatado (/supersulfatado) sulphated siderurgical cement, supersulphated cement 富硫酸盐水泥，高硫酸盐水泥

cimento Sorel Sorel's cement, magnesia cement 索雷尔水泥

cimento sulfuroso sulfur cement 硫水泥

cimento tensor stressing cement 自应力水泥

cimento ultrafino ultrafine cement 超细水泥

cimento vadoso vadose cement 渗流胶结物

cimento vulcânico ⇨ cimento pozolânico

ciminito *s.m.* ciminite 橄辉粗面岩

cimo *s.m.* top 顶部，顶端

cimo de monte knoll 小丘

cimo do poço de mina brow 井口；通到工作区的巷道

cimofana *s.f.* ⇨ cimófano

cimófano *s.m.* cymophane 猫眼石；波光玉

cinábrio *s.m.* cinnabar 朱砂，辰砂

cinco *num.card.* five 五，五个

◇ **quíntuplo** quintuple, fivefold 五倍的

◇ **um quinto** one fifth 五分之一

◇ **quinto** fifth 第五的

cinemática *s.f.* kinematics 运动学

cinemático *adj.* kinematic 运动学的

cinerito *s.m.* ash tuff, cinerite 灰质凝灰岩

cinescópio *s.m.* kinescope 显像管

cinestesia *s.f.* kinesthesia 运动觉，肌肉运动知觉

cinética *s.f.* kinetics 动理学

cinta *s.f.* ❶ 1. band, strap 带，带状物；皮带 2. yoke （混凝土模板的）锁具 ❷ cincture, truss 围绕物，围绕带；（柱顶部或底部的）抱柱带

cinta de aço galvanizado galvanized steel strapping 白铁皮

cinta de amarração ring beam, girth 圈梁，围梁

cinta de aro ⇨ cinta de talão

cinta de contracção contracting band 外闸带

cinta de ferro fundido cast iron band 铸铁带

cinta de fixação securing strap 紧固索带

cinta de freio (/travão) brake band 制动带

cinta de freio autodinâmico self-energizing brake band 自动制动带

cinta de freio do guincho winch brake band 绞车制动带

cinta de juntas joint tape 合缝带

cinta de talão chafing strip 防擦条

cinta de travão ⇨ cinta de freio

cinta de vedação sealing band 密封环带

cinta guarda-vivos corner tape, corner bead 护角带，护角条

cinta para unir cabos cable tie 束带，束线带

cinta serrilhada (/recartilhada) ⇨ abraçadeira serrilhada

cintadeira *s.f.* band strapping tool 捆扎机

cintamento *s.m.* cincture, truss 围绕物，围绕带；（柱顶部或底部的）抱柱带

cintamento por armadura de projecção circular hooping, hoops, spiral reinforcement 箍筋，环箍钢筋

cintel *s.m.* beam compasses 椭圆量规；长臂圆规

cintilação *s.f.* scintillation 闪烁现象

cintilação ionosférica ionospheric scintillation 电离层闪烁

cinto *s.m.* belt 带；腰带

cinto de ferramentas toolbelt 工具腰带，工具腰包

cinto de retenção rebound strap （悬架）回跳限制带

cinto de segurança safety belt 安全带

cinto de segurança de três pontos three-point safety belt 三点式安全带

cinto de segurança diagonal diagonal seat belt 对角线式安全带

cinto de segurança e de ombro safety harness 全身式安全带

cinto de segurança para criança child seat belt 儿童安全带

cinto de segurança retrátil de três pontos retractable three-point safety belt 伸缩式三点式安全带

cintura *s.f.* belt 带；地带

cintura de meandros meander belt 曲流带；河曲带

cintura móvel mobile belt 活动带

cintura orogénica orogenic belt 造山带

cintura verde green belt 绿化带

cinturão *s.m.* belt 带；地带

cinturão de cisalhamento shear belt 剪切带

cinturão metalogenético metallogenetic belt 成矿带

cinza ❶ *s.f.* ash, cinder 灰，灰烬；煤渣，焦渣 ❷ *s.m.* gray 灰色

cinza compactada tamped cinder 夯实煤渣

cinza de carvão coal-ash 煤灰

cinza de combustão pulverized fuel ash (PFA) 粉煤灰；飞灰；煤灰

cinza de constituição constitutional ash 本体灰分

cinzas de fundo bottom ash 底灰

cinza fina fine ash 细灰

cinzas volantes fly ash 粉煤灰；飞灰

cinzas volantes de (/com) alto teor de cal high lime fly ash 高钙粉煤灰

cinzas volantes de (/com) baixo teor em cal low lime fly ash 低钙粉煤灰

cinzas volantes hidráulicas hydraulic fly ash 水工粉煤灰

cinzas vulcânicas volcanic ash 火山灰

cinzeiro *s.m.* ❶ ash pit （火炉的）排渣槽；灰坑 ❷ ashtray 烟灰缸

cinzel *s.m.* chisel, graver 錾子，凿子；雕刻刀

cinzel agudo cross-cut chisel 扁尖凿

cinzel chato flat chisel 平凿

cinzel de calafetagem pitching tool 斧凿

cinzel de encaixe socket chisel 套柄凿

cinzel de garra claw chisel 爪凿

cinzel de meia-cana half-round chisel 半圆凿

cinzel de vidraceiro glazier's chisel 油灰刀

cinzel de zinco peening tool 清铲凿，清锌凿

cinzel denteado indented chisel 齿凿

cinzel largo broad tool 宽凿

cinzel para trilho rail chisel 轨条凿

cinzeladura *s.f.* chipping 凿平；切割；清铲

cinzelamento *s.m.* boasting 粗琢石头

cinzelar *v.tr.* (to) carve, (to) grave 雕刻，凿

cinzento *adj.,s.m.* gray 灰色的；灰色

ciografia *s.f.* sciagraphy 房屋纵断面图

cipo *s.m.* milestone 里程碑

cipó *s.m.* liana, liane 藤本植物，蔓生植物

cipolino *s.m.* cipolin 云母大理石

cipreste *s.m.* cypress 柏木

ciranda *s.f.* sieve, screen （沙）筛子

circalitoral *adj.2g.* circalittoral 环岸的，潮周的

circamareal *adj.2g.* ⇨ circalitoral

circatidal *adj.2g.* circatidal ⇨ circalitoral

circinal *adj.2g.* circinal 环状的；螺线形的
circo *s.m.* cirque 冰斗；冰坑；凹地
　circo de erosão cirque, corrie 冰斗；冰坑
　circo glaciário glacial cirque 冰斗
circuito *s.m.* ❶ circuit; loop 回路；环路 ❷ circuit 电路
　circuito aberto open circuit, open loop 开路，断路；开放环路
　circuito activado alive circuit 带电电路
　circuito antizumbido humbucking circuit 降噪滤波电路
　circuito com fusível fused circuit 装有熔断保险装置的电路
　circuito de absorção absorber circuit 吸收电路
　circuito do alimentador feeder circuit 供电线路；馈电线路
　circuito de alta velocidade high speed circuit 高速电路
　circuito de aparelhos appliance circuit 设备用电路
　circuito de ar air circuit 空气回路
　circuito da caçamba loader circuit 装载机油路
　circuito de caldeiras boilers loop 锅炉回路
　circuito de calibração calibration loop 刻度环
　circuito de carga ❶ load circuit 负载电路 ❷ charging circuit 充电电路
　circuito do comando control circuit 控制电路
　circuito de filamento filament circuit 灯丝电路
　circuito do filtro rectificador rectifier-filter circuit 整流滤波电路
　circuito de iluminação lighting circuit 照明电路
　circuito de modulação modulating circuit 调制电路
　circuito de partida starting circuit 启动电路
　circuito de retorno à terra (/massa) ground return circuit 接地回路
　circuito de tráfego (de aeródromo) traffic pattern 起落航线；五边飞行
　circuito de terra earth circuit, ground

circuit 接地电路
　circuito de uso geral general purpose circuit 通用电路
　circuito de via track circuit 轨道电路
　circuito derivado branch circuit 分支电路
　circuito desbalanceado unbalanced circuit 不平衡电路
　circuito directo direct circuit 直通电路
　circuito duplo ❶ double circuit 双回路 ❷ dual circuit 对偶电路
　circuito eléctrico electric circuit 电路
　circuito eletrizado [巴] ⇨ circuito energizado
　circuito em cascatas cascade circuit 级联电路
　circuito em série series circuit 串联电路
　circuito energizado energized circuit 带电电路
　circuito fechado closed circuit 闭合电路
　circuito flip-flop flip-flop circuit 触发器电路
　circuito hidráulico hydraulic circuit 液压回路
　circuito impresso printed circuit 印刷电路
　circuito inactivo inactive circuit 不带电电路
　circuito individual individual circuit 专用电路，独立分路
　circuito integrado integrated circuit 集成电路
　circuito linear linear circuit 线性电路
　circuito magnético magnetic circuit 磁路，磁回路
　circuito não energizado non-energized circuit 不带电电路，非通电电路
　circuito neutralizador neutralizing circuit 中和电路
　circuito paralelo parallel circuit 并联电路
　circuito primário de refrigeração primary cooling circuit 初级冷却回路
　circuito protegido por fusível ⇨ circuito com fusível
　circuito push-pull push-pull circuit 推挽电路
　circuito secundário de refrigeração secondary cooling circuit 二次冷却回路
　circuito série-paralelo series-parallel

circuit 串并联电路

circuito simples single circuit 单回路

circuito telefónico telephone circuit 电话线路

circuito ventilador vent circuit 环路通气管

circuito virtual permanente permanent virtual circuit (PVC) 永久虚电路

circulação s.f. ❶ circulation 循环；流通；流转 ❷ transit, traffic 交通；通行 ❸ passage 通道

circulação da corrente flow of current （电流、水流、人流等的）流动

circulação fiduciária currency circulation 货币流通

circulação forçada forced circulation 强制循环

circulação horizontal horizontal circulation 楼道

circulação nas estradas road traffic 道路交通

circulação por gravidade gravity circulation 重力循环

circulação reversa reverse circulation 逆循环，反循环

circulação térmica heat flow 热流；热流动

circulação vertical vertical circulation 楼梯

circulador s.m. circulator 循环器

circulador de ar air circulator 空气循环器

circular ❶ v.tr. (to) circulate, (to) flow 循环；流通；流转 ❷ v.tr. (to) walk, (to) run, (to) operate （人）行走，（车辆）行驶，通行 ❸ s.f. circular 传阅函，通函 ❹ s.f. ring road 环线 ❺ s.f. roundabout 环岛

circular de informação aeronáutica aeronautical information circular 航空资料通报

círculo s.m. ❶ circle 圆圈；圆周 ❷ circle 转盘 ❸ annual ring （树木）年轮

círculo de escorregamento slip circle 滑弧

círculo de Mohr Mohr circle 莫尔圆

círculos de qualidade quality circles 品质管理圈

círculo de reversão da lâmina blade

circle （平地机）铲刀转盘

círculo descrito pela manivela crank circle 曲柄圆

círculo horizontal horizontal circle 水平度盘；水平圆

círculo inscrito inscribed circle 内接圆面

círculo polar polar circle 极圈

Círculo Polar Árctico Arctic Circle 北极圈

Círculo Polar Antárctico Antarctic Circle 南极圈

círculo primitivo pitch circle 分度圆；节圆

círculo primitivo do dente de engrenagem Gear tooth pitch circle 轮齿分度圆

círculos proporcionais proportional circles 比例圆

circumpolar ❶ adj.2g. circumpolar 极地附近的；天极附近的 ❷ s.m. circumpolar 周极星

circundante adj.2g. surrounding 周围的，围绕的

circunferência s.f. ❶ circumference, circle 周长 ❷ (circle) circumference 圆周（角度单位，合 360°）

circunferência capaz resection position circle （交会法的）外接圆

circunscrever v.tr. ❶ (to) circumscribe 外切，外接 ❷ (to) circumscribe, restrain 限制

circunscrito adj. ❶ circumscribed 外切的，外接的 ❷ circumscript 侵入的；形成侵入岩的

circunvalação s.f. ❶ circumvallation 围噬；蚀原造山作用；用城墙（或壕沟、壁垒）围绕 ❷ enceinte 围廓，城廓 ❸ ring road 环城路

circunvalar v.tr. (to) circumvallate 用城墙（或壕沟、壁垒）围绕

circunvalado adj. circumvallate 有城墙（或壁垒）围绕的

circunvolução s.f. circumvolution 盘绕；螺旋状；螺线

circunzenital s.m. circumzenithal arc 环天顶弧

cirro s.m. cirrus 卷云

cirro-cúmulo cirrocumulus 卷积云

cirro de trovoada false cirrus 伪卷云

cirro-estrato cirrostratus 卷层云

cirtostilo *adj.,s.m.* cyrtostyle 柱子呈外突弧状排列的；圆肚门廊

cirurgia *s.f.* surgery 外科

cisalha *s.f.* ❶ shears 剪刀 ❷ *pl.* filings 金属切屑

cisalhamento *s.m.* ❶ shearing 剪切；剪割 ❷ shear 剪力；剪裂面 ❸ shear strain, shearing strain 剪应变

cisalhamento de Riedel Riedel shear 里德尔剪切

cisalhamento negativo negative shear 负剪力

cisalhamento por punção punching shear 冲剪力

cisalhamento positivo positive shear 正剪力

cisalhamento puro pure shear 纯剪力

cisalhamento simples simple shear 简单剪切

cisalhamento transversal transverse shear 横剪力，横切力

cisalhar *v.tr.* (to) shear 剪切；剪割

cisão *s.f.* division （企业等的）分拆

cissómetro *s.m.* vane apparatus 导叶装置

cisterna *s.f.* ❶ cistern, (underground) storage tank; well 贮水箱；（地下）水池；井 ❷ water tanker 水车，水罐车

cisterna de óleo ❶ oil tank 储油罐 ❷ oil tank truck 油罐车

cisterna reboque tank-trailer 油罐拖车

Cisuraliano *adj.,s.m.* [巴] ⇨ **Cisurálico**

Cisurálico *adj.,s.m.* Cisuralian; Cisuralian Epoch; Cisuralian Series [葡]（地质年代）乌拉尔世(的)，下二叠世(的)；乌拉尔统(的)

citrina *s.f.* ⇨ **citrino**

citrino *s.m.* citrine 黄水晶

civil *adj.2g.* civil 民用的；土木（工程）的

cladeamento *s.m.* cladding 覆层

cladograma *s.m.* cladogram 进化分枝图；进化树

clamshell *s.f.* clamshell; grab 抓斗挖土机

claquete *s.f.* clapper board 拍板，场记板

clarabóia *s.f.* skylight 天窗

clarabóia de abóbada vault light 地下室照明

clarabóia virada a norte north light roof 北向采光锯齿形屋顶

clareira *s.f.* clearing (in the woods) 树林中的空地

clarénio *s.m.* ⇨ **clarino**

claridade *s.f.* clearness 明亮；清澈

clarificação *s.f.* clarification 澄清

clarificação e coagulação clarification, clean up 澄清和混凝

clarificador *s.m.* clarifier 澄清器

clarificar *v.tr.* ❶ (to) clarify 澄清；阐明 ❷ (to) clarify, (to) clear 使（液体）澄清

clarinite *s.f.* clarinite 亮煤素质

clarino/clarito *s.m.* clarain 亮煤

clarke *s.m.* clarke, clarke number 克拉克值，元素丰度

claro ❶ *adj.* clear 明亮的；清澈的 ❷ *s.m.(pl.)* clean petroleum products 清洁石油产品，轻质成品油

claro-escuro *s.m.* chiaroscuro 明暗对比法

clasmoxisto *s.m.* clasmoschist 片状碎屑岩

classe *s.f.* ❶ class 级别，等级 ❷ class 纲（生物学分类单位，隶属于门 filo）

classe cristalográfica crystal class 晶类，晶组，晶族

classe do aço steel grade 钢等级；钢号；钢种

classe de capacidade de uso usability class 可用性等级

classe de carga útil nominal nominal payload class 有效负载标称级别

classe de exactidão accuracy class 精度等级

classes de incêndio fire classes （根据可燃物的类型和燃烧特性划分的）火灾类型

classe de resistência strength grade 强度等级

classe de resistência ao fogo (CRF) fire resistance rating 耐火等级

classe económica economy class 经济舱

classe executiva business class 商务舱

classes minerais mineral classes 矿物分类

classe romboédrica rhombohedral class 菱面体晶类

◇ **primeira classe** first class 头等舱

classicismo *s.m.* classicism 古典风格

clássico *adj.* classic 古典的

classificação *s.f.* ❶ classification 分类；类别；评定等级；等级 ❷ rating 配给；定额

classificação binomial binomial classification 双名法

classificação CIPW CIPW classification 四氏岩石分类法，CIPW 分类

classificação climatérica climate classification 气候分类

classificação cronoestratigráfica chronostratigraphic classification 年代地层划分

classificação de agredados aggregate grading 骨料级配

classificação do betão concrete grade 混凝土等级

classificação de causas de incêndio classification of causes of fire 火灾原因分类

classificação dos edifícios classification of buildings 楼宇等级；楼宇的分类

classificação de incêndio de 60 minutos 60 minutes fire rated 60 分钟防火等级

classificação de reservas classification of reserves 储量分类

classificação dos solos soil classification 土壤分类

classificação dimensional ❶ dimensional classification 尺度分类，尺寸分类 ❷ ⇨ classificação granulométrica

classificação geológica geological classification 地质分类

classificação geotécnica geotechnical classification 岩土分类

classificação granulométrica granulometric classification 粒度分类；粒度级配

classificação hidáulica hydraulic classification 水力分级

classificação mecânica mechanical classification 机械分级

classificação moderada de potência hp conservative horsepower ratings 保守的功率设定

classificação pedológica pedological classification 层位分类

classificado adj. classified; graded 分类的，分级的；级配的

classificador s.m. classifier 分类机；分粒机；分级机

classificador cónico cone classifier 锥形分选机

classificador de correia sem fim drag

classifier 拉曳分粒器；刮板分粒机

classificador de folhas soltas loose-leaf binder 活页夹

classificador de solos soil sampler 土壤取样器

classificador espiral spiral classifier 螺旋分级机

classificador hidráulico hydraulic classifier 水力分级机

classificador por ar air classifier 空气分级机

classificar v.tr. ❶ (to) classify, (to) class 分类，分等 ❷ (to) order, (to) rank 排序，排名

clástico adj. clastic 碎屑的

clasto s.m. clast 碎屑；岩粒

clastolite s.f. clastolith 碎石；压碎石

clatrato s.m. clathrate（笼形）包合物

claudetite s.f. claudetite 白砷石

claustro s.m. ❶ cloister（修道院、教堂等地的）回廊 ❷ cloister, monastic-house 修道院，寺庙

cláusula s.f. clause 条款

cláusula adicional rider 附加条款

cláusula compromissória arbitration clause 仲裁条款

cláusula de aceleração acceleration clause 提前偿付条款；加速条款

cláusula de Calvo Calvo clause 卡尔沃条款

cláusula de compra de óleo pelo produtor buy-back provision 回购条款

cláusula de escala móvel escalator clause 自动调增条款，伸缩条款

cláusula de isenção exemption clause 免责条款，免究条款

cláusula de salvaguarda escape clause（规定签约者在某种情况下不受某些约束的）例外条款

cláusula de seguro de transporte de armazém a armazém warehouse-to-warehouse clause 仓库到仓库条款，仓至仓条款

cláusula excepcional special clause 特殊条款

cláusula penal penalty clause 惩罚条款

cláusula restritiva restrictive clause 限制性条款

clausulado *s.m.* clauses [集] 条款

cleavelandite *s.f.* cleavelandite 叶钠长石

clerestório *s.m.* clerestory 高侧窗，天窗

cleveíte *s.f.* cleveite 钇铀矿，结晶沥青铀矿

cliente ❶ *s.2g.* client; consumer 客户；委托人；顾客 ❷ *s.m.* client 业主，甲方

clima *s.m.* climate 气候

  clima árido arid climate 干燥气候

  clima atlântico Atlantic climate 大西洋气候

  clima boreal boreal climate 北方气候

  clima condicionado conditioned climate 人造气候

  clima continental continental climate 大陆性气候

  clima de gelo perpétuo ice cap climate 永冻气候；冰盖气候

  clima marítimo maritime climate 海洋性气候

  clima mediterrâneo mediterranean climate 地中海气候

  clima megatérmico megathermal climate 高温气候；热带雨林气候

  clima polar polar climate 极地气候

  clima quaternário quaternary climate 第四纪气候

  clima semi-árido semi-arid climate 半干旱气候

  clima temperado temperate climate 温带气候

  clima temperado chuvoso warm temperature rainy climate 温带多雨气候

  clima túndrico tundra climate 冻原气候

  clima urbano urban climate 城市气候

climatização *s.f.* air conditioning 空气调节；暖通空调

climatizado *adj.* air-conditioned 有空调的；装有温度调节设备的

climatizador *s.m.* temperature control system; air-conditioning unit 温控系统；空调机

climatizar *v.tr.* (to) air-condition 用空调调节

climatologia *s.f.* climatology 气候学

  climatologia a radar radar climatology 雷达气象学

  climatologia agrária agroclimatology 农业气候学

climatologia ecológica ecological climatology 生态气候学

climatologia sinóptica synoptic climatology 天气气候学

climatostratigrafia *s.f.* climatostratigraphy 气候地层学

clímax *s.m.* ❶ climax 高潮 ❷ climax 顶极（群落），演替顶极

  clímax alterado disclimax 人为顶极群落，偏途顶极群落

  clímax biótico biotic climax 生物性演替顶极

  clímax climatérico climatic climax 气候演替顶极

  clímax de vegetação climax vegetation 顶极植被

climofunção *s.f.* climofunction 气候因素

clínica *s.f.* clinic 诊所；临床

  clínica móvel mobile clinic 汽车诊所

clinker *s.m.* ⇨ **clínquer**

clinoclase *s.f.* clinoclase 光线石

clinocloro *s.m.* clinochlore 斜绿泥石

clinocrisótilo *s.m.* clinochrysotile 斜纤蛇纹石

clinodiagonal *adj.2g.* clinodiagonal 斜轴的

clinodoma *s.m.* clinodome 斜轴坡面

clinoenstatite *s.f.* clinoenstatite 斜顽辉石

clinoforma *s.f.* clinoform 斜坡地形

clinoforme *adj.2g.* clinoform 斜坡地形的

clinógrafo *s.m.* clinograph 孔斜计

clinómetro/clinômetro *s.m.* clinometer, gradient meter, batter level（地面倾斜度的）倾斜仪，测斜器

clinopinacóide *s.m.* clinopinacoid 斜轴面

clinopiroxenas *s.f.pl.* clinopyroxenes 单斜辉石类

clinopiroxenito *s.m.* clinopyroxenite 单斜辉石岩

clinozoisite *s.f.* clinozoisite 斜黝帘石

clinque *s.m.* clink 劈楔

  clinque magnético magnetic catch 磁闩

clínquer *s.m.* clinker 炼砖，熔渣砖；熟料

  clínquer cristalino crystalline clinker 结晶渣

  clínquer de cimento cement clinker 水泥熟料；水泥熔渣；水泥烧块

  clínquer de cimento Portland Portland

cement clinker 硅酸盐水泥熟料
clínquer metalo-terrosos terro-metallic clinker 黑黏土缸砖
clintonite *s.f.* clintonite 绿脆云母
clinumite *s.f.* clinohumite 斜硅镁石
clisímetro *s.m.* ⇨ **clinómetro**
clistrão *s.m.* klystron 速调管
clivagem *s.f.* cleavage 劈裂；劈理
clivagem ardosiana slaty cleavage 板状劈理
clivagem de crenulação crenulation cleavage 滑动劈理
clivagem de fractura fracture cleavage 破劈理
clivagem penetrativa penetrative cleavage, continuous cleavage 连续劈理
clivagem perfeita perfect cleavage 完全解理
clivagem xistosa (/xistenta) schistose cleavage 片状劈理
clivar *v.tr.* (to) cleave 劈开，劈裂
cloaca *s.f.* cesspool 污水池；下水道
cloantite *s.f.* chloanthite 复砷镍矿
cloração *s.f.* chlorination 加氯；用氯消毒
clorador *s.m.* chlorinator 加氯机，氯化器；加氯杀菌机
clorador de pastilha chlorine tablet dispenser 氯片投加器
clorapatite *s.f.* ⇨ **cloroapatite**
clorar *v.tr.* (to) chlorinate 加氯；用氯消毒
clorato *s.m.* chlorate 氯酸盐
cloreto *s.m.* chloride 氯化物
cloreto de amónio ammonium chloride 氯化铵
cloreto de cálcio calcium chloride 氯化钙
cloreto de clormequato chlormequat chloride 矮壮素
cloreto de clorocolina chlorocholine chloride 矮壮素
cloreto de cobalto cobalt chloride 氯化钴
cloreto de hidroxilamónio hydroxylamine hydrochloride 盐酸羟胺
cloreto de polivinilo polyvinyl chloride 聚氯乙烯
cloreto de polivinilo rígido rigid polyvinyl chloride 硬聚氯乙烯
cloreto de potássio potassium chloride 氯化钾
cloreto de potássio platina potassium chloroplatinate 氯铂酸钾
cloreto férrico ferric chloride 氯化铁
clorite *s.f.* chlorite 绿泥石；亚氯酸盐
cloritização *s.f.* chloritization 亚氯酸化作用
cloritóide *s.m.* chloritoid 硬绿泥石
cloritoxisto *s.m.* chlorite-schist 硬绿泥片岩
cloro (Cl) *s.m.* chlorine (Cl) 氯；氯气
cloro liquefeito liquid chlorine 液氯
cloro livre free chlorine 游离氯
cloro residual residual chlorine 余氯
cloro residual disponível available residual chlorine 有效余氯
cloro total total chlorine 总氯
cloroalgal *s.m./f.* chloroalgal 绿藻组合碳酸盐岩
cloroapatite *s.f.* chlorapatite 氯磷灰石
cloroastrolite *s.f.* chlorastrolite 绿纤石，绿星石
clorofaíte *s.f.* chlorophaeite 似绿泥石
clorofila *s.f.* chlorophyll 叶绿素
cloroforam *s.m./f.* chloroforam 绿藻-有孔虫组合碳酸盐岩
cloromelanite *s.f.* chloromelanite 暗绿玉
clorosponja *s.m./f.* chlorosponge 绿藻-钙质海绵组合碳酸盐岩
clorozoan *s.m.* chlorozoan 造礁珊瑚-绿藻组合碳酸盐岩
clorpirifos *s.m.pl.* chlorpyrifos 毒死蜱
closed-ratio *s.m./f.* closed-ratio 密接变速比
clostrídio *s.m.* clostridium 梭菌，梭状芽孢杆菌
clostrídio sulfitoredutor sulfite reducing clostridia 亚硫酸盐还原梭菌
clotóide *s.f.* clothoid 回旋曲线
clube *s.m.* club 俱乐部
cluse *s.f.* cluse 横谷
coador *s.m.* ❶ strainer 滤网，隔滤器 ❷ colander（洗菜等用的）箩，滤器，滤锅
coagulação *s.f.* coagulation 凝结，混凝
coagulador *s.m.* coagulator 凝结器
coagulante *s.m.* coagulant 凝结剂，混凝剂
coagulante orgânico organic coagulant 有机混凝剂
coagular *v.tr.* (to) coagulate 凝结，混凝
coágulo *s.m.* coagulum, clot 凝块

coalescedor *s.m.* coalescer 聚结器

coalescedor de placas plate coalescer 板式聚结器

coalescedor eletrostático electrostatic coalescer 静电聚结器

coalescência *s.f.* coalescence 聚结；凝聚

coalhada *s.f.* curd 凝乳，凝乳块

coalho *s.m.* ⇨ coágulo

coar *v.tr.* (to) strain, (to) sieve 过滤，滤干

cobaltina *s.f.* cobaltine 辉钴矿

cobaltite *s.f.* cobaltite 辉钴矿

cobalto (Co) *s.m.* cobalt (Co) 钴

cobalto terroso earthy cobalt 钴土；钴土矿

cobaltocalcite *s.f.* cobaltocalcite 钴方解石

coberta *s.f.* ❶ cover 盖子；掩蔽物 ❷ deck（舰船的）甲板，舱面

coberta superior upper deck 上甲板

coberto ❶ *adj.* covered, full 覆盖的，铺满的，布满的 ❷ *adj.* indoor 室内的 ❸ *s.m.* shed, shelter 棚子，工作棚；货棚，库房

coberto vegetal vegetation 植被

cobertor *s.m.* ❶ blanket 毯子 ❷ coverlet; counterpane 床罩；床单

cobertor eléctrico electric blanket 电热毯

cobertura *s.f.* ❶ 1. cover, hood 覆盖物；罩子 2. cowling 整流罩 ❷ roofing, roof covering 屋面 ❸ blanket（大而薄的）地质层 ❹ coverage, covering 覆盖；覆盖范围

cobertura a frio cold-process roofing 冷作业屋面做法

cobertura ajardinada com isolamento térmico planting roof with thermal insulation 种植隔热屋面

cobertura aplicada applied covering 外加覆盖物

cobertura com curvatura bent housing 弯壳体

cobertura com curvatura ajustável adjustable bent housing 可调式弯壳体

cobertura composta built-up roofing 组合屋面

cobertura convencional ⇨ cobertura tradicional

cobertura corrugada corrugated roofing 波纹板屋面，瓦楞板屋面

cobertura de aplicação fluida fluid-applied roofing 柔性屋面

cobertura de ardósia slate covering 石板瓦屋面

cobertura da árvore de natal tree cap 采油树罩

cobertura de asfalto asphalt roofing 沥青屋面

cobertura de betão armado reinforced concrete cover 钢筋混凝土屋面

cobertura de bomba pump bonnet 泵盖

cobertura das caçambas hidráulicas hydraulic clamshell enclosure 液压抓斗外壳

cobertura de cobre copper roofing 铜皮屋面

cobertura de cumeeira ridge covering 脊盖；脊帽

cobertura de feltro felting 油毡铺贴

cobertura de grisú fire-damp cap 蓝色焰晕

cobertura de isolamento térmico sob a impermeabilização roof with thermal insulation under water insulation 正置式保温屋面

cobertura de isolamento térmico sobre a impermeabilização roof with thermal insulation above water insulation 倒置式保温屋面

cobertura de membrana de folha de monômero etileno-propileno-dieno vulcanizado vulcanized ethylene propylene diene monomer sheet membrane roofing 硫化三元乙丙橡胶卷材屋面

cobertura de metal isolada insulated metal roofing 隔热金属屋面

cobertura do motor engine enclosure 发动机罩

cobertura de protecção protecting hood 防护罩

cobertura de protecção contra poeira dust cap and fittings 防尘盖

cobertura do radiador radiator covering, radiator grill shell 散热器罩壳

cobertura da rede network coverage 网络覆盖；网络覆盖范围

cobertura da roda de segurança spare tire cover 备胎罩

cobertura de rolo roll roofing 卷材屋面

cobertura do seguro insurance cover 保险范围

cobertura do telhado roof cover 屋面；上盖

cobertura de telhado impermeável watertight roofing 防水屋面

cobertura de telhas tiled roofing 瓦屋面

cobertura de tubagem de produção tubing head 油管头

cobertura dura hardtop （轿车）硬顶

cobertura elastomérica single-ply roofing 单层卷材屋面

cobertura facilmente removível readily removable cover 易于移走的封盖

cobertura horizontal horizontal sheeting 水平护板

cobertura invertida inverted roof, upside down roof 倒置式保温屋面

cobertura lamelar lamella roof 网格壳屋面

cobertura múltipla multiple coverage 多次覆盖

cobertura plana flat roof 平屋面，平屋顶

cobertura plana acessível a pessoas people-accessible flat roof 可上人平屋顶

cobertura plana acessível a veículos vehicle-accessible flat roof 可上车平屋顶

cobertura plana não acessível non-accessible flat roof 不上人平屋顶

cobertura singela single coverage, single fold 单次覆盖

cobertura tradicional conventional roof 正置式保温屋面

cobertura vegetal ❶ vegetal cover 植被 ❷ mulch 护盖物，护根

cobertura vitrificada glazed roof 玻璃屋顶

cobogó *sig.,s.m.* "cobogó" [巴] 镂空墙面；镂空墙砖 ⇨ **elemento vazado**

cobra *s.f.* hose, flexible hose 软管

cobrança *s.f.* collection, charge 收取；收费

cobrar *v.tr.* (to) collect, (to) charge 收取；收费

cobre (Cu) *s.m.* copper (Cu) 铜

cobre amarelo yellow copper 黄铜矿

cobre anilado indigo copper 铜蓝

cobre arsenical arsenical copper 砷铜

cobre batido hammered copper 锤铜；锻铜

cobre bruto black copper 黑铜

cobre de alta condutibilidade high conductivity copper 高导电性铜

cobre de alta condutibilidade livre de oxigénio oxygen-free high conductivity copper 无氧高导电铜

cobre de cádmio cadmium copper 镉铜

cobre de campo field copper 励磁绕组

cobre de fundição casting copper 铜铸件

cobre desoxidado deoxidized copper 脱氧铜，还原铜

cobre dissolvido cement copper 沉积铜

cobre electrolítico electrolytic copper 电解铜

cobre em folha sheet-copper 薄铜皮，铜板，铜片

cobre em lingotes pig copper 粗铜锭；生铜

cobre nos pórfiros porphyry copper 斑岩铜矿

cobre empolado blister copper 粗铜

cobre fosforizado phosphorized copper 磷铜

cobre livre de oxigénio oxygen free copper 无氧铜

cobre melhor seleccionado best selected copper 优质精铜

cobre refinado tough pitch copper 韧铜

cobre resistido weathered copper 旧化铜

cobre seco dry copper 干铜

cobre silicioso (/de sílico) silicon copper 硅铜

cobre trefilado a firo hard drawn copper, cold-drawn copper 冷拉铜

cobre-vermelho ⇨ **cuprite**

cobre vítreo copper glance 辉铜矿

cobre-juntas *s.m.2n.* ❶ joint cover 盖缝板 ❷ back-up (in weld) 焊缝背垫 ❸ ridge piece 脊枋

cobre-sapatos *s.m.2n.* shoe cover 鞋套

cobrir *v.tr.* ❶ (to) cover 覆盖，遮盖 ❷ (to) cover （保险）赔付，支付，弥补 ❸ (to) cover 报道，采访

cocção *s.f.* burning 烧

cocção a fundo dead roasting 完全焙烧，

全氧化焙烧

cocharra *s.f.* spoon 灰浆勺，水泥勺

cocheira *s.f.* barn, stable, shed 牲口棚，机械棚

cochicho *s.m.* very small house 小房子

cocho *s.m.* mortar trough 灰浆槽

cocho de pedreiro hod 灰砂斗；砂浆桶

cockpit *s.m.* cockpit 驾驶舱

coco *s.m.* form for ribbed slab 密肋板模壳

cocólito *s.m.* coccolith 颗石；球石粒

cocolitoforídeo *s.m.* coccolithophore 颗石藻

cocosfera *s.f.* coccosphere 颗石球

cocristalização *s.f.* cocrystallization 共结晶

CoDec *sig.,s.m.* CoDec 编解码器

codeposição *s.f.* codeposition 共沉积

codificação *s.f.* coding 编码

codificação digital digital coding 数字编码

codificador *s.m.* ❶ coder 编码员 ❷ coder, encoder 译码器，编码器

codificador AV (/de áudio e vídeo) audio/video encoder 音视频编码器

codificador de VGA VGA encoder 视频图形阵列编码器，VGA 编码器

codificador de closed caption closed caption encoder 隐藏式字幕编码器

codificador digital digital encoder 数字编码器

codificador electrónico electronic codifier 电子编码器

codificar *v.tr.* (to) code, (to) codify, (to) encode 编码

código *s.m.* ❶ code 密码，代码 ❷ code 准则，规范 ❸ code 法典

código de barras car code 条形码

código de contas code of accounts 账目编码

código de cores color code 色码

código de prática code of practice 工作守则；操作守则

código de procedimento code of procedure 操作规程

código de segurança safety code 安全规范，安全规程

código de trânsito traffic code 交通规则

código estratigráfico stratigraphic code 地层规范

código-fonte source code 源代码

código pautal tariff code 关税代码

código Q Q-code 缩语电码

código QR QR code 二维码

coeficiente *s.m.* coefficient, factor, rate, ratio 系数；率

coeficiente aerodinâmico ❶ aerodynamic coefficient 气体动力系数 ❷ ⇨ **coeficiente de resistência aerodinâmica**

coeficiente crítico de vazios critical void ratio 临界孔隙率

coeficiente de abrasão de agregado aggregate abrasion value 集料磨损值

coeficiente de absorção absorption coefficient 吸收系数

coeficiente de absorção de massa mass absorption coefficient 质量吸收系数

coeficiente de absorção sonora acoustic absorption coefficient 吸声系数

coeficiente de adensamento consolidation coefficient 固结系数

coeficiente de aderência adhesion coefficient, adhesion ratio 附着系数

coeficiente de aderência aço-concreto steel-concrete bond coefficient 钢筋与混凝土黏结系数

coeficiente de adesão coefficient of adhesion 黏附系数

coeficiente de afluência flow coefficient 流量系数（指特定地点在特定时间段内自然流量与历史平均流量之比）

coeficiente de amortecimento coefficient of damping 阻尼系数

coeficiente de aproveitamento (CA) plot ratio 地积比率，建筑容积率

coeficiente de aproveitamento permitido permitted plot ratio 准许地积比率

coeficiente de aproveitamento real actual plot ratio 实际地积比率

coeficiente de armazenamento storage coefficient 储存系数

coeficiente de arranque start coefficient 启动系数

coeficiente de arraste drag coefficient 牵引系数

coeficiente de aspereza coefficient of

roughness 粗糙系数

coeficiente de atenuação attenuation coefficient 衰减系数

coeficiente de atrito friction coefficient 摩擦系数

coeficiente de atrito estático coefficient of friction of rest 静摩擦系数

coeficiente de atrito interno coefficient of internal friction 内摩擦系数

coeficiente de atrito superficial surface friction coefficient 表面摩擦系数

coeficiente de branqueamento whitening coefficient 白噪系数

coeficiente de carga charging coefficient 充电系数；充填系数

coeficiente de carga parcial partial load factor 分项荷载系数

coeficiente de compressibilidade compressibility coefficient 压缩系数

coeficiente de compressibilidade isotérmica coefficient of isothermal compressibility 等温压缩系数

coeficiente de compressibilidade volumétrica volumetric compressibility coefficient 体积压缩系数

coeficiente de condutividade (/condutibilidade) térmica (K) thermal conductivity coefficient (K) 热传导系数，导热系数

coeficiente de consolidação coefficient of consolidation 固结系数

coeficiente de contracção shrinkage coefficient 收缩系数

coeficiente de correcção coefficient of correction 校正系数

coeficiente de correção do tanque de evaporação pan factor 蒸发皿校正系数

coeficiente de correlação coefficient of correlation 相关系数

coeficiente de curvatura bending coefficient 挠曲系数

coeficiente de declividade slope coefficient 斜率系数

coeficiente de deflexão deflection coefficient 偏转系数

coeficiente de deflúvio coefficient of runoff 径流系数

coeficiente de descarga discharge coefficient 排放系数；卸料系数；放电系数

coeficiente de descarrilhamento coefficient of derailment 脱轨系数

coeficiente de desempenho coefficient of performance 性能系数

coeficiente de deslizamento sliding coefficient 滑动系数

coeficiente de difusão diffusion coefficient 扩散系数

coeficiente de digestibilidade digestibility 消化率

coeficiente de dilatação coefficient of expansion 膨胀系数

coeficiente de dilatação linear coefficient of linear expansion 线（性）膨胀系数

coeficiente de dilatação térmica thermal expansion coefficient 热膨胀系数

coeficiente de dispersão coefficient of dispersion 弥散系数

coeficiente de dissipação dissipation coefficient 耗散系数

coeficiente de distribuição distribution coefficient 分布系数

coeficiente de dureza coefficient of hardness 硬度系数

coeficiente de efluxo drainage efficiency, drainage ratio 排放系数，排放效率

coeficiente de elasticidade coefficient of elasticity 弹性系数

coeficiente de empolamento bulking factor 体积扩张系数

coeficiente de empuxo (de terra) coefficient of earth pressure 土压力系数

coeficiente de empuxo activo de terra coefficient of active earth pressure 主动土压力系数

coeficiente de empuxo de terra em repouso coefficient of earth pressure at rest, coefficient of static earth pressure 静止土压力系数

coeficiente de empuxo passivo de terra coefficient of passive earth pressure 被动土压力系数

coeficiente de emurchecimento wilting coefficient 枯萎系数

coeficiente de equivalência coefficient of equivalence 等效系数

coeficiente de esbeltez (λ) slenderness ratio 长细比

coeficiente de escoamento runoff coefficient 径流系数

coeficiente de esforço cortante da base base shear coefficient 基底剪力系数

coeficiente de evaporação evaporation coefficient 蒸发系数

coeficiente de expansão (/expansibilidade) coefficient of expansion 膨胀系数

coeficiente de expansão aparente coefficient of apparent expansion 表观膨胀系数

coeficiente de expansão Joule-Thompson Joule-Thompson expansion coefficient 焦耳-汤普森膨胀系数

coeficiente de expansão linear coefficient of linear expansion 线膨胀系数

coeficiente de expansão térmica coefficient of thermal diffusion 热扩散系数

coeficiente de expansão térmica isobárica isobaric thermal expansion coefficient 等压热膨胀系数

coeficiente de extensão coefficient of extension 延伸系数

coeficiente de força force coefficient 力系数

coeficiente de força horizontal horizontal force factor 横向力系数

coeficiente de forma form coefficient 形状系数

coeficiente de fricção coefficient of friction 摩擦系数

coeficiente de fuga coefficient of leakage 漏泄系数

coeficiente de fugacidade fugacity coefficient 逸度系数

coeficiente de impacto coefficient of impact 冲击系数

coeficiente de importância importance factor 重要性系数

coeficiente de importância estrutural coefficient for importance of structure 结构重要性系数

coeficiente de inchamento swelling coefficient 溶胀度

coeficiente de indutância coefficient of inductance 电感系数

coeficiente de infiltração infiltration coefficient 渗透系数

coeficiente de intensidade de tensão stress intensity factor 应力强度因数

coeficiente de intensidade de tensão crítica critical stress intensity factor 临界应力强度因数

coeficiente de isolamento acústico (CAC) sound insulation coefficient 隔音系数

coeficiente de luminosidade luminosity coefficient 光度系数

coeficiente de luz natural coefficient of natural light 自然采光系数

coeficiente de manutenção maintenance factor 维护系数

coeficiente de minoração coefficient of diminution 缩减系数

coeficiente de momento moment coefficient 力矩系数

coeficiente de oscilação coefficient of oscillation 振荡系数

coeficiente de osmótico osmotic coefficient 渗透系数

coeficiente de penetração penetration coefficient 贯穿系数

coeficiente de perda de luz light loss factor 光损失系数

coeficiente de perda de luz não recuperável non-recoverable light loss factor 不可恢复光损失系数

coeficiente de perda de luz recuperável recoverable light loss factor 可恢复光损失系数

coeficiente de perda de resistência frictional-loss coefficient 阻力损失系数

coeficiente de permeabilidade permeability coefficient 渗透系数

coeficiente de peso weight coefficient 权重系数

coeficiente de plasticidade plasticity coefficient 塑性系数

coeficiente de Poisson Poisson's ratio 泊松比

coeficiente de pressão pressure coefficient 压力系数

coeficiente de qualidade quality factor

品质因数
coeficiente de reacção do solo coefficient of soil reaction 土壤反力系数，地基系数
coeficiente de reacção do subleito ⇨ coeficiente de recalque
coeficiente de reacção dinâmica ao corte coefficient of dynamic subgrade reaction 地基动性反力系数
coeficiente de reboco wall coefficient 墙面吸收系数
coeficiente de recalque coefficient of subgrade reaction, modulus of subgrade reaction 基床系数
coeficiente de recuperação coefficient of restitution 恢复系数
coeficiente de redução de ruído noise reduction coefficient 减噪系数
coeficiente de reflexão coefficient of reflection 反射系数
coeficiente de reflexão acústica acoustic reflection coefficient 声波反射系数
coeficiente de reflexão de energia energy reflection coefficient 能量反射系数
coeficiente de reflexão sonora sound reflection coefficient 声反射系数
coeficiente de refracção coefficient of refraction 折射系数
coeficiente de rendimento coefficient of performance 性能系数
coeficiente de rentabilidade cost-benefit ratio 成本收益率，收益比
coeficiente de resistência resistance coefficient 阻力系数
coeficiente de resistência aerodinâmica drag coefficient（空气）阻力系数
coeficiente de retracção contraction coefficient 收缩系数
coeficiente de retractibilidade shrinkage coefficient 干缩系数
coeficiente de retractibilidade volumétrica volumetric shrinkage coefficient 体积干缩系数
coeficiente de rigidez rigidity coefficient, stiffness coefficient 刚性系数，刚度系数
coeficiente de rogosidade roughness coefficient 粗糙系数

coeficiente de saturação saturation coefficient 饱和系数
coeficiente de segurança coefficient of safety 安全系数
coeficiente de segurança ao cisalhamento safety factor against shear failure 抗剪破坏安全系数
coeficiente de segurança ao deslizamento (/escorregamento) safety factor against sliding 抗滑安全系数
coeficiente de simultaneidade simultaneity factor 同时（使用）系数
coeficiente de sombreamento (/sombra) shading coefficient 遮阳系数
coeficiente de torção torsion coefficient 扭转系数
coeficiente de transmissão transmission coefficient 传输系数
coeficiente de transmissão térmica thermal transmission coefficient 传热系数，热传导系数
coeficiente de transmissibilidade coefficient of transmissibility 导水系数，可传性系数
coeficiente de transmissibilidade de aquífero aquifer transmissibility coefficient 含水层导水系数
coeficiente de uniformidade uniformity coefficient 均匀系数
coeficiente de utilização utilization coefficient 利用率，使用系数
coeficiente de utilização das afluências utilization factor of runoff 径流利用系数
coeficiente de variação coefficient of variation 变异系数
coeficiente de variação volumétrica ⇨ coeficiente de compressibilidade volumétrica
coeficiente de vazios void coefficient 空隙系数
coeficiente de velocidade velocity coefficient 速度系数
coeficiente dieléctrico dielectric coefficient 介电系数
coeficiente diferencial differential coef-

ficient 微分系数

coeficiente hidráulico hydraulic ratio 水力比率

coeficiente sísmico seismic coefficient 地震系数

coelheira *s.f.* rabbitry 兔笼

coercividade *s.f.* coercivity 矫顽性

coercivo *adj.* coercive 强制的（税费、措施）

coerência *s.f.* cohesion, coherence 内聚力，凝聚力；相干性

  coerência de fase phase coherence 相位相干性

coerente *adj.2g.* coherent 凝聚性的；互相耦合的

coesão *s.f.* cohesion; coherence, cohesive force 内聚力，凝聚力

  coesão aparente apparent cohesion 表观凝聚力

  coesão do solo soil cohesion 土壤黏结力

  coesão efectiva effective cohesion 有效黏聚力

  coesão interna internal cohesion 内黏聚力

coesite *s.f.* coesite 柯石英

coesor *s.m.* coherer 金属屑检波器

coextrudido *adj.* co-extruded 共挤的

coextrusão *s.f.* co-extrusion 共挤压，共积压法

coferdame *s.f.* cofferdam 围堰；围堰坝 ⇨ ensecadeira

cofragem *s.f.* formwork [葡] 模板；模架

  cofragem com cimbro centering 拱架

  cofragem de betão concrete formwork 混凝土模板

  cofragem de contraplacado plywood formwork 胶合板模板

  cofragem de madeira timber formwork 木模板

  cofragem de telas metálicas formwork mesh 金属模板网

  cofragem deslizante sliding formwork 滑动模板

  cofragem e escoramento formwork and prop 模板及支撑

  cofragem flexível flexible formwork 柔性模板

  cofragem metálica metal formwork 金属模板

  cofragem móvel movable formwork 移动模架

  cofragem perdida permanent shuttering 永久式模板

  cofragem telescópica telescoping formwork 伸缩式模板

  cofragem trepadora climbing formwork 爬升模板

cofre-forte *s.m.* strong box 保险箱

cogeração *s.f.* cogeneration 混合发电

cogulho *s.m.* crocket 卷叶形花饰

coice *s.m.* heel 脚跟；跟端

  coice da agulha switch heel 转辙轨跟端

  coice do jacaré frog heel 辙叉跟端

coiceira *s.f.* ⇨ couceira

coifa *s.f.* ❶ boot 防尘罩 ❷ extraction hood, suction cap 排烟罩，集烟罩

  coifa de cozinha extraction hood for kitchen 厨房油烟罩

  coifa do pivô de suspensão ball joint boot 球头防尘罩

  coifa do terminal de direcção tie rod end boot 拉杆球头防尘罩

coincidência *s.f.* coincidence 相合；重合

  coincidência estereoscópica stereoscopic fusion 方体凝合

cola *s.f.* glue 胶；胶水

  cola à base de gesso gypsum based adhesive 石膏胶黏剂

  cola à base de resina resin adhesive 树脂胶黏剂

  cola adesiva adhesive glue 黏合胶

  cola branca white glue 白胶

  cola celulósica cellulose glue 纤维胶

  cola de 2 componentes two-component adhesive 双组份胶黏剂

  cola de base aquosa water-based adhesive 水基胶黏剂

  cola de contacto contact adhesive 接触型胶黏剂

  cola de epóxi epoxy glue 环氧树脂胶

  cola de madeira wood glue, joiner's glue 木材胶，木工胶

  cola de poliuretano (/poliuretânica) polyurethane adhesive 聚氨酯胶黏剂

  cola de vidro glass cement 玻璃胶；玻璃黏合剂

cola estrutural structural adhesive 结构型胶黏剂

cola forte joiner's glue 接合胶水，木工胶

cola monocomponente single-component adhesive 单组份胶黏剂

cola termofusível heat-welding adhesive 热熔性胶黏剂

colaboração *s.f.* collaboration, cooperation 合作，协作

colaborar *v.tr.* (to) collaborate 合作，协作

colada *s.f.* mountain pass 隘口，峡谷

colagem *s.f.* ❶ bonding 接合，黏接 ❷ collage 拼贴图

colagem por pontos spot gluing 点状上胶

colagem por tiras strip gluing 条状上胶

colapsibilidade *s.f.* collapsibility 溃散性，湿陷性

colapsível *adj.2g.* collapsible 溃散性的，湿陷性的

colapso *s.m.* ❶ collapse 坍塌 ❷ wilting（植物、木材）萎蔫 ❸ collapse, failure 错误；故障；失误

colapso de poros pore collapse 塌孔，孔隙坍塌

colapso do revestimento casing collapse 套管挤坏

colapso parcial partial collapse 局部坍塌

colapso precoce infant mortality 早期失效；早期故障期

colapso total total collapse 整体坍塌

colar ❶ *v.tr.* (to) paste, (to) stick, (to) glue 接合，粘接；粘贴 ❷ *s.m.* 1. collar, ring 护圈，束套；套环 2. end collar 端环

colar com rosca interna female collar 内螺纹结合环

colar de acoplamento coupling collar 结合环

colar de acoplamento da transmissão de engrenamento constante constant mesh transmission coupling collar 常啮合式变速器结合环

colar de desengate separating ring 分离环

colar de encosto ❶ thrust collar 推力环；止推环；止推轴承定位环 ❷ stop collar 限动环

colar de estágio stage collar 分段注浆套管接箍

colar de fixação clamping collar 夹圈

colar de mudança da transmissão transmission shift collar 变速器挂挡轴套

colar de perfuração drill collar 钻铤，钻环

colar de perfuração curto pony collar, short drill collar 短钻铤

colar de retenção baffle collar 带挡圈的接箍

colar do rolamento bearing collar 轴承环，轴承锁圈

colar de segurança safety collar 安全环，安全圈

colar da transmissão shifting collar 挂挡轴套，滑动环箍

colar da tubagem (/de revestimento) casing collar 套管接箍

colar deslizante sliding collar 滑动轴环

colar flutuante float collar（套管）浮箍

colar limitador da cremalheira rack stop collar 齿条挡块凸缘

colar não magnético non-magnetic collar, K-Monel 无磁钻铤

colar roscado screw collar 螺旋环；环状螺母

colarete *s.m.* necking 柱颈

colarinho *s.m.* ❶ collar 柱环 ❷ yoke（混凝土模板的）锁具

colatitude *s.f.* colatitude 余纬度

colcha *s.f.* bedspread, counterpane 床罩；床单

colchão *s.m.* ❶ mattress 床垫 ❷ course, cushion 层；垫层

colchão de areia sand cushion 砂垫层

colchão de brita crushed stone layer 碎石基层

colchão de inércia inertia pad 避震垫

colchão de perda de circulação lost-circulation pill 堵漏小段塞

colchão de protecção mattress for protection 沉排，柴垫

colchão de regularização levelling course 整平层；水平层

colchão de vapor steam cushion 汽垫

colchão drenante draining course 排水层

colchão espaçador spacer pad 隔离液

colchete *s.m.* clip, clasp（拴挂某物的）夹

子，扣子，勾子

colchete de painel panel clip 层板夹

colcotar *s.m.* rouge, red-lead 铁丹，红铁粉

colecta/coleta *s.f.* collection, gathering 收集，采集

coleta automática de dados de poço automatic well testing 自动测井

coleta de amostra sample collecting 样品采集

colectivo *adj.* collective 集体的，共同的

colectivo selectivo collective selective 集选的

colector/coletor *s.m.* ❶ 1. collector 收集器 2. collector ring 汇流环 ❷ collector, manifold 集水管；集合管；歧管

colector de admissão (de ar) air inlet manifold 进气歧管

colector de admissão de geometria variável variable-geometry inlet manifold 可变进气歧管

colector de água water manifold 水歧管

colector de água residual foul water sewer 污水渠

colector de combustível fuel manifold 燃油歧管；燃油总管

colector de corrente current collector 集电器

colector de dínamo collector, commutator 整流子

coletor de detrito junk catcher 打捞爪

colector de distribuição do óleo oil distribution manifold 燃油分配管

colector de distribuição do óleo lubrificante lubricating oil manifold 润滑油分配管

colector de escape exhaust manifold 排气歧管

colector de escape tipo fole bellows-type exhaust manifold 波纹管式排气管

colector de esgoto drain 污水干管

colector de fumaça fume collector 滤筒除尘器

colector de gás ❶ gas collector 集气器；煤气收集器 ❷ gas manifolds 供气总管，进气总管，排气总管

coletor de golfadas slug catcher （海上天然气管线的）液体段塞捕集分离器

colector de incêndio fire main 消防水管

coletor do motor engine manifold 发动机歧管

colector de óleo oil manifold 油歧管

colector das placas plate strap 板条固定带

colector de pó húmido wet dust collector 湿式收尘器

colector de ventilação trunk of ventilation, ventilation trunk 通风主道

colector isocinético isokinetic sampler 等动力采样器

colector isocinético de poluentes atmosféricos isokinetic collector of air pollutants 空气污染物等动力采样器

coletor predial building sewer 房屋污水管

coletor público public sewer 市政排水管道

coletor público sanitário sanitary sewer 卫生污水管道

colector (de energia) solar solar collector 太阳能集热器

colemanite *s.f.* colemanite 硬硼钙石

colete *s.m.* vest, jacket 背心

colete de alta visibilidade high visibility garment （高可见度）安全背心

colete de salvação cork jacket, life belt 救生背心

colete reflectivo (/reflector) reflective vest 反光衣，反光背心

colete salva vidas life jacket 救生衣

colhedeira *s.f.* ⇨ colheitadeira

colhedor *s.m.* harvester [葡] 收割机，收获机

colhedor de batatas automotriz self-propelled potato harvester 自走式马铃薯收获机

colhedor de facas articuladas (/de flagelos/de martelos) de corte simples flail(-type) forage harvester 甩刀式青饲料收割机

colhedor de facas articuladas (/de flagelos/de martelos) de duplo corte double chop forage harvester 双切式青饲料收割机

colhedor de forragens forage harvester

牧草收割机

colhedor de maçarocas corn snapper 玉米摘穗机

colhedor de milho corn harvester 玉米收割机

colhedor de milho duas linhas two lines corn harvester 两行玉米收割机

colhedor de milho-forragem maize chopper 玉米青储饲料收割机

colhedor-descamisador maize picker-husker 玉米摘穗剥苞叶机

colhedor-descarolador picker sheller, maize picker sheller 玉米摘穗脱粒机

colhedor-picador-carregador polivalente general purpose forage harvester 通用饲料收获机

colhedor-retraçador-carregador de facas articuladas (/de flagelos/de martelos) de corte simples ⇨ colhedor de facas articuladas de corte simples

colhedor-retraçador-carregador de facas articuladas (/de flagelos/de martelos) de duplo corte ⇨ colhedor de facas articuladas de duplo corte

colhedor-retraçador-carregador polivalente ⇨ colhedor-picador-carregador polivalente

colhedora *s.f.* harvester 收割机，收获机 ⇨ colhedor

colhedora de algodão cotton harvester 棉花收割机

colhedora de cana sugarcane harvester 甘蔗收获机

colhedora de feno hay harvester 干草收割机

colhedora-empilhadora de árvores feller buncher 伐木归堆机

colhedora-empilhadora de árvores de rodas wheel feller buncher 轮式伐木归堆机

colheita *s.f.* harvesting 收获，收割

colheita de forragens forage harvesting 饲料收获

colheita de grãos grain harvesting 谷物收获

colheita de milho-grão grain harvesting 玉米收获

colheita de raízes e de tubérculos root crops harvesting 块根作物收获

colheita seletiva selective withdrawal (from selected depth in reservoir) （从水库的选定深度）选择性取水

colheitadeira *s.f.* ❶ harvester [巴] 收割机，收获机 ❷ combine 联合收割机

colheitadeira (de grãos) combinada grain combine 谷物联合收割机

colheitadeira de arroz+plataforma rice harvester with collecting platform 水稻联合收割机＋平台

colheitadeira de feijão+plataforma grain harvester with collecting platform 菜豆收获机＋平台

colheitadeira de milho corn harvester 玉米收获机

colheitadora *s.f.* harvester 收割机，收获机 ⇨ colhedor

colheitadora combinada combine harvester 联合收获机

colheitadora de amendoim earthnut harvester 花生收获机

colher *s.f.* ❶ scoop 勺子 ❷ trowel 泥刀；抹子 ❸ ladle 浇斗；浇桶

colher de bico pointed trowel 尖头抹子

colher de canto edger 阴阳角抹子（尤指阳角抹子、外墙角抹子）

colher de coada hand ladle 手提浇桶

colher de deflagação combustion spoon 燃烧匙

colher de escória slag ladle 渣桶

colher de fundição ladle 浇斗；浇桶

colher de pau wooden spoon 木勺

colher de pedreiro trowel 灰匙；泥刀

colher de servir serving spoon 分餐匙

colher de soldar soldering ladle 焊锡杓

colher macânica power trowel 动力抹刀

colher para minério ore grab 矿石抓斗

colher para sorvete scoop 深口圆匙

colheril/colherim *s.m.* trowel 泥刀；抹子

colidir *v.tr.,intr.,pron.* (to) collide, (to) crash 碰撞，撞击

coliforme *s.m.* coliform 大肠菌群

coliformes fecais (CF) fecal coliform (FC) 粪大肠菌群

coliformes totais (CT) total coliform

(TC) 总大肠菌群

colimação *s.f.* collimation 瞄准；平行校正

colimado *adj.* collimated 平行校正的

colimador *s.m.* collimator 视准仪

colimar *v.tr.* (to) collimate 瞄准；平行校正

colina *s.f.* hill 山

colinas de recifes reef knolls 圆礁丘

colinite *s.f.* collinite 凝胶煤素质；无结构腐殖体

colisão *s.f.* collision 碰撞

colisão com aves bird strike 鸟击，鸟机相撞

colisional *adj.2g.* collisional 碰撞的

colmaço *s.m.* thatched covering 茅屋棚

colmatação *s.f.* ❶ thatching 用茅草覆盖 ❷ fill-in, plugging 填充；堵塞；堵眼

colmatação de lastro ballast aggradation 道砟填补

colmatagem *s.f.* clogging, silting up 淤塞；堵塞

colmatar *v.tr.* ❶ (to) thatch 用茅草覆盖 ❷ (to) thatch, (to) fill in, (to) plug 填充；堵塞；堵眼

colmeia *s.f.* ❶ core 芯，芯子 ❷ honeycomb 蜂窝结构

colmeia de armazenamento storage core 存储磁芯

colmeia do arrefecedor de óleo oil cooler core 冷油器芯子

colmeia do radiador radiator core 散热器芯子

colmo *s.m.* straw 茅草，麦秆

colo *s.m.* pass 要隘；山口

colocação *s.f.* ❶ placing, placement 放置，安放，摆放 ❷ laying 敷设，铺设

colocação de pinos pinning-in 嵌塞碎石片

colocação do revestimento placing of the facing 护面铺筑

colocação de terra vegetal grass planting 植草

colocação de tubagem pipe laying works 管道敷设，管道铺设

colocação em serviço place in service 投入运行

colocado *adj.* put, placed 放置的，铺设的，敷设的

colocado alternadamente staggered arrangement 交错布置

colocadas soltas loose laid 松铺

colocador ❶ *s.m.* setter 安装机；安装工 ❷ *adj.* (of) placement 安置的，配置的

colocador de pistão piston inserter 活塞安装器

colocador de tubo pipe laying machine, pipe-layer 铺管机

colocar *v.tr.* ❶ (to) put, (to) place 放置，安放，摆放 ❷ (to) lay 敷设，铺设

colofanite *s.f.* collophane 胶磷矿

colofónia *s.f.* colophony, rosin 树脂；松香

coloidal *adj.2g.* colloidal 胶体的，胶质的

colóide *s.m.* colloid 胶体，胶质

colóide de argila clay colloid 黏土胶体

colónia/colônia *s.f.* colony （生物）群落，菌落

coloração *s.f.* coloration 着色；彩色

colorante *s.m.* colorant 着色剂

colorar *v.tr.* (to) dye, (to) colorate 着色；彩色

colorímetro *s.m.* colorimeter 比色计，色度计

colorímetro de bancada bench colorimeter 台式色度计

colorímetro vertical vertical colorimeter 立式比色器

colosso *s.m.* colossus 巨型雕塑，巨像

columbite *s.f.* columbite, niobite 铌铁矿

columbite-tantalite columbite-tantalite 铌钽铁矿

columbretito *s.m.* columbretite 白榴粗安岩

columela *s.f.* columella 小柱

coluna *s.f.* ❶ 1. column 柱，圆柱 2. column （钟乳石和石笋融合在一起形成的）石柱 ❷ pipe; standpipe, riser （竖）管 ❸ column 柱状图 ❹ *pl.* stereo speaker 音箱，立体声喇叭 ❺ string 细（矿）脉 ❻ spud 犁铧，犁头

coluna acoplada coupled column 对柱

coluna amortecedora surge bin, surge tank 缓冲仓

coluna anelada (/almofadada) annulated column, banded column 环形柱，箍柱

coluna aspirada suction head 吸水头

coluna canelada channel column 槽形柱

coluna capilar capillary column 毛细管柱
coluna cóclida hollow column with spiral stairs 内有螺旋楼梯的中空柱（如图拉真柱）
coluna compósita (/composta) composite column 组合柱
coluna cónica tapered column 锥形柱
coluna coríntia Corinthian column 科林斯式圆柱
coluna corolítica corollitic column 叶饰柱
coluna cromatográfica column chromatography 柱色谱
coluna curta short column 短柱
coluna de aço steel column 钢柱
coluna de água ❶ water column 水柱；水柱高度 ❷ water riser 水立管
coluna de amortecimento kill string 压井管柱
coluna de caixa ⇨ coluna em caixão
coluna de canto corner post 角柱
coluna de concreto armado reinforced concrete column 钢筋混凝土柱
coluna do controle de força power control column 动力控制杆
coluna de despejo waste stack 废水立管
coluna da direcção steering column 转向柱，转向管柱
coluna de escadas de caracol newel 螺旋楼梯中柱
coluna de fumo plume （从火山或烟道喷出的）岩浆柱；地柱
coluna de gás gas column 气柱
coluna de guindaste crane post 起重机支柱
coluna de hastes sucker rod string, stem 抽油杆柱
coluna de iluminação decorativa decorative lighting column 装饰灯柱
coluna de incêndio fire standpipe 消防竖管
coluna de incêndio seca dry standpipe 干式竖管
coluna de incêndio úmida wet standpipe 湿式竖管
coluna de injecção injection string 注水管柱
coluna de isoladores post insulator 柱式绝缘子

coluna de lama mud column 泥浆柱
coluna de líquido liquid-filled column 一种内部蓄水以提高耐火性能的建筑钢柱
coluna de mercúrio mercury column 汞柱，水银柱
coluna de nicho niched column 壁龛柱
coluna de óleo oil string 油管柱
coluna de Osíris Osirian column （古埃及的）奥希利斯柱
coluna de parapeito rail post 栏杆柱
coluna de percussão jarring string 震击管柱
coluna de perfuração drill string 钻柱
coluna de perfuração de aumento do desvio angle-build assembly 增斜钻具总成，造斜钻具总成
coluna de perfuração de redução do desvio angle-dropping assembly 减斜钻具总成
coluna de pescaria fishing assembly 打捞管柱
coluna de produção production tubing, production string 采油管，生产油管
coluna de profundidade depth column 深度柱
coluna de queda soil stack 污水立管
coluna de revestimento casing string 套管柱
coluna de som sound column 音箱，音柱
coluna de trabalho work string 工作管柱
coluna de Trajano Trajan's column 图拉真柱
coluna de transferência transfer column 传力柱
coluna de tubing tubing string [巴] 油管柱
coluna de ventilação vent stack 通气立管
coluna deionizadora sobressalente deionizer cartridge 去离子纯化柱，超纯水柱
coluna diminuída diminished column 变径收缩柱
coluna dórica Doric column 多立克式圆柱
coluna em caixão box column 箱形柱
coluna embutida embedded column 暗柱
coluna emparelhada accouplement 对柱
coluna enviesada canted column 切角柱

coluna eruptiva eruption column 喷发柱
coluna espaçada spaced column 格构式柱
coluna espiral spiral column 螺旋形柱
coluna estaiada tied column 箍筋柱
coluna estratigráfica stratigraphic column 地层柱状图
coluna estriada striated column 凹槽柱
coluna estrutural structural column 构造柱
coluna facejada polygonal column 多面柱
colunas filtrantes filter columns 过滤柱；岩精 ⇨ ichor
coluna galpada bulge column 凸肚柱
colunas geminadas twin columns 双柱；并置柱
coluna geológica geologic column 地质柱状图
coluna hatórica Hathor column 爱神柱
coluna hidrostática hydrostatic column, hydrostatic head 静液柱
coluna incorporada attached column 附墙柱
coluna intermediária intermediate column 中间立柱
coluna isolada insulated column 独立柱
coluna jónica Ionic column 爱奥尼式圆柱
coluna Lally Lally column 钢筋水泥圆柱
coluna longa long string 长管柱；采油套管
coluna macaroni macaroni string 小直径油管柱
coluna meniana menian column （支撑上层阳台的）阳台支柱
coluna mista compound column 混合柱
coluna montante building main pipe 楼房干管
coluna nichada ⇨ coluna de nicho
coluna para gas lift gas-lift column 气举柱
coluna portante bearing column 支承柱
coluna removível removable bollard 可拆卸缆桩
coluna rostral rostral column 有喙形舰首装饰的柱子
coluna salomônica wreathed column 螺旋柱

coluna sólida solid column 实腹柱
coluna talhada ⇨ coluna anelada
coluna telescópica outrigger, ground jack 支腿
coluna torcida twisted column 绞绳柱
coluna torsa ⇨ coluna salomônica
coluna toscana Tuscan column 塔斯干式柱
coluna tronco-cónica ⇨ coluna diminuída
coluna vulcânica lava column 熔岩柱
colunada s.f. colonnade 柱列节理
colunado adj. colonnaded 有柱廊的；有列柱的
colunamento s.m. ⇨ colunização
colunar adj.2g. columnar 柱状的；圆柱的
colunata s.f. colonnade 柱廊，列柱
colunelo s.m. small column 小柱
coluneta s.f. colonnette 装饰性小圆柱
colunização s.f. columniation 列柱；列柱式
coluro s.m. colure 分至圈
colusão s.f. colluding bidding 串标
coluviação s.f. colluviation 崩积（作用）；塌积（作用）
coluvial adj.2g.,s.m. colluvial 崩积物（的）
coluvião s.f. colluvium 崩积层
colúvio s.m. colluvial deposit 崩积物
coluvionar adj.2g. colluvial 崩积的，塌积的
coluviossolo s.m. colluvial soil 崩积土
colza s.f. rapeseed 油菜籽
com prep. with 与，和；随着；带有，具有
com flange flange-type, flanged 法兰式
com fusível fused 配保险丝的，配熔断器的
com golpes de aresta hammer-dressed, pitch face 锤琢（面）的
com grande percentagem de óleo long oil 长油度（的）
com imprimação de fábrica para pintura factory primed for painting, with shop primer 涂车间底漆的
comagmático adj. comagmatic 同源岩浆的
comandante s.2g. commander, commandant, captain 指挥官，指挥长；司令；船长，机长
comandante-em-chefe/comandante-chefe commander-in-chief （全军）总司令

comandita *s.f.* commandite ⇨ sociedade em comandita

comanditado *adj.* ⇨ sócio comanditado

comanditário *adj.* ⇨ sócio comanditário

comando *s.m.* ❶ command, control 指挥, 控制; 命令, 指令 ❷ control, controller 控制器 ❸ drive 驱动机构, 传动机构 ❹ command 指挥所, 司令部 ❺ relative height 相对高度 ❻ drilling collar [巴] 钻铤

comando a distância ⇨ comando remoto

comando do arrancador starter control 起动机操纵件

comando do batalhão command post 战地指挥所

comando do capô hood release 发动机罩脱开机构

comando da junta universal universal joint drive 万向节传动

comando do mecanismo de variação da injeção variable timing drive 可变正时驱动装置

comando da polia da correia belt pulley drive 皮带轮驱动

comando do regulador governor drive 调速器驱动机构

comando de válvulas valve control 阀门控制机构

comando de válvulas variáveis variable valve control (VVC) 可变气门控制

comando de velocidade variável variable speed drive 变速传动

comando dianteiro de acessórios front accessory drive 前附件传动

comando em tandem tandem drive 串联驱动

comando final (de redução) final drive 终传动, 主减速器

comando final duplo (/de redução dupla) double reduction final drive 双级主减速器, 双级最终传动

comando final planetário planetary final drive 行星减速器, 行星式终传动

comando final simples (/de redução simples) single reduction final drive 单级主减速器, 单级最终传动

comando hidráulico fluid drive 液压传动

comando hidrostático hydrostatic drive 静液压驱动器

comando intermediário intermediate drive 中间传动

comando local local control 本地控制, 就地控制

comando numérico computadorizado (CNC) CNC (computer numerical control) 计算机数字控制

comando por correia belt drive 皮带传动

comando remoto remote control 远程控制, 遥控

comando seccional (CS) sectional drive 分部传动, 分段驱动

comando touch control touch-control 触摸控制

comba *s.f.* combe（三面皆山或深入海中的）峡谷; 深谷

combinação *s.f.* combination 组合; 结合, 联合

combinação de cargas load combination 负载组合

combinada *s.f.* combine 联合收割机

combinar *v.tr.,intr.,pron.* (to) combination, (to) match 组合; 结合, 联合

combogó *s.m.* ⇨ cobogó

comboio *s.m.* train 火车, 列车

comboio de alta velocidade high speed rail 高铁, 高速铁路

comboio de levitação magnética magnetic levitation transport (maglev) 磁悬浮（交通系统）⇨ maglev

comburente *adj.,s.m.* combustive; combustive agent 可燃烧的; 可燃物

combustão *s.f.* combustion 燃烧

combustão completa complete fuel combustion 充分燃烧

combustão de carga estratificada stratified charge combustion 分层进气燃烧

combustão directa forward combustion 正向燃烧

combustão em brasa flameless combustion 无焰燃烧

combustão espontânea spontaneous combustion 自燃

combustão in situ in-situ combustion 层内燃烧

combustão lenta smolder, smouldering 阴燃；闷烧

combustão perfeita perfect combustion 完全燃烧

combustão retardada afterburning 后燃烧

combustão reversa reverse combustion 逆向燃烧，反向燃烧

combustão superficial surface combustion 表面燃烧

combustar v.tr. (to) combust 燃烧

combustibilidade s.f. combustibility 燃烧性能

combustível ❶ s.m. fuel 燃油；燃料 ❷ adj.2g. combustible 可燃的

combustível aberto fuel on （挡位）油路打开

combustível betuminoso bituminous fuel 沥青燃料

combustível coloidal colloidal fuel 胶体燃料

combustível de alto poder calorífico high heat value fuel 高热值燃油

combustível de baixa qualidade non-premium fuel 劣质油

combustível de baixo poder calorífico low BTU fuel 低热值燃料

combustível diesel diesel fuel 柴油燃料

combustível fechado fuel off （挡位）油路关闭

combustível flexível flexible fuel 弹性燃料

combustível fóssil fossil fuel 化石燃料

combustível gasoso gaseous fuel 气体燃料

combustível irradiado spent fuel, irradiated fuel 乏燃料，废（核）燃料

combustível líquido liquid fuel 液体燃料

combustível nuclear nuclear fuel 核燃料

combustível sólido solid fuel 固体燃料

combustor s.m. incinerator, burner 燃烧器，燃烧室

combustor de conversão conversion burner 转换燃烧器

combustor de óleo oil furnace 油炉

começar v.tr.,intr. (to) begin, (to) start, (to) commence 开始

começo s.m. beginning, start, commencement 开始

começo de operação commencement of operation 开始运作；开始运行；开始运营

comendito s.m. comendite 钠闪碱流岩

comercial ❶ adj.2g. commercial 商业的，贸易的 ❷ s.m. commercial vehicle （尤指运输用的）商用车辆

comercialidade s.f. commerciality 商业性

comercialização s.f. commercialization 商品化，商业化

comercializar v.tr. (to) commercialize 商品化，商业化

comércio s.m. commerce, trade 商业，贸易

comércio a retalho retail trade 零售业；零售贸易

comércio atacadista wholesale trade [巴] 批发业；批发贸易

comércio de representação agency trade 代理贸易

comércio de trânsito transit trade 转口贸易

comércio de troca barter transaction 易货交易

comércio doméstico (/nacional) domestic trade 国内贸易

comércio electrónico e-commerce, electronic commerce 电子商务

comércio exterior foreign trade 对外贸易，外贸

comércio grossista (/por grosso) wholesale trade 批发业；批发贸易

comércio internacional international trade 国际贸易

comércio livre free trade 自由贸易

comércio retalhista retail trade 零售业；零售贸易

comércio varejista retail trade [巴] 零售业；零售贸易

cometa s.f. comet 彗星

cominuição s.f. comminution 粉碎；捣碎

comissão s.f. ❶ commission, board 委员会；小组 ❷ commission 佣金，手续费

comissão de abertura de concurso bid opening committee 开标委员会

comissão de agência agency fee 代理费

comissão do agente agent's commission

代理费
comissão de arbitragem arbitration board 仲裁委员会

comissão de avaliação das propostas bid assessment committee 评标委员会

comissão de gestão management fee 管理费

comissão de trabalhadores works council 工人委员会

Comissão Electrotécnica Internacional (IEC) International Electrotechnical Commission (IEC) 国际电工委员会

comissão executiva executive committee; senior management 执行委员会；（企业的）经理层，经营班子 ⇨ conselho de administração

comissão técnica technical committee 技术委员会

comissaria *s.f.* catering （活动、航班上的）餐饮供应

comissário *s.m.* commissioner 特派员，专员

comissário de bordo flight attendant 乘务员

comissionamento *s.m.* commissioning, test run 试运转，试运行，试车

comité *s.m.* committee 委员会

comité de auditoria audit committee, auditing board 审计委员会

comité de governança, risco e conformidade governance, risk and compliance committee 治理、风险与合规委员会

comité de remunerações e compensações remuneration committee, compensation committee 薪酬委员会

commodities *s.f.pl.* commodities 大宗商品

cómoda *s.f.* chest of drawers, commode 五斗柜

comodidade *s.f.* convenience 便利，适宜；舒适

cómodo ❶ *adj.* comfortable, convenient 便利的，适宜的；舒适的 ❷ *s.m.* room, accommodation 房间，单间

compacção *s.f.* ⇨ compactação

compacidade *s.f.* compactness, denseness 紧密，密实，密实度

compacidade relativa relative compactness 相对密实度

compactação *s.f.* compaction, tamping 碾压，压实；夯实

compactação à percussão percussion compaction 冲击压实

compactação a vibração vibratory compaction 振动压实

compactação avulsa light tamping, light compaction 轻夯，轻击压实

compactação diferencial differential compaction 差异压实

compactação manual manual compaction 人工夯实

compactação pelo tráfego traffic compaction 自然车流压实

compactação profunda deep compaction 深层压实

compactador *s.m.* compactor 压实机；压土机，夯土机

compactador à (/de) percussão rammer 打夯机 ⇨ sapo

compactador a vibração vibrating compactor 振动夯实机，振动压路机

compactador de asfalto vibratório vibratory asphalt compactor 振动沥青压实机

compactador de aterro sanitário landfill compactor 垃圾填埋压实机

compactador de lastro ballast compactor 道床夯拍机

compactador de lixo refuse compactor 垃圾压实机

compactador de solo soil compactor 土壤压实机

compactador de solo à percussão tamping rammer 冲击夯

compactador de solo de placa vibratória vibrating plate compactor 振动板压实机

compactador de solo vibratório vibratory soil compacto 振动土壤压实机

compactador giratório gyratory compactor 旋转压实仪

compactador para aterro backfill compactor, landfill compactor 回填土压实机

compactador pneumático (de pneu) pneumatic tire compactor 充气轮胎压实机

compactador sapinho ⇨ compactador à percussão, sapo

compactador vibratório ⇨ compactador a vibração

compactar *v.tr.* (to) compact 把…压实，使紧密

compacto ❶ *adj.* compact 小型的；紧凑的 ❷ *s.m.* combined bed, loft bed (with desk) 组合床

compacto com cama individual individual loft bed 单人高架床

compacto para crianças children combined bed 儿童组合床

companhia *s.f.* ❶ corporation, company（股份制）公司 ❷ company（军队编制）连，连队

companhia de capital aberto public limited company (PLC)（可向社会公众发行股票的）公众有限公司

companhia de capital fechado private limited company 私人有限公司

comparação *s.f.* comparison 比较，对比

comparador *s.m.* ❶ comparator 比较仪；比测仪 ❷ dial gauge, comparator 千分表，刻度盘

comparador colorimétrico color comparator 比色器

comparador mecânico dial gauge; comparator 千分表，刻度盘

comparador mecânico de pé pedestal-type comparator 柱架式比测仪

compartimentação *s.f.* compartmentalization; partion 分隔；修隔间

compartimentar *v.tr.* (to) compartmentalize; partition 分隔；修隔间

compartimento *s.m.* ❶ 1. compartment, partition 隔间，分隔间，（隔开的）空间 2. bay（飞机的）隔舱 ❷ compartment（泛指）房间

compartimento aberto em ambos os lados walk-through compartment（两端）通透的房间

compartimento de bagagem (overhead) luggage compartment 行李舱，行李架

compartimento da bateria battery box, battery compartment 电池箱

compartimento de carga bay（飞机的）舱，机舱

compartimento do motor engine compartment 发动机舱

compartimento do operador operator compartment 操作间

compasso *s.m.* ❶ compasses 圆规 ❷ compass 罗盘 ❸ caliper 卡钳，量规

compasso de arco wing compass 象限圆规

compasso de arco graduado ⇨ compasso de quadrante

compasso de elipse trammels 椭圆规

compasso de espessura odd legs; outside calipers 外卡钳

compasso de lança beam compass 长臂圆规

compasso de mola spring bow compass 弹簧圆规

compasso de nivelamento grading instrument 测坡水准仪

compasso de pernas inside calliper 内径尺

compasso de quadrante quadrant compass 象限罗盘仪

compasso de vara ❶ beam compass 长臂圆规 ❷ trammels 椭圆规

compasso de Vernier vernier calliper 游标卡尺

compasso de volta outside calipers 外卡钳

compasso divisor divider 比例分规

compatibilidade *s.f.* compatibility 兼容性

compatibilidade descendente downward compatibility 向下兼容（性）

compatibilidade electromagnética (CEM) Electro Magnetic Compatibility (EMC) 电磁兼容性

compatível *adj.2g.* compatible 兼容的；可并存的

compensação *s.f.* ❶ compensation 补偿，赔偿 ❷ indemnification 补偿金 ❸ compensation, counterbalancing 补偿，平衡，调节

compensação à terra balanced to ground 对地平衡，对称接地

compensação activa active compensation 主动补偿；有源补偿

compensação de altitude altitude compensation 高度补偿

compensação de amplitude amplitude

compensation 振幅补偿

compensação de atenuação attenuation compensation 衰减补偿

compensação de bússola compass compensation 罗差补偿

compensação de comando control balance 控制平衡

compensação de fase phase balance 相位平衡

compensação de movimento motion compensation (MC) 运动补偿

compensação lateral lateral compensation 侧向补偿

compensação longitudinal longitudinal compensation 纵向补偿

compensação para oeste westing 西距；偏西

compensação passiva passive compensation 无源补偿

compensação por atrito friction compensation 摩擦补偿

compensação reactiva reactive compensation 无功补偿

compensação síncrona synchronous compensation 同步补偿

compensado s.m. plywood, chipboard 夹板，胶合板

compensado externo exterior plywood 室外用胶合板

compensador ❶ adj. compensating 补偿的，平衡的，调节的 ❷ s.m. 1. compensator 补偿器，代偿装置 2. servo tab （飞机的）伺服调整片 3. trim tab （飞机的）配平片；纵倾调整片

compensador da coluna de perfuração drill string compensator 钻柱补偿器

compensador de movimentos heave motion compensator 升沉补偿器

compensador do profundor elevator tab 升降舵调整片

compensador de tensões stress compensator 压力补偿器

compensador síncrono synchronous compensator 同步补偿器

compensar v.tr. ❶ (to) compensate 补偿，赔偿 ❷ (to) counterbalance, (to) equalize 补偿，平衡，调节

competência s.f. ❶ competence 权限，管辖权；能力 ❷ competence, competency 坚实度 ❸ competence, sediment-carrying capacity 挟沙能力（河流搬运最大颗粒沙砾的能力）

competência de rocha competence of rock 岩石坚固度

competente adj.2g. ❶ competent 有权限的；有能力的，能胜任的 ❷ competent 坚固的，致密的（岩层）

compilação s.f. compilation 辑录，编辑整理（文件）

compilador s.m. compiler 编译器，编绎程序

compilar v.tr. (to) compile 编辑，辑录，汇编

complanar adj.2g. complanar 共面的

complementar ❶ v.tr. (to) complement 补充，补足 ❷ adj.2g. complementary, completing 补充的，补足的；互补的；配套的

complementariedade s.f. complementarity 互补性

completação s.f. ❶ completion 完成；完工 ❷ well completion [巴]（油井）完井

completação a poço aberto open-hole completion 裸眼完井

completação de poços well completion （油井）完井

completação dupla dual completion, parallel tubing-string completion 双层完井

completação inteligente smart completion 智能完井

completação molhada wet completion 湿式完井

completação múltipla multizone completion 多层混合完井，多分支井完井

completação natural natural completion 正常完井

completação permanente permanent well completion 永久性完井

completação seca dry completion 干式完井

completação sem revestimento barefoot completion 裸眼终孔，裸眼完井

completação stand alone stand-alone screen completion 独立筛管完井

completação submarina subsea completion [巴] 水下完井，海底完井

completamento *s.m.* ❶ completion 完成；完工 ❷ well completion [葡]（油井）完井

completamento isolado do poço ⇨ completação stand alone

completo *adj.* complete, completed 完整的，成套的

completude *s.f.* completeness 完整性

complexante *s.m.* complexant 络合剂

complexidade *s.f.* complexity 复杂性

complexidade cartográfica map complexity 地图复杂性

complexo ❶ *s.m.* complex, composite building （建筑）综合体；综合设施，枢纽工程 ❷ *s.m.* complex 复合体；络合物 ❸ *s.m.* complex 杂岩 ❹ *adj.* complex; complicated 综合的，复合的；复杂的

complexo adsorvente absorption complex 吸附性复合体

complexo anular (/anelar) ring complex, ring dike 环状杂岩

complexo comercial commercial complex 商业综合体

complexo cristalino crystalline complex 晶体复合物

complexo de base basement complex 基底杂岩

complexo de dunas dune complex 沙丘群，沙丘复合体

complexo de injecção injection complex 贯入杂岩

complexo de lazer leisure complex 休闲娱乐中心

complexos de mísseis missile complex 导弹成套发射设施

complexo de troca exchange complex 交换性复合体

complexo deltaico delta complex 三角洲复合体

complexo desportivo sports complex 体育中心

complexo frio cold storage 冷库

complexo ígneo igneous complex 火成杂岩

complexo industrial industrial complex 工业生产基地；大工业中心

complexo maquinário machinery plant 机械厂

complexo ofiolítico ophiolitic complex 蛇绿混杂岩

complexo plataforma-vale shelf-valley complex 陆架谷型复合体

complexo soja soybean complex 大豆类产品

compliância *s.f.* compliance 顺度，柔量

complúvio *s.m.* compluvium 房顶方井

componente ❶ *s.2g.* component 组成部分，成分 ❷ *s.m.* component 组件，元件 ❸ *s.f.* component 分量，分力

componentes de distribuição de telefone telephone distribution components 电话布线零部件

componente de estratotipo component-stratotype 组分层型

componentes de material rodante de aço steel undercarriage component 钢质轮式底盘组件

componentes do sistema de energia power system components 电力系统元件

componente de uma força component of a force 分力

componente de vento cruzado crosswind component (CWC) 侧风分量

componentes electrónicos electronic components 电子元件

componente estrutural structural member 构件

componente externo external component 外部组分

componente externo não substancial external non-substantial component 外部次要组分

componente interno internal component 内部组分

componente interno não substancial internal non-substantial component 内部次要组分

componente modular modular component 模块化部件

componente não substancial non-substantial component 次要组分

componente robusto rugged component 坚固耐用的组件

componente sinterizado sintered component 烧结元件，烧结零件

componente substancial substantial component 主要组分

componente traccionador (/de tracção) draft member 牵引组件

componentes voláteis volatile components 挥发性成分

compor *v.tr.* (to) make up, (to) constitute 组成，构成

comporta *s.f.* ❶ gate, flood-gate; lock gate; penstock 闸，闸门；防洪闸；船闸闸门；水门 ❷ valve 阀，活门

comporta automática automatic gate 自动闸门

comporta basculante tilting gate 倾斜式闸门

comporta borboleta butterfly valve 蝶阀

comporta cilíndrica ❶ cylindrical gate 圆筒形闸门，圆柱形闸门 ❷ cylindrical valve 柱形阀，筒形阀

comporta de abaixamento drop gate 吊闸

comporta de barragem móvel barrage gate 拦河闸闸门

comporta de bomba valve at pump inlet 泵吸入阀

comporta de charneira hinged gate 铰接闸门

comporta de conduta forçada valve at inlet to penstock, gate at inlet to penstock 压力水管闸门

comporta de corrediça slide gate; sluice gate 滑动闸门；水闸门

comporta de desasseoreamento wash-out gate, scour gate 冲沙闸门

comporta de descarga outlet gate; outlet valve 放水闸门

comporta de deslizamento horizontal horizontal sliding gate 横向滑动闸

comporta de eclusa ❶ sluice gate 水闸门 ❷ lock gate, head gate 渠首闸门，上游闸门

comporta de emergência emergency gate 应急闸门

comporta de evacuador de cheia ⇨ comporta de vertedouro

comporta de fundo bottom gate, bottom

valve 底部闸门

comporta de jacto cheio jet flow gate 射流闸门

comporta de levantamento lifting gate, vertical gate 提升式闸门

comporta de levantamento de corpo duplo double leaf vertical lift gate 双叶垂直提升闸门

comporta de levantamento vertical vertical lift gate 垂直提升式闸门

comporta de limpeza wash-out gate 冲沙闸门

comporta de opérculo ring-follower gate, paradox gate 附环闸门

comporta de regulação regulating gate; regulating valve 控制闸门

comporta de rolo (/tambor) roller drum gate, rolling gate 圆辊闸门

comporta de segmento radial gate; tainter gate 弧辊闸门

comporta de sector drum gate, sector gate 扇形闸门

comporta de superfície crest gate 坝顶闸门

comporta de testa head gate 渠首闸门；上游闸门

comporta de tomada intake gate, intake valve 进气门

comporta de turbina valve at turbine inlet 轮机进气阀

comporta de vão de fundo bottom sluice gate 底部泄水闸门

comporta de vertedouro spillway gate, flood gate 溢洪闸门

comporta deslizante slide gate; sluice gate 滑动闸门

comporta deslizante de fundo bottom sluice gate; ground sluice gate 底部泄水闸门

comporta em esporão lock check gate 防逆闸门

comporta ensecadeira stop log 叠梁闸门

comporta equilibrada balanced gate 平衡闸门

comporta gaveta drawing gate 插板闸门

comporta giratória turnstile gate 旋转式闸门

comporta hidráulica hydraulic gate 液压闸门

comporta lagarta caterpillar gate 履带式闸门，链轮闸门

comporta levadiça lift gate 提升式门；提升式闸门

comporta mista mixed gate 混合闸门

comporta mitra miter gate 人字闸门

comporta múltipla multiple leaf gate 多叶闸门

comporta radial ⇨ comporta de segmento

comporta rolante rolling gate 圆辊闸门

comporta setor sector gate 扇形闸门

comporta Stoney Stoney gate 提升式平板闸门，斯托尼式闸门

comporta tambor drum gate 鼓形闸门

comporta telhado roof gate, roof weir 屋顶式闸门

comporta traseira tailgate 尾水闸门

comporta vagão fixed roller gate 定轮闸门

comportas vincianas (de eclusas) mitre gates 人字闸门

comportamento s.m. behavior, performance 特性；（机器等的）运转状况

comportamento das barragens behavior of dams 坝性态

comportamento em serviço behavior in service 使用状况

comportamento linear linear behavior 线性特性

comportamento não linear non-linear behavior 非线性特性

composição s.f. ❶ composition; structure 组成，构成；成分；结构 ❷ formation （列车）编组；一组（列车）

composição do concreto concrete composition; concrete mix 混凝土配合比

composição das forças composition of forces 力的合成

composição de fundo de poço bottom-hole assembly (BHA) 底部钻具组合

composição de tráfego traffic composition 交通组成

composição granulométrica granulometric composition 颗粒组成

composição isotópica isotopic composition 同位素组成

composição modular modular composition 模块化组成

composição normativa normative composition 标准矿物成分

composição química chemical composition 化学成分

composição tipográfica typesetting 排版

compósito s.m. composite 复合材料

compósito de fibra reforçada fiber-reinforced composite 纤维增强复合材料

compósito de grandes partículas large-particle composite 大颗粒复合材料

compósito de partícula reforçada particle-reinforced composite 颗粒增强复合材料

compósito de plástico e madeira (WPC) wood plastic composites (WPC) 塑木复合材料

compósito híbrido hybrid composite 混杂复合材料

compósito lamelar laminar composite 层状复合材料

composto ❶ s.m. compound 合成物，混合物；化合物 ❷ adj. composed 复合的，合成的

composto antiengripante anti-seizure compound 防黏剂

composto betuminoso bituminous compound 沥青混合物

composto complexante complexing compound 络合物

composto de auto-nivelamento self-levelling compound 自找平漆

composto intermetálico intermetallic compound 金属间化合物

compostos NOS NOS compunds 氮氧硫化合物

composto pirotécnico pyrotechnic compound 烟火化合物，烟火药剂

composto polar polar compound 极性化合物

composto químico chemical compound 化合物

composto selante (/vedador/de vedação) sealing compound 密封剂

compoteira *s.f.* compote 高脚果盘形装饰物

compra *s.f.* buying, purchase 购买，采购
　compra de materiais purchase of mate-
　riais 物资采购

comprador *s.m.* buyer 买方，买家

comprar *v.tr.* (to) buy, (to) purchase 购买，
　采购

compressão *s.f.* compression 压缩
　compressão axial axial compression 轴
　向压缩
　compressão de cimento squeeze cement
　挤水泥
　compressão de cimento a alta pressão
　high-pressure squeeze cementing method
　高压挤水泥法
　compressão de cimento a baixa pre-
　ssão low-pressure squeeze cementing
　method 低压挤水泥法
　compressão de sinal signal compression
　信号压缩
　compressão elástica elastic compression
　弹性压缩
　compressão primária primary compres-
　sion 主压缩

compressibilidade *s.f.* compressibility,
　compressibleness 可压缩性，压缩系数
　compressibilidade do gás gas com-
　pressibility 气体可压缩性
　compressibilidade do óleo oil com-
　pressibility 原油压缩性
　compressibilidade do volume poroso
　pore-volume compressibility 孔隙体积压缩
　系数

compressiómetro *s.m.* compression gauge
　压缩真空计

compressor *s.m.* compressor 压缩机
　compressor a jacto jet compressor 喷射
　压气机
　compressor alternado reciprocating
　compressor 往复式压缩机
　compressor axial axial compressor 轴流
　压缩机
　compressor bifásico ⇨ compressor
　de duas velocidades
　compressor centrífugo centrifugal com-
　pressor 离心式压缩机
　compressor do anel de pistão piston

ring compressor 压环器

compressor de ar ❶ air compressor 空气
　压缩机 ❷ inflator（轮胎）充气机
　compressor de ar condicionado
　air-conditioning compressor 空调压缩机
　compressor de ar da admissão super-
　charging blower 增压鼓风机
　compressor de ar estacionário station-
　ary air compressor 固定式空压机
　compressor de bombagem　　⇨
　compressor de intensificação
　compressor de carga booster compres-
　sor [巴] 增压器；增压机
　compressor de dois estágios two-stage
　compressor 两级压缩机
　compressor de duas velocidades two-
　speed supercharger 双速增压器
　compressor de frequência variável DC
　DC variable-frequency compressor 直流变
　频压缩机
　compressor de gás gas compressor 气体
　压缩机，压气机
　compressor de gaxeta seal tamping tool
　密封安装工具
　compressor de intensificação booster
　compressor [葡] 增压器；增压机
　compressor da mola da válvula valve
　spring compressor 气门弹簧压缩器
　compressor de motor engine super-
　charger 发动机增压器
　compressor de parafuso rotativo rotary
　screw compressor 回转式螺杆压缩机
　compressor de refrigeração refrigera-
　tion compressor 制冷压缩器
　compressor de Roots Roots blower 罗
　茨鼓风机
　compressor de três cilindros triple-cy-
　linder compressor 三缸压缩机
　compressor de três estágios three-stage
　compressor 三级压缩机
　compressor hidráulico hydraulic air
　compressor 水力压气机
　compressor interno internal superchar-
　ger 内增压器
　compressor pneumático air-blower 鼓
　风机
　compressor recíproco　　⇨ compressor

alternado

compressor tipo aberto open type compressor 开式压缩机

compressor tipo hermético hermetic type compressor 密封式压缩机

compressor tipo semi-hermético semi-hermetic compressor 半封闭式压缩机

compressor volumétrico volumetric compressor 容积式压缩机

comprimento *s.m.* length 长，长度

comprimento à linha de água load waterline 载重吃水线

comprimento crítico de rampa critical length of a ramp 坡道临界长度

comprimento de ancoramento (/ancoragem) anchorage length 锚固长度

comprimento de arco arc-length 弧长

comprimento do coice do jacaré frog heel length 辙叉跟端长

comprimento da conicidade taper length 锥形长度，锥度范围

comprimento da corda chord length 弦长

comprimento da crista crest length 坝顶长度

comprimento de curva curve length 曲线长度

comprimento de encurvadura buckling length 挫曲长度

comprimento de fractura fracture length 裂缝长度

comprimento da inclinação slope length 坡长

comprimento da lança articulada knuckleboom length 铰接动臂长度

comprimento de onda wave length 波长

comprimento de onda aparente apparent wavelength 视波长

comprimento do operador operator length 算子长度

comprimento do painel panel length 节间长度

comprimento da parte não roscada ⇨ comprimento sem rosca

comprimento da perna dianteira do jacaré frog toe length 辙叉趾长

comprimento de Planck (L) Planck length (L) 普朗克长度（合 1.6×10^{-35} 米）

comprimento do pulso pulse length 脉冲长度

comprimento do reservatório length of reservoir 水库主流长度

comprimento de transição transition length 缓和长度

comprimento de transpasse lap length 搭接长度

comprimento efectivo effective length 有效长度

comprimento efectivo líquido clear effective length 净有效长度

comprimento em jardas yardage 码数

comprimento fora a fora length over all 船舶总长度

comprimento livre free length 自由长度；净长度

comprimento não-travado unbraced length 无支撑长度

comprimento real do traçado geométrico route real length 路线实际长度

comprimento sem rosca grip length (of a bolt) 无螺纹杆部长度

comprimento teórico da perna dianteira do jacaré theoretical frog toe length 辙叉趾理论长度

comprimento total overall length 总长度

comprimento total máximo maximum overall length 最大全长

comprimento virtual virtual length 虚长

compromisso *s.m.* commitment 承诺

comprovação *s.f.* ❶ confirmation, corroboration 证实，证明，确认 ❷ checking 核对；检查 ❸ evidence, proof 证据，证明

comprovador *s.m.* checker 检验器，检查器

comprovar *v.tr.* (to) prove, ascertain 证实，证明

comprovativo *s.m.* proof, acknowledgement 证明；银行回单

computação *s.f.* computing 计算

computação distribuída distributed computing 分布式计算

computação em grade grid computing 网格计算

computação em nuvem cloud computing 云计算

computação gráfica computer graphics 计算机图形学

computação paralela parallel computing 并行计算

computação ubíqua ubiquitous computing 普适计算

computador *s.m.* computer 电脑，计算机

computador analógico analog computer 模拟计算机

computador assíncrono asynchronous computer 异步计算机

computador automático automatic computer 自动计算机

computador central central computer, host computer 主机

computador de bordo on-board computer 车载电脑

computador de controle control computer 控制计算机

computador de dados aerodinâmicos air data computer 航空数据计算机

computador de vazão flow computer 流量管制计算机

computador indicador display computer 显像计算机

computador integrado (/dedicado) embedded computer 嵌入式计算机

computador mainframe mainframe computer 主机；大型机

computador pessoal personal computer 个人电脑

computar *v.tr.* (to) compute, (to) calculate （用计算机）计算

computorizado/computadorizado *adj.* computed, computerized 计算的，使用计算机的，计算机化的

comum ❶ *adj.* common 共同的；平常的，普通的 ❷ *adj.2g.* non-premium 低品质的

comunicação *s.f.* ❶ communication 通信；交流 ❷ passage 通道 ❸ notice 通知

comunicação assíncrona asynchronous communication 异步通信

comunicação controlador-piloto através de enlace de dados controller-pilot data link communications 管制员—驾驶员数据链通信

comunicação de dados data communi-cation 数据通信

comunicações de dados entre insta-lações de serviços de tráfego aéreo air traffic services interfacility data communi-cations 空中交通服务内设数据通信

comunicação em mina thirl 联络巷道

comunicação horizontal comum common horizontal communication 公用水平通道

comunicações móveis mobile commu-nications 移动通信

comunicação por satélite satellite com-munication 卫星通信

comunicações rádio radio communica-tion 无线电通信

comunicação síncrona synchronous communication 同步通信；同步传输

comunicar *v.tr.,intr.* ❶ (to) communicate, (to) announce 沟通；传达，通知 ❷ (to) have a connection, (to) communicate 与…相连，与…相通

comutação *s.f.* commutation, switching 整流，换向，切换，交换

comutação de circuito circuit switching 电路交换

comutador *s.m.* commutator, switch 切换器，换向器，整流器；交换机

comutador central core switch 核心交换机

comutador de amperímetro ammeter switch 安培表转换开关

comutador do contacto contact switch 接触开关

comutador de flutuador float switch 浮控开关

comutador de ignição ignition switch 点火开关

comutador de inversão change-over switch 转换开关

comutador da luz alta-baixa dimmer switch, headlight dimmer switch 调光开关

comutador da placa plate switch 面板开关

comutador de pressão pressure switch 压力开关，压力切换器

comutador de rede network switch 网络交换机

comutador de sobregas kick-down switch 加速系统自动开关

comutador do telefone telephone switch 电话交换机

comutador matricial matrix switcher 矩阵切换器

comutador pneumático air switch 空气开关

comutar *v.tr.* (to) commutate, (to) switch 整流，换向，切换，交换

comutatriz *s.f.* rotary converter 旋转变流机

conato *adj.* connate （水）原生的

concatenação *s.f.* concatenation （颜色、视觉效果等的）并置法，级联法

concavidade *s.f.* ❶ concavity, cupping 凹面；凹度；凹形 ❷ trough 槽谷；海槽

concavidade do disco disc concavity （缺口圆盘耙的）缺口

côncavo ❶ *adj.* concave 凹形的，凹面的 ❷ *s.m.* concave 脱粒凹板

côncavo-convexo *adj.* concavo-convex 凹凸的

concedente *s.f.* grantor; licensor 让与人；许可方

conceder *v.tr.* (to) grant, (to) concede 授予；出让

conceito *s.m.* concept 概念，设想

concelho *s.m.* municipality 市

concentração *s.f.* ❶ concentration 集中，聚集；浓缩 ❷ concentration 浓度

concentração de coagulação crítica critical coagulation concentration (CCC) 临界聚沉浓度

concentração de minério ore concentration 选矿

concentração de sedimentos sediment concentration 沉积物浓度；含沙量

concentração de tensões stress concentration 应力集中

concentração gradiente concentration gradient 浓度梯度

concentração micelar crítica critical micelle concentration 临界胶束浓度

concentrado *s.m.* concentrate 浓缩物；凝析液

concentrador *s.m.* ❶ concentrator 浓缩器；集中器 ❷ hub 集线器

concentrador de amostras sample concentrator 样品浓缩器

concentrador de amostras a vácuo vacuum sample concentrator 真空样品浓缩器

concentrador de dados data concentrator 数据集中器

concentrador de Johnson Johnson concentrator 约翰逊精选机

concentrador de minério vanner 淘矿机

concentrador de minério accionado a ar air jig 风力跳汰机

concentrador de oxigénio oxygen concentrator 氧浓缩器

concentrar *v.tr.* (to) concentrate 聚集；浓缩

concêntrico *adj.* concentric 同心的

concepção *s.f.* conception, design 构想；概念；设计

concepção do projecto project design 项目设计

concepção ergonómica ergonomic design 人体工程学设计

concertina *s.f.* concertina wires 蛇腹形铁丝网，安全护网

concessão *s.f.* ❶ concession 授予；出让 ❷ concession 特许权；土地使用权

concessão rodoviária highway concession 公路特许经营

concessionária *s.f.* concessionaire 特许经营商

concessionário *s.m.* concessionaire; dealer 特许经营商；经销商

concha *s.f.* ❶ ladle 长柄勺 ❷ shell 半圆穹顶，薄壳建筑结构，薄壳建筑构件 ❸ scallop 扇形花样，贝壳饰

concha acústica acoustic shell 声罩

concha-bola socket ball 球窝

concha de borracha rubber cup 橡皮碗

concha de fundição ladle 浇斗；浇桶

concha do trampolim flip bucket; deflector bucket 挑流鼻坎，挑流弧坎

concha de uma turbina Pelton bucket of Pelton turbine 水斗式水轮机的水斗

concha defletora deflector hood; flip bucket 挑流板；挑流鼻坎

concha-garfo socket clevis 碗头挂板

concha plástica plastic scoop 塑料勺

concharia *s.f.* shell aggregate 贝壳骨料

concheira *s.f.* prehistoric shell mound 史前贝丘遗址

conclusão *s.f.* ❶ conclusion, completion, end 结束，完成 ❷ conclusion 结论

conclusão da obra completion 竣工

concóide *adj.2g.* conchoidal 贝壳状的

concordância *s.f.* transition （不同式样在结合处的）过渡

concordância boleto-alma e alma-patim do trilho rail fillet 轨头与轨腰连接处

concordante *adj.2g.* concordant 整合的

concordata *s.f.* settlement agreement 清偿协议

concorrência *s.f.* tender, bid 招标；竞标

concorrência para elaboração de projeto design competition 设计招标

concorrente *s.m.* tenderer, bidder 投标人，竞标人

concorrer *v.tr.,intr.* ❶ (to) compete（与…）竞争 ❷ 1. (to) apply for 申请（职位、岗位）2. (to) tender, (to) bid 投标，竞标

concreção *s.f.* concretion; sinter 结核；泉华

concreção calcária calc-sinter 泉华

concreção esferulítica spherulitic concretion 球状结核

concreção fosfática phosphatic concretion 磷灰结核

concreção laterítica lateritic concretion 红土结核

concreção nodular nodular concretion 瘤状结核

concreção siliciosa siliceous sinter 硅华

concreções ferruginosas doggers 铁石结核

concrecionado *adj.* concretionary 凝固的，含凝块的，含结核的

concretagem *s.f.* concreting [巴] 灌注混凝土，打砼；混凝土工程

concretagem direta direct placement 混凝土直接浇筑

concretagem em tempo frio cold weather concreting 冷天浇筑混凝土；冬季浇灌混凝土

concretar *v.tr.* (to) concrete [巴] 灌注混凝土，打砼

concreteira *s.f.* concrete mixing plant [巴] 混凝土拌合厂

concreto *s.m.* concrete [巴] 砼，混凝土 ⇨ betão

concreto a vácuo vacuum concrete 真空混凝土

concreto antiderrapante non slip concrete 防滑混凝土

concreto aparente fair-faced concrete 清水混凝土

concreto armado reinforced concrete 钢筋混凝土

concreto armado com fibras fiber reinforced concrete 纤维混凝土

concreto armado com fibras de aço steel fiber reinforced concrete 钢纤维混凝土

concreto armado com fibras de vidro glass fiber reinforced concrete 玻璃纤维增强混凝土

concreto armado com fibras na massa fiber reinforced concrete 纤维加强混凝土

concreto arquitetônico architectural concrete 装饰用混凝土

concreto asfáltico asphalt concrete 沥青混凝土

concreto asfáltico rolado rolled asphalt concrete 滚压沥青混凝土

concreto asfáltico usinado a quente (CAUQ) hot mixed asphaltic concrete (HMAC) 热拌沥青混凝土

concreto betuminoso bituminous concrete 沥青混凝土

concreto betuminoso permeável pervious bituminous concrete 透水沥青混凝土

concreto betuminoso usinado a quente (CBUQ) hot mixed bituminous concrete 热拌沥青混凝土

concreto britado crushed concrete 粉碎的混凝土

concreto bruto beton brut 粗制混凝土

concreto celular autoclavado autoclaved cellular concrete [巴] 压多孔混凝土

concreto centrifugado spun concrete 旋制混凝土，离心成型混凝土

concreto ciclópico cyclopean concrete 蛮石混凝土

concreto com ar incorporado air-entrained concrete 加气混凝土

concreto com fibras ⇨ concreto armado com fibras

concreto compactado a rolo (CCR) roller compacted concrete (RCC), rollcrete; rolled concrete 碾压混凝土

concreto compactado a seco dry tamped concrete 干捣实混凝土

concreto de acabamento concrete for finishing 清水混凝土；饰面混凝土

concreto de alcatrão tar concrete 焦油混凝土

concreto de alta resistência à compressão high strength concrete 高强度混凝土

concreto de argila clay concrete 黏土混凝土

concreto de cimento cement concrete 水泥混凝土

concreto de cimento e polímero polymer cement concrete 聚合物水泥混凝土

concreto de 1º estágio first stage concrete 一期混凝土

concreto de 2º estágio second stage concrete 二期混凝土

concreto de preenchimento ❶ make-up concrete, fill concrete 填充混凝土 ❷ dental concrete 找平混凝土

concreto de regularização bedding concrete; levelling concrete 混凝土整平层

concreto de resina resin concrete 树脂混凝土

concreto de resina vinílica vinyl resin concrete 乙烯基酯树脂混凝土

concreto "dental" dental concrete 找平混凝土

concreto endurecido hardened concrete 硬化混凝土

concreto estrutural structural concrete 结构混凝土

concreto estrutural leve lightweight structural concrete 轻结构混凝土，构造用轻混凝土

concreto fluido fluid concrete 浇筑混凝土

concreto fresco fresh concrete, green concrete 新拌混凝土；新浇混凝土

concreto impermeável waterproof concrete, water tight concrete 防水混凝土；抗渗混凝土

concreto impregnado de polímero polymer impregnated concrete 聚合物浸渍混凝土

concreto isolante insulating concrete 隔热混凝土

concreto leve lightweight concrete 轻混凝土，轻质混凝土

concreto magro lean concrete, lean mix concrete 贫混凝土，少灰混凝土

concreto massa mass concrete 大块混凝土

concreto misturado a seco dry batched concrete; dry mixed concrete 干拌合混凝土

concreto misturado em trânsito transit-mixed concrete 运送拌合混凝土

concreto moldado in loco (/no local) in situ concrete 现浇混凝土 ⇨ betão in situ

concreto parcialmente misturado shrink-mixed concrete 缩拌混凝土

concreto pesado heavy concrete 重混凝土

concreto plástico plastic concrete 塑性混凝土

concreto pobre lean concrete 贫混凝土

concreto polimérico (/polimerizado) polymer concrete 聚合物混凝土

concreto poroso porous concrete 多孔混凝土

concreto pré-fabricado precast concrete, prefabricated concrete 预制混凝土

concreto pré-misturado (/previamente misturado) premixed concrete 预拌混凝土

concreto pré-moldado precast concrete 预制混凝土

concreto pré-tenso prestressed concrete [巴] 预应力混凝土

concreto produzido na central plant-mixed concrete 厂拌混凝土

concreto projetado shotcrete, jet concrete 喷射混凝土

concreto projetado em tela wire mesh-reinforced shotcrete （混凝土）挂网喷浆

concreto pronto ready-mixed concrete 预拌混凝土

concreto protendido prestressed concrete 预应力混凝土

concreto protendido com aderência posterior bonded post-tensioned concrete 后张有黏结预应力混凝土

concreto protendido de armadura pós-tracionada post-tensioned concrete 后张法预应力混凝土

concreto recém-lançado newly laid concrete 新浇混凝土

concreto reforçado com fibra ⇨ concreto armado com fibras

concreto rico rich concrete 富混凝土

concreto rolado ⇨ concreto magro

concreto silícico silica concrete 硅质混凝土

concreto simples plain concrete; unreinforced concrete 素混凝土，纯混凝土；无筋混凝土

concreto submerso underwater concrete 水下混凝土

concreto vibrado vibrated concrete 振实混凝土

concursal *adj.2g.* (of) tender 招标的，竞标的

concurso *s.m.* ❶ tendering, bidding 招标，竞标 ❷ contest, competition; exam 比赛，竞赛；考试

concurso de admissão entrance exam 入学考试

concurso de ingresso recruitment examination 入职考试

concurso limitado restricted tendering, limited bidding 有限招标，限制性招标

concurso limitado por prévia qualificação prequalified tendering 资格预审（有限）招标

concurso limitado sem apresentação de candidaturas invited tendering, selective tendering 邀请招标

concurso para apresentação dum projecto design bidding 设计招标

concurso público ❶ open tender, public tender 公开招标 ❷ public competition 公开竞争，公开考试

condalito *s.m.* khondalite 孔兹岩

condensação *s.f.* condensation 冷凝；凝结

condensação intersticial interstitial condensation 缝隙（间）冷凝，缝隙结露

condensação superficial surface condensation 表面凝结

condensado ❶ *s.m.* condensate 冷凝物 ❷ *adj.* condensed 凝聚的；缓积的

condensado estabilizado stabilized condensate 稳定凝析油

condensado retrógrado retrograde condensate 反凝析液

condensador *s.m.* ❶ condenser 冷凝器 ❷ capacitor 电容，电容器

condensador a ar remoto remote air-cooled condenser 远置式风冷式冷凝器

condensador Allihn Allihn condenser 球形冷凝管

condensador do alternador alternator capacitor 发电机电容器

condensador do amplificador final final-amplifier condenser 末级放大器电容

condensador de ar air condenser 空气冷凝器

condensador de armazenamento e retenção sample-and-hold condenser 采样保持电容

condensador de derivação by-pass condenser 旁路电容器

condensador de evaporação (/evaporativo) evaporative condenser 蒸发冷凝器

condensador de ignição ignition condenser 点火电容

condensador de oscilação surge capacitor 浪涌电容器

condensador eléctrico capacitor 电容，电容器

condensador Liebig Liebig condenser 利氏冷凝管

condensador variável variable condenser 可变电容器

condensador variável duplo dual variable condenser 双联可变电容器

condensar *v.tr.* (to) condense 冷凝；凝结

condescendência *s.f.* compliance 遵从

condição *s.f.* ❶ condition 条件；状况 ❷ condition, term （合同）条件，条款

condição ambiental environmental condition 环境条件

condição ambiental esperada expected

285

environmental condition 预期的环境条件
condição ambiental externa external environmental condition 外部环境条件
condição ambiental interna internal environmental condition 内部环境条件
condição aproveitável serviceable condition 可用状况
condição climática climate condition 气象条件
condição de baixa velocidade underspeed condition 低速工况
condição de cura curing condition 养护环境
condições de concurso terms of tender 招标条件
condições de contorno boundary conditions 边界条件
condições de contrato conditions of contract 合同条件
condições de controle control conditions 控制条件
condições de emergência emergency conditions 事故条件
condição de equilíbrio equilibrium condition 平衡条件
condição de escavação de leve a moderada light to moderate digging condition 轻微至中度挖掘条件
condição de pagamento conditions of payment 支付条件，付款条件
condição de radiação radiation condition 辐射条件
condições de referência reference condition 基准条件，参比条件
condições de serviço service conditions 操作条件，使用条件；营运条件
condição de solo ground condition 土地状况；地面条件
condições de trabalho seguras safe working conditions 安全操作条件
condição de tráfego permitida pela via track condition 轨道状态
condições de trânsito traffic conditions 交通状况
condições da via road conditions 路况
condição desfavorável de solo rough underfoot condition 粗糙的地面条件

condições especiais de contrato special conditions of contract 合同特殊条款
condição geológica geological condition 地质状况
condições gerais de contrato general conditions of contract 合同一般条款
condições ideais ideal conditions 理想条件
condições IMC instrument meteorological conditions 仪表气象条件
condição necessária e suficiente necessary and sufficient condition 充要条件
condições normais de operação normal operating conditions 正常运行条件，正常工作条件
condições-padrão standard conditions 标准条件
condição predominante prevailing condition 主导条件
condição restritiva hidráulica hydraulic limiting condition 液压限制条件
condição sanitária sanitary condition 卫生条件
condicionador *s.m.* ❶ conditioner 调节器 ❷ conditioner 调节剂 ❸ forage conditioner, hay conditioner 牧草调制机，牧草压扁机
condicionador de ar ⇨ ar condicionado
condicionador de escoamento flow conditioner 流动调整器
condicionador de forragens forage conditioner, hay conditioner 牧草调制机，牧草压扁机
condicionador de martelos flail (type) conditioner 锤片式牧草压扁机
condicionador de rolos roller (type) conditioner 辊式牧草压扁机
condicionador de rolos canelados chevron roller conditioner, intermeshing roller conditioner 波齿形牧草压扁机
condicionador de sinal signal conditioner 信号调节器
condicionador de solo soil conditioner 土壤改良剂
condicionador do tipo fan-coil fan coil 风机盘管
condicionador magnético magnetic

water conditioner 磁性净水器

condicionador misto forage crimper-crusher, hay crimper-crusher 牧草压扁碾折机

condicionamento *s.m.* conditioning 调制，处理

condicionamento acústico sound engineering 声学处理，声学调节

condicionamento de ar air conditioning 空气调节

condicionamento do gás gas conditioning 气体调整

condicionamento da lama mud conditioning 泥浆处理

condicionamento de lodo sludge conditioning 污泥处理

condicionante *s.m.* constraint 限制因素，制约因素

condicionar *v.tr.* (to) regulate 调制，处理

condomínio *s.m.* condominium, community 小区，社区

condomínio fechado gated community 封闭式小区

condómino *s.m.* joint-owner, owner（小区）业主；共同所有人

condrito *s.m.* chondrite 球粒陨石

condrito carbonáceo carbonaceous chondrite 碳质球粒陨石

condrito ordinário ordinary chondrite 普通球粒陨石

condro *s.m.* chondrus 陨石球粒

condrodite *s.f.* chondrodite 粒硅镁石

côndrulo *s.m.* chondrule 陨石球粒

condução *s.f.* ❶ conduction 传导，导电，导热 ❷ drive 驾驶 ❸ conduct, management 管理，指挥，负责

condução à direita right-hand drive 右座驾驶的，方向盘在右边的

condução de elétrons electron conduction 电子传导，电子导电

condução dos trabalhos construction management 施工管理

condução intrínseca intrinsic conduction 本征导电，固有导电

condução térmica thermal conduction 热传导

conduíte *s.m.* cable duct, cable conduit 电缆管道

conduíte metálico flexível flexible metal conduit 金属软管

conduíte metálico rígido rigid metal conduit 刚性金属管道

condulete *s.m.* branch box; junction box 接线盒，过线盒，分线盒

conduta *s.f.* ductwork, conduit, duct 管道；导管

conduta à vista surface conduit 明敷导管；明敷线管

conduta cársica karst conduit 岩溶管道

conduta de água water pipe, water conduit 水管

conduta de ar air pipe 空气管道，风管

conduta de ar comprimido compressed air pipeline 压缩空气管道

conduta de arejamento vent duct, vent pipe 通风管道

conduta de aspiração suction conduit 吸入管

conduta de extracção exhaust duct 排气管道

conduta de ferro fundido cast iron conductor 铸铁导管

conduta de gás gas main 煤气总管

conduta de óleo oil flowline 输油管线

conduta de ventilação fan ducting 风扇通风槽

conduta flexível pliable conduit 可弯曲导管

conduta forçada pressure conduit 压力管道

conduta PVC PVC conduit PVC 水管

conduzir *v.tr.* ❶ (to) conduct 传导，导电，导热 ❷ *intr.* (to) drive 驾驶 ❸ (to) conduct, (to) lead, (to) manage 管理，指挥，负责

condutância (G) *s.f.* conductance (G) 电导，电导率

condutância específica specific conductance 电导率

condutância longitudinal longitudinal conductance 纵向电导

condutância térmica thermal conductance 导热性；热导率

condutibilidade *s.f.* conductibility, conductivity 传导性；传导率

condutibilidade acústica acoustic conductivity 传声性；声导率

condutibilidade eléctrica electric conductivity 导电性；电导率

condutibilidade hidráulica hydraulic conductivity 水力传导率，水力传导性

condutibilidade hidrodinâmica hydrodynamic conductibility 水动力传导性

condutibilidade térmica ⇨ condutividade térmica

condutividade s.f. conductivity 传导性，传导率，电导率

condutividade de fractura fracture conductivity 裂缝传导性；裂缝导流能力

condutividade eléctrica electrical conductivity 导电性；电导率

condutividade térmica (/de calor) thermal conductivity 热导率

condutivímetro s.m. conductivity meter 电导仪，电导率计

condutivímetro portátil portable conductivity meter 便携式电导仪

conduto s.m. conduit 管道；导管；渠道

conduto broqueado ⇨ conduto perfurado

conduto central central duct 中心导管

conduto cintado banded pipe 箍管

conduto de adução aqueduct 水沟，水渠

conduto de água fria cold water main 冷水总管

conduto de alta velocidade high-velocity duct 高速管道

conduto de distribuição manifold 歧管

conduto de entrada do ar inducer（鼓风机、压缩机泵的）进气口段

conduto de fumo flue 烟道

conduto de limpeza scour pipe 冲砂管道

conduto de pressão forced conduit 加压管道

conduto do vertedouro spillway culvert 溢流涵洞

conduto ejector de pó (/poeira) dust ejector line 吹尘器管

conduto flexível flexible duct 柔性管道

conduto forçado penstock, forced conduit 加压管道，压力水管

conduto geral bus duct 母线槽

conduto interno de ar exducer（鼓风机、压缩机泵的）出气口段

conduto livre open conduit 明渠

conduto perfurado perforated duct 多孔管

condutor s.m. ❶ 1. conductor 导体；导线 2. guide 导管 ❷ driver 驾驶员

condutor activo live conductor 火线

condutor ajudante co-driver（汽车）副驾驶，领航员

condutor com carga live conductor 带电导线，火线；带电导体

condutor de alimentação de entrada service entrance conductor 用户引入线

condutor de alumínio acobreado copperclad aluminum conductor 包铜铝导体

condutor de ar air guide 空气导管

condutor de aterramento grounding conductor 接地导体

condutor de aterramento funcional functional earthing conductor 功能接地导体

condutor de baixada down conductor, download 防雷引下线

condutor de cobre copper conductor 铜导线

condutores de derivação tap leads 抽头

condutor de fase phase conductor 相线

condutor de ligação eqüipotencial equipotential bounding conductor 等电位连接线

condutor de óleo oil guide 油导管

condutor de protecção protective earthing conductor 保护性接地导体；保护接地导线

condutor de protecção e de aterramento funcional protective and functional earthing conductor 保护和功能性接地导体

condutor de transporte de corrente current-carrying conductor 载流导体

condutor electrónico electronic conductor 电子导体

condutor em feixe bundle conductor 成束导线，导线束

condutores em torçada bundled conductors 分裂导线，导线束

condutor FE functional earthing conductor 功能接地导体

condutor flexível flexible cord 软电线；软线

condutor geral bus, busbar 总线，母线

condutor marinho marine conductor 海上钻井导管

condutor múltiplo multiple conductor 成束导线

condutor N neutral conductor 中性导体；中性线

condutor neutro neutral conductor 零线；中性线

condutor para trabalhos pesados heavy duty electrical conductor 大功率导电体

condutor PE protective earthing conductor 保护性接地导体；保护接地导体

condutor PEN PEN conductor 保护中性线

condutor PFE protective and functional earthing conductor 保护和功能性接地导体

condutor retorno return conductor 回路导线

condutor sem carga dead wire 死线；不载电导线

cone *s.m.* ❶ 1. cone 圆锥形；锥形物 2. cone 锥形工具；锥形筒 ❷ (**do rolamento**) bearing cone 轴承锥形内圈 ❸ cone structure（地质）锥体结构

cone abissal abyssal cone 深海锥

cone adventício adventive cone 寄生火山锥

cone aluvial alluvial cone 冲积锥

cone aluvial glaciário outwash 冰水沉积

cone cheio solid cone, solid wimble 实心锥

cone circular recto right circular cone 直圆锥

cone concêntrico concentric cone 同心锥体

cone de Abrams Abrams cone 坍落度筒 ⇨ cone de depressão

cone de água water coning 水锥

cone de água salgada saltwater cone 咸水锥

cone de Allen Allen cone 阿伦圆锥分级机

cone de ancoragem anchor cone 锚锥

cone de broca bit cone 钻头牙轮

cone de cinza ash cone 凝灰火山锥

cone de dejecção dejection cone 洪积锥，冲积锥

cone de depressão ❶ slump cone 坍落度筒 ❷ cone of depression 沉陷锥；下降锥体

cone de detritos debris cone 碎石锥

cone de escórias scoria cone 火山渣锥

cone de explosão explosion cone 爆炸锥

cone de fusão fusion cones 测温锥

cone de lava lava cone 熔岩锥

cone de redução reducer 减径管

cone do registro cock plug 旋塞

cone de Seger Seger cone 西格测温锥；西格示温锥

cone de válvula valve cone 阀锥体

cone de vedação locking cone 锁紧锥；锥形锁销

cone de visão cone of vision 视野锥

cone delta cone delta 锥形三角洲

cone-em-cone cone-in-cone 叠锥

cone excêntrico eccentric cone 偏心锥体

cone isolante wire nut 接线螺帽

cone para ensaio de slump ⇨ cone de depressão

cones pirométricos pyrometric cones 测温锥；高温三角锥

cone vazio hollow cone 空心锥

cone vulcânico volcanic cone 火山锥

conectar *v.tr.,pron.* (to) connect, (to) link 连接

conectividade *s.f.* connectivity 可连接性；（设备的）接口类型

conector *s.m.* connector 连接器，连接头

conector à prova de intempéries all-weather connector 全天候接头

conector de banjo banjo fitting 铰接式管接头

conector da bateria battery connector 电池连接器

conector de borracha rubber connector 橡胶接头

conector de cabos cable connector 电缆接头

conector de cabo de vela spark plug connector 火花塞接头

conector de células cell connector 电池

连接片

conector de encaixe (/macho e fêmea) plug-in-type connector 插塞式连接器

conector de mangueira hose connector 软管接头

conector de tubo pipe connector 管接头

conector eléctrico bond, electrical pothead 跨接线；电缆头

conector eléctrico de impedância impedance bond 阻抗轨隙连接器

conector hidráulico hydraulic connector, hydraulic coupler 液力连接器，液力耦合器

conetor insertável plug connector 连接插头

conector molhado wet-mateable connector 湿式耦合连接器

conector óptico optical connector 光连接器

conector RCA RCA connector 莲花头，RCA 接头

conector RJ registered jack 标准插座，水晶头

conector seco dry-mateable connector 干式耦合连接器

conector "sobre-a-separação" over-the-partition connector 跨越式连接器

conector "sobre-a-tampa" over-the-cover connector 扣压式连接器

conectores terminais end fittings 管端配件

conector tipo pá spade-type connector 铲式插接器

conector XLR XLR connector 卡侬头，XLR 接头

conectorização *s.f.* connectorization 接头连接

conexão *s.f.* ❶ connection 连接 ❷ connection, pipe fitting 连接件，接头；管接头

conexão adaptadora com flange flanged adapter fitting 法兰转接头

conexão articulada ⇨ **conexão giratória**

conexão autodesnudante insulation displacement connection 绝缘位移连接

conexão caixa box connection 阴螺纹接头

conexão cônica flared fitting 扩口式管接头

conexão cruzada cross-connect 交叉连接；交叉互联

conexão de alívio de pressão pressure relief fitting 泄压接头

conexão de duplo alargamento double flare fitting 双扩口管接头

conexão de encaixe plug and socket connection 插塞式连接

conexão de entrada inlet fitting 进口接头

conexão de escape exhaust connection, body exhaust connection 排气接头

conexão de extremidade fixa fixed end connection 固定端连接

conexão de momento moment connection 受弯连接

conexão de Taylor Taylor connection 泰勒接线法

conexão de tubo tube fitting 管接头

conexão de união union fitting 管套节；联管节

conexão dupla bulkhead fitting 闷头配件

conexão eléctrica electrical connection 电气连接

conexão eléctrica para carris rail bond 导轨夹紧器；轨端电气连接

conexão em cruz cross fitting 十字接头，四通接头

conexão em estrela Y connection, star connection 星形连接

conexão em ferro dúctil ductile iron fittings 球墨铸铁接头

conexão em paralelo parallel connection 并联

conexão em polietileno polyethylene connection 聚乙烯连接，PE 连接

conexão em polipropileno polypropylene connection 聚丙烯连接，PP 连接

conexão em PRFV FRP connection 玻璃钢连接

conexão em PVC PVC connection 聚氯乙烯连接，PVC 连接

conexão em séries series connection, serial link 串联

conexão em T T connection, Tee fitting T 形连接，三通接头

conexão em triângulo triangle connection, delta connection 三角形连接

conexão em U return bend 回弯管

conexão emoldurada framed connection 构架结合

conexão esférica ball joint 球形接头；球窝接头

conexão EU external upset joint 外加厚套管

conexão "f" f-connector F 形连接头

conexão fixa fixed connection 固定连接

conexão flageada fixa fixed flange connection 呆法兰接头

conexão giratória swivel fitting 转动接头

conexão haste-soquete stem-socket coupling 插塞式连接

conexão macho redutora reducing male screw connection 外螺纹变接头

conexão não cônica flareless fitting 直口接头

conexão permanente permanent connection 永久连接；固定连接

conexão rígida rigid connection 刚性连接

conexão roscada (/rosqueada) threaded connection 螺纹连接

conexão segmentada segment connection 节段连接

conexão semi-permanente semi-permanent connection 半永久性连接

conexão siamesa siamese connection 复式连接，双头连接

conexões siamesas do corpo de bombeiros fire department siamese connections（双头的）消防水泵接合器

conexão tipo abraçadeira clamp-type coupling 夹壳联轴器

conexão tipo flange flange-type fitting 法兰式接头

confecção s.f. making 制造；制作

conferência s.f. conference 会议

conferente s.2g. checker 检验员

confiabilidade s.f. reliability 可靠性

confiabilidade de um sistema elétrico reliability of an electrical system 电气系统的可靠性

confiança s.f. confidence 信任，信赖；可信度

confiável adj.2g. reliable 可靠的

confidencial adj.2g. confidential 机密的

confidencialidade s.f. confidentiality 机密性，保密性

configuração s.f. ❶ configuration 配置；构形 ❷ feature 特征

configuração canard canard configuration 鸭式布局

configuração de eletrodos electrode configuration 电极排列，布极形式

configuração de elétron electron configuration 电子构型

configuração de gás inerte inert gas configuration 惰性气体电子构型

configuração do sistema system configuration 系统配置；系统结构

configuração inicial initial setting 初步设定；初期设定

configuração janus Janus configuration 杰那斯配置型

configuração limpa clean configuration （飞机的）光洁形态

configuração oblíqua oblique configuration 斜交结构

configuração tandem tandem configuration 串列配置；纵列式布局

configurar v.tr. (to) configure 配置；组态

confinamento s.m. confinement 局限；约束；禁闭；隔离法灭火

confinar v.tr.,intr. (to) confine 局限；约束；禁闭

confinante adj.2g. adjacent, neighbouring 毗邻的

confins s.m.pl. boundary line 分界线

confitagem s.f. (acid, enzyme) bating 酵解软化

conflito s.m. conflict 冲突

conflito de aproximação approach-approach conflict 双趋冲突

conflito de aproximação-evitação approach-avoidance conflict 趋向-回避冲突

confluência s.f. junction, confluence 汇合处，汇合点

confluência de trânsito merging 汇合，合流

confluência intertropical intertropical confluence 间热带合流

confluente s.m. confluent（两河或多河交汇处的每一条）支流

conformação s.f. shaping, conforming

conformação das camadas forming of layers（道路）面层成型
conformação do pulso wavelet shaping 子波整形
conformar *v.tr.* (to) form, (to) shape 成形
conforme *adj.2g.* conformal, orthogonic 保形的，保角的；（地图投影中）正形投影的
conformidade *s.f.* ❶ 1. conformity 一致，适合；符合 2. conformance 一致性 3. compliance 合规（指经营活动与法律、规则和准则相一致）❷ conformity 整合
conformidade correlata correlative conformity（界面的）相对应整合
conforto *s.m.* ❶ comfort 舒适 ❷ *pl.* amenities 便利设施；生活福利设施
conforto térmico thermal comfort 热舒适
confrontações *s.f.pl.* limits; boundaries 边界，界线；建筑红线
congelação *s.f.* ❶ freezing, chilling 冻结，冷冻 ❷ freeze（物价、工资等的）冻结，固定；（资金、资产、财产等的）冻结，封存
congelação selectiva selective freezing 选择性冻结
congelado *adj.* frozen 冷冻的，冻结的；（工资、物价、租金等）不变的，固定的；（资金、资产、财产等）冻结的
congelador *s.m.* freezer 制冷器；（冰箱）冷冻室
congelador da padaria bakery freezer 糕点冷冻器
congelador do tipo rolante roll in freezer 轧辊冷冻机
congelamento *s.m.* ❶ 1. freezing 结冰；凝固 2. frost, freeze 霜冻，冰冻 ❷ freeze 冻结，固定；封存
congelamento e degelo freezing and thawing 冻融；冻融循环
congelar *v.tr.,pron.* (to) freeze, (to) chill 冻结，冷冻
congestionamento *s.m.* congestion 拥挤；拥塞
congestionamento do porto port congestion 压港
congestionamento de trânsito traffic congestion 交通拥堵
conglomerado *s.m.* ❶ pudding-stone,

conglomerate 砾岩 ❷ conglomerate 企业集团，联合企业
conglomerado alóctone allochthon conglomerate 层外砾岩
conglomerado basal basal conglomerate 底砾岩
conglomerado bréchico breccia-conglomerate 角砾砾岩
conglomerado de base ⇨ conglomerado basal
conglomerado de blocos cobble conglomerate 粗砾砾岩
conglomerado de compressão crush conglomerate 压碎砾岩
conglomerado de quartzo quartz conglomerate 石英质砾岩
conglomerado de seixos planos flat-pebble conglomerate 扁平砾石砾岩
conglomerado extraformacional extraformational conglomerate 层外砾岩
conglomerado homomíctico homomictic conglomerate 单成分砾岩
conglomerado intraformacional intraformational conglomerate 层内砾岩
conglomerado monogénico monogenic conglomerate 单成分砾岩
conglomerado monomíctico monomictic conglomerate 单成分砾岩
conglomerado oligogénico oligogenic conglomerate 单成分砾岩
conglomerado oligomíctico oligomictic conglomerate 单成分砾岩
conglomerado petromíctico petromictic conglomerate 复成分砾岩
conglomerado poligénico polygenic conglomerate 复成分砾岩
conglomerado polimíctico polymictic conglomerate 复成分砾岩
conglomerado pré-câmbrico Precambrian conglomerate 前寒武纪砾岩
conglomerado recifal reef conglomerate 礁砾岩
conglomerado vulcânico volcanic conglomerate 火山质砾岩
conglomerático *adj.* conglomeratic, pebbly 砾岩的，砾岩状的
conglomerito *s.m.* conglomerite 砾岩

congruente *adj.2g.* congruent 全等的
conhecimento *s.m.* bill of lading 提货单
conhecimento de depósito warehouse receipt 仓单
conhecimento de embarque bill of lading 提货单
conhecimento de embarque multimodal combined transport bill of lading, through bill of lading 联运提单
conho *s.m.* a crag in the middle of a river 突起在河中央的巨石
Coniaciano *adj.,s.m.* Coniacian; Coniacian Age; Coniacian Stage （地质年代）康尼亚克期（的）；康尼亚克阶（的）
cónica *s.f.* conic, conic section 圆锥曲线
conicidade *s.f.* ❶ conicity, conicalness 锥度, 圆锥度；锥形 ❷ taper (road) 楔形路段；逐渐收窄的路段
cónico *adj.* conic, tapered, beveled 锥形的；逐渐收窄的
conífera *s.f.* conifer 针叶树
conjugadas *s.f.pl.* conjugated faults 共轭断层
conjugado *adj.* mating 相配的；配合的
conjugar *v.tr.* (to) combine, (to) conjugate 连接, 结合
conjunção *s.f.* conjunction 连接, 结合
conjunto ❶ *adj.* combined, united 结合的, 联合的 ❷ *s.m.* set, assembly 组件、装置；总成；[用作量词]（一）套（组件、装备）❸ *s.m.* set 集合
conjunto aberto open set 开集
conjunto accionador drive assembly 驱动总成
conjunto canónico canonical ensemble, canonical assembly 正则系综；典型整体
conjunto complementar complementary set 补集
conjunto convergente-divergente converging-diverging nozzle 缩扩喷嘴
conjunto de balancins rocker arm assembly 摇臂组件
conjunto da barra de direção tie rod assembly 横拉杆总成
conjunto de biela connecting rod, assembly 连杆组件
conjunto do bloco de cilindros cylinder block assembly 缸体组件

conjunto de bomba de combustível fuel pump assembly 燃油泵总成
conjunto de britagem crushing plant 破碎装置；联合碎石机组
conjunto de coluna telescópica strut assembly 支柱总成
conjunto de cubo de roda wheel hub assembly 车轮毂总成
conjunto de diluição e dosagem de floculantes flocculant dilution and dosing unit 絮凝剂稀释加药装置
conjunto de disco de freio brake disc set 制动盘总成
conjunto de discos da embreagem clutch pack 离合器组件
conjunto de eixo axle assembly 车轴总成
conjunto de engrenagens gear cluster, gear train 齿轮组
conjunto de engrenagens de distribuição timing gear train 正时齿轮系
conjunto de engrenagens nodais nodal gearing 节点齿轮装置
conjuntos de engrenagens planetárias planetary gearing 行星齿轮
conjunto de estacas alinhadas vertical pile group 直桩群桩
conjunto de estacas não alinhadas battered pile group 斜桩群桩
conjunto da extremidade inferior do riser de perfuração lower marine riser package (LMRP) 下层海底取油管封装
conjunto da fechadura de ignição ignition lock assembly 点火开关总成
conjunto de ferramentas gang 工具套装
conjunto de fundo de poço bottom-hole assembly (BHA) 底部钻具组合
conjunto da haste stem assembly 连接杆总成
conjunto de haste tipo flange flange-type stem assembly 法兰式阀杆组件
conjunto de isqueiro cigar lighter assembly 点烟器总成
conjunto de mangueira(s) hose assembly 软管总成
conjunto de modificação changeover kit 改装套件

conjunto do pistão piston assembly 活塞总成；活塞组装件

conjunto de preparação e dosagem de floculantes flocculant prepare and dosing unit 絮凝剂制备加药装置

conjunto de pressão de reforço booster pressure sets 增压机组

conjunto de pressão de reforço VFD VFD booster pressure set 变频增压机组

conjunto de pressão de reforço de velocidade constante constant speed booster pressure sets 恒速增压机组

conjunto de rolamento da roda wheel bearing assy 车轮轴承总成

conjuntos de roletes roller assembly 滚柱总成

conjunto de terminais ⇨ conjunto da haste

conjunto de tubos socket set 螺帽套组

conjunto de válvula valve assembly 气门总成；气门组件

conjunto de válvula de zona zone valve assembly 区域阀门总成

conjunto denso dense set 稠密集

conjunto diferencial differential assembly 差动总成

conjunto fechado closed set 闭集

conjunto giratório tipo cartucho cartridge assembly 卡盘总成

conjunto habitacional cluster housing 住宅群

conjunto infinito infinite set 无限集

conjunto misto compound train 复式轮系

conjunto numerável enumerable set 可枚举集

conjunto selante locator seal assembly 插管总成

conjunto universal universal set 全集

conjuntor-disjuntor s.m. regulator cut-out 稳流断流器

conjuntura s.f. situation, scenario 形势，处境

conjuntura económica economic situation, economic environment 经济形势，经济环境

conluio s.m. colluding bidding 串标

conóide adj.2g.,s.m. conoid 圆锥形的；椎体

conodonte s.m. conodont 牙形石

conquistador s.m. heavy duty screwdriver 强力螺丝刀

consciencialização s.f. awareness; awareness-raising 意识，认识；增强意识，强化认知

consciencialização ambiental environmental awareness 环境意识；环保意识

conselheiro s.m. ❶ adviser, counselor 顾问 ❷ counselor （外交人员）参赞 ❸ director, member of the board [巴] 董事

conselheiro em investimentos investment adviser 投资顾问

conselheiro executivo executive director [巴] 执行董事，常务董事

conselheiro independente independent director [巴] 独立董事

conselheiro não executivo non-executive director [巴] 非执行董事

conselho s.m. ❶ council; board 委员会；理事会 ❷ meeting (of council, board) （委员会、理事会等的）会议

conselho administrativo administrative council 行政委员会

conselho assessor advisory board 咨询委员会，顾问委员会

conselho comercial business council 商业委员会

conselho consultivo ❶ advisory council 咨询委员会，顾问委员会 ❷ meeting advisory council 咨询委员会会议

conselho consultivo alargado enlarged meeting adcvisory council 咨询委员会扩大会议

conselho consultor advisory council 咨询委员会，顾问委员会

conselho de administração board, board of directors 董事会（在部分葡语国家，经理层 comissão executiva 是董事会的内部机构，董事长及执行董事分别兼有总经理、副总经理的职能）

conselho de administração executivo ⇨ comissão executiva

conselho de arbitragem arbitration board 仲裁委员会

conselho de assessoramento advisory council 顾问委员会

conselho da cidade city council 市议会

conselho de directores board of directores 董事会

conselho de governo government council 政府委员会

conselho de ministros council of ministers; cabinet council （机构及该机构召开的会议）部长会议；内阁会议

conselho de negócios business council 商业委员会

conselho directivo executive board 执行委员会，领导班子

conselho fiscal board of supervisors　监事会

conselho fiscalizador supervisory council 监督委员会

conselho gestor managing council, managing board 管理委员会

conselho legislativo legislative council 立法会

conselho militar military council 军事委员会

conselho municipal municipal council 市议会

conselho nacional national council 全国委员会

consentimento s.m. consent 赞成，允许，同意

consequente adj.2g. consequent 顺向的

conserto s.m. repair; mending 修理

conservação s.f. conservation 保持；保护；修复

conservação arquitectónica architectural conservation 房屋保护（包括管理、记录历史等）

conservação correctiva corrective maintenance 故障检修；维修保养

conservação do ambiente (/meio-ambiente) conservation of the environment 环境保护

conservação do edifício building conservation 房屋保护

conservação de energia conservation of energy 节约能源；能量守恒

conservação de madeira preservation of wood 木料防腐

conservação do solo soil conservation 水土保持

conservação periódica periodic maintenance 定期维修；定期保养

conservação preventiva preventive conservation 预防性养护

conservação rotineira routine maintenance 日常维护；例行维护

conservante s.m. preservative 防腐剂

conservante transportado em óleo oil-borne preservative 油载防腐剂

conservante transportado por água water-borne preservative 水载型防腐剂

conservar v.tr. (to) conserve, (to) maintain 保持；保护；修复

conservatório s.m. ❶ conservatory 音乐学院 ❷ conservatory 温室

consideração s.f. consideration 考虑，考量

consignação s.f. consignment, consignation 交付，委托，寄存

consignar v.tr. (to) consign 交付，委托，寄存

consistência s.f. ❶ consistency 硬度；稠度 ❷ consistency 一致性

consistência do reboco mud cake consistency 泥饼致密度

consistência lógica logical consistency 逻辑一致性

consistência topológica topological consistency 拓扑一致性

consistômetro s.m. consistometer 稠度计

consistômetro atmosférico atmospheric consistometer 大气浓度仪

consistômetro de argamassa mortar consistometer 砂浆稠度测定仪

consistômetro de cimento cement consistometer 水泥稠度仪

consistômetro pressurizado pressurized consistometer 增压稠化仪

consola/console s.f. ❶ console, console table 控制台；话务台 ❷ 1. console （装饰用的）支柱，托臂，卷轴式托架 2. cantilever beam, outrigger 悬臂梁，挑梁

consola curta bracket; corbel 牛腿

consola de condução driving console 驾驶控制台

consola de controlo control console 操纵台；控制台

console de mudança shift console 变速操纵台

consola do operador operator's console 接线员控制台

consola de sistema de incêndio fire console 消防控制台

consola (do circuito fechado) de TV CCTV console 闭路电视控制台

consola mural wall bracket 墙装托架

consola trepante cantilevered platform 悬臂式走道平台

consola trepante dobrável collapsible cantilever platform 可折悬臂平台

consolidação s.f. ❶ consolidation 加固；沉积；固结 ❷ merger （企业等的）合并 ❸ consolidation （财务）合并报表 ❹ consolidation 集中托运

consolidação de areia sand consolidation 固砂

consolidação primária primary consolidation 初始固结，主固结

consolidação secundária secondary consolidation 二次固结，次固结

consolidado adj. ❶ consolidated 加固的；固结的 ❷ consolidated 合并的

consolidar v.tr. (to) consolidate 加固，巩固，加强

consolidómetro/consolidômetro s.m. consolidometer, oedometer 固结仪；渗压仪

consolo s.m. ❶ cantilever; cantilever element 悬臂 ❷ mantel 壁炉架

consórcio s.m. consortium 财团；银行团；联合体

consórcio bancário bank consortium 银团

consórcio concorrente consortium for bids 投标联合体

consórcio de empresas consortium of firms 企业联合体

consórcio de projecto project consortium 项目联合体

constância s.f. constancy 恒定性；恒定度

constância do zero zero-point constancy 恒定零点，零点稳定性

constante ❶ adj.2g. constant 持久的，恒久的 ❷ s.f. constant 常数

constante capilar capillary constant 毛细常数

constante de AGC AGC constant, attack time 自动增益控制时间常数

constante de amortecimento damping constant 阻尼常数

constante de Boltzmann Boltzmann's constant 玻耳兹曼常数

constante de calibragem calibration constant 校准常数

constante de câmera camera constant 摄影机常数

constante de cone constant of the cone 圆锥常数

constante de deformação compliance constant 柔顺常数

constante de equilíbrio equilibrium constant 平衡常数

constante de gás gas constant 气体常数

constante de gravitação universal constant of gravitation 万有引力常数

constantes de Lamé Lamé constants 拉梅常数

constante de mola spring constant 弹簧常数

constante de multiplicação multiplicative constant 乘常数

constante de tempo time constant 时间常数，时间常量

constante dielétrica dielectric constant 介电常数

constante elástica elastic constant 弹性常数

constante harmónica harmonic constant 谐波系数

constante multiplicadora constant multiplier 常数乘子

constante solar solar constant 太阳常数

constante térmica heat constant 热力常数

constante universal dos gases universal gas constant 通用气体常数

constituição s.f. ❶ constitution, establishment 组成，构成，设立，成立 ❷ constitution 宪法；法规，规章，章程

constituição do consórcio consortium constitution 联合体成立

constituição da empresa ❶ constitution of a company 公司成立 ❷ articles of incorporation 公司章程

constituinte ❶ *s.m.* constituent 组分，组成部分 ❷ *s.2g.* constituent 委托人

constituinte intermediário intermediate constituent 中间组成物

constituir *v.tr.* ❶ (to) set up, (to) establish 设立，成立 ❷ (to) constitute, (to) represent 构成，组成；处于某种（法律）地位 ❸ (to) constitute, (to) appoint 委任，任命

constrangimento *s.m.* constraint, embarrassment 约束，限制

constrangimento físico physical constraint 物理限制条件

constrição *s.f.* constriction 收缩

construção *s.f.* ❶ 1. construction 建设，建造；施工 2. construction work 建造工程 ❷ 1. building, construction 建筑物，建造物 2. structure 结构；构筑物

construção acústica acoustic construction 隔音构造

construção adjacente adjacent construction 相邻建造物

construção antissísmica earthquake-proof construction 抗震建筑

construção carbonática carbonate build-up 碳酸盐凸起；碳酸盐建筑

construção catenária catenary construction 悬链线结构

construção civil civil works 土木工程

construção com estrutura em madeira leve light wood frame construction 轻型木结构

construção combustível combustible construction 易燃结构；易燃构造；易燃建筑

construção comum ordinary construction 半防火建筑

construção comum protegida protected ordinary construction 防护型一般建筑

construção de contenção containment building 安全壳厂房

construção de edifício building construction 房屋建筑，建筑物建造 ⇨ edificação

construção da ensecadeira cofferdam construction 围堰施工

construção de pontes bridgeworks 桥梁工程

construção de revestimento submetido a tensão stressed-skin construction 张拉膜结构

construção de tubulação de baixa pressão low pressured pipe works 低压管道工程

construções de utilidade pública utility building 公用设施建筑物

construção descontínua discontinuous construction 连续构造

construção dispendiosa e fútil folly 工程浩大而不实用的建筑

construção e apetrechamento construction and equipping 建设和装配

construção e montagem construction and installation 建设及安装

construção em cogumelo mushroom construction 蘑菇式结构；无梁板构造

construção em estacas pranchas sheet piling 打板桩

construção em estrutura leve light frame construction 轻质结构

construção em etapas staged construction 分阶段施工

construção em madeira pesada heavy-timber construction 重型木结构

construção folheada veneered construction 贴面结构

construção hidráulica hydraulic construction 水利建筑

construção industrializada industrialized construction 工业化建设

construção não combustível non-combustible construction 不燃结构；不燃构造；不燃建筑

construção não combustível desprotegida unprotected non-combustible construction 无保护的不燃结构

construção não combustível protegida protected non-combustible construction 有保护的不燃结构

construção naval shipbuilding 船舶建造

construção-operação-transferência (BOT) Build-Operate Transfer (BOT) 建造、营运及移交

construção permanente permanent construction 永久性建筑物；永久结构

construção por laje pré-moldada elevada lift-slab construction 升板法施工

construção provisória temporary construction 临时性建筑物；临时结构

construção resistente ao fogo fire resisting construction 耐火结构

construção sandwich composite sandwich construction 复合夹层结构

construção seca dry construction 干法施工

construir *v.tr.* (to) construct, (to) build 建设，建造；施工

construtivismo *s.m.* constructivism 建构主义

construtor *s.m.* builder, constructor 建筑者；制造者；建筑商

construtora *s.f.* building company 建筑商，建筑公司

cônsul *s.m.* consul （外交人员）领事

consulado *s.m.* consulate 领事馆

consulta *s.f.* ❶ consultation 会商，协商 ❷ consult; reference 咨询；参考，查考

consultar *v.tr.* ❶ (to) confer with 会商，协商 ❷ (to) consult 咨询；参考，查考

consultor *s.m.* consultant 顾问

consultoria *s.f.* ❶ consulting, consultation 咨询（工作、服务），顾问（工作、服务）❷ consultant fee 咨询费，顾问费

consumidor *s.m.* consumer 消费者；用户，顾客

consumível ❶ *adj.2g.* consumable 可消耗的 ❷ *s.m.(pl.)* consumable(s) 耗材

consumíveis de escritório office consumables 办公耗材

consumíveis de impressão printing consumables 打印耗材

consumo *s.m.* ❶ consumption （商业性）消费 ❷ consumption 消费（量），消耗（量），使用量，（油漆等的）涂布率

consumo corrente current consumption 日常消耗

consumo de combustível fuel consumption; fuel efficiency 耗油量；燃油效率

consumo de corrente current consumption, current draw 电流消耗

consumo de energia energy input; power consumption 能量输入；功率消耗

consumo de energia eléctrica power consumption 电耗；耗电量

consumo de gás gas consumption 煤气耗用量

consumo de óleo fuel consumption 油耗，耗油量；燃料消耗量

consumo dos serviços auxiliares plant consumption 厂用电消耗

consumo interno internal consumption 内部消耗

consumo per capita per capita consumption 人均消费

consumo privado private consumption 私人消费

consumo próprio self-consumption 自消费

conta *s.f.* ❶ account; bill 账目；账单 ❷ *(pl.)* pearl molding 串珠饰

contas a pagar accounts payable 应付账款

contas a receber accounts receivable 应收账款

contas anuais annual accounts 年度决算；年度报表

conta bancária bank account 银行账户

conta comercial trading account 营业账目；营业账户

conta confirmada account stated 认可账目

conta congelada frozen account 冻结账户

conta corrente current account 经常账；活期存款账户

conta de absorção absorption account 费用分摊账户

conta de cristal crystal button （水晶吊灯的）水晶粒

contas de custo cost accounts 成本账户

conta de custódia custody account 托管账户

conta de despesas expense account 支出账目；费用账户

conta do orçamento budget account 预算账户

conta de poupança savings account 储蓄账户

conta de receita e despesa income and expenditure account 收支账目；收支账户

contas de rosário bead and reel 珠链饰
conta final final account [葡] 决算
conta pessoal personal account 人名账户;
个人账户
conta pública public account 政府账目
contabilidade *s.f.* accounting 会计, 会计学
contabilidade ambiental environmental
accounting 环境核算
contabilidade de custos cost accounting
成本核算
contabilidade financeira financial accounting 财务会计
contabilista *s.2g.* accountant 会计师; 会计
人员
contabilista-chefe chief accountant 总会
计师
contabilização *s.f.* accountancy 会计工作
contabilizar *v.tr.* (to) do accounts 做账,
算账
contactito *s.m.* contactite 接触变质岩
contactar *v.tr.* (to) contact, (to) reach 接触
contacto *s.m.* ❶ contact 接触; （接）触点
❷ *pl.* contacts, contact information 联系
方式
contacto angular de carreira simples
single row angular contact 单列角接触
contacto do dente da engrenagem gear
tooth contact 轮齿接触
contacto de porta door contact 门触点
contacto de terra ground contact 接地
接点
contacto desligador shut-off contactor 断
路接触器
contacto directo direct contact 直接接触
contacto gás/água gas/water contact 气
水接触（面）; 气水界面
contacto gás/óleo gas/oil contact 油气接
触（面）; 油气界面
contacto indirecto indirect contact 间接
接触
contacto interruptor break contact 断开
触点; 断开接点
contacto intrusivo intrusive contact 侵入
接触; 侵入作用
contacto linear line contact 线接触; 线路
接触
contacto lítico lithic contact 石质接触面

contacto livre free contact 自由触点
contacto magnético magnetic contact 磁
开关
contacto magnético de porta magnetic
door contact 门磁开关
contacto óleo/água oil/water contact 油
水接触面; 油水界面
contacto por platinados ⇨ contacto
puntiforme
contacto puntiforme point contact 点
接触
contacto radial de carreira simples
single row radial contact 单排径向接触
contacto roda-trilho contact patch 轮轨
接触面
contactologia *s.f.* contactology, con-
tact-lens manufacturing 隐形眼镜学; 配隐
形眼镜
contactor *s.m.* contactor 接触器
contactor AC AC contactor 交流接触器
contactor da sobrevelocidade overspeed contactor 超速接触器
contactor tetrapolar quadrupole contactor 四极接触器
contactor triângulo delta contactor 三角
形接触器
contador *s.m.* ❶ counter, meter 计数器 ❷
accountant 会计师; 会计人员
contador de água water-meter, hydrometer 水表
contador de água de hélice helical water meter 螺翼式水表
contador de água de palhetas vane-
wheel water meter 叶轮式水表
contador de água rotativo rotary water
meter 旋转式水表
contador de ar duplex duplex air gauge
双计气压表
contador de cintilações scintillation
counter 闪烁计数器
contador de colónia colony counter 菌
落计数器
contador de colónias automático automatic colony counter 全自动菌落计数器
contador de descargas atmosfericas
lightning strike counter 闪电计数器
contador de electricidade ⇨ contador

eléctrico

contador de fardos bale numbering device 草捆编号机

contador de gás gas meter 煤气表；气量计

contador de horas em funcionamento hour run meter 运行计时器

contador de rotações rotation counter, revolution counter[葡]转速表

contador de tráfego traffic counter 交通量计数器

contador eléctrico electric meter 电表，电度表

contador Geiger Geiger counter 盖革计数器

contador pré-pagamento prepaid meter 预付费电表

contadora *s.f.* counter, meter 计数器，清点机

contadora de notas cash register 点钞机

conta-fios *s.m.2n.* screw pitch gauge 螺距规

contagem *s.f.* count, counting 计数

contagem de tráfego (/trânsito) traffic counts 交通量计数，交通量观测

contagem Doppler Doppler count 多普勒计数

conta-giros *s.m.2n.* rotation counter, tachometer[巴]转速表

conta-horas *s.m.2n.* hour meter, hour recorder 小时计

container *s.m.* ⇨ contêiner

contamilhas *s.m.2n.* air mileage indicator [巴]飞行航程指示器

contaminação *s.f.* ❶ contamination 污染 ❷ contamination 混合作用，混染作用

contaminação antropogénica anthropogenic contamination 人为污染

contaminação do ambiente environmental contamination 环境污染

contaminação do aquífero aquifer contamination 含水层污染

contaminação de matérias radioactivas radioactive material contamination 放射性物质污染

contaminação magmática magmatic contamination 岩浆混染作用

contaminação natural natural contamination 自然污染

contaminante *s.m.* contaminant 污染物

contaminante do óleo oil contaminant 油污染物；石油污染物

contaminante fino fine contaminant 细颗粒污染物

contaminante grosso coarse contaminant 粗颗粒污染物

contaminar *v.tr.* (to) contaminate 污染

contango *s.m.* contango 期货溢价，交易延期费

conta-quilómetros *s.m.2n.* mileometer, milometer, odometer 里程表

contar *v.tr.* (to) count 数数；计数

conta-rotações *s.m.2n.* rotation counter, revolution counter[葡]转速表

conta-voltas *s.m.2n.* revolution counter 转数表

contêiner *s.m.* container[巴]集装箱，货柜；贮存器

contêiner desmontável collapsible container 折叠式集装箱

contenção *s.f.* ❶ containment 包含；容纳 ❷ containment, restraint 控制；抑制 ❸ containment 围护

contenção de ravinas containment of gullies 冲沟填堵

contentor *s.m.* container[葡]集装箱，货柜；贮存器

contentor com carga completa (FCL) full container load (FCL) 整柜装箱装载

contentor com carga de grupagem (LCL) less than container load (LCL) 未满载集装箱，拼箱

contentor de lixo waste container 垃圾箱

contentorização *s.f.* containerization 集装箱化

contentorizado *adj.* containerized 集装箱装运的

contestação *s.f.* disputes 纠纷

conteúdo *s.m.* content 内容；内装物；含量

conteúdo de água water content 含水量

conteúdo de água livre free-water content 自由水含量

conteúdo de ar air content voids （混凝土）空隙率

conteúdo de cimento cement content 水

泥含量

conteúdo de cinzas ash content 灰分含量

conteúdo de umidade moisture content 含湿量；含水量

conteúdo de umidade de equilíbrio equilibrium moisture content 平衡含水量；平衡湿量

conteúdo de umidade ótimo optimum moisture content 最佳含水量

conteúdo discrecionário discretionary content 自由处置内容

conteúdo nacional (/local) national content, local content （设备、服务等的）本国成分，本土成分

contexto *s.m.* ❶ context 上下文，语境 ❷ background 背景

contexto geológico geologic background 地质背景

contexto geológico regional regional geologic background 区域地质背景

contiguidade *s.f.* contiguity 邻近，接触

continental *adj.2g.* continental 大陆的；大陆性的

continentalidade *s.f.* continentality 大陆度

continente *s.m.* continent 大陆

contingência *s.f.* ❶ contingency 意外事件 ❷ *pl.* contingencies, contingency sum 不可预见费

continuação *s.f.* continuation 继续；拓展；延拓

continuação ascendente upward continuation 向上延拓法

continuação descendente downward continuation 向下延拓，下半空间延拓

◇ boa continuação smooth progress 进展顺利

continuidade *s.f.* continuity 连续性，连贯性

continuidade de espaço space continuity 空间连续性

continuidade da reflexão reflection continuity 反射连续性

continuidade total complete continuity 完全连续性

contitular *s.2g.* joint owner （产权、股权等的）共有人

contitularidade *s.f.* joint ownership 共同所有权；股权共有

contornado *adj.* contoured 波状外形的

contornadora *s.f.* shapecutter 型材切割机

contornar *v.tr.* ❶ (to) contour 画轮廓；画等高线 ❷ (to) by-pass 绕过

contornito *s.m.* contourite 等深积岩

contorno *s.m.* ❶ outline 轮廓；外形 ❷ contour line 轮廓线，等高线

contorno de estrutura structure contour 构造等高线

contorno de fácies facies contour 等相线

contorno de grãos grain boundary 晶界

contorno de igual força sonora equal loudness contour 等响曲线，等响度线

contorno de nível de terreno ground level contour 地面水平等高线

contorno do reservatório reservoir shoreline; bankline 水库岸线

contorno estratigráfico stratum contour 地层等高线

contorno interno toe (in gear tooth) 轴踵

contra- *pref.* counter-, anti- 表示"相反的，相对的，对位的"

contra-alisado *s.m.* anti-trades, anti-trade wind 反季候风

contra-antena *s.f.* antenna counterpoise 天线地网

contra-arcado *adj.* counter-arched 倒拱式的，反拱形的

contra-arco *s.m.* counter-vault 反拱

contra-ataque *s.m.* counter excavation 逆做法挖土

contrabalançar *v.tr.* ⇨ contrabalancear

contrabalanceado *adj.* counterbalanced 平衡重式的

contrabalanceador *s.m.* balancer 平衡器

contrabalanceadores excêntricos eccentric balancers 偏心平衡器

contrabalancear *v.tr.* (to) counterbalance, (to) balance 使平衡，抵消，补偿

contrabalanceamento *s.m.* ❶ counterbalancing 起平衡作用，对重平衡 ❷ counterbalancing （游梁式抽油机的）往复抽油运动

contrabalanceio *s.m.* counterbalancing（游梁式抽油机的）往复抽油运动

contrabatedor *s.m.* threshing concave 脱粒凹板

contrabatedor de debulha ⇨ contrabatedor

contracaixilho *s.m.* double window 双层窗

contra-camada *s.f.* underlay 底基层，衬底

contracção/contração *s.f.* contraction, shrinkage 收缩；收缩量

contracção de secção transversal contraction in area 面积收缩

contração devido à solidificação solidification shrinkage 凝固收缩

contração longitudinal longitudinal contraction 纵向收缩

contração por secagem drying shrinkage 干燥收缩

contração radial radial contraction 径向收缩

contração tangencial tangential contraction 切向收缩

contracção térmica thermal contraction 热收缩

contracaibro *s.m.* "contracaibro" 托脚 contrafeito 的一种，连接山墙的中点和梁托的中点

contracarril *s.m.* guard rail 护轨

contra-cavilha *s.f.* blind mortise 凹榫

contrachapa *s.f.* end plate 端板

contrachave *s.f.* voussoirs adjacent to the keystone 拱顶石两侧的拱石

contrachaveta *s.f.* cotter pin 开口销

contracheque *s.m.* check stub 支票存根

contraclave *s.f.* ⇨ contrachave

contracorrente *s.f.* ❶ backwash 回流 ❷ counter current 反向电流 ❸ countercurrent process 逆流萃取法

contracosta *s.f.* opposite shore 对岸

contracurva *s.f.* inverse curve, cyma 反曲线饰

contradique *s.m.* counterdike 副堤

contraeixo *s.m.* countershaft 副轴，对轴

contra-empeno *s.m.* rafter strut（防止梁、板等弯曲变形用的）撑子

contra-entalhe *s.m.* blind mortise 凹榫

contraente *s.2g.* contrahent, contracting party（合同）签署方

◇ primeiro contraente first party 甲方，第一方

◇ segundo contraente second party 乙方，第二方

contra-escarpa *s.f.* counterscarp（城堡、堡垒的）外崖

contraexplosão *s.f.* backfire 回火，逆火

contra-faca *s.f.* shear bar, fixed shear plate 剪切刀片

contrafase *s.f.* ❶ opposite phase, reversed phase 反相 ❷ push-pull 推拉式；推挽式

contra-fasquiado *s.m.* counter-lathing 副条

contrafecho *s.m.* voussoirs adjacent to the keystone 拱顶石两侧的拱石

contrafeito *s.m.* arris fillet 木屋架构件，类似于中国古代木构架屋顶的托脚

contra-ferro *s.m.* back iron, cap iron 护铁，帽盖铁

contrafila *s.f.* strut of a roof 屋架斜撑

contrafileira *s.f.* ⇨ contrafila

contrafixa *s.f.* batter post, braced girder 斜柱，斜撑

contraflange *s.m.* mating flange 对接法兰

contraflecha *s.f.* chamfer（木材、石材边缘或角斜削之后形成的）削角，斜面

contra-fluxo *s.m.* counter-flow 逆流；反方向行车

contraforte *s.m.* buttress, abutment, counterfort 扶壁；扶垛；支墩，坝垛；桥台

contraforte de mochila knapsack abutments 反重桥台

contraforte de montanha off-set 断错山脊

contraforte diagonal diagonal buttress 斜扶壁

contraforte em diagonal angle brace 角撑

contraforte interior dead abutment 隐蔽式桥台

contraforte oco hollow abutment 空心桥台

contraforte pilastra pilaster strip 壁柱；无帽壁柱

contrafrechal *s.m.* eave purlin 挑檐枋

contragarantia *s.f.* counter guarantee 反担保

contra-guia *s.m.* guide-groove 导槽；导向槽

contra-haste *s.m.* ⇨ haste de guia

contrair *v.tr.* (to) contract, (to) shrink 收缩

contraleito *s.m.* bond face（砖块、砌块等

之间的）结合面

contraluz *s.f.* backlighting 背光；背光照明

contramalha *s.f.* double mesh 加强网，二层网

contra-mancal *s.m.* counterbearing 轴承座

contra-mão *s.f.* wrong lane, wrong way 反方向行车道；错误的行车道

contramarco *s.m.* jamb, countermark 门窗框边框

contramaré *s.f.* counter tide 逆流，逆潮

contramartelo *s.m.* holding-up hammer 铆钉撑锤；铆钉抵锤

contramestre *s.m.* foreman 工头

contra-mola *s.f.* counter spring 缓冲弹簧，平衡弹簧

contramoldagem *s.f.* counter moulding 翻模（通过已有的部件制作模具，用来制作新的部件）

contramolde *s.m.* cast （化石的）铸型

contramonção *s.f.* antimonsoon 反季风

contramuro *s.m.* counter wall, back wall （用以支撑、加固另一座高墙的）挡墙

contranível *s.m.* collar tie 房顶衬木

contra-oferta *s.f.* counter offer 还盘；还价；反要约，新要约

contrapadieira *s.f.* eyebrow eave 窗头线（饰）

contraparte *s.f.* counterpart 对手方，对位方 contraparte central central counterpart 中央对手方，共同对手方

contrapartida *s.f.* ❶ balancing entry 平衡账项 ❷ setback; compensation （与收益相平衡的）损失；（与损失相平衡的）收益，补偿 ❸ counterpart 对等物

contrapeito *s.m.* pitched roof window 斜屋顶天窗，阁楼天窗

contrapendural *s.m.* queen post 桁架副柱

contrapeso *s.m.* ❶ counterweight, balance weight, counterbalance weight 配重（物），对重（物）；平衡锤；平衡块 ❷ ballast weight 压载物 contrapeso de roda wheel weight 轮上配重，车轮配重 contrapeso dianteiro frame weight 前部配重 contrapeso traseiro rear counterweight 后部配重

contrapilastra *s.f.* counterpilaster, counterpillar 对立壁柱

contrapino *s.m.* cotter pin 开口销

contrapiso *s.m.* sub-floor 底层地面，毛地板

contraplaca *s.f.* ❶ backplate 背板 ❷ packing plate 填密板 contraplaca do dedo guard plate 护板 contraplaca do dedo de gadanheira ledger plate 定刀片，下刀片

contraplacado *s.m.* plywood 胶合板 contraplacado coberto com folheado em ambos os lados plywood faced with veneer both sides 两面薄板贴边的胶合板 contraplacado coberto em ambos os lados plywood faced both sides 两面贴边的胶合板 contraplacado de cinco camadas 5-plywood 五合板 contraplacado de resinosas resin bonded plywood 树脂胶合板 contraplacado de três camadas three-plywood, 3-plywood 三合板 contraplacado decorativo decorative plywood 装饰胶合板 contraplacado desenrolado peeled plywood 旋切胶合木 contraplacado marítimo marine plywood 海洋板，船用胶合板 contraplacado multilaminado multiply plywood 多层胶合板

contraponta *s.f.* tailstock 尾座，床尾，后顶针座

contraponto *s.m.* counterpoint 对位

contraporca *s.f.* jam nut 锁紧螺母；防松螺母 contraporca padrão de alto torque high torque standard lock nut 高扭矩标准防松螺母

contraposição *s.f.* counterpoise 平衡，均衡

contraposto *s.m.* contrapposto 对立平衡

contrapressão *s.f.* backpressure, counter pressure 反压强；背压 contrapressão do escape exhaust backpressure 排气背压，流形排气背压

contraproposta *s.f.* counterproposal; counteroffer （对手方针对前一个 proposta 提出的不同版本）反提案，新提案，答复方案；

还盘

contrapunção *s.f.* counterpunch 反向凸模；冲孔机垫块

contrário *adj.* opposite, contrary 相反的，对立的

contra-ripado *s.m.* counter-lath 顺水条

contra-rufo *s.m.* counterflashing 帽盖泛水

contra-safra *s.f.* after-reap crop 后茬作物

contraste *s.m.* contrast 明显的差异，对比；对比度

contraste de densidade density contrast 密度差

contraste de velocidade velocity contrast 速度差

contratação *s.f.* ❶ contracting 签订合同 ❷ contract form, contract modality 合同形式 ❸ procurement 采购 ❹ hiring, recruitment 聘用

contratação emergencial emergent procurement 紧急采购

contratação por resultados result contracting, performance-based contracting (PBC) 基于结果的合同安排，绩效合同

contratação pública public procurement 公共采购，政府采购

contratação simplificada simplified procurement 简化采购

contratada *s.f.* contractor 乙方，受雇方，承包人

contratador *s.m.* ⇨ contratante

contratante ❶ *adj.2g.* contracting, procuring 缔约的，采购的 ❷ *s.f.* employer; procuring entity 甲方，雇佣方，发包人；采购人

contratensor *s.m.* straining piece, straining beam 拉梁，跨腰梁

contratirante *s.m.* collar tie 房顶衬木

contratar *v.tr.* ❶ (to) contract 签订合同 ❷ (to) engage, (to) hire 雇佣，雇用

contrato *s.m.* contract 合同，合约；协议

contrato a preço fixo (/à forfeit) lump sum contract 总价合同

contrato a termo certo fixed-term contract 定期合同

contrato aberto open contract, open-ended contract 开口合同

contrato bilateral bilateral contract, bi-

lateral agreement 双边合同，双边协议

contrato cativo captive contract （独家经营企业与用户签署的）独家合同，垄断性合同

contrato cativo flexível flexible captive contract 柔性独家合同

contrato chave-na-mão turn-key contract 全包合同，交钥匙合同

contrato com construção e transferência build and transfer contract (BT) 建设-转让合同

contrato com despesas reembolsáveis cost reimbursement contract 成本补偿合同

contrato com lista de preços remeasurement contract 单价合同

contrato de (/com) concorrência competitive contract 投标合同

contrato de aquisição de energia (CAE) power purchase agreement (PPA) 购电协议

contrato de balanceamento de gás gas balancing agreement 提气平衡合同

contrato de compartilhamento de instalações (CCI) facility sharing agreement 设施共享协议

contrato de compra de energia (CCE) Power Purchase Agreement (PPA) 购电协议

contrato de concessão franchise contract 特许经营合同

contrato de consórcio consortium agreement 联合体协议

contrato de (/para) construção construction contract; building contract 施工合同；建筑合同

contrato de construção, arrendamento e transferência build, lease and transfer (BLT) contract 建设-租赁-转让合同

contrato de construção, operação e transferência de activos build, operate and transfer (BOT) contract 建设-经营-转让合同

contrato de construção, operação, treinamento e transferência de activos build, operate, train and transfer (BOTT) contract 建设-经营-培训-转让合同

contrato de construção, posse e operação build, own and operate (BOO)

contract 建设-拥有-经营合同
contrato de construção, posse, operação e transferência build, own, operate and transfer (BOOT) contract 建设-拥有-经营-转让合同
contrato de construção, transferência e operação build, transfer and operate (BTO) contract 建设-转让-经营合同
contrato de custo mais remuneração de incentivo cost-plus-incentive-fee contract 成本加酬金激励合同
contrato de empreitada engineering contract 工程承包合同
contrato de empréstimo loan agreement 贷款协议；借款合同
contrato de fornecimento supply contract 供货合同
contrato de incentivo a preço fixo fixed price incentive fee contract 固定总价加奖励合同
contrato de locação lease contract 租赁合同
contrato de modernização, posse/operação e transferência modernize, own/operate and transfer (MOT) contract 更新-拥有/运营-转让合同
contrato de opção option contract 期权合约
contrato de partilha de produção (CPP) production sharing contract (PSC), production sharing agreement (PSA) 产量分成合同
contrato de permissão permission agreement 许可协议
contrato de preço fixo firme firm fixed price contract 严格固定价格合同
contrato de preço global fixo fixed price lump sum contract 固定总价合同
contrato de prestação de serviços service contract 服务合同
contrato de projecto, construção, financiamento e operação design, build, finance and operate (DBFO) contract 设计-建造-融资-经营合同
contrato de projecto, construção, gerência e financiamento design, construct, manage and finance (DCMF)

contract 设计-建造-管理-融资合同
contrato de projecto e construção design and build (DB) contract 设计建造合同
contrato de seguro insurance contract 保险合同
contrato de serviço service contract, service agreement 劳务合同；服务合同
contrato de sociedade ⇨ contrato social
contrato de trabalho employment contract 雇佣合同；聘约
contrato de transporte carriage contract 运输合同
contrato de troca de fluxos de pagamento swap contract 掉期合同
contrato em concurso competitive contract 投标合同
contrato exclusivo exclusive agreement 独家代理协议，排他协议
contrato flexível flexible contract 柔性合同
contrato LSTK Lump Sum Turn Key contract 交钥匙总承包合同
contrato negociado negotiated contract 议付合同
contrato para estudos ❶ study contract 研究合同 ❷ ⇨ contrato para projecto
contrato para projecto design contract 设计合同
contrato por bónus bonus contract 奖金合同，花红合同
contrato por desempenho performance contract 绩效合同
contrato por preço global fixed-price contract 固定总价合同
contrato por preço móvel cost-reimbursable contract [巴] 成本补偿合同
contrato por preços unitários unit-price contract 单价合同
contrato por reembolso de custo cost-reimbursable contract [葡] 成本补偿合同
contrato principal main contract 主体合同
contrato-promessa pre-contract, promissory contract 预约合同
contrato sem prazo (/termo) open-end-

ed contract 无固定期限合同

contrato social articles of association 公司章程

contrato turn-key ⇨ contrato chave-na-mão

contra-trilho s.m. guardrail 护轨

contra-trilho com altura superior à do trilho de rolamento raised guardrail 加高护轨

contra-trilho de agulha switch guardrail 护轮轨

contra-trilho de curva curve guardrail 曲线护轨

contra-trilho do jacaré frog guardrail 辙叉护轨

contra-trilho de mesma altura do trilho de rolamento level guardrail 水平护轨

contra-trilho de ponte bridge guardrail 桥护栏

contra-trilho de trilho contínuo one-piece guardrail 整体护轨

contra-trilho interno inner guardrail 内护轨

contratura s.f. contracture 收分（柱子从柱身高度三分之一处开始，柱身断面逐渐缩小的结构）

contra-valor s.m. conversion value 相应值；对应价格

contravapor s.m. backpressure 背压⇨ contrapressão

contraveio s.m. countershaft 副轴，对轴

contra-vedação s.f. counterseal, secondary seal 副密封；对侧密封

contraventado adj. x-braced 交叉支撑的

contraventamento s.m. ❶bracing 支撑物；支撑系统 ❷ wind bracing 防风拉筋；抗风支撑

contraventamento diagonal diagonal bracing 对角支撑

contraventamento em Cruz de St.º André X bracing, diagonal brace 交叉支条；剪刀撑

contraventamento em K K bracing K 形支撑，K 形桁架

contraventamento em X X bracing 交叉支撑

contraventamento excêntrico eccentric bracing 偏心交叉支撑

contraventamento lateral lateral bracing 横向支撑

contraventamento transversal transverse bracing 交叉支撑

contraverga s.f. sill 门窗框的压顶

contravidraça s.f. double window 双层玻璃窗

contribuição s.f. ❶ contribution 捐赠；赋税；分担费用 ❷ contribution, tax 税

contribuinte s.2g. taxpayer 纳税人

contribuir v.tr. ❶ (to) contribute; (to) help （做出）贡献；帮助，协助 ❷ (to) donate, (to) contribute 捐赠，捐助

controlabilidade s.f. controllability 可控性

controlado adj. controlled, regulated; managed 受…控制的；受…管控的

controlado por pedal foot operated 脚踏式的

controlador s.m. controller, control gear 控制器 ❷ driver, drive program 驱动程序

controlador automático automatic controller 自动控制器

controlador central avançado advanced central controller (ACC) 高级中央控制器

controlador de filtrado ⇨ controlador de perda de fluido

controlador de humidade humidity controller 湿度控制器

controlador de luz light controller 亮度调节器

controlador de matriz de vídeo video matrix controller 视频矩阵控制器

controlador de nível de saída output level controller 输出电平控制器

controlador de perda de fluido fluid-loss additive, filtration-control additive 降滤失剂，降失水剂

controlador de pH pH controller 酸碱控制器

controlador de pH/cloro pH/chlorine controller 酸碱／氯控制器

controlador de profundidade depth controller （水中拖缆的）深度控制器

controlador de tempo fixo fixed-time control 定时控制器

controlador de velocidade activo active speed control 主动速度控制器

controlador de velocidade de cruzeiro cruising speed control 巡航速度控制器

controlador de volume volume controller 音量控制器

controlador lógico programável PLC (programmable logic controller) 可编程序逻辑控制器

controlador manual manual controller 手动控制器

controlador PID PID controller 比例积分微分控制器

controlador sem fio wireless controller 无线控制器

controlador semi-actuado semi traffic-actuated controller 半驱动控制器

controlador totalmente actuado full traffic-actuated controller 全车动式控制器

controlo/controle s.m. ❶ control 控制 ❷ controller, control gear 控制器

controle a cabo cable control 线缆控制

controlo a distância distance control 远程控制

controlo activo active control 主动控制

controlo adaptativo adaptive control 适应性控制，自适应控制

controle ajustável montado no banco adjustable seat-mounted control 安装在座椅上的可调节控制装置

controlo ambiental environmental control 环境控制

controlo automático automatic control 自动控制

controlo automático de descida (HDC) hill descent control (HDC) 陡坡缓降控制（系统），坡道自动控制（系统）

controle automático de geração (CAG) automatic generation control 自动发电控制

controle automático da lâmina automatic blade control (ABC) 铲刀自动控制

controle automático de nivelamento e inclinação automatic grade and slope control 自动横坡和纵坡控制系统

controle automático de trens automatic train control (ATC) 自动列车控制

controlo avançado advanced control 前行控制，超前控制

controle bi-estável on-off control system 开关式控制系统，双位控制系统

controlo colectivo selectivo collective selective control 集选控制

controle do acelerador (/da aceleração) throttle control 油门控制

controlo de acesso access control 门禁（控制），出入管制

controle de acesso de dados data access control 数据存取控制

controle do afogador choke control 扼流控制

controle de aproximação approach control 进近管制

controle do ar e freios air and brake control 空气和制动控制

controle do assoreamento dos reservatórios control of reservoir sedimentation 水库淤积控制

controle da baixa rotação underspeed control 低速控制

controle da caçamba bucket control 铲斗控制

controle da camada limite boundary layer control 边界层控制

controle das cheias flood control 洪水控制；防洪；防汛

controle de cronograma schedule control 进度控制

controle de custo cost control 成本控制

controle de desaceleração governor-decelerator control 减速装置控制

controle de desligamento do limitador de combustível fuel ratio override control 燃料比过调节控制

controle da direcção steering control 转向控制

controle da embreagem clutch control 离合器控制

controlo de erosão erosion control 侵蚀防治

controlo de erro error control 误差控制；错误控制；差错控制

controle de erva daninha weed control 除草，除杂草

controlo de esforço draft control 拖力

控制
controlo de estabilidade (ESP) electronic stability program (ESP) 电子稳定（系统）
controlo de estabilidade do veículo (VSC) vehicle stability control (VSC) 车身稳定控制（系统）
controlo de falha de chama flame-failure control 熄火保护装置
controlo de fluxo flow control 流量控制
controlo de fluxo de potência power flow control 电力潮流控制
controle de força power control 动力控制
controle dos freios brake control 制动控制
controle de funcionamento operational check 运行检查
controlo de furo hole control 井眼控制
controle do governador governor control 调速器控制
controlo de grão grain-size control 粒度控制
controle do indutor do gerador generator field control 发电机磁场控制
controlo de intensidade intensity control 强度控制
controle de laço aberto open loop control 开环控制
controlo do limite de carga load limit control 负荷极限控制
controlo de mistura blending control 混合控制
controlo de mobilidade mobility control 移动控制，流度控制
controle de mudança de alavanca única single-lever shift control 单杆变速操纵
controle de mudança de marchas gearshift control 变速控制
controle de poeira dust control 除尘控制
controlo de ponto-morto dead center control 死点控制
controlo de posição position control 位置控制
controle de pragas pest control 害虫防治
controle da pressão do acelerador (/de aceleração) throttle pressure control 节流压力控制

controle da pressão do cárter crankcase pressure control 曲轴箱压力控制
controle do processo estatístico statistical process control 统计过程控制
controlo de produção de areia sand control 含砂量控制
controlo de qualidade quality control 质量控制
controlo da queda de velocidade speed drop control 速度下降控制
controle da relação (/razão) ar-combustível air-fuel ratio control 空燃比控制
controle de resposta do risco risk response control 风险应对控制
controle de reversão do círculo circle reverse control 转盘换向控制器
controlo de rigidez stiffness control 刚性控制
controlo do rio river control 河势控制
controlo de ruído noise control 噪声控制
controlo de segurança da sobrevelocidade overspeed safety control 超速安全控制
controlo de sequência sequence control 序列控制，次序控制
controle de sincronizador synchronizer control 同步器控制
controle do sistema hidráulico auxiliar pilot operated hydraulic control 先导式液压控制
controle de tensão voltage control 电压控制
controle de tráfego aéreo air traffic control 空中交通管制
controle de tráfego centralizado centralized traffic control (CTC) 调度集中控制系统
controle da transmissão transmission control 传输控制
controle de transmissão hidráulica hydraulic transmission control 液压传动控制系统
controle da trava do diferencial differential lock control 差速锁控制
controle da turbocompressão pressure ratio control 压力比控制
controle da unidade rebocada trailing

unit control 拖曳单元控制

controlo de vazamento leakage control 泄漏控制，防漏

controle da vegetação vegetation control 植被控制

controlo de velocidade cruzeiro cruise control 巡航速度控制

controle de velocidade da lança boom speed control 臂架速度控制

controle da velocidade e direcção speed and direction control 速度和方向控制

controle diferencial da pressão accionado por combustível fuel actuated pressure ratio control 燃油驱动的压力比控制

controle diferencial da pressão dos pneus pneumatic pressure ratio control 轮胎气压比控制

controle digital directo (DDC) direct digital control (DDC) 直接数字控制

controle directo direct control 直接控制

controlo e vigilância de tráfego traffic control and surveillance 交通管制及监察（系统）

controle eletrônico da pressão da embreagem electronic clutch pressure contol 电子离合器压力控制

controle eletrônico da transmissão electronic transmission control 电子变速控制

controlo em malha aberta open loop control 开环控制

controlo em malha fechada feedback control, closed loop-control 闭环控制

controlo fotoeléctrico photo electric control 光度感应控制

controlo hidráulico hydraulic control 液压控制

controle hidráulico da transmissão transmission hydraulic control 传动液压控制

controle hidromecânico hydraulic-mechanical control 液压机械控制

controlo inteligente intelligent control 智能控制

controlo manual manual control 人工控制

controlo multiplexado multiplex control 多路复用控制，多重控制

controlo numérico numerical control 数值控制；数字控制

controle numérico computadorizado (CNC) computer numeric control (CNC) 计算机数字控制

controle panorâmico (/inclinado) pan-tilt control 云台控制

controlo pneumático pneumatic control 气动控制

controle rápido finger tip control 指拨控制；按钮操纵

controle remoto remote control 远程控制，遥控

controle seletivo do freio selector brake control 选择制动控制

controle totalmente hidráulico full hydraulic control 全液压控制

convecção *s.f.* convection 对流

convecção forçada forced convection 强制对流

convecção mecânica mechanical convection 机械对流

convecção térmica thermal convection 热对流

convecção termohalina thermohaline convection 热盐对流；温盐对流

convectar *v.tr.* (to) convect （流体）对流

convector *s.m.* convector 对流器，对流散热器；换流器

convector de pavimento ground convector 对流器，对流散热器；换流器；对流式暖房器

convenção *s.f.* ❶ convention, agreement 协议，协定，公约 ❷ convention 惯例 ❸ convention, caucus 大会

convenção de consórcio consortium agreement 联合体协议

convencional *adj.2g.* conventional 普通的，常见的，常规的

convento *s.m.* convent 修道院

convergência *s.f.* ❶ convergence; merging 会聚，集中；收敛；汇流 ❷ toe-in （车轮的）前束

convergência de Eckman Eckman convergence 埃克曼辐合带

convergência de massa mass convergence 质量辐合

convergência meridiana meridian convergence 子午线收敛角

convergente *adj.2g.* convergent 汇聚的，会合的

convergir *v.tr.* (to) converge 会聚，集中；收敛；汇流

conversadeira *s.f.* face-to-face seats; window seats （建筑物中靠窗设置的）面对面的座位，卡座

conversão *s.f.* conversion 转换；变换

conversão analógico-digital A-to-D conversion 模拟–数字转换

conversão de biomassa biomass conversion 生物质能转换

conversão de energia conversion of energy 能量转换

conversão da trajectória path convergence 路径趋同

conversão digital-analógica digital-to-analog conversion 数字–模拟转换

conversão no campo field conversion 场转换

conversão fotovoltaica photovoltaic conversion 光电转换

conversão profundidade-tempo depth-to-time conversion 深–时转换

conversão raster-vector vectorization, raster-vector conversion 矢量化，向量化 ⇨ vectorização

conversão tempo-profundidade time-to-depth conversion 时–深转换

conversão vector-raster rasterization, vector-raster conversion 光栅化，网格化 ⇨ rasterização

conversor *s.m.* convertor 转换器；变流器

conversor CC DC converter 直流转换器

conversor de binário torque converter 液力变矩器

conversor de energia energy converter 换能器

conversor de frequência frequency converter 变频器

conversor de média Ethernet Ethernet media converter 以太网媒体转换器

conversor de pressão pressure converter 压力变换器，压力转换器

conversor de rosca crossover sub 配合接头

conversor de torque torque converter （液力）变矩器，转扭变换器

conversor de torque com travamento lock-up torque converter 锁止式液力变矩器

conversor de torque de capacidade variável variable capacity torque converter (VCTC) 变容式液力变矩器

conversor de torque de estágio simples single stage torque converter 单级液力变矩器

conversor de torque de três estágios three stage torque converter 三级液力变矩器

conversor de vídeo digital digital video converter 数字视频转换器

conversor digital-analógico digital-to-analog converter 数字–模拟转换器

conversor electrónico electronic converter 电子变流器

conversor padrão standard converter 标准变矩器

conversor push-pull push-pull converter 推挽变换器

conversor servotrónico servotronic converter 随速转向助力转换器

conversor sigma-delta sigma-delta converter ∑—Δ 转换器

converter *v.tr.,intr.* (to) convert 转换；变换

convertiplano *s.m.* convertiplane 推力换向式飞机，可垂直升降的飞机

convés *s.m.* deck （舰船的）甲板

convés inferior lower deck 下甲板

convés superior upper deck 上甲板

◇ **primeiro convés** ⇨ **convés inferior**

convexidade *s.f.* convexity 凸面，凸面体；凸度；凸形

convexo *adj.* convex 凸形的，凹面的

convexo-côncavo *adj.* convexo-concave 凸凹形的，半凸半凹面的

convite *s.m.* invitation 邀请

convite para a concorrência invitation for bid 邀标

convolução *s.f.* convolution 卷积，褶积，旋卷

convolução circular circular convolution

圆周褶积

convolução de multicanal multichannel convolution 多道反褶积

convulsão *s.f.* convulsion 痉挛，抽搐

convulsionismo *s.m.* convulsionism 灾变论

cool box *s.f.* cool box 冷却箱；（车载）冰箱 ⇨ caixa fresca

cooperação *s.f.* cooperation 合作，协作

cooperar *v.tr.* (to) cooperate 合作，协作

cooperativa *s.f.* cooperative 合作社

cooperite *s.f.* cooperite 硫砷铂矿

coordenação *s.f.* coordination 协调，统筹

coordenação modular modular coordination 模数协调

coordenada(s) *s.f.(pl.)* coordinates 坐标，坐标系

coordenadas cartesianas cartesian coordinates 笛卡尔坐标；直角坐标

coordenadas cilíndricas cylindrical coordinates 柱面坐标

coordenadas curvilíneas ortogonais orthogonal curvilinear coordinates 正交曲线坐标

coordenada no fotograma image coordinate 像面坐标

coordenadas esféricas spherical coordinates 球面坐标

coordenadas geodésicas geodesic coordinates 测地坐标

coordenadas geográficas geographical coordinates 地理坐标

coordenadas modais modal coordinates 模态坐标

coordenadas planas plane coordinates 平面坐标

coordenadas polares polar coordinates 极坐标

coordenadas rectangulares rectangular coordinates 直角坐标

coordenadas rectilíneas rectilinear coordinates 直线坐标

coordenadas UTM UTM coordinates UTM 坐标，通用横轴墨卡托坐标

coordenador *s.m.* coordinator 协调人，统筹人；协调装置

coordenador de missão de busca e salvamento search and rescue mission coordinator (SMC) 搜救任务协调员

coordenador da porta coordinator 门协调装置

coordenar *v.tr.* (to) coordinate 协调，统筹

coordinatógrafo *s.m.* coordinatograph 坐标仪

coordinómetro/coordinômetro *s.m.* coordimeter 直角坐标仪

copa *s.f.* ❶ pantry 餐具室；配餐间；茶水间 ❷ crown 树冠

copada *s.f.* ⇨ toro

copal *s.m.* copal 柯巴脂

copalina/copalite *s.f.* copalite 黄脂石

copeiro *s.m.* butler 餐具管理员，管家

copela *s.f.* cupel（用于鉴定、提炼贵重金属的）灰皿

copelação *s.f.* cupellation 灰吹法，烤钵试金法

copernício (Cn) *s.m.* copernicium (Cn) 鿔，112 号元素

cópia *s.f.* ❶ reproduction, duplication 复制，翻版 ❷ 1. copy, duplicate 副本；复制品；（电影）拷贝 2. copy [用作量词]（文件、书籍等的）（一）本，份 3. tracing 描摹图；摹绘图

cópia a papel químico carbon copy 复写抄件，复写的副本

cópia autenticada certified copy, true copy 核证真实副本

cópia certificada certified copy 经认证的副本

cópia de segurança backup, backup copy 备份

cópia digital soft copy 软拷贝；电子档

cópia gratuita free copy 免费样书；赠送本

cópia heliográfica blueprint copy 蓝图副本

cópia impressa hard copy 硬拷贝；复印件

cópia matriz master copy 原本；原版拷贝，母带

copiador *s.m.* tracer 描图员

copiar *v.tr.* (to) copy, (to) reproduce 复制，复印

co-piloto *s.m.* co-pilot（飞机）副驾驶

copo *s.m.* ❶ cup 杯子；杯状物 ❷ bearing cup 轴承外圈

copo de decantação oil water separator

油水分离器 ⇒ separador água-óleo
copo do filtro filter bowl 滤杯
copo de lubrificação grease nipple 润滑
油嘴，黄油嘴
copo graduado graduated cup, measuring
glass, volumetric glass 量杯
copo graduado de esmalte enamel
graduate 搪瓷量杯
copolímero *s.m.* copolymer 共聚物
　copolímero acrílico acrylic copolymer 丙
烯酸共聚物
　copolímero do acaso random copolymer
无规共聚物
　copolímero de acrilonitrilo-estireno
(SAN) styrene-acrylonitrile copolymer
(SAN) 苯乙烯-丙烯腈共聚物
　copolímero de polipropileno polypropylene copolymer 聚丙烯共聚物
　copolímero em bloco block copolymer
嵌段共聚物，成块共聚物
　copolímero enxertado graft copolymer
接枝共聚物
　copolímero estireno-acrílico styre-
ne-acrylic copolymer 苯乙烯-丙烯酸共聚物
　copolímero tribloco triblock copolymer
三嵌段共聚物
coprólito *s.m.* coprolite 粪化石
copropriedade *s.f.* co-owned property 共
有财产
coproprietário *s.m.* joint-owner, owner
（小区）业主；共同所有人
coque *s.m.* coke 焦炭
　coque de fundição foundry coke 铸焦
　coque de petróleo pet coke 石油焦
coqueamento *s.m.* coking 结焦，炼焦，焦化
coqueíto *s.m.* cokeite 天然焦
coqueteleira *s.f.* cocktail shaker 鸡尾酒调
制器
coquilha *s.f.* casting mould 铸模
coquimbite *s.f.* coquimbite 针绿矾
coquina *s.f.* coquina 贝壳灰岩
coquinito *s.m.* coquinite 硬壳灰岩
coquinóide *s.m.* coquinoid 介壳灰岩
cor *s.f.* ❶ color 颜色，色彩 ❷ dye, pigment
染料，颜料
　cor aditiva additive color 加色
　cor avelã hazel color 榛色

cor cerejeira cherry 樱桃色
cor complementar complementary color
补色
cores complementares complementary
colors 互补色
cor de aço steel-blue 钢青色
cor do estojo interior color （车辆）内饰
颜色
cor de nogueira walnut color 胡桃木色
cor de têmpera temper color 回火色
cor diluída tint 淡色，浅色
cores evanescentes fugitive colors 退色
染料
cor fria cool color 冷色
cores fundamentais fundamental colors
基色
cores hipsométricas hypsometric colors
分层设色的颜色
cor mel honey color 蜂蜜色
cor primária primary color 原色
cor projetiva advancing color 前进色
cor quente warm color 暖色
cor recessiva receding color 后退色
cor refletida reflected color （物体表现的）
反光颜色
cor secundária secondary color 二次色，
间色
cor sólida solid color 纯色
cor subtrativa subtractive color 减色
cor tabaco smoke color 烟色
cor terciária tertiary color 三次色，复色
cor terracota terra cotta 赤土色
coral *s.m.* coral 珊瑚
　coral-alga coralgal 珊瑚藻；瑚藻沉积
　corais hermatípicos hermatypic corals
造礁石珊瑚
coralgácea *s.f.* coralgal 珊瑚藻；瑚藻沉积
coralígeno *adj.* coralligene 由珊瑚产生的
coralino *adj.* coralline 珊瑚的，生产珊瑚的
coralóide *adj.2g.* coralloid 珊瑚状的
corante *s.m.* dye, pigment 染料，颜料
　corante opaco opaque pigment 不透明
颜料
corda *s.f.* ❶ rope 绳子 ❷ chord 弦（连接弧
线或弧形面两点的直线）
　corda de caixilho sash line 吊窗绳
　corda de elevação hoisting rope, hoisting

wire 起重绳，起重钢索

corda de manila manila rope 白棕绳，马尼拉绳

corda de sonda lead line, sounding line 测铅绳；测深绳

corda de sustentação fly wire 板缝盖网

corda de tracção traction rope 牵引索

corda média aerodinâmica mean aerodynamic chord 平均空气动力弦

cordame *s.m.* ⇨ cordoalha

cordão *s.m.* ❶ 1. string 细绳，线 2. steel tendon 钢丝束，钢缆 3. curtain pull 拉幕缆 ❷ weld seam, weld bead 焊缝，焊道 ❸ 1. ribbon, bar 带状物，条状物 2. cordon （屋面与墙交界处的）束带层，带形线条 3. road gutter （道路的）平缘石，路平石，平道牙

cordão de aço ❶ wire rope 钢丝绳 ❷ steel strand 钢绞线

cordão de aço de alta resistência à tracção high tensile steel tendon 高抗拉钢缆

cordão de aço pós-tensionado post-tensioned strand 后张钢线

cordão de ângulo fillet weld seam 角焊缝

cordão de ângulo contínuo continuous fillet weld seam 连续角焊缝

cordão de ângulo descontínuo intermittent fillet weld seam 断续角焊缝

cordão de areia sandbar 沙洲；沙堤

cordão de cabo strand 绞合线

cordão de detonação detonating fuse; primacord 导爆索

cordão de forragem windrow 料堆；干草列

cordão de geofones geophone string 检波器串

cordão de nylon nylon rope 尼龙绳

cordão de pedra belt 带状层

cordão de revestimento backing cord 衬背索

cordão de solda bem acabado smooth fillet 平填角焊缝

cordão de topo butt weld seam 对接焊缝

cordão de traçar chalk line 墨线

cordão de vedação sealing cord 密封带

cordão detonante detonating cord 导爆索，引爆线

cordão litoral backshore beach 滨后滩

cordão metálico ⇨ cordão de aço

cordel *s.m.* string 细绳，细线

cordel de cânhamo hemp rope 麻绳

cordel de sisal sisal rope 剑麻绳

cordel detonante (/de detonação) detonating fuse; primacord 导爆索

cordierite *s.f.* cordierite 堇青石

cordilheira *s.f.* mountain-range 山脉

cordoalha *s.f.* cordage [集] 绳索，缆索

cordoaria *s.f.* ❶ cordage; ropework [集] 绳索，缆索；制绳业 ❷ ropery 制绳厂

cordómetro/cordômetro *s.m.* calibrator of cords 绳索直径测量器

co-resseguro *s.m.* co-reinsurance 共同再保险

corete *s.m.* pipe shaft 管道井

coreto *s.m.* bandstand 室外演奏台

corindo *s.m.* corundum 刚玉；金刚砂（磨料）

corindolito *s.m.* corundolite 刚玉岩，无色合成刚玉

cornalina *s.f.* cornelian, carnelian 红玉髓

corneana *s.f.* hornfels 角页岩

corneana básica basic hornfels 基性角页岩

corneana calcossilicatada calc-silicate-hornfels 钙质硅酸盐角页岩

corneana pelítica pelitic hornfels 泥质角页岩

corneíto *s.m.* corneite 黑云母糜棱角页岩

cornija *s.f.* ❶ 1. cornice 挑檐，飞檐，檐板 2. string course 束带层，腰线 ❷ cornice 山坡上凸起的岩石

cornija aberta open cornice 露椽檐口

cornija de coluna post cap 柱帽

cornija de retorno cornice return 檐口转延

cornija em caixão boxed cornice 空心挑檐

cornija em caveto cavetto cornice 凹弧形屋檐

cornija fechada closed cornice 封闭檐板

cornstone *s.m.* cornstone 玉米灰岩

cornubianito *s.m.* hornfels [巴] 角页岩

coro *s.m.* choir （基督教教堂的）唱诗班席

coroa *s.f.* ❶ 1. crown 冠状物，顶部构件 2. (da barragem) dam crown, dam crest 坝

顶 ❷ bevel gear 锥齿轮，伞齿轮 ❸ drill bit 采矿用的钻头

coroa accionadora ⇨ coroa de entrada

coroa com rodinhas dentadas rotary rock bit 旋转钻头

coroa cônica de dentes helicoidais spiral bevel gear 螺旋锥齿轮

coroa cônica de dentes retos straight bevel gear 直齿锥齿轮

coroa de accionamento drive sprocket 驱动链轮

coroa de bocais injection nozzle 喷嘴

coroa de diamantes diamond core bit 金刚石取心钻头

coroa de êmbolo follower plate 从动板

coroa de entrada input bevel gear （输入）主动锥齿轮

coroa de fecho soffit cusp 拱尖

coroa do pistão piston crown 活塞顶；活塞头

coroa de porta coronet （窗顶、门顶的）三角饰

coroa de rolamento live ring 轴承油圈

coroa de sondagem rotativa boring crown 钻头

coroa de testemunhagem core bit, core head 岩心钻头，取心钻头

coroa de tungsténio tungsten bit 钨钢钻头

coroa dentada ring gear 齿圈

coroa em degraus stepped crown bit 阶梯钻头

coroa em X X-bit 十字形钻头

coroa em Z Z-bit 之字形钻头

coroa escalonada ⇨ coroa em degraus

coroa fixa de turbina turbine stator 涡轮定子

coroa mural coping （墙的）盖顶，墙帽

coroa óptica optical crown 光学冕玻璃

coroa para amostrador core drilling crown, core bit 取心钻头

coroa planetária planetary gear ring 行星齿轮环

coroa recta bull gear 大齿轮

coroa (dentada do) volante starting ring gear （飞轮）启动齿圈

coroamento s.m. corona, coping 屋脊饰物，冠顶

coroamento da barragem dam crown, dam crest 坝顶

coroamento de coluna column cap 柱帽，柱头

corografia s.f. chorography 地方志，地方地图

coronavírus s.m. coronavirus 冠状病毒

coronógrafo s.m. coronagraph 日冕仪

corolítico adj. corollitic 有叶饰的（柱）

corpo s.m. ❶ 1. body （物体的）主要部分，主体 2. body （瓷器的）胎 ❷ regiment, brigade 队伍，部队

corpo do aterro filling body 充填体

corpo da barragem body of dam; mass of dam 坝体，坝身

corpo da bateria battery case 蓄电池壳体；电池外壳

corpo de biela connecting rod shank 连杆体

corpo de bomba pump body; pump chamber 泵体；泵腔

corpo de bomba de óleo oil pump body 油泵体

corpo de bombeiros fire brigade 消防队

corpo de bombeiros militar military fire brigade 消防部队

corpo de caminho de ferro railway corps 铁道兵

corpo do carburador carburetor body 化油器体

corpo da chaminé chimney shaft 烟囱筒身

corpo de charrua plough body, plow body 犁体

corpo do cilindro cylinder barrel, cylinder body 缸体，缸筒

corpo dos cordonéis do pneu tire cord body 轮胎帘子线体

corpo da cúpula dome shell 圆顶状薄壳

corpo de discos disk gang 圆盘耙组

corpo do eixo axle beam 轴梁

corpo de minério ore body 矿体

corpo do parafuso bolt shank 螺栓杆

corpo da plaina plane stock 刨架

corpo de prova coupon, test specimen 试块，试片，试件
corpo do rolamento bearing body 轴承体
corpo de subsolador subsoiling bottom 深耕犁犁体
corpo de tanque de óleo fuel tank body 油箱体
corpo de válvula valve body 阀体
corpo de válvula de controle control valve body 控制阀体
corpo da válvula injectora injection valve body 喷射阀体
corpo dianteiro front gang 前耙组
corpo direito right-handed body 右耙组
corpo esquerdo left-handed body 左耙组
corpo estradal road body 路体
corpo estranho foreign matter 异物；杂质
corpos flutuantes floating debris; floating material; trash 漂浮物
corpo geológico geological body 地质体
corpo inferior lower body 壳体尾段
corpo mineralizado mineralized body 矿化体
corpo portador supporting body 承载体
corpo rígido rigid body 刚体
corpo traseiro rear gang 后耙组
corporação s.f. association; body corporate; corporation, company 社团；法人团体；企业，公司
corporação fechada close corporation 闭锁公司
corporação offshore offshore company 离岸公司
corporativo adj. corporate, corporative 企业的，公司的；法人的
corpus s.m. corpus 语料库
corrasão s.f. corrasion 磨蚀
correagem s.f. belting [集] 皮带料，皮带装备
correame s.m. ⇨ correagem
correcção/correção s.f. correction 更正，修正，校正
correcção ao datum datum correction 基准面校正
correcção atmosférica atmospheric correction 大气校正
correcção calcária lime correction 石灰改良

correcção da agressividade de água correction of aggressive water 侵蚀性水的处理
correcção de altitude altitude correction 高度修正
correcção de ar livre free air correction 自由空气校正，海平面重力校正，自由空间校正
correcção de base base correction 基站值订正；基线改正；基准校正
correcção de Bouguer Bouguer correction 布格校正
correcção de campo field correction 现场校正
correcções do campo próximo near-field corrections 近场校正
correcção de compactação compaction correction 压实校正，压密校正
correcção de deflexão sag correction 垂度校正；垂曲改正
correcção de desvio slope correction 倾斜改正；斜度改正
correcção de diferencial da camada de intemperismo differential weathering correction 微分风化层校正
correcção de elevação elevation correction 高程校正，海拔校正
correcção de Faye Faye correction 法伊改正
correcção de filtro filter correction 滤波器校正
correcção de frequência frequency correction 频率修正
correcção da gravidade gravity correction 重力校正
correcção de intemperismo weathering correction 风化带校正，风化层修正
correcção de latitude latitude correction 纬度校正
correcção de leito river training 改善河道；治河
correcção de maré tidal correction 潮汐校正
correcção do mergulho dip correction 倾角校正
correcção de poço uphole correction 井口时间校正

correcção de solo soil improvement 土壤改良

correcção de superfície surface correction 地表校正

correcção de temperatura temperature correction 温度校正

correcção do terreno terrain correction 地形校正

correcção de varredura slant-range correction 斜距校正

correcção de velocidade speed correction 速度校正，速度修正

correcção estática static correction 静校正

correcção estática residual residual static correction 剩余静校正

correcção geométrica geometric correction 几何校正

correcção isostática isostatic correction 均衡校正

correcção-Q Q-correction 北极星高度补偿角

correcção radiométrica radiometric correction 辐射校正

correcção troposférica tropospheric correction 对流层修正

correctivo/corretivo s.m. amendment; (soil) conditioner 调节剂；（土壤）改良剂

correctivo acidificante acidifier 酸化剂

correctivo alcalinizante alkalizer, liming material 碱化剂

correctivo condicionador conditioner, conditioning agent 调节剂

corrector/corretor s.m. ❶ proofreader 校对者，校对员 ❷ 1. corrector 校正器 2. self-compensating device 自我补偿装置 3. correction fluid; correction tape 修正液；修正带 ❸ broker, commission agent 经纪人；掮客

corrector de acções share broker 股票经纪人

corrector de câmbio discount broker 折让经纪；贴现票据经纪人

corrector de declive slope corrector 坡度校正器

corrector de desvio deviation corrector 罗差校正器

corretor de fios wire adapter 线缆转接器，线缆转接头

corrector de fundos stock broker 股票经纪人

corrector de seguros insurance broker 保险经纪人

corrediça s.f. slide, slider（拉门、拉窗等的）滑槽

corrediço adj. sliding （可）滑动的

corredoira s.f. littoral drift 沿岸沉积物流；潮汐漂流物

corredor s.m. corridor, passage, passageway, aisle 走廊，通道；侧廊

corredor aéreo air corridor 空中走廊

corredor comum common corridor 公用走廊

corredor de circulação connecting corridor 连廊

corredor de madeiras timber corridor 木质走廊

corredor de saída exit corridor 疏散走廊

corredor de serviço working passage 作业道

corredor de tráfego (/trânsito) traffic corridor 交通走廊

corredor de veículos vehicular corridor 行车走廊

corredor estreito narrow aisle 狭窄的过道

corredor público public corridor 公众走廊

corredor rodoviário road corridor 交通走廊

corredor urbano urban corridor 市区走廊

corredor ventilado ventilated corridor 通风的走廊

córrego s.m. ravine, gully 冲沟，沟壑

correia s.f. ❶ belt 带；皮带 ❷ chain 铁链

correia accionadora drive chain 传动链

correia articulada chain-belt 链带

correia do alternador alternator belt 交流发电机传动带

correia de levantamento lifting chain 起重链，吊链

correia de lona canvas belt 帆布带

correia de transmissão driving-belt, strap 传动皮带

correia de transporte ⇨correia transportadora

correia do ventilador (/ventoinha) fan

belt 风扇皮带
correia dentada toothed belt 牙轮皮带
correia em V V-belt 三角皮带
correia em V estreita narrow V-belt 窄型
三角带
correia em V tipo dentada cog type
V-belt 齿轮式三角皮带
correia sem emendas seamless belt 无
缝皮带
correia sem fim transportadora apron
运输机皮带
correia sincronizadora timing belt 正时
皮带，同步齿带
correia transportadora conveyor blet;
belt conveyor 传送带；带式输送机
correia trapezoidal ⇨ correia em V
correio s.m. post; mail 邮政，邮局
correio aéreo airmail 航空邮件
correio de voz voice mail 语音邮箱
correio electrónico email 电子邮箱
correlação s.f. correlation 相关性；对比关系
correlação cruzada cross-correlation 互
相关，交互作用
correlação estratigráfica stratigraphic
correlation 地层对比
correlação litológica lithologic correlation 岩性对比
correlação por saltos jump correlation,
spot correlation 跳点对比
correlativo adj. correlative 有相互关系的，
相关的
correntão s.m. felling chain 开荒链
correntão com esferas de concreto
felling chain with concrete ball 带混凝土球
的开荒链
correntão com esferas de ferro felling
chain with iron ball 带铁球的开荒链
correntão para derruba ⇨ correntão
corrente ❶ s.f. current 流；水流 ❷ s.f.
(electric) current 电流 ❸ s.f. 1. chain 链，
链条 2. door chain 门链 ❹ adj. 2g current
流动的，流通的 ❺ adj. 2g current day-to-
day; routine 日常的，经常的；例行的 ❻ adj.
2g. current, present 现在的，目前的；（付款
等）当期的
corrente a bastões (/roletes) roller
chain 滚子链

corrente abaixo downstream 下游
corrente accionadora drive chain 传动链
corrente activa active current 有功电流，
有效电流
corrente acústica acoustic streaming
声流
corrente alternada (CA/AC) alternating
current (AC) 交流电
corrente anti-deslizante snow chain 防
滑链
corrente antiestática anti-static chain 抗
静电链
corrente articulada plate link chain 板
环链
corrente ascendente lifting current 提升
电流
corrente catódica cathodic current 阴极
电流
corrente circumpolar Anárctica West
Wind Drift 南极绕极流
corrente contínua (CC/DC) direct current (DC) 直流电
corrente contrária back flow 回流
corrente costeira boundary current 边界流
corrente de águas profundas do
Atlântico Norte North Atlantic deep water (NADW) 北大西洋深层水
corrente de alimentação supply current
馈电电流
corrente de alta frequência high frequency current 高频电流
corrente de alta voltagem high tension
electricity 高压电
corrente de ar air current 气流
corrente de ar descendente downdraft
下降气流
corrente de arranque starting current 起
动电流
corrente de atrelagem drag-chain 牵引链
corrente de audiofrequência audio frequency current 声频电流
corrente de baixa frequência low frequency current 低频电流
corrente de baixa tensão low voltage
current 低压电
corrente de carga charging current 充电
电流

corrente de carga máxima full load current 满载电流

corrente de comando timing chain 正时链条

corrente do comando em tandem tandem drive chain 串联传动链

corrente de contorno contour current 等深流

corrente de convecção convection current 对流

corrente de densidade density current 密度流

corrente de deriva drift current 漂流

corrente do distribuidor timing chain 正时链条

corrente de elevação ⇨ corrente de levantamento

corrente da esteira elevadora elevator chain 升运链；提升链

corrente de fuga leakage current 泄漏电流

corrente de fundo bottom current 底层流，底流

corrente de galle sprocket chain 链轮环链

corrente de gelo ice stream, ice run 冰流

corrente de inércia inertia current 惯性流

corrente de inversão reversing current 往复潮流

corrente de jacto jet stream 急流

corrente de lama mud flow 泥流

corrente de lama vulcânica lahar 火山泥流

corrente de levantamento lift chain, hoisting chain 起重链；吊链

corrente de litoral longshore current 沿岸流；顺岸流

corrente de maré tidal current 潮汐流

corrente de maré vazante ebb current 落潮流，退潮流

corrente de repouso quiescent current 静态电流

corrente de retorno return current, rip current, swash 回流

corrente de reversão reversing chain 换向链条

corrente de saída output current 输出电流

corrente de segurança safety chain 安全链

corrente de sequência homopolar (/zero) zero-sequence current 零序电流

corrente de sequência negativa negative sequence current 负序电流

corrente de sequência positiva positive sequence current 正序电流

correntes de superfície drift currents 漂移电流

corrente de sustentação stay chain 系链

corrente de taças cup (vertical) conveyor 垂直输送机

corrente de tracção draught-chain 拖链

corrente de trânsito stream of flow 交通流

corrente de transmissão drive chain 传动链

corrente de turbidez turbidity current 浊流

corrente de vaga ⇨ corrente de litoral

corrente descendente downdraught 向下气流，下沉气流

corrente diferencial differential current 差动电流

corrente efémera intermittent stream; ephemeral stream 季节性河流；间歇河

corrente eléctrica (electric) current 电流

corrente equatorial Equatorial current 赤道流

corrente estabilizadora linkage check chain 悬挂装置限位链

corrente forte heavy current 强电

corrente fraca weak current 弱电

corrente geostrófica geostrophic current 地转流

corrente glaciária glacial stream 冰川流

corrente indutora field current 励磁电流；场电流

corrente intermitente intermittent current 断续电流；断续流

corrente litoral (/litorânea) ⇨ deriva litoral

corrente magnética magnetic current 磁流

corrente marítima ocean current 海流，洋流

corrente métrica ⇨ cadeia de Gunter

correntes oceânicas ocean currents 洋流

corrente p/vedar passagem barring chain 限制链

corrente parasitária stray current 杂散电流

corrente passageira transient current 瞬态电流

corrente principal master stream 主流，干流

corrente rápida race 急流

corrente subsequente strike stream 走向河；后成河

corrente telúrica telluric current, earth current 大地电流

corrente tensora tension chain 拉链，张力链

corrente térmica thermal current 热流

corrente turbulenta turbulent current 湍流

correntógrafo *s.m.* current meter 海流流速计

correntómetro/correntômetro *s.m.* current meter 海流计

correr ❶ *v.intr.* (to) run; (to) flow 奔跑；行驶；（液体）流动 ❷ *v.intr.* (to) slide （门）滑动 ❸ *v.tr.* (to) run （程序）运行

corretora *s.f.* broker 经纪人

corrida *s.f.* ❶ run 跑，行驶，（机器、设备）运行 ❷ ride 一段行程

corrida de decolagem disponível take-off run available 可用起飞滑跑距离

corrida de aço *s.f.* strand 绞股

corrigido *adj.* corrected 校正的，修正过的，改正过的

corrigir *v.tr.* (to) correct, (to) amend 更正，修正，校正

corrimão *s.f.* ❶ handrail, grab-handle 扶手，栏杆，扶栏 ❷ grab-iron 抓钩，抓手

corrimão inox stainless steel handrail 不锈钢扶手

corrimão para embarque e desembarque tipo bengala handrail (for boarding and alighting) （公交车的）扶手杆，扶手立柱

corrimão rectangular rectangular handrail 矩形扶手

corrimão tubular tubular handrail 管状扶手

corroído *adj.* pitted 带有纹孔的

corrosão *s.f.* corrosion, eating, rusting 腐蚀；侵蚀

corrosão a alta temperatura high-temperature corrosion 高温腐蚀

corrosão ácida acid corrosion 酸性腐蚀

corrosão activa active corrosion 活性腐蚀

corrosão alveolar honeycomb corrosion 蜂窝状腐蚀

corrosão associada à fadiga fatigue corrosion 疲劳腐蚀

corrosão atmosférica atmospheric corrosion 大气腐蚀

corrosão de colisão (/contacto) fretting corrosion 微动腐蚀

corrosão de fissura crevice corrosion 隙间腐蚀

corrosão de polarização polarization corrosion 极化腐蚀

corrosão electrolítica electrolytic corrosion 电解腐蚀

corrosão electroquímica electrochemical corrosion 电化学腐蚀

corrosão em torno de solda weld corrosion 焊接腐蚀

corrosão filiforme filiform corrosion 丝状腐蚀

corrosão galvânica galvanic corrosion 电化腐蚀

corrosão generalizada generalized corrosion 全面腐蚀

corrosão induzida por microrganismos microbiological induced corrosion 微生物引起腐蚀

corrosão intercristalina intercrystalline corrosion 晶间腐蚀

corrosão intergranular intergranular corrosion 晶间腐蚀；粒间腐蚀

corrosão perfurante perforating corrosion 穿孔腐蚀

corrosão pela água do mar seawater corrosion 海水腐蚀

corrosão pelo dióxido de carbono sweet corrosion 无硫腐蚀

corrosão por atrito fretting corrosion 微动腐蚀

corrosão por erosão erosion corrosion 磨动腐蚀

损腐蚀，冲蚀腐蚀

corrosão por esfoliação exfoliation corrosion 片状剥落腐蚀

corrosão por pite pitting corrosion 麻点腐蚀

corrosão punctiforme (/por pontos) point corrosion; pitting 点蚀，点腐蚀；斑蚀

corrosão sob fresta crevice corrosion 隙间腐蚀

corrosão sob tensão stress corrosion 应力腐蚀

corrosão sulfurosa sour corrosion 酸性腐蚀

corrosão transcristalina transcrystalline corrosion 晶体腐蚀

corrosão transgranular transgranular corrosion 穿晶腐蚀

corrosão uniforme uniform corrosion 均匀腐蚀

corrosibilidade s.f. corrodibility 易腐蚀性

corrosividade s.f. corrosiveness, erodibility 腐蚀性；易蚀性

corrosividade ao cobre copper-strip corrosion 铜带腐蚀

corrosivo ❶ adj. caustic, corrosive 腐蚀性的 ❷ s.m. etchant, corrosive 腐蚀剂

corrugação s.f. corrugation, wash-board 起皱；皱状

corrugado adj. corrugated 波纹形的，有瓦楞的

corsito s.m. corsite 球状闪长岩

corsilito s.m. corsilite 绿闪辉长岩；球状辉长岩

corta-a-frio s.m. cold cutting tools 冷切割机具

corta-águas adj.inv. cut-off 截止的，截水的

corta-cabos s.m.2n. cable cutter 电缆剪

corta-chama s.m. flame arrester 阻火器

corta-chefe s.m. drawknife, drawshave 刮刀；刨刀

corta-circuito s.m. cutout 断流器

cortador s.m. cutter 切割机，剪切机

cortador a jacto jet cutter 喷射式切割器

cortador de alimentos food cutter 食物切割机

cortador de arame wire cutter 钢丝剪，铁丝剪

cortador de árvores tree cutter 拔根机

cortador de bigorna anvil cutter 砧凿

cortador de cabo cable cutter 电缆剪

cortador de cano pipe cutter 切管机

cortador de cantoneira angle cutter 角铁切割机

cortador de carne meat chopper 绞肉机，碎肉机

cortador de disco abrasivo abrasive wheel cutting machine 砂轮切割机

cortador de grama lawnmower 割草机

cortador de grama a gasolina gasoline mower 汽油割草机

cortador de grama eléctrico electric mower 电动割草机

cortador de moldes moulding cutter 线脚切割器

cortador de osso bone cutter 锯骨机

cortador de parafuso bolt cutter 螺栓割刀

cortador de pedra stonecutter 石材切割机

cortador de revestimento casing cutter 套管割刀，套管内切刀

cortador de troncos feller buncher 伐木归堆机

cortador de unhas nail clippers 指甲刀

cortador giratório fly cutter 轮刀

cortador (a) laser laser cutter 激光切割机

cortador lateral sidecutter 侧铲刀

cortador químico chemical cutter 化学切割器

cortadora s.f. cutter 切割机，剪切机

cortadora angular angle (milling) cutter 角铣刀

cortadora-carregadora cutter loader 联合采煤机

cortadora de chapar nibbler 步冲轮廓机

cortadora de metal metal cutter 金属切割机

cortadora de parede wall saw 切墙机

cortadora de pisos floor saw 楼板切割机

corta-fios s.m.2n. wire-cutter 钢丝剪，铁丝剪

corta-fogo (CF) adj.,s.m. fire-prevention 隔火（的），阻火（的）

corta-forragens s.m.2n. forage harvester 牧草收割机

corta-mão *s.m.* carpenter's ruler 大三角尺

corta-mar *s.m.* breakwater 防波堤

corta-matos *s.m.2n.* weeding machine 除草机

cortante *adj.2g.* ❶ cutting 切割的 ❷ sharp 尖角的；锐利的

corta-palhas *s.m.2n.* side trimming shears 切秸秆机

corta-papéis *s.m.2n.* paper-cutter; paper knife 裁纸刀，切纸刀

cortar *v.tr.* ❶ (to) cut 切割 ❷ (to) cut off 切断，截断，中断 ❸ (to) cut down 削减（开支）

corta-relvas *s.m.2n.* lawnmower [葡]（手推式）割草机

corta-relvas a gasolina gasoline mower 汽油割草机

corta-relvas com tracção trailer mower 牵引式割草机

corta-relvas eléctrico electric mower 电动割草机

corta-rio *s.m.* ❶ river cut-off 河流截流 ❷ cut-off ditch 截洪沟

corta-sebes *s.m.2n.* hedge trimmer 修枝剪

corta-tubos *s.m.2n.* tube-cutter 截管器

corta-tubos de cobre copper pipe cutter 铜管切割机

corta-tubos PVC PVC pipe cutter PVC 割管机

corta-vapor *adj.,s.m.* vapor-proof 隔汽

corta-varetas *s.m.2n.* clipping machine （棒料）剪断机

corte *s.m.* ❶ cut; cutting 切割，切削；挖方 ❷ 1. cut-off （管道、线路等）断开，断路 2. power cut 停电 ❸ section, sectional view 剖面图，剖视图 ❹ slope 屋顶坡面

corte A-A' section A-A A-A 剖视图（表示图纸中 A-A' 横线处的截面形状。同样，可有 corte B-B'，corte C-C' 等）

corte a arco voltaico electric arc cutting 电弧切割

corte a ceu aberto open cut 明挖；明堑

corte a contra vein cut, across-the-bed cut （沿着岩床、石材平面）垂直切割

corte a favor fleuri cut, with-the-bed cut （沿着岩床、石材平面）水平切割

corte a gás gas cutting 气割

corte à mão livre free hand cutting 徒手切割

corte a meia-encosta cut and fill of cross section 横断面填挖

corte a oxigénio oxygen lance cutting 氧气切割

corte automático automatic cut-off 自动切断

corte bastardo bastard-cut 粗切削

corte com ar e arco de carbono Air Carbon Arc Cutting (CAC-A) 吹气碳电弧切割

corte com arco de plasma Plasma Arc Cutting (PAC) 等离子弧切割

corte com talude em banqueta bench cut method 台阶法开挖

corte de abertura window milling 开窗

corte de acabamento finishing cut 精加工切削

corte de água water cut 水侵；含水率

corte de arco de oxigénio oxygen-arc cutting 电弧氧气切割

corte de assento seat cut, foot cut, plate cut （装配木构件时预留的）水平企口

corte de canto corner cut 切角；内角加工

corte de combustão Brennschluss 熄火

corte de corrente eléctrica current cut off 电流切断

corte de dorso ⇨ corte em talude

corte de escada step joint 阶梯状切口

corte de estrada típico typical road section 典型道路截面图

corte de luz power cut 停电

corte de óleo oil cut 油侵

corte de plasma plasma cutting 等离子切割

corte de serra kerf 锯口；切痕

corte de talude slope cut 切坡

corte de telhado slope 屋顶坡面

corte de topo top cut 上部掏槽

corte e aterro cut and fill 半填半挖

corte e preenchimento scour and fill 边冲边淤

corte e solda submarina underwater cutting and welding 水下切割与焊接

corte em alinhamento flush cutting 平齐切割

corte em caixão straight channel cutting

直槽开挖

corte em canais ⇨ corte em trincheira

corte em escarpa ⇨ corte em talude

corte em nível slicing 分层开采法

corte em quartos quartering; quarter slicing （木材的）径面平切，垂直年轮平面 将木材锯成四等份

corte em rocha rock cut 石方开挖

corte em talude slope cutting 切坡，切坡工程

corte em trincheira slot dozing 开槽推土法

corte em uma encosta side hill cut 山坡露天开采

corte final finishing cut 精加工切削

corte fora de esquadria out-of-square cut 不成直角的切割，偏斜切割

corte geológico geologic section; geological cross-section 地质剖面

corte horizontal horizontal section 横剖面；水平截面；水平切面

corte (a) laser laser cutting 激光切割

corte limpo fair cutting 修整切削

corte livre free cutting 自由切削；高速切削

corte longitudinal longitudinal section 纵剖图；纵切面

corte mais alto da barragem maximum cross-section of dam 大坝最大横断面

corte oblíquo ❶ cross cut 横切 ❷ beveled joint, diagonal joint 斜切口

corte ortogonal orthogonal cutting 正交切削

corte oxiacetilénico oxyacetylene cutting 氧乙炔切割

corte paralelo parallel cut 平行切割

corte plano flat cutting 顺纹锯开；平剖

corte por arco de plasma plasma arc cutting 等离子弧切割

corte por chama flame cutting 火焰切割

corte por jacto de água water jet cutting 水射流切割

corte por laser laser cutting 激光切割

corte recto butt joint 平切口

corte rotativo rotary cutting 旋转切割

corte seccional cross cut 横切

corte semicircular half-round slicing 半圆平切

corte sob medida cut-to-length 定尺切割

corte submarino underwater cutting 水下切割

corte temporal time slice （地震）时间切片

corte térmico thermal cutting 热切割

corte típico typical section 典型横切面；标准断面

corte tipo fenda rift cutting 径切

corte transversal transverse section, cross section 横切面，横断面，横剖面

corte transversal do núcleo core cross-section 岩心横断面

corte vertical vertical cross section 垂直剖面图

corteché s.m. ⇨ corta-chefe

corte-fogo adj.,s.m. ⇨ corta-fogo

corten s.m. corten 柯尔顿（耐腐蚀钢的一种）

cortiça s.f. barl, cork 软木

cortiça-de-montanha mountain cork 山石棉，淡石棉

corticite s.f. corticine 软木碎块做的地板

cortiço s.m. tenement （群租的）大杂院，棚户房

cortil s.m. cortile 内院

cortina s.f. ❶ curtain; screen; low wall 窗帘；帷幕；间壁；矮墙 ❷ drapery, curtain 石幔

cortina ancorada (/atirantada) anchored wall 锚定墙

cortina corta-fogo fire curtain 防火幕

cortina de água water curtain 水幕

cortina de ar air curtain 风幕，风幕机

cortina de boca grand drape, act curtain, house curtain （舞台）大幕

cortina de concreto armado reinforced concrete curtain wall 混凝土帷幕

cortina de drenagem drainage curtain 排水帷幕

cortina de estacas pile wall 排桩支护墙

cortina de estacas contíguas ⇨ cortina de estacas tangentes

cortina de estacas espaçadas spaced pile wall 间隔排桩墙，疏式排桩墙

cortina de estacas-prancha sheet pile

wall 板桩墙

cortina de estacas-prancha tipo Lackawanna Lackawanna type sheet pile wall 拉克万纳式（嵌合接头部）板桩墙

cortina de estacas-prancha tipo Larsen Larsen type sheet pile wall 拉森式（嵌合接头部）板桩墙

cortina de estacas secantes secant pile wall 咬合排桩墙

cortina de estacas tangentes tangent pile wall 互切排桩墙，密排式排桩墙

cortina de filó window curtains 窗幔

cortina de impermeabilização grout curtain 灌浆帷幕

cortina de injecções grout curtain, grout injection curtain 灌浆帷幕

cortina do radiador radiator curtain 散热器防护罩

cortina de segurança safety curtain 防火幕，安全幕

cortina de segurança florestal fire forest belt 防火林带

cortina de toldo ⇨ toldo-cortina

cortina de vedação de estacas-prancha sheet-pile cut-off 板桩截水墙

cortina espessa core wall 心墙

cortina estreita diaphragm 隔板

cortinado s.m. ❶ drape, curtains [集] 窗帘（包括窗帘架、窗帘盒等）❷ safety curtain 防火幕，安全幕

cortlandito s.m. cortlandite 角闪橄榄岩

coruchéu s.m. spire pinnacle of a steeple, turret（塔楼、亭子的）尖顶，塔尖

co-segurado s.m. co-insured 共保人，共同被保险人

co-seguro s.m. co-insurance 共同保险

co-seno/cosseno s.m. cosine 余弦

co-seno de direcção direction cosine 方向余弦

cossecante s.f. cosecant 余割

cossifímetro s.m. cos-Phi meter, phsometer 功率因数表 ⇨ fasímetro

cossinete s.m. screwing die, chaser 螺纹板牙

cossinete manual hand chaser 手动螺纹板牙

cossurfactante s.m. cosurfactant 助表面活

性剂

costa s.f. ❶ shore 海滨，湖滨，海岸 ❷ pl. tail, heel (of fire) 火尾（森林火灾中蔓延速度最慢、与火头方向相反的部分）

costa biogenética biogenetic coast 生物性海岸

costa de abrasão abrasion coast 海蚀海岸

costa de gelo ice rind 冰皮

costa de recifes de coral coral-reef coast 珊瑚礁海岸

costa erosiva erosional coast 侵蚀海岸

costado s.m. the side of a ship（水面以上的）舷侧

costaneira s.f. slab, flitch（木材的）背板，板皮

costeira s.f. hogback, cuesta 单斜脊

costeiro adj. coastal 海岸的，沿海的

costelas s.f.pl. bumps, corrugation（路面）褶皱，起皱

costura s.f. seam 缝；接缝，焊缝

costura calafetada caulked seam 填塞缝

costura longitudinal longitudinal seam 纵接缝

cota s.f. ❶ elevation, level 标高，地面标高 ❷ share, portion, quota 份额，配额 ⇨ quota

cota absoluta absolute elevation 绝对标高

cota de arrasamento cut-off elevation 桩顶标高

cota de coroamento crest elevation 坝顶高程

cota da crista da barragem crest elevation, elevation of dam crest 坝顶高程

cota de débito de cheia bankfull stage 满岸水位；满槽水位

cota do greide grade level 基准面

cota de jusante downstream level 下游水位

cota da máxima cheia maximum level of flood 最高洪水位

cota de montante upstream level 上游水位

cota de trabalho working point elevation 工作点标高

cota de transbordamento overflow level 溢流水位

cota mínima sag 最低标高

cota ortométrica orthometric height 正高

cota piezométrica piezometric elevation 测压管高程

cota projectada designed elevation 设计标高

cota vermelha elevation of centerline 中心线标高

cota zero de escala gauge datum 测站基面

cotado adj. ❶ quoted 开价的，报价的，报牌价的 ❷ listed（公司）上市的 ❸ marked (with elevation/level) 有标高的

cotangente s.f. cotangent 余切

cotão s.m. fluff, lint 绒毛；绒毛球

cotejo s.m. readback 复诵，回读

cotista s.2g. quota holder 配额持有人；（有限责任公司的）持股人，股东

cotonete s.f. "cotonete" stalactite 棉棒状钟乳石，火柴状钟乳石

cotovelo s.m. ❶ elbow; crank 弯头；曲柄；肘形弯管 ❷ ell（与正房成 L 形的）侧房，耳房

cotovelo com flange flanged elbow 法兰弯头

cotovelo de escape exhaust elbow 排气弯管

cotovelo de sanitário closet bend 便器用弯头

cotovelo de sucção suction elbow 吸入弯管

cotovelo em esquadria quarter bend 直角弯管；直角弯头

cotovelo em L de rosca exterior service ell 检修弯头

cotovelo para tubo de raio curto short radius elbow 短半径弯头

cotovelo para tubo de raio longo long radius elbow 长径肘管；大半径弯头

cotovelo pendente drop elbow 起柄弯头

couceira s.f. doorjamb, stile 门侧柱

couceira de batente mitre post, meeting post 斜接柱

couceira de batimento slamming stile 门框碰柱

couceira de fechamento lock stile 门锁挺

couceira de junção meeting stile 连接板条

couceira de polia pulley stile 滑车槽

couceira de porta stile 门框

couceira de suspensão hanging stile 铰链栅门

couceira intermédia muntin 窗格条

couceira suspensa hinge stile 铰链竖挡

couçoeira s.f. thick timber 供进一步加工用的木方

coufólito s.m. koupholite 柔葡萄石

coulomb (C) s.m. coulomb (C) 库仑（电量单位）

coulomb-metro s.m. coulombmeter 电量表

coupé s.m. coupé 小轿车

couraça s.f. ❶ cuirass, breastplate 护板，腹甲 ❷ pedogenic crust, duricrust 硬壳，钙质壳

courela s.f. strip of cultivated land 条田

courette s.m. ⇨ corete

couro s.m. leather 皮革

couro artificial imitation leather 人造革

couro curtido tanned leather 鞣革

couro de crocodilo (/jacaré) alligator cracks （路面）龟裂；龟裂的路面

couro embutido cup leather 制动缸皮碗

couro hidráulico hydraulic leather 液压装置皮碗

couro para limpeza chamois leather 麂皮

couro recurtido retanned leather 复鞣革

couro-da-montanha s.m. mountain leather 坡缕石 ⇨ paligorsquite

court s.m. tennis court 网球场

court de ténis ⇨ court

coutada s.f. ❶ game reserve 野生动物保护区 ❷ hunting ground （动物）狩猎场

cova s.f. pit 坑，穴

côvado s.m. cubit 葡制腕尺（长度单位，合 0.66 米）

covão s.m. rock basin (of a glacial valley)（冰川谷的）岩盆

covariância s.f. covariance 协方差

covelina s.f. ⇨ covelite

covelite s.f. covellite 铜蓝，靛铜矿

covid-19 s.f.2n. covid-19 新型冠状病毒肺炎，2019 冠状病毒病

covito s.m. covite 暗霞正长岩

coxia *s.f.* ❶ aisle （两排椅子、桌子或床中间的）过道 ❷ additional seat （座椅边上的）折叠加座 ❸ gallery （教堂、剧场等的）楼座，边座；廊台

coxim *s.m.* ❶ cushion, pad, mat 缓冲垫，胶垫 ❷ divan （无扶手和靠背的）长沙发椅 ⇨ **divã**

coxim da barra equalizadora equalizer bar pad 平衡杆胶垫

coxim de borracha rubber pad, rubber mounting 橡胶垫，橡皮座

coxim de borracha de radiador radiator rubber pad 散热器橡胶垫，散热器软垫

coxim de empena gable springer 山墙托臂

coxim de montagem mounting pad 安装垫板，安装衬垫

coxim do motor engine mounts 发动机悬置

cozedor *s.m.* cooker 蒸煮器，电磁炉

cozedura *s.f.* firing （陶、瓷、砖等的）焙烧

cozimento *s.m.* firing 烧制

cozimento brando soft burned 轻烧

cozinha *s.f.* kitchen 厨房

cozinha dos funcionários staff kitchen 员工厨房

cozinha principal main kitchen 主厨房

CPA *sig.,s.f.* SPC exchange 程控交换机

CPU *sig.,s.f.* CPU 中央处理器，CPU

craca *s.f.* stria, flute （柱子上的）线痕，条纹，细沟

crachá *s.m.* badge, name badge 姓名（胸）牌，工卡

crag *s.f.* crag 峭壁，危岩

craigmontito *s.m.* craigmontite 淡霞正长岩

craignurito *s.m.* craignurite 富玻英安岩

cranque *s.m.* crank 曲柄，曲轴

craqueamento *s.m.* cracking 裂化，裂解

cratão *s.m.* kraton 克拉通；稳定地块

cratera *s.f.* ❶ crater 火山口 ❷ 1. crater 坑，弹坑 2. chuckhole （路面破损后产生的）坑槽 3. crater （焊条药皮熔化速度慢于焊芯熔化速度形成的）喇叭状套筒 4. crater （焊道末端的）弧坑

cratera adventícia adventive crater 寄生火山口

cratera aparente apparent crater 视火山口；视冲击坑，视环形山

cratera cone-em-cone cone-in-cone crater 叠锥状火山口

cratera de afundamento sink hole 陷穴

cratera de bocas múltiplas ⇨ **cratera cone-em-cone**

cratera de colapso collapse crater 塌陷火山口

cratera de impacto impact crater 撞击坑，陨石坑

cratera de pico summit crater 山顶火山口

cratera do pistão piston crater 活塞环槽

cratera fóssil fossil crater 化石坑，化石环形山

cratera gémea twin crater 双子火山口

cratera meteorítica meteorite crater 陨石坑

cratógeno *s.m.* cratogene 大陆核

cratónico *adj.* cratonic 克拉通的

cratonização *s.f.* cratonization 克拉通化

cratonizado *adj.* kratonized 克拉通化的

cravação *s.f.* nailing, riveting; piling 打钉；打桩

cravação à lançagem pile jetting method 射水沉桩法

cravação de estacas pile driving 打桩

cravação vibratória vibratory driving 振动打桩

cravador *s.m.* nailer, riveter 铆钉枪；铆接机

cravador de rebite riveter, rivet clincher 铆钉机

cravadura *s.f.* ⇨ **cravação**

cravadura cega blind nailing 暗钉，隐头钉

cravadura de topo end nailing 端部敲钉

cravadura oblíqua toe nailing 斜钉

cravadura perpendicular face nailing 面钉

cravar *v.tr.* (to) nail, (to) pile 打钉；打桩

craveira *s.f.* ❶ nail hole 钉眼 ❷ caliper rule 卡尺

cravo *s.m.* nail 马蹄钉

cré *s.m.* chalk 白垩

creche *s.f.* day nursery, day care center 托儿所

credenciamento *s.m.* accreditation 认证

credenciar *v.tr.* (to) accredit 认证

crédito *s.m.* credit; loan 信用；贷款
  crédito ao comprador (/importador) buyer's credit 买方信贷
  crédito à exportação export credit 出口信贷
  crédito ao vendedor seller's credit 卖方信贷
  crédito bancário bank credit 银行信贷
  créditos de taxas tax credits 税收抵免
  créditos em dívida outstanding claims 未决赔款
  crédito malparado bad debt 坏账
  crédito soberano sovereign credit 主权信用
  crédito transferível transferable credit 可转让信贷
credor *s.m.* creditor 债权人
cremagem *s.f.* creaming 乳状液分层
cremalheira *s.f.* rack, rack bar, rack rail 齿条，齿杆，齿轨
  cremalheira circular rack wheel 闸轮
  cremalheira do combustível fuel rack 油量控制齿条
  cremalheira da direcção steering rack 转向齿条
  cremalheira de escada ladder rack 梯级形齿轨
  cremalheira de paragem (/retenção) stop rack 制动齿条
  cremalheira do volante flywheel ring gear 飞轮（启动）齿圈
  cremalheira dupla double rack 双轨
  cremalheira e pinhão (/carreto) rack and pinion 齿轮齿条机构
creme *s.m.* cream 乳脂，乳膏；面霜
  creme de protecção suntan cream 防晒霜
cremona *s.f.* cremone bolt 通天插销
crenulação *s.f.* crenulation 细褶皱
creolina *s.f.* creolin 煤焦油皂溶液，臭药水
creosoto/creosote *s.m.* creosote 木材防腐油，杂酚油
crepidoma *s.m.* crepidoma 梯形基座
crepina *s.f.* filter nozzle 过滤网嘴
crescente *s.m.* crescent 新月形
crescimento *s.m.* increase; growth 增长；生长
  crescimento do grão grain growth 晶粒生长

生长
  crescimento de pressão pressure build-up 压力升高；压力积累；压力恢复
  crescimento de tráfego traffic growth 交通增长
  crescimento económico economic growth 经济增长
  crescimento equilibrado balanced growth 平衡增长
  crescimento paralelo parallel inter-growth 平行互生
  crescimento sintaxial syntaxial over-growth 共轴生长
crespir *v.tr.* (to) paint so as to imitate stone 麻面处理
crespo *adj.* pitted, rough 麻面的（板材）
Cretáceo *adj.,s.m.* [巴] ⇒ **Cretácico**
Cretácico *adj.,s.m.* Cretaceous; Cretaceous Period; Cretaceous System [葡]（地质年代）白垩纪（的）；白垩系（的）
  Cretácico Inferior Lower Cretaceous; Lower Cretaceous Epoch; Lower Cretaceous Series 下白垩世；下白垩统
  Cretácico Superior Upper Cretaceous; Upper Cretaceous Epoch; Upper Cretaceous Series 上白垩世；上白垩统
crevasse/crevassa *s.f.* crevasse, frost crack, glacial crack （冰河、冰川的）裂隙，冰隙 ⇒ **fenda de geleira**
criado-mudo *s.m.* bedside table [巴] 床头柜
criatividade *s.f.* creativity 创造力
cricket *s.m.* cricket 泻水假屋顶
cricondenbar *s.m.* cricondenbar 临界凝析压力
cricondenbárica *adj.* cricondenbaric 临界凝析压力的
cricondenterma *s.f.* cricondentherm 临界凝析温度
cricondentérmico *adj.* cricondenthermic 临界凝析温度的
criergia *s.f.* cryergy 冰冻学
crimpagem *s.f.* crimping （线缆等）压接；压水晶头
crinanito *s.m.* crinanite 橄沸粗玄岩；橄沸粒玄岩
crioaplanação *s.f.* cryoplanation 强霜冻侵蚀，冰雪均夷作用

criocarso *s.m.* cryokarst 冰冻喀斯特
crioclastia *s.f.* congelifraction 融冻崩解作用
crioclástico *adj.* cryoclastic 融冻崩解作用的
crioclasto *s.m.* cryoclast 融冻崩解碎屑岩
crioconite *s.f.* cryoconite 冰尘
criófilo *adj.* cryophilic 喜低温的
criogenia *s.f.* cryogenics 低温学
criogénico /criogênico *adj.* ❶ cryogenic 冷冻的；低温的 ❷ *s.m.* [M] Cryogenian; Cryogenian Period; Cryogenian System [葡]（地质年代）成冰纪（的）；成冰系（的）
criolite *s.f.* cryolite 冰晶石
criologia *s.f.* cryology 冰雪水文学
criometria *s.f.* ❶ cryometry 低温测量学；低温测定 ❷ freezing-point depression 冰点降低，凝固点降低
crionival *adj.2g.* cryonival 冰雪作用的
crionivelamento *s.m.* cryoplanation 强霜冻侵蚀，冰雪均夷作用
criopedologia *s.f.* cryopedology 冻土学
criosfera *s.f.* cryosphere 低温层；冰圈
criossorção *s.f.* cryosorption 低温吸附
crióstato/criostato *s.m.* cryostat 低温恒温器
criotectónica *s.f.* cryotectonics 冰川构造学
crioturbação *s.f.* cryoturbation 冰扰作用；冻裂搅动
criovulcanismo *s.m.* cryovolcanism 冰火山
cripta *s.f.* crypt 地穴，（用作墓穴的）教堂地下室
criptoanálise *s.f.* cryptanalysis 密码分析学，解密技术
criptoclástico *adj.* cryptoclastic 隐屑的
criptocristalino *adj.* cryptocrystalline 隐晶质的
criptoflorescência *s.f.* cryptoflorescence （建筑）内部粉化
criptogénico *adj.* cryptogenic 隐发性的，隐原性的，原因不明的
criptografia *s.f.* cryptography 密码学
criptologia *s.f.* cryptology 密码学
criptómetro/criptômetro *s.m.* cryptometer（涂料）遮盖力测定仪
criptomoeda *s.f.* cryptocurrency 加密货币
crípton (Kr) *s.m.* krypton (Kr) 氪
criptovulcanismo *s.m.* cryptovolcanism 潜火山作用

criquina *s.f.* criquina 海百合屑灰岩
crisoberilo *s.m.* chrysoberyl 金绿宝石
crisocola *s.f.* chrysocolla 矽孔雀石
crisol *s.m.* melting pot; crucible 熔炉；坩埚
crisol sinterizado sintered crucible 烧结坩埚
crisólito *s.m.* chrysolite 贵橄榄石
crisólito de Ceilão (/oriental) Ceylon chrysotile 锡兰橄榄石
crisopala *s.f.* chrysopal 绿蛋白石
crisoprásio *s.m.* chrysoprase 绿玉髓
crisótilo *s.m.* chrysotile 纤维蛇纹石
crista *s.f.* crest 峰；冠；顶；顶饰；山脊
crista algácea algal ridge 藻脊
crista assimétrica hogback 猪背岭
crista de aterro crest of fill slope （填方边坡的）坡顶，坡肩
crista de barragem dam crest, dam crown 坝顶
crista de calhaus boulder ridge, cobble ridge 漂石滩岭
crista de coral-alga coralgal ridge 珊瑚藻类边缘脊
crista de corte crest of cut slope （挖方边坡的）坡顶，坡肩
crista de dobra crest of fold 褶皱脊
crista de duna dune ridge 沙脊，沙岭，沙丘脊
crista de enchente flood peak 洪峰
crista da leiva furrow crown 田埂
crista da onda wave crest 波峰
crista de praia beach ridge 滩脊
crista da sapata grouser bar, grouser tip 履带销
crista de talude crest of slope 坡顶
crista do vertedouro sill, crest of spillway 溢洪道堰顶
crista em altitude upper ridge 高空脊
crista erosiva erosion ridge 侵蚀脊
crista média oceânica (/meso-oceânica) mid-oceanic ridge 大洋中脊
cristal *s.m.* crystal 结晶，晶体；水晶
cristal artificial artificial crystal 人造晶体
cristal biaxial biaxial crystal 双轴晶体
cristal bisotê bisoté glass 斜边玻璃，倒边玻璃
cristal clinorrômbico clinorhomboidal

crystal 三斜晶

cristal cúbico cubic crystal 立方晶体

cristal de cimentação hopper crystal 漏斗形晶体

cristal de gelo ice crystal 冰晶

cristais de metal puro pure metal crystals 纯金属结晶

cristal de quartzo quartz crystal 石英晶体

cristal de resfriamento chill crystal 激冷晶体

cristal de rocha rock crystal, quartz（天然）水晶

cristal dicróico dichroic crystal 两色性晶体

cristal esquelético skeletal crystal 骸晶

cristais euédricos euhedral crystals 自形晶

cristal geminado twinned crystal 双晶

cristal hemimórfico hemimorphic crystal 半形晶体

cristal homodésmico homodesmic crystal 纯键晶体

cristal ideal ideal crystal 理想晶体

cristais idiomórficos idiomorphic crystals 自形晶体

cristal intrínseco intrinsic crystal 本征晶体

cristal iónico ionic crystal 离子晶体

cristal isodésmico isodesmic crystal 等键晶体

cristal isométrico isometric crystal 等轴晶体

cristal lapidado cut crystal, cut glass 切割（过的）晶体；雕花玻璃

cristal líquido liquid crystal 液晶

cristal maclado ⇨ cristal geminado

cristais macromoleculares macromolecular crystals 大分子晶体

cristal misto mixed crystal 混合晶体

cristal negativo negative crystal 负晶体

cristal perfeito perfect crystal 完美晶体；完整晶体

cristal polar polar crystal 极性晶体

cristal porfírico porphyritic crystal 斑晶

cristal prismático prismatic crystal 棱晶；方晶；斜方晶

cristal secundário ghost crystal 阴影晶体

cristal uniaxial uniaxial crystal 单轴晶体

cristal único single crystal 单晶

cristaleira s.f. crystal-closet, china-closet 玻璃门橱柜

cristalinidade s.f. crystallinity 结晶性，结晶度

cristalino adj. crystalline 晶质的，结晶的；由结晶体组成的；结晶状的

cristalítico adj. crystallitic 微晶的

cristalito s.m. crystallite 微晶

cristalização s.f. ❶ crystallization 结晶化，结晶作用 ❷ crystallization, crystallizing of stone 石材晶面处理 ❸ sweetmeat processing （水果）蜜饯处理

cristalização aloquímica allochemical crystallization 异化结晶

cristalização dentrítica dendritic crystallization 树枝状结晶化

cristalização esferulítica spherulitic crystallization 球晶状结晶化

cristalização fraccionada fractional crystallization 分步结晶

cristalização periódica rhythmic crystallization 韵律结晶作用

cristalizado adj. crystallized 晶化的，结晶的

cristalizador s.m. crystallizer, crystallizing vessel, crystallizing tank 结晶器

cristalizar ❶ v.intr.,pron. (to) crystallize 结晶，形成结晶 ❷ v.tr. (to) crystallize （水果）做成蜜饯

cristaloblasto s.m. crystalloblast 变余斑晶

cristalofílico adj. phyllocrystalline, crystallophilic 片状结晶的

cristalogenia/cristalogénese s.f. crystallogeny 晶体发生学

cristalografia s.f. crystallography 结晶学

cristalografia estrutural structural crystallography 结构晶体学

cristalografia morfológica morphological crystallography 形态结晶学

cristaloquímica s.f. crystal chemistry 晶体化学

cristobalite s.f. cristobalite 方石英

critério s.m. criterion 标准，准则

critérios de aceitação acceptance criteria 接受准则

critério de interpretação interpretation

criteria 解释准则

critério de mérito merit criteria 绩效标准

critério de selecção de propostas tender selection criteria 选标准则

critérios de segurança safety criteria 安全标准

critério material substantive test, substantive standards 实体标准，实质标准

critério mini-max mini-max criterion 极小极大判据

criticidade *s.f.* criticality 临界；临界性

crítico *adj.* critical 临界的

crivado *adj.* riddled 筛分的

crivagem *s.f.* screening 筛；筛选

crivar *v.tr.* (to) sieve, (to) screen 筛；筛选

crivo *s.m.* ❶ 1. sieve, screen 筛 2. screen 筛管 ❷ strainer 滤网；过滤器；滤渣片 ❸ rose (of a watering can), spraying rose, rosehead 莲蓬式喷嘴

crivo à mão hand jig 手摇跳汰机

crivo boca de rã top sieve, chaffer sieve. 顶筛，颖糠筛

crivo de barras bar screen 铁栅筛,棒条筛,笆子筛

crivo de controlo (/contenção) de areias sand control screen 防砂筛管

crivo de discos disk sieve 碟形筛，碟式分离机

crivo de finos dolly 洗砂机

crivo de Harz Harz jig 哈兹型活塞跳汰机

crivo do regador rose (of a watering can), spraying rose, rosehead 莲蓬式喷嘴

crivo expansível expandable screen 可膨胀筛管

crivo inferior bottom sieve, grain sieve 底筛，谷粒筛

crivo oscilante shaking screen 振荡筛

crivos perfurados punched screens 冲孔钢筛板

crivo por gravidade gravity screen 重力筛

crivo rotativo drum screen 滚筒筛

crivo superior top sieve, chaffer sieve 顶筛，颖糠筛

crivo Tyler Tyler sieve 泰勒标准筛

crivo vibrante (/vibratório) vibrating screen 振动筛

crivo zumbidor hummer screen 电磁振动筛

crochete *s.m.* crocket 卷叶形花饰

crocidolite *s.f.* crocidolite 青石棉

crocidolite azulada hawk's eye 鹰眼石

crocoíte/crocoisa *s.f.* crocoite 铬铅矿

croma *s.m.* chroma 色度；彩度

cromado *adj.* chrome-plated 镀铬的

cromatismo *s.m.* chromatism 色差

cromato *s.m.* chromate 铬酸盐

cromato de potássio potassium chromate 铬酸钾

cromato de sódio sodium chromate 铬酸钠

cromato de zinco zinc chromate 铬酸锌

cromatografia *s.f.* chromatography 色谱法

cromatografia de íon ion chromatography 离子色谱

cromatografia gasosa gas chromatography 气相色谱分析

cromatografia líquida de alta performance high-performance liquid chromatography (HPLC) 高效液相色谱法

cromatógrafo *s.m.* chromatograph 色谱仪

cromatograma *s.m.* chromatogram 色层谱，色谱图

cromel *s.m.* chromel 镍铬合金

cromeleque *s.m.* cromlech 环状列石

crominância *s.f.* chrominance 色度

crómio/cromo (Cr) *s.m.* chromium (Cr) 铬

cromo lustrado polished chrome 抛光铬

cromo preto T chrome black T 铬黑T

cromite *s.f.* chromite 铬铁矿

cromitito *s.m.* chromitite 铬铁岩

cromização *s.f.* chromizing 渗铬

cromodiopsídio *s.m.* chromodiopside [巴] 铬透辉石

cromodiópsido *s.m.* chromodiopside [葡] 铬透辉石

crono *s.m.* chron 时（地质时代单位，idade 的下一级，对应时间地层单位 cronozona）

cronoestratigrafia *s.f.* chronostratigraphy 年代地层学

cronofunção *s.f.* chronofunction 时间因素

cronógrafo *s.m.* chronographer 计时表

cronograma *s.m.* progress chart 进度表

cronograma de construção construction

schedule 施工进度表

cronograma do milestone milestone schedule 里程碑式进度表

cronograma da obra working schedule, work schedule 工程进度表, 工程进度计划表, 施工进度计划

cronograma de pagamento payment schedule 付款进度表

cronograma do projecto schedule of design 设计进度表

cronograma financeiro financial schedule 财务进度表

cronograma físico physical schedule, execution schedule 执行进度表, 生产进度表

cronograma principal milestone master schedule 主要作业进度表

crono-horizonte *s.m.* chronohorizon 年代层位

cronologia *s.f.* chronology 年代学

cronologia absoluta absolute chronology 绝对年代学

cronologia isotópica isotopic chronology 同位素年代学

cronologia relativa relative chronology 相对年代学

cronómetro/cronômetro *s.m.* ❶ chronometer 精密计时计, 天文钟 ❷ chronometer, stop-watch 电子秒表, 跑表 ❸ timer 定时器

cronómetro de ciclagem cycling timer 循环定时器

cronómetro de sobrepartida overcrank timer 过degree摇转计时器

cronosequência *s.f.* chronosequence 年代序列

cronostratigrafia *s.f.* chronostratigraphy 年代地层学

cronotaxia *s.f.* chronotaxis 时间类似

cronozona *s.f.* chronozone 时带（时间地层单位, andar 的下一级, 对应地质时代单位 crono）

crookesite *s.f.* crookesite 硒铊铜银矿

croque *s.m.* pike pole 杆叉, 消防钩

croquis/croqui *s.m.* ❶ croquis（建筑物的）草图 ❷ sketch, outline sketch （地块的）区块范围图

croquis de localização geographic sketch 地理位置示意图

crosskill *s.m.* crosskill roller 横齿环星轮镇压器 ⇨ **rolo destorroador**

crosta *s.f.* ❶ 1. crust 外壳, 外皮；硬表层 2. scale 积垢 ❷ crust 地壳

crosta algácea algal crust 藻结皮

crosta basáltica basaltic crust 玄武岩壳

crosta calcária calcareous crust, calcareous hardpan 钙积层

crosta continental continental crust 大陆地壳

crosta de coral coral crust 珊瑚薄盖层

crosta de solo hardground 硬灰岩层

crosta da Terra crust of the earth, lithosphere 地壳

crosta de transição transition crust 过渡型地壳

crosta granítica granitic crust 花岗岩壳

crosta laterítica lateritic crust 砖红土结壳

crosta oceânica oceanic crust 大洋地壳

crosta pedogénica (/pedológica) pedogenic crust, duricrust 硬壳, 钙质壳

crosta salina salt crust 盐壳

crosta sólida solid crust 固体地壳

crosta superficial surface crust 表面壳层

crosta terrestre earth crust 地壳

crown-glass *s.m.* crown-glass 冕牌玻璃

cru *adj.* crude 天然的, 未加工的

cruciforme *adj.2g.* cruciform 十字交叉形的

cruck *s.m.* cruck 曲木屋架

crude *s.m.* crude petroleum 原油

crusta *s.f.* crust 地壳

crusta terrestre ⇨ **crosta da Terra**

crustal *adj.2g.* crustal 地壳的

cruz *s.f.* cross 十字；十字架, 十字形物

cruz de aspa ⇨ **Cruz de Santo André**

Cruz de Santo André ❶ St Andrew's cross, X bracing 斜十字支撑结构 ⇨ **contraventamento** ❷ staurolite 十字石 ⇨ **estaurolite**

cruz-de-São Tomé cross-buck sign 岔道标志

cruzamento *s.m.* ❶ 1. crossing 十字路口 2. crossover （铁路）转线轨道 ❷ cross-breeding 杂交；杂交育种

cruzamento de contratrilho móvel spring rail frog 弹簧辙叉

cruzamento de vias férreas track crossing 轨道交叉

cruzamento desnivelado (/em desnível) grade separation （高速公路、铁路中的）立体交叉

cruzamento em níveis diferentes grade separation, grade-separated crossing facilities （高速公路、铁路中的）立体交叉，分层过路设施

cruzamento em nível at grade intersection （高速公路、铁路中的）平面交叉

cruzamento em T T-intersection T 形交叉

cruzamento em Y Y-intersection Y 形交叉

cruzamento ferroviário rail crossing 铁路交叉口

cruzamento fixo fixed crossing 固定通道

cruzamento giratório rotary intersection 环形交叉

cruzamento múltiplo multiple intersection 复式交叉

cruzamento sem sinalização uncontrolled intersection 无管制交叉口

cruzamento zebrado zebra crossing 人行横道

cruzar *v.tr.* ❶ (to) cross, (to) pass over 穿过，越过，横跨 ❷ (to) cross, (to) intersect 相交，交叉 ❸ (to) crossbreed 杂交；杂交育种

cruzeiro ❶ *s.m.* crossing 十字路口；交叉甬道 ❷ *s.m.* cruise 巡航 ❸ *s.m.* cruiser 巡洋舰 ❹ *adj.* crossed 交叉的，十字形的

cruzeta *s.f.* ❶ 1. crosshead, spider 联杆器，十字头，十字轴；十字万向节 2. surveyor's square 丁字尺 ❷ cross joint, four-way union 四通，十字管 ❸ flow tree 流程树

cruzeta de quatro entradas 4-way apex 四向脊（瓦），四通瓦

cruzeta de três entradas 3-way apex 三向脊（瓦），三通瓦

crylor *s.m.* crylor 克里洛变性聚丙烯腈长丝和短纤维

Cryogeniano *adj.,s.m.* Cryogenian; Cryogenian Period; Cryogenian System [巴]（地质年代）成冰纪（的）；成冰系（的）
⇨ **Criogénico**

cuba *s.f.* ❶ cup, bowl 杯，杯状物 ❷ bowl, tank 水槽，水池 ❸ tub 矿车

cuba colectora de pó (/poeira) dust collector cup, dust collecting bowl 集尘器杯

cuba de filtro de combustível fuel filter bowl 燃油滤清杯

cuba do purificador de ar air cleaner bowl, air cleaner cup 空气滤清器杯

cuba de sedimentação sediment bowl 沉淀杯

cuba de zincagem galvanizing pot 镀锌锅，镀锌槽

cuba misturadora mixing tub 混料盒

cuba pneumática pneumatic trough 集气槽

cubagem *s.f.* cubage 体积测算；土方量测算；建筑体积计算

cubar *v.tr.* (to) cube 计算体积；求⋯的立方

cubeta *s.f.* cuvette, cell 小容器；小池；（试验室用的）试管

cubeta colectora collecting pan 集油盘

cubeta de amostra sample cell 样品池，样品试池

cubeta de referência reference cell 参比池

cubicagem *s.f.* ⇨ cubagem

cubicar *v.tr.* ⇨ cubar

cubico *s.m.* shack [安] 棚屋；小室

cúbico *adj.* cubic 立体的；体积的；立方的；立方晶系的

cúbico de corpo centrado body-centered cubic 体心立方

cúbico de face centrada face-centered cubic 面心立方

cubículo *s.m.* ❶ cubicle 房；小间，小卧室 ❷ cubicle 格子间（办公室）

cubilote *s.m.* cupola 化铁炉，冲天炉

cubilote de fundição foundry cupola 铸造冲天炉；铸造用化铁炉

cubismo *s.m.* cubism 立体主义

cubo *s.m.* ❶ cube 立方，立方体 ❷ 1. hub 中心；毂 2. wheel hub, nave 轮毂 ❸ boss 轴孔座 ❹ spider 辐；支架

cubo accionador (/de comando) do ventilador fan drive hub 风扇传动毂

cubo de ágar agar-block 琼脂块

cubo de betão concrete cube 混凝土立方块

cubo de coerência coherence cube 相干体

cubo do comando final final drive hub,

hub of final drive 终端齿轮轮毂
cubo do disco flange hub 凸缘毂
cubo da embreagem clutch hub 离合器毂
cubo da engrenagem gear hub 齿毂
cubo de hélice propeller hub 螺旋桨毂
cubo do pistão piston boss 活塞销座
cubo de roda hub 轮毂
cubo da roda motriz sprocket hub 链轮轮毂
cubo do rotor rotor hub 旋翼毂
cubo de teste de betão concrete test cube 混凝土立方体试块
cubo do ventilador fan hub 风扇毂
cubo do virabrequim crankshaft hub 曲轴毂
cubo estriado splined hub 花键套
cubo guia sliding hub 滑动毂
cucalito *s.m.* cucalite 绿泥辉绿岩
cucúrbita *s.f.* cucurbit 曲颈瓶，蒸馏釜
cuesta *s.f.* cuesta 单斜脊，单面山
culaça *s.f.* cylinder head 气缸盖
culminação *s.f.* culmination 高潮
cultivação *s.f.* cultivation, culture 耕种；栽培
cultivador *s.m.* cultivator 耕耘机，中耕机
cultivador de mola spring shank cultivator 弹柄式中耕机
cultivador fertilizador (/de fertilizante) cultivator-fertilizer 中耕施肥机
cultivador rotativo rotary cultivator 旋耕机，旋转耕作机，回转中耕机
cultivador vibrátil vibrator cultivator 振动式中耕机
cultivar ❶ *v.tr.* (to) cultivate, (to) plant 耕种，种植，栽培 ❷ *s.m.* cultivar 栽培品系，栽培品种
cultivável *adj.2g.* cultivable 可耕种的
cultivo *s.m.* ❶ crop; culture 作物，农作物 ❷ cultivation, culture 耕种；栽培
cultivo de cobertura cover crop 覆盖作物
cultivo flutuante deep water culture (DWC) 深水养殖（一种植物水培技术）
cultivo mínimo minimum tillage, minimum cultivation 少耕法
cultura *s.f.* ❶ crop; culture 作物，农作物；菌种 ❷ culture, tillage 耕作，耕种 ❸ (bacterial) culture 细菌培养 ❹ culture medium 培养基

cultura de bactérias (bacterial) culture 细菌培养
cultura de bactérias lácticas lactic bacterial culture 乳酸菌培养
cultura em contorno contour farming, contour culture 等高耕作（水土保持耕作法的一种）
cultura em faixas alternate strip planting 等高带状轮作（水土保持耕作法的一种）
cultura higrófila hygrophilous crop 喜湿作物
cultura perene perennial crop 多年生作物
cultura quimonófila chimonophilous crop 喜凉作物
cultura sem lavoura plowless farming 免耕种植，免耕农业
cultura termofílica thermophilic crop 喜温作物
cultura xerófila xerophilous crop 喜旱作物
cumaru *s.m.* tonka 香二翅豆（*Dipteryx* spp.）
cumberlandito *s.m.* cumberlandite 钛铁长橄岩
cumbraíto *s.m.* cumbraite 倍斑安山岩
cume *s.m.* top; crest 顶端，顶点；顶部
cume de concha shell-shaped hip end 贝壳形斜脊封头
cumeada *s.f.* mountain ridge 山脊；山梁
cumeada pontiaguda sharp ridge 陡峭边缘
cumeeira *s.f.* ❶ 1. ridge 屋脊；正脊 2. coping 盖顶，压顶，遮檐 ❷ mountain ridge 山脊；山梁
cumeeira de Boston Boston ridge 博斯顿脊
cumeeira decorativa decorative coping 装饰性盖顶
cumingtonite *s.f.* cummingtonite 镁铁闪石
cumprimento *s.m.* compliance, fulfilment 遵守，履行，执行
cumprir *v.tr.* comply, fulfill 遵守，履行
cumulado *s.m.* cumulate 堆晶岩
cumulatividade *s.f.* progressive taxation 累进税制
cumuliforme *adj.2g.* cumuliform 积云状的

cumulito *s.m.* cumulite 积球雏晶

cúmulo *s.m.* cumulus 积云

cúmulo-mamato mamma, mammatus clouds 乳房状云

cúmulo-nimbo cumulonimbus 积雨云

cumulofírico *adj.* cumulophyric 联合斑状的

cumuloporfírico *adj.* cumuloporphyric 聚合斑状的

cúmulo-vulcão *s.m.* cumulo-volcano 堆积火山

cuneiforme *adj.2g.* cuneiform 楔形的

cunha *s.f.* ❶ 1. wedge 楔, 楔状物; 垫块 2. slips, rotary slips 卡瓦 ❷ taper (road) 楔形路段

cunha clástica clastic wedge 碎屑楔

cunha de ajuste setting wedge 固紧楔

cunha de armazenamento bank storage 河岸调蓄量

cunha de chumbo lead wedge 铅楔

cunha de desvio whipstock [安] 造斜器

cunha de expansão lewis 吊楔

cunha de gelo ice wedge 冰楔

cunha de mar baixo lowstand wedge 低水位楔

cunha de montagem setting wedge 固定楔

cunha de quartzo quartz wedge 石英楔

cunha em cauda de raposa fox wedge 紧榫楔, 狐尾榫

cunha hidráulica hydraulic wedging 液压楔

cunha para iniciar desvio whipstock [巴] 造斜器

cunha para revestimento casing slips 套管卡瓦

cunha para suspensão da tubagem na mesa rotativa rotary slips [葡] 旋转钻管卡瓦

cunha salina saline wedge intrusion 咸潮, 咸潮上溯

cunha sedimentar sedimentary wedge 沉积楔

cunhado *adj.* coined, minted 轧印的 (硬币); 铸造的

cunhado a quente hot-cupped 热铸的

cunhagem *s.f.* coinage, mintage 铸造, 铸币

cunhagem progressiva progressive stamping 级进冲压

cunhal *s.m.* quoin (墙、建筑物的) 外角

cunhar *v.tr.* (to) coin 铸造, 铸币

cunho *s.m.* coining die 压印模

cupão *s.m.* ⇨ cupom

cupilha *s.f.* cotter pin 开口销

cupom *s.m.* coupon [巴] 试片, 取样片

cupom de corrosão corrosion coupon 腐蚀试片, 腐蚀挂片

cupom de teste test coupon 试片

cuprita/cuprite *s.f.* cuprite 赤铜矿

cuproníquel *s.m.* cupronickel 镍铜, 铜镍合金

cuprouranite *s.f.* cuprouranite 铜铀云母

cúpula *s.f.* ❶ cupola, dome, vault 圆顶 ❷ exhaust cover 排气罩 ❸ lava cupola 熔岩钟 ❹ cupola 化铁炉, 冲天炉

cúpula apanha-fumos fume exhaust cover 排油烟罩

cúpula da cabine de pilotagem cockpit canopy 座舱盖

cúpula de cebola onion dome 洋葱形圆屋顶

cúpula de fumaça smoke dome (壁炉的) 排烟罩

cúpula de gelo icy dome 冰穹

cúpula dupla double dome 双球顶

cúpula em bulbo ⇨ cúpula de cebola

cúpula em vela pendentive dome 三角穹圆顶

cúpula geodésica geodesic dome 网格球顶

cúpula hemisférica hemispherical dome 半球屋顶

cúpula-pires saucer dome 碟状圆屋顶

cúpula radial radial dome 放射状球顶

cúpula Schwedler Schwedler dome 施威德勒型球面网壳

cúpula semicircular semicircular dome 半球屋顶

cúpula treliçada lattice dome 格子圆屋顶

cupulado *adj.* cupolated 有圆屋顶的; 穹顶状的

cupular *adj.2g.* cupolated 穹顶状的

cura *s.f.* setting (灰浆等的) 凝结, 凝固; (胶水等的) 变硬; (混凝土) 养护

cura de concreto concrete curing 混凝土

养护，混凝土硬化

cura do concreto por aspersão water spraying of concrete 混凝土喷水养护

cura do concreto pelo vapor steam curing 蒸汽养护

cura por deformação strain-aging 应变老化

curador *s.m.* ❶ trustee 受托人；托管人 ❷ curator（博物馆、图书馆等的）馆长

curar *v.tr.* ❶ (to) cure, (to) heal 治疗，治愈 ❷ *intr.* (to) cure 硬化，固化；养护

curie (Ci) *s.m.* curie (Ci) 居里（放射性强度单位）

cúrio (Cm) *s.m.* curium (Cm) 锔

curral *s.m.* corral 畜栏

curso *s.m.* ❶ 1. course 水流；水道；流向 2. reach 河区，河段 ❷ 1. stroke length; lift; travel 冲程；升程；行程 2. channel length（河流的）长度 ❸ course 课程

curso ascendente upstroke（活塞）上行冲程

curso de actualização refresher course 进修课程

curso de água stream course 水流；水道

curso de água efluente effluent stream 外排流，潜水补给河

curso de água influente influent stream 入渗河流；潜水注入河

curso de água intermitente intermittent stream; ephemeral stream 间歇河；季节性河流

curso de água isolado insulated stream 隔底水流；地表水流

curso de água perene perennial stream 常年河，常流河

curso de água ramificado braided stream 辫状河道；辫状水道

curso de água subglacial subglacial stream 冰川下河流

curso de água temporário wadi 旱谷，枯水河

curso de avanço forward stroke 前进冲程

curso de combustão combustion stroke 燃烧冲程

curso de compressão-expansão compression-expansion stroke 压缩膨胀冲程

curso de corte cutting stroke 剪切行程；

切削行程

curso de descarga discharge stroke 排出冲程

curso de êmbolo (/pistão) piston stroke 活塞冲程

curso de escape exhaust stroke 排气冲程

curso de expansão expansion stroke 膨胀冲程

curso de explosão power stroke 动力冲程

curso de formação training course 培训班；训练课程

curso do pedal pedal travel 踏板行程

curso de reciclagem refresher course 复修课程

curso do rio river course 河道

curso de válvula lift of valve 阀升程

curso descendente downstroke（活塞）下行冲程

curso fronteiriço reach forming a boundary (between two countries) 边境界河

curso inferior lower reach 下游河段

curso inverso back course 返航航线

curso livre free travel 自由行程

curso livre do pedal pedal free travel 踏板自由行程

curso médio middle reach（河道）中游

curso por correspondência correspondence course 函授课程

curso principal main branch 主分支

curso profissionalizante vocational course 职业课程

curso superior upper reach 上游河段

curso total de êmbolo full stroke 全冲程

cursor *s.m.* ❶ cursor, rider（计算尺或光学仪器等上的）游标；（计算机）光标 ❷ plunger 推杆，柱塞 ❸ cursor 转动臂

cursor de regulação adjusting arm 调节臂

curtimento *s.m.* tanning 制革；制革法

curtisite *s.f.* curtisite 绿地蜡

curto *adj.* short 短的

curto-circuito *s.m.* short circuit 短路

curtume *s.m.* tannage 鞣制；鞣革

curva *s.f.* ❶ curve, bend 曲线；几何曲线 ❷ pipe bend 弯管 ❸ curve 曲线板；弯曲件 ❹ road bend; river bend 路弯；河弯，河曲 ❺ turn 转弯

curva à direita right-hand curve 右旋曲线

curva à esquerda left-hand curve 左旋曲线

curva aberta ⇨ curva plana

curva adiabática adiabatic curve 绝热曲线

curva água-volume area-volume curve, area-capacity curve 面积容积曲线

curva altimétrica ⇨ curva de nível

curva apertada hairpin turn 急转弯

curva ascendente ramp （楼梯扶手）升弯

curva base base turn 基线转弯

curva batimétrica bathymetric curve 等深曲线

curva característica characteristic curve 特性曲线

curva circular circular curve 圆曲线

curva 90° com bolsas double socket 90° bend 双管座 90 度弯头

curva-chave flow rating curve 流量特性曲线

curva compensada compensated curve 补偿曲线

curva composta ❶ compound curve 复合曲线 ❷ compound curve 复合弯道

curva coordenada coordinated turn 协调转弯

curva cota-área depth-area curve 深度-面积曲线，深面曲线

curva cota-volume depth-volume curve 深度-体积曲线

curva cumulativa cumulative curve 累积曲线

curva de absorção absorption curve 吸收曲线

curva de adensamento thickening curve 稠化曲线

curva de aferição ⇨ curva de calibração

curva de arrastamento de massa mass-haul curve 土方-运距曲线

curva de atenuação attenuation curve, rating curve 衰减曲线，曲线评级

curva de avaliação appraisal curve 评价曲线

curva de aversão ao risco risk aversion curve 风险厌恶曲线

curva de calibração calibration curve 校准曲线

curva de calibragem rating curve 水位流量关系曲线；标定曲线

curva de carga load curve 载荷曲线，负荷曲线

curva de caudal head/discharge curve 流量-扬程曲线

curva de cinza ash curve 灰分比重曲线

curva de compactação compaction curve 压实曲线

curva de compressão virgem virgin compression curve 固结原始压缩曲线

curva de concordância suave ⇨ cordão de solda bem acabado

curva de contorno ⇨ linha de contorno

curva de convexidade máxima maximum convexity curve 最大凸度曲线

curva de correlação correlation curve 相关曲线

curva de corrimão wreath 扶手弯；转弯扶手

curva de crescimento de pressão pressure-buildup curve 压力累积曲线

curva de deformação ⇨ curva tensão-deformação

curva de descarga rating curve, discharge curve 放电曲线；流量曲线

curva de deslocamento displacement curve 位移曲线；排水量曲线

curva de diagrafia log curve 测井曲线

curva de dispersão dispersion curve 色散曲线

curva de distorção distortion curve 畸变曲线；失真曲线

curva de distribuição de intensidade luminosa light distribution curve 光强分布曲线

curva de distribuição espectral spectral distribution curve 光谱分布曲线

curva de distribuição luminosa light distribution curve 配光曲线

curva de enfraquecimento attenuation curve 衰减曲线

curva de expansão ❶ expansion curve 膨胀曲线 ❷ expansion bend, expansion loop 膨缩弯管，伸缩弯管

curva de expansão de carga load-extension curve 载荷延伸曲线

curva de fadiga fatigue curve 疲劳曲线

curva de fluxo fraccionário fractional flow curve 分流曲线

curva de frequência frequency curve 频率曲线

curva de grande inclinação steep turn 急转弯

curva de índice de vazios-tensão efectiva curve of void ratio-effective tension 孔隙比-有效应力曲线

curva de inércia inertial curve 惯性曲线

curva de insolação de Milankovitch Milankovitch solar radiation curve 米兰科维奇太阳辐射曲线

curva de IPR IPR curve IPR 曲线，流入动态曲线

curva de luminosidade luminosity curve 光度曲线

curva de nível contour, contour line, isoheight 等高线

curva de partida departure curve 偏离曲线，偏差曲线

curva de perfilagem de poço well-log curve 测井曲线

curva de permanência de vazões flow duration curve 流量历时曲线

curva de ponto de bolha bubble-point curve 泡点曲线

curva de ponto de orvalho dew-point curve 露点曲线

curva de pressão de débito inflow performance relationship curve [安] 油管动态曲线

curva de pressão requerida tubing performance relationship curve 油管动态曲线

curva de procedimento procedure turn 程序转弯

curva de produção production curve 产量曲线；开采量曲线

curva de progresso progress curve 进度曲线

curva de raio constante ⇨ curva simples

curva de rebaixamento drawdown curve 地下水位降落曲线

curva de refluxo (/regolfo/remanso) back-water curve 回水曲线

curva de refrigeração cooling curve 冷却曲线

curva de renda income curve 收入曲线

curva de rendimento efficiency curve 效率曲线

curva de rendimento/descarga efficiency/discharge curve 流量-效率曲线

curva de resposta response curve 响应曲线

curva de ressonância resonance curve 共振曲线

curva de ruído noise criteria curve 噪声标准曲线

curva de saturação saturation curve 饱和曲线

curva das superfícies inundadas ⇨ curva cota-área

curva de transição ❶ transition curve 过渡曲线；缓和曲线；转变曲线 ❷ transition curve, spiral curve 缓和曲线弯道，回旋曲线弯道

curva de transição de Froude Froude's transition curve 弗劳德缓和曲线

curva de vazão stage-discharge curve 水位流量关系曲线

curva de vazões acumuladas mass flow curve; cumulative flow curve 流量累积曲线

curva de velocidade velocity curve 速度曲线

curva de velocidade-tempo speed-time curve 速度时间曲线

curva de Wöhler Wöhler's curve, fatigue curve S–N 曲线（用来描述材料疲劳性能的曲线，由德国工程师 Wöhler 提出）

curva densidade/teor de umidade density/moisture content curve 密度与含水量关系曲线

curva descendente dropdown curve 降水曲线

curvas em colina shell curves; hill curves 综合特性曲线，等效率曲线

curva em ferradura ❶ horseshoe curve 马蹄形曲线 ❷ horseshoe bend 马蹄形弯道

curva em S ❶ S curve S 曲线 ❷ reverse

curve S 形弯道

curva em U horseshoe bend 马蹄形弯道

curva especial purpose-made bend 特制弯管

curva espiral spiral curve 螺旋曲线

curva fechada sharp turn, sharp bend, sharp curve 急转弯

curva flangeada flanged bend 法兰弯头

curva francesa french curve 曲线板，云尺

curva funicular funicular curve 缆索曲线

curva granulométrica particle size distribution curve, gradation curve 粒度分布曲线，级配曲线

curva hipsográfica hypsographic curve 高度深度曲线

curva hipsométrica hypsometric curve 高度深度曲线；陆高海深曲线；等高线

curva horizontal horizontal curve 平面曲线

curva inflexionada ⇨ curva reversa

curva isocromática isochromatic curve 等色线

curva justa fair curve 光滑曲线

curva-mestra index contour line 计曲线，加粗等高线

curva normal normal curve 常态曲线

curva padrão standard curve 标准曲线

curva parabólica parabolic curve 抛物线形曲线

curva plana flat curve 平滑曲线；平缓曲线

curva polar polar curve 极坐标曲线

curva policêntrica ⇨ curva composta

curva protegida protected turn 有防护设施的弯道

curva rebaixada ⇨ curva plana

curva reversa ❶ reverse curve 反转曲线 ❷ reverse curve S 形弯道

curva simples simple curve 简单曲线

curva tempo-assentamento time-settlement curve 时间沉降曲线

curva tempo-distância composta composite time-distance curve 复合时距曲线

curva tempo-profundidade time-depth curve 时深曲线

curva tensão-deformação stress-strain curve 应力应变曲线

curva t-x t-x curve 时距曲线

curva vertical vertical curve 竖曲线

curvado adj. ⇨ curvo

curvador s.m. bender 弯曲机

curvador de tubos pipe bender 弯管机

curvadora s.f. bender 弯曲机

curvadora de perfis profile bender 型材弯曲机

curvar v.tr.,pron. (to) curve, (to) bend（使）弯曲，折弯

curvatura s.f. ❶ curvature 曲率 ❷ bend 角；弯位；路弯

curvatura de Gauss Gaussian curvature 高斯曲率

curvatura do poço dogleg, hole curvature [巴] 狗腿角；钻孔偏斜

curvatura de talude slope curvature 坡曲率，边坡曲率

curvatura do trilho de encosto stock rail bend 基本轨弯折

curvatura terrestre curvature of earth 地球曲率

curvígrafo s.m. curvograph, arcograph 圆弧规

curvilíneo adj. curvilinear, curvilineal 曲线的

curvímetro s.m. curvometer, curvimeter 曲线仪

curvo adj. curved 弯曲的

cúspida s.f. ❶ cusp 尖头；尖端 ❷ cusp（多尖拱中的）尖头，尖角

cúspida de praia beach cusp 海滩嘴

cuspidação s.f. cuspidation （多尖拱中的）弧线相交的尖角装饰

cúspide adj.2g. cuspate 尖角的，三角形的（水流痕）

custar v.tr. (to) cost 要价为…，成本为…

custeamento s.m. costing 成本计算

custeamento por absorção absorption costing 吸收成本法

custeio s.m. ❶ costing 成本计算 ❷ expenses; cost 开支；支付

custeio de produto product costing 产品成本计算

custo s.m. cost 成本，开支；造价

custos adicionais incremental costs 增量成本

custo administrativo administration cost

行政成本；管理成本

custo ambiental environmental cost 环境成本

custo de absorção absorption cost 吸收成本，摊配成本

custos de apreciação appraisal costs 鉴定成本；评估成本

custo do ciclo de vida life cycle costing 生命周期成本

custos de combustível fuel costs 燃料费用

custo de construção construction cost 建筑成本；建筑价格；建筑费用；造价

custos de desapropriação e indemnização land and compensation costs 征地补偿金

custo da dívida debt cost 债务成本

custo de equilíbrio break-even cost 盈亏平衡成本

custo de equipamento equipment cost 设备成本

custo de espalhamento spreading cost 摊铺消耗

custos de exploração operating costs, running costs 生产费用，营业成本

custo de fabrico cost to manufacture 制造成本

custos de falhas externas external failure costs 外部缺陷成本

custo de inactividade shut-down cost 停业成本

custo de investimento ❶ cost of investment 投资成本 ❷ capital expenditure 资本支出，资本开支

custo de manutenção maintenance cost 维修费用

custo de manutenção do contrato contract maintenance cost 合同维持费用

custo de notário notarial fees 公证费

custo de operação operating cost, running cost 日常费用；运行成本；经营费用

custo de oportunidade opportunity cost 机会成本

custo do projecto project cost 工程项目成本

custo de realização execution cost 执行成本

custo directo direct cost 直接成本

custo fabril factory cost 工厂成本

custos escondidos sunk costs 沉没成本

custos extras extra cost 额外成本，额外费用

custos globais overall costs 总成本

custo incremental incremental cost 增量成本

custo indirecto indirect cost 间接成本

custo irrecuperável stranded costs 搁置成本

custo limite break-even cost 保本成本，盈亏平衡成本

custo mais cost-plus 成本加成

custo mais comissão fixa cost-plus-fixed-fee 成本加固定费用

custo marginal marginal cost 边际成本

custo marginal de expansão marginal cost of expansion 边际扩张成本

custo marginal de operação marginal cost of operation 边际运营成本

custo médio average cost 平均成本

custo médio fixo average fixed cost 平均固定成本

custo médio ponderado de capital weighted average cost of capital 加权平均资本成本

custo operacional ⇨ custo de operação

custo orçado da relação do trabalho budgeted cost of work scheduled (BCWS) 计划工作预算成本

custo orçado do trabalho executado budgeted cost of work performed (BCWP) 已完成工作预算成本

custo por tonelada cost-per ton 每吨土方的运输成本

custo real actual cost 实际成本

custo social social cost 社会成本

custo total total cost 总成本

custo total atualizado total present worth 总现值

custo variável médio average variable cost 平均可变成本

custo variável unitário (CVU) variable cost per unit 单位变动成本

custódia s.f. custody; bailment （资金的）

托管；（财物的）寄托，委托

custodiante *s.m.* custodian 托管人，托管行；保管银行

customização *s.f.* customization （产品、服务等的）客户化，定制化

cut-back *s.m.* cut-back bitumen 稀释沥青

cutelaria *s.f.* cutlery; cutler's shop [集] 刀具

cutelo *s.m.* chopper, cleaver 切肉刀

cutina *s.f.* cutin 角质

cutoff *adj.inv.* cut-off 截止的，截水的

cuvete *s.f.* ❶ cuvette 小容器，浅盘 ❷ small basin 小流域

cuvete de gelo ice cube tray 冰格，制冰格

D

dacito *s.m.* dacite 英安岩

dacitóide *s.m.* dacitoid 似英安岩

dacron *s.m.* dacron 涤纶

dactilografar *v.tr.* (to) typewrite 打字

dactilografia *s.f.* typewriting 打字

dactilógrafo *s.m.* typist 打字员

dado *s.m.* ❶ data 资料，数据 ❷ dado （柱墩的）墩身，台座

　dados adicionais collateral data 附属数据

　dados alfanuméricos alphanumeric data 字母数字数据

　dado básico de desenho basic data for design 设计基础资料

　dados codificados coded data 编码数据

　dados de base basic data 基本数据

　dados de campo field data 现场数据；野外数据

　dados de entrada input data 输入数据

　dados do projecto project data 工程资料

　dados de três componentes three-component data 三分量数据

　dados geológicos e de engenharia engineering and geological data 工程地质资料

　dados georreferenciados georeferenced data 地理参考数据

　dado geotécnico geotechnical data 岩土数据

　dados gráficos graphical data 图形数据

　dados hidráulicos hydraulic data 水力数据

　dados hidrológicos hydrological data 水文资料

　dado interrompido stopped dado 暗榫槽

　dado meteorológico meteorological data 气象数据

　dado original raw data, original data 原始数据

　dados pluviométricos rainfall data 降雨数据

　dado radiológico radiological data 辐射数据

　dados sísmicos seismic data 地震资料；地震数据

　dados sísmicos 2-D two-dimensional seismic data 二维地震数据

dahamito *s.m.* dahamite 钠长钠闪微岗岩

dama *s.f.* dame 土方工程里用来标示高度或深度的土堆

damasquinagem *s.f.* damascening 金属纹饰镶嵌；错金工艺

damburite *s.f.* danburite 赛黄晶，硅酸硼钙石

damouritização *s.f.* damouritization 细鳞白云母化，水云母化

damourite *s.f.* damourite 细鳞白云母，水白云石

damper *s.m.* damper 闸板，挡板

　damper corta-fogo fire damper 防火挡板

　damper corta-fumaça smoke damper 烟道挡板

dancalito *s.m.* dancalite 方沸粗安岩

dancete *s.m.* dancette 曲折线脚，曲折饰

Daniano *adj.,s.m.* Danian; Danian Age; Danian Stage （地质年代）丹麦期（的）；丹麦阶（的）

danificação *s.f.* damnification, damaging 损坏
danificação de superfície surface damage 表面损伤
danificar *v.tr.,pron.* (to) damage 损坏
dankiernito *s.m.* damkjernite 辉云碱煌岩
dano *s.m.* damage, loss 损失；损坏
   dano ambiental environmental damage 环境损害
   dano consequente (/consequencial à propriedade) consequential damage 间接损失
   dano da formação formation damage 地层损害
   dano directo direct damage; direct loss 直接损失
   dano inditecto consequential damage, indirect damage, indirect loss 间接损失
   dano mecânico mechanical damage 机械损伤
   dano por efeito película skin damage 表皮堵塞；井壁堵塞
   dano por fadiga fatigue damage 疲劳损伤
   dano pelo hidrogénio hydrogen damage 氢损伤
   dano por objeto estranho foreign object damage 外来物损伤
Dapingiano *adj.,s.m.* [巴] ⇨ Dapinguiano
Dapinguiano *adj.,s.m.* Dapingian; Dapingian Age; Dapingian Stage [葡]（地质年代）大坪期（的）；大坪阶（的）
dar *v.tr.* (to) give 给，给予
   dar partida (to) start 启动，起动
darcy *s.m.* darcy 达西（渗透力单位）
dardo *s.m.* ❶ flame core （电焊）焰心 ❷ dart （捞砂筒阀球下的）凸板
darmstádio (Ds) *s.m.* darmstadtium (Ds) 𫟼，110 号元素
Darriwiliano *adj.,s.m.* Darriwilian; Darriwilian Age; Darriwilian Stage（地质年代）达瑞威尔期（的）；达瑞威尔阶（的）
data *s.f.* date 日期
   data alvo de início target start(ts) date 目标开始日期
   data alvo de término ❶ target finish date 目标结束日期 ❷ target completion date 目标完成日期

data de aceitação commissioning date [巴]（水利、电力、工业类项目的）投产日期，启用日期
data de chegada prevista estimated time of arrival (ETA) 预计到达日期
data de embarque date of loading 装货日期
data de emissão issue date 签发日期，发证日期
data de entrega handover date 接管日期
data de início zero date 起算日
data de recepção commissioning date （水利、电力、工业类项目的）投产日期，启用日期
data de referência reference date 基准日期
data de término finishing date 完成日期，结束日期
data de validade expiration date 有效期限
data de vencimento date of maturity 到期日期
data efectiva effective date 生效日期
data inicial start date 开始日期
database *s.m.* database, data bank 数据库，资料库 ⇨ banco de dados
datação *s.f.* dating, age measurement 年代测定
   datação absoluta absolute dating 绝对年龄测定
   datação isotópica isotopic dating 同位素测定年龄
   datação paleomagnética paleomagnetic dating 古地磁年龄测定
   datação por C-14 C-14 dating 碳 14 年代测定
   datação por rubídio-estrôncio rubidium-strontium dating 铷锶测年法
   datação por urânio-234 uranium-234 aging method 铀 234 年代测定
   datação por urânio-238 uranium-238 aging method 铀 238 年代测定
   datação por urânio-chumbo uranium-lead dating 铀铅年代测定
   datação radioactiva radioactive dating 放射性年代测定
   datação radiométrica radiometric dating

放射性年代测定

datação relativa relative dating 相对年代测定

datador *s.m.* dater, date stamp 日期印章

datalogger *s.m.* data logger 数据记录器，巡回检测装置

datolite *s.f.* datolite 硅灰硼石，硅钙硼石

datum *s.m.* ❶ datum 基面，基准面 ❷ datum point, reference point 基准点

    datum absoluto absolute datum 绝对基准，绝对基面

    datum estrutural structural datum 构造基准面

    datum geodésico geodetic datum 大地基准

    datum global global datum 全球基准

    datum principal principal datum (PD) 主水平基准；主基准面

    datum sísmico seismic datum 地震基准面

daunialito *s.m.* daunialite 蒙脱石

davainito *s.m.* davainite 褐闪岩

dawsonite *s.f.* dawsonite 片钠铝石；丝钠铝石；碳钠铝石

DDT *sig.,s.m.* DDT 滴滴涕，二氯二苯三氯乙烷

de *prep.* of 属于…的，具备…性质的 [缩合形式：do, da, dos, das]

    de abrir openable 可开启的

    de accionamento mecânico power driven 机械传动的

    de arrasto pull type 牵引式

    de aspiração natural naturally aspirated 自然吸气式，自然进气式

    de baixo para cima bottom-to-top 自下而上的，上行的

    de cabeça achatada mushroomed 伞形的

    de cabeça quadrada square-headed 端部方形的，方头的

    de cabeça redonda round headed 圆头的

    de cabedal leather 皮的，真皮的

    de carga dianteira front-loaded 前载式

    de corda vibrante vibrating wire 振弦式的，线振式的

    de dentes múltiplos multi-shank 多齿的，多耕齿的

    de direcção directional 方向的，方向性的

    de dois estágios two-stage 二级的

    de dois suportes two-strap 双带固定式的

    de ensaio testing 测试的

    de estágio simples single-stage 单级的

    de face(s) metálica(s) metallic faced 金属饰面的

    de fechamento automático self-closing 自动关闭，自闭式

    de grande porte large, large-scale 大型的

    de lei standard; premium; solid 标准的；高品质的；坚硬的 ⇨ **lei**

    de luxo deluxe 豪华的

    de mesma frequência synchronous 同频的，同步的

    de montagem central center-mounted 中央承载式

    de montagem distante remote mounted 远距离安装的

    de movimento livre free-floating 自由浮动的

    de parede of wall, mural 墙上的，墙装的；壁挂式的

    de precisão (of) precision 精密的，精准的

    de prova ⇨ **de ensaio, de teste**

    de reforço reinforcing 加强的

    de repuxo profundo deep-drawn（金属）深冲的；（薄板、铁皮）深拉的

    de reserva stand-by 备用的

    de sentido de marcha directional 方向的，方向性的

    de temperamento doce mild-tempered 软淬火

    de teste testing 测试的

    de um só estágio ⇨ **de estágio simples**

    de visibilidade total full-view 全视图；全景

dealbar *v.tr.* (to) bleach, (to) whiten 漂白

deambulatório *s.m.* deambulatory, ambulatory 回廊

debandada *s.f.* swinging 边移作用

debênture *s.f.* debenture [巴] 公司债券

debenturista *s.2g.* bondholder 债券持有人

debicado *adj.* pecky 有蛀孔的

debilidade *s.f.* weakness 脆弱，薄弱

debiteuse *s.f.* debiteuse 浮标砖，槽子砖

débito *s.m.* ❶ debit 借入；借项；借额 ❷ debt 债务 ❸ flow, outflow, discharge 流

量，排出量

débitos acumulados accrued charges 应计费用

débito crítico critical rate 临界率

débito de cheia bankfull flow 满槽水流

débito de circulação circulation rate 循环率，循环速度

débito de um poço flow rate 流量

debitómetro/debitômetro *s.m.* flowmeter 流量计

debreagem *s.f.* cluth disengagement 离合器分离

debrifim/debriefing *s.m.* debriefing [巴] 任务报告

debulhadora *s.f.* thresher, threshing machine 脱粒机

debulhadora estacionária (/fixa) stationary thresher 固定式脱粒机

debulhar *v.tr.* (to) thrash, (to) thresh 打谷，脱粒

debuxo *s.m.* drawing, sketch, design 草图，速写

debye *s.m.* debye 德拜（电偶极矩单位）

deca- (da) *pref.* deca- (da) 表示"十"

decaimento *s.m.* ❶ decay 减弱，衰减；衰变 ❷ decline 下落，降低

decaimento aeróbico aerobic decay 菌蚀，需氧（细菌）分解

decaimento alfa alpha decay α衰变

decaimento anaeróbico anaerobic decay 缺氧腐烂

decaimento beta beta decay β衰变

decaimento do pistão piston rod drift 活塞杆沉降

decaimento radioactivo radioactive decay 放射性衰变

decaimento térmico thermal decay 热衰减

decair *v.tr.* ❶ (to) decay, (to) decline 减弱，衰减 ❷ (to) fall, (to) decline 下落，降低

decalagem *s.f.* decalage 倾角差；翼差角

decalcomania *s.f.* decalcomania 贴花法

decalescência *s.f.* decalescence（金属表面）吸热（变黑），退辉

decalitro *s.m.* decalitre 公斗；十升

decalque *s.m.* decal 贴花

decâmetro (dam) *s.m.* decameter (dam)

十米

decâmetro quadrado (a) square dekameter (a) 100 平方米，合 1 公亩

decamilenar *adj.2g.* (of) ten thousand years 一万年的；万年一遇的

decanewton (dN) *s.m.* decanewton (dN) 十牛（顿）

decantação *s.f.* decanting 倾析，滗析

decantação lamelar lamellar decantation 分层沉淀

decantador *s.m.* ❶ decanter, settling tank 沉淀池，滗析器，滗析装置 ❷ wine decanter（红酒）醒酒器

decantador centrífugo decanter centrifuge 沉降式离心机

decantador de aeração aeration settling tank 曝气沉淀池

decantador de aeração rápida high-rate aeration settling tank 高速曝气沉淀池

decantador de desbaste scraper settling tank 刮泥机式沉淀池

decantador de óleo do motor oil pan 油底壳

decantador primário primary settling tank 初级沉淀池

decantador secundário secondary settling tank 二次沉淀池

decantar *v.tr.* (to) decant 倾析，滗析

decapagem *s.f.* ❶ stripping 剥离 ❷ stripping topsoil 剥除表土 ❸ descale 清除氧化皮，除鳞 ❹ pickling, scouring 酸洗

decapagem mecânica mechanical picking 机械除鳞

decapagem química chemical picking 化学酸洗，化学除鳞

decapante *s.m.* stripping agent 剥离剂

decapar *v.tr.* (to) scour 冲刷，冲洗

decapê *s.m.* "decapê" 一种用石膏装饰木材表面的工艺，多用于木质家具

decare *s.m.* decare 十公亩

decastere *s.m.* decastere 十立方米

decastilo *adj.,s.m.* decastyle 十柱式（的）

deci- (d) *pref.* deci- (d) 表示"分，十分之一"

decibel (dB) *s.m.* decibel (dB) 分贝

decibel absoluto (dBA) decibel absolute (dBA) 绝对分贝

decibelímetro *s.m.* decibelmeter 分贝计，

声级计，噪声测试仪

deciduifólio *s.m.* deciduous 每年落叶的

decifragem *s.f.* deciphering 破译；解密

decifrar *v.tr.* (to) decipher 解密

decilitro (dl) *s.m.* deciliter (dl) 分升

decímetro (dm) *s.m.* decimeter (dm) 分米
  decímetro cúbico (dm³) cubic decimeter (dm³) 立方分米
  decímetro quadrado (dm²) square decimeter (dm²) 平方分米

decisão *s.f.* decision 决定；决议

decisor *s.m.* decision maker 决策者

decistere *s.m.* decistere 十分之一立方米

declaração *s.f.* ❶ declaration 声明；宣布；公告 ❷ declaration 申报，报验
  declaração aduaneira customs declaration 申报关税
  declaração de aceitação acceptance declaration 接受声明
  declaração de comercialidade declaration of commerciality 商业性声明
  declaração de compromisso affidavit 宣誓书，保证书
  declaração de conformidade declaration of conformity 符合性声明，符合标准声明
  declaração de exoneração de responsabilidade disclaimer 免责声明
  declaração de expedição consignment note 托运单；托运收据；寄售通知书
  declaração de garantia da proposta bid-securing declaration 投标保证书

declarar *v.tr.* ❶ (to) declare 声明，宣布 ❷ (to) declare 申报，报验

declinação *s.f.* ❶ declination 倾斜；偏差；磁偏 ❷ declination 赤纬
  declinação austral southing 南距，南倾
  declinação boreal northing 北距，北倾
  declinação de compasso compass declination 罗经磁偏
  declinação magnética magnetic declination 磁偏角

declinado *adj.* raking 倾斜的

declinar *v.tr.* (to) reject, (to) refuse, (to) decline 拒绝

declínio *s.m.* decline, decay 下降，下滑；衰退，衰落

declínio exponencial exponential decline 指数递减

declínio harmónico harmonic decline 调和型递减

declínio hiperbólico hyperbolic decline 双曲线递减

declínio volumétrico volumetric decline 体积下降

declinómetro/declinômetro *s.m.* declinometer 磁偏计

declive ❶ *s.m.* descending grade 斜坡，降坡 ❷ *s.m.* declination 倾斜 ❸ *s.m.* dip 倾角 ❹ *adj.2g.* downhill 降坡的，倾斜的

declive continental continental rise 大陆隆，陆基

declive convexo convex slope 凸坡

declive de rocha rock slope 石坡

declive de telhado pitch of a roof 屋顶坡面

declive natural natural slope 天然斜坡

declividade *s.f.* declivity, grade 斜坡；坡度

declividade do leito bed slope, river declivity 河底坡度，河床比降

declividade do leito de rio river declivity 河床坡度

declividade da superfície livre water surface slope 水面坡度

declividade longitudinal longitudinal gradient 纵坡

declividade máxima maximum declivity 最大坡度

declividade transversal cross fall 横斜度

declívio *s.m.* slope, descending grade 降坡

decoar *v.tr.* (to) wash in lye 碱水洗涤

decolagem *s.f.* takeoff 起飞

decolagem abortada aborted takeoff 放弃的起飞

decolagem auxiliada assisted takeoff 辅助起飞，助推器起飞

decolagem auxiliada por jato jet-assisted takeoff 喷气助推起飞

decolagem com baixa visibilidade low visibility takeoff 低能见度起飞

decolagem com vento de través crosswind takeoff 侧风起飞

decolagem corrida running takeoff 滑跑起飞

decolagem interrompida abandoned takeoff 中断的起飞

decolagem normal normal takeoff 正常起飞

decolagem vertical vertical takeoff 垂直起飞

decolar *v.tr.,intr.* (to) take off 起飞

decomissionamento ⇨ descomissionamento

decompor *v.tr.,pron.* (to) decompose 分解

decomposição *s.f.* ❶ decomposition 分解 ❷ chalking 粉化

decomposição anaeróbia anaerobic decomposition 嫌气分解；无氧分解

decomposição catalítica catalytic decomposition 催化分解

decomposição das forças resolution of forces 力的分解

decomposição química chemical weathering 化学风化作用

decomposição térmica thermal decomposition 热分解

decomposto *adj.* decomposed, weathered 已分解的，风化分解的

deconvolução *s.f.* deconvolution [巴] 解卷积；反褶积

decoração *s.f.* decoration 装饰；装修

decoração arquitectónica architectural decoration 建筑装饰

decorador *s.m.* decorator 装潢者，装饰公司

decorar *v.tr.* (to) decorate 装潢

decorrelação *s.f.* decorrelation 去相关，抗相关，解相关

decréscimo *s.m.* decrement 降低，减少

decrescer *v.tr.* (to) decrease 减少，减小，降低

decretar *v.tr.* (to) decree 颁布，发布（命令、政令等）

decreto *s.m.* decree 政令

decreto-lei decree-law 法令

decreto presidencial presidential decree 总统令；主席令

decussado *adj.* decussate 交叉的；直角交叉的

dedal *s.m.* thimble 顶针

dedeira *s.f.* fingerstall 指套

dedeira de látex latex fingerstall 乳胶指套

dedendo *s.m.* ❶ stub, dedendum 齿根 ❷ dedendum 齿根高

dedicado *adj.* dedicated 专用的（工具、设备）

dedo *s.m.* ❶ finger 手指，指状物 ❷ finger 护刃器 ❸ finger (of fire) "鸡爪"（森林火灾中，自火翼蔓延出的手指形火头）

dedo apalpador finger trip mechanism 销式释放机构

dedo da direcção steering lever 转向摇臂

dedo fixador set finger 定位指

dedo frio cold finger 指形冷冻器

dedo levantador (/elevador) de espigas crop lifter 分禾器

dedo magnético magnetic pick-up tool 磁取物棒

dedo magnético telescópico magnetic telescoping pick-up tool 磁伸缩取物棒

dedo regulador set finger 定位指

dedolomização *s.f.* dedolomization 脱白云石化作用

dedução *s.f.* deduction 减少，扣除

dedução de imposto tax deduction 减免税款

dedutível *adj.2g.* deductible 可扣除的；可减免的

dedutível do imposto tax-deductible 可免税的

deduzir *v.tr.,intr.* (to) deduct 减去，扣除

deerite *s.f.* deerite 羟硅锰铁石

defantasmização *s.f.* deghosting 反虚反射

defasagem *s.f.* phase displacement; offset [巴] 相位移；相移；偏距，偏移

defasagem de tempo time lag 时间间隔；时间滞差

defasar *v.tr.* (to) dephase 相位偏移

defeito *s.m.* ❶ defect, imperfection 缺陷，瑕疵 ❷ 1. bug, defect 毛病，故障 2. defect, damage 损坏

defeito aparente apparent defect 外观缺陷，表面瑕疵

defeito crítico critical defect 严重缺陷

defeito de alinhamento misalignment 错边

defeito de empilhamento stacking fault 堆垛层错

defeito de fase phase defect 相位亏损

defeito de Frenkel Frenkel defect 弗伦克

尔缺陷

defeitos de funcionamento irregularities on operation 运行故障

defeito de linha line defect 线状缺陷

defeito de ponta point defect 点缺陷

defeito de Schottky Schottky defect 肖特基缺陷

defeito de trilho rail defect 轨道损伤

defeito de trilho caracterizado por corrugação de ondas curtas short wave corrugation of rail 轨头短波浪磨损

defeito de trilho caracterizado por corrugação de ondas longas long wave corrugation rail 轨头长波浪磨损

defeito de via, ocasionando redução de velocidade track defect 轨道不整

defeito devido a cisalhamento shear failure 剪切破坏，剪切断裂

defeito pontual point defect 点缺陷

defeito superficial surface defect 表面缺陷

defeituoso *adj.* defective 有缺陷的

defender *v.tr.,pron.* (to) defend 保卫，防护；辩护

defensa *s.f.* ❶ guard-rail, barrier（道路）护栏 ❷ fender 碰垫

defensa dupla double barrier 双层护栏

defensa flexível flexible barrier 柔性护栏

defensa metálica metallic barrier 金属护栏

defensa rígida rigid barrier 刚性护栏

defensa semi-rígida semirigid barrier 半刚性护栏

defensa simples (/singela) simple barrier 单层护栏

defensivo ❶ *adj.* defensive 防御的，防御性的 ❷ *s.m.* protective agent 保护剂

defensivo agrícola agricultural pesticide 农用除害剂

defesa *s.f.* defense, protection 防护；防护工程

defesa de margem bank protector 护岸（工程）

defesa do solo soil defence 土壤防护

défice/déficit *s.m.* deficit 亏空，亏损；赤字，逆差，出超

défice de saturação saturation deficit 饱

和差

déficit de energia energy deficit 能源短缺；电能短缺

déficit de escoamento flow deficiency 流量不足

deficiência *s.f.* deficiency 缺陷，缺点；缺乏

deficiência auditiva dysaudi 听力障碍

deficiência cognitiva cognitive disorder, disgnosia 认知障碍

deficiência visual visual impairment, dysopia 视觉障碍

deficiente *s.2g.* deficient 残疾人

deficitário *adj.* in deficit 亏空的，亏损的；有赤字的

definição *s.f.* ❶ definition 定义；确定 ❷ definition 清晰度

definição da atividade activity definition 活动定义

definir *v.tr.* (to) define, (to) determine 定义；确定；规定

deflação *s.f.* ❶ deflation 通货紧缩 ❷ deflation 放气 ❸ deflation 风蚀

deflagração *s.f.* deflagration; detonation 爆燃；引爆

deflagração no ar air shooting 气垫爆破；空中爆破法

deflagração retardada hangfire 迟发火；迟爆

deflagrante *adj.2g.* deflagrating 爆燃的

deflator *s.m.* ❶ deflator 平减物价指数（扣除通货膨胀因素的价格指数）❷ deflator 放气机

deflator de ar do pneu tire air deflator 轮胎放气机

deflectir *v.tr.* (to) deflect（使）转向；（使）偏斜

deflectometria/defletometria *s.f.* deflection measuring 偏转测量

deflectómetro/defletômetro *s.m.* deflectometer 偏斜测定仪

defletômetro mecânico dial gauge; comparator 千分表，刻度盘

deflector/defletor *s.m.* ❶ deflector, baffle 导向装置；导风板；致偏器 ❷ fan shroud 风扇罩

deflector de água water baffle 挡水板

deflector de ar (/aerodinâmico) air

deflector 空气导流板

deflector de chamas flame deflector 火焰偏转器

deflector de escapamento exhaust baffle 排气隔板

defletor de jato jet deflector 射流转向器

deflector de óleo oil deflector 导油器

deflector do radiador radiator shroud 散热器风扇罩

deflector do ventilador fan shroud 风扇护罩

deflector de ventilador tipo venturi venturi-type fan shroud 文丘里式风扇罩

deflector de vento draft deflector 气流导流板

deflector dinâmico (de óleo) oil slinger, oil thrower 挡油环，抛油环

deflegmação s.f. dephlegmation 分馏，分凝作用

deflegmar v.tr. (to) dephlegmate （使）分馏，（使）分凝

deflexão s.f. deflection 偏向；偏差；挠曲；挠度

deflexão admissível permissible deflection 允许挠度

deflexão característica characteristic deflection 代表性挠度

deflexão compressional compressional deflection 压缩变形

defloculação s.f. deflocculation [巴] 反凝絮

defloculante s.m. deflocculant, deflocculating agent 抗絮凝剂，悬浮剂

deflúvio s.m. draining, runoff 排水；径流

deflúvio superficial superficial flowing, runoff 表面径流

defluxo s.m. defluxion 流下

deformabilidade s.f. deformability 可变形性

deformação s.f. ❶ deformation 变形，形变 ❷ (unitária) strain 应变 ❸ offset 偏置；偏置位

deformação adiastrófica non-diastrophic deformation 非地壳形变；非地壳变形

deformação anelástica anelastic deformation 滞弹性形变

deformação angular angular distortion 角度变形，角度误差

deformação areal areal distortion 面积变形，面积偏差

deformação contínua continuous deformation 连续变形

deformação de cisalhamento (/cisalhante) shear strain, shearing strain 剪应变

deformação de compressão compression strain 压缩应变

deformação de engenharia engineering strain 工程应变

deformação de flexão flexural strain 弯曲应变；挠曲应变

deformação de rede lattice strains 点阵应变；晶格应变

deformação de ruptura ❶ deformation at failure 破损变形 ❷ failure strain, strain at failure 断裂应变，破坏应变

deformação de tração tensile strain 拉伸应变

deformação descontínua discontinuous deformation 不连续变形

deformação diagonal diagonal deformation 对角变形

deformação diastrófica diastrophic deformation, crustal deformation 地壳形变；地壳变形

deformação diferida delayed deformation 延迟形变

deformação dúctil ductile deformation 柔性变形

deformação elástica ❶ elastic deformation 弹性形变；弹性变形 ❷ elastic strain 弹性应变

deformação elasto-plástica elastic-plastic deformation 弹塑性变形

deformação estrutural structural deformation 结构变形

deformação heterogénea heterogeneous deformation 非均匀变形

deformação homogénea homogeneous deformation 均匀变形

deformação hookeana hookean deformation 胡克形变

deformação instantânea instantaneous deformation 瞬时形变

deformação interna internal deformation 内部变形

deformação irrotacional irrotational deformation 无旋形变

deformação lateral lateral deformation 横向变形

deformação lenta slow deformation 缓慢形变

deformação linear linear distortion 线性失真；线性畸变

deformação longitudinal longitudinal deformation 纵向形变

deformação permanente permanent set, plastic deformation 永久变形，塑性变形

deformação pervasiva pervasive deformation 透入性变形

deformação plana plain strain 简单应变

deformação plástica ❶ plastic deformation 塑性形变；塑性变形 ❷ plastic strain 塑性应变

deformação por compressão compression set 压力定形

deformação por escorregamento sliding deformation 滑移变形

deformação por fluência plastic flow 塑性流变

deformação por maclação twinning deformation 孪生变形

deformação real true strain 真实应变

deformação relativa relative deformation 相对变形

deformação reversível reversible deformation 可逆变形

deformação rígida rigid deformation 刚性变形

deformação tectónica tectonic deformation 构造变形

deformação torcional torsional strain 扭应变

deformação transversal ❶ transverse deformation 横向变形 ❷ transverse extension 横向扩张，横向伸长

deformação unitária unit deformation 单位变形

deformação volumétrica volumetric strain 体积应变

deformacional adj.2g. deformational 变形的

deformado adj. deformed; distorted; in bad repair 变形的；（图像）扭曲的；失修的

deformímetro s.m. ❶ deformeter 变形仪 ❷ strainmeter, strain gauge 应变计

deformímetro corretor no stress strain gauge; isolated strain gauge 无应力计

defumado adj. smoked, smoky 烟熏的，熏过的

degelador s.m. defroster 除霜器

degelar v.tr.,pron. (to) thaw, (to) melt 融化，解冻

degelo s.m. thaw, deicing 融化，解冻

deglaciação s.f. deglaciation 冰消作用

degradação s.f. ❶ degradation, deterioration 恶化，老化；退化 ❷ degradation 降解

degradação ambiental environmental degradation 环境恶化

degradação bacteriana bacterial degradation 细菌降解，细菌分解作用

degradação de altura manométrica head degradation （泵）扬程下降

degradação do pavimento pavement deterioration 路面衰坏，路面状况恶化

degradação mecânica mechanical degradation 机械降解

degradado adj. degraded （状况、状态）老化的，恶化的；（价值、质量等）降低的；低下的；（技术）落后的

degradar v.tr.,pron. ❶ (to) degrade 恶化，老化；退化 ❷ (to) degrade 降解

degrau s.m. step, tread 踏步，楼梯踏板，踏步板；级面

degrau abrasivo de ferro fundido cast iron abrasive tread 铸铁防滑踏板

degrau angulado ⇨ degrau entalhado

degrau boleado ⇨ degrau redondo

degrau com suporte bracketed step 悬臂楼梯

degrau compensado balanced step 扇形踏步

degrau comum ⇨ degrau simétrico

degrau de acesso access step 出入口踏步

degrau de barra bar rung （梯子的）横档，梯级

degrau de chapa plate tread 板式踏步

degrau de convite ⇨ degrau em voluta

degrau de escada de caracol ⇨ degrau ingrauxido

degrau de falha fault bench 断层阶地

degrau de porta doorstep 门阶

degrau de volta curtail step; kite winder 卷形踏步；转向斜踏步

degraus direitos underhand stopes 俯采工作面

degrau em (/de) balanço hanging step 悬空踏步

degrau em suspenso cantilevered steps 悬臂式梯级，半悬梯级

degrau em voluta curtail step （卷形的）楼梯起步级

degrau entalhado (/finlandês) raking riser 踢面向外倾斜的踏步

degrau ingrauxido winder (wheel step) （旋转楼梯使用的侧边不等宽的）斜踏步

degrau inverso back stope 上向回采工作面

degrau lateral side step 侧面脚踏

degrau recto straight step （直跑楼梯使用的侧边等宽的）直踏步

degrau redondo round step 圆踏步

degrau serrado serrated tread 钢格踏步板

degrau simétrico flier 平行梯级

deionização s.f. deionization 去离子

deionizador s.m. deionizer, deionizater 去离子水设备

deionizador de água deionized water generator 去离子水制造器

deionizador de água industrial industrial deionizer 工业去离子水设备

deionizador de leito misto mixed bed deionizer 混合床去离子水设备

deionizador de leito separado dual bed deionizer 阴阳床去离子水设备

deionizador pressurizado pressurized deionizer 加压去离子水机

dejecção s.f. eruption 火山灰

delaminação s.f. delamination 分离成层；脱层作用

delapidação s.f. dilapidation 荒废，破损，崩塌

delatinito s.m. delatynite 德雷特琥珀

deldoradito s.m. deldoradite 钙霞正长岩

delegação s.f. ❶ delegation, mission 代表团 ❷ branch, office 分部，分支机构 ❸ delegation 授权，委托

delegar v.tr. (to) delegate 委托；授权；委派

delenito s.m. dellenite 流纹英安岩

delessite s.f. delessite 铁叶绿泥石

deliberação s.f. resolution, decision 决议，决定

delimber s.m. delimber 打枝机 ➪ desgalhador

delimitação s.f. ❶ delimitation, demarcation 划界，定界；地界 ❷ override 超驰（用手控方式来消除自动控制的作用）

delimitação de lote lot boundary 地界，红线

delimitar v.tr. (to) delimit 划界，定界

delineador s.m. delineator 轮廓标

deliquescência s.f. deliquescence 潮解

delonix regia s.f. delonix regia 凤凰木

delta s.m. delta 三角洲

delta arenoso sandy delta 沙质三角洲

delta construtivo lobado bird-foot delta 鸟足状三角洲

delta cúspite cuspate delta 尖角三角洲

delta de baía bay delta 海湾三角洲

delta de cabeceira de baía bay head delta 湾头三角洲

delta de contacto de gelo ice contact delta 冰接三角洲

delta de estuário estuarine delta 河口湾三角洲

delta de inundação flood delta 涨潮三角洲

delta de maré tidal delta 潮汐三角洲

delta de margem de plataforma shelf-margin delta 陆架边缘三角洲

delta de pé-de-pássaro lobate delta, bird-foot delta 鸟足状三角洲

delta digitiforme digitate delta 鸟足状三角洲

delta dominado por rio river-dominated delta 河控三角洲

delta glaciar kame delta 冰砾阜三角洲

delta seco dry delta 干三角洲

delta submarina submarine delta 海底三角洲

deltaico adj. deltaic 三角洲的，三角形的

deltametrina s.f. deltamethrin 敌杀死，溴氰菊酯

deltoedro s.m. deltohedron 十二面体，四角三四面体

demanda *s.f.* demand 需求，要求

demanda agregada aggregate demand 总需求

demanda assegurada guaranteed demand 有保证的需求

demanda biológica de oxigénio (DBO) biological oxygen demand (BOD) 生物需氧量

demanda bioquímica de oxigénio (DBO) biochemical oxygen demand (BOD) 生化需氧量

demanda contratada contracted demand 合同需求

demanda de corrente current demand 电流需求量

demanda de tráfego traffic demand 交通需求

demanda de transporte transport demand 运输需求

demanda de ultrapassagem demand of excessive consumption 超额用电需求

demanda efectiva effective demand 有效需求

demanda elástica elastic demand 弹性需求

demanda faturável billable demand 可计费需求

demanda máxima maximum demand 最大需求

demanda média average demand 平均需求

demanda medida measured demand 测得需求

demanda potencial potential demand 潜在需求

demanda química de oxigénio (DQO) chemical oxygen demand (COD) 化学需氧量

demantóide *s.f.* demantoid 翠榴石

demão *s.f.* coat, coating（工作的）遍数；（涂料的）层数，道数 [经常用作量词]；涂层

demão de preparação priming coat 底层漆；底面涂层；打底层；油漆打底层

◇ última demão finish paint 面漆

demarcação *s.f.* demarcation 划界；限界

demarcação de terra demarcation of land 土地划界

demka *s.f.* star dune 星状沙丘 ⇨ duna em estrela

demodulação *s.f.* demodulation [巴] 解调，反调制

demografia *s.f.* demography 人口统计学

demolição *s.f.* demolition 拆除，拆毁；清拆；拆卸

demolição com explosivos explosive demolition 爆破拆除

demolição da barragem dam removal 拆坝

demolição do betão concrete demolition 混凝土拆除

demolição do betão por processo manual ou mecânico manual or mechanical concrete demolition 混凝土人工或机械清理

demolição de estruturas com explosivos demolition of structures with explosives 爆破性结构拆除

demolição não explosiva de estruturas demolition of structures without explosives 非爆破性结构拆除

demolidor *s.m.* demolisher, breaker 拆除机，破碎机

demolidor de betão concrete breaker, concrete splitter 混凝土破碎机

demolir *v.tr.* (to) demolish 拆除，拆毁；清拆；拆卸

demonstração *s.f.* demonstration 示范，演示，证明

demonstração de conta account rendered 借贷细账

demonstração de renda (/resultados) income statement 损益表

demonstração financeira financial statement 财政报告；财务报表

demonstrar *v.tr.* (to) demonstrate 示范，演示，证明

demora *s.f.* ❶ delay 延迟，延误，耽搁 ❷ time lag 时间滞差

demorar *v.intr.* (to) delay, (to) hold up 延迟，延误，耽搁

demultiplexação *s.f.* demultiplexing [巴] 多路解编

dendrite *s.f.* dendrite 枝蔓晶；树枝石

dendrítico *adj.* dendritic 树枝状的，枝状的；枝晶的

dendrocronologia *s.f.* dendrochronology 树木年代学

dendrohidrologia *s.f.* dendrohydrology 年轮水文学

dendrólito *s.m.* dendrolith 硅化树干

dendrômetro *s.m.* dendrometer 树径测定器, 测树器

dendrômetro mecânico mechanical dendrometer 机械测树器

denominação *s.f.* denomination 名称

denominação da companhia company name 公司名称

densidade *s.f.* density 密度, 浓度, 强度

densidade absoluta absolute density 绝对密度

densidade aparente bulk density 堆密度

densidade aparente seca dry apparent density 干表观密度

densidade azimutal azimuthal density 方位密度

densidade Baumé Baumé density 玻美密度

densidade bruta bulk density 堆密度, 体积密度

densidade calorífica heat density 热量密度; 热能密度

densidade crítica critical density 临界密度

densidade crítica de trânsito (/tráfego) critical traffic density 交通临界密度

densidade de aberturas da tela da peneira screen mesh 筛网目数

densidade de acondicionamento packing density 存储密度

densidade de água water density 水密度

densidade de ar húmido density of moist air 湿空气密度

densidade de bit bit density 位密度

densidade de campo field density 场密度

densidade de carga charge density 电荷密度

densidade de cargas de um canhão ⇨ densidade de tiro

densidade de corrente electric current density 电流密度

densidade de discordância dislocation density 位错密度

densidade do dossel da floresta canopy density 林木郁闭度

densidade de drenagem drainage density 河网密度

densidade de electrão electron density 电子密度

densidade de energia energy density 能量密度

densidade de engarrafamento jam density 堵塞密度

densidade de fissuração closeness of fissures 裂隙密度

densidade de fluxo flux density 通量密度

densidade de fluxo eléctrico electric flux density 电通量密度

densidade de fluxo luminoso luminous flux density 光通量密度

densidade do fluxo magnético magnetic flux density 磁通量密度

densidade de fluxo radiante radiant flux density 辐射通量密度

densidade de fluxo remanescente remanent flux density 残留磁通密度

densidade de fractura fracture density 裂隙密度, 裂缝密度

densidade de gravação ⇨ densidade de bit

densidade de lama mud weight 泥浆比重

densidade de lanugem pile density 绒毛密度

densidade da madeira wood density 木材密度

densidade de massa bulk density 体积密度, 堆密度

densidade de motorização density of motorization 机动化密度

densidade da pasta de cimento slurry density 泥浆密度

densidade de plantação density of planting 种植密度

densidade da população population density 人口密度

densidade de potência power density 功率密度

densidade de potência de iluminação lighting power density (LPD) 照明功率密度值

densidade de rede network density 网络密度，线网密度
densidade de rocha rock density 岩石密度
densidade de sementeira (/semeadura) sowing density 播种密度
densidade de tiro shot density 射孔密度
densidade de trânsito (/tráfego) traffic density 交通密度
densidade de vapor vapor density 蒸汽密度
densidade de veículos vehicle density 车辆密度
densidade demográfica population density 人口密度
densidade dinâmica dynamic density 动态密度
densidade equivalente de fluido de perfuração equivalent circulating density 当量循环密度
densidade específica specific density 比重
densidade estrutural structural density 结构密度
densidade gráfica (da carta) density of symbols（地图）符号密度
densidade húmida wet density 湿密度
densidade "in situ" in situ density 现场密度
densidade intervalar interval density 间隔密度；段密度
densidade magnética magnetic density, flux density 磁场强度，磁感应密度
densidade média de trânsito (/tráfego) average traffic density 平均交通密度
densidade óptica optical density 光密度
densidade real actual density 有效密度
densidade relativa relative density, specific gravity 相对密度；比重
densidade saturada saturated density 饱和密度
densidade seca dry density 干密度
densidades seca e aparente de solo com cimento e coesivo dry and bulk densities of cemented and cohesive soil 水泥土和黏性土的干密度及堆密度
densidade superficial surface density 表面密度
densidade variável variable density 变密度
densidade volumétrica volumetric density 体积密度

densímetro *s.m.* ❶ densimeter 密度仪，比重计 ❷ aerometer; hydrometer 气体比重计；液体比重计
densímetro de combustível fuel hydrometer 燃料比重计
densímetro de lamas de cal lime mud densimeter 石灰浆液密度计
densímetro de membrana membrane densimeter 薄膜密度计
densímetro de oscilação oscillating tube density meter 振荡管密度仪
densímetro da pasta de cimento slurry densimeter 泥浆密度计
densímetro nuclear nuclear densimeter 核密度计

densitómetro/densitômetro *s.m.* ❶ densimeter 密度仪，比重计 ❷ densitometer 感光密度计

dentada *s.f.* ❶ cog 轮齿 ❷ tooth type 齿型

dentado *adj.* toothed 有齿的

dente *s.m.* tooth, tine 齿；尖头，叉齿，搂齿，耙齿
dentes conjugados mating teeth 啮合轮齿
dentes da borda cortante cutting edge teeth 刃齿
dente de caçamba bucket tooth 铲头齿
dente de cão haunch 榫腋脚
dente de desengate release catch 擒纵器
dente de dissipação baffle block; impact block 消力墩
dente de engrenagem gear tooth 齿轮齿
dente de engrenagem envolvente involute gear tooth 渐开线齿轮齿
dentes de entrosamento alternado hunting tooth 追逐齿
dente do escarificador ❶ scarifier tooth 翻路机齿 ❷ cultivator tine, cultivator shank 中耕机锄齿
dente de garfo tine 叉齿
dente de junta shear key 抗剪键
dente de lobo para arranque por manivela starter clutch 起动机离合器

dente de retenção (/paragem) locking ratchet 锁定棘轮

dente do ríper cultivator tine, cultivator shank 中耕机锄齿

dente de rodas cog （自行车）链盘

dente dissipador ⇨ dente de dissipação

dente escamoteável retracting tooth 伸缩齿

dente fresado milled tooth 铣齿

dente invisível stub tenon 短粗榫

dente múltiplo multiple shank 多柄

dente para troncos logging tong 原木抓斗

dente suplementar de roda dentada ⇨ dentes de entrosamento alternado

denteado adj. dentate 成齿状的

denteamento s.m. notching [集] 缺口，错牙

denteamento da tala de junção joint bar notching 钢轨接头错牙

dentear v.tr. (to) indent, (to) notch 使…成齿状，开齿

dentelo s.m. ⇨ dentículo

denticulado adj. denticulated 有齿饰的

dentículo s.m. dentil 齿状饰

dentículo veneziano venetian dentil 威尼斯排齿饰

dentilhão s.m. ❶ toothing 马牙槎 ❷ dentil 齿状饰

denudação s.f. denudation [巴] 剥蚀作用

deontologia s.f. deontology 职业道德

departamento s.m. department 部门

departamento de compras purchasing department 采购部门；供应科

departamento de contabilidade accounts department 会计部门；财务部

departamento de pessoal personnel department 人事部门

departamento de planeamento planning department 计划部门

departamento de produção production department 生产部门

departamento de recursos humanos human resources department 人力资源部

departamento de vendas sales department 销售部，营销部

departamento governamental (/do governo) government department 政府部门

departamento jurídico legal department 法律部；法务部

departamentos ministeriais ministerial departments 部委，内阁部门

dependência(s) s.f. ❶ pl. room （尤指一整栋建筑或一整套房屋内的一个或多个）房间 ❷ pl. ancillary building 附属用房 ❸ branch 分店，分社

depleção s.f. depletion（自然资源的）损耗，耗减

deplecionamento s.m. depletion, drawdown 消耗；损耗

deplecionamento do reservatório reservoir depletion 水库消落

depocentro s.m. depocenter 沉积中心，最厚沉积区

deposição s.f. ❶ laying 放置 ❷ deposition 沉积作用

deposição de metal metal buildup 金属堆焊

deposição de parafina paraffin deposition 石蜡沉积，石蜡堆积

deposição de silte silting 淤泥沉积，泥沙堆积

deposicional adj.2g. depositional 沉积作用的

depositar ❶ v.tr. (to) pay in, (to) deposit 缴款，存款 ❷ v.tr. (to) deposit, (to) place 存储，存放 ❸ v.intr. (to) deposit, (to) settle 沉淀，沉降；沉积

depósito s.m. ❶ 1. deposit, depot 仓库，储藏处 2. crawl space 爬行空间，建筑物的屋顶或地板下供电线或水管通过的槽腔 ❷ 1. reservoir, tank 水罐，油罐，油箱；容器 2. fuel tankage 油箱容量 ❸ 1. deposition 沉积，沉积作用 2. deposit 淤积物；沉积物 ❹ deposit 矿床 ❺ deposit 存款

depósito à ordem demand deposit, current deposit 活期存款

depósito a prazo fixed deposit 定期存款

depósito abissal abyssal deposit 深海沉积物

depósito alfandegado certificado (DAC) certified bonded warehouse 认证保税仓库

depósito alfandegário (/alfandegado) bonded warehouse 保税仓库

depósito aluvial (/aluvionar) alluvial deposit 冲积土层；冲积物

depósito amontoado dumped deposit 速卸沉积，倾泻沉积

depósito arenoso sandy deposit 砂质沉积

depósito bancário bank deposit 银行存款

depósitos biomecânicos biomechanical deposits 生物机械沉积

depósito brilhante bright deposit 光亮镀层

depósito coluvial colluvial deposit 崩积土层；崩积物

depósito continental continental deposit 陆相沉积

depósito cristalino crystalline deposit 结晶沉积

depósito de água do limpador de pára-brisas screen wash reservoir 玻璃水容器

depósito de água de radiador coolant reservoir 冷却剂容器

depósito de aluvião silt deposit 淤泥沉淀

depósito de ar air trap 防气阀

depósito de aterros spoil bank 废石堆

depósito de bagagens luggage room, left-luggage office 行李储存室，行李储存处

depósito de barra em pintal point-bar deposit 点砂坝沉积

depósito de cabeceira forebay; head pond（拦水坝上围起的）前池

depósito de combustível ❶ fuel tank 油箱 ❷ gas tank 煤气罐

depósito de encosta talus 岩屑堆；山麓堆积

depósito de entulho waste area 废料场

depósito de estuário estuarine deposit 河口沉积

depósito de expansão expansion tank 膨胀水箱

depósito de gesso deposit of gypsum 石膏矿床

depósito de gravidade gravity deposit 重力沉积

depósito de inércia inertia block 惯性块

depósito de lag lag deposit 滞留沉积

depósito de lama deposit of mud 淤泥沉积

depósito de lixo dump 垃圾存放间

depósito de locomotivas locomotive depot 机务段

depósito de madeira timber yard 木料堆置场

depósitos de mar profundo deep sea deposits 深海沉积

depósito de materiais ❶ goods yard 货场 ❷ stock pile 料堆

depósito de material rodante rolling stock depot 车辆段

depósito de medicamentos medicine warehouse 药房

depósito de mercúrio mercury box 水银稳定器

depósito de minério ore deposit 矿床

depósito de neve deposit of snow 雪层

depósito de nível constante float chamber, float cup; fuel bowl 浮筒室，浮箱；燃油浮子室

depósito de óleo oil depot, oil storage installation 油库，贮油装置

depósito de playa playa deposit 干盐湖沉积

depósito de praia beach deposits 海滩沉积

depósito de saída output stacker 输出接卡箱

depósito de sedimentos ⇨ depósito sólido

depósito de segregação segregation deposit 分凝矿床

depósito de serir serir deposit 卵石沙漠沉积

depósito de sieve sieve deposit 淘选堆积

depósito de sopé piedmont deposit 山麓沉积物

depósito de sopé de escarpa scree 岩屑堆

depósito de tálus talus deposit 岩锥堆积

depósito de vertente slope deposit 坡面沉积

depósito deltaico deltaic deposit 三角洲沉积

depósito diagenético diagenetic deposit

成岩沉积物

depósito eluvial eluvial deposit 残积矿床

depósito eolíco eolian deposit 风成沉积

depósito epitermal epithermal deposit 低温热液矿床；浅成热沉积

depósito ferruginoso ferruginous deposit 含铁沉积物

depósito fluvial fluviatile deposit 河流沉积

depósito fosfático phosphatic deposit 磷质沉积

depósito gipsífero gypsiferous deposit 含石膏矿床

depósito glaciário glacial deposit 冰川沉积

depósito hidrotermal hydrothermal deposit 热液矿床

depósito isolado de mineral nest 矿巢

depósito marinho marine deposit 海相沉积

depósito mecânico mechanical deposit 机械沉积

depósito mineral mineral deposit 矿床

depósito mineral secundário secondary mineral deposit 次生矿床

depósito não tabular nontabular deposit 非块状矿床

depósito orgânico organic deposit 有机沉积

depósito pelágico pelagic deposit 远洋沉积

depósito plistocénico Pleistocene deposit 更新世沉积物

depósito pneumatolítico pneumatolytic deposit 气成矿床，气化矿床

depósito residual residual deposit 残余矿床

depósito salino salt deposit 盐类沉积

depósito sedimentar sedimentar deposit 沉积矿床

depósito sedimentar marinho marine deposit 海洋沉积土

depósito silicioso siliceous deposit 硅质沉积物

depósito singenético syngenetic deposit 同生矿床

depósito sólido sediment, sediment deposit 沉积物

depósito superficial superficial deposit 地面沉积

depósito terrígeno terrigenous deposit 陆源沉积

depósito volcanogénico volcanogenic deposit 火山成因矿床

depósito xenotermal xenothermal deposit 浅成高温热液矿床

depreciação *s.f.* depreciation 折旧；贬值

depreciação acelerada accelerated depreciation 加速折旧

depreciação acumulada accrued depreciation, accumulated depreciation 累计折旧

depreciação do fluxo luminoso illuminance depreciation 照度衰减

depreciar *v.tr.* (to) depreciate 贬值

depressão *s.f.* ❶ depression, sag 下沉；凹陷 ❷ low-lying land 洼地，低地 ❸ depression 气压降低，低气压 ❹ depression, recession 萧条，不景气

depressão atmosférica atmospheric depression, low-pressure 低气压

depressão Brinell Brinell hardness indentation 布氏硬度压痕

depressão de ar polar polar air depression 极地低压

depressão do horizonte dip of the horizon 地平俯角

depressão de termómetro húmido wet bulb depression 湿球温差

depressão de terra depression of land 内陆洼地

depressão de velocidade velocity sag 速度异常

depressão no leito da via sink hole（路面）陷穴

depressão estrutural structural depression 构造洼地

depressão frontal frontal depression 锋面低气压

depressão não frontal non-frontal depression 非锋面低气压

depressão orográfica orographic depression 地形低压

depressão térmica thermal low 热低压

depressão transversal transverse depression 横向凹陷

depuração *s.f.* depuration 滤清；净化

depurador *s.m.* depurator, purifier 净化器

depurador de água water purifier 净水器

depurador de gás gas scrubber 气体洗涤器

depurador da lama mud cleaner 泥浆清洁器，泥浆净化器

depurar *v.tr.* (to) purify 滤清；净化

deque *s.m.* deck（屋边供休息的木质）平台

deriva *s.f.* leeway, drift 偏航；航差；偏航位移；漂流物

deriva de cabos feathering 拖缆偏转

deriva dos continentes continental drift 大陆漂移

deriva de praia beach drift 海滩漂移物

deriva fluvial river drift 河流冲积物

deriva litoral (/litorânea/longilitoral/ longitudinal) littoral drift 沿岸沉积物流；潮汐漂流物

derivação *s.f.* ❶ 1. diversion 绕道，改道；分流 2. tapping 分接 ❷ 1. by-pass 支路；支管；旁路管，旁路管 2. **(de circuito eléctrico)** shunt, branch of electric circuit 分路 ❸ deviation（仪器、仪表因长时间使用产生的）偏差，误差

derivação central center-tap 中央分接头

derivação entre bacias diferentes interbasin diversion 跨流域引水

derivada *s.f.* derivative 导数

derivado ❶ *adj.* derived, derivative 派生的，衍生的；引出的 ❷ *s.m.* derivative; derived products 衍生物，派生物，副产品

derivados de madeira wood-based materials 木质基材料

derivados de petróleo petroleum derivatives 石油衍生物

derivador *s.m.* diverter, splitter 分流器

derivante *s.m.* multiple outlet 多管出水口

derivar ❶ *v.tr.,intr.* (to) derive 衍生（于）❷ *v.intr.* (to) divert 绕道，改道 ❸ *v.tr.* (to) shunt, (to) branch（电气）分流，分路

derramamento *s.m.* spillage 溢出；溢出物

derramamento de petróleo oil spill, oil spillage（油田的）油溢；油漏

derrame *s.m.* ❶ spillage 溢出 ❷ flow（矿物、岩石等）变形，移动，流动

derrame de combustível diesel spillage 燃料溢出

derrame lávico lava flow 熔岩流

derrame piroclástico pyroclastic flow 火成碎屑流

derrapagem *s.f.* skidding 滑移，滑行

derrapante *adj.2g.* slippery 滑的

derrapar *v.tr.* (to) skid 打滑

derregador *s.m.* ridging plough, bed former 起垄犁；筑床机

derregador-amontoador de discos disc bedder 圆盘植床器

derregar *v.tr.* (to) furrow land for drainage ditches 开水沟，开水渠

derreigar *v.tr.* (to) scarify, (to) cultivate the soil 翻松（路面、田地等）

derreverberação *s.f.* dereverberation, deringing 反混响，去鸣振

derriçador *s.m.* ⇨ derriçadeira

derriçadeira *s.f.* coffee harvesting machine 咖啡采摘耙

derriçadeira de café ⇨ derriçadeira

derrick *s.m.* derrick 转臂起重机，桅杆起重机 ⇨ guindaste de braço variável

derrocada *s.f.* rock fall 岩石崩落

derrocamento *s.m.* rock excavation 岩石开挖，开采岩石

derrota *s.f.* sailing（船的）航行

derrubada/derruba *s.f.* felling 伐木；推倒（树木、房屋等）

derrubador *s.m.* treedozer, feller 推树机，伐木机

derrubador de árvores ⇨ derrubador

derrubamento *s.m.* overturning 倾覆

derrubar *v.tr.* (to) throw down, (to) pull down, (to) demolish 推倒，拆毁

derruir ❶ *v.tr.* (to) pull down 推倒，拆毁 ❷ *v.intr.,pron.* (to) collapse, (to) fall down 坍塌，倒塌

desabamento *s.m.* ❶ breakdown 倒塌 ❷ landslip, landslide 山泥倾泻，山体滑坡

desabamento tectônico rift 裂谷

desabar *v.tr.* (to) pull down 推倒，拆毁

desaceleração *s.f.* deceleration 减速

desacelerador *s.m.* decelerator 减速器

desacelerador de pedal pedal decelerator 减速踏板

desacelerar *v.tr.* (to) decelerate 减速

desacoplamento *s.m.* decoupling 去耦

desacoplar *v.tr.* (to) decouple 去耦

desactivação *s.f.* ❶ deactivation 钝化作用；减活化作用 ❷ shutdown, decommissioning 解除运作；停止运作；关闭
desactivação de instalações plant shutdown 工厂关停，设备关停
desactivação da plataforma de produção decommissioning of production platform 油井停产

desactivado *adj.* ❶ deactivated 无效的，失效的；灭活的 ❷ non-energized 未通电的，未启动的

desactivar *v.tr.* ❶ (to) deactivate 使无效，使失效 ❷ (to) close, (to) close down 关闭，停用

desaeração *s.f.* deaeration 脱气，除气

desaerador *s.m.* deaerator 除气器，除氧器

desaerar *v.tr.* (to) deaerate 脱气，除气

desagrafador *s.m.* staple remover 起钉器

desagregação *s.f.* ❶ disintegration 分解 ❷ disaggregation 解集作用

desagregar *v.tr.* (to) disintegrate 分解

desagregador *s.m.* cutter head, breaker 刀盘体；刀头；铣头

desaguador *s.m.* dewaterer 脱水机，脱水设备

desaguadouro *s.m.* gully, gutter 雨水口，排水沟

desaguamento *s.m.* dewatering 脱水；降低地下水位
desaguamento de lodo sludge dewatering 污泥脱水

desaguar *v.tr.* (to) dry, (to) drain 脱水；排水

deságüe *s.m.* ⇨ desaguamento

desalfandegamento *s.m.* customs clearance 清关，清货

desalfandegar *v.tr.* (to) clear 清关，清货

desalinhamento *s.m.* disalignment 不正，欠对准
desalinhamento da via em função de altas temperaturas sun kink 座屈
desalinhamento por congelamento frost shim 冻害垫板

desancoragem *s.f.* unanchoring 解除锚定

desandador *s.m.* tap wrench, screwdriver 螺丝刀

desaparafusagem *s.f.* unscrewing, back off 旋松螺丝，卸下螺丝

desaparafusar *v.tr.* (to) unscrew 旋松螺丝，卸下螺丝

desapropriação *s.f.* expropriation 征用
desapropriação por utilidade pública expropriation for public utility 公用征用

desapropriar *v.tr.* (to) expropriate 征用

desaprumado *adj.* unplumbed, unfathomed 歪的，歪斜的（建筑）

desaprumo *s.m.* inclination 倾角

desaquilação *s.f.* dealkylation 脱烷基化

desarborização *s.f.* deforestation 采伐森林，森林开伐

desarborizar *v.tr.* (to) deforest 采伐森林，森林开伐

desarbustadora *s.f.* brush cutter 灌木清除机

desareador *s.m.* desander; cyclone desander [巴] 除砂器；旋流除砂器

desarejador *s.m.* ⇨ desaerador

desarejar *v.tr.* (to) decerate 脱气，除气

desarenação *s.f.* desanding, grit removal 除砂

desarenamento *s.m.* ⇨ desarenação

desarenador *s.m.* ❶ desander 除砂机，除砂设备 ❷ desilter, desilting sand trap 隔沙池；沉沙池；除泥器 ❸ sand trap（水流中的）集沙器

desarenisador *s.m.* ⇨ desarenador

desaromatização *s.f.* dearomatization 脱芳构化

desarraigar *v.tr.* (to) uproot 挖除伐根，清树根

desarranjo *s.m.* breakdown 不正常工作，停止运行，损坏，故障，失灵；倒塌

desarreigamento *s.m.* uprooting 挖除伐根，清树根

desasfaltação *s.f.* deasphalting 脱沥青

desassoreamento *s.m.* dredging 疏浚；清淤

desassorear *v.tr.* (to) dredge 疏浚；清淤

desatarraxar *v.tr.* (to) unscrew 旋松螺丝，卸下螺丝

desaterro *s.m.* excavation 挖土，开挖

desatracamento *s.m.* break of contact 触点断开

desbalanceamento *s.m.* imbalance, unbalance 不平衡

desbalanceamento de tensão voltage unbalance 电压不平衡

desbalanceamento das três fases three-phase imbalance 三相不平衡

desbarbador *s.m.* corn trimmer 玉米摘穗机

desbastado *adj.* nibbled 削薄的

desbastador *s.m.* ❶ jack plane; rough-hewer; lopper 粗木刨 ❷ dresser 修整器 ❸ spokeshave, waster 辐刨片

desbastar *v.tr.* (to) trim, (to) clip, (to) roughhew 修剪，削减，刨削，粗略削平

desbaste *s.m.* ❶ trimming, gouging, roughhewing 修剪，削减，刨削，粗略削平 ❷ scraping 刮泥，刮渣

desbaste do minério ore dressing 选矿
desbaste mineral mineral dressing 选矿

desbloquear *v.tr.* (to) unblock （手机、电脑）解锁

desbobinadeira *s.f.* uncoiling machine 开卷机

desboroar *v.tr.* (to) reduce to dust; (to) pulverize 磨成粉状；研末

desbravagem *s.f.* ⇨ desbravamento

desbravamento *s.m.* reclamation, cultivation 开垦，开荒

desbravar *v.tr.* (to) clear, (to) cultivate 开垦，开荒

descaimento *s.m.* sag 下垂量，垂度

descair *v.tr.* (to) droop, (to) sag 下垂

descalçar *v.tr.* (to) remove paving stones 清除铺路石

descalcificação *s.f.* decalcifying 脱钙

descalcificador *s.m.* water softener 软水器

descalcificar *v.tr.* (to) decalcify 脱钙

descamação *s.f.* ❶ desquamation; scaling 脱皮；脱屑；剥离 ❷ galling（金属的）磨损，毛边

descamar *v.tr.* (to) desquamate, (to) scale 脱皮；脱屑；剥离

descambado *adj.* deteriorated, fallen, sloping 倒向一边的

descansa-braços *s.m.2n.* armrest （汽车上的）椅子扶手，臂座

descansar *v.tr.,pron.* (to) rest, (to) relax 休息

descansilho *s.m.* landing, stair landing 楼梯平台

descanso *s.m.* ❶ rest; stand 支撑物，架子 ❷ landing, stair landing 楼梯平台 ❸ relaxation 松弛

descanso de braços ⇨ descansa-braços

descanso de copo coaster 杯垫

descanso para pés footrest 搁脚板

descarbonatação *s.f.* decarbonation 脱二氧化碳，脱碳酸盐

descarbonetação *s.f.* decarburization, decarbonizing 脱碳

descarbonetação parcial partial decarburization 部分脱碳

descarbonetação total total decarburization 全脱碳

descarga *s.f.* ❶ discharge, unloading, unshipment 排水；放电；卸载 ❷ outlet 排放口，排放孔 ❸ flushing system （马桶）水箱

descarga atmosférica atmospheric discharge 大气放电

descarga atmosférica directa direct lightning strike 直击雷

descarga crítica critical discharge 临界流量

descarga de água water release 放水，泄水

descarga de água capilar vadose-water discharge 渗流量

descarga de água freática phreatic water discharge 地下水出流

descarga de comporta sluicing 开闸泄水

descarga de fundo bottom outlet 底部放水孔

descarga de limpeza flushing 冲洗

descarga de meio-fundo submerged spillway, orifice spillway 淹没式溢洪道

descarga disruptiva disruptive discharge 击穿放电

descarga eléctrica electric discharge 放电

descarga eletrostática electrostatic discharge (ESD) 静电放电

descarga fluvial fluvial discharge, river discharge 河量；河道流量

descarga oscilante oscillating discharge 振荡放电

descarga pelo fundo bottom dump 底卸

式；车底卸载

descarga sólida solid discharge 固体径流量

descarnagem *s.f.* fleshing（皮革）去肉

descaroçador *s.m.* fruit corer 果实去核器

descaroçador de algodão cotton gin 轧棉机

descaroçamento *s.m.* coring 去核

descarolador *s.m.* cylinder sheller 滚筒式脱粒机

descarregador *s.m.* ❶ 1. unloader 卸料器，卸载器；卸货机；卸荷阀 2. discharger 排放管；溢出管 ❷ discharger 放电器；避雷器 ❸ spillway; overflow weir 溢洪道；溢流堰

descarregador de carvão coal-whipper 卸煤机

descarregador de cheias flood spillway 溢洪道

descarregador de fundo bottom outlet 泄水底孔

descarregador de nível médio mid-level outlet; mid-height outlet 中孔（设在坝体中部的孔口）

descarregador de sobretensão (DST) surge arrestor 电涌放电器

descarregador para controle de cheias flood control outlet works 防洪泄水建筑物

descarregamento *s.m.* ❶ unloading 卸载，卸货 ❷ download 下载

descarregar *v.tr.* ❶ (to) unload 卸载 ❷ (to) discharge 放电 ❸ (to) download 下载

descarriladeira *s.f.* derailer[巴]脱轨器

descarriladora *s.f.* derailer[葡]脱轨器

descarrilamento *s.m.* derailment 出轨，脱轨

descarrilar *v.tr.,intr.* (to) cause to leave the rails 出轨，脱轨

descartar *v.tr.* (to) discard 丢弃，抛弃

descartável *adj.2g.* disposable 一次性的，用完便扔的

descarte *s.m.* discard; disposal 丢弃；处置

descarte de água salgada saltwater disposal 盐水处理

descarte de lixo waste disposal 垃圾处置，废物处置

descascador *s.m.* peeler; barker, debarker; husker 削皮器，去壳机；木材剥皮机；玉米去苞叶机

descascador de fios wire strippers 剥皮钳

descascador de laranja orange peeler 橙子去皮刀

descascador de legumes vegetable peeler 蔬菜去皮机

descascador de madeira wood debarker 木材剥皮机

descascadora *s.f.* peeler; barker, debarker; husker 削皮器，去壳机

descascadora de batata potato peeler 土豆削皮机

descascamento *s.m.* ❶ peeling, debarking 去皮；（树木、木材）剥皮，（谷物）去壳 ❷ rockfall 岩崩

descascar *v.tr.* (to) peel, (to) debark 去壳，剥皮

descasque *s.m.* peeling, debarking 去皮；（树木、木材）剥皮，（谷物）去壳

descendente *adj.2g.* descending, downward 下降的，向下的；降序的

descensor *s.m.* descender, lowerator 降落器，下降器

descensor com bloqueio automático self-locking descender 自锁下降器

descentragem *s.f.* eccentricity 偏心；偏心距

descentralização *s.f.* decentralization 分散（化），去中心化

descentralizado *adj.* off-center 偏心的，偏离中心的

descentralizar *v.tr.* (to) decentralize 使分散，去中心化

descer *v.tr.* (to) decline, (to) go down 下降，降低

descerramento *s.m.* unveiling 打开（关闭的东西）；揭开（盖住的东西）

descerramento de lápide unveiling of the plaque 竣工碑揭幕

descida *s.f.* ❶ descent, fall, drop 下降，下落 ❷ slope 下坡

descida a pique steep slope 陡坡，急坡

descida de água slope drain 斜坡排水沟

descida de água em graus stepped slope drain 阶梯式排水沟

descida da coluna running string into hole（油井）下入管柱

descida de emergência emergency descent 紧急下降

descida de nível (de água) drop of water level 水位下降

descida no poço running in hole（油井）下钻

descida normal normal descent 正常下降

descida piezométrica drawdown 压力下降

descida progressiva drift down 飘降

descimbramento *s.m.* removing of the centers (vault, arch); remove the moulding 拆除棚架；拆模

descimbrar *v.tr.* (to) remove the centres; (to) remove the moulding from 拆除棚架；拆模

descimentação *s.f.* decementation 去胶结作用，脱胶结

descimentar *v.tr.* (to) take the cement away 清除水泥

descintar/descingir *v.tr.* (to) unclasp 放松，解开

descloizite *s.f.* descloizite 钒铅锌矿

descoberta *s.f.* discovery 发现物；见矿

descoberta comercial commercial discovery 商业发现

descoberto *adj.* exposed 明装的；裸露的

descobrir *v.tr.* (to) discover 发现；揭开，揭露

descodificação *s.f.* decoding 解码，译解，转换

descodificador *s.m.* decoder; descrambler 解码器；解扰码器

descodificador de closed caption closed caption decoder 闭合标题译码器

descodificador de vídeo video decoder 视频解码器

descodificar *v.tr.* (to) decode 解码，译解，转换

descofragem *s.f.* removal of the mould, stripping 拆模，脱模，模板拆除

descofragem precoce early removal of mould 过早拆模

descofrante *s.m.* release agent 脱模剂

descofrar *v.tr.* (to) strip formwork 拆模，脱模，模板拆除

descolagem *s.f.* takeoff 起飞

descolagem e aterragem take off and landing 起飞和降落

descolamento *s.m.* detachment; shedding 分离；脱落

descolamento catódico cathodic disbonding 阴极剥离

descolamento generalizado generalized shedding 大面积脱落

descolapsador *s.m.* casing swage 套管胀管器，套管整形器

descolapsador de revestimento casing roller 套管滚子

descolar *v.tr.,intr.* (to) take off 起飞

descolmar *v.tr.* (to) remove the thatch of a roof 移除屋顶的茅草

descoloração *s.f.* discoloration 变色，褪色

descoloração pelo calor heat decolorition 热致变色

descolorante *s.m.* decolorant, decolorising agent 漂白剂，脱色剂

descolorar *v.tr.,intr.* (to) discolor （使）变色，褪色

descomissionamento *s.m.* decommissioning 解除运作；停止运作；关闭

descompilador *s.m.* decompiler 反编译器，反编译程序

descompressão *s.f.* decompression 减压，降压；（数据）解压缩

desconectar *v.tr.* (to) disconnect 使分离，断开

desconector *s.m.* shut-off; backflow preventer 截流器；止回器

desconector de solenóide solenoid shut-off 电磁开关

desconexão *s.f.* disconnection 分离；断开

desconexão por explosão string shot 爆炸松扣

desconexão rápida quick disconnect 快速脱开，快速断开，快速拆卸

desconfinamento *s.m.* loss of confinement, unconfining 失去约束

desconformidade *s.f.* disconformity 不一致；平行不整合，假整合

desconforto *s.m.* discomfort 不舒适

descongelação *s.f.* thawing, defrosting 融化，解冻，除霜

descongelador *s.m.* defroster 除霜器，除冰装置

descongelar *v.tr.* (to) thaw, (to) defrost 融化，解冻；除霜

desconsolidação *s.f.* deconsolidation 拆箱，分拨

desconstrução *s.f.* deconstruction 解构

descontaminação *s.f.* decontamination 去污，消除污染

descontaminante *s.m.* decontaminant 净化剂，去污剂，纯化剂

descontaminante da lama mud decontaminant 泥浆净化剂

descontaminar *v.tr.* (to) decontaminate 给…净化，去污

descontar *v.tr.* (to) discount 给…打折，贴现

descontinuidade *s.f.* discontinuity 不连续；（地震波速度）突变面，间断面

descontituidade de camada wash-out, erosion 冲蚀

descontinuidade de Conrad Conrad discontinuity 康拉德不连续面

descontinuidade de Gutenberg (/Weichert-Guttenberg) Gutenberg discontinuity 古登堡不连续面

descontinuidade de Lehman Lehman discontinuity 雷曼不连续面

descontinuidade de Mohorovicic Mohorovicic discontinuity 莫霍洛维奇不连续面

descontinuidade elástica elastic discontinuity 弹性不连续面

descontinuidade sísmica seismic discontinuity 地震不连续面，地震可断面

descontínuo *adj.* discontinuous 不连续的

desconto *s.m.* discount 折扣；贴现

desconvolução *s.f.* deconvolution [葡] 解卷积；反褶积

desconvolução adaptativa adaptive deconvolution 自适应反褶积

desconvolução determinística deterministic deconvolution 确定性反褶积

desconvolução pós-empilhamento after-stack deconvolution 叠后反褶积

desconvolução pré-empilhamento pre-stack deconvolution 叠前反褶积

descorado *adj.* discolored 变色的；褪色的

descoramento *s.m.* discoloration 变色；褪色

descorar *v.tr.,pron.* (to) discolor （使）变色，褪色

descoroador-arrancador *s.m.* sugar-beet harvester 甜菜收获机，甜菜切顶挖掘机

descoroador-arrancador-alinhador windrowing sugar-beet harvester 甜菜收获集条机

descoroador-arrancador-carregador loading sugar-beet harvester 甜菜收获装载机

descoroador-arrancador-transportador carting off sugar-beet harvester 甜菜收获运输机

descoroador-desfolhador *s.m.* sugar-beet top and leaves cutting machine 甜菜切顶去叶机，甜菜切顶打叶机

descrever *v.tr.* (to) discribe 描述，说明

descrição *s.f.* description 描述，说明

descrição da actividade activity description (AD) 活动描述

descrição de contrato contract description 合同说明

descrição dos trabalhos description of works 工程说明，工程内容介绍

descrição detalhada detailed description 详细描述

descritor *s.m.* descriptor 解说符，描述符

desdobramento *s.m.* development （投影面）展开

desdobrar *v.tr.* (to) unfold, (to) unroll （将折叠的东西）展开，摊开

desdolomitização *s.f.* desdolomitization 脱白云石化作用

deseconomia *s.f.* diseconomy 不经济

desembaçador/desembaciador *s.m.* ❶ demister, defroster 除雾器，除霜器 ❷ mist extractor 湿气提取器

desembaciador do vidro demister, window heater （汽车挡风玻璃等的）除雾器

desembaciamento *s.m.* removal of tarnish （玻璃）除雾

desembaciar *v.tr.* (to) demist 除去（玻璃上的）雾水

desembandeiramento *s.m.* unfeather 解除顺桨

desembaraço *s.m.* clearance, release 清除，解除

desembaraço aduaneiro customs clearance 清关，清货

desembarcar ❶ *v.tr.* (to) unload, (to) unship; (to) land 卸货，下船 ❷ *v.intr.* (to) disembark 登陆，登岸

desembarque *s.m.* disembarkation 登陆；下船

desembarque de carga unloading 卸货

desembocadura *s.f.* mouth, estuary 河口

desembocadura de conduta outfall of conduit 管道排放口

desembolsar *v.tr.* (to) disburse 支付，垫付

desembolso *s.m.* disbursement 垫付款

desempapador *s.m.* anti-winding device 防缠绕装置

desempedrar *v.tr.* (to) unpave 掀掉石头

desempenadeira *s.f.* float, mortar board, plaster's trowel 抹灰工具，抹子

desempenadeira dentada toothed trowel 锯齿铲刀

desempenadeira mecânica trowelling machine 馒平机，抹平机

desempenadeira para arestas chamfering tool 倒角刀具

desempenamento *s.m.* straightening 矫直

desempenamento de trilho rail straightening 轨道矫直

desempenamento de tubo tube straightening 管材矫直

desempenar *v.tr.* (to) straighten 矫直

desempenho *s.m.* ❶ performance 性能 ❷ behavior 状况，运行状况

desempenho ambiental environmental performance 环保性能

desempenho de nivelamento breakeven performance 盈亏平衡能力

desempenho em rampas gradeability 爬坡能力

desempenho estrutural structural behavior 结构性能

desempenho exigido required performance 要求性能

desempenho rodoviário road performance 路用性能

desempenho visual visual performance 视觉功效

desempeno *s.m.* surface plate, straight-edge, planometer 平板，验平板，测平器

desempeno de ferro fundido cast-iron surface plate 铸铁平板

desempeno de granito granite surface plate 岩石平板

desempoladeira *s.f.* square trowel 方形镘刀

desemulsificação *s.f.* demulsification 反乳化（作用），脱乳化（作用）

desemulsificador *s.m.* demulsifier 破乳化器；脱乳剂

desemulsificante *s.m.* demulsifier 脱乳剂

desencaixar *v.tr.* (to) dislodge 逐出，取出；拔出榫眼

desencaixe *s.m.* dislodging, dislodgement 逐出，取出；拔出榫眼

desencalagem *s.f.* deliming 脱灰

desencrustador *s.m.* descaler 除氧化装置；除垢机

desencrustador de agulhas pneumático pneumatic needle descaler 气动针式除垢机

desenferrujante *s.m.* rust remover 除锈剂

desenferrugem *s.f.* derust 除锈

desenfumagem *s.f.* smoke removal 排烟

desengatado *adj.* disengaged; released 脱离的，脱节的；释放的，松放的

desengatado a ar air released 气压松放的

desengatado hidraulicamente hydraulically released 液压松放的

desengatado por mola spring-released 弹簧松放的

desengatar *v.tr.* (to) disengage, (to) release 脱离，脱节；释放，松放

desengate *s.m.* ❶ 1. disengagemet 脱离；脱节 2. release 释放，松放 ❷ release gear; kickout 释放装置；定位器

desengate automático kickout 自动定位器

desengate automático da elevação da caçamba bucket lift kickout 铲斗升程定位器

desengate automático da elevação (/levantamento) automatic lift kickout 自动升程定位器

desengate automático de retorno do ejector ejector return kickout 推卸器回位定位器

desengate mecânico mechanical trip 机械释放装置

desengorduramento *s.m.* degreasing 脱脂

desengordurante *s.m.* degreasant, degreaser, degrease solvent 脱脂剂, 去脂溶剂

desengordurante alcalino alkaline degreaser 碱性脱脂剂

desengraxante *s.m.* ⇨ desengordurante

desengrenado *adj.* ❶ disengaged 脱离的; 脱节的 ❷ idling 空载的; 空转的

desengrenar *v.tr.* (to) disengage 脱离; 脱节

desengreno *s.m.* disengagement 脱离; 脱节

desengrossadeira *s.f.* planing (paring)-machine (tool) 刨床, 龙门刨床

desenhador *s.m.* ⇨ desenhista

desenhar *v.tr.* ❶ (to) draw 绘图, 绘制 ❷ (to) design 设计

desenhista *s.2g.* draftsman, drawer, designer 制图员, 绘图员

desenho *s.m.* ❶ drafting, drawing 绘图, 制图 ❷ drawing 图纸, 图则 ❸ design 设计 ❹ drawing 图画, 图片

desenho animado cartoon 卡通, 动画片

desenho "as built" (/"as constructed"/como construído) as-built drawings, as-constructed drawing 竣工图 ⇨ tela final

desenho assistido por computador (CAD) computer-aided design (CAD) 计算机辅助设计

desenho de ajardinagem landscape design 园林设计; 景观设计

desenho de alinhamento de estrada highway alignment design 道路路线设计

desenho das armaduras reinforcement drawing 配筋图

desenho de cofragem formwork drawing 模板图

desenho de construção construction drawings 施工图

desenho de contornos contour drawing 轮廓素描

desenho de corte e preenchimento cut and fill design 挖填设计

desenho de detalhe ⇨ desenho detalhado

desenho do edifício building design 建筑物设计, 建筑设计

desenho de estrutura structural design 结构设计

desenho de execução ⇨ desenho executivo

desenhos de formas formwork drawing 模板图

desenho de interiores interior design 室内设计; 室内装饰

desenho de linhas invisíveis (/ocultas) phantom drawing 透视图, 假想图

desenho de máquinas machine drawing 机械制图

desenho de projecto project drawing 项目图纸

desenho desenvolvido developed drawing 展开图

desenho detalhado ❶ detail drawing 细部图; 详图; 大样图 ❷ detail design 详细设计, 细部设计

desenho dimensional dimension drawing 尺寸图

desenho em corte sectional drawing, sectional elevation 剖面图

desenho embutido inlay 镶饰

desenho executivo working drawing, construction drawing 施工图

desenhos gerais outline drawings 外形图; 轮廓图

desenho gráfico graphic design 平面设计, 图形设计

desenho industrial industrial design 工业设计

desenho isométrico isometric drawing 等角图; 等角投影图

desenho marchetado ⇨ desenho embutido

desenho original original design, initial design 原始设计; 原创设计

desenho-padrão standard drawing 标准图

desenho para montagem installation drawing 安装图

desenho paraline paraline drawing 平行图 (平行线保持平行关系而不是透视关系相交的图)

desenho planimétrico planimetric drawing 平面图

desenho pormenorizado ⇨ desenho detalhado

desenho preliminar preliminary design 初步设计，概要设计

desenho sustentável sustainable design 永续（耐久性）设计

desenho técnico technical drawing 工程图；技术制图

desenlamear *v.tr.* (to) deslime 脱泥

desenraizador *s.m.* stumper 除根机

desenraizamento *s.m.* uprooting 挖除伐根，清树根

desenraizar *v.tr.* (to) uproot 挖除伐根，清树根

desenroladora *s.f.* unspooler 放线装置

desenrolar *v.tr.* (to) unroll, (to) uncoil, (to) unwind 展开（卷着的东西），松开（缠绕的东西）

desenroscar *v.tr.* (to) unscrew 旋松螺丝，卸下螺丝

desentaipar *v.tr.* (to) remove supporting framework 拆掉隔墙，拆掉土墙

desentulhar *v.tr.* (to) remove rubbish 清除建筑垃圾

desentupidor *s.m.* plunger 搋子

desentupidor de fita plumber's snake 管路清通钢丝

desenvolver *v.tr.* (to) develop 发展；开发

desenvolvimento *s.m.* ❶ development 发展；开发；方案编制 ❷ extension, length 延伸；长度 ❸ development （尤指待建的）建筑区，建筑群

desenvolvimento da curva curve extension 曲线延伸

desenvolvimento de habitação housing development 住宅开发；房屋建设

desenvolvimento de planejamento schedule development 进度计划编制

desenvolvimento de projecto ❶ project development 项目开发 ❷ design development 深化设计

desenvolvimento de resposta ao risco risk response development 风险应对计划制订

desenvolvimento de terreno land development 土地发展；土地开发

desenvolvimento no coroamento crest length 坝顶长度

desenvolvimento predatório predatory development 掠夺性发展

desenvolvimento sustentável sustainable development 可持续性发展

desequilibrar *v.tr.,pron.* (to) unbalance （使）失去平衡

desequilíbrio *s.m.* imbalance, unbalance 不平衡

desequilíbrio de tensão voltage unbalance 电压不平衡

desequilíbrio das três fases ⇨ desbalanceamento das três fases

desertificação *s.f.* desertification 荒漠化

deserto *s.m.* desert 沙漠

deserto costeiro coastal desert 海岸沙漠，沿海沙漠

deserto polar polar desert 极漠

deserto rochoso rocky desert 岩质沙漠

deservagem *s.f.* weeding 除草

desestabilização *s.f.* destabilization 失稳；退稳；去稳定化

desfalseamento *s.m.* dealiasing 去混淆

desfasamento *s.m.* phase displacement; offset [葡] 相位移；相移；偏距，偏移

desferrização *s.f.* deferrization, removal of iron 除铁，脱铁

desferrização de água deferrization of water 水的除铁处理

desfiadura *s.f.* cable fraying, fraying 电缆磨损

desfiamento *s.m.* flat sawn （木材）平锯，平切，弦切

desfibramento *s.m.* defibration 纤维分离

desfibrar *v.tr.* (to) defiber 脱纤维，分离纤维

desfiladeiro *s.m.* defile, gorge, canyon 狭谷，隘路

desfiladeiro glaciário glacial defile 冰川峡谷

desfiladeiro submarino submarine canyon 海底峡谷

desfloculação *s.f.* deflocculation [葡] 反凝絮

desflorestação *s.f.* deforestation 采伐森林，森林开伐

desflorestamento ⇨ desflorestação

desflorestar *v.tr.* (to) deforest 采伐森林，森

林开伐

desfolhadeira *s.f.* uncoiling machine 开卷机

desfolhador *s.m.* defoliating machine, leaf stripper 去叶机

desfolhador descoroador leaf stripper topper 甜菜切顶去叶机，甜菜切顶打叶机

desfolhadora *s.f.* defoliating machine, leaf stripper 去叶机

desfolhadora de milho corn husker 玉米剥皮机

desfolhante *s.m.* defoliant 脱叶剂

desfolhar *v.tr.,pron.* (to) defoliate （使）脱叶；落叶

desforrar *v.tr.* (to) unline, (to) take the lining out of 拆掉衬里

desfosfatização *s.f.* dephosphorylation 脱磷酸化处理

desfragmentador *s.m.* (disk) defragmenter 磁盘碎片整理工具

desfragmentador de disco ⇨ desfragmentador

desgalhador *s.m.* delimber 打枝机

desgaseificação *s.f.* degassing 除气，脱气，放气

desgaseificado *adj.* degassed 脱气的，除气的

desgaseificado a vácuo vacuum degassed 真空除气的

desgaseificador *s.m.* degasser 脱气器，脱气装置

desgaseificador a vácuo vacuum degasser 真空除气器

desgaseificador atmosférico poor boy degasser 泥气分离器

desgastado *adj.* galled; eroded 磨损的；被侵蚀的

desgastar *v.tr.,pron.* (to) wear out, (to) wear away, (to) erode 磨损，侵蚀

desgaste *s.m.* ❶ wear, erosion, corrosion 磨损；侵蚀 ❷ weathering 风化

desgaste abrasivo abrasive wear 磨料磨损

desgaste adesivo adhesive wear 黏着磨损

desgaste da caçamba bucket wear 铲斗磨损

desgaste de cilindro cylinder wear 汽缸磨损

desgaste de dente toothing wear 齿磨损

desgaste de trilho rail wear 钢轨磨耗

desgaste em gancho hook wear 吊钩磨损

desgaste interno entre pino e bucha internal pin and bushing wear 销和衬套内部磨损

desgaste máximo admissível wear limit 磨损极限

desgaste micro-abrasivo fretting wear 微动磨损

desgaste por deslizamento sliding wear 滑动磨损

desgaste por erosão erosive wear 磨蚀磨损

desgaste por perfuração abrasion drilling 冲蚀钻井

desgaste radial radial wear 径向磨损

desgrampeador *s.m.* staple remover 起钉器

desguarnecedora *s.f.* ballast cleaner 道砟清筛机

desguarnecedora de lastro ⇨ desguarnecedora

desguarnecedora e peneiradora de lastro ballast undercutter cleaner 道砟层刮底清筛机

desguarnecimento *s.m.* dismantling 拆开，拆除，拆散

desguarnecimento de lastro ballast screening 道砟清筛

desidratação *s.f.* dehydration 脱水，去水

desidratação do gás gas dehydration 气体脱水，天然气脱水

desidratação das lamas (/lodo) sludge dehydration 污泥脱水

desidratador *s.m.* dehydrator 干燥机；脱水器

desidratador de ar air dehydrator 空气干燥机

desidratador de gás gas dehydrator 气体脱水机

desidratar *v.tr.,intr.,pron.* (to) dehydrate 脱水，去水

desidrogenação *s.f.* dehydrogenation 脱氢

desidrogenar *v.tr.* (to) dehydrogenate （使）脱氢

design *s.m.* design 设计

design compacto compact design 紧凑设计

design de interiores interior design 室内
设计；室内装饰

design gráfico graphic design 平面设计，
图形设计

design industrial industrial design 工业
设计

design minimalista minimalist design 简
约风格设计

designação *s.f.* designation 名称，命名；指
明，指示；标号，番号

designação de tratamento temper designation 韧度等级

designação qualitativa de rocha (RQD)
rock quality designation (RQD) 岩石质量
指标

destinado *adj.* intended, designed 用于…的

destinado a habitação for dwelling purpose 住宅用途的

designar *v.tr.* (to) designate, (to) appoint 指
示，指定，指派

designer *s.2g.* designer 设计者，设计师

desigual *adj.2g.* ❶ different 不相同的 ❷
mismatched 不相配的，不相容的

desigualdade *s.f.* ❶ inequality, disparity,
difference 不相同，不一致 ❷ mismatch 失
配，不匹配，不相容，不兼容

desigualdade diurna diurnal inequality
日潮不等

desincorporação *s.f.* disembodiment（车辆）
脱离车流

desinfecção *s.f.* disinfection 消毒

desinfecção da água water disinfection
水消毒

desinfecção ultravioleta ultraviolet dis-
infecting 紫外线消毒

desinfectante *s.m.* disinfectant liquid 消毒
液，消毒水

desinfectar *v.tr.* (to) disinfect 将…消毒

desinfestação *s.f.* disinfestation 灭虫

desinflação *s.f.* disinflation 反通货膨胀，遏
止通货膨胀

desintegração *s.f.* disintegration, split 解
体，崩解；蜕变；衰变

.desintegração catalítica catalytic cracking 催化裂化

desintegração de um átomo splitting of
an atom 原子分裂

desintegração em blocos block disintegration 块状崩解

desintegração mineral mineral disintegration 矿物崩解

desintegrações por minuto (dpm)
disintegrations per minute (dpm) 每分钟衰
变数

desintegrações por segundo disintegrations per second 每秒衰变数

desintegrador *s.m.* disintegrator 粉碎机

desintegrar *v.tr.* (to) break up, (to) separate; (to) disintegrate; (to) split 分裂，分
解；蜕变；衰变

desktop *s.m.* ❶ desktop （电脑的）桌面 ❷
desktop computer 台式计算机

deslajear *v.tr.* (to) take up the flagstones 掀
起石板，掀掉石板

deslastro *s.m.* ballasting-up 压载调整

deslavra *s.f.* second ploughing 复耕

desliga *s.f.* ⇨ desligamento

desligado *adj.* dead 未通电的

desligador *s.m.* disconnector 断路装置，
开关

desligamento *s.m.* ❶ disconnect 断开（电
路、线路），关闭（装置）❷ strike slip 走
向位移，走向滑距

desligamento automático de cilindros
automatic cylinder shut-off 气缸自动关闭

desligamento em cascata cascade shutdown 级联停电

desligamento em rodízio rolling blackout 轮流停电

desligamento superficial localizado
scabbing 路面脱落，路面脱皮

desligar *v.tr.,intr.,pron.* (to) disconnect 断
开（电路、线路），关闭（装置）

deslizamento *s.m.* ❶ sliding, gliding, slipping 打滑，滑动 ❷ drifting 漂移

deslizamento de lodo mudflow 泥流

deslizamento de maciço slope failure 边
坡破坏；滑坡

deslizamento de massa mass slump,
earth slump 岩土滑塌

deslizamento do pistão piston rod drift
活塞杆沉降

deslizamento de rochas rockslide 岩滑

deslizamento de terras earthflow 土流，

泥流

deslizamento de terreno landslide, landslip 山泥倾泻；崩塌

deslizamento global circle sliding 圆弧形滑坡

deslizamento intergranular intragranular slip 晶粒内滑移

deslizamento intracristalino intracrystalline slip 晶内滑移

deslizamento parabólico parabolic slipping（路面）抛物线形的推移

deslizamento por lavagem landslide by rainwash 雨水冲刷滑坡

deslizante *adj.2g.* ❶ slippery 滑的，打滑的 ❷ sliding 滑动的

deslizar *v.intr.* ❶ (to) slide, (to) slip 滑动 ❷ (to) drift (from a fixed position) 漂移

deslocação *s.f.* ❶ moving, movement, shifting 移动 ❷ 1. displacement 位移 2. dislocation 移位；断错；断层 ❸ trip, journey 旅行 ❹ travelling expenses 上门（服务）费

deslocamento *s.m.* ❶ 1. displacement, movement 移位，位移 2. drift, shift 漂流，平移，迁移 ❷ displacement; stroke（活塞）排量；冲程 ❸ displacement 置换，驱替

deslocamento central do círculo circle centershift 转盘中心移位（装置）

deslocamento controlado do acelerado controlled throttle shifting (CTS) 受控油门换挡

deslocamento de fluido fluid displacement 流体驱替

deslocamento da pasta slurry displacement 泥浆置换

deslocamento da população population displacement 人口迁移

deslocamento dielétrico dielectric displacement 电介质位移

deslocamento espectral spectral displacement 谱位移

deslocamento imiscível immiscible displacement 非混相驱替

deslocamento lateral sideshift 侧移

deslocamento miscível miscible flooding, miscible displacement 混相驱替

deslocamento nodal nodal displacement 节点位移

deslocamento por vapor steam flood 蒸汽驱替

deslocamento positivo positive displacement 正排量

deslocamento radial radial displacement 径向位移

deslocamento tangencial tangential displacement 切向位移

deslocamento vertical drop 下降

deslocamento volumétrico volumetric displacement 容积位移

deslocar *v.tr.,pron.* (to) displace, (to) move 移动，移位

deslocável *adj.2g.* slidable 滑动的

deslodamento *s.m.* desludging 清除淤泥

deslodar *v.tr.* (to) desludge 清除淤泥

deslustramento *s.m.* chemical etching 化学蚀刻；化学侵蚀

desmagnetização *s.f.* demagnetization 消磁，退磁

desmagnetização por campo alternado alternating-field demagnetization 交变场退磁

desmagnetização por corrente alternada AC demagnetization 交流去磁，交流退磁

desmagnetizar *v.tr.* (to) demagnetize 消磁，使退磁

desmanchadiço *adj.* easily broken up, rickety（机械）容易散的，（部件）容易松的

desmantelamento *s.m.* dismantling, demolition 拆卸；拆除

desmantelamento de vespeiros removal of hives 移除蜂巢

desmantelar *v.tr.* (to) dismantle, (to) demolish 拆卸；拆除

desmargarinação/desmargarinização *s.f.* winterization（油脂）冬化

desmatador *s.m.* bushcutter 灌木铲除机

desmatação *s.f.* ⇨ desmatamento

desmatamento *s.m.* ❶ deforestation 采伐森林，森林开伐 ❷ land clearing, brush clearing 开荒；清理土地

desmatamento por corrente chaining land clearing 铁链开荒

desmatar *v.tr.* (to) clear land 开荒；清理土地

desmembramento *s.m.* dismemberment
（地块、空间）分割；（大型机械、设备）拆卸

desmembrar *v.tr.* (to) dismember （地块、
空间）分割；（大型机械、设备）拆卸

desmina *s.f.* desmine 辉沸石

desminagem *s.f.* demining, mine clearance
扫雷，排雷

desmineralização *s.f.* demineralization 去
矿化（作用），脱盐，除盐

desmineralização por osmose reversa
reverse osmosis demineralization 反渗透
脱盐

desmineralização por troca iônica ion
exchange demineralization 离子交换脱盐

desmineralizador *s.m.* demineralizer 脱盐
器，除盐装置；软化器

desmobilização *s.f.* demobilization （竣工
后的）清场，撤离；（人员）遣散

desmobilização do canteiro e arranjo
do local clearance of site on completion
竣工后的现场清理

desmineralizar *v.tr.* (to) demineralize 去除
矿物质，除盐

desmodrómico *adj.* desmodromic 连控轨
道的（阀、系统）

desmodulação *s.f.* demodulation [葡] 解
调，反调制

desmodulador *s.m.* demodulator 解调器

desmodular *v.tr.* (to) demodulate 解调

desmoita *s.f.* clearing, stubbing 开荒

desmoitar *v.tr.* (to) clear land 开荒；清理
土地

desmoldante *s.m.* release agent 脱模剂

desmoldar *v.tr.* (to) strip formwork 拆模，
脱模，模板拆除

desmontagem *s.f.* disassembly 拆卸，拆散

desmontagem da sonda rig down 拆卸
井架

desmontagem hidráulica hydraulic
mining, hydraulicking 水力冲挖

desmontagem, movimentação e montagem (DMM) dismounting, movement
and mounting 拆卸、迁移与安装

desmontagem, transporte e montagem (DTM) dismounting, transport and
mounting 拆卸、运输与安装

desmontar *v.tr.* (to) disassemble, (to) take

apart 拆卸，拆散

desmontável *adj.2g.* removable, demountable 可拆卸的，可拆下的

desmonte *s.m.* quarrying, extraction 采石，
采石工程

desmonte a fogo blasting 爆破掏槽；爆
破切口

desmonte e terraplanagem cut-and-fill
挖填

desmonte hidráulico hydraulicking,
hydraulic excavation 水力挖掘

desmonte subterrâneo subterraneous
quarrying 地下采石

desmoronamento *s.m.* rockfall, fall of
rock 岩崩

desmoronar *v.tr.,pron.* (to) fall down, (to)
collapse 岩崩

desmosito *s.m.* desmosite 条带绿板岩

desmultiplexador/desmultiplexor *s.m.*
demultiplexer, demux 解复器，分用器，多
路分配器

desmultiplexagem *s.f.* demultiplexing [葡]
多路解编

desmultiplicador *s.m.* demultiplier 倍减器

desmultiplicadora *s.f.* reducing gear 减速器

desnatadeira *s.f.* milk skimmer, cream-sep-
arator 乳脂分离器

desnaturação *s.f.* denaturation 变性（作用）

desnaturado *adj.* denatured 变性的

desnaturar *v.tr.* (to) denature （使）变性

desnitrificação *s.f.* denitrification 脱 氮 作
用，反硝化作用

desnitrificar *v.tr.* (to) denitrify （使）脱氮，
反硝化

desnível *s.m.* unevenness, difference in
level, drop 高差

desnível fluvial river slope 河道坡降

desnível ortométrico orthometric altitude 正高

desnivelamento *s.m.* unevenness, unlevel-
ling 不平坦；不匀

desnivelar *v.tr.* (to) make uneven 使…不
平坦

desnodoso *adj.* unknotted, knotless 无结的；
（木材）无节子的

desnudação *s.f.* denudation 剥蚀作用

desnudação fluvial fluvial denudation 河

流剥蚀作用

desnudamento *s.m.* denudation 剥蚀作用

desnudamento do solo clearing of vegetation 土壤植被清除

desnudar *v.tr.* (to) denude, (to) denudate 使剥蚀, 使（岩石等）裸露

desobstrução *s.f.* clearance, clearing 疏通, 使通畅

desobstrução da pista clearing, removal of obtructions 路面清障

desobstruir *v.tr.* (to) clear 疏通, 使通畅

desodorante *s.m.* ⇨ desodorizante

desodorizador *s.m.* deodorizer 除臭器

desodorizante *s.m.* deodorant 除臭剂

desodorizar *v.tr.* (to) deodorize 除臭

desoleificação *s.f.* deoiling 除油, 脱油

desoleificar *v.tr.* (to) deoil 除油, 脱油

desorientação *s.f.* disorientation; misorientation 定向障碍；取向错误

desorientar *v.tr.* (to) disorientate, (to) disorient 使⋯迷失方向

desoxidação *s.f.* deoxidation, deoxidization （化合物、分子等的）脱氧, 除氧

desoxidar *v.tr.* (to) deoxidize 使（化合物、分子等）脱氧

desoxidante *s.m.* deoxidizer 脱氧剂

desoxigenação *s.f.* deoxygenation （水、空气等的）脱氧

desoxigenar *v.tr.* (to) deoxygenate 使（水、空气等）脱氧

despachador *s.m.* dispatcher 调度员

despachador de trem train dispatcher [巴] 列车调度员

despachante *s.f.* customs clearing-agent, customs agent 清关代理（公司）

despachar *v.tr.* ❶ (to) dispatch, (to) send, (to) check in 发送（货物、信件）, 办理登记手续 ❷ (to) deal with, (to) attend to 处理, 解决（事务、任务）

despacho *s.m.* ❶ dispatch, order; resolution 批示；指示；上级决定 ❷ dispatch; clearance 履行手续, 办理官方许可 ❸ dispatch 调遣；调度

despacho aduaneiro (/alfandegário) customs clearance, customs dispatch 清关, 清货

despacho centralizado central dispatch

中心调度

despacho de geração generation dispatch 发电调度

despacho econômico economic dispatch 经济调度

despacho presidencial presidential dispatch, presidential order 总统（批）令；主席（批）令

despampanadeira *s.f.* trimmer 修剪机；整枝机

desparafinação *s.f.* deparaffinage 脱蜡, 清蜡

desparafinar *v.tr.* (to) deparaffinize, (to) depareffin 脱蜡, 清蜡

desparasitação *s.f.* deworming 杀灭寄生虫

despedaçador *s.m.* pulverizer, disintegrator 粉碎机

despedaçador de rocha rock ripper 岩石掘进机

despedrega *s.f.* rudding 清除废石

despejamento *s.m.* emptying 排空；倒空

despejar *v.tr.* (to) pour, (to) dump 倾泻, 倾倒, 卸载

despejo *s.m.* ❶ dumping 倾泻, 倾倒, 卸载 ❷ rubbish, garbage 垃圾

despejos industriais industrial waste 工业废料

despejo padrão standard dump 标准卸载

despelamento *s.m.* peeling 脱皮；剥落

despenhadeiro *s.m.* precipice 悬崖；绝壁

despensa *s.f.* ❶ pantry, larder, store-room 食物贮藏室, 食品仓库 ❷ utility room/ chamber 杂用房, 多功能用房

desperdício *s.m.* waste, loss 浪费

desperdício de energia waste of energy 能源浪费；能量耗散

despesa *s.f.* expense 费用, 开支

despesas de acostagem quayage (expenses) 靠港费

despesas de consumo consumer spending 消费性开支

despesas de embarque shipping charges 装运费

despesa de estadia expenses for hospital stays 住院费用

despesas de expediente commission 手续费

despesas de exploração working expenses 经营费用

despesa de inspecção e ensaios inspection and test expenses 检验实验费

despesas de investimento capital expenditure 投资费用，资本支出

despesa de manutenção de obra maintenance expense 工程保修费

despesas de pessoal staff expenses 人员开支

despesas de representação representation fees 代理费

despesas de transporte carriage 运费

despesas de viagem travelling expenses 差旅费

despesas diferidas deferred expenses 待摊费用

despesas directas direct expenses 直接费用

despesa-extra extra expenses 额外费用

despesas gerais de fábrica factory overhead 制造费用

despesas indiretas indirect expenses 间接费用

despesas operacionais operating expenses 营业费用

despesas suplementares ⇨ despesa-extra

desplacamento s.m. peeling, debonding 剥离

despluviado adj. displuviate 向房顶中心的方井方向倾斜的（房顶坡面）

despojamento s.m. divestment 撤资，撤出投资

despolir v.tr. (to) tarnish; (to) depolish 使（金属表面）失去光泽；使变灰暗

despolpa s.f. pulp removal 剥取果肉

desponta s.f. lopping （树木、木材）去枝，剪枝

despontar v.tr. (to) lop （树木、木材）去枝，剪枝

desporto s.m. sport [葡] 体育，运动

desprateação s.f. desilvering 脱银，除银

despratear v.tr. (to) desilver 脱银，除银

desprender v.tr. (to) loosen, (to) unfasten （使）放松，松散

desprendimento s.m. loosening, unfastening 松散，膨松

desprendimento de rocha fall of rock 岩崩

despressurização s.f. depressurization 减压

despressurizar v.tr. (to) depressurize 减压

desproporção s.f. disproportion 不均衡，不成比例

desrama s.f. lopping （树木、木材）去枝，剪枝

desramador s.m. haulm slasher 茎叶切碎器

desramador de batatas potato haulm remover 马铃薯茎叶切碎器

desramar v.tr. (to) disbranch （给树木、木材）去枝，剪枝

desratização s.f. deratization, deratting 灭鼠

desratizar v.tr. (to) deratize 灭鼠

desregulamentação s.f. deregulation 放宽管制；解除管制

dessalgadora s.f. desalter 脱盐装置

dessalinização s.f. desalination 海水淡化

dessalinização por osmose reversa reverse osmosis desalination 反渗透淡化

dessalinizador s.m. desalinator, desalination plant 海水淡化机，海水淡化器

dessalinizadora s.f. ⇨ dessalinizador

dessalinizar v.tr. (to) desalinate 淡化（海水），（从海水中）除去盐分

dessecador s.m. desiccator 干燥器

dessecador a vácuo vacuum desiccator 真空干燥器

dessecagem s.f. desiccation 干燥

dessecar v.tr. (to) desiccate 使干燥

dessignatação s.f. designature 反信号

dessoldagem s.f. desoldering 拆焊；去焊；脱焊

dessoldar v.tr. (to) unsolder 拆焊；去焊；脱焊

dessorção s.f. desorption 解吸附作用；退吸

dessulfitação/dessuferização s.f. desulfidation 脱硫

dessuperaquecedor s.m. desuperheater 减温器，过热蒸汽降温器

destacável adj.2g. detachable 可拆开的，可拆卸的

destelhamento s.m. removing the tiles 拆瓦，掀瓦

destelhar v.tr. (to) untile, (to) remove the

tiles 拆瓦，掀瓦

destêmpera *v.tr.* annealing; untempering 退火

destemperar *v.tr.* (to) anneal 退火

desterroador *s.m.* clod sweeper 土块破碎机，土块粉碎机

desterroar *v.tr.* (to) break up clods; (to) harrow 碎除土块，耙土

destilação *s.f.* distillation 蒸馏

destilação atmosférica atmospheric distillation 常压蒸馏

destilado *s.m.* distillate 馏出物

destilador *s.m.* still, distiller 蒸馏器

destilar *v.tr.* (to) distill 蒸馏

destilaria *s.f.* distillery （酒厂）蒸馏室

destinatário *s.m.* consignee 收货人

destocador *s.m.* stumper 除根机，残根清理机

destocador com rachador stumper with splitter 除根劈柴机

destocador removível detachable stumper 可拆卸除根机

destocamento *s.m.* grubbing, land clearing grubbing, stumping 除树根

destocar *v.tr.* (to) grub 掘除（树木的）残根

destorcedor *s.m.* superswivel 转环锚卸扣

destorroamento *s.m.* clod breaking, harrowing 碎除土块，耙土

destorroar *v.tr.* ⇨ desterroar

destrancador *s.m.* unlocking rod 释放杆，开锁杆

destrancar *v.tr.* (to) unlock (a rod) 将杆释放

destroçador *s.m.* mulcher 松土灭茬机

destroçador de restolhos mulcher stubble 松土灭茬中耕机

destroçar *v.tr.* (to) break into pieces, (to) devastate 破碎，毁坏

destroço *s.m.* ❶ destruction, devastation 破坏；摧毁 ❷ wreck 残余物，残骸

destruição *s.f.* destruction 破坏；摧毁

destruição mecânica mechanical destruction 机械破坏

destruidor *s.m.* ❶ pulverizer, disintegrator 破坏机，粉碎机 ❷ destroyer 驱逐舰

destruidor de soqueira de algodão cotton stalk uprooter 棉杆粉碎机

destruir *v.tr.* (to) destroy 破坏；摧毁

desumidificador/desumificador *s.m.* dehumidifier 除湿器，抽湿机

desumidificar *v.tr.* (to) dehumidify 除湿；使干燥

desvalorização *s.f.* depreciation, devaluation 贬值

desvalorizar *v.tr.* (to) depreciate, (to) devaluate 贬值

desvanecimento *s.m.* fading 衰退

desvantagem *s.f.* disadvantage 劣势，缺点

desvão *s.m.* ❶ attic 阁楼 ❷ under stairs space 楼梯下的空间

desvaporização *s.f.* devaporation 止汽化作用；抑制汽化

desviador *s.m.* ❶ deviator; deflecting tools 偏差器；致偏器 ❷ kickover tool 造斜工具

desviar *v.tr.* ❶ deviate 偏离 ❷ (to) divert, (to) deflect 改道；绕行

desvio *s.m.* ❶ deviation 偏差；偏向；偏离；偏位 ❷ diversion, drifting （路线、管线）改道；绕行 ❸ 1. detour 绕行路 2. (ferroviário) railway siding, sidetrack （铁路）侧线 ❹ sidetrack 侧钻（在钻孔中另钻新孔）

desvio absoluto absolute deviation 绝对偏差

desvio axial axial runout 轴向跳动

desvio da agulha deviation, compass deviation 罗盘仪偏差

desvio de altitude assinalada assigned altitude deviation 指定高度偏差

desvio de bússola compass deviation 罗盘偏差

desvio do cabo cable feathering, streamer feathering 电缆水平偏转角

desvio de caminho loop way 环形岔道

desvio de cristal crystal dislocation 晶体位错

desvio de cruzamento passing track; engine waiting track 让车线；错车道；机待线

desvio de esquadro out-of-square 不成直角

desvio do feixe ray bending 射线弯曲

desvio de frequência frequency offset 频率偏移

desvio de manobra shunting track 调车线

desvio de recebimento arrival track 到达线

desvio de riscos risk deflection 风险转移

desvio da superfície (/face) de encosto bearing surface runout 轴承端面跳动

desvio de transbordo (de carga) transshipment track 换装线

desvio de trânsito diversion of traffic, traffic diversion 交通改道

desvio da vertical deflection of vertical 垂线偏移

desvio de zero zero offset 零位偏差；零点偏移

desvio no padrão de nivelamento transversal track twist 轨道扭曲

desvio em uma única fase single-stage diversion 单级导流

desvio em várias fases multistage diversion 多级导流

desvio industrial industry track 工业专线

desvio lateral siding, side drift 侧线

desvio magnético magnetic deviation 磁偏差

desvio médio mean deviation 平均偏差

desvio médio quadrático mean square deviation 均方差

desvio morto dead-end track 尽头线

desvio padrão standard deviation 标准差

desvio padrão experimental experimental standard deviation 实验标准差

desvio para estacionamento lay-by, passing place/ bay 避车处，路旁停车处

desvio para o vermelho (z) red shift (z) 红移；红移值

desvio para passagem passing bay 让车道，让车弯

desvio polar polar wandering 极移；极游动

desvio quadrantal quadrantal deviation 象限偏差

desvio radial radial runout 径向跳动

desvio semicircular semicircular deviation 半圆偏差

desvio temporário ❶ temporary diversion 临时导流 ❷ temporary way 临时路线

desvitrificação s.f. devitrification 去玻璃化作用，脱玻作用

desvitrificar v.tr. (to) devitrify 去玻璃化；除去玻璃光泽

detalhamento s.m. detailing 细节设计

detalhamento de projecto project detailing 项目深化设计

detalhar v.tr. (to) detail 详细阐述；细节设计；画详图

detalhe s.m. ❶ detail 细节，细部 ❷ detail drawing 细部图；详图；大样图

detalhe de projecto design detail 设计详图

detalhes técnicos technicalities 技术细节，专门性事项

detecção s.f. detection 检测，探测

detecção de incêndio fire detection 火灾侦察，火灾探测，火警探测

detecção dos incidentes incident detection 事件检测

detecção de interferência interference detection 干扰探测

detecção de padrão pattern detection 模式检测

detecção e monitorização detection and monitoring 检测与监测

detecção remota remote sensing 遥感

detecção ultrasónica de fissura ultrasonic crack detection 超声波裂缝检测

detectabilidade s.f. detectability 可探测性，可检测性

detectar v.tr. (to) detect, (to) sense 探测

detectar e evitar (to) detect and avoid 检测与躲避

detector s.m. detector 探头，探测器；检波器

detector acústico de intrusão acoustic intrusion detector 声入侵探测器

detector automático de incêndio automatic fire detector 自动火灾感应器

detector com protecção contra intempéries weatherproof detector 全天候探测器

detector de área area detector 面探测器；区域探测器

detector de caixa quente hot box detector 轴温探测器

detector de calor heat detector 热探测器，热感应装置

detector de caudal flow detector 流量探

测仪

detector de chamas flame detector 火焰探测器，火灾感应器

detector de chama tipo UV UV flame detector 紫外线火焰探测器

detector de ciclos loop detector （环形线圈式）车辆检测器

detector de CO CO detector 一氧化碳探测仪

detector de corrente current detector 验电器

detector de defeito interno de trilho rail-flaw detector 钢轨探伤仪

detector de descarrilamento dragging equipment detector (DED) 拖挂设备检测器

detector de duas tecnologias dual technology detector 双技术探测器

detector de falha fault detector 探伤仪

detector de falha ultrasónico ⇨ detector ultrasónico de fissuras

detector de feixe de luz beam detector 束流控测器

detector de feixe fotoeléctrico photoelectric beam detector 红外对射探测器，光束遮断式感应器

detector de fendas superficiais surface crack detector 表面裂纹检测仪

detector de fissuras crack detector 探伤仪；裂纹探测仪

detector de fugas leak detector, leakage detector 检漏仪，检漏器

detector de fuga de gás gas leak detector 燃气泄漏探测器

detector de fumaça smoke detector 感烟式探测器

detector de fumos a laser laser smoke detector 激光烟雾探测器

detector de fumos de ductos duct smoke detector 管道烟感器

detector de fumos óptico optical smoke detector 光学烟感器

detector de fumos óptico com base de sonorizador optical smoke detector with sounder base 带发声底座的光学烟雾探测器

detector de fumos óptico sob piso elevado optical smoke detector under raised floor 活动地板下的光学烟感器

detector de fumo por ionização ionization smoke detector 电离烟尘检测器

detector de gás gas detector 气体感应器

detector de gás combustível combustible gas detector 可燃气体探测器

detector de impedância impedance detector 阻抗检波器

detector de incêndio fire alarm point 火警探测器，火灾感应器

detector de intrusão intrusion-detection point 报警探头

detector de intrusão de duas tecnologias dual-technology intrusion-detector 双技术入侵探测器

detector de intrusão infravermelha activo active infrared intrusion detector 红外对射探测器，主动红外入侵探测器

detector de ionização de chama flame ionization detector 火焰离子化检测器

detector de limalha chip detector 屑末探测器

detector de metais metal detector 金属探测器

detector de metal para passagens walk-through metal detector 金属探测门

detector de monóxido de carbono carbon monoxide detector 一氧化碳探测器

detector de movimento motion detector 运动探测器

detector de pH pH detector 酸碱探测器

detector de profundidade ultra-sónico ultrasonic depth finder 超声波测深仪

detector de quebra d'água waterbreak detector 水波高频探测器

detector de quebra de vidro glass break detector 玻璃破碎探测器

detector de rampa slope detector 斜率检测器

detector de som sound detector 检声器

detector de sonar sonar detector 声呐探测器

detector da taxa de elevação de temperatura e de calor de temperatura fixa rate-of-rise and fixed temperature heat detector 差温和固定温度热感应器

detector de temperatura embutido embedded temperature detector 内置温度

检测器

detector de tormentas storm detector 风暴探测仪

detector de vazamento fault detector, leak detector, leakage detector 检漏仪，检漏器

detector de vazamento de gás gas leak detector 燃气泄漏探测器

detector de vibração vibration detector 振动探测器

detector de voltagem voltage detector, voltage tester 电压检测器

detector laser laser detector 激光探测器

detector linear linear detector 线性检波器

detector multicritério multicriteria detector 多准则探测器

detector múltiplo multiple detector 多重检测器

detector multisensor multisensor detector 多传感器探测器

detector passivo passive detector 被动探测器；无源探测器

detector pontual point detector 点式感应器

detector rectificador rectifying detector 整流检波器

detector sensível de fase phase sensitive detector 相敏检波器

detector síncrono synchronous detector 同步检测器

detector sísmico seismic detector 地震仪，测震计，地震检波器

detector térmico heat detector 热探测器，热感应装置

detector termorresistência resistance thermometer detector (RTD) 电阻式温度检测器

detector termovelocimétrico thermovelocity detector 热速度检测器

detector TriTech TriTech detector 三技术探测器

detector ultrasónico ultrasonic detector 超声波探测仪

detector ultra-sónico de fissuras ultrasonic flaw detector 超声波裂缝检测仪

detector ultra-sónico de nível ultrasonic level detector 超声波液位检测仪

detentor *s.m.* arrester 避雷器，电泳放电器；过压保险丝

detergência *s.f.* detergency 去垢力，去垢性

detergente *s.m.* detergent, cleaner 去污剂，洗涤剂，清洁剂

detergente em pó cleaning powder 去污粉

detergente líquido liquid detergent 洗涤液，液体洗涤剂

deterioração *s.f.* ❶ deterioration 退化；恶化，老化 ❷ wear and tear 消耗；磨损

deterioração das barragens deterioration of dam 大坝老化

deterioração de lúmen de lâmpada lamp lumen depreciation 灯具流明下降率

deterioração de luminária por sujeira luminaire dirt depreciation 灯具污垢减光

deterioração de pavimento pavement distress 铺面损坏

deterioração mecânica mechanical deterioration 机械性损坏

deterioração rápida rapid deterioration 快速老化；快速陈化

deterioração superficial surface deterioration 表面损坏

deteriorar *v.tr.,pron.* (to) deteriorate 退化；恶化，老化

determinação *s.f.* ❶ determination 确定；决定 ❷ determination 测定

determinação astronómica da posição astronomical fixing of position 天文定位

determinação do calor total libertado num período definido de 600 s (THR600s) THR600s determination 600秒内放热总量测定

determinação de cloro residual chlorine residual measurement 余氯测定

determinação da extensão da propagação da chama (FS) determination of flame spread 火焰蔓延长度测定

determinação do fluxo crítico radiante (CHF) CHF determination 临界热通量测定

determinação da idade absoluta absolute age determination 绝对年龄确定

determinação de matérias orgânicas organic materials determination 有机物含量测定

determinação de Módulo Young Young's modulus determination 杨氏模量测定

determinação da não combustibilidade flame retardance determination 阻燃性测定

determinação de oxidabilidade oxidability determination 可氧化性测定

determinação de parâmetro parameter determination 参数测定

determinação de pH determination of pH pH 测定

determinação do poder calorífico heat value determination 热值确定

determinação da posição position fixing, positioning 定位

determinação da produção total de fumo num período definido de 600 s (TSP600s) TSP600s determination 600 秒内总烟量测定

determinação da propagação lateral da chama determination of lateral flame spread 火焰横向蔓延长度测定

determinação de silica determination of silica 二氧化硅测定

determinação do teor de betume determination of asphalt content 沥青含量测定

determinação de torrões de argila e partículas friáveis clod and fragile particles content determination 土块和易碎颗粒含量测定

determinação da trabalhabilidade e do endurecimento de betão determination of workability and hardening of concrete 混凝土工作性和硬化检测

determinação de turvação turbidity measurement 浊度测定

determinação fotogramétrica de posição photogrammetric fixing of position 摄影测量定位

determinação geotécnica geotechnical assessment 岩土评估

determinação topográfica de posição topographical position finding 地形定位

determinador s.m. determinator, tester 测定仪

determinador de acidez volátil volatile

acidity determinator 挥发性酸度测定仪

determinador de açúcares sugar determinator 糖测定仪

determinador de açúcares redutores reducing sugar determinator 还原糖测定仪

determinador de fibra fiber determinator 纤维测定仪

determinador de gordura/lipídeos determinator for fat/lipids 脂肪 / 脂类测定仪

determinador do ponto de fusão melting point detector 熔点测定仪

determinador de proteína protein determinator 蛋白质测定仪

determinar v.tr. ❶ (to) define, (to) determine, (to) ascertain 确定，界定，明确 ❷ (to) determine, (to) decide; (to) state 决定；规定 ❸ (to) determine, (to) work out 测定，查明，算出

detonação s.f. detonation; blasting, shooting 爆炸；引爆；爆破

detonação a céu aberto open face blasting 多面临空爆破

detonação aérea air shooting 气垫爆破；空中爆破法

detonação confinada cage shooting 笼中爆炸法

detonações controladas controlled blasting; directional blasting 控制爆破；定向爆破

detonação cuidadosa smooth blasting 光面爆破

detonação de levante tipo coiote coyote blasting 硐室爆破

detonação em linha row shooting 排列放炮法

detonação experimental trial blasting 试爆

detonação periférica undershooting 地震反射波 "下射" 法

detonação rotativa rotation firing 轮流引爆

detonação submersa underwater blasting 水下爆破

detonação subterrânea deep blasting 深眼爆破，深孔爆破

detonador s.m. exploder; detonator 雷管

detonador de cápsula de alumínio

aluminum cap (detonator) 铝壳雷管

detonador de cápsula de cobre copper cap (detonator) 铜壳雷管

detonador eléctrico electric detonator 电雷管

detonador eléctrico micro-retardado millisecond delay electric detonator 毫秒延时电雷管

detonador eléctrico retardado delay electric detonator 延时电雷管

detonador instantâneo instantaneous detonator 瞬发雷管

detonador pirotécnico flash detonator 火雷管

detonador sísmico seismic cap 地震雷管

detonar *v.tr.* (to) detonate, (to) blast 爆炸；引爆；爆破

detrital *adj.2g.* ⇨ detrítico

detrítico *adj.* detrital 碎屑的

detrito *s.m.* ❶ debris, rubbish 残骸；碎片；瓦砾；垃圾；废弃物 ❷ detritus, debris 碎石，岩屑 ❸ *pl.* pebbles, talus 卵石

detrito acumulado lateralmente road side litter 路边垃圾

detritos de ablação ablation debris 消融岩屑

detritos de fundição foundry scrap 铸造废料

detrito sólido solid detrital material 固体碎屑，固体废弃物

deutério *s.m.* deuterium; diplogen 氘

deuterogénico *adj.* deuterogenic 后期生成的，后生的

deuteromórfico *adj.* deuteromorphic 后生变形的

deuteropirâmide *s.f.* deuteropyramid 第二锥

deuteroprisma *s.m.* deuteroprism 第二柱

deve *s.m.* debit 借项；借入，借记

deve-haver/o deve e o haver debit and credit 借贷；借贷栏

devedor *s.m.* debtor 债务人；借方

dever *v.intr.* (to) owe, (to) be in debt 欠钱，欠债

devida diligência *s.f.* ⇨ diligência prévia

devitrificação *s.f.* devitrification 去玻璃化

作用，脱玻作用

devitrificar *v.tr.* (to) devitrify 去玻璃化；除去玻璃光泽

devolução *s.f.* return; devolution 归还；法定转移

devolver *v.tr.* (to) return, (to) give back 归还

Devoniano *adj.,s.m.* [巴] ⇨ Devónico

Devónico *adj.,s.m.* Devonian; Devonian Period; Devonian System [葡]（地质年代）泥盆纪（的）；泥盆系（的）

Devónico Inferior Lower Devonian; Lower Devonian Epoch; Lower Devonian Series 下泥盆世；下泥盆统

Devónico Médio Middle Devonian; Middle Devonian Epoch; Middle Devonian Series 中泥盆世；中泥盆统

Devónico Superior Upper Devonian; Upper Devonian Epoch; Upper Devonian Series 上泥盆世；上泥盆统

devonito *s.m.* devonite 斜斑粗粒玄武岩；银星石

dextrógiro *adj.* dextral 右旋的

dez *num.card.* ten 十，十个

◇ **décuplo** decuple, tenfold 十倍的

◇ **um décimo** one tenth 十分之一

◇ **dezena** ten 十个

◇ **décimo** tenth 第十的

dez mil *num.card.* ten thousand 万，一万

◇ **miríade** myriad, ten thousand 万，一万

dia *s.m.* day 日，天

dia atípico atypical day 非典型日

dia calendário calendar day 自然日，日历日

dias de chuva rainy days 雨天

dia da máxima ponta day of maximum demand 最大需求日

dia médio solar mean solar day 平均太阳日

dia típico typical day 典型日

dia útil (DU) business day 工作日

diabantite *s.f.* diabantite 辉绿泥石

diabase *s.f.* diabase 辉绿岩

diabasito/diabásio *s.m.* ⇨ diabase

diáclase *s.f.* ❶ diaclase, joint 断裂线；构造裂隙；节理 ❷ *pl.* back joints, cleats 割理

diaclinal *s.m.* diaclinal 横向断层

diaconia *s.f.* diaconicon 圣器室

diacrónica *s.f.* diachronous 年序堆积层

diacrónico *adj.* diachronic 历时的

diacronismo *s.m.* diachronism 历时性

diadisito *s.m.* diadysite 注入融合岩

diadoquia *s.f.* diadochy 同晶性型；离子置换作用

diáfano *adj.* translucent, diaphanous 半透明的

diafanidade/diafaneidade *s.f.* diaphaneity 半透明性，透明度

diafototropismo *s.m.* diaphototropism 横向光性

diafragma *s.m.* ❶ diaphragm 隔膜；膜片；薄膜 ❷ diaphragm, flex plate 隔板，隔墙

diafragma do afogador choke diaphragm 阻风门隔膜

diafragma da bomba de desaceleração deceleration pump diaphragm 减速泵隔膜

diafragma do carburador carburetor diaphragm 汽化器隔膜

diafragma de compensação compensating diaphragm 补偿光圈

diafragma do hidrovácuo booster diaphragm 增压器隔膜

diafragma de papel diagram paper 图表纸

diafragma de ruptura explosion-proof membrane 防爆膜

diafragma da válvula de controle control valve diaphragm 控制阀隔膜

diafragma duplo dual diaphragm 双膜片

diafragma fotográfico diaphragm 光圈

diafragma horizontal horizontal diaphragm 横隔

diafragma íris iris diaphragm 虹彩光圈，可变光阑

diafragma secundário secondary diaphragm 再生膜片

diaftorese *s.f.* diaphthoresis 退化变质作用

diaftorito *s.m.* diaphthorite 退化变质岩

diagénese *s.f.* diagenesis 成岩作用，岩化作用

diagénese bioquímica biochemical diagenesis 生化成岩作用；早期成岩作用

diagénese físico-química physico-chemical diagenesis 物理化学成岩作用；晚期成岩作用

diagénese metassomática metasomatic diagenesis 交代成岩作用

diagénese meteórica meteoric diagenesis 大气成岩作用

diagénese pedológica pedological diagenesis 大气成岩作用

diagénese precoce precocious diagenesis 早期成岩作用

diagénese química chemical diagenesis 化学成岩作用

diagénese tardia tardidiagenesis 晚期成岩作用：

diagénese vadosa vadose diagenesis 渗流成岩作用

diagenético *adj.* diagenetic 成岩的

diagenito *s.m.* diagenite 成岩岩石

diageotropismo *s.m.* diageotropism 横向地性

diagnose *s.f.* diagnosis 诊断

diagnóstico *s.m.* diagnostics 诊断

diagnóstico ambiental environmental diagnosis 环境诊断

diagnóstico de erros error diagnostics 错误诊断

diagnóstico de falhas fault diagnosis 故障诊断

diagnóstico de memória memory diagnostics 内存诊断

diagnóstico de sistema system diagnostics 系统诊断

diagnóstico de tráfego traffic diagnosis 交通鉴定分析

diagnóstico energético energy consumption diagnosis 能耗诊断

diagonal ❶ *s.f.* diagonal 对角线；斜线 ❷ *adj.2g.* diagonal 对角线的，斜纹的

diagonal adiantada forward bias 正向偏压

diagrafia *s.f.* ❶ logging, well logging 录井，测井 ❷ log 测井记录；钻井记录

diagrafia a cabo wireline log 电缆测井

diagrafia acústica acoustic log 声波测井，声波记录

diagrafia acústica de receptores múltiplos array-sonic log 数组声波测录

diagrafia acústica de velocidade acoustic velocity log 声速测井

diagrafia batimétrica bathymetric profile 深剖面图

diagrafia carbono-oxigénio carbon-oxygen log 碳氧比测井

diagrafia composta composite log 合成测井曲线

diagrafia de acompanhamento da trajectória do poço ⇨ diagrafia direccional

diagrafia de activação activation log 活化测井

diagrafia de activação de alumínio aluminum activation log 铝活化测井

diagrafia de aderência do cimento cement bond log (CBL) 水泥胶结测井

diagrafia de afastamento zero zero-offset profile 零炮检距剖面

diagrafia de amostra de calha sample log 测井取样剖面

diagrafia de amplitude amplitude log 振幅测井，声幅测井

diagrafia de análise de lama ⇨ diagrafia de lamas

diagrafia de análise da tubagem pipe analysis log 套管分析测井

diagrafia de avalição do cimento cement evaluation log 水泥评价测井

diagrafia de calibre caliper log 井径测量；井径测井图

diagrafia de capacitância capacitance log 电容测井

diagrafia de controlo de profundidade das perfurações perforating-depth-control log 射孔井深控制测井

diagrafia de correlação correlation log 相关测井

diagrafia de decaimento térmico thermal decay time log 热中子衰减时间测井

diagrafia de densidade density log 密度测井

diagrafia de densidade acústica acoustic variable density log 声波变密度测井

diagrafia de densidade compensada compensated density log 补偿密度测井

diagrafia de densidade variável variable-density log 浓淡变化测录

diagrafia de detalhe detail log 详测曲线

diagrafia de equilíbrio equilibrium profile 平衡纵剖面平衡断面，均衡剖面

diagrafia de impedância acústica acoustic impedance log 声阻抗测井

diagrafia de indução induction log 感应测井

diagrafia de inspecção de revestimento casing inspection log 套管检查测井

diagrafia de intemperismo weathering profile 风化剖面

diagrafia de lamas mud logging 泥浆录井

diagrafia de litodensidade lithodensity log 岩性密度测井

diagrafia de localização dos colares de revestimento casing-collar locator log (CCL) 套管接箍测井

diagrafia de microrresistividade microresistivity log 微电极测井

diagrafia de neutrões compensada compensated neutron log 补偿中子测井

diagrafia de poço aberto openhole log 裸眼井测井

diagrafia de potencial do revestimento casing potential profile 套管电位剖面

diagrafia de produção production log 生产测井

diagrafia de propagação electromagnética electromagnetic propagation log (EPL) 电磁波传播测井

diagrafia de propagação profunda deep propagation log (DPL) 深探测电磁波传播测井

diagrafia de raios gama gamma-ray log 自然伽马测井

diagrafia de resistividade resistivity profile 电阻率测井

diagrafia de ressonância magnética nuclear magnetic resonance log 核磁共振测井

diagrafia de salinidade salinity log 矿化度测井图

diagrafia de som sonic log 声波测井

diagrafia de temperatura temperature profile 温度剖面图

diagrafia de tensões stress profile 应力标示图

diagrafia de velocidade velocity profile 流速剖面

diagrafia diferencial differential log 微差测井曲线

diagrafia diferencial de temperatura differential temperature log 微差井温测井

diagrafia direccional directional log 方向测井

diagrafia eléctrica ultralonga (/de espaço ultralongo) ultra long-spaced electric log (ULSEL) 超长电极距电测井

diagrafia gama de testemunho core gamma log 岩心伽马测井

diagrafia gama-gama gamma-gamma log 伽马-伽马测井

diagrafia laterolog laterolog 侧向测井；侧向测井图

diagrafia sísmica vertical vertical seismic profile 垂直地震剖面

diagrafia sónica ⇨ diagrafia de som

diágrafo s.m. diagraph 作图器；分度尺；原图放大绘图器

diagrama s.m. diagram 图解，简图，图表

diagrama de ajustagem adjustment drawing 调整图

diagrama de blocos block diagram 框图；方块图

diagrama de Bruckner Bruckner diagram 土方累积曲线图 ⇨ diagrama de massas

diagrama de cablagem wiring diagram 布线图

diagrama de cargas load diagram 负载图；载荷图

diagrama de circuito (eléctrico) circuit diagram 电路图，线路图

diagrama de cisalhamento shear diagram 剪力图

diagrama de colisão collision diagram 碰撞图

diagrama de controlo control diagram 控制图

diagrama de corpo livre free body diagram 自由体图，自由体受力图

diagrama de correlação correlogram 相关图

diagrama de dispersão scatter diagram,

scattergram 散布图；散点图

diagrama de distribuição distribution diagram 分布图

diagrama de equilíbrio equilibrium diagram 平衡图

diagrama de escoamento de trânsito ⇨ diagrama de volume de trânsito

diagrama de fase phase diagram 相图

diagrama de fluxo flow sheet 流程图；作业图

diagrama de forças cortantes ⇨ diagrama de cisalhamento

diagrama de frente de onda wavefront chart 波前图

diagrama de Goodman Goodman diagram 古德曼应力图

diagrama de Harker Harker diagram 哈克图解

diagrama de Heyland Heyland diagram 海兰德图

diagrama de Hjulström Hjulström diagram 尤尔斯特隆图解

diagrama de ligações connection diagram 接线图

diagrama de linha line chart 折线图

diagrama de massas mass diagram 土方累积曲线图

diagrama de momento de flexão bending moment diagram 弯矩图

diagrama de momentos moment diagram 力矩图；弯矩图

diagrama de Moody Moody diagram 穆迪图（工业管道中的沿程阻力系数与管流雷诺数、管壁相对粗糙度之间的关系曲线图）

diagrama de Neper Napier's diagram 纳皮尔罗经自差图

diagrama de nós node diagram 节点图

diagrama de Pareto Pareto diagram 帕累托图

diagrama de pendentes slope diagram 坡度尺

diagrama de polarização polarization diagram 极化图

diagrama de processo process diagram 工艺图

diagrama de recíprocas reciprocal diagram 对应图

diagrama da rede network diagram 网络图

diagrama de setas arrow diagram 矢量图；箭头图

diagrama de sistema system diagram 系统图

diagrama de sondagem borehole log 钻孔记录

diagrama de Stuve Stuve diagram 史提维图，假绝热图

diagrama de tensão stress diagram 应力图

diagrama de trajetória solar solar path diagram 太阳视运动轨迹图

diagrama de transformação de refrigeração contínua continuous cooling transformation diagram 连续冷却相变图

diagrama de transformação isotérmica isothermal transformation diagram 等温转变图

diagrama de tubulação e instrumentação piping and instrumentation diagram 管路仪表图

diagrama de válvula valve diagram 阀动图

diagrama de van Krevelen van Krevelen diagram 范氏图

diagrama da variação relativa do nível do mar relative sea-level chart 相对海平面变化图

diagrama de velocidades velocity profile 速度变化图

diagrama de volume de trânsito traffic volume diagram 交通量图

diagrama de Williot Williot diagram 维利奥图，桁架变位图

diagrama de Williot-Mohr Williot-Mohr diagram 维利奥-摩尔图

diagrama de zona zone chart 区域图；环带量板

diagrama esquemático schematic diagram 示意图

diagrama Gantt Gantt diagram 甘特图；横道图

diagrama indicador indicator diaphragm 膜片指示器

diagrama isolux isolux diagram 照度分配图

diagrama lógico logical diagram 逻辑图

diagrama perspectivo perspective diagram 透视图

diagrama polínico pollen diagram 花粉图式

diagrama psicrométrico psychometric chart 焓湿图，湿度计算图

diagrama quaternário quaternary diaphragm 四柱塞隔膜

diagrama tensão-deformação stress-strain diagram 应力应变图

diagrama tipo cerca fence diagram 栅状图

diagrama unifilar line diagram 单线图

dial s.m. dial 刻度盘

dialage s.f. diallage 异剥石

dialagito s.m. diallagite 异剥岩

dialisador s.m. dialyser 渗析膜；透析器

diálise s.f. dialysis 透析

dialogite s.f. diallogite 菱锰矿

diamagnético adj. diamagnetic 反磁性的

diamagnetismo s.m. diamagnetism 抗磁性，反磁性

diamante s.m. ❶ diamond 钻石，金刚石 ❷ diamond 钻石割刀；玻璃刀

diamante-bristol Bristol diamond 美丽石英

diamente (em) bruto rough diamond 未经加工的钻石

diamante corta-vidro diamond glass cutter 金刚石玻璃刀

diamante-do-cabo Cape diamond 南非金刚石

diamante de vidraceiro glazier's diamond 玻璃刀

diamente industrial industrial diamond 工业金刚石

diamante-Matura Matura diamond 锡兰锆石

diamante negro black diamond 黑金刚石

diamante pulverizado diamond powder 金刚石粉末

diamantífero adj. diamondiferous, (of) diamond 产钻石的

diamantite s.f. diamantite 钇铝石榴石

diametral adj.2g. diametrical 直径的

diâmetro *s.m.* diameter 直径

diâmetro à altura do peito (DAP) Diameter at Breast Height (DBH) 胸高直径

diâmetro de base root diameter 齿根直径

diâmetro de cavilha diameter of bolt 螺栓直径

diâmetro (interno) do cilindro bore, cylinder bore 缸径，汽缸内径

diâmetro de círculo primitivo pitch diameter 节圆直径

diâmetro do disco disc diameter 耙片直径

diâmetro de gotícula droplet size 液滴粒度，液滴尺寸

diâmetro de invasão diameter of invasion 侵入直径

diâmetro da jante rim diameter 轮辋直径

diâmetro de núcleo core diameter 土芯直径；芯样直径

diâmetro de partícula particle diameter 粒径

diâmetro de passagem drift diameter 偏移直径

diâmetro efectivo effective diameter 有效直径；中径

diâmetros equivalentes de partículas equivalent particle diameter 等效粒径；当量颗粒直径

diâmetro esférico equivalente equivalent spherical diameter 当量球径

diâmetro externo outside diameter, external diameter 外径，外直径

diâmetro horizontal horizontal diameter 横向直径

diâmetro interno internal diameter 内径；内直径

diâmetro interno dos cilindros e curso dos pistões bore and stroke 缸径和冲程

diâmetro interno do pneu ⇨ **diâmetro da jante**

diâmetro máximo de agregado aggregate maximum diameter 骨料最大粒径

diâmetro máximo dos blocos de pedra maximum particle diameter 石块最大粒径

diâmetro modal modal diameter 模态直径

diâmetro nominal (DN) nominal diameter (DN) 标称直径，公称直径

diâmetro primitivo pitch diameter 平均直径；中径

diamictito *s.m.* diamictite, diamicton 杂岩

dianteiro *adj.* ❶ front 前部的，前方的 ❷ front-loaded（车子装载）前重后轻的，前载的

diapasão *s.f.* tuning fork 音叉

diapírico *adj.* diapiric 挤入的，底辟的

diapirismo *s.m.* diapirism 底辟作用

diápiro *s.m.* diapir 底辟；挤入构造

diapiro de sal salt diapir 盐底辟

diapositivo *s.m.* diapositive 透明正片，幻灯片

diária *s.f.* ❶ daily rate 每日费率；每日租金 ❷ daily income; daily expense 每日收入；每日支出；出差补助

diário *s.m.* diary, journal 日报，日记

diário de ocorrência daily job record 工作日志

diário da república state gazette, government's gazette 政府公报

diásporo *s.m.* diaspore 水铝石

diasquisto *s.m.* diaschistite 分浆岩；二分岩

diastema *s.m.* diastem 沉积暂停期

diastilo *adj.,s.m.* diastyle 三柱式的（的）

diastrófico *adj.* diastrophic 地壳运动的

diastrofismo *s.m.* diastrophism 地壳变动

diatérmano/diatérmico *adj.* diathermanous, diathermal 透热的

diatexia *s.f.* diatexis 高级深熔作用

diatexito *s.m.* diatexite 高度深熔岩

diatomáceas *s.f.pl.* diatomaceae 硅藻科

diatomito *s.m.* diatomite, diatomaceous earth 硅藻土

diatrema *s.m.* diatreme 火山道

diazoma *s.m.* diazoma（古希腊式剧院不同层坐席间的）过道

dickita *s.f.* dickite 地开石；二重高岭土

diclinal *s.m.* dicline 双斜

diclorodifeniltrioloroetano (DDT) *s.m.* dichlorodiphenyl trichloroethane (DDT) 滴滴涕，二氯二苯三氯乙烷

dicotomia *s.f.* dichotomy 二分法；两分；分裂；双歧分枝

dicotómico *adj.* dichotomous 分叉的

dicróico *adj.* dichroic 二向色的

dicroísmo *s.m.* dichroism 二色性，二向色性

dicroíte *s.f.* dicroite, cordierite 堇青石

dicromato *s.m.* dichromate 重铬酸盐

dicromato de potássio potassium dichromate 重铬酸钾

dictionito *s.m.* dictyonite 网状混合岩

diedro ❶ *adj.* dihedral 二面的 ❷ *s.m.* dihedral, dihedron 二面角；二面体

dieléctrico ❶ *s.m.* dielectric 电介质，介电体 ❷ *adj.* dielectric 电介质的，介电体的

dielectroforese *s.f.* dielectrophoresis (DEP) 介电电泳

diesel *s.m.* ❶ diesel fuel, diesel oil 柴油 ⇨ gasóleo ❷ diesel 柴油机 ⇨ motor a diesel

dieselização *s.f.* dieselization 柴油机化

dietilditiocarbamato *s.m.* diethyldithiocarbamate 二乙基二硫代氨基甲酸酯

dietilditiocarbamato de sódio sodium diethyldithiocarbamate 二乙基二硫代氨基甲酸钠

difenilamina *s.f.* diphenylamine 二苯胺

difenilamina sulfonato de bário barium diphenylaminesulfonate 二苯胺磺酸钡

diferença *s.f.* ❶ difference 差别，区别 ❷ difference, differential 差值，差额

diferença de fase phase difference 相位差

diferença de nível head, lift 水头，扬程

diferença de potencial potential difference 势差，位差

diferença de pressão pressure differential 压差

diferença potencial potencial difference, voltage 电位差；电势差

◇ segunda diferença de tensão normal second normal stress difference 第二法向应力差

diferenciação *s.f.* differentiation 分异作用；微分计算

diferenciação diagenética diagenetic differentiation 成岩分异（作用）

diferenciação gravítica gravitational differentiation 重力分异作用

diferenciação magmática magmatic differentiation 岩浆分异作用

diferenciação metamórfica metamorphic differentiation 变质分异作用

diferenciação pneumatolítica pneumatolitic differentiation 气成分异作用

diferencial ❶ *s.m.* 1. differential 差速器 2. differential gear, compensating gear 补偿装置，差动齿轮，差速齿轮 ❷ *s.m.* differential 差别 ❸ *s.f.* differential 微分

diferencial autobloqueante automatic locking differential 自锁差速器，自动锁止式差速器

diferencial de controle de tracção traction control differential 牵引差速器

diferencial de deslizamento limitado limited slip differential [葡] 限滑差速器

diferencial de patinagem controlada limited slip differential [巴] 限滑差速器

diferencial de torque torque differential 扭矩差

diferencial dianteiro front differential 前差速器

diferenciais dianteiro e traseiro com deslizamento limitado front and rear limited-slip differentials 前后限滑差速器

diferencial No-SPIN No-SPIN differential 防滑差速器

diferencial tipo trava locking type differential 锁止式差速器

diferendo *s.m.* disagreement, divergence 分歧

diferenciar *v.tr.,pron.* (to) differentiate; (to) differ from 区分，区别；与…不同

diferimento *s.m.* deferment 延期，推迟

diferir *v.tr.* (to) defer 延期，推迟

difluência *s.f.* diffluence 流散，扩散

difracção/difração *s.f.* diffraction 衍射

difração de elétrons de feixe convergente convergent beam electron diffraction 会聚束电子衍射

difração de elétrons retroespalhados electron back-scatter diffraction 电子背散射衍射

difracção de luz light diffraction 光衍射

difracção de raios-X X-ray diffraction X射线衍射

difractometria *s.f.* diffractometry 衍射测量

difractometria angular-dispersiva angular-dispersive diffractometry 角分散衍射

difractometria de energia dispersiva

energy dispersive diffractometry 能量色散衍射

difractometria de raios-X (DRX) X-ray diffractometry X 射线衍射学

difractómetro/difratômetro *s.m.* diffractometer 衍射计

difusão *s.f.* ❶ 1. diffusion 扩散 2. **(da luz)** (of light) （光线）漫射 ❷ broadcasting, transmission （信息）传播；广播

difusão através das vacâncias vacancy diffusion 空位扩散

difusão de cloreto chloride diffusion 氯化物扩散

difusão do jato jet diffusion 射流扩散

difusão em regime não permanente (/regime transiente) non-steady diffusion 非稳态扩散

difusão intersticial interstitial diffusion 填隙式扩散

difusão pública de emergência emergency broadcast 应急广播

difusividade *s.f.* diffusivity 扩散率；扩散性

difuso *adj.* diffuse 弥漫的；散开的

difusor *s.m.* ❶ 1. diffusor, diffuser （喷雾器等的）扩散器，扩散口 2. baffle 障板，折流板，散流器；散光罩 ❷ venturi 文丘里管 ⇨ **venturi**

difusor de alimentação de ar air supply diffuser 送风散流器

difusor de alimentação redondo round supply diffuser 圆形送风散流器

difusor de alta indução swirl diffuser 旋流式散流器

difusor de ar venturi tunnel 文氏管风洞

difusor de bolha-fina fine bubble diffuser 微孔曝气器

difusor da bomba pump diffuser 泵扩压段

difusor de calor heat sink 散热器

difusor de carburador choke-tube 阻风管

difusor de disco diffuser disc, diffusing disc 扩散盘，漫射盘

difusor de exaustão de ar e retorno air exhaust & return diffuser 排气及回流散流器

difusor de exaustão redondo exhaust round diffuser 圆形排气散流器

difusor de fenda slot diffuser 条形散流器

difusor de retorno quadrado square return diffuser 方形回流散流器

difusor do tecto ceiling diffuser 顶棚散流器；天花板出风口

difusor de tecto de alimentação supply ceiling diffuser [葡] 吊顶送风散流器

difusor de tecto de alimentação quadrado square supply ceiling diffuser 方形吊顶送风散流器

difusor de tecto linear com volume de ar variável variable air volume linear ceiling diffuser 变风量条形天花板出风口

difusor de teto de fornecimento supply ceiling diffuser [巴] 吊顶送风散流器

difusor linear linear diffuser 线性散流器

difusor perfurado de teto de fornecimento, 4 direções supply ceiling diffuser; 4-way 吊顶送风散流器，四路

difusor quadrado square diffuser 方形散流器

difusor radial radial diffuser 径向导叶，径向扩散器

difusor tubular tubular diffuser 管式扩压器

digenite *s.f.* digenite 蓝辉铜矿

digestão *s.f.* digestion 消化

digestão anaeróbia anaerobic digestion 厌氧消化

digestão de lodo sludge digestion 污泥消化

digestão magmática magmatic digestion 岩浆同化作用

digestibilidade *s.f.* digestibility 消化率；可消化性

digestor *s.m.* digester 蒸煮器；消化器；消化罐

digestor contínuo continuous digester 连续蒸煮器

digestor de bagaço bagasse digester 蔗渣消化器

digestor de lodo sludge digester 污泥消化池

digestor descontínuo batch digester 间歇蒸煮器

digitação *s.f.* fingering 指进；锥进

digitação capilar capillary fingering 毛管

力指进

digital *adj.2g.* digital 数字的；数码的；数位的

digital-analógico digital-analog 数字-模拟的

digitalização *s.f.* ❶ digitization 数字化 ❷ scanning 扫描

digitalização raster raster scan 光栅扫描

digitalização vectorial vector scan 矢量扫描

digitalizador *s.m.* digitizer 数字化仪，数字转换器

digitalizar *v.tr.* ❶ (to) digitalize 数字化❷ (to) scan 扫描

dígito *s.m.* digit 数位

díglifo *s.m.* diglyph 装饰性双槽板

dígono *adj.* digonal 二角的

dihidrogenofosfato *s.m.* dihydrogen phosphate 磷酸二氢盐

dihidrogenofosfato de potássio potassium dihydrogen phosphate 磷酸二氢钾

dilapidação *s.f.* dilapidation 破旧；崩塌

dilatabilidade *s.f.* dilatancy 膨胀性；膨胀率

dilatação *s.f.* dilatation, expansion, swelling 隆起；肿胀

dilatação cúbica volumetric expansion 体积膨胀

dilatação linear linear expansion, linear dilatation 线性膨胀

dilatação térmica thermal expansion 热膨胀

dilatância *s.f.* dilatancy 膨胀变形，扩容现象

dilatar *v.tr.,pron.* (to) dilate 扩大；膨胀

dilatómetro/dilatômetro *s.m.* dilatometer 膨胀计

diligência *s.f.* inquiry, investigation（官方的）调查

diligência prévia due diligence 尽职调查

diluente *s.m.* thinner, diluent 稀释剂；天拿水

diluente betuminoso asphalt flux 沥青稀释剂

diluente para laca lacquer thinner 喷漆稀料

diluição *s.f.* dilution 稀释

diluição do óleo do cárter crankcase oil dilution 曲轴箱机油稀释

diluidor *s.m.* diluter 稀释器

diluidor gravimétrico gravimetric diluter 重量稀释仪

diluir *v.tr.* (to) dilute 冲淡；稀释

diluvião *s.f.* diluvium 洪积层

dimensão *s.f.* ❶ dimension 尺寸；规模 ❷ dimension 维度 ❸ dimension 量纲

dimensão de partícula (/dos grãos) particle size 粒度

dimensão de rebarbação trim dimension 调整尺寸

dimensão de regulagem timing dimension (general) 正时尺寸

dimensão de secção sectional dimension 截面尺寸

dimensão desbastada dressed dimension, dressed size 修琢后的尺寸

dimensão desenvolvido developed dimension 展开尺寸

dimensão equivalente equivalent dimension 等效尺寸

dimensão estrutural structural dimension 结构维度

dimensão física physical dimension 实际尺寸；结构尺寸；外形尺寸；几何尺寸

dimensão funcional functional dimension 功能维度

dimensão horizontal horizontal dimension 水平尺寸

dimensões, massas e tolerâncias dimension, mass and tolerance 外形尺寸，质量及偏差

dimensão máxima dos agregados maximum aggregate size 最大集料粒径

dimensão média average dimension 平均尺寸

dimensão mínima ALD average least dimension (ALD) 平均最小粒径

dimensão nominal nominal dimension, nominal size 标称尺寸

dimensão total overall dimensions 整体尺寸；外形尺寸

dimensionamento *s.m.* ❶ measurement, dimensioning 测量，度量；标尺寸 ❷ dimension 尺寸

dimensionamento de pavimento pavement design 路面设计

dimensionar *v.tr.* (to) dimension 测量，度量；标尺寸

dímer/dimmer *s.m.* dimmer 调光器
  dimmer rotativo knob 旋钮

dimetilbenzeno *s.m.* dimethylbenzene 二甲苯

dimétrico *adj.* dimetric 四角形的，四边形的

diminuição *s.f.* ❶ decrease, reduction 降低，减少 ❷ subtraction 减法；减 ❸ drop, fall 下降，下落 ❹ diminution （柱子等的）直径渐减，锥度形成；收分
  diminuição dos níveis d'água fall in water level 水位降落
  diminuição do tamanho do grão para cima fining upward （层序）向上变细

diminuir *v.tr.,intr.* (to) reduce, (to) diminish, (to) decrease 降低，减少

dimorfismo *s.m.* dimorphism 二形，双形现象

dimorfo *adj.* dimorphic 二形的；二态的

dina *s.m.* dyne [巴] 达因（力的单位）
  dina centímetro dyne centimeter 达因-厘米（功的单位，等于 1 尔格）

dinâmica *s.f.* dynamics 动力学
  dinâmica dos fluidos fluid dynamics 流体动力学

dinâmico *adj.* dynamic 动力的，动态的

dinamitação *s.f.* blasting 爆破，炸毁

dinamitar *v.tr.* (to) dynamite, blast 爆破，炸毁

dinamite *s.f.* dynamite 黄色炸药

dinamizar *v.tr.* (to) boost, (to) inject vitality into 推动，激活，注入动力

dínamo *s.m.* dynamo （直流）发电机

dinamoeléctrico *adj.* dynamoelectric 电动力的

dinamomagnético *s.m.* magnetodynamical 磁动力的

dinamometamorfismo *s.m.* dynamometamorphism 动力变质作用；断错变质作用

dinamómetro/dinamômetro *s.m.* dynamometer 测力计；握力计
  dinamómetro de absorção absorption dynamometer 吸收测功机
  dinamómetro de correia belt tension gauge 皮带拉力计
  dinamómetro de transmissão transmis-sion dynamometer 传送测力计

dinamómetro dinâmico de Heenan Heenan dynamic dynamometer 希南动态测功计

dinamómetro eléctrico electric dynamometer 电力测功机

dinamotérmico *adj.* dynamo-thermal 动热的

dinamotor *s.m.* dynamotor 直流电动发电机

dinatrão *s.m.* dynatron 回射电子管；三极管

dine *s.m.* dyne [葡] 达因（力的单位）

dínodo *s.m.* dynode 倍增电极

dintel *s.m.* ⇨ lintel

dintorno *s.m.* outline 轮廓；外形

díodo *s.m.* diode 二极管
  díodo emissor de luz (led) light-emitting diode (LED) 发光二极管
  díodo fotocondutor photoconductive diode 光电二极管
  díodo laser laser diode 激光二极管
  díodo retificador rectifier diode 整流二极管
  díodo Schottky Schottky diode 肖特基二极管
  díodo supressor de oscilação surge suppression diode 浪涌抑制二极管
  díodo varactor ⇨ varactor
  díodo Zener zener diode 稳压二极管，齐纳二极管

diogenito *s.m.* diogenite 奥长古铜无球粒陨石

diopsidito *s.m.* diopsidite 透辉石岩

diópsido *s.m.* diopside 透辉石
  diópsido cromífero chromiferous diopside 铬透辉石

dioptase *s.f.* dioptase 透视石，绿铜矿

dioptria *s.f.* diopter 屈光度，折光度

dióptrica *s.f.* dioptrics 屈光学，折射光学

diorama *s.m.* diorama 透视图

diorito *s.m.* diorite 闪长岩
  diorito aplítico aplitic diorite 细晶闪长岩
  diorito fóidico foid diorite 似长石闪长岩
  diorito nefelínico nepheline diorite 霞石闪长岩
  diorito orbicular orbicular diorite 球状闪长岩
  diorito quártzico quartzic diorite 石英闪

长岩

diorito quartzífero quartziferous diorite
（石英含量小于 10% 的）石英闪长岩

diostilo *adj.,s.m.* dyostyle 双柱式（的）

dióxido *s.m.* dioxide 二氧化物

dióxido de carbono carbon dioxide 二氧
化碳

dióxido de carbono livre free carbon
dioxide 游离二氧化碳

dióxido de cloro chlorine dioxide 二氧
化氯

dióxido de enxofre sulfur dioxide 二氧
化硫

dióxido de titânico titanium dioxide 二
氧化钛

dioxina *s.f.* dioxin 二噁英

dipiro/dipirito *s.m.* dipyre 针柱石

diploedro *s.m.* diplohedron 扁方二十四面体

diplogenético *adj.* diplogenetic 二重成因的

dipolo *s.m.* dipole 偶极子

dipolo cruzado cross dipole 交叉偶极子

dipolo de meia-onda half-wave dipole
半波偶极子

díptero *s.m.* dipteros 双排柱式

dique *s.m.* ❶ 1. dike, dyke 堤，坝 2. bund,
levee, seawall 河堤；防波堤，海堤；田基 ❷
1. dike 岩脉，岩墙 2. gour 边缘沉积；缘岩

dique anelar ⇨ dique em anel

dique clástico clastic dike 碎屑岩墙

dique de alvenaria masonry dam 圬工坝

dique de areia sand dike 砂脉；砂岩墙

dique de arenito sandstone dike 砂岩墙，
砂岩脉

dique de canal longitudinal bar 纵沙洲

dique de colmatagem jetties 突堤码头

dique de curva de nível contour check
等高田

dique de defesa (/proteção) contra
cheias flood embankment; levee 防洪堤

dique de dupla parede double wall cofferdam 双壁围堰

dique de injecção injection dike 贯入（沉
积）岩墙

dique de pedra stone dam 石坝

dique de protecção river wall 河道导流墙；
河堤

dique de rochas duras whin sill 暗色

岩床

dique de sacos de areia sandbag dam-
mings 沙袋坝

dique de separação leaping weir 溢流堰

dique de terra earth embankment 土堤

dique em anel ring dyke 环状岩脉

dique flutuante floating dam 浮坝

dique neptuniano neptunian dike 水成
岩墙

dique por gravidade gravity dam 重力坝

dique represa levee 堤防

dique seco dry dock 干坞

dique sedimentar sedimentar dike 水成
岩墙

dique sela saddle dam 副坝

dique transversal water check 逆流截门

diquita *s.f.* dickite 地开石；二重高岭土

direcção/direção *s.f.* ❶ 1. direction 方向 2.
strike 走向 ❷ steering 转向器，转向机构，
转向系统 ❸ 1. management 领导，管理，
指挥 2. direction, guidance 指导，指示 ❹
1. directorate, director's office（行政管理
机构的统称）局，署，处；主任办公室 2. di-
rectorate, management, board of directors
（企业的）管理部门；经理层；董事会 ❺
managership, directorship 指 director 的职
位或任期

direcção accionada hidraulicamente
hydraulic power steering 液压动力转向

direcção Ackermann Ackermann steering 阿克曼转向

direcção antero-posterior ❶ ante-
rio-posterior direction 前后方向 ❷ rear-
ward direction 由前向后（的方向）

direcção articulada articulated steering
铰接转向机构

direcção articulada em caranguejo
crab steering 蟹行转向机构

direcção assistida assisted steering 助力
转向

direção assistida consoante a velocidade do automóvel ⇨ direcção Servotronic

direção assistida controlada eletronicamente electronic power steering (EPS)
电子助力转向

direcção Charniânica Charnoid direction 查恩诺德方向

direcção com assistência eléctrica ⇨ direção assistida controlada eletronicamente

direcção de avanço em viés ⇨ direcção articulada em caranguejo

direção do canteiro site supervision 现场监理

direcção de centro aberto open-center steering 开心式转向

direcção de falha fault strike, fault line 断层走向

direcção do fluxo flow direction 流向

direcção de fluxo ampliado (/amplificado) flow-amplified steering 流量放大转向系统

direcção de fractura fracture direction 裂缝方向

direção da obra project design and construction supervision （由同一机构、公司负责的）项目设计与施工监理；项目咨询

direcção de parafuso sem-fim worm gear steering 蜗杆蜗轮转向器

direcção de parafuso sem-fim e picolete worm and finger steering 蜗杆曲柄指销式转向器

direcção de parafuso sem-fim e porca worm and nut steering 蜗杆螺母式转向器

direcção de parafuso sem-fim e rolete cam and roller steering 蜗杆滚轮式转向器

direcção de parafuso sem-fim e sector dentado worm and sector steering 蜗杆扇形齿轮式转向器

direcção de parafuso sem-fim e segmento de engrenagem worm-and-gear steering 蜗杆滚轮式转向器

direcção do vento wind direction 风向

direcção de vôo direction of flight 航向

direcção empresarial corporate governance 公司治理

direcção hidráulica power steering 动力转向

direcção hidrostática hydrostatic steering 液压静力转向

direcção inversa cross steering 横转向装置

direcção longitudinal longitudinal direc-

tion 纵向

direcção mecânica power steer 动力转向

direcção por cremalheira e pinhão rack and pinion steering 齿轮齿条式转向器

direcção por esferas circulantes circulating ball gear steering 循环球转向器

direcção por pedais pedal steering 踏板转向

direcção por rotação variada skid-steer 滑移转向

direcção postero-anterior forward direction 由后向前（的方向）

direcção radial radial direction 径向

direcção Servotronic servotronic steering 随速转向助力系统

direcção suplementar supplemental steering 辅助转向

direcção técnica technical direction 技术指导

direcção tipo automotriz automotive-type steering 汽车式转向机构

direcção transversal transverse direction 横向

direccionador *s.m.* director 引向器，导向器

direccionador d'água water director 冷却水导向管

direccionalidade *s.f.* directionality 方向性；定向性；指向性

direccionamento *s.m.* direction, guidance, directionization 指导；领导

direccionar *v.tr.* (to) direct to 专注于···，把目光投向···

directividade *s.f.* directivity 方向性，指向性

directo *adj.* direct 直的；直接的

director/diretor ❶ *s.m.* 1. director, general manager; headmaster; governor （机构、团体的最高负责人）主任，所长，署长；（中小学的）校长；监狱长 2. (deputy) director; (deputy) general manager; chief officer （机关、企业管理层中位列 director-geral 或 director-presidente 之后的副职）副主任；副总经理，副总裁；首席···官 3. director （机关、部委、企业中位列正职、副职之后的部门负责人）局长，司长；厅长；处长；主任，部门总监 4. manager, director （项目、业务、活动等的）主管，经理；总监；导演 ❷ *adj.* directing, master 指导（性）的，指挥的

director-adjunto ❶ deputy director 副主任，副局长，副处长 ❷ assistant director 主任助理，主管助理，助理导演

director de design design manager 设计经理

director do projecto (DP) project manager (PM) 项目经理

director de vendas sales manager 销售经理

director executivo executive director, managing director 执行副总裁

director-geral (DG) general manager, chief executive officer, director general 总经理，总裁；主任，局长，总干事

director-geral adjunto (DGA) deputy general manager, deputy director-general 副总经理，副总裁；副主任，副局长

director-gerente managing director 常务董事，董事总经理

director nacional national director （国家部委组成部门负责人）司长，局长

director-presidente chief executive officer (CEO) 首席执行官；（执行）总裁

director provincial provincial director （省政府组成部门负责人）厅长，局长

directorado s.m. ⇨ directoria

directoria/diretoria s.f. ❶ managership, directorship director 的职位或任期 ❷ board of directors; directorate, board 经理层，高管团队，经营班子；（专项）委员会；理事会

diretoria executiva executive board, executive committee [巴] 执行委员会，经理层，经营班子

directriz s.f. ❶ 1. directrix, line of direction 准线，方向线 2. road alignment 道路线形 ❷ guideline 指导方针，纲领

directriz de desenvolvimento development statement 发展纲领

directrizes de emissões emissions guidelines 排放准则

direito ❶ s.m. right 权利 ❷ s.m. duty, fee, tax 税；费用 ❸ s.m. law 法，法律 ❹ adj. right 右边的，右面的，右侧的 ❺ adj. straight 直的

direitos aduaneiros (/alfandegários) custom duties, tariff 关税

direito antidumping anti-dumping duty 反倾销税

direito consuetudinário common law 习惯法；不成文法

direito de acesso admittance permit 准入许可

direitos de ancoragem anchorage, groundage, harbor dues 泊船费；停泊税

direitos de armazenagem storage fees 仓储费

direito de autor ❶ copyright 版权，著作权 ❷ royalties 版税

direito de cais wharfage 码头费

direitos de entrada entrance fees 入场费

direitos de exportação export duty 出口税

direitos de importação import duty 进口税

direito de lavra mineral rights 矿权

direito de passagem right of way 通行权

direito de patente patent rights 专利权

direito de preferência right of first refusal 优先购买权

direito de propriedade ownership 所有权

direito de propriedade industrial industrial property right 工业所有权

direito de residência right of residence 居住权

direito de substituição de parceiros step-in right （委托人的）介入权

direito de superfície surface rights 地上权，地面使用权

direito de trânsito transit duty 通行税，过境税

direito de transporte transport law 运输法

direito de uso de pista exclusiva exclusive right of way 专用路权

direito e taxa duty and fee 税费

direito internacional international law 国际法

direito marítimo marine law, shipping law 海事法

direitos portuários keelage 入港税

dirigibilidade s.f. controllability 可控性

dirigido adj. steered 被指导的，被引领的

dirigir v.tr. ❶ (to) manage, (to) run, (to)

direct 领导，管理，指挥 ❷ (to) direct to 专
注于…，把目光投向… ❸ (to) steer 转向

dirigível ❶ *adj.2g.* steerable, controllable
可操纵的，可驾驶的 ❷ *s.m.* airship 飞艇

dirigível não rígido non-rigid airship 软
式飞艇

dirigível rígido rigid airship 硬式飞艇

dirigível semirrígido semi-rigid airship
半硬式飞艇

discagem *s.f.* dialing 拨号

discar *v.tr.* (to) dialing 拨号

disciplina *s.f.* discipline 课程，学科；专业

disco *s.m.* ❶ 1. disc, disk 盘状物 2. scattering disk 圆盘撒布器 ❷ disc, disk 磁盘；光
盘 ❸ disc（农机）圆盘，犁盘，耙片

disco abrasivo abrasive disc 打磨盘

disco accionado driven disc 从动盘

disco accionador driving disc 传动盘

disco amovível removable disk 可拆卸
磁盘

disco arrastador clutch disc 离合器片

disco compacto (CD) compact disk (CD)
光盘，激光唱片，CD

disco compressível spring disc 碟形弹簧；
盘簧

disco de aço da embreagem clutch steel
plate 离合器钢片压盘

disco de acoplamento coupling disc 耦
合盘

disco de arado plow coulter 犁盘

disco de arado com sulcos coulter plow
切土圆盘

disco de backup backup disk 备份磁盘

disco de borracha rubber discs 橡胶圆盘，
橡皮磨片

disco de centragem centering disc 定心
圆盘

disco de comando drive disc 传动盘

disco de contacto contact disc 接触盘

disco de corte cut-off wheel 切割轮

disco de desbaste grinding disc 磨盘，
砂轮

disco de diamante diamond wheel, diamond disc 金刚石砂轮

disco de embraiagem clutch disc, friction disc [葡] 离合器片，摩擦片

disco de embreagem clutch disc, friction

disc [巴] 离合器片，摩擦片

disco do freio brake disc 制动盘，刹车盘

disco de fricção friction disc 摩擦盘

disco de polir polishing wheel 抛光轮

disco de rectificação de diamante diamond grinding disc 金刚石研磨盘

disco de reforço strain disc 应变盘

disco de ressalto cam drum 凸轮鼓

disco de segurança safety disc 安全片，
安全圆盘

disco de torção torque plate 扭矩板

disco de travão brake drum 制动鼓

disco de turbina turbine disc 涡轮盘

disco da válvula valve disc 气门头，阀碟，
阀盘

disco diamantado ⇒ disco de diamante

disco duplo de enterramento double
disc coulter 双圆盘开沟器

disco duplo desencontrado double alternating disc 错位双圆盘开沟器

disco duplo paralelo double parallel disc
平行双圆盘开沟器

disco duro ⇒ disco rígido

disco estrangulador throttle plate 节流板

disco excêntrico ❶ eccentric sheave 偏
心轮 ❷ cam plate 凸轮盘

disco filtrante filter disc 滤片，滤盘

disco flexível flex disc, flex plate 挠性板

disco fumado shade, solar attachment 太
阳仪

disco graduado dial 刻度盘

disco intermediário shim 垫片

disco interno inner disc 内圆盘

disco liso ❶ flat disc, plain disc 犁盘 ❷
scalloped disc 缺口圆盘，缺口耙片

disco liso de embreagem steel (clutch)
plates 离合器片

disco local local disk 本地硬盘

disco marginador disk ridger 圆盘起垄机

disco metálico metal disc 金属圆片

disco picador flywheel chopper 轮刀式切
碎机

disco recortado notched disc, cut-away
disc 缺口圆盘

disco rígido hard disk 硬盘

disco simples de enterramento single

disk opener 单圆盘开沟器

disco tronco-cónico cone disc 锥盘

disco versatil digital (DVD) digital versatile disk (DVD) 数字通用光盘

discordância s.f. discordance, dislocation 不协调，不和谐；不整合

discordância angular angular discordance, clinounformity 角度不整合

discordância basal base discordance 底部不协调；底部不整一

discordância de erosão erosional discordance 侵蚀不整合

discordância definida chemical unconformity 化学不整合

discordância em cunha edge dislocation 边缘位错

discordância em hélice screw dislocation 螺形位错

discordância erosional (/de erosão) erosional unconformity 侵蚀不整合

discordância litológica nonconformity 非整合

discordância mista mixed dislocation 混合位错

discordância paralela paraconformity 准整合

discordância regional regional unconformity 区域不整合

discordante adj.2g. discordant, unconformable 不和谐的；不整合的

discoteca s.f. discotheque, disco; nightclub 迪斯科舞厅，迪厅；夜店

discrasite s.f. discrasite 锑银矿

discriminação s.f. ❶ discrimination 歧视 ❷ discrimination 区分，区别；甄别 ❸ breakdown, bill 明细表，清单

discriminação de custos cost breakdown 成本明细表

discriminação de materiais bill of materials 材料清单

discriminação de preços ❶ price discrimination 价格歧视 ❷ price breakdown 价格细目表

discriminação financeira financial breakdown 财务明细表

discriminar v.tr. ❶ (to) discriminate 歧视 ❷ (to) discriminate 区分，区别；甄别

disforme adj.2g. deformed 畸形的

disfótica s.f. disphotic 弱光层，弱光带

disjunção s.f. disjunction 裂理，节理

disjunção colunar columnar jointing 柱状节理

disjunção esferoidal (/em bolas) spheroidal jointing 球状节理

disjunção laminar (/em lajes) laminar jointing 层状节理

disjunção prismática prismatic jointing ⇒ disjunção colunar

disjuntor s.m. ❶ breaker, cirbuit breaker, cut-out 断路器，空气开关 ❷ overload protector 过载保护器

disjuntor a ar comprimido compressed-air circuit breaker 压缩空气断路器，压缩空气开关

disjuntor a gás gas circuit breaker 气体断路器

disjuntor a óleo oil circuit breaker 油压断路器，油压开关

disjuntor a SF6 SF6 circuit breaker SF6 断路器

disjuntor a sopro magnético magnetic blowing circuit breaker 磁吹断路器

disjuntor a vácuo vacuum circuit breaker 真空断路器，真空开关

disjuntor bipolar double-pole cut-out 双极断路器

disjuntor by-pass by-pass circuit breaker 旁路断路器

disjuntor de ânodo anode circuit breaker 阳极电路遮断器

disjuntor de baixa voltagem low voltage circuit breaker 低压断路器

disjuntor de interligação de barramentos bus interconnecting circuit breaker 母联断路器

disjuntor de linha line circuit breaker 主电路断路器

disjuntor de transferência transfer switch 转换开关

disjuntor diferencial differential switch 差动开关

disjuntor diferencial residual residual-current device, earth leakage circuit breaker (ELCB) 漏电断路器

disjuntor eléctrico electrical cut-off switch 电力切断开关

disjuntor electropneumático electro-pneumatic breaker 电动气动继路器

disjuntor geral main circuit breaker 总断路器，主断路器

disjuntor livre de fusível free fuse breaker 无熔丝断路器

disjuntor principal main circuit breaker 主断路器

disjuntor termomagnético thermal-magnetic breaker 热磁断路器

dismicrito s.m. dismicrite 扰动泥晶灰岩

dismutação s.f. dismutation 歧化

disna s.f. african round house with conical roof 非洲人住的尖顶圆形房子

disodile s.m./f. dysodile 挠性沥青

disparador s.m. ❶ trigger 引爆器，起爆器 ❷ shutter release 相机快门键

disparador automático self-timer 自动拍照器

disparar ❶ v.tr.,intr. (to) shoot, (to) fire （武器）开枪，发射 ❷ v.intr. (to) go off （水、电等）切断；（设备）停止运作

disparo s.m. ❶ shot, discharge 发射，放出 ❷ firing 点火；（内燃机汽缸的）发火 ❸ breakdown 故障，失灵

disparo mecânico mechanical trip 机械释放装置

dispêndio s.m. expenditure 花费，支出

dispêndio de capital capital expenditure 资本支出，资本开支

dispensador s.m. dispenser 剂量器，分配器

dispensador de sabão líquido soap dispenser, liquid soap dispenser 皂液器

dispensar v.tr. ❶ (to) dispense 分配，分发；免除 ❷ (to) dispense 免除，豁免

dispensário s.m. dispensary （作为慈善或公共设施，免费或低收费的）诊疗所

dispensário materno infantil maternal-infant dispensary 母婴救治中心

dispersante s.m. dispersant 分散剂；化油剂

dispersão s.f. dispersion 分散；弥散；色散；分散作用

dispersão ácida acid dispersion 酸分散

dispersão acústica acoustic dispersion 声弥散

dispersão aérea aerial application 空中喷洒

dispersão angular angular spreading 角分散，四向分散

dispersão de frequência frequency dispersion 频散，频率分散

dispersão do ponto de reflexão reflection-point dispersal 反射点散布

dispersão de solo soil dispersion 土壤分散

dispersão de superfície sea clutter 海波干扰，海面散射干扰

dispersão em arco arc spraying 电弧喷镀

dispersão em ziguezague zigzag leakage 曲折漏磁

dispersão inversa inverse dispersion 逆频散

dispersão normal normal dispersion 正常分散，正态离差，正常色散

dispersão primária primary dispersion 主分散；主色散区

dispersão secundária secondary dispersion 次生分散

dispersar v.tr. (to) disperse, (to) diffuse, (to) spread （使）分散，（使）扩散

dispersível adj.2g. dispersible 可分散的

dispersibilidade s.f. dispersibility 分散性，可分散性

disperso adj. stray 分散的，杂散的；弥散的；色散的

dispersor s.m. disperser 分散器；扩散器；喷洒器

dispersor em leque fan disperser 扇面喷洒器

display s.m. display 显示屏

display retro-iluminado back-lit display 背光显示屏

disponibilidade s.f. ❶ availability 可用性，可支配性，可处置性 ❷ pl. available funds, available cash 可用资金 ❸ right of disposal 处置权，处分权

disponibilidades de caixa available funds, available cash 可用资金

disponibilidade do sistema system availability 系统可用性

disponibilizar v.tr. (to) provide, (to) make available 提供，使可用

disponível *adj.2g.* ❶ available 可用的，可支配的，可自由处置的 ❷ off-the-shelf 现成的；常备的

disposição *s.f.* arrangement, disposition, disposal 布置；排列；安排

disposição geral das obras general arrangement of works; layout of works 工程总安排

dispositivo *s.m.* ❶ device, mechanism, appliance 装置，装备，设备，用具 ❷ gear 传动齿轮，传动装置

dispositivo accionado a bateria battery-powered device 电池驱动装置

dispositivo aerodinâmico aerodynamic device 空气动力装置

dispositivo anti-nidificação anti-nesting device 防鸟筑巢装置

dispositivo anti-recuo anti-kickback device 防反冲装置

dispositivo anti-retorno de tiragem exhaust non-return device 排烟逆止器

dispositivo antiderrapante anti-skid device 防滑装置

dispositivo antiofuscante antiglare device 防眩装置

dispositivo antipouso anti-bird device 防鸟装置，驱鸟装置

dispositivo antitravamento anti-lock device 防抱死装置

dispositivo centrífugo centrifugal device 离心装置

dispositivo contra engavetamento rear-end collision avoidance device 防追尾装置

dispositivo de activação switching device 开关装置

dispositivos de activação de alarme alarm initiating devices 报警触发装置

dispositivo de advertência warning device 报警装置

dispositivo de alarme alarm device 报警装置

dispositivo de aperto clamping fixture 夹具

dispositivo de aquecimento de chocolate chocolate warmer 巧克力加热器

dispositivo de bloqueamento steering lock 转向锁

dispositivo de bloqueio locking device 锁定装置

dispositivo de carga acoplada charge coupled device 电荷耦合器件

dispositivo de carga unitizada unit load device (ULD) 航空集装器

dispositivo de comando control device 控制装置

dispositivo de conexão para TV "set top box" set top box 机顶盒

dispositivo de conforto amenities 便利设施；生活福利设施

dispositivo de controle control device, control gear 控制装置，控制机构

dispositivo de corte cut-off equipment 截流装置

dispositivo de corte rápido com encravamento rapid cut-off equipment with interlocking device 快速截断锁闭装置

dispositivo de destilação de água eléctrico de aço inox stainless steel electrical distiller, electrically heated distilling apparatus 不锈钢电热蒸馏水器

dispositivo de drenagem drainage device 排水装置

dispositivos de escritório office equipment 办公设备

dispositivo de evacuação de condensados condensate discharge device 冷凝物排出装置

dispositivo de fechamento de divisória partition closer 隔断闭门器

dispositivo de fiação wiring devices 配线设备

dispositivo de identificação identification device 识别装置

dispositivo de ignição automático automatic (spark) ignition device 自动（火花）点火装置

dispositivo de imobilização twistlock 扭锁

dispositivo de leitura reading device 读取装置

dispositivo de levantamento na vertical, de comando hidráulico vertical hydraulic raising device 立式液压提升装置

dispositivo de levantamento na vertical, de comando mecânico vertical mechanical raising device 立式机械提升装置

dispositivo de limitação do débito excess flow limiting device 溢流保护装置

dispositivo de marcha atrás speed reverse gear 回动装置；倒车齿轮

dispositivo de medição measurement device, measuring device 测量装置

dispositivo de parada de segurança safety shut-off 安全关闭装置

dispositivo de parada por baixa pressão de óleo low oil pressure shut-off 低油压关闭装置

dispositivo de pressurização pressure device 加压装置

dispositivo de protecção contra surtos (DPS) surge protective devices (SPD) 浪涌保护器（SPD）

dispositivo de quebra de espuma foam-breaker device 消泡装置

dispositivo de rede de dados activo active data network equipment 有源／数据网络设备

dispositivo de reversão knocker-out 反向撞角

dispositivo de segurança safety device 安全装置

dispositivo de segurança de subsuperfície subsurface safety device 地下安全系统，井下安全系统

dispositivo de sucção suction device 抽吸装置

dispositivo de tornear em cónico taper-turning attachment 车圆锥体装置

dispositivo de tranca switch lock 道岔锁闭器

dispositivo de transferência de carga weight transfer device 重量转移装置

dispositivo de travamento locking device 锁具

dispositivo de vedação waterstop; sealing strip 止水带，止水条

dispositivo de ventilação natural natural ventilation equipment 自然通风装置

dispositivo de verificação checking fixture 检查装置

dispositivo de visualização display device 显示设备

dispositivo electrónico inteligente (IED) intelligent electronic device (IED) 智能电子设备

dispositivo eletrônico portátil portable electronic device 便携电子设备

dispositivo manual de paragem manual stopping device 手动制动装置

dispositivo normal normal device 电位电极系

dispositivo para carregamento acelerado (ALF) accelerated loading facility (ALF) 路面快速加载试验机

dispositivo para controle de trânsito traffic control device 交通管制设备

dispositivo protectivo protective device 保护装置

dispositivo sincronizador synchro-mesh gear 同步啮合齿轮

dispositivos sombreadores shading devices 遮阳装置

dispositivo toupeira mole drainer 暗沟钻孔机

disprósio (Dy) s.m. dysprosium (Dy) 镝

disputa s.f. dispute 纠纷；争议

disputar v.tr. (to) dispute 争论，（产生、进行）纠纷，争端

disquete s.m. diskette, floppy disk 软盘

disquete de 3.5 polegadas 3.5" floppy disk 3.5 英寸软盘

disrupção s.f. breakdown （电介质的）击穿

disruptor s.m. disrupter 破坏器

disruptor sonicador de células sonifier cell disrupter 超声波细胞粉碎仪

dissecação s.f. dissection （高原受沟、谷等的）切割

dissecado adj. dissected （高原受沟、谷等）切割的

dissecar v.tr. (to) dissect 解剖；分割

disseminação s.f. dissemination 宣传；散播

disseminação selectiva de informação (DSI) selective dissemination of information (SDI) 信息的选择性传播

dissimetria s.f. dissymmetry 不对称性

dissipação s.f. dissipation 耗散；损耗

dissipação de energia energy dissipation 能量耗散

dissipador *s.m.* dissipator 消散器

dissipador de calor (/térmico) heat sink 散热器，吸热部件

dissipador de calor do dispositivo de ignição igniter heat sink 点火器散热片

dissipador de energia energy dissipator 消能装置；消能工，消力槛

dissipar *v.tr.,pron.* (to) dissipate 耗散；损耗

dissociabilidade *s.f.* dissociability 可分离性，可离解性

dissociação *s.f.* dissociation 离解作用

dissociar *v.tr.* (to) dissociate 游离；分离

dissogenito *s.m.* dissogenite 透辉伟晶岩

dissolubilidade *s.f.* dissolubility 可溶性

dissolução *s.f.* ❶ dissolution 溶解作用 ❷ dissolution（公司、机构等的）解散；（契约、合同等的）解除，废除

dissolução intra-estratal intrastratal solution 层内溶解作用

dissolução por pressão pressure solution 压溶

dissolvente *s.m.* ❶ dissolvent 溶剂 ❷ cleansing agent 清洗剂

dissolvente de alcatrão tar-remover 柏油清洗剂

dissolver *v.tr.,pron.* (to) dissolve 溶解

distal *adj.2g.* distal 远端的

distância *s.f.* distance 距离

distância ao centro light center length 光源中心长度

distância à meridiana easting 东距

distância à perpenticular northing 北距

distância adoptada entre veículos gap acceptance（车辆间）可接受间隙

distância angular angular distance 角距离

distância cartográfica map distance 图距

distância crítica critical distance, crossover distance 临界距离

distância de aceleração-parada accelerate-stop distance 中断起飞距离

distância de derrapagem skidding distance 滑行距离

distância de entrelaçamento (/entrecruzamento) weaving distance 交织距离

distância de frenagem braking distance

制动距离；刹车距离

distância de fuga creepage distance 爬电距离

distância de (/entre) furos pitch of holes 孔间距

distância de gradiente gradient distance 梯度距离

distância do hipocentro hypocentral distance 震源距

distância de isolação para trabalho insulation distance for work 工作绝缘距离，安全绝缘距离

distância de parada stopping distance 制动距离

distância de planeio gliding distance 滑翔距离

distância de reacção reaction distance 反应距离

distância de segurança safety clearance 安全距离

distância de transporte ❶ hauling distance 牵引距离 ❷ transport distance, haul distance 运距，运输距离

distância de ultrapassagem passing sight distance 超车视距

distância de visibilidade visibility distance 能见范围；能见距离

distância de visibilidade de parada stopping sight distance 停车视距

distância de visibilidade de ultrapassagem passing visibility distance 超车能见距离

distância directa direct distance 直达距离

distância disponível para decolagem take-off distance available 可用起飞距离

distância disponível para pouso landing distance available 可用着陆距离

distância efectiva da parada effective stopping distance 有效制动距离

distância elipsoidal ellipsoidal distance 椭球面距离

distância em declive slant distance 斜距

distância entre apoios span 跨度

distância entre construções building separation 楼间距

distância entre contrafortes buttress spacing; distance between buttress centers distância entre eixos wheelbase 轴距

distância entre os filetes de rosca pitch of a screw thread 螺距

distância entre rebites pitch of rivets 铆钉间距

distância epicêntrica epicenter distance 震中距

distância euclidiana euclidean distance 欧氏距离

distância focal ❶ focal length 焦距 ❷ focal distance 震源距

distância fonte-antena source-antenna distance 源距

distância geodésica geodetic distance 大地距

distância geométrica geometric distance 几何距离

distância horizontal horizontal distance 水平距离

distância inclinada taper length 锥形长度，锥度范围

distância livre clear distance 净距

distância livre entre veículos vehicular gap 车间净距

distância livre lateral side clearance 侧间隙，端面间隙

distância média de transporte average transport distance 平均运距

distância mínima collision avoidance distance 避让距离

distância nadiral nadir distance 天底距

distância normal offset 支距

distância oblíqua slant range 斜距

distância pessoal personal distance 个人距离

distância polar polar distance 极距

distância rectilínea rectilinear distance 直角距离

distância tangencial tangent distance 切距；切线距离

distância tiro-geofone shot-to-geophone distance 炮检距

distância tiro-receptor shot-to-receiver distance 炮检距

distância vertical vertical distance 垂直距离

distância zenital zenith distance 天顶距

◇ média distância medium distance 中距离，中程

distanciador s.m. spacer 定位器，垫块

distancímetro s.m. ⇨ distanciómetro

distanciómetro/distanciômetro s.m. range finder, distance gauge 测距仪，测距规

distanciômetro a laser laser distance meter 激光测距仪

distanciómetro electrónico electronic distance meter 电子测距仪

distena s.f. disthene 蓝晶石

distenito s.m. disthenite 蓝晶石岩

distensão s.f. distension, inflation 拉紧；延伸

distensão do fundo oceânico sea-floor spreading 海底扩张

distilo adj.,s.m. distyle 双柱式（的）

distilo in antis distyle in antis 双柱式门廊

distorção s.f. distortion 失真；扭曲；畸变

distorção de amplitude amplitude distortion 振幅失真，振幅畸变

distorção de fase phase distortion 相位畸变，相位失真

distorção de frequência frequency distortion 频率失真

distorção de som sound-distortion 声音失真

distorção geométrica geometric distortion 几何失真

distorção harmónica harmonic distortion 谐波失真

distorção radiométrica radiometric distortion 辐射畸变

distorsor s.m. deviator 偏差器

distrail s.m. distrail, dissipation trail 耗散尾迹

distribuição s.f. ❶ distribution, delivery, supply; arrangement 分布，分发，配送；布置，分配 ❷ allocation model, distribution pattern 分配模式，分布模式 ❸ distribution device, distribution system 分配装置，分配系统

distribuição atômica atomic distribution 原子分布

distribuição binomial binomial distribution 二项分布

distribuição de água water distribution 配水

distribuição de carga load distribution 载荷分配，负荷分配

distribuição de corrente alternada (CA) AC distribution 交流配电

distribuição de equilíbrio equilibrium distribution 平衡分布

distribuição de frequência frequency distribution 频率分布

distribuição de frequência de tamanho size-frequency distribution 粒径频率分布

distribuição de Hackworth Hackworth valve gear 哈克渥斯阀动装置

distribuição da informação information distribution 信息分发

distribuição de Joy Joy's valve gear 乔伊阀动装置

distribuição de momentos moment distribution 力矩分配；弯矩分配

distribuição de pedrisco gritting 铺砂砾

distribuição das precipitações distribution of rainfall 雨量分布

distribuição de probabilidades probability distribution 概率分布

distribuição de qui-quadrado chi-square distribution 卡方分布

distribuição de Stephenson Stephenson's link motion 司蒂芬逊连杆运动

distribuição de tamanho de partícula ⇨ distribuição granulométrica

distribuição de telefone telephone distribution 电话分线

distribuição de terras ⇨ diagrama de massas

distribuição de trânsito (/tráfego) traffic distribution 交通分配

distribuição eléctrica electrical distribution 配电

distribuição eléctrica de força de frenagem electric brake force distribution (EBD) 电子刹车力分配系统

distribuição em série serial distribution 串联布设

distribuição gaussiana gaussian distribution 高斯分布

distribuição granulométrica particle-size distribution 粒度分布

distribuição granulométrica de um solo soil grading 土壤级配

distribuição modal modal split 运具分配模式

distribuição normal normal distribution 正态分布

distribuição por quadrante (/sector) quadrantal distribution 象限分布

distribuição por tamanhos sorting 分选

distribuição T de Student Student's distribution 斯氏分布

distribuidor s.m. ❶ 1. distributer, distributorm allocator 分配器；撒肥机 2. manure spreader, broadcaster 撒肥机，撒肥器 3. delivery manifold 排气歧管 ❷ distributor 经销商，分销商

distribuidor aplicável em semi-reboque end-gate spreader 车尾撒肥器

distribuidor autocarregador self-loading manure spreader 自装载撒肥机

distribuidor centrífugo centrifugal distributor 离心式撒布器，离心式排肥器

distribuidor de adubo fertilizer spreader, fertilizer broadcaster 肥料撒布机

distribuidor de agregado aggregate spreader 集料撒布机；粒料撒布机

distribuidor de água water distributor 配水器

distribuidor de ar air distributor 空气分配器

distribuidor de areia sand distributor 撒沙装置，撒沙机

distribuidor de asfalto asphalt distributor 沥青喷洒机，沥青布料机

distribuidor de betume bitumen distributor 沥青喷洒机，沥青布料机

distribuidor de bilhetes ticket dispenser 售票机

distribuidor de carga load dispatcher 负载调度装置

distribuidor de chorume liquid manure spreader 液肥喷洒机

distribuidor de cimento cement distributor 水泥分配机

distribuidor de combustível fuel distributor 燃油分配器

distribuidor de contacto contact maker 触点接通器，断续器

distribuidor de descarga lateral side delivery manure spreader 侧送式撒肥车

distribuidor de descarga traseira rear delivery manure spreader, floor conveyor 后装载撒播机

distribuidor de 1 disco single disc broadcaster 单圆盘施肥机

distribuidor de 2 discos twin disc broadcaster 双圆盘施肥机

distribuidor de discos flexíveis flexible disc conveyor 柔性盘供料器

distribuidor de estrume manure spreader 厩肥撒播机

distribuidor de expansão expansion gear 膨胀器配汽机构

distribuidor de fase isolada isolated phase switchgear 分离相位开关设备

distribuidor de fio guide-finger 导向销

distribuidor de ignição ignition distributor 点火分电器

distribuidor de óleo oil distributor 分油器，配油器

distribuidor de pinças clamp wheel, picker wheel, clamp conveyor 夹钳式输送机

distribuidor de polpa pulp distributer 浆液分配器；矿浆分配器

distribuidor de pratos plate and flicker fertilizer distributor 碟盘拨杆式排肥装置

distribuidor de trânsito traffic interchange 交通交汇处，交通枢纽

distribuidor de tremonha larga full width fertilizer 全幅撒肥机

distribuidor de tubo oscilante oscillating arm fertilizer broadcaster 摇摆口式撒肥器

distribuidor (de tubo) pendular reciprocating spout fertilizer broadcaster, oscillating arm fertilizer broadcaster 摆臂喷肥机

distribuidor pneumático pneumatic fertilizer distributor 气动式撒肥机

distribuidor por gravidade gravity feed fertilizer distributor 重力加料施肥机

distribuidor público water main 总水管；给水总管

distribuidor quádruplo quadruple distributor 四分配器

distribuidor rotativo rotary distributor 旋转分配器

distribuidor sob pressão pressure distributor 压力喷洒机

distribuidor tipo plataforma ⇨ distribuidor aplicável em semi-reboque

distribuidora s.f. ❶ distributer, distributorm allocator 分配器；撒布机 ❷ distributor 经销商，分销商

distribuidora de lastro ballast distributing car, ballast spreading car 道砟撒布车

distribuidora de tíquetes ⇨ distribuidor de bilhetes

distribuir v.tr. (to) distribute, (to) deliver, (to) supply 分布，分发，配送；布置，分配

distributário s.m. distributary 分流，支流，配水沟

distrito s.m. district 区域

distrito administrativo administrative district 行政区划

distrito central de negócios (CBD) central business district (CBD) 中心商业区

distrito da guarda guard district 警卫区

distrito metalogenético metallogenic district 成矿区

distrófico adj. dystrophic 无营养的（水体）

distúrbio s.m. disturbance 骚扰；扰动

diterpeno s.m. diterpene 双萜

ditríglifo s.m. ditriglyph（多立克式建筑）分柱法；相邻两排档间饰的间距

ditroíto s.m. ditroite 方钠霞石正长岩

diurno adj. daytime; daily; diurnal 白天的，昼间的；周日的

divã s.m. divan（无扶手和靠背的）长沙发椅

divagação s.f. wandering（河流的）蜿蜒

divergência s.f. ❶ divergence, diverging, deviation 分叉，分开，分流 ❷ disagreement, divergent 分歧 ❸ toe-out（车轮）前展，后束

divergência de trânsito traffic divergence 交通分流

divergência esférica spherical divergence 球面发散

divergir v.tr.,intr. ❶ (to) diverge, (to) deviate 分叉，分开，分流 ❷ (to) diverge, (to) disagree 有分歧，不同意

diversidade *s.f.* diversity 多样性

diversificação *s.f.* diversification 多样化

diversificar *v.tr.* (to) diversify 使多样化

diverso ❶ *adj.* diverse 不同的，多种多样的 ❷ *s.m.pl.* several 几个，多个 ❸ *s.m.pl.* miscellaneous 杂项

dívida *s.f.* debt 债务；欠款

dívida activa active debt 需付利息的债务

dívida actual existing debt 未清偿债务

dívida bancária bank debt 银行债务

dívida convertível convertible debt 可转换债务

dívida correspondente ao empréstimo loan debt 贷款债务

dívida da empresa (/corporação) corporate debt 企业债务

dívida de honra debt of honour 信用借款

dívida em curso outstanding debt 未偿债务

dívida estatal state debt 国债

dívida externa external debt, outside debt 外债

dívida externa bruta gross foreign debt 外债总额

dívida financeira financial debt 财政债务

dívida flutuante floating debt 流动负债

dívida global total debt 总负债

dívida governamental government debt 政府债务

dívida hipotecária mortgage debt 抵押债务

dívidas incobráveis bad debts 坏账

dívida líquida net debt 净负债

dívida nacional national debt 国债

dívida pendente pending debt, outstanding debt 未偿还债务

dívida pública public debt, national debt, government debt 公共债务，国债，政府债务

dívida pública bruta gross public debt 公共债务总额

dívida que vence debt due 到期债务

dívida remunerada interest-bearing debt 带息债务

dívida restante remaining debt 剩余债务

dívida soberana sovereign debt 主权债务

dívida vencida overdue debt 过期债务

dividendo *s.m.* ❶ dividend 股利，分红 ❷ dividend 被除数

dividendos a receber dividends receivable 应收股利

dividir *v.tr.* ❶ (to) divide, (to) divide up 分，划分，分割 ❷ (to) divide by 除，除以

divisa *s.f.* ❶ foreign exchange, foreign currency 外汇，外币 ❷ boundary, verge, frontier 边界，界石 ❸ *pl.* metes and bounds （地界的）四至，界线

divisão *s.f.* ❶ division 划分，分割 ❷ partition 隔间 ❸ divider [巴] 隔离带 ❹ division, section 部门 ❺ splitting（尤指皮革加工）剖层，起层；片皮 ❻ division 除法 ❼ division（军队编制）师

divisão de faixa split range 分程

divisão de fase phase splitting 分相

divisão de feixe luminoso beam spread 光束扩展

divisão de quedas allocation of falls 落差分配

divisão de responsabilidade division of liability 责任划分；责任分担

divisão do trabalho division of labor 劳动分工

divisão permanente permanent partition 永久间隔

divisibilidade *s.f.* divisibility 可分性；可除性

divisor *s.m.* ❶ divider 分配器 ❷ divisor（卫生间、浴室等的）隔断 ❸ divisor 除数

divisor de águas watershed, divide 分水岭，分水线

divisor de frequência intermediária intermediate frequency splitter 中频分配器

divisor de impulsos pulse divider 脉冲分配器；脉冲分频器

divisor de potência power splitter 功分器

divisor de tensão voltage divider 分压器

divisor de torque torque divider 扭矩分配器

divisor padrão standard splitter 标准分配器

divisória *s.f.* ❶ partition 隔板；挡板，遮挡板 ❷ dividing line 分界线

divisória de banheiro toilet partition 卫

生间隔断
divisória de madeira timber partition 木料间隔
divisórias de mictório urinal partition 小便池隔断
divisórias de placa de HDF laminado plástico plastic laminated HDF board partitions 塑料夹层 HDF 板隔断
divisória de vidro glazed wall 玻璃隔断
divisória de vidro de duche shower glass partition 淋浴间玻璃隔断
divisória de vigotas alternadas staggered-stud partition 错排龙骨隔（音）墙
divisória desmontável demountable partition 可拆式隔断
divisória desmontável com face de placa dura demountable partition hardboard face 可拆卸隔断硬板前脸
divisória dobrável folded partition 折叠隔断
divisória isoladora isolating partition 绝缘隔板；隔离间壁
divisória leve lightweight partition 轻质隔断
divisória móvel movable partition 活动隔断，活动隔墙
divisória não portante (/não estrutural) non-bearing partition 非承重隔断
divisória portante (/estrutural) bearing partition 承重隔断
divisória ripada stud partition 框架板隔墙；壁骨式隔墙
divisório adj. divisive, dividing 分开的，隔开的；分界的
divulsão s.f. divulsion, violent separation 撕裂，撕开
DME sig.,s.m. EDM (electronic distance-measuring equipment) 电子测距设备
dobadora s.f. reel 拨禾轮
dobra s.f. ❶ fold 褶被 ❷ (STD, Db) dobra (STD, Db) 多布拉（圣多美和普林西比货币单位）
dobra aberta open fold 开阔褶皱
dobra angular angular fold 尖棱褶皱
dobra anisopaca anisopach fold 不等厚褶皱
dobra assimétrica assymmetrical fold 不

对称褶皱
dobra cilíndrica cylindrical fold 筒状褶皱
dobra comprimida (/apertada) tight fold, closed fold 紧闭褶皱
dobra concêntrica concentric fold 同心褶皱
dobra conjugada conjugate fold 共轭褶皱
dobra convoluta convolute fold 翻卷褶皱
dobra de arrastamento drag fold 牵引褶皱
dobra de deslizamento (/escorregamento) slump fold 滑动褶皱；崩滑褶皱
dobra de flambagem buckling fold 弯曲褶皱
dobra de fluência flow fold 流状褶皱
dobra de mergulho plunging fold 倾伏褶皱
dobra deitada recumbent fold 伏卧褶皱
dobra desarmónica disharmonic fold 不协调褶皱
dobra em bainha sheath fold 鞘褶皱
dobra em caixa box fold 箱状褶皱
dobra em concertina (/sanfona) chevron fold 尖顶褶曲
dobra em leque fan fold 扇状褶皱
dobra flabeliforme fan fold, flabellate fold 扇状褶皱
dobra flexural flexural fold 弯曲褶皱
dobra harmónica harmonic fold 协调褶皱
dobra inclinada inclined fold 倾斜褶皱
dobra intrafolial intrafolial fold 片内褶皱
dobra intraformacional intraformational fold 层内褶皱
dobra invertida overturned fold 倒转褶皱
dobra isoclinal isoclinal fold 等斜褶皱
dobra isopaca isopach fold 等厚褶皱
dobra paralela parallel fold 平行褶皱
dobra parasítica parasitic fold 寄生褶皱
dobra ptigmática ptigmatic fold 肠状褶皱
dobra recumbente overfold, recumbent fold 伏卧褶皱
dobra sigmoide sigmoidal fold S 形褶皱
dobra simétrica symmetrical fold 对称褶皱
dobra simples simple fold 简单褶皱，单褶曲
dobra sindeposicional syndepositional

fold [巴] 同沉积褶皱

dobra sinsedimentar syndepositional fold [葡] 同沉积褶皱

dobra supratênue supratenuous fold 薄顶褶皱

dobra tipo plana plain-type fold 平原型褶皱

dobra tombada ⇨ dobra invertida

dobradeira *s.f.* ❶ bender 弯曲机 ❷ bending brake 板料弯折机

dobradeira hidráulica hydraulic bender 液压弯板机

dobradiça *s.f.* hinge 铰链，合页

dobradiça com pino de segurança fast-pin hinge 固杆铰链

dobradiça contínua ⇨ dobradiça de piano

dobradiça de adufa back-flap hinge, back fold 明铰链

dobradiça de articulação oval oval knuckle hinge 椭圆关节铰链

dobradiça de asinha flap hinge 明合页

dobradiça de balanço ⇨ palmela

dobradiça de charneira counter-flap hinge 背合铰链

dobradiça de dupla acção double acting hinge 双动铰链

dobradiça de elevação rising hinge 升高门铰

dobradiça de encaixe mortise hinge 开榫铰接

dobradiça de extensão extension casement hinge 长翼合页

dobradiça de flapes ⇨ dobradiça de asinha

dobradiça de gravidade gravity hinge 重力铰链

dobradiça de junta frouxa loose-joint hinge 可折铰链

dobradiça de meia superfície half-surface hinge 半节门折翼

dobradiça de meio encaixe half-mortise hinge 半开榫铰接

dobradiça de mola spring hinge 弹簧铰链

dobradiça de palmela ⇨ palmela

dobradiça de piano piano hinge 琴式铰链，"钢琴铰"

dobradiça de pino frouxo loose-pin hinge 可拆插销式活页

dobradiça de porta door hinge 门铰链

dobradiça de rolamento de esferas ball bearing hinge 滚珠轴承铰链

dobradiça de suspensão rising butt hinge 升降门铰链

dobradiça de tira strap hinge 带式铰链

dobradiça de topo butt hinge 平接铰链

dobradiça desmontável loose butt hinge 活叶铰链

dobradiça em cauda de andorinha dovetail hinge 鸠尾铰链；燕尾铰链

dobradiça em T cross-garnet 丁字形蝶铰

dobradiça invisível invisible hinge 暗合页

dobradiça macho-fêmea ⇨ palmela

dobradiça oculta concealed hinge 暗合页；埋头

dobradiça oval ⇨ dobradiça de articulação oval

dobradiça padrão template hinge 样板铰键

dobradiça parlamento parliament hinge 长脚铰链

dobradiças pantográficas pantograph hinge 受电弓铰链

dobradiço *adj.* folding 可折叠的

dobra-falha *s.f.* folded fault, fold fault 褶皱断层

dobragem *s.f.* ❶ folding, bending 折叠，弯曲 ❷ dubbing 配音译制

dobragem a frio cold bending 冷弯

dobramento *s.m.* folding 形成褶皱；[集] 褶皱

dobramento homoaxial homoaxial folding 同轴褶皱

dobrar *v.tr.* (to) double, (to) fold 折叠，对折

doca *s.f.* dock 船坞，码头

doca flutuante floating dock 浮船坞，浮式码头

doca molhada wet dock 泊船坞

doca seca dry dock 干船坞

doce *adj.2g* sweet 含硫极少的（油、气）

docking station *s.f.* docking station 扩充口；插接站

documentação *s.f.* ❶ documentation, documents [集] 文件 ❷ document fee, D/O fee

换单费，抽单费

documentação contratual contract documents 合同文件

documento *s.m.* document 文件，文书；证件；单据

documentos aduaneiros customs documents 海关文件

documento anexo enclosure 附件，附带文件

documentos comerciais commercial documents 商业单据

documentos contra aceite documents against acceptance 承兑交单

documento de acompanhamento accompanying document 附件，附带文件；随附单证

documento de arrecadação de receita (DAR) revenue collection document 税收征管文件

documentos de carga bill of lading 提单，提货单

documentos de concurso (/concorrência) bidding documents, tender documents 招标文件

documento de constituição de sociedade document of constitution of society 公司章程

documento de contrato contract document 合同文件

documento de embarque e desembarque bill of lading 提单，提货单

documento de expedição shipping document 货运单据

documentos de habilitação qualification documents; commercial bid 资质文件；商务标

documento de origem source document 源文件

documento de registo registration document 登记文件

documento oficial official document 公文

documento original original document 原始文件；正本单据

dodecaedro *s.m.* dodecahedron 正十二面体

dodecágono *s.m.* dodecagon 十二边形

dodecastilo *adj.,s.m.* dodecastyle 十二柱

式（的）

doença *s.f.* disease 疾病

doença de origem hídrica water-borne disease 水传疾病

dois/duas *num.card.* two 二，两个［常与名词组成复合名词］

duas camadas two coats 双层

duas velocidades automáticas auto two-speed 二速自动换挡

◇ duplo, dobro double 两倍的

◇ (um) meio one second, a half 二分之一

◇ segundo second 第二的

dólar *s.m.* dollar 元（一些国家和地区使用的货币单位，多指美元）

dólar americano (USD, $) United States dollar (USD, $) 美元

dólar de Hongkong (HKD, $) Hong Kong dollar (HKD, $) 港元，港币

dolarenito *s.m.* dolarenite 砂屑白云岩

dolcreto *s.m.* dolocrete 白云石结壳

dolerito *s.m.* dolerite 辉绿岩，粗玄岩

dolerito de quartzo quartz dolerite 石英粒玄岩

dolerito picrítico picritic dolerite 橄榄辉绿岩

dolina *s.f.* doline, sink hole 斗淋；灰岩坑

dolly/doli *s.m.* ❶ dolly 移动式摄影车 ❷ dolly（货运）推车

dólmen *s.m.* dolmen （用石架成的）史前墓石牌坊

doloclasto *s.m.* doloclast 白云岩屑

dolocreto *s.m.* ⇨ dolcreto

dololitito *s.m.* dololithite 碎屑白云岩

dololutito *s.m.* dololutite 泥屑白云岩

dolomicrite *s.f.* dolomicrite ［巴］微晶白云石

dolomicrito *s.m.* dolomicrite ［葡］微晶白云石

dolomicrosparito *s.m.* dolomicrosparite 微亮晶白云岩

dolomite *s.f.* dolomite 白云石

dolomite metassomática metasomatic dolomite 交代白云石

dolomite primária primary dolomite 原生白云石

dolomite secundária secondary dolomite 次生白云石

dolomítico *adj.* dolomitic 白云石的；白云岩的

dolomitito *s.m.* dolomitite, dolostone 白云岩

dolomitização/dolomização *s.f.* dolomitization 白云石化作用

dolomito *s.m.* dolomite 白云岩

dolomito calcário calcareous dolomite 钙质白云岩

dolomito calcítico calcitic dolomite 方解白云岩

dolomito lamoso dolomite mudstone 白云石质灰泥岩

dolomito metassomático metasomatic dolomite 交代白云岩

dolomito primário primary dolomite 原生白云岩

dolomito secundário secondary dolomite 次生白云岩

dolomito singenético syngenetic dolomite 同生白云岩

dolomolde *s.m.* dolomolde 白云石模

dolorrudito *s.m.* dolorudite 砾屑白云岩

dolosparito *s.m.* dolosparite 亮晶白云石

dolossiltito *s.m.* dolosiltite 粉砂屑白云岩

doma *s.m.* ❶ dome 穹地，穹丘，圆丘 ❷ dome（晶体）坡面

doma salino salt dome 盐丘

doma vulcânico volcanic dome 火山穹丘

domiciliar *adj.2g.* domiciliary, home, household [巴] 住所的，住处的，家庭的

domiciliário *adj.* domiciliary, home, household [葡] 住所的，住处的，家庭的

domicílio *s.m.* domicile, residence 住宅；住所

domínio *s.m.* ❶ domain 领域；范围 ❷ domain 磁畴 ❸ domain（网络）域 ❹ domain 域，超界（生物学分类单位）

domínio assimétrico do espaço de Euler asymmetric domain of euler space 非对称域欧拉空间

domínio da frequência frequency domain 频域，频率范围

domínio de tempo time domain 时域

domínio f-k f-k domain F-K 域，频率–波数域

domínio glaciário glacial domain 冰川雪域

domito *s.m.* domite 奥长粗面岩

domo *s.m.* ❶ cupola, dome 屋面穹顶 ❷ dome 穹地，穹丘，圆丘

domo balsático castle koppie 堡状小扁山

domo de areia sand dome 圆砂丘；砂穹

domo de lava lava dome 火山穹丘

domo elíptico elliptical dome 椭圆球顶

domo estrutural structural dome 构造穹隆

domo geodésico geodesic dome 网格球顶

domo granítico bornhardt 岛山

domo salífero (/de sal) salt dome 盐丘

domótica *s.f.* domotics; home automation 家庭自动化

domótico *adj.* of automation, intelligent, domotic 家庭自动化的

dono de obra *s.m.* owner, cliente 业主，客户

dopagem *s.f.* doping 掺杂（质），加添加剂

dope *s.m.* dope 掺杂剂

doplerite *s.f.* dopplerite 弹性沥青

doreíto *s.m.* doreite 钠钾安山岩

dorgalito *s.m.* dorgalite 多橄玄武岩

dórico *adj.,s.m.* Doric 多立克（柱）式的

dormente *s.m.* ❶ sleeper 枕木，轨枕 ❷ beam, transom, cross tie 横木，横梁

dormente bi-bloco two-block sleeper 双节块轨枕

dormente cilíndrico round sleeper 圆轨枕

dormente com a base mais larga que o topo ⇨ dormente meia-lua

dormente composto de mais de um material composite sleeper 组合轨枕

dormente contíguo à junta de trilho em balanço intermediate sleeper 中间系杆

dormente de aço fundido cast iron sleeper 铸铁轨枕

dormente de aço laminado steel sleeper 钢轨枕

dormente de amv switch sleeper 岔枕

dormente de betão (/concreto) concrete sleeper 混凝土轨枕

dormente de junta de trilho apoiada joint sleeper 接头轨枕

dormente de ponte bridge sleeper, bridge timber 桥枕

dormente defeituoso defective sleeper 失效轨枕

dormente laqueado loose sleeper 松动轨枕

dormente meia-lua half-moon sleeper 半月形轨枕

dormente quebrado failed sleeper 损毁轨枕

dormente retangular rectangular sleeper 矩形轨枕

dormente roliço ⇨ dormente cilíndrico

dormente são sound sleeper 未腐蚀的轨枕

dormente tratado treated sleeper 防腐枕木；注油枕木

dormente-viga ⇨ dormente de ponte

dormer window *s.f.* dormer window 老虎窗

dormina *s.f.* dormin 休眠素

dormitório *s.m.* dormitory 宿舍

dorsal *s.f.* ocean ridge 洋脊

dorsal meso-oceânica (/submarina) mid-ocean ridge 洋中脊

dorsal oceânica ⇨ dorsal

dorso *s.m.* back 背部，背面

dosador *s.m.* ❶ batcher, dispenser [巴] 计量器，配料器；配料机，加药机 ❷ feed regulator 给料调节器；给水调节器

dosador da água water regulator 水量调节器，控水器

dosador de débito fuel distributor 燃油分配器

dosador de nível constante constant level dispenser 液面恒定式加药装置

dosador e distribuidor de reagente metering and distributor device of reagent 试剂计量分配装置

dosador por pesagem weigh-batcher 称量配料器

dosagem *s.f.* dosage, dosing 剂量配比，配制混凝土

dosagem de concreto concrete dosage, concrete batching 混凝土配料

dosagem por volume proportioning by volume 按体积配合

dosar *v.tr.* (to) dose, (to) measure out 按量配给

dose *s.f.* dose （一次的）用量，剂量

dose de radiação absorvida radiation absorbed dose (RAD) 辐射吸收剂量

dose letal lethal dose 致死剂量

dose química chemical dosing 化学剂量

doseador *s.m.* ❶ [葡] batcher, dispenser 计量器，配料器；配料机，加药机 ❷ feed regular 给料调节器；给水调节器

doseador de algicida algicide dispenser 除藻剂投加装置

doseador de desinfectante disinfectant dispenser 消毒剂加药装置

doseador de floculante flocculant dispenser 絮凝剂加药装置，絮凝投加装置

doseador de sabonete soap dispenser, liquid soap dispenser 皂液器

doseador por aspersão pneumatic spray 气力喷雾机

doseamento *s.m.* ⇨ dosagem

dosear *v.tr.* ⇨ dosar

dosificador *s.m.* ❶ batcher, dispenser 计量器，配料器；配料机，加药机 ❷ dispenser 播种机上的播种盘

dosificador de água water batcher 量水箱，量水槽

dosificar *v.tr.* [巴] ⇨ dosar

dossel *s.m.* canopy, dossal 天棚，雨棚

dossel de aço steel canopy 钢遮棚

dossier/dossiê *s.m.* dossier 档案，卷宗；[集] 文件

doublet *s.f.* doublet 双层宝石

dougong *s.f.* dougong 斗拱 [葡语对等事物：misula]

douração *s.f.* ⇨ douramento

douradura *s.f.* gilt 镀金（用的薄片）

douramento *s.m.* gilding 镀金

douramento de vidro glass gilding 玻璃镀金

dourar *v.tr.* (to) gild 镀金

downlight *s.f.* downlight 嵌灯，筒灯，嵌入式筒灯

download *s.m.* download 下载

down payment *s.m.* down payment 定金

downsizing *s.m.* downsizing 缩减规模

doze *num.card.* twelve 十二，十二个

◇ duodécuplo twelvefold 十二倍的

◇ dúzia dozen 十二个，一打

◇ **décimo segundo, duodécimo** twelveth 第十二的

draa *s.f.* draa 臂形韵律层

dracma (dr) *s.f.* drachma (dr) 德拉克马（古希腊货币及重量单位，根据标准不同，合 4.25－7.08 克不等。亦在其他多种单位制中使用，指代重量不尽相同）

dracma líquido (fl dr) liquid drachma (fl dr) 液体德拉克马

draconito *s.m.* drakonite 闪云粗面岩

draga *s.f.* dredge, dredger, dredging machine 挖泥机；挖泥船

draga a rosário elevator dredge, bucket-ladder dredge 挖泥提升机

draga centrífuga centrifugal dredger 离心挖泥船

draga com tubulação de aspiração hopper dredger 漏斗挖泥船

draga de alcatruzes bucket dredge 斗式挖泥机；斗链挖掘船

draga de areia sand-pump dredger 抽砂挖泥机船

draga de bombear (/aspiração) pump dredger 吸力挖泥机

draga (de balde) de garras grab dredger 抓斗式挖泥船

draga (de colher) de mandíbulas ⇨ draga (de baldes) de garras

draga de sucção suction dredge 吸泥机；吸扬式挖泥船

draga de tenazes ⇨ draga (de baldes) de garras

draga escavadora dragline excavator, dredge excavator 拉铲挖掘机

draga flutuante floating dredge 浮动式挖泥船

draga mista compound dredger 复式挖泥机；混合挖泥机

dragagem *s.f.* ❶ dredging 挖泥；清淤；疏通；疏浚 ❷ dredging works 挖沙工程；挖泥工程

dragagem hidráulica hydraulic dredging 吸扬式挖泥

dragar *v.tr.* (to) dredge 挖泥；清淤；疏通；疏浚

dragline *s.f.* dragline 拉铲挖掘机

drainagem *s.f.* drainage, draining 排水

draino *s.f.* drain-pipe, drainage ditch 排水管，排水沟

dralon *s.m.* dralon 特拉纶

drapeamento *s.m.* draping 披盖；覆盖

drapejamento *s.m.* ❶ flapping（桥梁等构筑物的）摇摆运动 ❷ folding 褶皱

draubaque *s.m.* drawback（海关）退税

dravite *s.f.* dravite 镁电气石

dreikanter *s.m.* dreikanter 三棱石

drenagem *s.f.* ❶ 1. drainage, draining 排水 2. bleeding 渗出，析出 ❷ drainage, drain-pipe, drainage ditch [集] 排水设施；排水管，排水沟 ❸ drainage 水系

drenagem antecedente antecedent drainage 先成水系

drenagem consequente consequent drainage 顺向水系

drenagem de água drainage, draining 排水

drenagem de águas pluviais rainwater drainage 雨水排水

drenagem de água superficial surface water drainage 地面水排水

drenagem de cobertura roof drainage 屋面排水

drenagem de pavimento pavement drainage 路面排水

drenagem de sobreposição superimposed drainage 重叠排水系统，叠置水系

drenagem de subsolo subsurface drainage 地下排水

drenagem do terreno land drainage 地面排水

drenagem dendrítica dendritic drainage 树枝状水系

drenagem discordante discordant drainage 不协调水系

drenagem em barril barrel drain 筒形排水渠

drenagem endorreica endorheic drainage 内流流域，内陆河流域

drenagem epigénica epigenetic drainage 上遗水系

drenagem exterior exterior drainage 外排水

drenagem gravitacional gravity drainage 重力排水，重力流泄

drenagem inconsequente insequent drainage 斜向水系

drenagem interior interior drainage 内排水

drenagem radial radial drainage 辐射状水系，放射状水系

drenagem rectangular rectangular drainage 矩形排水系统

drenagem sanitária sanitary drainage 生活污水排泄

drenagem subglaciário subglacial drainage 冰下水系

drenagem subterrânea (/subsuperficial) subsurface drainage 地下排水；潜流

drenagem superficial surface drainage 地面排水

drenante *adj.2g.* draining 排水的

drenar *v.tr.* (to) drain 排水

dreno *s.m.* ❶ 1. drian-pipe, drainage ditch 排水管，排水沟 2. drainage, draining 排水 ❷ bleeder valve 排泄阀

dreno aberto open drain 排水明沟；明渠

dreno cego ❶ covered drain 暗置排水渠；暗渠 ❷ drainage without tube 无水管的排水渠

dreno coberto covered drain 暗置排水渠；暗渠

dreno coletor drainage collector 排放收集器

dreno contínuo ❶ continuous drain 连续级配（滤层、排水层）排水系统 ❷ finger drains; strip drains 指状排水沟

dreno cortina curtain drain 截流排水道

dreno de água subsolo subsoil water drain 地下水排水渠

dreno de água superficial surface water drain 地面水排水渠

drenos de alívio pressure relief pipes 减压管

dreno de areia sand drain 砂井

dreno de caixa box drain 方沟

dreno de canteiros flower bed drain 花坛排水口

dreno de cobertura roof drain 屋顶排水

dreno de fundação foundation drain 地基排水

dreno de garagem garage drain 车库排水

dreno de gás gas drain 瓦斯排泄道

dreno de interceptação interception drain 截流排水沟

dreno de pavimento ❶ floor drain 地面排水口 ❷ pavement drain 路面排水

dreno de pé toe drain 坝趾排水层

dreno de superfície surface drain 地面排水，表面排水

dreno do tanque de combustível fuel tank drain 燃料箱放油口

dreno de telhado ⇨ dreno de cobertura

dreno de toupeira mole drain 鼠道式排水沟

dreno descontínuo ❶ discontinuous drain 间断级配（滤层、排水层）排水系统 ❷ discontinuous drain, French drain 填石排水沟

dreno em "espinha de peixe" herringbone drain 鱼骨式排水渠

dreno em pedra solta French drain 填石暗沟

dreno filtrante filter drain 滤层排水

dreno francês ⇨ dreno em pedra solta

dreno giratório swivel drain 旋转式排水器水塞

dreno horizontal drainage blanket 排水层

dreno interceptante intercepting drain 截流沟

dreno longitudinal longitudinal drain 纵向排水

dreno profundo deep drain 地下水沟

dreno público public drain 公共排水渠

dreno rectangular aberto box culvert 箱形明渠

dreno selado closed drain 闭合式排水，排水暗管

dreno sub-horizontal sub-drain, sub-horizontal drain 地下排水沟，暗沟

dreno subsuperficial subsurface drain 地表下排水

dreno subterrâneo subterraneous drain 地下水沟

dreno transversal cross drain 横向排水沟

dreno transversal de pavimento transversal drain 路面横向排水

dreno tubular drainage with tube 有水管的排水沟渠

dreno vertical ❶ vertical drain 排水竖管, 疏水竖管；垂直排水管 ❷ chimney drain 竖井排水管

dreno vertical de areia vertical sand drain 垂直排水砂桩

dripstone *s.f.* dripstone 滴水石

drive *s.m.* (disc) drive （磁盘）驱动器 ⇨ unidade de discos

drive-in *s.m.* drive-in 免下车电影院

driver *s.m.* driver, drive program 驱动程序 ⇨ controlador

drive-thru *s.m.* drive-thru 汽车餐厅，免下车餐厅

drogaria *s.f.* drugstore 药妆店

drone *s.m.* drone 无人机

drop-point slating *s.m.* drop-point slating 吊脚铺石板

dropstone *s.f.* dropstone 滴石

drop window *s.f.* drop window 上下滑动吊窗

drosómetro/drosômetro *s.m.* drosometer, dewgauge 露量表

Drumiano *adj., s.m.* Drumian; Drumian Age; Drumian Stage （地质年代）鼓山期（的）；鼓山阶（的）

drumlin *s.f.* drumlin 冰丘

drusa *s.f.* druse 晶洞，晶簇

drúsico *adj.* drusy 晶簇状的

drusiforme *adj.2g.* ⇨ drúsico

dry-pack *s.m.* dry pack 干燥混合料

dualidade *s.f.* duality 二重性；二元性；对偶性

dubai *s.m.* dubai 迪拜原油

dúbnio (Db) *s.m.* dubnium (Db) 𨧀，105 号元素

ducha *s.f.* douche [巴] 淋浴器，莲蓬头

ducina *s.f.* cyma 浪纹线脚；波状花边

dúctil *adj.2g.* ductile, malleable 可延展的，有延伸性的

ductilidade *s.f.* ductility, ductileness 延展性，延性

ducto/duto *s.m.* ❶ duct, conduit 管道 ❷ passage, canal 通道

ducto de admissão de ar air intake duct 进风槽

ducto d'água water passage 水道

ducto de ar air duct 通风道；风管

ducto de ar fresco fresh air ducts 新风管道

ducto de drenagem drain passage 排水道

duto de entrada de ar air inlet duct 进气管

duto de entrada da turbina turbine entry duct 涡轮入口导管

ducto de escapamento exhaust duct 排气管道

ducto de suprimento de óleo oil supply passage 输油路

ducto de tomada de ar air inlet passage 进气口通道

ducto resinoso resin duct 树脂管

ductólito *s.m.* ductolith 滴洲岩体

dufrenito *s.m.* green iron ore 绿磷铁矿

dumalito *s.m.* dumalite 潜霞粗安岩；都马粗安岩

dummy *s.m./f.* dummy （撞车试验用的）假人

dumortierite *s.f.* dumortierite 蓝线石

dumper *s.m.* dumper 翻斗车，倾卸车 ⇨ basculante, descarregador

dumper trilateral three-way tipper 三向卸货式自卸车

duna *s.f.* dune 沙丘

duna activa active dune 流动沙丘

duna barcana barchan dune 新月形沙丘

duna cavalgante climbing dune 爬升沙丘

duna complexa complex dune 复合沙丘

duna consolidada ⇨ duna fóssil

duna costeira coastal dune 海岸沙丘

duna de areia sand dune 沙丘

duna de argila clay dune 黏土丘

duna de deflação blowout dune 吹蚀沙丘

duna de neve snowbank 雪堤

duna em chevron chevron dune [巴] V 形沙丘

duna em crescente barchan 新月形沙丘

duna em espinha de peixe chevron dune [葡] V 形沙丘

duna em estrela star dune 星状沙丘

duna errante ⇨ duna móvel

duna fixa fixed dune 固定沙丘

duna fóssil fossil dune 古沙丘

duna linear seif dune 赛夫沙丘；蛇形沙丘

duna litoral (/litorânea) littoral dune 沿岸沙丘，海岸沙丘

duna longitudinal longitudinal dune 纵向沙丘

duna marinha foredune 水边低沙丘

duna migratória migratory dune 流动沙丘

duna móvel (/movediça) wandering dune 流动沙丘

duna parabólica parabolic dune 抛物线形沙丘

duna sigmoidal sigmoidal dune S 形沙丘

duna subaquática subaqueous dune 水下沙丘

duna transversal transverse dune 横向沙丘

dundasite *s.f.* dundasite 白铝铅矿

dunganonito *s.m.* dungannonite 刚玉中长岩

dunito *s.m.* dunite 纯橄榄岩

duodecimal *s.m.* duodecimal 十二进制

duopólio *s.m.* duopoly 双头垄断

duopsónio *s.m.* duopsony 两家买主垄断

dupleto *s.m.* duplet 电子偶，电子对

dúplex ❶ *adj.2g.* duplex 双联的，双工的，双重的 ❷ *s.m.* double, duplex 双层公寓，复式公寓

duplexer *s.m.* duplexer 双工器

duplicação *s.f.* duplication 翻倍；重复；复制

duplicado *s.m.* duplicate, duplicate copy 副本；复制品

duplicado do contrato duplicate of the contract 合同副本

◇ em duplicado in duplicate 一式两份；一式两联

duplicar *v.tr.,intr.* ❶ (to) double 加倍，翻倍，翻一番 ❷ (to) duplicate, (to) copy 复制，复印

duplo *adj.* double, dual 两倍的；二重的 [常与名词组成复合名词]

dupla acção double action 双动的，双作用的

dupla contracção double shrinkage 双重收缩

duplo cotovelo U-bend U 形管

dupla cúpula double dome 双球顶

dupla descarga dual flush （抽水马桶）双冲水

duplo fecho double lock 双重锁

duplo paralelismo double parallel 双并联；双平行

duplo pendural queen post 双柱架

dupla polarização ⇨ polarização dupla

dupla projecção double projection 双重投影

duplo reflector double reflector 双反射器

dupla refracção double refraction 双折射

dupla relação cross ratio 交比

duplo rotor dual rotor 双旋翼

duplo tabique double partition 双层隔墙

duplo tê ❶ I shape flat plate, I shape connector 工字形连接件 ❷ I-beam 工字钢 ⇨ aço em I

durabilidade *s.f.* durability 耐久性，耐用性，耐用度

durabilidade de ancoramento anchoring strength 锚固强度

durabilidade de betão concrete durability 混凝土耐久性

durabilidade de exposição exposure durability （木材等的）耐候性；耐候性能

duração *s.f.* duration 持续期间

duração da fatiga fatigue life 疲劳寿命

duração de segurança safe time 安全时间

duração de viagem trip duration 旅次时间

duradouro/duradoiro *adj.* durable 耐用的

duralito *s.m.* hardground 硬灰岩层

duralumínio *s.m.* hard aluminum alloy 硬化铝合金

durame *s.m.* duramen （树）心材

durangite *s.f.* durangite 橙砷钠石

durar *v.tr.* (to) last, (to) continue, (to) remain 持续，保持

durável *adj.2g.* durable 耐用的，持久的

durénio *s.m.* durain 暗煤

dureza *s.f.* ❶ hardness 硬度 ❷ stiffness 刚度；抗挠性

dureza ao rubro red hardness 红硬性

dureza Brinell Brinell hardness 布氏硬度

dureza compatível matched hardness 匹配硬度

dureza da água hardness of water 水的硬度

dureza da camada externa case-hardness 表面硬度

dureza do entalhe notch toughness 缺口冲击韧性

dureza de lima file hard 锉刀硬度；锉试硬度

dureza Mohs scratch hardness 划痕硬度

dureza pelo trabalho work hardness 加工硬度

dureza Rockwell Rockwell hardness 洛氏硬度

dureza secundária secondary hardness 二级硬度

dureza Shore Shore hardness 肖氏硬度

dureza superficial surface hardness 表面硬度

dureza total total hardness 总硬度

dureza Vickers Vickers hardness 维氏硬度

duricrosta *s.f.* duricrust 硬壳，钙质壳

durímetro *s.m.* durometer 硬度计

durimperme/duripã *s.m.* duripan 硬磐土

duro *adj.* hard 坚硬的

duroclarito *s.m.* duroclarain 暗亮煤

durofusito *s.m.* durofusain 暗丝煤

durómetro/durômetro *s.m.* durometer 硬度计；硬度测验器

durômetro de bancada bench hardnessmeter 台式硬度仪

durovitrito *s.m.* durovitrain 暗镜煤

dutovia *s.f.* pipe-rack （钻井）管架；烟斗架

dutoviário *s.m.* ❶ (of) pipeline 管道的，管线的 ❷ (of) pipeline transportation 管道运输的

duxite *s.f.* duxite 亚硫碳树脂；杜克炸药

dúzia *s.f.* dozen （一）打（合十二个）

dúzia de padeiro baker's dozen 十三个

DVD *sig.,s.m.* DVD (digital versatile disk, digital video disk) 数字通用光盘；数字视频光盘，DVD

DVDteca *s.f.* DVD library DVD 柜；DVD 光盘库

dvi-/dwi- *pref.* dvi-, dwi- 表示"类，准"［原为梵语中"2"的序数词，作为前缀用来构成待寻元素的名称，指代元素周期表中某元素正下方的第二个化学元素］

dvi-lantânio *s.m.* dvi-lanthanum 139 号元素的暂称 ⇨ eka-actínio

dvi-manganês *s.m.* dvi-manganese 类锰，铼 ⇨ rénio

DVR *sig.,s.m.* DVR (digital video recorder) 硬盘录像机

E

eakerite *s.f.* eakerite 硅铝锡钙石
early wood *s.f.* early wood 早材，春材
EBITDA *sig.,s.m.2n.* EBITDA (earnings before interest, taxes, depreciation, and amortization) 税息折旧及摊销前利润 ⇨ LAJIDA
ebonite *s.f.* ebonite 硬橡胶
ebulição *s.f.* boiling 沸腾
ebuliometria *s.f.* ❶ ebulliometry 沸点测定（法）❷ boiling-point elevation 沸点升高
ebuliómetro/ebuliômetro *s.m.* ebulliometer 沸点测定计，沸点计
ebulioscópio *s.m.* ebullioscope 沸点测定计，沸点计
ebulir *v.intr.* (to) boil 煮沸，（使）沸腾
eca- *pref.* ⇨ eka-
écfora *s.f.* ecphora（建筑构件的）出挑
eckermanite *s.f.* eckermannite [葡] 氟镁钠闪石
eckermannita *s.f.* eckermannite [巴] 氟镁钠闪石
eclético *adj.* eclectic 折衷主义的；不拘一格的
ecletismo *s.m.* eclecticism 折衷主义
eclímetro *s.m.* eclimeter 测斜器，量角器
eclipse *s.f.* eclipse, darkening 日食，月食；变暗
eclipse anular annular eclipse 环食，日环食
eclipse lunar lunar eclipse 月食
eclipse parcial partial eclipse 偏食，日偏食
eclipse solar solar eclipse 日食

eclipse total total eclipse 全食，日全食
eclíptica *s.f.* ecliptic 黄道
eclissa/eclisse/ecliz *s.f.* fishplate, splice-bar 拼接钢筋；拼接板；（铁轨）接合夹板；接夹板
eclogitização *s.f.* eclogitization 榴辉岩化作用
eclogito *s.m.* eclogite 榴辉岩
eclosora *s.f.* hatcher 孵卵器
eclusa *s.f.* lock 水闸，水门
eclusa de derivação diversion dam 分水坝
eclusa de desvio diversion sluice 分水闸
eclusa de navegação navigation lock 通航船闸
eclusa de rio (/fluvial) river sluice 拦河闸
eclusa para peixes fish lock 鱼闸
eclusa-sifão siphon sluice 虹吸式泄水闸
eclusada *s.f.* lockage water 过闸水量
eco *s.m.* echo 回声
eco- *pref.* ❶ eco- 表示 "生态的，生态学的；房屋的，住所的" ❷ echo- 表示 "回声的"
ecobatímetro *s.m.* echo sounder, fathometer 回声测深仪
ecobatímetro multifeixe multibeam echosounder 多波束测深仪
ecocatástrofe *s.f.* eco catastropie 生态灾害
ecocídio *s.m.* ecocide 生态灭绝
ecodesenvolvimento *s.m.* ecodevelopment 生态开发
ecoeficiência *s.f.* eco-efficiency 生态效益
eco-energia *s.f.* ecoenergy 生态能源

ecoestratigrafia *s.f.* ⇨ ecostratigrafia

ecograma *s.m.* echogram 回声谱；回声图

ecolocação *s.f.* echolocation 回声定位

ecolocalizador *s.m.* echo locator 回声定位仪

ecologia *s.f.* ecology 生态学

ecológico *adj.* ❶ ecological 生态的，生态学的 ❷ eco-friendly, environmentally friendly 环保的，生态环境友好的

ecologista *s.2g.* ecologist 生态学家

ecómetro/ecômetro *s.m.* echometer 回声仪

e-commerce *s.m.* e-commerce 电子商务

economato *s.m.* stewardship; steward's office 管家办公室

econometria *s.f.* econometrics 计量经济学

economia *s.f.* ❶ economy 经济；经济体制；经济状况 ❷ economics 经济学 ❸ economy, saving 节约，充分利用 ❹ ecomony, economical efficiency 经济性

economia aplicada applied economics 应用经济学

economia controlada controlled economy 管制经济

economia de combustível fuel economy 燃油经济性

economia de escala economy of scale 规模经济

economia de espaço space-saving 节省空间

economia de mercado market economy 市场经济

economia de subsistência subsistence economy 自给经济

economia de tempo time saving 节省时间

economia doméstica home economics, housekeeping 家政学

economia empresarial business economics 经营经济学；企业经济学

economia energética power economy 动力经济；动力节约

economia hídrica water economics 水利经济学

economia industrial industrial economics 产业经济学

economia mista mixed economy 混合经济

economia nacional national economy 国民经济

economia planificada (/planeada) planned economy, command economy 计划经济

economia política political economy, political economics 政治经济学

economia social social economy 社会经济

economicidade *s.f.* ecomony, economical efficiency 经济性

economicidade de construção economy of construction 建设的经济性

económico *adj.* ❶ economic 经济的；经济学的 ❷ economical; cheap 经济的；节约的；便宜的

economista *s.2g.* economist 经济师；经济学家

economista-chefe chief economist 首席经济学家，总经济师

economizador ❶ *s.m.* economizer 节省装置；节热器；省煤器 ❷ *adj.* saving 节省的；节能的

economizador de combustível fuel economizer 节油器，燃料节减器

economizador de energia energy-saving 节能的

economizador do freio brakesaver 制动节能器

economizador de gás gas economiser 废气节能器

economizador de mão-de-obra labor saving 节省劳力的

economizar *v.tr.* (to) economize 节约，节省

ecopista *s.f.* nature trail 自然小径

ecoponto *s.m.* sortable garbage bin 垃圾分类回收站

ecosfera *s.f.* ecosphere 生态圈

ecossistema *s.m.* ecosystem 生态系

ecossonar *s.m.* echo-sounding sonar 回声测深声呐

ecossonda *s.f.* echo sounder, fathometer 回声测深仪

ecostratigrafia *s.f.* ecostratigraphy 生态地层学

ecotaxa *s.f.* eco-tax 生态税

ecotipo *s.m.* ecotype 生态型

ecótono *s.m.* ecotone（植物）群落交错区

ecotoxicidade *s.f.* eco-toxicity 生态毒性

ecoturismo *s.m.* ecotourism 生态旅游

ecozona *s.f.* ecozone 生态地层单位

ecrã/écran *s.m.* screen 显示屏

ecrã a cores color screen 彩色显示屏

ecrã de mosaico mosaic screen 镶嵌屏幕

ecrã de plasma plasma screen 等离子显示屏

ecrã de projecção projection display 投影显示装置

ecrã inteiro full-screen 全屏

ecrã largo wide screen 宽屏

ecrã LCD LCD screen LCD 屏，液晶显示屏

ecrã táctil touch panel, touchscreens, touch pad [葡] 触摸屏

ecrã táctil sem fio wireless touch screen 无线触摸屏

Ectasiano *adj.,s.m.* [巴] ⇨ Ectásico

Ectásico *adj.,s.m.* Ectasian; Ectasian Period; Ectasian System [葡]（地质年代）延展纪（的）；延展系（的）

ectectito *s.m.* ectectite 泌出混合岩

ectexia *s.f.* ectexis 泌出混合岩化作用

ectexito *s.m.* ectexite 泌出混合岩

éctipo *s.m.* ectype 凸雕模型

ectinito *s.m.* ectinite 等化学变质岩；非混合岩

ECU *sig.,s.f.* ECU (electronic control unit) 电子控制单元

ecúmena *s.f.* ecumene 永久栖居区，定居区

edáfico *adj.* edaphic 土壤的

edafoclimático *adj.* atmospheric and soil 土壤气候的

edafologia *s.f.* edaphology 农业土壤学；土壤生态学

edenite *s.f.* edenite 浅闪石

Ediacariano *adj.,s.m.* [巴] ⇨ Ediacárico

Ediacárico *adj.,s.m.* Ediacarian; Ediacarian Period; Ediacarian System [葡]（地质年代）埃迪卡拉纪（的）；埃迪卡拉系（的）

edição *s.f.* ❶ publishing, issue 出版，发行，发布 ❷ editing 编辑 ❸ edition 版次，版本

edícula *s.f.* ❶ aedicule 小型建筑物 ❷ ancillary building [巴] 附属用房

edificação *s.f.* building, construction, edification 建造，建设；盖楼

edificar *v.tr.* (to) build, (to) construct, (to) edify 建造，建设；盖楼

edifício *s.m.* building 楼房，楼宇；建筑物；大厦

edifício adjacente adjoining building 毗邻建筑物

edifício administrativo administration building 行政办公楼

edifício agrícola farm building 农业建筑

edifício anexo ancillary building 附属建筑物

edifício comercial commercial building 商业建筑物

edifício de apartamentos apartment building 公寓大楼

edifício da casa de força power house building 电厂厂房

edifício de escritórios office building, office block 办公楼

edifício de habitação domestic building 住宅大厦；住用建筑物

edifício do reator reactor building 反应堆厂房

edifício de vários andares multi-story building 多层建筑

edifício defeituoso defective building 有缺陷的建筑物

edifício emblemático landmark building 地标建筑

edifício estardarizado ⇨ edifício padronizado

edifício existente existing building 现有建筑

edifício fabril factory building 厂房

edifício fechado enclosed building 围封式建筑物

edifício-garagem multi-story car park 多层停车场

edifício histórico historical building 历史建筑

edifício industrial industrial building 工业楼宇，工业建筑

edifício inteligente intelligent building 智能建筑

edifício não doméstico non-domestic

building 非住用建筑物

edifício novo new building 新建建筑，新建筑物

edifício padronizado standardized buildings 标准化建筑

edifício perigoso dangerous building 危险建筑物

edifício permanente permanent building 永久建筑物

edifício pré-fabricado prefabricated building 预制装配式建筑

edifício principal main building 主建筑，主楼

edifício proposto proposed building 拟建建筑物

edifício provisório temporary building 临时建筑物

edifício público public building 公共建筑物

edifício residencial residential building 住宅建筑物

edifício vizinho neighbouring building 邻近建筑物

edital s.m. edict, notice 通知，布告

editar v.tr. (to) edit 编辑

editor s.m. editor 编辑，编者；编辑程序

editora s.f. publishing house; publisher 出版社，出版商，出版公司

edólito s.m. edolite 长云角页岩

edómetro/edômetro s.m. oedometer 固结仪

edredão/edredom s.m. eiderdown 羽绒被

edutor s.m. eductor 喷射器，排泄器

EEAB sig.,s.f. raw water pump station 原水提升泵站

EEAB flutuante pontoon water station 浮床取水站

efebia s.f. ephebeum, ephebeion（古希腊的角力学校或古罗马的温泉浴场中用于男青年训练的）体操场

efectividade s.f. effectiveness 有效性

efectivo ❶ adj. effective; real 有效的；实际的 ❷ s.m. staff [集] 全体职员，全体雇员

efectivo residencial resident site staff 驻工地人员，现场人员

efectuar v.tr. (to) carry out, (to) accomplish, (to) effect 执行，实施；实现

efeito s.m. effect 效果，效应，作用

efeito ácido acid effect 酸效应

efeito albedo albedo effect 反射效应

efeito alexandrite alexandrite effect 变色效应

efeito ambiental environmental effect 环境影响，环境效应

efeito amortecedor damping effect 阻尼效应；减震效果

efeito-canal channel effect 沟道效应

efeito cascata ripple effect 连锁反应

efeito chaminé chimney effect 烟囱效应，抽吸效应

efeito corona crown effect 冠层作用

efeito de abertura aperture effect 孔径效应

efeito de afinação tuning effect 调谐效应

efeito de anteparo screening effect 屏蔽效应

efeito de barreira barrier effect 屏障效应；隔幕作用

efeito de bolha bubble effect 气泡效应

efeito de captura capture effect 捕获效应

efeito de carga load effect 荷载效应

efeito de carga lateral side-load effect 边载效应

efeito de caverna cave effect 井洞影响

efeito de cavidade cavity effect 空腔效应

efeito de chaminé de gás gas chimney effect 气烟囱效应

efeito de coeficiente de tensão strain-rate effect 应变率效应

efeito de Coriolis Coriolis effect 科里奥利效应

efeito de costa coastline effect 海岸效应

efeito de dimensão dimension effect 尺寸效应；维度效应

efeito de Doppler Doppler effect 多普勒效应

efeito de escala scale effect 尺度效应，比例效应

efeito de escudo ⇨ efeito de tela

efeito de estrela asterism 星光效应

efeito de estufa greenhouse effect 温室效应

efeito de extremidade end effect 末端效应，端点效应，端部效应

efeito de flutuação buoyancy effect 浮力效应

efeito de franja fringe effect 边缘效应

efeito da frequência frequency effect 频率效应

efeito de grupo de estacas pile group effect 群桩效应

efeito de Gibbs Gibbs effect 吉布斯效应

efeito de Hall Hall effect 霍耳效应

efeito de Hjulström Hjulström effect 尤尔斯特隆效应

efeito de ilhas de calor heat-island effect 热岛效应

efeito de inércia inertia effect 惯性效应

efeito de Leidenfrost Leidenfrost effect 莱顿弗罗斯特效应

efeito de leito adjacente adjacent bed effect 围岩屏障影响

efeito da malha grid effect 网格效应

efeito de maré tidal effect 潮汐效应

efeito de máscara mask effect 掩蔽效应

efeito de massa mass effect 质量效应

efeito de metamerismo metamerism effect 同色异谱效应

efeito de Munroe Munroe effect 聚能效应

efeito de orla edge effect 边缘效应

efeito de parede (/muro) wall effect 壁效应；器壁效应

efeito de poço borehole effect 井孔效应

efeito de profundidade de água water depth effect 水深效应

efeito de proximidade proximity effect 邻近效应

efeito de radiação radiation effect 辐射效应

efeito de segunda ordem second-order effect 二阶效应

efeito de sombra shadow effect 阴影效应，屏蔽效应，遮挡效应

efeito de surto surge effect 涌浪效应

efeito de tela shielding effect 屏蔽效应

efeito da temperatura temperature effect 温度效应

efeito de válvula valve effect 阀效应；单向导电性

efeito de Weissenberg Weissenberg effect 魏森贝格效应

efeito delta-P P delta effect P-DELTA 效应，重力二阶效应

efeito dinâmico dynamic effect 动力效应

efeito elástico spring effect 弹簧效应

efeito eléctrodo electrode effect 电极效应

efeito erosivo da água erosion effect of water 水的侵蚀作用

efeitos especiais special effects 特效

efeito fantasma phantom effect 幻影效应

efeito fotoeléctrico photoelectric effect 光电效应

efeito geomagnético geomagnetic effect 地磁效应

efeito global bulk effect 体效应；整体效应

efeito Jamin Jamin effect 贾敏效应

efeito joule joule effect 焦耳效应

efeito Joule-Thompson Joule-Thompson effect 焦耳-汤姆孙效应

efeito Klinkenberg Klinkenberg effect 克林肯伯格效应，滑脱效应

efeito luz e sombra light and shade effect 光影效果

efeito marginal edge effect 边际效应

efeito normal normal effect 正常效应

efeito pêndulo pendulum effect 摆锤效应，摆动效应

efeito piroeléctrico pyroelectric effect 热电效应

efeito ponte de gelo ice-bridge effect 冰桥效应

efeito sismoeléctrico seismoelectric effect 地震电效应

efeito solo ground effect 地面效应

efeitos termomagnéticos thermomagnetic effects 热磁效应

efeitos visuais visual effects 视觉效果

efeito Tyndall Tyndall effect 廷德耳效应

efeito Venturi Venturi effect 文丘里效应

efeito Zeeman Zeeman effect 塞曼效应

efemérides *s.f.pl.* ephemeris 星历表

eficácia *s.f.* effectiveness 成效，效益，效能

eficiência *s.f.* efficiency 效率

eficiência do colector solar solar collector efficiency 太阳能集热器效率

eficiência de deslocamento displacement efficiency 置换效率，驱替效率

eficiência de energia energy efficiency 能源效率

eficiência do fluido de fracturação hidráulico hydraulic fracturing efficiency [葡] 水力压裂效率

eficiência do fluido de fraturamento frac fluid efficiency [巴] 压裂液效率

eficiência de fluxo flow efficiency 流动效率, 阻力系数

eficiência de fluxo em testemunho core flow efficiency 岩心渗流效率

eficiência de fraturamento hidráulico hydraulic fracturing efficiency [巴] 水力压裂效率

eficiência da lama de fracturação frac fluid efficiency [葡] 压裂液效率

eficiência de luminária luminaire efficiency 灯具效率, 照明器效率

eficiência de rectificação rectification efficiency 整流效率

eficiência da recuperação secundária de óleo com uso de aditivos sweep efficiency [葡] 波及系数

eficiência de separação separation efficiency 分离效率

eficiência de transmissão transmission efficiency 传动效率

eficiência de varrido sweep efficiency [巴] 波及系数

eficiência de varrido areal areal sweep efficiency [巴] 面积波及系数

eficiência de varrido vertical vertical sweep efficiency [巴] 垂向波及效率

eficiência de varrimento sweep efficiency [安] 波及系数

eficiência e eficácia efficiency and effectiveness 效率和效益, 效率和效果

eficiência económica economic efficiency 经济效率

eficiência em amperes-hora ampere-hour efficiency 安时效率

eficiência energética energy efficiency 能源效率

eficiência exergética exergetic efficiency 㶲用效率

eficiência luminosa luminous efficiency 发光效率

eficiência operacional operating efficiency 运行效率

eficiência produtiva productive efficiency 生产效率

eficiência relativa relative efficiency 相对效率

eficiência térmica thermal efficiency 热效率

eficiência volumétrica volumetric efficiency 容积效率

eflorescência *s.f.* efflorescence 盐析; 风化; （矿物）粉化; （建筑）渗斑

eflorescência calcária efflorescence （墙面）反碱, 泛碱, 泛白霜

eflorescência cristalina crystal efflorescence 晶霜

eflorescência de filme film efflorescence 漆膜粉化

eflorescência salina salt efflorescence 盐霜

efluente *s.m.* ❶ effluent 出流水, 流出物 ❷ effluent 废水, 外排水

efluente dos esgotos sewage effluent 污水厂流出水

efluente de produção trade effluent 工商业污水

efluente industrial industrial effluent 工业废水; 工业流出物

efluente zero zero effluent 零排放

efluxo *s.m.* efflux; effluence （液体的）流出

efusiómetro/efusiômetro *s.m.* effusiometer 扩散计

efusiva *s.f.* effusive rock 喷出岩

efusivo *adj.* effusive 喷出的, 喷发的

egalizador *s.m.* compensator, equalizer 补偿器, 均衡器

egirina *s.f.* aegirine 霓石

egirina-augite aegirine-augite 霓辉石

egirinito *s.m.* aegirinite 霓石岩

Eifeliano *adj.,s.m.* Eifelian; Eifelian Age; Eifelian Stage （地质年代）艾菲尔期（的）; 艾菲尔阶（的）

einstéinio/einstênio (Es) *s.m.* einsteinium (Es) 锿

eira *s.f.* threshing floor; barn floor 晒谷场, 打谷场

eirada *s.f.* threshed cereals 谷物脱粒机一次

的产量

eirado *s.m.* housetop, terrace 屋顶；露台

eixo *s.m.* ❶ 1. axle, shaft 轴，转轴 2. shaft (of a car or a carriage) 车轴，桥 3. spindle 心轴 ❷ 1. axis 轴线；坐标轴 2. centerline 中线，中心线

eixo accionador driveshaft, drive axle 驱动轴

eixo adaptador adapter shaft 接轴

eixo articulado jointed shaft 铰接轴

eixo autodireccional self-steering shaft 自动转向轴

eixo auxiliar auxiliary shaft, complementary shaft 副轴

eixo cardânico cardan shaft 万向轴，绞接轴

eixo cartesiano Cartesian axis 笛卡儿（坐标）轴

eixo central da visão central visual axis 视平线

eixo cinemático kinematic axis 运动轴

eixo comando das válvulas camshaft 凸轮轴

eixos coordenados coordinate axes 坐标轴

eixo cristalográfico crystal axis, crystallographic axis 晶轴

eixo de abcissas axis of abscissa 横坐标轴

eixo de accionamento drive shaft 传动轴

eixo do acelerador throttle shaft 节气门轴

eixo do afogador choke shaft 扼流轴

eixo da alavanca da embreagem clutch lever shaft 离合器踏板轴杆

eixo do arco arch axis 拱形轴

eixo de arraste trailing axle 后轮轴

eixo de articulação coupling shaft 连接轴

eixo do balancim rocker arm shaft 摇臂轴

eixo da barragem axis of dam 坝轴线

eixo da báscula horizontal axis 横轴

eixo de bomba pump shaft 泵转轴

eixo de cames ⇨ eixo comando das válvulas

eixo do carburador ⇨ eixo do acelerador

eixo de carreto ⇨ eixo do pinhão

eixo de catraca ratchet shaft 棘轮轴

eixo de cisalhamento de entrada input

shear shaft 输入剪切轴

eixo de colimação collimation axis 视准轴

eixo da coluna da direcção steering column shaft, steering shaft 转向轴

eixo do comando do acessório accessory drive shaft 附属主动轴

eixo do comando em tandem tandem drive stub axle 串联驱动短轴

eixo de combota crankshaft 曲轴

eixo de contrabalanço balancer shaft 平衡轴

eixo de controle control shaft 控制轴

eixo de coordenadas coordinate axis 坐标轴

eixo da coroa bevel gear shaft, shaft of bevel gear 锥齿轮轴

eixo do curso d'água flow axis 水流轴线

eixo de deformação deformation axis 变形轴

eixo de descompressão compression release shaft 减压轴

eixo do diferencial differential shaft 差动轴

eixo De Dion De-Dion axle 迪里恩后桥

eixo da direcção steer axle, steering axle 转向轴

eixo do disjuntor circuit breaker shaft 断路器轴

eixo do dispositivo de travamento interlock shaft 联锁轴

eixo de distribuição ⇨ eixo comando das válvulas

eixo do distribuidor distributor shaft 分电器轴

eixo de dobra hinge fold 褶皱枢纽

eixo da dobradiça axle of a hinge 铰链轴

eixo de elevação lifting shaft 升降轴

eixo de embraiagem (/embreagem) clutch shaft 离合器轴

eixo de engrenagem de accionamento drive gear shaft 驱动齿轮轴

eixo da engrenagem intermediária da marcha à ré reverse idler shaft 回动空转轮轴

eixo da engrenagem sem-fim worm gear shaft 蜗轮轴

eixo de entrada input shaft 输入轴

eixo do excêntrico do freio ⇨ eixo comando das válvulas

eixo do freio brake shaft, braking axle 制动车轴

eixo do leito axis of stream bed 河床轴线

eixo de lente axis of lens 透镜轴；晶状体轴

eixo de manivelas ⇨ eixo de combota

eixo de massa mass axis 质心轴

eixo de motor motor shaft 电机轴

eixo de mudança (de marcha) shifter shaft 变速拨叉轴

eixo de ordenadas axis of ordinate 纵坐标轴

eixo do pedal da embreagem clutch pedal shaft 离合器踏板轴杆

eixo do pinhão pinion shaft 小齿轮轴

eixo do ponto de apoio fulcrum shaft 支轴，支点轴

eixo de precisão precision spindle 精密主轴

eixo de quatro manivelas four-throw crankshaft 四弯曲柄轴

eixo de referência reference axis, axis of reference 参考轴

eixo do reservatório axis of reservoir 水库轴线

eixo de ressalto brake camshaft 制动凸轮轴

eixo de reversão do círculo circle reverse drive shaft 环路反向传动轴

eixo de revolução axis of rotation 转轴，转动轴

eixo de rodas wheel axle 轮轴

eixo da roda-guia idler shaft 空转轮轴

eixo da roda motriz sprocket shaft 链轮轴

eixo de rotação ❶ axis of rotation; pivot axis 转轴；枢轴 ❷ screw axis 螺旋轴

eixo de rotor rotor shaft 转子轴

eixo de saída ❶ output shaft 输出轴 ❷ terminal shaft 终端轴

eixo de simetria axis of symmetry 对称轴

eixo do suporte carrier shaft 支承架轴

eixo do tambor drum shaft 卷筒轴

eixo da Terra Earth's axis 地轴

eixo do topo stub axle 短轴，耳轴

eixo de transmissão driveshaft, drive axle 驱动轴

eixo de três manivelas three-throw crankshaft 三拐曲轴；三曲柄曲轴

eixo do tucho tappet shaft 挺杆轴

eixo da turbina turbine shaft 涡轮轴

eixo de válvula valve shaft 阀轴

eixo da via track centerline 轨道中心线

eixo de vôo flight lines 航线，停机线

eixo deposicional depoaxis 沉积轴堆积轴

eixo desembreador release shaft 分离轴

eixo dianteiro front axle, forward axle 前轴

eixo e braço Pitman (/braço da direcção) pitman arm and shaft 转向臂和转向轴

eixo eléctrico electrical axis 电轴

eixo entalhado (/estriado) splined shaft 花键轴

eixo euleriano eulerian axis 欧拉轴

eixo excêntrico eccentric shaft 偏心轴

eixo facetado kelly 方钻杆

eixo fiducial fiducial axis 基准轴

eixo fixo dead axle 非驱动桥，静轴

eixo flexível flexible shaft 软轴，挠性轴

eixo flutuante de pistão floating gudgeon pin 浮动活塞销

eixo geomagnético geomagnetic axis 地磁轴

eixo geométrico geometrical axis 几何轴

eixo horizontal horizontal axis 水平轴，横轴

eixo inclinado inclined shaft 斜轴

eixo intermediário intermediate shaft 中间轴

eixo longitudinal longitudinal axis 纵轴

eixo magnético magnetic axis 磁轴

eixo maior major axis 长轴

eixo menor minor axis 短轴

eixo motriz drive axle 驱动轴

eixo-motriz do controle de força power control drive shaft 动力控制传动轴

eixo móvel live axle 动轴

eixo neutro neutral axis 中性轴；中和轴

eixo neutro do trilho rail neutral axis 钢轨中性轴

eixo oco hollow shaft, hollow axle 空心轴

eixo óptico (da luneta) optical axis 光轴
eixos ortogonais orthogonal axes 正交轴
eixo oscilante oscillating axle 摇动桥，摆动轴
eixo pivô pivot shaft 枢轴
eixo polar polar axis 极轴
eixo primário de redução primary reduction shaft 主减速轴
eixo principal principal axis 主轴
eixo principal do teodolito vertical axis 竖轴
eixo quadrado ❶ square shaft 方轴 ❷ kelly 方钻杆
eixo radial radial axle 径向轴
eixo rígido rigid shaft 刚性轴
eixo secundário secondary axis, lay shaft 副轴
eixo transversal cross shaft 横轴，转向横轴
eixo traseiro rear axle 后桥
eixo vertical vertical axis 立轴；垂直轴；纵轴
eixo viário road axis 道路中心线
eixo X/Y/Z X/Y/Z axis X/Y/Z 轴
ejecção/ejeção s.f. ❶ ejection（向外）喷射；弹出，顶出 ❷ entrainment 挟带作用
ejecta s.f. ejecta（火山）抛出物，喷出物
ejectar v.tr. (to) eject 弹出，喷射
ejectólito s.m. ejectolith 火山喷出的岩石碎片
ejector/ejetor ❶ s.m. 1. ejector（向外排放的）喷射器 2. jet pump 喷射泵 ❷ s.m. ejector 推卸器，顶出装置 ❸ adj. ejecting, (of) ejection（向外）喷射的，排出的；顶出的
ejector de água water ejector 水射器
ejector de ar air-ejector 喷气器
ejetor de ar do condensador condenser air ejector 冷凝器空气喷射器
ejetor de partida starting ejector 启动抽气器
ejector de pedras rock ejector 石块清除器
ejector de pó (/poeira) dust ejector 吹尘器
ejector de Shone Shone ejector 肖恩喷射器
ejector em movimento on-the-go ejector 持续推料板

ejector hidráulico hydraulic ejector 水力喷射器
eka- pref. eka- 表示"类，准"[原为梵语中"1"的序数词。在化学领域，作为前缀用来构成待寻元素的名称，指代元素周期表中某元素正下方的第一个化学元素。如 eka-ástato（现为 117 号元素 tenesso），eka-rádon（现为 118 号元素 oganésson）]
eka-actínio s.m. eka-actinium 类锕，121 号元素（在部分扩展元素周期表方案中，指 139 号元素）
eka-alumínio s.m. eka-aluminum 类铝，准铝。31 号元素镓的旧称 ⇨ gálio
eka-frâncio s.m. eka-francium 类钫，119 号元素 ⇨ ununénio
eka-rádio s.m. eka-radium 类镭，120 号元素 ⇨ unbinílio
eka-tálio (eka-Tl) s.m. eka-thallium (eka-Tl) 类铊，113 号元素𬭊的旧称 ⇨ nipónio
ekerito s.m. ekerite 钠闪花岗岩
ekmannita s.f. ekmannite [巴] 锰叶泥石
elaboração s.f. elaboration, processing 编制（文件）
elaborar v.tr. (to) work out, (to) draw up 编制，起草，绘制（图纸）
elasticidade s.f. elasticity 弹性
elasticidade de alongamento elasticity of elongation 伸长弹性
elasticidade de cisalhamento shear elasticity 剪切弹性
elasticidade de compressão elasticity of bulk 体积弹性
elasticidade dos gases elasticity of gases 气体弹性
elasticidade de renda income elasticity 收入弹性
elasticidade de tensão (/tracção) tensile elasticity 抗拉弹性
elasticidade linear linear elasticity 线性弹性
elasticidade-preço price elasticity 价格弹性
elástico adj. elastic 有弹性的
elastofrágil adj.2g. elasto-fragile 弹脆的
elastómero/elastômero s.m. elastomer 弹性体
elastómero EPDM EPDM elastomer 三

元乙丙橡胶弹性体
elaterite *s.f.* elaterite 弹性沥青，矿质橡胶
elbaíte *s.f.* elbaite 锂电气石
elcornito *s.m.* elkhornite 拉辉正长岩
eleanorite *s.f.* beraunite 簇磷铁矿
electr- *pref.* electr- 表示 "电的，电力的"
electrão *s.m.* electron [葡] 电子
electrão de valência valence electron 价电子
electrão livre free electron 自由电子
electrão negativo negative electron 负电子
electrão orbital orbital electron 轨道电子
electrão positivo positive electron 正电子
electrão secundário secondary electron 次级电子
electrão-volt (eV) electron volt (eV) 电子伏特
electreto *s.m.* electret 驻极体，永电体
electricidade *s.f.* electricity 电；电力；电气；电学
electricidade atmosférica atmospheric electricity, atmospherics 天电
electricidade de alta voltagem high voltage electricity 高压电力
electricidade de atrito frictional electricity 摩擦电
electricidade induzida faradic electricity 感应电
electricidade negativa negative electricity 负电
electricidade positiva positive electricity 正电
electricidade voltaica voltaic electricity 光伏电
electricista *s.2g.* electrician 电工
eletricista auto auto (movie) eletrician 汽车电工
eléctrico ❶ *adj.* electric, electrical 电的，电力的，电气的，产生电的，电动的 ❷ *s.m.* electric equipment 电器 ❸ *s.m.* tram 有轨电车
electrificação *s.f.* ❶ electrification 电气化；电气化建设 ❷ energization 通电
electrificado *adj.* energized 通电的
electrificar *v.tr.* (to) electrify 使电气化
electrizado *adj.* electrified 带电的

electroacústica *s.f.* electroacoustics 电声学
electroafinidade *s.f.* electron affinity 电子亲和力
electrobomba *s.f.* electropump 电泵；电动泵；电动抽水机
electrobomba centrífuga horizontal horizontal centrifugal pump 卧式离心电泵
electrobomba submersível electrical submersible pump 潜水电泵
electrocalha *s.f.* raceways, wireway 电缆桥架，电线管道，行线槽
electrocinética *s.f.* electrokinetics 动电学
electrocópia *s.f.* electrostatic copying, xerography 静电复印
electrocromático *adj.* electrochromic 电致变色的
electrocussão *s.f.* electrocution 触电
electrocutado *adj.* electrocuted 触电的；触电身亡的
electrodeionização (EDI) *s.f.* electrodeionization (EDI) 电去离子
electrodeposição *s.f.* electrodeposition 电沉积；电镀
electrodiálise *s.f.* electrodialysis 电渗析
electrodinâmica *s.f.* electrodynamics 电动力学
electrodinâmico *adj.* electrodynamic 电动力的，电动力学的
electrodinamómetro/eletrodinamômetro *s.m.* electrodynamometer 电测力计
eléctrodo/eletrodo *s.m.* ❶ electrode 电极 ❷ electrode, welding rod 焊条，电焊条
eléctrodo A-B A-B electrode AB 电极，供电电极
eléctrodo central central electrode 中心电极
eléctrodo combinado combined electrode 复合电极
eléctrodo consumível consumable electrode 自耗电极
eléctrodo de aço inox stainless steel electrode 不锈钢焊条
eléctrodo de aterramento (/à terra/ de massa/de protecção de terra/ de terra) earth electrode, grounding electrode 接地体，接地电极
eléctrodo de aterramento de fundação

foundation earth electrode 基础接地体

eléctrodo de aterramento em anel ground ring 接地环

eléctrodo de corrente current electrode 电流电极

eléctrodo de disparo trigger electrode 点火电极，触发极

eléctrodo de ferro fundido cast iron electrode 铸铁电极

eléctrodo de ignição ignition electrode 点火电极

eléctrodo de ionização ionization electrode 电离电极

eléctrodo de potencial potential electrode 电位电极

eléctrodo de referência reference electrode 参比电极，参考电极

eléctrodo focalizador guard electrode 屏蔽电极

eléctrodo não polarizável nonpolarizable electrode 不极化电极

eléctrodo negativo negative electrode （电池）负极

eléctrodo positivo positive electrode （电池）正极

eléctrodo protector de zinco zinc protector rod 镀锌焊条

eléctrodo tubular cored electrode 含芯焊条；有芯焊条

eléctrodoméstico s.m. electrical appliance 家用电器

electroduto s.m. cable duct, cable conduit 电缆管道，穿线管

electroduto aparente exposed conduit 明装穿线管

electroduto corrugado corrugated conduit 波纹电线管

electroduto flexível flexible conduit 柔性电线管

electroduto rígido de aço-carbono carbon steel rigid conduit 刚性碳素钢管道

electroduto rígido de aço-carbono, com costura, com revestimento protector e rosca carbon steel rigid conduit, with seam, with protective coating, with thread 碳素钢电线套管，有缝，带表面防护层，螺纹结合

eletroduto sob o piso underfloor raceway 地板下电缆通道

electroerosão s.f. electrical discharge machining (EDM) 电火花加工，电解放电加工

electroerosão a fio wire(-cutting) electroerosion, Wire EDM 电火花线切割

electroerosão por penetração EDM die sinking 电火花成形加工

electrofácies s.f. electrofacies 测井相

electroferragens s.f.pl. electric power fittings 电力金具

electrofísica s.f. electrophysics 电物理学

electroforese s.f. electrophoresis 电泳

electrogalvanização s.f. electroplating, electrogalvanizing 电镀，电镀锌

electrogalvanizar v.tr. (to) electroplate, (to) electrogalvanize 电镀，用锌电镀

electrogéneo adj. electrogenic 发电的

electrohidrometria s.f. electrohydrometry 电液体比重测量法

electroidráulica s.f. electrohydraulics 电动水力学，电动液压

electroíman/eletroímã s.m. electromagnet, electric magnet 电磁铁

electroíman do campo indutor field magnet 场磁铁

eletroímã elevador lifting magnet 起重磁铁

electrólise s.f. electrolysis 电解

electrólito s.m. ⇨ electrólite

electrólite s.f. electrolyte 电解质溶液，电解液

electrólite de bateria battery electrolyte 电池电解液

electroluminescência s.f. electroluminescence 电致发光

electromagnete/eletromagneto s.m. electromagnet, electric magnet 电磁铁

electromagnetismo s.m. electromagnetism 电磁学；电磁现象

electromecânica s.f. electromechanics 电机械学

electromecânico adj. electromechanical 电动机械的，机电的

electrometalização s.f. electrometallization 电喷镀金属

electrometalurgia s.f. electrometallurgy 电

冶金；电冶金学

electrómetro/eletrômetro *s.m.* electrometer 静电计

electromotor *s.m.* electromotor 电动机

electronegatividade *s.f.* electronegativity 负电性

electronegativo *adj.* electronegative 负电性的

electroneutralidade *s.f.* electroneutrality 电中性

electroneutro *adj.* electroneutral 电中性的

electrónica *s.f.* electronics 电子学

electrónico *adj.* electronic 电子的

electropositividade *s.f.* electropositivity 正电性

electropositivo *adj.* electropositive 正电性的

electroquímica *s.f.* electrochemistry 电化学

electrorresistividade *s.f.* eletrical resistivity 电阻率

electroscópio *s.m.* electroscope 验电器

electrosmose *s.f.* electroosmosis 电渗透

electrosserra *s.f.* electric saw 电锯

electrossíntese *s.f.* electrosynthesis 电合成

electrossoldadura *s.f.* electric welding 电焊

electrostática *s.f.* electrostatic 静电

electrostrição *s.f.* electrostriction 电致伸缩

electrotécnica *s.f.* electrotechnics 电工技术；电工学

electrotermia *s.f.* electrothermics 电热学

electrotermoluminescência *s.f.* electrothermoluminescence 电控加热发光

electrum *s.m.* electrum 银金矿

elegibilidade *s.f.* eligibility 合格性；候选资格

elegimento *s.m.* ballast 道床

elemento *s.m.* ❶ element 元素；要素 ❷ element 构件，元件；单元 ❸ filter element 过滤器滤芯

elemento acessório secondary macronutrient 次要营养素

elemento arquitectónico architectural element 建筑元素

elemento bimetálico bimetallic element 双金属元件

elementos biófilos biophile elements 亲生物元素

elementos calcófilos calcophile elements 亲铜元素

elemento combustível fuel element 燃料元件

elementos compatíveis compatible elements 相容元素

elemento condicionador do líquido arrefecedor coolant conditioner element 冷却液防锈剂罐

elemento de aço estrutural structural steel member 结构钢构件

elemento de acumulador accumulator element 蓄电池单元

elemento de aquecimento heating element 发热元件

elemento de bateria accumulator cell 蓄电池单元

elemento de betão in situ cast-in-situ concrete unit 现场浇筑混凝土构件

elemento de betão pré-moldado (/pré-fabricado) precast concrete unit 预制混凝土构件

elemento de betão pré-moldado pré--esforçado precast-prestressed concrete unit 预制预应力混凝土构件

elemento da bomba pump element 泵芯子

elemento de cadeia link 链环，环节

elemento de compressão compression member 受压构件

elemento de construção unit of construction, element of construction 建筑构件

elemento de detecção sensing element 敏感元件，传感元件

elemento de entivação support element, support unit 支护构件，支承构件

elemento de filtro filter element 滤清器滤芯

elementos de fixação fixings 紧固件

elemento de flexão bending member 受弯构件

elemento de força zero zero-force member 不受力构件

elemento de liga alloying element 合金元素，成合金元素

elementos do motor engine components 发动机部件

elementos de pedra calcária limestone cladding slabs 石灰石板材

elemento de pilha dry cell 干电池

elemento de projecto design element 设计元素

elementos de transição transition elements 过渡元素

elemento de retardo delay detonator 延时雷管

elemento de rolamento rolling element 滚动元件

elemento de segurança ❶ safety element 安全元件 ❷ secondary element (of/ air cleaner) 次级滤清器滤芯

elemento de sombreamento shading element 遮阳装置

elemento de suporte supporting member 支承构件

elemento de tracção tension member 受拉构件

elemento de vedação de lábio simples single lip sealing element 单唇油封件

elemento duplo double element, dual element 二元（的构件）

elemento endurecedor hardening element 硬化剂

elemento enroscável screw-plug cartridge 旋入式筒

elemento enterrado embedded part 埋设构件

elemento estrutural structural element 结构构件；结构元件

elemento expansivo clamping element 夹紧元件

elementos figurados allochems 异化颗粒，外源化学沉积

elemento filho daughter element 子体元素，继承元素

elemento filtrante filter element 过滤器滤芯

elemento filtrante do ar air filter element 空气滤清器滤芯

elemento filtrante do combustível fuel filter element 燃油滤清器滤芯

elemento filtrante do óleo lubrificante oil filter element, lube oil element 机滤，机油滤清器滤芯

elemento filtrante substituível cartridge-type element 可更换滤芯

elemento final de controle final control element 末控元件

elemento finito finite element 有限元

elemento hidráulico hydraulic element 液压元件

elementos incompatíveis incompatible elements 不相容元素

elemento isoparamétrico isoparametric element 等参数单元

elementos litófilos lithophile elements 亲石元素

elemento livre unrestrained member 非约束构件；无约束部件

elementos maiores major elements 大量元素，主要元素

elementos menores minor elements 次要元素

elemento não estrutural non-structural element 非结构构件

elementos nativos native elements 自然元素，天然元素

elemento pré-esforçado prestressed element 预应力构件

elemento pré-fabricado prefabricated element 预制构件

elemento primário ❶ primary element 基本元件 ❷ primary element 大量元素，主要养分

elemento primário de medição primary element, primary detector 一次探测器，初级探测器

elemento principal primary member 主构件

elementos principais principal elements 大量元素，常量元素，主要元素

elementos refractórios refractory elements 难熔元素

elemento repetitivo repetitive member 重复构件

elemento secundário secondary member 次要杆件；副构件

elementos secundários secondary elements 次要元素

elemento sensor sensing element 传感元件

elementos siderófilos siderophile elements 亲铁元素

elemento terciário tertiary member 三级构件

elementos-traço trace elements 微量元素，痕量元素

elemento vazado hollow element; cobogó 空心件；空心砖；镂空墙面；镂空墙砖 ⇨ cobogó

elemento vazado acústico acoustic hollow element 隔音空心砖

elemento vedador sealing element 密封件

elemento vedador de lábio duplo double lip sealing element 双唇密封件

elemento vertical upstand 立柱

elementos vestigiais vestigial elements 微量元素，痕量元素

elementos voláteis volatile elements 挥发性元素

eleolite s.f. eleolite 霞石，脂光石

eletr- pref. ⇨ electr-

elétron s.m. electron [巴] 电子

elevação s.f. ❶ elevation, lifting up; increase 抬升；上升；提高，增加 ❷ height; lift 高度；扬程 ❸ elevation, geometrical representation of a building 立面图

elevação artificial artificial lift 人工提升

elevação com gás gas lift 气举

elevação continental continental rise 大陆隆，陆基

elevação contínua a gás continuous-flow gas lift 连续流动气举

elevação do aeródromo aerodrome elevation 机场标高

elevação do balcão do buffet buffet counter elevation 餐具柜立面

elevação do campo field elevation 场站海拔

elevação de pressão pressure buid-up 升压

elevação da superfície livre free board 安全超高

elevação de temperatura temperature rise 温升

elevação do tiro shot elevation 放炮高度

elevação de voltagem (/tensão) voltage rise, voltage build-up 电压升高

elevação inicial da voltagem voltage build-up 起压，起励

elevação intermitente a gás intermittent-flow gas lift 间歇气举

elevação natural natural lift 天然能量举油

elevado ❶ adj. elevated 高的，被升高的 ❷ s.m. elevated road 高架路

elevador s.m. ❶ 1. lift, elevator （建筑用）电梯，升降机 2. elevator （物料等）升降机，升运机 ❷ riser plate （铁轨）垫板

elevador acessível barrier-free lift, accessible elevator 无障碍电梯

elevador contínuo continuous chain lift 链式升降机

elevador de baldes (/alcatruzes/caçambas) bucket elevator 斗式提升机；斗式运输机

elevador de bombeiros fireman's lift 消防员升降机

elevador de cargas load lifter 装载升降机

elevador de comando automático coletivo seletivo selective collective operation elevator 集选控制电梯

elevador de comporta gate hoist 闸门启闭机

elevador de cozinha service lift, dumb-waiter 送菜升降机

elevador de fileiras windrow elevator 料堆提升机

elevador de grãos ❶ grain elevator 谷物升运器 ❷ grain auger 谷粒喂入螺旋，谷物螺旋推运器

elevador de materiais material lift 物料升降机

elevador de nora ⇨ elevador de baldes

elevador de passageiros passenger lift 客梯

elevador de petróleo gas lift 气举设备

elevador de projector de tecto ceiling projector lift 天花板投影仪升降器

elevador de retornos ❶ returns elevator 杂穗升运器 ❷ return auger 杂穗回收螺旋，杂余螺旋推运器

elevador de rosário ⇨ elevador de baldes

elevador de tesoura scissor lift 剪刀式升降平台，剪刀式升降机

elevador de tesoura autopropelido self-propelled scissor lift 自行式剪刀形高空作业平台

elevador de tesoura eléctrico electric scissor lifts 电动剪刀式升降机

elevador de tesoura eléctrico autopropelido electric self-propelled scissor lift 自行式电动剪叉形高空作业平台

elevador de tesoura eléctrico compacto compact electric scissor lift 小型剪刀式升降机

elevador de tracção traction elevator 曳引电梯

elevador eléctrico electric lift 电梯

elevador gradual de agulha de amv graduated riser plate 支距垫板

elevador hidráulico hydraulic lift 液压电梯

elevador panorâmico panoramic elevator 观光电梯，全景电梯

elevador para cadeira de rodas wheelchair lift 轮椅升降梯

elevador para peixes fish lift 升鱼机

elevador para sacaria bag lift 粮袋升降机

elevador pessoal personal lift 客梯

elevador pneumático pneumatic elevator 气动提升机

elevador portátil de materiais portable material lift 便携式材料提升机

elevador uniforme de agulha de amv uniform riser plate 通长垫板

elevador unipessoal push around lift 单人电梯

elevar v.tr. (to) lift, (to) raise, (to) hoist 抬升，提升，吊升

elevon s.m. elevon 升降副翼

eliminação s.f. elimination; disposal 消除；清除；清理

eliminação de falhas fault clearance 故障清除

eliminador s.m. eliminator 消除器

eliminador de ar de-aerator 排气器

eliminador de bateria battery eliminator 电池代用器

eliminador de névoa mist eliminator 除雾器

eliminador de ruídos noise eliminator 消音器

eliminador de tocos stump grinder 树桩粉碎机

eliminar v.tr. (to) eliminate, (to) remove, (to) delete 消除；清除；清理；删除

elipse s.f. ellipse, oblong 椭圆

elipse de erro ellipse of errors 误差椭圆

elipsoidal adj.2g. ellipsoidal 椭圆体的

elipsóide s.m. ellipsoid 椭圆体

elipsóide de deformação deformation ellipsoid 变形椭球体

elipsóide de referência reference ellipsoid 参考椭球

elipsóide de revolução ellipsoid of revolution 旋转椭球

elipsóide das tensões ellipsoid of stress 应力椭球

elipsóide escaleno scalene ellipsoid ⇒ elipsóide triaxial

elipsóide internacional international ellipsoid 国际椭球

elipsóide triaxial triaxial ellipsoid 三轴椭球

elipticidade s.f. ellipticity, ovality 椭圆度，椭圆率

elíptico adj. elliptical 椭圆的，椭圆形的

elo s.m. ❶ 1. link 链节，环节 2.(de esteira) link, track 履带链节 ❷ link 连杆

elo bipartido ⇒ elo segmentado

elo bola ball eye 球头挂环

elo de ancoragem anchor linkage 锚链

elo de comunicação communication link 通信线路；通信连接装置

elo de corrente link 链环

elo do engate amortecedor cushion hitch link 缓冲连接装置拉杆

elo da esteira amortecedora cushion track link 缓冲履带链节

elo de ligação link 环节

elo de segurança safety link 安全环

elo de suspensão lifting link 提升连杆；起升联动杆

elo de terra ground loop 接地回路

elo excêntrico cam link 凸轮链接

elo fusível fuse link 熔丝连接环

elo inversor reversing link 换向连杆
elo iônico ionic link 离子键
elo mestre master link 履带主链节
elo móvel swivel 转环
elo segmentado split link 组合链环
elongação *s.f.* elongation（行星）距角；（拱极星）大距
elquerito *s.m.* elkerite 埃尔克沥青
eluato *s.m.* eluate 洗出液，洗提液
eluente *s.m.* eluant 淋洗剂
elutriação *s.f.* elutriation 淘析，淘洗
elutriador *s.m.* elutriator 淘析器；含泥量试验仪
eluviação *s.f.* eluviation 残积作用；淋溶作用
eluvial *adj.2g.* eluvial 残积层的；淋溶的
eluvião *s.f.* eluvium 残积层
elúvio *s.m.* ⇨ eluvião
elvanito *s.m.* elvanite, elvan 淡英斑岩
em *prep.* in 在…（里面）的，以…形式存在的 [缩合形式：no, na, nos, nas]
no andar superior upstairs 楼上的，在楼上的
em bom estado in good condition 完好，状态良好
no cabeçote overhead 顶置的（气门）
no cais ex quay 码头交货（价）
em caixa metálica metal enclosed 金属封装
na cena on-scene（事故）现场的
em conservação in conservation 维护中，保养中
em consola overhanging 悬伸的
em construção under construction 在建的，正在施工的
em couro leather 皮的，真皮的
em curva crooked 弯曲的
em duas vias de igual teor in duplicate 一式两份
em duplicado in duplicate 一式两份；一式两联
em estilo enxaimel half-timbered 露明木架的
em formato digital in digital format（文件）电子版
em invólucro opaco in opaque envelope 不透明材料封装
em linha in-line 排成一行；成直线

em manutenção under maintenance 维护中
em média e por demão on average and per coat（涂料等的）每次平均用量
em meia-lua crescent 新月形的；月牙形
em mosaico tessellated 小块玻璃或石块镶嵌成的
no navio ex ship 目的港船上交货（价）
em operação in operation; in service 工作中，运行中
em papel (of) paper（文件）纸质的
em pele ⇨ em couro
no próprio local on-site 实地；就地；现场
em quincunce (/quincôncio) in quincunx, in staggered rows 梅花形
em relevo embossed 浮雕的
em reparação under repair 修理中
em repouso resting, stationary 搁置的，正在休养的
em tempo real real time 实时
em U U-shape U 形
em um único vão single span 单跨
em V V-shape V 形
em xadrez checkered 方格式
emadeiramento *s.m.* wooden support 木支架
emalhetado *adj.* (of) mortise 榫接的
emalhetamento *s.m.* mortising 用榫接合
emanação *s.f.* emanation 挥发，散发；挥发物，散发物
emanações magmáticas magmatic emanations 岩浆喷气
emanar *v.tr.* (to) emanate, (to) exhale 挥发，散发
ematite *s.f.* red hematite 赤铁矿
embaciamento *s.m.* ❶ tarnishing（金属）锈蚀，锈污 ❷ misting, blur 玻璃结雾
embaciar *v.tr.* (to) dim 使暗淡，使失去光泽；使变模糊
embaiamento *s.m.* embayment 湾状结构
embainhamento *s.m.* hemming 卷边加工
embainhar *v.tr.* (to) hem 做褶边
embaixada *s.f.* embassy 大使馆；大使馆的全体人员
embaixador *s.m.* ❶ ambassador（外交人员）大使 ❷ ambassador 特使；代表

embaixador da marca brand ambassador 品牌大使

embaixador extraordinário e plenipotenciario ambassador extraordinary and plenipotentiary 特命全权大使

embaladeira *s.f.* wrapping machine 包装机，打包机

embalagem *s.f.* package; wrapping 包装；包装物

embalagem combinada combination packaging 组合包装

embalagem composta composite packaging 复合包装

embalar *v.tr.* (to) pack, (to) package 包装，打包

embandeiramento *s.m.* ❶ flagging of roads 插路线旗；[集]路线旗 ❷ feathering 顺桨

embandejamento *s.m.* palletizing 码垛堆积；托盘包装

embarcação *s.f.* ❶ vessel, ship, boat [巴]（泛指各种）船，艇 ❷ boat 小船

embarcação de apoio a mergulho diving support vessel 潜水支援船

embarcação de apoio a ROV ROV support vessel 潜水器支持母船

embarcação de manuseio de âncoras anchor handling tug supply (AHTS) vessel 抛锚拖带供应船

embarcação de suprimento supply vessel 供应船

embarcação multiuso multi-service vessel, multipurpose support vessel 多用工作船

embarcação para lançamento de linhas pipe laying vessel 铺管船，敷管船

embarcadouro/embarcadoiro *s.m.* pier, land-place 码头，直码头

embargo *s.m.* embargo 禁令；禁止

embargo de acção cease and desist order 停止令

embarque *s.m.* embarkation, embarkment, shipping 装运；上船；上车；登机

embarque e desembarque embarking and disembarking 装运和卸载；登船和离船；上下车；登机和下飞机

embarrar *v.tr.* (to) clay 用黏土处理，用黏土

覆盖

embasamento *s.m.* ❶ basement, base, foundation 建筑物的底部；柱子的基部；墙脚，墙根 ❷ wheel base 轴距 ❸ basement rock; basement complex 基底岩石；基底杂岩

embasamento acústico acoustic basement 声学基底，声波基底

embasamento de turbina turbine baseplate 涡轮机底板

embasamento eléctrico electrical basement 电性基底

embasamento magnético magnetic basement 磁性基底

embasamento sísmico seismic basement 震测基盘

embeber *v.tr.* ❶ (to) soak 浸泡 ❷ (to) soak up, absorb, imbibe 吸收；吸液

embebição *s.f.* absorption, imbibition [巴] 吸收，吸液

embebido *adj.* ❶ soaked 湿透的，浸透的 ❷ embedded 嵌入的，嵌入式的 ❸ concealed 隐藏的；暗装的

emblema *s.m.* emblem, badge 徽章，标识，标记

emblema do capô hood emblem 机罩上的商标

embocadura *s.f.* ❶ river mouth; embouchure 河口 ❷ entry, entrance（道路）入口

emboçamento *s.m.* ⇨ emboço

emboço *s.m.* first layer of plaster, priming（抹灰）打底，抹底层灰，基层抹灰

emboço e reboco rough cast and plaster mortar 打底扫毛（或拉条）并抹灰

êmbolo *s.m.* piston, plunger 活塞，柱塞

êmbolo mergulhador plunger 推杆；柱塞

emboque *s.m.* ❶ tunnel entry 隧道入口 ❷ rubber ring（小便池、马桶）橡皮水封

emboque de sanita rubber ring 坐便器封圈

emboque de túnel tunnel portal 隧道口

embolamento *s.m.* balling 形成球状；泥包

embolamento da broca bit balling 钻头泥包

emborrachado *adj.* rubberized 橡胶处理的

embraiagem *s.f.* clutch [葡] 离合器

embraiagem a (/em) banho de óleo

oil-bath clutch 油浴式离合器

embraiagem accionadora drive clutch 传动离合器

embraiagem centrífuga centrifugal clutch 离心离合器

embraiagem de bloco ⇨ embraiagem de sapata

embraiagem de discos disc clutch 片式离合器

embraiagem de disco duplo twin disc clutch, dual plate clutch 双片式离合器

embraiagem de discos múltiplos multiplate clutch, multiple disc clutch 多片式离合器

embraiagem de discos secos dry plate clutch 干式离合器

embraiagem de duplo efeito double action clutch, dual control clutch 双作用离合器，双联离合器

embraiagem de fita band clutch 带式离合器

embraiagem de fricção friction clutch 摩擦式离合器

embraiagem de precisão precision clutch 精密离合器

embraiagem de roletes roller clutch 滚柱离合器

embraiagem de sapata block clutch 闸瓦离合器

embraiagem de simples efeito single acting clutch 单作用离合器

embraiagem de vários discos multi-disc clutch 多片离合器

embraiagem dentada claw clutch 爪形离合器，颚式离合器

embraiagem electromagnética electromagnetic clutch 电磁离合器

embraiagem magnética magnetic clutch 电磁离合器

embraiagem mestra master clutch 主离合器

embraiagem monodisco single plate clutch 单盘离合器

embraiagem pneumática pneumatic clutch 气动离合器

embraiagem por atrito friction clutch 摩擦式离合器

embraiagem principal main clutch, flywheel clutch 主离合器，飞轮离合器

embraiar *v.tr.* (to) clutch; (to) connect and disconnect with clutch [葡] 踩离合器踏板；（使用离合器）连接与分离

embreagem *s.f.* clutch [巴] 离合器

embreagem a óleo oil clutch, oil-type clutch 油压离合器

embreagem arrefecida a óleo oil-cooled clutch 油冷离合器

embreagem catraca ⇨ embreagem unidirecional

embreagem de agarramento dragging clutch 拖曳式离合器

embreagem de dentes claw clutch, jaw clutch 爪形离合器，颚式离合器

embreagem da direção steering clutch 转向离合器

embreagem de engate por excêntrico (/sobre centro) overcenter-type clutch 不同心离合器

embreagem de fluido viscoso viscous clutch 黏液离合器

embreagem de garras jaw clutch 牙嵌离合器，爪式离合器

embreagem do guincho winch clutch 绞盘离合器

embreagem de levantamento lift clutch 起落离合器

embreagem de manga clutch coupling 离合器联轴节

embreagem de sentido de marcha direction clutch 方向离合器

embreagem de sobrevelocidade over-runing clutch 超速离合器

embreagem de tomada de potência power take-off clutch 动力分导离合器，取力离合器

embreagem de transmissão transmission clutch 传动离合器

embreagem de travamento (do conversor de torque) lock-up clutch 锁止离合器

embreagem de velocidade speed clutch 速度离合器

embreagem do ventilador fan clutch 风扇离合器

embreagem do volante (do motor) flywheel clutch 飞轮离合器

embreagem do volante tipo seca dry-type flywheel clutch 干式飞轮离合器

embreagem deslizante slip clutch 滑动离合器

embreagem dupla double clutch 双离合

embreagem e comando do guincho winch clutch and drive 绞车离合器和传动

embreagem e seus órgãos de comando clutch and controlling device 离合器及其操纵装置

embreagem hidráulica hydraulic clutch 液力离合器

embreagem húmida wet clutch 湿式离合器

embreagem limitadora de torque torque limiter clutch 扭矩限制离合器

embreagem limitadora do ventilador fan viscous clutch 黏性传动风扇离合器

embreagem mestre master clutch 主离合器

embreagem patinante slip clutch 滑动离合器

embreagem seletora de marchas range clutch 换挡离合器

embreagem unidirecional one-way clutch 单向离合器

embrear v.tr. (to) clutch; (to) connect and disconnect with clutch [巴] 踩离合器踏板；（使用离合器）连接与分离

embrechado ❶ s.m. inlaid work; grotto work （玻璃、贝壳、碎石等建造的）镶嵌细工 ❷ adj. inlaid 嵌入的，镶嵌的

embrechito s.m. embrechite 残层混合岩

embrião s.m. ⇨ casa evolutiva

embrulhador s.m. wrapper; entangler, muddler 包装机

embrulhamento s.m. wrapping up 包装，包裹

embrulhar v.tr. (to) wrap up, (to) pack up 包裹，打包

embuchamento s.m. screenout, tip screenout 尖端脱砂

embude s.m. funnel 漏斗

embutideira s.f. snap 铆头模

embutido adj. embedded, inlaid, inserted

嵌入的，嵌入式的

embutidor s.m. set hammer 击平锤

embutir v.tr. (to) embed, (to) inlay, (to) insert 嵌入，镶入

emenda s.f. ❶ joint, seam 连接处；接缝 ❷ splice 接头 ❸ amendment 修订

emenda com solda welded joint 焊接接头

emenda de cabo wireline splicing 电缆接头

emenda de compressão compression splice 受压拼接

emenda de topo butt joint 对接（头）

emenda deficiente poor restart （焊缝）接头不良

emenda por trespasse lap splice 互搭接头；重叠拼接

emenda soldada welded splice 焊接接头

emergência s.f. emergency 紧急事件；紧急情况

emissão s.f. ❶ emission （光、热等的）发射，散发，释放 ❷ broadcasting, transmission 广播；播送 ❸ issue 发行；发放

emissão acústica acoustic emission 声发射

emissão de acções issue of shares 发行股票

emissão de calor emission of heat 放热

emissão de campo field emission 场致发射

emissão de escape exhaust emission 废气排放

emissão de obrigações bond issue 发行债券

emissão de poluentes pollutant emission 污染物排放

emissão de raios gama induzida por partículas particle-induced gamma-ray emission (PIGE) 粒子诱导 γ 射线发射

emissão de raios-X induzida por partículas particle-induced X-ray emission (PIXE) 粒子诱导 X 射线发射

emissão fugitiva fugitive emission 易散性排放

emissão zero zero emission 零排放

emissário s.m. ❶ outfall 排水口；排污渠口；排水管；污水出口管 ❷ outlet of a river 河口

emissário de efluente effluent outfall 污
水出口管；污水排放管

emissário submarino submarine outfall
海底排污管，海底排放管

emissividade *s.f.* emissivity 发射率，辐射率
emissividade térmica thermal emissivity
热发射率

emissor ❶ *s.m.* transmitter 发射机 ❷ *adj.*
broadcasting 广播的，播送的 ❸ *adj.* issu-
ing 发行的，开证的（机构）

emissora *s.f.* broadcasting station 广播站；
广播电台

emitância *s.f.* emittance 辐射密度；发射强
度，发射率
emitância luminosa luminous emittance
发光度；光发射率
emitância radiante radiant emittance 辐
射发散度；辐射发射率

emitir *v.tr.* ❶ (to) emit, (to) expel, (to) discharge （光、热等的）发射，散发，释放 ❷
(to) emit, (to) issue 发行，开证

emolduramento *s.m.* mouldings [集] 装饰
线条

emolumento(s) *s.m.(pl.)* emolument, fee
薪金，报酬；手续费
emolumentos gerais general fees 一般费
用，综合费用

empacotamento *s.m.* ❶ packing, packaging; wrapping 包装 ❷ gravel packing 砾石
充填（法）
empacotamento cúbico cubic packing
立方体充填

empacotar *v.tr.* (to) pack, (to) package, (to)
wrap 包装，打包

empalme *s.m.* splicing 拼接

empanque *s.m.* ❶ sealant 填料，填塞物 ❷
stuffing box 填料箱，填料函

emparcelamento *s.m.* ❶ division 分块 ❷
land reparcelling 农地重划

emparcelar *v.tr.* (to) divide into parcels
分块

emparedamento *s.m.* walling 筑墙；筑墙
围住

emparedar *v.tr.* (to) wall, (to) wall in; (to)
cloister 筑墙；筑墙围住；修筑回廊

emparelhado *adj.* side-by-side 并列式布
置的

emparelhamento *s.m.* matching, mating
配合，配对，配套
emparelhamento aleatório broken joint
错列接头
emparelhamento corrido slip matching
顺序拼木法
emparelhamento tipo diamante diamond matching 菱形纹配板法
emparelhamento tipo espinha de peixe herringbone matching 鱼骨形配板法
emparelhamento tipo livro book
matching 书页式拼板；正反配板法

emparelhar *v.tr.* (to) match, (to) mate 配
合，配对，配套

empastamento *s.m.* pasting 黏合

empastar *v.tr.* (to) paste （用糨糊）黏合

empatação *s.f.* crimping 给软管压接接头

empedrado *s.m.* stone pavement 铺石路面；
路面铺石的部分

empedrador *s.m.* pavior 铺路工

empedramento *s.m.* paving, cobbling （用
石子、卵石等）铺路

empedrar *v.tr.* (to) pave （用石子、卵石等）
铺路

empena *s.f.* ❶ gable, gable-end of a house
山墙；侧墙 ❷ warping, warpage （木材、
墙体）翘曲，翘棱
empena escalonada stepped gable 阶梯
式山墙
empena esconsa hipped gable 小戗角屋
顶山墙，歇山屋顶山墙

empenado *adj.* warped 翘曲的

empenagem *s.f.* empennage 尾翼

empenamento *s.m.* warping, warpage （木
材）翘曲，翘棱
empenamento lateral camber 起拱，反弯
empenamento localizado local buckling
局部翘曲

empenar *v.intr.* (to) warp, (to) bend 弯曲，
翘曲；（木材）翘曲，翘棱

empeno *s.m.* ⇨ empenamento

emperramento *s.m.* jamming, sticking 卡
住，（机器等）轧住

emperrar *v.tr.,intr.* (to) jam, (to) get stuck
卡住，（机器等）轧住

empilhadeira *s.f.* lift truck, lift fork, stockpile machine, pallet truck [巴] 叉车，码垛

车，托盘装卸车

empilhadeira contrabalanceada counterbalanced lift truck 平衡重式叉车

empilhadeira elétrica electric forklift 电动叉车

empilhadeira elétrica para corredor estreito narrow aisle electric lift truck 窄通道电动叉车

empilhadeira elétrica patolada electric walkie stacker 电动堆高车

empilhadeira manual ❶ manual lift truck 手推叉车 ❷ pallet truck 托盘车，码垛车

empilhadeira para corredor estreito narrow aisle reach truck 窄通道前移式叉车

empilhadeiras para sacaria bag piler 粮袋码垛机

empilhadeira patolada para operador a pé stacker 堆高车

empilhadeira retrátil reach truck 前移式叉车

empilhadeira todo terreno all terrain forklift 全地形叉车

empilhador s.m. lift truck, lift fork, stockpile machine, pallet truck 叉车，码垛车，托盘装卸车 ⇨ empilhadora

empilhador de gancho hook lift truck 带吊钩叉车，吊钩式堆高车

empilhadora s.f. lift truck, lift fork, stockpile machine, pallet truck [葡] 叉车，码垛车，托盘装卸车

empilhadora eléctrica electric forklift 电叉车

empilhagem s.f. ⇨ empilhamento

empilhamento s.m. ❶ piling, stockpiling 堆放，堆垛 ❷ stacking （数据）叠加，叠加法

empilhamento automático automatic stacking 自动堆栈；自动叠加

empilhamento CMP CMP stack 共中心点叠加

empilhamento de coerência coherence stack 相干叠加

empilhamento de dormentes tie stacking 枕木垛

empilhamento de pontos comuns em profundidade common-depth point stack

共深度点叠加

empilhamento de pontos médios comuns common-midpoint stack 共中心点叠加

empilhamento de teste raw stack, brute stack 粗叠加，原始数据叠加

empilhamento diversificado diversity stack 花样叠加

empilhamento estatístico statistical stacking 统计叠加

empilhamento furo-acima uphole stack 井口时间叠加

empilhamento otimizado optimum stack 最佳叠加

empilhamento ponderado weighted stack 加权叠加

empilhamento vertical vertical stack 垂直叠加

empilhar v.tr. (to) pile, (to) stockpile 堆放

empoamento s.m. dusting 粉化

empobrecimento s.m. impoverishment 贫化，贫瘠化

empolado adj. ❶ swollen, inflated 膨胀的，肿大的；鼓起的，隆起的 ❷ bulky （体积）庞大的

empolamento s.m. ❶ 1. swelling, bulking 膨胀，胀大；鼓起，隆起 2. swelling (concrete) （混凝土）膨胀 3. floor heave, floor-lift, warpage 底板隆起；（巷道）底鼓 ❷ sag (in painting) （涂料）流挂，流坠

empolamento de rocha rock swelling 岩石膨胀

empolamento pelo frio (/por congelamento) frost heave 冰冻隆胀

empolamento por geada frost boil 冻胀翻浆

emposta s.f. ⇨ imposta

empregado s.m. employee 雇员，员工

empregador s.m. employer 雇主

empregar v.tr. ❶ (to) employee 雇佣，雇用 ❷ (to) make use of, (to) utilize 利用，使用

emprego s.m. ❶ use, application, utilization 使用 ❷ function 功能，职能 ❸ job 工作，职位

empreitada s.f. ❶ 1. contract work, project 承包工程，工程 2. piecework 包工工作 ❷ contract 合同

empreitada a preço global lump sum contract 总价合同

empreitada a série de preços admeasurement contract 单价合同

empreitada chave na mão turnkey project 交钥匙工程

empreitada de construção construction project 建筑工程

empreiteira *s.f.* ⇨ empreiteiro

empreiteiro *s.m.* constructor, contractor 承包商，承建商，建筑商

empreiteiro de execução construction contractor 施工承包商

empreiteiro de mão-de-obra (/lavor) labor contractor 劳务承包商

empreiteiro de perfuração drilling contractor 钻井承包商

empreiteiro geral main contractor 总包商，总承包商

empreiteiro registado registered contractor 注册承包商

empresa *s.f.* ❶ enterprise, firm （法律意义上的）企业 ❷ company, corporation （泛指）公司

empresa-alvo target company 目标公司

empresas associadas associated companies 联营公司

empresa com domínio público state-owned holding company, state-controlled enterprise 国有控股公司

empresa com participação pública minoritária enterprise with state-owned equity 国家参股公司，国有参股公司

empresa comercial trading company 贸易公司

empresa controlada controlled company 受控公司

empresa de contabilidade accounting firm 会计师事务所

empresa de distribuição de energia power distribution company 配电公司

empresa de engenharia engineering company 工程公司

empresa de exploração operating company 运营公司

empresa de marketing marketing company, marketing organization 营销公司

empresa de mudanças moving company, removal firm 搬家公司

empresa de produção de energia power generation company 发电公司

empresa de serviços service enterprise 服务企业

empresas de sociedade incorporated enterprise 公司制企业

empresa de transporte de energia power transmission company 输电公司

empresa de transportes transport agency, haulage contractor 运输公司

empresa estatal state-owned enterprise 国有企业

empresa holding holding company 控股公司 ⇨ sociedade gestora de participações sociais

empresa individual sole proprietorship [巴] 个人独资企业（投资人对企业债务承担无限责任）

empresa individual de responsabilidade limitada (EIRELI) one-person limited liability company [巴] 一人有限责任公司

empresa industrial industrial enterprise 工业企业

empresa líder do consórcio leading company of the consortium 联合体领导方，联合体牵头方

empresa mãe parent company 母公司

empresa multinacional multinational company 跨国公司

empresa privada private corporation 私营公司

empresa pública (E.P.) ❶ 1. public enterprise, state-owned enterprise 国有企业，国营公司 2. solely state-owned company 国有独资公司 ❷ public utility 公用事业（如电力、交通运输、自来水等）公司

empresa transnacional transnational company 跨国公司

◇ pequenas e médias empresas small medium enterprise 中小企业

◇ pequenas e micro empresas small and micro enterprises 小微企业

empresariado *s.m.* business sector, business community [集] 企业；商业部门

empresário s.m. ❶ businessman, employer 企业家 ❷ employer 雇主，甲方

empresário em nome individual individual business [葡] 个体工商户（投资人对企业债务承担无限责任，企业名称需体现投资人姓名）

empresário individual individual business [巴] 个体工商户（与葡萄牙的 empresário em nome individual 的概念相近，但在其之下还有规模更小的 microempreendedor individual）

empréstimo s.m. ❶ loan 贷款 ❷ borrow earth 借土

empréstimo a juro baixo soft loan; low interest loan 软贷款，低息贷款

empréstimo bancário bank loan 银行贷款

empréstimo comercial commercial loan 商业贷款

empréstimo concessional concessional loan 优惠贷款

empréstimos laterais sideborrow 路旁借土

empurrador s.m. pusher 推进器，推出器

empurrador de árvores tree pusher 推树机

empurrador de cargas pusher fork 叉车推出器

empurrada s.f. ⇨ empuxo

empurrão s.m. ⇨ empuxo

empurrar v.tr. (to) push, (to) shove 推，猛推

empuxar v.tr. (to) push, (to) shove 推，推动

empuxo s.m. ❶ push, pushing 推，推动 ❷ thrust（建筑物内部构件间或对外部的）推力；压力 ❸ buoyancy 浮力 ⇨ impulsão

empuxo activo (de terra) active earth pressure 主动土压力

empuxo de arquimedes buoyancy 浮力

empuxo de decolagem takeoff thrust 起飞推力

empuxo de terra earth pressure 土压力

empuxo de terra no repouso earth pressure at rest 静止土压力

empuxo em tandem tandem pushing 串列推压

empuxo hidráulico hydraulic thrust 水推力

empuxo hidrostático hydrostatic thrust, hydrostatic pressure 静压推力，静水压力

empuxo nominal rated thrust 额定推力

empuxo orientável vectored thrust 矢量推力

empuxo para baixo down thrust 下冲力

empuxo para cima up thrust 上推力

empuxo passivo (de terra) passive earth pressure 被动土压力

Emsiano adj.,s.m. Emsian; Emsian Age; Emsian Stage（地质年代）埃姆斯期（的）；埃姆斯阶（的）

emulação s.f. emulation 仿真

emulador s.m. emulator 仿真器

emulsão s.f. emulsion 乳胶，乳剂；乳化液

emulsão água-óleo water-oil emulsion 油水乳状液

emulsão asfáltica asphalt emulsion, bituminous emulsion 沥青乳液

emulsão asfáltica aniótica aniotic emulsified asphalt 阳离子沥青乳液

emulsão asfáltica catiónica cationic emulsified asphalt 阴离子沥青乳液

emulsão asfáltica não iónica nonionic asphalt emulsion 非离子型沥青乳液

emulsão betuminosa bituminous emulsion 沥青乳液

emulsão complexa complex emulsion 复合乳液

emulsão de água em óleo water in oil emulsion 油包水乳化液

emulsão de creosoto creosote emulsion 乳化防腐油

emulsão de óleo em água oil in water emulsion 水包油乳化液

emulsão de tinta acrílica externa external acrylic emulsion paint 室外用丙烯酸乳液漆

emulsão de tinta texturizada textured emulsion paint 纹理乳液漆

emulsão directa direct emulsion 直接乳液，油包水乳化液

emulsão estável stable emulsion 稳定乳化液

emulsão instável unstable emulsion 不稳定乳化液

emulsão inversa invert emulsion 逆乳状液，水包油乳化液

emulsificante ❶ *adj.2g.* emulsifying 乳化的 ❷ *s.m.* emulsifier, disperser 乳化剂

emulsificar *v.tr.* (to) emulsify 乳化

emulsionabilidade *s.f.* emulsifiability 乳化性

emulsionador *s.m.* emulsifier disperser 乳化剂

emulsionante ❶ *s.m.* emulsifier, disperser 乳化剂 ❷ *adj.2g.* emulsifying 乳化的

emulsionar *v.tr.* (to) emulsify; (to) cover with emulsion 乳化；涂感光乳剂

emurchecer *v.tr.* (to) wilt （植物）枯萎，凋谢

emurchecimento *s.m.* wilting 萎蔫

enantiómero *s.m.* enantiomer 对映体

enantiomorfismo *s.m.* enantiomorphism 对映形态；对映异构现象

enantiomorfo *adj.* enantiomorphous; enantiomorphic 对映形态的，左右对映的

enargite *s.f.* enargite 硫砷铜矿

enateiramento *s.m.* sliming 泥浆化

encabadouro *s.m.* handle hole 操作孔，摸柄孔

encabar *v.tr.* (to) haft 给…安上把，给…装柄

encabeçamento *s.m.* mushrooming (of tool head) （部件头部）制成蘑菇形，制成扁圆形

encabeçamento a frio cold heading 冷镦

encabeçamento em forma de cogumelo da cabeça do parafuso bolt head mushrooming （螺栓头型）制成扁圆形，打扁

encabrestamento *s.m.* aggregate interlocking [葡] 骨料嵌锁

encabrestar *v.tr.* (to) aggregate interlocking [葡] 骨料嵌锁

encachorramento *s.m.* flying rafters [集] 飞檐椽

encadernação *s.f.* ❶ binding, bookbinding 装订 ❷ cover 封面，书皮

encaibramento *s.m.* raftering 装椽子

encaixado *adj.* encased, entrenched 装入盒内的；插入柄孔的；楔入榫眼的；嵌入的(河谷）

encaixado a prensa press fit 压配合

encaixante ❶ *adj.2g.* surrounding, enclosing 周围的，围绕的，围合的 ❷ *s.f.* enclosing rock 围岩

encaixar *v.tr.,pron.* (to) insert, (to) fit, (to) dovetail 安装，嵌入（榫眼等）

encaixe *s.m.* ❶ 1. insertion, fitting 安装，嵌入（榫眼等）2. joggle joint, mortise joint; mortise and tenon joint 榫接，榫接技术；榫卯，榫和卯的合称 ❷ mortise 榫眼，卯 ❸ scour 冲痕；冲蚀坑

encaixe a meia-madeira halved joint, lap joint; joggle joint 半叠接；搭接；启口接头

encaixe a meia-madeira de encontro cross lap joint （一构件端部搭接在另一构件中部的）十字搭接，T 字搭接

encaixe a meia-madeira em ângulo end-lap joint （两构件端部互相连接的）端搭接

encaixe a meia-madeira em cauda de andorinha dovetail lap, dovetail halved joint 楔形榫头连接，燕尾对开叠接

encaixe a meia-madeira em cruz cross lap joint （一构件中部搭接在另一构件中部的）十字搭接

encaixe a quente shrinking on 冷缩装配

encaixe aberto open mortise 开口榫眼

encaixe caçado chase mortise 槽榫

encaixe cego blind mortise 暗榫眼

encaixe com furo e respiga mortise and tenon joint 阴阳榫接

encaixe cónico sob pressão tapered press fit 锥形压入配合

encaixe de chaveta key-seat 键槽

encaixe de entrada input drive 输入方榫

encaixe de fenda open mortise 开口榫眼

encaixe de folga mínima ⇨ encaixe deslizante justo

encaixe de (/por) interferência interference fit 紧配合；过盈配合

encaixe de matriz die dowel 模具定位销

encaixe de polia pulley mortise 滑槽榫接

encaixe de precisão precision fit 精密配合

encaixe de redução reducing socket 异径管接头

encaixe de saída output drive 输出方榫

encaixe de topo de pilar bridle joint 啮接

encaixe da turbina turbine stator 涡轮

定子
encaixe deslizante sliding fit, slip fit 滑
动配合
encaixe deslizante frouxo (/livre) loose
sliding fit, free sliding fit 松滑动配合
encaixe deslizante justo tight running fit
紧密滑动配合
encaixe em malhete finger joint 指接
encaixe fêmea female drive 卵、凹件
encaixe frouxo loose fit, floating fit 松
配合
encaixe justo (/firme) close fit, snug fit
紧密配合
encaixe livre free fit 自由配合
encaixe macho male drive 榫、凸件
encaixe macho quadrado male square
drive 凸形方榫
encaixe quadrado square drive 方榫
encaixe rotativo rotary fitting 旋转接头
encaixe sob contracção shrink fit 收缩
配合
encaixe sob pressão press fit 压配合
encaixe sobre pilares ⇨ encaixe de
topo de pilar
encaixe tubular no estrangulador flow
nipple 节流嘴
encaixotamento s.m. boxing; packing
装箱
encaixotar v.tr. (to) box, (to) pack 装箱
encaminhamento s.m. guiding, leading,
direction 确定路线；引导
encaminhamento hidrológico (/da
água) water routing 水体演进；水流路径
encamisamento s.m. sheath; conduit;
shield sleeve [集] 护套
encanamento s.m. ❶ channelization, chan-
nelling 修建管道、渠道；导流 ❷ main; line
[集] 管道，管线；总管
encanamento de água water line 水管
encanamento de água fria cold water
main 冷水总管
encanamento de ar air line 空气管路
encanamento de ar comprimido compressed air line 压缩空气管道
encanamento de mangueira hose line
软管管道
encanamento de óleo oil line 油路

encanamento de pressão delivery line
输送管路
encanamento de respiro breather line
通气管
encanar v.tr. (to) channel 导流
encandeamento s.m. dazzle（强光造成的）
目眩，眼花
encandear v.tr. (to) dazzle 使目眩
encanivetamento s.m. jackknifing 折弯（成
小于 90 度角）
encapsulado adj. capsuled 密封的，密闭的
encapsulado e insonorizado capsuled
and sound insulated 密封隔音的
encapsulamento s.m. ❶ encapsulation 封
装；包装 ❷ tunnelling works 隧道工程；开
挖隧道工程
encapsular v.tr. (to) encapsulate 封入胶囊；
封装；包装
encargo s.m. charge 费用
encargos acrescidos accrued charges 应
计费用
encargos adicionais additional charges
附加费用，额外费用
encargos de amortização amortization
charges 摊销费用
encargo de atracação do contentor
container stuffing charge 提箱费
encargo de concepção (/desenho) design fee 设计费
encargo de depreciação depreciation
charge 折旧费
encargo de divulgação publicity expenses 宣传费
encargo de jardinagem afforestation
fees 绿化费
encargos de manuseamento no terminal (THC) terminal handling charge
(THC) 码头附加费
encargo fiscal (/de fiscalização) supervision charge, supervision fee 监理费用
encargos fixos fixed charges 固定费用
encargos gerais overheads 一般费用
encargos inerentes related charges 相关
费用
encargos judiciais court costs 诉讼费用
encargo tributário tax burden 税收费用
encarpo s.m. encarpus 垂花饰

encarregado *s.m.* ❶ person in charge 负责人 ❷ foreman 工长，领班

encarregado de armazém warehouseman 仓库管理员

encarregado de conformidade compliance officer 合规专员，合规官

encarregado de negocios charge d'affaires（外交人员）代办

encarregado de obra overseer 工头，监工

encarregado da sonda pusher, tool pusher 钻井技师

encarriladora *s.f.* re-railing device 复轨器

encasamento *s.m.* insertion 安装，嵌入（榫眼等）

encascalhamento *s.m.* gravel surfacing 砾石铺面；铺砾石

encasque *s.m.* roughcast 粗抹灰

encastrado *adj.* ❶ inlaid, inserted 嵌入的 ❷ encastré, encastered 端部固定的

encastramento *s.m.* ❶ insertion, embedding 嵌入 ❷ clamping 夹合，啮合

encastrar *v.tr.* (to) insert, (to) embed 嵌入

encastre *s.m.* insertion, embedding 嵌入

encava *s.f.* nailing, riveting 打钉

enceradeira *s.f.* wax-polishing machine [巴] 打蜡机

encerado *s.m.* tarpaulin sheet 防水布；油布

enceradora *s.f.* wax-polishing machine [葡] 打蜡机

enceramento *s.m.* waxing, polishing with wax 打蜡，上蜡

enceramento da broca bit balling 钻头泥包

encerar *v.tr.* (to) wax 打蜡，上蜡

encerramento *s.m.* ❶ closing 关闭 ❷ closing; end 结束，结尾，闭幕

encerramento da mina closure of mine 闭矿

encerrar *v.tr.* (to) close; (to) finish, (to) terminate 关闭；结束

encharcado *adj.* waterlogged （木材等）吸饱水的；（土地等）水浸的，水涝的

encharcamento *s.m.* waterlogging 淹没；浸透

encharcar *v.tr.,pron.* (to) flood, (to) soak 淹没；浸透

enchavetar *v.tr.* (to) dowel 用暗销接合

enchedor *s.m.* filler 充填器；填充物；补空物

enchedor de pipeta pipettor 移液器

enchente *s.f.* flood 洪水

enchente de desvio diversion flood; construction flood 分洪洪水；施工洪水

enchente máxima maximum flood 最高洪水位

enchente máxima provável (EMP) probable maximum flood (PMF) 可能最大洪水

enchente relâmpago flash flood 骤发洪水，暴洪

encher *v.tr.,pron.* (to) fill 填满，填充

enchimento *s.m.* ❶ filling, filling up 填充；填塞 ❷ filler 填土；填料，填隙料

enchimento aparente face putty 外露油灰

enchimento avulso loose filling 松填；松散充填料

enchimento com argamassa nogging, pugging 涂（泥），塞泥，勾缝

enchimento de buracos patching（路面）补坑

enchimento de juntas sealing of joint 填缝

enchimento de placa dura hardboard filler 硬纸板填料

enchimento de terra earth filling 填土

enchimento de travejamento beam-filling 梁间墙

enchimento de vazios silting 淤填法

enchimento excessivo overfilling 装料过满

enchimento hidráulico hydraulic reclamation, hydraulic fill 吹填，水力填筑

enchimento para nivelar fill and level up 填平

enchimento por silte silting up 淤泥沉积，泥沙堆积

encimado *adj.* topped 安装在顶部的；顶部安装…的

primeiro enchimento do reservatório first filling of the reservoir 初次蓄水

enclave *s.m.* enclave（在某国境内而隶属另一国的）飞地，内飞地，裏挟地

encoberto *adj.* overcast 阴天、满天云

encobrir *v.tr.* (to) conceal, (to) hide 遮盖，隐藏，掩盖

encobrir fissuras (to) hide cracks 填缝

encolhedor de molas *s.m.* spring compressor, spring remover 弹簧压缩器；避震弹簧拆装器

encolher *v.tr.* (to) shrink, (to) contract 收缩，减小

encolhimento *s.m.* shrinkage, contraction 收缩，减小

encomenda *s.f.* ❶ order 订单 ❷ package 包裹，包；捆

encomendar *v.tr.* (to) order, (to) request 订货，订购，下订单

encontro *s.m.* ❶ (arch) abutments, shoulders 拱端，拱台；桥台；支撑点 ❷ abutment 坝肩

encontro artificial artificial abutment 人造坝座

encontro de gravidade gravity abutment 重力墩，重力式桥台

encontro de ponte abutment 桥台

encontro direito right abutment 右岸坝肩

encontro esquerdo left abutment 左岸坝肩

encontro firme working boundary 采区边界

encontro leve light abutment 轻型桥台

encontro rochoso rock abutment 岩拱脚

encordoador *s.m.* windrower 铺条机

encordoador de feno hay windrower 干草铺条机

encordoamento *s.m.* windrowing 铺条处理

encordoar *v.tr.* (to) windrow（将草料、谷物等）摊成一行，铺成长条

encorpado *adj.* bulky（梁、柱、板等）体积大的；庞大的

encosta *s.f.* ❶ slope 斜坡，护坡 ❷ hillside 山腰，山坡

encosta de contacto de gelo ice contact slope 冰接坡

encosta lateral sideslope 边坡

encostar-se *v.pron.* (to) pull over 靠边停车

encosto *s.m.* ❶ backup 支持物，支撑物 ❷ **(em placa)** backup plate; stop washer 靠板，垫片；止动垫圈 ❸ backrest, back 椅背，床靠背

encosto de cabeça head rests 头枕

encostos de cabeça activos active head-rests 主动响应头枕

encosto do rolamento (/mancal) bearing shoulder 主动响应头枕

encosto da embraiagem clutch thrust bearing, clutch release bearing 离合器推力轴承，离合器分离轴承

encosto para rebitar dolly 车台

encravamento *s.m.* ❶ nailing 钉合，打钉，插入 ❷ jam, fix 堵塞；轧住 ❸ interlocking（门、机器）锁定；锁闭装置

encravamento de papel paper jam 打印机卡纸

encravamento eléctrico electric inter-locking 电气联锁

encravar *v.tr.* (to) nail 钉合，打钉；插入

encrave *s.m.* inclusion; enclave 包体，夹杂物

encrave endógeno endogenous inclusion, endogenous enclave 内生夹杂物

encrave homeogénico homeogenic inclusion, homeogenic enclave 内生夹杂物

encrespadura *s.f.* popping 波纹；起波纹

encrespamento *s.m.* ⇨ encrespadura

encrinito *s.m.* encrinite 石莲

encrostação *s.f.* incrustation, encrustation 水垢，水锈；结垢

encrostar *v.intr.* (to) incrust, (to) encrust 结水垢，结硬皮

encruado *adj.* tempered 回火的

encruamento *s.m.* workhardening 加工硬化

encruzamento *s.m.* crossing 交叉，交汇，交叉处

encruzilhada *s.f.* cross-way, crossroad, crossing 交叉处；十字路口

encunhamento *s.m.* ❶ wedging, shimming 楔入；垫补；填隙 ❷ diagonal coping course [巴] 斜砌顶砖，斜砖压顶

encurtamento *s.m.* shortening, reduction 缩短；变短；减少

encurtar *v.tr.* (to) shorten, (to) cut short; (to) reduce 缩短；变短；减少

encurvadura *s.f.* buckling, incurvation 屈曲，挫曲

encurvamento *s.m.* ⇨ encurvadura

encurvar *v.tr.* (to) curve（使）弯曲

endelionite *s.f.* endellionite 车轮矿

endelite *s.f.* endellite 水埃洛石

endemia *s.f.* endemic 地方病

enderbito *s.m.* enderbite 紫苏花岗岩闪长岩

endereçamento *s.m.* addressing 寻址；编址

endereçar *v.tr.* ❶ (to) address 写（收信人）地址 ❷ (to) direct, (to) send, (to) deliver 给…写信，发函

endereçável *adj.2g.* addressable 可寻址的

endereço *s.m.* address 地址

  endereço absoluto absolute address 绝对地址

  endereço bancário bank address 存储地址

  endereço de célula cell address 单元格地址

  endereço IP IP address 网际协议地址，IP地址

endireitadora/endireitadeira *s.f.* straightening machine 矫直机

endireitamento *s.m.* straightening 矫直

endireitar *v.tr.* (to) straighten 矫直

endo- *pref.* endo- 表示"内部，在内"

endocarso *s.m.* endokarst 埋藏型岩溶

endoclasto *s.m.* endoclast 内生碎屑岩

endógeno *adj.* endogenous 内生的；内源（性）的

endometamorfismo *s.m.* endometamorphism, endomorphic metamorphism 内变质作用

endomorfismo *s.m.* endomorphism 自同态

endonártex *s.m.* ⇨ esonártex

endorreico *adj.* endorheic 内流的

endorreísmo *s.m.* endorheism 内陆流域

endoscópio *s.m.* introscope, endoscope 内视镜，内窥镜，内腔镜

endosfera *s.f.* endosphere 内球

endosmose *s.f.* endosmosis 内渗现象

endossado ❶ *adj.* endorsed; indorsed （文件、票据等）有背书的，背面签字的 ❷ *s.m.* endorsee; indorsee 被背书人，受让人

endossador *s.m.* endorser; indorser 背书人；转让人

endossante *s.2g.* ⇨ endossador

endossar *v.tr.* (to) endorse 背书，背签

endosso *s.m.* endorsement 背书；票据签字

  endosso de favor accommodation en-

dorsement 融通背书

endotérmico *adj.* endothermic 吸热的

endurecedor *s.m.* ❶ hardener, hardening agent 硬化剂，固化剂 ❷ stiffener 加劲杆；增强板

endurecer *v.tr.,intr.,pron.* (to) harden 硬化，变硬

endurecido *adj.* hardened 硬化的

  endurecido integralmente through hardened 完全硬化的

  endurecido pelo níquel Ni-Hard 铁镍冷硬铸铁

endurecimento *s.m.* hardening, stiffening 硬化；固化

  endurecimento a têmpera temper hardening 回火硬化

  endurecimento do boleto do trilho end hardening 顶端淬火法

  endurecimento de concreto concrete curing 混凝土硬化，混凝土养护

  endurecimento de deformação strain hardening 加工硬化；应变硬化

  endurecimento do núcleo do jacaré por explosivo explosive hardening 爆炸硬化

  endurecimento da superfície por solda hardsurface welding 硬面焊接

  endurecimento em (/a) camada case-hardening 表面硬化

  endurecimento externo case-hardening 表面硬化

  endurecimento integral through hardening 透淬，完全硬化

  endurecimento por chama flame hardening 火焰淬火；火焰硬化，火焰表面硬化

  endurecimento por deformação strain-hardening 应变硬化；加工硬化

  endurecimento por dispersão dispersion strengthening 弥散硬化

  endurecimento por envelhecimento age hardening 时效硬化

  endurecimento por precipitação precipitation hardening 沉淀硬化；析出硬化

  endurecimento por solução sólida solid-solution hardening 固溶体硬化

  endurecimento pelo trabalho work hardening 加工硬化

endurecimento profundo deep hardening 深硬化

endurecimento rápido rapid hardening 快硬

endurecimento superficial case-hardening 表面硬化

eneastilo *adj.,s.m.* enneastyle 九柱式（的）

energia *s.f.* ❶ energy, force; power 能量 ❷ energy, power 电源；电力

energia activa active energy 有功电，有功功率

energia alternativa alternative energy 替代能源

energia aparente apparent energy 视在功率

energia armazenada stored energy 储蓄能量，储存能量

energia atómica atomic energy 原子能

energia auxiliar stand-by power 备用电源

energia calorífera ⇨ energia térmica

energia cinética kinetic energy 动能

energia cumulativa cumulative energy 累积能量

energia de activação activation energy 活化能

energia da biomassa biomass energy 生物质能

energia de choque ⇨ energia de impacto

energia de compactação compaction energy 压实能量

energia de deposição depositional energy 堆积能量

energia de desintegração disintegration energy 蜕变能

energia de emparelhamento pairing energy 配对能

energia de equilíbrio equilibrium energy 平衡能量

energia de fermi fermi energy 费米能

energia de impacto impact energy 冲击能

energia de ligação bonding energy 结合能

energia de maré tidal power 潮汐水能

energia de muro wall energy 壁能

energia de (/em) ponta peak energy 峰值能量

energia de ponto zero zero-point energy 零点能

energia de ressonância resonance energy 共振能

energia de separação separation energy 分离能

energia diferencial differential energy 微分能

energia digestível digestible energy 消化能

energia disponibilizada available energy 可用能量

energia eléctrica electric energy 电能；电力

energia eléctrica activa active electric power 有功电能

energia eléctrica reactiva reactive electric power 无功电能

energia electromagnética electromagnetic energy 电磁能

energia eólica wind energy 风能

energia específica specific energy 比能

energia firme ❶ firm energy 可靠电能 ❷ firm output 恒定输出；稳定输出

energia geotérmica geothermal energy 地热能

energia hidráulica water power 水力，水能

energia hidroeléctrica (/hidrelétrica) hydroelectricity 水电

energia latente latent energy 潜能

energia limpa clear energy 清洁能源

energia líquida net energy 净能量

energia livre free energy 自由能

energia livre de superfície surface free energy 表面自由能

energia magnética magnetic energy 磁能

energia mecânica mechanical power, mechanical energy 机械能

energia metabolizável metabolizable energy 代谢能

energia não garantida ⇨ energia secundária

energia nuclear nuclear energy 核能

energia potencial potential energy 势能

energia primária primary energy 一次能源

energia própria on-site power 场内电源

energia reactiva reactive power, reactive energy 无功功率，无功电

energia renovável renewable energy 可再生能源

energia reserva reserve power 备用功率

energia secundária secondary energy 二次能源

energia solar solar energy 太阳能

energia sonora sound energy 声能

energia térmica heat energy 热能

energia útil useful power 有效功率

energizado *adj.* energized 通电的

energizar *v.tr.* (to) energize 提供能量，通电

enésimo *adj.,s.m.* nth 第 n 个的；第 n 个

enfardadeira *s.f.* baler 压捆机

enfardadeira de alta densidade (/pressão) high density pick-up baler 高密度捡拾压捆机

enfardadeira de baixa densidade (/pressão) low density pick-up baler 低密度捡拾压捆机

enfardadeira de correias belt baler 长带式压捆机

enfardadeira de correntes chain baler 链板式压捆机

enfardadeira de fardos cilíndricos (/redondos) round baler 滚卷打捆机

enfardadeira de fardos grandes big baler 大打捆机

enfardadeira de fardos quadrados (/prismáticos) rectangular baler 方形打捆机

enfardadeira de grandes fardos para-lelepipédicos rectangular baler 大方捆压捆机

enfardadeira de grandes fardos re-dondos rotobaler, big round baler, big roll baler 大圆草捆压捆机

enfardadeira de média densidade (/pressão) medium density pick-up baler 中密度捡拾压捆机

enfardadeira de rolos roll baler 滚子式压捆机

enfardadeiras volantes pick-up balers 捡拾压捆机

enfardador *s.m.* baler; packer 压捆机，打包机

enfardador para tubo de revestimento casing packer 套管封隔器

enfarruscamento *s.m.* sooting 烟黑；（被烟黑）熏脏

enfeite *s.m.* enrichment 装饰；装饰物

enfermaria *s.f.* infirmary; ward 诊疗室；病房

enfiação *s.f.* wiring 接线，布线

enfiada *s.f.* enfilade 大门直通到底的房间布局

enfiado *adj.* threaded, strung 穿过…的，穿线于…的

enfiado em tubo sleeved （管道）套管的

enfiar *v.tr.* (to) stick; (to) thread 使（棒、杆等）穿入，钉入

enfilagem *s.f.* forepoling 超前支架；超前伸梁掘进法

enfilagem tubular (injectada) pipe-shed forepoling 超前管棚施工技术

enfileiramento *s.m.* alignment, alinement 排列成行

enfiteuse *s.f.* emphyteusis 永久租权；永佃权

enfiteuta *s.2g.* emphyteuta 永佃权人

enflechamento *s.m.* sweep back 后掠

enflechamento para a frente sweep forward 前掠

enfocação *s.f.* focusing [巴] 聚焦，对焦

enfocar *v.tr.* (to) focus 聚焦，对焦

enfoque *s.m.* ⇨ enfocação

enformação *s.f.* form placing 包模板，设置模壳

enformagem *s.f.* ❶ form placing 包模板，设置模壳 ❷ forming, shaping （金属）成形

enformagem a frio cold forming 冷成形

enformagem a quente hot forming 热成形

enformar *v.tr.* ❶ (to) put in a mould 置入模具中 ❷ (to) form, (to) shape （使）成形

enfumado *adj.* smoked, smoky 烟熏的，熏过的

engadinito *s.m.* engadinite 少英细晶岩

engaiolamento *s.m.* caging 罩盖，用罩隔离

engaiolar *v.tr.* (to) cage 罩盖，用罩隔离

engarrafamento *s.m.* ❶ traffic jam 交通堵塞 ❷ bottling 装瓶

engarrafonamento *s.m.* barrelling （液体）装桶

engastamento *s.m.* embedment 埋置，预

埋，嵌入

engastado *adj.* inserted, built-in 嵌入的

engastar *v.tr.* (to) embed 埋置，预埋，嵌入

engaste *s.m.* setting, inlaying 底座，镶嵌座

engaste do tubo pipe adapter 管接头

engatado *adj.* hitched; engaged 勾住的；啮合的

engatar *v.tr.* ❶ (to) hitch, (to) couple 钩住；系结；挂接 ❷ (to) engage 啮合 ❸ (to) put into gear 挂挡

engate *s.m.* ❶ 1. hooking, coupling, hitch 钩住；系结；挂接 2. engaging, engagement 啮合 ❷ linkage, clutch, hitch 钩，钩爪；联接器

engate amortecedor cushion hitch 缓冲连接装置

engate articulado articulated hitch 铰链连接

engate automático automatic coupling, automatic hitch 自动挂接

engate da barra de tracção drawbar hitch 牵引杆连接

engate de boca de lobo yoke, clevis 分离拨器，叉臂，U 形钩

engate de marcha gear engagement 齿轮啮合

engate de 1 ponto one-point linkage 单点悬挂

engate de 3 pontos three-point linkage 三点悬挂

engate mecânico mechanical coupler 机械连接装置

engate oscilante oscillating hitch 摆动关节连接装置

engate por excêntrico (/sobre centro) overcenter engagement 偏心啮合

engate rápido quick release hitch 快速脱钩

engate rígido rigid hitch 刚性挂接

engavetamento *s.m.* multi-vehicle collision 多车追尾；多车相撞

engenharia *s.f.* ❶ engineering 工程（技术）；工程学 ❷ engineering, engineering design 设计，工程设计

engenharia, aquisições, construção (EPC) Engineering Procurement Construction (EPC) 设计、采购、施工

engenharia arquitectónica architectural engineering 建筑工程

engenharia assistida por computador computer-aided engineering (CAE) 计算机辅助工程

engenharia civil civil engineering 土建，土木工程

engenharia do ambiente environmental engineering 环境工程

engenharia de custos cost engineering 工程造价，成本工程

engenharia de estruturas structural engineering 结构工程

engenharia de minas mining engineering 采矿工程

engenharia de pontes bridge engineering 桥梁工程学

engenharia do projecto design engineering 设计工程

engenharia da segurança de sistema system safety engineering 系统安全工程

engenharia de trânsito traffic engineering 交通工程

engenharia de transporte transportation engineering 运输工程

engenharia económica engineering economy 工程经济学

engenharia electrónica electronic engineering 电子工程

engenharia geotécnica geotechnical engineering 岩土工程

engenharia hidráulica hydraulic engineering 水力工程学

engenharia hidroeléctrica hydropower engineering 水利水电工程学

engenharia humana human engineering 人类工程学

engenharia informática information engineering 信息工程学

engenharia marítima marine engineering 海事工程；轮机工程

engenharia mecânica machine building industry 机械制造业

engenharia naval naval engineering 舰船工程

engenharia rodoviária highway engineering 公路工程；道路工程学

engenharia sismológica seismic engineering 地震工程

engenheiro *s.m.* engineer 工程师

engenheiro agrónomo agronomist 农学家

engenheiro assistente assistant engineer 助理工程师

engenheiro cartográfico cartographic engineer 制图工程师

engenheiro-chefe engineer-in-chief 总工程师

engenheiro-chefe adjunto deputy chief engineer, assistant chief engineer, vice chief engineer 副总工程师

engenheiro-chefe de distrito de produção district engineer 工务段工程师

engenheiro civil civil engineer 土木工程师

engenheiro consultor consulting engineer; consultant 咨询工程师；顾问工程师

engenheiro do ambiente environmental engineer 环境工程师

engenheiro de estruturas structural engineer 结构工程师

engenheiro de estruturas hidráulicas hydraulic structure engineer 水工结构工程师

engenheiro de lamas mud engineer 泥浆工程师

engenheiro de lastro ballast engineer 压载系统工程师

engenheiro de operação operational engineer 运营工程师

engenheiro de petróleo petroleum engineer 石油工程师

engenheiro de planeamento planning engineer 规划工程师

engenheiro de processos process engineer 工艺工程师

engenheiro de projecto design engineer 设计工程师

engenheiro de reservatório reservoir engineer 油藏工程师

engenheiro de segurança safety engineer 安全工程师

engenheiro de som sound engineer 音响工程师

engenheiro de trânsito traffic engineer 交通工程师，运输工程师

engenheiro de transporte transportation engineer 运输工程师

engenheiro de voo flight engineer 飞航工程师

engenheiro eléctrico (/electrotécnico) electrical engineer 电气工程师

engenheiro fiscal supervising engineer 监理工程师

engenheiro geólogo geologist 地质学家

engenheiro geotécnico geotechnical engineer 岩土工程师

engenheiro hidráulico hydraulic engineer 水力工程师

engenheiro júnior junior engineer 初级工程师

engenheiro mecânico mechanical engineers 机械工程师

engenheiro principal chief engineer 总工程师

engenheiro residente resident engineer 驻工地工程师

engenheiro rodoviário highway engineer 公路工程师

engenheiro sénior senior engineer 高级工程师

engenho *s.m.* device 设备，机器

engenho de fazer papel paper mill 造纸机

engenho de furar drill press, drilling-machine 钻床

engenho de mandrilar mill 磨机

engenho de serrar sawmill 锯机

engenho manual de furar hand-drill (machine) 手摇钻

engessar *v.tr.* (to) plaster 粉刷石膏，涂灰膏

engizamento *s.m.* chalking 粉化

engobe *s.m.* engobe 釉底料

engolimento *s.m.* ❶ swallow 一次的吞入量 ❷ flow (of a hydraulic turbine) （水轮机的）流量

engolimento máximo maximum flow 最大流量

engolimento mínimo minimum flow 最小流量

engolimento nominal nominal flow 额

定流量
engomagem *s.f.* sizing 施胶，上浆
engonço *s.m.* hinge, movable-joint 铰链；活接头
engorduramento *s.m.* fat liquoring, oiling（皮革）加脂
engordurar *v.tr.* (to) grease 加脂
engra *s.f.* corner, angle 墙角
engradado *s.m.* crate 板条箱
　engradado de via track panel 轨排
engradamento *s.m.* railing; grating 安装栅栏
engradar *v.tr.* (to) rail, (to) grate 安装栅栏
engrandecer *v.tr.,intr.,pron.* (to) enlarge, (to) augment 增大，放大
engrandecimento *s.m.* enlargement, magnification 增大，放大
engranzamento *s.m.* ❶ interlocking 连锁 ❷ aggregate interlocking [巴] 骨料嵌锁
engraxadeira *s.f.* ❶ grease gun 黄油枪 ❷ grease nipple 黄油嘴
　engraxadeira manual hand grease gun 手控黄油枪
engraxado *adj.* greased 涂油脂的
engraxamento *s.m.* greasing 涂油脂
engraxar *v.tr.* (to) grease 涂油脂
engrenagem *s.f.* ❶ gear (toothed wheel) 齿轮 ❷ mechanism, machinery 机械装置，机构
　engrenagem accionada driven gear 从动齿轮
　engrenagem accionadora drive gear, transmission gear 传动齿轮
　engrenagem anelar flywheel ring gear, flywheel starting ring gear 飞轮齿圈
　engrenagem anular annular gear 环形齿轮
　engrenagem cardan cardan gear 万向节传动装置
　engrenagem central sun gear 太阳齿轮
　engrenagem cilíndrica ⇨ engrenagem recta
　engrenagem com alta razão de contacto high contact ratio gear 高接触比齿轮
　engrenagem com passo diametral fraccionado split pitch gear 径节制齿轮
　engrenagem compensadora compen-

sating gear 差动齿轮
　engrenagem composta cluster gear 连体齿轮
　engrenagem composta de transferência transfer cluster gear 齿轮传动组合
　engrenagem cónica bevel gear 锥齿轮，伞齿轮
　engrenagem conjugada mating gear 配对齿轮
　engrenagem de accionamento driving gear 传动齿轮
　engrenagem de acoplamento coupling gear 驱动齿；牵引装置，链钩装置连接器
　engrenagem de baixa velocidade low speed gear 低速齿轮
　engrenagem de carreto pinion gear 小齿轮，小斜齿轮；小锥齿轮
　engrenagem de comando ⇨ engrenagem accionadora
　engrenagem do comando do acessório accessory drive gear 辅助传动装置
　engrenagem de comando do tacômetro tachometer drive gear 转数计传动齿轮
　engrenagem do comando final final drive gear 最终传动机构
　engrenagem de contrabalanço balance gear, balancer gears 平衡齿轮
　engrenagem de coroa dentada crown-wheel 伞齿轮，斜齿轮
　engrenagem de cremalheira rack gear 齿条
　engrenagem de dente angular ⇨ engrenagem de espinha de peixe
　engrenagem de dentes curtos stub-tooth gear 短齿齿轮
　engrenagem de dentes espaçados dog gear 牙嵌齿轮
　engrenagem de dentes helicóides helically-cut teeth gear 螺纹齿轮
　engrenagem de dentes rectos ⇨ engrenagem recta
　engrenagem de direcção steering gear 转向齿轮，转向器
　engrenagem de distribuição timing gear 正时齿轮
　engrenagem do distribuidor distributor gear 分电器齿轮，分配机构

engrenagem de duas velocidades two-speed gear 双速齿轮

engrenagem de espinha de peixe herringbone gear 人字齿齿轮

engrenagem de garras dog clutch gear 牙嵌齿轮

engrenagem de giro swing gear 回转机构

engrenagem de inversão tumbler gear 摆动换向齿轮

engrenagem de movimento motion work 运动机件

engrenagem de mudança sincronizada synchromesh gear 同步啮合齿轮

engrenagem de pinhão pinion gear 小锥齿轮

engrenagem de precisão precision gear 精密齿轮

engrenagem de propulsão propulsion gear 推进传动装置

engrenagem de quadrante quadrant gear 扇形齿轮

engrenagem de redução reduction gear 减速齿轮

engrenagem de saída driven gear 从动齿轮

engrenagem de transferência transfer gear 传动齿轮，分动齿轮

engrenagem de transmissão ⇨ engrenagem accionadora

engrenagem de válvula Waldegg Waldegg valve gear 华尔台格阀动装置

engrenagem de válvula Walschaert Walschaert's valve gear 华尔夏特阀动装置

engrenagem deslizante de dentes rectos sliding spur gear 齿条

engrenagem diferencial differential gear 差速齿轮

engrenagem dupla twin gear 双联齿轮

engrenagem e cremalheira de direção steering rack and gear 转向齿条和齿轮

engrenagem e rolamento de giro swing gear and bearing 回转机构和轴承

engrenagem e rosca sem-fim worm and gear 蜗轮蜗杆

engrenagem epicíclica (/epicicloidal) epicyclic gearing 行星齿轮

engrenagem externa external gear 外齿轮

engrenagem facial face gear 平面齿轮；端面齿轮

engrenagem fina fine gear 小模数齿轮

engrenagens gêmeas sincronizadas phasing gears 相位机构

engrenagem helicoidal (/helicóide) helical gear 螺纹齿轮

engrenagem helicoidal dupla double helical gear 人字齿齿轮

engrenagem helicoidal para parafuso sem-fim worm wheel 蜗轮

engrenagem "helicon" Helicon gear 交叉齿轮

engrenagem hiperboidal hypoid bevel gear 准双曲面锥齿轮

engrenagem hiperbólica skew bevel gear 斜齿锥齿轮

engrenagem hipóide hypoid gear 准双曲面齿轮

engrenagem intermediária intermediate gear; idler gear 中间齿轮；空转轮，惰轮

engrenagem interna internal gear 内齿轮

engrenagem lateral side gearing 内啮合

engrenagens multiplicadoras de velocidade speed increasing gears 增速齿轮

engrenagem nitretada nitrided gear 氮化齿轮

engrenagem planetária planet gear, planetary gear 行星齿轮，侧齿轮

engrenagem por fricção friction gear 摩擦传动装置

engrenagem-porca nut gear 螺母齿轮

engrenagem principal bull gear 大齿轮

engrenagem protector protective gear 保护装置

engrenagem recta spur gear 直齿轮，正齿轮

engrenagens redutoras de velocidade speed reducing gears 减速齿轮

engrenagem satélite spider gear 十字轴小齿轮

engrenagem sem-fim worm gear 蜗轮

engrenagem sol sun gear 太阳齿轮

engrenagem zerol zerol gear 零度弧齿伞齿轮；零度弧齿锥齿轮

engrenamento s.m. engaging, engagement; tooth contact 啮合

engrenamento dos dentes tooth contact 齿面啮合，齿面接触

engrenar *v.tr.* (to) engage, (to) mesh 啮合

engreno *s.m.* ⇨ engrenamento

engripamento *s.m.* binding, seizure, seizing 束缚，绑扎

engrossador *s.m.* thickener 浓缩机

engrossar *v.tr.* (to) enlarge, (to) magnify 增大，放大

engrossar com cisalhamento shear thickening 剪切增稠

engrupagem *s.f.* winding, spooling 络筒，落筒

enigmatite *s.f.* aenigmatite 三斜闪石

enkalon *s.m.* enkalon 恩卡纶（聚酰胺纤维）

enlatamento *s.m.* canning 装罐，罐头制造

enleirador *s.m.* toothed rake 钉齿耙

enleirador-amontoador tipo cavador escarificador root rake, clearing rake 搂根耙

enleirador-amontoador tipo rastelo empurrador brush rake, clean-up rake 杂草清理耙

enleiramento *s.m.* windrowing 铺条处理

enleitado *adj.* well-laid（砖石等）铺砌好的

enleivamento *s.m.* lawning 将地修改成草坪

enlousamento *s.m.* slating, act of laying slates 盖石板瓦

enlousar *v.tr.* (to) slate, (to) lay slates 盖石板瓦

enómetro/enômetro *s.m.* oenometer 葡萄酒酒度计

enoturismo *s.m.* enotourism 葡萄酒庄旅游

enquadramento *s.m.* ❶ framing, framework 构架 ❷ context, framework 背景，框架 ❸ integration, insertion 纳入（框架、体系），整合

enquadramento geomorfológico geomorphic pattern 地貌格局

enquadramento jurídico (/legal) legal framework 法律框架

enquadrar *v.tr.* ❶ (to) frame（安装、配置）框架 ❷ *pron.* (to) fit 适应，符合,（可)纳入…框架

enrelhado *adj.* ledged （木板门、窗）装有横档的

enrijecedor *s.m.* stiffener 扶强材，加强筋

enrijecedor de apoio stiffener 加劲肋，加劲（支撑）件

enrijecedor de superfície e eliminador de poeira líquido liquid surface hardener and dustproofer 液体硬化防尘剂

enrijecedor intermediário intermediate stiffener 中间加强杆

enrijecedor para lintel lintel reinforcement 过梁配筋

enrijecimento *s.m.* stiffening （结构）加强

enriquecer *v.tr.* (to) enrich, (to) improve 丰富；富集；改进

enriquecimento *s.m.* enrichment, improvement 丰富；富集；改进

enriquecimento centrífugo centrifugal enrichment 离心浓缩

enriquecimento de minérios ore concentration 选矿

enriquecimento de urânio uranium enrichment 铀浓缩

enriquecimento secundário secondary enrichment 次生富集

enriquecimento supergénico supergene enrichment 超级富集

enrocamento *s.m.* ❶ 1. rockfill, riprap 填石，堆石；废石充填料，废石充填 2. foundation-stones（水利工程使用的）基石 3. dolosse, dolos blocks 防波石 ❷ stone pitching 砌石护坡；砌石护面

enrocamento armado reinforced rockfill 加筋堆石体

enrocamento arrumado ❶ pitching 砌石护坡；砌石护面 ❷ beaching, beached bank 砌石护岸

enrocamento arrumado à mão hand placed rockfill; hand placed riprap 人工抛石护面

enrocamento classificado ⇨ enrocamento seleccionado

enrocamento compactado compacted rockfill 压实的堆石

enrocamento de brita seca dry riprap 干铺碎石

enrocamento de fundação stone base 碎石基层；砌石基层

enrocamento de grandes dimensões

armoring 大块乱石护面，大块抛石护坡

enrocamento de material não seleccionado random rockfill 混合碎石

enrocamento de talude de solo riprap 抛石护岸

enrocamento em betão cement stabilized macadam 水泥稳定碎石

enrocamento executado em camadas coursed rockfill; bedded rockfill 分层堆石

enrocamento lançado bulk rockfill, dumped rockfill 抛石

enrocamento lavado washed rockfill 水洗碎石

enrocamento miúdo riprap 抛石

enrocamento não compactado uncompacted rockfill; loose rockfill 松散堆石

enrocamentos regados ⇨ enrocamento lavado

enrocamento seleccionado selected rockfill 级配碎石

enrocamento tout-venant ⇨ enrocamento de material não seleccionado

enrocar *v.tr.* (to) riprap 填石，堆石

enroladeira *s.f.* hose trolley 软管手推车

enrolador *s.m.* spooler, winding machine 盘缆器，绕线机

enrolador de mangueira hose reel 软管卷盘

enroladora *s.f.* spooler, winding machine 盘缆器，绕线机

enroladora-desenroladora spooler-unspooler 收放线装置

enrolamento *s.m.* ❶ spooling 打轴；绕线圈 ❷ winding 线圈，绕组 ❸ twisting 扭曲

enrolamento de alta-tensão high voltage winding 高压绕组

enrolamento de armadura armature winding 电枢绕组

enrolamento de autotransformador autotransformer winding 自耦变压器绕组

enrolamento de baixa-tensão low voltage winding 低压绕组

enrolamento de campo field winding 磁场绕组，励磁绕组

enrolamento de engate pull-in winding 穿入式绕组

enrolamento de estator stator winding 定子绕组

enrolamento de excitação excitation winding 励磁绕组

enrolamento do indutor field winding 励磁绕组

enrolamento de média tensão medium voltage winding 中压绕组

enrolamento de retenção hold-in winding 保持线圈

enrolamento de rotor rotor winding 转子绕组

enrolamento de transformador transformer winding 变压器绕组

enrolamento em barras bar winding 条形绕组

enrolamento primário primary winding 初级绕组

enrolamento secundario secondary winding 次级绕组

enrugamento *s.m.* ❶ 1. wrinkling, rugosity 起皱；褶皱 2. fold, rock bend（岩石）褶皱 3. roll (coal seam) 煤层褶曲 ❷ upthrust fault 上冲断层

enrugamento hercínico hercynian fold belt 海西褶皱带

ensacadeira *s.f.* bagging machine 装袋机

ensacamento *s.m.* bagging 装袋

ensacar *v.tr.* (to) bag 装袋机

ensaiar *v.tr.* (to) test 测试，试验

ensaibramento *s.m.* gravelly sandy soil application 铺砾石土

ensaibrar *v.tr.* (to) gravel, (to) cover with gravel 铺碎石

ensaio *s.m.* test 测试，试验

ensaio à flexão flection test 弯曲试验

ensaio a martelo hammer test 锤击试验

ensaio acelerado accelerated test 加速试验

ensaio acelerado de intemperismo accelerated weathering test 加速老化试验，加速耐候性试验

ensaio brasileiro Brazilian test 巴西圆盘劈裂试验 ⇨ ensaio de resistência à tracção por ruptura a compressão

ensaio CBR in-situ in-situ CBR test 原位加州承载比试验

ensaio com macaco jacking test 阶撑试验

ensaio com macaco plano de grande área large flat jack test (LFJ test) 大扁平千斤顶试验

ensaio CPT cone penetration test (CPT) 锥体贯入度试验

ensaio com macacos planos flat-jack test 狭缝试验；扁千斤顶试验

ensaio de abatimento (/abaixamento) slump test 坍度试验

ensaio de abrasão abrasion test 磨耗试验，磨损试验

ensaio de absorção de água water absorption test 吸水测试

ensaio de abrasão Los Angeles Los Angeles abrasion test 洛杉矶磨耗试验

ensaio de absorção superficial inicial (Isat) initial surface absorption test (Isat) 初始表面吸水测试

ensaio de achatamento flattening test 压扁试验

ensaios de ancoragens anchorage test 锚固试验

ensaio de adensamento consolidation test 固结试验，压密试验

ensaio de adensamento anisotrópico anisotropic consolidation test 不等压固结试验

ensaio de adensamento radial radial consolidation test 径向固结试验

ensaio de aderência adhesion test 黏着试验，附着力测试

ensaio de aderência de ligantes stripping test 剥脱试验

ensaio de adesividade adhesivity test 胶黏试验

ensaio de adesividade do asfalto asphalt adhesion test 沥青黏附性试验

ensaio de alargamento flaring test 扩口试验

ensaio de análise de deformação deformation analysis test 变形分析试验

ensaio de arrancamento pullout test 拉拔试验

ensaio de avaliação de material na pista pavement material field test 路面材料现场试验

ensaio de caldeira boiler trial 锅炉试车

ensaio de campo commercial-scale trials, field trials 田间试验；实地测验

ensaio do canto de um compartimento room corner test 墙角火试验

ensaio de capacidade de carga bearing test 承载力试验

ensaio de caracterização characterization test 特性测试，鉴定测试

ensaio de carga loading test 载荷试验，荷载试验

ensaio de carga estática static loading test 静载试验

ensaio de carga sobre placa plate bearing test 平板承载力试验

ensaio de centelha ⇨ ensaio do ponto de flama

ensaio de choque shock test 冲击试验

ensaio de choque Charpy Charpy impact test 夏比冲击试验

ensaio de cisalhamento shear test 剪切试验，抗剪试验

ensaio de cisalhamento direto direct shear test 直接剪力试验

ensaio de cisalhamento directo drenado e consolidado consolidated drained direct shear test 固结排水直剪试验

ensaio de colisão crash test 碰撞测试

ensaio de compactação compaction test 压实试验，压实测试

ensaio de compactação de solos soil compaction test 土壤击实试验，土壤压实试验

ensaio de compactação Proctor Proctor compaction test 普氏压实试验

ensaio de compactação Proctor normal standard Proctor compaction test 标准普氏击实试验

ensaio de competência de laboratório laboratory proficiency test 实验室熟练程度检验

ensaio de compressão compression test 压缩试验

ensaio de compressão do agregado compression test of aggregate 集料压缩试验

ensaio de compressão diametral diametrical compression test 径向受压试验

ensaios de compressão e tensão compression and tension tests 压缩和拉伸试验

ensaio de compressão não confinados unconfined compression test 无侧限压缩试验

ensaio de compressão não confinados em solos coesivos unconfined compression test on cohesive soils 黏性土壤的无侧限压缩试验

ensaio de compressão simples simple compression test 单向压缩试验

ensaio de compressão triaxial triaxial compression test 三轴压缩试验

ensaio de compressão triaxial adensado, não drenado consolidated undrained triaxial compression test 固结不排水三轴压缩试验

ensaio de compressão triaxial drenado drained triaxial compression test 排水三轴压缩试验

ensaio de compressão triaxial não adensado e não drenado unconsolidated undrained triaxial compression test 不固结不排水三轴压缩试验

ensaios de compressão triaxial sem drenagem consolidados consolidated undrained triaxial compression test 固结不排水三轴压缩试验

ensaio de compressão triaxial sem drenagem consolidados em solos coesivos consolidated undrained triaxial compression test on cohesive soils 黏性土壤的压密不排水三轴压缩试验

ensaio de compressão uniaxial em testemunhos de rocha uniaxial compression tests on rock cores 岩心单轴压缩试验

ensaio de conformidade conformity test 一致性测试

ensaio de consistência slump test, consistency test 坍落试验，稠度试验，一致性测试

ensaio de consistência concreto fresco slump test of concrete 混凝土坍落试验

ensaio de consistência de argamassa mortar spreading test 砂浆扩展度试验

ensaio de consolidação unidimensional em solos coesivos one dimensional

consolidation test on cohesive soils 黏性土壤的一维压密试验

ensaio de continuidade continuity test 连续性测试

ensaio de curvatura ⇨ ensaio de dobragem

ensaio de deformação lenta creep test 蠕变试验

ensaio de densidade density test 密度测试

ensaios de densidade nuclear nuclear density test 核密度检测

ensaio de desagregabilidade wetting and drying test 干湿试验

ensaio de desgaste abrasion test, wearing test 磨损试验，磨耗试验

ensaio de desgaste de Deval Deval's wearing test 狄法尔磨耗试验

ensaio de desgaste los Angeles Los Angeles wearing test 洛杉矶磨损试验

ensaio de dobragem (/dobramento) bending test 弯曲试验

ensaio de dobramento a frio cold bending test, folding test 冷弯曲试验，折弯试验

ensaio de ductilidade ductility test 延展性测试

ensaio de dureza hardness test 硬度测试

ensaio de envelhecimento acelerado accelerated aging test 加速老化试验

ensaio de estanquidade leak test 密封性检验

ensaio de expansão swelling test 膨胀试验

ensaios de expansão unidimensional ou de potencial de desabamento em solos coesivos one dimensional swell or collapse potential tests on cohesive soils 黏性土壤的一维膨胀或塌陷潜力试验

ensaio de expansibilidade de solo soil expansion test 土壤膨胀试验

ensaio de fadiga fatigue experiment, teste for fatigue 疲劳试验

ensaio de flambagem buckling test 纵向弯曲试验

ensaio de flexão ⇨ ensaio de dobragem

ensaio de forjamento forge test 锻造试验

ensaio de fragilidade brittleness test 脆性试验

ensaio de friabilidade friability test 脆性试验

ensaio de fugas leak test 泄漏测试

ensaio de furo de agulha pinhole test 针孔试验

ensaio de garantia guarantee test 保证试验；保证数据验收试验

ensaios dos geotêxteis geotextile test 土工织物试验

ensaio de homologação approval test 验收试验；合格性实验

ensaio de Hubbard-Field Hubbard-Field test 哈伯德氏现场试验

ensaio de identificação classification test 分级试验

ensaio de imersão immersion test 浸渍试验，浸泡试验；浸没试验

ensaio de impacto de dois veículos vehicles impact test 车辆冲击实验

ensaio de índice Californiano California bearing ratio test 加州承载比试验

ensaio de inflamação ⇨ ensaio do ponto de flama

ensaio de instabilidade instability test 不稳定性测试

ensaio de integridade integrity test 无损试验；完整性测试

ensaios de intercomparação round robin test 循环比对试验

ensaio de Izod Izod test 埃左冲击试验

ensaio de laboratório laboratory test, laboratory testing 实验室检测

ensaio de Lefranc Lefranc test, slug test 重锤试验，Lefranc 试验

ensaio de Legeon Legeon test, packer test, water pressure test 压水试验，Legeon 试验

ensaio de levigação elutriation test 淘洗试验

ensaio dos limites de Atterberg Atterberg test 阿太堡试验

ensaio de linha line test 线测验；线路检测

ensaio de materiais material testing 材料测试

ensaio de núcleo core test, core testing 岩心试验，芯样测试

ensaio do objectivo isolado em combustão (SBI) single burning item (SBI) test 单体燃烧试验

ensaio de obturador packer test 封隔器压力试验，压水试验

ensaio de palheta vane shear test 十字板剪切试验

ensaio de penetração standard penetration test 标准贯入试验

ensaio de penetração de cone (CPT) cone penetration test (CPT) 锥体贯入度试验

ensaio de penetração dinâmica dynamic penetration test 动力触探试验

ensaio de penetração estática static penetration test 静力触探试验

ensaio de perda ao fogo loss-on-ignition test 烧失量试验

ensaio de perda de água ❶ water permeability test 透水性试验 ❷ water loss test 水损失试验，失水试验

ensaio de perfuração drill test 钻孔试验

ensaio de permeabilidade permeability test 渗透试验

ensaio de permeabilidade com pressão constante constant head permeability test 常水头渗透试验

ensaio de permeabilidade com pressão decrescente falling head permeability test 降落水头渗透试验

ensaio de permeabilidade de solos soil permeability test 土壤渗透性测试

ensaio de permeabilidade em permeâmetro de carga constante constant head permeability test 常水头渗透试验

ensaio de permeabilidade em permeâmetro de carga variável variable head permeability test 变水头渗透试验

ensaio de piezocones sísmicos seismic piezocone test, seismic cone penetration test (SCPTU) 地震波孔压静力触探试验

ensaio de placa plate bearing test 平板承载试验

ensaio de plasticidade plasticity test 塑性试验，可塑性试验

ensaio do ponto de flama (/fulgor) flash point test 闪点试验

ensaio de porosidade porosity test 孔隙度试验

ensaio de pressão pressure test 压力试验

ensaio de pressão hidráulica hydraulic pressure test 液压试验；水力试验

ensaio de pressão repetida repeated pressure test 反复变形检测

ensaio de prova proof test 验证测试

ensaio de queda drop test 坠落试验

ensaio de recepção acceptance test 验收试验

ensaio de relaxação relaxation test 松弛试验

ensaio de rendimento efficiency test 效率测试

ensaio de resistência ao choque shock resistance test 耐碰撞试验

ensaio de resistência ao corte dos solos soil shear resistance test 土壤抗剪强度试验

ensaio de resistência ao empeno bending resistance test 抗弯强度检测

ensaio de resistência à ingestão de aves bird strike test 鸟击测试

ensaio de resistência à tracção por ruptura a compressão Brazilian test, Brazilian disk splitting test 巴西圆盘劈裂试验

ensaio de resistência de solos soil resistance test, soil strength test 土体抗力试验，土体强度试验

ensaio de resistência mecânica de agregados mechanical strength test of aggregates 集料机械强度试验

ensaio de rigidez rigidity test, stiffness test 刚度试验

ensaio de ruptura breaking test, rupture test 断裂试验

ensaios de ruídos e vibrações noise and vibration test 噪声振动试验

ensaio de saturação e secagem wetting and drying test 干湿试验

ensaio de sedimentação sedimentation test 沉淀试验

ensaio de slump ⇨ ensaio de abatimento

ensaio de solo soil test 土壤试验，土工试验

ensaio de suporte de solos soil bearing test 土壤荷载试验

ensaio de suporte em placa plate bearing test 平板承载试验

ensaio de temperatura heat run 热试车；热试转

ensaio de testemunho core test 岩心试验，芯样测试

ensaio de torção torsion test 扭转试验

ensaio de tracção tensile test 抗拉试验

ensaio de tracção por flexão bending tensile test 弯曲张力试验

ensaio de túnel ⇨ ensaio em túnel aerodinâmico

ensaio de ultrassom de trilho ultrasonic rail testing 超声波钢轨检测

ensaio de vibrações vibration test 振动试验

ensaio de viscosidade viscosity test 黏度测试

ensaio dilatométrico dilatometer test 膨胀度试验

ensaios dilatométricos Marchetti flat dilatometer test, Marchetti dilatometer test 扁铲侧胀试验

ensaio dinâmico dynamic test 动态测试；动力试验

ensaio drenado drained test 排水试验

ensaio edométrico ⇨ ensaio oedométrico

ensaio em bancada bench testing 台架试验，试验台试验

ensaio no bico de Bunsen Bunsen burner test 本生灯实验

ensaio em escala natural full-scale test 全尺寸试验

ensaio em mesa vibratória shaking table test 振动台试验

ensaio no painel radiante radiant panel test 辐射板试验

ensaio no queimador eléctrico electrical burner test 电燃烧器测试

ensaio em túnel aerodinâmico tunnel test 隧道试验

ensaio em túnel aerodinâmico Steiner Steiner tunnel test 斯坦纳隧道试验
ensaio estático static test 静态测试
ensaio fotoelástico photoelastic test 光弹性试验
ensaio geofísico geophysical test 物 探 测试
ensaio in-situ in situ testing 现场试验
ensaio interlaboratorial interlaboratory test, round robin test 实验室间测试，循环比对试验
ensaio intermédio intermediate test; pilot experiment 中间试验
ensaio intralaboratorial intra-laboratory test, longruntest 实验室内部测试，连续试验
ensaio lento drained test [巴] 排水试验
ensaio magna flux magnaflux test 磁 通 试验
ensaio Marshall Marshall test 马歇尔试验
ensaio mecânico mechanical test 机械测试
ensaio na bomba calorimétrica calorimeter bomb test 氧弹式量热计测定实验
ensaio na cabina de radiação (/no epirradiador) epiradiator cabinet test 热辐射火焰传播测试
ensaio não destrutivo (END) non-destructive testing 非破坏性试验，无损检验
ensaio não destrutivo de trilho non-destructive rail testing 非破坏性轨道测试
ensaio oedométrico oedometer test, confined compression test 固结试验，侧限压缩试验
ensaio-padrão de penetração standard penetration test (SPT) 标准贯入试验
ensaio por atrito friction test 摩擦试验
ensaio pressiométrico pressuremeter test 旁压试验，土体横向压缩试验
ensaios pressiométricos Ménard Ménard pressuremeter tests 梅那旁压试验，使用梅那三腔式旁压仪的旁压试验
ensaio Proctor Proctor test 普氏压实试验
ensaio Proctor intermediário intermediate Proctor compaction test 中 型 击 实 试验
ensaio Proctor modificado modified Proctor compaction test 修正普氏击实试验，

重型击实试验
ensaio Proctor normal standard Proctor test 标准普氏击实试验，轻型击实试验
ensaio químico chemical test 化学测试
ensaio reológico rheologic test 流变试验
ensaio simulado simulated test 模拟试验
ensaio TDR transient dynamic response test 瞬态动力响应试验
ensaio triaxial triaxial test 三轴试验，三轴压缩试验
ensaio triaxial adensado drenado consolidated drained triaxial test 固结排水三轴压缩试验
ensaio triaxial adensado não drenado consolidated undrained triaxial test 固结不排水三轴压缩试验
ensaio triaxial não adensado não drenado unconsolidated undrained triaxial test 不固结不排水三轴压缩试验
ensaio triaxial rápido unconsolidated undrained triaxial test, quick test 不固结不排水三轴压缩试验
ensambladura s.f. ❶ mounting 接合，连接，组合，装配 ❷ splice-joint 拼合接头
ensambladura de espera skew notch 斜槽口
ensambladura denteada indented joint 齿接
ensamblamento s.m. ⇨ ensambladura
enseada s.f. cove 小海湾
ensecadeira s.f. cofferdam, caisson 围堰；潜水箱，沉箱
ensecadeira de estaca-prancha sheet pile cofferdam 板桩围堰
ensecadeira galgável overflow cofferdam 溢流围堰，过水围堰
ensiladora s.f. forage harvester 牧草收割机
ensilagem s.f. ensilage, silage-making 牧草青贮
ensilagem com pré-fenação wilted grass silage 凋萎禾草青贮料
ensoleiramento s.m. mat foundation 筏板基础
ensoleiramento flutuante plate raft foundation 平板式筏板基础
ensopamento s.m. soakage, dipping 浸透，浸渍；浸润

ensopamento quente hot dipping 热浸

ensopar *v.tr.* (to) soak, (to) dip 浸透，浸渍；
浸润

enstatite *s.f.* enstatite 顽辉石

enstatitito *s.m.* enstatitite 顽火辉石岩

ensuite *s.f.* ensuite, ensuite bathroom 套间
浴室

ensutado *adj.* splayed 八字形的，向内张开
的，内宽外窄的

ensutamento *s.m.* splay 八字面，（门窗）
内宽外窄的洞口

entablamento *s.m.* entablature 柱顶线盘，
台口

entabuamento *s.m.* timbering 铺木板，铺
地板；[集]木板，地板条

entaipamento *s.m.* fencing, paling 建围挡

entaipar *v.tr.* (to) pale 建围挡

entaleirado *adj.* tamped with splines 用木
条塞缝的

entaleiramento *s.m.* splining 用木条塞缝

entalhadeira *s.f.* carving machine 雕刻机

entalhadeira de corrente chain mortiser
凿榫机，链插床

entalhado *adj.* nicked, notched, dented 带
切口的；有凹口的，有缺口的，有凹痕的

entalhador *s.m.* carver （掌握雕刻术的）
石匠

entalhadora *s.f.* carving machine 雕刻机

entalhadura *s.f.* engraving, carving; indentation, notching 雕刻；刻痕，压痕，掏槽，
做凹口

entalhamento *s.m.* ❶ engraving, carving;
indentation, notching 雕刻；刻痕，压痕；
掏槽，做凹口 ❷ adzing 木枕削平

entalhar *v.tr.* ❶ (to) carve, (to) grave 雕刻
❷ (to) nick, (to) notch 刻凹痕，开槽口

entalhe *s.m.* ❶ carving, cut 雕刻 ❷ 1. notch,
nick, dent 刻痕，槽口；缺口 2. intaglio 凹
饰 ❸ intarsia 细木镶嵌装饰

entalhe aberto open mortise 开口榫眼

entalhe cego blind mortise 暗榫眼

entalhe chanfrado bevel groove 斜面坡口

entalhe de cauda tail cut 橡尾桦槽

entalhe de madeira woodcarving 木雕

entalhe de respiga e caixa mortise-and-ten-
on joint 镶榫接

entalhe do rotor rotor slot 转子线槽

entalhe e saliência joggle 榫接；啮合镶接

entalhe fresado milled slot 铣槽

entalhe para argamassa groutnick 灌浆
凹槽

entalhe para chaveta keyway, keyslot 键
槽 ⇨ escatel

entalhe preliminar holing 开洞

entalhe profundo quirk 深槽

entalhe rectangular rectangular notch 矩
形槽口

entalpia *s.f.* enthalpy 焓，热函

êntase *s.f.* entasis 圆柱收分线，柱上的微凸线

enterolítico *adj.* enterolithic 肠状的，肠形
岩构造的

enterrado *adj.* buried 地埋的

enterramento *s.m.* undergrounding, burial
埋入地下

enterramento das linhas undergrounding of electricity lines 地埋线缆

enterramento de solos soil sealing 覆土

enterramento localizado localized burial 定位埋藏

enterramento profundo deep burial
深埋

enterramento superficial shallow burial
浅埋

entidade *s.f.* entity, body 单位，实体

entidade adjudicante contracting authority 评标单位

entidade contratante procuring entity,
purchasing entity 采购人，采购实体，采购
主体

entidade coordenadora coordinating
entity 协调方，协调单位

entidade instaladora installer 安装单位

entidade operadora (/exploradora)
operator 营运单位

entidade organizadora organizing entity
组织方，组织单位

entidade pública contratante (EPC)
public purchasing entity 公共采购实体

entissolo *s.m.* entisol 新成土

entivação *s.f.* planking, lining with planks,
support 围护（结构）；支护，支撑

entivação com alongas deslizantes
slide-bar system 滑动支架

entivação com arcos arch support 拱形

支架

entivação com blocos de betão precast concrete-block support 预制混凝土砖支护

entivação com escudo shield tunneling 盾构支护

entivação com esteios shoring, propping 撑柱

entivação com quadros frame timbering 框形支架

entivação de galeria roadway pressure arch 巷道压力拱

entivação deslizante spiling, forepoling 超前支架，超前板桩

entivação integral cribbing, full timbering 垛式支架

entivação metálica steel supports 金属支架

entivação mista mixed support 混合支架

entivação permanente permanent support 永久支护

entivador s.m. support facility 支护设备

entivar v.tr. (to) plank, (to) line with planks 支护，支撑

entrada s.f. ❶ 1. entrance, doorway, hall 入口；入口处，门道 2. inlet, port 开口 ❷ entry, entrance 进入 ❸ input 输入 ❹ (equity) contribution （股权）出资，入股

entrada binária binary input 二进制输入

entrada coaxial coaxial input 同轴输入

entrada de ar air inlet, air inlet port, air intake 进风口；进气孔；入气口

entrada de ar de retorno return air inlet 回风进口；回气进口

entrada de ar fresco fresh air inlet 新鲜空气入口

entrada de eclusa entrance lock 入口船闸

entrada da garagem garage entrance 车库入口

entrada da sarjeta gully inlet 排水沟入口

entrada de serviço service entrance 作业入口

entrada e saída ingress and egress 进出

entrada no poço running in hole （油井）下钻

entrada proibida no entrance 禁止入内

entrada trifásica 3 phase input 三相输入

entrançado adj. braided （河流）纵横交错

的，构成交错水流网的

entranhamento s.m. entrainment （雾沫）夹带，挟带；夹卷，卷入

entranhamento de ar air entrainment 夹杂空气；吸气处理

entrecana s.f. fillet between flutes （西方古典建筑）柱身凹槽之间的柱身表面，平齿面

entrecasca s.f. ⇨ floema

entrecorte s.m. ❶ interval between two arches 两个拱顶之间的间隔 ❷ chamfered corner （建筑物外墙角处的）削角

entrecruzamento s.m. intertwining 交织，缠绕

entrecruzamento de estratos lathing 层理交错现象

entredente s.m. interdentil 齿间距；齿饰间距

entrefechamento ⇨ entretravamento

entreferro s.m. air gap, clearance 气隙；空气间隙

entreforro s.m. panelling （房屋的）顶板

entrega s.f. delivery, handover 交付，移交

entrega ao tráfego opening to traffic 开放通车

entrega com faltas short delivery 交货短缺；交付缺额

entrega contra pagamento cash on delivery (C.O.D.) 货到付款

entrega de inspecção manhole 人孔；检修孔

entregador s.m. deliverer 交付者

entregar v.tr. (to) deliver, (to) hand over 交付，移交

entrelaçado adj. braided （河流）纵横交错的，构成交错水流网的

entrelaçamento s.m. ❶ interlacing, interwining 编织，交织 ❷ interlace 交织形花边

entrelaçar v.tr. (to) interlace, (to) intertwine 编织，交织

entrelinhas s.f.2n. foam liquid feeding device （连接在消防管道上的）消防泡沫液供液装置

entremodilhão s.m. intermodillion 檐托座间

entrepano s.m. shelf （柜子、架子等的）竖搁板

entrepernas s.m.2n. crotch 叉杆；叉架

entrepilastra *s.f.* ⇨ intercolúnio
entrepiso *s.m.* entresol, mezzanine 夹层
entreposto *s.m.* ❶ warehouse 货栈；仓库 ❷ emporium 大型商场
  entreposto aduaneiro customs warehouse; customs bonded warehouse 海关仓库；海关保税仓库
  entreposto frigorífico cold store 冷藏库
  entreposto logístico logistic warehouse 物流仓库
entressolho *s.m.* ❶ entresol, mezzanine 夹层 ❷ 1. subfloor 底层地板；毛地板 2. space between subfloor and ground 底层地板与地面之间的空隙
entretalhadura *s.f.* ⇨ entretalho
entretalho *s.m.* bas-relief, low-relief 浅浮雕
entretravamento *s.m.* door interlock 门联锁装置
entrevia *s.f.* dummy track 工具轨
entroncamento *s.m.* junction; cross-way 汇合点，枢纽，交汇处
  entroncamento a diferentes níveis grade separation（高速公路、铁路中的）立体交叉
  entroncamento em nível at grade intersection（高速公路、铁路中的）平面交叉
  entroncamento em T T-intersection T 形交叉
  entroncamento em Y Y-intersection Y 形交叉
  entroncamento oblíquo skew intersection 斜式交叉
  entroncamento rodo-ferro-hidroviário highway-railway-waterway junction 公路-铁路-水路交通枢纽
  entroncamento rodoviário road junction 交叉路口
entropia *s.f.* entropy 熵
entrosa *s.f.* cogwheel 嵌齿轮
entrosamento *s.m.* interlocking, engaging 联锁；互锁；啮合
entrosar *v.tr.,pron.* (to) interlock, (to) engage 联锁；互锁；啮合
entubamento *s.m.* ❶ casing 金属包壳 ❷ intubation 接入管道，插入管道 ❸ piping 管涌
entubar *v.tr.* (to) intubate 接入管道，插入

管道
entulhamento *s.m.* stow, backfill 联锁；互锁
entulho *s.m.* rubbish, waste materials 垃圾，废料，瓦砾堆
entupimento *s.m.* ❶ clogging 堵塞 ❷ stemming [集] 填塞物
  entupimento das fracturas screenout, tip screenout 尖端脱砂
entupir *v.tr.* (to) clog, (to) block 堵塞
enunciador *s.m.* voice alarm 语音报警器
envasadura *s.f.* door and window openings [集] 一面墙上所有的门窗洞口
envasamento *s.m.* ❶ plinth 柱基；底座 ❷ foundation mass 地基基底
envaziado *s.m.* rabbet（木板等的）槽口，企口缝
envelhecimento *s.m.* aging 老化
  envelhecimento acelerado accelerated aging 加速老化
  envelhecimento artificial artificial aging 人工老化
  envelhecimento das barragens aging of dams 水坝老化
  envelhecimento de ligante binder aging 黏结剂老化
  envelhecimento natural natural aging 自然老化
envelope *s.m.* ❶ envelope 信封，封套 ❷ envelope [巴] 包络线；包络面
  envelope de fases phase envelope 相包络线
envergadura *s.f.* wingspan; span 翼展；跨度；宽度
  envergadura efetiva effective span 有效跨度
envernizado *adj.* varnished, lacquered 涂漆的
  envernizado ao forno baked enamel, baking varnish 烤漆
envernizamento *s.m.* varnishing 上光，刷清漆
envernizar *v.tr.* (to) varnish 上光，刷清漆
envidraçado *adj.* glazed 镶有玻璃的
envidraçamento *s.m.* glassing, glazing 镶玻璃；[集] 玻璃
  envidraçamento a cobre copper glazing

铜条嵌镶玻璃

envidraçamento duplo double glazing 镶双层玻璃

envidraçamento em nível flush glazing 平装玻璃，玻璃与窗框表面齐平的玻璃

envidraçamento húmido wet glazing 湿法安装玻璃

envidraçamento patente patent glazing 无油灰镶玻璃法

enviesado *adj.* skewed 斜歪的

envio *s.m.* sending; shipment 寄送；运货

envio gratuito free shipping 免运费；包邮

envolto *adj.* ❶ wrapped up 包裹起来的 ❷ enclosed 围住的；封闭的

envoltória *s.f.* envelope 包络线

envoltório *s.m.* ❶ wrapper 外包装 ❷ envelope [葡][集] 包络线；包络面

envoltório de Mohr Mohr's envelope 摩尔包络线

envoltório de ruptura failure envelope 破坏包络线

envoltório instantâneo instantaneous envelope [葡] 瞬时包络

envolvente ❶ *adj.2g.* surrounding 环绕的 ❷ *adj.2g.,s.m.* wrap-around 环绕式处理（的）❸ *s.f.* envelope 包络线

envolvente do edifício building envelope （建筑）围护结构

envolver *v.tr.* (to) involve, (to) wrap up 包含，包括；包裹

envolvimento *s.m.* involvement 卷入；包含；包括

envolvimento de agregado com ligante betuminoso bituminous aggregate coating 集料裹附沥青

enxada *s.f.* hoe, spade 锄头

enxada mecânica spading machine 铲掘机

enxada rotativa rotary hoe, rotary tiller 旋转锄

enxada-sacho hoe-fork 叉锄

enxadrezado *adj.* tessellated 小块玻璃或石块镶嵌的

enxaguadura *s.f.* ⇨ enxaguamento

enxaguamento *s.m.* rinsing, watering 漂清，冲洗

enxaguar *v.tr.* (to) rinse, (to) wash 漂清，冲洗

enxaimel *s.m.* timber (of half-timbered structure)（砖木结构建筑的）椽子，木方

enxalço *s.m.* lintel （门窗上的）楣

enxame *s.m.* swarm 蜂群，动物群；一大群

enxame de diques dike set, dike swarm 堤组，堤群

enxara *s.f.* thicket 灌木丛

enxertia *s.f.* grafting 嫁接

enxerto *s.m.* ❶ grafting 嫁接，嫁接法 ❷ graft 接穗；接枝

enxó *s.m.* adz, adze 手斧，锛子

enxofração *s.f.* ⇨ enxoframento

enxofradeira *s.f.* sulphurator 硫化器；硫黄熏蒸器

enxofrador *s.m.* ⇨ enxofradeira

enxoframento *s.m.* sulphuration 硫化（作用）

enxofrar *v.tr.* (to) sulphurate 使硫化；用硫处理

enxofre (S) *s.m.* ❶ sulphur, sulfur (S) 硫 ❷ brimstone 硫黄石

enxovia *s.f.* dungeon 地牢

enxugo *s.m.* exsiccation 干燥法

enxurrada *s.f.* torrent 洪水

enzima *s.f.* enzyme 酶

Eoarcaico *adj.,s.m.* Eoarchean; Eoarchean Era; Eoarchean Erathem [葡]（地质年代）始太古代（的）；始太古界（的）

Eoarqueano *adj.,s.m.* [巴] ⇨ Eoarcaico

eobiogénese *s.f.* eobiogenesis 原始生命起源

Eocénico *adj.,s.m.* Eocene; Eocene Epoch; Eocene Series [葡]（地质年代）始新世（的）；始新统（的）

Eoceno *adj.,s.m.* [巴] ⇨ Eocénico

eodiagénese *s.f.* eodiagenesis 大气成岩作用

eolianito *s.m.* eolianite 风成岩

eólico *adj.* eolian 风的；风成的；风积的

eometamorfismo *s.m.* eometamorphism 早期变质作用

eon *s.m.* eon 宙（地质时代单位，era 的上一级，对应时间地层单位 eontema）

eontema *s.m.* eonthem 宇（时间地层单位，erratema 的上一级，对应地质时代单位 eon）

Eozoon *s.m.* Eozoon 始生物

EPC ❶ *sig.,s.m./f.* EPC 设计、采购、施工 ❷ *sig.,s.m.* collective protection equipment

(CPE) 集体防护装备 ❸ *sig.,s.f.* public purchasing entity 公共采购实体

EPC+F EPC+F 设计、采购、施工和融资

EPC+O&M EPC+O&M 设计、采购、施工和运营维护

EPDM *sig.,s.f.* EPDM 三元乙丙橡胶

epi- *pref.* epi- 表示"在···上面，在···外面"

EPI *sig.s.m.* individual protective equipment (IPE), personal protective equipment (PPE) 个人防护装备

epibionte *s.f.* epibiont 体表寄生物

epicentro *s.m.* epicenter, earthquake epicenter 地震震中

epiciclo *s.m.* epicycle 周转圆

epiciclóide *s.f.* epicycloi 外摆线

epiclasto *s.m.* epiclast 外力碎屑岩

epidemia *s.f.* epidemic（地区性）流行病

epidiabase *s.f.* epidiabase 变辉绿岩

epidiagénese *s.f.* epidiagenesis 表生成岩作用

epidiascópio *s.m.* epidiascope 透反射两用幻灯机

epidiorito *s.m.* epidiorite 变闪长岩

epidotito *s.m.* epidotite 绿帘石岩

epidotização *s.f.* epidotization 绿帘石化作用

epídoto *s.m.* epidote 绿帘石

epigenia/epigénese *s.f.* epigenesis 外成作用

epigenético *adj.* epigenetic 后成说的，渐成说的；外成的

epigénico *adj.* epigene 外成的

epilímnio *s.m.* epilimnion 表水层，变温层，（湖泊）温度跃变层

epimagma *s.m.* epimagma 外岩浆

epimorfismo *s.m.* epimorphism 满射；外附同态

epimorfo *s.m.* epimorph 外附体

epinaos *s.m.* epinaos 古希腊寺庙内殿的后室

epinécton *s.m.* epinekton 寄生游泳动物

epipedon *s.m.* epipedon 表层

epipedon antrópico anthropic epipedon 耕作表层

epipedon hístico histosols 有机土

epipedon mólico mollic epipedon, mollisols 暗沃表层

epipedon ócrico ochric epipedon 淡薄表层

epipedon úmbrico umbric epipedon 暗瘠表层

epipelágico *adj.* epipelagic（海洋）光合作用带的，上层的（深度 0—200 米）

epiplâncton *s.m.* epiplankton 上层浮游生物

EPIRB *sig.,s.m.* EPIRB 应急指位无线电示标

epirocrático *adj.* epeirocratic 陆地克拉通的

epiroforese *s.f.* epeirophoresis 大陆漂移

epirogenia *s.f.* epeirogeny 造陆运动，造陆作用

epirogénese *s.f.* epeirogenesis 造陆运动，造陆作用

epirradiador *s.m.* epiradiator 热辐射装置

episcópio *s.m.* episcope 反射幻灯机

epissienito *s.m.* episyenite 变正长岩

epistilbite *s.f.* epistilbite 柱沸石

epistílio *s.m.* epistyle 额枋，柱顶过梁；框缘

epitaxia *s.f.* epitaxy（晶体）取向附生，外延附生

epixenólito *s.m.* epixenolith 捕虏体

epizona *s.f.* epizone 变质带，浅成带

época *s.f.* ❶ period, epoch, age 时期；季节 ❷ epoch 世（地质时代单位，período 的下一级，idade 的上一级，对应时间地层单位 série）

época alta peak season 旺季

época baixa off season 淡季

época glaciária glacial epoch 冰川期

época magnética magnetic epoch 极性时期

epóxi *s.m.* epoxy, epoxy resin 环氧树脂

epóxi de alcatrão coal-tar epoxy 环氧煤焦油

EPS *sig.,s.m.* Emergency Power Supply (EPS) System 应急电源系统

epsomite *s.f.* epsomite 泻利盐

épura *s.f.* épure 放样图；详图

equação *s.f.* equation 方程

equações de Archie Archie equations 阿尔奇公式

equação de balanço de materiais material balance equation 物料平衡方程

equação de Bernoulli Bernoulli equation 伯努利方程

equações de Biot-Gassmann Biot-Gassmann equations Biot-Gassmann 方程

equação de colinearidade collinearity equation 共线方程

equação da continuidade equation of continuity 连续方程

equação de contrapressão backpressure equation 背压方程

equação de Darcy Darcy's equation 达西方程，达西径向流动方程

equação da difusão diffusion equation 扩散方程

equação de Dupré Dupré equation 杜伯瑞方程

equação de estado state equation 状态方程

equação de estado de gás gas state equation [葡] 气体状态方程

equação de estado do Virial Virial equation of state 维里状态方程

equação de Kozeny Kozeny's equation 柯慈尼方程

equação dimensional dimensional equation 量纲方程

equação fotogramétrica photogrammetric equation 摄影测量共线方程

equação iconal eikonal equation 程函方程，成像方程，短时矩方程

equação linear linear equation 线性方程，线性方程式

equação química chemical equation 化学方程式

equação simultânea simultaneous equation 联立方程

equador s.m. equator 赤道

equador celeste celestial equator 天体赤道

equador magnético magnetic equator 地磁赤道

equalização s.f. equalization 均衡；均等化

equalização cruzada cross equalization 互均化，相互均衡

equalização de amplitude amplitude equalization 幅度均衡

equalização do pulso wavelet equalization 子波均衡

equalização de traço trace equalization 道均衡

equalizador s.m. equalizer 均衡器

equalizador gráfico graphic equalizer 图像均衡器

equalizador paramétrico parametric equalizer 参量均衡器

equalizar v.tr. (to) equalize 平衡；使均衡；补偿

equatorial adj.2g. equatorial 赤道的，赤道附近的

equerito s.m. ekerite 钠闪花岗岩

equi- pref. equi- 表示"相等，相同"

equiangular adj.2g. ⇨ equiângulo

equiângulo adj. equiangular 等角的

equiaxial adj.2g. equiaxed 等轴的

equidistância s.f. equidistance 等距

equidistância natural contour interval 等高线间距，等高线间隔

equidistante adj.2g. equally spaced 等距的

equigranular adj.2g. equigranular, equant 等粒度的

equilateral adj.2g. equilateral 等边的

equilibrado adj. balanced, steady 平衡的，稳定的

equilibrador s.m. balancing network 平衡网络

equilibrador de CA AC balancer 交流电压平衡器

equilibragem/equilibração s.f. balancing 平衡，使平衡，平衡调节

equilibragem de rodas wheel-balancing 轮胎平衡

equilibrar v.tr.,pron. (to) balance （使）平衡

equilíbrio s.m. equilibrium, balance 平衡；均衡

equilíbrio ácido-base acid-base balance 酸碱平衡

equilíbrio de carga load balancing 负载均衡

equilíbrio de corrente current balance 电流平衡

equilíbrio de fase (/entre fases) phase balance 相位平衡

equilíbrio dos volumes de corte e aterro earthwork balance 土石方平衡

equilíbrio dinâmico dynamic balance 动态平衡

equilíbrio estático static balance 静力平衡

equilíbrio estável stable equilibrium 稳定平衡

equilíbrio eutético eutectic equilibrium 共熔平衡

equilíbrio hidráulico hydraulic balance 液力平衡

equilíbrio hidrofílico-lipofílico hydrophilic-lipophilic balance 亲水-亲油平衡

equilíbrio indiferente neutral equilibrium 随遇平衡；中性平衡

equilíbrio instável unstable equilibrium 不稳定平衡

equilíbrio limite limiting equilibrium 极限平衡

equilíbrio perfeito perfect balance 完美平衡

equilíbrio químico chemical equilibrium 化学平衡

equilíbrio secular secular equilibrium 长期平衡

equilíbrio transitório transient balance 瞬态平衡

equilíbrio vapor-líquido vapor-liquid equilibrium 汽液平衡

equino *s.m.* echinus 钟形圆饰

equinócio *s.m.* equinox 二分点

equinócio de outono autumnal equinox 秋分点

equinócio de primavera vernal equinox 春分点

equipa/equipe *s.f.* team 队伍，团队

equipa de gerenciamento de projecto project member team 项目团队成员

equipa de perfuração drilling crew 钻井队

equipa técnica technical team 技术团队

equipe móvel mobile crew 流动作业队

equipe sísmica seismic crew 地震队

equipagem *s.f.* ❶ crew [集] 船员；乘务员 ❷ equipment, gear [集] 设备，装备

equipagem de trem train crew 乘务组

equipamento *s.m.* equipment 设备；设施；装备；器具

equipamento à prova de explosão explosion-proof equipment 防爆设备

equipamento agrícola farm equipment 农业设备

equipamento alugado leased equipment, rental equipment 租用设备，租赁设备

equipamento anti-colisão anti-collision equipment 防撞装置

equipamento auxiliar auxiliary equipment 辅助设备

equipamento com sistema de auto teste built-in test equipment 内装测试设备

equipamento complementar complement equipment, extra equipment, additional attachment 配套设备，附加设备，辅助装置

equipamentos completos complete equipment 成套设备

equipamento de alinhamento das rodas four-wheel alignment equipment 四轮定位设备

equipamento de amostras de pistão piston sampler 活塞式取样器

equipamento de análise ultrassónica de cimento (UCA) ultrasonic cement analyzer equipment (UCA) 超声波水泥分析仪

equipamento de automação automation equipment 自动化设备

equipamento de britagem crushing equipment 破碎设备

equipamento de cabeça de rede MATV MATV head end equipment MATV 共用天线电视前端设备

equipamento de caixa cashier equipment 收款设备

equipamentos de canteiro on-site equipment 现场设备

equipamento de cimentação cementing tools 固井工具

equipamento de colheita equipment for harvesting 收获机具

equipamento de colheita da batata equipment for harvesting potatoes 土豆收获机具

equipamento de colheita de beterraba sugar-beet harvester 甜菜收获机

equipamento de combate a incêndios fire fighting equipment, fire services equipment 消防设备

equipamento de compactação compaction equipment 压实设备

equipamento de comunicação activa

e processamento de dados active communication and data processing equipment 主动通信和数据处理设备
equipamento de concretagem concreting equipment 混凝土浇筑设备
equipamento de conservação e reparos maintenance and repair equipment 养护及维修设备
equipamento de conservação e restauração maintenance and restoration equipment 养护及修复设备
equipamentos de construção construction equipment, construction plant 建筑设备，施工设备
equipamento de controle (/controlo) control equipment 控制设备
equipamento de controlo central central control equipment 中央控制设备
equipamento de controlo de odor odor control equipment 气味控制设备
equipamento de controlo de poço well control equipment 井控设备
equipamento de controle de tráfego (/trânsito) traffic control equipment 交通控制设备
equipamento de cozinha kitchen equipment 厨房设备
equipamento de dosagem dosing equipment, batching equipment 加药设备，配料设备
equipamento de drenagem drainage device 排水装置
equipamento de elevação jacking equipment 升降设备
equipamento de embarque e desembarque embarkation and debarkation equipment 上下车设备，上下机设备
equipamento de ensaio test equipment 测试设备
equipamento de ensaio reológico rheological testing equipment 流变试验仪器
equipamento de escavação excavation plant 挖掘设备
equipamento de escritório office equipment 办公设备
equipamento de estacionamento parking equipment 停车系统

equipamento de fertilização, de sementeira e de plantação fertilizing, sowing and planting equipment 施肥，播种和种植设备
equipamento de forjar forging equipment 锻压设备
equipamentos de fumigação fumigation equipment 熏蒸设备 ⇨ fumigador
equipamento de injeção grouting equipment 灌浆设备
equipamentos de lavagem de alta pressão pressure washer 高压洗车设备
equipamento de manutenção maintenance equipment 维护设备
equipamento de manutenção e de transporte handling and transporting equipment for agricultural use 处理和运输设备
equipamento de medição measuring equipment 测量设备
equipamento de medição da velocidade do som da coluna d'água (CTD) conductivity, temperature and depth (CTD) measurement equipment 电导率，温度和压力测量设备
equipamento de monitorização das radiações radiation monitoring equipment 辐射监测设备
equipamento de movimentação handling equipment 搬运设备
equipamento de oficina shop equipment 工厂设备
equipamento do parque de estacionamento parking equipment 停车场设备
equipamento de pavimentação paving equipment 铺路设备，修路设备
equipamento de precessamento de sementes seed processing equipment 种子处理机械
equipamento de protecção colectiva (EPC) collective protection equipment (CPE) 集体防护装备
equipamentos de protecção contra incêndios fire protection equipment 防火设备
equipamento de protecção individual (EPI) individual protection equipment

(IPE), personal protective equipment (PPE) 个人防护装备

equipamento de proteção respiratória (EPR) respiratory protective equipment (RPE) 呼吸防护装备

equipamento de radar radar equipment 雷达设备

equipamento de rádio radio equipment 无线电设备

equipamento de rádio comunicação radio communication equipment 无线电通信设备

equipamento de rega irrigation equipment 灌溉设备

equipamento de scanners de segurança security scanners equipment 安防扫描设备

equipamentos de segurança safety equipment 安全设备；安全装置

equipamento de sinalização signaling equipment 信号设备

equipamento de socorro rescue equipment 救援装备

equipamento de soldagem welding equipment 焊接设备

equipamento de sondagem soil drilling equipment 土壤钻探设备

equipamento de tecnologia da informção (ETIs) information technological equipment (ITE) 信息技术设备

equipamento de terraplenagem earthmoving equipment 土方设备

equipamento de teste test equipment 测试设备

equipamento de transporte transport equipment 运输设备

equipamento de tratamento de ar air handling equipment 空气处理设备

equipamento de tratamento térmico heat-treating facility 热处理设备

equipamento de vídeo video equipment 视频设备

equipamento difusor de calor heat sink device 散热设备

equipamento eléctrico electrical equipment 电气设备

equipamento eletro-ótico de medição de distância electro-optical distance measuring equipment 光电测距设备

equipamento ferroviário railway equipment 铁路设备

equipamentos florestais forestry equipment 林业设备

equipamento medidor de distância distance measuring equipment 测距仪

equipamento montado mounted equipment 悬挂装置

equipamento padrão standard equipment 标准装备

equipamento para calibragem calibration equipment 四轮定位设备

equipamento para cimentação cementing equipment 固井设备

equipamento para cravar estacas pile driving equipment 打桩设备

equipamento para desmontagens dismantling equipment 拆卸设备

equipamento para diagnósticos electrónicos electronic diagnostic apparatus 电子诊断设备

equipamento para lavagem de janelas window washing equipment 洗窗设备

equipamento para montagens erection equipment 安装设备

equipamento para protecção e defesa das culturas equipment for crop protection 作物保护设备

equipamento para trabalhos de solo equipment for working soil 土壤耕作设备

equipamento para transformação de carne de frango chicken processing equipment 鸡肉加工设备

equipamento para transformação de carne de porco pork processing equipment 猪肉加工设备

equipamento periférico peripheral equipment 外部设备，外围设备

equipamento rebocado trailed equipment 被牵引设备

equipamento recuperável retrievable equipment 可回收设备

equipamento rotativo rotary equipment 旋转钻井设备

equipamento semi-montado semi-mounted equipment 半承载式设备

equipamento suplementar extra equipment 配套设备，附加设备，辅助装置

equipamento terminal terminal equipment 终端设备

equipamento terminal de circuito de dados data circuit terminating equipment 数据电路终端设备

equipar *v.tr.,pron.* (to) equip 装备，配备

equiparado *adj.* equivalent 同等的

equipotencial *adj.2g.* equipotential 等电位的，等电势的

equipotencialidade *s.f.* equipotentiality 等位性；等势性

equipotencialização *s.f.* equipotentialization 等电位连接

equivalência *s.f.* equivalence 等价

equivalente ❶ *adj.2g.* 1. equivalent 等价的，等效的 2. matched 相配的 ❷ *s.m.* equivalent 当量

equivalente circular equivalent round 圆孔当量

equivalentes de areia sand equivalent 含沙当量

equivalente em água water equivalent 水当量

equivalente hidráulico hydraulic equivalent 水力等效的

equivalente mecânico de calor mechanical equivalent of heat 热功当量

◇ estaticamente equivalente statically equivalent 静力等效的

era *s.f.* ❶ era 时代 ❷ era 代（地质时代单位，eon 的下一级，período 的上一级，对应时间地层单位 eratema）

era cenozóica Cenozoic era 新生代

Era da Informação information era 信息时代

era geológica geological time 地质时代

era glacial Ice Age 冰（川）期，冰河时代

era mesozóica Mesozoic era 中生代

era paleozóica Paleozoic era 古生代

era plistocénica Pleistocene era 更新世

era Primária Primary era ⇨ era paleozóica

era Quaternária Quaternary era 第四纪

era Secundária Secondary era ⇨ era

mesozóica

era Terciária Tertiary era 第三纪

eratema *s.m.* erathem 界（时间地层单位，对应地质时代单位 era）

érbio (Er) *s.m.* erbium (Er) 铒

erecção *s.f.* erection, building 架设，竖设；建造，建立

erector *s.m.* riser （楼梯的）踢面

eremologia *s.f.* eremology 沙漠学

erg *s.m.* ❶ erg 尔格（功和能的单位）❷ erg 沙质沙漠

ergeron *s.m.* ergeron 钙质黄土；更新世黏土

ergonomia *s.f.* ergonomics 人体工程学

erigir *v.tr.* (to) erect, (to) build 架设，竖设；建造，建立

erinite *s.f.* erinite 翠绿砷铜矿

eritrite *s.f.* erythrite 钴华

ermida *s.f.* chapel 小礼拜堂，小教堂

ernite *s.f.* cinnamon stone 桂榴石；肉桂石

erodibilidade *s.f.* erodibility, erosion index 土壤流失性，可侵蚀性，侵蚀度

erodível *adj.2g.* erodible 易受侵蚀的

erosão *s.f.* ❶ erosion 侵蚀，腐蚀 ❷ scouring, undermining 冲刷，侵蚀（岩层）底基

erosão alveolar alveolar erosion 蜂窝状侵蚀

erosão antrópica anthropic erosion 人为侵蚀

erosão cársica karstic erosion 岩溶侵蚀

erosão catódica cathodic etching 阴极蚀刻

erosão contemporânea contemporaneous erosion 同时侵蚀

erosão-corrosão erosion-corrosion 侵蚀性腐蚀

erosão de canal channel erosion 河道侵蚀，水流侵蚀

erosão de faísca spark erosion 电火花腐蚀

erosão de fundação de ponte scour 冲刷

erosão do leito degradation of bed 河床刷深

erosão de praia beach erosion 海滩侵蚀

erosão dos solos soil erosion 水土流失

erosão de talude slope erosion 坡面侵蚀，边坡侵蚀

erosão diferencial differential erosion 差异侵蚀

erosão eólica eolian erosion 风蚀

erosão fluvial river erosion 河流侵蚀，河流冲蚀

erosão glaciária glacial erosion 冰川侵蚀

erosão interna piping 管涌

erosão marinha marine erosion 海蚀

erosão mecânica mechanical erosion 机械侵蚀；刻蚀

erosão normal normal erosion 正常侵蚀

erosão pluvial rainsplash erosion 雨滴溅蚀

erosão por atrito fretting 磨损；侵蚀

erosão por cavitação cavitation erosion 空隙腐蚀

erosão química chemical erosion 化学侵蚀

erosão regressiva ❶ head erosion 溯源侵蚀 ❷ ⇨ erosão interna

erosão remontante head erosion 溯源侵蚀

erosão subaérea subaerial erosion 陆上侵蚀

erosão superficial surface erosion 表面冲刷；表面侵蚀

erosão termoclástica thermoclastis, insolation weathering 日射风化

erosão vertical vertical erosion 垂直侵蚀；向下侵蚀

erosividade s.f. erosivity 侵蚀性，侵蚀力

erosivo adj. erosive 侵蚀性的，腐蚀性的

erradicação s.f. eradication, rooting out 根除，连根拔起

errata s.f. errata 勘误表

erráticas s.f.pl. erratics 漂砾

erro s.m. ❶ error 错误，差误 ❷ error 误差

erro absoluto absolute error 绝对误差

erro acumulado cumulative error 累积误差

erro aleatório random error 随机误差

erro constante constant error 恒定误差，固定误差

erro de aceleração acceleration error 加速度误差

erro de altitude altitude error 高度误差

erro de amostragem sampling error 抽样误差

erro de colimação collimation error 视准误差

erro de compensação compensating

erro 补偿误差

erro de desfocalização defocusing error 散焦误差

erro de fecho closing error, closure error 闭合误差

erro de índice index error 指标误差

erro de instrumento instrument error 仪器误差

erro de medição measuring error 测量误差

erro de observação error in observation 观测误差

erro de parada shutdown, crash 停机，死机

erro de sombra shade error 阴影误差

erro estatístico statistical error 统计误差

erro geométrico geometrical error 几何误差

erro máximo admissível (/permissível) maximum allowable error 最大容许误差

erro médio mean error 平均误差

erro no zero (de um instrumento de medição) zero error (of a measuring instrument)（测量仪器）零误差

erro padrão standard error 标准误差

erro permissível permissible error 允许误差

erro provável probable error 可能误差

erro randômico random error [巴] 随机误差

erro relativo relative error 相对误差

erro residual residual error 剩余误差

erro sistemático systematic error 系统误差

erubescite s.f. erubescite, bornite 斑铜矿

erupção s.f. eruption 火山爆发

erupção central central eruption 中心喷发

erupção de planalto plateau eruption 高原爆发

erupção estromboliana Strombolian eruption 斯通博利型喷发

erupção explosiva explosive eruption 爆裂喷发

erupção fissural fissure eruption 裂缝喷发

erupção freática phreatic eruption 蒸汽喷发

erupção havaiana hawaiian eruption 夏威夷式喷发

erupção peleana pelean eruption 培利型火山喷发

erupção pliniana plinian eruption 普林尼式火山喷发

erupção ultrapliniana ultraplinian eruption 超普林尼式火山喷发

eruptiva *s.f.* eruptive, eruptive rock 火成岩，喷发岩

eruptivo *adj.* eruptive （火山）喷出的，喷发的

erva *s.f.* grass, herb 草；草本植物

erva anual annual herb 一年生草本植物

erva bienal biennial herb 二年生草本植物

erva daninha weeds 荒草，杂草

erva perene (/vivaz) perennial herb 多年生草本植物

esbarro *s.m.* buttress 扶垛

esbarrondadeiro *s.m.* precipice 悬崖

esbarrondamento *s.m.* slump; mass wasting 物质坡移；块体坡移

esbelteza *s.f.* slenderness 细长比

esboço *s.m.* sketch, rough draft 草图

esboíto *s.m.* esboite 奥球闪长岩

esboroador *s.m.* tines cultivator （小型手推式）旋耕机

esbranquiçamento *s.m.* color fading 褪色，泛白

esburacado *adj.* pitted, bumpy 多孔的

escacilhadeira *s.f.* large chisel （石工的）大凿子

escacilho *s.m.* splitted finishing 劈裂面

escaço *s.m.* fish manure, fish guano 鱼肥

escada *s.f.* ❶ 1. stair 楼梯 2. staircase 楼梯间 ❷ 1. ladder, straight ladder 梯子，直梯 2. cat ladder （固定式）爬梯

escada articulada stepladder 折梯

escada circular circular stair 圆形楼梯，盘旋楼梯

escada crochê ⇨ escada dobrável

escada curva de bomba open-well stair 绕heating楼梯井建造的楼梯

escada curva de luz geometrical stair 螺旋形楼梯

escada de acesso ❶ access staircase 通道楼梯 ❷ access ladder 检修梯

escada de aço steel ladder 钢梯

escada de aço com gaiola de protecção caged steel ladder 护笼爬梯

escada de aço para manutenção access steel ladder 检修钢梯

escada de banzo aberto open-string stair 露明梁楼梯，踢面和踏面的侧面可见的楼梯

escada de banzo fechado closed-string stair 遮盖斜梁的楼梯，踢面和踏面的侧面被挡住的楼梯

escada de bombeiro scaling-ladder 消防梯

escada de bordo open-riser stair (without handrail) （无扶手的）镂空踏步楼梯

escada de caracol de mastro spiral stair （有中柱的）螺旋阶梯

escada de combate incêndios e de salvamento fire fighting and rescue stairs 消防和救援楼梯间

escada de corda rope-ladder 绳梯

escada de corrimões alternados double-return stair 双分式楼梯

escada de emergência emergency stair 疏散梯

escada de espelho vazado open-riser stair 镂空踏步楼梯

escada de ganchos pompier ladder 挂钩梯

escada de guindaste crane ladder 吊车梯

escada de incêndio fire escape 太平梯

escada de lanço curvo winding stair 整体呈现一定弧度的楼梯

escada de lanços perpendiculares ⇨ escada em quarto de volta

escada de mão (/pedreiro) ladder, straight ladder 梯子，直梯

escada de moleiro (/pernas-galgadas) ⇨ escada de bordo

escada de navio ship's ladder 船梯

escada de parafuso ⇨ escada de (/em) caracol

escada de pião ⇨ escada de (/em) caracol de mastro

escada de pintor step ladder 人字梯

escada de plataforma platform ladder 平

台梯架

escada de quebra-costas jacob's ladder, rope-ladder, side-ladder 木踏板绳梯

escada de rosca ⇨ **escada de (/em) caracol**

escada de salvação escape ladder 逃生梯

escada de segurança safety ladder 安全梯

escada de serviço service stairs 旁门楼梯

escada de socorro escape ladder 逃生爬梯

escada de (/em) caracol winding stair, circular stair 螺旋楼梯，圆形旋转楼梯

escada dobrável folding ladder 折叠梯

escada dupla ⇨ **escada de pintor**

escada elíptica elliptical stair 平面为椭圆形的旋转楼梯

escada em caixa box stair 封闭式楼梯

escada em caracol spiral staircase 螺旋梯

escada em dois sentidos com patamar dog-leg stair 双跑平行楼梯，层间双折楼梯

escada em espiral access spiral loop 螺旋式回旋通道

escada em LL stair 直角拐弯楼梯

escada em L dupla double-L stair 两次直角拐弯楼梯，三跑楼梯

escada em leque ⇨ **escada geométrica**

escada em meia volta half-space landing 180 度转弯的楼梯，两次直角拐弯楼梯

escada em quarto de volta quarter-space landing 90 度转弯的楼梯，直角拐弯楼梯

escada em três-quartos de volta three-quarter-turn stair 270 度转弯的楼梯，三次直角拐弯楼梯

escada extensível mecânica mechanical extension ladder 机械伸缩梯

escada geométrica geometrical stair 螺旋形楼梯

escada helicoidal ⇨ **escada de (/em) caracol**

escada lateral side stairs（室外）侧方楼梯

escada mecânica ⇨ **escada rolante**

escada para cabos cable ladder 电缆梯架；爬线梯

escada para peixes fish ladder 鱼梯（鱼类通过水坝的通道）

escadas rectas straight stair 直跑楼梯

escadas rectas de um lance straight flight stair 单跑楼梯

escada rolante escalator 电动扶梯；自动梯

escada simples ladder, straight ladder 梯子，直梯

escada suspensa hanging stair 悬挑楼梯

escada torcida ⇨ **escada de caracol**

escada vertical vertical ladder 竖梯，直爬梯

escadaria s.f. ❶ staircase（一段）楼梯；（宽大、宏伟的）阶梯 ❷ stairwell 楼梯井；楼梯间

escadaria principal main staircase 主楼梯

escadório s.m. ❶ staircase（一段）楼梯；（宽大、宏伟的）阶梯 ❷ staircase with roofed landings 平台有顶盖的楼梯

escadote s.m. stepladder 折梯

escafandrista s.2g. diver 潜水员

escafandro s.m. diving suit 潜水衣

escaiola s.f. scagliola 人造大理石

escala s.f. ❶ 1. scale; measuring-rule 比例尺；缩尺；标尺 2. scale, range 规模，大小；范围 ❷ port of call（船）停靠港 ❸ stopover（客运交通工具的）中途停留 ❹ scaling 音阶 ❺ stair 楼梯

escala absoluta absolute scale 绝对温标

escala alíquota aliquot scaling 共振调音

escala americana para crivos ⇨ **escala Tyler para crivos**

escala Baumé Baumé scale 波美比重标度

escala binária scale-of-two 二进制

escala biostratigráfica biostratigraphic scale 生物地层年表

escala cartográfica scale of map 地图比例，制图比例

escala Celsius Celsius scale 摄氏温标

escala centígrada (/centesimal) Centigrade scale, Celsius scale 百分温标，摄氏温标

escala compatível compatible scale 兼容比例尺

escala de Atterberg Atterberg scale 阿太堡土粒分级

escala de Beaufort Beaufort scale 蒲福风级（风力等级单位）

escala de cinzas gray scale 灰度，灰阶

escala de contracção shrinkage rule 收缩尺

escala de Dalton Dalton scale 道尔顿温标

escala de distância offset scale 偏置尺；支距尺

escala de dureza hardness scale 硬度标度

escala de dureza de Shore Shore hardness scale 肖氏硬度标度

escala de dureza Mohs Mohs hardness scale 莫氏硬度标度

escala de engenheiro engineer's scale 工程用比例尺

escala de focalização (/enfoque) focusing scale 聚焦标尺

escala de fotografia aérea scale of aerial photography 航拍比例

escala de Fujita Fujita (tornado intensity) scale 藤田（龙卷风强度）级数

escala de fusibilidade fusibility scale 熔度标度

escala de gravidade gravity scale 重度标度

escala de hidrogénio hydrogen scale 氢温标

escala de intensidade intensity scale 烈度表

escala de intervalos interval scale 等距量表；区间尺度

escala de Kelvin Kelvin scale 绝对温标；开尔文温标

escala de Kobell Kobell scale 柯贝尔熔度标

escala do levantamento scale of survey 测图比例

escala de maré tide staff 水尺；验潮杆

escala de medida de superfície square measure scale 面积比

escala de Mercalli Mercalli scale 麦式震级

escala de Munsell Munsell scale 孟塞尔标度

escala de nónio vernier scale 游标尺

escala de Rankine Rankine scale 兰金温标

escala de razão ratio scale 比例尺度；比率量表

escala de Réaumur Réaumur scale 列氏温标

escala de redução scale of reduction 缩小比例

escala de Richter Richter scale 里氏震级

escala de saturação saturation scale 色饱和尺度

escala de tangentes tangent scale 切线比例

escala de tempo geológico geologic time scale 地质年代表，地质时标

escala de Udden-Wen-tworth Udden-Wentworth scale 伍登-温特华斯粒度分级

escala de valor value scale 价值量表

escala equitónica equitonic scale 全音音阶

escala estereoscópica gliding mark scale 滑标测尺

escala estratigráfica stratigraphic scale 地层年代表

escala Fahrenheit Fahrenheit scale 华氏温标

escala gráfica graphic scale 图示比例尺；图解量表

escala humana human scale 人体尺度，能适应人体的尺度

escala limnimétrica staff, stage indicator 水准指示器

escala litostratigráfica lithostratigraphic scale 岩石地层年表

escala local particular scale 局部比例尺

escala magnetostratigráfica magnetostratigraphic scale 磁性地层年表

escala natural natural scale 自然比例尺；实物比例

escala nominal nominal scale 名义尺度

escala numérica numerical scale 数值尺度

escala ordinal ordinal scale 顺序尺度

escala original original scale 原比例尺

escala principal principal scale 主比例尺

escala real true-scale 真比例

escala Ritchter Ritchter scale 里氏等级

escala Rockwell Rockwell scale 洛氏硬度等级

escala termométrica thermometric scales 温度标

escala Tyler para crivos Tyler standard screen scale 泰勒标准筛分标度

escala visual visual scale 视觉尺度

escalabilidade *s.f.* scalability 可扩展性，可扩缩性

escalão *s.m.* level 平台；阶地

escalões inversos overhand stopes 上行梯段回采工作面

escalar ❶ *v.tr.* (to) climb 爬，爬上 ❷ *adj.2g.* scalar 纯量的，无向量的

escalável *adj.2g.* scalable 可扩展的，可扩缩的

escaleira *s.f.* corded way 坡梯道

escaleno *s.m.* scalene 不等边三角形

escalenoedro *s.m.* scalenohedron 偏三角面体

escalímetro *s.m.* scale rule 比例尺

escalinata *s.f.* ❶ flight of stairs 楼梯段，一段楼梯 ❷ perron 露天台阶

escalonabilidade *s.f.* ⇨ escalabilidade

escalonamento *s.m.* ❶ grading 分级；分阶段 ❷ staggering 交错；交错安排

escalonamento de tempo scheduling 时序安排，排程

escalonar *v.tr.,pron.* (to) echelon 形成梯队；分组

escalonável *adj.2g.* ⇨ escalável

escama *s.f.* ❶ 1. squama 鳞片，鳞，鳞状物 2. off-cut 碎片；下脚料 ❷ shale 页岩 ❸ facing panel 外露饰面板

escama de fresagem (/milésimos) mill scale 轧钢鳞片

escama em betão concrete facing panel （加筋土式挡土墙的）混凝土墙面板

escama tectónica peel thrust 剥离冲断层

escamação *s.f.* scaling, flakes 剥落；[集] 鳞片状物，碎片

escamado *adj.* scaled, spalled 剥落的；碎裂的

escamador *s.m.* fish scaler （鱼）刮鳞器

escamador de peixe ⇨ escamador

escândio (Sc) *s.m.* scandium (Sc) 钪

escaninho *s.m.* pocket piece 吊窗锤匣板

escantilhão *s.m.* master-measure, standard, jig 样板；规尺

escapamento *s.m.* ⇨ escape

escaparate *s.m.* showcase 陈列柜

escape *s.m.* ❶ 1. exhaust 排气 2. leak 泄露，漏气 ❷ exhaust pipe, vent pipe 排气管

escape de alto rendimento high performance tune pipe 高性能排气管

escape de ar vent 通风口

escape de compressão blow-by 气缸漏气

escapo *s.m.* ❶ congé （柱头檐口的）凹形线脚；制凹形线脚的槽刨 ❷ escapement 擒纵机构；（钟表的）擒纵轮

escapolite *s.f.* scapolite 方柱石

escápula *s.f.* tenterhook 张布钩；拉幅钩

escápula de fixação wall hook （热水器安装）墙钩

escarção *s.f.* eyebrow eave 窗头线（饰）

escareado *adj.* countersunk 埋头的

escareador *s.m.* reamer 铰刀，钻孔器

escareador autocentrador self-centering countersink 自动定心钻

escareador de Broughton Broughton countersink 布劳顿锥坑钻

escareador de guia pilot reamer 导径铰刀

escareamento *s.m.* ❶ reaming 扩孔 ❷ countersinking 沉孔，打埋头孔

escarear *v.tr.* ❶ (to) ream 扩孔 ❷ (to) countersink 沉孔，打埋头孔

escarfagem *s.f.* back gouging (in weld) 刨焊根

escarificação *s.f.* ripping, scarification 松土，翻松，裂土

escarificador *s.m.* ❶ scarifier, cultivator 松土机，耕耘机，中耕机 ❷ rooter, road rooter 翻路机，犁路机，耙路机

escarificador ajustável hidraulicamente hydraulically adjustable ripper 液压调节松土器

escarificador combinado de montagem traseira ripper scarifier 松土翻土机

escarificador de articulação em paralelogramo parallelogram ripper 平行四边式裂土器

escarificador de bloco em V V-block scarifier 箭形松土铲中耕机

escarificador de dentes articulados de molas duplas double coiled tine cultivator 双弹簧齿式中耕机

escarificador de dentes espiralados spring tine tiller 弹齿中耕机

escarificador de dentes quadrados de dupla volta ⇨ escarificador de dentes articulados de molas duplas

escarificador de dentes rígidos rigid tine cultivator 钢齿中耕机

escarificador de dentes rígidos associados a molas helicoidais ⇨ escarificador de dentes articulados de molas duplas

escarificador de dentes vibráveis S-type cultivator S 形松土铲中耕机

escarificador de um só dente (/de porta-ponta simples) single shank scarifier 单柱裂土器

escarificador em V V-type scarifier 箭形松土铲中耕机

escarificador pesado chisel plough, subsoil cultivator 凿式犁，凿犁

escarificadora *s.f.* scarifier, cultivator 松土机，耕耘机，中耕机

escarificadora de lastro ballast scarifier 扒碴机

escarificar *v.tr.* (to) scarify 松土，翻松，裂土

escarnito *s.m.* skarn 矽卡岩

escarpa *s.f.* ❶ escarp, scarp 内壕，壕沟内壁 ❷ escarpment 陡坡；悬崖

escarpa de erosão erosion escarpment, erosion scarp 侵蚀崖

escarpa de falha fault cliff 断层崖

escarpa de falha compósita composite fault scarp 复合断层崖

escarpa de linha de falha fault-line scarp 断层线崖

escarpa lamacenta mud flow 泥流

escarpa marinha sea cliff 海蚀崖，海崖

escarpa submarinha seascarp 海底悬崖

escarpelado *s.m.* recess in riser 凹形踢面

escarva *s.f.* scarf 嵌接槽

escarvação *s.f.* skiving 刮削；表面研磨

escarvador *s.m.* ❶ skiving tool 刮削工具 ❷ skiving machine 削皮机；剖革机

escarvar *v.tr.* (to) skive 刮削

escassez *s.f.* shortage 不足，缺少

escassilhador *s.m.* stonecutter's chiesel 石工凿

escatel *s.m.* keyway, keyslot 键槽

escatel da chaveta ⇨ escatel

escavabilidade *s.f.* excavatability 可挖性，（隧道）可钻性

escavação *s.f.* excavation, digging 挖掘，开挖，挖土方；基坑工程

escavação a céu aberto excavation in open cut 明挖

escavação com escoramento supported excavation 有支护的开挖

escavação com escudo shield driving 盾构掘进

escavação de acesso approach cutting 隧道两端挖方

escavação de empréstimo de terra borrow pit 取土坑，借土坑

escavação da fundação ❶ foundation dredging 挖地基 ❷ foundation pit 基础沟，基坑

escavação de poço pit sinking, shaft sinking 凿井，打井

escavação de sondagem (/prospecção) prospect pit 探井

escavação de subsolo subsoil drainage 下层土壤排水

escavação de teste trial pit 探井

escavação de túnel tunnelling 开挖隧道

escavação de túnel à meia-seção half-section tunnelling 隧道半断面开挖

escavação de túnel à secção plena full section tunnelling 隧道全断面开挖

escavação de vala profunda deep trench excavation 深沟挖掘

escavação debaixo de água ⇨ escavação submersa

escavação em bancada bench excavation 台阶式挖掘

escavação em degraus benched excavation 台阶式挖掘

escavação em degraus rectos gullet 锯沟

escavação em rocha rock excavation 岩石开挖

escavação em trincheira trench excavation 深沟挖掘

escavação hidráulica hydraulic excavation 液压挖掘

escavação manual sob ar comprimido manual excavation under compressed air

人工气动挖掘

escavação por maré tidal scour 潮流冲蚀；潮流冲刷

escavação profunda deep excavation 深开挖；深基坑

escavação submersa underwater excavation 水下挖掘

escavação superficial blow molding 地表开挖

escavadeira *s.f.* excavator [巴] 挖掘机，挖土机，挖机

escavadeira com bate-estaca excavator with pile driver 装配打桩机的挖掘机

escavadeira com caçamba de arrasto dragline 拉铲挖掘机

escavadeira com caçamba de articulação múltipla orange-peel excavator 多瓣式抓斗挖掘机

escavadeira com caçamba de garra excavator with hydraulic pulverizer 装配（液压）粉碎钳的挖掘机

escavadeira com caçamba de mandíbula excavator with clamshell 抓斗挖掘机，装配蛤壳拉铲装置的挖掘机

escavadeira com caçamba frontal face shovel 正铲挖土机

escavadeira com caçamba invertida hoe-type bucket excavator 反铲挖掘机

escavadeira com guindaste excavator with lifting equipment 装配起重装置的挖掘机

escavadeira com lança porta-implemento excavator with (special) equipment 装配（专用）工作装置的挖掘机

escavadeira contínua de túneis roadheader 掘进机

escavadeira (com roda) de alcatruzes (/caçambas) bucket-wheel excavator 斗轮挖掘机，勺轮挖掘机

escavadeira de arrasto dragline, dragline excavator 拉铲挖掘机

escavadeira de caçambas bucket excavator 多斗挖掘机

escavadeira de demolição ultra alta ultra high demolition excavator 超高拆楼挖掘机

escavadeira de mandíbulas clamshell

抓斗挖土机

escavadeira de roda wheel excavator 轮式挖掘机

escavadeira elevadora elevating loader 提升式装载机

escavadeira equipada com caçamba tipo enxada hoe-type bucket excavator 反铲挖掘机

escavadeira equipada com caçamba tipo pá shovel-type bucket excavator 正铲挖掘机

escavadeira frontal front excavator 正铲挖掘机

escavadeira giratória rotary bucket excavator, rotating shovel 勺轮挖掘机

escavadeira mecânica power shovel 挖土机

escavadora *s.f.* excavator [葡] 挖掘机，挖土机，挖机 ⇨ pá mecânica

escavadora de cadeia de arrasto draglined excavator 拖铲挖土机

escavadora de colher face shovel 正铲挖土机

escavadora de rodas bucket-wheel excavator 勺轮挖掘机

escavadora de superfície face shovel 正铲挖土机

escavadora hidráulica hydraulic excavator 液压挖掘机

escavadora hidráulica giratória hydraulic rotating digger 旋转式液压挖掘机

escavadora hidráulica giratória lagarta track hydraulic rotating digger 履带式旋转液压挖掘机

escavar *v.tr.* (to) excavate, (to) dig 挖掘，开挖

escavo-carregadora *s.f.* ⇨ carregadeira

escavo-classificador *s.m.* dig classifier 挖掘清选机

escavo-elevadora *s.f.* elevating grader 升降平地机

escavo-empurradora *s.f.* ⇨ buldôzer

escavoguindaste *s.m.* excavator with lifting equipment 装配起重装置的挖掘机

escavo-transportadora *s.f.* ⇨ escrêiper

esclarecimento *s.m.* clarification 澄清，解释

esclerometria *s.f.* sclerometry, hardness measurement 硬度测定

esclerómetro/esclerômetro *s.m.* sclerometer, hardness-testing device 硬度计，硬度测试仪

esclerômetro de reflexão Leeb hardnesstester, reflection sclerometer 里氏硬度计，反弹式硬度计

escleroscópio *s.m.* scleroscope 硬度计，验硬器

escleroscópio Shore Shore scleroscope 肖氏硬度计，回跳硬度计

esclusa *s.f.* ⇨ eclusa

escoada *s.f.* volcanic flow 火山泥流；火山岩屑流

escoada lávica lava flow 熔岩流

escoada piroclástica pyroclastic flow 火成碎屑流

escoada vulcânica ⇨ escoada

escoadouro *s.m.* drain; sewer, gutter 污水管；下水道

escoadouro de cobertura roof drain 屋顶排水口

escoamento *s.m.* ❶ draining 排水 ❷ 1. flow 流动；流 2. runoff 径流 ❸ creep（材料的）蠕变，变形；（土壤的）徐动，蠕动 ❹ selling（商品）销售，售出

escoamento aberto open flow (OF) 敞喷

escoamento anular annular flow 环状流，环空液流

escoamento bifásico two-phase flow 两相流

escoamento centrípeto centripetal flow 向心流

escoamento crítico critical flow 临界流量

escoamento de aparas chip flow 切屑流

escoamento de bolhas dispersas dispersed bubble flow 分散泡状流

escoamento de canal channel flow 渠道水流，河床径流

escoamento de cinzas ash flow 火山灰流

escoamento de detritos arenosos sandy debris flow 砂质碎屑流

escoamento de lama mud flow 泥流

escoamento do material material flow 物质流

escoamento de terra earthflow 土流，泥流

escoamento dendrítico dendritic drainage 树枝状水系

escoamento em golfadas slug flow 段塞流，迟滞流

escoamento em regime rápido turbulent flow 湍流；紊流

escoamento em regime tranquilo laminar flow 层流

escoamento em superfície livre free surface flow 自由表面流

escoamento estabilizado stabilized flow [巴] 定常流

escoamento estratificado stratified flow 分层流

escoamento forçado forced flow 强制流动

escoamento fraccionário fractional flow 分相流动

escoamento gradualmente variado gradually varied flow 渐变流

escoamento hiperpicnal hyperpycnal flow 高密度流

escoamento hipopicnal hypopycnal flow 低密度流

escoamento homopicnal homopycnal flow 等密度流

escoamento horizontal horizontal flow 水平流，水平水流

escoamento induzido induced flow 诱导流

escoamento intermitente intermittent flow 间歇性流动，断续流动

escoamento invíscido inviscid flow 无黏性流

escoamento laminar laminar flow 层流

escoamento livre free flow 自由流动

escoamento monofásico single-phase flow 单相流

escoamento multifásico multiphase flow 多相流

escoamento não permanente ⇨ escoamento variável

escoamento não uniforme non-uniform flow 非均匀流，不均匀流

escoamento natural natural flow 自然流量

escoamento permanente steady flow 恒定流，定常流

escoamento pistonado ⇨ escoamento-tampão

escoamento plástico ❶ plastic flow 塑性流动 ❷ plastic yield 塑性屈服

escoamento pelos troncos stem flow 树干液流

escoamento potencial potential flow 潜流，势流

escoamento radial radial flow 径向流动

escoamento segregado separated flow 独立水流，孤立水流

escoamento sob pressão pressure flow 有压流

escoamento subcrítico subcritical flow, tranquil flow 亚临界流动，缓流

escoamento subfluvial underflow 地下水流

escoamento subterrâneo subsurface flow, underground flow 地下水流

escoamento supercrítico supercritical flow, rapid flow 超临界流，急流

escoamento superficial surface flow 地表径流

escoamento-tampão plug flow 活塞流，平推流

escoamento transitório transient flow 瞬变流，非恒定流

escoamento tubular pipe flow 管流

escoamento turbulento turbulent flow 湍流

escoamento uniforme uniform flow 均匀流

escoamento variado non uniform flow; varied flow 不等速流，不均匀流

escoamento variável unsteady flow 非恒定流；非定常流

escoamento vertical vertical flow 纵向流

escoamento viscoso viscous flow 黏滞流

escoante ❶ adj.2g. draining 排水的 ❷ s.m. draining slope 排水坡

escoar v.tr. ❶ (to) drain 排水 ❷ (to) sell out（商品）销售，售出

escócia s.f. scotia（柱基的）凹线边饰

escoda s.f. bushhammer 石工锤，齿锤

escola s.f. school 学校

escola de condução driving school 驾校

escola nocturna night school 夜校

escola preparatória preparatory school 预科；预备学校

escola primária primary school 小学

escola secundária secondary school 中学

escolecite s.f. scolecite 钙沸石

escolha s.f. choice 选择

escolha do local de uma barragem siting of a dam 大坝选址

escolha do tipo de barragem choice of dam type 坝型选择

escolho s.m. skerry 礁，（水面上的）孤岩

escolta s.f. escort 护卫队；护航舰；护航飞机

escolta policial police escort 警务护送队

escolta presidencial presidential escort 总统卫队

escombreira s.f. ❶ spoil dump, waste disposal area 弃土堆，弃渣场 ❷ spoil（开掘时所挖起的）弃土，弃泥

escombros s.m.pl. debris 瓦砾；碎屑；泥石；废墟

escomerito s.m. skomerite 橄辉钠质粗面岩

esconsidade s.f. obliquity 倾角

esconso adj. sloping, slanting, oblique 倾斜的

escopo s.m. scope 范围

escopo do contrato scope of the contract 合同范围

escopo do projecto scope of the project 项目范围

escopo dos trabalhos scope of the works 工作范围

escopro s.m. chisel; flat chisel; blunt chisel （石工的）凿子

escopro chanfrado beveled-edge-chisel 斜刃凿

escopro de aparar (/de ebanista) paring chisel 削凿刀

escopro de desbaste (/canteiro) bolster, drove（用于削砖、石等的）阔凿

escopro manual hand chisel 手凿

escopro para betão flat concrete chisel 平混凝土凿

escopro triangular burr（用于削砖、石等的）阔凿

escora s.f. ❶ prop, shore, support 承托，支

柱，护板，加固板，横撑板 ❷ binder, strut 系杆，系梁

escora de andaime outriger 悬臂梁

escora de beiral eaves strut 檐撑条

escora da capota canopy brace 天棚承梁

escora de cruzeta cross-arm brace 横臂撑

escora de empuxo thrust arm 推臂

escora do encosto track brace 轨距拉条

escora do encosto ajustável adjustable rail brace 可调式轨撑

escora do encosto de contra-trilho guard rail brace 护轨撑

escora de fundo bottom shore 底部支柱

escora de joelho knee brace 膝形拉条，角拉条

escora de tecto crown bar 顶杆

escora diagonal diagonal strut 对角撑

escora dianteira catch props 警戒木支柱

escora inclinada raker 斜撑（柱）

escora média middle shore 中间斜支撑

escora metálica metal prop 金属支柱

escora morta dead shore 顶撑（柱）

escora pneumática air leg 气动杆；风动伸缩式气腿

escora vertical inclinada inclined shore 斜撑

escora vertical temporária dead shore 临时顶撑

escorado adj. propped 有支撑的

escoramento s.m. ❶ support 支撑、加固；（临时）支撑物 ❷ shoring 支柱；结构材

escoramento a meia-madeira half-timbering 露木支撑

escoramento compacto close timbering 密闭支撑

escoramento de madeira timbering 木支架

escoramento de ponte bridge support 桥梁支座

escoramento em leque fanstyled falsework 拱架

escoramento horizontal horizontal sheeting 水平护板

escorço s.m. foreshortening 投影缩减；透视收缩；前缩透视法

escória s.f. ❶ slag, molten slag 熔渣 ❷ scoria 火山渣

escória ácida acid slag 酸性渣

escória básica basic slag 碱性熔渣

escória britada crushed slag 碎熔碴

escória cristalina crystalline clinker 结晶渣

escória de alto forno ❶ blast furnace slag 高炉炉渣 ❷ ⇨ escória básica

escória de cimento cement clinker 水泥熔渣

escórias de desfosforação Thomas phosphate, basic slag, Thomas slag 钢渣磷肥；托马斯磷肥；碱性炉渣 ⇨ fosfato Thomas

escória de ferro iron slag 铁溶渣

escória do molde mold slag 铸模内渣

escórias de soldagem welding slag 焊渣

escória espessa ⇨ escória pastosa

escória esponjosa foamed slag 泡沫熔渣

escória granulada granulated slag 粒状熔渣

escória líquida liquid waste 液体废料

escória moída ground slag 矿渣粉，磨细矿渣

escória paletizada pelletized slag （粒径在 13mm 左右的）粒状熔碴

escória pastosa sticky slag 黏性炉渣

escória pré-triturada pre-crushed slag 预碎熔渣

escória Thomas ⇨ escória básica

escória triturada broken slag 碎熔渣

escória vulcânica volcanic slag 火山岩渣

escoriação s.f. ⇨ escoriamento

escoriáceo s.m. scoriaceous 渣状的

escoriado adj. scuffed; scored 有刻痕的，有划痕的；刮伤的

◇ excessivamente escoriado badly scored 严重刮伤的

escoriamento s.m. scoring, scuffing 刻痕；划痕

escoriamento do anel de pistão piston ring scuffing 活塞环磨损

escoriamento do pistão piston scuffing 活塞拉缸

escoriar v.tr. (to) score, (to) scuff 刻痕；划痕；变形

escorificação s.f. scorification 清除（金属的）熔渣

escorificar *v.tr.* (to) scorify 清除（金属的）熔渣

escorilito *s.m.* scorilite, volcanic glass 火山玻璃

escorlite *s.f.* schorl 黑电气石，黑碧玺

escorlito *s.m.* schorlite, schorl-rock 石英黑电气岩

escorlo *s.m.* schorl 黑电气石，黑碧玺

escorlomite *s.f.* schorlomite 钛榴石

escorodite *s.f.* scorodite 臭葱石

escorredor *s.m.* ❶ drainer 晾干架 ❷ colander （洗菜等用的）笊，滤器，滤锅
escorredor de pratos dish drainer, plate rack 盘碟晾干架

escorrega *s.f.* slide 滑梯

escorregadio *adj.* slippery 滑的

escorregamento *s.m.* sliding, slippage, slumping 滑行，滑移，滑坡
escorregamento circular circle sliding 圆弧形滑坡
escorregamento de encosta slope failure (of natural ground) （自然现象）滑坡
escorregamento de taludes (de aterro/escavação) slope failure (of embankment/cutting) 边坡破坏
escorregamento de terras earth slump 岩土滑塌
escorregamento em um motor eléctrico electric motor slip 感应电动机转差
escorregamento fluido slurry slump 淤泥崩滑，泥浆状滑塌
escorregamento rotacional rotational landslide 旋转滑坡
escorregamento translacional translational landslide 平推式滑坡

escorregão *s.m.* slide 褶皱断层

escorregar *v.intr.* (to) slide, (to) slip 滑行，移动

escorrência *s.f.* run-off 径流
escorrência areolar areolar run-off 漫流

escorrer *v.tr.,intr.* (to) drain, (to) run off 流出，渗流

escorrimento *s.m.* ❶ 1. flowing out, running out 流出；流空 2. bleeding （混凝土）泌浆 ❷ wringing （皮革）挤水 ❸ run (in painting) （涂料）挂流

escorva *s.f.* ❶ primer （注水、注油的）起动器，起动泵 ❷ priming explosive 起爆炸药
escorva de bomba pump primer 水泵起动泵
escorva de combustível fuel primer 起动燃料
escorva de inflamação torch igniter 火炬式点火器

escorvamento *s.m.* priming 起动注水、油
escorvamento do arco arc striking 引弧
escorvamento dos explosivos initiation, priming 起爆；发火
escorvamento eléctrico electric initiation, electric priming 电力起爆
escorvamento pirotécnico fuse initiation 导爆索起爆
escorvamento tipo nonel nonel initiation 非电导爆管起爆

escoteira *s.f.* kevel 系索耳

escotilha *s.f.* hatch, hatchway 舱口
escotilhas do teto roof hatch 大巴的车顶舱门

escotópico *adj.* scotopic 适应暗光的；暗视力的

escova *s.f.* ❶ brush 刷子 ❷ brush 电刷
escova de arame (/aço) wire-brush 钢丝刷 ⇨ escova metálica
escova de carvão carbon brush 碳刷
escova de esfregar scrubbing-brush 硬毛刷，板刷
escova de fibra plástica plastic fiber brush 塑料纤维刷
escovas do gerador (/dínamo) generator brush 发电机电刷
escova de limas file brush 锉刀刷
escova de papel de parede wallpaper brush 裱糊刷
escova de pára-brisas wiper blade 雨刷
escova de tubos tube-brush 管刷
escova em pêlo de texugo badger softener 软毛宽刷
escova metálica steel wire brush 钢丝刷
escova metálica circular wire wheel brush 金属丝轮刷
escova para limpar garrafas bottle brush 瓶刷
escova para tubo de ensaio test tube brush 试管刷

escova sanitária toilet brush 马桶刷

escovado adj. brushed 拉绒的，拉毛的，拉丝的

escovador s.m. scourer 洗刷器，去壳机，打光机

escovar v.tr. (to) brush 用刷子刷

escovém s.m. hawsehole 锚链孔

escovilhão s.m. spiral brush 管道清洁刷

escovilhão de multi-tamanho multisize pig 可变径清管器

escrêiper s.m. scraper 铲运机

escrêiper auto-carregador elevating scraper, elevator scraper 升降式铲运机，装斗式铲运机

escrêiper autocarregável self-elevating scraper, self-loading scraper 自升式铲运机

escrêiper com caçamba para carvão coal bowl scraper 煤斗铲运机

escrêiper de caçamba aberta open bowl scraper 开斗式铲运机

escrêiper puxado por trator de esteira tractor drawn scraper 拖拉机牵引铲运机

escrêiper rebocável towable scraper 牵引式铲运机

escrêiper-trator de roda wheel tractor-scraper 轮式自行式铲运机

escritório s.m. office 写字间；办公室

escritório de obra site office （工地）现场办公室

escritório em open space open-plan office 开放式办公室

escritório representativo (/de representação) representative office 代表处

escritura s.f. deed 契约，契据

escritura de compra e venda deed of purchase and sale 买卖契约

escritura de venda deed of sale 卖契

escrituração s.f. bookkeeping, accounting 记账

escriturário s.m. clerk 记账员

escrivaninha s.f. study desk 书桌

escrópulo s.m. "escrópulo" 二十四分之一葡制盎司（onça）

escudete s.m. escutcheon 锁眼盖

escudete de expansão expansion shield （膨胀螺丝的）胀管

escudo s.m. ❶ shield 防护物 ❷ shield,

continental shield 大陆盾，地盾 ❸ shield tunneling machine 盾构机 ❹ escudo 埃斯库多（原葡萄牙货币单位）

escudo anti-formiga termite shield 白蚁挡板；防白蚁垫片；防蚁罩

escudo Báltico Baltica 波罗的古陆

escudo canadiano Canadian shield 加拿大地盾

escudo continental shield, continental shield 大陆盾，地盾

escudo de calor heat shield 隔热板

escudo de calor do catalisador catalytic converter heat shield 催化器隔热板

escudo de calor do silencioso muffler heatshield 消声器隔热板

escudo facial face shield 防护面罩

escudo Laurenciano Laurentian Shield 劳伦地盾

escultura s.f. ❶ sculpture 雕塑 ❷ tread pattern 轮胎胎纹

escuma s.f. scum 浮渣

escumadeira s.f. skimmer, slotted spoon 撇沫勺；漏勺，笊式漏勺

escumadeira para peixe fish slice 煎鱼铲

escumador s.m. skimmer 撇渣闸；撇渣器

escumalha s.f. ⇨ escuma

escuna s.f. schooner 纵帆船

escurecedor s.m. dimmer 调光器

escuro adj. dark, black 黑的，暗的，阴暗的；（色彩）深色的

esfalerite s.f. sphalerite 闪锌矿

esfarelamento s.m. flouring, crumbing 碎成粉粒，粉碎

esfarelar v.tr. (to) flour, (to) crumb 碎成粉粒，粉碎

esfena s.f. sphene 榍石

esfenitito s.m. sphenitite 钛辉榍石岩

esfenocasma s.m. sphenochasm 楔形断陷，楔形裂谷

esfenoedro s.m. sphenohedron 楔形多面体

esfenóide s.m. sphenoid 楔形的

esfenólito s.m. sphenolith 岩楔

esfera s.f. ball 球，球体

esfera celeste celestial sphere 天球

esfera central deslizante sliding center ball 中间滑动球节

esfera centralisadora centering ball 定

心球

esfera de articulação joint ball 球节

esferas de calcite calcispheres 钙球

esfera de dosificação batching sphere 管输油品分隔球

esfera do rolamento bearing ball 轴承滚珠

esfera de vidro glass beading 玻璃珠

esfera equivalente equivalent sphere 等效球体

esfera oblíqua oblique sphere 斜交球

esfera paralela parallel sphere 平行球

esfera recta right sphere 垂直球

esfericidade *s.f.* sphericity 圆球度

esférico *adj.* spherical, ball shaped 球形的

esferocobaltite *s.f.* sphaerocobaltite 球菱钴矿

esferoidal *adj.2g.* spheroidal 球状的

esferóide *s.m.* spheroid 球状体

esferóide oblato oblate spheroid 扁球面, 扁球体

esferóide prolato (/alongado) prolate spheroid 长球面, 长椭球

esferoidização *s.f.* spheroidization, spheroidizing 球状化；球化处理

esferovite *s.f.* styrofoam [葡] 发泡胶

esferulite *s.f.* spherulite 球粒

esferulítico *adj.* spherulitic 球粒状的

esfigmomanómetro/esfigmomanôme-tro *s.m.* sphygmomanometer 血压计

esfinge *s.f.* Sphinx 狮身人面像

esfola *s.f.* skinning （屠宰）剥皮

esfoliação *s.f.* ❶ exfoliation, scaling, flakes 剥落；页状剥落 ❷ bed separation （地层、矿床等）分层，夹层

esfoliar *v.tr.,pron.* (to) exfoliate 页状剥落

esforço *s.m.* ❶ effort, force, stress 作用力；力；应力 ❷ strain 应变

esforço aplicado applied stress 外加应力

esforço axial axial stress 轴向应力

esforço cortante shearing stress 剪应力

esforço cortante da base base shear 基底剪力；基层剪力

esforço de compressão compression strain 压缩应变

esforço de esterçamento steering stress 操纵应力

esforço de flexão bending stress, flexural stress 弯曲应力；挠曲应力

esforço de origem térmica thermal force 热力

esforço de recuperação righting force 扶正力

esforço de rotura breaking strain 断裂应变

esforço de tensão ❶ tensile stress, tensional stress 拉应力 ❷ tensile strain 拉伸应变

esforço de tensão máximo maximum tensile stress 最大拉伸应力

esforço de torção twisting stress 扭应力

esforço de trabalho working stress 工作应力

esforço de tracção tractive effort 牵引力

esforço directo direct stress 直接应力

esforço excessivo overstrain 过度应变

esforço interno internal force 内力

esforço lateral lateral strain 横向应变

esforço longitudinal longitudinal stress 纵向应力

esforço máximo ultimate strain 极限应变

esforço normal normal force 法向力

esforço permissível safe load 安全载荷, 安全负载

esforço plano plane strain 平面应变

esforço plástico plastic stress 塑性应力

esforço principal principal strain 主应变

esforço resultante resultant force 合力

esforço solicitante working stress 工作应力

esforço tangencial shearing strain 剪切应变

esforço transverso shearing force 剪切力

esfregão *s.m.* scourer 洗刷器具, 清洗工具

esfregar *v.tr.* (to) rub, (to) scrub 摩擦；擦洗

esfregona *s.f.* mop 拖把

esfriamento *s.m.* cooling 冷却

esfriamento dinâmico dynamic cooling 动力冷却

esgotador *s.m.* drainer 排水器

esgotamento *s.m.* dewatering, drainage 排水

esgotamento d'água dewatering 降水, 排水

esgotar *v.tr.* (to) drain, (to) exhaust 排水，排空

esgoto *s.m.* ❶ 1. sewer 污水渠，下水道 2. drain 排水管 ❷ sewage （下水道排出的）污水（及污物）

esgoto bruto raw sewage 未经处理的污水

esgoto de águas servidas waste pipe 污水管

esgoto no chão floor drain 地面排水管

esgoto público public sewer 公共污水渠

esgotos urbanos urban sewage 城市污水

esgrafito *s.m.* sgraffito 五彩拉毛粉饰

esgrima *s.f.* fencing 击剑（运动）

esguichar *v.tr.* (to) squirt, (to) spray 喷射，喷雾

esguicho *s.m.* ❶ spray 喷雾 ❷ squirt, spray 喷射器，喷雾器

esker *s.m.* esker, eschar 蛇形丘

eslinga *s.f.* sling 吊索

esmagador *s.m.* crusher 压碎机，破碎机

esmagador centrífugo centrifugal crusher 离心破碎机

esmagador de impacto impact crusher 冲击式破碎机

esmagador de rolos roll crusher 辊碎机

esmagamento *s.m.* crushing 压碎，粉碎

esmagamento do boleto do trilho end overflow 轨头流铁

esmagamento da camada endurecida case crushing 表面碎裂

esmagar *v.tr.* (to) smash, (to) crush 压碎，粉碎

esmaltagem *s.f.* enamelling 涂瓷釉，上珐琅

esmaltar *v.tr.* (to) enamel 涂瓷釉，上珐琅

esmalte *s.m.* enamel 搪瓷；珐琅；瓷漆

esmaltes a óleo emulsion paint 乳胶漆

esmalte antiácido acid-proof enamel 耐酸搪瓷

esmalte azul ⇨ lazulite

esmalte de porcelana porcelain enamel 搪瓷；瓷釉

esmalte vítreo vitreous enamel 玻化搪瓷

esmaltina *s.f.* smaltine, smaltite 砷钴矿

esmaltite *s.f.* smaltite; speiskobalt 砷钴矿

esmaragdite *s.f.* smaragdite 绿闪石

esméctico *adj.* smectic 近晶的

esmectite *s.f.* smectite 蒙脱石

esmeralda *s.f.* emerald 绿宝石

esmeralda do Brasil brazilian emerald 巴西祖母绿；绿电气石；绿碧玺

esmeralda-da-cobre emerald copper 绿铜矿

esmeralda-da-tarde Ceylon peridot 锡兰橄榄石

esmeralda-de-níquel zaratite, emerald nickel 翠镍矿

esmeralda falsa false emerald 假祖母绿

esmeralda-oriental oriental emerald 绿刚玉

esmeralda sintética synthetic emerald 人造祖母绿

esmeralda uraliana Uralian emerald 乌拉尔祖母绿；绿钙铁榴石

esmeraldito *s.m.* esmeraldite 云英花岗岩

esmeril *s.m.* ❶ emery 金刚砂 ❷ grinder, grinding wheel 砂轮，砂轮机

esmeril hidráulico hydraulic grinder 液压式磨木机

esmeril manual (/portátil) hand-grinder 手摇砂轮

esmeril rectificador milling wheel 铣轮

esmeril universal universal grinder 万能磨床

esmerilação/esmerilagem *s.f.* ⇨ esmerilhamento

esmeriladeira/esmerilhadora *s.f.* ⇨ esmerilhadeira

esmerilhadeira *s.f.* ❶ grinder, polisher, bench grinder 磨光机，磨削机，砂轮机 ❷ grinder, bench grinder 磨床，台式磨床 ❸ die grinder 刻模机

esmerilhadeira angular angle grinder 角向磨光机

esmerilhadeira angular elétrica electric angle grinder 电动角磨机

esmerilhadeira angular pneumática air angle grinder 气动角磨机

esmerilhadeira de trilho rail grinder 轨道研磨机

esmerilhadeira de trilho de encosto stock rail grinder 基本轨磨床

esmerilhadeira manual hand-held grinder 手持研磨机

esmerilhadeira pneumática air die

grinder 气动刻模机

esmerilhadeira reta straight grinder　直向磨光机

esmerilhação/esmerilhagem *s.f.* ⇨ esmerilhamento

esmerilhamento *s.m.* polishing, grinding 抛光，打磨

esmerilhamento cilíndrico cylindrical grinding 外圆研磨，外圆磨削

esmerilhamento de lente lens grinding 透镜研磨

esmerilhamento de solda weld grinding 焊缝磨削

esmerilhamento de trilho rail grinding 轨道研磨

esmerilhamento de trilho para reperfilamento profile rail grinding 轨道整形研磨

esmerilhamento interno internal grinding 内表面研磨；内圆磨削

esmerilhamento sem preparo offhand grinding 手持工件磨光

esmerilhar *v.tr.* (to) polish, (to) grind 抛光，打磨

esmoril *s.m.* ⇨ esmeril

esmorilador *s.m.* ⇨ esmerilhadeira

esmoriladora *s.f.* ⇨ esmerilhadeira

és-nordeste (ENE) *adj.2g.,s.m.* east-northeast (ENE) 东东北

esonártex *s.m.* esonarthex （通往教堂中殿的）教堂内门厅

espaçado *adj.* widely spaced 宽阔的，宽距的

espaçador *s.m.* spacer, separator 隔离片；隔间物；钢筋定位物

espaçamento *s.m.* spacing, clearance space 间距，间隔；间隙空间

espaçamento das armaduras reinforcing bar spacing 钢筋间距

espaçamento de dormentes tie spacing 轨枕间距

espaçamento de furos hole spacing 钻孔距离；井距；孔距

espaçamento de marcha spacing, vehicle gap 行车间距

espaçamento de traços trace spacing 地震道距

espaçamento entre barras bar spacing 加筋间距；钢筋间距

espaçamento entre linhas line spacing 行距；管线间距

espaçamento longitudinal longitudinal spacing, vehicle gap 纵向间距

espaçamento transversal lateral spacing 横向间距

espacial *adj.2g.* spatial 空间的

espaço *s.m.* space 空间；场地

espaço aberto open space 游憩用地；空地

espaço aéreo airspace, aerospace 领空

espaço aéreo com serviço de assessoramento advisory airspace 咨询区

espaço ângulo/eixo angle/axis space 角／轴间隙

espaço anular annular space 环形空间，环形空隙

espaço cartesiano cartesian space 笛卡儿空间

espaço cilíndrico ângulo/eixo cylindrical angle/axis space 汽缸角／轴间隙

espaço de ar confinado dead-air space 气流停滞区

espaço de armazenamento storage space 存储空间

espaço de endereço address space 地址空间

espaço de Euler Euler space 欧氏空间

espaço de manobra elbow room 活动空间

espaço de trabalho working space 工作空间

espaço económico economic area 经济区

espaço em branco blank space 空白

espaço em disco disk space 磁盘空间

espaço entre caracteres character spacing 字符间距

espaços destinados a escritórios office premises 办公场所

espaço euclideano Euclidean space 欧几里德空间

espaço expositivo exhibition space 展览空间

espaço fechado confined space 密封空间

espaço f-k f-k space F-K 空间，频率-波数空间

espaço gourmet gourmet area 美食区

espaço livre free space 自由空间

espaço livre inferior ground clearance 离地净高

espaço livre sob uma ponte headway 净空高度

espaço morto dead space 死角，死区，死空间

espaço pessoal personal space 个人空间

espaço publicitário advertising space 广告空间

espaço público aberto public open space 公共空地；公共休憩用地

espaço sem pintura holiday （涂漆施工中偶然发生的）漏涂，空斑

espaço subterrâneo underground space 地下空间

espaço tridimensional three-dimensional space 三维空间

espaço vazio clear space 净空间

espaço verde green area 绿化区

espaço Zen Zen space 禅房，静修房

espaguete s.m. spaghetti 细钻管（直径小于51mm）

espaldão s.m. epaulement 肩墙

espaldar s.m. ❶ back of a chair 椅背 ❷ wall bars 肋木；攀爬杠

espaleta s.f. sideroom 门垛

espalhador s.m. spreader 撒布机

espalhador de acostamento shoulder spreader 背负式撒布机

espalhador de adubo fertilizer distributor 肥料撒布机

espalhador de adubo/calcário fertilizer/lime distributor 肥料/石灰撒布机

espalhador de areia sand spreader 撒砂机

espalhador de calcário lime distributor 石灰撒布机

espalhador de estrume manure spreader 厩肥撒播机

espalhador de palha straw spreader 茎稿撒布器

espalhador de projecção lateral side-delivery spreader 侧送式撒布机

espalhador de projecção para trás rear ejection fiel heap spreader 后送式撒布机

espalhamento s.m. spreading 撒布，铺散；传播

espalhamento a quente hot pouring 热模浇注

espalhamento Compton Compton scattering 康普顿散射

espalhamento do feixe beam spreading 束发散

espalhamento da onda wave spreading 波传播

espalhamento troposférico tropospheric scattering 对流层散射

espalhar v.tr. (to) spread, (to) scatter 撒布，铺散

espanação s.f. ❶ dusting, dedusting 除尘 ❷ stripping 剥除表土 ❸ thread stripping 螺纹滑扣

espanação de roscas thread stripping 螺纹滑扣

espanador s.m. feather duster 鸡毛扫

espanador de penas ⇨ espanador

espanar v.tr. (to) dedust 除尘

esparagmito s.m. sparagmite 破片砂岩

esparavel s.m. ⇨ talocha

espargidor s.m. sprinkler 喷洒器，喷水器

espargidor de ligantes binder spreader, binder distributor 黏结剂分配器

esparite s.f. spar, sparite 亮晶

esparítico adj. sparitic 晶石的；含晶石的

esparito s.m. sparite, spar limestone 亮晶石灰岩

espartaria s.f. esparto fabric [集] 茅草纤维织物

esparto s.m. esparto 细茎针草，西班牙草

espastólito s.m. spastolith 变形鲕状岩

espático adj. sparry 晶石的；含晶石的

espato s.m. spar 晶石

espato calcário lime spar 方解石

espato calcário acetinado satin spar 纤维石膏；纤维石

espato-da-Ashover Ashover spar 阿斯宿孚石

espato de Derbyshire Derbyshire spar 萤石

espato-de-flúor fluor spar 氟石，萤石

espato da Groenlândia Greenland spar 冰晶石

espato-da-Islândia Iceland spar 冰岛晶石，冰洲晶石

espato de manganés manganese spar 菱锰矿

espato dente-de-cão dogtooth spar 犬牙石

espato-pesado heavy spar 重晶石

espatolado s.m. Venetian plaster 威尼斯灰泥

espátula s.f. spatula; palette-knife 刮铲，刮刀，瓦工刀

espátula de aço steel trowel 钢抹子

espátula de calafetar putty knife 油灰刀，腻子刀

especial adj.2g. ❶ special, particular 特殊的，特别的 ❷ purpose-made 特制的

especialidade s.f. speciality, specialty 专业

especialista s.2g. specialist, expert 专家

especialista de pescaria fishing specialist 打捞专家

espécie s.f. ❶ species 种；类 ❷ species 种（生物学分类单位，隶属于属 género）

especificação s.f. specification 规格；规范；技术参数；详细说明

especificação de desempenho performance specification 性能规范

especificações de desenho design specifications 设计规范

especificação de material (EM) material specification 物料规范

especificação do pavimento pavement specification 路面规范，路面施工技术规范

especificações do projecto project specification 项目说明；设计规范

especificação de serviço (ES) service specification (ES) 服务规范

especificações gerais general specification 总说明；一般规格

especificação padrão standard specification 标准规范

especificação particular particular specification 特别规范

especificações operacionais functional specifications 功能规范

especificações técnicas technical specification 技术规范

especificações técnicas detalhadas detailed technical specifications 详细的技术规格

especificar v.tr. (to) specify 指定；列举；详细说明

específico adj. specific 特定的，特有的

especifidade s.f. specificity 特性，特异性

espécime s.m. specimen 样本，标本

espécime de mão hand specimen 手标本

espécime polido polished specimen 磨光标本；抛光试件

espectro s.m. spectrum 光谱

espectro colorido colored spectrum 有色光谱

espectro de absorção absorption spectrum 吸收光谱

espectro de amplitude amplitude spectrum 振幅谱

espectro de correlações cruzadas cross-correlation spectrum 交对比谱

espectro de emissão emission spectrum 发射光谱

espectro de fase phase spectrum 相谱

espectro de linhas line spectrum 线状谱

espectro de resposta response spectrum 反应谱；响应谱；感应波谱

espectro diferencial differential spectrum 差光谱

espectro electromagnético electromagnetic spectrum 电磁波谱

espectro gama gamma spectrum 伽马能谱

espectro normal de NMO normal-moveout spectrum 速度谱；正常时差谱

espectro sísmico seismic spectrum 地震波谱

espectro sonoro sound spectrum 声谱

espectro visível visible spectrum 可见光谱

espectrofotometria s.f. spectrophotometry 分光光度法

espectrofotómetro/espectrofotômetro s.m. spectrophotometer 分光光度计

espectrofotômetro de absorção atómica atomic absorption spectrophotometer 原子吸收分光光度计

espectrofotômetro de absorção atómica de duplo feixe double-beam atomic absorption spectrophotometer 双光束原子吸收分光光度计

espectrofotômetro de absorção atômica de simples feixe single-beam atomic absorption spectrophotometer 单光束原子吸收分光光度计

espectrofotômetro de infravermelho infrared spectrophotometer 红外分光光度计

espectrofotómetro UV-visível ultraviolet-visible spectrophotometer 紫外可见分光光度计

espectrograma s.m. spectrogram 光谱图

espectrometria s.f. spectrometry 光谱测定法

espectrometria de absorção atômica atomic absorption spectrometry 原子吸收光谱法

espectrometria de massa mass spectrometry 质谱测定法

espectrómetro/espectrômetro s.m. spectrometer 光谱仪

espectrómetro de massa mass spectrometer 质谱计

espectrômetro de raios gama gamma-ray spectrometer γ 能谱仪，伽马射线分光计

espectroscopia s.f. spectroscopy 光谱学，波谱学

espectroscopia de absorção atômica atomic absorption spectroscopy 原子吸收光谱

espectroscopia de infravermelhos infrared spectroscopy 红外光谱法

especular adj.2g. specular 镜面的，反光的

especularite s.f. specularite 镜铁矿

espéculo s.m. speculum 窥镜

espéculo de tubos pipeline speculum 管道内窥镜

espedrega s.f. removal of stones 清除废石

espeleobrecha s.f. speleobreccia 洞穴角砾岩

espeleogénese s.f. speleogenesis 洞穴形成过程

espeleolito s.m. speleolith 洞穴堆积物

espeleologia s.f. speleology 洞穴学

espeleólogo s.m. speleologist 洞穴学者；洞窟学者

espeleotema s.m. speleothem 洞穴堆积物

espelhado adj. mirrored 装有镜子的；镜面的

espelhagem s.f. mirroring 镜面反射

espelhim s.m. gyps, gypsum （有光泽的）白石膏，透石膏

espelho s.m. ❶ 1. mirror, looking-glass 镜子 2. mirror surface, specular surface 镜面，反光面 ❷ riser （楼梯的）踢面 ⇒ degrau ❸ 1. panel, face 竖板；（橱柜等的）面板 2. switch plate 开关盖板，按钮盖板 3. escutcheon 锁眼盖 4. patch （修补木材用的）补片 5. square coverplate （木工用的）方形木钉盖板 6. tubesheet 管板 ❹ circular window, oval window （教堂的）圆形或卵形窗 ❺ shiner, bull stretcher 大面朝外斗砌砖

espelho antiencadeamento anti-dazzle mirror 防眩镜

espelho anti-respingo anti-splash back 防溅背板

espelho aquecido heated mirrors 加热镜

espelho ardente burning-mirror 取火镜

espelho central front panel 双口（线缆）面板

espelho convexo convex mirror 凸面镜

espelho de água reflecting pool, landscape pond 倒影池，景观水池，观赏水池

espelho do cilindro cylinder face 缸面；气缸壁

espelho de cobertura cover flashing 披水板

espelho de distribuidor valve face 气门面；阀面

espelho de falha fault polish 断层磨光面

espelho de fechadura finger plate 指孔盘

espelho de horizonte horizon mirror 水平镜

espelho de metal polido speculum 金属镜

espelho de parede wall mirror 墙镜

espelho de toucador dressing glass 梳妆镜

espelho de vidro flotado float glass mirror 浮法玻璃镜

espelho exterior com comando eléctrico electrically operated outside rearview mirror [葡] 电动后视镜

espelho plano-côncavo plano-concave mirror 平凹双面反光镜

espelho retrovisor rear view mirror, rear reflecting mirror 后视镜

espelho retrovisor interno inside rear-view mirror 内部后视镜

espelho retrovisor lateral side view mirror 侧视镜

espelho tectónico slickenside 断层擦痕面

espelho ustório ⇒ espelho ardente

espelho vazado open riser 镂空踏步

espeque *s.m.* ❶ prop 支撑，支柱 ❷ hammer post 橡尾柱

espeque de andaime scaffolding pole 脚手架支撑

espera *s.f.* ❶ 1. rest, holder 支座；安放处 2. tool post, tool holder 工具架 ❷ revetment 护坡，护岸，护堤 ❸ toothing 马牙槎；待齿接，留砖牙 ❹ holding 保持；等待；待机

espera de bancada bench hook 缝帆钩；木工工作台挡头木

espera de cilindro cylinder stop 转轮定位器

espera de descanso support-stand 支架，支柱

espera de segurança safety stop 安全限制器；安全止挡

espera de torno composta compound slide rest 联合车刀架

espessador *s.m.* thickener 浓缩机

espessador de lamelas lamella thickener 倾斜板浓缩机

espessador de lodo (/lama) mud condenser 污泥浓缩机

espessador gravítico gravitational thickener 重力浓缩机

espessante *s.m.* thickener, thickening agent 增稠剂

espessante inorgânico inorganic thickener 无机增稠剂

espessante natural natural thickener 天然增稠剂

espessar *v.tr.* (to) thicken （使）变厚；（使）变浓

espessartina *s.f.* spessartine 锰铝榴石

espessartite *s.f.* spessartite 锰铝榴石

espessartito *s.m.* spessartite 斜煌岩

espesso *adj.* thick 厚的

espessura *s.f.* thickness, density 厚度

espessura anterior reveal （门框或窗框的）边框外侧

espessura aparente apparent thickness 表观厚度，视厚度

espessura aparente de camada apparent bed thickness 视地层厚度

espessura da barragem thickness of dam 大坝厚度

espessura de contraforte thickness of buttress 支墩厚度

espessura de dente chordal thickness 弦齿厚

espessura da galvanização coating thickness 镀层厚度

espessura de lastro ballast depth 道砟厚度

espessura de parede wall thickness 墙厚

espessura de solo depth of soil 土壤深度

espessura efectiva de areia sand count 砂层有效厚度

espessura na base de barragem base thickness of dam 水坝基础厚度

espessura no coroamento top thickness 顶部厚度，坝顶厚度

espessura equivalente equivalent thickness 等效厚度

espessura nominal nominal thickness 标称厚度

espessura posterior scuncheon （门框或窗框的）边框内侧

◇ verdadeira espessura true thickness 真厚度

espeto *s.m.* skewer, spit, kebab 烤肉叉子；串肉扦

espeto rotativo rotative spit 旋转烤肉叉

espia *s.f.* towrope 拖索

espichelito *s.m.* espichellite 橄闪斑岩

espícula *s.f.* ❶ spicule 针状体 ❷ anti-bird thorn, bird repellent spikes 针式防鸟器

espicularito *s.m.* spicularite 骨针岩

espiculito *s.m.* spiculite 针锥晶

espiga *s.f.* ❶ tenon, tongue 榫头，雄榫 ❷ spike 杆，棒，长钉 ❸ ear; corncob 麦穗；玉米棒

espiga curta stud tenon 暗榫，闷榫

espiga de cadeira haunched tenon 腋脚凸榫

espiga de elevação lifting spindle 起重丝杠

espiga de encaixe recta straight dovetail 直鸠尾榫

espiga de manivela crank pin 曲柄销；拐肘销

espigas duplas double tenons 双榫

espiga e encaixe ⇨ macho e fêmea

espiga longa through tenon 贯穿榫

espiga recta straight tenon 直榫

espiga reforçada tusk tenon 加劲凸榫

espiga rotativa turn handle 转动手柄

espiga suporte carrying bolt 支撑螺栓

espiga trapezoidal undercut tenon 欠削榫舌

espigão s.m. ❶ spike 长钉，大钉 ❷ ridge; hip 屋脊；斜脊，斜脊瓦 ❸ crest 山脊 ❹ groyne, jetty, bund 防波堤，堤岸

espigão de chumbo lead dot 铅销

espigão de cremona cremone bolt 通天插销

espigão de duas águas saddle coping 鞍背形盖顶

espigão da garra grouser spike 履带螺栓

espigão de leito de pedra bed dowel 石砌体暗销

espigão de muro wall ridge 墙脊

espigão de rocha rock prominence, rock spur 石脊

espigão de telhado roof ridge 屋脊

espigão de uma água splayed coping 墙压顶斜面

espigão em cunha wedge coping 单坡屋顶

espigoado s.m. ridge 田垄（通常宽 0.3—0.6 米）

espigueiro s.m. granary, corn crib 谷仓；玉米仓库

espilitização s.f. spilitization 细碧岩化作用

espilito s.m. spilite 细碧岩

espinela s.f. spinel 尖晶石

espinela-almandina almandine spinel 红尖晶石

espinela de zinco zinc spinel 锌尖晶石

espinela sintética synthetic spinel 合成尖晶石；人造尖晶石

espinelídeos s.m.pl. spinellides 尖晶石类

矿物

espinelito s.m. spinellite 尖晶石

espingarda s.f. rifle 步枪；来复枪

espingarda de pederneira flint gun 火石枪；火石点火器

espinhaço de peixe s.m. ⇨ espinha-de-peixe

espinha-de-peixe s.f. herringbone 鱼骨形

espira s.f. ❶ spire 螺线的一圈；螺卷的一环 ❷ angle volute 角涡卷

espiral ❶ adj.2g. spiral 螺旋的 ❷ s.f. spiral 螺旋；螺旋形物件；螺旋线

espiral de Eckman Eckman spiral 埃克曼螺线

espiral de Humphrey Humphrey spiral 汉弗莱螺旋选矿机

espiral de transição spiral curve 螺旋曲线

espiral termostática thermostatic spring 恒温控制弹簧

espírito mineral s.m. mineral spirits 溶剂油；松香水

esplanada s.f. ❶ street café 露天咖啡馆，露天咖啡座 ❷ glacis （城堡的）斜堤，缓斜坡

espódico s.m. spodic horizon 灰化层；灰壤淀积层

espodite s.f. volcanic ash 火山灰

espodossolo s.m. spodosol 淋淀土

espodumena s.f. spodumene 锂辉石

espoiler s.m. spoiler 扰流器；扰流板

espoleta s.f. fuse, detonator 导火线，雷管

espoleta de rastilho prima-cord fuse 导火线，雷索

espoleta instantânea instantaneous cap 瞬发雷管

espongólito s.m. spongolite 海绵岩

esponja s.f. sponge 海绵

esponjoso adj. spongy 海绵状的

espora s.f. spur 踢马刺，靴刺

espora para poste climbing irons 爬杆器，电线杆脚扣

esporão s.m. ❶ groyne, jetty, bund 防波堤，堤岸 ❷ counterfort 护墙 ❸ stinger 飞机尾椎

esporão cuspidado cuspate spit 尖头沙咀

esporão de barreira barrier spit 障壁沙嘴；堰洲嘴

esporinite *s.f.* sporinite 孢子体

esporte *s.m.* sport [巴] 体育，运动

espraiado *s.m.* foreshore, beach face 前滨
espraiado da maré tidal land 潮间地

espraio *s.m.* surf 碎浪；回头浪

espreguiçadeira *s.f.* lounge chair 躺椅

espreitadeira *s.f.* peep-window 检视窗

espremedor *s.m.* squeezer 压榨机
espremedor de frutas fruit squeezer 果汁机

espremedura *s.f.* squeeze 挤，压榨

espremer *v.tr.* (to) squeeze 挤，压榨

espruce *s.m.* spruce 云杉

espula *s.f.* wool top （羊毛）毛条

espulagem *s.f.* drawing 并条

espuma *s.f.* ❶ foam 泡沫 ❷ kish 结集石墨
espuma contra incêndios fire foam, fire-extinguishing foam 泡沫灭火剂，消防泡沫液
espuma de asfalto foamed asphalt 泡沫沥青
espuma de borracha foam rubber 泡沫橡胶
espuma de células abertas open cell foam 开孔泡沫
espuma-do-mar sea-foam, sepiolite 海泡石
espuma de óleo oil foam 油泡沫
espuma de plástico plastic foam 泡沫塑料
espuma de poliestireno espandido (EPS) expanded polystyrene foam (EPS) 聚苯乙烯泡沫塑料
espuma de poliestireno extrudido (XPS) extruded polystyrene foam (XPS) 挤塑聚苯乙烯泡沫塑料
espuma de poliuretano polyurethane foam 聚氨酯发泡体
espuma de poliuterano com célula fechada closed cell polyurethane foam 闭孔聚氨酯泡沫
espuma de vidro foam glass 泡沫玻璃
espuma em placa foam board 发泡板
espuma esponjosa foamed plastic, plastic foam 发泡塑料，泡沫塑料，海绵塑料
espuma expansiva expanding foam 泡沫胶，发泡胶，填缝剂

espuma expansiva de poliuretano expanding polyurethane foam 聚氨酯发泡胶

espuma mecânica mechanical foam 机械泡沫

espuma plástica ⇨ espuma de plástico

espumante *s.m.* foaming agent, frother 发泡剂

esquadra *s.f.* ❶ police station 警察局 ❷ squad （军队编制）班，小队 ❸ fleet 舰队

esquadrão *s.m.* squadron （军队编制）中队
esquadrão de imersão diving team 潜水队

esquadrejadora *s.f.* sliding table saw 推台锯

esquadrejamento *s.m.* squaring 垂直（年轮平面）将木材锯成四等份

esquadrejar *v.tr.* (to) cut square 垂直（年轮平面）锯木材

esquadria *s.f.* ❶ right-angle cut 切割成直角 ❷ right angle 直角 ❸ set square 三角板 ❹ inner neatline 内图廓线 ❺ (door, window) frame, sash 门窗框 ❻ squared stone 方石
esquadria de aço steel square 钢角尺

esquadro *s.m.* ❶ square; set square 直角尺，三角板 ❷ angle iron 角钢；角铁
esquadro biselado edge square 刀口直角尺
esquadro cilíndrico cylinder square 圆柱直角尺
esquadro com base de aço wide-stand square 宽座直角尺
esquadro de agrimensor cross-staff, prism square 十字测天仪
esquadro de batente (/encosto) try square; bare L-square （不带斜边的）直角尺
esquadro de centros center square 中心角尺
esquadro de cepo square gauge 方形角尺
esquadro de coordenadas Douglas protractor, romer 道氏量角规
esquadro de ferro L-iron 不等边角铁
esquadro de precisão precision square 精密直角尺
esquadro granito granite square 花岗岩直角尺

esquartejado *adj.* quartered 垂直年轮平面锯成四等份的（木材）

esquartejamento *s.m.* ❶ dismemberment 分割，割裂，割开 ❷ squaring 垂直（年轮平面）将木材锯成四等份 ⇨ **esquadrejamento**

esquartejar *v.tr.* ⇨ **esquadrejar**

esquelético *adj.* skeletal 骨骼的，骸骨的；骸晶的

esqueleto *s.m.* skeletal frame 建筑骨架

esqueleto estrutural structural skeleton 结构骨架

esquema *s.m.* ❶ scheme, chart 图表；计划；方案 ❷ diagram, diagrammatic drawing 示意图

esquema altimétrico altimetric chart 测高图

esquema de fogo ❶ blast pattern （爆破工程）炮孔布置图 ❷ detonating network 起爆网络

esquema de ligações wiring diagram 布线图，配线图

esquema de localização de incêndio fire location map, fire-finder map 火灾定位图

esquema de montagem assembly scheme 安装示意图，装配示意图

esquema de pintura paint system 涂装体系，油漆做法；一次完整涂装所需的所有涂料

esquema de planeamento planning scheme 规划方案

esquema diagramático diagrammatic sketch 示意图

esquema mímico mimic scheme, mimic diagram 模拟图

esquema piezométrico piezometric chart 压力示意图

esquema planimétrico planimetric chart 平面布置图

esquemático *adj.* schematic 图解的

esquentador *s.m.* water heater 热水器

esquentador estável constant temperature water heater 恒温热水器

esquentador horizontal horizontal water-heater 卧式热水器

esquentador horizontal mural wall mount horizontal water heater 墙装卧式热水器

esquentador vertical vertical water heater 立式热水器

esquentador vertical mural wall mount vertical water heater 墙装立式热水器

esquerda *s.f.* left 左，左侧，左边

esquerdo *adj.* left 左边的，左面的，左侧的

esqui *s.m.* skiing 滑雪

esqui aquático (/náutico) water skiing 滑水

esqui na relva grass skiing 滑草

esqui nórdico cross-country skiing 越野滑雪

esqui de cauda *s.m.* tail skid （飞机）尾橇

esquina *s.f.* corner stone, quoin 墙角石

esquisso *s.m.* sketch, esquisse 草稿

esquisto *s.m.* ⇨ **xisto**

essência *s.f.* ❶ essence 香精 ❷ wood species 木种，树种

essência de madeira wood species 木种，树种

essência de terebintina turpentine, spirits of turpentine 松节油

essexibasalto *s.m.* essexite basalt 碱辉玄武岩

essexito *s.m.* essexite 碱性辉长岩，厄塞岩

essonite *s.f.* essonite, hessonite 桂榴石，钙铝榴石

és-sueste (ESE) *adj.2g.,s.m.* east-southeast (ESE) 东东南

estabelecer *v.tr.* ❶ (to) establish, (to) set up 建立，设立，创办 ❷ (to) establish, (to) determine 确立，制定

estabelecimento *s.m.* ❶ 1. establishment, institution 处所；设施 2. shop 商店 ❷ establishment, creation 建立，设立，创办 ❸ establishment, fixing 确立，制定

estabelecimento bancário banking establishment 银行

estabelecimento comercial ❶ business premise 商用处所，商业单位 ❷ shop, business 商店，商行

estabelecimento de empresas business establishment 营业处所

estabelecimento hospitalar hospital institution 医疗场所

estabelecimento hoteleiro accommodation establishment 旅馆业场所

estabelecimento individual de res-

ponsabilidade limitada (EIRL) limited liability sole proprietorship [葡]（承担有限责任的）个人独资企业

estabilidade *s.f.* stability, stableness 稳定性，安定性

estabilidade ao fogo fire stability 耐火稳定性

estabilidade de estrada roadholding 抓地力，轮胎与路面附着稳定性

estabilidade do ponto de fluidez pour-point stability 倾点稳定性

estabilidade de solo soil stability 土壤稳定性

estabilidade do talude slope stability 边坡稳定性

estabilidade dimensional dimensional stability 体积稳定性

estabilidade dinâmica dynamic stability 动态稳定

estabilidade eléctrica electric stability 电稳定性

estabilidade estática static stability 静态稳定

estabilidade estrutural structural stability 结构稳定性

estabilidade geral overall stability 整体稳定性

estabilidade lateral lateral stability 侧向稳定性

estabilidade Marshall Marshall stability 马歇尔稳定度

estabilidade operacional de veículo vehicle operational stability 汽车操纵稳定性

estabilidade química chemical stability 化学稳定性

estabilização *s.f.* ❶ stabilization 稳定化；稳定处理 ❷ balancing 平差

estabilização de base base stabilization 基础稳定（处理）

estabilização de base de pavimento road base stabilization 路基稳定（处理）

estabilização do condensado condensate stabilization 凝析油稳定

estabilização de encosta slope stabilization, slope stability works 斜坡巩固工程

estabilização de escarpas cliff stabilization 陡壁加固

estabilização do leito roadbed stabilization 路基稳定处理

estabilização de solo com cimento cement stabilization 水泥加固，水泥稳定工法

estabilização de sub-base sub-base stabilization 底基层稳定（处理）

estabilização de um solo soil stabilization 土壤稳定

estabilização electrostática electrostatic stabilization 静电稳定作用

estabilização granulométrica particle size stabilization 粒度稳定

estabilização mecânica mechanical stabilization 机械稳定法

estabilização por adição admixture stabilization 拌合稳定法

estabilizador *s.m.* ❶ 1. stabilizer 稳定装置 2. outrigger 外伸支架 3. fin, tailplane 翼片，尾翼 ❷ stabilizer 稳定剂

estabilizador ajustável adjustable stabilizer 可调式垂直安定面

estabilizador automático auto-stabilizer 自动稳定器

estabilizador com lâminas soldadas welded-blade stabilizer 焊接翼片式稳定器

estabilizador de camisa sleeve stabilizer 套筒式稳定器

estabilizador de estrada road stabilizer 道路加固机

estabilizador de lastro dinâmico dynamic track stabilizer 动力稳定机

estabilizador de roletes roller stabilizer, roller reamer 辊式稳定器

estabilizador de solos soil stabilizer 土壤固化剂

estabilizador de tensão voltage stabilizer 稳压器

estabilizador hidráulico hydraulic stabilizer 液压稳定器

estabilizador horizontal ❶ horizontal stabilizer 水平稳定器 ❷ tailplane 水平尾翼

estabilizador horizontal móvel all moving tail 全动式水平尾翼

estabilizador próximo à broca near-bit stabilizer 近钻头稳定器

estabilizador vertical vertical stabilizer, vertical fin 垂直尾翼

estabilizante *s.m.* stabilizer 稳定剂

estabilizar *v.tr.,intr.,pron.* (to) stabilize 使稳定，使稳固

estábulo *s.m.* stable 厩，棚

estaca *s.f.* ❶ stake, post 桩，杆 ❷ foundation pile 基础桩 ❸ pile foundation method 桩基技术，桩基法 ❹ marker post, peg 标杆，标桩

estaca barrete (rotatory) boring cast-in-place pile 钻孔灌注桩：冲抓钻机成孔法

estaca (tipo) broca bored pile 螺旋钻孔桩

estaca com molde perdido driven cast-in-place pile, tube-sinking cast-in-situ pile 沉管灌注桩

estaca composta composite pile 复合桩

estaca cravada driven pile 入土桩

estaca cravada por percussão hammer-sinking pile 锤击沉桩

estaca cravada por prensagem pressed pile, jacked pile 静压沉桩

estaca cravada por vibração pile driven by vibration 振动沉桩

estaca de aço steel pile 钢桩

estaca de alicerce ⇨ estaca de fundação

estaca de amarração mooring pile 系泊桩

estaca de areia sand pile 砂桩

estaca de atrito friction pile 摩擦桩；（地基）摩擦型桩

estaca de atrito lateral floating pile 摩擦桩

estaca de base alargada bulb pile 葱头桩

estaca de betão pré-moldado premolded concrete pile 预成型混凝土桩

estaca de brita granular pile 碎石桩，粗颗粒土桩

estaca de cimento armado premolded concrete pile 预成型混凝土桩

estaca de compactação compaction pile 密实桩，压实桩

estaca de concreto concrete pile 混凝土桩

estaca de concreto moldada no local cased pile 现浇混凝土桩

estaca de concreto pré-moldado precast concrete pile 预制混凝土桩

estaca de disco disk pile 盘头桩

estaca de encaixe joggle post, joggle piece 啮合柱

estacas de frente forepoling 超前支架

estaca de fricção ⇨ estaca de atrito

estaca de fundação foundation pile 基础桩

estaca de hélice contínua continuous flight auger pile 螺旋钻孔灌注桩

estaca de lama slurry bored pile 泥浆护壁钻孔桩

estaca de madeira timber pile 木桩

estaca de nivelamento grade stake, stake 水平点标桩；坡度标桩

estaca de parafuso ⇨ estaca helicoidal

estaca de pedra britada ⇨ estaca de brita

estaca de ponta end-bearing pile, point-bearing pile 点承桩；端承桩

estaca de (/com) rosca ⇨ estaca-rosca

estaca de sucção suction pile 吸力桩

estaca de terra earth rod 接地杆

estaca de tracção traction pile 牵引桩

estaca de trilhos rail pile 钢轨桩

estaca de tubo de aço ⇨ estaca tubular de aço

estaca dentada ⇨ estaca de encaixe

estaca em H H-pile H 形桩；工字桩

estaca encamisada (/encerrada) caisson pile 沉箱桩

estaca escavada bored cast-in-situ pile （机械）挖孔桩

estaca escavada com uso de lama slurry bored pile 泥浆护壁钻孔桩

estaca (tipo) Franki franki pile, bulb pile 夯扩桩，锤击沉管灌注桩

estaca flutuante floating pile 浮桩

estaca-guia guide pile 导桩；定位桩

estaca helicoidal screw pile 螺旋桩

estaca inclinada batter pile 斜桩

estaca injectada injected grout pile 灌注桩

estaca inteira entire stake 整桩

estaca intermediária intermediate stake 加点桩

estaca metálica metallic pile 金属桩

estacas mistas composite piles 复合桩

estaca moldada in loco com tubo de revestimento driven cast-in-place pile 沉管灌注桩

estaca moldada in loco escavada mecanicamente mechanical cast-in-place pile 机械钻孔灌注桩

estaca moldada no solo cast-in-site pile, cast-in-place pile 灌注桩

estaca oca hollow pile 空心桩

estaca-prancha (/pirulito) sheet pile 板桩

estaca pré-moldada pre-cast pile 预制桩

estaca prensada pressed pile, jacked pile 静压桩

estaca-raiz root pile 树根桩

estaca-rosca screw pile 螺纹桩

estaca secante secant pile 咬合桩

estaca sem revestimento cast-in-situ bored pile 钻孔灌注桩

estaca Strauss benoto pile, Benoto cast-in-place pile 全套管灌注桩

estaca-testemunha basic stake 标桩

estaca topográfica grade stake, stake 水平点标桩；坡度标桩

estaca tubular pipe pile 管桩

estaca tubular de aço steel tube pile 钢管桩

estaca zero starting point, zero end 起点桩（位），o 号桩（位）

estacada s.f. pilework 桩结构，打桩工程

estação s.f. ❶ station 车站 ❷ season 季节 ❸ 1. station; stand; center 站点，工作站 2. plant 工厂，厂房 3. station 广播电台；电视台

estação aeronáutica aeronautical station 航空电台

estação automática automatic station 自动工作站，无人值守工作站

estação baixa off-season 淡季

estação-base base station 基站

estação central de registro central recording station 中心记录站

estação chuvosa rainy season 雨季

estação climatológica de referência climatological reference station 基准气候站

estação colectora collecting station,

gathering station 采集站；集油站

estação compacta de reuso de água (ERA Compacta) compact water recycling plant 小型回用水处理厂

estação compacta de tratamento de água (ETA Compacta) compact water treatment plant 小型水处理厂

estação compacta de tratamento de efluentes (ETE Compacta) compact effluent treatment plant 小型废水处理厂

estação compacta de tratamento de esgoto e efluentes compact sewage and effluent treatment plant 小型污水废水处理厂

estação das águas ⇨ estação chuvosa

estação de alarme de incêndio manual manual fire alarm station 手动消防报警站

estação de amplificação booster station 升压站

estação de armazenamento de petróleo crude oil tank farm 原油罐区

estação de arranjos array station 组合观测站

estação de base base station 基站

estação de base de comunicações communication base station 通信基站

estação de bombagem (/bombas) pumping station, pumping plant 泵站，抽水站，抽水厂

estação de bombagem e compressão booster pumping station 增压抽水站

estação de bombagem intermediária booster [葡] 增压站

estação de captação de água water pumping station 抽水站

estação de captação de água do mar salt water pumping station 海水抽水站

estação de carga booster [巴] 增压站

estação de carga de baterias de aviação aircraft battery charging station 航空蓄电池充电站

estação de cerveja beer station 啤酒机，啤酒台

estação de chamada paging station 寻呼台

estação de comando command station 指挥站，中控操作站

estação de comboio railway station 火

车站

estação de compressores compressor station 压缩机站，压缩泵站，压气站

estação de controlo control station 控制站

estação de conversão converting station 整流站，变流站

estação de coquetéis cocktail station 鸡尾酒机

estação de crescimento growing season 生长季节

estação de dessoldagem desoldering pump 吸锡泵

estação de destino destination station 目的站

estação de emissão ⇨ estação emissora

estação de emulsionamento emulsion pump station 乳化液泵站

estação de energia solar solar power station 太阳能电站

estação de geofones geophone station 检波站

estação de instrumento instrument station 测站

estação do metro subway station 地铁站

estação de monitorização monitoring station 监测站

estação de nivelamento benchmark station 基准站

estação de observação survey station 测站

estação do operador operator station 操作台，操作站

estação de piscicultura fish hatchery 鱼苗孵化场

estação de rádio do controle de aeródromo aerodrome control radio station 机场管制无线电台

estação de radiodifusão broadcasting station 广播站

estação de recepção detector station, receiving station 探测站，接收站

estação de reforço booster station 升压站

estação de refrigeração central central refrigeration plant 中心制冷站

estação de repetição relay station 中继站

estação de reuso de água (ERA) water recycling plant 回用水处理厂

estação de serviço service station 服务站；加油站

estação de trabalho workstation 工作站

estação de trabalho tipo ilha partition workstation （多人位的）屏风隔断办公室

estação de transferência transfer station 换乘站；转运站

estação de transferência de lixos (ETL) refuse transfer station 垃圾转运站

estação de transformação de electricidade transformer station 变电站

estação de transmissão ❶ transmitting station 传输站 ❷ broadcast station 广播站

estação de tratamento de água (ETA) water treatment plant 水处理厂，净水厂

estação de tratamento de água de processamento (ETAP) process waste water treatment plant 工艺废水处理厂

estação de tratamento de água residual (ETAR) sewage treatment plant 污水处理厂，污水处理站

estação de tratamento de despejos industriais (ETDI) wastewater treatment plant 工业废水处理厂

estação de tratamento de efluentes effluent treatment station 废水处理厂

estação de tratamento de esgoto (ETE) sewage treatment plant 污水处理厂

estação de tratamento de resíduos sólidos urbanos (ETRSU) solid urban waste treatment plant 城市固体废弃物处理厂

estação de up-link up-link station 卫星地面站

estação de válvula de redução de pressão pressure reducing valve station 减压阀站

estação destruidora destructor station 垃圾电站

estação ecológica ecological station 生态站

estação elevada elevated station 高架站

estação elevatória (EE) lift station 提升泵站；（污水）升液站；二次泵房

estação elevatória da água bruta (EEAB) raw water lift station 原水提升

泵站

estação emissora broadcasting station 发射站，电台

estação excêntrica eccentric station 偏心站

estação ferroviária railway station, railroad station 火车站

estação final terminus 总站

estação fixa de emulsionamento fixed emulsification station 固定式乳化机

estação fluviométrica stream gauging station, flow gauging station 流量测量站，水文站

estação geradora generating station 发电站

estação hidrométrica hydrometric station 水文观测站

estação intermédia intermediate station 中间站

estação inversora inverter station 换流站，逆变站

estação-mestre master station 主站

estação meteorológica weather station 气象观测站

estação meteorológica automática automatic weather station 自动气象站

estação meteorológica de superfície surface weather station 地面气象站

estação móvel de emulsionamento movable emulsification station 移动式乳化机

estação padrão master station; standard station 基准站；标准站

estação pluvial ⇨ estação chuvosa

estação pluviométrica rain gauge station, rain gauging station 雨量站，雨量观测站

estação principal master station 主站

estação retificadora rectifier station 整流站

estação retransmissora retransmitter station 中继站

estação rodoviária bus station 公交车站

estação satélite satellite station 卫星站

estação seca dry season 旱季

estação subterrânea underground station 地铁站

estação suplementar supplementary station 补充测站

estação térmica thermal station 热电站

estação terrestre Earth station 地面站

estação terrestre de aeronave aircraft earth station 航空器地球站

estação topográfica topographic station 地形测站

estação total total station 全站仪

estação trigonométrica trigonometrical station 三角测量站

estacaria *s.f.* pilework [集] 桩，打桩工程

estacionamento *s.m.* ❶ parking 停车 ❷ parking lot, parking space 停车场

estacionamento de intercâmbio park and ride 停车换乘；停车换乘区

estacionamento em marcha atrás reverse stall parking 倒车入库

estacionamento pago pay parking 收费停车场

estacionamento paralelo parallel parking 侧方停车

estacionamento proibido no parking 禁止停车

estacionamento rotativo short-term parking 临时停车，短时间停车

estacionar *v.tr.,intr.* (to) stop, (to) park 停车

estacionário ❶ *adj.* stationary 定置式（的）；静止的 ❷ *adj.2g.* steady 稳定的

estadia *s.f.* stay, accommodation 停留，住宿

estadia média average stay 平均停留时间

estadia no terminal stay at the terminal 停站时间

estádia *s.f.* stadia 视距仪

estádio *s.m.* ❶ stadium 体育场 ❷ stage 阶段，时期 ❸ stadium 斯塔德（古罗马长度单位，合八分之一罗马里，即 185 米。在古埃及、古希腊等单位制中亦存在，长度合 177—210 米不等）

estadiómetro/estadiômetro *s.m.* stadiometer 测距仪

estado *s.m.* ❶ state, status 状态 ❷ state 国家；州

estado bruto de forjamento as-forged state 锻压状态

estado bruto de fusão as-cast state 铸态

estado constante constant state 定常态，恒定状态

estado crítico critical state 临界状态

estado da arte state of the art 技术发展最新水平

estado de carga loading condition 荷载状况

estado de elétron electron state 电子态

estado de equilíbrio elástico state of elastic equilibrium 弹性平衡状态

estado de equilíbrio plástico state of plastic equilibrium 塑性平衡状态

estado de equilíbrio plástico activo active state of plastic equilibrium 主动塑性平衡状态

estado de equilíbrio plástico passivo passive state of plastic equilibrium 被动塑性平衡状态

estado de funcionamento do sistema operational status of the system 系统运行状态

estado de repouso do sistema sleeping status of the system 系统休眠状态

estado de vigília stand-by 待机状态

estado endurecido hardened state（水泥、砂浆等）硬化状态

estado estacionário steady state 稳态，稳定状态

estado excitado excited state 激发态

estado fresco fresh state（水泥、砂浆等）新拌状态

estado fundamental ground state 基态

estado gasoso gaseous form 气态

estado limite limit state 极限状态

estado limite de deformação excessiva condition of excessive deformation 过量变形的极限状态

estado limite de fissuração inaceitável condition of excessive cracking 过量开裂的极限状态

estado limite de formação de fissuras condition of cracking 开裂的极限状态

estado limite de utilização serviceability limit state 正常使用极限状态

estado limite último ultimate limit state 极限状态

estado limite último de encurvadura buckling ultimate limit state 挫曲的承载能力极限状态

estado limite último de uma estrutura ultimate limit state of structure 结构的极限状态

estado líquido liquid state 液态

estado-membro member state 成员国

estado operativo operating status 运营状态

estado ordenado ordered state 有序状态

estado sólido solid state 固态

estado transiente (/transitório) transient state 瞬态

estado vítreo vitreous state 玻璃态

estadual *adj.2g.* state, federal 州的

estadunidense *adj.2g.,s.2g.* american 美国的；美国人

estafe *s.m.* ❶ staff 全体人员 ❷ fibrous gypsum plaster 纤维灰泥

estafeta *s.2g.* courier 通信员；快递员

estagflação *s.f.* stagflation 滞胀

estagiário *s.m.* probationer, trainee 实习生

estágio *s.m.* ❶ internship, traineeship 实习，受训 ❷ stage 阶段；段

estágio A/estágio B/estágio C A-stage/B-stage/C-stage（热固性树脂的）甲阶段/乙阶段/丙阶段

estágio de alta pressão high pressure stage 高压级，高压段

estágio de baixa pressão low pressure stage 低压级，低压段

estágio de bomba pump stage 泵级

estágio de pressão intermediária intermediate pressure stage 中压级，中压段

estai *s.m.* guy, stay 牵索，支索，拉索

estaiado *adj.* guyed 用牵索加固的

estaiamento *s.m.* staying, guying, bracing 用支索稳定、加固

estaiamento diagonal diagonal bracing 对角支撑

estaiamento em X X-bracing 交叉支撑

estaiamento excêntrico eccentric bracing 偏心交叉支撑

estaiamento lateral lateral bracing 横向支撑

estalactite *s.f.* stalactite 钟乳石

estalactite de gelo needle ice 针状冰

estalactite siliciosa silicious sinter 硅华

estalactite tubular straw stalactite, straw 管状钟乳石

estalagmite *s.f.* stalagmite 石笋

estalagmite de lama mud stalagmite 泥石笋

estaleiro *s.m.* ❶ building yard 营地，基地 ❷ shipyard 船厂

estaleiro de empreiteiro contractor yard 承包商营地

estaleiro de solda weld plant 焊接厂，焊接车间

estaleiro de tubos lay-down rack for pipe 排放管架

estaleiro naval shipyard 船厂

estampador *s.m.* printer, stamper, blanking press 打印机，压模，冲压机

estampador de chumbo lead impression block 铅印

estampador de rebites riveter 铆钉枪

estampagem *s.f.* stamping, blanking 冲压，冲裁

estampagem a frio cold blanking 冷冲裁

estampagem a quente hot-press stamping 热冲压

estampagem a quente de precisão precision drop forging 精密模锻

estampagem em relevo relief embossing 压凸

estampagem entre moldes a quente drop stamping 锤模锻

estamparia *s.f.* printing factory, stamping factory 印刷厂，冲压厂

estamparia a frio cold stamping 冷冲压

estampo *s.m.* stamping, blanking 冲压，冲裁 ⇨ estampagem

estampo de frisar crimping die 压模

estancação *s.f.* stagnation, stopping （使）停滞，（使）不流动

estancamento *s.m.* ❶ stagnation, stopping （使）停滞，（使）不流动 ❷ sealing, filling 堵，填

estancamento de ravinas filling of gullies 冲沟填堵

estância *s.f.* stock yard; timber yard 堆料场；木料场

estandardização *s.f.* standardization 标准化；规格化

estandardizar *v.tr.* (to) standardize （使）标准化

estanhagem *s.f.* tinning 包锡，涂锡，镀锡

estanhar *v.tr.* (to) tin 包锡，涂锡，镀锡

estanho (Sn) *s.m.* tin (Sn) 锡；白铁

estanho-de-madeira wood tin 纤锡矿；木锡矿

estanho em folhas tin-foil 锡箔

estanina *s.f.* stannine 黄锡矿

estanite *s.f.* stannite 黄锡矿

estanque *adj.2g.* watertight 水密的，防水的

estanque ao gás gas-tight 气密；不透气

estanqueidade/estanquidade *s.f.* ❶ tightness, watertightness 密封度，水密性 ❷ seal, sealing 密封

estanqueidade à pressão pressure tightness 气密性

estanqueidade do reservatório reservoir watertightness 蓄水池水密性

estanqueidade electromagnética electromagnetic seal 电磁屏蔽密封

estanqueidade em labirinto labyrinth sealing 迷宫式密封

estanqueidade hidráulica fluid seal, hydraulic packing 液压填густном，液体密封

estanqueidade por viscosidade viscosity seal 黏性密封

estanqueidade sem contacto contactless seal, non-contact seal 非接触式密封

estante *s.f.* bookshelf 书架

estante desmontável sectional bookcase 组合式书架

estante dupla double overshelf 双层书架

estante modular modular bookshelf 模块化书架

estante para tubo de ensaio test tube stand 试管架

estaqueamento *s.m.* setting out, picketing, stationing 放样；标杆；布点

estarlite *s.f.* starlite 蓝锆石

estatal *adj.2g.* state; state-owned 国家的；国有的

estáter *s.m.* stater 斯塔特（古希腊货币及重量单位，合 2 德拉克马 dracma。亦在其他多种单位制中使用，指代重量不尽相同）

Estatérico *adj.,s.m.* Statherian; Statherian

Period; Statherian System [葡] （地质年代）固结纪（的）；固结系（的）

estática *s.f.* statics 静力学

estática de campo field statics 野外静校正，地形静校正

estática dos fluidos statics of fluids 流体静力学

estática de refração refraction statics 折射静态修正法

estático *adj.* static 静态的，静止的；静力的

estatística *s.f.* statistics 统计学；统计；统计资料

estatística de trânsito traffic survey 交通调查

estatístico *adj.* statistic 统计的

estator *s.m.* stator 定子

estator de turbina turbine stator 涡轮定子

estatoscópio *s.m.* statoscope 微动气压计

estátua *s.f.* statue 雕塑

estatuária *s.f.* statuary 雕塑艺术；[集] 雕塑

estatueta *s.f.* statuette 小雕像

estatuto *s.m.* ❶ statue 章程；规章 ❷ status 身份；资格

estatuto social (/de sociedade) articles of association （股份有限公司的）公司章程；机构章程

estaurolite *s.f.* staurolite 十字石

estável *adj.2g.* ❶ stable 稳定的 ❷ stable, massive （岩石）牢固的

este ❶ *s.m.* (E) east (E) 东方，东部 ❷ *adj.2g.* eastern 东方的，东部的

esteatite *s.f.* steatite, soapstone 滑石；皂石

estefanite *s.f.* stephanite 脆银矿

esteio *s.m.* prop, strut 支杆，支柱；抗压材

esteio central do elo link strut 连杆支柱

esteio de atrito friction prop 摩擦支柱

esteio da base lower prop member 基柱

esteio de carroceria basculante dump body prop 翻斗撑杆

esteio de madeira wood prop 木支柱

esteio de parede wall stud 墙体立柱

esteio de reforço reinforcing prop, reinforcing post 增强支柱，加力支柱

esteio de telha tile tie 系瓦绳

esteio dinamométrico dynamometer prop 支柱测力计

esteio portante bearer, support pillar 托架，支撑支柱

esteio rígido extensível rigid extensible prop 可伸缩刚性支柱

esteio tubular tubular prop 管支柱

esteira *s.f.* ❶ 1. track [葡] 履带 ⇨ **lagarta** 2. track chain 履带链 ❷ 1. conveyer belt 传送带 2. band conveyor 带式输送机 ❸ roof framework [集] 屋顶构架 ❹ foot 帆底缘 ❺ service creeper 修车躺板 ❻ mat 草编织物，席子；垫子

esteira apertada tight track 张紧的履带

esteira carregadora belt loader 带式装载机

esteira com encosto service creeper with headrest 带头枕的修车躺板

esteira de aço welded-wire fabric 焊接钢丝网

esteira de aço embutida steel embedded track 内嵌钢的履带

esteira de bagagem luggage conveyor 行李传送带

esteira de correr (/ergométrica) treadmill 跑步机

esteira de drenagem drainage mat 排水垫

esteira de proteção mattress 沉排，柴垫

esteira de vela foot 帆底缘

esteira frouxa loose track 松弛的履带

esteira rolante conveyor belt 输送带

esteira tensa ⇨ **esteira apertada**

esteira transportadora conveyor 输送带

esteira vedada e lubrificada sealed and lubricated track 密封和润滑的履带

estela *s.f.* stele 石碑，石柱，匾额

estelarite *s.f.* stellarite 星状沥青煤

estelita *s.f.* stellite 钨铬钴合金

estêncil *s.m.* stencil 漏印板；镂花模版

estendal *s.m.* clothesline; drying place 晒衣绳；（衣服）晾晒场；（阳台外的）晾衣架

estendedor *s.m.* extender 增量剂，增效剂

estendedouro *s.m.* drying place （衣服）晾晒场

estender *v.tr.* (to) extend, (to) expand 延伸，伸长，扩展

estendido ❶ *adj.* extended 拉开的，展开的；扩展的；延长的 ❷ *s.m.* pullout 拉页（地图、图表等）

Esténico *adj.,s.m.* Stenian; Stenian Period; Stenian System [葡] （ 地质年代 ）狭带纪 （的）；狭带系（的）

estepe ❶ *s.f.* steppe （尤指无树木的）干平原 ❷ *s.m.* spare tire, stepney [巴] 备用轮胎，备胎

éster *s.m.* ester 脂
　　éster orgânico organic ester 有机酯

esterano *s.m.* sterane 甾烷

esterçamento *s.m.* steer 转向
　　esterçamento coordenado coordinated steer 组合转向
　　esterçamento por torque torque steer 扭力转向
　　esterçamento somente para frente front steer only 仅前履带转向
　　esterçamento transversal crab steer 蟹行转向
　　esterçamento traseiro somente rear steer only 仅后履带转向

esterco *s.m.* manure 肥料；粪肥

estere *s.m.* stere 木材体积单位，合 1 立方米

esterelito *s.m.* esterellite 英微闪长岩；英闪玢岩

estéreo *s.m.* stereo 立体声

estereóbata *s.m.* stereobate 墙基；台基

estereocomparador *s.m.* stereocomparator 立体坐标量测仪；视比较仪

estereofotografia *s.f.* stereophotography 立体摄影术

estereofotogrametria *s.f.* stereophoto-grammetry 立体摄影测量术

estereofotogramétrico *adj.* stereophoto-grammetric 立体摄影测量的

estereografia *s.f.* stereography 立体平画法，立体摄影术

estereográfico *adj.* stereographic 立体画法的，立体照相的，平射投影的

estereograma *s.m.* stereogram 立体图

estereomecânica *s.f.* stereomechanics 三维刚体碰撞动力学

estereometria *s.f.* ❶ stereometry 立体几何 ❷ stereometry 体积测定

estereopar *s.m.* stereopair 立体照片对

estereoquímica *s.f.* stereochemistry 立体化学

estereorradiano *s.m.* stereoradian 立体弧度

estereoscopia *s.f.* stereoscopy 体视学，立体观测

estereoscópico *adj.* stereoscopic 立体的；体视的

estereotomia *s.f.* stereotomy 建筑材料切割术

esterificação *s.f.* esterification 酯化

esterificar *v.tr.* (to) esterify （使）酯化

estéril ❶ *adj.2g.* barren, infertile （土地）贫瘠的 ❷ *adj.2g.* sterile 无菌的 ❸ *s.m.* 1. dirt 污物 2. refuse, dirt 废物，垃圾 ❹ *s.m.* gangue, matrix, tailings 脉石；尾矿；矿物杂质 ❺ *s.m.* overburden 盖岩（土）层

esterilização *s.f.* sterilization 杀菌，消毒
　　esterilização p/ ultravioleta ultraviolet sterilizer 紫外线杀菌

esterilizador *s.m.* ❶ sterilizer 清毒器；杀菌器 ❷ disinfection cabinet 消毒柜
　　esterilizador a vapor steam sterilizer 蒸汽灭菌器
　　esterilizador de água water sterilizer 水消毒器
　　esterilizador de microondas microwave sterilizer 微波杀菌机

esterilizar *v.tr.* (to) sterilize 杀菌，消毒

esteróide *s.m.* steroid 类固醇，甾族化合物

esterol *s.m.* sterol 甾醇；固醇

esterqueira *s.f.* dunghill 粪堆，堆肥

esterradiano (sr) *s.m.* steradian (sr) 球面度

estética *s.f.* aesthetics 美学

estetoscópio *s.m.* stethoscope 听诊器

estiagem *s.f.* ❶ periods of drought 旱季，枯水季 ❷ drought 干旱 ❸ low water, low flow 低水位，枯水季水位

estibarsénio *s.m.* stibarsen 砷锑矿

estibina *s.f.* ❶ stibine 锑化氢 ❷ stibine, stibnite 辉锑矿

estibnite *s.f.* stibnite 辉锑矿

estibordo *s.m.* starboard 右舷

esticador *s.m.* ❶ turnbuckle, stretcher 松紧螺丝扣，拉紧螺栓，花篮螺丝 ❷ 1. tightener 紧线器 2. stretcher, spreader 拉伸机，拉紧器
　　esticador de correia belt stretcher 紧带器，皮带张紧器
　　esticador de corrente chain tensioner 紧链器，链条张紧装置

esticamento *s.m.* stretch 拉紧；拉伸；拉长（金属等）

esticar *v.tr.* (to) stretch 拉紧；拉伸；拉长

estilbite *s.f.* stilbite 辉沸石

estilete *s.m.* ❶ craft knife 工具刀，美工刀 ❷ stylus 手写笔 ❸ dowel 定位销

estilha *s.f.* chips（木）刨花，碎屑

estilhaçamento *s.m.* shattering 破碎，震裂

estilhaçar *v.tr.* (to) shatter 破碎，震裂

estilhaço *s.m.* splinter, chip 碎片

estilo *s.m.* style 风格，式样

estilo arquitectónico architectural style 建筑形式，建筑风格

estilo estrutural structural style 结构形式

estilo macho-fêmea male and female style 公母扣式

estilóbata/estilóbato *s.m.* stylobate 柱座，柱列台座

estilolítico *adj.* stylolitic 缝合的

estilólito *s.m.* stylolite 缝合岩面

estima *s.f.* track calculating 航迹计算法

estimar *v.tr.* (to) estimate, (to) evaluate 估算，估计，估量

estimativa *s.f.* estimation 估算，估计，估量

estimativa de custo cost estimate 成本估算

estimativa de tráfego (/trânsito) traffic estimation 交通预测

estimativa no término estimate at completion (EAC) 完工估算

estimativa orçamental budget estimate 概算；预算

estimativa orçamentária (para concorrência) priced bill of quantities 工程量清单报价；工程概算表

estimativa para o término estimate to complete (ETC) 完工尚需估算

estimativa paramétrica de custo parametric costs estimating 参数化成本估算

estimativa preliminar preliminary estimate 初步概算

estimulação *s.f.* stimulation 刺激；激励；增产措施

estimulação ácida acid stimulation 酸化增产

estimulação do poço well stimulation（油、气）井的增产

estiolamento *s.m.* etiolation 植物黄化

estiolar *v.tr.,intr.,pron.* (to) etiolate（植物）黄化

estípite *s.f.* estipite 呈倒置方尖碑形状、上粗下细的柱子

estipito *s.m.* stipite 富含黄铁矿瘦煤

estilpnomelano *s.m.* stilpnomelane 黑硬绿泥石

estirador *s.m.* drawing-board, drafting table 绘图桌，制图桌

estiragem *s.f.* stretch, drawing 拉伸，拉长，拉丝

estiragem e secagem toggling and drying 绷板烘干

estiramento *s.m.* ❶ stretch, drawing 拉伸，拉长，拉丝 ❷ thinning（地层、煤层等）变薄

estiramento do parafuso bolt stretch 螺栓伸长

estiramento do pulso pulse stretching 脉冲展宽；脉冲拖尾

estirar *v.tr.* (to) stretch, (to) draw 拉伸，拉长

estirâncio *s.m.* littoral zone 潮汐带

estivador *s.m.* docker, stevedore 码头搬运工

estocagem *s.f.* storage 存储

estocagem de poço wellbore storage 井筒储存；续流

estocástico *adj.* stochastic 随机的

estofador *s.m.* upholsterer 家具装饰用品商；室内装潢商

estofamento *s.m.* ❶ upholstering 室内装潢，为（房间）装设地毯、帘幕等 ❷ upholstery（车辆）内饰，内饰覆盖物 ❸ cushion 垫子；缓冲装置

estofamento em couro upholstery, leather 皮内饰

estofar *v.tr.* (to) upholster 室内装潢，为（房间）装设地毯、帘幕等

estofo *s.m.* ❶ 1. upholstery 家具装饰材料；帷帘织物 2. upholstery 内饰，内饰覆盖物 ❷ padding 填料；垫料

estojo *s.m.* ❶ kit 盒；工具盒；工具套装 ❷ cartridge（机器或装置中可替换的）盒、容器、套筒等 ❸ shroud 护罩

estojo pronto socorro first aid box 急救箱

estol *s.m.* stall 汽车熄火；飞机失速

estol com potência power stall 动力失速

estol de badalo tail slide 尾冲

estol do compressor compressor stall 压缩机失速

estol de golpe do martelo hammer stall 直升失速翻转

estol de vórtice vortex ring state 涡环状态

estolagem *s.f.* ⇨ estol

estolar *v.tr.,intr.* (to) stall 汽车熄火；飞机失速

estômago *s.m.* ❶ inwardly curved face of mouldboard 推土板曲面部位 ❷ plowbreast 犁胸

estonadeira *s.f.* peeler, peeling machine （农用）去皮机

estopeiro *s.m.* mop, pitch mop 沥青刷子

estopim *s.m.* fuse 导火线，导火索，导爆线

estoque *s.m.* stock 库存

　estoques reguladores intervention stocks 缓冲库存；调节库存

estore *s.m.* roller blind; roller shutter (door) 卷轴遮帘；卷闸（门）

estore corta-fogo fire roller shutter 消防卷闸

estores venezianos venetian blinds 活动遮光帘

estouca *s.f.* flying shore 横撑，飞撑

estouro *s.m.* tyre explosion; pipeline burst 爆胎；管道爆裂

estrada *s.f.* road, highway 公路，道路

estrada agrícola agricultural road 农用路，农场路

estrada alternativa alternative road 替代道路

estrada asfaltada asphalted road 柏油路

estrada bloqueada free-way 高速公路

estrada carroçável primitive road 天然土路

estrada colectora local local distributor road 地方干路

estrada com pedágio toll road 收费公路

estrada com prioridade major road 主干路

estrada corrugada (/com costelas) bumped road 搓板路

estrada de acesso access road 进路

estrada de baixo custo low cost road 低成本道路

estrada de contorno belt highway 环形公路，环行公路

estrada de derivação relief road 辅助路

estrada de duplo sentido two-way road 双向道路

estrada de ferro railroad 铁路

estrada de passagem directa through road 直通道路

estrada de pista dupla dual two-lane carriageway 双线分隔车道

estrada de pista única single two lane carriageway 双线不分隔车道

estrada de rodagem highway 公路

estrada de sentido único one-way road 单行道

estrada de serviço service road 便道；辅助道路

estrada de terra earth road 土路

estrada em caixão (/vala) sunken road 路堑式道路

estrada em dois andares double deck road 双层道路

estrada em região montanhosa mountain road 山路

estrada empedrada metalled road 碎石铺面的道路

estrada encascalhada gravel road 碎石路

estrada florestal forest road 林道

estrada industrial industrial road 工业路

estrada litoral coast road 海滨大道

estrada local local road 地方道路

estrada macadamizada macadamized road, metalled road 碎石铺路

estrada molhada wet road 潮湿路面

estrada nacional national road 国道

estrada não pavimentada unpaved road 未铺砌的道路

estrada panorâmica scenic route 观光大道

estrada para veículos motorizados motorway 汽车道

estrada pavimentada paved road 铺面道路

estrada permanente all-weather road 全天候道路

estrada pioneira pioneer road （道路、桥梁工程的）施工便道

estrada pouco trafegada low traffic road 低交通量道路

estrada principal trunk road, major road, major highway 干路，主干道

estrada rebaixada sunken road, depressed road 路堑式道路

estrada rural rural road, farm road 乡村道路

estrada secundária secondary road 二级道路

estrada sobre a barragem roadway of dam 坝顶公路

estrada sobre dique causeway 堤道

estrada subsidiária minor road 次要道路；次级道路

estrada-tronco arterial highway, trunk highway 干线公路

estrada turística tourist road, scenic route 旅游道路，景观大道

estrada urbana urban road 城市道路

estrada vicinal service road 辅助道路

estradal adj.2g. (of) road 道路的

estrado s.m. ❶ platform 平台；地台；（教室的）讲台 ❷ pallet 托盘，货板 ❸ skid (for shipping or loading materials) 滑道，滑动垫木

estrado de carga e descarga platform for loading & unloading 装卸平台

estrado de ponte bridge deck 桥面

estragado adj. broken 损坏的，毁坏的

estragar v.tr.,pron. (to) damage, (to) break 毁坏，破坏

estrangulador s.m. throttle, strangler, choke 节流阀，节气阀，扼流装置

estrangulador de fundo bottom hole choke 井底油嘴

estrangulador difusor Venturi throat 文丘里喉管

estrangulamento s.m. necking 收缩；变窄

estrangulamento do fuste pile necking （桩基础）桩身缩径

estrangular v.tr.,intr.,pron. (to) neck, (to) straiten 收缩；变窄

estrão s.m. strand 海滨，海滩

estratégia s.f. strategy 战略，策略

estratégia de controlo control strategy 控制策略

estratégia de desenvolvimento development strategy 发展战略

estratículo s.m. straticule 纹层；薄层

estratificação s.f. stratification 层理；成层

estratificação concordante conformable strata 整合岩层

estratificação convoluta convolute bedding 旋卷层理，旋绕层理

estratificação corrugada crinkled bedding 旋卷层理

estratificação cruzada ⇨ estratificação entrecruzada

estratificação do conjunto de lâminas frontais foreset bedding 前积层理

estratificação de maré tidal bedding 潮流层理；潮汐层理

estratificação de velocidade velocity layering 速度（分）层

estratificação deltática delta bedding 三角洲层理

estratificação directa direct stratification 原生层理

estratificação discordante discordant bedding 不整合层理

estratificação entrecruzada cross stratification, cross bedding 交错层理

estratificação entrecruzada acanalada crescent-type cross-bedding 槽状交错层理

estratificação entrecruzada composta compound cross-stratification 复合交错层理

estratificação entrecruzada côncava concave cross-bedding 凹面交错层理

estratificação entrecruzada convexa convex cross-bedding 凸面交错层理

estratificação entrecruzada de baixo ângulo low-angle cross-bedding 缓角交错层理

estratificação entrecruzada em chevron chevron cross-bedding 人字形交错层理

estratificação entrecruzada epsilon epsilon cross-bedding 侧积交错层理

estratificação entrecruzada hummocky hummocky cross-stratification 丘状交错层理

estratificação entrecruzada planar

planar cross-bedding 平面交错层

estratificação entrecruzada tabular composta compound foreset bedding 复成前积层理

estratificação escalonada graded bedding 粒级层理

estratificação falsa false stratification, false bedding 假层理

estratificação indistinta slurried bed, slurry bedding 淤泥层理

estratificação inversa inverse stratification 颠倒成层

estratificação oblíqua oblique stratification 斜层理

estratificação ondulada wavy bedding 波状层理

estratificação paralela parallel stratification 平行层理

estratificação por densidade density stratification 密度分层, 密度差异分层

estratificação simétrica symmetrical bedding 对称层理

estratificação térmica thermal stratification 热成层

estratificado *adj.* stratified, bedded 成层的; 层状的

estratiforme *adj.2g.* stratiform 层状的

estratigrafia *s.f.* stratigraphy 地层学; 地层中的岩石组成

estratigrafia arqueológica archaeological stratigraphy 考古地层学 ⇨ etnostratigrafia

estratigrafia de sequências sequence stratigraphy 层序地层学

estratigrafia química chemostratigraphy 化学地层学

estratigrafia sísmica seismic stratigraphy, seismostratigraphy 地震地层学

estratigráfico *adj.* stratigraphic 地层的

estrato *s.m.* ❶ stratum 地层 ❷ stratus 层云

estrato crisscross crisscross bedding 交叉层理; 十字形层理

estrato-cúmulo stratocumulus 层积云

estrato de areia sand-bed 沙层

estrato de passagem passage bed 过渡层

estrato de referência peak zone 高峰带

estrato geológico geological stratum 地质地层

estrato impermeável impermeable stratum 不透水层

estrato inferior lower layer 底层

estrato jurássico Jurassic stratum 侏罗纪地层

estrato terciário tertiary stratum 第三系地层

estrato-tipo composto composite stratotype 复合层型

estratómero *s.m.* stratomere 地层段

estratopausa *s.f.* stratopause 平流层顶

estratoscópio *s.m.* stratoscope 地层检查仪

estratosfera *s.f.* stratosphere 平流层, 同温层

estratotipo *s.m.* stratotype 层型

estratótipo de fronteira boundary stratotype 界线层型

estratovulcão *s.m.* stratovolcano 成层火山

estrebaria *s.f.* stable 厩, 马厩

estreitamento *s.m.* narrowing, straitening 收窄, 收紧

estreitar *v.tr.,intr.,pron.* (to) narrow, (to) straiten 收窄, 收紧

estreito ❶ *adj.* narrow 窄的 ❷ *s.m.* strait 海峡

estrela *s.f.* ❶ star 恒星 ❷ 1. star 星状物 2. star; spider 星形轮; 星形臂; 辐; 支架

estrela cadente shooting star 流星

estrela de centragem centering spider 定心支片

estrela do cubo wheel spider 轮辐条盘

estrela de facas cutter wheel 旋耕刀; 旋耕机刀片与刀盘组成的星形轮

estreladeira *s.f.* frying pan 煎蛋锅

estrema *s.m.* landmark; line of demarcation 地标, 地界标志

estreme *s.f.* single cropping 单一种植

estreptococo *s.m.* streptococcus 链球菌

estreptococos fecais (EF) fecal streptococci (FS) 粪链球菌（FS）

estria *s.f.* stria, groove 线痕, 条纹, 细沟; 柱身凹槽; 柱身凸筋

estria de falha fault striae 断层擦痕

estria evolvente involute spline 渐开线花键

estria glaciária glacial stria, glacial striation 冰川擦痕

estriado *adj.* striated 有条纹的，有条痕的，有线纹的

estriamento *s.m.* ❶ fluting 柱槽 ❷ striation 条痕，擦痕

estriar *v.tr.* (to) striate, (to) groove 刻条纹，开槽

estribeira *s.f.* footboard, running board, rocker panel （车辆）踏足板

estribo *s.m.* ❶ binder, stirrup, hoop 镫筋，箍筋 ❷ 1. stirrup, clamp 夹具，钳具 2. U-bolt U 形卡子 ❸ 1. footboard, running board, rocker panel （车辆）踏足板 2. boarding step 登机梯

estribo basculante folding step 折叠式登车阶梯，折叠式踏板

estribo de trava clamping bracket 夹紧支架

estricção *s.f.* striction 紧缩，收缩

estripagem *s.f.* strip 气提；气体剥离

estripagem por gás gas stripping （用天然气）气提

estroboscópio *s.m.* stroboscope 频闪仪

estrogéneos *s.m.pl.* estrogen 雌激素

estromatólito *s.m.* stromatolite 叠层石

estromatólito algáceo algal stromatolite 藻叠层石

estronca *s.f.* prop, stay, strut （墙壁、坑道里使用的抗压）支柱，坑木

estroncamento *s.m.* strutting 支撑物

estroncianite *s.f.* strontianite 菱锶矿

estrôncio (Sr) *s.m.* strontium (Sr) 锶

estropo *s.m.* strop, becket 环带，环索

estropo de cabo de aço wire strop 钢套索，钢丝环索

estrumação *s.f.* manuring 施肥

estrumação a bardo fold 围栏放牧施肥

estrumação verde green manuring 种植绿肥；施用绿肥；压青

estrumar *v.tr.* (to) spread manure 施肥

estrume *s.m.* manure 粪肥

estrume artificial artificial manure 人造肥料

estrume curtido matured compost 熟堆肥

estrume frio cold manure 冷性肥料

estrume quente warm manure 热性肥料

estrume semi-líquido semi-liquid ma-

nure 半流体肥料

estrumeira *s.f.* dunghill 粪堆，堆肥

estrutura *s.f.* ❶ structure 结构，构造 ❷ structure, frame 框架 ❸ structure 建筑物；构筑物

estrutura accionista equity structure 股权结构

estrutura adintelada trabeated structure 柱顶横檐梁式结构

estrutura adjacente adjoining structure 毗邻构筑物

estrutura aeroportante (/aerossustentada) air-supported structure 气承结构，充气结构

estrutura algácea algal structure 藻结构

estrutura alveolar honeycomb structure 蜂窝结构

estrutura analítica de projeto (EAP) project breakdown structure, work breakdown structure [巴] 项目分解结构

estrutura ancorada anchored structure 锚固式结构

estrutura anelar ring structure, annular structure 环状结构

estrutura anisodésmica anisodesmic structure （晶体）异键结构

estrutura articulada hinged structure 铰接结构

estrutura atmosférica atmospheric structure 大气结构

estrutura bidireccional bi-directional structure 双向结构

estrutura celular cellular structure 蜂窝状结构，泡孔结构

estrutura centralizada centralized structure 中心化结构（所有主要的轴线都具有相同尺寸的结构）

estrutura cheia ⇨ estrutura estaiada

estrutura colunar columnar structure 柱状结构

estrutura cone-em-cone cone-in-cone structure 叠锥结构

estrutura contrapesos cased frame 箱式框架

estrutura contraventada braced structure 侧撑框架

estrutura cristalina crystal structure 晶

体结构

estrutura de ação superficial surface-active structure 面作用结构（体系）

estrutura de aço ❶ steel structure 钢结构 ❷ steel structure 钢框架

estruturas de aço steel frame 钢框架

estrutura de alumínio aluminum frame 铝合金框架

estrutura de alvenaria masonry structure 砖石建筑物

estrutura de apoio de carga load bearing structure 承载构筑物；荷载支承结构

estrutura de betão concrete structure 混凝土结构；混凝土建造物

estrutura de betão armado reinforced concrete structure 钢筋混凝土结构，钢筋混凝土建筑物

estrutura de betão e alvenaria brick-concrete structure 砖混结构

estrutura de bioturbação bioturbation structure 生物扰动结构

estrutura de cabo duplo double-layer cable structure 双层索结构

estrutura de capital capital structure 资本结构

estrutura de capital próprio equity structure 股权结构

estrutura de carga load structure 负荷铸型

estrutura de colapso collapse structure 塌陷构造

estrutura de coluna column frame 柱架

estrutura de colunas e dintéis post-and-lintel construction ⇨ estrutura de colunas e vigas

estrutura de colunas e vigas post-and-beam construction 梁柱构架，梁柱体系

estrutura de concreto concrete structure 混凝土结构；混凝土建造物

estrutura de concreto armado reinforced concrete structure 钢筋混凝土结构，钢筋混凝土建筑物

estrutura de concreto e alvenaria brick-concrete structure 砖混结构

estrutura de concreto protendido prestressed concrete structure 预应力混凝土结构

estrutura de construção building structure 房屋结构，建筑结构

estrutura de contenção containment building 安全壳厂房

estrutura de corrente current structure 流动结构

estrutura de curvatura dupla double-curvature structure 双曲面结构

estrutura de curvatura única single-curvature structure 单曲面结构

estrutura de custo cost structure 成本结构

estrutura de defeitos defect structure 缺陷构造；缺陷结构

estrutura de detalhamento de projecto project breakdown structure [葡] 项目分解结构

estrutura de entrada headworks 首部工程，渠首工程

estrutura de escorregamento slump structure 滑塌构造，滑移构造

estrutura de forma ativo formactive structure 形态作用结构（体系）

estrutura da grelha grid structure 网架结构

estrutura de laje-parede slab-wall structure 墙板结构

estrutura de nervuras estampadas de alta resistência high strength, pressed rib construction 高强度压筋构造

estrutura de parede de cisalhamento shear wall structure 剪力墙结构

estrutura de pavimentos múltiplos ⇨ estrutura de vários andares

estrutura de pontes bridge construction 桥梁结构

estrutura de rede network structure 网络结构

estrutura de retenção retaining structure, earth retaining structure 护土结构；护土建筑物

estrutura de retenção de terra earth-retaining structure 挡土构筑物；护土结构

estrutura de separação da água limpa skimming wall; scum board 刮渣板

estrutura do solo soil structure 土壤结构

estrutura de suporte bracing structure,

supporting structure 支撑结构

estrutura de tábuas e vigas plank-and-beam frame 厚木板梁框架

estrutura do telhado roof framing 屋顶构架

estrutura de tomada de água water intake structure 取水建筑物；取水口工程

estrutura de transição transition structure 过渡结构

estrutura de tubo modular bundled-tube structure 束筒结构，组合筒结构

estrutura de turbina turbine frame 涡轮框架

estrutura de vão único single span structure 单跨结构

estrutura de vãos múltiplos multi span structure 多跨结构

estrutura de vários andares multi-story frame 多层结构

estrutura de volume ativo bulk-active structure 截面作用结构（体系）

estrutura de Widmanstätten Widmanstätten structure 费德曼组织

estrutura deformacional deformational structure 变形构造

estrutura deltaica delta structure 三角洲构造

estrutura determinada determinate frame 静定刚架

estrutura diadática diadactic structure 级化构造

estrutura direccional directional structure 定向构造；指向构造

estrutura elevada elevated structure 高架结构

estrutura em A A-frame A形骨架；A形构架

estrutura em almofada pillow structure 枕状构造

estrutura em anel ring structure 环状结构

estrutura em balanço cantilever structure 悬臂结构

estrutura em balão balloon framing 轻型框架

estrutura em cabo cable structure 缆索结构；悬索结构

estrutura em caixão box frame 箱形构架

estrutura em chama flame structure 火焰结构

estrutura em cogumelo mushroom construction 蘑菇式结构；无梁板构造

estrutura em flor flower structure 花状构造

estrutura em mosaico mosaic structure 嵌镶结构

estrutura em prato dish structure 碟状构造，盘状构造

estrutura em rabo de cavalo horsetail structure 马尾丝状构造

estrutura em treliça truss structure 桁架结构

estrutura enterolítica enterolithic structure 肠状构造

estrutura escorada propped structure 内撑式结构

estrutura esferoidal spheroidal structure 球状结构

estrutura esferulítica spherulitic structure 球粒结构

estrutura espacial space frame 空间框架

estrutura estaiada braced frame 斜撑框架，支撑框架

estrutura estaiada por cabos cable-stayed structure 斜拉结构

estrutura etária age structure 年龄结构，年龄分布

estrutura eutética eutectic structure 共晶组织

estrutura facóide phacoidal structure 扁豆状结构

estrutura final end frame 端框架

estrutura flaser flaser structure 压扁构造

estrutura flexível flexible frame 弹性构架；柔性构架

estrutura floculada flocculated structure 絮凝结构

estrutura floculante de um solo flocculent structure of a soil （土壤）絮状结构

estrutura fluidal fluidal structure, flow structure 流动构造

estrutura funicular funicular structure 缆索结构

estrutura geológica geological structure

地质构造

estrutura gradeada grid structure 网架结构

estrutura-guia permanente permanent guide structure 永久导向基座

estrutura helicítica helicitic structure 螺纹构造；残缕构造

estrutura heterodésmica heterodesmic structure 杂键结构

estrutura hexagonal compacta hexagonal closed packing 六方密堆积

estrutura hexagonal fechada close-packed hexagonal structure 密排六方结构

estrutura hiperstática hyperstatic structure, indeterminate structure 超静定结构

estrutura homodésmica homodesmic structure 纯键结构

estrutura imbricada imbricated structure 叠瓦状构造

estrutura imperfeita defective structure 有缺陷的结构

estrutura indeterminada indeterminate frame 超静定刚架

estrutura inferior substructure 下部结构

estrutura inflável air-inflated structure 充气式膜结构

estrutura inflável moldada a cabo cable-restrained pneumatic structure 索膜结构，张拉膜结构

estrutura interna da Terra Earth layering 地球分层

estrutura irregular irregular structure 不规则结构

estrutura isostática non redundant structure 静定结构

estrutura lamelar lamellar structure 层状结构，片层结构

estrutura lenticular lenticular structure 透镜状结构

estrutura leve light framing 轻型结构

estrutura linear linear structure 直线结构，线性结构

estrutura metálica steel structure 钢结构

estrutura metálica para edifícios building steel structure 建筑钢结构

estrutura miarolítica miarolitic structure 晶洞结构

estrutura mista composite structure 复合结构

estrutura mista reticulada-parede frame-shear wall structure 框架剪力墙结构，框剪结构

estrutura monocoque monocoque construction 硬壳式结构

estruturas nodulares nodular structures 结核状构造

estrutura orgânica organic structure 生物构造

estrutura organizacional organizational structure 组织结构

estrutura palimpsêstica palimpsest structure 变余构造

estrutura parietal wall bearing structure 承重墙结构

estrutura perfeita perfect structure 完美结构

estrutura perlítica perlitic structure 珠光体结构

estrutura pneumática pneumatic structure 充气式膜结构

estrutura prismática prismatic structure 棱柱状结构

estrutura protectora contra capotagem roll over protection system, roll over protective structure (ROPS) 防滚翻保护系统

estrutura protectora contra queda de objetos (/objetos cadentes) falling object protection system, falling object protective structure (FOPS) 防落物保护系统

estrutura regular regular structure 规则结构；正规结构

estrutura relíquia relict structure 残余构造

estrutura resistente a momento moment-resisting structure 抗弯矩结构

estrutura reticulada ❶ frame structure 框架结构 ❷ grid structure, lattice structure 网格结构

estrutura reticulada conventada braced frame structure 框架支撑结构

estrutura reticulada em tubo framed-tube structure 框筒结构

estruturas reticuladas trianguladas triangular frame 三角框架

estrutura reticular ❶ lattice structure 晶格结构 ❷ network structure 网状结构

estrutura rígida rigid frame 刚性构架

estrutura ROPS com barra transversal rollbar ROPS 翻车保护杆

estrutura secundária secondary structure 次级构造，二级构造；次生构造

estrutura sedimentar sedimentary structure 沉积构造

estrutura semi-rígida semirigid frame 刚性构架

estrutura sigmoidal sigmoidal structure S 形结构

estrutura sindeposicional syndepositional structure 同生沉积构造

estrutura superficial surface structure 表面结构，表层结构

estrutura superior body （车辆的）车身

estrutura superior bruta body shell 车身外壳

estrutura superior reforçada reinforced upper frame 加强顶架

estrutura suspensa suspension structure 悬挂结构

estrutura tarifária tariff structure 价格结构

estrutura tarifária convencional conventional tariff structure 常规价格结构

estrutura tarifária horo-sazonal horoseasonal tariff structure 时段-季节性价格结构

estruturas tensionadas tensile structures 张拉结构

estrutura tepee tepee structure 帐篷构造

estrutura tijolo-concreta brick-concrete structure 砖混结构

estrutura tipo tenda tent structure 帐篷结构

estrutura topológica do sistema system topological structure 系统拓扑结构

estrutura treliçada trussing 桁架结构

estrutura triarticulada three-hinged frame 三铰框架

estrutura tubo em tubo tube-in-tube structure 筒中筒结构

estrutura tubular ❶ tubular structure 管状结构 ❷ tube structure 筒体结构

estrutura tubular perfurada perforated shell tube 框筒结构，多孔筒结构

estrutura tubular treliçada frame tube structure 空腹式筒体结构，框架式筒体结构

estrutura unidireccional unidirectional structure 单向结构

estrutura variolítica variolitic structure 球颗结构

estrutura vesicular vesicular structure 多孔结构

estrutura vetorialmente ativa vector-active structure 向量作用结构（体系）

estrutura Vierendeel Vierendeel truss 空腹桁架

estrutura vitroclástica vitroclastic structure 玻璃碎屑构造

estrutura xistosa schistose structure 片状结构，层状结构

estrutura zonada (/zonar) zonal structure 带状构造

estrutural adj.2g. structural; skeleton 结构的；框架的

estruturante adj.2g. structuring; fundamental; pivotal 结构的；基础（性）的；关键的

estruturar v.tr. (to) structure 组织；构成，建造

estruvite s.f. struvite 鸟粪石

estuarino adj. estuarine 河口的，江口的

estuário s.m. estuary 河口，江口

estucador s.m. plasterer, stucco-worker 粉刷工，灰浆粉刷工

estucagem s.f. parging 涂灰泥；薄灰泥层

estucar v.tr. (to) stucco, (to) coat with stucco, (to) plaster 粉刷灰浆

estucha s.f. wedge 铁楔，木楔

estúdio s.m. studio 演播室；摄影棚

estúdio cinematográfico (/de filmagem) film studio 电影制片厂，影像工作室

estúdio de ficção virtual studio 虚拟演播室

estúdio de gravação recording studio 录音室；录音棚

estúdio de produção production studio 演播室，演播厅

estúdio móvel OB van, outside broadcast van 转播车

estudo *s.m.* study 研究

estudo ambiental environmental assessment 环境评估

estudo analógico analogue study 类比研究

estudo antes-e-depois before and after study 前后对比研究

estudo custo-benefício cost-benefit study 成本收益研究

estudo custo-eficiência cost-efficiency study 成本效益研究

estudo de alternativas study of alternatives 替代方案研究

estudo de aplicação application study 应用研究

estudo de avaliação dos perigos hazard assessment study 危险程度评估研究

estudo de conjunto comprehensive study 综合性研究；全面调查

estudo do impacto impact study, follow-up study 影响评估研究，追踪调查

estudo de impacto ambiental (EIA) environmental impact statement (EIS) 环境影响报告书

estudo do mercado market study 市场调研

estudo de métodos methods study 方法研究

estudo de origem e destino (O&D) origin-destination study (O&D) 起迄点调查，OD 调查

estudo de pré-viabilidade pre-feasibility study 预可行性研究

estudo de processo process study 过程研究

estudo das propostas analysis of tenders, bid evaluation 评标

estudo de sistema system study 系统研究

estudo de tempo time study 时间研究

estudo de tráfego traffic study 交通研究

estudo de viabilidade feasibility study 可行性研究

estudo de viabilidade ambiental (EVA) environmental feasibility study 环境可行性研究

estudo de viabilidade bancável bankable feasibility study 银行融资级可行性研究

estudo de viabilidade de projecto project feasibility study 项目可行性研究

estudo de viabilidade técnico e comercial (EVTC) commercial and technical feasibility study 商业和经济可行性研究

estudo de viabilidade técnico e legal (EVTL) legal and technical feasibility study 法律和经济可行性研究

estudo de viabilidade tecnico-ecónomico (EVTE) economic and technical feasibilty study 技术和经济可行性研究

estudo económico economic study, economic analysis 经济研究，经济分析

estudo em modelo reduzido small scale model study 小比例模型研究

estudo externo external study 外部研究

estudo geotécnico geotechnical study 地勘；岩土工程调查；岩土工程研究

estudo geral ⇨ estudo de conjunto

estudo mineralógico mineralogical study 矿物学研究

estudo mineralúrgico minerallurgical study 采矿冶金学研究

estudo piloto pilot survey 试验调查

estudo preliminar preliminary studies; draft design 初步研究；设计草案

estudo topográfico topographic study, topographic survey 地形研究，地形勘察

estufa *s.f.* ❶ 1. stove 炉子；加热器；烘箱 2. sterilizer 消毒器 ❷ hothouse, greenhouse 温室

estufa a vácuo vacuum oven 真空干燥箱，真空烘箱

estufa bacteriológica bacteriological incubator 细菌培养箱

estufa de alimentos suspensa overhead food warmer （红外灯式）食品保温站

estufa de dessecação baking oven 鼓风烘箱

estufa de levedação proofer 发面机，发酵处理机

estufa de levedação de padaria bakery proofer 面包醒发箱

estufa de pintura paint oven 高温喷漆房，烤漆房

estufa de secagem drying oven 干燥炉

estufa de secagem com circulação e renovação de ar hot air circulation oven 热风循环烘箱

estufa de secagem e esterilização drying and sterilization oven 干燥灭菌烘箱

estufa de secagem e esterilização com circulação e renovação de ar hot air sterilizing drying oven 热风循环干燥灭菌烘箱

estufa para conservar alimentos quentes hot holding cabinets 食物保温柜

estufa seca hot air bath 热气浴；热汽浴

estufagem *s.f.* drying (in a greenhouse)（放入温室中）干燥，烘干

estufagem excessiva overbake 过烘

estuque *s.m.* ❶ stucco, plaster 灰浆，灰泥 ❷ plastering, rendering（内墙）抹灰

estuque acústico acoustic plaster 吸声灰膏

estuque de bário barium plaster 钡灰浆

estuque veneziano venetian plaster 威尼斯灰浆

esvaziamento *s.m.* ❶ emptying; exhaustion, evacuation 排空 ❷ deflation 抽气，放气

esvaziamento do pneu tire deflation 轮胎放气

esvaziar *v.tr.* (to) empty, (to) let down 排出，排空；（轮胎）放气

ETA *sig.,s.f.* water treatment plant 净水厂

ETA aberta open type water treatment plant 开放式水厂

ETA compacta compact water treatment plant 小型水厂

ETA fechada close type water treatment plant 封闭式水厂

ETA fechada pressurizada pressured close type water treatment plant 加压封闭水厂

ETA por flotação flotation type water treatment plant 浮选水厂

ETA pressurizada pressured water treatment plant 加压水厂

etano *s.m.* ethane 乙烷

etanol *s.m.* ethanol 乙醇，酒精

etanol 95% 95% ethanol 95% 酒精，95%

乙醇

etanol anidro ethanol absolute 无水乙醇

ETAP *sig.,s.f.* process waste water treatment plant 工艺废水处理厂

etapa *s.f.* stage 阶段；级别

etapa de turbina de alta pressão high pressure turbine stage 涡轮高压级

ETAR *sig.,s.f.* waste water treatment plant 废水处理厂

ETE *sig.,s.f.* sewage treatment plant 污水处理厂

ETE-batelada batch sewage treatment plant 间歇式污水处理厂

ETE compacta compact sewage treatment plant 小型污水处理厂

éter *s.m.* ether 醚

éter de celulose cellulose ether 纤维素醚

etésios *adj.pl.* etesian 地中海季风的

Ethernet *s.f.* Ethernet 以太网

ETI *sig.,s.m.* ITE (information technological equipment) 信息技术设备

etilbenzeno *s.m.* ethyl benzene 乙苯

etileno *s.m.* ethylene 乙烯

etindito *s.m.* etindite 白榴霞石岩

etiqueta *s.f.* etiquette, label; tag 标签；标记

etiquetadora *s.f.* label maker 标签机，打标机

etiquetagem *s.f.* labelling 加标签

etiquetar *v.tr.* (to) tag, (to) label 加标签，贴标签

etmólito *s.m.* ethmolith 岩漏斗，漏斗状岩盘

etnaíto *s.m.* etnaite 碱橄玄岩

etnostratigrafia *s.f.* ethnostratigraphy 考古地层学

euclase *s.f.* euclase 蓝柱石

eucariota *s.f.* eucaryota 真核生物

eucriptite *s.f.* eucryptite 锂霞石

eucristalina *s.f.* eucrystalline 良晶质

eucrito *s.m.* eucrite 钙长辉长岩

eucroíte *s.f.* euchroite 翠砷铜矿

eudialite *s.f.* eudialite, eudyalite 异性石

eudiómetro/eudiômetro *s.m.* eudiometer 测气管

euédrico *adj.* euhedral 自形的；全形的

eufótico *adj.* euphotic 透光层的

eufótido *s.m.* euphotide 糟化辉长岩

eugeosinclinal *s.m.* eugeosyncline 优地槽

eulisito *s.m.* eulysite 榴辉铁橄岩

eurialino *adj.* euryhaline 广盐性的，能在不同盐分之环境中存活的

Euribor *sig.,s.f.* Euribor (Euro Interbank Offered Rate) 欧元银行同业拆借利率

euritermal *adj.2g.* eurythermal 广温性的

eurito *s.m.* eurite 霏细岩

euro (EUR, €) *s.m.* euro (EUR, €) 欧元

eurobônus *s.m.* eurobonds [巴] 欧洲债券

Eurocódigo *s.m.* Eurocode 欧洲规范

eurodólar *s.m.* eurodollar 欧洲美元（存于欧洲非美国银行的美元）

euro-obrigação *s.f.* eurobonds [葡] 欧洲债券

Europa *s.f.* Europe 欧洲

europeu *adj.,s.m.* european 欧洲的；欧洲人

európio (Eu) *s.m.* europium (Eu) 铕

eustasia *s.f.* ⇨ eustatismo

eustático *adj.* eustatic 海面升降的

eustatismo *s.m.* eustasy 海面升降

eustatismo diastrófico diastrophic eustasy 地壳变动海面升降运动

eustilo *s.m.* eustyle 二又四分之一柱径式

eustratito *s.m.* eustratite 透长辉煌岩

eutaxítico *adj.* eutaxitic 条纹斑状的，共融斑状的

eutaxito *s.m.* eutaxite 条纹斑杂岩

eutéctica *s.f.* eutectic 共晶；低共熔混合物

eutéctico *adj.* eutectic 共晶的，低共熔的

eutectóide *adj.2g.* eutectoid 共析的

eutexia *s.f.* eutexia 共晶（现象），低共熔（现象）

eutrófico *adj.* eutrophic 富营养的

eutrofização *s.f.* eutrophication 富营养化

euvitrénio *s.m.* euvitrain 真镜煤，纯镜煤

euvitrinite *s.f.* euvitrinite 无结构镜质体

euxenite *s.f.* euxenite 黑稀金矿

euxínico *adj.* euxinic 静海的，闭塞环境的

evacuação *s.f.* evacuation, drainage 抽空，排空；疏散

evacuação de fumos e gases fumes and gases evacuation 抽烟抽气，排烟排气

evacuar *v.tr.* (to) evacuate, (to) drain 抽空，排空；疏散

evaporação *s.f.* evaporation 蒸发

evaporador *s.m.* evaporator 蒸发器

evaporador de ar forçado forced draught evaporator 强制通风蒸发器

evaporador de floco de gelo flake ice evaporator 片冰机蒸发器

evaporador de vácuo vacuum evaporator 真空蒸发器

evaporador duplo dual evaporator, double effect evaporator 双蒸发器，双效蒸发器

evaporador encamisado jacketed evaporator 套层蒸发器

evaporador para tratamento de efluentes effluent treatment evaporator 废水处理蒸发器

evaporador rotativo rotary evaporator 旋转式蒸发器

evaporador único single evaporator 单级蒸发器，单效蒸发器

evaporar *v.tr.,intr.,pron.* (to) evaporate 蒸发

evaporato *s.m.* evaporate 蒸发盐

evaporímetro *s.m.* evaporimeter 蒸发计，蒸发测定器

evaporito *s.m.* evaporite 蒸发岩，蒸发盐

evaporizador *s.m.* vaporizer 蒸发器

evapotranspiração *s.f.* evapotranspiration 蒸发蒸腾作用；土壤水分蒸发蒸腾损失总量

evapotranspirómetro/evapotranspirômetro *s.m.* evapotranspirometer 蒸散表；蒸发蒸腾计

evenquito *s.m.* evenkite 鳞石蜡

evento *s.m.* event 事件

evento acidental accidental event 偶发事件

evento de risco risk event 风险事件

evento episódico episodic event 插入事件

evento final end event 结束事件

evento geológico geological event 地质事件

evento secundário secondary arrivals, later arrivals 续至

evento sísmico seismic event 地震事件

eventuais *s.m.pl.* contingencies, contingency sum 不可预见费

evidência *s.f.* evidence 证据，证明

evisceração *s.f.* evisceration 去除脏器

evitar *v.tr.* (to) avoid, (to) prevent 避免，阻止

evolução *s.f.* evolution 进化；演化；进展

evolução de gás gas evolution 气体逸出；气体析出

evoluir v.tr.,intr. (to) evolve 进化；演化；进展

evoluta s.f. evolute 渐屈线，缩闭线

evolutividade s.f. evolutivity, expandability, developability （建筑、构筑物的）可加建性，可扩建性

evolutivo adj. evolutive, expandable 发展的，进化的；（建筑、构筑物）可加建的

evorsão s.f. evorsion 涡流侵蚀

exa- (E) pref. exa- (E) 表示 "10^{18}"

exabit (Eb) s.m. exabit (Eb) 艾比特，合 2^{60} 或 10^{18} 比特

exabyte (EB) s.m. exabyte (EB) 艾字节，合 2^{60} 或 10^{18} 字节

exactidão s.f. accuracy 精度

exactidão absoluta absolute accuracy 绝对精度

exactidão bidimensional bi-dimensional accuracy 二维精度

exactidão cartográfica map accuracy 地图精度

exactidão da medição measurement accuracy 测量精度

exactidão posicional positional accuracy 位置精度

exactidão relativa relative accuracy 相对精度

exactidão vertical vertical accuracy 垂直精度

exacto adj. exact 确切的

exagero s.m. exaggeration 夸张，放大

exagero horizontal horizontal exaggeration 水平放大；水平夸大率

exagero vertical vertical exaggeration 垂直放大；垂直夸大率

exalação s.f. exhalation 蒸发；发出，散发（气体或蒸汽）

exalar v.tr.,intr. (to) exhale, (to) transpire 蒸发；发出，散发（气体或蒸汽）

exame s.m. ❶ examination 检查；检验；考试 ❷ viewing 检视，察看

exame de líquido penetrante dye penetrant test 染料渗透试验

examinação s.f. examination 检查；检验；查看

examinação pré-operacional pre-operational check/ examination 用前检查；操作前检查

examinar v.tr. (to) examine 检查；查看；检验

ex ante loc.adj. ex-ante 事前，采取措施前

exaração s.f. exaration 冰川剥蚀；冰蚀作用

exaustão s.f. ❶ exhaustion （气体等的）排出，放出 ❷ exhaust gas 废气

exaustão cheia de fumaça smoky exhaust 冒黑烟的废气

exaustar v.tr. (to) exhaust, (to) empty （气体等的）排出，放出

exaustor s.m. ❶ ventilator, exhauster, exhaust blower 排烟机，排气机；排气扇 ❷ extractor fan, suction fan 抽油烟机，吸油烟机

exaustor de fumos smoke exhaust fan 排烟风机

exaustor de telhado com saída vertical vane axial fan 轴流风机

exaustor de velocidade variável variable speed fan 变速风扇

exaustor monofásico single-phase fan 单相排风扇

exaustor resistente a temperatura elevada high temperature resistance fan 耐高温排烟风机

excedente s.m. surplus 多余，剩余，盈余

excedente financeiro financial surplus 财政盈余

excêntrica s.f. ❶ eccentric 偏心轮 ❷ helicitite 石枝

excêntrica de ajustagem adjusting eccentric 偏心调整轮

excentricidade s.f. ❶ eccentricity, off center 偏心，偏心距 ❷ runout 偏离

excentricidade do eixo shaft runout 轴偏离

excentricidade dos raios height of incidence 入射高度

excentricidade linear linear eccentricity 偏心距

excêntrico ❶ adj. eccentric 偏心的 ❷ s.m. eccentric cam 偏心凸轮

excêntrico de avanço forward eccentric 前进偏心轮

excêntrico de disco disc cam 盘形凸轮

excêntrico fixo fixed eccentric 固定偏心轮

excêntrico livre loose eccentric 滑动偏心轮，游动偏心轮

excesso *s.m.* ❶ excess 超过，超额；过度 ❷ bat 半砖

excesso de borrifo overspray 过度喷涂

excesso de pressão no pneu tire overinflation 轮胎过度充气

excesso de superelevação surplus superelevation 过超高

excesso esférico spherical excess 球面角盈

excímero *s.m.* excimer 激基缔合物，受激子

excitação *s.f.* excitation 励磁

excitação harmônica harmonic excitation 谐波励磁

excitação inicial build-up excitation 励磁起建

excitador *s.m.* exciter 励磁机

excitador estático static-exciter 静态励磁机

excitar *v.tr.* (to) excite 刺激，激发，使敏化

excitatriz *s.f.* exciter 励磁机

exclave *s.m.* exclave（某国孤立于外地的领土）飞地，外飞地

exclusividade *s.f.* exclusiveness 排他性

excremento *s.m.* excrement 排泄物

excrescência *s.f.* extrusion, border break 破图廓，出边

execução *s.f.* execution, implementation 执行；施工，进行

execução do contrato execution of the contract 合同执行

execução de cortina de injecção execution of curtain injection 帷幕注浆

execução de estuque stucco 拉毛

execução de SPT performing SPT 标准贯入试验

executante *s.2g.* executor 执行人，施工单位

executar *v.tr.* (to) execute, (to) implement, (to) carry out 执行；施工，进行

executivo ❶ *adj.* executive 行政的；经营的；执行的 ❷ *s.m.* executive 行政领导，管理人员 ❸ [M] executive authority 行政当局；[集]行政长官

executor *s.m.* executor 执行器

executora *s.f.* executor 执行方，承包方，乙方

êxedra *s.f.* exedra 开敞式有座谈话间

exemplar *s.m.* ❶ sample 样本；[用作量词]（用于描述同种动物或植物的个体）（一）只，条，棵 ❷ copy; exemplar [用作量词]（书籍、文件等的）（一）册，件，份

exemplo *s.m.* example 例子

exequibilidade *s.f.* feasibility; feasibleness 可实施性，可行性

exercer *v.tr.* (to) exercise, (to) exert 施行，行使

exercício *s.m.* ❶ exercise 练习，演习 ❷ financial year 财政年度

exercício contábil accounting period 会计期；会计年度

exercício de emergência emergency exercise 应急演习

exergético *adj.* exergetic 火用的

exfoliação *s.f.* exfoliation 剥落；脱落

exfoliação mecânica mechanical exfoliation 机械剥离法

eximido *adj.* free standing 独立式的，单体的（建筑、柱等）

exinite *s.f.* exinite 壳质煤素质

existências *s.f.pl.* stock 库存

existente *adj.2g.* existing 现有的，已存在的；旧的（建筑物）

exo- *pref.* exo- 表示"外部的，外面的"

exocarso *s.m.* exokarst 表生岩溶

exoclasto *s.m.* exoclast 外生碎屑岩

exodiagénese *s.f.* exodiagenesis 外生成岩作用

exógeno *adj.* exogenous 外生的，外源的

exogeologia *s.f.* exogeology 外空地质学

exogeossinclinal *s.m.* exogeosyncline 外枝准地槽

exometamorfismo *s.m.* exometamorphism 外变质作用

exomorfo *adj.* exomorphic 外变质的

exomorfose *s.f.* exomorphism 外变质作用

exonártex *s.m.* exonarthex（通往教堂中殿的）外堂；外殿

exoneração *s.f.* dismissal; removal 免职

exonerar *v.tr.* (to) dismiss, (to) remove 免职，解雇，解聘

exorreico *adj.* exorheic 外流的

exorreísmo *s.m.* exorheism 外洋流域
exoscopia *s.f.* exoscopy 砂石溯源（研究）
exosfera *s.f.* exosphere 外逸层
exosmose *s.f.* exosmosis 外渗现象
exotérmico *adj.* exothermic 放热的
exótico *adj.* exotic 外来的
expandido *adj.* expanded 扩大的；扩展的；膨胀的
expandir *v.tr.,pron.* (to) expand, (to) extend 扩张，扩展
expansão *s.f.* expansion 扩张，扩展
expansão a composição constante constant composition expansion 恒质膨胀
expansão de fundo do mar sea-floor spreading 海底扩张
expansão de humidade moisture expansion 湿膨胀
expansão do mancal (/rolamento) bearing spread 轴承间距
expansão de tubo swaging 型锻；挤锻压加工
expansão directa direct expansion 直接膨胀；直接蒸发
expansão instantânea instantaneous expansion 瞬时膨胀
expansão térmica thermal expansion 热膨胀
expansibilidade *s.f.* expansibility 膨胀性；膨胀率
expansível *adj.2g.* expansible 可膨胀的，可扩张的
expansor ❶ *s.m.* expander 扩展器，扩充器，扩张器 ❷ *s.m.* expansion screw 膨胀螺丝 ❸ *adj.* expanding 扩张的；扩展的
expansor de anel ring expander 环扩张器
expansor do anel de pistão piston ring expander 活塞环扩张器
expansor de retentor seal expander 密封扩张器
expansor de tubo tube expander 扩管器
expedição *s.f.* shipping; dispatch 装运，发运（货物）；发出，发送（信件）
expedidor *s.m.* shipping clerk 发货员
expedir *v.tr.* (to) ship, (to) dispatch, (to) send 装运，发运（货物）；发出，发送（信件）
experiência *s.f.* experience 经验
experiência profissional work experience 工作经验
experiência relevante relevant experience 有关经验
experimentação *s.f.* experimentation 实验
experimentação, divulgação e vulgarização experimentation, spread and popularization 实验、推广和普及
experimental *adj.2g.* experimental 实验性的
experimentar *v.tr.* (to) experiment 尝试，实验
expiração *s.f.* expiration, expiry 结束，期满
expirar *v.tr.,intr.* (to) expire 过期
explicação *s.f.* explanation 解释
explicar *v.tr.* (to) explain 解释
explorabilidade *s.f.* mineability, profitability 可开采性；可勘察性
exploração *s.f.* ❶ 1. exploitation, development 利用，开发 2. running, operation 管理，运行 ❷ exploration, surveying, exploratory works 探索，勘探；（土地）测量；考察 ❸ exploration, mining 开采 ❹ unit（生产经营的）单位
exploração agrícola farm, agricultural unit 农场，农业单位
exploração ambiciosa high-grading 一味开采富矿的行为
exploração aquícola fish farm 养鱼场
exploração artesanal artisanal mining 手工开采
exploração avícola poultry farm 家禽场
exploração comercial commercial exploitation 商业开发
exploração dos locais searching for sites 选址，寻址
exploração de pedreira quarrying 采石，采石工程
exploração e produção (E&P) exploration and production (E&P) 勘探与生产
exploração em três dimensões 3D exploration 三维地震勘探
exploração mineira em superficie surface mining 露天采矿
exploração ovina sheep farm 牧羊场
exploração sísmica seismic exploration 地震勘探
explorador *s.m.* operator 运营商

explorar *v.tr.* ❶ 1. (to) explore, (to) develop 利用，开发 2. (to) run, (to) operate 管理，运行 ❷ (to) explore, (to) survey 探索，勘探 ❸ (to) explore, (to) mine 开采

explosão *s.f.* explosion; blast 爆炸
explosão de água water blast 集水爆炸
explosão de pó dust explosion 粉尘爆炸
explosão de rocha rock burst 岩爆
explosão hidráulica hydraulic blasting 水压爆破

explosivo *s.m.* explosive 炸药；爆炸品
explosivo brisante high explosive 烈性炸药
explosivo de alta velocidade high velocity detonation (HVD) explosive, high explosive 高爆速炸药
explosivo de segurança permitted explosive 安全炸药
explosivo lento low detonation velocity explosive, low explosive 低爆速炸药
explosivo propulsor propellant explosive 推进燃料炸药
explosivo rápido ⇨ explosivo de alta velocidade

explosor *s.m.* blaster, exploder 爆破装置
explotação *s.f.* mining, exploitation 开采
expoente *s.m.* exponent 指数，幂
expoente de cimentação cementation exponent 胶结指数
exponencial *adj.2g.* exponential 指数；指数的

expor ❶ *v.tr.* (to) exhibit, (to) show 展示，展现 ❷ *v.tr.,pron.* (to) expose 暴露，外露

exportação *s.f.* export 出口，输出
exportação ficta wash transaction 冲销交易

exportador *s.m.* exporter 出口商
exportar *v.tr.* (to) export 出口，输出

exposição *s.f.* ❶ 1. exhibit, exhibition 展示，展现 2. exhibition, show 展览会 ❷ 1. exposure 暴露，外露 2. (light) exposure 曝光，曝光量 ❸ exposure, orientation （房屋等的）朝向 ❹ exposure （有损失风险的）投资额，投资比率；风险敞口

exposição ao intemperismo acelerado accelerated weather exposure 加速风蚀曝露

exposição ao relento outdoor exposure 室外曝晒

exposição ao risco risk exposure 风险敞口，风险暴露

exposição financeira financial exposure 财务风险

exposição industrial industrial exhibition 工业展览会

exposímetro *s.m.* exposure meter 测光表
expositor *s.m.* exhibitor 展示者，参展商
ex post *loc.adj.* ex-post 事后，采取措施后
exposto *adj.* exposed 暴露的，无掩蔽的；（管道等）明装的

expressão *s.f.* expression, term 表达，表述；词语，词句

Expressionismo *s.m.* Expressionism 表现主义

expropriação *s.f.* expropriation 剥夺，征用；征地拆迁

expropriar *v.tr.* (to) expropriate 剥夺，征用
expulsão *s.f.* expulsion, scavenging 扫气，除气

expulsão dos gases do escape scavenging of exhaust gases 清除废气

expulsor *s.m.* ejector, spray 喷射器
expurgo *s.m.* purge 清除；净化
exsicação *s.f.* exsiccation 干燥法
exsolução *s.f.* exsolution 出溶作用；脱溶
exsolver *v.tr.,pron.* (to) exsolve 脱溶
exsudação *s.f.* bleeding, exudation 渗出，分泌；渗出物，分泌物

exsudação betuminosa bituminous bleeding 沥青泛油

exsudação de petróleo oil seep 油苗；漏油

exsudar *v.tr.* (to) bleed, (to) exude 渗出，分泌

exsurgência *s.f.* karst spring 岩溶泉，喀斯特泉

ex-tarifário *s.m.* "ex-tarifário" regime （巴西对特定进口产品实施的）关税减免政策

extensão *s.f.* ❶ enlargement, extension 扩展，伸长；扩建 1. extension 延展部分；扩建部分；扩建物 2. extension 电话分机 3. extension bar 接长杆；加长杆；伸出杆 4. fly jib 飞臂，副臂 ❸ extension socket 转接电源，电源插座排 ❹ area, stretch; length 面

积；（伸展的）长度 ❺ rangeability; turn-down 范围度

extensão da admissão intake extension 加长（进气、进水）管

extensão de chave tool extension 扳手加长杆

extensão de entrelaçamento weaving distance 交织视距

extensão de fractura fracture extension 裂缝延伸

extensão de linha line length 线路长度

extensão da ponteira tail pipe extension 加长排气管

extensão de tomada　extension socket 转接电源，电源插座排

extensão de tubo tube extension 延长管

extensão eléctrica electric extension cord 接线板，延长器

extensão eléctrica de 25 m com enrolador electric extension cord, 25 m with spooler 25 米延长器带绕线器

extensão para chave de torque torque wrench extension 扭力扳手加长杆

extensão projectada projected length 投影长度

extensão selante seal extension 密封加长短节

extensão uniforme uniform extension 均匀伸长

extensibilidade s.f. extensibility 可延展性

extensível adj.2g. extensible 可扩展的

extensómetro/extensômetro s.m. extensometer; strain gauge; strain meter 伸长计；应变计

extensômetro corretor no stress strain gauge; isolated strain gauge 无应力计

extensômetro de grande base long-base strain meter 长基线应变仪

extensor s.m. ❶ extender 扩展器 ❷ chest expander （健身器材）扩胸器

extensor dianteiro front-extender 前端扩展器

extensor traseiro rear-extender 后部扩展器

exterior ❶ adj. outer, exterior, external 外面的，外部的 ❷ s.m. outside 外部，室外 ❸ s.m. outward, appearance 外表 ❹ s.m.

exterior 车身外饰，车身外板部

exterior da carroceria body exterior 车身覆盖件，车身外板

externalidade s.f. externality 外部性

externo adj. external, exterior, outer 外部的，外面的，室外的

êxtero-anterior adj.2g. anteroexternal 外部前方的

êxtero-inferior adj.2g. inferior external 外部下方的

êxtero-posterior adj.2g. posteroexternal 外部后方的

êxtero-superior adj.2g. superior external 外部上方的

extinção s.f. extinction 消灭，消除；灭火

extinção de cal lime slaking 石灰消化

extinção da chama flameout （发动机）熄火

extinção de incêndios fire extinguishment 灭火

extinguir v.tr. (to) extinguish 消灭，消除；扑灭（火焰）

extintor s.m. fire extinguisher 灭火器

extintor de água water fire extinguisher 水灭火器

extintor de água pressurizada pressurized-water fire extinguisher 加压水灭火器

extintor de água pressurizada sobre rodas wheeled pressurized-water fire extinguisher 推车式加压水灭火器

extintor de classe ABC ⇨ extintor de pó seco ABC

extintor de CO₂ (/gás carbónico) carbon dioxide extinguisher, carbon dioxide fire extinguisher 二氧化碳灭火器

extintor de espuma foam fire extinguisher 泡沫灭火器

extintor de espuma mecânica mechanical foam extinguisher 机械泡沫灭火器，水基型灭火器

extintor de halon halon extinguisher 卤代烷灭火器

extintor de incêndio fire extinguisher 灭火筒；灭火器

extintor de incêndio sobre rodas wheeled fire extinguisher 推车式灭火器

extintor de pó seco dry chemical fire

extinguisher, dry powder type fire extinguisher 干粉式灭火筒，干粉型灭火器

extintor de pó seco ABC powder ABC fire extinguisher ABC 干粉灭火器

extintor de pó seco de fosfato de amónio portátil portable ammonium phosphate powder extinguisher 手提式磷酸铵盐干粉灭火器

extintor de pó seco sobre rodas wheeled powder ABC fire extinguisher 推车式干粉灭火器

extintor (de incêndio) móvel mobile fire extinguisher 移动灭火器

extintor (de incêndio) portátil portable extinguisher, portable fire extinguisher 手提式灭火器

extintor portátil de água pressurizada portable air-pressurized water extinguisher 手持加压水灭火器

extintor portátil de espuma mecânica portable foam extinguisher 手持泡沫灭火器

extintor portátil de pó seco portable dry powder extinguisher 手提式干粉灭火器

extirpação *s.f.* extirpation 消灭，根除

extirpação das ervas daninhas weeding 除草，除杂草

extirpador *s.m.* extirpator; puller; jerker （农用）除草机

extirpar *v.tr.* (to) extirpate 消灭，根除

extra *adj.inv.* extra 额外的

extra-alta tensão (EAT) *s.f.* tension, voltage 电压

extrabacinal *adj.2g.* extrabasinal 盆外的

extra-baixa tensão (EBT) *s.f.* tension, voltage 电压

extracção/extração *s.f.* ❶ extraction 取出；抽出；拔出 ❷ extraction 萃取，提取 ❸ working, extraction 采掘，开采 ❹ exploitation, development 开发

extracção de amostra de solos soil sampling 土壤取样

extracção de cloreto chloride extraction 除氯

extracção de estaca pile extraction 拔桩

extracção de madeira harvesting of timber 木材开采，采木

extracção de metais extraction of metals 提取金属

extracção de minério ore mining 矿石开采

extracção de pedra quarry 采石

extracção do pulso wavelet extraction 子波提取

extracção de solvente solvent extraction 溶剂萃取

extracção de testemunho core recovery 岩心回收，岩心采收

extração de vapor steam extraction 抽汽

extracção hidráulica hydraulicking, hydraulic excavation 水力挖掘

extracção natural de fumos natural smoke extraction 自然排烟

extracção por explosão blasting 放炮，爆破

extraclasto *s.m.* extraclast 外来碎屑

extracto *s.m.* ❶ extract 萃取物，提取物，榨出物 ❷ statement of account 对账单

extracto seco dry matter 干燥物质

extractor/extrator *s.m.* ❶ extractor 提取器，拔出器 ❷ split ring lifter, core extractor 开口环提芯器

extractor de amostras sampler 取样器

extractor de amostra de solos soil sampler 土壤取样器

extractor de areia bailer 捞砂筒

extractor de brocas drill extractor 钻头提取器

extractor de canos pipe extractor 拔管器

extractor de lama bailer 抽泥筒，钻泥提取管

extractor de parafusos screw extractor 螺杆旋出器

extrator de camisa liner puller 缸套拉拔器

extrator de retensores rail anchor extractor 防爬器拆卸装置

extrator de rolamentos bearing puller 轴承拉出器

extrator de Soxhlet Soxhlet extractor 索氏抽提器

extrator-instalador mecânico de compressão push puller 推拉器

extrator mecânico de tracção puller 拉拔器，拿子

extrair *v.tr.* (to) extract, (to) draw out, (to)

withdraw 取出；抽出；拔出；萃取，提取；采掘，开采

extradorso *s.m.* extrados, vault back 拱背，背拱线

extraformacional *adj.2g.* extraformational 层外的

extraforte *adj.2g.* extra-heavy 高强度的

extraordinário *adj.* ❶ extraordinary 不同寻常的；非凡的 ❷ extraordinary, special （会议、活动等）不定期的，临时的 ❸ overtime 超时的；加班的

extrapolação *s.f.* extrapolation 外推法
extrapolação de campo de onda wavefield extrapolation 波场外推

extratora *s.f.* extractor 提取器，拔出器 ⇨ extractor
extratora-insersora de dormentes tie inserter/extractor 轨枕抽换机；轨枕更换机

extra-urbano *adj.* extra-urban 城外的，郊外的

extravasação *s.f.* extravasation 溢出

extravasar *v.tr., intr.* (to) extravasate 溢出

extravasor *s.m.* overflow groove 溢流槽

extremamente inflamável *loc.adj.* extremely flammable 极度易燃的

extremidade *s.f.* ❶ end 末端 ❷ edge 边缘
extremidade adjacente abutting end 邻接端
extremidade chanfrada chamfered edge 边缘倒角，倒棱缘；削边；斜切边
extremidade de accionamento drive end 轴伸端；主动端
extremidade da cabeça head end 头端，首端
extremidade de cabo wire ends 导线端
extremidade de corrimão handrail end 栏杆扶手端头
extremidade da espiga tang end 刀根
extremidade da haste rod end 连杆端
extremidade do pistão piston end 活塞末端
extremidade do porta-ponta shank

nose 裂土器尖端
extremidade em curva curved end 弯头
extremidade esmerilhada ⇨ extremidade da espiga
extremidade livre free end 活动端；悬空端
extremidade pontuda pointed nose 尖头
extremidade rombuda (/sem corte) blunted nose 钝头
extremidade termorretráctil heat shrinkable breakout 热缩电缆外接头

extremo *s.m.* extreme, end 末端，尽头

extrudar *v.tr.* (to) extrude 挤出，压出

extrudora *s.f.* ⇨ extrusora

extrusão *s.f.* extrusion 挤出，压出；挤塑
extrusão celular cellular extrusion 微孔发泡挤出（成型）
extrusão de impacto impact extrusion 冲击挤压
extrusão hidrostática hydrostatic extrusion 静液力挤压
extrusão não metálica non-metallic extrusion 非金属挤压
extrusão tubos tube extrusion 管材挤压
extrusão vulcânica volcanic extrusion 火山喷出

extrusora *s.f.* extruding machine 挤塑机
extrusora alongadora stretch film extruding machine 薄膜拉伸挤出机
extrusora de plástico plastic extruder 塑料挤出机
extrusora granuladora extruding granulating machine 挤压造粒机
extrusora granuladora recuperadora de plásticos plastic extruder-recycling granulator machine （一体式）塑料挤出-再生颗粒机

exudatinite *s.f.* exudatinite 沥青侵入体

exumação *s.f.* exhumation 剥露，剥露作用

exumado *adj.* resurrected 剥露的

exutor *s.m.* waste pipe 污水管，排水管

F

fábrica s.f. ❶ factory 工厂，厂家 ❷ manufacturing facility, facility 生产设备，生产设施

fábrica de arames wireworks 金属丝制造厂；金属丝制品厂

fábrica de armas armory 兵工厂

fábrica de automóveis automobile plant 汽车厂

fábrica de autopeças auto parts factory 汽车配件厂

fábrica de betão concrete plant 混凝土厂

fábrica de cerâmica ceramic factory 瓷器厂

fábrica de conservas cannery 罐头厂

fábrica de fiação spinning mill 纺纱厂

fábrica de folhas de cobre copper mill 轧铜厂

fábrica de laticínios dairy 乳品厂

fábrica de louça pottery 陶器厂

fábrica de montagem assembly plant 组装厂

fábrica de papel paper mill 造纸厂

fábrica de peças parts factory 配件厂

fábrica de produtos químicos chemical works 化工厂

fábrica de tecelagem textile mill 纺织厂

fábrica de tijolos brickyard 砖厂

fábrica de vidro glassworks 玻璃厂

fábrica piloto pilot plant 试验工场；小规模试验厂

fábrica recebedora dispositioning facility 来料加工厂

fábrica reversível pumped storage plant 抽水蓄能电站

fabricação s.f. ⇨ fabrico

fabricado adj. fabricated （被）生产的

fabricante ❶ s.2g. manufacturer, producer 生产工人，制造工人 ❷ s.f. manufacturing company 生产商，制造商

fabricante de equipamento pesado heavy equipment manufacturer 重型设备制造商

fabricante de ferramentas tool maker 模具钳工；工具工人

fabricante de tijolos brickmaker 制砖工人

fabricante do veículo car manufacturer 汽车制造商

fabricar v.tr. (to) manufacture, (to) produce; (to) construct 生产，制造；建造

fabrico s.m. manufacturing, production, fabrication 生产，制造；建造；装配

faca s.f. ❶ knife 刀 ❷ 1. cutting knife 割刀，割草机割刀 2. knife section 动刀片 ❸ blade, knife 铲刀

faca de cozinha kitchen knife 厨刀

faca do electricista electrician knife 电工刀

faca de serra ⇨ faca serrilhada

faca de trinchar carving-knife 雕刻刀

faca eléctrica electrotome 电刀

faca helicoidal helical blade 螺旋刀片

faca para retirada de parafina paraffin knife 刮蜡刀

faca radial radial knife 盘刀

faca serrilhada serrated knife 锯齿刀

faca tipo L l-blade, l-shaped blade L 形

铲刀

faca tipo S digging blade, spade blade S 形铲刀

facão *s.m.* machete [faca 的指大词] 大砍刀

face *s.f.* ❶ face 面，表面 ❷ front（建筑物）正面，迎水面

face abaulada barrel faced 桶面

face afilada tapered face,锥面

face chanfrada ⇨ face afilada

face de accionamento driving face 受力面；推进器的受力面

face de ataque working face 工作面；施工面；掌子面

face de cristal crystal face 晶面

face da ferramenta tool face 刀面

face de junção bond face 结合面

face de placa dura hardboard face 硬板前脸

face de praia beach face 海滩前岸带，海滩面

face de talude slope face 坡面

face da válvula valve face 气门面；阀面

face entalhada tooled surface 工具造型缝，工具处理缝

face estriada ⇨ face entalhada

face grafitada carbon face 碳精面

(de) face rochosa rock-faced 粗石面的

faceamento *s.m.* surfacing 表面处理

faceamento com fresa face milling 端面铣削

faceamento duro hard surfacing 表面堆焊

facear *v.tr.* ❶ (to) face, (to) smooth 使平滑，加工出平面 ❷ (to) square 使成直角，使方方正正

faceta *s.f.* facet 切割面；（多面体的）面

facetado *s.m.* faceted 有切面的

facetar *v.tr.* (to) facet 琢面，刻面

fachada *s.f.* façade, front（建筑物的）门面，正立面

fachada do edifício building frontage 建筑物正面

fachada de ferro fundido cast-iron façade 铸铁立面

fachada falsa false front 假门面

fachada frontal ⇨ fachada

fachada lateral side-elevation 侧立面；侧面图

fachada livre free façade 自由立面

fachada posterior posterior façade 背立面

fachada principal street-front 临街面

fachada ventilada ventilated façade 通风式幕墙

fachada-cortina *s.f.* curtain wall, screen façade 幕墙，幕墙立面

fachada-cortina de isolamento térmico heat-insulating curtain wall 断热节能幕墙

fachada-cortina de led led curtain wall LED 幕墙

fachada-cortina de painel de alumínio aluminum curtain wall 铝板幕墙

fachada-cortina de poupança de energia energy-saving curtain wall 节能幕墙

fachada-cortina de vidro (/envidraçada) glass curtain wall 玻璃幕墙

fachada-cortina fotovoltaica PV façade 光伏幕墙

fachada-cortina ventilada ventilated façade, ventilated curtain wall 通风式幕墙

fachadeiro *s.m.* door-type scaffolding 门式脚手架

fachina *s.f.* ⇨ faxina

facho *s.m.* floodlight, headlight 泛光灯，头灯

facho assimétrico asymmetric floodlight 不对称泛光灯

facho concentrado concentrating floodlight 强光泛光灯

facho hiper-concentrado hyperconcentrating floodlight 超强光泛光灯

facho simétrico symmetric floodlight 对称泛光灯

fácia *s.f.* fascia 横饰带；竖向板

facial *adj.2g.* facial 面的，表面的

fácies *s.f.* facies 相，地相，岩相

fácies arcósica arkosic facies 长石相

fácies biológica biologic facies 生物相

fácies concrecionada concretionary facies 结核相

fácies continental continental facies 陆相

fácies coquinóide shelly facies 贝壳相

fácies coralina coralline facies 珊瑚相

fácies de água subterrânea groundwater facies 地下水相

fácies de cristal crystal form, crystal habit 晶体形态

fácies de metamorfismo ⇨ fácies metamórfica

fácies de plataforma shelf facies 陆棚相，陆架相

fácies dos xistos azuis blueschist facies 蓝片岩相

fácies dos xistos verdes greenschist facies 绿色片岩相

fácies deltaica deltaic facies 三角洲相

fácies diagenética diagenetic facies 成岩相

fácies dolomítica dolomitic facies 白云岩相

fácies eclogítica eclogite facies 榴辉岩相

fácies estuarina estuarine facies 河口相

fácies euxínica euxinic facies 静海相

fácies evaporítica evaporitic facies 蒸发岩相

fácies fliche flysch facies 复理石相

fácies fluvial fluvial facies 河流相

fácies glaucofânica glaucophane facies 蓝闪片岩相

fácies granulítica granulite facies 麻粒岩相

fácies heterópica heteropic facies 异相

fácies heterotópica heterotopic facies 异位相

fácies impactítica impactite facies 冲击相

fácies isópica isopic facies 同相

fácies isotópica isotopic facies 同位相

fácies loéssica loessic facies 黄土相

fácies marginal marginal facies 边缘相

fácies marinha marine facies 海相

fácies metamórfica metamorphic facies 变质相

fácies mista mixed facies 混合相

fácies nerítica neritic facies 浅海相

fácies nodular nodular facies 结核相

fácies pegmatítica-pneumatolítica pegmatitic-pneumatolythic facies 伟晶气成相

fácies pelágica pelagic facies 远海相

fácies prehnite-pumpelite prehnite-pumpellyite facies 葡萄石-绿纤石相

fácies recifal reefal facies 礁相

fácies salina saline facies 盐相

fácies salobra briny facies 河口相

fácies sanidinítica sanidinite facies 透长石相

fácies sedimentar sedimentar facies 沉积相

fácies sísmica seismic facies 地震相

fácies Verrucano Verrucano facies 红色砂岩相

fácies zeolítica zeolite facies 沸石相

facilidade s.f. ❶ ease, facility 简单（性），容易（性），方便（性）❷ facilities 设施

facilidades auxiliares ancillary facilities 附属设施

facilidade de acesso access device 接入装置

facilidade de ignição ignition device 点火装置

facilidade de manobras maneuverability 操控性，机动性

facilidade de manutenção serviceability 维修保养方便性 ⇨ manutenibilidade

facilidade de manutenção de estrada road serviceability 道路的可维护性

facilidades de produção production facilities 生产设施

facilidade de rotura por tensão tension brittleness 拉应力脆性

facilidade de trabalho workableness 可使用性，可加工性 ⇨ trabalhabilidade

facilidade de uso ease of use 易用性

facilitação s.f. facilitation （使）便利；提供便利

facilitação do transporte transport facilitation 运输便利

facilitar v.tr. (to) facilitate （使）便利；提供便利

facoidal adj.2g. phacoidal 透镜状的，扁豆状的

facóide adj.2g. phacoid 透镜状的，扁豆状的

facolita s.f. phacolite 扁菱沸石

facólito s.m. phacolith 岩脊

facómetro/facômetro s.m. phacometer 透镜折射率计

fac-símile s.m. ❶ facsimile 摹本；复制本 ❷ facsimile 传真 ⇨ fax

factor/fator s.m. factor 系数；因素；因子；

乘数

fator de absorção absorption factor 吸收系数

fator de acurácia do medidor meter accuracy factor[巴]仪表准确度系数

factor água-cimento water-cement ratio 水灰比

factor ambiental ⇨ factor do ambiente

factor de abrangência coverage factor 包含因子；覆盖率

factor de absorção acústica acoustic absorption factor 吸声系数

factor de aceleração acceleration factor 加速系数

factor de actividade duty factor 占空比

factor do ambiente environmental factor 环境因素

factor de amortecimento damping factor 阻尼效应

factor de ampliação magnification factor 放大因数，放大系数

factor de amplificação amplification factor 放大系数

factor de arrefecimento wind chill factor 寒风指数

factor de capacidade ❶ capacity factor 利用率，利用系数 ❷ plant factor 工厂设备利用率

fator de capacidade de uma usina plant load factor[巴]电厂负荷因数

factor de carga load factor 载荷系数，负载系数

factor de carga assegurada guaranteed load factor 保证负荷系数

factor de carga de rede network load factor 网络负载系数

factor de carga do sistema system load factor 系统负载系数

factor de carga duma central plant load factor 电厂负荷因数

factor de cisalhamento horizontal horizontal shear factor 水平剪力系数

factor de coincidência coincidence factor 同时使用系数，同时最大需用率

factor de compressibilidade compressibility factor, coefficient of compressibility 压缩系数，压缩因子

factor de compressibilidade do gás gas compressibility factor 气体压缩系数

factor de comprimento efectivo effective length factor 有效长度系数

factor de conversão conversion factor 换算系数

factor de correcção correction factor 修正系数

factor de correcção da elevação elevation correction factor 高程校正系数

factor de correlação correlation factor 相关系数；关联因子

factor de corrosão pitting factor 点蚀率

factor de corte cut-off factor 截止因素

factor de custo de produção production cost factor 生产成本因素

factor de dano damage factor（油藏的）堵塞系数

factor de demanda demand factor 需量因数，供电因数

factor de depreciação depreciation factor 减光因数，照度衰减系数

factor de desintegração decay factor, decay constant 衰变因数

factor de desuniformidade non-uniformity factor 不均匀系数

factor de desvio deviation factor 歧离因数

factor de difusão spread factor 分布系数

factor de dimensão size factor 尺度因数

factor de dispersão leakage factor 漏泄系数

factor de disponibilidade availability factor 可用系数

factor de dissipação dissipation factor 耗散系数，损耗因数

factor de distorção distortion factor 失真系数

factor de distribuição distribution factor 分布系数

factor de diversidade diversity factor 差异系数，差异因数

factor de divisão Landé Landé splitting factor 朗德劈裂因子

fator de duração de carga load duration factor 负载持续率

factor de eficiência do trabalho job efficiency factor 工作效率因素

factor de empacotamento atômico atomic packing factor 原子堆积因子

factor de enchimento fill factor 填充系数

factor de encolhimento shrinkage factor 收缩系数

factor de encolhimento total total shrinkage factor 总收缩率

factor de entulhamento stowing factor 充填系数

factor de equivalência equivalence factor 当量因子，等价因子

factor de escala scale factor 比例系数

factor de estabilidade stability factor 稳定系数

fator de evolução do calor thermal evolution index 热演化指数

factor de expansão expansion factor 膨胀系数

factor de expansão térmica thermal expansion factor 热膨胀系数

factor de experiência vessel experience factor 船舶经验系数

factor de fase phase factor 相位因数

factor de filtragem creep ratio 蠕变比

factor de fluxo flow factor 流量系数

factor de fluxo luminoso luminous flux factor 光通量系数

factor de força power factor 功率因数

factor de forma shape factor 形状系数

factor de fricção friction factor 摩擦系数

factor de ganho gain factor 增益因子

factor de histerese hysteresis factor 迟滞因子

factor de hora-pico (/hora-ponta) peak-hour factor 高峰小时系数

factor de impedância impedance factor 阻抗系数

factor de impulso impulse factor 脉冲指标

factor de inclinação inclination factor 倾斜因数

factor de indução induction factor 诱导因素

factor de indutância inductance factor 电感因子

factor de influência em telefone telephone influence factor 电话干扰因数

factor de intensidade de tensão stress intensity factor 应力强度因数

factor de interferência noise factor 噪声因数

factor de luminância luminance factor 亮度因数

factor de luminosidade luminosity factor 发光率

factor de manutenção (FM) maintenance factor 维护系数

factor do medidor meter factor 流量计校正系数

factor de multiplicação multiplication factor 倍增系数

factor de obliquidade obliquity factor 倾斜因数

factor de penetração penetration factor 针入度指数，穿透指数

factor de perda ❶ figure of loss 能量损耗系数 ❷ loss factor 损失率

factor de pico peak factor 峰值系数

factor de plano de terra plane earth factor 地平面因数

factor de ponderação weighting factor 权重因数

factor de potência power factor 功率因数

factor de potência inverso inverse power factor 反功率因数

factor de precisão do medidor meter accuracy factor [葡] 仪表准确度系数

factor de processamento process factor 工艺因素

factor de produção production factor 生产要素

factor de produtividade productivity factor 生产指数；采油指数

factor de propagação propagation factor 传播因数

factor de protecção solar sun protection factor 防日光系数

factor de qualidade quality factor 品质因数

factor de rajada gust factor 阵风系数

factor de rectificação rectification factor 整流因数

factor de recuperação recovery factor
（油田）采收率

factor de redução reduction factor 折减系数

factor de reflexão reflectance, reflectivity 反射系数

factor de resistência residual residual resistance factor 残余阻力系数

factor de resistividade da formação formation resistivity factor 地层电阻率因数，地层电阻率系数

factor de ruído noise factor 噪声因数

factor de saturação saturation factor 饱和因数

factor de segurança safety factor 安全系数

factor de separação separation factor 分离因数 丶

fator de tamanho size factor 尺度因数

factor de trabalho work factor 工作因数，作功系数

factor de transrectificação transrectification factor 换流因数；检波系数

fator de uniformidade uniformity factor 均匀系数

factor de utilização utilization factor 利用系数；客座率

factor de variação variation factor 变化系数；变化因数

factor de volume de formação formation volume factor 地层体积系数

factor de volume de formação de água water formation volume factor 水的地层体积系数

factor de volume de formação do gás (Bg) gas formation volume factor (Bg) 天然气地层体积系数

factor de volume de formação do óleo (Bo) oil formation volume factor (Bo) 原油地层体积系数

factor de volume de formação no ponto de bolha oil formation volume factor at bubble point (Bob) 泡点原油体积系数

factor determinante determining factor 决定因素

factor dinâmico dynamic factor 动力因数

factor geométrico geometric factor 几何因数

factor granulométrico grading factor 分选因素

factor Hazen-Williams Hazen-Williams factor 海澄-威廉（流速）系数

factor K K factor 仪器常数；电极系数

factor multiplicador multiplying factor 放大系数

factor operacional operating factor 运行系数；利用率

factor Q ⇒ factor de qualidade

factor reactivo reactive factor 无功率因数

fator solar solar radiation factor 太阳辐射系数

factor tempo time factor, time scale 时间因数

factor volumétrico da jazida reservoir volume factor 油层体积系数

factoring s.m. factoring 保理业务，应收账款保理

factura s.f. invoice, bill 发票，货单

factura comercial commercial invoice 商业发票

factura comercial visada visaed commercial invoice 签证商业发票

factura em dívida unpaid invoice 未付款发票

factura pró-forma pro forma invoice 形式发票，预开发票

facturação s.f. ❶ invoicing 开出发票，结账 ❷ turnover 营业额

facturado adj. invoiced, billed 开发票的，已结账的

facturar v.tr. ❶ (to) invoice, (to) bill 开发票；提交付款发票 ❷ (to) turn over 营业额达到…

faculdade s.f. ❶ faculty 机能；特性，性能 ❷ faculty, school, college（大学的）系，学院

facultar v.tr. ❶ (to) allow 允许，准许 ❷ (to) provide, (to) supply; (to) grant 提供；授予

facultativo adj. optional 自愿的；非强制性的

fadiga s.f. fatigue 疲劳

fadiga auditiva auditory fatigue 听觉疲劳

fadiga de contacto contact fatigue 接触疲劳

fadiga de metal metal fatigue 金属疲劳

fadiga de pavimento pavement fatigue 路面疲劳

fadiga elástica elastic fatigue 弹性疲劳

fadiga por corrosão corrosion fatigue 腐蚀疲劳

fadiga por vibração vibrational fatigue 振动疲劳

fadiga superficial surface fatigue 表面疲劳

fadiga térmica thermal fatigue 热疲劳

fadigar *v.tr.,intr.,pron.* (to) fatigue （使）疲劳

fagulha *s.f.* ⇨ faísca

fagulheiro *s.m.* spark arrester 火花熄灭器

Fahrenheit (ºF) *adj.inv.* Fahrenheit (ºF) 华氏的；华氏温度计的

faia *s.f.* beech; beech tree 山毛榉木；山毛榉树（*Fagus*）

faialite *s.f.* fayalite 铁橄榄石；正硅酸铁

faiança *s.f.* glazed earthenware, faience 彩陶器

fairfieldite *s.f.* fairfieldite 磷钙锰石

faísca *s.f.* spark 火花

faiscado *adj.,s.m.* imitation 木材仿石工艺（如花岗岩、大理石等）（的）

faiscador *s.m.* sparker 电火花器，点火线圈

faixa *s.f.* ❶ 1. band, strip 带，带状物 2. frieze 横饰带 ❷ range 范围 ❸ track 音轨 ❹ lane 车道 ❺ channel, frequency band 频带，频段 ❻ slice （逆冲断层之间的）薄岩层

faixa adicional additional lane 附加车道

faixa adicional de subida truck climbing lane 重车爬坡道

faixa auxiliar auxiliary lane 辅助车道

faixa central middle strip 中间带

faixa comprida da argamassa screed 砂浆底层

faixas convergentes de trânsito converging traffic lanes 汇流车道

faixa de abertura de energia energy band gap 能隙，能带间隙

faixa de aceleração acceleration lane 加速车道

faixa de afloramento outcrop belt 露头带

faixa de alerta jiggle bars, rumble strips 隆起带，隆起标线，响带（为使驾驶员知道前方是危险区段而故意设置的能造成车体振动的区段）

faixa de arremate boundary 波打线

faixa de atrito frictional band 摩擦带

faixa de CD CD track CD 音轨

faixa de coluna column strip 柱带

faixa de conversão turning lane 回车道

faixa de conversão à direita right-turn lane 右转弯车道

faixa de conversão à esquerda left-turn lane 左转弯车道

faixa de deceleração deceleration lane 减速车道

faixa da direita right lane, first lane 右车道

faixa de domínio right-of-way （修建道路、铁道的）公共事业用地

faixa de emergência emergency lane 应急车道

faixa de energia de elétrons electron energy band 电子能带

faixa de espera lay-by 路侧停车带

faixa da esqurda left lane 左车道

faixa de estacionamento parking lane 停车车道

faixa de fluxo flow range 流量范围

faixa de frequência channel, frequency band 频带，频段

faixa de guarda guard band 保护频带

faixa de iluminação strip lights, light strip 灯带，照明带

faixa de lacração ⇨ faixa de vedação

faixa de luz light strip 横向长条窗户

faixa de marcação marker band 标志层位，标志带

faixa de marcha speed range, travel range （行驶）速度范围，变速范围

faixa de medição measuring range 测量范围，量程

faixa de medição especificada specified measurement range 指定测量范围

faixa do meio center lane 中央车道

faixa de montanha climbing lane, slow lane 爬坡车道

faixa de neopreno neoprene strip 氯丁橡胶条

faixa de operação operating range 工作范围；运行范围

faixa de painel panel strip 嵌条

faixa de passagem band-pass, passband 通（频）带；滤过带

faixa de pedestres pedestrian crossing 人行横道

faixa de pista runway strip 跑道带

faixa de pista de táxi taxiway strip 滑行带

faixa de pouso flight strip 航带

faixa de preço price range 价格范围

faixa de recobrimento range overlap 延限重叠带，范围重叠带

faixa de resistência resistance range 电阻范围；电阻量程

faixa de ressalto ledger strip （梁上的）横木

faixa de rodagem lane, traffic lane, driveway [葡] 车道，行车道

faixa de rodagem asfaltada asphalt floor 沥青路面

faixa de rodagem flexível flexible carriageway 柔性行车道

faixa de rolagem tread of tire 胎冠

faixa de rotação ⇨ faixa de marcha

faixa de tempo time slot 时间空档；广播时隙

faixa de trabalho work range 工作范围

faixa de trânsito (/rolamento) traffic lane 行车道

faixa de transmissão communication band 通信频带

faixa de ultrapassagem passing lane, overtaking lane 超车道；错车道

faixa de valores range 值域

faixa de vedação sealing strip 密封条

faixa de velocidade ⇨ faixa de marcha

faixa demarcada demarcated lane 有标线的车道

faixa denticulada dentil band 齿饰带

faixa dinâmica dynamic range 动态范围

faixas divergentes de trânsito diverging traffic lanes, fork 分流车道，分岔道

faixa exclusiva exclusive lane 专用车道

faixa gnáissica gneissic banding 片麻状条带

faixa gnáissica primária primary gneissic banding 原生片麻状条带

faixa granulométrica grading envelope 级配包络线

faixa grega fret, key pattern 回纹饰；万字浮雕

faixa horária slot, time slot 时间空档；广播时隙

faixa lateral side lane 转向车道

faixa lateral da rodovia roadside 路边；路旁

faixa marginal marginal strip 路缘带

faixa materializada ⇨ faixa demarcada

faixa mediana median strip 中央分隔带，中间分车带

faixas metamórficas pares paired metamorphic belt 双变质带

faixa móvel mobile belt 活动带

faixa número 1 ⇨ faixa para ônibus

faixa para bicicletas cycleway, bikeway 自行车道

faixa para camião truck lane 卡车道

faixa para dobrar à direita ⇨ faixa de conversão à direita

faixa para dobrar à esquerda ⇨ faixa de conversão à esquerda

faixa para mudança de velocidade speed-charge lane 变速车道

faixa para ônibus bus lane 公共汽车专用车道

faixa para tráfego lento inside lane [巴] 内车道

faixa para veículos com alta taxa de ocupação high-occupancy vehicle lane 高容量车道

faixa preferencial right-of-way （穿过私人土地的）公共通道

faixa publicitária banner ad 横幅广告

faixa reversível reversible lane, tidal lane 可变向车道，潮汐车道

faixa seletiva (exclusive) bus lane [巴] 公交车专用道

faixa xx band X 波段

◇ terceira faixa additional lane, third lane 附加车道，第三车道

fajã *s.m.* "fajã" 海边的小块可耕地

falca *s.f.* square timber, lump of wood 方木，方木板

falda *s.f.* base of a hill 山脚
falência *s.f.* bankruptcy 破产
falésia *s.f.* cliff 海岸峭壁
  falésia de gelo ice shelf 冰架
  falésia marinha bluff （岬）陡岸
  falésia morta dead cliff 古海蚀崖
falgar *s.m.* falgar 红色石灰土 ⇨ **terra rossa**
falha *s.f.* ❶ fault, failure 故障；失灵；损坏 ❷ defect, flaw 缺陷，缺点，瑕疵，毛病 ❸ crack, fissure 裂缝，缝隙 ❹ fault 断层
  falha aberta open fault 开口断层
  falha activa active fault 活断层
  falha antitética antithetic fault 反向断层
  falha arrasada razed fault 夷平断层
  falha catastrófica catastrophic failure 灾变失效，灾难性故障
  falha composta composite fault 复合断层
  falha compressiva ❶ compressive failure 压缩塌毁；压缩毁坏 ❷ compressive fault 压性断层
  falha conforme conformable fault 整合断层
  falhas conjugadas conjugate faults 共轭断层
  falha consolidada dead fault 死断层
  falha de abatimento rift 断裂；长狭谷
  falha de baixo ângulo sole fault 最下冲断层，基底断层
  falha de chamas flame failure 熄火
  falha de concretagem casting defect 混凝土浇筑失败
  falha de crescimento growth fault 生长断层
  falha de descolamento decollement fault 滑覆构造断裂
  falha de desligamento strike-slip fault, slump fault 走向滑动断层
  falha de deslizamento horizontal horizontal fault 水平断层
  falha de detonação misfire 拒爆
  falha de empurrão thrust fault 冲断层，逆断层
  falha de fusão cold lap 冷搭；冷隔
  falha de gravidade gravity fault 重力断层
  falha de horst horst fault 地垒断层
  falha de mergulho dip fault 倾向断层

falha de potência power failure 电力故障；电源故障；停电
falha de rejeição direccional (/rejeito horizontal) strike-slip fault 走向滑动断层
falha de rolamento bearing failure 轴承失效
falha de sobreposição lap joint 搭接焊缝
falha de tracção tension fault 张力断层
falha de transformação transformational faulting 变形断层
falha destrógira dextral fault 右滑断层
falha direccional strike fault 走向断层
falha directa ⇨ **falha normal**
falha direita ⇨ **falha destrógira**
falhas em degrau step faults 阶状断层
falha na ignição misfire 不发火，不点火，拒爆
falha na inclinação slope failure 边坡破坏；滑坡
falha na posição fail as-is 断电时不改变原有位置
falha em tesoura scissor fault 剪刀状断层
falha esquerda ⇨ **falha sinistrógira**
falha estacionária ⇨ **falha na posição**
falha estrutural structural failure 结构损坏
falha estrutural de pavimento pavement structural failure 路面结构性损坏
falha extensiva extensive fault 正断层
falha fechada closed fault 闭合断层
falha funcional functional failure 功能性故障
falha funcional de pavimento pavement functional failure 路面功能性损坏
falha horizontal horizonal fault 水平断层
falha intercristalina intercrystalline failure 晶间破坏；晶界断裂
falha inversa (/invertida) reverse fault 逆断层
falha lateral lateral fault 侧向断层
falha lístrica listric fault 铲形断层
falha normal normal fault 正断层
falhas paralelas parallel faults 平行断层
falha periférica peripheral fault 边缘断层
falhas pivotantes pivotal faults 枢转断层；旋转断层
falha por fadiga fatigue failure 疲劳破坏

falha por perfuração capilar pinhole failure 针孔状损坏

falha radial radial fault 放射状断层

falha rejuvenescida revived fault, rejuvenated fault 复活断层

falha reversa ⇨ falha inversa

falhas rotacionais rotational faults 旋转断层

falha satélite satellite fault 次生断层

falha secundária secondary fault 次生断层

falha sedimentar sedimentary fault 沉积断层，生长断层

falha segura safe fail 安全失效

falha sinistrógira sinistral fault 左滑断层

falha sinsedimentar synsedimentary fault 同沉积期断层

falha sintética synthetic fault 顺向断层，同向断层

falha transcorrente transcurrent fault 横推断层，平移断层

falha transcristalina transcrystalline failure 跨晶断裂

falhas transferentes transfer faults 传递断层

falha transformante transform fault 转换断层

falha transpressiva transpressional fault 斜压断裂

falha transversal transversal fault, cross fault 横推断层

falha vertical wrench faults 扭转断层

falha vertical de deslocação wrench fault 扭转断层

falhão s.m. plank 厚木板

falhamento s.m. faulting 断层作用；断层错动

falhamento distributivo distributive faulting 分枝断裂

falhar v.tr.,intr. ❶ (to) fail 失败，失误 ❷ (to) fail, (to) break down 故障，失灵

falheiro s.m. slab, flitch （木材的）背板，板皮

falido adj. bankrupt 破产的，倒闭的

falqueadeira s.f. veneer slicer 刨切机

falqueadura s.f. rough-hewing, squaring 将原木切成等尺寸的板材

falqueamento/falquejamento s.m. ⇨

falqueadura

falsa s.f. attic, loft 阁楼

falseamento s.m. alias, aliasing 混叠，混淆，失真

falseamento espacial spatial aliasing 空间假频

falsificação s.f. falsification 伪造

falsificar v.tr. (to) falsify 伪造；篡改

falso adj. false, fake 假的 [常与名词组成复合名词]

falsa ametista faux amethyst 人造紫水晶

falsa chaminé cipher tunnel 假烟囱

falso cirro false cirrus 伪卷云

falsa curvatura false curvature 假曲率

falso diamante fake diamond 假钻石

falsa elipse false ellipse 圆弧椭圆

falsa estratificação false bedding 假层理，伪层面

falso horizonte false horizon 假水平，假地平

falsa linha ⇨ contratensor

falso muro false wall 假墙

falsa nervura former 假翼肋

falsa nível ⇨ contratensor

falsa presa (/pega) false set, false setting 假凝结

falso rubi faux ruby 人造红宝石

falso soalho counter floor 粗地板

falsos sóis mock suns 幻日

falso topázio false topaz 假黄玉

falsa trincheira cut and cover method 明挖回填法

falta s.f. ❶ lack 缺少 ❷ fault, failure 故障，失灵 ❸ fault 断层

falta de carga undercharge 充电不足；缺荷

falta de cumprimento non-compliance 不遵守

falta de fase open phase 缺相

falta de fusão lack of fusion (in weld) 熔合不良；熔化不良；未熔合

falta de óleo oil starvation 缺油

falta de penetração lack of penetration 未焊透

falta de potência power lack, lack of power 动力不足，乏力

falta de pressão underinflation 充气不足，压力不足

falta de sanidade no centro center unsoundness 中心不牢固

faltar *v.tr.,intr.* (to) be lacking; (to) need 缺少；需要

Fameniano *adj.,s.m.* Famennian; Famennian Age; Famennian Stage [葡] （ 地质年代 ） 法门期 （ 的 ）；法门阶 （ 的 ）

Famenniano *adj.,s.m.* [巴] ⇨ Fameniano

família *s.f.* ❶ family 土族 （ 土壤系统分类单元，亚类 subgrupo 的下一级 ） ❷ family 科（ 生物学分类单位，隶属于目 ordem ）

família de juntas family of joint 节理族

familiarizar *v.tr.,pron.* (to) familiarize, (to) acquaint with （ 使 ） 熟悉，（ 使 ） 了解

faminto *adj.* starved 不补偿的，不完全的，饥饿的

fan coil *s.m.* fan coil 风机盘管

fancy *s.m.* fancy 彩色钻石

fânega *s.f.* "fânega" [巴] 大斗 （ 重量单位，合 100 千克 ）

fanerítico *adj.* phaneritic 显晶的

fanerito *s.m.* phanerite 显晶岩

fanerocristalino *adj.* phanerocrystalline （ 火成岩和变质岩 ） 显晶质的

Fanerozoico *adj.,s.m.* Phanerozoic; Phanerozoic Eon; Phanerozoic Eonothem （ 地质年代 ） 显生宙 （ 的 ）；显生宇 （ 的 ）

fanga *s.f.* ❶ "fanga" （ 干量 ） 葡制大斗 （ 干量单位，合 55-145 升不等，通常为 55.2 升 ） ❷ "fanga" （ 面积 ） 葡制大斗 （ 面积单位，合 4 葡制斗 alqueire ）

fanglomerado *s.m.* fanglomerate 扇砾岩

fantasma *s.m.* ghost 虚假目标；虚反射；重影

fantasma da correlação correlation ghost 相关虚像

fantasma de superfície surface ghost 表面应反射，地面虚反射

farad (F) *s.m.* farad (F) 法拉 （ 电容单位 ）

faraday *s.m.* faraday (F) 法拉第 （ 电量单位 ）

faradímetro *s.m.* faradmeter 法拉计

fardo *s.m.* ❶ bale, hay bale 捆；草捆 ❷ overburden 覆盖 （ 岩 ） 层，表土，浮土

farelo *s.m.* bran 麸，糠

farelo de arroz rice bran 米糠

farelo de soja bean pulp 豆粕

farinação *s.f.* flouring, crumbing 碎成粉粒，粉碎

farinar *v.tr.* (to) flour （ 粮食 ） 粉化，磨成面粉

farinha *s.f.* ❶ flour; meal 面粉；粉 ❷ flour 粉状物

farinha de aveia oatmeal 燕麦片

farinha de centeio rye flour 黑麦粉

farinha de cevada barley meal 大麦粉

farinha de falha fault gouge 断层泥

farinha de madeira wood meal 木粉

farinha de mandioca tapioca flour 木薯粉

farinha de milho corn flour 玉米面

farinha de peixe fish meal 鱼粉

farinha de trigo (/do reino) wheat flour 小麦粉

farinha fóssil fossil flour 硅藻土

farinha glaciária rock flour, glacial meal 石粉

farinha grosseira grout 水泥浆；薄浆

farinha integral wholemeal flour, wholewheat flour 全麦面粉

farinha láctea dried milk 奶粉

farinha siliciosa siliceous flour 硅藻土

farinhento *adj.* floury 粉状的

farmacolite *s.f.* pharmacolite 毒石

farmacossiderite *s.f.* pharmacosiderite 毒铁矿

farol *s.m.* ❶ lighthouse 灯塔 ❷ beacon, navigation light 信标，标灯 ❸ front light, headlight, headlamp 头灯，车前灯

farol aeronáutico aeronautical beacon 航空灯标

farol anti-nevoeiro ⇨ farol de nevoeiro

farol autodireccional adaptive frontlight 转向头灯，自适应大灯

farol auxiliar spotlight （ 汽车上的 ） 顶灯，反光灯

farol baixo dipped headlight 近光灯

farol baliza beacon 航空地面灯标

farol de aeródromo aerodrome beacon 机场灯标

farol de aterragem landing head-lamp 飞机着陆灯

farol de freio brake light 刹车灯

farol da lança boom flood 动臂灯

farol de lavoura rear lamp 尾灯

farol de luz de aeródromo runway light

跑道灯

farol de marcha-atrás ⇨ farol de ré

farol de milha long distance headlight 远光灯，大灯

farol de nevoeiro (/neblina) fog lamp, fog lamp 雾灯

farol de nevoeiro dianteiro front fog lamp 前雾灯

farol de nevoeiro traseiro rear fog lamp 后雾灯

farol de perigo hazard beacon 危险警告信标

farol de posição position light 标位灯，航行灯

farol de ré backing light, back up light 倒车灯

farol da rectáguarda back-up lamp 倒车灯

farol dianteiro front light, headlight, headlamp 头灯，前大灯，车前灯

farol dianteiro de luz amarela yellow headlight, fog lamp 雾灯 ⇨ farol de nevoeiro

farol dianteiro de luz branca white headlight, long distance headlight 远光灯，大灯

farol "facho selado" sealed-beam headlamp 封闭式前照灯

farol giratório rotating beacon 旋转信标

farol intermitente flashing beacon 闪动标灯

farol normal standard headlight 标准头灯

farol rotativo rotating beacon 旋转信标

farol traseiro rear light,tail lamp 尾灯

farol Xenon xenon lamp 氙灯

farolim/farolete *s.m.* clearance lamp 示廓灯

farolim de cruz vermelha red cross lamp 红色叉形灯，道路封闭灯

farolim de estacionamento parking lamp 停车灯

farpa *s.f.* barb 倒钩

farpado ❶ *adj.* barbed 有刺的，有倒钩的 ❷ *s.m.* barbed wire, barbed-wire entanglement （带刺的）铁丝网，有棘铁线

farrisito *s.m.* farrisite 闪辉黄煌岩

farsundito *s.m.* farsundite 紫苏角闪花岗岩

fáscia *s.f.* fascia 横饰带；竖向板

fasciculador *s.m.* sorter （复印机、打印机）分页器

fase *s.f.* ❶ phase, stage 阶段；（工程的）分期，期 ❷ 1. phase 相，电相 2. signal phase 信号相位

fase I (II, III) (da construção) phase I (II, III) (of construction) （建设的）一（二、三）期

fase aberta open-phase 缺相

fase aquosa aqueous phase 水相

fase ascendente rising stage 水位上升期

fase avançada (/adiantada) leading phase 超前相位

fase conceitual concept phase 概念阶段，初步设计阶段

fase contínua continuous phase 连续相

fase cristalina crystalline phase 晶相

fase de Airy Airy phase 艾里相位

fase de arranque start-up time 启动时间

fase de atraso lag phase 停滞期；延滞期

fase de chuva rain stage 成雨阶段

fase de concepção design stage 设计阶段

fase de construção construction stage 施工阶段

fase de decaimento decay phase 衰减期

fase do desenho design phase 设计阶段

fase de dique dyke phase 岩脉阶段

fase de gás gas phase 气相

fase de implementação implementation phase 实施阶段

fases da lua phases of the moon, moon phases 月相

fase de pedestre pedestrian phase 行人信号相位

fase de perigo distress phase 遇险阶段

fase de plântura seedling stage 苗期

fase de retardo ⇨ fase retardada

fase de transição ⇨ fase transitória

fase diferencial differential phase 差分相位

fase dispersa dispersed phase 弥散相

fase elástica elastic phase 弹性阶段

fase eutética eutectic phase 共晶相

fase experimental experimental stage 试验阶段，试验期

fase final final stage 最终阶段

fase geossinclinal geosynclinal phase 地

槽期

fase glaciária glacial phase 冰川期

fase hidrotermal hydrothermal phase 热液期

fase inicial initial phase 起始阶段

fase intermédia intermediate stage 中间阶段，中间期

fase intermediária intermediate phase 中间相

fase líquida liquid phase 液相

fase matrix matrix phase 矩阵阶段

fase mínima minimum phase 最小相位

fase molhante wetting phase 湿润相

fase não molhante non-wetting phase 非润湿相

fase negativa negative phase 负相位

fase neutra neutral phase 中性相位

fase nula zero phase 零相位

fase orogénica orogenic phase 造山期

fase ortomagmática orthomagmatic phase 正岩浆阶段

fase pegmatítica-pneumatolítica pegmatitic-pneumatolytic phase 伟晶气成期

fase-piloto pilot run 试运行（阶段）

fase positiva positive phase 正相位

fase primária primary phase 初相

fase retardada lagging phase 迟滞相位；滞相

fase sólida solid phase 固相

fase solvente solvent phase 溶剂相

fase t t-phase T 震相

fase tectónica tectonic phase 构造期

fase transitória transitional stage 过渡阶段

fase zero phase zero 准备阶段

faseador s.m. phase shifter 移相器

fasibitiquito s.m. fasibitikite 负异钠闪花岗岩

fasímetro s.m. phase meter 相位表

fasinito s.m. fasinite 辉霞岩；橄云霞辉岩

fasitrão s.m. phasitron 调频管，调相管

fasquia s.f. lath, wood splinter （梯形的小）木板

fasquiado s.m. lathing, lathwork [集] 板条；板条构架；使用板条的工程

fassaíte s.f. fassaite 深绿辉石

fastígio s.m. summit, top 顶尖

fast-tracking s.m. fast-tracking 快速跟踪

fateixa s.f. grapnel 四爪锚

fatia s.f. slice 薄片；[用作量词]（一）片

fatia de falha horse 夹石，夹块

fatiador s.m. slicer 切片机，刨片机

fatiar v.tr. (to) slice 切片

fato-macaco s.m. overalls, dungarees 工装裤

faturista s.2g. invoice clerk 发票管理员，开票员

faujasite s.f. faujasite 八面沸石

fauna s.f. fauna 动物区系

fauna faciológica facies fauna 指相动物群，示相动物群

faunizona s.f. faunizone 动物群岩层带

fáunula s.f. faunule 小动物群

favado s.m. vesicular basalt, porous basalt 多孔状玄武岩，多孔火山石

faventa s.f. vesicular lava 多孔状熔岩

favo s.m. honeycomb 蜂巢；蜂窝

fax s.m. fax 传真；传真机；传真的文件

faxina s.f. fascine （护堤岸用的）柴笼；粗杂材

fazedor s.m. maker 制作者；制作装置

fazedor de gelo ice maker （冰箱的）制冰室

fazenda s.f. ❶ 1. farm, hacienda 农场，大庄园 2. ranch 牧场 3. plantation 种植园 ❷ Treasury, public funds 国库，财政 ❸ cloth 布匹，布料

fazendeiro s.m. farmer, large-scale farmer, plantation owner, rancher 农场主

fazer v.tr. (to) do 做，干

fecal adj.2g. faecal, fecal 粪便的

fechado adj. ❶ 1. closed; sealed; enclosed 关闭的；密封的；封闭的 2. turned off （水龙头）关闭的，拧紧的 3. private 私人的；（小区）封闭式的 ❷ signed （生意、合同）谈定的，签约的

◇ hermeticamente fechado air-tight 气密的

◇ normalmente fechado N/F (normally closed) 常闭的

fechadura s.f. lock 锁

fechadura completa lockset 成套锁具

fechadura de caixa rim lock 弹簧锁

fechadura de embutir (/embeber)

mortise lock 插芯锁

fechadura de esfera ball catch, bullet catch 门碰球

fechadura de gaveta drawer lock 抽屉锁

fechadura de inox stainless knob 不锈钢门锁

fechadura de lingueta snap lock 弹簧锁

fechadura de maçaneta knob lock 执手锁

fechadura de porta door lock 门锁

fechadura do porta malas trunk lock 行李舱锁

fechadura do porta-luvas glove box lock 手套箱锁

fechadura de segurança (/segredo) puzzle-lock 密码锁

fechadura de sobrepor rim lock 外装门锁；弹簧锁

fechadura para perfil ⇨ fechadura de embutir

fechadura rebaixada rabbeted lock 裁口锁；凹槽锁

fechadura reversível reversible lock 双向锁

fechadura tubular cylinder lock 圆筒销子锁

fechadura unitária unit lock 单位锁

fechamento *s.m.* ❶ 1. closure 封闭，锁闭 2. shut-off, lock-out 切断（水等）；关闭；（使）停止运转，关机 ❷ closing, execution 成交，履行 ❸ closer 封口砖

fechamento do balanço balance sheet closing 资产负债表结账

fechamento de barragem barrage closure 大坝合龙

fechamento de contrato execution of a contract 合同执行，履行合约

fechamento da matriz die closure 模具闭合量

fechamento de negócio closure of a business 成交

fechamento do projecto closure of the project 项目收尾

fechamento do rio river closure 河道截流

fechar *v.tr.,intr.,pron.* ❶ (to) close, (to) shut-off 关闭，切断 ❷ (to) close, (to) con-clude, (to) terminate 完成，结束；成交

fecho *s.m.* ❶ bolt, latch 插销 ❷ clasp 扣钩，扣子 ❸ closing 关闭 ❹ keystone, archstone （拱形屋顶的）拱顶石，（拱门、拱桥等的）楔形砖 ❺ misclosure (of a transverse) 闭合差

fecho com fixação no pavimento floor bolt 地插销

fecho de abóbada arch-core, keystone 拱顶石，券心石

fecho de baioneta bayonet joint 插接式接头，插销节

fecho de barra bar lock 杆式锁

fecho de barras bar clasp 杆形卡环

fecho de correr bolt latch 插销

fecho de diferencial differential lock 差速锁

fecho de embutir insert bolt 盒式暗插销

fecho de emergência emergency shut-down [葡] 紧急关闭，紧急停车

fecho de macho e fêmea socket and clinch plate fastener 公母接头，公母扣

fecho de mola spring lock 弹簧锁

fecho do poço shutting in of the hole 关井

fecho da porta bolt latch 插销

fecho de segurança night bolt 弹簧插销；保险插销

fecho de segurança com corrente door chain 门链

fecho de uma poligonal misclosure (of a transverse) 闭合差

fecho da válvula closing of the valve 阀门关闭

fecho eclair zipper 拉链

fecho em ângulo angle closer 镶边砖石

fecho hidráulico hydraulic seal 液压密封

fecho horizontal sliding door latch 插销门锁

fécula *s.f.* starch 淀粉，浆糊

fécula de mandioca tapioca starch 木薯淀粉

federação *s.f.* federation 联邦；联盟；联合会

feedback *s.m.* feedback 反馈，回授

feeder service *s.m.* feeder service 短途运输；区间集散运输

feição *s.f.* feature 特性，特点

feição estrutural structural feature 结构特征；构造特征

feijão *s.m.* bean 豆

feijão roxo red bean 红小豆

feira *s.f.* ❶ street market 集市 ❷ fair, show 展览会，博览会

feira de agricultura agricultural show 农业展览会

feira de amostras sample fair 样品展览会

feira de ladra flea market 跳蚤市场

feira industrial industries' fair 工业博览会

feirante *s.2g.* marketer, merchant 集市商贩

feitio *s.m.* ❶ shape 形状，外形 ❷ workmanship 做工；工作质量；技术水平

feixe *s.m.* ❶ sheaf, bundle, faggot, bands 束；索线；[用作量词]（一）束 ❷ beam; pencil 光束；粒子束

feixe de barras bundled bars 钢筋束

feixe de combustível fuel bundle 燃料棒束

feixe de luz (/luminoso) light beam 光束

feixe de molas leaf spring 弹簧片，钢板弹簧，板簧

feixe de molas auxiliar auxiliary leaf spring 副钢板弹簧片

feixe de raios pencil of rays 射线束；光锥

feixe electrónico helicoidal helical electron beam 作螺旋线运动的电子束

feixe tubular tube bundle 管束

feldsparenito *s.m.* feldsparenite 富长石砂岩

feldspático *adj.* feldspathic 长石的，长石质的，含长石的

feldspatização *s.f.* feldspathization 长石化

feldspato *s.m.* feldspar 长石

feldspato-azul blue feldspar 蓝长石，天蓝石

feldspatos plagioclásicos plagioclase feldspars 斜长石

feldspato potássico potassium feldspar 钾长石

feldspatóides *s.m.pl.* feldspathoids 长石类矿物；似长石

feldspatóidico *adj.* feldspathoidic 似长石的

feldspatoidito *s.m.* feldspathoidite 似长石岩

feller *s.m.* feller bunchers 伐木归堆机 ⇨ cortadores de troncos

feller sobre esteiras track feller buncher

履带式伐木归堆机

feller sobre rodas wheeled feller buncher 轮式伐木归堆机

félsico *adj.* felsic 长英质的

felsítico *adj.* felsitic 霏细状的

felsito *s.m.* felsite 霏细岩；致密长石

felsófiro *s.m.* felsophyre 霏细斑岩

feltro *s.m.* felt 毛毡；毛布；油毡

feltro betuminoso bituminous felt 沥青油毡

felutito *s.m.* felutite 菱铁质泥岩

f.e.m. *s.f.* e.m.f. (electromotive force) 电动势

fêmea ❶ *s.f.* female 内螺纹；榫接的卯（母）；凹件 ❷ *adj.2g.* female 雌的；有内螺纹的，凹形的

fêmea da dobradiça gudgeon 耳轴，轴柱

fémico *adj.* femic 铁镁质的

femicrito *s.m.* iron mudstone, femicrite 铁质泥岩

femicrito chamosítico chamosite iron mudstone 鲕绿泥石铁质泥岩

femicrito siderítico siderite mudstone 菱铁质泥岩

femto- (f) *pref.* femto- (f) 表示"千万亿分之一，10^{-15}"

fenação *s.f.* haymaking 制备干草

fenacite *s.f.* phenakite 硅铍石

fenantrolina *s.f.* phenanthroline 二氮杂菲

fenda *s.f.* ❶ gap 缝隙，大裂缝 ❷ slot 槽

fenda de dessecação drying crack 干燥裂纹

fenda de fragilidade brittle fracture 脆性断裂

fenda de geleira crevasse （冰河、冰川的）裂隙，冰隙

fenda de retracção shrinkage crack, mud crack 收缩裂缝

fenda em cunha ice wedge 冰楔

fenda para correspondência mail slot （门上的）投信口，收信口

fendedeira *s.f.* splitting machine; log splitter 劈裂机；劈木机

fendedeira hidráulica hydraulic splitter 水力劈木机

fendilhado *adj.* checked 裂缝的，裂纹的

fendilhado pelo calor heat checked 热裂纹的

fendilhamento *s.m.* checking, slitting 裂缝；开槽切成长条

fendilhamento pelo calor heat checking 热裂；热裂纹

fendilhar *v.tr.* (to) crack, (to) slit 裂缝；开槽切成长条

fenestra *s.f.* fenestra, window （地质）构造窗；窗孔

fenestração *s.f.* fenestration （建筑物的）窗户设计

fenestrado *adj.* ❶ fenestrated （建筑物）有窗的，开窗的 ❷ fenestrate （地质构造）多孔的

fenestragem *s.f.* fenestration [集] 门窗布局，外墙窗洞组合

fenestron *s.m.* fenestron 涵道尾桨

fengite *s.f.* phengite 多硅白云母

feng shui *s.m.* feng shui 风水

fenil *s.m.* hayfield 干草地

fenilo *s.m.* phenyl 苯基

fenitização *s.f.* fenitization 霓长岩化作用

fenito *s.m.* fenite 长霓岩

feno *s.m.* hay 干草

fenoblasto *s.m.* phenoblast 粗显变晶

fenoclasto *s.m.* phenoclast 粗显碎屑

fenocristal *s.m.* phenocrystal 斑晶

fenol *s.m.* phenol 苯酚

fenóis phenols 酚类化合物

fenolftaleína *s.f.* phenolphtalein 酚酞

fenómeno *s.m.* phenomenon 现象

fenótipo *s.m.* phenotype 表现型，显形

fento- (f) *pref.* ⇨ femto-

ferberite *s.f.* ferberite 钨铁矿

fergusito *s.m.* fergusite 假白榴等色岩

fergusonite *s.f.* fergusonite 褐钇铌矿

ferida *s.f.* hurt 伤害

fermentação *s.f.* fermentation 发酵

fermentação acética acetic fermentation 醋酸发酵

fermentação alcoólica alcoholic fermentation 酒精发酵

fermentador *s.m.* fermenter 发酵罐

fermentar *v.tr.* (to) ferment 发酵

fermento *s.m.* yeast, leaven 酵母，酵素

fermi *s.m.* Fermi 费米（长度单位，合 10^{-15} 米）

férmio (Fm) *s.m.* fermium (Fm) 镄

fernling *s.m.* fernling 远隔残丘

ferragem *s.f.* hardware, ironmongery 五金件，五金器件

ferragem de esquadria angle hinge 角合页

ferragem padrão standard hardware 五金标准件

ferragens arquitetônicas architectural hardware 建筑五金

ferragens brutas rough hardware 粗五金，门窗五金

ferragens de acabamento finish hardware 装修小五金

ferragens de porta door hardware 门用五金件

ferragens para construção building hardware 建筑五金

ferralítico ❶ *adj.* ferrallitic 铁铝的 ❷ *s.m.* ferrallitic soil, ferralsol 铁铝土；铁铝质土

ferralítico pardacento ochric ferralsol 淡色铁铝土

ferralitização *s.f.* ferrallitization 铁铝化（作用）

ferralito *s.m.* ferralite 铁铝土

ferramenta *s.f.* tool 工具

ferramentas a ar comprimido compressed air tools 气动工具

ferramentas à bateria sem fio cordless power tools 无线电动工具

ferramenta a diamante diamond tool 金刚石工具

ferramenta agarradora externa overshot 卡瓦打捞筒

ferramenta com ponta de carbono carbide tool 硬质合金工具

ferramenta com ponta de diamante diamond point tool 钻石尖刀具

ferramenta compressora de mola spring compressor tool 弹簧压缩器工具

ferramenta cortante knife tool, edge tool 刀具

ferramenta de acabamento finishing tool 精车刀

ferramenta de afiar sharpening tool 磨锐刀具

ferramenta de alimentação firing tools 点火工具

ferramentas de ar air tools 气动工具

ferramenta de arranque da pregação spike lifter 道钉拔取器

ferramenta de ataque ⇨ ferramenta de corte

ferramenta de bolear corner tool 修角刀

ferramenta de calafetar caulking tool 填缝工具

ferramenta de calcar composta compound press tool 复合冲模，复式冲模

ferramenta de calcar simples simple press tool 单工序冲模

ferramenta de calibragem da cremalheira rack position tool 齿条位置工具

ferramenta de compressão compressing tool 压挤工具

ferramenta de cortar e formar em torno forming cutter 成形刀

ferramenta de corte cutting tool 切削刀具；割削工具

ferramentas de corte de escareador slotting tools 插刀

ferramenta de desbastar em grosso roughing tool 粗车刀

ferramenta de descida running tool 送入工具

ferramenta de desvio rotativa rotary steerable tool[葡]旋转导向工具

ferramenta de diagrafias logging tool [葡]测井仪器

ferramenta de estirar drawing tool 拉丝工具

ferramenta de extracção extracting tool 拆卸专用工具

ferramenta de facear facing tool 端面车刀

ferramenta de formar círculo circular form tool 圆体成形车刀

ferramenta de instalação driving tool 拆装工具

ferramenta de jateamento jetting tool 喷射工具；喷砂工具

ferramenta de manuseio handling tool 装卸工具

ferramenta de mecânico fitter's tool 钳工工具

ferramenta de medição logging tool 测录仪器

ferramenta de moldar form tool 成形切刀

ferramenta de penetração no solo ground engaging tool 掘地工具

ferramentas de percussão percussion tool 冲击工具，冲击钻具

ferramenta de perfilagem logging tool [巴]测井仪器

ferramenta de pescaria fishing tool 打捞工具

ferramenta de pré-ajustagem presetting tool 预调工具

ferramenta de precisão precision tool 精密工具

ferramenta de quebrar cantos ⇨ ferramenta de bolear

ferramenta de rasgos de chaveta keyway tool 键槽插刀

ferramenta de rebaixar counterboring tool 平底镗孔刀具

ferramenta de remoção removal tool 拆卸工具

ferramenta de repuxar ⇨ ferramenta de moldar

ferramenta de retificação em linha line boring tool 直线镗削工具

ferramentas do sistema system tools 系统工具

ferramenta de tornear turning tool 车刀

ferramenta de tornear pela esquerda left-hand tool 左切刀

ferramenta de torno limador planer tool 刨刀

ferramenta de trefilar wire-drawing tool 拉线工具

ferramenta de trituração milling tool 铣刀，铣具

ferramenta defletora rotativa rotary steerable tool[巴]旋转导向工具

ferramenta destruidora de chavetas key seat wiper 键槽清洁器

ferramentas e acessórios tools and accessories 随车工具及附件

ferramentas eléctricas power tools 电动工具

ferramentas elétricas para madeira woodworking power tools 木工电动工具

ferramenta em U U-shaped tool U 形工具

ferramentas hidráulicas hydraulic work tools 液压作业机具

ferramenta manual hand-tool 手工工具

ferramentas pneumáticas pneumatic tools 气动工具

ferramenta primária primary tool 主要工具

ferramenta progressiva progressive tool 连续冲模

ferramenta rebelde rebel tool 变向器

ferramenta ultrassônica de imageamento ultra sonic imager tool 超声波成像工具

ferramental *s.m.* ❶ tool rack 工具架 ❷ tools, tooling [集] 工具

ferramentaria *s.f.* tool room 工具仓库

ferramenteiro *s.m.* ❶ toolmaker 工具制造工 ❷ tool keeper, tool supervisor 工具保管员

ferrar *v.tr.* (to) iron 用铁铸成；用铁包

ferraria *s.f.* smith's shop, smithy; ironworks 五金厂

ferrato *s.m.* ferrate 高铁酸盐

ferreiro *s.m.* blacksmith 铁匠；锻工；钢筋工

férreo *adj.* iron 铁的

ferrete *s.m.* indenter 刻痕器，压头

ferreto *s.m.* ferretto zone 铁富集带

férrico *adj.* ferric 铁的；三价铁的

ferricreto *s.m.* ferricrete 铁砾岩，铁质砾岩

ferrierite *s.f.* ferrierite 镁碱沸石；镁钠针沸石

ferrífero *adj.* ferriferous 含铁的，含有三价铁的

ferrimagnetismo *s.m.* ferrimagnetism 亚铁磁性

ferrita/ferrite *s.f.* ❶ ferrite 铁素体 ❷ ferrite (ceramic) 铁氧体，磁性陶瓷

ferrita cerâmica ferrite (ceramic) 铁氧体，磁性陶瓷

ferrita proeutetóide proeutectoid ferrite 先共析铁素体

ferrite livre (/não associada) free ferrite 自由铁素体

ferrites magnéticas magnetic ferrites 磁性铁氧体

ferrito *s.m.* ferrite 铁酸盐，铁素体

ferro *s.m.* ❶ 1. (Fe) iron (Fe) 铁 2. iron object 铁件 3. steel; steel bar 钢，钢件；钢筋 ❷ iron 熨斗 ❸ shovel 松土铲

ferro a vapor steam iron 蒸汽熨斗

ferro aceirado steely iron 炼钢用铁

ferro adicional additional bar 附加钢筋

ferro afinado ⇨ ferro refinado

ferro-alfa alpha iron α 铁，铁素体

ferro batido wrought iron 熟铁，锻铁

ferro-beta beta iron β 铁

ferro bruto crude iron 粗铁

ferro caldeado welded iron 焊接铁

ferro chato hoop iron 箍铁

ferro cinzento gray iron 灰铸铁

ferro coado cinzento gray pig iron 灰生铁

ferro corrugado corrugated iron 波纹铁

ferro de abrilhantar polishing-iron 抛光铁，铁磨光器

ferro de calafate ❶ caulking-iron 封口铁，嵌缝铁 ❷ caulking chisel, caulking hammer 敛缝凿，敛缝锤

ferro de carbono simples plain carbon steel 普通碳素钢

ferro do dente share, coulter 犁刀，切土器，铧

ferro de engomar flat iron 熨斗

ferro de espera starter bars, dowel bars 预留搭接钢筋

ferro de fusão mixed iron 混合铁料

ferro de guilherme rabbet iron 槽口铁

ferro de luva anchor bolt （石材用的）锚栓

ferro de marcar indenter 刻痕器，压头

ferro de mescla ⇨ ferro de fusão

ferro-dos-pântanos swamp ore; bog iron; bog ore 沼铁矿

ferro de plaina plane iron 刨刀，刨铁

ferro de soldar soldering-iron 烙铁，电烙铁

ferro de sucata scrap iron 铁屑；废铁

ferro de vigas girder iron 梁铁

ferro-delta delta iron δ 铁

ferro dentado notched iron 开槽铁

ferro dobrado bent bar 弯筋

ferro doce soft iron, malleable iron 软铁

ferro dúctil ductile iron 延性铁，可锻铁；

球墨铸铁
ferro duro chill iron 冷硬铸铁
ferro em ângulo angle 角铁
ferro em barras bar iron 铁条
ferro em brasa red-hot iron 烧红的铁
ferro em chapa plate iron 铁板
ferro em chapa fina tagger 薄铁片
ferro em folhas sheet iron 铁皮，铁片
ferro em L L-iron L形铁，不等边角铁
ferro em lingotes iron ingot 铁锭
ferro em pó reduzido reduced iron 还原铁粉
ferro em rimas iron in bundles 铁丝捆
ferro em T com borda bulb rail 球头轨
ferro em U U-iron U形铁
ferro em varetas rod iron 铁棍，铁棒
ferro escarificador scarifier share 松土犁
ferro esmaltado enamelled iron 搪瓷铁
ferro espático spathic iron 菱铁矿
ferro especular specular iron 镜铁矿，辉赤铁矿
ferro estampado ⇨ ferro corrugado
ferro estirado drawn out iron 拉丝铁
ferro fibroso fibrous iron 纤维状铁
ferro forjado wrought iron, forged iron 锻铁
ferro fundido cast iron 铸铁；生铁
ferro fundido branco forge pig 锻铁
ferro fundido cizento gray cast iron 灰铸铁
ferro fundido de grafite esferoidal spheroidal graphite iron 球墨铸铁
ferro fundido dúctil (FFD) ductile iron 球墨铸铁
ferro fundido em moldes chilled iron 冷硬铸铁
ferro fundido espelhado Spiegeleisen 镜铁
ferro fundido maleável malleable cast iron 可锻铸铁
ferro fundido nodular nodular iron 球墨铸铁
ferro galvanizado galvanized iron 镀锌铁
ferro-gama gamma iron γ铁
ferro gris ⇨ ferro cinzento
ferro-gusa pig iron 生铁
ferro-gusa a carvão vegetal charcoal pig

iron 木炭生铁
ferro-gusa Bessemer Bessemer pig iron 柏思麦酸性转炉生铁
ferro-gusa de fundição foundry pig iron 铸造用生铁
ferro-gusa de fundição semi-dura medium hard foundry pig iron 中硬铸造用生铁
ferro-gusa malhado mottled pig iron 麻口铸铁
ferro laminado rolled iron 轧铁
ferro laminado a quente hot-rolled iron 热轧铁
ferro limoso brown iron ore 褐铁矿
ferro macio soft iron 软铁
ferro maleável malleable iron 韧性铸铁，可锻铸铁
ferro maleável americano black heart malleable cast iron 黑心可锻铸铁
ferro manganês manganese iron, ferro-manganese 锰铁
ferro meia-cana half-round iron 半圆铁
ferro moldado iron castings 铁铸件
ferro ondulado ⇨ ferro corrugado
ferro oolítico oolitic ironstone 鲕状铁岩
ferros para concreto reinforcing bars; steel reinforcement; rebars 混凝土配筋
ferro para posicionamento stirrup; link 箍筋
ferro perfilado sectional iron 型铁
ferro perlítico pearlitic iron 珠光体可锻铸铁
ferro plano flats 扁铁
ferro preto black iron 平铁，黑铁
ferro reactivo reactive iron 电抗铁
ferro redondo rod iron 铁棍
ferro refinado refined iron 精炼铁
ferro refinado a carvão vegetal charcoal refined iron 木炭精炼铁
ferro reversível double pointed shovel, reversible shovel 双尖松土铲，翻换松土铲
ferro rugoso iron blooms 铁锭
ferro substituível replaceable point, interchangeable shovel 可互换松土铲
ferro sueco Swedish iron 瑞典生铁
ferro Tomás basic iron 碱性铁
ferro trabalhado wrought iron, ham-

mered iron 锻铁；熟铁

ferroactinolite *s.f.* ferroactinolite 铁阳起石

ferro-antofilite *s.f.* ferro-anthophyllite 铁直闪石

ferrobrucita *s.f.* ferrobrucite [巴] 铁水镁石

ferrocarbonatito *s.m.* ferrocarbonatite 铁质碳酸盐岩

ferrocianeto *s.m.* ferrocyanide 氰亚铁酸盐；亚铁氰化物

ferrocimento *s.m.* ferrocement 钢丝网水泥

ferrocolumbite *s.f.* ferrocolumbite 铁铌矿

ferrocrómio *s.m.* ferrochrome 铬铁；铬铁合金

ferroedenite *s.f.* ferroedenite 低铁淡闪石

ferroeckermannita *s.f.* ferro-eckermannite [巴] 铁铝钠闪石

ferroelectricidade *s.f.* ferroelectricity 铁电性；铁电现象

ferroeléctrico *adj.* ferroelectric 铁电体的

ferro-espinela *s.f.* ferrospinel, ironspinel 铁尖晶石

ferrogabro *s.m.* ferrogabbro 铁辉长岩

ferrogedrite *s.f.* ferrogedrite 铁铝直闪石

ferrografia *s.f.* ferrography 铁谱技术

ferro-hastingite *s.f.* ferrohastingsite 低铁钠闪石

ferrolho *s.m.* bolt, latch 门闩，插销

ferrólito *s.m.* ironstone 铁矿石

ferromagnesiano *s.m.* ferromagnesian 铁镁矿物

ferromagnético *adj.* ferromagnetic 铁磁性的

ferromagnetismo *s.m.* ferromagnetism 铁磁性

ferromanganesífero *adj.* ferromanganesiferous 含铁镁的

ferromolibdénio *s.m.* ferromolybdenum 钼铁

ferromolibdite *s.f.* ferromolybdite 铁钼华

ferronióbio *s.m.* ferroniobium 铌铁

ferroníquel *s.m.* ferronickel 镍铁

ferroprussiato *s.m.* ferroprussiate 铁氰化物

ferrorresonância *s.f.* ferroresonance 铁磁谐振

ferroso *adj.* ferrous 含铁的；二价铁的

ferrossilício *s.m.* ferrosilicon 硅铁

ferrossilite *s.f.* ferrosilite 铁辉石

ferrotantalite *s.f.* ferrotantalite 钽铁矿

ferrovanádio *s.m.* ferrovanadium 钒铁

ferro-velho *s.m.* crap yard 废料场；废船解体厂

ferrovia *s.f.* railway 铁路

ferrovia de alta velocidade high speed railway 高速铁路

ferrovia de canteiro site railway 工地铁路

ferrovia elevada (/aérea) overhead railway 高架铁路

ferrovia em terreno montanhoso mountain railway 山区铁路

ferrovia funicuiar funicular railway 缆道

ferrovia por aderência adhesion railway 黏着铁路

ferroviário *adj.* ❶ (of) railway, (of) rail road 铁路的 ❷ (of) rail transportation 铁路运输的

ferrugem *s.f.* rust 锈

ferruginização *s.f.* ferruginization 铁质化

ferruginoso ❶ *adj.* ferruginous 铁的，铁锈的；含铁的 ❷ *s.m.* ferruginous soil 铁质土

ferryboat *s.m.* ferryboat 渡船；渡船服务

fersialítico ❶ *adj.* fersiallitic 铁硅铝的 ❷ *s.m.* fersiallitic soil 铁硅铝土

fértil *adj.2g.* fertile 肥沃的；多产的

fertilidade *s.f.* fertility 肥沃；多产

fertilização *s.f.* fertilization 施肥

fertilização localizada localized fertilization 定位施肥

fertilizador *s.m.* fertilizer 施肥机

fertilizante *s.m.* fertilizer 化肥

fertilizante bioquímico biochemical fertilizer 生物化学肥，生化肥料

fertilizante composta compound fertilizer 复合肥

fertilizante de liberação lenta slow release fertilizer 缓释肥料

fertilizante químico chemical fertilizer 化学肥料

fertirrigação *s.f.* fertilizer irrigation 灌溉施肥

fervente *adj.2g.* boiling 沸腾的

festão *s.m.* festoon 垂花雕饰

festo *s.m.* ridge 分水线，分水岭

festonadas *s.f.pl.* festooned [集] 花彩装饰物

fetch *s.m.* fetch, wave fetch 风区长度，（海

浪的）波距

fezes *s.f.pl.* faeces 粪便

fiabilidade *s.f.* reliability 可靠性

fiabilidade da carta map confidence 地图可靠性

fiabilidade funcional functional reliability 功能可靠度

fiação *s.f.* ❶ spinning 纺纱，纺丝 ❷ wire, line 接线，布线；[集]线，线缆，线路

fiação eléctrica electrical wiring 电气布线

fiação ramal branch line 支线

fiação troncal truck line 干线

fiada *s.f.* ❶ course (of stones or bricks)（石材、砖的）层，皮；层数，皮数 ❷ survey line 测线

fiada ao comprido stretching course 顺砌层

fiada de amarração bull header bond 丁砖（凸出）砌法

fiada de base undercourse 底层；垫层

fiada do beiral eaves course 檐口瓦层

fiada de calçada course of setts 铺石层

fiada de cumeeira ridge course 屋脊瓦层

fiada da empena barge course 山墙砖压顶

fiada de fechamento keystone layer 拱顶石层

fiada de nascença (/imposta) vaulting course 穹窿的拱脚石层

fiada de soldados soldier course 排砖立砌，立砌砖层

fiada de telha alternada ribbon course 带状瓦层

fiada desencontrada staggered course 错列式砌法

fiada dupla doubling course 双板层

fiada peripiana heading course 丁砖层，露头砖层

fiador *s.m.* guarantor 保证人

fiança *s.f.* guarantee, surety 保证，担保

fiapo *s.m.* lint 细纱，细线

fiasconito *s.m.* fiasconite 钙长白榴碧玄岩

fibra *s.f.* ❶ fiber 纤维 ❷ grain （木材的）纹理

fibra aberta open grain 粗疏木纹

fibra acrílica acrylic fiber 丙烯酸纤维

fibra chata flat grain 平木纹

fibra compacta close grain 密木纹，密纹理

fibra de aço steel fiber 钢纤维

fibra de amianto asbestos fiber 石棉纤维

fibra de carbono carbon fiber 碳纤维

fibra de vidro glass fiber, fiberglass 玻璃纤维

fibra de vidro alcalino médio medium-alkali glass fiber 中碱玻璃纤维

fibra diagonal diagonal grain 对角纹理

fibra elevada raised grain 起棱纹理，突纹理

fibra grossa coarse grain 粗纹理

fibra marginal edge grain 径面纹理

fibra mista mixed grain 混合纹理

fibra monofilamentar monofilament fiber 单丝纤维

fibra natural natural fiber 天然纤维

fibra reforçada fiber reinforcement 加强纤维

fibra sintética synthetic fiber 合成纤维

fibra terminal end grain 端面纹理

fibra transversal cross grain 横向纹理，横木纹

fibra óptica *s.f.* optical fiber 光纤，光学纤维，光导纤维

fibra óptica monomodo single mode fiber 单模光纤

fibra óptica multimodo multimode optical fiber 多模光纤

fibroblástico *adj.* fibroblastic 纤状变晶状的

fibrocimento *s.m.* fibro-cement 纤维水泥

fibrocristalino *adj.* fibrocrystalline 纤维结晶状的

fibrolite *s.f.* fibrolite 硅线石

fibrorradiado *adj.* fibro-radial, radial fibrous 放射纤维状结构的

fibroso *s.m.* fibratus 毛状云

ficha *s.f.* ❶ plug, cable connector 插头，电缆连接器 ❷ card, sheet, index card 索引卡，表格 ❸ profile 资料，概述

ficha cega blind plug 盲塞；空插头

ficha chata flat plug 扁插头

ficha de codificação coding plug 编码插头

ficha de mola spring retaining pin 弹簧挡销

ficha de projecto project specifications 建筑项目说明；设计规范

ficha dobradiça hinged pin 铰枢

ficha e tomada plug and socket 插头插座

ficha financeira financial statement 财政报告；财务报表

ficha intermediária plug adapter 插塞式接合器，插塞式转接器

ficha redonda round plug 圆插头

ficha técnica name plate 铭牌，设备参数表

ficha tripla three-way plug 三通插头

fichário *s.m.* book search （图书馆里使用索引卡查询的）图书查询处

ficheiro *s.m.* file 文件

fidejussório *adj.* (of) guarantee, (of) surety 保证的，担保的

fidelidade *s.f.* accuracy 精度；保真度

fidelidade da carta map accuracy 地图精度

fiducial *adj.2g.* fiducial 基准的，参考的

fieira *s.f.* ❶ extruder 抽丝机，拉线机 ❷ drawplate 拉模板 ❸ ridgepole 脊檩 ❹ vein, seam 岩脉，矿脉 ❺ row 列，排

fieira de cintas band course 腰线

fieira de diamante diamond die 金刚石拉模

fieira para metais drawing plate 拉模板

fiel *s.2g.* keeper 保管员，看管员

fiel de armazém warehouse-keeper, store-keeper 仓库保管员，库工

figura *s.f.* ❶ 1. figure 图形；图案；图样 2. picture, figure 插图，图表，简图 ❷ figure 塑像

figura de canal channel figure 水道痕

figura de cera wax figure 蜡像

figura de corrente current mark 水流痕

figura de corrosão corrosion figure 蚀图

figuras de corrosão etch pits 腐蚀坑

figura de interferência interference figure 干涉图案

figura de percurssão percussion figure 撞击图像

figura de pólo inverso inverse pole figure 反极图

figura de proa figurehead 船头雕饰，艏饰像

figura de sedimentação sedimentary mark, sedimentary figure 沉积标志

figuras de Widmanstätten Widmanstätten figures 魏德曼花纹

figura plana plane figure 平面图形

figurinista *s.2g.* dresser 服装师

fila *s.f.* ❶ row 排，列 ❷ queue 队列

fila de espera queue 队列

fila de estacas row of piles 桩排

fila de pedra blocking course 檐头墙

filádio *s.m.* ⇨ filito

filamento *s.m.* filament 灯丝；细丝；细线；单纤维

filamento calefactor heating element 发热元件

filamento contínuo continuous filament 连续纤维；连续长丝

filamento de metal metal filament （钞票的）金属线

filamentos de polipropileno contínuos colados termicamente não trançados non-woven thermally bonded continuous polypropylene filaments 非织造布用热黏合聚丙烯纤维

filamento de quartzo quartz fiber 石英纤维

filão *s.m.* vein, seam, dyke, dike 矿脉，岩脉

filão anular ring dyke 环状岩脉

filão-camada sill 岩床

filão cego blind lode 无露头矿脉

filão clástico clastic vein 碎屑脉

filão cónico conic vein; cone sheet 锥形岩席

filão de areia sand vein 砂脉

filão de fissura fissure vein 裂缝矿脉

filão epitermal epithermal vein 低温热液矿脉

filão eruptivo dyke, dike, eruptive vein 火成脉

filão hidrotermal hydrothermal vein 热液脉

filão hipotermal hypothermal vein 高温热液矿脉

filão horizontal horizontal seam 水平缝

filão mesotermal mesothermal vein 中深热液矿脉

filão metalífero metalliferous vein 金属

矿脉

filão mineralizado ore vein 矿脉

filão neptuniano neptunian vein 水成岩脉

filão principal master lode 主矿脉

filão rico em minério bonanza 富矿带

filão sedimentar sedimentary vein 沉积物岩脉

filarenito *s.m.* phyllarenite 叶砂屑岩

fileira *s.f.* ❶ 1. rank 行，列，排 2. fillet, listel 嵌条，平线脚 ❷ ridge purlin 脊檩 ❸ windrow 草条，铺条

fileira cega blind row （剧院中）仅一侧有纵走道的一排座椅

fileira de válvulas hidráulicas hydraulic valve bank 液压阀组

fileira decrescente diminishing course 递减行距瓦层

fileira produtiva chain of production 生产链

filer *s.m.* filler 填料

filer calcário calcareous filler 石灰石填料

filer de amianto asbestos filler 石棉填料

filete *s.m.* ❶ fillet, listel 嵌条，平线脚 ❷ thread 细丝 ❸ screw thread 螺纹，螺线 ❹ fillet 圆角

filete à esquerda left-hand thread 左旋螺纹

filete cimentada cemented fillet 水泥填角

filete de chumbo leads 铅条

filete de envidraçamento glazing bead, glazing stop 玻璃压条；镶玻璃条

filete de fixação mounting strip 固定条，安装条

filete de inclinação (/aresta) tilting fillet 瓦座；披水条

filete de parafuso fillet of screw 螺纹圈

filete de protecção protective strip 保护条

filete de remate cap bead 嵌缝胶条

filete de vedação weather strip 封檐条，封檐板，防雨条，挡风条；门槛嵌缝条

filete de veio de manivelas fillet of a crankshaft 曲轴圆角

filete duplo double-bead 双珠饰

filete laminado rolled thread 滚压螺纹

filete macho male thread 外螺纹

filete métrico metric screw fillet 公制螺纹圈

filete nivelado flush bead 凹圆线条

filete quadrado square thread 方螺纹；直角螺纹

filete simples single twist 单螺线

filete triangular vee thread 三角螺纹

filial *s.f.* subsidiary company, affiliate company; branch 子公司；分部，（银行）分行

filigrana *s.f.* filigrain 金银细丝工艺

filipinito *s.m.* philippinite 菲律宾似曜岩

filipsite *s.f.* phillipsite 钙十字沸石

filite *s.f.* phyllite 硬绿泥石

filito *s.m.* phyllite 千枚岩

filmador *s.m.* camera, film camera 摄像机，胶片摄像机

filmagem *s.f.* filming, shooting 拍摄；摄影

filmagem de ângulo angle shot 角度拍摄

filmar *v.tr.* (to) film, (to) shoot 拍摄；摄影

filme *s.m.* ❶ film 薄层；胶片 ❷ film, movie 电影

filme interfacial interfacial film 界面膜

filme não revelado (/sem revelação) unprocessed film 未冲洗的胶片

filme plástico plastic film 塑料薄膜

filme reflexivo reflective film 反光膜，反射膜

filme revelado processed film 冲洗过的胶片

filmogéneo *adj.* film-forming 成膜的

filo *s.m.* phylum 门（生物学分类单位，隶属于界 reino）

filó *s.m.* tulle 绢网；薄纱

filogénese *s.f.* phylogenesis 种系发生

filogenia *s.f.* phylogeny 种系发生

filonete *s.m.* string 细脉

filoniano *adj.* veinlike 矿脉的

filonito *s.m.* phylonite 千糜岩

filossilicatos *s.m.pl.* phyllosilicates 层状硅酸盐

filozona *s.f.* phylozone 系统发育带

filtração *s.f.* filtration 过滤，滤

filtração a pressão pressure filtration 加压过滤

filtração de membrana membrane filtration 膜过滤

filtração dinâmica dynamic filtration （泥浆）动失水

filtração directa direct filtration 直接过滤

filtração estática static filtration （泥浆）静失水

filtração gravitária gravity filtration 重力过滤

filtração intermitente intermittent filtration 间歇过滤法

filtração micrométrica micron filtration 微米过滤

filtrado *s.m.* filtrated 滤液

filtrado da lama mud filtrate 泥浆滤液

filtrador *s.m.* filter 滤池

filtragem *s.f.* filtering, filtration 过滤，滤除；滤波

filtragem corta-pulsos spike filtering 窄带滤波

filtragem de frequência frequency filtering 频率滤波

filtragem direcional directional filtering 定向滤波

filtrar *v.tr.* (to) filter, (to) strain 过滤，滤除

filtro *s.m.* ❶ filter, strainer; filter zone 过滤器，滤清器；过滤层；滤网 ❷ filter 滤波器 ❸ filter 滤镜，滤光镜

filtro a (/de) vácuo vacuum filter 抽滤装置，真空抽滤器

filtro acústico acoustic filter 滤声器

filtro adaptado matched filter 匹配滤波器

filtro adaptativo adaptive filter 自适应滤波器

filtro álias alias filter 去假频滤波器

filtro americano american filter 圆盘过滤器

filtro anti-calcário anti-calc filter 防垢过滤器

filtro antialias antialias filter [葡] 去假频滤波器

filtro antifalseamento antialias filter[巴] 去假频滤波器

filtro anti-spam spam filter 垃圾邮件过滤器

filtro autorregressivo autoregressive filter 自回归滤波器

filtro bacteriológico bacterial filter 滤菌器，细菌过滤器

filtro bacteriológico 0,2 absoluto 0.2μm bacterial-retentive absolute filter 0.2μm 绝对滤菌器

filtro BAG bag filter 袋式过滤器

filtro belt press belt press filter 压带（式）滤器

filtro Berkefeld Berkefeld filter 伯氏细菌滤器

filtro binomial binomial filter, doublet filter 二项过滤器

filtro biológico biofilter 生物滤池，生物过滤器

filtro bobinado wound filter 线绕式滤芯

filtro cartucho cartridge filter 过滤筒

filtro casado ⇨ filtro adaptado

filtro catalítico catalytic filter 催化过滤器

filtro centrífugo centrifugal filter 离心过滤器

filtro centrífugo de ar centrifugal air filter 离心空气清器

filtro contínuo continuous filter 连续过滤机

filtro corta-altas high-cut filter 高阻滤波器；低通滤波器

filtro corta-banda band-reject filter 带阻滤波器

filtro corta-faixa band-stop filter 带阻滤波器

filtro corta-torta pie-slice filter 切饼滤波器

filtro cunha notch filter 陷波滤波器

filtro de aço inox stainless steel filter 不锈钢过滤器

filtro de admissão intake filter, intake strainer 进气过滤器，进气口过滤器

filtro de água water filter 水过滤器

filtro de algodão cotton filter 棉袋过滤器

filtro de ar air filter; air strainer 空滤器，空气滤清器；空气滤网

filtro de ar a (/em) banho de óleo oil bath air filter, oil-type air cleaner 油浴式空气滤清器

filtro de ar por aderência viscosa viscous air filter 黏滞式空气过滤器

filtro de ar tipo seco dry filter 干式空气滤清器

filtro de areia sand filter 沙过滤器

filtro de areia subsuperficial subsurface sand filter 地下滤场

filtro de autolimpeza self-cleaning filter

自净过滤器

filtro de **Backus** Backus filter 去混响滤波器, 巴克斯逆滤波器

filtro de **Bessel** Bessel filter 贝塞尔滤波器

filtro de **Buchner** Buchner filter 瓷平底漏斗

filtro de **carvão activado** activated carbon filter 活性炭滤池, 活性炭滤器

filtro de **cascalho** gravel filter 砾石过滤器

filtro de **cerâmica** ceramic filter 陶瓷过滤器

filtro de **Chebyshev** Chebyshev filter 切比雪夫滤波器

filtro de **coerência** coherence filter 相干滤波器

filtro de **combustível** fuel filter 燃油滤清器, 滤油器, 油滤

filtro de **comprimento de onda** wavelength filter 波长滤波器

filtro de **correcção de fase** phase-correction filter 相位校正滤波器

filtro de **cristal de quartzo** quartz crystal filter 石英晶体滤波器

filtro de **disco** disk filter 圆盘过滤机

filtro de **energia de saída** output-energy filter 输出能量滤波器

filtro de **esgoto** bacteria bed 生物滤池

filtro de **esponjas** sponge-filter 海绵过滤器

filtro de **fase** phase filter 相位滤波器

filtro de **fase linear** linear phase filter 线性相位滤波器

filtro de **fase zero** zero-phase filter 零相移滤波器

filtro de **fluxo total** full-flow filter 全流式滤清器; 满流过滤器

filtro de **folha** leaf filter 叶滤机, 叶片式过滤器

filtro de **frequência** frequency filter 频率滤波器

filtro de **fuligem** soot filter 烟尘过滤器, 烟尘滤管

filtro de **gás** gas filter 气体滤清器

filtro de **gasóleo** diesel filter 柴油滤清器

filtro de **Hanning** Hanning filter 汉宁滤波器

filtros de **harmônicas CA/CC** AC / DC harmonic filters 交流 / 直流谐波滤波器

filtro de **Kalman** Kalman filter 卡尔曼滤波器

filtro de **líquido** fluid filter 液体过滤器

filtro de **lubrificante** lube oil filter 润滑油滤器

filtro de **luz** ❶ filter glass, filter-screen 滤镜 ❷ color filter 滤色片

filtro de **membranas** filter membrane 过滤膜

filtro de **número de onda** wavenumber filter 波数滤波器

filtro de **óleo** oil filter 滤油器, 机油滤清器, 机滤

filtro de **Ormsby** Ormsby filter 欧姆斯比滤波器

filtro de **papel** paper filter 纸滤器

filtro de **polarização** polarizing filter 极化滤波器

filtro de **protecção** protective filter 保护滤层

filtro de **quadratura** quadrature filter 正交滤波器

filtro de **rede** ❶ filter basket 滤网 ❷ intake screen, suction screen 进口滤网, 吸入滤网 ❸ filler inlet filter 加油器滤网

filtro de **rejeição** reject filter 带阻滤波器

filtro do **respiro** breather filter 通气孔滤清器

filtro de **retardo** delay filter 延迟滤波器

filtro de **retorno de óleo** return oil filter 回油过滤器

filtro de **retroalimentação** feedback filter 反馈滤波器

filtro de **saibro** gravel filter 砾石过滤器

filtro de **sobretempo** moveout filter 时差过滤器

filtro de **suavização** smoothing filter 平滑滤波器

filtro de **sucção** suction strainer 吸水口滤网

filtro de **tambor** drum filter 鼓式过滤器

filtro de **velocidade** velocity filter 速度滤波器

filtro de **(/tipo) tela** screen filter, screen-type filter 网式过滤器

filtro **declorador** dechlorination filter 除

氯净水器，除氯过滤器

filtro digital digital filter 数字滤波器

filtro duplo double filter 双层过滤器；双联滤器

filtro eléctrico electro-filter 电滤尘器

filtro electrostático electrostatic filter 静电过滤器

filtro em cascata cascaded filter 级联滤波器

filtro em entropia máxima maximum entropy filter 最大熵滤波器

filtro em leque fan filter 扇形滤波器

filtro equiondulado equal-ripple filter 等波纹滤波器

filtro espaço-tempo space-time filter 时空过滤器

filtro estacionário stationary filter 稳态滤波器

filtro estável stable filter 稳定过滤器

filtro expiratório bacteriológico expiratory bacteria filter 呼气细菌过滤器

filtro f-k f-k filter 频率-波数滤波器，F-K 滤波器

filtro final do combustível final fuel filter 燃油精滤器

filtro hidráulico hydraulic filter 液压过滤器

filtro ideal ideal filter 理想过滤器

filtro inspiratório bacteriológico inspiratory bacteria filter 吸气细菌过滤器

filtro instável unstable filter 不稳定滤波器

filtro integrado integral filter 一体化过滤器

filtro inverso inverse filter 逆滤波器，反滤波器

filtro invertido reverse filter 反滤层

filtro kβ kβ-filter Kβ 滤波片

filtro lateral em torres de resfriamento side filter of cooling tower 冷却塔旁滤器

filtro linear linear filter 线性滤波器

filtro magnético magnetic filter 磁性过滤器

filtro não linear nonlinear filter 非线性滤波器

filtro óptico optical filter 滤光器，滤光片

filtro óptimo optimum filter 最佳过滤器

filtro para infiltração percolating filter

渗滤器

filtro para linha de ar air line filter 风管过滤器

filtro para poço well tube filter 井过滤器

filtro para reuso de água water recycling filter 回用水过滤器

filtro passa-alta high-pass filter 高通滤波器

filtro passa-baixa low-pass filter 低通滤波器

filtro passa-banda band-pass filter 带通滤波器

filtro passa-tudo all-pass filter 全通滤波器

filtro passivo passive filter 无源滤波器

filtro polarizado polarizing filter 偏振滤光镜

filtro prensa press filter 压滤机

filtro prensa de placas plate press 板框式压滤机

filtro pressurizado pressure filter 加压过滤机

filtro primário primary filter 粗过滤器

filtro principal do combustível main fuel filter 主滤油器

filtro proactivo feedforward filter 前馈滤波器

filtro protecção de resina de trona iónica ion exchange resin filter 离子交换树脂过滤器

filtro-Q inverso inverse-Q filter 反 Q 滤波器

filtro rápido rapid filter 快速过滤器

filtro receptor-transmissor antenna combiner 天线合路器

filtro recursivo recursive filter 递归滤波器

filtro redutor de ferro iron removing filter 除铁过滤器

filtro roscado spin-on filter 旋入式滤清器

filtro secador drying filter 干滤器

filtro subterrâneo ⇨ filtro de areia subsuperficial

filtro tipo saco textile bag filter 袋式过滤器；袋滤器

filtro trapezoidal trapezoidal filter 梯形过滤器

filtro variável com o tempo time-variant filter 时变滤波器

filtro vectorial vector filter 矢量滤波器

filtro verde green filter 绿滤光镜

filtro viral viral filter 病毒过滤器

fim de linha férrea *s.m.* railhead 轨头；铁路端点

final de espigão *s.m.* hip end 斜脊末端，斜脊封头

finalização *s.f.* ❶ conclusion 收尾工作 ❷ bookbinding 装订工作

finalizar *v.tr.* (to) finish, (to) conclude 完成，结束

finanças *s.f.pl.* finance, finances 财政，财政学；金融

financeiro *adj.* financial 财政的，金融的

financiador *s.m.* financier, investor 投资者；融资者；金融家

financiamento *s.m.* financing, funding 融资；资金来源

financiamento com recursos limitados limited-recourse financing structure 有限追索权融资结构

financiamento de contas a receber accounts receivable financing 应收账款融资

financiamento de projectos sem direitos aos activos project finance 项目融资

financiamento fora do balanço off balance sheet financing 表外融资

financiar *v.tr.* (to) finance, (to) fund 融资，筹措资金；提供资金

financiável *adj.2g.* financeable, bankable 可融资的，银行融资级的

finandranito *s.m.* finandranite 微斜正长岩

fincamento *s.m.* sticking 插入，刺入

fineza *s.f.* fineness 细度

fingido *adj.* pseudo-; artificial 仿…质地的

fingidor *s.m.* painter（做仿木纹、金属色的）油漆工

fingimento *s.m.* imitation 仿造质地（尤指石材，如花岗岩、大理石等）

finisterra *s.f.* finisterre, land's end 地角，地端岬，"天涯海角"

finlandito *s.m.* finlandite 芬兰辉长岩

fino ❶ *adj.* thin, slender; fine-grained 薄的；细长的；细粒的 ❷ *s.m.pl.* fines, fine fraction 细骨料

finura *s.f.* fineness 细度

fio *s.m.* ❶ thread, cord, wire 细线，细绳；金属丝 ❷ conductor, conductor wire 电线

fio aquecido hot wire 热丝，热线

fio com corrente ⇒ fio vivo

fio condutor line wire 线路导线

fio cortado cut pile 割绒；割毛织物

fio de aço steel wire 钢丝

fio de aço galvanizado galvanized wire, galvanized steel wire 镀锌钢丝

fio de aço trefilado a frio cold reduced steel wire 冷轧钢丝

fios de acoplamento strapping wires 双连开关接线

fio de alimentação power cord 电源线

fio de alumínio aluminum conductor 铝导线

fio de amarração tie wire 扎线；捆扎钢丝

fio de aquecimento heating wire 电炉丝

fio de arame de atar fardos baling wire 打捆用铁丝

fio de barbante twine 合股线

fio de bronze copper conductor 铜导线

fio de chumbo lead wire 铅丝

fio de cobre esmaltado enamelled copper wire 漆包铜线

fio de cobre tançado opper braided wire 编织铜线

fio de compensador equalizer, equalizing wire 均压线

fio de contacto contact wire 接触导线

fio de coser sewing thread 缝纫线

fio de detonador detonating cord 引爆线

fio de enfardadeira baling twine 打捆绳索

fio de entrada leading-in wire 引入线

fio de ferramenta tool edge 刀刃，刀口

fio de filamento filament yarn 长丝

fio de fusível fuse wire 保险丝

fio de induzido armature conductor 电枢导体

fio de invar invar wire 殷钢线尺

fio de lã (/algodão) yarn 纱线

fio de liga alloy wire 合金钢丝

fio de ligação binding wire 绑扎线；绑扎用铁丝

fio de ligação da escova brush lead 电刷

引线

fio de ligação directa ⇨ fio ponte

fio de ligação radial radial lead 径向引线

fio de manganina manganin wire 锰铜线

fio de pára-raios lightning conductor 避雷针

fio de plástico ❶ plastic twine 塑料麻线 ❷ twine from synthetic fibers 合成纤维绳索

fio de pólo negativo negative wire 负极线

fio de pólo positivo positive wire 正极线

fio de prumo plumb line 铅垂线

fio de retorno return wire 回线

fio de saída leading-out wire 引出线

fio de sisal sisal rope 剑麻绳

fio de soldadura welding rod 焊条

fio de sustentação guy 稳索；支索

fio de tomada connecting cord 连接塞绳

fio de tungstênio tungsten wire 钨丝

fio de união tie wire 扎线；捆扎钢丝

fios de ventilação vent wires 通气针；气眼针

fio dental dental floss 牙线

fio diamantado diamond wire 金刚石线

fio eléctrico wire, electrical wire 电线；导线

fio eléctrico com braçadeiras cleat wiring 瓷夹布线

fio enroscado pigtail 铜编织线，铜辫子

fio esmaltado enamelled wire 漆包线

fio fase phase conductor 相线

fio flexível flexible wire 软线

fio fusível fuse element 熔断元件，保险丝

fio-guia guide wire, cable lead 导丝，电缆引线

fio imanizado (/imantado) ⇨ fio magnético

fio inactivo idle wire 空线

fio inferior lower chord 下弦（杆）

fio isolado flex, insulated wire 绝缘导线

fio isolado com esmalte enamel-insulated wire 漆包线

fio laçado loop pile 圈绒

fio magnético magnet wire 电磁线

fio-máquina wire rod 盘圆；钢丝筋条

fio mensageiro carrying cable 运输索

fio metálico metal wire 金属线

fio neutro ❶ neutral wire 中性线 ❷ middle wire 中线

fio nu bare wire 裸线

fio para música music wire 钢琴线

fio para soldagem ⇨ fio de soldadura

fio paralelo parallel wire 平行导线，平行双线

fio ponte jumper wire 跨接电缆，跳线

fios por polegada mesh/inch 目（丝印网的网数）

fio resistivo ballast resistor 镇流电阻

fio retorcido stranded wire 绞线

fio retorno return conductor 回路导线

fio revestido de solda solder-covered wire 焊锡包线

fio secundário secondary wire 二次线；高压线

fio superestirado overspun wire 缠弦

fio superior upper chord 上弦（杆）

fio telefónico telephone wire 电话线

fio (de) terra earthing wire 接地线

fio traçador wire tracer 示踪线

fio vivo live wire 火线；带电电线

fio d'água s.m. run-of-river 径流式（水坝）

fiorde s.m. fiord 峡湾

fiorite s.f. fiorite 硅华，矽华

firewall s.f. fire wall 防火墙

firma s.f. ❶ business name, firm name 商号，商业名称，公司名称 ❷ firm, company 企业，公司 ❸ signature 签名，署名

firmamento s.m. firmament 苍穹，天空

firme ❶ adj.2g. firm, stable 牢固的，稳固的 ❷ adj.2g. massive, solid ; unaltered（岩石，煤等）结实的，成块的；未蚀变的 ❸ s.m. abutment 桥台，拱座

firme à luz fast to light 耐光的

firme na cor colorfast 不褪色的

firmeza s.f. firmness 坚固性，稳固性，稳定性

firmware s.m. firmware 固件

fiscal ❶ adj.2g. tax, fiscal 税务的，税收的；财政的 ❷ s.2g. supervisor（工程）监理

fiscalidade s.f. taxation 税项

fiscalização s.f. ❶ supervision 监理；监督 ❷ inspection, check; auditing 检查，审查；审计

fiscalização administrativa administrative supervision 行政监督

fiscalização das obras project supervision 工程监理

fiscalizar *v.tr.* (to) supervise 监理

fisco *s.m.* ❶ Treasury 国库 ❷ tax authority 税务机关

fisga *s.f.* sling 吊索

fisica *s.f.* physics 物理，物理学

fisica arquitectónica architectural physics 建筑物理

fisico *adj.* ❶ physical 物理的，物理学的 ❷ 1. physical 物质的，有形的 2. (of) paper （文件）纸质的

fisiografia *s.f.* physiography 自然地理学，地文学

fisioterapia *s.f.* physiotherapy 理疗

fisissorção *s.f.* physisorption 物理吸附

fissão *s.f.* fission 裂变；分裂

fissão nuclear nuclear fission 核裂变

fissil *adj.2g.* fissile 分裂性的；易分裂的

fissilidade *s.f.* fissility 易裂性；可裂变性

fissura *s.f.* fissure; crazing 缝，裂缝；开裂

fissura capilar microfissure, hair crack 毛细裂缝

fissura de contração contraction crack 收缩裂缝

fissura de reflexão reflection crack 反射裂缝

fissura de retracção shrinkage crack 收缩裂缝

fissura estrutural structural crack 结构性裂缝

fissura externa external crack 外表裂缝

fissura não estrutural non-structural crack 非结构性裂缝

fissura passante through crack 贯通裂缝

fissura transversal cross crack 横裂纹

fissura vulcânica volcanic fissure 火山裂缝

fissuração *s.f.* fissuration, fissuring, cracking 裂隙，裂缝；龟裂，开裂

fissurado *adj.* fissured （有）裂缝的

fissuramento *s.m.* ⇨ fissuração

fissurar *v.tr.* (to) fissure, (to) crack 龟裂，开裂

fissurômetro *s.m.* crack detector 探伤仪；裂纹探测仪

fissurômetro mecânico mechanical stethoscope 机械金属探伤器

fita *s.f.* tape, band, slip 带，条

fita adesiva adhesive tape 胶带

fita adesiva de dupla face double sides tape 双面胶带

fita adesiva de mascaramento ⇨ fita crepe

fita auto-adesiva self-adhesive tape 自黏式胶带

fita crepe masking tape 遮蔽胶带

fita de aço inox stainless steel band 不锈钢扎带

fita de alerta warning band, hazard warning tape 警示带

fita de borracha rubber strip 橡胶条

fita de caixilho sash ribbon （上下提拉窗的）卷片，卷片式提拉器

fita de compensação spacer strip 隔条；隔离棒

fita de contacto contact strip 接点片

fita de envidraçamento glazing tape 玻璃密封条

fita de espuma foam tape 泡棉胶带

fita de espuma para vedação sealing foam tape 密封泡棉胶带

fita de feltro felt strip 毡条

fita de fibra de vidro fiber glass tape 玻璃纤维胶带

fita de fixação mounting strip 固定条，安装条

fita de junção joint tape 合缝带

fita de lixa belt sander 带式砂光机

fita de medição ⇨ fita métrica

fita de ornamento garnish strip 装饰条

fita de papel auto-adesiva self-adhesive paper tape 自粘贴纸带

fita de terra earth strip 接地带

fita de terra de cobre earth copper strap 接地铜织带

fita de vedação sealing tape 密封带

fita de vidro glass tape 玻璃带

fita elástica elastic band 松紧带

fita em tela cloth duct tape 布基胶带

fita isolante (/isoladora) insulating tape, electrical tape 绝缘胶布，电工胶带，电线胶布

fita magnética magnetic tape 磁带

fita métrica tape-measure, tape-line 卷尺

fita métrica com punho measuring tape with handle 架式卷尺

fita para-raios lightning strip 避雷带

fita reflectora reflective band, reflective belts, reflective strip 反光带

fita retentora ❶ retaining strap 止动嵌条 ❷ mounting strap 固定条，安装条

fita veda-rosca thread sealing tape 螺纹密封胶带，接头密封胶带

fita vedante sealant strip 密封条

fitas VHS VHS tape 录像带

fitoclasto *s.m.* phytoclast 植物碎屑

fitocolite *s.f.* phytocollite 凝胶状腐殖质

fitogénico *adj.* phytogenic 植物起源的，植物成因的

fitogeografia *s.f.* phytogeography 植物地理学

fitólito *s.m.* phytolith 植物岩；植物化石

fitopaleontologia *s.f.* phytopaleontology 植物化石学；古植物学

fitoplâncton *s.m.* phytoplankton 浮游植物

fitossanidade *s.f.* plant quarantine 植物检疫

fitossanitário *adj.* phytosanitary 植物检疫的；控制植物病害的

fitotecnia *s.f.* plant science and technology 植物科学技术

fitzroiíto *s.m.* fitzroyite 白榴金云煌斑岩

fivela *s.f.* buckle 皮带扣

fivela em aço inox stainless steel buckle 不锈钢扣

fixa *s.f.* ❶ pin （铰链、活页的）连接销 ❷ fishplate [巴]（铁轨）接合夹板；接夹板

fixação *s.f.* ❶ 1. fixing, setting 固定；确定 2. fastening 绑，系 3. posting, sticking 黏贴，贴附 ❷ 1. fixation （化学的）固定，固定作用 2. fixation （底片、相片等的）定影，定色 ❸ 1. fixings, fixtures 紧固件；固定装置 2. clamping 夹子

fixação do azoto nitrogen fixation 固氮作用

fixação de preços price fixing 定价

fixação de trilho fastening 紧固零件

fixação directa (do trilho ao dormente) direct fixation 直接固定

fixação elástica resilient fastener 弹性

扣件

fixação elástica de trilho rail clip 轨夹；轨卡

fixação mecânica (de metal) mechanical fixing, mechanically attached fixing, dry hanging 机械式固定，干挂

fixação por pino lateral side-pinned 侧插销固定

fixação posterior posterior fixation 后路固定

fixação rígida rigid fastening 刚性固定；刚性连接

fixações de lâmpada lamp fixtures 灯架，灯具，灯带

fixado *adj.* fixed 固定住的；固定的

fixado por pino pinned 插销固定

fixador *s.m.* ❶ fastener 扣件；锁定器；紧固件 ❷ primer 底胶 ❸ fixative, fixer 定影剂，定色剂

fixador comum common fastener 通用紧固件

fixador de bancada bench stop 木工台挡头

fixador da bateria battery hold-down; battery hold-down clamp 电瓶夹板

fixador de cargas load stabilizer 负荷稳定器

fixador de fundos adhesive primer 胶黏剂底胶

fixador da mola spring retainer 弹簧座圈

fixador do porta-esferas (/porta-roletes) bearing cage holder 轴承罩基座

fixador de tubos tubing catcher 油管抓持器

fixador da válvula valve keeper 气门定位器

fixante *s.m.* fixative 固定剂，稳定剂

fixar *v.tr.* ❶ (to) fix, (to) attach, (to) hold 固定；绑，系 ❷ (to) affix, (to) stick 贴附，黏贴

fixe *s.m.* chassis, frame 底盘，底架

fixe de máquina bed-plate 台板，底板

fixidez *s.f.* fixity 固定性；耐挥发性

fixidez à luz light fastness 耐光性；耐晒性

fixo ❶ *adj.* fixed 固定的，不动的 ❷ *s.m.* fix （航空）定位点

fixo de aproximação final final approach

fix 最后进近定位点

fixo de espera holding fix 等待点

fixo de posição fix 定位点

flacheamento *s.m.* flashing 闪急沸腾

flambagem *s.f.* buckle （板条或锯条等的）弯曲，膨胀，变形

flambagem da via track buckling 轨道鼓出

flambagem helicoidal helical buckling （钻杆在井内的）螺旋弯曲

flambagem por flexão bending buckling 弯曲屈曲

flambagem por torção torsion buckling 扭转屈曲

flameado/flamejado *adj.* flamed 火烧石处理的（石材）

flamejante *adj.2g.* flamboyant 火焰（哥特）式的

flamotubular *adj.2g.* (of) flame tube 火管的，火道的

flanco *s.m.* ❶ 1. flank 侧面；侧翼 2. flank 火翼（森林火灾中介于火头与火尾两侧的部分）❷ sidewall 侧壁

flanco de junta joint edge 接缝边缘

flandriana *s.f.* flandrian transgression 佛兰德海侵

flanela *s.f.* flannel 法兰绒

flange *s.m.* flange 法兰；凸缘；（旋耕机的）刀盘

flange adaptador adapter flange 配接法兰

flange angular angle flange 角法兰

flange bipartido split flange 开口凸缘

flange cego blind flange, blank flange 盲法兰, 盲板法兰；盲板凸缘；管口盖板, 法兰堵板

flange circular center plate 幅板

flange de accionamento drive yoke 驱动叉臂

flange de acoplamento ❶ coupling flange, companion flange 配对法兰；接合法兰 ❷ bolting flange 螺栓法兰

flange da árvore flanged shaft 法兰轴, 凸缘轴

flange da coifa da junta homocinética C.V. boot flange 球笼防尘罩法兰

flange do cubo de roda wheel hub flange 轮毂传动法兰

flange do eixo de saída output shaft flange 输出轴法兰

flange do eixo de transmissão drive-shaft flange 传动轴法兰

flange de entrada input flange 输入接盘

flange do escapamento exhaust flange 排气管法兰

flange de fixação ❶ fixing flange 固定法兰 ❷ attaching flange; attachment flange 连接法兰 ❸ flange plate 法兰盘

flange da junta universal universal joint flange 方向节凸缘

flange do mancal bearing flange 轴承凸缘

flange de manivela crank web 曲柄臂

flange de montagem mounting flange, bolt circle 安装法兰

flange do motor motor flange 马达法兰

flange de obturação pipe stopper 管塞

flange de orelhas do eixo flange yoke 凸缘叉，法兰叉

flange de orifício orifice flange 微孔法兰, 孔板法兰

flange do pinhão do comando final final drive pinion flange 最终传动小齿轮法兰

flange de pressão pressure flange 压力法兰

flange de redução adapter flange 变径法兰

flange da roda wheel flange 轮缘

flange do rolete da esteira track roller flange 支重轮法兰

flange de saída ❶ output flange 输出法兰 ❷ driven flange 从动法兰, 从动凸缘

flange de transmissão drive flange 传动法兰

flange de união coupling flange 接合法兰

flange de vedação seal flange 密封法兰, 密封凸缘

flange duplo double flange 双法兰, 双凸缘

flange hidráulico hydraulic flange 液压法兰

flange intermediário intermediate flange 对接法兰

flange isolador insulating flange 绝缘法兰

flange simples single-flange 单法兰，单凸缘

flange terminal end flange 端部法兰

flape *s.m.* flap [巴] 襟翼

flape de arrefecimento cowling flap 整流罩通风片

flape de mergulho dive flap 俯冲减速板

flat *s.f.* flat（在同一层楼上的）（一套）公寓房间

flazer gabbro *s.m.* flaser gabbro 压扁辉长岩

flebito *s.m.* phlebite 脉成岩

flecha *s.f.* ❶ arrow 箭头 ❷ steeple, fleche, spire 尖塔；尖顶 ❸ 1. flexure, bending 弯曲 2. flexural deflection 弯曲变形 3. deflection, bending 偏转；挠曲 ❹ 1. sagging 下垂，下垂度，下垂量 2. sag, ground depression 地表下沉 3. sagitta; slack; arch rise 拱高度

flecha de arco rise 矢高

flecha do disco disc depth 耙片凹面深度

flecha da esteira track sag 履带下垂量

flecha máxima maximum deflection 最大挠度

flecha na trilha da roda rut depth 车辙深度

fleróvio (Fl) *s.m.* flerovium (Fl) 铁，114 号元素

flexão *s.f.* ❶ 1. bending, flection 弯曲；屈曲；挠曲 2. model marging, warping 翘曲 ❷ deflection 偏斜

flexão da correia belt deflection 传动带挠度

flexibilidade *s.f.* flexibility 柔性；灵活性；弹性；适应性

flexibilização *s.f.* loosening, easing（政策规定等）放宽，减轻，增强弹性

flexibilização quantitativa quantitative easing (QE) 量化宽松

flexímetro *s.m.* fleximete 柔曲计；弯曲应力测定仪

flexionar *v.tr.* (to) flex, (to) bend 弯曲，折弯

flexitubo *s.m.* coiled tubing 连续油管

flexivan *s.f.* flexivan 可伸缩运输车

flexível *adj.2g.* flexible 易弯曲的；灵活的

flexível em combustível flexible fuel 多种燃料的（发动机、汽车）

flexómetro/flexômetro *s.m.* flexometer 曲率计；挠度仪

flexor *adj.* deflecting 偏转的

flexura *s.f.* flexure 单斜挠摺

fliche *s.m.* flysch 复理层；复理石

flichóide *adj.2g.* flyschoide 类复理石的

flicker *s.m.* flicker 闪烁，闪变

flinte *s.m.* flint 燧石

flip-flop *s.m.* flip-flop 触发器

float-on float-off (fo-fo) *adj.inv.* float-on float-off (fo-fo) 浮装浮卸

floatstone *s.f.* floatstone 浮石；磨石

floco *s.m.* ❶ flake 薄片，小片 ❷ flocculate; floccule; floc 絮凝物

flocodecantador *s.m.* flocculation and sedimentation basin 絮凝沉淀池

floculação *s.f.* ❶ flocculation 絮凝，絮凝作用 ❷ flaking 剥落

floculado *adj.* flocculent 絮凝的

floculador *s.m.* ❶ flocculator 絮凝器 ❷ flocculation basin 絮凝池

floculador de chicanas (verticais) spacer flocculating tank, baffle-plate flocculating tank 隔板絮凝池

floculador de fluxo axial axial flow flocculator 轴流絮凝池

floculante *s.m.* flocculante 絮凝剂

flocular *v.tr.,intr.* (to) flocculate（使）絮凝

flóculo *s.m.* floc 絮状物

floema *s.m.* phloem 韧皮部

flogopite *s.f.* phlogopite 金云母

Floiano *adj.,s.m.* Floian; Floian Age; Floian Stage（地质年代）弗洛期（的）；弗洛阶（的）

flor *s.f.* ❶ flower 花 ❷ flower 华（某些矿物的氧化层或升华物）

flores anuais annual flower 一年生花卉

flores níquel nickel bloom, annabergite 镍华

flora *s.f.* flora 植物群落

florão *s.m.* fleuron; anthemion; finial 花形饰；叶状平纹饰；顶端饰

florão tecto ceiling rose 灯线盒

flor-de-lis *s.f.* flor-de-lis 百合花饰

floreado ❶ *adj.* floriated 有花卉图案的 ❷ *s.m.* floriated [集] 花卉图案

floreira *s.f.* ❶ flower bed 花圃 ❷ jardiniere 花架，（陶瓷）大花盆托

florescências *s.f.pl.* blooms 水华

floresta *s.f.* forest 森林，林地

  floresta caducifólia deciduous forest 落叶林

  floresta cársica limestone forest 石灰岩森林

  floresta chuvosa rainforest 雨林

  floresta de chuva equatorial equatorial rain forest 赤道雨林

  floresta de coníferas coniferous forest 针叶林

  floresta de líquens lichen woodland 地衣林

  floresta de montanha mountain forest 山林

  floresta de turfa bog forest 沼泽林

  floresta espinhosa thorn forest 多刺丛林

  floresta húmida tropical tropical moist forest 潮湿热带林

  floresta mista mixed forest 混交林

  floresta mista de latitudes médias mid-latitude mixed forest 中纬度混交林

  floresta periférica gallery forest 走廊林

  floresta petrificada petrified forest 石化森林

  floresta pluvial subtropical subtropical rain forest 亚热带雨林

  floresta pluvial tropical tropical rain forest 热带雨林

  floresta pristina pristine forest 原始森林

  floresta subalpina subalpine forest 亚高山带森林

  floresta submersa submerged forest 水下森林

  floresta temperada chuvosa temperate rain forest 温带雨林

  floresta temperada decídua temperate deciduous forest 温带落叶林

  floresta tropical rain forest 热带雨林

  floresta tropical de montanha tropical mountain rain forest 热带山地雨林

  floresta tropical sazonal tropical seasonal forest 热带季雨林

  floresta virgem virgin forest 原始森林

florizona *s.f.* florizone 植物带

flosferri *s.f.* flos ferri 霰石华

flotação *s.f.* flotation [巴] 浮选

  flotação a gás dissolvido dissolved gas flotation 溶气浮选

  flotação a gás induzido induced gas flotation 诱导气浮

  flotação de óxidos oxide flotation 氧化物浮选

  flotação em espuma foam flotation 泡沫浮选

  flotação gasosa gas flotation 气浮，气浮选

  flotação iônica ion flotation 离子浮选

  flotação por ar dissolvido (FAD) dissolved air floatation (DAF) 溶气浮选

  flotação por coluna column flotation 柱浮选

flotador *s.m.* flotator, flotation machine 浮选机

  flotador por ar dissolvido dissolved air floatator 溶气浮选机

flotel *s.m.* flotel （海上石油作业人员使用的）浮式住宿船

flotofiltração *s.f.* flotation-filtration 气浮过滤

fluência *s.f.* creep 徐变；蠕变

fluidal *adj.2g.* fluidal 流体的

fluidez *s.f.* fluidity 流动性

  fluidez plástica plastic flow 塑性流动

fluidificação *s.f.* ❶ fluidization 流态化 ❷ hydraulic ground break, piping 管涌

fluidificador *s.m.* fluidizer 流化器

fluidificante *s.m.* fluidifier, fluidifying agent; cutback 流化剂；稀释剂，稀释油

fluidificar *v.tr.* (to) fluidize 使流体化，使液化

fluidímetro *s.m.* fluidimeter 黏度计

fluidização *s.f.* fluidization 流态化

fluido ❶ *s.m.* fluid 流体；液体 ❷ *adj.* fluid 流动的，流质的，流体的

  fluido binghamiano Bingham fluid 宾汉流体

  fluido carreador de propante carrier fluid 载液

  fluido catiônico cationic polymer drilling fluid 阳离子聚合物钻井液

  fluido compressível compressible fluid 可压缩流体

  fluido condutor coolant 冷却剂

  fluido de amortecimento (/do contro-

lo da pressão) kill fluid, kill mud, load fluid 压井液

fluido de aquecimento heating medium 热媒

fluido de completação completion fluid, workover fluid 完井液

fluido de fracturamento fracturing fluid 压裂液

fluido de (/para) freio brake fluid 制动液，刹车油

fluido de fundo bottom fluid 井底流体

fluido de gravel pack gravel pack fluid 砾石充填液

fluido de injecção injection fluid 注入流体

fluido de limpeza cleaning fluid 清洗液

fluido de perfuração weighted drilling fluid 钻井液

fluido de perfuração à base de água do mar seawater drilling mud 海水基钻井液

fluido de perfuração à base de água salgada saltwater-base drilling mud 盐水基钻井液

fluido de perfuração à base sintética synthetic-based drilling fluid 合成基钻井液

fluido de perfuração disperso dispersed drilling fluid 消散钻井液

fluido de perfuração inibido inhibited drilling fluid 抑制钻井液

fluido de reservatório reservoir fluid 储层流体

fluido dilatante dilatant fluid 膨胀性流体，胀流型流体

fluido frigorígeneo (/frigorígeno) re-frigerant 制冷剂

fluido hidráulico hydraulic fluid (oil) 液压油

fluido hidrotermal hydrothermal fluid 热液

fluido incompressível incompressible fluid 不可压缩流体，非压缩性流体

fluido inicial de perfuração spud mud 开钻泥浆

fluido invasor invading fluid 侵污液

fluido micelar micellar fluid 胶束流体

fluido molhante wetting fluid 浸润液

fluido não molhante non-wetting fluid 非润湿流体

fluido não newtoniano non-Newtonian fluid 非牛顿流体

fluido newtoniano Newtonian fluid 牛顿流体

fluido obturador packer fluid 封隔液

fluido plástico binghamiano Binghamian plastic fluid 宾汉塑性流体

fluido pseudoplástico pseudoplastic fluid 假塑性流体

fluido reopético rheopectic fluid 触变性液体，震凝性流体

fluido tixotrópico thixotropic fluid 触变性流体

fluido viscoso viscous fluid 黏性液体，黏滞流体

fluimento s.m. ❶ earthflow 泥流 ❷ surface creeping, reptation 表层爬动

fluir v.tr.,intr. (to) flow 流动

flúor (F) s.m. fluorine (F) 氟

fluorapatite s.f. fluorapatite 氟磷灰石

fluorescência s.f. fluorescence 荧光

fluorescente adj.2g. fluorescent 萤光的，发光的

fluoreto s.m. fluoride 氟化物

fluoreto de sódio sodium fluoride 氟化钠

fluorímetro s.m. fluorimeter, fluorometer 荧光计

fluorímetro para análise de metais pesados fluorimeter for heavy metals analysis 重金属荧光检测仪

fluorinite s.f. fluorinite 荧光体

fluorita s.f. fluorspar 萤石

fluorometria s.f. fluorometry 荧光测定法

fluorômetro s.m. fluorometer, fluorimeter 荧光计

fluorômetro para macro e microalgas fluorometer for macro-and microalgal 藻类荧光仪

fluorômetro para vegetais superiores fluorometer for higher plants 高等植物荧光仪

fluorômetro subaquático underwater fluorometer 水下荧光计

fluoroscopia s.f. fluoroscopy 荧光检查法

flutuabilidade s.f. floatability 可浮性，漂浮度

flutuabilidade inerente inherent floatability 天然可浮性；固有可浮性

flutuação *s.f.* ❶ floating, fluctuation 漂浮，浮动 ❷ fluctuation 波动，变动 ❸ flotation [葡] 浮选

flutuações cíclicas cyclical fluctuations 周期性波动

flutuação do nível da água fluctuation of water level 水位涨落

flutuação dos preços price fluctuations 价格波动

flutuação da tensão voltage fluctuation 电压波动；电压升降

flutuação de tráfego traffic fluctuation 交通流波动

flutuação de válvulas governor valve fluctuation 调门波动

flutuações sazonais seasonal fluctuations 季节性波动

flutuação volumétrica de trânsito (/tráfego) traffic volume fluctuation 交通量波动

flutuador *s.m.* float 浮球，浮子

flutuante *adj.2g.* ❶ floating 浮动的 ❷ fluctuant 波动的，变动的

totalmente flutuante full-floating 全浮动的

flutuar *v.intr.* (to) float, (to) fluctuate 漂浮，浮动

fluvial *adj.2g.* fluvial, fluviatile 河流的；河成的

fluvioeólico *adj.* fluvioaeolian 风水的，河流与风的

fluvioglaciário *adj.* fluvioglacial 河冰的；河流和冰川的

fluviolacustre *adj.2g.* fluviolacustrine 河湖的；河流和湖泊的

fluviomarinho *adj.* fluviomarine 河海的；河流和海洋的

fluviómetro/fluviômetro *s.m.* ⇨ fluxímetro

fluvioterrestre *adj.2g.* fluvioterrestrial 河陆的；河流和陆地的

fluvissolo *s.m.* fluvisol 冲积土

fluxante *s.m.* mould flux 连铸保护渣

fluxímetro *s.m.* fluxmeter, flowmeter 流量计；流速计

fluxímetro a osciloscópios oscilloscope 示波器

fluxímetro de calor heat meter 热量计，热流计

fluxímetro electromagnético electromagnetic flowmeter 电磁流量计

fluxímetro ultra-sónico ultrasonic flowmeter 超声波流量计

fluxo *s.m.* ❶ 1. flow （物质、能量等的）流；流动 2. flow, flux 流量，通量 ❷ flux 熔剂，助熔剂

fluxo aberto open flow 敞喷

fluxo abrasivo abrasive flow 磨料流

fluxo bidimensional two-dimensional flow 二维流

fluxo contínuo uninterrupted flow, continuous 连续交通流，未受干扰车流

fluxo convergente merging traffic flow 汇入车流

fluxo crítico critical flow 临界流量

fluxo cruzado cross flow 交叉车流

fluxo de água subterrânea underground seepage 地下渗流

fluxo de areia sand flow 砂流

fluxo de caixa cash flow 现金流

fluxo de caixa descontado (FCD) discounted cash flow (DCF) 贴现现金流

fluxo de calor heat flux 热通量，热流密度

fluxo de carga cargo flow 货流

fluxo de colofônia ativada activated rosin flux 活性焊剂，活性树脂钎焊剂

fluxo de detritos debris flow 泥石流

fluxo de difusão diffusion flux 扩散通量

fluxo de gás gas flow 气流

fluxo de informação flow of information 信息流

fluxo de lama mudflow 泥流

fluxo de luz light flux 光通量

fluxo de massa mass flow 质量流量

fluxo de nêutrons neutron flux 中子通量

fluxo de potência power flow 功率流，功率通量

fluxo de projecto design flow 设计流量

fluxo de retorno undertow 回卷流

fluxo de saturação saturation flow 饱和通车量，饱和交通量

fluxo de soldagem welding flux 焊粉，

焊药

fluxo de transição transition flow 过渡流

fluxo de trânsito stream of flow; traffic flow 交通流；交通流量

fluxo de trânsito de pico peak traffic flow 最高交通流量；高峰交通流量

fluxo de turbilhão vortex flow 涡流

fluxo divergente exiting traffic flow 分流车流

fluxo eléctrico electric flux 电通量

fluxo em contramão contraflow 反向车流

fluxo errático stray flux 杂散磁通

fluxo hidráulico hydraulic flow 液压流量

fluxo hiperpicnal hyperpycnal flow 高密度流

fluxo hipopicnal hypopycnal flow 低密度流

fluxo homopicnal homopycnal flow 等密度流

fluxo ininterrupto ⇨ fluxo contínuo

fluxo interrompido interrupted flow 中断性交通流，受干扰交通流

fluxo inverso backflow 回流

fluxo laminar laminar flow 层流，片流

fluxo luminoso luminous flux 光通量

fluxo luminoso nominal nominal light flux 额定光通量

fluxo luminoso residual residual light flux 剩余光通量

fluxo magnético magnetic flux 磁通量

fluxo natural natural flow 自然流量

fluxo neutro neutral flux 中性熔剂，中性助熔剂

fluxo permanente steady-state flow 稳态流

fluxo plástico plastic flow 塑性流动

fluxo pseudopermanente pseudo-steady-state flow 拟稳定流

fluxo radial radial flow 径向流动

fluxo rotativo rotary flow 旋流

fluxo sem estrangulador ⇨ fluxo aberto

fluxo subterrâneo (/subsuperficial) subsurface flow 潜流，地下流

fluxo superficial (/terrestre) surface runoff 地面径流

(de) fluxo total full-flow 全流式

fluxo transitório transient flow 瞬变流，非恒定流

fluxo turbulento turbulent flow 湍流

fluxo uniforme uniform flow 均匀流

fluxo útil working flux 有效磁通

fluxo variável variable flow 变流

fluxo viscoso viscous flow 黏滞流

fluxo zonal zonal circulation 纬向环流

fluxograma *s.m.* flowchart, flow diagram 流程示意图，流程图

fluxograma de engenharia piping and instrumentation diagram 管路仪表图

fluxograma de procedimento process flowchart 工艺流程图

fluxograma de processo process flow diagram 工艺流程图

fluxómetro/fluxômetro *s.m.* flowmeter, rate-of-flow meter 流量计

fluxômetro electromagnético electro-magnetic flowmeter 电磁流量计

fluxômetro registrador flow recorder 流量记录仪

fluxoturbidito *s.m.* fluxoturbidite 滑动浊流物

FOB *sig.,adj.inv.* FOB (free on board) 船上交货（的），离岸价（的）

FOB aeroporto FOB airport 机场离岸价

focalização *s.f.* focusing [葡] 聚焦，对焦

focalização de velocidade velocity focusing 速度聚焦

focalizar *v.tr.* (to) focus 聚焦，调焦

focinho *s.m.* ❶ nosing 突缘饰 ❷ nosing 楼梯的踏步前缘

foco *s.m.* ❶ focus 焦点；中心 ❷ hypocenter 震源 ❸ origin of fire 火源，起火点

foco secundário secondary origin of fire 次生火源

foco sísmico (/de terramoto) seismic focus 震源

FOFA *sig.,s.f.* SWOT (analysis) SWOT 分析法

fogacho *s.m.* flamelet 小火苗

fogão *s.m.* stove, gas range 灶台，煤气灶

fogão a (/de) gás gas-cooker, gas range 燃气灶，煤气灶

fogão a gás com forno a gás gas range with gas oven 带燃气烤箱的燃气灶台

fogão de 6 bocas 6 burner gas range 六眼灶，六头灶台

fogão de cozinha kitchen-range 灶台，厨房炉灶

fogão doméstico home cooking stove 家用灶台

fogão eléctrico electric cooker, electric range 电子灶台

fogão eléctrico com forno eléctrico electric range with electric oven 带电烤箱的电子灶台

fogareiro *s.m.* little stove 烤炉

fogaréu *s.m.* flame-like ornament 火焰状装饰

fogo *s.m.* ❶ 1. fire 火；发光、发热的燃烧 2. fire; flame [引申义] 火灾，火光，火苗 ❷ home 户，家 ❸ light 灯 ❹ fire 火彩；宝石内的色散

fogo cirúrgico surgical light 无影手术灯

fogo de barbecho land cleaning fire 火耕或烧荒用的火

fogo de copa crowning fire 树冠火

fogo de encontro backfire 迎火（把草原或森林中一块地带先纵火烧光，以阻止野火或林火蔓延）

fogo de tronco stand fire, stem fire 树干火

fogo de vento favorável (em popa) head fire 顺风火

fogo latente smouldering fire 闷火

fogo nu naked flame 明火

fogo provacado por trovão lightening-caused fire 雷击火

fog seal *s.m.* fog seal 沥青乳封层

fogueira *s.f.* timber sleeper pile 枕木（堆成的）垛

fogueira de dormentes tie crib 枕木墩

fogueiro *s.m.* fireman 司炉，锅炉工

foguete *s.m.* ❶ rocket 火箭 ❷ rocket 火箭发动机

foiaíto *s.m.* foyaite 流霞正长岩

foicinho *s.m.* sickle 镰刀

fóidico *adj.* foidic 似长石的

foidífero *adj.* foidiferous 含似长石的

foidito *s.m.* foidite 似长石岩

foidolito *s.m.* foidolite 似长石深成岩

fole *s.m.* ❶ bellows 风箱；皮老虎 ❷ blower, air blower 吹风机；鼓风机

fole da suspensão suspension bellows （风箱式）空气悬架

fole da válvula valve bellows 阀门波纹管

foleado *adj.* ⇒ folhado

folga *s.f.* ❶ play, clearance, back-lash, free play 间隙；游隙；游动；净空；齿隙 ❷ allowance 容许量，容许误差

folga axial end clearance 端面间隙

folga dos eléctrodos spark gap 火花隙

folga de engrenamento backlash 齿间隙，齿隙

folga de junta de trilho joint gap 接缝间隙

folga de operação running clearance 运行间隙

folga de pistão piston clearance 活塞间隙

folga do platinado contact point gap 触电间隙

folga da válvula valve clearance, valve lash 气门间隙

folga entre dentes ⇒ folga de engrenagem

folga horizontal face clearance （玻璃扇与净空）横向间隙

folga lateral side play 侧面间隙；侧隙

folga livre free float (ff) 自由浮动

folga mínima minimum clearance 最小间隙

folga nula zero lash 无间隙

folga radial radial clearance 径向间隙

folga total total freeboard （坝体）总出水高度

folga vertical vertical free play 垂直间隙

folha *s.f.* ❶ paper, page 纸张，页 ❷ sheet, plate, foil, lamina 薄片，薄膜；板材 ❸ sheet,leaf 门扇，窗扇 ❹ sheet 表单

folha adesiva adhesive foil 胶黏薄膜

folha ativa active leaf, opening leaf （对开门只开启一个门扇时的）活动门扇

folha de aço galvanizado corrugada galvanized steel corrugated sheet 镀锌钢波纹板

folha de alumínio aluminum foil 铝箔

folha de aquecimento heating foil 加热箔

folha de base base sheet 底层油毡

folha de cálculo spreadsheet 电子数据表

folha de camada única de EPDM

EPDM single layer elastomeric sheet EPDM 单层弹性体薄板

folha de chumbo lead sheet 铅皮

folha de cortiça cork sheet 软木板，黄松片

folha de cortiça anti-vibratória cork sheet for anti-vibration 减振软木板

folha de estanho tin foil 锡纸

folha de ferro estranhada tinned-iron plate 镀锡铁片

folha-de-flandres tinplate 镀锡铁皮；白铁皮

folha-de-flandres ao coque cokes 薄锡层镀锡薄钢板

folha de gesso gypsum lath 石膏板条

folha de gesso isolante insulating gypsum lath 隔热石膏板

folha de gesso perfurada perforated gypsum lath 穿孔石膏板

folha de janela ❶ casement sash, sash 窗扇 ❷ shutter 活动遮板；百叶窗；挡板

folha de lixa emery paper 砂纸

folha de mapa map sheet （分幅图的）图幅

folha de mola spring leaf 弹簧片

folha de ouro gold leaf 金箔

folha de polietileno polyethylene sheeting 聚乙烯薄膜

folha de polietileno biodegradável biodegradable polyethylene sheeting 可生物降解的聚乙烯薄膜

folha de porta door leaf 门扇

folha de prata silver leaf 银箔

folha de protecção protection sheet 保护膜

folha de remate cap sheet 屋面露明卷材

folha de separação separating sheet 隔页；隔膜

folha de serra saw-blade 锯片

folha de vinilo vinyl sheet 乙烯基片

folha elastomérica de camada única single layer elastomeric sheet 单层弹性橡胶板

folha esmaltada enamelled sheet 搪瓷板

folha inativa (/fixa) inactive leaf, standing leaf （对开门只开启一个门扇时，另一扇不开启的）固定门扇

folha intercalada inset 插图；插页

folha livre ⇨ folha ativa

folha para solda soldering foil 钎焊铝箔

folhada s.f. litter [集] 枯叶；枯枝落叶层

folhado adj. foliated 叶形装饰的，有叶形装饰的

folhagem s.f. foliage, leafage [集] 叶子；叶饰

folheado ❶ adj. plated 有贴面的 ❷ s.m. facing 贴面，饰面 ❸ s.m. veneer 薄木片

folheado a ouro gold plated 包金的

folheado de pedra stone veneer 石材饰面，石材贴面

folheamento s.m. plating; electroplating 贴面，包镶；电镀

folhear v.tr. (to) plate 贴面，包镶

folhelho s.m. shale 泥质页岩

folhelho betuminoso bituminous shale 沥青页岩

folhelho calcífero calcareous shale 钙质页岩

folhelho carbonoso carbonaceous shale 碳质页岩

folhelho combustível combustible shale 可燃页岩

folhelho rico em diatomáceas diatomaceous shale 硅藻页岩

folheto s.m. leaflet 宣传页，（页数不多的）宣传册

foliação s.f. ❶ foliation 发叶 ❷ foliation 叶理；剥理

foliação de transposição transposition foliation 换位剥理

foliação milonítica mylonitic foliation 糜棱面理

foliado adj. sheeted 片状的

fomesafena s.f. fomesafen 氟磺胺草醚

fon s.m. phon 方（响度单位）

fonão s.m. phonon [葡] 声子

fone s.m. headphone, head set 耳机

fone de ouvido headphone 头戴式耳机

fonobasanito s.m. phonolitic basanite, phonobasanite 响岩质碧玄岩

fonocaptador s.m. sound pickup 拾音器

fonólito s.m. phonolite 响岩

fônon s.m. phonon [巴] 声子

fontanário s.m. fountain 饮水处，（有水龙

头的）水池

fontanário público public fountain, foutain 公共取水点 ➡ chafariz

fonte *s.f.* ❶ source 来源 ❷ spring 泉水

fonte bidimensional area source 面光源

fonte calcária calcareous spring 碳酸钙矿泉

fonte (de abastecimento) de água water source 水源

fonte de água gelada ice-water spring 冰水泉

fonte de alimentação de energia power source 电源

fonte de contacto contact spring 接触泉

fonte de descarga eléctrica electrical discharge source 放电源

fonte de energia energy source 能量源

fonte de energia alternativa alternative energy sources 替代能源

fonte de energia renovável renewable energy source 可再生能源

fonte de falha fault spring 断层泉

fonte de nêutrons neutron source 中子源，中子射源

fonte de reserva reserve power 备用电源

fonte emissora do som sound source 声源，发声源

fonte hidrotermal hydrothermal spring 热水泉

fonte implosiva implosive source 爆聚式震源，挤压震源，内爆震源

fonte impulsiva impulsive source 脉冲源

fonte intrafuro downhole source 井内波源

fonte linear linear source 线源；线光源，线声源

fonte luminosa luminous source 光源

fonte mecânica mechanical source 机械震源

fonte múltipla multiple source 多信源，多束源

fonte planar plain source 片状扩散源

fonte pontual point source 点源；点光源，点声源

fonte sísmica seismic source 地震源

fonte sísmica marítima marine seismic source 海洋震源

fonte subaquática underwater source 水下震源

footcandle *s.f.* footcandle 英尺烛光（照度单位）

foot-lambert *s.m.* foot-lambert 英尺朗伯（亮度单位）

fora de *loc.* out (of) 在…之外的；不…的

fora de dimensão (/medida) off size 尺寸不符的；不合规格的

fora-de-estrada off-highway 非公路，越野

fora de operação out of operation 不工作的，报废的

fora do perfil overbreak 超挖；超爆

fora de produção non-current 停产的，不通行的

fora de serviço out of service 不工作的，报废的

foramol *sig.,s.m./f.* foramol (foraminifera-mollusca) 有孔虫-软体动物组合碳酸盐岩

força *s.f.* ❶ force, power, energy 力；力度；动力；电力；势能 ❷ force 军事力量，部队；军种

força activa active force 主动力

força adesiva adhesive force 附着力

força aérea air force 空军

força aerodinâmica aerodynamic force 气动力

força antagonista restoring force 恢复力

força aplicada applied force 外加力；作用力

forças armadas armed forces 武装部队，三军部队

força ascensional buoyancy 浮力

força ascensional para baixo down thrust 下冲力

força ascensional para cima up thrust 上推力

força atómica atomic power 原子能

força atractiva attractive force, attractive power 引力

força axial ❶ axial force 轴向力 ❷ end thrust 轴向推力

força capilar capillary force 毛管力

força central central force 有心力

força centrífuga centrifugal force, centrifugal power 离心力

força centrípeta centripetal force 向心力

força cinética kinetic energy 动能

força circunferencial circumferential force 圆周力

força cisalhante ⇨ força de cisalhamento

força coerciva coercive force 矫顽力

forças colineares collinear forces 共线力

forças componentes component forces 分力

força compressiva compressive force 压缩力

forças concorrentes concurrent forces 汇交力

forças coplanares coplanar forces 共面力

força corporal body force 体力

força cortante shear force 剪切力

força cortante negativa negative shear 负剪力

força cortante positiva positive shear 正剪力

força coulombica coulombic force, coulomb force 库仑力

força crítica de flambagem critical buckling force 临界失稳压力

força de acção à distância action-at-a-distance force 超距力

força de atracção force of attraction 引力

força de atrito frictional force 摩擦力

força de barra de tracção drawbar pull 牵引杆拉力

força de cisalhamento shearing force 剪力

força de compressão thrust 推力；压力

força de contacto contact force 接触力

força de Coriolis Coriolis force 科里奥利力

força de Coulomb coulomb force 库仑力

força de desagregação ❶ breakout effort, breakout force 掘起力，挖掘力 ❷ pry-out force 撬力

força de dobragem bending force 弯曲力

força de elevação ❶ uplift force 上举力；浮力 ❷ jacking force 顶推力

força de Euler Euler force 欧拉力

força de fadiga fatigue strength 疲劳强度

força de fechamento closure force 闭合力

força de giro turning effort 转动力；转动力转矩

força de impacto impact force 撞击力；冲击力

força de inércia inertia force 惯性力

força de intercâmbio exchange force 交换力

força de Lorentz Lorentz force 洛伦兹力

força de máquina speed of engine 发动机转速

força de reacção reaction force 反作用力

força de reboque towing force 牵力

força de reserva reserve power 备用电源

força de retenção holding force 吸持力

força de ruptura breaking force 破断力

força de torção twisting force 扭力

força de torção máxima maximum twisting force 最大扭力

força de trabalho workforce 劳动力

força de tracção tensile force 牵引力，拉力；张力

força do vento wind power 风力

força de Wigner Wigner force 维格纳力

força descendente downward force 下向力

força dieléctrica dielectric strength 介电强度

força dinâmica dynamic force 动力；动态力

força elástica elastic force 弹力

força electromagnética electromagnetic force 电磁力

força eletromotriz (f.e.m.) electromotive force (e.m.f.) 电动势

força eólica wind force 风力

força equilibrante equilibrant 平衡力

força equivalente equivalent force 等效力

força excêntrica eccentric force 偏心力

força externa external force 外力

força final do gel final gel strength [葡] 终切力

força gel gel strength 胶凝强度

força geradora de maré tide-generating force 引潮力

força inercial inertial force 惯性力

força inicial do gel initial gel strength [葡]

初切力

força intermolecular intermolecular force 分子力，分子间作用力

força interna internal force 内力

força lateral lateral force 侧向力

força magnetomotriz (/magnetomotiva) magnetomotive force 磁通势

força maior force majeure 不可抗力

força mássica mass force, body force [巴] 体力，体积力

força mecanomotora mechanomotive force 机动力

forças modais modal forces 模态力

força motriz motive power, driving force 动力，驱动力

força motriz hidráulica hydraulic power 液压动力

forças não concorrentes non-concurrent forces 非共点力

força normal normal force 法向力

força nuclear forte strong nuclear force 强核力

força nuclear fraca weak nuclear force 弱核力

força osmótica osmotic force 渗透力

força passiva passive force 被动力

forças paralelas parallel forces 平行力量

força periférica peripheral force, circumferential force 圆周力

força policial police force 警察队伍，警力

força radial radial force 径向力

força repulsiva repulsive force 排斥力

força resultante resultant force 合力

força sísmica seismic force 地震力

força superficial surface force 表面力

força tangencial tangential force 切向力

força-tarefa task force 特别工作组；特遣部队

força tensora tensor force 张量力

força transversal transverse force 横向力

força útil useful power 有效功率

força viscosa viscous force 黏性力

força volúmica mass force, body force [葡] 体力，体积力

forcado *s.m.* digging fork 掘土叉

forçado *adj.* forced 受迫的

　　forçado por mola spring-loaded 弹簧支撑的；受弹簧力作用的

forçagem *s.f.* forcing 人工催育

forçar *v.tr.* (to) force 施力

forçura *s.f.* prop, stay 支撑物，支柱

Fordismo *s.m.* Fordism 福特制（一种使工人或生产方法标准化以提高生产效率的办法）

forfaiting *s.m.* forfaiting 福费廷，票据包买

forja *s.f.* forge 熔炉，铁工厂

　　forja a cilindro roll forging 辊锻；滚锻

　　forja a pressão pressure forging 热模锻

forjado *adj.* forged 锻制的

forjadura *s.f.* forging 锻造 ⇨ forjamento

　　forjadura a martinete drop stamping 锤模锻

　　forjadura estampada ⇨ forjadura a martinete

forjamento *s.m.* forging 锻造

　　forjamento a frio cold forging 冷锻

　　forjamento a martinete (/martelo mecânico) drop forging 落锤锻造

　　forjamento a prensa press forging 冲锻，压锻

　　forjamento a quente hot forging 热锻

　　forjamento a recalque (/por recalcamento) upset forging 镦锻

　　forjamento de pó metálico (/de sinterizados) powder forging 粉末锻造

　　forjamento de precisão precision forging 精密锻造

　　forjamento em matriz (/molde) die forging 模锻

　　forjamento em matriz aberta open-die forging 开式模锻，开模锻造

　　forjamento em matriz fechada closed-die forging 合模铸造，闭模锻造

　　forjamento hidráulico hydraulic forging 水压锻压机

　　forjamento isotérmico isothermal forging 恒温锻造

　　forjamento livre ⇨ forjamento em matriz aberta

　　forjamento sem emenda seamless forging 无缝锻造

forjar *v.tr.* (to) forge 锻造

forjaria *s.f.* forging shop 锻造车间

forma *s.f.* ❶ shape, form 形状 ❷ means, way 方式，方法 ❸ form, type 形式，类型

❹ (fôrma) form, formwork 模板；模架
forma contábil account form 账户式；账式
forma cristalina crystalline form 晶形
forma de agregado aggregate particle shape（集料的）粒形
fôrma de laje nervurada form for ribbed slab 密肋板模壳
forma de onda wave form, waveshape 波形
forma de pagamento means of payment 付款方式
fôrma de papelão sonotube 索诺管（制圆柱用层压纸套管）
forma de percussão percussion figure 撞痕
forma de superfície erosional erosional landform 侵蚀地形
forma deslizante sliding formwork 滑动模板
forma eólica terrestre eolian landform 风成地貌
forma móvel travelling formwork 移动模架
forma para arco turning-piece 单拱架
fôrma para concretagem concreting formwork 混凝土模板
forma para muffins muffin tray 松饼烤盘
forma para suflé soufflé dish 雪花酥模子
forma polimórfica polymorphic form 同质多象型式
fôrmas saltantes jumping formwork 爬升模板
fôrma trepante climbing form 爬升模板
fôrma vertical vertical formwork 垂直模板
fôrma volante flying form 飞模
formação s.f. ❶ formation 形成，组成，构成 ❷ forming（金属）成形 ❸ formation, training 培训 ❹ 1. formation 地层 2. formation 组（岩石地层单位，grupo 的下一级，membro 的上一级）
formação a rolos roll forming 辊轧成形
formação a vácuo vacuum forming 真空成形
formação anisotrópica anisotropic formation 各向异性地层
formações carboníferas coal measures 煤系，煤层

formação cárstica karstic formation 岩溶地层
formação com gás gas bearing formation 气层
formação de arcos (/centelhas) arcing 发弧光，跳火
formação de base basic training 基础培训
formação de bolas balling 成球；熟铁成球
formação de bolhas blistering 起泡
formação de carepas scale formation 结垢
formação de cristas de gelo ridging 隆脊
formação de depósitos de carvão no turboalimentador turbocharger carboning 涡轮增压器结碳
formação de estrias streaking 产生条痕
formação do feixe beam forming 波束形成
formação de filas queuing 排队；形成队列
formação de gelo icing 积冰
formação de gelo de tipo cristalino clear type of ice formation 明冰
formação de grumos pin-holing 油漆麻点
formação de pite pitting 点蚀
formação de quadros training of manpower 员工培训，人员培训
formação de rochas duras shelly formation [葡] 薄层硬岩
formação do solo soil formation 土壤形成；土壤发生
formação de trilhas de rodas wheel rut formation（沥青路面）车辙形成
formação ferrífera bandada iron banded formation 条状铁层
formação geológica geological formation 地质建造
formação hidráulica hydro-forming 液压成形
formações hulhíferas ⇒ formações carboníferas
formação in-job in-service training 在职培训

formação não produtiva nonproductive formation 非生产岩层

formação on-job on-the-job training 岗位培训

formação petrolífera oil bearing formation 含油地层

formação por esticador (/alongamento) stretch forming 拉伸成型

formação prática practical training 实践培训，实务培训

formação Pré-Câmbrica Precambrian formation 前寒武纪地层

formação profissional professional training 职业培训

formação rochosa rock formation 岩层，岩层层理

formação sob pressão pressure forming 挤压成型，压制成型

formação teórica theoretical training 理论培训，理论知识培训

formação térmica thermal formation, thermoforming 热成型

formador s.m. ❶ trainer 讲师，培训师 ❷ former 造模工

formaldeído s.m. formaldehyde 甲醛

formalidade s.f. formality 程序，手续

formalina s.f. formalin 甲醛，福尔马林

formando s.m. trainee 培训学员

formão s.m. wood chisel, chisel 木凿，凿子

formão de marceneiro joiner's chisel 细木工凿

formão plano flat chisel 平凿

formão reforçado firmer chisel 直边凿

formar v.tr. ❶ (to) form, (to) make up 形成，组成，构成 ❷ (to) train 培训

formato s.m. format 格式；规格

formato A4 A4 format A4 版式

formato digital digital format 数字格式，电子版（文件）

formato em papel paper form, paper copy 纸质版（文件）

formato impresso print format 印刷格式；纸质版（文件）

formato padrão standard format 标准格式

formazina s.f. formazine 福尔马肼

fórmica s.f. formica 胶木；丽光板

formiga s.f. ant 蚂蚁

formiga cortadeira leaf-cutting ant, umbrella ant 切叶蚁

formigão s.m. lime-earth-broken brick concrete 石灰混凝土；碎砖三合土

formigão de proporção 3:7 3:7 lime earth 三七灰土

formigueiro s.m. anthill 蚁冢

formol s.m. formol 甲醛

fórmula s.f. formula 公式；配方

fórmula de Darcy-Weisbach Darcy-Weisbach formula 达西-魏斯巴哈公式

fórmula de Favre Favre formula 费勃公式

fórmula de flexão flexure formula 弯曲公式

fórmula de Gordon Gordon's formula 戈登公式

fórmula de Herschel Herschel formula 赫歇尔公式

fórmula de Lewis Lewis formula 路易斯公式

fórmula de Rankine Rankine's formula 兰金公式

fórmula de Richards-Frasier Richards-Frasier formula 理查兹-弗雷西尔公式

fórmula dinâmica de estacas (/nega) dynamic pile formula 动力打桩公式

fórmula empírica empirical formula 经验公式

fórmula estrutural structural formula 结构式

fórmula mecânica de nega pile formula 打桩公式

fórmula molecular molecular formula 分子式

fórmula prismóide prismoidal formula 似棱体公式

fórmula química chemical Formula 化学式

formulário s.m. formulary, collection of formulae 表格

fornacite s.f. fornacite 铬砷铅铜矿

fornada s.f. batch 一批；一炉；一次的产量

fornalha s.f. furnace 熔炉，炉子，炉膛

fornalha a gás gas furnace 燃气炉

fornalha a vácuo vacuum furnace 真空炉

fornalha anterior forehearth 前炉

fornalha de ar frio cold blast furnace 冷风炉

fornalha de fogo indirecto indirect-fire furnace 间接加热的热处理炉

fornalha de galeria gallery furnace 长廊炉

fornalha de indução de alta frequência high frequency induction furnace 高频率感应电炉

fornalha de parede wall furnace 壁炉

fornalha de soleira aberta open hearth furnace 平炉

fornalha de soleira múltipla multiple hearth furnace 多膛焙烧炉

fornalha eléctrica electric furnace 电炉

fornalha horizontal horizontal furnace 卧式炉

fornalha interior internally fired furnace 内燃炉

fornalha recuperativa recuperative furnace 换热炉

fornalha tubular tunnel furnace 隧道炉

fornecedor s.m. supplier, provider 供应者；供应商

fornecedor de rede network provider 网络供应商

fornecedor de serviços service provider 服务供应商

fornecedora s.f. supplier 供应商

fornecedora de electricidade electrical supplier 供电商

fornecedora de produtos supplier 供货商

fornecer v.tr. (to) provide, (to) supply 供应，提供

fornecimento s.m. provision, supply, providing 供应，提供

fornecimento de água water supplying 供水

fornecimento de água desmineralizada demineralized water supplying 软化水供应

fornecimento de combustível fuel delivery 燃油供给

fornecimento de energia ininterruptível uninterruptible power supply 不间断供电

fornecimento e aplicação supply and application 提供和安装

fornecimento e aplicação de betão supply and pouring of concrete 混凝土的提供和浇筑

fornecimento e aplicação de energia eléctrica power supply and application 供用电

fornecimento e montagem supply and installation, supply and erection 提供和安装

fornecimento pneumático de água pneumatic water supply 气压给水

fórnice s.m. vault; gate arch 拱顶；门拱

forno s.m. ❶ kiln, furnace 窑，炉；熔炉；干燥炉 ❷ oven 烤箱

forno combinado combi oven 组合烤箱

forno combinado para pizza pizza combi oven 比萨饼组合烤箱

forno contínuo continuous furnace 连续式炉

forno de alimentação automática automatic feed oven 自动进料炉

forno de cadinho (/crisol) crucible furnace 坩埚炉

forno de cal (/calcinação) lime-kiln 石灰窑

forno de cementação cementation furnace 渗碳炉

forno de cerâmica ceramic kiln, pottery furnace 陶瓷窑炉，陶瓷炉

forno de cimento cement kiln 水泥窑

forno de fundição melting furnace 熔炉

forno de microondas microwave oven 微波炉

forno de olaria brick-kiln 砖窑

forno eléctrico electric oven, electric furnace 电炉

forno Franklin Franklin stove 富兰克林炉，富兰克林式取暖铸铁壁炉

forno intermitente intermittent furnace 间歇式炉

forno Martin Martin furnace 马丁炉，平炉

forno mufla muffle furnace 马弗炉；隔焰炉；回热炉

forno mufla microprocessado microprocessor-controlled muffle furnace 智能型马弗炉

forno para (derreter) vidros glass-furnace 玻璃窑炉

forno tipo túnel tunnel furnace 隧道炉

foro *s.m.* ❶ ground rent 地租 ❷ law court 法院

forômetro *s.m.* phorometer 隐斜视计

forqueta *s.f.* rowlock 斗砖，斗砌砖

forquilha *s.f.* ❶ 1. fork 叉；叉状物 2. pitchfork (with three prongs) 干草叉 3. gear shift fork, transmission shift fork 变速拨叉 ❷ yoke 轭 ❸ lateral tee 斜三通

forquilha de apoio kickstand （自行车）支架，支腿

forquilha de articulação rod clevis 连接叉

forquilha do cardan shaft yoke 轴轭

forquilha frontal p/fardos bale fork on front loader 前端草捆叉

forquilha para agarrar trilhos rail fork 轨叉

forquilha para beterrabas root crop bucket 块根装载斗

forquilha para estrume manure fork 堆肥叉

forquilha para fardos paralelepipédicos rectangular bale fork 方草捆叉

forquilha para fardos redondos round bale fork 圆柱形草捆叉

forquilha para forragem hay fork, silage fork 饲料叉，干草叉

forquilha para pedras rock bucket 挖石铲斗

forquilha simples straight lateral tee 等径斜三通

forra *s.f.* stone slab （装饰外墙用的）石板

forração *s.f.* ❶ lining [集] 衬里，衬料，衬套 ❷ furring, lining [集] 钉板条，钉木条；垫高料 ❸ headliner 汽车顶蓬

forragem *s.f.* forage 饲料

forrar *v.tr.* (to) line 给…加衬里

forro *s.m.* ❶ lining, padding 衬里，衬料，衬套 ❷ ceiling, plank sheathing, wainscot 天花板，木望板，护壁板

forro de chaminé flue lining 烟囱内衬，烟道衬里

forro de feltro felt insert 毛毡，毡垫圈

forro de gesso acartonado cardboard plaster lining 石膏板内衬

forro de mancal bush, bushing 轴衬，衬套

forro de papel sheathing paper 防潮纸；隔热纸

forro do piso floor liner （汽车）地板衬垫

forro falso false lining 假衬砌

forro interno do fumeiro ⇨ forro de chaminé

forsterite *s.f.* forsterite 镁橄榄石

fortalecer *v.tr.* (to) strengthen, (to) reinforce 加强；加固

fortaleza *s.f.* fortress 堡垒；要塞

forte ❶ *adj.2g.* strong; stout, hard 强力的；坚固的，坚硬的 ❷ *s.m.* fort, fortress 堡垒；要塞

fortificação *s.f.* fortification; forte, fortress 修建防御工事；防御工事

fortificar *v.tr.* (to) fortify, (to) erect fortifications 修建防御工事

fortim *s.m.* small fort 小堡垒

Fortuniano *adj.,s.m.* Fortunian; Fortunian Age; Fortunian Stage （地质年代）幸运期（的）；幸运阶（的）

fortunito *s.m.* fortunite 金云粗面岩；橄榄金云煌斑岩

fórum *s.m.* ❶ forum （古罗马）广场 ❷ forum 论坛

foscar *v.tr.* (to) frost 磨砂处理，毛面处理

fosco *adj.* frosted 磨砂的，毛面的

foscreto *s.m.* phoscrete 磷结（砾）岩

fosfarenito *s.m.* phospharenite 砂磷块岩

fosfatado *adj.* phosphatic 磷酸盐化的

fosfatagem *s.f.* fertilization with phosphates 施磷肥

fosfático *adj.* phosphatic 磷酸盐的，含磷酸盐的

fosfatito *s.m.* phosphatite, apatitolite 板状磷灰石岩

fosfatização *s.f.* ❶ phosphatizing, phosphatization 磷酸盐处理，磷酸盐化 ❷ deposition of phosphate coating 磷化膜涂装

fosfato *s.m.* phosphate 磷酸盐

fosfato dissódico de hidrogénio (anidro) anhydrous di-sodium hydrogen phosphate（无水）磷酸氢二钠

fosfato Thomas Thomas phosphate, basic slag, Thomas slag 钢渣磷肥；托马斯磷肥；碱性炉渣

fosfatogénese *s.f.* phosphatogenesis 磷酸成因学

fosfito *s.m.* phosphite 亚磷酸盐

fosfocreto *s.m.* phosphocrete 磷结砾岩

fosfolutito *s.m.* phospholutite 泥晶磷块岩

fosfomicrito *s.m.* phosphomicrite 泥晶磷块岩

fosforescência *s.f.* phosphrescence 磷光；磷光现象

fosforite *s.f.* phosphorite 磷灰石

fosforito *s.m.* phosphate rock 磷酸盐岩，磷矿石

fosforito granular granular phosphorite 粒状磷块岩

fosforito micrítico micritic phosphorite 泥晶磷块岩

fosforito primário primary phosphorite 原生磷块岩

fosforito rudítico pebbly phosphorite 砾磷块岩

fosforito secundário secondary phosphorite 次生磷块岩

fósforo *s.m.* ❶ (P) phosphorus (P) 磷 ❷ match 火柴 ❸ phosphor 荧光粉，磷光剂

fosforrudito *s.m.* phospharudite 砾磷块岩

fosqueador *s.m.* matting agent 消光剂

fosqueamento *s.m.* matting property 哑光性，消光性

fossa *s.f.* ❶ sump, cesspit 水坑；污水坑 ❷ trench, trough 海沟；槽谷；海槽

fossa abissal abyssal trench 深海海沟

fossa absorvente absorbing well 吸水井；污水井；渗井

fossa anaeróbica anaerobic cesspit 厌氧坑

fossa de drenagem catch pit 集水井

fossa de erosão scour hole 冲蚀穴，冲刷坑

fossa de fertilização sewage farm 污水灌溉田

fossa de retenção ⇨ fossa sanitária

fossa negra sludge settling tank 污泥沉淀池

fossa oceânica ocean trench 海沟

fossa sanitária sump, sump pit 集水坑；截流井；排水井

fossa seca dry sump 干污水坑（系统）

fossa séptica cesspit, septic tank 化粪池

fossa tectónica tectonic trench 构造沟

fóssil *s.m.* fossil 化石

fóssil chave key fossil 标准化石

fóssil de fácies facies fossil 指相化石

fóssil de índice (/-índice/de referência) index fossil 指示化石

fóssil-guia guide fossil 标准化石

fóssil introduzido introduced fossil 混入的化石

fóssil marinho marine fossil 海洋（生物）化石

fóssil molecular molecular fossil 分子化石

fóssil persistente (/vivo) persistent fossil 持续化石

fóssil problemático problematic fossil 可疑化石

fóssil-traço trace fossil 痕迹化石，踪迹化石

fossildiagênese *s.f.* fossildiagenesis 化石成岩作用

fossilífero *adj.* fossiliferous 含有化石的

fossilização *s.f.* fossilization 化石化

fossilizar *v.tr.* (to) fossilize 变成化石

fosso *s.m.* ditch; moat 沟，坑；（城堡的）城壕

fosso colector gathering pit 集流槽

fosso de berma berm ditch 护路排水沟

fosso da orquestra orchestra pit 乐池

fosso de vazamento foundry pit 铸坑

fotão *s.m.* photon [葡] 光子

foto *s.f.* ❶ photo 照片，相片 ❷ survey 照相测斜

foto giroscópica gyroscopic single shot 陀螺单点照相测斜

foto múltipla multishot 多点测斜

foto simples single shot 单点测斜

foto- *pref.* photo- 表示"光，光学；摄影"

fotocarta *s.f.* photomap 照相地图

fotocartografia *s.f.* photocartography 摄影制图法

fotocartógrafo *s.m.* photocartograph 摄影制图仪

fotocatálise *s.f.* photocatalysis 光催化，光催化作用

fotocátodo *s.m.* photocathode 光电阴极

fotocélula *s.f.* photocell, photodetector 光电管；光传感器，光检测器；光电探测器

fotoclímetro *s.m.* photoclinometer [葡] 摄影测斜仪

fotoclímetro de Schlumberger Schlumberger photoclinometer 施卢姆贝格尔摄影测斜仪

fotocliômetro *s.m.* photoclinometer [巴] 摄影测斜仪

fotocondutividade *s.f.* photoconductivity 光电导率；光电导性

fotocópia *s.f.* copy 复印件，影印件

fotocopiadora *s.f.* copier 复印机

fotodecomposição *s.f.* photodecomposition 光解作用

fotodetector *s.m.* photodetector 光探测器

fotodíodo *s.m.* photodiode 光电二极管

fotoelasticidade *s.f.* photoelasticity 光弹性

fotoelástico *adj.* photoelastic 光弹性的

fotoelectricidade *s.f.* photoelectricity 光电，光电学

fotoeléctrico *adj.* photoelectric 光电的

fotoelectroluminescência *s.f.* photoelectroluminescence 光控电致发光

fotogeologia *s.f.* photogeology 航照地质学

fotogoniómetro/fotogoniômetro *s.m.* photogoniometer 光电测角计

fotogoniómetro binocular photogoniometer for pairs of photographs 双象量角仪

fotografia *s.f.* ❶ photography 照相；摄影 ❷ photo 照片，相片

fotografia aérea aerial photography 航拍照片

fotografia aérea oblíqua oblique aerial photograph 偏斜航空照片

fotografia aérea vertical vertical aerial photograph 垂直航照片

fotografia de satélite satellite photography 卫星照片

fotografias oblíquas à direita right averted photographs 右偏摄影

fotografias oblíquas à esquerda left averted photographs 左偏摄影

fotografia panorâmica panoramic photograph 全景图像

fotografias paralelas parallel photographs 平行取景光轴摄影，旁轴摄影

fotografia por satélite satellite photograph 卫星摄影

fotografia tipo B.I. ID photo （身份证）证件照

fotografia tipo-passe passport photo 护照照片

fotografia vertical vertical air photograph 竖直摄影

fotográfico *adj.* photographic 摄影的，照相的

fotógrafo *s.m.* cameraman, photographer 摄影师

fotógrafo de vôo camera operator 航空摄影师

fotograma *s.m.* photogram 黑影照片

fotogrametria *s.f.* photogrammetr 摄影测量，航照测量学

fotogramétrico *adj.* photogrammetric 摄影测量学的

fotogrametrista *s.2g.* photogrammetric surveyor 摄影测量员

fotogrametrista de campo field photogrammetric surveyor 现场摄影测量员

fotointerpretação *s.f.* photo-interpretation 照片判读

fotointerpretação geológica geological photointerpretation 地质照片判读

fotólise *s.f.* photolysis 光分解；光解作用

fotoluminescência *s.f.* photoluminescence 光致发光

fotomapa *s.m.* photomap 照相地图

fotomecânica *s.f.* photomechanics 光力学

fotomecânico *adj.* photomechanic 光力学的

fotómetro/fotômetro *s.m.* photometer, illumination photometer 光度计，照度计

fotômetro de chamas flame photometer 火焰光度计

fotomicrografia *s.f.* ❶ photomicrograph 显微照像；显微摄影 ❷ photomicrograph 显微照片

fotomultiplicador *s.m.* photomultiplier 光电倍增管

fóton *s.m.* photon [巴] 光子

fotoperíodo s.m. photoperiod 光周期

fotópico adj. photopic 适应光的；明视的

foto-planta s.f. photoplan 相片平面图

fotoquímico adj. photochemical 光化学的，光化作用的

fotossensibilidade s.f. photosensitivity 光敏性

fotossensível adj.2g. photosensitive 感光的

fotossíntese s.f. photosynthesis 光合作用

fototacômetro s.m. phototachometer 光电转速计

fototeca s.f. photo library 图片资料馆，照片库

fototeodolito s.m. phototheodolite 摄影经纬仪

fototeodolito de campo field phototheodolite 现场摄影经纬仪

fototopografia s.f. phototopography 摄影地形测量学

fototransístor s.m. phototransistor 光电晶体管

fototriangulação s.f. phototriangulation 相片三角测量；摄影三角测量

fototriangulação analítica analytical phototriangulation 解析三角照相测量

fototriangulação analógica analog phototriangulation 模拟摄影三角测量

fototriangulação numérica analytical phototriangulation, digital phototriangulation 解析三角照相测量

fotovoltaico adj. photovoltaic 光伏的，光电的

fotozoan s.m. photozoan 温水碳酸盐岩

fourchito s.m. ⇨ furchito

foyer s.m. foyer 门廊；休息厅

foyer principal main foyer 大堂

foz s.f. mouth of a river 河口，入海口

fracção s.f. ❶ fraction, fragment 小部分；碎片 ❷ (building) part, unit 建筑单元 ❸ fraction 分数 ❹ fraction 馏分；级分

fracção areia sand fraction 砂粒粒组

fracção argila clay fraction 黏粒粒组

fracção autónoma a separate unit 单个建筑单元

fracção de petróleo petroleum cut 石油馏分

fracção fina fine fraction 细颗粒

fracção silte silt fraction 粉粒粒组

fracção volumétrica de água water volume fraction 水分体积分数

fracção volumétrica da fase phase volume fraction 相体积分数

fracção volumétrica de gás gas volume fraction 气体体积分数

fracção volumétrica de líquido liquid volume fraction 液相体积比

fraccionamento s.m. ❶ division; fragmentation 分裂，分成数片 ❷ fractionation 分馏

fraccionamento dos isótopos do carbono carbon isotope fractionation 碳同位素分馏

fraccionamento isotópico isotope fractionation 同位素分离，同位素分馏

fraco adj. weak 弱的

fractal s.m. fractal 不规则碎片形，分数维形

fractura/fratura s.f. fracture 断裂；裂缝

fractura conchoidal conchoidal fracture 贝壳状裂痕

fractura de condutividade finita finite-conductivity fracture 有限导流裂缝

fractura de condutividade infinita infinite-conductivity fracture 无限导流裂缝

fractura de tensão tension gash 张裂缝

fractura dúctil ductile fracture 延性断裂

fractura estática static fracture 静态断裂

fractura estratigráfica stratigraphic break 地层间断

fractura induzida induced fracture 诱发破裂，诱生裂隙

fractura instável brittle fracture 脆性断裂

fractura intracristalina transgranular fracture 晶间断裂

fractura mecânica ❶ mechanical fracture 机械断裂 ❷ fracture mechanics 断裂力学

fractura natural natural fracture 天然裂缝

fractura por fadiga fatigue fracture 疲劳断裂

fractura-resistente fracture toughness 断裂韧性

fractura térmica thermal fracture 热断裂

fracturado adj. fragmented 破碎的，碎裂的

fracturação s.f. fracturing 破裂，断裂，破碎

fracturação explosiva fracturing explosive 爆炸压裂

fracturamento/fraturamento *s.m.* fracturing 破裂，断裂，破碎

fracturamento ácido acid frac 酸压裂，压裂酸化

fracturamento hidráulico hydraulic fracturing 水压致裂

fracturante *adj.2g.* fracturing 破裂的

fracturar *v.tr.* (to) fracture 破裂，断裂，破碎

frade *s.m.* boundary stone （路边、门口阻挡车辆进入的）界石

frade-de-pedra guard post 围护桩

fraga *s.f.* large cliff; crag 峭壁；危岩

fragaria *s.f.* cluster of rocks 岩石丛；簇礁

frágil *adj.2g.* brittle 脆的

fragilidade *s.f.* brittleness 脆度，脆性

fragilidade a têmpera temper brittleness 回火脆性

fragilidade azul blue brittleness 蓝热脆性

fragilidade cáustica caustic embrittlement 苛性脆化，碱性脆化

fragilidade por hidrogénio hydrogen embrittlement 氢脆性

fragilização *s.f.* weakening 弱化

fragilizar *v.tr.* (to) weaken 减弱，弱化

fragimperme/fragipan *s.m.* fragipan 脆磐土

fragmentabilidade *s.f.* rippability 可挖性，可松性，可裂性

fragmentabilidade de rocha rippability of rock 岩石可挖性

fragmentação *s.f.* ❶ 1. fragmentation, breaking up, loosening 破碎，碎裂，解体 2. spalling [巴] 裂开，碎裂，（水泥的）散裂 ❷ chipping 切片，切碎

fragmentação de amostra quartering the sample 四分法取样

fragmentado *adj.* fragmented 破裂的，碎裂的

fragmentar *v.tr.* (to) fragment, (to) break up 破碎，碎裂

fragmento *s.m.* ❶ (pl.) fragments, chip 碎片，碎屑 ❷ debris 残片，残骸

fragmentos bioclásticos bioclastic fragments 生物碎屑

fragmento calcário calcigravel 钙砾石，钙（质）砾石

fragmento de gelo flutuante ice calving 裂冰

fragmento de vidro vulcânico shard 玻屑

fragmento grande coarse fragment 粗碎屑

fragmento hidroclástico hydroclastic fragment 水成碎屑

fragmentograma *s.m.* fragmentogram 碎片谱图，质量色谱图

fragoso/fraguedo *adj.* cliffy 多悬崖的，有峭壁陡岩的

fralda *s.f.* ❶ nappy 尿布 ❷ base of a hill 山脚

fralda descartável disposable nappy 一次性尿布

fraldário *s.m.* baby-changing room 母婴室

frambóide *s.m.* framboid 微球粒

framestone *s.f.* framestone 骨架岩

framiré *s.m.* idigbo, black afara, framire 科特迪瓦榄仁木 （*Terminalia ivorensis*）

francalete *s.m.* safety harness 安全吊带，安全扣带

francalete de capacete chin strap （头盔的）下巴扣带

franchising *s.m.* franchising 特许经营权；特许专营

franckeíte *s.f.* franckeite 辉锑锡铅矿

frâncio (Fr) *s.m.* francium (Fr) 钫

franco ❶ *adj.* free 自由贸易的，无税的 ❷ (FF, F) *s.m.* franc (FF, F) 法郎，法国法郎

franco a bordo (FOB) free on board (FOB) 船上交货，离岸价

franco CFA (XOF, Fr) West African CFA franc (XOF, Fr) 西非法郎 （几内亚比绍货币单位）

franconite *s.f.* franconite 水铌钠石

frangito *s.m.* frangite 碎变岩

frango *s.m.* chicken 公鸡，雏鸡

frango de corte broiler chicken 肉鸡

franja *s.f.* fringe 边缘；穗

franja capilar capillarity boundary zone 毛细边界区域；毛细管作用带

frankliníte *s.f.* franklinite 锌铁尖晶石，锌铁矿

franquia *s.f.* ❶ exemption 免除，豁免（赋税、付款等）❷ deductible （保险）免赔额

❸ postage stamp 邮票；代邮标记，印花 ❹
franchise 经销权

frasco *s.m.* flask 烧瓶

frasco cónico with stopper 三角烧瓶

frasco cónico com bujão conical flask
with stopper 具塞三角烧瓶

frasco de álcool alcohol bottle 酒精瓶

frasco de Büchner buchner flask 布氏
烧瓶

frasco de Erlenmeyer Erlenmeyer flask
锥形瓶

frasco de Florence Florence flask 平底烧
瓶，佛罗伦斯瓶

frasco de reagente reagent bottle 试剂瓶

frasco de reagente de boca estrita narrow mouth reagent bottle 小口试剂瓶

frasco de reagente de boca larga wide
mouth reagent bottle 大口试剂瓶

frasco lavador washing bottle 洗涤瓶

frasco lavador de gases gas washing
bottle 洗气瓶

frasco lavador de plástico plastic wash
bottle 塑料洗瓶

frasco (de) Le Chatelier Le Chatelier
flask 李氏比重瓶

Frasniano *adj.,s.m.* Frasnian; Frasnian
Age; Frasnian Stage （地质年代）弗拉期
（的）；弗拉阶（的）

frear *v.tr.* (to) brake, (to) stop 制动，刹车

freático *adj.* phreatic 潜水的，地下水的

freatomagmatismo *s.m.* phreatomagma-
tism 蒸气岩浆活动

frechal *s.m.* ❶ ground-sill 基础横木 ❷ roof
beam 屋顶梁

frechal circular (/elíptico) curb-plate 边
缘墙板

frecheira *s.f.* ⇨ seteira

frecheiro *s.m.* ⇨ seteira, frecheira

free carrier *s.2g.* free carrier 货交承运人

freeware *s.m.* freeware 免费软件，自由软件

freijó *s.m.* cordia wood 亚马孙破布木
（*Cordia geoldiana Huber*）

freio *s.m.* ❶ brake, breaking regulator 刹
车，制动器 ❷ circlip, piston pin retainer 弹
性挡圈；活塞销护圈

freio a disco caliper disc brake 钳盘式制
动器

freio a disco(s) em todas as rodas
⇨ freios totalmente a disco(s)

freio a vapor steam brake 蒸汽制动器

freio accionado por pedal ⇨ freio de
pé

freio aerodinâmico ❶ air brake 空气制动
器 ❷ speed brake （飞机机翼上的）减速板

freio arrefecido a óleo oil cooled brake
油冷式制动器

freio auto-ajustável (/auto-regulável)
self-adjusting brake 自动调整制动器

freio autodinâmico self-energizing brake
自增力式制动器

freio auxiliar auxiliary brake 辅助刹车，
辅助制动

freio com sapatas internas de expansão ⇨ freio expansor interno

freio cónico cone brake 圆锥制动器

freio de accionamento hidráulico power brake 动力制动，动力刹车

freio de articulação em tesoura scissor
brake 肘节式刹车

freio da cabeça do êmbolo tension
washer 张力垫圈

freio de cabo rope brake 绳索制动器

freio de câmbio transmission brake 传动
系制动器

freio de catraca ratchet brake 棘轮制动器

freio de cepa ⇨ freio de sapata

freio de cinta band brake 带式制动器

freio de correia belt brake 带式制动器

freio de correntes parasitas eddy current brake 涡流制动器

freio da direcção steering brake 转向制
动器

freio de disco disk brake 盘式制动器

freio de disco a óleo oil-disc brake 油浸
盘式制动器

freio de discos múltiplos multiple disc
brake 多片盘式制动器

freio da embreagem clutch brake 离合器
制动器

freio de emergência emergency brake 紧
急制动器

freio de estacionamento ⇨ freio de
parada

freio de expansão interna internal-expanding brake 内胀式制动器

freio de Froude Froude brake 水轮制动机

freio de lâminas brake hoop 刹车箍

freio de mão hand brake 手刹

freio de marcha service brake 行车制动器

freio de parada parking brake 停车制动器

freio de parafuso screw brake 螺杆制动器

freio de pé foot brake 脚制动器

freio do rotor rotor brake 旋翼制动器，转子制动器

freio de sapata block brake 闸瓦制动器

freio da sapata expansora expanding shoe brake 外张式制动器

freio de segurança safety brake 安全制动器

freio de serviço ⇒ freio de marcha

freio do sistema de transmissão transmission brake 传动系制动器

freio do tubo expansor expander tube brake 胀管式刹车装置

freio de via retarder 减速器

freio de (/a) vácuo vacuum brake 真空制动

freio dianteiro front brake 前制动盘

freio dinâmico dynamic brake 动力制动器

freio directo direct brake 直接制动器

freio electromagnético electromagnetic brake (EMB) 电磁制动器

freio electropneumático electro-pneumatic brake 电动气动制动器

freio nas quatro rodas four-wheel brake 四轮制动

freio expansor interno internal expanding brakes 内胀式制动器

freio hidráulico hydraulic brake 液压制动

freio magnético magnetic brake 磁力制动器

freio mecânico mechanical brake 机械制动器

freio pneumático compressed air break 气压制动器

freios totalmente a disco(s) full disc brake 全盘式制动器

freixo *s.m.* southern ash 狭叶白蜡木 (*Fraxinus spp*)

frenagem *s.f.* braking 制动

frenagem de serviço service braking 行车制动

frente *s.f.* ❶ front, façade (物体、建筑物的) 正面 ❷ 1. face 工作面；采掘面 2. heading face, drift face, tunnel face 掘进工作面，隧道开挖面 ❸ front 锋，锋面，锋线

frente corrida longwall face 长壁工作面

frente de ataque heading face 掘进工作面

frente de escavação de túnel tunnel heading 隧道工作面

frente das lojas storefront (成排商店的) 店面

frente de onda wavefront 波阵面

frente de trabalhos working face 工作面；施工面

frente da via roadhead, room 迎头，巷道的尽头

frente deltaica delta front 三角洲前缘

frente e reverso forward and reverse 正反面复印

frente fria cold front 冷锋

frente para milho corn header, maize header 玉米收割头

frente quente warm front 暖锋

frentista *s.2g.* ❶ gas station attendant (在加油站工作的) 加油工 ❷ façade finisher 大门装修工

fréon *s.m.* freon 氟里昂，氟氯烷

frequência/freqüência *s.f.* frequency 频率

frequência absoluta absolute frequency 绝对频率

frequência de amostragem sampling frequency 采样频率，取样频率

frequência de aquisição acquisition frequency 采集频率

frequência de azimute azimuth frequency 方位角频率

frequência de corrente current frequency 电流频率

frequência de corte cut-off frequency, roll-off frequency 截止频率

frequência de emergência distress frequency 遇险呼救频率

frequência de incêndio frequency of fire 火灾频率

frequência de Larmor Larmor frequency 拉莫尔频率

frequência de modulação modulating

frequency, modulation frequency 调制频率

frequência de Nyquist Nyquist frequency, folding frequency 奈奎斯特频率，折叠频率

frequência do relógio clock frequency 时钟频率

frequência de ressonância resonant frequency 共振频率

frequência de vibração vibration frequency 振动频率

frequência dominante dominant frequency 主频

frequência espacial spatial frequency 空间频率

frequência extremamente alta extremely high frequency 极高频

frequência fundamental fundamental frequency 基本频率，基频

frequência harmónica harmonic frequency 谐频

frequência instantânea instantaneous frequency 瞬时频率

frequência muito alta very high frequency 甚高频

frequência muito baixa very low frequency 甚低频

frequência natural natural frequency 固有频率

frequência principal master frequency 主频率

frequência relativa relative frequency 相对频率，相对频数

frequência temporal temporal frequency 时间频率

frequência ultra alta ultra high frequency 超高频

frequência ultra baixa ultra-low frequency 超低频

frequência variável variable frequency 可变频率

frequência zero zero frequency 零频率

◇ alta frequência high frequency 高频

◇ baixa frequência low frequency 低频

◇ média frequência medium frequency 中频

frequencímetro *s.m.* frequency meter 测频计；频率计

fresa *s.f.* ❶ milling cutter 铣刀 ❷ rotary cultivator, rotavator 旋耕机

fresa angular angle milling cutter 角铣刀

fresa axial ⇨ fresa simétrica

fresa cilíndrica cylindrical cutter 圆柱铣刀

fresa cônica angle cutter 角铣刀

fresa de abrir dentes ⇨ fresa de engrenagem

fresa de broquear boring miller 镗铣床

fresa de cadeia chain crusher 链磨机

fresa de dentes (/navalha) inserted tooth cutter 镶齿铣刀

fresa de duplo ângulo double-angle milling cutter 双角铣刀

fresa de engrenagem gear cutter 齿轮刀具；齿轮铣刀

fresa de perfil profile cutter 成型铣刀

fresa de ranhuras slot cutter, grooving mill 槽刀，开槽磨

fresa de topo end mill 立铣刀

fresa de vários elementos inter-row rotary cultivator 行间旋耕机

fresa descentrada (/offset) offset rotary cultivator 偏置式旋耕机

fresa helicoidal spiral milling cutter 螺旋铣刀

fresa simétrica axial rotary cultivator 对称式旋耕机

fresadora *s.f.* ❶ milling machine, miller 铣床 ❷ planer 刨机，刨床

fresadora a frio cold milling machine 冷铣刨机

fresadora circular circular milling machine 圆铣床圆铣床

fresadora CNC CNC machine 数控机床

fresadora computorizada computerized milling machine 电脑铣床

fresadora de borda (/beira) edge milling machine 铣边机，边角铣床

fresadora de face (/de topo/plana) face miller 端面铣床

fresadora de junção biscuit jointer 开槽机

fresadora de pavimentos road milling machine 路面铣刨机

fresadora para engrenagem hobbing machine 滚齿机

fresadora recicladora recycling milling machine 冷再生设备

fresadora recta plane milling machine 龙门铣床

fresadora-revólver turret miller 六角头回转铣床

fresadora universal universal milling machine 万能铣床

fresadora vertical vertical milling machine 立式铣床

fresagem *s.f.* milling 铣

fresagem a frio cold milling 冷铣刨，刨去路面旧沥青

fresagem de cilindro cylinder milling 缸体铣削

fresagem múltiplo gang milling 排式铣削

fresagem paralela dupla straddle milling 跨铣

fresamento *s.m.* ⇨ fresagem

fresco *s.m.* fresco 壁画

fresta *s.f.* opening; window-slit 通风口；长条窗户

frestão *s.m.* ogival window; French window 落地窗

frete *s.m.* ❶ freight（大宗货物）运输，大车运输，海运 ❷ freight, drayage 运费，大车运费；船运费，海运费

frete aéreo air freight 空运费

frete grátis free shipping 免运费；包邮

frete marítimo ocean freight 海运费

friabilidade *s.f.* friability 脆性，易碎性

friável *adj.2g.* friable 易碎的

fricção *s.f.* friction 摩擦

fricção de fluido fluid friction 流体摩擦

fricção interna internal friction 内摩擦

fricção superficial surface friction, skin friction 表面摩擦

friccionar *v.tr.* (to) rub 摩擦

frigideira *s.f.* frying pan 炸锅，炸炉

frigideira basculante a gás gas tilting braising pan 可倾式炒锅

frigobar *s.m.* minibar 小冰箱

frigoria (fg) *s.f.* frigorie (fg) 千卡／时，负大卡（冷冻率单位）

frigorífico *s.m.* ❶ cooler, refrigerator 冰箱 ❷ cold-storage room 冷藏室

frigorífico de carne meat cold room 肉品冷藏室

frigorífico da despensa garde manager cold room 食品冷藏室

frigorífico de laticínios dairy cold room 奶制品冷藏室

frigorífico de massas para bolos e tortas pastry cold room 西点冷藏室

frigorífico da padaria bakery cold room 面包部冷藏室

frigorífico de peixe fish cold room 鱼类冷藏室

frigorífico de vegetais vegetable cold room 蔬菜冷藏室

frigorífico geral general cold room 通用冷藏室

frincha *s.f.* ⇨ fenda

frio *adj.* cold; cool 冷的；凉的

frisa *s.f.* grand tier（剧院里几乎与池座相齐的）底层包厢

friso *s.m.* ❶ frieze 中楣；檐壁；横饰带（墙上的）横饰带 ❷ *pl.* borders（舞台）边幕

friso-calha drip moulding 雨水槽

friso de grade grille moulding 格栅饰条

friso de vidraça glazing bead 玻璃压条；镶玻璃条

friso e chanfradura quirk-bead, bead-and-quirk 凹槽圆线脚

friso exterior exterior trimming（汽车）外饰

friso histórico historical frieze 历史事件横饰

friso interior interior trimming（汽车）内饰

friso moldura fillet 嵌条

friso para alinhamento layline 方位线

friso-puxador moulding type handle 饰条形拉手

frita *s.f.* ❶ frit 熔块；玻璃原料 ❷ fritting 烧结，融化

fritadeira *s.f.* ❶ frying pan 炸锅，炸炉 ❷ griddle 烤盘

fritadeira a gás gas fryer, gas griddle 燃气炸锅，平扒炉

fritadeira eléctrica electric fryer 电炸锅

frondosidade *s.f.* leafiness; woodiness 枝繁叶茂；树木茂密

frondoso *adj.* leafy, frondose; thick, woody 多叶的；树木茂密的

fronha *s.f.* pillow-case, pillow-slip 枕套

frontal *s.m.* frontlet 门楣饰；建筑物正门 frontal para banheira shower door 淋浴间的门

frontão *s.m.* fronton, pediment （门窗顶、壁炉顶等的）小三角楣，三角饰 frontão aberto (/quebrado) broken pediment 开口的三角墙 frontão pescoço de ganso swan's neck pediment 鹅颈三角形楣饰

frontaria/fronte *s.f.* front, façade, frontispiece 建筑物的正门

fronteira *s.f.* boundary 分界线；界线；边境线 fronteira de placas plate boundary 板块边界

front-end *adj.inv.* front-end 前端的

frontispício *s.m.* frontispiece 装饰性门廊 frontispício com degraus crow-step gable 梯形山墙

frontogénese *s.f.* frontogenesis 锋生(作用)

frontólise *s.f.* frontolysis 锋消（作用）

frota *s.f.* fleet 车队；船队

frouxo *adj.* ❶ loose 松散的 ❷ sloppy 稀薄的，泥泞的

frústula *s.f.* frustule 硅藻细胞膜

fruta *s.f.* fruit[集]水果 fruta critalizada crystallized fruit 蜜饯水果

fruticultura *s.f.* fruit growing 果树栽培

fruto *s.m.* ❶ fruit 水果 ❷ *pl.* fruits 水果状饰

frutose *s.f.* fructose 果糖

ftalocianina *s.f.* phthalocyanine 苯二甲蓝染料；酞菁染料 ftalocianina de cobre copper phthalocyanine 铜酞菁

ftanito *s.m.* phthanite 密致硅页岩

fucóide *adj.2g.* fucoid 海藻的，具有海藻特征的

fucsina *s.f.* fuchsine 品红 fucsina básica basic fuchsine 碱性品红

fucsite *s.f.* fuchsite 铬云母

fuel ratio *s.f.* fuel ratio 燃料比

fuga *s.f.* ❶ leakage, leak 渗漏；泄漏 ❷ hit-and-run 肇事逃逸

fuga de água, de combustível, de vapor water leak, fuel leak, steam leak 三漏

fuga de ar air leak 漏气

fuga de corrente current leakage 电流漏泄，漏电

fuga de gás venenoso noxious gas leak 有毒气体泄漏

fuga (de corrente) eléctrica electrical leakage 漏电

fuga para chaminé chimney hole 烟囱洞

fugacidade *s.f.* fugacity 逸度；逸散能，挥发性

fulão *s.m.* drum 转鼓

fulcro *s.m.* fulcrum 支点；支轴

fulgurito *s.m.* fulgurite 闪电岩

fuligem *s.f.* soot 煤烟，烟灰 fuligem ácida acid soot 酸烟垢

full-duplex *adj.2g.* full duplex 全双工的

fumaça *s.f.* smoke, fume 烟气；烟雾 fumaça corrosiva corrosive fume 腐蚀性烟气

fumado *adj.* smoked, smoky 烟熏的，熏过的

fumarola *s.f.* fumarole （火山区的）气孔，喷气孔

fumeiro *s.m.* flue 烟道

fumífugo *s.m.* exhauster fan, induced draft fan 烟囱抽风机

fumo *s.m.* smoke, fumes, steam 烟，气，蒸汽

função *s.f.* ❶ function, utility 功能，作用 ❷ duty 职务 ❸ function 函数

função amostradora sampling function 取样函数

função de apodização apodization function 切趾函数

função de banda limitada band-limited function 频截函数，有限带宽函数

função de distribuição de desorientação misorientation distribution function 取向差分布函数

função de Gauss Gauss function 高斯函数

função de interpolação interpolation function 插值函数

função de janelamento window function 窗函数

função de via urbana function of urban road 城市道路功能

função delta delta function δ 函数，狄拉克函数

função demanda demand function 需求函数

função integrável integrable function 可积分函数

função linear linear function 线性函数

função logarítmica logarithmic function 对数函数

função objetivo objective function 目标函数

função oficial official duty 公职

função probabilidade likelihood function 似然函数

função replicadora replicating function 复制函数

função trigonométrica trigonometric function 三角函数

funcional *adj.2g.* functional 功能的；官能的，机能的

funcionalidade *s.f.* functionality, function 功能性；功能；泛函性，函数性；官能度

funcionalismo *s.m.* functionalism 功能主义

funcionamento *s.m.* functioning, running 运行，运作

funcionamento assíncrono asynchronous operation 异步运行

funcionamento em marcha lenta idling 怠速

funcionamento em vazio de uma máquina girante dry run 空运行，空转

funcionamento incorreto malfunction, malfunctioning 失灵；故障

funcionamento initerrupto continuous operation 连续运转；连续作业

funcionamento silencioso silent running 静音运行

funcionamento síncrono synchronous operation 同步运行

funcionar *v.tr.,intr.* (to) work, (to) function, (to) operate 工作，运行

fundação *s.f.* ❶ foundation, base 基础；地基；底座 ❷ foundation, establishment,setting up 成立，设立 ❸ foundation 基金会

fundação artificial artificial foundation 人工地基

fundação corrida strip foundation 条形基础

fundação de betão concrete foundation 混凝土基础

fundação de dique embankment foundation 堤基

fundação de estacas (/pilares) pile foundation 桩基础

fundação de estaca flutuante floating pile foundation 浮桩基础

fundação de grelha grillage 格排（底座），（基础）格床

fundação da laje slab foundation 板式基础

fundação do pavimento roadbed 路床，路基

fundação de tijolos brick foundation 砖基础

fundação de Winkler Winkler foundation Winkler 地基

fundação diaclasada jointed foundation 复合基础

fundação directa direct foundation, shallow foundation 浅基础，天然地基

fundação elástica elastic foundation 弹性基础，弹性地基

fundação em bancada benched foundation, stepped foundation 阶梯形基础

fundação em pegões pier foundation 墩基

fundação em sapata contínua strip footing (foundation), continuous footing 条形基础

fundação em superfície (/em rasa/ superficial) shallow foundation, direct foundation 浅基础，天然地基

fundação em (/sobre) estacas ⇨ fundação de estacas

fundação excêntrica eccentric foundation 偏心基础

fundação flutuante ⇨ fundação radier

fundação fraturada ⇨ fundação diaclasada

fundação indirecta deep foundation, artificial foundation 深基础，人工地基

fundação isolada isolated foundation 独立基础

fundação por caixões caisson foundation 沉箱地基；沉箱基础

fundação profunda deep foundation 深基础

fundação radier raft foundation, mat foundation 筏板基础，筏式地基

fundação rígida rigid foundation 刚性基础

fundação sobre poços well foundation; open caisson foundation 沉井基础

fundação sobre tubulões ⇨ fundação por caixões

fundação tipo cantilever cantilever foundation 悬臂地基

fundamentação *s.f.* argumentation 论证

fundamentar *v.tr.* (to) substantiate 提出证据，证明，证实

fundamento *s.m.* foundation, basis 基础，依据

fundamentos ópticos optical bases 光学基座

fundar *v.tr.* ❶ 1. (to) lay the foundation 修建基础 2. (to) build, construct 修建，建造 ❷ (to) found, (to) establish, (to) set up 成立，设立

fundeadouro *s.m.* anchorage 锚地；泊地

fundear *v.tr.* (to) anchor 停泊，抛锚

fundente *s.m.* flux 助熔剂

fundente calcário limestone flux 石灰石助熔剂

fundibilidade *s.f.* castability 铸造性能

fundição *s.f.* ❶ foundry 铸造厂，铸造车间 ❷ casting 铸造

fundição a (/sob) pressão pressure casting 压铸，压力铸造

fundição a jacto jet casting 喷铸，喷射铸造

fundição branca white iron casting 白心铁铸造

fundição com moldes de areia ⇨ fundição em areia

fundição contínua continuous casting 连续铸造

fundição de aço steel casting, cast steel 铸钢，钢铸件

fundição de arco a vácuo vacuum arc melting 真空电弧熔炼

fundição de chumbo lead casting 铅铸

fundição de ferro iron foundry 铸铁厂

fundição de latão ❶ brass foundry 铸铜场；铸铜车间 ❷ brass casting 黄铜铸造

fundição de precisão precision casting 精密铸造

fundição dura directa direct chill casting 直接激冷铸造

fundição em areia sand casting 砂型铸造

fundição em areia seca dry sand casting 干型铸造

fundição em areia verde green sand casting 湿型铸造

fundição em argila loam casting 砌砖铸造

fundição em molde (/matriz) die casting 压铸

fundição em moldes abertos open sand-casting 敞型铸造；明浇铸件

fundição em molde de gesso plaster mould casting 石膏模铸造

fundição pirítica pyritic smelting 自热熔炼

fundição piritosa parcial partial pyrite smelting 半自热熔炼

fundição por gravidade gravity casting 重力铸造法

fundição porosa blown casting 气孔铸件

fundição prévia precast 预铸

fundido *adj.* cast 铸的

fundido por microfusão investment casting 熔模铸造

fundir ❶ 1. *v.tr.* (to) melt; (to) smelt 熔化，熔炼（金属）2. (to) blow（保险丝、灯丝）熔断 ❷ *v.tr.* (to) cast 铸造 ❸ *v.tr.,pron.* (to) melt, (to) fuse 融合，合并

fundo *s.m.* ❶ 1. bottom 底，底部 2. end 深处，尽头 3. basis, grounds 基础 ❷ back 背部，后部 ❸ background 背景 ❹ primer 漆 ❺ funds 基金；基金会，基金管理机构

fundo abissal abyssal floor 深海床；深海底

fundo de amortização sinking fund 偿债准备金

fundo da caçamba bowl bottom 铲斗底

fundo do cilindro cylinder bottom 汽缸底

fundo de cúpula dome crown 穹顶，穹形

面的顶点

fundo de dente tooth root 齿根

fundo de eclusa lock bottom 船闸底

fundo do êmbolo piston bottom 活塞底

fundo de escala full scale 全刻度的；满量程

fundo do filtro filter bottom 过滤器底板

fundo de investimento investment fund, unit trust 投资基金

fundo de maneio working capital 流动资金

fundo do mar bed 海底

fundo de poço shaft bottom, bottom-hole (BH) 井底

fundo do rego plow sole, furrow sole 犁床

fundo de reserva reserve funds 储备基金，备用金

fundo de rio river flat 河流冲积平原；岸滩

fundo de uma escavação bottom of an excavation 槽坑底部，矿坑底部

fundo duplo double bottom 双层底；双层底舱

fundo escalonado stepped bed 阶梯底

fundo falso false bottom 假底层

fundo inseguro foul ground 险恶地

fundo marinho seabed, sea floor 海床

fundo oceânico ocean floor 洋底

fundos públicos public funds 公积金

fundo retrátil sliding floor 滑动底板

fundo suberano sovereign wealth fund 主权基金

fundura *s.f.* depth, profundity 深度

funge/fungi *s.m.* cassava flour porridge 木薯糊

fungicida *adj.2g.,s.m.* fungicide 杀真菌的；杀真菌剂

fungiforme *adj.2g.* ❶ fungiform 蘑菇状的，真菌状的 ❷ flat （楼板）无梁的

fungo *s.m.* fungus 真菌

fungo lenhívoro wood-rotting fungi 木腐菌

funicular ❶ *adj.2g.* funicular 索的，缆索的；用缆索连接的 ❷ *s.m.* funicular 索道缆车；缆车系统

funiforme *adj.2g.* funiform, cord-shaped 绳状的

funil *s.m.* ❶ funnel, filler 漏斗 ❷ hopper 装料斗

funil de Büchner Buchner funnel 布氏漏斗

funil de cimentação cement weighing hopper 水泥重量投配器

funil de enchimento hopper 漏斗，装料斗

funil de escorvamento priming arrangement, suction primer 起动注水器，吸入式起动注水器

funil de óleo oil funnel 油漏斗

funil de tubo de queda leader head 水落斗

funil Marsh Marsh funnel 马氏漏斗

funil rosqueável thread connecting funnel 螺纹连接漏斗

funil separador separatory funnel 分液漏斗

funilaria *s.f.* ❶ cold-metal work 白铁工 ❷ tinsmith's shop 白铁工车间

funileiro *s.m.* tinman, tinsmith 白铁匠

furacão *s.m.* hurricane 飓风

furação *s.f.* ❶ boring, drilling 钻孔；钻井 ❷ screw eye 螺丝眼，螺钉眼

furação de trilho rail drilling 轨道钻孔

furação por injecção wash boring 冲洗钻孔

furadeira *s.f.* drill 钻头，钻机

furadeira à bateria cordless drill 充电式电钻

furadeira angular angle drill 角钻，角向钻

furadeira de bancada ❶ bench drill 台钻 ❷ turret drill 转塔钻床

furadeira de cabeçotes múltiplos multi-spindle drill 多轴钻床，多轴钻孔机

furadeira de coluna column drilling machine 立式电动台钻

furadeira de impacto impact drill, hammer drill 冲击钻，锤钻

furadeira de impacto eléctrica electric impact drill 冲击电钻

furadeira de impacto pneumática air hammer drill 空气锤钻

furadeira eléctrica electric drill 电钻

furadeira horizontal horizontal drill 水

平钻；卧式钻机

furadeira manual hand electric drill 手电钻

furadeira múltipla multiple spindle drilling machine 多轴钻床

furadeira pneumática air drill 气动钻，风动钻

furadeira portátil hand electric drill 手提电钻

furadeira radial radial drill 摇臂钻

furador *s.m.* ❶ puncher 冲孔器 ❷ circle cutter 圆形切割器

furador de percussão percussion drill 冲击钻

furador para papéis paper perforator 纸张打孔器

furador-revólver turret drill 转塔钻床

furadora *s.f.* puncher 冲孔器

furadora de dormentes de madeira tie borer 轨枕钻孔机

furadora de trilho rail drill 轨道钻孔机

furano *s.m.* furan 呋喃；氧杂茂

furar *v.tr.* ❶ (to) drill, (to) bore 钻孔；钻井 ❷ (to) puncture （轮胎）扎破，爆胎

furchito *s.m.* fourchite 钛辉沸煌岩

furgão *s.m.* caravan 厢式货车

furgoneta *s.f.* van 大篷货车

furlong *s.m.* furlong 浪（长度单位，合 1/8 海里，即 201 米）

furna *s.f.* cave 洞穴

furo *s.m.* ❶ 1. hole 孔 2. bore, drill hole 钻孔 3. punch hole 刺孔，穿孔 ❷ well 井，水井，矿井

furo a punção punching; punched hole 冲孔

furo a rotação rotary drillhole 旋转钻孔

furo aberto com trado auger hole 螺旋钻孔

furo alongado slotted hole 长孔；长圆孔；槽孔

furo artesiano borehole （为了解地质水文而挖的）钻井；小水井

furo cego blind hole 不通孔；盲孔

furo central drilled center 中心钻孔

furo com folga clearing hole 钉孔隙

furo de captação de água subterrânea hole of captivation of underground water 地下取水井

furo de controle inspection borehole 检查钻孔

furo da detonação shot hole 爆破孔

furo de drenagem drain hole 排水孔

furo de êmbolo piston eye 活塞孔

furo de escoamento spill port 泄油孔口

furo de fixação periférico attaching hole 固定孔眼

furo de fundição casting hole 铸造孔眼

furo de guia guide hole 导向孔

furo de injecção grout hole 灌浆孔

furos de injecção intermédios split spacing (between grout holes) 加密灌浆孔间距

furo de instrumentação inspection hole 检查孔

furo de lubrificação oil hole 注油孔

furo de montagem mounting hole 安装孔

furo de percussão percussion hole 冲击钻孔

furo de pesquisa test well 探勘井，试验井

furo do pino pin bore 销孔

furo do pino-guia dowel pin hole 定位销孔

furo de prospecção prospect hole 探井

furo de purgação ⇨ furo de sangria

furo de respiro vent hole 通气孔

furo de retorno do óleo drainback hole 回油孔

furo de saída d'água water outlet hole 出水孔

furo de sangria bleed hole 放泄孔

furo de sondagem borehole 钻孔

furo de sondagem revestido cased borehole 下套管钻孔

furo ladrão ⇨ furo de sangria

furo manual hand hole 手工掏槽

furo micrométrico microbore 微孔

furo modulador damper hole 阻尼孔

furo para escórias slag hole, slag notch 渣口

furo para explosivo blast hole 爆破孔，炮眼

furo passante thru hole 透眼，透孔，通孔

furo piloto pilot hole 导向孔；导向钻孔

furo puncionado punched hole 冲孔

furo quadrado square hole 方孔

furo roscado tapped hole, threaded hole 螺纹孔

furo sacador roscado threaded puller hole 螺纹拉出器孔

furo sem saída ⇨ furo cego

Furongiano *adj.,s.m.* [巴] ⇨ **Furônguico**

Furônguico *adj.,s.m.* Furongian; Furongian Epoch; Furongian Series [葡]（地质年代）芙蓉世（的）；芙蓉统（的）

fusão *s.f.* ❶ 1. fusion, melting 融合；熔化；熔接 2. fusing 熔断；烧熔 ❷ combination, amalgamation（企业等的）合并

fusão a arco elétrico electric arc melting 电熔，电热熔

fusão a quente hot-melting 热熔

fusão a vácuo vacuum melting 真空熔炼

fusão congruente congruent melting 同成分熔化

fusão de chumbo lead burning 铅焊；熔铅结合

fusão de levitação levitation melting 悬浮熔融；悬熔法

fusão nuclear nuclear fusion 核聚变

fusão parcial partial melting 部分熔融

fusão por zona zone melting 区域熔融

fusão total ❶ complete fusion 完全熔接 ❷ melt-thru 熔透

fuselagem *s.f.* fuselage（飞机的）机身

fusénio *s.m.* fusain 丝炭

fusibilidade *s.f.* fusibility 熔度

fusinito *s.m.* fusinite 丝炭煤素质；丝质体

fusível ❶ *s.m.* fuse 保险丝，熔断器 ❷ *adj.2g.* fusible 可熔的，易熔的 ❸ *adj.2g.* fuse-plug 自溃式的（堤坝，溢洪道）

fusível automático automatic cut-out 自动断路器

fusível de cartucho fuse cartridge, circuit breaker 熔断丝管，熔线盒

fusível de encaixe fuse plug 熔丝塞；熔线塞

fusível de lâmina de faca knife-blade fuse 刀片式保险丝

fusível de retardamento time-delay fuse 延时保险丝

fusível de rosca plug fuse 插头式保险丝，插塞式熔丝

fusível de segurança miniature circuit breaker 小型断路器

fuso *s.m.* ❶ spindle 轴，杆；纺锤 ❷ longitude zone, meridional zone 经度带，子午带

fuso do regulador governor spindle 调速器心轴

fuso de válvula valve stem 阀杆

fuso horário time zone 时区

fuso limite limit zone 极限区

fuste *s.m.* ❶ shaft 柱身 ❷ shaft (of a pile caisson) 沉箱井

fuste de betão concrete pile 混凝土桩

fuste de betão armado reinforced concrete pile 钢筋混凝土桩

fuste de chaminé chimney stack（单烟道或多烟道的）烟囱体

fuste de coluna scape, shaft 柱身

fusulinídeo *s.m.* fusulinid 纺锤虫类

futebol *s.m.* football 足球

futebol de salão indoor soccer 室内足球

futon *s.m.* futon 蒲团；日式床垫

futsal *s.m.* futsal 室内五人足球

futuros *s.m.pl.* futures 期货

G

gabarito *s.m.* ❶ 1. gauge, instrument for measuring or testing 标准的度量物 2. jack rabbit 通径规；套管内径规 ❷ mould, form, model （同船体部件大小一样的）模型，样板 ❸ structure gauge, minimum clearance outline; building height limitation 建筑限界；建筑限高

gabarito de carga loading gauge 量载规

gabarito de carregamento clearance loading gauge 载货限定外形尺寸，运输车辆外形尺寸

gabarito de conferência dimensional limit （车辆等）限定尺寸，限高，限宽

gabarito de furar drilling jig 钻模

gabarito de montagem mating jig 装配架，总装型架

gabarito de trilho rail gauge 轨距

gabarito dinâmico dynamic clearance diagram 动态限界轮廓

gabarito estático static clearance diagram 静态限界轮廓

gabarito estrutural structure gauge, minimum clearance outline; building height limitation 建筑限界；建筑限高

gabarito horizontal horizontal clearance 水平净空

gabarito para roscas fillet gauge, weld gauge 角焊缝检验卡规

gabarito vertical vertical clearance 垂直净空；竖向净空

gabião *s.m.* gabion 石筐，石笼

gabião tipo manta ballast mattress 沉碴垫层

gabinete *s.m.* ❶ office, cabinet （建筑意义上的）办公室，小房间 ❷ office, division, department （行政意义上的）办公室，部门 ❸ cabinet 柜子

gabinete colectivo collective office 多人办公室，集体办公室

gabinete de contabilidade accounting office 会计处；财务处

gabinete do director manager room 经理室

gabinete de encarregado foreman office 工长室

gabinete de estudos, planeamento e estatística (GEPE) studies, planning and statistics office 研究，计划和统计办公室；研究，计划和统计司

gabinete de madeira wood cabinet 木板柜

gabinete de madeira e acabamento laminado plástico wood cabinet plastic laminated finish 塑料贴面木板柜

gabinete de património asset management division 资产管理部

gabinete de segurança das comunicações office of communications security 通信安全办公室

gabinete individual single office 单人办公室

gabinete sanitário water closet, toilet 卫生间，厕所，洗手间

gablete *s.m.* gable 山墙，三角墙

gablete escalonado corbiestep 阶梯形山形墙

gabrito *s.m.* gabbrite 淡辉长细晶岩

gabro *s.m.* gabbro 辉长岩

  gabro alcalino alkali gabbro 碱性辉长岩

  gabro eufótido euphotide, euphotid gabbro 糟化辉长岩

  gabro fóidico foid gabbro 似长石辉长岩

  gabro foidífero foidiferous gabbro 含似长石辉长岩

  gabro quártzico quartzic gabbro 石英辉长岩

gabrodiorito *s.m.* gabbrodiorite 辉长闪长岩

gabrófiro *s.m.* gabbrophyre 辉长斑岩

gabróico *adj.* gabbroic 辉长岩的

gabróide *adj.2g.* gabbroid 似辉长岩的

gadanha *s.f.* scythe 大镰刀

gadanheira *s.f.* mowing machine 割草机

  gadanheira-alinhadora windrower, swather 割晒机

  gadanheira alternativa reciprocating mower, reciprocating knife mower 往复式割草机

  gadanheira-condicionadora mower conditioner, rotary cutter 割草压扁机；割草调制机

  gadanheira-condicionadora de barra de corte reciprocating mower conditioner 往复式割草压扁机

  gadanheira-condicionadora de discos disk mower conditioner 圆盘式割草压扁机

  gadanheira-condicionadora de discos com tambor condicionador de dedos disk mower conditioner with finger conditioner 圆盘式割草压扁机带指状动耙

  gadanheira-condicionadora de martelos flail mower conditioner 锤片式割草压扁机

  gadanheira de barra de corte finger bar mower 往复式割草机

  gadanheira de discos disc mower 圆盘式剪草机

  gadanheira de facas articuladas (/de flagelos/ de martelos) flail mower 甩刀式割草机

  gadanheira de rodado largo front motor mower with side drive 侧驱式前置动力割草机

  gadanheira de tambores rotary drum mower 滚筒式割草机

  gadanheira rotativa rotary mower, rotary scythe 旋转式割草机

  gadanheira-trilhadora ⇨ gadanheira condicionadora

gadanho *s.m.* pitch-fork 干草叉

gado *s.m.* livestock, cattle 牲畜，家畜；牛

  gado de corte cattle; beef cattle 食用家畜，肉畜；肉牛

  gado leiteiro dairy cattle 乳畜；奶牛

  gado vacum (/bovino) cattle 牛（各种牛的统称）

gadolínio (Gd) *s.m.* gadolinium (Gd) 钆

gadolinite *s.f.* gadolinite 硅铍钇矿

gafanhoto *s.m.* grasshopper 蚱蜢；蝗虫

gahnite *s.f.* gahnite 锌类晶石

gaiola *s.f.* ❶ cage 笼子 ❷ cage 板条包装箱

  gaiola aberta superior top open cage 上部开口阀罩

  gaiola de Faraday Faraday cage 法拉第笼

  gaiola de esferas ball cage 滚珠隔离圈；滚珠轴承罩

  gaiola de segurança safety cage 安全笼

  gaiola de transbordo bird cage 提升吊笼

gaioleiro *s.m.* jerry-builder 偷工减料的建造商

gaivagem *s.f.* drainage ditch 水沟，引水沟，排水沟

gaivel *s.m.* trapezoidal wall 梯形墙

gaize *s.f.* gaize 海绿云母细砂岩

gal *s.m.* gal 加仑（重力加速度单位）

galactite *s.f.* galactite 针钠沸石

galactómetro/galactômetro *s.m.* galactometer 乳比重计

galalito *s.m.* galalith 乳石

galão *s.m.* ❶ welt 贴边，沿条 ❷ (gal) gallon (gal) 加仑（容量单位）

  galão plástico plastic pad 塑料垫片

galaxita *s.f.* galaxite 锰尖晶石

galbo *s.m.* elegant profile （反宇屋面的）舒缓的屋面曲线

galena *s.f.* galena 方铅矿；硫化铅

  galena argentífera silver lead ore 银铅矿

  galena de cobalto cobaltite 辉钴矿

galenite *s.f.* galenite 方铅矿；硫化铅

galeota *s.f.* two-wheeled barrow 两轮手推车

galeria *s.f.* ❶ 1. gallery, tunnel, cov-

ered-way 地道，坑道，地下通道 2. culvert 排水渠，暗渠；水坝涵管 ❷ 1. gallery 长廊 2. galleria 风雨商业拱廊 3. gallery 画廊，美术陈列馆 ❸ circle （剧院的）厅座，二楼厅座
galeria ao nível do solo footrill 平硐
galeria alta upper circle （剧院）三楼厅座
galeria de acesso adit, access tunnel 平硐，坑道口，进口隧道
galeria de adução ❶ aqueduct 导水管；水道 ❷ headrace, headrace tunnel 导水沟；引水隧道 ❸ low pressure tunnel 低压隧洞
galeria de adução em carga power tunnel, pressure gallery 压力孔道
galeria de águas pluviais rain water gallery 雨水坑道
galeria de arrasto haulage drift 运输平巷
galeria de arte art gallery 艺术馆
galeria de avanço adit 坑道口
galeria de avanço de rocha stone head 岩巷
galeria dos barramentos busbar gallery; busbar tunnel 母线廊道
galeria dos cabos cable tunnel 电缆隧道
galeria de captação sump 集水坑
galeria de carga loading drift 装载平巷
galeria das comportas valve gallery 阀廊
galeria de derivação diversion culvert; diversion tunnel 引水流道；导流隧洞
galeria de descarga draw-off culvert 泄水涵洞
galeria de desvio diversion tunnel 导流隧洞
galeria de drenagem drainage gallery 排水廊道
galeria de duas caixas twin box culvert 双盒形暗渠
galeria de evacuação escape gallery 太平通道
galeria de expansão expansion gallery 廊道扩大段
galeria de extracção mining roadway 回采巷道
galeria de fuga tailrace tunnel 尾水管洞
galeria de injecção grout compartment; grouting gallery 灌浆段；灌浆廊道
galeria de inspecção ⇨ galeria de

visita
galeria de limpeza scour culvert 冲砂涵洞
galeria de mina adit 坑道口
galeria de restituição ⇨ galeria de fuga
galeria de saneamento culvert 涵洞
galeria de serviços ⇨ galeria de visita
galeria de sussurros whispering gallery 耳语廊
galeria dos transformadores transformer hall; transformer gallery 变压器廊道
galeria de transporte ⇨ galeria de arrasto
galeria das válvulas ⇨ galeria das comportas
galeria do vertedouro spillway tunnel 溢流隧洞
galeria de visita inspection gallery 检查廊道
galeria em carga pressure tunnel 压力隧洞
galeria em desenvolvimento development drift 开拓平巷
galeria em tubulação pipe culvert, pipeline gallery 管涵；管渠，管状排水渠
galeria exaustora exhaust gallery 排烟道
galeria funerária passage grave 通道式坟墓
galeria superior peanut gallery 剧场的上层楼厅
galeria técnica utility tunnel （地下）综合管廊
galeria transversal cross cut 横巷
galga s.f. ❶ pitch, gauge （屋面挂瓦条之间的）间距 ❷ millstone （石磨的）磨盘
galgamento s.m. overflowing, overtopping 溢流；漫溢
galhardete s.m. ❶ burgee 燕尾旗，三角旗 ❷ cross arm 横担（电线杆顶部横向固定的角铁）
galhardete em alinhamento direct line cross arm 直线横担
galhardete em ângulos buck arm 转角横担
galhardete em suspensão tension cross arm 耐张横担
galhardetes triangulares triangle cross

arm 三角形横担

galheta *s.f.* burette 滴定管；量管

galho *s.m.* branch 树枝

galilé *s.f.* galilee 教堂门廊

Galileo *s.m.* Galileo, Galileo satellite navigation system 伽利略卫星导航系统

galinha *s.f.* hen 母鸡，蛋鸡

galinha caipira free-range hen 散养鸡

galinha poedeira laying hen 蛋鸡

galinheiro *s.m.* ❶ laying house 鸡舍 ❷ peanut gallery 剧场的上层楼厅

galinicultura *s.f.* chicken-raising 养鸡，养鸡业

gálio (Ga) *s.m.* gallium (Ga) 镓

gálio-gadolínio-granada (GGG) *s.f.* gadolinium gallium garnet (GGG) 钆镓石榴石

galochas *s.f.pl.* galoshes; gumboots 橡胶套鞋；橡胶靴

galochas em PVC com biqueira de aço steel toe PVC shoes 钢头 PVC 安全鞋

galpão *s.m.* ❶ shed 棚子 ❷ barn; air-curing barn 晾房

galpão de aço steel shed 钢棚

galpão para máquina hangar for machines 设备棚

galvanização *s.f.* galvanizing, galvanization 电镀，镀锌

galvanização a cádmio cadmium plating 镀镉

galvanização a chama flame plating 火焰喷镀

galvanização a fogo ⇨ galvanização (por imersão) a quente

galvanização a frio cold galvanization 冷镀锌

galvanização a ródio rhodanizing 镀铑

galvanização (por imersão) a quente hot galvanizing, hot-dip galvanizing 热镀锌，热浸镀锌

galvanizado *adj.* galvanized 电镀的，镀锌的

galvanizar *v.tr.* (to) galvanize 电镀，镀锌

galvanoluminescência *s.f.* galvanoluminescence 电流发光

galvanómetro/galvanômetro *s.m.* galvanometer（测验微小电流、电压、电量的）检流计，电流计

galvanoplastia *s.f.* electroplating 电镀；

电铸

galvanostegia *s.f.* galvanostegy 电镀

galvanotipia *s.f.* electrotype 制电铸版

gama *s.f.* ❶ range; series 范围；一系列（产品）❷ gamma 伽马（磁场强度单位）

gama de plasticidade plastic range 塑性范围

gama dinâmico dynamic range 动态范围

gamacerano *s.m.* gammacerane 伽马蜡烷

gamagrafia *s.f.* gammagraphic examination 伽马射线摄影检查

gambiarra *s.f.* ❶ footlight, stage-lights 脚灯；舞台灯 ❷ handlamp（施工现场照明用的）桅灯，手提灯

gambiarra tipo fluorescente fluorescent handlamp 手提荧光灯

gambiarra tipo LED LED handlamp 手提 LED 灯

gamela *s.f.* hod, bucket 建筑灰桶（盆），水泥砂浆桶（盆）

gamela de borracha rubber bucket 橡胶桶

gancho *s.m.* ❶ hook 弯钩，挂钩 ❷ bent bar 弯筋

gancho de cabine cabin hook 风钩；门窗钩

gancho da cortina curtain hook 窗帘挂钩

gancho de elevação hoisting hook 起重吊钩

gancho de engate towing hook, hook 拖钩

gancho de fechamento lock hook 锁钩

gancho de fixação fixing hook, securing hook 紧固钩

gancho de levantamento lifting hook 吊钩，起重钩

gancho de levantamento auxiliar auxiliary lifting hook 副起重钩

gancho de levantamento principal principal lifting hook 主起重钩

gancho de olho eye hook 环首钩；眼钩，链钩

gancho de parafuso screw-hook 螺丝钩

gancho de paragem finger stop 指状限位器

gancho de puxar pull hook 拉钩，牵引钩

gancho de reboque towing hook 拖缆钩；牵引钩

gancho de roldana pulley hook 滑车大钩

gancho de segurança safety hook, locking hook 安全钩，防脱钩

gancho de suporte wall hook 墙钩

gancho de suporte de parede wall hanger 墙上梁托

gancho de tecto ceiling suspension hook 天花吊钩

gancho de tracção ⇨ gancho de reboque

gancho da tubulação pipe hanger 水管吊架

gancho de unha crampon 起重钩

gancho em G G cramp G 形夹

gancho extractor extractor hook 抽筒子钩

gancho padrão standard hook 标准弯钩

gancho para casaco coat hook 衣帽钩

gancho para contentor container hook 货柜钩

gancho para içar vigas girder dogs 吊梁钳

gancho para retentor seal pick hook 提取钩；脚扣

gancho para roupão robe hook 衣柜钩

gândara *s.f.* heath, moor 贫瘠的土地；荒野，荒原

ganga *s.f.* gangue 脉石

gangorra *s.f.* teeter-totter [巴] 跷跷板

ganho *s.m.* ❶ gain; profit 获得；收益 ❷ gain; tone-up; transmission gain 增益

ganho acústico acoustic gain 声增益

ganho de calor heat gain 热增量

ganho de corrente current gain 电流增益

ganho de potência power gain 功率增益

ganho de tempo variado time-varied-gain (TVG) 时变增益

ganho de tensão voltage gain 电压增益

ganho final final gain 最终增益

ganho inicial initial gain, early gain 初始增益

ganho isolado isolated gain 分离获取

ganho solar direta direct solar gain 直接太阳得热

ganister *s.m.* gannister 致密硅岩

ganzepe *s.m.* dovetail groove 燕尾槽

garagem *s.f.* garage 车库

garagem de camiões de bombeiros fire house 消防车库

garante *s.2g.* guarantor; warranter 保证人

garantia *s.f.* ❶ guarantee 保证；保修，质保 ❷ warranty 保证书，担保书 ❸ guarantee, bond 保函，质保金

garantia bancária bank guarantee 银行保函

garantia contratual contractual guarantee 合同担保

garantia de adiantamento advance payment guarantee 预付款保函

garantia de boa execução (/de desempenho/ de fiel cumprimento) performance guarantee 履约保函

garantia de down payment down payment guarantee 预付款保函，定金保函

garantia de empréstimo loan guarantee 借款保函

garantia de escoamento flow assurance 流动保障

garantia de manutenção maintenance bond 维修保函

garantia de pagamento payment guarantee 付款保函

garantia de proposta tender guarantee, bid bond 投标保函，投标保证金

garantia de qualidade ❶ quality assurance 质量保证 ❷ quality guarantee 质量保函

garantia de retenção retention guarantee 留置金保函，保留金保函

garantia fidejussória personal security 人身担保

garantia financeira financial guarantee 财政担保，财务担保

garantia física real guarantee 实物担保

garantir *v.tr.* ❶ (to) guarantee, (to) assure 保证，确保 ❷ (to) assure 担保 ❸ (to) warrant 保证质量，提供质量保证书

garapa *s.f.* garapa 铁苏木（Apuleia leiocarpa (Vog.) Macbr.）

gare *s.f.* station platform 月台，站台

garevaíto *s.m.* garewaite 透辉橄煌岩

garfo *s.m.* ❶ fork 叉；叉耙 ❷ yoke, fork 轭；分离拨器，叉臂；万向节叉 ❸ (de engate) clevis U 形夹

garfo articulador fork joint 叉形接头

garfo de comando governor fork 调速器拨叉

garfo da embreagem clutch yoke, clutch release fork 离合器拨叉，离合器分离叉

garfo de empilhadeira lift truck fork 叉车叉

garfo de engate shifting fork 拨叉

garfo da haste de articulação linkage rod clevis 连杆叉

garfo da junta universal universal joint yoke 万向节叉

garfo de mão hand fork 手叉

garfo de mudança (de marcha) shifter fork, shifting fork 换档拨叉

garfo de pressão thrust fork 推力叉

garfo de reboque tow bar 牵引杆，拖杆

garfo do tucho lifter yoke 提升器臂

garfo desligador release yoke 释放轭，分离叉

garfos giratórios rotating forks 旋转叉

garfo-guia sliding fork 滑动叉

garfo para destrinchar carving fork 切肉叉

garfo para lastro ballast fork 道砟叉

garfos para paletes fork lift 叉车叉

garfo para tábuas lumber fork 板材装卸叉

garfo para toras log fork, logging fork 圆木装卸叉

gargalo s.m. neck 颈部；收窄处

gargalo de enchimento filler neck 加注口

gargalo de garrafa bottleneck 瓶颈口；狭窄段

gargalo de processamento processing bottleneck 处理瓶颈

garganito s.m. garganite 闪辉煌岩

garganta s.f. ❶ gorge, ravine 山峡 ❷ throat （壁炉里的）吸烟口 ❸ quirked cyma recta 带有深槽的表反曲线饰

garganta do jacaré frog throat 辙叉喉，辙叉咽喉

garganta reversa quirked cyma reversa, quirked ogee 带有深槽的里反曲线饰

garganta vulcânica volcanic neck 火山颈

gargarejo s.m. throttling 节流

gárgula s.f. gargoyle 滴水嘴

gárgula canhão cannon gargoyle 炮形滴

gárgula recta straight gargoyle 直形滴水嘴

garibalde/garibáldi s.m. chain hoist 环链葫芦

garimpagem s.f. mining 采矿

garimpeiro s.m. ❶ prospector 探勘者；采矿者 ❷ "garimpeiro" [安]（偷偷挖开地下管线并接入自家的）偷水贼；偷电贼，电耗子

garimpo s.m. mine 金矿，稀有金属矿

garlopa s.f. ❶ large plane 长刨，大刨 ❷ jointing machine 接合机

garlopa calçada technical jack plane 小型粗刨刀

garnierite s.f. garnierite 硅镁镍矿

garra s.f. ❶ grapple, clamp 抓钩，抓斗 ❷ claw, clutch, pawl, jaw 爪，卡爪，制滑机 2. (da catraca) 棘爪 3. (de sapata) grouser bar 履刺，履带抓地齿，齿片 4. tread bar, cleat, lug 轮胎抓地齿 ❸ trigger 触发器，板机

garra de acoplamento coupling dog 联轴器爪

garras de carga loader grapple 装载机抓钩

garra do para-choque bumper guard 保险杠托架

garra de partida starting dog 起动爪

garra de transferência transfer pawl 输送用棘爪

garra de trava lock pawl 锁定爪；止动爪；制动爪

garra e lança giratórias grapple and swing boom 抓斗和转动臂

garras florestais forestry grapples 林业抓斗

garra giratória rotator clamps, rotating fork clamps 旋转叉夹

garra para bobinas coil clamps, roll clamp 钢卷夹钳

garra para caixas carton clamp 纸箱夹

garra para fardos bale clamp 草捆抓斗

garra para gelo ice grouser 冰地（防滑）抓地齿

garra para tambores drums clamp 圆筒抓斗

garra para terra dirt grouser（泥地、沙地）

抓地齿

garra para tijolos brick clamp 砖夹

garra retentora retainer pawl 制动爪，止
动爪

garra traçadora grapple saw 抓斗锯

garra tripla triple grouser (shoe) 三齿片
（履带块）

garrafa *s.f.* bottle 瓶子

garrafa de Leiden Leyden jar 莱顿瓶

garrafa de ácido acid bottle 储酸瓶

garrafa de ar comprimido compressed
air bottle 压缩空气瓶

garrafa térmica thermos 保温瓶

garrafão *s.m.* carboy 小口大玻璃瓶

garrafeira *s.f.* wine-cellar; cellaret 酒窖；酒
橱，存酒架

garrigue *s.m.* garigue 地中海常绿矮灌丛

garrote *s.m.* tommy 螺丝旋杆

garruncho *s.m.* hank （纵帆前缘）帆环

gás *s.m.* ❶ gas state 气态 ❷ 1. gas 气体
2. coal gas 煤气 3. natural gas 天然气 4.
refrigerant; freon [安] 冷媒；氟利昂

gás ácido acid gas 酸性气体

gás aprisionado entrapped gas 滞留气

gás associado associated gas 伴生气

gás biogénico biogenic gas 生物气体

gás canalizado piped gas 管道煤气

gás carbónico carbon dioxide 二氧化碳

gás combustível fuel gas, power gas 燃
气，燃料气

gás comerciável pipeline gas 管输天然气

gás comprimido compressed gas 压缩
气体

gás condensado condensed gas 冷凝气体，
凝聚气体

gás condensado retrógrado retrograde
gas condensate 反凝析油

gás corrosivo corrosive gas 腐蚀性气体

gás criogénico cryogenic gas 低温气体

gás cru raw gas 原料气

gás de água water gas 水煤气

gás de carvão coal gas 煤气

gás de cidade town gas 城市燃气，民用
燃气

gás de cobertura gas cap gas 气顶气

gás de combustão flue gas 烟道气；废气，
燃烧废气

gás de descarga exhaust gas 废气，尾气

gás de elevação lift gas 提升气体，提升用
气体

gás do escape exhaust gas 废气

gás de esgoto sewer gas 下水道气体

gás de hidrato gas hydrate 气体水合物，
天然气水合物

gás de linha line gas, pipeline gas 管线气

gás de manobra trip gas [巴] 起下钻气

gás de pântano marsh gas 沼气

gás de petróleo casinghead gas （产于油
井的）天然瓦斯，天然气

gás de petróleo liquefeito (GPL) liquefied petroleum gas (LPG) 液化石油气

gás de petróleo líquido ⇨ **gás de petróleo liquefeito**

gás de queima ❶ fuel gas 燃气 ❷ waste
gas 燃烧废气

gás de refinaria refinery gas 炼厂气

gás de xisto shale gas 页岩气

gás dissolvido dissolved gas 溶解气体

gás doce sweet gas 脱硫气体

gás no anular annular gas 环空气窜

gás em escoamento flowing gas 自喷天
然气

gás em solução solution gas 溶液气

gás emulsionado na água gas cut water
气侵水

gás emulsionado na lama gas cut mud
气侵泥浆

gás encanado ⇨ **gás canalizado**

**gás entrado no poço durante uma
mudança de broca** trip gas [葡] 起下钻气

gás envolvente gas envelope 气体包层，
气体壳层

gás explosivo explosive gas 爆炸性气体

gás freático phreatic gas 准火山瓦斯

gás húmido wet gas 湿气；湿燃气

gás ideal ideal gas 理想气体

gás impuro foul air 浊气

gás inerte inert gas 惰性气体

gás inflamável flammable gas 可燃气体

gás liquefeito liquefied gas 液化气体

gás liquefeito de petróleo (GLP) liquefied petroleum gas (LPG) 液化石油气

gás livre free gas 游离气体

gás motriz power gas 动力气体；动力煤气

gás na saída do poço ⇨ gás cru

gás não associado non-associated gas 非伴生气

gás não condensável non-condensable gas 不可凝气体

gás não inflamável non-flammable gas 不燃气体

gás nativo native gas 原生天然气

gás natural natural gas 天然气

gás natural cru raw natural gas 粗天然气，未经处理的天然气

gás natural doce sweet natural gas 低硫天然气

gás natural liquefeito (GNL) liquefied natural gas (LNG) 液化天然气

gás natural não associado non-associated natural gas 非伴生天然气，气井气，气田气

gás nobre noble gas 惰性气体

gás ocluso occluded gas 滞留气

gás permanente permanent gas 永久性气体

gás PL ⇨ gás de petróleo liquefeito

gás pobre lean gas 贫气

gás pós-emanação after damp 爆炸后毒气

gás processado ❶ processed gas 精制气体，加工过的气体 ❷ processed gas 脱硫气体

gás produzido produced gas 采出气

gás propulsor propellant gas 气体推进剂

gás queimado flue gas 燃烧废气

gás raro rare gas 稀有气体，惰性气体

gás recuperado casinghead gas 套管头天然气

gás regenerado regenerated gas 再生气

gás residual residue gas （脱掉汽油的）残气

gás ressurgente resurgent gas 再生气

gás retrógrado retrograde gas 反凝析气

gás rico combination gas, casinghead gas 混合气

gás seco dry gas 干气

gás soltado liberated gas 析出的气体

gás sulfuroso sour gas 含硫气体

gás superaquecido superheated gas 过热气体

gás venenoso noxious gas 有害气体

gás ventilado flash gas 闪蒸气体

gaseificação s.f. gasification 气化

gaseificar v.tr. (to) gasify 气化，使变成气体

gasoduto s.m. pipeline 天然气管道

gasogénio s.m. gas-generator 气体发生器

gasóleo s.m. ❶ gas oil 瓦斯油；粗柴油 ❷ diesel oil 柴油

gasolina s.f. gasoline, petrol 汽油

gasolina natural casinghead gasoline, natural gasoline 井口汽油

gasolina premium premium gasoline 高级汽油

gasolina sem chumbo unleaded petrol 无铅汽油

gasolineira s.f. gas station 加油站 ⇨ bomba de gasolina

gasómetro/gasômetro s.m. ❶ gasometer 煤气表 ❷ gas holder 煤气储罐，贮气罐

gasoso adj. gaseous 气态的，气体的

gastalho s.m. clamp, cramp, clasp 弓形夹；箍筋

gasto ❶ s.m. expense, expenditure 消耗；花费，开支 ❷ adj. spent, worn out, used up 损耗的，用旧的

excessivamente gasto badly worn 严重磨损的

gateira s.f. ❶ cat door; cat flap （门上的）猫洞，猫门 ❷ transom （屋顶或地下室换气用的）气窗

gatilho s.m. catch 拉手；钩

gato s.m. ❶ 1. metal cramp for cracked porcelain 两脚钉，扣钉 2. up & down bracket 蝴蝶式石材挂件 ❷ tapping 偷电（行为），私自接电

gato de ardósia slate cramp 石板扒钉

gato de chumbo lead dot 铅销

gato de ferro iron cramp 铁搭；扒钉

gato em barra bar cramp, stirrup, link 杆夹，箍筋

gato em G G cramp G 形夹

gauss s.m. Gauss 高斯（磁感应单位）

gaussbergito s.m. gaussbergite 辉橄白榴斑岩

gaussiano adj. gaussian 高斯的

gaveta s.f. drawer 抽屉

gaveta cega blank ram, blind ram 全封防

喷器闸板

gaveta cisalhante shear ram 剪切式闸板

gaveta de tubo pipe ram （防喷器）闸板

gaveta de verduras crisper （冰箱的）蔬菜保鲜格

gaveta variável de tubos variable ram （可）变径闸板

gaxeta *s.f.* ❶ gasket, packing 衬垫，垫片，衬片 ❷ shim pack 垫片组

gaxeta de amianto asbestos gasket 石棉垫片

gaxeta de borracha rubber gasket 橡胶垫圈

gaxeta de borracha tipo canal channel-type rubber packing 卡槽形橡胶密封条

gaxeta de compressão compression gasket 压力垫圈

gaxeta de fita de aperto lock-strip gasket 锁条式密封条，挡风密封条，三口密封条

gaxeta de neopreno neoprene gasket 氯丁（二烯）橡胶衬垫

gaxeta em "U" de poliuretano U-cup polyurethane packing 聚氨酯 U 形垫（密封）

gaxeta metálica metallic gasket 金属垫片

gaylussite *s.f.* gaylussite 单斜钠钙石；斜碳钠钙石

gaze *s.f.* gauze 纱布

gaze anti-séptica antiseptic gauze 消毒纱布

gazebo *s.m.* gazebo [巴] 眺望台

geada *s.f.* frost; hoar frost 霜

geada branca white frost 白霜

geada miúda sleet 冰凌

geada negra black frost 黑霜

geada vidrada glaze 雨凇

geanticlinal ❶ *s.m.* geanticline 地背斜 ❷ *adj.2g.* geanticlinal 地背斜的

gedanito *s.m.* gedanite 软琥珀，脂状琥珀

gedanosuccinito *s.m.* gedano-succinite 一种琥珀

gedrite *s.f.* gedrite 铝直闪石

gehlenite *s.f.* gehlenite 钙铝黄长石

geiser *s.m.* geyser 间歇泉

geiser de lama mud geyser 泥喷泉

geiserite *s.f.* geyserite 硅华，间歇泉周围的沉积物

gel *s.m.* ❶ gel 凝胶 ❷ gel strength [巴] 胶

凝强度 ⇨ **força gel**

gel final (Gf) final gel strength 终切力

gel inicial (Gi) initial gel strength 初切力

geladeira *s.f.* ❶ freezer 冷冻箱；制冰机 ❷ refrigerator; cooler [巴] 冰箱；冰柜

geladeira de bebidas beverage cooler 冷饮柜

geladeira de garrafas bottle cooler 冷饮柜

geladeira de garrafas de porta dupla double door bottle cooler 双门冷饮柜

geladiço *adj.* ❶ frost-susceptible 易冻的 ❷ moisture absorbing, moisture-sensitive 吸潮的，易受潮的

Gelasiano *adj.,s.m.* Gelasian; Gelasian Age; Gelasian Stage （地质年代）杰拉期（的）；杰拉阶（的）

gelatina *s.f.* gelatina 明胶，动物胶

gelatinização *s.f.* gelatinization 凝胶化

gelatinoso *adj.* gelatinous 凝胶状的，胶状的

geleira *s.f.* ❶ coolbox 冰桶；冷藏盒 ❷ refrigerator; ice-box [巴]（家用）冰箱；（车载）冰箱；制冰机 ❸ freezing machine, freezer 冷冻箱；制冰机 ❹ ice-cave, ice pit 冰穴，冰洞 ❺ glacier, ice-field 冰川 ⇨ **glaciar**

geleira alpina alpine glacier 高山冰川，阿尔卑斯型冰川

geleira continental continental glacier 大陆冰川

geleira de nevado névé glacier 粒雪冰川

geleira de talude talus glacier 岩屑冰川

geleira dendrítica dendritic glacier 树枝状冰川

geleira inactiva stagnant glacier 停滞冰川

geliciastia *s.f.* gelifraction 融冻崩解作用

geliclástico *adj.* geliclastic 融冻崩解作用的

geliclasto *s.m.* geliclast 融冻崩解碎屑岩

gelifacto *s.m.* glacionatant, glacigenous 冰成的

gelifazer *v.tr.* ⇨ **gelificar**

gelificação *s.f.* gelation 凝胶化，胶凝作用

gelificar *v.tr.* (to) gelate 凝胶化

gelifluxão *s.f.* gelifluxion 冻泥流

gelifracção *s.f.* gelifraction 融冻崩解作用

gelissolo *s.m.* gelisol, frozen ground 冻土

geliturbação *s.f.* geliturbation 融冻泥流作用

gelivação *s.f.* gelivation 冻融崩解作用

gelividade *s.f.* gelivity （石材）抗冻性，耐

冻融崩解能力

gelo *s.m.* ice 冰

gelo à deriva drift ice 浮冰

gelo à deriva aberto open pack-ice 稀疏流冰

gelo continental continental ice 大陆冰

gelo da calota polar polar-cap ice 极地冰帽

gelo de fundo anchor ice 锚冰，底冰

gelo de profundidade depth ice 底冰

gelo em barras ice bar 条冰，冰条

gelo em cubos ice cube 冰块

gelo em escamas flake ice 片冰

gelo empilhado rafted ice 筏冰

gelo filamentar pipkrake 针冰层

gelo flutuante floating ice 浮冰

gelo fóssil fossil ice 化石冰

gelo granulado firn 粒雪

gelo pastoso ice slush 冰泥

gelo plistocénico Pleistocene ice 更新世冰

gelo polar polar ice 极地冰

gelo viscoso frazil slush 冰花，冰屑浆

gelosia *s.f.* window blind, jalousie 百叶窗格

gema *s.f.* gemstone, precious stone 宝石

gémeos *s.m.pl.* twin 双晶

gémeos de interpenetração interpenetration twins 互穿孪晶

gémeos de justaposição (/sobreposição) juxtaposition twins 接触双晶

gemiado *adj.* geminate, semi-detached（建筑）成对的；（窗户）两扇对开的

geminado ❶ *s.m.* twin 双晶 ❷ *adj.* ⇨ gemiado

geminado de Baveno Baveno twin 斜坡双晶

geminado de Carlsbad Carlsbad twin 卡斯巴双晶

geminado de contacto contact twin 接触孪晶

geminado de penetração penetration twin 穿插孪晶；穿插双晶

geminado múltiplo multiple twin 聚片双晶

geminado repetido repeated twin 反复双晶

gemífero *adj.* gemmiferous 产宝石的

geminação *s.f.* twin, macle; twinning 双晶；形成双晶，双晶现象

geminação lamelar polysynthetic twin 聚片双晶

gemologia *s.f.* gemology 宝石学

gemólogo *s.m.* gemologist 宝石学家

generalidades *s.f.pl.* general 概况；一般规定

generalização *s.f.* ❶ generalization 概括 ❷ popularization 普及，推广

generalização cartográfica cartographic generalization 制图综合，制图概括

generalização conceptual conceptual generalization 概念性概括

generalização estrutural structural generalization 结构性概括

género *s.m.* genus 属（生物学分类单位，隶属于科 família）

génese *s.f.* genesis 起源，产生，发生

génese do solo soil genesis 土壤发生；土壤发生学

genoa *s.f.* genoa 大三角帆，迎风三角帆

genótipo *s.m.* genotype 属型；属模标本

genuíno *adj.* genuine 真正的；原厂的，正品的

geo- *pref.* geo- 表示"地球，土地"

geoacústica *s.f.* geoacoustics 地声学

geoanticlinal *s.m.* geoanticline 地背斜

geobarometria *s.f.* geobarometry 地压力测定法

geobarómetro/geobarômetro *s.m.* geobarometer 地质压力计

geocêntrico *adj.* geocentric 以地球为中心的；由地心开始测量的

geocerite *s.f.* geocerite 硬蜡

geociências *s.f.* geosciences 地球科学

geocinético *adj.* geokinetic 地壳运动的

geoclinal *s.m.* geocline 地斜，地形倾差

geocodificação *s.f.* geocoding 地理编码

geoconservação *s.f.* geoconservation 地质保育

geocosmologia *s.f.* geocosmology 宇宙地质学，天文地质学

geocrático *adj.* geocratic 造陆的

geócrono *s.m.* geochron 地质时间

geocronologia *s.f.* geochronology 地质年代学

geocronologia absoluta absolute geochronology 绝对地质年代学

geocronologia isotópica isotope geochronology 同位素地质年代学

geocronologia radiométrica radiometric geochronology 同位素地质年代学

geocronologia relativa relative geochronology 相对地质年代学

geocronometria *s.f.* geochronometry 地质年代测定学

geode *s.m.* geode 晶洞

geodesia *s.f.* geodesy, geodaesia 大地测量学；测地标

geodesia espacial spatial geodesy 空间大地测量

geodésica *s.f.* geodesic, geodesic line 测地线

geodésico *adj.* geodesic, geodesical 土地测量的

geodesista *s.2g.* geodesist 大地测量学家

geodímetro *s.m.* geodimeter 光波测距仪，测地仪

geodinâmica *s.f.* geodynamics 地球动力学

geodinâmica externa external geodynamics 地球外部动力学

geodinâmica interna internal geodynamics 地球内部动力学

geodiversidade *s.f.* geodiversity 地质多样性

geodreno *s.m.* geodrain 土工排水（板）

geoeléctrico *adj.* geoelectric 地电的

geoestacionário *adj.* geostationary （人造卫星）与地球同步的

geoestatística *s.f.* geostatistics 地质统计学

geofísica *s.f.* geophysics 地球物理学

geofísica aplicada applied geophysics 应用地球物理学

geofísica da exploração exploration geophysics 地球物理勘探；勘探地球物理学

geofísica integrada integrated geophysics 综合地球物理学

geofísico *adj.* geophysical 地球物理学的

geofone *s.m.* geophone 地震检波器，地声仪，地音仪

geofone activo active geophone 有源检波器

geofone de aceleração acceleration geophone 加速度地震检波器

geofone de boca de poço shot point

seismometer 炮点检波器，井口检波器

geofone de multicomponentes multicomponent geophone 单分量检波器

geofone de poço well geophone, uphole geophone 井中检波器，井口检波器

geofone do ponto de tiro shotpoint geophone, jug 炮点检波器

geofone de três componentes three-component geophone 三分量检波器

geofone dinâmico dynamic geophone 电动检波器

geofones múltiplos multiple geophones 检波器组合

geogénese *s.f.* geogenesis 地球成因学

geogenia *s.f.* geogeny 地球成因学

geognósia *s.f.* geognosy 构造地质学，地球构造学

geogonia *s.f.* geogony 地球成因学

geografia *s.f.* geography 地理学

geografia física physiography, physical geography 自然地理学，地文学

geógrafo *s.m.* geographer 地理学家

geograma *s.m.* geogram 综合地质柱状图

geogrelha *s.f.* geogrid 土工格栅；地工格网

geo-história *s.f.* geohistory 地史学

geoide *s.m.* ❶ geoid surface 大地水准面 ❷ geoid 地球体；地球形

geoidrologia *s.f.* geohydrology 地下水水文学

geoisotérmica *s.f.* geoisotherm 等地温线

geologia *s.f.* geology 地质学

geologia aplicada applied geology 应用地质学

geologia do ambiente environmental geology 环境地质学

geologia de engenharia engineering geology 工程地质学

geologia de isótopos ⇨ geologia isotópica

geologia das rochas duras hard-rock geology 硬岩地质学

geologia das rochas sedimentares soft-rock geology 软岩地质学

geologia de subsuperfície ⇨ geologia subterrânea

geologia dinâmica dynamic geology 动力地质学

geologia económica economic geology 经济地质学

geologia estrutural structural geology 构造地质学

geologia física physical geology 物理地质学

geologia geral general geology 物理地质学

geologia histórica historical geology 地史学

geologia isotópica isotope geology 同位素地质学

geologia marinha marine geology 海洋地质学

geologia mecânica ⇨ geologia de engenharia

geologia mineira mining geology 采矿地质学

geologia nuclear nuclear geology 核地质学

geologia planetária planetary geology 行星地质学

geologia regional regional geology 区域地质学

geologia sedimentar sedimentary geology 沉积地质学

geologia subterrânea subsurface geology 地下地质学

geólogo s.m. geologist 地质学家

geológrafo s.m. geolograph 钻速记录仪

geomagnetismo s.m. geomagnetism 地磁, 地磁学

geomatemática s.f. geomathematics 地球数学

geomática s.f. geomatics, geo-informatics; Geographic Information Systems 地理信息学；地理信息系统

geomecânica s.f. geomechanics 地质力学

geomembrana s.f. geo-membrane 土工膜；隔泥网膜

geómetra s.2g. land surveyor 土地测量员

geometria s.f. ❶ geometry 几何（学）❷ geometry 几何形状，几何图形，几何结构，几何体

geometria analítica analytic geometry 解析几何

geometria coordenada coordinate geometry 坐标几何；解析几何

geometria de canal channel geometry 河槽形态

geometria de fracturação fracture geometry 裂缝几何形状

geometria do lanço spread geometry 排列形状

geometria da via track geometry 轨道几何

geometria descritiva descriptive geometry 画法几何

geometria euclidiana Euclidean geometry 欧几里得几何

geometria irregular irregular geometry 不规则几何形状，不规则几何体

geometria plana plane geometry 平面几何

geometria projectiva projective geometry 射影几何

geometria regular regular geometry 规则几何形状，规则几何体

geometria rodoviária road geometry 道路几何

geometria sólida (/no espaço/ espacial) solid geometry 立体几何

geométrico adj. geometrical 几何的，几何学的

geomiricite s.f. geomyricite 针蜡

geomonumento s.m. geomonument 地质纪念碑

geomórfico adj. geomorphic 地形的；地貌的

geomorfogenia s.f. geomorphogeny 地貌成因学；地形发生学

geomorfologia s.f. geomorphology 地貌，地貌学

geomorfologia climática climatic geomorphology 气候地貌学

geomorfologia do ambiente environmental geomorphology 环境地貌学

geomorfologia de engenharia engineering geomorphology 工程地貌学

geomorfologia dinâmica dynamic geomorphology 动力地貌学

geomorfologia estrutural structural geomorphology 构造地貌学

geomorfológico adj. geomorphological 地

貌学的

geomorfometria *s.f.* geomorphometry 地貌量计学

geoparque *s.m.* geopark 地质公园

geopético *adj.* geopetal 示顶底的

geopiezometria *s.f.* geopiezometry 地质应力量计学

geopolímero *s.m.* geopolymer 地质聚合物

geoposicionamento *s.m.* geopositioning 地理定位

geopotencial *s.f.* geopotential 重力势

geoprocessamento *s.m.* geoprocessing 地理处理

geoquímica *s.f.* geochemistry 地球化学
geoquímica isotópica isotope geochemistry 同位素地球化学

georadar *s.m.* georadar 探地雷达，地质雷达

georede *s.f.* geonet 土工网

georrecurso *s.m.* georesource 地质资源
georrecurso cultural cultural georesource 地质文化资源
georrecurso económico economic georesource 地质经济资源

georreferência *s.f.* georeference 地理参考

georreferenciação *s.f.* georeferencing 地理配准，空间参照

geosfera *s.f.* geosphere 地圈，陆界，陆圈

geossinclinal *s.m.* geosyncline 地槽
geossinclinal intracontinental intracontinental geosyncline 洲内地槽

geossincrónico/geossíncrono *adj.* geosynchronous （人造卫星）与地球同步的

geossintético *s.m.* geosynthetics 土工合成材料

geossítio *s.m.* geosite 地质遗迹

geossolo *s.m.* geosol 埋藏土

geossutura *s.f.* geosuture 地断裂带

geostática *s.f.* geostatics 刚体静力学

geostratégica *s.f.* geostrategy 地缘战略

geostrófico *adj.* geostrophic 地转的

geotecnia/geotécnica *s.f.* geotechnics 土工技术；岩土工程学
geotécnica do ambiente environmental geotechnics 环境岩土工程

geotécnico *adj.* geotechnical 岩土工程学的

geotecnologia *s.f.* geotechnology 岩土工程学

geotecnónica *s.f.* geotectology 大地结构造学

geoterma *s.f.* geothermal curve 地温曲线

geotermia *s.f.* geothermics 地热学
geotermia de alta entalpia high enthalpy geothermy 高熔地热
geotermia de baixa entalpia low enthalpy geothermy 低熔地热

geotérmico *adj.* geothermal, geothermic 地热的

geotermometria *s.f.* geothermometry 地温测量

geotermómetro/geotermômetro *s.m.* geothermometer 地温计

geotêxtil *s.m.* geotextile 土工织物；隔泥纺织物料
geotêxtil não tecido non-woven geotextile 无纺土工织物
geotêxtil permeável ao vapor vapor permeable geotextile 透气土工布
geotêxtil tecido woven geotextile 织造型土工织物
geotêxtil tricotado knitted geotextiles 针织土工布

geótopo *s.m.* geotope 地质遗迹

geotrópico *adj.* geotropic 向地性的，屈地性的

geotropismo *s.m.* geotropism 向地性，屈地性

geotumor *s.m.* geotumor 地瘤

geoturismo *s.m.* geotourism 地理旅游

geração *s.f.* ❶ generation 发生；产生；制作 ❷ power generation 发电
geração alocada allocated generation 配置发电量
geração bruta gross generation 总发电量
geração de base base generation 基础发电量
geração de energia power generation 发电
geração de ortomosaico ortho-image mosaic generation 正射拼接影像制作
geração de tráfego traffic generation 交通产生
geração de viagens trip generation 旅次发生
geração distribuída distributed genera-

tion 分布式发电

geração flexível flexible generation 灵活发电

geração líquida net generation 净发电量

geração média average generation 平均发电量

geração solar solar generation 太阳能发电

geração térmica thermal generation 火力发电

gerador *s.m.* ❶ generator 发电机 ❷ generator 发生器

gerador a álcool alcohol generator 酒精发电机

gerador a biogás biogas generator 沼气发电机

gerador a diesel diesel generator 柴油发电机

gerador a gás gas generator 煤气发电机

gerador a gás natural natural gas generator 天然气发电机

gerador a gasolina gasoline generator 汽油发电机

gerador a turbina turbine generator 涡轮发电机

gerador accionado a eixo axle driven generator 车轴发电机

gerador acoplado directamente direct-coupled generator 直连式发电机

gerador assíncrono asynchronous generator 异步发电机

gerador automático automatic generator 自控发电机

gerador cabinado container generator 封闭式发电机

gerador comercial commercial generator 商用发电机

gerador completo generator assembly 发电机总成

gerador composto compound generator 复励发电机

gerador de água doce water softener 软水器

gerador de alta tensão high tension generator 高压发电机

gerador de audiofrequência audio generator, audiofrequency generator 音频发生器

gerador de caracteres caption machine 字幕机

gerador de carga charging generator 充电发电机

gerador de contagiros tachometer generator 测速发电机

gerador de corrente current generator 电流发生器

gerador de corrente alternada AC generator 交流发电机

gerador de corrente contínua DC generator 直流发电机

gerador de dente-de-serra sawtooth generator 锯齿波发生器

gerador de dióxido de cloro chlorine dioxide generator 二氧化氯发生器

gerador de dupla corrente double-current generator 双电流发电机

gerador de emergência emergency generator 紧急发电机；后备发电机

gerador de espuma foam generator 泡沫发生器

gerador do excitador estático static excited generator 静态励磁发电机

gerador de faíscas spark transmitter 火花发生器

gerador de Faraday Faraday generator 法拉第发电机

gerador de Felici Felici generator 费利西静电高压发生器

gerador de fluxo flow generator 流发生器

gerador de força motriz power generator, power plant 动力设备，动力装置

gerador de gás gas generator, gas producer 气体发生器

gerador de impulsos ⇨ gerador de pulsos

gerador de indução induction generator 感应发电机

gerador de indutor inductor generator 感应式发电机

gerador de mancal único single bearing generator 单轴承发电机

gerador de neutrões neutron generator 中子发生器

gerador de ozónio ozonator, ozonizer 臭氧发生器 ⇨ ozonizador

gerador de partida elétrica electric start generator 电起动发电机

gerador de partida manual manual start generator 手动起动发电机

gerador de plasma plasma generator 等离子发电机；等离子发生器

gerador de pólo saliente salient-pole generator 凸极发电机

gerador de porta gate generator 选通脉冲发生器；时钟脉冲产生器

gerador de potência constante constant power generator 恒功率发电机

gerador de pulsos pulse generator 脉冲发生器

gerador de reserva standby generator 备用发电机

gerador de ruído noise generator 噪声发生器

gerador de sinal signal generator 信号发生器

gerador de sincronização sync generator 同步发电机

gerador de surtos surge generator 脉冲发生器

gerador de tensão voltage generator 电压发生器

gerador de tracção traction generator 牵引发电机

gerador de turbina turbo generator, turbine generator 涡轮发电机

gerador de Van de Graaff Van de Graaff generator 范德格拉夫起电机

gerador de vapor steam generator 蒸汽发生器

gerador de vórtice vortex generator 涡流发生器，涡旋发生器

gerador dinamoeléctrico dynamoelectric generator（直流）发电机

gerador eléctrico electric generator 发电机

gerador electromagnético electromagnetic generator 电磁发生器

gerador electrostático electrostatic generator 静电发生器

gerador em derivação shunt generator 并激发电机；并励发电机

gerador eólico de eixo horizontal hori-zontal-axis wind turbine 水平轴风力涡轮机，横轴风力发电机

gerador eólico de eixo vertical vertical-axis wind turbine 垂直轴风力涡轮机，竖轴风力发电机

gerador estacionário stationary generator 固定发电机

gerador excitador exciter generator 励磁发电机

gerador heteropolar heteropolar generator 异极发电机

gerador hidroeléctrico hydroelectric generating set 水力发电机组

gerador homopolar homopolar generator 单极发电机

gerador indústrial industrial generator 工业发电机

gerador magneto-hidrodinâmico magneto-hydrodynamic generator, MHD generator 磁流体动力发电机

gerador marítimo marine generator 船用发电机

gerador misto compound generator 复励发电机

gerador monofásico single-phase generator 单相发电机

gerador montado sobre trailer trailer mounted generator 拖车式发电机

gerador p/ camping camping generator 露营发电机

gerador para casa home generator 家用发电机

gerador polifásico polyphase generator 多相发电机

gerador portátil portable generator 移动式发电机

gerador principal main generator 主发电机

gerador propano propane generator 丙烷发电机

gerador refrigerado a água liquid cooled generator 水冷发电机

gerador refrigerado a ar air-cooled generator 气冷发电机

gerador residencial residential generator 住宅用发电机，家用发电机

gerador silencioso quiet generator 静音

发电机
gerador síncrono synchronous generator
同步发电机
gerador síncrono polifásico polyphase
synchronous generator 多相同步发电机
gerador sobre trailer trailer generator 拖
车式发电机
gerador standby ⇨ gerador de reserva
gerador trifásico three-phase generator
三相发电机
gerador trifilar three-wire generator 三线
发电机
gerador tubular tube boiler 火管锅炉
gerador unipolar unipolar generator 单极
发电机
gerador veicular automotive generator 汽
车发电机
geradora *s.f.* ❶ generator 发生器 ❷ generatrix, generation line 母线 ⇨ geratriz
geradora de engrenagens gear generator 刨齿机
geral *adj.2g.* overall, general 全面的；总的
geratriz *s.f.* generatrix, generation line 母线
gerência *s.f.* ❶ management 经营，管理 ❷
management, directorate （企业的）管理
层，经理层
gerência de trânsito traffic management
交通管理
gerência de transportes transport management 运输管理
gerenciador *s.m.* manager 经理
gerenciamento *s.m.* management 经营，
管理
**gerenciamento da cadeia de supri-
mentos** supply chain management 供应链
管理
gerenciamento da carga load management 负荷管理
gerenciamento da comunicação communication management 通信管理
gerenciamento de configuração configuration management 构形管理；配置管理
gerenciamento do custo do projecto
project cost management 项目成本管理
gerenciamento da dívida debt management 债务管理

gerenciamento do escopo do projecto
project scope management 项目范围管理
**gerenciamento de fluxo de tráfego
aéreo** air traffic flow management 空中交
通流量管理
**gerenciamento do lado da demanda
(GLD)** demand side management 需求端
管理
gerenciamento de projectos project
management 项目管理
**gerenciamento de qualidade do pro-
jeto** project quality management 项目质量
管理
gerenciamento de qualidade total total
quality management 全面质量管理
**gerenciamento de recursos de tripula-
ção** crew resource management 机员资源
管理
**gerenciamento de recursos humanos
do projeto** project human resource management 项目人力资源管理
**gerenciamento de segurança e am-
biente** safety and environmental management 安全与环境管理
gerenciar *v.tr.* (to) manage, (to) run, (to)
operate 管理，经营，运营
gerente *s.2g.* ❶ manager 经理，主管，干
事 ❷ (general) manager 经理（法律术语，
指主持公司的生产经营管理工作的高级管理人
员，实际执行中一般称为"总经理""总裁"）
gerente adjunto assistant manager 助理
经理；副经理
gerente de clientes customer manager 客
户经理
gerente de contas account manager 客户
经理
gerente de fábrica factory manager 工厂
经理
gerente de marketing marketing manager 市场部经理
gerente de produção production manager 生产部经理
gerente de produto product manager 产
品经理
gerente de projeto project manager 项目
经理
gerente de vendas sales manager 销售

经理

gerente funcional functional manager 职能经理

gerente regional regional manager 地区经理

gergelim *s.m.* sesame 芝麻

gerir *v.tr.* (to) manage, (to) administrate, (to) direct 管理，经营，领导

germânio (Ge) *s.m.* germanium (Ge) 锗

germanite *s.f.* germanite 锗石，亚锗酸盐

germe *s.m.* germ 胚；胚芽；细菌

germes totais total germs 细菌总数

germicida *adj.2g.,s.m.* germicidal, germicide 杀菌的；杀菌剂

germinação *s.f.* germination 发芽

germinador *s.m.* germinator 催芽机

gersdorfite *s.f.* gersdorffite 辉砷镍矿

gert *s.f.* graphical evaluation and review technique (GERT) 图解评审法

gessar *v.tr.* ⇨ engessar

gesso *s.m.* gypsum 石膏

  gesso acústico acoustic plaster 吸声灰膏

  gesso calcinado gypsum plaster 石膏灰泥；烧石膏，煅石膏

  gesso cimento-areia cement-sand plaster 水泥-砂石膏

  gesso cozido plaster lime 石灰石膏

  gesso-cré gypsum calcium carbonate 石膏碳酸钙

  gesso cristalino crystalline gypsum 结晶石膏

  gesso de moldar molding plaster 造型石膏

  gesso-de-paris plaster of paris 精饰石膏

  gesso duro hard plaster 硬质灰膏

  gesso estuque (/de estucar) stucco 粉饰灰泥，灰泥，灰墁

  gesso fibroso fibrous plaster 纤维灰泥

  gesso-mate fine gypsum 细石膏

  gesso trabalhado ⇨ gesso calcinado

gestão *s.f.* management 管理

  gestão ambiental environmental management 环境管理

  gestão de database database management 数据库管理

  gestão da informação aeronáutica aeronautical information management 航空信息管理

  gestão de investimento(s) investment management 投资管理

  gestão do projecto project management 项目管理

  gestão da qualidade total (GQT) total quality management (TQM) 全面质量管理

  gestão do tráfego traffic management 交通管理

  gestão domótica intelligent management （家庭、建筑）自动化管理

  gestão patrimonial asset management 资产管理

  gestão técnica centralizada (GTC) centralised technical management 中央管理

  gestão técnica de edifícios building automation 楼宇自动化管理，楼宇自控

gesto *s.m.* gesture 手势

gestor *s.m.* manager 经理；管理员

  gestor de stocks stock clerk, storekeeper 存货管理员，仓库管理员

ghizito *s.m.* ghizite 云沸橄玄岩

gibbsite *s.f.* gibbsite 三水铝石

gibelito *s.m.* gibelite 歪长粗面岩

gicleur *s.m.* nozzle 喷嘴

giga- (G) *pref.* giga- (G) 表示"千兆，十亿，10^{12}"

giga-ano *s.m.* giga-year 十亿年

gigabecquerel (GBq) *s.m.* gigabecquerel (GBq) 千兆贝克勒尔

gigabit (Gb) *s.m.* gigabit (Gb) 千兆比特，千兆位

gigabit por segundo (Gbps) gigabit per second (Gbps) 千兆位每秒

gigabyte (GB) *s.m.* gigabyte (GB) 千兆字节

gigabyte por segundo (GB/s) gigabyte per second (GB/s) 千兆字节每秒

giga-hertz (GHz) *s.m.2n.* gigahertz (GHz) 千兆赫

gigante *s.m.* ⇨ contraforte

gigantomaquia *s.f.* gigantomachy 描绘天神与巨人之间的战争的浮雕

gigatonelada (Gt) *s.f.* gigaton (Gt) 十亿吨

  gigatonelada equivalente de petróleo (Gtoe) giga tons of oil equivalent (Gtoe) 十亿吨石油当量

gigawatt (GW) *s.m.* gigawatt (GW) 千兆

瓦；十亿瓦特

gigawatt-hora (GWh) gigawatt-hour (GWh) 千兆瓦时

gilbertite *s.f.* gilbertite 丝光白云母

gilsonite *s.f.* gilsonite 黑沥青，硬沥青

gimbal *s.m.* gimbal; camera stabilizer 常平架；相机稳定器

ginásio *s.m.* gymnasium 健身房，体操馆

ginástica *s.f.* gymnastics 体操（运动）

giobertite *s.f.* giobertite 菱镁矿

gipcreto *s.m.* gypcrete 石膏质壳

gipfelflur *s.f.* gipfelflur 接峰面

gípsico *adj.* gypsic 石膏的，含石膏的

gipsífero *adj.* gypsiferous 含石膏的

gipsificação *s.f.* gypsification 石膏化

gipsite *s.f.* gypsite 土石膏

gipso *s.m.* gypsum 熟石膏

gipsólito *s.m.* gypsolith 石膏岩

gipsolo *s.m.* gypsisol 石膏土

gipsoso *adj.* gypseous 石膏质的，含石膏的

girador *s.m.* ❶ 1. rotator 转动装置 2. turntable 转车台；转盘 ❷ rotunda, traffic island, refuge 环岛

girador de porcas nut spinner 快动螺母扳手

girador da válvula valve rotator 气门转动压盘

girafa *s.f.* ❶ boom 话筒吊杆 ❷ water crane 水鹤，水罐车加水装置

girândola *s.f.* ❶ girandole 多枝烛台 ❷ girandole, revolving fountain-jet 旋转喷水嘴

girar *v.intr.* (to) turn 转动；运转

giratória *s.f.* ❶ rotunda, traffic island, refuge 环岛 ❷ rotation table 带转盘的桌子

giratório ❶ *adj.* rotary 旋转的 ❷ *s.m.* 1. rotator 旋转器，回转装置 2. swivel（链的）转节，转环

girica *s.f.* trolley（尤指双轮的）手推车

giro *s.m.* ❶ turning 旋转，回转，转向 ❷ swing direction 门的开启方向（左或右）❸ commerce, trade 商业往来，交易

giro articulado articulated turn 铰接式转向

giro central ⇨ giro sobre o próprio centro

giro de comércio commercial intercourse 商务往来

giro livre free-running 空转

giro oceânico ocean gyre 海洋环流圈

giro sobre o próprio centro pivot turn 轴转

giro sobre um ponto spot turn 原地转弯

giro traseiro nulo (ZTS) zero tail swing (ZTS) 零机尾回转

giro traseiro total (FTS) full tail swing (FTS) 全机尾回转

girobússola *s.f.* gyrocompass 回转罗盘

girocompasso *s.m.* gyrocompass 回转罗盘

giródino *s.m.* gyrodyne 旋翼式螺旋桨飞机

girodirecional *s.m.* directional gyro 方位陀螺

giroplanador *s.m.* gyroplane 旋翼飞机

giroscópio *s.m.* gyroscope 陀螺仪

giroscópio de orientação automática north-seeking gyro (NSG) 陀螺寻北仪

giroteodolito *s.m.* gyrotheodolite 陀螺经纬仪

gítia *s.f.* gyttja 湖积黑泥

giumarrito *s.m.* giumarrite 角闪沸煌岩

Givetiano *adj.,s.m.* Givetian; Givetian Age; Givetian Stage（地质年代）吉维特期（的）；吉维特阶（的）

givrê *s.m.* ice glass, glue-etched glass 冰花玻璃

giz *s.m.* chalk 粉笔

giz pirométrico tempilstick 测温笔，热敏蜡笔

gizamento *s.m.* dusting 粉化

gizito *s.m.* ghizite 云沸橄玄岩

Gjeliano *adj.,s.m.* Gzhelian; Gzhelian Age; Gzhelian Stage [葡]（地质年代）格舍尔期（的）；格舍尔阶（的）

glaciação/glaciagem *s.f.* glaciation 冰川作用；冻结成冰

glacial *adj.2g.* ⇨ glaciário

glaciar *s.m.* glacier 冰川

glaciar continental continental glacier 大陆冰川

glaciar de deriva drift glacier 吹雪冰川

glaciar de montanha mountain glacier 高山冰川

glaciar de nevado névé glacier 粒雪冰川

glaciar de planalto plateau glacier 高原冰川

glaciar de sopé piedmont glacier 山麓冰川

glaciar de talude talus glacier 岩屑冰川

glaciar de vale valley glacier 山谷冰川

glaciar morto stagnant glacier 停滞冰川

glaciar polar polar glacier 极地冰川

glaciar subpolar subpolar glacier 副极地冰川

glaciário adj. glacial 冰川的

glacigénico adj. glacigene 冰成的

glácio-eustasia s.f. glacio-eustasy 冰河海准变动

glacio-fluvial adj.2g. aqueoglacial, glacio-fluvial 冰水的

glácio-isostasia s.f. glacio-isostasy 冰河地壳均衡

glaciolacustre adj.2g. glacio-lacustrine 冰湖的

glaciologia s.f. glaciology 冰川学

glaciomarinho adj. glacial marine, glaciomarine 冰海的

glaciotectónica s.f. glacio-tectonics 冰川构造学

glacis s.m.2n. apron 冰水沉积平原

gladcaíto s.m. gladkaite 英斜煌岩

glauberite s.f. glauberite 钙芒硝

glaucodoto s.m. glaucodote 铁硫砷钴矿

glaucofânico adj. glaucophanitic 含蓝闪岩的

glaucofanito s.m. glaucophanite 蓝闪岩

glaucófano s.m. glaucophane 蓝闪石

glaucónia s.f. greensand, glaucony 海绿沙

glauconítico adj. glauconitic 似海绿石的，含海绿石的

glauconite s.f. glauconite 海绿石

glauconitito s.m. glauconitite 海绿石岩

glauconitização s.f. glauconitization 海绿石化

gleba s.f. glebe 旱田

glébula s.f. glebula 小产孢组织

glei s.m. gley, gleysols 潜育层；潜育土

gleissolo s.m. gleysol 潜育土

gleização s.f. gleyzation 潜育作用

glenmuirito s.m. glenmuirite 正沸绿岩

glessite s.f. glessite 圆树脂石；褐色琥珀

glicerina s.f. glycerine 甘油

glicerol s.m. glycerol 甘油；丙三醇

glicina s.f. glycine 甘氨酸

glicol s.m. glycol 二醇

glicol monoetileno monoethylene glycol 单乙二醇

glifo s.m. glyph 束腰竖沟，竖面浅槽饰

glifosato s.m. glyphosate 草甘膦

glimerito s.m. glimmerite 云母岩

gliptogénese s.f. glyptogenesis 地形雕塑作用

gliptólito s.m. glyptolith 风棱石

glissada s.f. ❶ slipping 侧滑 ❷ side-slipping 带侧滑飞行

global adj.2g. ❶ global, worldwide 全球性的 ❷ global, overall 总体的，全部的

globalização s.f. globalization 全球化

globalizar v.tr. (to) globalize 全球化

globo s.m. globe 球，球体；地球

globo terrestre terrestrial globe 地球仪

globografia s.f. globography 地球仪学

globosidade s.f. globosity 球形，球状

globular adj.2g. globular 球形的

globulito s.m. globulite 球锥晶

glomeroporfírico adj. glomeroporphyric 聚合斑状的

GLONASS sig.,s.m. GLONASS 全球导航卫星系统

glossopetra s.f. glossopetra 舌形石

glucose s.f. glucose 葡萄糖

gmelinite s.f. gmelinite 钠菱沸石

gnaisse s.m. gneiss 片麻岩

gnaisse bimicáceo two-mica gneiss 二云母片麻岩

gnaisse de acasta Acasta gneiss 艾加斯塔片麻岩

gnaisse fundamental fundamental gneiss 基底片麻岩

gnaisse pelítico pelitic gneiss 泥质片麻岩

gnaisse psamítico psammitic gneiss 砂屑片麻岩

gnaisse-horneblêntico hornblende-gneiss 角闪片麻岩

gnáissico adj. gneissic 片麻岩的

gnaissificação s.f. gneissification 片麻岩化

gnaissóide adj.2g. gneissoid （构造上）似片麻岩的

gnomónica s.f. dialling 罗盘导线测量

góbi s.m. gobi 戈壁

gobo/godo/gogo s.m. cobblestone （铺地用的）碎石，卵石

goetite *s.f.* goethite 针铁矿

gofragem *s.f.* stamped nervures 轧制凹凸花纹

gofrato *s.m.* polyurethane varnish spraying 聚氨酯亚光喷漆处理

goitschito *s.m.* goitschite 一种琥珀

goiva *s.f.* gouge 半圆凿

  goiva acotovelada bent gouge 曲柄弧口凿

  goiva chata flat gouge 浅圆凿

  goiva de corte exterior outside gouge 外弧口凿

  goiva de mão scribing gouge 竖槽凿

  goiva de meia-cana bent gouge 曲柄弧口凿

  goiva manual paring gouge 削面凹凿

  goiva-punção firmer gouge 半圆式木凿

goivadura *s.f.* gouging; gouge work （用凿）凿，刨削；（用凿凿出的）半圆槽

goivagem *s.f.* gouging （用凿）凿，刨削

goivar *v.tr.* (to) gouge （用凿）凿，刨削

goivete *s.m.* grooving plane 开槽刨

gola *s.f.* ❶ cyma, ogee S 形线脚 ❷ 1. rabbet, rebate （门窗框上用来安装玻璃的）槽口 2. sheave groove 滑车轮槽 ❸ collar 箍，轴环

  gola aberta rabbet without glazing bead 不带玻璃压条的槽口

  gola de guia pilot diameter （轮辋、轮毂）中心孔

  gola do mancal bearing collar 轴承环

  gola direita (/dórica) cyma recta 表反曲线饰

  gola fechada rabbet with glazing bead 带玻璃压条的槽口

  gola reversa (/lésbia) cyma reversa 里反曲线饰

goldmanite *s.f.* goldmanite 钙钒榴石

golfada *s.f.* water slug 水栓；段塞

golfo *s.m.* gulf （大）海湾

  Golfo de Guiné Gulf of Guinea 几内亚湾

golpe *s.m.* blow, stroke 打击，击打

  golpe de aríete water hammer 水锤

goma *s.f.* gum 树胶

  goma de acácia acacia gum 阿拉伯树胶

  goma-laca shellac; shellac varnish 虫胶；虫胶清漆

  goma xantana xanthan gum 生物胶，黄原胶

gonardite *s.f.* gonnardite 变形氟石

gondito *s.m.* gondite 锰榴石英岩

gôndola *s.f.* ❶ shelf （超市）货架 ❷ basket （热气球的）吊篮

gonfólito *s.m.* gompholite 泥砾岩

gongo *s.m.* gong （电铃等的）铃碗，电铃

  gongo hidráulico de alarme water powered alarm 水力警铃

goniatites *s.f.pl.* goniatites 棱石类；棱菊石

goniofotómetro/goniofotômetro *s.m.* goniophotometer 测角光度计

goniógrafo *s.m.* goniograph 角记录器

goniometria *s.f.* goniometry, measurement of angle 测角术；角度测定

goniométrico *adj.* goniometric 测角计的；测角的

goniómetro/goniômetro *s.m.* goniometer, angle gauge 测角仪，量角规，测角计

  goniómetro de cristal crystal goniometer 晶体测角仪

  goniómetro de espelho optical square 光学直角器

  goniómetro de reflexão reflecting square 反光直角器

gonzo *s.m.* hinge, joint, loop 合页，铰链 ⇨ **bisagra**

  gonzo de porta door hinge 门铰链

  gonzo retentor keeper 定位件

gooderito *s.m.* gooderite 含霞钠长岩

goodletito *s.m.* goodletite 含红宝石大理岩

gorjeta *s.f.* tip, reward 小费

gordo *adj.* fat 肥胖的；丰厚的

gordura *s.f.* ❶ fat 脂肪 ❷ grease 油脂，润滑脂

gorne *s.m.* sheave-hole in a pulley 滑车孔，滑车绳孔

Gorstiano *adj.,s.m.* Gorstian; Gorstian Age; Gorstian Stage （地质年代）高斯特期（的）；高斯特阶（的）

goshenite *s.f.* goshenite 透绿柱石；白柱石

goslarite *s.f.* goslarite 皓矾

gossan *s.m.* gossan 铁帽 ⇨ **chapéu de ferro**

gota *s.f.* ❶ drop 水滴，液滴 ❷ gutta, drop 圆锥饰，滴水饰

  gotas-de-água guttae 滴水饰

  gota fria cold shut 冷疤；冷隔；冷结

gota-a-gota *s.f.* drip irrigation 滴灌

goteira *s.f.* ❶ gutter, rainwater gutter 滴水，雨水槽，檐沟 ❷ trough of syncline 向斜槽

goteira de aba rone 檐沟

goteira de chumbo do beiral eave-lead 铅制屋檐水槽

goteira de condensação condensation gutter 冷凝水排水槽

goteira de telhado roof gutter 天沟，屋顶排水槽

goteira paralela parallel gutter 平行雨水檐沟

goteira tipo garrafa bottle-nose drip 圆边滴水槽

gotejador *s.m.* ❶ dripper 滴头 ❷ dripstone 滴水石

gotejamento *s.m.* ❶ drip 滴下，滴落 ❷ drip 滴流，滴出物

gótico *adj.,s.m.* gothic 哥特的；哥特式（建筑）

gótico barco a vapor steamboat gothic 汽船哥特式

gótico de carpintaria carpenter gothic 木工哥特式的

gótico flamejante flamboyant gothic 火焰哥特式的

gótico inicial early gothic 早期哥特式

gótico lanceolado lancet arch gothic 矛式拱哥特式

gótico perpendicular perpendicular gothic 垂直哥特式

gótico radiante rayonnant gothic 辐射状哥特式

gótico universitário collegiate Gothic 学院哥特式的

gouge *s.m./f.* fault gouge, selvage, selvedge 断层泥

governança *s.f.* governance 治理，管治

governança corporativa corporate governance 公司治理

governador *s.m.* ❶ governor 省长；州长；总督 ❷ president (of a bank) 银行行长 ❸ 1. governor 调节器 2. damper, air damper 气闸；气流调节器

governador de velocidade speed governor 调速器

governador hidráulico hydraulic governor 液压调速器

governador hidromecânico hydromechanical governor 液压机械调速器

governador isócrono isochronous governor 同步调节器

governador mecânico mechanical governor 机械调速器

governador servomecânico servo-mechanical governor 伺服机械调速器

governar *v.tr.,intr.* (to) govern, (to) rule, (to) command, (to) control 领导，支配，指挥，控制

GPS *sig.,s.m.* ❶ GPS 全球定位系统 ❷ GPS receiver GPS 接收机，GPS 设备

graben *s.m.* graben 地堑，地堑带

gradação *s.f.* gradation（颜色、视觉效果的）层次法，梯变法

gradagem *s.f.* harrowing（用）格栅除污

gradaria *s.f.* grillwork, grating, railing, paling [集] 格栅，栅栏；格架，花格窗

grade *s.f.* ❶ 1. grid, screen 栅格，格栅，栅格结构 2. rail (ing), barrier; paling, grating 木栅；栅栏；围篱 3. grill, grate 窗格栅，防盗护栏 4. screen rack 格栅栅条，拦污栅栅条 5. crate 板条箱 ❷ harrow 耙 ❸ 1. grid 网格 2. **(de cristal)** lattice 晶格

grade aceleradora acceleration grid 加速栅极

grade alfanumérica alphanumeric grid 字母数字网格

grade alternativa reciprocating harrow, reciprocating power harrow 摆动耙

grade aparente exposed grid 明装吊顶龙骨

grade aradora disc harrow 圆盘耙

grade canadiana ⇒ grade de molas

grade cartesiana cartesian grid 笛卡儿网格，直角坐标网格

grade central central partition fence 中央隔离栏

grade com dentes de aço steel toothed harrow 钢齿耙

grade de arame harrow of steel wire 钢丝耙

grade de arrasto drag harrow 牵引式耙

grade do canal channel grill 沟道格栅

grade de chumbo lead grid 铅栅

grade de dentes toothed harrow 钉齿耙

grade de disco pesado c/ 2 linhas 2 lines heavy disc harrow 重型双列缺口圆盘耙

grade de discos disc harrow; cutaway disk harrow 圆盘耙，缺口圆盘耙

grade de discos dobrável folding disc harrow 折叠式圆盘耙

grade de discos em tandem tandem disc harrow 对置圆盘耙

grade de discos em tandem dobrável tandem folding disc harrow 折叠式对置圆盘耙

grade de discos offset (/discos descentralizados) offset disc harrow 偏置圆盘耙

grade de discos offset com pneus wheel type offset disc harrow 轮式偏置圆盘耙

grade de discos pesada heavy disc harrow 重型圆盘耙

grade de discos pesada com dobradiça hidráulica hydraulic folding heavy disc harrow 重型液压折叠圆盘耙

grade de discos vinhateira vineyard disk harrow 葡萄园圆盘耙

grade de encosto lift truck back rest 叉车挡货架

grade de enrolar roller grille, roller shutters 滚筒式格栅，卷帘格栅

grade de esferas de rolamento ball bearing cage 滚珠轴承保持架

grade de estacas pile grating 格式桩基承台

grade de estrelas star toothed harrow, clod breaker 星齿耙

grade de ferro iron railings 铁笼子

grade de fundação grillage foundation 格排基础

grade de gaiolas rolantes rolling cage harrow 滚笼耙

grade de iluminação lighting grid 灯具悬吊格栅

grade de malha mesh grille 网格格栅

grade de molas spring harrow 弹齿耙

grade de piso floor grate 地面排水笼子

grade de plástico reforçado com fibra de vidro GRP grating cover 玻璃钢格栅盖

grade de porta door grilles 门格栅

grade de pregões spike grid 钉格板

grade de protecção ❶ guard rail 护栏；护轨 ❷ protection grid 护栅

grade de quatro corpos em x tandem 4 gang disk harrow （双列、四组）对置耙

grade de retorno return grille 回风格栅

grade de segurança security grilles 推拉格栅

grade de tomada d'água water outlet grid 出水口格栅

grade de ventilação ventilation screen 通风屏

grade descentrada offset (disc) harrow 偏置（圆盘）耙

grade deslizada slipped grid 滑移网格

grade dupla double grid 双重网格

grade em z zigzag harrow 之形耙，交错形耙

grade esboroadora cultivator （小型）旋耕机

grade escalonada echelon grating 阶梯光栅

grade estrutural structural grid 结构网格

grade fina fine screen; fine rack 细网栅，密拦污栅

grade geográfica geographical grid 地理网格

grade giratória ⇨ grade rotativa

grade grossa coarse screen; coarse rack 粗格栅，粗格拦污栅

grade horária timetable 时间表，时刻表

grade irregular irregular grid 不规则网格

grade ligeira light disc harrow 轻圆盘耙

grade maleável link harrow, spiked chain harrow 钉齿链耙

grade manual rake 耙，钉耙

grade mecanizada mechanical rake 机动耙

grade mecanizada tipo corrente link harrow 链耙

grade mecanizada tipo cremalheira spiked link harrow 钉齿链耙

grade mecanizada tipo rotativa ⇨ grade rotativa

grade metálica metal grid 金属格栅

grade noruegusa ⇨ grade de estrelas

grade oculta concealed grid 暗装吊顶龙骨

grade oscilante ⇨ grade alternativa

grade pantográfica expandable door（金属）伸缩门

grade para árvores tree grates 树池保护格栅，树池算

grade para pedestres pedestrian guard-rail 人行道栏杆

grade pesada heavy duty harrow 重型耙

grade polar polar grid 极坐标网格

grade protectora ⇨ grade de protec-ção

grade protectora do radiador radiator sandblast grid 散热器防护罩

grade recuada recessed grid 内凹式吊顶龙骨

grade regular regular grid 规则网格

grade resistente à abrasão abrasion resistant grid 耐磨网格

grade rígida rigid frame harrow, rigid harrow 固定齿耙

grade rolante rolling harrow 滚动耙

grade rotativa rotary harrow 旋转耙

grade semi-pesada semi-heavy disc har-row 半重型圆盘耙

grade simples single row disc harrow, single section disk harrow 单列圆盘耙

grade tandem tandem disk harrow 对置式圆盘耙

grade ziguezague ⇨ grade em z

gradeado ❶ adj. barred 有栅栏的 ❷ s.m. railing, bars [集] 栅栏；格栅；网格

gradeado de Bravais Bravais lattice 布拉维点阵

gradeado de reforço grillage foundation 格排基础

gradeado entrelaçado interlaced fencing 交织围栏

gradeado sobre estacas pile grating 格式桩基承台

gradeamento s.m. [集] ❶ rail, paling 栅栏 ❷ screen, window lattice 窗格栅，防盗护栏

gradeamento de janelas window grill 窗格栅

gradeamento de muros wall railings 围墙护栏

gradeamento de varandas balcony guardrail 阳台护栏

gradear v.tr. ❶ (to) fence 装栅栏 ❷ (to)

harrow 耙（地）

gradiente s.m. gradient 坡度，斜率；斜坡，斜面

gradiente do filtro filter slope 过滤斜率

gradiente de fracturação fracture gradi-ent 压裂梯度

gradiente de pressão pressure gradient 压力梯度

gradiente de pressão normal normal--pressure gradient 正常压力梯度

gradiente de sobrecarga overburden gradient 上覆梯度

gradiente de superelevação supereleva-tion runoff 超高渐变

gradiente de temperatura temperature gradient 温度梯度，地温梯度

gradiente de velocidade velocity gradi-ent 速度梯度

gradiente Delaware Delaware gradient 特拉华梯度

gradiente geobárico geobaric gradient 地压梯度

gradiente geostático geostatic gradient 地静压力梯度，静岩压力梯度

gradiente geotérmico geothermal gradi-ent 地温梯度

gradiente hidráulico hydraulic gradient 水力梯度

gradiente hidráulico crítico critical hy-draulic gradient 临界水力梯度

gradiente hidrostático hydrostatic gra-dient 静水压力梯度

gradiente limitador limiting gradient 限制坡度

gradiente litostático lithostatic gradient 静岩压力梯度，地静压力梯度

gradiente térmico thermal gradient 温度梯度；地温梯度

gradil s.m. low fence 围栏

gradilha s.f. hollow brick 镂空墙砖

gradim s.m. gradine 多齿钢錾

gradiomanómetro/gradiomanômetro s.m. gradiomanometer 压差密度计

gradiómetro/gradiômetro s.m. gradiom-eter 坡度测定仪

grado s.m. grad, gon 百分度，合 0.9 度

graduação s.f. graduation 刻度，分度

graduação centesimal centesimal graduation 百分度

graduação de um solo soil grading 土壤级配

graduador *s.m.* graduator, gauger 刻度器，分度器

gradual *adj.2g.* gradual 逐渐的，逐步的

grafeno *s.m.* graphene 石墨烯

gráfica *s.f.* graphic texture 文象结构

gráfico *s.m.* ❶ chart, plan, diagram 图示，图表 ❷ graphic 图形

gráfico de barras bar chart 柱状图

gráfico de contas chart of accounts 会计科目表

gráfico de controlo control chart（质量）控制图；管理图表；检查图

gráficos de controle do processo process control charts 流程控制图

gráfico de corrente current chart 海流图

gráfico de evolução progress chart 进度图

gráfico de Gantt Gantt chart 甘特图；横道图

gráfico de nivelamento break-even chart 损益平衡图

gráfico de sectores (/de pizza /de torta/sectorial) pie chart 饼状图

gráfico tipo vetor vector graphics 矢量图形

gráfico tridimensional three-dimensional graphics 三维图形

grafitado *s.m.* carbon face 碳精面

grafite/grafita *s.f.* ❶ graphite 石墨 ❷ black lead 黑铅，石铅

grafite coloidal colloidal graphite 胶体石墨

grafite dendrítica dendritic graphite 树突状石墨

grafitização *s.f.* graphitization 石墨化

grafito ❶ *s.m.* graffito （古罗马等石头、墙壁上的）粗糙雕画 ❷ graffiti 涂鸦

grafitti *s.m.* graffiti 涂鸦

grafómetro/grafômetro *s.m.* graphometer 测角器（古代工具）

grahamite *s.m.* grahamite 脆沥青

grainstone *s.f.* grainstone 粒状灰岩

grama ❶ *s.m.* (g)gram (g) 克 ❷ *s.f.* grass 草

grama-caloria gram calorie 克卡 ⇨ caloria

grama-força gram-force 克力（重力米制中力的单位）

grama-força centímetro gram-cm force 克厘米力

gramado *s.m.* turfed area [巴] 草地，草坪

gramagem/gramatura *s.f.* grammage, paper density 克数，克重（指每平方米纸张的重量）

gramatite *s.f.* grammatite 透闪石

gramíneas *s.f.pl.* grasses 草本植物

graminho *s.m.* marking gauge 划线规

graminho automático auto-marking gauge 自动划线规

graminho para dobradiças butt gauge 铰链规

grampar *v.tr.* ⇨ grampear

grampeador *s.m.* ❶ stapler [巴] 订书机 ❷ staple gun 打钉机

grampeador pneumático pneumatic stapler 气动打钉机

grampeagem *s.f.* strapping（纸箱、行李箱）用捆扎带捆扎

grampear *v.tr.* (to) cramp 用订书器订

grampo *s.m.* ❶ cramp, clamp 订书钉 ❷ dog 扒钉，骑马钉，扣件 ❸ clip, clamp 夹钳，卡子，卸扣

grampo de aperto clamping bracket 夹紧托架

grampo de confragens form clamp 模板夹具

grampo de duas pontas bitch 反向扒钉

grampo do feixe de molas leaf spring Ubolt 板簧 U 形螺栓

grampo de ferro iron cramp 铁搭；扒钉

grampo de fixação clamp 夹钳

grampo de ligação wall tie 拉结筋，系墙铁

grampo de papel binder crips 长尾夹

grampo de sujeção mounting clamp 固定架，安装夹

grampo de torno lathe carrier 车床夹头

grampo de trilho auto-retensionador anti-creep device 防溜装置，防爬装置

grampo em barra bar cramp 杆夹，箍筋

grampo em C C-clamp C 形夹钳

grampo em U U-clamp, U-bolt U 形卡子

grampo guia guide bracket 导向支架

grampo resiliente resilient clip 弹性扣件

grampo sargento C-clamp C 形夹钳

granada *s.f.* garnet 石榴石

granada da Boémia Bohemian garnet 波希米亚石榴石

granada oriental (/nobre) carbuncle, oriental almandine 红榴石

granada síria Syrian garnet 沙廉榴石

granalha *s.f.* shot 钻粒，粒状金属

granalha de aço steel shot 钢砂，钢粒

granalha de aço angular angular steel shot 多角钢砂

granalha de gusa iron sand 铁砂

granalha de plástico plastic sand 塑料砂

granar *v.tr.* ⇨ granular

granate *s.f.* ⇨ granada

granatito *s.m.* granatite 十字石

grande *adj.* large, big, great 大的 [常与名词组成复合名词]

grande aumento de torque high torque rise 高扭矩储备

grande barragem large dam 大坝（通常指坝高 15 米以上，或坝高 10—15 米，坝长大于 500 米，库容大于 100 万方，下泄流量大于 2000 方 / 秒的坝）

grande grupo great group 土类（土壤系统分类单元，亚纲 subordem 的下一级）

grande reparo major repair 大修

grandeza *s.f.* ❶ quantity 量，数量 ❷ magnitude （地震）震级

grandeza de influência influence quantity 影响量

grandeza mensurável measurable quantity 可测量的数量

graneleiro *s.m.* bulk carrier 散货船

graniforme *adj.2g.* graniform 颗粒状的

granilite *s.f.* ❶ granilite 微粒花岗岩 ❷ artificial marble 人造大理石

granitelo *s.m.* granitello 细粒花岗岩；斜长辉石花岗岩

granítico *adj.* granitic 花岗岩的，由花岗岩形成的

granitito *s.m.* granitite 黑云花岗岩

granitização *s.f.* granitization 花岗岩化作用

granito *s.m.* granite 花岗岩，花岗石

granito alcalino alkaline granite 碱性花岗岩

granito alterado weathered granite 风化的花岗岩

granito anfibólico amphibolic granite 角闪花岗岩

granito anorogénico anorogenic granite 非造山花岗岩

granito aplítico aplitic granite 细晶花岗岩

granito autóctone autochthonous granite 原地花岗岩

granito azul blue granite 蓝色花岗岩

granito biotítico biotite granite 黑云花岗岩

granito calco-alcalino calc-alkaline granite 钙碱性花岗岩

granito cinza claro light-gray granite 浅灰色花岗岩

granito cinza escuro dark-gray granite 深灰色花岗岩

granito circunscrito circumscript granite 侵入花岗岩

granito colisional collision granite (COLG) 碰撞花岗岩

granito de anatexia anatexis granite 深熔花岗岩

granito de arco vulcânico volcanic arc granite (VAG) 火山岛弧花岗岩

granito de cadeia oceânica ocean ridge granite (ORG) 洋脊花岗岩

granito de duas micas binary granite 双云母花岗岩

granito dente-de-cavalo ⇨ granito porfiróide

granito difuso diffuse granite 深熔花岗岩

granito gnaissóide gneissic granite 片麻状花岗岩

granito gráfico graphic granite 文象花岗岩

granito hebraico hebraic granite 文象花岗岩；希伯来花岗岩

granito hiperalcalino hyperalkaline granite 过碱性花岗岩

granito hipersolvus hypersolvus granite 超熔花岗岩

granito hipersténico hypersthenic granite 紫苏花岗岩

granito intraplaca within plate granite

(WPG) 板内花岗岩

granito intrusivo intrusive granite 侵入花岗岩

granitos laurencianos (/laurenitos) Laurentian granites 劳伦花岗岩

granito metassomático metasomatic granite 交代花岗岩

granito micáceo micaceous granite 云母花岗岩

granito monzonítico monzonitic granite 二长花岗岩

granito moscovítico muscovite granite 白云母花岗岩

granito orbicular orbicular granite 球状花岗岩

granito palingénico palingenic granite 深熔花岗岩

granito para-autóctone parautochthonous granite 准原地花岗岩，侵入花岗岩

granito peralcalino peralkaline granite 过碱性花岗岩

granito porfírico ❶ porphyritic granite 斑状花岗岩 ❷ granite-porphyry 花岗斑岩

granito porfiróide porphyroid granite 似斑状花岗岩

granito pós-orogénico postorogenic granite 造山后花岗岩

granito pós-tectónico post-tectonic granite 造山后花岗岩

granito pré-orogénico preorogenic granite 造山前花岗岩

granito pré-tectónico pretectonic granite 造山前花岗岩

granito rapakivi rapakivi granite 奥长环斑花岗岩；环斑花岗岩

granito regenerado regenerated granite 再生花岗岩

granito rúnico runite 文象花岗岩

granito sacaróide saccharoid granite 细晶花岗岩

granito sinorogénico synorogenic granite 同造山期花岗岩

granito sintectónico syntectonic granite 同构造花岗岩

granito subsolvus subsolvus granite 亚熔线花岗岩

granito tardiorogénico tardiorogenic granite 造山后花岗岩

granito tarditectónico tarditectonic granite 造山后花岗岩

granito tipo A A type granite A 型花岗岩

granito tipo I I type granite I 型花岗岩

granito tipo M M type granite M 型花岗岩

granito tipo S S type granite S 型花岗岩

granito vermelho red granite 红色花岗岩

granitófilos s.m.pl. granitophile element 亲花岗岩元素

granitófiro s.m. granitophyre 花斑岩

granitófobos s.m.pl. granitophobe element 厌花岗岩元素

granitogénico s.m. granitogene 花岗岩屑沉积物

granitóide adj.,s.m. granitoid 花岗岩质的；花岗岩类

granitóide da série ilmenite ilmenite-series granitoid 钛铁矿系列花岗岩类

granitóide da série magnetite magnetite-series granitoid 磁铁矿系列花岗岩类

granitóide hiperquártzico quartz-rich granitoid 富石英花岗岩类

granitóide tipo I I type granitoid I 型花岗岩类

granitóide tipo S S type granitoid S 型花岗岩类

granizo s.m. hail 冰雹

granizo mole sleet 雨凇，冰丸

granjeiro s.m. farmer 农场主，农民

granoblástico adj. granoblastic 花岗变晶状的

granoblastito s.m. granoblastite 花岗变晶岩

granocalibragem s.f. ⇨ granoclassificação

granoclassificação s.f. granoclassification 粒序层理，递变层理

granodiorito s.m. granodiorite 花岗闪长岩

granodolerito s.m. granodolerite 花岗粒玄岩

granofírico adj. granophyric 花斑状的，文象斑状的

granófiro s.m. granophyre 花斑岩

granogabro s.m. granogabbro 花岗辉长岩

granolítico adj. granolithic 人造石铺面的

granolito s.m. granolith 人造铺地石

granosferito s.m. granosphere 放射球粒

granotriagem s.f. graded bedding 粒序层

理，递变层理

granulação *s.f.* ❶ grain structure; grains 晶粒结构；[集] 颗粒 ❷ 1. granulation 造粒，使成粒状 2. bittiness（涂料）起粒

granulação de rocha grit 石质；粒度

granulação ideal ideal grain 理想药粒

granulação prismática prismatic grain 柱状颗粒

granulado ❶ *adj.* granulated; grainy; granular 粒状的，成粒的 ❷ *s.m.* granulated substance, grain 颗粒

granuladora *s.f.* granulating machine 造粒机；成粒机

granular ❶ *adj.2g.* granular 粒状的 ❷ *v.tr.* (to) granulate, (to) reduce to grains 粒化

granularidade *s.f.* granularity 颗粒度

granulite *s.f.* ⇨ granulito

granulítico *adj.* granulitic 麻粒的；麻粒岩的

granulito *s.m.* granulite （变质）麻粒岩，粒变岩

grânulo *s.m.* granule 小粒，微粒

grânulo de gelo ice pellet 冰粒

granulófiro *s.m.* granulophyre 微花斑岩

granulometria *s.f.* ❶ grading; particlesize distribution, grain size distribution 粒度分布 ❷ granulometry 粒度测定

granulometria aberta open grading 疏松级配

granulometria contínua continuous grading 连续级配

granulometria descontínua gap grading 间断级配；不连续粒度

granuloso *adj.* grainy 颗粒状的

grão *s.m.* ❶ grain 颗粒 ❷ grain （木材、皮革等的）纹理 ❸ (gr) 1. grain (gr) 格令（英制重量单位，合 0.0648 克）2. "grão" 谷，葡制格令（合 0.0498 克）

grão médio medium grain 中等颗粒

grão revestido coated grain 包壳颗粒

grapestone *s.f.* grapestone 葡萄石

graptolite *s.f.* graptolite 笔石

grateia *s.f.* dredger 挖泥机

gratificação *s.f.* bonus 奖金

grau *s.m.* ❶ (°) degree (°) 度，度数 ❷ level 程度，等级，水平

grau abaixo de zero degree below zero 零下温度

grau aceitável acceptable level 适当的

grau acima de zero degree above zero 零上温度

grau Celsius (°C) degree Celsius (°C) 摄氏度（温度单位）

grau centesimal grade 百分度

grau centígrado degree Celsius 摄氏度

grau de absorção degree of absorption 吸收度

grau de adensamento degree of consolidation 固结度

grau de amolgamento remoulding degree 重塑度

grau de amortecimento degree of damping 阻尼度

grau de aquecimento rate of heating 加热速度

grau de aspereza degree of roughness 粗糙度

grau de carvão coal rank 煤级

grau de compactação degree of compaction 压实度；密实度

grau de compressão ratio of compression 压缩比

grau de curvatura (/curva) degree of curvature 曲度

grau de depressão slump 坍落度

grau de desgaste degree of wear 磨损度

grau de destorramento degree of fragmentation 土块破碎度

grau de distorção degree of distortion 失真度，畸变度

grau de dureza degree of hardness 硬度

grau de eficiência efficiency ratio 效率比

grau de esmiuçamento ⇨ grau de destorramento

grau de expansão degree of expansion 膨胀度

grau de fraturamento fracturing degree 破裂程度

grau de iluminação degree of illumination 照度

grau de inclinação degree of slope 倾斜度；坡度

grau de indeterminação degree of indeterminacy 不定度；超静定次数

grau de infiltração infiltration rate 渗透速度

grau de insaturação degree of unsaturation 不饱和度

grau de integridade de segurança safety integrity level 安全完整性等级

grau de intensidade intensity grade 强度等级

grau de ionização degree of ionization 电离度

grau de isorreacção isoreaction grade 等变质反应级

grau de liberdade degree of freedom 自由度

grau de luminosidade brightness ratio 亮度比

grau de magnificação degree of magnification 放大倍数

grau de metamorfismo metamorphic grade 变质程度，变质级别

grau de plasticidade degree of plasticity 可塑度

grau de polimerização degree of polymerization 聚合度

grau de precisão degree of accuracy 精确度

grau de proteção degree of protection 防护等级

grau de pulverização ⇨ grau de destorramento

grau de pureza de uma liga fineness of an alloy 合金纯度

grau de qualidade level of quality, degree of quality 质量等级，质量水平

grau de reacção absoluta absolute reaction rate 绝对反应速度

grau de redundância redundancy 冗余度

grau de resistência à abrasão abrasion resistance 耐磨度

grau de saturação degree of saturation 饱和度

grau de selecção degree of sorting 分选程度

grau de solicitação stress grade 应力等级

grau de tecnicidade level of technicality 技术能力，技术水平

grau de têmpera degree of temper 回火度

grau de viscosidade degree of viscosity 黏度

grau-dia degree-day 度日（用以测定建筑采暖中需要燃料量的单位）

grau-dia de aquecimento heating degree-day 增温度日

grau-dia de resfriamento cooling degree-day 冷却度日

grau eléctrico electrical degree 电角度

grau Engler Engler degree 恩氏黏度单位

grau Fahrenheit (ºF) degree Fahrenheit (ºF) 华氏度（温度单位）

grau geotérmico geothermal degree 地热增温级

grau Réaumur (ºRe) Réaumur degree (º Re) 列氏度（温度单位）

graúdo *adj.* lumpy 成块的

graute *s.m.* grout （水泥）薄浆；石灰浆

grauteamento *s.m.* grouting 灌浆

grauteamento com argila clay grouting 黏土灌浆

grauteamento com asfalto asphalt grouting 沥青灌浆

grauteamento com cimento cement grouting 水泥灌浆

grauteamento por elevação (/a meia altura) high lift grouting 高抬灌浆

grauteamento químico chemical grouting 化学灌浆

grauteamento total grouting amount 灌浆量

grauvaque *s.m.* graywacke 杂砂岩；硬砂岩

grauvaque arcósico arkosic graywacke 长石杂砂岩类

grauvaque feldspático feldspathic graywacke 长石杂砂岩

grauvaque lítico lithic graywacke 岩屑杂砂岩

grauvaque quártzico quartzwacke 石英杂砂岩

gravação *s.f.* ❶ recording 录制；刻录 ❷ engraving 雕刻 ❸ saving 保存

gravador *s.m.* recorder 录音机，刻录机，记录器

gravador de CD/DVD CD/DVD recorder CD/DVD 刻录机

gravador de dados de voo flight data

recorder 飞行数据记录器

gravador de DVR de carro automobile data recorder 行车记录仪

gravador de som sound recorder 录音机

gravador de vídeo video recorder, video cassette recorder 录像机

gravador de vídeo digital (DVR) digital video recorder (DVR) 数字视频录像机；硬盘录像机

gravador de voo flight recorder 飞行记录器

gravador de voz na cabine de comando cockpit voice recorder 驾驶舱话音记录器

gravar *v.tr.* ❶ (to) record, (to) tape, (to) burn 记录，录制，刻录 ❷ (to) save （计算机）保存 ❸ (to) engrave, (to) carve 雕刻

gravar em relevo (to) emboss 压花

gravata *s.f.* yoke（混凝土模板的）锁具

grave-força (Gf) *s.m.* grave-force (Gf) 力学单位，同 quilograma-força（千克力）

gravet-força (gf) *s.m.* gravet-force (gf) 力学单位，同 grama-força（克力）

gravidade *s.f.* gravity 重力

gravidade absoluta absolute gravity 绝对重力

gravidade bruta raw gravity 原始重力值

gravidade específica specific gravity 比重

gravidade especifica absoluta absolute specific gravity 绝对比重

gravidade específica de água water specific gravity 水比重

gravidade específica do cálcio calcium specific gravity 钙比重

gravilha *s.f.* ❶ pea gravel 砂砾，粒状集料（粒径 5—15mm）❷ gravel layer （道路）碎石层

gravimetria *s.f.* gravimetry 重量分析法，重量测定，密度测定

gravímetro *s.m.* gravimeter 重力计

gravímetro de bordo shipboard gravimeter 船载重力仪

gravímetro de LaCoste-Romberg LaCoste-Romberg gravimeter 拉科斯特-隆贝格重力仪

gravímetro de mola de comprimento

zero zero-length spring gravimeter 零长弹簧重力仪

gravimetro de Mott Smith Mott Smith gravimeter

gravímetro de poço borehole gravimeter 钻孔重力仪

gravímetro de vibração vibration gravimeter 振动式重力仪

gravímetro estável stable gravimeter 稳定重力仪

gravímetro instável unstable gravimeter 非稳定式重力仪，不稳定型重力仪

gravimetro subaquático underwater gravimeter 水下重力仪

gravimetro Worden Worden gravimeter 渥尔登重力仪

gravitação *s.f.* gravitation 重力；万有引力

gravura *s.f.* engraving; gravure 雕刻；雕刻术；雕刻加工；雕刻版，凹版

gravura a água-forte etching 蚀刻术；蚀刻版画

gravura em aço steel-engraving 钢凹版，钢模板

gravura em madeira wood engraving 木刻；木版画

graxa *s.f.* grease 润滑脂

graxa de aplicação múltipla multipurpose grease 万能润滑脂

graxa-silicone silicone grease 硅脂，硅润脂

graxeira *s.f.* ❶ alemite gun, grease gun 油脂枪 ❷ alemite fitting, grease fitting, lubricant fitting 润滑油嘴；黄油嘴

gray (Gy) *s.m.* gray (Gy) 戈瑞（吸收剂量单位）

grazinito *s.m.* grazinite 向霞岩

greda *s.f.* greda 白垩，漂白土

greda branca chalk 白垩

greda fosfática phosphatic chalk 磷质白垩

greda siliciosa siliceous chalk 二氧化硅

greenalite *s.f.* ⇨ grinalite

greenfix *s.m./f.* greenfix 植生毯

greenockite *s.f.* ⇨ grinoquite

grega *s.f.* fret 回纹饰；万字浮雕

greide *s.m.* grade, grade line 坡度线；坡

greide ascendente ascending grade 升坡

greide do leito de estrada zero grade

line 路基施工准则线

greide de pavimento pavement grade 路面坡度线

greide descendente descending grade 降坡

greide em nível flat grade 平缓坡道

greisen *s.m.* greisen 云英岩

greisenização *s.f.* greisenization 云英岩化

grelha *s.f.* ❶ grille, grid 网格，格子；（天线）网架，网罩 ❷ barbecue, grill 烤肉炉，烤肉架

grelha arvoreira tree grate 树池箅子

grelha de ar air grill 空气格栅

grelha de cadeia chain grate 链炉箅；链条炉排

grelha de limpeza automática automatic cleaning grate 自动清洁井箅

grelha de protecção ❶ front guard 前保险杠 ❷ radiator guard 散热器罩

grelha de saída de ar air outlet grille 空气出口栅格

grelha escalonada step grate 阶梯炉箅

grelha fina fine screen; fine rack 细网栅，密拦污栅

grelha giratória revolving grate 旋转炉箅；转动炉排

grelha grossa coarse screen; coarse rack 粗格栅，粗格拦污栅

grelha mecânica ❶ mechanical stoker 机动炉排 ❷ mechanical grill, mechanical grid 机械格栅

grelha quadriculada square pattern grate 方格箅子

grelha removível detachable grid 可拆卸格栅

grelha sacudidora rocking grate 摇动式炉排；摇柆炉排

grelhador *s.m.* grill, boiler 烤肉锅

grés *s.m.* stoneware, sandstone 粗陶器；砂岩

grés argiloso clayey sand 黏土质砂

grés asfáltico asphaltic sandstone 沥青砂岩

grés betuminoso bituminous sandstone 沥青砂岩

grés com gás gas bearing sandstone 含气砂岩

grés de canal channel sand 河道砂

grés em lençol sheet sand 席状砂

grés esmaltado (/vidrado) glazed stoneware 粗釉陶

grés ferruginoso carstone 砂铁岩

grés fluvial river sand 河沙

grés porcelânico (/cerâmico) porcelain sandstone 瓷砂石

grés silicioso whetstone 磨刀石；油石

grés sujo dirty sand 淤积砂

gresífero *adj.* bearing sandstone, arenilitic 含砂岩的

gresiforme *adj.2g.* like sandstone 砂岩状的

greta *s.f.* crack, hair crack 毛细裂缝；（木材）裂纹，皲裂

greta de contracção ❶ contraction crack 收缩裂缝 ❷ mud crack 泥裂

greta de contracção radial radiated mud crack 放射状泥裂

greta de dessecação desiccation crack 干缩裂隙

gretadura/gretagem *s.f.* ⇨ gretamento

gretamento *s.m.* checking（瓷器，陶器）起裂纹；浅裂纹

gretar *v.tr.* (to) crack 产生裂纹

greve *s.f.* strike 罢工

greve e tumulto strike and popular uproar 罢工和骚乱

greve geral general strike 大罢工，总罢工

greve ilegal unofficial strike; wildcat strike 非工会支持的罢工；非法罢工

grifo *s.m.* wrench 扳钳

grilhão *s.m.* wire shackle 钢索钩环

grimpa *s.f.* ❶ weathercock 风向标 ❷ summit, top（树、建筑物的）最高处，顶点

grimpar *v.intr.* (to) climb 登高，攀高

grinalda *s.f.* garland 花环饰，花叶果形装饰凸雕

grinalgito *s.m.* greenhalghite 淡英钠粗安岩

grinalite *s.f.* greenalite 铁蛇纹石

grinoquite *s.f.* greenockite 硫镉矿

grip *s.m./f.* grip, clamp 夹具；夹钳

grip para chapa plate grip 板材夹具

grip para soldador welder's grip wrench 焊接大力钳

grip pescoço de cisne gooseneck clamp 鹅颈夹

gripagem *s.f.* seizure, seizing-up 卡住，咬死

griquaíto *s.m.* griquaite 透辉石榴岩

grisalha *s.f.* grisaille 纯灰色画

grisu *s.m.* fire-damp 沼气

Gronelandiano *adj.,s.m.* Greenlandian; Greenlandian Age; Greenlandian Stage（地质年代）格陵兰期（的）；格陵兰阶（的）

grorudito *s.m.* grorudite 杂辉花岗岩

grosa *s.f.* ❶ rasp 粗锉；木锉 ❷ gross（一）罗（合十二打、一百四十四个）

grospidito *s.m.* grospydite 榴辉蓝晶岩

grosseiro *adj.* coarse 粗糙的

grossista *s.f.* wholesaler 批发商

grosso ❶ *adj.* coarse 粗糙的 ❷ *s.m.pl.* lump ore 块矿

grossulária *s.f.* grossular 钙铝榴石

    grossulária cromífera chromiferous grossular 铬钒钙铝榴石、沙弗莱石

grossularite *s.f.* grossularite 钙铝榴石

grota *s.f.* glen 峡谷；幽谷

grotão *s.m.* deep valley 深谷

grotesco *s.m.* grotesque 怪兽像饰

grua *s.f.* crane, derrick 起重机，起重葫芦，动臂起重机

    grua automotriz mobile crane, crane truck 移动吊车，移动式起重机

    grua autopropulsora self-propelled crane 自走式起重机

    grua com grancho magnético magnet crane 磁力起重机

    grua de câmara camera crane 摄像机升降臂

    grua de carga de minério ore loading crane 矿石装卸吊车

    grua de coluna pillar crane 柱式起重机；塔式起重机

    grua de lança jib crane 旋臂起重机

    grua de magneto magnet crane 磁力起重机

    grua de manutensão breakdown crane 应急起重机

    grua de pórtico gantry crane 龙门起重机，龙门吊

    grua de pórtico bi-viga double girder gantry crane 双梁起重机

    grua de pórtico mono-viga single girder gantry crane 单梁起重机

    grua de tenazes grabbing crane 抓斗起重机

    grua eléctrica electric travelling crane 电动起重机

    grua florestal forest crane 林用起重机

    grua móvel mobile crane 起重车；移动式起重机

    grua "qualquer terreno" rough terrain crane 越野起重机

    grua-pórtico ⇨ grua de pórtico

    grua-torre tower crane 塔吊，塔式起重机

    grua-torre sobre camião lorry-mounted tower crane 随车塔式起重机

grude *s.m.* glue （黏木材用的）胶

grumo *s.m.* lump 结块，凝块；聚集体

grumoso *adj.* ❶ grumous 由颗粒聚团而成的，凝结的 ❷ granulated, lumpy 颗粒状的，粗糙不平的

grúmulo *s.m.* small lump 小结块，小凝块

grunerite *s.f.* grunerite 铁闪石

grupo *s.m.* ❶ group （人）群，组，小组 ❷ group, set, unit 机组；套件；组件 ❸ group（企业）集团 ❹ group 群（岩石地层单位，membro 的上一级）

    grupo circulador cycle unit 循环机组

    grupo do adaptador adapter group 适配器组件

    grupo de britagem crushing plant 破碎装置；联合碎石机组

    grupo de carga de nitrogênio nitrogen charging group 充氮装置组件

    grupo de elevadores elevator bank 电梯组

    grupo do epídoto epidote group 绿帘石属

    grupo das espinelas spinel group 尖晶石群

    grupo de estacas pile group 桩群

    grupo de gerador eólico wind generating set 风力发电机组

    grupo de hidropressor hydraulic press group 水压机组

    grupo de reserva spare unit, standby unit 备用机组

    grupo de rolete roller group 滚轮组件

    grupo de trabalho workgroup 工作组

    grupo de veículos platoon 车队

    grupo diesel-elétrico ⇨ grupo gerador a diesel

grupo electrobomba electric motor pumping set 电泵机组

grupo electrógeno electrogenic group 发电机组

grupo elevatório pumping unit 水泵机组

grupo focal ❶ focus group 焦点小组 ❷ focus lens group 对焦镜片组

grupo gerador generator set, genset 发电机组

grupo gerador a diesel diesel generator sets 柴油发电机组

grupo gerador com tomada de força pto generator (power take-off generator) 取力发电机组

grupo gerador reserva backup generator 备用发电机组

grupo hidropressor pumping group 水泵，水泵机组

grupo motobomba motor pump group 马达泵组

grupo motor-gerador motor-generator set 电动发电机组

grupo para testes hidráulicos hydraulic testing group 液压压力试验组件

gruta *s.f.* cave, hole 洞穴，洞

gruta activa river cave 河洞

gruta fóssil fossil cave 化石洞

guache *s.m.* gouache 水粉画

Guadalupiano *adj.,s.m.* [巴] ⇨ Guadalúpico

Guadalúpico *adj.,s.m.* Guadalupian; Guadalupian Epoch; Guadalupian Series [葡]（地质年代）瓜德鲁普世(的)，中二叠世(的)；瓜德鲁普统(的)

guaiaquilite *s.f.* guayaquilite 富氧块脂

gualdra *s.f.* handle on chest of drawers 抽屉拉环

guampa *s.f.* horn （窗台板两侧的）耳朵，窗台板加长部分

guanglinite *s.f.* guanglinite 广林矿，等轴砷锑钯矿

guano *s.m.* guano 鸟粪肥料

guarda *s.2g.* guard; keeper, watchman 门卫，值班人员

guarda de eclusa lock keeper 水闸看管员

guarda de trânsito traffic warden 交通警察，交通管理员

guarda-barreira *s.2g.* gatekeeper; tollgate keeper 司闸员，看栅工；（收费站）收费员

guarda-cabeças *s.m.2n.* over head protection scaffolding （脚手架的）顶部防护板

guarda-cabo *s.m.* wire thimble, rope thimble 钢索套环，绳端套环

guarda-cadeiras *s.m.2n.* skirting board （防止椅背摩擦墙壁的）墙裙板，护墙板

guarda-cancela *s.2g.* crossing watchman, crossing-keeper 司闸员，看栅工

guarda-chapim *s.m.* parapet, toe wall 栅栏式围墙下面的矮墙

guarda-chuva *s.m.* umbrella 雨伞

guarda-comida *s.m.* food cupboard 食品柜

guarda-corpo *s.m.* guardrail 护栏；栏杆

guarda-correia *s.m.* belt guard 皮带护罩

guarda-costas *s.m.2n.* guardrail (of scaffolding) （脚手架的）护栏

guarda-fato *s.m.* wardrobe 衣橱，衣柜

guarda-fios *s.2g.2n.* wireman, wirewoman 线路检修工

guarda-fogo *s.m.* ❶ fire-guard; fire-screen 挡火墙 ❷ firecut 梁端斜面

guarda-freio *s.2g.* brakeman （火车）制动员；司闸员

guarda-lamas *s.m.2n.* mudguard, splashboard 挡泥板

guarda-linha *s.2g.* lineman, linewoman, trackwalker 线务员；铁路护路工

guarda-louça/guarda-loiça *s.m.* cupboard 橱柜，碗柜

guarda-mão *s.m.* hand guard 护手

guarda-neve *s.m.* snow board, roof guard 挡雪板

guarda-nucturno *s.2g.* night watchman 守夜人

guarda-pé *s.m.* foot guard 护脚挡

guarda-pó *s.m.* ❶ dust-coat 防尘罩 ❷ plank sheathing 卧瓦层；木望板 ❸ dust collar 防尘环

guarda-porta *s.m.* door-curtain, door-hangings 门帘，帐幔

guarda-quedas *s.m.2n.* parachute, safety harness （高空作业用的）安全带；安全吊带

guardar *v.tr.* ❶ (to) keep, (to) put 保管，存放 ❷ (to) save （计算机）保存 ❸ (to) guard 保护，保卫，守卫

guarda-rail *s.m.* crash barrier, vehicle parapet [巴] 防撞栏，车辆护栏

guarda-rodas *s.m.2n.* road barrier （阻挡车辆通行的）隔离墩

guarda-roupa *s.m.* wardrobe 衣橱，衣柜

guarda-sol *s.m.* sunshade 遮阳罩

guarda-vassouras *s.m.2n.* ⇨ rodapé

guarda-vento *s.m.* ❶ wind-screen; stormdoor 防风门 ❷ wind (shield) apron 玻璃风挡

guarda-vento dobrável folding shield 折叠式风挡

guarda-volumes *s.m.2n.* luggage storage （超市、商场等）存包处

guarda-voz *s.m.* pulpit cover （讲台上的）护音顶罩

guardiaíto *s.m.* guardiaite 霞长安山岩

guarita *s.f.* sentry-box, watch-box 岗亭

guarnecer *v.tr.* ❶ (to) provide, (to) supply, (to) furnish 提供，供应，配备 ❷ (to) garnish, (to) trim 装饰

guarnecimento *s.m.* trimming; garnishing 装饰物；粉刷层

guarnição *s.f.* ❶ 1. decoration, adornment 装饰，装饰物 2. trims 门窗贴脸；镶边 3. facing plate 面板，镶面板 4. moulding/molding 装饰线条 ❷ clutch lining 离合器衬片

guarnição de ajuste dutchman 连接销；插入楔

guarnição de arame trançado wire braid (hose) 钢丝编织层

guarnição de fricção friction lining 摩擦片

guarnição do grade grille moulding 格栅饰条

guarnição de protecção protective lining 保护衬里

guarnição lateral side moulding 侧面装饰条

guarnição metálica metallic packing 金属填密片

gueiro *s.m.* hanger 梁托

gueja *s.f.* gauge 测轨距器

guia ❶ *s.f.* 1. guide, handbook 指南；手册 2. guide, guiding 指导，参考 ❷ *s.f.* note, bill （收税收款等的）通知单 ❸ *s.f.* 1. guide rod; guide rail 导杆；导轨 2. guided carriage 导向滑架 ❹ *s.f.* kerb, curb 路缘，道牙，路缘石 ❺ *s.m.* screed 抹灰准条

guia aberta vented screed 透气模板

guia-corrente diversion dike, jetty 导流堤

guia do assento seat guide 座椅调节导轨

guia da barra de tracção drawbar guide 拉杆导板

guia de base base screed （抹灰用的）分隔条

guia de cabo(s) ❶ rope guide 导绳器 ❷ fairlead 导缆孔 ❸ fish-wire 电缆牵引线

guia da chave key guide 导键

guia de correia belt-guide 导带器

guia de depósito deposit note 缴费单，存款通知

guia de deslizamento sliding guard 滑道

guia de dilatação expansion screed 伸缩嵌缝条

guia do êmbolo plunger guide 柱塞导套

guia de encavilhar dowelling jig 插销导槽

guia de engastamento embrasure （门、窗等）漏斗状斜面墙

guia de esfera ball guide 滚珠导轨，滚珠导套

guia da esteira track guide 履带导板

guia de fluxo flux guidance 通量制导

guia da foice knife clip, knife guide 切割器压刀板，割刀导向板

guia da haste da válvula valve stem guide 阀杆导承

guia de licenciamento ambiental environmental licensing guide 环境许可指南

guia da mola spring guide 弹簧导子

guia da mola tensora recoil spring guide 复进簧导杆

guia de mudanças shifting guide 换挡杆槽

guia de ondas de canal duct waveguide 波导管

guia de papel paper guide 导纸器

guia de plaina mecânica jointer gauge 接缝规

guia de polia do cabo cable pulley guide 电缆滑轮导向器

guia de reboque screed 抹灰准条

guia de remessa delivery note 交货单

guia do retentor seal guide 密封导套；密封导管

guia da sapata shoe guide 闸瓦导销

guia da válvula ❶ valve guide 气门导管；阀导向器 ❷ tappet guide 挺杆导管

guia do vidro window run 车窗玻璃导槽

guia lateral de aço galvanizado galvanized steel side guide 镀锌钢侧导轨

guia luminoso light rod 光导棒

guia para cortina de chuveiro shower curtain rail 浴帘轨

guia para cortinados curtain track 窗帘滑轨

guiador s.m. ❶ wheel, steering wheel 驾驶盘，方向盘 ❷ handlebars （自行车、摩托车等的）把手 ❸ guide rod; guide rail 导杆；导轨

guiador de broca drill bush 钻套

guiamento s.m. guidance; orientation 引导；导向

guiar v.tr.,intr. ❶ (to) guide 指导，引导 ❷ (to) drive, (to) ride 驾驶，操纵

guiché/guichê s.m. ticket window; service hatch 营业窗口

Guichê Único da Empresa (GUE) enterprises one-stop service center [安] 一站式企业服务中心

Guiché Único para Empresas (GUE) enterprises one-stop service center [圣普] 一站式企业服务中心

guieira s.f. ⇨ guieiro

guieiro s.m. hip 屋脊，屋顶坡面外凸的交界处

guieiro morto valley rafter 屋面沟处的椽木，谷椽

guiga s.f. gig 船载轻便小艇

guilherme s.m. grooving plane 开槽刨

guilho s.m. pivot, swivel; iron wedge 枢轴；铁楔

guilhoché/guilhochê s.m. guilloche 扭索状装饰

guilhotina s.f. ❶ guillotine, shear machine （金属、木材、瓷砖等）切割机，裁切机 ❷ paper cutter 切纸机

guinada s.f. yaw （船）偏航

gusano s.m. shipworm 船蛆

guinada s.f. yaw 偏航

guinada adversa adverse yaw 反向偏航

guincho s.m. winch 卷扬机；绞车；绞盘

guincho de alta velocidade high speed winch 高速卷扬机

guincho do cabo cable winch 电缆绞车

guincho de corrente chain hoist 链式起重机，环链葫芦

guincho de rebocamento towing winch 拖曳绞车

guincho de vapor steam winch 蒸汽绞车

guincho eléctrico electric hoist 电动葫芦，电动吊车

guincho hidrostático hydrostatic winch 静液压绞车

guincho para toras log winch 集材绞车

guincho universal utility winch 杂用绞车

guindaste s.m. crane 吊机，起重机；汽车吊，汽车式起重机

guindaste aéreo overhead crane 高架起重机，桥式起重机

guindaste articulado knuckleboom crane 折臂起重机

guindaste auto-elevatória self-erecting tower crane 自升式塔吊

guindaste autopropulsor self-propelled crane 自走式起重机

guindaste com braços estabilizadores slew crane 旋臂起重机，回转式起重机

guindaste com caçamba skip hoist, skip crane 吊斗吊重机

guindaste com plataforma para carga pick and carry crane 吊重行驶起重机

guindaste de braço variável derrick crane 转臂起重机

guindaste de cais quay crane, port crane 码头起重机

guindaste de carga pesada goliath crane 重型起重机

guindaste de cavalete ⇨ guindaste de pórtico

guindaste de comporta gate hoist 闸门启闭机

guindaste de contrapeso balance crane 平衡起重机

guindaste de espias guy derrick 牵索起重机

guindaste de fundição foundry crane 铸造用起重机

guindaste de gancho duplo dual hook hoist 双吊钩起重机

guindaste de lança jib crane, boom crane 悬臂起重机, 吊杆起重机

guindaste de lança articulada articulated boom crane 折臂起重机

guindaste de plataforma marítima deck crane 甲板起重机

guindaste de ponte rolante ⇨ guindaste de pórtico

guindaste de pórtico gantry crane 龙门起重机

guindaste de pórtico montado sobre pneus rubber tired gantry crane, rtg crane 轮胎式龙门起重机

guindaste de pórtico montado sobre trilhos rail mounted gantry crane, rmg crane 轨道式龙门起重机

guindaste de torre tower crane 塔式起重机, 塔吊

guindaste de trem de socorro wreck crane 救险起重机

guindaste derrick ⇨ guindaste de braço variável

guindaste eléctrico electric hoist 电动葫芦

guindaste especial para painel de via panel track lifter 轨排吊运机

guindaste flutuante floating crane 浮吊, 浮动起重机

guindaste giratório slewing-crane 旋臂起重机; 回转式吊机

guindaste goliath ⇨ guindaste de carga pesada

guindaste hidráulico hydraulic crane, hydraulic hoist 液压吊车, 液压起重机

guindaste industrial industrial cranes 工业起重机

guindaste magnético magnet crane, magnetic crane 磁力吊机; 磁力起重机

guindaste montado sobre trilhos rail mounted crane 轨道式起重机

guindaste móvel ❶ autocrane 汽车起重机 ❷ travelling crane 移动式起重机

guindaste móvel suspenso overhead travelling crane 移动式高架起重机

guindaste para contentor (/contêiner) container crane 集装箱起重机 ⇨ portêiner

guindaste para manuseio de dormentação tie handler 轨枕吊运机

guindaste para tractor tractor crane 牵引车起重机

guindaste pick and carry ⇨ guindaste com plataforma para carga

guindaste piramidal pyramidal crane 角锥架起重机

guindaste pneumático air hoist 气动葫芦, 气动卷扬机

guindaste portátil portable crane 轻便起重机

guindaste portuário port cranes, harbor cranes 港口起重机

guindaste portuário móvel mobile harbor crane, mhc crane 移动式港口起重机

guindaste "qualquer terreno" rough terrain crane 越野起重机

guindaste ringer ringer crane, revolving crane 旋转式起重机

guindaste rolante ⇨ guindaste de pórtico

guindaste sobre caminhão truck crane, lorry-mounted tower crane 卡车起重机, 随车塔式起重机

guindaste sobre (/de) esteiras (/lagartas) crawler crane 履带式起重机

guindaste sobre (/de) rodas wheeled crane 轮式起重机

guindaste telescópico telescopic crane 伸缩臂起重机

guindaste telescópico sobre caminhão truck-mounted telescopic crane 车载伸缩臂起重机

guindaste tipo canarinho krane kar

guindaste todo terreno all terrain crane, rough terrain crane 全路面起重机

guindaste transportador transport crane 交通起重机

guindaste treliçado lattice boom crane 桁架吊臂起重机

guindaste treliçado sobre caminhão lattice truck crane 车式桁架起重机

guindaste treliçado sobre esteiras lattice crawler crane 履带式桁架起重机

guindasteiro *s.m.* crane operator 吊车工，起重机操作员

guirlanda *s.f.* ⇨ grinalda

gula *s.f.* cyma, ogee S 形线脚

gume *s.m.* knife-edge 刃，刀口

gume afiado sharp cutting edge 利刃

gume cego blunt cutting edge 钝刃

gume de broca lip 钻刃

gumite *s.f.* gummite 脂铅铀矿

gunite/gunita *s.f.* gunite 压力喷浆

gusa *s.f.* pig iron 生铁块

gusa em escórias cinder pig 夹渣生铁

gusa salpicada mottled iron 麻口铸铁

gussasfalto *s.m.* gussasphalt 浇注式沥青混凝土

gusset *s.m./f.* gusset 角撑板；结点板；加力板 ⇨ placa de reforço

gussets de reforço reinforcing gussets 加强角撑板

guyot *s.m.* guyot 平顶山

Guzanguiano *adj.,s.m.* Guzhangian; Guzhangian Age; Guzhangian Stage [葡]（地质年代）古丈期（的）；古丈阶（的）

Guzhangiano *adj.,s.m.* [巴] ⇨ Guzanguiano

Gzheliano *adj.,s.m.* Gzhelian; Gzhelian Age; Gzhelian Stage [巴]（地质年代）格舍尔期（的）；格舍尔阶（的）⇨ Gjeliano

H

habilidade *s.f.* ability 能力，才能
habilidade artesanal craftmanship 手艺
habilidade de comunicação communication skills 沟通技巧
habilitação *s.f.* habilitation, qualification 资格；能力；证明文件
habilitação literária education background 学历
habitabilidade *s.f.* habitability 适于居住，可居住性
habitação *s.f.* housing, dwelling, residence 住房；宿舍
habitação coletiva collective dwelling 集体住宅
habitação de baixa renda low-income housing, economically affordable housing 经济适用房
habitação multifamiliar multiple dwelling 多家庭单元建筑
habitação social social housing （政府提供的）社会住房，福利性住房
habitação unifamiliar single family dwelling 独立住宅
habitacional *adj.2g.* housing 住房的；居住的
habitáculo *s.m.* car hold 汽车舱，座舱
habitat *s.m.* habitat 栖息地
habitável *adj.2g.* habitable 可居住的，适宜居住的
habite-se *s.m.* occupancy permit 住宅建筑验收证明
hábito *s.m.* habit 晶体习性
hachura *s.f.* hatch 影线，排线

hachuras cruzadas cross-hatch pattern 方格测试图
hackear *v.tr.,intr.* (to) hack 侵入（计算机系统）
hackmanite *s.f.* hackmanite 紫方钠石
hadal *adj.2g.* hadal 超深海的，超深渊的（深度 >6000 米）
Hadeano *adj.,s.m.* [巴] ⇨ Hádico
Hádico *adj.,s.m.* Hadean; Hadean Eon; Hadean Eonothem [葡]（地质年代）冥古宙（的）；冥古宇（的）
hadopelágico/hadalpelágico *adj.* hadopelagic, hadalpelagic 超深海的，超深渊的（深度 >6000 米）
háfnio (Hf) *s.m.* hafnium (Hf) 铪
hakutoíto *s.m.* hakutoite 英钠粗面岩
half duplex *adj.2g.* half duplex 半双工的
haliêutico *adj.* halieutic; fishery 捕鱼的；渔业的
halite *s.f.* halite 石盐
hall *s.m.* hall 门厅，过道，大堂
hall de elevador lift hall 候梯厅
hall de entrada entrance hall 进口门厅
hall principal principal hall 主门厅
halleflinta *s.f.* halleflinta 长英角岩
halmirólise *s.f.* halmyrolysis 海解作用
halo *s.m.* ❶ halo, aureole 日晕 ❷ halation 光晕
halo pleocróico pleochroic halo 多向色晕环，多色晕
halocinese *s.f.* ⇨ haloquinese
haloclastia *s.f.* salt splitting 盐裂解
haloclina *s.f.* halocline 盐度跃层

halófito *s.m.* halophyte 盐生植物

halogenação *s.f.* halogenation 卤化

halogéneo *s.m.* halogen 卤素

halogeneto *s.m.* halides 卤化物

halóide *adj.2g.* haloid 像卤素的；由卤素衍生的

haloisite *s.f.* halloysite 埃洛石

halomórfico *adj.* halomorphic soil 盐成土；盐生土壤

halon *s.m.* halon 卤代烷

haloquinese *s.f.* halokinesis 盐构造学，盐类构造作用

halotriquite *s.f.* halotrichite 铁明矾

haloxifop-R-metilico *s.m.* haloxyfop-R-methyl 高效盖草能，高效氟吡甲禾灵

haltere *s.m.* dumbbell 哑铃

hamada *s.f.* hamada 石漠，石质沙漠

hambergite *s.f.* hambergite 硼铍石

hammer grab *s.f.* hammer grab 锤式冲抓斗

hammer-beam *s.f.* hammer-beam roof 托臂梁屋顶

hamrongito *s.m.* hamrongite 英云斜煌岩

hangar *s.m.* shed, hangar 机库

hapkeíte *s.f.* hapkeite 哈普克石

haplito *s.m.* aplite 细晶岩

haplófiro *s.m.* haplophyre 碎斑花岗岩

harbolito *s.m.* harbolite 硫氢氮沥青

hardground *s.m.* hardground 硬灰岩层 ⇨ duralito

hardpã *s.m.* hardpan 硬土层

hardtop *s.m.* hardtop 硬顶小轿车

hardware *s.m.* hardware 硬件

harmonia *s.f.* harmony 和谐；协调

harmónico *adj.* harmonic 谐和的

harmótomo *s.m.* harmotome 交沸石

harpólito *s.m.* harpolith 岩镰

harrisítico *adj.* harrisitic 网纹斑杂状的，正交堆积的

harrisito *s.m.* harrisite 方辉铜矿

hartito *s.m.* hartite 晶蜡石

harzburgito *s.m.* harzburgite 方辉橄榄岩

hássio (Hs) *s.m.* hassium (Hs) 镖，108 号元素

haste *s.f.* rod, stem 杆，棒；阀杆；导杆

haste curta pony rod 短抽油杆，抽油杆短节

haste de ajustagem adjusting rod 调整杆

haste da alavanca do excêntrico cam rod 凸轮杆

haste de aterramento earth rod 接地棒

haste da bomba pump rod 泵杆

haste de bombeio sucker rod 深井泵活塞杆，抽油杆

haste da borboleta (de aceleração) throttle shaft 节流阀轴

haste de broca drill stem, drill steel 钻柱；钻杆

haste de bronze bronze rod 铜棒

haste de comando control stem 控制杆

haste de compressão ⇨ haste de empuxo

haste de descarga arcing horn 角形避雷器，招弧角

haste da direcção steering rod 转向拉杆

haste do êmbolo piston rod 活塞杆，活塞连杆

haste de empuxo push rod 推杆

haste de encontro tappet rod 挺杆

haste de engate da embreagem clutch engaging rod 离合器接合杆

haste do excêntrico eccentric rod 偏心杆

haste de fixação securing rod 紧固连杆

haste de flutuação lock out stem 锁定杆

haste do freio brake rod 制动杆

haste de guia guide rod 导杆

haste de injecção injection string 注水管柱

haste de nivelamento levelling stem 校平杆

haste de pára-lama mudguard stay 挡泥板撑条

haste do pára-raios para alta voltagem lightning rod for high voltage 高压避雷器

haste de perfuração drilling rod 钻杆

haste do pistão ⇨ haste do êmbolo

haste de protecção ⇨ haste de pára-raios

haste de prova probe 探头

haste de sinal signal stem 信号杆

haste de sobrevelocidade speeder rod 调速杆

haste de sondagem boring rod 钻杆

haste de suspensão da cofragem form hanger 模板支撑

haste de travamento interlock plunger 联锁柱塞

haste do trole trolley boom 无轨电车吊杆

haste (impulsora) da válvula valve spindle 阀杆；阀轴

haste denteada rack rod 齿杆

haste padrão rod gauge 测杆规，标准棒

haste (de) pára-raios lightning rod 避雷针

haste pesada sinker bar 冲击式钻杆

haste polar pole shank 极芯

haste polida polished rod 光杆

haste puxadora pulldown rod 下拉杆

haste quadrada kelly 方钻杆

haste-suporte lightning rod 避雷针，避雷器

haste tensora recoil rod 驻退杆

haste travadora locking rod 锁止杆

hastingsite *s.f.* hastingsite 绿钠闪石

hatchetito *s.m.* hatchettite 伟晶蜡石

hatherlito *s.m.* hatherlite 歪长闪长岩

hatórico *adj.* Hathoric, Hathor-headed （柱头等）刻有爱神哈索尔头像的

hauína *s.f.* hauyne 蓝方石

hauinito *s.m.* hauynite 蓝方岩

hauinófiro *s.m.* hauynophyre 蓝方岩

haussmannite *s.f.* haussmannite 黑锰矿

Hauteriviano *adj.,s.m.* Hauterivian; Hauterivian Age; Hauterivian Stage （地质年代）欧特里夫期（的）；欧特里夫阶（的）

havaíte *s.f.* hawaiite 夏威夷石，淡绿橄榄石

havaíto *s.m.* hawaiite 橄榄中长玄武岩；深绿橄榄岩

HAZOP *sig.,s.f.* HAZOP (hazard and operability) 危害与可操作性分析

HDF *sig.,s.m.* HDF (high density fiberboard) 高密度纤维板

HDMI *sig.,s.m.* HDMI (high definition multimedia interface) 高清晰度多媒体接口

hecatostilo *adj.,s.m.* hecatonstyle 百柱式（的）

hectare (ha) *s.m.* hectare (hm²) 公顷（面积单位）

hecto- (h) *pref.* hecto- (h) 表示"百"

hectolitro (hl) *s.m.* hectoliter (hl) 百升

hectómetro (hm) *s.m.* hectometer (hm) 百米

hectopascal (hPa) *s.m.* hectopascal (hPa) 百帕（斯卡）

hectorite *s.f.* hectorite 锂蒙脱石

hedembergite *s.f.* hedenbergite 钙铁辉石

hedrumito *s.m.* hedrumite 霞碱正长岩

helenite *s.f.* helenite 弹性地蜡

hélice *s.f.* ❶ helix 螺旋饰；螺线形 ❷ propeller 螺旋桨

hélices coaxiais coaxial propellers 同轴螺旋桨

hélices contrarrotativas counter-rotating propellers 反向螺旋桨

hélice de passo ajustável (/regulável) adjustable-pitch propeller 可调螺距螺旋桨

hélice de passo controlável controllable pitch propeller 可调螺距螺旋桨

hélice de passo fixo fixed-pitch propeller 固定螺距螺旋桨

hélice de passo reversível reversible-pitch propeller 反距螺旋桨

hélice de passo variável variable-pitch propeller 变距螺旋桨

hélice de velocidade constante constant-speed propeller 定速螺旋桨

hélice em molinete windmilling propeller 推进器的旋转

hélice embandeirável feathering propeller 顺桨螺桨

hélice tratora tractor propeller 拉进式螺旋桨

helicicultura *s.f.* heliciculture, snail farming 蜗牛养殖

helicítico *adj.* helicitic 残缕状的

helicoidal/helicóide *adj.2g.* helical 螺旋状的

helicóptero *s.m.* helicopter 直升机

helicóptero de instrução training helicopter 教练直升机

helicóptero guindaste aerial crane 起重直升飞机

helictite *s.f.* helictite 石枝

heligmite *s.f.* heligmite 弯石笋

hélio (He) *s.m.* helium (He) 氦

heliodon *s.m.* heliodon 日影仪

heliodoro *s.m.* heliodor 金绿柱石

heliografia *s.f.* ❶ heliography 蓝图 ❷ blueprint 晒制蓝图

heliolite *s.f.* heliolite 日长石

heliotermómetro/heliotermômetro *s.m.* heliothermometer 日温计

heliotrópio/heliotropo *s.m.* heliotrope 血玉髓；鸡血石

heliponto *s.m.* helipad 直升机停机坪

heliporto *s.m.* heliport 直升机机场，直升机停机坪

helsinquito *s.m.* helsinkite 绿帘钠长岩

hematite *s.f.* hematite 赤铁矿

hemerozona *s.f.* hemera 生物繁荣期

hemi- *pref.* hemi- 表示"半，半个" ⇨ semi-

hemiciclo *s.m.* hemicycle 半圆

hemicristalino *adj.* hemicrystalline 半晶质的

hemiedria *s.f.* hemihedry 半面体，半面形

hemiédrico *adj.* hemihedral 半面的，半面形的

hemiglifo *s.m.* hemiglyph 半竖槽

hemigraben *s.m.* half-graben 半地堑

hemihorst *s.m.* half-horst 半地垒

hemimacrodoma *s.m.* hemimacrodome 半长轴坡面

hemimorfismo *s.m.* hemimorphism 半对称形；异极性

hemimorfite *s.f.* hemimorphite 异极矿

hemiortodoma *s.m.* hemiorthodome 半正轴坡面

hemiortomagma *s.m.* hemiorthomagma 次生岩浆

hemipelágico *adj.* hemipelagic 半远洋的

hemipelagito *s.m.* hemipelagite 半远洋岩

hemipirâmide *s.f.* hemipyramid 半棱锥体

hemiprisma *s.m.* hemiprism 半柱形

hemisférico *adj.* hemispherical 半球的

hemisfério *s.m.* hemisphere 半球

hemitríglifo *s.m.* hemitriglyph （多立克式）半三槽板间距

hemitropia *s.f.* hemitropy 半体双晶

hemítropo *adj.* hemitropic 半体双晶的

henry (H) *s.m.* henry (H) 亨，亨利（电感单位）

heptacloritos *s.m.pl.* septechlorites 七埃绿泥石

heptaedro *s.m.* heptahedron 七面体

heptagonal *adj.2g.* heptagonal 七角形的

heptágono *s.m.* heptagon 七角形

heptano *s.m.* heptane 庚烷

heptastilo *adj.,s.m.* heptastyle 七柱式（的）

héptodo *s.m.* heptode 七极管

heptorito *s.m.* heptorite 蓝方碧玄岩

herbáceas *s.f.pl.* grasses 草本植物；［集］草，草类

herbáceo *adj.* herbaceous 草本的

herbicida *s.m.* herbicide 除草剂

herbicida não selectivo non-selective herbicide 非选择性除草剂

herbicida pós-emergência post-emergence herbicide 芽后除草剂，苗后除草剂

herbicida pré-emergência pre-emergence herbicide 芽前除草剂，土壤处理剂

herbicida selectivo selective herbicide 选择性除草剂

hercinite *s.f.* hercinite 铁尖晶石

hercotectônica *s.f.* hercotectonics 工事修建技术

herculon *s.m.* herculon 赫库纶，赫库纶聚丙烯纤维

herderite *s.f.* herderite 磷铍钙石

herma *s.f.* herma 半身像柱

hermatólito *s.m.* hermatolith 生物礁岩；礁岩

hermeticidade *s.f.* air-tightness, tightness 气密性

hermético *adj.* ❶ hermetic, air-tight 气密的 ❷ hermetic 顶部有赫尔墨斯像的

hermetificação *s.f.* air tight sealing, air tight processing 气密密封，气密处理

heronito *s.m.* heronite 正长球粒霞霓岩；正长球粒浅成岩

Hertz (Hz) *s.m.2n.* hertz (Hz) 赫兹

hesitação *s.f.* hesitation pumping 间歇泵送

hessite *s.f.* hessite 天然碲化银

hessonite *s.f.* hessonite 桂榴石，钙铝榴石

Hetangiano *adj.,s.m.* Hettangian; Hettangian Age; Hettangian Stage［葡］（地质年代）赫塘期（的）；赫塘阶（的）

hetero- *pref.* hetero- 表示"异，不同，其他"

heteroátomo *s.m.* heteroatom 杂原子

heterocomposto *s.m.* heterocompound 杂化合物

heterócrono *adj.* heterochronous 异步的

heterodésmico *adj.* heterodesmic 杂键的

heteródino *adj.,s.m.* heterodyne 外差；外差的

heterogeneidade *s.f.* heterogeneity 不均匀性

heterogeneidade lateral lateral heterogeneity 侧向不均匀性

heterogeneização *s.f.* heterogenization 异质化

heterogeneizar *v.tr.,pron.* (to) heterogenize（使）异质化

heterogéneo *adj.* heterogeneous, mixed; uneven 混杂的；不均匀的

heterogranular *adj.2g.* heterogranular 不等粒的

heterolítico *adj.* heterolithic 异类岩性的

heterométrico *adj.* unsorted 未分级的，未分选的，未筛分的

heteromorfia *s.f.* heteromorphy 异形现象，多晶现象

heteromórfico *adj.* heteromorphic 异象的，异形的，多晶型的

heteromorfismo *s.m.* heteromorphism 异形现象，多晶现象

heterópico *adj.* heteropic 非均性的；异相性的

heteróscios *adj.pl.,s.m.pl.* heteroscians 异影的（人），在赤道两侧相对的（人）

heterosfera *s.f.* heterosphere（超高层大气的）非均质层，异质层

heterotópico *adj.* heterotopic 异位的；异位素的；异原子序的

heterozoan *s.m.* heterozoan 冷水碳酸盐岩

Hettangiano *adj.,s.m.* ［巴］⇨Hetangiano

heulandite *s.f.* heulandite 片沸石

heumito *s.m.* heumite 棕闪碱长岩

heurística *s.f.* heuristics 启发；探试；（计算机）探试程序

hexacóptero *s.m.* hexacopter 六轴飞行器

hexadecimal *s.m.* hexadecimal 十六进制

hexaedrito *s.m.* hexahedrite 六面体陨铁

hexaedro *s.m.* hexahedron 六面体

hexagonal *adj.2g.* hexagonal 六角形的

hexagonal compacta hexagonal close-packed 六角密集（的结构）

hexágono *s.m.* ❶ hexagon 六角形 ❷ hexagon 六角棱堡

hexahidrite *s.f.* hexahydrite 六水泻盐

hexano *s.m.* hexane 己烷

hexaoctaedro *s.m.* hexaoctahedron 六八面体

hexaprostilo *s.m.* hexaprostyle 六柱廊式

hexastilo *adj.,s.m.* hexastyle 六柱式（的）

héxodo *s.m.* hexode 六极管

hial(o)- *pref.* hyal(o)- 表示"玻璃"

hialino *adj.* hyaline 玻璃似的，透明的

hialite *s.f.* hyalite 玻璃蛋白石；玉滴石

hialobasalto *s.m.* hyalobasalt 玄武玻璃，玻质玄武岩

hialoclastito *s.m.* hyaloclastite 玻质碎屑岩

hialocristalino *adj.* hyalocrystalline 玻晶质的

hialodacito *s.m.* hyalodacite 玻质英安岩

hialófano *s.m.* hyalophane 钡冰长石

hialófiro *s.m.* hyalophyre 玻基斑岩

hialofonolito *s.m.* hyalophonolite 玻质响岩

hialografia *s.f.* hyalography 玻璃雕刻

hialomelano *s.m.* hyalomelane 黑曜石

hialomicto *s.m.* hyalomicte 云英岩

hialopilítico *adj.* hyalopilitic 玻晶交织结构的

hialorriolito *s.m.* hyalorhyolite 玻质流纹岩

hialosponja *s.m./f.* hyalosponge 硅质海绵骨针组合碳酸盐岩

hialossiderite *s.f.* hyalosiderite 透铁橄榄石

hiato *s.m.* hiatus 沉积间断

hiato de erosão erosional hiatus 侵蚀间断

hibernação *s.f.* hibernation（锅炉的）停炉保护

hibonite *s.f.* hibonite 黑铝钙石

híbrido ❶ *adj.* hybrid 混合的；杂交的 ❷ *s.m.* hybrid vehicle 混合动力车

hiddenite *s.f.* hiddenite 希登石；翠绿锂辉石

hidrante *s.m.* hydrant 消火栓，消防栓

hidrante de coluna pedestal fire hydrant 座墩消火栓，柱形消防栓

hidrante de parede wall hydrant 墙装消火栓

hidrante escondido concealed hydrant 暗装消火栓

hidrante subterrâneo underground hydrant 地下消火栓

hidrargilite *s.f.* hydrargillite 水铝矿

hidratação *s.f.* hydration; hydratation 水化

（作用）；水合（作用）

hidratação de cimento hydration of cement 水泥水化反应

hidratar *v.tr.* (to) hydrate（使）水合，（使）成水合物

hidrato *s.m.* hydrate 水合物

hidrato de carbono carbohydrate 碳水化合物

hidrato de gás gas hydrate 气体水合物，天然气水合物

hidratogénico *adj.* hydratogenic 水成的

hidráulica *s.f.* hydraulics 水利，水力学

hidráulica de solos e rochas rock and soil mass hydraulics 岩土体水力学

hidráulica fluvial river hydraulics 河流动力学

hidraulicamente *adv.* hydraulically 液压地

hidraulicidade *s.f.* hydraulicity 水硬性，水凝性；水泥性

hidráulico *adj.* ❶ 1. hydraulic 水力的，液压的 2. hydraulic 水硬的 ❷ *s.m.* hydraulician 水利工程师

hidrazida *s.f.* hydrazide 酰肼

hidreto *s.m.* hydride 氢化物

hídrico *adj.* hydric 水的

hidro-/hidra- *pref.* hydro-/hydra- 表示"水，氢"

hidroagricultura *s.f.* hydroagriculture 水体农业

hidroapatite *s.f.* hydroapatite 水磷灰石

hidroavião *s.m.* sea plane 水上飞机

hidroavião com casco flying boat 船身式水上飞机

hidroavião com flutuadores floatplane 浮筒式水上飞机

hidrobiotite *s.f.* hydrobiotite 水黑云母

hidrocarbonato *s.m.* hydrocarbonate 碳酸氢盐

hidrocarboneto *s.m.* hydrocarbon 碳氢化合物，烃

hidrocarboneto aromático aromatic hydrocarbon 芳香烃

hidrocarboneto aromático policíclico (HAP) polycyclic aromatic hydrocarbons (PAH) 多环芳烃

hidrocarboneto de chumbo basic carbonate of lead 碱式碳酸铅

hidrocarboneto dissolvido dissolved hydrocarbon 溶解烃

hidrocarboneto emulsionado emulsified hydrocarbons 乳化烃

hidrocarboneto leve light hydrocarbon 轻质烃

hidrocarboneto líquido liquid hydrocarbon 液态烃

hidrocarboneto naftênico naphthene hydrocarbon 环烷烃

hidrocarboneto pesado heavy hydrocarbon (HHC) 重质烃

hidrocarboneto saturado saturated hydrocarbon 饱和烃

hidrocerusite *s.f.* hydrocerussite 水白铅矿

hidrociclone *s.m.* hydrocyclone 水力旋流器

hidrocinética *s.f.* hydrokinetics 流体动力学

hidroclástico *adj.* hydroclastic 玻质碎屑的

hidroclasto *s.m.* hydroclast 水成碎屑

hidro-cone *s.m.* hydraucone 水力圆锥体，水力喇叭口

hidro-cone de sucção suction hydraucone 吸水喇叭

hidrocraqueamento *s.m.* hydrocracking 加氢裂化

hidrocultura *s.f.* hydroculture 水培，溶液培养

hidrodessulfurização *s.f.* hydrodesulfurization 加氢脱硫

hidrodinâmica *s.f.* hydrodynamics 流体动力学

hidrodinâmico *adj.* hydrodynamic 流体动力学的

hidroeléctrica/hidrelétrica *s.f.* hydroelectric station 水电站

hidrelétrica a fio d'água run-of-river hydroelectric station 径流式水电站

hidroeléctrico *adj.* hydroelectric 水电的，水力发电的

hidroexpansivo *adj.* hydroexpansive 遇水膨胀的

hidroexplosão *s.f.* hydroexplosion 水汽爆炸

hidrofana *s.f.* hydrophane 水蛋白石

hidrofilia *s.f.* hydrophilicity 亲水性

hidrófilo/hidrofílico *adj.* hydrophilic 亲水性的

hidrofobia *s.f.* hydrophobia 疏水性

hidrofóbica *s.f.* hydrophobic substance 疏水物质

hidrofóbico *adj.* hydrophobic 疏水性的

hidrófobo *s.m.* hydrophobe 疏水物

hidrofone *s.m.* hydrophone 水中听音器

hidrofone de disco disc hydrophone 压电圆片式水下检波器

hidrófugo *adj.* hydrofuge 防潮的

hidrogenação *s.f.* hydrogenation 氢化（作用）

hidrogenação dos óleos oil hydrogenation 油脂氢化

hidrogénio/hidrogênio (H) *s.m.* hydrogen (H) 氢

hidrogenar *v.tr.* (to) hydrogenate （使）氢化，（使）与氢结合

hidrogeologia *s.f.* hydrogeology 水文地质学

hidrogeologia cársica karst hydrogeology 喀斯特水文地质学，岩溶水文地质学

hidrogeológico *adj.* hydrogeologic 水文地质的

hidrogeoquímica *s.f.* hydrogeochemics 水文地球化学

hidrogerador *s.m.* hydro-generator 水轮发电机

hidrógrafa *s.f.* hydrograph [巴] 水位图，水位曲线

hidrógrafa de cheia flood hydrograph 洪水过程线

hidrografia *s.f.* hydrography 水文学；水道测量学

hidrografia cársica karst hydrography 喀斯特水文地理学，岩溶水文地理学

hidrográfico *adj.* hydrographic 水道测量数的；水道学的

hidrograma *s.m.* hydrograph [葡] 水位图，水位曲线

hidrograma de cheia flood hydrograph 洪水过程线

hidrograma unitário unit hydrograph 单位过程线

hidrogrossulária *s.f.* hydrogrossular 水钙铝榴石

hidro-haloisite *s.f.* hydrohalloysite 水埃洛石

hidro-hematite *s.f.* hydrohematite 水赤铁矿

hidroinjecção *s.f.* hydraulic injection 水力喷射

hidroinjector *s.m.* hydraulic injector 水力喷射器

hidroinsuflador *s.m.* air water valve 气液型气门嘴

hidrojateamento *s.m.* water jetting 水冲法

hidrolacólito *s.m.* hydrolaccolith 水岩盖

hidrolisante *s.m.* hydrolysant 水解物

hidrolisato *s.m.* hydrolysate 水解产物

hidrólise *s.f.* hydrolysis 水解（作用）

hidrólito *s.m.* hydrolith 水生岩

hidrologia *s.f.* hydrology 水文学

hidrologia cársica karst hydrology 喀斯特水文学

hidrológico *adj.* hydrological 水文的，水文学的

hidromagma *s.m.* hydromagma 含水岩浆

hidromagnesite *s.f.* hydromagnesite 水菱镁矿

hidromecânica *s.f.* hydromechanics 流体力学

hidrometalurgia *s.f.* hydrometallurgy 湿法冶金

hidrometamorfismo *s.m.* hydrometamorphism 水变质作用

hidrometeoro *s.m.* hydrometeor 水汽凝结体

hidrometeorologia *s.f.* hydrometeorology 水文气象学

hidrometria *s.f.* hydrometry 液体比重测定法

hidrometrista *s.2g.* hydrolmetric surveyor 水文测量员

hidrómetro/hidrômetro *s.m.* hydrometer 液体比重计

hidrómetro electromagnético electromagnetic flowmeter 电磁流速计

hidrómetro fluvial water gauge 水位表，水位标尺

hidromica *s.f.* hydromica 水云母

hidromórfico *s.m.* hydromorphic soil 水成土

hidromoscovite *s.f.* hydromuscovite 水白云母

hidromotor *s.m.* hydraulic motor 液压发动机，水力发动机

hidrónico *adj.* hydronic 液体循环加热（或

冷却）的

hidrónio *s.m.* hydronium 水合氢离子

hidropirólise *s.f.* hydropyrol 水软锰矿

hidroplanagem *s.f.* hydroplaning, aquaplaning 打滑，漂滑现象

hidroplástico *adj.* hydroplastic 水塑性的

hidroponia/hidropónica *s.f.* hydroponics 水培，溶液培养

hidroquímico *adj.* hydrochemical 水化学的

hidrorrepelente *adj.2g.* water repellent 防水的，疏水的

hidrorrepulsivo *adj.* ⇨ hidrorrepelente

hidrosfera *s.f.* hydrosphere 水界，水圈

hidrossemeador *s.m.* hydroseeder 水力播种机

hidrossementeira/hidrossemeadura *s.f.* hydroseeding 喷草；草籽植草

hidrossilicato *s.m.* hydrosilicate 含水硅酸盐

hidrossolúvel *adj.2g.* water-soluble 水溶的，可溶于水的

hidrostática *s.f.* hydrostatics 流体静力学；水静力学

hidrostático *adj.* hydrostatic 流体静力学的；水静力的；水静力学的

hidrotaquilito *s.m.* hydrotachylite 含水玄玻璃

hidrotermal *adj.2g.* hydrothermal 水热作用的

hidrótopo *s.m.* hydrotrope 水溶助长剂

hidrovácuo *s.m.* ❶ hydro-vacuum 液压真空，油压真空 ❷ hydro-vac; hydro-vac brake booster 油压真空制动器；油压真空制动助力器

hidrovia *s.f.* waterway 水路

hidroxiapatite *s.f.* hydroxyapatite 羟磷灰石

hidróxido *s.m.* hydroxide 氢氧化物

hidróxido de cálcio calcium hydroxide 氢氧化钙

hidróxido de sódio sodium hydroxide 氢氧化钠

hidroxilapatite *s.f.* hydroxylapatite 羟基磷灰石

hidroxilo *s.m.* hydroxyl 羟基，氢氧基

hidrozincite *s.f.* hydrozincite 水锌矿

hieróglifo *s.m.* mark, hieroglyph 象形印痕

hietómetro/hietômetro *s.m.* hyetograph 雨量计

hifa *s.f.* hypha 菌丝

hi-fi *s.m.2n.* hi-fi 高保真

highwoodito *s.m.* highwoodite 云辉二长岩

higiene *s.f.* hygiene 卫生（学），健康（学）

higiénico/higiênico *adj.* hygienic 卫生的，保健的

hignifoguicidade *s.f.* ⇨ ignifugicidade

higrometria *s.f.* hygrometry 湿度测定

higrómetro/higrômetro *s.m.* hygrometer 湿度计

higrómetro eléctrico electric hygrometer 电湿度表

higroscopicidade *s.f.* hygroscopicity 吸湿性

higroscópico *adj.* hygroscopic 吸湿的

higróstato *s.m.* hygrostat 恒湿器

higro-termóstato *s.m.* hygro-thermostat 恒温恒湿器

higro-termóstato automático automatic hygro-thermostat 全自动恒温恒湿控制仪

hillebrandite *s.f.* hillebrandite 针硅钙石

hinterlândia *s.f.* hinterland 内地，腹地

hipabissal *adj.2g.* hypabyssal 半深成的，浅成的

hípalon *s.m.* hypalon 海帕伦；氯磺化聚乙烯橡胶

hipautomórfico *adj.* hypautomorphic 半自形的

hiper- *pref.* hyper- 表示"超，过度"

hiperalcalino *adj.* hyperalkaline, peralkaline 过碱性的，超碱性的

hiperalino *adj.* hypersaline 超盐度的

hiperaluminoso *adj.* hyper-aluminous 过铝质的

hipérbole *s.f.* hyperbola 双曲线

hiperbolóide *s.m.* hyperbioid 双曲面

hiperbolóide de folha única hyperboloid of one sheet 单叶双曲面

hiperciclotema *s.m.* hypercyclothem 超旋回层

hiperestaticidade *s.f.* hyperstaticity 超静定性

hiperestático *adj.* hyperstatic 超静定的

hiperestereoscopia *s.f.* hyperstereoscopy 超体视

hipergénese *s.f.* hypergenesis 表生作用，表生蚀变

hiperglifo *s.m.* hyperglyph 风化印痕

hiperito *s.m.* hyperite 紫苏辉石，橄榄苏长岩

hiperleucocrata *adj.2g.* hyperleucocratic 全白色的

hiperligação *s.f.* hyperlink 超链接

hipermelanocrata *adj.2g.* hyperlmelanocratic 全黑色的

hipermercado *s.m.* hypermarket 大型超市

hiperpicnal *adj.2g.* hyperpycnal 高密度的

hipersalino *adj.* hypersaline 超盐度的

hipersaturado *adj.* hypersaturated, oversaturated 过饱和的

hipersolvus *adj.* hypersolvus 超熔线的

hiper-som *s.m.* hypersound 特超声

hipersónico/hipersônico *adj.* hypersonic 高超声速的，达到或超过五倍声速的

hiperstena *s.f.* hypersthene 紫苏灰石

hiperstenito *s.m.* hypersthenite 紫苏辉石岩

hipertírio *s.m.* hyperthyrion 门楣线条版

hipertrofia *s.f.* hypertrophy 肥大；过度生长

hipetro *s.m.* hypethral 无屋顶的

hipidiomórfico *adj.* hypidiomorphic 半自形的

hipo- *pref.* ❶ hypo- 表示 "少，不足；下面；次，低，亚" ❷ hyppo- 表示 "马"

hipoabissal *adj.2g.* ⇨ hipabissal

hipoalino *s.m.* hypohaline 低盐的

hipocausto *s.m.* hypocaust 火炕式供暖

hipocentro *s.m.* hypocenter, seimic focus 震源

hipoclorito *s.m.* hypochlorite 次氯酸盐

hipoclorito de cálcio calcium hypochlorite 次氯酸钙

hipoclorito de sódio sodium hypochlorite 次氯酸钠

hipocristalino *adj.* hypocrystalline 半晶质的

hipocrinal *adj.2g.* ⇨ hipopicnal

hipódromo *s.m.* hyppodrome 跑马场

hipogénese *s.f.* hypogenesis 深成作用；深成蚀变

hipogénico *adj.* hypogene 深成的；地面下形成的

hipoglifo *s.m.* hypoglyph 层底痕

hipolímnio *s.m.* hypolimnion 湖下滞水带，均温层

hipomagma *s.m.* hypomagma 深部岩浆

hipopicnal *adj.2g.* hypopycnal 低密度的

hipopódio *s.m.* hypopodion 脚凳

hiposcénio *s.m.* orchestra pit; hyposcenium （古希腊剧场）舞台前部下面的乐池；此种乐池的背墙

hipossalino *adj.* hyposaline, hypohaline 低盐的

hipossaturado *adj.* undersaturated, hyposaturated 不饱和的

hipostilo *adj.,s.m.* hypostyle 多柱式的

hipotenusa *s.f.* hypotenuse 斜边，弦

hipotermal *adj.2g.* hypothermal 高温热液的；低温的（热水）

hipotermia *s.f.* hypothermia 低体温，体温过低

hipótese *s.f.* assumption; hypothesis 假设

hipótese de cálculo design assumption 设计假定

hipótese de Pratt Pratt's hypothesis 普拉特假说

hipotraquélio *s.m.* collar 柱环

hipoxenólito *s.m.* hypoxenolith 深源捕房体

hipóxia *s.f.* hypoxia （组织）缺氧

hipozona *s.f.* hypozone 深带

hipsobatimetria *s.f.* hypsobathymetry 水底地形测量

hipsobatimétrica *s.f.* hypsobathymetric curve 水底地形曲线

hipsografia *s.f.* hypsography 标高图；地势图

hipsográfica *s.f.* hypsographic curve 等高线；陆高海深曲线

hipsometria *s.f.* hypsometry 测高

hipsométrica *s.f.* hypsometric curve 等高线；地势曲线

hipsómetro/hipsômetro *s.m.* hypsometer 测高计（古代工具）

Hirnantiano *adj.,s.m.* Hirnantian; Hirnantian Age; Hirnantian Stage （地质年代）赫南特期（的）；赫南特阶（的）

hirnantito *s.m.* hirnantite 绿泥角斑岩

histerese *s.f.* hysteresis 滞后现象；滞后作用

histerese de cavitação cavitation hysteresis 汽蚀滞后

histereses magnéicas magnetic hysteresis 磁滞

histerético *adj.* hysteretic 滞后的

hístico *s.m.* histic epipedon 泥炭表层，有机表层

histograma *s.m.* histogram 直方图

histometabase *s.f.* histometabasis 化石化组织

historiado *adj.* historiated 记述历史的，描绘历史的（图像装饰）

histórico *s.m.* record, log, history 记录，先例
  histórico de caso case history 工程事例

histossolo *s.m.* histosol 有机土

hodógrafo *s.m.* odograph 路线记录器，计程仪

hodómetro/hodômetro *s.m.* hodometer, odometer 里程表，里程计

hoibergito *s.m.* hooibergite 闪正辉长岩

holaíto *s.m.* hollaite 暗霞碳酸岩

holioqueíto *s.m.* holyokeite 辉绿钠长岩

hollandite *s.f.* hollandite 锰钡矿，碱硬锰矿

hólmio (Ho) *s.m.* holmium (Ho) 钬

holmito *s.m.* holmite 云辉黄煌岩

holo- *pref.* holo- 表示"完全，全部"

holoaxial *adj.2g.* holoaxial 全轴的

Holocénico *adj.,s.m.* Holocene; Holocene Epoch; Holocene Series [葡]（地质年代）全新世（的）；全新统（的）

Holoceno *adj.,s.m.* [巴] ⇨ Holocénico

holoclástico *adj.* holoclastic 全碎屑的

holocristalino *adj.* holocrystalline 全晶质的

holoedria *s.f.* holohedry 全对称，全晶形，全面像，全面体

holoédrico *adj.* holohedral 全对称的

holoedro *s.m.* holohedron 全面体

holofélsico *adj.* holofelsic 全长英质的

holofote *s.m.* ❶ floodlight 泛光灯 ❷ spotlight, projector 射灯，聚光灯

holografia *s.f.* holography 全息摄影

holograma *s.m.* hologram 全息图

holohialino *adj.* holohyaline 全玻质的

hololeucocrata *adj.2g.* hololeucocratic 全白色的

hololeucocrático *adj.* ⇨ hololeucocrata

holomelanocrata *adj.2g.* holomelanocratic 全黑色的

holomelanocrático *adj.* ⇨ holomelanocrata

holossiderito *s.m.* holosiderite 全陨铁

holostratotipo *s.m.* holostratotype 正层型，全层型

holótipo *s.m.* holotype 全型

homalográfico *adj.* homalographic 等（面）积投影的；等面积的

home theater *s.m.* home theater 家庭影院

homen *s.m.* ❶ man; male 人；男人 ❷ man, labor 工人，劳力 [常与时间单位搭配，组成工作时间的计量单位]
  homem de negócios businessman 商人
  homem-ano (Ha) man-year 人年，人工作年
  homem-dia (Hd) man-day 工日，人日；人工作日
  homem-hora (Hh) man-hour 工时，人工作时
  homem-mês (Hme) man-month 人月，人工作月
  homem-semana (Hsem) man-week 人周，人工作周

home office *s.m.* home office 家庭办公室

homeoblástico *adj.* homeoblastic 等粒变晶状的

homeocristalino *adj.* homeocrystalline 等粒晶质的

homeomorfismo *s.m.* homeomorphism 异质同晶

homeomorfo *s.m.* homeomorph 异种同态，异物同态

homeostase *s.f.* homeostasis 自我平衡；体内平衡

Homeriano *adj.,s.m.* Homerian; Homerian Age; Homerian Stage （地质年代）侯墨期（的）；侯墨阶（的）

homo-/homeo- *pref.* homo-, homeo- 表示"类似，同"

homoclinal *s.m.* homocline 单斜

homodésmico *adj.* homodesmic 纯键的

homogeneidade *s.f.* homogeneity 同质性；均匀性

homogeneização *s.f.* homogenization; homogeneous mixing 同质化；均化，均匀混合

homogeneizador *s.m.* homogenizer, blender 均质器；高速搅拌器
  homogeneizador/agitador stirrer homogenizer 搅拌均质仪
  homogeneizador de amostras sample homogenizer 样品均质仪

homogeneizador/triturador disrupter homogenizers 破碎均质仪，高压均质仪

homogeneizar *v.tr.* (to) homogenize 使均匀，（使）均质化

homogéneo *adj.2g.* homogeneous; uniform 同质的；均匀的

homogranular *adj.2g.* homogranular 等粒的

homologação *s.f.* homologation, official approval （上级部门的）授权，认可；鉴证

homologar *v.tr.* (to) approve; (to) ratify; (to) recognize 授权，认可；鉴证

homólogo ❶ *adj.* homologous; equivalent 同源的；类似的；等同的；相应的 ❷ *s.m.* counterpart; opposite number （职位、级别、角色）对等的官员，对手方 ❸ *s.m.* homolog （化学）同系物

homomorfos *s.m.pl.* homomorphs 异质同形体

homopicnal *adj.2g.* homopycnal 等密度的

homopolímero *s.m.* homopolymer 同聚物；均聚物

homosfera *s.f.* homosphere 均匀气层；均质层

homotaxia *s.f.* homotaxics （地层的）排列类似

honorário *s.m.* ❶ fee 劳务费 ❷ customs broker fees （海关）报关费

honorário de tabalho labor cost 人工费，劳务费

hopano *s.m.* hopane 藿烷类；藿烷类化合物

hóquei *s.m.* hockey 曲棍球（运动）；冰球（运动）

hora *s.f.* hour 小时

horas a plena carga full load hours 满载运行时间

hora de chegada arrival time 到达时间

horas de insolação hours of sunshine 日照时数

hora de partida departure time 出发时间

hora de trabalho working-hour 工作时数

hora de verão summer time 夏令时

hora-homem ⇒ homem-hora

hora média de Greenwich Greenwich mean time 格林威治标准时间

hora média local local mean time 地方平均时

hora-pico (/de pico/de ponta) peak

hours, peak period 高峰小时；繁忙时间，繁忙时段

hora produtiva productive hour 工作时数

horário *s.m.* timetable, schedule 时间表，时刻表

horário de ponta peak hours 高峰时段

horário de serviço working hours 营业时间

horário de trabalho working hours 上班时间

horário fora de ponta off-peak time 非高峰时间

horímetro *s.m.* hour meter 计时器，累计时间表

horizontal *adj.2g.* ❶ horizontal 地平的，地平线的 ❷ horizontal 水平的，卧式的（机器，设备）

rigorosamente horizontal absolutely horizontal 绝对水平的

horizontalidade *s.f.* horizontality, level position 水平状态

horizonte *s.m.* ❶ horizon 地平线；视界 ❷ horizon 土壤层；地层 ❸ time horizon, time frame prospect （即日起至未来某个时间点或特定事件为止的）时间范围，时间段；投资期；（对未来某个时间点的）展望

horizonte A A horizon; humus horizon A 层；表土层

horizonte agrícola agric horizon 耕作层

horizonte álbico albic horizon 漂白层

horizonte aparente apparent horizon 视地平

horizonte aquífero water horizon, aquifer 含水层，蓄水层

horizonte artificial artificial horizon 人造地平

horizonte B B horizon, illuvial horizon B 层；亚表层，淀积层

horizonte biológico biohorizon 含生物层

horizonte C C horizon, parent material horizon C 层；母质层，底土层

horizonte cálcico calcic horizon 钙积层

horizonte câmbico cambic horizon 雏形层

horizonte celeste (/geocêntrico/racional) celestial horizon 天球地平

horizonte com gás gas-bearing horizon,

gas horizon 含气层

horizonte cronoestratigráfico chronostratigraphic horizon 年代地层层位

horizonte D D horizon 基岩层，下伏岩土层

horizonte de bolha bubble horizon 气泡地平

horizonte de diagnóstico diagnostic horizon 诊断层

horizonte da imagem horizon trace 像地平线

horizonte de névoa haze horizon 霾层顶

horizonte de óleo oil horizon 油层，含油层

horizonte de poeira dust horizon 尘埃层顶

horizonte de produção production horizon 生产层，产油层

horizonte de recorrência recurrence horizon 再现土层

horizonte de referência datum horizon 基准平面，标准层位

horizonte de reflexão reflection horizon 反射层

horizonte do solo soil horizon 土层，土壤发生层

horizonte E (/eluvial) E horizon, eluvial horizon 淋溶层

horizonte estratigráfico stratigraphic horizon 地层层位

horizonte F F horizon, fermentation horizon 发酵层

horizonte fantasma phantom horizon 假想标准层

horizonte G G horizon, gley horizon 潜育层

horizonte guia marker horizon 标志地层

horizonte H H horizon, humus horizon 腐殖质层

horizonte L L horizon, litter horizon 枯枝落叶层

horizonte O O horizon, organic horizon 有机层

horizonte pedológico pedologic horizon 土层，土壤发生层

horizonte petrolífero petroleum-bearing horizon 含油层

horizonte plíntico plinthic horizon 聚铁网纹层

horizonte produtivo pay horizon, producing horizon 生产层

horizonte real (/geográfico) true horizon 真地平

horizonte sálico Salic horizon 积盐层

horizonte sísmico seismic horizon 地震层位

horizonte soterrado buried horizon 埋藏层

horizonte verdadeiro rational horizon, celestial horizon 真地平

horizonte visual (/sensível) visible horizon 可见地平

hormona *s.f.* hormone 激素，荷尔蒙

horn *s.m.* horn 角峰

horneblenda *s.f.* hornblende 角闪石

horneblendito *s.m.* hornblendite 角闪石岩

hornito *s.m.* hornito 溶岩滴丘

horologia *s.f.* horology 钟表学；测时法；钟表制造术

horologista *s.2g.* horologist 钟表专家

horômetro *s.m.* ⇨ horímetro

horo-sazonal *adj.2g.* horo-seasonal 时段-季节性的

horst *s.m.* horst 地垒

horta *s.f.* vegetable-garden 菜园

hortaliça *s.f.* vegetables 蔬菜

hortelão *s.m.* market-gardener 菜农

hortícolas *s.f.pl.* vegetables 蔬菜作物

horticultor *s.m.* ❶ horticulturist 园艺家，园丁 ❷ market-gardener 菜农

horticultura *s.f.* horticulture 蔬菜种植

hortifrutigranjeiros *s.m.pl.* produce; products of vegetable, fruit, meat, poultry, egg, etc. [集] 果菜肉禽蛋（类产品的统称）

hortigranjeiros *s.m.pl.* produce; products of vegetable, meat, poultry, egg, etc. [集] 蔬菜肉禽蛋（类产品的统称）

hortito *s.m.* hortite 方解辉长混杂岩；暗色正长岩

hospedaria *s.f.* guesthouse; hostel 客栈，旅社

hóspede *s.2g.* guest 客人，宾客

hospital *s.m.* hospital 医院

hospital de campanha field hospital 野

战医院，战地医院

hospital de isolamento isolation hospital 传染病院

hospital de referência referral hospital 转诊医院

hospital dia day hospital 日间医院

hospital escolar teaching hospital 教学医院

hospital geral general hospital 总医院；综合医院

hospital infecto-contagioso contagious infectious hospital 传染病院

hospital materno-infantil maternal-infant hospital 妇婴医院

hospital militar military hospital 军医院

hospital pediátrico pediatric hospital 儿童医院

hospital psiquiátrico psychiatric hospital 精神病医院

hospital universitário teaching hospital 医学院附属医院

hot plug *adj.inv.,s.m.* hot plug 热插拔（的）

hotel *s.m.* hotel 酒店，宾馆

hotel de 3/4/5 estrelas three (four/five)-star hotel 三／四／五星级酒店

hotel flutuante floating hotel 浮动旅馆，水上旅馆

hotelaria *s.f.* hospitality industry 酒店业

hotte *s.f.* hood, cowl （抽油烟机的）通风罩

hotte aspirante extractor fan, suction fan 抽油烟机，吸油烟机

hovlandito *s.m.* hovlandite 橄云二长辉长岩

howardito *s.m.* howardite 古铜钙长无球粒陨石

howieíte *s.f.* howieite 硅铁锰钠石

howlite *s.f.* howlite 硅硼钙石

HTV *s.f.* HTV 高温固化

hub *s.m.* hub 集线器

hub-and-spoke *s.m.* hub-and-spoke system 辐射状交通系统

hubnerite *s.f.* hubnerite 钨锰矿

hudsonito *s.m.* hudsonite 镁铁钙闪石

hulha *s.f.* ❶ coal, hard coal 煤，硬煤 ❷ energy, power 能源，动力

hulha azul tidal power 潮汐水能

hulha branca white coal 白煤，瀑布水力

hulha brilhante jet coal 长焰煤

hulha fosca (/mate) dull coal, durain 暗煤

hulha gorda bituminous coal 烟煤

hulha magra lean coal 瘦煤，贫煤

hulha magra arenosa sintering sand coal 烧结砂煤

hulha magra de chama longa sintering coal 烧结煤

hulha moída culm 煤屑；细粒煤

hulha morta dull coal 暗煤

hulha negra coal 煤炭

hulha seca dry burning coal 贫煤；瘦煤

hulha semibrilhante clarain 亮煤

hulha semi-gorda free burning coal 易燃煤

hulha terrosa smut 煤垩，煤炱

hulha verde river power 河流水能

hulha xistosa slate coal, slaty coal 石板煤

hulheira *s.f.* colliery; coal mine 煤矿

hulheiro *adj.* (of) coal 煤的

hulhífero *adj.* carboniferous 含煤的，产煤的

hulhificação *s.f.* coalification 煤化作用

hulite *s.f.* hullite 玄玻杏仁体

hum *s.m.* hum, pepito hill, karst tower 塔状喀斯特

humantracito *s.m.* humanthracite 无烟煤级腐殖煤

humboldtite *s.f.* humboldtite 草酸铁矿；硅硼钙石

humectação *s.f.* humectation 增湿

húmico *adj.* humic 腐殖的

humidade *s.f.* humidity; dampness, moisture [葡] 潮湿（状态）；湿气，水分；湿度，含水量

humidade absoluta absolute humidity 绝对湿度

humidade ascensional rising damp 深入墙壁的潮气

humidade atmosférica atmospheric moisture 大气湿度

humidade constante constant humidity 恒湿，恒定湿度

humidade do solo soil moisture 土壤湿度

humidade específica specific humidity 比湿；比湿度

humidade inerente inherent moisture 内

在水分，固有水分

humidade livre free moisture 游离水分；自由湿气

humidade relativa relative humidity 相对湿度

humidificação *s.f.* humidification [葡]加湿

humidificador *s.m.* humidifier 喷雾机；加湿器，增湿器

humidificar *v.tr.* (to) humidify 使潮湿，使湿润；加湿

humidímetro *s.m.* ⇨ higrómetro

húmido *adj.* wet [葡]湿的，湿润的

humífero *s.m.* humus layer 腐殖土，腐殖层

humificação *s.f.* humification 腐殖化

humificar *v.tr.* (to) humify 腐殖化

humina *s.f.* humin 腐黑物；腐殖质

huminite *s.f.* huminite 腐殖组；脉状氧化沥青

humito *s.m.* humite 腐殖煤

humólito *s.m.* humolite 腐殖煤

humoso *adj.* ⇨ humífero

humotelinite *s.f.* humotelinite 结构腐殖体

húmus *s.m.* humus, vegetable mould 表层土，腐殖土

húmus de minhoca vermicompost, worm castings, worm humus 蚯蚓粪

húmus marinho marine humus 海洋腐殖质，海成腐殖质

húmus não ácido mull 腐熟腐殖质

hungarito *s.m.* hungarite 角闪安山岩

hurumito *s.m.* hurumite 钾英辉正长岩

hutchinsonite *s.f.* hutchinsonite 硫砷铊铅矿

I

iamasquito *s.m.* yamaskite 玄闪钛辉岩

ião *s.m.* ion [葡] 离子

iardangue *s.m.* yardang 风蚀土脊；白龙堆

içamento *s.m.* lifting 吊装
içamento sob a quilha keel hauling 船底拖曳（运输法）

içar *v.tr.* (to) hoist, (to) hoist up 升起，吊起

icebergue *s.m.* iceberg 冰山
icebergue de neve snowberg 雪冰山
icebergue poroso sugar berg 松冰山

icnito *s.m.* ichnite 化石足迹

icnofácies *s.f.* ichnofacies 化石相；遗迹相

icnofauna *s.f.* ichnofauna 动物遗迹群

icnofóssil *s.m.* ichnofossil, trace fossil 遗迹化石

icnografia *s.f.* ichnography 平面图法

icnologia *s.f.* ichnology 遗迹学

ícone *s.m.* icon 图标

iconóstase *s.f.* iconostasis 圣壁，圣障

icor *s.m.* ichor 岩精；溢浆；岩汁

icosaedro *s.m.* icosahedron 二十面体

icoságono *s.m.* icosagon 二十角形

icositetraedro *s.m.* icositetrahedron 二十四面体；四角三八面体

ictiocola *s.f.* isinglass, ichthyocola 鱼胶

ictiofauna *s.f.* ichthyofauna 鱼类区系

ictiólito *s.m.* ichthyolith 鱼化石

ictiologia *s.f.* ichthyology 鱼类学

idade *s.f.* ❶ age 年龄 ❷ 1. age （地质、历史）年代 2. age 期（地质时代单位，época 的下一级，crono 的上一级，对应时间地层单位 andar）

idade absoluta absolute age 绝对年龄

idade de betão age of concrete 混凝土龄期

idade da Lua age of the moon 月龄

idade geológica geologic age, geological age 地质年代

idade glaciária (/do gelo) Ice Age 冰(川)期，冰河时代

idade interglacial interglacial age 间冰期

idade isotópica isotopic age 同位素年龄

idade pluvial pluvial age 洪积时期

idade pelo chumbo lead age 铅龄

idade radiométrica radiometric age 同位素年龄

idade relativa relative age 相对年龄

idade verdadeira true age 真实年龄，实际年龄

iddingsite *s.f.* iddingsite 伊丁石

identidade *s.f.* ❶ identity 身份 ❷ identity 一致（性），同一（性）；共同特性 ❸ identity 恒等式 ❹ identity, topological overlay 拓扑叠加

identificação *s.f.* identification 辨认，识别；鉴定（身份、信息）

identificação da aeronave aircraft identification 航空器识别

identificação de afloramentos outcrop identification 露头识别

identificação do risco risk identification 风险识别

identificação radar radar identification 雷达识别

identificador *s.m.* identifier 鉴定人；标识符；鉴别器

identificador de estrelas star finder, star identifier 寻星仪，识星器；星图

identificar *v.tr.* (to) identify; (to) recognize 辨认，识别；鉴定（身份、信息）

idioblástico *adj.* idioblastic 自形变晶的

idioblasto *s.m.* idioblast 自形变晶

idiocromático *adj.* idiochromatic 自色的

idiomórfico *adj.* idiomorphic 自形的；全形的

idiotópico *adj.* idiotopic 自形的

idocrase *s.f.* idocrase 符山石

idrociclone *s.m.* ⇨ hidrociclone

iene *s.m.* ⇨ yen

igapó *s.m.* igapó [巴] 发大水之后形成的积水池

igarapé *s.m.* narrow channel [巴] 狭水道

iglu *s.m.* ❶ igloo （爱斯基摩人的）圆顶冰屋 ❷ igloo （航空运输）集装棚

ígnea *s.f.* igneous rock 火成岩

ígneo *s.m.* igneous 火成的；似火的

ignição *s.f.* ignition 点火；着火

　ignição antecipada early ignition 提前点火

　ignição de bateria coil ignition 蓄电池线圈点火

　ignição por centelha (/faísca) spark ignition 火花点火

　ignição por compressão compression ignition 压缩点火

　ignição retardada retarded ignition 延迟点火

ignificar *v.tr.* (to) ignite 点火；引燃

ignifugação *s.f.* extinguishment 防火

ignifugicidade *s.f.* flame retardancy 阻燃性

ignífugo *adj.* fire-resistant 灭火的，阻燃的

　ignífugo e translúcido fire-resistant and translucent 阻燃透光

ignimbrito *s.m.* ignimbrite. welded tuff 熔结凝灰岩

ignitor *s.m.* ignitor 点火器

igreja *s.f.* church 教堂

igualação *s.f.* equalization 均衡；同等化

　igualação de cores color matching 等色操作，调整色差

ijolito *s.m.* ijolite 霓霞岩

ijussito *s.m.* ijussite 棕闪钛辉岩

ilha *s.f.* ❶ island; isle 岛；屿 ❷ island 岛状物，岛状结构 ❸ "ilha" 葡萄牙部分城市旧时

形成的由许多人家共同居住的院子，类似我国的"大杂院" ❹ partition workstation （多人位的）屏风隔断办公桌

ilha artificial artificial island 人工岛

ilha-barreira barrier island 障壁岛；离岸沙洲岛，堰洲岛

Ilhas Británicas British Isles 不列颠群岛

ilha central roundabout island 环岛

ilha continental continental island 大陆岛

ilha de calor heat island 热岛

ilha de coral cay 珊瑚礁

ilha da cozinha kitchen island 厨房中岛

ilha de trânsito (/tráfego) traffic island 交通岛；安全岛

ilha deserta desert island 荒岛

ilha direccional ⇨ ilha de trânsito

ilha flutuante floating island 浮岛

ilha oceânica oceanic island 大洋岛

ilha para canalização de trânsito (/tráfego) channelizing island 导行岛

ilha para refúgio de pedestres pedestrian refuge island 行人避车岛

ilha postiça ⇨ ilha artificial

ilha separadora ⇨ ilha de trânsito

ilha vulcânica volcanic island 火山岛

ilharga(s) *s.f.(pl.)* flank sided support pieces （建筑物、建筑构件、柜子等的）侧板

ilhargas de apoio ⇨ ilhargas

ilhó *s.m.* grommet 孔环，索环，金属孔眼

ilite *s.f.* illite 伊利石，水白云母

ilitização *s.f.* illitization 伊利石化

ilmenite *s.f.* ilmenite 钛铁矿

ilmenitito *s.m.* ilmenitite 钛铁岩

iluminação *s.f.* ❶ illumination, lighting 照明；照明设施 ❷ illuminance 照度；光照度

iluminação artificial artificial illumination, artificial lighting 人工照明

iluminação auxiliar auxiliary lighting 辅助照明

iluminação cenográfica scenographic lighting 布景照明

iluminação de ambiente ambience lighting 环境照明

iluminação de balizamento ⇨ iluminação de sinalização

iluminação de campo field lighting 场地照明

iluminação de destaque ⇨ iluminação de realce

iluminação de emergência emergency illumination 应急照明，紧急照明设备

iluminação de emergência de aclaramento emergency ambience lighting 紧急环境照明

iluminação de emergência de segurança emergency safety lighting 应急安全照明

iluminação de estrada road lighting 道路照明设施

iluminação de fundo backlighting 背光；背光照明

iluminação de pontes lighting of bridges 桥梁照明

iluminação de realce accent lighting 重点照明；补强照明

iluminação de rodovia road lighting 公路照明

iluminação de rua high mast lighting 高桅照明装置

iluminação das ruas street lighting 街道照明设备

iluminação de segurança safety lighting 安全照明

iluminação de serviço service lighting 工作照明

iluminação de sinalização light-signalling 光信号装置

iluminação de túnel tunnel illumination 隧道照明

iluminação de viaduto viaduct lighting 立交桥照明

iluminação decorativa decorative lighting 装饰照明

iluminação directa direct lighting 直射光

iluminação directa-indirecta direct-indirect lighting 直接-间接照明

iluminação dirigida directed lighting, accent lighting 定向照明；局部照明

iluminação eléctrica electric lighting 电气照明

iluminação em cornija cove lighting 凹圆形天棚照明

iluminação exterior external lighting 外部照明，外线照明

iluminação festiva festive lighting 节日庆典照明

iluminação geral general lighting 全面照明；一般照明

iluminação geral difusa diffused general lighting 一般漫射照明

iluminação indirecta indirect lighting 间接照明

iluminação interna internal lighting 内部照明

iluminacão localizada localized lighting 局部照明

iluminação não permanente non-permanent lighting 非永久照明

iluminação natural natural lighting 自然采光；自然照明

iluminação permanente permanent lighting 常设照明

iluminação posterior ⇨ iluminação traseira

iluminação pública (IP) public lighting 公共照明，街道照明设施

iluminação semidireta semi-direct lighting 半直接照明

iluminação subaquática underwater lighting 水底照明

iluminação superior top light 顶部照明

iluminação traseira back lighting 背光；背光照明

iluminação zenital roof lighting 屋顶采光

iluminador *s.m.* illuminator 照明器，发光器

iluminamento *s.m.* ⇨ iluminância

iluminância *s.f.* illuminance 照度；光照度

iluminar *v.tr.* (to) illuminate, (to) light up 照明，照亮

ilusão *s.f.* illusion 幻觉，错觉

ilusão de Coriolis Coriolis illusion 科里奥利错觉

ilusão de elevação elevator illusion 升降错觉

ilustração *s.f.* illustration 画报

ilustrado *adj.* pictorial 绘画的；形象化的

ilustrar *v.tr.* (to) illustrate 说明，解释；加插图

iluviação *s.f.* illuviation 淀积作用

iluvial/iluvião *s.m.* illuvial horizon 淀积层

ilvaíte *s.f.* ilvaite 黑柱石；墨柱石

ímã *s.m.* magnet [巴] 磁铁 ⇨ magnete

imageamento *s.m.* imagery 成像

　imageamento por radar radar imagery 雷达成像

　imageamento sísmico seismic imaging 地震成像

imagem *s.f.* image 影像；图像；形象

　imagem comercial brand image 品牌形象

　imagem corporativa corporate image 企业形象；公司形象

　imagem de mapa de bits BitMap BMP 图片

　imagem de testemunho core image 岩心图像

　imagem em miniatura thumbnail 缩略图

　imagem estereoscópica stereoscopic image 立体影像

　imagem georreferenciada georeferenced image 地学编码图像

　imagem multiespectral multispectral image 多谱段影像

　imagem virtual virtual image 虚像

imagiologia *s.f.* imageology 影像学

íman *s.m.* magnet [葡] 磁铁 ⇨ magnete

　íman artificial artificial magnet 人造磁铁

　íman de neodímio (-ferro-boro) neodymium magnet, NdFeB magnet, NIB magnet 钕铁硼磁铁

　íman em ferradura horse shoe magnet 蹄形磁铁

　íman em forma de barra bar magnet 条形磁铁

　íman natural natural magnet 天然磁铁

　íman permanente permanent magnet 永久磁铁

imaturo *adj.* immature 不成熟的；未成熟的

imbibição *s.f.* imbibition 吸液；吸取

imbricação *s.f.* ❶ imbrication, shingling 叠瓦构造，覆瓦式排列 ❷ lap 叠瓦（作用）；搭接 ❸ imbrication; fish scale [集] 鱼鳞瓦；鱼鳞饰

　imbricação comum common lap 搭接

　imbricação holandesa Dutch lap 荷兰式搭接

　imbricação simples plain lap 简易搭接，叠瓦

imbricado *adj.* imbricated 叠瓦状的

imbricamento *s.m.* ⇨ imbricação

imbricar *v.tr.* (to) imbricate （使）成覆瓦状；交叠

imediato *adj.* immediate 立即的；直接的；最接近的

imergente *adj.2g.* immersing 浸入的；射入的（光线）

imergido *adj.* submerged 水下的；沉没（式）的；潜水（式）的

imergir *v.tr.* (to) immerge 浸没，浸入；浸泡

imersão *s.f.* immersion, dipping 浸没，浸入；浸泡

　imersão a frio cold dip 冷浸

　imersão a óleo mineral immersing in mineral oil 矿物油浸泡（保存）

　imersão a quente hot dip 热镀

　imersão em banho immersion bath 浸浴

　imersão prolongada prolonged immersion 长期浸泡

　imersão química chemical dip 化学热渍

　imersão rápida rapid immersion 快速浸泡

imerso *adj.* immersed 浸没的

imidacloprido *s.m.* imidacloprid 吡虫啉

imiscibilidade *s.f.* immiscibility 不混容性，不混合性

imiscível *adj.2g.* immiscible 不能混合的，互不相溶的

imissário *s.m.* effluent river 出流河

imitação *s.f.* imitation 仿造质地（如木材、石材等）

imitar *v.tr.* (to) imitate 模仿；仿造，仿制

imobiliária *s.f.* real estate agency 房地产公司

imobiliário ❶ *s.m.* real estate （商业意义上的）不动产 ❷ *adj.* immovable 不动产的

imobilização *s.f.* immobilization 变（流动资本）为固定资本；[集] 资产，资本

　imobilização corpórea tangible assets 有形资产

　imobilização incorpórea intangible assets 无形资产

imobilizador *s.m.* immobilizer 防盗止动器

imobilizar *v.tr.,pron.* (to) immobilize 使固定；使停止流通

imogolite *s.f.* imogolite 伊毛缟石

imoscapo *s.m.* diameter of lower scape 柱下段的直径

imóvel ❶ *adj.2g.* motionless 不动的，静止

的 ❷ *s.m.(pl.)* real estate, landed estate（法律意义上的）不动产

impactito *s.m.* impactite 碰撞岩

impacto *s.m.* impact 冲击；影响

　impacto ambiental environmental impact 环境冲击，环境影响

　impacto longitudinal longitudinal impact 纵向碰撞

　impacto meteorítico meteorite impact 陨石撞击

　impacto negativo negative impact 负面影响

　impacto positivo positive impact 积极影响

　impactos sucessivos pounding 捣实；捣碎

impactor *s.m.* impactor 冲击器，撞击器

impactogénico *adj.* impactogenic 撞击产生的

impactógeno *s.m.* impactogen 撞击裂谷

impedância *s.f.* impedance 阻抗

　impedância acústica acoustic impedance 声阻抗

　impedância de Cagniard Cagniard impedance 卡格尼亚德阻抗

　impedância de entrada input impedance 输入阻抗

　impedância de falhas fault impedance 故障阻抗

　impedância de modulação modulating impedance 调制阻抗

　impedância da onda wave impedance 波阻抗

　impedância de Warburg Warburg impedance 瓦尔堡阻抗

　impedância elástica elastic impedance 弹性阻抗

impedimento *s.m.* impediment 障碍，阻碍

　impedimento de faixa closure of lane 车道封闭

impedir *v.tr.* (to) prevent, (to) stop 阻碍，阻止

imperfeição *s.f.* imperfection; crizzling 缺陷，缺点；（玻璃）表面缺陷

　imperfeição cristalina crystal defect, crystal imperfection 晶体缺陷

　imperfeição de ponto point defect 点缺陷

imperfeito *adj.* imperfect; defective 不完美

的，不完善的；有缺陷的

imperfurado *adj.* imperforate 无孔的

imperme *s.m.* claypan soil 黏磐土

impermeabilidade *s.f.* impermeability 不渗透性，抗渗性

　impermeabilidade à água waterproofness, impermeability to water 防水性能，水密性能

　impermeabilidade ao gás impermeability to gas 气密性能

　impermeabilidade de concreto impermeability of concrete 混凝土抗渗性能

impermeabilização *s.f.* waterproofing 防水处理，防水工程

　impermeabilização betuminosa bituminous waterproofing 沥青防水

　impermeabilização de massa rigid waterproofing 刚性防水

　impermeabilização de superfície surface waterproofing 表面防水，柔性防水

　impermeabilizações e isolamentos waterproofing and insulation 防水和保温

impermeabilizante *s.m.* waterproofing agent 防水剂

impermeabilizar *v.tr.* (to) render impermeable 防水处理，做防水

impermeável *adj.2g.* impermeable, waterproof 不渗透的，不透水的，防水的

impingidela *s.f.* impingement 撞击，碰撞

impingimento *s.m.* jet impingement 射流冲击

implantação *s.f.* ❶ layout 布置，定位，部署 ❷ layout plan 布置图；平面图

　implantação de estacas piling 打桩

　implantação das obras setting out 施工放样

　implantação de vias staking out of roads 道路放样

　implantação física physical layout 实际布置图；物理布局

implantar *v.tr.* (to) install, (to) deploy 布置，部署

implementação *s.f.* implementation 实施，执行

　implementação da obra implementation of the work 工程实施

　**implementação do plano de segurança e saúde implementation of the health and safety plan 安全和卫生方案部署

implementação efectiva effective implementation 有效执行

implementar *v.tr.* (to) implement 实施，执行

implemento *s.m.* implement 工具，器具

implemento agrícola agricultural implement 农具

implosão *s.f.* implosion 爆聚，内向爆炸

implúvio *s.m.* impluvium（住宅前或庭院中用来积存雨水的）方形蓄水池

importação *s.f.* import 进口，输入

importador *s.m.* importer 进口商

importância *s.f.* ❶ importance 重要性 ❷ amount, sum 金额

importar *v.tr.* (to) import 进口，输入

imposta *s.f.* impost 拱墩，拱基

imposta de voluta coussinet 爱奥尼亚帽头盖块；拱基石

imposta oblíqua arched impost 拱墩石

imposto *s.m.* tax, duty 税

imposto adicional additional tax 附加税

imposto com retenção na fonte withholding tax 预提税，源泉扣缴税

imposto de circulação circulation tax 流转税

imposto de consumo consumption tax 消费税

imposto de exportação export duty 出口税

imposto de imóveis real estate tax 不动产税

imposto de renda income tax 所得税

imposto de rendimento do trabalho (IRT) revenue tax, income tax 收入税

imposto de selo stamp duty 印花税

imposto de sisa real estate transfer tax 不动产转让税

imposto diferido deferred tax 递延税款

imposto directo direct tax 直接税

imposto industrial industry duty 工业税

imposto predial property tax 房产税

imposto sobre consumos excise tax 消费税

imposto sobre o rendimento (/a aplicação) de capitais capital gains tax 资本收益税，资本利得税

imposto sobre o rendimento das sociedades corporation tax 公司所得税；企业增值税

imposto sobre valor acrescentado (IVA) value-added tax (VAT) 增值税

imprecisão *s.f.* inaccuracy 不准确；不精密

impreciso *adj.* inaccurate 不准确的；不精密的

impregnabilidade *s.f.* impregnability 浸透性

impregnação *s.f.* impregnation 浸透，浸渍

impregnação betuminosa bituminous impregnation 沥青浸渍

impregnação de mourões fence post impregnation 围栏浸塑

impregnado *adj.* impregnated 浸渍的

impregnar *v.tr.* (to) impregnate 浸透，浸渍

imprensa *s.f.* printing house; press 印刷厂

impressão *s.f.* printing 印刷；打印

impressão bidireccional duplex printing 双面打印

impressão de Baumann Baumann sulfur printing 鲍曼法，钢的硫印粗视组织检查法

impressão em alto-relevo emboss printing 凹凸印刷

impressão em cores color printing 彩印

impressão em offset offset printing 胶印，平版印刷

impressão sobreposta overprint 套印

impressora *s.f.* ❶ printer 打印机；印刷机 ❷ marking press; blocking press; stamping machine 压印机

impressora compacta compact printer 小型打印机

impressora 3D 3D printer 3D 打印机

impressora de cartão card printer 卡片打印机

impressora de impacto impact printer 击打式印刷机

impressora de jacto de tinta ink-jet printer 喷墨打印机

impressora de linha line printer 行式打印机

impressora de matriz matrix printer 点阵打印机

impressora de pontos dot printer 点式打印机

impressora de roda wheel printer 轮式印刷机；字轮式打印机

impressora de tambor barrel printer 鼓式打印机

impressora em cadeia chain printer 链式打印机

impressora (a) jacto de tinta ink jet printer 喷墨打印机

impressora (a) laser laser printer 激光打印机

impressora matricial dot matrix printer 点阵打印机

impressora rotativa rotary press 轮转印刷机

impressora serial serial printer 串行打印机

impressora serial remota remote serial printer 远程串行打印机

impressora térmica thermal printer 热敏打印机

imprevistos *s.m.pl.* contingencies, contingency sum 不可预见费

imprimação/imprimadura *s.f.* priming 上底漆，涂底；打底

imprimar *v.tr.* (to) prime 上底漆，涂底；打底

impsonite *s.f.* impsonite 焦性沥青；脆沥青岩

impulsão *s.f.* buoyant force 浮力

impulso *s.m.* impulse 脉冲；冲量

impulso unitário unit spike 单元尖脉冲

impulsor *s.m.* impeller, propeller 推进器；螺旋桨，叶轮

impulsor de bomba pump impeller 抽水机叶轮；泵叶轮

impureza *s.f.* ❶ impurities 杂质 ❷ dirt 污垢

impureza metálica metallic impurity 金属杂质

impurezas de óleo no cárter crankcase sludging 曲轴箱油泥

imputrescibilidade *s.f.* imputrescibility 不腐烂性

imputrescível *adj.2g.* decay-proof, imputrescible 防腐烂的，不会腐烂的

imunizador *s.m.* immunizing agent 免疫剂

imunizador de madeira wood preservative 木材防护剂

in *prep.* in 表示"在…（里面）的，以…形式存在的"[拉丁语前置词，同葡语 em]

in loco in loco 现场，在现场（实施）的

in natura in natura 以其本来状态的

in situ in situ 在原地，就地（的）

in vitro in vitro 在试管中的；体外的

in-/im-/i- *pref.* ❶ in-, im-, i- 表示"不，非，无" ❷ in-, im-, i- 表示"在…内，向…内"

inactivo *adj.* inactive 不活动的，停止的

inadimplência *s.f.* default, non-payment 欠款，未付款

inalação *s.f.* inhalation 吸入，吸

inalar *v.tr.* (to) inhale 吸入，吸

inauguração *s.f.* inauguration, dedication 开幕仪式，落成典礼，通车仪式，（建筑）启用仪式

inaugurar *v.tr.* (to) inaugurate, (to) open 举行开幕仪式，举行落成典礼，举行通车仪式；开业

inçado *adj.* weedgrown 长满杂草的

incandescência *s.f.* incandescence 白炽，炽热

incapacidade *s.f.* incapacity, inability 不符合资格，不具备资格

incarbonização *s.f.* incarbonification 煤化作用

incêndio *s.m.* ❶ fire 火灾 ❷ firing 点火

incêndio de copas crowning fire 树冠火

incêndio forestal (/de bosque) forest fire 森林火灾

incêndio no campo wild fire 野火

incentivo *s.m.* incentive 刺激，激励

incentivo ao desempenho yardstick competition 标尺竞争

incentivo ao investimento investment incentive 投资激励（措施）

incentivos fiscais tax incentives 税收优惠

inceptissolo *s.m.* inceptisol 始成土

incertae sedis *loc.adj.* incertae sedis 分类位置未定

incerteza *s.f.* uncertainty 不确定性，不确定度

incerteza de medição uncertainty of measurement 测量不确定度

incerteza expandida expanded uncertainty 扩展不确定度

incerteza geológica geological uncertainty 地质不确定性

incerteza padronizada standard uncertainty 标准不确定度

incerteza padronizada combinada combined standard uncertainty 合成标准不确定度

inchação *s.f.* ⇨ inchamento

inchamento *s.m.* swelling 隆起；（沙子）吸水膨胀

incidência *s.f.* ❶ incidence （光、电束的）入射 ❷ effect, impact 效应，影响

incidência econômica dos fatores ambientais economic impact of environmental factors 环境因素的经济影响

incidência normal normal incidence 垂直入射

incidente *s.m.* incident 事件；事故

incidente com materiais perigosos hazardous materials incident 危险品紧急事件

incineração *s.f.* incineration 焚化

incineração de resíduos sólidos industriais incineration of industrial solid waste 工业固体废物焚化

incinerador *s.m.* ⇨ incineradora

incineradora *s.f.* incinerator 焚化炉

incineradora de lixos refuse destructor 垃圾焚化炉

incinerar *v.tr.* (to) incinerate 焚化；烧成灰

incipiente *s.m.* primarosols, entisols 初育土，新成土

incisador *s.m.* spud 树皮刀，树皮刮刀

incisão *s.f.* kerf 截口；劈痕

inclinação *s.f.* ❶ 1. inclination, sloping 倾斜；斜坡 2. degree of inclination, gradient 斜度；坡度；倾斜度 ❷ tilt（机械装置）翘起，倾卸；倾斜

inclinação crítica critical dip 临界倾角

inclinação da cobertura roof pitch 屋面的斜度

inclinação de escoamento wash 拔水，建筑结构向外倾斜以排水的顶面

inclinação de jusante downstream slope 下游斜坡

inclinação da onda wave tilt 波倾斜

inclinação das rodas wheel lean 车轮倾斜

inclinação das rodas dianteiras front wheel camber, front wheel leaning 前轮外倾角

inclinação íngreme steep gradient 陡坡

inclinação longitudinal longitudinal gradient 纵向坡度

inclinação magnética magnetic inclination, magnetic dip 磁倾角

inclinação máxima admissível maximum allowable gradient 最大容许坡度

inclinação muito acentuada abrupt slope 陡坡

inclinação por cento (%) slope percent (%) 斜率，百分比坡度

inclinação por mil (‰) slope permille (‰) 千分比坡度

inclinação profunda deep dip 大倾角

inclinação transversal ❶ cross-slope 横坡 ❷ crossfall 横斜度

inclinado *adj.* ❶ inclined 倾斜的 ❷ tilting 翘起的；倾卸的

inclinar *v.tr.* (to) tilt 倾斜

inclinável *adj.2g.* inclinable 可倾斜的

inclinometria *s.f.* inclinometry 测斜

inclinómetro/inclinômetro *s.m.* inclinometer; tiltmeter （楼房等竖直物体使用的）测斜仪

inclinómetro electrónico electronic tilt sensor 电子测倾器

incluir *v.tr.* (to) include, (to) insert 包含，包括；放入，纳入

inclusão *s.f.* ❶ inclusion 包含 ❷ inclusion 夹杂物；包体

inclusão de salmoura brine pocket 盐水溶液包裹体

inclusão de sólidas slag inclusion 夹渣

inclusão fluida fluid inclusion 流体包裹体；液包体

inclusão gasosa no vidro seed （玻璃中的）气泡

inclusão não metálica non-metallic inclusion 非金属夹杂物

incluso *adj.* ❶ included 包含的 ❷ intergrown 共生的

inço *s.m.* weeds 杂草

incoerente *adj.2g.* incoherent, non-coherent 无凝聚力的；无联系的；非相干的

incoesão *s.f.* incoherence 无凝聚力；无联系；非相干性

incoeso *adj.* ⇨ incoerente

incolor *adj.2g.* colorless, transparent 无色的，透明的

incombustibilidade *s.f.* non-combustibility 不可燃性

incombustibilização *s.f.* burning prevention 防燃处理

incombustível ❶ *adj.2g.* non-combustible 不燃的 ❷ *s.m.* non-combustible 不燃物，耐燃装置

incomodidade *s.f.* discomfort 不舒适

incômodo *s.m.* nuisance 妨扰，滋扰

incompatibilidade *s.f.* incompatibility 不兼容性

incompatível *adj.2g.* incompatible 不兼容的

incompetente *adj.2g.* ❶ incompetent 无能力的，不能胜任的 ❷ incompetent （岩石结构）软的，软岩，弱岩

incompleto *adj.* incomplete 不完整的

incompressível *adj.2g.* incompressible 不可压缩的

Inconel *s.m.* Inconel 因科内尔铬镍铁合金；铬镍铁合金

inconformidade *s.f.* unconformity 不整合

inconsolidado *adj.* unconsolidated 松散的，疏松的

incorporação *s.f.* ❶ incorporation 并入，编入 ❷ merger （企业等的）兼并

incorporado *adj.* inclosed, imbedded 被围住的；嵌入的

incorporador *s.m.* air entraining agent 加气剂

incorporador de ar ⇨ incorporador

incorporadora *s.f.* developer 房产开发商

incorporar *v.tr.* (to) incorporate 并入，编入

INCOTERMS *s.m.pl.* INCOTERMS 国际贸易术语，国际贸易术语解释通则

incrementar *v.tr.* (to) increase, (to) increment 增加

incremento *s.m.* increment 增加

incremento de profundidade depth step 递增厚度

incrustação *s.f.* ❶ incrustation 结垢，水垢，水锈；外壳皮 ❷ incrustation 镶嵌装饰，表面装饰（如覆盖瓦片或者珠宝等）

incrustação das batidas do martelo hammer scale 锤鳞；锻鳞

incrustação de calcárias speleothems 洞穴堆积物

incrustação de caldeira boiler scale 锅炉结垢

incrustação de parafina paraffin scale 粗石蜡

incrustação em bomba pump scaling 水泵结垢

incrustação superficial surface scale 表面结皮，表面氧化皮

incrustante *adj.2g.* incrusting 结垢的，结壳的

incrustar *v.tr.* (to) incrust 覆以外皮，结皮

incubação *s.f.* incubation 孵化

incubação artificial artificial incubation 人工孵化

incubação natural natural incubation 自然孵化

incubadora/incubadeira *s.f.* ❶ incubator 孵化器，培养箱 ❷ incubator （新兴小企业的）孵化器，孵化基地

incubadora in vitro in vitro incubator 试管培养器

incubadora refrigerada refrigerated incubator 低温培养箱

incubadora refrigerada com agitação orbital orbital shaking refrigerated incubator 试管旋转培养箱

incubar *v.tr.* (to) incubate 孵化

incude *s.f.* anvil 铁砧，双角铁砧

inculto *adj.* uncultivated 未耕的（土地）

incumprimento *s.m.* non-performance 不履行，违约

incumprimento contratual breach of contract 违约，违反合同

indeformabilidade *s.f.* non-deformability 抗变形能力

indemnização *s.f.* compensation, indemnity [葡] 赔偿；违约金

indemnizar *v.tr.* (to) indemnify [葡] 赔偿

indenização *s.f.* [巴] ⇨ indemnização

indenização por ocupação temporária compensation for temporary land occupation 临时占地补偿

indenizar *v.tr.* [巴] ⇨ indemnizar

indentação *s.f.* indentation （海岸等的）凹进，弯进，凹陷

indentar *v.tr.* (to) indent （排版）缩进

independente *adj.2g.* free standing 独立式的

indeterminado *adj.* indeterminate 不确定的，不定的

índex *s.m.* index 目录；索引

indexável *adj.2g.* ❶ indexable 可索引的，可加索引的 ❷ indexable（刀具、钻头等）可转位的，可调位的

Indiano *adj.,s.m.* Induan; Induan Age; Induan Stage[葡]（地质年代）印度期（的）；印度阶（的）

indicação *s.f.* indication 指示，说明；指引

indicado *adj.* indicated 表明的，指明的，说明的

indicado ilustrativamente pictorially indicated 图示的

indicador *s.m.* ❶ 1. indicator, gauge 指示器，指示灯 2. pointer 指针 ❷ indicator, index 指标 ❸ indicator, tracer agent 指示剂

indicador abreviado de trajetória de aproximação de precisão abbreviated precision approach path indicator (APAPI) 简式精密进近航道指示器

indicador ambiental ❶ environmental index 环境指标 ❷ environmental indicator 环境指示物

indicador de altitude altitude indicator 高度指示器

indicador de altura height indicator 高度表

indicador de alvo móvel moving target indicator 活动目标指示器

indicador do ângulo de aproximação angle of approach indicator 进近角指示器

indicador do ângulo de ataque angle of attack indicator 迎角指示器

indicador do ângulo do cabo de reboque cable angle indicator 牵引索角度指示器

indicador de atitude attitude indicator 姿态仪

indicador de aviso warning indicator 警告指示灯

indicador de baixa pressão do ar low air pressure indicator 低气压指示器

indicador de baixa pressão de óleo low oil pressure indicator 低油压指示器

indicador de carga load indicator 负载指示器

indicador de carga de bateria battery indicator 电池电量指示器

indicador de continuidade continuity indicator 连续性指标

indicador de corrente current indicator 电流指示器

indicador de corrente nula null indicator 零位指示器

indicador de curso heading indicator 航向指示器

indicador de curva turn indicator 转弯指示器

indicador de curva e derrapagem turn and slip indicator 转弯侧滑仪

indicador de curva e inclinação turn and bank indicator 转弯倾斜仪

indicador de densidade density indicator 密度计，密度指示器

indicador de desvio de curso course deviation indicator 航向偏离指示器

indicador de direção de pouso landing direction indicator 着陆方向标

indicador de direcção direction indicator 转向信号灯

indicador de emergência da direcção safety steering indicator 紧急转向指示灯

indicador de esfera ball bank indicator 球式示倾器；球式倾斜仪

indicador de estol stall warning device 失速报警装置

indicador de explosão firing indicator 点火指示灯

indicador de falhas fault indicator 故障指示器，故障指示灯

indicador de fenolftaleína phenolphthalein indicator 酚酞指示剂

indicador de funcionamento running indicator 运转指示器

indicador da luz alta hi-beam indicator 远光指示灯

indicador de manutenção maintenance indicator 保养指示灯

indicador de marcha gear indicator 档位指示灯

indicador de nível level gauge, level 水准仪

indicador do nivel de água water level indicator, water gauge 水位传示仪

indicador do nível de combustível fuel gauge 燃油表，油量表

indicador de óleo oil-gauge, fuel meter (of motor-car) 油表

indicador de peso drilling weight indicator 钻井指重表

indicador de pH ph-indicator 酸碱指示剂

indicador de posição annunciator 位置指示器，（电梯的）楼层指示器

indicador de posição de avião no ar air-position indicator 空中位置指示器

indicador de posição de voo ground position indicator (GPI) 地面位置指示器

indicador de posição no plano plan-position indicator 平面位置指示器

indicador de potencial potential indicator 带电指示器

indicador de pressão com código de cores color-coded pressure gauge 多色标刻线压力表

indicador de pressão do óleo lubrificante lubricating oil pressure gauge 润滑油压力表

indicador de radar tipo "a" a display A型显示，距离显示

indicador de referência de nível sight gauge 观测水准仪

indicador de regulagem timing indicator 定时指示器

indicador de rumo heading indicator 航向指示器

indicador de sincronismo synchrometer 同步计

indicador de situação horizontal horizontal situation indicator 水平位置指示器

indicador de subida climb indicator 升速指示器

indicador de temperatura heat indicator, temperature indicator 温度指示器，加热指示灯

indicador de temperatura de água water temperature gauge, water temperature indicator 水温表；水温指示灯

indicador de temperatura do motor engine temperature gauge 发动机温度表

indicador de tensão voltage indicator 电压指示器

indicador de torque torque indicator 扭矩表

indicador de trajetória de aproximação de precisão precision approach path indicator (PAPI) 精密进近航道指示器

indicador de trava service indicator 维修指示灯

indicador de troca do filtro filter change indicator 过滤器更换指示灯

indicador de vazão flow indicator 流量指示器

indicador de vazão da água water flow indicator 水流指示器，水流指示装置

indicador de velocidade ar verdadeira true airspeed indicator 真空速表

indicador de velocidade vertical vertical speed indicator 爬升率指示器

indicador de volume volume indicator 音量指示器；容积指示器

indicador directo de hidrocarboneto direct hydrocarbon indicator (DHI) 直接碳氢显示

indicador eletrónico de posição electronic position indicator 电子位置指示器，电子定位器

indicador eletrônico de voo electronic flight display 电子飞行显示器

indicador energético energy indicator 能源指标

indicador geobotânico geobotanical indicator 地植物指示

indicador óptico optical indicator 光学指示器；光指示器

indicador Seger Seger cone 西格测温锥

indicador técnico-económico technical and economical index 经济技术指标

indicador universal de pH universal pH indicator 通用 pH 指示剂

indicador visual de condições do vento de superfície wind direction indicator 风向指示器

indicador visual do nível de óleo oil level sight gauge 油位观测计

indicar v.tr. (to) indicate; (to) guide 指示，说明；指引

indicativo *s.m.* signal 指示物；信号
indicativo de chamada call signal 呼叫信号
indicatriz *s.f.* indicatrix 光率体
indicatriz biaxial biaxial indicatrix 双轴晶光率体
indicatriz uniaxial uniaxial indicatrix 单轴晶光率体
índice *s.m.* ❶ index, index mark 指标，指数 ❷ index mark 指示标，指示符号 ❸ index 目录；索引
índice Barker Barker index 巴克指数
índice calcialcalino calc-alkali index 钙碱指数
índice californiano ⇨ índice de suporte California
índice de abundância index of abundance 丰度指数
índice de acessibilidade accessibility rate 可达性指标
índice de achatamento flatness ratio 扁平比
índice de acidentes traffic accident rate 交通事故率
índice de acidez total total acid number (TAN) 总酸值
índice de aderência da pasta de cimento bond index 水泥浆胶结指数
índice de afinidade affinity index 亲和性指数
índice de água livre free fluid index 自由流体指数
índice de alteração termal thermal alteration index (TAI) 热变指数
índice de angularidade angularity index 棱角指数
índice de aproveitamento plot ratio 地积比率，建筑容积率
índice de aridez aridity index 干燥指数
índice de arrastamento pulling figure 牵引数
índice de arredondamento roundness index, degree of rounding 磨圆度
índice de basicidade total total base number (TBN) 总碱值
índice de carga pontual point load index 点荷载指数

índice de carga pontual de amostras de rocha point load index of rock samples 岩石样本的点荷载指数
índice de cetano cetane number 十六烷值
índice de ciclo cycle index 循环次数；循环指数
índice de cobertura do serviço da dívida debt service coverage ratio (DSCR) 债务偿付比率
índice de comportamento behavior index 流体流态指数
índice de compressão compression index 压缩指数
índice de consistência (Ic) consistency index (ic) 一致性指数；稠度系数
índice de contaminação contamination index 污染指数
índice de cor color index 比色指数
índice de densidade density index 密度指数
índice de densidade-frequência-dominância density-frequency dominance index 密度、频度、优势度指数；DFD 指数
índice do desempenho performance index 性能指标
índice de desempenho de custo cost performance index 成本绩效指数
índice de desgaste ⇨ índice de arredondamento
índice de diferenciação de Thornton e Tuttle (ID) Thornton and Tuttle differentiation index (DI)（绍汤和脱特尔）分异指数
índice de discordância discordance index 不和谐指数
índice de domicílios com automóvel próprio car owning household rate 家庭汽车拥有率
índice de eficiência de precipitação precipitation-efficiency index 沉淀效率指数
índice de esfericidade sphericity index 球形指数
índice de finura thinness index 厚度指数，厚薄指数
índice de forma morphometric index 形态测定指数
índice de forma de bacia de drenagem drainage basin shape index 流域形状系数

índice de hidrogénio hydrogen index (HI) 含氢指数

índice de humidade de solo soil-moisture index 土壤湿度指数

índice de injectividade (II) injectivity index (II) 注入指数；吸水指数

índice de liquidez (IL) liquidity index (LI) 液性指数

índice de maturidade maturity index 成熟指数

índice de metilfenantreno (IMF) methylphenanthrene index (MPI) 甲基菲指数

índices de Miller Miller indexes 米勒指数

índice de Miller-Bravais Miller-Bravais index 密勒-布拉维斯指数

índice de molhabilidade wettability index, wettability number 浸润指数，润湿数

índice de mortabilidade death rate 死亡率

índice de motorização motorization rate 机械化比例

índice de nafteno naphthene index 环烷烃指标

índice de octana octane number 辛烷值

índice do ocular eyepiece mark 目镜标记

índice de ocupação de automóveis bus occupancy rate 巴士载客率

índice de ocupação de terreno land occupation index 土地占用率

índice de oxigénio oxygen index 氧指数

índice de passageiros por quilómetro passenger per kilometer 每公里旅客指数

índice de Peacock Peacock index 皮科克指数

índice de penetração penetration index 针入度指数，穿透指数

índice de periculosidade hazard rate 危险指数

índice de plasticidade plasticity index (PI) 塑性指数

índice de precipitação precedente antecedent precipitation index (API) 前期降水指数

índice de precisão Precision index 精度指数

índice de preferência de carbono (IPC) carbon preference index (CPI) 碳优势指数

índice de produtividade productivity index 生产指数；产油率

índice de propriedade de automóveis car owning rate 汽车拥有率

índice da qualidade quality index 质量指标

índice de qualidade de rocha rock quality index 岩石质量指数

índice de qualidade da via track quality index 轨道质量指数

índice de redução do som sound reduction index (SRI) 隔声指数，隔声量

índice de refração refractive index, index of refraction 折射率

índice de rendição de cor color-rendering index 显色指数

índice de renovação de passageiros renewal rate of passengers 客运交替量

índice de reprodução de cor (IRC) color reproduction index 色彩再现指数

índice de resistência da pista load classification number 载荷等级数

índice de resistividade resistivity index 电阻率指数

índice de restituição rendering index 显色指数

índice de saturação em alúmina (A/CNK) aluminum saturation index (A/CNK) 铝饱和指数

índice de sedimentação sediment index 泥沙指数

índice de selecção sorting index 分选指数

índice de sensibilidade sensitivity index 灵敏度指数

índice de sucesso exploratório exploratory success index 探井成功率

índice de suporte California California bearing rate (CBR) 加州承载比

índice de utilização utilization index 利用指数

índice de vazios void ratio 孔隙比；空隙率

índice de vazios crítico critical void ratio 临界孔隙率

índice de vegetação vegetation index 植被指数

índice de velocidade speed index 速度指数

índice de viscosidade viscosity index (VI) 黏度指数

índices económicos e tecnológicos econotechnical norms 经济技术指标

índices técnico e económico technical and economical index 技术经济指标

índice félsico de Simpson (IF) Simpson's felsic index (FL) （辛普森）长英指数

índice óptico optical mark 光学测标

índice óptico móbil floating mark 浮动测标

índice Pfeiffer-Van Doormaal Pfeiffer-Van Doormaal index Pfeiffer-Van Doormaal 沥青针入度指数

índice PV (peso-velocidade) ton-mile-per-hour 吨·英里每小时

índice RQD RQD index, rock-quality designation index 岩石质量指标

índice rotante circling mark 旋转式照准标志

índice tipo KWIC KWIC index 题内关键词索引

índice zonal zonal index 纬向指数

indício s.m. sign, indication 形迹，痕迹

indício de gás gas show 气显示；天然气苗

índico adj. indian 印度的；印第安人的；印第安语的

indicolite s.f. indicolite 蓝电气石，蓝碧玺

indígena adj.2g. indigenous 土生土长的，本土的

índio (In) s.m. indium (In) 铟

indirecto adj. indirect 间接的

indissolúvel adj.2g. indissoluble 不能分解的；不能溶解的

indissolubilidade s.f. indissolubility 不分解；不溶解

indochinito s.m. indochinite 印支曜石

Induano adj.,s.m. Induan; Induan Age; Induan Stage [巴] （地质年代）印度期（的）；印度阶（的）⇒ Indiano

indução s.f. induction 感应；引导，诱导

indução de relâmpagos lightning induction 雷电感应

indução de surgência jet lifting 喷气升力

indução electromagnética electromagnetic induction 电磁感应

indução em arranjo array induction 阵列感应

indução magnética magnetic induction 磁感应，磁感应强度

indução profunda deep induction 深感应

indúctil adj.2g. inductile 无延展性的，不可塑的

inductilidade s.f. inductility 无延展性

indumento s.m. covering （墙面、金属表面起防护作用的）保护层，涂层

indústria s.f. ❶ industry 工业 ❷ industry 产业；行业

indústria aeronáutica aircraft industry 航空工业

indústria alimentícia food industry 食品工业，食品产业

indústria automobilística automobile industry [巴] 汽车工业

indústria automóvel automotive industry [葡] 汽车工业

indústria básica (/de base) basic industry 基础工业

indústria cerâmica ceramic industry 陶瓷工业

indústria com utilização intensiva de conhecimentos knowledge-intensive industry 知识密集型产业

indústria com utilização intensiva de recursos resource-intensive industry 资源密集型产业

indústria criativa e cultural creative and cultural industry 文化和创意产业，文创产业

indústria de aço steel industry 钢铁工业

indústria da borracha rubber industry 橡胶工业

indústria do carvão coal industry 煤炭工业

indústria do cimento cement industry 水泥工业

indústria de combustíveis fuel industry 燃料工业

indústria da comunicação communication industry 通信产业

indústria de embalagem package industry 包装业

indústria da informação information industry 信息产业

indústria de papel paper industry 造纸

工业

indústria da pesca fishery 渔业

indústria de petróleo e gás natural oil and natural gas industry 石油天然气产业，油气产业

indústria de processamento processing industry 加工工业

indústria de serviços service industry 服务行业

indústria de transformação ⇨ **indústria transformadora**

indústria de transporte transportation industry 交通运输业

indústria em decadência sunset industry 夕阳产业

indústria em expansão sunrise industry 朝阳产业

indústria espacial space industry 航天工业

indústria extractiva extractive industry, mining 采掘业

indústria florestal forest industry 森林工业

indústria gráfica printing industry 印刷工业

indústria intensiva em capital capital-intensive industry 资本密集型产业

indústria intensiva em trabalho labor-intensive industry 劳动密集型产业

indústria ligeira light industry 轻工业

indústria madeireira logging industry 伐木业

indústria parapetrolífera parapetroleum industry, oilfield services and equipment industry 石油服务产业，油服产业

indústria pesada heavy industry 重工业

indústria petroleira petroleum industry 石油工业

indústria primária primary industry 第一产业

indústria quaternária quaternary industry 第四产业（指进行科学或技术研究的行业）

indústria química chemical industry 化工

industria salineira salt industry 盐业

indústria secundária secondary industry 第二产业

indústria terciária tertiary industry 第三

产业

indústria transformadora manufacturing industry 制造业

industrial ❶ *adj.2g.* industrial 工业的；产业的 **❷** *s.2g.* industrial; industrialist 工业家；实业家

industrialização *s.f.* industrialization 工业化；（科研成果、技术等）产业化，转化为现实产业

industrializar *v.tr., pron.* (to) industrialize 工业化；将…作为工业原料使用；组织工业化生产

indutância *s.f.* inductance 电感

indutivo *adj.* inductive 感应的；诱导的

induto *s.m.* ⇨ **indumento**

indutor ❶ *adj.* inductor, inducer 施感的，起感应的 **❷** *s.m.* 1. inductor, inducer 电感器，电感元件 2. induction coil 感应线圈

induzido ❶ *adj.* induced, inducted 感应的，感生的 **❷** *s.m.* 1. armature 衔铁；电枢 2. inducted coil 感应线圈，受感线圈

induzido de conservação holding armature 吸持衔铁；保持衔铁

induzido de ferro iron armature 铁衔铁

induzido do gerador generator armature 发电机电枢

induzido do motor de partida starter armature 起动机电枢

induzir *v.tr.* (to) induct 感应；诱导

inelasticidade *s.f.* anelasticity 滞弹性；非弹性弛豫

inequigranular *adj.2g.* inequigranular 不等粒状的

inércia *s.f.* inertia 惯性，惰性

inércia química chemical inertia 化学惰性

inércia térmica thermal inertia 热惯性，热惯性

inerte ❶ *adj.2g.* inert 惰性的 **❷** *s.m.pl.* inert materials 惰性（建筑）物料（如砂石料等），骨料

inertinite *s.f.* inertinite 惰性煤素质；惰煤素

inertite *s.f.* inertite 微惰煤

inertização *s.f.* inertization 惰化处理

inesite *s.f.* inesite 红砂钙锰石

inexequível *adj.2g.* inexecutable, unachievable 不可行的，无法实施的

infantário *s.m.* nursery 幼儿园

inferior *adj.2g.* inferior, lower 下级的，下层的，下方的

ínfero-anterior *adj.2g.* inferoanterior 下前方的

ínfero-exterior *adj.2g.* inferoexterior 下部外侧的

ínfero-interior *adj.2g.* inferointerior 下部内侧的

ínfero-posterior *adj.2g.* inferoposterior 下后方的

infértil *adj.2g.* infertile; unproductive 不肥沃的，贫瘠的；不生产的

infertilidade *s.f.* barrenness, sterility; unproductiveness 不肥沃，贫瘠；不生产，不出产

infestante *s.f.* weeds 荒草，杂草

infiltração *s.f.* ❶ infiltration 渗入，渗透 ❷ infiltration, leakage 渗漏

infiltração de água water infiltration, water seepage 水分入渗，渗水

infiltração de ar infiltration of air 空气渗透；漏风

infiltração eficaz effective infiltration 有效渗透

infiltração progressiva gradual infiltration 逐步渗透

infiltrar *v.tr.* (to) infiltrate 渗入，渗透

infiltrômetro *s.m.* infiltrometer 透水性测定仪；渗透计

infiltrômetro de tensão tension infiltrometer 张力渗透仪

inflação *s.f.* ❶ inflation 充气，膨胀 ❷ inflation 通货膨胀

inflador *s.m.* inflator 充气泵，充气机，打气筒

inflamabilidade *s.f.* flammability 易燃性

inflamador *s.m.* igniter 点火器，点火装置

inflamável *adj.2g.* inflammable, flammable 易燃的

◇ **dificilmente inflamável** hardly inflammable 不易燃的

◇ **facilmente inflamável** highly flammable 高度易燃的

◇ **medianamente inflamável** mildly flammable 中度易燃的

◇ **muito dificilmente inflamável** very hardly inflammable 极不易燃的

inflexão *s.m.* inflection 弯曲；曲折；拐折

inflexibilidade *s.f.* inflexibility 不可弯曲性

inflexível *adj.2g.* inflexible 不可弯曲的；不灵活的

influência *s.f.* influence 影响

influência da rodovia sobre o ambiente environment influence of highway 高速公路环境影响

influência lateral lateral friction 侧摩阻力

influxo *s.m.* influx 进流；流入

influxo indesejado de fluido kick 井涌

influxo miscível miscible drive 混合驱动

infografia *s.f.* computer graphic 计算机图形

informação *s.f.* ❶ information 信息 ❷ notification, report 通知，报告

informação antecipada sobre limite advance boundary information 前方边界信息

informação assimétrica asymmetric information 非对称信息，不对称信息

informação de entrada input information 输入信息

informação de posição position report 船位报告

informação geológico-mineira geological and mining information 地质矿物信息

informação meteorológica meteorological information 气象情报

informação meteorológica aeronáutica especial selecionada aerodrome special meteorological reports 机场特殊天气报告

informação meteorológica aeronáutica regular aerodrome routine meteorological report 机场例行天气报告

informação SIGMET significant meteorological information 重要气象信息

informar *v.tr.* (to) inform, (to) report 通知，报告

informática *s.f.* informatics, computer science 计算机科学，信息学

informático *adj.* (of) informatics, (of) computer, computerized 信息学的；计算机（科学）的

informatização *s.f.* informatization 信息化

informatizar *v.tr.* (to) informationize（使）信息化

infracção *s.f.* contravention 违反；违法；违章

infracção de trânsito traffic infraction 交通违章

infracrustal *adj.2g.* infracrustal 内地壳的

infraestrutura *s.f.* ❶ infrastructure 基础设施 ❷ ground-work, foundation 基础；地基；基础工程；下部构造

infraestrutura de transporte transport infrastructure 运输基础设施；交通基本建设

infraestrutura hiperintegrada hyperconverged infrastructure 超融合基础架构

Infraestruturas de Telecomunicações em Edifícios (ITED) Telecommunications Infrastructures in Buildings 建筑物电信基础设施，弱电系统

infraestructura urbana urban infrastructure 城市基础设施，市政基础设施

infraestruturação *s.f.* infrastructuring 基础设施建设，市政建设

infralitoral *adj.2g.* infralittoral 潮下的，远岸的

inframareal *adj.2g.* ⇨ infralitoral

inframedida *s.f.* undersize 尺寸不足；筛下料

infra-som *s.m.* infrasound 次声波；次声

infrassalífero *s.m.* pre-salt [葡] 盐下油田

infratidal *adj.2g.* infratidal 潮下的

infravermelha *s.f.* infrared 红外线

infravermelho *adj.* infrared 红外的，红外线的

infusão *s.f.* infusion 浸液，浸剂

infusibilidade *s.f.* infusibility 不熔的，难熔的

infusível *adj.2g.* infusible 不熔性，难熔性

ingrauxido *adj.* ⇨ degrau ingrauxido

ingrediente *s.m.* ingredient, component 成分，配料

íngreme *adj.2g.* steep 陡峭的

inibidor *s.m.* ❶ inhibitor 抑制剂，阻抑剂 ❷ inhibitor 抑制器

inibidor cinético kinetic inhibitor 动力学抑制剂

inibidor de ácido acid inhibitor 酸缓蚀剂

inibidor da corrosão corrosion inhibitor 防蚀剂；缓蚀剂；腐蚀抑制剂

inibidor do crescimento bacteriano bacterial growth inhibitor 细菌生长抑制剂

inibidor de desgaste wear inhibitor 抗磨损添加剂

inibidor de espuma foam inhibitor 抑泡剂

inibidor de ferrugem rust inhibitor 防锈剂

inibidor de hidrato hydrate inhibitor 水合物抑制剂

inibidor de ponto de fluidez pour-point inhibitor 降凝剂

inibidor de redução de marcha (/de mudanças abaixo) downshift inhibitor 降档防止器

inibidor termodinâmico thermodynamic inhibitor 热力学抑制剂

iniciador *s.m.* initiating explosive 起爆炸药

inicialização *s.f.* initialization 初始化

inicializar *v.tr.,pron.* (to) initialize 初始化

iniciar *v.tr.* (to) start, (to) initiate 开始

início *s.m.* beginning 开始，起始

início da injeção beginning of injection 喷油始点

início das obras groundbreaking 开工，破土动工

início de presa (/pega) initial set 初凝

início de presa do cimento initial set of cement 水泥初凝

injecção/injeção *s.f.* ❶ injection 注射；（向内）喷射；灌注 ❷ grouting 灌浆

injecção a gasolina petrol injection 汽油喷射

injecção alcalina alkaline flooding 碱水驱（油）

injecção ascendente packer grouting 分段灌浆

injecção cáustica caustic flooding 碱水驱（油）

injecção cíclica de água cyclic water injection 周期注水

injecção com mástique betuminoso asphalt grouting 沥青灌浆

injecção de água waterflooding 注水开发（油田）

injecção de alta voltagem high voltage injection 高压输入

injecção de ancoragem anchor grouting 锚固灌浆

injecção de argamassa grouting 灌浆

injecção de argila mud jacking 压浆

injecção de cimento cement injection 水泥灌浆

injecção de cimento a alta pressão high-pressure squeeze cementing method 高压挤水泥法

injecção de cimento a baixa pressão low-pressure squeeze cementing method 低压挤水泥法

injecção de CO2 CO_2 flooding, CO_2 injection, CO_2 miscible flooding 二氧化碳驱（油）

injecção do combustível fuel injection 燃油喷射

injecção de consolidação consolidation grouting 固结灌浆

injecção de contacto contact grouting 接触灌浆

injecção de cortina curtain grouting 帷幕灌浆

injecção de duto único single-tube injection 单管喷射

injecção de fissura fissure grouting 裂隙灌浆

injecção de fluido ascendente upstream injection 逆流喷射

injecção de fluido quente hot fluid injection 注热流体

injecção de gás gas injection 煤气喷射；气体喷射

injecção de impermeabilização pressure grouting (for watertightness) 压力灌浆，压密注浆

injecção das juntas joint grouting 接缝灌浆

injecção de nata de cal lime slurry injection 灌注灰浆法

injecção de óxido nitroso injection of nitrous oxide 氧化亚氮喷射

injecção de preenchimento cavity grouting; backfill grouting 回填灌浆；空腔灌浆

injecção de resina resin grouting 树脂注浆

injecção de vapor steam injection 蒸汽注入

injecção descendente stage grouting 分段灌浆

injecção directa ❶ direct injection 直喷 ❷ ⇨ injecção sólida

injecção directa de gasolina gasoline direct injection 汽油直喷

injecção em linha in-line fuel injection 直列式燃油喷射

injecção em linha directa line drive flood 行列注水

injecção monoponto single point injection 单点喷射

injecção múltipla precisa de combustível multiple injection fuel delivery 多点喷射供油系统

injecção multiponto multi point injection (MPI) 多点喷射

injecção sedimentar sedimentary injection 沉积贯入（作用）

injecção sem ar airless injection 无气喷射

injecção sequencial sequential injection 顺序喷油

injecção sólida solid injection 无气喷射

injecção (de tempo) variável variable injection timing 可变时间喷油

injectabilidade/injetabilidade s.f. groutability 可灌性

injectar/injetar v.tr. (to) inject 注射；喷射；灌注

injectividade/injetividade s.f. injectivity 注入性；受量；内射性

injector/injetor ❶ s.m. 1. injector（向内排放的）喷射器；注射器 2. fuel injector 喷油器，燃油喷射器 ❷ s.m. injection nozzle, injector nozzle 喷油嘴 ❸ adj. injecting, (of) injection（向内）喷射的；注射的，注入的

injector de ar air nozzle 空气喷嘴

injector de cimento cement gun 水泥喷枪

injector de combustível fuel injector 喷油器

injector de éter ether discharger 乙醚起动装置

injector de Giffard Giffard's injector 吉法德喷射器

injector de traçador tracer injector 示踪注入井；示踪剂注入器

injector de vapor steam jet blower 喷汽鼓风机

injector estrangulador throttle nozzle 节流喷嘴

injectora/injetora *s.f.* injector; injection pump 喷射器；喷射泵

injectora de argamassa mud jack 压浆泵

inlandsis *s.m.pl.* inlandsis 大陆冰

inodoro *adj.* odorless 无气味的；无臭的

inorgânico *adj.* inorganic 无机的

inorganismo *s.m.* inorganic substance 无机物

inossilicato *s.m.* inosilicate 链硅酸盐

inox *adj.inv.* ⇨ inoxidável

inoxidabilidade *s.f.* inoxidizability 抗氧化性

inoxidável *adj.2g.* stainless, inoxidizable, corrosion-proof 不锈的，抗氧化的，防腐的

input *s.m.* input 输入

input/output (I/O) input/output (I/O) 输入/输出；投入/产出

inquartação *s.f.* inquartation, quartation （硝酸）析银法；四分（取样）法

insalubridade *s.f.* insalubrity 不卫生；有损健康

insaturado *adj.* unsaturated 不饱和的，未饱和的

inscrever *v.tr.* ❶,*pron.* (to) enroll 登记，注册 ❷ (to) grave, (to) inscribe 铭文，刻印；刻字 ❸ (to) inscribe （使）内切，（使）内接

inscrição *s.f.* ❶ inscription, registration 登记，注册 ❷ inscription; lettering 铭文，刻印；刻字 ❸ inscribing 内接（轨道列车在弯道运行时，外侧前轮与外轨接触）

inscrição estampada a quente heat number 炉号

insecticida *s.m.* insecticide 杀虫剂，杀虫药，杀虫水

insecto *s.m.* insect 虫；昆虫

insecto xilófago xylophage 食木虫

inselberg *s.m.* inselberg 岛山 ⇨ monte-ilha

insequente *adj.2g.* insequent 斜向的

inserção *s.f.* insertion; insert point 插入，嵌入；插入点

inserção de rosca (para reparo de roscas danificadas) threaded insert 螺纹嵌件

inserção de sede da válvula valve seat

insert 气门座镶圈

inserir *v.tr.,pron.* (to) insert 插入，嵌入

insersor *s.m.* inserter 插入器

insersor do fixador da válvula valve keeper inserter 气门定位器装入器

inserto *adj.* inserted 插入的，嵌入的

inservível *adj.2g.* useless, unserviceable 没用的

insolação *s.f.* insolation 日照，日射；日射率；日射能量

insolar *v.tr.* (to) expose to the sun, (to) insolate 晒，晒太阳

insolubilidade *s.f.* insolubility 不溶性

insolúvel *adj.2g.,s.m.* insoluble 不溶的；不溶物

insolúvel em benzeno benzene insoluble 苯不溶物

insolúvel em pentano pentane insoluble 戊烷不溶物

insolúvel em tolueno toluene insoluble 甲苯不溶物

insolvência *s.f.* insolvency, bankruptcy 无清偿能力，无支付能力

insolvente *adj.2g.* insolvent, bankrupt 无清偿能力的，无支付能力的

insonorização *s.f.* soundproofing （做）隔音处理

insonorizado *adj.* soundproofed, sound insulated 隔音（处理过）的，静音的

insonorizar *v.tr.* (to) soundproof （使）隔音，隔音处理

insosso *adj.* dry-laid 干砌的

inspecção *s.f.* inspection 检查；视察

inspecção a pé foot patrol 徒步巡逻

inspecção de aceitação acceptance inspection 接收检验

inspecção de partícula magnética magnetic particle inspection 磁粉探伤

inspecção de pré-voo preflight inspection 起飞前检查

inspecção de serviços de incêndio fire services inspection 消防系统检查

inspecção da via track inspection 轨道检查

inspecção e ensaio de materiais material inspection 材料报验

inspeção em massa mass inspection 大

批量的检验

inspecção em voo flight inspection 飞行检查

inspecção externa walk-around check 环绕检查

inspecção geral overall check 全面检查

inspecção in-loco on-site inspection 实地调查；现场调查

inspecção independente de segurança safety independent check 独立安全检查

inspecção microscópica microscopic inspection 微观检查

inspecção penetrante fluorescente fluorescent penetrant inspection 荧光渗透探伤

inspecção periódica periodic inspection 定期检查

inspeção por líquido penetrante dye penetrant inspection 染料渗透检查

inspecção pelo processo eddy current eddy current inspection 涡流探伤

inspecção pelo processo "Magnaflux" magnaflux inspection 磁力探伤检验

inspecção raio-X X-ray examination, X-ray inspection X 射线检查

inspeção subaquática underwater inspection 水下检查

inspecção visual visual inspection 肉眼检查；外观检查

inspeccionar v.tr. (to) inspect, (to) supervise 检查

inspector s.m. inspector 督察员；视察员；检查员

inspector das quantidades quantity surveyor（估算建筑工程的工时、造价等的）估算员，估算师

instabilidade s.f. instability 不稳定性，不安定性

instabilidade de crusta crustal instability 地壳不稳定性

instalação s.f. ❶ 1. installation 安装 2. lay 敷设，铺设 ❷ 1. installation 设施，装置 2. plant 工厂；厂房

instalações auxiliares ancillary installation 附带装置

instalação criogênica cryogenic plant 深低温设备

instalação de absorção absorption plant 吸收装置

instalação de adsorção adsorption plant 吸附装置

instalações de apoio supporting facilities 辅助设备；辅助设施

instalação de bombagem fixa fixed pump installation 固定水泵装置

instalação de britagem crushing plant 破碎装置；联合碎石机组

instalação de carga e descarga (/embarque e desembarque) loading and unloading installation 装卸机械

instalações de consumo de energia electrical installation 用电设施

instalação de desidratação dehydration plant 脱水装置

instalação de dessalinização desalting plant 海水淡化设备

instalação de gás gas plant 煤气厂

instalação de gás natural natural gas processing plant 天然气加工厂

instalação de inspecção inspection fitting 检查设施

instalação de mistura blending plant 混合机，混合装置

instalação de processamento de gás gas processing plant 天然气处理厂

instalações de produção production facilities 生产设施

instalação de rega de (/por) aspersão complete installation for spray irrigation 喷灌设施

instalação de resfriamento de água chilled water plant 冷冻水设备

instalação de separação gás-óleo gas and oil separation plant 油气分离厂

instalação de serviço service equipment 服务设备，服务设施

instalações de serviços de incêndio fire services installation 消防装置

instalações de transporte transportation facilities 运输设施

instalações de transporte público public transport services 公共交通设施

instalação eléctrica ❶ electric installation 电气安装 ❷ electrical equipment, electric fittings 电气设备

instalações electromecânicas ❶ mechanical and electrical installation 机电安装 ❷ electromechanical installations 机电设施

instalação elevatória lift installation 提升泵水设施

instalação, equipamento e ferramental de canteiro constructional plant; construction plant; construction facilities 施工设备

instalação fabril plant 工厂；厂房

instalações fixas fixed installations 固定设备；固定装置

instalação hidráulica ❶ hydraulic installation 水安装 ❷ waterworks 水务设施

instalação industrial industrial plant 工业装置

instalação predial building installation 屋宇水安装

instalações provisórias temporary facilities, temporary structure 临时设施

instalações públicas utility, communal facilities 公用设施

instalações recreativas recreational facilities 休闲设施

instalação sanitária sanitary outfit 盥洗设备

instalações sanitárias próprias ensuite, ensuite bathroom 套间浴室

instalador s.m. ❶ fitter 安装工，装配工 ❷ installer, installation tool; driver 安装工具 ❸ installer 安装程序

instalador de camisa de cilindro cylinder liner installer 气缸缸套安装器

instalador de esteira track installation tool 履带安装工具

instalador de retentor seal driver 密封装拆器

instalador-extractor push-puller, push-type puller 推力拔具

instalador universal universal driver 通用安装工具

instalar v.tr. (to) install, (to) set up 安装

instância s.f. instance 实例

instanciação s.f. instantiation 实例化

instantânea s.f. instantaneous photo 即时显影相片

instável adj.2g. instable 不稳定的

instituição s.f. institution 机关，机构，组织，团体

instituto s.m. institute 学会，协会；学院；研究所

instituto de pesquisa research institute 研究所

instrução s.f. instruction(s); command 指示，指令；说明

instruções aos concorrentes instructions to tenderers 投标人须知

instrução do canteiro de obra site instruction 工地指令

instrução de despacho dispatch instruction 调度指令

instruções de operação operating instructions 操作说明，操作规程

instrução directa direct instruction 直接指令

instrução específica briefing （有待执行计划的）要领简介

instruendo s.m. student 练习生，新兵

instrumentação s.f. instrumentation [集] 器械，仪器，仪表

instrumentação inteligente smart instrumentation 智能仪表

instrumento s.m. ❶ instrument 工具，器具；仪表，仪器 ❷ instrument （法定）文书（如合同、契约等）

instrumento científico scientific instruments （科学）仪器

instrumento combinado instrument cluster 仪表板，仪表组

instrumento de calibragem calibration instrument 校准仪器

instrumento da dívida debt instrument 债务工具

instrumento de indicação analógica analog indicating instrument 指示仪表

instrumento de medição digital digital measuring instrument 数字测量仪器

instrumento de medição (/medida) measuring instrument 测量仪表，测量仪器

instrumentos de monitoramento monitoring equipment 监控设备；监测仪器

instrumento de percussão percussive

instrument 敲击工具

instrumento de precisão precision instrument 精密仪器

instrumento de verificação de fluxo flow checking tool 流量校验器

instrumento para ensaios não destrutivos NDT-instrumentation 无损检测仪

instrutor *s.m.* instructor 讲师；教师

instrutor de voo de avião flight instructor 飞行教官

insuficiência *s.f.* insufficiency, lack 不足，不充分

insuficiência de superelevação deficient superelevation 欠超高

insuflação *s.f.* insufflation 吹入；吹气；注气

insuflador *s.m.* blower 鼓风机

insuflar *v.tr.* (to) insufflate 吹入；吹气

insuflamento *s.m.* insufflation 吹入；吹气，注气

insuflamento de ar forced draft 强制通风

insula *s.f.* insula（古罗马的）多层公寓，"筒子楼" ⇨ ilha

insumo *s.m.* ❶ input 原材料，生产资料；投入（资金或物质）❷ raw material 原料；生料

insumos agrícolas production input, agricultural materials or supplies 农业生产要素

insumo de capital capital input 资本投入

insumos físicos material inputs 物资投入

integrabilidade *s.f.* integrability 可积分性；可集成性

integração *s.f.* ❶ integration 整合；一体化 ❷ integration 积分法

integração de módulos modules integration 模块集成

integração do motor com trem de força engine/power train integration 发动机 / 动力传动系整合

integrado *adj.* integrated 一体的，集成的

integrador *s.m.* integrator 积分器

integradora *s.f.* integrator 集成商

integral *adj.2g.* ❶ 1. integral 一体的，集成的；完整的 2. integral 承载式的（车身结构）3. built-in 嵌入的，内装的 ❷ *s.m.* integral 积分；整数

integrar ❶ *v.tr.,pron.* (to) integrate; (to) be part of 补完，（使）成为整体 ❷ *v.tr.* (to) integrate 求…的积分

integridade *s.f.* integrity 完整性

integridade estrutural structural integrity 结构完整程度

inteiriço *adj.* one-piece 单体的，单件的

intelectual *adj.2g.* intellectual 智力的；脑力的

inteligência *s.f.* ❶ intelligence 智能，智慧 ❷ intelligence 情报

inteligência artificial (IA) artificial intelligence (AI) 人工智能

intempérie *s.f.* inclemency, intemperate weather 恶劣气候

intemperismo *s.m.* weathering 风化作用

intemperismo acelerado accelerated weathering 加速风化，人工加速风干

intemperismo químico chemical weathering 化学风化作用

intensidade *s.f.* intensity 强度；震度

intensidade acústica acoustic intensity 声强

intensidade do campo strength of field 场强

intensidade do campo magnético magnetic field intensity (/strength) 磁场强度

intensidade de carga ❶ loading intensity 荷载强度 ❷ charging rate 充电强度

intensidade de chuva rainfall intensity 降雨强度

intensidade de corrente current intensity, strength of current 电流强度

intensidade de erosão erosion intensity 侵蚀强度

intensidade de impacto impact strength 冲击强度

intensidade de luz light intensity 光强

intensidade de magnetização intensity of magnetization 磁化强度

intensidade dos pólos pole strength 磁极强度

intensidade de precipitação precipitation intensity 降水强度

intensidade de pressão intensity of pressure 压强

intensidade de queda (de chuva) rainfall intensity, intensity of rainfall 降雨强度

intensidade de reflexão strength of reflection 反射强度

intensidade do relevo relief intensity 起伏幅度

intensidade de som ⇨ intensidade sonora

intensidade do tráfico density of traffic 交通密度

intensidade da variação da trajetória dog leg severity (DLS) 狗腿严重程度

intensidade eléctrica electrical current strength 电流强度

intensidade energética energy intensity 能量强度

intensidade luminosa ⇨ intensidade de luz

intensidade máxima de queda maximum rainfall intensity 最大降水强度

intensidade sísmica seismic intensity 地震烈度

intensidade sonora sound intensity 声强度

intensidade uniforme uniform strength 均匀强度

intensificador s.m. intensifier 增强器

intensificador de carga booster 升压器，增压器

intensificador de força axial drilling jar 随钻震击器

intensificador de força axial hidráulico hydraulic drilling jar 液压式钻井震击器

intensificador hidráulico hydraulic intensifier 液力增压器

intensificar v.tr. (to) intensify 增强，强化

inter- pref. inter- 表示"在…中，在…间，在…内"

interacção s.f. interaction 互动；相互作用

interacção estrutural structural interaction 结构相互作用

interbloqueamento s.m. interlocking 联锁装置，互锁装置

interbloqueamento de cofre strongbox interlocking 保险柜互锁装置

intercalação s.f. ❶ intercalation 夹层 ❷ interpolation 内插法 ⇨ interpolação

intercalação argilosa shale break 页岩夹层

intercalação de folhelho shale break [巴] 页岩夹层

intercalação de madeira wooden insert, layer of wooden blocks 木垫板

intercalação de xisto betuminoso shale break [葡] 页岩夹层

intercalação estéril dirt band 污积带

intercalado adj. ❶ intercalary 插入的；添加的；夹层的 ❷ intergrown 共生的（晶体）

intercalar v.tr. (to) intercalate, (to) insert between 插入

intercambiabilidade s.f. interchangeability 互换性

intercambiar v.tr. (to) interchange 互换；交流

intercambiável adj.2g. interchangeable 可互换的

intercâmbio s.m. interchange 互换；交流

intercâmbio de dados dinâmicas (DDE) dynamic data exchange (DDE) 动态数据交换

intercâmbio tecnológico technological exchange 技术交流

inter-cepas s.f. vineyard plough （葡萄园）微耕机

intercepção s.f. intercept 拦截，截留；隔断

interceptor s.m. interceptor 拦截器；截击器；隔断器

interceptor de fiapos lint interceptor 脏纤维收集器

interceptor de gordura grease interceptor 油脂拦截器

interceptor de óleo oil interceptor 机油拦截器，集油器；油污截流井

intercolúnio s.m. intercolumniation, bay 柱子间距

intercomunicação s.f. intercommunication 内部通讯

intercomunicador s.m. intercom 内部通话装置

interconexão s.f. interchange （公路）互通式立体交叉

interconexão em trombeta trumpet interchange 喇叭形立体交叉

interconexão múltipla multi-way intersection 多路交叉口

intercontinental adj.2g. intercontinental 大

陆间，洲际的

intercooler *s.m.* intercooler 中冷器，中间冷却器

intercotidal *adj.2g.* ⇨ intertidal

intercrescimento *s.m.* intergrowth 共生，交互生长

intercruzamento *s.m.* traffic weaving 交织交通流

intercúpula *s.f.* interdome 屋顶双壳的间隙

interdentículo *s.m.* interdentil 齿饰间距

interdependente *adj.2g.* interdependent 相互依存的

interdição *s.f.* interdiction 禁止；封锁
interdição de estrada road closure 封路

interdifusão *s.f.* interdiffusion 互扩散；相互扩散

interduna *s.f.* interdune 丘间

interessado *s.m.* ❶ interested party 有意向者 ❷ interested party 利益相关者

interesse *s.m.* ❶ interest 兴趣，意向 ❷ interest, benefit 利益；好处 ❸ interest, share 股权；权益；股份
interesse econômico de um projeto economic worth of a project 项目经济价值

interesterificação *s.f.* interesterification 酯交换

interface *s.f.* ❶ interface 界面，接口 ❷ interface, plane of separation 接触面，界面
interface de rede network interface 网络接口
interface de usuário user interface 用户界面
interface gráfica de usuário graphical user interface 图形用户界面
interface homem-máquina (MMI) man machine interface (MMI) 人机接口；人机界面
interface padrão standard interface 标准接口
interface reflectida reflecting interface 反射界面

interfacial *adj.2g.* interfacial 分界表面的，界面的

interferência *s.f.* interference, jamming 干涉，干扰
interferência atmosférica atmospheric interference 大气干扰

interferência construtiva constructive interference 加和干涉（作用），相长干涉（作用）

interferência de fundo background clutter 背景杂波

interferência de rádio-frequências radio frequency interference 射频干扰；无线电频率干扰

interferência de sinal signal interference 信号干扰

interferência eléctrica electric interference 电气干扰

interferência electromagnética electromagnetic interference 电磁干扰

interferência externa outside interference 外部干扰

interferência harmónica harmonic interference 谐波干涉

interferência ionosférica sky-wave interference 天波干扰

interferência magnética magnetic interference 电磁干扰

interferómetro/interferômetro *s.m.* interferometer 干涉仪

interfixo *adj.* of the first order 第一类杠杆的；支点在中间的

interflúvio *s.m.* interfluve 江河分水区，河间地

interfone *s.m.* interphone, intercom 内部对讲机

interglaciário *adj.* interglacial 间冰期的

intergranular *adj.2g.* intergranular 晶粒间的，晶间的

interino *adj.* interim, temporal, provisional 临时的；代理的

interior ❶ *adj.2g.* interior, inner 内部的，里面的 ❷ *s.m.* interior, inner 内部，里面

interiorismo *s.m.* interior design 室内设计；室内装饰

interligação *s.f.* ❶ interconnection 互连，互联 ❷ link, tie-in 连接

interligar *v.tr.,pron.* (to) interconnect 互相连接

intermareal *adj.2g.* ⇨ intertidal

intermediário ❶ *adj.* intermediary 中间的，居间的；中层的；中级的 ❷ *s.m.* middleman 中间人；中间商

intermodal *adj.2g.* intermodal 联合运输的，多式联运的

intermural *adj.2g.* intermured 墙间的

intermutável *adj.2g.* interchangeable 可互换的

internacional *adj.2g.* international 国际的

internamento *s.m.* hospitalization, admission 住院，入院

internet *s.f.* ❶ internet 互联网（泛指由多个计算机网络相互连接而成的一个大型网络）❷ [M] Internet 因特网

internet das coisas internet of things (IDT) 物联网

internet telemóvel (WAP) mobile network 移动网

interno *adj.* internal, inner 内部的，里面的

interoceânico *adj.* interoceanic 大洋间的，沟通大洋的

íntero-anterior *adj.2g.* anterioiternal 内部前侧的

íntero-inferior *adj.2g.* inner-lower 内部下方的

íntero-posterior *adj.2g.* interior-rear; inner-back 内部后侧的

íntero-superior *adj.2g.* interior-upper; inner-upper 内部上方的

interpenetração *s.f.* fusion, blending, interpenetration 融合；混合

interpenetração de agregados aggregate interlocking 骨料嵌锁

interpenetrar-se *v.pron.* (to) interpenetrate （互相）贯穿，渗透

interpluvial *s.m.* interpluvial 间雨期

interpolação *s.f.* interpolation 内插法

interpolação bicúbica bicubic interpolation 双立方插值

interpolação bilinear bilinear interpolation 双线性插值

interpolação de pulsações (/pulsos) pulse interpolation 脉冲插补法

interpolação de spline spline interpolation 样条内插，样条插值

interpolação de traço trace interpolation 道内插

interpolação espacial spatial interpolation 空间内插，空间插值

interpolação linear linear interpolation 线性插值；线性内插法

interpolar ❶ *v.tr.* (to) interpolate 插入，补充；插值 ❷ *adj.2g.* interpolar 两极间的

interporto *s.m.* interport 中途港

interpotente *adj.2g.* of the third order 第三类杠杆的，费力杠杆的

interpretação *s.f.* interpretation 翻译，口译；解释，解译

interpretação dos resultados interpretation of results 结果解释，结果分析

interpretação geológica geological interpretation 地质判读

interpretação interativa interactive interpretation 交互解释

interpretação sísmica seismic interpretation 地震解释

interpretar *v.tr.* (to) interpret 口译；解释，解译

interprovincial *adj.2g.* interprovincial 省际的

inter-refrigerador *s.m.* intercooler 中冷器，中间冷却器

inter-resistente *adj.2g.* of the second order 第二类杠杆的，省力杠杆的

interromper *v.tr.,pron.* (to) stop, (to) interrupt 中断

interrupção *s.f.* ❶ interruption 中断 ❷ outage 停机；断电

interrupção de abastecimento interruption of supply 供应中断

interrupção do circuito de via shunt 分流，分路

interrupção de energia power outage 停电

interrupção de fornecimento de electricidade electricity supply interruption 供电中断

interrupção de longa duração long-term interruption 长期断电

interrupção de urgência emergency interruption 紧急断电

interrupção programada scheduled interruption 计划断电

interruptor *s.m.* switch, circuit breaker 开关，断路器

interruptor a motor motor-operated switch 电动断路器

interruptor a óleo oil-break, pneumo-oil switch 油断路器，油开关

interruptor a tracção pull switch 拉线开关

interruptor aberto open switch 断开的开关

interruptor activador enabling switch 启动开关

interruptor automático automatic breaker, automatic cut out 自动断路器

interruptor bipolar bipolar switch 双极跷板开关

interruptor bipolar de duas posições double pole double throw switch 双刀双掷开关

interruptor-calibrador feeler-switch 测试键

interruptor com regulação do fluxo luminoso ⇨ interruptor de regulação da intensidade da luz

interruptor contra sabotagem tamper switch 防破坏开关

interruptor crepuscular twilight switch 薄暮开关

interruptor de acção retardada delay action circuit-breaker 延时断路器

interruptor de accionamento actuation switch 启动开关

interruptor de agulhas de campo magnético magnetic reed switch 磁簧开关

interruptor de alavanca toggle switch 翻转开关，拨动开关

interruptor de alimentação power switch 电源开关

interruptor de alta tensão high tension switch 高压开关

interruptor de aproximação proximity switch 接近开关，引发开关

interruptor de aquecedor de janela window heater switch 车窗加热器开关

interruptor de ar air breaker 空气断路器

interruptor de arranque (/arrancador) starter switch 启动开关

interruptor de arranque estrela-triângulo star-delta starter 星三角起动器

interruptor de baixa pressão do ar low air pressure switch 低气压开关

interruptor de bobina coil switch 线圈开关

interruptor de campo field-breaking switch 消磁开关

interruptor de chave key switch 按键开关

interruptor de circuito circuit breaker 断路器

interruptor de circuito de alta velocidade high speed circuit-breaker 高速断路器

interruptor de circuito de religação automática (/reajuste automático) automatic reset circuit breaker 自动复位断路器

interruptor de circuito polifásico polyphase switch 多相开关

interruptor de coluna pillar switch 柱式开关

interruptor de combustível fuel switch 燃料开关

interruptor de contacto contact breaker 接触断路器

interruptor de contactor contactor switch 接触器开关

interruptor de contactos múltiplos multi-contact switch 多触点开关

interruptor de controlo control switch 控制开关

interruptor de controlo automático automatic control switch 自动控制开关

interruptor de cordão cord switch 拉绳开关

interruptor de corrente contínua DC switch 直流开关

interruptor de corrente diferencial-residual residual current circuit breaker 漏电断路器

interruptor de corte de segurança safety cut out switch 安全截断开关

interruptor de corte geral main switch; master switch 总开关

interruptor de corte geral omnipolar omnipolar main switch 全极性总开关

interruptor de derivação branch switch 分支开关，支路开关

interruptor de descarga de campo field-discharge switch 励磁放电开关

interruptor de descarga luminescente glow switch 辉光放电开关

interruptor do desembaciador do vidro window heater switch 车窗除霜器开关

interruptor de desligamento disconnecting switch 隔离开关

interruptor de desligamento da contra-explosão backfire shut-off switch （防）回火保护开关

interruptor de desligamento de emergência emergency stop switch 紧急停止开关

interruptor de direcção direction switch 方向开关

interruptor de disparo trigger switch 触发开关

interruptor de duas posições two-position switch 双向开关

interruptor de duplo corte double break switch 双断开关

interruptor de emergência para bombeiros fireman's emergency switch 消防员紧急开关

interruptor de entrada input switch 输入开关

interruptor de excitação field-breaking switch 消磁开关

interruptor de faca knife switch 闸刀开关

interruptor de flutuador float switch 浮动开关，浮控开关，浮球开关

interruptor de gancho hook switch 挂钩开关

interruptor de ignição ignition switch 点火开关

interruptor de impulso impulse circuit-breaker 脉冲断路器

interruptor de inserção insertion switch 插入开关

interruptor de interrupção instantânea quick make-and-break switch 快速开关，高速断续开关

interruptor de lâmina knife switch 闸刀开关

interruptor de ligação power switch 电源开关

interruptor de ligar-desligar on/off switch 通／断开关

interruptor de limite de carga load limit switch 负荷极限开关

interruptor de linha line-breaker 线路断路器

interruptor de (/a) mercúrio mercury switch 水银开关

interruptor de modo mode switch 模态开关

interruptor de motor motor switch 发动机开关

interruptor de nível level switch 电位开关；水平开关

interruptor de painel panel switch 面板开关

interruptor de parada stop switch 停止开关

interruptor de parede wall switch 墙壁开关

interruptor de pé foot switch 脚踏开关

interruptor de pisca-pisca blinker switch 闪光信号灯开关

interruptor de porta door switch 门开关

interruptor de posicionamento position switch 位置开关

interruptor de (/à) pressão pressure switch 压力开关

interruptor de pressão do ar air pressure switch 气压开关

interruptor de proximidade ⇨ interruptor de aproximação

interruptor de quadrante dial switch 拨盘开关

interruptor de regulação da intensidade da luz dimmer switch 变光开关，调光开关

interruptor de relâmpago lightning switch 防雷开关

interruptor de ressalto cam switch 凸轮开关

interruptor de ruptura brusca quick-break switch 速断开关；高速断路器

interruptor de ruptura lenta slow-break switch 缓动断路器

interruptor de secção section switch 分段开关；区域开关

interruptor de segurança safety switch 安全开关；紧急开关

interruptor do serviço service switch 维

修开关

interruptor de soalho floor contact 地板触点

interruptor de sobrecarga overload circuit-breaker 过载断路器

interruptor de sobrevoltagem overvoltage release 过压断路器

interruptor de subpressão oil-break switch 油断路器，油开关

interruptor de tecto ceiling switch 天棚拉线开关

interruptor de terra grounding switch 接地开关

interruptor de tomada de força power take-off switch 动力输出开关

interruptor de topo de pólo pole top switch 柱上开关

interruptor de toque touch switch 触摸开关

interruptor de transferência transfer switch 转换开关

interruptor de transferência automática (ATS) auto (matic) transfer switch (ATS) 自动转换开关

interruptor de transformador transformer switch 变压器开关

interruptor de três posições three-position switch 三位开关，三位置开关

interruptor de três vias three-way switch 三联开关；三路开关

interruptor de (/a) vácuo vacuum switch 真空开关，真空切换器

interruptor diferencial de pressão pressure differential switch 压差开关，压力差动开关

interruptor DIL DIP switch 拨码开关，双列直插式开关

interruptor direccional directional circuit-breaker 方向性断路器

interruptor discriminador discriminating circuit-breaker 流向鉴别断路器

interruptor duplo double switch, double control switch 双开关，双控开关

interruptor eléctrico electric switch 电气开关

interruptor electromagnético electromagnetic switch 电磁开关

interruptor electrónico electronic switch 电子开关

interruptor embutido flush switch 嵌入开关；埋入式开关

interruptor emergente emergency switch, emergency stop switch 紧急开关

interruptor estanque luminoso watertight illuminated switch 防水发光开关

interruptor final ⇨ interruptor limitador

interruptor fotoeléctrico photo electric switch 光电开关

interruptor horário time switch 定时开关

interruptor indutivo de proximidade inductive proximity switch 感应接近开关

interruptor instantâneo snap switch 快动开关

interruptor-isolador isolating switch 隔离开关

interruptor limitador limit switch 限位开关

interruptor luminoso illuminated switch 发光开关

interruptor magnético magnetic switch 磁开关；磁力开关

interruptor manual manual switch 手动开关

interruptor on/off on-off keying 开关键控

interruptor óptico optical switch 光开关，感光开关

interruptor por inércia inertial switch 惯性开关

interruptor preumático air switch 空气开关

interruptor principal master switch 主开关

interruptor reed reed switch 舌簧开关

interruptor rotativo rotary switch 旋转开关

interruptor seccionador switch disconnector 负荷开关

interruptor-seccionador de corte em carga DC DC load break switch 直流负载断路开关

interruptor sensível à pressão pressure sensing switch 压力传感开关

interruptor simples simple switch 单开开关

interruptor térmico thermo-switch 热敏开关

interruptor termostático thermostatic switch 恒温开关

interruptor tipo basculante rocker switch 船形开关

interruptor tipo gangorra rocker switch 翘板开关

interruptor tipo giratório rotary switch, rotary-type switch 旋钮开关，旋转式开关

interruptor tripolar triple pole switch 三极开关

interruptor unifilar single-pole single-throw switch 单刀单掷开关

interruptor unipolar single pole switch 单极跷板开关

intersecção *s.f.* ❶ intersection（高速公路、铁路中的）交汇点，交叉点，交叉路口 ❷ intersection method 交会法

intersecção à ré ⇨ intersecção inversa

intersecção com rótula ⇨ intersecção giratória

intersecção directa angular intersection method 角度交会法

intersecção em ângulo oblíquo ⇨ intersecção oblíqua

intersecção em ângulo recto right angle intersection 正交叉

intersecção em desnível (/níveis diferentes) grade separation 立体交叉

intersecção em diamante (/em agulha/em losango/losangular) diamond intercharge 菱形立体交叉

intersecção em T T-intersection T 型交叉

intersecção em Y Y-intersection Y 型交叉

intersecção escalonada offset intersection, staggered intersection 错位交叉

intersecção giratória rotary intersection 环形交叉

intersecção inversa resection 后方交会法

intersecção múltipla multiple intersection 复式交叉

intersecção oblíqua (/esconsa) skew intersection 斜式交叉

intersecção rodoviária road intersection 道路交叉口

interstadial *s.m.* interstadial 间冰段

intersticial *adj.2g.* interstitial 组织间隙的，间质的

interstício *s.m.* interstices 间隙；结构部件之间的空隙

interstratal *adj.2g.* interstratal 层间的

interstratificado *adj.* interstratified 间层的；互层的

interstratificação *s.f.* interstratification 间层作用

intertidal *adj.2g.* intertidal 潮间的

intertravamento *s.m.* interlocking 连锁；咬合作用

intertravamento de agregados aggregate interlocking 骨料嵌锁

intertríglifo *s.m.* ⇨ métopa

interurbano *adj.* inter-city 城际的

intervalo *s.m.* interval, spacing interval 间隔，间距；间隔区间

intervalo capilar capillary break（防止湿气造成毛细作用的）防水槽

intervalo de coleta de amostras sampling interval 采样间距

intervalo de confiança confidence interval 置信区间

intervalo de contorno contour interval 等高线间距，等高线间隔

intervalo do geofone geophone interval 检波器间距

intervalo de grupo group interval 道间距；组合检波距

intervalo de manutenção service interval 维修保养间隔

intervalo de marcha following distance 行车间距

intervalo de passagem headway（经过同一位置的）前后两车时间间隔

intervalo de recorrência recurrence interval 重复间隔；重现期

intervalo de reservatório reservoir interval, pay zone 储层层段

intervalo de tempo time interval 时间间隔

intervalo desde a revisão time since overhaul 大修后使用时间

intervalo entre curvas de nível ⇨ intervalo de contorno

intervalo entre veículos ⇨ intervalo de passagem

intervalo entre viagens headway（同一航班、列车、公共汽车运行时的）两班间隔时间

intervalo geocronológico geochronological interval 地质年代间隔

intervalo modal modal interval 模式区间

intervalo S-P S-P interval 横纵波时间间隔，纵横波至时差

intervalo transversal transverse spacing 横向间距

intervalo vertical de apagamento vertical blanking interval (VBI) 场消隐期

intervenção s.f. ❶ intervention 干预 ❷ 1. intervention, operation 作业，施工；改造工程 2. workover job 修井作业

intervisibilidade s.f. intervisibility 通视性；互见度

intonaco s.m. intonaco 湿壁画的最后一层灰泥

intoxicação s.f. poisoning, intoxication 中毒

intoxicação por chumbo lead poisoning 铅中毒

intoxicação por gás gas poisoning 煤气中毒

intoxicação por mercúrio mercury poisoning 汞中毒

intra- pref. intra- 表示"在…内"

intrabacinal adj.2g. intrabasinal 盆地内的

intraclasto s.m. intraclast 内成碎屑灰岩

intracontinental adj.2g. intracontinental 陆内的

intracratónico adj. intracratonic 克拉通内的

intracrustal adj.2g. intracrustal 壳内的

intradorso s.m. intrados, soffit 拱腹，拱腹线，拱腹面

intradorsos de lajes soffits of slabs 楼板底，板的下端背面

intraformacional adj.2g. intraformational 层内的

intrafuro adj.2g.,s.m. downhole 井底（的），井下（的），井内（的）

intraglaciário adj. intraglacial 冰川内的

intralogística s.f. intralogistics 内部物流

intramicrito s.m. intramicrite 内碎屑泥晶灰岩，内碎屑微晶灰岩

intramicrudito s.m. intramicrudite 内碎屑微晶砾灰岩

intramolecular adj.2g. intra-molecular 分子内的

intramontanhoso adj. intermountainous 山间的

intranet s.f. intranet 内联网

intraoceânico adj. interoceanic 大洋间的；连接两大洋的

intraplaca adj.inv. intraplate 板块内的

intrasparito s.m. intrasparite 内碎屑亮晶灰岩

intrasparrudito s.m. intrasparrudite 内碎屑亮晶砾屑灰岩

intrastratal adj.2g. intrastratal 层内的

introdução s.f. ❶ introduction 引入；引进；介绍 ❷ injection grout 压力灌浆

introdutor s.m. introducer 导引器

introdutor de ar air-entraining agent 加气剂

introduzir v.tr. (to) introduce 引入；引进；介绍

intrusão s.f. intrusion 侵入

intrusão de rocha minor intrusion 岩体侵入

intrusão discordante discordant intrusion 不整合侵入

intrusão ígnea igneous intrusion 火成侵入

intrusão ilegal illegal intrusion 非法入侵

intrusão marinha saltwater intrusion 咸水侵入，海水侵入

intrusão menor minor multiple 小型侵入体

intrusões múltiplas multiple intrusions 重复侵入

intrusão plutónica plutonic intrusions 深成侵入

intrusão sedimentar sedimentary intrusion 沉积侵入（作用）

intrusivo adj. intrusive 侵入的；形成侵入岩的

intumescência s.f. ❶ 1. surge 涌波 2. rejection surge 弃荷涌浪 ❷ tumescence 肿大

inulina s.f. inulin 菊粉

inundação *s.f.* ❶ flood, flooding 洪水 ❷ flooding, waterflooding （油田）调驱，水驱，注水开发

inundação com água carbonada carbonated waterflooding 碳酸水驱（油）

inundação com dióxido de carbono carbon dioxide flooding 二氧化碳驱（油）

inundação de detritos debris flood 碎屑洪流，乱石洪流

inundação de maré flood tide 涨潮

inundação de surfactante surfactant flooding 表面活性剂驱油

inundação instantânea flash flood 骤发洪水，暴洪

inundação micelar micellar flood [巴] 胶囊采油

inundação por rompimento glacial glacier outburst flood 冰融洪水

inundação química chemical flood 化学驱（油）

inundação repentina flash flood 骤发洪水，暴洪

inundação total total flooding （使用惰性气体的）全淹没式灭火

inundado *adj.* flooded; inundated （被）淹没的

inundito *s.m.* inundite 洪积岩

invalidar *v.tr.* (to) invalidate, (to) void 使无效，使作废

Invar *s.m.* Invar 殷钢；不胀钢

invariante *s.f.* invariant 不变量

invasão *s.f.* ❶ invasion 入侵；侵蚀 ❷ encroachment 侵占

invasão da capa de gás gas cap drive 气顶驱动

inventariação *s.f.* inventorying 清算，盘点，清点

inventariar *v.tr.* (to) make an inventory of, (to) inventory 清算，盘点，清点，盘查

inventário *s.m.* inventory; stock list 财产清单；存货盘存表

inventário dos locais das barragens list of dam sites 坝址一览表

inventário dos recursos hídricos inventory of water resources 水利资源清查

inventário hidrelétrico water energy investigation report 水能资源调查报告

invernadoiro/invernadouro *s.m.* greenhouse, hothouse 温室

inverno *s.m.* winter 冬季，冬天

inversão *s.f.* ❶ inversion 倒置；反向；倒转 ❷ atmospheric temperature inversion 气温倒布；气温逆转 ❸ inversion 反演

inversão conjugada joint inversion 联合反演

inversão dos alíseos trade-wind inversion 信风逆温

inversão de ciclo inversion of cycle 循环逆转

inversão da emulsão emulsion inversion 乳剂转换

inversão de imagem image invert 图像反转

inversão de radiação radiation inversion 辐射逆温

inversão de relevo relief inversion 地形倒置

inversão de tensão stress reversal 应力反向

inversão de velocidade velocity inversion 速度反演

inversão geomagnética geomagnetic reversal 地磁反转

inversão magnética magnetic reversal 逆磁化

inversão sísmica seismic inversion 地震反演

inversão tectónica tectonic inversion 构造倒转

inverso ❶ *adj.* inverted 反转的，倒置的 ❷ *s.m.* reverse (side) 反面

inversor *s.m.* ❶ 1. inverter, reversing device 逆变器；反向变流器；变换器 2. reversing switch 换向开关 ❷ reversing gear, reversing idler 倒车齿轮，倒档中间齿轮

inversor de comutação automática automatic transfer switch 自动切换开关

inversor de corrente current reverser 电流倒向开关，电流换向开关

inversor de empuxo thrust reverser 反推力装置

inversor de frequência frequency inverter 变频器

inversor monofásico single-phase inverter 单相逆变器

inversor string string inverter 并网逆变器

inverter *v.tr.* (to) invert 使…转化；使…颠倒；使…反转；使…前后倒置

invertido *adj.* inverted 反转的，倒置的

investidor *s.m.* investor 投资者，投资人

investidor anjo angel investor 天使投资人

investidor de capital próprio equity investor 股权投资者

investidor estratégico strategic investor 战略投资者

investidor qualificado qualified investor 合格投资者

investidura *s.f.* land replacement （因市政规划需要而将公有土地与私人土地进行的）土地置换

investigação *s.f.* investigation 调查；勘测，勘察

investigação científica scientific research 科学研究

investigação criminal criminal investigation 刑侦

investigação de fundação foundation investigation 地基勘察

investigação do local site investigation 地盘勘测

investigação dos solos soil investigation 土壤调查

investigação do terreno ground investigation 土地勘测，探土工程

investigação no campo field investigation 实地勘测

investigação estrutural structural investigation 结构勘查

investigação geofísica geophysical investigation 地球物理调查

investigação geológico-mineira geological and mining research 地质矿业研究

investigação geotécnica geotechnical investigation 岩土工程勘察，岩土工程勘探

investigação preliminar preliminary investigation 初步调查

investigação profunda deep investigation 深探测

investigação subsuperficial (/subterrânea) subsurface investigation 地下勘探；地质勘探

investigar *v.tr.* (to) investigate, (to) research 调查；勘测，勘察

investimento *s.m.* investment 投资

investimento de capital capital investment 资本投资

investimento de curto prazo short-term investment 短期投资

investimento em acções equity investment 股权投资

investimento em obrigações (/títulos) bond-investment, debt investment 债券投资，债权投资

investimento estrangeiro foreign investment 国外投资

investimento ultramarino overseas investment 境外投资

invólucro *s.m.* casing 外壳，外套，外封

invólucro exterior ❶ outer casing 外壳 ❷ outer envelope 外包封；外封皮

invólucro hermeticamente selado hermetically sealed enclosure 气密外壳

invólucro metálico metal casing 金属包壳

invólucro selado ❶ sealed enclosure 密封外壳 ❷ sealed envelope 密封包封

invólucros individuais, opacos, fechados e separados individual, opaque, closed and separate envelopes 独立分装的不透明密封包封

involuta *s.f.* involute 渐开线

iodargírio *s.m.* iodargirite 碘银矿

iodato *s.m.* iodate 碘酸盐

iodeto *s.m.* iodide 碘化物

iodeto de mercúrio mercuric iodide 碘化汞

iodeto de potássio potassium iodide 碘化钾

iodite *s.f.* iodite 碘银矿

iodo (I) *s.m.* iodine (I) 碘

iole *s.m.* yawl 二桅帆船

iolite *s.f.* iolite 堇青石

íon *s.m.* ion [巴] 离子

íon de cloreto chloride ion 氯离子

íon negativo negative ion 阴离子，负离子

íon positivo positive ion 阳离子，正离子

ionização *s.f.* ionization 离子化，电离

ionizar *v.tr.* (to) ionize 离子化，电离

ionoplastia *s.f.* ion plating 离子电镀

ionosfera *s.f.* ionosphere 电离层

ionosférico *adj.* ionospheric 电离层的

ipê *s.m.* ipe, ipe wood 依贝木，重蚁木（*Tabebuia spp.*）

Ipresiano *adj.,s.m.* Ypresian; Ypresian Age; Ypresian Stage [葡]（地质年代）伊普里斯期（的）；伊普里斯阶（的）

ipueira *s.f.* floodwater pond （河水泛滥后在低洼地带形成的）水塘

iridescência *s.f.* iridescence 彩虹色

iridescente *adj.2g.* iridescent 彩虹色的

irídio (Ir) *s.m.* iridium (Ir) 铱

iridosmina *s.f.* iridosmine 铱锇矿；铱锇合金

irisado *adj.* irised 彩虹色的

irradiação *s.f.* radiation; irradiance 辐射；辐照强度

  irradiação cósmica cosmic radiation 宇宙辐射

irradiador *s.m.* radiator, heater 发热器；辐照器

irradiância *s.f.* irradiance 辐照度

irradiar *v.tr.* (to) irradiate 照耀；辐射

irreflexivo/irreflexo *adj.* irreflexive, unreflecting 不反射的

irregular *adj.2g.* irregular 不规则的

irregularidade *s.f.* irregularity 不规则；无规律；不整齐

  irregularidade de superfície surface imperfections, surface irregularities 表面缺陷，表面不平整

  irregularidade torsional torsional irregularity 扭转不规则

irrigação *s.f.* irrigation 灌溉

  irrigação de baixa pressão low pressure drip irrigation 低压管道灌溉

  irrigação de gotejamento drip irrigation 滴灌

  irrigação de superfície surface irrigation 地面灌溉

  irrigação dupla broad irrigation 漫灌

  irrigação por aspersão overhead irrigation 喷灌

  irrigação por micro-aspersão micro-spray irrigation 微喷灌

  irrigação por submersão flood irrigation 漫灌

irrigador *s.m.* irrigator 喷灌器

irrigador oscilante oscillating sprinkler 摆动式喷灌机

irrigador rotativo revolving sprinkler 旋转式喷灌机

irrigar *v.tr.* (to) irrigate 灌溉

irritante *adj.2g.,s.m.* irritant 刺激性的；刺激物

irrupção *s.f.* inrush 涌入；侵入；流入

  irrupção de água inrush of water 突水

  irrupção de areia inrush of sand 溃砂

  irrupção de gás gas kick 轻微井喷

  irrupção de produção blowout production 井喷

isalóbara *s.f.* isallobar 等变压线；大气压等变化线

isalotérmica *s.f.* isallotherm 等变温线

isanómala *s.f.* isanomal, isanomalous line 等距平线

isbá *s.f.* isba 俄罗斯木屋

isenção *s.f.* exemption 豁免，免除

  isenção de imposto tax exemption 免税

isentar *v.tr.* (to) exempt (from) 免于，免除于

isento (de) *adj.* exempt 豁免的，免除的；无需…的；不含…的

  isento de direitos aduaneiros tariff-free 免关税的

  isento de hidrogénio hydrogen-free 无氢的

  isento de imposto tax-exempt 免税的

  isento de irradiação radiation-free 无放射性的；无辐照的

  isento de manutenção maintenance-free 免维护的

islandito *s.m.* icelandite, islandite 冰岛岩

iso- *pref.* iso- 表示"等，同"

isoalina *s.f.* isohaline 等盐度线

isoanomalia *s.f.* isoanomaly 等异常线

isóbara/isobárica *s.f.* isobaric line, isobar 等压线

isóbaro/isobárico *adj.* isobaric 等压的

isobases *s.f.pl.* isobases 等基线

isóbata *s.f.* isobath 等深线

isobatimétrica *s.f.* isobath, depth contour 等深线

isobutano *s.m.* isobutane 异丁烷

isocapacidade *adj.2g.,s.f.* isocapacity 等地层系数（的）

isocefálico *adj.* isocephalic 人像头部等高的

isocinético *adj.* isokinetic 等速的；等动力的

isóclina/isoclínica *s.f.* isocline, isoclinic line 等斜线

isoclinal *adj.2g.* isoclinal 等斜的

isóclino *adj.* isoclinic 等倾的，等斜的

isócora *s.f.* isochore 等体积线，等容线

isocromático *adj.* isochromatic 等色的

isócrona *s.f.* isochron, isotime line 等时线

isócrono *adj.* isochronous, isochronal 等时的

isodésmico *adj.* isodesmic 等键（的）

isódomo *s.m.* isodomon 整块面砌

isófiro *s.m.* ⇨ obsidiana

isofix *s.m.* isofix 国际标准化组织（儿童安全座椅）固定装置

isogal *s.f.* isogal 等重力线

isógiras *s.f.pl.* isogyres 同消色线

isógona/isogónica *s.f.* isogon 等磁偏线

isógono/isogónico *adj.* isogonic 等角的，等斜的

isógrada *s.f.* isograd 等变线

isograma *s.f.* isogram 等值线

isogranular *adj.2g.* isogranular 等粒的，等粒度的

iso-hélica *s.m.* isohel 等日照线

isoieta ❶ *adj.2g.* isohyetal 等雨量的 ❷ *s.f.* isohyet, isohyet line, isopluvial line 等雨量线

isoiética *s.f.* isohyet, isohyet line, isopluvial 等雨量线

isoiético *adj.* isohyetal 等雨量的

isoípsa *s.f.* isohypse, isohypsometric line 等高线

isolado *adj.* isolated, insulated 单独的；分离的；隔绝的；绝缘的

isolador ❶ *s.m.* 1. insulator 绝缘体，绝缘器，绝缘子 2. isolator 隔离器 ❷ *adj.* insulating; isolating 绝缘的；阻隔的

isolador de alta tensão high tension insulator 高压绝缘子

isolador da barra de contacto conductor-rail insulator 导电轨绝缘子

isolador de campânula de porcelana porcelain petticoat insulator 陶瓷裙式绝缘子

isolador de cerâmica ceramic insulator 陶瓷绝缘体；陶瓷绝缘子

isolador de chapa insulating plate 绝缘板

isolador de disco Hewlett Hewlett disk insulator 休利特圆盘绝缘子

isolador de falhas fault isolator 故障隔离开关

isolador de ferrite ferrite isolator 铁氧体隔离器

isolador de fibra de vidro glass fiber insulator 玻璃纤维绝缘器

isolador de haste ⇨ isolador de pino

isolador de metal metal insulator 金属绝缘体

isolador de nós knot sealer 节疤封闭剂

isolador de nylon nylon insulator 尼龙绝缘块

isolador de parede wall insulator 穿墙绝缘子

isolador de passagem feedthrough insulator 穿通绝缘子

isolador de pino pin insulator 针式绝缘子

isolador de porcelana porcelain insulator 陶瓷绝缘器

isolador de poste post insulator 柱式绝缘子

isolador do quarto trilho fourth-rail insulator 第四轨绝缘器

isolador de resina resin insulator 树脂绝缘器

isolador de suporte duplo shackle insulator 茶托绝缘子

isolador de suspensão suspension insulator 悬式绝缘子

isolador de tensão (/voltagem) tension insulator 耐张绝缘子

isolador de terceiro trilho (/de trilho condutor) third rail insulator 第三轨绝缘器

isolador de transposição transposition insulator 换位绝缘子

isolador de vibração vibration isolator 隔振垫；隔振器；隔振体

isolador de vidro glass insulator 玻璃绝缘子

isolador de vidro temperado toughened glass insulator 钢化玻璃绝缘子

isolador eléctrico insulator, non-conductor 绝缘器

isolador em cascata cascading of insulators 绝缘子级联

isolador horizontal horizontal insulator 耐张绝缘子

isolador-separador stand-off insulator 托脚绝缘子

isolador térmico heat shield, shroud 隔热板，隔热罩

isolador tipo bastão stick insulator 棒形绝缘子

isolador tipo nevoeiro fog type insulator 耐雾绝缘子

isolador vertical vertical insulator 支柱绝缘子

isolamento *s.m.* insulation; isolation 绝缘；阻隔

isolamento acústico soundproof, sound insulation 隔音

isolamento com manta batt insulation 条毯式隔热层

isolamento de base base isolation 基础隔震

isolamento de diodo diode isolation 二极管隔离

isolamento de ductos (/conduto) duct insulation 管道保温

isolamento de ductos de coifa de cozinha kitchen hood duct insulation 厨房油烟罩管道保温

isolamento de espuma no local foamed-in-place insulation 现场发泡保温

isolamento de microcircuito microcircuit isolation 微电路隔离

isolamento de parede wall insulation 墙体保温

isolamento de ranhura slot insulation 槽绝缘

isolamento de som ⇨ isolamento sonoro

isolamento de terra grounding isolation 接地绝缘

isolamento duplo double insulation 双重绝缘

isolamento eléctrico insulation; isolation 绝缘

isolamento em camisa sleeving 软管；套管

isolamento moldado molded insulation 模制绝缘，模制绝缘物

isolamento por enchimento loose-fill insulation 松散料保温

isolamento reflectivo (/reflexivo) reflective insulation 反射绝热

isolamento resistente ao fogo fire resistant insulation 耐火保温

isolamento sonoro sound insulation 隔音

isolamento térmico thermal insulation 保温，隔热

isolamento térmico de tubagem (/tubo) pipe insulation （热水管道）管道保温；风管保温

isolamento termoacústico thermal and acoustical insulation 隔热隔声

isolante ❶ *adj.2g.* insulating; isolating 绝缘的；阻隔的 ❷ *s.m.* insulator, isolater, insulant, insulation 绝缘体，绝缘材料，隔热材料

isolante a vinil vinyl insulation 乙烯基绝缘材料

isolante de borracha foam-rubber insulation 泡沫橡胶绝缘材料

isolante de espuma foam insulation 泡沫绝缘材料

isolante em cobertor blanket insulation 绝缘卷材；保温毛毡

isolante em concha moulded insulation 模制绝缘材料

isolante em fita pipe-wrapping insulation 管道绕包绝缘材料

isolante em granel loose fill insulation 松散填充绝热层

isolante em painel board insulation 隔热板

isolar *v.tr.* (to) isolate; (to) insulate 隔离；（使）绝缘

isolinha *s.f.* isarithm, isoline 等值线

isólita *s.f.* isolith 等岩性线

isólogo *adj.* isologous 同构（异素）体的；同构（异素）系的

isomeria *s.f.* isomery 同分异构现象

isomerismo *s.m.* isomerism 同分异构现象

isomerização *s.f.* isomerization 异构化（作用）

isómero *s.m.* isomer （同分）异构体

isometria *s.f.* isometry 等尺寸；等距，等容，等高

isométrico *adj.* isometric 等体积的

isomolar *adj.2g.* isomolar 等克分子的，等摩尔的

isomórfico *adj.* isomorphic 同形的

isomorfismo *s.m.* isomorphism 同晶性，同形性

isomorfos *s.m.pl.* isomorphs 同形体

isonefa *s.f.* isoneph 等云量线

isópaga *s.f.* isopag 等冻期线

isopáquica/isopaca *s.f.* isopach, isopachous curve 等厚线

isopáquico *adj.* isopachous 等厚的

isópica/isopícnica *s.f.* isopycnic 等密度线

isopiéstico *adj.* isopiestic 等压的

isopieza *s.f.* isopiestic 等压线

isopleta *s.f.* isopleth 等值线；等浓度线

isopor *s.m.* styrofoam [巴] 发泡胶 ⇨ estiropor

isopor para embalagens foam wrap 发泡布，舒美布

isópora *s.f.* isopore 地磁等年变线

isoquímena *s.f.* isochimene 等冬温线

isósceles *adj.inv.* isosceles 等腰的

isossaturação *s.f.* isosaturation 等饱和度

isossista/isossísmica *s.f.* isoseismal, isoseismal line 等震线

isóstase/isostasia *s.f.* isostasy 地壳均衡说

isostática *s.f.* ❶ isostatics 地壳均衡学 ❷ *pl.* trajectories 轨迹线

isotático *adj.* isotactic 等压的；均衡的；地壳均衡的

isotérica *s.f.* isothere 夏温线

isoterma/isotérmica *s.f.* isotherm 等温线

isoterma de adsorção adsorption isotherm 吸附等温线

isotérmico *adj.* isothermal 等温的

isotonia *s.f.* isotony, isotonism 保守性；同中子素现象

isotónico *adj.* isotonic 等渗的，等压的

isótono *s.m.* isotone 同中子素

isótopo *s.m.* isotope 同位素

isótopo estável stable isotope 稳定同位素

isotropia *s.f.* isotropy 各向同性

isotrópico *adj.* isotropic 各向同性的

isoúmicos *adj.pl.* isohumics 均腐殖质的

isovelocidade *s.f.* isovelocity 等速线；等风速线

isqueiro *s.m.* cigar lighter 打火机；点烟器

istmo *s.m.* isthmus 地峡

-ita *suf.* -ite [巴] 表示 "矿物"

itabirito *s.m.* itabirite 铁英岩

itacolumito *s.m.* itacolumite 可弯砂岩

itálico *adj.,s.m.* italic 斜体的；斜体字

italito *s.m.* italite 粗白榴岩

-ite *suf.* -ite [葡] 表示 "矿物"

ITED *sig.,s.f.pl.* telecommunications infrastructures in buildings 建筑物电信基础设施弱电系统

item *s.m.* item 条；款；项（目）

itens diversos sundry items 杂项，杂项类

iteração *s.f.* iteration 迭代；反复

iterar *v.tr.* (to) iterate 迭代；反复

iterativo *adj.* iterative 迭代的；重复的，反复的

itérbio (Yb) *s.m.* ytterbium (Yb) 镱

itinerário *s.m.* route signing, itinerary 路线，路径

itinerário principal trunk route 干线；主航线

itinerário taqueométrico tacheometric traverse 视距导线

-ito *suf.* -ith, -ite 表示 "岩石"

ítria *s.f.* yttria 氧化钇

ítrio (Y) *s.m.* yttrium (Y) 钇

itrocerite *s.f.* yttrocerite 铈钇矿

IVA *sig.,s.m.* VAT (value-added tax) 增值税

ivorito *s.m.* ivorite 象牙海岸玻陨石

ixolite *s.f.* ixolyte 红蜡石

izombé *s.m.* izombé 特斯金莲木（*Testulea gabonensis Pellegr.*）

J

jacaré *s.m.* ❶ frog 辙叉 ❷ fishplate [巴] 接合夹板；接夹板

jacaré de aço-manganês fundido cast manganese steel frog 整铸锰钢辙叉

jacaré de amv eqüilateral crotch frog 三通辙叉

jacaré de cruzamento diamond frog 菱形交叉辙叉

jacaré de trilhos bolted rigid frog 固定式拼装辙叉

jacaré duplo double pointed frog 双尖辙叉

jacaré duplo móvel com mola double spring frog 双弹簧辙叉

jacaré guia-roda self-guarded frog 自护式辙叉

jacaré maciço mono-block frog 整铸辙叉

jacaré móvel swing nose frog 可动式辙叉

jacaré móvel de mola spring frog 弹簧辙叉

jacente *s.m.* main girder （桥梁的）主梁

jacinto *s.m.* hyacinth 锆石

jacobsite *s.f.* jacobsite 锰尖晶石

jactear/jatear *v.tr.* (to) blast, (to) sandblast 喷射，喷砂，喷丸

jacto/jato *s.m.* jet 喷射；射流

jacto de água water jet 水射流

jacto de ar air jet 喷气，空气喷射

jacto de areia sandblasting 喷砂，喷砂打磨法

jato de broca bit nozzle jet 钻头喷嘴射流

jato de canhão jet perforating 聚能射孔

jacto de chumbagem ⇨ jacto-percussão

jacto de compensação compensating jet 补充喷射

jato de mistura jet mixing 射流混合

jato de sifão siphon jet 虹吸射流

jacto de vapor steam blast 蒸汽鼓风

jacto explosivo blowout 爆裂；喷射；井喷

jacto tangencial tangential jet 切向喷流

jacto-percussão shot peening 喷丸处理

jacupirangito *s.m.* jacupirangite 钛铁霞辉岩

jacuzzi *s.m.* jacuzzi 按摩浴缸

jade *s.m.* jade 玉，玉石

jade australiano australian jade 澳洲玉

jade-da-califórnia Californian jade, californite 玉符山石

jade-do-transval Transvaal jade 绿钙铝榴石

jade indiana Indian jade 印度玉

jade nefrite (/imperial) nephrite 软玉

jade sul-africano South African jade 绿钙铝榴石

jade verdadeiro New Zealand greenstone 绿软玉

jadeíte *s.f.* jadeite 硬玉；翡翠

jamanta *s.f.* carry-all; car transporter 拖车；车辆运输车

jamba *s.f.* ❶ jamb （门、窗的）侧柱 ❷ foundation wall 基础墙；基墙

jammer *s.m.* jammer 干扰器，干扰机

jampe *s.m.* [巴] ⇨ jumper

jamesonite *s.f.* jamesonite 脆硫锑铅矿

janela *s.f.* ❶ window （房屋、车船等的）窗，窗户；窗扇；窗口；窗洞 ❷ 1. aperture, win-

dow（泛指物件上的）开口，窗口 2. inset
（大图表、大地图内套印的）小图表，小地图
3. **(de envelope)** window (of envelope)
（信封上的）窗口 4. **(de túnel)** adit 坑道
口 5. window, fenestra 构造窗 ⇨ fenestra
❸ face plate 花盘；平面卡盘 ❹ window
（计算机）窗口，视窗

janela à francesa in-swing window　内
开窗

janela adaptável combination window
（可以根据需要装配不同部件的）组合窗

janela arredondada round window 圆形
凸窗

janela aticurga trapezoid window 梯形窗

janela aximezes ⇨ janela dupla

janela baixa lowside window 矮窗

janela basculante top-hung window　上
悬窗

janela bipartida ⇨ janela dupla

janela camarão ⇨ janela sanfonada

janela cega ⇨ janela falsa

janela circular wheel-window 轮形窗

janela com quadrícula lattice window 格
子窗

janela contrafogo (/corta-fogo) fire
window 防火窗

janela corrediça ⇨ janela de correr

janela de abrir ❶ casement window 平开
窗 ❷ operable window 可开启的窗

janela de aço steel window 钢窗

janela de água furtada garret window 顶
楼窗

janela do altímetro barométrico Kolls-
man window 高度表气压调定窗

janela de ângulo bay windows 凸角窗

janela de ângulo com 3 lados cant bay
（建筑外角上的）多边形凸窗

janela de Bartlett Bartlett window 巴特
利特窗，三角窗（一种窗函数）

janela de batente side-hung window　侧
悬窗

janela de Brewster Brewster window 布
儒斯特窗

janela de contrapeso counterbalanced
window 有配重的吊拉窗

janela de correr sliding window 推拉窗，
滑动窗

janela de descarga discharge ring 出口环

janela de deslizamento vertical vertically sliding window 上下推拉窗

janela de eixo vertical　casement window 平开窗

janela de empena gable window 山墙窗

janela de entrada input window 输入窗口

janela de girar casement window 平开窗

janela de guilhotina guillotine window
吊拉窗，上下推拉窗

janela de hospital　⇨ janela de tombar

janela de infravermelho infrared window 红外窗口

janela de inspeção inspection port 检验
窗孔

janela de liga de alumínio aluminum
alloy window 铝合金窗

janela de madeira wooden window 木窗

janela de manutenção maintenance
window 维修窗口

janela de máximo-ar awning window 篷
式天窗

janela de persiana jalousie window 百
叶窗

janela de púlpito balcony door 阳台门，
阳台落地窗

janela de rampa splayed window 八字窗，
外宽内窄的窗

janela de roda wheel window 轮形扇窗

janela de rótula jalousie （阿拉伯风格）
百叶窗

janela de sacada chanfrada cant bay
window 多边形凸窗

janela de sobreloja ⇨ janela jacente

janela de sonar sonar window 声呐窗；
声呐透声窗

janela de suspensão (/suspender)
hanging sash 吊窗

janela de toldo ⇨ janela de máximoar

janela de tombar hopper window 下悬窗

janela de ventilação ventilator window
通风窗

janela dobrável folding window 折叠窗

janela dupla double window 双扇窗

janela elíptica oculus （圆屋顶顶点的）
圆孔

janela falsa false window 盲窗

janela fingida dead window （窗扇外为仿真风景画的）假窗

janela fixa fixed window 固定窗，不可开启窗

janela francesa French window 落地窗

janela geminada ⇨ janela dupla

janela girante casement 平开窗

janela inglesa casement window 竖铰链窗

janela italiana italian window 意大利窗（窗棂为拱形、三个一组）

janela jacente ribbon window 水平带形窗

janela lateral side window 侧窗

janela móvel operable window 可开启的窗

janela ogival lancet window 尖顶窗

janela oscilo-batente tilt and turn window 下悬–平开窗

janela oscilo-paralela tilt-parallel window 平行推拉上悬窗

janela osciloparalela com fixo lateral tilt-parallel window （侧边固定的）平行推拉上悬窗

janela paladiana Palladian window 巴拉迪欧窗

janela panorâmica picture window 观景窗

janela pivotante pivoted window 旋转窗

janela pivotante horizontal center-pivoted window 中旋窗

janela pivotante vertical vertically pivoted window 立式转窗

janela pré-formada window unit 成品窗

janela projectante skylight window 上悬窗，（阁楼）天窗

janela projetada projected window 滑轴窗

janela protetora storm window 遮挡风雪的护窗

janela (de) sacada oriel window, bay-window 凸窗，凸肚窗

janela rasgada ⇨ rasgada

janela saliente bay window 飘窗，凸窗

janela saliente chanfrada ⇨ janela de sacada chanfrada

janela saliente em semicírculo compass window 半圆形凸窗，弓形凸窗

janela sanfonada (/sanfona) folding window 折叠窗

janela traseira back window, rear window 后窗

janela Vitrôs composite window 组合窗

janelo s.m. hatch 舱口，小窗

jangada s.f. ❶ raft 筏；浮船 ❷ liferaft 救生筏

jangada de captação floating water intake 浮船取水站

jango s.m. bower, pergola [安] 凉亭

jante s.f. wheel rim 轮辋，轮箍

jante de alumínio aluminum wheel rim 铝合金轮辋，铝合金钢轮圈

jaqueta s.f. jacket 支架；吊管架

jaqueta de plataforma platform jacket （海上平台的）导管架

jarda (yd) s.f. yard (yd) 码（长度单位，合 0.914 米）

jarda cúbica (yd³) cubic yard (yd³) 立方码

jarda quadrada (yd²) square yard (yd²) 平方码

jardim s.m. garden 花园

jardim de descanso rest garden 休闲花园

jardim de inverno winter garden 冬景花园

jardim de pedras rock garden 石艺园林，岩石花园

jardim do telhado (/pênsil/suspenso) roof garden 屋顶花园

jardim infantil kindergarten 幼儿园

jardim público public garden 公园

jardim submerso sunken garden 下沉花园

jardim suspenso hanging garden 空中花园

jardinagem s.f. gardening 园艺

jardinar v.tr. (to) garden 从事园艺，在园中种植

jardineira s.f. ❶ jardiniere, planter 花槽，花架，（陶瓷）大花盆托 ❷ small country bus 观光车，休闲代步车

jardineira de madeira timber planter 木制花架

jardineiro s.m. gardener 园艺师

jardineiro paisagista landscape gardener

景观园艺师

jarosite *s.f.* jarosite 黄钾铁矾

jarovização *s.f.* jarovization 春化作用，春化处理

jarra *s.f.* jar, jug 罐，壶

jarra anaeróbica anaerobic jar 厌氧罐

jarra com medidas measuring jug 量壶

jar test *s.m.* jar test 悬浮物体分离试验

jaspágata *s.f.* jaspagate 玛瑙碧玉

jaspe *s.m.* jasper 碧玉

jaspe egípcio Egyptian jasper 埃及碧玉

jaspe-negro touchstone 试金石

jaspe-opala jasper-opal 碧玉蛋白石

jaspe sanguíneo (/de sangue) bloodstone 鸡血石；血玉髓

jaspe verde green jasper 绿碧玉

jaspe vermelho red jasper 红碧玉

jasperito *s.m.* jasperite 碧玉；碧玉岩

jasperóide *s.m.* jasperoid 似碧玉岩

jaspilito *s.m.* jaspilite 碧玉铁质岩

jaspóide *s.m.* jaspoid 玄武玻璃

jateado *adj.* blasted 喷丸处理的，喷砂处理的

jateamento *s.m.* blasting 喷射，喷砂，喷丸

jateamento de areia sand blasting 喷砂

jateamento e lavagem de fundo sand washing 冲砂

jateamento hidráulico hydraulic jetting 水力喷射

jateamento por agulhas needle peening 喷针处理

jatobá *s.m.* courbaril 孪叶苏木 (*Hymenaea spp.*)

jaú *s.m.* travelling cradle 移动式吊篮 ⇨ andaime suspenso

javaíto *s.m.* javaite 爪哇熔融石；玻陨石

javanito *s.m.* javanite 爪哇岩

jazida *s.f.* deposit, field 矿脉，矿床，矿层

jazida a céu aberto pit 露天矿井

jazida de cascalho gravel pit 砾石场

jazida de empréstimo borrow pit 取土坑，借土坑

jazida de lastro ballast pit 道砟料坑

jazida de minérios deposit of ores 矿床

jazida hidrotermal hydrothermal deposit 热液矿床

jazigo *s.m.* deposit, field 矿藏，矿床

jazigo carbonífero coal-bed, coal-seam 煤层

jazigo de substituição replacement deposit 交代矿床

jazigo epitermal epithermal deposit 低温热液矿床；浅成热沉积

jazigo estratiforme stratiform deposit 层状矿床

jazigo hipotermal hypothermal deposit 高温热液矿床

jazigo intramagmático intramagmatic deposit 岩浆内矿床

jazigo mesotermal mesothermal deposit 中温热液矿床

jazigo metamorfogénico metamorphogenic deposit 变质生成矿床

jazigo petrolífero oil pool 油藏

jazigo primário primary deposit 原生矿床

jazigo secundário secondary deposit, secondary gisement 二次矿床；次生沉积

jazigo supergénico supergene deposit 浅成矿床

jeira *s.f.* hide 土地面积单位，合 19 至 36 公顷不等

jerica *s.f.* two-wheeled barrow 两轮手推车

jet-grouting *s.m.* jet-grouting 喷射灌浆

jet lag *s.m.* jet lag 时差；时差感

Jiangshaniano *adj.,s.m.* Jiangshanian; Jiangshanian Age; Jiangshanian Stage （地质年代）江山期（的）；江山阶（的）

jibe *s.m.* ⇨ cambada

jigue *s.m.* jig 跳汰机；筛选机

jirau *s.m.* [巴] ❶ stilt house 干栏式建筑，干栏巢居 ❷ intermediary floor 楼架；楼架板 ❸ a raised indoor platform （用来晾晒东西的）木架子；木架子床

jito *s.m.* runner, pouring head 浇口道；浇注压头

joalharia *s.f.* jewellery 珠宝店

joeira *s.f.* grain sieve （形似笸箩的）谷粒筛

joeirado *adj.* sieved, riddled 筛选的，筛分的

joelheira *s.f.* ❶ knee-brace 角撑（件）❷ knee-pad 护膝

joelho *s.m.* knee 弯头，弯管；膝形杆；架合角铁

joelho com flange flanged elbow 法兰弯头

joelho 90° exposto exposed 90° knee 明

装 90° 弯头

joelho de ligação angle cleat 支座角钢

jogo *s.m.* ❶ set, equipment, collection, kit 套，组，套件；工具套装 ❷ play, looseness 间隙；松弛，松动 ❸ motion 机械的运转 ❹ game 博弈 ⇨ teoria dos jogos

jogo americano place mat 餐具垫

jogo axial end play 轴端间隙

jogo de chave combinada combination wrench set 组合扳手套装

jogo de enchimento de pneus com nitrogênio nitrogen tire inflation kit 轮胎氮气充气机

jogo de engrenagens gear set 齿轮组

jogo de escovas carbon brush set 碳刷组

jogo de escovas do alternador alternator brush set 交流发电机电刷组

jogo de escovas do gerador generator brush set 发电机电刷组

jogo de falha fault throw 断层落差

jogo de ferramentas tool set 成套工具；工具箱

jogo de galhardetes signal flags 信号旗

jogo de montagem installation kit 安装工具包

jogo de reparação de roscas threaded insert kit 螺纹修复工具

jogo de reparo repair kit 修理工具

jogo de roletes set of rollers 滚筒组，滚子组

jogo lateral lateral motion 侧向运动

jogo morto lost motion 空动；空载行程；空转

jogo planetário da transmissão marítima marine planetary gear 船用行星齿轮组

johannsenite *s.f.* johannsenite 锰钙辉石

johnsonite *s.f.* johnsonite 纤明矾

jóia *s.f.* gemstone, precious stone 宝石

joint venture (JV) *s.f.* joint venture (JV) 合资企业

joint venture, consórcio ou associação (JVCA) joint venture, consortium or association (JVCA) 合资企业、联营体或联盟

jónico *adj.* Ionic 爱奥尼（柱）式的

jornada *s.f.* ❶ journey （一天的）旅程 ❷ conference, symposium 研讨会，座谈会 ❸

day's work 每日的工作（量）

jornaleiro *s.m.* day laborer, journeyman 计日工

jorra *s.f.* ❶ potter tar （涂在陶器内部的）焦油 ❷ dross; scum 熔渣，浮渣

jorramento *s.m.* ❶ jet 喷涌，喷射 ❷ batter （墙面由下向上渐薄所形成的）倾斜（度）

jorrar *v.tr.* (to) gush, (to) jet 喷涌，喷射

jorro *s.m.* jet 喷涌，喷射

josefinite *s.f.* josephinite 镍铁矿

jotunito *s.m.* jotunite 纹长苏长岩

joule (J) *s.m.* joule (J) 焦耳（能量单位）

joystick *s.m.* joy stick 操纵杆，操纵手柄

julgamento *s.m.* judgment 审判；判决；判决书

jumbo *s.m.* jumbo, drill carriage 凿岩车，凿岩机

jumbo-jato *s.m.* jumbo jet [巴] 大型喷气式飞机

jumelo *s.m.* shackle 钩环

jumelo de engate coupling shackle 联接器钩环

jumilito *s.m.* jumillite 金云白榴岩

jumper *s.m.* jumper 跳线

junção *s.f.* ❶ 1. connection, linking, junction 连接 2. point of junction 连接点，接合处，汇合点 3. joint 接口，接头 ❷ junction, road junction [巴] 路口；道路交界处，道路连接处

junção a frio cold junction 冷接点

junção à meia madeira halving （木料）半嵌接

junção a topo jump junction, butt joint 对接接头

junção alternada break joint 错缝接合

junção cónica conical joint 锥形连接

junção de cabos cable joint 电缆接头

junção de estado sólido solid-state bonding 固相连接

junção de inspecção inspection junction 检查口

junção de Josephson Josephson junction 约瑟夫逊结

junção de pino pin joint 销连接

junção de talas fished joint 鱼尾板接合；夹板接头

junção em T T-junction 丁字路口

junção em Y Y-junction 斜三叉路口，Y字路口

junção interna inner joint 内接头

junção oblíqua ⇨ junção em Y

junção por torção twisted joint 扭绞接合

junção quebrada breaking joint 断缝；断裂缝

junção rápida quick union 快接接头

junção saliente salient junction 外角

junção tripla triple junction 三联接合点

junco s.m. ❶ rush 灯芯草 ❷ chinese junk 中式帆船 [源自汉字艍]

junta s.f. ❶ joint 接口，接头，关节，连接装置 ❷ joint, seam, groove 接缝；节理

junta à face flush joint 平缝

junta a meia esquadria mitre joint 斜接头

junta a meia madeira biselada beveled halving 斜对接

junta a topo jump joint 对头接合

junta abrigada dado joint 槽接接头

junta alisada troweled joint 泥铲缝

junta alternada staggered joint 错缝

junta anti-retorno check joint 止回接头

junta anti-sísmica seismic joint, aseismic joint 防震缝，抗震缝

junta articulada swivel joint 转动接头

junta autoblocante pressure seal 压力封口；压力密封

junta biselada inferior weathered struck joint （斜面向上的）斜缝

junta calafetada caulked seam 填塞缝

junta cardan cardan joint 万向接头

junta cega dummy joint 假缝；半缝

junta cheia flush joint 齐平接缝

junta cilíndrica roll strip 卷边式接缝

junta com chapas dentadas comb expansion joint 梳式接缝，榫接接合

junta com secção enfraquecida sawed joint （路面）锯缝

junta côncava concave joint （圆槽）凹缝

junta cónica cone-faced joint 锥形节

junta corrediça slip joint 滑动节；伸缩节

junta cortada struck joint 外斜缝

junta de acamamento bedding joint 顺层节理

junta de acoplamento coupling joint 联轴接头

junta de alvenaria collar joint 砌体墙之间的接缝

junta de ângulo recto right-angle connector 直角接头

junta de argamassa mortar joint 灰缝

junta de armação framing anchor 构架锚件

junta de articulação articulated joint 活节接头

junta de assentamento settlement joint 沉降缝

junta de betonagem concrete joint; construction joint 混凝土接缝；施工缝

junta da cabeça (/cabeçote) cylinder head gasket 气缸盖垫片

junta de cadeia chain bond 链式砌法

junta de carbono carbon gland 碳环压盖

junta do cárter do óleo oil pan gasket 机油盘衬垫

junta de cavilha feather joint 羽状节理

junta de charneira hinge joint, pinned connection 铰接连结，铰链连接

junta de concretagem concrete joint; construction joint 混凝土接缝；施工缝

junta de construção construction joint 施工接缝；施工缝，结构缝

junta de construção horizontal lift joint 减荷节理；浇灌横接缝

junta de contracção contraction joint 收缩缝；收缩接缝

junta de controlo control joint 控制缝

junta de dente de serra indented joint 齿接

juntas de deslocação movement joint 移动接缝

junta de desmontagem dismantling joint 传力接头，可拆卸接头

junta de dilatação expansion joint 伸缩缝

junta de dilatação corrediça slip joint 滑动节

junta de divisão diving joint 分格缝

junta de elevação clip joint 加厚灰缝

junta de encaixe dowel joint 榫钉接缝；暗钉接合

junta de esfera ball joint 球形接头；球窝接头

junta de espiga e encaixe tenon dowel joint 嵌销接合，榫销接合

junta de espigão e cone bell-and-spigot joint 承插接头

junta de esteira track joint 履带连接点

junta de estratificação stratified joint 层理面

junta de expansão expansion joint 伸缩缝；伸缩接头，伸缩接口

junta de expansão do terceiro trilho third rail expansion joint 第三轨伸缩缝

junta de feltro felt gasket 毡衬垫

junta de flange flange joint 凸缘接头；法兰接头，法兰盘型连接装置

junta de gonzo ⇨ junta de charneira

junta de imitação bastard pointing 粗嵌缝

junta de isolamento isolation joint 阻隔缝

junta do kelly kelly joint 方钻杆接头

junta de macho e fêmea rabbet joint 嵌接；企口接合；槽舌接合

junta de mergulho dip joint 倾向节理

junta de movimento movement joint 变形缝，活动接缝

junta de paramento wall joint 墙面接缝

junta do pilar da escada newel joints （螺旋梯的）中柱接头

junta de pino pin joint 销连接

junta de piso floor anchor 地脚；地脚板

junta de ponte bridge joint 桥接；架接

junta de pressão shoved joint 挤浆缝

junta de ranhura e lingueta ploughed-and-tongued joint 榫连接

junta de redução fêmea-fêmea sub-coupling 变径接箍

junta de retorno de óleo oil-return joint 回油接头

junta de retracção contraction joint 收缩缝；收缩接缝

junta de ripa batten seam 木楞式接缝

junta de rolete roller joint 滚轴接头

junta de segurança safety joint 安全接头

junta de sobreposição lap joint 搭接接头

junta de solda weld joint 焊缝；焊接接头

junta de soleira sill anchor 槛锚

junta de tempestade hurricane anchor 防风揭紧固件

junta de topo butt joint 对接接头

junta de topo de dupla cobertura double cover butt joint 双盖板对接接头

junta de trabalho construction joint, work joint 施工缝，工作缝

junta de trave joist anchor 墙锚

junta dos trilhos rail joint 铁轨接头

junta de trilho alternada alternate joint, staggered joint 相错式接头；错列式接缝

junta de trilho arriada low joint 轨道低接头

junta de trilho chanfrada chamfered joint 轨道斜接头

junta de trilho com ressalto kicked joint 接头端部肥边

junta de trilho com suporte falso pumping joint 轨道接头空吊板

junta de trilho desnivelada kicked joint 轨头高低错牙

junta de trilho em balanço suspended joint 悬式接头

junta de trilho envolvida por meterial soldado cast welded rail joint 铸焊钢轨接头

junta de trilho laqueada ⇨ junta de trilho com suporte falso

junta de trilho macho-e-fêmea tongue-and-groove joint 钢轨榫接头

junta de trilho partida break joint 钢轨接头破损

junta de trilho sem folga ungapped joint 钢轨无缝连接

junta de trilho topada ⇨ junta de trilho sem folga

junta de tubo pipe joint 管接头；管节

junta de tubo por flanges flanged pipe joint 法兰管接头

junta de vedação gasket joint 垫圈接头

junta de vedação de cobre-asbesto copper-asbestos gasket 铜包石棉垫片

junta de vidro esmerilhado ground glass joint 磨口玻璃接头

junta deflectora knuckle joint 铰链接合

junta dentada indented joints 齿接

junta desencontrada break joint 错缝接合

junta deslizante sliding joint 滑动关节

juntas direccionais strike joint 走向节理

junta elástica elastic joint 弹性接头，弹性连轴节

junta em bisel bevel joint 斜削接头，斜削接缝

junta em cauda de andorinha a meia madeira dovetail halving 半陷鸠尾榫

junta em cauda de andorinha semicega lap dovetail 互搭鸠尾榫

junta em chanfro bead-in-groove weld 坡口堆焊缝

junta em J J-groove 丁形坡口焊缝

junta em malhete dovetail joint 燕尾接合

junta em nível flush joint 齐平接缝

junta em quina corner joint 弯管接头；角接接头

junta em T tee 三通 ⇨ té

junta em topo ⇨ junta em nível

junta em U U-groove U 形坡口焊缝

junta em V V-joint V 形接头

junta em 1/2 V bevel groove 斜角焊缝

junta ensamblada (/emalhetada) mortise joint 榫接

junta entalhada spline joint 花键连接；填实缝

junta entre dois arcos heading joint 端接，顶头接

junta enviesada splayed joint 楔形接缝

junta escavada raked joint （方槽）凹缝

junta esférica ball-and-socket joint 球窝接头，球窝关节

junta esférica universal universal ball joint 万向球节

junta estanque watertight joint 水密接缝

junta estilolítica stylolitic joint 缝合线节理

junta estrutural structural joint 结构缝

junta expansiva ⇨ junta de expansão

junta externa external joint 外部接缝

junta fixa fixed joint 固定连接

junta flangeada ⇨ junta de flange

junta flexível flexible joint 柔性接头；柔性接缝

junta fria cold joint 冷接合

junta fria de concretagem ⇨ junta de concretagem

junta Gibault Gibault joint Gibault 接头

junta giratória swivel joint 旋转接头

junta hidrostática hydrostatic seal 静压密封件

junta homocinética constant velocity joint, CV joint 等速万向节

junta horizontal ❶ horizontal joint 横接合，横接头 ❷ bed joint 平层节理；水平砌缝

junta impermeável watertight joint 水密接缝

junta interna inner joint 内接头

junta intertravada ⇨ junta de encaixe

junta isolada de trilho insulated joint 绝缘轨接头

junta isolante insulated joint 绝缘接头

junta líquida liquid gasket 液态密封垫

junta longitudinal longitudinal joint 纵向接缝；纵节理

junta macia soft joint 柔性连接

junta mecânica mechanical joint 机械连接

junta mestra master joint 主节理

junta mestra da esteira track master joint 履带主节理

junta metálica flexível flexible metal joint 金属软接

junta moldada preformed joint 预塑缝

junta oblíqua splayed joint 楔形接缝

junta oculta blind joint 无缝接头

junta oxidante rust joint 锈蚀接头

junta parafusada screw-joint 螺纹套管接头；螺旋接合

junta passa-muros wall outlet connector 穿墙连接

juntas penadas pinnate joint 羽状节理

junta perimetral peripheral joint; perimetric joint; perimeter joint 周边缝

junta posterior back joint 石阶踏步背榫

junta recta straight joint 直缝砌接，直线接头

junta refeita tuck pointing 方突灰缝

junta refundada raked joint （方槽）凹缝

junta revestida covered expansion joint 有覆盖保护的伸缩缝

junta rígida rigid joint 刚性接头；刚性接缝

junta roscada threaded connector 螺纹接头，螺纹连接装置

junta rotativa swivel 转节，转环

junta rústica rustic joint 粗接缝

junta saliente abutting joint 对接接头

junta semi-rígida semirigid joint 半刚性接头

junta serrada sawed joint （路面）锯缝

juntas sigmoidais sigmoidal joint S 形节理

junta sísmica ⇨ junta anti-sísmica

junta sobreposta lap joint 搭接，叠接

junta sobreposta de soldagem overlapping weld joint 搭接焊缝

junta soldada welded joint 焊接接头

junta talhada tooled joint 工具造型缝，工具处理缝

junta tipo sela saddle joint 鞍形接头

junta transversal transverse joint 横向接缝；横节理

junta travada interna (JTI) internal anchored joint 内牙型管接头

junta triangular com dentes bridle joint 啮接

junta tripóide constant velocity joint, CV joint 等速万向节

junta universal universal joint, U-joint 万向接头，万向节

junta universal Layrub Layrub universal joint 莱鲁布万向接头

junta vertical ❶ standing seam 站缝，立接缝 ❷ head joint 直缝，垂直接缝

junta water-stop water stop joint 止水接头；止水接缝

junta zipada lock seam 卷边接缝，咬口接缝

juntador s.m. windrower 割晒机

juntador-carregador de beterraba sugar-beet pick-up loader, complete sugar-beet harvester 甜菜捡拾装载机

juntador de feno hayrake 搂草机

juntar v.tr.,intr. ❶ (to) joint, (to) connection 连接 ❷ pron. (to) collect, (to) heap up 汇集，聚集，堆积

juntoura s.f. header, bonder 露头砖，露头石，丁砖

juntouro s.m. ⇨ juntoura

juntura s.f. ❶ bond 砌合，结合 ❷ bond course, header course 丁砖层 ⇨ perpiano ❸ header, bonder 露头砖，露头石，丁砖 ⇨ juntoura

Jurássico adj.,s.m. Jurassic; Jurassic Period; Jurassic System （地质年代）侏罗纪（的）；侏罗系（的）

Jurássico Inferior Lower Jurassic; Lower Jurassic Epoch; Lower Jurassic Series 下侏罗世；下侏罗统

Jurássico Médio Middle Jurassic; Middle Jurassic Epoch; Middle Jurassic Series 中侏罗世；中侏罗统

Jurássico Superior Upper Jurassic; Upper Jurassic Epoch; Upper Jurassic Series 上侏罗世；上侏罗统

juro s.m. interest 利息

juro a receber interest receivable 应收利息

juros compostos compound interest 复利

juro corrido accrued interest 应计利息

juro de mora interest for late payment 逾期付款利息

juros durante a construção interest during construction 建设期利息

juro postecipado interest in arrears 滞延付款利息

juro simples simple interest 单利

juros sobre pagamento em atraso interest on overdue payments 逾期付款利息

jusante s.f. ❶ downstream 下游 ❷ ebb tide 退潮，落潮

justaposição s.f. juxtaposition 并置

just-in-time adj.inv.,s.m. just-in-time 准时生产（的），无库存制度（的）

justo adj. close 紧的，紧密（布置）的

juvito s.m. juvite 正霞正长岩

K

kaersutite *s.f.* kaersutite 钛闪石；羟钛角闪石

kainite *s.f.* kainite 钾盐镁矾

kalsilite *s.f.* kalsilite 六方钾霞石

kamacite *s.f.* kamacite 铁纹石

kambala escura *s.f.* west african albizia 锈色合欢木（*Albizzia ferruginea Benth.*）

kambala iroko *s.f.* iroko 绿柄桑木（*Milicia excelsa*）

kame *s.m.* kame 冰碛阜，冰砾阜

kanban *s.m.* kanban 看板管理，看板法

kankar *s.m.* kankar 灰质核

kansasite *s.f.* kansasite 化石树脂

karpinskyite *s.f.* karpinskyite 硅镍镁石

karroo *s.m.* karroo 南非洲的干燥台地高原

kárstica *s.f.* karst 岩溶，喀斯特地形 ⇨ **carso**

kart *s.m.* kart 卡丁车

karting *s.m.* karting 卡丁车运动

kartódromo *s.m.* karting track 卡丁车赛道

Kasimoviano *adj.,s.m.* Kasimovian; Kasimovian Age; Kasimovian Stage（地质年代）卡西莫夫期(的)；卡西莫夫阶(的)

katal (Kat) *s.m.* katal (Kat) 开特（催化活性单位）

Katiano *adj.,s.m.* Katian; Katian Age; Katian Stage（地质年代）凯迪期(的)；凯迪阶(的)

katungito *s.m.* katungite 白橄黄长岩

katzenbuckelito *s.m.* katzenbuckelite 方响斑岩；白榴霞霓斑岩

K-bentonite *s.f.* K-bentonite 钾质斑脱岩

keilhauite *s.f.* keilhauite 钇榍石

Kelly *s.f.* Kelly 方钻杆 ⇨ **haste quadrada**

kelly spinner *s.m.* kelly spinner 方钻杆旋转器

kelvin (K) *s.m.* kelvin (K) 开（尔文）（热力学温度单位）

kentalenito *s.m.* kentallenite 橄榄二长岩

kernite *s.f.* kernite 四水硼砂

kersantito *s.m.* kersantite 云斜煌岩

ketch *s.m.* ketch 双桅小帆船

kibutz *s.m.* kibbutz（以色列的）集体农场

Kieselguhr *s.m.* Kieselguhr 硅藻土

kieserite *s.f.* kieserite 硫镁矿，水镁矿

kilo (kg) *s.m.* kilo (kg) 千克，公斤

kilo- (k) *pref.* kilo-(k) 表示"千" ⇨ **quilo-**

kimberlito *s.m.* ⇨ **quimberlito**

Kimeridgiano *adj.,s.m.* Kimmeridgian; Kimmeridgian Age; Kimmeridgian Stage [葡]（地质年代）钦莫利期(的)；钦莫利阶(的)

Kimmeridgiano *adj.,s.m.* [巴] ⇨ **Kimeridgiano**

kinradito *s.m.* kinradite 似珍珠岩，珍珠碧玉

kip *s.m.* kip 千磅

kip-força (kipf) kip-force (kipf) 千磅力（力学单位，合 4448 牛顿）

kirigâmi *s.m.* kirigami 剪纸画；剪纸艺术

kirwanito *s.m.* kirwanite 纤绿闪石

kiss and ride *s.m.* kiss and ride 临停接送区

kit *s.m.* kit 盒；工具盒；工具套装 ⇨ **jogo, estojo**

kit de ferramentas tool kits 工具套装

kit de sobrevivência survival kit 救生包

kit de teste de anticorrosivo coolant conditioner test kit 防腐检测试剂盒

kit micro-retífica micro grinder kit 刻磨笔套装

kit para análise de água water analysis kit 水质分析试剂盒

kitasato *s.m.* conical flask 锥形瓶，布氏烧瓶

kitchenette *s.f.* kitchenette 连厅厨房，小厨房

kite winder *s.m.* kite winder（复式楼梯的）转向斜踏步，转角三踏步

kivito *s.m.* kivite 少橄白榴碧玄岩

kjelsasito *s.m.* kjelsasite 英辉二长岩

klippe *s.f.* klippe 飞来峰；构造外露层

knebelite *s.f.* knebelite 镁锰橄榄石

knick *s.m./f.* knick 裂点

know-how *s.m.* know-how 专有技术；专门技能

know-why *s.m.* know-why 技术原理

kobellite *s.f.* kobellite 硫铋锑铅矿

kogarkoite *s.f.* kogarkoite 斜氟钠矾

kolm *s.m.* kolm 含铀煤结核

komatiíto *s.m.* komatiite 科马提岩

kombi *s.f.* minibus [巴] 小公共

könlite *s.f.* könlite 重碳地蜡

kornerupina *s.f.* kornerupine 柱晶石

kornerupite *s.f.* kornerupite 柱晶石

kosmochlor *s.f.* kosmochlor 钠铬辉石，陨铬辉石

kotibé *s.m.* kotibé, danta 罂粟尼索桐（Ne-sogordonia papaverifera）

Kovar *s.m.* Kovar 柯伐镍基合金

krablito *s.m.* krablite 透长凝灰岩

krageroíto *s.m.* kragerite, krageroite 金红钠长细晶岩

krantzito *s.m.* krantzite 黄色琥珀

krêmlin *s.m.* kremlin（俄国的）城堡

krigagem *s.f.* kriging 用克里格法进行储量计算；克里格法

kugdito *s.m.* kugdite 橄黄岩

kukersito *s.m.* kukersite 库克油页岩

kulaíto *s.m.* kulaite 闪霞粒玄岩

kumbu *s.m.* money [安] 钱

Kunguriano *adj.,s.m.* Kungurian; Kungurian Age; Kungurian Stage （地质年代）空谷期（的）；空谷阶（的）

kunkar *s.m.* kunkar 钙结核

kunzite *s.f.* kunzite 紫锂辉石

kutnahorito *s.m.* kutnahorite 镁锰方解石；锰白云石

kvelito *s.m.* kvellite 橄闪正长煌斑岩

kwanza (AOA, AOK, Kz, Akz) *s.m.* kwanza (AOA, AOK, Kz, Akz) 宽扎（安哥拉货币单位）

kylito *s.m.* kylite 富橄霞斜岩；辉橄霞斜岩

L

lã *s.f.* wool, woolen fabric 毛线；绒线；羊毛

lã de aço wire wool 钢丝绒

lã de basalto basalt wool 玄武岩矿棉

lã de escória slag wool 渣棉

lã de rocha asbestos 石棉

lã de vidro glass wool 玻璃棉

lã mineral mineral wool 矿棉

lã vegetal vegetable wool 植物毛；假羊毛

lábio *s.m.* lip 唇；唇状物；边缘

lábio de falha fault boundary 断层边界

lábio do vedador seal lip 密封唇

labirinto *s.m.* labyrinth 迷宫；曲径式构造

laboratório *s.m.* laboratory 实验室，化验室；工作室；制片车间

laboratório biológico biology laboratory 生物实验室

laboratório credenciado accredited laboratory 认证实验室

laboratório de análise de imagem image analysis laboratory 图像分析实验室

laboratório de criminalidade crime lab 犯罪实验室

laboratório de engenharia engineering laboratory 工程技术实验室

laboratório de ensaios testing laboratory, test lab 测试实验室

laboratório de investigação (/pesquisa) research laboratory 研究实验室

laboratório de línguas language laboratory 语音教室

laboratório físico physical laboratory 物理试验室

laboratório físico-químico physical-chemical laboratory 物理化学研究室

laboratório forense forensic laboratory 法医实验室

laboratório não permanente (LNP) not permanent laboratory 非永久性实验室

laboratório neutro neutral laboratory 中立实验室

laboratório permanente (LP) permanent laboratory 永久性实验室

laboratório privado autorizado accredited private laboratory 有认证的私营实验室

laboratório químico chemical laboratory 化学实验室

laboratório radioquímico radiochemical laboratory 放射化学实验室

labradorescência *s.f.* labradorescence 拉长晕彩

labradorito *s.m.* labradorite 拉长石；富拉玄武石

laca *s.f.* lacquer, lacker, lac 漆；树脂

laca de asfalto asphalt varnish 沥青漆

laca fluorescente fluorescent paint 荧光漆

laca japonesa japan 日本亮漆

laca transparente clear lacquer, transparent lacquer 清漆；透明亮漆

lacado *adj.* lacquered 上漆的

lacagem *s.f.* lacquering 上漆；涂漆层

lacagem em metal metal lacquering 金属漆

lacar *v.tr.* (to) lacquer 上漆；涂漆层

laçaria *s.f.* tracery, flourish 花结状饰，交织线条装饰

lacarpito *s.m.* lakarpite 钠闪正长岩

lacê *s.m.* hunting 蛇行运动；摇滚振动

lacete *s.m.* ❶ loop；S curve 盘山路；S 形弯道 ❷ pitched work（山间路的）砌石护坡

laço *s.m.* lace 花饰，连环饰

lacólito *s.m.* laccolith 岩盘

lacólito de feição lenticular (/em forma de cedro) cedar-tree laccolith 雪松树岩盘

lacólito sedimentar sedimentary laccolith 沉积岩盖

lacre *s.m.* sealing wax, lead seal 密封蜡，火漆；铅封

lacrimal *s.m.* ❶ spring, fountain [巴] 泉眼，泉 ❷ dripstone 滴水石

lacticínio *s.m.* dairy product 乳制品

lacticultura *s.f.* milk production industry 牛奶生产业

lactómetro/lactômetro *s.m.* lactometer 乳比重计

lacuna *s.f.* gap, lacuna 间隙，缺口，空白

lacuna de erosão erosional gap 侵蚀间断；侵蚀山口

lacuna de sedimentação sedimentary gap 沉积缺失

lacuna estratigráfica stratigraphic gap 地层滑距；地层缺失

lacuna sismológica seismic gap 地震空白区，地震空区，缺震区

lacunário *s.m.* lacunar 花格平顶；梁间的空隙

lacustre *adj.2g.* lacustrine [葡] 湖泊的

lacustrino *adj.* lacustrine [巴] 湖泊的

ladeira *s.f.* hillside 山腰，山坡

Ladiniano *adj.,s.m.* Ladinian; Ladinian Age; Ladinian Stage （地质年代）拉丁期（的）；拉丁阶（的）

lado *s.m.* side 侧，边

lado à jusante ⇨ lado de saída
lado ar airside 空侧

lado contra-apoio ⇨ lado de contraempuxo

lado de admissão inlet side 入口侧，入口端

lado da cabeça head end 头端，首端

lado da caçamba bowl side 挖斗一侧

lado de carga thrust side 推力端

lado de contra-empuxo anti-thrust side 反推力端

lado de entrada upstream side 上游侧，入口侧

lado de marcha à ré reverse drive side 反向驱动侧

lado das marchas avante forward drive side 向前驱动侧

lado de reação ⇨ lado de contra-empuxo

lado de saída downstream side 下游侧

lado do trilho virado para o campo rail field side 钢轨外侧

lado em balanço ⇨ lado de contraempuxo

lado externo outboard（发动机）舷外

lado externo do trilho rail field side 钢轨外侧

lado interno do contra-trilho guard face 护轨内侧

lado interno do trilho rail gauge side 护轨内侧

lado interno da via gauge side 钢轨内侧

lado motor driving side 驱动侧

lado perdedor losing side 负方

lado sujeito à carga ⇨ lado de carga

lado terra land side 陆侧

lado vencedor winning side 胜方

ladrão *s.m.* overflow pipe 溢流管

ladrigesso *s.m.* plaster block 石膏块

ladrilhador *s.m.* ❶ tiler, bricklayer, paver 瓦工；瓷砖工，方砖工 ❷ brick laying machine 铺砖机

ladrilhamento *s.m.* tiling 铺砖，贴砖

ladrilhar *v.tr.* (to) tile 铺砖，贴砖

ladrilheiro *s.m.* tiler, bricklayer, paver 瓦工；瓷砖工，方砖工

ladrilho *s.m.* ❶ brick, tile 方砖，方砖块 ❷ flooring tile, floor tile 地板砖，铺地砖

ladrilho antiderrapante homogéneo vitrificado glazed homogeneous anti slip tile 釉面均质防滑地砖

ladrilho cerâmico ceramic tile 瓷砖

ladrilho cerâmico fosco anti-derrapante rectificado totalmente encorpado full bodied rectified anti slip matt ceramic tiles slate 磨边通体哑光防滑瓷砖

ladrilho cerâmico não vitrificado unglazed ceramic tile 无釉瓷砖

ladrilho cerâmico rectificado totalmente encorpado rectified full body ceramic tile 磨边通体瓷质砖

ladrilho cerâmico semi-vitrificado semi glazed ceramic tile 半釉面瓷砖

ladrilho cerâmico vitrificado rectificado rectified glazed ceramic tile 磨边釉面瓷砖

ladrilho de alcatifa carpet tile 地毯块，方地毯

ladrilho de cimento cement tile 水泥瓦

ladrilho de mármore marble tile 大理石饰面砖

ladrilho de mosaico de vidro glass mosaic tile 玻璃纸皮石；玻璃锦砖

ladrilho de vidro encaustic tile, glazed tile 琉璃瓦，釉面砖

ladrilho de vinil antiestáticos anti-static vinyl tiles 防静电乙烯基面砖

ladrilho flexível flexible tile 柔性瓦片，柔性面砖

ladrilho hidráulico hydraulic tile 液压(成型)花砖

ladrilho marselhês terracotta tile 赤陶面砖

ladrilho não vitrificado unglazed tile 无釉砖，无釉面砖

ladrilho semi-flexível de policloreto de vinilo semi-flexible PVC tile 半柔性聚氯乙烯砖，半柔性 PVC 砖

ladrilho totalmente encorpado full bodied tile 通体砖

lagar s.m. press, fruit press（葡萄、水果、油料作物等的）榨汁器，压榨桶；压榨作坊

lagar de azeite olive press 橄榄榨油坊

lagar de vinho wine press 葡萄压榨坊

lagarta s.f. track [巴] 履带

lago s.m. lake 湖，湖泊

lago amítico amictic lake 永久封冻湖

lago artificial man-made lake, reservoir 人工湖

lago continental salgado salty continental lake 内陆咸水湖

lago costeiro coastal lake 滨海湖，沿岸湖

lago de abandono de canal cutoff lake 割断湖，弓形湖

lago de barragem damed lake 堰塞湖

lago de cratera crater lake 火山口湖

lago de duna dune lake 沙丘湖

lago de erosão erosion lake 侵蚀湖

lago de glaciar ⇨ lago glacial

lago de lava lava lake 熔岩湖

lago de meandro oxbow lake 牛轭湖

lago de recepção de delta delta levee lake 三角洲自然堤湖

lago deltaico delta lake 三角洲湖

lago desértico playa lake 干盐湖

lago dimíctico dimictic lake 双季对流混合湖

lago distrófico dystrophic lake 无营养湖

lago em crescente crescentic lake 新月形湖

lago eutrófico eutrophic lake 富营养湖

lago exoreico exorheic lake 外流湖

lago fechado closed lake 封闭湖

lago formado por dique marginal em crescente crescentic levee lake 新月形天然堤湖

lago glacial glacial lake 冰川湖

lago holomíctico holomictic lake 完全对流湖

lago natural natural lake 天然湖泊

lago oligotrófico oligotrophic lake 贫营养湖

lago proglaciário proglacial lake 冰堰湖

lago relíquia (/resíduo/ quase extinto) relict lake, residual lake 残湖，残留湖

lago salgado salt lake 盐湖

lago tectônico tectonic lake 构造湖

lago vulcânico volcanic lake 火山湖

lagoa s.f. ❶ lagoon; lakelet 小湖；潟湖 ❷ pool; pond 水塘，水池

lagoa aeróbia aerobic pond 好氧塘

lagoa anaeróbia anaerobic pond 厌氧塘

lagoa cársica karst lake 岩溶湖

lagoa de atol atoll lagoon 环礁潟湖

lagoa de barreira barrier lagoon 堡礁潟湖

lagoa de estabilização stabilization pond 稳定塘，氧化塘

lagoa de lava lava lake 熔岩湖

lagoa de maturação maturation pond 熟化塘

lagoa facultativa facultative pond 兼性塘

lagoão s.m. large and deep lake 大湖

laguna *s.f.* laguna, lagoon 潟湖；环礁湖

lagunar *adj.2g.* lagoonal 潟湖的

lahar *s.m.* lahar 火山泥流

laissez-faire *s.m.* laissez-faire 放任政策；不干涉主义

lajão *s.m.* bulk terracotta tile 大赤陶面砖

laje *s.f.* ❶ flagstone, cement stone 石板；板石 ❷ slab 基板，楼板

laje acústica acoustic decking 吸声楼板

laje aligeirada voided slab 空心桥板；空心板

laje alveolar alveolar slab 蜂窝板

laje bidirecional two-way slab 双向板

laje cogumelo ⇨ laje lisa

laje contínua continuous slab 连续板

laje de aproximação transition slab at bridge 桥头搭板

laje de cimento com mármore incrustrado terrazzo 水磨石

laje de concreto armado reinforced concrete slab (R.C Slab) 钢筋混凝土楼板

laje de escadas stairs slab 楼梯板

laje de fundamento base slab 平底板

laje de fundo ⇨ laje do piso

laje de granito polido polished granite slab 磨光花岗石石板

laje de grelha grid slab 网格板，（雨）箅子

laje de pavimentação paving stone 铺路石

laje de piso floor slab 楼板

laje do tabuleiro deck slab 桥面板

laje de transição ⇨ laje de aproximação

laje de vigas e vigotas beam-and-girder slab 交梁平板

laje em betão concrete slab 混凝土板

laje em duplo T double tee 双 T 板

laje em T single tee T 梁，T 形板

laje fungiforme flat slab floor 无梁楼板

laje fungiforme aligeirada light flat slab 轻量化无梁楼板

laje fungiforme com capitel flat slab with column head 有柱帽无梁楼板

laje fungiforme maciça ⇨ laje maciça lisa

laje impermeabilizada waterproof board 防水板

laje invertida slab with inverted beam 反梁结构的楼板

laje lisa flat slab 平板

laje maciça solid slab 实心板

laje maciça lisa solid flat slab 实腹无梁楼板

laje metálica metal decking 金属楼板

laje mista composite metal decking 组合结构金属铺板

laje nervurada ribbed slab 肋板；密肋楼板

laje nervurada em duas direcções ⇨ laje "waffle"

laje radier raft slab 筏基板

laje suspensa suspended slab 悬板

laje uêifel ⇨ laje "waffle"

laje unidirecional one-way slab 单向配筋板

laje vazada hollow core slab 空心板

laje vigada ribbed slab 肋板；密肋楼板

laje vigada com nervuras inferiores slab with downturned beams 带下翻梁的楼板

laje vigada com nervuras superiores slab with upturned beams 带上翻梁的楼板

laje "waffle" waffle slab, two-way ribbed slab 井字梁楼板，双向肋板

lajedo/lajeado *s.m.* pavement of flagstones 石板地

LAJIDA *sig.,s.m.2n.* EBITDA (earnings before interest, taxes, depreciation, and amortization) 税息折旧及摊销前利润

lajota *s.f.* slab, tile 小石板，砖

lajota de pedra flagstone 石板

lama *s.f.* ❶ mud 泥浆，淤泥 ❷ loam 沃土；壤土

lama à base de água water-base drilling mud 水基钻井液

lama à base de cal lime-base mud 灰基泥浆

lama à base de óleo oil base mud 油基泥浆

lama ácida mud acid 土酸

lama activa active mud 活性淤泥

lama arejada aerated mud 充气泥浆

lama arenosa sandy mud 砂质泥

lama asfáltica asphalt slurry, bituminous slurry 沥青稀浆

lama azul blue mud 蓝泥

lama bentonita-cimento bentonite-cement grout 膨润土水泥浆

lama bentonítica (/de betonite) bentonite mud 膨润土泥浆

lama cálcica calcium base mud 钙基泥浆

lama castanha brown mud 褐泥

lama catiônica cationic polymer drilling fluid 阳离子聚合物钻井液

lama coloidal colloidal mud 胶体泥浆

lama com indícios de gás gas-cut mud [葡] 气侵钻泥

lama com indícios de óleo oil-cut mud [葡] 油浸泥浆

lama com sal saline mud 盐水泥浆

lama contaminada contaminated mud 受污染泥

lama cortada com óleo oil-cut mud [巴] 油浸泥浆

lama cortada por gás gas-cut mud [巴] 气侵钻泥

lama de alta alcalinidade high-alkalinity drilling mud 高碱性钻井泥浆

lama de aragonite aragonite mud 霰石泥

lama de cálcio calcium mud 钙（处理）泥浆

lama de cimento cement grout, cement paste 水泥浆，水泥薄浆

lama de completação completion fluid, workover fluid 完井液

lama do controlo da pressão kill fluid, kill mud, load fluid 压井液

lama de estuário estuarine muds 港湾泥

lama de fracturamento fracturing fluid 压裂液

lama de gesso gypsum mud 石膏泥浆

lama de gravel pack gravel pack fluid 砾石充填液

lama de lignosulfonato lignosulfonate mud 磺化木质素泥浆

lama de perfuração drilling mud 钻井泥浆

lama de perfuração à base de água do mar seawater drilling mud 海水基钻井液

lama de perfuração à base de água salgada saltwater-base drilling mud 盐水基钻井液

lama de perfuração de base sintética synthetic-based drilling fluid 合成基钻井液

lama de perfuração dispersa dispersed drilling fluid 消散钻井液

lama de perfuração inibida inhibited drilling fluid 抑制钻井液

lama de sondagem boring sludge, drilling dust 钻屑，废弃泥浆

lama em circulação ⇨ lama activa

lama emulsionada emulsion mud 乳化泥浆

lama inibida inhibited mud 抑制性泥浆

lama inicial de perfuração spud mud 开钻泥浆

lama invasora invading fluid 侵污液

lama molhante wetting fluid 浸润液

lama não condutiva nonconductive mud 非导电泥浆

lama não dispersa com baixa quantidade de sólidos low-solids nondispersed mud 不分散低固相泥浆

lama não molhante non-wetting fluid 非润湿流体

lama regenerada regenerated mud 再生泥浆

lama saturada de sal salt-saturated drilling mud 饱和盐水泥浆

lama surfactante surfactant mud 表面活性剂泥浆

lama terrígena terrigene mud 陆源软泥

lama tixotrópica thixotropic slurry 触变性泥浆

lama vulcânica volcanic muds 火山泥

lamaçal *s.m.* quagmire 泥沼

lamacento *adj.* muddy 泥泞的

lambaz *s.m.* ❶ mop, swab （船上擦甲板、地板用的）拖把 ❷ big brick 大方砖

lambert *s.m.* lambert 朗伯（亮度单位）

lambrequim *s.m.* lambrequin 门窗垂饰

lambreta *s.f.* lambretta, scooter 踏板小摩托车

lambri/lambril/lambrim *s.m.* dado, wainscot, stuccofacing 护墙板，墙裙

lambrisada *s.f.* wainscotted wall 装有护墙板的墙

lambugem *s.f.* ❶ ceramic slip 陶瓷浆料 ❷ slip casting 注浆成型法

lameiro *s.m.* flood plain 洪泛平原

lamela *s.f.* ❶ lamela 薄片 ❷ (de micros-cópio) lamella, cover-glass (of microscope)（显微镜）盖玻片

lamelas de Boehme Boehme lamellae 勃姆薄层

lamelar *adj.2g.* flaky, lamellar 薄片状的；薄层状的

lâmina *s.f.* ❶ 1. thin plate; sheet 片，薄片，薄板 2. blade （风扇等）叶片 3. blade, cutting edges 刀片，割刀 ❷ 1. bull blade, dozer blade 铲刀，推土铲；铲斗 2. bulldozer 推土机 ❸ "blade", narrow building "纸片楼"，"刀片楼"，高而薄的建筑 ❹ nappe 水舌，溢流水舌 ❺ laminae（沉积岩、有机组织的）薄片；薄层

lâmina aerada aerated nappe 曝气水舌

lâmina amortecedora cushion plate 缓冲板

lâmina angular angle blade 斜铲

lâmina angular para aterro angle filler 斜填土铲

lâmina angulável angle blade, angling blade 弯角耕耘刀，斜铲

lâmina "bowldozer" bowldozer 铲斗

lâmina buldôzer bulldozer 推土机

lâmina combinada combination blade 组合式铲刀

lâmina cortante em V undercutter 凹形挖掘铲

lâmina cortante lateral side cutter 侧铲刀，边刀

lâmina de accionamento hidráulico hydraulic power blade 液压驱动铲刀

lâmina de água ❶ water sheet 很浅的水池 ❷ water depth[巴]水深

lâmina da agulha ⇨ **lâmina de interruptor**

lâmina de alumínio aluminum slate 铝板，铝方板

lâmina de apoio supporting plate 托板，支承板

lâmina de comutador commutator segment 换向片，整流片

lâmina do contacto contact strip 接触片，接触条

lâmina de corta-papéis paper cutter

blade 切纸刀片

lâmina de corte mower knife 割刀，割草机割刀

lâmina de corte a seco dry-cutting saw blade 干切锯片

lâmina de empurrar pushdozer 推土板

lâmina de empuxo pusher blade 推料铲刀

lâmina de faca knife-blade 刀片；刀铲

lâmina de gesso gypsum plate 石膏板

lâmina de interruptor switch blade 开关闸刀

lâmina do limpador wiper blade 刮水片

lâmina do limpador do pára-brisa windshield wiper blade 挡风玻璃雨刷刮水片

lâmina de metal metal-plate, foil of metal 钢板，金属板

lâmina de microscópio slide (of microscope) 载玻片

lâmina de plaina plane-iron 刨刃

lâmina de serra hacksaw blade 钢锯条

lâmina de uma peça one-piece blade 整体式铲刀

lâmina delgada thin section 薄片；薄剖面；薄切片

lâmina deprimida depressed nappe 受抑水舌，贴附水舌

lâmina desmatadora clearing blade 除荆机

lâmina dianteira removedora de neve snow plow, snow blower 扫雪机

lâmina em V V-blade V字形铲刀

lâmina escarificadora bulldozer ripper, rip-bulldozer 推松土机

lâmina frontal amortecedora cushioned bulldozer 缓冲推土机

lâmina fusível fuse strip 熔线片

lâmina (de ferro) galvanizada galvanized sheet iron 镀锌铁皮，镀锌铁片

lâmina impermeabilizante waterproof membrane 防水膜

lâmina lateral removedora de neve snow wing 挡雪翼板

lâmina líquida liquid layer 液体层，液层

lâmina livre free nappe 自由水舌

lâmina móvel movable blade 活动轮叶

lâmina recta straight blade 直型耕耘刀；

直叶片

lâmina universal ❶ universal blade 通用推土铲 ❷ universal bulldozer 通用推土机

lâmina vertente nappe 水舌，溢流水舌

laminação *s.f.* ❶ lamination 层压 ❷ rolling, drawing 轧制，冲压成形 ❸ lamination 纹理，层理

laminação a bruto cogging 初轧

laminação a frio cold-roll 冷轧

laminação a quente hot-roll 热轧

laminação algácea algal lamination 藻纹层

laminação convoluta convolute lamination 旋卷纹理；包卷纹理

laminação corrugada corrugated lamination 皱纹状纹理

laminação cruzada (/entrecruzada) cross-lamination, diagonal lamination 交错纹理

laminação de rosca (/filete) thread rolling 滚丝；搓丝

laminado ❶ *adj.* rolled 轧制的 ❷ *s.m.* laminate, laminated plate 层压板

laminado a frio cold-rolled 冷轧

laminado a molde frio light cold rolled 冷轧的

laminado a quente hot-rolled 热轧

laminado balanceado balanced laminate 平衡层板

laminado de alta pressão high pressure laminate 高压层压板

laminado de baixa pressão low pressure laminate 低压层压板

laminado de madeira wood laminate 木质层压板

laminado decorativo decorative laminate 装饰性层压板

laminado plástico plastic laminate 塑料层压板

laminador *s.m.* sheeter 压片机；轧面机

laminador contínuo continuous rolling mill 连轧机

laminador de arame looping mill 环轧式轧钢机

laminador de barra bar mill 轧条机

laminador de lingotes billet mill 钢坯轧机

laminador de rodas wheel rolling mill 车轮轧机

laminador de seis cilindros cluster mill 多辊式轧钢机

laminador-desbastador blooming mill 初轧机

laminador reversível reversing mill 可逆式轧机

laminadora *s.f.* sheeter 压片机；轧面机

laminagem *s.f.* rolling, drawing 轧制，冲压成形

laminar *v.tr.* (to) laminate; (to) roll 压片，轧成薄片

laminito *s.m.* laminite 细复理岩

lamito conglomerático conglomeratic mudstone 砾岩质泥岩

lamito *s.m.* mudstone 泥岩

lâmpada *s.f.* lamp 灯，灯具

lâmpada a (/de) vapor de mercúrio mercury vapor lamp 水银灯，汞蒸气灯

lâmpada a (/de) vapor de sódio sodium vapor lamp 钠蒸气灯

lâmpada a vapor de sódio de alta pressão high pressure sodium vapor lamp 高压钠蒸气灯

lâmpada a vapor de sódio de baixa pressão low pressure sodium vapor lamp 低压钠蒸气灯

lâmpada a vapor metálico metal vapor lamp 金属蒸气灯

lâmpada anti-mosquito ⇨ lâmpada mata-mosquito

lâmpada cilíndrica tube lamp 筒灯

lâmpada circular circline light 圆灯，圆环形灯

lâmpada clara clear lamp 透明灯泡

lâmpada compensadora ballast lamp 镇流灯

lâmpada de acendimento automático automatic-light lamp 自亮灯

lâmpada de acendimento rápido rapid-start lamp 快速起动灯

lâmpada do acesso courtesy lamp 上车照明灯，踏步灯

lâmpada de acetileno acetylene burner 乙炔灯

lâmpada de álcool spirit lamp 酒精灯

lâmpada de alerta annunciation lamp 警示灯

lâmpada de alta potência high-output lamp 大功率灯

lâmpada de ar comprimido compressed air lamp 压缩空气灯

lâmpada de arco arc lamp 弧光灯

lâmpada de arco de carvão carbon arc lamp 碳弧灯

lâmpada de arco de espelho mirror arc 反射镜弧光灯

lâmpada de arco de filamento de tungsténio tungsten arc lamp 钨弧灯

lâmpada de arco de mercúrio mercury arc lamp 汞弧灯

lâmpada de arco de xénon xenon arc lamp 氙弧灯

lâmpada de árgon argon glow lamp 氩辉光灯

lâmpada de calor heat lamp 加热灯

lâmpada de cátodo frio aeolight 辉光管

lâmpada de chama flame lamp 火焰灯

lâmpada de chão ⇨ lâmpada de pé

lâmpada de comparação comparison lamp 比较灯

lâmpada de contorno contour lamp 示廓灯

lâmpada de controlo control lamp 控制灯

lâmpada de Cooper-Hewitt Cooper-Hewitt lamp 玻璃管汞弧灯，库珀-海威特灯

lâmpada de cratera crater lamp 环孔灯

lâmpada de Davy Davy lamp 德氏安全灯

lâmpada de descarga discharge lamp 放电灯

lâmpada de descarga com cátodo frio cold-cathode discharge lamp 冷阴极放电灯

lâmpada de descarga de alta intensidade high intensity discharge lamp 高强度放电灯

lâmpada de descarga de cátodo emissor hot-cathode discharge lamp 热阴极放电灯

lâmpada de descarga de gás gas discharge lamp 气体放电灯

lâmpada de descarga de mercúrio mercury discharge lamp 汞放电灯

lâmpada de descarga eléctrica electric discharge lamp 放电灯

lâmpada de descarga luminosa glow discharge lamp 辉光放电灯

lâmpada do excitador exciter lamp 激励灯

lâmpada de facho photoflood lamp 溢光灯

lâmpada de fenda slit lamp 裂隙灯

lâmpada de filamento filament lamp 白炽灯

lâmpada de filamento a vácuo vacuum filament lamp 真空白炽灯

lâmpada de filamento de tungstênio tungsten filament lamp 钨丝灯

lâmpada de filamento metálico metal-filament lamp 金属丝灯

lâmpada de flash flashbulb 镁光灯；闪光灯

lâmpada de gás gas lamp 瓦斯灯，煤气灯

lâmpada de halogéneo ⇨ lâmpada halogénea

lâmpada de halogéneo de tungstênio ⇨ lâmpada tunsténio-halogénio

lâmpada de halogéneo embutida halogen downlamp 嵌入式金卤筒灯

lâmpada de halogeneto de metal (/metálico) metal halide lamp 金卤灯，金属卤素灯

lâmpada de incandescência glow-lamp 辉光灯

lâmpada de indução induction lamp 电磁感应灯

lâmpada de leitura reading lamp 阅读灯，台灯

lâmpada de longa vida long-life lamp 长寿灯

lâmpada de mercúno mercury lamp 汞灯，水银灯

lâmpada de mercúrio de alta pressão high pressure mercury lamp 高压水银灯

lâmpada de mesa desk light 台灯

lâmpada de mineiro miner's lamp 矿灯

lâmpada de Moore Moore lamp 穆尔灯

lâmpada de multifilamento multifilament lamp 多灯丝白炽灯

lâmpada de néon neon lamp 霓虹灯

lâmpada de Nernst Nernst lamp 能斯特灯

lâmpada do painel dash lamp, dashboard lamp 仪表板灯

lâmpada de parede wall lamp 壁灯 ⇨ aplique

lâmpada de parede a prova de água lâmpada de parede a prova de água 防水壁灯

lâmpada de pé floor lamp, pedestal lamp 落地灯

lâmpada de plasma plasma ball 等离子体球

lâmpada de ponto timing light 正时灯

lâmpada de poste curvo goose-neck light 弯灯

lâmpada de potência muito alta very-high-output lamp 甚高功率灯

lâmpada de preaquecimento preheat lamp 预热灯

lâmpada de quartzo quartz lamp 石英灯

lâmpada de relvado lawn lamp 草坪灯

lâmpada de ressonância resonance lamp 共振灯

lâmpada de segurança safety lamp 安全灯

lâmpada de sinalização signal light 信号灯

lâmpada de sódio sodium lamp 钠灯

lâmpada de sódio de alta pressão high pressure sodium lamp 高压钠灯

lâmpada de sódio de baixa pressão low pressure sodium lamp 低压钠灯

lâmpada de suspensão ⇨ lâmpada pendente

lâmpada de tecto ceiling-mounted luminaire 吸顶灯

lâmpada de tecto antinevoeiro anti-mist dome light 防雾顶灯

lâmpada de teste test lamp 比较灯

lâmpada de três vias three-way lamp 三向灯

lâmpada de tungstênio tungsten lamp 钨灯

lâmpada de tungstênio e halogênio tungsten and halogen lamp 钨卤灯

lâmpada de uso prolongado extended-service lamp 长寿灯

lâmpada de zircónio zirconium lamp 锆灯

lâmpada decorativa decorative lamp 花灯，装饰灯

lâmpada detectora detector light 探测灯

lâmpada dicroica dichroic lamp 二色性灯

lâmpada eco energia energy-saving lamp 节能灯

lâmpada eléctrica electric lamp 电灯

lâmpada electroluminescente electroluminescent lamp 电致发光灯

lâmpadas em série multiple light fitting 板架排灯

lâmpada em U U-bent lamp U 形弯灯

lâmpada embutida downlight 嵌灯，筒灯，嵌入式筒灯

lâmpada embutida a prova de água waterproof downlamp 防水筒灯

lâmpada estroboscópica ⇨ lâmpada de ponto

lâmpada flash flash lamp 闪光灯

lâmpada fluorescente fluorescent lamp/ light tube 荧光灯，日光灯

lâmpada fluorescente compacta compact fluorescent lamp 节能灯，紧凑型荧光灯

lâmpada fluorescente de arranque rápido quick-start fluorescent lamp 快速启动荧光灯

lâmpada fluorescente dupla double tube fluorescent lamp 双管荧光灯

lâmpada fluorescente simples single tube fluorescent lamp 单管荧光灯

lâmpada fluorescente tricolor three band fluorescent lamp 三基色荧光灯

lâmpada fluorescente tripla emubutida embedded three tube fluorescent lamp 嵌入式三管荧光灯

lâmpada fluorescente tubular tubular fluorescent lamp 管状萤光灯

lâmpada fosca frosted lamp 磨砂灯泡

lâmpada halógena (/halogénea) halogen lamp 卤素灯

lâmpada halógena de quartzo quartz-halogen lamp 石英卤素灯

lâmpada halogénea de tungsténio

tungsten halogen lamp 钨卤灯

lâmpada incandescente incandescent lamp 白炽灯

lâmpada incandescente de gás gas-filled filament lamp 充气钨丝灯

lâmpada incandescente halógena halogen incandescent lamp 卤素白炽灯

lâmpada indicadora indicator lamp 指示灯

lâmpada infravermelha infrared lamp 红外线灯

lâmpada mata-moscas fly-killer lamp 灭蝇灯

lâmpada mata-mosquito mosquito-killing lamp 灭蚊灯

lâmpada mista mixed lamp 混合光源灯

lâmpada para electrocutor de insectos insects-killing lamp 灭虫灯，灭蚊灯

lâmpada pendente pendant lamp 吊灯

lâmpada pendente redonda round pendant lamp 圆形吊灯

lâmpada piloto telltale lamp 信号灯；示警灯

lâmpada regulável ballast lamp 镇流灯

lâmpada semi-incandescente flame lamp 焰弧灯

lâmpada tipo vela candle lamp 烛形灯

lâmpada tubular tubular lamp 管形灯

lâmpada tubular de vapor de sódio de alta pressão tubular lamp of HP Sodium 高压钠蒸气管灯

lâmpada tunsténio-halogénio tungsten-halogen lamp 卤钨灯

lâmpada ultravioleta ultraviolet lamp 紫外线灯，紫外线灯管

lâmpada xénon xenon lamp 氙灯

lampadário *s.m.* candelabrum 大吊灯

lamparina *s.f.* soldering-lamp 焊灯

lampejamento *s.m.* flashing 镶色烧砖法

lampião *s.m.* ❶ lantern, oil lamp, gas lamp（电、气、油的）提灯，壁灯 ❷ 1. streetlamp 路灯，街灯 2. garden light 庭院灯，花园灯

lampião de parede wall lantern 壁灯

lampião de pé post lantern 柱式庭院灯

lamprobolite *s.f.* lamprobolite 玄武岩角闪石

lamprofírico *adj.* lamprophyric 煌斑岩的

lamprófiro *s.m.* lamprophyre 煌斑岩

lamproíto *s.m.* lamproite 钾镁煌斑岩

LAN *sig.,s.f.* LAN (local area network) 局域网

lanarkite *s.f.* lanarkite 黄铅矿

lança *s.f.* ❶ 1. boom 吊杆；起重臂；动臂 2. drawbar 牵引杆 ❷ 1. spear 长矛，矛状物 2. lance, hand lance 喷枪杆

lanças articuladas tipo Z articulated Z boom lift 折臂式动臂

lança auxiliar auxiliary boom 辅助臂

lança bissegmentada ⇨ lança de 2 secções

lança de engate drawbar 牵引杆

lança de extensão fly jib 飞臂，副臂

lança de guindaste crane jib 起重臂；吊机臂

lança de jumbo jumbo boom 重型吊杆

lança de oxigénio oxygen lance 氧气喷枪

lança do queimador flare boom 火炬臂，燃烧臂

lança de reboque trailer drawbar 拖车牵引杆

lança de recuperação rope spear 捞绳矛

lança de 2 secções 2 section boom, two piece boom 二节臂

lança de 3/4/5 secções 3/4/5 section boom 三 / 四 / 五节臂

lança de uma secção 1 section boom 单节臂

lança elevatória boom lift 悬臂升降机，悬臂起垂机；高空作业平台

lança elevatória articulada articulating boom lift 折臂升降机；曲臂式高空作业平台

lança elevatória articulada diesel diesel articulating boom lift 柴油曲臂高空作业平台

lança elevatória articulada elétrica electric articulating boom lift 电动曲臂高空作业平台

lança elevatória rebocável towable boom lift, trailer boom lift 拖车式高空作业平台

lança elevatória telescópica telescopic boom 伸缩臂高空作业平台

lança giratória swing boom 回转动臂

lança montada em reboque trailer-mounted boom 拖车式动臂

lança móvel de Hancock Hancock jig 汉考克型跳汰机

lança reversível reversible boom 可逆悬臂

lança rígida one-piece boom 单节臂

lança rotativa rotating distributor 旋转喷水器

lança telescópica telescopic boom lift 伸缩式动臂

lança telescópica em V telescoping V bottom boom 伸缩式 V 形底动臂

lança-chamas *s.m.2n.* flamethrower 喷火器

lança-chamas do tipo costal knapsack flamethrower 背负式喷火器

lançadeira *s.f.* launching machine 架桥机

lançador *s.m.* ❶ thrower, launcher 投掷器，发射器；发射台 ❷ bidder 投标人；出价人 ❸ scraper-trap 刮管器取出装置

lançador de fardos bale thrower 草捆抛掷机

lançador de foguetes rocket launcher 火箭发射器

lançador de mísseis missile launcher 导弹发射架；导弹发射器

lançador de porco pig launcher [巴] 清管器发送筒

lançagem *s.f.* jetting 射水法，射水沉桩法 ⇒ **cravação à lançagem**

lançamento *s.m.* ❶ launch(ing), throw(ing) 投掷，扔出 ❷ laying 安装，铺设 ❸ launch, release 发布，推出 ❹ jetting-out 挑出（物）

lançamento aéreo air launch 空中发射

lançamento com flutuantes pontoon erection 浮船法架设

lançamento com torres auxiliares tower erection 索塔法架桥

lançamento do aterro placing of fill 填土

lançamento do cabo laying of cable 电线敷设

lançamento de concreto concrete injection 混凝土浇筑

lançamento de concurso público launch of a public tender 发布公开招标

lançamento de fragmentos de chumbo shot blasting 抛丸清理

lançamento da primeira pedra foundation stone laying ceremony 奠基仪式

lançamento em balanço cantilever erection 悬臂法架桥

lançamento pneumático pneumatic placement 气动浇筑

lançamento por deslizamento sliding erection 横移法架桥

lançamento subaquático (do concreto) underwater placing 水下浇筑

lança-palhas *s.m.2n.* stripper beater, stripper drum, rear beater 逐稿轮

lançar *v.tr.* ❶ (to) launch, throw 投掷，扔出；发射 ❷ (to) laying 安装，铺设 ❸ (to) launch, release 发布，推出

lança-roquetes *s.m.2n.* rocket launcher 火箭发射器

lance *s.m.* ❶ bidding, offer [巴] 投标，出价 ❷ laying 安装，铺设

lance de concretagem concrete lift; placement lift 混凝土浇筑层；混凝土升高层

lance válido valid bid 有效出价

lanceolado *adj.* lanceolate 矛头状的

lanceolar *adj.2g.* ⇒ **lanceolado**

lancha *s.f.* launch, motorboat 摩托艇

lancha de pesca fishing boat 渔船

lancha rápida para buscas e salvamento marítimo maritime search and rescue boat 海上搜救快艇

lanchonete *s.f.* luncheonette 小餐馆；供应便餐的场所

lancil *s.m.* kerb, curb, kerbstone 路缘，道牙，路缘石；（尤指）侧缘石，立缘石

lancil rebaixado dropped kerb 下斜路缘，斜面侧石

lanço *s.m.* ❶ 1. section (of a road, wall) 路段，墙段；[用作量词]（一）段（路、墙）2. **(de escadas)** flight (of stairs) （中间没有平台的）楼梯段；[用作量词]（一）段（楼梯），（单、双、多）跑（楼梯）3. row (of houses) [用作量词]（一）排（房子）4. netful, draught (of fishes) [用作量词]（一）网，满网（鱼） ❷ bidding, offer [葡] 投标，出价 ❸ spread 排列，排布

lanços de frontão crow steps 屋侧山形墙头墙级

lanço de geofones geophone spread 检波

器排列

lanço expandido expanded spread 扩展排列

lanço recto straight flight 直跑（楼梯）

landerite *s.f.* landerite 蔷薇榴石

Landovérico *adj.,s.m.* Llandovery; Llandovery Epoch; Llandovery Series （地质年代）兰多维列世（的）；兰多维列统（的）

laneira *s.f.* wool storehouse 羊毛仓库

Langhiano *adj.,s.m.* [巴] ⇨ Languiano

Languiano *adj.,s.m.* Langhian; Langhian Age; Langhian Stage [葡]（地质年代）兰盖期（的）；兰盖阶（的）

lanito *s.m.* llanite 淡碱花岗斑岩

lanolina *s.f.* lanolin 羊毛脂

lansfordite *s.f.* lansfordite 多水菱镁矿

lantanídeos *s.m.pl.* lanthanides 镧系元素

lantânio (La) *s.m.* lanthanum (La) 镧

lanterna *s.f.* ❶ torch, lantern; hand lamp 手电；手提灯 ❷ light 车灯 ❸ lantern（穹顶的）灯笼式屋顶，屋顶气窗

lanterna chinesa chinese lantern 灯笼

lanterna de presença traseira rear marker lamp 后示廓灯

lanterna delimitadora (/lateral) side marker lamp 侧示廓灯，侧标志灯

lanterna eléctrica flashlight, flash-light torch 手电筒

lanterna pisca turn signal light 转向灯

lanterna pisca-pisca flashing lantern 闪光灯，闪动灯具

lanterna recargável rechargeable flashlight 充电手电筒

lanterna tipo lapiseira pen type flashlight 笔式手电筒

lanterna traseira tail lamp, tail light 尾灯

lanterneta *s.f.* lantern-light 天窗，屋顶气窗

lanternim *s.m.* ❶ lantern-light 天窗，屋顶气窗 ❷ span, well (of a staircase)（楼梯）梯井

lanugem *s.f.* pile （地毯的）绒面，绒毛

lapa *s.f.* ❶ cave 洞穴 ❷ over hanging stone 悬石

lapão *s.m.* great cave; large cavern 大洞穴

lapedo *s.m.* place with many caves 多洞穴之地

lapiáz *s.m.* lapiaz, karrenfield 灰岩沟

lapidação *s.f.* cutting and polishing of gems （宝石）切割抛光

lapidador *s.m.* lapping machine 研磨机，研光机

lapidador de vidro glass grinder 玻璃研磨机

lapidadora *s.f.* lapping machine 研磨机，研光机

lapidar *v.tr.* (to) cut and polish gems （宝石）切割抛光

lapidário *s.m.* gemstone cutter, lapidary 宝石匠

lápide *s.f.* ❶ memorial stone; stone plaque （用来铭刻建筑物落成信息、历史信息的）石碑 ❷ gravestone, tombstone 墓碑

lapídeo *adj.* lapideous, stony 石头的；多石的

lapidificação *s.f.* lapidification 石化作用

lapidificar *v.tr.* (to) lapidify （使）变成石头，（使）石化

lapidoso/lapiloso *adj.* stony, rocky 多石的

lapíli *s.m.pl.* lapilli 火山砾

lapilito *s.m.* lapilli-tuff, lapillite 火山砾凝灰岩

lápis *s.m.2n.* pencil 笔，铅笔

lápis azul de censor blue pencil 蓝铅笔

lápis de ardósia slate pencil 石笔

lápis especial special pencil 特种铅笔

lápis gravador elétrico record pen 录音笔

lápis-lazuli *s.m.* lapis lazuli 天青石，青金石

lápis-lazuli falso German lapis, Swiss lapis 德国青金石

lapiseira *s.f.* ❶ propelling pencil, mechanical pencil 活动铅笔 ❷ pencil （泛指）笔，笔状物

lapso *s.m.* blunder, mistake 错误

lar *s.m.* ❶ home 家，住宅 ❷ fireplace, fireside 火炉；壁炉

lar de idosos retirement home 养老院

laranja *s.m.* orange 橙色

larário *s.m.* lararium （古罗马家庭中）家神的神龛

lardalito *s.m.* lardalite 歪霞正长岩

lareira *s.f.* fireplace 壁炉

largo ❶ *s.m.* square 小广场 ❷ *adj.* wide 宽的

largo de fontanário (/chafariz) fountain square 喷泉广场

largo-do-vão space in front of door (/window) opening 内凹的门、窗与墙面之间的小空间

largura *s.f.* width 宽，宽度

largura de banda ❶ tread width 胎面宽度 ❷ bandwidth （网络）带宽

largura da barragem width of dam 坝宽

largura de calha third rail gauge 第三轨水平距离

largura da calha entre trilho e contra-trilho flangeway width 轮缘槽宽度

largura de canal channel width 河道宽度；河槽宽度

largura da compactação drum width （压路机）钢轮宽度

largura do coroamento top width, crest width 顶部宽度，坝顶宽度

largura do espalhamento spreading width 撒布宽度

largura de estrada road width 道路宽度

largura da face face width 齿宽；平底宽度

largura do feixe beam width 波束宽度

largura de fora a fora ⇨ largura total

largura de fractura fracture width 裂缝宽度

largura da gola do jacaré check gauge 校对规

largura da lâmina blade width 铲刀宽度

largura de mordida bite width 穿透宽度

largura do piso dos pneumáticos tread width 胎面宽度

largura do pneu tyre section width 轮胎断面宽度

largura de pulso pulse width 脉冲宽度，脉冲持续时间

largura do rego furrow width, working width 耕沟宽度

largura da relha width share 犁宽

largura de trilho trail width 轨道宽

largura da varredura (W) sweep width (W) 扫海宽度

largura na base base width 基层宽度，基区宽度

largura horizontal do feixe horizontal beam width 水平波束宽度

largura livre clear width 净宽度

largura livre mínima minimum clear width 最小净宽度

largura total overall width 总宽度

largura vertical do feixe vertical beam width 垂直波束宽度

larício *s.m.* larch 落叶松

larnite *s.f.* larnite 斜硅钙石

laró/laroz *s.m.* valley rafter 屋面沟处的椽木，谷椽，斜天沟

laroz metálico metal valley 金属沟槽

larviquito *s.m.* larvikite 歪碱正长岩

lasca *s.f.* spall, chip （石头、矿石等的）碎片，裂片，片屑

lascada *s.f.* chipped stone surface 石屑铺面，琢石面

lascado *adj.* flaked 剥落的

lascagem/lascadura *s.f.* spalling 裂开，碎裂，（水泥的）散裂

lascamento *s.m.* ⇨ lascagem

lascar *v.tr.* (to) cleave, (to) chip 裂开，碎裂

laser *sig.,s.m.* ❶ 1. laser (light) 激光 2. laser (device) 激光器，激光设备 ❷ laser (technique) 激光（技术），受激辐射式光频放大

LASH *sig.,s.m.* LASH (lighter aboard ship) 子母船

lasionite *s.f.* lasionite 磷铝矿

lassenito *s.m.* lassenite 英安玻璃

lastragem *s.f.* ballast; ballasting 压载；压载物；道砟材料

lastragem com água water ballast 压载水

lastragem líquida liquid ballasting 液体压舱物

lastragem seca dry ballasting 干道砟材料，干压舱材料

lastramento *s.m.* ballasting 铺道砟

lastrar *v.tr.* (to) ballast 给…装压舱物，给…装压载物

lastro *s.m.* ❶ 1. ballast 道砟，道砟层 2. ballast bed 道床 ❷ ballast 压载物，压舱物；压重料

lastro de arenito sandstone ballast 砂岩道砟

lastro de basalto basalt ballast 玄武岩道砟

lastro de betão (/concreto) concrete ballast bed 混凝土道床

lastro de calcário limestone ballast 石灰石道砟

lastro de cinza de fundo cinder ballast 焦渣道砟

lastro de conclomerado de argila cozida burnt clay ballast 烧黏土道砟

lastro de dolomite dolomite ballast 白云石道砟

lastro de escória de alto-forno slag ballast 矿碴道砟

lastro de gnaisse gneiss ballast 片麻岩道砟

lastro de granito granite ballast 花岗岩道砟

lastro de pedra britada broken stone ballast, pit run ballast 碎石道砟

lastro de pedrugulho gravel ballast 砾石道砟

lastro de quartzito quartzite ballast 石英岩道砟

lastro de sílex chert ballast 燧石道砟

lastro líquido liquid ballast 液体压载

lastro poluído fouled ballast 脏污道砟

lasure *s.f.* wood stain 木材着色剂

lata *s.f.* ❶ tin, tin plate 镀锡铁皮 ❷ purlin 横梁；桁条，檩条

latão *s.m.* brass 黄铜，铜锌合金，马口铁

latão alfa alpha brass 阿尔法黄铜；单相黄铜

latão alfa-beta alpha beta brass 两相黄铜

latão alumínico (/de alumínio) aluminum brass 铝黄铜合金

latão com liga de chumbo leaded brass 加铅黄铜

latão comum common brass 普通黄铜

latão cromado chromium-plated brass 镀铬黄铜

latão de alta resistência high strength brass 高强度黄铜

latão de corte livre free cutting brass 易切削黄铜

latão gama Gamma brass 伽玛黄铜

latão naval naval brass 海军黄铜

latão para cartuchos cartridge brass 铜锌合金；弹壳黄铜

latão revestido a crómio ⇨ latão cromado

latão silicioso silicon brass 硅黄铜

latão sinterizado sintered brass 烧结黄铜

latão vermelho red brass 红黄铜

lataria *s.f.* bodywork 车体，车身

lateral *adj.2g.* lateral, side 旁边的，侧面的，横向的

laterício ❶ *adj.* of brick, product of brick 砖的 ❷ *adj.* brick-red 砖红色的 ❸ *s.m.* product of brick 砖制品

laterite *s.f.* laterite 红土，砖红壤

lateritização/laterização *s.f.* lateritization, laterization 红土化作用；砖红壤化

laterolog *s.m.* laterolog [葡] 侧向测井；侧向测井图

lateroperfil *s.m.* laterolog [巴] 侧向测井；侧向测井图

lateroperfil azimutal azimuthal laterolog 方位侧向测井

lateroperfil em arranjo array laterolog 阵列侧向测井

látex *s.m.2n.* latex 胶乳

late wood *s.f.* late wood 晚材

latito *s.m.* latite 安粗岩；熔岩

latitude *s.f.* latitude 纬度；纵距

latitude celeste celestial latitude 黄纬

latitude norte (/setentrional) northern latitude 北纬

latitude polar polar latitude 极黄纬

latitude sul southern latitude 南纬

latoeiro *s.m.* brass beater, brass founder 黄铜铸工

latolização *s.f.* ⇨ lateritização

latossolo *s.m.* latosol 砖红壤

latrina *s.f.* latrine 茅厕，便坑

latrina inodora de terra earth closet 撒土厕所

laudêmio *s.m.* laudemium, recognition fee （永佃权人放弃租赁关系时缴纳的）赔偿金

laudo *s.m.* inspection report 鉴定书，检验报告

laudo final (de vistoria) final inspection report 最终检验报告

laudo pericial expert report 专家报告

laudo preliminar (de vistoria) preliminary inspection report 初步检验报告

Laudo Técnico das Condições Ambientais do Trabalho (LTCAT) Technical Report on Workplace Environmental Conditions 工作场所环境条件技术报告

laugenito *s.m.* laugenite 奥卡闪长岩

laumontite *s.f.* laumontite 浊沸石

laurdalito *s.m.* laurdalite 歪霞正长岩

laurenciano ❶ *s.m.* Laurentian （加拿大东南部）劳伦系岩，劳伦系岩石层 ❷ *adj.* Laurentian 劳伦系的

laurêncio (Lr) *s.m.* lawrencium (Lr) 铹

lava *s.f.* lava 岩浆

  lava aa ⇨ aa

  lava ácida acid lava 酸性熔岩

  lava afrolítica aphrolithic lava 块集熔岩

  lava amigdalóide amygdaloid lava 杏仁状熔岩

  lava básica basic lava 基性熔岩

  lava em blocos block lava 块状熔岩

  lava em rolos (/almofada/travesseiros) pillow lava 枕状熔岩

  lava encordoada ⇨ pahoehoe

  lava escoreácea scoriaceous lava 渣状熔岩

  lava pahoehoe ⇨ pahoehoe

  lava vacuolar vacuolar lava 多孔状熔岩

  lava vesicular vesicular lava 多孔状熔岩

lavabilidade *s.f.* washability 可洗性；耐洗刷性

lavabo *s.m.* ❶ lavabo, wash-basin 洗涤槽，洗涤池 ❷ *pl.* toilet; restroom 卫生间，厕所

lavado *adj.* washed 洗涤过的，被冲蚀的

lavador *s.m.* ❶ washer 清洗人员 ❷ washer, cleaner 清洗机，冲洗机

  lavador auto car washer 洗车工

  lavador automático de pipetas automatic pipette flusher 自动试管冲洗机

  lavador Baum Baum jig 鲍姆跳汰机

  lavador de gases gas cleaner 洗气机

  lavador de metais buddle 洗矿槽，淘汰盘，斜槽式洗矿台

  lavador do pára-brisa windshield washer 风挡玻璃喷洗器

lavadora *s.f.* washer, cleaner 清洗机，冲洗机

  lavadora/centrifugadora washer/extractor 洗衣/甩干机

  lavadora de alta pressão high pressure washer 高压清洗机

  lavadora de carvão coal washer 洗煤机

  lavadora de copos glasswasher 洗杯机

  lavadora de vidrarias glassware washer 洗瓶机

  lavadora ultrassônica ultrasonic washer 超声波清洗机

lavadouro *s.m.* laundry tray 洗衣池

lavagem *s.f.* flushing, wash 冲洗，清洗，洗

  lavagem de filtros filter cleaning 滤器清洗

  lavagem de minério kieving, ore washing 洗矿

  lavagem em contra-corrente counter-current washing 逆流水洗

lava-louça(s) ❶ *s.m.* kitchen sink, sink 厨房水槽，洗碗池，洁碟台 ❷ *s.f.2n.* dishwasher 洗碗机

lavandaria/lavanderia *s.f.* laundry 洗衣店，洗衣房

  lavandaria pública public laundry 公共洗衣房

lavar *v.tr.* (to) wash, (to) clean, (to) launder 冲洗，清洗，洗

lavatório *s.m.* washbasin 洗脸池，洗漱台

  lavatório colectivo collective basin 盥洗槽

  lavatório de canto corner washbasin 转角洗手池

  lavatório de coluna pedestal basin 洗脸盆，柱盆

  lavatório de encastrar built-in sink 嵌入式洗手池

  lavatório de pousar self-standing washbasin 台上盆式洗脸池

  lavatório de uma cuba single bowl washbasin 单星盆台

  lavatório pedestal ⇨ lavatório de coluna

  lavatório semi-encastrado semi-recessed sink 半嵌入式洗手池

lavialito *s.m.* lavialite 残拉角闪岩

lávico *adj.* (of) lava 熔岩的

lavor *s.m.* fretwork 装饰浮雕细工

lavoura *s.f.* ploughing, plowing, tillage 耕作

  lavoura de amontoa earthing 在（根部等）四周壅土

  lavoura de descava ploughing back 把…犁入土中作肥料

  lavoura de subsistência subsistence farming 自给农业

lavra *s.f.* ❶ ploughing, plowing, tillage 耕作 ❷ ploughed land 耕地；已耕地 ❸ mineral extraction 采矿

lavra mineira mineral extraction 采矿

lavrabilidade *s.f.* workability （石材等的）可加工性

lavradio *s.m.* arable land 可耕地

lavrado *adj.* worked, dressed 处理过的，加工过的

lavrar *v.tr.* ❶ (to) cultivate, (to) plough, (to) till 种植，耕作 ❷ (to) chisel, (to) engrave 雕凿，雕琢 ❸ (to) explore (a mine) 采矿 ❹ (to) draw up 草拟，起草（文件）

lawsonite *s.f.* lawsonite 硬柱石

layout *s.m.* layout 布置；规划设计；设计；规划图

layout geral general layout plan 总平面图；总布置图

lazer *s.m.* leisure 空闲，闲暇

lazulite *s.f.* lazulite 天蓝石

lazurite *s.f.* lazurite 青金岩

LDF *sig.,s.m.* LDF (low density fiberboard) 软质纤维板

lechatelierite *s.f.* lechatelierite 焦石英

lecitina *s.f.* lecithin 卵磷脂

lectotipo *s.m.* lectotype 选型；选模标本

led *sig.,s.m.* LED (light emitting diode) 发光二极管，LED 灯

ledmorito *s.m.* ledmorite 榴霞正长岩

legalidade *s.f.* legality 合法性

legalização *s.f.* ❶ legalization 合法化；认证 ❷ verification of a measuring instrument 测量仪器检定

legalizado *adj.* legalized 认证（过）的，公证（过）的

legalizar *v.tr.* ❶ (to) legalize 合法化 ❷ (to) certify; (to) authenticate 认证

legenda *s.f.* legend; caption, subtitle （图纸、地图等的）图例；说明；（电影）字幕

legenda oculta (CC) closed caption (CC) 隐藏字幕，闭路字幕

legendas das ilustrações captions （插图、图片等的）解说词

legibilidade *s.f.* legibility 易读性；易辨识性

legibilidade da carta clarity of map 地图清晰性

legislação *s.f.* ❶ legislation 立法 ❷ legislation, laws [集] 法律

legível *adj.2g.* legible 易读的；易辨识的

legra *s.f.* trepan 挖刀，旋刀

legrandite *s.f.* legrandite 基性砷锌矿

légua *s.f.* league 里格（长度单位，合 3 英里）

légua náutica (naut.leag) nautical league (naut.leag) 航海里格（长度单位，合 3 海里）

legumeira *s.f.* vegetable sink 洗菜篮子，洗菜筐

leguminosas *s.f.pl.* legumes 豆科作物

lei *s.f.* ❶ 1. law 法律，法令 2. norm 法定标准（古时法律法令规定的制作王冠、船舶等特定物品的材料标准）⇒ **de lei** ❷ law, principle 定律；规则

lei administrativa administrative law 行政法

lei aplicável (/competente) applicable law 适用法律

lei básica basic law 基本法

lei civil civil law 民法

lei comercial commercial law 商法

lei criminal criminal law 刑法

lei de Abram Abram's law 阿伯拉姆定律

lei da acção e reacção law of action and reaction 作用与反作用定律

lei de Ampere Ampere's law 安培定律

lei da assembleia faunistica law of faunal assemblages 生物群组合律

lei de Boyle Boyle's Law 波义耳定律

lei de Boyle-Charles Boyle-Charles's law 波义耳–查尔斯定律

lei de Bragg Bragg's law 布拉格定律

lei de Bravais law of Bravais 布拉维法则

lei do combate ao branqueamento de capitais anti-money laundering law 反洗钱法

lei de comportamento tensão-deformação stress-strain law 应力应变定律

lei de conservação law of conservation 守恒律

lei da contratação pública public procurement law 公共采购法

lei do cosseno cosine law 余弦定律

lei de Coulomb Coulomb's law 库仑定律

lei de Dalton Dalton's law 道尔顿定律

lei de Darcy law of Darcy 达西定律

lei de defesa do consumidor consumer protect law 消费者权益保护法

lei da demanda e da oferta law of demand and supply 供求定律

lei das empresas públicas law of state enterprise 国有企业法

lei de enquadramento orçamental budgetary framework law 预算纲要法

lei de Faraday-Neumann-Lenz Faraday's law of induction 法拉第感应定律

lei das fases de Gibbs Gibbs phase rule 吉布斯相律

lei de Fick Fick's law 菲克定律

lei dos gases ideais ideal gas law 理想气体定律

lei de Gauss Gauss law 高斯定律

lei da gravitação universal law of universal gravitation 万有引力定律

lei de Henry Henry's law 亨利定律

lei de Hess Hess's Law 赫斯定律

lei de Hilt Hilt's law 希尔特定律

lei de Hooke Hooke's law 胡克定律

lei de Hubble Hubble's law 哈勃定律

lei da indução eletromagnética ⇨ lei de Faraday-Neumann-Lenz

lei da inércia law of inertia 惯性定律

lei de Joule Joule's Law 焦耳定律

lei de Kepler Kepler's law 开普勒定律

lei de Lambert Lambert's Law 朗伯定律

lei de nacionalidade nationality law 国籍法

lei de natureza nature law 自然法则

lei de Ohm Ohm's law 欧姆定律

lei da oferta e da procura law of supply and demand 供求法则，供需法则

lei de Pareto Pareto's law 帕累托定律

lei de processo procedural law 诉讼法

lei do paralelogramo parallelogram law 平行四边形法则

lei do quadrado inverso inverse square law 平方反比定律

lei da reflexão law of reflection 反射定律

lei de revisão revision law 修正法

leis de similitude similitude criteria 相似准则

lei da sobreposição law of superposition [葡] 叠覆律，层序律，叠加定律

lei da sucessão faunística law of faunal succession 化石层序律

lei da superposição law of superposition [巴] 叠覆律，层序律，叠加定律

lei das sociedades comerciais companies law, law for commercial companies 公司法

lei de Steno Steno's Law 史坦诺定律

lei de Stokes Stokes' law 斯托克斯定律

lei de terras land law 土地法

lei de Titius-Bode Titius-Bode law 波德定律

lei de zoneamento zoning law 分区法，区划法

lei eleitoral electoral law 选举法

lei inglesa English law 英国法

lei interpretada interpreted law 被解释的法律

lei interpretativa interpretative law 解释性法律

lei local local law 当地法律

lei notarial notarization law 公证法

lei orgânica organic law 组织法

lei penal penal code 刑法

lei processual civil civil procedural law 民事诉讼法

lei processual penal criminal procedural law 刑事诉讼法

lei vigente existing law 现行法律

◇ primeira lei do movimento de Newton Newton's first law 牛顿第一定律

◇ segunda lei de Fick Fick's second law 菲克第二定律

◇ segunda lei do movimento de Newton Newton's second law 牛顿第二定律

◇ terceira lei do movimento de Newton Newton's third law 牛顿第三定律

leiaute s.f. layout [巴] 布置；规划设计；设计；规划图

leiaute de produto product layout 产品布置

leidleito s.m. leidleite 微斑安山岩

leigo s.m. layman 外行，门外汉

leilão s.m. auction 拍卖

leilão de energia electricity auction 电力拍卖

leilão electrónico electronic auction 电子拍卖

leiloeiro s.m. auctioneer 拍卖商，拍卖人

leiólito *s.m.* leiolite 均一石

léiquação *s.f.* ⇨ liquação

leira *s.f.* strip of land 田畦

leitada *s.f.* lime water 石灰水

leitança *s.f.* laitance 浮浆，浮沫，（水泥）翻沫层

leitão *s.m.* baby pig 仔猪，乳猪

leite *s.m.* ❶ milk 奶，牛奶 ❷ milk 乳状物

leite de cal milk of lime 石灰乳

leite glaciário glacial milk 冰川乳浆

leite gordo whole milk 全脂牛奶

leite magro skimmed milk 脱脂牛奶

leite meio gordo semi-skimmed milk 半脱脂牛奶

leite pasteurizado pasteurized milk 巴氏消毒奶

leite ultrapasteurizado ultra-high-pasteurized milk 超高温巴氏消毒奶

leiteíte *s.f.* leiteite 锌砷矿

leitelho *s.m.* buttermilk 酪乳

leito *s.m.* ❶ 1. bed 底层，基层 2. bed, base course（道路）土基（层）3. channel bed 河床 4. seam 矿层 ❷ bedstead, bedframe 床架

leito bacteriano bacteria filter 生物滤池

leito calcário bone bed 骨层

leito carroçável carriage way 车行道

leito de absorção absorption bed 吸收床

leito de areia sand cushion 砂垫层

leito de argamassa mortar bed 砂浆垫层

leito de assentamento coursing joint 成层缝；成行缝

leito de calha gutter bed 天沟挡水板

leito de contacto contact bed 接触滤床

leito da enchente flood riverbed, major bed 洪水河床 ⇨ **leito maior**

leito de estiagem minor bed 枯水河床 ⇨ **leito menor**

leito da estrada roadbed 路基

leito da ferrovia railway bed 铁路路基

leito de fundação foundation bed 地基垫层

leito de fundição pig bed 铁水浇铸床

leito de fundo arenoso bottomset bed 底积层

leito de fundo móvel mobile bed 动床，不稳定河床

leito de macrófitas bacteria bed 生物滤池

leito do mar sea-floor 海底，海床

leito de moldagem casting bed 浇铸场

leito de percolação seepage bed 渗滤床

leito de rio river bed, stream bed 河床

leito de rocha rock bed 岩床；基岩

leito de rocha firme bed rock, ledge rock 基岩，岩盘

leito da rodovia roadbed 路基

leito de soldagem bead 焊道

leito de vala bed of the ditch 沟床

leito da via track bed 轨道路基

leito escalonado stepped bed 阶梯底

leito estável stable channel; stable bed 稳定河槽

leito fosfático phosphatic bed 磷矿层

leito horizontal horizontal bed 水平基床

leito maior major bed 洪水河床

leito menor minor bed 枯水河床

leito natural natural bed 天然基岩

leito rochoso bedrock 基岩

leito salino salt bed 盐床，盐层

leito sedimentar sedimentary bed 沉积层

leitor *s.m.* player, reader 播放器，读卡器

leitor de CD CD player CD 播放器

leitor de código code reader 读码器

leitor de DVD DVD player DVD 机，DVD 播放器

leitor de matrícula LPR camera 车牌识别摄像头

leitor óptico optical reader; scanner 光扫描器；条形码扫描器，二维码扫码器

leitora *s.m.* player, reader 播放器，读卡机

leitora de cartão card reader 读卡机

leitora de saída exit reader 出口读卡机，出口机

leitoso *adj.* milky 乳状的，乳白色的

leitura *s.f.* reading; readout 朗读；阅读；读数；传感读出

leitura correcta accurate reading 准确读数

◇ **só de leitura** read only 只读

leiva *s.f.* ❶ furrow 犁沟 ❷ field, ploughed land 条田（通常宽大于 1 米）

leme *s.m.* ❶ rudder 舵；方向舵 ❷ stirring paddle 旋桨式搅拌棒 ❸ movable piece of hinge（合叶的）活动叶片

leme direccional rudder 方向舵

leme-propulsor azimuthal thruster, rudder propeller 螺旋桨舵

lemniscata *s.f.* lemniscate 双纽线

lemo *s.m.* loam 沃土；壤土

lençol *s.m.* ❶ bed sheet 床单 ❷ sheet（地下）水层，岩层，油层

lençol artesiano artesian aquifer 自流水层

lençol asfáltico asphalt sheet 沥青层

lençol de geada frost table 冻土面

lençol de petróleo oil pool 油藏

lençol freático (/de água) water table 地下水层，地下水面

lençol freático de praia beach water table 海滩含水层

lençol freático suspenso perched water table 栖息地下水位

lençol profundo deep water sheet 深水层

lençol superficial superficial water sheet, shallow water sheet 浅水层

lenha *s.f.* firewood 柴火，木柴

lenhificação *s.f.* lignification 木质化

lenhificar *v.tr.* (to) lignify （使）木质化

lenhina *s.f.* lignin 木质素

lenhito *s.m.* ⇨ lignito

lente *s.f.* ❶ 1. lens 透镜；镜片 2. eyepiece （显微镜或望远镜的）目镜，接目镜 ❷ lens 透镜状矿体

lente bréchica breccia lens 角砾岩透镜体

lente composta composite lens 复合透镜

lente côncava concave lens 凹透镜

lente conglomerática conglomeratic lens 砾岩透镜体

lente convergente converging lens 会聚透镜

lente convexa convergent lens 会聚透镜，聚光透镜

lente de ampliação magnifying lens 放大透镜

lente de areia sand lens 砂质透镜体

lente de enfoque focusing lens 聚焦透镜

lente de filtro filter lens 滤光镜

lente de gelo ice lens 冰透镜体

lente de horizonte horizon glass 水平玻璃观察孔

lente de leitura magnifying lens （阅读用）放大透镜

lente em forma de régua cylindrical strip lens 平凸柱面透镜

lente (de) Fresnel Fresnel lens 螺纹镜，菲涅尔镜

lente objectiva lens (of camera)（照相机、摄像机的）镜头

lente prismática prismatic lens 棱镜片

lente tectónica tectonic lens 构造透镜体

lentícula *s.f.* small lens 小透镜，小型放大镜

lentículas de areia sandrock 砂岩

lentícula de gelo ice lens 冰透镜体

lenticular *adj.2g.* lenticular 透镜状的

leonardito *s.m.* leonardite 风化褐煤

leopardito *s.m.* leopardite 豹斑石英斑岩

lepidoblástico *adj.* lepidoblastic 鳞片变晶状的

lepidocrocite *s.f.* lepidocrocite 纤铁矿

lepidolite *s.f.* lepidolite 锂云母

lepidomelano *s.m.* lepidomelane 铁黑云母

Lepínguico *adj.,s.m.* Lopingian; Lopingian Epoch; Lopingian Series[葡]（地质年代）乐平世（的），上二叠世（的）；乐平统（的）

lepisfera *s.f.* lepisphere 鳞球

leptinite *s.f.* ⇨ leptinito

leptinito *s.m.* leptynite 变粒岩

leptinolito *s.m.* leptynolite 片状角页岩

leptito *s.m.* leptite 长英麻粒岩

leptossolo *s.m.* leptosol 薄层土

leptotermal *adj.2g.* leptothermal 次中深热液的

leque *s.m.* ❶ folding fan 折扇；折扇形物品 ❷ fan, fan delta 扇形三角洲 ❸ balanced step, dancing winder （两个楼梯段之间的）扇形踏步 ❹ range, variety （尤指用于描述产品、物品种类多的）系列，范围

leque abissal abyssal fan 深海扇

leque aluvial alluvial fan 冲积扇

leque aluvial composto compound alluvial fan 复合冲积扇

leque coalescente coalescing fan 接合冲积扇

leque continental continental apron 大陆裙

leque de dejecção debris cone 碎石锥

leque de lava lava fan 熔岩扇

leque de talude slope fan 斜坡扇

leque deltaico fan delta 扇形三角洲

leque submarino submarine fan 海底扇

lesena *s.f.* lesene, pilaster strip 壁柱；无帽壁柱

lesim *s.m.* vein （某些石头和大理石上的）细纹，细缝

leste ❶ *s.m.* (E, L) east (E) 东方，东部 ⇨ **este** ❷ *adj.2g.* eastern 东方的，东部的

letra *s.f.* ❶ letter; printing type 字母；字体，字形 ❷ bill 票据，汇票

letra de câmbio bill of exchange 汇票

letra de câmbio de favor accommodation bill 融通票据

letra de favor accommodation note 融通票据

letra em relevo raised letter 浮雕文字

letreiro *s.m.* placard, sign 指示牌，指示字样

letreiro externo keyhole cover 锁孔盖，钥匙孔盖

letreiro luminoso de led LED display board （显示文字用的）LED 条屏

letreiros de saída exit signs 出口指示牌

leucite *s.f.* leucite 白榴石

leucitito *s.m.* leucitite 白榴岩

leucitófiro *s.m.* leucitophyre 白榴斑岩

leucobasalto *s.m.* leucobasalt 淡色玄武岩

leucocrata *adj.2g.* leucocratic 淡色的；以浅色矿物质为主要成份的

leucocrático *adj.* ⇨ leucocrata

leucófiro *s.m.* leucophyre 淡色斑岩，糟化辉绿岩

leucólito *s.m.* leucolite 淡色岩

leucossafira *s.f.* leucosapphire 无色蓝宝石；白蓝宝石

leucossoma *s.m.* leucosome 淡色体

leucotefrito *s.m.* leucotephrite 淡色碱玄岩，淡灰玄岩

leucoxena *s.f.* leucoxene 白钛石

levadiça *s.f.* draw bridge 吊桥

levadiço *adj.* movable, mobile 可移动的；可吊起的

levantador *s.m.* raiser 提升器，提升板

levantamento *s.m.* ❶ 1. lift, lifting 抬升，提升；起重 2. heaving (of soil) （土壤）膨胀，隆起 ❷ surveying 测量；测绘；调查 ❸ withdrawal; gathering 取款；筹款

levantamento a cadeia chaining 测链测量

levantamento aéreo aerial surveying 航空测量

levantamento aerofotogramétrico aerophoto-grammetric survey 航空摄影测量

levantamento aerogravimétrico airborne gravity survey 航空重力测量

levantamento aeromagnético aeromagnetic survey 航空磁力测量

levantamento aeromagnetométrico aeromagnetometric survey, airborne magnetic survey 空中磁力测量

levantamento altimétrico altimetric survey 高程测量

levantamento azimutal azimuthal survey 方位测量

levantamento batimétrico bathymetric survey 海深测量

levantamento botânico vegetation survey 植物调查，植被调查

levantamento cadastral cadastral survey 地籍测量；地籍勘查

levantamento cartográfico mapping survey 地图制作测量

levantamento com bússola compass survey 罗盘仪测量

levantamento completo complete survey 全面调查

levantamentos cruzados cross-bearings 交叉方位定位

levantamento 3D 3D survey 三维勘探

levantamento da lâmina blade lift 铲刀提升

levantamento da polarização induzida nos arranjos gradiente IP gradient array measurement 激发极化中间梯度测量法

levantamento das condições dos terrenos survey of the land conditions 土地状况调查

levantamento de camadas inferiores lifting 地隆起

levantamento de capital floatation （公司、企业等的）筹资开办

levantamento de condição estrutural structural condition survey 结构状况勘测

levantamento de controlo automático de profundidade de trabalho depth regulation hydraulic lift 深度调节液压提升

levantamento de desvio deviation survey 井斜测量

levantamento de divisas metes-and-bounds survey 界址测量

levantamento de furo borehole survey 钻孔测量

levantamento de planos em cadeia chain survey 测链测量

levantamento de poço well survey, check shot, hole probe 油井测量

levantamento de profundidade depth probe 深度探头

levantamento de reflexão reflection survey 反射法勘探，反射调查

levantamento de tráfego traffic surveys 交通调查

levantamento de velocidade de poço well-velocity survey 井内速度测勘

levantamento de via ballast lift 道砟填补

levantamento direcional do poço well directional survey, well directional log 定向井测量

levantamento do avental apron lift 闸门升降

levantamento do motor engine lifting 发动机提升

levantamento do relevo geográfico terrain surveying 地形测量

levantamento do terreno land survey 土地测量

levantamento em leque fan shooting 扇状地震勘探

levantamento na vertical vertical raising 垂直提升

levantamento estereofotogramétrico stereo- photographic survey 立体摄影测量

levantamento estrutural structural survey 结构勘测

levantamento expedito rapid survey 快速测量

levantamento fotográfico photographic survey 摄影测量

levantamento fotográfico de furos photographic borehole survey 钻孔摄影测量

levantamento fotogramétrico photogrammetric survey 摄影测量

levantamento geobotânico geobotanical survey 地植物调查

levantamento geodésico geodetic survey 大地测量

levantamento geofísico geophysical survey 地球物理测量

levantamento geológico geological survey 地质调查

levantamento geológico preliminar preliminary geological survey 地质草测

levantamento geotécnico geotechnical survey 岩土勘测

levantamento geotérmico geothermal survey 地热调查

levantamento gravimétrico gravity survey 重力计勘探

levantamento hidráulico hydraulic lift 液压提升

levantamento hidrográfico hydrographic survey 水文测量；河海测量

levantamento infravermelho infrared survey 红外勘测

levantamento interpoços crosshole survey 跨孔探测

levantamento magnético magnetic survey 磁力测量

levantamento mecânico mechanical lift 机械提升

levantamento orográfico orographic lifting 地形抬升

levantamento planialtimétrico planialtimetric survey, topographic contour mapping 地形等高线测量

levantamento planimétrico plane surveying, planimetric surveying 平面测量

levantamento pneumático pneumatic lift 气动提升

levantamento poço-acima uphole survey 井口测勘

levantamento por geada frost heave 冰冻隆胀，冻胀

levantamento preliminar preliminary survey 初测

levantamento radiómetro ⇨ medição radiométrica

levantamento revezado tandem survey 等距电磁法

levantamento sísmico 4C 4C seismic survey 四分量地震勘探

levantamento sísmico tipo lanço lateral end-on spread （地震勘探法）端点放炮排列

levantamento tabuleiro patch shooting 大面积受波器群炸测

levantamento topo-hidrográfico topo-hydrographic survey 地形和水文测量

levantamento topográfigo topographical survey, topographic survey 土地测量；地形测量

levantamento trigonométrico trigonometrical survey 三角测量

levantar *v.tr.* ❶ (to) raise, (to) lift 抬升；升高 ❷ (to) withdraw （从银行）取钱 ❸ (to) erect, (to) build, (to) construct 建造 ❹ (to) survey 测量；测绘，调查 ❺ (to) power up 上电，加电

levanta-vidros *s.m.2n.* window regulator 车窗玻璃升降器

leve ❶ *adj.2g.* light 轻的 ❷ *s.m.* light soil 轻质土

leverrierite *s.f.* leverrierite 晶蛭石

levigação *s.f.* levigation 水磨，研磨

levigado *adj.* levigated 细磨的

levigar *v.tr.* (to) levigate 水磨，研磨

levina *s.f.* levyne 插晶菱沸石

levulose *s.f.* levulose 果糖

lewisite/levisite *s.f.* lewisite 锑钛烧绿石

Lexan *s.f.* Lexan 热塑聚碳酸酯

lezíria *s.f.* marshland 河流沿岸的沼泽地

lherzito *s.m.* lherzite 黑云褐闪岩

lherzolito *s.m.* lherzolite 二辉橄榄岩

liadouro *s.m.* header, honder 露头砖，露头石，丁砖

Lias *s.m.* Lias （侏罗系的）里阿斯统

liássico *adj.* Liassic 里阿斯统的

líber *s.m.* liber 韧皮部

liberdade *s.f.* freedom 自由度

libertação *s.f.* release 释放（气体、味道、烟雾等）

libertação automática automatic release 自动释放

libertação de calor heat release 放热

libertação de fumos release of fumes 释放烟雾

libertação de gotas release of droplets 释放液滴

libertação de partículas inflamadas

release of particles 释放燃烧颗粒物

libertação de substâncias voláteis release of volatile substances 释放挥发性物质

libertação de tensão stress relief 应力释放

libertar *v.tr.* (to) release 释放（气体、味道、烟雾等）

libetenite *s.f.* libethenite 磷铜矿

libolito *s.m.* libolite 沥青煤

Libor *sig.,s.f.* Libor (London Inter-Bank Offer Rate) 伦敦银行同业拆借利率

libra *s.f.* ❶ **(lb)** pound (lb) 磅（重量单位，合 0.454 千克）❷ (british) pound (GBP, £) 英镑

libra-força (lbf) pound-force (lbf) 磅力（力学单位，合 4.448 牛磅力）

libras por polegada quadrada PSI (pounds per square inch) 磅每平方英寸

libração *s.f.* libration 天平动

liça *s.f.* lists 竞技场

licença *s.f.* license, permit 证书，执照，牌照；许可证

licença ambiental environmental permit, environmental license 环境许可证

licença da obra construction license 建筑许可证

licença de construção construction permit 施工许可证

licença de exportação export license 出口许可证

licença de habitação habitation license 居住证

licença de instalação installation license 安装许可证

licença de motorista driving license 驾照

licença de ocupação occupation permit 占用许可证

licença de operação operating license 运行许可证；营业执照

licenciamento *s.m.* licensing 批准许可，获取许可；发放牌照，取得牌照

licenciamento ambiental environmental licensing 环境许可

licitação *s.f.* bidding 竞标，出价

licitador *s.m.* ❶ auctioneer, seller 拍卖人，招标人 ❷ bidder 投标人，竞标人

licitante *s.m.* bidder 投标人，竞标人

licnoscópio *s.m.* lychnoscope, lowside window 教堂圣坛边的小矮窗

licor *s.m.* liquor, solution 溶液；液剂

licor de Clerici Clerici solution 克列里斯溶液

lidar *sig., s.m.* ❶ lidar 激光测距仪 ❷ lidar 光探测和测距

líder *s.2g.* leader 领导人；领导者

líder do consórcio consortium leader 联合体牵头人，联合体牵头方

líder do sector industry leader; industry leading 业界领导者

liderança *s.f.* ❶ leadership 领导地位；领导能力 ❷ leadership 领导层，高管团队

liderança carismática charismatic leadership 魅力型领导

lidite *s.f.* lyddite 立德炸药

lidito *s.m.* lydite, lydian stone 燧石板岩，试金石

lido *s.m.* backshore beach 滨后滩 ⇨ **cordão litoral**

lierne *s.m.* lierne（哥特式拱顶上的）支肋

lift-on lift-off (lo-lo) *adj.inv.* lift-on lift-off (lo-lo) 吊上吊下；货柜中的

liga *s.f.* alloy 合金

liga à base de chumbo lead-base alloy 铅基合金

liga alumíniozinco Al-Zn alloy 铝锌合金

liga binária binary alloy 二元合金

liga cerâmica ceramic bond 陶瓷结合剂

liga com permeabilidade magnética permeability alloy 导磁合金

liga com teor médio de carbono medium carbon alloy 中碳合金

liga complexa complex alloy 多元合金，复合合金

liga comum ⇨ **liga não tratável por calor**

liga de Al-Mg al-mg alloy 铝镁合金

liga de aço de alta resistência high strength alloy steel 高强度合金钢

liga de alumínio aluminum alloy 铝合金

liga de alumínio e bronze albronze 铜铝合金

liga de antimónio antimony alloy 锑合金

liga de baixo ponto de fusão low melting point alloy 低熔点合金

liga de chumbo lead alloy 铅合金

liga de chumbo e zinco lead-zinc alloy 铅锌合金

liga de cobre e zinco beta-brass β 黄铜

liga de cupro-níquel eureka 优铜，尤里卡高电阻铜镍合金

liga de estanho tin alloy 锡合金

liga de ferro fundido cast iron alloy 合金铸铁

liga de manganés manganese alloy 锰合金

liga de níquel nickel alloy 镍合金

liga de titânio titanium alloy 钛合金

liga de tungsténio tungsten alloy 钨合金

liga de zinco zinc alloy 锌合金

liga de zircónio e alumínio zircalloy 锆合金

liga Elektron Elektron alloy 埃雷克特龙镁铝锌合金

liga eutética eutectic alloy 共晶合金

liga ferrosa ferrous alloy 铁合金

liga fusível fusible alloy 易熔合金

liga hipereutectóide hypereutectoid alloy 过共析合金

liga hipoeutectóide hypoeutectoid alloy 亚共析合金

liga inoxidável stainless alloy 不锈合金

liga inoxidável a quente heat-resisting alloy 耐高温氧化合金

liga leve light alloy 轻质合金

liga magnética magnetic alloy 磁性合金

liga metálica metallic alloy 金属合金

liga não ferrosa non-ferrous alloy 非铁合金

liga não tratável por calor non heat treatable alloy 不可热处理合金

liga padrão master alloy 主合金；母合金

liga quaternária quaternary alloy 四元合金

liga refractária refractory alloy 耐热合金；难熔合金

liga resistente ao calor heat-resisting alloy 耐热合金，高温合金

liga resistente à corrosão corrosion-resistant alloy 耐腐蚀合金

liga sem cobre copper-free alloy 无铜合金

liga trabalhada wrought alloy 锻造合金

liga tratável por calor heat treatable alloy（可）热处理合金

ligação *s.f.* ❶ 1. connection, junction 连接 2. joint, connection, tie 连接部分，连系材 3. brickwork, bond 砌砖；砌法 ❷ bond（化学）键

ligação à terra (/massa) ground connection, earth connection 接地；接地线

ligação apolar nonpolar bond 非极性键

ligação articulada articulated connection 铰接，活节联系

ligação com bordos rebordados flanged edge joint 卷边接头（焊缝）

ligação com cordão (/sobreposição) lap joint 搭接接头（焊缝）

ligação com tapa-juntas plug weld 塞焊缝

ligação covalente covalent bond 共价键

ligação covalente dativa dative covalent bonds 配位共价键

ligação cruzada cross bracing 交叉撑条；抛撑

ligação cruzada à inglesa English cross bond 英式十字砌法

ligação da chaminé chimney bond 烟囱砌砖法

ligação de encaixe em ziguezague scarf joint, bevel lap splice joint 斜对接接头

ligação de encaixe em ziguezague com rebaixa de encravamento tabled scarf joint 迭嵌接

ligação de encaixe em ziguezague com rebaixa de encravamento e cunhas de segurança tabled scarf joint with tapered finger（带楔子的）迭嵌接

ligação de grampos sobre bordos rebordados standing seam joint 立变接头

ligação de hidrogênio hydrogen bond 氢键

ligação de isolador aberto knob-and-tube wiring 瓷柱瓷管布线

ligação de resina resinoid bond 树脂胶合

ligação de superfície facing bond 顺砌法

ligação de suspensão form tie 模板拉杆

ligação delta delta connection, triangle connection 三角形连接

ligação delta aberto open delta connection 开口三角形连接

ligação diagonal diagonal bond 斜砌法

ligação direita straight across match（壁纸图案）横向排列图案

ligação domiciliária household connection 入户连接

ligação electrovalente electrovalent bonding 离子键，电价键

ligação em ângulo angle joint 角接接头（焊缝）

ligação em cadeia linkage 磁链，匝链

ligação em canto angle joint 角接接头（焊缝）

ligação em espiga herringbone bond 人字砌合

ligação em espinha-de-peixe herringbone bond 鱼骨式砌法

ligação em estrela-triângulo star-delta connection 星三角连接

ligação em paralelo parallel connection 并联

ligação em ponte bridge connection 桥接；桥式接线

ligação em série tandem connection 串接

ligação em T T joint T 形接头（焊缝）

ligação em triângulo triangle connection, delta connection 三角形连接

ligação em triângulo aberto open delta connection 开口三角形连接

ligação equipotencial equipotential connection [葡] 等电位连接

ligação eqüipotencial equipotential connection [巴] 等电位连接

ligação estrela star connection 星级连接

ligação externa exterior wiring 室外布线

ligação fixa fixed link 固定运输通道（尤指桥）

ligação flamenga flemish bond 佛兰德式砌法，梅花丁式砌法

ligação flamenga dupla double Flemish bond 双荷兰式砌合

ligação fusível fusible link 保险连杆

ligação interna inside wiring 室内布线

ligação iónica ionic bond 离子键

ligação livre free match （壁纸图案）不用对花的图案

ligação mecânica mechanical bond 机械结合

ligação metálica metallic bond 金属键

ligação por solda weld junction 熔焊线

ligação principal primary bond 主价键

ligação química chemical bonding 化学键接

ligação rápida joint fastening 连接板

ligação rígida rigid connection 刚性连接

ligação roscada screwed connection 丝扣连接，螺纹连接

ligação salteada drop match （壁纸图案）斜向排列图案

ligação semi-rígidas semirigid connection 半刚性连接

ligação subsaturada unsaturated bond 不饱和键

ligação topo a topo butt joint 对接接头

ligação transversal transverse link 横向推杆

ligação V V connection V 形接线

ligação Van der Waals Van der Waals bond 范德华键

ligação viga-pilar beam column connection 梁柱连接

ligação (em) ziguezague zigzag connection 曲折连接

ligado adj. linked, connected （被）连接的，（被）连通的

ligado à rede eléctrica grid-connected 并网的（发电系统）

ligado à terra connected to ground 接地的

ligado por articulações articulated 铰接的 ⇨ articulado

ligador s.m. connector, clamp 连接器，线夹

ligador bimetálico bimetallic groove connector 复合金属线夹

ligador de derivação de perfuração do isolamento de aperto independente tap connector with separate tightening torque 分离式绝缘穿刺线夹

ligador de derivação de perfuração do isolamento de aperto simultâneo tap connector with simultaneous tightening torque 同步绝缘穿刺线夹

ligador de terra à eléctrodo earthing wire 接地线

ligador paralelo parallel groove connector 并沟线夹

ligador plano flat earthing wire 平口接地线

ligador redondo round earthing wire 圆口接地线，接地圆线

ligante s.m. binder, binding agent 黏合剂

ligante aéreo air-set binder 气硬性黏结剂

ligante betuminoso bituminous binder 沥青黏合剂

ligante hidráulico hydraulic binder 水硬性黏结料

ligante hidrocarbonado hydrocarbon binder 氢氧化合物黏结剂，有机黏结剂

ligar v.tr. (to) link, (to) connect 连接，通电

ligeiro ❶ adj. light 轻的 ❷ s.m. light vehicle （3500kg 或 9 座以下的）轻型车

lignificação s.f. lignification 木质化(作用)；褐煤化（作用）

lignina s.f. ⇨ lenhina

lignite s.f. ⇨ lignito

lignito s.m. lignite, brown coal 褐煤

lignite A lignite A, black lignite 黑褐煤

lignite B lignite B, brown lignite 棕褐煤

lignite C lignite C, subbituminous C coal C 级半烟煤

lignito castanho brown lignite 棕褐煤

lignito negro black lignite 黑褐煤

lignossulfonato s.m. lignosulfonate 磺化木质素，木质素磺酸盐

lima s.f. file 锉刀

lima bastarda de meia-cana half-round bastard file 粗齿半圆锯

lima chata flat file 扁锉

lima chata grossa pillar file 柱锉

lima curva riffler 波纹锉

lima de aço steel file 钢锉，平口锉

lima de afiar serras saw sharpening file 磨锯锉

lima de bordos lisos safe edge file 安全锉

lima de corte simples ⇨ lima de picado recto

lima de diamante diamond (-coated) file 金刚石（镀层）锉

lima de madeira wood file 木锉

lima de mão hand file 手锉

lima de meia-cana cabinet-file 半圆锉

lima de metal metal file 金属锉

lima de picado recto (/simples) single-cut file, float-cut file 单纹锉

lima eléctrica electric file 电锉

lima fresada milled file 扁锉

lima grossa rasp 粗锉

lima-murça fina dead-smooth file 磨光锉

lima paralela blunt file 齐头平锉；直边锉

limagem *s.f.* filing 锉

limaíte *s.f.* limaite 锡锌尖晶石

limalha *s.f.* filings, file dust 锉屑

limalha de aço steel-filings 钢锉屑

limalha de bronze bronze powders 青铜粉

limalha de cobre copper filings 铜屑

limalha de ferro swarf 金属切屑

limalha de prata silver sand 银沙

limar *v.tr.* (to) file 锉

limbo *s.m.* ❶ edge, border （分度规、测角器的）刻度边 ❷ limb （日、月、行星等天体的）边缘

limburgito *s.m.* limburgite 玻基辉橄岩

limiar *s.m.* ❶ sill, threshold, doorstep 门槛 ❷ discrimination threshold 鉴别阈；鉴别灵敏度

limiar de alumínio extrudido extruded aluminum threshold 挤塑铝门槛

limiar da audibilidade audibility threshold 可听度阈值，听阈

limiar da dor pain threshold 疼痛阈值，痛阈

limiar de instrumento de medida discrimination threshold 鉴别阈；鉴别灵敏度

limitação *s.f.* limitation, restriction 限制，约束，控制

limitação de avarias damage control 损伤控制

limitação do local site constraint 地盘限制

limitador ❶ *s.m.* 1. limiter 限制器；限幅器 2. limiting stopper 限位块 ❷ *adj.* limiting; stop (ping) 限制的，限位的；止动的

limitador de abertura das portas door check 门限位器

limitador de alta pressão high pressure limiter 高压限压器

limitador de binário torque limiter, overhead clutch 扭矩限制器

limitador de broca bit gauge 钻头量规

limitador de caudal flow limiter 限流器，限流阀

limitador do combustível air fuel ratio control, fuel air ratio control, fuel ratio control 空燃比控制装置，空气燃料比控制装置

limitador de consumo de água water consumption limiter 限水器

limitador de corrente current limiter 限流器

limitador da cremalheira rack limiter 滑轨限制器

limitador de despejo dump kickout 倾斜定位器

limitador de efeito da mola rebound stop 悬架回弹限位器

limitador de levantamento (/elevação) lift kickout 提升反冲装置

limitador de pressão pressure limiter 限压装置

limitador de temperatura temperature limiter 限温器

limitador de velocidade speed limiter 限速装置

limitar *v.tr.* (to) limit, (to) restric 限制，约束，控制

limite *s.m.* ❶ limit, boundary 界限；边界；范围 ❷ limit 极限

limite água-petróleo edge water limit 边水界限

limite continental continental borderland 大陆边缘地

limite convencional de escoamento yield strength 屈服强度

limite crítico critical limit 临界极限

limite de absorção absorption edge 吸收限

limite de aderência adhesion limit, sticky limit 附着极限，黏性限度

limite de água water edge 水边线

limite de aplicabilidade limits of application, limits of applicability 应用范围；适用范围

limite da área de trabalho limit of works area 施工范围

limite de (liquidez de) Atterberg Atterberg liquid limit 阿太堡界限，稠度极限

limite da bacia hidrográfica catchment boundary 流域边界

limite de cedência yield value 屈服值

limite de concreção sintering limit 烧结限制

limites de confiança confidence limits 置信界限

limite de consistência consistency limits 稠度极限

limite de contracção shrinkage limit 收缩极限

limite de deformação deformation limit 变形极限

limite de desgaste wear limit 磨损极限

limite de elasticidade elastic limit 弹性极限

limites de erro permissível limit error, maximum permissible error 极限误差

limite de escoamento yield point 屈服点

limite de fadiga fatigue point 疲劳点；疲劳极限点

limite da faixa de domínio right-of-way line 道路红线，用地红线，建筑红线

limite de inflamabilidade flammability limit 自燃极限；可燃性极限

limite de liquidez liquid limit (LL) 液限

limites do local site boundary 地界范围；地盘界线

limite das neves firn line, firn limit（永久）雪线

limite de peso weight limit, load limit 重量限制，负载限制

limite de plasticidade plasticity limit (PL) 塑限，塑性极限

limite de precisão accuracy limit 精度限制

limite de proporcionalidade limit of proportionality 比例极限

limite de reacção da liga alloy reaction limit 合金反应极限

limite de resistência endurance limit 持久极限，疲劳极限

limite de resistência à fadiga fatigue limit 疲劳极限

limite de resistência ao fogo fire endurance, fire-resistant limit 耐火极限

limite de retracção shrinkage limit 收缩极限

limite de ruptura (/rotura) ultimate strain 极限应变

limite de segurança safety limit 安全限值，安全极限

limite das servidões easement boundary 地役权范围

limite da tensão strain capacity 应变量

limites de tensões normais normal voltage limits 正常电压范围

limite da textura ⇨ linha limítrofe do grão

limite de tolerância tolerance limit 公差极限；容许极限，容限

limite de velocidade speed limit 时速限制

limite elástico ⇨ limite de elasticidade

limite espacial spatial edge 空间边缘

limite hidráulico hydraulic boundary 水力边界

limite impermeável (/estanque) impervious boundary 不透水边界

limite inferior low limit 下限

limite inferior de controlo lower control limit (LCL) 控制下限，下控制限

limite inferior da escavação excavation line; base of the excavation 开挖线

limite inferior de temperatura low temperature limit 温度下限

limite líquido liquid limit 液限

limite máximo full range 满标度；满量程

limite máximo de peso maximum weight limit 最大重量限额

limite máximo de peso por eixo maximum axle load 最大轴荷重

limite médio de gelo average limit of ice 冰的边缘线，平均海冰界线

limite permissível permissible limit 容许极限

limite plástico ⇨ limite de plasticidade

limite proporcional ⇨ limite de proporcionalidade

limite superior high limit 上限

limite superior de temperatura high temperature limit 温度上限

limite térmico thermal limit 热极限

limite transformante transform boundary 转换边界

limítrofe *adj.2g.* limitrophe 位于边界上的，边境的；邻接的

limívoro *adj.* limivorous 食泥的

límnico *adj.* limnic 湖泊的；湖沼的

limnifone *s.m.* telemetering water level indicator 遥测水位指示仪

limnígrafo *s.m.* water level recorder 水位记录仪

limnímetro *s.m.* limnimeter, water-gauge, tide-gauge 湖泊水位计，潮位计

limniplâncton *s.m.* lake plankton, limniplankton 湖泊浮游生物

limnologia *s.f.* limnology 湖泊学

limo *s.m.* silt 淤泥

limonite *s.f.* limonite 褐铁矿

limoso *adj.* silty 淤泥的，粉砂的

limpa-bermas *s.m.2n.* brush cutter 灌木清除机 ⇨ desarbustadora

limpa-botas *s.m.2n.* boot scrubber, boot brush 擦鞋机

limpa-calhas *s.m.2n.* rail cleaner, track cleaner 轨道清扫器

limpadeira *s.f.* ❶ sludge ladle （钻孔清渣用的）掏渣勺 ❷ grain cleaner, grain cleaning machine 谷物清选机

limpador *s.m.* ❶ cleaner 清洁器 ❷ wiper [巴] 雨刮器，雨刷 ❸ cleaning machine 清选机

limpador de alta pressão high pressure cleaner 高压清洁器

limpador de cachimbo pipe-cleaner 洗管器

limpador de minério vanner 淘矿机

limpador do pára-brisa wiper 雨刮器，雨刷

limpador de rua street sweeper 街道清扫车

limpador por jacto de abrasivos glass bead cleaner 喷丸机

limpador traseiro rear wiper 后雨刷

limpa-grades *s.m.2n.* rake (for cleaning a screen); trashrack cleaning machine 拦污栅清理耙

limpa-móveis *s.m.2n.* furniture cleaner 家具清洁剂

limpa-neves *s.m.2n.* snow plow, snow blower 扫雪机

limpa-pára-brisas *s.m.2n.* windscreen wiper, windshield cleaner, windshield wiper 雨刮器，雨刷

limpa-pés *s.m.2n.* mat （门口处的）擦鞋垫

limpar *v.tr.* (to) clean, (to) clean up 清扫，清洁

limpa-trilhos *s.m.2n.* stone deflector（铁路）排石器

limpa-vidros *s.m.2n.* wiper [葡] 雨刮器，雨刷

limpa-vidros traseiros rear wiper [葡] 后雨刷

limpeza *s.f.* ❶ cleaning 清扫，清洁 ❷ cleansing 洁净（的状态）

limpeza à chama flame cleaning 火焰清理；火焰除污；火焰除锈

limpeza a jacto de abrasivo abrasive blast cleaning 喷砂清理

limpeza de junta de concreto concrete joint cleaning 混凝土清缝

limpeza de lastro ballast cleaning 道砟清筛

limpeza de terreno land clearance 清理土地；开荒

limpeza de vala ditch clean-up 沟渠清洁

limpeza e destocamento clearing and grubbing 清理和除根

limpeza por jacto de areia (/granalha) shot blasting 喷砂清理

limpeza por jateamento blast cleaning 喷光处理

limpeza química de membranas chemical cleaning of membrane 膜的化学清洗

limpeza química industrial industrial chemical cleaning 工业化学清洗

limpeza sónica sonic cleaning 声波清洗

limpeza total clean-up 彻底清扫；大扫除

limpeza ultra-sónica ultrasonic cleaning 超声波清洗

limpo *adj.* clean 干净的，洁净的

linarite *s.f.* linarite 青铅矿

lindeira *s.m.* ⇨ lintel

lindeiro *adj.* ❶ (of) frontage （地块）临街的 ❷ limitrophe 位于边界上的，边境的；邻

接的

lindinosito *s.m.* lindinosite 富钠闪花岗岩

lindoíto *s.m.* lindoite 钠闪正长细晶岩

lineação *s.f.* lineation 线理

lineação de estiramento stretching lineation 拉伸线理

lineação mineral mineral lineation 矿物线理

linear *adj.2g.* linear 线性的；直线的

linearidade *s.f.* linearity 线性，直线性

líner/liner *s.m.* liner [巴] 衬管

liner de produção production liner 油层衬管

liner perfurado perforated liner 带眼衬管

liner rasgado slotted liner 割缝衬管

linga *s.f.* slings（起吊重物用的）吊链，钩索

lingotamento *s.m.* ingotting 铸块；铸锭

lingotar *v.tr.* (to) cast ingot 铸锭

lingote *s.m.* ingot, billet 钢锭，钢坯

lingote de aço steel ingot 钢锭

língua *s.f.* tongue 舌头，舌状物

língua de areia sandbank 浅滩

língua de camelo calf's tongue 牛舌饰

língua glaciária glacier tongue 冰川舌；冰舌

linguagem *s.f.* language 语言

linguagem algarítmica algorithmic language 算法语言

linguagem arquitetônica architectural language 建筑语言

linguagem em código code language 代码语言

linguagem informática computer language 计算机语言

lingueta/língüeta *s.f.* ❶ 1. languet; pointer 舌状物；指针 2. latch, catch 锁舌 3. reed, tongue 簧片 ❷ landing ramp 登岸坡道

lingueta da direcção steering finger 转向指销

língüeta de embeber dead bolt 锁定插销

língüeta de extensão extension bolt 附加门栓

lingueta de fechadura catch-bolt 弹簧门锁

língüeta de trinco latch bolt 弹键栓；碰簧销

lingueta deslizante slip feather 滑键

lingüeta e ranhura tongue-and-groove 槽舌接合

lingueta mola spring pawl 弹簧爪

lingueta recta straight tongue 直纹凸榫

lingueta transversal cross-tongue 横舌榫

linha *s.f.* ❶ line 线，线条 ❷ line, pipe line 线路；管路；道路 ❸ production line, assembly line 生产线，安装线，流水线 ❹ row 行 ❺ line 产品线；保险种类；保险费数额 ❻ 1. line 线（英制长度单位，约合 0.21 厘米）2. "linha" 葡制线（约合 0.23 厘米）

linha AC AC line 交流线路

linha aclínica aclinic line 无倾线

linha activa active line; live line 有效线路；带电电线

linha aérea ❶ air line（飞机）航线 ❷ overhead line, electric overhead line 架空线路

linha aerodinâmica streamline 流线

linha agónica agonic line 无偏线

linha arregaçada ⇨ contratensor

linha axial axle line, axle wire 轴线，中轴线

linha-base baseline 基线

linha catenária catenary line 悬链线

linha cáustica caustic line 散焦线；烧灼线；火线

linha CC DC line 直流线路

linha central central line 中线

linha circular circular line 环线

linha coaxial coaxial line 同轴线

linha com corrente live line 火线；带电电线

linha conectada connected line 连通线路

linha contínua solid line 实线

linha costeira coast line 海岸线

linha cotidal cotidal line 等潮线

linhas cruzadas cross-hatch pattern 方格测试图 ⇨ hachuras cruzadas

linha curva curved line 曲线

linha de acção line of action 作用力线

linha de adução de ar airline 空气管路

linha de advertência reflectora reflectorised warning line 反光警戒线

linha de afastamento pitch line 节线；齿距线

linha de afloramentos line of outcrop 露头线

linha de água level line, water line 吃水线，

水位线

linha de água temporária ephemeral stream 季节性河流

linha de alta tensão high tension line 高压线

linha de ancoragem em catenária catenary anchor leg mooring 悬链（式）锚腿系泊

linha de andesito andesite line 安山岩线

linha de ar air line 空气管路

linha de areia sand line 捞砂绳

linha de arqueamento camber line 弧线

linha de árvores timber line 森林界线

linha da asna binder 系梁，系杆

linha de assinante digital assimétrica asymmetric digital subscriber line (ADSL) 非对称数字用户线路，ADSL

linha de atraso delay line 延迟线

linha de baixa densidade de carga light-traffic line 低交通量道路，低交通量线路

linha de baixa-bar low water line 低水位线

linha de base baseline 基线

linha de Becke Becke line 贝克线（光射于两个折光指数不同的介质时，在界面产生的光带）

linha da bitola gauge line 轨距线；规线

linha de bonde street railway 市内电车道

linha de borda da pista pavement edge line 路面边缘线

linha de centro centerline 中心线

linha de chamada leader line 带箭头指引线

linhas de choke e kill choke and kill lines [巴] 节流和压井管路

linha de cintura belt line 环形线路，环线

linha de circuito duplo double circuit line 双回路线路

linha de circuito simples single circuit line 单回路线路

linha de colagem glueline 胶黏线，胶缝

linha de colimação collimation line 视准线

linha de complúvio thalweg 深泓线

linha de contacto ❶ contact line 接触线；界线 ❷ collector strip 集电弓条

linha de contagem screen line 屏栅线

linhas de contextura ⇨ linhas de fluxo

linha de contorno contour line 等高线，轮廓线

linha de controlo control line 控制线

linha de controlo de incêndio fire control line 火灾控制线

linha de correcção correction line 改正线，校正线

linha de córrego thalweg 深泓线

linha de corrente flow line, stream line 流线，流向线

linha de corrente contínua direct current line 直流线路

linha de corte section line 截面线，剖面线

linha de costa coastline 海岸线

linha de costa com subsidência shoreline of depression 沉降滨线

linha de costa de delta delta shoreline 三角洲滨线

linha de cota dimension line 尺寸线

linha de crédito credit line; lending facility 信贷额度；借贷机制；贷款安排

linha de crista water divisor 分水岭，分水线

linha de cumeada crest line, ridge line 脊线，山脊线

linha de declive máximo maximum slope line 最大斜度线

linha de declividade nula ⇨ linha aclínica

linhas de deformação Luder's lines 吕德尔线

linha de deixa swash mark 冲痕

linha de demarcação lot line 地界线

linha de descarga em perfuração a ar blooie line 风力排粉管，岩屑排出管路

linha de desejo desire line 期望线路

linha de discordância dislocation line 位错线

linha de displúvio ridge, crest （气象图上的）高压脊

linha de distribuição (de energia) power distribution line 配电线路

linha de divergência divergence line 发散线

linha de divisão parting line 分界线；分模

线；界面线

linha de drenagem bleed line 排水管线

linha de edificação building line 建筑红线

linha de eixo ⇨ linha axial

linha de eletrodo electrode line 接地极线路

linha de ensaio e drenagem test and drain line 测试和排水管线

linha de entrada tie-in line 接入线

linha de equilíbrio equilibrium line 平衡线

linha de escape exhaust line 排气管线

linha de esgoto tronco trunk sewer 污水干管

linhas de estrangulamento e de ataque choke and kill lines [葡] 节流和压井管线

linha de espectro spectrum line 频谱线；光谱线

linha de espigão ridge line 脊线

linha de expansão expansion line 膨胀线

linha de extensão extension line 延长线

linha de faixa lane line 车道线

linha de faixa contínua continuous lane line （车道）实线

linha de faixa interrompida interrupted lane line （车道）虚线

linha de falha fault line, fault strike 断层线

linha de fé rigging datum line 装配根据线

linha de flutuação plimsoll line 载重线标志

linha de fluxo flow lines 流纹；流线

linha de fluxo de percolação line of seepage; seepage path 浸润线

linha de fogo ❶ firing line 导火线，引爆绳 ❷ fire trail （林地内清理出的）防火生土带

linha de folhelho shale line [巴] 泥岩基线

linha de força ❶ line of force 力线 ❷ power line 电力线

linha da força resultante line of thrust 推力线

linhas de forjamento flow lines (for forgings), forging flow lines 锻造流线

linha de fuga vanishing line 像地平线；没影直线；消失线

linha de fundo baseline, ground line 基线；底线；基准线

linha de gás gas line, gas pipeline [葡] 输气管道

linha de geada frost line 霜线

linha da grade grid line 网格线，坐标线

linha de greide grade line 纵坡线

linha do horizonte horizon line 水平线

linha de imposta springing line 起拱线

linha de influência influence line 影响线

linha de instabilidade ⇨ linha de tormenta

linha de interligação interconnection line 互连线路

linha de lama mud line 泥线

linha de lancil curb line, kerb line 路边线；路缘线

linha de ligação tie line 连结线；联络线

linhas de maré cotidal line 等潮线

linha de margem strandline, shoreline 海岸线

linha de matar kill line 压井管线

linha do meio border 腰线

linha de mira line of sight 瞄准线；视线

linha de montagem assembly line 安装流水线

linha de montagem de subconjuntos subassembly line 组件生产线

linha de múltiplas vias multiple track line 多线铁路

linha das nascenças springing line 起拱线

linha de neve anual annual snowline 年雪线

linha de neve climática climatic snowline 气候雪线

linha dos nodos line of nodes 交点线

linha de observação sight line 视线

linha do orçamento budget line 预算线

linha de parada stop line 停止线

linha de pavimento beam line 梁线

linha de percurso walking line 楼梯行走线

linha de perfil profile line 剖面线

linha de pesca fishing-line 钓鱼线

linha de piso ⇨ linha de percurso

linha de posição line of position 位置线

linha de praia shoreline 滨线，海滨线

linha de preia-mar high water line 高水位线

linha de pressão pressure line 加压管线

linha de processamento de arroz branco refined rice processing production line 精米加工生产线

linha de processamento de óleo de soja soybean oil processing production line 大豆油加工生产线

linha de processamento e secagem de ração de animais feed processing and drying production line 饲料加工及烘干设备生产线

linhas de ponto-colisão dot and dash line 点划线

linha de prumo plumb line 铅锤线 ⇨ fio de prumo

linha de quebra break line （复折屋顶两个坡之间的）折线

linha de referência baseline 基线

linha de rotura breakline 折线

linha de rumo ❶ rhumb line 恒向线；罗盘方位线 ❷ point（三十二方位罗盘的每一个）罗经点；方位角（合 11¼°）

linha de Schottky Schottky line 肖特基线

linha de sinal signal line 信号线

linha de sonda lead line, sounding line 测深线

linha de sondagem survey line 测线

linha de subtransmissão subtransmission line 二次输电线路

linha de surgência surge line 喘振线

linha de terra ⇨ linha de fundo

linha de tormenta squall line 飑线

linha de traçar chalk line 粉线

linha de transferência transfer line 传输管线

linha de transmissão (LT) transmission line, power line 输电线路

linha de transporte transport line 交通线路

linha de transporte de energia power transmission line 输电线路

linhas de tolerância give-and-take lines 协调线

linha de vida auto-retrátil self-retracting lifeline 带式防坠器

linha de visão (/visada) sight line 视线

linha de voo flight line 飞行航线

linha de vórtice vortex line 涡线

linha de Wallner Wallner lines 瓦纳线

linha de xisto argiloso shale line [葡] 泥岩基线

linha desequilibrada unbalanced line 不平衡线路

linha diagonal diagonal line 对角线

linha diametral diameter line 径线，直径线

linha directriz ⇨ linha guia

linha divisória de água ⇨ linha de crista

linha divisória ⇨ linha de divisão

linha divisória horizontal horizontal boundary 水平分界线

linhas e colunas rows and columns 行和栏

linha eléctrica electric line 电线

linha elevada ⇨ contratensor

linha em ziguezague zigzag line 曲折线

linha energética energy line, energy grade line 能量梯度线

linha energizada energized line 带电线路

linha equinocial equinoctial line 昼夜平分线

linha equipotencial equipotential line 等电位线

linha esculpida carved line 刻线

linha este-oeste east-west line 东西线

linha estratigráfica stratigraphic boundary 地层界线

linha externa outside line 外线

linha fantasma phantom line 假想线；幻线

linha férrea railway 铁路线

linha freática phreatic line 浸润线，渗透线；地下水位线

linha geradora generating line 发生线；母线

linha guia guideline 校正线；方针，指导原则

linha isobárica isobar line 等压线

linha isofootcandle isofootcandle line, isolux line ⇨ linha isolux

linhas isogônicas isogonic lines 等磁偏线

linha isolada isolated line 隔离线路

linha isolux isolux line 等照度线

linha isomolar isomolar line 等摩尔线

linha limítrofe do grão grain boundary line 晶界线，晶粒边界线

linha líquida liquidus line 液相线

linha loxodrômica rhumb line 恒向线

linha média do aerofólio mean camber line 中弧线

linha meridiana meridian line 子午线；经线

linha múltipla multiple conductor line 多导线线路

linha norte-sul north-south line 南北线

linha nua bare wire, naked wire 裸线

linha piezométrica piezometric line 量压线

linha poligonal polygonal line; traverse 折线；导线

linha ponteada ⇨ linha tracejada

linha pontilhada dotted line 虚线

linha primitiva pitch line 节线

linha primitiva do dente de engrenagem gear tooth pitch line 齿轮齿距线

linha principal main line, main track 干线

linha principal de gás gas main 煤气总管

linha proa-popa fore and aft line 艏艉线，船首尾线

linha projectante projecting line 投影线

linha quebrada broken line 折线

linha radial radial line 径向线

linhas reversas skew lines 斜直线

linha secundária branch 支线

linha sem inclinação ⇨ linha aclínica

linha sísmica seismic line 地震测线

linha submersa submerged line 水下线路

linha subterrânea underground line 地下线路

linha suspensa por cabos cable suspension bridge 钢索吊桥

linha (de) tangente tangent line 切线

linhas taqueométricas stadia hairs, stadia lines 视距丝

linha telefónica telephone line 电话线

linha tracejada dotted line, dashed line, broken line 虚线

linha tronco trunk line 干线

linha uniforme uniform line 均匀线

linha vertical plumb line 垂直线；铅垂线

linha viva live line 带电线路

linha-em-polígono s.f.2n. line-in-polygon overlay 线与多边形叠加

linhite s.f. ⇨ lignito

linho s.m. linen 亚麻布

linhote s.m. joist, beam 过梁

linóleo s.m. linoleum 漆布，油毡

linóleo com base de aglomerado de cortiça linoleum on a corkment backing 有软木背衬的油毡

linóleo decorativo decorative linoleum 带花纹油毡

linóleo liso plain linoleum 不带花纹油毡

lintel s.m. lintel 门窗上的过梁；门楣，窗楣

lintel de betão armado reinforced concrete lintel 钢筋混凝土过梁

lintel de betão pré-moldado precast concrete lintel 预制混凝土过梁

lintel de fogão mantel tree 壁炉过梁

lintel de porta door lintel 门过梁

lintel de segurança safety lintel 安全过梁；辅助过梁

lintel de tijolo armado reinforced brick lintel 钢筋砖过梁

liofílico s.m. lyophilic 亲液的

liofilização s.f. lyophilization 冷冻干燥

liofilizar v.tr. (to) lyophilize 冷冻干燥

liofóbico s.m. lyophobic 疏液的

lioz s.m. lias 青石灰岩

liparito s.m. liparite 流纹岩

lipídio s.m. lipid 脂质，类脂化合物

lipscombite s.f. lipscombite 复铁天蓝石

liptinite s.f. liptinite 壳质素质；膜煤素

liptito s.m. liptite 微稳定煤

liptobiólito s.m. liptobiolith 残植煤

liptodetrinite s.f. liptodetrinite 碎屑稳定体，碎屑壳质体

liquação s.f. liquation, eliquation 熔析

liquefacção s.f. liquefaction 液化；熔化

liquefazer v.tr. (to) liquefy 液化；熔化

liquefeito adj. liquefied 液化的

liquidação s.f. ❶ settlement, liquitation 结算，清算 ❷ close out 平仓；清仓

liquidação anual annual sale 年销售量

liquidação dos activos fixos liquidation of fixed assets 固定资产清理

liquidação das contas settlement of accounts 清算账目，结算

liquidação de dívida debt clean-up 债务清理

liquidação do imposto tax assessment 税额查定

liquidação do projecto project settlement 工程结算

liquidação em numerário cash settlement 现金结算

liquidação financeira financial settlement 财务结算

liquidar v.tr. (to) settle, (to) liqudate 结算；清盘

liquidificador s.m. blender, food blender 食物搅拌器

líquido ❶ adj. liquid 液体的，液态的 ❷ adj. net 纯粹的；净余的 ❸ s.m. liquid, liquid state 液态 ❹ s.m. liquid 液体

líquido altamente volátil highly volatile liquid 高挥发性液体

líquido arrefecedor coolant, cooling agent 冷却液，冷却剂

líquido arrefecedor de vida prolongada extended life coolant 长效冷却液

líquido condensado condensate liquid 凝析液

líquido de gás natural (LGN) natural gas liquid (NGL) 天然气液

líquido gerador de espuma (LGE) foaming liquid 起泡液，发泡液

líquido hidráulico hydraulic fluid, hydraulic liquid 液压用液体

líquido inflamável flammable liquid 易燃液体

líquido insecticida insecticidal fluid 杀虫液

líquido penetrante dye penetrant 染料渗透剂

líquidos pesados (/densos) heavy liquids 重液

líquido retrógrado retrograde liquid 反凝析液

líquido transmissor de pressão pressure transmitting fluid 传压流体

liquidus s.m. liquidus 液相线

lisímetro s.m. lysimeter 渗漏测定计；溶度测定计

liso adj. smooth 平滑的，光滑的

lisoclina s.f. lysocline 溶跃面

lisol s.m. lysol 来苏，煤酚皂溶液

lista s.f. ❶ list, index; table, schedule 清单，目录；列表，明细表 ❷ riband 装饰木条

lista de cedência de mão-de-obra list of daywork rate for labor 计日工劳务单价表，人员计日工清单

lista de conteúdos e descrição list of contents and description 内容及说明清单

lista de controle checklist 检查单

lista de corte cutting list 切削加工单；木材规格表

lista de desenhos list of drawings 图纸目录

lista de desvios de configuração configuration deviation list (CDL) 配置偏差列表

lista de edifícios e estruturas list of buildings and structures 建、构筑物一览表

lista de embalagem packing list 装箱单

lista de equipamentos mínimos minimum equipment list 最低设备清单

lista de ferro bending schedule 弯钢筋表

lista de normas e especificações adoptadas list of standards and specification adopted 采用标准规范目录

lista de pendências punch list 剩余工作清单

lista de preços por memória list of provisional sums 暂列金额清单

lista de quantidade bill of quantities (BOQ) 量单，工程量清单 ⇨ mapa de quantidade

lista mestra de equipamento mínimo master minimum equipment list 主最低设备清单

listel s.m. reglet 平条线脚，窄条饰 ⇨ filete

listel de advertência warning strip 警示带

listelão s.m. big rectangular frame 大平条线脚

lisura s.f. smoothness 平整，光滑

lisura da superfície surface smoothness 表面平滑度，表面光洁度

lisura da superfície da parede surface smoothness 墙面光洁度

litarenito s.m. litharenite 岩屑砂岩

litargírio s.m. litharge 正方铅矿

litchfieldito s.m. litchfieldite 霞云钠长岩

lítico *adj.* lithic 石的；石制的

litificação *s.f.* lithify 岩化作用

litígio *s.m.* litigation, lawsuit 诉讼；起诉

lítio (Li) *s.m.* lithium (Li) 锂

litiofilite *s.f.* lithiophilite 磷锰锂矿

litionite *s.f.* lithia mica 锂云母

litocalcarenito *s.m.* lithocalcarenite 灰岩屑砂岩

litóclase *s.f.* lithoclase 岩裂

litoclasto *s.m.* lithoclast 岩屑

litocronozona *s.f.* lithochronozone 岩石时间带

litodensidade *s.f.* lithodensity 岩性密度

litodolorrudito *s.m.* lithodolorudite 白云岩屑砾岩

litoestratigrafia *s.f.* ⇨ litostratigrafia

litofácies *s.f.* lithofacies 岩相

litófago *adj.* lithophagous 食石的

litófilo *adj.* lithophile 亲石的，亲岩的

litofunção *s.f.* lithofunction 岩石因素

litogénese *s.f.* lithogenesis 岩石成因学

litogénico *adj.* lithogenic 岩石成因的

litografia *s.f.* lithograph; photolithography 石板印刷，石印术；光刻法

    litografia EUV EUV lithography 超紫外光微影技术

litográfico *adj.* lithographic 石印的

lito-horizonte *s.m.* lithohorizon 岩性层位

litólico *s.m.* ⇨ cambissolo

litologia *s.f.* lithology 岩石学

litológico *adj.* lithologic 岩性的

litomargem *s.f.* lithomarge 密高岭土

litopone *s.m.* lithopone 锌钡白

litoral ❶ *adj.2g.* littoral 沿海的；海滨的 ❷ *s.m.* littoral 沿海地区

litorâneo *adj.* littoral 沿海的；海滨的

litorina *s.f.* railcar 轨道车，（轨道式）梭车

litosfera *s.f.* lithosphere 岩石圈

litossiderito *s.m.* lithosiderite 石铁陨石

litossolo *s.m.* lithosol 石质土

litostratigrafia *s.f.* lithostratigraphy 岩石地层学

litostroma *s.m.* lithostrome 岩性层

litotipo *s.m.* lithotype 岩型

litótopo *s.m.* lithotope 岩石沉积环境

litotrófico *s.m.* lithotroph 无机营养生物

litozona *s.f.* lithozone 同岩性带

litro *s.m.* ❶ (l) liter (l) 升（容积单位）❷ "litro"（面积）葡制升（面积单位，合 605 平方米）

livel *s.m.* ⇨ nível

livelamento *s.m.* ⇨ nivelamento

livelar *v.tr.* (to) level 水准测量

livermório (Lv) *s.m.* livermorium (Lv) 铊，116 号元素

livrança *s.f.* IOU; promissory note 借据

livre ❶ *adj.2g.* free 自由的；畅通的 ❷ (de) free 免费的；免除…的

livre acesso free access 自由访问，自由进入

livre comércio free trade 自由贸易

livre de ajustagens adjustment-free 免调节的

livre de avaria particular (LAP) free of particular average 单独海损不赔；平安险

livre de custo free of cost 免费的

livre de manutenção maintenance-free, service-free 免维护的

livres de defeitos free from defects 无瑕疵的，无缺陷的

livre-trânsito laissez-passer（车辆）通行证

livro *s.m.* book, log 书籍；日志，记录册；账本

livro-caixa cashbook 现金账簿

livro de balanço balance book 账本

livro de contas (/custeio) cost-book 成本帐簿

livro de inventários stock book 存货簿

livro de manutenção maintenance log book 保养日志，保养记录册

livro de obra log book, engineering log, site diary 工程日记，工程日志

livro de operação operational logbook 操作日志

lixa *s.f.* ❶ sandpaper, abrasive paper 砂纸 ❷ file 锉 ⇨ lima

lixa de esmeril emery cloth, emery paper 砂布，研磨纸，金刚砂布

lixa de unhas nail file 指甲锉

lixa fina emery cloth 金刚砂布

lixa redonda round file 圆锉

lixa triangular triangular file 三角锉

lixadeira/lixadora *s.f.* sander, sanding machine 打磨机，砂轮机

lixadeira a húmido wet emery mill 湿砂光机

lixadeira angular angle sander 直角砂光机

lixadeira de cinta belt sander 带式砂光机

lixadeira de disco rotary / disc sander 圆盘砂光机，圆盘打磨机

lixadeira de palma palm sander 手持砂轮机

lixadora de pavimento floor grinder 地板磨光机

lixadeira elétrica power sander 电动砂光机

lixadeira orbital orbital sander 轨路式砂光机

lixadeira pneumática air sander 气动抛光机

lixadeira roto-orbital roto-orbital sander 鼓式轨道砂光机

lixadeira vertical vertical sander 立式砂磨机

lixado adj. sanded down 用砂纸磨光的

lixagem s.f. ⇒ lixamento

lixamento s.m. sanding, grinding 打磨

lixamento oscilante oscillating sanding 振动式磨光

lixar v.tr. (to) sandpaper, (to) polish; (to) file 用砂纸打磨；锉

lixeira s.f. waste bin, waste receptacle 垃圾箱

lixissolo s.m. lixisol 淋洗土

lixívia s.f. lye, lixivium 碱液

lixiviação s.f. ❶ lixiviation, leaching 浸析 ❷ bleaching 漂白

lixiviação bacteriana bacterial leaching 细菌浸出

lixiviação do cimento leaching of cement 水泥浆渗漏

lixiviação por pressão pressure leaching 加压浸出

lixiviado s.m. leachate 沥滤液

lixiviar v.tr. ❶ (to) bleach, (to) whiten 漂白 ❷ (to) lixiviate, (to) leach 浸析

lixo s.m. rubbish, waste 垃圾，废物

lizardite s.f. lizardite 利蛇纹石

LNB sig.,s.m. LNB (low noise block) 低噪声隔离器，高频头

LNB dual dual LNB 双高频头

lobado adj. lobed, foiled 叶形拱的

lobby s.m. lobby 过厅，门厅，门廊

lobby ventilado ventilated lobby 通风的门廊

lobélio s.m. lobe, foil （多尖拱中的）叶形饰

lobista s.2g. lobbyist 说客

lobo s.m. ❶ lobe 叶，裂片，波瓣 ❷ cam lobe 凸轮凸角

lobo de crevassa crevasse splay 决口扇形滩

lobo deltaico delta lobe 三角洲朵体

lobulado adj. ⇒ lobado

lóbulo s.m. ⇒ lobélio

loca s.f. loca （地下）洞穴

locação s.f. ❶ renting, leasing 出租，租赁 ❷ lease payment 租金 ❸ locating, position 定位 ❹ location 地址，位置

locação financeira financial lease 融资租入

locação operacional operating lease 经营租赁

locador s.m. lessor 出租人

local ❶ s.m. 1. place 地点，场所 2. site 地盘；地块；项目现场 ❷ adj.2g. local 当地的，本地的

local alternativo alternative site 替代选址，替代地址

local antieconómico uneconomic location 不经济的选址

local considerado (da barragem) considered site 考虑的地址；考虑的坝址

local de carregamento load place 装货地

local de concentração assembling place 集合地点

local da construção construction site 施工现场，建筑工地

local de culto place of worship 拜祭场所

local de descarga unloading place 卸货地

local de entregas delivery place 交货地

local de furo de sondagem borehole location 钻孔位置

local de obra works area, work site 施工地区；施工用地；工地

local de referência datum target 基准目标

local de reunião de público public gathering place 公众聚集场所

local fechado enclosed place 封闭场所

local interessante attractive site 可取坝址

local para embarque e desembarque

loading and unloading place 上下车区；装卸区

local para teste de altímetro altimeter check location 高度表校准位置

local previsto potential site 潜在坝址，可能坝址

local viável (/rentável) viable site 可行选址

localidade *s.f.* place, site 地方，地点

localização *s.f.* ❶ location 地址，位置 ❷ locating, position 定位 ❸ localization 本地化

localização da barragem location of dam 坝址

localização de aviões pelo som aerial sound ranging 空中声波测距

localização da barragem location of dam 坝址

localização de poço well location 井位

localização do alvo target location 目标定位，目标搜索

localizador *s.m.* ❶ locator, localizer 定位器；定位仪 ❷ fertilizer attachment, direct aplication fertilizer 施肥装置

localizador de adubo fertilizer attachment, direct aplication 施肥装置

localizador de adubo à superfície surface application attachment 表面施肥装置

localizador de adubo em profundidade subsoil application attachment 深层施肥装置

localizador de cabos cable locator 电缆探测器

localizador de incêndio fire-finder 火灾定位仪

localizador de juntas casing collar locator 套管接箍定位器

localizador de posição de impacto crash position indicator 失事位置指示器

localizador de tubos pipe locator 管道探测器

localizar *v.tr.* ❶ (to) locate 定位 ❷ (to) localize, (to) make local 本地化

locar *v.tr.* ❶ (to) rent, (to) lease 出租，租赁 ❷ (to) locate 用桩标定；定位

locatário *s.m.* lessee 租户，承租人

Lochkoviano *adj.,s.m.* Lochkovian; Loch- kovian Age; Lochkovian Stage （地质年代）洛赫考夫期（的）；洛赫考夫阶（的）

locomórfica *s.f.* locomorphic stage 硬结期

locomotiva *s.f.* locomotive 机车；火车头

locomotiva a diesel diesel locomotive 柴油机车

locomotiva a vapor steam locomotive 蒸汽机车

locomotiva diesel-elétrica diesel-electric locomotive 柴油电力机车

locomotiva diesel-hidráulica diesel-hydraulic locomotive 内燃液力传动机车

locomotiva eléctrica electric locomotive 电力机车

locomotiva eléctrica a bateria battery electric locomotive 电力机车

locomotiva hidráulica a diesel diesel hydraulic locomotive 液压传动柴油机车

lodo *s.m.* silt, sludge, mud 淤泥，污泥；渣滓，粉沙

lodo coloidal colloidal mud 胶体泥浆

lodo de globigerinas globigerina ooze 抱球虫软泥

lodo de pteropódos pteropod ooze 翼足类软泥

lodo fino fine silt 细土粉；细泥

lodo terrígeno terrigene mud 陆源软泥

lodoso *adj.* silty 淤泥的

lodranito *s.m.* lodranite 橄榄古铜陨铁

loess *s.m.2n.* loess 黄土

loéssico *adj.* loessic 黄土质的

loessito *s.m.* loessite 黄土岩

loeweite *s.f.* loeweite 钠镁矾

loferito *s.m.* loferite 收缩孔碳酸盐岩

loft *s.m.* loft （仓库、商业建筑物等的）不分隔的楼面

log *s.m.* log 测井记录；钻井记录 ⇨ diagrafia, [巴] perfil

logaritmo *s.m.* logarithm 对数

logaritmo comum common logarithm 常用对数

logaritmo de Briggs Briggsian logarithm 布里格斯对数，常用对数 ⇨ logaritmo comum

logaritmo decimal decimal logarithm 十进对数，常用对数 ⇨ logaritmo comum

logaritmo natural natural logarithm 自

然对数

logaritmo neperiano Napierian logarithm 纳皮尔对数，自然对数 ⇨ **logaritmo natural**

lógia *s.f.* loggia 拱廊，柱廊

lógica *s.f.* logic 逻辑；逻辑学

  lógica da rede network logic 网络逻辑

  lógica de relés ladder logic 梯形逻辑

  lógica nebulosa fuzzy logic 模糊逻辑

logística *s.f.* logistics 物流；后勤

  logística integrada integrated logistics 综合物流

  logística reversa reverse logistics 逆向物流

logótipo/logotipo *s.m.* logotype 标识；商标

logradouro *s.m.* place 场区，园区；一切可以通行的道路、广场或区域

loiça *s.f.* ⇨ **louça**

loja *s.f.* ❶ shop, store 商店 ❷ basement; ground floor （建筑物的）底层；一层 ⇨ **piso térreo**

  loja de conveniência convenience store 便利店

  loja de departamentos department store 百货商店

  loja de ferragens hardware shop 五金店

  loja de varejo retail shop 零售店

  loja duty-free duty-free store 免税店

  loja exclusiva specialty stores 专卖店

lolingite *s.f.* lolingite 斜方砷铁矿

lomba *s.f.* ❶ speed bump, road hump （减速）路拱，减速带，限速突块 ❷ ridge, crest 山脊

lombada *s.f.* ⇨ **lomba**

lomografia *s.f.* lomography "乐摸"风格摄影，Lomo 摄影

lona *s.f.* ❶ 1. canvas; tarpaulin 帆布；柏油帆布 2. car cover 车衣，汽车罩 ❷ lining 衬砌，衬层，衬管 ❸ tire ply 轮胎帘布

  lona amortecedora breaker, tire breaker 轮胎隔层

  lona de cordonéis tire cord, cord fabric 轮胎帘布，帘布层

  lona de freio brake lining, brake shoe 制动衬片，刹车片

  lona de nylon nylon canvas 尼龙帆布

  lona do pneu tire ply 轮胎帘布

  lona impermeabilizada tarpaulin sheet 防水布；油布

  lona impregnada de borracha rubber canvas 橡胶帆布

longarina *s.f.* ❶ 1. stringer, runner support 纵梁；楼梯斜梁；（桁架的）系梁；长条支撑木材；爬梯的边梁 2. side member, longitudinal bar 车架边梁 3. longeron （飞机的）纵梁 ❷ row chair 排椅

  longarina c/2 lugares e mesa de apoio 2 seat waiting chair with table 2 人位排椅带茶几

  longarina cantilever cantilever beam 悬臂梁

  longarina central center girder 中线纵梁

  longarina de asa wing spar 翼梁

  longarina de chapa plate girder 板梁

  longarina de escada wall string 墙楼梯斜梁

  longarina de esforço cortante shear beam 剪力梁；剪切梁

  longarina de estrutura da fuselagem longeron （飞机的）纵梁

  longarina de perfil em U steel channel string 槽钢楼梯梁

  longarina de reforço tailpiece （坡屋顶的）悬挑支架，挑檐支架

  longarina dianteira front spar 前梁

  longarina para recepção waiting chair 等候椅

  longarina radial radial spar 辐射梁

  longarina resistente à cortante shear resistant beam 抗剪梁

  longarina tipo caixão box spar 箱形梁

longerão *s.m.* girder 大梁，纵梁

longitude *s.f.* longitude 经度

longitudinal *adj.2g.* longitudinal 纵向的；经线的

longulito *s.m.* longulite 长联锥晶，联珠晶子

lonsdaleíte *s.f.* lonsdaleite 六方碳

loparite *s.f.* loparite 铈铌钙钛矿

Lopingiano *adj.,s.m.* Lopingian; Lopingian Epoch; Lopingian Series [巴] （地质年代）乐平世（的），上二叠世（的）；乐平统（的）⇨ **Lepínguico**

lopólito *s.m.* lopolith 岩盆

lorandite *s.f.* lorandite 红铊矿

losango *s.m.* diamond 菱形

lota *s.f.* seafood wholesale market, fish market 海鲜批发市场，鱼类批发市场

lotação *s.f.* ❶ capacity, passenger capacity 载运量；载客量；定员 ❷ blending 掺合

lotada *s.f.* minibus transport "小公共" 交通（现象），公共小巴交通（现象）

lote *s.m.* ❶ lot （商品等）一批，一堆，一宗 [经常用作量词] ❷ lot; shipment （交通、运输工具）一次的运载量 ❸ lot 地段 ❹ lot 标段 ❺ lot 巴西电力拍卖使用的功率单位，合 1MW

loteamento *s.m.* division into lots 划分地块

lotear *v.tr.* (to) plot 划分地块

lótus *s.m.* lotus 莲花饰

louça *s.f.* ❶ chinaware, dishware 瓷，瓷器 ❷ tableware, dishes （不限于瓷制品）餐具；碗，碟 ❸ sanitary fixtures, bathroom suite 卫生设施，卫浴设备

louça de barro vidrado stoneware, faience 炻器，粗陶器

louça de mesa tableware 餐具

louças e acessórios sanitários sanitary fixtures and accessories 卫生设施及配件

louças sanitárias sanitary fitments, sanitary fittings 卫生设施，卫浴设备

louceiro *s.m.* cupboard 橱柜，碗柜

loughlinite *s.f.* loughlinite 丝硅镁石

louro *s.m.* laurel 月桂树，月桂木（*Laurus nobilis*）

louro vermelho red louro 红绿心樟（*Ocotea rubra Mez.*）

lousa *s.f.* ❶ slate 板岩，黏板岩 ❷ flipchart 活动挂图 ❸ tombstone, gravestone 墓碑

louseira *s.f.* slate quarry 板岩采石场

loxodromia *s.f.* ❶ loxodromics 斜航法 ❷ rhumb line, loxodrome 恒向线

LSA *sig.,s.m.* LSA (linear servo actuator) 线性伺服执行器

lua *s.f.* ❶ [M] Moon 月球 ❷ moon 卫星

lua cheia full moon 满月，望月

lua nova new moon 新月

lubricidade *s.f.* lubricity 润滑性

lubrificação *s.f.* ❶ lubrication, oiling 润滑 ❷ lubricity 润滑性

lubrificação automática automatic oiling 自动润滑

lubrificação de película fina thin film lubrication 薄膜润滑

lubrificação elasto-hidrodinâmica elasto-hydrodynamic lubrication 弹性流体动力润滑

lubrificação em banho de óleo oil bath lubrication 油浴润滑

lubrificação forçada forced lubrication 强制润滑

lubrificação gota a gota drop feed lubrication 滴油润滑

lubrificação hidrodinâmica hydrodynamic lubrication 流体动力润滑

lubrificação limítrofe boundary lubrication 边界润滑

lubrificação líquida fluid lubrication 液体润滑

lubrificação permanente lifetime lubricated 永久润滑

lubrificação por banho de óleo oil bath lubrication 油浸润滑

lubrificação por chapinhagem (/salpicos) splash lubrication, bath lubrication 飞溅润滑

lubrificação por esguicho (/nebulização) spray lubrication 喷雾润滑

lubrificação sob pressão pressure lubrification 压力润滑

lubrficação de trilho rail lubrication 轨道涂油

lubrificado *adj.* oiled 润滑过的

lubrificador *s.m.* ❶ lubricator 机油工 ❷ lubricator 润滑器

lubrificador a gota visível sight-feed lubricator 明给油滴润滑器

lubrificador centrífugo centrifugal lubricator 离心润滑器

lubrificador compassado drip-feed lubricator 滴油润滑器

lubrificador de agulha needle lubricator 针孔润滑器

lubrificador de campo wayside lubricator 路旁润滑器

lubrificador de cilindro cylinder lubricator 气缸润滑器

lubrificador de copo ⇨ **lubrificador a gota visível**

lubrificador de trilho rail lubricator 轨道涂油器

lubrificador de trilho de bordo onboard lubricator 车载钢轨涂油器

lubrificador de trilho fixo à via ⇨ lubrificador de campo

lubrificante s.m. lubricant, engine oil 机油，润滑剂

lubrificante de pressão máxima extreme pressure lubricant 极压润滑剂，耐超高压润滑油

lubrificante granítico graphite grease 石墨润滑脂

lubrificante para cabos rope lubricant 绳索润滑剂

lubrificante seco dry lubricant 固体润滑剂

lubrificar v.tr. (to) lubricate 使润滑，上润滑油

lubrificar sob pressão (to) pressure lubricate 压力润滑

lucanário s.m. girder space 梁间的距离

lucarna/lucerna s.f. dormer window 老虎窗

lucarna de duas águas gable dormer 人字形老虎窗

lucarna de uma água shed dormer 单坡老虎窗

lucarna interna internal dormer 内天窗

lucidar v.tr. (to) trace 拓印

Lucite s.f. Lucite 透明合成树脂，有机玻璃

lucratividade/lucrabilidade s.f. profitability; profit margin, profit rate 盈利能力；利润率

lucrativo adj. lucrative, profitable 盈利的，有利的

lucro s.m. profit 利润

lucros antes de juros, impostos, depreciação e amortização (LAJIDA) earnings before interest, taxes, depreciation, and amortization (EBITDA) 税息折旧及摊销前利润

lucro antes de impostos pre-tax profit 税前利润

lucro bruto gross profit 毛利润

lucro cessante lost profit, loss of profit 损失利润，利润损失

lucro comercial trading profit 交易利润

lucro contábil (/contabilístico) accounting profit 会计利润

lucro directo direct profit 直接利润

lucro distribuído distributed profit 已分配利润

lucro esperado anticipated profit 预期利润

lucro inesperado windfall 意外收益

lucro líquido net profit, net earnings 净利润

lucros não distribuídos retained earnings 留存收益

lucros por acção price-earnings ratio 市盈率

lucro tributável taxable income 应纳税所得额

Ludfordiano adj.,s.m. Ludfordian; Ludfordian Age; Ludfordian Stage （地质年代）卢德福特期（的）；卢德福特阶（的）

Ludlóvico adj.,s.m. Ludlow; Ludlow Epoch; Ludlow Series （地质年代）罗德洛世（的）；罗德洛统（的）

lufenurão s.m. lufenuron 虱螨脲

lugar s.m. ❶ place 地点，地方 ❷ seat 座位

lugar à janela window seat 靠窗座位

lugar do lado do corredor aisle seat 靠走廊座位

lugar de reprodução breeding ground; breeding place 繁殖地；繁殖区

lugar densamente lotado densely populated place 人员密集场所

lugarejo s.m. hamlet 小村庄

lugarito s.m. lugarite 闪辉沸霞斜岩；沸基辉闪斑岩

Luibor sig.,s.f. Luibor (Luanda Interbank Offered Rate) 罗安达银行同业拆借利率

lujavrito s.m. lujavrite 异霞正长岩

lumaquela s.f. lumachel, lumachella 贝壳大理岩

lume s.m. span; gap 跨度；缝隙

lúmen (lm) s.m. lumen (lm) 流明（光通量单位）

lumieira/lumeeira/lumidária s.f. skylight 天窗

luminância s.f. luminance 亮度；照度

luminária s.f. luminaire, lamp, candle 灯具；照明设备

luminária de pinça clamp spotlight 夹式

聚光灯

luminária em coluna column light 柱灯

luminária embutida recessed luminaire 嵌入式灯具

luminárias incandescentes incandescent lamp fixtures 白炽灯灯具

luminária pescoço de ganso gooseneck lamp 鹅颈灯

luminária regulável adjustable lamp 活动支臂台灯

luminária saliente surface mounted luminaire 明装灯具

luminária tipo pimenteiro lawn lamp 草坪灯

luminária tipo ponte bridge lamp 桥梁灯

luminescência *s.f.* luminescence （发）冷光

luminosidade *s.f.* luminosity 亮度

luminotécnica *s.f.* lighting design 灯光设计，照明设计

lunação *s.f.* lunation 太阴月，朔望月，会合月

luneta *s.f.* ❶ lunette 小天窗 ❷ telescope 望远镜

luneta estadimétrica stadimeter 手操测距仪

luneta topográfica sighting telescope 照准望远镜

lunuíte *s.f.* pseudomalachite 假孔雀石

lupa *s.f.* ❶ magnifier 放大镜 ❷ bloom 初轧方坯

lupa de focalização focusing lens 聚焦放大镜

lupa de leitura magnifying lens （阅读用）放大镜

lupinina *s.f.* lupinine 羽扇豆碱

luscladito *s.m.* luscladite 橄榄霞斜岩

lusitanito *s.m.* lusitanite 斜磷锌矿

lustre *s.m.* candelabrum 大吊灯

lustrado *adj.* polished 磨光的，磨亮的

lustroso *adj.* shiny; lustrous 有光泽的

Luteciano *adj.,s.m.* Lutetian; Lutetian Age; Lutetian Stage [葡]（地质年代）卢泰期（的）；卢泰特阶（的）

lutécio (Lu) *s.m.* lutecium (Lu) 镥

lutecite *s.f.* lutecite 水玉髓

Lutetiano *adj.,s.m.* [巴] ⇒ Luteciano

lutito *s.m.* lutite, mudstone 细屑岩；泥屑岩

luto *s.m.* luting paste 封填膏

luva(s) *s.f.* ❶ *(pl.)* glove (s) 手套 ❷ sleeve 套管；套袖

luva com manga protectora glove with small cuff 长手套，袖套

luva corrediça sliding sleeve 滑动套筒

luva de acoplamento coupling collar 结合环

luvas de algodão cotton gloves 棉手套

luva de atrito friction sleeve 摩擦套

luva de borracha rubber sleeve 橡胶管套

luvas de borracha rubber gloves 橡胶手套

luvas de borracha preta black rubber gloves 黑胶手套

luva de cabo cable sleeve, cable grommet 电缆套管

luva da camisa barrel coupling 鼓形联轴器

luvas de cano alto elbow length gloves 长筒手套

luva de cobre copper sheathing 铜套

luva da coluna de produção tubing coupling 油管接箍

luva de correr collar 套管，轴环

luva de cozinha oven glove 烤箱手套

luva de expansão expansion shield （膨胀螺丝的）胀管

luva de hastes sucker rod coupling 抽油杆接箍

luvas de pelica branca white pit gloves 白手套

luvas de protecção mecânica mechanical protective gloves 机械防护手套

luvas de protecção química chemical protective gloves 防化手套

luva de redução (fêmea-fêmea) subcoupling 变径接箍

luva do regulador governor sleeve 调节器套筒

luva de remoção da haste stem removal sleeve 阀杆套筒

luvas descartáveis disposable gloves 一次性手套

luva esférica ball sleeve 球套

luvas isolantes insulating gloves 绝缘手套

luvas para electricista electrician's gloves 电工手套

luva protectora protective sleeve 保护套

luvissolo *s.m.* luvisol （高活性）淋溶土

lux (lx) *s.m.2n.* lux (lx) 勒克斯（照度量单位）

luxulianito *s.m.* luxullianite 电气花岗岩，电气石花岗岩

luxímetro *s.m.* lux meter 照度计

luz *s.f.* ❶ light, lighting 光，光线，光照，光源 ❷ light, lamp; lighting 灯，灯具；照明 ❸ light, sash（采光用的）窗户，窗扇 ❹ electricity 电，电力 ⇨ **electricidade** ❺ 1. span; gap 跨度；缝隙 2. mesh 网眼，网孔

luz aeronáutica aeronautical ground light 航空地面灯

luz angélica angel light 窗花格中开的三角形小窗

luz anticolisão anti-collision light 防撞灯

luz artificial artificial light 人造光

luz avisadora warning light 警示灯

luz celeste skylight 天空光

luz crua hard light 强光

luz cruzada crosslight 交叉的光线

luzes de aviso pilot lamp, signal lamp 指示灯，信号灯

luz de barra lateral wing bar light 翼排灯

luzes da borda side light 侧灯

luzes de borda de pista runway edge lights 跑道边灯

luz de carboneto (/de Drummond) lime light 灰光灯

luz do chão ground light 地面灯

luz de cornija cornice lighting 檐板照明，壁带照明

luz do dia daylight 日光

luzes de eixo de pista runway centerline lighting 跑道中心线灯

luz de emergência emergency lighting 应急灯，紧急照明灯

luz (da frente) do espelho mirror front lamp 镜前灯

luz de estacionamento parking light 停车灯

luz de falhas fault light 故障指示灯

luzes de fim de pista runway end lights 跑道末端灯

luz de freio ⇨ **luzes de travagem**

luz de hospital hopper light 下悬窗扇

luzes do interior interior lights 车内灯

luz de marcação marker light 标志灯

luz de marcha à ré (/atrás) backup light, reversing light 倒车灯

luz de matrícula license lamp 牌照灯

luzes de navegação navigation lights 航行灯

luz de obstrução obstruction light 障碍灯，障碍物标示灯

luzes de obstrução com redundância dupla dual obstruction light 双联障碍灯

luz de obstrução da aviação do dobro da baixa dual obstruction light 双联航空障碍灯

luzes de orientação para circular circling guidance lights 盘旋引导灯

luz de parede wall washer 洗墙灯

luz de pavimento ❶ ground light 地面灯 ❷ pavement light（地窖等的）顶窗；（地下室等沿人行道的）路面采光窗

luz de pisca-alerta ⇨ **luz pisca-pisca de alerta**

luz de pista de aterragem contact light 着陆灯

luzes da platéia houselights（剧院的）观众席灯光

luz de ponte bay 桥跨度

luz do porta-luvas glove box light 手套箱灯

luz de posição position lamp 位置灯

luz de presença lateral side marker lamp 侧示廓灯；侧标志灯

luzes de proteção de pista runway guard lights 跑道警戒灯

luz de sanefa valance lighting 窗帘照明

luz da seta directional light 方向指示灯

luz de táxi taxi light 滑行灯

luz de tecto dome light 顶灯，天棚灯；穹面灯

luzes de travagem stop lamp, stop light, breaker signal light 刹车灯

luzes de travagem dinâmicas dynamic stop lamps 动态刹车灯

luz de trilho track lighting 轨道灯

luzes de zona de toque de pista touchdown zone lights 跑道着陆区灯

luz descendente downlight 嵌灯，筒灯，下射式灯具

luz difusa diffused light, scattered light 散射光，分散光

luz elétrica electric light 电光；电灯光

luz estroboscópica strobe light 频闪灯

luz fixa ❶ fixed light 固定灯光 ❷ fixed light 固定窗扇

luz fluorescente fluorescent light 荧光

luz fria cold light 冷光

luz indicadora indicator lamp 指示灯

luz indicadora de evacuação evacuation indicator light 疏散指示灯

luz indicadora de gelo ice light 冰条灯

luz indicadora de mudança shift light 换挡指示灯

luz indirecta indirect light 间接照明

luz intermitente flashlight 闪光灯，闪光警灯

luz lateral sidelight（大门两侧的透光）侧窗

luz natural natural light 自然光

luz negra black light 黑光；近紫外光；不可见光

luz perdida spill light 溢散光

luz pisca-pisca de alerta hazard light 危险警告灯

luz plano polarizada plane polarized light 平面偏振光

luz polarizada polarized light 偏振光

luz polarizada linearmente linearly polarized light 线偏振光

luz reflectida reflected light 反射光

luz sinalizadora de curva ⇨ luz da seta

luz solar sunshine, sunlight 阳光

luz suave soft light 柔光

luz tubular tube-light 筒灯

luz visível visible light 可见光

luzente *adj.2g.* bright 发亮的，发光的

luzerna *s.f.* ⇨ lucarna

M

maar *s.m.* maar 小火山口

Maastrichtiano *adj.,s.m.* Maastrichtian; Maastrichtian Age; Maastrichtian Stage （地质年代）马斯特里赫特期（的）；马斯特里赫特阶（的）

maca *s.f.* stretcher 担架

maça *s.f.* sledge hammer 铺路工用的圆筒形木槌

macacão *s.m.* overalls 工装裤

macaco *s.m.* jack, lifting jack 千斤顶；起重器

　　macaco a alavanca level jack 杠杆千斤顶

　　macaco de cremalheira rack-and-pinion jack 齿条齿轮千斤顶

　　macaco de duplo efeito double acting jack 双作用千斤顶

　　macaco de rosca screw jack 螺旋千斤顶

　　macaco de simples efeito single acting jack 单作用千斤顶

　　macaco de via track jack, power jack 轨道千斤顶；起轨器

　　macaco dobra-trilhos jim-crow 弯轨器；轨条挠曲器

　　macaco hidráulico ❶ hydraulic jack 液压千斤顶 ❷ jack cylinder, lift cylinder 起重液压缸

　　macaco para postes pole jack 顶杆器

　　macaco pneumático pneumatic jack 气动千斤顶

　　macaco verga-trilhos rail bender 弯轨器

macadame *s.m.* macadam 碎石路面；碎石面层

　　macadame alcatroado (/com alcatrão) tar macadam 柏油碎石；柏油碎石路

　　macadame alcatroado compacto dense tarred macadam 压实沥青碎石

　　macadame betuminoso bituminous macadam 沥青碎石

　　macadame betuminoso compacto compact bituminous macadam 压实沥青碎石

　　macadame cimentado cement stabilized macadam 水泥稳定碎石；水泥稳定碎石路面

　　macadame hidráulico (/ligado à água) water bound macadam 水结碎石，水结碎石路

　　macadame por mistura premixed macadam 预拌碎石

　　macadame por penetração penetration macadam 灌浆碎石路

　　macadame poroso pervious macadam 渗水式碎石路

　　macadame seco dry bond macadam 干结碎石路

　　macadame vibrado dryly vibrated macadam 干振碎石

macadamização *s.f.* macadamizing 以碎石铺路，在路面铺设碎石

macadamizar *v.tr.* (to) macadamize 以碎石铺路，在路面铺设碎石

maçaneta *s.f.* knob 把手，圆球形把手

　　maçaneta de alavanca lever handle （执手锁的）门把手

　　maçaneta de bola ⇨ maçaneta

　　maçaneta de empurrar e puxar push and pull knob 球形推拉把手

maçaneta da porta doorknob 球形门把手

maçaréu *s.m.* bore; eagre 涌潮

maçarico *s.m.* blowtorch, blowpipe, soldering-lamp 喷灯，焊枪，喷焊器

maçarico a arco-plasma arc-plasma torch 电弧等离子焊枪

maçarico a plasma plasma torch 等离子体喷枪

maçarico de oxigénio oxygen lance 氧气喷枪

maçarico de solda soldering-lamp 焊接吹管，焊炬

maçarico eléctrico electric blow pipe 电弧喷焊器

maçarico oxiacetilénico oxy-acetylene torch 氧乙炔焊炬

maçaroqueira *s.f.* spinning machine 纺纱机

macedonite *s.f.* macedonite 铅钛矿

maceral *s.m.* maceral 煤素质

macéria *s.f.* dry masonry construction 干砌建筑物

maceta *s.f.* iron mallet 石匠用的锤子

macete *s.m.* little wooden mallet 石匠用的木锤

macete de couro rawhide hammer 生皮锤

mach *s.m.* mach 马赫

machada/machadinha *s.f.* small axe, hatchet 小斧头，短柄小斧

machadinha de ponta sax 石板斧

machado *s.m.* axe 斧头

machado de pena jedding axe 鹤嘴斧

machamba *s.f.* farmland [莫]（小块）农田，农户耕地

macho *s.m.* ❶ *adj.* 1. screw-tap; screw-pin, spigot 外螺纹（的）；榫接的榫（公）；凸件 2. pintle 枢轴；针栓 ❷ screw tap 丝锥 ❸ molding core 模芯

macho cilíndrico ❶ plug tag 圆柱销 ❷ bottoming tap 精加工丝锥

macho cónico taper tap, tapered tap 锥形丝锥

macho de estampar die, swage 冲模

macho de retracção automático collapsible tap 伸缩丝锥

macho de tarraxa screw tap 丝锥

macho de torneira plug cock 旋塞

macho e fêmea tenon joint 榫卯；榫接

macho estufado baked core 干砂型芯；干型芯

macho manual hand tap 手动丝锥

macho métrico metric tap 公制螺纹丝锥

macho padrão master tap 标准丝锥；板牙丝锥

macho para abrir roscas tap 螺丝攻

macho recto ⇨ macho cilíndrico

macho secundário second tap 中号丝锥

maciço ❶ *s.m.* 1. solid block 实心块体 2. base 基座，承台 3. massif 岩体，地块；断层块 ❷ *adj.* solid; thick 实心的；厚的

maciço antigo old land, basement 古陆

maciço continental continental massif 大陆地块

maciço de aterro embankment, fill 堤防

maciço da barragem mass of dam, body of dam 坝体，坝身

maciço de bomba pump base 泵基座，泵基础

maciço de encabeçamento pile cap 群桩承台

maciços de fundação foundation blocks 基础块体，基础承台

maciço de jusante downstream shoulder 下游坝壳

maciço de montante upstream shoulder 上游坝壳

maciço frontal front embankment 前堤

maciço hercínico Hercynian basement 海西基底

maciço para gerador generator stand 发电机底座

maciço rochoso rock mass 岩体，岩块

macieza *s.f.* softness 柔软度

macio *adj.* soft 软的

macla *s.f.* twin, macle 双晶，孪晶

macla cíclica cyclic twin 轮式双晶

macla de contacto contact twin 接触双晶

macla de justaposição juxtaposition twin 接触双晶

macla de penetração penetration twin 穿插双晶

macla de repetição repeated twin 反复双晶

macla mimética mimetic twin 拟双晶

macla múltipla multiple twin 聚片双晶

macla polissintética polysynthetic twin 聚片双晶

macla simples simple twin, single twin 简单双晶

maclação *s.f.* twinning 孪生；孪晶形成

maço *s.m.* mallet 木槌；木锤

maço de calceteiro pummel, rammer 撞锤

maço de madeira beetle 木槌

maconite *s.f.* maconite 黑蛭石

macr(o)- *pref.* macr (o)- 表示"大的，宏观的"

macroatacado *adj.* macroetched 宏观浸蚀的

macrobentos *s.m.pl.* macrobenthos 大型底栖生物

macroclástico *adj.* macroclastic 粗屑的

macroclima *s.m.* macroclimate 大气候

macrocristalino *adj.* macrocrystalline 粗晶的

macrodiagonal *s.f.* macrodiagonal 长对角轴

macrodoma *s.m.* macrodome 长轴坡面

macrodrenagem *s.f.* macrodrainage [集]（一个区域的）整套排水系统

macroeconomia *s.f.* macroeconomy, macroeconomics 宏观经济，宏观经济学

macroescala *s.f.* macroscale 宏观尺度；大比例尺

macro-eixo *s.m.* macro-axis 长轴

macroestrutura *s.f.* macrostructure 宏观结构；大型结构

macrofauna *s.f.* macrofauna 广动物区系，大型动物区系

macrofírico *adj.* macrophyric 大斑晶状的

macrófita *s.f.* macrophyte 水生动植物，水生动植物群落

macroflora *s.f.* macroflora 广植物区系，大型植物区系

macrofóssil *s.m.* macrofossil 巨体化石，大化石

macrofotografia *s.f.* macro photography 微距摄影，放大摄影

macrolente *s.f.* macro lens 微距镜头

macromaré *s.f.* macrotidal 强潮

macromerítico *adj.* macromeritic 粗晶粒状的

macromolécula *s.f.* macromolecule 大分子，高分子

macronutriente *s.m.* macronutrient（农业）常量营养素；常量营养元素

macronutriente acessório tertiary macronutrient 辅助营养元素（专指硅）

macronutriente principal main macronutrient 大量营养元素（氮、磷、钾）

macronutriente secundário secondary macronutrient 中量营养元素（钙、硫、镁）

macroonda *s.f.* megaripple 巨波痕

macropaleontologia *s.f.* macropalaeontology 巨体古生物学

macroporo *s.m.* macropore 大孔；大孔隙

macroscópico *adj.* macroscopic 宏观的

macrossecção *s.f.* macrosection 宏观磨片；宏观断面

macrossismo *s.m.* macroseism 强震

macrossismógrafo *s.m.* strong motion seismograph 强震仪

macrotectónica *s.f.* macrotectonics 巨型构造

macrotextura *s.f.* macrotexture 宏观结构

macusanito *s.m.* macusanite 麦库萨尼岩

madama *s.f.* ⇨ dama

madeira *s.f.* ❶ wood, timber, lumber 木头，木材 ❷ plate, panel 木板

madeira afagada (/aparelhada) dressed lumber 刨光板

madeira aglomerada chipboard 刨花板

madeira artificial artificial wood 人造木材

madeira branca softwood 软木料，不成材的木料

madeira com nós podres wood with rotten knot 有腐朽节的木材

madeira compensada plywood 胶合板

madeira composta composite wood 复合木材

madeira comprimida compressed wood 压缩木材

madeira conífera coniferous wood 针叶木

madeira contraplacada vulgar clamping plate 夹模板

madeira cortada converted timber 锯材，已加工木材

madeira curada seasoned timber 经干木

材；风干木材
madeira de balsa balsa wood 软木
madeira de estrutura carcassing timber 木构架构件
madeira de fios paralelos parallel strand lumber 平行木片胶合木
madeira de forração wood filler block 木填块
madeira de isolamento lagging 隔板
madeira de lei hardwood 硬木
madeira-de-montanha mountain wood 石绵木
madeira de reforço gusset piece 联接板
madeira de revestimento lagging 背板；隔板
madeira decorativa appearance lumber 装饰木材
madeira desbastada ⇨ madeira afagada
madeira desenrolada peeled wood 旋切板材
madeira desfiada flat sawn wood 弦切板
madeira dura hardwood 硬木
madeira em branco unpainted wood 未上漆的木材
madeira em esquadria squared timber 方材，方锯材
madeira em toros (/tronco) round timber 圆木
madeira estrutural structural lumber 构造木材，结构木材
madeira folhada laminada laminated veneer lumber 单板层积材
madeira folheada veneered panel 胶合镶板
madeira folhosa deciduous wood 阔叶木；硬木
madeira fóssil fossil wood 化石木；木化石
madeira húmida wetwood 湿材
madeira industrial factory lumber 加工用材
madeira laminada (/lamelada) laminated wood 胶合板；叠层木板
madeira lamelada-colada glued-laminated timber 木料胶合板
madeira leve light wood 轻质木材
madeira lisa smooth wood 光滑木板

madeira macia soft wood 软木，软质木材
madeira maciça solid wood 实木
madeira modificada modified wood 改性木材
madeira mole softwood 软木
madeira nervosa shrinked wood 干缩（易湿胀）的木材
madeira opalizada xylopal 木蛋白石
madeira petrificada ⇨ madeira silicificada
madeira picada pricked wood 被虫蛀的木材
madeira polida polished wood 抛光木材
madeira-polpa pulpwood 造纸木材
madeira resinosa resinous wood 多脂材
madeira retardante de fogo fire retardant wood 阻燃木材
madeira seca dry wood 干燥木材
madeira seca ao ar air-dried wood 风干木材
madeira seca ao sol sun-dried wood 晒干木材
madeira seca em estufa (/artificialmente) kiln-dried wood 窑干木材；烘干木材
madeira serrada sawn wood 锯木
madeira silicificada silicified wood 硅化木
madeira sintética synthetic wood 合成木材
madeira sólida solid wood 实木
madeira tratada treated lumber, preservative-treated lumber 防腐木材；处理过的木材
madeira tratada a pressão pressure-treated wood 加压处理的木材
madeira tratada a pressão atmosférica atmospheric pressure treated wood, non-pressure-treated wood 常压处理的木材
madeira verde green wood 生材，鲜材
madeira vermelha red wood 红木；红杉
madeira zebrano zebrawood 斑马木
madeiraíto *s.m.* ⇨ madeirito
madeirame *s.m.* timber-work; frame work [集] 木构件，构造件
madeiramento *s.m.* ❶ 1. timber-work; frame work [集] 木构件，构造件 2. nog, nogging 木架砖壁 ❷ logging 木材采运，木

材采运作业

(de) madeiramento aparente open-timbered 露明木构架

madeiramento do telhado roof truss 屋架

madeireiro *s.m.* ❶ lumberman 伐木工人 ❷ timber merchant 木材商

madeirito *s.m.* madeirite 钛辉苦橄斑岩，马德拉岩

madeiro *s.m.* balk 大木方；梁木

madre *s.f.* purlin 横梁；桁条，檩条

madrepérola *s.f.* mother-of-pearl 珍珠母

madreporários *s.m.pl.* madrepore 石蚕，石珊瑚

madressilva *s.f.* honeysuckle ornament 忍冬饰，花状平纹

madupito *s.m.* madupite 透辉金云斑岩

maduro *adj.* mature 成熟的

maenaíto *s.m.* maenaite 富钙淡歪细晶岩

má fé *s.f.* bad faith 不守信用；不诚实；蒙骗

mafélsico *adj.* mafelsic 镁铁硅质的

máfico *adj.* mafic 镁铁质的

mafitito *s.m.* mafitite 玻辉岩

mafito *s.m.* mafite 镁铁矿物

mafraíto *s.m.* mafraite 钠闪辉长岩

mafurito *s.m.* mafurite 橄辉钾霞岩

magalanite *s.f.* magallanite 沥青砾石

magatal *s.m.* jungle, dense forest 丛林，密林

magazine *s.m.* warehouse, magazine 仓库；货栈

maghemite *s.f.* maghemite 磁赤铁矿

maglev ❶ *s.m.* maglev, magnetic levitation transport 磁悬浮（交通系统）❷ maglev train 磁悬浮列车

magma *s.m.* magma 岩浆

magma anatéctico anatectic magma 深熔岩浆

magma juvenil juvenile magma ⇨ magma primário

magma parental parental magma 母岩浆，原始浆岩

magma primário primary magma 原生岩浆，原始浆岩

magma primitivo primitive magma ⇨ magma primário

magma residual residual magma, rest magma 残余岩浆

magma secundário secondary magma 次生岩浆

magmática *s.f.* magmatic rock 岩浆岩

magmático *adj.* magmatic 岩浆的

magmatismo *s.m.* magmatism 岩浆作用

magmatismo bimodal bimodal magmatism 双峰式岩浆

magmatito *s.m.* magmatite 岩浆岩

magmatosfera *s.f.* magmatosphere 岩浆圈

magnálio *s.m.* magnalium 镁铝合金

magnésia *s.f.* magnesia 氧化镁

magnesicreto *s.m.* MgO concrete 氧化镁混凝土

magnésio (Mg) *s.m.* magnesium (Mg) 镁

magnesio-carbonatito *s.m.* magnesio-carbonatite 镁质碳酸岩

magnesiossadanagaíta *s.f.* magnesiossadanagaite [巴] 镁砂川闪石

magnesiossadanagaíta potássica potassic-magnesiosadanagaite 钾镁砂川闪石

magnesiotermia *s.f.* magnesiothermy 镁热法

magnesite *s.f.* magnesite 菱镁矿

magnetão *s.m.* magneton [葡] 磁子

magnetão bohr bohr magneton 玻尔磁子

magnete *s.m.* magnet 磁石，磁铁

magnete artificial artificial magnet 人造磁铁

magnete de supercondução super conducting magnet (SCM) 超导磁石

magnete em ferradura horse shoe magnet 蹄形磁铁

magnete-homopolar homopolar magnet 同极磁铁

magnete natural natural magnet 天然磁铁

magnete permanente permanent magnet 永久磁铁

magnético *adj.* magnetic 磁的

magnetismo *s.m.* magnetism 磁学；磁性

magnetismo isotermal remanente isothermal remanent magnetism 等温剩余磁化

magnetismo remanescente térmico thermoremanent magnetism 热剩磁；热剩余磁性

magnetismo terrestre terrestrial magnetism 地磁

magnetite *s.f.* magnetite 磁铁矿

magnetitito *s.m.* magnetitite 磁铁岩

magnetização *s.f.* magnetization 磁化

magnetização do indutor flashing of the field 磁场起励

magnetização deposicional depositional magnetization 沉积磁化

magnetização específica specific magnetization 比磁化，比磁化强度

magnetização estável stable magnetization 稳定磁化

magnetização induzida induced magnetization 感应磁化

magnetização natural remanescente natural remanent magnetization (NRM) 天然剩余磁化

magnetização remanente deposicional depositional remanent magnetization 沉积剩磁

magnetização remanescente remanent magnetization 剩余磁化

magnetização remanescente dos detritos detrital remanent magnetization (DRM) 碎屑剩余磁化

magnetização viscorremanente viscous-remanent magnetization 黏滞剩余磁化

magnetização viscosa viscous magnetization 黏滞磁化

magnetizar *v.tr.* (to) magnetize 磁化

magneto *s.m.* ❶ magneto 磁电机 ❷ magnet 磁石，磁铁 ⇨ magnete

magneto de protecção guard magnet 防护磁铁

magnetocronologia *s.f.* magnetochronology 地磁年代学

magnetoeléctrico *adj.* magnetoelectric 磁电的

magnetoestratigrafia *s.f.* ⇨ magnetostratigrafia

magnetogenia *s.f.* study of magnetic phenomena 磁现象学

magnetogerador *s.m.* magnetogenerator 磁发电机

magnetógrafo *s.m.* magnetograph 磁力记录计

magneto-hidrodinâmica *s.f.* magnetohydrodynamics 磁流体动力学

magnetologia *s.f.* magnetology 磁学

magnetómetro/magnetômetro *s.m.* magnetometer 磁力仪

magnetômetro aéreo aerial magnetometer 航空磁力仪

magnetômetro aerotransportado airborne magnetometer 航空磁力仪，机载磁强计

magnetômetro de césio cesium magnetometer 铯磁力计

magnetômetro de precessão de protons proton-precession magnetometer (PPM) 质子旋进磁强计

magnetômetro de torção torsion magnetometer 扭力磁强计

magnetômetro de vibração vibration magnetometer 振动式磁力仪

magnetômetro squid squid magnetometer 超导磁力仪

magnéton *s.m.* magneton [巴] 磁子

magnetorresistência *s.f.* magnet-resistance 磁阻

magnetorresistor *s.m.* magnetoresistor 磁阻器

magnetoscópio *s.m.* magnetoscope 验磁器

magnetosfera *s.f.* magnetosphere 磁圈

magnetostática *s.f.* magnetostatics 静磁学

magnetostratigrafia *s.f.* magnetostratigraphy 磁性地层学

magnetostrição *s.f.* magnetostriction 磁致伸缩

magnetozona *s.f.* magnetozone 磁性地层极性带

magnetrão *s.m.* magnetron 磁控管

magnistor *s.m.* magnistor 磁变管；磁开关

magnitude *s.f.* magnitude 大小；量级；震级

magnitude do impacto impact intensity 冲击强度

magnitude de reflexão reflection strength 反射强度

magnitude de terramoto (/sísmica) earthquake magnitude, magnitude of earthquake 地震震级

magnitude unificada unified magnitude 统一震级

magreza *s.f.* thinness 薄；瘦；细

magro *adj.* meagre 瘦的；贫弱的；贫乏的

mainel *s.m.* mullion 门窗扇中梃

mainelado *adj.* mullioned （门、窗）有中梃的，有竖框的

mainframe *s.m.* mainframe 主机；大型机

maior altura *s.f.* high rail 曲线外轨

mais-valia *s.f.* ❶ surplus value, added value 附加价值，增殖价值；剩余价值 ❷ capital gain (s) 资本利得

malacacheta *s.f.* ⇨ mica

malacão *s.m.* malacon 变水锆石

malacolite *s.f.* malacolite 白透辉石

malaiaíte *s.f.* malayaite 马来亚石

malaquite *s.f.* malachite 孔雀石

malaxador *s.m.* malaxator 揉和机
    malaxador de cimento cement mixer 水泥搅拌机

malaxagem *s.f.* malaxation 揉捏

malaxar *v.tr.* (to) malaxate 揉捏

malchito *s.m.* malchite 微晶闪长岩

maleabilidade *s.f.* malleability, pliability, forgeability 延性性；可锻性

maleável *adj.2g.* malleable 有延展性的，可锻的

malha *s.f.* ❶ mesh 网；网孔 ❷ power grid 电网
    malha de aço hardware cloth 金属网布
    malha de arame wire mesh 金属丝网；钢丝网
    malha de arame soldado welded wire mesh 电焊网；焊接钢丝网
    malha de cinco pontos five spot pattern 五点井网，五点布井法
    malha do crivo screen mesh [安] 筛孔，筛眼
    malha de eqüipotencialização equipotential mesh 等电位基准网
    malha de eqüipotencialização funcional functional equipotential mesh 功能性等电位基准网
    malha de injecção injection pattern 注入井网
    malha de metal expandido expanded metal mesh 金属扩张网
    malha de referência reference grid 坐标方格
    malha de referência de sinal (SRG) signal reference grid (SRG) 信号基准网，信号基准网格
    malha de retenção retention mesh 固位网
    malha de terra earthing network 接地网
    malha de transporte transport network 运输网
    malha de transporte colectivo public transport network 公共运输网
    malha electro-soldada electrowelding net 电焊网
    malha expansiva galvanizada galvanized expanded mesh 镀锌金属扩张网
    malha ferroviária railway network 铁路网
    malha metálica metallic mesh 金属网
    malha romboidal diamond mesh 菱形钢板网
    malha urbana urban network 城市网络
    malha viária road network 公路网

malhasol *s.f.* fabric reinforcement 钢筋网片，编网钢筋，钢网架

malhete *s.m.* mortise 榫眼
    malhete à meia-madeira dovetail halving, half-blind dovetail 半隐鸠尾榫
    malhete em forquilha (/garfo) forked tenon 叉形榫
    malhete em rabo de andorinha dovetail 楔形榫头
    malhete espiga e mecha mortise-and-tenon joint 榫接
    malhete sobreposto half-sawn, lap dovetail 互搭鸠尾榫；搭接鸠尾榫

malho *s.m.* sledgehammer 石工用的锤子

malignito *s.m.* malignite 暗霞正长岩

malmequer *s.m.* finger wheel type side delivery rake, sunrake 盘式搂草翻晒机

maltagem *s.f.* malting 制麦芽

maltar *v.tr.* (to) malting 制麦芽

malte *s.m.* ❶ malt 麦芽 ❷ maltha 软沥青

maltenos *s.m.pl.* malthenes 石油脂，马青烯

maltose *s.f.* maltose 麦芽糖

malvina *s.f.* malvin 锦葵花甙

malware *s.m.* malware 恶意软件

manancial *s.m.* fountainhead, spring 源头；泉源

mancal *s.m.* ❶ bearing 轴承；承枕，垫座 ❷ friction bearing 摩擦轴承；滑动轴承
    mancal articulado pivot bearing 枢轴承

mancal auto-ajustável self-aligning bearing 调心轴承

mancal autolubrificante self-lubricating bearing 自润滑轴承

mancal axial pivot bearing, thrust bearing 推力轴承

mancal axial duplo double thrust bearing 双推力轴承

mancal bipartido split bearing 对开式滑动轴承；对开轴承

mancal cilíndrico cylindrical bearing 圆柱轴承

mancal comum sleeve bearing 滑动轴承，套筒轴承

mancal corrediço sliding bearing 滑动支承

mancal de alumínio sobre aço steel-backed aluminum bearing 钢背铝合金轴承

mancal de apoio support bearing 支撑轴承

mancal de apoio do munhão journal bearing 轴颈轴承

mancal de articulação joint bearing 关节轴承

mancal de bastões ⇨ mancal de role-tes

mancal da biela connecting rod bearing 连杆轴承

mancal de bronze bronze bearing 青铜轴承

mancal de cauda tail bearing 尾轴承

mancal da dobradiça hinged bearing 铰支承

mancal do eixo axle bearing, shaft bearing 轴承，车轴轴承

mancal do eixo do comando camshaft bearing 凸轮轴轴承

mancal de empuxo axial thrust bearing 推力轴承

mancal do flange flanged bearing 凸缘轴承

mancal de guia guide bearing 导向轴承

mancal da haste rod bearing 杆轴承

mancal de impulso (/escora) thrust bearing 推力轴承

mancal de latão brass bearing 黄铜轴承

mancal de oscilação do eixo axle oscil-lation bearing 车轴摆动轴承

mancal do pino pin bearing 轴承销

mancal do pino de manivela crank pin bearing 曲柄销承

mancal do pino do pistão piston pin bearing 活塞销轴承

mancal de pressão thrust block 推力座

mancal de protecção step bearing 止推轴承

mancal de roletes roller bearing 滚子轴承

mancal de roletes cónicos taper roller bearing 锥形滚柱轴承

mancal de safira sapphire bearing 蓝宝石轴承

mancal desligador release bearing 分离轴承

mancal diferencial differential bearing 差动轴承，差速器轴承

mancal dividido divided bearing 分离式轴承

mancal em "U" crescent-shaped bearing 月牙轴承

mancal exterior outer bearing 外轴承

mancal extremo end bearing 端支承

mancal flutuante floating bearing 浮动轴承

mancal gelado frozen bearing 冻结轴承

mancal intermediário intermediate bearing 中间轴承

mancal móvel movable bearing 活动支承

mancal não metálico non-metallic bearing 非金属轴承

mancal oscilante oscillating bearing 摆动支承

mancal plano (/liso) plain bearing 滑动轴承；平面轴承

mancal poroso porous bearing 多孔轴承

mancal principal main bearing 主轴承

mancal radial radial bearing 径向轴承

mancal recto plummer bearing 止推轴承

mancal selado sealed bearing 密封轴承

mancal tipo luva bearing sleeve, sleeve-type bearing 轴承座套

mancal totalmente flutuante full-floating bearing 全浮动轴承

mancal vertical pillow block 轴台

mancha s.f. ❶ stain 斑迹，污迹，污渍 ❷

spot 斑点，色斑 ❸ area, layer （尤指地图上用阴影标识的）区域；分层

mancha brilhante bright spot (BS)（地震勘察记录中的）亮点

mancha coropleta choropleth layer 等值区域

mancha de empréstimo borrow area 采泥区；采料区

mancha ferruginosa iron stain 铁锈

mancha hipsométrica hypsometric layer 色层

mancha horizontal flat spot 扁平点，无偏差灵敏点

manchas d'água water spotting 水渍

manchas de óleo oil stain 油渍

manchas de petróleo oil slicks 水面浮油

manchar v.tr. (to) stain, (to) smudge 弄脏，使沾上污物

mancheia s.f. ⇨ mão-cheia

manchete s.f. cup, expander ring 皮碗，胀圈

manchurito s.m. manchurite 玻霞碧玄岩

mandante s.2g. principal, client 委托人

mandatário s.m. attorney, mandatary, agent 受托人，代理人

mandíbula s.f. jaw 爪，卡爪

　mandíbula da embreagem clutch jaw（牙嵌式）离合器牙

mandioca s.f. manioc 木薯，树薯

mandril s.m. ❶ reamer 扩孔钻，钻孔器，镗刀 ❷ mandrel, mandril 心轴，芯棒 ❸ chuck 卡盘

　mandril autocentralizador self-centering chuck 自定心卡盘

　mandril com bolsa lateral side-pocket mandrel, side-door mandrel 偏心工作筒

　mandril de alargamento do poço reamer [葡] 铰刀，钻孔器

　mandril de conexão vertical vertical connection mandrel 垂直连接芯轴

　mandril de expansão expanding mandrel 胀开心轴

　mandril da haste stem collet 杆套筒

　mandril de injecção química chemical injection mandrel 化学注射芯棒

　mandril de roletes para tubos tube beader 管子卷边器

　mandril hidráulico hydraulic mandrel 油压扩张装置

mandril independente independent chuck 分动卡盘

mandril magnético magnetic chuck 磁性卡盘；磁性吸盘

mandril para broca drill chuck 钻头卡盘

mandril vertical jig borer 坐标镗床

mandriladora s.f. boring mill 镗床

mandriladora horizontal horizontal boring mill 卧式镗铣床

mandrilamento s.m. boring, piercing 镗孔

mandrilar v.tr. (to) bore 镗孔

maneira s.f. way 方式

manejabilidade s.f. controllability 可操纵性

manejar v.tr. (to) manage 经营，管理

manejo s.m. management 经营，管理

manejo do solo soil management 土壤管理

manequim s.m. manikin, dummy 人体模型，假人

manequim de teste de colisão crash-test dummy 碰撞试验假人

manete s.m. lever; throttle lever 操纵杆；节流阀杆

manga s.f. ❶ socket; journal (of engine); sleeve 套筒，套管；轴颈；软管 ❷ sleeve stabilizer 套筒式稳定器

manga de borracha rubber sleeve 橡胶管套

manga do cilindro cylinder sleeve 汽缸套

manga de eixo axle sleeve 轴套

manga de eixo da direcção steering knuckle 转向节

manga de extensão extension sleeve 伸缩套筒

manga de ligação fitting sleeve 接头套管

manga de reparação repair sleeve 补修管

manga de saída d'água water outlet sleeve 排水管套管

manga da tubagem de revestimento casting float collar 浮箍

manga de tubo facetado kelly bushing (KB) 方钻杆补心，方钻杆套管

manga de vento wind sleeve [葡] 风向袋 ⇨ cata-vento

manga rígida à prova de água rigid waterproof sleeve 刚性防水套管

manga termorretráctil heat shrinkable joint 热缩套管

manganésio/manganés/manganês (Mn) *s.m.* manganese (Mn) 锰

manganésio puro pure manganese 纯锰

manganina *s.f.* manganin 锰镍铜合金，锰铜

manganite *s.f.* manganite 水锰矿

manganocalcite *s.f.* manganocalcite 锰方解石；含钙菱锰矿

manganocolumbite *s.f.* manganocolumbite 锰铌铁矿

manganofilite *s.f.* manganophyllite 锰黑云母

manganossiderite *s.f.* manganosiderite 锰菱铁矿

manganossite *s.f.* manganosite 方锰矿

manganotantalite *s.f.* manganotantalite 锰钽铁矿

mangerito *s.m.* mangerite 纹长二长岩

mangote *s.m.* ❶ (armored) hose （铠装）软管 ❷ vibrator （带软管的）振动器

mangote de bomba pump hose 泵软管

mangote de imersão immersion vibrator 插入式振动棒

mangote de sucção suction hose 吸水管

mangote flexível flexible hose 软管

mangote flutuante floating hose 浮式软管

mangote vibrador vibrator （带软管的）振动器

mangotinho *s.m.* fire hose 消防水龙带；较细的软管

mangue *s.m.* slough 泥沼地

mangueira *s.f.* hose, flexible hose 软管

mangueira com flange flanged hose 法兰软管

mangueira corrugada corrugated tube 波纹管

mangueira de acetileno acetylene hose 乙炔软管

mangueira de água flexible tube for conveying water 水龙带，软管

mangueira de alta pressão high pressure hose （耐）高压软管

mangueira de ar air hose 输气软管；风管

mangueira de arrefecimento cooling hose 冷却软管

mangueira de aspiração aspiration hose, suction hose 吸气软管

mangueira de baixa pressão low pressure hose 低压软管

mangueira da bomba d'água water pump hose 水泵软管

mangueira de borracha rubber hose 胶管

mangueira do combustível fuel hose 燃料软管

mangueira de desvio by-pass hose 旁通软管

mangueira de distribuição d'água water distribution hose 配水软管

mangueira de drenagem drain hose 排水软管

mangueira de duas camadas espirais e uma trama (/trança) two-spiral-one-braid hose 双螺旋钢丝编织胶管

mangueira de freio brake hose, braking hose 制动软管

mangueira de incêndio fire hose 消防水龙带

mangueira de jacto de água jet hose 喷水软管

mangueira da lama mud hose 泥浆软管

mangueira do líquido arrefecedor coolant hose 冷却剂软管

mangueira de lona canvas hose 帆布软管

mangueira de oxigénio oxygen hose 氧气胶管

mangueira de purga oil drain hose 排油软管

mangueira de PVC reforçada com fio wire-reinforced PVC hose 钢丝增强PVC软管

mangueira do radiador radiator hose 散热器软管

mangueira de retorno return hose 回液软管

mangueira de vácuo (/vazio) vacuum hose 真空软管

mangueira de vazio do hidrovácuo booster vacuum hose 真空助力管

mangueira hidráulica hydraulic hose 液压胶管

mangueira isoladora insulating hose 绝

缘软管

mangueira moldada molded hose 模制管

mangueira para alta temperatura high temperature hose （耐）高温软管

mangueira para aplicação leve light duty hose, low-pressure hose 低压软管

mangueira protectora protective hose 保护软管

mangueira retrátil shrink hose 热收缩软管

mangueirote *s.m.* fire hose with connection （带锁紧装置的）消防软管

manguezal *s.m.* mangrove soil 红树林沼泽土；酸性硫酸盐土

manifestar ❶ *v.tr.,pron.* (to) express, (to) manifest 表达，表示，表明 ❷ *v.tr.,intr.* (to) declare 申报（货物），报关

manifesto *s.m.* manifest 载货清单；舱单；旅客名单

manifesto de carga cargo manifest 载货清单

manifesto de passageiros passenger manifest 旅客名单

manifolde *s.m.* manifold [巴] 歧管，管汇，多支管

manifolde de distribuição distribution manifold 分配歧管

manifolde de injeção injection manifold 注入管汇

manifolde de produção production manifold 采油管汇，生产管汇

manifolde submarino de produção subsea production manifold 水下生产管汇

manifolde submarino na extremidade de dutos pipeline end manifold (PLEM) 管端集合管

manilha *s.f.* ❶ shackles 卸扣接合；钩环接头 ❷ clay pipe 陶土管；瓦管

manilha de barro clay pipe 陶土管；瓦管

manilha de dreno drain tile 排水瓦管

manilha de união coupling link 连接环

manilha de união de tubo union joint of tubes 管接头

manilha furada para dreno perforated clay pipe 多孔瓦管

manipulador *s.m.* handler 推垛机，物料处理机

manipulador de containers container handler, reach stacker 集装箱搬运车，集装箱正面吊运机

manipulador de containers vazios empty container handler 集装箱空箱堆高机

manipulador de materiais material handler 材料装卸机

manipulador telescópico telehandler 伸缩臂叉车

manipulador telescópico de materiais telehandler 伸缩臂叉装机

manipular *v.tr.* (to) manipulate, (to) handle 操作，使用，处理

manípulo *s.m.* ❶ handle 柄，把 ❷ handful （一）把 [经常用作量词] ⇨ **mão-cheia**

manípulo das luzes driving lever; lifting lever （汽车）拨杆

manípulo de plástico plastic handle 塑料柄

manípulo de torneira hand wheel 操作手轮

manípulo indexável indexable fixing handle 可调位紧手柄，可调位手柄螺丝

manivela *s.f.* ❶ handle 控制杆 ❷ crank 曲柄

manivela composta built-up crank 组合式曲柄

manivela de arranque starting-handle 起动杆

manivela de bomba pump handle 泵操作杆

manivela de eixo crankshaft 曲轴

manivela de nivelação levelling lever 水平调节杆

manivela de partida starting crank 起动曲柄

manivela do vidro window winder handle 车窗升降把手

manivela transversal cross handle 十字手柄

manobra *s.f.* ❶ maneuver; drive 操纵，控制；驾驶 ❷ maneuver 电网线路布局调整 ❸ trip （钻探的）回次

manobra completa ream down, round trip 划眼（石油钻井时为保证井眼的圆整，用与原来井径相同的钻头在井内作上下及旋转运动，来修整井眼）

manobra curta short trip 短程划眼

manobra de limpeza back reaming 倒划眼

manobrabilidade *s.f.* maneuverability 可操作性

manobrador *s.m.* ❶ operator 操作工 ❷ switch man （铁路）转辙工

manobrador de gruas crane operator 吊车工

manobrar *v.tr.* (to) maneuver, (to) operate 操作，操控，驾驶

manometria *s.f.* manometry 气压测量，测压（法）

manométrico *adj.* manometric 测压的，用压力计测出的

manómetro/manômetro *s.m.* manometer, pressure gauge, pressure meter 气压计；压力计，压力表

manómetro com dois ponteiros double needle pressure gauge 双针气压表

manómetro de ar air pressure gauge 气压计

manómetro de ar comprimido compressed air pressure gauge 压缩气压计

manómetro de Bourdon Bourdon gauge 鲍登氏量规

manómetro do combustível fuel pressure gauge 燃油压力表

manómetro de fundo bottom-hole pressure gauge 井底压力计

manómetro de jacto de ar blast gauge 风压计

manómetro de mercúrio mercury manometer 水银压力计

manómetro (de pressão) de óleo oil pressure gauge 油压计，机油压力表

manómetro de pneu tyre gauge, tire pressure gauge 胎压计，轮胎压力计

manómetro de profundidade depth gauge 深度规；深度计

manómetro de vácuo vacuum-gauge 真空计

manómetro de vapor steam-gauge 蒸汽压力表

manómetro diferencial de pressão differential pressure gauge 压差表，压差计

manómetro pneumático pneumatic pressure gauge 气动压力表

manopla *s.f.* handle; knob 柄，把；旋钮

manopla do banco seat knob 座椅旋钮

manopla de câmbio gear shift knob, shift knob 换挡把手

manoscópio *s.m.* manoscope 气体密度测定仪

manostato *s.m.* manostat 恒压器，稳压器

manovacuómetro/manovacuômetro *s.m.* mano-vacuum gauge 真空压力计

mansão *s.f.* mansion; chateau 豪宅，庄园

mansarda *s.f.* mansard 复斜屋顶，折面屋顶

manta *s.f.* ❶ blanket 毡，毯 ❷ furrow 犁沟

manta abafa-fogos (/ignífuga) fire blanket 灭火毯

manta asfáltica asphalt roll 沥青卷材

manta de fibras de vidro fiberglass mat 玻璃纤维垫

manta elastomérica elastomer roll 弹性体卷材

manta geotêxtil geotextile mat 土工布

manta geotêxtil permeável permeable geotextile mat 透水土工布

manta impermeabilizante waterproofing blanket 防水毯

manta morta dead litter, dead layer 死地被物层

manta viva living mulch; ground vegetation 活地被物层

mantenabilidade *s.f.* maintainability 可维护性

mantenedor *s.m.* maintainer, keeper 保持器，保护器

mantenedor de bitola rod gauge 测杆规，标准棒

manto *s.m.* mantle 覆盖物；地幔

manto de alteração weathering mantle 风化壳

manto de carreamento nappe 推覆体

manto de deslizamento slump sheet 滑塌岩席

manto de gás gas mantle 白炽罩，煤气罩

manto de intemperismo overburden 覆盖层

manto de inundação (/lama) sheet-flood 漫洪

manto empobrecido depleted mantle 亏损地幔，贫化地幔

manto glacial glacial mantle 冰川地幔

manto inferior inner mantle 内地幔

manto lávico lava layer 熔岩层

manto não empobrecido undepleted mantle, primitive mantle 原始地幔

manto primitivo primitive mantle 原始地幔

manto superior upper mantle 上地幔

manual ❶ *adj.2g.* manual, hand-operated 手工的；手动的 ❷ *s.m.* manual, handbook 手册，指南，便览

manual de emergência emergency manual 紧急事故手册

manual de instruções instruction manual 说明书

manual de manutenção maintenance manual 保养手册

manual de operação operation manual 操作手册

manual de operação, uso e manutenção manual of operation, use and maitenance 操作，使用和维护手册

manual de produção performance handbook 性能手册

manual internacional aeronáutico e marítimo de busca e salvamento international aeronautical and maritime search and rescue manual 国际航空和海上搜寻救助手册

manufactura/manufatura *s.f.* ❶ hand production, craft production（手工或家庭作坊式）制作，生产 ❷ (industrial) manufacture（工业化）生产，制造 ❸ manufactory, factory 工厂

manufacturação/manufaturação *s.f.* manufacturing, manufacture 生产制造

manufacturar *v.tr.* ❶ (to) manufacture, (to) handcraft 手工制作，手工生产 ❷ (to) manufacture, (to) produce 工业化生产

manuscrever *v.tr.* (to) handwrite 手写

manuscrito *adj.* manuscript 手写的

manuseação *s.f.* ⇨ manuseamento

manuseamento *s.m.* handling, manipulating, management 搬运，装卸；操作

manuseamento das cargas freight handling 货物处理

manusear *v.tr.* (to) handle, (to) manage 搬运，装卸；操作

manuseio *s.m.* handling, manipulating, management 搬运，装卸；操作 ⇨ manuseamento

manuseio de materiais material handling 物料装卸

manuseio no solo ground handling 地面勤务

manutenção *s.f.* maintenance, servicing 维护，维修，保养

manutenção após falha remedial maintenance, corrective maintenance 故障维修

manutenção centrada em confiabilidade reliability-centered maintenance 以可靠性为中心的维修

manutenção cíclica cyclic maintenance 周期性维修

manutenção condicional on-condition maintenance 视情况维修

manutenção correctiva corrective maintenance 故障检修；维修保养

manutenção corrente ⇨ manutenção de rotina

manutenção do edifício building maintenance 建筑维护

manutenção de equipamento maintenance of equipment 设备维护

manutenção de inverno winter maintenance 冬季维护

manutenção de obras-de-arte public transit facilitiesmaintenance 公共交通设施养护

manutenção de pneus tire maintenance 轮胎保养

manutenção de poço workover（油井、气井等的）修井

manutenção de pressão pressure maintenance 压力保持

manutenção de rodovia highway maintenance 公路养护

manutenção de rotina routine maintenance 日常维护；例行维护

manutenção de túnel tunnel maintenance 隧道养护

manutenção da via track maintenance, maintenance-of-way 线路养护

manutenção de via permanente permanent way maintenance 铁路线路养护

manutenção e conservação maintenance and conservation 维修和养护

manutenção e reparação maintenance and repair 维护和修理

manutenção postergada deferred maintenance 延期维护

manutenção preditiva predictive maintenance 预测性维护

manutenção preventiva preventive maintenance 预防性维修；预防性保养

manutenção produtiva total Total Productivity Maintenance (TPM) 全面生产维护

manutenibilidade *s.f.* maintainability 可维护性

mão *s.f.* ❶ 1. hand 手；手状物 2. multiple nozzle outlet 多喷嘴喷出口 ❷ side, way （道路沿分界线的）方向，侧 ❸ coat, coating 涂层；[用作量词]（一）层，道（涂料）⇨ demão ❹ handle 把手 ❺ quire [用作量词]（一）刀（用于计量纸张，合 24 或 25 张）❻ handful [用作量词]（一）把 ⇨ mão-cheia

mão direita right-hand side 右侧，右手侧

mão esquerda left-hand side 左侧，左手侧

mão-cheia handful （一）把 [经常用作量词]

mãos-livres hands-free （电话）免提

mão de força *s.f.* ⇨ mão-francesa

mão-de-obra *s.f.* labor 劳力，人工

mão-francesa *s.f.* wall bracket, bracing 墙装托架；（屋面工程）斜撑

mapa *s.m.* ❶ 1. map 地图；（类似地图的）示意图 2. photographic plan 相片平面图 ❷ list; chart 列表；图表 ❸ map 映射

mapa batimétrico bathymetric map 等深线图

mapa comparativo comparative chart 比较图表

mapa de área inundáveis inundation map 洪水地图

mapa de base base map 底图；工作草图

mapa de caracterização service description 服务说明

mapa de cidade city map 城市地图

mapa de composição de preços price composition list 价格组成表，单价明细表

mapa de contorno estrutural structural contour map 构造等高线图

mapa de contornos contour map 等高线图

mapa de curvas de nível contour map [葡] 等高线图

mapa das derivadas segundas second-derivative map 二次导数图

mapa de empilhamento stacking chart, layout chart 叠加图

mapa de estradas road map 公路线路图

mapa de fácies facies map 相图

mapa de isocapacidade isocapacity map 等地层系数图

mapa de isócoras isochore map 等容线图

mapa de isoietas isohyetal map, constant-height chart 等雨量线图

mapa de isólitas isolith map 等图

mapa de isópacas isopach map 等厚图，等厚线图

mapa de isosalinidade isosalinity map 等盐量图

mapa de isossaturação isosaturation map 等饱和度图

mapa de localização location map 定位图

mapa de medições ❶ measurement table 测量表 ❷ engineering calculation table 工程量计算表

mapa de memória memory map 内存映射

mapa de mergulhos dip map 倾角图

mapa de quantidades bill of quantities (BOQ) 量单，工程量清单

mapa de reflexão reflection map 反射图；反射映像

mapa de (/em) relevo relief map 地势图；地形图；立体地形图

mapa de trabalhos work list 工作明细表，工作清单

mapa de vãos map of openings 门洞图；窗洞图；结构开洞图

mapa da zona de intemperismo weathering map 风化层厚度图

mapa digitalizado digitized map 数字化地图

mapa geográfico geographical map 地理图

mapa geológico geological map 地质图

mapa geológico-geotécnico geological and geotechnical map 岩土工程地质图

mapa geomorfológico geomorphological map 地貌图

mapa gravimétrico residual residual gravity map 剩余重力图

mapa isobárico isobar map 等压线图

mapa isócrono isochronal chart 等时线图

mapa isopotenciométrico isopotential map 等电位图

mapa magnético magnetic map 磁力图

mapa-mundi world map 世界地图

mapa paleolitológico paleolithologic map 古岩性图

mapa planimétrico planimetric map 平面图；无等高线地图

mapa-radar radar map 雷达地图

mapa rodoviário road map 公路线路图

mapa sinótico synoptic map 天气图

mapa tempo-profundidade time-depth chart 时深图

mapa topográfico topographical map, topographic map 地形图

mapa turístico tourist map 旅游地图，旅游线路图

mapeamento s.m. ❶ mapping 绘制地图 ❷ mapping 映射

mapeamento aéreo aerial mapping 航空测图

mapeamento com curvas de nível contour mapping 等高线绘制

mapeamento com infravermelhos infrared mapping 红外绘图

mapeamento dos ecossistemas ecosystem mapping 生态系统制图

mapeamento dos glaciares glacial mapping 冰川制图

mapeamento de risco geotécnico geotechnical risk mapping 岩土工程风险图编制

mapeamento do solo soil survey, soil mapping 土壤制图

mapeamento geológico geological mapping 地质制图

mapoteca s.f. map room 地图室

maqueiro s.m. stretcher-bearer 急救员，抬担架的人

maquete/maqueta s.f. maquette, mockup, building model 实体模型，沙盘模型，建筑物模型

maqui s.m. scrubland 灌木丛林地

maquia s.f. "maquia" 葡萄牙旧时干量单位，合八分之一葡制斗（alqueire）

maquiador s.m. make-up artist 化妆师

máquina s.f. ❶ machine 机器 ❷ engine 发动机 ❸ building cluster, architectural complex 恢弘大气的建筑群

máquina a vapor steam engine 蒸汽机

máquina acabadora finisher, finishing machine 修整机；整面机

máquina acepilhadora planing machine, surfacer 龙门刨床

máquina agrícola agricultural machine 农机，农业机械

máquina automática de vendas vending machine 自动售货机

máquina automática para limpeza automatic cleaning machine 自动清洗机

máquina automotriz self-propelled machine 自走式机具

máquina auxiliar auxiliary engine 辅助发动机

máquina-base base machine 主机

máquina bobinadora ⇨ bobinadora

máquina centrífuga centrifugal machine 离心机

máquina combinada de colheita de beterraba complete sugar-beet harvester 联合甜菜收获机

máquina copiadora copying machine 复印机

máquina curvadora de perfis profile bending machine 型材弯曲机

máquina de abertura de trincheiras ⇨ trincheiradora

máquina de abrir roços notcher; groover 开槽器

máquina de abrir roscas nut-tapping machine 攻丝机，螺母攻丝机

máquina de acabamento ⇨ máquina acabadora

máquina de afiar knife grinder, sharpening machine 磨刀机，磨锐机

máquina de amassar e misturar kneading and mixing machine, kneader and mixer 捏合搅拌机

máquina de amolar grinding-machine 磨床；研磨机；磨石机

máquina de aplainar planing machine, planer 龙门刨床

máquina de aplainar rodas dentadas gear cutting machine 切齿机

máquina de ar comprimido air engine 空气发动机

máquina de ar quente hot air engine, hot air motor 热空气发动机

máquina de arrancar batatas potato digger 马铃薯挖掘机

máquina de atarraxar screw-cutting machine 螺纹切削机床

máquina de aveludar napping machine, nap lifting machine 起毛机

máquina de balancear balancing machine 平衡机

máquina de barbear electric razor 电动刮胡刀

máquina de bebidas beverage dispenser, drink dispenser 饮料机

máquina de bilhetes ticket machine 售票机

máquina de bordear, forjar e amarrar flanging, swaging and wiring machine 翻边、模锻和布线机

máquina de Brinell Brinell machine 布氏硬度试验机

máquina de britar pedra Blake Blake crusher 下动颚式破碎机；布来克型颚式破碎机

máquina de brocar/furar drilling machine, boring machine 钻床，镗床

máquina de brunir honing machine 珩磨机

máquina de café coffee machine, coffee maker 咖啡机

máquina de café a granel bulk coffee brewer 大型咖啡机

máquina de cálculo digital computer 数字计算机

máquina de centragem centering machine; balancing machine 定心机；平衡机

máquina de chanfrar grooving machine 刻槽机

máquina de chave switch machine 转辙机

máquina de cisalhamento directo box-shear apparatus 盒式剪切机

máquina de codificação coding machine 打码机

máquina de compensar balancing machine 平衡机

máquina de comutação commutating machine 整流机

máquina de conexão connection machine 连接机

máquina de construção rodoviária road construction machinery 筑路机械

máquina de contabilidade accounting machine 会计计算机，记账机

máquina de cópia ⇨ **máquina copiadora**

máquina de cortar (/corte) cutting machine 切割机

máquina de cortar azulejo tile cutting machine 瓷砖切割机

máquina de cortar carvão coal cutting machine 割煤机

máquina de cortar dormentes de madeira tie cutter 木轨枕切割机

máquina de corte a plasma plasma cutting machine 等离子切割机

máquina de corte de carvão em grandes talhos longwall coal cutting machine 长壁采煤机

máquina de costura sewing-machine 缝纫机

máquina de cubos de gelo ice cuber 冰块制粒机

máquina de cubos de gelo com cesto ice cuber w/bin 冰块制粒机，带储冰盒

máquina de cubos de gelo com filtro ice cuber w/filter 冰粒机连滤水器

máquina de curvar bending machine 折弯机

máquina de curvar chapas plate bending machine 弯板机

máquina de debulhar threshing machine, thresher 打谷机

máquina de descascar peeler 剥皮机

máquina de desenhar drafting machine 制图机

máquina de dividir dividing machine 分度机；刻线机

máquina de dobrar papel paper-folding machine 折纸机

máquina de dobrar varões steel bender 钢筋弯曲机

máquina de Dwight Lloyd Dwight Lloyd machine 德怀特-劳埃德型焙烧炉

máquina de embalagem a vácuo vacuum packing machine 真空包装机

máquina de embalar a quente heat sealing machine 热封口机

máquina de encapar coating machine 涂布机

máquina de enchimento de alta pressão high pressure filling machine 高压加注机

máquina de encurvar bending machine 折弯机

máquina de encurvar canos pipe bending machine 弯管机

máquina de endireitar straightening machine 矫直机 ⇨ endireitadeira

máquina de engarrafar bottling machine 装瓶机

máquina de enrolar coiler 绕线机

máquina de ensaio de tracção strength testing machine 强度试验机

máquina de ensamblar jointer, jointing machine 修边机

máquina de equilibrar balancing machine 平衡机

máquina de escanelar grooving machine 开槽机

máquina de escrever typewriter 打字机

máquina de esmerilar grinding machine 磨床；研磨机；砂轮机

máquina de estaca de hélice contínua spiral hammers 螺旋打桩机

máquina de estampar stamping press 冲压机

máquina de estirar drawing machine 拉丝机

máquina de excitação diferencial diferential compounded machine 差复励电机

máquina de expresso espresso maker 浓缩咖啡机

máquina de facetar edging machine 磨边机

máquina de fatiar slicer 切片机

máquina de fazer blocos brick making machine, brick moulding machine 制砖机

máquina de fazer cavilhas bolt-making machine 制螺栓机

máquina de fazer/dispensador de gelo ice maker/dispenser 制冰机／分配器

máquina de fazer furos punching machine 冲压机；冲孔机

máquina de fazer garrafas bottle-making machine 制瓶机

máquina de fazer gelo ice maker 制冰机

máquina de fazer massa noodle press 压面机

máquina de fazer moldes moulding machine 成型机

máquina de fazer sorvete ice cream maker 冰激凌机

máquina de fiar spinning-jenny 多轴纺织机

máquina de filmar camera 摄像机

máquina de forjar forging machine 锻造机

máquina de fresar milling machine 铣床

máquina de fundição centrífuga centrifugal casting machine 离心铸造机

máquina de furar pneumática compressed air drill 压缩气钻

máquina de gelo ice maker 制冰机

máquina de gelo em barra ice bar machine 条冰机

máquina de gelo em cubo ice cube machine 块冰机

máquina de gravar punch cutting machine 阳模雕刻机

máquina de impressão (/imprimir) printing press 印刷机 ⇨ impressora

máquina de impressão plana platen press 平压印刷机

máquina de indução induction machine 感应电机

máquina de influência influence machine 感应起电机；静电发电机

máquina de lavagem a seco dry cleaning machine 干洗机

máquina de lavar copos glass washer 洗杯机

máquina de lavar garrafas bottle washer 洗瓶机

máquina de lavar louças dish washer 洗碗机

máquina de lavar louças de campânula hood type dish washer 罩式洗碗机

máquina de lavar louças sob o balcão undercounter dish washer 柜下洗碗机

máquina de lavar panelas e potes pot & pan washer 壶＆平底锅清洗机

máquina de lavar roupa washing machine, washer 洗衣机

máquina de lavar (/lavagem) washer 清洗机；洗衣机

máquina de limpar sementes seed cleaning machine 种子清选机

máquina de lustrar polishing machine 抛光机

máquina de manutenção rodoviária road maintenance machinery 养路机械

máquina de marcação marking machine 打标机

máquina de marcação de estrada road marking machine 道路标线机

máquina de medição do passo ⇨ máquina de verificação do passo

máquina de moldar moulding machine 成型机

máquina de passar roupa ironing machine 熨烫机

máquina de pautar ruling-machine 划线机

máquina de perfurar perforating machine, punching machine 打孔机

máquina de perfurar dormentes de madeira tie boring machine 轨枕钻孔机

máquina de perfurar túneis a seção plena full face tunneling machine 全断面掘进机

máquina de picotar perforating machine, punching machine 打孔机

máquina de pistão livre free piston machine 自由活塞机械

máquina de polir lapping machine 研磨机，研光机

máquina de precisão precision machine 精密机械

máquina de preparação de vegetais vegetable preparation machine 蔬菜处理机

máquina de projecção projecting machine 投影机

máquina de propulsão hidráulica jet propeller engine 喷气螺旋桨发动机

máquina de prova ⇨ máquina de verificação

máquina de puncionar (hole) punching machine 冲压机

máquina de quádrupla expansão quadruple expasion machine 四胀式蒸汽机

máquina de ralar vegetable shredder 切菜丝机

máquina de rebitar (/rebitagem) riveting machine 铆钉机

máquina de rebordear crimping machine 折边机

máquina de recauchutagem de pneu vulcanizer 补胎机

máquina de recolha de pedras rock picker 采石机

máquina de rectificar rectifying machine 矫正机

máquina de rectificar superfícies planas surface grinding machine 平面磨床

máquina de rega automotriz self-propelled irrigator 自走式喷灌机

máquina de remo rowing machine 划船器

máquina de reprodução copying machine 复印机

máquina de revestimento de semente seed coater 种子包衣机

máquina de revirar (/remanchar) bordos beading machine 压边机

máquina de rolos rollcoater 滚涂机

máquina de roscar pipe threading machine 套丝机

máquina de secar drying machine; tumbler 干燥机；甩干机

máquina de secar roupa clothes dryer 干衣机

máquina de semear milho corn drill 谷物条播机

máquina de serrar sawing machine 锯机，锯床

máquina de serrar madeira sawing machine for timber 锯木机

máquina de serrar metais sawing machine for metals 金属锯床

máquina de serrar trilhos power rail cutter 切轨机

máquina de soldadura (/soldar) welding-machine 焊机

máquina de soldadura (/soldar) de corrente AC (/a arco AC) AC arc welder 交流电焊机；交流弧焊机

máquina de soldadura (/soldar) eléctrico electric welding-machine 电焊机

máquina de soldar mangas socket welding machine 承插焊接机

máquina de soldar trilhos rail welding machine 焊轨机

máquina de sumos fruit squeezer 果汁机

máquina de termoimpressão thermo-printing machine 烫印机

máquina de terraplenagem earthmoving machinery 土方机械

maquina de terrazzo terrazzo machine 水磨石机

máquina de teste de fadiga fatigue testing machine 疲劳试验机

máquina de teste universal universal testing machine 万能试验机

máquina de testes de tracção à prova de água waterproof tensile test machine 防水拉力机

máquina de torcer winding-machine 卷线机，卷扬机

máquina de transferência transfer machine 转印机；传递机；连续自动工作机床

máquina de triturar crushing machine, crusher 破碎机

máquina de verificação testing-machine 测试机，试验机

máquina de verificação de fadiga fatigue testing machine 疲劳试验机

máquina de verificação do passo pitch testing machine 沥青试验机

máquina de vindimar grape harvesting machine 葡萄收获机

máquina distribuidora distributing machine 分配机，分料机

máquina dobradeira bending machine 折弯机

máquinas e dispositivos de fenação haymaking equipment 牧草机械

máquina eléctrica girante rotating electric machine 旋转电机

máquina electrostática electrostatic machine 静电发电机；静电起电器

máquina em série tandem engine 串联式发动机

máquina ensacadora sacking machine 装袋机

máquina envasadora de líquidos liquid filling machine 液体灌装机

máquina estática static machine 静电起电机

máquina-ferramenta machine tool 机床，工作母机

máquina-ferramenta de mandrill chuck machine 卡盘式车床

máquina florestal forest machine 林业机械

máquina fotográfica camera 照相机

máquina fresadora milling machine 铣床

máquina homogeneizadora e emulsificadora blending and emulsifying machine 混合乳化机

máquina inclinada diagonal engine 斜置式发动机

máquina invertida inverted machine 反用电机

máquina limadora shaping machine 刨床

máquina lixadora sanding machine 砂光机

máquina misturadora blender, mixer 混合器；搅拌机

máquina monolâmina mono-blade gang-saw 单锯片排锯

máquina operatriz machine tools 机床，工作母机

máquina para abertura de túneis tunneling machine 隧道掘进机

máquina para abrir túneis por secção

parcial partial face tunneling machine 部分断面掘进机

máquina para abrir túneis por secção plena full face tunneling machine 全断面掘进机

máquina para carregamento de toras logger 木材采运机

máquina para cortar concreto/asfalto concrete/asphalt cutting machine 混凝土／沥青切割机

máquina para corte de blocos block cutting machine 块料切割机

máquina para costurar sacos bag sewing machines 缝袋机

máquina para dar acabamento a calças trouser finisher 裤子修整机

máquina para dar acabamento a roupas form finisher 衣服修整机

máquina para desempenar chapas straightening machine 矫直机

máquina para dobrar estribos steel bender 钢筋弯曲机

máquina para dobrar cartão card-board bending machine 折卡机

máquina para dobrar jornais paper-folder 报纸折叠机

máquina para encalcar upsetting machine 杆端锻粗机；镦粗机

máquina para encurvar carris rail bender 弯轨器

máquina para fazer espigas tenoning machine 开榫机

máquina para fazer machos tonguing and grooving machine 制榫机

máquina para fazer malhetes mitring machine 斜锯机

máquina para fazer rodas dentadas gear cutting machine 切齿机

máquina para fotografia aérea aerial camera, air photographic camera 航空摄影机

máquina para fotografia aérea noctur-na aerial night camera 航空夜间摄影机

máquina para fotografias em série aerial survey camera 航空测量摄影机

máquina para fundir letras type casting machine 铸字机

máquina para fundir por linhas line casting machine 整行铸排机

máquina para gravar engraving machine 雕刻机，刻模机

máquina para imprimir em relevo relief printing machine 凸版印刷机器

máquina para inserção de cavilhas doweldriving machine 圆棒榫打入机

máquina para lavrar (/trabalhar) madeira woodworking machine 木工机械，木材加工机械

máquina para numerar ⇨ numeradora

máquina para paginar ⇨ paginadora

máquina para plantio planter 种植器，播种机

máquina para serraria sawmill machinery 锯木机

máquina perfuradora de coluna drifter 架式凿岩机

máquina pesada heavy equipment 重型设备

máquina pneumática air powered machine 气动机

máquina rectificadora rectifying machine 矫正机

máquina refechamento de juntas joint sealing machine 封缝机

máquina registradora cash register 现金出纳机

máquina rotativa rotary press 轮转印刷机

máquina saca-bocados punching machine 冲压机

máquina simples simple machine 简单机械

máquina simples de colheita de beterraba simple sugar-beet harvester, sugar-beet topper 甜菜切顶机，简单甜菜收割机

máquina síncrona synchronous machine 同步电机

máquina sopradora-compressora blow-and-blow machine 吹制机

máquina tipográfica de platina flat-bed press 平板式印刷机

máquina transportadora haulage machine 牵引机，牵引绞车

máquina unipolar unipolar machine 单极电机

maquinabilidade *s.f.* machinability （可）切削性；机械加工性

maquinagem *s.f.* machining [葡] 机械加工

máquina-hora (Maqh) *s.f.* machine-hour 机时，台时

máquina-obra *s.f.* machine; machine-team （投入生产的）机器；台班

maquinaria *s.f.* machinery [葡] [集] 机械；机器；机组

maquinaria agrícola agricultural machinery 农业机械，农机

maquinaria elevadora (/de guindagem/ de içamento) hoisting machinery 起重机械

maquinário *s.m.* machinery [巴] [集] 机械；机器；机组

maquinista *s.2g.* engineer 机械师，技师

mar *s.m.* sea 海

mar abissal abyssal sea, deep sea 海渊，深海

mar alto high seas 公海；远海

mar-de-areia erg 沙质沙漠

mar baixo lowstand 低水位期

mar continental continental sea 内海

mar epicontinental shelf sea, epicontinental sea 陆架海；浅海

mar interior inland sea, interior sea 内海，内陆海

mar intracontinental intracontinental sea 陆内海

mar marginal marginal sea 陆缘海

mar mediterrâneo Mediterranean Sea 地中海

mar territorial territorial sea 领海

mar tipo plataforma shelf sea, shallow sea 陆架海，陆棚海

marca *s.f.* ❶ 1. mark 标志；标记；记号 2. shipping mark 唛头；发货标记；装运标志 3. blaze 树身刻痕标志 ❷ mark; brand 商标；品牌

marca comercial trade-mark 商标

marca comum common mark 共用标志

marca de água watermark 水印

marca de alinhamento aligning mark 对正标记

marca de balanceamento balance mark 平衡标记

marca de base ⇨ marca de sola

marca de carepa scale pit 铁皮坑

marca de carga load mark, load cast 重荷模

marca de carga direccional directional load cast 定向压（印）模

marca de cheia flood mark 洪水标记

marca de choque prod mark, prod cast 锥模

marca de chuva raindrop imprint 雨滴痕

marca de classe superior luxury brand 高档品牌

marca de corrente current mark 水流痕

marca de deslizamento slide mark, slide cast 滑痕

marca de dessecação desiccation mark 干缩裂隙

marca de direcção directional road marking 方向指示标

marca de escala scale mark 刻度标记

marca de escavação diagonal diagonal scour mark 斜冲刷痕

marca de escavação transversa transverse scour mark 横向冲刷痕

marca de escorregamento slide mark 滑痕，滑动痕

marca de escorrência rill cast, rill mark 细流痕

marca de escova brushmark 刷痕

marca de espuma foam mark 泡沫痕迹

marca de fábrica ⇨ marca comercial

marcas de fé ⇨ marcas fiduciais

marca de flauta flute cast 槽模，流槽铸型

marca de freiada skid mark 滑痕

marca de macho print (foundry) 模样芯头突

marcas de onda wave mark 波纹痕

marcas de onda simétricas symmetric ripple marks 对称波痕

marca de ondulação ripple mark [葡] 波痕

marca de ondulação catenária catenary ripple mark 悬链状波痕

marca de ondulação contracorrente backwash ripple mark 回流波痕

marca de ondulações com topo plano flat-topped ripple mark 平顶波痕

marca de ondulações oscilatórias oscillation ripple mark 摆动波痕

marcas de pavimento pavement marks 路面标志

marca de percussão percussion figure, percussion mark 撞痕

marca de pincel brushmark 刷痕

marca de ponto morto inferior bottom dead center mark 下止点位置标记，下死点标记

marca de ponto morto superior upper dead center mark, top dead center mark 上止点位置标记，上死点标记

marca de profundidade depth mark 深度标志；井深标记

marca de rectificação face mark 面层符号

marca de referência reference mark 基准标记

marca de rolamento rolling cast, rolling mark 轧痕

marca de saltação saltation mark 跳跃痕

marca de sedimentação sedimentary mark, sedimentary figure 沉积标志

marca de sinalização traffic marking 道路交通标志

marca de sincronização timing mark 正时标记

marca de sola sole mark 底痕

marcas dendríticas dendritic marking 树枝状纹

marca em chevron chevron mark 尖楞刻痕；锯齿痕

marca em crescente crescentic mark 新月形痕

marcas fiduciais fiducial marks 框标，基准标记

marca frondescente frondescent mark 菜叶状印痕

marca ondulada ripple mark [巴] 波痕

marca registada registered mark, registered trade mark 注册商标

marcas viárias traffic marking 道路交通标志

marcação s.f. ❶ demarcation; marking 标号，标记；[集] 标识 ❷ dial, dialing（电话）拨号 ❸ bearing 方位

marcação de bússola compass bearing 罗盘方位

marcação de círculo total whole-circle bearing 全圆方位角

marcação do fundo bottom track 海底跟踪

marcações de pavimento pavement markings 路面标线

marcação do tráfego traffic marking, traffic sign 交通标志

marcações em alto relevo raised markings 凸起标记

marcações em baixo relevo depressed markings 凹陷标记

marcação giroscópia gyro bearing 陀螺仪方位

marcação rápida fast dial 快速拨号

marcação reflectiva reflective marking 反光标记

marcador s.m. ❶ 1. marker 记号笔，马克笔 2. scriber 划线器 ❷ marker（表示方位的）标记 ❸ marker（地质）指示层

marcador biológico biologic marker 生物学指标

marcador de tinta ink marker（木工）墨斗

marcador externo outer marker 外指点标

marcador interno inner marker 内指点标

marcador médio middle marker 中指点标

marcar v.tr. ❶ (to) set, (to) fix; (to) book, (to) reserve 预定，指定；预约 ❷ (to) mark, (to) indicate 做记号，做标记 ❸ (to) dial（电话）拨号

marcassite s.f. marcasite 白铁矿

marcenaria s.f. joinery, woodwork 细木工艺；细木工场

marceneiro s.m. joiner, cabinet-maker 细木工匠，家具木工

marcha s.f. ❶ march 行进；进展 ❷ gear, speed 挡位，车速

marcha à ré reverse gear, reverse speed 倒档

marcha acelerada em vazio high idle 高怠速

marcha avante lenta slow forward speed

低前进速度

marcha avante rápida fast forward speed 高前进速度

marcha com conversor torque converter drive 变矩器驱动模式

marcha de carga load range 负荷范围

marcha do cronómetro chronometer rate, daily rate （天文钟）日差率

marcha lenta (/em vazio) idle 怠速

marcha lenta automática auto idle 自动怠速

◇ **primeira marcha** low gear 低速档

marchetaria *s.f.* marquetry 镶嵌工艺；镶木细工

marchete *s.m.* marquetry piece 镶嵌工艺品

marcheteiro *s.m.* inlayer 镶嵌工匠

marco *s.m.* ❶ mark, marker 记号，标志，界标 ❷ boundary 边界；范围 ❸ door frame, window frame 门框，窗框

marco altimétrico fixo bench mark (B.M.) 水准点

marco balizador (/de balizamento) reflecting marker 反光标志

marco de água water mark 潮汐标尺；吃水标志

marco de entivação de galeria square set 方框支架

marco de incêndio hydrant 消火栓

marco de milhagem milepost 英制里程碑

marco de nivelamento do sistema de referência ordnance bench mark 水准基点

marco de referência reference mark, datum mark 基准记号

marco divisório boundary marker; boundary monument 边界指点标；界碑

marco fontanário pedestal column outdoor fountain （室外）喷水花钵，流水花坛

marco miliário milestone （英里）里程碑

marco quilométrico milestone （公里）里程碑

marco reflector reflecting marker 反光标志

marco regulatório regulatory framework 规章制度；规管架构

marco subterrâneo under-ground marker post 隐性标志

marco superficial ground settlement point, surface displacement sensor 地面沉降监测点，表面位移监测点

marco topográfico survey marker, survey monument; control point 测量标志，方位标；控制点

maré *s.f.* tide 潮，潮汐

maré alta high tide 高潮；满潮

maré astronómica astronomical tide 天文潮

maré baixa low tide 低潮

maré de águas vivas ⇨ maré de sizígia

maré de alavanche landslide surge 滑坡涌浪

maré de furacão hurricane tide 飓风潮

maré de perigeu perigean tide 近地点潮

maré de quadratura quadrature tide 方照潮

maré de sizígia syzygial tide, spring tide 朔望潮，大潮

maré de tempestade storm tide 风暴潮

maré diurna diurnal tide 全日潮

maré dupla double tide 复潮；双潮

maré enchente flood tide 涨潮

maré eólica wind tide 风潮

maré equatorial equatorial tide 赤道潮

maré equinocial equinoctial tide 二分潮；分点潮

maré gravitacional gravitational tide 引力潮

maré interna internal tide 内潮

maré meteorológica meteorological tide 气象潮

maré mista mixed tide 混合潮

maré morta neap tide 小潮

maré negra black tide 黑潮

maré sem corrente slack water 平潮

maré solar solar tide 太阳潮

maré solsticial solstitial tide 冬至潮

maré terrestre earth tide 地球潮汐，固体潮

maré tropical tropic tide 热带潮，回归潮

maré vazante ebb tide 落潮；退潮

maré vazia low tide 低潮

maré vermelha red tide 红潮；赤潮

maré viva spring tide 大潮

mareal *adj.2g.* tidal 潮汐的；潮的 ⇨ tidal

marecanite/marekanite *s.f.* marekanite 似

曜岩斑状体，珠状流纹玻璃

marégrafo *s.m.* tide gauge 验潮仪

maregrama *s.m.* marigram 海潮图，潮汐图

maremoto *s.m.* seaquake 海震

mareógrafo *s.m.* mareograph 自动记潮仪

mareugito *s.m.* mareugite 蓝方辉长岩

marfim *s.m.* ivory 象牙

marga *s.f.* marl 泥灰岩，泥灰土

marga arenosa sandy marl 砂质泥灰岩

marga argilosa clay marl, argillaceous marl 黏质泥灰岩

marga betuminosa bituminous marl 沥青泥灰岩

marga calcária limy marl 石灰质泥灰岩

marga coquinóide shell marl 贝壳泥灰岩

marga de brejo bog lime 沼泽石灰

marga lacustre lake marl 湖成泥灰岩

margarina *s.f.* margarine 人造黄油

margaritasite *s.f.* margaritasite 钒铀铯钾矿

margarite *s.f.* margarite 珍珠云母

margeador *s.m.* ⇨ marginador

margem *s.f.* ❶ bank, shore 海岸，河岸，边缘（地带）❷ margin 书页的白边；边缘；界限；裕量 ❸ margin（成本与售价的）差额；利润；（扩大经营的）储备金

margem activa active margin 活动边缘

margem afundada ⇨ margem esboçada

margem atlântica atlantic margin 大西洋边缘

margem comercial sales margin; mark-up 销售毛利；标高售价，加成

margem continental continental margin 大陆边缘

margem continental activa active continental margin 主动大陆边缘

margem continental passiva passive continental margin 被动大陆边缘

margem convergente convergent margin 聚敛边缘

margem de corrente current margin 电流裕量

margem de erro error margin 误差容限

margem de lucro profit margin 利润率

margem de manobra room for manoeuvre 操控空间，回旋余地

margem de reacção reaction rim 反应边

margem de recifes ⇨ margem recifal

margem de reserva reserve margin 备用裕度

margem do reservatório reservoir slope 水库边坡

margem de rio flood bank 洪水河岸

margem de segurança ❶ safety margin 安全裕度，安全余量 ❷ margin 保证金

margem de tracção margin of overpull 拉力余量

margem divergente divergent margin 离散边缘

margem esboçada drafted margin 琢边

margem estável stable margin 稳定陆缘

margem instável instable margin 不稳定陆缘

margem líquida net margin 净利润

margem pacífica pacific margin 太平洋边缘

margem para riscos risk allowance 风险准备金

margem passiva passive margin 被动陆缘

margem recifal reef margin 礁边缘

margem transformante transform margin 变换边缘

marginador *s.m.* covering shovel 芯铧式开沟器的侧板（置于芯铧后部）

marginal ❶ *adj.2g.* marginal 边缘的；海边的 ❷ *s.f.* coastal avenue 便道；海滨大道

margoso *adj.* marly 泥灰的

marguito *s.m.* marlite 泥灰岩；泥灰质岩

marialite *s.f.* marialite 钠柱石

maricite *s.f.* maricite 磷铁钠矿

marina *s.f.* marina 小游艇船坞，小艇停靠区

marinha *s.f.* ❶ navy 船队，舰队 ❷ beach, shore 海滨，海岸

marinha de guerra navy 海军；海军舰队

marinha mercante merchant navy 商船队

marinheiro ❶ *s.m.* seaman 水手 ❷ *adj.,s.m.* sailor 大面朝外立砌砖

marinização *s.f.* marinization（设备的）船用化

mariposite *s.f.* mariposite 铬硅云母；苹绿云母

marisma *s.f.* salt marsh 盐沼泽，盐碱地

maritimidade *s.f.* maritimity 海性度

marítimo *adj.* (of) sea; maritime 海洋的；滨海的；航海的，海事的

mariupolito *s.m.* mariupolite 钠霞正长岩

marketing *s.m.* marketing 市场营销

markfieldito *s.m.* markfieldite 斜长花斑岩

marmatite *s.f.* marmatite 铁闪锌矿

marmita *s.f.* ❶ launch box （有盖的）饭盒 ❷ marmite 有盖汤锅；蒸锅 ❸ pothole, swallow hole 冰川壶穴；落水洞

marmita de gigantes plunge pool, pothole 跌水池；跌水坑

marmoraria *s.f.* marble factory 大理石加工厂

mármore *s.m.* marble 大理石，大理岩

mármore alabastino alabaster marble 雪花石膏

mármore branco white marble 汉白玉；白色大理石

mármore calcítico calcite marble 方解石大理岩

mármore carrara carrara marble 卡拉拉大理岩；（雕像用）白大理石

mármore cipolino cipolin marble 云母大理石

mármore de Connemara ⇨ oficalcite

mármore dolomítico dolomitic marble 白云石大理岩

mármore encarnado fire-marble 火红大理石

mármore-lioz ⇨ lioz

mármore Marezzo Marezzo marble 人造大理石

mármore negro black marble 黑色大理石

mármore ónix onyx marble 细纹大理石；条纹大理石

mármore preto Nero Marquina Nero Marquina marble 黑白根大理石

mármore rosa pink marble 粉红色大理石

mármore sedimentar sedimentary marble 沉积大理岩

mármore travertino travertine 洞石

mármore venado veined marble 有纹理的大理石

mármore verde irlandês ⇨ oficalcite

marmóreo *adj.* marmoraceous 大理石状的

marmorite *s.f.* artificial marble, plaster of cement and marble sand used as pavement 人造大理石

marmorização *s.f.* marmorization 大理岩化

marmorizado *adj.* ❶ marbled, marbleized 大理石花纹的，仿大理石的 ❷ mottled 有杂色的；斑驳的

marmorizar *v.tr.* (to) marmorize 大理岩化

marna *s.f.* marl 泥灰岩

marno-calcário *s.m.* calcareous marl 钙质泥灰岩

marquesa *s.f.* ❶ couch; ottoman 长沙发；（无靠背、无扶手的）长软椅 ❷ hospital bed 病床

marquise *s.f.* glass veranda; marquise, marquee 玻璃游廊，玻璃外廊；挑棚

marquise de acesso access marquise 入口走廊

marquise de ligação connecting marquise 外连廊

marquise fechada enclosed verandah 围封的外廊

marra *s.f.* ⇨ marrão

marrão *s.m.* sledgehammer, mallet 大锤，碎石锤

marreta *s.f.* stonecutter's hammer, beetle 方头铁锤

marretinha *s.f.* mallet 小方头铁锤槌

marrom *adj.2g.,s.m.* brown 棕色的；棕色

marroquim *s.m.* morocco 摩洛哥羊皮

marroquinaria *s.f.* fine leather goods; morocco articles [集] 高级皮革制品；摩洛哥羊皮制品

marscoíto *s.m.* marscoite 花岗辉长混染岩

martelada *s.f.* hammering, hammer blow 锤击

martelagem *s.f.* ❶ hammering, hammer blow 锤击 ❷ pounding of motor 发动机轰鸣

martelagem a frio hammer-hardening 锤击硬化

martelar *v.tr.,intr.* (to) hammer 锤击

martelete *s.m.* ❶ small hammer 小锤 ❷ rotary hammer, electric hammer 电锤，电锤钻

martelete a ar comprimido compressed air hammer 冲击气锤

martelete a ar comprimido de secção simples single-acting compressed air hammer 单作用冲击气锤

martelete a vapor steam hammer 汽锤

martelete a vapor de acção dupla double-acting steam hammer 双作用冲击汽锤

martelete a vapor de acção simples single-acting steam hammer 单作用冲击汽锤

martelete bodine sonic pile driver 声波打桩机

martelete combinado combined rotary hammer 组合式电锤

martelete de impacto impact driver 冲击起子机

martelete diesel diesel hammer 柴油锤；柴油打桩机

martelete hidráulico para cravar estacas hydraulic hammer 液压锤

martelete para cravar estacas pile hammer 打桩锤，打桩机

martelete pneumático air hammer, rotary hammer 空气锤，电锤

martelete pneumático de percussão pneumatic paving breaker 风动式路面破碎机

martelete rebarbador pneumático air chisel hammer 空气凿锤

martelete rompedor paving breaker 路面破碎机

martelete rompedor com braço longo power scraper 长柄铲平机，电镐，电凿

martelete rotativo rotary hammer 电锤，电锤钻

martelete vibratório para cravar estacas vibrating pile-driver 振动打桩机

martelo s.m. hammer 锤子

martelo apiloador tamper hammer 夯锤

martelo arranca-pregos claw hammer 羊角锤，拔钉锤

martelo cabeça de nylon nylon head hammer 尼龙槌

martelo carpinteiro carpenter hammer 木工锤

martelo de aço steel hammer 钢锤

martelo de alisar face hammer 平锤

martelo de aplainar smoothing hammer, planishing hammer 打平锤；展平锤

martelo de assentador de tijolos bricklayer's hammer 砌砖工用锤

martelo do bate-estacas pile hammer 打桩锤

martelo de bola ball peen hammer 圆头锤

martelo de cabo helve hammer 杠杆锤

martelo de cortar pedras bushing-hammer 凿石锤

martelo de couro rawhide hammer 生皮锤

martelo de cravação sledgehammer 大锤

martelo de desbastar scabbling hammer 粗琢锤

martelo de desencrustar scaling hammer 敲锈锤

martelo de duas faces double-faced hammer 双面锤

martelo de electricista electrician hammer 电工锤

martelo de embutir cross-pane hammer 横头锤

martelo de estofar upholsterer's hammer 家具商用锤

martelo de folhear veneer hammer 胶合锤

martelo de forjar forging hammer 锻锤；锻工锤

martelo de modelador pattern-maker's hammer 模型工用锤

martelo de orelhas claw hammer 拔钉锤

martelo de orelhas curvas e grossas Canterbury hammer 坎特伯里锤

martelo de orelhas inglês Kent claw hammer 肯特羊角锤

martelo de pedra stone (mason's) hammer 石工锤

martelo de pedreiro bricklayer's hammer 砌砖工用锤

martelo de pena peen hammer 尖锤

martelo de pena rectilínea straight-pane hammer 平头錾锤

martelo de perfuração ⇨ martelo perfurador

martelo de plástico plastic hammer, plastic tip hammer 镶塑料头的小锤

martelo de ponta hammer-axe 锤斧

martelo de queda livre free fall hammer 自由落锤

martelo de unha claw hammer 羊角锤，

拔钉锤

martelo demolidor breaker 破碎锤

martelo demolidor eléctrico electric breaker 电动破碎锤

martelo eléctrico electric hammer, rotary hammer 电锤

martelo eléctrico para trabalhos pesados heavy duty electric hammer 大电动锤

martelo embutidor set hammer 压印锤

martelo hidráulico hydraulic hammer 液压锤

martelo horizontal horizontal hammer 卧式锤

martelo Warrington Warrington hammer 横扁头锤

martelo mecânico power hammer 强力撞锤；打夯机

martelo mecânico por gravidade gravity drop hammer 重力落锤

martelo-pé de cabra claw hammer w/ handle 羊角锤

martelo pendular pendulum hammer 摆锤

martelo percutor cartridge-operated hammer 药包操作锤

martelo perfurador hammer drill 锤钻，冲击钻机

martelo picador scaling hammer 敲锈锤

martelo pilão steam hammer 蒸汽锤

martelo pneumático pneumatic hammer 气锤；气动锤

martelo pneumático leve light pneumatic hammer 小型气锤

martelo pneumático pesado heavy duty pneumatic hammer 大气锤

martelo rompedor jack hammer 凿岩机

martelo tipo francês french type joiner's hammer 法式木工锤

martêmpera s.f. martempering 马氏体等温淬火

martensita s.f. martensite 马氏体

martensita revenida tempered martensite 回火马氏体

martinete s.m. steam hammer 汽锤

martinite s.f. martinite 板磷钙石

martinito s.m. martinite 响白碧玄岩

martite s.f. martite 假象赤铁矿

masafuerito s.m. masafuerite 多橄玄武岩

masanito s.m. masanite 马山岩

máscara s.f. face shield 面罩

máscara antigás gas-mask 防毒面具

máscara autônoma SCBA (self-contained breathing apparatus) 自给式呼吸器

máscara com filtro duplo double-cartridge mask 双罐防毒面具

máscara com filtros mistos mixed filter mask 混合过滤式防毒面具

máscara de oxigénio oxygen mask 氧气面罩

máscara de protecção protective mask 防护面罩

máscara de soldar welding mask 焊接面罩

máscara respiratória breathing mask 口罩

mascaramento s.m. ❶ masking 遮蔽 ❷ shelter [集] 遮蔽物

mascarão s.m. mascaron （作装饰用的）怪状面具，怪状头像

mascon s.f. mascon 质量密集；质量密集的物质

maser sig.,s.m. ❶ maser 微波激射器 ❷ maser 微波激射，受激幅射式微波放大

maskelinite s.f. maskelynite 斜长玻璃；熔料长石

masmorra s.f. dungeon 地牢

Masonite s.f. Masonite 梅森奈特纤维板

massa s.f. ❶ mass; paste 块，团，膏状物 ❷ mass 质量

massa a óleo putty 腻子，油灰

massa a seco oven-dry-weight 绝干重量

massa acústica acoustic mass 声质量

massa adicional added mass 附加质量

massa amorfa groundmass 基质，金属基体

massa amortecedora anti-drumming material 隔声材料

massa anti-corrosiva corrosion inhibiting grease 抗蚀油脂

massa atômica atomic mass 原子量

massa bruta gross mass 总质量

massa cimentícea cementitious material 胶结材料

massa-cola adhesive compound 胶黏剂

massa com carga loaded mass 负载量

massa continental continental mass 大陆块体

massa corrida plaster（涂墙等用的）灰泥，灰浆

massa cristalina crystal mass 结晶状物

massa de água ascendente upwelling 涌升流

massa de ar air mass 气团

massa de ar fria cold air mass 冷气团

massa de ar quente warm air mass 暖气团

massa de ar tropical tropical air 热带气团

massa de cal lime mortar 石灰膏；石灰砂浆

massa de cimento ⇨ massa cimentícea

massa de enchimento filler 填料

massa de estanho block tin 锡块

massa de estucador plaster's putty 抹灰腻子

massa de junção joint compound 嵌缝料，填缝料

massa de nuvens cloud bank 云堤

massa de Planck (M) Planck Mass (M) 普朗克质量

massa de vidraceiro glazier's putty 玻璃油灰

massa de vidro glass paste 玻璃浆

massa específica density, specific mass 质量密度，比质量

massa específica aparente apparent specific mass, apparent density 表观密度

massa específica aparente seca dry apparent density 干表观密度

massa específica do fluido de perfuração mud weight 泥浆比重

massa específica dos grãos grain density 颗粒密度

massa específica da rocha rock density 岩石容重

massa específica in situ in situ density 现场密度

massa específica máxima seca maximum dry density 最大干密度

massa específica natural natural density 天然密度

massa específica seca dry density 干密度

massa fina fine mortar 细砂浆

massa fluida fluid mass 流体团

massa girante flywheel mass 飞轮质量

massa grossa gross mortar 粗砂浆

massa inercial inertial mass 惯性质量

massa irregular irregular mass 质量偏心（的高层建筑结构）

massa líquida liquid mass 液体

massa lubrificante grease 润滑脂，黄油

massa molecular molecular mass 分子质量

massa não-suspensa unsprung mass 簧下质量

massa raspada stucco 拉毛处理的灰泥

massa regularizadora (/rápida) leveling mortar 找平修补砂浆

massa resinosa resinous matrix 树脂状基体

massa superficial surface density 表面密度

massa suspensa sprung mass 簧上质量

massa temporal isolante thermal insulation mortar 保温砂浆

massa térmica thermal mass （建筑结构的）蓄热体

massa unitária unit mass 单位质量

massa útil pay mass 允许装载质量

massa volumétrica apparent specific mass 表观密度

massa volumétrica das partículas sólidas density of solid particles 固体颗粒密度

massa volumétrica do solo density of soil 土壤密度

massa volumétrica do solo saturado density of saturated soil 饱和土壤密度

massa volumétrica do solo seco density of dry soil 土壤干密度

massalote s.m. risering 冒口

massame s.m. ❶ stonework at the bottom of a well 石头和灰浆砌的井筒 ❷ base for a tiled floor 地砖的基层

massapê s.m. "massapê" 巴西的一种深色黏土

massaranduba s.f. bulletwood 枪弹木（Manilkara spp.）

masseira s.f. ❶ mortar trough 灰浆搅拌槽 ❷ dough trough 碎浆机槽；揉面缸

massicote *s.f.* massicot 黄丹

massificação *s.f.* massification 推广，大众化

mastaba *s.f.* mastaba（古埃及的）石室坟墓

mastaréu *s.m.* handmast, topmast 顶桅；短桅

mástica *s.f.* mastic, putty [葡] 腻子，油膏

   mástica de epoxi epoxy mastic 厚浆型环氧涂料

mástique ❶ *s.f.* mastic, putty [葡] 腻子，油膏 ❷ *s.m.* mastic, putty [巴] 腻子，油膏

   mastique asfáltica asphaltic mastic [葡] 沥青砂胶

   mástique asfáltico asphalt mastic [巴] 沥青砂胶

   mástique cola mastic adhesive 腻子胶黏剂

   mástique de isolamento a frio cold insulation mastic 冷绝缘胶合铺料

   mástique de poliuretano polyurethane mastic 聚氨酯腻子

   mástique de silicone silicone putty 硅腻子，硅胶腻子

   mástique elástica elastic putty 弹性腻子

   mástique monocomponente single-component mastic 单组份腻子

mastro *s.m.* ❶ mast 船桅，桅杆 ❷ 1. pole 柱，杆 2. newel post 楼梯端柱 ❸ gin, crab 三脚起重机，起重装置

   mastro de antena antenna mast 天线杆

   mastro de bandeira flagpole 旗杆

   mastro de carga (/montagem) grin, crab 三脚起重机，起重装置

   mastro de respiro vent rod 通气杆

   mastro totêmico ❶ totem pole 图腾柱 ❷ totem pole circuit, push-pull circuit 图腾柱电路，推挽电路 ⇒ **circuito push-pull**

mata *s.f.* forest, woodland 林地

mata-burro *s.m.* cattle-grid 拦畜沟栅

mataca *s.f.* clay 黏土

matacão *s.m.* boulder, erratic block 巨砾；漂砾

matadouro *s.m.* slaughterhouse 屠宰场

mata-juntas *s.m.2n.* backing strip 背垫条，垫板条

   mata-junta de rincão valley flashing 天沟泛水

matar *v.tr.* ❶ (to) kill 杀死，杀害 ❷ (to) slaughter（动物）屠宰

   matar um poço (to) kill a well, kill a hole 压井

mate *adj.2g.,s.m.* matt 无光泽的；哑光色(的)

matéria *s.f.* matter 物质；实体；材料

   matéria colectável taxable amount 应税金额

   matéria cristalina crystalline matter 晶体物质

   matérias dissolvidas dissolved solids 溶解性固体；溶解了的固体

   matérias em suspensão suspended solids 悬浮体

   matéria inerte inert matter 惰性物质

   matéria mineral mineral matter 矿物质

   matéria orgânica organic matter 有机质

   matéria orgânica amorfa amorphous organic matter 无定形有机质

   matéria orgânica húmica humic organic matter 腐殖有机质

   matéria orgânica sapropélica sapropelic organic matter 腐泥型有机质

   matéria-prima raw material 原料

material *s.m.* material 材料；物料；原料；物资

   materiais à base de madeira wood-based materials 木质基材料

   material a granel bulk material 散料

   material amortecedor cushioning material 垫承物料

   material anticorrosivo anti-corrosion material, corrosion-resistant material 防腐蚀材料

   material antiderrapante anti-skid material 防滑材料

   material anti-estático anti-static material 防静电材料

   material aprovado approved material 经核准的物料

   material auxiliar auxiliary material 辅料，辅助材料

   material betuminoso bituminous material 沥青材料

   material betuminoso líquido liquid bituminous material 液体沥青材料

   material betuminoso semi-sólido

semi-solid bituminous material 半固体沥青材料

material betuminoso sólido solid bituminous material 固体沥青材料

material calcificado para fabrico de refractários grog 熟料

material circulante rolling-stock 运输车辆；[集](铁路或汽车运输公司的)车辆(总称)

material coerente (/coesivo) cohesive material 黏性材料

material compósito composite material 复合材料

material criogênico cryogenic material 低温材料

material danificado damaged material 损毁材料

material de absorção absorbing material 吸收材料；吸波材料

material de adensamento weighting material 加重料

material de alta inflamabilidade inflammable material 易燃材料

material de (/para) aterro backfill material 回填物料

material de aumento de densidade weighting agent [葡] 增重剂，加重剂

material de baixa inflamabilidade nonflammable material 难燃材料

material de bronze para mancais bronze bearing material 青铜轴承材料

material de carga ballast 压载物

material de cimentação cementing material, binding material 胶凝材料；胶结料

material de cobertura ❶ covering material, overburden 覆盖材料 ❷ roof material 屋面材料

material de construção building material 建筑材料

material de controlo de perda de circulação loss control material (LCM), lost-circulation material [葡] 控失材料，堵漏材料

material de controlo de perda de lama fluid-loss control material [葡] 失水控制材料

material de drenagem ⇨ material drenante

material de embalagem packing material 包装物

material de empréstimo borrow material 借土料

material de enchimento filling material 填充材料；填土材料

material de enchimento para juntas joint sealing compound, joint grouting compound 填缝料

material de escavação ⇨ material escavado

materiais de isolamento insulation material 保温材料；绝缘材料

material de média inflamabilidade neutral refractory material 中性材料，中可燃度材料

material de oficina shop supplies 车间备品

material de pedreira quarry material 采石场石料

materiais do projecto engineering goods 工程物资

material de qualidade excepcional premium material 优质材料

material de recheio filling material 填充材料

material de referência ❶ reference material 标准物质 ❷ reference material, reference document 参考资料

material de refugo da escavação de um túnel tunnel spoil, tunnel muck 隧道挖出土方

material de regularização blinding 补路石砂，填充表面孔隙的细石

material de revestimento coating material 涂层材料；涂料；饰面材料

material de tamponamento plugging material 封堵材料

material de vedação seal material, sealant 密封材料，封盖材料

material densamente compactado densely compacted material 高压密物料

material derramado spillage material 有损耗的材料

material drenante drainage material 排水物料

material durável durable material 耐久物料

material em espuma foam plastics 泡沫塑料

materiais (e aparelhos) eléctricos electrical materials (and appliances) 电料

material ensacado bagged material 袋装材料

material erodível erodible material 易受侵蚀材料

material escavado excavated material, spoil 挖出物，（开掘时所挖起的）弃泥

material especial special material 特殊材料

material específico specific material 专用材料

material expandido expanded material 膨胀材料

materiais ferroeléctricos ferroelectric materials 铁电材料

material ferromagnético ferromagnetic material 铁磁材料

material filtrante filter material 滤料

material flutuante floating debris; floating material; trash 漂浮物

material fotoluminescente photoluminescent material 光致发光材料

material geotêxtil geotextile materials 土工材料

material graduado graded materials 级配材料；梯度材料

material granular granular material 颗粒材料

material granular grosseiro coarse granular material, pit-run gravel 粗粒料

material ignífugo flame-resistant material 阻燃材料

material impermeável impervious material 不透水物料

material impermeável rígido hard impervious material 坚硬不透水物料

material inflamável combustible material 可燃材料

material isolante acústico acoustic insulating material 隔音材料

material isolante térmico heat insulating material 隔热材料；保温材料

material isolante (/isolador) insulating material 绝缘材料

material isotrópico isotropic material 各向同性材料

materiais lateríticos lateritic materials 红土材料

material ligante bonding material 黏结材料

material ligante de cobre copper bonding material 铜黏合材料

material ligante de níquel nickel bonding material 镍黏合材料

material linear elástico linear elastic material 线性弹性材料

material luminescente luminescent material 发光材料

material magnético de baixa retenção soft magnetic material 软磁材料

material magnético duro (/magneticamente duro) hard magnetic material 硬磁材料

material metálico metallic material 金属材料

material MRO maintenance, repair and operating (MRO) material 间接物料；维护、修理和操作材料

material não absorvente non-absorbent material 非吸收性物料

material não coerente (/coesivo) cohesionless material 无黏性材料

material não inflamável non-combustible material, incombustible material 不可燃材料，非燃材料

material não tecido non-woven material 无纺材料，非纺织材料

material natural natural material 天然材料

material neutro neutral material 中性材料

material nobre noble material 高品质的装修材料

material óhmico ohmic materials 电阻材料

material para combater a perda de circulação lost-circulation material 堵漏材料

materiais para consumo consumables 消耗品，耗材

material para cura curing compound, curing material 养护剂

materiais para grauteamento grouting materials 灌浆材料

material para mancal de alumínio aluminum bearing material 铝合金轴承材料

material para stock stock material 库存材料

material particulado particulate matter 颗粒物

material particulado fino (MP 2,5) particulate matter 2.5 (PM 2.5), fine particles 细颗粒物，PM2.5

material particulado inalável (MP 10) particulate matter 10 (PM10), inhalable particle 可吸入颗粒物，PM10

materiais permeáveis pervious materials 透水材料

material pétreo rock material 石材

material piroclástico pyroclastics, pyroclastic materials 火山碎屑物

material plástico plastic material 塑性材料，塑料

material polarizante polarizing materials 偏振材料

material polimérico polymer material 高分子材料，聚合材料

material pozolânico pozzolanic materials 掺和料

materiais pré-envolvidos coated materials 表面涂层材料；裹浆材料；包膜材料

material produzido pela indústria primária bulk material [巴] 散料

materiais pulverulentos powdery materials 粉状物料

materiais químicos chemical materials 化工材料

material radioactivo de ocorrência natural naturally occurring radioctive 天然放射性物质

material radioactivo de ocorrência natural tecnologicamente concentrado technologically-enhanced naturally occurring radioactive material (TENORM) 技术增强的天然放射性物质

material reforçado reinforced material 增强材料

material refractário fire resistant material, refractory material 耐火材料

material residual residual material 残积物

material resistente à água salgada salt water resistant material 抗海水材料

material retirado pelo limpa-grades screenings 筛渣，筛余物

material rodante undercarriage（车辆的）底盘

material rodante de aço, totalmente suspenso fully suspended steel undercarriage 完全悬挂的钢质底盘

material rodante de tracção motive power 动力车，机车

material selante sealing material, sealing compound 密封剂，密封材料

material semi-acabado unfinished material 半成品

material silicificado silicified material 硅化材料

material sobre estrados palletized material 托盘化货物

material termoeléctrico thermoelectric materials 热电材料

material termoplástico thermoplastic material 热塑性材料

material têxtil (/tecido) woven material 织物，纺织材料

material têxtil não tecido non woven material 非织造材料，无纺布材料

material transversalmente isotrópico transversely isotropic material 横观各向同性材料

material tricotado knitted material 针织缝料

material volumoso bulk material [葡] 散料

maternidade *s.f.* maternity, maternity hospital 妇产医院

matiz *s.f.* hue 色调

matização *s.f.* shading（颜色等的）渐变

matizante *s.m.* matting agent 消光剂

matizagem *s.f.* rice refining 擦米

mato *s.m.* thicket, wood 灌木丛；丛林

matrícula *s.f.* ❶ car registration number 车牌号 ❷ number plate, license plate 车号牌

matriz *s.f.* ❶ matrix 矩阵；阵列 ❷ matrix 基质；脉石；母岩；斑晶 ❸ matrix 模子，

模具 ❹ land register 土地登记

matriz A/V A/V matrix switcher 音视频矩阵切换器

matriz aparente apparent matrix 视（岩石）骨架剖面

matriz cilíndrica cylindrical die 半圆柱体模

matriz de acoplamento coupling matrix 耦合矩阵

matriz de adjacência adjacency matrix 邻接矩阵

matriz de altitudes elevation matrix 高程矩阵

matriz de amortecimento damping matrix 阻尼矩阵

matriz de áudio audio matrix 音频矩阵

matriz de causa e efeito cause-and-effect matrix 因果图

matriz de comutação matrix switcher 矩阵切换器

matriz do cristal crystalline matrix 结晶基体

matriz do disco disk array 磁盘阵列

matriz de eléctrodos electrode array 电极阵列

matriz de estriar (/embutir) drawing die 拉丝模

matriz de ferro iron pattern 铁模；铸铁模型

matriz de fibra de nylon nylon fiber matrix 尼龙纤维基质

matriz de fundição casting die 铸造模；压件

matriz de interacção interaction matrix 交互矩阵，相互作用矩阵

matriz de massa mass matrix 质量矩阵

matriz de modelação forming die 成形模，成形钢模

matriz da rastreabilidade traceability matrix 跟踪矩阵

matriz de rebarbação trimming die 切边模，修边模

matriz de recurso resource matrix 资源矩阵

matriz de rigidez stiffness matrix 刚度矩阵

matriz de sinais signal matrix 信号矩阵

matriz de unidade unit matrix 单位矩阵

matriz de vídeo video matrix 视频矩阵

matriz diamante diamond array 菱形排列，菱形组合

matriz DVI DVI matrix DVI 矩阵

matriz em secções sectional die 对合模具；拼合模

matriz energética energy matrix 能量矩阵

matriz extrusora radial radial extruding die 径向挤压模

matriz fêmea female die 阴模；凹模

matriz móvel movable die 活动模

matriz pneumática pneumatic die 气动模

matriz polo-dipolo pole-dipole array 单极-偶极排列

matriz polo-polo pole-pole array 单极-单极排列

matriz predial building property registration 房产登记

matriz progressiva progressive die 级进模，顺序冲模

matriz rochosa rock matrix 岩石基质

matriz sísmica seismic array 地震台阵；地震阵列

matriz visual ⇨ matriz de vídeo

maturação *s.f.* maturation 成熟（的过程）

maturidade *s.f.* maturity 成熟（的状态）；壮年（期）

maturidade composicional compositional maturity 成分成熟度

maturo *s.m.* mature 成熟的

mausoléu *s.m.* mausoleum 陵墓

maxila *s.f.* brake cheek 制动块；制动器闸瓦

maxila de travão ⇨ maxila

maximizar *v.tr.* (to) maximize （使）最大化

máximo ❶ *adj.* maximum 最大的 ❷ *s.m.* maximum 最大值 ❸ *s.m.* headlight beam, far reaching light 远光灯，大灯

máxima capacidade de poço maximum well capacity 井的最高容量

máximo magnético magnetic high 磁力高

máxima pressão de bombeamento maximum pump pressure 最大泵压

máxima pressão permitida maximum allowable pressure 最高允许压力

máxima recuperação económica maximum economic recovery 最经济采收率

máxima taxa de eficiência maximum efficient rate 最大有效采油速度

maxwell *s.m.* maxwell 麦克斯韦（磁通量单位）

mayday *s.m.* mayday 无线电话求救信号

mazarize *s.m.* large brick（拱顶用的）大砖块

MCA *sig.,s.m.* MCA (maximum ceiling absolute) 绝对最高升限

MDF *sig.,s.m.* MDF (medium density fibreboard) 中密度纤维板，中密度板，层压板

MDF com painéis folheados com carvalho francês MDF with french oak veneered panels 法国橡木中密度纤维板

meação *s.f.* ❶ halving 半开叠置；对分；二等分 ❷ shearing 共用，公用（墙壁、场地等）

meação a meia-esquadria miter joint, miter square 斜角连接；斜面接合

meação em cauda de andorinha dovetail halving 半陷鸠尾榫

meandro *s.m.* ❶ meander 河曲；河流的蜿蜒 ❷ meander 回纹波形饰

meandro abandonado abandoned meander 废弃河曲

meandro antigo oxbow 牛轭湖

meandro divagante divagation meander 改道河曲

meandro encaixado enclosed meander 环形河曲

meandro inciso incised meander 深切曲流

meão *s.m.* hub, nave of wheel 轮毂

mecânica *s.f.* mechanics 力学；机械学

mecânica clássica classical mechanics 经典力学

mecânica dos fluidos fluid mechanics 流体力学

mecânica da fractura fracture mechanics 断裂力学

mecânica das rochas rock mechanics 岩石力学

mecânica dos solos soil mechanics 土壤力学

mecânica geral general mechanics 一般力学

mecânica hidráulica hydraulic engineering 水力工程学

mecânica quântica quantum mechanics 量子力学

mecânica racional rational mechanics 理性力学

mecânica teórica theoretical mechanics 理论力学

mecânico ❶ *adj.* mechanic, mechanical 力学的；机械（学）的 ❷ *s.m.* mechanic, serviceman 机械工，技工

mecânico auto auto mechanic 汽车技工

mecânico de automóveis car mechanic 汽车技工，汽车修理师

mecânico de avião air mechanic 航空技工

mecanismo *s.m.* ❶ mechanism 机械装置，机构 ❷ mechanism 机理，机制

mecanismo amortecedor damping mechanism 阻尼机构

mecanismo articulado link mechanism 连杆机构

mecanismo comandado por embraiagem clutch controlled mechanism 离合控制机构

mecanismo de accionamento drive gear 传动机构

mecanismo de alimentação feeding mechanism 送料机构

mecanismo de arranque "Bendix" bendix drive mechanism 惯性式驱动装置

mecanismo de aversão ao risco mechanism of risk aversion 风险规避机制

mecanismo de bloqueio locking mechanism 锁紧机构，闭锁机构

mecanismo de catraca ratchet mechanism 棘轮机构

mecanismo de colapso collapse mechanism 破坏机构

mecanismo de comando ⇨ mecanismo de accionamento

mecanismo de comutação switchgear 开关设备；接电装置

mecanismo de controlo control mechanism 控制机构

mecanismo de descompressão compression release mechanism, unloader mechanism 卸压机构，泄压机构

mecanismo de desengate trip gear 脱开机构

mecanismo de desenvolvimento limpo (MDL) clean development mechanism (CDM) 清洁发展机制

mecanismo de deslizamento creep mechanism 蠕变机制

mecanismo da direcção steering gear 转向机构

mecanismo de disparo firing mechanisms 发火机构，击发机构

mecanismo de dispersão dispersal mechanism 分散机制

mecanismo de drenagem gravitacional gravity drive 重力驱动

mecanismo de duas velocidades two-speed gear 双速齿轮

mecanismo de elevação ❶ lifting gear 升降起重联动装置 ❷ hoisting mechanism 起升机构

mecanismo de engate ❶ interlocking gear 连锁装置 ❷ toggle mechanism 肘形机构

mecanismo de engate da embreagem clutch toggle mechanism 肘杆式离合机构

mecanismo de expansão de fluido fluid-expansion drive 流体膨胀驱动

mecanismo de gás em solução internal-gas drive 内部气驱

mecanismo de inversão reversing gear 反转装置；回动装置

mecanismo de liberação release mechanism 释放机构；分离机构；脱开机械装置

mecanismo de manobra (de uma comporta) hoisting device （闸门的）启闭设备，启闭机

mecanismo de mudança (de marcha) shifter mechanism 换挡机构

mecanismo de operação modular modular operating mechanism 模块化操动机构

mecanismo de oscilação swing mechanism 回转机构，回转机制

mecanismo de produção através da expansão do gás de cobertura gas-cap drive 气顶驱动

mecanismo de produção por despressurização pressure-depletion drive 压力递减驱动

mecanismo de produção por expansão de gás em solução solution-gas expansion drive 气体膨胀驱动，溶解气驱

mecanismo de produção por segregação segregation drive 重力驱油

mecanismo de realocação de energia (MRE) energy reallocation mechanism 能源再分配机制

mecanismo de redução e reversão reverse and reduction gear 倒车和减速机构

mecanismo de retenção retention mechanism 紧固机构；保持机构

mecanismo de retorno rápido quick return mechanism 急回机构

mecanismo de reversão do círculo circle reverse mechanism 转盘换向机构

mecanismo de ruptura collapse mechanism; failure mechanism （岩石）破坏机理

mecanismo de segurança safety mechanism 安全机构

mecanismo de transmissão de calor heat transfer mechanism 传热机制

mecanismo de travamento locking gear 制动装置；锁闭齿轮

mecanismo das válvulas valve mechanism, valve train 气门机构，阀动机构

mecanismo seguidor follow-up mechanism 随动机构

mecanismo sísmico earthquake mechanism 地震机制

mecanismo telescópico telescopic mechanism 伸缩机构

mecanismo tipo colapso progressivo progressive collapse 连续倒塌（楼房爆破倒塌方式）

mecanismo tipo derrube directional collapse 定向倒塌（楼房爆破倒塌方式）

mecanismo tipo telescópio vertical collapse 原地坍塌（楼房爆破倒塌方式）

mecanização s.f. mechanization 机械化

mecanização agrícola farm mechanization 农业机械化

mecanizar v.tr. (to) mechanize （使）机械化

mecanoglifo s.m. mechanoglyph 机械印痕

mecatrónica/mecatrônica s.f. mechanotronics 机电一体化；机械电子学

mecha s.f. ❶ wick 灯芯，油绳 ❷ tenon 榫

接的榫；凸件

mecha de feltro felt wick 毡油绳

mecha e encaixe ⇨ **macho e fêmea**

medalhão *s.m.* medallion 圆雕

medalhão do tecto ceiling medallion 天花浅浮雕

medão *s.m.* littoral dune 沿岸沙丘，海岸沙丘

média ❶ *s.f.* mean value 平均数 ❷ *s.m.pl.* media [葡] 媒体

média aritmética arithmetic mean 算术平均数

média de perfuração drilling rate 钻进速度

média geométrica geometric mean 几何平均数，等比中项

média geral overall average 总平均值

média móvel moving average 移动平均数

média ponderada weighted average, weighted mean value 加权平均数，加权平均值

média proporcional mean proportional 比例中项

mediana *s.f.* median 中位数；（三角形或梯形的）中线

mediateca *s.f.* media library 媒体图书馆，媒体库

média tensão (MT) *s.f.* tension, voltage 电压

mediatriz *s.f.* mediatrix 中线

medição *s.f.* ❶ measuring, measurement 测量；计量；工程量测算 ❷ *pl.* actual quantities; measured quantities 测得数值，测得结果

medição de abertura de juntas joint measurement; crack opening measurement 测缝

medição da bitola da via track gauge measurement 轨距测量

medição de corrente lagrangeana Lagrangian current measurement 拉格朗日测流法

medição de corte de água water cut measurement 含水率测量

medição das deformações deformation measurement 变形测定

medição dos deslocamentos displacement measurement 位移测量

medição de diluição dilution gauging 稀释法测流

medição de gás gas measurement 气体测量

medição da percolação seepage measurement 渗流测量

medição de resistência de loop de terra earth ground loop resistance 接地环路电阻测定

medição de terraplenagem quantification of earthwork 土方量测定

medição de tráfego traffic measurement 交通流量测量

medição de vazões flow gauging; flow measurement 测流，流量测量

medição diferencial differential measurement 微差测量

medição durante a perfuração measurement while drilling 随钻测量

medição e pagamento dos trabalhos contract measurement and payment 合同计量和支付

medição em jardas yardage 码数

medição final final bill of quantities 最终工程量清单

medição fiscal fiscal metering 财政测量

medição física physical measurement 物理测量

medição inicial initial measurement 初始测量，初始计量

medição multifásica multiphase metering 多相流量计量

medição parcial partial measurement 分批计量

medição por flutuador float measurement 浮子测量

medição química de vazões chemical flow gauging 化学测流量法

medição radiométrica radiometric measurement 辐射测量

medição selectiva gama-gama selected gamma-gamma logging 选择伽玛–伽玛测井

medições sísmicas earthquake measurement 地震测量

medida *s.f.* ❶ measure 量度，度量衡 ❷ measure, measurement 测量；测量结果，尺寸 ❸ measure 措施 ❹ weld leg 焊脚

medidas correctivas remedial measure

744

改正措施，补救措施

medida cúbica cubic measure 立方量度

medida de calibre caliper measure 测径

medida de capacidade measure of capacity 容量单位

medida de comprimento long measure 长度单位

medida de drenagem drainage measure 排水措施

medida de fluxo térmico heat flow measurement 热流测量

medida de inclinação de talude ratio of slope 坡度比

medida de madeira timber measure 木材量度（如 pé de madeira, estere 等）

medida de mitigação mitigation measure 缓解措施

medidas do pneu tire dimensions 轮胎尺寸

medidas de pressão de água intersticial pore water pressure measurements 孔隙水压力测定

medida de protecção protective measure 保护措施

medidas de segurança safety measure 安全措施

medida de superfície square measure 面积单位

medida de um cordão de solda leg of a fillet weld 角焊缝；角焊缝焊脚

medida de volume cubic measure 体积单位

medida no campo field surveying 实地测量

medida no limpo neat size 净尺寸

medidas exactas precise measurements 精确测量

medida fundamental fundamental measure 基础测定

medida linear lineal measure 线性长度

medidas mitigadoras mitigation measures 缓解措施

medida padrão standard measure 标准量度

medida provisória interim measure 临时措施

medida quadrada square measure 平方

量度

medida repetida repeated measurement 复测，重复测量

medidas técnicas agrícolas agricultural technical measure 农业技术措施

medidor s.m. ❶ gauge, meter 计量器，计量仪；测试仪 ❷ measurer 测量员，施测人

medidor/analisador de etileno ethylene meter/analyzer 乙烯测定分析仪

medidor de actividade de água water activity meter 水分活度仪

medidor de ar air meter 量气计

medidor de arame wire gauge 线规，线径规

medidor de área foliar leaf area meter 叶面积仪

medidor de camada de concreto cover-meter 钢筋深度表；面层测厚仪

medidor de capacitância capacitance meter 电容表

medidor de carga da bateria battery load tester 电池负载测试仪

medidor de caudal flowmeter 流量计

medidor de cloro residual residual chlorine meter 余氯计

medidor de clorofila chlorophyll meter 叶绿素仪

medidor de concentração concentration meter 浓度计

medidor de condutividade conductivity meter 电导率仪

medidor de condutividade de bancada microprocessado microprocessor-controlled bench conductivity meter 智能型台式电导率仪

medidor de condutividade portátil microprocessado microprocessor-controlled portable conductivity meter 智能型便携式电导率仪

medidor de consistência do cimento cement consistometer 水泥稠度仪

medidor de corrente acústico Doppler acoustic Doppler current profiler 声学多普勒海流剖面仪

medidor de deformação strain gauge 应变计

medidor de densidade de membrana

membrane densimeter 薄膜密度计

medidor de desgaste wear gauge 磨损量规

medidor de desgaste da banda de rodagem dos pneus tire tread depth gauge 轮胎花纹深度计

medidor de deslocamento positivo positive-displacement meter 正排量计，容积式流量计

medidor de dial dial indicator 标度盘指示器

medidor de difracção por raio X X-ray diffractometer X 射线衍射仪

medidor de distância range finder 测距仪

medidor de distância a laser laser range finder 激光测距仪

medidor de distância electrónico electronic distance meter 电子测距仪

medidor de dossel de plantas plant canopy analyzer 冠层计，冠层分析仪

medidor de êmbolo oscilante oscillating-piston meter 摆动活塞式流量计

medidor de energia (eléctrica) electricity meter, energy meter 电度表；电能表

medidor de espaço de torção air-gap torsion meter 气隙扭力计

medidor de espessura thickness gauge 厚薄规，测厚仪

medidor de espessura de revestimento coating thickness tester, paint thickness tester 涂装厚度检测仪

medidor de fissura crack meter 裂缝探测仪，裂纹探测仪

medidor de fluxo flowmeter 流量计

medidor de fluxo de ar ⇨ fluxómetro de ar

medidor de fluxo de área variável variable area flowmeter 可变面积流量计

medidor de fluxo de seiva sap flowmeter 茎流计

medidor de fluxo hidráulico hydraulic flowmeter 液压流量计

medidor de fluxo laminar laminar flowmeter 层流流量计

medidor de fluxo por correlação cruzada cross-correlation flowmeter 互相关流量计

medidor de folga gap gauge, clearance gauge, feeler gauge 测隙规，量隙规

medidor de fotossíntese photosynthesis meter 光合测定仪

medidor de fracção de água water-cut meter 原油含水率仪

medidor de gás gas meter 煤气表；气量计

medidor de gravidade ar e mar air-sea gravity meter 海 / 空重力仪

medidor de Gauss Gauss meter 高斯计

medidor de intensidade sonora sound intensity meter 声强计

medidor de ionização ionization gauge 电离真空计

medidor de Joule Joule meter 焦耳计

medidor de juntas jointmeter 测缝仪

medidor de lúmen lumen-meter 照度计；流明计

medidor de megaohms megger meter 高阻计

medidor de mergulho dipmeter 倾角测量仪

medidor de micro-erosão micro-erosion meter 微侵蚀计

medidor de mostrador ⇨ medidor de dial

medidor de nível level gauge 液位计，料位计

medidor de nível de som (/sonoro) sound level meter 声级计

medidor de nível tipo deslocador displacer-type meter 浮子式液面计

medidor de nível ultrasónico ultrasonic level gauge 超声波液位计，超声波料位计

medidor de orifício orifice meter 孔板流量计

medidores de oxigénio do solo soil oxygen meter 土壤氧气含量测定仪

medidor de oxigénio dissolvido dissolved oxygen meter 溶解氧测量仪

medidor de (/para) pH pH meter pH 计，氢离子计，酸碱度表

medidor de pH portátil portable pH meter 便携式酸度计

medidor de potencial hídrico da planta plant water potential meter 植物水势仪

medidor de precisão precision meter 精密仪表

medidor de pressão de pneus tire pressure gauge 轮胎压力计

medidor de profundidade depth meter, depthometer, depth gauge, bathometer 深度规；深度计，测深计

medidor de radiação fotossintéticamente activa (PAR) photosynthetically active radiation meter (PAR) 光合成有效辐射（PAR）测定仪

medidor de radiação solar solar radiation meter 太阳辐射计

medidor de recalque telescópico telescopic settlement gauge 伸缩式沉降计

medidor de recalques settlement meter, settlement gauge 沉降测量装置，沉降仪

medidor de referência reference meter 基准尺

medidor de registro aerotransportado airborne profile recorder 航空剖面记录仪；机载剖面记录仪

medidor de resistência de geotêxtil geotextile resistance tester 土工布测试仪

medidor de resistência de terra earth resistance tester, earthing resistance testing device 接地电阻测试仪

medidor de ruídos noise meter 噪声计

medidor de saliência da camisa liner projection tool 缸套凸台测量工具

medidor de salinidade do solo soil salinity meter 土壤盐度测定仪

medidor de superfície surface meter 表面仪

medidor de temperatura de solo soil temperature gauge 土壤温度测量仪

medidor do tipo separação multifásico multiphase separation meter 分离式多相流量计

medidor de torção de Hopkinson-Thring Hopkinson-Thring torsion meter 霍普金森–思林扭力计

medidor de torção hidráulica de Heenan Heenan hydraulic torque meter 希南液力扭矩计

medidor de umidade moisture meter 湿度计

medidor de umidade do solo soil moisture meter 土壤水分测定仪

medidor de vazão flowmeter 流量计

medidor de vazão da água water gauge 水流量计

medidor de vazão de gás húmido wet gas flow meter 湿式气体流量计

medidor de vazão de gás tipo turbina turbine gas meter 气体涡轮流量计

medidor de vazão do tipo Coriolis Coriolis flow meter 科里奥利流量计

medidor de vazão do tipo deslocamento positivo positive-displacement flow meter 正位移流量计

medidor de vazão do tipo magnético magnetic flow meter 电磁流量计

medidor de vazão do tipo termal thermal flow meter 热流量计

medidor de vazão do tipo turbina turbine flow meter 涡轮流量计

medidor de vazão do tipo V-Cone V-Cone meter V 锥差压流量计

medidor de vazão do tipo vórtex vortex flow meter 涡街流量计

medidor de vazão multifásico multiphase flowmeter 多相流量计

medidor de vazão por placa de orifício orifice meter 孔板流量计

medidor de vazão ultrasónico ultrasonic flowmeter 超声波流量计

medidor de volume ❶ VUmeter 声量计 ❷ volumeter 容积计

medidor de watts/hora ⇨ watt-horímetro

medidor electromagnético para dosagens electromagnetic flowmeter for dosing 加药电磁流量计

medidor elétrico electrical tester 电气测试仪

medidor em linha multifásico in-line multiphase meter 不分离式多相流量计

medidor hidrostático de recalques hydrostatic settlement gauge, hydrostatic profile gauge 静力水准沉降仪

medidor magnético de recalque (MMR) magnetic settlement meter, magnetic extensometer 磁性沉降仪，磁性位移计

medidor mássico mass flow meter 质量流量计

medidor mestre master meter 标准仪表

medidor multifásico por separação parcial partial separation multiphase metering 取样分离式多相流量计

medidor nuclear de densidade nuclear densimeter 核密度计

medidor óptico optic [巴] 量杯

medidor p/ pH da água water pH meter 水酸度计

medidor p/ pH do solo soil pH meter 土壤酸度计

medidor padrão master meter 标准仪表

medidor para compressor de ar air compressor gauge 压缩机空气压力表

medidor permanente de fundo permanent downhole gauge [葡] 永久式井下压力计

medidor/scanner de raízes root meter/scanner 根系测量扫描仪

medidor triortogonal 3D Crack Meter 三轴裂缝计

medidor Venturi Venturi meter 文丘里流量计

medidor volumétrico volumetric flowmeter 容积式流量计

médio ❶ *adj.* middle, medium, average 平均的，中间的 ❷ *s.m.* low beams, dim light 近光灯

médio-relevo *s.m.* ⇨ meio-relevo

medir *v.tr.* (to) measure, (to) gauge 测量；计量

mediterrâneo ❶ *adj.* mediterranean 地中海的 ❷ *s.m.* continental sea 内海

medo *s.m.* littoral dune 沿岸沙丘，海岸沙丘 ⇨ duna litoral

medula *s.f.* pith 木髓

meeiro *s.m.* sharecropper （交租种田的）佃农

mega- (M) *pref.* mega- (M) 表示“兆，百万，10⁶”

megabecquerel (MBq) *s.m.* megabecquerel (MBq) 兆贝克勒尔

megabit (Mb) *s.m.* megabit (Mb) 兆比特，兆位

megabit por segundo (Mbps) megabit per second (Mbps) 兆位每秒

megabyte (MB) *s.m.* megabyte (MB) 兆字节

megabyte por segundo (MB/s) megabyte per second (MB/s) 兆字节每秒

megacaloria (Mcal) *s.f.* megacalorie (Mcal) 兆卡（路里），百万卡（路里）

megaciclo *s.m.* megacycle 兆周

megaciclotema *s.m.* megacyclothem 巨旋回层

megacidade *s.f.* megacity 大城市；（尤指人口超过 1000 万的）超大城市

megaclasto *s.m.* megaclast 巨碎屑

megacristal *s.m.* megacrystal 大晶

megadine *s.m.* megadyne 兆达因

megaduna *s.f.* megadune 沙山，巨型沙丘

megaelectrão-volt (MeV) *s.m.* mega-electron-volt (MeV) 兆电子伏

megafone *s.m.* megaphone 扩音器

megafone eléctrico electronic megaphone 电子扩音器

mega-hertz (MHz) *s.m.2n.* megahertz (MHz) 兆赫

megajoule *s.m.* megajoule (MJ) 兆焦耳

Megalaiano *adj.,s.m.* Meghalayan; Meghalayan Age; Meghalayan Stage（地质年代）梅加拉亚期（的）；梅加拉亚阶（的）

megalítico *adj.* megalithic 使用巨石的；巨石造成的

megálito *s.m.* megalith 巨石

megâmetro *s.m.* ❶ megameter（海上用的）经纬仪 ❷ megameter [巴] 兆欧计，兆欧表；高阻计 ❸ megameter 百万米

meganewton (MN) *s.m.* meganewton (MN) 兆牛顿，百万牛顿

megaohm *s.m.* megaohm (MΩ) 兆欧

megapascal (MPa) *s.m.* megapascal (MPa) 兆帕（斯卡），百万帕（斯卡）

megapíxel *s.m.* megapixel 百万像素

mégaron *s.m.* megaron 中厅大堂，古希腊和小亚细亚时期的开敞廊柱大厅

megarripple *s.f.* megaripple 巨波痕

megascópio *s.m.* megascope 粗视显微镜；扩大照相机

megassequência *s.f.* megasequence 巨层序

megassismo *s.m.* megaseism 大地震

megatatuzão *s.m.* tunnelling machine （大型）隧道掘进机

megatonelada (Mt) *s.f.* megaton (Mt) 百万吨

megatonelada equivalente de petróleo (Mtoe) million tons of oil equivalent (Mtoe) 百万吨石油当量

megatoscópio *s.m.* X-ray viewer X光看片器

megavolt (MV) *s.m.* megavolt (MV) 兆伏; 百万伏特

megawatt (MW) *s.m.* megawatt (MW) 兆瓦

megawatts anuais médios (aMW) average annual megawatts (aMW) 年平均兆瓦

megawatt térmico (MWT) thermal megawatt (TMW) 热兆瓦

megómetro/megohmetro *s.m.* megameter [葡] 兆欧计, 兆欧表; 高阻计

meiágua *s.f.* ⇨ meia-água

meia-colher *s.m.* bricklayer 泥瓦匠

meimequito/meimechito *s.m.* meimechite 麦美奇岩, 玻质纯橄岩

meio ❶ *s.m.* middle 中间 ❷ *adj.* middle, medium, average; mid- 平均的, 中间的 [常与名词或形容词组成复合词] ❸ *s.m.* half 一半 ❹ *adj.* half; half- 一半的 [常与名词或形容词组成复合词] ❺ *s.m.* 1. way, means 方法, 途径 2. means, resources 物资, 资料, 工具 ❻ *s.m.* environment 环境 ❼ *s.m.* medium 介质

meio activo active medium 活性介质, 激活介质

meia-água shed roof, sawtooth roof 单坡屋顶

meio ambiente environment; natural environment 环境; 自然环境

meio arco de reforço half shroud 半罩壳

meia-asna half truss 半桁架

meia-braçadeira half-round clamping ring 半圆卡环

meio-brilho semi-gloss 半光泽

meio-busto half-bust 半身像

meia-caixa half-case 短活字盘

meio calefator heat medium 传热介质, 热媒

meia-cana ❶ fillet, half round 凹槽, 凹纹饰 ❷ half-round file 半圆锉

meia-cana de couro leather hollow 凹形皮革件

meio-celamim "meio-celamim" 二分之一celamim, 三十二分之一干量葡制斗

meio-ciclo half-cycle 半周期

meia-coluna respond 拱廊壁柱

meio corrosivo corrosive environment, corrosive medium 腐蚀环境, 腐蚀性介质

meio-curso mid-stroke (position) 冲程中点

meios de acesso means of access 进出途径; 途径

meio de Goupillaud Goupillaud medium 古皮劳德介质

meio de cultura culture medium 培养基

meio de evacuação means of evacuation 疏散手段

meio de evasão means of egress, means of escape 疏散设施, 逃生途径

meios de produção production means 生产资料

meio de resfriamento cooling medium 冷却介质

meios de saída means of exit 出路设施

meio de têmpera hardening medium 淬火介质

meio de transmissão vehicle 运载工具, 车辆

meio de transporte conveyance 运输工具

meio descontínuo discontinuousness 不连续的, 间断的

meio-disco de reforço half shroud 半罩壳

meia distância midway 中途

meia dúzia half-dozen 半打, 六个

meio elástico elastic medium 弹性介质

meio-elemento half-element 半元素

meia-encosta side-hill 山坡

meio-espaço ❶ half-space 半空间, 半无限空间 ❷ semi-infinite solid 半无限体

meia-espessura half-thickness 半厚度

meia-esquadria ❶ half square, miter square 直角三角形的中线; 45°角 ❷ miter joint, miter square 斜角连接; 斜面接合

meia-esquadria com lingüeta tongued miter 企口斜角缝

meia-fenda dummy joint 假缝; 半缝

meio filtrante filter medium 滤材; 过滤

介质

meio-fio ❶ kerb, curb 路缘，道牙，路缘石；（尤指）侧缘石，立缘石 ❷ halving 半嵌接（木料）

meio físico de comunicação physical communication medium 物理传输介质

meio fluido fluid medium 流体介质

meio gasoso gaseous medium 气体介质

meio heterogéneo inhomogeneous medium 不均匀介质

meia-junta de sobreposta half-lap joint 半搭接接头

meio-ladrilho half-tile 用作踢脚线的矩形瓷砖，尺寸通常为 15cm x 7.5cm

meia-laranja hemisphere 半球形；半球形装饰物

meia-largura half-width 半宽度

meio líquido liquid medium 液体介质

meio looping invertido bunt（飞行动作）半外筋斗

meia-lua half-moon 半月形建筑

meia-madeira halving 半嵌接（木料）

meia-maré half-tide 半潮

meia-morada single family apartment 一种单户的公寓户型，有独立的卧室、客厅、厨房、阳台等

meia-murça dead-smooth file 磨光锉

meio-nível ⇨ meio-piso

meia-onda half-wave 半波

meia-parede ❶ half-wall 半高墙 ❷ party wall, common wall 共用墙，界墙 ⇨ parede de meação

meio-piso mezzanine 中层，夹层

meia porca half-nut 开合螺母，对开螺母

meia-porta leaf of a folding door （折门的）门扇

meia potência half power 半功率

meio-quartilho "meio-quartilho" 二分之一 quartilho，八分之一葡制酒罐

meios químicos de controle chemical control methods 化学控制法

meio-raio mid-radius 半径中点

meio-redondo half round 半圆的

meio refrigerador cooling medium 冷却介质，冷媒

meio-relevo mezzo-relievo 半浮雕

meia rotação half speed 半速

meia-rotunda semicircular construction 半圆形建筑

meio-rufo second cut file, middle-cut file 中纹锉

meia seta half arrow 半箭头；半箭头形的部件

meio social social environment 社会环境

meio-termo golden mean 折中办法，中庸之道

meio-tijolo ⇨ meio-fio

meio-tijolo longitudinal queen closer 纵半砖

meia-tinta mezzotint 网线铜版，网线钢版

meio-trevo partial cloverleaf 局部叶形交流道

meio vão mid-span 中跨

meia vida half-life 半衰期

meionite s.f. meionite 钙柱石

meitnério (Mt) s.m. meitnerium (Mt) 𨭆，109 号元素

melabasalto s.m. melabasalt 暗色玄武岩

meladiabase s.f. meladiabase 暗色辉绿岩

meladolerito s.m. meladolerite ⇨ meladiabase

meláfiro s.m. melaphyre, trapp-porphyre 暗玢岩

melamina s.f. melamine 三聚氰胺

mélange s.f. mélange 混杂岩

mélange ofiolítica ophiolite mélange 蛇绿混杂岩

mélange sedimentar sedimentary mélange 沉积混杂岩

mélange tectónica tectonic mélange 构造混杂岩

melanite s.f. melanite 黑榴石

melanocrático adj. melanocratic 暗色的

melanodiorito s.m. melanodiorite 暗色闪长岩

melanomonzonito s.m. melanomonzonite 暗色二长岩

melanossienito s.m. melanosyenite 暗色正长岩

melanossoma s.m. melanosome 暗色体

melanterite s.f. melanterite 水绿矾

melassoma s.m. melasome 暗色体

melhorador s.m. improver 改进剂，改良剂

melhorador do índice de viscosidade

viscosity index improver 增黏剂

melhorador da taxa de viscosidade
viscosity rate improver[葡]增黏剂

melhoramento *s.m.* ❶ improvement, amelioration 增进, 改进, 改善 ❷ improvement, repair 修理, 修缮

melhoramento de solo soil improvement 土壤改良

melhoramento de solo de fundação
foundation soil improvement 地基土改良

melhorar ❶ *v.tr.,intr.* (to) improve, (to) better, (to) ameliorate 增进, 改进, 改善 ❷ *v.tr.* (to) repair, (to) mend 修理, 修缮

melhoria *s.f.* improvement, amelioration 增进, 改进, 改善

melilite *s.f.* melilite 黄长石

melilitito *s.m.* melilitite 黄长岩

melilitolito *s.m.* melilitolite 黄长石岩

melteigito *s.m.* melteigite 暗霓霞岩

membrana *s.f.* membrane 薄膜, 膜片

membrana à prova de humidade
damp-proof membrane 防潮薄膜

membrana betuminosa bituminous membrane 沥青薄膜

membrana de betume polímero modificada APP APP modified polymer bituminous sheet membrane APP 聚合物改性沥青防水卷材

membrana (impermeável) de cobertura roof membrane 屋顶防水层

membrana de filtro (/filtrante) filter membrane 滤膜

membrana de folha betuminosa modificada APP APP modified bituminous sheet membrane APP 改性沥青卷材, 塑性体改性沥青卷材

membrana de folha betuminosa modificada SBS SBS modified bituminous sheet membrane SBS 改性沥青防水卷材, 弹性体改性沥青防水卷材

membrana de impermeabilização
⇒ membrana impermeável

membrana de impermeabilização de aplicação líquida liquid waterproofing membrane 液体防水膜

membrana de plástico plastic foil 塑料薄膜

membrana elastomérica elastomeric membrane 弹性体薄膜

membrana elastomérica aplicada em camadas múltiplas elastomeric membrane apply in multi coats 多层弹性体薄膜

membrana folha membrane sheet 卷材片

membrana impermeável (/impermeabilizante) waterproof membrane 防水膜, 防水涂膜, 防水卷材

membrana impermeável betuminosa
bituminous waterproofing membrane 沥青防水膜

membrana impermeável poliuretano
polyurethane waterproofing membrane 聚氨酯防水涂抹膜, 聚氨酯防水涂抹膜层

membrana para cura curing membrane 养护膜

membrana permeável permeable membrane 渗透膜

membrana protectora ❶ protective membrane 保护膜 ❷ curing membrane 养护膜

membrana PTFE PTFE membrane 聚四氟乙烯膜

membrana selectivamente permeável
selectively permeable membrane 选择性渗透膜

membrana semipermeável semi-permeable membrane 半渗透膜

membrana termoplástica thermoplastic membrane 热塑性薄膜

membro *s.m.* ❶ member 构件, 组件 ❷ member 成员 ❸ member 段(岩石地层单位, formação 的下一级, camada 的上一级)

membro do conselho de administração
member of the board 董事, 董事会成员

membros do consórcio consortium members 联合体成员

memorando/memorandum *s.m.* memorandum 备忘录；记事本

memorando de entendimento memorandum of understanding (MOU) 谅解备忘录

memória *s.f.* ❶ note, report 报告, 文书 ❷ memory, sotre 存储器；内存

memória apenas de leitura e apaga-

mento eléctrico programável electrically erasable programmable read-only memory (EEPROM) 电可擦可编程只读存储器

memória de acesso aleatório (RAM) random access memory (RAM) [葡] 随机存储器

memória de acesso randômico (RAM) random access memory (RAM) [巴] 随机存储器

memória de cálculo design calculation 设计计算书

memória descritiva descriptive report 描述报告，说明书

memória descritiva e justificativa technical specification, technical statement 技术规范，技术要求；技术说明书

memória flash flash memory 闪速存储器，闪存

memória justificativa explanatory statement 解释性说明，叙述式报表

memória não volátil non-volatile memory 非易失性存储器

memória não volátil de acesso randômico non-volatile random access memory 非易失性随机存储器

memória principal main memory 主存储器

memória PROM programmable read-only memory 可编程只读存储器

memória somente de leitura (ROM) read only memory (ROM) 只读存储器

memória tampão buffer storage 缓存，缓冲存储器

memória tecnológica know-why 专有技术，技术知识

memória virtual virtual memory 虚拟内存

memorial s.m. diary; note, memorandum 日志；备忘录

memorial de campo field book 野外记录本

memorial descritivo ⇨ memória descritiva

memorização s.f. storage 存储

memorização de dados data storage 数据存储

memristor s.m. memristor, memory resistor 记忆电阻

mendelévio (Md) s.m. mendelevium (Md) 钔

mendozite s.f. mendozite 水钠铝矾

menga-menga s.f. niove 具柄西非肉豆蔻 （Staudtia gabonensis Warb）

menilite s.f. menilite 肝蛋白石；硅乳石

menir s.m. menhir 竖石纪念碑

menisco s.m. meniscus 弯月面

menisco líquido liquid meniscus 液体弯月面

menos-valia s.f. capital loss 资本损失

mensageiro s.m. messenger cable 吊线缆

mensagem s.f. message 信息，消息

mensagem de socorro distress message 遇险消息

mensagem errada error message 错误信息

mensurabilidade s.f. mensurability 可测量性

mensuração s.f. measuration, measurement 测量，衡量

mensuração de métodos-tempo methods-time measurement 方法时间衡量

mensurando s.m. measurand 被测量，被测变量

mensurar v.tr. (to) measure 测量；计量

mensurável adj.2g. measurable 可测量的

menu s.m. menu 菜单，选单

meraklon s.m. meraklon 梅拉克纶

mercado s.m. ❶ market, marketplace 市场，集市（指地点）❷ market, trading market 市场（指消费群体或供需关系的总和）

mercado a prazo forward market 远期市场

mercado à vista spot market 现货市场

mercado abastecedor provision market 供货市场

mercado aberto open market 公开市场

mercado alvo target market 目标市场

mercado atacadista de energia elétrica (MAE) electricity wholesale market 电力批发市场

mercado cambial foreign exchange market 外汇市场

mercado cativo captive market 垄断市场

mercado do agente de distribuição

distribution agent market 经销代理市场

mercado de capitais capital market 资本市场

mercado de curto prazo short-term market 短期市场

mercado de distribuição dos sistemas interligados market of interconnected systems 互联系统市场

mercado de distribuição nacional national distribution market 全国分销市场

mercado de energia elétrica electric power market 电力市场

mercado de futuros futures market 期货市场

mercado de obrigações bond market 债券市场

mercado de pagamento a pronto e entrega imediata spot market [葡] (原油) 现货交易市场

mercado de produtos commodity market 商品市场

mercado de pulgas flea market 跳蚤市场

mercado de trabalho labor market 劳动力市场

mercado financeiro money-market 货币市场

mercado nacional home market 国内市场

mercado negro black market 黑市

mercado obrigacionista ⇨ mercado de obrigações

mercado pós-venda aftermarket 售后市场

mercado primário primary market 初级市场

mercado spot spot market [巴] (原油) 现货交易市场

mercadologia *s.f.* marketing 市场营销

mercadoria(s) *s.f.(pl.)* goods, merchandise 商品，货物

mercadorias a granel bulk goods 大宗商品

mercadorias danificadas damaged goods 损坏货物

mercadorias de saída outgoing goods 出货商品

mercadorias em consignação goods on consignment 寄售商品

mercadorias em estoque commodity stocks 库存商品

mercadorias em trânsito goods in transit 在途商品

mercadorias importadas imported goods 进口货物

mercadorias perecíveis perishable goods 易腐货物

mercadorias perigosas dangerous goods 危险货物

mercadorias recebidas incoming goods 来货商品

mercantil *adj.2g.* mercantile, commercial 商人的，商品的

mercaptano *s.m.* mercaptan 硫醇

merchandising *s.m.* merchandising 商品推销

mercúrio (Hg) *s.m.* quicksilver (Hg) 汞，水银

merenskyite *s.f.* merenskyite 碲钯矿

mergulhador *s.m.* diver 潜水员

mergulhar *v.tr.,intr.,pron.* (to) immerse; (to) dive, (to) sink (使) 浸没；潜入水中

mergulhia *s.f.* layering 压条法

mergulho *s.m.* ❶ dive 潜水；俯冲 ❷ plunge; dip 倾伏；倾角

mergulho abaixo downdip 下倾

mergulho acima updip 上倾

mergulho com velocidade limite terminal nose-dive 全速垂直俯冲

mergulho de uma jazida plunge angle 矿体侧伏角

mergulho deposicional depositional dip 沉积倾角

meridiana *s.f.* meridian, line of constant easting 经线

meridiana-origem longitude origin, central meridian 高斯-克吕格投影中，中央经线在投影面上的投影，为高斯平面直角坐标系的 x 轴

meridiano *s.m.* meridian 子午圈；子午线

meridiano astronómico astronomical meridian 天文子午线

meridiano central (MC) central meridian (CM) 中央子午线

meridiano de Greenwich Greenwich meridian 格林威治子午线

meridiano de guia (/referência) guide meridian 经络导引

meridiano geodésico geodetic meridian 大地子午线

meridiano magnético magnetic meridian 磁子午线

meridiano-padrão standard meridian 标准子午线

meridiano principal (/internacional) Prime Meridian 本初子午线

meridiano terrestre terrestrial meridian 地面子午线

meridiano zero zero meridian 零子午线

meridional *adj.2g.* meridional, southerly 南方的；南的

mérito *s.m.* merit 功绩

mérito técnico project performance, project achievement 工程业绩

merlão *s.m.* merlon 城齿

merocarso *s.m.* merokarst 半岩溶

merocristalino *adj.* merocrystalline 半晶质的

merzlota *s.f.* merzlota 冻土

mês *s.m.* month 月，月份

mês calendário calendar month 日历月

mês lunar lunar month 朔望月

mês sideral sidereal month 恒星月

mês sinódico synodic month 朔望月

mesa *s.f.* ❶ table, desk 桌子 ❷ table, work-table, console 工作台，操作台，台面 ❸ table; mesa 台地；平顶山 ❹ screed （水泥路面整平机的）整平板，熨平板 ❺ table （宝石顶部的）切平面

mesa agitadora shaker table 振动台

mesa articulada folding pallet（混凝土）折叠板

mesa com extensão hidráulica hydraulically extendable screed 液压式可伸长的熨平板

mesa concentradora concentrating table 选矿台，选矿摇床

mesa de abas gate-leg table 折叠桌

mesa de açougueiros butcher's table 肉案

mesa de amalgamação amalgamating table 混汞台

mesa de billhar billiard table 台球桌

mesa de cabeceira bedside table [葡] 床头柜

mesa do cabresto carrier bar 承载环，承载杆

mesa de cartas chart table 海图桌

mesa de centro coffee table 茶几

mesa de centro sumatra sumatra coffee table 苏门答腊茶几

mesa de colagem pasting table 裱糊台

mesa de comando console 控制台

mesa de concentração concentration table 选矿摇床，富集台

mesa de controlo control desk 操作台

mesa de corte cutting table 切割台

mesa de cozinha kitchen table （厨房）案桌，砧板台

mesa de desempeno straightening table 矫直台

mesa de distribuição switch desk, switchboard panel 接线控制台

mesa de ebulição boiling table 沸腾板

mesas de encaixar nest of tables 套桌，套几

mesa de ensaio testing stand 试验台

mesa de escolha ⇨ mesa de selecção

mesa de espalhamento spread table 铺布台

mesa de fechar ⇨ mesa dobradiça

mesa de flutuação a ar air-float table 气浮式风力摇床

mesa de jantar dining table 餐桌

mesa de lubrificação grease table 涂脂摇床

mesa de madeira wooden table 木桌

mesa de passar ironing table 熨烫台

mesa de pé-de-galo round table 单腿圆桌

mesa de prensa platen 压盘，压印板

mesa de preparação de bancada countertop prep table 台面准备桌

mesa do presidium presidium table 主席台

mesa do professor teacher's desk 讲桌

mesa de remoção spotting table 去渍台

mesa de reunião conference table 会议桌

mesa de reunião p/10 pax conference table for 10 people 10 人会议桌

mesa de sal salt table 盐台，盐株平顶

mesa de selecção sorting table 选料台，分选台；选纸台

mesa de selecção móvel mobile sorting table 可移动分选台

mesa de serviço serving trolley 送餐手推车

mesa de serviço de quarto room service table 送餐服务桌

mesa de soldadura welding table 焊接工作台

mesa de som mixing console 调音台

mesa do torrista monkey board 二层台，钻塔内高层台板

mesa de trabalho working table, work table 工作台

mesa de trabalho com duas pias worktable with two skins 双星工作台，带两个水槽的工作台

mesa de trabalho com tampo de mármore worktable with marble top 大理石台面工作台

mesa de trituração ragging frame 倾斜洗矿台

mesa de utilidade móvel mobile utility table 可移动通用操作台

mesa de Wilfley Wilfley table 维尔弗莱型摇床

mesa digitalizadora digitizing table, digitizer 数字化图形输入板；数字化仪

mesa dobradiça folding table 折叠式桌

mesa e cadeira de escritório office desk and chair 办公桌椅

mesa extensível extending table 抽拉（加长）桌

mesa giratória rotary table (RT), turntable 转台，转盘

mesa gráfica graphics tablet 数码绘图板

mesa para classificação table for classification 分类工作台

mesa para computador computer table 电脑桌

mesa para peneiramento screening table 筛台

mesa para refeições c/4 lugares dining-table for 4 people 4 人餐桌椅

mesa rectangular square table 方桌

mesa redonda round table 圆桌

mesa rotativa rotary table 转台，转盘

mesa telefônica switchboard 电话交换台

mesa vibratória vibrating table, vibratory table 振动台

mesa vibratória elétrica/pneumática electrical/ pneumatic vibrating table 电动 /气动振动试验台

mesão *s.m.* meson [葡] 介子

mescla *s.f.* mixture 混合物

meseta *s.f.* table-land, plaeau 台地，高原

meseta continental continental segment 陆块

mesito *s.m.* mesite 中性岩

mesoalino *adj.* mesohaline 中盐度的

Mesoarcaico *adj.,s.m.* Mesoarchean; Mesoarchean Era; Mesoarchean Erathem [葡] （地质年代）中太古代（的）；中太古界（的）

Mesoarqueano *adj.,s.m.* [巴] ⇨ Mesoarcaico

mesocrata *adj.2g.* mesocratic 中色的

mesocrático *adj.* ⇨ mesocrata

mesocristalino *adj.* mesocrystalline 中晶的；中晶质的

mesoestrutura *s.f.* mesostructure 介观结构

mesolímnio *s.m.* mesolimnion 中湖

mesolite *s.f.* mesolite 中沸石

Mesolítico *s.m.* Mesolithic 中石器时代

mesologia *s.f.* mesology 生态学

méson *s.m.* meson [巴] 介子

mesopausa *s.f.* mesopause 中气层顶

mesopelágico *adj.* mesopelagic 中远洋的，海洋中层的（深度 200—1000 米）

mesopotâmia *s.f.* mesopotamia 两河流域；美索不达米亚

Mesoproterozoico *adj.,s.m.* Mesoproterozoic; Mesoproterozoic Era; Mesoproterozoic Erathem （地质年代）中元古代（的）；中元古界（的）

mesorregião *s.m.* mesoregion 中区；中观地区

mesosfera *s.f.* mesosphere 中间层

mesossequência *s.f.* mesosequence 中层序

mesossiderito *s.m.* mesosiderite 中铁陨石，中陨铁

mesostase *s.f.* mesostasis 最后充填物

mesotextura *s.f.* mesotexture 取向差分布

mesotípico *adj.* mesotypic 中色的

Mesozoico *adj.,s.m.* Mesozoic; Mesozoic Era; Mesozoic Erathem （地质年代）中生代（的）；中生界（的）

mesozona *s.f.* mesozone 中带；中间区；中变质带

messe *s.f.* mess 军用食堂
    messe de oficiais officers' mess 军官食堂

Messiniano *adj.,s.m.* Messinian; Messinian Age; Messinian Stage （地质年代）墨西拿期（的）；墨西拿阶（的）

mestra *s.f.* main wall 承重墙

mestre ❶ *s.2g.* chief; foreman 首领；领班，工长 ❷ *s.2g.* master 硕士 ❸ *adj.2g.* master, chief, main 主要的，首要的

mestre-de-linha roadmaster, foreman 线路工长

mestre-de-linha de determinada residência de via section foreman 分段工长

mestre-de-linha sênior general roadmaster 总工长

mestre-de-obras foreman, master builder 工长，建筑工程队队长

mestre-escravo *adj.* master-slave 主从的

meta *s.f.* goal 目标

metaantracite *s.f.* meta anthracite 变质无烟煤，准石墨

metabasalto *s.m.* metabasalt 变玄武岩

metabasito *s.m.* metabasite 变质基性岩

metabentonite *s.f.* metabentonite 变斑脱岩

metabolismo *s.m.* metabolism 物质代谢；新陈代谢

metacartografia *s.f.* metacartography 元地图学

metacentro *s.m.* metacenter 定倾中心，稳心

metacinnabarite *s.f.* metacinnabarite 黑辰砂矿

metaconglomerado *s.m.* metaconglomerate 变砾岩

metacrilato *s.m.* methacrylate 丙烯酸脂

metadados *s.m.pl.* metadata 元数据

metade *s.f.* half 半个，一半

metadiagénese *s.f.* metadiagenesis 准成岩作用

metadolomito *s.m.* metadolomite 变白云岩

metaestável *adj.2g.* ⇨ **metastável**

metagénese *s.f.* metagenesis 世代交替

metagrauvaque *s.m.* metagraywacke 准杂砂岩

metahalloisite *s.f.* metahalloysite 准埃洛石

metal *s.m.* ❶ metal 金属 ❷ metal, metalware, metal products 金属制品

metal activo active metal 活性金属

metal alcalino alkali metal 碱金属

metal alcalino-terroso alkaline earth metal 碱土金属

metal amarelo yellow metal, brass 黄铜；黄金

metal amorfo amorphous metal 非晶态金属

metal antifricção antifriction metal, bearing metal 抗摩金属；轴承合金

metal "babbit" babbit-metal 巴氏合金，巴比特合金

metal básico basic metal 碱性金属

metal branco white metal 白色金属，巴比特合金

metal cério cerium metal 铈土金属

metal com impurezas sulfurosas matte 冰铜

metal compacto compact metal 致密金属

metal corrugado corrugated metal 金属波纹板

metal cromado chrome-plated metal 镀铬金属

metal de adição filler metal 填充金属

metal de alta densidade high density metal 高密度金属

metal de base ❶ base metal （被焊接、电镀或切割的）母材，母体金属 ❷ base metal （合金的）基底金属，基体金属

metal de canhão gunmetal 炮铜

metal de enchimento filler metal 金属填料

metal de Hoyt Hoyt's metal 霍特金属

metal de revestimento clad metal 包层金属板

metal de solda (/soldagem) weld metal 焊缝金属

metal de transição transition metal 过渡金属

metal delta delta metal 耐蚀高强度黄铜

metal denso dense metal 大密度金属

metal duro hard metal 硬质合金

metal Dow Dow metal 道氏金属

metal em chapa sheet metal 金属板
metal escovado brushed metal 拉丝金属
metal espalmado ⇨ metal laminado
metal expandido (/estirado) expanded metal 拉制金属网，多孔金属网
metal ferroso ferrous metal 黑色金属
metal fino fine metal 精炼纯金属
metal folheado ⇨ metal laminado
metal fundente flux 焊剂
metal fundido molten metal 熔融金属；熔态金属
metal fusível (/fundível) fusible metal 易熔金属
metal galvanizado galvanized metal 镀锌金属
metal-gusa pig-metal 金属锭
metal inerte inert metal 惰性金属
metal inoxidável stainless metal 不锈钢金属
metal laminado sheet metal 金属薄板
metal magnólia metal magnolia 铅锑锡合金
metal monovalente monovalent metal 一价金属
metal Muntz Muntz metal 芒茨合金
metal não ferroso non-ferrous metal 有色金属
metal não oxidante non-oxidizing metal 非氧化性金属
metal não precioso base metal 贱金属
metal nativo native metal 自然金属
metal nobre ⇨ metal precioso
metal ondulado corrugated metal 金属波纹板
metal oxidado por superaquecimento ⇨ metal superaquecido
metal padrão metal pattern 金属模
metal patente ⇨ metal "babbit"
metal pesado heavy metal 重金属
metal pirofórico pyrophoric metal 自燃金属
metal plastificado plastic coated metal 塑料涂敷金属
metal pré-embutido embedded metal 内置金属
metal precioso precious metal 贵金属，贵重金属

metal primário primary metal 原生金属
metal químico copper-tin alloy 铜锡合金
metal refractário (/rebelde) refractory metal 耐火金属，难熔金属
metal revestido a chumbo terne metal 铅锡合金
metal sanitário bathroom hardware 卫生间五金件
metal secundário secondary metal 再生金属
metal superaquecido burnt metal 过烧金属
metal tenaz tough metal 韧性金属
metal-tipo type metal 铅字合金；活字合金
metal-virgem/metal virginal virgin metal 原金属；原生金属
metalaclor s.m. metolachlor 异丙甲草胺
metalicidade s.f. metallicity 金属性
metálico adj. metallic 金属的，有金属特性的
metalífero adj. metalliferous 含金属的，产金属的
metalímnio s.m. metalimnion 斜温层；水体变温层
metalização s.f. metallization 金属化处理，金属喷镀
metalocromia s.f. matallochromy 金属着色法
metalogenia s.f. metallogeny 成矿作用
metalogénico adj. metallogenic 成矿的
metalografia s.f. metallography 金相
metalóide s.m. metalloid 类金属；准金属
metalomecânica s.f. metallomechanics 冶金
metaloplastia s.f. metalworking 金工，金属加工
metaluminoso adj. metaluminous 偏铝质的
metalurgia s.f. metallurgy 冶金
metalurgia de pó powder metallurgy 粉末冶金
metamagnetismo s.m. metamagnetism 变磁性
metamíctico s.m. metamict 蜕晶质
metamórfico ❶ adj. metamorphic 变质的；变性的 ❷ s.m. metamorphic soil 变质土
metamorfismo s.m. metamorphism 变形现象，变形作用
metamorfismo aloquímico allochemi-

cal metamorphism 他化变质作用；异化变质作用

metamorfismo barroviano Barrovian metamorphism 巴罗芙变质作用

metamorfismo cataclásico cataclastic metamorphism 碎裂变质作用

metamorfismo de afundamento burial metamorphism 埋藏变质作用

metamorfismo de contacto contact metamorphism 接触变质作用

metamorfismo de fundo oceânico ocean-floor metamorphism 洋底变质作用

metamorfismo de impacto (/choque) impact metamorphism 冲击变质作用

metamorfismo de retrocesso retrogressive metamorphism 退化变质作用

metamorfismo dinâmico dynamic metamorphism 动力变质作用

metamorfismo dinamotérmico dynamothermalmetamorphism 动热变质作用

metamorfismo hidrotermal hydrothermal metamorphism 热液变质作用；水热交代作用

metamorfismo isoquímico isochemical metamorphism 等化学变质作用

metamorfismo metassomático metasomatic metamorphism 交代变质作用

metamorfismo pneumatolítico pneumatolytic metamorphism 气成变质作用

metamorfismo progressivo progressive metamorphism 前进变质作用

metamorfismo regional regional metamorphism 区域变质作用

metamorfismo retrógrado retrograde metamorphism 退化变质作用

metamorfismo retrogressivo retrogressive metamorphism 退化变质作用

metamorfismo térmico thermal metamorphism 热变质作用

metamorfismo termodinâmico thermodynamic metamorphism 热动力变质

metamorfismo topoquímico topochemical metamorphism 局部化学变质

metamorfito *s.m.* metamorphite 变质岩

metano *s.m.* methane 甲烷

metanol *s.m.* methanol 甲醇

metantracito *s.m.* meta-anthracite 高级碳化无烟煤；高煤化无烟煤

metaquartzito *s.m.* metaquartzite 变质石英岩

metarcose *s.f.* meta-arkose 变长石砂岩

metassedimentar *adj.2g.* metasedimentar 变质沉积的

metassedimento *s.m.* metasediment 变沉积岩；变质沉积物

metassoma *s.m.* metasome 交代矿物；出溶矿物

metassomático *adj.* metasomatic 交代的

metassomatismo *s.m.* metasomatism 交代作用

metassomatito *s.m.* metasomatite 交代岩

metassomatose *s.f.* metasomatism 交代作用

metastável *adj.2g.* metastable 亚稳的；相对稳定的

metatexia *s.f.* metatexis 低级深熔作用

metatexito *s.m.* metatexite 变熔体

metátomo *s.m.* metatome, space between two dentils 齿饰之间的空隙

metatorbernite *s.f.* metatorbernite 准铜轴云母

metautunite *s.f.* meta-utunite 变钙铀云母

metavulcanito *s.m.* metavolcanite 变质火山岩

meteorito *s.m.* meteorite 陨石

meteorito férrico iron meteorite 铁陨石

meteorito lítico (/pétreo) lithic meteorite 陨石；石陨石

meteorito litoférrico (/petroférrico) iron-stony meteorite, iron-stone 铁石陨石

meteorização *s.f.* weathering 风化，风化作用

meteorizar *v.tr.,pron.* (to) weather （使）风化，（使）受风吹雨打

meteoróide *s.m.* meteoroid 流星体

meteorólito *s.m.* meteorolite 陨石；石陨石

meteorologia *s.f.* meteorology 气象学

meteorologia agrária agrometeorology 农业气象学

meteorologia sinóptica synoptic meteorology 天气学

metical (MZN, MT) *s.m.* metical (MZN, MT) 梅蒂卡尔（莫桑比克货币单位）

metilmetacrilato *s.m.* methyl methacrylate

甲基丙烯酸甲酯

método *s.m.* method 方法

método activo active method 主动源法

método AFMAG AFMAG method 声频磁法

método arcos-consolas arch-cantilever method 拱梁分载法

método áudiomagnetotelúrico audio-magnetotelluric method 声频磁大地电流法

método austríaco para escavação de túnel New Austrian Tunnelling Method (NATM) 新奥法，新奥地利隧道施工方法

método Bieler-Watson Bieler-Watson method 比勒-沃森法

método cantilever cantilever method 悬臂工法

método dos ajustamentos ⇨ **método do "trial load"**

método de alinhamento topográfico alignment method 对准方法

método de análise analysis method 分析法

método de analogia de colunas column analogy method 柱比法

método do anel e bola ring and ball method 环和球法

método do arco independente independent arch method 纯拱法

método da área projetada projected area method 投影面积法

métodos de avaliação de projectos project evaluation methods 设计评估方法

método da bissecção bisection method 二等分法

método de cálculo method of calculation 计算方法

método do caminho crítico (CPM) critical path method (CPM) 关键路径法

método do coeficiente de luz natural daylight factor method 采光系数法

método de conservação maintenance method 养护方法

método de construção construction method 施工方法

método de construção por jusante downstream method of construction 下游（施工）法

método de construção por montante upstream method of construction 上游（施工）法

método de construção segundo o eixo centerline method of construction 中线放样法

método de cristal rotativo rotating crystal method 旋转晶体法

método de Cut and Cover Cut and Cover method 锄坑回填法；明挖回填法

método de Debye Scherrer Debye Scherrer method 粉末法，德拜·谢勒法

método de deflexões iguais equal deflection method 等偏转法

método de determinação de idade com silicio-32 silicon-32 age method 硅-32 年龄（测定）法

método das diferenças finitas finite difference method 有限差分法

método de dimensionamento de reforço de pavimentos pavement strengthening method 路面补强方法

método da distribuição de momentos moment distribution method 力矩分配法

método do domínio do tempo time-domain method 时域法

método de elementos finitos finite element method 有限元法

método de ensaio test method, test procedure 测试方法，试验方法

método de extinção method of extinguishing 灭火方法

método das fatias slices method 条分法

método da força normal normal force method 法向力法

método de giro adicional torque-turn method 扭转法

método de Hale Hale's method 黑尔斯法（一种应用于地震折射勘探的图解解释方法）

método dos incrementos incremental method 增量法；递增法

método de indução induction method 感应法

método de intersecção de Rosiwal Rosiwal method of interception Rosiwal 截取法

método de Jacquet Jacquet's method 杰奎特电解抛光法

método de Jominy Jominy end-quench test Jominy 淬火测试

método de limite limit method 极限法

método dos lúmens lumen method 流明法

método de magnetoestricção magneto-striction method 磁致伸缩法

método de média ponderada method of weighted mean 加权平均法

método de medições method of measurement 测量方法；计量方法

método dos mínimos quadrados least squares method 最小二乘法

método de Monte Carlo Monte Carlo method 蒙特卡洛法

método dos nós method of joints 结点法

método de operação operating method 操作方法

método de pagamento method of payment 支付方式

método de pesquisa research method 研究方法

método de planejamento planning method 规划方法

método de pó powder method 粉样法

método do polígono polygon method 多边形法；折线法

método do ponto de luz point method 逐点计算法

método do ponto médio comum common-midpoint method 同中点法

método do potencial espontâneo self-potential method 自身电位法

método de projecto probabilístico probabilistic design method 概率设计法

método de recuperação avançada advanced recovery method, enhanced oil recovery (EOR) method 提高石油采收率方法

método de referência reference method 参考方法

método de relaxação relaxation method 松弛法；弛豫法

método de restauração repair method 修复方法

método das retículas grid method 格栅法

método de rotina routine method 常规方法

método das secções sections method 断面法，截面法

método da subdivisão sucessiva do espaçamento entre furos split spacing method 分序逐步加密灌浆（法）

método de Tagg Tagg's method 泰格法

método das tensões admissíveis permissible stress method 容许应力法

método das tensões iniciais initial stress method 初始应力法

método do tiro alternado flip-flop method 两极跳跃法

método de trabalho working method 工作方法

método do "trial load" trial load method 试载法

método da triangulação triangulation method 三角测量法

método eléctrico electrical method 电探法

método electromagnético electromagnetic method (EM) 电磁法

método empírico empirical method 经验方法

método gas lift gas-lift method 气举法

métodos geofísicos geophysical methods 地球物理方法

método gráfico graphic method 图解法

método hidrometeorológico hydrometeorological method 水文气象方法

método IMPES IMPES method 隐式压力显式饱和度法

método K-Ar K-Ar (dating) method 钾－氩年龄测定法

método Laue Laue method 劳厄法

método magnetotelúrico magnetotelluric method 大地电磁法

método mais-menos plus-minus method 加减法（震勘的一种折射解释方法）

método MPOG MPOG method, microbial prospecting of oil and gas method 油气微生物勘探法

métodos não tradicionais de construção non-traditional construction methods 非传统施工方法

métodos padronizados de construção standardized construction methods 标准化施工方法

método para reforço estrutural method of structural reinforcement 结构加固法

método particionai de Lee Lee partitioning method 李氏分割法

método probabilístico de dimensionamento probabilistic design method 概率设计法

método Rayleigh Rayleigh method 瑞利法

método Rb-Sr Rb-Sr (dating) method 铷−锶年龄测定法

método retorno a zero return-to-zero method 归零法

método semi-empírico semi-empirical method 半经验方法

método simplex simplex method 单纯形法

método sísmico seismic method 地震勘探法

método sísmico passivo passive seismic method 无源地震法

método sísmico ultrassónico ultrasonic seismic method [葡] 超声波地震法

método Sm-Nd Sm-Nd (dating) method 钐−钕年龄测定法

método Taguchi Taguchi method 田口法

método teórico theoretical method 理论方法

método térmico thermal method 地热法

método termos thermos method 蓄热法

métodos tradicionais de construção traditional construction methods 传统施工方法

método U/Pb U/Pb method 铀−铅法

metodologia *s.f.* methodology 方法论；[机] 方法

métopa *s.f.* metope （陶立克柱式雕带上的）柱间壁，三槽板间的面石

metragem *s.f.* ❶ length in meter 用米制测量 ❷ number of meters 米数

metragens da loja padrão space standard （店铺）标准面积

metralhadora *s.f.* machine gun 机枪

métrico *s.m.* metric 公制的，米制的

metro *s.m.* ❶ (m) meter (m) 米（长度单位）❷ meter ruler 米尺 ❸ (metrô) subway 地铁

metro corrente (/corrido) running meter, linear meter 纵长米；直线米；跑米

metro cúbico (m^3) cubic meter (m^3) 立方米

metro cúbico no corte bank cubic meter (BCM) 开采前 1 立方米岩石 / 物质（量）

metro de coluna d'água (mca) meter of water column (mWC) 水柱米（水压单位）

metro dobradiço (/articulado/desdobrável) folding scale 折尺

metro elevado à quarta potência (m^4) meter to the fourth power (m^4) 四次方米

metro ligeiro light railway 轻轨列车

metro linear linear meter 延米，延长米

metro por segundo (m/s) meter per second (m/s) 米每秒

metro por segundo quadrado (m/s^2) meter per square second (m/s^2) 米每二次方秒

metro quadrado (m^2) square meter (m^2) 平方米

metro quadrado por segundo (m^2/s) meter squared per second (m^2/s) 二次方米每秒

metro-vela meter-candle 米烛光（照度单位，等于 1 勒克斯）

metrologia *s.f.* metrology 计量学，度量衡学

metrologia científica scientific metrology 科学计量

metrologia industrial industrial metrology 工业计量

metrologia legal legal metrology 法制计量

metropolitano *s.m.* subway 地铁

meulière *s.f.* buhrstone 磨石

mexilho *s.m.* prop, shore, support 加固板，横撑板

mezanelo *s.m.* clinker 炼砖，缸砖

mezanino *s.m.* mezzanine 中层楼，夹层

MFC *sig.,s.m.* MFC (melamine faced chipboard) 三聚氰胺板，三聚氰胺贴面刨花板

mho *s.m.* mho 姆欧（电导率单位）

Miaolínguico *adj.,s.m.* Miaolingian; Miaolingian Epoch; Miaolingian Series （地质年代）苗岭世（的）；苗岭统（的）

miargirite *s.f.* miargyrite 辉锑银矿

miárola *s.f.* miarolitic cavity 晶洞

miarolítico *adj.* miarolitic 晶洞状的

miasquito/miaskito *s.m.* miaskite 云霞正长岩

mica *s.f.* mica 云母

  mica branca white mica 白云母

  mica calcária brittle mica, clintonite 脆云母

  mica de lítio (/litífera) lithium mica, lithia mica 锂云母

  mica preta black mica 黑云母

  mica quebradiça brittle mica 脆云母

micáceo *adj.* micaceous 云母的，云母状的，含云母的

micaíto *s.m.* micaite 云母岩

micaxisto *s.m.* mica schist 云母片岩

micela *s.f.* micelle 胶束，胶粒；（生物）微团

micragem *s.f.* mesh size 筛孔尺寸

micrinite *s.f.* micrinite 碎片体

micrite *s.f.* ⇨ micrito

micrítico *adj.* micritic 微晶的

micrito *s.m.* micrite 泥晶灰岩，微晶灰岩

  micrito dolomítico dolomitic micrite 微晶白云石

micro- *pref.* ❶ (μ) micro- (μ) 表示"微，百万分之一，10⁻⁶" ❷ micro- 微型的，微小的

microacabamento *s.m.* micro-finishing 微精加工；精滚光；精密磨削

microanálise *s.f.* microanalysis 微量分析

  microanálise de Raios X por dispersão de energia energy-dispersive X-ray microanalysis 能量发散 X—射线微量分析

microanular *s.m.* micro-annulus [巴] 微型环路；微环隙

microânulo *s.m.* micro-annulus [葡] 微型环路；微环隙

microareação *s.f.* microsandblasting 微喷砂处理

microasfalto *s.m.* microsurfacing, microasphalt（路面养护技术）微表面处理，微表处

microaspersor *s.m.* micro-sprinkler 微喷头

microbacia *s.f.* watershed 流域

microbar *s.m.* microbar 微巴

microbentos *s.m.pl.* microbenthos 微型底栖生物

microbetão *s.m.* micro-concrete 微粒混凝土

micróbio *s.m.* microbe 微生物

microbiologia *s.f.* microbiology 微生物学

microbrecha *s.f.* microbreccia 微角砾岩

microbrunimento *s.m.* micro-honing 微珩磨

microcircuito *s.m.* microcircuit 微电路，集成电路

microclástica *s.f.* microclastic rock 微细屑岩

microclima *s.m.* microclimate 小气候

microclina *s.f.* microcline 微斜长石

microclínio *s.m.* ⇨ microclina

microclinito *s.m.* microclinite 微斜正长岩

microcomputador *s.m.* minicomputer 微机，小型机

microconcreto *s.m.* micro-concrete 微粒混凝土

  microconcreto asfáltico asphalt micro-concrete, sand asphalt 沥青砂

microconglomerado *s.m.* microconglomerate 微砾岩

microconstituinte *s.m.* microconstituent 微量成分

microconstrução *s.f.* micro-construction 微观建设；微观结构

microconstrução de túnel microtunnelling 微型隧道施工

microcontinente *s.m.* microcontinent 微大陆，小陆块

microcontrolador *s.m.* microcontroller 微控制器

microcoquina *s.f.* microcoquina 微贝壳灰岩

microcoquinito *s.m.* microcoquinite 微硬壳灰岩

microcristalino *adj.,s.m.* microcrystalline 微晶；微晶的

microcurie (μCi) *s.m.* microcurie (μCi) 微居里

microdeformação *s.f.* microstrain 微应变

microdifração *s.f.* microdiffraction 微衍射

microdiorito *s.m.* microdiorite 微闪长岩

microdobra *s.f.* microfold 微褶皱作用

microdrenagem *s.f.* microdrainage 微水系；小型排水系统

microdureza *s.f.* microhardness 微观硬度

microdurômetro *adj.* microhardness instrument 显微硬度仪

microeconomia *s.f.* microeconomy, micro-economics 微观经济，微观经济学

microelectrónica/microeletrônica *s.f.* microelectronics 微电子学

microempreendedor *s.m.* microentrepreneur 微型创业者

microempreendedor individual (MEI) individual business［巴］（小型）个体工商户（投资人对企业债务承担无限责任。与 empresário individual 相比，法定营业额、雇员上限较低）

microempresa *s.f.* microenterprise 微型企业

microemulsão *s.f.* microemulsion 微乳液

microescala *s.f.* microscale 微观尺度；小比例尺

microesfera *s.f.* microsphere, microball 微球体；微滴

microesferas de vidro reflective glass beads (for road marking)（道路标线用）反光玻璃微珠

microesferulite *s.f.* microspherulite 微球粒

microestaca *s.f.* micropile 微型桩；微型灌注桩

microestrutura *s.f.* microstructure 微结构，微观结构

microestrutura lamelar lamellar microstructure 片层组织

microexsudação *s.f.* microseep 微油气苗

microfácies *s.f.2n.* microfacies 微相，显微相

micro-falha *s.f.* microfault 微断层

microfarad *s.m.* microfarad 微法拉

microfauna *s.f.* microfauna 微动物区系

microfilmagem *s.f.* microfilming 微型胶片照相

microfilme *s.m.* microfilm 微缩影片

microfiltração *s.f.* micro-filtration 微过滤

microfiltro *s.m.* micro-filter 微过滤器

microfissura *s.f.* microfissure, hair crack 微观裂纹

microfissuramento *s.m.* microcracking 微裂纹

microflora *s.f.* microflora 微植物丛

microfone *s.m.* microphone 话筒，传声器

microfone de alta sensibilidade high sensitivity microphone 高灵敏度传声器

microfone de captação de voz voice pickup 声音拾音器

microfone de mão handheld microphone 手持话筒

microfone gooseneck gooseneck microphone 鹅颈话筒

microfone sem fio wireless microphone 无线话筒

microfone sem fio de lapela tie-clip wireless microphone 领夹式无线话筒

microfone sem fio de mão (/punho) handheld wireless microphone 手持无线话筒

microfóssil *s.m.* microfossil 微体化石

microfraturamento *s.m.* microfrac 微裂隙

microgabro *s.m.* microgabbro 微辉长岩

microgelivação *s.f.* microgelivation 微融冻作用

micrografia *s.f.* micrography 显微照相术；缩微摄影

micrográfico *adj.* micrographic 微文象状的；显微照相的

micrograma (mcg) *s.m.* microgram (mcg) 微克

microgranito *s.m.* microgranite 微晶花岗岩；细花岗岩

microgranular *adj.2g.* microgranular 微晶粒状的

microgranulito *s.m.* microgranulite 微麻粒岩

microgray (μGy) *s.m.* microgray (μGy) 微戈瑞

microirrigação *s.f.* micro-irrigation 微灌

microlanço *s.m.* microspread 小排列；微扩展排列

microlítico *adj.* microlitic 微晶的

microlite *s.f.* microlite 微晶；细晶石

microlito *s.m.* microlith 细石器

microlitro (μl) *s.m.* microliter (μl) 微升

microlitotipo *s.m.* microlithotype 显微煤岩类型

microlocalização *s.f.* microlocalization 微局部化

micrometeorito *s.m.* micrometeorite 微陨石

micrométrico *adj.* micrometric 测微的

micrómetro/micrômetro *s.m.* micrometer, micro gauge 千分尺；测微计

micrómetro com pontas cónicas point

micrometer 尖头千分尺

micrómetro com pontas finas small anvil micrometer 小测头千分尺

micrómetro de profundidade depth micrometer 深度千分尺

micrômetro deslizante sliding micrometer 滑标千分尺

micrómetro externo (/para exterior) outside micrometer, external micrometer 外径千分尺

micrómetro interno (/para interior) inside micrometer, hole micrometer 测孔千分尺，内径千分尺

micrómetro interno com 2 pontas de contacto internal micrometer with two-point contact 两点内径千分尺

micrómetro interno digital com 3 pontas de contacto three-point internal micrometer with digital display 数显三爪式内径千分尺

micrómetro para dentes de engrenagem gear tooth micrometer 公法线千分尺

micrómetro para furos ⇨ **micrómetro interno**

micrómetro para roscas screw thread micrometer 螺纹千分尺

micrómetro para tubos tube micrometer 壁厚千分尺

mícron (μm) *s.m.* micron (μm) 微米

micronewton (μN) *s.m.* micronewton (μN) 微牛顿

micronutriente *s.m.* micronutrient 微量营养素

micro-onda *s.f.* microwave 微波

micro-ondas *s.m.* microwave 微波炉

microônibus *s.m.2n.* microbus 微巴，微型巴士

microorganismo *s.m.* microorganism 微生物

microorganismo indígena indigenous microorganism 内源微生物

micropaleontologia *s.f.* micropaleontology 微体古生物学

micropascal (μPa) *s.m.* micropascal (μPa) 微帕斯卡

micropegmatito *s.m.* micropegmatite 微文象岩

micropertite *s.f.* microperthite 微纹长石

microplaca *s.f.* microplate 小板块

microporfírico *adj.* microporphyritic 微斑状的

micróporo *s.m.* micropore 微孔

microporosidade *s.f.* microporosity 微孔性；微孔率

microporoso *adj.* microporous 多微孔的

microprocessador *s.m.* microprocessor 微处理器

micro-retífica/micro-retificadeira *s.f.* mini grinder, mini die grinder （手持电动）打磨机；小型刻模机

microroentgen (μR) *s.m.* microroentgen (μR) 微伦琴

microrradiografia *s.f.* microradiography 显微放射照像术

microrreactor *s.m.* microrreactor 微反应器

microrregião *s.f.* microregion 微型地区；微区

microscopia *s.f.* microscopy 显微镜学

microscopia electrónica electron microscopy 电子显微镜学

microscopia electrónica de varrimento (MEV) scanning electron microscopy (SEM) 电子扫描显微术

microscópio *s.m.* microscope 显微镜

microscópio binocular binocular microscope 双目显微镜

microscópio biológico biological microscope 生物显微镜

microscópio biológico binocular binocular microscope biological 双目生物显微镜

microscópio electrónico electronic microscope 电子显微镜

microscópio electrónico de transmissão transmission electron microscope 透射电子显微镜

microscópio electrónico de varredura (/por varrimento) scanning electron microscope 扫描电子显微镜

microscópio estereoscópio stereoscopic microscope 立体显微镜

microscópio estereoscópio trinocular trinocular stereoscopic microscope 三目体视显微镜

microscópio metalográfico metallographic microscope 金相显微镜

microsievert (μSv) *s.m.* microsievert (μSv) 微希沃特

microsparito *s.m.* microsparite 微亮晶灰岩

microssecção *s.f.* microsection 显微切片

microssegundo (μs) *s.m.* microsecond (μs) 微秒

microssienito *s.m.* microsyenite 微正长岩

microssismo *s.m.* microearthquake 微震

microssistema *s.m.* microsystem 微系统

microssistema eletromecânico micro-electromechanical system (MEMS) 微机电系统

microtectito *s.m.* microtektite 微玻陨石

microtectónica *s.f.* microtectonics 构造岩石学

microtextura *s.f.* microtexture 微观结构

microtinito *s.m.* microtinite 透斜长石；淡粒二长岩

microtractor *s.m.* garden tractor, compact tractor, baby tractor 小型园艺拖拉机

microtúnel *s.m.* micro-tunnel 微型隧道

microválvula *s.f.* pilot valve 导阀

mictório *s.m.* urinal 小便器，小便池

mictório suspenso wall urinal 墙挂式小便器

middleware *s.m.* middleware 中间设备

mídia *s.f.* media [巴] 媒体

midiônibus *s.m.2n.* midibus 中巴，中型巴士

miemito *s.m.* miemite 碳酸钙镁

migma *s.m.* migma 混合岩浆

migmatito *s.m.* migmatite 混合岩

migmatização *s.f.* migmatization 混合岩化作用

migração *s.f.* migration 移居，迁移；（鸟等的）迁徙，移栖；（鱼类的）回游

migração automática automatic migration 自动偏移

migração costeira coastal migration 沿岸沉积物流；潮汐漂流物

migração 3D generalizada de dois passos generalized two-pass 3D migration 两步法三维偏移

migração do datum datum migration, redatuming 基准面偏移

migração de gás gas migration 天然气运移，气侵，气窜

migração de Kirchhoff Kirchhoff migration 克希霍夫移位

migração de Stolt Stolt's migration 斯托尔特偏移

migração de surfactante surfactant migration 表面活性剂迁移

migração de tempo time migration 时间偏移

migração em cascata cascaded migration 分级偏移，串联偏移

migração f-k f-k migration F-K 偏移，频率–波数域偏移

migração híbrida hybrid migration 混合偏移

migração iterativa iterative migration 迭代移位

migração por equação da onda wave-equation migration 波动方程偏移

migração pré-empilhamento prestack migration, before-stack migration 叠前偏移

migração primária primary migration 初次运移（作用）

migração reversa reverse migration 逆偏移

migração secundária secondary migration 二次运移（作用）

migração sísmica seismic migration 地震迁移

migração terciária tertiary migration 三次运移（作用）

mijaquito/mijakito *s.m.* mijakite 锰辉玄武岩，三宅岩

mil ❶ *num.,card.* thousand 千，一千 ❷ *s.m.* mil 密耳（英制长度单位，合 25.4 微米）

mil circular (cmil) circular mil (cmil) 圆密耳（面积单位，用于度量电缆横截面，合 5.066×10^{-10} 平方米）

1000 mils circular (kcmil, MCM) 1000 circular mils (kcmil, MCM) 1000 圆密耳

◇ um milésimo one thousandth 千分之一

◇ milhar thousand 一千个

◇ milésimo thousandth 第一千的

milarite *s.f.* milarite 整柱石

milenário/milenar *adj.* millennial, thousand-year-old 千年的

milénio *s.m.* millennium 千年，千禧年

milerite *s.f.* millerite 针镍矿

milha *s.f.* ❶ mile 英里（合 1609 米）❷ Roman mile 罗马里（约合 1480 米，不同地区规定有所不同）

milha aérea air mile 空英里（合 1852 米，同标准海里）

milha cúbica (mi³) cubic mile (mi³) 立方英里

milha geográfica geographical mile 地理英里（合 1852 米，同标准海里）

milha marítima sea mile 海里（围绕地球一圈的一角分，合 1843—1855 米）

milha náutica nautical mile, knot（标准）海里（合 1852 米）

milha por hora (mph) mile per hour (mph) 英里每小时

milha terrestre land mile 英里 ⇨ milha

milhagem *s.f.* mileage 里程，英里数

milhagem de uma ferrovia road miles 铁路里程

milhão *num.card.s.m.* million 百万，一百万，10^6

milhão de BTU (MMBTU) million BTU (MMBTU) 百万英热单位

milhão de toneladas brutas million gross tonnes (mgt) 百万吨

milheiro *s.m.* thousand （一）千（个）

milho *s.m.* corn, maize 玉米

milho em grão shelled corn 玉米粒

mili- (m) *pref.* milli- (m) 表示“毫，千分之一”

miliampere (mA) *s.m.* milliampere (mA) 毫安

miliamperímetro *s.m.* milliammeter 毫安计

milibar *s.m.* millibar 毫巴

milicoulomb (mC) *s.m.* millicoulomb (mC) 毫库仑

milicurie (mCi) *s.m.* millicurie (mCi) 毫居里

miligrado *s.m.* milligrade 千分度

miligrama (mg) *s.m.* milligram, milligramme (mg) 毫克

miligrave-força (mGf) *s.m.* gravet-force (gf) 力学单位，同 grama-força（克力）

miligray (mGy) *s.m.* milligray (mGy) 毫戈瑞

mililitro (ml) *s.m.* milliliter (ml) 毫升

milímetro (mm) *s.m.* millimeter (mm) 毫米

milímetro cúbico (mm³) cubic millimeter (mm³) 立方毫米

milímetro de mercúrio (mm Hg) millimeter mercury (mm Hg) 毫米汞柱；毫米水银柱高（血压单位）

milímetro quadrado (mm²) square millimeter (mm²) 平方毫米

milinewton (mN) *s.m.* milinewton (mN) 毫牛顿

milirem *s.m.* millirem 毫雷姆

miliroentgen (mR) *s.m.* milliroentgen (mR) 毫伦琴

milisievert (mSv) *s.m.* millisievert (mSv) 毫希沃特

milissegundo (ms) *s.m.* millisecond (ms) 毫秒

militar ❶ *adj.2g.* military 军事的，军队的 ❷ *s.2g.* soldier 军人

milonitização *s.f.* mylonitization 糜棱岩化；糜棱化

milonito *s.m.* mylonite 糜棱岩

mina *s.f.* ❶ mine 矿；矿藏；矿场，矿坑，矿井 ❷ mine 雷，地雷，水雷 ❸ spring 泉源 ❹ mina 迈纳（古希腊货币及重量单位，合 100 德拉克马 dracma。亦在其他多种单位制中使用，指代重量不尽相同）

mina a céu aberto opencast mine, strip mine 露天矿

mina aberta naked-light mine 明火矿井，无瓦斯矿井

mina de carvão coal mine, coal pit 煤矿

mina de cascalho gravel mine 砂砾矿

mina de chumbo lead mine 铅矿

mina de cobre copper mine 铜矿

mina de ouro gold mine 金矿

mina de sal salt mine 盐矿

mina de urânio de Oklo Oklo Uranium 奥克洛铀矿

mina explosiva (/inflamável) fiery mine 瓦斯煤矿

mina magra (/pobre) lean ore 贫矿

mina submarginal submarginal ore 亚边缘贫矿石

mineiro *s.m.* miner 矿工

mineração *s.f.* mining 采矿

mineração a solução solution mining 溶液采矿

mineração aluvial alluvial mining 冲积矿床开采

mineração de câmaras e maciços bord-and-pillar 房柱式开采法

mineração de praia beach mining 海滨采矿

mineração em filamentos strip mining 露天开采

mineração em rocha dura hard rock mining 硬岩开采

mineração microbiológica microbiological mining 微生物采矿

mineração por escavação block caving 分块崩落开采法

mineração por jorros de água hydraulic mining 液压挖掘，水力采矿

mineração subterrânea underground mining 地下采矿

minerador s.m. miner 矿工

mineradora s.f. mining company 矿业公司

mineral ❶ s.m. mineral 矿物 ❷ adj.2g. mineral 矿物的

mineral acidental accidental mineral 外源矿物

mineral argiloso ➪ argilomineral

mineral característico characteristic mineral 指示矿物，标志矿物

mineral cardinal cardinal mineral 主成份矿物；主要矿物

mineral das argilas clay mineral 黏土矿物

mineral de diagnóstico diagnostic mineral 特征矿物，指相矿物

mineral das rochas rock-forming mineral 造岩矿物

mineral detrítico (/herdado) detrital mineral 碎屑矿物

mineral essencial essential mineral 主要矿物

minerais estratégicos strategic minerals 战略性矿产

mineral ferromagnesiano ferromagnesian mineral 铁镁矿物

mineral hipogénico hypogene mineral 深成矿物

mineral índice index mineral 指示矿物，标志矿物

mineral inerte inert mineral 惰性矿物

mineral inerte e incombustível inert and incombustible mineral 惰性不可燃矿物

mineral insaturado unsaturated mineral 不饱和矿物

minerais isoestruturais isostructural minerals 等构矿物

mineral leve light mineral 轻矿物

mineral metálico metallic mineral 金属矿物

mineral-minério mineral ore 矿石

mineral normativo normative mineral 标准矿物

minerais para a construção civil minerals for construction 建材用矿物

mineral paramagnético paramagnetic mineral 顺磁性矿物

mineral pesado heavy mineral 重矿物

mineral primário primary mineral 原生矿物

mineral radioactivo radioactive mineral 放射性矿物

mineral saturado saturated mineral 饱和矿物

mineral secundário secondary mineral 次生矿物

mineral sinantético synthetic mineral 合成矿物

mineral tipomórfico typomorphic mineral 标型矿物

mineral ubiquista ubiquist mineral 遍有矿物，普存矿物

mineral ultra-estável ultra-stable mineral 超稳定矿物

mineral varietal varietal mineral 特异性矿物

mineralização s.f. mineralization 矿化

mineralização hipogénica hypogene mineralization 深源流体成矿

mineralização secundária (/supergénica) secondary mineralization 再生矿化作用

mineralizador s.m. mineralizer 矿化剂

mineralizar v.tr. (to) mineralize （使）矿物化

mineralogia s.f. mineralogy 矿物学

mineralogia aplicada applied mineralogy 应用矿物学

mineralogia descritiva descriptive mineralogy 描述矿物学，描述性矿物学

mineralogia física physical mineralogy 物理矿物学

mineralogia química chemical mineralogy 化学矿物学

mineralógico *adj.* mineralogical 矿物学的

mineralóide *s.m.* mineraloid 准矿物, 似矿物

mineralurgia *s.f.* minerallurgy 采矿冶金学

minério *s.m.* ore 矿，矿石

  minério autofusível self-fusible ore 自熔矿

  minério botrioidal botryoidal ore 葡萄状矿

  minério bruto (/cru) raw ore 原矿

  minério clorítico chloritic ore 绿泥石矿

  minério de chumbo lead ore 铅矿石

  minério de ferro ironstone, iron ore 铁矿

  minério de ferro bruto raw iron ore 原铁矿

  minério de ferro micáceo micaceous iron ore 云母铁矿

  minério de prata silver ore 银矿石

  minério de triagem screened ore 筛选矿石

  minério determinado measured ore 可计矿量

  minério em grão grains 谷粒级煤

  minério em pedaços knockings, lump ore 块矿

  minério extraído extracted ore 采出矿石

  minério forçado positive ore 实矿石；探明储量

  minério fosfático phosphatic ore 磷矿石

  minério grosso lump ore 块矿

  minério indicado indicated ore 指示矿量

  minério lucrativo pay 可采矿石

  minério marginal marginal ore 边缘矿

  minério miúdo fines ocre 细矿

  minério não compacto loose ore 松散矿石

  minério primário primary mineral 原生矿物

  minério pulverulento fine ore 粉矿

  minério refractário refractory ore 难熔矿石

  minério rico rich ore 富矿

minesotaíte *s.f.* minnesotaite 铁滑石

minete *s.f.* minette 鲕状褐铁矿

minetito/mineto *s.m.* minette 云煌岩

minhoca *s.f.* earthworm 蚯蚓

mini-almotolia *s.f.* oilcan 小油壶

miniatura *s.f.* miniature 缩图，小画像

miniautocarro *s.m.* minibus 小巴

minicarregadeira *s.f.* skid steer loader 滑移装载机

minicarregadeira de esteira compact track loader 小型履带式装载机

mini dumper *s.m.* mini dumper 小型翻斗车

miniescavadeira *s.f.* mini excavator 小型挖掘机

minifraturamento *s.m.* minifrac 测试压裂；小型标定压裂

minifúndio *s.m.* small farm, smallholding 小农场

mini-hídrica *s.f.* ❶ small hydropower 小型水电站，"小水电"（英语和中文里，"小水电"根据装机容量还可以再细分为小型 small、小小型 mini 和微型 micro 3 档）❷ mini hydro turbine 自来水发电机

mini microscópio *s.m.* mini microscope 迷你显微镜

minim (min) *s.m.* minim (min) 量滴（容量单位, 合 6.161×10^{-8} 立方米）

minimizar *v.tr.* (to) minimize （使）最小化

mínimo ❶ *adj.* minimum 最小的, 最低的 ❷ *s.m.* minimum 最小值 ❸ *s.m.* parking light 停车灯

  mínimos de operação do aeródromo aerodrome operating minima 机场作业最低标准

  mínimos de separação separation minima 间隔最低标准

  mínimos meteorológicos de aeródromo aerodrome meteorological minima 机场最低天气标准

mínio *s.m.* minium, red lead 铅丹, 红铅

  mínio de chumbo red lead 铅丹, 红铅

  mínio de ferro iron minium 铁丹

miniônibus *s.m.* minibus 小巴

mini-prisma *s.m.* mini prism target （工程测绘用的）小棱镜

ministrar *v.tr.* ❶ (to) supply, (to) provide 提供，供给 ❷ (to) teach 教授（课程）

ministro *s.m.* ❶ minister 部长，大臣 ❷ minister （外交人员）公使

ministro conselheiro minister-counsellor 公使衔参赞

ministro de estado minister of state 国务部长（在葡语国家，级别通常介于副总统／副总理和部长之间）

ministro sem pasta minister without portfolio 不管部部长

minitractor *s.m.* mini-tractor 小型拖拉机

minuta *s.f.* minute, draft 草稿；初稿；草本

minuta do contrato contract draft 合同草案，合同草本

minuteria *s.f.* staircase timer 感应灯控制装置

minuto *s.m.* ❶ (') minute 分，分钟（时间单位）❷ (') minute 分（弧度单位）❸ minute 西方古典建筑中柱身的度量单位（塔斯干、多立克式中等于母度的十二分之一，爱奥尼、科林斯和组合式中等于母度的十八分之一）

minverito *s.m.* minverite 钠长角闪辉绿岩

Miocénico *adj.,s.m.* Miocene; Miocene Epoch; Miocene Series [葡]（地质年代）中新世（的）；中新统（的）

Mioceno *adj.,s.m.* [巴] ⇒ **Miocénico**

miogeossinclinal *s.m.* miogeosyncline 冒地槽

miolo *s.m.* core plate 铁心片；凸模

miopia *s.f.* myopia 近视

mira *s.f.* ❶ sight 瞄准；瞄准具 ❷ levelling staff 水准标尺

mira anterior foresight 前视

mira corrediça target rod 标高照尺

mira de alvo target rod 标高照尺

mira de nivelamento (/nivelar) levelling staff 水准标尺

mira graduada measuring rod 量杆

mira intermediária intermediate shaft 中间轴

mira longa folding sight 折叠式表尺

mira taqueométrica (/falante) stadia rod 视距杆

mirabilite *s.f.* mirabilite 芒硝，米拉比来铝镍合金

miradouro *s.m.* belvedere 观光台，观光塔；观景楼，瞭望台

mirante *s.m.* ❶ belvedere 观光台，观光塔；观景楼，瞭望台 ❷ observation deck 瞭望甲板

mirar *v.tr.* (to) aim, (to) align, (to) point 瞄准，对准；校正，调准

miriâmetro (Mn) *s.m.* myriameter (mym) 万米

miriare (ma) *s.m.* square kilometer (km²) 万公亩（合 100 公顷，即 1 平方千米）

miriastere *s.m.* miriastere, 10000 cubic meters 万立方米（木材体积单位）

mirmequite *s.f.* myrmekite 蠕状石

mirmequítico *adj.* myrmekitic 蠕状的

miscibilidade *s.f.* miscibility 可混溶性，易混合性

miscível *adj.* miscible 可混溶的，易混合的

mispíquel *s.m.* mispickel, arsenopyrite 砷黄铁矿

missagra *s.f.* hinge, joint, loop 合页，铰链

missão *s.f.* ❶ mission, task, job 使命；任务，工作 ❷ delegation 使团，代表团

missão, visão e valores mission, vision and values 使命，愿景，价值观

Mississípico *adj.,s.m.* Mississippian; Mississippian Period; Mississippian System [葡]（地质年代）密西西比纪（的）；密西西比系（的）

Mississípico Inferior Lower Mississippian; Lower Mississippian Epoch; Lower Mississippian Series 下密西西比世；下密西西比统

Mississípico Médio Middle Mississippian; Middle Mississippian Epoch; Middle Mississippian Series 中密西西比世；中密西西比统

Mississípico Superior Upper Mississippian; Upper Mississippian Epoch; Upper Mississippian Series 上密西西比世；上密西西比统

Mississíppico *adj.,s.m.* [巴] ⇒ **Mississípico**

missiva *s.f.* missive; letter 公函；信函

missourito *s.m.* missourite 白榴橄辉岩

misto *adj.* mixed 混合的，合成的

mistral *s.m.* mistral 密史脱拉风（法国南部地中海沿岸地带的一种干冷北风）

mistura *s.f.* ❶ mixing 混合；搅拌；混音 ❷ mixture, blend 混合物 ❸ admixture 掺合剂；外加剂

mistura a frio cold mix 冷搅拌，冷拌合

mistura a quente hot mix 热搅拌，热拌合

mistura anticongelante antifreeze mixture 防冻混合剂

mistura betume-alcatrão tar-bitumen mixture 焦油沥青混合物

mistura betuminosa bituminous mixture 沥青混合料

mistura betuminosa aberta open-graded bituminous concrete 开级配沥青混凝土

mistura betuminosa fechada dense-graded bituminous concrete 密级配沥青混凝土

mistura cinza volante-cal-agregado lime-fly ash aggregate (Lfa) 二灰碎石

mistura complexa não resolvida (MCNR) unresolved complex mixture (UCM) 未分辨的复杂混合物

mistura de água no óleo ou gás water cut [葡] 水侵；含水率

mistura de areia e argila sand clay mixture 砂粒黏土混合物

mistura de betão concrete mix 混凝土混合物；混凝土拌合料

mistura de cimento e lama slurry 水泥浆

mistura de face face mix 饰面混合材料

mistura de gases pós-emanação after damp 爆后气体

mistura de graduação aberta open graded mix 开级配混合料

mistura de graduação densa dense graded mix 密级配混合料

mistura de neve e granizo sleet 冰凌

mistura de óleo de linhaça e mástique meglip 麦格利普调色油

mistura de solda e resina solder paint 软焊涂料

mistura de solo, cinza volante e cal soil, lime and fly ash mixture 二灰稳定土

mistura e amplificação mixing and amplification 混音及放大

mistura na estrada (/pista) road-mixing 路拌

mistura na obra mixing in place 工地拌和

mistura em usina plant mixing 厂拌

mistura em viagem transit-mixing 在途搅拌

mistura eutética eutectic mixture 低共熔混合物

mistura fluida fluid mixture 流体混合物

mistura fria betuminosa cold premix; bituminous cold mix 冷拌沥青

mistura gorda fat mix 富拌合料

mistura heterogénea heterogeneous mixture 不均匀混合物

mistura homogénea homogeneous mixture 均匀混合物

mistura in-situ mixing in place; road-mixing 现场拌和；工地拌和

mistura magra lean mix 贫混合料；贫拌和料

mistura manual manual mixing 手工拌和

mistura óptica optical mixing 光混频

mistura plástica plastic mix 塑性混合；塑料混合物

mistura pobre lean mixture 稀混合气

mistura quente betuminosa bituminous hot mix 沥青热拌混合料

mistura rápida rapid mixing 快速混合

mistura reciclada remixing 再混合，重拌和

mistura rica rich mixture 富混合物

mistura seca dry mix 干拌混合料

mistura solo-cal soil-lime admixture 石灰稳定土

mistura solo-cal-cinza volante soil-lime-fly ash admixture 二灰稳定土

mistura solo-cimento soil-cement admixture 水泥混合土

misturas solo-enrocamento soil-rockfill mixtures 土石混合材料

mistura úmida wet mix 湿混合料，湿拌混凝土

misturadeira *s.f.* mixing machine 拌合机

misturado *adj.* mixed, blended 混合的，混杂的

misturador *s.m.* ❶ blender, mixer 搅拌机；混合器；果汁机；混音器，调音器 ❷ mixture controller 混合控制器，混合比调节器

misturador a jacto jet mixer 喷射混合器

misturador de adubos fertilizer mixier

肥料混合机

misturador de áudio sound mixer 调音器，调音台

misturador de batelada batch mixer 间歇式拌和机

misturador de calda grout mixer 灰浆拌和器

misturador de 12 canais 12 channels mixer 12 路混合器

misturador de cimento cement mixer, concrete mixer 水泥净浆搅拌机；混凝土搅拌机

misturador de cimento cola cement mixer 水泥胶砂搅拌机

misturador de ração fodder mixer 饲料混合机

misturador de turbina turbine mixer 涡轮混合器

misturador-decantador mixer settler 混合沉降器

misturador-decantador à inversão de fases (MDIF) mixer-settler based on phase inversion (MSPI) 基于相位反转的混合沉降器

misturador-decantador de múltiplos estágios multiple stage mixer settler 多级混合沉降器

misturador estático static mixer 静态混合器

misturador forçado forced mixer 强制式拌和机

misturador hidráulico hydraulic mixer 水力混砂器，液压搅拌机

misturador lento slow mixer 低速混合器，慢速搅拌机

misturador rápido high speed mixer 高速混合器，快速搅拌机

misturadora *s.f.* ❶ mixing machine 拌合机 ❷ hot and cold mixer, mixed faucet 冷热水混合龙头

misturadora asfáltica asphalt mixer 沥青搅拌机

misturadora de alta turbulência high turbulence mixer (HTM) 高湍流搅拌机，高紊流搅拌机

misturadora de concreto concrete mixer 混凝土搅拌机

misturadora de farinha ⇨ amassadeira

misturar *v.tr.,pron.* (to) mix, (to) blend 混合

mísula *s.f.* ❶ corbel 承材，托臂；叠涩 ❷ haunch of a beam 梁腋

mísula invertida (/reversa) reverse corbel 倒叠涩

mitigação *s.f.* mitigation 缓解，减轻

miuçalha *s.f.* pea gravel 砂砾，粒状集料

mix de produção *s.f.* production mix 生产结构

mixagem *s.f.* mixing 混合；混波

mixagem alternada skip mixing 跳道混波，不相邻道混波

mixagem superficial ground mix 地面混波

mixite *s.f.* mixite 砷铋铜矿

mixitito *s.m.* mixtite 混合岩；杂岩

mizonite *s.f.* mizzonite 针柱石

mó *s.m.* grindstone, grinding wheel 磨石；磨轮，砂轮

mó abrasivo tipo taça superfinishing cup-wheel 杯形砂轮

moabilidade *s.f.* grindability 可磨性

moagem *s.f.* milling 磨

mobilado *adj.* furnished 配备家具的

mobilador *s.m.* furnisher 家具商

mobília *s.f.* furniture 家具

mobília completa a suite of furniture 整套家具，成套家具

mobiliário *s.m.* furniture; furnishings; fittings[集]家具

mobiliário de escritório office fittings 办公家具

mobiliário de rodovia roadside facilities 沿线设施

mobiliário urbano urban furniture, street furniture 城市家具，城市环境设施

mobilidade *s.f.* ❶ mobility, movement 运动性，活动性，流动性 ❷ mobility, mobility ratio 流动率；迁移率

mobilidade electroforética electrophoretic mobility 电泳迁移率，电泳淌度

mobilidade geoquímica geochemical mobility 地球化学活动性

mobilização *s.f.* mobilization 动员；调动；部署；施工准备

mobilização do canteiro site installation 工地建设，营地建设

mobilização de capital raising of capital 筹措资金

mobilização do solo soil tillage, soil cultivation, inversion of the soil 土壤耕作

mobilização mínima minimum tillage 少耕法

mobilizar v.tr. (to) mobilize 动员；调动；部署

mocheta s.f. bead, beading 嵌条，平线脚

modalidade s.f. method, mode 方式，方法；模态

modalidade de transporte mode of transport 运输方式

modelação/modelagem s.f. modeling 造模型；建模

modelação tridimensional three-dimensional modeling 三维建模

modelagem acústica acoustic modeling 声学模型

modelagem de afastamento zero zero-offset modeling 零炮检距模拟

modelagem de informação da construção Building Information Modeling (BIM) 建筑信息建模

modelagem de ondas elásticas elastic wave modeling 弹性波模拟

modelagem de reservatório reservoir modeling 储层建模

modelagem do sistema elétrico electric system modeling 电力系统建模

modelagem inversa inverse modeling 反演模拟

modelagem iterativa iterative modeling 迭代模拟

modelagem mecanicista mechanistic modeling 机理建模

modelagem por equação da onda wave-equation modeling 波动方程建模

modelagem sísmica seismic modeling 地震模型法

modelado s.m. surface feature, landform 表面形态；地貌，地形

modelado cársico karst landform 岩溶地形

modelado desértico desert landform 沙漠地形

modelado glaciário glacial landform 冰川地形

modelar v.tr. (to) model, (to) shape 塑造，塑形

modelo s.m. ❶ model 模型 ❷ model, pattern 模式，格式，样本，样板 ❸ model, version 型号

modelo analógico analog model 模拟模型

modelo atômico Bohr Bohr atomic model 玻尔原子模型

modelo black-oil black-oil model 黑油模型

modelo chuva-vazão rainfall-runoff model 降雨径流模型

modelo com escala distorcida distorted-scale model 比例变态模型

modelo composicional compositional model 组分模型

modelo de cadeia dobrada chain-folded model 折叠链模型

modelo de Carreau Carreau's model 卡洛模型，卡洛流变模型

modelo de Casson Casson's model 卡森流变模式

modelo de Cross Cross model Cross 黏度模型

modelo de demonstração demo model 演示模型

modelo de Ellis Ellis model 埃利斯模型

modelo de ensaio test model 测试模型

modelo de escala scale model 比例模型

modelo de espacial spatial model 空间模型；立体模型

modelo de fundo fixo fixed-bed model 固定（河）床模型

modelo de fundo móvel mobile-bed model; movable-bed model 动（河）床模型

modelo de geração de tráfego traffic generation model 交通生成模型

modelo de Herschell-Buckley Herschell-Buckley model 赫谢尔巴克利模型

modelo de impresso form 表格

modelo de informação da construção Building Information Model (ing) (BIM) 建筑信息模型

modelo de Maxwell Maxwell model 麦

克斯韦模型

modelo de Newton Newton's model 牛顿流体模型

modelo de operação operation model 经营模式

modelo de Ostwald de Waele Ostwald de Waele model 奥迪二氏模式，奥士瓦-迪威二氏模式

modelo de planejamento planning model 规划模型

modelo de potência yield-power-law model 带屈服值的幂律流变模型

modelo de potência modificado modified power-law model 改良幂律模型

modelo da proposta format of bid 投标书格式

modelo de risco de colisão collision risk model 碰撞风险模型

modelo de Robertson-Stiff Robertson-Stiff model 罗伯逊-斯蒂夫模式

modelo de secção section model 剖面模型

modelo de transporte transport model 运输模式

modelo de túnel de vento wind tunnel model 风洞模型

modelo do veículo vehicle model 车型

modelo determinístico deterministic models 确定性模型

modelo digital de elevação (DEM) digital elevation model (DEM) 数字高程模型

modelo digital de terreno (DTM) digital terrain model (DTM) 数字地形模型

modelo digital geológico (DGM) digital geological model (DGM) 数字地质模型

modelo económico economic model 经济模式

modelo empírico empirical model 经验模型

modelo estrutural structural model 结构模型

modelo físico physical model 物理模型；实物模型；实体模型

modelo hidráulico hydraulic model 水力模型

modelo matemático mathematical model 数学模型

modelo mecanístico mechanistic model 机械模型

modelo OSI open systems interconnection (OSI) model 开放系统互联模式

modelo padrão standard model 标准模型；标准样品

modelo para a garantia da qualidade model for quality assurance 质量保证模式

modelo para prever frota automobilística car ownership forecast model 汽车保有量预测模型

modelo reduzido scale model （小）比例模型，缩尺模型

modelo reológico rheological model 流变模型

modem *sig., s.m.* modem 调制解调器

modenatura *s.f.* ⇨ modinatura

moder *s.m.* moder 半腐殖质

moderador *s.m.* ❶ moderator 减速剂；调节器 ❷ moderator 主持人

modernização *s.f.* ❶ modernization 现代化 ❷ updating 更新，升级换代，升级改造

modernização pesada do material rodante rolling stock refurbishing 机车更新换代

modernizar *v.tr.* ❶ (to) modernize （使）现代化 ❷ (to) update 更新，升级

modificação *s.f.* modification 改变，修改，变更，改装

modificação cristalina crystalline modification 晶型转化

modificação do clima climatic modification （人工）改变气候

modificação do leito principal shifting of the bed; shifting of the main channel 河床移动

modificado *adj.* modified 修改的，改良的，改性的

bioquimicamente modificado biochemically modified 生物化学改性的

modificar *v.tr.,pron.* (to) modify, (to) alter, (to) change 改变，修改，变更

modilhão *s.m.* modillion 飞檐托饰，斗拱

modilhão enviesado (/esconso) skew corbel 斜座石

modinatura *s.f.* decorative mouldings (of façade) [集] （建筑物正立面的）装饰线条

modíolo *s.m.* space between modillions 托饰间的空隙

modo *s.m.* ❶ mode 模式，方式 ❷ mode（岩石的）实际矿物成分

modo acústico acoustic mode 声学模态，声模

modo comum common mode 共模

modo de acesso access mode 存取方式，访问模式

modo de circulação circulation mode 循环模式

modo de construção mode of construction 建造方式

modo de falha failure mode 故障模式

modo de funcionamento running mode, operating mode 运行模式

modo de transporte mode of transport 运输模式

modo eléctrico transverso (/transversal) transverse electric mode 横电模式

modo operacional operating mode 操作模式

modo óptico optical mode 光学模

modo redundante redundant mode 冗余模式

modo silencioso silent mode 静音模式

modo superimposto superimposed mode 双重显示方式

modulação *s.f.* modulation 调制，调整，调节

modulação da curva de carga modulation of the load curve 负载曲线调制

modulação de frequência frequency modulation (FM) 调频（FM）

modulação de pressão pressure modulation 压力调制

modulação em amplitude amplitude modulation (AM) 幅度调制

modulação ex ante ex ante modulation 事前调制

modulação ex post ex post modulation 事后调制

modulação individual da embreagem individual clutch modulation (ICM) 单独离合器调整

modulado *adj.* modulated 调制的，已调制的

modulador ❶ *s.m.* modulator 调制器 ❷ *adj.* modulating 调制的

modulador de TV TV modulator 电视调制器

modulador-desmodulador modulator-demodulador ⇨ modem

modular ❶ *v.tr.* (to) modulate 调制；转调 ❷ *adj.2g.* modular 模块的

módulo *s.m.* ❶ 1. module 模块，模件；（电气设备的）组件；模块化的设备、家具、建筑 2. switchgear (cabinet) 开关柜 ❷ modulus 模数，模量，系数 ❸ module 母度（西方古典建筑中柱身的度量单位，一般等于柱下部的半径）

módulo acoplador coupler module 耦合器模块

módulo de Biot Biot modulus 毕奥模数

módulo de baixa tensão low voltage switchgear (cabinet) 低压开关柜

módulo de cisalhamento shear modulus 剪切模量

módulo de compressão ❶ compression module 压缩模组 ❷ bulk modulus 体积弹性系数

módulo de compressibilidade bulk modulus 体积弹性系数

módulo de comunicação communication module 通讯模块

módulo de conexão vertical vertical connection module 垂直连接模块

módulo de controlo control module 控制模块

módulo de controle eletrônico (ECM) electronic control module (ECM) 电子控制模块

módulo de deformação deformation modulus 变形模量

módulo de elasticidade elasticity modulus, modulus of elasticity, elastic modulus 弹性模量

módulo de elasticidade volumar bulk modulus of elasticity 体积弹性模量；体积弹性系数

módulo de endereçamento (ABD) addressable module (ABD) 寻址模块

módulo de engrenagem diametrical pitch 径节；全节距

módulo de entrada analógico analogue input module 模拟量输入模块

módulo de entrada digital digital input module 数字量输入模块

módulo de finura fineness modulus 细度模数，细度系数

módulo de flexão flexural modulus 弯曲模量

módulo de geração generation module 生成模块

módulo de ignição ignition module 点火模块，点火控制器

módulo de poisson Poisson's ratio 泊松比

módulo de precisão ⇨ módulo de finura

módulo de reacção do subleito modulus of subgrade reaction 地基反力系数

módulo de resiliência resilient modulus 弹性模量

módulo de resistência resistance modulus 阻力模量

módulo de rigidez modulus of rigidity; rigidity of modulus 刚性模数

módulo de ruptura modulus of rupture 断裂模量

módulo de saída analógico analogue output module 模拟量输出模块

módulo de saída digital digital output module 数字量输出模块

módulo de secção section modulus 截面模数

módulo de telefonia phone module 电话模块

módulo de torção torsion modulus 扭转模量

módulo da via track modulus 轨道模量

módulo elástico elastic modulus 弹性模数，弹性模量

módulo enrolado em espiral spiral wound module 涡卷型组件

módulo tubular tubular module 管式组件

módulo Young Young's Modulus 杨氏模量

modulor s.m. modulor 模度，模度系统（勒柯布西耶创造的一种基于人体尺度、和谐比例关系的度量比例体系）

modumito s.m. modumite 碱辉斜长岩

moeda s.f. coin; currency 硬币；货币

moedagem s.f. mintage, coining 铸币

moedor s.m. grinder 磨碎机

moedor de carne mincer 绞肉机

moega s.f. hopper 料斗，加料斗

moente s.m. ❶ pintle 枢轴 ❷ crankpin journal 曲柄销轴颈

moente de apoio main journal 主轴颈

moente de biela (/cambota/impulso) crankpin 曲柄销

moer v.tr. (to) grind, (to) triturate 研磨，磨碎

mofeta s.f. mofette 碳酸喷气孔

mofo s.m. mold, mould 霉；霉菌

mogno s.m. mahogany 桃花心木

mogno maciço solid mahogany 实心桃木

mogote s.m. mogote 灰岩残丘

moinho s.m. ❶ mill 碾磨机 ❷ reel 耙轮

moinho Griffin Griffin mill 格里芬磨碎机

moinho a cilindros roller mill 辊磨机

moinho coloidal colloid mill 胶体磨

moinho concentrador concentration plant 选矿厂

moinho contínuo continuous mill 连轧机

moinho de barras bar mill 棒磨粉机

moinho de cascalho pebble mill 砾磨机

moinho de combinação combination mill 联合式轧机

moinho de desintegração disintegrating mill 碎磨机

moinho de esferas (/bolas) ball mill 球磨机

moinho de esferas por varredura de ar air-swept mill 气吹式球磨机

moinho de esmerilhar buhr mill 石磨机

moinho de guia guide mill 围盘轧机

moinho de Hardinge Hardinge mill 哈定格磨机

moinho de Huntington Huntington mill 亨廷顿型磨碎机

moinho de martelos hammer mill 锤式磨碎机

moinho de martelos para grão hammer mill for grain 锤式谷物磨碎机

moinho de rotor tipo ciclone cyclone mill 旋风磨碎机

moinho de solo tipo martelo hammer mill for soil 锤式土壤粉碎机

moinho de tubo tube mill 管磨机

moinho de vento ❶ windmill 风车 ❷

wind generator 风力发电机

moinho doseador batch mill 分批装料磨矿机

moinho em série tandem mill 连轧机

moinho granular ⇨ moinho de cascalho

moio *s.m.* "moio" 葡制石（干量单位，合828 升）

moissanite *s.f.* moissanite 碳硅石

moitão *s.m.* pulley block 滑车组

moitão de corrente chain block 滑车吊链

moitão de tubulação tubing block 起下油管用滑车

mol *s.m.* [巴] ⇨ [葡] mole

mola *s.f.* ❶ spring 弹簧 ❷ spring 弹性元件；发条 ❸ spring clip, clip 弹簧夹；（装有弹簧的）晾衣夹

mola a gás gas spring 气压弹簧

mola aérea ❶ air spring 空气弹簧 ❷ door closer 闭门器

mola aerodinâmica ⇨ mola pneumática

mola amortecedora cushioning spring 缓冲弹簧

mola anti-rangido anti-rattle spring 防震弹簧

mola anular annular spring 环形弹簧

mola auxiliar helper spring 辅助弹簧

mola circular garter spring, garter-type spring 卡紧弹簧；弹簧圈，环形弹簧

mola compensadora compensating spring 平衡弹簧，补偿弹簧

molas de arruelas cônicas ⇨ molas tipo Belleville

mola de bolsa de ar air bag spring 空气弹簧

mola de borracha rubber spring 橡胶弹簧

mola de borracha de cisalhamento shear rubber spring 剪切橡胶弹簧

mola de centragem centering spring 对心弹簧

mola de chamada ⇨ mola de retorno

mola de choque buffer spring 缓冲弹簧

mola de compressão compression spring 压缩弹簧

mola de comprimento zero zero-length spring 零长弹簧

mola de contacto contact spring 接触弹簧

mola de contenção counteracting spring 平衡弹簧

mola de controle do desacelerador decelerator control spring 减速器控制弹簧

mola de controle do torque torque spring 扭矩弹簧

mola de diafragma diaphragm spring 膜片弹簧

mola de disco de borracha torque spring 橡胶碟簧

mola de dobrar spring bender 弹簧折弯器

mola de êmbolo piston spring 活塞弹簧

mola da embraiagem (/embreagem) clutch spring 离合器弹簧

mola do escape exhaust spring 排气弹簧

mola de fechadura lock spring 锁簧

mola de folhas leaf spring 钢板弹簧, 板簧

mola de garra pegadora gripper spring 夹持器

mola de liga garter spring 弹簧圈

mola da marcha lenta low idle spring 低怠速弹簧

mola de pavimento (/piso) floor closer 地簧, 地弹簧

mola do pedal da embreagem clutch pedal spring 离合器踏板回位弹簧

mola de porta door closer 闭门器

mola de pressão pressure spring 压力弹簧

mola do reforçador booster spring 助力弹簧

mola de relé relay spring 继电器弹簧

mola de relógio watch spring 钟表发条

mola de retenção retaining spring 止动弹簧

mola de retorno retracting spring, brake release spring 回位弹簧，制动放松弹簧

mola de retorno da embreagem clutch return spring 离合器回位弹簧

mola de retracção retracting spring 回位弹簧

mola de segmento de pistão piston snap ring 活塞销挡圈

mola de segurança safety spring 安全弹簧

mola do suporte do eixo de transmissão driveshaft support spring 驱动轴支撑

轴承减震器

mola de suspensão bearing spring 承重板簧

mola de tensão tension spring 拉簧

mola de torção torsion spring 扭力弹簧；扭转弹簧

mola de trava locking spring 锁簧，锁紧弹簧

mola de trinco bolt spring 栓簧

mola do tucho lifter spring 挺柱弹簧

mola de vagões carriage spring 车架弹簧

mola da válvula valve spring 气门弹簧

mola de válvula de segurança safety valve spring 安全阀弹簧

mola em arco C-spring C 形发条

mola em bloco spring block 弹簧块

mola em espiral (/hélice) coil spring, spiral spring 盘簧，螺旋弹簧

mola equalizadora equalizer spring 补偿弹簧，均衡弹簧

mola equalizadora de folha única single leaf equalizer spring 单片补偿弹簧

mola espiral (/helicoidal) coil spring 螺旋弹簧

mola-estronca spring spacer bar 弹簧撑杆

mola final end spring 端弹簧

mola laminada laminated spring ⇨ mola de folhas

mola mestra master spring 主弹簧

mola mestra do feixe main leaf spring 钢板弹簧主片，主板簧

mola oblíqua transverse spring 横置弹簧

mola oca de borracha hollow rubber spring 空心橡胶弹簧

mola oscilante pendulum spring 摆弹簧

mola pneumática air spring 空气弹簧

mola presilha clamping spring 卡簧

mola real ⇨ mola mestra

mola recuperadora restoring spring 复位弹簧

mola reguladora regulating spring 调节弹簧

mola retardadora delay spring 延时复位弹簧

mola tensora recoil spring 缓冲弹簧

molas tipo Belleville belleville springs 碟形弹簧；盘形弹簧

molal *adj.2g.* molal 摩尔浓度的

molalidade *s.f.* molality 质量摩尔浓度

molássico *adj.* molassic 磨拉石的

molasso *s.m.* molasse 磨拉石；磨砾层

moldado *adj.* formed 成形的

moldador *s.m.* ❶ former 造模工 ❷ former 造型机，成型机

moldador de pressão pressure former 成形压力机

moldadora *s.f.* former 造型机，成型机

moldadora de percussão jolt-ram machine 震实造型机；振动捣打机

moldagem *s.f.* moulding, molding 铸造；模塑

moldagem a cera perdida lost wax casting 失蜡铸造，熔模铸造

moldagem a frio cold moulding 冷成型

moldagem à máquina ⇨ moldagem mecânica

moldagem a seco dry moulding 干砂造型

moldagem a (/de/por) sopro blow moulding 吹塑法

moldagem de cinzeiro pit moulding 地坑造型

moldagem de espessura thickness moulding 厚线条饰

moldagem de máquina machine moulding 机压成形

moldagem de placa plate moulding 型板造型

moldagem de revestimento investment casting 熔模铸造

moldagem de tubo pipe moulding 铸管，管子铸造

moldagem de (/por) transferência transfer moulding 传递成型

moldagem em contínuo continuous molding 连续成型

moldagem hidroplástica hyplastic forming 液压成形

moldagem mecânica mechanical moulding 机械成型

moldagem plástica plastic moulding 可塑成型

moldagem por compressão compression moulding 压力成型

moldagem por enrolamento filamen-

tar filament winding 缠绕成型

moldagem por injecção injection molding 注塑，注入成型

moldagem rotacional rotational moulding 回转成型

moldar *v.tr.* (to) mould, (to) cast（用模具）浇铸，铸造

moldavite *s.f.* moldavite 绿玻陨石

molde *s.m.* mould, mold, die, form 模子；印模

molde achatado em forma de flauta depressed flute cast 凹槽流痕

molde congregado gang mould 成组模

molde corrediço running mold, horsed mold 模板样板

molde de areia a descoberto open sand mould 明浇砂型

molde de areia seca dry sand mould 干砂模

molde de argila loam mould 泥型

molde de carga load cast 重荷模

molde de dolomite dolocast 白云石模，白云石铸型

molde de escorregamento slide cast 滑动模，滑动铸型

molde de esfriar metal chill 冷硬铸型

molde de ferro iron pattern 铁模；铸铁模型

molde de flauta flute cast 槽模，流槽铸型

molde de forjar forging die 锻模

molde de fundição casting mould, casting box 铸型

molde de gesso gypsum mould 石膏型

molde de grafite graphite mould 石墨模具

molde de impacto impact cast 冲击铸型，撞击铸型

molde de lingoteamento ingot mould 钢锭模

molde de marca de sola sole cast 底面印模

molde de superfície face mould 面模

molde de vazar lingotes ingot mould 钢锭模

molde deslizante sliding form 滑动模板

molde montado ⇨ **molde corrediço**

molde recuperável removable form 可回收模板

moldura *s.f.* ❶ frame; moulding, panel 框架；构架；支架 ❷ moulding 装饰线条

moldura boleada bolection, bilection 凸嵌线

moldura côncava cove 凹圆线脚

moldura de base base frame 底座；底架；底台；基架

moldura de borracha rubber moulding 胶模

moldura de cabeça head moulding 门窗额饰

moldura de canto de aço ancorada em betão steel angle frame anchored to concrete 锚固在混凝土中的角钢框

moldura de cantoneira (/canto de aço) steel angle frame 角钢框

moldura de espelho mirror frame 镜框

moldura de madeira sólida solid wood frame 实木框架

moldura de medida measuring frame 量料框

moldura de perfil semicircular staff bead 隅缘线

moldura do portal portal frame 桥门构架；龙门架

moldura de quadro picture mold 墙壁上部悬挂画框用的线条

moldura do radiador radiator cowling 散热器罩

moldura de teto crown molding [巴] 天花线，顶冠饰条，石膏线

moldura de vedação weatherstrip 密封条，阻风雨带

moldura e entalhe bead-and-quirk 凹槽圆线脚

moldura e vidro bezel and glass 玻璃和框

moldura em quilha brace molding 葱形线脚

moldura em talão bed molding 底层线脚

moldura friso bead 嵌条，平线脚

moldura horizontal (/linear) table 花檐；束带层

moldura para tampão frame of manhole 人孔盖架

moldura rasante slightly convex moulding 微凸的线条

moldura semicilíndrica reed 小凸嵌线

moldura vazada em forma de quarto de círculo congé 凹形线脚

molduragem *s.f.* [集] ❶ mouldings 装饰线条 ❷ wireway 电线槽

molduramento *s.m.* mouldings [集] 装饰线条

mole (mol) *s.f.* mole (mol) [葡] 摩尔，克分子（物质的量单位）

molechfor *s.m./f.* molechfor 软体动物-底栖有孔虫-棘皮组合碳酸盐岩

molécula *s.f.* molecule 分子

molécula-grama grammole; gram molecule 克分子 ⇨ mole

molécula polar polar molecule 极性分子

moledo *s.m.* ❶ big stone 大石块 ❷ decomposing rock forming pebbles or gravel [巴] 分解成沙砾的石块

molhabilidade *s.f.* wettability 润湿性

molhagem *s.f.* ❶ watering, irrigation 浇水，洒水 ❷ spreading 润湿，铺展

molhante ❶ *adj.2g.* wetting 使润湿的，浸润的 ❷ *s.m.* wetting agent 润湿剂

molhar ❶ *v.tr.,pron.* (to) wet, (to) water 弄湿，浇水 ❷ *v.tr.* (to) soak, (to) drench 浸泡，（使）湿透

molhe *s.m.* mole, sea wall 防波堤，突堤式码头

molhe e desembarcadouro loading berth 装船泊位

molho *s.m.* bunch （一）捆，扎 [经常用作量词]

molibdénio/molibdênio (Mo) *s.m.* molybdenum (Mo) 钼

molibdenite *s.f.* molybdenite 辉钼矿

molico *s.m.* mollic epipidon 暗沃表层

moliço *s.m.* seaweed 海草

molinete *s.m.* ❶ windlass, cathead 起锚机，吊锚架；卷扬机 ❷ turnstile 旋转式栅门 ❸ current meter, propeller current meter 流速计，旋桨式流速计 ❹ vane apparatus 导叶装置 ❺ windmill 作风车般旋转

molissolo *s.m.* molisol 松软土

Moltopren *s.m.* Moltopren 井上聚酯泡棉

momento *s.m.* momentum; moment 力矩；动量

momento angular angular momentum 角动量

momento angular intrínseco intrinsic angular momentum 固有角动量

momento bipolar dipole moment 偶极矩

momento canónico canonical momentum 正则动量

momento cinético total spin 自旋动量

momento conjugado conjugate momentum 共轭动量

momento de aceleração accelerating moment 加速力矩

momento do cristal crystal momentum 晶体动量

momento de dipolo eléctrico electrical dipole moment 电偶极矩

momento de dipolo magnético magnetic dipole moment 磁偶极矩

momento de elasticidade elastic moment, moment of elasticity 弹性力矩

momento de endireitamento righting moment 扶正力矩

momento de flexão bending moment 弯矩，弯曲力矩

momento de fricção frictional moment 摩擦阻力矩

momento de inércia moment of inertia 惯性矩

momento de massa mass moment 质量矩

momento do momento moment of momentum 动量矩

momento de perda stalling moment 失速力矩

momento de recuperação (/restauração) righting moment 复原力矩

momento de restabelecimento restoring moment 恢复力矩

momento de rolamento rolling moment 滚转力矩

momento de rotação hinge moment 铰链力矩

momento de tombamento overturning moment 倾覆力矩

momento de torção twisting moment, torque 扭矩，转矩

momento de torção máxima do motor stalling torque 停转转矩

momento de um binário moment of

couple 力偶矩

momento de uma carga moment of load 负载矩

momento de uma força moment of force 力矩

momento derrubador ⇨ momento de tombamento

momento elástico máximo maximum elastic moment 最大弹性力矩

momento eléctrico electric moment 电矩

momento estabilizante (/estabilizador) stabilizing moment 稳定力矩

momento flector ⇨ momento de flexão

momento linear linear momentum 线动量

momento magnético magnetic moment 磁矩，面磁矩

momento multipolar multipole moment 多极矩

momento negativo negative moment 负力矩

momento nuclear core moment 核矩；柱心力矩

momento polar polar moment 极矩

momento polar de inércia polar moment of inertia 极惯性矩

momento positivo positive moment 正力矩

momento resistente resisting moment 阻力矩

momento tetrapolar quadrupole moment 四极矩

momento torsor ⇨ momento de torção

monadnock s.m. monadnock 残留山丘；残丘

monazite s.f. monazite 独居石

monção s.f. monsoon 季风

monchiquito s.m. monchiquite 沸煌岩

monda s.f. weeding 除草，除杂草

mondador s.m. ⇨ mondadora

mondadora s.f. weeder 除草机

mondadora térmica thermal weeder 热除草机

monel s.m. monel 蒙乃尔镍铜锰铁合金

monitor s.m. ❶ monitor, visual display unit 显示器，监察器；监控器；监测仪 ❷ fire monitor 消防炮 ⇨ canhão monitor

monitor do bus de campo fieldbus monitor 现场总线监控

monitor de campo field monitor 现场监控器

monitor de chama flame monitor 火焰监测器

monitor de cloro livre free chlorine monitor 游离氯浓度监测仪

monitor de corrente current monitor 电流监控器

monitor de recursos resources monitor 资源管理器

monitor de vídeo video monitor 视频监视器

monitor LCD LCD monitor 液晶监视器

monitoração s.f. ⇨ monitorização

monitoramento s.m. monitoring 监测，监控

monitoramento ambiental environmental monitoring 环境监测

monitoramento de caudal flow monitoring 流量监测

monitoramento da integridade de autonomia da aeronave aircraft autonomous integrity monitoring 航空器自主完好性监控

monitoramento de pavimentos pavement monitoring 路面监测

monitoramento dinâmico dynamic monitoring 动态监控，动态监测

monitoramento por topografia monitoring survey 监测调查

monitorar v.tr. ⇨ monitorizar

monitorização s.f. monitoring 监测，监控

monitorização de qualidade de água water quality monitoring 水质监测

monitorizar v.tr. (to) monitor 监测，监控

monmoutito s.m. monmouthite 闪霞岩

mono- pref. mono- 单的，单个的

monobloco s.m. unibody, monoblock 整体式构件，一体成型构件；单片式汽车车身；整体汽缸座

monobóia s.f. monobuoy 单浮筒

monocarril s.m. monorail, single track railway 单轨铁路，跨坐式铁路

monocarril suspenso suspended monorail 悬挂式单轨铁路

monocilíndrico *adj.* single cylinder 单气缸的

monoclinal *s.m.* monoclinal 单斜

monoclínico *adj.* monoclinic 单斜的，单斜晶系的

monocozedura *s.f.* single firing 一次烧成

monocristalino *adj.* monocrystalline 单晶的

monocromador *s.m.* monochromator 单色仪

monocromático *adj.* monochrome 单色的

monocultura *s.f.* monoculture 单一种植

monoexportação *s.f.* monoexportation 单一产品出口

monofásico *adj.* monophase, single-phase 单相的

monofoto *s.f.* monophoto 莫诺照相排字机

monogénico *adj.* monogenic 单成的，单演的

monograma *s.m.* monogram 交织字母图案，由姓名首字母组成的图案

monograu *adj.2g.* monograde 单级的

monoidrato *s.m.* monohydrate 一水化物

monolítico *adj.* monolithic 单块，单片的

monólito *s.m.* monolith 独块巨石，整块石料

monómero/monômero *s.m.* monomer 单聚体；单分子

monómero de dieno propileno etileno vulcanizado vulcanized ethylene propylene diene monomer 硫化乙烯丙烯二烃单体

monômero etileno-propileno-dieno ethylene propylene diene monomer (EPDM) 三元乙丙橡胶（EPDM）

monométrico *adj.* monometric 等轴的

monomicto *s.m.* monomict 单矿碎屑岩，单矿沉积岩

monominerálico *adj.* monomineralic 单矿物的

monomodal *adj.2g.* monomodal 单峰的

monomodo *adj.2g.,s.m.* single mode 单模的；单模

monomotor *adj.* single-engine, single-engined 单引擎的，单发动机的

monoplano *s.m.* monoplane 单翼飞机

monopólio *s.m.* monopoly（卖方）垄断

monopólio natural natural monopoly 天然垄断

monopsónio/monopsônio *s.m.* monopsony 买方垄断

monóptero *s.m.* monopteron, monopteral 圆形外柱廊式建筑

monoqueima *s.f.* single-firing [巴] 一次烧成工艺

monossialitização *s.f.* monosiallitization 硅铝化作用

monotipo *s.m.* monotype 莫诺铸排机

monotonia *s.f.* monotony 单调

monotrilho *s.m.* monorail, single track railway 单轨铁路，跨坐式铁路

monovia *s.f.* monorail 单轨铁路

monovolume *s.m.* MPV, minivan 厢式旅行车

monóxido *s.m.* monoxide 一氧化物

monóxido de carbono carbon monoxide 一氧化碳

monóxilo *adj.* monoxylous 单块木料做的

monta-cargas *s.m.2n.* goods lift (/elevator), service lift (/ elevator) 货梯，载货升降机

montado *adj.* mounted 安装上的，集成的

montado no assento seat mounted 安装在座位上的

montada em console console mounted 控制台安装的，安装在控制台上的

montado no painel dash-mounted 集成在仪表盘上的，安装在仪表盘上的

montada na parede wall mounted 嵌墙式的

montado em recesso recessed mounted 隐蔽式安装的

montador *s.m.* ❶ fitter, assembler 安装工 ❷ editor（录音、录像等的）剪辑者

montador de andaimes scaffold assembler 脚手架工人

montador de cofragens form fixer 模板工

montagem *s.f.* ❶ assembly, erection, mounting 安装，装配，总成 ❷ editing, montage（录音、录像等的）编辑，剪辑；蒙太奇

montagem à distância remote mounting 远距离安装

montagem cardan cardan mount 万向悬

挂架

(de) montagem com amortecedores (/à prova de choques) shock mounting 防震安装（的）

montagem do cilindro cylinder mounting 气缸安装

montagem de fundo bottom-hole assembly 底部钻具

montagem de máquinas fitting of engines 机器组装

montagem de peças pequenas detail assembly 细部装配

montagem da sonda rig up 安装井架

(de) montagem dianteira front mounted 前置式（的）

montagem e desmontagem assembly and disassembly, assembly and dismantling 安装和拆除，建设和拆除

montagem e posta em marcha nas instalações installation and debug 安装和调试

montagem em balanço (/cantilever) cantilever mounting 悬臂安装

montagem em duplo suporte straddle mounting 跨装

(de) montagem em nicho wall mounted, recessed mounted 嵌墙式（的），隐蔽式安装（的）

montagem excêntrica eccentric fitting 偏心装配

montagem selectiva selective assembly 选择装配

montanha s.f. mountain 山

montanhoso adj. mountainous 多山的

montante ❶ s.f. upstream 上游 ❷ s.f. flood tide 涨潮 ❸ s.m. 1. montant 竖杆，立柱 2. queen post 桁架副柱 ❹ s.m. total, sum 总额，总数

montante angular corner post 角柱

montante de choque shock strut 缓冲杆

montante do contrato contract sum 合同金额

montante de fechamento lock stile 门锁框

montante de fixação hanging stile 铰链门梃

montante dos investimentos capital cost 资本开支

montante de junção meeting stile 连接板条

montante em dívida outstanding amount 债务总额

montante fixo lump sum, fixed sum 固定总额

montante liso blank jamb 平口门边框，无门档的门边框

montante suspenso hinge stile 铰链竖挡

montar v.tr. ❶ (to) assemble, (to) mount 安装，装配 ❷ (to) edit （录音、录像等的）编辑，剪辑

monte s.m. mountain, mount 山，山头

monte-ilha inselberg 岛山

monte submarino seamount 海底山

montebrasite s.f. montebrasite 磷锂铝石

monteia s.f. ❶ plan of a building with its dimensions 施工草图 ❷ space occupied by a building 建筑占用的地块

montesite s.f. montesite 硫磺锡铅矿

monticellite s.f. monticellite 钙镁橄榄石

montículo s.m. mound 土堤，土墩

montmorilonite s.f. montmorillonite 蒙脱石

montmorilonite sódica sodium montmorillonite 钠蒙脱石

montra s.f. shop window 商品橱窗

monumento s.m. monument 纪念性建筑物，纪念碑

monumento histórico historical monument 历史建筑

monzodiorito s.m. monzodiorite 二长闪长岩

monzogabro s.m. monzogabbro 二长辉长岩

monzogranito s.m. monzogranite 二长花岗岩

monzonito s.m. monzonite 二长岩

monzonorito s.m. monzonorite 二长苏长岩

moonpool s.m. moonpool 船井，月形开口

mor s.m. mor 粗腐殖质

mora s.f. ❶ delay 延迟 ❷ delayed payment 延迟付款 ❸ late payment fee 滞纳金

morada/moradia s.f. residence 住所，住宅

morada-inteira two-family apartment 一种两户合住的公寓户型。两户各自有独立的卧室、客厅，共用一套阳台、厨房、卫生间等。

moradia isolada detached house 独立式住宅；独立式房屋

moradia semi-subterrânea pit dwelling 窑屋

moraina *s.f.* ⇨ morena

moratória *s.f.* moratorium 延期偿付；延期偿付权，延缓偿付期

moratória da dívida debt moratorium 债务展期

mordaça *s.f.* jaw 卡爪

mordaça de aperto clamping jaw 夹钳，夹爪

mordaça do freio caliper 卡钳

mordedura *s.f.* ❶ undercut 底切；咬边 ❷ nibbling 步冲轮廓法

mordenite *s.f.* mordenite 丝光沸石

mordente *s.m.* ❶ mordant 媒染剂；染色剂 ❷ *(pl.)* bending jaws 弯曲钳口 ❸ bite, edge cover（切削加工时的）背吃刀量，切削深度；（玻璃安装入门、窗框后其边缘与可见线之间）嵌入深度

morena/moreia *s.f.* moraine, till 冰碛；冰碛物

morena de fundo ground moraine 底碛

morena frontal frontal moraine, end moraine 前碛；终碛

morena glaciária glacial till 冰碛

morena interlobular interlobate moraine 冰舌间碛，中分碛

morena intermediária intermediate moraine 中分碛

morena lateral lateral moraine 侧冰碛

morena recessiva recessional moraine 后退冰碛

morena terminal end moraine 终碛

moreia basal basal moraine 底冰碛

moreia dorsal ⇨ moreia mediana

moreia interna internal moraine 冰川内碛

moreia mediana median moraine 中碛

morenaico *adj.* morainal, morainic 冰碛的

morfoestrutura *s.f.* morphostructure 形态结构，地貌构造

morfogénese *s.f.* morphogenesis 地貌形成作用

morfologia *s.f.* morphology 形态学

morfologia de canal channel morphology 河床地貌

morfometria *s.f.* morphometry 形态计量学

morfossequente *adj.* morphosequent 地表地貌的

morfotectónica *s.f.* morphotectonics 构造地貌学；构造地貌特征

morganite *s.f.* vorobyevite, morganite 锰绿柱石

morgue *s.f.* morgue 太平间

mórion *s.m.* morion 黑晶

morno *adj.* warm 温暖的

morosidade *s.f.* slowness, tardiness 缓慢，延迟

morraceira *s.f.* islet 小岛，岛状孤立地带

morro *s.m.* hill, mound 小山，丘陵

morro testemunho inselberg, buttes-témoin 岛山，孤山，残山

morsa *s.f.* bench vice 台钳

morsa de cravação de tubo moldador casing oscillator 搓管机

mortagem *s.f.* mortising 开榫

mortar *s.f.* mortar structure 碎斑结构

morteiro *s.m.* compass bowl 罗经盆；罗经碗

morto *adj.* dead 不运转的；未通电的；"死"的

mosaico *s.m.* ❶ 1. mosaic 马赛克；镶嵌砖 2. mosaic, mosaicking 镶嵌工艺，拼花工艺 ❷ 1. mosaicking, image stitching 图像拼接 2. mosaic 镶嵌图 ❸ mosaic 镶嵌现象

mosaico aerofotográfico aerial mosaic 航拍图像镶嵌图

mosaico cerâmico glazed brick (ceramic tile) 釉面砖，瓷砖

mosaico cerâmico anti-derrapante slip-resistant tile 防滑瓷砖

mosaico colorido colorful mosaic 彩釉砖

mosaico de gelo ice breccia 冰角砾

mosaico de vegetação vegetation mosaic 植被镶嵌

mosaico de vidro glass mosaic 玻璃马赛克

mosaico florentino Florentine mosaic 佛罗伦萨式马赛克

mosaico fotográfico photo mosaic 像片镶嵌图

mosaico hidráulico terrazzo 水磨石

mosaico não controlado uncontrolled mosaic 无控制像片图

mosaico português portuguese stone paving 波浪图案的碎石铺面，常用于葡式铺

石路（calçada）

mosaico romano Roman mosaic 罗马式镶嵌细工；嵌花铺面

mosaico veneziano Venetian mosaic 威尼斯嵌镶细工

mosca *s.f.* fly 苍蝇

mosca de fruta fruit fly 果蝇

Moscoviano *adj.,s.m.* Moscovian; Moscovian Age; Moscovian Stage （地质年代）莫斯科期（的）；莫斯科阶（的）

moscóvio (Mc) *s.m.* moscovium (Mc) 镆，115 号元素

moscovitaxisto *s.m.* muscovite schist [巴] 白云母片岩

moscovite *s.f.* muscovite 白云母

mosqueado *adj.* mottled 有杂色的，斑驳的

mosquetão *s.m.* snap hook; carabiner 弹簧扣；强力挂钩；登山钩

mosquiteiro *s.m.* mosquito net 蚊帐

mosquito *s.m.* mosquito 蚊子

mossa *s.f.* notch; dent （刀刃上的）破口，豁口；（物体表面的）凹痕

mostra *s.f.* ❶ display, exhibition 展览；展示 ❷ sample 展品

mostra sinuosa wiggle display 波形曲线显示

mostrador *s.m.* ❶ dial 表面，表盘 ❷ indicator, telltale 指示器，登记机

mostrador de direcção direction indicator 方向指示器

mostrador de gasolina fuel gauge 燃油表

mostrador de pressão de óleo oil pressure indicator 油压表

mostrador de temperatura do motor engine temperature indicator 机温指示器

mostrador de velocidade speed gauge 速度表

mostrar *v.tr.* (to) show, (to) exhibit, (to) display 展示，出示，演示

mostruário *s.m.* showcase 陈列柜

mota *s.f.* motorcycle 摩 托 车 ⇨ motocicleta

mota de água water scooter 水上摩托

motel *s.m.* motel 汽车旅馆

motherboard *s.f.* motherboard 主 板 ⇨ placa-mãe

motivo *s.m.* motif（图案画、室内装饰的）基本图案；基本色彩

motivos florais floral motif 花卉图案，花卉花纹

moto ❶ *s.f.* motorcycle 摩托车 ⇨ motocicleta ❷ *s.m.* motion, impulse 运动

moto- *pref.* moto- 表示"运动的；发动机的"

moto-abrasivo *s.m.* abrasive cutter 研磨式切割机

motoarrancador *s.m.* motor starter 马达起动器；电动机起动器

motobomba *s.f.* engine driven pump 机动抽水机；机动泵，马达泵

motocabrestante *s.m.* motor winch 电动绞车；机动绞盘

motoceifeira *s.f.* motor mower, motor-scythe 机动割草机

motoceifeira-atadeira binder 收割打捆机

motocicleta *s.f.* motorcycle 摩托车，机动车

motociclo *s.m.* ⇨ motocicleta

motocompactador *s.m.* ⇨ rolo compactador

motocompressor *s.m.* motor compressor 电动压缩机

motoconservadora *s.f.* small grader 路面维护用小型平地机

motocrosse *s.m.* motocross 摩托车越野赛

motocultor/motocultivador *s.m.* hand-type tractor, power tiller 手扶拖拉机，动力耕耘机

motocultura *s.f.* mechanized farming 机械化耕作，机械化农业

motódromo *s.m.* motot racing track 摩托赛车道

motoenxada *s.f.* motor hoe 机动锄

motoescavotransportador *s.m.* ⇨ motoescrêiper

motoescrêiper *s.m.* motor scraper, self-propelled scraper 自行式铲运机

motoescrêiper com dupla motorização tandem powered elevating scraper 前后动力升运式铲运机

motoescrêiper em tandem two engine motor scraper 双发动机铲运机

motoesmeril *s.m.* electric grinder 电磨机，电动砂轮机

moto-expansor *s.m.* motor-expander 成有泡沫化料机

motofresa *s.f.* ⇨ motoenxada

motogadanheira *s.f.* motor mower, motor-scythe 机动割草机

　motogadanheira frontal de comando central front motor mower with center drive 中央驱动前置动力割草机

　motogadanheira frontal de comando lateral front motor mower with side drive 侧驱式前置动力割草机

　motogadanheira lateral side motor mower 侧驱式动力割草机

motogerador *s.m.* motor generator 电动发电机

motoguincho *s.m.* ⇨ motocabrestante

motonáutica *s.f.* motorboating 摩托艇运动

motoneta *s.f.* scooter 低座小摩托车，电动踏板车

motonivelador *s.m.* ⇨ motoniveladora

motoniveladora *s.f.* grader, motorgrader 平地机

　motoniveladora para mineração mining motor grader 矿用平地机

motoplanador *s.m.* motor glider 动力滑翔机

motopropulsor *adj.* (of) engine 机动的，发动机的

moto quatro *s.f.* quad bike 四轮摩托车；沙滩车

motor *s.m.* ❶ motor, engine 发动机，引擎 ❷ **(eléctrico)** electric motor 马达；电动机

　motor a autocombustão compression-ignition engine 压燃式发动机

　motor a diesel tuboalimentado e pósarrefecido duplo twin turbocharged and aftercooled diesel 双涡轮增压后冷式柴油发动机

　motor a explosão explosion motor 爆燃式发动机

　motor a gás gas engine 燃气发动机

　motor a gasolina petrol engine 汽油发动机

　motor a jacto jet engine 喷气式发动机

　motor a óleo oil engine 油机

　motor a pistão piston engine 活塞发动机

　motor a reacção reaction engine 反应式发动机，反力式发动机

　motor à turbina turbine engine 涡轮发动机

　motor à turbina a gás gas-turbine engine 燃气涡轮发动机

　motor aeronáutico aircraft engine 航空发动机

　motor aerotérmico air-breathing engine 吸气式发动机

　motor alternativo reciprocating engine 往复式发动机

　motor arrefecido a ar air-cooled engine 风冷发动机

　motor auto-síncrono selsyn motor 自同步电动机

　motor auto-síncrono diferencial differential selsyn motor 差动自动同步电机

　motor binário dual engine 双联发动机

　motor blindado enclosed motor 封闭电动机

　motor boxer flat engine 水平对置发动机

　motor com injecção de água wet engine 湿发动机

　motor composto compound motor 复励电动机

　motor crítico critical engine 临界发动机

　motor de acção simples single-acting engine 单动式发动机

　motor de accionamento drive motor 驱动电动机

　motor de acesso directo direct-acting engine 直接作动发动机

　motor de altitude altitude engine 高空发动机

　motor de alto rendimento high performance engine 高性能发动机

　motor de ar quente ⇨ motor térmico

　motor de arranque starting engine, cranking motor, starter 起动机，起动发动机

　motor de arranque elétrico (electric) starting motor, electric starter 起动电动机，电力起动器

　motor de arranque por impulso impulse starter 脉冲起动器

　motor de aviação aircraft engine 航空发动机

　motor de balanceiro beam-engine 横梁发动机

　motor de bomba pump motor 泵马达；

泵电动机

motor de campo dividido split field motor 分串激电动机，串励绕组分段式直流电动机

motor de cilindros alinhados (/em linha) in-line engine 直列式发动机

motor de cilindros axiais axial engine 轴向式发动机

motor de cilindros opostos opposed-cylinder engine 对置气缸发动机

motor de combustão externa external combustion engine, external explosion engine 外燃机

motor de combustão interna internal combustion engine 内燃机

motor de combustão pobre lean burn engine 稀混合气发动机

motor de combustão rotativa rotary combustion engine 旋转式内燃机

motor de deslocamento positivo positive-displacement motor 容积式马达，正排量马达

motor de dois tempos two-stroke engine, two-stroke cycle engine 二冲程发动机

motor de doze cilindros em V twin-six engine 双六缸发动机，水平对置式十二缸发动机

motor de dupla acção double action engine 双动引擎

motor de eixo duplo two-shaft engine 双轴发动机

motor de elevação hoisting motor 起重马达

motor de empuxo orientável vectored thrust engine 推力矢量发动机

motor de enrolamento composto compound wound motor 复励电动机，复激电动机

motor de expansão expansion engine 膨胀机，膨胀式发动机

motor de expansão múltipla multiple-expansion engine 多级膨胀发动机

motor de expansão quádrupla quadruple-expansion engine 四级膨胀发动机

motor de expansão tripla triple-expansion engine 三级膨胀发动机

motor de explosão combustion motor 内燃机

motor de fluxo duplo by-pass engine 双路式涡轮喷气发动机

motor de fundo downhole motor, dyna-drill, turbo-drill 井底马达，井底动力钻具

motor de fundo para navegação steerable motor （钻井）导向马达

motor de giro swing motor 摆动马达

motor de ignição por compressão compression ignition engine 压燃式发动机

motor de ignição por faísca (/por centelha/comandada) spark ignition engine 火花点火发动机

motor de indução induction motor 感应电动机，异步电动机

motor de indução linear linear induction motor (LIM) 线性感应马达

motor de inversão reversing motor 双向电动机

motor de lama mud motor 泥浆马达

motor do limpador (de parabrisa) (windshield) wiper motor （风挡）雨刮器电机

motor de múltiplas velocidades multi-speed motor 多速电机

motor de oito cilindros em linha straight-eight engine 直排八汽缸发动机

motor de panorâmico e inclinado pan-tilt motor 云台电机

motor de partida starting engine, cranking motor, starter 起动机，起动发动机

motor de partida a ar air starting motor 空气起动发动机

motor de partida com arranque retrátil recoil starter 反冲式起动机

motor de partida elétrico ⇨ motor de arranque elétrico

motor de pistões opostos opposed piston engine 对置活塞发动机

motor de popa outboard motor 舷外马达；外置马达；外装电动机

motor de propulsão propulsion engine 推进发动机

motor de quatro tempos four-stroke cycle engine 四冲程发动机

motor de reacção (/regeneração) reaction motor, reaction engine 反作用式发动机

motor de repulsão-indução repulsion-induction motor 推斥感应电动机

motor (eléctrico) de sincronização synchronizing motor 同步电动机

motor de tracção traction motor, traction engine 牵引电动机

motor de turbina turbine engine 涡轮发动机

motor de turbina a ar air turbine motor 空气涡轮发动机

motor de turbina de compressão composto compound turbine engine 复式涡轮发动机

motor de turbina de gás gas turbine 燃气轮机

motor de turbo-eixo turbo-shaft engine 涡轮轴发动机

motor de válvula à cabeça (/no cabeçote) valve-in-head engine 顶置气门发动机

motor do ventilador fan motor 风扇电机

motor da ventoinha do radiador radiator fan motor 散热器风扇电机

motor (a) diesel diesel engine 柴油机, 柴油发动机

motor diferencial differential motor 差动式马达, 差绕电动机

motores duplos dual engines 双联发动机

motor em linha straight engine 直列发动机

motor em seta arrow engine 箭形发动机

motor em V V-type engine V 形发动机

motor em X X-engine X 形发动机

motor eólico ❶ wind generator 风力发电机 ⇨ aeromotor ❷ windmill 风车

motor equipado com pós-arrefecedor aftercooled engine 后冷发动机

motor fora de borda outboard engine 舷外发动机; 舷外机

motor hermético canned motor 密封式电动机

motor hidráulico hydraulic motor 液压发动机, 水力发动机

motor horizontal horizontal engine 卧式发动机

motor impulsionador booster engine 助推发动机

motor invertido inverted engine 倒缸发动机

motor Latour-Winter-Eichberg Latour-Winter-Eichberg motor 拉图尔-文特-爱切伯格电动机

motor marítimo marine engine 船用发动机

motor misto compound motor 复励电动机

motor monocilíndrico one-cylinder engine 单缸发动机

motor para veículos automotive engine 汽车发动机

motor parado dead engine 熄火的发动机; 空中停车的发动机

motor parcial short-block 主引擎本体, 短缸体

motor policilíndrico multi-cylinder engine 多缸发动机

motor portátil portable engine 轻便发动机

motor principal prime mover 原动机

motor protótipo prototype engine 原型发动机, 样机

motor radial radial engine 星形发动机

motor refrigerado a água water-cooled engine 水冷发动机

motor refrigerado a ar air-cooled engine 风冷发动机

motor rotativo rotary engine, Wankel engine 转子发动机, 汪克尔引擎

motor sem engrenagem gearless motor 无齿轮电动机

motor sem escovas brushless motor 无刷电机

motor semi-diesel semi-diesel engine, half diesel engine 半柴油发动机

motor síncrono synchronous motor 同步电动机

motor superalimentado supercharged engine 增压式发动机

motor Stirling Stirling engine 斯特林发动机 ⇨ motor de combustão externa

motor térmico heat engine, thermal engine 热机, 热力发动机

motor tipo seco dry motor 干式电机

motor tractor tractor engine 拖拉机发动机

motor turboélice turboprop engine 涡轮螺旋桨发动机

motor turbojato turbojet engine 涡轮喷气发动机

motor turborreactor turbojet engine 涡轮喷气发动机
motor ventilado ventilated motor 通风电动机
motor vertical vertical engine 立式发动机
motor vibratório vibrating motor 振动电机
motor Wankel Wankel engine 汪克尔引擎，转子发动机 ⇨ motor rotativo
motoreta *s.f.* ⇨ motoneta
motor-home *s.m.* motor-home 住房式野营车
motorista *s.2g.* driver 司机，驾驶员
motorista amador amateur driver 业余车手
motorista de viaturas ligeiras ⇨ moto-rista ligeiro
motorista de viaturas pesadas ⇨ motorista pesado
motorista ligeiro light vehicle driver 轻型汽车司机
motorista novo new driver 新司机
motorista pesado heavy vehicle driver 重型汽车司机
motorista profissional professional driver 职业司机
motorista que fere e se evade hit and run driver 肇事逃逸司机
motorizada *s.f.* ❶ small moped, motor-assisted bicycle 机动脚踏车 ❷ motorcycle [安]摩托车
moto-roçadoira *s.f.* brush cutter 灌木清除机
motoscraper *s.m.* ⇨ motoescrêiper
moto-soldador *s.m.* motor welder 电动焊机
motosserra *s.f.* power saw, chain saw 电锯，链锯
motosserra a gasolina gas chain saw 汽油锯
motosserra eléctrica electric chain saw 电链锯
motramite *s.f.* mottramite 钒铜铅矿
motriz ❶ *adj.* motor, driving 动力的，驱动的 ❷ *s.f.* driving force 动力，原动力
motte *s.f.* motte（其上建造城堡，天然或人造的）土墩
motte e bailey motte and bailey 城寨城堡
mouchão *s.m.* islet 小岛，岛状孤立地带
mourão/moirão *s.m.* fence post, stake 栅栏柱
movediço *adj.* movable; unstable, unsteady 可移动的；不稳定的
móvel ❶ *adj.2g.* mobile 可移动的 ❷ *s.m.* piece of furniture 家具
móvel de estilo stylish furniture 时尚家具
móvel encastrado built-in furniture 内嵌式家具
móvel estofado upholstered furniture（带）软垫家具
móveis integrados de cozinha integrated kitchen cabinet 整体厨柜
móvel metálico metal furniture 金属家具
móvel tv TV bench 电视柜
mover ❶ *v.tr.,pron.* (to) move 移动，搬动 ❷ *v.tr.* (to) drive, (to) make (something) work 驱使，推动
movido *adj.* moved 驱使的；移动的
movimentação *s.f.* haulage, hauling 运输；搬运；拖运
movimentação de terras earthworks, earthmoving 土方工程，土方运输
movimentação máxima horária maximum hourly traffic 最大小时交通量
movimentar *v.tr.* ❶ (to) move, (to) put in motion, (to) drive 移动，开动，使运转 ❷ (to) transfer（使资金）周转；转账
movimento *s.m.* ❶ movement, motion 运动；移动 ❷ movement（金钱、资本的）流动，周转
movimento acelerado accelerated motion 加速运动
movimento alternativo reciprocating motion 往复运动
movimento angular angular movement 角运动
movimento ascendente upward movement 上升运动，向上运动
movimento basculante tilting movement 掀斜运动
movimento browniano Brownian motion 布朗运动
movimento cíclico cyclic motion 周期运动
movimento circular circular motion; circling motion 圆周运动

movimento circular uniforme uniform circular motion 匀速圆周运动

movimento coloidal colloidal movement 胶态运动

movimento constante constant motion 恒速运动；匀速运动

movimento contínuo continuous motion 连续运动

movimento controlado controlled motion 受控运动

movimento curvilíneo curvilinear motion 曲线运动

movimento das águas subterrâneas movement of groundwater 地下水运动

movimento de caixa cash flow, cash transaction 现金流；现金交易

movimento de capitais capital movement 资本流动

movimento de conta account activity, turnover in an account 账户活动，账户周转

movimento de corrediça link motion, slot link 连杆运动

movimento de crusta crust movement 地壳运动

movimento de duna dune movement 沙丘状移动

movimento de fluência creeping motion 蠕动

movimento de inclinação da embarcação yaw （船）偏航

movimento de junta joint movement 接缝位移，接缝位移量

movimento do maciço ground movement 地层移动

movimento de remoinho vortex motion 涡旋运动

movimento de restituição movement of restitution （弹性体的）复原

movimento de rotação rotary motion 旋转运动

movimento da terra earthworks, earthmoving 土方工程，土方运输

movimento de terra preliminar advance earthworks 前期土方工程

movimento do terreno ⇨ movimento do maciço

movimento (alternado) de vaivém back-and-forth motion, reciprocating motion 往复运动

movimento descendente downward movement 下降运动，向下运动

movimento diastrófico diastrophic movement 地壳运动

movimento diferencial differential movement 差异运动

movimento electrónico de documentos e dados electronic data interchange (EDI) 电子数据交换

movimento electrosmótico electroosmotic flow, electroosmotic motion 电渗流

movimento em campo livre free-field motion 自由场地运动

movimento no campo próximo near-field motion 近场运动

movimentos epirogénicos epeirogenic movements 造陆运动

movimento eustático eustatic movement 海面升降运动

movimento finito finite motion 有限的运动

movimento giratório spinning 旋转

movimento gravítico mass movement 块体运动

movimento harmônico harmonic motion 谐运动

movimento harmônico simples simple harmonic motion 简谐运动

movimento infinito infinite movement 无限运动

movimento laminar laminar motion 层流运动

movimento lateral lateral movement 横向位移，侧向位移；横向移动

movimento máximo horário maximum hourly traffic 最大小时交通量

movimento ondulatório wave motion 波动

movimento orogénico orogenic movement 造山运动

movimento oscilante oscillating motion 摇摆运动

movimento para frente e para trás shift back and forth 前后移动，来回移动

movimento parabólico parabolic motion

抛物线运动

movimento paraláctico parallactic movement 视差移动

movimento paralelo parallel motion 平行运动

movimento pendular swinging 摆动

movimento periódico periodic motion 周期运动

movimento peristáltico peristaltic movement 蠕动

movimento perpétuo perpetual motion 永恒运动

movimento planetário planetary motion 行星运动

movimento por inércia inertial motion 惯性运动

movimento positivo positive motion 正运动

movimento radial radial movement 径向运动

movimento rectilíneo rectilinear motion 直线运动

movimento rectilíneo uniforme uniform rectilinear motion 匀速直线运动

movimento relativo relative motion 相对运动

movimento retardado slow motion 慢动作

movimento rotativo rotary motion 旋转运动

movimento simples simple motion 简谐运动

movimento sísmico seismic motion 地震活动

movimento tangencial tangential motion 切向运动

movimento tectónico tectonic movement 构造运动；地壳运动

movimento uniforme uniform motion 匀速运动

movimento uniformemente acelerado uniformly accelerated motion 匀加速运动

movingui *s.m.* african satinwood 大叶崖椒木 (*Distemonanthus benthamianus*)

mucilagem *s.f.* mucilage 黏液

muda *s.f.* seedling, sapling 秧苗，树苗；[量] (一)株，(一)棵 (秧苗，树苗)

muda-fraldas *s.f.2n.* changing table 换尿布台

mudança *s.f.* ❶ change 变化，变动 ❷ removal, move 搬迁 ❸ gearshift, shifting 换挡

mudança abaixo downshift, downshifting 降挡

mudança acima upshifting 升挡

mudança automática de marcha automatic shifting 自动换挡

mudança climática climate change 气候变化

mudança de bitola gauge shift 变轨距

mudança de cor color change 颜色变化

mudança de curso change of course 河道改向

mudança de direcção change of direction 改变方向

mudança de escopo scope change 范围变更

mudança de fácies facies change 相变；岩相变化；层相变化

mudança do leito shifting of the bed; shifting of the main channel 河床移动

mudança de marcha gearshift, shifting 换挡

mudança de marcha em movimento on-the-go shifting 行进中换挡

mudança de óleo oil change 换油

mudança de proprietário change of ownership 所有权变更

mudança de residência removal of house 搬家

mudança de rumo change of course 改变航向

mudança do temperatura temperature change 温度变化

mudança do tempo change of weather 天气变化，变天

mudança de velocidade gear shift 变速，换挡

mudança doméstica ⇨ mudança de residência

mudança empresarial company relocating 公司搬迁

mudança eustática eustatic change 海平面升降变化

mudança organizacional organizational

change 组织变革

mudança para marcha mais alta ⇨ mudança acima

mudança para marcha mais baixa ⇨ mudança abaixo

mudança relativa do nível do mar relative sea-level change 相对海平面变化

mudança sob plena carga full power shift 全动力换挡

mudança técnica technical change 技术变革

mudança tecnológica technological change 科技变革

mudar ❶ *v.tr.* (to) move 移动，搬动 ❷ *v.tr.* (to) change 改变；更换 ❸ *v.intr.* (to) relocate, (to) move 搬迁

mudstone *s.m.* mudstone 泥岩

mufla *s.f.* muffle 马弗炉

mugearito *s.m.* mugearite 橄榄粗安岩

muito *adj.,sm.* much, many 多，多个
◇ **múltiplo** multiple 多倍的
◇ **enésimo** nth 第 n 个

muleta *s.f.* crutch; underarm crutch 拐杖；腋杖，腋下拐杖

muleta canadense forearm crutch 前臂拐杖

mulite *s.f.* mullite 富铝红柱石，莫来石

multa *s.f.* penalty 惩罚，处罚

multa de trânsito traffic fine 交通罚款

multangular *adj.2g.* multangular 多角的(通常指多于 4 个角的)

multar *v.tr.* (to) fine, (to) impose a fine（判处）罚款

multi- *pref.* multi- 表示"多的，多个的，多重的"

multiangular *adj.2g.* ⇨ multangular

multibanco *s.m.* ATM, cash machine 自动提款机，ATM 机

multicaixa *s.m.* ⇨ multibanco

multidireccional *adj.2g.* multidirectional 多方向的

multiespectral *adj.2g.* multispectral 多光谱的

multiface *adj.2g.* multifaced 多面的

multifacetado *adj.* ❶ versatile, multifaceted 通用的，万能的，多用途的 ❷ multifaceted（宝石等）多面的，多刻面的

multifamiliar *adj.2g.* multifamily 多户的（住房）

multifásico *adj.* (of) multiphase 多相的

multifeixe *adj.2g.,s.m.* multibeam 多波束（的），多束（的）

multifólio *s.m.* multifoil 多叶饰；繁叶饰

multifresa *s.f.* inter-row rotary cultivator 行间旋耕机

multifunção/multifunções *adj.inv.* multifunctional 多功能的（设备、器具）

multifuncional *adj.2g.* multifunctional 多功能的；身兼数职的

multigrau *adj.2g.* multigrade 多级的

multilátero *adj.* multilateral 多边的

multimalha *adj.2g.,s.f.* multi-loop 多回路（的）

multimédia *adj.inv.,s.2g.* multimedia 多媒体（的）

multímetro *s.m.* multimeter, multi-tester 万用表

multimodo *adj.,inv.s.m.* multimode 多模的；多模

multimotor *adj.2g.* multi-engine, multi-engined 多发动机的

multinacional ❶ *adj.2g.* multinational 多国的；跨国的 ❷ *s.f.* multinational corporation 跨国公司，跨国企业

multiníveis *adj.inv.* multi-level 多层的，分层的

múltipla *s.f.* multiple reflection 多次反射，复反射

múltipla assimétrica peg-leg multiple 微屈多次反射波

múltipla de fundo water-bottom multiple 海底复反射

múltipla da lâmina d'água water-bottom multiple 海底复反射

múltipla de superfície near-surface multiple 表层多次波

múltipla simples simple multiple 简单多次反射

multiplano *s.m.* multiplane 多翼飞机

multiplex ❶ *s.m.* multiplex 多路电子通信方式；多路传输方式 ❷ *adj.2g.* multiplex 多工的，多路传输的；多路复用的

multiplexação *s.f.* multiplexing 多路传输，多路复用，复用

multiplexador *s.m.* multiplexer 复用器

multiplexar *v.tr.* (to) multiplex 多路传输

multiplicação *s.f.* multiplication 倍增，乘法运算

multiplicação de torque torque multiplication 扭矩倍增

multiplicador *s.m.* ❶ multiplier 倍增器 ❷ multiplier, multiplicator 乘数

multiplicador de torque torque multiplier 扭矩倍增器

multiplicando *s.m.* multiplicand 被乘数

multiplicar *v.tr.,intr.* (to) multiply 倍增；乘，乘以

multiplicidade *s.f.* multiplicity 多重性

múltiplo *adj.* multiple 多重的，多倍的

multiprocessador *s.m.* multiprocessor 多（重）处理器

multiprocessamento *s.m.* multiprocessing 多重处理

multiprogramação *s.f.* multiprogramming 多级程序设计

multitacômetro *s.m.* multitachometer 多功能转速表

multitarefa *s.f.* multitasking; multithreading 多任务处理；多线程处理

multitubular *adj.2g.* multitubular 多管道的

multiusos *adj.inv.* multipurpose 多用途的，多功能的

multiusuário *adj.* multiuser 多用户的

multivibrador *s.m.* multivibrator 多谐振荡器

multivisão *s.m.* ❶ video wall 拼接大屏幕，拼接电视墙 ❷ adjustable support（电视用）悬臂式可调支架

mundial *adj.2g.* worldwide 世界（性）的，全世界的

mundo *s.m.* world 世界

munhão *s.m.* ❶ journal, bearing journal 轴颈、耳轴，轴承轴颈 ❷ link pin 连杆销；链销

munhão do cilindro cylinder trunnion 油缸耳轴，油缸枢销

munhão da direcção steering trunnion 转向轴枢销

munhão do eixo stub axle 短轴；耳轴

munhão de manivela crank pin 曲柄销

munhão esférico ball stud 球头螺栓

munhão principal main journal 主轴承轴颈

município *s.m.* municipality 城市，自治市，市

muqarnas *s.f.pl.* muqarnas 蜂窝拱，钟乳拱

mural ❶ *adj.2g.* mural 墙的，墙装的，壁挂的 ❷ *s.m.* mural 壁画

muralha *s.f.* (city) wall, rampart, high wall 城墙，高墙

muralha de sal salt wall 岩盐墙，盐墙

murça *s.f.* smooth-cut file 细纹锉

murete/mureta *s.f.* pony wall, low wall 矮墙

mureta da pista median barrier 中央路栏，中央分隔带护栏

mureta-guia guide frame （基础施工用）导架

murito *s.m.* murite 钙氯石

muro *s.m.* ❶ wall （尤指修建在其他建筑单元外部，起遮挡作用的）墙，围墙，挡墙 ❷ seam sole 煤层底板

muro ancorado earth tieback wall 锚杆挡墙

muro antierosão antiscour wall 防冲隔板

muro atirantado anchored wall 锚定墙；锚墙

muro-cais quay wall 岸壁；码头岸壁

muro celular bin wall 仓式挡土墙

muro com contenção geotêxtil geotextile retaining wall, geotextile wrap-face wall 土工布裹面挡土墙

muro corta-águas ❶ cut-off wall 截水墙，堰板 ❷ toe wall; foot wall 矮墙；脚墙

muro corta-fogo fire resisting wall 阻火墙，挡火墙

muro "crib wall" ⇨ muro de arrimo tipo fogueira

muro de ala wing wall 翼墙；撑壁

muro de ala paralelo spandrel wall 拱肩墙

muro de alvenaria masonry wall 砌石墙

muro de alvenaria armada reinforced masonry wall 配筋砌体墙

muro de aproximação guide wall 导流墙，导水墙

muro de arrimo ⇨ muro de contenção

muro de arrimo em degraus stepped side wall 阶式边墙

muro de arrimo tipo fogueira crib wall 框格式（挡土）墙

muro de calhaus e argamassa boulder wall 大块石墙

muro de cintura enclosing wall （可遮挡住外部视线的高）围墙

muro de concreto armado reinforced concrete wall 钢筋混凝土墙

muro de concreto ciclópico cyclopean concretewall 毛石混凝土墙

muro de consola cantilever retaining wall 悬臂式挡土墙

muro de contenção retaining wall 挡土墙

muro de contrafortes counterfort wall 扶壁式挡土墙

muro de cortina de vidro glass curtain wall 玻璃幕墙

muro de eclusa lock wall 闸墙

muro de espera ❶ reacting-force wall 反力墙 ❷ base wall 底层墙

muro de estacas pranchas sheet pile wall 板桩墙

muro de fachada front wall 前墙

muro de flexão ⇨ muro de consola

muro de fundação foundation wall 基础墙

muro de gabiões rock block wall 石笼墙

muro de gravidade gravity wall 重力式墙

muro de impacto ⇨ muro deflector

muro de meação party wall 共用墙

muro de nuvens wall cloud 云墙

muro de pé toe wall; foot wall 矮墙；脚墙

muro de pé de aterro base wall 底层墙

muro de pedra seca dry stone wall 干砌墙，干砌石墙

muro de pedra talhada hewn stone wall 粗琢石墙

muro de peso ⇨ muro de contenção

muro de placa estabilizadora relief shelf retaining wall 支搁板挡土墙

muro de proteção contra ondas wave wall 防浪墙

muro de revestimento lining-wall 内衬墙

muro de revestimentos pregados soil-nail retaining wall 土钉式挡土墙

muro de suporte ❶ bearing wall 承重墙 ❷ retaining wall 挡土墙

muro de suporte ancorado anchored retaining Wall 锚杆式挡土墙

muro de sustentação revetment, facing wall, breast wall 护岸墙；护墙；护坡

muro de terra armada reinforced earth retaining wall 加筋土式挡土墙

muro de testa wing wall （过水建筑物进出口两侧，用于挡土和导流的）翼墙

muro de tranquilização baffle wall 分水墙；挡水板墙

muro de vedação fence wall 围墙

muro deflector baffle wall 消力墙，分水墙

muro divisório divider wall 隔墙

muro em alta wing wall 翼墙

muro em balanço cantilever wall 悬臂墙

muro em trincheira slurry trench wall 泥浆槽防渗墙

muro engradado crib retaining wall 框条式挡土墙

muro flexível flexible wall 柔性墙

muro-guia guide wall, training wall 导流壁，导流墙

muro guia da parede moldada diaphragm guide wall 隔水导流墙

muro insosso dry-stone wall 干石墙

muro lateral ao emboque tunnel wing wall 隧道翼墙

muro marinho bulkhead 堤岸墙

murundu *s.m.* earthroad hump 土路上的路拱

muscovite *s.f.* ⇨ moscovite

museu *s.m.* museum 博物馆

musgoso *adj.* mossy 布满苔藓的，长满苔藓的

music hall *s.m.* music hall 音乐厅

musseque *s.m.* [安] ❶ "musseque" 罗安达周围的红土地 ❷ "musseque", slum 贫民区

mustímetro *s.m.* saccharometer 糖量计

mutagéneo *s.m.* mutagen 诱变剂

mutene *s.m.* mutenye 阿诺古夷苏木（*Guibourtia arnoldiana mutenye*）

mutirão *s.m.* cooperative work 协同工作

mutuário *s.m.* borrower 借款人

mútulo *s.m.* mutule （多立克式的）檐底托板

muxarabiê/muxarabi *s.f.* mashrabiya 阿拉伯风格窗花

Mylar *s.f.* Mylar 聚酯薄膜

N

na in (the) em 与 a 的缩合形式 [相关条目见 em]

nácar s.m. nacre 珍珠母；珍珠层

nacarado adj. nacreous 珍珠母的，珍珠（质）的

nacela s.f. ❶ scotia 柱基的凹形线脚 ❷ 1. nacelle（飞机的）引擎舱，短舱 2. pod, nacelle（飞机、无人机的）吊舱

nacela do motor engine compartment 发动机舱

nacionalidade s.f. nationality 国籍

nacrite s.f. nacrite 珍珠石

nadir s.m. nadir 天底，天底点

nadiral adj.2g. (of) nadir, nadiral 天底的

nafta s.f. naphtha 石脑油

naftabetume s.m. naphthabitumen 石油沥青

naftalina s.f. naphthalene; mothball 萘；樟脑球

nafténico s.m. naphthenic 环烷的

nafteno s.m. naphthene 环烷

naftina s.f. naphtine 伟晶蜡石

nagiagite s.f. nagyagite 叶碲矿

náilon s.m. ⇨ nylon

nano- (n) pref. nano- (n) 表示"纳，毫微，十亿分之一，10^{-9}"

nanofiltração s.f. nanofiltration 纳滤，纳米过滤

nanofóssil s.m. nanofossil 超微化石

nanograma s.m. nanogram 纳克

nanómetro/nanômetro (nm) s.m. nanometer (nm) 纳米

nanossegundo (ns) s.m. nanosecond (ns) 纳秒

nanotecnologia s.f. nanotechnology 纳米科技

não cancerígeno adj. non-carcinogenic 不致癌的，非致癌性的

não concordância s.f. nonconformity 不整合

não condutor adj.,s.m. nonconducting 不导电的；非导体

não conformidade s.f. nonconformity 不整合

não conformidade química chemical unconformity 化学不整合

não consolidado adj. unconsolidated 不固结的，松散的

não cristalino adj. noncrystalline 非晶的

não cumprimento s.m. nonperformance 不履行

não destrutivo adj. non-destructive 非破坏性的

não disparado adj. unfired 未燃烧的；未点燃的

não-estilhaçável adj.2g. shatterproof 防碎的

não estratificado s.m. unstratified 非层状的，无层理的，不成层的

não estrutural adj.2g. non-load bearing 非承重的

não excitação s.f. drop-outs 失电

não excitado adj. unexcited 未励磁的

não execução adj. non-execution 不执行；不履行

não faiscador adj. non-sparking 无火花的

não-incenditivo adj. non-incendive 非易

燃的

não inductivo *adj.* non-inductive 无电感的

não iónico/não iônico *adj.* nonionic 非离子的，非电离的

não linear *adj.2g.* non-linear 非线性的

não metálico ❶ *adj.* non-metallic 非金属的；非金属光泽的 ❷ *s.m.* non-metallic 非金属物质

não pagamento *s.m.* non-payment 不支付；未付款

não-polar *adj.2g.* non-polar 非极性的

não poluente *adj.2g.* non-polluting 无污染的

não propagador *adj.* flame retardant, no flame spread 阻燃的

não recondicionável *adj.2g.* unrebuildable 无法翻修的

não reembolsável *adj.2g.* non refundable, not refundable 不退款的

naos *s.m.* naos 古寺院；神殿

não saturado *adj.* unsaturated 不饱和的

não sequencial *adj.2g.* non-sequential（地层、岩层）间断的，缺失的

não tecido *adj.* non-woven 非织物的，无纺的

não tóxico *adj.* non-toxic 无毒的

não uniformidade *s.f.* nonuniformity 非一致性，不均匀性

não uniformidade do campo acústico sound field nonuniformity (SFN) 声场不均匀度

não-vítreo *adj.* non-vitreous 非玻璃质的，非玻璃化的

não volátil *adj.2g* non-volatile 非挥发性的；非易失性的

napa *s.f.* napa leather 小羊皮

napalito *s.m.* napalite 蜡状烃类

napoleonito *s.m.* napoleonite 球状辉长岩，球状闪长岩

nappe de charriage *s.f.* nappe de charriage 上冲层

nariz *s.m.* nose（机器、建筑物的）凸出部分；船首，机头

nariz de lançamento auxiliary cantilever 辅助悬臂

nariz do pilar pier nose 桥墩头部，桥墩尖端

nártex/nartece *s.m.* narthex 教堂前厅

nártex exterior outer narthex（通往教堂中殿的）外堂；外殿 ⇨ exonártex

nártex interior inner narthex（通往教堂中殿的）教堂内门厅

nascença *s.f.* springing, springline 起拱点，起拱线，起拱面

nascença do extradorso springing of extrados 拱背起拱线

nascença do intradorso springing of intrados 拱腹起拱线

nascente ❶ *s.f.* spring 水源，泉 ❷ *s.m.* east 东方 ❸ *s.m.* sunrise 日出

nascente artesiana artesian spring 自流泉

nascente cársica karst spring 岩溶泉，喀斯特泉

nascente de contacto contact spring 接触泉

nascente de degelo defrost spring 冰融泉

nascente de falha fault spring 断层泉

nascente hipogénica hypogene spring 上升泉

nascente intermitente intermittent spring 间歇泉

nascente mineral mineral spring 矿泉

nascente petrolífera petroleum spring, oil storage 油泉

nascente termal thermal spring 温泉

nascente vauclussiana Vauclusian spring 洞泉

nascer do sol *s.m.* sunrise 日出

nata *s.f.* cement slurry 水泥浆

natação *s.f.* swimming 游泳，游泳运动

nateiro *s.m.* slime 淤泥，淤泥层；矿泥

natrão *s.m.* natron 泡碱，天然碳酸钠

nátrico *s.m.* natric horizon 钠质层

natrite *s.f.* natrite, natron 泡碱

natrocarbonatito *s.m.* natrocarbonatite 钠碳酸岩

natrofilite *s.f.* natrophyllite 磷钠锰矿

natrolite *s.f.* natrolite 钠沸石

natrólito *s.m.* ⇨ natrolite

natureza *s.f.* ❶ nature, character, property 性质，属性，特性 ❷ kind, type 种类，品种

natureza de mercadoria ❶ nature of commodity 商品属性 ❷ kind of goods 商品种类，货物类别

naujaíto *s.m.* naujaite 方钠霞石正长岩

navalha *s.f.* razor 剃刀

nave *s.f.* ❶ nave 教堂中殿 ❷ facility, complex （内部跨度大的封闭性）厂房，场所 ❸ craft （航空、航天用的）飞船

nave (industrial) de galinhas hen house （工业化）鸡舍

nave espacial spacecraft 宇宙飞船，航天器

nave gimnodesportiva gymnasium 体育馆

nave industrial industrial premise 工业化生产场所

nave lateral side-asile 教堂侧廊

nave oficinal workshop (building) 车间厂房

nave para armazém warehouse (building) 仓库厂房

navegação *s.f.* ❶ navigation; shipping 航行 ❷ navigation 导航 ❸ surfing, navigation 上网

navegação à vela sailing 帆船运动

navegação aérea ❶ air traffic 航空运输 ❷ air navigation 空中导航

navegação baseada em performance performance-based navigation 基于性能的导航

navegação costeira coastal shipping 沿岸航行

navegação de lazer pleasure boating 乘船游览

navegação Doppler Doppler navigation 多普勒导航

navegação estimada dead reckoning 推测领航

navegação fluvial river navigation 内河航行

navegação interior inland navigation 内河航行

navegação marítima maritime navigation 海上航行；航海

navegação por área area navigation 区域导航

navegação por instrumentos instrument navigation 仪表导航

navegação por satélite satellite navigation 卫星导航

navegador *s.m.* browser 浏览器

navegar ❶ *v.intr.* (to) navigate, (to) sail 航行 ❷ *v.tr.* (to) surf, (to) browse 上网

navio *s.m.* ship （大型）船

navio alvo target ship 靶船

navio canhoneiro gunboat 炮艇

navio-cisterna tanker 油轮

navio de bloqueio blockader 封港舰

navio de carga cargo ship 货船

navio de estimulação de poços well stimulation vessel 油井增产船

navio de guerra warship 军舰

navio de lançamento de linhas lay barge 铺管船

navio de manuseio de âncoras anchoring handling tug supply vessel 锚作拖轮供应船

navio de passageiros passenger ship 客船

navio de perfuração drill ship 钻井船

navio de pesca fishing vessel 渔船

navio de suprimento supply vessel 供应船

navio destinado specified ship 指明船舶

navio DP dynamic positioning ship 动态定位船

navio-fábrica factory ship 渔业加工船

navio-farol light ship 灯塔船

navio guarda-costas guard ship 警卫艇

navio-hospital hospital-ship 医院船

navio mercante merchant ship 商船

navio oceânico ocean going ship 远洋船

navio quebra-gelos icebreaker 破冰船

navio ro-ro ro-ro ship 滚装船

navio-sonda drillship [巴] 钻井船

navio-tanque tank-ship, tank-steamer 油轮

navio-tanque de gás very large gas carrier (VLGC) 超大型液化气船

navio-tanque de petróleo very large crude carrier (VLCC) 超大型油船

navio transoceânico ⇨ navio oceânico

navio-transporte cargo ship; transport ship 运输船

navio-transporte de tropas troopship 运兵船

navisfério *s.m.* star globe 天球仪；星象仪

nebkha *s.f.* nebkha 灌丛沙堆

neblina *s.f.* mist, fog 雾

nebulito *s.m.* nebulite 星云岩

nebulização *s.m.* nebulization 雾化

nebulizador *s.m.* nebulizer, spray 喷雾器

nebulosa *s.f.* nebula 星云

nebulosidade *s.f.* cloudiness, cloud amount 云量

necessária *s.f.* privy, latrine, necessarium 厕所

neck *s.m.* neck 岩颈，岩栓

necrópole *s.f.* necropolis 墓地

nécton *s.m.* nekton 自游生物；游泳动物

nectónico *adj.* nektonic 自游的

nefelina *s.f.* nepheline 霞石

nefelinito *s.m.* nephelinite 霞岩

nefelinolito *s.m.* nephelinolite 霞石岩

nefógrafo *s.m.* nephograph 云图拍摄机

nefoscópio *s.m.* nephoscope 测云器

nefrite *s.f.* nephrite 软玉

nega *s.f.* ❶ refusal of pile; detonation failure 拒捶；拒爆 ❷ refusal point 拒受点，桩止点

negar *v.tr.* (to) deny; (to) reject 否认；拒绝

negatividade *s.f.* negativity 负性，阴性

negativo ❶ *adj.* negative 否定性的；阴性的；负电的；负的；（温度）零下的 ❷ *s.m.* negative die, cavity block 阴模，（浇注基础时用来预留管线的）凹块 ❸ *s.m.* negative 底片 ❹ *s.m.* negative 负数

negatrão *s.m.* negatron 负电子

negligência *s.f.* negligence 疏忽

negociação *s.f.* negotiation 谈判

negociante *s.2g.* businessman 商人

negociar *v.tr.* (to) negotiate 谈判，商谈

negócio *s.m.* business, trade, deal 交易；贸易
negócios por baixo da mesa under-the-table deal 桌下交易

negro *adj.,s.m.* black 黑色的；黑色
negro de fumo soot 煤烟灰

nelsonito *s.m.* nelsonite 钛铁磷灰岩

nemafito *s.m.* nemafite 霞石镁铁岩

nematoblástico *adj.* nematoblastic 纤维变晶的（结构）

nembo *s.m.* solid masonry between windows 台基，石台座

neo- *pref.* neo- 表示"新的，现代的"

Neoarcaico *adj.,s.m.* Neoarchean; Neoarchean Era; Neoarchean Erathem [葡]（地质年代）新太古代（的）；新太古界（的）

Neoarqueano *adj.,s.m.* [巴] ⇨ Neoarcaico

neoautóctone *s.m.* neoautochthon 新原地岩体

Neobarroco *adj.,s.m.* Neo-baroque 新巴洛克风格

neoblasto *s.m.* neoblast 新生变晶

neoclassicismo *s.m.* Neo-classicism 新古典主义

neoclássico *adj.* neoclassical 新古典主义的

neodímio (Nd) *s.m.* neodymium (Nd) 钕

neoformação *s.f.* neoformation 新矿物生成作用

neoformado *adj.* neoformed 新生矿物的

neogénese *s.f.* neogenesis 新矿物生成作用

neogénico ❶ *adj.* neogenic 新生矿物的 ❷ *s.m.* [M] Neogene; Neogene Period; Neogene System [葡]（地质年代）新近纪（的）；新近系（的）

Neógeno *adj.,s.m.* Neogene; Neogene Period; Neogene System [巴]（地质年代）新近纪（的）；新近系（的）

neogótico *adj.* Neo-gothic 新哥特式的

neomagma *s.m.* neomagma 新生岩浆

neomorfismo *s.m.* neomorphism 新生变形作用

néon/neónio/neônio (Ne) *s.m.* neon (Ne) 氖

neoprene/neopreno/neoprênio *s.m.* neoprene 氯丁橡胶，合成塑胶

Neoproterozoico *adj.,s.m.* Neoproterozoic; Neoproterozoic Era; Neoproterozoic Erathem （地质年代）新元古代（的）；新元古界（的）

neossoma *s.m.* neosome 新成体

neotectónica *s.f.* neotectonics 新构造学

neovulcanismo *s.m.* neo-volcanism 新火山活动

néper (Np) *s.m.* neper (Np) 奈培（衰耗单位）

neptúnio (Np) *s.m.* neptunium (Np) 镎

neptunismo *s.m.* neptunism 水成论

nereite *s.f.* nereite 类沙蚕迹

nerítico *s.m.* neritic 近海的，浅海的

nervura *s.f.* ❶ rib 肋板，肋条 ❷ tyre engraving 胎面花纹
nervura central center rib 中挡边
nervura de aresta ogive 尖形拱肋

nervura de cumeeira ridge rib 屋脊肋

nervura da parede wall rib 附墙拱肋

nervura de reforço reinforcing gussets 增强肋

nervura diagonal diagonal rib 斜肋

nervura intermediária ⇨ terciarão

nervura-mestra compression rib 受压肋

nervura perfilada former rib 保形肋

nervura transversal arc doubleau 横向拱

nervuramento *s.m.* ribbing [集] 肋板，肋条

nesografia *s.f.* islandology, island studies 岛屿学

nesossilicato *s.m.* nesosilicate 岛状硅酸盐

neutralidade *s.f.* neutrality 中立，中性

neutralidade de carbono carbon neutral, carbon neutrality 碳中和

neutralidade de imposto tax neutrality 税收中性

neutralização *s.f.* neutralization 中和

neutralizador *s.m.* neutralizer 中和器；中和剂

neutralizante *adj.2g.* neutralizing 中和的

neutralizar *v.tr.* ❶ (to) neutralize 使…中立；抵消；中和 ❷ (to) override 超驰控制，用手控方式来消除自动控制的作用

neutrão *s.m.* neutron [葡] 中子

neutro ❶ *adj.* neuter, neutral 中性的;中和的;不带电的 ❷ *s.m.* dead center 死点，止点

nêutron *s.m.* neutron [巴] 中子

nevadito *s.m.* nevadite 斑流岩

nevado *s.m.* névé 粒雪，永久冰雪，万年雪

nevar *v.tr.,intr.* (to) snow 下雪

nevasca *s.f.* blizzard 暴风雪

neve *s.f.* snow 雪

neve amontoada snowbank 雪堤

neve antiga firm snow 实雪

neve carbónica dry ice 干冰

neve gelada glaze 雨淞

neve granulada firn 粒雪

neve jacente lying snow 积雪

neve perpétua ice cap 冰盖

neve rolada snow pellets 雪丸

neve semiderretida sludge 泥状雪

neveira *s.f.* snowfield 雪地

neviza *s.f.* firn 粒雪

névoa *s.f.* fog, mist 雾，云雾

névoa glaciária frost haze 霜霾

névoa seca dry fog 干雾；霾

nevoeiro *s.m.* fog, mist 浓雾，大雾

nevoeiro alto fog aloft 高雾

nevoeiro baixo low fog 低雾

nevoeiro com precipitação rain fog 雾雨

nevoeiro congelado (/de cristais de gelo) frost fog 冻雾

nevoeiro de advecção advection fog 平流雾

nevoeiro de combustão (/cidade) combustion fog 烟雾

nevoeiro de convecção hill fog 山雾

nevoeiro de gotejamento drip fog 雾滴

nevoeiro de monção monsoon fog 季风雾

nevoeiro de radiação radiation fog 辐射雾

nevoeiro de superfície surface fog 地雾

nevoeiro de vapor steam mist 蒸汽雾

nevoeiro dicróico dichroic fog 二色灰雾

nevoeiro fotoquímico photochemical fog 光化学烟雾

nevoeiro gelado (/glaciário) ice fog 冰雾

nevoeiro húmido wet fog 湿雾

nevoeiro marítimo frio e húmido haar 哈雾（苏格兰东部、英格兰东北部一种湿冷海雾）

nevoeiro químico chemical fog 化学灰雾

nevómetro/nevômetro *s.m.* snow gauge 雪量计

newton (N) *s.m.* newton (N) 牛顿(力单位)

newton metro (Nm) newton meter (Nm) 牛顿米，牛米

newton/metro quadrado newton/square meter 牛顿每平方米

N'Glumase *s.m.* bilinga 狄氏黄胆木（ *Nauclea diderrichii* ）

niangon *s.m.* niangon 非洲银叶树(*Tarrietia densiflora*)

nicho *s.m.* niche ❶壁龛；墙壁的凹进处 ❷ niche 生态位，小生境 ❸ niche 利基市场

nicho da lareira inglenook 壁炉边凹处

nicho de parede wall niche 壁龛

nicho ecológico ecological niche 生态位

nicol *s.m.* Nicol prism 尼科尔棱镜

nicolite *s.f.* nicolite 红砷镍矿

nicosulfurão *s.m.* nicosulfuron 玉农乐，烟

嘧磺隆

nife *s.m.* nife 镍铁地核；镍铁圈

nigritite *s.f.* nigritite 煤化沥青

Ni-Hard *s.m.* Ni-Hard 铁镍冷硬铸铁

niligongito *s.m.* niligongite 白榴霓霞岩

nilómetro/nilômetro *s.m.* nilometer 尼罗河水位测量标尺

nimbo *s.m.* nimbus 雨云

nimbo-estrato nimbostratus 雨层云

ninho *s.m.* nest 巢，窝

ninho de geofones nest of geophones 检波器组合

ninho de pássaro bird's nest 鸟巢，[M]（特指中国国家体育场）鸟巢

ninho em concreto honeycomb （混凝土的）蜂窝

nióbio (Nb) *s.m.* niobium (Nb) 铌

niobite *s.f.* niobite 铌铁矿

niobite-tantalite *s.f.* niobite-tantalite 铌钽铁矿

niple *s.m.* nipple, spraying nozzle 管接头，喷嘴

niple de desengate rápido quick-disconnect nipple 速拆卸接头

niple de extensão extension coupling 加长短节

niple de junção pipe nipple 管接头

niple sino bell nipple 钟形导向短节

nipónlo (Nh) *s.m.* nihonium (Nh) 钅+113号元素

níquel (Ni) *s.m.* nickel (Ni) 镍

níquel escovado brushed nickel 拉丝镍

niquelação *s.f.* nickel plating 镀镍

niquelar *v.tr.* (to) nickel 镀镍

niquelífero *adj.* nickelous 含镍的

niquelina/niquelite *s.f.* nickeline 红砷镍矿

nitidez *s.f.* sharpness 锐度

nítido *adj.* clear; sharp 干净的，整洁的；清楚的；清晰的

nitração *s.f.* nitration 硝化

nitrado *adj.* nitrated 硝化的，硝酸化的

nitratina *s.f.* nitratine 钠硝石

nitrato *s.m.* nitrate 硝酸盐

nitrato de amónio ammonium nitrate 硝酸铵

nitrato de cálcio calcium nitrate 硝酸钙

nitrato do Chile Chile nitrate 智利硝石

nitrato de prata silver nitrate 硝酸银

nitrato de sódio sodium nitrate 硝酸钠

nitreira *s.f.* nitre pit 硝石矿坑

nitretação *s.f.* ⇨ nitrificação

nitreto *s.m.* nitride 氮化物

nítrico *adj.* nitric 氮的，含氮的

nitrificação *s.f.* nitriding 氮化，渗氮

nitrila *s.f.* nitrile 腈

nitrila altamente saturada (HSN) highly saturated nitrile (HSN) 高饱和丁腈

nitrito *s.m.* nitrite 亚硝酸盐

nitro *s.m.* niter 硝石；硝酸钾

nitrocelulose *s.f.* nitrocellulose 硝化纤维，火棉

nitrogelatina *s.f.* blasting gelatin 甘油炸药；爆炸胶

nitrogénio/nitrogênio (N) *s.m.* nitrogen (N) 氮

nitroglicerina *s.f.* nitroglycerine, blasting oil 硝化甘油

nitrosação *s.f.* nitrosation 亚硝化

nitruração *s.f.* nitriding 氮化，渗氮

nitrurado *adj.* nitrided 氮化的，渗氮的

nival *adj.2g.* nival 多雪的，终年积雪的

Nivarox *s.m.* Nivarox 尼瓦洛克斯合金

nível *s.m.* ❶ 1. level 水平；水平线；水平面；水平层 2. level line 水准线 ❷ level 水平，程度，等级 ❸ level gauge, leveling instrument 水平仪，水准测量仪 ❹ straining piece, straining beam 拉梁，跨腰梁

nível a laser laser level 激光水平仪

nível autonivelador self-leveling level 自安平水准仪

nível capilar capillary level 毛细面

nível crítico de jusante highest tailwater level 最高下游水位

nível de ácido de bateria battery acid level 电池酸位

nível de aditivação additive level 添加剂总含量

nível de água ❶ water level 水平面；水位 ❷ water level 水平仪，水准器

nível de água livre free-water level 自由水位

nível de altitude altitude level 高度水准器

nível de andar térreo ground floor level 地面层水平

nível de ar air level 气泡水准仪

nível de audição hearing level 听力级，听阈级

nível de base base level, datum 基准面

nível de base cársico karstic base level 岩溶基准面

nível de base geral general base level 总基准面

nível de base local local base level 局部基准面；当地基准面

nível de bolha (/de água/de ar) spirit level 气泡水准仪

nível de câmara chambered level tube 气室水准器

nível do canal de fuga tailwater level 尾水位

nível de carga ❶ charge level 料面；料线 ❷ charge level 电池电量

nível de cheia flood level 洪水位，洪水警戒线，溢流水位

nível de combustível fuel level 油位

nível de compensação compensation level 补偿面；补偿深度

nível de condensação condensation level 凝聚高度

nível de condensação de mistura mixing condensation level 混合凝结高度

nível de confiança confidence level 置信水平，置信度

nível de contribuição de combustível fuel-contribution level （建筑材料的）燃烧热值

nível de controlo quality control level 质量控制等级

nível de datum datum level 基准面

nível de drenagem drainage level 排水水准面

nível do escorvamento priming level 起动水位

nível de esforço level of effort 投入水平

nível de espera limiting level during flood season 防洪限制水位

nível de estrada road level 路面水平

nível de fluido estático static fluid level 静液面

nível de fumaça produzida smoke-developed rating （建筑材料的）发烟量等级

nível de iluminação illumination level, illuminance level 照明度

nível de intensidade intensity level 强度级；场强电平；亮度电平

nível de intensidade sonora sound intensity level 声强级

nível de interferência interference level 干扰电平

nível de isolamento level of insulation 绝缘等级

nível de jusante tailwater level 下游水位

nível de mão hand level 手持水平仪

nível do mar sea level 海平面

nível de máxima cheia (NMC) maximum water level 最高水位，洪水位

nível de meia-maré half-tide level 半潮位

nível de montagem rápida quick-setting level 速调水平仪

nível de montante headwater level 上游水位

nível de óleo oil level 油位

nível de pedreiro mason's level 泥瓦工水准器

nível de peneplanização concordant summit level 等高峰顶面，平齐山顶面

nível de piso floor level 楼面水平

nível de pleno armazenamento (NPA) normal storage level 正常蓄水位

nível de potência sonora (/acústica) sound power level 声功率级

nível dos preços price level 价格水平

nível de pressão pressure level 压力级

nível de pressão acústica acoustic pressure level 声压级

nível de pressão sonora sound pressure level 声压级

nível de pressão sonora médio average sound pressure level 平均声压级

nível de prumo ❶ plumb rule 垂规 ❷ plumb level 铅垂水准器

nível de qualidade aceitável acceptable quality level 合格质量标准

nível de radiação radiation level 辐射量

nível de referência reference level 参考电平

nível de referência de profundidade depth datum 深度基准

nível de reflexão reflection level 反射级别

nível de registo recording level 记录电平

nível do reservatório reservoir level 水库水位

nível de resistência ao fogo fire resistance level 防火等级

nível do rio river stage; river level 河流水位

nível de ruído noise level 噪音声级；噪音级别

nível de ruído de fundo background noise level 背景噪声级

nível de ruído tolerável maximum allowable noise level 最高允许噪音声级，最高许可噪音声级

nível de saturação saturation level 饱和度

nível de segurança ❶ safe water level 安全水位 ❷ security level, safety level 安全等级

nível de serviço level of service 服务水平

nível de solo ground-level 地水准面；地平面

nível de sonoridade loudness level 响度级

nível de suporte automático autoset level 自动水平仪，自动安平水准仪

nível de telescópico fixo dumpy level 定镜水准仪

nível de tensões actuantes stress level 应力水平

nível de terreno ground level 地水准面；地平面；地面层

nível de transbordamento overflow level 溢流水位

nível de transição transition level 过渡高度层

nível de tubo bubble-tube level 管形水平仪

nível de vôo flying height 飞行高度

nível dinâmico dynamic level 动水位

nível dinâmico de fluido working fluid level 动液面

nível doador donor level 施主级；施主能级

nível eléctrico electrical level 电平

nível em Y wye level, Y-level Y形水准器

nível esférico circular level 圆水准器

nível estático static level 静水位

nível estratigráfico stratigraphical level 地层水平

nível estrutural structural level 构造层位

nível F F-level F 平面

nível fixo fixed level 固定水平

nível freático ground water level 地下水位

nível hidrostático hydrostatic level 静水位

nível incomodo de ruído noise annoyance level 噪声烦扰度

nível linear bar level meter 条式水平仪

nível máximo de armazenamento ⇒ nível normal de retenção

nível máximo de exploração normal high water level （拦水坝、水库的）最高运行水位，正常高水位

nível máximo de pressão acústica maximum sound pressure level 最大声压级

nível máximo "maximorum" designed flood level 最高水位，设计洪水位

nível máximo operativo maximum operating level （水电站水库的）最高运行水位

nível mecânico mechanical level meter 机械水平仪

nível médio mean level 平均水平

nível médio de água do mar Ordnance datum 平均海面

nível médio do mar mean sea-level 平均海平面

nível médio operativo average operating level 平均运行水位

nível mínimo de exploração minimum pool level （拦水坝、水库的）最低运行水位，最低库水位，死水位

nível mínimo "minimorum" minimum drawdown level （水库的）最低泄降水位

nível mínimo operativo (/de operação) minimum operating level; top of inactive storage （水电站水库的）最低运行水位，最低库水位，死水位

nível normal de jusante downstream normal level 下游正常水位

nível normal de retenção (/do reservatório) retention water level; top water level; normal top water level 正常高水位

nível óptico levelling instrument 测平仪；

水平尺

nível piezométrico piezometric level 测压管水位

nível portátil hand level 手持水平仪

nível quadrado frame level meter 框式水平仪

nível talassocrático thalassocratic level 海洋扩张期海面

nível tórico tubular spirit level 管状水准器

nível zero zero level 零水准；零标高；零水位

nívela *s.f.* level, level gauge 水准仪

nivelado *adj.* flush 齐平的，同高的，同一平面的

nivelador *s.m.* ❶ leveller 水平测量人员 ❷ grader, leveller; bulldozer 平地机，调平器；平路机

nivelador a frio cold planer 冷铣刨机

niveladora *s.f.* grader, leveller; bulldozer 平地机，调平器；平路机

niveladora laser laser leveller 平地机

nivelamento *s.m.* ❶ levelling, levelling survey 水准测量 ❷ levelling, grading 平整，找平；水平调整

nivelamento barométrico barometric levelling 气压水平测量

nivelamento de acabamento finish grading 终平

nivelamento de bolha de ar spirit levelling 水准测高

nivelamento de precisão (/preciso) precision levelling 精密水准测量

nivelamento de região de bolsões de lama no lastro spot surfacing 找小坑

nivelamento da via em grande extensão out-of-face surfacing 全面起道捣固

nivelamento diferencial differential levelling 高程差测量

nivelamento geométrico (/directo) geometric levelling 几何水准测量

nivelamento topográfico topographic levelling 地形平整

nivelamento trigonométrico (/indirecto) trigonometric levelling 三角高程测量

nivelar *v.tr.* (to) level, (to) grade 找平，平整

niveóloco *adj.* niveolian 风雪的

nivómetro/nivômetro *s.m.* ⇨ nevómetro

no in (the) em 与 o 的缩合形式 [相关条目见 em]

nó *s.m.* ❶ knot, node 结，结点；（木材的）节子，节疤 ❷ knot 节（速度单位，合 1 海里 / 小时）❸ knurl 隆起

nó corrediço do cinto belt loop 束带圈

nó de acesso access node 接入节点

nó de interligação road intersection junction 道路交汇处

nó de madeira com boa resistência mecânica ⇨ nó fixo

nó de pórtico frame node 框架节点

nó de rede network node 网络节点

nó estanque tight knot 紧密节

nó fixo sound knot 坚固木节；健全节

nó frouxo loose knot 疏松木节

nó monitor monitor node 监控节点

nó morto (/encerrado) dead knot （木材的）死节

nó receptor receiver node 接收节点

nó rodoviário (/viário) road junction 道路交叉点

nó vivo live knot 活节

nobélio (No) *s.m.* nobelium (No) 锘

nocivo *adj.* harmful 有害的

nocturno *adj.* nocturnal, (of) night 夜晚的，夜间的

nodo *s.m.* node （天体轨道与黄道的）交点

nodo ascendente ascending node 升交点

nodo descendente descending node 降交点

nódoa *s.f.* stain 脏点，斑迹

nódoas de ferrugem rust stains 锈渍

nodulação *s.f.* nodulizing 球化

nodular *adj.2g.* nodular 结核状的

nódulo *s.m.* nodule 结核，结节

nódulo algáceo algal ball 藻饼

nódulo cerebróide cerebroid chert nodule 一种脑状的燧石结核

nódulo chértico (/silicioso) chert nodule 燧石结核

nódulo fosfatado phosphatic nodule 磷酸盐结核

nódulo manganesífero manganese nodule 锰结核

nódulo polimetálico polymetallic nodule 多金属结核

nódulos septários septarian nodules 龟甲结核

noduloso *adj.* nodular 结核状的，瘤状的

nogueira *s.f.* walnut 胡桃木（*Juglans*）

nome *s.m.* name 名称；姓名

nome comercial brand name 商标名称

nome de código code name 代号，编号

nome de domínio domain name 域名

nome fantasia trade name [巴]（与企业注册名称相区别的）品牌名称，商标名称 ⇨ **razão social**

nomeação *s.f.* appointment, nomination 任命，委任

nomear *v.tr.* (to) appoint, (to) nominate 任命，委任

nomenclatura *s.f.* nomenclature 术语，专业词汇；系统命名法

nominal *adj.2g.* rated, nominal 额定的，标称的

nomograma *s.m.* nomogram, alignment chart 列线图，算图，诺模图

non aedificandi *adj.inv.* non-building, non aedificandi（土地）禁止建设的，非建筑用的

nonel *s.m.* nonel（非电）导爆管，塑料导爆管

nonesito *s.m.* nonesite 顽拉玄斑岩

nonilhão *num.card. s.m.* quintillion (long scale), nonillion (short scale)（短级差制的）百万的九乘方，合 10^{30}

nónio *s.m.* vernier scale, nonius 游标尺

nónio de ajustamento vernier adjustment 游标调整

nónio directo direct vernier 正游标；顺游标

nónio retrógrado retrograde vernier 逆游标；反读游标

nontronite *s.f.* nontronite 绿脱石

nordeste ❶ *s.m.* (NE) northeast (NE) 东北方，东北部 ❷ *adj.2g.* northeast, northeastern 东北方的，东北部的

nordmarkito/nordmarquito *s.m.* nordmarkite 英碱正长岩

nordsjóíto *s.m.* nordsjoite 正霞正长岩

Noriano *adj.,s.m.* Norian; Norian Age; Norian Stage （地质年代）诺利期（的）；诺利阶（的）

norito *s.m.* norite 苏长岩

norma *s.f.* ❶ norm, standard 规范，标准 ❷ norm 标准矿物成分

Norma Brasileira (NBR) Btazilian 巴西标准

normas comparáveis comparable standards 可比标准

norma compulsória compulsory standard 强制性标准

norma de base basic standard 基本标准

norma de desempenho performance standard 性能标准

norma de empresa company standard, in-house standard 企业（内部）标准

norma de ensaio testing standard 测试标准

norma de facto de facto standard 事实标准；约定俗成的标准

norma de interface interface standard 接口标准

norma de operação operating standard 操作标准，作业标准

norma de processo process standard 工艺标准

norma de produto Product standard 产品标准

normas de projecto design standards 设计标准

norma de qualidade de água water quality standard 水质标准

norma de segurança safety standard 安全规范，安全标准

norma de serviço service standard 服务标准

norma descritiva descriptive norm 示范性规范

normas e códigos standards and codes 标准规范

Norma GB Guobiao Standard, GB 中华人民共和国国家标准，国标

normas harmonizadas harmonized standards 协调标准

normas harmonizadas internacionalmente internationally harmonized standards 国际协调标准

normas harmonizadas regionalmente regionally harmonized standards 区域协调标准

Norma Inglesa (BS) British Standard (BS) 英国标准，英标

norma internacional international standard 国际标准

norma militar military standard 军用标准

norma nacional national standard 国家规范，国家标准

norma operacional operational standard 操作标准，作业标准

norma para auditoria da qualidade quality audit standard 质量审核标准

Norma Portuguesa (NP) Portuguese Standard 葡萄牙标准，葡标

norma reconhecida recognized standard 认可标准

norma regional regional standard 区域标准

norma sectorial industry standard, branch standard 业界标准

norma técnica technical standard 技术规范，技术标准

norma técnica rodoviária highway technical standard 公路工程技术标准

normal ❶ adj.2g. normal 正常的；普通的 ❷ adj.2g. normal 法向的，正交的，垂直的 ❸ s.f. normal 法线，垂直线 ❹ s.f. normal 平均量 ❺ s.m. normal 常态

normais climatológicas climatological standard normals 标准气候平均值

◇ novo normal new normal 新常态

normalização s.f. ❶ normalizing, standardization 规格化；正常化；标准化 ❷ normalizing 正火

normalização compulsória compulsory standardization 强制标准化

normalização de amplitude amplitude normalization 振幅标准化，振幅归一化

normalização internacional international standardization 国际标准化

normalização nacional national standardization 国家标准化

normalização regional regional standardization 区域标准化

normalizar v.tr. (to) normalize 使规格化，使正常化，使标准化

normógrafo s.m. word template 喷字模板，刷字模板

normatização s.f. ⇨ normalização

nor-nordeste (NNE) adj.2g.,s.m. north-northeast (NNE) 北东北

nor-noroeste (NNO, NNW) adj.2g.,s.m. north-northwest (NNW) 北西北

noroeste ❶ s.m. (NO, NW) northwest (NW) 西北方，西北部 ❷ adj.2g. northwest, northwestern 西北方的，西北部的

norte ❶ s.m. (N) north (N) 北方，北部 ❷ adj.2g. north, northern 北方的，北部的

norte cartográfico (/da grade) grid North 格网北向

norte magnético magnetic north 磁北

norte solar solar north 太阳北极

norte verdadeiro true north 真北

norteação s.f. orientation 指示，指引

norte-americano adj.,s.m. north american 北美洲的；北美洲人；美国人

Nortegripiano adj.,s.m. Northgrippian; Northgrippian Age; Northgrippian Stage （地质年代）诺斯格瑞比期（的）；诺斯格瑞比阶（的）

noseana s.f. nosean 黝方石

noseanito s.m. noseanite 黝方岩

noseanolito s.f. noseanolite 黝方石岩

noselite s.f. noselite 黝方石

nosite s.f. nosite 黝方石

nota s.f. ❶ note 笔记；便条；注解 ❷ note, notice, notification 通知；照会 ❸ note, record （说明、记录类）文件 ❹ note, bill 票据；（钞票）纸币

nota à margem marginal note 旁注

nota a receber note receivable 应收票据

nota bancária bank note 钞票

nota de aconselhamento advice note 通知书

nota de cabimentação note of budget appropriation 预算拨款凭证，支款凭证

nota de cobrança demand note 缴款通知单

nota de crédito credit note 贷记单

nota de débito (/dívida) debit note 借记单

nota de despacho forwarding note 货运通知单

nota de encomenda order form 订单

nota de entrega delivery note 交货单

804

nota de expedição shipping note 装运通知单

nota de orientação guidance note; advice note 指引摘要；通知单

nota de remessa delivery note 送货单

nota de rodapé (/pé de página) footnote 脚注

nota explicativa explanatory note （解释性）说明书

nota falsa counterfeit bill 假钞

nota fiscal bill of sale [巴] 发票

nota justificativa explanatory memorandum, statement of reasons （证明性）说明书，理由陈述

nota marginal ⇨ nota à margem

nota promissória promissory note 本票；期票

nota suplementar supplementary note 补充说明

nota técnica technical note 技术说明书

notas da conferência lecture notes 讲义

notação s.f. notation [集] 符号；记号法

notação de Bow Bow's notation 鲍氏符号

notação de Henrici Henrici's notation 包氏符号

notar v.tr. (to) note down, (to) write down; (to) mark 做笔记，记下；标记

notariado s.m. notary's office 公证处

notarial adj.2g. notarial 公证的

notário s.m. notary 公证人，公证员

notificação s.f. notification; communication 通知；通告

notificação de acidente de aeronave notification of an aircraft accident 航空器失事通知

notificação de recebimento acknowledge of receipt 收据，接收确认文件

notito s.m. notite 橙玄玻质岩

novaculite s.f. novaculite 均密石英岩

nove num.card. nine 九，九个

◇ nónuplo nonuple, ninefold 九倍的

◇ um nono one nonth 九分之一

◇ nono ninth 第九的

novo adj. new; recent 新的；初学的，无经验的

nu adj. naked, bare 无保护的，无装饰的；裸装的

nublado adj. cloudy; broken 多云的

nucleação s.f. nucleation 成核（作用）

nuclear adj.2g. nuclear 核的；核心的；原子核的，核能的

núcleo s.m. ❶ core 核，核心；原子核；地核；岩心；（线缆）芯 ❷ core-tube, core, tube（建筑结构）核心筒，筒体 ❸ core, core-wall 心墙

núcleo atómico atomic nucleus 原子核

núcleo cilíndrico tube core 管芯

núcleo da armadura ⇨ núcleo do induzido

núcleo de cabo ⇨ alma do cabo

núcleo de condensação condensation nucleus 凝结核

núcleo de congelação freezing nucleus 冻结核

núcleo de cordão de aço wire rope core 钢丝绳芯

núcleo do electroíman electromagnet core 电磁铁芯

núcleo de ferro-níquel nickel iron core 镍-铁核心

núcleo de íman magnet core 磁芯

núcleo do induzido armature yoke 电枢轭部

núcleo do permutador de calor heat exchanger core 热交换器芯

núcleo de radiador radiator core 散热器芯

núcleo do reator reactor core 反应堆堆芯

núcleo da rosca screw core 螺芯

núcleo de sublimação sublimation nucleus 凝华核

núcleo da Terra Earth core 地核

1núcleo de válvula valve core 阀心

núcleo em pórticos frame core 框架式筒体

núcleo em treliça truss core 桁架式筒体

núcleo estrutural ⇨ núcleo resistente

núcleo externo outer core 外核；外地核

núcleos ímpar-ímpar odd-odd nuclei 奇-奇核

núcleos ímpar-par odd-even nuclei 奇-偶核

núcleo impermeável impervious core 不透水心墙

núcleo inclinado inclined core 斜心墙

núcleo interno inner core 内核；内地核

núcleo metalogenético metallogenic nucleus 成矿核

núcleos múltiplos multicore 多芯（电缆）

núcleo oco hollow core 空心

núcleos par-ímpar even-odd nuclei 偶－奇核

núcleo resistente core-tube 核心筒

núcleo seco baked core 干砂型芯；干型芯

núcleo semi-sólido semi solid core 半实心

núcleo simples single core 单芯（电缆）

núcleo vertical vertical core 直心墙

nucleossíntese s.f. nucleosynthesis 核合成

nulo adj. null; invalid; useless 无效的，无用的，无价值的

numeração s.f. coding, numeration 编号，标号

numerador s.m. numerator, numbering stamp 编号戳，号码印章

numeradora s.m. numbering machine 号码机，打号机

numerar v.tr. (to) number 编号，标号；计数

numerário s.m. cash, money 现金，货币

numerização s.f. digitizing, digitization 数字化

número s.m. number 数字；数量，数值；序号

números arábicos Arabic numerals 阿拉伯数字

número atómico (Z) atomic number (Z) 原子序数

número capilar capillary number 毛细管数

número cardinal cardinal number 基数

número composto composite number 合数

número de Avogadro (N) Avogadro number (N) 阿佛加德罗数

número de Brinell Brinell number 布氏硬度值

número de calibre gauge number 标号；规格号

número de chassis chassis number 底盘号

número de classificação de aeronave aircraft classification number 航空器等级序号

número de classificação de pavimento pavement classification number 道面等级序号

número de coordenação coordination number 配位数

número de demulsibilidade Herschel Herschel demulsibility number 赫歇尔破乳化值

número de dureza de Rockwell Rockwell hardness number 洛氏硬度值

número de embarcação vessel number 船舶呼号

número de escala gauge number 标号；规格号

número de F F number 光圈值

número de froude (FR) Froude number 弗劳德数

número de identificação fiscal (NIF) tax number 纳税人识别号，税号

número do jacaré frog number 辙叉号数

número de Lewis Lewis number 路易斯数

número de lonas do pneu number of plies 轮胎帘布层数

número de marchas number of speeds （手动挡）挡位数

número de massa mass number 质量数

número de octanas motor (MON) motor octane number (MON) 马达法辛烷值

número de octanas teórico (RON) research octane number (RON) 研究法辛烷值

número de onda wave number 波数

número de onda aparente apparent wave number 视波数

número de onda de Nyquist Nyquist wave number 奈奎斯特波数

número de ordem order number 序列号；订单号

número de passadas number of passes （车辆往返的）趟数

número de pisos number of floors 楼层数目

número de prótons proton number 质子数

número de registo registered number 登

记号，注册号

número de Reynolds Reynolds number 雷诺数

número de rota route number 公交线路号

número de série serial number 编号，序列号

número de Schmidt Schmidt number 施密特数

número de Vickers Vickers hardness number 维克尔斯硬度指数

número fracionário fractional number 分数

número ímpar odd number 奇数

número inteiro integer 整数

número Mach Mach number 马赫数

número misto mixed number 带分数

número múltiplo multiple number 重数

número ordinal ordinal number 序列号

número par even number 偶数

número primo prime number 素数

número quadrado square number 平方数

números quânticos quantum numbers 量子数

número redondo round number 约整数

número relativo algebraic number 代数数

numulite *s.f.* nummulites 货币虫，货币石

nunatak *s.f.* nunatak 冰原岛峰；冰原石山

nutação *s.f.* nutation 章动

nutriente ❶ *s.m.* nutrient 养分；营养物 ❷ *adj.2g.* nutritious, nutritive 滋养的，营养的，有营养的

nutritivo *adj.* nutritive, nutritious 滋养的，营养的，有营养的

nuvem *s.f.* ❶ cloud; cloudlike mass 云，云彩；云状物 ❷ cloud (technology) 云（技术）；基于云技术的设备、服务、应用等

nuvem acústica acoustic cloud 声波反射云，声云

nuvem amorfa amorphous cloud 无定形云

nuvem-ardente nuée ardente 炽热火山云；火云

nuvem atómica atomic cloud 原子云

nuvem bigorna anvil cloud 砧状云

nuvem cogumelo mushroom cloud 蘑菇云

nuvem de areia drifting sand 低吹沙；吹砂

nuvem de cinzas vulcânicas volcanic (ash) cloud 火山云

nuvem de condensação condensation cloud 凝结云

nuvem de crista crest cloud 盔云

nuvem de desenvolvimento vertical heap cloud 直展云

nuvem de electrões electron cloud 电子云

nuvem de estrelas locais local star cloud 本星云

nuvem de furacão hurricane cloud 飓风云

nuvem de gelo ice cloud 冰晶云

Nuvens de Magalhães Magellanic Clouds 麦哲伦云

nuvens de ondulação fontal wave clouds 波状云

nuvem de plasma plasma cloud 等离子体云

nuvem de poeira drifting dust, dust cloud 浮土；飘尘

nuvem de tempestade storm cloud 风暴云

nuvem de tornado tornado cloud, funnel cloud 管状云，漏斗云

nuvem densa dense cloud 密云

nuvem difusa diffuse cloud 扩散云

nuvem escura dark cloud 暗云

nuvem estratiforme stratiform cloud 成层云

nuvem estratosférica polar polar stratospheric cloud 极地平流层云

nuvens fragmentadas broken clouds 碎云

nuvem-funil funnel cloud 漏斗云

nuvem interstelar interstellar cloud 星际云

nuvens iridescentes iridescent clouds 彩虹云

nuvem lenticular lenticular cloud 荚状云

nuvem média medium cloud 中云

nuvem mista mixed cloud 混合云

nuvem nacarada (/madrepérola) nacreous cloud 贝母云；珠母云

nuvem nebular nebular cloud 宇宙云

nuvem negra ardente ⇨ **nuvem-ardente**

nuvens noctilucentes noctilucent clouds

夜光云
nuvens nocturnas luminescentes luminous night clouds 夜光云
nuvem orográfica orographic cloud 地形云
nuvem peleana pelean cloud 炽热火山云；火云

nuvem radioactiva radioactive cloud 放射云
nuvem sobrearrefecida supercooled cloud 过冷云
nuvem-rolo rotor cloud 滚轴云
nuvistor *s.m.* nuvistor 微型抗震电子管
nylon *s.m.* nylon 尼龙

O

oásis *s.m.2n.* oasis 绿洲

obcónico *adj.* obconic, obconical 倒圆锥形的

obducção *s.f.* obduction 逆冲作用

obelisco *s.m.* obelisk 方尖塔

objectiva *s.f.* ❶ lens (of camera)（照相机、摄像机的）镜头 ❷ objective, objective glass（显微镜的）物镜

　objectiva grande angular wide-angle lens 广角镜头

　objectiva macro macro lens 微距镜头

　objectiva zoom zoom lens 变焦镜头

objecto/objeto *s.m.* ❶ object 物体 ❷ object 标的

　objecto a medir object to be measured 待测物体

　objecto de prova test piece, test specimen 试样；试块

　objeto frangível frangible object 易碎物品

　objeto perdido sunk object 沉没物

　objectos utilitários everyday objects 日常物品

oblato *adj.* oblate 扁的，扁球状的

oblíqua *s.f.* ❶ oblique line 斜线 ❷ oblique 斜投像；斜投影法

obliquidade *s.f.* obliquity, avertence, horizontal swing 斜度；偏度

　obliquidade da eclíptica obliquity of the ecliptic 黄赤交角

　obliquidade média mean obliquity 平均倾角；平均黄赤交角

oblique *adj.2g.* ⇨ oblíquo

oblíquo *adj.* oblique 斜的

óbolo *s.m.* obolus, obol 奥波勒斯（古希腊货币及重量单位，合六分之一德拉克马 dracma。亦在其他多种单位制中使用，指代重量不尽相同）

obovado/obóveo *adj.* obovate 倒卵形的

obovoide *adj.2g.* obovoide 倒卵形的

obpiramidal *adj.2g.* obpyramidal 倒金字塔形的

obra *s.f.* ❶ work, works 工程；施工 ❷ piece of work 工件，制品

　obras anexas ancillary works; appurtenant works 附属工程

　obras associadas associated works 相关工程；相关设施

　obra branca ⇨ obra limpa

　obra complementar auxiliary projects 配套工程

　obra de abertura de valas trenching works 壕坑挖掘工程

　obra de adução supply works 供水工程

　obra de ajardinagem ⇨ obra de paisagismo

　obra de alargamento de estrada road widening works 道路拓宽工程

　obra de arrimagem earth retaining work 挡土工

　obras de cabeceira (/captação) headworks 首部工程，渠首工程

　obra de canalização sewerage works 污水渠工程

　obra de canalização de gás gas main laying works 铺设煤气总管工程

　obra de construção construction works

建筑工程

obra de construção subterrânea
sub-surface building works 地下建筑工程

obra de contenção (de terra) soil retaining works 护土工程，挡土工程

obra de contenção de talude slope contention works 护坡工程

obra de derivação (/desvio) diversion works 导流工程，引流工程

obra de descarga outlet works 泄水工程

obra de drenagem drainage works 排水工程

obra de escoramento propping works 支撑工程；承托工程

obra de estabilização stabilization works 巩固工程；稳固工程；加固工程

obra de estabilização de solo soil stabilization works 土壤稳定工程；加固工程

obra de estruturação structural works 结构工程

obra de fundação foundation works 地基工程；基础工程

obra de impermeabilização sealing works 止水工程

obra de manutenção maintenance works 保养工程，维修工程

obra de melhoramento provisória interim improvement works 临时改善工程

obras de menor envergadura ⇨ **obras menores**

obra de paisagismo soft landscaping works 园林景观工程

obra de protecção contra a erosão erosion protection works 侵蚀防治工程

obras de reabilitação remedial works 补救工程

obra de reabilitação de estrada road rehabilitation works 道路修复工程

obra de rebocadura grouting works 灌浆工程

obra de reconstrução de estrada road reconstruction works 道路重建工程

obra de recuperação de terras reclamation works 开垦工程

obra de reforço strengthening works 加固工程

obra de renovação upgrading works 翻新工程

obra de repavimentação de estrada road resurfacing works 重铺路面工程

obra de restabelecimento de estrada road reinstatement works 道路恢复工程

obra de restauração restoration works, reinstatement works, reconstruction works 修复工程（恢复为原始形式，需要移去后来加建或补上被拆除的部分）

obra de restituição outlet works 泄水工程

obra de suporte ⇨ **obra de escoramento**

obra de talha carved work 雕刻工作

obras da tomada intake works 进水建筑物；进水口工程

obra de transformação técnica technical transformation works 技术改造工程

obras definitivas permanent works 永久工程

obra em acabamento substantial completion 基本完工的工程

obra no limpo neat work 净砖工，清水砖墙勾缝圬工

obras fluviais, lacustres e marítimas river, lake and sea works 河流，湖泊和海洋工程

obra limpa half-timber work 露木构造（室内装修木工、家具木工等外露型木质工程的合称）

obra longitudinal aderente seawall 海堤工程

obras marítimas marine works 海洋工程

obras menores minor works 小工程

obras mortas top sides （船只）水线以上部分

obras não estruturais non-structural works 非结构工程

obra para a passagem de peixes fish facility 过鱼设施

obra portuária port works 海港工程

obras principais main works 主体工程，主工程

obras provisórias temporary works 临时工程

obras relevantes relevant works 有关工程

obra rodoviária highway construction 公

路工程

obra terminada completed project 竣工项目，完工项目

obra viária road work, road construction 道路工程

obras vivas bottom （船只）水线以下部分

obra-de-arte *s.f.* road structure, road engineering 公路工程，路桥涵隧等工程的统称；构筑物

obra-de-arte corrente ❶ minor structure 小型构筑物 ❷ (OAC) culvert 涵洞

obra-de-arte especial ❶ special structure 特殊构筑物 ❷ (OAE) bridge 桥

obra-de-arte especial de madeira timber bridge 木桥

obrigação *s.f.* ❶ obligation 义务，职责，责任 ❷ bond, debenture （政府、公司发行的）公债，债券

obrigação contratual contractual obligation 合约订明的责任

obrigação convertível convertible bond 可兑现债券，可换债券

obrigação do Estado government bond 公债，政府债券

obrigação do Tesouro treasury bond 长期国库券

obrigação fiscal tax liability 纳税义务

obrigação pagável à vista sight bill 即期票据；见票即付票据

obrigar *v.tr.,intr.* (to) force, (to) oblige 强迫，迫使

obrigatório *s.m.* obligatory, compulsory, mandatory 义务的；强制性的

obscurecimento *s.m.* obscuration 遮蔽，（使）昏暗

obsequente *adj.2g.* obsequent 逆向的；倒置的

observação *s.f.* ❶ *(pl.)* remarks, observations 批注，注解，备注 ❷ observation 观察，观测

observação absoluta absolute observation 绝对观测

observação por métodos topográficos monitoring survey 监测调查

observação visual eye-estimation 目视估计

observatório *s.m.* observatory 天文台，气象台

obsidiana *s.f.* obsidian 黑曜石

obsidianito *s.m.* obsidianite 熔融石；似曜石

obstáculo *s.m.* obstacle 障碍，障碍物

obstáculo visual visual obstruction 视野障碍

obstrução *s.f.* obstruction 堵塞物；堵塞

obstruir *v.tr.,intr.* (to) obstruct; (to) clog 阻塞；黏住，塞满

obtenção *s.f.* obtaining; attainment 获得；达到；成果

obter *v.tr.* (to) obtain, (to) get 获得，得到

obturador *s.m.* ❶ 1. plug, stopper 堵头，塞子 2. blank flange 盲法兰 3. packer 封隔器 ❷ 1. shutter 活门；遮板 2. flap （闸门）挡水板，铰链板 3. flap gate 翻板闸门，舌瓣闸门 4. flap valve （管道端部）瓣阀 5. reflux valve; non return valve （管道）回流阀，止回阀 ❸ obturator, shutter of a camera （照相机）快门

obturador auricular ear plug 耳塞

obturador automático automatic tilting gate 自动翻板闸门

obturador de ar air shutter 关气机，调风门

obturador de ar do radiador radiator shutter 散热器百叶窗，散热器风门片

obturador de cimento cement packer 水泥封隔器

obturador de fundo de poço production packer 采油封隔器

obturador de segurança (BOP) blow-out preventer (BOP)[葡] 防喷器

obturador externo de anular external casing packer (ECP) 套管外封隔器

obturador inflável inflatable packer 膨胀式封隔器

obturar *v.tr.* (to) obturate, (to) close 封闭，阻塞，关闭

obus *s.m.* howitzer 榴弹炮

obus de drenagem mole drainer 暗沟钻孔机

obtuso *adj.* obtuse 钝的，圆头的

ocaso *s.m.* sunset, west 西方；日落处

Oceania *s.f.* Oceania 大洋洲

oceanicidade *s.f.* oceanicity 海洋度；海洋性

oceanito *s.m.* oceanite 大洋岩；富橄暗玄岩

oceano *s.m.* ocean 海洋

Oceano **Árctico** Arctic Ocean 北冰洋

Oceano **Atlântico** Atlantic Ocean 大西洋

Oceano **Índico** Indian Ocean 印度洋

Oceano **Pacífico** Pacific Ocean 太平洋

oceano **residual** remnant ocean 残留大洋

oceanografia *s.f.* oceanography 海洋学

oceanografia **física** physical oceanography 物理海洋学

oceanologia *s.f.* oceanology 海洋学

ocelado *adj.* augen 球球状的

ocelar *adj.2g.* ocellar 眼斑状的

ocelo *s.m.* ocellus 眼斑

oclusão *s.f.* occlusion 闭塞，堵塞；吸藏，吸留，吸着；囚锢作用

oclusão **fria** cold type occlusion 冷囚锢

oclusão **neutra** neutral occlusion 中性囚锢

oco *adj.* hollow 空心的，中空的

ocorrência *s.f.* occurrence 事件

ocra *s.f.* ⇨ ocre

ocre *s.m.* ocher, ochre 赭石；赭色

ocre **amarelo** yellow ocher 黄赭石；褐铁矿

ocre de **bismuto** bismuth ocher 铋赭石

ocre **pardo** (/trigueiro) gray manganese ore 软锰矿 ⇨ pirolusite

ocre **queimado** burnt umber 烧棕土；煅棕土

ocre **vermelho** red sil, oligist iron 赤铁矿

ócrico *adj.* ochric 淡色的（土层）

octaedrite *s.f.* octahedrite 锐钛矿，八面石

octaedro *s.m.* octahedron 八面体

octal *s.m.* octal 八进位

octanagem *s.f.* octane rating, octane number 辛烷值；辛烷率

octágono *s.m.* octagon 八角形

octano *s.f.* octane 辛烷

octante *s.m.* ⇨ oitante

octilhão *num.card., s.m.* quadrilliard (long scale), octillion (short scale)（短级差制的）百万的八乘方，合 10^{27}

octocóptero *s.m.* octocopter 八轴飞行器

octogonal *adj.2g.* octagonal 八角形的，八边形的

octógono *s.m.* octagon 八角形

octostilo *adj.,s.m.* octastyle 八柱式（的）

oculação *s.f.* grafting of a bud on a tree 芽插嫁接

ocular *s.f.* eye-piece, eye-lens 目镜

ocular **diagonal** diagonal eyepiece 对角目镜

óculo(s) *s.m.* ❶ *(pl.)* glasses 眼镜 ❷ eye-window 眼形窗 ❸ viewing window （滚筒洗衣机上的）玻璃窗 ❹ door viewer 防盗眼，"猫眼"

óculo de **inspeção** door viewer 防盗眼，"猫眼"

óculos de protecção (/segurança) goggle, protective goggle, safety goggle 防护眼镜，护目镜

ocultar *v.tr.* (to) hide, (to) conceal 隐藏，掩盖

oculto *adj.* concealed 隐藏的；暗装的

ocupação *s.f.* ❶ occupation 占用 ❷ site area 占地面积，厂区占地

ocupação do **solo** land use 土地使用

ocupar *v.tr.* (to) occupy 占据，占领，占用

ocupe-se *s.m.* occupancy permit 非住宅建筑验收证明

odenito *s.m.* odenite 钛云母

odógrafo *s.m.* odograph 路线记录器，计程仪

odómetro/odômetro *s.m.* ❶ hodometer, odometer 里程表，里程计 ❷ patent log 拖曳式计程仪

odómetro **electrónico** electronic odometer 电子里程表

odontógrafo *s.m.* odontograph 画齿规

odontólito *s.m.* odontolite 齿绿松石

odor *s.m.* odor 气味

oedômetro *s.m.* oedometer 固结仪

oés-noroeste (ONO, WNW) *adj.2g.,s.m.* west-northwest (WNW) 西西北

oés-sudoeste (OSO, WSW) *adj.2g.,s.m.* west-southwest (WSW) 西西南

oeste ❶ *s.m.* (O, W) west (W) 西方，西部 ❷ *adj.2g.* western 西方的，西部的

oferecer *v.tr.* ❶ (to) offer 提供 ❷ (to) give, (to) give as present 赠与，赠送 ❸ (to) offer, (to) bid 报价，出价

oferta *s.f.* offer 邀约，要约；发盘，报盘；报价

oferta de **referência** reference offer 参考报价

oferta **publica** inicial (OPV) initial public offering (IPO) 首次公开募股
发价人；报价人

ofertante *s.2g.* offerer 发价人；报价人

offline *adj.,adv.* offline 离线的，线下的，脱机的 ❶

offset ❶ *adj.inv.* offset 偏置式 ❷ *s.f.* offset 偏置测线

offshore *adj.inv.* offshore 离岸的，海面上的

oficálcio *s.m.* ⇨ oficalcite

oficalcite *s.f.* ophicalcite 蛇纹大理石

oficial ❶ *adj.2g.* official 官方的，正式的 ❷ *s.m.* officer, clerk 官员

　oficial dia duty officer 值勤员

oficina *s.f.* ❶ workshop, factory 车间，工场 ❷ service shop, repair-shop 修车站，修理车间

　oficina de conservação e restauração repair shop 维修车间

　oficina de galvanização galvanizing plant 镀锌加工厂

　oficina de locomotivas locomotive shop 机车制造厂

　oficina de pintura paint shop 喷漆车间

　oficina de reparação service shop, repair-shop 修车站，修理车间

ofício *s.m.* ❶ trade, craft, art 职业，行业 ❷ job, occupation 职务 ❸ official letter 公函，公文

ofiolítico *adj.* ophiolitic 蛇绿岩的

ofiolito *s.m.* ophiolite 蛇绿岩

ofítico *s.f.* ophitic 辉绿岩结构的

ofito *s.m.* ophite 纤闪辉绿岩

ofuscamento *s.m.* dazzle, glare （强光造成的）目眩，眼花

　ofuscamento direto direct glare 直接眩光

　ofuscamento indireto indirect glare 间接眩光

　ofuscamento refletido reflected glare 反射眩光

ofuscar *v.tr.* (to) dazzle 使目眩

oganésson (Og) *s.m.* oganesson (Og) 鿫，118 号元素

ogiva *s.f.* ❶ ogee arch, ogival arch 尖顶拱；葱形饰 ⇨ arco ogival ❷ ogive 尖形拱肋 ❸ warhead （各类弹药和导弹的）战斗部，弹头

　ogiva abatida ⇨ arco ogival rebaixado

　ogiva aguda ⇨ arco agudo

　ogiva árabe ⇨ arco mourisco

　ogiva de cinco pontos ⇨ arco de cinco centros

　ogiva de três pontos ⇨ arco de três centros

　ogiva equilátera ⇨ arco equilátero

　ogiva lanceta ⇨ arco de lanceta

　ogiva mourisca ⇨ arco mourisco

　ogiva nuclear nuclear warhead 核弹头

　ogiva rebaixada ⇨ arco ogival rebaixado

ogival ❶ *adj.2g.* ogival 尖顶式的 ❷ *s.m.* ogee arch, ogival arch 尖顶拱；葱形饰

ohm (Ω) *s.m.* ohm (Ω) 欧姆（电阻单位）

　ohm acústico acoustic ohm 声欧姆

　ohm/cm ohm/cm 欧姆／厘米

　ohm térmico thermal ohm 热欧姆

ohmeômetro *s.m.* ohmimetro, ohmmeter [巴] 欧姆表，电阻表

óhmico/ôhmico *s.m.* ohmic 欧姆的；以欧姆测定的

ohmímetro *s.m.* ohmimetro, ohmmeter [葡] 欧姆表，电阻表

oil-canning *s.m.* oil-canning （铁皮、金属板的）鼓瘪，膨胀下陷

oitante *s.m.* octant 八分仪；八分圆

oitava *s.f.* ❶ octave 八度音，八度音阶 ❷ "oitava" 八分之一葡制盎司（onça）

oito *num.card.* eight 八，八个

　◇ óctuplo octuple, eightfold 八倍的

　◇ um oitavo one eighth 八分之一

　◇ oitavo eighth 第八的

oito cubano *s.m.* cuban eight （飞行动作）古巴八字

olaria *s.f.* pottery 陶器厂

oldamite *s.f.* oldhamite 陨硫钙石

oleado *s.m.* oilcloth 油布

oleador *s.m.* oiler 滴油器

　oleador monoponto single-point oiler 单点注油器

oleaginosas *s.f.pl.* oil plant 油料作物

olefina *s.f.* olefin 烯烃

oleígeno *adj.* oil-producing 产油的

oleiro *s.m.* potter 制陶工

Olenekiano *adj.,s.m.* [巴] ⇨ Oleniokiano

Oleniokiano *adj.,s.m.* Olenekian; Olenekian Age; Olenekian Stage [葡]（地质年代）奥伦尼克期（的）；奥伦尼克阶（的）

óleo *s.m.* ❶ oil 油 ❷ petroleum 石油 ⇨ petróleo ❸ oil, oils 油性涂料

óleo à base de nafta naphthene-base crude oil 环烷基原油

óleo antracênico anthracene oil 蒽油

óleo asfáltico black oil 重质油；重油渣，黑油脂

óleo base base oil 基础油

óleo combustível fuel oil 燃油

óleo combustível pesado heavy fuel oil 重燃料油

óleo cru crude oil 原油 ⇨ petróleo bruto

óleo cru aromático aromatic crude oil 芳香基原油

óleo cru asfáltico asphaltic crude oil 沥青基原油

óleo cru extrapesado extra-heavy crude oil 超重原油

óleo cru leve light crude oil 轻质原油

óleo cru médio medium crude oil 中等原油

óleo cru naftênico naphthenic crude oil 环烷原油

óleo cru pesado heavy crude oil 重质原油，稠油

óleo-custo cost oil 成本油

óleo de algodão cottenseed oil 棉花籽油

óleo de alta contração high-shrinkage oil 高收缩率原油

óleo de baixa contração low-shrinkage oil 低收缩率原油

óleo de cilindro cylinder oil 汽缸机油

óleo de colza rapeseed oil 菜籽油

óleo de linha line oil, pipeline oil 线路油，管道油

óleo de linhaça linseed oil 亚麻籽油

óleo de peixe fish oil 鱼油

óleo de retorno scavenge oil 废油；（轴承）回油

óleo de rícino castor oil 蓖麻油

óleo de segunda safra second-crop oil 二茬油

óleo de sótão attic oil 顶存油，阁楼油

óleo de terebentina turpentine oil 松节油

óleo de tungue tung oil, chinese wood oil 桐油

óleo no reservatório oil in place 油层中现存油量，地质储量，石油现地总量

óleo dieléctrico dielectric oil 绝缘油

óleo diesel diesel oil 柴油

óleo diesel de alta qualidade premium quality diesel fuel 优质柴油

óleo doce bruto sweet crude oil 低硫原油

óleo e gás in place oil and gas in place 油气地质储量

óleo equivalente oil equivalent 油当量

óleo essencial essential oil 精油；香精油

óleo estável stabilized crude oil 稳定原油

óleo existente na formação oil in place [葡] 油层中现存油量，地质储量，石油现地总量

óleo extrapesado extra-heavy oil 特稠油

óleo gordo fatty oil 脂肪油；脂膏

óleo hidráulico hydraulic oil 液压油

óleo húmido wet oil 含水原油

óleo in place oil in place [巴] 油层中现存油量，地质储量，石油现地总量

óleo in place recuperável recoverable oil-in-place 可采石油地质储量

óleo leve light oil 轻油

óleo lubrificante lube oil, lubricating oil 润滑油，润滑机油

óleo maduro mature oil 成熟油

óleo médio medium oil 中油

óleo mineral mineral oil 矿物油；石油

óleo morto dead oil 死油；重油

óleo original in place original oil in place 原始原油地质储量

óleo p/caixa de mudança transmission oil 变速箱油

óleo para compressor de ar air compressor oil 空气压缩机油

óleo parafínico paraffin-base crude oil 石蜡基原油

óleo pesado heavy oil 重油

óleo queimado burnt oil 煅油

óleo residual residual oil 残余油，渣油

óleo residual lubrificante black oil [葡] 润滑重油

óleo saturado saturated oil 饱和气石油

óleo secante (/secativo/sicativo) drying oil, siccative oil 干性油

óleo sintético synthetic oil 合成油

óleo sob pressão pressure oil 压力油

óleo solúvel soluble oil 可溶性油

óleo ultrapesado ultra-heavy oil 超稠油

óleo vivo live oil 活油，含气石油

óleo volátil volatile oil 挥发油

oleoduto *s.m.* pipeline 输油管

oleoduto submarino sealine, submarine pipeline 海底输油管道

oleorresina *s.f.* oleo-resin 含油树脂

oleorresinoso *adj.* oleoresinous 含油树脂的，油基树脂的

oleossolúvel *adj.2g.* oil soluble 油溶性的

olfativo *adj.* olfactory 嗅觉的

olga *s.f.* strip of land 条田；狭义地块

olhal *s.m.* ❶ eye 销眼 ❷ pad eye 系统环板，板座系统环 ❸ arch; span (of a bridge) 桥洞，桥跨

olhal de cabo dead eye 滑孔盘

olhal de levantamento (/suspensão) lifting eye 吊环，吊眼

olhal de levantamento fixo fixed lifting eye 固定吊耳

olhal de limpeza cleaning eye 清理孔；清扫口

olhal elástico spring eye 钢板弹簧卷耳

olhal para rebocar pull eye 拉孔；引线孔

olhal prendedor clamping hole 夹紧孔

olhalva *s.f.* double cropping farmland 一年两熟的耕地

olho *s.m.* ❶ eye 眼睛；眼形物 ❷ 1. eye, hole 孔，洞，眼儿 2. loophole（城堡、城墙上的）射弹孔

olho de escada span, well (of a staircase)（楼梯）梯井

olho de tufão typhoon eye 台风眼

olho de voluta eye of a volute 涡卷心

olho foto-elétrico photohead 光电传感头

olho mágico judas 监视孔，"猫眼"

olho-de-boi *s.m.* ❶ bull's eye 圆天窗 ❷ ox-eye 牛眼石 ❸ bull's eye light 牛眼灯

olho-de-falcão *s.m.* hawk's-eye 虎眼石，鹰眼石

olho-de-gato *s.m.* ❶ cat's-eye road reflector "猫眼" 式反光路标 ❷ cat's eye, cymophane 金绿宝石；猫眼石 ❸ cat eye effect, chatoyancy 猫眼效应

olho-de-gato-húngaro Hungary cat's eye 匈牙利猫眼石

olho-de-tigre *s.m.* tiger's eye 虎眼石

olho-de-tigre vermelho red tiger eye 红虎眼石

oligisto *s.m.* oligist 结晶赤铁矿

oligisto especular iron glance 镜铁矿

Oligocénico *adj.,s.m.* Oligocene; Oligocene Epoch; Oligocene Series [葡]（地质年代）渐新世（的）；渐新统（的）

Oligoceno *adj.,s.m.* [巴] ⇨ Oligocénico

oligoclase *s.f.* oligoclase 奥长石

oligoclasito *s.m.* oligoclasite 奥长岩

oligoelemento *s.m.* trace element 微量元素

oligomíctico *adj.* oligomictic 单岩碎屑的

oligopólio *s.m.* oligopoly 寡头市场垄断，寡头卖主垄断

oligopsónio *s.m.* oligopsony 寡头买主垄断，商品采购垄断

oligotrófico *adj.* oligotrophic 贫营养的

olímpico *adj.* ❶ Olympic 奥林匹克的，奥运会的 ❷ Olympic-standard, Olympic-size 奥林匹克标准的，奥林匹克规格的

olistolito *s.m.* olistolith 滑动岩体，滑来岩块

olistolito carbonático calcolistolith 滑塌灰岩块体

olistostroma *s.m.* olistostrome 滑动堆积

oliva *s.f.* olive 橄榄形饰

olivenite *s.f.* olivenite 橄榄铜矿

olivina *s.f.* olivine 橄榄石

olivinito *s.m.* olivinite 橄榄岩

olmo *s.m.* elm 榆木

ombreira *s.f.* ❶ jamb 门框侧柱；侧壁 ❷ levee 天然冲积堤

ombreira de barragem abutment 坝肩，桥台

ombreira da lareira chimney cheek 壁炉侧壁

ombreira de placa de apoio de trilho shoulder sleeper plate 轨枕挡肩

ombreira rochosa rock abutment 岩拱脚，石坝肩

ombro *s.m.* shoulder 肩膀；类似肩膀的物体

ombro de lastro ballast shoulder 道砟路肩

ombrogénico *adj.* ombrogenous 喜雨的（植物）；因雨形成的（沼泽、泥煤等）

ómega *s.m.* top hat section 帽形钢

omiômetro *s.m.* [巴] ⇨ ohmímetro

omissão *s.f.* omission 疏忽，遗漏

omitir *v.tr.,pron.* (to) omit, (to) neglect 遗漏，忽略

omnívoro *s.m.* omnivore 杂食动物

onça *s.f.* ❶ (oz) ounce (oz) 盎司（英制重量单位，合 28.35 克）❷ "onça" 葡制盎司（合 26.69 克）

onça fluida ⇨ onça líquida

onça líquida (fl oz) fluid ounce (fl oz) 液量盎司

oncóide *s.m.* oncoid 核形石

oncólito *s.m.* oncolith 球状叠层石类

onda *s.f.* wave 波；浪，海浪

　onda acústica acoustic wave 声波

　onda aérea air wave 空气冲击波；地震声波

　onda ascendente upgoing wave 上行波

　onda canalizada channel wave 槽波；河道波；通道波；声道波

　onda cisalhante shear wave 剪波，横波

　onda compressional compression waves 压缩波

　onda cónica conical wave 锥面波

　onda construtora constructive wave 堆积浪

　onda contínua continuous wave 连续波；等幅波

　onda convertida converted wave 转换波

　onda curta short wave 短波

　onda de água water wave 水波

　onda de Airy Airy's wave 艾里波

　onda de areia sandwave 沙波

　onda de Biot Biot wave 毕奥波

　onda de cheia flood wave 洪水波

　onda de choque shock wave 激波

　onda de cisalhamento shear wave, S wave 剪力波，地震横波，S 波

　onda de estrutura lattice wave 晶格波；点阵波；格波

　onda de Lamb Lamb's wave 兰姆波

　onda de leste easterly wave 东风波

　onda de Love Love's wave 乐甫波

　onda de maré tidal wave 潮汐波

　onda de matéria matter wave 物质波

　onda de Mintrop Mintrop's wave 敏储普波

　onda de rádio radio wave 无线电波

　onda de Rayleigh Rayleigh wave, R wave 瑞利波，R 波

　onda de rebentação breaking wave 开花浪；破碎波

　onda de rejeição rejection surge 弃荷涌浪

　onda de Stoneley Stoneley's wave 斯通莱波

　onda de superfície ❶ ground roll 地滚波 ❷ surface wave 面波

　ondas de Vitrúvio Vitruvian scroll 维特鲁威式波状涡纹

　onda de Voigt Voigt wave 佛格特波

　onda destrutiva destructive wave 破坏性浪

　onda elástica elastic wave 弹性波

　onda electromagnética electromagnetic wave 电磁波

　onda esférica spherical wave 球面波

　onda espacial sky wave 天波

　onda estacionária standing wave 驻波

　onda frontal frontal wave 锋面波

　onda gravitacional gravitational wave 重力波；引力波

　onda guiada guided wave 导向波，循轨波

　onda infrasónica infrasonic wave 次声波

　onda ionosférica sky wave 天波

　onda isolada isolated wave 分离子波

　onda L ⇨ onda longa

　onda limnítrofe boundary wave 边界波

　onda longa long wave 长波

　onda longitudinal longitudinal wave 纵波

　onda média medium wave 中波

　onda modulada modulated wave 调制波

　onda orográfica mountain wave 山地波

　onda oscilatória oscillatory wave 振荡波

　onda P ⇨ onda primária

　onda plana plane wave 平面波

　onda primária primary wave, P wave 初波，地震纵波，P 波

　onda R ⇨ onda de Rayleigh

　onda reflectida reflected wave 反射波

　onda Rg Rg wave Rg 波

　onda secundária secondary wave 次级波；续至波

onda S ⇨ onda de cisalhamento

onda sinusoidal sinusoidal wave 正弦波

onda sísmica earthquake wave, seismic wave 地震波

onda solitária solitary wave 孤立波

onda sonora sound wave, acoustic wave, sonic wave 声波

onda terrestre ground wave 地波; 地震波; 地面电波

onda transmitida transmitted wave 透射波

onda transversal transverse wave 横波

onda ultracurta ultrashort wave 超短波

onda ultrasónica ultrasonic wave 超声波

onda vector vector wave 矢量波

onda VLF ULF wave 超低频波

ôndula *s.f.* ripple 纹波

ôndula linguóide linguoid ripple 舌状波痕

ondulação *s.f.* ❶ 1. undulation 波动, 起伏 2. swell （海潮、河水等）上涨, 水涌 ❷ rippling （齿轮）振纹

ondulação arenosa sand ripple 砂（波）纹; 砂波痕

ondulação capilar capillary ripple 毛细波; 张力波

ondulação cavalgante climbing ripple 爬升波痕, 上攀波痕

ondulação de areia sand wave 沙波; 沙浪

ondulação de avanço das pilhas advancing wave of supports 前进波

ondulação de corrente current ripple 水流波浪

ondulação de geóide geoid undulation 大地水准面起伏

ondulação frontal cloud street 云街

ondulação transversal à via speed bump, road hump 路拱, 减速路拱, 减速带, 限速路面突块

ondulado *adj.* wavy, undulated 波浪形的

ondulador *s.m.* inverter 变换器, 逆变器

onfacite *s.f.* omphacite 绿辉石

ônibus *s.m.2n.* bus [巴] 公共汽车, 巴士

ônibus articulado articulated bus 通道式公共汽车 / 巴士, 铰接式公共汽车 / 巴士

ônibus básico single bus 单车, 单机车, 只有一节车厢的公共汽车 / 巴士

ônibus biarticulado bi-articulated bus, double articulated bus 三节车厢的铰接式公共汽车 / 巴士

ônibus circular (/de traslado) shuttle bus 专线车, 摆渡车

ônibus elétrico trolleybus 无轨电车

ônibus padrão standard bus 标准巴士

ónix *s.m.2n.* onyx 缟玛瑙

ónix-da-argélia Algerian onyx 阿尔及利亚缟状大理石

ónix-do-méxico Mexican onyx 墨西哥缟玛瑙

onkilonito *s.m.* onkilonite 橄辉霞玄岩

online *adj.,adv.* online 在线的, 线上的, 联机的

onshore *adj.inv.* onshore 陆上的, 海滨上的

ontogénese *s.f.* ontogenesis 个体发生

ontogenia *s.f.* ontogeny 个体发生

ónus *s.m.* encumbrance （债务）负担 (指存在于别人不动产上的一种利益或权利, 如抵押权); 不动产的负债

ónus da dívida debt burden 债务负担

ónus e encargos encumbrances and charges 负担及费用

onze *num.card.* eleven 十一, 十一个

◇ **undécuplo** elevenfold 十一倍的

◇ **décimo primeiro, undécimo** eleventh 第十一的

oóide *s.m.* ooid 鲕粒; 鲕石

oólito *s.m.* eggstone, oölite 鲕石, 鱼卵石

oomicrito *s.m.* oomicrite 鲕粒泥晶灰岩

oomicrudito *s.m.* oomicrudite 鲕粒微晶砾屑灰岩

oosparito *s.m.* oosparite 鲕粒亮晶灰岩

oosparrudito *s.m.* oosparrudite 鲕粒亮晶砾屑灰岩

ooze *s.f.* ooze 软泥

opacidade *s.f.* opacity 不透明度

opaco *adj.* opaque 不透光的

opala *s.f.* opal 蛋白石

opala A A opal A 形蛋白石

opala-ágata opal-agate 蛋白石玛瑙

opala azul blue opal 蓝蛋白石

opala branca white opal 白蛋白石

opala C C opal C 形蛋白石

opala C-T C-T opal C-T 形蛋白石

opala comum common opal 普通蛋白石

opala dos Andes ⇨ opala azul

opala de fogo fire opal 火蛋白石

opala de madeira wood opal 木蛋白石

opala de São Patrício ⇨ opala azul

opala esponjosa floatstone 浮石；磨石

opala flamejante ⇨ opala de fogo

opala hialite hyalite opal 玻璃蛋白石

opala hidrofana hydrophane opal 水蛋白石

opala musgosa moss opal 苔蛋白石，苔藓蛋白石

opala negra black opal 黑蛋白石

opala olho-de-gato cat's eye opal 猫眼蛋白石

opala oolítica oolitic opal 鲕状蛋白石

opala preciosa precious opal 贵蛋白石

opala rosa rose opal 玫瑰蛋白石

opala verde green opal 绿蛋白石

opala xilóide xylopal 木蛋白石

opalescência *s.f.* opalescence 乳白光，蛋白光

opalite *s.f.* opalite 不纯蛋白石

opalização *s.f.* opalization 乳白化

opção *s.f.* option 选择；选项

opcional *adj.2g.* optional 可选的，选配的

opdalito *s.m.* opdalite 苏云花岗闪长岩

operação *s.f.* ❶ operation 作业；运作；操作；行动 ❷ operation 手术

operação a carga parcial operation at part load 部分负荷运行

operação a plena carga operation at full load 满负荷运行

operações anfíbias amphibious operations 两栖作战

operações anti-aéreas air defense operations 防空作战

operações anti-submarinos anti-submarine operations 反潜作战

operação automática automatic operation 自动操作

operação automática de trens automatic train operation (ATO) 自动列车运行

operações com lâmina blading 铲刀作业

operação com tensão reduzida operation with reduced voltage 降压运行

operação comercial commercial operation 商业运营

operação coordenada coordinated operation 协调运作

operação de amontoamento lateral sidecasting operation 边抛法

operação de arrasto de toras skidding 集材

operação de busca e salvamento em grande escala mass rescue operation 大规模营救

operações de cultivo combinadas combined tillage 联合耕作

operações de descida contínua continuous descent operations 持续下降

operações de lavra tillage operations 耕作

operação de osmose reserva reverse osmosis operation 反渗透操作

operação de pescaria fishing operation 打捞作业

operação de rebarbação trimming operation 修边；清理焊缝；去毛边

operação de socorro rescue operation 拯救行动

operações de subida contínua continuous climb operations 持续爬升

operações de superfície ground operations 地面作战

operação diagráfica profile operation 测井作业

operação em anel loop supply 环形供电

operação em carga load operation 负载运行

operação em emergência para controle de cheias emergency operation for flood control 应急防洪行动

operação em teste test operation 试验运行

operação especial special operation 特种作业；特别行动

operação fictícia wash transaction 冲销交易

operação interligada interconnected operation 互联运行

operações intermodais intermodal operations 联运运营

operação manual manual mode operation 手控操作

operações mineiras mining operations 采矿作业

operações paralelas segregadas segregated parallel operations 分开的平行运行

operação prolongada extended operations 延程飞行

operação segura safe operation 安全运作

operação sob carga on-load operation 负载操作

operação tapa-buracos gap-filling 填坑

operacional *adj.2g.* operational, operating 运行的；运营的；操作的

operabilidade *s.f.* operability 可操作性

operador *s.m.* ❶ operator; workman 操作员；经营者；工人 ❷ operator 运算符，算子 ❸ operator 运营商

operador and and operator 及运算子

operador aritmético arithmetic operator 算术运算符

operador de câmara cameraman 摄影师；照相师

operador de chave floorman 门警

operador de elevador elevator operator 电梯操作员

operador de equipamento plant operator 设备操作工

operador de ferramenta de pescaria fishing-tool operator 打捞工具操作员

operador de girafa boom operator 吊杆操作员

operador de grua (/guindaste) crane operator 吊车工

operador de máquina machine operator 机器操作员

operador de máquina de via equipment work engineer (EWE) 设备工程师

operador de máquinas pesadas heavy machinery operator 重型机械操作员

operador de ponte levadiça bridge tender 吊桥管理员

operador de transporte intermodal intermodal transport operator 多式联营运商

operador de transporte multimodal multimodal transport operator 多式联营运商

operador explícito explicit operator 显式 运算符

operadores incrementais e decrementais increment and decrement operators 增值和减值操作符

operador instanceof operator instanceof instanceof 运算符

operador lógico logical operator 逻辑运算符

operadores lógicos bit a bit logical bitwise operators 位逻辑运算符

operador or or operator 或运算子

operador radiotécnico radio operator 无线电话务员

operador relacional relational operator 关系运算符

operador ternário ternary operator 三元运算符

operador xor XOR operator 互斥或运算子

operadora *s.f.* operator 运营商

operadora de cartão de crédito credit card company 信用卡公司

operadora de rede network operator 网络运营商

operadora de telefonia telephone company 电讯公司

operadora turística tour operator 旅行社；包价旅游承办商

operar ❶ *v.tr.* (to) operate 操作；运作 ❷ *v.tr.,intr.* (to) operate on, (to) operate 做手术

operário *s.m.* worker 工人

operário de via trackman 养路工

operário fabril factory worker 工厂工人

operário florestal forestry worker 林业工人

operário siderúrgico steelworker 炼钢工人

OPGW *sig.,s.m.* OPGW (optical fiber composite overhead ground wire) 复合光缆地线，光纤复合架空地线光缆

opistódomo *s.m.* opisthodomos 后殿

oposição *s.f.* opposition 反对；对立

oposto *adj.* opposite 相反的；对面的，相对的

opsiometria *s.f.* optometry 验光

optar *v.tr.* (to) opt, (to) choose 选择

óptica *s.f.* optics 光学

óptico ❶ *adj.* optical 光学的 ❷ *s.m.* optician 光学仪器制造技师；眼镜商

opticometria *s.f.* ⇨ opsiometria

optimização *s.f.* optimization（最）优化

optimização de ETA optimization of
water treatment plant 水厂优化

optimização de percursos path optimization 路径优化

optimização do sistema system optimization 系统最优化

optimizar *v.tr.* (to) optimize（使）优化,（使）
最优化

optoacoplador *s.m.* optocoupler 光耦, 光
耦元件

optometria *s.f.* ⇨ opsiometria

opus *s.m.* opus; brickwork, bond 砌砖; 砌
法 [注: opus 原为拉丁语中性名词, 但在葡
语中可视作阳性名词使用] ⇨ aparelhos
romanos

opus alexandrinum opus alexandrinum
大块石材铺面砌法

opus caementicium opus caementicium,
Roman concrete works（古罗马的）混凝
土筑墙

opus incertum (/antiquum) opus incertum 杂石墙; 毛石面砌法

opus interrasile opus interrasile（石材、
金属等的）透雕工艺

opus isodomum (/insertum) opus
isodomum, opus insertum 等高层砌墙法

opus latericium ⇨ opus testaceum

opus listatum opus listatum 砖石交替叠
砌法

opus lithostrotum opus lithostrotum 装
饰性铺砌, 镶面石层

opus mixtum (/compositum) opus
mixtum, opus compositum 混合式砌法

opus musivum opus musivum 墙面镶嵌
装饰,（使用小碎玻璃或搪瓷的）罗马马赛克

opus pseudoisodomum opus pseudoisodomum 方石成行砌法

opus quadratum opus quadratum 方石
砌法

opus reticulatum opus reticulatum 斜向
砌法

opus sectile opus sectile 碎块形砌法

opus spicatum opus spicatum 人字形砌法

opus tectorium opus tectorium 仿大理石
墙抹面

opus tessellatum opus tessellatum 有色
镶嵌砖砌筑工艺

opus testaceum opus testaceum 嵌砖石
碎块砌法

opus vagecum ⇨ opus mixtum

opus vermiculatum opus vermiculatum
蠕虫状纹样砌法

opus vittatum ⇨ opus listatum

oratório *s.m.* oratory 祈祷室

orbicular *adj.2g.* orbicular 球状的

orbiculito *s.m.* orbiculite 球状岩

órbita *s.f.* orbit（运转）轨道

órbita equatorial equatorial orbit 赤道
轨道

órbita geossíncrona geosynchronous
orbit 地球同步轨道, 对地静止轨道

órbita geostacionária geostationary orbit
对地静止轨道, 地球同步轨道

órbita heliossícrona heliosynchronous
orbit 太阳同步轨道

órbita polar polar orbit 极地轨道

órbita quase-polar quasi-polar orbit 准
极地轨道

orçador *s.m.* ⇨ orçamentista

orçamentar *v.tr.* ❶ (to) budget for 做预算
❷ (to) estimate, (to) give an estimate for
预估, 估算

orçamentista *s.2g.* budgeteer 预算师

orçamento *s.m.* budget 预算

orçamento de obra construction budget
工程预算

orçamento de projecto project budget,
project estimate 项目预算

orçamento equilibrado balanced budget
平衡预算

orçamento operacional operating budget 经营预算

orçamento paramétrico parametric cost
estimation 参数成本估算

orçar ❶ *v.tr.* (to) estimate 预估, 估算 ❷ *v.tr.*
(to) amount to 相当于, 总计为 ❸ *v.intr.* (to)
luff 抢风行驶

ordanchito *s.m.* ordanchite 含橄蓝方碱玄岩

ordem *s.f.* ❶ order 顺序, 次序; 秩序 ❷
order 命令; 指令 ❸ order 订单; 单据; 汇
票, 汇单 ❹ order 柱形, 柱式 ❺ association
协会, 学会 ❻ order（代数的）次; 阶 ❼

order 土纲（土壤系统分类单元）❽ order 目（生物学分类单位，隶属于纲 classe）

ordem americana american order 美式柱头

ordem cariátide caryatic order 女像柱式

ordem colossal colossal order 巨柱式

ordem compósita composite orders 组合柱式

Ordem Coríntia Corinthian order 科林斯柱式

ordem cristaloblástica crystalloblastic order 变晶次序

ordem cronológica chronological order 时间顺序

Ordem dos Advogados bar association 律师协会

ordem de alteração variation order 工程变更通知单

ordem de arco arch order 拱门柱式

ordem de cristalização crystallization order 结晶次序

ordem de diminuir a velocidade slow order 慢行命令

Ordem dos Engenheiros society of engineers 工程师学会

ordem de entrega delivery order 交货单

ordem de ignição (/explosão) firing order 点火顺序

Ordem dos Médicos medical association 医学会

ordem de mérito merit order 排队法，优先次序法

ordem de pagamento banker's order 付款指令，银行付款委托书

ordem de saque draft 付款通知单

ordem de serviço notice to proceed, duty sheet 开工通知

ordem de trabalho job order 工作通知单；工作通知

ordem gigante ⇨ ordem colossal

ordem natural de cor natural order of color 色彩自然秩序

ordem para o início das obras instruction to commence work; notice to proceed 开工令，开工通知

ordens sobrepostas superimposed orders 各层应用不同柱式的建筑

ordem toscana Tuscan order 塔斯干柱式

Ordem Dórica Doric order 多立克柱式

Ordem Jónica Ionic order 爱奥尼柱式

ordenação *s.f.* ❶ ordering 排序 ❷ *pl.* statute law 成文法；法律体系

ordenação atômica atomic ordering 原子排序

ordenada *s.f.* ordinate 纵线，纵座标

ordenamento *s.m.* planning 规划

ordenamento ambiental environmental management 环境管理

ordenamento urbano urban management 城市规划，城市统筹管理

ordenar *v.tr.* ❶ (to) order, (to) arrange 排序，排列，整理 ❷ (to) order, (to) command 命令，指挥

ordenhação *s.f.* milking 挤奶

ordenhação por processos mecânicos mechanical milking 机械挤奶

ordenhar *v.tr.* (to) milk 挤奶

ordinário *adj.* ❶ ordinary 普通的，一般的 ❷ ordinary, regular, routine （会议、活动等）定期的，例行的

ordonância *s.f.* order 柱形，柱式

Ordoviciano *adj.,s.m.* [巴] ⇨ Ordovícico

Ordovícico *s.m.* Ordovician; Ordovician Period; Ordovician System [葡]（地质年代）奥陶纪（的）；奥陶系（的）

Ordovícico Inferior Lower Ordovician; Lower Ordovician Epoch; Lower Ordovician Series 下奥陶世；下奥陶统

Ordovícico Médio Middle Ordovician; Middle Ordovician Epoch; Middle Ordovician Series 中奥陶世；中奥陶统

Ordovícico Superior Upper Ordovician; Upper Ordovician Epoch; Upper Ordovician Series 上奥陶世；上奥陶统

orelha *s.f.* ❶ ear 耳；耳状物 ❷ crossette, dog-ear 门耳，窗耳，突肩 ❸ lug 耳铁；线耳 ❹ wing of vomer 犁翼

orelha de encaixe lock tab 锁片

orelha de espaçamento space lug （一些墙砖为了留缝而设置的）突耳

orelha de trava locking ear 锁定耳

orendito *s.m.* orendite 金云白榴斑岩

orgânico ❶ *adj.* organic 有机的；组织的 ❷ *s.m.* organic soil 有机土，有机质土

orgânico hidromórfico organic hydromorphic soil 有机水成土

organigrama *s.m.* organigram 组织结构图

organigrama da empresa enterpriseorganigram 公司组织结构示意图

organismo *s.m.* ❶ organism 有机体；生物体 ❷ organization 组织；机构

organismo de avaliação assessment body 评估机构

organismo de certificação certification body 认证机构

organismo de credenciamento accreditation body 认证机构

organismo de inspecção inspection body 检验机构

organismo de internacional de normalização (ISO) International Standardization Organization (ISO) 国际标准化组织

Organização dos Países Exportadores de Petróleo (OPEP) Organization of Petroleum Exporting Countries (OPEC) 石油输出国组织

organismo de transporte transportation organization 运输组织

organismo geneticamente modificado (OGM) genetically modified organisms (GMOs) 转基因生物

organismo patogénico pathogen 病原体

organização *s.f.* ❶ organization, order, arrangement 组织，布置，布局 ❷ organization 组织，机构 ❸ company 企业，公司

organização actuante performing organization 执行机构

organização centralizada centralized organization 集中式布置

organização do canteiro jobsite organization 工程现场组织

organização e métodos organization and methods 组织与方法

organização em grade grid organization 网格式布置

organização funcional functional organization 职能型组织

Organização Internacional de Metrologia Legal (OIML) International Organization of Legal Metrology (OIML) 国际法制计量组织

Organização Internacional de Padronização (ISO) International Organization for Standardization (ISO) 国际标准化组织

organização linear linear grouping 线性布置

organização não governamental (ONG) Non-Governmental Organization (NGO) 非政府组织

organização projectada projectized organization 项目化组织

organização radial radial organization 径向布置

organizacional *adj.2g.* organizational 组织的

organizador *s.m.* ❶ organizer 组织者 ❷ organizer 整理器

organizador de cabos cable tidy 绕线器

organizar *v.tr.* ❶ (to) organize 组织，使系统化 ❷ (to) organize, (to) arrange 整理，安排

organoclástico *adj.* organoclastic 生物碎屑的

organoclastito *s.m.* organoclastite 生屑灰岩

organoclasto *s.m.* organoclast 生物碎屑

organoclorado *s.m.* organochlorine 有机氯；有机氯杀虫剂

organodetrítico *adj.* organodetritic 生物碎屑的

organógeno *adj.* organogenous 有机生成的

organólito *s.m.* organolite 有机岩

órgão *s.m.* ❶ organ 设施；设备；机构 ❷ organ, body 机构，团体

órgão aceitante accepting unit 接收单位

órgão administrativo administrative body 行政机关

órgãos de alimentação feed mechanism, intake conveyor mechanism 送料机构

órgãos de corte cutting mechanism 切削机构

órgãos de debulha threshing mechanism 脱粒机构

órgãos da direcção steering gear 转向机构

órgãos dos semeadores drills components 播种机构

órgãos de separação separating mechanism 分离机构

órgãos de trabalho working parts 工作

部件

órgãos de transporte e de armazenamento dos grãos grain conveying and collecting devices 谷物输送和收集装置

órgão de tutela supervisory authority 主管部门；主管当局

órgão regulador regulatory agency 监管机构

orictocenose *s.f.* oryctocoenose 化石群

orictologia *s.f.* oryctology 化石学

orientação *s.f.* ❶ orientation 定向；方向，走向 ❷ guidance 指导

orientação cristalográfica crystallographic orientation 晶向

orientação dos cordonéis (do pneu) tire cord direction（轮胎）帘线捻向

orientação dos grãos (/textura) direction of grain 木纹方向，纹理方向

orientação do símbolo symbol orientation 符号方向

orientação da trama texture orientation 纹理方向

orientação externa outer orientation 外方位

orientação ideal ideal orientation/miller indices representation 理想取向

orientação interna inner orientation 内方位

orientação preferida (/optada) preferred orientation 择优取向

orientação relativa relative orientation 相对定向

orientação solar solar orientation 光照定向

orientado (para) *adj.* orientated 以…为导向的，面向…的

orientado para aplicações application-oriented 应用导向的，应用型的

orientado para o cliente customer-oriented 客户导向的

orientado para o futuro future-oriented 未来导向的，面向未来的

orientado para o lucro profit-oriented 利润导向的

orientado para o mercado market-oriented 市场导向的，面向市场的

orientado para o utilizador user-oriented 用户导向的

orientado para objetivos (/metas) goal-oriented 目标导向的

orientar *v.tr.* ❶ (to) guide,(to) direct 指导，引领；指南 ❷ (to) orient 确定方向

orifício *s.m.* orifice, hole 孔；口；管口嘴；小孔

orifício borrifador de óleo oil spray orifice 油喷孔

orifício calibrado calibrated orifice 校准孔，校准量孔

orifício com arestas vivas sharp edged orifice 锐缘孔

orifício de acoplamento coupling hole 耦合空穴，耦合孔

orifício de admissão induction port 吸气口

orifício de admissão do cilindro cylinder steam port, steam inlet port 气缸入口

orifício de cúpula dome hole 圆顶人孔

orifício de descarga exhaust port 排气孔

orifício de drenagem do óleo oil drain hole 放油口

orifício de enchimento tank filling hole 油箱加油孔

orifício de evacuação do cilindro cylinder exhaust port 气缸排气口

orifício de inspecção manhole 人孔；检修孔

orifício de lavagem mud hole 除泥孔

orifício de limpeza cleaning eye 清理孔；清扫口

orifício de ranhura skirt ring groove 裙部环槽

orifício de tomada de água do mar bilge-inlet 舱底水入口；船底进水口

orifício medidor de vazão bean, flow bean 节流嘴

orifício para cavilha pin hole, gudgeon hole 活塞销孔

orifício piloto pilot hole 导洞，导坑，导向孔

orifício tipo boca de sino bellmouth orifice 喇叭孔

origem *s.f.* origin 来源；产地

origem e destino origin and destination 始发地和目的地

origem secundária secondary origin 次生成因

originação *s.f.* ❶ origination 起源；发生 ❷ origination 贷款发放；新增贷款

originação dos dados data origination 数据初始加工

originação de empréstimos loan origination 贷款发放

original ❶ *adj.2g.* original 最初的，原始的；原创的 ❷ *adj.2g.* original 正版的，原装的 ❸ *s.m.* original 正本，原件

originalidade *s.f.* originality 独创性，原创性

originar *v.tr.* (to) originate 产生；导致

orla *s.f.* ❶ border, skirt; orle, fillet 边，缘；柱头下的线饰 ❷ margin 岸 ❸ rim of crater 火山口边缘，火口沿

orla central ⇨ zona intermediária

orla costeira coast 海岸，海滨

orla de reacção reaction border, reaction rim 反应边

orla de rio riverside 河畔，河岸

orla passiva passive margin 被动陆缘

ornamentar *v.tr.* (to) ornament, (to) decorate 装饰，修饰

ornamento *s.m.* enrichment, ornament 美化，装饰

ornato *s.m.* ornament 装饰

ornato de escultura frieze 带状雕刻

ornato em relevo fret-work 浮雕细工

orogénese *s.f.* orogenesis 造山（运动）

orogenia *s.f.* mountain building, orogeny, orogenesis 造山（运动）

orogenia acádica acadian orogeny 阿卡迪亚造山运动

orogenia Apalachiana Alleghenian orogeny 阿利根尼造山幕

orogenia alpina alpine orogeny 阿尔卑斯造山运动

orogenia hercínica hercynian orogeny 海西造山运动

orogenia himalaiana himalayan orogeny 喜马拉雅造山运动

orogenia huroniana huronian orogeny 休伦运动

orogenia Larâmida Laramide orogeny 拉腊米造山运动

orogenia Tacónica Taconic orogeny 太康造山运动

orogenia varisca variscan orogeny 华力西造山运动

orogénico *adj.* orogenic 造山的

orogenético *adj.* orogenetic 造山的

orógeno *s.m.* orogen, orogenic belt 造山带

orógeno bimarginado bimarginal orogen 碰撞造山带

orógeno de acreção accretion orogen 增生造山带

orógeno de colisão collision orogen 碰撞造山带

orógeno meso-cenozóico mesocenozoic orogen 中生代造山带

orógeno monomarginado monomarginal orogen 陆缘造山带

orógeno paleozóico paleozoic orogen 古生代造山带

orografia *s.f.* ❶ orography 山岳学，山志学 ❷ relief, hypsometry; hypsography 测高法；标高图；地势图

orográfico *adj.* orographic 地形的，山形的

oro-hidrografia *s.f.* orohydrography 高山水文地理学

orómetro/orômetro *s.m.* orometer 山岳高度计，山地气压表

Orosiriano *adj.,s.m.* [巴] ⇨ Orosírico

Orosírico *adj.,s.m.* Orosirian; Orosirian Period; Orosirian System [葡] (地质年代) 造山纪 (的)；造山系 (的)

ortite *s.f.* orthite 褐帘石

ortlerito *s.m.* ortlerite 云辉闪长玢岩

orto- *pref.* ortho- 表示"直的，正的"

ortoanfíbola *s.f.* orthoamphibole 斜方闪石

ortocentro *s.m.* orthocenter 垂心

ortóclase *s.f.* orthoclase 钾长石，正长石

ortoclásio *s.m.* ⇨ ortóclase

ortoclasito *s.m.* orthoclasite 细粒正长岩

ortoclasto *s.m.* orthoclast 正解理

ortoconglomerado *s.m.* orthoconglomerate 正砾岩

ortocrisótilo *s.m.* orthochrysotile 正纤蛇纹石

ortocromático *adj.* orthochromatic 正色的

ortocronologia *s.f.* orthochronology 正地质年代学，标准地质年代学

ortocumulado *s.m.* orthocumulate 正堆积岩

ortodiagonal *s.f.* orthodiagonal axis 正轴

ortodolomito *s.m.* orthodolomite 原始白云岩

ortodoma *s.m.* orthodome 正轴坡面

ortodromia *s.f.* orthodrome 大圆；大圆航线；大圆弧

ortofirico *adj.* orthophyric 正斑状的

ortófiro *s.m.* orthophyre 正长斑岩

ortofotocarta *s.f.* orthophoto map 正射影像地图

ortofotografia *s.f.* orthophoto, orthophotography 正射影像

ortofotomapa *s.m.* orthophoto map 正射影像地图

ortogeossinclinal *s.m.* orthogeosyncline 正地槽

ortognaisse *s.f.* orthogneiss 正片麻岩；火成片麻岩

ortogonal *adj.2g.* orthogonal 正交的，垂直的

ortogonalidade *s.f.* orthogonality 正交性；相互垂直

ortografia *s.f.* orthography 正投影法；正投影图

ortográfico *adj.* orthographic 正投影的

ortomagma *s.m.* orthomagma 正岩浆

ortomagmático *adj.* orthomagmatic 正岩浆的

ortometamórfica *s.f.* orthometamorphic rock 正变质岩

ortomorfia *s.f.* orthomorphy 正形

ortomórfico *adj.* orthomorphic 等角的，正形的

ortomorfismo *s.m.* orthomorphism 正交射

ortomosaico *s.m.* ortho-image mosaic 正射影像拼接

ortopinacoide *s.m.* orthopinacoid 正轴轴面

ortopiroxenas *s.f.pl.* orthopyroxenes 斜方辉石类

ortopiroxenito *s.m.* orthopyroxenite 斜方辉岩

ortoquartzito *s.m.* orthoquartzite 正石英岩

ortoquímico *adj.* orthochemical 正化学的

ortorrectificação *s.f.* orthorectification 正射校正

ortorrômbico *adj.* orthorhombic 正交晶的；斜方晶系的

ortoscópico *adj.* orthoscopic 无畸变的，正视（性）的

ortose *s.f.* orthose 正长石

ortósio *s.m.* ⇨ ortose

ortostilo *s.m.* orthostyle 列柱式柱廊

ortotómico/ortotômico *adj.* orthotomic 面正交的

ortotropia *s.f.* orthotropy 正交各向异性

ortotrópico *adj.* orthotropic 正交各向异性的

orvalho *s.m.* dew 露水

orvietito *s.m.* orviette 响白碱玄岩

OS&Y *sig.,s.m.* OS&Y (outside screw and yoke type) 轭式外螺纹

OSB *sig.,s.f.* OSB (oriented standard board) 欧松板，定向刨花板

oscilação *s.f.* ❶ oscillation, swing 振荡；摆动 ❷ surging 浪涌

oscilação aerodinâmica aerodynamic oscillation 气体动力摆动

oscilação aerostática flutter 颤振

oscilação amortecida damped oscillation 阻尼振荡

oscilação do eixo axle oscillation 轴振动

oscilação de fase phase swinging 相摆动

oscilação de frequência frequency swing 频率摆动

oscilação do nível da água fluctuation of water level 水位涨落

oscilação de roda wheel wobble 车轮摆振

oscilação de tensão oscillation of voltage 电压不稳

oscilação harmónica harmonic oscillation 谐振动

oscilação induzida induced oscillation 诱发振动

oscilação instável unstable oscillation 不稳定振荡

oscilação livre free oscillation 自由振荡

oscilação vertical das rodas wheel hop 车轮跳动

oscilador *s.m.* ❶ oscillator 振荡器 ❷ 1. oscillator 振动器；摆动装置 2. swinging link 摇杆

oscilador biestável flip-flop 触发器

oscilador com controlo de cristal crystal controlled oscillator 晶控振荡器

oscilador de baixa frequência (LFO) low frequency oscillator (LFO) 低频振荡器

oscilador de cristal crystal oscillator 晶体振荡器，石英晶体谐振器

oscilador de dinâmica momentum oscillator 动量摆动指标

oscilador de revestimento casing oscillator 套管振荡器

oscilante *adj.2g.* oscillating, swinging 摆动的；振动的；振荡的

oscilar *v.tr.* (to) oscillate 振荡；摆动

oscilógrafo *s.m.* oscillograph 示波器

oscilograma *s.m.* oscillogram 波形图；示波图

osciloperturbógrafo *s.m.* oscillo-perturbograph recorder, fault disturbance recorder 故障录波器

osciloscópio *s.m.* oscilloscope 示波器

osciloscópio de raios catódicos cathode-ray oscilloscope 阴极射线示波器

ósmio (Os) *s.m.* osmium (Os) 锇

osmirídio *s.m.* osmiridium 铱锇矿，铱锇合金

osmose *s.f.* osmosis 渗透（作用）

osmose reversa reverse osmosis (system) 反渗透（系统）

osmose reversa automática automatic reverse osmosis system 自动反渗透系统

osmose reversa laboratorial laboratory reverse osmosis system 实验室反渗透系统

osmose reversa portátil portable reverse osmosis system 便携式反渗透系统

osso *s.m.* blank, unfinished （房屋、房建）未装修的状态，毛坯状态

osteolito *s.m.* osteolith 土磷灰石

otajanito *s.m.* ottajanite 淡白碱玄岩

otimização *s.f.* [巴] ⇨ optimização

otimizar *v.tr.* [巴] ⇨ optimizar

O tolidina *s.f.* o-tolidine 邻联甲苯胺

otrelite *s.f.* ottrelite 锰硬绿泥石

ouachitito *s.m.* ouachitite 黑云沸煌岩

oubliette *s.f.* oubliette （仅在牢顶有出入口的）地牢

ouralite *s.f.* ouralite 次闪石，纤闪石

ouralitização *s.f.* ouralitization 次闪石化，假象纤闪石化

ourela *s.f.* selvage 布边，织边

ourivesaria *s.f.* jeweller's 金银器店

ouro (Au) *s.m.* gold (Au) 金

ouro branco white gold 白金

ouro de lei solid gold; standard gold 硬金；标准金

ouro dos tolos fool's gold 黄铜矿

ouro falso ormolu 仿金镀料

ouro fino fine gold 纯金

ouro francês oroide 人造金

ouro laminado rolled gold 金箔

ouro negro black gold 黑金（指石油）

ouro verde green gold 绿金

ouropel *s.m.* Dutch gold, French gold, oroide 荷兰金

ouro-pigmento *s.m.* orpiment, yellow arsenic 雌黄

outão/oitão *s.m.* side wall 侧壁，侧墙，边墙

outar *v.tr.* (to) winnow, sift 把（谷物的）杂质吹掉，扬去

outono *s.m.* autumn; fall 秋季，秋天

outorga *s.f.* granting, awarding 授予；授标

outorgado *s.m.* grantee 被授与者，受让人

outorgante *s.m.* ❶ party （合同关系的）一方，签约方 ❷ grantor 授予人，让予人

◇ **primeiro outorgante** first party 甲方，第一方

◇ **segundo outorgante** second party 乙方，第二方

output *s.m.* output 输出

ouvala *s.f.* ouvala 灰岩盆地

ouviela *s.f.* ditch, gutter, drain 小排水沟

oval ❶ *adj.2g.* oval, oviform 卵形的，椭圆形的 ❷ *s.f.* oval 椭圆形

ovalização *s.f.* out-of-round, out-of-roundness （管筒等构件）失圆

óvalo *s.m.* ovolo 凸圆线脚装饰

óvalo e âncora (/dardo) egg and anchor ⇨ **óvalo e lança**

óvalo e lança egg and dart 卵箭饰

ovardito *s.m.* ovardite 绿泥钠长绿片岩

ovelha *s.f.* sheep 绵羊

oven-dry *adj.inv.* oven-dry 烘干的

overbreak *s.m.* overbreak 超爆，超挖

ovil *s.m.* sheep yard 羊圈，羊舍

ovinicultura *s.f.* sheep farming 养羊业，山羊养殖

ovo *s.m.* egg 蛋，卵；卵装物

ovo caipira free-range egg 土鸡蛋

óvulo *s.m.* egg 卵，卵子；（小）卵状物

óvulo de calcário calcareous ooze 钙质

软泥

oxalato *s.m.* oxalate 草酸

oxalato de amónio ammonium oxalate 草酸铵

oxalato de sódio sodium oxalate 草酸钠

Oxfordiano *adj.,s.m.* Oxfordian; Oxfordian Age; Oxfordian Stage （地质年代）牛津期（的）；牛津阶（的）

óxico *s.m.* oxisol 氧化土

oxicorte *s.m.* oxy-cutting 氧气切割

oxidabilidade *s.f.* oxidizability 氧化性

oxidabilidade ao permanganato permanganate oxidizability 高锰酸盐氧化性

oxidação *s.f.* oxidation 氧化

oxidação activa active oxidation 活性氧化

oxidar *v.tr.* (to) oxidize （使）氧化

oxidato *s.m.* oxidate 氧化沉积物，氧化岩

óxido *s.m.* oxide 氧化物

óxido de alumínio aluminum oxide 氧化铝

óxido de arsénio realgar 雄黄

óxido de azoto nitrogen oxide 氮氧化物

óxido de manganês manganese oxide 氧化锰

óxido de nitrogênio nitrogen oxide 氧化氮

óxido de polifenileno (PPO) polyphenylene oxide (PPO) 聚苯醚

óxido de zinco zinc oxide 氧化锌

óxido nitroso nitrous oxide 一氧化二氮

óxido vermelho de cádmio red cadmium oxide 红氧化镉

óxido vermelho de chumbo red lead oxide 红铅；四氧化三铅

óxido vermelho de ferro red iron oxide 红氧化铁

oxigenação *s.f.* oxygenation 以氧处理，氧化作用

oxigenar *v.tr.* (to) oxygenate 以氧处理，充氧，加氧

oxigénio/oxigênio (O) *s.m.* oxygen (O) 氧

oxigénio de corte cutting oxygen 切割氧

oxigénio dissolvido dissolved oxygen 溶解氧

oxígono *adj.* oxygonal 锐角的

oxisfera *s.f.* oxysphere 氧圈，砂石圈

oxissolo *s.m.* oxisol 氧化土

ozocerite *s.f.* ozocerite, ozokerite 地蜡

ozonização *s.f.* ozonation 臭氧化

ozonizador *s.m.* ozonator, ozonizer 臭氧发生器

ozonizar *v.tr.* (to) ozonize （使）变成臭氧，臭氧化

ozono *s.m.* ozone 臭氧

ozonómetro/ozonômetro *s.m.* ozonometer 臭氧计

ozonosfera *s.f.* ozonosphere 臭氧层

P

pá *s.f.* ❶ 1. spade 铁锹，铲子 2. dustpan 簸箕，撮子 ❷ paddle, blade 桨叶；叶，片 ❸ shovel 铲斗；装载机

pá-carregadeira loader, bucket loader[巴] 装载机，铲运车，铲泥车

pá-carregadeira de direcção por rotação variada skid-steer loader 滑移转向装载机

pá-carregadeira de esteiras track-type loader 履带式装载机

pá-carregadeira de rodas wheel loader, wheel-type loader 轮式装载机

pá-carregadeira frontal front end loader 前端装载机

pá-carregadeira oscilante swing loader 转臂式装载机

pá carregadora loader, bucket loader[葡] 装载机，铲运车，铲泥车

pá carregadora tipo garra grab bucket loader 抓斗装载机

pá com cabo de aço shovel w/steel handle 铁柄铲

pá com cabo de madeira shovel w/ wooden handle 木柄铲

pá com inclinação diferente blade out-of-track 桨叶错轨迹

pá de arrasto dragline 拉铲挖土机

pá de avanço advancing blade 前进桨叶

pá de bico round nose spade 尖嘴铲

pá de cortar grama lawn edger 草坪修边铲

pá de corte bull blade, dozer blade 铲刀，推土铲

pá de crivo sieve shovel 筛铲

pá de hélice blade of screw, propeller blade 螺旋桨叶片

pá de infantaria infantry shovel 步兵铲

pá de lastro ballast-shovel 道砟装载机

pá de lixo dust pan 簸箕

pá de roda wheel scoop 戽斗水轮

pá de rotor rotor blade 转子叶片

pá de sapador sappers shovel 工兵铲

pá de turbina turbine vane, turbine blade 涡轮叶片

pá de valar trenching spade 挖沟铲

pá do ventilador fan blade （风扇）扇叶

pá fora de alinhamento blade out-of-alignment 桨叶失准

pá fora de ângulo blade out-of-pitch 桨叶错距

pá frontal front shovel 前铲斗

pá mecânica shovel loader 铲式装载机

pá quadrada square spade 方铲

pá raspadora de lodo sludge scraping paddle 刮泥板

pá transplantadora planting spade 移植铲

pã *s.m.* pan （不透水的）硬土层

pacífico *adj.* pacific 太平洋的

packer *s.m.* packer （钻探灌浆用的）封隔器

packer de produção production packer 采油封隔器

packer duplo dual packer 双管封隔器

packing list *s.f.* packing list 装箱单

packstone *s.f.* packstone 泥粒灰岩

paço *s.m.* (royal or episcopal) palace, residence （王室、主教的）宫殿，官邸

pacote *s.m.* ❶ pack, carton 包装 ❷ package, parcel, packet 包，包裹；小包，小捆 [经常用作量词] ❸ package 成套设备，成套组件 ❹ package 一揽子（计划、建议、协议等）

pacote de acordo package deal 一揽子协议

pacote de alimentos food parcel 粮食包

pacote de arrefecimento cooling package 冷却组件

pacote de auxílio aid package 急救包

pacote de medidas package of measures 一揽子措施，政策包

pacote de propante proppant pack 支撑剂充填层

pacote de trabalho work package 工作包

pacto *s.m.* pact, agreement 条约，公约，协约

pacto social company articles 公司章程

padejamento *s.m.* spading 锹拌

padieira *s.f.* door head; window head 门楣；窗楣

padiola *s.f.* handbarrow; stretcher 担架

padrão *s.m.* ❶ pattern, model 型；式样；模式 ❷ pattern, norm, standard 标准

padrão de canal channel pattern 河道类型，河槽类型

padrão de conjunto bulk sample 大块样品

padrão de cores color standards 比色标准

padrão de desempenho performance standard 绩效标准

padrão de difracção diffraction pattern 衍射图

padrão de difração de Kikuchi Kikuchi diffraction pattern 菊池衍射花样

padrão de diluição bypass ratio 涵道比

padrão de drenagem drainage pattern 水系型；河网型式

padrão de drenagem em treliça trellis drainage pattern 格子水系

padrão de drenagem entrelaçado braided drainage pattern 网状水系型

padrão de dureza hardness pattern 硬度（分布）模式

padrão de escoamento flow pattern 流动型式，流型；流态

padrão de escoamento anular annular flow pattern 环状流型

padrão de escoamento em bolhas dispersas dispersed bubble flow pattern 分散泡状流型

padrão de execução implementation pattern 实施模式

padrão da fonte source pattern 震源组合

padrão de interferência interference pattern 干涉图样

padrão de juntas joint pattern 节理型式

padrão de medida standard measure 标准量度

padrão de nove pontos nine-spot pattern 九点井网

padrão de produto product standard 产品标准

padrão de qualidade ambiental environmental quality standard 环境质量标准

padrão de qualidade de água water quality standard 水质标准

padrão de qualidade da obra job quality standard 工作质量标准

padrão de referência reference standard 参考标准

padrão de sete pontos seven-spot pattern 七点井网

padrão de três pontos three-spot pattern 三点井网

padrão de trilho rail gauge 轨距

padrão estrutural structural pattern 结构模式

padrão haltere dumbell pattern 哑铃形

Padrão Inglês British Standard (BS) 英国标准，英标

padrão internacional international standard 国际标准

Padrão Internacional de Cobre Recozido International Annealed Copper Standard (IACS) 国际退火铜标准

padrão radioactivo radioactive standard 放射性标准

padrão secundário secondary standard 二级标准

padrões suecos Swedish standards 瑞典标准

padrão Whitworth Whitworth standard 惠氏标准

padre-nosso *s.m.* paternoster 串珠装饰线条

padronização *s.f.* ❶ standardization 标准化；规格化 ❷ type selection 选型

padronizado *adj.* standardized; qualified 标准化的；合格的

padronizador *s.m.* ❶ standardizer 标准制定者 ❷ grader 清选机

padronizador de sementes seed grader 种子清选机

padronizar *v.tr.* (to) standardize （使）标准化

paga *s.f.* payment; salary 支付，付款；工资

pagamento *s.m.* payment 支付，付款

pagamento à cobrança ⇨ pagamento na entrega

pagamento a dinheiro payment in cash 现金付款

pagamento adiantado prepayment, advance pament 预付款

pagamento antecipado prepayment 提前付款

pagamento antes da entrega cash before delivery (C.B.D) 交货前付款

pagamento compensatório compensatory payment 补偿金

pagamento contra documento ⇨ pagamento na entrega

pagamento de contrato contract payment 合约支付款项

pagamento diferido deferred payment 延期付款

pagamento em (/a) prestações payment by instalments 分期付款

pagamento inical initial payment 首付款；首期付款

pagamento intermédio interim payment 进度款

pagamento mensal monthly payment 月付款，进度款；月供

pagamento na entrega cash on delivery (C.O.D.) 货到付款

pagamento por tranferência bancária payment by bank transfer 转账付款

pagamento pronto prompt payment 立即付款

pagar *v.tr.,intr.,pron.* (to) pay; (to) repay 支付；偿还

pagela *s.f.* instalment 分期付款

página *s.f.* ❶ page 页，页码；页面 ❷ web page 网页

páginas amarelas Yellow Pages 黄页

página de rosto cover page, title page 封面页

página em branco/página vazia blank page 空白页

página inicial homepage 主页

paginação *s.f.* ❶ pagination 标记页码 ❷ page makeup 页面制作

paginadora *s.f.* paging machine 分页机

paginar *v.tr.,intr.* (to) page, (to) paginate 标记页码

pagode *s.m.* pagoda （中式）宝塔

pagodite *s.f.* pagodite 寿山石

pahoehoe *s.f.* pahoehoe 绳状熔岩 ⇨ lava encordoada

Paibiano *adj.,s.m.* Paibian; Paibian Age; Paibian Stage （地质年代）排碧期（的）；排碧阶（的）

painel *s.m.* ❶ panel, board 板材，镶板 ❷ panel, dashboard 面板，仪表盘，操纵盘 ❸ panel （会议的）专门小组 ❹ panel 专门小组的分开讨论 ❺ bay （飞机的）隔舱

painel à face flush panel 平嵌板

painel autoportante self-supporting panel 自立式隔板

painel catalítico catalytic panel 催化面板

painel composto composite panel 复合板

painel de abertura rip panel 放气裂幅

painel de acesso access panel 检修孔盖板

painel de acesso do motor engine access panel 发动机检修面板

painel de aglomerado de partículas particle board 碎木板

painel de alimentação feeder panel 馈电板

painel de alta densidade ⇨ painel HDF

painel de alumínio composto aluminum composite panel 铝塑板

painel de alumínio perfurado perforated aluminum panel 穿孔铝扣板

painel de aquecimento heating panel 加热板

painel de áudio audio panel 音频面板

painel de betão armado reinforced concrete panel 钢筋混凝土板

painel da carroceria body panel 车身板件，车身嵌板

painel de cerca fence panel 围栏板

painel de circuito de derivação final final branch circuit panelboard 末级分支电路配电盘

painel de comando instrument panel, console 仪表盘，仪表面板

painel de comando central central control panel 中央控制面板

painel de comando touch control touch-control panel 触摸控制板

painel de comporta sluice board 闸板

painel de comutação switchgear 开关装置

painel de conexão patch panel 接线板，配线架

painel de conexão de fibra óptica fiber optic patch panel 光纤接线板

painel de controle e indicação control display unit 控制与显示装置

painel de controlo control panel 控制面板，控制盘，控制屏

painel de controlo auxiliar auxiliary control panel 辅助控制盘

painel de controlo de alarme de incêndio (FACP) fire alarm control panel (FACP) 消防报警控制面板

painel de controlo de iluminação lighting control panel 照明控制面板

painel de controlo de motor motor control panel 马达控制面板

painel de diafragma diaphragm plate 横隔板

painel de distribuição distribution committees/ panel 配电屏；配电板；配电盘

painel de distribuição de BT LV distribution board 低压配电板

painel de fechamento bulkhead （混凝土模板的）侧板

painel de fibra fiberboard 纤维板

painel de fibra impregnado impregnated fiberboard filler 浸渍纤维板

painel de fibra impregnado de betume bitumen impregnated fiberboard filler 沥青浸渍纤维板

painel de fibra mineral mineral fiberboard 矿物纤维板

painel de fraca densidade ⇨ painel LDF

painel de fusíveis fuse panel 熔断器板

painel de gás gas panel 气体显示屏，气体放电显示屏

painel de granito flameado flamed granite board 花岗石火烧板

painel de informações information screen 信息屏

painel de instrumentos instrument painel, gauge board, dash panel, dashboard 仪表盘，仪表板，仪表台

painel de junção patch panel 接插面板

painel de ligação wiring board 接线板；控制板

painel de madeira reconstituída reconstituted wood board 再生板

painel de média densidade ⇨ painel MDF

painel de misturador mixer panel 推杆板

painel de oposição colloquy 讨论会

painel de OSB OSB (oriented standard board) 欧松板，定向刨花板

painel de parede wall panelling 墙板

painel de perfil profile panel 资料面板，资料表

painel de piso flooring block 地板块

painel de popa transom 艉横板

painel de postigo hatch panel 舱盖板

painel do repetidor repeater panel 复示屏板，指令应示屏

painel de separação separation panel 隔板

painel de sinalização signaling panel 信号板，信号盘

painel de sinalização prévia advance direction sign 前置方向标志

painel de subdistribuição subdistribution panelboard 辅助配电盘

painel de tecto roof boarding 屋面板

painel de terminais terminal board 接线板，端子板

painel do tipo "spandrel" spandrel panel

拱肩镶板

painel de usuário user panel 用户面板

painel de velocidade velocity panel 速度框图

painel de via track panel 轨排

painel de vidro glass panel 玻璃嵌板；墙玻璃板；玻璃栏板

painel de visualização display panel 显示面板

painéis em queda ligados attached drop panels 附加（连接）的托板

painel embutido inbuilt panel, flush panel 平嵌板

painel envidraçado glazed panel 玻璃镶板

painel estratificado laminate panel 层压板

painel estrutural stressed-skin panel 受力夹芯板，外层受力板

painel externo exterior panel 外壁板

painel fixo fixed panel 固定板

painel fixo inferior bottom fixed panel 底部固定板

painel folheado veneered panel 带镶边版，镶边板

painel folheado com carvalho francês French oak veneered panel 法国橡树镶边板

painel folheado com nogueira escura em MDF dark walmut veneered panel on MDF MDF 板贴黑胡桃木皮

painel folheado de nogueira walnut veneered panel 胡桃木镶边板

painel fotovoltaico photovoltaic panel 光伏板，太阳能光电版

painel frigorífico cold panel 冰箱面板

painel gráfico graphic panel 图解式面板

painel HDF HDF (high density fiberboard) 高密度纤维板

painel indicador indicator panel, display panel 指示（器）板

painel interruptor-selector mestre (MSSP) master selector switch panel (MSSP) 主选择开关面板

painel lamelado laminboard 侧条芯夹板

painel lateral side panel 侧板

painel lateral traseiro rear quarter panel 后围侧板

painel LDF LDF (low density fiberboard) 软质纤维板

painel maciço solid panel 厚镶板

painel MDF MDF (medium density fiberboard) 中密度纤维板

painel mímico mimic control panel 模拟控制面板

painel organizador distributing board; patchboard 配线板

painel passa-fios wire guide panel 理线架

painel pré-fabricado prefabricated panel 预制墙板

painel radiante radiant panel 辐射板

painel repetidor de alarme de incêndio (FARP) fire alarm repeater panel (FARP) 消防报警中继面板

painel saliente raised panel 凸镶板；凸嵌板

painel sandwich (/sanduíche) sandwich board 复合夹心板

painel solar solar panel 太阳能电池板

painel solar fotovoltaico photovoltaic solar panel 光伏阵列

painel traseiro tail panel 尾板

painel traseiro do motor firewall 发动机绝热板

painel vazio blank panel 空面板

paiol s.m. ❶ ammunition depot, powder magazine 弹药库；火药库 ❷ barn 谷仓；畜棚

paiol de armamento magazine, arsenal 军火库，武器库

pairado s.m. hovering 悬停

país s.m. country 国家

país de destino country of destination 目的国，前往国，到达国

país de origem country of origin 起运国；启运国；来源国；原产国

paisagem s.f. landscape 景观，风景

paisagem aquática waterscape 水景；海景

paisagem natural natural landscape 天然景观

paisagem protegida protected area 保护区

paisagem urbana ❶ urban landscape 城市景观 ❷ cityscape 城市天际线

paisagismo s.m. ❶ landscape architecture,

landscape hardwork 园林建筑 ❷ landscaping works 环境美化工程；景观美化工程 ❸

landscape painting 风景画，山水画

paisagista *s.2g.* landscape engineer 园林工程师

paisanito *s.m.* paisanite 钠闪微岗岩

pala *s.f.* shadow shield 遮光板，遮阳板

pala pára-sol ⇨ pala

palacete *s.m.* small palace 小型宫殿

palácio *s.m.* palace 宫殿；大型的公共建筑

palácio de justiça law courts, palace of justice 法院，司法大楼

palácio presidencial presidential palace 总统府

palácio (do governo) provincial palace of provincial government 省政府大楼

Paladiano *adj.* Palladian 巴拉迪欧式的（建筑）

paládio (Pd) *s.m.* palladium (Pd) 钯

palafita *s.f.* palafitte 湖上桩屋；湖上桩屋的桩子

palagonito *s.m.* palagonite 橙玄玻璃

palagonização *s.f.* palagonization 橙玄玻璃化

palanca *s.f.* moil, bar 石錾，鹤嘴锄

palanco *s.m.* tackle 滑车索具

palanque *s.m.* raised platform（高的、有楼梯的）演讲台

palanquilha *s.f.* billet 小钢坯

palanquim *s.m.* palankeen, palanquin 轿子

palasito *s.m.* pallasite 橄榄陨铁

palavra-chave *s.f.* keyword 关键词

palco *s.m.* stage 舞台，平台

palco elevatório lift stage 升降舞台

palco giratório revolving stage 旋转舞台

palco italiano drama stage 戏剧舞台

palco projetado thrust stage 伸出式舞台；凸出舞台

paleizadora *s.f.* palletizer 托盘堆垛机

paleoantropologia *s.f.* paleoanthropology 古人类学

Paleoarcaico *adj.,s.m.* Paleoarchean; Paleoarchean Era; Paleoarchean Erathem [葡]（地质年代）古太古代（的）；古太古界（的）

Paleoarqueano *adj.,s.m.* [巴] ⇨ Paleoarcaico

paleobiogeografia *s.f.* paleobiogeography 古生物地理学

paleobiologia *s.f.* paleobiology 古生物学

paleoblasto *s.m.* paleoblast 古生变晶

paleobotânica *s.f.* paleobotany 古植物学

paleocanal *s.m.* paleochannel 古河道

paleocarso *s.m.* paleokarst 古岩溶

paleoceanografia *s.f.* palaeoceanography 古海洋学

Paleocénico *adj.,s.m.* Paleocene; Paleocene Epoch; Paleocene Series [葡]（地质年代）古新世（的）；古新统（的）

Paleoceno *adj.,s.m.* [巴] ⇨ Paleocénico

paleoclima *s.m.* paleoclimate 古气候

paleoclimatologia *s.f.* paleoclimatology 古气候学

paleocorrente *s.f.* paleocurrent 古水流

paleoecologia *s.f.* paleoecology 古生态学

paleofalésia *s.f.* dead cliff 古海蚀崖

paleofitologia *s.f.* paleophytology 古植物学

Paleogénico *adj.,s.m.* Paleogene; Paleogene Period; Paleogene System [葡]（地质年代）古近纪（的）；古近系（的）

Paleógeno *adj.,s.m.* [巴] ⇨ Paleogénico

paleogeografia *s.f.* paleogeography 古地理学

paleoicnologia *s.f.* paleoichnology 古遗迹学

paleomagnetismo *s.m.* paleomagnetism 古磁学

paleontologia *s.f.* paleontology 古生物学

paleontológico *adj.* paleontologic 古生物学的

paleopalinologia *s.f.* paleopalynology 古孢粉学

paleopedologia *s.f.* paleopedology 古土壤学

Paleoproterozoico *adj.,s.m.* Paleoproterozoic; Paleoproterozoic Era; Paleoproterozoic Erathem（地质年代）古元古代（的）；古元古界（的）

paleossismologia *s.f.* paleoseismology 古地震学

paleossolo *s.m.* palaeosol 古土壤，古基底

paleossoma *s.m.* paleosome 古成体

paleotemperatura *s.f.* paleotemperature 古地温

paleovale *s.m.* buried valley 埋藏谷，掩埋谷

833

paleovulcanismo *s.m.* paleovolcanism 古火山作用

Paleozoico *adj.,s.m.* Paleozoic; Paleozoic Era; Paleozoic Erathem （地质年代）古生代（的）；古生界（的）

paleozoologia *s.f.* paleozoology 古动物学

palestra *s.f.* ❶ lecture, speech 演讲 ❷ palaestra（古希腊或古罗马的的）角力学校

paleta/palete *s.f.* palette, pallet 垫盘；（装载货物的）托板

  paleta de cores color palette 调色板

paleteira *s.f.* pallet truck 托盘车，码垛车

  paleteira elétrica electric pallet truck 电动托盘车

  paleteira elétrica operador a bordo electric rider pallet truck 骑驾式电动托盘车

  paleteira elétrica operador a pé electric walkie pallet truck 站驾式电动托盘车

  paleteira manual hand pallet truck 手动托盘车

paletização *s.f.* palletizing 码垛堆积；托盘包装

palha *s.f.* straw 秸秆

  palha de aço steel wool 钢丝绒

palheiro *s.m.* haystack 存放草垛的地方

palheta *s.f.* blade, vane 叶片，叶轮

  palheta de bocal nozzle blade 喷管隔片；喷嘴叶片

  palheta de cores fan deck 比色卡

  palheta do disco vane 叶轮

  palheta do impulsor (/roda imóvel) impeller blade 叶轮叶片

  palheta do limpador wiper blade 雨刷刮水片

  palheta de roda wheel scoop 戽斗水轮

  palheta da turbina turbine vane 涡轮机叶片

  palheta fixa fixed vane 固定叶片

  palheta móvel mobile vane 活动叶片

palhetão *s.m.* bit (of key)（钥匙的）牙花，钥匙头

paliçada *s.f.* palisade, stockade 栅栏

paligorsquite *s.f.* palygorskite 凹凸棒，坡缕石，坡缕缟石

palimpsesto *s.m.* palimpsest 变余构造

palingénese *s.f.* palingenesis 重演性发生

palingénico *adj.* palingenic 新生的，再生的，重发的

palingenético *adj.* palingenetic 新生的，再生的，重发的

palinoestratigrafia *s.f.* ⇨ palinostratigrafia

palinologia *s.f.* palynology 孢粉学

palinomorfo *s.m.* palynomorph 孢粉型

palinostratigrafia *s.f.* palynostratigraphy 孢粉地层学

palma *s.f.* ❶ palm-tree 棕榈 ❷ *pl.* palms 棕榈叶状饰

palmatória *s.f.* ferule（用来打学生手心的）木拍子

  palmatória de sinais signalling disc 信号指示牌

palmela *s.f.* paumelle 可折铰链

palmeta *s.f.* wedge, quoin 楔子

palmilha *s.f.* pad 垫子，垫板

  palmilha de trilho tie pad 轨道垫板

  palmilha de trilho de via em laje grout pad 止浆垫

palmo *s.m.* span 拃（长度单位，合 21 厘米）

  palmo de craveira "palmo de craveira" 葡制拃（合 22 厘米）

palmtop *s.m.* palmtop 掌上电脑

palplanche *s.f.* sheet piled wall 板桩墙

  palplanche em ferro metallic sheet piled wall 金属板桩墙

palude *s.m.* swamp 沼泽

palustre *adj.2g.* palustrine, paludal 沼泽地的，多沼泽的

pampa *s.f.* pampa 南美大草原

pâmpano *s.m.* vine shoot 蔓藤饰

Panamax *s.m.* Panamax 巴拿马型船

panascoso *adj.* ⇨ penhascoso

panasqueiraíte *s.f.* panasqueiraite 氟磷镁钙石

panca *s.f.* wooden lever 木杠杆

pancada *s.f.* ❶ blow, hit, knock 打，击 ❷ shower 阵雨

  pancada de água (/chuva) sudden shower, downpour 阵雨

  pancada de fluido fluid pound 液面撞击

  pancadas na vizinhança showers in the vicinity 附近有阵雨

pancrónico *adj.* panchronic 泛时的

pandemia *s.f.* pandemic（全国性或全球性）大流行病

pane *s.f.* ❶ breakdown 故障；崩溃 ❷ cutout（发动机）突然熄火

paneiro *s.m.* bottom board 舱地板；船底垫板

panela *s.f.* ❶ pan, pot 锅 ❷ muffler, exhaust box 消声器 ❸ pothole（道路上的）坑洼

panela com cabo saucepan 长柄深平底锅

panela de erosão pot hole (in the rock bed of a river); swallow hole 溶沟；石灰穴

panela de escape muffler, exhaust box 消声器

panela de pressão pressure cooker, digister 高压锅

panela de suspensão suspension cup 悬挂杯座

panela térmica soup pan 汤锅

panela térmica a gás gas soup pan 燃气汤锅

panela wok wok 炒锅

panela wok a gás gas wok 燃气炒锅

panga-panga *s.f.* panga-panga 斯图崖豆木（*Millettia stuhlmannii Taub*）

pangeia *s.f.* pangea 泛大陆，联合古陆

panidiomórfico *adj.* panidiomorphic 全自形的

panificação *s.f.* ❶ bread making, baking 面包制作，面包烘焙 ❷ bakery 面包公司，面包店

panificadora *s.f.* bakery 面包烘房

pano *s.m.* ❶ cloth 布，布料 ❷ wall section 墙段 ❸ slope 屋顶坡面

pano de boca act curtain（舞台的）大幕

pano de ferro safety curtain 防护幕

pano de fundo backdrop（舞台的）背景幕

pano de limpar cleaning pad; rag 清洁巾；抹布

pano de linho alcatroado brattice cloth 风幄布；粗亚麻篷布

pano de peito parapet, window-sill 胸墙，护墙

pano de polir crocus cloth 粗袋布，磨粉布

pano limpa-vidros (/de vidro) glass cloth 玻璃布

panóplia *s.f.* weapons showroom 兵器陈列室

panóptico *adj.* panoptic 展示全景的；一览无余的（如领导办公室、岗亭等）

panorama *s.m.* panorama 全景；全景图

pantalassa *s.f.* panthalassa 泛古洋

pantanal *s.m.* wetland 湿地；沼泽地

pântano *s.m.* ❶ swamp 沼泽；湿地 ❷ muskeg 泥岩沼泽地；青苔沼泽地

pântano de esfagnos raised bog 高位沼泽

pântano de vale valley bog 低位沼泽

pântano fértil blanket bog 毡状酸沼

pântano salino salt marsh 盐土沼泽

pantanoso *adj.* paludal 沼泽的

panteão *s.m.* Pantheon 万神殿

pantelerito *s.m.* pantellerite 碱流岩

pantógrafo *s.m.* ❶ pantograph 缩放绘图仪，比例绘图仪 ❷ pantogragh 导电弓；导电弓架；电杆架

pantómetro/pantômetro *s.m.* pantometer 万能测角仪，万能测角规

pão-de-açúcar *s.m.* sugarloaf 甜面包山，研钵状的山

papa-fila *s.m.* high-capacity bus 大容量公交车

papagoíte *s.f.* papagoite 水硅铝铜钙石

papel *s.m.* paper 纸，纸张

papel à prova de água waterproof paper 防水纸

papel A4 A4 paper A4 纸

papel acetinado satin-paper 蜡光纸

papel almaço foolscap 大裁；大页纸

papel anti-ferrugem needle paper 包针纸

papel autocolante self-adhesive paper 不干胶纸

papel bíblia Bible paper 圣经纸

papel-bond bond paper 证券纸

papel brilhante glossy paper 光面纸

papel-calandrado calendered paper 蜡光纸；压光处理的纸张

papel-carbono carbon paper （有碳）复写纸

papel-casca-de-cebola onion skin paper 薄光泽纸，洋葱皮纸

papel celofane cellophane paper 玻璃纸

papel colorido colored paper 彩色纸

papel com relevo embossed paper 压花纸

papel comum standard paper 普通纸

papel-couché art paper 铜版纸

papel-crepe crêpe paper 皱纹纸

papel-cromo chromo paper 彩色纸

papel de alumínio aluminum foil 铝箔

papel-de-arroz rice-paper 通草纸；米纸

papel de carta writing paper 信纸

papel-da-China Xuan paper 宣纸；（不限于中国产的）木刻版面用宣纸

papel de condensador condenser tissue 电容器纸

papel de construção building paper 建筑用纸；防潮纸

papel de decalcomania decalcomania paper 模印纸

papel de decalque tracing paper 描图纸

papel de embrulho wrapping-paper, brown paper 包装纸

papel de embrulho de castanho unbleached kraft paper 未漂白牛皮纸

papel de estanho tin foil paper, silver paper 锡箔

papel de ferroprussiato ferroprussiate paper 晒图纸

papel de fibra de vidro glass-fiber paper 玻璃纤维纸

papel de filtro filter paper, filtering paper 滤纸

papel de filtro qualitativo qualitative filter paper 定性滤纸

papel de filtro quantitativo quantitative filter paper 定量滤纸

papel de imprensa (/jornal) newsprint 新闻纸

papel de impressão printing-paper 打印纸

papel de iodeto de potássio pole paper 极谱纸

papel de lixa sandpaper, emery paper 砂纸

papel de lustre glazed paper 蜡光纸

papel de parede wallpaper 壁纸

papel de parede decorativo decorative wallpaper 装饰墙纸

papel de reverso lining paper 衬纸

papel de revestimento ⇨ papel de construção

papel de seda tissue paper 棉纸，薄纸

papel de tornassol litmus paper 石蕊试纸

papel de tornassol azul blue litmus paper 石蕊试纸，蓝石蕊试纸

papel duplex duplex paper 双层纸

papel duplicador duplicator paper 复写纸

papel em branco blank paper 白纸

papel estriado laid paper 条纹纸

papel extra pesado extra-heavy paper 厚铜版纸

papel fenólico phenolic paper 酚醛纸

papel finish foil finish foil 预油漆纸

papel fino fine paper 高级纸

papel fotográfico photographic paper 相片纸

papel gomado gummed paper 胶纸

papel granada garnet paper 石榴石砂纸

papel heliográfico dyeline paper 重氮复印纸

papel hidrolisado fish-paper 鱼皮纸；青壳纸

papel higiênico toilet tissue 卫生纸

papel impermeável grease-proof paper, oil-paper 防油纸

papel indicador universal universal indicator paper PH 广泛试纸

papel japonês Japanese paper 和纸

papel Kraft kraft paper 牛皮纸

papel laminado laminated paper 层压纸

papel linho linen paper 亚麻布纸

papel litográfico lithographic paper 石印纸

papel machê papier-mâché 纸型，混凝纸

papel manilha manilla paper 蕉麻纸，马尼拉纸

papel mata-borrão blotting paper 吸墨纸

papel mata-moscas fly-paper 灭蝇纸

papel mate mat paper 亚光纸

papel mecânico mechanical paper 含磨木浆的纸张

papel-mica micafolium 云母箔

papel milimetrado graph paper 方格纸；坐标纸

papel offset offset paper 胶版纸

papel oleado oiled paper 油纸

papel para lentes lens paper 擦镜纸

papel para cópias copy paper, duplicating paper 复印纸；拷贝纸

papel para rascunho scrap paper 便条纸

papel pardo brown paper 牛皮纸

papel pautado ruled paper 横格纸；方格纸；划线报告纸

papel pergaminho parchment paper 羊

836

皮纸

papel poliéster polyester paper 聚酯胶纸

papel prensado pressed paper 压榨纸

papel quadriculado squared paper 方格纸

papel químico chemical pressure sensitive paper 压感复写纸

papel reagente test paper, reaction paper 试纸；反应纸

papel reciclado recycled paper 再生纸

papel rugoso cream-laid 白条纸

papel seco bone-dry paper 绝干纸

papel selado stamped paper 盖过章的纸

papel sensibilizado sensitized paper 感光纸

papel sintético synthetic paper 合成纸

papel supercalandrado supercalendered paper 超级砑光纸

papel térmico thermal paper 热敏纸

papel timbrado letterhead paper 抬头纸，公文纸

papel transparente transparent paper 透明纸，玻璃纸

papel vergé laid paper 条纹纸

papelão s.m. cardboard 厚纸板

papelão alcatroado roofing felt, roofing paper 屋面油毡

papelão betuminado bitumen paper, bitumen felt 沥青油毡

papelão ondulado corrugated cardboard 瓦楞纸板

papelaria s.f. stationery store 文具店

papeleira s.f. paper distributor 纸张经销商

papiro s.m. papyrus 纸莎草纸

papo-de-rola s.m. throat （壁炉里的）吸烟口

paquímetro s.m. pachymeter, calliper rule 游标卡尺

paquímetro de profundidade vernier depth caliper 游标深度卡尺

paquímetro digital digital caliper 数字卡尺

par s.m. pair 对，双，副 [经常用作量词]；成对的物件

par cónico bevel gear, angle transmission gear 锥齿轮，角传动齿轮

par de agulhas articuladas stub switch 钝轨转辙器

pares de cobre copper twisted pairs 铜双绞线

par de torneiras misturadoras cold and hot water tap 混合双水龙头

par estereoscópico stereo pair 立体像对

par terminal pair terminal 端子对；端子线对

par termoeléctrico (/térmico) thermocouple 热电偶

para-autóctone adj.2g. parautochthonous 准原地的

para-barro s.m. mudguard 挡泥板

parábola s.f. parabola 抛物线

parábola cúbica cubic parabola 立方抛物线

parabólica s.f. parabolic antenna 抛物面天线，"锅"

parabólico adj. parabolic 抛物线的

paraboLóide s.m. paraboloid 抛物面；抛物线体

paraboLóide elíptico elliptical paraboloid 椭圆抛物面

paraboLóide hiperbólico hyperbolic paraboloid 双曲抛物面

para-brisas s.m.2n. windscreen, windshield 挡风玻璃

pára-centelhas s.m.2n. spark arrester 火花熄灭器

pára-chamas (PC) adj.,s.m. fire-prevention 隔火（的），阻火（的）

pára-chispas s.m.2n. ⇨ pára-centelhas

para-choques s.m.2n. bumper 防撞杠，保险杠

pára-choque de parede wall bumper 墙面防撞条

pára-choque de via track buffer 轨道缓冲器

para-choques dianteiro front bumper 前保险杠

para-choques traseiro rear bumper 后保险杠

paráclase s.f. paraclase 断层

paraconformidade s.f. paraconformity 似整合，准整合

paraconglomerado s.m. paraconglomerate 副砾岩

paracrisótilo *s.m.* parachrysotile 副纤维蛇纹石

parada *s.f.* ❶ pause, suspension 暂停；间歇 ❷ stop [巴]（公交车）车站 ❸ parade, parade square 列队广场，检阅广场，阅兵广场

parada automática de segurança automatic shut-off 自动关闭，自动关停

parada automático de trens automatic train stop (ATS) 自动列车停止

parada de emergência emergency stop 紧急停止

parada de motor shutdown （发动机）停车，熄火

parada de produção production shutdown 生产停工

parada forçada forced stop 强制停止

parada para revisão anual stoppage for yearly overhaul 年度检修停机

parada proibida no stopping 禁止停车

paradigma *s.m.* paradigm 范例；范本

parafagulha *s.f.* spark arrester 火花熄灭器

parafina *s.f.* paraffin 石蜡

parafinação *s.f.* coating with paraffin 上蜡

parafinar *v.tr.* (to) paraffin 涂石蜡，用石蜡处理

pára-fogo *adj.* fire stop 挡火的

parafusadeira *s.f.* (electric) screwdriver （尤指电动）螺丝刀，螺丝枪

parafusadeira de auto-alimentação auto feed screwdriver 自动送钉螺丝枪

parafusadeira de impacto impact screwdriver 冲击螺丝刀

parafusadeira elétrica ⇨ parafusadeira

parafusadeira para gesso drywall screwdriver 石膏板螺丝刀

parafusadeira pneumática air screwdriver, pneumatic screwdriver 气动螺丝刀

parafusar *v.tr.* ⇨ aparafusar

parafuso *s.m.* ❶ screw, bolt, stud 螺钉，螺栓，螺柱；螺丝 ❷ screw 带有螺线的物件 ❸ spin （飞机动作）旋冲，螺旋下降

parafuso (tipo) Allen Allen screw 内六角螺丝

parafuso ajustador adjusting screw 调节螺丝

parafuso anormal abnormal spin 异常螺旋

parafuso auto-atarraxante (/auto-roscante) self-tapping screw 自攻螺钉

parafuso autoperfurante self-drilling screw 钻尾螺丝，钻尾自攻螺丝

parafuso autotravante self-locking bolt 自锁螺栓

parafuso batente stop screw 止动螺钉

parafuso chumbador holding down bolt, rock nail 地脚螺栓

parafuso com acção de cotovelo toggle bolt 系墙螺栓

parafuso com porca bolt and nut 螺栓和螺母

parafuso combinado combination bolt 组合螺栓

parafuso cónico taper screw 锥形螺钉

parafuso cortante tapping screw 自攻螺钉

parafuso-cravo twist nail 螺纹钉

parafuso de afinação da orientação orientation adjusting bolt 方向调节螺栓

parafuso de ajustagem (/regulagem) do freio brake adjustment screw 刹车调节螺丝

parafuso de ajustamento (/regulagem) adjusting screw, adjustment screw, regulating screw 调节螺丝，调整螺丝

parafuso da alça u-bolt 骑马螺栓；U形螺栓

parafuso de alimentação screw feed 螺旋喂料器

parafuso de alinhamento timing bolt 正时螺栓

parafuso de alta resistência high strength bolt 高强度螺栓

parafuso de alta tensão high tension bolt 高抗拉螺栓

parafuso de ancoragem anchor screw 锚定螺丝，锚固螺栓

parafusos de apertar da estopa gland bolts 压盖螺栓

parafuso de aperto ❶ pressure screw, clamping screw 压力螺钉 ❷ set screw 固定螺钉

parafuso de aplicação especial special purpose bolt 特殊用途螺栓

parafuso de apoio base screw 底座螺钉

parafuso de argola ⇨ parafuso de olhal

parafuso de Arquimedes Archimedean screw, worn 阿基米德螺旋

parafuso de articulação link bolt 铰接螺栓

parafuso de árvore de transmissão drive shaft bolt 传动轴螺栓

parafuso de assentamento foundation bolt 地脚螺栓

parafuso de autotravamento ⇨ parafuso autotravante

parafuso de avanço feed screw 进给螺杆

parafuso do banjo banjo bolt 对接螺栓，鼓形螺栓

parafuso de bloqueio set screw 固定螺钉

parafuso de cabeça ⇨ parafuso de tampa

parafuso de cabeça chata flat-head screw 平头螺钉

parafuso de cabeça cilíndrica fillister-head screw 圆顶柱头螺钉

parafuso de cabeça com fenda dupla recessed head screw 十字槽螺钉

parafuso de cabeça do cabrestante capstan-head screw 绞盘螺钉

parafuso de cabeça em T T-bolt 丁字螺栓

parafuso de cabeça embebida countersunk bolt 埋头螺栓

parafuso de cabeça esférica button headed screw 半圆头螺钉

parafuso de cabeça fendida (/entalhada) slotted head screw 一字槽螺钉；槽头螺钉

parafuso de cabeça oca hollow head screw 空心螺钉

parafuso de cabeça quadrada square-head screw 方头螺钉

parafuso de cabeça redonda round-head screw 圆头螺钉

parafuso de cabeça sextavada socket head bolt, socket head screw 六角螺栓，六角螺钉

parafuso de carroça coach bolt 方头螺栓

parafuso de carroceria carriage bolt 车架螺栓

parafuso de chumaceira bearing bolt 轴承螺栓

parafuso de colar collar screw 环头螺钉

parafuso de corrimão handrail screw 扶手螺丝

parafuso de doze pontas twelve point head bolt 十二角螺栓头螺钉

parafuso de doze pontas com ombreira twelve point shoulder bolt 十二角凸肩螺栓

parafuso de encaixe dowel screw 两头螺钉

parafuso de encosto stop screw, stop bolt, check screw 止动螺丝，止动螺栓

parafuso de esteira track bolt 轨条螺栓

parafuso de esteira de alta resistência high strength track bolt 高强度的轨条螺栓

parafuso de esteira padrão standard track bolt 标准履带螺栓

parafuso de expansão expansion bolt 膨胀螺栓

parafuso de fenda ⇨ parafuso

parafuso de fixação ❶ clamp bolt, securing screw, setscrew 夹紧螺栓，紧固螺栓，固定螺钉 ❷ hold-down bolt 压紧螺栓 ❸ retaining bolt 留挂螺栓

parafuso de fixador de mola spring clamp screw 弹簧夹螺丝

parafuso de fogão stove bolt 槽头螺钉

parafuso do freio brake-screw 制动器螺钉

parafuso de gancho hook bolt 钩头螺栓

parafuso de guarnição garnish bolt 装饰螺栓

parafuso de ilhó ⇨ parafuso de olhal

parafuso de jacaré frog bolt 辙叉螺栓

parafuso de levantar lifting screw 升降螺杆

parafuso de madeira wood screw 木螺钉

parafuso de mão thumbscrew 指旋螺钉

parafuso de máquina machine screw 机用螺钉，机械螺丝

parafuso da mola spring bolt 弹簧螺栓，弹性螺栓

parafuso de montagem mounting bolt 安装螺栓

parafuso do munhão trunnion bolt 枢轴螺栓

parafuso de olhal eyebolt 环首螺栓，吊环螺栓

parafuso de olhal para levantamento lifting eyebolt 吊环螺栓

parafuso de orelha thumbscrew 翼形螺钉

parafuso de percussão a martelo hammer-drive screw 锤入式螺钉

parafuso de porca bolt 螺栓

parafuso de pressão pressure screw, set screw 压力螺钉；压下螺丝

parafuso de rosca de vários filites multiple-thread screw 多线螺钉

parafuso de rosca dupla double threaded screw 双螺纹螺钉

parafuso de rosca múltipla multiple threaded screw 多线螺钉

parafuso de sangria bleed screw 放气螺钉；减压螺钉

parafuso da sapata de esteira track shoe bolt 履带板螺栓

parafuso de sujeição ⇨ parafuso prendedor

parafuso de tala de junção joint bolt 钢轨联接板螺栓

parafuso de tampa cap screw 带帽螺钉

parafuso de tracção draw bolt 牵引螺栓

parafuso de travamento (/trava/travação/travagem) locking bolt, stop screw 锁紧螺栓，止动螺钉

parafuso de tremoços ⇨ parafuso de cabeça redonda

parafuso de união coupling bolt 联轴节螺栓

parafuso de uso (/aplicação) geral general purpose bolt 通用螺栓

parafuso elevador lifting screw 升降螺杆

parafuso em T T-bolt 丁字螺栓

parafuso em U U-bolt U 形螺栓

parafuso embutido dormant bolt 埋头螺栓

parafuso encadeado threaded bolt 螺纹栓

parafuso-escora stay bolt 锚固螺栓

parafuso espaçador distance screw 定距螺丝

parafuso fendido fox bolt 开尾地脚螺栓

parafuso fixador de cabeça oca hollow head setscrew 内六角头固定螺钉

parafuso fixador do cilindro cylinder fastening screw 气缸锁紧螺丝

parafuso francês carriage bolt 埋头螺栓

parafuso galvanizado galvanized screw 镀锌螺丝

parafuso invertido inverted spin 倒飞螺旋

parafuso-J J-bolt 钩头螺栓

parafuso limitador stop screw, stop bolt, check screw 止动螺丝，止动螺栓

parafuso nivelador ❶ leveling screw 校平螺钉；水平螺丝 ❷ foot screws 底脚螺丝

parafuso oco hollow screw 空心螺钉

parafuso oscilante oscillatory spin 振动螺旋

parafuso padrão standard bolt 标准螺栓

parafuso padrão de alta resistência high strength standard bolt 高强度标准螺栓

parafuso padrão métrico metric standard bolt 公制标准螺栓

parafuso para chapa de metal sheetmetal screw 金属板螺钉

parafuso para fixação em dormentes de concreto concrete sleepers screw 混凝土枕木螺栓

parafuso para metal ⇨ parafuso de máquina

parafuso passante through bolt 贯穿螺栓

parafuso Philips Philips screw 十字槽螺钉

parafuso prendedor hold-down 压紧螺栓

parafuso prisioneiro stud bolt 双头螺栓；柱螺栓

parafuso quadrado para madeira square wood screw 方木螺钉

parafuso recartilhado ⇨ parafuso serrilhado

parafuso regulador da tensão tensioning screw 张紧螺钉

parafuso revestido ⇨ parafuso galvanizado

parafuso sangrador bleeder screw 放气螺钉

parafuso self-tapping ⇨ parafuso auto-atarraxante

parafuso sem cabeça grub screw 平头

螺钉

parafuso sem-fim worm screw 蜗杆螺钉

parafuso sem-fim de ajustagem adjusting worm 调节蜗杆

parafuso sem-fim de autobloqueio self-braking worm 自制动螺杆

parafuso serrilhado knurled screw 滚花螺丝

parafuso sextavado hex head bolt 六角螺丝

parafuso solto loose screw 松动的螺丝

parafuso tangencial tangent screw 切线螺旋；微调螺丝

parafuso tensor stretching bolt 拉紧螺栓

parafuso tipo fenda slotted head screw 一字槽螺钉；槽头螺钉

parafuso tipo Torx Torx screw 六角梅花螺丝

parafuso tirante tie bolt 系紧螺栓

parafuso "tirefond" sleeper screw (tirefonds) 枕木螺丝

parafuso transversal cross bolt 横螺销

parafuso-U U-bolt ⇨ parafuso em U

parafuso-V V-bolt V 形螺栓

parafuso-verruma self-tapping screw 自攻螺丝

paragem *s.f.* ❶ stoppage, standstill 停止；停顿 ❷ stop [葡]（公交车）车站

paragem de centelha blowing-out 停风；停炉

paragem de emergência emergency shutdown 紧急关闭，紧急停车

paragem momentânea damping down 休风；压火

paragénese *s.f.* paragenesis 共生

paraglider *s.m.* paraglider [巴] 滑翔伞

paragnaise *s.f.* paragneiss 副片麻岩

paragonite *s.f.* paragonite 钠云母

paraíso *s.m.* paradise （教堂里的）前院；门廊二楼

paralama *s.f.* ⇨ para-lamas

para-lamas *s.m.2n.* ❶ splash guard, fender 挡泥板 ❷ wheel house 轮罩护板

para-lamas de borracha mud flaps 橡胶挡泥板

pára-lamas dianteiro ❶ front mudguard 前（轮）挡泥板 ❷ ⇨ para-lamas esten-

didos

para-lamas estendidos extended fenders 前（保险杠下）挡泥板

paralaxe *s.f.* parallax 视差

paralela *s.f.* parallel, parallel line 平行线

paralelepípedo *s.m.* ❶ parallelepiped 平行六面体 ❷ hexagonal brick, paving-stone （六角形）铺路石

paralelidade *s.f.* parallelism 平行性

paralelo ❶ *adj.* parallel 平行的 ❷ *s.m.* parallel 纬度圈，平行圈

paralelo de altura altitude parallel 等高圈；赤纬圈；平行圈

paralelo óptico parallel optical flat 平行平晶

paralelogramo *s.m.* parallelogram 平行四边形

paraliageossinclinal *s.m.* paraliageosyncline 陆缘地槽；濒海地槽

parálico *adj.* paralic 近海的

pára-luz *s.f.* lampshade 灯罩

paramagnetismo *s.m.* paramagnetism 顺磁性

paramento *s.m.* ❶ face 饰面，面层；墙面 ❷ leaf （闸门的）门页；止水面

paramento asfáltico (/betuminoso) de camada única one layer asphaltic facing 单层沥青铺面

paramento asfáltico (/betuminoso) de múltiplas camadas multiple layer asphaltic facing 多层沥青面层

paramento de montante inclinado sloping upstream face 倾斜的上游面

parametamorfismo *s.m.* parametamorphism 副变质作用

parametrização *s.f.* parametrization 参数设定

parâmetro *s.m.* parameter 参数

parâmetro de entrada input parameter 输入参数

parâmetro de Lockhart-Martinelli Lockhart-Martinelli parameter Lockhart—Martinelli 参数

parâmetro de rede lattice parameter 晶格常数

parâmetro de referência reference parameter 参考标准

parâmetros de perfuração drilling parameters 钻进参数

parâmetros físico-químicos physico-chemical parameters 理化参数

parâmetros microbiológicos microbiological parameters 微生物参数

parâmetros organolépticos organoleptic parameters 感官参数

parâmetros relativos a substâncias indesejáveis undesirable substances parameters 不良物质参数

parâmetros relativos a substâncias tóxicas toxic substances parameters 有毒物质参数

paramórfico *adj.* paramorphic 同质异形体的

paramorfismo *s.m.* paramorphism 同质异晶

paramorfose *s.f.* paramorphosis ⇨ paramorfismo

paramotor *s.m.* powered parachute 动力伞

para-neve *s.m.* snow guard 积雪挡板

paraortoclase *s.f.* ⇨ anorthoclase

pára-pedra *s.m.* rock guard 防石护刃器

parapeito *s.m.* ❶ windowsill 窗台 ❷ rail, railing（阳台的）栏杆，栏板 ❸ parapet, parapet wall 女儿墙，矮护墙

parapeito de viaduto viaduct parapet wall 高架桥护墙

parapeito saliente upstand parapet 立柱女儿墙

parapente *s.m.* parasail 滑翔伞

paraquato *s.m.* paraquat 百草枯

paraquedas *s.m.2n.* parachute 降落伞

paraquedas automático automatic parachute 自开降落伞

paraquedas auxiliar pilot chute 导伞

paraquedas de arrasto drag chute 拖伞

paraquedas de cauda tail parachute 尾伞

paraquedas de desaceleração drogue parachute 减速伞

paraquedas de emergência emergency parachute 应急伞

paraquedas de fitas ribbon parachute 条带式降落伞

paraquedas de frenagem brake parachute 减速伞，制动伞

paraquedas de retardo retarder parachute 减速伞

paraquedas de tela parasheet 多角形降落伞

paraquedas estabilizador stabilizing parachute 稳定伞

paraquedas motorizado powered parachute 动力伞

paraquedas reserva reserve parachute 备份伞

paraquedismo *s.m.* skydiving 跳伞（运动）

paraquedista *s.2g.* parachutist 跳伞者

paraquedista militar paratrooper 伞兵

parar *v.tr.,intr.* (to) stop 停止，停止运动，停止运作，停止运转

pára-raios *s.m.2n.* lighting conductor, lightning rod, surge arrester 避雷针，避雷器

pára-raios tipo Estação station type surge arrester 电站型避雷器

pára-raios tipo franklin Franklin lightning conductor 富兰克林式避雷针

parasita *s.f.* parasite 寄生虫

pára-sol *s.m.* parasol 遮阳伞

parassequência *s.f.* parasequence 副层序

parastática *s.f.* parastas 壁角柱

parastratotipo *s.m.* parastratotype 副层型

paraterra *s.f.* spill plate（铲斗）防溢板

parautóctone *adj.2g.* ⇨ para-autóctone

pára-vento *s.m.* ❶ windbreak（沙滩用）防风幕 ❷ screen, folding screen 屏风，屏风隔断

parceiro *s.m.* partner 伙伴，合作伙伴，合股人

parceiros de consórcio consortium partners 联合体合作方

parcela *s.f.* plot, lot, parcel 块；地块

parcelamento *s.m.* parcelling 土地分块

parcelar *v.tr.* (to) divide into parcels 分块

parceria *s.f.* partnership 合作；合作关系，伙伴关系

parceria por acções de capital equity joint venture 股权式合营

parceria pública-privada (PPP) public-private partnership (PPP) 公私合营

pardo *adj.* brown 褐色的

parecer *s.m.* opinion, view 见解，看法，意见；意见书

parecer diagnóstico diagnostic opinion

诊断意见

parecer sobre as condições de um lo-cal site appraisal 工程地址评估；坝址评价

parecer sobre um projeto project ap-praisal 项目评估（意见）

paredão *s.m.* sea-wall 海堤

parede *s.f.* ❶ wall （尤指作为建筑物组成部分的）墙，墙壁 ❷ wall 管壁

parede alveolar honeycomb wall 蜂窝墙

parede anã dwarf wall 矮墙

parede anti-rachadura anti-crack wall 防裂墙

parede anti-radiação radiation wall 防辐射墙

parede armada reinforced wall 配筋墙

parede associado a pórticos frame-shear wall 框架–剪力墙

parede autoportante stud partition 立筋隔墙

parede berlinesa ⇨ parede tipo Ber-lim

parede cega blind wall 无窗墙

parede central partition panel 隔断板

parede composta compound wall 组合墙

paredes concêntricas concentric walls 套心工事

parede confinada composite masonry shear wall 组合砌体墙

parede contrafogo (/corta-fogo) fire wall 防火墙

parede-cortina curtain wall 幕墙

parede d'água water wall 水冷墙，水管壁

parede de apoio bearing wall 承重墙，受力墙

parede de arrimo protecting wall 保护墙

parede de aterro lateral embankment wall 堤墙

parede de azulejo tiled wall 贴面砖墙

parede de bancada frame wall 构架墙

parede de betão concrete wall 混凝土墙

parede de blocos block wall 砌块墙

parede de bloco vazado hollow brick wall 空心砖墙

parede de carga bearing wall 承重墙，受力墙

parede de cisalhamento (/contraven-tamento) shear wall 剪力墙

parede de cisalhamento descontínua discontinuous shear wall 不连续剪力墙

parede de cortina ⇨ parede-cortina

parede de empena gable wall 山墙墙身

parede de enchimento filler wall 填充墙

parede de estacas sheet piling 打板桩

parede de estacas de betão armado reinforced concrete pile wall 钢筋混凝土桩排桩墙

parede de estaca-prancha sheet piled wall 板桩墙

parede de face à vista brick wall without plastering 清水砖墙

parede de fogo firewall （飞机）防火舱壁

parede de meação party wall 共用墙，界墙

parede de meia-altura half-wall 半高墙

parede de meio-tijolo half-brick wall 半砖墙

parede de monitor(es) video wall 屏幕墙，监视墙

parede-de-pescoção ⇨ pau-a-pique

parede do poço wellbore 井筒

parede do rego furrow wall, furrow face 沟壁

parede de retenção retaining wall 挡土墙

parede de retenção de alvenaria ma-sonry retaining wall 砌石挡土墙

parede de ripas batten wall 板壁

parede de segurança backup wall 靠墙

parede de silhar ashlar wall 毛石墙

parede de tanque tank wall 水箱壁

parede de testa headwall 端墙

parede de tijolos brick wall 砖墙

parede de TV TV wall 电视墙

parede de um tijolo ⇨ aparelho à uma vez

parede de um tijolo e meio ⇨ apare-lho a uma vez e meia

parede diafragma diaphragm wall 截水墙；隔墙；地下连续墙

parede diafragma plástica plastic dia-phragm wall 塑性混凝土防渗墙

parede divisória compartment wall, par-tition wall 分隔墙，间隔墙；隔墙，隔断

parede "dry wall" ⇨ parede no limpo

parede dupla cavity wall, double wall 空

心墙，双层墙

parede econômica economy wall 经济墙

parede em estacas justapostas juxta-posed pile wall 密排式排桩墙

parede no limpo dry wall 清水墙

parede envidraçada window wall 玻璃墙

parede estrutural load-bearing wall, structural wall 结构墙，承重墙

parede estucada painted wall 抹灰面

parede exterior ❶ external wall, exterior wall, outer wall 外墙 ❷ cladding 外墙面，覆盖层

parede falsa false wall 假墙

parede fina thin-wall 薄壁

parede frontal ❶ front wall 前墙 ❷ head wall 端墙

parede grossa heavy wall 厚壁

parede guarnecida faced wall 饰面墙

parede hidráulica plumbing wall, stack partition 竖管隔墙

parede impermeável waterproof wall 防水保护墙

parede interior internal wall, interior wall 内墙；内墙面

parede lateral sidewalls 侧壁，侧墙，边墙

parede lisa smooth wall 平滑墙面

parede longitudinal longitudinal wall 纵墙

parede mediana (/medianeira/meeira/-meia) ⇨ parede de meação

parede-mestra main-wall, bearing wall, load bearing wall 承重墙，主墙

parede moldada grout diaphragm wall, grouted cutoff wall 灌浆防渗墙；灌浆截水墙

parede não armada unreinforced wall 无筋墙

parede não portante (/não estrutural/ não resistente) non-bearing wall 非承重墙

parede nua naked wall 光面墙

parede oblíqua canted wall 斜交墙

parede oca hollow wall 空心墙

parede painel panel wall 幕墙；隔墙

parede portante bearing wall 承重墙

parede principal ⇨ parede-mestra

parede protectora de inundação flood protection wall 防洪墙

parede rebocada rendered wall 抹灰墙

parede resistente load-bearing wall 承重墙

parede revestida ❶ furred wall 混水墙 ❷ veneered wall 镶面墙

parede ripada stud wall 撑柱墙，立柱墙

parede sem vãos blank wall 实墙，没有门窗的墙

parede simples single wall 单壁

parede singela ⇨ parede de meio-tijolo

parede subterrânea basement wall 地下室侧墙

parede tipo Berlim Berlin-type wall 柏林式墙

parede tipo Munique munique-type wall 慕尼黑式墙

parede tipo Paris Paris-type wall 巴黎式墙

parede transvesal transverse wall 横墙

parede Trombe Trombe wall 太阳能吸热壁，特隆布墙

parede verde green wall 绿色植生墙

parede vertical upright wall 直立墙

parelha *s.f.* ❶ pair （一）对，（一）双 ❷ side-by-side 并列式布置

parélio *s.m.* parhelion, mock sun 幻日

parélio-inferior under-parhelion 下日，下幻日

parga *s.f.* stack of straw 稻草堆

pargasite *s.f.* pargasite 韭闪石

paridade *s.f.* ❶ parity 奇偶性；奇偶校验 ❷ parity 字称（性） ❸ parity 平价，等价

paridade do poder de compra purchasing power parity 购买力平价

paridade vertical vertical parity 垂直奇偶校验

parietal *adj.2g.* mural, of wall 墙的

párodo *s.m.* parodos （古希腊式剧院）合唱队登场的通道

parque *s.m.* ❶ park 公园；放置场 ❷ play-pen 儿童游戏围栏，儿童游乐区

parque aquático water park 水上公园

parque de armazenamento de madeira flutuante log pond 贮木塘，原木池

parque de armazenamento de petróleo tank farm [巴] 油罐区

parque de campismo camping park 露营公园

parque de contentores container yard 集装箱堆场

parque de diversões amusement park 游乐园

parque de estacionamento car park, parking lot 停车场

parque de tanques de armazenamento tank farm [葡] 油罐区

parque eólico wind farm 风电场

parque habitacional housing stock 住宅

parque industrial industrial park 工业园

parque infantil playground 操场

parque nacional national park 国家公园

parque natural nature reserve 自然保护区

parque solar solar farm 太阳能发电场

parque temático theme park 主题公园

parquê s.m. parquet 镶木地板，拼花地板

parqueamento s.m. ❶ parking 停车 ❷ parking space 停车场；停车位，车位

parqueamento de trailer caravan park 拖车停车场

parquear v.tr. (to) park 停车

parquete s.m. ⇨ parquê

parquímetro s.m. parking meter 停车计时收费器

parsec (pc) s.m. parsec (pc) 秒差距（天文学距离单位，合 3.0857×10^{16} 米）

parte s.f. ❶ part, portion 部分 ❷ party （合同、诉讼中的）一方；当事人 ❸ part, minute 柱身的度量单位 ⇨ minuto

parte A party A 甲方 ⇨ primeiro outorgante, contratante

parte B party B 乙方 ⇨ segundo outorgante, contratada

parte comum common part 公用部分

parte condutora conductive part 导电部分

parte energizada energized part 带电部分

parte relacionada related party 关联方

partes por bilhão (ppb) parts per billion (ppb) 十亿分率

partes por milhão (ppm) parts per million (ppm) 百万分率

partes por milhão por peso parts per million by weight (PPMW) 按重量计的百万分比

partes por milhão por volume parts per million by volume (PPMV) 按体积计的百万分比

parte-luz s.m. mullion 门窗扇中梃

participação s.f. ❶ interest; stake 股权，股份；权益 ❷ share 份额 ❸ participation in profit 分红，分成

participação accionária ownership interest 所有者权益

participante s.2g. participant 参与者，参加者

participar v.tr. (to) participate 参加，参与

partícula s.f. particle 微粒；颗粒

partícula abrasiva abrasive particle 磨料颗粒

partícula alfa (a) alpha particle (a) 阿尔法粒子

partícula beta (ß) beta particle (ß) 贝塔粒子

partícula de poeira dust particle 尘粒；微尘

partícula elementar elementary particle 基本粒子

partículas coloidais colloidal particle 胶粒，胶体微粒

partículas de aerossol aerosol particles 气溶胶颗粒

partículas em suspensão particulate matter 悬浮微粒

partículas respiráveis em suspensão respirable suspended particles 可吸入的悬浮颗粒

partida s.f. ❶ departure 出发 ❷ starting 启动

partida a ar air starting 空气启动

partida a frio cold starting 低温起动

partida eléctrica directa direct electric starting 直接电启动

partido s.m. parti （建筑）草图

partir ❶ v.tr. (to) break, (to) crack 打碎，打破 ❷ v.tr. (to) divide, (to) cut 分割，切割 ❸ v.intr.,pron. (to) depart, (to) leave 离开，出发

partitura s.f. score, musical score 乐谱

pascal (Pa) s.m. Pascal (Pa) 帕斯卡（压强单位）

pasmada s.f. sprung; loosen spring 拉松的弹簧

passada *s.f.* pass [巴] 声波探测的一次发射和返回过程

passadeira *s.f.* ❶ zebra crossing 斑马线 ❷ stepping-stone 踏脚石 ❸ carpet （长条形）地毯；地毯状覆盖物

passadeira rolante ❶ roller conveyor 滚柱式输送机 ❷ treadmill 跑步机

passadiço *s.m.* ❶ 1. walkway 人行道 2. gangway （工地等处）木板搭成的临时过道 3. passage 两栋楼之间的通道, 过廊 ❷ gangway 舷梯

passador *s.m.* ❶ strainer, colander 滤器 ❷ dowel bar 传力杆 ❸ pass-through window, pickup counter 传菜窗；取餐台

passadouro *s.m.* ❶ passage 通道 ❷ air-curing barn （葡萄干）荫房, 晾房

passa-fios *s.m.2n.* wire guide 穿线盒, 穿线孔, 走线盒

passageiro *s.m.* ❶ passenger 旅客；乘客；行人 ❷ person trip （旅客）人次

passageiro por veículo passenger per vehicle 每车乘客

passageiro por viagem passenger per trip 每趟乘客

passageiro-quilómetro passenger-kilometer 延人公里；人公里

passageiro-quilómetro por veículo-quilómetro passenger-kilometer per vehicle-kilometer 承载率, 延人公里/延车公里

passagem *s.f.* ❶ 1. passage, passageway 通道；通路 2. passing 通过, 经过 ❷ pass [葡] 声波探测的一次发射和返回过程

passagem a folhelho shale-out 页岩圈闭

passagem ao nível grade crossing 平交道

passagem à terra earth leakage 接地漏电

passagem baixa low pass 低通

passagem de ar air passage 风道

passagem de ar automática automatic air vent 自动通风口

passagem de emergência emergency passage 紧急通道, 疏散通道

passagem de nível ❶ level crossing, intersection at grade 平面交叉口, 平交道 ❷ hose (/cable) ramp, hose bridge （保护管线不受车辆等碾压的）临时过路保护板, 走线槽

passagem de pedimento pediment pass 山麓通道

passagem de saída exit passageway 疏散通道, 安全通道

passagem elevada overpass 上跨路；高架道路

passagem em mina thirl 联络巷道

passagem em nível level crossing, intersection at grade 平面交叉口, 平交道

passagem hidráulica culvert 涵洞

passagem inferior underpass 地下通道

passagem inferior para animais stockpass （桥梁下的）野生动物通道

passagem inferior para pedestres pedestrian underpass 人行地下通道

passagem intermitentemente molhada water-overflowing bridge 漫水桥

passagem no canteiro central median opening 中央分隔带开口

passagem para canalizações underground pipeline conduit 地下管线通道

passagem para corpos flutuantes floating debris pass 漂浮物排污道

passagem para pedestres pedestrian crossing 人行横道

passagem para peixes fish pass; fishway 鱼道

passagem rodoviária em nível highway grade crossing 公路平面交叉

passagem secundária by-pass 旁路

passagem subterrânea subway, underpass 隧道；地道；高架桥下通道

passagem subterrânea para pedestres ⇒ **passagem inferior para pedestres**

passagem superior overpass, overbridge 过街天桥, 行人天桥, 天桥

passa-pratos *s.m.2n.* pass-through window, pickup counter （厨房和餐厅之间的）传菜窗；取餐台

passar ❶ *v.tr.,intr.* (to) pass, (to) go through 穿行, 穿过, 穿越 ❷ *v.tr.,intr.* (to) exceed; to surpass 超过, 超越 ❸ *v.tr.* (to) hand, (to) pass 传递 ❹ *v.tr.* (to) pass, (to) approve, (to) enact （文件、法律等）通过, 生效

passareira *s.f.* aviary 鸟笼子

passarela *s.f.* ❶ 1. pedestrian bridge, footbridge, elevated walkway 过街天桥，行人天桥，天桥 2. walkway 登机通道 ❷ decking 桥面板

passarela coberta covered footbridge, elevated covered walkway 有盖行人天桥

passarela de pedestres pedestrian bridge, footbridge, elevated walkway 过街天桥，行人天桥，天桥

passarinheira *s.f.* bird block 檐口挡篦，防鸟瓦当（安装在屋面檐口，用来阻挡鸟、虫、杂物等进入的装置的统称。形式多种多样，其中用于瓦屋面的部分款式与中式建筑的瓦当近似）

pássaro *s.m.* bird （用于航空物探测量的）吊舱

passe *s.m.* ❶ weld pass 焊道 ❷ pass （涂料的）层数

◇ 1° passe backing bead 打底焊道

passeio *s.m.* sidewalk （马路两侧的）人行道

passeio rolante moving sidewalk, moving walkway 自动人行道

passivação *s.f.* passivation 钝化，钝化作用

passivador *s.m.* passivator 钝化剂

passividade *s.f.* passivity 被动状态；钝态

passivo ❶ *adj.* 1. passive 被动的 2. passive 无源的 ❷ *s.m.* liabilities 负债

passivo ambiental environmental liability 环境责任

passivo contingente contingent liability 或有负债

passo *s.m.* ❶ footstep 步，步子，脚步 ❷ step 步骤，阶段 ❸ rise, riser height （楼梯）冒口高度；踏步高度 ❹ pitch 螺距；齿距；节距 ❺ "passo" 葡制步（长度单位，合 0.82 米）

passo axial axial pitch 轴向节距

passo-bandeira feathering pitch 顺桨桨距

passo circular circular pitch 圆周齿节

passo de dente tooth pitch 齿距

passo do elo link pitch 链环节距

passo de engrenagem pitch of tooth 齿距

passo de enrolamento pitch of winding 绕组节距

passo da esteira track pitch 履带间距

passo de hélice pitch of propeller 螺旋桨螺距

passo das ranhuras pitch of slots 线槽节距

passo de rebitagem pitch of rivets 铆钉间距

passo de rosca pitch of thread 螺距

passo de um parafuso pitch of a screw 螺距

passo diagonal diagonal pitch 对角间距

passo diametral diametrical pitch 径节；全节距

passo efectivo effective pitch 有效节距；有效螺距

passo fraccionário fractional pitch 分数极距

passo futuro forward pass 正推计算法

passo geométrico "passo geométrico" 葡制弓（长度单位，合 1.65 米）

passo geométrico da hélice geometric pitch 几何螺距

passo máximo high pitch 高螺距

passo progressivo forward pitch 前移距

passo reverso reverse pitch 反螺距

passo Whitworth Whitworth thread 惠氏螺纹

passômetro *s.m.* pedometer 计步器

password *s.f.* password 密码；口令

pasta *s.f.* ❶ paste 糊，浆，膏 ❷ matrix 基质 ❸ briefcase, attache case 公文包；公事包 ❹ folder 文件夹

pasta abrasiva grinding paste 研磨膏

pasta adesiva adhesive paste 浆糊

pasta de cal (virgem) lime paste 石灰膏

pasta de cimento cement plaster 水泥灰泥

pasta de cimento adensada weighted cement slurry 高密度水泥浆

pasta de cimento consolidada hardened cement paste 硬化水泥浆

pasta de cimento espumada foamed cement slurry 泡沫水泥

pasta de cimento tixotrópica thixotropic cement slurry 触变水泥浆

pasta de esmeril grinding compound 磨料；研磨剂

pasta de ficheiros file folder （计算机）文件夹

pasta de juntas sealant 嵌缝膏

pasta de rejuntamento tile grout 填缝剂

pasta de solda (/soldar) solder pastes 焊

锡膏

pasta executiva briefcase 公文包

pasta fluida (de cimento, reboco, esmeril, etc.) slurry 泥浆

pasta mecânica (para papel) pulp 纸浆

pasta seca dry paper pulp 干纸浆

pastelaria *s.f.* patisserie, cake shop 糕点店

pasteurização *s.f.* pasteurization 巴氏消毒法

pasteurizar *v.tr.* (to) pasteurize 用巴氏法灭菌

pastiche *s.m.* pastiche （建筑设计）混合风格

pastilha *s.f.* ❶ pill, tablet, pastille 药片，片剂 ❷ 1. plate, pad 片状物，板状物 2. mosaic paillette 马赛克，马赛克片 3. bit, drill bit, cutting edge 切削刃 4. nozzle disc 喷头片 5. button 道钉，反光道钉

pastilha anti-gota anti drip nozzle 防滴喷嘴

pastilha de combustível fuel pellet 燃料芯块

pastilha de corte cutting insert 切削刀片

pastilha de freio brake pad 刹车片

pastilha de torno turning tool 车刀

pastilha térmica nozzle plate 喷嘴板

pastilha VPI VPI (Vapor Phase Inhibitor) pellet 气相缓蚀剂锭片

pastoso *adj.* pasty 糊状的；膏状的

pata *s.f.* paw, foot; fluke 爪，爪状物；锚爪

pata de leão shell-shaped hip end 贝壳形斜脊封头

pata de mula mule shoe 斜口管鞋

patas do compactador compactor tips 压实机轮顶

pataca (macaense) (MOP, P) *s.f.* Macanese pataca (MOP, P) 澳门元

patamar/patamal *s.m.* landing 楼梯平台

patamar de chegada entrance landing 门口的楼梯平台

patamar das escadas landing, stair landing 楼梯平台；斜路平台；梯台

patamar-de-volta quarterspace landing 转角楼梯平台，90 度转弯的楼梯平台

patamar tectónico horst 地垒

patchcord *s.f.* patchcord 插接线，跳线

patentagem *s.f.* patenting 铅浴淬火

patente *s.f.* patent 专利；专利权；执照

patenteado *adj.* proprietary 专利的

patenteamento *s.m.* ❶ show, demonstration 展示；展出 ❷ patenting 申请专利；授予专利

pátera *s.f.* patera 圆盘花饰

patesca *s.f.* snatch block 开口滑车

patilha *s.f.* ❶ brake block （自行车）刹车片；闸瓦 ❷ tab 耳朵；拨片

patilha de mudança de velocidade paddle shift 换挡拨片

patilhão *s.m.* keel 龙骨

patim *s.m.* ❶ 1. skid 滑脚 2. sliding shoe 滑瓦 ❷ arch stilt 拱脚柱

patim da sapata shoe skid 支腿（防滑）垫板，支腿盘

patim do trilho rail foot 铁路轨座

patim regulação profundidade depth control shoe 限深滑脚

pátina/patine *s.f.* patina 铜绿

patinação *s.f.* skating 滑冰，溜冰（运动）

patinagem *s.f.* slippage 打滑

patinagem da correia belt slippage 皮带打滑

patinagem da embreagem clutch slippage, clutch slipping 离合器打滑

patinante *adj.2g.* slipping 打滑的，滑动的

patinete *s.f.* kickscooter （儿童）滑板车

pátio *s.m.* courtyard, yard 庭院，院子

pátio de aeronaves apron 停机坪

pátio de classificação classification yard 编组站

pátio de classificação convexo hump yard 驼峰调车场

pátio de entrada stoop 门前露台；小门廊

pátio de estacionamento ❶ parking area 停车场 ❷ apron 停机坪

pátio de evasão exit court 疏散集结地

pátio de manobra ❶ switch yard 开关场 ❷ ⇨ pátio de triagem

pátio de oficina shop yard 铺面天阶

pátio de triagem marshalling yard 调车场

pátio de triagem por gravidade gravity marshalling yard 驼峰调车场

pátio interno patio 中庭

pátio quadrangular (rodeado por edifícios) quadrangle （被建筑物环绕的）方形中庭

patola *s.f.* big paw [pata 的指大词] 大爪子

patolas para paletes pallet fork 托盘叉

patrocinador *s.m.* sponsor 赞助商

patrocinador financeiro financial sponsor 金融投资者

patrocinar *v.tr.* (to) sponsor, (to) support 赞助，支持

patrol *s.m.* motor grader 自动平地机；自行式平地机

patrulha *s.f.* ❶ patrol 巡逻 ❷ patrol 路面养护队

patrulhar *v.tr.,intr.* (to) patrol 巡逻，巡查

pau *s.m.* stick, rod 棒，棍

pau-a-pique wattle and daub, wattle and dab 抹灰篱笆墙

pau-comprido ⇨ pau de cumeeira

pau de cumeeira ridge roll 屋脊辊

pau-de-fileira purlin 檩条

pau de palanque spinnaker boom 顺风帆横杆

pau-de-peito beam of parapet 胸墙横梁，阳台护栏扶手

pau-ferro ironwood 铁木

pau rosa pau rosa 葱叶状铁木豆，红铁木豆（*Swartzia fistuloides*）

paúl *s.m.* swamp 沼泽；湿地

pauta *s.f.* tariff 关税表

pauta aduaneira customs tariff 海关税则

pavê *s.m.* paver 路面砖

pavilhão *s.m.* pavilion, hall 亭子；大帐篷；展示馆；体育场馆

pavilhão de exposições exhibition hall 展览馆

pavilhão de treino training hall 训练馆

pavilhão desportivo sports pavilion 体育馆

pavilhão gimno-desportivo sports/gym pavilion 体育训练馆

pavilhão multiusos multituse pavilion 多功能馆

pavimentação *s.f.* ❶ paving, surfacing 路面建设，铺路，场地硬化 ❷ pavement, paving[集]（道路、地面的）铺砌面

pavimentação a parquete parquetry 木地板层

pavimentação em diagonal diagonal paving 对角铺砌

pavimentador *s.m.* paver 铺路机

pavimentador de betão asfáltico asphalt concrete paver 沥青混凝土摊铺机

pavimentadora *s.f.* paver 铺路机

pavimentadora de argamassa asfáltica e micro-revestimento slurry seal and micro surfacing paver 微表处稀浆封层车

pavimentadora de asfalto asphalt paver 沥青铺筑机

pavimentadora de concreto concrete paver 混凝土摊铺机

pavimentadora de estradas road paver 铺路机

pavimentadora de forma deslizante slip form paver 滑模铺料机

pavimentadora espalhadora de cimento cement paver 水泥摊铺机

pavimentadora síncrona de asfalto asphalt synchronous chip sealer 沥青碎石同步封层车

pavimentar *v.tr.* (to) pave 铺路；铺地面

pavimento *s.m.* ❶ pavement, flooring, paving 地面，路面 ❷ story, floor 楼层

pavimento antideslizante non-slip surface 防滑地面

pavimento antiestático anti-static flooring 抗静电地板

pavimento betuminoso bituminous pavement 沥青路面

pavimento cego blind story 无窗楼层

pavimento compacto de alcatrão dense tar surfacing 厚柏油面

pavimento de asfalto asphalt floor 沥青地面

pavimento de baixo custo low cost pavement 简易路面

pavimento de betão concrete floor 混凝土地面

pavimento de blocos de concreto concrete block paving 混凝土块铺砌路面

pavimento de borracha rubber flooring 塑胶地面，橡胶地面

pavimento de cimento cement floor 水泥地面

pavimento de concreto concrete floor 混凝土地面

pavimento de concreto alcatroado ⇨ pavimento compacto de alcatrão pavimento de estrada road deck 道路面层

pavimento de granito granite flooring 花岗石地面

pavimento de linóleo linoleum flooring 油地毡地面

pavimento de mármore marble flag pavement 云石板铺面

pavimento de mosaico mosaic floor 马赛克地面

pavimento de mosaicos hidráulicos pré-fabricados precast terrazzo flooring 预制水磨石地面

pavimento de paralelepípedos hexagonal brick pavement 六角砖路面

pavimento de pedra stone pavement 铺石路面

pavimento de terrazzo terrazzo flooring 水磨石地面

pavimento de tijolos ⇨ pavimento ladrilhado

pavimento desértico desert pavement 沙漠砾石表层

pavimento dúctil soft story 柔性底层（结构）

pavimento duplo double floor 双层地板

pavimento em mosaico cerâmico ceramic tile flooring 瓷砖地面

pavimento flexível flexible pavement 柔性路面

pavimento flutuante floating floor 浮动地板

pavimento frágil ⇨ pavimento dúctil

pavimento granitóide granitoid floor 仿花岗石地面

pavimento granulítico granolithic paving 人造铺地石

pavimento inteiramente de asfalto full depth asphalt pavement 全厚式沥青路面

pavimento ladrilhado brick pavement 铺砌路面

pavimento laminado laminated floor 层压地板

pavimento maciço solid floor 实木地板

pavimento poliédrico brick pavement （多角砖）砖铺路面

pavimento radiante heated floor, radiant floor 地热地板，辐射采暖地面

pavimento resistente a ácidos acid-resistant floor 防酸地面

pavimento rígido rigid pavement 硬化路面，刚性路面；混凝土路面

pavimento semi-rígido semirigid pavement 半刚性路面

pavimento térreo ⇨ piso térreo

payloader s.m. payloader 运输装载机

PBX sig.,s.m. PBX (private branch exchange) 专用交换机

PCA sig.,s.2g. chairman 董事长；总裁

pé s.m. ❶ 1. foot, toe 脚，底部 2. welding foot 焊脚 ❷ 1. pad, base 底座；底板 2. riser board 踏步竖板 ❸ 1. foot 英制（合 304.8 毫米）2. "pé" 葡制尺（合 330 毫米）❹ stem; stalk [用作量词](一)株、棵（植物）

pé cúbico cubic feet 立方英尺

pé cúbico padrão de gás standard cubic foot 标准立方英尺

pé de aterro fill toe 填方坡脚

pé de biela crosshead end of connecting rod 连杆十字头端

pé da cama foot of bed 床脚

pé de corte cut toe 挖方坡脚

pés de gato climbing shoes 攀岩鞋

pé do jacaré frog toe 辙叉趾

pé de jusante da barragem toe of dam; downstream toe of dam 坝趾

pé de madeira board foot 板英尺（木材尺寸单位，1 板英尺为 12 英寸长 ×12 英寸宽 ×1 英寸厚，约合 304.8 毫米长 ×304.8 毫米宽 ×25.4 毫米厚）

pé do mastro mast base 桅杆底座

pé de montante de barragem heel of dam; upstream toe of dam 坝踵；上游坝脚

pé de nivelamento levelling foot 水平调节脚

pé de parede toe of wall 墙脚

pé de talude toe of slope 坡脚

pé de voluta scroll foot 旋涡形（桌、椅）脚

pé-libra (lb·ft) pound-feet (lb·ft) 磅–英尺（扭矩单位）

pé linear lineal foot 直线英尺

pé quadrado square foot 平方英尺

pé-vela (fc) foot-candle (fc) 英尺烛光（光照度单位）

PEAD *sig.,s.m.* HDPE (High-Density Poly-ethylene) 高密度聚乙烯

peanha *s.f.* pedestal（雕像的）基座，台座

PEBD *sig.,s.m.* LDPE (Low-Density Poly-ethylene) 低密度聚乙烯

peça *s.f.* ❶ 1. piece, item 件，物件 2. part 部件；零件 ❷ room, compartment 房间

peça accionada follower 随动件

peças casadas bookmatched pieces 对称拼接的板材

peças conjugadas mating parts 接合部件；配合件

peça curva curved piece 弯曲件

peça de ajuste fitting part 装配件

peça de ancoragem anchor piece 定锚支柱

peça de apoio hammer beam 悬臂托梁

peça de encosto dolly 桩垫木

peça de ferro pré-enterrada embedded iron part 预埋铁件

peça de interrupção breaking piece 保险连接件

peça de ligação distance block 定距隔块

peça de reposição (/reserva) replace-ment part, service part 备件

peça de ruptura breaking piece 保险连接件

peça de suporte backstay 背撑牵条

peça de teste test piece 试样

peça(s) desenhada(s) (tender) drawing(s) 图纸；招标图则

peça(s) escrita(s) written component(s) 招标文书

peças embutidas embedded parts 嵌入件，埋设件

peças fixas embedded parts 嵌入件，埋设件

peças fixas de uma comporta fixed parts（闸门的）埋固部分

peça forjada forged part 锻件

peça fresada milled part 铣件

peça fundida casting, casting piece 铸件

peça fundida a chumbo lead casting 铅铸件

peça fundida para forno furnace casting 炼炉铸件

peça moldada molded piece 模压件

peça móvel moving part 活动件

peça para tamponamento capping fit-ting 压盖件

peça pré-embutida (/pré-enterrada) embedded part 预埋件

peça pré-fabricada prefabricated part 预制构件

peça pré-moldada premoulded part 预成型件

peça sanitária plumbing fixture 卫生洁具，卫生器具

peça sobresselente (/sobressalente) spare part 备件

peças sobressalentes e equipamento solto spare parts and loose equipment 备件和属具

peça tensora clamping piece 夹紧件

pechblenda *s.f.* pitchblende 沥青铀矿

pectina *s.f.* pectin 果胶

pectólite *s.f.* pectolite 针钠钙石

pecuária *s.f.* cattle raising, cattle ranching 畜牧业

pecuarista *s.2g.* cattleman, rancher 牧畜者

pedágio *s.m.* toll（桥梁、公路等的）通行费，通过费

pedal *s.m.* pedal, foot pedal, foot rest, trea-dle 踏板，踏脚板

pedal de aceleração acceleration pedal 加速器踏板

pedal do acelerador accelerator pedal 油门踏板

pedal de arranque starter pedal 起动踏板

pedal de blocagem do diferencial dif-ferential lock pedal 差速锁踏板

pedal do desacelerador decelerator ped-al 减速踏板

pedal da direcção steering pedal 转向踏板

pedal da embreagem (/embraiagem) clutch pedal 离合器踏板

pedal de freio (/ travão) brake pedal 刹车踏板

pedal de freio de estacionamento park-ing brake pedal 驻车制动踏板

pedal do freio neutralizador neutraliz-ing brake pedal 空档制动踏板

pedal do leme rudder pedal 方向舵脚蹬

pedal de trava da marcha transmission

hold pedal 变速箱控制踏板

pedal interruptor foot switch 踏脚开关

pedaleiro *s.m.* pedal unit 踏板装置

pedaleiro da embreagem clutch pedal pad 离合器踏板

pedalfer *s.m.* pedalfer 淋余土

pedalidade *s.f.* pedality 土壤结构性

pé-de-cabra *s.m.* crowbar, crowfoot bar, pinch bar 撬棍

pé-de-carneiro *s.m.* sheep-foot roller, padfoot roller, tamping foot roller 羊足碾，羊足压路机，凸块压路机

pé-de-carneiro estático static padfoot roller 静碾型凸块压路机

pé-de-carneiro modificado modified sheep-foot roller 方柱形凸块羊足碾

pé-de-carneiro vibratório vibratory sheep-foot roller 振动式羊足碾

pé-de-galo *s.m.* fork level 叉形杆

pé de moleque *s.m.* ❶ uncoursed rubble 乱毛石 ❷ rubble pavement 粗石铺工

pedernal *s.m.* flint, flint stone 打火石

pederneira *s.f.* ❶ flint, flint stone 打火石 ❷ swelling （抹灰墙面缺陷）面层爆灰

pedestal *s.m.* pedestal, foot-stall 基座，台座，柱脚，座墩

pedestal ajustável adjustable pedestal 可调节底座

pedestre ❶ *adj.2g.* walking 步行的 ❷ *s.2g.* pedestrian 行人

pediaplanação *s.f.* pediplanation 山麓侵蚀面作用

pedido *s.m.* request, demand; petition; order 需求，要求；申请；订单

pedido de capital cash call 筹现金通知，筹款通知

pedido de proposta request for proposal 投标申请书

pedimentação *s.f.* pedimentation 山麓夷平作用，宽谷形成作用

pedimento *s.m.* pediment 麓原

pedimento coalescente coalescing pediment 联合山麓侵蚀面，联合麓原

pediplanície *s.f.* pediplane 山麓侵蚀面平原

pediplano *s.m.* ⇨ pediplanície

pedir *v.tr.* (to) ask, (to) request, (to) solicit 请求，要求

pé direito/pé-direito *s.m.* ❶ clear height, height of a room （楼层）净高 ❷ jamb 烟囱侧墙

pé-direito de abóbada vaulting shaft 拱柱

pé direito da lareira jamb 烟囱侧墙

pé-direito duplo double-height; two-story high structure 两层楼的高度；跨两层的结构

pedocal *s.m.* pedocal 钙层土

pedodiagénese *s.f.* pedodiagenesis 成土成岩作用

pedofácies *s.f.* pedofacies 土相

pedogénese *s.f.* pedogenesis 成土作用

pedogenético *adj.* pedogenetic 土壤发生的

pedologia *s.f.* pedology 发生土壤学

pedológico *adj.* pedologic 土壤的；土壤学的

pedómetro/pedômetro *s.m.* pedometer 计步器

pedon *s.m.* pedon 单个土体

pedosfera *s.f.* pedosphere 土壤圈

pedostratigráfica *s.f.* pedostratigraphic 土壤地层单位

pedoturbação *s.f.* pedoturbation 土壤扰动作用

pedra *s.f.* ❶ stone, rock 石头，石块，石子 ❷ (st) stone (st) 英石（英制重量单位，合6350 克）

pedra afeiçoada cut stone 料石

pedras aflorantes outcrop rock 岩石露头，外露岩石

pedra alemã German lapis 德国青金石

pedra amarroada (/amarrotada) stone chips （锤凿的）碎石，石屑

pedra angular ⇨ pedra do canto

pedra angular rústica rustic quoin 粗石转角

pedra arrendodada cobblestone 鹅卵石

pedra arrumada hand-pitched stone 手铺碎石

pedra artificial artificial stone 人造石

pedra basilar foundation stone 基石

pedra britada crushed stone, road-metal 碎石，筑路碎石

pedra bruta rubble 毛石；粗石

pedra calcária limestone 石灰岩，石灰石 ⇨ calcário

pedra calcária bujardada bush hammered limestone 锤凿石灰石

pedra calcária fosfática phosphatic limestone 磷质石灰石

pedra calcária marinha marine limestone 海相灰岩

pedra calcária Pré-Câmbrica Precambrian limestone 前寒武纪灰岩

pedra-chave keystone 券心石

pedra com corte ajustado kneeler 山墙角石

pedra de afiar (/amolar) grindstone, grinding stone, hone 磨石，磨刀石

pedra de afiar de carborundo carborundum wheel 金刚砂轮

pedra de afiar goivas grinding slip 磨石

pedra de alvenaria dimension stone, moellon, ashlar 块石，规格石科

pedra de alvenaria trabalhada boasted ashlar 粗凿石板

pedra de ângulo ⇨ pedra do canto

pedra de ápice saddle stone 鞍形石

pedra de apoio pad stone 垫石

pedra do ar aerolite 陨石

pedra de ara altar stone 祭典石

pedra de asparago asparagus stone 黄绿磷灰石

pedra de assentamento bedding-stone 基石

pedra do cafezal black basalt 黑色玄武岩

pedra de calçada paving stone 铺路石

pedra de campo field stone 粗石；散石

pedra-de-canela cinnamon stone 肉桂石

pedra de cantaria ashlar 琢石

pedra do canto quoin stone 角石

pedra da China China stone 瓷石；半风化花岗岩

pedra de cimalha copestone 盖顶石

pedra de cobertura stone cover 盖面石料

pedra de cobertura chanfrada feather-edge coping 薄边式盖顶

pedra de construção building stone 建筑石材

pedra de cor colored gemstone 有色宝石

pedra de drenagem drainage stone 排水石

pedra de fecho capping stone 压顶石

pedra-de-fogo firestone 燧石

pedra de fricção ⇨ pedra de polimento

pedra de fundação bedding-stone 基石

pedra de isqueiro flint 打火石，燧石

pedra de jamba ⇨ pedra de umbral

pedra de lioz ⇨ lioz

pedra-da-lua moonstone 月长石

pedra-de-mão stone chips （锤凿的）碎石，石屑

pedra-de-moka Mocha stone 苔纹玛瑙

pedra de pavimentação cobblestone （铺地用的）碎石，卵石

pedra de polimento rubbing stone 磨光石；磨面石

pedra de ponte bridge stone 桥石

pedra de raio aerolite 陨石

pedra de reino ⇨ lioz

pedra de remate coping stone 墩台石；盖顶石

pedra de rumo boundary stone 界石，石标

pedra de sapo toadstone 玄武斑岩，蟾蜍石

pedra do sol sunstone 日长石

pedra de Solenhofen Solenhofen stone 含黏土石灰石

pedra de toque touchstone 试金石

pedra de umbral jambstone 门窗边框石

pedra de vértice apex stone 顶石，山墙顶石

pedra desbastada dressed stone 锤琢块石

pedra dura hardstone, ornamental stone 硬石

pedra escaravelho beetle stone 龟背石

pedra fervente boiling stone 沸腾石

pedra fina ⇨ pedra natural

pedra fundamental footstone, foundation stone 基石

pedra geladiça moisture-sensitive stone 易受潮的石材，易返潮的石材

pedra genuína ⇨ pedra natural

pedra-íman aimant, magnetite 磁铁矿

pedra-infernal lunar caustic 硝酸银；银丹

pedra inicial header 露头砖，露头石，丁砖

pedra insossa ⇨ pedra seca

pedra lavrada worked stone, dressed stone 料石；琢石；已加工建筑用石

pedra-lipes blue vitriol 胆矾，蓝矾，五水

硫酸铜

pedra litográfica lithographic stone 石印石

pedra-mármore ⇨ mármore

pedra moldada cast stone 浇注石

pedra moleira millstone 磨盘石，磨石

pedra natural natural stone 天然石；天然石材；天然宝石

pedra ornamental ornamental stone 饰石，装饰石

pedra para cunhal ⇨ pedra do canto

pedra para ombreira jamb stone 门边框石

pedra-parideira "pedra-parideira" 葡萄牙北部一种以花岗岩为核心、黑云母为外壳的球结核

pedra-pomes pumice 浮石

pedra porosa porous stone 透水石

pedra portuguesa ⇨ mosaico português

pedra preciosa gem 宝石

pedra reconstituída reconstituted stone 再造石

pedra rolada cobble 卵石

pedra rústica rustic stone 粗石，粗琢石

pedra-sabão soapstone 皂石

pedra seca (/sossa) dry rock, hand-pitched stone 干砌石，手铺碎石

pedra semipreciosa semiprecious stone 次等宝石

pedra triturada crushed stone 碎石

pedra vulcânica volcanic rock 火山岩

pedra-ume alum 矾；明矾

pedral *s.m.* stepped side wall 阶式边墙

pedregal *s.m.* gravel bed 砾石层

pedregoso *adj.* stony 石头的，多石的

pedregulho *s.m.* gravel, rubble 砾石

pedregulho britado crushed gravel 碎砾石；压碎砾石

pedregulho bruto (/de cava) pit gravel 坑砾石

pedregulho fino fine gravel 细砾石（粒径 2.0—4.8mm）

pedregulho graduado graded gravel 级配砾石

pedregulho grosso coarse gravel 粗砾石（粒径 25—50mm）

pedregulho lavado river gravel 河砾石

pedregulho médio medium gravel 中等砾石（粒径 4.8—25mm）

pedregulho muito grosso very coarse gravel 巨砾石（粒径 50—100mm）

pedreira *s.f.* quarry, stone-pit 石场，采石场

pedreiro *s.m.* bricklayer, mason 泥瓦工，砖瓦石工

pedrisco *s.m.* ❶ hail; sleet 冰雹 ❷ (crushed) stone chips （岩石压碎制成的）碎石，石屑

pedrisco fino fine chips, fine grits 细砂砾（粒径 0.42—0.75mm）

pedrisco graduado graded chips, coarse grits 级配砂砾

pedrisco grosso coarse chips, coarse grits 粗砂砾（粒径 2.0—4.8mm）

pedrisco médio medium chips medium grit 中等砂砾（粒径 0.75—2.0mm）

pedrosite *s.f.* pedrosite 奥闪石岩

pedroso *adj.* stony, rocky 石头似的，硬似石头的

pé-esquerdo *s.m.* building height 建筑高度

pega *s.f.* ❶ set, setting up [巴] 凝固；变硬 ❷ handle, hold, catch 把手，门柄 ❸ chase, race 追逐；冲刺

pega de fogo hole-by-hole blasting 逐孔爆破

pega do tecto grab handle 车顶把手

pega falsa ⇨ falsa pega

pega inicial initial set 初凝

pega instantânea flash set 快速凝固，闪凝

pegada *s.f.* footprint （来自卫星、航天器下行线路的信号的）地面接收区

pegador *s.m.* ❶ grab, tongs 抓具，钳子 ❷ hand-hold 把手，手把 ❸ loader 装载机

pegador de tubo inox clamp for stainless steel pipe 不锈钢管紧固夹具

pegador frontal front-end loader 前端装载机

pegador lateral side loader 侧向装卸机

pegadouro *s.m.* handle （器物的）把，柄

pegajosidade *s.f.* stickiness 黏性

pegajoso *adj.* sticky, gummy 黏性的

pega-mão *s.m.* handgrip 车门上的把手

pegão *s.m.* ❶ 1. pier, column pier 墩柱 2. bollard 护柱；系船柱 ❷ counterfort 扶壁；扶垛

pegão de ponte bridge pier 桥墩

pegar ❶ *v.tr.,intr.,pron.* (to) adhere, (to) stick 粘贴 ❷ *v.tr.* (to) take, (to) hold 拿，取

pegmatítico *adj.* pegmatitic 伟晶岩的

pegmatitização *s.f.* pegmatitization 伟晶岩化作用

pegmatito *s.m.* pegmatite 伟晶岩

pegmatito gráfico graphic pegmatite 文象伟晶岩

pegmatóide *adj.2g.* pegmatoid 似伟晶岩的

peito *s.m.* shin piece 犁胫

peito-de-pomba *s.m.* quarter round （梁托端部的）四分圆线脚

peitorais *s.m.pl.* pectoral deck （健身器材）推胸器

peitoril *s.m.* parapet, window-sill 胸墙，护墙；窗台

peitoril à francesa parapet of French window 落地窗下部不能开启的透明窗扇

peitoril de aba lug sill 突缘窗台板

peitoril de janela windowsill 窗台，窗台板

peitoril encaixado slip sill 滑槛

peitoril inferior subsill 副窗台，窗台落水板

peitoril interno stool 内窗台

peixe *s.m.* ❶ fish 鱼 ❷ sunk object 沉没物，沉入水中的构件

pelágico *adj.* pelagic 远洋的

pelagito *s.m.* pelagite 海底锰结核

pelagosito *s.m.* pelagosite 不纯文石；不纯钙质壳

pelcalcarenito *s.m.* pelletal calcarenite 球粒砂屑灰岩

pele *s.f.* skin; leather 皮肤；皮革

pele de vidro glass skin; glass curtain wall 玻璃大面；玻璃幕墙

pele sintética artificial leather 人造革，西皮

peletização *s.f.* pelleting 制粒

película *s.f.* film 薄膜

película interfacial interfacial film 界面膜

películas reflexivas reflective film 反光膜，反射膜

película seca dry film 干膜

película temporária temporary film 临时薄膜

pelítico *adj.* pelitic 泥质的

pelito *s.m.* pelite 泥质岩

pelmicrito *s.m.* pelmicrite 球粒微晶灰岩

pelóide *s.m.* peloid, pellet 球状岩

pelóide fecal faecal pellet 粪球粒，粪粒

pelota *s.f.* ⇨ pelóide

pelotão *s.m.* platoon 一队，一组；（军队编制）排，队

pelotão de veículos vehicle platoon 车队

pelourinho *s.m.* ❶ pillory （用来惩罚罪犯的）耻辱柱，示众柱 ❷ ornamental column 设立在广场前起装饰作用的巨大石柱，形式类似于中国古建筑的华表

pelsparito *s.m.* pelsparite 球粒亮晶灰岩

peltre *s.m.* pewter 锡镴

PELV *sig.,s.f.* PELV (protective extra low voltage) 保护特低（电）压

pena *s.f.* ❶ punishment, penalty 处罚；惩罚 ❷ feather 羽毛

penacho *s.m.* ❶ pendentive 穹隅 ❷ plume （从火山或烟道喷出的）岩浆柱；地柱 ❸ outer flame （火焰的）外焰

penacho convectivo convective plume 火山对流柱，地幔柱

penacho mantélico mantle plume 地幔柱

pena-d'água *s.f.* flow limiter 限流器，限流阀

penado *adj.* pennate 羽状的

penalidade *s.f.* penalty [集] 处罚；惩罚；刑罚

penalizante *s.m.* injurant 有害物

penalizar *v.tr.* (to) penalize 处罚

pencatito *s.m.* pencatite 水滑大理岩；水滑结晶灰岩

pendências *s.f.pl.* backlogs 待办事务，待解决问题

pendente ❶ *adj.2g.* suspended 悬挂的 ❷ *adj.2g.* unresolved, pending 未解决的 ❸ *adj.2g.* dip, dipping 倾斜的 ❹ *s.f.* obliquity 斜度 ❺ *s.f.* slope 斜坡，斜面 ❻ *s.m.* pendant 下垂物，垂饰；悬垂式拱顶石

pendentivo *s.m.* pendant 下垂物，垂饰；悬垂式拱顶石

pendículo *s.m.* pendentive 穹隅

pendor *s.m.* slant, inclination 倾伏；斜面

pen drive *s.m.* (USB) flash disk, pen drive U 盘，闪存盘

pêndulo *s.m.* pendulum 摆，摆锤

pêndulo centrífugo centrifugal pendulum 离心摆

pêndulo direto direct pendulum; plumb line 铅垂线

pêndulo invertido inverted pendulum 倒立摆

pêndulo ótico optical pendulum 光测铅垂线

pêndulo simples simple pendulum 单摆

pendural *s.m.* ❶ 1. kingpost 主梁；主杆 2. queen post 桁架副柱 ❷ arm 臂；杆

pendural central kingpost 主梁

pendural da direcção drop arm 转向垂臂

pendurais de suspensão suspenders 吊杆；吊索

pendural lateral queen post 桁架副柱

pendurar *v.tr.,pron.* (to) hang, (to) suspend 悬挂，悬吊

penecontemperâneo *adj.* penecontemperaneous 沉积后到固结前的，准同期的，准同生的

penedia *s.f.* cluster of rocks 岩石丛；簇礁

penedo *s.m.* crag, rocky outcrop 危岩；岩石碎块

penedo pedunculado pedestal rock, pedunculate rock 柱顶石；基岩

peneira *s.f.* sieve 筛子

peneira de ar ventilation screen 通风屏

peneira de barras bar screen 棒条筛

peneira de barras paralelas grizzly 格筛，铁格筛

peneira de brita stone screen 石子筛

peneira de ensaio test sieve 试验筛

peneira de óleo oil strainer 滤油器

peneira de ressonância resonance screen 共振筛

peneira estática static sieve, static screen 溜筛

peneira giratória drum screen 滚筒筛

peneira granulométrica granulometric sieve 粒度分析筛

peneira grossa coarse screen 粗筛

peneiras moleculares molecular sieves 分子筛

peneira oscilatória shaking screen 振荡筛

peneira rotativa rotating sieve, rotating screen 回转筛

peneira trommel trommel screen 圆筒筛

peneira vibratória vibrating screen 振动筛

peneira vibratória horizontal horizontal vibrating screen 水平振动筛

peneiração *s.f.* ➪ peneiramento

peneirador *s.m.* ➪ peneiradora

peneiradora *s.f.* sieving machine 筛选机

peneiradora de lastro ballast screener 道砟筛分机

peneiramento *s.m.* screening 筛，筛选

peneiramento fino fine screening 精筛

peneiramento grosso coarse screening 粗筛

peneirar *v.tr.* (to) sieve, (to)sift 筛，筛选

peneiro *s.m.* large sieve 大筛

peneiro de malha mesh sieve 网筛

peneplanação *s.f.* peneplanation 准平原作用

peneplanície *s.f.* peneplain 准平原

peneplano *s.m.* ➪ peneplanície

penesalino *adj.* penesaline 近咸化的

penetrabilidade *s.f.* penetrability 渗透性

penetração *s.f.* ❶ penetration 渗透，穿透，贯穿 ❷ 1. penetrance 穿透性；贯穿 2. penetration 穿透深度；穿透能力

penetração betuminosa asphalt penetration 沥青针入度

penetração de fusão fusion penetration 熔融深度

penetração de humidade penetration of moisture 水分渗入

penetração total full penetration 完全焊透

penetração total do alvo total target penetration 靶的总穿深

penetração trabalhada worked penetration 工作（后）针入度

penetrador *s.m.* penetrator 贯穿接头

penetrâmetro *s.m.* penetrameter 透度计，辐射透度计

penetrante *adj.2g.* penetrant 渗透的

penetrar *v.tr.* (to) penetrate 渗透；穿透

penetrómetro/penetrômetro *s.m.* penetrometer 贯入仪，针入度仪；透度计

penetrómetro de bolso pocket penetrometer 袖珍贯入仪

penetrômetro de cone cone penetrometer 圆锥贯入仪，锥形透度计

penetrômetro de solo penetrometer soil 土壤贯入仪

penetrómetro dinâmico dynamic penetrometer 动力触探仪

penetrómetro estático static penetrometer 静力触探仪

penetrômetro padrão standard penetrometer 标准贯入仪，标准贯入器

penha s.f. cliff 悬崖；峭壁

penhasco s.m. large cliff 大峭壁

penhasco costeiro shore cliff 滨崖

penhascoso adj. cliffy 多悬崖的，有峭壁陡岩的

penina s.f. pennine 叶绿泥石

penicavarito s.m. penikkavaarite 暗辉闪长岩

peninite s.f. penninite 叶绿泥石

península s.f. peninsula 半岛

penitenciária s.f. prison; penitentiary 监狱；教养所

penitenciária militar military prison 军事监狱

pennantita s.f. pennantite [巴] 锰绿泥石

Pennsylvánico adj.,s.m. [巴] ⇨ Pensilvânico

pensão s.f. ❶ guesthouse, boarding house 招待所 ❷ pension 退休金，抚恤金

Pensilvânico adj.,s.m. Pennsylvanian; Pennsylvanian Period; Pennsylvanian System [葡]（地质年代）宾夕法尼亚纪（的）；宾夕法尼亚系（的）

Pensilvânico Inferior Lower Pennsylvanian; Lower Pennsylvanian Epoch; Lower Pennsylvanian Series 下宾夕尼亚世；下宾夕伐尼亚统

Pensilvânico Médio Middle Pennsylvanian; Middle Pennsylvanian Epoch; Middle Pennsylvanian Series 中宾夕尼亚世；中宾夕伐尼亚统

Pensilvânico Superior Upper Pennsylvanian; Upper Pennsylvanian Epoch; Upper Pennsylvanian Series 上宾夕伐尼亚世；上宾夕伐尼亚统

pentafólio s.m. cinquefoil 五瓣花饰，梅花锦

pentágono s.m. pentagon 五角形

pentalobado s.m. cinquefoil 五瓣花饰，梅花锦

pentastilo adj.,s.m. pentastyle 五柱式（的）

pente s.m. ❶ comb 梳状刀片 ❷ finger-bar cutter（往复式割草机的梳子状）割刀

pente de abrir rosca chaser, screw tool 螺纹梳刀

pente de rosca interna inside chaser 内螺纹梳刀

penteadeira s.f. dresser 梳妆台

penteamento s.m. longitudinal ravelling 纵向开剥

pentlandite s.f. pentlandite 镍黄铁矿

pentolite s.f. pentolite 朋托莱特（熔铸）炸药

pêntodo s.m. pentode 五极管

peperino s.m. peperino 碎晶凝灰岩；白榴凝灰岩

peperito s.m. peperite 混积岩

pepita s.f. nugget, slug 天然金块，矿块

peptização s.f. peptization 胶溶（作用）

pequeno adj. small, little, minor 小的[常与名词组成复合名词]

pequena modificação minor modification 小改装

pequeno reparo minor repair 小修

pera/pêra s.f. ❶ pear 梨形物 ❷ in-line switch 线控开关

pêra de sucção suction bulb（移液器的）吸耳球，洗耳球

pera ferroviária loop line 环线，环形线路

peracidito s.m. peracidite 超酸性岩

perafita s.f. ⇨ menir

peralcalino adj. peralkaline 过碱性的

peraluminoso adj. peraluminous 过铝质的

perambeira s.f. precipice 悬崖；绝壁

percalina s.f. percaline 珀克林；作衬里用的丝光细棉布纤维

per capita loc.adj. per capita 人均的

percentagem s.f. ❶ percentage 百分比，百分率 ❷ content 含量

percentagem de adensamento percentage of consolidation 固结率

percentagem de água water content 含水率

percentagem de armadura percentage reinforcement 配筋率，配筋率

percentagem de armazenamento percentage of storage 蓄水程度，蓄水率

percentagem do átomo atom percent 原子百分数

percentagem de cimento cement content 水泥含量

percentagem de óleo oil length 含油率

percentagem de recalque ⇨ percentagem de adensamento

percentagem de término percent complete 完成百分比

percentagem média average content 平均含量

percentagem por atraso em fornecimento backwardation 交割延期费；现货溢价

percentagem que passa sievingrate, passing percentage 过筛率

percentagem retida retained percentage 筛余百分率

percentagem retida acumulada accumulated retained percentage 累计筛余百分率

percentual *adj.2g.* (of) percentage 百分比的

perchina *s.f.* ⇨ trompa

percinta *s.f.* lateral ties of column 钢筋柱箍（钢筋混凝土柱的横筋）

percolação *s.f.* ❶ percolation, percolating 渗流；渗透 ❷ seepage 渗漏

percolação permanente seepage 渗流；渗漏

percolação por debaixo underseepage 地下渗流

percolador *s.m.* percolator 渗滤器

percolar *v.tr.* (to) percolate, (to) seep 渗流；渗透；渗漏

percurso *s.m.* ❶ itinerary 旅程，路线 ❷ travel range, haul distance 运距；行程长度 ❸ ride 驾驶，乘坐

percurso amortecido cushion ride 缓冲乘坐

percurso de carga load trace 负荷痕迹

percurso de enchente storage routing 蓄水定迹；洪水演算

percussor *s.m.* ❶ firing pin （枪的）撞针 ❷ jar 震击器

percussor de alavanca lever tumbler 弹子插芯（门锁）

percussor para pescaria fishing jar 打捞用震击器

perda *s.f.* loss 损失；损耗；亏损

perda ao fogo loss on ignition 烧失重

perda auditiva hearing loss 听力损失

perda de água loss of water 水分流失，水分损耗，失水

perda de calor heat loss 热减量

perda de carga ❶ loss of pressure, pressure drop 压力降 ❷ head loss 水头损失

perda de carga localizada local pressure drop [巴] 局部压力降

perda de carga na broca bit pressure drop, bit nozzle pressure drop [巴] 钻头压力降

perda de carga parasita parasitic pressure drop 附加压降

perda de circulação loss of circulation 循环液漏失

perda de diferencial loss of differential 差分损耗

perdas de energia loss of energy 能量损失

perda de filtrado filtrate loss 滤液损失

perda de fluido fluid loss 流体损耗；钻液漏失

perda de geração generation loss 发电损耗

perda de inactividade stand-by loss 停工损失；停钻损失

perda de lama mud loss 泥浆漏失

perda de pressão pressure drop 压降

perda de pressão localizada local pressure drop [葡] 局部压力降

perda de pressão na broca bit pressure drop, bit nozzle pressure drop [葡] 钻头压力降

perda de pressão parasita parasite pressure drop [葡] 附加压降

perda de protensão loss of prestress 预应力损失

perda de retorno do fluido lost mud return, lost circulation 泥浆漏失

perda de rotação por sobrecarga engine lug 加载减速

perdas do sistema eléctrico losses of the electrical system 电气系统损耗

perda de solo soil loss, soil washing 土壤

损失

perda de transmissão loss of transmission 传输损耗

perdas devido a correntes parasitas eddy current losses 涡流损耗

perdas elétricas electrical losses 电损耗

perdas hidráulicas hydraulic losses 水力损失；液体损失

perda média na transmissão average transmission loss 平均传输损耗

perdas no sistema system losses 系统损耗，系统损失

perdas não técnicas non-technical losses 非技术性损耗

perda na transmissão transmission loss 传输损耗

perda ôhmica ohmic loss 欧姆损失，电阻损耗

perda por absorção absorption loss 吸收损失

perdas por evaporação evaporation losses 蒸发损失

perda por fricção friction loss 摩擦损失

perdas por histerese hysteresis losses 磁滞损耗，滞后损失

perda por transmissão transmission loss 传输损耗

perdas por ventilação diurna diurnal breathing losses 昼间换气损失

perdas por vertimento spillage loss 溢流损失

perdas técnicas technical losses 技术性损耗

perda volumétrica volumetric loss 容积损失

perdão *s.m.* forgiveness （债务、税等的）减免，豁免

perdão da dívida debt forgiveness 免除债务

perder *v.tr.* (to) lose, (to) miss 失去，丢失；浪费（时间）

perder rotação por sobrecarga (to) lug down 加载减速

perder um poço lose a hole 钻孔报废

perdido *adj.* sunk, embedded 沉没的，埋入的，不回收的

perene *adj.2g.* perennial 多年生的（植物）

perenidade *s.f.* eternity; long service life 永恒，长久；使用寿命长，耐久

perequação *s.f.* equal distribution 平均分配，均摊

perfeito *adj.* perfect 完美的，完全的，完善的，无瑕疵的

perfil *s.m.* ❶ profile 概况；外观；内形曲线 ❷ 1. profile 剖面；半面；（道路、地层）纵断面 2. grade line 纵坡线；坡度线 ❸ section 型材 ❹ profile （企业、个人的）简况，简介 ❺ log [巴] 测井；测井记录

perfil a cabo wireline log 电缆测井

perfil abaulado barrel profile 桶形剖面

perfil acústico acoustic log 声波测井，声波记录

perfil acústico de velocidade acoustic velocity log 声速测井

perfil ativado activation log 活化测井

perfil batimétrico bathymetric profile 深剖面图

perfil carbono-oxigênio carbon-oxygen log 碳氧比测井

perfil composto composite log 合成测井曲线

perfil cónico (/afilado/ chanfrado) tapered profile 锥形剖面

perfil controlo de profundidade depth-control log 深度控制测井

perfil cultural soil profile 耕作土壤剖面

perfil curto-normal short-normal log 短电位电极系测井

perfil de absorção fotoeléctrica photo-electric-absorption log 光电吸收测井

perfil de aço steel section 型钢

perfil de aço laminado bloom 初轧方坯

perfil de acompanhamento strip log 条带录井图

perfil de acompanhamento da trajetória do poço directional plot 方向测井

perfil de aderência do cimento cement bond log (CBL) 水泥胶结测井

perfil do aerofólio airfoil profile 翼形；翼切形，翼剖面

perfil de afastamento zero zero-offset profile 零炮检距剖面

perfil de amostra de calha sample log 测井取样剖面

perfil de amplitude amplitude log 振幅测井，声幅测井

perfil de análise do tubo pipe analysis log 套管分析测井

perfil de asa aerofoil 机翼剖面

perfil de ativação de alumínio aluminum-activation log 铝活化测井

perfil de avaliação do cimento cement evaluation log 水泥评价测井

perfil de calibre caliper log 井径测量；井径测井图

perfil de came cam profile 凸轮轮廓

perfil de capacitância capacitance log 电容测井

perfil de centro aberto open center tire, open tread tire 中开胎纹

perfil de concentração concentration profile 浓度分布曲线

perfil de controlo de profundidade do canhoneio perforating-depth-control log 射孔井深控制测井

perfil de correlação correlation log 相关测井

perfil de decaimento térmico thermal decay time log 热中子衰减时间测井

perfil de densidade density profile 密度剖面

perfil de densidade acústica acoustic variable density log 声波变密度测井

perfil de densidade compensado compensated density log 补偿密度测井

perfil de densidade variável variable density log (VDL) 变密度测井

perfil de dente tooth profile 齿廓

perfil de detalhe detail log 详测曲线

perfil de equilíbrio equilibrium profile 平衡纵剖面

perfil de erosão weathering profile 风化剖面

perfil de estribo step rail 斜切轨条

perfil de fótons photon log 光子测井

perfil de fractura fracture log 裂缝测井

perfil de imageamento eléctrico electrical imaging log 电成像测井

perfil de impedância acústica acoustic impedance log 声阻抗测井

perfil de indução induction log 感应测井

perfil de indução dupla dual-induction log 双感应测井

perfil de inspeção de revestimento casing inspection log 套管检查测井

perfil de intemperismo weathering profile 风化剖面

perfil de litodensidade lithodensity log 岩性密度测井

perfil de luvas de revestimento casing-collar log 套管接箍测井

perfil de mergulho dip log, dipmeter log, stick plot 倾角测井图

perfil de microrresistividade microresistivity log 微电极测井

perfil de onda waveform 波形

perfis de pilhas stacked profiles 叠加剖面

perfil de poço aberto openhole log 裸眼井测井

perfil de potencial do revestimento casing-potential profile 套管井电位剖面

perfil de praia shore profile 海滨剖面

perfil de produção production log 生产测井

perfil de profundidade de água water-depth profile 水深剖面

perfil de propagação eletromagnética electromagnetic propagation log (EPL) 电磁波传播测井

perfil de propagação profunda deep propagation log (DPL) 深探测电磁波传播测井

perfil de radioatividade radioactivity log 放射性测井

perfil de raios gama gamma-ray log 自然伽马测井

perfil de raios gama induzidos induced gamma-ray log 次生伽马能谱测井

perfil de refracção refraction profile 折射剖面

perfil de resistividade resistivity profile 电阻率剖面

perfil de ressonância magnética nuclear magnetic resonance log 核磁共振测井

perfil do rio river profile 河道纵剖面，河流纵断面

perfil de ruído noise log 噪声测井

perfil de salinidade salinity log 矿化度

测井图

perfil do solo soil profile 土剖面

perfil de sondagem boring profile 钻探剖面图

perfil de temperatura temperature profile 温度剖面图

perfil de tensões stress profile 应力标示图

perfil de tracção ruling grade 限制坡度

perfil de tv de poço borehole televiewer log 井下声波电视测井

perfil de velocidade velocity profile 流速剖面

perfil de velocidade contínua continuous-velocity log 连续速度测井

perfil diagonal diagonal profile 对角剖面

perfil dielétrico dielectric log 介电测井

perfil diferencial differential log 微差测井曲线

perfil diferencial de temperatura differential temperature log 微差井温测井

perfil direcional directional log 方向测井

perfil electromagnético electromagnetic-profile 电磁剖面

perfil elétrico electric log 电测井

perfil elétrico ultralongo ultra long-spaced electric log (ULSEL) 超长电极距电测井

perfil enformado a frio cold-rolled forming section 冷弯型钢

perfil esfericamente focalizado spherically-focused log 球形聚焦测井

perfil espectral de raios gama spectral gamma-ray log 伽马射线能谱测井

perfil formado a frio de aço galvanizado cold-formed galvanized steel 冷成型镀锌钢

perfil gama de testemunho core gamma log 岩心伽马测井

perfil gama-gama gamma-gamma log 伽玛-伽玛测井

perfil geoeléctrico geoelectric section 地电剖面

perfil geofísico geophysical log 地球物理测井

perfil geológico geological profile 地质剖面

perfil inclinado ⇨ **perfil cónico**

perfil laminado a quente hot-rolled section 热轧型钢

perfil lateral laterolog 侧向测井；侧向测井图

perfil lateral duplo dual laterolog 双侧向测井

perfil liso smooth profile 光滑剖面

perfil localizador de luva casing-collar locator log (CCL) 套管接箍测井

perfil longitudinal longitudiponte de viganal perfil 纵剖面，纵截面

perfil metálico metal section 金属型材

perfil neutrônico compensado compensated neutron log 补偿中子测井

perfil plástico plastic section 塑料型材

perfil pulsante de captura de nêutrons pulsed-neutron-capture log 脉冲俘获中子测井

perfil real actual profile 实际断面

perfil sônico sonic log 声波测井

perfil sônico de espaçamento longo long-spaced sonic log 长间隔声波测井

perfil suave ⇨ perfil liso

perfil T tee T 字型材

perfil transversal transversal profile 横剖面，横截面

perfil transversal batimétrico bathymetric transverse section 测深横断面

perfil transversal do trilho rail section 轨道剖面

perfil vertical vertical profile 垂直剖面

perfil vertical de agulha de elevação gradual vertical bend 垂直弯头

perfil vertical de sísmica vertical seismic profile 垂直地震剖面

perfilado *adj.* ❶ upright 垂直的，直立的 ❷ aligned 对齐的

perfilador *s.m.* profiler 断面测量仪；地震剖面仪

perfilagem *s.f.* ❶ profiling 压型 ❷ logging 测井，录井

perfilagem compensada borehole-compensated sonic log 井眼补偿声波测井

perfilagem elétrica electrical profiling 电剖面法

perfilagem geométrica geometric sounding （电磁）几何测深

perfilagem paramétrica parametric sounding 参数测深

perfilaria *s.f.* ❶ forming, profiling 成型，压型 ❷ sections [集] 型材

perfilaria específica special sections 特种型材

perfilhamento *s.m.* tillering 分蘖；长出新芽

perfilômetro *s.m.* profilometer 表面光度仪；轮廓曲线仪

perfilômetro de trilho rail profile recorder 钢轨断面测量仪

performance *s.m.* performance 性能，表现

performance de navegação requerida required navigation performance 必备导航性能

performante *adj.2g.* high-performing, efficient 高性能的

perfuração *s.f.* perforation, drilling 打孔，打眼；钻取；钻探

perfuração a ar air drilling 风动钻眼

perfuração a cabo cable drilling 钢绳冲击式钻进

perfuração a canhão gun perforating 射孔

perfuração a diamante diamond boring 金刚石镗孔

perfuração a gás gas drilling 气体钻井

perfuração a jacto jet drilling 喷射钻井；水力钻进

perfuração a laser laser drilling 激光钻孔

perfuração a percussão boring 冲孔

perfuração a rotação rotary drilling 旋转钻孔

perfuração com circulação reversa reverse circulation drilling 反循环洗孔钻进

perfuração com desvio deviation drilling 钻孔偏斜

perfuração com diferencial de pressão positivo overbalanced drilling 超平衡钻井

perfuração com espuma foam drilling 泡沫钻进，泡沫冲洗钻进

perfuração com flexitubo coiled tubing drilling 连续油管钻井

perfuração com gradiente duplo dual-gradient drilling 双梯度钻井

perfuração com inclinação constante slant drilling, slant hole drilling 斜向凿岩

perfuração com névoa cloud drilling 雾化空气钻井

perfuração com objectivo a grande distância extended-reach drilling [葡] 延伸钻井

perfuração com pressão controlada pressure-controlled drilling 压力控制钻井

perfuração com sobrepressão ⇨ perfuração com diferencial de pressão positivo

perfuração com trado auger boring 螺旋钻孔

perfuração de controlo control hole 控制孔；标志孔

perfuração de desenvolvimento development drilling 开拓钻井

perfuração de fusão fusion drilling 熔化钻眼法

perfuração de grande afastamento extended-reach drilling [巴] 延伸钻井

perfuração de núcleo core drilling 钻取土芯

perfuração de poço well-sinking 沉井

perfuração de prospecção prospect drilling 探勘钻井

perfuração de túnel tunnelling 开挖隧道

perfuração no modo orientado sliding-mode drilling, slide-mode drilling 滑动导向钻井

perfuração direccional directional drilling 定向钻进

perfuração direccional horizontal horizontal directional drilling (HDD) 水平定向钻进

perfuração e retirada de testemunhos drill and coring 钻探抽样

perfuração em andamento drilling ahead 套管鞋下钻井

perfuração em ângulo (/esquadria) angle drilling 钻斜孔法

perfuração exploratória exploratory drilling 勘探钻井

perfuração hidráulica hydraulic drilling 水力钻眼

perfuração horizontal horizontal drilling 水平钻孔

perfuração orientada oriented perforating[葡]定向射孔

perfuração por abrasão abrasion drilling 冲蚀钻井

perfuração por cargas explosivas jet perforating 聚能射孔

perfuração por jateamento jet drilling 喷射钻井

perfuração por percussão percussion drilling 冲击钻孔，冲击钻探

perfuração por rebentamento de carga explosiva shot drilling 钻粒钻进

perfuração rotativa rotary drilling 旋转钻孔

perfuração sob pressão drilling under pressure 回压钻进

perfuração sub-balanceada underbalanced drilling 欠平衡钻井

perfuração vertical vertical drilling 垂直钻进

perfurado *adj.* perforated 打有孔的；多孔的

perfurador *s.m.* ❶ perforator, driller 穿孔器，打孔器 ❷ drilling machine, drill 钻床，钻孔机

perfurador manual manual puncher 手工打孔器

perfuradora *s.f.* ❶ drilling machine, drill 钻床，钻孔机 ❷ post hole digger 柱穴挖掘机；大型螺旋挖坑机

perfuradora de plantação planting drill 播种机

perfuradora de solos digging machine 挖树坑机

perfuradora pneumática (/a ar comprimido) pneumatic drill 气钻

perfurar *v.tr.* (to) perforate, (to) drill, (to) bore 打孔，打眼；钻取；钻探

perfuratriz *s.f.* perforator 钻孔机，凿岩机

perfuratriz da rocha rock drill 凿岩机

perfuratriz integral de túnel tunnel boring machine (TBM) 隧道掘进机

perfuratriz-jumbo/perfuratriz de grande porte drill jumbo 凿岩台车

perfuratriz rotativa rotary drill 旋转式凿岩机

perfurocortante *adj.2g.* blanking 冲割的，冲裁的

perfusor *s.m.* perfusor 注射泵，注样器

pergelissolo *s.m.* pergelisol, permafrost, permagel 永久冻结带，永久冻土

pérgula/pérgola *s.f.* pergola 凉棚

pergulado *s.m.* ⇨ pérgula

períbolo *s.m.* ❶ courtyard （建筑物围墙内的）房屋四周地带 ❷ peribolos （古寺庙周围的）树木地带

perícia *s.f.* experts; expertise [集] 专家；专家评价，专家鉴定

periclase *s.f.* periclase 方镁石

periclasite *s.f.* periclasite 方镁石

periclina *s.f.* pericline 肖纳长石

periclinal *adj.2g.* periclinal 平周的；穹状的；围斜的

pericontinental *adj.2g.* pericontinental 陆缘的

pericratónico *adj.* pericratonic 克拉通边缘的，陆缘的

periculosidade *s.f.* dangerousness 危险性；危险

peridotito *s.m.* peridotite 橄榄岩

perídoto *s.m.* peridot 贵橄榄石；电气石

peridoto-brasileiro Brazilian peridot 巴西橄榄石

peridoto de Ceilão Ceylon peridot 锡兰橄榄石

perídromo *s.m.* roofed gallery around a building, peridrome 建筑物周围的封闭式回廊

perieco *s.m.pl.* perioeci 分别住在赤道两侧相反经度、相同纬度数的人

periélio *s.m.* perihelion 近日点

perigeu *s.m.* perigee 近地点

periglaciário *adj.* periglacial 冰川边缘的

perigo *s.m.* danger 危险

perigo de incêndio fire hazard 火灾危险

perigo de morte death 致命危险

perigo radiológico radiological hazard 辐射危害

perímetro *s.m.* perimeter 外围，周界；周长

perímetro molhado wetted perimeter 湿周，湿润周界

perímetro urbano urban perimeter 城市周边

periodicidade *s.f.* periodicity 周期性

periodicidade de terramoto earthquake periodicity 地震周期性

periódico *adj.* periodic 周期的，周期性的

periodito *s.m.* periodite 周期岩

período *s.m.* ❶ period 时期，阶段；周期 ❷ period 纪（地质时代单位，era 的下一级，idade 的上一级，对应时间地层单位 sistema）

período atlântico Atlantic period 大西洋期

período Boreal Boreal period 北方期

período contabilístico accounting period 会计期；会计年度

período de acção action period 作用期

período de apuração calculation period 结算期

período de carência ❶ grace period 宽限期 ❷ waiting period 等待期，等候期

período de chuvas rainy season 雨季

período de cinco dias pentad 候（五天连续时间）

período do contrato contract period 合同期限，合约期

período de controle de cheias flood control period 防洪期

período de crescimento growing season 生长季节，生育期

período de cura curing time 养护期

período de encerramento contra incêndio closed fire-season 防火封禁季节

período de escuta listening period 监听时间

período de experiência trial period, probationary period 试用期

período de férias holiday period, vacation period 假期

período de garantia guarantee period 质保期

período de graça grace period 宽限期

período de incubação incubation period 孵化期

período de injecção de água para recuperação secundária fill-up period 井筒充填期

período de manutenção maintenance period 保养期

período de maturidade payback period, repayment period 还款期

período de pico peak period 高峰期

período de presa setting period 凝结期

período de projecto design period 设计阶段

período de recorrência recurrence period, repetition period 重现期，重复周期

período de reembolso (/recuperação) payback period, repayment period 投资回收期，还款期

período de repouso recovery period, rest period 休养期

período de retenção blocking period 封闭期

período de retorno return period 重现期，重复周期

período de seguro period of insurance 保险有效期

período de validade period of validity 有效期

período dominante dominant period 主周期

período Eolítico Eolithic period 始石器时代

período experimental trial period 试用期

período fiscal fiscal period 会计期；结账期

período fundamental fundamental period of vibration 自振周期

período geológico geological period 地质时期

período glaciário glacial period 冰河时期

período húmido wet spell, rain period 丰水期，雨季

período interglaciário interglacial period 间冰期

período mais seco driest period 最干旱期

período natural natural period 自然周期；固有周期

período Neolítico Neolithic period 新石器时代

período pluvial pluvial period 多雨期

período probatório probation period 试用期；见习期

período seco ❶ dry season 旱季 ❷ dry spell 干旱期

períptero ❶ *s.m.* peripter 围柱殿 ❷ *adj.* peripteral 围柱式的

periscópio *s.m.* periscope 潜望镜

peristerite *s.f.* peristerite 蓝彩钠长石；晕长石

peristilo *s.m.* peristyle 列柱廊

perito *s.m.* expert 专家

perknito *s.m.* perknite 辉闪岩

perlite/perlita *s.f.* pearlite 珍珠岩；珠光体
perlita fina fine pearlite 细晶粒珠光体
perlita grosseira coarse pearlite 粗晶粒珠光体

perlítico *adj.* perlitic 珍珠体的

perlon *s.m.* perlon 贝纶（聚酰胺纤维）

permafrost *s.m.* permafrost ⇨ **pergelissolo**

permagel *s.m.* permagel ⇨ **pergelissolo**

permalói *s.m.* permalloy 坡莫合金

permanência *s.f.* permanence 持续（性），
持久（性）

permanente *adj.2g.* permanent 永久的，持
久的

permanganato *s.m.* permanganate 高锰酸盐
permanganato de potássio potassium
permanganate 高锰酸钾

permeabilidade *s.f.* permeability 渗透性；
透水性；磁导率
permeabilidade à água permeability to
water 透水性
permeabilidade ao ar air permeability 透
气性，透气度
permeabilidade absoluta absolute permeability 绝对磁导率；绝对渗透率
permeabilidade corrigida pelo efeito
Klinkenberg Klinkenberg-corrected permeability 克氏渗透率
permeabilidade de fluido fluid permeability 流体渗透率
permeabilidade de matriz matrix permeability 基质渗透率
permeabilidade do reboco filter-cake
permeability 滤饼渗透率
permeabilidade efectiva effective permeability 有效渗透率，有效磁导率
permeabilidade in loco in-place permeability 地层渗透率
permeabilidade in-situ in-situ permeability 现场渗透度
permeabilidade magnética magnetic
permeability 磁导率；磁导系数
permeabilidade magnética relativa
relative magnetic permeability 相对磁导率
permeabilidade relativa relative permeability 相对磁导率

permeabilidade relativa na drenagem
drainage relative permeability 排泄相对渗
透率

permeabilidade relativa na embebição
imbibition relative permeability 自动吸入
相对渗透率曲线

permeabilidade vertical vertical permeability 垂直渗透率

permeabilímetro *s.m.* permeameter 渗透仪

permeâmetro *s.m.* ❶ permeameter 磁导计
❷ permeameter; soil permeameter 土壤渗
透仪

permeável *adj.2g.* permeable 可渗透的；可
透过的

Permiano *adj.,s.m.* [巴] ⇨ **Pérmico**

Pérmico *adj.,s.m.* Permian; Permian Period; Permian System [葡]（地质年代）二
叠纪（的）；二叠系（的）

permilagem *s.f.* permillage 千分比，千分率

permineralização *s.f.* permineralization 完
全矿化

permissão *s.f.* permission 准许，许可

permissionária *s.f.* permit holder 许可证持
有人

permissível *adj.2g.* permissible 可容许的

permissividade *s.f.* permittivity 介电常数
permissividade dieléctrica dielectric
permittivity 介电常数
permitividade relativa relative permittivity 相对电容率

permitir *v.tr.* (to) allow, (to) permit 允许，
准许

permitividade *s.f.* permittivity 电容率

permuta *s.f.* exchange, swap 交换，调换，
置换

permutabilidade *s.f.* permutability 可置
换性

permutador *s.m.* exchanger; switch 交换器
permutador de calor (/térmico) heat
exchanger 换热器，热交换器
permutador de calor de carcaça e tubos shell and tube heat exchanger 壳管式
换热器
permutador de calor de placas plate
heat exchanger 板式换热器；膜片式热交换器
permutador de calor de placas bra-
sadas com aletas brazed plate fin heat

exchanger 黄铜板翅式换热器

permutador de calor de superfície surface heat exchanger 表面式换热器

permutar *v.tr.* (to) exchange, (to) swap 交换，调换，置换

permutável *adj.2g.* exchangeable, permutable 可交换的，可置换的

perna *s.f.* ❶ 1. leg 腿 2. leg, weld leg 焊脚 3. hip rafter 斜面梁；角椽 ❷ *pl.* strand 电缆线股 ❸ *pl.* legs（舞台）侧条幕 ❹ leg 边（飞行员训练时需要学习的五边飞行，包括离场边、侧风边、下风边、基线边、最后进近）

perna arqueada cabriole leg 弯脚，弯腿

perna base base leg 基线边，底边

perna contra o vento upwind leg 离场边，逆风边

perna do amortecimento damper strut 缓冲支柱

pernas de cabo strand 电缆线股

perna de cão dog leg 狗腿角

perna de escada exterior outside string 外侧楼梯帮

perna do jacaré wing rail 翼轨

perna-de-serra 3 inch x 3 inch rafter 3 英寸 x3 英寸的椽条

perna de través crosswind leg 侧风边

perna-de-três ⇨ perna-de-serra

perna do vento downwind leg 下风边，顺风边

perna móvel de jacaré móvel movable wing rail 可动翼轨

perna rígida de jacaré móvel fixed wing rail 固定翼轨

perne *s.m.* lug 瓦爪

perno *s.m.* bolt, pin 螺栓，销

perno central kingbolt 主栓，中枢梢，大螺栓

perno de alta resistência high strength bolt 高强螺栓

perno de ancoramento anchor bolt 锚栓，地脚螺栓

perno da cabeça de biela big-end bolt 连杆螺栓

perno de fixação fixing bolt, holding bolt 固定螺栓

perno de manilha clevis bolt 插销螺栓，套环螺栓

perno de metal metal stud 金属嵌钉

perno da tampa do cilindro cylinder cover bolt, cylinder cover stud 气缸盖螺栓

perno de travar bolt lock 锁紧螺栓

perno-guia guide-pin 导销

perno metálico metal bolt 金属螺柱

perno roscado threaded rod 螺杆

perolado *s.m.* pearlized 珠光色（处理）的，有珍珠光泽的

pérolas *s.f.pl.* pearl molding 串珠饰

perovskite *s.f.* perovskite 钙钛矿

peróxido *s.m.* peroxide 过氧化物

peróxido de chumbo lead peroxide 过氧化铅

perpendicular ❶ *adj.2g.* perpendicular, normal 垂直的，成直角的；正交的 ❷ *adj.2g.* vertical 竖直的 ❸ *s.f.* perpendicular 垂线

perpendicular-origem latitude origin 高斯-克吕格投影中，赤道在投影面上的投影，为高斯平面直角坐标系的 y 轴

perpendicularidade *s.f.* perpendicularity 垂直

perpiano/perpianho ❶ *adj.,s.m.* header 丁砖，丁砌砖 ❷ *s.m.* bondstone 束石；系石

perrê *s.m.* stone pitching 砌石护坡；砌石护面

persiana *s.f.* blinds, fanlight shutter, Venetian blind 百叶窗；气窗

persiana contra sol awning blind 遮阳百叶窗

persiana externa shutter panel 百叶板

persiana florentina Florentine blind 佛罗伦萨式窗遮帘

persiana inclinável hook-out blind 离窗遮帘

persiana italiana Italian blind 意大利式卷帘

persianas de enrolar roller shutters 卷帘

persianas para balcão counter shutters 反向百叶窗

persistência *s.f.* persistence 持续（存在）

persistência visual visual persistence 视觉暂留

personalização *s.f.* personalization 个性化，个性化改装

personalizar *v.tr.* (to) personalize（使）个性化，（使）个人化

perspéctico *adj.* perspective 透视的

perspectiva *s.f.* ❶ perspective 透视；透视法 ❷ perspective drawing 透视图，效果图

perspectiva a vôo de pássaro ⇨ perspectiva de olho de pássaro

perspectiva aérea aerial perspective 空中透视

perspectiva axonométrica axonometric perspective 轴测图

perspectiva cavaleira oblique perspective 斜透视

perspectiva centrográfica gnomonic projection 球心投影

perspectiva cilíndrica cylindrical projection 圆柱投影

perspectiva cônica ⇨ perspectiva linear

perspectiva de dois pontos (de fuga) two-point perspective 两点透视

perspectiva de olho de pássaro bird's eye view 鸟瞰图

perspectiva de texturas texture perspective 纹理透视法

perspectiva de três pontos (de fuga) three-point perspective 三点透视

perspectiva de um ponto (de fuga) one-point perspective 一点透视

perspectiva dimensional size perspective 尺寸透视法

perspectiva estereográfica stereographic projection 球面投影

perspectiva isométrica isometric view 等视轴图

perspectiva linear linear perspective 直线透视

perspectiva meia cavaleira cabinet drawing 半斜图

perspectiva militar ⇨ perspectiva cavaleira

perspectiva ortogonal orthogonal projection 正投影

perspectiva ortográfica orthographic projection 正射投影

perspectiva panorâmica panoramic perspective 全景透视

perspex *s.m.* perspex 有机玻璃

persulfato *s.m.* persulphate 过硫酸盐

persulfato de amónio ammonium persulphate 过硫酸铵

PERT *sig.,s.f.* PERT (Program Evaluation And Review Technique) 计划评审技术

pertence(s) *s.m.(pl.)* appurtenance 附属物

pertite *s.f.* perthite 条纹长石

pertosito *s.m.* perthosite 淡纹长岩；淡钠二长岩

perturbação *s.f.* perturbation 扰动；扰乱

perturbação aerodinâmica wash （飞机飞过形成的）洗流

perturbação da amostragem sampling disturbance 取样扰动

perturbação electromagnética electromagnetic perturbation 电磁扰动，电磁微扰

perturbação ionosférica ionospheric disturbance 电离层扰动

perturbação periglacial cryoturbation 冰扰作用

perturbado *adj.* disturbed 被扰乱的

perua *s.f.* station wagon; minibus 旅行车；小公共

pervibrador *s.m.* immersion vibrator, poker vibrator 插入式振捣器

perxina *s.f.* ⇨ trompa, perchina

pesa-ácidos *s.m.2n.* acidimeter 酸比重计

pesa-álcoois *s.m.2n.* alcoholmeter 酒精比重计

pesado ❶ *adj.* heavy, (of) heavy duty 重的，重型的 ❷ *s.m.* heavy soil 重质土 ❸ *s.m.* heavy vehicle （3500kg 或 9 座以上的）重型车

pesa-espíritos *s.m.2n.* areometer （比重小于水的溶液用的）液体比重计

pesa-mosto *s.m.* saccharometer 糖量计

pesar *v.tr.,pron.* (to) weight 称重

pesa-sais *s.m.2n.* hydrometer for saline solutions （比重大于水的溶液用的）液体比重计

pesa-vinho *s.m.* oenometer 葡萄酒酒度计

pesca *s.f.* ❶ 1. fishing 捕鱼 2. fishing up 打捞出，拖出（渔网）❷ fishery 渔业 ❸ fishing 打捞作业

Ministério das Pescas Ministry of Fisheries 渔业部

pescador *s.m.* windlass 起锚机，绞盘

pescar *v.tr.* (to) fish 捕鱼，打鱼

pescaria *s.f.* fishing 打捞作业（打捞沉没于

水中物体的工程作业）

pescoço *s.m.* ❶ neck 颈部；柱颈 ❷ throat (of weld) 焊缝喉部

pescoço de cisne ❶ swan neck, gooseneck 鹅颈形（的）❷ gooseneck 鹅颈式牵引梁

pescoço de ganso ❶ swan neck, gooseneck 鹅颈形（的）❷ gooseneck nozzle 转角喷头，拐角喷嘴

pescoço de parafuso bolt neck 螺栓颈

pescoço da válvula valve neck 阀体颈部

pescoço para pescaria fishing neck 打捞颈

peso *s.m.* ❶ weight; load 重量；负荷 ❷ 1. weight, load, burden 重物，载荷 2. weight 砝码 3. shot; weight 铅球；链球；哑铃 4. free weights 力量训练器；哑铃组 ❸ weight （线的）粗细程度

peso adicional additional weight 额外重量

peso alijável dischargeable weight 可抛弃重量

peso atômico atomic weight 原子量

peso básico basic weight 基本重量

peso bruto gross weight 毛重，总重量

peso bruto de carga gross cargo weight 货物毛重

peso bruto do veículo gross vehicle weight 车辆总重

peso bruto máximo por eixo isolado maximum axle load 最大轴载荷

pesos centrífugos ⇨ pesos volantes

peso com combustível zero zero fuel weight 零燃油重量，无燃油重量

peso de compensação balance weight, counterweight 配重，平衡重；平衡锤；平衡块

peso de equilíbrio ⇨ peso de compensação

peso de lanugem pile weight 绒毛重量

peso da linha line weight 线宽

peso de operação operating weight 工作重量

peso de pouso landing weight 着陆重量

peso do solo soil weight 土样重量

peso de tara tare weight 皮重；（集装箱）自重

peso do veículo vehicle weight 车重

peso efetivo actual weight 实际重量

peso no ar weight in air 空气中重量

peso em ordem de marcha service weight 工作重量

peso específico specific gravity 比重

peso específico aparente apparent specific gravity 表观比重

peso específico natural natural unit weight 天然容重

peso específico saturado saturated unit weight 饱和容量

peso específico seco dry unit weight 干容重

peso específico submerso submerged unit weight 浮容重

peso flutuado submerged weight, buoyancy weight 浮重度

peso líquido net weight 净重

peso molecular molecular weight 分子量

peso morto dead load 静荷载；恒荷载，恒载量

peso neto net weight[巴]净重

peso nominal nominal weight 标称重量

peso operacional ⇨ peso de operação

peso por eixo axle load 轴负荷

peso próprio weight; tare weight;dead load 自重，净重；静荷载

peso próprio da estrutura self-weight of structure 结构自重

peso seco dry weight 干重

peso seco bruto gross dry weight 总干重

peso seco líquido net dry weight 净干重

peso sobre a broca weight on bit (WOB) 钻压

peso total gross weight 总重量

peso unitário unit weight 单位重量

peso vazio empty weight 无载重量

pesos volantes flyballs, flyweights 飞锤，飞球

peso volumétrico unit weight, volume-weight 容重

peso volumétrico das partículas sólidas unit weight of solid particles 固体颗粒容重

peso volumétrico do solo unit weight of soil 土壤容重

peso volumétrico do solo saturado unit

weight of saturated soil (formerly saturated unit weight) 饱和土壤的容重

peso volumétrico do solo seco unit weight of dry soil 干土容重

peso volumétrico do solo submerso unit weight of submerged soil 渍水土壤的容重

pesqueiro *s.m.* fishery, fishpond 养鱼池，鱼塘

pesquisa *s.f.* research 调查，研究

pesquisa aplicada applied research 应用研究

pesquisa básica basic research 基础研究

pesquisa cadastral cadastral survey 地籍勘查

pesquisa científica scientific research 科学研究，科研

pesquisa de jazidas reservoir exploration 油藏勘探

pesquisa de pré-investimento pre-investment survey 投资前调查

pesquisa de refracção refraction survey 折射法勘探

pesquisa domiciliar home interview survey 家庭访问调查

pesquisa em águas rasas shallow-water survey 浅水区（物探）测量

pesquisa fundamental fundamental research 基础研究

pesquisa geofísica geophysical research 地球物理研究

pesquisa mineral mineral exploration 矿产勘查

pesquisa motivacional motivation research 市场行为研究

pesquisa operacional operation research 运筹学

pesquisa qualitativa qualitative research 定性研究

pesquisa quantitativa quantitative research 定量研究

pesquisa tecnológica technological research 技术研究

pesquisador *s.m.* researcher 研究员，研究者

pesquisador quantitativo quantity surveyor （估算建筑工程的工时、造价等的）估算员，估算师

pesquisar *v.tr.* ❶ (to) investigate; (to) research 调查；研究 ❷ (to) search; (to) browse （上网）搜索；浏览

pessoa *s.f.* person 人

pessoa autorizada authorized person 获授权人；认可人士；核准人士

pessoa colectiva legal person 法人

pessoa competente competent person 符合资格人士；有资格人士

pessoas em pé standees 站立的乘客

pessoa em trânsito pendular commuter 通勤者

pessoa experiente experienced person 具备经验的人

pessoa física natural person, individual 自然人

pessoa jurídica legal entity 法人

pessoa não autorizada unauthorized person 未获授权的人

pessoa natural (/singular) natural person 自然人

pessoa qualificada qualified person 合资格人员

pessoal ❶ *adj.2g.* personal 人的，个人的 ❷ *s.m.* personnel, staff 全体人员，全体职员

pessoal de guarda (da barragem) dam warden 坝上管理人员

pessoal de operação no local operational site staff 现场运营人员

pessoal de terra ground crew （维修飞机的）地勤人员

pessoal local local staff 现场工作人员

pessoal temporário temporary workers 临时工

pestana *s.f.* door head; window head 门楣；窗楣

pesticida *s.m.* pesticide 农药

peta- (P) *pref.* peta- (P) 表示"千万亿，10^{15}"

petalite *s.f.* petalite 透锂长石；叶长石

PET *sig.,s.m.* PET (polyethylene terephthalate) 聚对苯二甲酸乙二醇酯，PET 塑料

petabit (Pb) *s.m.* petabit (Pb) 千万亿比特，千万亿位

petabyte (PB) *s.m.* petabyte (PB) 千万亿字节

pet coke *s.m.* pet coke 石油焦

petipé *s.m.* measuring-scale; map-scale 比

例尺，缩尺

pétreo *adj.* rocky 岩石的，多石的，像岩石的

petrificação *s.f.* petrification 石化作用

petrificado *adj.* petrified 石化的

petrificar *v.tr.,intr.,pron.* (to) petrify 石化

petroblastese *s.f.* petroblastesis 离子扩散交代作用

petrocálcico *s.m.* petrocalcic horizon 石化钙积层

petroclástico *adj.* petroclastic 碎屑的

petrodólar *s.m.* petrodollar 石油美元

petrofácies *s.f.* petrofacies 岩相

petrogénese *s.f.* petrogenesis 岩石成因学

petrogénese sedimentar sedimentary petrogenesis 沉积成岩作用

petrogenético *adj.* petrogenetic 成岩的

petroglifo *s.m.* petroglyph 岩石雕刻

petrografia *s.f.* petrography 岩相学；岩石记述学

petrografia sedimentar sedimentary petrography 沉积岩相学

petrográfico *adj.* petrographic 岩相学的，岩类学的

petroleiro *s.m.* petrol carrier 油船

petróleo *s.m.* petroleum 石油

petróleo Brent Brent crude oil 布伦特原油

petróleo bruto (/cru) crude oil 原油

petróleo bruto asfáltico asphaltic crude oil 沥青基原油

petróleo de carga charge stock（油）进料

petróleo de oleoduto pipeline oil (PLO) 管输原油

petróleo de referência benchmark crude 标准原油

petróleo do tipo médio medium oil 中油

petróleo doce sweet crude petroleum 低硫原油

petróleo fóssil (/sólido) dead oil 死油；重油

petróleo leve light petroleum 轻质石油

petróleo naftênico naphthenic oil, naphthenic crude oil 环烷油

petróleo pesado heavy crude oil 重质原油，稠油

petróleo sulfuroso sour crude oil 含硫原油，酸性原油

petróleo WTI WTI (West Texas Interme-

diate) crude oil 西得克萨斯中质原油

petrolífero *adj.* oil, oil bearing 石油的，含石油的，产石油的

petrologia *s.f.* petrology 岩石学

petrologia estrutural structural petrology 构造岩石学

petrologia experimental experimental petrology 实验岩石学

petrologia sedimentar sedimentary petrology 沉积岩石学

petrológico *adj.* petrologic 岩石学的

petroquímica *s.f.* petrochemistry 石油化学；岩石化学

petrossílex *s.m.* petrosilex 霏细岩，火成岩；潜晶霏细岩

petzite *s.f.* petzite 碲金银矿

pez *s.m.* pitch, tar 树脂，松脂；沥青质，沥青

pez louro (/seco) oleoresin 油性树脂

pez mineral ozocerite, ozokerite 地蜡

pez misturado com alcatrão pitch and tar 沥青-焦油混合物

pez negro black pitch 黑色松脂

pezeira *s.f.* bed end; footboard 床尾；床尾板

pezzottaite *s.f.* pezzottaite 草莓红绿柱石

pH *sig.,s.f.* pH 酸碱度，氢离子浓度指数

pHmetria *s.f.* pH-metry 酸碱度测定

pHmetro *s.m.* pH meter PH 计，氢离子计，酸碱度表

phot *s.m.* phot 辐透（照度单位）

pi (π) *s.m.* pi (π) 圆周率

pia *s.f.* sink 洗涤槽，洗手池，水槽

pia com duas cubas double bowl sink 双池水槽，双星水槽

pia de esfregona (/esfregão) mop sink 拖把池，拖布池

pia de Langmuir Langmuir trough 兰米尔表面膜秤

pia de minério dumb buddle 固定圆形淘汰盘

pia móvel mobile sinks 移动水槽

pia para mãos hand sink 洗手池

piaçaba *s.f.* closet bowl brush 马桶刷

Piacenciano *adj.,s.m.* Piacenzian; Piacenzian Age; Piacenzian Stage [葡]（地质年代）皮亚琴察期（的）；皮亚琴察阶（的）

Piacenziano *adj.,s.m.* [巴] ⇨ Placenciano

piano de válvulas *s.m.* manifold [葡] 管汇

piano nobile *s.m.* main story, Piano nobile 主楼层，主要楼层，有客厅的楼层（多指底层 /o 层） ⇨ andar nobre

pião *s.m.* ❶ plummet, plumb bob 铅锤，坠子 ❷ newel 螺旋楼梯中柱

pião central newel 螺旋楼梯中柱

PIB *s.m.* Gross Domestic Product (GDP) 国内生产总值

picada *s.f.* footpath, trail 小路；小径

picadeira *s.f.* pickaxe 鹤嘴锄；镐

picado *adj.* punctured 布满凹痕的；凿毛的；打底的

picador *s.m.* ⇨ picadora

picadora *s.f.* chopper 切碎机

picadora de carne mincer 绞肉机

picadura *s.f.* pitting 点蚀

picagem *s.f.* ❶ mincing 切碎 ❷ trepanning 套孔 ❸ daubing; pricking-up 凿毛；抹灰打底

picagem em tubos trepanning 套孔

picanço *s.m.* shadoof, shaduf 桔槔，汲水吊杆

picão *s.m.* pickaxe 鹤嘴锄

picareta *s.f.* pick, pickaxe 镐

picareta de minério drifting pick, tubber 双尖镐

picareta de soca tamping pick, tamping bar 夯镐

picareta pneumática pneumatic pick 风镐

piçarra *s.f.* shale, slate 板岩，石板

piçarra expandida expanded shale 膨胀页岩

piche *s.m.* pitch 沥青，柏油

pichelaria *s.f.* plumbing [葡] 管道工程 ⇨ canalização

picheleiro *s.m.* plumber [葡] 管道工 ⇨ canalizador

pickeringite *s.f.* pickeringite 镁明矾

pick-up/pickup *s.m.* ❶ pick-up 皮卡，皮卡车 ❷ pickup 拾音器

pickup a cristal crystal pickup 晶体拾音器

picnometria *s.f.* pycnometry 测比重术，比重瓶测定法

picnómetro/picnômetro *s.m.* specific gravity flask, specific gravity bottle, pycnometer 比重瓶

picnostilo *s.m.* pycnostyle 倍半柱径间距式

pico *s.m.* ❶ sharp point; peak 尖点；顶点 ❷ peak 峰值

pico de caudal flow peak 流峰

pico de demanda demand peak 峰值需求

pico de enchente (/cheia) flood peak 洪峰

pico da onda wave peak 波峰

pico horário peak hours 高峰小时

pico percursor parent peak 原始峰

pico- (p) *pref.* pico- (p) 表示"万亿分之一，10^{-12}"

picofarad *s.m.* picofarad 微微法拉，皮法拉

picograma *s.m.* picogram 微微克，皮克

picola *s.f.* stonecutter's chisel 石工凿

picossegundo *s.m.* picosecond 微微秒，皮秒

picota *s.f.* ❶ shadoof, shaduf 桔槔，汲水吊杆 ❷ pillory （用来惩罚罪犯的）耻辱柱，示众柱 ⇨ pelourinho

picotite *s.f.* picotite 铬尖晶石

picotitito *s.m.* picotitite 铬尖晶岩

picrito *s.m.* picrite 苦橄岩

picrobasalto *s.m.* picrobasalt 苦橄玄武岩

picrolite *s.f.* picrolite 叶蛇纹石

pictograma *s.m.* pictogram 象形图

pictograma direcional direction sign 方向标识

pictórico *adj.* pictorial 绘画的；形象化的

piemontite *s.f.* piemontite 红帘石

píer *s.m.* pier （向水中伸出的）码头；突堤 ⇨ molhe, quebra-mar

píer de atracação pier for berthing 靠墩

pietrickite *s.f.* pietrickite 高温地蜡

piezeletricidade *s.f.* [巴] ⇨ piezoeletricidade

piezelétrico *adj.* [巴] ⇨ piezoeléctrico

piezobirrefringência *s.f.* piezobirefringence 应力双折射

piezocone *s.m.* piezocone 孔压静力触探探头

piezoelectricidade *s.f.* ❶ piezoelectricity 压电性 ❷ crystal current 晶体电流

piezoeléctrico *adj.* piezoelectric 压电的

piezometria *s.f.* piezometry 压力测定；流压测定

piezómetro/piezômetro *s.m.* piezometer 测压计，压力表

871

piezômetro aberto open pipe piezometer 开口测压计

piezômetro Casagrande Casagrande piezometer Casagrande 立管式孔隙水压力计

piezômetro de ponta porosa porous tip piezometer 多孔探头式测压管

piezômetro de tubo de subida permanente permanent standpipe piezometer 永久立管测压计

piezômetro hidráulico hydraulic piezometer 液态孔隙水压力计

piezômetro pneumático pneumatic piezometer 气压式孔隙压力仪

pig *s.m.* ⇨ porco

pigeonite *s.f.* pigeonite 易变辉石

piggy-back *adj.inv.* piggy back 背负式的

pigmentação *s.f.* pigmentation, coloration 着色，染色

pigmentar *v.tr.* (to) pigment 给…着色

pigmento *s.m.* pigment 颜料

pigmento colorido coloring pigment 着色颜料

pigmento inorgânico inorganic pigment 无机颜料

pigmento metálico metallic pigment 金属颜料

pigmento natural natural pigment 天然颜料

pigmento orgânico organic pigment 有机颜料

pigmento sintético synthetic pigment 合成颜料

pig-tail *s.m.* pig-tail 引线；尾纤

pikeíto *s.m.* pikeite 辉云橄榄岩

pilandito *s.m.* pilandite 歪长正长斑岩

pilão *s.m.* ❶ pestle 研棒；杵 ❷ ram, pile hammer, tamp 桩锤，捣棒 ❸ pylon 电缆铁塔；塔架

pilão californiano Californian stamp, gravity stamp 加利福尼亚型捣矿机，落锤捣矿机

pilão de gravidade gravity stamp 落锤捣矿机

pilão pneumático pneumatic pile-driver 风动打桩机

pilar *s.m.* ❶ pillar; pier, column 柱，支柱；墩 ❷ bridge pier 桥墩 ❸ survey marker, survey monument 测量标志，方位标

pilar central solid newel 螺旋楼梯中柱

pilar cintado tied column 箍筋柱

pilar circular circular pillar 圆形柱

pilar composto compound pillar 组合柱

pilar contraventado wind-resisting column 抗风柱

pilar de abóbada vaulting shaft 拱柱

pilar de apoio bearing pile 支承桩

pilar de barreira barrier pillar 边界矿柱；安全矿柱

pilar de base datum point, reference point 基准点

pilar de betão in-situ in-situ concrete pile 现场浇筑混凝土桩

pilar de bordo edge column 边柱

pilar de consolidação consolidation pile 固结桩

pilar de corrimão newel post 楼梯端柱

pilar de escada de caracol newel 螺旋楼梯中柱

pilar de escada oco hollow newel 螺旋梯梯井；旋梯柱井孔

pilar de ferro fundido cast iron stanchion 铸铁支柱

pilar de fundação foundation pile 基础桩

pilar de guarda border-pile 边桩

pilar de poço shaft pillar 井筒保安矿柱

pilar de ponte pier, bridge pier 桥墩

pilar de referência reference point 基准点

pilar de suporte solid newel 螺旋楼梯中柱；实心中柱

pilar de terra earth-pillars 土柱

pilar de transição (PT) transition pier 过渡墩

pilar do vertedouro spillway pier 溢洪道闸墩

pilar de viaduto viaduct pier 高架桥桥墩

pilar estrutural structure column, frame column 构造柱，框架柱

pilar-garfo fork head bridge pier 叉形桥墩，槽形桥墩

pilar inclinado batter pile 斜桩

pilar-parede wall-pillar 柱壁

pilar quadrado square pier 方墩

pilar retangular rectangular column 矩形柱

pilarete *s.m.* pillaret 小柱

pilastra *s.f.* pilaster 方壁柱，壁柱；半露柱

pilastra angular quoin （墙、建筑物的）外角 ⇨ cunhal

pilha *s.f.* ❶ 1. heap, pile 堆，垛 2. stockpile 储备料堆；储料堆 ❷ cell, battery 电池

pilha a granel bulk pile 散堆

pilha alcalina alkaline cell 碱性电池

pilha atómica atomic battery 原子能电池

pilha de carga load cell 测力传感器

pilha de níquel-cádmio nickel-cadmium cell 镍镉电池

pilha de reserva stock pile 储矿堆

pilha galvânica galvanic cell 原电池；自发电池

pilha seca dry cell 干电池

piloco *s.m.* hitch 钩；套

pilone *s.m.* pylon （古埃及寺院的）塔门；电缆铁塔；塔架

pilotagem *s.f.* (piloted) flight （有人驾驶）飞行

pilotaxítico *adj.* pilotaxitic 交织结构的

pilotaxito *s.m.* pilotaxite 交织岩

piloti *s.m.* pilotis （多层建筑的）底层架空柱

piloto ❶ *s.m.* pilot （飞机、轮船）飞行员，领航员；（赛车）驾驶员 ❷ *s.m.* pilot 导向器；导杆；控制器 ❸ *s.m.* pilot 控制导线；辅助芯线 ❹ *adj.* pilot 试点的，示范的

piloto automático automatic pilot, autopilot 自动驾驶仪；自动导航装置

piloto comercial commercial pilot 商业飞行员

piloto de canal channel pilot 海峡引航员

piloto da chama flame detection photocell 火焰探测器

piloto de corrente current controller 电流控制器

piloto de voo rasante bush pilot 丛林飞行员

piloto dianteiro front pilot （拉刀的）前导部

piloto em comando pilot-in-command 机长

piloto traseiro rear pilot （拉刀的）后导部

pilsenite *s.f.* pilsenite 弃碲铋矿

pílula envenenada *s.f.* poison pill 毒丸（指公司为避免被对方兼并或收购而采取提高兼并方或收购方成本的阻挠措施）

PIN *sig.,s.m.* PIN (product identification number) PIN 码，产品识别号码

pina *s.f.* felloe, felly 轮辋

pinacóide *s.m.* pinacoid （晶体）轴面；平行双面式

pináculo *s.m.* pinnacle （建筑物顶部的）小尖塔；尖顶

pinador *s.m.* nailer, stapler 直钉枪

pinador à bateria cordless stapler 充电式直钉枪

pinador pneumático pneumatic stapler 气动直钉枪

pinázio *s.m.* muntin, mullion 窗格条；门扇中梃

pinázio central lock rail 安锁冒头，门锁横档

pinázio inferior bottom rail 下冒头，下横档

pinázio superior top rail 上冒头，上横档

pinça *s.f.* pincers, clamp 镊子；夹钳；夹子

pinça amperimétrica clamp meter 钳形电流表

pinça crocodilo alligator clip 鳄鱼夹

pinça de aço inox. stainless steal nipper 不锈钢镊子

pinça de amarração tension clamp, strain clamp, dead end clamp （电气）线夹

pinça de amarração metálica para redes dead end clamp for self-supporting bundle 集束架空电缆终端线夹

pinça de amarração para redes com neutro tensor dead end clamp for insulated neutral messenger 绝缘中性吊线电缆终端线夹

pinça de amarração plástica para ramais wedge-clamp for tap of bundled conductor 分裂导线楔形线夹

pinças de aperto collet 套爪；筒夹

pinça de bateria battery clip 蓄电池夹

pinça de cadinho crucible tongs 坩埚钳

pinça de conexão ⇨ pinça crocodilo

pinça de contacto contact clip 接触夹

pinça de freio brake caliper 制动钳

pinça de mola spring cramp 弹簧夹

pinça de parafuso screw clip 螺纹夹；螺旋夹

pinça de suspensão suspension clamp 悬

垂线夹

pinça de suspensão para redes com neutro tensor suspension clamp for insulated neutral messenger 绝缘中性吊线电缆悬垂线夹

pinça de tubo pipe clamp 管夹

pinça dupla para bureta double-buret clamp 蝴蝶夹

pinça elástica collet chuck 弹簧夹头

pinça para condensador condensing tube tongs 冷凝管夹

pincel *s.m.* paint brush 漆刷

　pincel de mosquear mottler 云石纹刷

　pincel de traço line brush 划线刷

pincelagem *s.f.* brush 刷

pinceta *s.f.* punty, pontee, puntee, ponty （挑取玻璃液用的）实心挑料杆

pincha *s.f.* pinch, pinch out 地层尖灭

pingadeira *s.f.* ⇨ pingadouro

pingadouro *s.m.* drip, drip cap 滴水挑檐，滴水槽

　pingadouro de pedra dripstone 滴水石

pingente *s.m.* pendant, drop 垂饰，悬饰

　pingente de mastro newel drop 楼梯栏杆柱垂饰

pinguela *s.f.* single-plank bridge; single-log bridge 独木桥

pinha *s.f.* pinecone-shaped fence spear 松塔形护栏枪尖

pinhão *s.m.* pinion, bevel pinion 小齿轮；小锥齿轮

　pinhão cónico de dentes rectos straight bevel pinion 直齿锥齿轮

　pinhão de accionamento drive pinion, driving pinion 驱动小齿轮

　pinhão de ataque axle-drive bevel-gear 轴传动伞齿轮

　pinhão da caixa de transferência de entrada input transfer pinion 输入传输齿轮

　pinhão de diferencial differential pinion 差速器小齿轮

　pinhão de fricção friction gear 摩擦传动装置；摩擦轮

　pinhão de redução reduction pinion 减速小齿轮

　pinhão de reversão do círculo circle reverse pinion 转盘换向齿轮

　pinhão da transmissão transmission pinion 传动齿轮

　pinhão elevado elevated sprocket 提升链轮

　pinhão motriz drive pinion, driving pinion 驱动小齿轮

pinheiro *s.m.* pine; pine tree 松木；松树

　pinheiro branco white pine 白松

　pinheiro vermelho red pine 红松

pinite *s.f.* pinite 块云母

pinitização *s.f.* pinitization 块云母化

pino *s.m.* ❶ pin 钉；销；栓 ❷ pin （电器插头等的）插脚，管脚

　pino articulado swivel-pin 转向节销；回转销

　pino bipartido split pin 开口销

　pino calibrado pin gauge 针规

　pino cilíndrico cylindrical pin 圆柱销

　pino com gancho rag bolt 棘螺栓

　pino com rebaixo na ponta step pin 双节顶针

　pino cónico taper pin 圆锥销；锥形销

　pino cortante shear pin 剪切销

　pino de accionamento driving pin 传动销

　pino de ajustagem zero zero set pin 零位销

　pino de alavanca lever pin 杆销

　pino de ancoragem anchor pin 锚梢；支承销；固定销

　pino de anel piston ring pin 活塞环销

　pino de articulação ❶ pivot pin; fulcrum pin 枢轴销；支轴销 ❷ hinge pin, articulated pivot pin 铰链销，铰链心轴，折身转向中心轴

　pino da biela connecting rod pin 连杆销

　pino de cabeça set bolt 固定螺栓

　pino de calibragem calibration pin 校准销

　pino de centragem centering pin 定心针，定心销

　pino de cisalhamento ⇨ pino cortante

　pino de contacto contact pin 触销

　pino da direcção steering pin 转向销

　pino de êmbolo piston pin 活塞销

　pino de engate coupler pin, hitch pin 连

874

接销，挂钩销

pino de esteira track pin 履带板销

pino de fixação locating pin, securing dowel 定位针，定位销，紧固定位销

pino de forquilha (/garfo de engate) clevis pin U 形夹销

pino de garfo fork pin 叉形销

pino de isolador insulator pin 绝缘子脚

pino de manivela crank pin 曲柄销

pino de mola spring-bolt 弹簧销

pino do munhão trunnion pin 耳轴销

pino de pistão piston pin, wrist pin 活塞销

pino de pistão de movimento livre full-floating piston pin 全浮式活塞销

pino do ponto de apoio fulcrum pin 支轴销，支点销

pino do porta-ponta shank pin 裂土器柱保护固定销

pino de pressão thrust pin 推力销

pino de recalque settlement bolt, settlement marker 沉降（观测）钉

pino de regulagem timing pin 正时销

pino de retenção retaining pin 止动销；制动销；定位销

pino de ríper (/escarificador) ripper pin 裂土器销轴

pino de roldana sheave pin 滑轮销

pino de segurança ⇨ pino cortante

pino de suporte bearing pin 支承栓钉

pino de tomada plug pin 插销

pino de tracção traction pin, pull-pin 牵引销

pino de transmissão drive pin 传动销

pino de trava locking pin 锁定销，固定销；插销

pino elástico ⇨ pino tensor

pino entalhado grooved pin 带槽锥形销

pino esférico ball pin, ball pivot 球轴颈

pino esticador ⇨ pino de forquilha

pino estrutural structural connection 销轴连接件

pino-fusível shear pin 安全销

pino giratório turn handle 转动手柄

pino-guia dowel, guide pin 导销

pino limitador de carga load stop pin 负荷截断销

pino mestre kingpin, master pin, king

bolt 主销；中心立轴

pino-mola ⇨ pino de mola

pino-retém detent pin, detent plunger 定位销；止动销

pino pivot brake shoe pin 闸瓦固定销

pino rebite clinch-bolt 铆钉

pino rolado ⇨ pino de pressão

pino roscado threaded pin 螺纹销

pino sacador pusher 推杆

pino tensor clamping pin 夹紧销

pino transversal cross dowel, cross pin 十字头销

pinoíte s.f. pinnoite 柱硼镁石

pinólito s.m. pinolite 菱美片岩

pinta (pt) s.f. pint (pt) 品脱（容量单位，合 0.568 升）

pintar v.tr. (to) paint 上漆，粉刷，涂色

pinto s.m. chicken 雏鸡

pinto de carne broiler chicken 肉鸡

pinto de postura layer chicken 蛋鸡

pintor s.m. painter 油漆工；喷漆师，喷漆工

pintura s.f. ❶ painting 上漆，粉刷，涂色 ❷ paint, coating 涂料

pintura à alta pressão airless spraying 高压无气喷涂，真空喷涂

pintura à dispersão spread coating 刷涂法

pintura a grafite graphite paint 石墨涂料；石墨油漆

pintura à pistola spray paint, spraying painting 喷漆

pintura a têmpera distemper 水浆涂料

pintura corrugada wrinkle finish 皱纹漆

pintura de cimento cement paint 水泥涂料

pintura de impermeabilização fog seal 沥青乳封层

pintura de ligação (/ligante) tack coat （路面结构）黏层

pintura de pavimento road marking coating 路面标志漆

pintura decorativa decorative coating 装饰涂料

pintura electrostática electrostatic painting 静电喷涂

pintura encáustica encaustic painting 蜡画

pintura encrespada ripple finish 波纹漆

pintura gesso-cola ⇨ **pintura a têm-pera**

pintura grosseira daubing 凿毛

pintura poliéster polyester paint 聚酯漆

pintura protectora protective paint 保护漆

pintura rachada alligatoring 皱裂的油漆

pipa *s.f.* ❶ tub 矿车 ❷ "pipa" 葡制小桶（液量单位, 合 420 升）

pipe *s.m.* pipe 管状矿脉；火山筒

pipe jacking *s.m.* pipe jacking 顶管法

pipe-rack *s.m.* pipe rack 管托；管子托架

piperno *s.m.* piperno 斑带粗面熔岩

pipeta *s.f.* pipette 定量吸管, 移液管, 胶头滴管

pipetador *s.m.* pipettor 移液器

pipetar *v.tr.* (to) pipette 用移液器吸取

piping *s.m.* hydraulic ground break, piping 管涌 ⇨ **erosão interna**

pipkrake *s.m.* pipkrake 针冰层

pipocamento *s.m.* popping 膨化

pipoqueira *s.f.* popcorn maker 爆米花机

pique *s.m.* ❶ picket 尖木桩 ❷ sharp point; peak 尖点；顶点

pique de trânsito traffic peak 交通高峰

piquelagem *s.f.* pickling 浸酸

piquetagem *s.f.* picketing 立界桩, 立界标

piquetar *v.tr.* (to) mark out, (to) peg out 以栓钉标明地界

piquete/piqueta *s.f.* ❶ picket 标杆；尖木桩 ❷ picquet, picket 警戒哨, 警戒队

piquete de cadeira de agrimensor offset staff 偏距尺；偏置杆

piquete de demarcação de talude slope stake; slope peg 坡度标桩

piquete de ponta roscada screw picket 螺杆桩

piquete para cavalos stud-farm 马场

piralspite *s.f.* pyralspite 铝榴石

piramidal *adj.2g.* pyramidal 金字塔形的；角锥状的

pirâmide *s.f.* pyramid 金字塔；角锥

pirâmide truncada truncated pyramid 截棱锥, 平头角锥体；棱锥台

piramidião *s.m.* small pyramid 方尖碑顶部的金字塔状顶端；小金字塔状物

piranómetro/piranômetro *s.m.* pyranometer, solarimeter, global radiation sensor 日辐射计

pirargirite *s.f.* pyrargyrite 硫锑银矿；深红银矿

pirata *adj.2g.* pirate 盗版的, 非法复制的

pirebólio *s.m.* ⇨ **pirobola**

pireliómetro/pireliômetro *s.m.* pyrheliometer 直接日照强度计；太阳热量计

pireneíte *s.f.* pyreneite 钛钙铁榴石

pirite *s.f.* pyrite 黄铁矿

pirite arsenical arsenical pyrite 砷黄铁矿

pirite aurífera auriferous pyrite 含金黄铁矿

pirite de cobre copper pyrite 黄铜矿

pirite de estanho tin pyrite 黝锡矿

pirite de ferro iron pyrite 黄铁矿

pirite magnética magnetic pyrite 磁性黄铁矿

piritização *s.f.* pyritization 黄铁矿化

pirobetume *s.m.* pyritobitumen 焦性沥青, 火成沥青

pirobetuminoso *adj.* (of) pyrobitumen, pyrobituminous 焦性沥青的

pirobola *s.f.* pyribole, pyrobole 辉闪石

piroclástico *adj.* pyroclastic 火成碎屑的

piroclastito *s.m.* pyroclastic rock 火山碎屑岩

piroclasto *s.m.* pyroclast 火成碎屑

pirocloro *s.m.* pyrochlore 烧绿石

piroelectricidade/piroeletricidade *s.f.* pyroelectricity 热电

pirofânio *s.m.* fire opal 火蛋白石

pirofilite *s.f.* pyrophyllite 叶腊石

pirófito *s.m.* pyrophyte 耐火植物, 防火植物

pirofórica *s.f.* pyrophoric substance 自燃物

pirofórico ❶ *adj.* pyrophoric 自燃的 ❷ *s.m.* pyrophoric metal 自燃金属

pirogénico *adj.* pyrogenic 火成的, 焦化（产生）的, 高热产生的

pirólise *s.f.* pyrolysis 热解

pirolítico *adj.* pyrolytic 热解的, 高温分解的

pirólito *s.m.* pyrolite 地幔岩

pirolusite *s.f.* pyrolusite 软锰矿

piromagma *s.m.* pyromagma 浅源岩浆

piromerido *s.m.* pyromeride 球泡霏细岩

pirometalurgia *s.f.* pyrometallurgy 热冶

学；火法冶金学

pirometamorfismo *s.m.* pyrometamorphism 高热变质作用

pirometassomatismo *s.m.* pyrometasomatism 高温交代作用

pirómetro/pirômetro *s.m.* pyrometer 高温计

piromorfite *s.f.* pyromorphite 磷氯铅矿

piropo *s.m.* pyrope 镁铝榴石

piroscópio *s.m.* pyroscope 辐射热度计

pirosfera *s.f.* pyrosphere 岩浆圈

pirostibite *s.f.* pyrostibite 红锑矿

pirotécnico *adj.* pyrotechnic, pyrotechnical 烟火的

pirotubular *adj.2g.* (of) heat tube 热管的

piroxena *s.f.* pyroxene 辉石

　piroxenas monoclínicas monopyroxene 单斜辉石

　piroxenas ortorrômbicas orthorhombic pyroxene 斜方辉石

　piroxenas rômbicas rhombic pyroxene 斜方辉石

piroxenito *s.m.* pyroxenite 辉石岩

　piroxenito plagioclásico plagioclase pyroxenite 斜长辉石岩

piroxenóide *s.m.* pyroxenoid 似辉石

piroxenólito *s.m.* pyroxenolite 辉石岩

piroxisto *s.m.* pyroschist 焦页岩，可燃性油母页岩，沥青页岩

pirrotina *s.f.* pyrrhotine 磁黄铁矿

pirrotite *s.f.* pyrrhotite 磁黄铁矿

pisadela *s.f.* treading 踩踏

pisanite *s.f.* pisanite 铜绿矾

pisa-papéis *s.m.2n.* presse-papier 镇纸，书镇

pisca *s.m.* ⇒ pisca-pisca

pisca-alerta *s.m.* blinker, warning light flasher 闪光警示灯

pisca-pisca *s.m.* blinker, flash, indicator, turn signal 闪灯；转向灯

　pisca-pisca Xenon Xenon flashing beacon 氙闪光信号标灯

piscar *v.tr.* (to) blink 闪烁；眨眼

piscícola *adj.2g.* piscicultural; fishery 养鱼的，水产养殖的

piscicultura *s.f.* fish farming, pisciculture 养鱼（业），水产养殖（业）

piscina *s.f.* swimming pool, natatorium 游泳池；游泳馆

piscina coberta indoor swimming pool, indoor pool 室内游泳池

piscina curta short course competition pool 竞赛短池（长 25 米）

piscina de armazenamento de combustível irradiado spent fuel storage bay 乏燃料贮存水池

piscina de borda infinita infinity-edge swimmingpool 无边泳池

piscina infantil paddling pool 儿童游泳池，戏水池

piscina longa competition pool 竞赛游泳池（长 50 米，宽通常为 21 米）

piscina olímpica Olympic-size swimming pool 标准奥林匹克游泳池（长 50 米，宽 25 米）

piscina interior indoor pool 室内游泳池

piscina pública public swimming pool 公共游泳馆

piscina semi-olímpica semi-Olympic swimming pool 奥林匹克短池（长 25 米，宽 12.5 米）

pisé de terre *s.m.* pisé, pisé de terre 捣实黏土

piso *s.m.* ❶ ground, floor 地面，地板 ❷ story, floor 楼层 ❸ tread 轮胎面，胎面

piso 0 ground floor 底层，零层

piso com 2% de inclinação floor with 2% slope 地面做 2%坡

piso de arrasto ⇒ piso de transporte

piso de cave ⇒ piso do porão

piso de cavidade ⇒ piso elevado

piso de degrau tread 踏面

piso do gerador machine hall （水电站）主机室

piso de lajotas furadas hollow block flooring 空心砌块地面

piso de madeira wood flooring 木地板；木地面

piso de madeira maciça solid block flooring 实木地板

piso de pedra floor stone 石地面

piso da plataforma rig floor 钻台

piso do pneu tread 轮胎面，胎面

piso do porão basement floor 地下室层

piso da sonda drill floor 钻台

piso de tacos parquet 镶木地板，拼花地板

piso de tanque tank floor 水箱地板

piso de transporte haulage level 运输水平

piso elástico resilient floor 弹性地板

piso elevado raised floor 活动地板；提升地板

piso elevado antiestático anti-static raised floor 抗静电活动地板

piso flutuante floating floor 浮动地板

piso radiante heated floor, radiant floor 地热地板，辐射采暖地面

piso romano random rubble floor 乱砌石地面

piso superior ❶ upper floor, upper storey 上层 ❷ top floor, last floor 顶层，最高楼层

piso suspenso ⇨ piso elevado

piso técnico technical floor, mechanical floor 设备层

piso térreo ground floor 底层

piso vinílico vinyl flooring 乙烯基地面

◇ último piso top floor, last floor 顶层，最高楼层

pisograma/piso-grama s.m. grass paver 植草砖

pisolítico adj. pisolitic 豆状的

pisólito s.m. pisolith; pisolite 豆石

pisólito algáceo algal pisolite 藻豆粒

pisólito das cavernas cave pearls 洞穴珠，方解石结核

pisólito vadoso vadose pisolite 渗流豆粒

pisoteio s.m. treading [巴] 踩踏

pissasfalto s.m. pissasphalt 天然沥青

pisseta s.f. washing bottle 洗涤瓶

pista s.f. ❶ 1. lane [巴] 车道 2. runway （飞机）跑道 ❷ race 座圈；滚道

pista central middle lane [巴] 中央车道

pista com camada porosa de atrito porous friction course runway 多孔面层跑道

pista com revestimento sulcado grooved runway 槽纹跑道

pista com várias faixas de trânsito multilane carriage way 多车道公路

pista de aceleração acceleration lane 加速车道

pista de aterrissagem landing strip 飞机起落跑道

pista de bicicletas cycle track 自行车道

pista de bicicross bike-cross track 自行车越野道

pista de cooper jogging path 慢跑小道

pista de decolagem ⇨ pista de aterrissagem

pista de desaceleração deceleration lane 减速车道

pista de ensaio (/prova) test track 试车跑道

pista de ensaio circular circular test track 环形试车跑道

pista de jogging jogging track 缓跑径

pista de obstáculos obstacle course 障碍跑跑道

pista de pouso e decolagem runway （飞机）跑道

pista de protensão casting bed 浇铸场

pista de rolagem road surface 路面

pista do rolamento ❶ bearing race 轴承座圈 ❷ road surface 路面

pista do rolete roller tread 滚轮踏面

pista de serviço service road 便道；辅助道路

pista de táxi taxiway （飞机）滑行道

pista de treinamento training track 训练跑道

pista de ultrapassagem outside lane [巴] 外车道

pista escorregadia slippery road surface 湿滑路面

pista externa (do rolamento) bearing outer race 轴承外圈

pista externa do rolamento de esferas ball bearing outer race 滚珠轴承外圈

pista interna (do rolamento) bearing inner race 轴承内圈

pista interna bipartida split inner race 双半轴承内圈

pista interna do rolamento de esferas ball bearing inner race 滚珠轴承内圈

pista lateral lateral road 车道边

pista molhada wet road 湿滑路面

pista para cavaleiros bridle path 跑马道

pista para ciclistas ⇨ pista de bicicletas

pista para taxiar taxiway （飞机）滑行道

pista rápida fast lane 快行车线；快行车道

pista simples single lane 单车道

pistacite *s.f.* pistacite 绿帘石

pistão *s.m.* piston 活塞 ⇨ êmbolo

pistão accionador power piston 动力活塞

pistão amortecedor dashpot plunger 缓冲活塞

pistão auxiliar booster piston 助推器活塞

pistão compensador balance piston 平衡活塞

pistão de aço forjado de uma só peça single-piece forged steel piston 整体式锻钢活塞

pistão de ar air piston 空气活塞

pistão da bomba de escorva priming pump plunger 充油泵柱塞

pistão da bomba injectora injection pump plunger 喷油泵柱塞

pistão de carga load piston 负荷活塞

pistão de controlo blank ram, blind ram 全封防喷器闸板

pistão de controlo variável de tubagem variable ram （可）变径闸板

pistão de descompressão unloader plunger 卸载机柱塞

pistão de desengate release piston 松放活塞，分离活塞

pistão da embreagem clutch piston 离合器活塞

pistão de modulação ⇨ pistão modulador

pistão do motor engine piston 发动机活塞

pistão de reação reaction piston, reaction slug 反作用杆

pistão da válvula valve piston 阀活塞

pistão (de flutuação) livre free-loating piston 自由浮动活塞

pistão modulador modulation piston 调制活塞

pistão receptor de compensação receiving compensating piston 补偿反应活塞

pistão selector selector piston 选择器活塞

pistão vaivém shuttle piston 往复阀柱塞

pistilo *s.m.* pistil 研棒

pistola *s.f.* gun 手枪；枪形工具；喷枪，焊枪

pistola de ar air gun 气笔，喷枪

pistola de ar comprimido airgun 压缩气喷枪

pistola de calafetação (/para calafetar) caulking gun 油灰枪；填缝枪

pistola de calor heat gun 热风枪

pistola de cola quente glue gun 胶枪，喷胶器

pistola de encher pneus tire inflator 轮胎打气枪

pistola de espuma foam gun 泡沫喷枪

pistola de fundo mud gun 泥浆枪；泥炮

pistola de lavagem cleaning gun 清洗用喷枪

pistola de lubrificação grease gun 黄油枪，滑脂枪

pistola de mástique ⇨ pistola de calafetação

pistola de pintura paint gun 喷漆枪

pistola de pregar nail gun 射钉枪

pistola de pregos pneumática pneumatic nail gun 气式射钉枪

pistola de pulverização spray gun 喷枪

pistola de silicone ⇨ pistola de calafetação

pistola lidar speed measuring radar gun 雷达测速枪，测速雷达枪

pistolé *s.m.* french curve 云尺

pistolo *s.m.* spalling wedge 凿石楔

pistoneio *s.m.* swabbing 抽吸作用

pitão *s.m.* ❶ eyebolt 吊环螺栓 ❷ piton 峻峭的山顶，岩钉

pitching piece *s.f.* pitching piece 出梁

piteira *s.f.* bucket probe 地基挖眼打桩机

piterlito *s.m.* pyterlite 无奥环花岗岩

piti *s.m.* jitter （电子信号等）晃动

pito *s.m.* bit （可替换的）螺丝刀头，套筒旋具头

pitoresca *s.f.* folly 工程浩大而不实用的建筑，形象工程

pitoresco *adj.* picturesque （风景）如画的

pitot *s.m.* pitot 皮托管，皮托静压管

pivô/pivot *s.m.* ❶ pivot 枢轴 ❷ center pivot sprinkling machine 中心支轴式喷灌机，指针式喷灌机

pivô central de irrigação center pivot sprinkling 中心支轴式喷灌机

pivô de fluxo flow line swivel 出油管旋转接头

pivotagem *s.f.* pivoting 绕轴旋转；装枢轴

pivotar *v.tr.* (to) pivot 在枢轴上转动

pixel *s.m.* pixel 像素

pizzaria *s.f.* pizzeria 匹萨饼店

placa *s.f.* ❶ 1. plate, slab 板，薄板 2. plate 排肥盘 3. plate, anode 板极；屏极 ❷ 1. sign 标识牌 2. number plate, license plate 车号牌 ❸ plate （地质）板块；板层 ❹ plate, dish 平皿，培养皿 ❺ card （装有电路元件的）插件卡，插件，硬卡 ❻ plate compactor 平板夯

placa absorvente absorbing plate 吸热板，集热板

placa accionadora driving plate 传动板；驱动圆盘

placa acrílica acrylic sheet 丙烯酸板

placa acústica acoustic tile 吸声瓦

placa adaptadora adapter plate 接板

placa aquecedora heating plate 加热板

placa axadrezada em aço galvanizado galvanized steel chequer plate 镀锌钢网纹板

placa base base plate 座板，底板

placa bitoladora gauge plate 轨距板

placa chave key board 电键板

placa coalescedora coalescence plate 聚结板

placa colectora catch plate 收集盘；捕尘板

placa combinada combination chuck 复动夹头；复式卡盘

placa contínua continuous plate 连续板，纵通板

placa corrediça sliding plate 滑板

placa de aço steel plate 钢板

placa de acumulador accumulator plate, battery plate 蓄电池极板

placa de admissão port plate 配流盘

placa de advertência warning plate 警告牌

placa do afogador choke plate 阻风板

placa de ágar agar plate 琼脂平板

placa de alcatifa carpet tile 地毯块，方地毯

placa de amianto asbestos sheet 石棉板

placa de ancoramento (/ancoragem) deadman, anchor block, anchor plate 锚定板，锚墩，锚块

placa de aperto clamping plate 夹板，夹模板

placa de apoio ❶ support plate, bearing plate 支撑板，支承垫板 ❷ step plate 踏步板 ❸ bedplate 座板

placa de apoio de agulha switch plate 开关板

placa de apoio de dupla ombreira double shoulder sleeper plate 双肩垫板

placa de apoio de trilho tie plate 钢轨垫板

placa de apoio de uma ombreira single shoulder sleeper plate 单肩垫板

placa de apoio inclinada (/com extra-viração) canted sleeper plate 斜面垫板

placa de aquecimento hot plate 加热板

placa de base foot plate 脚踏板

placa da bateria battery plate, cell plate 蓄电池极板

placa de beiral eaves plate 檐口板，封檐板

placa de blindagem screening plate 护板

placa de bloqueio blocking plate 挡板，锁板

placa de borracha rubber tile 橡胶板；橡皮瓦；橡皮地砖

placa de Bouguer Bouguer plate 布格映像层，布格假想层

placa de caldeira boiler plate 锅炉板

placa de carga loading plate 承载板

placa de carpete carpet tile 地毯块，方地毯

placa do cárter do óleo oil pan plate 油底壳板

placa de chama flame plate 焰板

placa de cimento decorativa decorative cement slab 装饰水泥板

placa de cimento pré-fabricada prefabricated concrete slab 预制水泥板

placa de circuito circuit board 电路板

placa de circuito impresso printed circuit board 印刷电路板

placa de classificação rating plate 铭牌

placa de cobertura covering plate 盖板

placa de compensação compensating plate 补偿板

placa de condensador condenser plate 电容器片

placa de contacto contact plate 接触板

placa de cortiça cork slab 软木板

placa de deflexão (/desvio) deflecting plate 偏转板

placa de desgaste wear pad 垫磨片

placa de desgaste inferior bottom wear plate 底部抗磨板

placa de deslizamento skid plate 滑板

placa de deslizamento da agulha switch base plate, slide plate 开关底板

placa de diodo diode plate 二极管板

placa de drenagem drainage board 排水板

placa de empuxo thrust plate 推力板

placa de encosto ❶ stop plate 挡板；止板 ❷ ⇨ placa de empuxo

placa de entalhes detent plate （带齿的）制动板

placa de espuma foam board 发泡板

placa de estafe plaster fiber plate 石膏纤维板

placa de expansão expansion card 扩展卡

placa de fase phase plate 相移片

placa de fibra fiberboard 纤维板

placa de fibra de madeira wood fiberboard 木纤维板

placa de fibra impregnada com betume bitumen impregnated fiberboard 沥青浸渍纤维板

placa de fibra para revestimento fiberboard sheathing 纤维衬板

placa de filtro filter plate 滤板

placa de fixação ❶ locating plate, securing plate 定位片，紧固板 ❷ clamping plate 夹板，夹模板

placa de fixação de barra de tracção drawbar plate 牵引杆板

placa de fogão hob 炉盘

placa do freio (da embreagem) brake plate 刹车板

placa de fundo bottom plate, backing board 底板；垫板

placa de gesso plaster slab, dry wall 石膏板

placa de gesso com verso laminado foil-backed gypsum board 金属箔衬石膏板

placa de gesso pré-acabada pre-finished gypsum board 预制石膏板

placa de HDF laminado plástico plastic laminated HDF board 塑料夹层 HDF 板

placa de identificação ❶ name plate 铭牌 ❷ number plate 车号牌 ❸ place identification sign 地名指示牌

placa do indicador indicator plate 指示板

placa de inspecção inspection plate 监视孔盖；检查孔盖

placa do interruptor switch plate, breaker plate 开关板，断路器板

placa de isolamento insulation board 绝缘板

placa de lã mineral mineral wool plate 矿棉板

placa de licença license plate 牌照

placa de ligação gusset plate 加固板，角撑板

placa de madeira wood slab 木板

placa de manta de lã de escória rock wool blanket board 岩棉毡板

placa de mármore marble slab 大理石板

placa de massa ground plane 接地层，地线层

placa de matrícula number plate, license plate 车牌号

placa de modem interna built-in NIC 内置网卡

placa de moldar molding board 造模板

placa de montagem do platinado ⇨ placa do interruptor

placa de mosaico vitrificada glazed mosaic plate 釉面马赛克板

placa de obra project signboard 工程展板，工程牌

placa de orientação direction signs 方向标志，方向指示板

placa de orifício universal universal orifice plate 通用孔板

placa de pé staging 脚手架踏板

placa de petri petri dish 培养皿

placa de pínus pine board 松木板

placa de piso floor slab 地板；楼板

placa de piso de betão armado reinforced concrete slab, R.C Slab 钢筋混凝土楼板

placa de Planté Planté plate 普蓝特电极板

placa de poliestireno expandido com aditivo de ignifugação expanded polystyrene board with fire retardant additive 阻燃型聚苯乙烯泡沫板

placa de poliestireno extrudido (/obtido por extrusão) extruded polystyrene board 挤压聚苯乙烯板

placa de pressão pressure plate 压板

placa de rede network card 网卡

placa de reforço gusset 角撑板；结点板；加力板

placa de regulagem timing plate, timing fixture plate 正时盘

placa de retenção retaining plate 固定板，支承板

placa de revestimento wallboard 墙板，壁板

placa de rodapé kick plate 门脚护板

placa de separação division plate 分度板；隔板

placa de silicato de cálcio calcium silicate board 硅酸钙板

placa de soalho ground plate, flooring slab 地板块

placa da soleira sill plate 窗台板

placa de som sound card 声卡

placa de suporte anchor plate 锚定板

placa de supressão blanking plate 封板

placa de terra earth plate, ground plate 接地板

placa de titulação microtitration plate 微量滴定板

placa de transformador transformer plate 变压器片

placa de triodo triode plate 三极管片

placa de união binder plate 压板

placa de válvula valve plate 阀板

placa de vinilo vinyl tile 乙烯基板

placa do virabrequim crankshaft plate 曲轴板

placa decorativa decorating plate 装饰板

placa deflectora deflector shield, baffle plate 导流板，挡板

placa deflectora do radiador radiator baffle plate 散热器导流板

placa dentada toothed plate 齿板

placa difusora diffuser plate 扩散板

placa dobrada folded plate 折叠板

placa ejetora ejector plate 推卸器推板

placa em formato de diamante de aço steel diamond pattern plate 菱形花纹钢板

placa em xadrez checkered plate, chequered plate 网纹板

placa empastada pasted plate 涂浆极板

placa empurradora ⇨ placa de empuxo

placa envolvente wrapper plate 覆盖板

placa espaçadora spacer plate 隔板

placa estrutural structural slab 结构板

placa friso ornamental plate 饰板

placa fusível fuse strip 熔线片

placas-gêmeas hook tie plate 钩头并肩垫板

placa giratória turntable 转盘

placa gráfica graphic card 显卡

placa gráfica de vídeo video graphics card 视频显卡

placa guia guide plate 导板

placa impressa de rede de pontos ball grid array (BGA) 球栅阵列

placa indicativa de direcção directional sign 方向指示牌，指路标志

placa inferior bottom plate 底板

placa interna inner plate 内板

placa isoladora insulating plate 绝缘板

placa laminada laminated plank 层夹板，层压板

placa lateral side plate 侧板

placa lisa face plate 花盘；平面卡盘

placa litosférica lithospheric plate 岩石圈板块

placa-mãe motherboard, mainboard 母板，主板

placa metálica metal plate 金属板

placa mista combination chuck 复动夹头；复式卡盘

placa móvel movable plate 活动板

placa negativa negative plate, minus plate 阴极板

placa ortotrópica orthotropic plate 正交异性板

placa-pente combplate 梳齿板

placa perfurada (/oca) perforated plate 多孔板

placa plana plate compactor 平板夯

placa plana equivalente equivalent flat

plate 当量平板面积

placa polar pole plate 极板

placa positiva positive plate, plus plate 阳极板

placa principal mainboard 主板

placa radiante heater plate 加热板

placa restritora restrictor plate 限流板

placa roscada plate with threaded holes 螺纹板

placa separadora separating sheet 隔板

placa superior top plate 顶板

placa tectónica tectonic plate 地壳板块；构造板块

placa tensora spring clamping plate 弹簧夹板

placa terminal end plate 端板

placa toponómica da rua street name-plate 街名牌

placa traseira backing plate 背板

placa traseira do compressor compressor back plate 压缩机后罩板

placa traseira da turbina turbine back plate 涡轮增压后板

placa Trespa Athlon Trespa Athlon, physiochemical board 理化板

placa triangular monkey face 三角眼铁

placa universal universal chuck, scroll chuck 万能卡盘

placa vibratória vibratory plate 振动平板夯

placa vibratória autopropulsionada self-propelled vibratory plate 自行式振动平板夯

placa vibratória manualmente propulsionada manually propelled vibratory plate 手动式振动平板夯

placa vibratória reversível reversible vibratory plate 双向振动平板夯

placa vibratória unidirecional single direction vibratory plate 单向振动平板夯

placa vitrocerâmica ❶ vitroceramic plate 玻璃陶瓷板 ❷ ceramic hob 电磁炉

placa "wireless" wireless card 无线网卡

placarol s.f. placarol 刨花板

placer s.m. placer 冲积矿

pladur s.m. plasterboard 石膏板

plafond s.m. spending limit, credit limit 消费限额，信贷额度

plafonier s.m./f. plafonnier 吸顶灯

plagiaplito s.m. plagiaplite 斜长细晶岩

plagiedria s.f. plagiohedral （晶体）斜面型

plagiédrico adj. plagiohedral （晶体）斜面型的

plagióclase s.f. plagioclase 斜长石

plagioclasito s.m. plagioclasite 斜长岩

plagioclasolito s.m. plagioclasolite 斜长岩类

plagioclímax s.m. plagioclimax 偏途演替顶极

plagiófiro s.m. plagiophyre 斜长斑岩

plagiogranito s.m. plagiogranite 斜长花岗岩

plagioliparito s.m. plagioliparite 斜长流纹岩

plagiomórfico adj. plagiomorphic （晶体）斜型的

plaina s.f. plane 槽刨，刨子，平刨

plaina angular shooting plane 修边刨

plaina circular compass plane 圆弧刨

plaina côncava concave plane 凹底刨

plaina de acabamento smoothing plane 光刨；细刨

plaina de acanelar fluting plane 槽刨

plaina de astrágalos astragal plane 圆线刨

plaina de bancada (/carpinteiro) bench plane 台刨

plaina de bocelar ⇨ plaina de meia-cana

plaina de cantos edge plane 边刨

plaina de chanfros chamfer plane 倒角刨；倒棱刨

plaina de corrimão hand-rail plane 扶手刨

plaina de desbaste jack plane 粗刨；大刨

plaina da espessura ⇨ plaina desengrossadeira

plaina de ferro dentado toothing plane 锯齿刨

plaina de ferro inteiriço block plane 短刨

plaina de meia-cana banding plane 线脚刨

plaina de moldar lambrins dado plane, trenching plane 开槽刨

plaina de pequeno ângulo low-angle

plane 低角刨

plaina de rebaixar fillister, router plane 凹刨

plaina de recortar cantos edge trimming plane 修缘刨

plaina de volta compass-plane 曲面刨

plaina desengrossadeira thicknesser 刨压机；厚度刨

plaina e desengrossadeira planer and thicknesser 平刨和压刨

plaina eléctrica power planer 电刨床

plaina grossa force plane; jack plane; rough-plane 粗刨

plaina limpadora shaping machine 牛头刨床

plaina mecânica planer 刨机

plaina mecânica de avanço manual band jointer 手压刨

plaina mecânica universal universal plane 万能刨

plaina niveladora land leveller 平地机

plaina para betão concrete planer 混凝土刨床

plaina vertical slotting machine 插齿机；插床

planador s.m. glider 滑翔机

planador rebocado towed glider 牵引式滑翔机

planalto s.m. plateau 高原；台地

planalto continental continental plateau 大陆高原

planalto oceânico oceanic plateau 大洋台地

planalto submarino submarine plateau 海底台地

planar adj.2g. planar 平面的，平坦的；二维的

plâncton s.m. plankton 浮游生物

planctónico adj. planktonic 浮游的

planeador/planejador s.m. planner 规划师

planeamento/planejamento s.m. planning, scheming 计划，规划；编制计划，策划

planeamento em ciclos progressivos rolling wave planning 滚动式规划

planeamento urbano urban planning 城市规划

planejamento contigencial contingency planning 应急计划

planejamento de longo prazo long-range planning 长期规划

planejamento de obtenção procurement planning 采购计划

planejamento de produção production planning 生产计划

planejamento de qualidade quality planning 质量计划

planejamento de recursos resource planning 资源规划

planejamento de solicitação solicitation planning 询价计划编制

planejamento espacial space planning 空间规划

planejamento indicativo indicative planning 指示性规划

planejamento por todos os níveis all-level planning 所有层面的规划

planear/planejar v.tr. (to) plan, (to) project 计划，设计

planeio s.m. glide 滑翔

planeio em espiral spiral glide 盘旋下降，盘旋滑翔

planeta s.m. ❶ planet 行星 ❷ planet (gear) 行星齿轮

planetária s.f. planetary (gear) 行星齿轮系

planetário ❶ adj. planetary, (of) side gear 行星齿轮的，侧齿轮的 ❷ s.m. planetarium 行星仪 ❸ s.m. planetarium 行星仪

planetesimal s.m. planetesimal 小行星体

planetóide s.m. planetoid 小行星

planetologia s.f. planetology 行星学

planeza s.f. flatness 平坦，平整性

planície s.f. plain 平原

planície abissal abyssal plain 深海平原

planície algácea algal flat 藻坪

planície aluvial alluvial plain 冲积平原

planície costeira deltaica deltaic coastal plain 三角洲海岸平原

planície de delta delta plain 三角洲平原

planície de desnudação marinha plain of marine denudation 海蚀平原

planície de gramíneas grassland 草原

planície de inundação flood plain 泛滥平原，冲积平原；河漫滩

planície de maré tidal flat 潮滩；潮汐滩；潮汐平原；潮坪

planície deltaica deltaic plain 三角洲平原

planície fluvial fluvial plain 河成平原

planície glaciária ondulada cnoc-and-lochan "丘–湖"景观

planície interior interior plain 内陆平原

planície recifal reef flat 礁坪；浅石滩

planície salgada salt flat 盐滩

planificação *s.f.* planning; development 计划，规划；执行计划

planificação urbanística land use planning 土地利用规划

planificador *s.m.* planner 规划师

planificador urbano urban planner 城市规划师

planificar *v.tr.* (to) plan 计划

planilha *s.f.* spreadsheet; sheet 电子数据表；工作簿

planilha de controlo de kick kill sheet [巴] 压井记录表

planilha de preços schedule of prices 价目表

planilha das quantidades bill of quantities (BOQ) [巴] 量单，工程量清单

planimetragem *s.f.* area measurement, area survey 面积测量

planimetria *s.f.* ❶ planimetry 平面几何 ❷ planimetry, area survey 测面法；面积测量 ❸ planimetry, site plan 地盘平面图

planímetro *s.m.* planimeter 面积仪

planisfério *s.m.* planisphere 平面天球图，球体投影图

plano ❶ *s.m.* plane, level 平面 ❷ *s.m.* plan, program 计划；纲领 ❸ *s.m.* plan, layout 平面图；布置图，规划图 ❹ *adj.* flat 平的

plano alternativo alternative plan 替代方案

plano aluvial alluvial flat 河漫滩

plano axial axial plan 轴线平面

plano basal basal planes 基面

plano-base ground plane 地平面

plano cartográfico map plane, cartographic plane 地图平面

plano celeste star map 星图

plano circular circular plane 圆形平面

planos colineares collinear planes 共线面

plano-côncavo plano-concave （透镜）平凹的

plano conceptual ⇨ plano de concepção

planos conjugados conjugate planes 共轭面

plano-convexo plano-convex （透镜）平凸的

plano coordenado coordinate plane 标轴面

plano cortante shear plane 剪断面；剪切面

plano cristalográfico crystallographic plane 晶面

plano de acamamento bedding plane 层理面，顺层面

plano de água water plane 水线面

plano de alerta ⇨ plano de emergência

plano de amostragem sampling plan 抽样计划

plano de base ⇨ plano-base

plano de clivagem cleavage plane, cleat 劈理面，割理

plano de colimação collimation plane 视准面

plano de combate a incêndios fire control plan 防火方案

plano de comunicação communication plan 通讯计划

plano de concepção concept plan 概念图

plano de concretagem concreting plan 混凝土浇筑方案

plano de condicionamento commissioning plan 调试计划

plano de contas chart of accounts 会计科目表

plano de contingência contingency plan 应急计划

plano de controle ambiental (PCA) environmental control plan 环境控制计划

plano de datum datum plane 基准面

plano de desenvolvimento development plan 发展计划；发展蓝图

plano de desenvolvimento estratégico strategic development plan 战略发展规划

plano de designação de responsabilidade responsibility assignment matrix 责任分配矩阵

plano de distribuição distribution plan 分配计划

plano de divisão parting plane 分型面

plano de drenagem drainage plan 排水设施图

plano da eclíptica ecliptic plane 黄道平面

plano de emergência emergency plan, contingency plan 应急计划

plano de emergência individual (PEI) individual emergency plan 个人应急预案

plano de equipamentos equipment plan 设备计划表

plano de erosão erosion plane 侵蚀面

plano de escorregamento gliding planes 滑动面；滑移面

plano de estratificação stratification plane 层理面

plano de falha (/factura) fault plane 断层面

plano de falha de compressão thrust plane 逆冲断层面

plano de fiscalização supervision plan 监工计划

plano de fundação foundation plan 基础平面图

plano de geminado twin plane, twinning plane 孪晶面

plano de gravidade gravity plane 重心平面

plano de horizonte horizon plane 水平面

plano de implementação implementation plan 实施计划

plano de incidência plane of incidence 入射面；入射平面

plano de investimento investment plan 投资计划

plano de lote (/loteamento) plot plan 地块布置图

plano de macla twin plane 双晶面

plano de mãos-de-obra personnel plan 人员计划表

plano de maré harmónica harmonic tide plane 平均大潮低潮面

plano do meridiano meridian plane 子午面

plano de onda plane wave 平面波

plano de pagamento payment plan, instalment plan 付款计划；分期付款计划

plano de pagamento escalonado instalment plan 分期付款计划

plano de perfuração drilling plane 钻孔平面

plano de pesquisa research plan 研究计划

plano de planta floor plan 平面图

plano de polarização polarization plane 偏振面

plano de produção production planning 生产计划

plano de projecção projective plane 投影面

plano de qualidade quality plan 质量计划

plano de recuperação de área degradada (PRAD) degraded area recovery plan 退化地区恢复计划

plano de recurso resource plan 资源计划

plano de referência ❶ datum plane; reference plane 基准面；参考平面 ❷ basic plan 底图

plano de reflexão reflection plane 反射面

plano de rolamento running surface 跑合面

plano de saturação plane of saturation 地下水面

plano de segurança safety plan 工作安全计划

plano de simetria plane of symmetry, symmetry plane 对称平面

plano de tangência tangent plane 切面

plano de terreno ground plane 地平面

plano de trabalho ❶ work plan 工作计划 ❷ work plane 工作平面

plano dos trabalhos directive drawing for civil works 工程指导图

plano de vibração plane of vibration 振动面

plano de vôo flight plan 飞行计划

plano deslizante slip plane 滑移面

plano detalhado detailed plan 详图

plano diagramático diagrammatic plan 简图

plano director master plan 总体规划

plano financeiro financial budget 财政预算

plano focal focal plane 焦面，焦平面

plano geral general arrangement 总体布置；总体设计

plano hidrográfico large scale nautical chart 近海图

plano horizontal horizontal plane 水平面

plano inclinado ❶ inclined plane 倾斜面 ❷ chute 斜槽

plano inicial base plane 基准平面

plano invariável invariable plane 不变平面

plano nuclear epipolar plane 核面

plano operacional de transporte operating transportation plan 经营运输计划

plano óptico optical flat 光学平面

plano original original plan 原图

planos paralelos parallel planes 平行平面

plano piloto pilot plan 试点计划

plano portuário harbor chart 港区图

plano principal ❶ cardinal plane 主平面 ❷ key plan 平面布置总图

plano radical radical plane 根平面

plano rodoviário road plan 公路规划

plano sagital sagittal plane 矢状面

plano tangente tangent plane 切面

plano topográfico ground plane 地平面

plano vertical vertical plane 垂直面

plano visual plane of vision 视平面

planofírico adj. planophyric 层斑状的

planossolo s.m. planosol 黏磐土，湿原土

planta s.f. ❶ plan 平面图 ❷ plant 厂房，工厂 ❸ plant 植物

planta aberta open plan 敞开式平面（图）

planta aprovada approved plan 获得批准的图纸

planta auxiliar auxiliary plant 辅助厂房

planta baixa ground plan 底层平面图

planta cadastral cadastre （国家关于地产的数量价值及所有权的登记册）地籍图，地籍册

planta criogênica cryogenic plant [巴] 深低温设备

planta cultivada cultivated plant 栽培植物

planta de alinhamento alignment plan (road) 路线平面图

planta de armação frame plan 肋骨形线图

planta de cobertura ❶ roof plan 屋顶平面图，天台平面图 ❷ cover crop 覆盖作物

planta de edifício building plan 建筑平面图

planta das escavações excavation drawing 土方开挖平面图

planta de estrutura ❶ structure plan 结构平面图 ❷ structural blueprint 结构蓝图

planta de execução working plan, construction plan 施工图纸，施工平面图

planta de fundação foundation plan 基础平面图，基础图则

planta de implantação site plan 地盘平面图；位置图，工地总平面图

planta de levantamento survey plan/sheet 测量图

planta de locação dos instrumentos de observação location map of monitoring points 监测点位置图

planta de localização (/locação) location plan 位置图

planta de localização do terreno land location plan 地块位置平面图

planta de orifícios reservados plan of provision of holes 留孔平面图

planta de peneiramento screening plant 筛石厂；隔滤厂

planta de pisos floor plan 楼层平面图

planta de situação situation plan 平面布置图

planta de telhado roof plan 屋顶平面图，天台平面图

planta de tratamento completa complete treatment plant 全套处理厂

planta de zoneamento zoning plan 分区计划图

planta em vaso pot plant 盆栽植物

planta esquemática schematic plan 平面示意图

planta fechada closed plan 封闭式平面

planta geométrica plan sketch 平面示意图（只画出建筑物、地块的大致几何形状的平面图）

planta geradora de sementes seedling plant 实生苗

planta geral general layout plan 总平面图

planta horizontal horizontal plan drawing 平面图则

planta isométrica isometric plan 等角图

planta livre free plan 自由平面图（只标识建筑的桩、柱，不画出墙体的平面图）

planta móvel para mistura de asfalto mobile bituminous mixing plant 移动式沥青搅拌站

planta parcial partial plant 部分平面图

planta, perfil e desenho pormenor plan, profile and detail drawing 平面图，剖面图和细部图

planta piloto pilot plant 试验工场；小规模试验厂

planta topográfica topographic plan 地形平面图

planta urbana city plan 城市平面图

plantação s.f. ❶ planting 种植；植树 ❷ plantation 种植地，种植园

plantadeira s.f. planter [巴] 播种机

plantadeira de plantio direto no-tillage seeder 免耕播种机

plantador s.m. ❶ grower, farmer 种植者 ❷ planter [葡] 播种机 ❸ dibber 穴播器，挖洞器

plantador de alimentação automática automatic planter, fully-automatic planter 自动播种机，全自动播种机

plantador de alimentação manual hand-fed planter, hand dropping planter 手置式播种机

plantador de alimentação semi-automática semi-automatic planter, mechanical planter 半自动播种机，机械播种机

plantador de batatas potato planter 马铃薯种植机

plantador de bulbos bulb dibber 球根穴播器

plantador de plantio directo no-tillage seeder 免耕播种机

plantador para hortícolas vegetable planter 蔬菜播种机

plantio s.m. planting 植树；种植

plantio de grama sowing grass seed 种草

plantio directo no-till farming 免耕农业

plaqueador s.m. plater 镀覆装置

plaqueador espiral automático Don Whitley automatic spiral plater 螺旋接种仪

plaqueta s.f. small plate 小牌子，小板子

plaqueta adesiva gummed label 胶黏标签

plaqueta de símbolo symbol plate 标志牌

plaqueta de tijolo brick plate 砖板

plasma s.m. ❶ plasma, plasm 等离子体 ❷ plasma screen 等离子电视，等离子显示屏 ❸ plasma 细粒物质；细土物质 ❹ plasma, plasm 深绿玉髓

plasma de alta definição high definition plasma 高清等离子电视

plasma do solo soil plasma 土壤细粒物质

plasticidade s.f. ❶ plasticity 可塑性 ❷ formability 可成形性，可模锻性

plasticidade de concreto concrete plasticity, concrete moldability 混凝土可塑性

plasticizante s.m. ⇒ plastificante

plástico ❶ s.m. 1. plastic 塑料，塑料制品 2. platic bag; plastic [用于口语，特指几种日常塑料耗材] 塑料袋；塑料膜 ❷ adj. plastic 塑料的；可塑的

plástico ablativo ablative plastic 消蚀塑料

plástico ABS ABS plastic ABS 塑料

plástico betuminoso bituminous plastic 沥青胶泥

plástico de termocura thermosetting plastic 热固性塑料

plástico esponjoso (/espumoso) foamed plastic, plastic foam 发泡塑料，泡沫塑料，海绵塑料

plástico expandido expanded plastic 发泡塑料

plástico laminado plastic laminate 层压塑料板

plástico moldado cast plastic 铸塑塑料

plástico reforçado reinforced plastic 增强塑料

plástico reforçado com fibra de vidro (PRFV) fiber glass reinforced plastics (FRP),glassfiber rein-forced plastic (GRP) 玻璃钢

plástico rígido rigid plastic 硬性塑胶

plástico sanitário bathroom plastic accessories 卫生间塑料件

plástico termocurado ⇒ plástico de termocura

plastificação s.f. ❶ plasticizing 增塑 ❷ plastic packaging 塑料封装，塑封

plastificação de concreto plasticizing of

concrete 混凝土增塑

plastificante *s.m.* plasticizer 增塑剂

plastómero/plastômero *s.m.* plastomer 塑性体

plastómetro/plastômetro *s.m.* plastometer 塑性计

plastossolo *s.m.* plastosol 灰棕色古土壤，塑料溶胶

plataforma *s.f.* ❶ 1. platform 平台 2. landing (platform) 楼梯平台 3. deck, bridge deck 桥面板；桥板；桥面 4. terrace 地坪；层面；露天平台 5. platform 月台 ❷ platform 陆台，地台 ❸ harvester header（农机的）收割台

plataforma aérea aerial platform 空中工作台

plataforma aérea de trabalho aerial work platform 高空作业平台

plataforma aéreas de trabalho portátil portable aerial work platform 便携式高空作业平台

plataforma articulada articulating platform 曲臂登高平台

plataforma autoelevatória (/autoelevável) jack up 自升式平台

plataforma basculante tilt platform 偏摆平台

plataforma carbonatada carbonate platform 碳酸盐台地

plataforma cimentada apron 散水

plataforma colectora gathering station 采集站；集油站

plataforma continental continental shelf 大陆架

plataforma continental externa outer continental shelf 外大陆架

plataforma costeira shore platform 海滨平台

plataforma de abrasão marinha marine abrasion platform 海蚀平台

plataforma de avanço sliding floor 滑动底板

plataforma de caldeira boiler platform 锅炉平台

plataforma de carga e descarga loading- unloading platform 装卸平台

plataforma de carregamento loading

platform 装料平台

plataforma de colheita e poda picking and pruning platform 采摘和修枝平台

plataforma de colheitadeira harvester header 收割台

plataforma de descanso (midway) rest platform（爬梯的）休息平台

plataforma de embarque boarding walkway 接机口

plataforma de ensacamento bagging platform 装袋平台

plataforma de estação em ilha island platform 岛式站台

plataforma da estrada road platform 车行道

plataforma de frente deltaica delta-front platform 三角洲前缘平台

plataforma de fumaça smoke shelf 烟挡

plataforma de gravidade gravity platform 重力平台

plataforma de levantamento lifting platform 升降平台；举重台

plataforma de milho corn header 玉米收割台

plataforma de mistura gauging-board 混凝土拌合盘

plataforma de operação operating platform 操作平台

plataforma de perfuração drill rig 钻井平台

plataforma de perfuração tipo coluna estabilizada column-stabilized drilling unit 支柱稳定式钻井船

plataforma de pernas tension-leg platform (TIP) 张力腿平台

plataforma de petróleo petroleum platform 石油平台

plataforma de produção offshore offshore production platform 海上采油平台

plataforma de teste test bed 测试平台

plataforma de trabalho working platform 工作平台

plataforma de uma só perna monopod platform 单腿平台

plataforma elevatória ❶ platform lift 平台升降机 ❷ cherry-picker 载式吊车

plataforma fixa fixed platform（海上）固

定平台

plataforma giratória rotary platform, turntable 旋转平台，转台

plataforma hidráulica hydraulic platform 液压升降工作台

plataforma hidráulica autopropelida self-propelled hydraulic platform 自行式液压升降平台

plataforma insular island platform 岛间台地

plataforma inteiriça unitized operator platform 组合式作业平台

plataforma lateral de estação side platform 侧式站台

plataforma litoral littoral platform 海岸带

plataforma logística logistics platform 物流平台

plataforma marítima offshore platform 海上平台

plataforma pantográfica ⇨ plataforma tesoura

plataforma petrolífera oil & gas platform 石油平台

plataforma rebocável towable platform 牵引升降平台

plataforma semissubmersível semisubmersible platform 半潜式平台

plataforma sobre andaime staging 脚手架踏板

plataforma SPAR SPAR buoy 柱形浮标

plataforma superior upper platform 上层平台

plataforma telescópica telescopic platform 伸缩式登高平台

plataforma tesoura scissor platform 剪式升降平台

plataforma tipo laguna shelf lagoon 陆架潟湖

plataformista *s.2g.* roughneck 石油钻井工人

plateia/platéia *s.f.* stalls （剧场的）池座

platéia continental main hall, continental seating 正厅，正厅座位

platéia posterior parterre, parquet circle 正厅后排

plateresco *adj.* plateresque 带复杂花叶形装饰的

platex *s.m.* platex 木纤维板

platibanda *s.f.* ❶ border of flowers 平拱线脚；平拱 ❷ platband 女儿墙

platibanda de beiral verge board 挡风板，封檐板；板屋檐板

platina *s.f.* ❶ **(Pt)** platinum (Pt) 铂，白金 ❷ stage 物理或其他精密仪器的平台，（显微镜）载物台

platina universal universal stage 万用旋转台

platinado ❶ *s.m.* 1. contact point 接触点，触点 2. contact set 触点组 3. breaker point 断闭点 ❷ *adj.,s.m.* platinum 白金色的；白金色

platinados de magneto magneto contact points 磁接触点

platinagem *s.f.* platinizing, platinum coating 镀铂

platiniridium *s.m.* platiniridium 铂铱矿，铂铱合金

platinite *s.f.* platinite 代铂钢；代白金

platinóide *s.m.* platinoid 铂族金属

platô *s.m.* ❶ plateau 高原 ❷ pressure plate 压力板；压盘

platô da embreagem clutch pressure plate 离合器压板

platô da embreagem do volante flywheel clutch pressure plate 飞轮离合器压盘

platô de piedmont piedmont plateau [巴] 山麓高原

platô deltaico delta plateau [巴] 三角洲高原

plauenito *s.m.* plauenite 钾正长石

play aventura *s.m./f.* adventure playground 儿童游乐园

Pleistoceno *adj.,s.m.* [巴] ⇨ Plistocénico

plenitude *s.f.* plenitude, completeness 完全；充分；完整性

pleno ❶ *adj.* full, entire, complete 完全的；充分的；完整的 ❷ *s.m.* plenum 天花板中的空气间层

plena carga full load 满载，满负荷

plena massa full body 全身（的），通体（的）

pleocróico *adj.* pleochroic 多色的，多向色的

pleocroísmo *s.m.* pleochroism 多向色性

pleonasto *s.m.* pleonaste 铁镁尖晶石

plessite *s.f.* plessite 合纹石

plexiglas *s.m.2n.* plexiglas, perspex 有机玻璃

Pliensbachiano *adj.,s.m.* [巴] ⇨ Pliensbaquiano

Pliensbaquiano *adj.,s.m.* Pliensbachian; Pliensbachian Age; Pliensbachian Stage [葡]（地质年代）普林斯巴期（的）；普林斯巴阶（的）

plintite *s.f.* plinthite 杂赤铁土

plinto *s.m.* ❶ plinth 柱基，（柱的）底座，勒脚，柱脚；基座 ❷ jumping box 跳箱

plinto de betão concrete plinth 混凝土基脚

plinto de betão armado reinforced concrete plinth 钢筋混凝土基座

plinto para apoios de equipamentos equipment foundation 设备基础

plintossolo *s.m.* plinthosol 聚铁网纹土

Pliocénico *adj.,s.m.* Pliocene; Pliocene Epoch; Pliocene Series [葡]（地质年代）上新世（的）；上新统（的）

Plioceno *adj.,s.m.* [巴] ⇨ Pliocénico

pliolite *s.f.* pliolite 宝乐来树脂

Plistocénico *adj.,s.m.* Pleistocene; Pleistocene Epoch; Pleistocene Series [葡]（地质年代）更新世（的）；更新统（的）

Plistocénico Superior Upper Pleistocene; Upper Pleistocene Age; Upper Pleistocene Stage 上更新期；上更新阶

plotagem *s.f.* plotting 绘图

ploter/plôter *s.m.* plotter, plotting machine 打图机，绘图仪

plôter de laser laser plotter 激光绘图仪

plug *s.m.* ❶ bulkhead, plug （矿井的）隔壁 ❷ plug 岩颈

plug-in *s.m.* plug-in 插件

plugue *s.m.* ❶ plug 塞子；栓 ❷ electrical plug 电插头

plugue cego blank plug 暗栓

plugue de coluna hydro trip 水力活塞

plugue de mic mic plug-in 话筒插头

plugue de terra grounding plug 接地式插头

plugue de testemunho core plug 芯塞

plugue fêmea female plug 插座

plugue fusível fusible plug 易熔塞

pluma *s.f.* plume （从火山或烟道喷出的）岩浆柱；地柱

pluma convectiva convective plume 火山对流柱，地幔柱

pluma do manto (/mantélica) mantle plume 地幔柱

pluma nefelóide nepheloid plume 混浊卷流

pluma quente hot plume 热地幔柱

pluma túrbida turbid plume 混浊卷流

plumasito *s.m.* plumasite 刚玉奥长岩

plumbagina *s.f.* plumbagine 石墨

plumbago *s.m.* plumbago 石墨

plumbato *s.m.* plumbate 铅酸盐

plumbato de cálcio calcium plumbate 铅酸钙

plumbífero *adj.* plumbiferous 含铅的；产铅的

plumbocalcite *s.f.* plumbocalcite 铅方解石

pluricêntrico *adj.* polycentric 多中心的

plúteo *s.m.* pluteus （古罗马建筑中的）柱间矮墙

plutónico *adj.* plutonic 深成的

plutónio/plutônio (Pu) *s.m.* plutonium (Pu) 钚

plutonismo *s.m.* plutonism 深成现象；火成论

plutonito *s.m.* plutonite 深成岩

pluvial *adj.2g.* pluvial 雨成的；洪水的

pluvierosão *s.f.* pluvial erosion 洪水侵蚀

pluviógrafo *s.m.* rain recorder 雨量记录器

pluviograma *s.m.* rainfall chart 雨量图

pluviometria *s.f.* pluviometry 雨量，雨量测定

pluviómetro/pluviômetro *s.m.* rain gauge, pluviometer 雨量计

pluviómetro teletransmissor telemetering rain gauge 遥测雨量计

pluviômetro totalizador storage rain gauge 累计雨量器

PME *sig.,s.f.pl.* SME (small medium enterprise) 中小企业

pneu *s.m.* tire, tyre 轮胎

pneu à prova de balas bullet-proof tire 防弹轮胎

pneu agrário farm tire 农用轮胎

pneu antiderrapante non-skid tire 防滑轮胎

pneu antiestático anti-static tire 抗静电轮胎

pneu baixo flat tire 瘪了的胎

pneu balão balloon tire 低压轮胎

pneu careca worn-out tire 花纹磨平的轮胎

pneu com banda de rodagem extra extra tread tire 超加深花纹轮胎

pneu com câmara tube tire 有内胎轮胎

pneu com tachas rubber-studded tire 加装橡皮防滑钉轮胎

pneu convencional conventional section tire 普通断面轮胎

pneu de banda grossa deep tread tire 深花纹轮胎

pneu de lonas ⇨ pneu diagonal

pneu de reposição spare tire 备用轮胎，备胎

pneu diagonal diagonal ply tire 斜纹帘布层轮胎

pneu estriado rib-type tire 花纹轮胎

pneu inflável pneumatic tire 充气轮胎

pneu lameiro mud tire 泥地胎

pneu liso smooth tread tire 光面轮胎

pneu maciço cushion tire 实心软胎

pneu off road off road tire 越野轮胎

pneu para caminhão truck tire 卡车轮胎；载重汽车轮胎

pneu para carro de passageiro passenger car tire 轿车轮胎

pneu radial radial ply tire 子午线轮胎

pneu radial com cintas de aço steel belted radial tire 半钢子午线轮胎

pneu recauchutado retreated tire 补过的轮胎

pneu reforçado reinforced tire 加强型轮胎

pneu Runflat Run-flat tire 防爆轮胎，低压安全胎

pneu sem câmara tubeless tire 无内胎轮胎

pneu sobressalente spare tire 备用轮胎，备胎

pneu sólido solid tire 实心轮胎

pneu todo-o-terreno off-the-road tire 非公路用轮胎

pneumático ❶ adj. pneumatic 空气的；气体的；气动的；充气的 ❷ s.m. tire, tyre 轮胎 ⇨ pneu

pneumatogénese s.f. pneumatogenesis 伟晶气成期

pneumatólise s.f. pneumatolysis 气化作用

pneumatolítico adj. pneumatolytic 气成的，气化作用的

pó s.m. powder; dust 粉末；灰尘

pó amarelo yellow powder 黄粉

pó atomizado atomized powder 雾化粉

pó azul blue powder 锌粉

pó branqueador bleaching powder, chlorinated lime 漂白粉

pó de amaciamento break-in powder 磨合粉

pó de cal lime powder 石灰粉

pó de carbonilo carbonyl powder 羰基粉末

pó de carvão culm 煤屑

pó de coque coke breeze 碎焦炭

pó de diamante diamond powder 金刚石粉末

pó de esmeril emery-dust 金刚砂粉

pó de minério ore dust 矿尘

pó de moldar moulding powder 模塑粉

pó de óxido de estanho putty powder 氧化锡粉

pó de pedra rock dust 岩粉

pó de quartzo quartz dust 石英粉尘

pó de sapatos ⇨ negro de fumo

pó de serra sawdust 锯屑

pó de sílica silica fume 硅粉

pó de talco talc powder 滑石粉

pó de vidro glass powder 玻璃粉

pó de zinco zinc dust 锌粉

pó dendrítico dendritic powder 树枝状粉末

pó descolorante ⇨ pó branqueador

pó leve (/negro) ⇨ negro de fumo

pó metálico metal dust 金属粉末

pó nodular nodular powder 粒状粉末

pó óxido de ferro ferric oxide powder 氧化铁粉

pó químico chemical powder 化学粉末

pó químico seco dry chemical powder 化学干粉

poça s.f. pool of water 水坑

poça de água ⇨ poça

poça de praia beach pool 滩池，浪成水池

poceiro *s.m.* well-sinker 打井工

poché *s.m.* poché 剖碎（西方古典建筑平面上厚重墙体在平面图上截面的涂黑部分）

pocilga *s.f.* pigsty; pig pen 猪舍

poço *s.m.* ❶ 1. well 井，水井；油井，钻井 2. shaft; pit 竖井，矿井；通风井 ❷ bannocking, floor cut 掏底槽；底部掏槽 ❸ cockpit 艇尾座

poço abandonado abandoned well 废井；报废油井

poço aberto open hole 裸井

poço abissínio abyssinian well 管桩井，埃塞俄比亚式井

poço absorvente absorbing well 吸水井；泻水井；渗井

poço activo active well 工作井

poço adjacente adjacent well 邻井

poço artesiano artesian well 自流井

poços da chaminé de equilíbrio surge shaft 调压井

poço colector catch basin, gathering pit 集水井

poço com o diâmetro máximo full-gauge hole 足尺寸井眼

poço comercial commercial well 生产井；有经济价值的油井

poço completo fully penetrating well 完整井

poço conectado connected well 连通油井

poço de absorção seepage pit 渗坑

poço de acesso access shaft 竖井通道

poço de aeração air shaft 通风竖井

poço de alívio relief well 减压井

poço de amortecimento killer well [巴] 救援井

poço de ar air pocket 气囊；气袋

poço de avaliação appraisal well 评价井

poço de baixa profundidade shallow well [葡] 浅井；浅水井

poço de boca de incêndio fire hydrant chamber 消火栓井

poço de bombeamento (para rebaixamento do lençol freático) dewatering well 降水井

poço de chegada retrieval shaft 接收井

poço de condensado condensate well 凝析气井

poço de confirmação outpost well 油藏边界外的井

poço de correlação offset well [巴] 探边井

poço de delimitação de reservatório offset well [葡] 探边井

poço de delineamento de campo field delineation well 定边井，定界井

poço de descarga drain sump 泄水井

poço de descarte disposal well 污水渗井，处理井

poço de descarte de água salgada salt-water disposal well 盐水处理井，盐水回注井

poço de desenvolvimento de campo field development well 生产井，（油田）开发井

poço de drenagem drainage well 排水井，泄水井

poço do elevador elevator shaft 电梯井，电梯坑，升降机坑

poço de equipamento equipment shaft 设备竖井

poço de escada stairwell 楼梯井；楼梯间

poço de esgotamento sump 集水井

poço de exploração exploration well, test pit 探坑，探井；试验井

poço de explotação exploitation well 开发井

poço de extensão extension well 探边井，扩边井

poço de gás gas well 气井

poço de infiltração soakaway pit, seepage well 渗水坑；渗水井

poço de injecção injection well 注入井

poço de injecção de fluido fluid-injection well 注水井

poço de injecção de gás gas injection well 注气井

poço de inspecção ❶ inspection well, inspection chamber 检查井 ❷ exploratory well 探井

poço de investigação test pit 探坑，探井；试验井

poço de longo alcance extended-reach well (ERW) 延伸井

poço de mina mineshaft 矿井

poço de monitoramento monitoring well 监测井

poço de observação observation well 观察井；观测孔

poço de óleo oil well 油井

poço de partida launching shaft 始发井

poço de pequeno diâmetro slim hole [葡] 小眼井

poço de petróleo petroleum well, petroleum hole 石油井

poço de petróleo activo gusher 喷油井

poço de recarga recharge well 回灌井

poço de refinamento de malha infilling well （井网）加密井

poço de revelação discovery well 发现井

poço de saída de ar upcast 上风井

poço de sedimentação settling basin 沉淀井

poço de serviço service shaft 辅助竖井；交通井，引入井

poço de sondagem borehole 钻井

poço de succção suction well 吸水井

poço de túnel tunnel pit 隧道坑

poço de ventilação ventilation shaft 通风塔，通风井

poço de ventilação de túnel tunnel ventilation shaft 隧道通风井

poço de visita inspection well 检查井

poço delgado slim hole [巴] 小眼井

poço descobridor (/-descoberta) discovery well 发现井

poço descontrolado gusher 喷油井

poço desviado deviated well 偏斜井

poço direccional directional well 定向井

poço direccional tipo slant slant-type directional well 定向斜井

poço em águas profundas deepwater well 深水井

poço em carga pressure shaft 压力竖井

poço em escoamento well in production 在产井

poço exploratório development well 开发井

poço fechado closed well 封闭井口

poço filtrante filter well 过滤井，滤水井

poço fraco light well 光井

poço freático water table well 地下水供水井，潜水井

poço gaussiano Gaussian well 高斯势阱；高斯位阱

poços gémeos twin wells 一个油田中钻井条件相同的井

poço horizontal horizontal well 水平井

poço horizontal de raio curto short-radius horizontal well 短半径水平井

poço horizontal de raio longo long-radius horizontal well 长半径水平井

poço HTHP HTHP well 高温高压井

poço imagem image well 映像井，推测井，映射井

poço inclinado slant well 倾斜井

poço incompleto (/imperfeito) partially penetrating well 不完全渗水井

poço injector ⇨ poço de injecção

poço inteligente smart well, intelligent well 智能钻井

poço lateral lateral well 分支井

poço mãe main well 主油井

poço marginal marginal well 边缘井

poço morto dead well 废井

poço negro sludge settling tank 污泥沉淀池

poço observador observation well 观察井；观测孔

poço para controlo de outro killer well [葡] 救援井

poço para recolha de testemunhos (/para testemunhagem) core hole [葡] 取心井，岩心钻孔

poço perdido lost well 报废钻孔

poço periférico outpost well 油藏边界外的井

poço petrolífero oil well 油井

poço petrolífero acidificado acidized oil well 酸化油水井

poço piezométrico piezometric well 测压井

poço piloto pilot well 试验井

poço pioneiro wild cat well, blue sky exploratory well 预探井，野猫井

poço potencial potential well 势阱

poço produtor production well 生产井，开采井，采油井

poço profundo deep well 深井

poço raso shallow well [巴] 浅井；浅水井

poço revestido cased hole 已下套管井段

poço roto septical tank with a rent sump 污水坑

poço satélite satellite well 卫星井

poço satélite submarino submarine satellite well 水下卫星井

poço seco dry hole, dry well 干钻孔

poço semi-artesiano half artesian well 半自流井，配有水泵的自流井

poço-silo ore-bin; bunker silo 矿仓；储粮井

poço tamponado e abandonado plugged and abandoned well 封堵弃井

poço teste test well 探勘井，试验井

poço testemunhado core hole [巴] 取心井，岩心钻孔

poço tipo 'S' S-type wellbore S 形井眼

poço tortuoso crooked hole 偏斜井

poço tubular tube well 管井

poço vertical vertical well, vertical hole 垂直井，垂直钻孔

poda s.f. pruning, lopping 修剪（树木），剪枝

podadeira s.f. pruner, trimmer [巴] 剪枝剪；修剪器；整枝器

podadeira extensível tree pruner 修枝镰

podador s.m. ⇨ podadora

podadora s.f. pruner, trimmer [葡] 剪枝剪；修剪器；整枝器

podadora de cabo longo long-handled shears 长柄修篱剪

podão s.m. billhook 修枝砍刀

poder s.m. power 能力；能量

poder calorífico ❶ heat value, calorific power 热值 ❷ heating power 加热功率，发热量

poder calorífico inferior (PCI) lower heating value (LHV), net calorific value (NCV) 低热值，净热值，低位发热量

poder calorífico médio average heating value 平均热值

poder calorífico superior (PCS) higher heating value (HHV), gross calorific value (GCV) 高热值，总热值，高位发热量

poder de aderência holding power 保持力

poder de cobertura covering power 覆盖能力

poder de colagem tack （糨糊、半干油漆等的）黏性；黏着力

poder de encobrir hiding power 遮盖力，覆盖力

poder de mascaramento masking power, covering power 覆盖能力

poder de nomeação power of appointment 委任权

poder geotérmico geothermal power 地热电力

poder tampão buffering effect 缓冲作用

pódio s.m. podium （成为列柱的）台座；（房屋四周墙壁的）墩座墙

podridão s.f. rottenness, putridity, putridness 腐烂，腐朽

podzol s.m. spodosol 灰化土

podzolização s.f. podzolization 灰化作用

podzolizado adj. podzolized 灰化的

poecilítico adj. poikilitic, poecilitic 嵌晶结构的

poeciloblástico adj. poeciloblastic, poikiloblastic 变嵌晶状的

poeciloblasto s.m. poikiloblast 变嵌晶

poeira s.f. dust 灰土，尘埃；尘土

poeira algácea algal dust 藻尘

poeira de borralho fly ash 粉煤灰；飞灰

poeira fina fine dust 粉尘

pofe s.m. pouf 厚圆椅垫，厚座垫

poial s.m. stone bench 石凳

poial de janela window seat 窗座

point list s.f. point list, punch list 剩余工作清单

poiquilítico adj. poikilitic 嵌晶结构的

poiquiloblástico adj. ⇨ poeciloblástico

poiquilosmótico adj. poikilosmotic 变渗透的

poise s.m. poise 泊（动黏度单位）

polaina s.f. gaiter 绑腿，护腿套

polar adj.2g. polar （南、北）极的；磁极的，电极的，极性的，极化的

polarão s.m. polaron [葡] 极化子

polaridade s.f. polarity 极性

polaridade de eléctrodo electrode polarity 焊条极性

polaridade de reflexão reflection polarity 反射波极性

polaridade geomagnética geomagnetic

polarity 地磁极性

polarímetro *s.m.* polarimeter 偏振计；旋光计；极化计

polarímetro-sacarímetro polarization saccharimeter 旋光糖量计

polariscópio *s.m.* polariscope 偏光仪

polarização *s.f.* polarization 极化；偏振

polarização de concentração concentration polarization 浓差极化

polarização dos electrodos electrode polarization 电极极化

polarização da onda wave polarization 波极化

polarização dupla double polarization 双极化

polarização electrónica electronic polarization 电子极化

polarização horizontal horizontal polarization 水平极化

polarização iónica ionic polarization 离子极化

polarização magnética magnetic polarization 磁极化

polarização por corrente alternada ac-bias 交流偏压

polarização simples single polarization 单极化

polarização vertical vertical polarization 垂直极化

polarizado *adj.* polarized 偏振的；极化的

polarizador *s.m.* polarizer 偏光器；起偏镜；偏振镜

polarizar *v.tr.* (to) polarize 极化

polaróide *s.f.* ❶ polaroid （人造）偏振片 ❷ Polaroid 宝丽来一次成像照相机

polaron *s.m.* polaron [巴] 极化子

pólder *s.m.* polder 围海（或湖等）造田；围垦地

polé *s.f.* ⇒ polia

polegada *s.f.* ❶ (in) inch (in) 英寸（合 2.54 厘米）❷ "polegada" 葡制寸（合 2.75 厘米）

polegada circular circular inch 圆英寸（合 1000 圆密耳 mil circular）

polegada cúbica (in³) cubic inch (in³) 立方英寸

polegada quadrada (in²) square inch (in²) 平方英寸

poleia *s.f.* frame, cable frame （电缆桥架）支架

poleiro *s.m.* peanut gallery 剧场的上层楼厅

polenito *s.m.* pollenite 橄霞二长安山岩

poli- *pref.* poly- 表示"多，多个，（化学）聚，聚合"

polia *s.f.* pulley 导轮；滑轮；滑车；导向轮

polia accionadora drive pulley 驱动皮带轮

polia de corda rope pulley 绳滑轮

polia de correia em V V pulley 三角皮带轮

polia de eixo axle pulley 轴皮带轮

polia de guia guide pulley 导轮

polia do motor motor pulley 电动机皮带轮

polia de segurança safety pulley 安全滑轮

polia de tração ⇒ polia motriz

polia do ventilador fan pulley 风扇皮带轮

polia esticadora binder pulley 可调皮带轮

polia intermediária ⇒ polia secundária

polia louca loose pulley 惰轮；空转轮

polia magnética magnetic pulley 磁性滚筒；磁性滑轮

polia motriz driving sheave 驱动轮

polia secundária idler sheave 空转轮

polia sincronizadora timing pulley 同步皮带轮

polia tensora tension pulley 张紧轮

poliacrilamida *s.f.* polyacrylamide 聚丙烯酰胺

poliacrilonitrilo *s.m.* polyacrylonitrile 聚丙烯腈

polialino *adj.* polyhaline 多盐的，高盐的

polialite *s.f.* polyhalite 杂卤石

poliamida (PA) *s.f.* polyamide (PA) 聚酰胺

polianite *s.f.* polianite 锰矿；黝锰矿

poliban/polibanho *s.m.* shower cubicle 淋浴房

polibasite *s.f.* polybasite 硫锑铜银矿

polibutadieno (PBD) *s.m.* polybutadiene (PBD) 聚丁二烯

polibuteno (PB) *s.m.* polybutene (PB) ⇒ polibutileno

polibutileno (PB) *s.m.* polybutylene (PB)

聚丁烯

policarbonato (PC) *s.m.* polycarbonate (PC) 聚碳酸酯

polícia *s.2g.* police 警察

polícia de trânsito traffic police 交警

policiamento *s.m.* policing 警务（工作），治安（工作）

policiamento de trânsito traffic policing 交通监管

policíclico *adj.* polycyclic 多环的，多相的，多周期的

policloreto *s.m.* polychloride 多氯化物

policloreto de alumínio poly aluminium chloride 聚合氯化铝

policloropreno *s.m.* polychloroprene 聚氯丁二烯

policondensação *s.f.* polycondensation 缩聚（作用）

policónico *adj.* polyconic 多圆锥的

polícrase *s.f.* polycrase 复稀金矿

policristalino *adj.* polycrystalline 多结晶的，复晶的，多晶体的

policroísmo *s.m.* polychroism 多向色性

policromático *adj.* polychromatic 多色的

policromia *s.f.* polychromy 色彩装饰

policultura *s.f.* polyculture 混养；混合种植；混合农业

polidispersão *s.f.* polydispersion 多分散性

polido *adj.* polished, smooth 光滑的，打磨过的

polideira *s.f.* polisher, polishing machine 磨光机，抛光机

polideira de pavimento de cimento concrete surfacing machine 混凝土整面机

polidor *s.m.* polisher 磨光机，抛光机

polidor de soalhos floor-dresser 地板装修器

polidora *s.f.* polisher, polishing machine 磨光机，抛光机

polidora de arestas edge polishing machine 边缘抛光机

polidora de correia belt polisher 带式抛光机

polidora de ponte bridge polisher 桥形抛光机

polidora manual hand polisher 手动抛光机

poliedro *s.m.* polyhedron 多面体

polielectrólito *s.m.* polyelectrolyte 聚电解质

poliéster *s.m.* polyester 聚酯

poliester insaturado unsaturated polyester 不饱和聚酯

poliester reforçado reinforced polyester 强化聚酯

poliestireno *s.m.* polystyrene 聚苯乙烯

poliestireno moldado molded polystyrene 成型聚苯乙烯

polietileno (PE) *s.m.* polyethene, polyethylene (PE) 聚乙烯，PE

polietileno clorossulfonado chlorosulphonated polyethylene 氯磺化聚乙烯

polietileno de alta densidade (PEAD) high density polyethylene (HDPE) 高密度聚乙烯

polietileno de baixa densidade (PEBD) low density polyethylene (LDPE) 低密度聚乙烯

polietireno reticulado (PER/PEX) crosslinked polyethylene (PEX) 交联聚乙烯

polietileno termofixo (XLPE) crosslinked thermosetting polyethylene (XLPE) 热固性交联聚乙烯

polifásico *adj.* polyphase 多相的

polifenileno *s.m.* polyphenylene 聚亚苯基

polifólio *s.m.* polyfoil 多叶饰

poligénico *adj.* polygenic 复成的

poligonação *s.f.* polygonation 地块区域测定，多角形测量法

poligonal ❶ *adj.2g.* polygonal 多边形的；多角形的 ❷ *s.f.* polygonal line; traverse 折线；导线 ❸ *s.f.* polygon region; zone 图斑，（闭合导线围成的）区域

poligonal aberta open traverse 支导线；不闭合导线

poligonal ambiental mining area 矿区

poligonal de exploração exploration area （矿业等的）勘探开发区，探区

poligonal de extração working area 采区

poligonal fechada ❶ closed traverse 闭合导线 ❷ closed traverse survey plan 闭合导线测量图

poligonal útil mine field 矿田；井田

poligonização *s.f.* polygonization 多边形化

polígono *s.m.* ❶ polygon 多边形 ❷ field, court 区域，场地

polígono complexo complex polygon 复杂多边形

polígono de dessecação desiccation polygon 干缩龟裂

polígono de forças polygon of forces 力多边形

polígono de retracção shrinkage polygon 干缩龟裂

polígono de tensões stress polygon 应力多边形

polígono de tiro shooting range 靶场

polígono de Thiessen Thiessen polygon 泰森多边形

polígonos em lasca sliver polygons 碎屑多边形

polígono espúrio spurious polygon 假多边形

polígono fechado closed polygon 闭合多边形

polígono funicular funicular polygon 索状多边形

polígono-ilha island polygon 内环多边形，岛

polígono industrial industrial park, industrial estate 工业园区

polígono reentrante reentrant polygon 凹多边形

polígono regular regular polygon 正多边形

poliisobuteno (PIB) *s.m.* polyisobutene ⇒ poliisobuliteno

poliisobutileno (PIB) *s.m.* polyisobutylene (PIB) 聚异丁烯

poliisocianurato *s.m.* polyisocyanurate 聚异氰脲酸酯

poliisopreno (PIP) *s.m.* polyisoprene (PIP) 聚异戊二烯

polilinha *s.f.* polyline 多段线

polilobulado *adj.* polylobed, multilobed 多叶（饰）的

polilóbulo *s.m.* polyfoil 多叶饰

polimento *s.m.* polishing; buffing; lapping 磨光；抛光；最终精制；（米）精整

polimento de condensado condensate polishing 凝结水精处理

polimento desértico desert polish 沙漠磨光作用

polimento eólico wind polish 风磨作用

polimento galvânico electropolishing 电解抛光

polimento glaciário glacial polish 冰川磨光作用

polimercaptana *s.f.* polymercaptan 多硫醇

polimerização *s.f.* polymerization 聚合反应，聚合作用

polimerização contínua continuous polymerization 连续聚合

polimerização do radical livre free-radical polymerization 自由基聚合

polimerização em dispersão dispersion polymerization 分散聚合

polimerização em emulsão emulsion polymerization 乳化聚合

polimerização em massa (/volume) mass polymerization 本体聚合

polimerização em solução solution polymerization 溶液聚合

polimerização em suspensão suspension polymerization 悬浮聚合

polimerização estática static polymerization 静态聚合

polimerização por adição addition polymerization 加成聚合

polimerização por condensação condensation polymerization 缩合聚合

polimerização por coordenação coordination polymerization 配位聚合

polimerizar *v.tr.* (to) polymerize 使聚合

polímero ❶ *s.m.* polymer 聚合物，多聚体 ❷ *adj.* polymeric 聚合的

polímero cruzado crosslinked polymer 交联聚合体

polímero de alta e baixa densidade polymer of high and low density 高密度和低密度聚合物

polímero de alto peso molecular high polymer 高聚物

polímero de rede network polymer 网状聚合物

polímero de termocura thermosetting (polymer) 热固聚合物

polímero linear linear polymer 线状聚合物

polímero orgânico organic polymer 有机高分子；有机聚合物

polímero ramificado branched polymer 支化聚合物

polimetacrilato *s.m.* polymethacrylate 聚甲基丙烯酸酯

polimetacrilato de metilo (PMMA) polymethyl methacrylate (PMMA) 聚甲基丙烯酸甲酯，亚克力

polimetamórfico *adj.* polymetamorphic 多相变质的

polimetamorfismo *s.m.* polymetamorphism 多相变质（作用）；复变质作用

polimíctico *adj.* polymictic 复矿的，多杂质的

polimicto *s.m.* polymict 复矿碎屑岩；多源碎屑岩

poliminerálico *adj.* polymineralic 多矿物的

polimodal *adj.2g.* multimodal, polymodal 多峰的；多模式的

polimorfismo *s.m.* polymorphism 多形性

polimorfo *adj.* polymorphous 多形的，多形态的

poliolefina *s.f.* polyolefin 聚烯烃

polioximetileno (POM) *s.m.* polyoxymethylene (POM) 聚甲醛

poliplexer *s.m.* polyplexer 天线互换器·

polipropileno (PP) *s.m.* polypropylene (PP) 聚丙烯

polir *v.tr.* (to) polish, (to) burnish, (to) grind 磨光，抛光，赶光

polissulfeto *s.m.* polysulfide 多硫化物

polistireno *s.m.* ⇨ poliestireno

polistilo *adj.,s.m.* polistile 多柱式（的）

politereftalato *s.m.* polyeterephthalate 聚对苯二甲酸二醇酯

politereftalato de etileno (PET) polyethylene terephthalate (PET) 聚对苯二甲酸乙二醇酯

politetrafluoroetileno (PTFE) *s.m.* polytetrafluoroethylene (PTFE) 聚四氟乙烯

politrifluorocloroetileno (PTFCE) *s.m.* polytrifluorochloroethylene (PTFCE) 聚三氟氯乙烯

política *s.f.* policy 政策，方针

política da dívida debt policy 债务政策

política de preços aberta open pricing 开放式定价

política de seguros insurance policy 保险政策

politipismo *s.m.* polytypism 多型现象，多型性；同质异序

politriz *s.f.* polisher 磨光机；抛光机

politriz elétrica electric polisher 电动抛光机

politriz eletrolítica electrolytic polisher 电解抛光机

politriz pneumática pneumatic polisher 气动抛光机

poliuretano *s.m.* polyurethane 聚氨酯

poliuretano modificado modified polyurethane 改性聚氨酯

polivalência *s.f.* polyvalence 多价

polivalente *adj.2g.* ❶ polyvalent 多价的 ❷ multipurpose 多功能的，多用途的

polivinil *s.m.* polyvinyl 聚乙烯化合物

polivinil butiral (PVB) Polyvinyl Butyral (PVB) 聚乙烯醇缩丁醛，PVB

polivinil clorido (PVC) polyvinyl chloride (PVC) 聚氯乙烯，PVC

polizonal *adj.2g.* polyzonal 多区域的；多环带的

polje *s.m.* polje, interior valley 灰岩盆地

polo/pólo *s.m.* ❶ 1. pole 极；极点 2. pole 电极 ❷ polar region 极地 ❸ center 中心

pólo abaixado depressed pole 俯极

polo antártico Antarctic, South Pole 南极

polo ártico Arctic, North Pole 北极

polo celeste celestial pole 天极

polo controverso antipodes, antithetical point 对跖点

polo de desenvolvimento industrial industrial development center 工业发展中心，产业发展中心

pólo da eclíptica ecliptic pole 黄极

pólo de expansão spreading pole 扩张极

pólo elevado elevated pole 仰极

pólo euleriano Euler pole 欧拉极

pólo geomagnético geomagnetic pole 地磁极

polo industrial industrial center 工业区，工业园，工业中心

pólo maciço solid pole 实磁心

polo magnético magnetic pole 磁极

polo magnético virtual virtual geomagnetic pole 虚地磁极

polo negativo negative pole 阴极，负极

pólo norte North pole 北极

pólo norte magnético North magnetic pole 北磁极

polo positivo positive pole 正极，阳极

pólo sul South Pole 南极

pólo sul magnético South magnetic pole 南磁极

polónio (Po) *s.m.* polonium (Po) 钋

poltrona *s.f.* armchair, easy chair 安乐椅

poltrona-saco bean bag chair 豆袋椅

polucite *s.f.* pollucite 铯榴石

poluente *s.m.* pollutant 污染物

poluente atmosférico air pollutant 空气污染物

poluente biodegradável biodegradable pollutant 可生物降解污染物

poluente não biodegradável non-biodegradable pollutant 不可生物降解污染物

poluente orgânico persistente persistent organic pollutant 不可降解的有机污染物

poluição *s.f.* pollution 污染

poluição ácida da água acid water pollution 酸性废水污染

poluição aérea air pollution 大气污染

poluição ambiental environmental pollution 环境污染

poluição atmosférica atmospheric pollution 大气污染

poluição branca white pollution 白色污染

poluição das águas water pollution 水污染

poluição do ar air pollution 空气污染

poluição dos solos soil pollution 土壤污染

poluição industrial industrial pollution 工业污染

poluição luminosa light pollution 光污染

poluição pelo mercúrio mercury pollution 汞污染

poluição secundária secondary pollution 二次污染

poluição sonora (/sonoragerada) noise pollution, sound pollution 噪音污染

poluição térmica thermal pollution 热污染

poluir *v.tr.* (to) pollute 污染

polvilhação *s.f.* ⇨ polvilhamento

polvilhador *s.m.* duster 喷粉机

polvilhador de dorso knapsack duster 背负式喷粉器

polvilhador de dorso com motor engine-driven knapsack duster 发动机驱动背负式喷粉机

polvilhador instalado em aeronaves aeroduster 飞机喷粉器

polvilhador manual manual duster 手摇喷粉器，手动喷粉器

polvilhador montado no tractor tractor mounted duster 拖拉机悬挂式喷粉机

polvilhador portátil portable duster 轻便式喷粉器

polvilhador rebocado trailed duster 牵引式喷粉机

polvilhador suspenso suspended duster 悬挂式喷粉机

polvilhamento *s.m.* sprinkling, dusting 喷洒（粉末）

polvilhamento aéreo aerial dusting 航空喷粉

polvilhar *v.tr.* (to) sprinkle 喷洒（粉末）

pólvora *s.f.* gunpowder 火药

pólvora negra black powder 黑火药

polzenito *s.m.* polzenite 橄黄煌岩

POM *sig.,s.m.* POM (polyoxymethylene) 聚甲醛

pomar *s.m.* orchard 果园

pombal *s.m.* dove-cot 鸽房

pomice/pomes/pomito *s.m.* pumice 浮石

pompete *s.f.* pipettor 移液器 ⇨ pipeta

ponderação *s.f.* weighting 加权；权重

ponor *s.m.* ponor 落水洞

ponta *s.f.* ❶ 1. extremity, end 端点，顶点 2. peak 峰值 ❷ 1. bit, tip （工具的）刃，刀头，尖头 2. tooth tip （工程机械斗齿的）齿尖 3. tip (of a pile) 桩端；桩头 4. spigot （承插式接口的）插口 ❸ bit, screwdriver bit 螺丝刀头，螺丝批头；套筒旋具头

ponta actual do jacaré actual frog point 岔心实际交点

ponta arredondada round point （钉子等的）锥形尖头

ponta auto-afiante self-sharpening tip 自锐齿尖

ponta da aba wall toe 墙趾

ponta de abrasão abrasion tip 耐磨型斗齿尖

ponta da agulha switch point 辙尖

ponta de apoio bearing point 方位点，支承点

ponta de asa fin 垂直尾翼

ponta de bigorna beak iron 砧角

ponta do braço superior top clamp point 上夹钳尖

ponta de carga load peak 负荷峰值

ponta de centragem centering point 定心钻尖；导螺杆

ponta de cinzel chisel point 凿形钉头

ponta do coração do jacaré frog point 辙叉点

ponta de corte bit 钻头

ponta de dente de caçamba bucket tip 铲斗齿尖

ponta de dente do garfo log fork tip 圆木装卸叉齿尖

ponta de dente do ríper ripper tip 裂土器齿尖

ponta de dente econômica economy tip 经济型齿尖

ponta-de-diamante ❶ diamond point 金刚石笔 ❷ diamond-shaped stones 凸面马赛克

ponta-de-eixo spindle, wheel spindle 心轴；转轴

ponta de entrada da lâmina blade point, blade toe 入土铲刃

ponta do escarificador scarifier tip 松土机齿尖

ponta da estaca pile tip 桩头

ponta da garra grouser tip 抓子

ponta da hélice propeller tip 螺旋桨叶尖

ponta de Paris common nail 普通铁钉 ⇨ prego comum

ponta de pino pin nose 销尖

ponta do veio da tomada de força power take-off end 动力输出端

ponta destacável rip-bit, jackbit 可卸式钻头

ponta de terra spit 海角；沙嘴

ponta dupla ⇨ ponta em rabo de peixe

ponta em rabo de peixe calked end 开尾拉杆

ponta (de caçamba) embutida flush mounted (bucket) tip 嵌入式斗齿

ponta máxima maximum peak 最大峰值

ponta para chaves de fenda bit, screwdriver bit 螺丝刀头，螺丝批头；套筒旋具头

ponta para escavação digger tip （挖掘机）斗齿，齿尖

ponta para rocha rock tip 岩用齿尖

ponta para serviço pesado extreme service tip 重型齿尖

ponta philips Phillips bit 十字螺丝刀刀头

ponta (de boca) plana flat bit 一字螺丝刀刀头

ponta pozidriv pozidriv bit 米字螺丝刀刀头

ponta prática da agulha actual point of switch rail 尖轨尖端

ponta teórica da agulha theoretical switch point 尖轨理论尖端

ponta teórica do jacaré theoretical frog point 辙叉心轨理论尖端

ponta TX TX bit 六角梅花螺丝刀刀头

ponta XZN XZN bit XZN 刀头

pontal *s.m.* depth 船深

pontal na ossada moulded depth 型深

pontalete *s.m.* ❶ hanger 梁托 ❷ hammer post 橡尾柱 ❸ stanchion 楼梯扶手栏杆中柱

pontalete médio middle shore 中间斜支撑

pontão *s.m.* ❶ pontoon, floating bridge 驳船；浮船；浮桥 ❷ prop, stay 支柱

pontão deslizante sliding caisson 滑动式沉箱

ponte *s.f.* ❶ bridge 桥，桥梁 ❷ bridge 起连接作用的结构、事物；电桥；桥接器

ponte a malha triangular triangular truss bridge 三角桁架桥

ponte AC de alta voltagem high voltage alternating current bridge 高压交流电桥

ponte afogada submersible bridge 漫水桥；潜桥

ponte atirantada cable-stayed bridge 斜拉桥，斜张桥

ponte Bailey Bailey bridge 活动便桥，贝利桥

ponte basculante (/-báscula) bascule bridge 竖旋桥

ponte basculante de arco de rolamento roller bascule bridge 滚动式竖旋桥

ponte branca ⇨ ponte de madeira

ponte Bowstring Bowstring bridge 系杆拱桥

ponte-cais pier 码头；登岸码头

ponte canal ❶ canal bridge 渠桥；运河桥 ❷ flume （农业水利的）水道；引水槽

ponte com armação em treliça lattice bridge 格构桥

ponte com estrado móvel movable bridge 横动式桥梁；活动桥

ponte com pedágio toll bridge 收费桥

ponte com superestrutura em concreto concrete slab bridge 混凝土板桥

ponte com tabuleiro inferior bottom road bridge, through bridge 下承式桥

ponte com tabuleiro intermediário half through bridge 中承式桥

ponte com várias vigas multibeam bridge 多梁桥

ponte composta de duas estruturas com vigamento em balanço double-leaf cantilever bridge 双叶式立转桥

ponte corrediça rolling bridge 滚桥

ponte de aço steel bridge 钢桥

ponte de aderência key, tack coat 黏结层

ponte de alimínio aluminum bridge 铝桥

ponte de balanço cantilever bridge 悬臂桥

ponte de bambu bamboo bridge 竹桥

ponte de barcas floating bridge, float bridge 浮桥

ponte de betão concrete bridge 混凝土桥

ponte de caminho-de-ferro railway bridge 铁路桥；火车桥

ponte de concreto armado reinforced concrete bridge 钢筋混凝土桥

ponte de concreto protendido prestressed concrete bridge 预应力混凝土桥

ponte de diodos rotativa rotating diode bridge 旋转二极管整流桥

ponte das distâncias distance piece 定距块，隔离段

ponte do eixo axle casing 轴箱

ponte de elevação vertical vertical lift bridge 垂直升降式桥

ponte de embarque e desembarque passenger loading bridge 登机桥

ponte de estrado aberto open deck bridge 明面桥

ponte de estrutura rígida rigid frame bridge 刚架式桥梁

ponte de finalidade múltipla multipurpose bridge 多用途桥

ponte de fio wire bridge 滑线电桥

ponte de frequência frequency bridge 频率电桥

ponte do guindaste crane bridge 起重机桥

ponte de guindaste rolante gantry 起重龙门；地下支架；门架

ponte de hidrogênio hydrogen bond 氢键

ponte de indutância inductance bridge 电感电桥

ponte de ligação connection bridge 引桥

ponte de madeira timber bridge 木桥

ponte de Maxwell maxwell bridge 麦克斯韦电桥

ponte de pontões pontoon bridge 浮桥

ponte do queimador flare bridge 火炬栈桥

ponte de resistência resistance bridge 电阻电桥

ponte de sal salt bridge 盐桥

ponte de sinalização signal gantry; gantry sign 信号桥；高架道路标志 OOOOOOO

ponte de suspensão a grande vão long span suspension bridge 长跨距吊桥

ponte de suspensão reforçada stiffened suspension bridge 加劲悬索桥

ponte de (/em) treliça truss bridge 桁架桥

ponte de tijolos brick bridge 砖桥

ponte de tirantes ⇨ ponte atirantada

ponte de translacção traversing bridge 横移式活动桥

ponte de transmissão transmission bridge 传输电桥；馈电电桥

ponte de transporte transport bridge 交

通桥

ponte de treliça de Whipple-Murphy Whipple-Murphy truss 惠普尔-墨菲桁架

ponte do vertedouro spillway bridge 溢道桥

ponte de viga girder-type bridge, beam bridge 梁式桥

ponte de vigas atirantadas ⇨ ponte atirantada

ponte de Wheatstone Wheatstone bridge 单臂电桥；惠斯通电桥

ponte dianteira front axles 前桥，前轴

ponte dupla double bridge, Kelvin bridge 双臂电桥，开尔芬电桥

ponte elevadiça lift bridge 升降桥

ponte em alvenaria masonry bridge 圬工桥

ponte em arco arch bridge 拱桥

ponte em arco de concreto concrete arch bridge 混凝土拱桥

ponte em arco de pedra de cantaria stone arch bridge 石拱桥

ponte em arco metálico steel arch bridge 钢拱桥

ponte em caixão ⇨ ponte tubular

ponte em cantilever ⇨ ponte de balanço

ponte em curva curved bridge 弯桥

ponte em quadro rígido ⇨ ponte de estrutura rígida

ponte em viga contínua continuous beam bridge 连续梁桥

ponte enviesada (/esconsa) skew bridge, oblique bridge 斜桥，斜交桥

ponte estaiada suspended bridge, stayed bridge 悬索桥

ponte ferroviária railroad bridge 铁路桥

ponte flutuante floating bridge 浮桥

ponte giratória swing bridge 水平旋转式桥

ponte lastrada ballasted track bridge 有碴轨道桥

ponte levadiça draw bridge 吊桥，开合桥，开合式活动吊桥

ponte marítima cross-sea bridge 跨海大桥

ponte metálica metal bridge 金属桥

ponte mista composite bridge 组合桥

ponte móvel movable bridge 横动式桥梁；活动桥

ponte oblíqua oblique bridge 斜桥，斜交桥

ponte para pedestres pedestrian bridge 行人天桥

ponte para veículos vehicular bridge 行车桥

ponte pedonal ⇨ ponte para pedestres

ponte pênsil (/pendente) suspension bridge 吊桥；悬索桥

ponte pênsil não reforçada unstiffened suspension bridge 未加劲悬索桥

ponte pivô pivot bridge 平旋桥

ponte provisória temporary bridge 临时桥

ponte raspadora (/removedora) de lodo mud-removing bridge 桥式刮泥机

ponte rodo-ferroviária road/rail bridge 道路铁路两用大桥

ponte rodoviária road bridge, highway bridge 道路桥，公路桥

ponte rolante ❶ roller bridge 滚桥 ❷ bridge crane, overhead crane 桥式吊机，高架起重机；桥式起重机

ponte salina ⇨ ponte de sal

ponte sobre terreno alagadiço flood bridge 洪水桥

ponte sobre via férrea overgrade bridge, overhead bridge 架空铁路桥

ponte suspensa ⇨ ponte pênsil

ponte térmica thermal bridge 热桥

ponte transportadora transporter bridge 运输桥

ponte transversal superior head tree 顶木托块

ponte traseira rear axle 后桥，后轴

ponte treliçada ⇨ ponte de treliça

ponte tubular tubular bridge 管桥；管桁桥

ponte-túnel bridge–tunnel 桥梁与隧道工程；桥隧工程

ponteamento s.m. tack welding 定位焊

pontear v.tr. (to) mark with points; (to) dot 用点做标记；打点

ponteira s.f. ❶ ferrule, metal tip of a cane or stick （手杖等的）金属包头 ❷ 1. pipe, tailpipe 管子，尾管 2. exhaust pipe 排气管 3.

dewatering suction pipe 吸水管 ❸ tip （铲刀等的）齿尖 ❹ shoe 桩靴，垫座；柱脚

ponteira afiada sharp tip 角尖斗齿

ponteira afiada dupla twin sharp tip 双锋斗齿

ponteira afiada nos cantos corner sharp tip 尖角斗齿

ponteira curta short tip 短齿

ponteira de abrasão abrasion tip 耐磨型斗齿

ponteira de abrasão para trabalhos pesados heavy duty abrasion tip 重型耐磨型斗齿

ponteira da broca auger point 钻尖

ponteira de dente única aparafusável bolt-on unitooth tip 螺栓固定式斗齿

ponteira de escape tailpipe 尾管，排气管

ponteira de escape rectangular rectangular exhaust pipe 方形排气管

ponteira de longa vida para trabalhos pesados heavy duty long life tip 重型长使用寿命斗齿

ponteira esportiva sport tail pipe 跑车排气尾管

ponteira filtrante well point 井点，滤水管

ponteira indutiva inductive probe 感应探测器；感应探头

ponteira larga wide tip 宽齿

ponteira longa long tip 长齿

ponteira longa para trabalhos pesados heavy duty long tip 重型长齿

ponteiro *s.m.* ❶ pointer, hand, needle 指针 ❷ 1. puncheon 凿子 2. abrading tool 磨光机 ❸ fescue, pointer 教鞭

ponteiro das horas hour hand 时针

ponteiro dos minutos minute hand 分针

ponteiro do rato mouse pointer 鼠标指针

ponteiro de regulagem timing pointer 定时指针

ponteiro dos segundos second hand 秒针

ponteiro laser laser pointer 激光指示器，激光教鞭

ponteiro regulador de compensação compensating adjusting pointer 补偿调节指针

pontel *s.m.* punty, pontee （取熔融玻璃用的）点棒，挑料杆

pontiagudo *adj.* pointed, sharp 尖头的，尖锐的

pontilhagem *s.f.* stippling 点刻法

pontilhão *s.m.* ❶ small bridge 小桥 ❷ culvert 涵洞

pontilhar *v.tr.* (to) dot 打点

ponto *s.m.* ❶ 1. point （时间、位置、事项、物理概念等）点；地点 2. spot (in weld) 焊点 ❷ "ponto" 葡制点（长度单位，约合 0.191 毫米）

ponto acromático achromatic point 消色点

ponto antinodal antinodal point 反交点，反节点

ponto áspero rough spot 粗糙的焊点

ponto astático astatic point 无定向点

pontos-base (PB) basis points (BP, BPS) 基点（利率单位，合万分之一）

ponto bissetriz bisection point 二等分点

ponto brilhante bright spot (BS) （地震勘察记录中的）亮点

ponto cardeal cardinal point 基点

ponto central ❶ midpoint 中点 ❷ node 节点

ponto colateral quadrantal point 中间基本方位

ponto comum em profundidade common depth point (CDP) 共深度点

ponto cotado spot point 高程点，标高点

ponto crítico ❶ critical point 临界点 ❷ turning point 转向点，转折点

ponto crítico do aerofólio burble point 旋涡点

ponto crítico de explosão detonating point 爆炸临界点

ponto Curie curie temperature 居里点，居里温度

ponto de abastecimento supply point 供应点

ponto de abastecimento de água water supply point 供水点

ponto de acerto set-point 置位点

ponto de acesso access point 入口处；出入通道处

ponto de acesso sem fio wireless access point 无线接入点

ponto da agulha ⇨ **ponto da bússola**

pontos de Airy Airy points 艾里点

ponto de alquebramento yield point 屈服点

ponto de alteração change point 变化点；变换点

ponto de amarração mooring point 停泊点

ponto de amolecimento softening point 软化点

ponto de anilina aniline point 苯胺点

ponto de aplicação point of application 作用点；施力点

ponto de apoio ❶ fulcrum point 支点 ❷ datum point, reference point 基准点

ponto de apoio fotogramétrico photogram- metric reference points 摄影测量参考点

ponto de aproximação máxima point of closest approach （卫星导航的）最接近点

ponto de aproximação perdida missed approach point 复飞点

ponto de aquecimento hot spot 热点

ponto de arranque kick off point [安]开始造斜点

ponto de articulação pivot point 枢轴点；支点

ponto de assentamento setting point 坐定点

ponto de ataque point of application 施力点

ponto de baldeação transshipment point 转运点

ponto de bolha bubble point 泡点（出现第一个气泡的温度）

ponto da bússola compass point 罗经点

ponto de calibração calibration point 校准点；标定点

ponto de captação entry point 入口点；入水点

ponto de carga load point 负载点

ponto de cedência tension yield point 拉力屈服点

ponto de centelha flash point 闪点

ponto de chuveiro automático automatic spray point 自动喷淋点

ponto de coleta collect point 收集点，采集点

ponto de colimação collimation point 视准点

ponto de combustão fire point 燃点，着火点

ponto de concentracção de tensões stress raiser 应力集中源

ponto de conexão tie point 联接点；连接点

ponto de conflito conflict point 冲突点

ponto de congelação freezing point 冰点，凝固点

ponto de contacto contact point 接触点，触点

ponto de contacto do dente da engrenagem (gear tooth) contact point 啮合点

ponto de contacto no solo marinho touch down point (TDP) 接地点

ponto de controlo ❶ fixed point, control point 控制点 ❷ checkpoint 地标检查点

ponto de controlo de prédio building control point 楼控制点

ponto de corte cut point 分馏点

ponto da cota mais baixa da fundação lowest point of foundation 基础最低点

ponto de curva curve point 曲线点

ponto de decolagem take-off point （起飞）离地点

ponto de deformação deformation point, yield point 变形点，屈服点

ponto de desvio kick off point (KOP) 造斜点

ponto de distância distance point 距离点

ponto de distribuição distribution point 分配点

ponto de ebulição boiling point 沸点

ponto de emulsão emulsion point 乳液转相点

ponto de encontro meeting point 集合点，交会点

ponto de encontro de emergência emergency assembly point 紧急集合点

ponto de entrada ingress point 入口

ponto de entrega delivery point 交货地点，交割地点

ponto de equilíbrio balance point 平衡点

ponto de escala conservada standard point 标准点

ponto de esforço ⇨ ponto de tensão

ponto de espera holding point 悬停点

ponto de estação camera station 摄影站

ponto de estrela star point 星点

ponto de fechamento shut-down point 停业点

ponto de floculação floc point 絮凝点

ponto de fluidez pour point 凝固点；流动点

ponto de Fraass Fraass breaking point 弗拉斯沥青破裂点；弗拉斯脆点

ponto de fragilidade brittle point, breaking point 脆点

ponto de fuga vanishing point 消失点，灭点

ponto de fuga diagonal diagonal vanishing point 对角线消失点，对角线灭点

ponto de fulgor flash point 闪点

ponto de fusão melting point, fusion point 熔点

ponto de fusão congruente congruent melting point 同成分熔点

ponto de geada frost point 霜点

ponto de gota drop point 滴点

ponto de ignição ignition point 燃点

ponto de impacto ❶ point of impact 弹着点；碰撞点 ❷ point of impact 落雷点

ponto de inflamação burning point 燃点

ponto de inflexão inflection point 拐点；转折点

ponto de início de descarrilamento point of derailment (POD) 出轨点

ponto de início da queda da inclinação drop off point (DOP) 降斜点

ponto de instabilidade instability point 不稳定点

ponto de interrupção breakpoint 断点

ponto de intersecção point of intersection, trace 交点；交会点；交叉点

ponto de inversão inversion point 倒反点；反伸点

ponto de Laplace Laplace station 拉普拉斯点

ponto de luz light point 灯光节点，灯位

ponto de manutenção diária daily service point 日常保养点

ponto de medição measuring point 测量点

ponto de mira foresight 瞄准器

ponto de mudança ❶ change point 变化点；变换点 ❷ transition point 转变点

ponto de não-retorno point of no return 不可返回点

ponto de nega point of refusal 拒受点

ponto de névoa (do combustível) (fuel) cloud point （燃料）浊点

ponto de nível level point 水平点

ponto de nivelamento leveling point 水准点

ponto de notificação reporting point 报告点

ponto de observação monitoring point 监测点；检测点

ponto de observação para altimetria monitoring point for level 水准监测点

ponto de orvalho dew point 露点

ponto de parada hold point 停止点

ponto de partida starting point 起始点

ponto de passagem obrigatória obligatory passage point 强制性通关口；强制通行点

ponto de prisão da ferramenta stuck point 卡点，卡住的点

ponto de queda drop point 下降点

ponto de referência ❶ reference point 参照点 ❷ base point, reference point, datum point 基准点 ❸ fixed point, control point 控制点 ❹ waypoint 航路点

ponto de referência do assento seat index point (SIP) 座椅标定点

ponto de reflexão comum common-reflection point 共反射点

ponto de reparo repair point 维修点

ponto de reversão turning point 转向点，转折点

ponto de saída ❶ egress point 出口 ❷ lead out 出线端

ponto de saturação saturation point 饱和点

ponto de saturação das fibras (PSF) fiber saturation point (FSP) 纤维饱和点

ponto de simetria symmetry point 对称点

ponto de solda solder spot 焊锡点

ponto de solidificação solidification point 凝固点

ponto de tangência tangent point 切点；切向点

ponto de tensão strain point 应变点

ponto de toque touch down point (TDP) 接地点

ponto de transformação transformation point 相变点；转变点；转换点

ponto de transformação magnética de temperatura ⇨ ponto Curie

ponto de transição transition point 转变点；转换点

ponto de transição curva-curva (CC) point of curve to curve (CC) 曲线交点

ponto de transição curva-espiral curve to spiral (CS) 缓和曲线起点

ponto de transição curva-tangente (CT) curve to tangent (CT), point of tangent (PT) 曲线终点

ponto da transição espiral-curva spiral to curve (SC) 缓和曲线交点

ponto de transição espiral-tangente spiral to tangent (ST) 缓和曲线终点

ponto de transição tangente-curva (TC) tangent to curve (TC), point of curve (PC) 曲线起点

ponto de transição tangente-espiral tangent to spiral (ts) 缓和曲线起点

ponto de triangulação triangulation point 三角点，三角测点

ponto de troca de marcha da transmissão matches transmission shift point 变速箱换档点

ponto de vaporização vaporization point 汽化点

ponto de velocidade nula point of zero velocity 零速点

ponto diagonal diagonal point 对边点

ponto distante far point 远点

ponto económico economic point 经济（平衡）点

ponto equipotencial equipotential point 等电位点

ponto eutético eutectic point 共晶点，低共熔点

ponto extremo extreme point 端点，极点；极值点

ponto fiducial fiducial point, fiducials 基准点

ponto fixo ⇨ ponto morto

ponto focal focal point 焦点

ponto hiperbólico hyperbolic point 双曲点

ponto intercardeal intercardinal point 象限基点（指东北、东南、西北、西南）

ponto invariável invariant point 不变点

ponto médio comum common midpoint 共中心点

ponto morto dead center 死点，止点

ponto morto de sector mid-gear, middle-gear 死点位置

ponto morto exterior outer dead center 外死点，外止点

ponto morto inferior bottom dead center 下死点，下止点

ponto morto interior inner dead center 内死点，内止点

ponto morto posterior back dead center 后死点，后止点

ponto morto superior top dead center, upper dead center 上死点，上止点

ponto nadiral ground nadir 地面天底点

ponto negro black point, black spot 交通事故多发地段

ponto neutro neutral point 中性点

ponto nodal nodal point 节点

ponto nuclear epipole 核点

ponto-objecto object point 对象点，目标点

ponto obrigado de passagem obligatory passage point 强制性通关口；强制通行点

ponto óptimo optimal point 最优点

ponto-origem do datum origin of datum 基准原点

ponto ortoscópico orthoscopic point 无畸变点

ponto perigoso no cruzamento de vias fouling point 警冲点

ponto principal principal point 主点

ponto próximo near point 近点

ponto quente hot spot 热点

ponto reflector reflecting point 反射点

ponto-semente seed point 种子点

ponto singular singular point 奇点

ponto sobreaquecido hot spot 过热点

ponto teórico da agulha theorical switch point 辙叉心轨理论尖端；岔心理论交点

ponto terminal terminal point 终点；端点

ponto trigonométrico trig point 三角点

ponto tríplice (/triplo) triple point 三相点；三重点

ponto vernal vernal point 春分点

ponto visado measuring point 测量点

ponto zenital zenith point 天顶点

ponto-em-polígono *s.m.2n.* point-in-polygon 包含分析法

ponzaíto *s.m.* ponzaite 辉云粗面岩

ponzito *s.m.* ponzite 霓辉粗面岩

pool *s.m.* pool 联营；合伙经营；联合投资

popa *s.f.* stern, aft 船尾

população *s.f.* population 人口；（某地或某类）动（或植）物的总数

por *prep.* by; through; for; around; per 由，被；每（个）[表示方式、路径、原因、持续时间、目的等相互关系。缩合形式：pelo, pela, pelos, pelas]

por cento (%) percent (%) 百分之…的

por dez mil (‰o) permyriad, per ten thousand (‰o) 万分之…的 ⇨ **ponto-base**

por mil (‰) per thousand (‰) 千分之…的

porão *s.m.* ❶ hold 船舱；底舱；（飞机）货舱 ❷ cellar, basement 地窖，地下室

porão baixo crawl space 爬行空间；建筑物的屋顶或地板下供电线或水管通过的槽隙

porão de carga cargo hold 货舱

porca *s.f.* nut 螺母，螺帽

porca acastelada castle nut, castellated nut 槽形螺母

porca alada wing nut, butterfly-nut 翼形螺母，蝶形螺母

porca alta high nut 高螺母

porca anular lifting eye nut 吊环螺母

porca autotravante self-locking nut 自锁螺母

porca borboleta butterfly-nut 蝶形螺母

porca castelada ⇨ **porca acastelada**

porca cativa captive nut 固定螺母

porca cega ⇨ **porca de cabeça abaulada**

porca com flange ⇨ **porca flangeada**

porca de ajustagem adjusting nut 调节螺母

porca de alto torque high torque nut 高扭矩螺母

porca de aperto check-nut 锁紧螺母

porca de arruela ⇨ **porca flangeada**

porca de asas wing nut 翼形螺母，蝶形螺母

porca da biela connecting rod nut 连杆螺母

porca de blocagem check nut 锁紧螺母

porca de cabeça abaulada acorn nut 盖形螺母

porca de cabrestante capstan nut 带孔螺母，有孔螺母

porca de capa cap nut 盖形螺母

porca de cobertura dome nut 圆顶螺母

porca de colar ⇨ **porca flangeada**

porca de conexão union nut 联管螺母

porca do cubo hub nut 轮毂螺母

porca da direcção steering nut 转向螺母

porca do eixo axle nut 车轴螺母

porca de embuchamento ⇨ **porca de trava**

porca de esferas circulantes ⇨ **porca de mama**

porca de esforço cortante shear nut 拉剪螺母

porca de fixação securing nut 紧固螺帽

porca de guia guide nut 导向螺帽

porca de junção flare nut 喇叭式螺母

porca de mama ball nut 球状螺母

porca de mão (/orelhas) ⇨ **porca borboleta**

porca de rebordo collar-head screw 环头螺钉

porca de redução reducing nut 减径螺母

porca de regulagem adjusting nut 调整螺母

porca de remate box nut 盖形螺母

porca de retenção retaining nut 固定螺母，锁紧螺母

porca de roda wheel nut 车轮螺母

porca de segurança safety nut, check nut 安全螺母，防松螺母

porca da tampa cap nut 盖形螺母

porca de torque elevado ⇨ **porca de alto torque**

porca de trava lock nut 防松螺母

porca de união coupling nut 连接螺母

porca da válvula valve nut 活门螺母

porca de vedação ❶ seal nut 密封螺母 ❷ glandnut 压盖螺母

porca dentada gear nut 齿圈螺母

porca engaiolada cage nut 锁紧螺母；笼罩螺母

porca entalhada ⇨ porca acastelada

porca esférica cap nut （圆）盖形螺母

porca fechada ⇨ porca de capa

porca fendida slotted nut 槽形螺母

porca flangeada flanged nut 凸缘螺母

porca freiada locked nut 夹紧螺母

porca fuso spindle nut 主轴螺母

porca hexagonal com colar flanged hexagonal nut 法兰六角螺母

porca normal full nut 全高螺母

porca padrão standard nut 标准螺母

porca padrão métrica metric standard nut 公制标准螺母

porca quadrada square nut 方螺母

porca ranhurada grooved nut 槽顶螺母

porca recartilhada knurled nut 滚花螺母

porca redonda round nut 圆头螺母

porca regular ❶ regular nut 标准螺母 ❷ full nut 全高螺母

porca regular de aço comum standard steel full nut 全高标准钢螺母

porca regular sextavada hexagon full nut 六角全高螺母

porca serrilhada ⇨ porca recartilhada

porca sextavada hex nuts, hexagon nut 六角螺母

porca sextavada galvanizada hex nuts electrogalvanized 镀锌六角螺母

porca sextavada métrica metric hex nut 公制六角螺母

porca solta loose nut 松动螺母

porca tensora clamping nut 夹紧螺母

porção s.f. portion 部分；一份

porção da amostra test portion 被检部分；试验部分

porcelana s.f. porcelain, china 瓷；瓷器

porcelana de ossos bone china, bone porcelain 骨瓷

porcelana eléctrica electrical porcelain 电绝缘瓷

porcelana vitrificada vitrified porcelain 玻化石

porcelanagem s.f. porcelainization 瓷化；涂瓷，烧瓷

porcelanato s.m. porcelain, porcelain materials [集] 瓷，瓷料

porcelanato esmaltado (/vidrado) glazed porcelain 玻璃瓷

porcelânico adj. porcelaneous 瓷的；瓷制的

porcelanito s.m. porcelanite, porcelainite 白陶岩

porcelanizado adj. porcelainized 瓷化的；仿瓷的

porco s.m. pig 清管器

porco de multitamanho multisize pig 可变径清管器

pôr do sol s.m. sun setting 日落

pórfido s.m. ⇨ pórfiro

porfírico s.m. porphyritic 斑岩的，斑岩质地的

porfirina s.f. porphyrin 卟啉

porfirite s.f. porphyrite 玢岩；斜长斑岩，微闪长岩

porfirítico adj. ⇨ porfírico

pórfiro s.m. porphyry 斑岩

pórfiro de quartzo quartz porphyry 石英斑岩

pórfiro micáceo micaceous porphyry 云母斑岩

pórfiro rômbico rhombporphyry 菱长斑岩

porfiroblástico s.m. porphyroblastic 斑状变晶的

porfiroblasto s.m. porphyroblast 斑状变晶

porfiróide adj.2g. porphyroid 残斑岩的

porfirotópico adj. porphyrotopic 斑状的

porfirótopo s.m. porphyrotope （沉积）斑晶

pormenor s.m. ❶ details 细节 ❷ detail drawing 细部图；详图；大样图

pormenorização s.f. detailing 细节设计，设计细化

pormenorizar v.tr. (to) detail, (to) itemize 细化；逐条列记

poro s.m. pore 孔；（土壤的）孔隙，孔洞

poro de gás gas pore 气孔

poropressão *s.f.* pore pressure 孔隙压力

porosidade *s.f.* ❶ porosity, pinhole [集] 针孔，小孔；多孔性 ❷ porosity; void content 孔隙率；空隙度

porosidade ao ar air porosity 孔隙率

porosidade ao gás gas porosity 气体孔隙率

porosidade ao líquido liquid porosity 液体孔隙率

porosidade aberta open porosity 开孔孔隙度；开口气孔率；开孔率

porosidade absoluta absolute porosity 绝对孔隙率

porosidade de fractura fracture porosity 裂缝孔隙度

porosidade de gráfico cruzado crossplot porosity 交会孔隙度

porosidade dispersa scattered porosity 分散气孔

porosidade efectiva effective porosity 有效孔隙率

porosidade fechada closed porosity 闭孔孔隙度；闭口气孔率

porosidade induzida induced porosity 次生孔隙

porosidade inicial ⇨ porosidade sem cimento

porosidade interligada interconnected porosity 连通孔隙度

porosidade original original porosity 原始孔隙度

porosidade percentual percent porosity 百分孔隙率

porosidade por injecção de mercúrio mercury-injection porosity 压汞法测得的孔隙度

porosidade pós-deposicional post-depositional porosity 沉积期后孔隙度

porosidade primária primary porosity 原生孔隙；原始孔隙度

porosidade secundária secondary porosity 次生孔隙；次生孔隙度

porosidade sem cimento minus-cement-porosity 无胶结孔隙性

porosidade total total porosity 总孔隙度

porosidade vacuolar vugular porosity [葡] 多孔孔隙率

porosidade vugular vugular porosity [巴] 多孔孔隙率

porosímetro *s.m.* porosimeter 孔率隙计

poroso *adj.* porous 多孔的

porta *s.f.* ❶ door, gateway; access 门，入口 ❷ port 口；端口

porta à francesa in-swing door 内开门

porta à prova de fogo fire door 防火门

porta abatível retractable door 伸缩门，折叠门

porta acústica acoustic door 隔声门

porta adaptável combination door （可以根据需要装配不同部件的）组合门

porta ajanelada Dutch door 两截门；上下两部分各自分别打开的门

porta AND AND gate "与"门

porta apainelada (/almofadada) panelled door 镶板门

porta articulada hinged door 铰链门

porta aticurga trapezoidal door 梯形门

porta automática automatic door 自动门

porta basculante flap door 上翻门，吊门

porta batente ⇨ porta de abrir

porta biarticulada bifold door 双褶门

porta blindada armored door 装甲门；防火门

porta cega blank door 假门，暗门

porta chapeada sheet-metal door 薄钢板门

porta cheia ⇨ porta maciça

porta-cocheira porte cochere 车辆门道

porta com caixilho ⇨ porta apainelada (/almofadada)

porta com duas folhas tipo de correr two-sashes sliding door 双扇推拉门

porta com duas folhas tipo vai e vem two-sashes swinging door 双扇弹簧门

porta com persianas (/venezianas) louvered door 百叶门

porta contrafogo ⇨ porta corta-fogo

porta corrediça ⇨ porta de correr

porta corrediça embutida pocket door 墙内推拉门

porta corta-fogo fire door 防火门

porta corta-fogo de aço steel fire door 钢制防火门

porta de abrir side-hung door 平开门

porta de acesso access door 检修门；通道门

porta de acesso de poço shaft access door 检修井门

porta de aço steel door 钢门

porta de acordeão ⇨ porta de dobrar

porta de alumínio aluminum door 铝合金门

porta de bater ⇨ porta de abrir

porta de carga loading door 装料门，加料门

porta de celeiro barn door 遮扉

porta do cinzeiro ashpit door 灰坑门

porta de contrapeso balanced door 有配重的吊门

porta de correr sliding door 推拉门，滑动门

porta de correr vertical vertical-lift door 垂直提升门

porta de dobrar folding door 折叠门

porta de dobrar em fole ⇨ porta de sanfona

porta de duas folhas double door 双开门

porta de duplo sentido double-acting door 双面摇门

porta de eclusa lock gate 渠首闸门，上游闸门

porta de emergência emergency door 太平门；紧急出口

porta de enrolar rolling door 卷帘门

porta de entrada street door, front door 入口门，前门

porta de evacuação escape door 逃生门

porta de fecho automático self-closing door 自动关闭门

porta de fluxo flow port 流量孔口

porta de fole ⇨ porta de sanfona

porta de fornalha furnace door, fire door 炉门

porta dos fundos back-door 后门

porta de isolamento térmico thermal insulating door 保温门

porta de liga de alumínio aluminum alloy door 铝合金门

porta de lua moon gate （中式的）月亮门

porta de madeira wooden door 木门

porta de madeira completa wooden door set 成品木门

porta de madeira maciça solid wood door 实木门

porta de madeira nivelada sólida solid flush wood door 实心平面木门

porta de mola swing door, swinging door 弹簧门

porta de núcleo oco ⇨ porta oca

porta de núcleo semisólido semi solid core door 半实心门

porta de pião central ⇨ porta giratória

porta de retenção sluice gate 水闸门

porta de ripas batten door 板条门

porta da rua street door 临街大门

porta de sacada balcony door 阳台门

porta de saída exit door 出口门

porta de saída de emergência emergency exit door 紧急出口门

porta de sanfona accordion door 折门，摺叠门

porta de segurança security gate 保安闸；防盗闸

porta de sentido único single-acting door 单向开启的门

porta de série serial port [葡] 串行端口

porta de surtida sally port 暗门，（堡垒的）出击口

porta de tela screen door 纱门

porta de travessas pregadas ledge door 直拼撑门

porta de uma folha single door 单开门

porta de vaivém swing door, swinging door 摆动门，弹簧门

porta de ventilação trap, air door 通气门

porta de vidro glass door 玻璃门

porta de vidro temperado tempered glass door 钢化玻璃门

porta deslizante sliding door 推拉门，滑动门

porta dianteira front door 前门

porta disfarçada na parede jib-door 隐门

porta dobradiça (/dobrável) ⇨ porta de dobrar

porta doida ⇨ porta de vaivém

porta embutida de madeira flush wood

door 木质平面门

porta engradada ⇨ porta apainelada (/almofadada)

porta ensilhada (/enrelhada/entaleirada) ledged door 直板门，直拼撑门

porta envidraçada glazed door 玻璃门

porta falsa false door 假门

porta francesa French door 落地双扇玻璃门

porta giratória revolving door 旋转门，转门

porta gradeada grille door 栅栏门

porta guarda-vento storm door 御寒的外层门；挡风雪的板门

porta harmónio accordion door 折门

porta hermética airtight cover 气密盖，气密门

porta holandesa ⇨ porta ajanelada

porta inteiriça ⇨ porta lisa

porta lateral side door 侧门

porta levadiça portcullis 吊门

porta lisa plain door 平板门

porta maciça solid-core door 实心门

porta magnética magnetic gate 磁门

porta metálica de correr sliding steel door 推拉钢大门

porta metálica oca hollow metal door 空心金属门

porta NOT NOT gate "非"门

porta oca hollow core door 中空门，空心门

porta OR OR gate "或"门

porta oscilo-paralela tilt-parallel door, parallel slide and tilt door 平行推拉上悬门

porta pantográfica scissor gate 拉闸门，伸缩折叠推拉门

porta pendural ⇨ porta de mola

porta pivotante pivoted door 转轴式门

porta pré-montada prehung door 预装门

porta principal portal 正门

porta rebatível ⇨ porta de sanfona

porta relhada ⇨ porta ensilhada

porta-sacada ⇨ porta de sacada

porta sanfonada ⇨ porta de sanfona

porta sarrafeada batten core blockboard door 板条式夹芯板门

porta seccionada sectional door 滑升门

porta secreta jib-door 隐门

porta semi-sólida (/semi-cheia/semioca) semi solid core door 半实心门

porta serial serial port [巴] 串行端口

porta simples ⇨ porta de uma folha

porta telescópica telescopic door 折叠式滑动门

porta tipo camarão ⇨ porta de dobrar

porta tipo persiana shutter door 百叶门

porta tipo placarol particle board door 刨花板门

porta traseira postern 后门

porta travessa side door 侧门

porta-veneziana (/ventilada) louver door 百叶门

porta-vidraça ⇨ porta envidraçada

porta- *pref.* holder 承载，支撑；承载物；架；盒

porta-amostra *s.m.* core holder 岩心夹持器

porta-a-porta *adj.inv.* door-to-door 门到门的（运输）

porta-argamassa *s.m.* mortar-board 托灰板

porta-aviões *s.m.2n.* aircraft carrier 航空母舰

porta-bagagens *s.m.2n.* parcel rack 行李架

porta-baliza *s.2g.* rodman 扶尺员

porta-bandeira *s.m.* flag staff 旗杆

porta-bateria *s.m.* battery rack 蓄电池架

porta-bicicletas *s.m.2n.* bike rack 自行车架

portabilidade *s.f.* portability 可携带性，便携性；可移植性

porta-cabo *s.m.* cable holder 电缆支架

porta-camiões *s.m.2n.* truck transsporter 卡车运输车

porta-CD's *s.m.2n.* CD carrier CD 柜，光盘柜，光盘架

porta-chapas *s.m.2n.* plate frame 板框

porta-chaves *s.m.2n.* key-ring 钥匙圈

porta-contacto *s.m.* contact-shoe 触靴

porta-contentores *s.m.* container ship 集装箱运输船

porta-cossinete *s.m.* chaser holder 螺纹板牙夹具

porta-cristal *s.m.* crystal-holder 晶体盒

porta-cultivadeira *s.m.* chisel shank 凿式犁锄齿

portada *s.f.* ❶ portal; gateway; frontispiece

（通常有装饰的）大门，正门 ❷ opening, outlet 开口，孔

porta-dente *s.m.* ⇨ porta-ponta

porta-documentos *s.m.2n.* document holder 文件架

portador *s.m.* carrier 载体；携带者

portadora *s.f.* ❶ carrier 载波；载流子 ❷ ceiling joist （天花板吊顶的）龙骨

porta-eléctrodo *s.m.* electrode holder 电极夹

porta-escova *s.m.* brush holder 电刷架

porta-esferas *s.m.2n.* bearing cage 轴承罩

porta-ferramenta *s.m.* tool holder 工具架

porta-filme *s.m.* film carrier 暗盒，胶卷卷架

porta-freio *s.m.* brake anchor 闸瓦支持销

porta-fusível *s.m.* fuse block 保险丝盒

portagem *s.f.* toll 过桥税，通行税

porta-grelha *s.m.* grid bearer 炉条格架

porta-guarda-chuvas *s.m.2n.* umbrella-stand 伞筒，伞架

porta-guardanapos *s.m.2n.* ❶ napkin holder 餐巾纸盒 ❷ napkin ring 套餐巾用的小环

porta-íman *s.m.* magnet carrier 带磁体

porta-injector *s.m.* nozzle holder 喷嘴座

porta-janela *s.f.* French window 落地窗

porta-jóias *s.m.2n.* jewel case 珠宝首饰盒

portal *s.m.* ❶ gateway, portal 出入口，门道；大门 ❷ portal, adit opening 平洞口，排水坑道 ❸ portal, front page 首页 ❹ gateway 网关

portal de túnel tunnel portal 隧道口

portal de voz voice gateway 语音网关

porta-lâmina *s.m.* knife holder 犁刀架

porta-lâmpadas *s.m.2n.* lampholder, lamp socket 灯台；灯座，灯架

porta-lápis *s.m.2n.* pencil case, pencil rack 铅笔盒，笔筒

porta-leite *s.m.* milk dispenser 牛奶装瓶机

porta-lenha *s.m.* log carrier （搬运柴火的）柴架

porta-lente *s.m.* lens mount 镜头接口

portaló ❶ *s.m.* gangway 舷梯 ❷ *s.2g.* banksman 起重司机助手；井口把钩工

porta-luvas *s.m.2n.* glove box, glove compartment 手套箱

porta-machos *s.m.2n.* tap wrench 螺丝攻扳手

porta-malas *s.m.2n.* trunk 后备箱

porta-máquinas *s.m.2n.* machine transporter 工程车辆运输车，机器运输车

porta-martelo *s.m.* hammer loop 挂锤环

porta-mira *s.2g.* staff man, rodman 标尺手

portão *s.m.* gate, gateway （可以走车的）大门，正门

portão articulado de ferro pudlado ferforge hinged gate 装饰铁艺大门

portão de acesso main entrance gate 入口大门

porta-objectiva *s.m.* lens attachment; lens carrier 透镜框；透镜架

porta-objetos *s.m.2n.* door pocket 车门储物格

porta-ovos *s.m.2n.* egg-holder 装蛋的槽，（冰箱的）鸡蛋架

porta-paletes *s.m.2n.* pallet truck 托盘装卸车

porta-papel higiénico *s.m.* toilet paper holder 手纸架，卫生纸架

porta-película *s.m.* film carrier; focal film register 暗盒，胶卷卷架；胶片承片架

porta-piaçaba *s.m.* toilet brush holder 马桶刷架

porta-placa de orifício *s.f.* orifice plate holder 孔板支架

porta-planetárias *s.m.2n.* planetary carrier 行星齿轮架

porta-pneu de reposição *s.m.* spare tire carrier 备胎架

porta-ponta *s.m.* shank 裂土器柱

porta-porca *s.m.* nut retainer 螺母护圈

porta-projecto *s.m.* adjust case 图纸筒

portar *v.tr.* (to) carry, (to) bear 运输，运送，携带

porta-recados *s.m.2n.* spike file 插单器，传票叉

porta-retratos *s.m.2n.* picture frame, photo frame 画框，相框

porta-revistas *s.m.2n.* magazine-holder 文件架，杂志架

portaria *s.f.* ❶ gatehouse 门房；警卫室 ❷ main gate; entrance-hall 大门，正门 ❸ governmental order, decree 训令

porta-rolete(s) *s.m.* ❶ bearing cage 轴承罩

❷ paper roll holder 手纸架，卫生纸架 ⇨ porta-rolos

porta-rolete de rolamento de rolo cónico tapered roller bearing cage 圆锥滚子轴承罩

porta-rolos *s.m.2n.* paper roll holder, roller bearing cage, toilet tissue holder 手纸架，卫生纸架

porta-sabonete *s.m.* soap holder （安装在墙上的）肥皂盒，肥皂架

porta-sabonete líquido *s.m.* soap dispenser, liquid soap dispenser 皂液器

porta-tenaz *s.2g.* back-up man 上钳工（用管钳夹持管子的工人）

portátil *adj.2g.* portable 手提式；轻便的；可移动的

porta-toalha de papel *s.m.* paper towel dispenser （安装在墙上的）纸巾盒，纸巾架

porta-toalhas *s.m.2n.* towel-rack 毛巾架，浴巾架

porte *s.m.* ❶ carrying, transport 运输，搬运 ❷ 1. carriage; freight 运费 2. postage 邮费，邮资 ❸ size; capacity （运输工具、机具的）体积，容量，载重

porte pago carriage paid 运费已付

◇ de grande porte large, large-scale　大型的

portêiner *s.m.* portainer 集装箱起重机

porteiro *s.m.* doorman, doorkeeper 门卫

porteiro automático door opener 开门器

portfólio *s.m.* portfolio 投资组合

portfólio de dívida debt portfolio 债务组合

pórtico *s.m.* ❶ portico, porch, gantry, gantry structure （有圆柱的）门廊，柱廊；龙门式结构 ❷ portal crane 龙门式起重机 ❸ frame 框架

pórtico de contraventamento moment resisting frame 抗力矩构架

pórtico de pátio yard crane 场地起重机

pórtico de sinalização sign gantry （交通）标志架

pórtico espacial space frame 空间框架

pórtico fixo head mast; head tower 吊塔

pórtico marítimo dock crane 码头起重机；船坞起重机

pórtico monumental monumental gateway, pylon 牌坊，塔门

pórtico para a limpeza de grades screen cleaning machine, trashrack rake gantry 拦污栅清污机

pórtico para assentamento de painéis de via tracklayer gantry 龙门铺轨机

pórtico-parede wall frame 壁式框架

pórtico plano plane frame 平面框架

pórtico sobre pneus travelling portal crane 移动式龙门起重机

pórticos treliçados trussed porticos 桁架式门廊

pórtico tridimensional tridimensional frame 立体框架

portinhola *s.f.* ❶ little door 小门，盖 ❷ porthole 舷窗

portinhola de fundo bottom gate 炉底门

portinhola de ventilação ventilation flap 通风阀门

portinhola traseira tail gate 尾水闸门

portlandite *s.f.* portlandite 氢氧钙石，羟钙石

porto *s.m.* port, harbor 港口

porto artificial artificial harbor 人工港

porto comercial trade port 贸易港

porto de águas profundas deepwater port 深水港

porto de carga (/carregamento) ⇨ porto de embarque

porto de desembarque port of debarkation 卸货港，目的港

porto de destino destination port 目的港；目的口岸

porto de embarque port of loading 装运港

porto de entrada port of entry 进口港

porto de envio shipping port 装运港

porto de partida (/largada) port of departure 启运港；出发港

porto de pesca fishing port 渔港

porto de registo port of registry, home port 船籍港，登记港

porto de transbordo port of transshipment 转运港，转口港

porto exterior outer harbor 外港

porto flutuante floating harbor 浮港

porto interior inner harbor 内港

porto natural natural harbor 天然港

porto naval naval port, military harbor 军港

porto seco dry port 陆港

portuário *adj.* (of) port, (of) harbor 港口的

pós- *pref.* after, post 表示"后部的，以后的"

pós-aquecimento *s.m.* postheating 后加热

pós-arrefecedor *s.m.* aftercooler 后冷却器

pós-arrefecedor com água da camisa jacket water aftercooler 水套水后冷却器

pós-arrefecedor com água natural raw water aftercooler 原水后冷却器

pós-arrefecedor de ar-para-água air-to-water aftercooler 空水后冷却器

pós-arrefecedor de ar-para-ar air-to-air aftercooler 空对空后冷却器

pós-arrefecedor de circuito separado separate circuit aftercooler 单独回路后冷却器

pós-arrefecido *adj.* aftercooled 后冷的

pós-arrefecimento *s.m.* aftercooling 后冷却，再冷却；二次冷却

pós-arrefecimento ar-ar air-to-air aftercooling 空对空后冷（系统）

poscénio *s.m.* backstage, postscenium 舞台后部，后台

pós-cinemático *adj.* postkinematic 构造期后的

pós-clímax *s.m.* postclimax 后极峰相

pós-combustão *s.m.* afterburning 后燃；二次燃烧

pós-deposicional *adj.2g.* post-depositional 沉积后的

pose *s.m.* exposure; exposure time 曝光；曝光时间

pós-emergência *s.f.* post-emergence 萌发后

pós-empilhamento *s.m.* post-stack 叠后

pós-filtro *s.m.* afterfilter 后过滤器

pós-formação *s.f.* postforming 后成型

pós-glaciário *adj.* post-glacial 冰河期后的

posição *s.f.* ❶ 1. position （空间的）位置 2. position, throw （开关的）位置 ❷ status, class 地位，职位，职务 ❸ situation, position 处境，状况 ❹ position （财务）状况；头寸

posição aberta open position 打开位置

posição absoluta absolute position 绝对位置

posição-ar estimated position of aircraft （飞行器的）估计位置

posição curta short position 空头头寸

posição da agulha switch position 道岔定位

posição de descanso rest position 静止位置

posição de despejo dump position 卸料位置

posição de espera de pista de pouso e decolagem runway-holding position 跑道等待位置

posição de espera na via de serviço road-holding position 路面等待位置

posição do ponto morto dead center position 死点位置

posição de referência reference position 参考位置

posição no organigrama da empresa position in the company （所任）公司职位

posição estimada estimated position 估计位置

posição fechada closed position 闭合位置；停止位置

posição flutuante floating position 浮动位置

posição geográfica geographical position 地理位置

posição inicial initial position 初始位置

posição líquida net position 持仓净额，净头寸

posição longa long position 多头头寸

posição mais provável most probable position 最可能位置

posição octaédrica octahedral position 八面体配位

posição "off" off position "关"位置

posição "on" on position "开"位置

posição tetraédrica tetrahedral position 四面体配位

posicionador *s.m.* positioner 定位器

posicionador da caçamba bucket positioner 铲斗定位器

posicionador do garfo fork positioner 叉定位器，侧移器

posicionamento *s.m.* positioning, siting 定位

posicionamento a radar radar positioning 雷达定位

posicionamento acústico acoustic positioning 声波定位

posicionamento dinâmico dynamic positioning 动态定位

posicionar *v.tr.* (to) position 安置于；定位

positividade *s.f.* positivity 正性，阳性

positivo ❶ *adj.* positive 肯定性的；阳性的；正电的 ❷ *s.m.* positive 正片；正像

positrão *s.m.* positron 正电子

positrónio *s.m.* positronium 电子偶素

pós-meridiano *adj.* postmeridian 午后的

pós-modernismo *s.m.* postmodernism 后现代主义

posologia *s.f.* posology 剂量学

pós-orogénico *adj.* postorogenic 造山期后的

pós-pagamento *s.m.* post-payment 后付费

pós-pago *adj.* post-paid 后付费的

pós-país *s.m.* backland 内地，腹地

pós-praia *s.f.* backshore 后滨；后滩

pós-processamento *s.m.* post-processing 后处理，后加工

pós-queimador *s.m.* afterburner 加力燃烧室

pós-recife *s.m.* backreef 礁后；礁后区

pós-resfriador *s.m.* after-cooler 二次冷却器，后冷却器

possança *s.f.* thickness (of bed, coal seam) 地层厚度，煤层厚度

possibilidade *s.f.* possibility 可能性

possibilidade de manutenção maintainability 可维护性；可维修性

possibilidade de recauchutagem recapability （轮胎）可修补性

possível *adj.2g.* possible 可能的

post forming *s.m.* post forming 热后成型；后续成型；二次成型

postal *adj.2g.* postal 邮政的

postalete *s.m.* embedded bolt 预埋螺杆

poste *s.m.* post, pole; stanchion 杆，柱，支柱

  poste de aço steel post 钢柱

  poste de alinhamento direct line pole 直线杆

  poste de alta tensão pylon 高压线铁塔

  poste de amarração ❶ mooring post 系船柱；系缆柱 ❷ strain power pole 耐张杆

  poste de amarração em ângulos angle strain pole 转角耐张杆

  poste de ângulos angle pole 转角杆

  poste de basquetebol basketball stand 篮球架

  poste de betão armado reinforced concrete pole 钢筋混凝土杆

  poste de betão armado tipo vibrado vibrated reinforced concrete (VC) pole 振动成型钢筋混凝土电杆

  poste de cimento concrete pole 水泥电杆；水泥杆

  poste de fim de linha dead end pole 终端杆

  poste de fio eléctrico electric pole 电线杆

  poste de holofote floodlight mast 泛光灯柱

  poste de iluminação road lighting column, lamp-lost 路灯，路灯柱

  poste de indicador de andares story rod 层高标杆

  poste de lâmpada lamp pole 灯柱；灯杆

  poste de luz ⇨ poste de iluminação

  poste de referência gradient post 坡度标；坡度标桩

  poste de retenção span pole 极距；杆挡

  poste de seccionamento division pole 分支杆

  poste de sinalização guidepost 路牌，路标

  poste suspenso hanging post 悬挂支柱

  poste telegráfico telegraph post 电线杆，电线柱

pós-tectónico *adj.* post-tectonic 构造后的；构造期后的

postelete *s.m.* embedded bolt 预埋螺杆

pós-tensão *s.f.* post-tensioning 后加拉力；后张法

pós-tensionamento *s.m.* post-tensioning 后加拉力；后张法

pós-tensionamento com aderência bonded post-tensioning 有黏结后张

pós-tensionamento sem aderência unbonded post-tensioning 无黏结后张

Pós-Terciário *adj.,s.m.* Post-Tertiary 第三纪后（的）

posterior ❶ *adj.2g.* posterior 后部的；随后的 ❷ *s.m.* behind, posterior 后部，后方

póstero-exterior *adj.2g.* postexternal 后方的，外侧后方的

póstero-inferior *adj.2g.* postinferior 后下方的

póstero-interior *adj.2g.* postinternal 后部的，内侧后方的

póstero-superior *adj.2g.* postsuperior 后上方的

postigo *s.m.* ❶ wicket; peep-window 门上的盖板；（大门上的）小门 ❷ pass-through window（厨房和餐厅之间的）传菜窗

postigo de acesso access hatch 出入舱口盖

posto *s.m.* ❶ station, stand 站，点，站点 ❷ post 岗位

posto aduaneiro customs post 海关检查站

posto de bombeiros fire-station 消防站

posto de comando headquarters 指挥部

posto de contagem counting station 交通计数站

posto de cruzamento engine waiting track 机待线

posto de gasolina gas station 加油站

posto de lixo dumpster, garbage station 垃圾站

posto de pedágio toll station, toll gate 收费站，收费口

posto de pesagem weighing station 称重处，磅站

posto de pesagem veicular vehicle weigh station 秤车站

posto da polícia police station 公安局

posto de pronto-socorro first aid station 急救站

posto de seccionamento (PS) switching station, sectioning post (PS) 开关站

posto de seccionamento e transformação (PST) switching and transformer station 开关变电站

posto de serviço service station 汽车修理站；公路服务区

posto de serviço e abastecimento service station, petrol pump 加油站

posto de serviço e descanso service and rest station（公路）服务区，休息站

posto de trabalho ❶ work station 工位 ❷ job, post 工作岗位

posto de transformação (PT) transforming plant 变电站

posto de venda point of sale 销售点

posto fiscal control station 调度站

posto fluviométrico stream gauging station, flow gauging station 流量测量站，水文站

posto fronteiriço border post 边防检查站

posto hidrométrico hydrometric station; stream gauging station 水文观测站

posto médico medical center 医务室，医疗室，医疗站，卫生所

posto meteorológico weather station 气象站

posto particular de comutação (PBX) private branch exchange (PBX) 专用交换机

posto pluviométrico (/udométrico) rain gauge station, rain gauging station 雨量站，雨量观测站

posto rodoviário road crossing 道路交叉点

pós-venda ❶ *adj.* after-sales 售后的 ❷ *s.m.* after-sales follow up 售后跟踪，售后服务

pós-voo *s.m.* post-flight 飞行后

potabilidade *s.f.* potability 可饮用性

potabilização *s.f.* potabilization 饮用水处理

potâmico *adj.* potamous 河流生物的

potamologia *s.f.* potamology 河流学

potassa *s.f.* potash 钾碱，碳酸钾；钾肥

potassa cáustica caustic potash 苛性钾

potássio (K) *s.m.* potassium (K) 钾

pote *s.m.* ❶ pot 壶 ❷ "pote" 葡制壶（液量单位，合 8.4 升）

poteclinômetro *s.m.* poteclinometer 连续井斜仪，连续测斜仪

potéia *s.f.* putty [巴] 油灰，腻子

potéia de cal lime putty 石灰膏；石灰腻子

potência ❶ *s.f.* 1. power 功率；动力；电力 2. horsepower 马力 ⇨ **cavalo-vapor** ❷ power 乘方，幂 ❸ true thickness（岩层或矿体的）真厚度

potência ao freio brake horsepower (BHP) 制动功率，制动马力

potência activa active power 有功功率，有效功率

potência acústica sound power, acoustic power 声功率

potência bruta gross power 总功率

potência de atrito friction power 摩擦力

potência de eixo shaft horsepower 轴马力

potência de emergência standby power 储用功率

potência de ponta do sistema system peak power 系统峰值功率

potência de reserva reserve power 备用功率

potência de saída nominal rated output 额定输出

potência de tracção tractive power 牵引功率

potência na barra de tracção drawbar horsepower 牵引马力

potência na polia belt horsepower 皮带马力

potência no volante flywheel horsepower 飞轮马力

potência efectiva (/de saída/ desenvolvida) power output 输出功率

potência eléctrica electric power 电力；电功率

potência firme firm power 可靠功率

potência firme de ponta firm peak power 可靠峰值功率

potência hidráulica da broca bit hydraulic horsepower (BHHP) 钻头水马力

potência homologada rated horsepower 额定功率

potência ideal ideal power 理想功率

potência indicada indicated horsepower 指示马力

potência instalada installed power 装机功率；设备容量

potência líquida net power, nominal payload capacity 净功率

potência máxima maximum power 最大功率

potência máxima absorvida maximum input capacity 最大输入功率

potência máxima produzida maximum output capacity 最大输出功率

potência máxima sob aceleração total full throttle horsepower 全油门马力

potência mecânica mechanical power 机械动力

potência nominal nominal horsepower, rated horsepower 额定功率，额定马力

potência plena nominal full rated horsepower 全额定马力

potência produzida ⇨ potência efectiva

potência real real power 实际功率

potência reativa reactive power 无效功率，无功功率

potência sonora ⇨ potência acústica

potência total equivalente de frenagem total equivalent brake horsepower 总当量制动功率

potência útil net horsepower 有效功率，有效马力

potência utilizável usable power 可用功率

potência variável variable horsepower 可变马力

potencial *s.m.* ❶ potential 势能，位能 ❷ potential 力量，能力，潜力

potencial calculado de vazão (/fluxo) calculated absolute open flow 计算绝对无阻流量

potencial de aceleração accelerating potential 加速电位

potencial de corrosão corrosion potential 腐蚀电位

potencial de electropolarização electropolarization potential 电极化电位

potencial de fluxo máximo absoluto absolute open flow potential （油井）敞喷产量；无阻流量

potencial de folhelho shale potential [巴] 页岩电位

potencial de hidrogénio (PH) hydrogen potential (pH) 氢电位（pH 值）

potencial de ionização ionization potential 电离电势

potencial de junção líquida liquid-junction potential 液体接界电位

potencial de Mounce Mounce potential 孟斯电位

potencial de oxirredução (Eh) oxido-reduction potential (Eh) 氧化还原电位

potencial de redução redox potential 氧化还原电位

potencial de terra ground potential 大地电位

potencial de xisto argiloso shale potential[葡]页岩电位

potencial eléctrico electric potential 电势；电位

potencial em fluxo pleno open-flow potential 敞喷时产油能力

potencial espontâneo spontaneous potential (SP) 自发电位

potencial espontâneo estático static self-potential 静止自然电位

potencial gravitacional gravitational potential 引力势，重力位

potencial inicial initial potential (IP) 初期产量

potencial normal normal potential (NP) 标准电势

potencial terrestre ⇨ **potencial de terra**

potencial zeta zeta potential 电动电势，界面动电势

potenciar v.tr. (to) raise to a power 使自乘

potenciométrico adj. potentiometric 电势测定的

potenciómetro/potenciômetro s.m. potentiometer 电势差计，电位计

potenciômetro de comando control potentiometer 控制电位计

potenciômetro de ganho do regulador regulator gain potentiometer 增益调节电位器

potensióstato/potensiostato s.m. potentiostat 电势恒定器

potente adj.2g. powerful 强有力的，大功率的

poterna s.f. postern 暗道，暗门

poughita s.f. poughite 碲铁矾

pousada s.f. inn, hostel 旅店，客栈

pousio s.m. ❶ fallow period 休耕期 ❷ fallow land 休耕地

pouso s.m. landing 降落，着陆

  pouso corrido running landing 滑跑着陆

  pouso curto undershoot 下冲

  pouso de barriga belly landing 机腹着陆

  pouso de emergência emergency landing 紧急降落

  pouso de três pontos three-point landing 三点着陆

  pouso direto straight-in landing 直线进入着陆

  pouso duro hard landing 硬着陆

  pouso em vento cruzado crosswind landing 侧风着陆

  pouso forçado forced landing, crash landing 迫降

  pouso forçado seguro safe forced landing 安全迫降

  pouso interrompido balked landing 中断着陆

  pouso normal normal landing 正常着陆

povoação s.f. settlement, village 居民点，村镇

povoado ❶ s.m. settlement, village 居民点，村镇 ❷ adj. populated 有人居住的

pozolana s.f. puzzolan, puzzolana 火山灰；白榴石火灰

pozolana artificial artificial pozzolan 人造火山灰

pozolana natural natural pozzolan 天然火山灰

PP sig.,s.m. PP (polypropylene) 聚丙烯

praça ❶ s.f. 1. square 广场 2. market place; market 市场、集市所在的广场；市场、集市 ❷ s.2g. soldier 士兵；服兵役的学员

praça central central square 中心广场

praça de alimentação food plaza 美食广场

praça de armas (/de guerra/forte) ward （中世纪城堡的）堡场

praça do mercado market square 集市广场

praça de portagem (/pedágio) toll plaza 收费广场

praça de táxis taxi stand, taxi rank 出租车停靠站

praça submersa sunken plaza 下沉广场

praceta s.f. small square 小广场

pradaria s.f. prairie 大草原；牧场

praga s.f. pest （农业）害虫

Pragiano adj.,s.m. [巴] ⇨ **Praguiano**

Praguiano adj.,s.m. Pragian; Pragian Age; Pragian Stage [葡]（地质年代）布拉格期（的）；布拉格阶（的）

praia s.f. beach 海滩

praia de aposição apposition beach 并列海滩

praia de barreira barrier beach 沿滩沙埂

praia de calhaus boulder beach 砾石滩

praia depressionada shoreline of depression 沉降滨线

praia em crescente crescent beach 新月形海滩

praia emersa back shore 后滨；滨后

praia escarpada bay head beach 湾头滩

praia imersa shore face 临滨；滨面

praia interna internal beach; backbeach 后滩

praia levantada raised beach 上升海滩；海滩高地

praia por emergência shoreline of emergence 上升滨线

praia por submergência shoreline of submergence 下沉滨线

praia soerguida shoreline of elevation 上升滨线

praialito s.m. beachrock 滩岩

prancha s.f. plank 厚木板；（在部分规范中）厚 65—120mm 的板材

prancha-alinhadora swath board, grass board 拨草板

prancha acústica acoustic board 吸声板

prancha de andaime scaffold floor 脚手板

prancha de cobertura cover board 盖板

prancha de madeira vulgar common wood plank 普通木板

prancha de saltos diving board 跳板

prancha inclinada angle board 角尺板

pranchão s.m. thick plank 厚木板，跳板

prancheamento s.m. lagging [集] 板材，隔板

prancheta s.f. ❶ drawing table 绘图桌 ❷ plane table 平板仪；测绘板 ❸ clipboard 带夹子的笔记板

prancheta de cálculo plane table 平板仪；测绘板

prancheta de sondagem hydrographic field board （海洋测绘使用的）作业图板

prancheta topográfica plane table, plane-table board 平板仪，测量平板

praria s.f. prairie 大草原；牧场

praseodímio (Pr) s.m. praseodymium (Pr) 镨

prasinito s.m. prasinite 绿泥闪帘片岩

prásio s.m. prase 葱绿玉髓，绿石英

prasiolite s.f. prasiolite 绿堇云石

prasopala s.f. prasopal 葱绿蛋白石

prata (Ag) s.f. silver (Ag) 银

prata alemã German silver 德国银；铜镍锌合金

prata antimonial discrasite 锑银矿

prata dourada doré silver 粗银；多雷含金粗银

prata esterlina (/de lei) sterling silver 标准纯银

prata negra ⇨ polibasite

prata telúrica telluric silver 碲银矿

prateação/prateadura s.f. silvering 镀银

pratear v.tr. (to) silver 镀银

prateleira s.f. shelf 架子；搁板

prateleira de parede wall shelf 墙架，挂墙架

prateleira de tebuleiros tray rack 托盘架

prateleira para microondas microwave shelf 微波炉架

prática s.f. ❶ practice, exercise 实践，练习 ❷ practice; procedure 做法；实务 ❸ experience; observance 经验；惯例

prática recomendada recommended practice (RP) 推荐作法

prático adj. practical 实际的；实务的；实用的

prato s.m. plate 盘子，盘，板

prato amortecedor buffer plate 缓冲板

prato cíclico swashplate 倾斜盘，自动倾斜器

prato de assentamento base plate 支承板

prato de contacto contact cup 接触杯

prato de embraiagem pressure plate, clutch pressure plate 离合器压板

prato do freio brake anchor plate 制动块支撑板

prato de jante wheel disc 轮圈

prato da mola spring retainer 弹簧座圈

prato do pedal pedal plate 脚踏板

prato de pressão pressure disc 压盘

prato de quatro grampos four-jaw chuck 四爪卡盘

prato de união flange coupling 凸缘联

轴器

prato elástico disc spring 碟形弹簧

prato flexível flexplate 挠性板

prazo *s.m.* period, limit 期限

prazo de contrato contract period 合同期限，合约期

prazo de entrega delivery limit, delivery period 交货期，交工期限

prazo de execução construction period 工期，（项目、合同）执行期

prazo de retirada de fôrma formwork removal time 模板拆除时间

prazo de retorno ❶ return period 重现期 ❷ payback period 投资回收期

prazo do tempo time limit 时限

prazo de tolerância grace period 宽限期

prazo de validade valid period 有效期

prazo de vigência duration of validity 有效期

prazo final deadline 最后期限

pré- *pref.* pre- 表示"预先的；前部的"

pré-acondicionamento *s.m.* preconditioning 预处理

preamar *s.f.* [巴] ⇨ preia-mar

pré-amplificador *s.m.* preamplifier 前置放大器

pré-amplificador de misturador mixing preamplifier 混合前置放大器

pré-aquecedor *s.m.* preheater 预热器

pré-aquecedor de ar air-pre-heater 空气预热器，空预器

pré-aquecer *v.tr.* (to) preheat 预加热，预热

pré-aquecimento *s.m.* preheating 预热

pré-aro *s.m.* framing stud, jack stud （安装门框用的）预埋木立柱，预埋木砖

pré-biótico *adj.* prebiotic 生物出现前的

pré-boreal *s.m.* pre-boreal 前北方期

pré-câmara *s.f.* antechamber 预燃室

Pré-Cambriano *adj.,s.m.* [巴] ⇨ Pré-câmbrico

Precâmbrico *adj.,s.m.* Precambrian; Precambrian Period; Precambrian System [葡]（地质年代）前寒武系（的）

pré-carga *s.f.* preload 预负荷，预加荷载

preçário *s.m.* price-list 价目表

pré-carregamento *s.m.* preloading 预加荷载；预加载

pré-carregar *v.tr.* (to) preload 预加载

precaução *s.f.* precaution, precautionary measure 预防，预防措施

precessão *s.f.* precession, polar wandering 岁差；极运动

precessão giroscópica gyroscopic precession 旋进性

precificação *s.f.* pricing 定价

precificar *v.tr.* (to) price, (to) mark the price 标出价格，贴价签

pré-cinemático *adj.* prekinematic 构造期前的

precipício *s.m.* precipice 悬崖

precipitação *s.f.* ❶ precipitation; rainfall （雨、雪、冰雹等的）降下；（降落的）雨、雪、冰雹；雨量，降雪量 ❷ precipitation 沉淀(作用)；沉淀物

precipitação anual annual rainfall 年降雨量

precipitação artificial artificial precipitation, cloud seeding 人工降雨

precipitação atmosférica atmospheric precipitation 大气降水，大气沉降

precipitação de cobre cement copper 沉积铜

precipitação de neve snowfall 降雪

precipitação efectiva effective precipitation 有效降水量

precipitação máxima maximum rainfall 最大降雨量

precipitação média mean rainfall 平均降雨量

precipitação oculta occult precipitation 隐藏降水

precipitação pluviométrica rainfall 降雨量

precipitação química chemical precipitation 化学沉淀

precipitação radioactiva fallout 微粒回降；放射性尘埃

precipitado ❶ *adj.* precipitated 沉淀的 ❷ *s.m.* precipitate 沉淀物

precipitado bioquímico biochemical precipitate 生物化学沉淀物

precipitador *s.m.* precipitator 聚尘器；沉淀器

precipitador de Cottrell Cottrell precipitator 科特雷尔除尘器

precipitador electrostático electrostatic precipitator 静电除尘器

precisão *s.f.* accuracy, precision 精度，准确度

precisão de leitura reading accuracy 读数精度

precisão de medida accuracy of measurement 测量精度

precisão de montagem installation precision 安装精度

precisão de posicionamento positional accuracy 定位准确度

precisão dimensional dimensional accuracy 尺寸精度

precisão no acabamento final grading accuracy 平整准确性

pré-clímax *s.m.* preclimax 前演替顶极

pré-cloragem *s.f.* pre-chlorination 预加氯

preço *s.m.* price 价格

preço à saída da fábrica ⇨ preço posto fábrica

preço-base base price 基础价格

preço CIF CIF price 到岸价

preço constante constant price 固定价格

preços contábeis accounting prices 记账价格

preço contratado contracted price; contract price 签约价格，成交价格；合同价格

preço corrente current price 现行价格，市价

preço de contrato contract price 合同价格

preço de custo cost price 成本价格

preços de energia elétrica electricity prices 电价

preço de lance bid price 投标价格；买价

preço de mercado market price 市场价格

preço do mercado de curto prazo (PMAE) short-term market price 短期市场价格

preço de referência reference price 参考价格

preço de valor ao câmbio actual money of the day price, MOD price 付款当日价格

preço e prazos cost and delivery period 费用与支付期

preço ex ante ex-ante price 事前电价

preço ex post ex-post price 事后电价

preço FOB FOB price 离岸价

preço futuro future price 远期价格

preço global lump sum price 总价

preço justo fair price 合理价格

preço limiar threshold price 门槛价格

preço limite limit price 限定价格

preço limite do mercado de curto prazo (PLMAE) short-term market limit price 短期市场限价

preço médio mensal monthly average price 月平均价格

preço meta target price 目标价格

preço mínimo minimum price 最低价格

preço MOD MOD price 付款当日价格

preço nominal nominal price 名义价格

preço posto fábrica ex-works price 出厂价

preço-tecto ceiling price 最高价，最高限价

preço turn key turnkey price 全包价格

preço unitário unit price 单价

pré-compressão *s.f.* precompression 预压缩

pré-consolidação *s.f.* preconsolidation 预固结；先期固结

pré-consolidado *adj.* preconsolidated 先期固结的

pré-corte *s.m.* presplitting 预裂

predazite *s.m.* predazzite 水滑大理岩；水滑结晶灰岩

pré-deposicional *adj.2g.* pre-depositional 沉积期前的

predial *adj.2g.* (of) building 建筑的

predição *s.f.* prediction 预测

predição de falha failure prediction 故障预测

predição de terramoto earthquake prediction 地震预报

prédio *s.m.* building 建筑

prédio administrativo administrative building 行政楼

prédio alto high-rise building 高层建筑

prédio baixo low-rise building 低层建筑

prédio comercial commercial building 商业建筑物

prédio de apartamento apartment building 公寓楼

prédio de concreto concrete building 混凝土建筑

prédio de frente front building 前部建筑

prédio de tijolos brick building 砖混筑物

prédio não doméstico non-domestic premise 非住宅楼宇；非住宅单位

prédio rústico rural building, farmhouse 农用建筑

prédio traseiro back building, outhouse 附属建筑，附属用房

prédio urbano urban building 城市建筑

predisposição *s.f.* predisposition 倾向

predisposição para acidentes accident proneness 事故倾向性

predizível *adj.2g.* predictable 可预测的

predominante *adj.2g.* predominant, prevailing 占优势的，主导的

pré-doseado *adj.* pre-dosed 预配料的

pré-embebimento *s.m.* presoak 预浸

pré-empreendimento *adj.inv.,s.m.* pre-project 项目前期（的）

preencher *v.tr.* (to) fill, (to) fulfill 填满，填充；填写

preenchimento *s.m.* ❶ filling, fulfilling 填满，填充；填写 ❷ backfilling (injecting) 灌浆充填 ❸ fill 填充物，填料

preenchimento de argila clay fill 黏土填料

preenchimento de canal channel fill 河槽淤积

preenchimento de cânion canyon fill 峡谷充填物，峡谷淤积

preenchimento de crevasse crevasse deposit 冰隙沉积

pré-encruado *adj.* pretempered 预回火的

pré-encruamento *s.m.* pretempering 预回火

pré-escavado *adj.* prebored 预钻的（孔）

pré-esforço *s.m.* prestressing 预（加）应力

pré-esforço pós-tensionado (/por pós-tensão) post-tensioned prestressing 后张预应力

pré-esforço pré-tensionado (/por pré-tensão) pre-tensioned prestressing 先张预应力

pré-fabricação *s.f.* prefabrication 预制

pré-fabricado *adj.* precast, prefabricated 预制的

pré-filtro *s.m.* ❶ prefilter 预滤器 ❷ gravel pack 砾石过滤层

pré-fissuramento *s.m.* presplitting 预裂

pré-fundido *adj.* pre-cast 预铸的

pré-furo *s.m.* pre-drilling 预钻孔

pregação *s.f.* nailing, spiking 打钉

pregação frouxa spike killing 道钉毁损

pregador *s.m.* ❶ nailer 敲钉工 ❷ nailer 敲钉机；射钉枪

pregador pneumático air nailer 气动钉枪

pregagem/pregadura *s.f.* ⇨ pregação

pregaria *s.f.* nails, nailing [集]（装饰用的）钉子，钉饰

pré-glaciário *adj.* preglacial 冰期前的

pregão *s.m.* ❶ spike 长钉，大钉 ❷ reverse auction [巴] 逆向拍卖，反向拍卖

pregar *v.tr.* (to) nail 钉；钉住；打钉，敲钉

prego *s.m.* nail 钉子

prego anelado ring-shank nail 环纹钉

prego ardox spiral nail 螺纹钉

prego asa-de-mosca ⇨ escápula

prego caibral ⇨ pregão

prego com cabeça dupla double-headed nail 双头钉

pregos compostos composition nails 板钉

prego comum common nail 普通铁钉

prego cortado cut nail 方钉；切制钉

prego de acabamento finishing nail 终饰钉；饰面钉

prego de aço steel nail 钢钉

prego de alvenaria masonry nail 砖石钉

prego de andaime ⇨ prego de forma

prego de arame wire nail 圆钉

prego de cabeça chato flat nail, flat-ended nail 平头钉

prego de cabeça excêntrica dog-nail 道钉

prego de cabeça grossa stud 柱头螺栓

prego de caixa box nail 箱钉

prego de caverna spike 长钉，大钉

prego de duas cabeças double-headed nail 双帽钉

prego de forma form nail 双帽钉

prego de forro casing nail 饰面钉，小头钉

prego de galeota ⇨ pregão

prego-de-linha track spike 线路道钉

prego-de-linha cabeça-de-cachorro dog spike 道钉；狗头钉

prego-de-linha de duas cabeças double-headed spike 双头道钉

prego-de-linha elástico elastic spike 弹性道钉

prego-de-linha frouxo killed spike 毁损道钉

prego de piso flooring nail 地板钉

prego de ripar lath nail 板条钉

prego de rosca ⇨ prego rosqueado

prego de telhado ⇨ prego telheiro

prego metálico metal spike 金属钉

prego para ardósia slating nail 石板瓦钉

prego para concreto concrete nail 混凝土钉

prego pequeno sem cabeça sprig 无头钉；打钉

prego redondo round nail 圆钉

prego rosqueado drive screw 螺纹钉

prego sem cabeça blind nail, blind-ended nail 隐头钉，盲钉

prego telheiro roofing nail 屋面钉

prego-e-virola s.m.2n. spike-and-ferrule 用大钉子和套箍固定天沟的天沟安装方式

pregratite s.f. pregrattite 纳云母

preguilho s.m. brad 无头（小）钉

prehnite s.f. prehnite 葡萄石

preia-mar s.f. hight tide 高潮

pré-ignição s.f. pre-ignition 预点火

pré-isolado adj. preinsulated 预绝缘的

prejuízo s.m. ❶ damages 损害，损伤 ❷ adverse effects, nuisances 不利影响

prejuízo indirecto indirect loss, indirect damage 间接损失

prejuízo máximo maximum loss 最大损失

prejuízo resultante consequential damage 间接损害，从属损害

pré-lavagem s.f. pre-washing 预洗

premente adj.2g. pressing 压迫的，挤压的

pré-metrô s.m. premetro 准地铁

prémio/prêmio s.m. ❶ premium 溢价 ❷ bonus 奖金；红利 ❸ bonus; recompense 加班费；补偿费；保险费

pré-misturado s.m. plant mix 厂拌混合料

pré-misturado a frio cold mix 冷拌合料

pré-misturado a quente hot mix 热拌合料

pré-moldado adj. pre-cast 预制的，预铸的

prendedor s.m. peg, pin 钉，别针，夹子；夹持器

prendedor de roupa clothes peg 衣服夹

prendedor magnético magnet 磁吸

prendedor ondulado (/corrugado) corrugated fastener 波纹紧固件

prenite s.f. prehnite 葡萄石

prensa s.f. ❶ press 压榨机；压力机；冲床 ❷ printing press 印刷机

prensa a alavanca lever press 杠杆式压力机

prensa a volante fly press 飞轮式螺旋压力机

prensa articulada toggle press 曲柄压机

prensa contínua continuous press 连续压榨机

prensa de curvar bending press 压曲机；压弯机；折弯机

prensa de dupla secção double-acting press 双动压力机

prensa de forjar forging press 锻压机；锻造压力机

prensa de hélice screw press 螺旋压制机

prensa de junta articulada knuckle-joint press 肘接式压力机

prensa de laminar drawing press 拉伸压力机

prensa de matriz (/cunhar) oscilante oscillating die press 振动模压力机

prensa de mesa table press 台式压力机

prensa de percussão percussion press 撞压机

prensa de RSU solid urban waste press 城市固体废物减容压缩机

prensa de vácuo vacuum press 真空压制机

prensa desaguadora dewatering press 挤水机

prensa dobradeira press brake 折弯机

prensa hidráulica hydraulic press 液压机

prensa horizontal contínua horizontal continuous press 卧式连续压榨机

prensa manual arbor press 手扳冲床

25

prensa mecânica mechanical press 机械压力机

prensa para mangueira hose press 软管压制机

prensa-percussora de moldagem jolt-squeeze machine 震压式造型机

prensa pneumática pneumatic press 气动压力机

prensa-revólver turret press 转塔式压力机

prensa vertical descontínua vertical intermittent press 立式间歇压榨机

prensa viradeira press brake 折弯机

prensa-cabo s.m. cable gland 电缆密封套

prensado adj. ❶ pressed 压缩的，压制的 ❷ crimped 有波纹的；轧花的

prensado a frio cold-pressed 冷压的

prensador s.m. ❶ press operator 冲压操作工 ❷ press 压榨机

prensador de alho garlic press 压蒜器

prensa-estopas s.m.2n. gland 压盖

prensa-estopas de borracha rubber gland 橡胶压盖

prensagem s.f. ❶ pressing 压；按 ❷ mould pressing 模压 ❸ embossing 压纹（加工），压花（加工）

prensar v.tr. (to) press 压，压榨

pré-operação s.f. pre-operation 试运行

pré-orogénico adj. pre-orogenic 前造山期的，造山前的

pré-oxidação s.f. preoxidation 预氧化

pré-ozonização s.f. pre-ozonation 预臭氧化

pré-pagamento s.m. prepayment 预付费

pré-pago adj. pre-paid 预付费的

preparação s.f. preparation 准备，制备；整地

preparação de amostra sample preparation 样品制备

preparação da cama de sementeira secondary tillage 复耕，再耕

preparação do local site preparation 现场准备

preparação de minério preparation of ore 矿石预备

preparação de sementeira sowing preparation 播种前的整地

preparação do terreno development of land; land preparation 土地开发；整地

preparação emergente emergency preparedness 应急准备

preparador s.m. preparer 制备器，调制机

preparador de polielectrólitos polyelectrolyte preparer 聚电解质制备器

preparador de polímeros polymer preparer 聚合物制备器

preparar v.tr. (to) prepare 准备，制备

preparo s.f. preparation [巴] 准备，制备；整地

preparo do solo tillage 耕作，整地

pré-plote s.m. pre-plot [巴] 点位预算；预定表

pré-podadora s.f. pre-pruner 绿篱修剪车

pré-pós-tensionamento s.m. pre-tension and post-tension construction 先后张预应力施工

prepreg s.m. prepreg 预浸渍体；预浸胶体

pré-purificador s.m. precleaner 粗选机；预清机

pré-purificador de ar air precleaner 空气粗滤器

pré-purificador de tubos ciclônicos cyclone tubes precleaner 旋流管式预滤器

pré-qualificação s.f. pre-qualification (tender) 资格预审

pré-qualificar v.tr.,pron. (to) pre-qualify 预先具有资格，通过资格预审

presa s.f. set, setting up 混凝土凝固

presa falsa ⇒ falsa presa

presa final final set 终凝

presa inicial initial set 初凝

presa instantânea flash set 快速凝固，闪凝

pré-sal s.m. pre-salt [巴] 盐下油田

presbitério s.m. presbytery （教堂内的）司祭席，内殿

presença s.f. presence, occurrence 存在，存像；存在度；产状

presença de água presence of water 有水存在，含水

presença de gás occurrence of gas 天然气产状

presenciar v.tr. (to) attend; (to) witness 出席；见证

preservação s.f. preservation 保存；保护

preservação do ambiente preservation

of the environment 环境保护

preservação de amplitude amplitude preservation 振幅保持，振幅保存

preservação do edifício building preservation 建筑保护（偏重指用技术手段予以保护）

preservar *v.tr.* (to) preserve 保存，保护

preservativo *s.m.* preserver 保护剂，防腐剂

preservativo para madeira wood preserver 木材防腐剂

presidência *s.f.* ❶ presidency, chairmanship presidente 的职位或任期 ❷ presidential palace; office of the president 总统府，总统官邸；总统办公厅

presidência rotativa rotating presidency, rotating chairmanship 轮值主席

presidente ❶ *s.2g.* 1. president; chief executive; chair, chairperson (chairman, chairwoman)（机构、团体、企业等的最高权力人）主席；长官；总裁 2. president（国家元首）总统；国家主席 3. president, speaker, chairman (of assembly, parliament, council, etc)（国会、议会、上院、下院等的）议会主席，议长，委员长 4. chair, chairperson (chairman, chairwoman), foreman（会议、评委、陪审团等的）主席，主持人 ❷ *adj.2g.* presiding 首席的；主持的；指挥的

presidente cessante outgoing president （即将卸任的）离任总统

presidente da assembleia geral chair of general assembly 股东大会主席

presidente do conselho de administração (PCA) chairman of the board 董事会主席，董事长；总经理，总裁 ⇨ conselho de administração

presidente do conselho fiscal president of board of supervisors 监事会主席

presidente de honra honorary president 名誉董事长，名誉主席

presidente da república President of the Republic 共和国总统

presidente eleito president-elect（尚未就职的）当选总统

presidente emérito president emeritus 荣誉主席；荣誉总统

presidente encarregado sitting president, incumbent president 现任董事长，现任总裁，现任总统

presidente entrante incoming president 新任董事长，新任总裁，新任总统

presidente executivo chief executive officer (CEO) 首席执行官；（执行）总裁

presidir *v.tr.* ❶ (to) rule, (to) preside 统领，管理 ❷ (to) preside, (to) chair 主持（会议），担任（会议）主席

presilha *s.f.* fastener 绑带；扣件，扣拴物

presilha do cabo cable clamp 电缆夹

presilha de fixação hold-down clip 卡子，卡箍

presilha de latão niquelado nickel plated brass clip 镀镍铜夹

pressão *s.f.* pressure 压力；压强

pressão à cabeça tubing head pressure 油管头压力

pressão ao nível do mar sea-level pressure 海平面气压

pressão absoluta absolute pressure 绝对压力

pressão acústica acoustic pressure 声压

pressão acústica de referência reference acoustic pressure 参考声压

pressão acústica instantânea instantaneous sound pressure 瞬时声压

pressão adimensional dimensionless pressure 无因次压降，无量纲压降

pressão admissível permissible pressure 容许压力

pressão admissível máxima de trabalho maximum allowable working pressure [巴] 最大容许工作压力

pressão alta anormal abnormally high pressure 异常高压

pressão anormal abnormal pressure 异常压力

pressão anular annular pressure 环空压力

pressão ascendente upward pressure 上行压力

pressão atmosférica atmospheric pressure, air-pressure 大气压；气压，常压

pressão atmosférica absoluta absolute atmospheric pressure 绝对大气压

pressão barométrica barometric pressure 大气压

pressão capilar capillary pressure 毛细管

（水）压力

pressão capilar por mercúrio mercury-vacuum capillary pressure curve 汞－真空毛管压力曲线

pressão confinante confining pressure 围限压力；围压

pressão constante constant pressure 恒定压力

pressão crítica critical pressure 临界压力

pressão de abandono abandonment pressure 废弃压力

pressão de abertura opening pressure 开启压力

pressão de absorção leakoff pressure [巴] 漏失压力

pressão de admissão inlet pressure 进口压力

pressão de água water pressure 水压

pressão de água intersticial pore water pressure 孔隙水压力

pressão de alimentação do combustível fuel delivery pressure 输油压力

pressão de ambiente ambient pressure 环境压力

pressão de apoio bearing pressure 支承压力

pressão de ar air pressure 空气压力

pressão de base base pressure 基础压力，底部压力

pressão da bomba pump pressure 泵压

pressão de caldeira boiler pressure 锅炉压力

pressão de capilaridade ⇨ pressão capilar

pressão de carga charging pressure 充气压力

pressão de cedência da formação leakoff pressure [葡] 漏失压力

pressão de circulação ⇨ pressão de fluxo

pressão de colapso collapse pressure 崩裂压力

pressão de contacto contact pressure 接触压力

pressão de convergência convergence pressure 会聚压力

pressão de distribuição delivery pressure 输出压力

pressão de entrada ❶ inlet pressure 进口压力 ❷ upstream pressure 上游压力

pressão de escoamento discharge pressure 排气压力；出口压力；输送压力

pressão de estagnação do vento wind stagnation pressure 滞止压力

pressão de expansão swelling pressure 膨胀压力

pressão de fecho bottom hole pressure shut-in 关井井底压力

pressão de fluido fluid pressure 流体压力

pressão de fluxo flow pressure 流动压力

pressão de fluxo aberto open-flow pressure 油井敞喷时的油藏压力

pressão de fluxo na coluna flowing tubing pressure 自喷油压

pressão da formação formation pressure 地层压力

pressão de fracturamento fracturing pressure 破裂压力

pressão de fracturamento da formação formation fracture pressure 地层破裂压力

pressão de fronteira boundary pressure 界面压力，边界压力

pressão de fundo com poço fechado closed bottom pressure 关井井底压力

pressão do fundo de poço bottom-hole pressure 井底压力

pressão de fundo em escoamento flowing bottomhole pressure 井底流动压力

pressão do gelo ice pressure 冰压力

pressão de iniciação de fractura breakdown pressure 破裂压力；临界压力

pressão de injecção injection pressure 喷射压力

pressão de ionização ionization pressure 电离压力

pressão de irrupção kick-off pressure (KOP) 气举启动压力

pressão de jacto de ar blast pressure 鼓风压力

pressão de miscibilidade miscibility pressure 混相压力

pressão de miscibilidade mínima minimum miscibility pressure 最小混相压力

pressão de mola spring pressure 弹簧压力

pressão de nega refusal pressure 回抗压力

pressão de operação operating pressure 工作压力

pressão de oscilação surge pressure 激动压力

pressão de peso morto dead-weight pressure 静重压力

pressão dos pneus tyre pressure 轮胎气压

pressão de ponto de bolha bubble-point pressure 泡点压力，始沸点压力

pressão de poro pore pressure 孔隙压力

pressão de poro normal normal pore pressure 正常孔隙压力

pressão de pré-adensamento preconsolidation pressure 先期固结压力

pressão de propagação de fractura fracture propagation pressure 裂缝延伸压力

pressão de prova proof pressure 试验压力

pressão de reabertura de fractura fracture reopening pressure 裂缝再张压力

pressão de reservatório reservoir pressure 地层压力

pressão de retenção no circuito circuit holding pressure 保持回路压力

pressão de ruptura burst pressure 破裂压力

pressão de saída ❶ outlet downstream pressure 出口压力 ❷ downstream pressure 下游压力

pressão de saturação saturation pressure 饱和压力

pressão do solo soil pressure ⇨ pressão de terra

pressão de superfície surface pressure 表面压力；地面压力；井口压力

pressão de suprimento do combustível fuel supply pressure 供油压力

pressão de terra earth pressure 土压力

pressão de terra activa active earth pressure 主动土压力

pressão de terra passiva passive earth pressure 被动土压力

pressão de terra projectada design earth pressure 设计土压力

pressão de trabalho working pressure 工作压力

pressão de vapor vapor pressure 蒸气压

pressão de vapor de Reid Reid vapor pressure 雷德蒸汽压

pressão de ventilador fan pressure 风机压力

pressão de vento wind pressure 风压

pressão do vento admitida design wind pressure 设计风压

pressão descendente pressão descendente 下行压力

pressão desenhada design pressure 设计压力

pressão devida ao assoreamento silt pressure 淤泥压力

pressão diferencial differential pressure 差压

pressão dinâmica dynamic pressure 动态压力

pressão dinâmica do vento dynamic wind pressure 动态风压

pressão efectiva effect pressure 有效压力

pressão efectiva média mean effective pressure 平均有效压力

pressão efectiva média ao freio (/travão) brake mean effective pressure (BMEP) 制动平均有效压力

pressão efectiva média indicada indicated mean effective pressure 平均指示有效压力

pressão em bolhas pressure in bubbles 气泡压力

pressão na cabeça do poço wellhead pressure 井口压力

pressão no cabeçote tubing head pressure 油管头压力

pressão no colector manifold boost pressure 歧管增压

pressão no colector de admissão inlet manifold pressure 进气歧管压力

pressão no fundo do poço bottomhole pressure (BHP) 井底压力

pressão no lastro ballast pressure 道砟压力

pressão em repouso de terra earth pressure at rest 静止土压力

pressão no revestimento casing pressure 套管压力

pressão estabilizada stabilized pressure 稳定压力

pressão estática static pressure 静压力，静水压力

pressão estática máxima maximum static pressure 最高静水压力

pressão excessiva overpressure 过压

pressão externa external pressure 外部压力

pressão extra-alta extra high pressure 超高压

pressão geostática geostatic pressure 地静压力

pressão hidráulica hydraulic pressure 液压

pressão hidrodinâmica hydrodynamic pressure 动水压力

pressão hidrostática hydrostatic pressure 静水压力

pressão hiperbárica hyperbaric pressure 高压压力

pressão inicial do reservatório initial reservoir pressure 原始储层压力

pressão interno de tubo tubing pressure 管内压力

pressão intersticial interstitial pressure 孔隙压力；孔隙水压力

pressão lateral side pressure, lateral pressure 横向压力，侧向压力，侧压力

pressão litostática lithostatic pressure 静岩压力；地静压力

pressão longitudinal longitudinal stress 纵向应力

pressão manométrica gauge pressure 计示压力

pressão manométrica estática static gauge pressure 静表压

pressão máxima critical pressure 临界压力

pressão máxima de serviço maximum service pressure 最大工作压力

pressão máxima de trabalho permitida maximum allowable working pressure 最大容许工作压力

pressão média efetiva ao freio brake mean effective pressure 制动平均有效压力

pressão mínima minimum pressure 最小压力

pressão modulada modulated pressure 调制压力

pressão natural natural pressure 自然压力

pressão neutra neutral pressure 中性压力；中和压力

pressão nominal nominal pressure 标称压力

pressão normal normal pressure 正压力

pressão original original pressure 原始（地层）压力

pressão osmótica osmotic pressure 渗透压

pressão para baixo down pressure 下压力

pressão parcial partial pressure 分压；部分压力

pressão permissível allowable pressure 容许压力

pressão por estrangulamento back pressure 反压强；背压

pressão principal head pressure 水头压力

pressão reduzida reduced pressure 换算压力；折算压力

pressão repentina ⇨ pressão súbita

pressão rochosa rock pressure 岩压，岩石压力

pressão selectiva selection pressure 选择压力

pressão sobre o solo ground pressure 地面压力

pressão sonora sound pressure 声压

pressão súbita surge pressure 激动压力

pressão tangencial tangential pressure 切向压力

pressão terminal terminal pressure 末端压力

pressão total total pressure 总压力

pressão uniforme uniform pressure 均匀线

pressiômetro *s.m.* pressiometer 压力计

pressoancoragem *s.f.* shotcrete bolting 喷锚支护

presso-estaca *s.f.* root pile 树根桩

pressostato *s.m.* pressure switch 稳压器，压差开关

pressostato diferencial de ar differential

air pressure switch 空气压差开关

pressuposto *s.m.* assumption 预想，设想，理由

pressurização *s.f.* pressurization 加压，增压

pressurizado *adj.* pressurized 加压的，有压力的

pressurizador *s.m.* pressurizer 增压器，加压器

pressurizador de ar air pressurizer 空气增压器

pressurizar *v.tr.* (to) pressurize 加压

prestação *s.f.* ❶ providing, rendering 提供；给予 ❷ instalment 分期付款

prestação de contas account sales 销货账；承销清单

prestação de serviços services rendered 提供服务

prestador *s.m.* provider 供应者；供应商

prestador de serviços service provider 服务供应商

empreiteiro, fornecedor de bens e prestador de serviços contractor, supplier of goods and provider of services 工程承包商，商品供应商及服务供应商

prestar *v.tr.* (to) provide, (to) render 提供

pré-tectónico *adj.* pretectonic 构造期前的

pré-tensão *s.f.* pre-tensioning 预加拉力；先张法

pré-tensionamento *s.m.* ⇨ pré-tensão

pré-tensor *s.m.* pretensioner 预紧器，预紧装置

pré-tensor pirotécnico pyrotechnic pretensioner 烟火式预张紧器

preto *adj.,s.m.* black 黑色的；黑色

preto animal animal black 兽炭黑

preto de marfim ivory black 象牙墨（象牙烧制的黑色颜料）

pré-traçado *s.m.* pre-drawn [葡] 点位预算；预定表

pré-triagem *s.f.* pre-screening 预筛选

prevenção *s.f.* prevention, preventing 预防

prevenção de acidentes accident prevention 事故预防

prevenção de incêndios fire prevention 火灾预防

prevenção de ocorrência prevention of occurrence 预防发生

prevenção de recorrência prevention of recurrence 预防再发生

prevenção e extinção de incêndios preventing and extinguishing fires 火灾预防和扑救

prevenir *v.tr.* (to) prevent 预防

preventivo *adj.* preventive 预防的

preventor *s.m.* preventer [巴] 防护器

preventor de erupção blowout preventer (BOP) 防喷器

prever *v.tr.* (to) predict, (to) foresee 预测，预报

previdência *s.f.* precaution 预防；预防措施

previsão *s.f.* prediction, forecast 预测，预报

previsão climática (/de tempo) weather forecast 天气预报

previsão de aeródromo aerodrome forecast 机场预报

previsão da área area forecast 区域预报

previsão de demanda demand forecast 需求预测

previsão de incêndios fire forecasting 火险预报

previsão de inundações (/cheias) flood forecasting 洪水预报

previsão de persistência persistence forecast 持续性预报

previsão de sismos earthquake prediction 地震预报

previsão de tráfego traffic prevision, traffic prognosis, traffic forecast 交通预测

previsão em linguagem clara forecast in plain language 明语预报

previsão ionosférica ionospheric forecast 电离层预报

previsão meteorológica weather forecast 气象预报

previsão numérica numerical forecast 数值预报

previsão objectiva objective forecast 客观预报

previsão tecnológica technological forecasting 技术预测

pré-visualização *s.f.* preview 预览

pré-voo *s.m.* pre-flight 飞行前

pré-vulcanizado *adj.* pre-vulcanized 预硫化的

PRFV *sig.,s.m.* FRP (fiber glass reinforced plastics) 玻璃钢，玻璃纤维增强塑料

Priaboniano *adj.,s.m.* Priabonian; Priabonian Age; Priabonian Stage（地质年代）普利亚本期（的）；普利亚本阶（的）

Pridólico *adj.,s.m.* Pridoli; Pridoli Epoch; Pridoli Series（地质年代）普里多利世（的）；普里多利统（的）

primário ❶ *s.m.* 1. primer 底漆 2. primer 结合层 ❷ *s.m.* undercoat 涂底层；涂底漆 ❸ *adj.* primary 原始的，最初的，原生的

primário anti-alcalino alkali-resistant primer 抗碱底漆

primário anticorrosivo rust-inhibitive primer 防锈底漆

primário antiferrugem acrílico acrylic anti-rust primer 丙烯酸防锈底漆

primário antiferrugem gliceroftálico glycerol-phthalic anti-rust primer 醇酸防锈底漆，丙三醇邻苯二甲酸防锈底漆

primário betuminoso adesivo (/de aderência) adhesive bitumen primer 冷底子油

primário cromático de zinco zinc chromatic primer 锌色底漆

primário de espera primer 底漆

primário de zinco oxigenado zinc oxide primer 氧化锌底漆

primário para madeira wood filler 木器封闭底漆

primário para metais primer for metal 金属底漆

primavera *s.f.* spring 春季，春天

primeira *s.f.* prima 页首字

primeiro *adj.,s.m.* first 第一的，首个的；第一，首个 [常与名词组成复合名词]

primeiro abalo precursor dum sismo fore shock 前震

primeiro socorro first-aid 急救

primeiro subsolo first basement 地下一层

primeira demão first coating 底漆

primeira demão de cal lime whiting 石灰刷白

primeira fiada starting course （砖砌体的）起始层；檐口屋面板

primeira mão de reboco plaster rendering 灰泥抹面

primeira marcha (/velocidade) low gear 低速挡

primeiro-ministro prime minister 总理

primeira pedra foundation stone 奠基石

primícias *s.f.pl.* first fruit 第一穗果

primitivo *adj.* primitive 原始的，早期的，远古的

principal ❶ *s.2g.* principal 委托人 ❷ *s.m.* capital fund 本金 ❸ *s.m.* principal 主构，主材

◇ **o principal e os juros** principal and interest 本金和利息

princípio *s.m.* ❶ principle 原理，原则 ❷ beginning, start 开始；开端 ❸ element, ingredient 成分，组分，要素

princípio activo active ingredient 有效成分；活性组分

princípio contabilístico accounting principle 会计准则，会计学原理

princípio de Arquimedes Archimedes' principle 阿基米德原理

princípio da acção combinada principle of combined action （复合材料的）复合效应

princípio das alavancas principle of levers 杠杆原理

princípio do anteparo contra chuva rain screen principle 雨幕结构原理

princípio de Babinet Babinet's principle 巴比涅原理

princípio de Boltzmann principle of Boltzmann 玻耳兹曼原理

princípio de ciclo de dois tempos two-stroke cycle principle 二冲程循环原理

princípio de continuidade principle of continuity 连续性原理

princípio de correspondência correspondence principle 对应原理

princípio da correspondência de Bohr Bohr's correspondence principle 玻尔的对应原理

princípio do dínamo dynamo principle 发电机原理

princípio de Doppler Doppler principle 多普勒原理

princípio da energia mínima least energy principle 最小能量原理

princípio de equivalência principle of equivalence 等效原理

princípio de exclusão exclusion principle 不相容原理

princípio de exclusão de Pauli Pauli exclusion principle 泡利不相容原理

princípio de Fermat Fermat's principle 费马原理

princípio de Fourier Fourier principle 傅里叶原理

princípio de funcionamento operating principle 运行原理

princípio de Heisenberg Heisenberg principle 海森伯测不准原理

princípio de Huygens Huygens Principle 惠更斯原理

princípio do impulso e da quantidade de movimento impulse-momentum principle 冲量动量原理

princípio da incerteza uncertainty principle 测不准原理

princípio da indeterminação indeterminacy principle 不确定性原理

princípio da indução magnética moving-coil principle 动圈原理

princípio da isonomia tributária principle of tax equality 公平税负原则

princípio de Mach Mach principle 马赫原理

princípio da menor energia least-work principle 最小功原理

princípio do momento ⇨ princípio da quantidade de movimento

princípio de Neumann Neumann principle 诺埃曼原理

princípio de operação operating principle 操作原理

princípio do poluidor pagador polluter pays principle "谁污染，谁付费"原则

princípio da quantidade de movimento momentum principle 动量原理

princípio de reacção reaction principle 反动原理；反应原理；反作用原理

princípio da reciprocidade principle of reciprocity 互惠原则；互易原理

princípio da relatividade principle of relativity 相对性原理

princípio da relatividade de Einstein Einstein's principle of relativity 爱因斯坦相对性原理

princípio da superposição principle of superposition 叠加原理

prioridade *s.f.* priority 优先，优先权

prioridade de passagem passage priority, right of way 优先通行权

prioridade de trânsito right of way 通行权

priorizar *v.tr.* (to) prioritize 优先处理，优先考虑

prisão *s.f.* ❶ jail; prison 监狱 ❷ detention, capture 羁押，居留；抓捕 ❸ sticking 卡住，卡紧

prisão de tubagem pipe sticking （钻井过程中的）卡钻

prisão por chaveta key seat pipe sticking 键槽卡钻

prisão por diferencial de pressão differential sticking 差压卡钻

prisioneiro *s.m.* stud 螺栓

prisioneiro de fixação retaining stud 固定螺栓

prisioneiro de retenção por interferência de rosca interference fit stud 过盈配合螺栓，紧配合螺栓

prisioneiro de roda wheel stud 车轮螺栓

prisioneiro de travamento cónico taperlock stud 锥形螺柱

prisioneiro padrão standard stud 标准螺栓

prisma *s.m.* ❶ 1. prism 棱镜；棱柱 2. prism target （工程测绘用的）棱镜 ❷ parking curb, wheel stop （停车使用的）车轮挡，车轮定位器

prisma de acreção (/acrecionário) accretionary prism 增积岩体；加积棱柱

prisma de desvio deviation prism 折光棱镜

prisma de iluminação e ventilação lighting and ventilation space [巴] （建筑物根据法规确定的、棱柱状的）建筑物采光通风空间

prisma de leitura reading prism 读数棱镜

prisma de ventilação ventilation space [巴] （建筑物根据法规确定的、棱柱状的）

建筑物通风空间

prisma óptico optical prism 光学棱镜

prismático *adj.* prismatic 棱柱的，棱镜的

privada *s.f.* water closet, toilet 卫生间，厕所，洗手间

privado *adj.* private, personal 私有的，个人的

privatização *s.f.* privatization 私有化

privatizar *v.tr.* (to) privatize 使私有化；使归私有

proa *s.f.* ❶ prow, fore, bow 船首 ❷ heading 航向

probabilidade *s.f.* probability 概率

probabilidade de aceitação acceptance probability （验收）合格概率

probabilidade das cheias flood probability 洪水概率

probabilidade de conforto visual visual comfort probability 视觉舒适概率

problema *s.m.* problem 问题

problema dos três pontos three point problem 三点问题

proceder *v.tr.* (to) proceed, (to) make 进行，举行，开展

procedimento *s.m.* procedure, proceeding 程序

procedimento de amostragem acceptance sampling 抽样验收

procedimento de aprovação approval procedure 审批程序

procedimento de atribuição licensing procedure 许可证审批程序

procedimento de avaliação assessment procedure 评估程序

procedimento de candidatura application procedure 申请程序

procedimento de concurso tendering procedure 招标程序

procedimento de cópia backup procedure 备份程序

procedimento de ensaio test procedure 试验程序

procedimento de homologação approval procedure (by competent authorities) （上级主管部门的）审批程序

procedimento de operação operation procedure 操作程序

procedimento de segurança safety procedures 安全规程

procedimento de teste test procedure 测试程序

procedimento térmico heat treatment 热处理

processador *s.m.* processor 处理器；处理机

processador central central processing unit (CPU) 中央处理器

processador cortador vertical vertical cutter mixer 立式斩拌机

processador de alimentos food processor 食物加工机

processador de vectores vector processor, vector facility 向量处理器

processamento *s.m.* processing 处理

processamento adaptativo adaptive processing 适应性处理

processamento alfa alpha processing 阿尔法过程；氦核作用

processamento automático de dados automatic data processing, datamation 自动数据处理

processamento centralizado de dados centralized data processing 集中数据处理

processamento de conta account processing 账务处理

processamento de cor color processing 色彩处理

processamento de dados data processing 数据处理

processamento de dados integrado integrated data processing 统合数据处理

processamento do gás gas processing 气体处理；天然气加工

processamento de imagens image processing 图像处理

processamento de informações information processing 信息处理

processamento de pulso wavelet processing 子波处理

processamento de sinais signal processing 信号处理

processamento eletrônico de dados electronic data processing 电子数据处理

processamento em lote batch processing 分批处理，批处理

933

processamento em segundo plano background processing 后台处理

processamento em tempo real real-time processing 实时处理

processamento gravimétrico gravity processing 重力数据处理

processamento multicomponente multicomponent processing 多分量数据处理

processar *v.tr.* ❶ (to) process （按程序）处理 ❷ (to) sue, (to) prosecute 起诉

processo *s.m.* ❶ process 过程，程序，工艺 ❷ process, case 案件；（一套）手续 ❸ process, file 文件，卷宗

processo a vácuo vacuum process 真空处理，真空法

processo Angus-Smith Angus-Smith process 安古斯-史密斯防腐蚀法

processo básico ❶ basic process 基本流程；基本制法 ❷ basic process 碱性炼钢法

processo contínuo de imersão a quente continuous hot dipping process 连续热浸工艺

processo Bayer Bayer process 拜尔法（一种将铝土矿提纯为氧化铝的工业过程）

processo Bethell Bethell's process 贝氏木材防腐法

processo Claude Claude process 克劳德法；克劳德过程

processo de ajustamento adjustment process 调整过程；调整程序

processo de arbitragem arbitration process 仲裁程序

processo do arco de Bredig Bredig's arc process 布雷德希电弧法

processo de barro denso stiff-mud process 硬泥法

processo de Betts Betts process 贝茨法（贝茨粗铅电解精炼法）

processo de Bower-Barff Bower-Barff process 鲍威-巴尔伏法

processo de carbonação carbonation process 碳化过程

processo de célula cheia full cell process （木材防腐的）满细胞法，全吸收法

processo de célula vazia empty cell process （木材防腐的）空细胞法，不完全浸注法

processo de concurso ❶ tendering procedure, procurement process 招标程序 ❷ tender documents 招标文件

processo de Crowe Crowe process 梅里尔-克劳法（锌粉连续真空沉淀法）

processo de envelhecimento aging process 老化处理

processo de escavação em degraus rectos gulleting 狭路出土挖方法

processo de Falconbridge Falconbridge process 鹰桥法，高镍硫选择性浸出法

processo de Farror Farror's process 费洛法

processo de flotação flotation process 浮选工艺

processo de Frasch Frasch process 佛赖什采磁法

processo de gravidade gravity process 重力供料方法；滴料供料法

processo de Hall Hall process 霍耳方法；电解还原制铝法

processo de Harris Harris process 哈里斯法

processo de Harvey Harvey process 哈维法（发射光谱分析中一种半定量的方法）

processo de Hoopes Hoopes process 胡普斯法（三层液电解精炼法）

processo de injecção de álcool alcohol-slug process 酒精段塞驱油法

processo de Joosten Joosten process 朱史顿固土法

processo de Kroll Kroll process 克罗尔法（一种将矿石转化为钛金属的方法）

processo de lama soft-mud process 软泥法

processo de lingotamento contínuo (/convencional) strand casting process 连续铸造工艺

processo de meios densos dense-media process 重介质选矿法

processo de Moebius Moebius process 莫必斯金银分离法

processo de núcleo branco white heart process 白心可锻铸铁生产工艺

processo de Parke Parke's process 加锌除银法

processo de prensagem a seco drypress process 干法成型

processo de recozimento process annealing 中间退火

processo de renovação birth-and-death process 增消过程

processo de sedimentação sedimentation process 沉积过程

processo de selecção selection procedure 选拔程序；选择过程

processo de soldagem welding procedure 焊接工艺

processo de Talbot Talbot process 塔尔博特平炉炼钢法

processo de Thomas-Gilchrist Thomas-Gilchrist process 碱性转炉炼钢法

processo de Verneuil Verneuil process 弗诺依单晶培育法

processo das telas finais set of as built drawings 竣工图集

processo decisório decision process 决策过程

processo "Delphi" Delphi method 德尔菲法，专家调查法

processo determinístico deterministic process 确定性过程

processo diagenético diagenetic process 成岩过程

processo directo direct process 直接法；直接冶炼法

processo Down Down's process 道恩法

processo duplex duplex process 双重熔化法；双炼法

processo estacionário stationary process 平稳过程

processo exoérgico exoergic process 放能过程；释能过程

processos geofísicos de reconhecimento geophysical exploration 地球物理勘探

processo geotécnico geotechnical process 土工技术方法

processo gráfico graphic process 图像处理

processo Guerin Guerin process 格林橡胶模冲压法；金属薄板成形法

processo Héroult Héroult process 赫鲁特过程

processo hidrodinâmico hydrodynamic process 液动体冲压法

processo industrial industrial process 工业工序

processo isotérmico isothermal process 等温过程

processo Marform Marform process 橡皮模压制成形法

processo metalúrgico metallurgical process 冶金过程

processo metassomático replacement 交代作用

processo Miller Miller process 密勒法（一种黄金精炼工艺）

processo Mond Mond process 蒙德法（蒙德火灾、爆炸、毒性危险指数评价法）

processo Murex Murex process 莫瑞克斯磁选法

processo Pattinson Pattinson process 帕廷森粗铅结晶除银法

processo Poetsch Poetsch process 玻奇什盐水冻结凿井法

processo Taylor Taylor process 泰勒拉丝法

processograma *s.m.* operation process chart 操作流程图表

procriação *s.f.* breeding 繁育；育种

proclorite *s.f.* prochlorite 蠕绿泥石；扇石

procura *s.f.* ❶ demand 需求 ❷ inquiry 询盘

procura acumulada accumulated demand 累计需求

procura agregada aggregate demand 总需求

procura bioquímica de oxigênio biochemical oxygen demand (BOD) 生化需氧量

procura crescente increasing demand 不断增长的需求

procura de água máxima diária (MDD) maximum daily water demand (MDD) 最高日用水量

procura de água média diária (ADD) average daily water demand (ADD) 平均每日用水量

procura de transporte transport demand 运输需求

procura efectiva effective demand 有效

需求

procura horária de pico (MHD) peak hourly demand (MHD) 高峰期每小时用水量

procura interna domestic demand 内需

procura máxima maximum demand 最大需求

procura química de oxigénio chemical oxygen demand (COD) 化学需氧量

procuração *s.f.* ❶ procuration, proxy 代理，代理权 ❷ power of attorney, proxy 授权，委托

procuração geral full power of attorney 全权委托书

procuração judicial power of attorney 授权书

procurador *s.m.* proxy, attorney 受权人

prodelta *s.f.* prodelta 前三角洲

produção *s.f.* ❶ 1. production 生产 2. generation 生成；发电 3. production（影视节目的）制作 ❷ output, yield 产量，输出（量）

produção acumulada mass output; cumulative output 累积产量

produção atomística atomistic production 盲目生产

produção bruta gross output 总产出，总产量

produção de aço de crisol pot steel process 坩埚钢工艺

produção de areia sand production 出砂

produção de chuva rain-making 人工造雨；播雨

produção de detritos detrition 成屑作用

produção de electricidade ❶ generation of electricity 发电 ❷ electric energy production 发电量

produção de energia eléctrica ❶ power generation 发电 ❷ generated energy 发电量

produção de poço well production 井产量

produção diária daily output 日产量

produção em golfada slugging production 段塞驱油

produção em grande escala large-scale production 大规模生产

produção em linha flow-line production 流水作业

produção em lotes pequenos (PLP) small lot production (SLP) 小批量生产

produção em massa bulk production 大量生产

produção eruptiva intermitente flow by heads 间歇自流

produção fluorescente fluorescent yield 荧光产额

produção fundamental ⇨ produção primária

produção inicial initial production 初期产量，起始产量

produção líquida net production, net output 净产量

produção por injecção de gás gas-lift method 气举法

produção primária primary production 一次开采；初级生产

produção secundária secondary production 二次开采；次级生产

produção terciária tertiary production 第三产业

produtibilidade *s.f.* producibility, productibility 生产性

produtividade *s.f.* productivity 生产率；（信息的）吞吐量，通过量

produtividade de poço well productivity 井产能

produtividade de terra productivity of land 土地生产率，土地生产力

produtividade específica specific productivity 单位生产率

produtividade média average productivity 平均生产率

produto *s.m.* ❶ 1. product 产品；产物 2. product 产值 ❷ product 乘积

produto acabado finished product 成品

produto cartesiano cartesian product 笛卡儿积

produto claro clean petroleum product 清洁石油产品，轻质成品油

produto corrosivo corrosive product 腐蚀性产品

produtos de base staple commodities 大宗商品

produto de base a granel bulk commodity 大宗商品

produtos de consumo staple goods 日常用品

produtos de consumo a varejo consumer commodity 大宗消费品

produto de desintegração decay product 衰变产物

produto de fissão (/cisão) fission product 裂变产物

produto de inércia product of inertia 惯性积

produto de qualidade quality product 优质产品

produto de reacção reaction product 反应产物

produto de vector vector product 矢量积

produto de vector triplo triple vector product 三矢量积

produto derivado by-product 副产品

produto elaborado elaborated product 加工产品

produtos eléctricos electrical products 电器产品

produto estéril ❶ sterile product 无菌制品 ❷ tailings 尾矿

produtos estrangeiros foreign products 外国产品

produto final final product,end product 最终产品

produto fitofarmacêutico plant protection product 植物保护剂

produto fonte-receptor source-receiver product 震源数与接收器数的乘积

produto imobiliário real estate product 房地产产品

produtos in natura e transformado in natura and transformed products 天然和加工产品

produto inflamável flammable product 易燃产品

produto intermediário intermediate goods 中间产品

Produto Interno Bruto (PIB) Gross Domestic Product (GDP) 国内生产总值

produto iónico ionic product 离子积

produto laminado a quente de aços de construção hot-rolled carbon constructional steel 热轧碳素结构钢

produto manufacturado artifact 人工制品

produtos nacionais domestic products 国货

Produto Nacional Bruto (PNB) Gross National Product (GNP) 国民生产总值

produtos natural natural product 天然产品

produto não refinado crude product 粗制品

produto para cura (do concreto) curing compound 养护剂

produto patenteado proprietary product 专利产品

produtos petrolíferos petroleum products 石油产品

produto primário primary product 初级产品

produto principal prime product 主要产品

produto químico chemical product 化学品, 化学产品, 化工产品

produtos químicos de base basic chemicals 基础化学品

produto residual waste product 废品

produtos sazonais seasonal goods 季节性商品

produto secundário by-product 副产品

produto semiacabado (/semimanufacturado) semifinished product 半成品

produto vectorial vector product 矢（量积）, 向量积

produtor s.m. producer 生产者, 生产商

produtor independente de energia (PIE) Independent power producer (IPP) 独立发电商

produzir v.tr. (to) produce 生产, 制造

proeminência s.f. ❶ prominence 突出物 ❷ boss 凸台

proeminente adj.2g. prominent 突出的, 显著的

profissão s.f. profession 职业, 专业

profissional ❶ adj.2g. professional 职业的, 专业的 ❷ s.2g. professional 专业人员

profissional de gerenciamento de projectos project management professional 项目管理专业人员

profissionalismo s.m. professionalism 职业性; 专业精神

pró-forma ❶ *s.m.* formality 正规程序，必要程序，要式 ❷ *adj.inv.* pro forma 形式上的，只具形式的；预计会发生的（交易）

profundidade *s.f.* depth 深度；进深

profundidade comum common depth 共深度

profundidade crítica critical depth 临界深度

profundidade de água water depth 水深

profundidade de aquecimento heating depth 加热深度

profundidade de camada layer depth 层深

profundidade da camada endurecida case depth, hardened case depth 硬化层深度

profundidade de campo depth of field 景深

profundidade de carbonação carbonation depth 碳化深度

profundidade de compensação depth of compensation 补偿深度

profundidade de compensação de carbonato carbonate compensation depth (CCD) 碳酸盐补偿深度

profundidade de escavação depth of excavation 开挖深度

profundidade de fusão depth of fusion 融熔深度；熔化深度

profundidade do hipocentro depth of focus; focal depth 震源深度

profundidade de imersão depth of immersion 浸没深度

profundidade de início do desvio de poço kick-off depth 造斜井深

profundidade de invasão depth of invasion 侵入深度；泥浆渗入井壁深度

profundidade de investigação depth of investigation 探测深度

profundidade de lavoura ploughing depth 翻耕深度

profundidade do lençol freático depth of groundwater 地下水深度

profundidade de penetração depth of penetration 渗入深度

profundidade de projecto projected depth 设计深度

profundidade de raspagem scraping depth 刮削深度

profundidade de rebentação breaking depth 浪击深度

profundidade do rego ⇨ profundidade da lavoura

profundidade do solo soil depth 土层厚度

profundidade do sondador driller's depth 钻井深度

profundidade do sulco tread depth 胎纹深度

profundidade da têmpera hardening depth 淬硬深度

profundidade de trabalho depth of ploughing 耕作深度，工作深度

profundidade da trincheira de vedação depth of cut off 截水槽深度

profundidade efectiva effective depth 有效的深度

profundidade eufótica euphotic depth 真光层深度

profundidade final total depth 完钻井深

profundidade hidráulica hydraulic depth 水力深度

profundidade máxima maximum depth 最大深度

profundidade máxima de corte maximum depth of cut 最大切削深度

profundidade máxima de escavação maximum digging depth 最大挖掘深度

profundidade máxima de espalhamento (/dispersão) maximum depth of spread 最大摊铺深度

profundidade média mean depth 平均深度

profundidade medida measured depth 量测深度，量测井深

profundidade total total depth 总深度，全深

profundidade vertical true vertical depth (TVD) 实际垂直深度

profundo *adj.* deep 深的

profundor *s.m.* elevator 升降舵

proglaciário *adj.* proglacial 冰川外缘的

proglifo *s.m.* proglyph 铸形痕

prognóstico *s.m.* prognosis; forecast; prediction 预报；交通预测

prognóstico de tráfego traffic prediction 交通预测

progradação *s.f.* progradation 进积作用

progradação sigmóide sigmoidal progradation S 形前积结构

programa *s.m.* ❶ program 计划；方案；纲领 ❷ program（广播、电视）节目 ❸ program 程序

programa de aplicação application program 应用程序

programa do concurso tendering procedure 招标程序；投标人须知

programa de conservação maintenance program 维修计划

programa de construção construction program 施工计划，施工方案

programa de corredores corridor traffic management program 走廊交通管理计划

programa de enchimento reservoir impounding plan 水库蓄水计划

programa de investimento investment program 投资计划

programa de investimento público (PIP) public investment program 公共投资计划

programa de lama mud program 泥浆设计

programa de melhoramento betterment program 修缮计划

programa de perfuração drilling program 钻井程序；钻进计划

programa de qualidade quality program 质量计划

programa de revestimento casing program 套管程序，安装套管程序

programa do trabalho working plan 工程计划

programa de transporte transportation program 运输计划

programa-objecto object program 目标程序

programas predefinidos pre-defined programs 默认程序

programa 5S 5S program 5S 现场管理法（指日语整理 Seiri、整顿 Seiton、清扫 Seiso、清洁 Seiketsu、素养 Shitsuke）

programa secundário de áudio secondary audio program 辅助音频节目

programação *s.f.* ❶ programming 规划，编制计划、方案 ❷ programs [集]（广播、电视）节目；节目表 ❸ programming 编程

programação dinâmica dynamic programming 动态规划

programação linear linear programming 线性规划

programador *s.m.* ❶ programmer 编程器 ❷ programmer 程序员

programar *v.tr.* ❶ (to) plan, (to) program 制定计划，制订时间表 ❷ (to) program 编程

progredir *v.intr.* (to) progress 进步，进展

progressão *s.f.* progression 数列，级数

progressão harmónica harmonic progression 调和级数

progressiva *s.f.* footage 进尺（井巷掘进、钻探等作业的进度）

progressivo *adj.* progressive 前进的，渐进的，级进的

progresso *s.m.* progress 进展；进度

progresso geral overall progress 整体进度

projecção/projeção *s.f.* ❶ projection 推测，预计 ❷ projection 投影，投射 ❸ nosing（踏步）级面突缘 ❹ overhang 屋檐突出端

projecção afilática aphylactic projection, arbitrary projection 任意投影

projecção analítica analytical projection 解析投影

projecção anti-derrapante anti slip nosing 防滑突缘

projeção axonométrica axonometric projection 三向投影图

projecção azimutal azimuthal projection 方位投影

projecção azimutal centrográfica centrographic azimuthal projection 球心投影

projecção azimutal conforme conformal azimuthal projection 球面投影

projecção azimutal equidistante equidistant azimuthal projection 等距方位投影

projecção azimutal equivalente de Lambert Lambert azimuthal equal area projection 兰伯特等积方位投影

projecção azimutal estereográfica stereographic azimuthal projection 方位球面

projecção azimutal ortográfica orthographic azimuthal projection 正射方位投影

projecções biazimutais two-point equidistant projections 双重方位投影

projecções biequidistantes two-point equidistant projections 双极等距投影

projecção cartográfica map projection 地图投影

projecção central central projection 中心投影

projecção centrográfica centrographic projection 中心投影

projecção cilíndrica cylindrical projection 圆柱投影

projecção cilíndrica conforme conformal cylindrical projection 保形圆柱投影

projecção cilíndrica equidistante equidistant cylindrical projection 等距圆柱投影

projecção cilíndrica equivalente equal area cylindrical projection 等积圆柱投影

projecção cilíndrica estereográfica stereographic cylindrical projection 球面圆柱投影

projecção cilíndrica oblíqua conforme oblique cylindrical conformal projection 斜轴正形圆柱投影

projecção conforme conformal projection 正形投影

projecção cónica conic projection 圆锥投影

projecção cónica conforme de Lambert Lambert conformal conic projection 兰伯特正形圆锥投影

projecção cónica equidistante meridiana equidistant conic projection 等距圆锥投影

projecção cónica equivalente equal area conic projection 等积圆锥投影

projecção cónica estereográfica stereographic conic projection 透视图锥投影

projecção cónica oblíqua conforme oblique conical conformal projection 斜轴正形圆锥投影

projecção cónica simples simple conic projection 简单圆锥投影

projecção de Airy Airy projection 英国国家格网投影

projecção de Aitoff Aitoff projection Aitoff 投影

projecção de Albers Albers projection 亚尔勃斯投影

projecção de áreas equivalentes equalarea projection 等积投影

projecção de Balthasart Balthasart projection 波斯托投影

projecção de Behrmann Behrmann projection 贝尔曼等积圆柱投影

projecção de Bonne Bonne projection 彭纳投影

projecção de Breusing Breusing projection 勃罗辛方位投影

projecções de Cahill(-Keyes) Cahill(-Keyes) projections Cahill 投影

projecção de Cassini Cassini projection 喀西尼投影

projecção de Delisle Delisle projection 戴丽儿投影

projecções de Eckert Eckert projections 厄寇特投影

projecção de erro mínimo minimum-error projection 最小误差投影

projecção de Gall Gall projection 高尔投影

projecção de Gauss Gauss projection 高斯投影

projecção de Gauss-Krüger Gauss-Krüger projection 高斯-克吕格投影

projecção de Gauss-Laborde Gauss-Laborde projection 高斯-拉伯得投影

projecções de Goode Goode projection 古蒂等面积投影

projecção de Laborde Laborde projection 拉伯得投影

projecção de Mercator Mercator projection 墨卡托投影

projecções de Miller Miller's projections 米勒投影

projecção de Mollweide Mollweide projection 摩尔魏特投影

projecção de Nicolosi Nicolosi projection 尼柯洛西投影

projecções de Ptolomeu Ptolemy's projections 托勒密投影

projecção de produção production projection 产量预测

projecção de Van der Grinten Van der Grinten projection 范·德·格林顿投影

projecção de Wiechel Wiechel projection Wiechel 投影

projeção dimétrica dimetric projection 斜二轴测图

projecção em perspectiva perspective projection 透视投影

projecção nos três ângulos third-angle projection 第三角投影

projecção equatorial equatorial projection 赤道投影

projecção equidistante equidistant projection 等距投影

projecção equirectangular equirectangular projection 等距柱状投影

projecção equivalente equal area projection 等积投影

projecção esférica spherical projection 球面投影

projecção estereográfica stereographic projection 立体投影

projecção geométrica geometrical projection 几何投影

projecção geométrica analítica ⇨ projecção analítica

projecções globulares globular projections 球形投影

projecção gnomónica gnomonic projection 球心投影

projecção gnomónica biazimutal biazimuthal gnomonic projection 双重方位球心投影

projecção homalográfica homalographic projection ⇨ projecção de Mollweide

projecção horizontal horizontal projection 水平投影；水平射影

projecções interrompidas interrupted projections 分瓣投影

projecção isométrica isometric projection 等角投影；正等测轴图

projecção loximutal loximuthal projection Loximuthal 投影

projecção meridiana transverse projection 经络投影

projeção oblíqua oblique projection 斜轴投影

projecção ortogonal orthogonal projection 正投影

projecção ortográfica orthographic projection 正射投影

projecção ortomórfica orthomorphic projection 正形投影

projecções ovais oval projections 椭圆投影

projecção parabólica parabolic projection 抛物线投影

projecção policónica americana American polyconic projection 美国多圆锥投影

projecção policónica modificada modified polyconic projection 改良多圆锥投影

projecções poliédricas polyhedral projections 多面体投影

projecções pseudoazimutais pseudoazimuthal projections 伪方位投影

projecções pseudocilíndricas pseudocylindrical projections 伪圆柱投影

projecções pseudocónicas pseudoconical projections 伪圆锥投影

projecções recentradas recentered projections 断裂投影

projecções rectroazimutais rectroazimuthal projections 反方位投影

projecção sinusoidal sinusoidal projection 正弦曲线投影

projecções trapezoidais trapezoidal projections 梯形投影

projeção trimétrica trimetric projection 三度投影

projecção tripel Winkel tripel projection 温克尔三重投影

Projecção Universal Transversa de Mercator (UTM) Universal Transverse Mercator Projection (UTM) 通用横轴墨卡托投影（UTM）

projectar/projetar v.tr. ❶ (to) project, (to) plan （做）设计，（做）计划 ❷ (to) project 放映，投影，投射

projectista/projetista s.2g. designer, projecter 设计师

projectista estrutural structural designer

结构设计师

projecto/projeto *s.m.* ❶ project 项目，工程 ❷ design, plan 设计，方案；计划 ❸ draft, drawing 图纸

projecto acústico acoustic design 声学设计

projecto arquitectónico architectural design 建筑设计

projecto-base (/básico) basic design 基础设计，原设计

projetos complementares complementary designs （建筑专业以外的）各专业设计

projeto concebido para realização por fases project designed for staged development 为分期开发而设计的项目

projeto conceitual conceptual design [巴] 概念设计

projeto conceptual conceptual design [葡] 概念设计

projecto concluído final design, as built 最终设计；竣工图纸

projecto construtivo construction design 施工设计

projecto de consórcio consortium project 联合经营项目

projeto de demonstração demonstration project, pilot project 示范项目

projeto de detalhamento ⇨ projecto detalhado

projecto de drenagem drainage project 排水工程

projecto de engenharia engineering drawing 工程图纸

projecto de execução ⇨ projecto executivo

projecto de peça única single-piece design 整体式设计

projecto de pesquisa research project 研究计划

projecto de recursos limitados resource-limited project 受资源约束的项目

projeto definitivo final design, as built 最终设计；竣工图纸

projecto detalhado detailed design 详细设计

projecto detalhado de engenharia detailed engineering design 详细工程设计

projeto e desenho por computador CAD computer aided design and drafting (CADD) 计算机辅助设计与制图

projecto em execução project in execution, unfinished project 在执行项目，未完工项目

projecto estrutural structural design 结构设计

projecto estruturante basic project, fundamental project 基础性项目

projecto executivo working design 施工方案，施工设计

projeto financeiro project finance [巴] 项目融资

projecto geométrico geometrical design 几何设计

projecto modular modular design 模块化设计

projeto modular com múltiplas fileiras multi-row modular design 多排模块式设计

projecto-piloto pilot project/ scheme 试点项目，试点工程；样板工程

projecto rodoviário highway design 公路设计

projeto sumário preliminary design 初步设计，概要设计

projector/projetor *s.m.* ❶ projector, searchlight, floodlight 探照灯，泛光灯 ❷ projector 投影仪；放映机

projetor de aeródromo aerodrome floodlight 机场泛光灯

projector de emergência emergency light 应急灯

projector de halogéneo halogen floodlight 金卤灯

projector de halogéneo portátil portable halogen floodlight 便携式金卤灯

projector de iluminação submerso underwater light 水下射灯

projector de iodeto metálico metal halide light 金卤灯

projector de vídeo video projector 视频投影机

projector LCD LCD projector 液晶投影仪

projector led orientável adjustable led projector 可调 LED 聚光灯

projectura/projetura *s.f.* projecture（建筑的）凸出部

pró-labore *s.m.* pró-labore （在职股东每月领取的）形式工资

prolato *adj.* prolate 扁长的

prolongador *s.m.* extender 延长器，延长杆

prolongamento *s.m.* ❶ prolongation, extension 延伸，延长 ❷ prolongation, extension 延长的部分

prolongamento da aiveca mouldboard extension 犁壁延长板

prolongamento do quadro frame extension 车架延伸梁

promécio (Pm) *s.m.* promethium (Pm) 钷

promontório *s.m.* promontory 海角，岬

promotor *s.m.* promoter 促进者；发起人

promotor de vendas sales promoter 促销员

promotora *s.f.* promoter, developer 开发商

promotora imobiliária property developer 房产开发商

promover *v.tr.* (to) promote 推动，促进

pronau *s.m.* pronaos（古希腊寺庙内殿前的）门廊

pronto-socorro *s.m.* ❶ first-aid post, emergency center 急救站，急救中心 ❷ ambulance 救护车 ❸ breakdown truck 工程抢险车

propagação *s.f.* propagation 传播，蔓延

propagação de chama flame propagation 火焰传播

propagação de enchente flood routing 洪水演进

propagação da fenda crack propagation 裂缝扩展

propagação do fogo propagation of flame 火灾蔓延

propagação de fractura fracture propagation 裂缝扩展，裂缝延伸

propagação de onda wave propagation 波传播

propagação reversa backward propagation 反向传播

propagação sonora (/de som) sound propagation 声传播，声音传播

propagação térmica thermal spread 热扩散

propaganda *s.f.* propaganda 宣传

propagandear *v.tr.* (to) propagandize 宣传，对…进行宣传

propagar *v.tr.* (to) propagate, (to) diffuse 传播，蔓延

propano *s.m.* propane 丙烷

propante *s.m.* proppant 支撑剂

propante traçador proppant tracer 示踪支撑剂

propeno *s.m.* propylene 丙烯

propileu *s.m.* propylaea 通廊

propilitização *s.f.* propylitization 绿磐岩化

propilito *s.m.* propylite 绿磐岩

pró-pipeta *s.f.* pipettor 移液器

proponente *s.2g.* tenderer, bidder 投标人

propor *v.tr.* (to) propose 提议，建议

proporção *s.f.* proportion 比例；部分

proporção de mistura mix proportion 混合用料比例；混配比例

proporção de talude ratio of slope 坡度比

proporcionador *s.m.* proportioner 定量器，比例调节器

proporcionador de espuma foam proportioner 泡沫比例混合器

proporcionalidade *s.f.* proportionality 比例性

proporcional-integral-derivativo *s.m.2n.* proportional integral and derivative 比例积分微分控制算法

proporcionar *v.tr.,pron.* ❶ (to) proportion, (to) proportionate （使）成比例 ❷ (to) provide, (to) present 提供

propósito *s.m.* purpose 目的

proposta *s.f.* ❶ proposal 建议；提议 ❷ proposal, tender, bid 建议书；投标书；方案

proposta alternativa alternative proposal 替代方案

proposta base base proposal, basic proposal 基础方案

proposta de menor preço ⇨ proposta mais baixa

proposta do planeamento planning proposal 计划建议书

proposta económica economic proposal 经济标

proposta financeira financial proposal 财务标

proposta mais baixa lowest tender; lowest bid 最低报价，最低价方案

proposta técnica technical proposal 技术标

proposta variante variant proposal 备选方案

proposto *adj.* proposed 所建议的；提交的(方案、建议书)

propriedade *s.f.* ❶ property 性质，属性，特性 ❷ 1. property, real estate 不动产 2. farm, land 农场；田地 ❸ property, ownership 所有权

propriedade coligativa colligative properties 依数性

propriedade composicional compositional property 成分剖面

propriedade contígua à via abutting property 邻街建筑物

propriedades do aço properties of steel 钢材性能

propriedade das fases phase properties 相位性质

propriedade de solo soil behavior 土壤性能

propriedade eléctrica electrical property 电性质

propriedade física physical property 物理特性

propriedade horizontal horizontal property (建筑物)分层所有权

propriedade industrial patent rights 专利权

propriedade intelectual intellectual property 知识产权

propriedade magnética magnetic property 磁性，磁属性

propriedade mecânica mechanical property 力学性能

propriedade química chemical property 化学特性，化学性质

propriedade tangível tangible property 有形财产

propriedade térmica thermal property 热特性

proprietário *s.m.* owner 所有人，业主，物主

proprietário da obra project owner 项目业主，项目所有者

proprietário de terras land owner 土地业权人；地主

proprietário do veículo car owner 车主

proprietário lindeiro frontager, frontage resident 临街处所拥有人，临街住户

propulsor *adj.* propelled 推进的

prorrogação *s.f.* extension of time 延期

prorrogação de contrato contract extension 合同续约

prorrogação de prazo extension of time limit 延期，期限延长

prorrogar *v.tr.* (to) extend, (to) postpone 延期

proscénio/proscênio *s.m.* proscenium 舞台前部；舞台前部装置；场幕(二幕、三幕等)

prospecção/prospeção *s.f.* ❶ prospecting 勘探，勘测；探矿 ❷ research, study 调查，研究

prospecção biogeoquímica biogeochemical exploration 生物地球化学勘探

prospecção de furo borehole survey 钻孔勘察

prospecção de jazida mine prospecting 探矿

prospecção de superfície surface prospecting 地表化探

prospecção eléctrica electrical prospecting 电法勘探

prospecção electromagnética electromagnetic prospecting 电磁法勘探

prospecção geobotânica geobotanic exploration 地植物学勘探

prospecção geofísica geophysical prospecting 地球物理勘探

prospecção geoquímica geochemical prospection 地球化学勘探

prospecção geotécnica geotechnic prospecting 地质勘测

prospecção gravimétrica gravimetric prospection 重力勘探

prospecção magnética magnetic prospecting 磁法勘探

prospecção por radiação radiation prospecting 辐射探矿

prospecção sísmica seismic prospection 地震勘探

prospecto *s.m.* prospect 勘探，找矿

prospector/prospetor *s.m.* prospector 勘察员

prostaglandina *s.f.* prostaglandin 前列腺素

prostilão *s.m.* prostyle building 前柱式建筑

prostilo *s.m.* prostyle 前柱式

protactínio (Pa) *s.m.* protactinium (Pa) 镤

protão *s.m.* proton [葡] 质子

protecção/proteção *s.f.* ❶ protection 防护；保护 ❷ 1. guard 护罩，外罩 2. flashing 防水板；泛水

protecção anódica anodic protection 阳极保护

proteção carrier carrier protection 载波保护

protecção catódica cathodic protection 阴极保护

protecção catódica por corrente impressa impressed current cathodic protection 外加电流阴极保护

proteção contra a erosão scour protection 防冲刷保护

proteção contra as inundações flood protection 防洪

protecção contra avalanchas protection against avalanches 防雪保护

proteção contra curto-circuito short-circuit protection 短路保护

proteção contra gelo ice guard 防冰装置

proteção contra gelo inteiriça gapless ice guard 无隙防冰装置

proteção contra gelo parcial gapped ice guard 间隙防冰装置

protecção contra humidade moisture protection 防潮（保护）

protecção contra incêndio fire protection 防火（保护）

protecção contra incêndios do edifício building fire protection 建筑防火

protecção contra incêndio de espuma foam fire protection 泡沫灭火

protecção contra incêndios por jateamento spray-on fireproofing 防火涂料喷涂

protecção contra ofuscamento glare protection 眩光保护

protecção contra perdas por flutuação de preços hedge 套期保值

protecção contra sobrecorrente (/so-breintensidade) overcurrent protection 过流保护

proteção contra sobrecarga overload protection 过载保护

protecção contra subcorrente undercurrent protection 欠电流保护

protecção contra UV ultraviolet protection 紫外线防护

protecção contra vandalismo vandalism protection 防破坏保护

protecção curativa remedial protection 补救性保护

protecção de beiral eaves flashing 屋檐泛水

protecção de carga load protector 过载保护器

proteção de distância distance protection 距离保护

protecção do mancal bearing shield 轴承防尘圈

protecção do meio ambiente environment protection 环境保护

protecção de perda eléctrica leakage protection 漏电保护

protecção de pilar contra colisão de veículo pillar protection against collision 防撞柱

protecção de talude slope protection 边坡保护，护坡；护坡工程

protecção do ventilador fan guard 风扇罩

proteção diferencial differential protection 差动保护

protecção electrolítica electrolytic protection 电解保护

protecção estanque tanking 地下室防水层

protecção externa external protection 外保护层

protecção inferior undershield 下部挡板

protecção pára-raios lightning protection 避雷保护

proteção piloto pilot protection 纵联保护

proteção por fio piloto pilot wire protection 引线保护

protecção preventiva preventive protection 预防性保护

proteção primária primary protection 初级保护，一次保护

proteção principal main protection 主保护

proteção radiológica radiation protection 辐射防护

protecção térmica thermal protection 热保护

protecção vegetal do solo plant protection （土壤的）植物保护

protectito *s.m.* protectite 始结岩；原生岩浆岩

protector/protetor *s.m.* protector, guard 保护器，保护装置，防护罩

protector articulado do radiador hinged radiator guard 散热器铰接护栅

protector auricular hearing protector, ear plug 听力保护器；耳塞

protector contra pedras (/rocha) rock guard 防石护刃器

protector contra pó (/poeira) dust boot, dust guard 防尘板，防尘罩

protector contra respingos splash guard 防溅罩，挡泥板

protector contra transbordamento do ejetor ejector overflow guard 推卸器防溢栅

protector do adaptador adapter cover 适配器盖

protector do alimentador elevator guard 链板护罩

protector de borracha rubber boot 橡皮罩

protector do cabeçote head guard 护头装置

protector do cabo cable guard 钢丝绳防护装置，钢丝绳安全装置

protector do cárter do motor crankcase guard 曲轴箱护罩

protector do cárter do óleo oil pan shield 油底壳壳护罩

protector do comando final final drive guard 终端齿轮护罩

protector de correia belt cover 皮带护罩

protector do dente de escarificação shank protector 裂土器柱保护板

protector de dente revirado wrap-around shank protector 环绕型柱保护器

protector de ecrã screen saver 屏幕保护程序，屏保

protector do eixo de entrada input shaft guard 输入轴护罩

protector de engrenagem gear guard 齿轮罩

protector do freio brake shield 制动器罩

protetor de junta de expansão expansion joint cover 伸缩接头复盖

protector do motor engine guard 发动机护板

protector de ouvido ⇨ protector auricular

protector de parede wall protecting components 护墙构件的统称（如 alizar, rodameio, bate-maca, bate-cadeira 等）

protector de perda elétrica leakage protector 漏电保护器

protector de pneu tire flap 胎衬带

protector de ponta de agulha switch point protector 道岔保护装置

protector do porta-ponta shank protector 裂土器柱保护板

protector do pré-purificador precleaner guard 粗滤器防护装置

protector do radiador radiator guard 散热器罩

protector da roda motriz sprocket guard 驱动轮护罩

protector dos roletes da esteira track roller guard 支重轮护板

protector de sobrecarga overload protector 过载保护器

protector de surgimento surge voltage protector 浪涌保护器

protetor de tela screen saver 屏幕保护程序，屏保

protector do tubo tube protector 管护套

protector dianteiro (/frontal) front guard 前保险杠

protector-guia guiding guard 导向装置护板

protector lateral side shield 侧护板

protector passivo passive protector 被动式保护装置

protector reforçado heavy duty guard 重型护刃器；加强护刃器

protector superior overhead guard 顶罩，顶棚；车顶护罩

protector térmico laminado laminated thermo-shield 层状隔热罩

proteger *v.tr.* ❶ (to) protect 防护；保护 ❷ (to) screen 遮蔽，屏蔽

protensão *s.f.* prestress 预应力

protensão efetiva effective prestress 有效预应力

protensão final final prestress 有效预应力

protensão inicial initial prestress 初预应力

protensão parcial partial prestress 部分预应力

Proterozoico *adj.,s.m.* Proterozoic; Proterozoic Eon; Proterozoic Eonothem （地质年代）元古宙（的）；元古宇（的）

prótio *s.m.* protium 气

protoactínio *s.m.* protactinium, protoactinium 镤

protobiosfera *s.f.* protobiosphere 古生物圈

protocataclasito *s.m.* protocataclasite 初碎裂岩

protoclástico *adj.* protoclastic 原生碎屑的

protocolo *s.m.* ❶ protocol 协议 ❷ protocol department 礼宾司；礼宾处

protocolo de comunicação communication protocol 通信协议

protocolo de intercâmbio de dados wellsite information transfer specification (WITS) 井场信息传输规范

protocolo de recepção e entrega receiving and dispatching office 收发室

protocolo estruturado para o intercâmbio de informações do sistema de vigilância de tráfego aéreo all-purpose structured eurocontrol surveillance data information exchange (ASTERIX) 多用途结构化欧洲航空安全组织监视信息交换

protocolo IP IP (internet protocol) 互联网协议，IP 协议

protocolo TCP/IP TCP/IP (Transmission Control Protocol / Internet Protocol) 传输控制协议 / 网间通信协议，TCP/IP 协议

proto-estrela *s.f.* protostar 原恒星

protogina *s.f.* protogine 绿泥花岗岩

protólito *s.m.* protolith 原岩

protomilonito *s.m.* protomylonite 原生糜棱岩

protominério *s.m.* protore 矿胎，胚胎矿

protoplaneta *s.f.* protoplanet 原行星

protoquartzito *s.m.* protoquartzite 原石英岩，石英亚杂砂岩

protótipo *s.m.* prototype 概念设计，原型设计；概念车

próton *s.m.* proton [巴] 质子

protrusão *s.f.* protrusion 隆起物，突出，伸出

protuberância *s.f.* protrusion (in weld) （电焊）凸起

protuberante *adj.2g.* protuberant 隆起的；突出的；凸出的

proustite *s.f.* proustite 淡红银矿

prova *s.f.* ❶ 1. proof, demonstration 证明，证实 2. proof, evidence 证据 ❷ test 试验

prova de atrito friction test 摩擦试验

prova de carga load test 负荷试验；加载试验

prova de densidade density test 密度试验

prova de esmagamento crushing test 抗压强度

prova de impacto impact test 击实实验

prova de martelo hammer test 锤击试验

prova de resistência strength test 强度测试

prova em bancada bench test 台架试验

prova laboratorial laboratory testing 实验室测试

prova tangível objective evidence 客观证据

provador *s.m.* ❶ fitting room, changing room 试衣间 ❷ taster 品尝员，试味员 ❸ tester, prover 测试仪，检定装置

provador de nível level trier 水准检定器

provador medidor padrão master meter prover 标准流量计检定装置

provador p/arroz rice tester 米质判定器

provar *v.tr.* (to) prove 证明，证实

provável *adj.2g.* probable 可能的

proveito *s.m.* profit, gain 赢利，利润

proveito operacional operating income 运营收入

proveniência *s.f.* provenance 矿源；来源区，物源区

prover *v.tr.* (to) provide 提供，供应

proveta *s.f.* ❶ graduated cylinder 量筒 ❷ test-tube, beaker 试管，烧杯

proveta graduada graduated glass cylinder 刻度量筒

provete *s.m.* ❶ specimen, sample 样本，标本 ❷ briquette, test cube 试块；试件

provete cilíndrico test cylinder 圆柱体试块

provete cúbico test cube 立方体试块，方形试块

provete de betão concrete test block, concrete sample 混凝土试块，混凝土试件

província *s.f.* province 省，省份；（地质发展连贯或地貌结构相同的）地区，区域

província biogeográfica biogeographical province 生物地理区

província estrutural structural province 地质构造区

província faunaiana faunal province 动物区系

província geológica geologic province 地质区，地质省

província geotérmica geothermal province 地热省

província metalogénica metallogenic province 成矿区

província nerítica neritic province 浅海区

província petrográfica petrographic province 岩区

provisão *s.f.* ❶ supply, provision 供应；供应物 ❷ provision 规定 ❸ 1. provisional sum 暂定金额 2. accruals 应计项目

provisões básicas living supplies 生活物资

provisões para a depreciação depreciation provision 折旧备抵

provisório *adj.* provisional 临时的

provocar *v.tr.* (to) cause, (to) originate 引起，产生，导致

prowersito *s.m.* prowersite 正云煌岩

proxemia *s.f.* proxemics 近体学

proximal *adj.2g.* proximal 近端的

proximidade *s.f.* proximity 临近，接近；接近度

prumada *s.f.* ❶ verticality 垂直性 ❷ sounding with the lead 铅锤测定 ❸ vertical plumb line 铅垂线 ❹ core-tube, tube（建

筑结构）核心筒，筒体 ❺ slab-type apartment building 多栋建筑单元连接而成的楼体，楼体可共用电梯、通道，类似于中国的板楼

prumada-de-guia/prumada-guia pre-tiling（贴墙砖的）预铺，预排（为正式铺贴提供参照）

prumagem *s.f.* sounding 测深

prumo *s.m.* ❶ plumb, plumb bob; plumb-line 铅锤，锤球；铅垂线 ❷ sounding-lead, lead 测深锤

prumo de latão brass plumb bob 黄铜线锤

prumo de mão hand lead 手铅锤

prumo de ombreira jamb post 门窗侧柱

prumo óptico optical plumb 光测铅垂线

psamítico *adj.* psammitic 砂屑的

psamito *s.m.* psammite 砂屑岩

psefítico *adj.* rudaceous 砾状的；砾质的

psefito *s.m.* psephite 砾质岩

pseudo- *pref.* pseudo- 表示"假的，伪的，仿的"

pseudoacamamento *s.m.* false bedding 假层理，伪层面

pseudoarco *s.m.* false arch 假拱

pseudobrecha *s.f.* pseudobreccia 假角砾岩

pseudocarso *s.m.* pseudokarst 假喀斯特，假岩溶

pseudoconglomerado *s.m.* pseudoconglomerate 假砾岩，压碎砾岩

pseudocrocidolite *s.f.* pseudocrocidolite 虎睛石

pseudocromático *adj.* pseudochromatic 假色的

pseudocúbico *adj.* pseudo-cubic 准立方的，赝立方的

pseudodepressão *s.f.* downbowing, pull-down, time sag 下弯

pseudodíptero ❶ *adj.* pseudo-dipteral 仿双廊式的 ❷ *s.m.* pseudo-dipteral building 仿双廊式建筑

pseudodistância *s.f.* pseudo-range 伪距测量

pseudo-espécie *s.f.* pseudospecies 假种

pseudo-estepe *s.f.* pseudo-steppe 伪草原

pseudofóssil *s.m.* pseudofossil 假化石

pseudoleucite *s.f.* pseudoleucite 假白榴石

pseudomalaquite *s.f.* pseudomalachite 假孔雀石

pseudomórfico *adj.* pseudomorphic 假象的；伪形的；假晶的

pseudomorfismo *s.m.* pseudomorphism 假象，假同晶

pseudomorfo *adj.* pseudomorphous 假象的；伪形的；假晶的

pseudomorfose *s.f.* pseudomorphosis 假象，假同晶

pseudonódulo *s.m.* pseudonodule 假结核，假团块

pseudo-oólito *s.m.* pseudo-oolite 假鲕状岩

pseudoperíptero ❶ *adj.* pseudoperipteral 仿柱廊式的 ❷ *s.m.* pseudoperipteral building 仿柱廊式建筑

pseudopermanente *adj.2g.* pseudo-steady-state 假稳态的，拟稳态的，准稳态的

pseudoplasticidade *s.f.* pseudoplasticity 假塑性

pseudoplástico *adj.* pseudoplastic 假塑性的

pseudo-simetria *s.f.* pseudosymmetry 伪对称

pseudosismo *s.m.* pseudoseism 假地震

pseudo-sólido *adj.* pseudosolid 假固体的

pseudosparite *s.f.* pseudosparite 假亮晶

pseudossecção *s.f.* pseudosection 假剖面

pseudosseção de profundidade pseudodepth section 伪深度剖面

pseudostratificação *s.f.* pseudostratification 假层理；席状构造

pseudotaquilito *s.m.* pseudotachylite 假玄武玻璃

psicroesfera *s.f.* psychrosphere 海洋冷水圈

psicrometria *s.f.* psychrometry 湿度测定法

psicrómetro/psicrômetro *s.m.* psychrometer 干湿球湿度计

psicrómetro digital digital psychrometer 数字干湿温度计

psilomelano *s.m.* psilomelane 硬锰矿

psimitite *s.f.* psimythite 硫碳酸铅矿

pteroma *s.m.* pteroma 柱廊空间

ptéron *s.m.* pteron 外露柱廊

ptigmático *adj.* ptygmatic 肠状构造的

ptigmatito *s.m.* ptygmatite 肠状岩

pua *s.f.* auger bit 木螺锥，麻花钻头

pública-forma *s.f.* certified copy 核证副本

publicar *v.tr.* ❶ (to) publish, (to) announce 公布，宣布 ❷ (to) publish 发表，出版

publicidade *s.f.* advertising 广告业；广告

público *adj.* public 公共的；公众的；公用的；公开的

pudelagem *s.f.* puddling 搅炼

pudingue/pudim *s.m.* puddingstone 布丁岩；圆粒岩

pudlagem *s.f.* puddling 搅炼

pufe *s.m.* ottoman（无扶手或靠背的）软垫凳

pugilismo *s.m.* boxing, pugilism 拳击（运动）

pulasquito/pulaskito *s.m.* pulaskite 斑霞正长岩

pulgão *s.m.* aphid 蚜虫

púlpito *s.m.* pulpit（教堂的）讲道坛

pulsação *s.f.* ❶ pulsation 脉动，波动 ❷ wavelet [葡] 子波，小波 ❸ ping [巴] 声脉冲信号

pulsação causal causal wavelet 因果子波

pulsação de disparo trigger pulse 触发脉冲

pulsação de fase zero ❶ zero-phase pulse 零相位脉冲 ❷ zero-phase wavelet 零相位子波

pulsação de Gabor Gabor's wavelet Gabor 小波

pulsação unitária unit spike 单元尖脉冲

pulsador *s.m.* ❶ chopper 斩波器 ❷ pulsator 振动机；簸动机；脉动跳汰机

pulso *s.m.* ❶ pulse 脉冲 ❷ wavelet [巴] 子波，小波

pulso causal causal wavelet 因果子波

pulso de carga frontal front-loaded wavelet 前载子波

pulso de disparo trigger pulse 触发脉冲

pulso de fase zero zero-phase pulse, zero-phase wavelet 零相位脉冲

pulso de gás gas kick 轻微井喷

pulso de Gabor Gabor's wavelet Gabor 小波

pulso de Klauder Klauder wavelet 克劳德子波

pulso equivalente equivalent wavelet 等效子波

pulso sísmico seismic pulse 地震脉冲

pulso unitário unit spike 单元尖脉冲

pultrusão *s.f.* pultrusion 拉挤成型

pulvemisturadora *s.f.* pulvimixer, pulverizing mixer 松土拌和机，粉碎拌合机

pulverização *s.f.* ❶ pulverizing 磨碎，磨粉 ❷ application, spraying 喷涂；施肥

pulverização a pressão airless spraying 高压无气喷涂，真空喷涂

pulverização à superfície surface spraying; surface sprinkling 表面喷涂；表面喷洒

pulverização contínua continuous spraying; continuous sprinkling 连续喷雾法；连续喷洒

pulverização localizada localized application 局部施药法；定位施肥

pulverizador *s.m.* ❶ 1. sprayer 喷药机；洒水车 2. spray gun 喷雾机，喷枪 ❷ pulverizer 粉碎机

pulverizador a bateria battery-powered spray gun 电池（式）喷雾器

pulverizador acoplável p/tratamento culturas towable sprayer （可）牵引式喷药机

pulverizador atrelado trailed sprayer 牵引式喷药机

pulverizador auto p/tratamento culturas self-propelled sprayer 自行式喷药机

pulverizador autopropelido self-propelled sprayer 自走式喷雾机

pulverizador centrífugo centrifugal spray 离心式喷雾器

pulverizador de água water spray 喷雾水枪

pulverizador de ar air sprayer 喷涂器

pulverizador de arrasto pull type sprayer 牵引式喷雾机

pulverizador de dorso knapsack sprayer 背负式喷雾器

pulverizador de dosagem por suspensão suspended dosing sprayer 悬挂式定量喷药机

pulverizador (de pressão) de jacto projectado compression sprayer, hydraulic sprayer 压力喷雾器，液压喷雾器

pulverizador (de pressão) de jacto transportado air-carrier sprayer with hydraulic nozzles 液风送喷雾机

pulverizador electrostático electrostatic spray 静电喷漆装置

pulverizador-fertilizador de taxa variável variable rate fertilizer 变量施肥、喷药机

pulverizador hidráulico hydraulic pulverizer 液压粉碎钳

pulverizador pneumático pneumatic spray 气力喷雾机

pulverizador térmico thermal sprayer 热力喷雾机

pulverizadora *s.f.* pulverizer 粉碎机

pulverizadora-misturadora pulverizing mixer, pulvimixer 松土拌和机，粉碎拌合机

pulverizar ❶ *v.tr.,pron.* (to) pulverize （使）成粉末，粉化 ❷ *v.tr.* (to) spray, (to) atomize 喷粉，喷雾

pulverulência *s.f.* pulverulence; dustiness 粉末状态

pulverulento *adj.* powdery 粉状的

pulvímetro *s.m.* dust counter 测尘计，尘度计

pulvinado *adj.* pulvinus 呈鼓突状的；枕状的

pulviniforme *adj.2g.* pulviniform 呈鼓突状的；枕状的

pulvino *s.m.* pulvino 拱基石，拱座石

pumpelite *s.f.* pumpellyite 绿纤石

puna *s.f.* puna 高山病

punção *s.f.* punch 压印器；凸模冲头

punção centradora (/de bico) center punch 中心冲头

punção contra rebite snap 铆头模

punção de alinhamento alignment punch, drift punch 冲头，合孔冲

punção de marcar center punch, scratch awl 中心冲头；划针

punção para bater prego nail punch 冲钉器；钉冲头

punção para pinos (/de ponta chata) pin-punch 尖冲头

punceta *s.f.* steel punch 钢冲头

punceta de alinhamento alignment punch, drift punch 冲头，合孔冲

puncionadeira *s.f.* punching machine 冲压机

puncionadora de trilho rail punch 钢轨冲压机

puncionamento *s.m.* ❶ punching 冲压 ❷ puncture 戳，刺，穿孔

puncionar *v.tr.* (to) puncture 戳，刺，穿孔

punçoamento *s.m.* ⇨ puncionamento

pungir *v.tr.* (to) poke; (to) punch 捅；戳；冲孔

punho *s.m.* ❶ handle, grip 握把 ❷ cuff 袖口；护腕

punho cónico conical handle 圆锥形手柄

punho da alavanca de mudança de marcha gearshift lever knob 换挡手把

punho de couro leather bracer 皮护腕

punho de machado axe handle 斧头柄

punho em cruz cross handle 十字手柄

puntura *s.f.* ⇨ puncionamento

pupila *s.f.* pupil 瞳孔

pupila de saída distance of exit pupil（光学）出瞳距离

pureza *s.f.* purity 纯度；纯净度

pureza de água purity of water 水纯度

pureza de ar purity of air 空气纯度

purga *s.f.* purge, purging 清除；换气

purga do cilindro cylinder drain 汽缸泄水

purgação *s.f.* purgation, purification 洗涤，清洗；净化

purgação do sistema de injeção do combustível fuel injection system priming 燃油喷射系统起动灌注

purgador *s.m.* purger 排除管；排除器

purgador de ar gas purger 放气器

puridade *s.f.* ⇨ pureza

purificação *s.f.* purification 净化

purificação de água water purification 净水

purificado *adj.* purified 净化的；提纯的；精制的

purificador *s.m.* purifier 净化器

purificador de água water purifier 净水器

purificador de água ultra-pura ultra-pure water purifier 超纯水器

purificador de ar air cleaner 空气滤清器

purificador de ar de dois estágios two-stage air cleaner 双级空气净化器

purificador de ar de elemento duplo double element air cleaner, dual element air cleaner 二元空气净化器

purificador de ar de manutenção late-ral side-service air cleaner 侧空气净化器

purificador de ar de um só elemento single element air cleaner 一元空气净化器

purificador de ar tipo painel panel-type air cleaner 面板式空气净化器

purificador de ar tipo seco dry-type air cleaner 干式空气滤清器

purificador de óleo e fumaça fume purifier 油烟净化器

purificar *v.tr.* (to) purify 净化

puro *adj.* pure 纯的；纯净的

púrpura *adj.2g.,s.f.* purple 紫色的；紫色

púrpura de bromocresol bromocresol purple 溴甲酚紫

purpurite *s.f.* purpurite 紫磷铁锰矿

putrefacção *s.f.* putrefaction 腐坏，腐败

putrescibilidade *s.f.* putrescibility 腐败性；易腐烂（性）

putrescível *adj.2g.* putrescible 易腐烂的

puxada *s.f.* zooming（飞行动作）跃升

puxado *s.m.* lean-to（依附于大建筑物的）披屋

puxador *s.m.* handle, knob 拉手，把手

puxador de barra pull bar 拉杆

puxador da porta door pull, door handle 门拉手，门把手

puxador embutido flush handle 平头手把

puxamento *s.m.* drawing, pulling 拉，拽，扯

puxamento de curva curve adjusting 整正曲线

puxar *v.tr.* (to) pull, (to) draw 拉，拽

puxavante *s.m.* ❶ 1. driving rod; towbar 传动杆；拖杆 2. connecting rod, connection piece 连接杆，连接片 ❷ marking gauge 一种木工用划线工具

puy *s.m.* puy 死火山锥

PVC *sig.,s.m.* PVC (polyvinyl chloride) 聚氯乙烯

PVC-C chlorinated polyvinyl chloride (PVC-C) 氯化聚氯乙烯

PVC não plastificado unplasticised polyvinyl chloride 非塑化聚氯乙烯

PVC rígido rigid PVC 硬质聚氯乙烯

Q

quadra *s.f.* ❶ 1. square 方形的房间、地块 2. sports court 运动场 ❷ quad cable, four-core cable 四芯电缆

quadra de ténis tennis court 网球场

quadra interna inner square（楼房、街区内的）内广场

quadra poliesportiva multi-sports court [巴] 多功能体育场

quadra polivalente de Ténis/Basquete sports court for tennis and basketball 网球/篮球综合运动场

quadrado ❶ *adj.* square 方形的 ❷ *adj.* square 平方的 ❸ *s.m.* square 正方形 ❹ *s.m.* square 平方，平方数

quadrado de madeira nog, nogging 木架砖壁

quadrângulo *s.m.* quadrangle 四边形，四角形；梯形图幅，标准图幅

quadrante *s.m.* ❶ quadrant 象限；四分之一圆周，90 度弧 ❷ quadrant 四分仪 ❸ dial 矿用罗盘；游标 ❹ slot link 槽孔滑环

quadrante azimutal azimuth dial 方位盘，方位分度器

quadrante de inversão de marcha reversing link 换向连杆

quadrar *v.tr.* (to) square 使变成方形；计算平方；计算平米数

quadratim *s.m.* quadrat 空铅，铅条

quadratura *s.f.* quadrature 求面积；求积分；计算平米数

quadricóptero *s.m.* quadcopter 四轴飞行器

quadrícula *s.f.* squares, grid 小方格

quadrícula cartográfica cartographic grid 制图格网

quadrifólio *s.m.* quatrefoil 四叶饰

quadriforme *adj.2g.* quadriform 有四种形态的

quadrilátero *s.m.* quadrilateral 四边形

quadripolo *s.m.* two-port network 二端口网络

quadrista *s.2g.* electrician for electrical panels 配电箱电工

quadro *s.m.* ❶ 1. square, quadrilateral 方形的空间、物体 2. panel, board 板；面板 3. cabinet, box 箱子，盒子，柜子 ❷ 1. frame 框架；构架；支架 2. frame, main structure（自行车）车架，（车辆）主体构架 3. frame, plough frame 犁架 ❸ 1. staff 职员；工作人员 2. cadre 干部；骨干（人员）❹ table, chart 表格 ❺ painting, picture 绘画，图画

quadro automático de ligações automatic plugboard 自动插接板

quadro auxiliar do chassis auxiliary frame 副车架

quadro branco whiteboard 白板

quadro central center board 中插板

quadro comparativo de custos comparative table of costs 成本对比表

quadro compensador relief frame 减压架

quadro contraventado braced frame 支撑框架

quadro de alimentação feeder panel 馈电板

quadro de anúncios tackboard 布告板

quadro de boias spread mooring 伸张式系泊型式

quadro de contador de electricidade electricity meter box 电表箱

quadro de controle de alteração change control board (CCB) 变更控制委员会

quadro de controlo (/comando) control panel 控制面板

quadro de coordenadas grid 坐标网格

quadro de distribuição distribution cabinet; distribution board 配线柜；配电盘；分电器

quadro de distribuição BT LV distribution boards 低压配电盘

quadro de distribuição de acumuladores accumulator switchboard 蓄电池配电盘

quadro de distribuição de energia power distribution panel 电源分配箱

quadro de distribuição de linha line switchboard 寻线机台

quadro de distribuição de sincronização synchronizing switchboard 同步开关板

quadro de distribuição de vários elementos cellular-type switchboard 分格式配电盘

quadro de distribuição principal main distribution frame (MDF) 主配电板，总配线架

quadro de distribuição tipo celular cellular-type switchboard 分格式配电盘

quadro de estribo rectangle hoop 矩形箍筋

quadro de fixação mounting frame 安装架

quadro de fusíveis fuse board, fuse panel 保险丝板，熔断器盘

quadro de instrumentos fascia board 仪表板

quadro de interruptores de botão press button board 按钮开关板

quadro de ligações switchboard 配电盘；接线总机

quadro de ligação equipotencial equipotential connection panel 等电位连接箱

quadro de ligações de distribuição distribution switchboard 配电盘

quadro de ligações móvel movable plug-board 可卸插接板

quadro de porta oca de aço steel hollow door frame 钢制空心门框

quadro de segurança safety frame 安全框架

quadro da suspensão subframe 副车架

quadro de terminais terminal board; terminal box 接线板；接线箱

quadro eléctrico electrical panels 配电箱，配电板

quadro eléctrico parcial partial electrical panel 分电箱

quadro eléctrico principal main switchboard 总配电板，总配电箱，总配电柜

quadro electrónico interactivo electronic interactive whiteboard 交互式电子白板

quadro extensível extensible frame, adjustable frame 可伸缩框架

quadro-horário de trens timetable 时间表，时刻表

quadro isolador insulating box 绝缘箱

quadro-leito bed frame 基架

quadro preto (/negro) blackboard 黑板

quadro suporte da bateria battery base frame 电池组托架

quadrotor *s.m.* quadcopter 四轴飞行器

quádruplex *adj.2g.* quadruplex 四重的；四倍的；四工的

quádruplo *adj.* ⇨ quádruplex

qualidade *s.f.* ❶ quality 质量 ❷ capacity 身份，资格，法律地位

qualidade aceitável acceptable quality 可接受的质量

qualidade ambiental environmental quality 环境质量

qualidade da água water quality 水质

qualidade de material quality of material 物料质量

qualidade do rolamento riding quality 路面行车质量

qualidade técnica technical quality 工艺质量

qualidade, saúde, meio ambiente e segurança (QSMS) quality, health, safety and environment (QHSE) 质量、卫生、环

境和安全

qualidade, segurança, saúde e ambiente (QSSA) quality, safety, health and environment 质量、安全、卫生和环境

◇ **na qualidade de** in the capacity of, as 作为…，以…的身份

qualificação *s.f.* qualification 确认资格；授予资质；资质审查

qualificador *s.m.* qualification examiner 资质审查员

qualificador de ocupações (profissionais) vocational qualification examiner 职业资格审查员

qualificar *v.tr.,pron.* (to) qualify 使具有资格；取得资格

quali-quantitativo *adj.* qualitative and quantitative 定性和定量的

qualitativo *adj.* qualitative 定性的；质的

quantia *s.f.* amount, sum 数量，数额，金额

quântico *adj.* quantum 量子的

quantidade *s.f.* quantity, amount 数量

quantidade de amostra sample size 样本量

quantidade total total amount 总量；总计

quantificação *s.f.* quantification 定量，量化

quantificar *v.tr.* (to) quantify 定量，量化

quantitativo *adj.* quantitative 定量的；量的

quantização *s.f.* quantization 量子化；分层

quantômetro/quantímetro *s.m.* quantometer, quantimeter 光量计，辐射剂量计

quantum *s.m.* quantum 量子

quantum de luz light quantum 光量子

quarentena *s.f.* quarantine 检疫；隔离

quarentena de animais e plantas animal & plant quarantine 动植物检验检疫

quarta *s.f.* ❶ "quarta" 四分之一葡制磅（arrátel），合 114.8 克 ❷ "quarta" 四分之一干量葡制斗（alqueire），通常为 3.45 升 ❸ point（三十二方位罗盘的每一个）罗经点；方位角（合 11¼ 度）

quarta via *s.f.* fourth rail 第四接触轨

quarteador *s.m.* ❶ divider（房间的）隔板；屏风，（分隔盒子的）硬纸板，间隔物 ❷ sample splitter 分样器

quarteamento *s.m.* quartering; quarter slicing 四等分；四分法；（木材的）径面平切

quarteamento de amostra sample quar-

---

tering 四分法取样

quartear *v.tr.* (to) quarter 四等分；四分法

quarteirão *s.m.* block 街区

quartel *s.m.* barrack 营房

quartel de bombeiros fire station 消防局

quartela *s.f.* bracket, corbel 托臂

quartelada *s.f.* trap opening（舞台活板门的方形）开口，升降口

quartil *s.m.* quartile 四分位数；四分点

quartil superior upper quartile 上四分位数

quartilha *s.m.* newel post 楼梯端柱

quartilho *s.m.* "quartilho" 四分之一葡制罐（canada）

quartinho *s.m.* latrine 茅厕，便坑

quarto *s.m.* ❶ room 房间 ❷ quarter 四分之一；一刻钟 ❸ **(qt)** quart (qt) 夸脱（容量单位。1 夸脱等于 1/4 加仑，英制合 1.136 升，美制合 0.936 升）

quarto acessível (para portadores de deficiência) barrier-free guestroom 无障碍客房

quarto de brincar playroom 游戏室，游艺室

quarto de celamim "quarto de celamim" 四分之一 celamim, 六十四分之一干量葡制斗（alqueire）

quarto de ciclo ⇨ quarto de período

quarto de círculo ⇨ quarto (de) redondo

quarto de controlo control room 控制机房，配电室

quarto de crianças nursery room 育婴室

quarto de despejo storage room 储物间，杂物间

quarto de dormir bedroom 卧室

quarto de equipamentos de elevador lift motor room 电梯机房

quarto dos fundos back room 里屋

quarto de galão quart (qt) 夸脱

quarto de hóspedes guest room 客房

quarto de período quarter period 四分之一周期

quarto de quartilho "quarto de quartilho" 十六分之一葡制罐（canada）

quarto de solteiro single room 单人间

quarto de transformação e distribui-

ção de energia transformation and distribution room 变配电间

quarto duplo double room （两张床的）双人间

quarto-e-sala studio apartment 一室一厅的公寓

quarto eléctrico electrical room 电气室

quarto individual ⇨ quarto de solteiro

quarto mecânico machine room, plant room 机房，设备维护室

quarto minguante wane（月）亏缺

quarto mobiliado furnished room 带家具的房间

quarto-padrão standard room 标准间

quarto para casal couple room （一张大床的）双人间

quarto (de) redondo quarter round 四分圆线脚

quarto simples ⇨ quarto de solteiro

quarto fio *s.m.* fourth wire 第四导线

quarto trilho *s.m.* fourth rail 第四接触轨

quartzarenito *s.m.* quartzarenite 石英砂屑岩；正石英岩

quártzico *adj.* quartzic 含少量石英的

quartzífero *adj.* quartziferous 含石英的，石英质的

quartzina *s.f.* quartzine 正玉髓

quartzítico *adj.* quartzitic 石英岩的，由石英质组成的

quartzito *s.m.* quartzite 石英岩

quartzito arcósico arkosic quartzite 长石石英岩

quartzito feldspático feldspathic quartzite 长石石英岩

quartzito sedimentar sedimentary quartzite 正石英岩

quartzito xistoso schistose quartzite 片状石英岩

quartzo *s.m.* quartz 石英

quartzo alfa alpha quartz α-石英；低温石英

quartzo amarelo yellow quartz 黄石英

quartzo ametista ⇨ ametista

quartzo arco-irís rainbow quartz 彩虹石英

quartzo aventurina aventurine quartz 星彩石英

quartzo azul blue quartz 蓝石英

quartzo beta beta quartz β-石英；高温石英

quartzo cabelos-de-Vénus Venus hair 发金红石

quartzo citrino citrine quartz 黄水晶

quartzo-do-brasil Brazilian pebble 巴西石英

quartzo de choque shocked quartz 冲击石英，撞击石英，受震石英

quartzo de duas rotações biquartz 双石英

quartzo de filão vein quartz 脉石英

quartzo defumado cairngorm, smoky quartz 烟晶

quartzo dendrítico dendritic quartz 树枝石

quartzo em pedaços quartz in lumps 石英块

quartzo em pó quartz dust 石英粉尘

quartzo enfumado (/fumado) ⇨ quartzo defumado

quartzo filoniano ⇨ quartzo de filão

quartzo hialino (/incolor) hyaline quartz 玻璃石英

quartzo irisado (/íris) iris quartz 虹水晶

quartzo leitoso milky quartz 乳石英

quartzo lídico basanite 碧玄岩

quartzo muscíneo (/musgoso) moss quartz 苔纹玛瑙

quartzo norueguês Norwegian quartz 挪威白石英

quartzo olho-de-gato cat's-eye quartz 石英猫眼

quartzo óptico optical quartz 光学石英

quartzo porfírico quartz porphyry 石英斑岩

quartzo queratófilo quartz-keratophyre 石英角斑岩

quartzo radiolário radiolarite 放射虫岩

quartzo rosa pink quartz 粉红石英

quartzo róseo rose quartz 蔷薇石英

quartzo rutilado rutilated quartz 金红针水晶

quartzo sagenítico sagenitic quartz 网针石英

quartzo secundário secondary quartz 次生石英

quartzo sintético synthetic quartz 合成石英；人造石英

quartzo verde green quartz 绿石英

quartzo-anortosito *s.m.* quartz-anorthosite 石英斜长岩

quartzodiorito *s.m.* quartz-diorite 石英闪长岩

quartzodolerito *s.m.* quartz dolerite 石英粒玄岩

quartzofiládio *s.m.* quartz-phyllite 石英千枚岩

quartzogabro *s.m.* quartz-gabbro 石英辉长岩

quartzolatito *s.m.* quartz-latite 石英二长安山岩

quartzolito *s.m.* quartzolite 硅英岩

quartzomonzonito *s.m.* quartz-monzonite 石英二长岩

quartzo-moscovitaxisto *s.m.* muscovite-quartz schist 白云母石英片岩

quartzonorito *s.m.* quartz-norite 石英苏长岩

quartzoso *adj.* quartzose 石英的；主要为石英构成的

quartzossienito *s.m.* quartz-syenite 石英正长岩

quartzotraquito *s.m.* quartz trachyte 石英粗面岩

quartzovaque *s.m.* quartz wacke 石英瓦克岩，石英杂砂岩

quartzoxisto *s.m.* quartz-schist 石英片岩

quase-cratão *s.m.* quasicraton 准克拉通

quase duplex *adj.2g.* quasi-duplex 准双工的

quase-electroneutralidade *s.f.* quasi-electroneutrality 准电中性

quasiturbina *s.f.* quasiturbine 奎西发动机

quaternário *adj.* ❶ quaternary; Quaternary 第四的；（金属、化合物等）四元的 ❷ [M] Quaternary; Quaternary Period; Quaternary System（地质年代）第四纪（的）；第四系（的）

quatrilhão *num.card.,s.m.* quadrillion (long scale), septillion (short scale) （短级差制的）千万亿，千兆，合 10^{15}

quatrilião *num.card.,s.m.* quadrillion (long scale), septillion (short scale) （长级差制的）百万的七乘方，合 10^{24}

quatro *num.card.* four 四，四个
◇ **quádruplo** quadruple, fourfold 四倍的
◇ **um quarto** a quarter 四分之一
◇ **quarto** fourth 第四

quebra *s.f.* ❶ break, breakage 断裂，破裂 ❷ current interruption 电流断路 ❸ break line （复ращ屋顶两个坡之间的）折线

quebra-d'água waterbreak （地震）水波信号起始点

quebra de bolhas droplet break-up 液滴破碎

quebra de contrapeito break line of internal dormer （复折屋顶的）内凹折线

quebra de gotas bubble break-up 气泡破裂

quebra de mansarda break line of mansard （复折屋顶的）外凸折线

quebra da plataforma continental shelf break [葡] 陆架坡折

quebra de tempo time break 爆炸瞬时

quebra-aparas/quebra-cavacos *s.m.2n.* chip breaker 木屑压碎机

quebrada *s.f.* slope 坡面

quebradiço *adj.* brittle 脆的，易碎的

quebradiço a frio cold short 冷脆的

quebradiço a quente (/ao rubro) red short 热脆的

quebrado ❶ *adj.* broken, shattered; damaged 被打破的，碎裂的；损坏的 ❷ *adj.* broken 折断的；折线的 ❸ *s.m.* fraction 分数 ❹ *s.m.* slope 坡面

quebra-gelos *s.m.2n.* icebreaker 破冰船；破冰设备

quebra-jacto *s.m.* jet atomizer 喷射雾化器

quebra-luz *s.m.* lampshade 灯罩

quebra-mar *s.m.* breakwater, jetty 防波堤

quebra-mar de betão concrete block seawall 混凝土海堤

quebra-mar de enrocamento rock-mound breakwater 堆石防波堤

quebra-mar vertical vertical seawall 直立式海堤

quebra-mola *s.m.* speed bump, road hump 路拱，减速路拱，减速带，限速路面突块

quebra-neve *s.m.* snow blower 吹雪机，旋转式清雪机

quebra-ondas *s.m.2n.* wave breaker 消波器

quebrar *v.tr.* (to) break 破坏，破碎

quebra-sol/quebra-sóis *s.m./s.m.2n.* sun visor 遮阳板；遮阳帘

quebra-ventos *s.m.2n.* ❶ windbreak 防风林 ❷ vent window （汽车的）通风窗

quebra-vórtice *s.m.* vortex breaker 防涡器，稳流器

quecto- (q) *pref.* quecto- (q) 表示 "10^{-30}"

queda *s.f.* ❶ drop; head 下降；下落；落差，水头 ❷ fall 下斜；斜度

　queda ao nível fall off 跌落

　queda bruta gross head 总落差，总水头

　queda bruta máxima maximum gross head 最大毛水头

　queda bruta média mean gross head 平均毛水头

　queda bruta mínima minimum gross head 最小毛水头

　queda crítica critical head 临界水头

　queda de água waterfall 跌水；瀑布

　queda de arco arc drop 电弧位降；电弧压降

　queda de barreira landslide 山体滑坡

　queda de bloco de rocha rockfall 岩崩

　queda de calor heat drop 热降

　queda de chamas flame failure 熄火

　queda de detritos debris fall 岩屑坠落

　queda de gotas e partículas inflamadas (FDP) flaming droplets/particles (FDP) 燃烧滴落物/微粒

　queda da inclinação drop off 降斜

　queda de linha line drop 线路电压降

　queda de líquido fallback （液体）回落

　queda de objectos falling of objects 高空坠物

　queda de peso weight dropping 落锤法

　queda de potência derating 降额

　queda de potência pela altitude altitude derating 海拔高度降额

　queda de potencial potential drop, fall of potential 电位降；电压降

　queda de pressão pressure drop 压力降

　queda de projeto design head 设计水头

　queda de rochas rockfall, fall of rocks 落石，岩崩

　queda de tensão (/voltagem) voltage droop 电压降

　queda de velocidade speed droop 速度下降

　queda disponível available head 可用落差；可用水头

　queda indutiva inductive drop 感应降落；电感电压降

　queda líquida net head 净落差；净水头

　queda livre free fall 自由落体

　queda livre de concreto free downfall of concrete 混凝土自由下落

　queda nominal nominal fall 额定水头

　queda térmica lapse rate 气温递减率

　queda útil effective head 有效落差；有效水头

　queda útil máxima maximum net head 最大净水头

　queda útil média mean net head 平均净水头

　queda útil mínima minimum net head 最小净水头

　queda útil nominal nominal net head 额定净水头

　queda útil ponderada weighted net head 加权净水头

queima *s.f.* ❶ firing, burning 燃烧 ❷ fire in a wood; slash and burn 烧荒；刀耕火种法

　queima de cal lime slaking 石灰消化

queimação *s.f.* ❶ priming coat 底层漆 ❷ polishing 水泥压光

queimada *s.f.* fire in a wood; slash and burn 烧荒；刀耕火种法

queimado *adj.* burnt 烧成的；烧焦的

　queimado com areia sandburned 铸砂烧结的

queimador *s.m.* burner, gas burner 燃烧器；燃气器；炉头

　queimador à prova de água drip-proof burner 防塞燃烧器

　queimador aerodinâmico streamline burner 流线型燃烧器

　queimador de Argand Argand burner 阿尔冈氏灯

　queimador de combustão universal universal combustion burner 自动通风煤

气炉

queimador de ensaio por ventilação
aeration test burner 煤气测验喷灯

queimador de gás e pressão de ar gas-and-pressure-air burner 低压煤气燃烧器

queimador de gás sob pressão de dois estágios two-stage pressure-gas burner 两级压力气体燃烧器

queimador de óleo oil burner 燃油炉，燃油器

queimador duplex duplex burner 双路喷燃器

queimador piloto pilot burner 导燃器；引燃器

queimadora s.f. burning machine 燃烧机
queimadora de vegetação weed burner 火焰除草机

queimar v.tr.,intr.,pron. (to) burn 点燃，燃烧

quelação s.f. chelation 螯合作用

quelato s.m. chelate 螯合物

quelha s.f. alley, lane 胡同

queluzito s.m. queluzite 锰铝榴岩

quenito s.m. kenyte 霓辉响斑岩

quentalenito s.m. kentallenite 橄榄二长岩

quente adj.2g. ❶ hot 热的 ❷ warm 温暖的

queratófiro s.m. keratophyre 角斑岩

quermesite s.f. kermesite 红锑矿

quernite s.f. kernite 四水硼砂

querogénio/querogênio s.m. kerogen 干酪根，油母岩质
querogênio amorfo amorphous kerogen 无定形干酪根

querosene s.m. kerosene 煤油

quetta- (Q) pref. quetta- (Q) 表示"10^{30}"

quiastolite s.f. chiastolite 空晶石

quiescente adj.2g. quiescent 静止的

quilate s.m. ❶ (ct) carat (ct) 克拉(重量单位) ❷ (K) carat (K) 开(黄金纯度单位)
quilate métrico metric carat 公制克拉，米制克拉

quilha s.f. keel 龙骨

quilo (kg) s.m. kilo (kg) [quilograma 的简写] 千克，公斤 ⇨ kilo

quilo- (k) pref. kilo-(k) 表示"千" ⇨ kilo-
quilobarril s.m. kilobarrel 千桶
quilobarril equivalente de petróleo

(kBOE) kilobarrel of oil equivalent (kBOE) 千桶石油当量

quilobecquerel (kBq) s.m. kilobecquerel (kBq) 千贝克勒尔

quilobit (kb) s.m. kilobit (kb) 千比特
quilobit por segundo (Kbps) kilobit per second (Kbps) 千位每秒，千比特每秒

quilobyte (KB) s.m. kilobyte (KB) 千字节
quilobyte por segundo (KB/s) kilobyte per second (KB/s) 千字节每秒

quilocaloria (kcal) s.f. kilocalorie (kcal) 千卡，大卡
quilocaloria por hora (kcal/h) kilocalorie per hour (kcal/h) 千卡 / 小时

quilo-electrão-volt (KeV) s.m. kilo-electron-volt (KeV) 千电子伏

quilograma (kg) s.m. kilogram (kg) 千克，公斤(重量单位)
quilograma-caloria kilogram calorie 千卡，大卡
quilograma (equivalente) de TNT kilogram of TNT 千克 TNT 当量
quilograma-força (kgf) kilogram-force (kgf) 千克力
quilograma-força metro (kgfm) kilogram force-meter (kgfm) 千克力米
quilograma-força metro por segundo kilogram-force meter per second 千克力米每秒
quilograma-metro (mkg) kilogram meter (mkg) 千克米
quilograma-padrão standard kg 标准公斤
quilograma por metro cúbico (kg/m³) kilogram per cubic meter (kg/m³) 千克每立方米
quilograma por metro quadrado (kgf/m²) kilogram per square meter (kgf/m²) 千克每平方米

quilo-hertz (kHz) s.m.2n. kilo-hertz (kHz) 千赫，千赫兹

quilojoule (kJ) s.m. kilojoule (kJ) 千焦耳，千焦

quilolibra s.f. kilopound 千磅

quilolitro (kl) s.m. kiloliter (kl) 千升

quilometragem s.f. kilometrage 计算里程；(行车) 里程数
quilometragem ociosa idle distance 空

驶距离

quilometrar *v.tr.* (to) measure in kilometers 计算里程

quilómetro (km) *s.m.* kilometer (km) 千米，公里

quilómetro cúbico (km³) cubic kilometer (km³) 立方千米

quilómetro por hora (km/h) kilometer per hour (km/h) 千米／小时，公里／小时

quilómetro quadrado (km²) square kilometer (km²) 平方千米，平方公里

quilonewton (kN) *s.m.* kilonewton (kN) 千牛顿

quilopascal (kPa) *s.m.* kilopascals (kPa) 千帕（斯卡）

quilopond (kp) *s.m.* kilopond (kp) 力学单位，同 quilograma-força（千克力）

quilotonelada (kt) *s.f.* kiloton (kt) 千吨；千吨当量

quilovátio (kW) *s.m.* ⇨ quilowatt

quilovolt (kV) *s.m.* kilovolt (Kv) 千伏

quilovolt-ampere (kVA) kilovolt-ampere (Kva) 千伏安

quilovolt-ampere reactivo (kVAr) kilovar (kVAr) 千乏，无功千伏安

quilovolt-ampere reactivo-hora (kVArh) kilovar hour (kVArh) 千乏时

quilowatt (kW) *s.m.* kilowatt (kW) 千瓦

quilowatt-ano kilowatt-year 千瓦年

quilowatt-hora (kWh) kilowatt-hour (kWh) 千瓦时；（一）度

quimberlito *s.m.* kimberlite 角砾云橄岩，金伯利岩

química *s.f.* chemistry 化学

química aplicada practical chemistry 应用化学

química do solo soil chemistry 土壤化学

química física physical chemistry 物理化学

química inorgânica inorganic chemistry 无机化学

química molecular molecular chemistry 分子化学

química orgânica organic chemistry 有机化学

química pura theoretical chemistry 理论化学

químico ❶ *adj.* chemical 化学的 ❷ *s.m.* chemist 化学家

químico de fluidos mud engineer [巴] 泥浆工程师

quimiogénico *adj.* chemogenic 化学成因的

quimioluminescência *s.f.* chemiluminescence 化学发光

quimiometria *s.f.* chemometrics 化学计量学

quimiossíntese *s.f.* chemosynthesis 化学合成

quimissorção *s.f.* chemisorption 化学吸附

quina *s.f.* ❶ corner 角，弯角 ❷ bending 折弯 ❸ five-core cable 五芯电缆

quina a frio cold bending 冷弯

quina de transição eased edge 光圆边缘

quina viva sharp edge, sharp corner 锐边；阳角

quinadeira *s.f.* bending machine 折弯机

quinado *adj.* bent 弯曲的

quinagem *s.f.* bending 折弯

quincite *s.f.* quincite 水硅铁镁石

quincunce *s.m.* quincunx 梅花形（排列，阵列）

quindecágono *s.m.* quindecagon 十五边形，十五角形

quinquefólio *s.m.* cinquefoil 梅花饰

quinquilharia *s.f.* hardware parts 五金零件

quinta roda *s.f.* fifth wheel 半拖车连接轮

quintal *s.m.* ❶ courtyard; cortile 庭院；内院 ❷ 1. (q) quintal (q) 公担（重量单位，合 100 千克）2. "quintal" 葡量担（合 58.75 千克）

quinteiro *s.m.* corral 畜栏，圈

quintilhão *num.card.,s.m.* trillion (long scale), quintillion (short scale) （短级差制的）百万兆，合 10^{18}

quintilião *num.card.,s.m.* quintillion (long scale), nonillion (short scale) （长级差制的）百万的九乘方，合 10^{30}

quitinozoários *s.m.pl.* chitinozoans 几丁石

quiosque *s.m.* kiosk 亭，亭子

quirófano *s.m.* surgery observation room （通过单向玻璃隔断或摄像设备观摩的）手术观摩室

quisqueíte *s.f.* quisqueite 高硫钒沥青；硫沥青

quitação *s.f.* quittance 免除债务证书，收据

quitanda *s.f.* grocery 蔬菜水果店

quitar *v.tr.* (to) settle, (to) pay 免除（债务）；清偿，支付

quitinete *s.m.* studio apartment 一室一厅的公寓

quociente *s.m.* quotient 商，商数
    quociente de inteligência (QI) intelligence quotient (IQ) 智商

quórum *s.m.* quorum 法定人数，规定人数

quota *s.f.* ❶ share, portion, quota 份额，配额 ❷ equity, stock 股权，（有限责任公司股东的）出资额
    quota primitiva primitive stock 原始股

quotação *s.f.* quotation 报价单

quotar *v.tr.* (to) quote 报价

quotista *s.2g.* quota holder 配额持有人；（有限责任公司的）持股人，股东

R

rabanada *s.f.* squall gust 疾风

rabdofanite *s.f.* rhabdophane 磷稀土矿

rabdoglifo *s.m.* rhabdoglyphus 棒形迹

rabdopissite *s.f.* rhabdopissite 余植煤

rabela *s.f.* back part of a plough（犁的）铧座

rabicho *s.m.* ❶ hawser, stay 缆索，拉索 ❷ metallic hose（洗手池用的）金属软管

rabicho de calibração calibration tail 刻度线；刻度记录

rabicho de solda solder-tail 焊引线

rabo *s.m.* tailpiece 把手，手柄；尾片

rabo de andorinha ⇨ cauda de andorinha

rabo de leque winder (wheel step)（旋转楼梯使用的侧边不等宽的）斜踏步 ⇨ degrau ingrauxido

rabo de minhoto ⇨ cauda de minhoto

rabo de porco pigtail eyebolt 猪尾形螺栓，猪尾丝

rabote *s.m.* moulding plane 型刨

ração *s.f.* ❶ feed 饲料 ❷ ration 给养；口粮

ração animal animal feed 动物饲料

ração humana human food 人类食物

ração militar military ration 军用口粮，军粮

racemização *s.f.* racemization 外消旋作用

racha *s.f.* split, gap 裂口，裂缝，裂纹

racha de aquecimento hot crack 热裂纹

racha solar sun crack 干裂；日裂

rachado *adj.* creviced 有裂缝的

rachador *s.m.* splitter 劈裂机

rachador de toras log splitter 劈木机

rachadura *s.f.* fissure, crack 开口，裂口

rachadura espontânea season cracking 季节性开裂

rachão *s.m.* split, crack 开口，裂口

rachar *v.tr.* (to) crack, (to) split 劈裂，劈开

rácio *s.m.* ratio 比率；比例

rácio de adequação dos fundos próprios capital adequacy ratio 资本充足率

rácio de dilução dilution ratio 稀释比例

rácio de preço-rendibilidade price-earnings ratio 价格收益比率；市盈率

rácio de superfície/volume surface to volume ratio 面容比

rácio de zona verde green area ratio 绿地率

rácio entradas/saídas input-output ratio 投入产出比

rácio específico specific ratio 比率

rácio input/output ⇨ rácio entradas/saídas

rácio volumétrico volumetric ratio, volume ratio 容积率；体积比

racionalização *s.f.* rationalization 合理化

racionalização do uso de energia rational use of energy 能源合理利用

racionalizar *v.tr.* (to) rationalize 使合理化

racionamento *s.m.* rationing 定量配给

racionar *v.tr.* (to) ration 定量配给

rack *s.m.* rack 机架；机柜

rack de distribuição distributing frame 配线架

rack de telefone telephone frame 电话配线架

rad *s.m.* rad 拉德（辐射剂量单位）

radar *sig.,s.m.* ❶ radar 雷达（设备） ❷ radar 雷达（技术），无线电探测和测距

radar a impulsos sincronizados coherent pulse radar 相干脉冲雷达

radar-altímetro radar altimeter 雷达测高仪

radar de abertura sintética synthetic aperture radar 合成孔径雷达

radar de aproximação de precisão (PAR) precision approach radar (PAR) 精密进场雷达

radar de controle de aproximação approach control radar 进场管制雷达

radar de localização e rastreio acquisition and tracking radar 搜索及追踪雷达

radar de vigilância surveillance radar 监视雷达

radar de vigilância de aeroporto airport surveillance radar 机场监视雷达

radar de vigilância do tempo (RVT) weather surveillance radar 天气监视雷达

radar de vigilância em rota aérea air route surveillance radar 航线监视雷达

radar Doppler Doppler radar 多普勒雷达

radar medidor de nível radar level meter 雷达液位计

radar meteorológico meteorological radar 气象雷达

radar meteorológico móvel movable meteorological radar 可移动式气象雷达

radar panorâmico panoramic radar 全景雷达

radar passivo passive radar 无源雷达

radar primário primary radar 一次雷达，初级雷达

radar primário de vigilância primary surveillance radar 一次监视雷达

radar secundário secondary radar 二次雷达，次级雷达

radar secundário de vigilância secondary surveillance radar 二次监视雷达

radar secundário de vigilância monopulso monopulse secondary surveillance radar 单脉冲二次监视雷达

radar-sonda radarsonde 雷达测风仪

radar-telescópio radar telescope 雷达望远镜

radartécnica *s.f.* radar engineering 雷达工程

radartopografia *s.f.* radar surveying 雷达测量

radiação *s.f.* radiation; irradiance 辐射；辐射能；辐照强度

radiação beta beta radiation β 辐射

radiação de background background radiation [巴] 背景辐射，本底辐射

radiação de calor heat radiation 热辐射

radiação de fundo background radiation [葡] 背景辐射，本底辐射

radiação de onda curta shortwave radiation 短波辐射

radiação de onda longa long wave radiation 长波辐射

radiação electromagnética electromagnetic radiation 电磁辐射

radiação infravermelha infrared radiation 红外辐射

radiação ionizante ionizing radiation 离子辐射

radiação natural natural radiation 自然辐射

radiação nuclear nuclear radiation 核辐射

radiação reflectida back radiation, counter radiation 反向辐射

radiação solar solar radiation 太阳辐射

radiação solar difusa diffuse solar radiation 太阳散射辐射

radiação solar global global solar radiation 太阳总辐射

radiação solar refletida reflected solar radiation 反射太阳辐射

radiação térmica thermal radiation 热辐射

radiação ultravioleta ultraviolet radiation 紫外线辐射

radiação UV UV radiation 紫外线辐射

radiador *s.m.* ❶ 1. radiator, radiator fin, cooling fin 放热器，散热器 2. radiator (for heating) 暖气片 ❷ radiator 辐射体，辐射源

radiador acústico acoustic radiator 声辐射器

radiador alveolar honeycomb radiator 蜂窝式散热器

radiador de aquecimento radiador (for heating) 暖气片

radiador de arrefecimento radiador, radiador fin, cooling fin 放热器，散热器

radiador de asa wing radiator 翼面散热器

radiador de bordo de ataque leading-edge radiator 翼前缘散热器

radiador de calefacção heater 暖气

radiador de colméias modulares folded core radiator 折叠芯散热器

radiador de fenda slot radiator 缝隙辐射器；隙缝辐射器

radiador de óleo oil cooler 机油冷却器

radiador de palheta fin radiator, gilled radiator 翅片式散热器，叶片式散热器

radiador de superfície surface radiator 表面散热器

radiador de tubos enviesados canted-tube radiator 斜管散热器

radiador de tubos retos straight tube radiator 直管散热器

radiador eléctrico electric radiator 电暖器

radiador em colmeia honeycomb radiator 蜂窝式散热器

radiador intercalado intercooler 中冷器

radiador tipo venturi venturi-type radiator 文丘里冷却器

radial adj.2g. ❶ radial, mushroomed 径向的，辐向的，放射式的，辐射环式的 ❷ radial 半径的

radiano (rad) s.m. radian (rad) 弧度

radiante adj.2g. ❶ radiant 辐射的，放射的 ❷ rayonnant 辐射式（建筑风格）的

radiemissão s.f. ⇨ radiodifusão

radier s.m. concrete slab; raft 混凝土板；筏板
 radier celular cellular raft 格形板式基础
 radier flutuante floating raft 浮筏式基础
 radier nervurado ribbed mat 有肋筏板

rádio ❶ s.f. radio 广播 ⇨ radiodifusão ❷ s.m. radio 收音机 ❸ s.m. walkie-talkie 对讲机，无线电 ❹ s.m. radium (Ra) 镭

radioactividade s.f. radioactivity 放射性

radioactivo adj. radioactive 放射性的，辐射性的

radioaltímetro s.m. radar-altimeter 雷达测高仪 ⇨ radar-altímetro

radiobaliza s.f. radio beacon; aerophare [巴]

无线电信标；航空用信标

radiobaliza de emergência indicadora de posição (EPIRB) emergency position-indicating radio beacon (EPIRB) 应急指位无线电示标

radiobaliza de localização pessoal personnel locator beacon 人员定位标

radiobaliza exterior outer marker beacon 外界信标

rádio-balizador s.m. radio beacon; aerophare 无线电信标；航空用信标

rádio-balizador para indicar posicionamento de emergência (EPIRB) emergency position-indicating radio beacon (EPIRB) 应急指位无线电示标

radiocarbono s.m. radiocarbon 放射性碳

radiocronologia s.f. radiochronology 放射测年学

radiodifusão s.f. broadcasting, radiobroadcasting 广播

radioelemento s.m. radioelement 放射性元素

radioemissão s.f. ⇨ radiodifusão

radiofarol/rádio-farol s.m. radio beacon; aerophare 无线电信标；航空用信标

rádio-farol não direcional non-directional radio beacon 无方向性无线电信标台

rádio-farol omnidirecional omnidirectional beacon 全向无线电信标

radiofrequência s.f. radiofrequency 射频；无线电频率

radiogoniometria s.f. radiogoniometry, radio direction finding 无线电测向，无线电测向法

radiogoniómetro/radiogoniômetro s.m. radiogoniometer, direction finder 无线电探向器；无线电方位仪

rádiogoniômetro adcock adcock direction finder 爱德考克测向仪

radiogoniômetro automático automatic radio direction finder 自动无线电定向器

radiografia s.f. ❶ X-ray photograph, radiograph X射线照相 ❷ X-ray photograph, X-ray film X光片

radioisótopo s.m. radioisotope 放射性同位素

radiolário s.m. radiolarian 放射虫

radiolarito *s.m.* radiolarite 放射虫岩

radiólise *s.f.* radiolysis 辐解；射解

radiolítico *adj.* radiolitic 放射扇状结构的

radiolito *s.m.* radiolite 钠沸石，放射针晶球粒，放射钠沸石

radiologia *s.f.* radiology 放射学

radioluminescência *s.f.* radioluminescence 辐射发光

radiometria *s.f.* radiometry 辐射度学

radiómetro/radiômetro *s.m.* radiometer 辐射计

   radiómetro de Crookes Crookes radiometer 克鲁克斯辐射计

   radiómetro de Nichols Nichols radiometer 尼科尔斯辐射计

radionavegação *s.f.* radionavigation 无线电导航

radioônibus *s.m.2n.* dial-a-bus 电话传呼出租汽车业务

radioposicionamento *s.m.* radiopositioning 无线电定位

radioscopia *s.f.* radioscopy, X-ray inspection X 射线透视检查（法）；射线检查（法）

radiotelefonia *s.f.* radiotelephony 无线电话

radiotelemetria *s.f.* radio telemetry 无线电遥测术

radioterapia *s.f.* radiotherapy, radiation therapy 放射治疗，放疗

   radioterapia profunda deep radiotherapy 深部放射治疗

   radioterapia superficial superficial radiotherapy, superficial radiation therapy (SRT) 浅层放射治疗

radiotermoluminescência *s.f.* radiothermoluminescence 辐射热致发光

radiotrânsito *s.m.* radio guidance 无线电导航

rádon (Rn) *s.m.* radon (Rn) 氡

rafaelito *s.m.* rafaelite 拉沸正长岩

raglanito *s.m.* raglanite 刚玉霞长岩；奥霞正长岩

raguinite *s.f.* raguinite 硫铁铊矿

raimondite *s.f.* raimondite 片铁矾

raio *s.m.* ❶ 1. ray 光线，射线 2. heat radiation 热辐射 ❷ lightning 闪电 ❸ radius 半径 ❹ spoke 轮辐；（自行车）辐条

   raio actínico actinic ray 光化线

raio alfa alpha rays α 射线

raio anódico anode rays, positive rays 阳极射线

raio atômico atomic radius 原子半径

raio beta beta rays β 射线

raio Becquerel Becquerel ray 贝克勒尔射线

raio calorífico calorific ray 热辐射

raio catódico cathode ray 阴极射线

raios cósmicos cosmic rays 宇宙射线

raio de acção ❶ sphere of action 作用范围；作用区 ❷ maximum range 最大航程

raio do coroamento crest radius 坝顶曲线半径

raio de curva ❶ curve radius, radius of curve 曲线半径 ❷ turning radius 转弯半径

raio de curvatura radius of curvature; bending radius 曲率半径，弯曲半径

raio de dobramento bend radius 弯曲半径

raio de drenagem radius of drainage 排油半径；供油半径，供给半径

raio de giro turning radius 转弯半径

raio de influência radius of influence 影响半径

raio de luz light beam 光束

raio de manivela crank throw 曲柄半径，曲柄行程

raio de quina corner radius 圆角半径

raio de rotação radius of gyration 回转半径

raio de sol (/solar) sunbeam 日光

raio de viragem turning radius 转弯半径

raio equatorial equatorial radius 赤道半径

raio gama gamma ray γ 射线

raio hidráulico hydraulic radius; hydraulic mean depth 水力半径；水力平均深度

raio incidente incident ray 入射射线

raios infravermelhos infrared rays 红外线

raio interno internal radius 内半径

raio iónico ionic radius 离子半径

raio negativo negative ray 阴极射线

raio negativo de rolagem negative radius 负半径

raio nucleal epipolar ray 核线

raio reflectido reflected ray 反射线

raio transmitido transmitted ray 透射光线

raios ultravioletas ultraviolet rays 紫外线

raio-vector radius vector 径矢，径向量

raio visual ❶ visual ray 可视光 ❷ field of vision 视野

raio-X X-rays, Roentgen rays X射线，X光，伦琴射线

raio-X monocromático monochromatic X-ray 单色 X 射线

raio-X policromático polychromatic X-ray 多色 X 射线

raiz *s.f.* ❶ root 树根，草根 ❷ tooth root 齿根 ❸ root 根数

raiz cúbica cube root 立方根

raiz do dente de engrenagem root 齿根

raiz do dente da roda motriz sprocket tooth root 链轮齿根

raiz de hélice propeller root 螺旋桨根

raiz da pá blade root, blade butt 桨叶根部

raiz quadrada square root 平方根

rajada *s.f.* gust 阵风

rajada ascendente updraft 上升气流

ralação *s.f.* grating 用礤床礤

ralador *s.m.* grater 礤床；切菜丝机

ralar *v.tr.* (to) grate 用礤床礤

ralo *s.m.* ❶ floor drain 地漏，落水口 ❷ nozzle 喷水口 ❸ strainer; sieve 过滤器，筛子

ralo de filtração filter nozzle 滤头

ralo de pia sink drain 落水管

ralo de pinha (/semi-esférico) dome strainer 圆顶地漏

ralo sifonado floor drain with siphon 带存水弯的地漏

RAM *sig.,s.f.* RAM (random access memory) 随机存储器

ramada *s.f.* foliage 叶饰

ramal *s.m.* branch line 支路；支线；支管

ramal de alimentador feeder branch, branch feeder 分支馈线，馈电分支

ramal de canalização branch of piping 支管

ramal de descarga branch drain 排水支管

ramal de esgoto branch sewer 污水支管

ramal de ligação connecting branch 连接支管

ramal de ventilação vent branch 通风支管

ramal ferroviário branch line 铁路支线

ramal predial service pipe 接户管

ramal privativo private siding 专用支线

ramal temporário temporary way 临时支线

ramas *s.f.pl.* crude oil 原油 ⇒ petróleo bruto

ramificação *s.f.* ❶ branch, branching 分支 ❷ tree 树形

ramificar *v.tr.,pron.* (to) ramify, (to) branch （使）分枝，（使）分叉

ramo *s.m.* ❶ 1. branch road 岔路；支线 2. ramp 坡道，匝道 ❷ division, section 部门，分支；分科 ❸ garland 枝叶形装饰

ramo de acesso access ramp 入口坡道；斜通道

ramo de alça ⇒ ramo de ligação interior

ramo de ligação interchange ramp 立交匝道

ramo de ligação exterior directional ramp 直接式匝道

ramo de ligação interior non-directional ramp 非直接式匝道

ramo descendente do sifão discharge leg of siphon 虹吸管流出端

ramona *s.f.* cowling pin 整流罩锁销

ramonador *s.m.* soot blower 吹灰器，吹灰装置

ramosite *s.f.* ramosite 基性火山渣

rampa *s.f.* ❶ 1. ramp, gradient 坡道，坡面 2. chute 斜槽；滑行台 ❷ spray boom 喷杆 ❸ (ramp shaped) cam 斜面凸轮

rampa acessível access ramp 斜通道，无障碍坡道

rampa ascendente positive grade 上坡

rampa carbonática carbonate ramp 碳酸盐斜坡

rampa continental continental rise 大陆隆，陆基

rampa de acesso ❶ access ramp 斜通道，无障碍坡道 ❷ approach ramp, access ramp 进口匝道，引道坡

rampa de acesso para deficientes handicapped access 残疾人坡道

rampa de aeração aeration ramp 通气挑坎

rampa de aproximação approach slope 下滑道斜率

rampa de avanço linear contínuo side-roll sprinkler 横向滚动式喷灌管

rampa de carregamento loading ramp 装载坡台

rampa de descida down ramp 下行坡道

rampa de deslocamento paralelo ⇨ rampa de avanço linear contínuo

rampa de entrada entry ramp 入口斜路；入口坡道

rampa de escada stair ramp 楼梯坡道

rampa de fardos bale chute, bale ramp 草捆滑槽

rampa de gravidade gravity plane 重力斜面

rampa de lançamento ❶ launching pad 发射台；起飞坪 ❷ slipway 船台；船只下水用的滑道

rampa de ligação interchange ramp 立交匝道

rampa de planeio gliding ratio 滑翔比

rampa de pulverização spray room 喷杆

rampa de saída exit ramp 出口坡道，出口匝道

rampa de subida up-ramp 上行坡道

rampa descendente negative grade 下坡

rampa em curva helicline 螺旋状坡道

rampa em porcentagem percent of grade 坡度百分比

rampa escalonada stepped ramp 踏步式坡道，阶梯式坡道

rampa giratória de pivot central center pivot irrigator 指针喷灌机

rampa íngreme steep grade 陡坡

rampa móvel giratória de pivot central movable center pivot irrigator 移动式指针喷灌机

rampa natural natural slope 天然斜坡

rampa para passagem inferior road tunnel 公路隧道

rampa-varadouro beaching slope 搁浅坡

rampado s.m. stepped side wall 阶式边墙

rampante adj.2g. rampant; sloped 跛拱的；倾斜的

rampear v.tr. (to) slope, (to) chamfer 挖方

造坡

ramsaiíte s.f. ramsayite 褐硅钠钛矿

rancidez s.f. rancidity 酸败

rancho s.m. hut, shelter, lodge （路边的）茅屋，草棚

ranço ❶ s.m. rancidity 酸败 ❷ adj. rancid 酸败的

rançoso adj. rancid 酸败的

randanito s.m. randannite 暗色硅藻土

randômico adj. random [巴] 随机的

rangeabilidade s.f. rangeability; turndown 范围度（最大"范围上限值"与最小"范围上限值"之比）

ranhura s.f. groove, slot 槽，凹槽

ranhura de aeração aeration slot 掺气槽

ranhura de estrangulamento ⇨ ranhura moduladora

ranhura de guia guide-groove 导槽；导向槽

ranhura de injeção grout groove 灌浆槽

ranhura de lubrificação lubrication groove 润滑槽

ranhura de retenção retaining groove 存油槽；卡位凹槽

ranhura de travamento locking groove; side groove 锁紧槽；侧槽

ranhura de um disco sound track 音轨

ranhura moduladora throttling slot 节流槽

ranhuradora s.f. grooving tool 开槽机

ranker s.m. ranker 薄层土

rankinite s.f. rankinite 硅钙石

rapador s.m. scuffle hoe 推式锄

rapakivi ❶ s.m. rapakivi 奥（长）环斑花岗岩；奥环状花岗岩 ❷ adj.inv. rapakivi 环斑状的

rapel s.m. rappel wall 攀岩墙

rapidez s.f. rapidity 迅速，急速

rápido ❶ adj. fast 快速的 ❷ s.m. rapid 急流，湍滩

rarefacção s.f. rarefaction, lessening 稀疏，稀薄；稀释

rarefazer v.tr.,pron. (to) rarefy （使）稀薄

rasante adj.2g. hedgehopping 超低空的，贴地（飞行）的

rasar v.tr. (to) level, (to) raze （使）平整，夷平

rasgada s.f. French window 落地窗

rasgado *adj.* ❶ ragged 破烂的 ❷ wide; open 宽敞的；敞开的

rasgamento *s.m.* ❶ tearing 撕裂 ❷ splay 八字面，（门窗）外宽内窄的洞口

rasgar *v.tr.* (to) tear 撕裂

rasgo *s.m.* ❶ groove 凹槽 ❷ opening （建筑物上的）洞口

rasgo ensutado splayed opening 内宽外窄的洞口

rasgo para chaveta keyway, keyslot 键槽

rashing *s.m.* rashing 煤下页岩；煤层底板的软碳质页岩

raso *s.m.* falt, rasa 低沼泽；平滩，浅滩

raso de maré tidal flat 潮滩；潮汐滩；潮汐平原；潮坪

rasoira *s.f.* strickle, spokeshave 刮板；辐刨

rasoira de Ockham Ockham's razor 奥卡姆剃刀

raspa *s.f.* ❶ 1. shaving; chip 碎屑，碎片 2. shaving; grated peel 刨花；碎皮，皮屑 ❷ scraper 刮刀

raspas azuis blue pelt 蓝皮

raspa de aiveca shin piece 犁胫

raspadeira *s.f.* ❶ scraper, scratcher, skimmer 刮刀；刮具 ❷ casing scraper; scratcher [巴] 套管清刮器

raspadeira de discos disc scraper 圆盘刮泥机

raspadeira de folha larga wide blade straight scraper 宽片油灰刀

raspador *s.m.* ❶ scraper, scratcher, skimmer 刮刀；刮具 ❷ scraper, finisher, skimmer 刮土机；整面机；铲削器 ❸ reclaimer 取料机

raspador curvo shave hook 钩形刮刀；铅锉

raspador de gelo ice scraper 刮冰机

raspador de oleodutos pig [葡] 清管器

raspador de parafina paraffin scraper; paraffin scratcher 刮蜡器

raspador de paredes wall scraper 刮墙刀

raspador de piso floor scraper 地板刮子

raspador de (/para) cachimbo(s) pipe scraper 管刮刀，刮管器

raspador móvel de braço lateral side arm reclaimer 侧式悬臂取料机

raspador móvel de roda de alcatruz

raspador móvel de roda de alcatruz tipo ponte bridge-type bucket-wheel reclaimer 桥式斗轮取料机

raspador móvel tipo portal portal type scraper reclaimer 门式刮板取料机

raspador para gesso gypsum scraper 石膏刮刀

raspador superficial skimmer 撇渣器，撇油器

raspadora *s.f.* ⇨ raspador

raspagem/raspadura *s.f.* scrape, scraping 刮边；刮削

raspagem de parede scraping wall 刮墙

raspa-tubos *s.m.2n.* go-devil 油管清扫器

raspável *adj.2g.* piggable [葡] （管道）可清扫的，（设备）可清管的

raspotransportadora *s.f.* scraper, carryall 铲运机

rasqueta *s.f.* scraper （刮船体用的）刮刀

rastelo *s.m.* lawn rake 搂草耙

raster *s.m.* raster 光栅

rasterização *s.f.* rasterization 光栅化；网格化

rastilho *s.m.* fuse 导火线，导火索，导爆线

rasto *s.m.* track, trace 道路，通路

rastreabilidade *s.f.* traceability 可追溯性

rastreador *s.m.* tracker 追踪器

rastreador do cabo cable tracker, wire tracker 寻线器，查线器

rastreador solar solar tracker 太阳跟踪器

rastreamento *s.m.* tracking 跟踪；追踪

rastreamento de alvo target tracking 目标跟踪

rastreamento de dados data tracking 数据跟踪

rastreamento de defeito defect tracking 缺陷跟踪

rastreamento de desempenho performance tracking 性能跟踪

rastreamento de estoque inventory tracking 库存跟踪

rastreamento de lotes batch tracing, batch tracking 批次跟踪

rastreamento do pedido order tracking 订单跟踪

rastreamento de problemas problem

tracking 问题跟踪

rastreamento da produção production tracking 生产跟踪

rastreamento do produto product tracking 产品追踪

rastreamento do status status tracking 状态跟踪

rastreamento de uso usage tracking 使用追踪

rastreamento de veículos vehicle tracking 车辆跟踪

rastreamento documental document tracking 文件跟踪

rastreamento em dois eixos two-axis tracking 双轴跟踪

rastreamento personalizado custom scan 自定义扫描

rastreamento por GPS GPS tracking GPS 跟踪

rastreamento via satélite satellite tracking 卫星跟踪

rastro *s.m.* ❶ track, trace 道路，通路 ❷ manure rake 粪耙

raticida *s.m.* rat poison, raticide 灭鼠药

rato *s.m.* ❶ rat, mouse 老鼠 ❷ mouse 鼠标

rauhaugito *s.m.* rauhaugite 铁白云石碳酸岩

ravina *s.f.* ❶ mountain stream 山区河流 ❷ gully, draw（水流冲刷形成的）冲沟

ravinado *adj.* ravinated 沟谷切割的

ravinamento *s.m.* ravinement 沟蚀；沟壑形成

razão ❶ *s.f.* ratio 比，比率 ❷ *s.f.* ⇨ razão social ❸ *s.m.* ledger book 分类账簿

razão agregado/cimento aggregate-cement ratio 集料水泥比

razão água-líquido water-in-liquid, ratio water-in-liquid 多相流动比率

razão água-óleo water-oil ratio 水油比

razão arenito-folhelho sand-shale ratio [巴] 砂页岩比

razão arenito xisto-argiloso sand-shale ratio [葡] 砂页岩比

razão clástica clastic ratio 碎屑比

razão de adelgaçamento slenderness ratio 长细比

razão de aspecto aspect ratio（尺寸的）纵横比，高宽比，长径比，形态比

razão de compressão compression ratio 压缩比

razão de condensado condensate ratio 凝析率

razão de contagem counting rate 计数率

razão de contracção shrinkage ratio 收缩率

razão de dano formation damage ratio 地层损害指数

razão de descida rate of descent 下降率

razão de escorregamento slip ratio 滑脱比，滑动比

razão de fadiga fatigue ratio 疲劳比

razão de gradiente de canal channel gradient ratio 河床坡降比

razão de isótopos de carbono carbon isotope ratio 碳同位素比

razão de libertação de calor heat liberation rate 放热率

razão de mistura mixing ratio 混合比

razão de mobilidade mobility ratio 迁移率

razão de mobilidade adversa adverse mobility ratio 不利流度比

razão de não uniformidade do feixe (RNF) beam non-uniformity ratio (BNR) 射束非均匀率

razão de penetração rate of penetration (ROP), penetration rate 钻进速度，机械钻速

razão de perda de carga pressure drop ratio 压降比

razão de permeabilidade permeability ratio 渗透率级差

razão de planeio glide ratio 滑翔比

razão de potência power ratio 功率比

razão de pressão do motor engine pressure ratio 发动机压缩比

razão de produtividade condition ratio 完善系数

razão de progressão de chama flame spread rate 火焰蔓延速度

razão de rendimento de energia energy efficiency ratio 能量效率比，能效比

razão de retracção shrinkage ratio 收缩率

razão de solubilidade solubility ratio 溶解比

razão de subida rate of climb 爬升率

razão de transmissão drive ratio 传动比

razão de uso turndown ratio 调节比，范围度

razão de viscosidade viscosity ratio 相对黏度

razão dimensional normalizada standard dimension ratio (SDR) 标准尺寸比率

razão directa direct ratio 正比

razão entre barra de tração e peso drawbar to weight ratio 牵引杆重量比

razão espelho/piso riser/tread ratio 踏步宽和高的比值

razão filer/betume filler-bitumen ratio 粉胶比

razão gás dissolvido-óleo solution gas-oil ratio 溶解气油比

razão gás-água gas-to-water ratio, gas-water ratio (GWR)[巴]气水比

razão gás-líquido gas-liquid ratio (CLR) 气液比

razão gás-líquido total total gas-liquid ratio 总气液比

razão gás-óleo (RGO) gas-oil ratio (COR) 气油比

razão gás-óleo corrigida corrected gas-oil ratio 修正气油比

razão gás-óleo de formação formation gas-oil ratio 地层油气比

razão gás-óleo inicial initial gas-oil ratio 原始气油比

razão gás-óleo produzido producing gas-oil ratio 采出气油比，生产气油比

razão inicial gás-óleo initial gas-oil ratio 原始气油比

razão instantânea gás-óleo instantaneous gas-oil ratio 瞬时气油比

razão inversa inverse ratio 反比

razão isotópica isotope ratio 同位素比

razão líquido-gás liquid-gas ratio 液气比

razão mobilidade de injecção de água waterflood mobility ratio 注水流度比

razão óleo-água oil-water ratio 油水比

razão peso/potência power-to-weight ratio 功率重量比

razão primária-bolha primary-to-bubble ratio 初泡比

razão reserva-produção reserves-production ratio 储采比

razão sinal-ruído signal-noise ratio 信噪比

razão social registered name, legal name [巴]（企业的）注册名称

razão total gás-óleo total gas-oil ratio 总气油比

reabastecimento s.m. refuelling 补充注油；换料

reabastecimento em voo in-flight refuelling 空中加油

reabilitação s.f. rehabilitation 修复

reabilitação do edifício building rehabilitation 建筑复原（至可用状态）

reabilitação de pavimento pavement rehabilitation 路面修复

reacabamento s.m. refinishing 返工修光

reacção/reação s.f. reaction 反应

reacção ao fogo reaction to fire 遇火反应

reacção álcali-agregado alkali-aggregate reaction (AAR) 碱集料反应

reacções álcali-sílica alkali-silica reaction 碱硅反应

reacção de apoio supporting force, support pressure, reaction at support 支座反力

reacção de decomposição decomposition reaction 分解反应

reacção de deslocamento displacement reaction 置换反应

reacção de dupla troca reaction of double exchange 双交换反应

reacção de oxidação oxidation reaction 氧化反应

reacção de oxidação-redução redox reaction, oxidation-reduction reaction 氧化还原反应

reacção de redução reduction reaction 还原反应

reacção eutéctica eutectic reaction 共晶反应

reacção irreversível irreversible reaction 不可逆反应

reacção isostática isostatic rebound（地壳）均衡回弹

reacção peritética peritectic reaction 包晶反应

reacção química chemical reaction 化学

反应

reacção reversível reversible reaction 可逆反应

reação em cadeia chain reaction 连锁反应；链式反应

reação endotérmica endothermic reaction 吸热反应

reação exotérmica exothermic reaction 放热反应

reactância *s.f.* reactance 电抗

reactância acústica acoustic reactance 声抗

reactância capacitiva capacitive reactance 容抗

reactância indutiva inductive reactance 感抗

reactividade *s.f.* reactivity 反应性，活性

reactividade aos alcalis alkali reactivity 碱活性

reactivo *adj.* reactive 反应的；电抗的；无功的

reactor/reator *s.m.* ❶ reactor 反应器，反应装置，反应堆 ❷ reactor 电抗器；扼流圈

reator a água fervente (BWR) boiling water reactor (BWR) 沸水反应堆

reator a água pressurizada (PWR) pressurized water reactor (PWR) 压水反应堆

reator de alisamento smoothing reactor 平波电抗器

reator de carvão activado activated carbon reactor 活性炭反应器

reactor de filtro filter choke 滤波扼流圈

reactor de fusão fusion reactor 聚变反应堆

reactor de núcleo core reactor 铁心式电抗器

reator de potência power reactor 动力反应堆

reator eletrônico eletronic reactor 电子电抗器

reactor limitador de corrente current limiting reactor 限流电抗器

reactor nuclear nuclear reactor 核反应堆

reactor químico chemical reactor 化学反应器

reactor reprodutor breeder reactor 增殖

反应堆

reactor saturável saturable reactor 饱和电抗器

reator subcrítico subcritical reactor 次临界反应堆

reator supercrítico supercritical reactor 超临界反应堆

reagente *s.m.* reagent 试剂

reagente de Nessler Nessler's reagent 纳氏试剂

reagentes químicos chemical agent 化学试剂

reagir *v.intr.* (to) react 反应；发生（化学）反应

reajuste *s.m.* readjustment 重新调整，再调整

reajustação *s.f.* readjustment 重新调整，再调整

reajustação do sistema system readjustment 系统调试

reajustar *v.tr.* (to) readjust 重新调整，再调整

real (BRL, R$) *s.m.* real (BRL, R$) 雷阿尔（巴西货币单位）

realcalização *s.f.* realkalization 再碱化

realcalização de betão concrete realkalization 混凝土再碱性化

realce *s.m.* exaggeration 夸大率；夸张

realgar *s.m.* realgar 鸡冠石

realimentação *s.f.* feedback 回授，回馈，反馈

realimentação acústica acoustic feedback 声反馈

realimentação de aceleração acceleration feedback 加速度反馈

realinhamento *s.m.* realignment 重新定线

realização *s.f.* execution 实施

realização dum projeto por fases staged development of a project 项目分期开发

realizar *v.tr.* (to) carry out, (to) effect 执行，实施；实现

realojamento *s.m.* ⇨ reassentamento

reambulação *s.f.* complementary topographic survey 地形图补测

reamostragem *s.f.* resampling 重新采样

reaproveitamento *s.m.* reutilization 再利用

reaproveitamento de terra vegetal reutilization of topsoil 表土再利用

reaproveitar *v.tr.* (to) reuse 再利用

reaquecedor *s.m.* reheater 再热器

reaquecer *v.tr.* (to) reheat 再加热

reaquecimento *s.m.* reheat 再加热

rearme *s.m.* reset 重启；复位

reassentamento *s.m.* resettlement 重新安置

reaterro *s.m.* back fill 原土回填

reavaliação *s.f.* reevaluation 重新评估

rebaixadeira *s.f.* ⇨ rebaixador

rebaixador *s.m.* fillister, rabbet plane 槽口刨

rebaixamento *s.m.* ❶ lowering 下降，降低 ❷ bannocking, floor cut 掏底槽；底部掏槽 ❸ shaving 削匀；刨平

rebaixamento d'água drawdown 水位下降

rebaixamento d'água rápido rapid drawdown 水位骤降

rebaixamento do lençol freático groundwater lowering, groundwater drawdown 降低地下水位

rebaixamento por electrosmose electroosmosis well point dewatering 电渗井点法

rebaixamento por poços profundos deep well point dewatering 深井井点法

rebaixamento por poços profundos com injectores eductor well point dewatering 喷射井点法

rebaixamento por ponteiras filtrantes shallow well point dewatering 轻型井点法

rebaixamento por ponteiras filtrantes a vácuo vacuum well point dewatering 真空井点法

rebaixar *v.tr.* ❶ (to) lower 下降，降低 ❷ (to) plane down 削匀；刨平

rebaixo *s.m.* ❶ lowering 下降，降低 ❷ 1. recess 凹位；凹槽；凹进处 2. areaway, light well 地下室采光井 3. spotface 孔口平面 ❸ span of a staircase 楼梯下，楼梯间 ❹ garret chamber 阁楼

rebaixo central na cabeça do pistão ⇨ cratera do pistão

rebaixo de caixilho rabbet for glazing （门、窗上的）玻璃安装槽

rebaixo de furo counterbore 埋头孔

rebaixo de moldura planted stop 门上嵌条

rebaixo da ponta do coração depressed frog point 辙叉槽

rebaixo lateral side relief 侧隙面

rebaixo para vidros rabbet for glazing 玻璃安装槽

rebaixo samblado rabbeted stop （与门框一体的）门档，门止条

rebar *v.tr.* (to) fill with rubble 用碎石填充

rebarba *s.f.* burr; flash 毛边，铸件的毛边；飞边

rebarba de trilho rail burr 轨道边缘肥边

rebarbação *s.f.* deburring 去毛刺

rebarbadeira *s.f.* deburrer, trimmer 修边机

rebarbador *s.m.* deburrer, dresser 修边机，修整器

rebarbador hexagonal hexagonal dresser 六角刮刀

rebarbadora *s.f.* deburrer, trimmer 修边机

rebarbar *v.tr.* (to) deburr 去毛刺，修边

rebater *v.tr.* (to) clinch (a nail) 钉牢

rebatimento *s.m.* folding, reclining 使弯曲，翘弯

rebatimento de pregos clinch nailing 弯脚钉合

rebatível *adj.2g.* foldable 可折叠的

rebentação *s.f.* ❶ 1. bursting; explosion 破裂，破碎 2. surf, breaking 浪花；浪的破碎 ❷ bud bursting （植物）发芽

rebentado *adj.* busted; bulged （管道）爆裂的；（墙面、地面等）凸起的, 胀起的

rebentamento *s.m.* blasting, outburst 爆炸；爆破；喷涌

rebentar *v.intr.* ❶ (to) burst; (to) explode 爆裂，炸裂；爆炸 ❷ (to) sprout, (to) bud （植物）发芽，萌芽

rebitadeira *s.f.* riveter 铆机，铆钉枪

rebitadeira manual hand riveter 手动铆机，手动拉铆枪

rebitador *s.m.* ❶ riveter 铆工 ❷ riveter 铆机，铆钉枪

rebitador de compressão compression riveter 风动铆钉枪；气动铆机

rebitador de percussão percussion riveter 冲击式铆钉枪

rebitador hidráulico hydraulic riveter 液压铆接机

rebitador pneumático air rivet gun 风动铆钉枪；气动铆机

rebitadora *s.f.* riveter 铆机，铆钉枪

rebitagem *s.f.* riveting 铆固；铆接

rebitagem a frio cold riveting 冷铆接

rebitagem de ponto stitch riveting 绗合铆钉

rebitagem longitudinal longitudinal riveting 纵向铆接

rebitagem mecânica (/à máquina) machine riveting 机动铆接

rebite *s.f.* rivet 铆钉，抽芯铆钉

rebite bifurcado bifurcated rivet 开口铆钉

rebite cego blind nail, blind-ended nail 隐头钉，盲钉

rebite Chobert Chobert rivet 乔伯特式铆钉

rebite de cabeça cilíndrica fillister-head rivet 凹槽螺帽钉

rebite de cabeça embutida flush rivet 埋头铆钉

rebite de cabeça esférica spherical head rivet 球头铆钉

rebite de cabeça hemisférica snap head rivet 圆头铆钉

rebite de cabeça tronco-cónica panhead rivet 锅头铆钉；盘头铆钉

rebite de fábrica shop rivet 厂合铆钉

rebite de ponto stitch rivet 缀缝铆钉；缝合铆钉

rebite de revestimento skin rivet 蒙皮铆钉

rebite explosivo explosive rivet 爆炸铆钉

rebite oco hollow rivet 空心铆钉

rebite Pop Pop rivet 波普空心铆钉

rebite semitubular semitubular rivet 半管形铆钉；半空心铆钉

rebite tubular tubular rivet 空心铆钉，管形铆钉

rebo *s.m.* rubble 碎石子

rebocado *adj.* ❶ plastered 抹灰的 ❷ towed 拖曳的

rebocador *s.m.* ❶ plasterer 抹灰工 ❷ tug, tug vessel 拖船，拖轮 ❸ push-back tractor 后推拖拉机

rebocador manuseador de âncoras anchor handling tug supply vessel (AHTS) 锚拖供应船

rebocador multifuncional multifunctional tug 多功能拖船

rebocador portuário harbor tug 港口拖船

rebocadura *s.f.* plastering, rendering 抹灰；粉刷

rebocamento *s.m.* towing 拖曳，牵引

rebocar *v.tr.* ❶ (to) plaster 抹灰 ❷ (to) tow 拖曳，牵引

rebocável *adj.2g.* towable 可牵引的；牵引式的

reboco *s.m.* ❶ plastering, rendering 抹灰；粉刷 ❷ plaster, grout 灰浆；灰泥 ❸ mud cake; filter cake 泥饼，滤饼

reboco de acabamento smooth finish 刮腻子

reboco de cal applying putty 刮腻子，刮大白

reboco de cimento cement rendering 水泥抹面；水泥灰浆

reboco de cimento-areia cement-sand plaster 水泥–砂浆抹灰

reboco de gesso plastering, rendering 刮石膏

reboco de lama mud cake; applying mud cake 灰饼；贴灰饼

reboco de união bastarda bastard tuck pointing 凸勾缝

reboco externo external filter cake 外滤饼

reboco fibroso fibrous plaster 纤维灰泥

reboco fino smooth finish 刮腻子

reboco granulado granular plaster 颗粒砂浆；颗粒状毛面

reboco grosso rough cast 打底；拉毛面

reboco interno internal filter cake 内滤饼

reboco penteado combing, comb with notched trowel （墙面）拉条

reboco rústico pebble-dashing 抛小石粗面

reboco tirolês tyrolean plaster 机喷灰浆

reboleira *s.f.* dense vegetation （树木、草原和庄稼地的）茂密处

rebolo *s.m.* grindstone 磨石砂轮，砂轮片

rebolo de esmerilhadeira angular angle grinder grindstone 角磨机砂轮片

rebolo de vaso (/oco) dish wheel 碟形砂轮

reboque *s.m.* ❶ tow, towing 拖曳，牵引 ❷

trailer （无动力的）拖车，挂车 ❸ break-down truck, wrecker （拖曳其他车辆的）工程抢险车，拖车 ❹ towrope 牵引绳索，拖车绳

reboque agrícola farm trailer 农用挂车

reboque autocarregador de fardos self-loading bale trailer 自装草捆挂车

reboque baixo flatbed trailer 平板拖车

reboque c/ cisterna combustível trailer with fuel tank 油罐拖车

reboque c/ cisterna de água trailer with water tank 水罐拖车

reboque clássico ⇨ reboque de dois eixos

reboque de bagagem baggage trailer 行李拖车

reboque de dois eixos two-axle trailer 双轴挂车

reboque de eixo central center axle trailer 中置轴拖车

reboque de movimentação transport trailer 运输拖车

reboque-distribuidor de estrume trailer manure spreader 挂式肥料撒布机

reboque plataforma platform trailer 平台拖车

reboque um dolly ⇨ reboque baixo

rebordo *s.m.* ❶ edge, border 凸缘，卷边 ❷ bead 串珠线脚 ❸ edging （道路的）平缘石，路平石

rebordo de separação parting bead 隔窗线条

rebordo duplo double-bead 双珠饰

rebordo nivelado (/em nível) flush bead 凹圆线条

rebordo projetado cock bead 凸出边缘

rebote *s.m.* ⇨ rabote

rebritador *s.m.* second crusher 二级破碎机

rebrote *s.m.* regermination 重新发芽

recalada *s.f.* homing 归航，归巢

recalcador *s.m.* winepress 葡萄榨汁器，葡萄榨汁用大桶

recalcamento *s.m.* ❶ upsetting 锻粗加工 ❷ pressing 榨汁，压榨

recalcar *v.tr.* (to) tread down 踏实，压平

recalibração *s.f.* recalibration 重新校准

recalibrar *v.tr.* (to) recalibrate 重新校准

recalque *s.m.* settlement （地面、地基等）沉降

recalque admissível allowable settlement 容许沉降

recalque de apoio support settlement 支座沉降

recalque de solo soil settlement 土壤沉降

recalque da via track settlement 轨道沉降

recalque diferencial differential settlement 不均匀沉降

recalque diferencial específico tilting 倾斜（指基础倾斜方向两端点的沉降差与其距离的比值）

recalque por consolidação do solo soil consolidation settlement 土壤固结沉降

recâmara *s.f.* recess, alcove 凹室

recanto *s.m.* corner, nook 角落，偏僻处

recanto de cantaria scontion 门窗框内屋角石

recapagem *s.f.* retreads; remould 翻新轮胎

recapar *v.tr.* (to) retread (tire) 翻新胎面

recapeamento *s.m.* resurfacing 重铺路面

recapeamento asfáltico rolado a quente hot-rolled asphalt 热滚沥青重铺面

recapear *v.tr.* (to) resurface 重铺路面

recarga *s.f.* recharge 补给；再装载；再充电

recarga aluvial alluvial water recharge 潜水补给，冲积层水补给

recarga artificial artificial recharge 人工补水；人工灌注

recarga do lençol freático groundwater recharge 地下水补给

recarga induzida induced recharge 诱导补给

recarregar *v.tr.* (to) recharge 再充电；再装料

recarregável *adj.2g.* rechargeable 可充（电）的，充电式

recartilhado *adj.* knurled 滚花的

recartilhar *v.tr.* (to) knurl 给…压上滚纹

recauchutagem *s.f.* retreading 翻新胎面

recauchutar *v.tr.* (to) retread (tire) 翻新胎面

recebedor *s.m.* ❶ receiver; recipient 税务员，收款员 ❷ receiver 接收器，接收装置

recebedor de porco pig receiver 清管器接收器，收球筒

recebedor de raspadores scraper-trap 刮管器取出装置

receber *v.tr.* ❶ (to) receive; (to) collect 接收；收取 ❷ (to) welcome; (to) receive 迎接，接待

receita *s.f.* ❶ 1.income, revenue 进项；收入 2. cash-in （债券等的）兑现 ❷ recipe; prescription 配方；处方；食谱

receita anual annual revenue 年收入，年营业额

receita de actividade principal main business income 主营业务收入

receita fixa (RF) fixed revenue 固定收入

receita pré-programada pre-programmed recipe 预编程的食谱

receituário *s.m.* ❶ pharmacopoeia; recipe, prescription 药典；[集] 药方，配方 ❷ policy mix 政策组合，"组合拳"

recém-exposto *adj.* freshly-exposed 新暴露的

recepção *s.f.* ❶ reception 接收；接待 ❷ acceptance [葡]（工程）接收，验收 ❸ reception, reception area 接待门房，接待处，前台

recepção definitiva final acceptance 竣工验收，最终接管

recepção parcial partial acceptance, acceptance of section 部分接收

recepção provisória provisional acceptance 临时验收；临时接收

recepcionamento *s.m.* reception 接待，招待

recepcionar *v.tr.* (to) receive, (to) entertain 接待，招待

recepcionista *s.2g.* receptionist 接待员

receptáculo *s.m.* receptacle 容器；盛载器；垃圾桶

receptor *s.m.* ❶ receiver 接收器，接收机 ❷ receiver （电话）听筒

receptor de satélite digital digital satellite receiver 卫星综合数字接收机

receptor do sinal de carga light signal receiver 光信号接收器

receptor óptico optical receiver 光接收器

receptor radiogoniômetro automático ADF receiver 自动定向仪接收机

receptor sem fio wireless receiver 无线接收机

recessão *s.f.* ❶ recession 后退；凹处 ❷ recession 衰退；不景气

recessão de escarpa scarp retreat 崖退

recesso *s.m.* recess 凹位；凹槽；凹进处

recesso para a válvula valve pocket 阀套

rechã *s.f.* tableland 山顶平原

rechear *v.tr.* (to) stuff 填塞

recheio *s.m.* padding, filler 填充，填塞；填料

recheio plástico plastic filler 塑性填料

rechupe de cratera *s.m.* crater sinkhole 弧坑缩孔

Reciano *adj.,s.m.* Rhaetian; Rhaetian Age; Rhaetian Stage [葡]（地质年代）瑞替期（的）；瑞替阶（的）

recibo *s.m.* receipt 收据，回执

reciclabilidade *s.f.* recyclability 可循环性，可循环使用性

reciclador *s.m.* recycler 反复循环器

reciclagem *s.f.* ❶ recycling 回收，再利用；再循环 ❷ retraining 再培训；进修

reciclagem de água water recycling 水（资源）再利用；循环用水

reciclagem de pavimento asfáltico asphalt pavement recycling 沥青路面再生

reciclagem de pavimento concreto concrete pavement recycling 混凝土路面再生

reciclagem em usina in-plant recycling 厂拌再生

reciclagem in-situ in-situ recycling 就地再生

reciclar *v.tr.* (to) recycle 回收，再利用；再循环

reciclável *adj.2g.* recyclable 可回收（再利用）的；可循环的

recifal *adj.2g.* reefal 礁的

recife *s.m.* reef 礁，礁石

recife algáceo (/de algas) algal reef 藻礁

recife cónico pinnacle reef 尖礁

recife costeiro shore reef, barrier reef 滨礁，堡礁

recife de areia sand reef 沙礁

recife de arenito stone reef 石礁

recife de atol atoll reef 环礁

recife de barreira barrier reef 堡礁

recife de borda de plataforma shelf-edge reef 陆架边缘礁

recife de coral coral reef 珊瑚礁

recife de franja fringe reef 岸礁

recife interno back reef 礁后区

recife orgânico bioherm 生物岩礁

recifes semiocultos dries 间歇出露区

recife tabular tabular reef 平台礁

recimentação s.f. recementing 再胶结

recinto s.m. enclosure, enclosed space 围闭的空间

recinto cercado enclosure 围封的场地

recipiente s.m. recipient, receiver 容器，器皿

recipiente de ingredientes ingredient bin 调料箱

recipiente de líquido liquid receiver 集液器

recipiente de lixo dust bin 垃圾桶

recipiente de lixo autónomo free standing waste receptable 独立式垃圾桶

recipiente do reator reactor vessel 反应堆容器；反应堆压力外壳

recipiente misturador mixing box 混合室；混合箱

reciprocidade s.f. reciprocity 相互作用；相互性

recirculação s.f. ❶ recirculation 再循环 ❷ scavenging 扫气，除气

reclamação s.f. claim 声称；申索；索偿

reclamação de terceiros third party claims 第三方索赔

reclamar v.tr. (to) claim 声称；申索；索偿

reclinável adj.2g. recliner; reclining 可斜倚的（座椅、沙发等）

recobrimento s.m. ❶ recover; cover 重新覆盖；覆盖层 ❷ overlap 地层超复 ❸ overlying strata 上覆地层

recobrimento basal baselap 底超

recobrimento de betão concrete cover 混凝土保护层

recobrimento de uma barra concrete cover to reinforcement 钢筋的混凝土保护层

recobrimento interior inner coating 内涂层

recobrir v.tr. (to) re-cover 重新覆盖

recognição s.f. reconnaissance 勘测；勘察

recoita s.f. ⇨ recoito

recoito s.m. tempering (fo metal), reburning (of lime) 回火；白泥煅烧

recolha s.f. collecting 收集，采集

recolha de dados data acquisition 数据采集

recolher v.tr. (to) collect, (to) harvest 收集，采集

recombinação s.f. recombination 复合，再结合；（基因）重组

recombinação de óleo e gás oil and gas recombination 油气再混合

recomendação s.f. recommendation 推荐，建议

recomendar v.tr. (to) recommend 推荐，建议

recomissionamento s.m. recommission 再度投入运作；重新校验

recompactar v.tr. (to) recompact 再压实；重新压实

recompor v.tr.,pron. (to) recompose 重排，重组，重构

recomposição s.f. recomposition 重排，重组，重构

recomposição da frente de onda wavefront healing 波前恢复

recomposição do sistema system recomposition 电力系统重构

recompressão s.f. recompression 再压；再压缩

reconcentração s.f. reconcentration 再集中；再浓缩

reconcentrar v.tr. (to) reconcentrate 再集中；再浓缩

reconciliação s.f. reconciliation 调和，（使）一致

reconciliação de dados data reconciliation 数据协调

recondicionabilidade s.f. rebuildability 可修复性，可返工性

recondicionado adj. rebuilt 修复的；返工的

recondicionamento s.m. reconditioning 修复；修整；返工

recondicionamento de estrada encascalhada regravelling of gravel surfaced road 碎石路再铺面

recondicionamento de fundação underpinning 托换基础

recondicionamento geral overhaul 翻修

recondicionar v.tr. (to) recondition 修复；修整；返工

recondução *s.f.* re-engagement; re-election, renomination, re-appointment 续聘；连任；重新委任

reconexão *s.f.* reconnection 重新接入

reconformação *s.f.* reshaping 整形，重塑
reconformação do terreno reshaping (of terrain) 土地整形

reconhecer *v.tr.* ❶ (to) recognize 识别 ❷ (to) admit, (to) acknowledge 认可，承认 ❸ (to) ratify, (to) witness 认证，证明

reconhecimento *s.m.* ❶ recognition, identification 识别 ❷ reconnaissance 勘测；勘查 ❸ recognition, acknowledgement 承认，认可
reconhecimento de fundação foundation investigation 地基勘查
reconhecimento do solo soil survey 土壤调查
reconhecimento de um local site reconnaissance 场地踏勘
reconhecimento geológico geological reconnaissance 地质踏勘
reconhecimento geotécnico geotechnical reconnaissance 岩土工程勘查
reconhecimento sismográfico seismic recognition 地震识别
reconhecimento topográfico preliminar field reconnaissance 实地勘查

reconstituição *s.f.* reconstitution 复原，恢复
reconstituição de acidente accident reconstruction 事故现场复原
reconstituição palinspástica palinspastic reconstruction 空间复原；古构造古地理再造

reconstrução *s.f.* reconstruction 返工，重修，重新建造
reconstrução do edifício building reconstruction 建筑重建

reconstruir *v.tr.* (to) reconstruct 重建

recontros *s.m.pl.* haunch 拱腹

recortado *adj.* denticulated 有齿饰的，波纹状边缘的

recortadora *s.f.* high speed cutting machine 高速切割机
recortadora de gesso gypsum cutting machine 石膏切割机

recortar *v.tr.* (to) cut out, (to) clip 裁剪

recorte *s.m.* ❶ clip 裁剪 ❷ carving （栏杆、墙面等的）镂空雕刻装饰图案

recozer *v.tr.* (to) anneal 退火

recozido *adj.* annealed 退火的

recozimento *s.m.* annealing 退火
recozimento a vácuo vacuum annealing 真空退火
recozimento com brilho bright annealing 光亮退火
recozimento completo (/total) full annealing 完全退火
recozimento de processo process annealing 中间退火；工序间退火
recozimento eléctrico electrical annealing 电炉加热退火
recozimento em cadinho pot annealing 封罐退火，封闭退火
recozimento em caixa box annealing, close annealing 装箱退火；密闭退火
recozimento em forno furnace annealing 炉内退火
recozimento fechado close annealing 密闭退火
recozimento magnético magnetic annealing 磁场退火
recozimento para libertar as tensões stress-relief annealing 消除应力退火

recrava *s.f.* door groove （门）安装合页的槽口

recreação *s.f.* recreation 消遣，娱乐

recristalização *s.f.* recrystallization 再结晶
recristalização dinâmica dynamic recrystallization 动态重结晶，动力重结晶

recristalizar *v.tr.* (to) recrystallize 再结晶

recrutamento *s.m.* recruitment, hiring 招聘，招募

recrutar *v.tr.* (to) recruit 招聘，招募

recta *s.f.* straight line 直线
recta de altura astronomical position line 天文位置线

rectangular *adj.2g.* rectangular 矩形的；直角的

rectangularidade *s.f.* rectangularity 矩形性；方形度

rectângulo *s.m.* rectangle 矩形

rectificação *s.f.* rectification 修整；纠正；（液体）精馏；（电）整流

rectificação a diamante diamond grinding 金刚石磨削

rectificação acêntrica centerless grinding 无心磨削

rectificação dos cilindros cylinder reboring 汽缸重镗

rectificação de fresa milling cutter grinding 铣刀研磨

rectificação de lente lens correction 镜头校正

rectificação de meia-cana half-wave rectification 半波整流

rectificação de onda completa full-wave rectification 全波整流

rectificação de onda simples single-wave rectification 半波整流

rectificação de perfil profile grinding 成形磨削

rectificação de precisão precision grinding 精密磨削

rectificação interna internal grinding 内表面研磨；内圆磨削

rectificado adj. rectified（砖）磨边的

rectificador s.m. ❶ rectifier 整流器 ❷ rectifier; adjuster 校准机，研磨机；纠正仪

rectificador comandado pela grade grid-controlled rectifier 栅控整流器

rectificador de fresadora hob grinder 滚刀磨床

rectificador de silício controlado (SCR) SCR (silicon controlled rectifier) 可控硅，可控硅整流器

rectificador de tubos casing swage 套管整形器

rectificador de válvula valve grinding machine, valve grinder 气门研磨机

rectificador duplicador rectifier-doubler 整流倍压器；倍压整流器

rectificadora s.f. rectifier; adjuster 校准机，研磨机；纠正仪

rectificadora a diamante diamond dresser 金刚石整形器

rectificadora de biela connecting rod aligner 连杆校正机

rectificadora de cilindros boring bar 镗杆；钻杆

rectificadora de contacto contact rectifier 接触整流器；金属整流器

rectificadora de rolamento de esferas ball bearing grinding machine 滚珠轴承磨床

rectificadora de rosca thread grinder 螺纹磨床

rectificar v.tr. (to) rectify 修整；纠正；整流

rectilinearidade s.f. rectilinearity 直线性

rectilíneo adj. rectilinear 直线的

recto adj. straight 直的

recuar v.tr. (to) go back; (to) 后退；倒车

recuo s.m. ❶ back off; backlash 后退；（机械的）反撞，后冲 ❷ 1. setback（墙面、阶梯、构件等的）收进，退回 2. building setback 建筑退让，后退距离（城市道路与建筑物之间的安全距离）❸ rollback 回滚；卷回 ❹ stepback 回步（海上地震用无线电定位时，考虑炮点及排列位置，将定位校正到地下覆盖区间中点上）

recuperação s.f. ❶ 1. recovery; recycling, reuse 恢复，还原 2. salvage 挽救，抢救 ❷ (de terras) land reclamation; road reclamation 土地改良；路面再生 ❸ recovery 回收，采收，采油

recuperação ambiental environmental recovering 环境恢复

recuperação avançada de petróleo enhanced crude oil recovery 提高石油采收率

recuperação bacteriana bacterial recovery 细菌采油

recuperação convencional conventional recovery（油、气的）常规回收

recuperação de água water recovery 水回收

recuperação de áreas afectadas pela actividade mineira recovery of areas affected by mining 矿区（土地）修复

recuperação de calor heat recovery, heat recuperation 热量回收

recuperação de calor perdido waste heat recovery 废热回收；废热利用

recuperação dos custos recovery of costs 成本回收

recuperação de dados data recovery 数据恢复

recuperação de efluentes industriais recovery of industrial effluent 工业废水

回收

recuperação de informações information-tion retrieval 信息检索；情报检索

recuperação dos investimentos pay-back 投资的回收

recuperação de peça part recovery 部件修复

recuperação de peças sobressalentes spare parts recovery 备件修复

recuperação do pulso pulse recovery 脉冲采油技术

recuperação de resistência pile set-up 桩承载力的时间效应

recuperação do solo restoration of soil 土壤恢复

recuperação de testemunho core recovery 岩心回收，岩心采收

recuperação de vapor steam-assisted recovery 蒸汽采油

recuperação elástica ❶ elastic recovery 弹性回复 ❷ elastic after-effect 弹性余效

recuperação melhorada de óleo enhanced oil recovery (EOR) 增进污水回收法

recuperação microbiológica microbial flooding 微生物驱油

recuperação por condensação de gás condensing-gas drive 冷凝气驱油

recuperação por vaporização de gás vaporizing-gas drive 蒸汽驱油

recuperação primária primary recovery 初次开采，一次开采

recuperação primária de óleo primary oil recovery 一次采油

recuperação secundária secondary recovery 二次开采；二次采油

recuperação secundária por injecção de água com micelas micellar flood [葡] 胶囊采油

recuperação terciária tertiary recovery 三次采油

recuperação vegetal vegetation restoration, vegetation recovery 植被恢复

recuperador s.m. recuperator, reclaimer 复热器；同流换热器；再生装置；回收装置

recuperador de calor stove, heat recuperator （取暖用的）火炉，壁炉

recuperador de calor a lenha wood stove 燃木壁炉

recuperador dos raspadores pig trap 清管器接收器

recuperador de solventes solvent-recovery still 溶剂回收蒸馏釜

recuperadora s.f. reclaimer 再生机，回收机

recuperadora de rodovias road reclaimer 路面冷再生机

recuperar v.tr. (to) recover 恢复，还原

recurso s.m. resource 资源

recursos ambientais environmental resources 环境资源

recurso biológico biological resource 生物资源

recurso renovável renewable resource 可再生资源

recursos de capital capital resources 资本资源

recursos energéticos energy resources 能源资源

recursos financeiros financial resources 财务资源；经济来源

recursos haliêuticos fishery resources 渔业资源

recursos hídricos water resources 水资源

recursos humanos human resources 人力资源

recursos madeireiros timber resources 木材资源

recursos minerais mineral resources 矿产资源

recursos não renováveis non-renewable resources 不可再生资源

recursos naturais natural resources 自然资源

recursos ordinários do tesouro (ROT) ordinary sources of treasury 国库一般资金

recurtume s.m. retannage （皮革）复鞣

redacção s.f. writing, editing 撰写，编辑

redacção cartográfica map editing 地图编辑

redário s.m. hammock area 吊床休憩区

rede s.f. ❶ net; network; screen 网；网状物；网络；网格 ❷ lattice 点阵；晶格

rede aérea service drop 架空进户线

rede anti-pássaros anti-bird net 防鸟网

rede bifásica two-phase power network

两相电力网

rede de abastecimento e drenagem de água urbana urban water supply and drainage networks 城市给排水管网

rede de amianto asbestos wire gauze, asbestos wire net 石棉网

rede de apoio control network 控制网

rede de apoio altimétrica vertical control network 高程控制网

rede de apoio planimétrica horizontal control network 平面控制网

rede de arame de cobre copper screen 铜丝网，铜网

rede de arame soldada welded steel fabric 焊接钢筋网

rede de área local sem fio wireless local area network 无线局域网

rede de arrasto trawl 拖网

rede de auscultação monitoring network 监测网

rede das bagagens luggage net 行李网

rede de Bragg Fiber Bragg Grating 光纤布拉格光栅

rede de Bravais Bravais lattice 布拉维点阵

rede de cabos coaxiais coaxial cable network 同轴电缆网

rede de canais channel network 河道网

rede de condutas (/condução) ductwork 管网

rede de condutas de aço galvanizado galvanized steel ductwork 镀锌钢管网

rede de condutas de aço inoxidável stainless steel ductwork 不锈钢管网

rede de condutas de aço preto black steel ductwork 黑色钢管网

rede de condutas de alumínio aluminum ductwork 铝管网

rede de condutas de coifa de cozinha kitchen hood ductwork 厨房油烟罩管网

rede de contato metálica metallic contact grid 金属接触网

rede de dados sem fio wireless data network 无线数据网络

rede de distribuição distribution network 配送网，配水网，配电网

rede de distribuição de água fria cold water distribution network 冷水网

rede de distribuição de água quente hot water distribution network 热水网

redes de distribuição de BT LV distribution network 低压配电线路

redes de distribuição de IP public lighting distribution network 公共照明配电线路

redes de distribuição de MT MV distribution network 中压配电线路

rede de distribuição eléctrica electric distribution network 配电网

rede de distribuição secundária secondary distribution network 二次配电网络

rede de drenagem de um terreno land drainage network 地面排水网

rede de drenos finger drains; strip drains 指状排水沟

rede de escoamento flow net; flow pattern 流线网

rede de esgoto sewerage network 排水网

rede de estradas road pattern 道路格局

rede de exploração geofísica e geoquímica geophysical and geochemical exploration networks 物化探测网

rede de fluxo ❶ flow net; flow pattern 流线网 ❷ ⇨ rede de percolação

rede de gás gas network 煤气管网

rede de geofones ⇨ rede de sismómetros

rede de incêndio fire prevention network 消防用水网

rede de informação information network 信息网络

rede de irrigação ⇨ rede de rega

rede de mapa map grid 地图方格网

rede de Möbius Möbius net 莫比乌斯网

rede de nivelamento geométrico leveling network 水准网

rede de percolação seepage pattern 渗流型式

rede de previsão de cheias flood prediction system 洪水预报系统

rede de protecção wire guard 钢丝护网

rede de radiodifusão radio transmission network 广播传输网络

rede de referência grid of reference 参考网格

rede de rega irrigation network 灌溉管网

rede de sismómetros seismometer array 地震检波器组合

rede de telecomunicações telecommunications network 电信网，通信网络

rede de telecomunicações aeronáuticas aeronautical telecommunications network 航空电信网

rede de terras earthing network 接地网

rede de transmissão transmission network 传输网络

rede de transporte transportsystem 运输网

rede de transporte público public transport network 公共运输网

rede de triangulação triangulation network 三角网，三角测量网

rede de vigilância sísmica seismic monitoring network 地震监测网络

rede eléctrica electrical network 电网

rede (de distribuição de energia) eléctrica electrical supply network 供电网，电网

rede em forma de fluxo flowchart form of network 程序分析网络图

rede ferroviária railway network 铁路网

rede filtrante filter net 过滤网，滤网

rede fixa de telecomunicações aeronáuticas aeronautical fixed telecommunications network 固定航空电信网

rede geodésica geodetic network 大地控制网

rede geográfica graticule 地理坐标网，地理格网

rede gravimétrica gravimetric network 重力测量网

rede hidrográfica ❶ river network 河网，河道网 ❷ drainage pattern 水系型；河网型式

rede hidrológica hydrological network 水文网

rede hidrométrica hydrometric network 水文观测站网

rede malhada mesh network 网状网络；放射式配电网络

rede monofásica single-phase power network 单相电力网

rede ortogonal de rodovias orthogonal highway network 方格式道路网

rede para palete aeronáutico aircraft pallet net 空运货盘网

rede passa-tudo all-pass network 全通网络

rede principal de cabos cable trunk 电缆干线

rede pública de esgotos public sewage network 公共排水网

rede radial de rodovias radial highway network 辐射式道路网

rede ramificada branching network 分支网络

rede recíproca reciprocal lattice 倒易点阵

rede rodoviária highway network, road network 道路网，公路网

rede telefónica telephone network 电话网络

rede triangular irregular irregular triangular network 不规则三角网

rede trifásica three-phase power network 三相电力网

rede trigonométrica net of triangulation 三角网，三角测量网

rede viária road network 道路网

redemoinho *s.m.* swirl 旋流

redente *s.m.* redan 凸角堡

redespacho *s.m.* ❶ redispatch 再调度 ❷ redispatching, reshipping 海运联运

redeposição *s.f.* redeposition 再沉淀；再沉积

redesenho *s.m.* redesign 重新设计，再设计

redesenvolvimento *s.m.* redevelopment 再发展，重新发展

redimensionamento *s.m.* resizing 调整尺寸，调整规模

redimensionamento do pavimento pavement reinforcement design 路面补强设计

redingite *s.f.* reddingite 铁磷锰矿

redispersável *adj.2g.* redispersible 可再分散的

redistribuição *s.f.* reallocation 重新分配，重新划拨

redistribuir *v.tr.* (to) redistribute 重新分配，重新划拨

redondo *adj.* ❶ round 圆形的 ❷ rounded

四舍五入后的

redrutite *s.f.* chalcocite, redruthite, copper glance 辉铜矿

redução *s.f.* ❶ reduction, decrease 减少；缩小 ❷ reduction 还原反应 ❸ reducer 减径管，异径管，大小头

redução/ampliação reduction/enlargement, zoom 缩放

redução de amostra quartering the sample 四分法取样

redução de área reduction of area 断面收缩率

redução de calcinação reduction roasting 还原焙烧

redução de carga load reduction 负荷减低

redução da dívida debt reduction 债务减免

redução de espaçamento in fill （油井）加密

redução da inclinação do poço drop off 油井降斜

redução de lesões nas vértebras cervicais (WIL) whiplash injury lessening (WIL) 减轻颈部伤害

redução de marcha downshift, downshifting 降档

redução de ruído noise reduction 减噪，降噪

redução de ustulação reduction roasting 还原焙烧

redução de velocidade gearing-down 减速传动

redução química chemical reduction 化学还原

redução simples, dupla e tripla single, double and triple reduction 一级、二级和三级减速

redundância *s.f.* ❶ redundancy 重复，多余 ❷ redundancy 冗余；冗余度

redundância estrutural structural redundancy 结构冗余

reduto *s.m.* redoubt 棱堡，多面堡

redutor *s.m.* ❶ reducer, reducing agent 还原剂；减少剂 ❷ 1. reducer 减速器；减弱装置 2. reduction gear 减速齿轮 ❸ reducer 减径管，异径管，大小头

redutor de água water-reducing agent 减

水剂

redutor da densidade da lama extender [葡] 增量剂

redutor de empuxo thrust spoiler 推力扰流器，推力阻流片

redutor da engrenagem acionadora do tambor drum drive gear reducer 铣刨鼓驱动齿轮减速器

redutor de filtrado filtrate reducer 降失水剂，防滤失剂

redutor de fricção friction reducer; friction-reducing agent 减阻剂，减摩剂

redutor de pressão pressure reducer 减压器

redutor da tensão superficial surface-tension reducer, surface tension additive 表面张力降低剂

redutor de velocidade speed reducer 减速器

redutor final final reduction 主减速器

redutor macho-macho pin to pin reducer 两头外螺纹的大小头

redutor ponta e bolsa spigot-socket taper 承插异径管，承插大小头

reduzato *s.m.* reduzate 还原沉积物

reduzir *v.tr.* (to) reduce, decrease 减少；缩小

reembolsar *v.tr.* (to) reimburse, (to) payback 退还，偿还；报销

reembolsável *adj.2g.* reimbursable, refundable 可补偿的，可退还的

reembolso *s.m.* reimbursement, refund 退还，偿还；报销

reembolso de direitos de importação drawback （海关）退税

reembolso de imposto tax refund 退税

reencher *v.tr.* (to) re-fill 重新注满

reenchimento *s.m.* refilling 回填；再填

reenrolamento *s.m.* rewinding 重新绕线

reentrada *s.f.* reentry 再入，再进入

reentrância *s.f.* bay （墙壁的）凹进处

reentrante *adj.2g.* reentrant 凹角的

reespaçadora *s.f.* respacer 间距调整器

reespaçadora de dormentes tie respacer, tie spacer 方枕器，轨枕间距调整器

reespaçamento *s.m.* respacing 间距调整

reespaçamento da dormentação sleeper respacing 方正轨枕

reestruturação *s.f.* restructuring 结构调整，重组架构

reestruturação da dívida debt restructuring 债务重组

reevesite *s.f.* reevesite 陨菱铁镍矿

refaciamento *s.m.* refacing 重修面；光面

refaciamento de mancal bearing refacing 轴承表面修复，轴承调整

refazer *v.tr.* (to) redo 重做

refazer o trabalho (to) rework 返工

refechamento *s.m.* sealing; resealing 密封；再次密封

refechar *v.tr.* (to) sealing; resealing 密封；再次密封

refeitório *s.m.* canteen, dining hall 食堂，餐室，餐厅

refender *v.tr.* (to) carve, (to) make relief work 精细雕刻；制作浮雕

refendido *s.m.* finely carved piece; relief piece 细雕件；浮雕件

referência *s.f.* ❶ reference, datum, chart datum 参考；参照物，参考标记；基准；基准面 ❷ 1. mark 标记，测标 2. marker, boundary marker, flood marker 边界指点标，洪水标记 3. survey station 测站，测量站

referência de nível (RN) benchmark; reference mark 水准基点；基准标记

referência de nível temporário temporary bench mark 临时水准点

referência de profundidade depth reference 深度基准点，深度参考点

referência de triangulação triangulation survey station 三角测量站

referência geodésica geodetic survey station 大地测量点

referência-guia guide sign, guide-mark 指示标志

referência topográfica survey point; survey station 测量控制点，测点，测站

referenciação *s.f.* referencing; pinpointing 参考，作为参考；精确定点，精确定位

referenciado *adj.* referenced 引用的，参考的

referencial *s.m.* reference frame 参考（坐标）系

referencial global global coordinates 总体坐标

referencial inercial inertial reference frame 惯性参考系

referencial local local coordinates 局部坐标

referencial não inercial non-inertial reference frame 非惯性参考系

referenciar *v.tr.* (to) reference, (to) pinpoint 参考；精确定点，精确定位

referenda *s.f.* countersignature 副署，联署；会签

referir *v.tr.* (to) refer, (to) mention 讲述，涉及

refervedor *s.m.* reboiler 重沸器

refiadora *s.f.* splitting saw 分割锯

refinação *s.f.* refining 精炼，提炼

refinação a fogo fire refining 火法精炼

refinação a grão grain refining 晶粒细化

refinação de metais metal refining 金属精炼

refinação de petróleo oil refining 炼油

refinação electrolítica electrolytic refining 电解精炼

refinado *adj.* refined 精炼的

refinar *v.tr.* (to) refine 精炼，提炼

refinaria *s.f.* refinery 精炼厂；提炼厂

refinaria de açúcar sugar refinery 炼糖厂

refinaria de gasolina gasoline refinery 汽油精炼厂

refinaria de petróleo oil refinery 炼油厂

reflectância *s.f.* reflectance 反射系数

reflectir *v.tr.* (to) reflect, (to) mirror 反射，照出

reflectividade *s.f.* reflectivity 反射率；反射系数

reflector/refletor *s.m.* reflector 反光镜，反光罩；（自行车）反光条

refletor de alumínio anodizado anodized aluminum reflector 阳极氧化铝反射器

refletor elíptico elliptical reflector 椭圆反射器，椭圆反射镜

refletor especular specular reflector 镜面反射器

refletor explosivo exploding reflector 爆炸反射面

refletor lateral side reflector 侧反光板

refletor para lâmpada fluorescente troffer （荧光灯）凹形反光槽

refletor parabólico parabolic reflector 抛

物面反射镜，抛物面反射体

refletidor *s.m.* ⇨ **reflector**

reflexão *s.f.* reflection 反射

  reflexão crítica critical reflection 临界反射

  reflexão de grande ângulo wide-angle reflection 广角反射

  reflexão de onda wave reflection 波反射

  reflexão difratada diffracted reflection 绕射反射

  reflexão especular specular reflection 镜像反射

  reflexão intraembasamento intrabasement reflection 基底内反射

  reflexão lateral side reflection; sideswipe reflection 侧反射

  reflexão múltipla multiple reflection 多次反射，多重反射

  reflexão primária primary reflection 原始反射，一次反射

  reflexão total total reflection 全反射

reflorestação *s.f.* reafforestation 再造林

reflorestamento *s.m.* ⇨ **reflorestação**

reflorestar *v.tr.* (to) reforest 再造林

refluimento *s.m.* reflow 回流

refluxo *s.m.* reflux 逆流；退潮

reforçado *adj.* reinforced, boosted 加强的；助力的

  reforçado hidraulicamente hydraulically assisted, power boosted 液压辅助的，液压助力的

reforçador *s.m.* booster 助推器，助力器

  reforçador a ar comprimido air booster 气压助力器

  reforçador da direcção steering booster, gear steering booster 转向助力器

  reforçador (hidráulico) do freio brake booster（液压）制动助力器

  reforçador da mola spring booster 弹簧助力

  reforçador de pressão pressure booster 增压器

  reforçador de vácuo vacuum augmenter 真空增强器

  reforçador hidráulico hydraulic booster 液压助力器

reforçamento *s.m.* reinforcement, intensification 加固；加强

reforçar *v.tr.* ❶ (to) reinforce 加强，加固 ❷ (to) boost 助力，助推

reforço *s.m.* ❶ 1. reinforcement, intensification 加固；加强 2. reinforcement, expansion （系统、厂房等的）扩增，改造 3. stiffener 加固物，加劲杆 ❷ boost 助力，助推 ❸ swaging 型锻；挤锻压加工

  reforço de barragem dam strengthening 大坝加固

  reforço de capa selante reseal 重封存

  reforço de fundação underpinning 基础加固；基础托换

  reforço de junta joint reinforcement 嵌缝配筋

  reforço de pavimento pavement strengthening 路面补强

  reforço de pilastra pilaster strip 壁柱；无帽壁柱

  reforço de solo de fundação foundation soil reinforcement 地基土加固

  reforço de subleito subgrade strengthening 路基加固

  reforço de temperatura temperature reinforcement 温度钢筋

  reforço de tracção tensile reinforcement 抗拉钢筋

  reforço em aço steel reinforcement 钢筋，钢条

  reforço estrutural structural reinforcement 结构加固

  reforço longitudinal longitudinal reinforcement 纵向加固

  reforço transversal cross bracing 交叉撑条；拋撑

reforma *s.f.* ❶ retrofit, renovation 改进；改型；改造 ❷ reform 改革，革新 ❸ retirement 退休 ❹ renew 延长（执照、合同的）有效期

  reforma do edifício building retrofit 建筑式样翻新

reformar ❶ *v.tr.* (to) reform, (to) improve 改革，改进 ❷ *v.tr.* (to) retrofit, (to) renovate 改造；翻新 ❸ *v.tr.* (to) renew 延长（执照、合同的）有效期 ❹ *v.pron.* (to) retire 退休

refracção/refração *s.f.* refraction 折光；折射

refracção da clivagem refraction of cleavage 劈理折射

refração ionosférica ionospheric refraction 电离层折射

refração rasa shallow refraction 浅层折射

refractariedade *s.f.* refractability 耐火性；可折射性

refractário *adj.* refractory 耐火的；耐熔的

refractividade *s.f.* refractivity 折射率

refractómetro/refratômetro *s.m.* refractometer [葡] 折射仪；折射计

refractor/refrator *s.m.* refractor 折射透镜；折射媒体

refrigeração *s.f.* refrigeration, freezing 冷却；制冷

refrigeração a ar air cooling 空气冷却，气冷；制冷

refrigeração de superfície superficial cooling 表面冷却

refrigeração dinâmica dynamic cooling 动力冷却

refrigeração por absorção absorption refrigeration 吸收式制冷

refrigeração por compressão compression refrigeration 压缩式制冷

refrigerado *adj.* cooled 冷却的

refrigerado a água water-cooled 水冷(的)

refrigerado a ar air-cooled 风冷（的），气冷（的）

refrigerado a óleo oil-cooled 油冷（的）

refrigerador *s.m.* refrigerator, cooler 冰箱；制冷机

refrigerador a ar air cooler 空气冷却器

refrigerador de absorção absorption refrigerator 吸收式制冷机

refrigerador de combustível fuel cooler 燃油冷却器

refrigerador de óleo oil cooler 油冷却器

refrigerador expositor display refrigerator 冰柜

refrigerador final aftercooler 后冷却器

refrigerador mecânico mechanical refrigerator 机械制冷机

refrigerador sob o balcão under counter refrigerator 柜下冰箱

refrigerante ❶ *adj.2g.* cooling; refreshing 冷却的，降温的 ❷ *s.m.* refrigerant 制冷剂；

冷冻剂；冷媒

refrigerar *v.tr.* (to) refrigerate, (to) cool 冷却；冷冻，冷藏

refúgio *s.m.* ❶ refuge, shelter 庇护所，隐蔽处 ❷ bus bay 港湾式车站

refúgio antiaéreo air-raid shelter 防空洞

refúgio de veículos passing bay 让车道，让车弯

refugo *s.m.* ❶ refuse, cull 垃圾，废物；残料，废品 ❷ scrap, scum 碎渣，碎屑

refugo de pedreira quarry waste 采石场废料

refundação *s.f.* refoundation, rebuilding 重建

refusão *s.f.* reflowing 软溶

reg *s.m.* reg, gravel desert 砾漠

rega *s.f.* ❶ irrigation, watering 灌溉；浇水 ❷ wetting 洒湿，喷湿

rega de impregnação ⇨ rega por alagamento

rega de superfície surface irrigation 地面灌溉

rega em faixas strip irrigation 带状灌溉

rega gota a gota trickle irrigation 滴灌

rega localizada localized irrigation 局部灌溉

rega por alagamento (/inundação/submersão) flood irrigation 漫灌

rega por aspersão sprinkler irrigation 喷灌

rega por caldeiras pan irrigation 根圈灌溉

rega por canteiros check irrigation 畦灌，分块灌溉

rega por canteiros de nível irrigation by graduated terraces 梯田灌溉

rega por escorrimento irrigation by gravity 自流灌溉

rega por escorrimento superficial flush irrigation, surface flooding 淹灌，地表漫灌

rega por infiltração infiltrating irrigation 渗灌

rega por sulcos furrow irrigation 沟灌

rega subterrânea subirrigation, subsurface irrigation, subterranean irrigation 地下灌溉

regadeira *s.f.* irrigation ditch 垄沟，灌溉沟

regadeiras de nível irrigation ditch of

bench terrace 梯田的垄沟；梯田

regadeiras inclinadas irrigation ditch of slope land 缓坡条田的垄沟；缓坡条田

regadio *s.m.* ❶ irrigation, watering 灌溉 ❷ irrigated farming 灌溉农业 ❸ irrigated area 灌溉区

regadio on-farm on-farm irrigation 田间灌溉；农田水利（系统）

regador *s.m.* watering can, garden pot （浇花）喷壶；洒水器

regalias sociais *s.f.pl.* social benefit 社会福利

regato *s.m.* bourn 小溪，小河

regeneração *s.f.* regeneration, reconditioning 再生，重生；重建

regeneração de materiais betuminosos regeneration of bituminous materials 沥青材料的再生

regeneração de pavimento asfáltico recycling of asphalt pavement 沥青路面再生

regeneração superficial mediante pulverização surface penetrate rejuvenate restore (SPRR) （沥青路面）表层渗透再生修复

regenerado *adj.* regenerated 再生的，回热的

regenerador *s.m.* ❶ regenerator 再生器 ❷ regenerator 回热器；回热炉

regenerar *v.tr.,pron.* (to) regenerate 再生，重生；重建

região *s.f.* region 地区，区域

região abissal abyssal region 深海区域

região-alvo target region 靶区

região-alvo de mineralização mineralization target, metallogenic target 成矿靶区

região-alvo de prospecção prospecting target 找矿靶区

região de passagem pass region 通放区

região de rejeição rejection region 拒绝区域，否定区域

região dos vinhedos wine-growing district 葡萄种植区

região de Warburg (W) Warburg's region (W) 瓦尔堡范围

região económica economic area 经济区

região florestal woodland 林地

região geoelétrica power supply area （配电网根据需要划分的）供电区域

região metalogenética metallogenic region 成矿区

região montanhosa mountainous region 山区

região pelágica pelagic region 远洋区

região petrográfica petrographic province 岩区

região sísmica earthquake region 震区

região tipo type locality 标准产地；典型地区

régie *s.f.* régie 导播厅

régie do estúdio ⇨ régie

regime *s.m.* ❶ regime 状况，状态，（河道情况等的）变化特征 ❷ rate (of flow, discharge) 流速；排放速度；转速 ❸ regime 制度；体制

regime compressivo (/contraccional/ convergente) compressive tectonic regime 挤压构造状态

regime de carga charging rate 充电速率；进料速度

regime de cavalgamento (/empurrão/ encurtamento) ⇨ regime compressivo

regime do curso de água river regime 河流情势，河势

regime de descarga discharge rate 放电率

regime de draubaque drawback regime [葡] 退税制度

regime de drawback drawback regime [巴] 退税制度

regime de fluxo (/escoamento) flow regime 流态，流型

regime de guindaste crane rating 起重机定额；起重机载重量

regime do motor engine speed 发动机转速

regime de revezamento rotation regime 轮换制度，轮班制度

regime de tensão voltage rating 额定电压

regime de transição transition regime 过渡态

regime hidrológico hydrological regime 水文状况

regime nominal rating 额定功率

regime periódico periodic rating 周期性负载工作能力

regime permanente steady state 稳态

regime pluviométrico rainfall regime 雨量型

regime tectónico tectonic regime 构造状态

regime torrencial torrential regime 暴雨型

regime transiente infinite-acting regime [巴] 初始生产时期

regime transitório ❶ transient state 瞬态 ❷ transient flow 瞬变流，非恒定流 ❸ infinite-acting regime[葡] 初始生产时期

regime turbulento turbulent regime 湍流状态

regimento s.m. regiment （军队编制）团

registador s.m. recorder[葡] 记录仪

registador de papel chart recorder 图表记录器

registador de profundidade depth recorder 深度记录器

registador digital digital recorder 数字记录器，数码记录器

registador multicanal multichannel recorder 多通道记录仪

registador permanente de fundo permanent downhole gauge 永久式井下压力计

registar v.tr.,pron. (to) register, record [葡] 记录；登记，注册

registo s.m. [葡] ❶ register, record; registration, enrolment 记录；登记，注册 ❷ registry; registry office 登记处，公证处 ❸ gauge, damper, slide valve 风阀，风量调节器，滑阀 ❹ logging 测井

registo acústico acoustic logging 声波测井

registo analógico analogue recording 模拟记录

registo automático automatic registration 自动记录；自动配准

registo contínuo continuous recording 连续记录

registo corta-fogo motorizados motorized fire damper 电动防火风门

registo de alimentação supply register, supply damper 吸入口调节门；进气口附风门

registo de alívio de pressão pressure

relief dampers 泄压阀

registo de ar de VAV variável variable VAV air register 变风量空气活门

registo das características de testemunho core record 岩心记录

registo do cinzeiro ash-pit damper 灰坑挡板

registo de decaimento térmico thermal decay time log 热中子衰减时间测井

registo de exaustão exhaust register, exhaust damper 排出口调节门；排气口附风门

registo de falhas failure logging 故障记录

registo de fornecimento supply register 供气阀门

registo de fumos smoke damper 烟道挡板

registo de incêndio fire damper 防火闸，防火风门

registo de incêndio electrotérmico electro-thermal damper 电热防火闸

registo de recirculação de ar recirculation damper 再循环风闸

registo de renovação e de exaustão de ar return air and exhaust register 回风和排气阀门

registo de retorno return register, return damper 回风口调节门；回风口附风门

registo de volume volume damper 风量调节阀

registo fossilífero fossil record 化石记录

registo gama-gama gamma-gamma logging 伽马-伽马测井

registo polarizado bias recording 偏磁记录

registo selectivo gama-gama selected gamma-gamma logging 选择伽马-伽马测井

registo sonar acoustic logging 声波测井

registrador s.m. recorder[巴] 记录仪

registrador de perturbações disturbance recorder 干扰记录仪

registrador de temperatura temperature recorder 温度记录仪

registrador gráfico graphic recorder 图形记录仪

registrar v.tr.,pron. (to) register, record 记录；登记，注册

registro s.m. [巴] ❶ register, record; registration, enrolment 记录；登记，注册 ❷

damper, slide valve 阀门 ❸ logging 测井

registro através do fluido mud logging 泥浆录井

registro automático automatic recording 自动记录

registro contínuo continuous recording 连续记录

registro contrafogo fire damper 防火挡板

registro de cheias flood records 洪水记录

registro de derivação diverter valve 分流阀

registro de paragem (/fecho/passagem) shut-off valve [巴] （进楼支管的）截止阀

registro de passeio curb cock 截流开关

registros de queda de neve snow records 降雪记录

registro de recalque ❶ valve well 入户阀门井 ❷ make-up valve [巴]（进楼支管的）补充给水阀

registro digital digital recording 数字记录

registro digital por retorno a zero return-to-zero digital recording 数字归零记录法

registro direcional do poço well directional survey; well directional log; dog leg severity 定向井测量

registros hidrológicos hydrological records 水文记录

registro paleontológico paleontological record 化石记录

registros pluviométricos rainfall records 降雨记录

registro regulador regulator valve 调节阀

rego s.m. ploughed furrow 犁沟

regola s.f. cuvette, side ditch （公路两侧的）边沟，界沟

regolfo s.m. water surface profile 水面曲线，水面线

rególito s.m. regolith 风化层；表皮土；土被

regossolo s.m. regosol 岩层土；岩成土

regra s.f. rule 规则，准则

regra de alavanca lever rule 杠杆定理

regras da arte professional practice 专业实务

regra de codificação coding rule 编码规则

regras de fases phase rule 相律

regra de Gibbs Gibbs rule 吉布斯相律

regras de operação operating rules 操作规程

regra do terço central middle-third rule 三等分法则

Regras Internacionais para a Interpretação de Termos Comerciais (INCOTERMS) International Rules for the Interpretation of Trade Terms (INCOTERMS) 国际贸易术语解释通则

regragem s.f. regulating, regulation, adjustment [巴] 调节，校准

regravação s.f. re-engraving 重刻

regravação de matriz die resink 模具翻新

regressão s.f. regression 回归；退行；海退

regressão curvilínea skew regression 偏斜回归

regressão da resistência strength retrogression 强度递降

regressão litoral coastal onlap 海岸上超

regressar v.tr. (to) return 返回

regressivo adj. regressive 回归的；后退的；退化的；海退的

régua s.f. ❶ ruler 尺子；直尺 ❷ 1. straight edge 直板，板状物 2. screed （水泥路面整平机的）整平板 3. rasp bar （脱粒滚筒的）纹杆 4. veneer 薄木板

régua acabadora screed （水泥路面整平机的）整平板

régua convexa raised floor trunking 弧形地板线槽

régua de aço steel rule 钢直尺，直钢尺

régua de alisamento darby 混凝土刮板；刮尺

régua de aplanar long float 长抹子

régua de bornes terminal block 接线板

régua de cálculo slide rule 计算尺

régua de compositor composing rule 排版尺

régua de contacto contact strip 接点片

régua de curvas railway curve 铁路曲线板

régua de energia power strip 电源插排

régua de escalas scale ruler 比例尺

régua de marceneiro straight edge 直尺，平尺

régua de modelador pattern-maker's

rule 模型工缩尺

régua de nivelamento screed 刮板，整平板

régua de nivelar levelling rod 水平尺

régua de paralelas parallel ruler 平行规

régua de pedreiro floating rule 抹灰面刮尺

régua de proteção shank protector（裂土器）柱保护器

régua de rapar laminboard, coreboard 夹芯板

régua de seno sine bar 正弦规

régua graduada scale 标尺；刻度尺

régua limnimétrica staff gauge 水位标尺

régua métrica meter rule 米尺

régua paralela parallel ruler 平行尺

régua pequena reglette 基线端尺，点分划尺

régua-tê T-square 丁字尺

régua trapezoidal trapezoidal rule 梯形尺

régua vibratória vibrating beam（混凝土）振动梁

régua vibratória niveladora vibrating screed 振动式整平板

regueira *s.f.* irrigation ditch; rivulet 灌溉沟；小溪

regueirão *s.m.* clough, gutter 深沟，谷

regulação *s.f.* regulating, regulation, adjustment 调节，校准

regulação de débito flow regulation 流量调节

regulação do débito de caudal constante constant flow regulation 恒流量调节

regulação do débito de caudal proporcional proportional flow regulation 比例流量调节

regulação do débito de concentração proporcional ao avanço proportional ground speed concentration regulation 根据行进速度进行（喷洒）比例浓度调节

regulação de velocidade speed regulation 调速；转速调节

regulação para zero zero adjustment 调零

regulação primária primary regulation 初次调节

regulação secundária secondary regulation 二次调节

regulador *s.m.* regulator, governor 调节器；调压器；调速器

regulador axial shaft governor 轴速调整器

regulador centrífugo ❶ centrifugal governor 离心调速器 ❷ flyball governor, flyweight governor 飞锤调速器，飞球调速器

regulador de acetileno acetylene regulator 乙炔气调节器

regulador de alcance de luzes light range regulator 灯光调节器，光照范围调节器

regulador de alimentação automática automatic feed regulator 自动进料调节器

regulador do assento seat adjuster 座椅调节器

regulador de bomba pump governor, timing governor 泵调节器，正时调节器

regulador de comutação automática automatic changeover regulator 自动转换调节器

regulador de contrapressão backpressure regulator 反压力调节器

regulador de corrente current regulator 电流调节器；稳流器

regulador do encosto backrest adjuster 靠背调节器

regulador de esteira tipo parafuso screw-type track adjuster 螺旋式履带调整器

regulador de freio brake pressure regulator 制动压力调节器

regulador de gás gas regulator 节流阀；气体调节器

regulador do gerador generator regulator 发电机调节器

regulador de ignição ignition control 点火控制器

regulador de inércia inertia governor 惯性调节器；惯性调速器

regulador de mola spring-loaded governor 弹簧调节器；弹簧调速器

regulador de oxigénio oxygen regulator 供氧调节器

regulador de pêndulo pendulum governor 摆动调节器

regulador do pH pH regulator 酸碱调节剂

regulador de potência power governor 功率调节器

regulador de pressão pressure regulator, pressure governor 调压器；压力调节器

regulador de pressão de admissão variable-datum boost control 变基准加力控制

regulador de sector sector regulator 扇形节制闸门

regulador de tempo timer 定时器

regulador de tensão ⇨ regulador de voltagem

regulador de vácuo vacuum regulator 真空调节器

regulador de vazão choke 扼流装置，节流装置

regulador de velocidade speed governor 车速控制装置

regulador do ventilador fan thermostat 风扇温度调节器

regulador de voltagem voltage regulator 稳压器，电压调节器

regulador de voltagem automático automatic voltage regulator 自动调压器

regulador da voltagem do alimentador feeder voltage regulator 馈线调压器

regulador de voltagem de duplo contato double contact voltage regulator 双触点稳压器

regulador de voltagem transistorizado transistor voltage regulator 晶体管电压调节器

regulador de Watt Watt governor 瓦特调速器

regulador diferencial differential regulator 差动调节器

regulador diferencial de pressão differential pressure regulator 压差调节器

regulador Hartnell Hartnell governor 哈特内尔发动机调速器

regulador hidráulico hydraulic governor 液压调节器

regulador mecânico mechanical governor 机械调速器

regulador Porter Porter governor 波特摆式调速器

regulador pneumático ❶ pneumatic governor 气动调速器 ❷ air pressure governor 空气压力调节器

regulador termostático thermostat regulator 恒温调节器

reguladora s.f. regulator, regulating machine 整修机，调节机

reguladora de lastro ballast regulator, ballast equalizer 道床整修机

regulagem s.f. regulating, regulation, adjustment 调节，校准

regulagem da bomba injectora de combustível fuel injection pump timing 喷油泵正时

regulagem da injecção do combustível fuel injection timing 燃油喷射正时

regulagem da pressão pressure setting 压力调整；压力校正

regulagem da velocidade (/rotação) speed regulation 调速；转速调节

regulagem final final adjustment 最终调整

regulagem precisa fine adjustment 微调

regulamentação s.f. regulations [集] 规程；规章

regulamentação e controle de informação aeronáutica aeronautical information regulation and control 定期制航空资料

regulamento s.m. regulations 规程；规章

regulamento de segurança safety regulations 安全规程，安全规则

regular ❶ adj.2g. regular 规则的；定时的；等边等角的 ❷ v.tr. (to) regulate, (to) adjust, (to) control 调校；调整

regularidade s.f. regularity 规则性；准时性

regularização s.f. ❶ regularization, settlement 规则化；调整；解决 ❷ regularization, land formation 平整（土地）❸ settlement 结算

regularização da área regularization of the area 场地平整

regularização dos cursos de água river training 改善河道；治河

regularização das descargas discharge regulation 流量调节

regularização da dívida debt settlement 债务清偿

regularização do greide shaping, finishing 路面修整

regularização de paramentos wall

smoothing 墙面平整

regularização de pavimento pave smoothing 地面平整

regularização do subleito subgrade regularization 路基修整

regularização do terreno land formation 平整土地，土地规整

regularizar *v.tr.* (to) regularize 调整，使规则化

regulável *adj.2g.* adjustable 可调校的

regulete *s.m.* regula 滴珠饰带

regur *s.m.* regur 黑棉土

reignição *s.f.* reignition 复燃；再点火

reiniciar *v.tr.* (to) restart 重新开始，重新启动

reinício *s.m.* restart, reboot, resumption 重新开始，重新启动，恢复

reinício da marcha restarting（机械设备）再起动

reinjecção *s.f.* reinjection 回注；再喷入；再注

reinjecção de água produzida produced water reinjection (PWRI) 采出水回注

reinjecção de gás gas reinjection 天然气回注

reino *s.m.* kingdom 界（生物学分类单位，隶属于域 domínio）

reiterar *v.tr.* (to) reiterate 重复，重申

reitoria *s.f.* headmaster's office 校长办公室

reivindicação *s.f.* ❶ revendication 请求返还，要求归还 ❷ claim, grievance 申诉

reivindicar *v.tr.* (to) claim 申诉

reixa *s.f.* window lattice 窗户栅栏，窗棂子

rejeição *s.f.* ❶ rejection 拒绝 ❷ refusal 桩止点

rejeira *s.f.* chain cable 锚链

rejeitado *s.m.* refused 矸石

rejeitar *v.tr.* (to) reject 拒绝

rejeito *s.m.* ❶ throw, off-set 落差，偏移 ❷ refuse, waste 垃圾，废物

rejeito de falha fault throw 断层落差

rejeito horizontal horizontal off-set 水平偏离距；水平偏移距

rejeitos industriais industrial waste 工业废料

rejeitos radioativos radioactive waste 放射性废物

rejeito total net slip 总滑距，总断距

rejeito vertical throw 落差；断层垂直位移

rejuntamento *s.m.* point, pointing 勾缝

rejuntamento cheio (/raso) flat-joint pointing 勾平缝

rejuntamento saliente tuck and pat pointing 凸扁嵌缝

rejuntar *v.tr.* (to) seal the joints 勾缝

rejunte *s.m.* ⇨ rejuntamento

relação *s.f.* ❶ ratio, rate 比，比率 ❷ relation, relationship 关系 ❸ roll, list 清单

relação água-cimento (A/C) water-cement ratio (W/C) 水灰比

relação altura-largura aspect ratio 长宽比

relação ar-combustível air-fuel ratio 空燃比

relação capital-produto capital-output ratio 资本产出比

relação capital-trabalho capital-labor ratio 资本劳动比

relação carga-massa charge to mass ratio 荷质比

relação cimento-agregado cement-aggregate ratio 灰骨比，灰集比

relação crítica critical rate 临界率

relação custo-benefício cost-benefit ratio 成本收益比

relação de compressão compression ratio 压缩比

relação de contraste contrast ratio 对比度

relação de conversão conversion ratio 转换比率；换算比率

relação de curvatura de hélice propeller-camber ratio 螺旋桨弧度比

relação de engrenagem gear ratio 齿数比，传动比

relação de finura slenderness ratio 长细比

relação de funcionários personnel list 人员清单

relação de incerteza uncertainty relation 不确定关系，测不准关系

relação de muitos-para-muitos many-to-many relation 多对多关系

relação de peso por roda wheel-to-weight ratio 车轮配重比

relação de quantidades bill of quantities (BOQ) 工程量清单，量单

relação de redução reduction ratio 减速比

relação de redução da caixa de trans-ferência transfer gear ratio 传输齿轮比

relação de rejeição do modo comum common-mode rejection ratio (CMRR) 共模抑制比

relação de saturação (do conversor) ⇨ relação de torque de estolagem

relação de torque de estolagem stall torque ratio 失速扭矩比

relação de transformação transforma-tion ratio 变压比

relação de transmissão transmission ratio 传动比；总齿轮比；传输比

relação de um-para-muitos one-to-many relation 一对多关系

relação entre causa e efeito cause and effect relationship 因果关系

relação entre velocidade-volume de trânsito speed-flow relation of traffic （交通）速度–流量关系

relação entre volume de corte e aterro earthwork balance 土石方平衡

relações industriais industrial relations 劳资关系

relações laborais labor relations 劳工关系

relação linear linear relationship 线性关系

relação lógica logical relationship 逻辑关系

relação peso/potência weight power ratio 重量功率比

relação r/l radius-length ratio 径长比

relação sinal-ruído signal-to-noise ratio 信噪比

relação tensão-deformação stress-strain relation 应力应变关系

relações trabalhistas ⇨ relações la-borais

relacionado adj. related 相关的

relacionamento s.m. relationship, relation 关系

relacionar v.tr. ❶ (to) relate 联系，使…相关 ❷ (to) list, (to) make a list 制作清单，列清单

relâmpago s.m. lightning 闪电

relatar v.tr. (to) narrate, (to) relate; (to) report 叙述，讲述；报告

relativo adj. relative 相对的；比较而言的

relatório s.m. report 报告；陈述；介绍

relatório ambiental preliminar (RAP) preliminary environmental report 初步环境报告

relatório anual annual report 年报；年度决算；年度财务报告

relatório de acidente accident report 事故报告

relatório de andamento (/atividade/ avance) ⇨ relatório de progresso

relatório de auditoria audit report 审计报告

relatório de avaliação de risco am-biental environmental risk evaluation report 环境风险评估报告

relatório de ensaio test report 测试报告；实验报告

relatório de excepções exception report 异常报告；例外报告

relatório de impacto ambiental (RIMA) environmental impact report 环境影响报告

relatório da performance performance report 业绩报告，情况报告

relatório de progresso progress report 进度报告

relatório de prospecção geológica geo-logical investigation report 地质勘查报告

relatório de sismo seismic report 震测报告

relatório de situação status report 现状报告

relatório do trabalho work report 工作报告

relatório de viabilidade feasibility report 可行性研究报告

relatório definitivo final report 最终报告

relatório final final report, final account 最终报告；总结报告；决算报告

relatório financeiro financial report, financial statement 财务报表；财务报告；会计报告

relatório geral general report 综合报告

relatório intercalar interim report 期中报告

relatório operacional operation report 经营报告

relatório preliminar preliminary report 初步报告

relatório provisório provisional report; interim report 临时报告；中期报告，进度报告

relatório síntese summary report 摘要报告

Relatório Técnico das Condições Ambientais do Trabalho technical report on workplace environmental conditions 工作场所环境条件技术报告

relaxação *s.f.* relaxation 松弛，弛豫

relaxação por difusão diffusion relaxation 扩散弛豫

relaxação por fluência creep relaxation 蠕变松弛

relaxamento de tensão stress relaxation 应力松弛；应力弛豫

relaxamento *s.m.* ⇒ relaxação

relaxar *v.tr.* (to) relax （使）松弛

relé *s.f.* relay 继电器

relé anunciador annunciator relay 信号继电器

relé de alarme alarm relay 报警继电器

relé de aplicação de campo field application relay 励磁继电器

relé de bloqueio blocking relay 闭锁继电器

relé de campo field relay 磁场继电器

relé de controle seletivo selective relay 选择性继电器

relé de corrente current relay 电流继电器

relé de desequilíbrio de corrente de fase phase unbalance relay 三相电流不平衡继电器

relé de desligamento shutdown relay 断路继电器

relé de distância distance relay 距离继电器

relé de equilíbrio de corrente current balance relay 电流平衡继电器

relé de equilíbrio de tensão voltage balance relay 电压平衡继电器

relé de estado sólido solid state relay 固态继电器

relé de excitação de gerador de CC DC generator exciter relay 直流发电机励磁继电器

relé de falha de retificação fault relay 故障继电器

relé de fator de potência power-factor regulating relay 功率因素调节继电器

relé de fluxo de gás gas flow relay 气体燃料流通继电器

relé de fluxo de líquido liquid flow relay 液体燃料流通继电器

relé de frequência frequency relay 频率继电器

relé de gás gas relay 气体继电器

relé do indutor ⇒ relé de campo

relé de iniciação (/partida) initiating relay 启动继电器

relé de medida de fase phase measurement relay 相位测量继电器

relé de nível level relay 液位继电器

relé de partida sequencial de unidade sequential unit start relay 顺序单元启动继电器

relé de perda de excitação excitation loss relay 失磁继电器

relé de pressão pressure relay 压力继电器

relé de proteção protection relay 保护继电器

relé de religamento reclosing relay 重合闸继电器

relé de sequência sequential relay 顺序继电器；程序继电器

relé de sequência incompleta incomplete sequence relay 非全相序继电器

relé de sincronismo synchronizing relay 同步继电器

relé de sobrecarga overload relay 过载继电器

relé de sobrecorrente instantâneo instantaneous overcurrent relay 瞬动过电流继电器

relé de sobretensão overvoltage relay 过压继电器

relé de subcorrente undercurrent relay 低电流继电器

relé de subpotência under power relay 低功率继电器

relé de subtensão undervoltage relay 低压继电器，欠压继电器

relé de tempo time relay 时间继电器

relé de tensão de sequência de fase phase sequence voltage relay 相序电压继电器

relé de terra earth relay 接地继电器

relé diferencial differential relay 差动继电器

relé digital digital relay 数字继电器

relé direcional de potência power directional relay 功率方向继电器

relé direcional de sobrecorrente overcurrent directional relay 定向过流继电器

relé direcional de tensão voltage directional relay 极向继电器

relé disjuntor cut-out relay 断路继电器

relé eletromecânico electromechanical relay 机电继电器

relé estático static relay 静态继电器

relé fotoeléctrico photoelectric relay 光电继电器

relé hidráulico hydraulic relay 液压继电器

relé intermédio intermediate relay 中间继电器

relé primário primary relay 初级继电器, 一次继电器

relé secundário secondary relay 二次继电器

relé temporizador time-lag relay 延时继电器

relé térmico thermal relay 热继电器

relé varimétrico power factor controller 功率因数控制器

releixo *s.m.* berm 崖径；城墙与外濠间的狭道

relevo *s.m.* ❶ terrain, landform 地形；地貌 ❷ relief 浮雕

relevo acidentado uneven relief, accidented relief 起伏地形, 崎岖地形

relevo cársico karst 岩溶

relevo cavado cavo-relievo 凹浮雕 ⇨ cavo-relievo

relevo de dureza ⇨ relevo residual

relevo estrutural structural landform 构造地形

relevo invertido (/discordante) inverted relief 倒转地形

relevo monogénico monogenic relief, monocyclic relief 单循环地形

relevo policícloco polycyclic relief 多循环地形

relevo rejuvenescido rejuvenated relief 地形侵蚀回春

relevo residual residual landform 残余地形

relha *s.f.* ❶ share, coulter 犁刀, 切土器, 铧；拨禾齿 ❷ door ledge 拼板门的横档

relha do arado ❶ plow share 犁铧 ❷ plow bottom 犁底

relha de formão bar point share, share with wear-bar 伸出凿尖犁铧

religamento *s.m.* ⇨ reposição, religação

religação *s.f.* reconnection; reset 重新连接；复位

religação automática automatic reset 自动复位

religação do disjuntor circuit breaker reset 断路器复位

religador *s.m.* recloser 自动开关；自动反复充电装置

religador a vácuo vacuum recloser 真空自动开关

religar *v.tr.* (to) reconnect; (to) reset 重新连接；复位

relíquio *adj.* relict 残余的, 残遗的

relocação *s.f.* relocation, resite 徙置；迁移

relocação das estradas road relocation [巴] 道路改道

relocar *v.tr.* (to) relocate 重新安置；迁移

relógio *s.m.* clock 表, 时钟

relógio apalpador dial indicator 指示表

relógio apalpador digital dial indicator with digital display 数显指示表

relógio atômico atomic clock 原子钟

relógio comparador dial gauge; comparator 千分表, 刻度盘

relógio digital digital clock 数字时钟

relógio digital programável programmable digital clock 可编程的数字时钟

relógio-mestre master clock 主时钟

relógio secundários slave clock 子钟

relojoaria *s.f.* watchmaker's 钟表店

reluctância *s.f.* reluctance 磁阻

relva *s.f.* turf 草皮, 草坪

relva artificial artificial turf 人工草皮

relva natural natural turf 天然草皮

relvado *s.m.* turfed area, grass-plot [葡] 草地，草坪

remador *s.m.* rowing machine（健身器材）划船机

rem *s.m.* rem (roentgen equivalent in man) 雷姆，人体伦琴当量

remanência *s.f.* remanence 剩磁

remanescente *adj.2g.,s.m.* remaining; remainder 剩余的；剩余物

remanescentes da erosão erosion remnants 侵蚀残迹

remanso *s.m.* dead water; backwater 死水

remanufactura *s.f.* rework 返修；二次加工

remanufacturar *v.tr.* (to) rework 返修；二次加工

remapeamento *s.m.* remapping 重新勘测；重新映射

remapeamento de ECU ECU remap ECU（电子控制单元）调校，ECU 改装

remapeamento de injecção remapping of injection 燃油喷射系统调整

rematar *v.tr.* ❶ (to) finish off 结束，完成 ❷ (to) crown 置于顶部

remate *s.m.* ❶ 1. top, pinnacle 顶点 2. coping 压顶 ❷ end; finishing touch 结束，收尾

remate de juntas joint sealer 填缝料

remate de platibanda flashing 泛水

remate lateral raking cornice（屋面的）侧封檐，封檐板

remembramento *s.m.* integration（地块）整合

remendagem *s.f.* patching 修补

remendar *v.tr.* (to) patch, (to) mend 修补

remendo *s.m.* patch（道路）补丁；修补处

remendo com areia sand patch method 铺砂法

remendo do revestimento casing patch 套管补贴，套管修补

remessa *s.f.* ❶ consignment, shipment（货物等的）交付；委托；运送 ❷ batch 批次

remetente *s.2g.* consigner 发货人

remineralização *s.f.* remineralization 再矿化

remineralizar *v.tr.* (to) remineralize 再矿化

remissão *s.f.* remission 缓解；豁免

remissão da dívida debt write-off 债务免除

remível *adj.2g.* redeemable 可赎回的；可换成现款的

remo *s.m.* oar 桨，橹

remobilização *s.f.* remobilization 再活化作用

remoção *s.f.* removal 移去；删除

remoção de amónia ammonia elimination 除氨

remoção de camada superficial stripping of topsoil 表土剥离

remoção da camada vegetal top soil stripping 表土剥离

remoção de cera wax removal 除蜡

remoção de ensecadeira cofferdam removal 围堰拆除

remoção de entulhos lashing 清除废料

remoção de gelo clearing ice 除冰

remoção de gorduras grease removal 去脂，除油

remoção de gravetos clearing bushwood 清理灌木丛

remoção de material escavado spoil removal 移除废土，余土外运

remoção de metal pesado na água heavy metal removal 除去水中的重金属

remoção da nata laitance elimination 清除浮浆

remoção de neve snow removal 除雪

remoção de parafina paraffin removal 清蜡，除蜡

remoção de pedras lashing 清除岩石

remoção de pó dedusting, dust removal 除尘

remoção da roda motriz sprocket removal 链轮拆卸

remoção por jacto flushing 冲刷

remodelação *s.f.* remoulding 重塑；改造

remodelação do edifício building remodeling 建筑改造（将部分或全部进行重建或修复）

remodelação da via track rehabilitation 轨道修复

remodelar *v.tr.* (to) remodel 重塑；改造

remoinho *s.m.* vortex; whirlpool; eddy 涡流，旋涡

remondite *s.f.* remondite 碳锶铈钠石

remontagem *s.f.* reassembly, reassembling 重新装配

remoto *adj.* remote 远程的

removedor *s.m.* ❶ remover 除去器，清除器 ❷ stripper 脱模机

removedor cáustico de tinta caustic paint remover 烧碱脱漆剂

removedor de areia desander 除砂机，除砂设备

removedor de grampos staple remover 起钉器

removedor de lodo sludge remover; sludge scraper 污泥清除机；刮泥器，刮污泥机

removedor da neve snowplow 扫雪机；犁雪机

removedor de névoa mist extractor 湿气提取器

removedor de névoa com malha de arame wire-mesh demister 线网除雾器

removedor de névoa com placas corrugadas vane-type-demister 折板除雾器

removedor de pastas bailer [巴] 钻泥提取器

removedor de tinta paint remover 除漆剂

remover *v.tr.* ❶ (to) displace, (to) transfer 移置，转移 ❷ (to) remove, (to) take away 移除，消除 ❸ (to) dismiss 解雇，开除

removível *adj.2g.* removable 可拆卸的，可拆下的

renda *s.f.* ❶ lacework 齿装饰；花边 ❷ revenue, income 收入

renda annual annual income 年收入

renda bruta gross income 总收入，毛收入

renda de ferro fundido cast-iron lacework 铸铁花饰

renda ganha earned income 赚得收益；已获收入

renda líquida net income 净收入

renda proveniente de capital unearned income 非劳动收入

rendas públicas public revenue 政府收入

rendabilidade *s.f.* ⇨ rendibilidade

renderização *s.f.* rendering（电脑绘图）渲染

rendelizar *v.tr.* (to) render 渲染

render *v.tr.* (to) yield, (to) produce 产出

rendibilidade *s.f.* ❶ profitability, rentabili-ty [葡] 收益性，盈利性 ❷ return on investments 投资利润率

rendibilidade dos capitais return on equity 股本回报率

rendilha *s.f.* fine lace 小花边，装饰条

rendilhado *s.m.* tracery 窗花格；交织线条装饰

rendilhado curvilíneo curvilinear tracery, flowing tracery 曲线窗花格

rendilhado de placa plate tracery, perfo-rated tracery 板制窗花格

rendilhado de (/em) barra bar tracery 铁棱窗（花）格，条式窗花格

rendilhado geométrico geometric tracery 几何图形窗饰

rendilhado ornamental tracery 花饰窗格

rendilhado perfurado perforated tracery 多孔窗花格

rendilhado perpendicular (/rectilíneo) perpendicular tracery 垂直窗棂

rendilhado reticulado reticulated tracery 网状窗花格

rendimento *s.m.* ❶ revenue, income 收入，收益 ❷ 1. efficiency 效率 2. producing rate 产量；（矿物）开采速度 3. output; energy output 输出；能量输出 ❸ amount required 用量，施用量

rendimento acrescido accrued income 应计收入

rendimento adiabático adiabatic effi-ciency 绝热效率

rendimento anual annual income, annu-al return 年收入

rendimento bruto gross income, gross yield 总收入，毛收入

rendimento calorífico calorific efficien-cy 热效率

rendimento contínuo em potência continuous output power 连续输出功率

rendimento do alternador alternator output 交流发电机输出

rendimento de combustão combustion efficiency 燃烧效率

rendimento das culturas crop yield 粮食产量，作物产量

rendimento de dividendos dividend yield 股息收益

rendimento do gerador generator output 发电机输出

rendimento de investimento investment income 投资收益；投资收入

rendimento de máquina machine performance 机器性能

rendimento das obrigações bond yield 债券收益

rendimento de potência (/força) power efficiency 功率效率

rendimento do trabalho earned income 劳动收入

rendimento diário all day efficiency 全日效率

rendimento efectivo effective power 有效功率

rendimento eficiente da conversão conversion efficiency 转换效率

rendimento eléctrico electrical output 电力输出

rendimento líquido ❶ net income 净收入 ❷ net yield 净产量

rendimento mecânico mechanical output 机械输出

rendimento nacional national income 国民收入

Rendimento Nacional Bruto (RNB) Gross National Income (GNI) 国民总收入

rendimento não salarial unearned income 非劳动收入

rendimento óptimo optimum yield 最佳收得率

rendimento real ❶ actual efficiency 实际效率 ❷ effect output 有效输出，有效产量

rendimento relativo relative efficiency 相对效率

rendimento suplementar extra income 额外收入

rendimento térmico thermal efficiency 热效率

rendimento total full output 满载输出

rendimento tributável taxable income 应税收入

rendimento volumétrico volumetric efficiency 容积效率

rendoll *s.m.* rendoll 黑色石灰土

rendzina *s.f.* rendzina 黑色石灰土

reniforme *adj.2g.* reniform 肾脏形的，蚕豆形的

rénio/rênio (Re) *s.m.* rhenium (Re) 铼

renovação *s.f.* ❶ renovation, refurbishment 更新；修复，重新装潢 ❷ renewal 更新；续期

renovação da cidade urban renewal 市区重建

renovação do edifício building renovation 建筑改造（通过修理或改造使其改进）

renovação da via track renewal, track modernization 轨道翻新

renovador *s.m.* ❶ renovator, renovating agent 翻新剂 ❷ divider 分禾器

renovador de piso (de madeira) floor brightener （木）地板光亮剂

renovar *v.tr.* ❶ (to) renovate 更新；修复，重新装潢 ❷ (to) renew 更新；续期

renovável *adj.2g.* renewable 可再生的

renovos *s.m.pl.* agricultural products 农产品

rentabilidade *s.f.* ❶ profitability, rentability [巴] 收益性，盈利性 ❷ return on investments 投资利润率

rent-a-car *s.m.* rent-a-car 租车公司

rente *adj.2g.* flush 齐平的

reocórdio *s.m.* rheochord 滑线变阻器

reóforo *s.m.* rheophore 导线；电极

reoglifo *s.m.* rheoglyph 同生变形痕

reógrafo *s.m.* rheograph 电压曲线记录仪；流变记录器

reoignimbrito *s.m.* rheoignimbrite 新熔中酸凝灰岩

reologia *s.f.* rheology 流变学；液流学

reometria *s.f.* rheometry 电流测定

reómetro/reômetro *s.m.* rheometer 电流计；流变仪

reômetro cone-placa cone-and-plate rheometer 锥板流变仪

reômetro de placas paralelas parallel-plate rheometer 平行板流变仪

reômetro extensional extensional rheometer 拉伸流变仪

reômetro rotacional rotational rheometer 旋转流变仪

reomorfismo *s.m.* rheomorphism 流变作用

reopexia *s.f.* rheopexy 震凝性

ressecção/resseção *s.f.* resection 后方交会

（法）

reóstato/reostato *s.m.* rheostat 变阻器，（灯）亮度调节器

reóstato de ganho do regulador regulator gain potentiometer 增益调节电位器

reóstato de nível da tensão (/voltagem) voltage level potentiometer 电压水平电位器

reóstato de queda da tensão (/voltagem) voltage drop potentiometer 电压降电位器

reparação *s.f.* repair, remedy 修理；修葺；修补；补救

reparação de chaparia bodywork repair 车身修复

reparador *s.m.* repairer 修理工；修复工具

reparador de móveis ❶ furniture repairman 家具修理工 ❷ furniture repairing liquid 家具修复液

reparador de pavimento asfáltico com reciclagem a frio road reclaimer 路面冷再生机

reparador de telhados roofer 屋顶工

reparar *v.tr.* (to) repair 修理；修葺；修补

reparo *s.m.* repair 修理；修葺；修补

reparo localizado localized repair 局部修葺

repartição *s.f.* department, subdivision 行政部门，机关

repartição fiscal tax office 税务机关

repartição pública government department 政府部门

repartidor *s.m.* ❶ 1. divider, sharer, distributor 分配器 2. splitter 功分器 3. flow divider 分流器 ❷ distribution frame 配线架

repartidor de cabo de aço trançado steel stranded wire distribution frame 钢绞线配线架

repartidor de fibra óptica fiber distribution frame 光纤配线架

repartir *v.tr.* (to) separate, (to) split 分开，分配；分布

repasse *s.m.* soaking through 渗入，湿透

repatriação *s.f.* ⇨ repatriamento

repatriamento *s.m.* repatriation 遣送（回国），遣返

repatriamento de lucros repatriation of profit 利润汇回本国

repatriar *v.tr.* (to) repatriate 遣送（回国），遣返

repavimantação *s.f.* resurfacing 重铺路面，路面重修

repelência *s.f.* repellency 相斥性

repercussão *s.f.* repercussion 回弹，回跳

repercutir *v.tr.,intr.,pron.* (to) rebound 回弹，回跳

reperfiladora *s.f.* reprofiling machine 整形机

reperfiladora de trilho rail reprofiling machine 轨道整形机

reperfilamento *s.m.* reshaping, regrading 重新修整

reperfilamento da praia re-profiling of the beach 沙滩外形重塑

reperfuração *s.f.* redrilling 重新打孔，重新造孔

repetibilidade *s.f.* repeatability 可重复性

repetibilidade de ensaio repeatability of test 实验的可重复性

repetição *s.f.* repetition; replay, rerun 重复；复现；（节目）重播

repetidor *adj.,s.m.* repeater 中继的；中继器

repetir *v.tr.* (to) repeat 重复；中继

repetitividade *s.f.* repeatability 重复精度；可重复性

repicagem *s.f.* transplanting 移植

repintar *v.tr.* (to) repaint 重新粉刷

repintura *s.f.* ❶ repainting 重新粉刷 ❷ recoatability 重涂性

repique *s.m.* rebound 回弹，回跳

repiquete *s.m.* ❶ variable winds 方向不定的风 ❷ swell of rising water（因上游降雨造成的河水）上涨

repleno *s.m.* ⇨ terrapleno

réplicas *s.f.pl.* aftershock 余震

repor *v.tr.* ❶ (to) replace 替换 ❷ (to) restitute, (to) restore 恢复，复原；复位

reposição *s.f.* ❶ replacement 替换 ❷ restitution, restoration; reset 恢复，复原；复位

reposição de laje jacking 顶托，顶升

reposte *s.m.* storehouse of furniture 家具存放间

reposteiro *s.m.* door-curtain, door-hangings 门帘，帐幔

repotenciação *s.f.* repowering 电厂改造

repousar *v.tr.* (to) rest 休养

repouso *s.m.* ❶ notch 槽口 ❷ rest 休养，（土地）休耕

repovoamento *s.m.* repopulation 种群恢复

represa *s.f.* dam 拦水坝，拦河坝

represa de arco arch dam 拱坝

represa de resíduos tailings dam 尾矿坝

represa de terra earth dam 土坝

represa móvel movable dam 活动坝

representação *s.f.* ❶ representation 代表 ❷ representation, agency 代表机构，代表处 ❸ representation; display 表现；显示

representação colorida color display 彩色显示

representação de vídeo video display 视频展示

representação esquemática schematic representation 示意图

representação galvanométrica wiggle display 波形曲线显示

representante *s.2g.* representative 代表

representante credenciado (/acreditado) accredited representative 授权代表

representante do contratado representative of contactor 承包商代表

representante de vendas sales representative 销售代表

representante técnico do contratado contractor's sub-agent 承包商技术代表

representar *v.tr.* (to) represent 代表

reprodução *s.f.* ❶ reproduction （动植物）繁育；（书籍）再版 ❷ copy, duplicate 复制品 ❸ playback 回放，重播

reprodução de sementes breeding 育种

reprodução de vídeo video playback 视频回放

reprodutibilidade *s.f.* reproducibility 可重复性，可再现性

reprodutibilidade de ensaio reproducibility of test 实验的可重复性

reprodutitividade *s.f.* reproductivity 再现性

reprodutor *s.m.* reproducer 复制器；再生器

reprodutor de fita cassete cassette deck 录音机走带机构

reproduzir *v.tr.* ❶ (to) reproduce 再生产；繁育；复制 ❷ (to) reprint （书籍）再版；重印 ❸ (to) play 播放

reprografia *s.f.* reprography [集] 翻印

reprovação *s.f.* disapproval, reproach 拒绝，不批准

reprovar *v.tr.* (to) disapprove, (to) reprove 不同意，不批准

reptação *s.f.* reptation, creep 表层塌滑

repulsão *s.f.* repulsion 排斥；斥力

repulsão electrostática electrostatic repulsion 静电排斥

repuxamento *s.m.* hot spinning, thermoforming 热旋压，热成型

repuxar *v.tr.* (to) tug 拉，拖

repuxo *s.m.* ❶ fountain 喷泉 ❷ recoil, drawing back 后坐，后坐力；后退 ❸ buttress; support 支撑

repuxo de água water spout 喷水

(de) repuxo profundo deep-drawn（金属）深冲的；（薄板、铁皮）深拉的

requadro/requadramento *s.m.* square frame 方形的门框或窗框

requalificação *s.f.* remodelling; upgrading 重塑，再造；升级改造

requerer *v.tr.* (to) request, (to) apply 请求，申请

requerimento *s.m.* petition, application, request 要求；申请；申请书

requerimento de segurança safety requirement 安全要求

requinte *s.m.* nozzle 喷嘴，喷管

requisição *s.f.* requisition 订购单

requisitar *v.tr.* (to) requisition, (to) require 要求

requisito *s.m.* requirement; requisite 必要条件；要求，（要求的）条件

requisito mínimo minimum requirement 最低要求

requisitos para a qualidade requirements for quality 质量要求

rerrefinar *v.tr.* (to) re-refine 再精炼

rerrefino *s.m.* re-refine 再精炼

rescaldo *s.m.* cinders, embers （火灾后的）余火

rescisão *s.f.* termination (of contract) 合同解除，合同终止

rés-do-chão (R/C) *s.m.* ground floor 底

层，零层

reserva *s.f.* ❶ 1. reserve 预约；预留部分 2. backup 储备（品），备用（品）❷ reserve 保留地；保护区 ❸ stock, deposit 储备，储量

Reserva Biológica (REBIO) biological reserve 生物保护区

reserva de caça game preserve; area preserve for hunting and shooting 禁猎区，禁猎自然保护区

reserva de estabilidade stability reserve 稳性储备

reserva de petróleo oil deposit 石油储量

reserva de potência operativa operating power reserve 运行功率储备

reserva ecológica ecological reserve 生态保护区

reserva florestal forest reserve 森林保留地，森林保留区

reserva fria cold reserve 冷备用

reserva fundiária land reserve 土地储备；保留地

reserva indicada indicated reserve 指示储量

reserva inferida inferred reserve 推测储量

reserva madeireira standing timber 立木

reserva medida measured reserve 测定储量

reserva mineral mineral reserve 矿产储藏，矿储藏量

reserva monetária cash-reserve 现金储备

reserva natural natural reserve 自然保护区

reserva para contingências contingent reserve 应急准备金

reserva provada proved reserve 探明储量

reserva quente hot reserve 热备用

reservas não desenvolvidas undeveloped reserves 未开发储量

Reserva Particular do Patrimônio Natural (RPPN) private reserve of natural heritage 私人自然遗产保护区

reservas possíveis possible reserves 可能储量

reservas provadas desenvolvidas proved developed reserves 已开发探明储量

reservas provadas não desenvolvidas proved undeveloped reserves 未开发探明储量

reservas prováveis probable reserves 可能储量，可期储量

reservas secundárias secondary reserves 二次可采储量

reservas totais total reserves 总储量

reservar *v.tr.* ❶ (to) book, (to) reserve 预约，预订；预留 ❷ (to) reserve 储备

reservatorial *adj.2g.* (of) reservoir 储层的，油藏的

reservatório *s.m.* ❶ 1. basin, reservoir; impounding reservoir 水库；蓄水库 2. manmade lake 人工湖 ❷ reservoir, tank 储水池，水罐；气罐 ❸ reservoir 储层；油层，油藏

reservatório amortecedor damper cage 阻尼笼

reservatório com alimentação bombeada pumped storage reservoir 抽水蓄能水库

reservatório com mecanismo de capa de gás gas-cap drive reservoir 气顶驱油藏

reservatório com mecanismo de gás de cobertura gas cap drive reservoir [葡] 气顶驱油藏

reservatório de água subterrâneo covered reservoir 地下水池

reservatório de alimentação direct supply reservoir 直接供水水库

reservatório de anti-golpe de aríete water hammer preventing pressure regulating pool 防水锤调压池

reservatório de ar air reservoir, air tank 储气缸，储气罐

reservatório de ar comprimido compressed air cylinder 压缩空气罐

reservatório de armazenamento (/acumulação) storage reservoir; conservation reservoir 蓄水库

reservatório do borrifamento dousing water tank 浸泡水箱

reservatório de cabeceiras headwaters reservoir 上游水库

reservatório de compensação compensation reservoir 补偿水库

reservatório de condensado condensate reservoir 凝析气藏

reservatório de distribuição distribution

reservoir 配水池

reservatório de expansão expansion tank 膨胀箱，膨胀水箱

reservatório de fins múltiplos multipurpose reservoir 综合利用水库，多用途水库

reservatório de fluído do freio break fluid reservoir 制动液容器

reservatório de gás gas reservoir 气藏，天然气储层

reservatório de gás condensado gas condensate reservoir 凝析气藏

reservatório de hidrocarbonetos hydrocarbon reservoir 油气藏，油气层

reservatório de nível constante float bowl 浮筒

reservatório de óleo oil reservoir 油层，油藏

reservatório de regulação (/restituição) ⇨ reservatório de compensação

reservatório de regularização regulating reservoir 调节水库

reservatório de regularização interanual year-to-year reservoir 多年调节水库

reservatório de serviço service reservoir 配水库

reservatório de serviço principal primary service reservoir 主配水库

reservatório de tratamento de água alimentador feed water treatment reservoir 给水处理池

reservatório distribuidor tundish 中间罐；中间流槽

reservatórios em cascata reservoirs in cascade 梯级水库

reservatório elevado high level reservoir 高位水池

reservatório estabelecido no topo de uma elevação hilltop reservoir 山顶水库

reservatório fracturado fractured reservoir 裂隙性油层，裂隙油藏

reservatório geopressurizado geopressured reservoir 高压型储层

reservatório hidropneumático hydro-pneumatic reservoir 气压罐

reservatório inferior ❶ lower reservoir (pumped storage scheme) 下游水库 ❷ cistern, (underground) storage tank; well 贮水箱；（地下）水池；井

reservatório lateral side pond 船闸储水池

reservatório mais a montante uppermost reservoir 龙头水库

reservatório para compensação da estiagem reservoir for low flow augmentation 枯水期调水水库

reservatório para controle de cheias flood control reservoir 防洪水库

reservatório para fins energéticos reservoir for power generation 发电用水库

reservatório petrolífero oil pool 油藏

reservatório potencial potential reservoir 潜在储量

reservatório saturado saturated pool 饱和油藏

reservatório selado sealed reservoir [巴] 封闭储集层，封闭油藏

reservatório subsaturado undersaturated pool 欠饱和油藏

reservatório subterrâneo underground reservoir 地下水库

reservatório superior ❶ upper reservoir (pumped storage scheme) 上游水库 ❷ water tower 水塔

reservatório térmico thermal reservoir 热库

reservatório vedado sealed reservoir [葡] 封闭储集层，封闭油藏

reservatório vertical/horizontal upright/ horizontal tank 立式 / 卧式罐

reservatório vertical/horizontal em aço steel upright/horizontal tank 立式 / 卧式钢制水罐

reservatório vertical/horizontal em polietileno polyethylene upright/horizontal tank 立式 / 卧式聚乙烯水罐

reservatório vertical/horizontal em polipropileno polypropylene upright/ horizontal tank 立式 / 卧式聚丙烯水罐

reservatório vertical/horizontal em PRFV FRP upright/horizontal tank 立式 / 卧式玻璃钢水罐

resfriado adj. cooled, chilled 冷却的

resfriado a água water-cooled 水冷的

resfriado a ar air-cooled 风冷的

resfriador s.m. cooler 冷却器

resfriador a ar air cooled chiller 风冷式冷却机

resfriador de água water cooler, water chiller 冷水机组

resfriador de água do tipo parafuso refrigerado a ar air cooled screw water chiller 空气冷却螺杆冷水机组

resfriador de ar intercooler 中冷器，中间冷却器

resfriador intermediário intercooler 中冷器

resfriamento s.m. ❶ cooling 冷却；冷却法 灭火 ❷ quenching 熄减，冷浸；淬火

resfriamento a ar air-cooling 风冷

resfriamento a jactos ⇨ resfriamento por borrifo d'água

resfriamento a líquido liquid cooling 液体冷却

resfriamento a ventilador fan cooling 风扇冷却

resfriamento adiabático adiabatic cooling 绝热冷却

resfriamento artificial artificial cooling 人工冷却

resfriamento controlado controlled cooling 控制冷却

resfriamento do concreto com tubulações embutidas embedded pipe cooling 埋管冷却

resfriamento da ponta cortante bit cooling 钻头冷却

resfriamento dinâmico dynamic cooling 动力冷却

resfriamento em molde die quenching 模具淬火

resfriamento gradual gradual cooling 逐段冷却，分级冷却

resfriamento por borrifo d'água (/esguichos) water spray quenching 喷水淬火，喷雾淬火

resfriamento por evaporação evaporative cooling 蒸发冷却

resfriamento precipitado cold shut 冷隔

resfriamento rápido quench 淬火

resfriamento regenerativo regenerative cooling 再生冷却

resfriar v.tr. (to) chill, (to) cool 冷却

resgateiro s.m. winch man 绞机操作员

resguardo s.m. ❶ protection, guard [集] （建筑施工中使用的）防护，防护措施 ❷ protective plate 护板

resguardo de pó do pino mestre king pin dust seal 主销盖

resguardo para-lama fender skirt 挡泥板

resguardo superior engine hood 发动机罩

resguardo traseiro rear shield 后围护板

residência s.f. house, residence 居住地点，房屋，住宅

residência de via permanente section house （铁路沿线的）工区房屋

residências em série row house 联排房

residências geminadas semi-detached house 半独立房屋

residência oficial official residence 官邸

residência protocolar guesthouse 礼宾府，招待所，宾馆

residual adj.2g. residual 剩余的

resíduo(s) s.m.(pl.) residue, wastes 滤渣；残渣；残留物

resíduos em peneira sieve residue 筛渣；筛下料；筛余物

resíduos industriais industrial waste 工业废料

resíduo insolúvel unsolvable residue 不溶残渣

resíduos minerais mineral residue 矿物废渣，矿渣

resíduos orgânicos organic waste 有机废物

resíduo seco dry residue 干残渣

resíduo seco a 180°C dry residue at 180°C 180℃干残留物

resíduos sólidos solid wastes 固体废物

resíduos sólidos urbanos (RSU) solid urban waste 城市固体废物

resiliência s.f. ❶ spring-back 回弹 ❷ resilience; elasticity 回弹能；弹性能

resiliente adj.2g. resilient 弹回的，有弹力的

resiliômetro s.m. resiliometer 回弹仪

resiliômetro de betão concrete rebound tester 混凝土回弹仪

resina s.f. resin 树脂

resina acrílica acrylic resin 丙烯酸树脂

resina alquídica alkyd resin 醇酸树脂

resina aminoplástica aminoplastic resin 氨基塑料树脂

resina auto-reticulável self-reticulated resin 自交联型树脂

resina cumarona-indeno cumarone-indene resin 香豆酮树脂

resina de cloreto de vinilo vinyl chloride resin 氯乙烯树脂

resina de epóxi epoxy resin 环氧树脂

resina de epoxilite epoxylite 环氧类树脂

resina de estireno-butadieno styrene-butadiene resin 丁苯树脂

resina de fenol formaldeído phenol formaldehyde resin 酚醛树脂

resina de Highgate Highgate resin 海格特树脂

resina de melamina melamine resin 三聚氰胺树脂

resina de melamina formaldeído melamine formaldehyde resin 三聚氰胺甲醛树脂

resina de poliester polyester resin 聚酯树脂

resina de poliisocianato polyisocyanate resin 聚异氰酸酯树脂

resina de polimero polymer resin 聚合树脂

resina de polimero de baixa viscosidade low viscosity polymer resin 低黏滞性聚酯

resina de polivinilo polyvinyl resin 聚乙烯树脂

resina de silicone silicone resin 硅树脂

resina de troca iónica ion exchange resin 离子交换树脂

resina de ureia formaldeído urea formaldehyde resin 脲醛树脂；尿素树脂

resina de vinilo vinyl resin 乙烯树脂

resina em polpa resin-in-pulp 树脂（混入）纸浆

resina epoxídica ⇨ resina de epóxi

resina fenólica phenolic resin 酚醛树脂

resina foto-reticulável photo-reticulated resin 光交联丙烯酸树脂

resina natural natural resin 天然树脂

resina resistente à abrasão abrasion

resistant coating 耐磨覆层

resina silicónica silicon resin 硅树脂

resina sintética synthetic resin 合成树脂

resina vinílica ⇨ resina de vinilo

resinagem s.f. resin tapping 树脂采收，采脂

resinite s.f. resinite 树脂体

resistatos s.m.pl. resistates 稳定物；耐蚀物；残余物

resistência s.f. ❶ resistance 阻力；抵抗力 ❷ resistance, strength, toughness 强度；韧性 ❸ resistance 电阻 ❹ 1. resistor 电阻器 2. heating wire, resistance wire 电热体，电热管，电热丝，电炉丝

resistência à abrasão abrasion resistance, wear resistance 耐磨性

resistência à aderência bonding strength 黏结强度

resistência ao atrito frictional resistance 摩擦抗力；摩擦阻力

resistência ao avanço tractive resistance 牵引阻力

resistência ao calor heat resistance 耐热性

resistência a carvão carbon resistor 碳质电阻

resistência à chama flame resistance 耐燃性

resistência ao choque shock resistance 耐冲击性

resistência ao cisalhamento shearing strength 抗剪强度

resistência ao cisalhamento drenada drained shear strength 排水抗剪强度

resistência ao cisalhamento não-drenada undrained shear strength 不排水抗剪强度

resistência ao colapso collapse resistance 抗塌陷强度

resistência à compressão compressive strength 抗压强度

resistência à compressão simples unconfined compressive strength 无侧限抗压强度

resistência à constrição constriction resistance 集中电阻

resistência à contracção creep resistance 抗蠕阻力，蠕变强度

resistência à corrosão corrosion resistance 耐蚀性

resistência à cortante ⇨ resistência ao cisalhamento

resistência ao corte cutting resistance 切削抗力

resistência à cravação driving resistance 打桩阻力

resistência à curvas turning resistance 转向阻力

resistência a danos damage resistance 损伤阻抗

resistência à deformação creep strength 蠕变强度

resistência à deformação de tracção tensile yield strength 拉伸屈服强度

resistência à derrapagem skid resistance 抗滑, 抗滑力

resistência ao desgaste abrasion resistance, wear resistance 耐磨性

resistência ao deslizamento adhesive tension 黏附张力

resistência ao deslocamento violento bursting resistance 耐破强度

resistência ao envelhecimento resistance to aging 耐老化性

resistência ao escoamento yield strength 屈服强度

resistência ao esforço transverso ⇨ resistência ao cisalhamento

resistência ao esmagamento crushing strength 抗压强度

resistência ao esmagamento do cilindro cylinder crushing strength 圆柱体抗压强度

resistência ao esmigalhamento crumbling resistance 崩溃抗性

resistência à fadiga fatigue strength 疲劳强度

resistência à flexão beam strength 梁强度, 挠折强度

resistência à flexão de uma secção de trilho section modulus 轨道截面模数

resistência ao fluxo flow resistance 流动阻力

resistência ao fogo fire resistance 耐火, 耐火性, 耐火性能

resistência ao galgamento resistance to damage during overtopping 防漫顶强度

resistência ao impacto impact resistance 耐冲击性, 抗冲击强度

resistência ao intemperismo (/às intempéries) weather resistance, weatherability 抗风化; 耐候性

resistência ao óleo oil resistance 耐油性

resistência à penetração penetration resistance 穿透阻力, 贯入阻力

resistência ao puncionamento puncturing resistance; punching resistance 防击穿强度

resistência ao rasgamento tear strength 撕裂强度

resistência ao rebentamento bursting resistance 耐破强度

resistência ao rolamento rolling resistance 滚动阻力

resistência à rotura ❶ breaking strength 抗断强度 ❷ ultimate strength 极限强度

resistência à ruptura rupture strength; burst strength 断裂强度; 耐破度

resistência aos sismos (/terremotos) seismic resistance, earthquakes resistance 抗震性, 抗震强度

resistência à torção resistance to twisting 抗扭强度

resistência à tração por compressão diametral splitting tensile strength 劈裂抗拉强度

resistência à tracção tensile strength 抗拉强度

resistência ao travão brake horsepower (BHP) 制动功率, 制动马力

resistência à trituração crushing strength 压碎强度

resistência absoluta ultimate tensile strength 抗拉强度

resistência arrefecida à água water-cooled resistance 水冷电阻

resistência artificial artificial resistance 模拟电阻

resistência ballast ⇨ resistência compensadora

resistência bifilar bifilar resistor 双线无感电阻器

resistência característica characteristic strength 特征强度

resistência característica à compressão characteristic compressive strength 特性抗压强度

resistência cerâmica ceramic heating element 陶瓷发热体, 陶瓷电热丝

resistência cilíndrica cylindrical resistance 圆柱形电阻

resistência compensadora ballast resistor 镇流电阻

resistência composta composite resistor 复合电阻器

resistência compressiva compressive strength 压缩强度

resistência contra interferência interference resistance 抗干扰力

resistência cúbica cubic resistance 立体电阻

resistência de adesão bond strength 黏合强度

resistência de água water resistor 水电阻器

resistência do alternador alternator resistor 发电机电阻器

resistência de amortecimento steadying resistance 稳恒电阻

resistência do ar air resistance 空气阻力, 风阻

resistência de arco arc resistance 电弧电阻

resistência de arranque starting resistance 起动电阻

resistência de betão concrete strength 混凝土强度, 混凝土强度等级

resistência de betão in-situ in-situ concrete strength 现场混凝土强度

resistência de CA AC resistance 交流电阻

resistência de cálculo design strength 设计强度

resistência de campo field resistance 磁场电阻; 励磁线圈电阻

resistência de campo em série series field resistance 串激磁场电阻

resistência de carga load resistance 负载电阻

resistência de Chaperon Chaperon resistor 查佩龙电阻器

resistência de composição composition resistor 组合电阻器

resistência do condensador condenser resistance 电容器电阻

resistência de contacto contact resistance 接触电阻

resistência de corpos de prova cilíndricos cylinder strength 圆柱体抗压强度

resistência de corpos de prova cúbicos cube strength 立方体抗压强度

resistência de cubo in-situ in-situ cube strength 现场立方体强度

resistência de curva curve resistance 曲线阻力

resistência de descarga discharge resistance 放电电阻

resistência de drenagem bleeder resistor 泄流电阻

resistência de economia economy resistance 经济电阻

resistência dos electrodos electrode resistance 电极电阻

resistência de falha fault resistance 故障电阻

resistência de filamento filament resistance 灯丝电阻

resistência de filme film strength 膜强度

resistência de filtro filter resistor 滤波电阻

resistência de flexão bending strength, flexural strength 抗弯强度; 抗挠强度

resistência de fricção frictional resistance 摩擦抗力; 摩擦阻力

resistência do gel gel strength 胶凝强度

resistência de grafite graphite resistance 石墨电阻

resistência de grelha grid resistance 栅极电阻

resistência de interferência interference drag 干扰阻力

resistência de interrupção de campo field-breaking resistance 消磁电阻

resistência de isolamento insulation resistance 绝缘电阻

resistência de ligação bond strength 黏合强度

resistência de líquido liquid resistance 液体电阻

resistência de massa ground resistance 大地电阻

resistência dos materiais strength of the materials 材料强度

resistência de pedra à compressão stone compressive strength 岩石的抗压强度

resistência do perfil profile drag 翼形阻力

resistência de pico peak strength 峰值强度

resistência de polarização bias resistor 偏压电阻

resistência de quadro resistance frame 电阻框

resistência de queda de tensão dropping resistor 降压电阻

resistência de rampa grade resistance 坡度阻力

resistência de ruído noise resistance 抗噪声能力

resistência do solo bearing strength of soil 土壤的承载强度

resistência de substituição substitutional resistance 替代电阻；等值电阻

resistência de têmpera hardening strength 硬化强度

resistência de terra ground resistance 大地电阻；接地电阻值

resistência de Thomas Thomas resistor 托玛斯标准电阻器

resistência de transição transition resistor 过渡电阻

resistência desviadora diverter resistance 分流电阻

resistência dielétrica dielectric strength 介电强度

resistência diferencial differential resistance 微分电阻

resistência dinâmica dynamic resistance 动态阻力

resistência efectiva effective resistance 有效电阻

resistência elástica elastic resistance 弹性阻力

resistência eléctrica electrical resistance 电阻

resistência eléctrica de imersão electric immersion heater 浸入式电热体，浸没式电热器

resistência electrostática electrostatic capacitor 静电电容器

resistência elevada high strength 高强度

resistência em bobina coil resistance 线圈电阻

resistências em corrente contínua direct current resistance 直流电阻

resistência na cravação das estruturas driving resistance 打桩阻力

resistência em derivação shunt resistance 分流电阻

resistência em paralelo shunt resistor 分流电阻器

resistência equivalente equivalent resistance 等效电阻

resistência específica specific resistance 比电阻

resistência estática static strength, static resistance 静力强度

resistência estrutural structural strength 结构强度

resistência fundamental fundamental strength 基本强度

resistência in-situ in-situ strength 现场强度

resistência incrementada incremental resistance 增量电阻

resistência indutiva inductive drag 感应阻力

resistência induzida induced drag 诱导阻力

resistência inicial initial strength 初始强度

resistência interna internal resistance 内电阻

resistência linear linear resistor 线性电阻

resistência mecânica mechanical strength 机械强度

resistência mecânica de rocha intacta sound rock compression strength 完整岩石抗压强度

resistência média mean strength, average strength 平均强度

resistência não linear ❶ non-linear resistance 非线性电阻 ❷ non-linear resistor 非线性电阻器

resistência nominal ❶ nominal resistance 标称强度 ❷ nominal resistance 标称电阻

resistência óhmica ohmic resistance 欧姆电阻

resistência padrão standard resistor 标准电阻器

resistência preventiva preventive resistance 保安电阻

resistência real ⇨ resistência efectiva

resistência redutora de tensão voltage dropping resistor 降压电阻器

resistência reduzida dimming resistance 减光电阻

resistência regulável ⇨ resistência compensadora

resistência residual residual strength 剩余强度

resistência secundária secondary resistance 次级线圈电阻

resistência térmica thermal endurance 耐热度

resistência última ultimate strength 极限强度

resistência uniforme uniform strength 均匀强度

resistência variável variable resistance 可变电阻

resistente adj.2g. resistant 有耐受性的；耐…的；抗…的；防…的

resistente à corrosão corrosion resistant 抗腐蚀（的）

resistente ao desgaste wear resistant 耐磨（的）

resistente à erosão erosion resistant 抗蚀（的）

resistente ao fogo fire resistant 耐火（的）

resistente à humidade moisture resistant 防潮（的）

resistente à lavagem e escovação resistant to washing and scrubbing 耐洗刷（的）

resistente à luz light-fast 耐光照（的）

resistente a mofo mildew resistant 防霉（的）

resistente a ozónio, radiação U.V. e envelhecimento resistant to ozone, U.V. radiation and ageing 耐臭氧、耐紫外线辐射、耐老化（的）

◇ quimicamente resistente chemically resistant 耐化学品（的）

resistividade s.f. resistivity 电阻率

resistividade aparente apparent resistivity 视电阻率

resistividade de atenuação attenuation resistivity 衰减电阻率

resistividade eléctrica electrical resistivity 电阻率

resistivo adj. resistive 有阻力的；有电阻的

resistógrafo s.m. resistograph 树木针测仪，阻抗图波仪

resistógrafo para betão concrete penetration resistance meter 混凝土贯入阻力仪

resistógrafo para madeira wood resistograph 木材阻力仪

resistor s.m. resistor 电阻器

resistor de ganho do regulador regulator gain resistor 调节增益电阻

resistor de oscilação surge resistor 浪涌电阻

resístor redutora de corrente current reducing resistor 减流电阻器

resístor supressiva de corrente current suppressing resistor 抑流电阻器

resma s.f. ream [用作量词]（一）令（用于计量纸张，合 500 张）

resolite s.f. resolite 半溶酚醛树脂

resolubilidade s.f. resolubility, resolvableness 可溶性

resolução s.f. ❶ resolution 分辨率 ❷ resolution 决议，决定 ❸ resolution（合同、契约、协议等的）解除

resolução azimutal azimuthal resolution 方位分辨率

resolução de instrumento instrument resolution 仪器分辨率

resolução espacial spatial resolution 空间分辨率

resolução espectral spectral resolution 光谱分辨率

resolução lateral lateral resolution 横向分辨率

resolução radiométrica radiometric resolution 辐射测量分辨率

resolução temporal temporal resolution 时间分辨率，瞬时分辨率

resolução transversal transverse resolution 横向分辨率

resolução vertical vertical resolution 垂直分辨率

resolver *v.tr.* ❶ (to) resolve, (to) decide 下决心，决定 ❷ (to) resolve 解决

resort *s.m.* resort 度假村

respaldo *s.m.* ❶ back 椅背 ❷ backing 里壁

respiga *s.f.* ❶ spigot 塞子；插口 ❷ tenon, tongue 榫头，雄榫

respiga a dente de cão haunched tenon 腋脚凸榫

respiga com enconsto shiplap 槽口接头

respiga de encaixe bareface tenon 裸面榫

respigadeira *s.f.* mortising machine 榫头机，凿榫机

respigador *s.m.* hayrake 搂草机

respingo *s.m.* spatter 溅，洒

respingo de solda weld spatter 焊接飞溅

respiração *s.f.* breath, breathing, respiration 呼吸，呼吸作用

respiração anaeróbia anaerobic respiration 无氧呼吸；厌氧呼吸

respirador *s.m.* ❶ breather 换气装置 ❷ gleaner 呼吸器

respirador contínuo continuous vent 连续通气管

respirador de cartucho simples single-cartridge respirator 单头连滤芯呼吸器

respirador de filtro filter respirator 过滤呼吸器

respirador local local vent 局部通气管

respiradouro *s.m.* ❶ vent 通风口，通气管 ❷ air shaft 通风竖井

respiradouro automático (AAV) automatic air vent (AAV) 自动通风口

respiradouro contínuo continuous vent 连续通气管

respiradouro de alívio relief vent 减压通气管

respiradouro de circuito circuit vent 环路通气管

respiradouro individual individual vent 单独通气管

respirar *v.tr.* (to) breathe 呼吸

respiro *s.m.* vent, breather 排气口，通风口，通气孔

respiro de ar air vent 通风口

respiro do cárter crankcase breather 曲轴箱通气孔

respiro da tampa do tanque de combustível fuel tank cap vent 油箱盖通气孔

respiro e bocal de enchimento breather and filler elbow 通气孔和加油口弯管

respiro substituível disposable breather 可更换通气孔

responder *v.tr.* (to) response 回应；响应

responsabilidade *s.f.* liability 责任

responsabilidade civil civil liability 民事责任

responsabilidade de linha line responsibility 线性责任

responsabilidade final accountability 问责制

responsabilidade legal legal liability 法律责任

responsabilidade limitada (RL) limited liability 有限责任

responsabilização *s.f.* ❶ acceptance of responsibility 承担责任 ❷ accountability 问责；责任追究

responsabilizar *v.tr.,pron.* (to) make responsible, (to) be responsible （使）负责，（使）承担责任

resposta *s.f.* response 响应

resposta de amplitude amplitude response 振幅响应，振幅特性

resposta de arranjo array response 台阵响应

resposta de fase phase response 相位响应

resposta do filtro filter response 滤波器响应

resposta de frequência frequency response 频率响应

resposta de impulso impulsive response; impulse response 脉冲响应

resposta do terreno ground response 地层反应，地层响应

resposta hidrodinâmica hydrodynamic response 水动力响应

resposta modal modal response 模态响应

resposta transiente transient response 瞬态响应

ressaca *s.f.* surf 碎浪；回头浪

ressaltar *v.tr.,intr.* (to) stick out, (to) stand out 伸出，挑出；突出

ressalto *s.m.* ❶ 1. salience, projection （建筑上的）伸出物 2. jetty （建筑物的）上层伸出下层以外的部分 ❷ cam 凸轮 ❸ boss 轴孔座，凸台 ❹ rebound; ricochet 弹回，反弹

ressalto ajustável (/de regulagem) adjusting cam 调整凸轮

ressalto cilíndrico barrel cam 筒形凸轮

ressalto de esforço boss, lug 凸台

ressalto de pilastra pilaster strip 壁柱；无帽壁柱

ressalto do pino pin boss 销壳；销座

ressalto de válvula valve bounce 气门跳出；阀跳

ressalto hidráulico hydraulic jump; standing wave 水跃；驻波

ressedimentação *s.f.* resedimentation 再沉积作用

resseguro *s.m.* reinsurance 再保险

resselagem *s.f.* resealing 再密封

resselar *v.tr.* (to) reseal 再密封

ressonador *s.m.* resonator 共振器

ressonância *s.f.* ❶ resonance 共振；谐振 ❷ ringing 鸣震

ressonância de solo ground resonance 地面共振

ressonância magnética nuclear nuclear magnetic resonance 核磁共振

ressonância ondulatória wave resonance 波共振

ressudação *s.f.* bleeding, exudation 渗出，渗漏

ressudar *v.tr.* (to) bleed, exude 渗出，渗漏

ressurgência *s.f.* ❶ resurgence, emergence 再生；再现；复流 ❷ upwelling 上涌；（海水的）上升流

restabelecer *v.tr.* (to) re-establish, (to) restore, (to) reshape 恢复；改造

restabelecimento *s.m.* reinstatement 回复原状；恢复原貌

restabelecimento de abastecimento reinstatement of supply 恢复供应

restabelecimento das comunicações road/railway diversion [葡] 道路／铁路改道

restante *adj.2g.,s.m.* remaining; remainder 剩余的，其余的；剩余物

restauração *s.f.* ❶ restoration 恢复；修复 ❷ fill 填充物

restauração de áreas afectadas pela actividade mineira restoration of areas affected by mining 矿区（生态）恢复

restauração do edifício building restoration 建筑修复（恢复为原始形式，需要移去后来加建或补上被拆除的部分）

restauração de poço workover （油井、气井等的）修井

restaurador *s.m.* restorer 修复者；还原器

restaurador de móveis furniture restorer 家具修复液

restaurante *s.m.* restaurant 餐厅；饭店

restaurante aberto o dia inteiro all day restaurant 全日开放餐厅

restaurantes e similares restaurants and similar establishment 餐厅及类似场所

restaurar *v.tr.* (to) restore, (to) repair 修复，修缮

restauro *s.m.* restoration, alteration 修复；改造

resteva *s.f.* stubble 残茬，庄稼收割过后的茬子

restinga *s.f.* sandbank 浅滩

restito *s.m.* restite 混合岩惰性组分

restituição *s.f.* ❶ restitution, restoration; rectification 修复；恢复；修正 ❷ compilation, plotting 编绘，绘图

restituição de vazões de irrigação irrigation water outlet works 灌溉用水泄水工程

restituição de vazões residuais compensation water outlet works 补偿水出水口工程

restituição da via ao tráfego track releasing 线路重新开通

restituidor *s.m.* stereo restitution instrument 三维影像测量仪

restituir *v.tr.* ❶ (to) restitute 归还；补偿 ❷ (to) restitute, (to) restore 修复；恢复

restituível *adj.2g.* plottable 可绘制的

resto ❶ *s.m.* rest, remain 剩余，剩余部分 ❷

pl. remains, historical remains（建筑）遗迹

restos de plantas plant remains 植物遗体，植物遗存

restolho *s.m.* stubble 残茬，庄稼收割过后的茬子

restrição *s.f.* restriction 限制；约束

restringidor *s.m.* flow limiter 流量限制器

restringir *v.tr.* (to) restrict 限制；约束

restritor *s.m.* restrictor 限制器；节流器

restritor de curvatura bending restrictor 弯曲限制器

resultado *s.m.* result 结果

resultado de teste test results 测试结果

resultado de testes consecutivos consecutive test result 连续测试结果

resultado dirigido biased result 有偏结果

resultado final final result 最终结果

resultado líquido net result 最终结果；净结果

resultado no ponto central event-on-node 单节点事件图

resultado operacional operating income 运营结余

resultados por acção earnings per share 每股收益

resultado tendencioso ⇨ resultado dirigido

resultado transitado retained earnings 未分配利润

resultante ❶ *adj.2g.* (de) arising from 由…所产生的 ❷ *s.f.* resultant 合量；合力

resumo *s.m.* summary, abstract 概括，简述；摘要

resumo não técnico (RNT) non-technical summary 非技术性总结

re-superaquecimento *s.m.* resuperheating 重新过度加热

retábulo *s.m.* retable （教堂）祭坛后部高架

retaguarda *s.f.* tail, heel (of fire) 火尾（森林火灾中蔓延速度最慢、与火头方向相反的部分）

retalhar *v.tr.* (to) retail; (to) breaking bulk 零售；整批拆售

retalhista *s.2g.* retailer 零售商

retalho *s.m.* retail[巴] 零售

retangular *adj.2g.* ⇨ rectangular

retangularidade *s.f.* ⇨ rectangularidade

retângulo *s.m.* ⇨ rectângulo

retardação *s.f.* retardation, retarding 阻滞；（使过程）延长，放慢

retardação de maré retardation of the tide 潮时后延

retardador *s.m.* ❶ retarder 减速器 ❷ delayer 延时器 ❸ retarder 缓凝剂；减速剂

retardador de chamas flame retardant 阻燃剂

retardador de presa (/pega) setting retarder 凝固减速剂，缓凝剂

retardador de velocidade de reacção reaction velocity retarder 缓化剂

retardador hidráulico hydraulic retarder 液力减速器

retardamento *s.m.* retardation, retarding 阻滞；（使过程）延长，放慢

retardamento de pega set retarding 缓凝

retardamento eléctrico electrical delay 电滞后

retardamento fixo fixed delay 固定延迟

retardamento operacional operational delay 操作延迟，运行延误

retardante *adj.2g.* retardant 延缓的，阻滞的

retardar *v.tr.,intr.* (to) delay; (to) slow down （使）延迟；（使）减缓

retardo *s.m.* ❶ lag, delay 滞后，延迟 ❷ delay detonator 延时雷管

retém *s.m.* detent 制动器，定位装置

retém de cascalho gravel stop （屋顶的）挡石片

retém da esfera ball detent 球形锁销

retém de travamento interlock plunger 联锁柱塞

retém hidráulico hydraulic detent 液压制动器

retenção *s.f.* ❶ 1. retaining, retention 保持，截留 2. storage 贮藏，存储 ❷ 1. hold, holding 支持，固定 2. detent 制动器，定位装置 ❸ deduction, withholding 扣除，扣缴

retenção de área retention of area 保留面积

retenção de chama flame retention 火焰保持力

retenção da humidade moisture retention 保湿

retenção da lança boom check 动臂锁定

（装置）

retenção de material material retention
物料保持能力

retenção na fonte tax withholding 预扣
税款

retenção hidráulicao hydraulic lockout
液压制动器

retenção por esferas ball latch 球形锁销

retensionamento s.m. retensioning 再次拉
紧，再施预力

retensor s.m. rail anchor 轨道防爬器，钢轨
锁定器

retensor de terceiro trilho third rail
anchor 第三轨锁定器

retentor s.m. ❶ 1. retainer 保持装置；定位
器 2.(da porta) doorstop 门碰头；门制器
❷ 1. seal 密封；密封装置 2. packer 封隔器
❸ retaining agent 延缓剂

retentor amortecedor buffer seal 缓冲
封环

retentor anular ⇨ retentor de anel-O

retentor "Chevron" ⇨ retentor em V

retentor com capa metálica metal-
backed seal 金属密封环

retentor de água water retainer 保水剂

retentor de anel ring seal, sealing ring 密
封圈；密封环

retentor de anel-O O-seal, O-ring seal
O 形密封圈；O 形密封环

retentor de cadeia chain retainer 链条固
定器

retentor de chama flame trap 隔焰器，
阻火器

retentor de cimento cement retainer 水
泥承转器，水泥承留器

retentor do comando final seal of final
drive 最终传动密封

retentor da cremalheira rack retainer 齿
轨固定

retentor de elemento duplo two element seal 双构件密封

retentor de face grafitada carbon face
seal 碳面密封

retentor de face metálica metalface seal
金属表面密封件

retentor de face metálica de longa
vida long-life metalface seal 长寿命金属表

面密封件

retentor de graxa grease seal 油封

retentor da haste de poliuretano polyurethane rod seal 聚氨酯杆密封

retentor de lábio duplo double lip seal
双唇密封

retentor de líquidos liquid seal 液封

retentor de lubrificação dianteiro
(/traseiro) do virabrequim crankshaft
front (/rear) oil seal 曲轴前（后）油封

retentor de óleo oil seal 油封

retentor de pêlos hair interceptor 毛发收
集器，毛发聚集器

retentor de tiragem draft stop 风挡

retentor de trilho rail anchor 钢轨锁定器

retentor de um só elemento single element seal 单构件密封

retentor da válvula valve retainer 气门护
圈；阀门扣环

retentor do virabrequim crankshaft seal
曲轴密封

retentor Duo-Cone duo-cone seal 双锥
体密封件

retentor em U crescent seal 月牙形密封

retentor em V chevron seal 人字形密封

retentor externo do comando final
final drive outer seal 终传动外部密封

retentor facial face-type seal 面密封

retentor grafitado ❶ carbon-type seal 碳
型密封 ❷ ⇨ retentor de face grafitada

retentor inteiriço ⇨ retentor maciço

retentor labial ⇨ retentor tipo lábio

retentor limpador wiper seal 刮油密封环

retentor limpador com capa metálica
metal case wiper seal 金属刮油密封环

retentor maciço solid seal 固封

retentor radial radial seal ring 径向密封环

retentor tipo fole bellows seal 波纹管式密封

retentor tipo gaxeta packing seal 填料
密封

retentor tipo lábio lip-type seal 唇式密封

retentor tipo lábio simples simple lip-
type seal 单唇密封

retentor tipo labirinto labyrinth seal 迷
宫式密封，曲径式汽封

retentor tipo rosca screw-type oil seal,
oil screw 螺杆式油封

retentor tórico torus O-ring 环面 O 形圈

reter *v.tr.* (to) retain 保持，截留

reticulação *s.f.* ❶ reticulation 网状结构 ❷ cross-linking reaction, cure 交联反应，固化

reticulação da água water reticulation 水网，水网系统

reticulado *adj.* reticulated 网状的

reticular *adj.2g.* reticular 网状的

reticulito *s.m.* reticulite 网状火山渣

retículo *s.m.* ❶ reticle 十字线；网线 ❷ cross hair 十字形光标

retículo cristalino crystalline lattice 晶格

retículo de coincidência coincidence site lattice (CSL) 重合位置点阵

retículo taquemétrico stadia lines 视距丝

retífica *s.f.* grinding machine, grinders 磨床，研磨机

retífica de engrenagens gear grinder 齿轮磨床

retífica em linha line boring machine 钻轴机

retificadeira *s.f.* ❶ die grinder 刻模机；磨床 ❷ boring machine [巴] 镗床

retificador *s.m.* rectifier 整流器；纠正仪

retificador controlado de silício silicon controlled rectifier (SCR) 可控硅整流器（SCR）

retificador do campo indutor field rectifier 励磁整流器

retificador de controle control rectifier 可控整流器

retificador de corrente power rectifier 电力整流器

retificador de fluxo flow straightener 整流器

retificador de ponte de onda completa full-wave bridge rectifier 桥式全波整流器

retificar *v.tr.* (to) rectify 修整；纠正；整流

retilinearidade *s.f.* ⇨ rectilinearidade

retilinidade *s.f.* straightness 正直度，平直度；直度

retinalite *s.f.* retinalite 脂纤蛇纹石

retinasfalto *s.m.* retinasphalt 褐煤蜡

retinite *s.f.* retinite 树脂石

retinito *s.m.* pitchstone 松脂岩

retinol *s.m.* retinol 松香油

retinosite *s.f.* retinosite 圆板藻

retirada *s.f.* withdraw, removal; retreat 取走，移除；撤出

retirada de bagagem baggage reclaim 领取行李处

retirada da coluna pull-out; pulling out of hole (POOH) 起钻，起出钻头

retirada de fôrmas removal of formwork 拆除模板

retirada de testemunho(s) coring 钻取土心；取心钻探

retirada de testemunho contínua através de rocha continuous coring through rock 连续岩心取样

retirada da tubagem pull out of hole (POOH) 起钻，起出钻头

retirada glaciária glacial retreat 冰川退缩

retirar *v.tr.,pron.* (to) withdraw, (to) remove; (to) retreat 取走，移除；撤出

retocar *v.tr.* (to) retouch, (to) touch up 修饰，精整

retoma *s.f.* sealing bead 封底焊道，封底焊缝

retomada *s.f.* resumption, restart 恢复；重新开始

retomada da carga load recovery 负荷恢复

retomar *v.tr.* ❶ (to) take again 重新取得 ❷ (to) restart, renew 重新开始

retoque *s.m.* retouching, touch up; finishing touch 修饰，精整

retornar *v.intr.* (to) return 返回

retorno *s.m.* ❶ 1. return 返回；回流；恢复 2. return （车辆等）掉头 3. spring-back, backlash 回弹，反撞，后冲 ❷ 1. return （建筑构件的）转向延续，转延 2. U-turn （道路的）掉头支路 ❸ return 收益，回报

retorno de água quente hot water return 热水循环

retorno de água quente doce soft hot water return 软热水循环

retorno de ar frio cold-air return 冷气回流

retorno de condensado condensate return 冷凝水回水

retorno de investimento return on investment (ROI) 投资回报

retorno de líquido fallback （液体）回落

retorno da tensão voltage recovery 电压恢复

retorno direto direct return 直接返回；直接回水

retorno invertido reverse return 逆回水

retorno operacional operating returning 经营回报

retorno seco dry return 干式冷凝回水

retrabalhado *adj.* reworked 再加工的；再沉积的

retrabalhar *v.tr.* (to) rework 返修；二次加工

retrabalho *s.m.* rebuilding, rework 重建，返工

retraçador de forragem *s.f.* forage harvester 牧草收割机

retracção/retração *s.f.* retraction, shrinkage 收缩

retracção a frio cooling shrinkage 冷收缩

retracção a quente hot shrinkage 热收缩

retracção a seco (/de secagem) drying shrinkage 干燥收缩

retracção autogénea autogenous shrinkage 自收缩

retracção de betão concrete shrinkage 混凝土收缩

retração de pega setting shrinkage 凝结收缩

retracção linear do solo linear shrinkage of soil 土壤的线性收缩

retração longitudinal longitudinal shrinkage 纵向收缩

retracção plástica plastic shrinkage 塑性收缩

retracção por carbonação carbonation shrinkage 碳化收缩

retracção química chemical shrinkage 化学收缩

retração radial radial shrinkage 径向收缩

retração tangencial tangential shrinkage 切向收缩

retração térmica thermal shrinkage 热收缩

retráctil *adj.2g.* ❶ retractable, telescopic 可伸缩的 ❷ extensible, telescopic 可伸长的 ❸ yielding 可缩的，柔韧的

retractilidade *s.f.* ❶ retractability 可伸缩性 ❷ capacity to yield 屈服承载力

retractivo *adj.* retractive 缩回的；缩进的

retranca *s.f.* boom 纵帆下桁

retransmissão *s.f.* rebroadcast, retransmission 转播；中继；重新发送

retransmitir *v.tr.* (to) retransmit 转播；中继；重新发送

retrete *s.f.* toilet bowl [葡] 马桶

retro- *pref.* retro-, back- 表示"向后"

retroalimentação *s.f.* feedback 反馈

retroanálise *s.f.* back analysis 反演分析

retro-arco *adj.* retroarc 弧后的

retro-basculante *adj.2g.* rear-dump 后卸式自卸汽车

retrocarregadeira *s.f.* back loader, rear loader 后装载机

retroceder ❶ *v.intr.* (to) retrocede, (to) recede 后退 ❷ *v.tr.,intr.* backtrack 回溯

retrocesso *s.m.* ❶ retrocession, recoil 后退；缩回 ❷ back-kick 反转 ❸ back-step（印刷）折标 ❹ backspace（计算机）退格

retrocompatibilidade *s.f.* downward compatibility 向下兼容（性）

retrocorrelação *s.f.* retrocorrelation 逆相关

retrodestocador *s.m.* pull-type stumper （安装在拖拉机后方的）悬挂式除根器

retrodiagénese *s.f.* retrodiagenesis 退化成岩作用

retroempurrão *s.m.* backthrust 反冲断层

retroescavadeira *s.f.* backhoe loader [巴] 挖掘装载机；反铲装载机；两头忙

retroescavadeira carregadeira backhoe loader 挖掘装载机

retroescavadora *s.f.* backhoe loader [葡] 挖掘装载机；反铲装载机；两头忙

retroescavadora de pneus tire backhoe shovel 轮式两头忙

retroescavo-carregadeira *s.f.* ⇨ retroescavadeira

retrofit *s.m.* retrofit（在不影响正常使用的前提下对机器）部件更新，（建筑物）翻新

retrofossa *s.f.* back deep 次生优地槽

retrogradação *s.f.* retrogradation, degeneration 倒退；逆行；退化

retrogradar *v.tr.* (to) retrograde 倒退；逆行；退化

retrógrado *adj.* retrograde（地质）逆向的

retroinclinação *s.f.* rack-back, tilt back 后倾，后翻

retroinclinação da caçamba bucket tilt-back 收斗

retroinclinar *v.tr.,pron.* (to) tilt back 向后倾，向后翻

retroinformação *s.f.* feedback 反馈

retrolavagem *s.f.* back-flushing 反冲洗

retroleitura *s.f.* back observation 后视

retrometamorfismo *s.m.* retrometamorphism 退化变质作用

retroporto *s.m.* port area 港口区

retropraia *s.f.* backbeach, backshore 后滩

retropreenchimento *s.m.* backfill 反填充；采空区充填

retropressão *s.f.* backpressure 背压；回压

retroprojector *s.m.* overhead projector 幻灯机

retropropagação *s.f.* back propagation 反向传播；后向传播

retrorreflector *s.m.* retroreflective 反向反射器

retrossifonagem *s.f.* backsiphonage 反虹吸

retrovisão *s.f.* backsight 后视

retrovisor *s.m.* rear-vision mirror, driving mirror 后视镜

retrovisor elétrico electric driving mirror [巴] 电动后视镜

retrovisor interno internal mirror 内后视镜

retrovisor interno com sistema anti-ofuscamento internal mirror with anti-blinding system 防眩目内后视镜

retrovisor interno fotocrómico auto-dimming internal mirror 自动变色内后视镜

reunião *s.f.* meeting 会议

reuniões de status status meetings 状态碰头会；状态审查会

reunir *v.tr.,intr.* (to) reunite; (to) meet 使重聚；会见，开会

reussinite *s.f.* reussinite 类树脂石

reusar *v.tr.* ⇨ reutilizar

reuso *s.m.* ⇨ reutilização

reutilização *s.f.* reuse, reutilization 再使用，重复使用；再利用

reutilização de material escavado reuse of excavated material 挖方材料的再利用

reutilizar *v.tr.* (to) reutilize, (to) reuse 再利用

retrovedação *s.f.* back sealing 背封

retrovírus *s.m.* retrovirus 逆转录病毒

revelação *s.f.* development 显影

revelador *s.m.* developer 显影剂，显像剂

revelador-registrador automático de gás automatic recording gas detector 自动气体检测记录仪

revelar *v.tr.* ❶ (to) reveal, (to) disclose 揭露，披露 ❷ (to) develop 使（胶卷等）显影

revelia *s.f.* default; non-attendance 缺席，不到庭

revelim *s.m.* ravelin 半月堡；三角堡

revendedor *s.m.* dealer 经销商，代理商

revenido *adj.* tempered 回火的

revenimento *s.m.* tempering, thermal tempering 回火；高温回火

revenimento por indução induction tempering 感应回火

revenir *v.tr.* (to) temper 回火

rever *v.tr.* (to) review, (to) revise 审查，审核；校对；修订

reverberação *s.f.* reverberation 混响；反射；反响

reversão *s.f.* ❶ reversing, reversal 换向，反转，逆转；转变 ❷ reversion 归还；（状态）恢复

reversão automática automatic reversing 自动换向

reversão de bens reversion of assets 资产转回

reversão do círculo circle reverse 转盘换向

reversão das marchas forward-reverse gear 前进回动齿轮

reversão de molhabilidade wettability reversal 润湿性反转

reversão hidráulica hydraulic reversing gear 液压回动装置

reversão manual manual reversing 手动换向的

reversão semi-automática semi-automatic reversing 半自动换向

reversível *adj.2g.* ❶ reversible 可逆的 ❷ reversible, two-way 翻转的，双向的

reversível manual manual reversing 可手动换向的

reverso *s.m.* reverse 背面

reversor *s.m.* reverser 反向器；换向器，换向开关；倒转机构

reversor marítimo marine reversing gear 船用换向机构

revessa *s.f.* valley rafter 屋面沟处的椽木，谷椽

revestido *adj.* ❶ coated 包上…的，覆上…层的 ❷ plated, galvanized 镀的；电镀的

revestido a cimento cement coated 涂水泥的

revestido com alumínio aluminum coated 镀铝的

revestido com pó electrostático electrostatic powder coated 静电粉末喷涂

revestido com (/de) chumbo lead-dipped 铅浸的

revestimento *s.m.* ❶ 1. coating, facing 覆饰面，覆涂层 2. electroplating, plating 电镀 3. spraying 喷涂 4. lining (of canal, tunnel, shaft, etc.) 衬砌（渠道、廊道、井道等）❷ facing, covering, coating, finish 面层，饰面，镀层，涂层 ❸ 1. sheath; lagging board, joining balk 护套；护层；背板 2. casing（钻井的）套管 3. liner 衬片，（汽缸）缸套 4. electrode coating （焊条）药皮

revestimento a cromo chrome-plate 镀铬压平板

revestimento a fosfato de zinco zinc phosphate coating 锌系复合磷化膜

revestimento à prova de fogo fireproof covering 防火涂层

revestimento à prova de humidade damp-proof coating 防潮涂料

revestimento aberto ⇨ revestimento espaçado

revestimento absorvedor buffer coat 缓冲涂层

revestimento ácido acid coating 酸性药皮

revestimento acústico acoustic lining 吸音衬层，吸音隔板 ⇨ forro acústico

revestimento alveolar honeycomb slating 蜂窝状饰面

revestimento ancorado anchored veneer 锚固面砖

revestimento antiderrapante non slip protection 防滑护面

revestimento antifricção antifriction lining 耐磨衬里

revestimento antirreflexão (/anti-reflector) anti-reflection coating 防反射涂层

revestimento asfáltico ⇨ revestimento de asfalto

revestimento básico basic coating 碱性药皮

revestimento betuminoso bituminous surface, black top coating 沥青层，沥青外衬，沥青护膜

revestimento betuminoso, duas camadas, aplicado a frio bituminous coating, two coats, cold applied 沥青，双层，冷铺

revestimento branco white coat 白灰罩面

revestimento celulósico cellulose coating 纤维素型药皮

revestimento colapsado collapsed casing 挤扁的套管

revestimento com grampos de metal contínuos cladding with continuous metal clips 带连续金属夹的贴板

revestimento com impermeabilização química chemical waterproof coating 化学防水层

revestimento com parquetes parquetry 木地板层

revestimento condutor conductor casing 导引套管

revestimento de acabamento finishing coat 饰面层；面漆；最后一道涂工

revestimento de alta densidade (RAD) high density overlay (HDO) 高密度贴面胶合板

revestimento de alta resistência ao colapso high collapse-resistance casing 高抗挤毁套管

revestimento de alumínio aluminum cladding 铝包层

revestimento de asfalto asphalt covering, asphaltic coating 沥青层，沥青涂层

revestimento de barreira barrier coat 防护涂层

revestimento de borracha rubber lining 橡胶内衬

revestimento de cerâmica ceramic coating 陶瓷涂层

revestimento de chapa de zinco zinc plate coating 锌板镀层

revestimento de chumbo e estanho lead-tin plating, tin-lead plating 锡铅合金镀层

revestimento do cilindro cylinder-lagging 缸套

revestimento de cimento cement coating 水泥层

revestimento de conduto duct liner （中央空调的）风道内衬，风道衬板

revestimento de conversão conversion coating 转化膜，转化层

revestimento de difusão diffusion coating 扩散涂层

revestimento do disco da embreagem clutch lining 离合器衬片

revestimento de duas camadas double layer lining 双层衬里，双层衬砌

revestimento de epóxi epoxy coating 环氧漆涂层

revestimento do estrado de ponte bridge deck surfacing, bridge deck dressing 桥面铺装层

revestimento de face colado em ripa de metal face cladding glued to metal lath 贴金属条面层

revestimento de fluorocarbono fluorocarbon coating 氟碳喷涂

revestimento de fôrma form liner 模板垫衬，模板垫条

revestimento de fornalha furnace lining 炉衬

revestimento de fosfato phosphate coating 磷化层，磷酸盐涂层

revestimento de fundo ground coat 底漆，底涂层

revestimento de gesso gypsum sheathing 石膏盖板

revestimento de granito granite facing 花岗石面

revestimento de hélice propeller tipping 螺旋桨包梢

revestimento de média densidade (RMD) medium-density overlay (MDO) 中密度贴面胶合板

revestimento de parede ❶ wall facing, wall lining 墙饰面 ❷ cladding to walls 墙面覆盖层，墙面挂板

revestimento de pavimentos floor covering 楼面覆面层

revestimento de piscina swimming pool facing 游泳池贴面

revestimento de piso floor covering 楼面覆面层

revestimento de polietileno polyethylene lining 聚乙烯内搪层

revestimento de poliuretano de serviço pesado polyurethane coating heavy duty 厚聚亚安酯涂层

revestimento de produção production casing 生产套管

revestimento de protecção protective coating 保护涂层

revestimento de resina epóxi epoxy resin coat 环氧树脂搪层

revestimento de solda hardfacing 堆焊

revestimento de superfície surface casing 表层套管；地面套管

revestimento de superfícies surfacing 铺面

revestimento de talude lining of slope 边坡衬砌

revestimento de tectos ceiling covering 天花板饰面

revestimento de tijolo brick lining 砖衬

revestimento de tinta paint coating 油漆层

revestimento do travão brake lining 制动衬片，刹车片

revestimento de túnel tunnel lining 隧道衬砌

revestimento de uma só camada single layer lining 单层衬里

revestimento de zinco zinc plating 镀锌

revestimento diagonal diagonal slating 对角铺瓦做法

revestimento duro de cromo chrome hard-facing 铬硬面层

revestimento eléctrico electrofacing 电镀

revestimento em betão concrete lining 混凝土搪层；混凝土衬里

revestimento em betão in-situ in-situ concrete lining 现场浇筑混凝土衬层

revestimento em duas camadas two-coat plaster 两层抹灰饰面

revestimento em três camadas three-coat plaster 三层抹灰饰面

revestimento em tubo cravado slurry pipe jacking 泥水平衡顶管掘进

revestimento entre a janela e o chão breast lining 窗下墙装修

revestimento entre a janela e o rodapé breast moulding 窗下墙线条

revestimento esmaltado enamel coating 搪瓷面层

revestimento espaçado spaced sheathing, open boarding, skip sheathing 开缝铺板法

revestimento estriado scratch coat 墙面拉条

revestimento exterior outer coating 外涂层

revestimento externo chanfrado bevel siding 斜壁板

revestimento externo de sobreposição lap siding 互搭壁板

revestimento externo Dolly Varden Dolly Varden siding Dolly Varden 护墙板，沿底企口啮合的斜截面木护墙板

revestimento externo rústico drop siding, rustic siding 互搭外墙壁板

revestimento final topcoat 外涂层漆，面漆，面层

revestimento granulítico granolithic finish 人造石铺面

revestimento impermeável de aplicação física liquid applied waterproof coatings 液体防水涂料

revestimento inteiramente metálico full metallic facing 全金属面层

revestimento intermediário intermediate casing [巴] 中间套管；技术套管

revestimento intermédio intermediate casing [葡] 中间套管；技术套管

revestimento interno interior planking 内饰板

revestimento interno de betume bitumen lining 沥青衬里

revestimento livre free casing 自由套管

revestimento metálico metallic coating 金属涂层

revestimento não perfurado blank casing 无孔套管

revestimento orgânico organic coating 有机涂料

revestimento posterior back lining 背衬

revestimento refractário ❶ refractory coating 防火涂层 ❷ refractory lining 耐火内衬

revestimento rústico daubing 凿毛饰面

revestimento rústico moderno roughcast, spatter dash 粗灰泥饰面

revestimento rútilo rutile coating 氧化钛药皮

revestimento seco dry lining 干燥衬里

revestimento semimetálico semi-metallic facing 半金属面层

revestimento superficial surface coating 表面镀膜，表面覆层，表面涂层

revestimento vitrificado glaze coating 上釉面层

revestimentos compósitos de isolamento térmico pelo exterior external thermal insulation composite systems (ETICS) 外墙外保温系统

revestimentos e assoalhos de folhas rígidas rigid sheet linings and flooring 刚性薄板面层及地板

revestimentos marítimos marine coatings 船舶涂料

revestimentos microporosos microporous coatings 微孔涂层

revestimentos não conversíveis non-convertible coatings 非转化型涂料

revestir v.tr. ❶ (to) coat, (to) paint 涂，喷涂 ❷ (to) cover, (to) overlay 贴面板，覆盖 ❸ (to) case, (to) line 加衬套，加衬里

reviramento s.m. rollover 翻转；翻模

reviramento de bordas beading (for tubes) 卷边

revirar v.tr.,intr.,pron. (to) turn, (to) turn over again （再次、反复）转向，翻转

revisão s.f. ❶ review, revision 复查；复审；校对；修订 ❷ overhauling 检修

revisão completa complete overhaul 全

面检修

revisão do fim de fase phase-end review 阶段终评审

revisão de motor engine overhaul 发动机检修

revisão de preços price review 价格审计

revisão do projecto design review 设计评审

revisão geral major overhaul 大修；全面检修

revisão parcial minor overhaul 小修

revivescimento *s.m.* revival （建筑的）复古风格

revolução *s.f.* revolution 旋转，回转

revolução homologada rated revolution 额定转速

revolvedor *s.m.* rabble 长柄耙；机械搅拌器

revolver *v.tr.,pron.* (to) revolve （使）旋转

revólver *s.m.* turret, turrethead 转台，转动架，回转头

revolvimento *s.m.* plowing, turn up the soil 翻地

revolvimento periódico periodical plowing 定期翻地

rexistasia *s.f.* rhexistasy 破坏平衡

rezbanyíte *s.f.* rezbanyite 铜辉铅铋矿

Rhaetiano *adj.,s.m.* Rhaetian; Rhaetian Age; Rhaetian Stage [巴] （地质年代）瑞替期（的）；瑞替阶（的）⇨ **Reciano**

rhizobium *s.m.* rhizobium 根瘤菌

rhodalgal *s.m.* rhodalgal 苔藓虫-红藻组合碳酸盐岩

Rhuddaniano *adj.,s.m.* Rhuddanian; Rhuddanian Age; Rhuddanian Stage [巴] （地质年代）鲁丹期（的）；鲁丹阶（的）⇨ **Rudaniano**

Rhyaciano *adj.,s.m.* [巴] ⇨ **Riácico**

ria *s.f.* ria, estuary 溺湾；河口

riacho *s.m.* brook, creek 小河，溪流

Riácico *adj.,s.m.* Rhyacian; Rhyacian Period; Rhyacian System [葡] （地质年代）层侵纪（的）；层侵系（的）

riacolito *s.m.* riacolite 透长粗面岩

ribalta *s.f.* footlights 脚灯；舞台灯

ribanceira *s.f.* precipice, barranco 高陡的河岸

ribeira *s.f.* stream; riverside 小河，溪流；

河岸

ribeirinho *adj.* riparian, riverine 河边的，河畔的，河的

ribeiro *s.m.* stream 小河，溪流

richellite *s.f.* richellite 土氟磷铁矿

richterite *s.f.* richterite 锰闪石

rickardite *s.f.* rickardite 碲铜矿

ridgecap *s.m.* ridgecap 脊帽

riebeckite *s.f.* riebeckite 钠闪石

riedenito *s.m.* riedenite 黝云霓辉岩

rift *s.m.* rift 断裂；长狭谷

rift continental continental rift 大陆裂谷

rift valley *s.m.* rift valley 地沟；地堑；断缝谷

rigidez *s.f.* stiffness, rigidity 刚度，刚性；刚量

rigidez de armação frame stiffness 框架劲度

rigidez dieléctrica dielectric strength 介电强度

rigidez vertical da via modulus of track 轨道模量

rigidizador *s.m.* ⇨ **enrijecedor**

rígido *adj.* rigid 坚硬的

rigolito *s.m.* overburden, baring 覆盖（土）层

rilandite *s.f.* rilandite 水硅铬石

rim *s.m.* haunch 拱腹

rincão *s.m.* ❶ hip rafter 屋顶面坡椽，角椽，斜脊 ❷ open valley 屋面天沟 ❸ internal corner; inside corner （墙体的）阴角

rincão aberto open valley 屋面天沟

rincão fechado closed valley 封闭式排水斜沟

rincão trançado woven valley, laced vally 搭瓦天沟

ringito *s.m.* ringite 长霓碳酸岩

ringue *s.m.* boxing ring 拳击台

ringwoodite *s.f.* ringwoodite 尖晶橄榄石

rinkolite *s.f.* rinkolite 褐硅铈石

rio *s.m.* river 江，河

rio consequente consequent river 顺向河

rio de vale valley river 河谷

rio direccional strike stream 走向河；后成河

rio evanescente losing stream 渗失河

rio intermitente intermittent river 间歇河

rio navegável navigable river 通航河道

rio obsequente obsequent river 逆向河

rio principal gaining stream 盈水河

rio resequente resequent river 再顺河

rio secundário secondary river 次级河流

rio subsequente strike stream 走向河；后成河

rio subterrâneo underground river 地下河，暗河

riobasalto *s.m.* rhyobasalt 流纹玄武岩

riodacito *s.m.* rhyodacite 流纹英安岩

riolítico *adj.* rhyolitic 流纹岩的

riólito *s.m.* rhyolite 流纹岩

riotaxítico *adj.* rhyotaxitic 流纹状的

ripa *s.f.* ❶ lath, batten 长木条 ❷ floor batten 地板撑条，木楼板龙骨

ripas de asbesto asbestos shingles 石棉瓦

ripa de madeira wood lath 木板条

ripa de prolongamento sprocket 檐椽接长木

ripa de vidraça glazing bead 玻璃压条；镶玻璃条

ripa enviesada cant strip 嵌角板条，镶边压缝条

ripado *s.m.* ❶ lath work, fence 长木条做的栅栏 ❷ lath 挂瓦条

ripado de beira chantlate 檐口滴水条

ripal/ripar *s.m.* lath nail 板条钉

ríper *s.m.* ripper 裂土器，松土机，深松机

ríper de articulação em paralelogramo parallelogram ripper 平行四边形裂土器

ríper de articulação triangular ⇨ ríper tipo dobradiça

ríper de dentes múltiplos multi-shank ripper 多柱裂土器

riper de 3 hastes three-shank ripper 三齿深松机

ríper de porta-ponta simples single-shank ripper 单柱裂土器

ríper de um só dente ⇨ ríper de porta-ponta simples

ríper-escarificador ripper-scarifier 松土翻土机

ríper para aplicação geral (/fins gerais) utility ripper 通用裂土器

ríper radial radial ripper 径向裂土器

ríper radial ajustável adjustable radial ripper 可调径向裂土器

ríper tipo dobradiça hinge-type ripper 铰接松土机

ripidolite *s.f.* ripidolite 铁绿泥石

rípio *s.m.* gravel; rubble （用作填料的）小石子，碎石

ripple *s.f.* ripple 纹波

rip rap *s.m.* rip rap 乱石堤

risca *s.f.* stripe, streak, scratch 线条，条纹；抓痕

riscas cristais crystal striped 水晶条纹

riscado *adj.* scored 有抓痕的

riscador *s.m.* ❶ scriber 划针；划线器 ❷ row marker （农机）划行器

riscador de aço steel scriber 钢划线器

riscagem *s.f.* brushing 拉丝加工，拉丝工艺

riscagem de chapas de alumínio brushing of aluminum sheet 铝板拉丝（加工）

riscar *v.tr.* (to) scratch out 划线；划掉

risco *s.m.* ❶ risk 风险 ❷ scratch, scratching 刮痕；划痕

risco calculado calculated risk 计算风险

risco de incêndio fire risk, fire hazard 火灾危险

risco de mercado market risk 市场风险

riscos dos terceiros third party risks 第三方风险

risco económico economic risk 经济风险

risco financeiro financial risk 财务风险

risco geológico (RG) geological risk 地质风险

risco hidrológico hydrological risk 水文风险

risco individual individual risk 个人风险

risco mineiro mining risk 矿业风险，采矿风险

risco potencial potential risk 潜在风险

risco próprio own risk 自负风险，自担风险

risco regulatório regulatory risk 监管风险

risco sísmico seismic risk; seismic hazard 地震风险

riser *s.m.* riser 立管

riser de completação completion riser 完井立管

riser de exportação export riser 输出立管

riser de perfuração drilling riser 钻井隔水导管

riser de produção production riser 采油

立管

riser flexível flexible riser 柔性立管

riser híbrido hybrid riser 混合立管

riser rígido em catenária steel catenary riser 钢悬链线立管

ritmito *s.m.* rhythmite 韵律层

ritmanite *s.f.* rittmannite 斜磷钙锰石

ritmo *s.m.* rhythm 节奏；韵律

rizoconcreção *s.f.* rhizoconcretion 根状结核

rizólito *s.m.* rhizolith 根管石

RNB *sig.,s.m.* GNI 国民总收入

Roadiano *adj.,s.m.* Roadian; Roadian Age; Roadian Stage（地质年代）罗德期（的）；罗德阶（的）

road oil *s.m.* road oil 铺路沥青

robô *s.m.* robot 机器人

robô-cozinheiro robot chef 机器人厨师，炒菜机器人

robô de cozinha food processor 食品加工机

robô de forma shuttering robot 模具机器人

robô de pintura paint application robot 喷漆机器人

robótica *s.f.* robotics 机器人学

robotização *s.f.* robotization 机器人化

robustez *s.f.* ❶ robustness 健壮性，稳健性，鲁棒性 ❷ hardiness, endurance 坚硬，结实

robusto *adj.* sturdy 稳健的，强壮的；坚硬的，结实的

roçada/roçagem *s.f.* cutting, mowing 割草，除草

roçada manual manual mowing 人工割草

roçada mecânica mechanical mowing 机械割草

roçadeira *s.f.* ❶ brushcutter 除草机，灌木清除机 ❷ rotary cutter 旋转切割机，旋转割草机

roçadeira a gasolina gasoline brushcutter 汽油割草机

roçadeira de arrasto pull-type rotary cutter 拖挂式旋转切割机

roçadeira hidráulica hydraulic rotary cutter 液压旋转切割机

roçadeira para trator tractor rotary cutter 拖拉机拖挂式旋转切割机

roçadora *s.f.* ❶ brushcutter 灌木铲除机 ❷

roadheader 巷道掘进机

roçadora de braço boom-type roadheader 悬臂式掘进机

rocalha *s.f.* rocaille 花园石贝装饰物；状似贝壳的装饰

rocalito *s.m.* rockallite 钠辉花岗岩

roça-mato *s.m.* ⇨ roçadeira, corta-matos

rocambole *s.m.* rolled turf, hay bale 草捆

roçamento *s.m.* ❶ cutting, mowing 割草 ❷ rubbing 摩擦，研磨

rocão *s.m.* fruit picker 采果剪；采果器

roçar *v.tr.* (to) crop; (to) shear; (to) clear (land) of wood 收割；修剪；开荒

rocega *s.f.* ❶ salvage, drag survey（用绳索在水下）打捞，测量 ❷ dragrope, drag cable 拖绳，拖揽

rocega hidrográfica wire drag survey 扫海测量

rocegar *v.tr.* (to) dredge（用拖捞网等）捞取

rocha *s.f.* rock 岩石

rocha abissal abyssal rocks 深成岩

rocha aborregada sheepback rock, glaciated rock 羊背石

rocha ácida acidic rock 酸性岩

rocha afanítica aphanitic rock 隐晶岩

rocha alcalina alkaline rock 碱性岩

rocha alóctone allochthonous rock 异地岩；移置岩

rocha alogénica allogenic rock 他生沉积岩

rocha aloquímica allochemical rock 异化岩

rocha alotigénica allothigenic rock 他生沉积岩

rocha alterada altered rock 蚀变岩

rocha aluminosa aluminous rock 铝质岩

rocha anorogénica anorogenic rock 非造山岩

rocha antiga old rock, old volcanic rock 古火山岩

rocha Archie Archie rock 阿尔奇岩石

rocha arenítica arenitic rock 砂岩，粗屑岩

rocha areno-argilosa areno argillaceous rock 砂泥质岩

rocha arenolutítica arenolutitic rock 砂泥质岩

rocha arenopelítica arenopelitic rock 砂泥质岩

rocha arenosa arenaceous rock 砂岩，粗屑岩

rocha argilosa argillaceous rock 泥质岩

rocha armazém store, magazine, reservoir rock 储集岩

rocha asfáltica asphaltic rock 沥青质岩

rocha atectónica atectonic rock 非造山岩

rocha autoclástica autoclastic rock 自生碎屑岩

rocha autóctone autochthonous rock 原地岩

rocha basáltica basaltic rock 玄武质岩

rocha básica basic rock 基性岩

rocha betuminosa bituminous stone 沥青石

rocha bioclástica bioclastic rock 生物碎屑岩

rocha bioconstruída (/bioedificada) bioconstructed rock 生物岩

rocha biogénica biogenic rock 生物岩

rocha bioquimiogénica biochemogenic rock 生物化学岩

rocha branda soft rock 软石；软岩

rocha cafémica cafemic rock 钙铁镁质岩

rocha calcária calcareous rock 钙质岩

rocha calciclástica calciclastic rock 碎屑石灰岩

rocha calco-alcalina calc-alkaline rock 钙碱岩

rocha calcossilicatada calc-silicate rock 钙硅酸盐岩

rocha capa (/capeadora) cap rock 冠岩，帽岩，覆盖岩

rocha carbonácea carbonaceous rock [葡] 可燃性生物岩

rocha carbonatada carbonate rock 碳酸盐岩

rocha carbonífera carboniferous rock 石炭系岩

rocha carbonosa carbonaceous rock [巴] 可燃性生物岩

rocha cataclástica cataclastic rock 碎裂岩；压碎岩

rocha cinzenta ⇨ rocha mesocrática

rocha circundante surrounding rock 围岩

rocha clara ⇨ rocha leucocrática

rocha clástica clastic rock 碎屑岩

rocha com gás gas bearing rock 含气岩

rocha comagmática comagmatic rock 同源岩浆岩

rocha compacta tight rock 致密岩石

rocha competente competent rock 坚固稳定岩石

rocha composta composite rock 复合岩石

rocha conglomerática conglomeratic rock 砾屑岩

rocha contaminada contaminated rock 混染岩

rocha cresosa chalk rock [葡] 白垩岩，白垩石

rocha criptoclástica cryptoclastic rock 隐屑岩

rocha criptocristalina cryptocrystalline rock 隐晶岩

rocha cristalina crystalline rock 晶质岩

rocha de base bedrock, rock in situ 基岩

rocha de cobertura caprock, roof rock 顶盖岩

rocha de contacto contactite, contact rock 接触变质岩

rocha de crosta terrestre crustal rock 地壳岩体

rocha de dinamitação (/explosão) blasted rock 爆破的石方

rocha do embasamento basement rock [巴] 基岩；基底岩石

rocha de encaixe country rock 围岩

rocha de formação country rock, host rock 围岩；原岩；主岩

rocha de fundação foundation rock 基岩

rocha de fundo bedrock 基岩

rocha de quartzo quartz rock 石英岩

rocha de quebra-mar breakwater glacis 防波堤铺石面

rocha de silicato silicate rock 硅酸盐岩石

rocha do soco basement rock [葡] 基岩；基底岩石

rocha de transição transition rock, graywacke 过渡岩

rocha decomposta decomposed rock, weathered rock 风化岩

rocha detrítica detrital rock 碎屑岩

rocha deuterogénica deuterogene rock 后成岩

rocha dolomítica dolomite rock 白云岩

rocha dúctil ductile rock 韧性岩石

rocha dura hard rock 硬质岩石

rocha durável durable rock 抗风化岩石

rocha efusiva effusive rock 喷出岩

rocha em barreira beach rock 海滩岩

rocha encaixante surrounding rock 围岩

rocha endógena endogenous rock 内源岩

rocha eólica eolian rock 风成岩

rocha epiclástica epiclastic rock 外力碎屑岩

rocha eruptiva eruptive rocks 火山岩

rocha escura ⇨ rocha melanocrática

rocha estratificada stratified rock 成层岩

rocha evaporítica evaporitic rock, evaporite 蒸发岩

rocha exógena exogenous rock 外成岩

rocha exótica exotic rock 外来岩块

rocha expansiva expansive rock 膨胀岩

rocha extrabacinal extrabasinal rock 盆外岩

rocha extremamente alterada completely decomposed rock 全风化岩

rocha extrusiva extrusive rock 喷出岩

rocha feldspática feldspathic rock 长石岩

rocha félsica felsic rock 长英质岩

rocha ferrífera ferriferous rock 铁质岩

rocha fibrocristalina fibrocrystalline rock 纤维状结晶岩

rocha firme firm rock 稳固岩石

rocha fitogénica phytogenic rock 植物岩

rocha foliada sheeted rock 片状岩石

rocha fonte source rock 源岩；生油岩层

rocha forte ⇨ rocha-mãe

rocha fosfática (/fosfatada) phosphatic rock, phosphate rock 磷酸盐岩，磷矿石

rocha fracturada fractured rock 裂隙岩

rocha frágil fragile rock, brittle rock 脆性岩

rocha fragmentada fragmented rock 碎裂的岩石

rocha friável friable rock; brittle rock 易碎岩；脆性岩石

rocha geradora source rock 源岩；生油岩层

rocha giz chalk rock [巴] 白垩岩，白垩石

rocha glacial rock glacier [巴] 石冰川

rocha glaciárea rock glacier [葡] 石冰川

rocha halogénica ⇨ rocha evaporítica

rocha hemicristalina hemicrystalline rock 半晶质岩

rocha heterogénea heterogeneous rock 非均质岩

rocha heteromórfica heteromorphous rock 异形岩

rocha hialina hyaline rock 玻质岩

rocha híbrida hybrid rock 混染岩

rocha hidratogénica hydratogenous rock 水成岩

rocha hidroclástica hydroclastic rock 水成碎屑岩

rocha hiperalcalina ⇨ rocha peralcalina

rocha hiperaluminosa hyperaluminous rock 过铝质岩

rocha hipersaturada oversaturated rock, hypersaturated rock 过饱和岩

rocha hipoabissal hypabyssal rock 浅成岩

rocha hipocristalina hypocrystalline rock 半晶质岩

rocha hipogénica hypogene rock 深成岩

rocha hipossaturada hyposaturated rock, unsaturated rock 不饱和岩

rocha hipovulcânica hypovolcanic rock 浅成岩

rocha holoclástica holoclastic rock 浅成岩

rocha holocristalina holocrystalline rock 全晶质岩

rocha holofélsica holofelsic rock 全长英质岩

rocha holohialina holohyaline rock 全玻质岩

rocha hololeucocrata (/hololeucocrática) hololeucocratic rock 纯白色岩，全长英质岩

rocha holomelanocrata (/holomelanocrática) holomelanocratic rock 纯黑色岩

rocha holovítrea holovitreous rock 全玻质岩

rocha hospedeira host rock, country rock 围岩

rocha ígnea igneous rock 火成岩

rocha ígnea em camadas layered igneous rocks 层状火成岩

rocha ígnea intermediárias intermediate igneous rock 中性火成岩

rocha ígnea plutónica plutonic igneous rock 深成火成岩

rocha ígnea terciária tertiary igneous rock 第三纪火成岩

rocha impactítica impactitic rock 冲击岩

rocha impactogénica impactogenic rock 冲击岩

rocha incoesa (/incoerente) incohesive rock, incoherent rock 不胶结岩石；不黏结岩石

rocha incompetente incompetentrock 弱岩石；弱岩

rocha insaturada unsaturated rock 不饱和岩

rocha inservível waste rock, muck 废石，矸石

rocha intermediária intermediate rock 中性岩

rocha intrabacinal intrabasinal rock 盆内岩

rocha intrusiva intrusive rock 侵入岩

rocha lávica lava rock, effusive rock 火山石，火山岩

rocha leucocrática leucocratic rock 淡色岩

rocha lutítica lutitic rock 细屑岩；泥屑岩

rocha maciça massive rock 块状岩

rocha macrocristalina macrocrystalline rock 粗晶岩

rocha-mãe (/-madre) parent rock, source rock, bedrock 母岩；原生岩

rocha mãe petrolífera mother rock of oil 油页母岩

rocha mafélsica mafelsic rock 镁铁硅质岩

rocha máfica mafic rock 镁铁质岩

rocha magmática magmatic rock 岩浆岩

rocha mater (/matriz) ⇒ rocha-mãe

rocha medianamente alterada moderately decomposed rock 中度风化岩

rocha medianamente fracturada moderately fractured rock 中度裂隙岩

rocha melanocrática melanocratic rock 暗色岩

rocha melilítica mellilitic rock 黄长岩

rocha mesocrática mesocratic rock 中色岩

rocha metaluminosa metaluminous rock 变铝质岩

rocha metamórfica metamorphic rock 变质岩

rocha metassedimentar metasedimentar rock 变质沉积岩

rocha metassomática metasomatic rock 交代岩

rocha miarolítica miarolitic rock 晶洞花岗岩

rocha microcristalina microcrystalline rock 微晶岩

rocha mole soft rock 软石；软岩

rocha molhada por água water-wet rock 亲水岩

rocha monomíctica (/monogénica) monomictic rock 单矿碎屑岩

rocha monominerálica monomineralic rock 单矿岩

rocha móvel loose rock, cohesionless rock 疏松的碎石

rocha muito alterada strongly decomposed rock 强风化岩

rocha não consolidada unconsolidated rock 疏松岩石

rocha neptúnica neptunic rock 水成岩

rocha neutra neutral rock 中性岩

rocha oleígena oil rock 油岩

rocha oligomíctica oligomictic rock 单岩碎屑岩

rocha organogénica organogenic rock 生物岩

rocha ornamental decorative stone 装饰石材

rocha ortoquímica orthochemical rock 正化岩

rocha panidiomórfica panidiomorphic rock 全自形岩

rocha para cimento cement rock 水泥岩

rocha pedestral mushroom rock 蘑菇石

rocha pedunculada pedunculated rock

柱顶石；基岩

rocha pegmatítica pegmatitic rock 伟晶岩

rocha pelítica pelitic rock 泥质岩

rocha peralcalina peralkaline rock 超碱性岩

rocha peraluminosa peraluminous rock 过铝质岩

rocha permeável permeable rock 透水岩

rocha petroclástica petroclastic rock 碎屑岩

rocha petrolífera petroleum-bearing rock 含油岩

rocha piroclástica pyroclastic rock 火成碎屑岩

rocha pirogénica pyrogenic rock 岩浆岩

rocha plutónica plutonic rock 深成岩

rocha polimetamórfica polymetamorphic rock 多相变质岩

rocha polimíctica polymictic rock 复矿碎屑岩；多杂质岩

rocha poliminerálica polymineralic rock 多矿物岩

rocha porfiróide porphyroid rock 似斑状岩

rocha porosa porous rock 多孔岩石

rocha pouco alterada slightly altered rock 轻微蚀变岩

rocha pouco consistente fragile rock, brittle rock 脆性岩

rocha pouco fraturada slightly fractured rock 微裂隙岩体

rocha primitiva primitive rock 原生岩

rocha proeminente crag 峭壁，危岩

rocha psamítica psammitic rock 砂屑岩

rocha psefítica psephitic rock 砾质岩

rocha pseudo-sólida ⇨ rocha expansiva

rocha quartzo-feldspática quartz-feldspathic rock 长石石英岩

rocha quartzosa quartz rock 石英岩

rocha quebradiça fragile rock, brittle rock 脆性岩石

rocha química chemical rock 化学岩

rocha quimiogénica chemogenic rock 化学岩，化学沉积岩

rocha recifal reef rock 礁岩

rocha-reservatório reservoir rock 储集岩

rocha residual residual rock 残余岩石

rocha rudítica ruditic rock 砾屑岩，砾状岩

rocha sã intact rock, sound rock 完整岩石

rocha salina saline rock 岩盐

rocha sapropelítica saprolithic rock, saprolith 腐泥岩

rocha saturada saturated rock 饱和岩

rocha secundária secondary rock 次生岩

rocha sedimentar ❶ sedimentary rock 沉积岩 ❷ layer rock, non homogenous rock, sedimentary rock 层状岩石

rochas sedimentares sedimentary rocks 沉积岩系

rocha sedimentar bioquímica biochemical sedimentary rock 生物化学岩

rocha sedimentar química chemical sedimentary rock 化学沉积岩

rocha selante sealing rock 密封岩

rocha sem consistência friable rock; brittle rock 易碎岩

rocha silicatada silicated rock 硅化岩

rocha silícica/silicática silicic rock 硅质岩

rocha siliciclástica siliciclastic rock 硅质碎屑岩

rocha siliciosa siliceous rock 硅质岩

rocha silto-argilosa silt-argillaceous rock 泥质岩

rocha sobressaturada oversaturated rock, supersaturated rock 过饱和岩

rocha sólida solid rock 坚石

rocha solta unconsolidated rock, loose rock 松散岩

rocha solúvel soluble rock 易溶性岩石

rocha subaluminosa subaluminous rock 次铝质岩

rocha subsaturada unsaturated rock, hyposaturated rock 不饱和岩

rocha subvulcânica subvolcanic rock 次火山岩

rocha tenra soft rock 软石；软岩

rocha terrígena terrigenous rock 陆源岩

rocha triturada crushed rock, cuttings 碎石，岩屑

rocha turmalinosa schorl-rock 石英黑电气岩

rocha ultrabásica ultrabasic rock 超基性岩

rocha ultramáfica ultramafic rock 超镁铁岩

rocha vedante sealing rock [葡] 密封岩

rocha verde green rock, greenstone 绿岩

rocha vítrea vitreous rock, glassy rock 玻质岩

rocha viva ⇨ rocha sã

rocha vulcânica volcanic rock 火山岩

rocha vulcanoclástica volcaniclastic rock 火山碎屑岩

rocha xistóide ⇨ xisto

rocha zoogénica zoogenic rock 动物岩

rochedo *s.m.* crag, cliff 峭壁

rochoso *adj.* rocky 岩石的，多石的

roço *s.m.* ❶ cut, sumping cut 开槽；掏槽；混凝土、砖石面的管道预留口 ❷ break-in（机器、设备）磨合

rococó *s.m.* Rococo 洛可可式

rocódromo *s.m.* climbing wall 攀岩墙

roda *s.f.* wheel 车轮；齿轮；轮状物

roda a disco disc wheel 辐板式车轮

roda accionada follower, follower wheel 从动轮

roda centrífuga de óleo oil thrower 抛油环

roda com "calosidade" flat wheel 平轮

roda cónica cone wheel 斜齿轮

roda cónica dentada mitre wheel 等径伞齿轮；斜方轮

roda conjugada coupled wheel 联动轮

roda cortante abrasive cutting wheel 切割砂轮

roda de atrito friction wheel 摩擦轮

rodas de apoio stabilisers 稳定轮

roda de bequilha tail wheel（飞机）尾轮

roda de carborundo carborundum wheel 金刚砂轮

roda de catraca ratchet wheel 棘轮

roda de comando control wheel 控制轮

roda de cores color wheel 色轮

roda de coroa crown wheel, bevel wheel 伞齿轮，斜齿轮

roda de corrente chain wheel 链轮

roda de corte cut-off wheel 切割轮

roda de disco disk wheel 盘形轮

roda de emergencia sobre a porta traseira spare tire on rear door 后门备胎

roda de engrenagem gear wheel 齿轮

roda de esmeril (/esmerilhar) abrasive wheel, abrasive grinding wheel 磨轮；砂轮

roda de espiral scroll wheel 涡轮

roda de fricção friction wheel 摩擦轮

roda de fundir casting wheel 浇铸轮

roda de guia furrow wheel, rear thrust wheel 尾轮，犁沟轮

roda de impulsão impulse wheel 冲动式叶轮

roda de inversão guide gear 导向齿轮

roda de leme helm wheel 舵轮

roda de liga leve alloy wheel 铝合金轮圈

roda de magnésio magnesium alloy wheel 镁合金轮圈

roda de moinho mill wheel 带磨水轮

roda de mudança change wheel 变速轮

roda de pás articuladas paddle wheel 明轮

roda de polir polishing wheel 抛光轮

roda de Poncelet ⇨ roda de subimpulsão

roda de profundidade depth wheel 限深轮；深度调节轮

roda de raios spoked wheel 辐条轮

roda do rego furrow side wheel 单向双铧犁位于犁沟侧的驱动轮

roda de rolamento running wheel 转轮；工作轮

roda de rotor rotor wheel 转子轮

roda de segurança spare wheel 备用轮

roda de Sta. Catarina Catherine wheel 圆花窗

roda de subimpulsão Poncelet wheel 下射曲叶水轮

roda de suporte land carrying wheel 非动力轮

roda de tancharia ⇨ roda reguladora

roda da terra crua unploughed land side wheel 单向双铧犁位于未耕地侧的驱动轮

roda de transmissão driving wheel 驱动轮

roda de trava ratchet wheel 棘轮

roda da turbina turbine wheel 涡轮

roda do ventilador blower wheel 风机

叶轮

roda dentada gear wheel, cog-wheel 齿轮

roda dentada para cadeia sprocket wheel 链轮

roda dianteira front wheel 前轮

roda directriz guide wheel 导向轮

rodas duplas dual wheels 双轮

rodas e lagartas wheels and tracks 车轮和履带

roda e pneu wheel and tire 车轮及轮胎

roda estabilizadora ⇨ roda de guia

roda estrelada star-wheel 星轮，星形轮

roda flangeada flanged wheel 凸缘轮

roda-guia ❶ guide wheel 导向轮 ❷ idler, idler gear 空转轮，惰轮

roda-guia da esteira track idler 履带惰轮；履带诱导轮

roda-guia da esteira elevadora elevator chain idler 电梯链托辊

roda-guia de grande diâmetro large front idler 大前惰轮，大前空转轮

roda-guia dianteira front idler 前空转轮

rodas gémeas ⇨ rodas duplas

roda hidráulica waterwheel 水轮，水车

roda livre freewheel 飞轮

roda (de bandagem) maciça rubber tired wheel, solid rubber tire wheel 橡皮轮，实心橡皮轮

roda medidora measuring wheel 测量轮

roda métrica meter wheel 测量轮；尺轮；手推车测距绳

roda motora drive wheel 主动轮，驱动轮

roda motriz ❶ drive wheel 主动轮，驱动轮 ❷ driving sprocket, sprocket gear 驱动链轮；链齿轮

roda motriz de aro aparafusado bolt-on sprocket 螺栓固定的链轮

roda motriz e directriz drive and guide wheel 驱动和导向轮

roda motriz inteiriça one-piece sprocket 一体成型链轮

roda motriz para neve snow sprocket 雪地链轮

roda para carril track wheel 轨道轮

roda planetária planetary wheel 行星轮

roda pneumática rubber tired wheel 橡皮轮

roda reguladora ❶ timing wheel 正时轮 ❷ depth gauge wheels 深度控制轮

roda reguladora de profundidade depth control wheel 深度控制轮

roda "sprocket" ⇨ roda motora

roda tractiva driving wheel 驱动轮

roda traseira ❶ rear wheel 后轮 ❷ ⇨ roda de guia

roda travadora stop gear 制动机构

rodada *s.f.* round （一）轮（会议、拍卖等）[经常用作量词]

rodada de licitações bidding round 投标轮次

rodado *s.m.* camera holder 摄像机云台

rodagem *s.f.* ❶ rotary movement 转动 ❷ wheels [集] 轮子

rodagem das válvulas valve grinding 阀门研磨

rodameio *s.m.* bumper guard （墙体上防止椅背等撞击的）横护板

rodapé *s.m.* ❶ skirting, skirt 踢脚线，踢脚板 ❷ spat （门框底）护板

rodapé automático automatic door bottom 自动门底防风隔声设施

rodapé de granito granite skirting 花岗石踢脚

rodapia *s.f.* kitchen border 厨房（围绕靠墙厨柜修的）护墙板

rodar *v.tr.,intr.* (to) turn; (to) run 转动，旋转；（车辆）行驶

roda-tecto/rodateto *s.m.* crown molding 天花线，顶冠饰条，石膏线

rodear *v.tr.* (to) surround, (to) encircle 围绕，环绕，绕圈

rodeira *s.f.* rut, wheel rut 车辙

rodeiro *s.m.* ❶ axle shaft 车轮轴 ❷ wheel set (on the same axle) （同一根车轴上的）轮对

ródio (Rh) *s.m.* rhodium (Rh) 铑

rodite *s.f.* rhodite 铑金矿；天然铑金合金

rodito *s.m.* rodite 奥长古铜无球粒陨石

rodízio *s.m.* ❶ caster 脚轮 ❷ rotunda 环岛 ⇨ rotatória ❸ rotation 转动 ⇨ rotação ❹ reversing (cutting edges) （刀刃等）卷刃

rodízio de nylon nylon caster 尼龙脚轮

rodízio esférico ball caster 球形脚轮

rodizite *s.f.* rhodizite 硼锂铍矿

rodo *s.m.* wooden rake (without teeth), fire-rake 木耙；火耙

rodocrosite *s.f.* rhodochrosite 菱锰矿

rodolite *s.f.* rhodolith 红藻石

rodólito *s.m.* rhodolite 镁铁榴石；红榴石

rodonite *s.f.* rhodonite 蔷薇辉石

rodotrem *s.m.* road train 公路列车；道路列车

rodovia *s.f.* highway, motorway, freeway 公路，车行道

rodovia arterial arterial highway 干线公路

rodovia arterial primária primary arterial highway 一级干线公路

rodovia arterial principal principal arterial highway 主干公路

rodovia arterial secundária secondary arterial highway 二级干线公路

rodovia asfaltada asphalted road 柏油路

rodovia bloqueada ⇨ via expressa

rodovia com 2 (3/4) faixas de trânsito road with 2 (/3/4) lanes 2 (/3/4) 车道公路

rodovia com 2 (/3/4) pistas separadas road with 2 (/3/4) separate highway lanes 分隔式 2 (/3/4) 车道公路

rodovia com pista dupla dual carriageway [巴] 双向车道

rodovia de acesso access road 进口道路

rodovia de acesso limitado controlled access highway 出入管制公路

rodovia de baixo custo low cost road 低成本道路

rodovia de concreto concrete road 混凝土路

rodovia de contorno belt highway 环形公路，环行公路

rodovia de ligação link road 连接路

rodovia de mão dupla two-way highway 双向高速公路

rodovia de mão única one-way highway 单向高速公路

rodovia de montanha mountain road 山区道路

rodovia de pedágio toll road 收费公路

rodovia de penetração pioneer road （道路、桥梁工程的）施工便道

rodovia de pista dupla double-lane highway 双车道公路

rodovia de pistas separadas ⇨ rodo-via dividida

rodovia de tráfego permanente all-weather road 全天候道路

rodovia de tráfego temporário seasonal road 季节性公路

rodovia diagonal diagonal road （方格式道路的）对角线路

rodovia dividida divided highway 分车道公路

rodovia encascalhada gravel road 碎石路

rodovia estadual state highway 国道；州道

rodovia expressa expressway, high speed motorway 快速道路；快速公路

rodovia federal federal highway 联邦公路

rodovia interestadual interstate highway 州际公路

rodovia internacional international highway 国际公路

rodovia longitudinal longitudinal road 纵向道路

rodovia municipal municipal highway 市级公路

rodovia pavimentada paved road 铺面道路

rodovia perimetral belt highway, perimetral way 环形公路

rodovia planejada planned highway 有规划的公路

rodovia preferencial preferential way 优行通道

rodovia primária primary highway 一级公路

rodovia principal main highway 干线公路

rodovia radial radial highway, radial road 辐射式公路

rodovia rural rural highway 郊区道路

rodovia saturada saturated highway 饱和的公路

rodovia secundária secondary highway 二级公路

rodovia transitável em época seca dry season road 旱季可通行道路

rodovia transversal transversal road 横向道路

rodovia-tronco arterial highway, trunk

highway 干线公路

rodovia vicinal service road 便道；辅助道路

rodoviária *s.f.* ❶ coach station, highway station 长途车站，客车站 ❷ coach company; bus company 客运公司；公交公司 ❸ haulage company; trucking company 货运公司

rodoviário *adj.* ❶ (of) road; (of) traffic 道路的；交通的 ❷ (of) road transportation 陆路运输的

roemerite *s.f.* roemerite 粒铁矾

roentgénio (Rg) *s.m.* roentgenium (Rg) 轮，111 号元素

roentgenite *s.f.* roentgenite 伦琴石

roesselerite *s.f.* roesslerite 水重砷镁石

rolado *adj.* rolled 轧制的；滚制的

rolagem *s.f.* ❶ rolling 滚动 ❷ rolling 滚轧

rolamento *s.m.* ❶ bearing 轴承 ❷ rolling 滚动 ❸ rolling 滚轧

rolamento antifricção antifriction, antifriction bearing 减摩轴承

rolamento cilíndrico ⇨ rolamento de roletes cilíndricos

rolamento cónico conical roller bearing 锥形滚柱轴承

rolamento cónico duplo double tapered roller bearing 双圆锥滚子轴承

rolamento de agulhas needle bearing, needle roller bearing 滚针轴承

rolamento de alinhamento self-aligning bearing 自位轴承；调心轴承

rolamento de anéis inteiriços Conrad bearing 无填珠槽轴承

rolamento de auto-alinhamento self-aligning ball bearing 自动调心滚珠轴承

rolamento de broca bit bearing 钻头轴承

rolamento de contacto angular angular contact bearing 角接触轴承

rolamento de contato angular de carreira dupla double row angular contact bearing 双列向心推力球轴承

rolamento de contato angular de carreira simples single row angular contact bearing 单列向心推力球轴承

rolamento de contato radial de carreira simples single row radial contact bearing 单列径向接触轴承

rolamento de desengate throwout bearing 分离轴承

rolamento de desengate da embreagem clutch release bearing, clutch throwout bearing 离合器分离轴承

rolamento de desengate da embreagem da direcção steering clutch release bearing 转向离合器分离轴承

rolamento de encosto thrust bearing 推力轴承

rolamento de esferas ball bearing 滚珠轴承

rolamento de esferas à prova de poeira dustproof ball bearing 防尘滚珠轴承

rolamento de esferas agrupadas slot-filled ball bearing 槽填充球轴承

rolamento de esferas autocompensador ⇨ rolamento de auto-alinhamento

rolamento de esferas de anel cortado ⇨ rolamento de esferas agrupadas

rolamento de esferas de contacto angular angular contact ball bearing 角接触球轴承；向心推力球轴承

rolamento de esfera linear linear ball bearing 直线球轴承

rolamento de esferas radial radial bearing 径向轴承

rolamento do fundo do mar water-bottom roll 水底地滚波

rolamento de giro ⇨ rolamento oscilante

rolamentos da roldana superior e inferior upper and lower sheave bearings 上下皮带轮轴承

rolamento de roletes (/rolos) roller bearing 滚子轴承

rolamento de roletes cilíndricos cylindrical roller bearing 圆筒形滚柱轴承

rolamento de rolos cónicos de carreira dupla double row taper roller bearing 双列圆锥滚子轴承

rolamento de rolos convexos barrel-type bearing 鼓形滚柱轴承

rolamento de rolos de alta capacidade hy-cap roller bearing 高性能滚子轴承

rolamento de rolos esféricos spherical roller bearing 球形滚柱轴承

rolamento deslizante sliding bearing 滑动轴承

rolamento entalhado filling-slot bearing 填槽式轴承

rolamento flutuante floating bearing 浮动轴承

rolamento holandês dutch roll （飞行动作）荷兰滚

rolamento Michell Michell thrust bearing 密歇尔止推轴承

rolamento oscilante swing bearing 回转轴承

rolamento piloto pilot bearing 导轴承，导向轴承

rolamento piloto da embreagem do volante flywheel clutch pilot bearing 飞轮离合器导向轴承

rolamento reforçado reinforced bearing 强化轴承

rolamento superficial ground roll 地滚波

rolar *v.tr.,intr.* (to) roll, (to) turn 滚动，转动

roldana *s.f.* sheave, pully 滑轮，滑车轮

roldana com cadernal sheave with block 滑车组

roldana de apoio idler sprocket 从动链轮

roldana do cabo cable sheave 电缆滑轮，电缆绞轮

roldana de guia fairlead sheave 导索滑车

roldana distanciadora spacer roller 间隙轮

roldana em alumínio para cabos torçados aluminum running-out blocks for insulated lines 铝制绝缘放线滑车

roldana fixa fixed sheave 定滑轮

roldana lateral side sheave 侧滑轮

roldana-tucho tappet roller 挺杆滚轮

rolete ❶ *s.m.* roller 滚柱，滚轮，辊 ❷ roller bits 牙轮钻头；旋转钻头 ❸ dolly 移动式摄影小车

rolete cilíndrico cylindrical roller 圆柱滚子

rolete de aço de precisão precision steel roller 精密钢辊

rolete do balancim rocker arm roller 摇臂滚轮

rolete de came em cogumelo mushroom follower 菌形从动件

rolete de esteira track roller 支重轮，履带下滚轮

rolete da esteira elevadora elevator chain roller 电梯链条滚子

rolete de flange simples single flange roller 单凸缘轮

rolete de guia do cabo fairlead roller 导缆器滚柱

rolete de guia do ejector ejector guide roller 推卸器导向轮

rolete de suporte do ejector ejector carrier roller 推卸器支重滚轮

rolete inferior da esteira track bottom roller, track supporting roller 履带支重轮

rolete superior da esteira track upper roller, track carrier roller 履带托带轮

rolha *s.f.* stopper 塞子

rolha de borracha rubber stopper 橡胶塞

rolha de cortiça cork stopper 软木塞

rolhão *s.m.* ❶ bulkhead, plug （矿井的）隔壁 ❷ plug 岩颈

roliço *adj.* cylindrical; roll-shaped 圆柱形的

roll-on roll-off (ro-ro) *loc.adj.* roll-on roll-off (ro-ro) 滚装装卸

roll-up ❶ *s.f.* roll-up 滚动字幕 ⇨ **legenda em rolamento** ❷ *s.m.* roll-up 易拉宝

rolo *s.m.* ❶ roll, cylinder 桶状物，滚筒，辊子 ❷ roller 压路机；压路机的钢轮 ❸ reeding 小凸嵌线装饰

rolo anelado ring roller 环形滚轴

rolo autopropulsor self-driving roller 自动驾驶压路机

rolo "cambridge" ⇨ **rolo cultipacker**

rolo canelado corrugated roller 沟纹辊，波纹形镇压器

rolos combinados combination roller 组合式压路机

rolo compactador tamping roller 夯击式压路机

rolo-compactador de grelha grid and tamping roller 网格式压路机

rolo cortador rolling chopper 重型碎土镇压器

rolo crosskill ⇨ **rolo destorroador**

rolo cultipacker cultipacker roller,

culti-packer V 形表土镇压器

rolo de borracha rubber roller 压土橡皮轮

rolo de cozinha rolling pin 擀面杖

rolo de cumeeira ridge roll 屋脊辊

rolo de desbastar blooming roll 初轧机轧辊

rolos de expansão expansion rollers 伸缩滚轴

rolo de faca flail mower 甩刀式割草机

rolo de grade harrow roller, grid roller 网格式压路机

rolo de grama grass roll 草坪卷

rolo de pintura paint roller 油漆滚筒

rolo de pneus pneumatic roller 轮胎压路机

rolo de pneus de borracha rubber tired roller 胶轮碾压机

rolo de pressão pressure roller 压辊

rolo de roda lisa smooth wheel roller 光轮压路机

rolo de rodas de aço steel drum roller 钢轮辗压机

rolo de rodas maciças flat wheel roller 光轮压路机

rolo de tambor liso flat drum roller 光轮压路机

rolos de um cilindro single drum rollers 单钢轮压路机

rolo destorroador ⇨ rolo crosskill

rolo dobrador folding roller 折叠辊

rolo duplex duplex roller 双钢轮压路机

rolo "esqueleto" ⇨ rolo anelado

rolo estático static roller 静碾压路机

rolo liso smooth roll 光辊，光面轧辊

rolo móvel floating roll 浮泳式压榨辊

rolo ondulado 横齿环星轮镇压器

rolo pé-de-carneiro sheepsfoot roller 羊蹄压路机

rolo pé-de-carneiro modificado modified sheep-foot roller 方柱形凸块羊足碾

rolo pé-de-carneiro vibratório vibratory sheep-foot roller 振动式羊足碾

rolo pneumático pneumatic roller 气胎辊；轮胎压路机

rolo pneumático de pneus pneumatic tired rollers 轮胎压路机 ⇨ rolo de pneus

rolo rebocável trailer type roller, towed roller 拖车型压路机

rolo tandem tandem roller 串联式压路机

rolo tipo tandem de três rolos three-axle tandem roller 三钢轮压路机

rolo traçador ⇨ rolo cultipacker

rolo vibratório (/vibrador) vibrating roller, vibrating compactor 振动压路机

rolo vibratório autopropelido self-propelled vibrating roller 自走式振动压路机

rolo vibratório com operador caminhante walking behind vibratory roller 手扶式振动压路机

rolo vibratório de duplo cilindro double drum vibratory roller 双钢轮振动压路机

rolo vibratório monocilíndrico single drum vibrating roller 单钢轮振动压路机

rolo vibratório rebocável towed vibratory roller 拖式振动压路机

ROM sig.,s.f. ROM (read only memory) 只读存储器

romã s.f. ⇨ rompedor

romanechite s.f. romanechite 杂硬锰矿

romanticismo/romantismo s.m. romanticism 浪漫主义

romanzovite s.f. romanzovite 钙铝榴石

rombododecaedro s.m. rhombododecahedron 菱形十二面体

romboedro s.m. rhombohedron 菱面体

rombograben s.m. rhombgraben 菱形地堑

rombóide s.m. rhomboid 长菱形，长斜方形

rombudo adj. blunt 钝的，不锋利的

romeíte s.f. romeite 锑钙石

rompante s.m. springer 起拱石

rompedor s.m. breaker, rock drill 破碎机；凿岩机

rompedor de betão concrete breaker 混凝土破碎机

rompedor hidráulico hydraulic breaker 液压破碎机

rompedor pneumático pneumatic rock drill 风动凿岩机

romper v.tr. (to) break, (to) break up （使）破裂，断裂，破碎

rompimento s.m. rupture; breaking 破裂，断裂，破碎

rompimento do restolho stubble tillage 灭茬

ronda *s.f.* foot patrol 徒步巡逻

rondante *s.2g.* track walker 巡道工

ronna- (R) *pref.* ronna- (R) 表示"10²⁷"

ronto- (r) *pref.* ronto- (r) 表示"10⁻²⁷"

roosevelite *s.f.* roosevelite 罗斯福石，砷铋石

roquete *s.m.* rocket 火箭

rosa *adj.2g.,s.m.* pink 粉红色的；粉红色

rosácea *s.f.* rose window 圆花窗

rosa-do-deserto *s.f.* desert rose stone 沙漠玫瑰石

rosa-dos-ventos *s.f.* compass card 罗经刻度盘

rosalgar *s.m.* realgar 雄黄；鸡冠石

rosão *s.m.* boss 穹棱肋形成的花状凸饰

rosasite *s.f.* rosasite 纤维绿铜锌矿，锌孔雀石

rosca *s.f.* thread 螺纹

　rosca à direita right-hand thread 右旋螺纹

　rosca à esquerda left-hand thread 左旋螺纹

　rosca angular angular thread 三角螺纹

　roscas autoperfurantes self-piercing barbs 自攻钻孔头

　rosca B. A. B. A. thread 英国协会螺纹

　rosca bastarda bastard thread 不合格螺纹

　rosca butress buttress thread connection [安] 偏梯形螺纹接头

　rosca de chaveta cotter way 销槽

　rosca de dente-de-serra buttress screw-thread 斜梯形纹螺钉

　rosca de gás gas thread 气管螺纹

　rosca de parafuso ACME acme screw thread 阿克米制螺纹

　rosca do pino pin thread, male thread 外螺纹

　roscas de retorno do óleo oil return threads 回油线

　rosca de tubo pipe thread 管螺纹

　rosca de Whitworth Whitworth screw thread 惠氏螺纹

　rosca diferencial differential screw 差动螺旋，差动装置螺钉

　rosca em dente de serra sawtooth thread 锯齿形螺纹

　rosca Edison pequena small Edison screw-cap 小型爱迪生螺旋灯头

　rosca empenada drunken thread 不规则螺纹

rosca externa male thread 外螺纹

rosca fêmea female screw 内螺纹

rosca fina fine thread 细牙螺纹

rosca francesa French thread 法国标准螺纹

rosca grossa coarse thread 粗牙螺纹

rosca helicoidal worm 螺纹

rosca interna female thread 内螺纹

rosca internacional international screw thread 国际标准螺纹

rosca laminada rolled thread 滚压螺纹

rosca macho male screw 外螺纹

rosca macho média bottoming thread 精加工丝锥

rosca métrica metric screw thread 公制粗牙螺纹

rosca múltipla multistart thread 多头螺纹

rosca oscilante drunken thread 不规则螺纹；周期变距螺纹

rosca para tripé tripod thread 三角架螺纹

rosca pontiaguda sharp thread 锐角螺纹

rosca postiça thread insert 螺套

rosca quadrada square thread 方螺纹；直角螺纹

rosca rectangular rectangular thread 矩形螺纹

rosca redonda round thread 圆螺纹

rosca Sellers Sellers screw thread 塞勒螺纹

rosca sem fim endless screw, worm 无限螺旋，蜗杆

rosca suíça Swiss screw thread 细牙螺纹

rosca transportadora screw conveyor, worm conveyer 螺旋输送机

rosca transportadora sem eixo shaftless screw conveyor 无轴螺旋输送机

rosca trapezoidal buttress screw-thread 斜梯形螺钉

rosca triangular triangular thread, sharp thread 三角螺纹，V形螺纹，锐角螺纹

roscado *adj.* ❶ threaded 螺纹的 ❷ spin-on 旋入式的

roscoelite *s.f.* roscoelite 钒云母

roselite *s.f.* roselite 砷钴钙石，玫瑰砷钙石

rosenbuschite *s.f.* rosenbuschite 钛针钠钙石

róseo *adj.* rosy 蔷薇色的，玫瑰红色的

roseta *s.f.* ❶ rosette 圆花饰 ❷ ceiling rose 挂线盒 ❸ rose（球形门锁的圆形）挡盖

roseta de fechadura rose（球形门锁的圆形）挡盖

rosicler *adj.2g.* rose-pink 淡粉红色的

rosolite *s.f.* rosolite 玫瑰色柘榴石

rosqueadeira *s.f.* threading machine, screw machine 套丝机，螺纹切削机

rosqueado *adj.* ⇨ roscado

rosqueamento *s.m.* threading 套丝，攻丝

rosquear *v.tr.* (to) tap, (to) thread 套丝，攻丝

rossite *s.f.* rossite 水钒钙石

rossmanite *s.f.* rossmanite 电气石的一种

rosterite *s.f.* rosterite 铯绿柱

rostro *s.m.* rostrum 喙形船首饰

rota *s.f.* route 路线，路径

rota alternativa alternative route 替代路线

rota com serviço de assessoramento advisory route 咨询航线

rota de fuga escape route 逃生路线，疏散路线

rota de saída exit route 出口路线

rota de vôo flight path 飞行路线

rota directa (/sem escala) through-flight 直达航线

rota marítima shipping route 航线，海运线路

rotação *s.f.* ❶ rotating, rotation 旋转 ❷ revolving speed; RPM 转速 ❸ rotation 轮换，交替

rotação à plena carga full load RPM 满载转速

rotação de Alford Alford rotation Alford 旋转，Alford 旋转分析法

rotação de culturas rotation of crops 轮种，轮作

rotação de emprego job rotation 工作轮换

rotação de estolagem (/calado) stall speed 失速速度

rotação do fluido swirl 旋流

rotação de irrigação rotation flow 轮灌

rotação da mão-de-obra labor turnover 劳动力周转

rotação do motor engine speed 发动机转速

rotação de postos job rotation 轮岗，工作轮换

rotação homologada rated revolution 额定转速

rotação inversa reverse rotation 反转

rotação máxima governada full governed speed 极限速度

rotação nominal do motor rated engine rpm 发动机额定转速

rotações por minuto (RPM) revolutions per minute (RPM) 每分钟转数，转速

rotacional *s.f.* curl 旋量；旋度

rotámetro/rotâmetro *s.m.* rotameter 转子流量计

rotar *v.intr.* (to) turn, (to) rotate 转动，旋转

rotatividade *s.f.* turnove 周转；周转率

rotatividade de estacionamento labor turnover (rate) 停车场周转率

rotatividade da mão-de-obra labor turnover (rate) 劳动力周转率

rotativo *adj.* rotational 旋转的

rotatória *s.f.* rotary intersection, roundabout [巴] 环形交叉路

roteador *s.m.* router 路由器

roteamento *s.m.* routing 途径选择；路由选择

roteamento da mangueira seguro secured hose routing 紧固软管布置

rotear *v.tr.* (to) route 途径选择；路由选择

roteiro *s.m.* route signing, itinerary, trajectory 路线，路径

rotina *s.f.* ❶ routine 例行公事；惯例 ❷ routine 程序；例行程序

rotoclone *s.m.* rotoclone 旋涡收尘器

roto-operador *s.m.* roto-operator（窗扇、百叶窗等的）旋转开关，旋钮开关

rotor *s.m.* ❶ rotor 转子 ❷ impeller 叶轮 ❸ rotor 旋转喷头

rotor anti-torque anti-torque rotor 抗扭矩旋翼

rotor articulado articulated rotor 铰接式旋翼

rotor auxiliar auxiliary rotor 辅助螺旋桨

rotor do avanço da injecção timing advance carrier 时序推进载体

rotor de bomba pump impeller 抽水机叶轮；泵叶轮

rotor da bomba d'água water pump impeller 水泵叶轮

rotor da bomba hidráulica hydraulic pump rotor 液压泵转子

rotor de cauda tail rotor 尾部螺旋桨

rotor do compressor blower impeller, compressor impeller 风机叶轮，压气机叶轮

rotor do conversor de torque torque converter impeller 液力变矩器叶轮

rotor do distribuidor distributor rotor 分电器转子；分电器分火头

rotor de facas articuladas flail rotor, swinging flail rotor 甩刀式滚筒

rotor de ignição ignition rotor 点火转子

rotor de modulação modulating impeller 调节叶轮

rotor do motor de partida starter rotor 起动转子

rotor do sensor ABS ABS sensor rotor ABS 传感器转子

rotor de turbina turbine rotor 涡轮机转子

rotor da válvula selectora rotary actuator (ICM transmission) 旋转引动器

rotor francis francis rotor 弗朗西斯转子

rotor hélice propeller rotor 螺桨转子

rotor horizontal ❶ horizontal rotor 水平转子，水平转头 ❷ horizontal rotor 水平旋转喷头

rotor kaplan kaplan rotor 卡普兰螺桨转子

rotor pelton pelton rotor 水斗式水轮机的转子

rotor principal main rotor 主旋翼

rotor rígido rigid rotor 刚性转子；刚接式旋翼

roto-tubo s.m. pipeline pig 清管器

rótula s.f. ❶ grating, lattice-work, trellis 百叶窗格子板 ❷ ball joint 球节 ❸ rotunda 环岛 ⇨ rotatória

rótula esférica ball-and-socket joint 球窝接头，球窝关节

rótula olhal socket eye 碗头挂环

rotulagem s.f. labeling 加标签，贴标签；[集] 标签

rotulagem ambiental environmental labeling 环境标志

rotular v.tr. (to) label 贴标签

rótulo s.m. label 标签

rotunda s.f. ❶ rotunda, traffic island, refuge 环岛，交通安全岛 ❷ rotunda, circular place 圆形大厅；圆形建筑 ❸ cyclorama （舞台）大风景画幕；环形全景画；天幕

rotura s.f. ⇨ ruptura

rougemontito s.m. rougemontite 橄钛辉长岩

roumanite s.f. roumanite 罗马尼亚琥珀

roupa de cama s.f. bed-clothes 被褥，铺盖

rouparia s.f. locker room 衣物间

roupeiro s.m. wardrobe 衣柜

routear v.tr. ⇨ rotear

router s.m. router 路由器

router multiprotocolos multiprotocol router 多协议路由器

rouvilito s.m. rouvillite 淡霞斜岩

roxo adj. purple 紫色；紫色的

royalties s.m.pl. royalties 特许权使用费

RPM sig.,s.f. RPM (revolutions per minute) 每分钟转数，转速

RPM de estolagem stall RPM 失速转速

RPM em alta rotação high idle RPM 高怠速转速

RPM em baixa rotação low idle RPM 低怠速转速

rua s.f. street 路

rua adjacente adjacent street 相邻街道

rua comercial shopping street 商业街

rua de alta capacidade high capacity road 高容车量道路

rua de cocheiras mews 马厩改造的住宅

rua de ligação link road 连接道路；接驳道路

rua de mão-dupla two-way street 双行道

rua de mão-única one-way street 单行道

rua de pedestres ⇨ rua pedonal

rua de sentido único one-way system 单行道

rua local local street 小街，地方街道

rua marginal (/lateral) frontage street 临街道路

rua pedonal pedestrian street 步行街；行人街道

rua principal main street 大道；大街

rua residencial residential street 居住区街道

rua secundária side street 小巷，边道

rua sem saída dead-end street 死巷子，死胡同

rua sem saída com retorno cul-de-sac street（可掉头的）死胡同，尽头路

rubassa *s.f.* rubasse 红水晶

rubefacção *s.f.* rubification 红壤化

rubelite *s.f.* rubellite 红电气石，红碧玺

rubi *s.m.* ❶ ruby 红宝石 ❷ jewel bearing（不限于红宝石材质的）宝石轴承

rubi balas (/balaio) balas ruby 玫红尖晶石

rubi brasileiro brazilian ruby 巴西红宝石

rubi sintético (/artificial) synthetic ruby 合成红宝石；人造红宝石

rubi-do-cabo Cape ruby 南非红宝石

rubi-do-colorado Colorado ruby 科罗拉多红宝石

rubi-espinela almandine spinel 红尖晶石

rubi-oriental oriental ruby 东方红宝石

rubrica *s.f.* ❶ initial（合同、协议等的）草签，小签 ❷ item; heading（财政、预算等的）项目；科目

rubrica de financiamento financing item 融资项目

rubrica orçamental ❶ budget heading, budget item 预算项目 ❷ budget line 预算线

rubídio (Rb) *s.m.* rubidium (Rb) 铷

rubídio-87 rubidium-87 铷-87

rubro *adj.,s.m.* red, blood-red 红色（的），血红色（的）

rubro escuro black red heat 暗红热

Rudaniano *adj.,s.m.* Rhuddanian; Rhuddanian Age; Rhuddanian Stage [葡]（地质年代）鲁丹期（的）；鲁丹阶（的）

rudentura *s.f.* rudenture (of fluting)（柱槽的）卷绳状雕饰

rudentura em relevo cabling, rudenture 卷绳饰

rudítico *adj.* rudaceous 砾状的，砾屑的

rudito *s.m.* rudite 砾屑岩，砾状岩

rufo *s.m.* ❶ flashing, apron flashing 泛水板，披水板 ❷ rough-cut file 粗纹锉

ruga(s) *s.f.(pl.)* wrinkles 皱纹

rugosidade *s.f.* roughness, rugosity 粗糙；粗糙度

rugosidade aerodinâmica aerodynamic roughness 空气动力学粗糙度

rugosidade de leito bed roughness 河床粗糙度

rugosidade da terra roughness of ground 地面粗糙度

rugosidade fina rugulose 微皱

rugosímetro *s.m.* profilometer 面形测定器，表面光度仪

rugoso *adj.* ❶ wrinkled; creased; corrugated 有皱纹的，有褶皱的 ❷ rough 粗糙的，不光滑的

ruído *s.m.* noise 噪声，噪音

ruído aditivo additive noise（可）相加噪声

ruído ambiental ambient noise 环境噪声

ruído branco white noise 白噪声

ruído coerente coherent noise 相干噪声

ruído colorido colored noise 有色噪声

ruído do amplificador amplifier noise 放大器噪声

ruído de banda limitada band-limited noise 带限噪声

ruído de contaminação cíclica wrap-around noise 卷绕噪声

ruído de funcionamento running noise 运行噪声

ruído de fundo background noise 背景噪声

ruído do gelo ice noise 冰噪声

ruído de impacto impact noise 冲击噪声，碰撞噪声

ruído de tráfego traffic noise 交通噪声

ruído eléctrico electrical noise 电噪声；电干扰

ruído em álias aliasing noise 欠采样噪声

ruído magnetotelúrico magnetotelluric noise 大地电磁噪声

ruído não correlato uncorrelated noise 非相关噪声，无关噪声

ruído retrodisperso backscattered noise 反向散射噪声

ruído térmico thermal noise 热噪声

ruína *s.f.* ruin 废墟，遗址

ruiniforme *adj.2g.* ruiniform 废墟或房屋遗迹外观的

ruir *v.intr.* (to) collapse, (to) cave-in 倒塌，塌方，陷落

rumanite *s.f.* rumanite 罗马尼亚琥珀

rumo *s.m.* ❶ bearing, compass bearing（罗

盘）方位 ❷ course 航向

rumo de círculo máximo great-circle course 大圆航线

rumo retangular rectangular course 矩形航线

rumo verdadeiro true course 真航向

runito *s.m.* runite 文象花岗岩

Rupeliano *adj.,s.m.* Rupelian; Rupelian Age; Rupelian Stage （地质年代）吕珀尔期（的）；吕珀尔阶（的）

rupestre *adj.2g.* rupestral 岩石的；石生的；石洞的

ruptura *s.f.* ❶ rupture 断裂 ❷ burst, blowout 爆裂

ruptura de barragens failure of dam; collapse of dam 溃坝

ruptura de maciço slope failure 滑坡

ruptura de rochas rock burst 岩层突裂

ruptura de solo soil rupture 土层破裂

ruptura de talude slope failure 边坡破坏

ruptura do trilho rail failure 轨道断裂

ruptura frágil fragile rupture, brittle fracture 脆性破裂，脆性断裂

ruptura plástica plastic rupture 塑性破裂

ruptura por empenamento warping rupture 扭曲破裂

ruptura por fadiga fatigue rupture 疲劳破裂

ruptura por flambagem buckling rupture 屈曲破裂

ruptura pelo pé de talude toe failure 坡趾破坏

ruptura progressiva progressive failure 渐进破坏

russelite *s.f.* russellite 钨铋矿

rusticação *s.f.* rustication 粗糙化，（使石材建筑）粗琢面化

rusticação chanfrada chamfered rustication 倒角糙面

rusticar *v.tr.* (to) rusticate 粗琢，（使）成粗面石工

rústico *adj.* rustic （表面）粗糙的

ruténio/rutênio (Ru) *s.m.* ruthenium (Ru) 钌

ruterito *s.m.* rutterite 微斜钠长岩

rutherford (rd) *s.m.* rutherford (rd) 卢瑟福（放射性强度单位）

rutherfórdio (Rf) *s.m.* rutherfordium (Rf) 𬬻，104 号元素

rutherfordite *s.f.* rutherfordite 菱铀矿

rutilado *adj.* rutilated 含金红石的

rútilo *s.m.* rutile 金红石

S

sabão *s.m.* ❶ soap 肥皂 ❷ soap (brick) 长条砖

　sabão em pó soap powder 肥皂粉

sabin *s.m.* sabin 赛宾（吸音量单位）

　sabin métrico metric sabin 公制赛宾

sabkha *s.f.* ⇨ sebkha

sabonete *s.m.* toilet soap 香皂

　sabonete líquido liquid soap 洗手液

saboneteira *s.f.* soap dish 肥皂盒，皂碟

sabor *s.m.* flavor 味道

sabotagem *s.f.* sabotage 蓄意破坏（设备、厂房、交通设施等）；（通过破坏以对单位、交通、公共场所等）扰乱秩序

sabotar *v.tr.* (to) sabotage 蓄意破坏（以扰乱秩序）

sabugalite *s.f.* sabugalite 铝钙铀云母

sabuloso *adj.* sandy 含沙子的

saca-bocados *s.m.2n.* punching machine 冲压机

saca-broca *s.m.* drill extractor 钻头提取器

sacada *s.f.* balcony [巴]（凸）阳台

sacado *s.m.* drawee （汇票、票据等）付款人，受票人

sacador *s.m.* ❶ pulling attachment 拔取装置 ❷ drawer（汇票、票据等）出票人，开票人

sacalavito *s.m.* sakalavite 玻基安山岩

sacão *s.m.* snatch （突然的）抓取；猛地一拉

saca-pino *s.m.* pin puller 拔销器

　saca-pino hidráulico hydraulic pin puller 液压拔销器

sacar *v.tr.* ❶ (to) draw out, (to) tear out, (to) pull out 抽出，拉出，拔出 ❷ (to) withdraw （从银行）取钱

sacar a descoberto overdraw 透支

sacarificação *s.f.* saccharification 糖化

sacarímetro *s.m.* saccharimeter 糖量计

sacaroidal *adj.2g.* saccharoidal 砂糖状结构的

sacaróide *adj.2g.* saccharoid, aplitic 砂糖状的，细晶状的

saca-rolha *s.f.* corkscrew 拔塞钻

sacarose *s.f.* saccharose 蔗糖

saca-trapos *s.m.2n.* cleaning rod 清理棒

saca-tubos *s.m.2n.* pipe-extractor 拔管器

sacelo *s.m.* sacellum 古罗马的露天庙宇

sacha *s.f.* weeding 锄草，除草

　sacha de extirpação weeding 除草

　sacha de mobilização hoeing 锄地

sachador *s.m.* weeder; hoeing machine 除草机；锄地机

　sachador com adubador weeder with fertilizer applicator 除草施肥机

sachadura *s.f.* ⇨ sacha

sachar *v.tr.* (to) weed, (to) hoe 锄草，除草

sacho *s.m.* weeding-hoe 除草锄，草锄

saco *s.m.* bag 袋子

　saco amortecedor auto-inflamável air bag 安全气囊

　saco de areia sand bag 沙袋

　saco de juta gunnysack 麻袋

　saco de lixo rubbish bag 垃圾袋

　saco de nylon nylon bag 尼龙袋

　saco de papel paper bag 纸袋

　saco de plástico plastic bag 塑料袋

　saco de ventilação air bellows 风箱

sacrário *s.m.* tabernacle 教堂；礼拜堂

sacristia *s.f.* sacristy 圣器收藏室，圣器安置所

sacudidor *s.m.* straw shakers, straw walkers（脱粒机的）振动筛；逐稿器

sacudir *v.tr.* (to) shake 摇晃，抖动

safira *s.f.* sapphire 蓝宝石

safira branca white sapphire, leucosapphire 白色蓝宝石

safira de água sapphire d'eau 水蓝宝石

safira do Brasil brazilian sapphire 巴西蓝宝石

safira «Hope» Hope sapphire 人工尖晶石

safira sintética synthetic sapphire 合成蓝宝石；人造蓝宝石

safirina *s.f.* sapphirine 假蓝宝石

saflorite *s.f.* safflorite 斜方砷钴矿

safra *s.f.* ❶ crop 收成，一季收获（量）❷ zaffre 钴蓝釉

safranina *s.f.* safranine 藏红

safranina T safranine T 藏红 T

sagenite *s.f.* sagenite 网金红石

sagenítico *adj.* sagenitic 网针的；网金红石的

saguão *s.m.* ❶ concourse 中央大厅 ❷ lounge 休息厅

saguão abobadado domed hall 圆顶礼堂

saguão do elevador lift lobby 电梯间

saguão de entrada entrance lobby 入口大厅

saguão da estação station concourse 车站大堂

saguão no (/do) andar térreo lobby at ground floor, ground floor lobby 底层门厅，底层大堂

sagvandito *s.m.* sagvandite 菱镁古铜岩；菱镁古铜碳酸岩

saia *s.f.* ❶ skirt 裙筒 ❷ skirt（台板的）边缘，外围

saia cónica conical skirt, tapered skirt 锥形裙筒

saia contorneada outer skirt, contoured skirt 外裙筒

saia de aço forjado integrada integrated forged steel skirt 整体锻钢裙筒

saia de adaptação adapter skirt 适配裙部

saia de aterro embankment slope, side slope 路堤斜坡，路基边坡

saia do pistão piston skirt 活塞裙部

saia-e-camisa/saia-e-blusa *s.f.* board and

batten 薄厚板镶接

saibreira *s.f.* gravel pit 采砾场

saibro *s.m.* gravel, coarse sand 砾石，沙砾

saibro feldspático feldspathic grit 长石粗砂岩

saída *s.f.* ❶ exit, departure 离开，出去 ❷ exit 出口；太平门 ❸ output 输出 ❹ outlet 输出端口，排出口

saída binária binary output 二进制输出

saída coaxial coaxial output 同轴输出

saída de abastecimento de ar air supply outlet 供气出口

saída de água water outlet 出水口，泄水口

saída d'água do cabeçote cylinder head water outlet 气缸盖出水弯管

saída de ar air outlet 出风口

saída de baixa frequência audio frequency output 音频输出，低频输出

saída de emergência emergency exit 紧急出口

saída de fluido leve overflow 上溢，溢流

saída de fluido pesado underflow 下溢，低溢

saída de fumaça smoke vent 排烟口

saída de potência power output 功率输出

saída e entrada no poço com a tubagem para limpeza back reaming [葡] 倒划眼

saída e entrada no poço com parte da tubagem short trip [葡] 短程划眼

saída em frequência frequency output 频率输出

saída horizontal horizontal exit 水平（安全）出口

saída para ventilo-convector fan coil unit outlet 风机盘管出口

saída trifásica 3 phase output 三相输出

saimel *s.m.* springer 拱底石

Sakmariano *adj.,s.m.* Sakmarian; Sakmarian Age; Sakmarian Stage （地质年代）萨克马尔期（的）；萨克马尔阶（的）

sal *s.m.* salt 盐

sal admirável mirabilite, Glauber's salt 芒硝

sal amoníaco salmiac 氯化铵，卤砂

sal cíclico cyclic salt 循环盐

sal-gema/ sal mineral de rocha rock

salt 岩盐

sal e pimenta *s.f.* salt and pepper sand 杂灰色沙

sala *s.f.* room 房间；厅，堂，室

sala anecóica anechoic room 无回声室，消声室

sala de arquivos archive 档案室

sala de atendimento reception room, antechamber 接待室

sala de aula(s) classroom 教室

sala de aula de informática computing class room 计算机教室

sala de bombas pump room 泵房

sala de briefing briefing room 训令室

sala de caldeira boiler room 锅炉房

sala de comando ❶ command room 指挥室，总控室 ❷ switchgear room 开关室；配电室

sala de computadores computer room 电脑室

sala de conferência conference room 会议室

sala de controlo (/controle) control room 控制室

sala de controlo geral master control room 总控制室

sala de controlo principal main control room 主控室

sala de cultivo fitotron phytotron cultivation room 人工气候室

sala de datilógrafas typing room 打字室

sala de degustação tasting room 品酒间

sala de descanso rest room, break room 休息室

sala de desenho art room 美术教室

sala de diagnósticos diagnostic room 诊断室

sala do DJ DJ room 调音间

sala de educação física PE room 体育教室

sala de embarque departure lounge 候机大厅

sala de ensaio rehearsal room 排练厅

sala de entretenimento entertainment room 娱乐室

sala de equipamentos mecânicos mechanical equipment room 机械设备室

sala de equipamentos mecânicos e maquinário fixo mechanical plant rooms and fixed machinery 机械和固定设备机房

sala de espectáculos show hall（剧院的）演出大厅

sala de espera waiting room 等候室；候诊室

sala de estar living-room, sitting-room, drawing-room 客厅，起居室

sala de estar pré-função prefunction lounge 前厅休息室

sala de estar VIP VIP lounge 贵宾休息室

sala de esterilização sterilization room 消毒间

sala de exame examination room 检查室

sala de exibição exhibition room, exhibition hall 展室，展览室

sala de exposição showroom 陈列室

sala de fornalha fechada closed stokehold 密闭式锅炉舱

sala de fotocópias copy room 影印室

sala de fumigação fumigation room 熏蒸室

sala de fumo smoking-room 吸烟室

sala de gerentes manager room 经理室

sala de honra honor room 荣誉室

sala de informática computer room 电脑室

sala de jantar dining-room（家中的）餐厅，饭厅

sala de lazer recreation room 娱乐室，活动室，棋牌室

sala de leitura reading room 阅览室

sala de limpeza cleaning room 清洁间

sala de máquinas machine room, plant room 机房，设备维护室

sala de massagem massage room 按摩间，按摩室

sala de mecânica mechanical room 机房，设备间

sala de operação operating room 手术室

sala de ordenha milking parlor 挤奶间

sala de partos delivery room 产房

sala de pesagens weighting room 称重室

sala de pré-montagem pre-montage room 预剪辑室

sala de projecção projection room 放映

室，放映间

sala de reanimação resuscitation room 急救室

sala de recepção reception room 会客室；接待室

sala de relés relay room 继电器室

sala de reprografia ⇨ sala de fotocópias

sala de reunião meeting room 会议室

sala de serviço service room 服务用房

sala de simulação ambiental environmental simulation room 环境模拟室

sala de tecto abaulado severy （哥特式建筑）穹顶的分隔间

sala de telecomunicações e baixa corrente telecom and low current rooms 通信和弱电机房

sala de trabalho workshop 工作间

sala de trabalhos manuais manual-training room 手工教室

sala do transformador transformer room 变压器间，电力变压房

sala de triagem baggage sorting hall 行李分拣厅

sala da unidade de tratamento de ar AHU room 空气处理机组设备间

sala de ventilador fan room 通风机房

sala de visitas reception room 会客室

sala de visualização visualization room 图像监控室，视频监控指挥室

sala frigorífica cold room 冷藏室

sala hipóstila hypostyle hall 多柱式大厅

sala operatória ⇨ sala de operação

sala polivalente multipurpose hall 多功能厅

sala técnica service room 机房；水电表房，工作房

sala terapêutica therapeutic room 治疗室

sala VIP VIP room 贵宾室

salamandra *s.f.* stove （取暖用的）炉子

salamandra a gás gas stove 煤气炉

salamandra eléctrica electric stove 电采暖炉

salão *s.m.* ❶ saloon, salon 大厅 ❷ sandy soil 沙土地 ⇨ solão

salão de banquete banquet hall 宴会厅

salão de beleza beauty salon 美发院；美容中心；美容室；美容院

salão de eventos event hall 活动大厅

salão de festas ballroom 舞厅，宴会厅

salão de vendas showroom 陈列室

salão hipóstilo hypostyle hall 多柱式大厅

salar *s.m.* salar 盐坪沉积物

salário *s.m.* salary, wage 工资

salário (de) base basic salary, basic wage 基本工资

salário-família family allowance 家庭津贴

salário mínimo minimum wage 最低工资

salário nominal nominal wage 名义工资

salário por hora hourly wage 计时工资

salbanda *s.f.* salbanda 脉壁带；近围岩岩脉

salcreto *s.m.* salcrete 煮盐的沉渣

saldo *s.m.* balance 余额；差额

saldo da dívida debt stock 债务存量

saldo em dívida outstanding balance 未清余额

saldo global overallbalance 总余额；综合差额

saleiro *s.m.* saltbox 盐盒式建筑，不对称双坡顶房屋

saleta *s.f.* small parlor 小客厅，小会客室

salga *s.f.* salting 腌制（食品）

salgado ❶ *adj.* salty 咸的 ❷ *s.m.* salt marsh 盐沼，盐碱地

salgado corrosivo corrosive salt marsh 腐蚀性盐沼地

salgueiro *s.m.* willow 柳树（*Silax*）

salicificação *s.f.* salinization 盐渍化

sálico *s.m.* salic 积盐层

saliência *s.f.* ❶ salience 突出，隆起 ❷ projection 突出物；伸出物 ❸ ridge 脊 ❹ land 刀棱线条，刀棱面

saliência de chaminé chimney-breast 烟囱出口；烟囱管道

saliência do excêntrico cam nose 凸轮桃尖

saliência no topo da camisa liner ridge 缸套凸起

saliente *adj.2g.* jutting 突出的

salífero *adj.* saliferous [葡] 含盐的，产盐的

salificar *v.tr.,pron.* (to) salify （使）盐化，使与盐结合

salina *s.f.* ❶ salina 盐水湖，盐沼 ❷ saltern

盐厂；盐场

salineira *s.f.* salt company 盐业公司

salineiro ❶ *adj.* (of) salt industry 盐业的 ❷ *s.m.* salter 盐商

salinidade *s.f.* salinity 盐浓度，咸度，含盐度

salinífero *adj.* saline[巴] 含盐的，产盐的

salinização *s.f.* salinization 盐渍化

salinizar *v.tr.* (to) salinize （使）盐化

salino ❶ *adj.* saline 含盐的，咸的 ❷ *s.m.* saline soil 盐土；盐渍土

salite *s.f.* sahlite 次透辉石

salitre *s.m.* saltpeter 硝石

salitre do Chile Chile saltpeter 智利硝石

salitre do Perú Peru saltpeter 硝酸钠

salitrito *s.m.* salitrite 榍石霓辉岩

salmiac *s.m.* salmiac 氯化铵，卤砂

salmonela *s.f.* salmonella 沙门氏菌

salmoura *s.f.* salt brine 盐溶液，盐卤

salobre *adj.2g.* ⇨ salobro

salobro *adj.* brackish 有盐味的

salpico *s.m.* splash （飞溅上的）污点，斑点

salpisco *s.m.* ⇨ chapisco

salsa *s.f.* salse 泥火山

saltação *s.f.* saltation 跃移

saltitão/saltão *s.m.* rammer 打夯机，夯锤

salto *s.m.* ❶ leap, jump, skip 跳跃，跳动 ❷ fall （瀑布、水流等）落差 ❸ heel bead （安装在玻璃扇与窗户下梁之间的）垫高块，提升垫

salto de ciclo cycle skip 周波跳跃

salto de esqui ski jump; flip bucket 挑流鼻坎

salto médio mean head 平均压头

salvadorite *s.f.* salvadorite 多铜绿矾

salvamento *s.m.* rescue, lifesaving 营救，救援

salvamento marítimo marine rescue 海上救生

salvanda *s.f.* a thin layer of clay 矿脉上覆盖的薄黏土层

salvar *v.tr.* (to) save, (to) rescue 营救，救援

salvatagem *s.f.* salvage （对沉船或被毁楼房中财物的）抢救

samário (Sm) *s.m.* samarium (Sm) 钐

samarskite *s.f.* samarskite 铌钇矿

samba *s.f.* obeche 非洲白木（*Triplochiton scleroxylon*）

sambaqui *s.m.* "sambaqui" （巴西海岸发现的）史前贝丘遗址

sambladura *s.f.* scarf, scarfing 嵌接；榫接

sambladura angular angle joint 角接，隅接

sambladura chanfrada scarf joint 斜接接头

sambladura chaveada keyed joint 键接

sambladura de bordo edge joint 边缘接缝，边缘连接

sambladura de controle bridle joint 嗑接

sambladura de dado dado joint 槽接接头

sambladura de dedo finger joint 指接

sambladura de encaixe mortise joint 榫接

sambladura de meia madeira ⇨ sambladura emalhetada

sambladura de meia-esquadria miter joint, miter square 斜角连接；斜面接合

sambladura de ponta end joint 端部接缝；端接

sambladura de sobreposição de ponta end-lap joint （两构件端部互相连接的）端搭接

sambladura de sobreposição transversal cross-lap joint 十字搭接

sambladura de talas fish joint 夹板接合

sambladura de topo butt top 对接接头

sambladura delineada ⇨ sambladura recortada

sambladura em cauda de andorinha dovetail joint 燕尾接合

sambladura em cauda de andorinha oculta (/a meia-esquadria) secret dovetail 暗燕尾榫，燕尾斜接

sambladura em cauda de andorinha sobreposta lap dovetail 互搭鸠尾榫

sambladura em nível flush joint 齐平接缝

sambladura emalhetada halved joint 半叠接；搭接；启口接头

sambladura recortada (/riscada) coped joint 暗接；搭接缝

sambladura sobreposta lap joint 搭接接头

sambladura topo a topo ⇨ sambladura de topo

samblagem *s.f.* ⇨ sambladura

samouco *s.m.* incrustation of stones （石场采出的）石头上附着的风化层

samsonite *s.f.* samsonite 硫锑锰银矿

sanaíto *s.m.* sannaite 霞闪正煌岩

sanatório *s.m.* sanatorium 疗养院

sanbornite *s.f.* sanbornite 硅钡石

sanca *s.f.* cove, coving 凹圆线脚，镶边条；（跌级吊顶的）灯池

  sanca de iluminação (/iluminada) lighting cove 暗槽灯

sancadilha *s.f.* wedge 楔子

sanção *s.f.* sanction 制裁

sanciíto *s.m.* sancyite 透长斑流岩

Sandbiano *adj.,s.m.* Sandbian; Sandbian Age; Sandbian Stage （地质年代）桑比期（的）；桑比阶（的）

sanduicheira *s.f.* sandwich maker 电饼铛

sandur *s.m.* sandur 冰水沉积平原

saneamento *s.m.* ❶ sanitation 公共卫生，卫生设施 ❷ sewerage (system) 排水系统；污水工程系统 ❸ improvement; repair 改进，修复 ❹ correction, rectification 更正，改正

  saneamento ambiental environmental sanitation 环境卫生

  saneamento básico ❶ basic sanitation 基本卫生 ❷ sewage disposal 污水处理

  saneamento do solo soil decontamination 土壤净化

  saneamento financeiro financial restructuring 财务重组

sanear *v.tr.* (to) sanitize 给…消毒；对…采取卫生措施

sanefa *s.f.* ❶ valance, pelmet 短帷幔，装饰窗帘 ❷ traverse, crosspiece 横杆，横档

  sanefa de cortina valance, pelmet 短帷幔，装饰窗帘

sanfonado *adj.* accordion pleated 手风琴式褶裥的，多道褶裥的

sangradouro/sangradoiro *s.m.* spillway; open drain 溢洪道；排水渠

sangramento *s.m.* bleeding 泌浆；泛油

sangrar *v.tr.* (to) vent 放气

sangria *s.f.* ❶ 1. bleed, bleeding 释放，排放 2. air bleed, air bleeding 放气 ❷ drainageway 排水沟，排水渠

  sangria do sistema hidráulico hydraulic system bleeding 液压系统放气

sangue de dragão *s.m.* dragon's blood 血竭，龙血树脂

sanidade *s.f.* soundness 健康；坚固性

  sanidade de agregado soundness of aggregate 骨料坚固性

sanidina *s.f.* sanidine 透长石

sanidinito *s.m.* sanidinite 透长岩

sanita *s.f.* toilet bowl [葡] 马桶，坐便器

  sanita com autoclismo flush toilet 抽水马桶

sanitário ❶ *s.m.* water closet 卫生间，厕所 ❷ *adj.* sanitary 卫生的，清洁的

  sanitário público public toilet 公共卫生间

  sanitário químico chemical toilet 化学厕所

sanja *s.f.* ❶ gutter, drain 排水沟，农沟 ❷ exploratory trench 探沟，探槽

Santoniano *adj.,s.m.* Santonian; Santonian Age; Santonian Stage （地质年代）桑顿期（的）；桑顿阶（的）

santuário *s.m.* sanctuary 圣堂；圣殿

sanuquito *s.m.* sanukite 赞歧岩，琉苏安山岩

são *adj.* sound, firm 牢固的，坚实的，不蚀变的

sapa *s.f.* shovel 工兵铲

sapador *s.m.* sapper 工兵；扫雷工兵

sapal *s.m.* ❶ marsh 沼泽 ❷ marsh soil 沼泽土；沼泽土壤

sapata *s.f.* ❶ 1. footing, shoe 基脚；底脚；墙基；（含钢筋的基础）承台 2. shallow footing 浅基脚 ❷ 1. bolster, shoe, pad 托木，托架；承枕，承板；垫板；软垫 2. over-span, console bracket 托座 3. track shoe, track plate 履带板 4. jointing shoe 连接块；焊接柱脚

  sapata accionada por excêntrico S-cam operated shoes S 形凸轮制动器

  sapata cantilever ⇨ sapata em balanço

  sapata circular circular footing 圆基脚

  sapatas combinadas (/associadas/comuns) combined footing 联合基脚

  sapata corrediça sliding jaw 滑动爪

  sapata corrida (/contínua) continuous footing 连续基脚；条形基础

sapata de alicerce spread footing 扩展基脚

sapata de amortecimento damper shoe 减震底脚

sapata da âncora anchor shoe 锚靴，锚床

sapata de atrito friction pad 摩擦垫

sapata de autolimpeza self-cleaning shoe 自洁导块

sapata de chumaceira bearing shoe 轴承推力块

sapata de cimentação cementing shoe 注水泥套管鞋

sapata de colector collector shoe 集电靴

sapata de deslizamento skid shoe 制动块

sapata de destruição milling shoe [巴] 铣鞋

sapata de estaca cutting shoe 切土管头

sapata de esteira track shoe 履带板

sapata de esteira amortecedora cushion track shoe 缓冲履带板

sapata de estrada pavement grouser 抓地齿

sapata de expansão ⇨ sapata expansora

sapata de freio brake shoe 制动块，制动蹄

sapata de fricção ⇨ sapata de atrito

sapata de fundação foundation footing 基础底脚

sapata de garra grouser shoe 凸履带板，抓地板

sapata de guia do círculo circle guide shoe 圆导块

sapata de lavagem washover shoe 套洗鞋

sapata de limpeza própria ⇨ sapata de autolimpeza

sapata de parede wall footing 墙基脚

sapata de pilar column footing 柱基脚

sapata de pressão pressure shoe 压力靴

sapata de suporte support shoe 支撑块

sapata de suporte do círculo circle support shoe 圆支撑块

sapata de travão brake shoe 制动块，制动蹄

sapata de trituração milling shoe [葡] 铣鞋

sapata em balanço cantilever footing 悬臂基脚，伸臂底座

sapata escalonada stepped footing 阶梯形基脚

sapata excêntrica eccentric footing 偏心基脚

sapata expansora expanding shoe 内蹄外张式制动器

sapata exterior outer shoe 外滑脚，外支块

sapata flexível flexible footing 柔性基脚

sapata flutuante float shoe 浮鞋

sapata fresadora milling shoe 铣鞋

sapata (de) guia guide shoe 导靴，导块

sapata isolada isolated footing 独立基脚；独立承台

sapata mista ⇨ sapatas combinadas

sapata padrão standard service shoe 标准型履带板

sapata para serviço pesado extreme service shoe 重负荷型履带板

sapata plana flat shoe 平板桩靴

sapata plana para siderurgia steel mill flat shoe 轧钢平板桩靴

sapata polar pole shoe 极靴

sapata poligonal polygonal footing 多边形基脚

sapata quadrada square footing 方形基脚

sapata rígida rigid footing 刚性基脚

sapata simples single footing 独立基脚；独立承台

sapataria s.f. shoe shop 鞋店

sapateira s.f. shoe cabinet 鞋柜，鞋架

sapatilho s.m. thimble 牛眼圈，缆索嵌环

sapato s.m. shoe 鞋，鞋子

sapatos com biqueta de protecção steel-tipped shoes 防砸鞋

sapatos de protecção anti-estáticos anti-static shoes 防静电鞋

sapatos de protecção anti-perfuração puncture proof shoes 防刺穿鞋

sapatos de protecção contra calor heat proof shoes 防热鞋

sapatos de protecção contra frio cold-proof shoes 防寒鞋

sapatos de protecção contra vibrações vibration isolation shoes 防震鞋

sapatos de protecção isolantes insulating shoes 绝缘鞋

sapelli s.m. sapele 沙比利木，筒状非洲楝

（*Entandrophragma cylindricum Sprague*）

sapo *s.m.* rammer 打夯机，夯锤

　sapo vibratório vibrating rammer 振动夯

saponificação *s.f.* saponification 皂化

saponificar *v.tr.* (to) saponify （使）皂化

saponificável *adj.2g.* saponifiable 可皂化的

saponite *s.f.* saponite 皂石

sáprico *adj.* sapric （土壤、土层）含腐烂生物的

saprodito *s.m.* saprodite 腐泥褐煤

saprólito/saprolito *s.m.* saprolite 腐泥土，残余土

sapromixito *s.m.* sapromyxite 藻煤

sapropel *s.m.* sapropel 腐泥

sapropélico *adj.* sapropelic 腐泥的

sapropelito *s.m.* sapropelite 腐泥岩

sapropsamito *s.m.* sapropsammite 砂质腐泥

saprovitrinite *s.f.* saprovitrinite 腐泥镜质体

saque *s.m.* ❶ bank draft 汇票 ❷ withdrawal （从银行）提款，取款

　saque a descoberto overdraft 透支

　saque à vista draft at sight 即期汇票

　saque bem acolhido honoured draft 承兑汇票

　saque de favor kite 空头支票，通融票据

　saque mal acolhido dishonoured draft 被拒付汇票

saraiva *s.f.* hail 冰雹

sarapanel *s.m.* flat arch 扁拱

sarcófago *s.m.* sarcophagus 石棺

sarcólito *s.m.* sarcolite 肉色柱石；肉柱石；钠菱沸石

sarda *s.f.* sard 肉红玉髓

sardónica/sardonix *s.f.* sardonyx 红纹玛瑙

sargento *s.m.* ❶ sergeant 军士，中士 ❷ clamps 木工夹

sarilho *s.m.* reel, winding frame 绞车；绕组架

　sarilho de cabo cable reel 电缆绞车，电缆盘

sarjeta *s.f.* drainage ditch, gutter 排水沟，边沟

　sarjeta coberta blind ditch 暗沟，盲沟

　sarjeta de betão do tipo raso shallow type concrete gully 浅型混凝土沟

　sarjeta e meio-fio curb and gutter 缘石

边沟

　sarjeta para limpeza cleaning gutter 清洁用排水沟

sarrafado *s.m.* lathing [集] 板条

sarrafo *s.m.* lath 板条；（在部分规范中）厚8—18mm 的板材

　sarrafo de madeira rafter 椽，椽子

　sarrafo de metal metal lath 金属板条

sassolite *s.f.* sassolite 天然硼酸

satélite *s.m.* ❶ satellite 卫星 ❷ spider pinion 十字轴小齿轮

　satélite activo active satellite 主动卫星，有源卫星

　satélite artificial artificial satellite 人造卫星

　satélite de comunicação activo active communication satellite 有源通信卫星；主动通信卫星

　satélite de comunicações communications satellite 通信卫星

　satélite do diferencial differential spider pinion 差速器十字架小齿轮

　satélite meteorológico meteorological satellite 气象卫星

satinspar *s.f.* satin spar 纤维石

satisfação *s.f.* satisfaction 满意；满足

　satisfação diferida deferred gratification 递延满足，不图近利

　satisfação líquida net satisfaction 净满意度

saturabilidade *s.f.* saturability 饱和性；饱和度

saturação *s.f.* ❶ saturation 饱和；使饱和；色饱和度 ❷ saturation 饱和度；彰度，色饱和度

　saturação crítica critical saturation 临界饱和度

　saturação crítica de água critical water saturation 临界水饱和度

　saturação crítica de gás critical gas saturation 临界气饱和度

　saturação de água irredutível irreducible water saturation 束缚水饱和度

　saturação de gás gas saturation 含气饱和度

　saturação de gás calculada calculated gas saturation 计算气饱和度

saturação de gás residual residual gas saturation 残余气饱和度

saturação de líquidos liquid saturation 液体饱和度

saturação de óleo residual residual oil saturation 残余油饱和度

saturação imóvel da água immobile water saturation 束缚水饱和度

saturação insular insular saturation 岛状饱和，滴状饱和

saturação pendular pendular saturation 液环状饱和度

saturação residual residual saturation 剩余饱和度

saturação residual de hidrocarbonetos residual hydrocarbon saturation 残余烃饱和度

saturação residual de óleo waterflood residual oil saturation 注水残余油饱和度

saturado adj. saturated 饱和的

saturador s.m. saturator 饱和器

saturar v.tr. (to) saturate 使饱和；浸透，使湿透

sauconite s.f. sauconite 锌蒙脱石

saúde s.f. health 健康；卫生

saúde pública public health 公共卫生

sauna s.f. sauna 桑拿

sauna a vapor steam sauna 湿蒸桑拿

sauna seca dry sauna 干蒸桑拿

saussurite s.f. saussurite 槽化石

saussuritização s.f. saussuritization 槽化作用

saussurito s.m. saussurite 钠黝帘石岩

savana s.f. savannah 稀树草原

savana herbácea grass savanna 无树干草原

saxonito s.m. saxonite 方辉橄榄岩

saxoso/sáxeo adj. stony 石头的，多石的

sazão s.f. season; harvest time 季节；果实收获季节；果实成熟季节

sazonalidade s.f. seasonality 季节性

sazonalidade do tráfego seasonality of traffic 交通的季节性

sazonalização s.f. seasonalization; quarterly settlement 季节化；按季结算

sazonamento s.m. ripening, maturation （使）成熟

sazonamento do concreto concrete curing 混凝土养护，混凝土硬化

scamillus s.m. scamillus （古希腊陶立克式柱颈的）斜面，抹角

scanear v.tr. (to) scan 扫描

scanner/scâner s.m. scanner 扫描仪

scanner de bagagem luggage scanner 行李扫描仪

scanning s.m. scanning 扫描

scheelite s.f. scheelite 白钨矿

Schmidt hammer s.m. schmidt hammer 混凝土测试枪

scielito s.m. scyelite 闪云橄榄岩

SCR sig.,s.m. SCR (silicon controlled rectifier) 可控硅，可控硅整流器

scraper s.m. scraper 刮土机 ⇨ escrêiper

scraper tractor de rodas wheel tractor scraper 铲运车

sé s.f. cathedral 主教区教堂

seabórgio (Sg) s.m. seaborgium (Sg) 𨧀，106 号元素

seamanite s.f. seamanite 磷硼锰石

seara s.f. cropland 庄稼地

searlesite s.f. searlesite 水硅硼钠石

sebastianito s.m. sebastianite 黑云钙长岩

sebe s.f. hedge, fence 篱笆

sebe viva hedge 绿篱，树篱

sebkha s.f. sebkha 盐沼

sebo s.m. suet, tallow 动物油脂

seca s.f. ❶ 1. drought 干旱 2. drought 旱季，干旱期 ❷ dry, drying 烘干，（使）干燥

seca aplainada surfaced dry （木材）表面干燥

secador s.m. dryer, dessicator 干燥器，干燥机；干燥剂

secador de ar air dryer 空气干燥器

secador de cabelo hair dryer 吹风机，电吹风

secador de lodo sludge dryer 污泥干燥器

secador de mãos hand dryer 干手器

secador de mãos de ar quente warm-air hand dryer 热风干手器

secador de túnel tunnel dryer 隧道式干燥机

secador p/amostras sample dryer 样品烘干机

secador rotativo de lodo rotary sludge

dryer 转筒式污泥干燥器

secador térmico de lodo thermal sludge dryer 污泥烘干器

secadora *s.f.* dryer, dessicator 干燥机，干燥器

secadora de agregados aggregate dryer 骨料干燥器

secadora de roupa clothes dryer 干衣机

secadouro *s.m.* ❶ grain-sunning ground 晒谷场 ❷ drying shed 干燥房

secagem *s.f.* drying 干燥，烘干

secagem ao ar air drying 风干，空气干燥

secagem ao ar de madeira verde air seasoning 木材风干

secagem de madeira verde seasoning of wood 木材干燥

secagem por ar quente hot air drying 热风干燥

secagem por radiação infravermelha infrared radiation drying 红外线干燥

secagem prematura de água do concreto concrete premature drying 混凝土过早干燥

secagem rápida flash drying 快速烘干；闪蒸干燥

secante ❶ *s.f.* secant 割线 ❷ *s.m.* dryer, drying agent 干燥剂

secar *v.tr.,intr.* (to) dry （使）变干，（使）干燥

secção/seção *s.f.* ❶ 1. cross section 横截面；断面 2. section (of a building) 剖面图 ❷ section 部分；块，片，区段 ❸ section 小组，部门

secção áurea golden section 黄金分割

secção colunar columnar section 柱状剖面

secção composta composite section 综合剖面，复合剖面

secção condensada condensed section 浓缩段

secção cónica conical section 锥形截面

secção crítica critical section 临界截面

secção da abertura de descarga discharge cross-section 排放口截面

secção de aço laminado rolled steel section 轧制型钢

seção da adufa sluice section 泄水坝段

secção de afastamento zero zero-offset section 零偏移剖面，零炮检距剖面

secção de alimentação de saída outgoing feeder sections 出线部分

secção de amplitude reduzida low-amplitude display 低振幅显示

secção de aspiração inducer section 进口导流器部分

secção de barramento bus section 母线部分，母线分段

secção de bloqueio (/bloco) block section 闭塞区段，闭塞区间

secção de entrada incoming section 进线部分

secção de entrelançamento weaving section 交织路段

secção de escape exducer section 出口导流器部分

secção da esteira track section 履带链轨节

secção de flexão flex section 柔性节段

secção de ganho de ângulo angle-build section, build-up section [葡] 增斜井段

secção de intertravamento interlocking limits 连锁范围

secção da leiva ploughing section 犁部分

seção de linha line section 线段，线路段

secção de medição metering section 计量部分，计量段

secção de offset comum common-offset section 同支距剖面，共炮检距剖面

secção de pilar pillar section 柱截面

seção de subestação substation section 变电站段

seção de transformador transformer section 变压器段

secção de vazão outlet section 出流断面

secção em caixa box section 箱形截面

secção em caixa dupla two-box section 双室箱形截面

secção em caixa tríplice triple-box section 三室箱形截面

secção em meia encosta cut and fill cross section 填挖横断面

secção equilibrada balanced section 平衡截面

secção estratigráfica stratigraphic section 地层剖面

secção externa outer section 外部，外侧

secção externa do comando final final drive outer section 最终传动外侧

secção geológica geological section 地质剖面

secção horizontal horizontal section 横剖面；水平截面；水平切面

secção interna inner section 内部，内侧

secção interna do comando final final drive inner section 最终传动外侧

secção longitudinal longitudinal section 纵剖面

secção mista cut and fill 半填半挖

seção molhada wetted area 润湿面积

secção não migrada unmigrated section 偏移前剖面

secção oblíqua oblique section 斜截面

secção polida polished section 光片

secção quadrada section box 电缆交接箱；分电箱

secção retangular vazada ⇨ secção em caixa

secção rompida cracked section 开裂断面

secção-tipo standard section 标准断面

secção topográfica topographic profile 地形剖面

secção transversal cross section 横截面

secção transversal de lastro ballast section, ballast profile 道砟层断面

seção transversal pelo eixo do vale maximum cross-section of dam 大坝最大横断面

secção vertical vertical profile, vertical section 垂直剖面

seção vertente overflow section 溢流坝段

seccionador s.m. disconnector; sectionalizer, switch 隔离开关；分段隔离开关

seccionador de aterramento earthing switch 接地开关

seccionador de barramento busbar disconnecting switch 母线隔离开关

seccionador de by-pass by-pass switch 旁通开关

seccionador de corte duplo double control switch 双联开关，双控开关

seccionador de linha line disconnecting switch 线路隔离开关

seccionador de operação central center break disconnector 中心断口式隔离开关

seccionador de operação lateral double side break disconnector 水平双端口隔离开关

seccionador de operação vertical vertical break disconnector 直臂大刀式隔离开关

seccionador de transformador transformer disconnector 变压器隔离开关

seccionador fusível fuse disconnector 熔断器式隔离器

seccionador pantográfico pantograph disconnector 双臂伸缩式隔离开关

seccionador semipantográfico semi-pantograph disconnector 单臂伸缩式隔离开关

seccionador tripolar tripolar disconnector 三级隔离开关

seccionamento s.m. ❶ sectioning 切断，截断 ❷ switching 开关；转接，转换

seccionar v.tr. (to) section 对…划分，分段，切片，分组

seco ❶ adj. dry; dried 干的，烘干的 ❷ s.m. shoal 浅滩

seco em estufa kiln-dried 窑烘干的

secreta s.f. latrine 茅厕，便坑

secretaria s.f. secretary room 秘书室，秘书处

secretária s.f. ❶ secretary 指 secretário 的阴性形式 ❷ writing-desk 书桌

secretária electrónica answering machine 电话答录机

secretária individual single desk 单人办公桌

secretariado s.m. secretariat 秘书处；书记处

secretário s.m. ❶ secretary （指职业及职员）秘书，书记员，文员，干事 ❷ 1. secretary （指高级官职及官员）秘书；书记；干事；副官，次官；（美国的）部长 2. secretary （外交职务及人员）秘书；国务卿

secretário do conselho secretary of the board 董事会秘书；理事会秘书

secretário de estado ❶ state secretary; deputy secretary 国务秘书（葡语国家官职，级别通常介于部长和副部长之间，部分时期与部长平级）；副部长，副大臣 ❷ secretary of state 国务卿（非葡语国家官职，通常特指美国国务院的行政首长，相当于外交部长）

secretário-geral secretary-general; general secretary 秘书长；总书记

secretário-geral adjunto deputy secretary-general 副秘书长

secretário permanente permanent secretary 常务秘书，常任秘书；常务次官；常务书记

◇ primeiro secretário first secretary（党派的）第一书记；（外交人员）一等秘书

◇ segundo secretário second secretary（党派的）第二书记；（外交人员）二等秘书

◇ terceiro secretário third secretary（外交人员）三等秘书

séctil *adj.2g.* sectile 可切的

sector/setor *s.m.* ❶ sector 扇形，扇形面 ❷ sector 部门，分部 ❸ sector（磁盘）扇区

sector cego blind area 封闭地块；阴影区

sector dentado gear segment, sector gear 扇形齿轮

sector frio cold sector 冷区

sector quente warm sector 暖区

setor sucroenergético sugar-energy industry 糖能兼用产业

◇ todos os sectores da sociedade all sectors of society 社会各界

sectorização *s.f.* sectorization 分区；划分扇区；扇区化

secundário *adj.* secondary 次级的，副的

securitário ❶ *adj.* (of) insurance 保险（行业）的，与保险相关的 ❷ *adj.* (of) security 安全（领域）的，安保（领域）的 ❸ *s.m.* bodyguard, watchman [巴] 保安，安保人员

securitização *s.f.* securitization 证券化

seda *s.f.* silk 丝绸

sedarenito *s.m.* sedarenite 沉积砂屑岩

sede *s.f.* ❶ headquarter 总部，总部大楼 ❷ seat 座，底座 ❸ seating cup 密封皮碗

sede da válvula valve seat 阀座

sede do vedante (de uma comporta) seal seat, wedge seat（闸门的）止水座，楔座

sederholmite *s.f.* sederholmite 六方硒镍矿

sediado *adj.* headquartered, based 总部位于⋯（的）

sediar ❶ *v.tr.,pron.* (to) base in; (to) settle（将总部）设置在⋯；坐落于⋯ ❷ *v.tr.* (to) host 主办（活动）

sedimentação *s.f.* ❶ sedimentation, subsidence 沉淀；沉降 ❷ silting; siltation 淤积

sedimentação cíclica cyclic sedimentation 旋回沉积作用

sedimentação contemporânea cosedimentation 同时沉积作用，共沉积作用

sedimentação dos canais channel fill 河槽淤积

sedimentação glaciomarinha glacial-marine sedimentation 冰海沉积

sedimentação mecânica mechanical sedimentation 机械沉淀

sedimentação rítmica (/periódica) rhythmic sedimentation 韵律沉积作用

sedimentar ❶ *adj.2g.* sedimentary 沉积的 ❷ *s.m.* sedimentary rock 沉积岩 ❸ *v.intr., pron.* (to) deposit, (to) subside 沉积，沉淀

sedimento *s.m.* ❶ sediment 沉积物 ❷ sediment, silt（沉积的）泥沙

sedimento abissal abyssal sediment 深海沉积

sedimento activo active sediment 活性沉积物

sedimento aluvial alluvial sediment 泥沙冲积

sedimento anaeróbico anaerobic sediment 缺气沉积，嫌气性堆积物

sedimento arenoso sandy sediment 砂质沉积物

sedimento argiloso clayey sediment 黏土质沉积物

sedimento bioclástico bioclastic sediment 生物碎屑沉积物

sedimentos biodetríticos biodetrital sediments 生物碎屑沉积

sedimento biogónico biogenic sediment 生物沉积

sedimentos biomecânicos biomechanical sediments 生物力学沉积物

sedimento consolidado consolidated sediment 固结沉积物

sedimento cósmico cosmic sediment 宇宙沉积

sedimentos de água doce freshwater sediments 淡水沉积物

sedimentos de água salobra brackish water sediments 微咸水沉积

sedimento das cavernas cave sediment 洞穴沉积

sedimento de frente deltaica delta front sediment 三角洲前缘沉积

sedimento de grão fino fine-grained sediment [葡] 细粒沉积物

sedimento detrital detrital sediment 碎屑沉积

sedimento detritico detritic sediment 碎屑沉积

sedimento eupelágico eupelagic sediment 远洋沉积物

sedimento-eustasia sediment-eustasy 海面变动沉积

sedimento extraterrestre extraterrestrial sediment 外层空间源沉积物

sedimento feldspático feldspathic sediment 长石沉积物

sedimento fino fine-grained sediment [巴] 细粒沉积物

sedimento fluvioglacial fluvioglacial sediment 冰水沉积物

sedimento fosfático phosphatic sediment 磷酸沈积

sedimento glácio-lacustre glacial-lacustrine sediment 冰川湖泊沉积物

sedimento glácio-marinho glacial-marine sediment 冰海沉积

sedimento laminado laminated sediment 层状沉积

sedimento mal calibrado unsorted sediment [葡] 未分选的沉积物

sedimento mal selecionado unsorted sediment [巴] 未分选的沉积物

sedimento marinho marine sediment 海洋沉积物

sedimentos não consolidados unconsolidated sediments 松散沉积物

sedimento palimpséstico palimpsest sediment 变余沉积物

sedimento pelágico pelagic sediment 远海沉积物

sedimento periglacial cryopediment 冻融山足面

sedimento quartzoso quartzitic sediment 石英岩沉积物

sedimento quaternário quaternary sediment 第四纪沉积物

sedimento químico chemical sediment 化学沉积物

sedimentos silicioso siliceous sediments 硅质沉积物

sedimento subaquático subaqueous sediment 水下沉积物

sedimento terciário tertiary sediment 第三纪沉积物

sedimentos terrígenos terrigenous sediments 陆源沉积物

sedimentogénese s.f. sedimentogenesis 沉积物形成作用

sedimentografia s.f. sedimentography 沉积岩相学

sedimentologia s.f. sedimentology 沉积学

sedimentológico adj. sedimentologic 沉积学的

sedimentólogo s.m. sedimentologist 沉积学家

sedimentómetro/sedimentômetro s.m. sedimentometer 沉降仪

sedimentómetro de dispersão reflectida beta beta backscattering sedimentometer β 射线反散射沉降仪

sega s.f. plough coulter 犁刀

sega circular ⇨ sega de disco

sega de disco disc coulter 圆犁刀，犁刀盘

sega de faca knife coulter, straight coulter 直犁刀

segadeira s.f. harvester; mower 收割机；割草机

segadeira condicionadora windrower 割晒机

segadeira condicionadora autopropelida self-propelled windrower 自走式割晒机

segadeira condicionadora de arrasto pull type windrower 牵引式割晒机

segador s.m. harvester; mower 收割机；割草机

segador-processador harvester-processor 收割处理机，收获处理机

segmentar v.tr. (to) segment, (to) divide into segments 分割，分段，分块

segmento s.m. ❶ segment 部分；段，节，块 ❷ piston ring 活塞环

segmento ascendente upstream 上游领域

segmento crítico black segment 交通事故多发地段

segmento de aproximação final final approach segment 最后进近航段

segmento de aproximação inicial initial approach segment 起始进近航段

segmento de aproximação perdida missed approach segment 复飞航段

segmento de aro rim segment 弧形轮辋段

segmento de aro aparafusado bolt-on rim segment 螺栓固定式弧形轮辋段

segmento do colector commutator bar 整流条

segmento de compressão ❶ compression ring, gas ring 压缩环, 活塞压缩环 ❷ ⇨ segmento raspador

segmento de encosto thrust segment 推力瓦块

segmento de óleo ⇨ segmento raspador

segmento da roda motriz sprocket segment 驱动轮齿节

segmento da roda motriz para lama/neve mud/snow sprocket segment 泥地/雪地驱动轮齿节

segmento de rota route segment 航段

segmento dentado toothed segment 扇形齿轮

segmento raspador scraper ring, piston ring scraper 刮油环, 刮油器, 活塞刮油环

segmentos-testemunha sample stretch, sample section 取样段

segregação s.f. segregation 离析; 偏析

segregação do concreto segregation of concrete 混凝土混合料离析

segregação de finos laitance 浮浆, 浮沫

segregação gravitacional gravitational segregation 重力分离, 重力分选

segregação inversa inverse segregation 反偏析; 逆偏析

segregação magmática magmatic segregation 岩浆分结作用; 岩浆分凝作用

segregação normal normal segregation 标准偏析; 正偏析

segregar v.tr. (to) segregate 离析; 偏析

seguidor s.m. follower, tracker 跟随器, 跟踪器

seguidor hidráulico hydraulic follow-up unit 液压随动装置

seguidor solar solar tracker 太阳跟踪器

seguimento s.m. tracing; follow-up 跟踪; 跟进

seguimento de um horizonte sísmico automatic picking [葡] (地震层位的) 自动检测

segundo s.m. ❶ adj. second 第二的; 第二 ❷ (s/") second (s/") 秒 (时间单位) ❸ second (") 秒 (弧度单位)

segundo-luz light second 光秒 (长度单位, 约合 30 万千米)

segurado s.m. insured 受保人, 被保险人

segurador s.m. insurer 保险人, 承保人

seguradora s.f. insurer 保险公司

segurança ❶ s.f. safety 安全 ❷ s.2g. bodyguard, watchman 保安, 安保人员

segurança contra incêndio fire safety 消防安全

segurança das barragens safety of dams 水坝安全

segurança do sistema system security 系统安全

segurança operacional operational safety 操作安全

segurança pública public safety 公共安全

segurança social s.f. social security 社会保险, 社保

segurar ❶ v.tr.,pron. (to) hold, (to) grab 抓住, 握住, 抓稳 ❷ v.tr. (to) insure 投保

seguro ❶ adj. safe, secure; reliable 安全的, 保险的; 可靠的 ❷ s.m. insurance 保险; 保险合同; 保险险种

seguro aduaneiro customs insurance 关税保证保险

seguro caução insurance bond 保险债券

seguro contra acidentes accident insurance 意外保险; 事故保险

seguro contra acidentes pessoais personal accident (PA) insurance 人身意外伤害险

seguro contra incêndio fire insurance 火险, 火灾保险

seguro contra todos os riscos all risk insurance 一切险, 全险, 综合险

seguro contra todos os riscos de construção construction all risks (CAR) insurance 建筑工程一切险

seguro contra todos os riscos de montagem erection all risks (EAR) insurance 安装工程一切险

seguro contra riscos de terceiros third party insurance 第三方责任险

seguro da carga cargo insurance 货运险，货物保险

seguro de carga marítima marine cargo insurance 海运险，海上保险

seguro de carro car insurance 车辆险

seguro de desemprego unemployment insurance 失业保险

seguro de locação lease insurance 租赁保险

seguro de responsabilidade civil (contra terceiros) third party liability insurance 第三方责任险

seguro de saúde health insurance 健康险

seguro de vida life insurance 人寿保险

seguro garantia guarantee insurance, surety bond 保证保险

seguro garantia judicial judicial bond 司法保证保险

seguro marítimo marine insurance 海运险，海上保险

seguro próprio self-insurance 自办保险

segway s.m. segway 赛格威，两轮平衡车

seibertite s.f. clintonite 绿脆云母

seif/seife s.f. seif 赛夫沙丘，顺着风向的长沙丘

seio s.m. roof curve 屋顶曲线

seis num.card. six 六，六个

◇ **sêxtuplo** sextuple, sixfold 六倍的

◇ **um sexto** one sixth 六分之一

◇ **meia (dúzia)** halfdozen 六个，半打

◇ **sexto** sixth 第六的

seiva s.f. sap （植物的）液，汁

seixal s.m. ⇨ seixeira

seixeira s.f. gravel pit 砾石场

seixo s.m. boulder 卵石，巨砾

seixo calcário calc-flinta 钙变燧石

seixo de fundo lag gravel 残留砾石

seixo facetado faceted pebble 棱石

seixos grandes big round pebbles 大鹅卵石（粒径 25—50mm）

seixo grosseiro coarse pebble [葡] 粗中砾

seixo grosso coarse pebble [巴] 粗中砾

seixos médios medium round pebbles 中鹅卵石（粒径 10—25mm）

seixos pequenos fine round pebbles 细鹅卵石（粒径 2—10mm）

seixo rolado round pebble 圆砾石，鹅卵石

sela s.f. saddle 鞍；鞍座

sela de reboque towing bridle 拖缆笼头

selada s.f. col 山坳

selador s.m. ❶ sealing machine 封口机 ❷ sealing coat 密封涂层；隔离涂层

selador para sacos de polietileno sealing machine of polythene bag 聚乙烯袋封口机

selagem s.f. ❶ sealing 密封 ❷ fixing 固定，固着

selagem de fissuras (/trincas) crack sealing 填封裂缝

selagem de juntas joint sealing 填缝；合模填缝

Selandiano adj.,s.m. Selandian; Selandian Age; Selandian Stage （地质年代）塞兰特期（的）；塞兰特阶（的）

selante s.m. sealant 密封剂

selante acrílico acrylic sealant 丙烯酸酯密封剂

selante de juntas joint sealant 填缝料；夹口胶

selante de juntas resistentes ao fogo fire resistive joint sealant 耐火接缝密封剂

selante de mástica mastic sealant 胶泥封合剂

selante de uso geral general-purpose sealant 通用嵌缝膏

selante em dispersão water-dispersible sealant 分散型密封剂

selante fixador fixative sealant 固定剂，固着剂

selante silicónico silicone sealant 硅酮密封胶，玻璃胶

selante silicónico de reticulação acética acetic cure silicone sealant 醋酸固化硅酮密封胶

selante silicónico de reticulação ácida acid cure silicone sealant 酸性固化硅酮密

封胶

selante silicónico de reticulação neutra neutral cure silicone sealant 中性固化硅酮密封胶

selante universal universal sealant 通用密封剂

selar *v.tr.* ❶ (to) seal, (to) seal up 密封，封住；贴封条 ❷ (to) seal, (to) stamp 盖章；贴印花，贴邮票

sela-trinca *s.m.* gap-filling glue [巴] 填缝胶

selbergito *s.m.* selbergite 黝方白榴响岩

selecção/seleção *s.f.* selection 选择，挑选

selecção automática de papel auto paper select 自动选纸

selecção de fonte source selection 渠道选择

selecção de partículas particle sorting 颗粒分级

seleção do tipo de barragem selection of dam type 坝型选择

selecção granulométrica ⇨ classificação granulométrica

selecção gravítica gravitic selection 重力分选

selecção sedimentar sediment sorting 泥沙分选

seleccionado/selecionado *adj.* sorted 挑选的，分选的

seleccionador/selecionador *s.m.* ⇨ seleccionadora/selecionadora

seleccionadora/selecionadora *s.f.* selector 选择器

selecionadora de pedidos order picker 拣取机

selecionadora p/impurezas impurity selector 杂质选择机

seleccionar/selecionar *v.tr.* (to) select 选择；选中

selectar/seletar *v.tr.* ⇨ seleccionar

selectividade/seletividade *s.m.* selectivity 选择性

selector/seletor *s.m.* selector 选择器

seletor de altitude de cabine cabin altitude selector 座舱高度选择器

selector de caudal flow selector 流量选择器

seletor de marcha gear selector 变速杆

seletor da marcha auxiliar range selector （副变速器）变速杆

seletor de movimento orbitral orbital-action select 轨道选择器

seletor de mudança de marcha gearshift selector 换挡选择器

selector de potência power selector 功率选择器

selector de programas program selector 程序选择器

selector de temperatura temperature selector 温度选择器

selector de velocidades speed selector, transmission selector 速度选择器；变速杆

seletor quadro-direcional four-way selector 四向选择按钮

selectora/seletora *s.f.* ⇨ selector/seletor

selénio/selênio (Se) *s.m.* selenium (Se) 硒

selenite *s.f.* selenite 透石膏；透明石膏

selenologia *s.f.* selenology 月球学

self ❶ *adj.inv.* self-inductive 自感的 ❷ *s.f.* self-induction coil 自感线圈

self-contained *s.m.* self-contained air-conditioning unit 独立式空调装置

selha *s.f.* tub; washtub 木盆

selha oscilante rocker （矿砂）摇动槽

seligmannite *s.f.* seligmannite 硫砷铅铜矿

selo *s.m.* ❶ 1. seal 密封 2. seal layer, impermeable layer 封层；不透水层；防渗层 ❷ seal 印章 ❸ stamp 印花；邮票

selo branco embossing seal 钢印

selo contra fumos smoke seal 防烟条

selo d'água water seal 水封

selo do diferencial differential seal 差速器密封

selo do eixo axle seal 轴密封

selo de virola lip seal 唇形密封

selo fixo ajustável adjustable fixed seal 可调固定密封

selo hidráulico hydraulic seal 液压密封，液压油封

selo inferior ajustável adjustable bottom seal 可调底部密封

selo LEED LEED seal 能源与环境设计先锋奖认证

selo mecânico mechanical seal 机械密封

selo rotativo rotary seal 旋转密封

SELV *sig.,s.f.* SELV (separated extra low voltage) 安全特低（电）压

sem *prep.* without 无，不包括

sem ângulos mortos non-blind area 无盲区，无死角

sem cabo-guia guidelineless 无导向索的，无引导式的

sem carga idle 空闲，空转

sem chumbo lead free 无铅

sem colunas astylar 无柱式的 [注：西班牙语、意大利语中存在 astilo 一词，葡语中未见实例]

sem costura ⇨ sem emenda

sem elevador walk-up 无电梯的

sem emenda seamless 无缝的

sem escova brushless 无刷的（电机）

sem fio wireless, cordless 无线的；无绳的

sem saída dead end 死端；渠道封闭尽处

sem som mute 静音；静音模式

semáforo *s.m.* traffic light 交通信号灯

semáforo de pedestres pedestrian signal 行人过路灯

semana *s.f.* week 周，星期

semeação *s.f.* sowing, scattering of seed 播种

semeadeira *s.f.* ❶ seeder, sower [巴] 播种机 ❷ seed drill 条播机

semeadeira de plantio direto no-tillage seed drill 免耕条播机

semeador *s.m.* seeder, sower, seed drill [葡] 播种机

semeador a lanço broadcaster, broadcast sower, surface drill 撒播机

semeador adubador seeding fertilizer drill 播种施肥机

semeador adubador c/11 linhas-sementeira directa 11 rows seeding fertilizer drill 11 行直播施肥机

semeador centrífugo centrifugal seed drill, centrifugal drill 离心式播种机

semeador de caneluras (/cilindros canelados) futed-feed drill, external force feed drill 槽轮排种式条播机

semeador de colheres cup-feed drill, cup drill 杯形排种式条播机

semeador de correia belt feed drill, belt seeder 带式播种机

semeador de correia perfurada fluted belt seed drill 凹槽带状条播机

semeador de correias paralelas parallel-belt seed drill, fluted belt seed drill 平行带状播种机

semeador de dentes (/cilindros dentados) studded roller feed drill, spur drill 锯齿轮式排种器

semeador de prato horizontal plate feed drill, drill with horizontal cell wheel 圆盘排种式条播机

semeador de prato oblíquo ⇨ semeador distribuidor em estrela

semeador de precisão precision grain drill 精密播种机，精量播种机

semeador de precisão monogrão single seed drill 单粒精密播种机

semeador de queda livre free fall drill 落下式播种机，重力式播种机

semeador de tambor vertical (/rotor vertical) wheel feed drill, vertical drum drill 勺轮式播种机

semeador distribuidor em estrela star-feed drill, ratchet drill 棘轮式排种器

semeador em linhas seed drill, drill seeder 条播机

semeador monogrão single seeder 单粒播种机

semeador pneumático pneumatic seed drill 气动播种机，气吸式、气压式或气吹式播种机

semeadora *s.f.* seeder, sower, seed drill 播种机

semeadora de algodão cotton drill 棉花条播机

semeadora de plantio direto no-tillage seeder 免耕播种机

semeadora de plantio direto em linhas no-tillage seed drill 免耕条播机

semeadouro *adj.* fit for sowing 待播种的（土地）

semeadura *s.f.* sowing 播种

semear *v.tr.* (to) sow, (to) seed 播种

semelhança *s.f.* similitude 相似性

semente *s.f.* seed 种子

semente comercial commercial seed 商

品种子

semente geradora foundation seed 原种

semente híbrida hybrid seed 杂种种子

sementeira *s.f.* ❶ sowing, seeding 播种 ❷ sowing season 播种期 ❸ seedbed 苗圃

sementeira **directa** direct drilling 直接播种

semestral *adj.2g.* half-yearly; six-monthly; biannual 半年的，六个月的

semestre *s.m.* semester 半年，六个月

sem-fim *s.m.* worm, screw conveyor 蜗杆；螺旋输送机

sem-fim **da direcção** steering worm 转向蜗杆

sem-fim **do motor** motor worm 电机蜗杆

sem-fim **de rosca múltipla** multistart thread 多头螺纹

sem-fim **distribuidor** rotating auger 喂入螺旋

semi- *pref.* semi 半，半个

semiaberto *adj.* ajar 半开的

semiacoplamento *s.m.* half coupling 半联轴节

semianel *s.m.* half ring 半环

semianual *adj.2g.* semi-annual 半年的，半年度的

semiárido *adj.* semiarid 半干旱的

semiarticulação *s.f.* half joint 半接头

semiautomático *adj.* semiautomatic 半自动的

semibrilhante *adj.2g.* semi-gloss 半光面的

semibrilho *s.m.* semi-gloss 半光泽

semicarcaça *s.f.* half housing 半轴壳

semi-célula *s.f.* reference electrode 参比电极，参考电极

semicilíndrico *adj.* semicylindric, semicylindrical 半圆柱状的，半柱面形的

semicircular *adj.2g.* semicircular 半圆的

semicírculo *s.m.* semicircle 半圆

semicondutor *s.m.* semiconductor, semi-conductor 半导体

semicondutor **bipolar e complementar com óxido e metal** bipolar complementary metal-oxide semiconductor 双极互补金属氧化物半导体

semicondutor **complementar com óxido e metal** complementary metal-ox-ide-semiconductor (CMOS) 互补金属氧化物半导体

semicondutor **de tipo n** n-type semiconductor n 型半导体

semicondutor **de tipo p** p-type semiconductor p 型半导体

semicondutor **extrínsico** extrinsic semiconductor 含杂质半导体，非本征半导体

semicondutor **intrísico** intrinsic semiconductor 内禀半导体，本征半导体

semicúpula *s.f.* semidome 半球顶

semidiâmetro *s.m.* semidiameter 半径

semiduplex *adj.2g.* half duplex 半双工的；半双向的

semieixo *s.m.* axle shaft 半轴

semieixo **de cilindro** cylinder axle shaft 油缸半轴

semieixo **estacionário** dead axle shaft 固定半轴

semieixo **flutuante** free-floating axle 浮动轴

semiesfera *s.f.* hemisphere 半球

semiesférico *adj.* semispherical, hemispherical 半球状的

semiespaço *s.m.* half-space 半空间，半无限空间

semifechado *adj.* semi-enclosed 半封闭的

semifluido *adj.,s.m.* semifluid 半流动的；半流体

semifusinite *s.f.* semifusinite 半丝质体

semihorst *s.m.* half-horst 半地垒

semilíquido *s.m.* semiliquid 半流体

semilustro *s.m.* ⇨ semibrilho

semi-máscara *s.f.* half mask 半面罩

semimatriz *s.f.* die half 半型

semimetal *s.m.* semimetal; metalloid 半金属

seminário *s.m.* ❶ seminar 研讨会 ❷ nursery, plant nursery 苗圃

semiologia *s.f.* semiology 符号学

semiologia **geográfica** geographical semiology 地理符号学

semiologia **gráfica** graphic semiology 图形符号学

semipenetração *s.f.* semi-grouting 半灌浆

semipolido *adj.* semi-polished 半抛光的

semi-reboque *s.m.* semi-trailer 半挂车

semi-reboque auto-carregador self-loading wagon 自卸车

semi-reboque basculante tipping semi-trailer 半挂自卸车

semi-reboque basculante de abertura e fecho automáticos do taipal traseiro automatic rear board semi-trailer 半挂自动后卸车

semi-reboque basculante lateralmente side tipping semi-trailer 半挂侧卸车

semi-reboque basculante nos três sentidos ⇨ semi-reboque tribasculante

semi-reboque basculante para transbordo elevating tipping semi-trailer, high lift tipping semi-trailer, high-level delivery tipping semi-trailer 倾卸式升降半挂车

semi-reboque basculante para trás rear tipping semi-trailer 后卸半挂车

semi-reboque de caixa de madeira timber body semi-trailer 木制半挂车

semi-reboque de caixa fixa non-tipping semi-trailer 非倾翻半挂车

semi-reboque de caixa metálica all metal semi-trailer 全金属半挂车

semi-reboque de eixos gémeos twin-axle trailer, tandem axle trailer 双轴挂车

semi-reboque de eixo motor power driven semi-trailer 机动半拖车

semi-reboque de eixos tipo tandem ⇨ semi-reboque de eixos gémeos

semi-reboque tribasculante semi-trailer, three way tipping 三向倾卸式半挂车

semi-recta s.f. half-line 半直线

semi-recto s.m. forty five degree angle 四十五度角

semi-redondo adj. half round 半圆的

semi-rígido adj. semirigid 半刚性的

semi-trailer s.m. ⇨ semi-reboque

semi-vítreo adj. semi-vitreous 半玻璃质的，半玻璃化的

sêmola s.f. semolina 粗面粉

sêmola de milho maize semolina 粗粒玉米粉

senábria s.f. ⇨ terça

senda s.f. path, footpath 小径，小路

senha s.f. ❶ password 口令；密码 ❷ voucher 凭证；（排队）号码条，号码牌

senha mineira mining pass 矿区通行证

senhorio s.m. landlord 房东

seno s.m. sine 正弦

senoniano s.m. senonian 森诺统

sensibilidade s.f. sensitivity 灵敏度

sensibilidade da regulagem sensitivity of regulation 调节的灵敏度

sensibilização s.f. ❶ awareness-raising 增强意识，提高意识 ❷ ⇨ sensitização

sensitividade s.f. sensitivity 灵敏度

sensitização s.f. sensitization 敏化作用，增敏作用；感光

sensitometria s.f. sensitometry 感光度测定

sensitómetro/sensitômetro s.m. sensitometer 感光计

sensível adj.2g. sensitive 灵敏的；敏感的

sensor ❶ s.m. sensor 传感器 ❷ adj. sensing 感测的

sensor ABS ABS sensor ABS 传感器

sensor activo active sensor 有源传感器，主动式传感器

sensor capacitivo capacitive sensor 电容传感器

sensor com contacto contact sensor 接触式传感器

sensor do air bag air bag sensor 气囊传感器

sensor de capotamento rollover sensor 翻车感应器

sensor de chuvas rain sensor 雨感应器

sensor de detenção detection sensor 检测传感器

sensor de detonação knock sensor 爆震传感器

sensores de estacionamento dianteiros e traseiros front and rear parking sensor 前后驻车感应器

sensor de fibra óptica fiber-optic sensor 光纤传感器

sensor de fluxo flow sensor 流量传感器

sensor de fluxo de ar airflow sensor 空气流量传感器

sensor de fundo bottom-hole sensor 井底传感器

sensor de gás inflamável flammable gas sensor 可燃气体传感器

sensor de giroscópio gyrosensor 陀螺传

感器

sensor de horizonte horizon sensor 地平仪

sensor de humidade humidity sensor 湿度传感器

sensor de imagem image sensor 影像传感器

sensor de impulsos impulse sensor 脉冲传感器

sensor de inserção probe sensor 探头传感器

sensor de luminosidade photocell daylight sensor 光电日光传感器

sensor de luz light sensor 光传感器

sensor da massa de ar air mass sensor 质量型空气流量传感器

sensor de movimento motion sensor 运动传感器

sensor de nível de refrigerante coolant level sensor 冷却液液位传感器

sensor de odómetro odometer sensor 里程表传感器

sensor de oxigénio oxygen sensor 氧传感器

sensor da pastilha de freio brake pad sensor 刹车片磨损传感器

sensor de posição position sensor 位置传感器

sensor de presença presence sensor 存在感应器，人体感应器，人感感应器

sensor de pressão pressure sensor, pressure transducer 压力传感器

sensor de pressão do ar air-pressure sensor 空气压力传感器

sensor de pressão de óleo oil pressure sensor 机油压力传感器

sensor de pressão no fundo bottom-hole pressure gauge 井底压力计

sensor de pureza do ar air purity sensor 空气纯度传感器

sensor de referência reference sensor 参考传感器，参照传感器

sensor de rotação speed sensor 转速传感器

sensor de sanitário toilet sensor 马桶传感器

sensor da suspensão suspension sensor

悬挂传感器

sensor de temperatura temperature sensor 温度传感器，感温探测器

sensor de temperatura de ignição ignition temp sensor 点火温度传感器

sensor de temperatura de imersão immersion temperature sensor 浸入式温度传感器

sensor de temperatura distribuída distributed temperature sensing 分布式感温

sensor de temperatura excessiva excessive temperature sensor 过热感应器

sensor de tensão barras irmãs sister bar strain gage, rebar strain gage 姊妹杆式应变计

sensor de tensão de corda vibratória vibrating wire strain gage 振弦式应变计

sensor de velocidade do ABS ABS speed sensor 防抱制动系统轮速传感器

sensor eletrónico de velocidade electronic speed sensor 电子速度传感器

sensor Hall Hall sensor 霍尔传感器

sensor passivo passive sensor 无源传感器，被动式传感器

sensor sem contacto non-contact sensor 非接触式传感器

sensor traseiro do estacionamento rear parking sensor 倒车雷达

sensoriamento s.m. sensing 感应

sensoriamento distribuído de temperatura distributed temperature sensing 分布式感温

sensoriamento remoto remote sensing 遥感

sensoriamento remoto activo active remote sensing 主动遥感

sentido s.m. direction 方向

sentido anti-horário (/à esquerda) counterclockwise 逆时针

sentido do tráfego traffic direction 交通流向

sentido de vento reinante prevailing wind direction 主导风向

sentido horário (/à direita) clockwise 顺时针

sentido leste-oeste east-west direction 东西向

sentido norte-sul north-south direction 南北向

sentido único one-way 单行

sentina *s.f.* bilge, latrine 粪坑

separação *s.f.* ❶ separation 分离 ❷ 1. partition 分隔，间隔 2. traffic segregation 交通 分隔

separação a baixa temperatura low-temperature separation 低温分离

separação de alta intensidade high intensity separation 高强度分选

separação da camada limite boundary-layer separation 边界层分离

separação do fluxo flow separation 水流 分离

separação de gás gas separation 气体分离

separação de ligante binder stripping 胶 黏剂剥离

separação de meios densos separation of dense media 重介质选矿

separação de minério vanning 淘矿

separação da mistura separation of mixture 混合物分离

separação diferencial differential separation 微分分离

separação electrostática electrostatic separation 静电分离

separação em dois estágios two-stage separation 二级分离

separação em estágios stage separation 级间分离

separação em lâminas delamination 层 状剥落

separação em três estágios three-stage separation 三级分离

separação hidrocidônica hydrocyclonic separation 旋流分离

separação perpendicular perpendicular separation 垂直离距

separação por gravidade gravity separation 重力分离

separação por membranas membrane separation 薄膜分离

separação radar radar separation 雷达 间隔

separação vertical vertical separation 垂 直分离；垂直断距

separação vertical mínima reduzida reduced vertical separation minimum 缩小 垂直间隔标准

separação visual visual separation 目视 间隔

separador ❶ *s.m.* 1. separator 分离器；分隔 器；分隔物 2. spacer; divider 隔离片，垫片； （纸张）隔页 3. sorter, separator, scalper 分 类机，分选机，筛分机 4. bobbin 线轴，绕线 器 ❷ *s.m.* road divider, median strip （道 路）隔离带 ❸ *adj.* separating 分离的；分 隔的

separador água-óleo water-oil separator 油水分离器

separador bifásico two-phase separator 两相分离器

separador central central divider 中央分 隔栏

separador centrífugo baffle separator 挡 板式分离器

separador ciclónico cyclonic separator 回旋分离机

separador cilíndrico ciclônico gás-líquido cylindrical cyclone gas-liquid separator 圆柱形旋风气液分离器

separador de água ❶ water separator 水 分离器 ❷ steam trap 汽阱；水汽分离器

separador de água livre free-water knockout 游离水分离器

separador de amostras sample splitter 分样器

separador de ar air separator 空气分离器

separador de areia sand separator 分 砂器

separador de feixe beam splitter 分束器； 分光镜

separador de fundo downhole separator 井下分离器

separador de gás gas separator 气体分离 器；油气分离器

separador de gás de fundo de poço bottom-hole gas separator 井底油气分离器

separador de gás e óleo gas and oil separator 油气分离器

separador de gorduras oil separator 油 分离器；隔油池

separador de gotas drop separator 液滴

分离器

separador de Huff Huff separator 赫夫分选机

separador de medição metering separator 计量分离器

separador de minério vanner 淘矿机

separador de placas plate separator 板式分离器

separador de produção production separator 生产分离器；采油分离器

separador de quatro fases four-phase separator 四相分离器

separador de resinas resin separator 树脂分离器

separador de teste test separator 计量分离器

separador gravitacional gravity separator 重力分离器

separador gravitacional trifásico three-phase gravity separator 三相重力分离器

separador hidráulico hydraulic separator 水力分离器

separador horizontal horizontal separator 卧式分离器

separador instantâneo flash separator 闪蒸分离器

separador magnético magnetic separator 磁选机

separador trifásico three-phase separator 三相分离器

separador vertical vertical separator 立式分离器

separar *v.tr.* (to) separate, (to) divide, (to) part 使分离，使分开，隔开

sepiolite *s.f.* sepiolite 海泡石

septária *s.f.* septarium 龟背石

septilhão *num.card., s.m.* quadrillion (long scale), septillion (short scale) （长级差制的）百万的七乘方，合 10^{24}

septo *s.m.* septum 隔膜

sepultura *s.f.* grave, tomb 坟墓

sequeiro ❶ *s.m.* dry arable land 旱地，旱田 ❷ *adj.* rainfed 旱作的

sequência/seqüência *s.f.* sequence 序列

sequência arenosa arenaceous sequence 砂质序列

sequência basal bottomset 底积层

sequência básica basic sequence 基本层序

sequência carbonatada carbonate sequence 碳酸盐岩层序

sequência cíclica cyclic sequence 旋回层序

sequência de aproximação approach sequence 进近顺序，进场次序

sequência de Bouma Bouma sequence 鲍玛层序

sequência de construção construction sequence 施工程序；施工步骤

seqüência de Fibonacci Fibonacci sequence 斐波那契序列

sequência da injecção injection sequence 喷射顺序

sequência de operação sequence of operation 操作顺序

sequência de soldagem welding sequence 焊接顺序

sequência de topo topset 顶积层

sequência de trabalho sequence of works 施工次序

sequência deposicional depositional sequence 沉积层序

sequência estratigráfica stratigraphic sequence 地层层序

sequência metamórfica metamorphic sequence 变质顺序

sequência negativa negative sequence 负序

sequência positiva positive sequence 正序

sequência regressiva regressive sequence 海退层序

sequência transgressiva transgressive sequence 海进层序

sequenciador *s.m.* sequencer 音序器

sequestrador *s.m.* ⇨ sequestrante

sequestrador de H₂S H₂S scavenger 硫化氢清除剂

sequestrante *s.m.* sequestering agent 鳌合剂

serandite *s.f.* serandite 桃针钠石

serapilheira *s.f.* burlap 粗麻布

sereia *s.f.* siren 警报器 ⇨ sirene

serendipidade *s.f.* serendipity （勘探等的）

意外发现

sericicultura *s.f.* sericulture 丝绸业；养蚕业

sericitação/sericitização *s.f.* sericitization 绢云母化

sericite *s.f.* sericite 绢云母

sericitoxisto *s.m.* sericite schist 绢云片岩

série *s.f.* ❶ series 系列，连串，连续 ❷ pack, group 群；组；套 ❸ series 统（时间地层单位，sistema 的下一级，andar 的上一级，对应地质时代单位 época）❹ series 土系（土壤系统分类单元，土族 família 的下一级）❺ suite 岩套，岩组

Série 2 Series 2 [M]（地质年代）第二统

Série 3 Series 3 [M]（地质年代）第三统，Miaolínguico 的旧称

série atlântica atlantic series 大西洋岩统

série Beltiana Beltian Series 倍尔特统

série benzênica benzene series 苯系

série cartográfica map series 地图系列；分幅地图

série cronológica time series 时间序列

Série de Avaliação de Saúde e Segurança Ocupacional Occupational Health and Safety Assessment Series (OHSAS) 职业健康安全管理体系

série Dalradiana Dalradian series 达雷德统

série de camadas series of strata 层系，岩系

série do carvão coal series 煤系

séries de decaimento decay series 衰变系

série de estratos strata sequence 层序

série de Fibonacci Fibonacci Series 斐波那契系列，斐波那契序列

série de lentes set of lenses 一套镜片

séries de números Renard series of preferred numbers 优先数系

série de objectivas set of object glasses 一套镜头

série de reacção reaction series 反应系列

séries de reacção de Bowen Bowen reaction series 鲍文反应系列

série estacionária stationary series 平稳序列

séries geradas generated data 生成数据

série galvânica galvanic series 电位序

série geométrica geometric series 几何级数

série granítica granite series 花岗岩系

série harmônica harmonic series 谐级数；调和级数

séries homólogas homologous series 同系列；同源系列群落

série isomórfica isomorphic series 同构级数

série magmática magmatic series 岩浆岩系列

série mediterrânea mediterranean series; mediterranean suite 地中海岩统；地中海岩群

série pacífica pacific series, pacific suite 太平洋岩统；太平洋岩群

série radioactiva radioactive series 放射性系列

série shoshonítica shoshonitic series 橄榄玄粗岩系

séries sintéticas synthetic data; generated data 合成数据；生成数据

seringa *s.f.* syringe, injector 注射器

serpeante *adj.2g.* serpentine 蛇状的，蜿蜒的

serpentina *s.f.* ❶ serpentine, coil 蛇形管，盘管 ❷ serpentine 蛇纹石

serpentina de aquecimento heating coil 加热盘管

serpentina do evaporador evaporator coil 蒸发盘管

serpentina de percelana para água porcelain water coil 搪瓷盘管

serpentina de pressão pressure coil 电压线圈

serpentina de refrigeração (/resfriamento) cooling coil 冷却盘管

serpentina-jade serpentine-jade 蛇纹玉

serpentinito *s.m.* serpentine 蛇纹岩

serpentinização *s.f.* serpentinization 蛇纹石化

Serpukhoviano *adj.,s.m.* [巴] ⇨ Serpukoviano

Serpukoviano *adj.,s.m.* Serpukhovian; Serpukhovian Age; Serpukhovian Stage [葡]（地质年代）谢尔普霍夫期（的）；谢尔普霍夫阶（的）

serra *s.f.* ❶ saw 锯 ❷ saw 山脉

serra a diamante diamond saw 金刚石锯

serra a frio cold saw 冷锯

serra articulada chain saw 链锯

serra braçal broad saw, whipsaw 双人横切锯

serra circular (/circulante) circular saw 圆锯，圆盘锯

serra circular com eixo inclinável tiltable disc saw 可倾斜角度圆盘锯

serra circular de bancada bench circular saw 台式圆锯

serra circular de trilho rail circular saw 轨式圆锯

serra circular eléctrica electric circular saw 电动圆锯

serra circular oscilante drunken saw 切槽锯

serra conjugada gang saw 排锯

serra copo hole saw 孔锯

serra de abrir rasgos grooving saw 开槽锯

serra de arco bow-saw, hacksaw 弓锯

serra de braço vertical cleaving saw 解料锯

serra de cadeia ⇨ serra de corrente

serra de canteiro masonry saw, stone saw 石工锯，石锯

serra de carpinteiro ❶ carpenter's saw 木工锯 ❷ ⇨ serra em H

serra de chanfrar sweep-saw 曲线锯

serra de cinta band saw 带锯

serra de contornar bow-saw, frame-saw 弓锯

serra de corrente chain saw 链锯

serra de corte chop saw, cut-off machine 切割锯，切割机

serra de dentes afastadas rack saw 齿条锯

serra de dentes articuladas link tooth saw 链锯

serra de dois cabos long saw 长锯

serra de embutir buhl saw 框架锯

serra de ensambladura tenon saw 开榫锯

serra de ½ esquadria miter saw 斜切锯

serra de fender rip-saw 粗齿锯

serra de fita band-saw, belt-saw 带锯

serra de folhear veneer saw 胶木板锯

serra de juntas joint saw 锯缝机

serra de lingotes ingot saw 切锭锯

serra de madeireiro long saw 长锯

serra de malhetar dovetail saw 燕尾锯

serra de mão hand-saw 手锯

serra de marmorista ⇨ serra de canteiro

serra de mesa table saw 台式锯

serra de mesa deslizante sliding table saw 台式推拉锯

serra de mesa para corte de madeira saw bench 台式木机

serra de molduras dovetail saw 燕尾锯

serra de painel panel saw 手板锯

serra de piso pavement saw 铺面锯机

serra de ponta compass saw, buhl saw 鸡尾锯；钢丝锯

serra de ponta fina keyhole saw, turning saw 钥孔锯，拴孔锯

serra de ponte bridge saw 桥式切割机

serra de ranhuras grooving saw 开槽锯

serra de recortar coping saw, fret-saw, jig saw 窄条手锯，弓形锯

serra de recorte jigsaw, fret saw 线锯，钢丝锯

serra de respigar mitre saw 斜切锯

serra de rodear keyhole saw, turning saw 钥孔锯，拴孔锯

serra de tornear coping saw 窄条手锯，弓形锯

serra de traçar turning saw 曲线锯

serra de trilho rail saw 轨锯

serra de trilho estacionária stationary rail saw 固定式切轨机

serra de trilho portátil portable rail saw 便携式切轨机

serra de vaivém reciprocating saw 往复锯，摆动锯

serra de vidraceiro sash saw 弓锯

serra eléctrica powers saw 电动锯，动力锯

serra em H buck saw, pan saw 框锯

serra grua pit-saw 坑锯

serra mecânica sawing machine 机械锯床

serra múltipla gang saw 排锯

serra para carne meat saw 肉锯

serra para cortar ferro iron cutter 截铁器，锯铁机

serra para mármore grub saw 大理石锯

serra para metais metal saw, metal sawing machine 金属锯；金属锯机

serra pica-pau woodpecker type table saw 一种简易推台锯

serra pneumática pneumatic saw 气动锯，气力锯

serra radial radial saw 转向锯；不定向圆锯

serra rápida portátil portable quick saw 便携快锯

serra sabre sabre saw （马刀形）电动手锯

serra sem-fim ⇨ serra de fita

serra tico-tico ⇨ serra de recorte

serra vertical vertical sawing machine 立式锯床

serra-cabos *s.m.2n.* cable clamp 电缆夹具

serração *s.f.* ❶ sawing, serration 锯，锯开 ⇨ serradura, serragem ❷ sawmill 锯木厂 ⇨ serraria

serração radial radial sawing 径线锯法

serradura *s.f.* ❶ sawing, serration 锯，锯开 ❷ sawdust 锯屑

serragem *s.f.* sawing, serration 锯，锯开

serragem em quartos quartering; quarter slicing （木材的）径面平切，垂直年轮平面 将木材锯成四等份

serralharia *s.f.* ❶ metalwork 金工，铁艺 ❷ blacksmith's workshop; lumberjacks 金工厂，铁艺厂

serralheiro *s.m.* locksmith, blacksmith 铁工，五金工

serrapilheira *s.f.* litter 死被物；枯枝落叶层

serrar *v.tr.* (to) saw 用锯子锯，锯开，锯断

serraria *s.f.* sawmill 锯木房

Serravaliano *adj.,s.m.* Serravallian; Serravallian Age; Serravallian Stage [葡]（地质年代）塞拉瓦莱期（的）；塞拉瓦莱阶（的）

Serravalliano *adj.,s.m.* [巴] ⇨ Serravaliano

serrilha *s.f.* serration; serrated edge 锯齿状；开齿

serrilhado *adj.* serrulate 有锯齿状饰边的

serrilhar *v.tr.* ❶ (to) serrate 开齿 ❷ (to) knurl 给…压上滚纹

serrote *s.m.* hand-saw 手锯；板锯

serrote de costa tenon saw 开榫锯

serrote de curvas compass-saw 鸡尾锯；钢丝锯

serrote de poda trim saw 修枝锯

serrote de talho meat saw 肉锯

sertão *s.m.* inland forest 内地丛林；腹地

servente *s.2g.* servant 服务员

serventia *s.f.* passage, entrance 通道，入口

serviçável *adj.2g.* serviceable 可维修的

serviço *s.m.* ❶ service 服务；工作 ❷ service 维护，保养 ❸ department （服务）机构 ❹ set, service 一套用具，成套用具

serviço administrativo administrative office 行政办公室

serviço aéreo especializado non-scheduled air service 不定期航班服务

serviço aéreo regular scheduled air service 定期航班服务

serviços ancilliares ancillary services 辅助服务

serviço das alfândegas customs bureau 海关；海关总署

serviço de assessoramento advisory service 咨询服务

serviço de chá tea set 茶具套装

serviço de controle de aeródromo aerodrome control service 机场管制服务

serviço de controle de tensão tension control service 张力控制（服务）

serviço da dívida debt service 债务清偿

serviço de informação aeronáutica aeronautical information service 航空情报服务

serviço de informação de voo flight information service 飞行情报服务

serviço de informação de voo de aeródromo aerodrome flight information service 机场飞行情报服务

serviço de jantar dinner set 成套餐具

serviço de peças à base de troca parts exchange service 零件更换服务

serviço de quarto room service 房间（送餐）服务

serviço de radionavegação aeronáutico aeronautical radionavigation service 航空无线电导航业务

serviço de segurança pública public security bureau 公安局

serviço de sistema de telefonia telephony system services 话务系统服务

serviço de telemática telematic service 远程信息处理服务

serviço de tráfego aéreo air traffic service 空中交通服务

serviços de utilidades públicas public utility service 公用设施；公用事业

serviço fixo aeronáutico aeronautical fixed service 航空固定业务

serviço genérico de pacotes via rádio General Packet Radio Service (GPRS) 通用分组无线业务，GPRS

(de) serviço leve light duty 轻型（的），轻负荷型（的）

serviço móvel aeronáutico aeronautical mobile service 航空移动业务

serviço móvel aeronáutico por satélite aeronautical mobile satellite service 航空移动卫星服务

(de) serviço pesado heavy duty 重型(的)，重负荷型（的）

serviço principal prime power 基本功率

serviços públicos utilities 公用事业

serviço radar radar service 雷达服务

servidão *s.f.* easement 地役权

servidão de ar e luz air and solar rights 空气和阳光权

servidão de luz easement of light 采光权

servidão de passagem passage servitude 在他人土地上的通行权

servidão pública public easement 公共地役权

servidor *s.m.* server 服务器

servidor de aplicação application server 应用服务器

servidor de armazenamento storage server 存储服务器

servidor de autenticação authentication server 认证服务器

servidor de chamada call server 呼叫服务器

servidor de cobrança billing server 计费系统主机

servidor de correio de voz voice mail server 语音邮件服务器

servidor de nomes de domínios (DNS) domain name server (DNS) 域名服务器

servidor de sinalização signaling server 信令服务器

servidor de vídeo video server 视频服务器

servir ❶ *v.tr.* (to) serve 提供服务，服务于 ❷ *v.tr.,intr.* (to) serve 服役，任职；起…作用

servo- *pref.* servo 表示"伺服(的)，助力(的)"

servo-actuador / servo-atuador *s.m.* servo-actuator 伺服电机；伺服致动装置；伺服执行机构

servo-atuador linear (LSA) linear servo actuator (LSA) 线性伺服执行器

servo-amplificador *s.m.* servo-amplifier 伺服放大器

servo-cilindro *s.m.* servo cylinder 伺服油缸

servo-cilindro da embreagem clutch slave cylinder 离合器分泵，离合器助力缸

servo-cilindro seguidor follow-up receiver cylinder 随动伺服油缸

servocomando *s.m.* servo control unit, actuator 伺服控制系统；伺服控制单元

servofreio *s.m.* brake booster, servo brake 伺服制动器，制动助力器

servomecanismo *s.m.* servomechanism 伺服机构

servomotor *s.m.* servomotor 伺服电动机，接力器

servomotor tórico rotary servomotor 旋转伺服电机

servotransmissão *s.f.* powershift transmission 动力换挡变速箱

servotransmissão de accionamento directo direct drive powershift 直接驱动力换挡变速箱

servotransmissão planetária planetary powershift transmission 行星动力换挡变速箱

servotransmissão semi-automática semi-automatic powershit transmission 半自动动力换挡变速箱

servotransmissão total full powershift 全动力换挡变速箱

servoválvula *s.f.* servo-valve 伺服阀

sesgoconglomerado *s.m.* edgewise structure 竹叶状构造

seta *s.f.* ❶ arrow 箭头，箭状物 ❷ signal light （箭头形）信号灯，指示灯

seta de direcção directional signal 转向

信号灯

seta de marcação de trânsito traffic marking arrow 交通标志箭头

sete *num.card.* seven 七，七个

◇ séptuplo septuple, sevenfold 七倍的

◇ um sétimo one seventh 七分之一

◇ sétimo seventh 第七的

seteira *s.f.* embrasure 斜面门、窗洞；（防御工事上的）枪眼，炮眼

setentrional *adj.2g.* northern, septentrional 北部的；北方的

severite *s.f.* severite 埃洛石

sextante *s.m.* ❶ sextant 六分仪 ❷ sextant 六分之一圆周；60 度角

sextavado *adj.* hex, hexagon 六边形的

sextilhão *num.card.,s.m.* trilliard (long scale), sextillion (short scale) （短级差制的）百万的六乘方，合 10^{21}

shackanito *s.m.* shackanite 方沸歪长粗面岩

shandite *s.f.* shandite 硫铅镍矿

shareware *s.m.* shareware 共享软件

shattuckite *s.f.* shattuckite 斜硅铜矿

Sheetrock *s.f.* Sheetrock 石膏灰胶纸夹板

Sheinwoodiano *adj.,s.m.* Sheinwoodian; Sheinwoodian Age; Sheinwoodian Stage （地质年代）申伍德期（的）；申伍德阶（的）

shergotito *s.m.* shergottite 辉熔长石，无球粒陨石

shield *s.m.* shield 盾构

shoenite *s.f.* shoenite 软钾镁钒

shonquinito *s.m.* shonkinite 等色岩

shopping *s.m.* shopping 商场

shopping mall *s.m.* shopping mall 大型购物中心

shoshonito *s.m.* shoshonite 橄榄玄粗岩

shungito *s.m.* shungite 不纯石墨

shunt *s.m.* shunt 分流（器），分路（器）

sial *s.m.* sial 硅铝层，硅铝带

siálico *adj.* sialic 硅铝质的，硅铝带的

sialítico *s.m.* siallitic soil 硅铝土

siamês *adj.* siamese 连体的

siamesa *s.f.* double pipeline; multiple pipeline 双线管道，复线管道；多线管道

sibirskite *s.f.* sibirskite 硼氢钙石

sideração *s.f.* green manuring 种植绿肥；施用绿肥；压青

Sideriano *adj.,s.m.* [巴] ⇨ Sidérico

Sidérico *adj.,s.m.* Siderian; Siderian Period; Siderian System [葡] （地质年代）成铁纪（的）；成铁系（的）

siderite *s.f.* siderite 菱铁矿

siderite argilosa clay ironstone 泥铁岩

siderito *s.m.* siderite 铁陨星，陨铁

siderocimento *s.m.* reinforced concrete 钢筋混凝土

siderocromo *s.m.* chrome iron ore 铬铁矿

siderofilite *s.f.* siderophyllite 针叶云母

siderófilo *s.m.* siderophile 亲铁的

siderólito *s.m.* siderolite 石铁陨星，铁陨石

sideromelano *s.m.* sideromelane 铁镁矿物

siderosfera *s.f.* siderosphere 地核

siegburgito *s.m.* siegburgite 液琥珀脂

siegenite *s.f.* siegenite 块硫镍钴矿

siemens (S) *s.m.2n.* siemens (S) 西，西门子（电导率单位）

sienito *s.m.* syenite 正长岩

sienito alcalino alkaline syenite 碱性正长岩

sienito aplítico aplite syenite; aplite 细晶岩；正长细晶岩

sienito fóidico foid syenite 似长石正长岩

sienito foidífero foidiferous syenite 含似长石正长岩

sienito nefelínico nephelinitic syenite 霞石正长岩

sienitóide *s.m.* syenitoid 正长岩类

sienodiorito *s.m.* syenodiorite 正长闪长岩

sienogabro *s.m.* syenogabbro 正长辉长岩

sienogranito *s.m.* syenogranite 正长花岗岩

sienóide *s.m.* syenoid 似正长岩

sievert (Sv) *s.m.* sievert (Sv) 希沃特（放射吸收剂量当量单位）

sifão *s.m.* siphon, siphon; disconnecting trap 弯管，虹吸管；隔气弯管；存水弯管

sifão de ar air trap 气阱，防气阀

sifão de drenagem do pavimento floor drain 地面排水管

sifão do escorvamento priming siphon 启动虹吸（管）

sifão de garrafa bottle trap 瓶式存水弯

sifão de passagem intercepting trap 截气弯管

sifão de tambor drum trap 鼓式存水弯

sifão de vapor steam trap 汽阱；疏水阀

sifão em S S-trap S 形存水弯

sifão incorporado integral trap （马桶）连体存水弯

sifão invertido sag pipe 倒虹吸管

sifão predial building trap 建筑物（总）水封

sifão reverso reverse trap 反虹吸管

sifão térmico thermal siphon 热虹吸

sifonado *adj.* siphoned 用虹吸管吸的；带存水弯的

sifonagem *s.f.* siphoning 虹吸作用；抽取

sifónico *adj.* siphonic 虹吸的

sigmoidal *adj.2g.* sigmoidal S 形的；反曲的

sigmóide *adj.2g.* sigmoid S 形的；反曲的

signo *s.m.* sign, signal 标志，信号

silagem *s.f.* ensilage; silage 料仓；青贮饲料；青贮饲料作物

silcreto *s.m.* silcrete 硅结砾岩；硅质壳层

silcromo *s.m.* silchrome 硅铬合金钢；铬硅耐热钢

silenciador *s.m.* muffler, silencer 消音器，消声器，灭声器，灭音器

silenciador do motor engine muffler 发动机消声器

silenciamento *s.m.* muting 噪声抑制，消音

silenciamento em rampa ramped mute 匀变抹除

silencioso *adj.* ❶ silent 安静的；静音的 ❷ muffler, silencer 消音器，消声器，灭声器，灭音器

silencioso de aspiração air intake muffler 进气消声器

silencioso do escape (/para descarga) exhaust muffler, exhaust silencer 排气消音器

silenite *s.f.* sillenite 软铋矿

sílex *s.m.* chert, silex, flint 燧石，硅石

sílex córneo hornstone 角岩

sílex menilite menilite chert 肝蛋白石

sílex néctico nectic chert 浮硅状燧石

sílex pirómaco firestone 火石

silexito *s.m.* silexite 硅石岩，燧石岩

silhar *s.m.* ashlar 方石

silhar bastardo bastard ashlar 粗琢石

silhar cinzelado chiselled ashlar 粗凿石圩工

silhar em espinha-de-peixe her-

ring-bone ashlar 人字形琢石

silhar impermeável damp-proof course 防潮层

silhar trabalhado random-tooled ashlar 乱凿纹方石

silhueta *s.f.* silhouette 轮廓，剪影

sílica *s.f.* silica 二氧化硅，硅石

sílica coloidal colloidal silica 硅胶

sílica de fumo silica fume 硅粉

sílica em pó silica flour [葡] 硅砂粉

silica flour silica flour [巴] 硅砂粉

sílica gel silica gel 硅胶

silicatação *s.f.* silication 硅化（作用）

silicato *s.m.* silicate 硅酸盐

silicato de cálcio calcium silicate 硅酸钙

silicato de magnésio magnesium silicate 硅酸镁

silicato de sódio sodium silicate 水玻璃，硅酸钠

silicato dicálcico dicalcium silicate 硅酸二钙

silicato inorgânico inorganic silicate 无机硅酸盐

silicato orgânico organic silicate 有机硅酸盐

silicato tricálcico tricalcium silicate 硅酸三钙

siliciado *adj.* ⇨ silicioso

siliciclástico *adj.* siliciclastic 硅质碎屑的

silicificação *s.f.* silicification 硅化作用

silicificado *adj.* silicified 硅化的

silicificar *v.tr.* (to) silicify 使硅化

silicinato *s.m.* silicinate 硅胶结

silício (Si) *s.m.* silicon (Si) 硅

silicioso *adj.* siliceous 硅质的；含硅的

silicoflagelado *s.m.* silicoflagellate 硅鞭藻

silicone *s.m.* silicone 硅胶，硅树脂；密封胶

silicone alocroado allochroic silicagel 变色硅胶

silimanite *s.f.* sillimanite 硅线石

silo *s.m.* silo, stave silo 筒仓；青贮窖

silo para agregados aggregate bin 集料斗，骨料仓

silo vertical ⇨ silo-torre

silo-auto multistorey parking garage （圆筒形）立体停车场

silo-poço bunker silo 青贮窖；储粮井

silo-torre tower silo 塔筒仓，青贮塔

silo-trincheira trench silo 沟式青贮窖

siltação *s.f.* siltation 淤积；淤泥

silte *s.m.* silt; aleurite 淤泥，泥沙；粉砂

silte de grão grosseiro coarse silt [葡] 粗粉砂

silte grosso coarse silt [巴] 粗粉砂

siltito *s.m.* siltstone, siltite 泥砂岩，粉砂岩

siltito dolomítico dolosiltite 粉砂屑白云岩

siltoso *adj.* silty 淤泥的；塞满了淤泥的

Siluriano *s.m.* [巴] ⇨ Silúrico

Silúrico *adj.,s.m.* Silurian; Silurian Period; Silurian System [葡]（地质年代）志留纪（的）；志留系（的）

silvanite *s.f.* sylvanite 针碲金矿

silvicultura *s.f.* silviculture 林业，森林学

silvina/silvinite/silvite *s.f.* sylvine, sylvite 钾盐；钾石盐

sima *s.m.* sima 硅镁层

simático *adj.* simatic 硅镁质的

simbiose *s.f.* symbiosis 共生（现象）

símbolo *s.m.* symbol 符号

simetito *s.m.* simetite 高氧琥珀

simetria *s.f.* symmetry 对称

simetria axial axisymmetry 轴对称

simetria bilateral bilateral symmetry 左右对称，两侧对称

simetria local local symmetry 局部对称

simetria radial radial symmetry 径向对称；放射对称

simétrico *adj.* symmetric, symmetrical 对称的

similaridade *s.f.* similarity 相似性

similitude *s.f.* similitude 相似性

simpléctico *adj.* symplectic 辛的，偶对的

simplectito *s.m.* symplectite 后成交织连晶；后成合晶

simples ❶ *adj.inv.* simple; single; plain 简单的；单一的；单体的；朴素的 ❷ *s.m.2n.* center, centering 拱架

simplificação *s.f.* simplification 简化

simplificar *v.tr.* (to) simplify 简化

simulação *s.f.* simulation 模拟，仿真

simulação de reservatório reservoir simulation 油藏模拟

simulador *s.m.* simulator 模拟器

simulador de escada stepper（健身器材）踏步机

simulador de incêndio fire simulator 火灾模拟器

simulador de partida a frio cold-cranking simulator 冷起动模拟器

simulador de processo process simulator 程序模拟器

simulador de tráfego traffic simulator 交通模拟器

simulador de voo flight simulator 飞行模拟器

simulador de voo 3D 3D flight simulator 3D飞行模拟器

simulador dinâmico de incêndio fire dynamic simulator 火灾动态模拟器

simular *v.tr.* (to) simulate 模拟，仿真

sinagoga *s.f.* synagogue 犹太教堂

sinal *s.m.* ❶ signal 信号 ❷ 1. sign, signal 标志，标志物；告示牌 2. signal, semaphore 交通信号灯 ❸ earnest 定金

sinal acústico acoustic signal 声信号

sinal analógico analog signal 模拟信号

sinal anão dwarf signal 矮柱信号机

sinal anológico de áudio analog audio signal 模拟音频信号

sinal anológico de vídeo analog video signal 模拟视频信号

sinal audível audible signal, sound signal 可闻信号；声响信号

sinal de advertência warning signal, beacon 警告标志；闪光指示灯

sinal de alarme alarm signal 警报信号

sinal de controlo control signal 控制信号

sinal de entrada input signal 输入信号

sinal de identificação do aeródromo aerodrome identification sign 机场识别标志

sinal de interferência interfering signal 干扰信号

sinal de intervalo time signal 报时信号

sinal de manobra marshalling signal（调度）指挥信号

sinal de medição measurement signal 测量信号

sinal de medida measuring signal 测量信号

sinal de mudança acima upshift signal 升挡信号

sinal de nevoeiro fog signal 雾标，雾号

sinal de partida start signal 起动信号

sinal de perigo ❶ danger-signal, warning, alarm 危险信号 ❷ hazard sign 危险标志

sinal de rádio radio signal 无线电信号

sinal de saída output signal 输出信号

sinal de socorro distress call 遇险呼叫

sinal de tráfego (/trânsito) traffic sign 交通标志

sinal de virar turn signal 转向灯

sinal digital digital signal 数字信号

sinal discreto discrete signal 离散信号

sinal distinguível distinguishable signal 可辨别信号

sinal distintivo distinguishing signal 特殊信号，辨识信号

sinal luminoso light signal 光信号

sinal luminoso de trânsito traffic light, blinker 交通灯

sinal óptico optic sign 光信号

sinal por conta retaining fee 聘请费用（尤指聘请律师顾问等）

sinal sísmico seismic signal 地震信号

sinal sonoro sound signal 声响信号

sinal visual visual signal 视觉信号

sinaleiro s.m. ❶ flagman, handsignalman 司旗员，手号员 ❷ marshaller 信号员；停机坪调度员

sinaleiro de placa aircraft marshaller 飞机停机坪调度员

sinalética s.f. signposting [集] 标志；指示牌

sinalização s.f. ❶ signalizing 发信号，打信号 ❷ signals, signs, markings [集] 信号；标志

sinalização de alerta advance signing 前置交通标志

sinalização de emergência emergency signaling 事故信号装置

sinalização de estradas ⇨ sinalização rodoviária

sinalização de obras construction signs 施工标志

sinalização de passagem em nível crossing signal 道口信号

sinalizações de pista road markings 路面标志

sinalização das saídas exit sign 出口标志

sinalização de trânsito traffic light signal, traffic signal [集] 交通灯信号

sinalização horizontal horizontal signs, road markings 水平路标，交通标线

sinalização por bandeirola (/lanterna) wig-wag 灯光信号

sinalização rodoviária carriageway markings 道路标识

sinalização semafórica traffic light signals 交通灯信号

sinalização suspensa overhead signaling 高架标志

sinalização vertical vertical signs 垂直路标，交通标牌

sinalizador s.m. ❶ pilot light 指示灯 ❷ describer 列车指示牌；列车记录器 ❸ flagman, handsignalman 司旗员，手号员

sinalizar v.tr. (to) signal; (to) flag 发信号；用旗发出信号

sinantexia s.f. synantexis 岩浆后期变质

sincelo s.m. hard rime 冰锥；雾凇

sincinemático adj. synkinematic 同构造的

sinclinal s.m. syncline 向斜

sinclinal periférico rim syncline 边缘向斜，边缘沉陷

sinclinório s.m. synclinorium 复向斜

sincosite s.f. sincosite 磷钙钒矿

sincronização s.f. ❶ synchronization 同步 ❷ timing 正时

sincronização de dados data synchronization 数据同步

sincronização de horário time synchronization 时间同步；时钟同步

sincronização do motor engine synchronization 发动机同步

sincronização da válvula valve timing 气门正时

sincronização em tempo real real-time synchronization 实时同步

sincronização por volante flywheel synchronization 飞轮同步

sincronizador s.m. synchronizer 同步器

sincronizar v.tr. (to) synchronize 使同步

síncrono adj. synchronous 同步的；同时的

sincroscópio s.m. synchronoscope 同步指示器，同步示波器

sindeposicional adj.2g. syndepositional 同

沉积期的

sindiagénese *s.f.* syndiagenesis 同生成岩作用，同成岩作用；早期成岩作用

sindicato *s.m.* labor union 工会

sineclise *s.f.* syneclise 台向斜

sinecologia *s.f.* synecology 群落生态学

sine die *loc.* sine die 无限期地

sineira *s.f.* bell tower 钟楼

Sinemuriano *adj.,s.m.* Sinemurian; Sinemurian Age; Sinemurian Stage（地质年代）辛涅缪尔期（的）；辛涅缪尔阶（的）

sine qua non *loc.* sine qua non 必要的，必不可少的

sinerite *s.f.* sinnerite 辛硫砷铜矿

sinete *s.m.* seal; signet（用来在火漆或者蜡封上作记号的）印，印章

sinforma *s.f.* synform 向形

singénese *s.f.* syngenesis 早期成岩作用

singenético *adj.* syngenetic 同生的

singenite *s.f.* syngenite 钾石膏

singlifo *s.m.* synglyph 同生印痕

singradura *s.f.* day's run 昼夜航程，日航程

singularidade *s.f.* singularity 奇异性；奇点

sinirito *s.m.* synnyrite 森内尔岩

sinistro *s.m.* disaster; accident 灾害；事故

sino *s.m.* bell 钟，铃

　sino de alarme signal bell 信号铃

　sino de imersão (/de mergulhador/de mergulho) diving bell 潜水钟

　sino de imersão de hélio helium diving bell 充氦潜水钟

sinorogénico *adj.* synorogenic 同造山期的

sinsedimentar *adj.2g.* synsedimentary 同沉积的

sintaxial *adj.2g.* syntaxial 取向连生的

sintectito *s.m.* syntectite 同熔岩；熔成岩

sintectónico *adj.* syntectonic 同构造的

sínter *s.m.* sinter 烧结物

sinterização *s.f.* sintering 烧结

sinterizado *adj.* sintered 烧结的

síntese *s.f.* ❶ summary 概要；总结 ❷ synthesis 合成；合成法

　síntese descritiva summary description 概要描述

sintético *adj.* synthetic 合成的，人造的

sintetizador *s.m.* synthesizer 合成器

　sintetizador de frequências frequency synthesizer 频率合成器

sintetizar *v.tr.* (to) synthesize 合成

sintexia *s.f.* syntexis 同熔作用

sintonia *s.f.* harmony, tuning, syntony 调谐；调音

sintonização *s.f.* tuning 调谐

　sintonização automática automatic tuning 自动调谐

　sintonização do circuito circuit tuning 回路调谐

sintonizador *s.m.* tuner 调谐器

　sintonizador eléctrico electric tuner 电调谐器

sintonizar *v.tr.* (to) tune 调谐；调音

sinuosidade *s.f.* snakiness 弯曲，曲折

sinuoso *adj.* snaky 蛇形的，弯弯曲曲的

sinusoidal *adj.2g.* sinusoidal 正弦的，正弦曲线的

sinusóide *s.f.* sinusoid, sine curve 正弦曲线

sipo *s.m.* sipo 良木非洲楝（*Entandrophragma utile*）

sirene *s.f.* buzzer 蜂鸣器

sirene com flash flash buzzer 闪光蜂鸣器

sirene de alarme de cheia flood-alarm siren 洪水警报器

sisa *s.f.* land transfer tax 不动产转移税

sísmica *s.f.* seismics 地震勘探，地震探测法

sísmica 2D/3D/4D 2D/3D/4D seismics 二维／三维／四维地震勘探

sísmica intraformacional in-seam seismics 槽波地震勘探

sísmica passiva passive seismics 无源地震法

sismicidade *s.f.* seismicity 地震活动性；震级；地震活动强度

sismicidade do local seismicity of a site 区域地震活动性

sismicidade induzida induced seismicity 诱发地震活动性

sísmico *adj.* seismic 地震的

sismito *s.m.* seismite 震积岩

sismo *s.m.* earthquake 地震

sismo de profundidade média earthquake of intermediate depth 中等深度地震（70—300千米）

sismo de projeto design earthquake; design basis earthquake (DBE) 设计基准地震

sismo induzido por reservatório reservoir induced earthquake 水库诱发地震

sismo intermediário intermediate earthquake 中层地震

sismo profundo deep earthquake 深层地震（>300 千米）

sismo submarino seaquake, submarine quake 海底地震

sismo superficial shallow earthquake 浅层地震（0—70 千米）

sismo tectónico tectonic earthquake 构造地震

sismo vulcânico volcanic earthquake 火山地震

◇ maior sismo possível maximum credible earthquake (MCE) 最大可信地震

sismoestratigrafia *s.f.* seismostratigraphy 地震地层学

sismofácies *s.f.2n.* seismofacies 地震相

sismografia *s.f.* seismography 测震学；地震定测法

sismógrafo *s.m.* seismograph 地震仪

sismógrafo de medição de acelerações acceleration seismograph 加速度地震记录仪

sismógrafo de medição de deslocamentos displacement seismograph 位移地震仪

sismógrafo de medição de velocidades velocity seismograph 地震速度计

sismógrafo de quadro móvel moving coil seismograph 动圈式地震仪

sismógrafo de reflexão reflection seismograph 反射地震仪

sismógrafo horizontal horizontal seismograph 水平地震仪

sismógrafo mecânico mechanical seismograph 机械地震仪

sismógrafo vertical vertical seismograph 垂向地震仪

sismograma *s.m.* seismogram 地震波曲线；震波曲线图

sismograma de reflexão reflection seismogram 反射地震记录

sismograma de refracção refraction seismogram 折射地震记录

sismograma sintético synthetic seismogram 合成地震记录

sismologia *s.f.* seismology 地震学

sismologia aplicada applied seismology 应用地震学

sismometria *s.f.* seismometry 测震学

sismómetro/sismômetro *s.m.* seismometer 地震仪

sismômetro de esforço strain seismometer 应变地震仪

sismômetro de fundo do mar ocean-bottom seismometer 海底地震仪

sismoprecursor *s.m.* foreshock [葡] 前震

sismoscópio *s.m.* seismoscope 地震示波仪，震波（显示）仪

sismotectónica *s.f.* seismotectonics 地震构造；地震造构学

sistema *s.m.* ❶ 1. system 系，系统，体系；制，制度，体制 2. method, mode 方式，方法 ❷ system, device 系统，装置 ❸ system 系（时间地层单位，eratema 的下一级，série 的上一级，对应地质时代单位 período）

sistema à prova de falhas fail-safe system 故障保险系统

sistema aberto open system 开放系统

sistema ABS anti-lock braking system (ABS) 防抱死制动系统，ABS 系统

sistema Ackermann Ackermann system 阿克曼汽车底盘系统

sistema activo ❶ active system 主动（调节）系统 ❷ active system 有源系统

sistema activo de rasteio active tracking system 主动跟踪系统

sistema aeroportuário airport system 机场系统

sistema air bag air bag system 气囊系统

sistema ambiental environmental system 环境系统

sistema anórtico anorthic system 三斜晶系

sistema anti-bloqueio dos travões ⇒ sistema ABS

sistema anticolisão de bordo airborne collision avoidance system 机载防撞系统

sistema antiderrapante anti-skid system 防滑装置

sistema anti-gelo anti-ice system 防冰系统

sistema anti-pulo anti-bouncer 防跳装置，

减震器

sistema anti-quedas anti-falling system, anti-falling device 防坠系统，坠落防护系统

sistema antivibração anti-shake system 防震动系统；防抖动系统

sistema antiviolação tamper proof system 防破坏系统

sistema apontar a broca point-the-bit system 指向式旋转导向钻井系统

sistema arterial de rodovias arterial highway system 干线公路系统

sistema articulado da direcção steering linkage 转向联动装置

sistema aspersão sprinkling system 喷洒系统

sistema assimétrico asymmetric system 非对称系统

sistema astático astatic system 无定向系统，无静差系统

sistema audiovisual audio visual system 音频视频系统

sistema automático de auscultação ⇒ sistema automático de monitoramento

sistema automático de controlo de acessos (SACA) automatic system of control of access 自动门禁控制系统

sistema automático do controle de voo automatic flight control system 自动飞行控制系统

sistema automático de detecção de gases tóxico e explosivos (SADG) automatic system of detection for toxic and explosive gases 自动有毒易爆气体检测系统

sistema automático de detecção de incêndios (SADI) automatic fire detection system 自动火灾探测系统

sistema automático de detecção de intrusão (SAI) automatic intruder alert system 防入侵自动警报系统

sistema automático de evacuação de emergência (SAEE) automatic emergency evacuation system 自动紧急疏散系统

sistema automático de extinção de incêndios automatic fire-extinguishing system 自动灭火系统

sistema automático de extinção por

gases (SAEG) automatic gas fire-extinguishing system 自动气体灭火系统

sistema automático de intercâmbio de dados automated data interchange system 自动数据交换系统

sistema automático de monitoramento automated monitoring system 自动监控系统

sistema automático de nivelamento dos faróis automatic headlamp levelling system (ALS/AHL) 自动前照灯调平系统

sistema automático de partida-parada automatic start-stop system 自动启停系统

sistema autônomo de climatização autonomous air conditioning system 自动空调系统，自控空调系统

sistema autotrepante self-climbing system, self-climbing scaffolding system 自爬升模板系统

sistema auxiliar auxiliary system 辅助系统

sistema auxiliar de estacionamento park assist system 停车辅助系统

sistema avançado de resfriamento modular (AMOCS) advanced modular cooling system (AMOCS) 模块化冷却系统

sistema Avoirdepois avoirdupois system 常衡制（一种质量单位制）

sistema bifásico quarter-phase system 两相制

sistema bifásico de 4 condutores two-phase four-wire system 两相四线制

sistema bifilar two-wire system 二线制

sistema binário binary system 二进制

sistema bitubular two-pipe system 双管系统

sistema BUS para circuitos de emergência emergency circuit bus system 应急电路总线系统

sistema cartográfico cartographic system 地图系统

sistema central de climatização central air conditioning system 中央空调系统

sistema CGS CGS system (centimeter-gram-second system) 厘米-克-秒单位制

sistema colectivo de antena de televisão master antenna television (MATV) 主

天线电视，共用天线系统

sistema colector de rodovias collector system 集散公路系统

sistema combinado combined system 组合系统，复合系统，联合系统

sistema conjunto reservatório-barragem reservoir-dam coupled system 水库–坝耦合系统

sistema coordenado de sinalização coordinated control system 协调控制系统，联动控制系统

sistemas corta-fogo firestopping systems 挡火系统

sistemas corta-fogo com penetrações through-penetration firestop systems 贯穿挡火系统

sistemas corta-fogo com penetrações, com classificação F e T F and T-rated through- penetration firestop systems F 级和 T 级贯穿挡火系统

Sistema COSPAS-SARSAT COSPAS-SARSAT System 全球卫星搜索系统

sistema cristalino crystal system 晶系

sistema cristalográfico crystallographic system 晶系

sistema cúbico cubic system 立方晶系

sistema de abastecimento de água em alta upstream water supply system 供水系统上游部分（取水、处理、输水系统）

sistema de abastecimento de água em baixa downstream water water supply system 供水系统下游部分（配水系统）

sistema de accionamento drive system 驱动系统

sistema de admissão intake system 进气系统

sistema de admissão de combustível fuel intake system 燃料供给系统

sistema de advertência warning system 报警系统

sistema de aeração aeration system 曝气系统

sistema de aeração flutuante floating aeration system 浮动曝气系统

sistema de aeronave não tripulada unmanned aircraft system 无人飞机系统

sistema de água de alimentação auxi-liar auxiliary feed water system 辅助给水系统

sistema de água de alimentação da caldeira boiler feed water system 锅炉给水系统

sistema de água de circulação circulating water system 循环水系统

sistema de água de gravitação gravity water system 重力流水系统

sistema de água e ar air-water system 空气-水系统

sistema de água gelada ice water system 冰水系统

sistema de águas de serviço service water system 厂用水系统

sistema de alarme alarm system 警报系统；报警系统

sistema de alarme anti-roubo burglar alarm system 防盗警报系统

sistema de alarme contra intrusão e roubo (SAIR) anti-intrusion and anti-burglaryalarm system 防入侵和防盗报警系统

sistema de alarme do freio de estacionamento e de emergência emergency parking brake warning system 紧急停车制动预警系统

sistema de alarme de incêndio fire-alarm system 火灾报警系统

sistema de alarme de incêndio analógico endereçável analogue addressable fire alarm system 模拟寻址火灾报警系统

sistema de alarme de incêndio do tipo analógioco inteligente intelligent analogue type fire system 智能模拟型消防报警系统

sistema de alerta warning system 报警系统

sistema de alerta antecipada early warning system 预警系统

sistema de alerta de tráfego e prevenção de colisões traffic alert and collision avoidance system 空中交通警戒和防撞系统

sistema de alimentação ❶ feed system 进料系统 ❷ fuel feeding system 燃料供给系统

sistema de alimentação de energia ininterrupta uninterruptible power supply

(UPS) system 不间断电源系统，UPS 系统 ⇨ sistema UPS

sistema de alimentação de energia ininterrupta (UPS) estático static uniterruptible power supply (UPS) system 静态不间断电源系统

sistema de alívio de sobrepressão overpressure relief system 超压泄放系统

sistema de amostragem sampling system 取样系统；抽样系统，采样系统

sistema de amostragem automático automatic sampling system 自动进样系统

sistema de ancoragem mooring system 系泊系统

sistema de andaime e cofragem em plataforma metálica integrada autotrepante self-climbing integrated steel platform formwork and scaffolding system 整体爬升钢平台模板系统

sistema de anti-intrução intrusion prevention system (IPS) 防入侵系统

sistema de apothecaries apothecaries' system 药衡制（一种质量单位制）

sistema de aquecimento heating system 加热系统；暖气系统

sistema de aquecimento central central heating system 中央供暖系统

sistema de aquecimento de recirculação recirculating heating system 循环加热系统

sistema de aquecimento solar solar heating system 太阳能加热系统

sistema de aquisição de dados de perfuração drilling data acquisition system [巴] 钻井数据采集系统

sistema de ar air system 空气系统

sistema de ar comprimido compressed air system 空气压缩系统

sistema de ar condicionado air conditioning system 空调系统

sistema de ar condicionado central central air conditioning system 中央空调系统

sistema de ar condicionado multi-split multi-split air-conditioning system 多联机空调系统

sistema de ar forçado forced air system 强制通风系统

sistema de arranque starting system 启动系统

sistema de arrefecimento cooling system 冷却系统，制冷系统

sistema de arrefecimento a ar air cooling system 空气冷却系统；风冷系统

sistema de arrefecimento de óleo oil cooling system 油冷却系统

sistema de arrefecimento de tubo submerso submerged pipe cooling system 浸没式管道冷却系统

sistema de arrefecimento por evaporação evaporative cooling system 蒸发冷却系统

sistema de arrefecimento pressurizado pressurized cooling system 加压冷却系统

sistema de articulação articulation system 铰接系统

sistema de aspersão de água water sprinkler system 洒水系统

sistema de aspiração central stale air extraction system 中央换气系统

sistema de assistência do freio brake assist system (BAS) 辅助制动系统

sistema de atamento tying method 捆绑方法

sistema de atendimento service system 接待系统

sistema de aumentação a bordo de aeronave aircraft based augmentation system 机上增强系统

sistema de auscultação monitoring system 监测系统

sistema de automação do edifício (/predial) building automation system (BAS) 楼宇自动化系统，楼宇自控系统

sistema de autorização de trabalho work authorization system 工作授权系统

sistema de barramento duplo two bus system 二总线制系统

sistema de biodegradação acelerada de resíduos waste accelerated degradation system 废物快速降解系统

sistema de bloqueio absoluto absolute block system 绝对闭塞制

sistema de bombagens de pressurização de água pressure pump system 加压

泵系统

sistemas de bombagem, filtração e dosagem pumping, filtration and dosing systems（灌溉）首部系统，首部枢纽

sistema de bombeamento pumping system 水泵系统，抽水系统

sistema de bombeiro fire fighting system 消防系统

sistema de bondes light rail transit 城市轻轨系统

sistema de cablagem integrada premises distribution system 综合布线系统

sistema de captação de água water collection system 取水系统

sistema de captação de imagem image collection system 图像采集系统

sistema de cartão inteligente smart card system 一卡通系统

sistema de CATV cable television system, CATV system 有线电视系统

sistema de CCTV closed circuit television (CCTV) 闭路电视；闭路电视监控系统

sistema de cerveja beer system 啤酒供应系统

sistema de chaminé única single-stack system 单组防喷器装置

sistema de chuveiros automáticos automatic spraying system 自动喷淋系统

sistema de circuito fechado closed-loop system 闭环系统

sistema de circuito perimétrico perimeter loop system 周边供暖系统

sistema de circulação de lama mud system 泥浆循环系统

sistema de climatização air-conditioning system 暖通空调系统

sistema de coleta gathering system 收集系统，采集系统

sistema de coleta de dados de energia (SCDE) energy data collection system 能源数据收集系统

sistema de colimação collimation system 视准系统

sistema de comando para cartões furados punched-card system 穿孔卡控制系统

sistema de combustível fuel system 燃油系统

sistema de combustível com luva dosadora sleeve metering fuel system 套筒计量燃油系统

sistema de combustível com pistão helicóide (/tipo "scroll") scroll fuel system 涡形管燃油系统

sistema de compactação de lixo refuse compactor system 垃圾压实系统

sistema de compressão de gás gas compression system 气体压缩系统

sistema de comunicação communication system 通信系统

sistema de comunicações de longo alcance long-range communication system 远距离通信系统

sistema de comunicações e relatório de aeronaves aircraft communications addressing and reporting system 飞机通信寻址与报告系统

sistema de condensado condensate system 凝结水系统

sistema de condicionamento de ar central central air conditioning system 中央空调系统

sistema de condução piping system 管道系统

sistema de conduto único single-duct system 单风道空调系统

sistema de conferência conferencing system 会议系统

sistema de contabilidade account system 会计制度

sistema de contabilização e liquidação (SCL) accounting and settlement system 计费和结算系统

sistema de contagem de pessoas people counting system 人数统计系统

sistema de controlo central central control system 中央控制系统

sistema de controle de aceleração automática de decolagem automatic takeoff thrust control system 自动起飞推力控制系统

sistema de controlo de acesso access control system 门禁系统，门禁管理系统

sistema de controlo de acesso de veículos vehicle access control system 车辆

出入管理系统

sistema de controle de carga load control system 负荷控制系统

sistema de controlo do edifício building control system 楼宇控制系统

sistema de controlo de estacionamento parking control system 停车控制系统

sistema de controle de ferramenta tool control system 机具控制系统

sistema de controlo de produção production control system 生产控制系统

sistema de controlo da tracção (TCS) traction control system (TCS) 牵引力控制系统

sistema de controlo de transferência do combustível fuel transfer control system 燃油运送控制系统

sistema de controlo de trânsito de área area traffic control system 区域交通控制系统

sistema de controlo de velocidade cruzeiro cruise control system 巡航控制系统

sistema de controlo e verificação control and verification system 控制和验证系统

sistema de controle não-mecânico fly-by-wire 电传操纵系统

sistema de controlo por voz voice control system 语音控制系统

sistema de controle químico e volumétrico (SCQV) chemical and volume control system 化学与容积控制系统

sistema de controlo remoto de relés de iluminação remote lighting relay control system 远程照明继电器控制系统

sistema de controle secundário dos freios secondary braking system; emergency braking system 应急制动系统

sistema de coordenadas grid system 坐标制

sistema de coordenadas cartesianas Cartesian coordinate system 笛卡儿坐标系

sistema de coordenadas do cristal crystal coordinate system 晶体坐标系统

sistema de coordenadas oblíquas oblique coordinate system 斜角坐标系

sistema de coordenadas polares polar coordinate system 极坐标系

sistema de coordenadas rectangulares rectangular coordinate system 直角坐标系

sistema de cor Munsell Munsell color system 孟塞尔颜色系统

sistema de correntes costeiras nearshore current system 近岸流系

sistema de corrente forte heavy current system 强电系统

sistema de corrente fraca weak current system 弱电系统

sistema de database database system 数据库系统

sistema de debulha threshing unit 脱粒装置

sistema de desconexão de emergência emergency disconnect system 紧急断开系统

sistema de desinfecção disinfection system 消毒系统

sistema de deslizamento slip system 滑移系

sistema de desvio de vapor vapor diversion system 蒸汽分流系统

sistema de detecção de fumaça do lavatório lavatory smoke detection system 卫生间烟雾探测系统

sistema de detecção de incêndio fire-detection system 火灾探测系统

sistema de detecção infravermelha infrared detection system 红外对射系统

sistemas de detecção/prevenção de incêndio fire detection /prevention systems 火灾监测／防御系统

sistema de difusão pública public address system (PAS) 公共广播系统

sistema de diluição de óleo oil dilution system 润滑油稀释系统

sistema de dilúvio sprinkler system 喷水灭火系统

sistema de direcção steering system 转向系统

sistemas de direcção e de freio steering and braking systems 转向和制动系统

sistema de direcção hidráulica hydraulic steering system 液压转向系统

sistema de distribuição ❶ distribution system （水、电、气等）配送系统 ❷ split system 分流系统

sistema de distribuição ascendente upfeed distribution system 上分式系统，上供式系统

sistema de distribuição de ar air distribution system 配气系统

sistema de distribuição descendente downfeed distribution system 下分式系统，下供式系统

sistema de dois altifalantes conjugados dual speaker 二声道音响系统

sistema de dois canos two-pipe system 双管系统

sistema de dosagem dosing system 计量配料系统；加药系统

sistema de dosagem química chemical dosing system 投药控制系统

sistema de drenagem drainage system（室内）排水系统

sistema de drenagem por gravidade gravity drainage system 重力排水系统

sistema de drenagem sanitária e ventilação sanitary drainage and vent system 排水和通风系统

sistema de duplo conduto dual-duct system 双风道空调系统

sistema de edição não linear non-linear editing system 非线性编辑系统

sistema de eléctrodo de massa earth electrode system 接地电极系统

sistema de eléctrodo único single electrode system 单电极系统

sistema de elevação a contrapesos counterweight flying system 配重块吊杆系统

sistema de embreagem clutch system 离合系统

sistema de energia power system 电力系统

sistema de engrenagem epicicloidal epicyclic train 行星齿轮系；周转轮系

sistema de escape exhaust system 排气系统

sistema de escorvamento priming system 起动灌注系统

sistema de esgoto sewerage system（室外）排水系统

sistema de extinção automática a

água por aspersores automatic sprinkler fire-extinguishing system 自动洒水灭火系统

sistema de extinção automática a água por pulverizadores automatic spray fire-extinguishing system 喷雾式自动灭火系统

sistema de extinção automática por espumas automatic foam extinguishing system 泡沫式自动灭火系统

sistema de extinção de incêndio automático automatic fire-extinguishing system 自动灭火系统

sistema de extracção de ar exhaust system 排气系统

sistema de extração de vapor das turbinas turbine steam extraction system 汽轮机抽汽系统

sistema de farol de aproximação por feixe beam approach beacon system 波束进场信标系统

sistema de fechaduras por cartão card lock system 卡门锁系统

sistema de fechamento de emergência emergency shutdown system 紧急停车系统

sistema de filtração (/filtragem) filter system 过滤系统

sistema de filtragem do óleo lubrificante lube oil filter system 润滑油过滤系统

sistema de fixação fastening system 紧固系统

sistema de flotação flotation system 浮力保持系统；浮选系统

sistema de fracturas fractures system 断裂系；破裂系

sistema de freio brake system 制动系统

sistema de freio a ar comprimido air brake system 空气制动系统

sistema de freio antitravamento ⇨ sistema ABS

sistema de freios de emergência secondary braking system 应急制动系

sistema de freios eletrônicos brake by wire system 线控制动系统

sistema de freio pneumático pneumatic brake system 气动制动系统

sistema de frio cooling system 制冷系统，冷却系统

sistema de frio ventilado frost-free system 无霜制冷系统

sistema de geração de energia power generation system 发电系统

sistema de geração distribuída de energia distributed power generation system 分布式发电系统

sistema de gerenciamento das bases de dado database management system 数据库管理系统

sistema de gerenciamento de voo flight management system 飞行管理系统

sistema de gestão centralizada de perigos (SGCP) centralised hazard management system 危险源集中管理系统

sistema de gestão do ambiente environmental management system (EMS) 环境管理体系

sistema de gestão de presença attendance management system 考勤管理系统

sistema de gestão de bases de dados (SGBD) database management system 数据库管理系统

sistema de gestão do edifício building management system (BMS) 楼宇管理系统

sistema de gestão de estacionamento parking management system 停车管理系统

sistema de gestão do hotel hotel management system 酒店管理系统

sistema de gestão da qualidade quality management system (QMS) 质量管理体系

sistema de gestão de rede network management system 网络管理系统

sistema de gestão informatizada computerized management system 电脑化管理系统

sistema de grade para os pisos grid system for floors 网格地板系统

sistema de halon halon smothering system 卤化物灭火系统

sistema de identificação automática (AIS, SIA) automatic identification system (AIS) 船舶自动识别系统

sistema de ignição ignition system 点火系统

sistema de iluminação lighting system 照明系统

sistema de (combate a) incêndio fire fighting system 消防系统

sistema de indicação visual abreviado T de rampa de aproximação abbreviated T visual approach slope indicator system (AT-VASIS) 简化 T 式目视进近坡度指示系统

sistema de indução induction system 进气系统

sistema de informação e visualização da carta electrónica de navegação (SIVCEN) electronic chart display and information system (ECDIS) 电子海图显示与信息系统

sistema de informação geográfica (SIG) geographical information system (GIS) 地理信息系统

sistema de informação territorial land information system (LIS) 土地信息系统

sistema de injecção injection system 喷射系统

sistema de injecção do combustível fuel injection system 燃油喷射系统

sistema de injeção de produtos químicos chemical injection system 化学药剂注入系统

sistema de injeção de segurança safety injection system 安全注入系统

sistema de inspecção de chassis de viaturas under vehicle inspection system (UVIS) 车辆底盘检测系统

sistema de intercomunicações intercommunication system 对讲系统，内部通信系统 ⇨ sistema intercom

sistema de intertravamento interlocking system 联锁系统

sistema de intertravamento e parada de emergência emergency shutdown system 紧急停车系统

sistema de intralogística intralogistics systems 内部物流系统

sistema de inundação deluge system 密集洒水系统

sistema de juntas joint system 节理系

sistema de lava-faróis (/lavagem de faróis) headlamp cleaning device 车灯清洗系统

sistema de lavagem de janelas window wash system 窗户清洗系统

sistema de leilão auction system 拍卖系统

sistema de ligação à terra earthing system 接地系统

sistema de ligação de drenagem drainage connection system 排水连接系统

sistema de limpeza cleaning unit 清洁装置

sistema de litografia lithography system, mask aligner 光刻系统，光刻机

sistema de lubrificação lubrication system, greasing system 润滑系统

sistema de lubrificação do motor crankcase lubrication system 曲轴箱润滑系统

sistema de luzes de aproximação approach light system 进近灯光系统；进场灯光系统

sistema de luzes de aproximação de média intensidade medium intensity approach light system 中强度进近灯系统

sistema de mainéis de vidro glass mullion system, glass fin system 带外挑肋板的玻璃幕墙

sistema de manufactura flexível flexible manufacturing system 弹性制造系统，柔性制造系统

sistema de medição measuring system 测量系统

sistema de metro ligeiro light rail system 轻轨铁路系统

sistema de monitoração monitoring system 监测系统

sistema de monitoração computadorizado (CMS) computerized monitoring system (CMS) 计算机化监控系统，计算机监测系统

sistema de monitoração de radiação radiation monitoring system 辐射监测系统

sistema de monitoramento da temperatura dos freios brake temperature monitoring system 刹车温度监控系统

sistema de monitoramento eletrônico electronic monitoring system (EMS) 电子监控系统

sistema de monitorização de contaminação contamination monitoring system 污染监测系统

sistemas do motor, de propulsão e de alimentação engine, propel, and feeder systems 发动机、推进系统和进料系统

sistema de multilateração MLAT system 多点定位系统

sistema de Munsell Munsell system 孟塞尔颜色系统

sistema de navegação ❶ navigation system 导航系统 ❷ steerable system （钻井）导向系统

sistema de navegação de longo alcance long-range navigation system 长程导航系统

sistema de navegação inercial inertial navigation system 惯性导航系统

sistema de navegação integrado integrated navigation system 组合导航系统

sistema da navegação multisensor multi-sensor navigation system 多传感器组合导航系统

sistema de operação automática automatic operation system 自动操作系统

sistema de oxigênio de fluxo contínuo continuous flow oxygen system 连续流出式供氧装置

sistema de pára-choque fender system 防撞系统

sistema de paredes de sustentação bearing wall system 承重墙系统

sistema de partida ⇨ sistema de arranque

sistema de partida hidráulica hydraulic starting system 液压起动系统

sistema de patrulha electrónica electronic patrol system 电子巡更系统

sistema de patrulha sem fio wireless patrol system 无线巡更系统

sistema de perna atirantada lateral taut-leg mooring system 绷腿系泊系统

sistema de piezómetros piezometers system 测压系统

sistema do pitot pitot-static system 全压静压系统

sistema de pleno plenum system 压力通风系统

sistema de posicionamento positioning

system 定位系统

sistema de posicionamento global global positioning system (GPS) 全球定位系统

sistema de posicionamento global diferencial differential global positioning system (DGPS) 差分全球定位系统

sistema de posicionamento hiperbólico hyperbolic positioning system 双曲线定位系统

sistema de pouso por GBAS GBAS landing system 地基增强着陆系统

sistema de pouso por instrumentos instrument landing system 仪表着陆系统

sistema de pouso por micro-ondas microwave landing system 微波着陆系统

sistema de pré-acção preaction system 预作用系统

sistema de preservação conservancy system 存置系统

sistema de pressurização de ar air pressurization system 空气加压系统

sistema de previsão de cheias flood forecasting system 洪水预报系统

sistema de processamento de chamadas call processing system 呼叫处理系统

sistema de produção flutuante floating production system (FPS) 浮式生产系统

sistema de projecção projection system 投影系统

sistema de projeção cartográfica map projection system 地图投影系统

sistema de propulsão propulsion system 推进系统

sistema de propulsão com sensor de carga load-sensing propel system 负载感应推进系统

sistema de propulsão de bomba dupla dual-pump propel system 双泵推进系统

sistema de proteção especial special protection system 特殊保护系统

sistema de protecção à pressão de alta integridade high integrity pressure protection system (HIPPS) 高完整性压力保护系统

sistema de protecção contra descargas atmosféricas (SPDA) atmospheric dis-

charge protection systems (ADPS) 防大气放电系统

sistema de quadro interactivo electronic (interactive) whiteboard system 电子白板系统

sistema de radiodifusão de TV TV broadcast system 电视播出系统

sistema de radioposicionamento radiopositioning system 无线电定位系统

sistema de reaquecimento terminal terminal reheating system 终端再热系统

sistema de rebaixamento e recarga de lençol freático dewatering and recharge system of watertable 降水和回灌系统

sistema de reconhecimento das placas de matrícula VNPRS (vehicle number plate recognition system) 汽车车牌识别系统

sistema de rectificação de corrente current rectifier system 电流整流系统

sistemas de recuperação de calor heat recovery system 热能回收系统；余热回收系统

sistema de recuo retreating system 后退式开采法

sistema de rede informática network system 网络系统

sistema de referência reference system 参考系

sistema de referência planimétrico plan reference system 平面参考系

sistema de referenciação geodetic reference system 大地测量参考系统

sistema de refrigeração refrigeration system; refrigeration plant 冷冻系统；冷藏设备

sistema de refrigeração do reator (SRR) reactor cooling system 反应堆冷却系统

sistema de rega automática automatic irrigation system 自动浇灌系统

sistema de registo de dados data logger 数据记录装置

sistema de registo de dados de perfuração drilling data acquisition system 钻井数据采集系统

sistema de registos múltiplos multishot

instrument 多点测斜仪

sistema de relógio clock system 时钟系统

sistema de relógio eléctronico electronic clock system 电子时钟系统

sistema de remoção de calor residual waste heat removal system 废热排出系统

sistema de remoção de ferro iron water cleaning system 除铁系统

sistema de resfriamento directo com água do mar direct seawater cooling system 海水直接冷却系统

sistema de respiradouro vent system [葡] 通风系统，排气系统

sistema de respiro vent system [巴] 通风系统，排气系统

sistema de retenção restraint system 约束系统

sistemas de reticulação de água e saneamento water and sanitation reticulation systems 网状给排水管网系统

sistema de saneamento sanitary drainage system 排水系统

sistema de sangria de ar de motores engine bleed air system 发动机引气系统

sistema de segurança contra intrusão ⇨ sistema anti-intrusão

sistema de segurança de rede network security system 网络安全系统

sistema de segurança integrado integrated security system 集成安防系统

sistema de separação separation unit 分离装置

sistema de sinalização de carga load signal system 负荷信号系统

sistema de sincronização horária time synchronization system 时间同步系统

sistema de som sound system 音响系统

sistema de spray d'água water spray system 喷水系统

sistema de spray HVLP HVLP spray system 高流量低气压喷涂系统

sistema de supervisão, controlo e aquisição de dados supervisory control and data acquisition system (SCADA) 监控与数据采集系统

sistema de supressão de incêndio fire suppression system 灭火系统

sistema de supressão por aerossol aerosol fire extinguishing system 气溶胶灭火系统

sistema de suprimento do combustível fuel supply system 燃油供应系统

sistema de suspensão suspension system 悬挂装置

sistema de telefone telephone system 电话系统

sistema de temporização timing system 定时系统；计时系统

sistema de tensão stress system 应力系统

sistema de tensão triaxial triaxial stress system 三轴应力系统

sistema de terceiro trilho third rail system 三轨制

sistema de tinta paint system 涂装体系，油漆做法

sistema de tirantes diagonais diagonal bracing system 对角支撑系统

sistema de tocha flare system 火炬系统

sistema de transferência de energia power transfer systems 电力传输系统

sistema de trânsito massivo mass transit system 大运量客运系统

sistema de trânsito rápido rapid transit system 快速运输系统

sistema de transmissão ❶ transmission system 传输系统 ❷ drive line system 传动系统 ❸ driven system 驱动系统

sistema de transporte traffic system 运输系统

sistema de transporte de água water carriage system 输水系统

sistema de transporte público public transport system 公共交通系统

sistema de trasfega automático automatic transfer system (ATS) 自动传送系统；自动输油系统

sistema de tratamento de água water treatment system 水处理系统

sistema de tratamento de água, esgotos e efluentes water, effluent and sewage treatment system 水、污水和废水处理系统

sistema de tratamento de água industrial industrial water treatment system 工业水处理系统

sistema de tratamento de água potável potable water treatment system 饮用水处理系统

sistema de tratamento de águas oleosas oily water treatment system 含油污水处理系统

sistema de tratamento de esgoto sanitário sanitary sewage treatment system 生活污水处理系统

sistema de tratamento de gás gas treatment system 气体处理系统，天然气处理系统

sistema de tubo seco dry-pipe system 干管式系统

sistema de tubo úmido wet-pipe system 湿式（消防）系统

sistema de tubulação dupla two-pipe system 双管系统

sistema de tubulação inteira one-pipe system 单管系统

sistema de tubulação quádrupla four-pipe system 四管式系统

sistema de ultra/microfiltração ultra/microfiltration system 超滤／微滤系统

sistema de unidades Darcy Darcy unit system 达西单位制

sistema de UTM UTM system 通用横墨卡托格网系统，UTM 系统

sistema de vapor auxiliar auxiliary steam system 辅助蒸汽系统

sistema de vapor principal main steam system 主蒸汽系统

sistema de ventilação ventilating system 通风系统

sistema de ventilação e extracção de fumo ventilation and smoke extraction system 通风排烟系统

sistema de ventilação mecânica mechanical ventilation system 机械通风系统

sistema de vias expressas expressway system, freeway system 高速公路系统

sistema de vias locais local street system 支路系统

sistema de vias urbanas arteriais urban arterial road system 城市干线公路系统

sistema de vias urbanas colectoras urban collector system 城市集散公路系统

sistema de vias urbanas expressas urban expressway system, freeway system 城市高速公路系统

sistema de vias urbanas locais urban road system 城市道路系统

sistema de vídeo doméstico video home system (VHS) 家用视频系统

sistema de videovigilância video surveillance system 视频监视系统

sistema de visão de noite night vision system 夜视系统

sistema de voltagem constante constant voltage system 恒定电压系统

sistema de volume de ar constante constant air volume system 定风量系统

sistema de volume de ar variável variable air volume system 变风量系统

sistema decimal decimal system 十进制

sistema deltaico de maré vazante ebb-tidal delta system 落潮三角洲沉积体系

sistema deposicional depositional system 沉积体系

sistema diário fuel oil supply system 燃油日用系统

sistema domótico home automation system 家庭自动化系统

sistema duodenário duodenary system 十二进制

sistema duplo dual system 双重抗侧力体系

sistema eléctrico electrical system 电气系统

sistema eléctrico de pesagem electronic weighting system 电子称量系统

sistema eléctrico de potência electric power system 电力系统

sistema embarcado de registro e obtenção de dados aircraft interchange data system 飞机交换数据系统

sistema EIB/KNX EIB/KNX system KNX/EIB 智能建筑控制系统

sistema empurra a broca push-the-bit system 推靠式旋转导向钻井系统

sistema empurra-puxa push-pull 推拉式；推挽式

sistema energético energy system 能源系统

sistema eutéctico eutectic system 共晶

系统

sistema extintor de agente limpo clean agent extinguishing system 清洁剂灭火系统

sistema fixo de CO_2 fixed carbon dioxide extinguishing system 固定二氧化碳灭火系统

sistema fixo de espuma fixed foam extinguishing system 固定泡沫灭火系统

sistema flutuante de produção floating production system (FPS) 浮式生产系统

sistema gerador de azoto nitrogen generator system [葡] 制氮系统

sistema gerador de nitrogénio nitrogen generator system [巴] 制氮系统

sistema global de comunicação para aviso de perigo e segurança (GMDSS) global maritime distress and sa fety system (GMDSS) 全球海上遇险和安全系统

sistema global de navegação por satélite (GNSS) global navigation satellite system (GNSS) 全球导航卫星系统

sistema hexagonal hexagonal system 六方晶系

sistema hidráulico hydraulic system 液压系统

sistema hidráulico com detecção de carga load sensing hydraulics 负载感应液压装置

sistema hidráulico da embreagem hydraulic clutch system 液压离合器系统

sistema hidráulico por gravidade gravity water system 重力流水系统

sistema hidro-pneumático hydro-pneumatic system 水压气动系统

sistema hidrónico de circuito fechado closed loop water circulation system 闭路水循环系统

sistema hidrónico de climatização air conditioner water cycling system 空调水循环系统

sistema hidrotérmico hydrothermal system 热液系统

sistema hiperbólico de mistura e aeração hyperbolic mixing and aeration system 双曲面搅拌曝气系统

sistema informático computer system 电脑系统

sistema integrado motorizado de tráfego rodoviário integrated motorized traffic system 综合机动交通系统

sistema intensificador de visibilidade em voo enhanced flight vision system 增强飞行视景系统

sistema intercom intercommunication system 对讲系统，内部通信系统

sistema interligado interconnected system 互联系统

sistema interligado nacional (SIN) national interconnected system 国家互联电力系统

sistema internacional de unidades (SI) international system of units (SI) 国际单位制

sistema isolado isolated system 隔离系统

sistema isométrico isometric system 等轴晶系

sistema laje-viga-pilar beam-slab-column system 梁板柱体系

sistema lane rental lane rental system 车道租赁制

sistema local rodoviário local system of rural roads 农村公路系统

sistema mecânico mechanical system 机械系统；力学系统

sistema métrico metric system 公制，米制

sistema MKS MKS system (meter-kilogram-second system) 米-千克-秒单位制

sistema modular modular system 模数制

sistema monoclínico monoclinic system 单斜晶系

sistema morfoclimático morphoclimatic system 气候地形系统

sistema muitiárea multizone system 多分区空调系统

sistema multibanda multiband system, multichannel system 多频带系统，多谱段系统

sistema multifaixa multiband system, multichannel system 多通道系统

sistema multimunicipal de abastecimento de água multi-municipal water supply system 多城市供水系统

sistema mundial de previsão de área world area forecast system 世界区域预报

系统

sistemas não interligados non-interconnected system 非互联系统

sistema não paralelo non parallel system 非并联系统

sistema nebulizador spray system 喷雾器系统

sistema Newall Newall system 纽沃尔制，公差配合基孔制

sistema nonel nonel initiation system 非电导爆管起爆系统

sistema oblíquo oblique system 斜角系；斜晶系

sistema operacional operational system 运行机制；运行系统，操作系统

sistema ortonormal orthonormal system 标准正交系

sistema ortorrômbico orthorhombic system 正交晶系；斜方晶系

sistema parcialmente miscível partially miscible system 部分互溶体系

sistema passa-tudo all-pass system 全通系统

sistema passivo ❶ passive system 被动系统 ❷ passive system 无源系统

sistema piramidal pyramidal system 锥体系

sistema por expansão direta direct expansion system 直接膨胀系统

sistema protecção de segurança safety protection system/ device 安全保护系统 / 装置

sistema "push-pull" ⇨ sistema empurra-puxa

sistema quadrático quadratic system 正方晶系

sistema radar secundário secondary radar system 二次雷达系统

sistema radial perimétrico perimeter radial system 辐射式供暖系统

sistema radicular root system 根系

sistema regular regular system 等轴晶系

sistema retangular (/quadriculado/ reticulado) rectangular system 直角坐标系 ⇨ sistema de coordenadas cartesianas

sistema rodoviário highway system 公路系统

sistema rômbico rhombic system 斜方晶系

sistema rotativo de indução rotary induction system 旋转输送系统

sistema sextavado hexagonal system 六方晶系

sistema simples simple system 单一系统，简单系统

sistema sonoro ❶ ⇨ sistema de som ❷ public address system (PAS) 公共广播系统，扩声系统

sistema tarifário tariff system 关税制度

sistema tectónico tectonic system 构造体系

sistema telefónico ⇨ sistema de telefone

sistema tensor tensioning system 张紧装置

sistema tetrafásico four-phase system 四相制

sistema tetrafilar four-wire system 四线制

sistema tetragonal tetragonal system 四方晶系

sistema TN-C TN-C system TN-C 方式供电系统

sistema TN-S TN-S system TN-S 方式供电系统

sistema totalmente aéreo all-air system 全空气系统

sistema totalmente hidáulico all-water system 全水系统

sistema triclínico triclinic crystallographic system 三斜晶系

sistema trifásico three-phase system 三相制

sistema trifásico de quatro condutores three-phase four-wire system 三相四线制

sistema trifásico de seis condutores three-phase six-wire system 三相六线制

sistema trifilar three-wire system 三线制

sistema trifilar bifásico two-phase three-wire system 两相三线制

sistema tubular stick system 立框式玻璃幕墙

sistema unificado de classificação de

solos (SUCS) unified soil classification system (USCS) 土质统一分类法

sistema unitário unit system 单元式幕墙系统

sistema unitubular one-pipe system 单管系统

sistema UPS UPS system 不间断电源系统，UPS 系统

sistema UPS completo a incluir baterias, carregador, interruptor de transferência inversor e interruptor de desvio manual UPS system complete, including batteries, charger, inverter transfer switch and manual by-pass switch 全套 UPS 系统，含电池、充电器、逆变器转换开关和手动旁路开关

sistema viário road system 道路系统

sistema vibratório fechado pod style vibratory system 舱式振动系统

sistema viga-pilar post-and-lintel system, post-and-beam system 梁柱体系

sistema visual indicador da rampa de aproximação visual approach slope indicator system 目视进场下滑指示系统

sistematicidade s.f. systematicness 系统性

sistemática s.f. systematics 系统学；[集]系统

sistematização s.f. systematization 系统化，使···更具系统性

sistematização de operação e manutenção systematization of operation and maintenance 运维系统建设

sistematizar v.tr. (to) systematize 使系统化

sistilo adj.,s.m. systyle 双柱径间距柱式（的）

site s.m. site 网站

sítio s.m. ❶ site 地点；地盘 ❷ site 网站

sítio adjacente adjacent site 相邻地盘

sito adj. situated, located 位于···，坐落于···

situação s.f. situation 情况，状况

situação actual current situation 现状

situação de base benchmarking 基准状况

situação da dívida debt situation 债务状况

situação de emergência emergency situation 紧急情况

situação económica economic situation 经济状况

situação financeira financial situation 财务状况

situação jurídica legal situation 法律状况

sizígia s.f. syzygy 朔望

skidder s.m. skidder 集材拖拉机

skidder de cabo cable skidder 钢丝绳集材拖拉机

skidder de garra grapple skidder 抓斗集材拖拉机

skidder de rodas wheel skidder 轮式集材拖拉机

skolito s.m. skolite 鳞海绿石

skomerito s.m. skomerite 橄辉钠质粗面岩

skutterudite s.f. skutterudite 方钴矿

sky-horse s.f. sky-horse （起重机的）上部活动平衡装置

sky lobby s.m. sky lobby 空中大堂

slalom s.m. slalom 障碍滑雪

slogan s.m. slogan 标语，口号

slot s.m. airport slot 航班起降时刻

smaltite s.f. smaltite 砷钴矿

smaragdite s.f. smaragdite 绿闪石

smithsonite s.f. smithsonite 菱锌矿

snapping s.m. snapping 拍快照，快速拍摄

snorkel s.m. snorkel （车辆的）涉水器，涉水喉，高位进气管道

snorkel de carneiro air ram snorkel 弯头涉水喉，鸭嘴喉头涉水喉，招财猫涉水喉

snorkel vortex vortex snorkel 加装集沙杯的涉水喉

soalho s.m. flooring 地板

soalho à inglesa english parquet flooring, grooved and tongued floor 企口地板，桦槽地板

soalho à portuguesa portuguese parquet flooring, Z-lap joint floor Z 字形搭接地板

soalho caveirado double herringbone parquet floor 双人字铺面地板

soalho coberto com linóleo linoleum floor 铺油毡地板

soalho de chanfro bevel joint flooring 斜接地板

soalho de encaixe butt-joint floor 拼接地板

soalho de juntas flate joint flooring 平口地板，平接地板

soalho de macho e fêmea ⇨ soalho à

inglesa

soalho de meio-fio T-lap joint floor T 字形搭接地板

soalho de meio-fio recortado　⇨ soalho à portuguesa

soalho de parquete de madeira dura hardwood parquet flooring 硬木拼花地板

soalho de ripas strip floor 条形地板

soalho de vigas escoradas bridging floor 搁栅楼板

soalho diagonal diagonal parquet floor 斜铺地板

soalho espinhado (/em espinha) herringbone parquet floor 人字铺面地板

soalho falso sub-floor 毛地板

soalho flutuante floating floor 浮式地板

soalho maciço solid flooring 实木地板

soalho trespassado wood strip parquet floor 工字铺面地板

sobe e desce *s.m.* round trip （地下矿山的）往返行程

sobeira *s.f.* beaver's tail 檐口天棚

sobejo *s.m.* oddments 余料

sobrado ❶ *s.m.* wooden floor 木地板 ❷ *s.m.* rest; excessive （两层房屋的）二楼 ❸ *adj.* upper story of a house 剩余的；多余的

sobrancelha *s.f.* eyebrow eave 窗头线（饰）

sobrar *v.intr.* (to) left over, (to) remain 剩余，余下

sobre *prep.* on, about, over 在…之上，在…上方

　sobre centro overcenter 不同心的；偏心

　sobre metal metal-backed 金属衬底的

sobre- *pref.* upper, over- 表示"在…之上，过度…的"

sobreadensamento *s.m.* overconsolidation 超固结（作用）

sobrealimentação *s.f.* ❶ overfeeding 进料过多 ❷ turbocharging 涡轮增压

sobreaquecimento *s.m.* overheating, superheat 过热；过度加热

sobrearco *s.m.* lintel 门楣，窗楣

sobrebalanceado *s.m.* overbalanced 超平衡的

sobrecarga *s.f.* ❶ overload 超重，超载，超负荷 ❷ overcharge 过充电

sobrecarregado *adj.* ❶ overloaded 过载

的，超载的，超负荷的 ❷ overcharged (electrical) 过充的

sobrecarregar *v.tr.*　❶ (to) overload, (to) overfreight 过载，超载，超负荷 ❷ (to) overcharge 充电过度

sobrecéu *s.m.* canopy, dossal 天棚，雨棚

sobreclaustra *s.f.* ⇨ sobreclaustro

sobreclaustro *s.m.* upper cloister （修道院的）廊上房间

sobrecolunização *s.f.* supercolumniation 重列柱

sobreconsolidação *s.f.* overconsolidation 超固结（作用）

sobreconsumo *s.f.* overconsumption 超耗

sobrecorrente *s.f.* overcurrent 过流

sobrecusto *s.m.* extra cost 额外成本，额外费用

sobreelevação *s.f.* ❶ superelevation 超高，加高；超高、加高的部分 ❷ banking, superelevation （道路拐弯处外高内低的倾斜设计）超高

sobreelevação da soleira do vertedouro com pranchões flashboards 闸板，插板

sobreelevação de uma barragem heightening of dam; raising of dam 坝顶加高

sobreelevação devida à cheia flood surcharge 洪水超高

sobreelevado *adj.* raised 凸起的

sobre-embalagem *s.f.* overpack 合成包装件

sobreescavação *s.f.* overbreak, overexcavation 超挖

sobreestadia *s.f.* ⇨ sobrestadia

sobre-exposição *s.f.* overexposure 过度曝光

sobre-exposto *adj.* overexposed 过度曝光的

sobrefacturação *s.f.* over-invoicing 高报货价，高开发票

sobrefluxo *s.m.* afterflow 残余塑性变形

sobrefragmentação *s.f.* overbreak 超爆；过度断裂

sobrefuração *s.f.* overcoring 套芯钻

sobrefusão *s.f.* superfusion 过熔

sobregasificação *s.f.* overgassing 放气过多；过度析出气体

sobregeração *s.f.* generation surplus 过度发电，发电过剩

sobreimposição *s.f.* surimposition 迭复

sobreira *s.f.* ⇨ sobeira

sobrelaje *s.f.* overlaying pavement 加铺层

sobrelargura *s.f.* over width （道路转弯处的）路面加宽

sobrelevação *s.f.* ⇨ sobreelevação

sobrelevado *adj.* ⇨ sobreelevado

sobreleito *s.m.* ❶ roughcast of a wall 墙面的粗灰泥 ❷ upper base 上基层

sobreloja *s.f.* entresol, mezzanine 夹层

sobrelotação *s.f.* overload （载具）超载，超过定员

sobremarcha *s.f.* overdrive （汽车等的）超速传动装置（或齿轮等）；超速挡

sobremedida *s.f.* oversize 超大型；超大型物；筛上料

sobremetal *s.m.* finish allowance 加工裕度，加工余量

sobremetal para usinagem machine allowance 机械加工留量

sobrepor *v.tr.* (to) superimpose, (to) lay over, (to) pile up 置于…之上，叠加，叠放；堆叠

sobreporta *s.f.* door transom 门横楣

sobreposição *s.f.* ❶ superposition, overlap 重叠；叠加；搭接 ❷ overlap 搭焊

sobreposição basal baselap 底超

sobreposição lateral side lap （相邻建筑的）边缘搭接

sobreposição longitudinal forward overlap 航向重叠

sobreposição matricial grid overlay 栅格叠加

sobreposição progressiva progressive onlap 渐进超覆

sobreposição topológica topological overlay 拓扑重叠

sobreposição transversal side overlap 旁向重叠

sobrepressão *s.f.* overpressure 过压，超压，压力过剩

sobrepressor *s.m.* blower 增压器，鼓风机

sobrescrito *s.m.* envelope 外壳，外套，外封

sobressair *v.tr.* (to) be salient, (to) be projecting 突出，突起，隆起

sobressalente *s.f.* spare parts 备件

sobressaturação *s.f.* supersaturation 过度饱和

sobressaturado *adj.* supersaturated 过饱和的

sobrestadia *s.f.* demurrage charge 滞港费

sobretaxa *s.f.* surcharge 附加费

sobretaxa de combustível fuel surcharge 燃油附加费

sobretemperatura *s.f.* overtemperature 超温

sobretempo *s.m.* moveout, excess time 时差；隔距时间差

sobretempo normal normal moveout (NMO) 正常时差

sobretensão *s.f.* ❶ overvoltage 过压，过电压 ❷ overstress 超限应力

sobretensão transitória transient over-voltage 瞬态过电压

sobretorque *s.m.* ❶ over torque 扭矩储备 ❷ torque rise 扭矩增加；增扭

sobrevelocidade *s.f.* overspeed 超速

sobreverga *s.f.* door head; window head 门楣，门档，标示；窗楣

sobreviragem *s.f.* oversteering 过度转向

sobrevoar *v.tr.* (to) fly over 飞过，飞越

socadora *s.f.* tamper 夯实机，打夯机

socadora a ar comprimido air tamper 风动打夯机

socadora de amv switch tamper 道岔夯实机

socadora de lastro ballast tamper 捣碴机

socadora elétrica electric tamper 电动夯土机

socadora vibratória vibrating tamper 振动夯土机

socalco *s.m.* terrace 梯田；阶梯形地块

socalco individual drainage ditch on slope 山坡截流沟

socaria *s.f.* tamping 夯，捣

socaria de lastro ballast tamping 捣碴

socavamento *s.m.* undermining, undercutting, scouring 底蚀作用，底切作用；冲蚀，淘空

social *adj.2g.* corporate 公司的；法人的

sociedade *s.f.* ❶ partnership 合伙（制），合伙契约 ❷ 1. company; partnership enterprise （法律意义上的）公司；合伙企业 2. organization, association, society 团体，机

构，组织 ❸ society 社会

sociedade adquirente acquiring company 收购公司，主并公司

sociedade adquirida acquired company, target company 出盘公司，目标公司

sociedade anónima (SA) public limited company (PLC)（可向社会公众发行股票的）股份有限公司

sociedade anónima de responsabilidade limitada (SARL) company limited by shares, incorporated (Inc) 股份有限公司

sociedade cedente transferor company 出让人公司

sociedade coligada affiliated company 关联公司

sociedade comercial business association; commercial company 商事组织；商业公司

sociedade cooperativa cooperative society 合作社

sociedade de advogados law firm 律师事务所

sociedade de economia mista mixed ownership enterprise 混合所有制企业

sociedade de investimento investment company, investment trust 投资公司

sociedade de propósito específico (SPE) special purpose entity (SPE) 特殊目的实体

sociedade de responsabilidade limitada ⇨ sociedade limitada

sociedade em comandita commandite company, limited partnership （大陆法系中的）两合公司，（近似于英美法系中的）有限合伙企业

sociedade em comandita por acções commandite by shares company, Kommanditgesellschaft auf Aktien (KGaA) 股份两合公司

sociedade em comandita simples simple commandite company, Kommanditgesellschaft (KG) 两合公司

sociedade em conta de participação (SCP) silent partnership, dormant partnership （大陆法系中的）隐名合伙（不具有法人资格）

sociedade em nome colectivo general partnership 普通合伙企业（投资人对企业债务承担无限责任）

sociedade empresária limited company [巴] 有限公司（投资人对企业债务承担有限责任的各种公司的统称）

sociedade financeira finance company 信贷公司，金融公司

sociedade limitada limited company, limited liability company 有限公司，有限责任公司

sociedade limitada unipessoal (SLU) one-person limited liability company [巴] 一人有限责任公司（对注册资本金的要求低于 empresa individual de responsabilidade limitada）

sociedade não personificada unincorporated business 非法人企业

sociedade personificada incorporated business 法人企业

sociedade por acções incorporated company, company limited by shares 股份有限公司 ⇨ sociedade anónima

sociedade por cotas de responsabilidade limitada [巴] ⇨ sociedade limitada

sociedade por quotas limited liability company 有限责任公司 ⇨ sociedade limitada

sociedade simples general partnership company [巴] 普通合伙企业（投资人对企业债务承担无限责任）

sociedade unipessoal por quotas one-person limited liability company 一人有限责任公司

sociedade visada acquired company, target company 出盘公司，目标公司

sócio s.m. shareholder; partner （有限责任公司的）股东；（合伙企业的）合伙人

sócio administrador managing shareholder, managing partner 在职股东；主理合伙人

sócio comanditado general partner （两合公司的）无限责任股东，（有限合伙企业的）普通合伙人

sócio comanditário limited partner （两合公司的）有限责任股东，（有限合伙企业的）有限合伙人

sócio cotista non-managing shareholder

非在职股东，非管理股东

sócio dominante controlling shareholder 控股股东

sócio-fundador ⇨ sócio proprietário

sócio-gerente executive director （有限责任公司在不设董事会的情况下设置的负责公司经营管理的）执行董事

sócio ostensivo public partner, active partner （隐名合伙企业的）出名营业人，出名合伙人

sócio participante silent partner, sleeping partner （隐名合伙企业的）隐名合伙人

sócio proprietário founding shareholder 创始股东，（公司的）发起人

soclo *s.m.* socle, plinth 柱基，房基石；底座

soco *s.m.* ❶ socle, plinth 柱基，房基石；底座 ❷ 1. basement 古陆 2. basement rock [葡] 基岩；基底岩石

soco acústico acoustic basement 声学基底，声波基底

soco contínuo continuous plinth （建筑外立面、墙、栏杆等的）基层

soco cristalino basement rock 基岩；基底岩石

soco cristalino por diagrafia eléctrica electrical basement 电性基底

soco de coluna column base, post base 柱基，柱座

soco de enterramento shoe coulter, boot 开沟器犁铧

soco de fundação pulvino 拱基石，拱座石

soco magnético magnetic basement 磁性基底

soco sísmico seismic basement 震测基盘

socorrista *s.2g.* first aider, rescuer 急救人员，救护人员

soda *s.f.* soda 纯碱，苏打

soda calcinada black ash 粗碳酸钠；黑灰

soda cáustica caustic soda 苛性钠

sodaclase *s.f.* sodaclase 钠长石

sodalite *s.f.* sodalite 方钠石

sodalitito *s.m.* sodalitite 方钠岩

sódio (Na) *s.m.* sodium, natrium (Na) 钠

sódico *adj.* sodium 苏打的，碳酸钠的

sodiokomarovita *s.f.* Na-komarovite [巴] 硅铌钠石

soerguimento *s.m.* uplift, uplifting（地壳）隆起

sofá *s.m.* sofa 沙发

sofá-cama sofabed 沙发床

sofá capitonê chesterfield （皮面）长沙发；切斯特菲尔德式沙发

sofá de canto corner sofa 转角沙发

sofá de canto com chaise longue corner sofa with chaise longue 转角沙发配躺椅

sofá de canto reversível reversible corner sofa 可换左右边的转角沙发

sofito *s.m.* soffit 天花底；拱腹

software *s.m.* software 软件

software(-obra) software （投入生产的）软件，软设备，软材料

sogendalito *s.m.* soggendalite 多辉粒玄岩

sol *s.m.* ❶ [M] sun 太阳 ❷ sol, colloid dispersion 溶胶 ❸ sun gear 太阳齿轮，中心轮

solão *s.m.* sandy soil 沙土地

solapação *s.f.* ⇨ solapamento

solapamento *s.m.* undermining, undercutting, scouring 底蚀作用，底切作用；冲蚀，淘空

solapamento da saia do aterro ⇨ solapamento de taludes

solapamento de taludes (por erosão de pé) sloughing of a slope (embankment or cutting) 边坡塌方

solapamento hidráulico ⇨ solapamento

solar ❶ *adj.2g.* solar 太阳的，日光的 ❷ *s.m.* mansion 大厦，大宅第

solário *s.m.* ❶ solarium （人造）日光浴室 ❷ solarium, winter garden （修建于阳台、露台的）阳光房

solarização *s.f.* solarization 曝晒作用，日晒法

solda *s.f.* ❶ solder 焊料；焊锡 ❷ soldered joint, weld, welding 焊接点，焊接接头，焊接接缝 ❸ welding 焊接；烧焊 ⇨ soldadura, soldagem

solda à gás gas butt weld 气焊

solda a ponto spot welding, spot weld 点焊

solda autógena autogenous welding 自熔熔接

solda branda soft solder 软焊料

solda chanfrada ⇨ solda em chanfro

solda contínua continuous weld 连续焊

solda de campo field weld 现场焊接

solda de estanho plumber's solder 铅锡焊料

solda de ferro fundido casting iron welding rod 铸铁焊条

solda de fundo back weld 封底焊；封底焊缝

solda de funileiro (/latoeiro) tinman's solder 铅锡焊料

solda de penetração penetration weld 熔透焊缝

solda de revestimento solder-tail 焊引线

solda de topo square butt weilding 平头对接焊

solda de topo de penetração parcial partial penetration butt weld 未焊透的对接焊缝

solda de topo de penetração total full penetration butt weld 焊透的对接焊缝

solda defeituosa defective weld 有缺陷的焊缝

solda eléctrica electric butt weld 电阻接触焊

solda em chanfro groove weld, bevel weld 斜角焊，坡口焊

solda em filete fillet welding 角焊

solda em incisão profunda deep groove weld 深沟焊

solda em 1/2 V ⇨ solda em chanfro

solda em V V-groove weld V 形槽焊接

solda estática static welding 静熔焊

solda filete fillet weld, fillet welding 填角焊缝

solda forte brazing 硬钎焊

solda forte eléctrica electric brazing 电动钎焊

solda suporte backing weld 打底焊

soldas paralelas square groove welds 无坡口槽焊

soldabilidade s.f. weldability 可焊性

soldado adj.,s.m. soldier 平碹式立砌砖，竖面朝外立砌砖

soldador s.m. ❶ welder 电焊工，焊工 ❷ welder 焊机

soldador de arcos duplos twin-arc welder 双弧电焊机

soldador portátil portable welder 手提焊机

soldador portátil com rodízios portable welder w/casters 活动型焊机

soldadura/soldagem s.f. welding 焊接；烧焊

soldadura a acetileno acetylene welding 乙炔气焊

soldadura a arco metal arc welding 金属电弧焊

soldagem a arco com eléctrodo revestido (/eléctrodo metálico protegido) SMAW (shielded metal arc welding) 自动保护金属极电弧焊，焊条电弧焊

soldagem a arco com eléctrodo tubular (/com fundente) FCAW (flux-cored arc welding) 药芯焊丝电弧焊

soldadura a arco de corrente contínua DC arc welding 直流弧焊

soldagem a arco manual MMA,SMAW (manual electric arc welding) 手工电弧焊

soldagem a arco por plasma PAW (plasma arc welding) 等离子弧焊

soldagem a arco protegida por gás inerte inert gas shielded arc welding 惰性气体保护焊

soldagem a arco sob gás e eléctrodo consumível GMAW (gas metal arc welding) 气体保护金属极弧焊

soldagem a arco sob gás inerte e eléctrodo de tugstênio ⇨ soldagem TIG

soldagem a arco submerso SAW (submerged arc welding) 埋弧焊

soldadura a chama flame welding 火焰焊接

soldadura a dióxido de carbono carbon dioxide welding 二氧化碳电弧焊

soldadura a frio cold welding 冷焊

soldadura a gás gas welding 气焊

soldadura a laser laser welding 激光焊

soldagem a laser LBW (laser beam welding) 激光焊接

soldadura a maçarico torch welding 气炬焊

soldadura a percussão percussion welding 冲击焊

soldadura a prata silver brazing 银钎焊

soldadura à pressão pressure welding 加
压焊

soldadura ao revés backing welding 背焊

soldadura a topo butt-welding 对接焊

soldadura a topo lenta slow butt-welding 电阻压力对焊

soldagem aluminotermia TW (thermite
welding) 铝热焊

soldadura autogénea autogenous welding 自熔熔接

soldadura autogénea com descarga
eléctrica resistance percussive welding 电
阻锻接

soldadura autogénea de topo flash
welding 闪光对焊

soldadura autogénea por arco automatic arc welding 自动弧焊

soldadura contínua seam welding 缝焊

soldadura de alumínio aluminum solder
铝钎料

soldadura de ângulo angle welding 角焊

soldagem de arco metálico manual
MMA (manual metal arc) welding 手工金
属电弧焊

soldagem de bordas sobrepostas
⇒ soldagem de sobreposição

soldagem de obliqüidade única sin-
gle-bevel welding 单斜角槽焊

soldadura de bronze bronze welding 青
铜焊

soldadura de costura por resistência
resistance seam-welding 电阻缝焊

soldadura de fechar plug welding 塞焊

soldadura de metal em atmosfera de
gás inerte metal inert-gas welding 金属惰
性气体保护焊

soldadura de obturar ⇒ soldadura de
fechar

soldagem de penetração parcial par-
tial-penetration welding 局部熔透焊

soldagem de penetração total full-pene-
tration welding 全熔透焊

soldadura de percussão percussive
welding 冲击焊接

soldadura de percussão por resistência resistance percussive welding 电阻锻接

soldagem de pinos stud welding 螺栓焊

soldadura de pontos stitch welding 连续
点焊

soldadura de pontos por resistência
resistance spot welding 电阻点焊

soldadura de projecção projection welding 凸焊

soldagem de ranhura groove weld 斜角
焊，坡口焊

soldadura de resistência de costura a
topo resistance butt-seam welding 电阻对
缝焊接

soldagem de sobreposição lap weld 搭
接焊

soldagem de topo (a topo) butt welding,
butt fusion welding 对焊，对头熔接

soldadura de topo com arco flash butt
weld 闪光对焊

soldadura de tungsténio em gás tungsten inert-gas welding 气体遮蔽钨弧焊

soldadura dinâmica dynamic welding 动
熔焊

soldadura eléctrica electrical welding
电焊

soldagem em ângulo fillet weld 角焊缝

soldadura em arco cercado de fundente líquido quasi-arc welding 准电弧焊

soldagem em duplo V double V weld 双
V形对接焊

soldagem em forja forge welding 锻焊

soldadura em fornalha furnace welding
炉中钎焊

soldadura em sólido solid-state welding
固态焊接

soldadura eutética eutectic welding　低
温共晶焊接；低温焊接

soldadura exotérmica exothermic welding 放热式焊接

soldadura explosiva explosion welding
爆炸焊接

soldagem forte hard soldering 硬钎焊

soldadura forte por imersão dip brazing 浸渍钎焊

soldadura heterogénea dissimilar metal
welding, heterogenous welding 异种金属
焊接

soldagem inercial　⇒ soldagem por
inércia

soldadura ininterrupta seam welding 缝焊

soldagem inoxidável stainless welding 不锈钢焊接

soldadura intermitente intermittent welding 断续焊

soldagem MAG metal active gas welding (MAG) 活性气体保护电弧焊

soldagem MIG metal inert gas welding (MIG) 惰性气体金属弧焊

soldadura oxiacetilénica ⇨ soldadura por oxiacetileno

soldagem oxicombustível OAW (oxy-acetylene welding) 氧炔焊

soldadura oxi-hidrogénica oxyhydrogen welding 氢氧焊

soldagem plasma PAW (Plasma Arc Welding) 等离子弧焊

soldadura por alta frequência high frequency welding 高频焊

soldagem por ar quente hot air welding 热风焊

soldadura por arco arc welding 电弧焊

soldadura por arco a árgon argon arc welding 氩弧焊

soldadura por arco de hélio heli-arc welding 氦弧焊

soldadura por arco eléctrico electric arc welding 电弧焊

soldagem por arco elétrico com gás de protecção ⇨ soldagem MIG

soldadura por arco plasma PAW (Plasma Arc Welding) 等离子弧焊

soldadura por arco submerso submerged arc welding 埋弧焊

soldadura por atrito friction welding 摩擦焊

soldadura por brasagem braze welding 钎焊

soldadura por difusão diffusion welding 扩散钎焊

soldadura por electrofusão electro-fusion welding 电熔焊

soldagem por eletroescória ESW (electro-slag welding) 电热熔渣焊

soldagem por fluxo de elétrons electron beam welding 电子束焊

soldagem por fricção friction welding 摩擦焊

soldagem por fricção e mistura mecânica friction stir welding (FSW) 搅拌摩擦焊

soldadura por fusão fusion welding 熔化焊

soldadura por hidrogénio atómico atomic hydrogen welding 原子氢焊

soldagem por imersão dip soldering 浸渍钎焊

soldagem por inércia inertia welding 惯性焊接

soldadura por oxiacetileno oxy-acetylene welding 氧乙炔焊

soldadura por pontos spot welding 点焊

soldagem por pressão pressure welding 加压焊接

soldadura por resistência resistance welding 电阻焊

soldadura progressiva por pontos progressive spot welding 连续点焊

soldagem pudiada puddle welding 堆焊; 熔焊

soldadura sobreposta por resistência resistance lap-welding 搭接电阻焊

soldagem TIG tungsten inert gas welding (TIG) 气体保护钨极弧焊

soldadura topo a topo flash butt welding 闪光对接焊

soldadura topo a topo de resistência resistance butt-welding 电阻对焊

soldadura ultra-sónica ultrasonic welding 超声波焊

soldar *v.tr.* (to) weld 焊接

soldobrasagem *s.f.* braze welding 钎焊

soleira *s.f.* ❶ sill 窗台；门槛；底梁 ❷ sleeper, floor-bar 枕木，横梁 ❸ 1. sill 坝槛 2. weir 堰，水坝 ❹ sill 岩床

soleira afogada sill 潜坝，底槛

soleira de arenito sandstone sill 砂岩岩床

soleira de chaminé front hearth 壁炉前地

soleira de eclusa lock sill 闸槛

soleira de entrada do sifão siphon mouth 虹吸管进口

soleira de janela sill, sill of window 窗台

soleira da porta ❶ threshold, door-stone,

door sill 门（下）槛 ❷ footboard（车门下的）踏板

soleira do vertedouro sill, crest of spill-way 溢洪道堰顶

soleira em caixão box sill 箱形底梁

soleira em L L sill L 形梁，L 形拱脚梁

soleira externa front hearth, outer hearth 壁炉前地

soleira fixa fixed-crest weir 固定堰顶式堰

soleira interna back hearth, inner hearth 壁炉炉床

solene adj.2g. solemn （建筑）庄重的

solenidade s.f. solemnity 庄重

solenóide s.m. solenoid 螺线管，电磁线圈；电磁阀

solenóide do combustível fuel solenoid 燃油电磁线圈

solenóide da cremalheira do combustível fuel rack solenoid 燃油齿条电磁阀

solenóide do motor de arranque (/partida) starter solenoid 起动机电磁线圈

solenóide de parada shut-off solenoid （发动机）熄火电磁器

soleto s.m. slate tile 石板瓦

solevamento s.m. uplift （路面）隆起

solho s.m. decking; wooden floor 桥面板；木地板

solicitação s.f. ❶ request, solicitation 要求，请求 ❷ load; stress; strain 荷载；应力；应变

solicitação alternada alternating stress 交变应力

solicitação brusca impact load 冲击荷载

solicitação composta compound load-ing, composite loading 复合加载

solicitação de compressão compression strain 压缩应变

solicitação de corte shearing stress 剪切应力

solicitação de flambagem buckling load 纵向弯曲荷载

solicitação de flexão bending stress 弯曲应力

solicitação de torção torsional load 扭转负载

solicitação de tracção tensile strain 受拉应变，张应变

solicitação limite stress limit 应力极限

solicitação triaxial triaxial loading, tri-axial shearing stress 三轴载荷

solicitador s.m. solicitor （受委托负责处理法律事务的）代理人

solidificação s.f. ❶ solidification 凝固，硬化 ❷ solidification, strengthening 加固

solicitar v.tr. (to) request, (to) solicit 要求，请求

solidarização s.f. ⇨ solidificação

solidez s.f. solidity 坚固性；实密度

solidificar v.tr.,intr.,pron. (to) solidify 凝固

sólido ❶ adj. solid 固态的；固体的 ❷ adj. solid 立体的 ❸ adj. solid; sound; stable 坚固的；稳固的，坚实的；稳定的 ❹ s.m. solid 固体 ❺ s.m. solid 立方体

sólido de perfuração drilled solid 钻屑

sólido de revolução revolution solid 旋转体

sólido de Voigt Voigt solid 佛格特体

sólidos dissolvidos dissolved solids 溶解性固体；溶解了的固体

sólidos em suspensão suspended solids 固体悬浮物

sólido geométrico geometric solid 几何体

sólidos inflamáveis flammable solids 易燃固体

sólido platônico platonic solid 柏拉图立体；正多面体

sólido semi-indefinido semi-infinite solid 半无限体

sólidos totais a 180 °C total solids at 180 °C 180℃总干物质

solidus s.m. solidus 固相线

soliduto s.m. solid pipeline 固体输送管道

solifluxão s.f. solifluction 融冻泥流

soligénico adj. soligenous 由地面水流入造成的；由地下水上升引起的

solinhar v.tr. (to) snub, undercut 底切

solo s.m. ❶ soil 土壤 ❷ ground 土地；地面

solo ácido acid soil 酸性土

solo agrícola agricultural soil 农业土壤，耕种土壤

solo alcalino alkaline soil 碱性土壤

solo alóctone allochthonous soil 次生土

solo aluvional (/aluvial) alluvial soil 冲

积土

solo anisótropo anisotropic soil 异向性土壤

solo arenoso sandy soil 沙质土，沙壤土

solo arenoso fino laterítico (SAFL) fine-grained lateritic soil 细粒红土

solo argiloso clayey soil 黏土

solo argiluviado clay soil 黏土；黏性土；黏质土

solo asfáltico soil-asphalt 沥青土

solo azonal azonal soil 泛域土；非地带性土壤；非分带土

solo bem graduado well graded soil 良好级配土

solo-betume soil-bitumen 沥青土

solo brando soft ground 软土地面

solo-brita soil with crushed stone 碎石混合土

solo-cal lime-soil 灰土；钙质土

solo calcário calcareous soil 石灰性土

solo-cimento soil cement 水泥拌合土，水泥加固土

solo coerente (/coesivo) cohesive soil 黏性土

solo colapsível collapsible soil 湿陷性土

solo coluvial (/coluvionar) colluvial soil 崩积土

solo com cimento e coesivo cemented and cohesive soil 水泥土和黏性土

solo com granulometria uniforme uniformly graded soil 均匀级配土壤

solo com presença de água soil with presence of water 含水土壤

solo compactado compacted soil 紧实土；压实土；夯实土

solo compressível compressible soil 压缩性土

solo congelado ❶ frozen soil 冻土 ❷ frozen ground 冻结地

solo cretáceo chalk soil 白垩土

solo de alteração ⇨ saprólito

solo de coesão ⇨ solo coerente

solo de fundação foundation soil 地基土

solo de granulometria desuniforme well graded soil 良好级配土

solo de granulometria uniforme closely graded soil 密级配土

solo de sopé ⇨ coluvissolo

solo da tundra tundra soil 冰沼土

solo desuniforme non-uniform soil 不均质土

solos dispersivos dispersive soils 分散性土壤

solo duro hardpan 硬土（层）

solo eluvial eluvial soil 淋溶土

solos estabilizados com concreto cement stabilized soil 水泥稳定土

solo eólico aeolic soil 风积土

solo erodível erodible soil 易受侵蚀土壤

solo esquelético skeletal soil 粗骨土

solo estriado striated soil 条纹土

solo evoluído ⇨ solo maduro

solo férrico ferralsol 铁铝土

solo firme firm soil 坚硬土壤

solo firme e seco dry soil 干硬土壤

solo fofo ⇨ solo solto

solo fóssil fossil soil 古土壤，化石土

solo geladiço frost-active soil 易冻土

solo gelado frozen soil 冻土

solo glacial glacial soil 冰川土

solo granular granular soil 粒状土；颗粒土壤

solo granular pulverizado pulverized granular soil 粉粒状土

solo halomórfico halomorphic soil 盐成土；盐渍土

solo hidromórfico hydromorphic soil 水成土

solo húmico humic soil 腐殖泥

solo impermeável impervious soil 不透水土壤

solo "in situ" in situ soil 原位土壤

solo incipiente incipient soil 初生土

solo incoerente non-cohesive soil 非黏性土

solo inorgânico inorganic soil 无机土

solo instável unstable soil 不稳定土壤

solo intacto undisturbed soil 未搅动土，原状土

solo intrazonal intrazonal soil 隐域土

solo laterítico lateritic soil 砖红壤

solo laterítico agregado descontínuo (SLAD) discontinuous aggregate lateritic soil 红土碎石

solo-ligante binder soil 胶结土

solo ligeiro light soil 轻质土

solo litocrómico lithochromic soil 母岩色土

solo litólico lithosol 石质土

solo macio soft underfoot 松软地面

solo maduro mature soil 成年土；成熟土壤

solo mal graduado closely graded soil 密级配土

solo mineral mineral soil 矿质土

solos moles soft soils, weak soils 软土，松软土壤

solo mólico mollic soil 松软土

solo não coesivo cohesiveless soil 无黏性土

solo natural natural soil 自然土壤，天然土壤

solo negro black earth 黑钙土

solo neutro neutral soil 中性土壤

solo normalmente adensado normally consolidated soil 正常固结土

solo oceânico seabed 海床

solo orgânico organic soil 有机土壤

solo pardo brown soil 褐色土壤；棕钙土

solo pedregoso stony soil 石质土

solo permeável permeable soil 透水土壤，渗透性土壤

solo pérvio pervious soil 透水土壤

solo pesado heavy soil 重黏土

solo plástico plastic soil 塑性土

solo podzólico podzolic soil 灰化土

solo podzólico castanho brown podzolic soil 褐色灰化土

solo poligonal polygonal soil 多边形土，网纹土

solo poroso porous soil 多孔土

solo pré-adensado preconsolidated soil 先期固结土

solo profundo buried soil 埋藏土

solo relíquia relict soil 残余土

solo residual residuals, residual soil 残积土

solo residual jovem immature residual soil 新残积土

solo residual maduro mature residual soil 老残积土

solo rijo hard soil 硬土

solo salino saline soil 盐碱土

solo saprolítico saprolith 腐泥土；残余土

solo saturado saturated soil 饱和土

solo siltoso silty soil 粉砂土

solo sobreadensado overconsolidated soil 超固结土

solo solto loose soil 松散土，浮土

solo subadensado underconsolidated soil 欠固结土

solo subdesértico subdesertic soil 半荒漠土

solo submerso immersed soil 浸水土

solo superficial topsoil 表层土

solo transportado transported soil 运积土

solo uniforme uniform soil 均质土

solo vermelho intertropical ⇨ solo laterítico

solo vermelho mediterrâneo mediterranean red soil 地中海红土

solo vermelho tropical red tropical soil 热带红壤

solo virgem ⇨ solo neutro

solo zonal zonal soil 地带性土壤；显域土

solódico *s.m.* solod 脱碱土

solodização *s.f.* solodization 脱碱化（作用）

solonetz *s.m.* solonetz 碱土

solonização *s.f.* solonization 碱化（作用）

solontchak *s.m.* solonchak 盐土

solstício *s.m.* solstice 至，至日；至点

solstício de inverno winter solstice 冬至

solstício de verão summer solstice 夏至

solto *adj.* loose, discrete 松动的，分离的，离散的

solubilidade *s.f.* solubility 可溶性

solubilidade do gás gas solubility 气体溶解度

solubilidade sólida solid solubility 固溶度；固溶性

solubor *s.m.* solubor 硼砂

solução *s.f.* ❶ solution 溶液 ❷ solution 解决方案

solução água-glicol water glycol 水乙二醇

solução alcalina alkaline solution 碱性溶液

solução alternativa alternative solution

替代方案

solução anticongelante antifreeze solution 防冻液

solução aquosa aqueous solution 水性溶液

solução cáustica caustic solution 苛性碱溶液

soluções cooperativas cooperative solutions 合作解决方案

solução de amoníaco ammonia solution 氨水；氨溶液

solução de látex latex solution 乳胶液

solução nutriente (/nutritiva) nutrient solution 营养液

solução one-stop one-stop solution 一站式解决方案

solução salina saline solution 盐溶液；生理盐水

solução sólida solid solution 固溶体

solução sólida intermediária intermediate solid solution 次生固溶体，中间固溶体

solução sólida intersticial interstitial solid solution 填隙固溶体

solução sólida substitucional substitutional solid solution 置换固溶体

solução sólida terminal terminal solid solution 末端固溶体

solucionar *v.tr.* (to) solve 解决；解答

solum *s.m.* solum, true soil 土层

soluto *s.m.* solute 溶质

solúvel *adj.2g.* soluble 可溶的

solúvel em água water soluble 水溶的

soluviação *s.f.* soluviation 淋溶作用

solvência *s.f.* solvency 溶解力

solvente *s.m.* solvent 溶剂

solver *v.tr.,pron.* (to) solve 溶解 ⇨ dissolver

solvólise *s.f.* solvolysis 溶剂分解

solvus *s.m.* solvus 溶线，固体分解曲线

som *s.m.* sound 声音

som aerotransportado airborne sound 空气传声

som ambiente background music 背景音乐

som branco ⇨ ruído branco

som cavo hollow sound, deep sound 低沉的声音，空洞的声音

som claro clear sound 清晰的声音，清脆的声音

som difratado diffracted sound 衍射声

som direto direct sound 直达声

som refletido reflected sound 反射声

soma *s.f.* sum 和；总和

soma vectorial vector sum 矢量和，向量和

somaíto *s.m.* sommaite 白榴石；白榴透长辉长岩

somatório *s.m.* sum 合计

sombra *s.f.* shadow; shade 影子；阴影

sombra acústica acoustic shadow 声影

sombra de baixa frequência low-frequency shadow 低频阴影

sombra de pressão pressure shadow 压力影

sombra de radar radar shadow 雷达盲区

sombra projetada shadow 影子

sombra própria shade （物体的）阴影处，背阴处

sombreado *s.m.* hill shading （地貌）晕渲法

sombreado de pendentes vertical hill shading 直照晕渲法

sombreador *s.m.* sunshade, car shed 遮阳棚，停车棚

sombreamento *s.m.* ❶ 1. masking 掩蔽 2. shading 暗淡 3. blanking （信号）消隐 ❷ sunshade 遮阳罩，遮阳板

sombrite *s.m.* sombrite, shading cloth （温室大棚用的）聚丙烯遮阳网，PP 遮阳网

someiro *s.m.* ❶ lintel (of or window) 门楣，窗楣 ⇨ lintel ❷ impost 拱墩，拱基 ⇨ imposta

sonar *sig.,s.m.* ❶ sonar 声呐（设备）；声波定位仪 ❷ sonar 声呐（技术）；声音探测和测距

sonar activo active sonar 主动声呐

sonar Doppler Doppler sonar 多普勒声呐

sonar interferométrico interferometric sonar 相干声呐

sonar lateral side-scan sonar 侧扫声呐

sonar passivo passive sonar 被动式声呐

sonda *s.f.* ❶ prospecting instrument 探测仪，探测器 ❷ 1. probe 探针，探头 2. probe sensor 探头传感器 ❸ drilling rig 钻探机 ❹ leadline 测深绳

sonda a diamante diamond drill 金刚石

钻头

sonda a percussão percussion drill 冲击钻机

sonda acústica ⇨ sonda sonora

sonda articulada jack-knife rig 折叠式钻机

sonda de alta voltagem high voltage probe 高压探针

sonda de completação completion rig 完井钻机

sonda de ionização ionization probe 电离探针

sonda de mar profundo deep sea probe 深海探测器

sonda de mastro jackknife derrick, mast rig 折叠式钻塔，折叠式井架

sonda de perfuração drilling rig 钻探机

sonda de perfuração convencional conventional drilling rig 常规钻机

sonda de perfuração modulada modular drilling rig 模块化钻机

sonda de perfuração rotativa rotary drilling rig 旋挖钻机

sonda de perfuração submersível submersible drilling rig 坐底式钻井平台

sonda de produção terrestre onshore production rig 陆上生产平台

sonda de solo ground auger 地钻；土钻

sonda de turfa peat borer 泥炭钻

sonda de velocidade speed probe 速度探测器；车速探示器

sonda eléctrica electrical depth finder 电测深仪

sonda manual hand lead 手铅锤

sonda mecânica mechanical rig 机械钻机

sonda modulada modular rig 模块化钻机

sonda pneumática pneumatic drill 空气钻机

sonda PTC PTC probe 正温度系数热敏电阻温度传感器；PTC 传感器

sonda removível detachable drill 可拆卸钻头

sonda rotativa rotary drill 旋转钻机

sonda semissubmersível semi-submersible rig 半潜式钻井平台

sonda sonora echo sounder, fathometer 回声测深仪

sonda térmica temperature sensor 温度传感器

sondador s.m. ❶ echo sounder, fathometer 回声测深仪 ❷ sounder 测深员

sondagem s.f. ❶ probing 探测，勘测 ❷ perforation, drilling 钻孔

sondagem a (/à) percussão percussion drilling 冲击钻孔，冲击钻探

sondagem a trado auger boring 螺旋钻孔，螺旋钻探

sondagem a varejão rod sounding 钎探

sondagem acústica acoustic survey 水声测量

sondagem com dipolo horizontal horizontal-dipole sounding 水平偶极子测深

sondagem de reconhecimento (de investigação) trial hole, test hole 试孔，测试孔

sondagem eléctrica vertical vertical electric sounding 垂直电测深

sondagem estática static sounding 静力触探

sondagem geotécnica geotechnical survey 土力测量，地质勘测，地勘

sondagem mecânica mechanical sounding 机械探测

sondagem por lavagem wash drilling; water flush drilling 水冲钻探，冲水钻井

sondagem rotativa rotary drilling 旋转钻探

sondar v.tr. (to) probe 探查；（用探针）探测

sone s.m. sone 宋（响度单位）

sonegação s.f. evasion; defraudation 逃避，欺骗

sonegação de impostos tax evasion 漏税，逃税

sonicador s.m. sonicator 超声波仪，超声波样品震碎机

sónico adj. sonic [葡] 声音的，声波的，声速的

sônico ❶ adj. [巴] sonic method 声音的，声波的，声速的 ❷ s.m. sonic method 声波法

sônico em arranjo array sonic 阵列声波

sonificação s.f. insonification 声透射

sonograma s.m. sonograph 声谱仪

sonolog s.m. sonolog 回声测井

sonoluminescência s.f. sonoluminescence

声致发光

sonómetro/sonômetro *s.m.* sonometer, audiometer 弦音仪

sonorizador *s.m.* rumble strip 隆起带，隆起标线，响带（为使驾驶员知道前方是危险区段而故意设置的能造成车体震动的区段）

sonorizador transversal à via ⇨ sonorizador

sonotube *s.m.* sonotube 索诺管（制圆柱用层压纸套管）⇨ fôrma de papelão

sopé *s.m.* base or foot of a mountain 山脚

sopé continental continental rise 大陆隆，陆基

sopé de escarpa undercliff 副崖

sopapo *s.m.* wattle and daub, wattle and dab 抹灰篱笆墙 ⇨ pau-a-pique

sopesagem *s.f.* weighing in the hand(s) 掂量

sopesar *v.tr.* (to) weigh in the hand(s) 掂量

soprador *s.m.* blower 送风机，鼓风机

soprador a gasolina gasoline blower 汽油鼓风机

soprador de ar quente hot air blower 热风鼓风机

soprador de fogo fire blower 助燃风机

soprador de fuligem soot blower 吹灰器，吹灰装置

soprador eléctrico electric blower 电动吹风机；电动鼓风机

soprador eléctrico grande heavy duty electric blower 大型吹风机

soprador mecânico motor blower 电动鼓风机

soprador pressurizado forced draught fan 压力抽风机；加压送风机

soprador térmico ⇨ soprador de ar quente

soprador tipo centrífugo centrifugal blower 离心鼓风机

soprador tipo Roots Roots blower 罗茨风机，罗茨鼓风机

soprar *v.tr.* (to) blow 吹，吹风

sopro *s.m.* blow 吹

soqueira *s.f.* ratoon（农作物，尤指甘蔗的）截根苗，根蘖

soquete *s.m.* ❶ socket 套筒；套管，套头；灯头；插座；外接头 ❷ tamper 夯土机

soquete adaptável adapter, adaptor 适配器，转接头，转接器

soquete bissextavado (/duplo sextavado) double hex socket 双端六角套筒

soquete de encaixe quadrado square drive socket 四方套筒扳手

soquete de impacto impact socket 气动套筒

soquete longo (/de profundidade) deep well socket 深插座

soquete macho ❶ male socket 公插座，插头 ❷ drive socket 驱动套头，主动轴轴套

soquete manual manual tamper 手推夯土机

soquete mecânico mechanical tamper 机动夯

soquete métrico metric socket 公制插座

soquete pneumático air hammer 空气锤

soquete reforçado heavy duty socket 重型套管

soquete sextavado drive hex socket 六角套筒

soquete universal universal socket 万向套节

sorbita *s.f.* sorbite 索氏体

sorossilicato *s.m.* sorosilicate 双岛状硅酸盐，俦硅酸盐

sorveteira *s.f.* ice cream maker 冰激凌机

sosmanita *s.f.* maghemite 磁赤铁矿

sosso *adj.* loose 松散的，不牢固的

sótão *s.m.* ❶ attic, loft 阁楼，顶楼层，屋顶层 ❷ attic（油层、储集层的）顶层，“阁楼”

sótão aberto a sol sollar 敞亮阁楼间

sotavento *adj.* leeward 背风的；顺风的；下风的

souzalite *s.f.* souzalite 水丝绿铁石

sovela *s.f.* awl, brog 锥子；尖钻

sovito *s.m.* sövite 黑云碳酸岩

Soxhlet *s.m.* Soxhlet 索式提取法；索式提取器

spa *s.m.* spa 矿泉；矿泉疗养馆

sperrylite *s.f.* sperrylite 砷铂矿

splitter *s.m.* splitter, power splitter 分支器；功分器

spot *s.m.* lighting spot 射灯，点光源；聚光灯 ⇨ ponto de luz

spot de iluminação ⇨ spot

spray *s.m.* spray 喷雾；喷雾剂；喷雾器 ⇨

pulverizador
spray herbicida weedkiller spraying 喷射除草剂
spray limpa-lentes lens cleaning spray 镜头清洁喷剂

spreader *s.m.* spreader（种子、肥料等的）撒播机

springwood *s.f.* springwood 春材；早材

stack bond *s.m.* stack bond 同缝砌法

Staheriano *adj.,s.m.* Statherian; Statherian Period; Statherian System[巴]（地质年代）固结纪（的）；固结系（的）⇒ Estatérico

stand *s.m.* ❶ stand 展位；摊位 ❷ point-of-sale 销售点；售楼处

stand de vendas point-of-sale 销售点；售楼处

stand para feira stand 展位；摊位

stand-by ❶ *adj.inv.* 1. stand-by 备用的；辅助的 2. stand-by 待机的，待命的 ❷ *s.m.* stand-by 备用品；备用设备

stand-by de emergência emergency standby 应急备用的（设备）

stantienite *s.f.* stantienite 黑树脂石

starter *s.m.* starter 起动器

startup *s.f.* startup 初创企业

steacyite *s.f.* steacyite 斯泰西方晶

Steniano *adj.,s.m.* Stenian; Stenian Period; Stenian System[巴]（地质年代）狭带纪（的）；狭带系（的）⇒ Esténico

stevensite *s.f.* stevensite 硅镁石；滑镁皂石，斯蒂文石

stichtita *s.f.* stichtite 碳酸镁铬矿

stick de cola *s.m.* glue stick 胶棒

stilpnomelano *s.m.* stilpnomelane 黑硬绿泥石

stipito *s.m.* stipite 富含黄铁矿瘦煤

stishovite *s.f.* stishovite 超石英

stock *s.m.* ❶ stock 存货 ⇒ estoque ❷ stock 岩株

stockwork *s.m./f.* stockwork 网状脉

stolzite *s.f.* stolzite 钨铅矿

stop log *s.m./f.* stop log, bulkhead 叠梁闸门 ⇒ comporta ensecadeira

strass *s.m.* strass 富铅晶质玻璃；假钻石，假金刚石

strike-off *s.m.* strike-off 刮平

string box (solar) *s.f.* string junction box [巴]（光状）组串汇流箱

stromeyerite *s.f.* stromeyerite 硫铜银矿

suavização *s.f.* smoothing 校平；修匀，平滑化

suavização de talude slope flattening 斜坡平整工程

suavizador *s.m.* softener 软化器

suavizador de água water softener 软水器

sub *s.m.* substitute, sub[巴]（管子）接头

sub com válvula flutuante float sub 浮标接头

sub da broca bit sub 钻头短接

sub de cisalhamento por pressão shear-out sub 剪切接头

sub de cruzamento crossover sub 配合接头

sub de elevação lifting sub 提升短节

sub de pressurização shear sub 剪切接头

sub de salvação do kelly kelly-saver sub 方钻杆保护接头

sub torto bent sub 弯接头

sub- *pref.* sub- 表示"在…之下，次，副，亚"

subaéreo *adj.* subaerial 低空的，陆上的

subaluminoso *adj.* subaluminous 次铝质的

subamortecimento *s.m.* underdamping 欠阻尼

subaquático *adj.* subaquatic, underwater 水下的

subarbusto *s.m.* subshrub, undershrub 半灌木，小灌木

subarcose *s.f.* subarkose 次长石砂岩，亚长石砂岩

subárido *adj.* subarid 半干旱的

subarmado *adj.* underreinforced 配筋不足的，加固不足的

subarranjo *s.m.* subarray 子阵列；子数组

subarredondado *adj.* subrounded 次圆形的，半磨圆的

subarrendamento *s.m.* subtenancy, under-tenancy, subletting 转租

subarrendar *v.tr.* (to) sublet 转租

subarrendatário *s.m.* subtenant, sublessee 转租的租户，转租的承租人

subautomórfico *adj.* subautomorphic 半自形的

sub-balanceado *adj.* underbalanced 欠平衡的

sub-base *s.f.* subbase（道路）底基层，基层
  sub-base de concreto rolado rolled concrete subbase 平整混凝土底基层
sub-boleado *adj.* ⇨ subarredondado
sub-boreal *adj.2g.* subboreal 亚北方的
sub-bosque *s.m.* underbush 下层林丛；树林下的草丛
sub-capa *s.f.* undercoat 中层漆
subcoletor *s.m.* building drain, house drain 房屋排水管
subcompactação *s.f.* undercompaction 欠压实
subcondutor *s.m.* subconductor（分裂导线中的）单导线，再分导线，次导线
subconjunto *s.m.* subassembly 部件，组件
subconsolidado *adj.* underconsolidated 欠固结的
subcontinente *s.m.* subcontinent 次大陆
subcontratação *s.f.* subcontracting（合同）分包
subcontratado *s.m.* subcontractor 分包商
subcontratar *v.tr.* (to) subcontract 分包，转包
subcontrato *s.m.* sub-contract 分包合同
subcorrecção *s.f.* undercorrection 欠校正，校正不足
subdiagonal *s.f.* subdiagonal 副斜杆
sub-director *s.m.* sub-director 副主任
subdistribuição *s.f.* subdistribution 次级分配
subducção *s.f.* subduction 俯冲作用
  subducção tipo A A type subduction A 形俯冲作用
  subducção tipo B B type subduction B 形俯冲作用
subédrico *adj.* subhedral 半形的，半自形的；没有完全被晶面包住的
subempreitada *s.f.* subcontract 分包工程
subempreiteiro *s.m.* subcontractor 分包商
subenvasamento *s.m.* socle, plinth 柱基，房基石
subescavação *s.f.* undercutting 底部截槽
subestação *s.f.* substation, power substation 配电站，变电站；电力分站，电力支站
  subestação ao tempo outdoor substation 露天变电所
  subestação abaixadora step-down substation 降压变电站
  subestação aberta open substation 开敞式变电站
  subestação abrigada sheltered substation 室内变电所，有防风雨遮蔽的变电所
  subestação assistida attended substation 有人值守变电站
  subestação blindada box type substation （相当于）箱式变电站
  subestação coberta convencional indoor conventional substation 室内常规变电站
  subestação conversora de corrente current converter substation 变流站
  subestação conversora de frequência frequency converter substation 变频站
  subestação de chaveamento switching substation 开关变电站，开关站
  subestação de distribuição distribution substation 配电变电站
  subestação de transmissão transmission substation 输电变电站
  subestação desassistida unattended substation 无人值守变电站
  subestação elevadora step-up substation 升压变电站
  subestação inversora inverter station 逆变站
  subestação móvel mobile substation 移动变电站
  subestação retificadora rectifier substation 整流变电站
  subestação subterrânea underground substation 地下变电站
  subestação telecontrolada telecontrolled substation 遥控变电站
  subestação transformadora transformer substation 变电站
  subestação transformadora compartilhada shared transformer substation 共用变电站
  subestação unitária unit substation 成套变电所；单元变电站
sub-estrutura *s.f.* ⇨ substrutura
subfácies *s.f.2n.* subfacies 亚相
subfornecedor *s.m.* subsupplier 子供货商，分供货商

subfóssil *s.m.* subfossil 半化石

subfrequência *s.f.* underfrequency 频率过低

subgeração *s.f.* generation deficiency 发电不足

subglacial *adj.2g.* subglacial 冰川下的

subgrafite *s.f.* subgraphite 亚石墨

subgrauvaque *s.m.* subgraywacke 亚杂砂岩

subgrupo *s.m.* subgroup 亚类（土壤系统分类单元，土类 grande grupo 的下一级）

sub-horizontal *adj.2g.* sub-horizontal 近水平的

subida *s.f.* ❶ rise; increase 上升，增加 ❷ climb（飞机）爬升 ❸ slope 上坡

subida de barras busbar rising 母线提升

subida de maré tidal rise 潮升

subida do nível do lençol freático increase in groundwater level 地下水位上升

subir *v.intr.* ❶ (to) go up, (to) come up; (to) climb 走上，登上，爬上 ❷ (to) raise, (to) increase 上升，增加

subjacente *adj.2g.* subjacent 下面的，底下的；下卧的（土层）

sublastro *s.m.* sub-ballast 底层道砟

subleito *s.m.* subgrade（道路）底基层，垫层

subleito rijo hard pan 硬土层

sublimação *s.f.* sublimation 升华（作用）

sublimado *s.m.* sublimate 升华物

sublinhar *v.tr.* (to) highlight 突出；强调；使显著

sublitarenito *s.m.* sublitharenite 亚岩屑砂岩

sublitoral *adj.2g.* sublittoral 潮下的

sublocação *s.f.* underletting; undertenancy; subletting 转租

sublocar *v.tr.* (to) sublet 转租

sublocatário *s.m.* subtenant, sublessee 转租的租户，转租的承租人

submaduro *s.m.* submature 亚壮年期；壮年初期

submareal *adj.2g.* ⇒ sublitoral

submedida *s.f.* undersize 尺寸不足；筛下料

submergência *s.f.* submergence 沉没度

submergência mínima para o rotor minimum submergence for the runner 转子最低沉没度

submergir *v.tr.* (to) submerge 淹没，浸没

submersão *s.f.* submersion 浸没

submersível *adj.2g.* submersible 能潜水的；潜水（式）的

submerso *adj.* ❶ submerged 浸没的 ❷ sunken（建筑）下沉式的

submigração *s.f.* undermigration 偏移不足

submoldura *s.f.* subframe 支架；副架

submúltiplo *s.m.* submultiple 约数，因数

submuramento *s.m.* underpinning, propping [集] 支柱，支承，承托

subordem *s.f.* suborder 亚纲（土壤系统分类单元，土纲 ordem 的下一级）

subparede *s.f.* segment, section (of wall), basic wall（复合墙、叠层墙的一个）子墙，墙段

subparede de alvenaria wythe 一片墙砌体；一片墙砌体的厚度

subpiso *s.m.* sub-floor 底层地面，毛地板

subpolar *adj.2g.* subpolar 副极地的

subpressão *s.f.* ❶ underpressure 低压，欠压，压力不足 ❷ uplift 上举力；浮力

subpressão de água uplift pressure 浮力

subproduto *s.m.* byproduct 副产品

subquadro *s.m.* subframe 支架；副架

sub-rés-do-chão *s.m.* basement 地下一层；地下室

subsaturado *adj.* subsaturated 不饱和的，亚饱和的

subsecretário *s.m.* sub-secretary; undersecretary 副秘书；副国务卿

subsecretário de estado ❶ sub-secretary of state（葡语国家的）副国务秘书 ❷ under secretary state（美国的）副国务卿

subsequente *adj.2g.* subsequent 后成的（河，谷）

subsidência *s.f.* subsidence 沉降；下沉；坍塌

subsidência de carga load subsidence 负载沉降

subsidência de terreno subsidence of ground 地表凹陷；地面下沉

subsidência tectónica tectonic subsidence 构造沉降

subsidência térmica thermic subsidence 热沉降

subsidência total total subsidence 总沉降

subsídio *s.m.* subsidy, benefit, allowance 补贴；津贴

subsídios agrícolas farm subsidies 农业补贴

subsídio ao investimento investment grant 投资补助金

subsídio de acidente accident benefit 事故津贴

subsídio de alojamento housing allowance, accommodation allowance, rent allowance 住房补贴

subsídio de desemprego unemployment benefit 失业救济金；失业津贴

subsídio de estadia subsistence allowance 生活津贴

subsídio de férias holiday pay 假日津贴

subsídio de habitação housing benefit, rent allowance 住房福利，房屋津贴

subsídio de quilometragem mileage allowance 行车津贴

subsídio de representação entertainment allowance 招待费，酬酢津贴

subsídio de viagem travelling allowance 交通津贴，交通补助

subsídio diário daily allowance 每日津贴

subsídio governamental government grant 政府补助

subsídio mensal monthly allowance 每月津贴

subsistema s.m. subsystem 子系统；辅助系统

subsistema de prédio building subsystem 建筑辅助系统

subsolador s.m. ripper, subsoiler, subsoiling plough 松土机，深耕犁，心土犁

subsolador vibratório vibrating subsoiler 振动深松机

subsolamento s.m. subsoiling 深耕，深挖

subsolar v.tr. (to) subsoil 深耕，深挖

subsolo s.m. ❶ subsoil 底土，地基下层泥土 ❷ basement 地下一层；地下室

subsolo firme hardpan 硬土层

subsolo para cabos cable cellar 电缆槽

◇ segundo subsolo subbasement 地下第二层

subsolvus s.m. subsolvus 次溶线，亚溶线

subsónico/subsônico adj. subsonic 亚声速的，次声速的

substância s.f. substance 物质

substância bombeada para perda de circulação lost-circulation pill 堵漏小段塞

substância corrosiva corrosive substance 腐蚀性物质

substância de têmpera hardening medium 淬火介质

substância explosiva explosive substances 爆炸性物质

substância extraível com clorofórmio substances extractable with chloroform 可用氯仿萃取的物质

substância húmica humic substance 腐殖质

substância mineral mineral substance 矿物质

substância poluente polluting substance 污染性物质

substância prejudicial deleterious substance 有害物质

substância química chemical substance 化学物质

substância radioactiva radioactive substance 放射性物质

substância tensoactiva surface-active substance 表面活性物质

substância venenosa poisonous substance 有毒物质

substituição s.f. substitution; replacement 代替；更换，替换

substituição de fluido fluid displacement 流体驱替

substituição de trilho relay 更换钢轨

substituição de vazios complete voidage replacement （油层）亏空弥补，亏空充填

substituição isomórfica isomorphous replacement 同晶替换；同象置换

substituir v.tr. (to) substitute; (to) replace 代替；更换，替换

substituível adj.2g. exchangeable 可更换的，可替换的

substrato s.m. substratum 基质；基板；底层

substrato de gesso gypsum substrate 石膏基板

substrato de madeira wood-based substrate 木材基板

substrato endurecido bone bed 骨层

substrato plástico plastic substrate 塑料

基板

substrato rochoso bedrock 基岩

substrução *s.f.* substruction, foundation 房基，房地基

substrutura *s.f.* substructure 下层结构；底层结构

subtelha *s.f.* under tile 底瓦，垫瓦

subtensão *s.f.* undervoltage 欠压

subterça *s.f.* subpurlin 副檩条

subterrâneo *adj.* subterranean, underground 地下的

subtidal *adj.2g.* subtidal 潮下的

subtotal/sub-total *s.m.* subtotal, sub-total 小计，分部小计

subtracção *s.f.* subtraction 减法；减去

subtrair *v.tr.* (to) substract 减去

subúrbio *s.m.* suburb 郊区，市郊

subvenção *s.f.* subsidy, subvention（政府）补贴

subviragem *s.f.* understeering 转向不足

subvulcânico *adj.* subvolcanic 次火山的；潜火山的

subvulcão *s.m.* subvolcano 潜火山

subwoofer *s.m.* subwoofer 低音炮，重低音喇叭 ⇨ caixa de altifalantes de graves

sucata *s.f.* scrap iron 废铁

sucata forjada forged scrap iron 熔炼废铁

succção *s.f.* suction 吸；吸力

succção de fluidos por êmbolo swabbing 抽吸作用

succção de vento wind suction 风吸力

succção descendente downdraft 下向通风

sucinite *s.f.* succinite 黄琥珀，钙铝榴石

súcino *s.m.* ⇨ sucinite

sucroalcooleiro *adj.* sugar-alcohol 糖和酒精（产业）的；糖醇（产业）的

sucroenergético *adj.* sugar-energy, sugar and energy 糖能兼用（产业）的

sucupira *s.f.* sucupira 鲍迪豆木（*Bowdichia nitida (Spr.) Benth.*）

sucursal *s.f.* branch, branch office 分公司；分店，分社

sudeste ❶ *s.m.* (SE) southeast (SE) 东南方，东南部 ❷ *adj.2g.* southeast, southeastern 东南方的，东南部的

sudoeste ❶ *s.m.* (SO, SW) southwest (SW) 西南方，西南部 ❷ *adj.2g.* southwest,

southwestern 西南方的，西南部的

suevito *s.m.* suevite 冲击凝灰角砾岩

Suezmax *s.m.* Suezmax 苏伊士型油轮

sugador *s.m.* ❶ sucker 吸管，吸入器 ❷ extractor hood 抽油烟机

sugilite *s.f.* sugilite 杉石

suinocultura *s.f.* pig farming, hog raising 养猪业

suite *s.f.* ❶ suite 套间，套房 ❷ suite 采集的系列矿石

suite de luxo luxury suite 豪华套房

suite junior junior suite 简单套房

suite presidencial presidential suite 总统套房

suite sénior senior suite 高级套房

sujeita-cabos *s.m.2n.* wire rope clip 钢丝绳卡，钢索夹子

sujo *adj.* dirty 脏的

sukulaíte *s.f.* sukulaite 锡铌钽矿

sul ❶ *s.m.* (S) south (S) 南方，南部 ❷ *adj.2g.* south, southern 南方的，南部的

sul-americano *adj.,s.m.* south American 南美洲的；南美洲人

sulcadeira *s.f.* ridger, furrower 筑埂机，起垄机；开沟铲，培土器

sulcador *s.m.* ⇨ sulcadeira

sulcagem *s.f.* furrowing 开沟，挖沟

sulcar *v.tr.* (to) furrow 开沟，挖沟

sulco *s.m.* ❶ 1. groove 沟，槽 2. flute 螺纹槽 3. wake, water cut; rut, track 浪痕，冲刷坑；车辙印 4. barranco, barranca 深谷 ❷ furrow 犁沟，垄沟

sulco de centragem centering groove 定心槽

sulco de escoamento catchwater drain 截水沟

sulcos de lavagem rill marks 流痕，流迹

sulco de lubrificação oil groove 润滑油槽

sulco para anel ring groove 环槽

sulco para o fixador keeper groove 定位器槽

sulco profundo deep groove 深槽，深沟

sulco subglaciar subglacial channel 冰下水道

sulfatação *s.f.* sulphation 硫酸盐化

sulfatara *s.f.* solfatara 硫质喷气孔

sulfato *s.m.* sulfate 硫酸盐

sulfato de alumínio aluminum sulfate 硫
酸铝

sulfato de amónio ammonium sulphate
硫酸铵

sulfato de amónio ferroso ferrous ammonium sulfate 硫酸亚铁铵

sulfato de bário barium sulfate 硫酸钡

sulfato de cálcio calcium sulfate 硫酸钙

sulfato de magnésio magnesium sulfate
硫酸镁

sulfato de mercúrio mercury sulfate 硫
酸汞

sulfato de potássio potassium sulphate
硫酸钾

sulfato de zinco zinc sulfate 硫酸锌

sulfato férrico ferric sulfate 硫酸铁

sulfeto *s.m.* sulfide 硫化物

sulfito *s.m.* sulfite 亚硫酸盐

sulfito de hidrogénio hydrogen sulfite 酸
式亚硫酸盐

sulfohalite *s.f.* sulfohalite 氟盐矾

sulfossal *s.m.* sulfosalt 硫盐

sulfurado *adj.* sulphurous, sulphureous [巴]
含硫的；硫黄的

sulfureto *s.m.* sulfide 硫化物

sulfureto de hidrogénio hydrogen sulfide 硫化氢

sulfureto de sódio sodium sulfide 硫化钠

sulfuroso *adj.* sulphurous, sulphureous [葡]
含硫的；硫黄的

sulipa *s.f.* ⇨ chulipa

sulvanite *s.f.* sulvanite 硫钒铜矿

SUM *sig.,s.m.* unified modular system 建筑
统一模数制

sumidouro *s.m.* sink 沟渠，污水槽

summertree *s.f.* summertree, summer 大梁

summerwood *s.f.* summerwood 夏材，晚材

sumoscapo *s.m.* diameter of upper scape
柱上段的直径

supaimir *s.m.* high chair 高型的钢筋马凳

supedâneo *adj.* pedestal; footstool 基座，
台座；脚凳

super- *pref.* super- 表示 "超，过，高于"

superabundante *adj.2g.* redundant 过剩的，
冗余的，多余的

superacabamento *s.m.* superfinishing 超
级研磨，超精加工

superaccionamento *s.m.* overdrive 超 速
传动

superalimentador *s.m.* supercharger 增
压器

superaquecedor *s.m.* superheater 过热器

superaquecimento *s.m.* ⇨ sobreaquecimento

superar *v.tr.* ❶ (to) surpass, (to) exceed 超
过，超越，超出 ❷ (to) overcome 克服，
胜过

superarmado *adj.* overreinforced 配筋过多
的，超筋的

superarrefecimento *s.m.* overcooling 过
冷；过度冷却

superavit/superávice *s.m.* superavit, surplus 盈余，顺差

superavitário *adj.* in superavit 盈余的

supercarburante *s.m.* high grade fuel 高标
号汽油，高热值燃料

supercavitação *s.f.* supercavitation 超 空
化，超空泡

supercimento *s.m.* supercement 超级水泥

supercompressor *s.m.* supercharger 增压器

supercondutividade *s.f.* superconductivity
超导电性

supercondutor *s.m.* superconductor 超导体

supercontinente *s.m.* supercontinent 超
大陆

supercrítico *adj.* supercritical 超临界的

superelevação *s.f.* superelevation 超高

sobrelevação de viga camber beam 曲
线梁

superelevação desequilibrada unbalanced superelevation 未被平衡超高

superelevação reversa reverse superelevation 反超高

superenvelhecimento *s.m.* overaging 过
度老化

superestrutura *s.f.* ❶ superstructure 上部
结构，上层建筑 ❷ deck fittings 舱面属具；
甲板舾装；甲板装具

superestrutura da via track structure 轨
道结构

superficial *adj.2g.* superficial 表面的；面
层的

superficialidade *s.f.* superficiality 表面性；
表面情况

superficiário *s.m.* landowner 土地所有者

superfície *s.f.* ❶ surface 面；表面；面层 ❷ area 面积

superfície agrícola agricultural area 农业面积

superfície agrícola útil usable agricultural area 可用农业面积

superfície antiderrapante slip-resistant surface, non-slip surface 防滑地面；防滑面层

superfície aplanática aplanatic surface 等射程面

superfície axial axial surface 轴面

superfície cilíndrica cylindrical surface 柱面

superfície clinoforme clinoform surface 斜坡地面

superfícies conjugadas mating surfaces 接触面；接合面；配合面，配合触面；啮合触面

superfície cónica tapered surface 锥形表面

superfície cultivada cultivated area 耕种面积

superfície curva curved surface 弯曲表面，曲面

superfície de água water surface 水面

superfície de água subterrânea ground water surface 地下水面

superfície de apoio bearing surface 支承面

superfície de aquecimento efectivo effective heating surface 有效受热面

superfície de atrito slickenside 断层擦痕面

superfície de cisalhamento shear surface 切变面，剪切面

superfície de condensação condensing surface 冷凝面

superfície de contacto ❶ contact face 接触面 ❷ faying surface 贴合面

superfície de contacto roda-trilho rail-tread 钢轨踏面

superfície de corte cut surface 剖面；切断面

superfícies do cristal crystal boundary 晶粒间界

superfície de descontinuidade discontinuity surface 不连续面

superfície de deslize (/deslizamento) ❶ slip surface 滑面，滑动面 ❷ running surface 行驶路面，跑合面

superfície de erosão erosional surface 侵蚀面

superfície de escorregamento slip surface 滑面，滑动面

superfície de esfera ball mats 滚珠传送垫板

superfícies estratais strata surfaces 地层表面

superfície de falha fault surface 断层面

superfície de fricção slickenside 断层擦痕面

superfície da junta joint face 接合面

superfície de junta trabalhada boasted joint surface 宽凿接缝槽面

superfície de nível level surface 水平面；等位面

superfície de pouca pegajosidade small sticky surface 低黏性表面

superfície de pouso landing surface 着陆场

superfície do reservatório reservoir surface 水库水面

superfície de revolução ⇨ **superfície rotacional**

superfície de rolamento (de roda/esteira) tread 轮面，胎面；（轮胎、履带的）着地面

superfície de ruptura slip surface 滑动面

superfície de telhado roof surface 屋顶表面

superfície de terra ground surface 地面

superfície de terra irrigular irregular ground surface 不规则地表

superfície elíptica elliptical surface 椭球面

superfície em sela saddle surface 马鞍面，鞍形曲面

superfície equipotencial equipotential surface 等势面等电位面

superfície esférica spherical surface 球面

superfície específica specific surface 比表面

superfície estrutural structural surface 构造面

superfície exposta exposed face 外露面

superfície externa external surface 外层；外表面

superfície florestal forest area 林业区域

superfície freática phreatic surface 潜水面

superfície frontal front 锋，锋面

superfície grafitada carbon face 碳精面

superfície hidrofílica hydrophilic surface 亲水表面

superfície hidrofóbica hydrophobic surface 疏水表面

superfície horizontal horizontal surface 水平表面

superfície improdutiva unproductive area 非生产面积

superfície inculta fallow land 休耕地

superfície interna internal surface 内表面；内层

superfície isobárica isobaric surface 等压面

superfície Lambertiana Lambertian surface 朗伯表面

superfície laminada mill surface 磨碎面

superfície limitadora de obstáculos obstacle limitation surface 障碍物限制面

superfície lipofílica ⇨ superfície oleofílica

superfície lisa smooth surface 光滑表面

superfície livre free surface 自由表面

superfície mate matte surface 粗糙平面

superfície neutra neutral surface 中性面

superfície oleofílica lipophilic surface 亲油性表面

superfície oleofóbica lipophobic surface 疏油性表面

superfície parabólica parabolic surface 抛物面

superfície piezométrica piezometric surface 测压面

superfície plana ❶ plane surface 平面 ❷ face plate 面板

superfície polida polished face 抛光面

superfície prismática prismatic surface 棱柱面

superfície radiante radiating surface 辐射面

superfície rebaixada sunk surface 下沉地面

superfície recortada trim surface 剪切曲面

superfície redutora de ruído noise reducing surface 吸音路面；减音路面

superfície refletora reflecting surface 反射表面

superfície refrigerante cooling surface 冷却面

superfície regrada ruled surface 直纹曲面

superfície rotacional rotational surface 旋转面，旋转曲面

superfície rugosa rough surface 粗糙表面

superfície S S surface S 面

superfície sensível sensitive surface 脆弱地面

superfície subsidiária katafront 下滑锋

superfície translacional translational surface 拉伸面

superfície vítrea glassed surface 玻璃表面

superfluidez *s.f.* superfluidity 超流动性

superfluido *s.m.* superfluid 超流体

supergénese *s.f.* supergenesis 表生作用

supergénico *adj.* supergene 表生的；浅生成的

supergrupo *s.m.* supergroup 超群

superimposto *adj.* superimposed 叠置的，叠覆的

superintendente *s.2g.* superintendent 监管人；负责人；主管

　superintendente fiscal inspector 督察员；视察员；检查员

superior *adj.* ❶ higher; upper 更高的；上部的 ❷ senior; premium 高级的；高品质的

superjacente *adj.2g.* superjacent 上覆的（土层）

superlargura *s.f.* ⇨ sobrelargura

supermaduro *adj.* supermature 超成熟的

supermarcha *s.f.* overdrive 超速挡

supermercado *s.m.* supermarket 超市，超级市场

súpero-anterior *adj.2g.* supero-anterior 前上方的

súpero-posterior *adj.2g.* supero-posterior 后上方的

superpetroleiro *s.m.* ultra-large crude carrier (ULCC) 超巨型油轮

superplasticidade *s.f.* superplasticity 超塑性

superplastificante *s.m.* superplasticizer 超塑化剂；高效减水剂

superposição *s.f.* superposition 叠加
superposição modal modal superposition 模态叠加

superquadra *s.f.* superblock [巴]（内含住宅、绿地、游乐场、幼儿园、学校等的）大型街区

supersalino *adj.* supersaline 超咸的

supersaturação *s.f.* supersaturation 过度饱和

supersequência *s.f.* supersequence 超层序；叠覆层序

supersólido *s.m.* supersolid 超固体；超立体

supersónico/supersônico *adj.* supersonic 超声速的

supervisão *s.f.* supervision 监察，监督
supervisão da construção construction supervision 施工监理，施工监督
supervisão periódica periodical supervision 定期监督

supervisionar *v.tr.* (to) supervise 监督，管理

supervisor *s.m.* supervisor 监察员，监督员
supervisor de pescaria fishing supervisor 打捞监理
supervisor de via permanente foreman 工头，领班，作业班长
supervisor residencial site supervisory staff 现场监理人员

supervisório *adj.* supervisory 监督的，监控的

suplementar *adj.2g.* supplementary 补充的；追加的

suplemento *s.m.* ❶ supplement 补充，补充物，附加物 ❷ follower, dolly 垫桩，桩垫木
suplemento de frete freight surcharge 运输附加费
suplemento de lança jib; boom 悬臂，起重臂

suportar *v.tr.* (to) support, (to) bear 支持；承担

suporte *s.m.* ❶ support 支持；承担 ❷ 1.

support, bearer, holder, carriage, bracket, rest 支座；支架；托架 2. bracing 拉结条，联条 3. cleat 固着楔；加强角片 4. stand 台架 5. jacket, supporting section 护罩，外壳 ❸ carrier 载体

suporte à baioneta bayonet lamp-holder 插口灯座

suporte anti-vibração anti-vibration mounting 减震支架

suporte central center carrier 中心支座

suporte corrediço slide rest 滑动台架

suporte de aço steel support 钢支架

suporte de ajustagem adjusting bracket 调节支架

suporte do alternador alternator mount bracket 交流发电机安装支架

suporte do amortecedor shock mount 减震支座

suporte de ancoragem strain clamp 锚固金具，紧固金具，耐张线夹

suporte de ângulo ❶ angle support 弯角件 ❷ angle bracket 斜托座

suporte do avental apron bracket 闸门销子座

suporte de baioneta bayonet holder 卡口灯座

suporte da bandeja de suspensão control arm support 控制臂支撑

suporte da barra estabilizadora sway bar bracket 摆动杆支座

suporte de base ❶ base support 底座支架 ❷ plummer block 轴台

suporte da bateria battery support, battery bracket 电池组托架

suporte de bebidas drinkrail 饮料架

suporte da bomba de água water pump bracket 水泵托架

suporte da bomba de combustível fuel pump mount 燃油泵托架

suporte da bomba da direção hidráulica P/S pump bracket 动力转向泵支架

suporte de bomba de óleo oil pump bracket 油泵支架

suporte de borracha rubber mount 橡胶垫架

suporte de braço arm support 臂架

suporte de calha gutter bearer 天沟托木

suporte do caliper de freio brake caliper carrier 制动器卡钳支架

suporte do canto de guia router bit support 角刀刃支架

suporte de cantoneira angle iron bracket 角铁支架；角铁托架

suporte de carga load bracket 负载支架

suporte de cauda tail bearing 尾轴承

suporte do cilindro cylinder bracket 气缸支架

suporte do cilindro do ejector ejector cylinder bracket 推卸器液压缸架

suporte do cilindro hidráulico hydraulic cylinder bracket 液压缸支架

suporte do círculo circle support 转盘支架

suporte do conjunto do pedal pedal cluster bracket 踏板组支架

suporte da cremalheira de deslocamento lateral sideshift rack carrier 侧齿轨架

suporte da cremalheira da direcção steering rack bracket, steering rack mount 转向齿条支架

suporte do cubo hub carrier 轮毂座

suporte do diferencial differential carrier 差速器壳

suporte do eixo de entrada input shaft support 输入轴支座

suporte do eixo de transmissão driveshaft support 驱动轴支撑轴承

suporte de embarque shipping bracket 运送托架

suporte de equipamento equipment rack 设备机架

suporte do escape exhaust bracket, exhaust hanger 排气管支架

suporte de escudo de calor (/defletor térmico) car heat shield bracket 隔热板架

suporte do estator stator carrier 定子支架

suporte do farol light bracket 灯支架

suporte do feixe de molas leaf spring hanger 钢板弹簧吊架

suporte de filtro filter holder 过滤器支架

suporte de fixação mounting bracket 装配架，安装支架

suporte do freio brake support 制动器支座

suporte de lâmpada lamp socket, lamp holder 灯台；灯座，灯架

suporte de lança boom holding system 吊臂支架

suporte de lançamento stinger 托管架

suporte de levantamento lifting bracket 起重支架

suporte de linha aérea support of overhead line （架空线路的）杆塔

suporte de macho chaplet 型芯撑

suporte de mísula corbel-piece 承枕

suporte de mola spring support 弹簧支架

suporte de montagem mounting bracket, mounting ledge 托架，安装支架

suporte de montagem da bomba de combustível fuel pump mounting bracket 燃油泵支架

suporte de montagem da transmissão transmission mount bracket 变速器支架

suporte de motor engine stand, engine support 发动机支架

suporte do motor de partida starter bracket 起动机支架

suporte do motor dianteiro front engine support bracket 前置发动机支架

suporte de muro wall-saddle 墙鞍

suporte de parede cortina curtain wall supports 幕墙承托物

suporte da pinça de freio caliper carrier 制动器卡钳支架

suporte do pinhão pinion support 小齿轮支承

suporte de pipetas pipette stand, pipette support 吸管架，移液管托

suporte de pivô da mola spring pivot bracket 弹簧销支架

suporte da placa de licença license plate bracket 车牌架

suporte das planetárias planet carrier 行星齿轮架

suporte de plataforma giratória turntable support 转台支架

suporte da ponteira tail pipe bracket 排气尾管支架

suporte do porta-dente(s) tool block 机具架

suporte de prateleiras shelving rack 架

支座
suporte do radiador radiator support 散热器支架

suporte de redes network support 网络支持

suporte da roldana sheave bracket, pulley bracket 滑轮支架，滑轮托架

suporte do rolete da esteira alimentadora elevator roller support 升运链板托轮架

suporte do rolete superior da esteira track carrier roller bracket 履带托辊支架

suporte de selo seal support 密封支座

suporte do tanque hidráulico hydraulic tank mounting 液压箱支座

suporte de tensão voltage stabilizer （输电线路的）稳压器

suporte de transmissão transmission support 变速器支架

suporte de tubagem de revestimento casing hanger 套管挂

suporte de tubo tube support, pipe rack 管支架

suporte de túnel tunnel support 隧道支护

suporte de viga template 梁端垫块

suporte elástico elastic support 弹性支座

suportes e elementos de fixação supports and fixings 支架和紧固件

suporte em sela support saddle 鞍座

suporte em T T-rest T 形托架

suporte externo external bracing 外部支撑

suporte inclinado inclined strut 斜撑

suporte inferior para poste patand 地梁

suporte intermediário carriage 楼梯踏步梁

suporte magnético magnetic stand 磁性表座

suporte móvel mobile rack 移动架

suporte multivisão adjustable support （电视用）悬臂式可调支架

suporte olhal hook bolt 钩头螺栓

suporte olhal de chumbar hook bolt for embedding 地埋钩头螺栓

suporte resistente structural deck, roof deck （屋顶）结构层

suporte tipo cantilever cantilever support 悬臂支架

suporte transversal cross bracket 横支架

suporte universal universal mounting 通用托架

supracrustal adj.2g. supracrustal 上地壳的

suprajacente adj.2g. ➪ superjacente

supralitoral/supramareal adj.2g. supralittoral 潮上的

supratidal adj.2g. supratidal 潮上的

supressão s.f. suppression 抑制

supressão de interferência interference suppression 干扰抑制

supressão de múltiplas multiple suppression 复反射抑制

supressor s.m. suppressor, arrester 抑制器

supressor de centelhas spark extinguisher 火花消除器

supressor de feedback feedback suppressor 反馈抑制器

supressor de raios lightning arrester 避雷器

supressor de ruídos noise silencer, noise suppressor 噪声抑制器

supridor s.m. storeship 供给船

supridora s.f. supplier 提供方，能源供应商

suprimento s.m. supply 补充，供应

suprimentos agrícolas agricultural supply 农产品供给

suprimento de ar air supply 供气

suprimento de energia power supply 动力供应，电力供应

suprimento de energia de emergência (EPS) emergency power supply (EPS) 应急电源

suprimento de matéria-prima feedstock （送入机器或加工厂的）原料；给料

suprimento de óleo oil supply 给油

suprir v.tr. (to) supply 提供，供应

surf s.m. surf 冲浪运动

surfactante s.m. surfactant 表面活性剂

surfactante anfótero amphoteric surfactant 两性表面活性剂

surfactante aniónico anionic surfactant 阴离子表面活性剂

surfactante catiónico cationic surfactant 阳离子表面活性剂

surfactante não iónico nonionic surfactant 非离子型表面活性剂

surfactante zwitteriónico zwitterionic surfactant 两性离子表面活性剂

surgência *s.f.* resurgence, emergence 复流；再现

surraipa *s.f.* hard pan 硬土层

surreição *s.f.* uplift （地壳）隆起

surtida *s.f.* sortie 出击，突击；[用作量词]（飞行）架次

surto *s.m.* surge 涌动；涌波

surto de pressão pressure surge 压力波动

susanite *s.f.* susannite 菱硫碳酸铅矿

susceptibilidade *s.f.* susceptibility 磁化率，电极化率

susceptibilidade magnética magnetic susceptibility 磁化率

suspender ❶ *v.tr.,pron.* (to) interrupt, (to) suspend 暂停，中止 ❷ *v.tr.,pron.* (to) hang, (to) suspend 悬挂 ❸ *v.tr.* (to) suspend （使）停职

suspensão *s.f.* ❶ suspension 悬挂，悬浮 ❷ 1. suspension 悬架，悬挂装置 2. suspension 悬吊金具 ❸ suspension 悬液 ❹ suspension 暂停，中止

suspensão a ar air suspension 空气悬挂

suspensão a pivô pivot suspension 枢轴支承

suspensão activa com regulação adjustable active suspension 可调主动悬架

suspensão autonivelante self-leveling suspension 自动调平悬架

suspensão de andaime cradle suspension 吊篮

suspensão de cardan gimbal mount 万向架

suspensão de eixo axle suspension 车桥悬架装置

suspensão do motor engine suspension 发动机悬置

suspensão dos trabalhos suspension of works 工程中止

suspensão dianteira front suspension 前悬架

suspensão electrodinâmica electrodynamic suspension (EDS) 电动悬浮

suspensão electromagnética electromagnetic suspension (EMS) 电磁悬浮

suspensão independente independent suspension 独立悬挂

suspensão metálica metal suspension 金属悬架

suspensão pneumática pneumatic suspension 气动悬架

suspensão por cardans gimbal suspension 常平架悬挂

suspensão rígida rigid suspension 刚性悬挂

suspensão traseira rear suspension 后悬挂，后悬架

suspenso *adj.* ❶ suspended, hanging 悬挂的 ❷ suspended 悬浮的 ❸ suspended, interrupted 暂停的，中止的

suspenso como gangorra underslung 下悬式的

suspensor *s.m.* hanger; suspender 吊架；吊钩；吊杆

suspensor de cabo cable hanger 电缆吊架

suspensor de calha gutter hanger 檐沟挂钩

suspensor de coluna de produção tubing hanger 油管挂，油管悬挂器

suspensor de coluna de produção concêntrico concentric tubing hanger 同心油管悬挂器

suspensor de revestimento casing hanger 套管挂，套管吊卡

suspensor de tubing duplo double tubing hanger 双油管悬挂器

suspensório(s) *s.m.(pl.)* suspenders, braces, shoulder straps 悬吊带；悬吊器

sussexite *s.f.* sussexite 硼锰矿；白硼镁锰矿

sustentabilidade *s.f.* sustainability 可持续性

sustentação *s.f.* ❶ support, shoring 支撑；支撑物，支柱 ❷ lift 升力

sustentação aerodinâmica aerodynamic lift 气动升力

sustentação de fractura proppant flowback 支撑剂返排

sustentação translacional translational lift 平移升力

sustentação translacional efetiva effective translational lift 有效平移升力

sustentar *v.tr.,pron.* (to) sustain, (to) bear, (to) support 维持；支撑

sustentável *adj.2g.* sustainable 可持续的

sustimento *s.m.* support 支撑

su-sudoeste (SSO, SSW) *adj.2g.,s.m.* south-southwest (SSW) 南西南

su-sueste (SSE) *adj.2g.,s.m.* south-south-east (SSE) 南东南

suta *s.f.* bevel square, sliding T bevel 量角规，活动曲尺

sutamento *s.m.* angle measurement 量角，测角

sutura *s.f.* suture 缝口；缝合；合拢

sutura estilolítica stylolitic suture 缝合线节理；缝合线构造

switch *s.m.* switch 电闸；转换器，接线器 ⇨ comutador

switchgear *s.m.* switchgear 开关设备；接电装置

SWOT *s.f.* SWOT (analysis) SWOT分析法，优势、劣势、机会和威胁分析 ⇨ FOFA

T

T *s.f.* ❶ T T形物，丁字形物，三通 ❷ *sig.* house layout, house typology 房屋布局，房型，户型

T2/T3/T4/T5 two (/three/four/five)-bedroom 二 / 三 / 四 / 五居室

tabatinga *s.f.* tabatinga clay [巴] 一种粉刷墙壁用的黏土

tabeca *s.f.* sheathing 覆板，覆盖层

tabeca diagonal diagonal sheathing 斜角覆盖层

tabeira *s.f.* moulding 装饰线条（roda-tecto 和 rodapé 的合称）

tabela *s.f.* ❶ table, chart, list 表格，列表 ❷ teble 木板，标牌 ❸ backboard 篮板

tabela de atributos attribute table 属性表

tabela de Birmingham Birmingham gauge 伯明翰线径规

tabela de controlo de erupção kill sheet [葡] 压井记录表

tabela de conversão conversion table 换算表

tabela de conversão de unidades unit conversion table 单位换算表

tabela de correcção calibration table 校准表

tabela de desvios deviation table 偏差表

tabela de juros interest table 利息表

tabela de marés tide tables 潮汐表

tabelas de ponto estimado traverse tables 经纬表，方位表

tabela de preços price list 价目表

tabela de vapor steam tables 蒸汽特性表

tabela periódica periodic table 元素周期表

tabela salarial salary scale 工资表

tabela volumétrica de tanque tank volume table 罐车容积计表

tabelião *s.m.* notary, notary public 公证人，公证员

taberna *s.f.* tavern, pub （红酒的）酒馆，酒吧

tabiíte *s.f.* tabbyite 韧沥青

tabique *s.m.* partition wall 分隔（板）墙

tabique de tijolos half-timber 露木构造

tabique de ventilação brattice （矿坑通气用的）隔板，风帘，风障，风墙

tablado *s.m.* platform, scaffold; stage 平台，舞台

tablet *s.m.* tablet 平板电脑

tablino *s.m.* tablinum （西方古典建筑的）家谱室

tabopan *s.m.* chipboard 刨花板，木屑板

tábua *s.f.* board, plank 板，板材；（在部分规范中）厚 22—55mm 的板材

tábua angular corner board 墙角板

tábua corrida wood plank （铺地板用的）木板条

tábua de barbate eaves beam 封檐梁

tábua de beira eaves board 封檐板

tábua de cambota (/cimbre) camber piece 拱材

tábua de cortar (/cozinha) chopping board 案板，切菜板

tábua de empena bargeboard, vergeboard 山墙封檐板

tábua de encaixe matched lumber 端边

企口板，端头拼接板

tábua de forma poling board 撑板

tábua de forro furring; poling board 衬板

tábua de macho e fêmea match-board 企口镶板

tábua de madeira de lei hardwood plank 硬木板

tábua de madeira laminada blockboard 木芯板

tábua de mesa leaf of a table 桌板

tábua de passar roupa ironing board 熨衣板

tábua-de-peito ⇨ pau-de-peito

tábua de ponto ridge-board 脊板

tábua de revestimento lining board 衬板

tábua de samblar deck plate of carpenter's bench 木工工作台台面板

tábua de soalho batten, floor board 地板条，地板板材

tábua de tabique (/tapume) sheeting board 护堤板

tábua e ripa board and batten 板和隔板

tábua inclinada angle board 角尺板

tábua laminada e colada glued-laminated timber 木料胶合板，层板胶合木

tábua trigonométrica trigonometric table 三角函数表

tábua vertical de empena barge board 山墙封檐板

tabuado s.m. boarding [集] 板材

tabuado aberto open boarding, skip sheathing, spaced sheathing 开缝铺板法

tabuado do tecto roof boarding 屋面板

tabuão s.m. wide board 宽木板

tabular adj.2g. tabular, aclinal 片状状的（晶体）；无倾斜的，水平的

tabuleiro s.m. ❶ 1. deck, bridge deck 桥面，层面 2. decking 楼承板；铺面板 ❷ tray 托盘 ❸ disc, slide （闸门的）门叶

tabuleiro de condensados condensate-tray 冷凝集水槽

tabuleiro de eclosão incubator tray 孵化托盘

tabuleiro de neve snow board 挡雪板

tabuleiro de ponte bridge deck 桥面

tabuleiro de preparação oscillating grain pan 谷粒抖动板

tabuleiro de viaduto flyover deck 天桥面

tabuleiro de xadrez chess-board （国际象棋）棋盘

tabuleiro em steel deck steel bridge deck 钢桥面板

tabuleiro para arrefecer cooling rack 冷却架

tabuleta s.f. signboard 招牌

taça s.f. cup; semicircular basin 半圆形池状建筑构件（如半圆形阳台、半圆形讲坛、半圆形洗手池等）

tacaniça s.f. hip end, triangular slope of hip roof （四坡屋面的）山墙端

tacha s.f. ❶ tack 平头钉 ❷ road stud, reflecting road stud 道钉，反光道钉

tachão s.m. ❶ stud 大头钉 ❷ road stud, reflecting road stud （用脚钉固定的）道钉，反光道钉

tachão de cisalhamento shear stud 剪力钉

tacho s.m. pan, port 锅

taco s.m. ❶ 1. wooden stick, billiard cue 长木杆；台球杆 2. wooden plug 木塞，木栓 3. valve lifter, valve plunger, tappet 气门挺杆 ❷ block 块体

taco de concreto concrete spacer 混凝土垫块

taco de soalho parquet block 镶木地板条块

tacógrafo s.m. tachograph 转速表；速度记录图

tacómetro/tacômetro s.m. revolution counter; tachometer 转速表；转速计

tacômetro indicador de mudança shift tachometer 换挡转速表

tacómetro manual (/de mão) hand tachometer 手持转速表

taconito s.m. taconite 铁燧岩

táctil adj.2g. tactile 触觉的；能触知的

tactito s.m. tactite 接触岩

taenite s.f. taenite 镍纹石；天然铁镍合金

taffoni s.m.pl. taffoni 蜂窝洞

tafocenose s.f. taphocoenosis 埋藏群落

tafonomia s.f. taphonomy 埋藏学

tafrogénese s.f. taphrogenesis 地裂作用

tafrogénico adj. taphrogenic 地裂作用的

tafrogeossinclinal s.m. taphrogeosyncline

断裂地槽

tafulho *s.m.* plug, cork, bung, stopper 塞子

tagilite *s.f.* tagilite 纤磷铜矿；假孔雀石

taiga *s.f.* taiga 针叶树林地带

taimirito *s.m.* taimyrite 黝方粗面岩

taipa *s.f.* mud wall 土墙

taipa-de-mão/taipa-de-pescoção/ taipa-de-sebe/ taipa-de-sopapo wattle and daub, wattle and dab 抹灰篱笆墙 ⇨ **pau-a-pique**

taipa-de-pilão rammed earth wall 夯土墙

taipal *s.m.* ❶ lath wall 木板墙 ❷ board, sidewall （卡车）栏板

taipal dianteiro headboard, front member （卡车）前横挡，前板头端

taipal lateral side board 侧板

taipal traseiro tail board, rear board 尾板，后拦板

taitito *s.m.* tahitite 蓝方粗安岩

take or pay (TOP) *adj.,s.m.* take or pay (TOP) 照付不议；必付合约

takula *s.f.* takula, barwood 非洲紫檀木 （*Pterocarpus soyauxii*）

tala *s.f.* splint 夹板

tala de desgaste aparafusada bolt-on wear strip 螺栓固定的防磨板

tala de junção fishplate [巴]（铁轨）接合夹板；接夹板

tala de junção colada glued joint 胶结接合

tala de junção colada e isolante glued insulated joint 胶结绝缘接头

tala de junção com cantoneira angle joint bar 角钢轨联结板

tala de junção de trilhos joint bar 钢轨联结板

tala de junção simétrica headfree joint bar 铰形鱼尾板

tala de pregação nailing strip 钉条，受钉条

talagarça *s.f.* canvas 帆布

talão *s.m.* ❶ 1. heel 脚跟；桅根；舵脚；龙骨尾部 2. landside heel 犁踵 3.**(do pneu)** bead, tire bead 轮胎缘；胎边 ❷ ogee 反曲线饰 ❸ ticket, receipt 票，收条 ❹ counterfoil, stub 票根，存根 ❺ extension scale 延伸标尺

talão de embarque boarding pass 登机牌

talassocratão *s.m.* thalassocraton 海洋克拉通

talassocrático *adj.* thalassocratic 海洋盛期的

talassostático *adj.* thalassostatic 海升期的

talco *s.m.* talc, talcum 滑石

talcoxisto *s.m.* talc schist 滑石片岩

taleira *s.f.* spline （门）塞缝片

talento *s.m.* ❶ talent 人才 ❷ talent 塔兰特 （古希腊货币及重量单位，合 60 迈纳 mina，亦在其他多种单位制中使用，指代重量不尽相同）

talha *s.f.* ❶ block and tackle 滑车组；滑轮组 ❷ hoist 起重机；吊重机 ❸ 1. carving, woodwork 雕刻 2. intaglio 凹雕；凹纹；阴纹

talha de alavanca lever hoist 手扳葫芦

talha de correntes chain hoist 链式起重机，环链葫芦

talha eléctrica electric hoist 电动葫芦

talha manual manual hoist 手动葫芦

talha pneumática pneumatic hoist 气动葫芦

talhadeira *s.f.* grooving tool, chisel 切槽刀，切槽工具，凿子

talhadeira curva curved chisel 曲凿

talhadeira de ferreiro anvil chisel 砧凿

talhadeira de garra claw chisel 爪凿

talhadeira pneumática air chisel 风凿

talhadeira recta straight chisel 直形凿

talhadouro *s.m.* diversion channel 分水渠

talha-frio *s.m.* cold chisel 冷凿

talha-mar *s.m.* pier break-water 桥墩分水尖

talhão *s.m.* ❶ strip of land 条田；狭长地块 ❷ plot （建筑区）地块

talhar *v.tr.* ❶ (to) cut, (to) cut off, (to) slice 切，割，砍 ❷ (to) engrave, (to) chisel 雕，刻，凿

talho *s.m.* ❶ butcher's 肉铺，肉店 ❷ slicing （逆冲断层之间的）薄岩层

talho lateral cheek cut 劈护面

tálio (Tl) *s.m.* thallium (Tl) 铊

talisca *s.f.* splinter, sliver, spline 薄木片

tally *s.m.* tally 叶香格木（*Erythrophleum suaveolens*）

talocha *s.f.* trowel, hawk 馒刀，抹灰托板

talocha dentada notched trowel 齿形镘刀，齿形刮刀

talocha lisa float, wall scraper 抹子，刮墙刀

talocha mecânica mechanical trowel 抹灰机

taludamento *s.m.* sloping, backsloping 修整斜坡；成坡

talude *s.m.* ❶ slope 斜坡；坡度 ❷ backslope 反坡，背坡

talude abaixo downslope 下坡，下斜坡

talude côncavo concave slope 凹坡，凹形边坡

talude continental continental slope 大陆坡

talude coralígeno reef front 珊瑚礁

talude costeiro fore reef 前礁

talude de aterro fill slope 填坡，填土斜坡，填方边坡

talude de corte cut slope 削坡，削土斜坡，挖方边坡

talude de corte e aterro (/preenchimento) cut and fill slope 半填半挖式斜坡

talude do delta delta front 三角洲前缘

talude de detritos talus accumulation 山麓沉积物

talude de um por um one-to-one slope 一比一边坡

talude escalonado stepped slope, terraced slope 阶梯状斜坡

talude insular insular slope 岛坡

talude interior inside slope 内坡

talude marinho marine bank [葡] 海底灰岩滩

talude natural natural slope 天然斜坡

tálus *s.m.2n.* talus 岩堆，岩屑堆

talvegue *s.m.* thalweg 河流谷底线，河道深泓线；最深谷底线

tamanco *s.m.* under ridge tile （葡式建筑瓦屋面使用的）舌形当沟瓦

tamanho *s.m.* size 尺寸，大小

tamanho da areia sand size 砂粒大小

tamanho do grão grain size 粒度，晶粒度

tamanho do lote lot size 批量；批大小

tamanho de partícula particle size 粒度

tamanho de partículas de silte silt size 粉砂粒径

tamanho de poro pore size 孔隙大小

tamanho da rosca thread size 螺纹尺寸

tamanho desbastado dressed size 修琢过的尺寸

tamanho exacto neat size 净尺寸

tamanho nominal nominal size 公称尺寸

tamanho padrão (/normal) standard size 标准尺寸

tamaraíto *s.m.* tamaraite 辉闪霞煌岩

tambor *s.m.* ❶ 1. drum, roller 鼓形物；卷筒，滚筒 2. pin tumbler （弹子锁的）弹子 ❷ tambour （构成圆柱一部分的）鼓石；鼓形柱 ❸ revolution door 旋转门

tambor accionado driven drum 被动鼓

tambor accionador drive drum, driving drum 主动鼓

tambor cónico conical drum 锥形滚筒

tambor de armazenamento de cabo storage drum 储绳卷筒

tambor do cabo cable reel 电缆盘，线缆盘

tambor do cabo de carga load line drum 载重线缆盘

tambor do cabo da lança boom line drum 动臂线缆盘

tambor de coluna tambour 鼓石；鼓形柱

tambor de enrolamento winding drum 提升卷筒

tambor de enrolamento de cabos cable drum 电缆盘，线缆盘

tambor de estiramento drawing drum 拉丝卷筒

tambor do freio brake drum 制动鼓

tambor do freio da embreagem clutch shaft brake drum 离合器轴制动鼓

tambor do guincho load drum 提升滚筒；起重滚筒

tambor de inversão reversing drum 回动鼓轮

tambor da lança boom drum 吊架卷筒，起重杆卷筒

tambor de mistura mixing drum 搅拌滚筒；搅拌鼓

tambor de peneiras rotary drum screen 滚筒筛滤器

tambor de trabalho tension drum 拉紧滚筒

tambor de vapor da caldeira boiler

steam drum 锅炉汽包

tambor distribuidor beater spreader 肥轮撒肥机

tambor distribuidor vertical vertical rotor 立辊式撒肥机

tambores duplos grandes large double-drums 大型双滚筒

tambor externo da embreagem de direcção steering clutch outer drum 转向离合器外鼓

tambor-impulsor stripper beater, stripper drum, rear beater 逐稿轮

tambor para corrente chain barrel 链卷筒；链筒

tambor rotativo ❶ rotary drum 滚筒 ❷ cathead 猫头；吊锚架

tambor separador separating drum 滚筒筛

tambor-recolhedor pick-up cylinder 滚筒式捡拾器，捡拾压捆机

tamboreado adj. tumble blasted 滚筒抛光的

tamboreamento s.m. tumbling 滚筒抛光

tamborete s.m. tambour（无扶手和靠背的）小凳

tamisagem s.f. tamisage, screening 筛滤法，布滤法

tampa s.f. ❶ cap 帽；小盖 ❷ cover, cover plate 盖板；外盖；封盖 ❸ shroud 保护罩

tampa acústica acoustic shroud 防音罩

tampa articulada hinged lid 铰链盖

tampa basculante hinged cover 铰接盖

tampa com rosca screw-cap 旋盖

tampa contra chuva rain cap 雨帽

tampa contra poeira dust cap 防尘帽

tampa de abandono abandonment cap, corrosion cap 弃井封盖

tampa de acesso access cover, access panel, access door 检修盖

tampa de aço inox stainless steel cover 不锈钢盖板

tampa de alívio de pressão pressure relief cap 泄压帽

tampa do alojamento das engrenagens de distribuição timing gear housing cover 定时齿轮箱盖

tampa de ar air flap 风门片，气门片

tampa de árvore de comando cam cov-er 凸轮轴盖

tampa do bloco do motor cylinder block cover 缸体盖

tampa do bocal de enchimento filler cap 加油口盖

tampa do bocal do tanque de combustível fuel tank cap 油箱盖

tampa de bolsa pump bonnet 泵盖

tampa do cabeçote cylinder head cover 气缸盖罩

tampa da caixa da transmissão transmission case cover 传动箱盖

tampa de caixa de visita manhole cover 检查井盖

tampa de canal channel cover 槽盖

tampa de chaminé chimney cap 烟囱帽

tampa de cilindro cylinder cover 气缸盖

tampa do comando final final drive cap, final drive cover 终传动盖

tampa de combustível fuel cap 油箱盖

tampa do compressor compressor cover 压缩机盖

tampa do cubo hub cap 轮毂盖

tampa de desobstrução handle nut 手柄螺母

tampa do distribuidor distributor cap 分电器盖；分火盖

tampa de embraiagem coverplate 离合盖板

tampa de engraxadeira grease cap 润滑脂加注口盖

tampa de esgoto sewage manhole cover 污水井盖

tampa da extremidade de accionamento drive end head 主动端盖板

tampa de ferro fundido cast iron manhole cover 铸铁井盖

tampa do flange de propulsão drive flange cap 传动法兰盖

tampa de fossa de retenção para sólidos sump pit cover 集水坑盖

tampa do frasco bottle cap 瓶盖

tampa do governador governor cover 调节器盖

tampa de inspeção inspection hole cover 检查孔盖

tampa de inspecção do motor engine

service door 发动机检修盖

tampa do lado de retificação rectifier end frame 整流器后端盖

tampa do mancal bearing cover 轴承盖

tampa do mecanismo das válvulas valve mechanism cover 气缸盖罩

tampa da mola tensora recoil spring guard 缓冲弹簧护罩

tampa de plástico plastic cover 塑料盖

tampa do pneu de reposição spare tire cover 备胎盖

tampa de pressão pressure cap 压力（密封）帽

tampa de protecção protective cover, protection cover 保护盖

tampa do reservatório de expansão expansion tank cap 膨胀水箱盖

tampa do respiro vent cap 通气管帽；通气孔盖

tampa da saída d'água water outlet cap 出水口盖

tampa de selagem sealing cap 密封帽

tampa do tanque de combustível fuel tank cap 油箱盖

tampa de trincheira trench cover（排水）沟盖板

tampa de válvulas valve cover 阀盖；气门套

tampa do vaso sanitário toilet lid, toilet seat cover 马桶盖，厕板

tampa de ventilação ventilation cap 通风帽

tampa interna inside cover 内盖

tampa lateral do motor engine side door 发动机舱侧门

tampa metálica metal cover 金属盖

tampa plástica plastic cover 塑料盖

tampa porta-malas trunk lid 后备箱盖

tampa removível removable cover plate 活动盖板

tampão s.m. ❶ large lid, large cover, bulkhead 较大的盖；盖板门 ❷ plug 大塞子 ❸ covering material 覆盖材料 ❹ bulkhead, plug（矿井的）隔壁

tampão cego blank plug 暗栓

tampão cimento cement plug 水泥塞

tampão curto para tubagem bull plug

管堵

tampão de abandono abandonment plug 废弃井塞

tampão de argila clay plug 黏土塞

tampão de coluna hydro trip 水力活塞

tampão do depósito fuel tank cap, filler cap 油箱盖，加油口盖

tampão de desobstrução de condutas jack rabbit 通径规；套管内径规

tampão de fundo bottom plug 底塞

tampão de perda de circulação lost-circulation plug 堵漏塞

tampão de radiador radiator cap 散热器盖

tampão de respiro com pára-chama vent cap with flame arrestor 带阻火器的通风管帽

tampão de testemunho core plug 芯塞

tampão de topo top plug 顶塞，上部旋塞

tampão espuma foam plug 泡沫塞

tampão mecânico de obstrução de poço bridge plug 桥塞

tampão para alargar canos tampin 管木楦

tampão para ouvidos ear plug 耳塞

tampão respirator da bateria battery vent plug 蓄电池通风孔盖

tampão rosqueado screw plug, screw-in plug 螺旋塞

tampo s.m. ❶ table top; seat（桌子）台面；（椅子、凳子等的）坐面 ❷ cover 盖板

tampo de mármore marble top 大理石台面

tampo de sanita toilet cover, toilet lid 马桶盖，厕板

tamponamento s.m. plugging, stopping up 堵，塞，封堵，堵漏

tamponamento dum poço plugging back a well 回堵井

tamponamento e abandono plugging and abandonment 封堵弃井

tamponar v.tr. (to) plug 用塞子塞住

tanatocenose s.f. thanatocoenosis 生物尸体群落

tancagem s.f. tankage 槽容量；装槽

tandem ❶ adj.2g. tandem 串联的，串列的 ❷ adj.2g. tandem 对置的，X形排列的 ❸ s.m.

tandem 串联工作组 ❹ *s.m.* tandem bicycle 双人自行车

Tanetiano *adj.,s.m.* Thanetian; Thanetian Age; Thanetian Stage [葡] （地质年代）坦尼特期（的）；坦尼特阶（的）

tangeíte *s.f.* tangeite 钙钒铜矿，钒钙铜矿

tangencial *adj.2g.* tangential 切线的，相切的

tangente ❶ *s.f.* tangent 正切，切线 ❷ *adj.2g.* tangent 相切的

tangente externa external tangent 外切线

tangente hiperbólica hyperbolic tangent 双曲正切线

tangente hiperólica inversa inverse hyperbolic tangent 双曲反切线

tangente trigonométrica trigonometric tangent 三角正切

tanino *s.m.* tannin 丹宁，丹宁酸

tanoaria *s.f.* cooperage 制桶，制桶业

tanoeiro *s.m.* cooper 制桶工人

tanque *s.m.* ❶ reservoir, tank 水罐，水箱，水池 ❷ tank 坦克

tanque aéreo ⇒ reservatório elevado

tanque alijável drop tank 副油箱；可抛油箱

tanque auxiliar auxiliary tank 副油箱

tanque central aberto para o mar moonpool 船井，月形开口

tanque colector sump, sump pit 集水坑；截流井；排水井

tanque colector de água de chuva rain water sump pit 雨水集水坑

tanque colector de esgotos sewage sump 污水集水坑，污水坑；集污槽

tanque de abastecimento supply tank 给水箱

tanque de abastecimento auxiliar auxiliary feedwater tank 辅助给水箱

tanque de ácido acid tank 酸液缸

tanque de aeração aeration tank 曝气池

tanque de aferição gauge tank 计量罐

tanque de água water tank 水池，水箱；水缸

tanque de água de incêndio ❶ fire water tank 消防水箱 ❷ fire pool, fire pond 消防水池

tanque de água pré-fabricado prefabricated water tank 预制式水箱

tanque de água residual sewage tank 污水池

tanque de água tratada clean water tank 清水池

tanque de álcali alkaline tank 碱液缸

tanque de amortecimento surge tank 缓冲槽

tanque de ar air reservoir, air tank 储气缸，储气罐

tanque de ar comprimido compressed air receiver 压缩空气罐

tanque de armazenagem de água quente hot water storage tank 热水水箱

tanque de armazenagem de combustível fuel storage tank 燃料储罐

tanque de armazenamento atmosférico atmospheric storage tank 常压储罐

tanque de armazenamento de combustível diário daily fuel storage tank 日常燃料储箱

tanque de arrefecimento cooling tank 冷却柜，冷却箱

tanque de balanço balance tank 调节池；均衡槽

tanque de calibração tank prover 标定罐

tanque de carbonato de sódio soda ash compounding tank 纯碱配制槽

tanque de combustível fuel tank 油箱；油缸，燃油箱

tanque de combustível subterrâneo underground fuel tank 地下油缸

tanque de compensação surge tank 稳压罐

tanque de compressão surge tank 调压池

tanque de cura de cimento cement curing tank 水泥养护槽

tanque de decantação settling tank 滗析槽，沉淀池

tanque de decapagem acid tank 酸液缸

tanque de descarga flushing tank 冲水箱

tanque de desidrogenação dehydrogenation tank 脱氢缸

tanque de deslocamento displacement tank 驱替液储罐

tanque de dissolução dissolving tank 溶解槽，溶解池；溶药罐

tanque de drenagem slop tank 废油罐，

混油罐

tanque de equilíbrio de aço inoxidável stainless steel balancing tank 不锈钢平衡罐

tanque de estiragem drawing tank 引上窑室

tanque de expansão expansion tank; surge tank 膨胀水箱

tanque de expansão fechado closed expansion tank 封闭膨胀水箱

tanque de hipoclorito hypochlorite tank 次氯酸盐储罐

tanque de lama mud tank 泥浆罐

tanque de manobra trip tank 泥浆补给罐

tanque de medição measuring tank 计量槽

tanque de neutralização neutralization tank 中和池

tanque de óleo oil reservoir, oil tank 油罐

tanque de óleo morto stock tank 储油罐

tanque de oxidação oxidation pond 氧化塘

tanque de oxidação de barro sludge oxidation pond 废水氧化塘

tanque de Pachuca Pachuca tank 巴秋卡槽

tanque de para-gordura separation tank, grease trap 隔油池

tanque de precipitação de resíduos absolutos absolute-rest precipitation tank 静止沉淀池

tanque de prova tank prover 标定罐

tanque de recepção reception tank 接收池

tanque de recreio paddling pool 戏水池

tanque de sedimentação settling tank 沉淀池

tanque de surgência surge tank 调压池

tanque de tecto flutuante floating-roof tank 浮顶油罐

tanque de teste tank prover 标定罐

tanque desinfectante disinfectant tank 消毒池，消毒箱

tanque Dortmund Dortmund tank 多特蒙德罐

tanque electrolítico electrolytic tank 电解槽

tanque na cobertura roof tank 天台贮水箱

tanque em PRFV FRP tank 玻璃钢水箱

tanque evaporimétrico evaporation pan 蒸发皿

tanque hidráulico hydraulic reservoir, hydraulic tank 液压油箱

tanque Imhoff Imhoff tank 双层沉淀池；英霍夫式沉淀池；沉淀隐化池

tanque para aumento de pressão surge tank [葡] 调压池

tanque por gravidade gravity tank 自流贮罐；重力供油箱

tanque químico chemical tank 化学储罐

tanque receptor ⇨ tanque de recepção

tanque-tampão buffer pool 缓冲池

tantalite *s.f.* tantalite 钽铁矿

tântalo (Ta) *s.m.* tantalum (Ta) 钽

tanzanite *s.f.* tanzanite 坦桑黝帘石

TAP *sig.,s.m.* TAP (trunk adapter) 中继线适配器

tapada *s.f.* hunting ground, preserve; enclosure 狩猎场；围场

tapadeira *s.f.* flat （舞台上用的）背景屏

tapagem *s.f.* ⇨ tapamento

tapa-juntas *s.m.2n.* joint strip, cover mould 压缝条；压缝线脚

tapa-juntas em degrau stepped flashing （阶梯形排列的）批水板

tapamento *s.m.* ❶ covering, stopping, enclosure 封，堵，围 ❷ fence 围挡，围栏

tapamento de vala das tubagens filling of pipe trench 管沟填埋

tapamento de vazamento leak sealing 封漏

tapa-porcas *s.m.2n.* nut cover 螺母盖

tapa-poros *s.m.2n.* sealer 封闭漆

tapa-sol *s.m.* car sun shade 汽车遮阳挡

tapeçaria *s.f.* ❶ 1. tapestry 挂毯 2. fire blanket [集] 灭火毯，消防毯 ❷ carpet shop 地毯店 ❸ grassplot 青草坪

tapete *s.m.* ❶ 1. carpet, rug; mat 地毯；垫子 2. floor mat(s) 脚垫 ❷ band conveyer, belt conveyer 带式运送机 ❸ blanket, grout blanket 灌浆层 ❹ apron; blanket 护坦（水闸、溢流坝等泄水建筑物下游，用以保护河床免受水流冲刷或其他侵蚀破坏的刚性结构设

施）；铺盖

tapete algáceo algal mat 藻席

tapete asfáltico asphalt surfacing 沥青面层

tapete betuminoso bituminous surfacing 沥青面层

tapete de agulha knitted carpet 针织地毯

tapete de asfalto asphalt carpet 沥青黏层

tapete de banho bath mat 浴室脚垫；浴室防滑垫

tapete de borracha rubber mat; rubber floor mat 橡胶垫；橡胶脚垫

tapete de montante upstream blanket 上游铺盖

tapete de porta door mat 进门垫

tapete de rato mouse pad 鼠标垫

tapete drenante drainage blanket 排水层

tapete felpado flocked carpet 植绒地毯

tapete filtrante filtering mat 滤垫；滤层

tapete pneumático pneumatic conveyor 气动输送机，风力运输机

tapete puncionado a agulha needle punched carpet 针刺地毯

tapete rolante roller conveyor 滚柱式输送机

tapete rolante atlântico Atlantic Conveyor 大西洋传送带

tapete tecido woven carpet 纺织地毯，编织地毯

tapete tufado tufted carpet 簇绒地毯

tapioca s.f. tapioca 木薯淀粉

tapiolite s.f. tapiolite 重钽铁矿

tapona s.f. wattle and daub, wattle and dab 抹灰篱笆墙 ⇨ pau-a-pique

tapume s.m. fence （工程）围挡，围栏

taqueometria s.f. tachymetry, tacheometry 视距测距法

taqueométrico adj. tachymetric, tacheometric 视距测距的

taqueómetro/taqueômetro s.m. tachymeter, tacheometer 视距仪

taquilito s.m. tachylyte 玄武玻璃

taquimetria s.f. tachometry 转速测定

taquímetro s.m. ⇨ tacómetro

tara s.f. ❶ tare 车辆自重；（货物包装的）皮重 ❷ dead load 静负荷

taramela s.f. latch 门闩

tarantulito s.m. tarantulite 英白岗石

tarapacaite s.f. tarapacaite 黄铬钾石；黄钾铬石

tarara s.f. grain winnower, grain cleaner 风选机，扬谷机，谷物清选机

tarbuttite s.f. tarbuttite 三斜磷锌矿

tardiorogénico adj. postorogenic, tardiorogenic 造山期后的

tarditectónico adj. post-tectonic, tarditectonic 构造期后的；造山期后的

tardoz s.m. ❶ wall-backing （石材等）朝内敷设的面 ❷ backwall （建筑物）后墙；背水面

tarefa s.f. task 任务

tarefeiro s.m. jobbers 包工队

tarifa s.f. ❶ rate, fare 旅费；车费；船费；飞机票价 ❷ tariff, duty 关税表；税表 ❸ tariff, price list 价目表

tarifas aduaneiras (/alfandegárias) customs duties 海关关税

tarifa aérea air tariff 航空运价

tarifa de conexão connection fee 连网费，接通费

tarifa externa comum (TEC) common external tariff 共同对外关税

tarifa local local tariff 地区运价

tarifa preferencial preferential tariff 特惠关税

tarifa real actual price 实际价格

tarifário ❶ adj. of tariff 价格的，费用的 ❷ s.m. pricing system, price-list 价格体系，收费体系；价目表；[集] 定价

tarjeta s.f. sliding door latch 插销门锁

tarolo s.m. test core 试验岩心

tarolo de sondagem core sample 岩心样品，土心样本

tarolo de sondagem saturado saturated core sample 饱含水分混凝土心样本

tarraxa s.f. ❶ screw cutter, screw die, screw cutting die 螺纹铣刀，螺丝板牙，螺丝模 ❷ screw, bolt 螺丝，螺栓

tarraxa de abertura de rosca screw cutting die 螺纹铣刀，螺丝板牙，螺丝模

tarraxa métrica metric die 公制螺丝模

tartarato s.m. tartrate 酒石酸盐，酒石酸酯

tartarato de sódio e potássio potassium sodium tartrate 酒石酸钾钠

tártaro *s.m.* scale 水垢，水锈

    tártaro de caldeira boiler scale 锅炉垢

tarugo *s.m.* ❶ wooden pin, dowel 木钉，销钉 ❷ carpet pole, rug ram 地毯卷串杆

tasmanite *s.m.* tasmanite 含硫树脂

tassometria *s.f.* settlement measuring 沉降测量

tassómetro/tassômetro *s.m.* settlement meter, extensometer 沉降计，位移计

tatajuba *s.f.* cow-wood 黄牛木（*Bagassa guianensis Aubl.*）

tatâmi *s.m.* tatami 榻榻米

tátil *adj.2g.* ⇨ **táctil**

tatuzão *s.m.* tunnelling machine 隧道掘进机

tauari *s.m.* tauari 纤皮玉蕊（*Couratari spp.*）

tausonite *s.f.* tausonite 钛酸锶

tautirito *s.m.* tautirite 霞石粗安岩

tauxia *s.f.* damascene（用金银等）镶嵌金属；金属纹饰镶嵌

tavolatito *s.m.* tavolatite 蓝方白榴岩

tavorite *s.f.* tavorite 羟磷锂铁石，锂鳞铁石

tawito *s.m.* tawite 方钠霓辉岩，霓方钠岩

tawmawite *s.f.* tawmawite 铬绿帘石

taxa *s.f.* ❶ rate, ratio 率，比率 ❷ tax, duty; fee 税，税金，赋税；费用

    taxa adicional supertax 附加税

    taxa alfandegária duty 关税

    taxa bancária bank rate 银行利率

    taxa de absorção absorption rate 吸收率；摊配率

    taxa de acidentes accident rate 事故率

    taxa de actualização discount rate 贴现率

    taxa de aeroporto airport tax 机场税

    taxa de alongamento mínima minimum elongation 最小伸长率

    taxa de aluguel rental fee 租赁费

    taxa de amostragem sampling rate 取样率，取样比率

    taxa de aplicação application rate 肥料施用量；排种量，施用率

    taxas de aterragem landing charges 卸货费

    taxa de atracação pierage 码头费，停泊费

    taxa de base basic rate 基础费率

    taxa de baud Baud rate 波特率

    taxa de calibragem sorting rate 分选率

    taxa de câmbio exchange rate 汇率

    taxa de circulação road tax 公路税

    taxa de compra buying rate 买入汇率

    taxa de compressão compression rate, compression ratio 压缩率，压缩比

    taxa de conversão conversion rate 转化率

    taxa de corrosão corrosion rate 腐蚀率

    taxa de crescimento de ângulo ⇨ **taxa de ganho de ângulo**

    taxa de decaimento decay rate 衰变率，衰减率

    taxa de decantação trap efficiency, rate of silting 沉沙效率

    taxa de deformação strain rate 应变率

    taxa de depleção depletion rate 损耗率，消耗速度

    taxa de deposição deposition rate 沉积速率

    taxa de desalfandegamento customs clearance fee 报关费

    taxa de desconto discount rate 贴现率

    taxa de desenvolvimento do fogo (FIGRA) fire growth rate (FIGRA) 燃烧增长速率

    taxa de desenvolvimento de fumo (SMOGRA) smoke growth rate (SMOGRA) 烟气生成速率

    taxa de detonação firing rate 燃烧率

    taxa de dosagem dose rate 剂量率

    taxa de encomenda order fill rate 订制费用

    taxa de entrada entry fee 报名费

    taxa de falhas failure rate 故障率，失效率

    taxa de fluxo de trânsito flow of traffic flow 车流率

    taxa de ganho de ângulo build-up rate (BUR) 造斜率

    taxa de imposto tax rate 税率

    taxa de infiltração infiltration rate 渗透率

    taxa de inscrição registration fee 挂号费

    taxa de juros interest rate 利率

    taxa de libertação de calor (HRR) rate of heat release (HRR) 热释放率

    taxa de mercado market rate 市场汇率

    taxa de nacionalização nationalization rate 国产化率

    taxa de ocupação (TO) building density 建筑密度

taxa de pavimentação pavage 铺路税

taxa de penetração rate of penetration (ROP), penetration rate 钻进速度，机械钻速

taxa da penetração da corrosão corrosion penetration rate 腐蚀速率，腐蚀率

taxa de perda de ângulo drop off rate 降斜率

taxa de porcentagem toll 通行费

taxa de preferência de carbono carbon preference rate (CPR) 碳优势指标，碳优势指数

taxa de produção máxima maximum production rate 最大生产率

taxa de produtividade productivity rate 生产率

taxa de quarentena quarantine fee 检验检疫费

taxa de rendimento interno internal rate of return (IRR) [葡] 内部收益率

taxa liberatória withholding tax 预提税

taxa de renovação de ar air renewal rate 空气更新率

taxa de rentabilidade earning power 收益能力

taxa de resfriamento quench rate 淬火速率

taxa de retorno de capital rate of return on capital 资本回报率

taxa de sedimentação ⇨ taxa de decantação

taxa de selo stamp duty 印花税

taxa de sucesso exploratório exploratory success rate 探井成功率

taxa de transferência transfer fee 转让费；过户费

taxa de transformação transformation rate 转换率；变换速率

taxa de trânsito transit duty 通行税

taxa de transmissão de dados data rate 数据传输率

taxa de utilização utilization rate 使用率

taxa de vagas vacancy rate 空置率

taxa de venda selling rate 卖出汇率

taxa de viscosidade viscosity rate (VR) 黏度指数

taxas e encargos alfandegários customs duties and charges 海关税费

taxa interbancária de oferta de Luanda (LUIBOR) Luanda Interbank Offered Rate (LUIBOR) 罗安达银行同业拆借利率

taxa interna de retorno (TIR) internal rate of return (IRR) [巴] 内部收益率

taxa liberatória withholding tax 预提税

taxa padrão standard rate 标准费率；标准税率

taxas portuárias harbor dues, harbor charge 港务费；入港税

taxa suplementar extra tax 附加税

táxi *s.m.* ❶ taxi 出租车，计程车 ❷ taxi （飞机）滑行

táxi aéreo air taxi （直升机）地面滑行

taxiamento *s.m.* taxiing （飞机）滑行

taxímetro *s.m.* taximeter 出租车计价器

taxito *s.m.* taxite 斑杂岩

taxonomia *s.f.* taxonomy 分类学；分类法

taxonomia numérica numerical taxonomy 数值分类法

taylorismo *s.m.* Taylorism 泰勒制（泰勒创建的科学管理理论体系）

taylorite *s.f.* taylorite 铵钾矾

tcheremquito *s.m.* tcheremkhite 契列姆油页岩

tchopela *s.f.* three wheeler, tuktuk 带棚三轮车，三蹦子

tê *s.m.* tee 三通

tê de cobre de rosca fêmea female copper screw tee 内螺纹镶铜三通

tê flangeado flanged tee 法兰三通

tealite *s.f.* teallite 硫锡铅矿

teatro *s.m.* ❶ theater 剧院 ❷ theater (of operations) 军事战区

teatro de arena arena theater 圆形剧场

teatro elizabetano surround theater, theater-in-the-round 舞台至少有三面被席次包围的剧场

teatro grego greek theater 古希腊剧场

teatro romano Roman theater （古）罗马大剧院

teca *s.f.* teak 柚木（*Tectona grandis L.F.*）

tecelagem *s.f.* weaving 织造，编织

tecer *v.tr.* (to) weave 织造，编织

tecido ❶ *s.m.* 1. fabric, woven fabrics 布料，织物；梭织面料 2. tissue 薄纸，棉纸 ❷ *s.m.* fabric, tissue 组织，结构 ❸ *adj.* woven 纺织的，编织的，梭织的

tecido acústico acoustextile 吸声织物

tecido de algodão cotton cloth 棉布

tecido de crina haircloth 马尾织品

tecido de froco chenille 绳绒织物

tecido de jérsei jersey 平针织物

tecido de malha tricot, knitwear 经向斜纹毛织布

tecido de malha de aço woven steel fabric 编织钢筋网

tecido de prata silver tissue 银丝纱

tecido de reforço scrim 平纹棉麻织物

tecido de terno suiting 西装料

tecido elástico stretch fabric 弹力织物

tecido estampado cotton print 印花棉布

tecido impermeável waterproof cloth 防水面料

tecido industrial ❶ industrial fabric 工业织物 ❷ industrial local network 地方产业网络

tecido interno lining 衬里

tecido não tecido non-woven textile 无纺布

tecido turco terry towelling 毛巾布

tecido urbano urban fabric, urban tissue 城市结构，城市肌理

tecla *s.f.* key 按键

tecla comutadora push button switch 按钮开关

tecla de controlo control key 控制键

tecla de função function key 功能键

tecla memória memory button 记忆键，记忆按钮

tecla navegador navigator button 导航按钮

teclado *s.m.* keyboard 键盘

tecnécio (Tc) *s.m.* technetium (Tc) 锝

técnica *s.f.* technique 技术，方法

técnica de completação completion technique 完井技术

técnica de controlo control technique 控制技术

técnica de decapagem do sílico silicon etching technique 硅刻蚀技术

técnica de gerenciamento por objectos management-by-objectives technique 目标管理法

técnica de pescaria por corte e enroscamento cut and thread fishing technique 穿心打捞技术

técnica de produção production technique 生产技术

técnica de soldagem welding technique 焊接技术

técnico ❶ *adj.* technical 技术的 ❷ *s.m.* technician 技术员

técnico agrário land surveyor 土地测量员

técnico-científico technoscientific, technical and scientific 科技的

técnico de aquecimento heating engineer 供暖工程技术员

técnico de assentamento de coberturas roofer 屋面工

técnico de electricidade electrical technician 电力工程技术员

técnico de eletrónica electronics technician 电子工程技术员

técnico de exploração operational technician 运营技术员

técnico de gestão management technician 管理（工程）技术员

técnico de pescaria fishing hand [巴] 打捞员

técnico júnior junior technician 初级技工

técnico sénior senior technician 高级技工

tecnologia *s.f.* technology 工艺，技术

tecnologia ambiental environmental technology 环境技术

tecnologia de betonagem concrete technology 混凝土科技；混凝土工艺

tecnologia de comunicação communications technology 通信技术

tecnologia de construção building technology 建筑技术

tecnologia de controle control technology 控制技术

tecnologia de ponta (/vanguarda) cutting-edge technology 尖端科技，尖端技术

tecnologia de potabilização de água drinking water treatment technology 饮用水处理技术

tecnologia de processos process technology 加工技术，加工工艺

tecnologia de sensores sensor technology 传感器技术

tecnologia espacial space technology 航天技术

tecnologia informática computer technology 计算机技术，信息技术

tecnologia nuclear nuclear technology 核技术，核工艺学

tecnologia patenteada proprietary technology 专利技术

tectito *s.m.* tektite 玻璃陨体；熔融石

tecto/teto *s.m.* ❶ ceiling, ceiling board, ceiling slab 天花板，顶棚；内顶，内顶板 ❷ hanging side, hanging wall 上盘；顶壁 ❸ back, roof of a seam, hanging layer 顶盖岩 ❹ roof, superface 煤层顶面 ❺ ceiling 云幂高度 ❻ ceiling 上升限度，升限

tecto abobadado barrel-vault roof 筒形穹顶

teto acústico acoustic ceiling 吸声天花板，吸声顶棚

teto alveolado louvered ceiling 方格天花板

tecto côncavo cove ceiling 拱形天花

tecto contínuo continuous ceiling 无缝吊顶

tecto corta-fogo fire-rated ceiling 防火天花板

tecto de abrir sliding roof（汽车）滑动天窗

tecto de cabine cab roof 驾驶室顶

teto de campanha camp ceiling 帐篷式吊顶

teto de canto arredondado cove ceiling 凹圆线顶棚

tecto de quadrículas lattice ceiling 格子天花

tecto de tanque tank ceiling 水箱顶

tecto de vigas beam ceiling 露梁平顶

teto estático static ceiling 气球平衡高度

tectos estucados plaster ceiling 石膏面天棚

tecto falso suspended ceiling, false ceiling, dropped ceiling 吊顶，垂吊式天花板

tecto falso acústico acoustic false ceiling 声装吊顶

tecto falso de estilo stylish false ceiling 造型天棚吊顶

tecto falso de gesso cartonado plasterboard ceiling 纸面石膏板吊顶

tecto falso de placas de gesso gypsum board suspended ceilings 石膏板吊顶

tecto falso de sistema à vista exposed grid dropped ceiling 活动式吊顶，明龙骨吊顶

tecto falso de sistema oculto concealed grid dropped ceiling 隐蔽式吊顶，暗龙骨吊顶

tecto falso decorativo decorative suspended ceiling 装饰吊顶

tectos falsos decorativos, com nível variável decorative suspended ceilings, with variable level 装饰吊顶，高度可调

tecto inclinado pitched roof 坡屋面，斜尖屋顶

teto integrado integrated ceiling 集成吊顶

tecto linear linear ceiling 条形（吊顶）天花板

tecto luminoso luminous ceiling 发光顶棚

tecto máximo maximum ceiling 最大升限

teto metálico metal ceiling 金属顶棚，金属天花板

teto metálico linear linear metal ceiling 条形扣板天花板，铝条扣天花板

tecto plano flat ceiling 平天花板

tecto radiante radiant ceiling 辐射采暖顶棚

teto rebaixado ⇨ tecto falso

tecto semicircular wagon ceiling 筒形顶棚

teto solar sunroof（汽车）天窗

tecto suplementar double ceiling 双层天花

tecto suspenso ⇨ tecto falso

tecto suspenso de ladrilhos acústicos de fibra de encaixe lay-in fiber acoustic tiles suspended ceiling 隐蔽型纤维吸声板吊顶

tecto tenso (/tensionado) stretch-ceiling 拉展软膜天花

tecto-terraço roof terrace 屋顶平台，屋顶花园

tecto volteado coved ceiling 凹圆线顶棚；凹圆形顶棚

tectofácies *s.f.* tectofacies 构造相

tectogénese *s.f.* tectogenesis 构造运动

tectógeno *s.m.* tectogene 深地槽，深坳槽

tectoglifo *s.m.* tectoglyph 构造刻痕

tectónica *s.f.* ❶ tectonics 建筑工艺学 ❷ tectonics, geotectonics 构造地质学

tectónica de placas plate tectonics 板块构造（学）

tectónica global global tectonics 全球构造（学）

tectónica por gravidade gravity tectonics 重力构造

tectónica salina salt tectonics 盐体构造

tectónica sedimentar sedimentary tectonics 沉积构造学

tectónico *adj.* tectonic 建筑学上的；地壳构造上的

tectonito *s.m.* tectonite 构造岩

tectonito L L tectonite L 构造岩

tectonito primário primary tectonite 原生构造岩

tectonito secundário secondary tectonite 次生构造岩

tectonização *s.f.* tectonization 构造作用

tectono-eustasia *s.f.* tectono-eustasy 地壳变动海面升降运动

tectonofácies *s.f.* tectonofacies 构造岩相

tectonofísica *s.f.* tectonophysics 地壳构造物理学

tectonosfera *s.f.* tectonosphere 构造圈

tectonossedimentar *adj.2g.* tectonosedimentary 构造沉积的

tectonostratigrafia *s.f.* tectonostratigraphy 构造地层

tectossilicato *s.m.* tectosilicate 架状硅酸盐

teflon *s.m.* Teflon 特氟龙，聚四氟乙烯

tefra *s.f.* tephra 火山喷发碎屑

tefrifonolito *s.m.* tephriphonolite 碱玄质响岩

tefrito *s.m.* tephrite 碱玄岩

tefritóide *s.m.* tephritoid 似碱玄岩

tefrocronologia *s.f.* tephrochronology 火山灰年代学

tefróite *s.f.* tephroite 锰橄榄石

tegão *s.m.* grain tank 谷箱

tégula *s.f.* tegula 具有装饰性外形的瓦

teiper *s.m.* taper [巴] 楔形路段；逐渐收窄的路段

teiró *s.m.* share 犁铧，犁头

teiró do disco rotary blade 旋耕刀

tejadilho *s.m.* roof 汽车（外部）车顶

tela *s.f.* ❶ screen 屏幕，银幕 ❷ fabric, canvas 织物，布，帆布 ❸ screen, netting, mesh 网 ❹ drawing 图纸

tela acústica acoustic screen 隔声屏

tela angular corner lath 转角钢丝网板条

tela antiofuscante antiglare screen 防眩屏

tela asfáltica asphalt belt 沥青卷材

tela autocentradora self-centering lath 自立式钢丝网

tela autoguarnecida self-furring lath 自垫高钢丝网

tela com verso de papel paper-backed lath 用纸糊层的板条

tela contra insecto insect screen 纱窗

tela contra insectos de enrolar rolling insect screen 卷帘纱窗，隐形纱窗

tela de aço inoxidável stainless steel cloth 不锈钢丝网

tela de amianto asbestos wire gauze, asbestos wire net 石棉网

tela de arame chicken wire 铁丝织网

tela de arame soldado welded wire mesh 电焊网；焊接钢丝网

tela de arame trançado woven wire fabric 编织钢丝网

tela do bocal de enchimento (do óleo) (oil) filler screen 加油滤网

tela de cerca fence netting 围网

tela de contacto contact screen 接触网屏

tela de contenção de areia sand control screen [巴] 防砂筛管

tela de difusão diffusion screen 漫反射银幕

tela de enrolar motorizada motorized roll-up screen 电动上卷屏幕

tela de filtragem filtering fabric 过滤织物

tela de filtro filter cloth 滤布

tela do filtro de combustível fuel filter screen 燃油滤网

tela de focagem focusing screen 调焦屏

tela de linha de ar air line strainer 进气管道隔滤器

tela de medidas dimension drawing 尺

寸图

tela de mosquito fly screen 纱窗

tela de poeira dust screen 隔尘网

tela do pré-purificador precleaner screen 预清滤网

tela de projecção (/projector) projection screen 投影屏

tela de projecção retrátil roll-up projection screen 卷轴投影幕

tela do purificador de ar air cleaner screen 空气净化器滤网

tela de sobreamento agrícola agricultural shading net 农用遮光网

tela de succão suction screen 吸入滤网

tela de tapume fence netting 围网

tela da transmissão transmission screen 变速箱滤网

tela decorativa decorative screens 装饰屏风

tela decorativa para jardins decorative wire garden fencing 花园装饰用金属围网

tela expansível expandable screen [巴] 可膨胀筛管

tela fachadeira protecting netting 建筑防护网

tela filtrante screen, strainer 滤网

tela final as-built drawing 竣工图

tela hexagonal hexagonal wire netting 六角网，拧花网

tela magnética magnetic screen, magnetic strainer 磁性过滤器

tela metálica gauze, wire mesh 金属网，钢丝网

tela metálica expandida expanded metal lath 网眼钢皮

tela milimétrica micropore mesh 纱网

tela motorizada motorized screen 电动幕

tela nervurada rib lath 肋形钢丝网，肋条钢丝网

tela para fachada ⇨ tela fachadeira

tela protectora pre-screener 粗滤网

tela sensível ao toque touch panel, touch screen, touch pad 触摸屏

tela solar solar screen 遮阳网

telamão *s.m.* telamon, atlas 男像柱

tele- *pref.* ❶ tele- 表示"远距离，远程，遥远" ❷ tele- 表示"可伸缩的"

telecomando *s.m.* remote control; zapper 遥控器

telecomunicações *s.f.pl.* telecommunication(s) 电信

telecontagem *s.f.* telemetering 遥测，远距离测量

telecontrole *s.m.* telecontrol 远程控制，遥控

telecoordinómetro/telecoordinômetro *s.m.* telecoordimeter 遥测垂线坐标仪

teledetecção *s.f.* remote sensing 遥感

teleférico *s.m.* ❶ cablecar; cableway; aerial cableway 缆车；索道 ❷ blondin, cable crane 索道起重机

telefonar *v.tr.,intr.* (to) phone 打电话，通话

telefone *s.m.* telephone 电话

telefone dos bombeiros fire fighter phone 火警电话

telefone de emergência emergency telephone service 紧急备用电话

telefone IP IP phone 因特网电话，IP 电话

telefónico *adj.* of telephone 电话的

telefonista *s.2g.* telephonist, telephone operator 电话接线员

telegestão *s.f.* remote control 遥控，远程控制

teleinformática *s.f.* teleinformatics 远程信息学

telelimnímetro *s.m.* telemetering water level indicator 遥测水位指示仪

telemagmático *adj.* telemagmatic 远岩浆的

telemanipulador *s.m.* telehandler 伸缩臂叉车

telemática *s.f.* telematics 远程信息技术

telemedição *s.f.* telemetry 遥测

telemetria *s.f.* telemetry 遥感勘测；遥测技术

telémetro/telêmetro *s.m.* range finder, telemeter 测距仪

telémetro lazer laser distance meter 激光测距仪

telemóvel *s.m.* cellphone 手机

telensino *s.m.* distance education 远程教育

teleobjectiva *s.f.* telescopic lens 伸缩镜头

teleponto/teleprompter *s.m.* telepromter, autocue 提词机

telescopagem *s.f.* telescoping 叠加成矿作用，套叠作用

telescópio *s.m.* ❶ telescope 望远镜 ❷ strut 支撑臂

telescópico *adj.* telescopic, extensible（可）伸缩的

telésia *s.f.* ⇨ **corindo**

telesqui *s.m.* ski lift 滑雪缆车

telessismo *s.m.* distant seismism 远震

telessismógrafo *s.m.* teleseismograph 遥测地震仪

telessonda *s.f.* radiosonde, radiometereograph 无线电探空仪

teletermal *adj.2g.* telethermal 远成热液的

teletrabalhador *s.m.* teleworker 远程工作人员

teletrabalho *s.m.* telework, telecommuting 远程办公

teletransmissão *s.f.* teletransmission 远程传送；遥测传送

televisão *s.f.* television 电视；电视机

televisão a cores color television 彩色电视

televisão a preto e branco monochrome television 黑白电视

televisão de alta definição high definition television 高清电视

televisão de tela panorâmica widescreen television 宽屏电视

televisão em circuito fechado CCTV (Closed Circuit Television) 闭路电视

televisão por cabo CATV (Cable Television) 有线电视

televisivo *adj.* (of) television, (of) TV 电视的

televisor *s.m.* television receiver, TV set 电视机

televisor plasma plasma TV 等离子电视

telex *s.m.2n.* telex 电传；电传机

telha ❶ *s.f.* tile 瓦；瓷砖 ❷ (de telhado) roofing tile 屋面瓦

telha acústica acoustic tile 吸声瓦片

telha alfar ⇨ telha de canudo

telha angular angled tile 角形瓦

telha árabe hollow roofing tile 空心屋面瓦

telha canal mission tile 半圆形截面瓦

telha chata shingle 平瓦

telha chata asfáltica asphalt shingle 沥青瓦

telha chata de fibra de vidro fiberglass shingle 玻璃纤维瓦

telha curva pantile 波形瓦

telha de amianto asbestos tile 石棉瓦

telha de amianto ondulado corrugated asbestos cement sheet 波形石棉瓦

telha de ardósia slate tile 石板瓦

telha de aresta arris tile 角形瓦

telha de argila clay tile 黏土瓦片

telha de asfalto ❶ asphalt tile 沥青砖 ❷ asphalt shingles 沥青毡片

telha de beiral drip tile 檐口瓦，滴水瓦

telha de campo field tile 排水瓦

telha de canto corner roof tile 转角瓦

telha de canudo semicircle-shaped tile 筒瓦

telha de cimeira crest tile 脊瓦

telha de cobertura (/coberta/cobrir) cover tile 盖瓦，覆盖瓷砖

telha de cumeeira ridge tile, hip tile 屋脊瓦

telhas de drenagem drain tiles 排水瓦管

telha de elevação starter tile 起坡瓦

telhas de empena gable tiles 山墙顶盖瓦

telha de encaixe ⇨ telha francesa

telha de espigão hip tile 屋脊盖瓦

telha de granito granite tile 花岗石砖

telha de Marselha Marseille tile 马赛瓦

telha de meia-cana ⇨ telha de canudo

telha de mosaico mosaic tile 纸皮石

telha de projecções nosing tile 梯级边缘砖；级咀瓷砖

telha de remate crest tile 脊瓦

telha de rincão hip tile 屋脊盖瓦

telha de valadio ⇨ telha francesa

telha de ventilação ventilation tile 通风瓦

telha de vidro vitreous tile 釉瓷瓦；玻璃瓦

telha de vinil vinyl tile 乙烯基板；乙烯基铺地砖

telha em V bonnet tile, arris tile 弯面盖瓦；罩瓦

telha encáustica encaustic tile 彩瓦

telha escama scales tile 鱼鳞瓦

telha flamenga flap tile 瓣瓦

telha francesa interlocking tile 咬口瓦，互扣瓦

telha holandesa ⇨ telha curva

telha lisa ⇨ telha plana

telha lusa portuguese tile, lusa tile 葡式屋面瓦

telha mecânica ⇨ telha francesa

telha para chaminé vent pipe tile 通气管瓦

telha passadeira tile with step 带踏步的屋面瓦

telha plana plain tile 平瓦，无棱瓦

telha redonda round tile 筒瓦

telha romana roman tile 罗曼瓦，罗马瓦

telha térmica thermal tile 防热瓦

telha vermelha red tile 红瓦

telhado *s.m.* roof 屋顶，顶棚

telhado aberto open roof 露椽屋顶；露明屋顶

telhado acessível accessible roof 可上人屋顶

telhado borboleta butterfly roof 蝶形屋顶

telhado corrido ⇨ telhado de duas águas

telhado de alpendre shed roof （依附于大建筑物的）单坡屋顶

telhado de asna com escora e nível compass roof 圆弧形屋顶

telhado de berço barrel roof 筒形屋顶

telhado de chapa galvanizada ondulada galvanized corrugated iron roof 波纹镀锌铁皮屋顶

telhado de colmo thatched roof, straw roof 茅草屋顶

telhado de cortes roof with three or more slopes 三坡面或有更多坡面的屋顶

telhado de duas águas (/duas faces/ dois panos) gable roof 人字形屋顶，两坡面屋顶

telhado de duas quebradas curb-roof, gambrel roof 复斜屋顶；复折式屋顶

telhado de duas quebradas sem vigamento de apoio couple roof 对椽屋顶

telhado de duas vertentes saddle roof 鞍形屋顶

telhado de folhas thatch, thatching 茅草屋顶

telhado de mansarda mansard roof 复折式屋顶

telhado de meia água lean-to （依附于大建筑物的）披屋顶

telhado de membrana protegida protected membrane roof 有保护的膜屋顶

telhado de pavilhão pavilion roof 攒尖式屋顶

telhado de placas slab roof 盘状屋顶

telhado de quatro águas fourside roof, hipped roof 四坡屋顶

telhado de tábuas board roof 木板屋顶

telhado de telhas tile roofing 瓦屋面

telhado de torre broach roof 尖塔屋顶

telhado de três águas three sided roof 三坡屋顶

telhado de uma água lean-to roof 单坡屋顶

telhado de valadio ⇨ telha-vã

telhado duplo double roof 复式屋顶

telhado em albarda hip roof 四坡屋顶

telhado em ardósia slated roof 石板屋顶

telhado em cotovelo knee roof 变坡屋面

telhado em cúpula dome-shaped roof 圆顶屋顶

telhado em dente-de-serra sawtooth roof 锯齿形屋顶

telhado em V vee roof V 形屋顶

telhado em vertente pitched roof 坡屋面，斜尖屋顶

telhado envidraçado glaze roof 玻璃屋顶

telhado esconso ⇨ telhado em albarda

telhado flexionado concave-roof 凹曲屋面

telhado gambrel gambrel roof 斜折线屋顶，复折式屋顶

telhado horizontal flat roof 平屋顶

telhado impermeável waterproofing roof 防水屋面

telhado italiano Italian roof 四坡屋顶

telhado não acessível non-accessible roof 不上人屋顶

telhado ogival equilateral roof 等角屋顶

telhado piramidal pyramidal broach roof 金字塔形屋顶

telhado plano ⇨ telhado horizontal

telhado poligonal hammer-beam roof 托臂梁屋顶

telhadura *s.f.* roofing 屋面工程

telhal *s.m.* tilery, tile works 砖瓦窑，瓦厂

telhana *s.f.* bastion 棱堡

telhão *s.m.* ridge tile 脊瓦，屋脊瓦

telha-vã *s.f.* unlined tiled roof 无衬里的屋顶

telheiro *s.m.* tiler, shed; lean-to roof（尤指单坡面的）棚子

　telheiro de aço steel shed 钢架棚

　telheiro de chuva canopy 雨棚

telinite *s.f.* telinite 胞壁煤素质

Teliquiano *adj.,s.m.* Telychian; Telychian Age; Telychian Stage[葡]（地质年代）特列奇期（的）；特列奇阶（的）

telurato *s.m.* tellurate 碲酸盐

telureto *s.m.* telluride 碲化物

　telureto de zinco zinc telluride 碲化锌

telúrico *adj.* ❶ telluric 地球的 ❷ telluric 碲的

telúrio (Te) *s.m.* tellurium (Te) 碲

telurite *s.f.* tellurite 黄碲矿

telurito *s.m.* tellurite 亚碲酸盐

telurómetro/telurômetro *s.m.* tellurometer 微波测距仪

Telychiano *adj.,s.m.* [巴] ⇨ Teliquiano

têmenos *s.m.* temenos 神圣围地

têmpera *s.f.* tempering, hardening 回火，淬火；硬化

　têmpera a fogo flame hardening 火焰淬火

　têmpera a jacto de água stream hardening 喷水淬火

　têmpera a nitrogénio nitrogen case-hardening 表面渗氮淬火

　têmpera a óleo oil hardening 油冷淬火；油淬硬化

　têmpera de aço hardening of steel 钢的硬化

　têmpera de cimento cement temper 水泥改性

　têmpera de óleos hardening of oils 油类硬化

　têmpera da superfície surface hardening 表面硬化

　têmpera directa direct hardening 直接淬火

　têmpera em pacotes case-hardening 表面硬化

　têmpera natural natural hardness 自然硬度

　têmpera passiva passive hardness 耐磨硬度；纯态硬度

　têmpera por aspersão hardening by sprinkling 喷雾淬火

　têmpera por etapas austempering 等温淬火

　têmpera por imersão quench hardening 淬火

　têmpera por indução induction hardening 感应加热淬火

　têmpera profunda deep hardening 深硬化

　têmpera progressiva progressive hardening 顺序淬火

　têmpera química chemical tempering 化学回火

　têmpera selectiva selective quenching 选择淬火，局部淬火

　têmpera térmica thermal tempering 热回火

　têmpera total through hardening 透淬，完全硬化

temperabilidade *s.f.* hardenability 淬硬性；淬透性

temperado *adj.* hardened, tempered 淬过火的，回火的，硬化的

　temperado a óleo oil tempered 油回火的

　temperado em água water quenched 水淬的

temperar *v.tr.* (to) harden, (to) quench 硬化；淬火

temperatura *s.f.* temperature 温度，气温

　temperatura absoluta absolute temperature 绝对温度

　temperatura acumulada accumulated temperature 积温

　temperatura atmosférica atmospheric temperature 大气温度

　temperatura baixa crítica lower critical temperature 低临界温度

　temperatura constante constant temperature 恒温

　temperatura crítica critical temperature 临界温度

　temperatura crítica inferior lower critical temperature 最低临界温度，下限临界温度

　temperatura crítica superior upper critical temperature 上临界温度，上限临界温度

temperatura do ambiente ambient temperature 环境温度；周围温度

temperatura de assentamento do trilho rail installation temperature 轨道安装温度

temperatura de base base temperature 基础温度

temperatura de bulbo húmido wet-bulb temperature 湿球温度

temperatura de calcinação roasting temperature 焙烧温度

temperatura de chama flame temperature 火焰温度

temperatura de circulação circulating temperature 循环温度

temperatura de cor color temperature 色温

temperatura de cor correlata correlative color temperature 相关色温

temperatura de equiviscosidade equiviscous temperature (EVT) 等黏温度

temperatura Fahrenheit Fahrenheit temperature 华氏温度

temperatura de formação de parafina wax appearance temperature 析蜡点

temperatura de funcionamento operating temperature 运行温度

temperatura de fundo de poço bottom hole temperature 井底温度

temperatura de fusão fusing temperature 熔化温度

temperatura de gás de combustão flue gas temperature 烟气温度

temperatura de ignição ignition temperature 着火温度

temperatura de ignição espontânea spontaneous ignition temperature 自燃温度

temperatura de Planck (Θ) Planck temperature (Θ) 普朗克温度

temperatura de ponto de congelação freezing point temperature 冰点温度

temperatura de ponto de orvalho dew-point temperature 露点温度

temperatura de recristalização recrystallization temperature 再结晶温度

temperatura de revenimento tempering

temperature 回火温度

temperatura de serviço service temperature 工作温度

temperatura de têmpera hardening heat 硬化热

temperatura de termómetro húmido wet bulb temperature 湿球温度

temperatura de transformação transformation temperature 相变点，转变温度

temperatura de transição do vidro glass transition temperature 玻璃化温度

temperatura do trilho rail temperature 轨道温度

temperatura efectiva effective temperature 有效温度

temperatura equivalente equivalent temperature 等效温度

temperatura exterior outside air temperature 室外空气温度

temperatura extrema extreme temperature 极端温度

temperatura Kelvin Kelvin temperature 开氏温度；绝对温度

temperatura média average temperature 平均温度

temperatura média diária mean daily temperature 日平均温度

temperatura neutra do trilho rail neutral temperature (RNT) 中间轨温

temperatura padrão standard temperature 标准温度

temperatura para misturar mixing temperature 混合温度

temperatura potencial potential temperature 位温

temperatura reduzida reduced temperature 对比温度，折算温度

tempestade s.f. storm, gale 风暴，暴风雨

tempestade auroral auroral storm 极光暴

tempestade ciclónica cyclonic storm 气旋风暴

tempestade com relâmpagos (/trovoada) thunderstorm 雷暴

tempestade de areia sandstorm 沙暴

tempestade de convecção nor'wester 西北强风

tempestade de gelo ice storm 冰暴

tempestade de granizo (/saraiva) hailstorm 雹暴

tempestade de ideias brainstorm 头脑风暴

tempestade de neve blizzard 暴风雪

tempestade de poeira dust storm 沙暴

tempestade de ruído noise storm 噪暴

tempestade de sul kona storm 科纳气旋

tempestade eléctrica electrical storm 雷暴

tempestade equinocial (/em linha) line storm 二分点风暴

tempestade ionosférica ionospheric storm 电离层风暴

tempestade magnética magnetic storm 磁暴

tempestade tropical tropical storm 热带风暴

tempestito *s.m.* tempestite, storm bed 风暴岩

templo *s.m.* temple 庙宇

tempo *s.m.* ❶ 1. time 时间 2. stroke （发动机）冲程 ❷ weather 天气 ❸ season 季节

tempo aberto opening time （胶水、胶黏剂）开放时间

tempo absoluto absolute time 绝对时间

tempos antecipados de início early start times 最早开始时间

tempo autorizado de operação do motor allowable engine operating time 发动机许可使用时间

tempo calço a calço chock to chock time 轮挡时间；一次飞行总时间

tempo chuvoso rainy season; monsoon 雨季

tempo de acesso access time 存取时间

tempo de admissão intake stroke 进气冲程

tempo de agitação e lançamento time of haul 搅拌运输时间

tempo de ajustabilidade adjustment time, time limit for adjustment （胶凝材料凝固过程中的）可修补时间，可调整时间

tempo de amassamento mixing time 拌和时间

tempo da aproximação maior time of closest approach （卫星导航的）最接近时间

tempo de aquisição acquisition time 采集时间

tempo de avanço lead time 提前期；订货至交货的时间

tempo de bombagem pumping time [葡] 抽运时间

tempo de bombeabilidade pumping time [巴] 抽运时间

tempo de chegada arrival time 到达时间；波至时间

tempo de ciclo cycle time 周期时间；循环时间

tempo da colheita harvest season 收获季

tempo de combustão combustion stroke, power stroke 燃烧冲程，动力冲程

tempo de compressão compression stroke 压缩冲程

tempo de compressão e expansão compression-expansion stroke 压缩－膨胀行程

tempo de comutação switching time 切换时间

tempo de concentração time of concentration 集流时间

tempo de configuração inicial ⇨ tempo de presa inicial

tempo de cura curing time 养护时间

tempo de cura de concreto concrete curing period 混凝土养护期

tempo de desintegração decay time 衰减时间

tempo de disponibilidade availability time 可用时间

tempo de disponibilidade passiva passive availability time 被动可用时间

tempo do escapamento exhaust stroke 排气冲程

tempo de espera ❶ lead time 投产准备阶段 ❷ waiting time 等候时间 ❸ ⇨ tempo de paragem

tempo de espessamento thickening time 稠化时间

tempo da estiagem dry season; dry summer 旱季

tempo de exaustão exhaust time 排气时间

tempo de explosão ⇨ tempo de combustão

tempo de fechamento shut-in time（油井）关井时间

tempo de funcionamento running time 运行时间

tempo de funcionamento contínuo continuous running time 连续工作时间

tempo de indisponibilidade down time 故障时间；停机时间；非工作状态时间

tempo de indisponibilidade por avaria downtime due to malfunction 由于故障导致的停机时间

tempo de indisponibilidade programada scheduled downtime 预定停机时间

tempo de marcha running time（车辆）运行时间

tempo de mistura mixing time 拌和时间

tempo de molhagem wetting time（给壁纸涂胶，胶液完全透入壁纸纸底的）湿润时间

tempo de movimento ride time, running time 乘行时间，运动时间

tempo de operação operation time 作业时间；操作时间

tempo de paragem dwell time 停留时间

tempo de pega setting time 凝固时间

tempo de percepção-reacção perception-reaction time 感觉反应时间

tempo de percurso travel time 行程时间，旅行时间

tempo de percurso acústico acoustic travel time 声波传播时间

tempo de pescaria fishing time 打捞作业时间

tempo de Planck (T) Planck time (T) 普朗克时间

tempo de potência longo efectivo long, effective power stroke 有效做功行程长

tempo de presa inicial initial setting time 初凝时间

tempo de reacção reaction time 反应时间

tempo de reacção para frenagem brake reaction time 制动反应时间

tempo de recorrência recurrence time 再现时间，复发时间

tempo de rectificação adjustment time 调整时间

tempo de relaxação relaxation time 弛豫时间

tempo de renovação turnover time 周转时间；更新时间

tempo de reparação efetiva active repair time 有效修理时间；实际修复时间

tempo de residência residence time 停留时间，滞留时间

tempo de resolução resolution time 分辨时间

tempo de resposta response time 响应时间

tempo de restabelecimento recovery time 复原时间

tempo de retenção retention time 保存时间；保留时间；阻滞时间

tempo de retorno dos cascalhos cuttings lag time, cuttings time lag 岩屑迟到时间

tempo de retorno da lama lag time, time lag 泥浆迟到时间

tempo de reverberação reverberation time 混响时间

tempo de sonda parada downtime 停钻时间

tempo de trânsito acoustic transit time 声波传播时间

tempo de trânsito intervalar interval transit time 间隔传播时间

tempo de viagem travel time 行程时间，旅行时间

tempo de vida lifetime 使用寿命

tempo de voo flight time 飞行时间

tempo de voo solo solo flight time 单飞时间

tempo decorrido (/gasto) taken time 所花的时间，用时

tempo disponível availability time 可用时间

tempo economizado time saved 节省时间

tempo entre revisão geral time between overhaul 大修间隔时间

tempo fiducial fiducial time 基准时间

tempo geológico geological time 地质时代

tempo médio de reparo mean time to

repair 平均维修时间，平均修复时间

tempo médio entre falhas mean time between failures 平均故障间隔时间

tempo médio entre manutenções mean time between maintenance 平均维护间隔时间

tempo morto dead season 淡季

tempo parado (/ocioso) downtime 停机时间

tempo poço-acima uphole time （初至波）到达井口（的）时间

tempos postergados de início late start times 最晚开始时间

tempo real real time 实时

tempo seco dry season 旱季

tempo sem supervisão time span of discretion 自由处理权时间幅度

tempo significativo significant weather 重要天气

tempo tormentoso squally weather 风暴天气

tempo universal (UT) Universal Time (UT) 世界时

tempo universal coordenado (UTC) Coordinated Universal Time (UTC) 协调世界时

tempo vertical vertical time, uphole time, bug time （初至波）到达井口（的）时间 ⇒ tempo poço-acima

tempo zero zero time 时间零点

tempoflex *s.m.* flexitime 弹性工作时间

temporal *s.m.* storm gale 暴风

temporal de chuva glacial glazed frost 冰雨，雨冰

temporário ❶ *adj.* temporary 临时的 ❷ *s.m.* temporary 临时雇员

temporizador *s.m.* timer 定时器

temporizador automático self-timer 自动拍照（定时）器

temporizador conta-minutos minute timer 分钟定时器

temporizador de desligamento auto shut-off timer 自动关闭定时器

temporizador de espera sleep timer 睡眠定时器

tenacidade *s.f.* tenacity, toughness 韧性，韧度

tenacidade à fractura fracture toughness 断裂韧度，抗断韧度

tenacidade de solo tenacity of soil 土壤韧度

tenacidade sob entalhe notch toughness 缺口冲击韧性

tenalha *s.f.* tenaille 钳堡；凹角堡

tennantite *s.f.* tennantite [葡] 砷黝铜矿

tenardite *s.f.* thenardite 无水芒硝

tenaz ❶ *adj.2g.* tenacious 坚韧的；黏着力强的 ❷ *s.f.* tongs, pincers 钳子

tenaz de cadinho crucible tongs 坩埚钳

tenaz de cano do gás gas pipe tongs 燃气管钳

tenaz de carpinteiro carpenter's pincers 木工钳

tenaz de corrente chain tongs 链钳

tenaz de engatar stripping tongs 剥片钳

tenaz para rebites riveting tongs 铆钉钳

tenaz para trilho rail tongs 钢轨钳，抬轨钳

tenda *s.f.* awning, tent, canvas 雨篷，帐篷

tenda plástica plastic shelter 塑料篷

tendência *s.f.* ❶ trend 趋势；倾向 ❷ bias （仪器的）偏差

tendência a umectação ⇒ molhabilidade

tendência de polarização polarization bias 极化偏差

tendenciosidade *s.f.* bias; biasness（试样、仪器等的）偏差；有偏性

tenebrescência *s.f.* tenebrescence 变色荧光

tenesso (Ts) *s.m.* tennessine (Ts) 硱，117 号元素

tênia *s.f.* taenia 束带饰

ténis *s.m.* tennis 网球（运动）

tenite *s.f.* taenite 镍纹石

tennantita *s.f.* tennantite [巴] 砷黝铜矿

tenorite *s.f.* tenorite 黑铜矿

tenro *adj.* soft 柔软的

tensão *s.f.* ❶ 1. tension, stress 拉力；张力；应力 2. strain 应变 ❷ tension, voltage 电压 ⇒ voltagem ❸ 1. gas pressure 蒸汽压；压强 2. tightness 紧密性；气密性

tensão admissível allowable stress 容许应力

tensão admissível por unidade allowable unit stress 允许单位应力

tensão axial axial stress 轴向应力

tensão circular hoop stress 环向应力

tensão cisalhante shear stress, shearing stress 剪应力

tensão cisalhante crítica resolvida critical resolved shear stress 临界分解切应力

tensão compressiva ⇨ tensão de compressão

tensão compressiva diagonal diagonal compressive stress 斜向压力

tensão compressíva média average compressive stress 平均压应力

tensão confinante confining stress 局限应力

tensão contratada (TC) contracted voltage 合同电压

tensão cortante shear stress 剪应力

tensão de aderência adhesion stress, bond stress 黏合应力，黏合应力

tensão de apoio bearing stress 支承应力

tensão de betão concrete stress 混凝土应力

tensão de cedência yield stress 屈服应力

tensão de cisalhamento shear stress 剪应力

tensão de cisalhamento do fluido fluid shear stress 流体剪切应力

tensão de cisalhamento horizontal horizontal shearing stress 水平剪应力

tensão de cisalhamento máxima maximum shear stress 最大剪应力

tensão de cisalhamento vertical vertical shearing stress 垂直剪应力

tensão de compressão compression stress 压缩应力

tensão de contracção shrinkage stress 收缩应力

tensão de corda chord stress 弦材应力

tensão da corrente track tension 履带张力，履带张紧度

tensão de corrente alternada AC voltage; alternating current voltage 交流电压

tensão de corrente contínua DC voltage 直流电压

tensão de desvio deviator stress 偏应力

tensão de distribuição distribution voltage 配电电压

tensão de entrada input voltage 输入电压

tensão de escala limitada limiting range stress 应力极限范围

tensão de escoamento yield stress 屈服应力

tensão de flambagem buckling stress 屈曲应力

tensão de flexão bending stress 弯曲应力

tensão de fornecimento de energia elétrica power supply voltage 供电电压

tensão de gás gas pressure 蒸汽压

tensão de humidade matrix suction 基质吸力

tensões de membrana membrane stresses 膜应力，薄膜应力

tensão de resfriamento cooling stress 冷却压力

tensão de resistência a tracção ultimate tensile strength 极限抗拉强度

tensão de ruptura failure stress 断裂应力

tensão de saída output voltage 输出电压

tensão de torção torsional stress 扭转应力

tensão de trabalho working stress 工作应力

tensão de tracção tensile stress 拉伸应力

tensão de tracção diagonal diagonal tensile stress 斜向拉压力

tensão de transmissão transmission voltage 输电电压，传输电压

tensão de vapor vapor pressure 蒸汽压力

tensão de vento wind stress 风应力

tensão diagonal diagonal tension 对角张力，斜拉应力

tensão directa direct stress 直接应力

tensão efectiva effective stress 有效应力

tensão eléctrica tension, voltage 电压

tensão em vazio no-load voltage 空载电压

tensão excessiva overstrain 过度应变

tensão extensional extensional stress 张应力；拉伸应力

tensão horizontal horizontal stress 水平应力

tensão in situ in-situ stress 原位应力，原地应力，原岩应力

tensão inicial ❶ initial strain 初应变 ❷ pick-up voltage 始动电压

tensão interfacial interfacial tension 界面张力

tensão interna internal stress 内应力

tensão lateral lateral stress 横向应力

tensão limite de fadiga fatigue stress 疲劳应力

tensão longitudinal longitudinal stress 纵向应力

tensão máxima maximum stress 最大应力

tensão média mean stress 平均应力

tensão meridiana meridian stress 经线应力

tensão mínima requerida minimum required strength (MRS) 最小要求强度

tensão neutra neutral pressure 中性压力

tensão nominal rated voltage, nominal voltage 额定电压，标称电压

tensão normal normal stress 正应力，法向应力

tensão paralela hoop force 箍紧力

tensão permissível allowable stress 容许应力

tensão plana plane stress 平面应力

tensão primária primary stress 初始应力

tensão principal ❶ principal stress 主应力 ❷ principal strain 主应变

tensão projectada design stress 设计应力

tensão radial radial stress 径向应力

tensão real true stress 实际应力

tensão residual residual stress 残余应力

tensão secundária secondary stress 次应力；副应力

tensão superficial surface tension 表面张力

tensão tangencial tangential stress 切向应力

tensão térmica thermal stress 热应力

tensão total total stress 总应力

tensão transversal transverse stress 横应力

tensão triaxial triaxial stress 三轴应力

tensão unitária unit stress 单位应力

tensão vertical vertical stress 垂直应力

tensão virgem virgin stress 原始应力

tensão volumétrica volumetric strain 体积应变

◇ alta tensão (AT) high voltage (HV) 高（电）压

◇ baixa tensão (BT) low voltage (LV) 低（电）压

◇ extra-alta tensão (EAT) extra high voltage (EHV) 超高（电）压

◇ extra-baixa tensão (EBT) extra low voltage (ELV) 特低（电）压

◇ extrabaixa tensão de segurança (SELV) separated extra low voltage (SELV) 安全特低（电）压

◇ extra-baixa tensão protegida (PELV) protective extra low voltage (PELV) 保护特低（电）压

◇ média tensão (MT) medium voltage (MV) 中（电）压

◇ ultra-alta tensão (UAT) ultra high voltage (UHV) 特高（电）压

tênsil adj.2g. tensile 张力的，拉力的

tensímetro s.m. tensiometer 张力计，表面张力计

tensiómetro/tensiômetro s.m. tensiometer 张力计，表面张力计

tensiômetro de anel ring tensiometer 吊环式张力仪

tensionador s.m. tensioner 张紧器，拉紧器

tensionador do cabo-guia guideline tensioner 导向索张紧器

tensoactivo ❶ adj. tensioactive 表面活性的 ❷ s.m. surfactant 表面活性剂

tensoactivo aniónico anionic surfactant 阴离子表面活性剂

tensoactivo catiónico cationic surfactant 阳离子表面活性剂

tensoactivo não iónico nonionic surfactant 非离子型表面活性剂

tensoestrutura s.f. tensile structures 张拉结构

tensómetro/tensômetro s.m. tensiometer 张力计，表面张力计

tensor s.m. ❶ tensor 张量 ❷ tightener 扭紧器；紧线器

tensor da correia belt tightener 紧带器

tensor de corrente stretching screw 扩张螺丝；拉紧螺钉

tensor da esteira track adjuster 履带调整器

tensor de rosca turnbuckle 松紧螺丝扣，花篮螺丝

tensor hidráulico da esteira hydraulic

track adjuster 液压履带调整器

tentativa-e-erro *s.f.* trial-and-error 试错法

tento *s.m.* rod piece (of a frame) 杆件

tento de pintor maulstick, mahlstick 支腕杖

teodolito *s.m.* theodolite 经纬仪

teodolito com laser laser theodolite 激光经纬仪

teodolito de bússula (/trânsito) transit compass 经纬仪罗盘

teodolito em Y Wye theodolite 怀经纬仪

teodolito Everest Everest theodolite 埃佛勒斯脱经纬仪

teodolito fotogramétrico phototheodolite 摄影经纬仪

teodolito giroscópico gyrotheodolite 陀螺经纬仪

teodolito medidor de distância distance-measuring theodolite 测距经纬仪

teodolito micrométrico micrometer theodolite 测微经纬仪

teodolito repetidor repeater theodolite 复测经纬仪

teor *s.m.* ❶ content 含量，成色，品位 ❷ content, text 原文，正文，内容

teor de água water content, moisture content 含水量

teor de água e sedimentos basic sediment and water (BS&W) 底部沉积物和水

teor de álcool no sangue blood alcohol content 血液酒精含量

teor de ar air content 含气量；空气含量

teor de betume bitumen content 沥青含量

teor de carbonato de cálcio calcium carbonate content 碳酸钙含量

teor de carbonato de cálcio de solo (/rocha) calcium carbonate content of soil (/rocha) 土壤（/岩石）的碳酸钙含量

teor de cimento cement content 水泥含量

teor de cinzas ash content 灰分含量

teor de cloreto chloride content 氯化物含量

teor de folhelho shaliness [巴] 泥质含量

teor de humidade moisture content 含湿量；含水量

teor de humidade do concreto fresco moisture content of fresh concrete 新拌混凝土水分含量

teor de humidade in-situ in-situ moisture content (of concrete) 现场混凝土含水量

teor de humidade natural natural moisture content 自然含湿量，天然含水量

teor de ligante binder content 黏合剂含量

teor de lodo silt content 含泥量

teor de oxigênio dissolvido dissolved oxygen content; dissolved oxygen concentration 溶氧量

teor de sulfatos sulfate content 硫酸盐含量，硫酸根含量

teor de sulfetos sulfide content [巴] 硫化物含量

teor de sulfureto sulfide content [葡] 硫化物含量

teor de umidade moisture content [巴] 含湿量；含水量

teor de umidade higroscópica hygroscopic moisture content [巴] 吸着水含量

teor de umidade ótima optimum moisture content [巴] 最佳含水量

teor de vazios void ratio 孔隙比

teor em xisto argiloso shaliness [葡] 泥质含量

teor limite economic limit reserve 经济极限储量

teor químico chemical content 化学成分

teor recuperável recoverable reserve 可采储量

teor térmico heat content 焓，热含量

teorema *s.m.* theorem 定理

teorema da amostragem sampling theorem 取样定理，抽样定理

teorema de Bernoulli Bernoulli theorem 伯努利定理

teorema de Euler Euler theorem 欧拉定理

teorema do Pitágoras Pythagorean theorem 毕达哥拉斯定理，勾股定理

teorema dos senos sine law 正弦定理

teoria *s.f.* theory 理论

teoria cinética do calor kinetic theory of heat 热的运动论

teoria de Arrhenius Arrhenius theory 阿累尼乌斯理论

teoria de Biot Biot theory 毕奥理论

teoria da dupla camada eléctrica electrical double layer theory 双电层理论

teoria do espalhamento do assoalho oceânico seafloor spreading theory [巴] 海底扩张理论

teoria do espalhamento do fundo do mar seafloor spreading theory [葡] 海底扩张理论

teoria dos jogos game theory 博弈论

teorias de organização organizations theories 组织理论

teoria da razão de carbono carbon ratio theory 碳比说

teoria de ruptura de Griffith Griffith's theory of rupture 格里菲斯裂口断裂理论

tepe *s.m.* turret in the form of a wedge 筑墙用的土坯

teralito *s.m.* theralite 霞斜岩

térbio (Tb) *s.m.* terbium (Tb) 铽

tera- (T) *pref.* tera- (T) 表示 "万亿，10^{12}"

terabit (Tb) *s.m.* terabit (Tb) 兆兆比特，兆兆位

terabit por segundo (Tbps) terabit per second (Tbps) 兆兆位每秒

terabyte (TB) *s.m.* terabyte (TB) 兆兆字节

terabyte por segundo (TB/s) terabyte per second (TB/s) 兆兆字节每秒

terceirização *s.f.* outsourcing 外包

terceirizar *v.tr.* (to) outsource 外包

terceiro carril *s.m.* ⇨ terceiro trilho

terceiro ponto *s.m.* third point （三点悬挂机构的）第三点

terceiro trilho *s.m.* third rail （电动机车的）第三轨，导电轨，接触轨

terceiro trilho energizado hot rail 导电轨；第三轨

terciarão *s.m.* tierceron （哥特式屋顶的）居间的拱肋

terça *s.f.* purlin 桁条，檩条

terço *s.m.* third part of a shaft 位于柱身顶端或底端的三分之一段

terço de meio middle third 位于柱身中间的三分之一段

terebeno *s.m.* terebine 涂料催干剂

terebintina/terebentina *s.f.* turpentine 松节油

terlinguaite *s.f.* terlinguaite 黄氯汞矿

termas *s.f.pl.* thermal bath 温泉疗养院

termia *s.f.* therm 克卡；千卡；小卡

térmico *adj.* ❶ thermal 热的，热量的 ❷ 隔热的，保温的

terminação *s.f.* termination 结束，终止；终端

terminação de cabo cable termination 电缆终端

terminação de extremidade de oleoduto pipeline end termination (PLET) 管线终端

terminação de topo toplap termination 顶超终止

terminal *s.m.* ❶ terminal, end 末端，终端 ❷ 1. terminal 终点，终点站 2. terminal 航站楼 ❸ 1. coupling 接头 2. borne, terminal 端子；接线柱

terminal achatado swage terminal 扁式接线器

terminal aéreo air terminal 航站楼，航空终点站

terminal auxiliar auxiliary terminal 辅助端

terminal com orelha lug 接线片

terminal de autocarro bus terminus 公交总站

terminal da bateria battery post 蓄电池接线柱

terminal de cabo ❶ terminal plug 接线端子 ❷ cable socket 电缆插口；电缆插座；电缆接头 ❸ cable end 电缆头

terminal de cargas freight yard, freight terminal, bulk terminal 货运场，货运码头

terminal de cinta strip terminal 接线条

terminal de compressão bimetálica pré-isolada preinsulated Al-Cu compression lug 预绝缘压接耳

terminal de computador workstation 工作站

terminal de condensador capacitor terminal 电容器端线

terminal de contacto contact terminal 接触端子

terminal de contactos chatos flat pin bushing 扁孔插座

terminal de contentores container terminal 货柜码头

terminal de dados data terminal 数据终端

terminal de direcção tie rod end 横拉杆端接头

terminal de gerador generator lead 发电机引出线

terminal de instrumento de prova test prod 测试棒

terminal de mangueira hose coupling 软管接头

terminal de manutenção maintenance terminal 维护终端

terminal de massa ground terminal 接地端子

terminal de olhal lug-type terminal 接线片

terminal de ônibus bus terminal 公交总站

terminal de pagamento automático (TPA) point of sale (POS), POS terminal 自动支付终端，POS 终端，POS 机

terminal de passageiros terminal building 航站楼

terminal de placa plate-lug 板板接头

terminal de porca giratória swivel nut coupling 旋转螺母接头

terminal de porta gate terminal 门接线端

terminal de porta-escovas brush lead 电刷引线

terminal de prova test terminal 测试终端

terminal de rampa ramp terminal 匝道连接点

terminal de rede network termination 网络终端

terminal de rosca de cano pipe thread coupling 螺纹管接头

terminal de rótula esférica spherical rod end 球面连杆端

terminal de saída output terminal 输出端子

terminal de teste test terminal 测试终端

terminal de (ligação a) terra earthing terminal 接地端子

terminal de vedação seal terminal 封口端子

terminal esférico ball socket 球座

terminal fixo fixed end 固定端

terminal inteligente intelligent terminal 智能终端

terminal isolado isolated terminal 隔离端子

terminal marítimo marine terminal 海运码头

terminal petroleiro oil terminal 油码头，油港

terminal pré-isolado preinsulated able lug 预绝缘线缆接头

terminal retroportuário alfandegado bonded area 保税区

terminal rodovário bus terminal, bus station 公路终点站，公路枢纽站

terminal sem solda solderless terminal 无焊剂接头

terminal tipo colete (/mandril) collet-type coupling 爪套式接头

término *s.m.* finish, limite; terminus 终点；结束；（铁路的）起点；终点

terminologia *s.f.* terminology 术语

termístor *s.m.* thermistor, thermister 热敏电阻

termita *s.f.* thermite 铝热剂

térmite *s.f.* termite 白蚁

termo *s.m.* ❶ term; dead-line 终点；界限；期限 ❷ term 术语 ❸ term, stipulation （合同，协议等）条款 ❹ term, note, statement 文书，声明书

termos de referência terms of reference (TOR) 参考资料

termo de referência do projecto project charter 项目任务书

termo de responsabilidade term of responsibility 责任书

termo de Rossby Rossby term 罗斯比参数

termos convencionais conventional terms 通用术语，常规术语

termos especiais special terms 特殊条款

termo genérico generic term 通用术语

termos gerais general terms 一般条款

Termos Internacionais de Comércio (INCOTERMS) International Trade Terms 国际贸易术语

termos mecânicos mechanical terms 机械术语

termos técnicos technical terms 技术术语，专业术语

termo- *pref.* thermo- 表示"热的"

termoacumulação *s.f.* thermoaccumulation 温差电堆，热电堆

termoacumulador *s.m.* water heater, boiler 热水器

termoadesivo *adj.* thermoadhesive 热黏的

termoalino *adj.* thermohaline 热盐的，温盐的

termobarómetro/termobarômetro *s.m.* thermobarometer 温度气压表

termocarso *s.m.* thermokarst 热岩溶

termoclina *s.f.* thermocline 斜温层

termocópia *s.f.* thermo-copying 热敏复印

termocura *s.f.* thermosetting 热固性

termodensímetro *s.m.* thermohydrometer 温差比重计

termodieléctrico *adj.* thermodielectric 热介电的

termodifusão *s.f.* thermodiffusion 热扩散

termodinâmica *s.f.* thermodynamics 热力学

termoelectricidade *s.f.* thermoelectricity 热电

termoeléctrico *adj.* thermoelectric 热电的

termoendurecido *adj.* thermoset, thermosetting 热固的，热固性的

termoendurecível *adj.2g.* thermosetting 热固性的

termófilo *adj.* thermophile 嗜热的；喜温的

termogénese *s.f.* thermogenesis 生热作用

termogénico *adj.* thermogenetic 热产生的

termografia *s.f.* thermography 热敏成像法

termógrafo *s.m.* thermograph 热录像仪

termograma *s.m.* thermogram 热像图

termogravimetria *s.f.* thermogravimetry 热重量分析法

termo-halino *adj.* thermohaline 热盐的，温盐的

termo-higrométrico *adj.* thermohygrometric 温湿度的，温度湿度的

termo-higrómetro *s.m.* thermohygrometer 温湿度计，温湿计，温湿度表

termolaminado *s.m.* high pressure laminate 高压胶合板

termologia *s.f.* thermology 热学

termoluminescência *s.f.* thermoluminescence 热致发光

termomagnético *adj.* thermomagnetic 热磁的

termomagnetismo *s.m.* thermomagnetism 热磁学，热磁现象

termometamorfismo *s.m.* thermometamorphism 热变质作用；热同素异形现象

termometria *s.f.* thermometry 温度测量；温度测定法；计温学

termómetro/termômetro *s.m.* thermometer; temperature gauge 温度计，温度表

termómetro centígrado centigrade thermometer 摄氏温度计

termómetro de água water temperature gauge 水温表

termómetro de água de refrigeração cooling water thermometer 冷却水温度计

termómetro de Beckmann Beckmann thermometer 贝克曼氏温度计

termómetro de bulbo húmido wet bulb thermometer 湿球温度计

termómetro de Celsius Celsius thermometer 摄氏温度计

termómetro de Fahrenheit Fahrenheit thermometer 华氏温度计

termómetro de infravermelho infrared thermometer 红外测温仪，红外温度计

termómetro de máxima maximum thermometer 最高温度计

termómetro de máxima e mínima maximum and minimum thermometer 最高最低温度计

termómetro de mínima minimum thermometer 最低温度计

termómetro de resistência resistance thermometer 电阻温度计

termómetro de Six Six's thermometer 西科斯温度计

termómetro de solo earth thermometer 地温计

termômetro de termistor thermistor thermometer 热敏电阻温度计

termômetro de trilho rail thermometer 轨道测温计

termómetro digital digital thermometer 数字温度计

termómetro elétrico electric thermometer 电温度计

termómetro geológico geological thermometer 地质温度计

termómetro seco dry bulb thermometer 干球温度计

termometrógrafo *s.m.* thermometrograph 温度记录器

termomultiplicador *s.m.* thermomultiplicator 热倍加器

termopar *s.m.* thermocouple 热电偶

termopausa *s.f.* thermopause 热成层顶

termopilha *s.f.* thermopile 温差电堆

termoplástico *adj.* thermoplastic 热塑性的

termoprotector *s.m.* thermal protector 热保护器

termoquímica *s.f.* thermochemistry 热化学

termorretráctil ❶ *adj.2g.* heat-shrinkable 热收缩的 ❷ *s.m.* heat shrinkable product 热缩制品

termorresistência (RTDs) *s.f.* resistance temperature detector (RTDs) 电阻温度检测器

termos *s.m.2n.* Thermos, Thermos flask 热水瓶

termosensor *s.m.* thermosensor 热感应装置，热敏元件

termosfera *s.f.* thermosphere 热层

termossifão *s.m.* thermosiphon 热虹吸器，热虹吸管，热对流系统

termossonda *s.f.* thermoprobe 测温探针

termossonda digital digital thermoprobe 数字测温探针

termostática *s.f.* thermostatics 热静力学

termostático *adj.* thermostatic 热静力学的；恒温的

termóstato/termostato *s.m.* ❶ thermostat, temperature regulator 恒温器，自动调温机 ❷ temperature switch 温度开关

termostato de água water temperature regulator 水温调节器

termóstato de ambiente ambient thermostat 环境温度控制器

termostato de fluxo total full-flow temperature regulator 全流量温度调节器

termostato de óleo oil thermostat 油控恒温器

termóstato de temperatura dúpla dual temperature thermostat 双温恒温器

termóstato programável programmable thermostat 可编程温控器

termóstato tipo by-pass by-pass type thermostat 旁通型恒温器

termotelha *s.f.* thermal tile 防热瓦

termotrópico *adj.* thermotropic 向热的；向温的

termotropismo *s.m.* thermotropism 向温性

ternário *adj.* ternary 三元的

terno *s.m.* ❶ three-phase line 三相输电线路 ❷ three-core cable 三芯电缆

terno duplo double circuit three-phase line 双回三相输电线路

terno simples single circuit three-phase line 单回三相输电线路

terpeno *s.m.* terpene 萜烯

terpenóide *s.m.* terpenoid 萜类化合物，类萜

terra *s.f.* ❶ earth 土壤 ⇨ solo ❷ land 土地 ⇨ terreno ❸ [M] Earth 地球 ❹ earthing 接地 ⇨ aterramento

terra abandonada abandoned land 弃耕地，撂荒地

terra adentro onshore [巴] 陆上的，海滨上的

terra agrícola agricultural land 农业用地

terra alcalina alkaline earth 碱性土

terra aluvial flood plain 河漫滩

terra amarela yellow ground 黄地

terra amarga magnesium carbonate 碳酸镁

terra arada ploughed field 耕地

terra arável arable land, plough land 可耕地

terra arenosa silty soil 沙壤土

terra argilosa clay, clay soil 黏性土壤

terra árida badland 劣地

terra armada reinforced earth 加筋土

terra batida (tamped) dirt road （夯实过的）泥土路

terra castanha brown earth 棕壤

terra cirandada screened soil 过筛土

terra circundante surrounding ground 周围土地

terra compactada compacted earth, rammed earth 压实土，夯土

terra cozida baked earth 陶土

terra crua unploughed land 未耕地

terra de argila refractária chamotte 烧磨土

terra de Barbados Barbados earth 放射虫石

terra de diatomáceas ⇨ terra diatomácea

terra de infusórios infusorial earth 硅藻土

terra de lavoura arable land 可耕地

terra de pisoeiro fuller's earth 漂白土

terra de planta farming ground 耕地

terra de regadio irrigated land 灌溉地，水浇地

terra de Siena sienna 富铁黄土

terra de sombra ❶ umber 赭土 ❷ pyrolusite 软锰矿

terra de Wagner Wagner earth 瓦格纳接地装置

terra desbravada cleared land 清过荒的土地

terra devoluta waste land 荒地，不毛之地

terra diatomácea diatomaceous earth 硅藻土

terra escavada (de cortes) spoil bank 弃土堆

terra estéril barren soil 贫瘠的土壤

terra fértil fertile soil 肥沃的土壤

terra fina fine earth 细土

terra firme dry land 陆地（与海洋、河流相对）

terra florestal forest-land 林地

terra fóssil ⇨ terra de infusórios

terra franca loam 壤土；肥土（含有黏土、沙和有机物质的土地）

terra fulónica fuller's earth 漂白土

terra gorda fat soil, rich soil 肥土

terra gredosa chalk soil 白垩土

terra inculta waste land 荒地

terra intermitente intermittent land 季节性泛洪土地，季节性被水淹没的土地

terra lavada swampland 沼泽地

terra lógica logic ground 逻辑接地

terra morta dead ground 无矿地层

terra musseque "musseque"（罗安达周围的）红土，红土地

terra natural natural land 天然土地

terra negativa negative earth 负极搭铁

terra neutro neutral ground, earthed neutral 中性接地

terra parcial partial ground 部分接地

terra privada private land 私有用地；私人土地

terras raras rare earths 稀土

terras recuperadas do mar innings 围垦

terra refractária refractory soil 耐火土

terra roçada mowing land 割草地

terra rossa terra rossa 红色石灰土

terra roxa purple soil 紫色土；紫土

terra safada exhausted land, impoverished land 肥力衰竭的土地

terra sena queimada burnt sienna 煅黄土

terra vegetal ❶ humus, vegetable mould 腐殖土 ❷ topsoil 表层土

terra vermelha red earth 红土

terra virgem virgin land 未开发的处女地

terraceador s.m. terracing plow 梯田修筑机

terraceamento s.m. terracing, contour farming, contour planting 梯田耕作，等高耕作

terracear v.tr. (to) terrace（使）成梯田，（使）成阶地

terraço s.m. ❶ 1. terrace 楼顶平台；露台；台阶 2. terrace（在一些规范中）坡度小于8%的屋顶 ❷ terrace 阶地

terraço aluvial alluvial terrace 冲积阶地

terraço aluvionar stream terrace 河成阶地

terraço cíclico cyclic terrace 旋回阶地

terraço continental continental terrace 大陆台地

terraço de deposição deposition terrace 沉积台地

terraço de erosão erosional terrace 侵蚀阶地

terraço de face de praia shoreface terrace 滨面阶地

terraço de kame kame terrace 冰砾阶地

terraço de praia shore terrace 海滨阶地

terraço fluvial stream terrace 河成阶地

terraço fluvioglacial fluvioglacial terrace 冰水阶地

terraço-jardim roof garden 屋顶花园

terraço litoral raised beach 海滩高地

terraço marinho marine terrace 海成阶地

terracota s.f. terracotta 赤土，赤陶

terracota arquitetônica architectural terracotta 建筑陶板

terramoto *s.m.* earthquake, earth shock [葡] 地震

terramoto local local earthquake 局部地震

terramoto moderado moderate earthquake 中等地震

terramoto pouco profundo shallow earthquake 浅层地震

Terranóvico *adj.,s.m.* Terreneuvian; Terreneuvian Epoch; Terreneuvian Series [葡] （地质年代）纽芬兰世（的）；纽芬兰统（的）

terraplanadora *s.f.* grader 平地机

terraplenagem/terraplanagem *s.f.* ❶ ground leveling 场地平整 ❷ earthwork 土方工程

terraplanagem fina fine grading 场地精整

terraplanagem grossa rough grading 粗略的场地平整；初步土方平整

terraplenar/terraplanar *v.tr.* (to) level 土地平整，填土，挖方

terrapleno *s.m.* ❶ earth filling, embankment 填土，填方 ❷ levelled ground 平整过的地面 ❸ earth platform, rockfill platform 土台，堆石平台

terrazzo *s.m.* terrazzo 水磨石

terrazzo aglutinado bonded terrazzo 底架直接浇注在结构层地面的水磨石铺面

terrazzo fino thin-set terrazzo 薄层水磨石

terrazzo monolítico monolithic terrazzo 整块水磨石

terrazzo paladiano palladian terrazzo 帕拉第奥式水磨石

terrazzo rústico rustic terrazzo 粗面水磨石

terrazzo veneziano venetian terrazzo 威尼斯式水磨石

terreiro *s.m.* public square, yard 院子，空地

terremoto *s.m.* [巴] ⇨ terramoto

Terreneuviano *adj.,s.m.* [巴] ⇨ Terranóvico

terreno *s.m.* ❶ land 土地 ❷ terrane 岩层 ❸ terrain 地形，地势

terreno acidentado ❶ broken ground 起伏不平的地面 ❷ hummock, hummocky terrain 丘状地形

terreno ácido acid soil 酸性土壤

terreno adjacente adjoining land 毗邻土地

terreno alagado swamp 沼泽地

terreno alcalino alkaline soil 碱性土壤

terreno arborizado woodland 林地

terreno arenoso sandy soil 沙地

terreno aurífero gold field 金矿区

terreno barrancoso badland 劣地

terreno cheio made ground 填筑地

terreno comercial commercial land 商业用地

terreno compressível soft ground 松软地面

terreno cultivado tilled ground 耕地，种植园

terreno de aluvião alluvial ground 冲积地

terreno de construção building land 建筑用地

terreno de fundação foundation ground 基础地基

terreno de fundação da barragem foundation of dam 坝基

terreno de sequeiro rainfed land 旱作地

terreno detrítico overburden 浮土

terreno exótico exotic terrane 外来地体

terreno firme solid ground 坚实地面

terreno húmido weeping ground 湿地

terreno impermeável impervious ground 不透水地面

terreno incoerente loose ground, unconsolidated ground 松散地面

terreno incompressível hard ground 坚硬地面

terreno intacto undisturbed ground 未扰动土地

terreno inundado flood area 滞洪区

terreno irregular rough ground, uneven ground 崎岖不平地面

terreno montanhoso mountainous terrain 山岭地区

terreno móvel overburden 浮土

terreno natural natural ground 天然地面

terreno ondulado rolling terrain 丘陵地区

terreno pantanoso moorland 沼泽地

terreno para construção ground plot,

building site 建筑工地

terreno permeável pervious ground 透水地面

terreno plano level terrain 平坦地区

terreno plástico plastic strata 塑性岩层

terreno preenchido filled ground 填土地基

terrenos próprios real-state 不动产

terreno seco dry land 旱地

terreno sedimentar sedimentary terrain 沉积层

terreno undante undulating ground 波状土地，丘陵地

térreo *adj.* of ground 地面的

terrestre *adj.2g.* terrestrial 陆地的；陆生的；地球的

terriço *s.m.* humus, compost 腐殖肥

terrígeno *adj.* terrigenous 陆源的

territorial *adj.2g.* territorial 领土的

territorialidade *s.f.* territoriality 领域性

território *s.m.* territory 领土

teschenito *s.m.* teschenite 沸绿岩

tesla (T) *s.m.* tesla (T) 特斯拉（磁通量单位）

tesoura *s.f.* ❶ 1. scissors 剪刀 2. shears 大剪刀，剪切机 ❷ scissors truss 剪式桁架

tesoura com banzo inferior inclinado scissors truss 剪式桁架

tesoura corta-chapa (/de cortar chapa/ de funileiro) iron sheet shears 铁皮剪刀

tesoura corta-vergalhão rebar cutter, bolt cutter 钢筋切断机，螺栓割刀

tesoura de canga-de-porco (/falso nível/ linha elevada/ sistema aberto) French truss 法国式桁架 ⇨ asna francesa

tesoura de operação surgical scissors 手术剪刀

tesoura de pendural duplo queen truss 双柱桁架

tesoura de pendural único king truss 单柱桁架

tesoura de podar (árvores) pruning-shears 修枝剪，剪枝剪

tesoura de punção ❶ punching shears 冲击剪刀 ❷ nibbler 步冲轮廓机

tesoura de unhas nail scissors 指甲剪

tesoura de vento wind shear 风切变

tesoura eléctrica electric scissor lifts 电剪

tesoura faca pneumática pneumatic shear 气动剪钳

tesoura Fink Fink truss 芬克式桁架

tesoura hidráulica hydraulic shear 液压剪

tesoura para sebes garden shears 整篱剪

tesoura puncionadeira ⇨ tesoura de punção

tesoura tipo Polonceau Polonceau truss 芬克式桁架 ⇨ tesoura Fink

tesoura universal ❶ universal scissors, hydraulic ironworker 万用剪 ❷ hydraulic ironworker 液压联合冲剪机

tesourão *s.m.* large scissors, shearing anvil 大剪刀；剪断机

tesouraria *s.f.* treasury 国库；金库

tesouro público *s.m.* state treasury 国库

tessela/téssera *s.f.* tessera （镶嵌细工中用的）小块镶嵌物；马赛克

tesselação *s.f.* tesselation 铺嵌；嵌砌；曲面细分

tessitura *s.f.* organization, texture 组织，结构，布局

tessitura do solo soil texture 土壤质地

testa *s.f.* ❶ luff 船首舷；纵帆前缘 ❷ electrical door opener 磁性门锁

testa eléctrica electrical door open 电动开门器

testada *s.f.* road in front of a building 门前路，楼前路

testada de bueiro culvert head 涵头

testador *s.m.* tester 测试仪

testador-carregador de bateria battery charger tester 电池充电器测试仪

testador de alta voltagem high voltage tester 高压测试器

testador de bateria e partida battery starter tester 电池起动器测试仪

testador de CCTV CCTV tester 闭路电视测试仪，CCTV测试仪

testador de circuito circuit continuity tester 电路连续性测试仪

testador de compressão compression-testing machine 压力试验机

testador de corrente alternada alternating current transformer probe 交流电流验电器

testador de freio brake tester 制动系统测试器

testador de fuga eléctrica electrical leakage tester 漏电试验器

testador de impacto impact tester 冲击试验机

testador de isolamento insulation tester 绝缘测试器

testador do ponto de condensação dew point tester [葡] 露点测试仪

testador de ponto de orvalho dew point tester [巴] 露点测试仪

testador de sequência sequence tester 程序测试器

testador de velas de ignição spark plug firing indicator 火花塞点火指示器

testador de voltagem voltage tester 电压测试仪

teste *s.m.* test 试验，测试

teste acelerado de envelhecimento accelerated aging test 加速老化试验

teste acelerado de fadiga accelerated fatigue test 加速疲劳试验

teste centrífugo centrifuge test 离心试验

teste cíclico ❶ cyclic test 循环试验 ❷ locked test 加料循环试验

teste confirmatório confirmatory test 验证测试

teste de absorção da formação leakoff test [安] 漏失试验法

teste de aceitação acceptance test 接收试验

teste de aceitação de fábrica (TAF) factory acceptance testing (FAT) 工厂验收试验

teste de água water analysis 水分析

teste de álcool alcohol test, breath test 酒精测试

teste de atrito attrition test 磨损试验

teste de betão concrete test 混凝土测试

teste de bombeabilidade do cimento cement pumpability test 水泥泵送性试验

teste de caldeira boiler test 锅炉试验

teste de carga load testing 负载测试；荷载测试；承重测试

teste de carga em estacas pile loading test 桩荷载试验

teste de cavado indentation test 压痕试验

teste de cedência (/fractura) da formação leakoff test [葡] 漏失试验法

teste de chama flame test 耐燃试验

teste de (impacto de) Charpy Charpy (impact) test 夏比试验

teste de choque a entalhe notched-bar impact test 凹口试杆冲击试验

teste de cisalhamento shearing test 剪切试验

teste de colisão collision test, crash-test 碰撞试验

teste de compactação compaction test 压实测试

teste de compressão compression test 抗压测试

teste de condutividade eléctrica electrical conductivity test 导电率测试

teste de consolidação consolidation test 固结试验

teste de curto-circuito short circuit test 短路试验

teste de cubo de betão concrete cube test 混凝土立方体试验

teste de curvatura bending test 弯曲试验

teste de desempenho performance test 性能测试

teste de desgaste por fricção attrition test 磨损试验

teste de diagnóstico diagnostic test 诊断测试

teste de diâmetro de passagem drift test 校检内孔直径，通径试验

teste de disponibilidade availability test 可用性测试

teste de dobramento bending test 弯曲试验

teste de dobramento livre free bend test 自由弯曲试验

teste de ductilidade de Olsen Olsen ductility test 奥尔逊延展性试验

teste de dureza do Brinell Brinell hardness testing 布氏硬度试验

teste de dureza do Shore Shore hardness test 肖氏硬度试验

teste de dureza por escleroscópio scleroscope hardness test 回跳硬度试验

teste de Erichsen Erichsen test 埃里克森试验；埃氏杯突试验

teste de escalonabilidade scalability test 扩展性测试

teste de esforço cortante shear test 剪切试验

teste de estabilidade stability test 稳定性试验

teste de estufa oven test 烘箱试验

teste de fadiga fatigue test 疲劳测试

teste de filtração filtration test 过滤试验

teste de flexão bending test 弯曲试验

teste de fluxo aberto open flow test 敞喷测试

teste de fluxo após fluxo flow-after-flow test [葡] 流量调整试井，流量逐次更替试井

teste de formação formation test; drill stem test (DST) 地层测试；钻杆测试

teste de formação a cabo repeat formation test (RFT) 多次地层测试，重复地层测试

teste de formação a poço aberto openhole drill-stem test 裸眼钻杆测试

teste de fragmentação crushing test 压碎试验

teste de freio brake test 制动器试验

teste de Fremont Fremont test 富利蒙特冲击试验

teste de friabilidade friability test 脆性试验

teste de fumaça (/fumo) smoke test 通烟试验

teste de função completo complete function test 全面功能试验

teste de funcionamento running test 运行测试；运行试验

teste de Gray-King Gray-King test 格雷金焦炭试验

teste de Hall Hall test 霍尔试验

teste de Hartmann Hartmann test 哈特曼检验

teste de impacto impact test 击实实验

teste de impedância de loop de terra earth loop impedance test 接地环路阻抗试验

teste de impermeabilização watertight test 水密性试验

teste de inclinação inclination experiment 倾斜试验

teste de incombustibilidade non-combustibility test 不可燃性测试

teste de interferência interference test 干扰试验

teste de jarros jar test （废水）悬浮物体分离试验

teste de Jominy Jominy test Jominy 淬火测试

teste de Kraemer-Sarnow Kraemer-Sarnow test 克拉茂-沙努沥青熔点试验

teste de Le Chatelier Le Chatelier test 雷氏夹法试验

teste de longa duração (TLD) long-duration test 耐久试验

teste de mancha de Lemberg Lemberg's stain test 伦贝格氏染色试验

teste de material in-situ in-situ material testing 现场物料测试

teste de modelo model test 模型测试

teste de ordem rank test 秩和检验

teste de palheta vane shear test 十字板剪切试验

teste de penetração penetration test 贯入度试验

teste de performance performance test 性能测试

teste de permeabilidade permeability test 渗透试验

teste de plena carga full load test 最高载重测试；满载测试

teste de ponto de amolecimento softening-point test 软化点试验

teste de ponto de fusão melting point test 熔点测试

teste de quatro esferas four-ball test 四球试验

teste de raios X X-ray examination X 射线检查

teste de redundância cíclica cyclic redundancy check 循环冗余校验

teste de resistência fatigue test, proof test 疲劳测试

teste de resistência à derrapagem skid resistance test 防滑试验

teste de resistividade resistivity test 电

阻测试

teste de restabelecimento da pressão no fundo do poço pressure buildup test 井底压力恢复试验

teste de Rockwell Rockwell test 洛氏硬度试验

teste de sequência sequence test 程序测试

teste de têmpera final end-quench test 顶端淬透性试验

teste de tensão tensile test 拉伸试验

teste de tomada e redução de carga load and unload test （发电机）加载卸载测试

teste de túnel tunnel test 隧道试验

teste de túnel aerodinâmico wind tunnel testing 风洞测试；风力模拟试验

teste de vazão em degrau step-rate test 台阶状产量试井

teste destrutivo destructive test 破坏性测试

teste dinâmico dynamic test 动力测试

teste em bancada bench test 台架试验

teste no campo field testing, on-site test 实地测试；现场测试

teste em escala natural full-scale test 全尺寸试验

teste em oficina shop trial 车间试车

teste FZG FZG test fzg 齿轮机试验

teste geofísico geophysical testing 物探测试

teste hidrostático hydrostatic test 水压试验

teste isócrono isochronal test 等时测试；等时试井

teste Izod Izod test 埃左冲击试验

teste não destrutivo non-destructive test 非破坏性测试，无损检验

teste não paramétrico non-parametric test 非参数检定

teste paramétrico parametric test 参数检验

teste periódico periodic test 周期性试验，周期检测

teste preliminar primary test 初步试验

teste probatório ⇨ teste confirmatório

teste seco dry test 无水试验

teste semi-destrutivo semi-destructive testing 半破坏性测试

teste simulado mock test 模型试验

teste transiente de pressão pressure transient test 压力瞬变测试

teste triaxial triaxial testing 三轴测试

teste ultrasónico ultrasonic testing 超声检测

testeira s.f. ❶ fascia board 檐口压板 ❷ frontage （建筑物的）屋前空地 ❸ overhead stopes 上行梯段回采工作面

testemunha s.f. witness 证人；见证人

testemunhador s.m. sampler 取样器

testemunhador a pistão piston corer 活塞式取心管

testemunhador de caixa box corer 箱式取样器

testemunhador interno inner core barrel 内岩心筒

testemunhagem s.f. coring （岩心、土心等的）取样

testemunhagem lateral lateral coring, sidewall coring 井壁取样

testemunhagem orientada oriented coring 定向取心

testemunhar v.tr. (to) witness, (to) testify 为…作证，证明，证实

testemunho s.m. ❶ test core 试验岩心 ❷ torso mountain 剥蚀残山 ❸ dame 土方工程里用来标示高度或深度的土堆

testemunho de diâmetro inteiro whole diameter core 全直径岩心

testemunho de diâmetro máximo full-diameter core 大直径岩心

testemunho de sondagem core sample 岩心样品，土心样本

testemunho saturado saturated core （被石油）浸透的岩心

testemunho topográfico witness mark 参考点，示位标

testilho s.m. top of a table 桌头，柜头

tetartoedria s.f. tetartohedry 四分面象；四分对称；四半面象

tetômetro s.m. ceilometer 云高计；云幂测量仪

tetradimite s.f. tetradymite 辉碲铋矿

tetraedrite s.f. tetrahedrite 黝铜矿

tetraedro *s.m.* tetrahedron 四面体

tetraedro do fogo fire tetrahedron 着火四面体，燃烧四面体（指用来解释燃烧特性的图形工具，包括引火源、可燃物、助燃物和链式反应等四个要素）

tetrafone *s.m.* tetraphone 四分量受波器

tetragonal *adj.2g.* tetragonal 四角形的；正方晶系的

tetrágono *s.m.* tetragon 四角形

tetrápode *s.m.* tetrapod 四角防波石

tetrastilo *adj.,s.m.* tetrastyle 四柱式（的）

tétrodo *s.m.* tetrode 四极管

TEU *sig.,s.m.* TEU (twenty feet equivalent unit) 标准箱（集装箱运量统计单位）

tex *s.m.* tex 特克斯（纱线密度单位），合 1 克 / 1000 米

têxtil ❶ *adj.2g.* textile 纺织的 ❷ *s.m.* textile 纺织品，织物

textura *s.f.* texture, grain 结构，质地；组织；纹理

textura afanítica (/afanocistalina) aphanitic texture 隐晶质结构

textura afanofírica aphanophyric texture 隐晶基斑状结构

textura afírica aphyric texture 无斑隐晶结构

textura alotriomórfica allotriomorphic texture 他形结构

textura amigdalóide amygdaloid texture 杏仁状结构

textura antirrapakivi anti-rapakivi texture 反环斑结构

textura aplítica aplitic texture 细晶结构

textura arenosa sandy texture 砂状结构

textura blástica blastic texture 变晶结构

textura blastofilítica blastophyllitic texture 变余千枚岩结构

textura blastofítica blastophitic texture 变余辉绿结构

textura blastogranítica blastogranitic texture 变余花岗状结构

textura blastopelítica blastopelitic texture 变余泥质结构

textura blastoporfirítica blastoporphyritic texture 变余斑状结构

textura blastopsamítica blastopsammitic texture 变余砂状结构

textura blastopsefítica blastopseplitic texture 变余砾状结构

textura cataclástica cataclastic texture 碎裂结构

textura clástica clastic texture 碎屑结构

textura coronítica coronitic texture 反应边结构

textura crescumulada crescumulate texture 正交堆积结构

textura criptocristalina cryptocrystalline texture 隐晶质结构

textura cristalina crystalline texture 晶体结构

textura cristaloblástica crystalloblastic texture 变晶结构

textura de coprólitos pellet texture [葡] 颗粒结构

textura de fluxo flow texture 流状结构

textura de grãos de madeira de padrão de aço inoxidável pattern stainless steel wood grain texture 不锈钢（仿）木纹纹理

textura de pellets pellet texture [巴] 颗粒结构

textura de rocha rock texture [葡] 岩石结构

textura do solo soil texture 土壤质地

textura de superfície surface texture 表面纹理

textura detrítica detrital texture 碎屑结构

textura dolerítica doleritic texture 粒玄结构

textura em atol atoll texture 环状结构，环礁状结构

textura em mosaico ⇨ **textura aplítica**

textura esferoidal spheroidal texture 球状结构

textura esferulítica spherulitic texture 球粒结构

textura esquelética skeletal texture 骸晶结构

textura eutaxítica eutaxitic texture 条斑纹状结构

textura facoidal phacoidal texture 扁豆状结构

textura fanerítica phaneritic texture 显晶

岩结构

textura fanerocristalina phanerocrystalline texture 显晶结构

textura fibroblástica fibroblastic texture 纤维变晶构造

textura fibrosa fibrous texture 纤维织构

textura fina fine texture 细密结构

textura fragmental fragmental texture 碎屑结构

textura gabróica gabbroic texture 辉长结构

textura glomeroporfírica glomeroporphyric texture 聚合斑状结构

textura gnaissóide gneissoid texture 似片麻岩结构

textura gráfica graphic texture 文象结构

textura granítica granitic texture 花岗结构

textura granitóide granitoid texture 似花岗岩状结构

textura granoblástica granoblastic texture 花岗变晶状结构

textura granofírica granophyric texture 花斑结构

textura granular granular texture 粒状结构

textura granulítica granulite texture 麻粒岩状结构

textura grossa rough texture 粗纹理

textura harrisítica harrisitic texture 网纹斑杂状结构，正交堆积结构

textura hemicristalina hemicrystalline texture 半晶质结构

textura heterogranular heterogranular texture 不等粒结构

textura hialina hyaline texture 玻璃结构

textura hialocristalina hyalocrystalline texture 玻晶质结构

textura hialopilítica hyalopilitic texture 玻晶交织结构

textura hipidiomórfica hypidiomorphic texture 半自形结构

textura holocristalina holocrystalline texture 全晶质结构

textura holovítrea holovitreous texture 全玻质结构

textura homeoblástica homeoblastic texture 等粒变晶状结构

textura homeocristalina homeocrystalline texture 等粒变晶状结构

textura homogénea homogenous texture 质地均匀

textura homogranular homogranular texture 等粒变晶状结构

textura idiotópica idiotopic texture 自形结构

textura inequigranular ⇨ textura heterogranular

textura intergranular intergranular texture 粒间结构

textura lamprofírica lamprophyric texture 煌斑结构

textura lepidoblástica lepidoblastic texture 鳞窝变晶结构

textura microcristalina microcrystalline texture 微晶结构

textura microesferulítica microspherulitic texture 微球粒结构

textura micrográfica micrographic texture 微文象结构

textura microgranular microgranular texture 微粒结构

textura microlítica microlitic texture 微晶结构

textura micropegmatítica micropegmatitic texture 显微伟晶结构

textura mirmequítica myrmekitic texture 蠕状结构

textura nematoblástica nematoblastic texture 纤维变晶结构

textura nodular nodular texture 瘤状结构

textura ocelar ocellar texture 眼斑结构

textura ofítica ophitic texture 辉绿结构

textura oolítica oolitic texture 鲕状结构

textura orbicular orbicular texture 球状结构

textura panidiomórfica panidiomorphic texture 全自形结构

textura pegmatítica pegmatitic texture 文象结构

textura perlítica perlitic texture 珍珠结构

textura pilotaxítica pilotaxitic texture 交织结构

textura planar planar texture 平面织构

textura planofírica planophyric texture 层斑状结构

textura poecilítica (/poiquilítica) poikilitic texture 嵌晶结构

textura poeciloblástica poikiloblastic texture 变嵌晶结构

textura porfírica (/porfirítica) porphyritic texture 斑状结构

textura porfiroblástica porphyroblastic texture 斑状变晶结构

textura porfiróide porphyroid texture 似斑状结构

textura porfirotópica porphyrotopic texture 斑状结构

textura protoclástica protoclastic texture 原生碎屑结构

textura radiolítica radiolitic texture 放射扇状结构

textura rapakivi rapakivi texture 环斑结构

textura riotaxítica rhyotaxitic texture 流纹结构

textura sacaróide saccharoidal texture 砂糖状结构

textura simplectítica symplectic texture 后成合晶结构

textura sintaxial syntaxial texture 取向连生结构

textura spinifex spinifex texture 鬣刺结构

textura superficial ⇨ textura de superfície

textura táctil tactile texture 触觉质感

textura traquítica trachytic texture 粗面结构

textura variolítica variolitic texture 玄武球颗结构

textura vesicular vesicular texture 多孔状结构

textura visual visual texture 视觉质感

textura vítrea vitreous texture 玻璃状结构

textura vitrofírica vitrophyric texture 玻基斑状结构

textura xenotópica xenotopic texture 他形结构

texturômetro *s.m.* texturometer 构造仪

thadeuíte *s.f.* thadeuite 黄磷锰钙矿

thalenite *s.f.* thalenite 红钇矿

Thanetiano *adj.,s.m.* Thanetian; Thanetian

Age; Thanetian Stage [巴] （地质年代）坦尼特期（的）；坦尼特阶（的）⇨ Tanetiano

tiama *s.f.* tiama, livuite 安哥拉非洲楝；刚果非洲楝（*Entandrophragma angolense; Entandrophragma congoense*）

tiametoxame *s.m.* thiamethoxam 噻虫嗪

tidal *adj.2g.* tidal 潮的，潮汐的

tidalito *s.m.* tidalite 潮积物；潮积岩

tiemanite *s.f.* tiemannite 灰硒汞矿

tifão *s.m.* diapir 底辟；挤入构造

tigela *s.f.* mixing bowl 搅拌碗

tiguera *s.f.* maize stubble 玉米茬

tijolaria *s.f.* brickwork; brickyard 砖工，砌砖工程；砖厂

tijoleira *s.f.* floor tile 铺地瓷砖

tijolinho *s.m.* baked brick 烧结砖

tijolo *s.m.* ❶ brick 砖 ❷ 1. brickwork, bond 砌砖；砌法 2. (length of one) brick "砖"（砖墙厚度单位，以一块砖的长度为一单位）

tijolo ao alto soldier 竖面朝外立砌砖

tijolo a tição header 丁砖

tijolo alemão ⇨ tijolo de Reno

tijolo amarelo e duro Dutch clinker 荷兰缸砖，铺路硬砖

tijolo aparente facing brick 面砖

tijolo arenoso cutters; malm rubber 软白垩砖

tijolo assente ao comprido stretcher （砖瓦、石头的）顺砌

tijolo barra-de-sabão soaps 穿孔砖

tijolo burro ⇨ tijolo maciço

tijolo cerâmico ceramic brick 瓷砖

tijolo chanfrado king closer 七分头砖

tijolo colorido colored brick 彩砖

tijolo comum common brick, baked brick 普通砖，烧结砖

tijolo côncavo concave brick 凹形砖

tijolo crómico ⇨ tijolo de cromite

tijolo cru adobe 土砖，砖坯

tijolo curvo radiating brick 辐射形砖

tijolo de amarração bonding brick 拉结砖

tijolo de areia calcária limesand brick 硅石砖

tijolo de argila clay brick 黏土砖

tijolo de barro cob brick 土砖

tijolo de barro cozido baked brick 烧结砖

tijolo de barro refractário fire-clay brick 耐火砖；火泥砖

tijolo de betão concrete brick 混凝土砖

tijolo de canto de bísel feather-edge brick 削边砖

tijolo de capa capping-brick 压顶砖

tijolo de cimalha coping brick 压顶砖

tijolo de concreto concrete brick 混凝土砖

tijolo de construção ⇨ tijolo comum

tijolo de cromite chrome brick 铬砖

tijolo de cunha wedge brick 楔形砖

tijolo de escória slag brick 矿渣砖

tijolo de favo de mel honeycomb brick 蜂窝砖

tijolo de fecho closer, king closer 砍角砖, 超半砖的接砖

tijolo de fixação feito de cinza e cimento breeze fixing brick 煤渣固结砖

tijolo de gesso gypsum brick 石膏砖

tijolo de madeira wood brick 木砖

tijolo de madeira embutido built-in wooden brick 预埋木砖

tijolo de ombreira jamb brick 炉头砖

tijolo de paramento facing brick 面砖

tijolo de pavimentação paving-brick 铺路砖

tijolo de pavimento pavior 路面砖

tijolo de quina squint 边斜砖

tijolo de Reno Rhenish brick 莱茵式砖

tijolo de revestimento interior lining brick 砌壁砖

tijolo de superfície facing brick 贴面砖

tijolo de terra cob brick 土砖

tijolo de topo false header, flare header 假丁砖

tijolo de travamento cortado ao meio snapped header 半头砖

tijolo de turfa peat brick 泥炭砖

tijolo de ventilação ventilating brick 通风砖

tijolo de vidro glass brick 玻璃砖

tijolo decorado flare header 半头黑砖

tijolo defeituoso chuff; shuff 裂缝砖；劣质砖

tijolo deitado stretcher （砖瓦、石头的）顺砌

tijolo duro hard stock 硬砖

tijolos em diagonal (/em espiga) raking bricks 斜砖

tijolo esmaltado enamelled brick 釉瓷砖

tijolo especial special-shaped brick 异形砖

tijolo face-à-vista (TFV) face brick 面砖

tijolo flutuante light brick （密度小于水的）轻质砖

tijolo furado porous brick, perforated brick 多孔砖

tijolo garrafeira honeycomb brick 蜂窝砖

tijolo gigante jumbo brick （尺寸超过标准的）大砖

tijolo hidráulico waterproof brick 不透水砖

tijolo inteiro whole brick 整砖；一砖墙的厚度

tijolo isolador insulating brick 绝缘砖

tijolo-ladrilho flat brick 薄板砖

tijolo lajeta floor tile 铺地瓷砖

tijolo maciço solid brick 实心砖

tijolo mal cozido grizzle brick; place brick 欠火砖

tijolo mecânico ⇨ tijolo cerâmico

tijolo modular modular brick 模数砖，符合模数尺寸的砖

tijolo normando Norman brick 诺曼底砖

tijolo norueguês norwegian brick 一种尺寸为 102 × 81 × 305mm 的砖

tijolo pardo under burned brick 欠火砖

tijolo perfilado profiled brick, purpose-made brick 特制砖

tijolo perfurado ⇨ tijolo furado

tijolo permeável permeable brick 透水砖

tijolo perpianho header 丁砖

tijolo porteiro door brick 炉门砖

tijolo prensado pressed brick 压制砖

tijolo rachado chuff; shuff 裂缝砖；劣质砖

tijolo rebatido ⇨ tijolo-ladrinho

tijolo recozido annealed brick 退火砖

tijolo refractário fire brick, refractory brick 耐火砖，防火砖

tijolo refractário para forno furnace brick 炉体砖

tijolo romano Roman brick 罗马式砖

tijolo rústico tapestry brick 饰面砖

tijolo santo burrs; crozzle 过火砖

tijolo sarapintado speckled brick 斑点砖

tijolo semivítreo engineering brick 半釉砖；高强砖；工程用砖

tijolo travado header 露头砖，露头石，丁砖

tijolo travado de canto quoin header 屋角丁头砖

tijolo tubular tubular brick 管砖

tijolo verde green brick 砖坯

tijolo vermelho red brick 红砖

tijolo vidrado (/vitrificado) glazed brick 釉面砖

tilito *s.m.* tillite 冰碛岩

till *s.m.* till 冰碛物，冰碛

   till de ablação ablation till 消融冰碛

tilóide *s.m.* tilloid 类冰碛物，类冰碛岩

tiltdôzer *s.m.* tiltdozer 斜铲推土机

timbre *s.m.* ❶ letterhead 信头，版头，抬头 ❷ seal 印章，图章

timol *s.m.* thymol 麝香草酚

tímpano *s.m.* tympanum, spandrel 拱肩；山墙饰内三角面；拱圈与拉梁间的弧形部分

tina *s.f.* ❶ tub 木盆，澡盆；水缸 ❷ bucket 装载机的斗

   tina de acção sifónica siphon type toilet 虹吸式马桶

   tina de descarga directa rush type toilet 直冲式马桶

   tina de Langmuir Langmuir trough 兰米尔表面膜秤

tincal *s.m.* tincal 硼砂原矿；粗硼砂

tíner *s.m.* thinner 稀释剂 ⇨ diluente

tingimento *s.m.* dyeing 染色

tingir *v.tr.* (to) dye 给…染色

tinguaíto *s.m.* tinguaite 丁古岩

tinta *s.f.* ❶ paint 油漆，涂料 ❷ ink 墨水，墨汁；油墨

   tinta à base de água water-based paint 水性漆，水性涂料

   tinta à base de borracha rubber based paint 橡胶基涂料

   tinta à base de chumbo lead-based paint 铅基油漆

   tinta à base de resina resin-based paint 树脂漆，树脂涂料

   tinta a óleo oil paint 油漆

   tinta acetinada satin gloss paint 缎光涂料

tinta acrílica acrylic paint 丙烯酸漆，亚克力油漆

tinta acrílica mate acrylic matte paint 亚光丙烯酸涂料

tinta alquídica alkyd resin 醇酸涂料

tinta antiácida anti-acid paint 抗酸涂料

tinta antibásica alkali resistant paint 耐碱涂料

tinta anticondensação anti-condensation paint 抗冷凝涂料

tinta anticorrosiva ❶ anti-corrosion paint 防腐漆 ❷ anti-rust paint 防锈漆

tinta anti-cupim antitermite paint 防白蚁漆

tinta antiderrapante anti-slip paint 防滑涂料

tinta anti-ferrugem anti-rust paint 防锈漆；防锈涂料

tinta antifungos fungicidal paints 防霉漆

tinta antioxidante anti-oxidizing paint 抗氧化漆

tinta aquosa water paint 水性漆

tinta betuminosa bituminous paint 沥青漆

tinta brilhante glossy paint 光泽涂料,亮漆

tinta celulósica cellulose paint 纤维素漆

tinta chinesa chinese ink 中国墨

tinta de acabamento topcoat paint 面漆涂料

tinta de acabamento fluorescente fluorescent finish paint 荧光面漆

tinta de água ⇨ tinta aquosa

tinta de água emulsionada water emulsion paint 水性乳胶漆

tinta de alcatrão coal tar paints 煤焦油涂料

tinta de alumínio aluminum paint 银粉漆

tinta de asfalto asphalt paint 沥青漆

tinta de base primer paint 底漆

tinta de betume bitumen paint 沥青漆

tinta de borracha rubber paint 橡胶漆

tinta de borracha clorada chlorinated rubber paint 氯化橡胶漆

tinta de borracha flexível flexible rubber paint 弹性橡胶漆

tinta de borracha modificada modified rubber paint 改性橡胶漆

tinta de chão (/pavimento) floor paint 地板漆

tinta de chão acetinada bicomposta bicomponent satiny floor paint 双组份光面地板漆

tinta de chão acetinada monocomposta one-component satiny floor paint 单组分光面地板漆

tinta de chão mate matte floor paint 哑光光面地板漆

tinta de cinza gray paint 灰漆

tinta de emulsão emulsion paint 乳胶漆

tinta de emulsão acrílica acrylic emulsion paint 丙烯酸乳胶漆

tinta de emulsão acrílica resistente à humidade moisture resistant acrylic emulsion paint 防潮丙烯酸乳胶漆

tinta de emulsão acrílica texturizada áspera rough textured acrylic emulsion paint 糙面丙烯酸乳胶漆

tinta de emulsão acrílica texturizada lisa smooth textured acrylic emulsion paint 光面丙烯酸乳胶漆

tinta de emulsão de resina resin emulsion paint 树脂涂料；树脂漆

tinta de esmalte enamel paint 瓷漆

tinta de impressão printing ink 印刷用油墨

tinta de marcação road marking paint 标线涂料，路标漆

tinta de marcação do tráfego traffic marking paint 交通标志油漆

tinta de marcação viária termoplástica thermoplastic road marking paint 热塑路标漆

tinta de Nanquim indian ink 墨汁

tinta de óleo oil varnish 油漆

tinta de óxido de chumbo lead oxide paint 氧化铅漆

tinta de pó de alumínio aluminum powder pain 铝粉漆；银色漆；防蚀漆

tinta de poliéster polyester paint 聚酯漆

tinta de preparo priming paint 底漆，头道漆

tinta de resina resin varnish, resin paint 树脂漆

tinta de resina acrílica acrylic resin

paint 丙烯酸树脂涂料

tinta de resina não saturada unsaturated resin paint 不饱和树脂漆

tinta de secagem a frio cold-set ink 冷固着油墨

tinta de secagem rápida quick-drying paint 快干油漆

tinta de silicatos silicate paint 硅酸盐涂料

tinta de silicones silicone paint 硅树脂油漆

tinta de zinco zinc paint 锌漆

tinta decorativa decorative paint 装饰涂料

tinta diluível em água water soluble paint 水溶性漆

tinta dourada gold paint 金漆

tinta duco nitrocellulose paint 硝化纤维漆

tinta elástica elastic paint 弹性漆

tinta em dispersão water-dispersible paint 水分散性涂料

tinta em spray spray lacquer 喷漆

tinta emulsionada ⇨ tinta de esmalte

tinta (de) epoxi epoxy paint 环氧漆，环氧油漆

tinta epoxida ⇨ tinta epoxi

tinta esmalte ⇨ tinta alquídica

tinta flexível flexible paint 弹性涂料

tinta fosforescente luminous ink 发光油墨

tinta fungicida fungicidal paints 防霉漆

tinta gliceroftálica alkyd paint 醇酸漆；醇酸涂料

tinta ignífuga fireproof paint 防火涂料

tinta impermeável waterproof paint 防水涂料

tinta impermeável de poliuretano polyurethane waterproof paint 聚氨酯防水涂料

tinta insonorizante sound absorbing paint 吸声涂料，消音漆

tinta intumescente intumescent paint 热胀漆

tinta isolante insulating paint 绝缘漆，绝缘涂料

tinta laca acetinada satiny acrylic paint 光面丙烯酸涂料

tinta laca brilhante acrílica glossy acrylic lacquer 丙烯酸亮漆

tinta laca brilhante alquídica glossy alkyd lacquer 酚醛亮漆

tinta laca brilhante gliceroftálica glossy glycerol-phthalic lacquer 醇酸亮漆

tinta laca mate acrílica acrylic matte lacquer 丙烯酸清漆

tinta laca mate gliceroftálica glycerol-phthalic matte lacquer 哑光醇酸清漆

tinta (de) látex latex paint 乳胶漆

tinta luminosa luminous paint 发光漆

tinta lustrosa glossy paint 光泽涂料，亮漆

tinta magnética magnetic ink 磁性墨水

tinta mista mixed paint 调和漆

tinta mista branca white mixed paint 白色调和漆

tinta nitrocelulósica nitrocellulose paint 硝化纤维漆

tinta para retoques refinishing paint 修补漆

tinta plástica plastic paint 塑胶漆，塑料漆，塑料涂料

tinta pliolite mate aveludada velvety matte pliolite paint 哑光绒面宝乐来涂料

tinta preta mate matte black paint 哑黑油

tinta reflectiva reflective paint 反光漆

tinta resistente a ácidos acid-resistant paint 耐酸漆

tinta resistente a álcalis alkali-resistant paint 耐碱漆

tinta resistente ao calor heat-resistant paint 耐热漆

tinta resistente ao fogo fireproof paint 耐火涂料

tinta retardante de fogo fire retardant paint 耐火漆

tinta rica em zinco zinc-rich paint 富锌漆，富锌涂料

tinta sintética synthetic paint 合成漆，合成涂料

tinta termoestável heat-resistant paint 耐热漆

tinta termofusível hot-melt ink 热熔油墨

tinta texturada textured paint 纹理漆

tinta velatura acetinada satiny woodstain 光面木材着色剂

tinta vinílica vinyl paint 乙烯基漆

tinteiro s.m. ❶ ink bottle 墨水瓶 ❷ cartridge（打印机）墨盒

tintura s.f. dye 染色剂

tintura alcoólica spirit stain 酒精着色剂

tinturaria s.f. ❶ dry cleaner's 干洗店 ❷ dye house 染坊，染厂

tioacetamida s.f. thioacetamide 硫代乙酰胺

tiofeno s.m. thiophene 噻吩

tiossulfato s.m. thiosulfate 硫代硫酸盐

tiossulfato de sódio sodium thiosulfate 硫代硫酸钠

tipo s.m. type 类型，种类；方式；型号

tipo a óleo oil-type 油型

tipo aberto open type 开敞式

tipo de incêndio florestal type of forest fire 森林火灾种类

tipo de liquidação settlement type 结算方式

tipo de pagamento type of payment 支付方式

tipo de tecto ceiling type 吊顶型

tipo em par conjugado two-set design 两件套式

tipo estrutural structural type 构造类型

tipo fechado closed type 封闭式

tipo fricção friction-type 摩擦型

tipo lábio lip-type 唇式

tipo plano panel-type 面板式

tipo recinto ⇨ tipo fechado

tipo rosca sem-fim worm gear-type 蜗轮式

tipo seco dry-type 干式

tipo semi-aberto semi-open type 半开敞式

tipologia ❶ typology 类型学 ❷ (T) house type, house layout 房屋布局，房型，户型

tipologia de habitação house layout, house typology 房屋布局，房型，户型

tíquete s.m. ticket 门票，车票

tira s.f. ❶ strip 条 ❷ firring (strip) 钉板条，钉木条

tira angular arqueada arch corner bead 拱角护条

tira angular em focinho de boi bullnose corner bead 外圆角形墙角护条

tira de borracha rubber strip 橡胶条

tira de chanfradura chamfer strip 嵌缝压条，倒棱板条

tira de desgaste wear strip 耐磨条

tira de feltro felt strip 毡条

tira de fixação de alcatifas carpet gripper 地毯钉条

tira de isolamento insulating strip 绝缘带

tira de junção spline 塞缝片

tira de ligação (/de amarrar/ de embalagem) tie strap 拉紧带

tira de ranhura rustication strip 凹槽板条

tira de reforço reinforcing strip 补强带

tira de remate trim strip 压条

tira de separação parting slip 吊窗隔条

tira de tela strip lath 金属网板条

tira de vedação sealing rail 密封条

tira designativa marking strip 标记带

tira divisória divider strip, dividing stripe 分格条，分界条

tira intumescente intumescent strip 膨胀带

tira para tubos skelp 制管钢板

tira selante sealed strip 密封条

tira selante de borracha sealing rubber strip 密封胶条

tira-agrafos s.m.2n. staple remover （订书钉的）起钉器

tira-fundo s.m. screw spike, tirefond, sleeper screw [葡] （铁路）螺纹道钉，道钉螺栓

tiragem s.f. ❶ draft, circulation 通风，送风 ❷ circulation 印数

tiragem ascendente updraft 上升气流

tiragem descendente downdraft 下降气流

tiragem equilibrada balanced draught 平衡式通风

tiragem induzida (/por aspiração) induced draught 诱导送风

tiragem natural natural draught 自然通风

tira-linhas s.m.2n. drawing-pen, ruling-pen 绘图笔

tira-linhas para curvas de nível contour pen, curve pen 道路笔，曲线笔

tira-manchas/tira-nódoas s.m.2n. stain remover 去污剂，除污剂

tirante s.m. ❶ 1. brace, strut 撑杆，支杆，抗压材 2. tieback 牵索，拉条，系梁 3. driving rod 连杆，传动杆 ❷ architrave, trussed

beam 桁构梁 ❸ ground anchor, rock anchor 地锚，石锚

tirante ajustável adjustable wall tie 可调式拉结筋

tirante angulável ⇨ tirante de angulagem

tirante d'água draft; draught; head 吃水（深度）

tirante de ancoragem ground anchor rock anchor 地锚，石锚

tirante de angulagem angle brace 角撑

tirante da barra estabilizadora stabilizer link 平衡杆，稳定杆

tirante de bitola gauge rod 规准杆

tirante de cone cone bolt 锥形螺母拉杆

tirante da direcção steering drag link, steering link 转向拉杆，转向连杆

tirante de encaixe dragon tie 垂脊橡梁斜撑

tirante de estalo snap tie 模板系材

tirante do freio brake linkage 制动器连杆

tirante de inclinação tilt brace, tilting brace 斜撑，倾斜顶杆

tirante de levantamento lift link 提升杆

tirante de ligação do travessão crossbeam connection rod 横梁连杆

tirante de regulagem control shaft 控制轴

tirante de retenção wall tie 系墙铁

tirante de treliça truss rod 桁架拉杆

tirante de união tie rod 系杆

tirante diagonal diagonal brace 斜撑臂，斜撑杆；对角撑

tirante-fêmea she bolt 螺栓系杆，螺栓拉杆

tirante horizontal tie beam 系梁

tirante tensor straining piece, straining beam 拉梁，跨腰梁

tirante transversal spreader 横撑杆

tirar v.tr. ❶ (to) remove, (to) take away 取走，去除 ❷ (to) obtain, (to) get 获得，取得 ❸ (to) take 拍照 ❹ (to) deduce 减去，扣除

tiratrão s.m. thyratron 闸流管

tira-voltas s.m.2n. turnbuckle （电缆）螺旋扣

tirefão s.m. screw spike, tirefond, sleeper screw [巴] （铁路）螺纹道钉，道钉螺栓

tirefond s.m. ⇨ tirefão

tirefonadora *s.f.* bolt tightener, screw spiker 道钉紧固器

tirfor *s.m.* tirfor 手提拖拉及吊重机

tirilito *s.m.* tirilite 条纹花岗闪长岩

tiristor *s.m.* thyristor 晶闸管

tiro *s.m.* shot 放炮；爆破

tiro curto short shot 低速带测量

tiro de controlo check shot （地震声波测井的）校验爆炮；检验爆炸

tiro de intemperismo weathering shot 风化层爆炸（勘测），低速带测量

tiro deslocado skidded shot 偏位炮点

tirodite *s.f.* tirodite 镁锰闪石

tisonite *s.f.* tysonite 氟铈铜矿

titanaugite *s.f.* titanaugite 钛辉石

titânio (Ti) *s.m.* titanium (Ti) 钛

titânio escovado brushed titanium 拉丝钛

titanite *s.f.* titanite 榍石

titanização *s.f.* titanizing 钛化，渗钛

titanolito *s.m.* titanolite 钛辉榍石岩

titanomagnetite *s.f.* titanomagnetite 钛磁铁矿

titanomaquia *s.f.* titanomachy 描绘提坦诸神反奥林匹斯诸神战争的浮雕

Tithoniano *adj.,s.m.* [巴] ⇨ Titoniano

Titoniano *adj.,s.m.* Tithonian; Tithonian Age; Tithonian Stage [葡]（地质年代）提塘期（的）；提塘阶（的）

titulação *s.f.* titrimetry 滴定分析

titulação condutométrica conductometric titration 电导滴定

titular *s.2g.* holder （某一职位、权利的）持有人，占有人

titular da carta license holder 证件持有人

titular da conta account holder 账户持有人

titular da pasta person in charge; minister 负责人；（尤指）部长

título *s.m.* ❶ title 标题；头衔 ❷ bond, deed 债券；契据

título bancário bank draft, bank bill 银行汇票

título de crédito debenture bond 信用债券

título de juro fixo fixed interest security 固定利率债券

título de propriedade title deed 地契

títulos de dívida debt securities 债券

títulos da dívida pública public bonds; government bonds 公共债券，政府债券

titulométrico *adj.* titrimetric 滴定的；滴定分析的

titulometria *s.f.* ⇨ titulação

tixotropia *s.f.* thixotropy 触变性

tixotrópico *adj.* thixotropic 触变性的；摇溶的

tjosito *s.m.* tjosite 斜辉煌岩

toalete *s.m.* water closet, toilet 卫生间，厕所，洗手间

toalha *s.f.* ❶ tablecloth 桌布 ❷ towel 毛巾 ❸ layer, aquifer 蓄水层

toalha anti-séptica antiseptic wipe 消毒湿巾

toalha aquífera water table aquifer 潜水层

toalha artesiana artesian aquifer 自流水层

toalha de mesa table-cloth 桌布，台布

toalha freática water table 地下水层，地下水面

toalha freática no aquífero aquifer ground-water 潜水含水层

toalheiro *s.m.* towel-rack 毛巾架，浴巾架

toalheiro aquecido towel warmer; towel radiator 浴巾加热器

Toarciano *adj.,s.m.* Toarcian; Toarcian Age; Toarcian Stage （地质年代）托阿尔期（的）；托阿尔阶（的）

toca-discos *s.m.* record player 电唱机

tocador *s.m.* player 播放器

tocador de CD CD player CD 播放器

tocador de fita cassete cassette player 卡式录音机

tocador de MP3 mp3 player MP3播放器，（汽车）MP3 播放器接口

toca-MP3 *s.m.* mp3 player MP3播放器，（汽车）MP3 播放器接口

toca-pinos *s.m.2n.* driftpin 冲销，拔钻头销

tocar *v.tr.* ❶ (to) touch 触碰 ❷ (to) play 弹奏（乐器），播放（音乐）

tocha *s.f.* flare （石油机械设备）火炬

toco *s.m.* ❶ stub 树的残桩；存根 ❷ anchored pipe 锚固管道

toco com flanges flanged anchored pipe 双盘锚固管

toco com flanges e aba de vedação flanged anchored pipe with puddle flange

双盘带穿墙法兰管

tocoferol *s.m.* tocopherol 生育酚；维生素 E

todo-o-terreno ❶ *adj.inv.* off-the-road 非公路用的，全地面的 ❷ *s.m.2n.* four-by-four, off-road 越野车，全地面车

todorokite *s.f.* todorokite 钡镁锰矿

toesa *s.f.* ❶ toise 土瓦兹，法制度（法国旧时长度单位，约合 1.95 米。本义为臂展或量身器）❷ "toesa" 葡制土瓦兹，葡制度（长度单位，合 6 葡制尺，即 1.98 米）

tola *s.f.* agba 香脂苏木（*Gossweilerodendron balsamiferum Harms*）

toldo *s.m.* ❶ awning, sunblind 雨篷；遮阳棚；棚子 ❷ bus shelter, bus stop shelter [巴] 公交候车亭

toldo-cortina canopy curtain 天篷帘

toldo da estrutura protectora contra capotagem canopy, Roll-Over Protective Structure (ROPS) 翻车保护结构

toldo de parqueamento car shed 停车棚

toleíto *s.m.* tholeiite 拉斑玄武岩

tolerabilidade *s.f.* tolerability 容忍度

tolerabilidade de riscos risk acceptability 风险可接受性

tolerância *s.f.* tolerance, allowance, limit 容限；偏差容限；公差

tolerância à corrosão corrosion allowance 腐蚀裕度

tolerância a danos damage tolerance 损伤容限

tolerância à fadiga fatigue tolerance 疲乏容限

tolerância a falhas failure tolerance 允许故障率

tolerância ao kick kick tolerance 无井涌允差

tolerância bilateral bilateral tolerance 双向公差

tolerância de contracção shrinkage allowance 收缩容许量

tolerância de desencontro mismatch allowance 允许误差

tolerância de estaca pile tolerance 桩位公差

tolerância dimensional dimensional tolerance 尺寸公差

tolerância justa close tolerance 紧公差

tolerância positiva positive allowance 正公差

tolerância unilateral unilateral tolerance 单向公差

tolito *s.m.* tollite 英长云闪玢岩

tolo *s.m.* tholos 圆顶建筑

tolobata *s.f.* tholobate 圆屋顶座

toluene *s.m.* toluene [葡] 甲苯

tolueno *s.m.* toluene [巴] 甲苯

tom *s.f.* tone 音调

tomada *s.f.* ❶ plug 连接插头 ❷ power socket, power outlet 电源插座 ❸ intake 引入口

tomada à prova de água waterproof socket 防水插座

tomada alta high level intake 浅式进水口，高孔进水口

tomada baixa low level intake, stream bed intake 深式进水口，河底取水口

tomada com descarga de limpeza automática intake with automatic flushing 自动冲刷进水口

tomada controlada controlled inlet 受控进气道，有控制机构的进气道

tomada de acoplamento ❶ coupler plug 连接插头 ❷ coupling box 联轴器箱

tomada de água intake 进水口，取水口

tomada de água no rio river intake 河上取水口

tomada de ar ❶ vent, opening 通风口 ❷ air scoop 导气罩

tomada da bateria battery connector 电池连接器

tomada de bujão plug tap 二道螺丝攻；塞状螺丝攻

tomada de CA AC socket 交流电源插座

tomada de circuito aberto open-circuit jack 开路插孔

tomada de contacto contact plug 接触插头

tomada de dados data outlet 数据插座

tomada de derivação diversion intake 导流进水口

tomada de desligamento disconnect plug 断流塞

tomada de duplo contacto double contact socket 二脚插头

tomada de estanque ⇨ tomada à prova de água

tomada de inspecção inspection plug 检查塞

tomada de juntas joint sealing 封缝止水

tomada de luz (LO) lighting outlet (LO) 照明出线口

tomada de nível médio mid-level intake 中层取水口

tomada de níveis múltiplos multi-level intake 分层式进水口

tomada de parede wall mount socket 墙装插座

tomada de piso floor outlet; flooring socket 地面出线口；地插，地板插座

tomada de potência ⇨ tomada de força

tomada de pressão ❶ pressure tap 压力计接口；测压接嘴，测压孔 ❷ tapping point（地下水）出水点，取压点

tomada de pressão hidráulica ❶ pressure gauge 液压测压孔；液压测压计 ❷ hydraulic tapping, external tapping point 液压系统导出孔

tomada de segurança safety plug 安全插头；安全塞

tomada de superfície surface intake 表层取水

tomada de terra ❶ ground connector 接地体 ❷ ground outlet 地插，地板插座

tomada de TV TV socket 电视插座

tomada eléctrica electrical outlet 电源插座，电气出线口

tomada elétrica macho power plug 电源插头

tomada infinita infinity plug 无穷大插塞

tomada lateral side intake 侧面进水口

tomada monofásica single-phase socket 单相插座

tomadas múltiplas multiple socket outlet 多位插座

tomada para barbeador shaver outlet 剃须刀插座

tomada para engomar electric iron outlet 熨斗插座

tomada para secador de cabelo hair dryer outlet 吹风机插座

tomada polarizada polarized plug 极化插头

tomada RJ11 RJ11 outlet RJ11 插座；电话线插座

tomada RJ45 RJ45 outlet RJ45 插座，信息插座，网线插座

tomada simples single socket outlet 单头插座

tomada submersa submerged intake 沉没式进水口

tomada tipo schuko schuko type socket 圆柱柱脚插座

tomada trifásica three-pin plug 三脚插头

tomada de força *s.f.* ❶ power take-off 动力分导装置，动力取力装置 ❷ (TDF, PTO) power take off shaft (PTO) 动力输出轴

tomada de força dependente depending power take-off engine 非独立式动力分导装置

tomada de força frontal front power take-off 前动力输出轴

tomada de força independente independent power take-off, live power take-off 独立式动力分导装置

tomada de força "motor" ground independent power take-off 独立式动力分导装置

tomada de força normalizada standard power take-off 标准动力分导装置

tomada de força principal main power take-off 主动力分导装置

tomada de força proporcional ao avanço ground speed power take-off 地面速率动力分导装置

tomada de força "tractor" ground depending power take-off 非独立式动力取力装置

tomada de força ventral under belly power take-off 机腹下悬挂动力分导装置

tomador *s.m.* ❶ bearer 持票人；（股票等）持有人 ❷ policyholder 投保人

tomador do seguro policyholder 投保人

tomar *v.tr.* (to) take 拿，取，握住

tombamento *s.m.* ❶ 1. overturning 倾覆 2. rollover 翻车 ❷ tipping, pitching 倾斜，翻卸 ❸ damping off 立枯病，猝倒病

tombamento da lâmina blade tip, blade tipping 铲刀倾斜

tombaque *s.m.* tombac 顿巴黄铜；铜锌合金

tombar ❶ *v.intr.* (to) overturn 倾 覆 **❷** *v.tr.,intr.* (to) tilt, (to) tip 倾斜，翻卸

tombolado *adj.* tumbled 翻滚面的（装修）

tômbolo *s.m.* tombolo 连岛沙洲；陆连岛；沙颈岬

tomito *s.m.* tomite 托姆藻煤

tomografia *s.f.* tomography 断层扫描，层析 X 射线照相术

tomografia acústica acoustic tomography 声波层析成像法

tomografia axial computorizada (TAC) computer axial tomography 计算机轴断层扫描

tomografia computorizada (/computadorizada) computed tomography, computerized tomography (CT) 计算机断层扫描

tomografia interpoços crosshole tomography 交互井孔层析成像术

tomografia por radar radar tomography 雷达断层扫描

tomógrafo *s.m.* tomograph 断层成像仪

tomógrafo para árvores tomograph for trees 树木断层成像仪，树木断层检测仪

tomsonite *s.f.* thomsonite 杆沸石

tonalidade *s.f.* hue 音调；色调

tonalito *s.m.* tonalite 英云闪长岩

tondinho *s.m.* tondino 柱基上的圆形饰物

tonel *s.m.* **❶** tun, vat 大桶 **❷** "tonel" 葡制大桶（液量单位，合 840 升）

tonelada (t) *s.f.* **❶** 1. ton (t) 吨，重量吨（质量或重量单位，通常指公吨，合 1000 千克）⇒ tonelada métrica 2. "tonelada" 葡 制 吨（合 793.2 千克）**❷** 1. measurement ton, volumetric ton, shipping ton 尺码吨，容积吨（容量单位，主要用于量度干货，不同货物的规定值不尽相同。例如，对于木材，1 容积吨 =40 立方英尺；对于石料，1 容积吨 =16 立方英尺）；装载吨 2. register ton; displacement ton 登记吨；排水吨（船舶大小的计量单位，1 排水吨 =100 立方英尺，约合 2.83 立方米）**❸** ton 吨，吨当量（能量、功率相关单位）**❹** tun 一个大桶的容量

tonelada curta (/americana/pequena) short ton 短吨，美吨（合 908 千克）

tonelada de arqueação bruta (TAB)

gross tonnage (GT) （以排水吨计算的）总吨位

tonelada de arqueação líquida (TAL) net tonnage (NT) （以排水吨计算的）净吨位

tonelada de contrante assay ton 化验吨（矿石重量单位，英制合 32.667 克，美制合 29.167 克）

tonelada de deslocamento displacement ton 排水吨（船舶大小的计量单位，1 排水吨 =100 立方英尺，约合 2.83 立方米）

tonelada de refrigeração (RT) ton of refrigeration (RT) 冷吨（冷冻机制冷能力单位，通常指使 1 吨 0ºC 的水 24 小时内变为 0ºC 的冰所需要的制冷能力，不同国家和地区的具体规定不尽相同）

tonelada (equivalente) de TNT tons of TNT equivalent 吨 TNT 当量

tonelada equivalente de carvão (tec) tons of coal equivalent (tce) 吨标准煤

tonelada equivalente de petróleo (tep) ton oil equivalent (toe) 吨油当量

tonelada-força ❶ tonne force （公 ）吨力 **❷** (tnf) ton-force (tnf) 英吨力

tonelada longa (/inglesa) long ton 长吨；英吨（合 1016 千克）

tonelada métrica metric ton, tonne 公吨（合 1000 千克）

tonelada-quilómetro ton-kilometer 吨公里，延吨公里（货物运输的计量单位）

tonelagem *s.f.* tonnage 吨位，载重量

Toniano *adj.,s.m.* [巴] ⇒ Tónico

Tónico *adj.,s.m.* Tonian; Tonian Period; Tonian System [葡]（地质年代）拉伸纪（的）；拉伸系（的）

tonneau *s.m.* barrel roll （飞行特技）桶滚

tonneau rápido flick-roll 快滚，突然横滚

tonometria *s.f.* tonometry 张力测定法

topázio *s.m.* topaz 黄晶，黄玉

topázio-da-boémia yellow quartz 黄晶；黄水晶

topázio-do-brasil Brazilian topaz 巴西黄玉

topázio-do-colorado Colorado topaz 科罗拉多黄玉

topázio-da-escócia Scottish topaz 黄水晶

topázio-da-madeira Madeira topaz 马德拉黄晶

topázio-de-madagáscar Madagascar topaz 马达加斯加黄玉

topázio espanhol Spanish topaz 西班牙黄宝石；褐石英

topázio oriental oriental topaz 黄刚玉

topázio rosa rose topaz 玫红黄玉

topazito s.m. topazite 黄玉石

topazolite s.f. topazolite 黄榴石

topiaria s.f. topiary （树木的）造型修剪；树木造型

topo s.m. ❶ top 顶部；顶面，台面 ❷ hump （轨道尽头的）驼峰

topo de balcão de mármore marble counter top 大理石台面

topo de bancada de granito granite counter top 花岗石台面

topo do dente top land 齿顶面

topo das injeções grout cap 灌浆帽

topo do telhado do saguão top of lobby roof 大堂屋顶顶部

topo de toucador vanity top 洗脸池台面

topofunção s.f. topofunction 土壤因素

topogénico adj. topogenous 地成的

topografia s.f. ❶ topography 地形测量学；地形，地貌 ❷ surveying, surveying work 测量；测绘；调查

topografia de escarpa scarp-and-vale topography 崖谷相间地

topografia de ravina ridge-and-ravine topography 岭谷相间地

topografia plana plain topography 平原地形

topografia por radar radar surveying 雷达测量

topógrafo s.m. surveyor, topographer（地形）测量员，测量师

topologia s.f. topology 拓扑学；拓扑结构

topologia arco-nó arc-node topology 弧段-节点拓扑结构

topologia arco-polígono arc-polygon topology 弧段-多边形拓扑结构

toponímia s.f. toponymy 地名学

topónimo s.m. toponym 地名

topotaxia s.f. topotaxy 面连生，定向连生

topotipo s.m. topotype 地模标本

toque s.m. touch 敲；接触

toqueíto s.m. tokeite 拉橄玄武岩

tora s.f. log 原木

toras densas dense timber 致密木材

toragem s.f. bucking （原木）造材

toral s.m. formeret 附墙拱肋

torbanito s.m. torbanite 块煤，煤油页岩，烟煤

torbernite s.f. torbernite 铜铀云母

torça s.f. lintel of a door 门楣

torção s.f. ❶ twist, twisting 扭曲；扭转 ❷ torsion, torsional force, twisting force 扭力

torção aerodinâmica aerodynamic twist 气动扭转

torção aerodinâmica negativa wash-out 机翼负扭转

torção aerodinâmica positiva wash-in 机翼正扭转

torção horizontal horizontal torsion, horizontal shear 水平扭剪应力

torcedor s.m. twister 加捻器；捻线机

torcedura s.f. twisting 缠绕；卷绕；捻线

torcedura à direita right-hand lang lay 右向顺捻

torcedura à esquerda left-hand lang lay 左向顺捻

torcer v.tr.,intr. (to) twist, (to) wring 绞；扭；捻

torcido adj. twisted 扭曲的

torcional adj.2g. ❶ twisting 缠绕的；卷绕的 ❷ torsional 扭力的，扭转的

torianite s.f. thorianite 方钍石

tório (Th) s.m. thorium (Th) 钍

torite s.f. thorite 钍石

tormenta s.f. squall 飑

torna s.f. ❶ row （农田的）行，一行 ❷ piece of land 小块土地

tornado s.m. tornado 龙卷风

torneado adj. turned, rounded on a lathe 车过的

torneamento s.m. turning on the lathe 车，旋

torneamento cônico taper turning 锥形车削

torneamento de precisão fine machining, precision turning 精密车削

torneamento de raios radius turning 径向车削

torneamento paralelo parallel turning 平

行车削

torneamento por feixe de laser laser-beam machining 激光束加工

torneamento ultra-sónico ultrasonic machining 超声波加工

tornear *v.tr.* (to) lathe 用车床加工

tornearia *s.f.* turnery 车工工艺；车工车间

torneira *s.f.* ❶ tap, cock, stop cock 水龙头，旋塞阀 ❷ shut-off valve 关闭阀；节流阀

torneira antiescaldadura anti-scald faucet 防垢水龙头

torneira com boia ballcock 浮球旋塞

torneira cromada chrome faucet 镀铬水龙头

torneira de alívio ⇨ torneira-dreno

torneira de ar air cock 排气旋塞

torneira de bico curvo bibcock 弯嘴龙头

torneira de comunicação vent cock 放气旋塞

torneira de depósito fuel cock 燃油开关

torneira de descarga delivery cock 排出旋塞

torneira de descompressão petcock 放泄旋塞

torneira de drenagem (/escoamento/esvaziamento/purga) drain cock 排水旋塞，排放旋塞

torneira de encaixe plugcock 塞阀

torneira de escape relief cock 卸荷旋塞；安全放泄旋塞

torneira de esfera ball cock 球阀，球旋塞

torneira de esquadria angle faucet 直角水龙头

torneira de gás gas cock 煤气旋塞

torneira de interrupção stopcock 旋塞阀

torneira de ligação coupling cock 连接旋塞

torneira de mangueira hose bibb 软管旋塞，软管水龙头

torneira de passagem faucet 旋塞阀

torneira do radiador radiator petcock 散热器放水旋塞

torneira de regulamentação gauge cock 仪表旋塞

torneira de sangrar blow-cock 排气栓，放泄旋塞

torneira-dreno relief tap 泄压水龙头

torneira misturadora mixer tap 冷热水龙头，冷热水混合龙头

torneiro *s.m.* turner 车工

torneiro mecânico lathe operator 车床操作员

torneja *s.f.* linchpin 车轴销；制轮楔

tornel *s.m.* swivel 转节，转环

torniquete *s.m.* ❶ turnstile 旋转栅门 ❷ boom sprinkler 长臂喷灌机

torniquete gigante giant boom sprinkler 大型长臂喷灌机

torniquete hidráulico boom sprinkler 长臂喷灌机

torno *s.m.* ❶ lathe 车床，旋床 ❷ vice, vise 老虎钳 ❸ wooden nail 木钉

torno automático auto lathe 自动车床

torno automático de parafusos automatic screw machine 自动丝车床

torno CNC CNC lathe 电脑数控车床

torno de bancada bench vice 台虎钳，台锯

torno de brunir polishing bob 抛光用毛毡

torno de fabricar parafusos screw cutting lathe 螺丝车床

torno de facear face lathe, facing lathe 平面车床

torno de fiar spinning-wheel 纺轮

torno de mão hand-vice 手虎钳

torno de pedal foot lathe 脚踏车床

torno de placas facing lathe 平面车床

torno de polir polishing lathe 抛光车床

torno de pontas center lathe 顶尖车床；顶针车床；普通车床

torno de rosquear threading machine 套丝车床，螺丝车床

torno duplo duplex lathe 复式车床

torno limador ⇨ torno de polir

torno mecânico lathe, turning-lathe 车床

torno mecânico de ponta inclinada bent-tail carrier 弯尾夹头

torno mecânico de precisão precision lathe 精密车床

torno mecânico para madeira wood lathe 木工车床

torno morsa ⇨ torno de bancada

torno para barras bar lathe 棒料加工车床

torno para máquina machine vise 机用

平口钳

torno para trabalhos ópticos optical lathe 光学车床

torno revólver capstan lathe 转塔式车床

torno universal universal vise 万能虎钳；万向虎钳

torno vertical vertical lathe 立式车床

toro *s.m.* ❶ log wood 粗原木，（砍下后去除枝叶但未经其他处理的）树干 ❷ torus 柱基四周的圆凸线脚 ❸ torus 圆环面 ❹ strand 导线束；多股裸电缆；绞合线

toro de corda strand 绞合线

toro de madeira log wood 粗原木，（砍下后去除枝叶但未经其他处理的）树干

toróide *s.m.* toroid 超环面；超环状体

torpedo *s.m.* torpedo 鱼雷

torpilha *s.f.* pneumatic duster 气力喷粉机

torpilha de dorso knapsack duster 背负式喷粉机

torpilha de 2 movimentos double action knapsack duster 双动背负式喷粉机

torque *s.m.* torque 扭转；扭矩，转矩

torque de arranque starting torque 起动扭矩

torque de contrarrotação induced torque 感应扭矩

torque de giro swing torque 回转扭矩

torque eficaz prevailing torque 有效力矩

torque excessivo overtorque, overtorquing 超转矩

torque insuficiente undertorquing 扭矩不足

torquímetro *s.m.* torquemeter 转矩计，转矩测定仪

torradeira *s.f.* toaster 面包机，烤面包机

torradeira com esteira rolante conveyor toaster 链式烤面包机

torrador *s.m.* coffee roaster 咖啡豆焙炒器

torrão *s.m.* clod, lump of soil 土块

torre *s.f.* ❶ tower 塔，塔台，塔楼，高楼 ❷ bridge tower 桥塔；索塔 ❸ tower of overhead line（架空线路的）杆塔

torre absorvedora ⇨ torre de absorção

torre autoportante self-supporting tower 自立塔

torre-canivete jackknife derrick, mast rig 折叠式钻塔，折叠式井架

torre de absorção absorption tower 吸收塔

torre de aço steel tower 钢塔

torre de água water tower 水塔

torre de ancoragem turret （转塔式锚泊系统的）转塔

torre de ângulo corner tower 转角塔

torre de antena radio mast 天线杆

torre de arrefecimento ⇨ torre de resfriamento

torre de bandeja tray tower 盘式塔

torre do bate-estacas pile driving frame 打桩架

torre de comando de aeródromo airport control tower 机场控制塔

torre de compensação surge bin 缓冲仓

torre de controle de aeródromo aerodrome control tower 机场管制塔台

torre de controle de tráfego aéreo air traffic control tower 飞航管制塔台

torre de controlo (/comando) control tower 控制塔

torre de controlo móvel mobile control tower 移动式控制塔

torre de decantação decant tower 絮凝塔

torre de distribuição de energia electric pylon 电缆塔

torre de eliminação de gás carbónico carbon dioxide scrubbing tower 二氧化碳脱气塔

torre de escadas stair tower 梯塔

torre de escritórios office tower 办公大楼，高层办公楼

torre de flanqueamento flanking tower 侧翼塔楼

torre de Gay-Lussac Gay-Lussac's tower 盖氏塔

torre de grua tower crane 塔吊，塔式起重机

torre de iluminação light tower （施工）照明灯

torre de iluminação móvel mobile light tower 移动照明车，移动照明灯

torre de incêndio fire tower 防火瞭望塔

torre de lavagem washing tower 洗涤塔

torre de linha aérea tower of overhead

line （架空线路的）杆塔

torre de menagem keep（中世纪城堡的）主楼

torre de neutralização neutralizing tower 中和塔

torre de observação watchtower 岗楼，瞭望塔

torre de oxidação oxidation tower 氧化塔

torre de perfuração boring tower 钻塔，钻井塔

torre de pressão water tower （压力）水塔

torre do queimador flare tower 火炬塔

torre de resfriamento de água doce fresh water cooling tower 淡水冷却水塔

torre de resfriamento (/refrigeração) cooling tower 冷却塔，冷却水塔

torre de sino ⇒ torre sineira, campanário

torre de tomada a vários níveis multi-level draw-off tower 分层式取水塔

torre de tomada de água draw-off tower; intake tower 取水塔，泄水塔

torre de transmissão transmission tower 输电杆塔；输电塔

torre de transposição transposition tower 换位塔

torre de vigia watchtower 岗楼，瞭望塔

torre desaeradora deaerator tower [巴] 除气塔

torre desarenisadora deaerator tower [葡] 除气塔

torre elevatória elevatory tower 升降台

torre estaiada stayed tower 拉线铁塔

torre flexível flexible tower 挠性铁塔

torre meteorológica meteorological tower 气象塔

torre panorâmica panoramic tower 观光塔

torre piezométrica surge chamber, surge tank 调压塔

torre recheada packed tower 填充塔，填料塔

torre sineira belfry, bell tower 钟塔，钟楼

torre terminal terminal tower, dead-end tower 终端塔

torre valvulada bubble-cap tray tower 泡罩塔

torreão *s.m.* turret 塔楼，角楼

torreão de telhado lantern, ridge turret 屋脊小塔

torrencial *adj.2g.* torrential 急流的，奔流的

torrente *s.f.* torrent 激流

torrente de lava lava flow 熔岩流

torrente típica typical flood 典型洪水

torrert *s.m.* torrert 干裂变性土

tórrido *adj.* torrid 炎热的

torrinha *s.f.* peanut gallery 剧场的上层楼厅

torrista *s.2g.* tower operator （塔楼、塔台、塔吊等的）操作员

torrox *s.m.* torrox 干燥氧化土

Tortoniano *adj.,s.m.* Tortonian; Tortonian Age; Tortonian Stage （地质年代）托尔托纳期（的）；托尔托纳阶（的）

tortuosidade *s.f.* tortuosity 曲折；弯曲度

tortveitite *s.f.* thortveitite 钪钇石

toscanito *s.m.* toscanite 紫苏流安岩

toscano *adj.* Tuscan 塔斯卡尼柱式的

tosco *adj.* unpolished 未磨光的；未抛光的

tosquia *s.f.* shearing 剪（羊）毛

total ❶ *adj.2g.* total, overall 全体的，全部的 ❷ *s.m.* total, sum 合计，总数

total de sólidos em suspensão total suspended solids (TSS) 总悬浮固体量，悬浮固体总量

total em dívida total due 应付款总额

total geral general total 总计

totalizador *s.m.* totalizer 累加器

totalizador de volumes captados abstraction volume totalizer 总取水计量计

totalizar *v.tr.* (to) totalize 计算总数，计算累计值

totalmente *adv.* totally, fully 完全地，全部地

totem *s.m.* ❶ totem 图腾 ❷ advertising totem; self service machine （带显示屏的）立式广告机；（立式，用于信息查询、排队叫号等的）触摸一体机，自助终端机，排队机

totémico/totêmico *adj.* totemic, (of) totem 图腾的 ⇒ mastro totêmico

toucador *s.m.* vanity unit 梳妆台

touch screen *s.f.* touch screen [巴] 触摸屏 ⇒ tela sensível ao toque

Tournaisiano *adj.,s.m.* Tournaisian; Tour-

naisian Age; Tournaisian Stage [巴]（地
质年代）杜内期（的）；杜内阶（的）⇨
Turnaciano

tout-venant *s.m.* pit-run aggregate 天然级
配砂石

towed scraper *s.m.* towed scraper 牵引式
铲运机

toxicidade *s.f.* toxicity 毒性

tóxico *adj.* toxic, poisonous 有毒的

toxina *s.f.* toxin 毒素

toyotismo *s.m.* Toyotism 丰田生产方式，精
益生产

tozzeto *s.m.* tozzeto 方形带花纹瓷砖

trabal *adj.2g.* used ofr fastening beams 用
来钉房梁的（钉子）

trabalhabilidade *s.f.* workability 可加工性；
施工性能

trabalhado *adj.* worked 加工过的

trabalhador *s.m.* worker 工人

trabalhador a tempo inteiro full-time
employee 全职雇员

trabalhador do sector do aço steelworker 钢铁工人

trabalhador da siderurgia metalworker
金属工人

trabalhador especializado skilled worker 技术工人，专业工人；熟练工

trabalhadores especializados e semi-
especializados skilled and semi-skilled
workers 专业及半专业工人；熟练及半熟练工

trabalhador estrangeiro foreign worker
外籍劳工

trabalhador independente self-employed person 自由职业者

trabalhador migrante migrant worker 外
来工

trabalhador na limpeza de canais drain
cleaner 管道清洁工

trabalhador não qualificado unskilled
worker 非熟练工

trabalhador permanente permanent
employee 永久雇员

trabalhador qualificado qualified employee 技术工人，熟练工

trabalhador semi-especializado semi-
skilled worker 半专业工人；半熟练工

trabalhador temporário temporary em-

ployee 临时雇员

trabalhar *v.tr.* (to) work 工作；加工

trabalho *s.m.* ❶ work, operation 工作；作
业；加工 ❷ job 工作；职业 ❸ work 功

trabalho a frio cold working 冷加工

trabalho a frio como estiramento cold
drawing 冷拉

trabalho a frio como laminação cold
rolling 冷轧

trabalho a machado axed work 琢石

trabalho à meia-encosta side hill operation 山侧作业

trabalho a quente hot working 热加工

trabalho a tempo inteiro full-time job
专职工作，全天工作

trabalho a tempo parcial part-time job
兼职工作

trabalhos adicionais additional works 增
补工程

trabalho autorizado authorized works 获
授权进行的工程；批准进行的工程

trabalhos auxiliares ancillary works 附
属工程

trabalho cinzelado boasted work 宽凿工

trabalhos com lâmina bulldozing 推土

trabalho concluído completed works 已
完成的工程

trabalho de condicionamento training
works 导流工程；导治工程

trabalho de dois revestimentos (/du-
plo revestimento) two-coat work 两层
抹灰

trabalho de equipa teamwork 团队协作

trabalhos de escavação excavation
works 挖掘工程

trabalho de exploração costeaning 槽探

trabalho de garganta strait work 狭窄地
采掘

trabalho de meia-folha half-sheet work
双联本印刷

trabalho de perfiladura profiling 仿形
切削

trabalho de têmpera workhardening 加
工硬化

trabalho de torno lathe work 车工

trabalho directo direct labor 直接人工

trabalhos eléctricos electrical works 电

气工程

trabalho limpo neat work 净砖工，清水砖墙勾缝圬工

trabalho mecânico mechanical working 机械加工

trabalhos paralelos workaround 变通办法，替代办法

(de) trabalho pesado heavy duty 重型（的），高强度使用（的）

trabalho polido polished work 磨光表面，抛光表面

trabalho por jornada day-wage work 计日工作

trabalho por tarefa task work 计件工作

trabalhos preliminares advance works, preliminary works 前期工程

trabalhos principais main work, principal works 主体工程，主要工程

trabalho seguro safe working 安全操作

traça s.f. ⇨ traçado

traçado s.m. draft, sketch 草图，设计图

traçado de curvas curve ranging 曲线测设

traçado horizontal horizontal alignment 横向正正；水平线路

traçado transversal transversal alignment 横向线形

traçado vertical vertical alignment 纵向线形，竖向定线

traçador s.m. ❶ tracer 示踪物，示踪剂 ❷ crosscut saw 横切锯 ❸ spur （钻头的）切圈刃 ❹ plotter 绘图仪

traçador artificial artificial tracer 人工示踪剂

traçadora s.f. plotter 绘图仪

traçadora digital digital plotter 数字绘图仪

traçadora gráfica plotter 打印机，绘图仪

traçagem s.f. ❶ entries 坑道口；横坑道 ❷ bucking （原木）造材

traçagem na camada development work in coal 横坑道

traçamento s.m. tracing 追踪，寻迹；描记图像

traçamento de raio ray tracing 射线描迹，射线追踪

traçar v.tr. (to) draw, (to) delineate 绘图，画

tracção . s.f. ❶ traction, pull 拉，牵引 ❷ traction 牵引力

tracção às quatro rodas four-wheel drive 四轮驱动

tracção axial axial tension 轴向拉力

tracção dinâmica dynamic thrust 动推力

tracção no cabo (do guincho) line pull 绳索拉力

tracção em todas as rodas ⇨ tracção total

tracção excêntrica eccentric tension 偏心拉伸

tracção simples simple tension 单向拉力；纯拉力

tracção total all-wheel-drive 全轮驱动

tracejado s.m. hachure （地图上表示地形起伏的）晕滃线

traço s.m. ❶ trace, line 线段；径迹，迹线；记录线，记录道 ❷ batch 混凝土搅拌机一次的产量 ❸ proportion of mixture 配合比

traço cheio solid line 实线

traço de afastamento zero (/afastamento nulo) zero-offset trace 零炮检距道

traço do concreto concrete composition; concrete mix 混凝土配合比

traço de falha fault line, fault strike 断层线

traço de ganho gain trace, log-level indicator 增益位准指示线

traço de referência reference mark 参考标记，基准标记

traço galvanométrico wiggle trace 波形曲线

traço modelo model trace 模型道

traço morto dead trace 死道

traço piloto pilot trace 指引道

traço próximo near trace 近道

traço radial radial line 径线

traço sintético synthetic trace 合成记录道

traço sísmico seismic trace 地震道，地震记录迹

tracto/trato s.m. tract 区域，地区

tracto de sistemas system tract 体系域

tracto de sistema transgressivo transgressive system tract 湖侵体系域

tracto deltaico deltaic tract 三角洲平原

tractor/trator s.m. tractor 拖拉机，牵引机

tractor agrícola farm tractor, Ag tractor

农用拖拉机

tractor arborícola orchard tractor 果园拖拉机

tractor articulado articulated tractor 铰接式拖拉机

tractor bobcat bobcat tractor 滑移装载机

trator-buldôzer tractor-dozer 拖拉推土机

tractor cavaleiro high-crop tractor, high-clearance tractor 高地隙拖拉机，高架式拖拉机

trator com lâmina ⇨ tractor-buldôzer

tractor compacto compact tractor 小马力拖拉机，紧凑型拖拉机

tratores conjugados quad-track tractor, dual tractor 四履带拖拉机

tractor convencional (/clássico) all purpose tractor, general purpose tractor, multipurpose tractor 通用拖拉机，多功能拖拉机

tractor de aparar relva lawn tractor 草坪割草机

tractor de duas rodas motrizes two-wheel drive tractor 两轮驱动拖拉机

tractor de elevadores de esqui ski lifts tractor 上山吊椅牵引机

trator de esteiras [巴] ⇨ tractor de lagarta

trator de esteiras para manipulação de lixo waste handling track-type tractor 垃圾处理履带式推土机

tractor de lagartas crawler tractor, track-type tractor, caterpillar tractor 履带拖拉机

trator de lâmina sobre pneus wheeled dozer; turnadozer 轮式推土机

tractor de marcha (/posto de condução) reversível reverse gear tractor 倒开式拖拉机

trator de pátio container terminal tractor 码头牵引车

tractor de quatro rodas motrizes four-wheel drive tractor 四轮驱动拖拉机

tractor de quatro rodas motrizes e directrizes four-wheel drive and steering tractor 四轮驱动和转向拖拉机

tractor de rastos crawler machine 履带拖拉机

tractor de rastos c/lâmina guincho tractor winch 履带式集材绞盘机

trator de reaterro de valas "backfiller" backfiller 回填机

tractor de rodas wheel tractor 轮式拖拉机

tractor de rodas alta potência high-horsepower wheel tractor 大马力轮式拖拉机

tractor de rodas gémeas dual wheels tractor, twin wheels tractor 两轮拖拉机

tractor de rodas media potência medium horsepower wheel tractor 中马力轮式拖拉机

tractor de semi-lagartas half-track tractor 半履带式拖拉机

tractor de terraplanagem bulldozer 推土机

tractor eléctrico electric tractor 电动牵引车

trator empurrador pusher tractor, pusher 推土机

trator escavocarregador front end loader 前端装载机

tractor especial special tractor 特种拖拉机

trator-escrêiper tractor-scraper 拖拉铲运机

trator-escrêiper de rodas wheel-tractor scraper 轮式拖拉铲运机

tractor estreito narrow tractor 窄型拖拉机，窄轮距拖拉机，窄履带式拖拉机

tractor florestal ❶ forestry tractor 林业拖拉机 ❷ log skidder,skidder 集材机

trator florestal "forwarder" forwarder 木材集运机

tractor fora de estrada off-highway tractor 非公路拖拉机

tractor para vinhas ⇨ tractor vinhateiro

tractor pernalta ⇨ tractor cavaleiro

tractor pomareiro orchard tractor 果园拖拉机

tractor porta-alfaias tool carrier, self-propelled tool carrier 自动底盘

tractor-rebocador tow tractor; tractor-trailer 曳引式拖拉机；牵引拖车

tractor triciclo tricycle tractor, three wheel tractor 三轮拖拉机

tractor utilitário utility tractor, all purpose tractor （小型）万能拖拉机

tractor vinhateiro vineyard tractor 葡萄园拖拉机

tractor vinhateiro de lagartas vineyard crawler tractor 履带式葡萄园拖拉机

tractor vinhateiro de rodas vineyard wheel tractor 轮式葡萄园拖拉机

tractorista *s.2g.* tractor driver 拖拉机驾驶员

trado *s.m.* ❶ auger, gimlet （钻木用的）螺旋钻，手摇钻 ❷ earth auger （钻地用的）土螺钻，地螺钻

trado helicoildal helical auger 螺纹钻

trado (de eixo) oco hollow stem auger 中空螺旋钻

tradução *s.f.* translation 翻译

tradutor *s.m.* translator 翻译（人员），译员

traduzir *v.tr.* (to) translate 翻译

trafegabilidade *s.f.* trafficability 通过性

tráfego *s.m.* traffic, transport （人、交通工具等的）交通，通行；（货物的）运输；（数据、通信的）数据量，通信量

tráfego aéreo air traffic 空中交通

tráfego automóvel road traffic 道路交通

tráfego convergente converging traffic 交通合流

tráfego de aeródromo aerodrome traffic 机场交通

tráfego de mercadorias freight traffic 货运交通

tráfego de passageiros passenger traffic 客运

tráfego de pedestres pedestrian traffic 行人交通；行人往来

tráfego de socorro distress traffic 遇险通信

tráfego de trânsito transit traffic 过境交通

tráfego de veículos vehicle traffic 车辆交通

tráfego divergente diverging traffic 交通分流

tráfego em dois sentidos two-way traffic 双线交通；双向交通

tráfego marítimo maritime traffic 海上交通

tráfego médio diário average daily traffic 日均客流量

tráfego médio diário anual annual aver-age daily traffic 年平均日交通量

tráfego médio horário average hourly traffic 平均小时交通量

trailer *s.m.* trailer 拖车 ⇨ atrelado

trajectória/trajetória *s.f.* trajectory 路线，路径

trajectória da rede network path 网络路径

trajetória de planeio glide path 下滑道

trajetória do poço well trajectory, well path 井眼轨迹

trajetória do raio raypath 射线路径

trajetória do tempo mínimo least-time path, minimum-time path 最短时程

trajetória de tensões stress trajectories 主应力迹线

trajetória de transmissão marginal flanking transmission path 侧向传声路径

trajetória de voo flight path 飞行路线

tralha *s.f.* boltrope 帆缘索

tralha do gurutil stay rope 系紧线；拉索；牵索

trama *s.f.* ❶ weft, woof 纬线，纬纱 ❷ grid pattern 网格图形 ❸ fabric 组构

trama linear linear fabric 线状组构

trama planar planar fabric 面状组构

tramado *adj.* woven 织物的

tramela *s.f.* swivel latch 旋转式门闩

tramo *s.m.* ❶ span 跨度 ❷ jumper 跨接管

tramonha *s.f.* drop chute 跌水陡槽

trampolim *s.m.* flip bucket; deflector bucket 挑流鼻坎，挑流弧坎

trâmuei *s.m.* tram 有轨电车

tranca *s.f.* door bar 门闩

tranca eléctrica electric lock 电锁，电子锁

tranca superior oculta overhead concealed closer 上部暗闭锁器

trança *s.f.* braid 织带，编织电缆

tranças de cobre copper stranded conductor 铜绞线

trançado *s.m.* braided 编织的

trancar *v.tr.* (to) lock, (to) latch （用闩）闩上，锁上

tranca-trilhos *s.m.* gate 阻止横穿铁路的栏杆

tranche *s.f.* tranche （贷款的）一期款项，一部分

tranqueta *s.f.* aldrabagate latch 铡刀式门闩

trans- *pref.* trans- 表示 "在…之外；穿过…"

transacção *s.f.* ❶ transaction 交易 ❷ agreement; arrangement （和解）协议

transacção contábil accounting transaction 会计交易

transatlântico *s.m.* ocean liner 远洋轮船

transbordamento *s.m.* overflow 溢流

transbordo *s.m.* ❶ transshipment 换乘；转运 ❷ transfer vehicle 转运车

transbordo de carga load transshipment 货物转运

transceptor *s.m.* transceiver 收发器；收发报机

transceptor de fibra óptica fiber transceiver 光纤收发器

transceptor óptico optical transceiver 光收发机；光端机

transcurso *s.m.* course; ride （机械）行驶；驾驶

transdutor *s.m.* transducer 变送器，传感器

transdutor acústico acoustic transducer 声换能器

transdutor acústico subaquático underwater acoustic transducer 水中声换能器

transdutor angular angular transducer 角度传感器

transdutor de deslocamento linear linear displacement transducer 线性位移传感器；线性位移转换器

transdutor de força force transducer 力传感器

transdutor de medida measuring transducer 测量变换器，测量传感器

transdutor de monitoramento de pressão pressure monitoring transducer 压力监测传感器

transdutor de pressão pressure transducer 压力传感器

transdutor linear linear transducer 线性传感器

transdutor magnético magnetic transducer 磁换能器

transdutor remoto endereçável highway addressable remote transducer (HART) 高速可编址远程传感器

transecto *s.m.* transect 样条，样带

transeixo *s.m.* transaxle 驱动桥

transelevador *s.m.* stacker crane （有轨）堆垛机

transepto *s.m.* transept 教堂的十字形翼部

transesterificação *s.f.* transesterification 酯交换反应

transferência *s.f.* transfer 转移，移交

transferência bancária bank transfer 银行转账

transferência de calor heat transfer 热传导，热传递

transferência de chamadas call transfer 呼叫转接

transferência de caudais diversion 引水，引流

transferência de massa interfacial interface mass transfer 界面传质

transferência de metal metal transfer 金属过渡

transferência de tecnologia transfer of technology 技术转让

transferência de voláteis volatile transfer 挥发性转移

transferência gasosa gaseous transfer 气体转移

transferidor *s.m.* protractor 量角器

transferidor de 360º circular protractor 圆分度器

transferidor de ângulos com relógio dial universal bevel protractor 带表万能角度尺

transferidor de ângulos digital universal bevel protractor with digital display 数显万能角度尺

transferidor de ângulos universal universal bevel protractor 万能角度尺

transferir *v.tr.* (to) transfer 转移，移交

transfluência *s.f.* transfluence 溢出；越流

transformação *s.f.* transformation 转化；转换；变压；（食品）加工

transformação adiabática adiabatic transformation 绝热变换；绝热转换

transformação atérmica athermal transformation 非热变化

transformação congruente congruent transformation 全等变换

transformação de energia energy transformation 能量转换

transformação de fase phase transformation 相变；相位变换

transformação Hough Hough transformation 霍夫变换

transformação isobárica isobaric transformation 同质异位核转化

transformação isotérmica isothermal transformation 等温变化

transformação térmica activada thermally activated transformation 热激活转变

transformador s.m. transformer 变压器

transformador abaixador (de tensão) ⇨ transformador redutor (de tensão)

transformador aumentador (de tensão) step-up transformer 升压变压器

transformador auxiliar ⇨ transformador de reforço

transformador com núcleo ar air core transformer 空气芯变压器

transformador com núcleo de ferromagnético iron-core transformer 铁芯变压器

transformador compacto box-type transformer 箱式变压器

transformador de aterramento grounding transformer 接地变压器

transformador de corrente current transformer 电流变压器

transformador de distribuição distribution transformer 配电变压器

transformador de duas bobinas (/dois enrolamentos) two-winding transformer 双绕组变压器

transformador de fases phase transformer 相位变换器

transformador de ignição ignition transformer 点火变压器

transformador de impulsos pulse transformer 脉冲变压器

transformador de isolamento isolation transformer 隔离变压器

transformador de luz baixa-alta dim transformer 光暗变压器

transformador de potência (/força) power transformer 电力变压器

transformador de potência de perda reduzida low-loss power transformer 低损耗电力变压器

transformador de potencial potential transformer 电压互感器

transformador de queda da tensão (/voltagem) ⇨ transformador redutor (de tensão)

transformador de reforço booster transformer 增压变压器

transformador de três bobinas (/três enrolamentos) three winding transformer 三绕组变压器

transformador do tipo seco com bobinagens encapsuladas dry type transformer with encapsulated winding 包封线圈干式变压器

transformador elevador (de tensão) ⇨ transformador aumentador (de tensão)

transformador imerso em óleo oil immersed transformer 油浸式变压器

transformador monofásico single-phase transformer 单相变压器

transformador para anódio anode transformer 阳极变压器

transformador polifásico polyphase transformer 多相变压器

transformador redutor (de tensão) step-down transformer 降压变压器

transformador regulador regulating transformer 调节变压器

transformador resfriado a água water-cooled transformer 水冷变压器

transformador resfriado a óleo oil-cooled transformer 油冷变压器

transformador resfriado a vapor vapor-cooled transformer 蒸发冷却变压器

transformador sintonizado para permeabilidade permeability tuned transformer 渗透调节变压器

transformador tipo seco dry type transformer 干式变压器

transformador trifásico three-phase transformer 三相变压器

transformante adj.2g. (of) transform 转换的，变换的

transformar v.tr.,pron. (to) transform, (to) change 转化；转换；变换；变压；（食品）

加工

transgressão *s.f.* transgression 海进；海浸

transgressão continental continental transgression 大陆沉积扩展

transgressão marinha marine transgression 海侵

transgressivo *adj.* transgressive 海进的；海浸的

transição *s.f.* transition 过渡；转变；转换

transição atómica atomic transition 原子跃迁

transição curta sharp transition 突变过渡，突变段

transição do dúctil para o frágil ductile to brittle transition 延性至脆性转换

transição gradual gradual transition 渐变过渡，渐变过渡段

transiente *adj.2g.* transient 瞬态的

transístor *s.m.* transistor 晶体管

transístor de controle driver transistor 激励晶体管

transístor de excitação power transistor 功率晶体管

transístor de junção junction transistor 结形晶体管

transitar *v.tr.* (to) circulate, (to) move 行走，行进，通行

transitário *adj.,s.m.* forwarding agent 运输代理（人）；转运代理（人）

transitável *adj.2g.* passable 可通行的（道路）

trânsito *s.m.* traffic; transit; passage （人、交通工具等的）交通，通行

trânsito convergente converging traffic 交通合流

trânsito de hora-pico peak-hour traffic 高峰小时交通量

trânsito directo through traffic 直通交通

trânsito divergente diverging traffic 交通分流

trânsito ferroviário rail transit 轨道交通

trânsito ferroviário urbano urban rail transit 城市轨道交通

trânsito intenso heavy traffic 繁忙交通

trânsito médio diário average daily traffic 日均客流量

transitometria *s.f.* traffic count 交通量观测

translação *s.f.* translation, movement 平移；

匀速运动

translocação *s.f.* translocation 移动，转移

translucidez *s.f.* translucency 半透明

translúcido *adj.* translucent 半透明的

transluzente *adj.2g.* ⇨ translúcido

transmissão *s.f.* ❶ 1. transmission 传输；传递 2. transmission 发射；播送 ❷ transmission 传动；传动系统；变速器

transmissão a alavanca lever driving 手柄驱动；杠杆传动

transmissão à esquerda left-hand drive 左侧驾驶

transmissão ao vivo live broadcast 现场直播

transmissão ajustável adjustable drive 可调传动装置

transmissão angular angle drive 角传动

transmissão automática automatic transmission 自动变速装置

transmissão auxiliar auxiliary transmission 副变速器

transmissão contínua continuous drive transmission 换挡时动力不中断的变速器

transmissão continuamente variável (CVT) continuously variable transmission (CVT) 无级变速器

transmissão de calor (/calorífica) heat transmission 热传导

transmissão de calor por condução transmission of heat by conduction 对流传热

transmissão de calor por contacto transmission of heat by contact 接触传热

transmissão de calor por radiação transmission of heat by radiation 辐射传热

transmissão do conversor de torque torque converter transmission 变矩器变速箱

transmissão de dados data transmission 数据传输

transmissão de eixo shaft drive 轴传动

transmissão de energia power transmission 电力传输

transmissão de engrenagem deslizante sliding gear transmission 滑动齿轮传动

transmissão de engrenagens planetárias ⇨ transmissão planetária transmissão de engrenamento constante constant mesh transmission 常啮合齿轮传动

transmissão do escrêiper scraper transmission 铲运机传动

transmissão de força power transmission 动力传输，动力传动

transmissão do guincho winch transmission 绞盘传动装置

transmissão de incidência oblíqua oblique-incidence transmission 斜入射传输

transmissão de movimento transmission of motion 运动传递

transmissão de potência power transmission 动力传输

transmissão de potência hidrodinâmica hydrodynamic power transmission 液动式动力传输

transmissão de velocidade speed gearing 变速传动机构

transmissão descontínua interrupted drive transmission 换挡时动力中断的变速箱

transmissão directa ❶ direct broadcast 直播 ❷ direct drive transmission 直接挡变速器

transmissão direta do tipo servotransmissão powershifted direct drive 动力换挡式变速器

transmissão divisora de torque torque divider transmission 扭矩分配式变速器

transmissão final final drive 最终传动

transmissão helicoidal helical drive 螺旋传动

transmissão hidráulica (/hidrocinética) fluid transmission 液力传动

transmissão hidrodinâmica ⇒ transmissão hidráulica

transmissão hidrostática hydrostatic transmission 液压静力传动

transmissão intermediária countershaft 中间轴

transmissão lateral flanking transmission 侧向传播；侧向传声

transmissão magnética magnetic transmission 磁力传动

transmissão marítima marine gear, marine transmission 船用传动装置

transmissão mecânica mechanical transmission 机械传动

transmissão planetária planetary transmission 行星齿轮装置

transmissão por atrito friction drive 摩擦传动

transmissão por correia belt drive 皮带传动

transmissão por divisor de torque torque divider drive 扭矩分配式变速器

transmissão por eixo shafting 轴传动

transmissão por eixo tubular quill drive 套管传动

transmissão por engrenagem gear drive, gear transmission 齿轮传动

transmissão por fac-símile facsimile transmission 传真传输

transmissão por fricção ⇒ transmissão por atrito

transmissão por gravação recorded broadcast 录播

transmissão por rádio radio transmission 无线电传输

transmissão primária primary transmission 一次传输

transmissão regular regular transmission 正常传输；规则透射

transmissão semiduplex half-duplex transmission 半双工传输

transmissão sonora marginal flanking transmission of sound 侧向传声

transmissão sonora pelo ar airborne sound transmission 空气传声

transmissão sonora via estrutura structure-borne sound transmission 结构传声

transmissão tipo cilíndrica barrel-type transmission 圆筒形变速箱

transmissibilidade s.f. transmissibility 传递率；传递性

transmissividade s.f. transmissivity 透射率；透光度

transmissor s.m. ❶ transmitter 传输器，发射机 ❷ carrier 载体；运送者

transmissor de binário coupler 耦合器

transmissor de caudal flow transmitter 流量变送器

transmissor de comunicações communication transmitter 通信发射机

transmissor de dados data carrier 数据载体

transmissor de doença disease carrier 疾病媒介物

transmissor de impulsos pulse transmitter 脉冲发射机，脉冲发送机

transmissor de ondas contínuas continuous waves transmitter 等幅波发射机

transmissor de ondas curtas shortwave transmitter 短波发射机

transmissor de pressão pressure transmitter 压力变送器

transmissor de pressão diferencial differential pressure transmitter 差压变送器

transmissor FM FM transmitter 调频发射机

transmissor localizador de emergência emergency locator transmitter 应急定位发射机

transmissor multicanal multichannel transmitter 多路发射机

transmissor óptico optical transmitter 光发送机

transmissor-receptor transmitter and receiver 收发两用机

transmissor sonar sonar transmitter 声呐发射机

transmissor via satélite satellite transmitter 卫星发射机

transmitâcia s.f. transmittance 透射因数，透射率

transmitância térmica thermal transmittance 热透射率

transmitir v.tr. (to) transmit 传输；传递；传动；发射；播送

transmutabilidade s.f. transmutability 可变化；可变性

transnacional adj.2g. transnational 跨国的

transpalete s.m. pallet truck 托盘搬运车

transpalete eléctrico electric pallet truck 电动托盘搬运车

transparência s.f. transparency 透明；透明度

transparência acústica acoustic transparency 声波透射性

transparente adj.2g. transparent 透明的；澄清的

transpiração s.f. transpiration 蒸腾；蒸腾作用

transpirar v.tr. (to) transpire （使）蒸发，排出

transplantador s.m. ❶ transplanter 移栽机，插秧机 ❷ trowel （园艺用的）泥铲

transplantador de correias chain type transplanter 链夹式移栽机

transplantador de discos flexíveis flexible disc transplanter 挠性圆盘式移栽机

transplantador de pinças clamp type transplanter 钳夹式移栽机

transplantar v.tr. (to) transplant 移植

transplante s.m. transplantation 移植

transponder s.m. transponder [巴]应答器，自动回波器

transponder radar de busca e salvamento search and rescue (radar) transponder 搜救应答器

transportabilidade s.f. transportability 可运输性

transportação s.f. transportation, transport 运输 ⇨ transporte

transportação vertical vertical transportation 垂直运输

transportador ❶ s.m. transporter, conveyer 运输机，输送机；传送带 ❷ s.m. hauler 搬运工 ❸ adj. transporting, conveying 运输的

transportador com roletes roller conveyor 滚柱式输送机

transportador de alcatruzes (/caçamba) bucket conveyor 斗式输送机

transportador de cabo aéreo blondin 索道输送机

transportador de concreto a ar comprimido equipment for placing concrete by compressed air 风动式混凝土输送泵

transportador de correia conveyor belt; belt conveyor 传送带；带式输送机

transportador de descarga frontal front-discharge conveyor 前端卸料输送带

transportador de freio drag conveyor 刮板输送机

transportador de malas luggage carrier 行李架

transportador de parafuso screw conveyor 螺旋输送机

transportador de tubo pneumático pneumatic tube conveyor 气动导管运输器

transportador de veneziana screen carriage 网状输送器

transportador-elevador feed conveyor 装料传送机

transportador helicoidal screw conveyor 螺旋输送机

transportador pneumático pneumatic conveyor 气动输送机，风力运输机

transportador por gravidade gravity conveyor 重力输送机

transportador Redler Redler conveyor 雷德勒输送机

transportadora *s.f.* carrier 运输公司

transportadora aérea airshipper 空运公司

transportadora marítima shipping company 海运公司

transportadora rodoviária road hauler 路上运输公司

transportar *v.tr.* (to) transport, (to) carry, (to) convey 运输，输送

transporte *s.m.* ❶ transport, transportation 运输，运送；传输 ❷ transportation charge, carriage 运输费用，运费

transporte aéreo air transport 航空运输

transporte aéreo internacional international air transportation 国际空运

transporte aquaviário ⇨ transporte hidroviário

transporte de electricidade transmission of electricity 电力传输，输电

transporte de energia eléctrica electric power transmission 电力传输，输电

transporte de massa transit 交通运输系统

transporte de massa sobre trilhos heavy rail transit 重型轨道交通

transporte de mercadorias transportation of goods 货物运输

transporte de sedimento sediment transport 沉积物搬运，泥沙搬运

transporte ferroviário rail transport 铁路运输

transporte hectométrico people mover 旅客捷运系统；自动运人系统

transporte hidroviário water transport 水路运输

transporte intermodal intermodal transportation 多式联运

transporte maritimo sea transport, sea shipping 海洋运输

transporte não-comercial non-commercial carriage 非商业运输

transporte pago carriage paid 运费已付

transporte por caminho-de-ferro ⇨ transporte ferroviário

transporte por estrada ⇨ transporte rodoviário

transporte por via aérea ⇨ transporte aéreo

transporte porta-a-porta door-to-door transportation 门到门运输，送货上门

transporte público public transport 公共运输，公共交通

transporte rodoviário road transport 道路运输

transporte sólido sediment transport; solids transport 沉积物移移；泥沙流移

transporte sólido por arrastamento bed load transport 推移质移移，泥沙输移

transporte sólido por suspensão suspended load transport 悬移质搬运，悬移质输送

transporte terrestre ground transportation, land transport 地面运输，陆路运输

transposição *s.f.* transposition 换位；转置

transpressão *s.f.* transpression 转换挤压

transtêiner *s.m.* transtainer 移动式集装箱吊运车

transtensão *s.f.* transtension 转换拉张

transvasamento *s.m.* decanting, drawing off 滗析，倾析

transvasar *v.tr.* (to) decant, (to) draw off 滗析，倾析

transversa *s.f.* transverse 贯轴，横轴

transversal *adj.2g.* transverse, cross 横的，横穿的；交叉的

transversalidade *s.f.* transversality, transverseness 横截性；横断

transversina *s.f.* transverse beam 横梁

transverso *adj.* transverse, crosswise 横向的，对角横穿的

trapeira *s.f.* dormer window; skylight 天窗，屋顶窗；老虎窗

trapes *s.m.2n.* trap, whinstone 暗色岩；玄武岩类

trapézio *s.m.* trapezoid, trapezium 梯形

trapezoedro *s.m.* trapezohedron 梯面体；偏方三八面体

trapezoidal *adj.2g.* trapezoidal 梯形的；不规则四边形的

trapezóide *adj.2g.* trapezoid 梯形的；不规则四边形的

trapiche *s.m.* warehouse of a quay 码头旁的大仓库

traqueídeo *s.m.* tracheid 管胞

traquelo *s.m.* trachelium 陶立克柱上颈饰

traquiandesito *s.m.* trachyandesite 粗面安山岩

traquibasalto *s.m.* trachybasalt 粗面玄武岩

traquidolerito *s.m.* trachydolerite 粗面徨绿岩

traquítico *adj.* trachytic 粗面岩状的

traquito *s.m.* trachyte 粗面岩

traquitóide *adj.2g.* trachytoid 粗面全晶质的

traseiro *adj.* ❶ back, rear 后部的，后面的 ❷ (of) tail 尾部的

trasfega *s.f.* ❶ transfer 转移 ❷ transfer 电源切换

trasfegar *v.tr.* (to) decant 倾注，倾析

trasfego *s.m.* racking, decantation 转注，转灌，滗清

trasfogueiro *s.m.* andiron （壁炉内的）柴架

traslado *s.m.* copy, transcript, duplicate 副本，抄本

trasse *s.m.* trass 浮石火山灰；粗面凝灰岩

tratado *adj.* treated 处理过的

especialmente tratada para sauna specially treated for sauna 针对桑拿专门处理过的

tratador *s.m.* treater 处理器，处理装置

tratador de erro error handler 错误处理程序

tratador electrostático electrostatic treater 静电处理器

tratamento *s.m.* treatment, processing 处理

tratamento a cromato chromate treatment 铬酸盐处理

tratamento a jacto de areia sandblasting 喷砂处理

tratamento ácido acid treatment 酸处理

tratamento acústico acoustical treatment 声学处理

tratamento aeróbio com nível constante constant level aerobic treatment 液面恒定式好氧处理

tratamento aeróbio de duplo estágio two-stage activated sludge treatment 两段活性污泥处理

tratamento aeróbio por batelada batch aerobic treatment 间歇好氧处理

tratamento anaeróbio anaerobic treatment 厌氧处理

tratamento biológico biological treatment 生物处理

tratamento com solventes washing with solvent 溶剂洗涤

tratamento cromático ⇨ tratamento a cromato

tratamento de água water treatment 水处理

tratamento de água convencional conventional water treatment 常规水处理

tratamento de água de cabines de pintura paint shop effluent treatment 涂装车间废水处理

tratamento de água de caldeira boiler water treatment 锅炉水处理

tratamento de água de poço well-water treatment 井水处理

tratamento de águas de resfriamento cooling water treatment 冷却水处理

tratamento de água por flotação flotation water treatment 浮选水处理

tratamento de água por membranas de ultrafiltracção ultrafiltration membrane water treatment 超滤膜水处理

tratamento de águas residuais wastewater treatment 废水处理

tratamento de contracorrente countercurrent treatment 对流选矿法

tratamento de dados data processing, data handling 数据处理

tratamento de desbaste scraping treatment 刮泥处理，刮渣处理

tratamento de efluentes effluent treatment 废水处理

tratamento de efluentes por evaporação evaporation wastewater treatment 蒸发废水处理

tratamento de esgoto sewage treatment 污水处理

tratamento das fundações foundation treatment 基础处理，地基处理

tratamento de lixos waste treatment, waste processing 垃圾处理

tratamento de minério processing of ore 矿石处理

tratamento de mourões ⇨ impregnação de mourões

tratamento de odor odor treatment 气味处理

tratamento de resíduos tóxicos toxic waste treatment 有毒废物处理

tratamento de solo soil treatment 土壤处理

tratamento de terra land treatment 土地处理

tratamento electroquímico electrochemical treatment 电化学处理

tratamento físico-químico physico-chemical treatment 物理化学处理

tratamento por penetração penetration treatment 浸透处理

tratamento preferencial preferential treatment 优惠待遇

tratamento preliminar pretreatment, preliminary treatment 预处理

tratamento primário de água residual primary treatment (of sewage) （污水）初级处理

tratamento químico chemical treatment 化学处理

tratamento secundário de água residual secondary treatment (of sewage) （污水）二级处理

tratamento superficial surface treatment 表面处理

tratamento térmico heat treatment 热处理

tratar v.tr. (to) treat, (to) handle 处理

trava s.f. ❶ lock 锁止装置，闩 ❷ setting （锯齿的交错）夹角，倾角

trava da alavanca de mudança de marchas gearshift control gate 变速滑槽

trava de ar air lock 空气闸

trava de comando control lock 控制面锁

trava do controle da transmissão transmission lock 传动锁

trava do controle da transmissão em neutro transmission neutral lock 变速箱空挡锁

trava do diferencial differential lock 差速锁

trava da embreagem de garras jaw clutch lock 爪式离合器卡爪

trava do freio brake lock 闸瓦

trava da garra trigger lock 触发机构保险器

trava de passo pitch lock 桨距锁

trava do pinhão pinion plunger 小齿轮锁定杆

trava de roda wheel stopper 止轮器

trava de segurança safety lock 保险机构；安全锁

trava electromagnética electromagnetic lock 电磁锁

trava livre lock out 锁定解除（状态）

trava positiva positive lock 锁定（状态），确定锁定

travadeira s.f. ❶ saw set 整锯工具，锯齿修整器 ❷ bondstone 系石；束石

travadeira de serra saw set 整锯工具，锯齿修整器

travado adj. ❶ lockdown 锁定的 ❷ with straining beam （独立基础）设有拉梁的 ❸ header 丁砖（的），丁砖砌法（的）

travador s.f. closer 封口砖

travadoura s.f. X bracing planks （木结构的）交叉加固

travadouro s.m. parpen 贯石，系石，穿墙石

travagem s.f. braking 刹车系统

travamento s.m. ❶ 1. locking 锁定 2. interlock, interlocking 锁定装置，联锁装置 ❷ frame, framework 构架（工程）；框架（工程）

travamento de ar air lock 气闸

travamento de construção erection bracing 安装支撑

travamento de paredes wall framework 承托墙壁的框架

travamento hidráulico hydraulic lock 液

压锁紧；液压卡紧

travamento interno da embreagem clutch interlock 离合器联锁

travamento lateral lateral bracing 横向支撑；侧向加撑

travão *s.m.* ❶ brake [葡] 刹车，制动器 ⇒ freio ❷ scotch 制动楔

travão a ar comprimido air brake, air pressure brake, air booster brake 空气制动器，空气助力制动器

travão à discos disk brake 盘式制动器

travão antibloqueador anti-lock brake 防抱死制动

travão assistido power brake 动力制动，动力刹车

travão centrífugo centrifugal brake 离心制动器

travão contínuo continuous brake 连续制动器

travão de atrito fluido fluid friction brake 液力摩擦制动

travão de auto-reforço servo brake 伺服制动器

travão de cabo rope brake 绳索制动器

travão de colar (/cinta exterior) band brake 带式制动器

travão de comando hidráulico directo ⇒ travão hidrodinâmico

travão de cone cone brake 圆锥制动器

travão de contracção external contracting brake 外缩式制动器

travão do diferencial differential brake 差动制动器

travão de discos disc brake 盘式制动器

travão de emergência emergency brake 紧急制动器

travão de estacionamento parking brake 停车制动器

travão de expansão interna internal expanding brake 内胀式制动器

travão de freio scotch block 止车楔；止轮器；制动块

travão de fricção fluida fluid friction brake 液力摩擦制动

travão de inércia overrunning type brake 惯性制动器

travão de mão hand brake 手刹

travão de pé foot brake 脚刹

travão de sapata block brake 闸瓦制动器

travão de tambor drum brake 鼓式制动器

travão electropneumático electro-pneumatic brake 电动气动制动器

travão hidráulico hydraulic brake 液压制动

travão hidrodinâmico self-energizing hydraulic brake 液压自增力制动器

travão magnético magnetic brake 电磁制动器

travão mecânico mechanical brake 机械制动器

travão pneumático air brake, air booster brake 空气制动器，空气助力制动器

trava-porta *s.m.* door latch 插销型门挡

travar *v.tr.,intr.,pron.* (to) lock 锁定，锁止，锁紧

trave *s.f.* beam, girder, transom 梁

trave de anjo angel beam 天使雕饰梁

trave de soalho common joist 楼板搁栅

trave mestra main beam 主梁

trave mestra Belfast Belfast truss 贝尔法斯特桁架

traveado *adj.* trabeate, trabeated 有横梁的；横梁式的

travejamento *s.m.* framework; timberwork [集]（一栋建筑的所有）构架，骨架；构架工程

travertino *s.m.* travertine 钙华，石灰华；洞石

travertino silicioso sinter, siliceous travertine 硅华

través *s.m.* abeam 正切方向

travessa *s.f.* ❶ 1.beam, bar 梁，木条 2. joist, crossbar 搁栅；托梁 3. guard board 护板；挡板；挡边板 4. sleeper 枕木 5. bed board 床板 6.(da porta) door rail 门扇冒头 ❷ crossarm 横架，横担 ❸ cross street 横街，（连接两条主要街道的）巷 ❹ crossblock 十字形体

travessa central lock rail 安锁冒头，门锁横档

travessa cruzada cross strut 剪刀撑

travessa de alumínio aluminum alloy joist 铝合金龙骨

travessa de amarração tension crossarm

耐张横担

travessa de calha dovetail key 燕尾键

travessa de elo stud of a chain 锁链的柱环节

travessa de empena barge couple 檐口人字木

travessa da esteira do alimentador elevator flight 升运链板

travessa de guia check rail 披水条, 碰头档

travessa de intertravamento de alumínio aluminum interlocking slat 铝制连锁板条

travessa de junção meeting rail 窗框的横档

travessa do motor engine cross member 发动机支承横梁

travessa-de-peito ⇨ pau-de-peito

travessa de pórtico H-pole frame 门形电杆, 门形杆塔

travessa de pórtico de alinhamento ou ângulo (PALAN) H-pole frame of line-up or angle pole 门形直线转角杆塔

travessa de pórtico de reforço ou fim de linha (PRF) H-pole frame of rein-forcement or dead end 门形补强或终端铁塔

travessa de telhado collar-beam roof 系梁屋顶

travessa diagonal diagonal member 斜拉杆

travessa e montante rail and stile 门冒头和门梃, 窗冒头和窗梃

travessa em alinhamento line-up cross-arm 直线横担

travessa em ângulo angle cleat 连接角钢

travessa em ângulos buck arm 转角横担

travessa em cruz diagonal stay 斜牵条; 对角拉撑

travessa em T cross tee （吊顶用的）T 形挂件

travessa frontal breast beam board 船首横梁板

travessa horizontal ledge 横档

travessa inferior bottom rail （门的）下冒头

travessa inferior do peitoril da janela water bar 水冷炉排片; 水冷炉条

travessa intermediária intermediate rib 中间肋, 居间肋

travessa lateral lateral traverse 横向移动

travessa principal main tie 主拉杆

travessa simples plain rail 普通横木

travessa superior top rail 上冒头

travessanho s.m. window stool 窗抹头

travessão s.m. ❶ big beam 大梁, 粗木条 ❷ balance beam 天平梁

travessão auxiliar pony girder 矮大梁

travessão central cross member （卡车底盘）底横梁

travesseiro s.m. pillow, bolster, cushion 长枕头

travessia s.f. ❶ passage, route 通道, 道路, 路线 ❷ crossing 道路跨越; 道路交叉

travessia aérea overhead pipeline, aerial crossing 架空管道

travessia ferroviária railway crossing 铁道道口

travessia marítima sea crossing 跨海通道

travessia pedonal pedestrian crossing 人行横道

trechmannite s.f. trechmannite 硫砷银矿; 轻硫砷铅矿

trecho s.m. ❶ stretch 路段; [用作量词]（一）段 ❷ reach, stretch 河区, 河段

trecho com crescimento de ângulo build-up section 增斜井段

trecho com redução de ângulo drop-off section 降斜井段

trecho de curso d'água ⇨ trecho de rio

trecho de ensaio experimental road 试验路段

trecho de rio stretch (of a river) 河段

trecho de via section 路段

trecho fronteiriço reach forming a bound-ary (between two countries) 边境界河

trecho inclinado slant section 斜井段

trefilação s.f. ⇨ trefilagem

trefilado adj. drawn 拉伸的

trefilado a frio cold-drawn 冷拔的, 冷拉的

trefilado a quente hot drawn 热拔的

trefilado em mandril drawn over man-drel (D.O.M.) 心轴拉管工艺

trefilagem/trefilação s.f. wire drawing 拉线, 拉丝, 拉金属丝

trefilação a diamante diamond drawing

金刚石拉丝

trefilação a frio cold-draw 冷拔，冷拉

trefilagem média medium drawing 中拉

trefilar *v.tr.* (to) wiredraw 把（金属）拉成丝

treinamento *s.m.* training 训练

treinamento de actualização updating training 新技术培训

treinamento de adaptação adaptive training 适应训练

treinamento de instrução no cargo job instruction training 就业指导培训

treinamento de simulação simulation training 模拟训练

treinar *v.tr.* (to) train 训练；培训

treliça *s.f.* ❶ latticework, trelliswork; truss 格构工程；桁架 ❷ trellis 花格屏

treliça belga Belgian truss 比利时式桁架

treliça composta composite truss 复合桁架

treliça de banzos paralelos parallel-chord truss 平行弦杆桁架

treliça de banzos paralelos de Belfast Belfast truss 贝尔法斯特平行弦杆桁架

treliça de berço (/de gamela) bowstring truss 弓弦式桁架

treliça em crescente crescent truss 月牙形桁架

treliça em leque fan trellis 扇形格子架

treliça horizontal flat truss 平面桁架

treliça metálica steel truss girder 钢桁梁

treliça plana plane truss 平面桁架

treliça Pratt Pratt truss 普拉特桁架

treliça radial radial truss 辐射桁架

treliça suspensa suspended truss 悬挂式桁架

treliça tipo leque fan truss 扇形桁架

treliça Warren Warren truss 沃伦式桁架

treliçado *adj.* trussed 桁架式的

trem *s.m.* ❶ train [巴] 火车，列车 ⇨ comboio ❷ set, train 套，组，系列

trem-bala bullet train, high speed rail（子弹头式）高速列车，高铁

trem cargueiro ⇨ trem de carga

trem de accionamento ⇨ trem de força

trem de alta velocidade high speed train 高铁，高速铁路

trem de apoio undercarriage 行走机构

trem de aterragem landing gear [葡] 起落架

trem de aterragem auxiliar auxiliary landing gear 辅助起落架

trem de aterrisagem landing gear [巴] 起落架

trem de carga freight train 货运列车

trem da cozinha kitchenware [集] 厨房用具

trem de engrenagens gear train 齿轮系

trem de engrenagens epicicocloidais epicycloidal gear-train 外摆线齿轮系

trem de engrenagens multiplicador de velocidade speed increasing gear train 增速齿轮系

trem de esmerilhamento grinding train 轨道研磨车

trem de força drive train, power train 传动系，动力传动系

trem de laminagem rolling line 轧制线

trem de nariz ⇨ trem de pouso

trem de ondas train of waves, wave train 波列

trem de passageiros passenger train 客运列车

trem de perfuração drill string 钻杆

trem de potência powertrain, power train 动力系统；传动系统

trem de pouso landing gear [巴] 起落架

trem de pouso com roda de bequilha tail-wheel landing gear 尾轮起落架

trem de pouso de esqui ski landing gear 滑撬式起落架

trem de pouso dianteiro nosewheel 前起落架

trem de pouso retrátil retractable landing gear 收放式起落架

trem de rodagem roller track frame, tracklaying assembly 辊道架；履带总成

trem de serviço work train 工程列车

trem de serviço conduzindo trilhos rail train 轨道列车

trem de subúrbio commuter rail 通勤铁路

trem de válvulas valve train 汽门机构，配气机构；气门组系

trem direto through train 直达车

trem especial para transporte de trilhos rail train 轨道列车

trem expresso express train 特快列车

trem interurbano interurban train 城际列车

trem lento slow train 慢速列车

trem misto mixed train 混合列车，混编列车

trem rápido fast train 快速列车

trem suburbano suburban train 市郊列车

trem-unidade multiple units (MU)［巴］动力分布式列车，动车组 ⇨ unidades múltiplas

trem-unidade diesel (TUD) diesel multiple units (DMU) 动力分散式内燃车组；柴油动车组

trem-unidade elétrico (TUE) electric multiple units (EMU) 动力分散式电气动车组；电气动车组

trem unitário unit train 单元列车

Tremadociano *adj.,s.m.* Tremadocian; Tremadocian Age; Tremadocian Stage（地质年代）特马豆克期（的）；特马豆克阶（的）

trémie *s.f.* trémie, hopper, feed channel 给料漏斗，进料道 ⇨ tremonha

treminhão *s.m.* road train 公路列车，汽车列车

tremó *s.m.* ❶ interfenestration, pier 窗间墙 ❷ pier table（靠窗墙放置，配有镜子的）矮几 ❸ trumeau 支撑门楣中心的直棍

tremolite *s.f.* tremolite 透闪石

tremonha *s.f.* ❶ hopper, feed channel 料斗，给料漏斗，进料道 ❷ seed box, grain box 种子箱

tremonha de recepção receiving hopper 受料斗

tremonha dosadora feed hopper 喂料斗

tremonha hidráulica hydraulic hopper 液压料斗

tremor *s.m.* tremor 震动，颤动

tremor de terra earth tremor 地颤

trempe *s.m.* andiron（壁炉内支木柴的）柴架

trena *s.f.* measuring tape 卷尺，拉尺

trena de aço steel tape, steel measuring tape 钢卷尺

trena de alumínio aluminum tape 铝卷尺

trena laser laser distance meter 激光测距仪

trenó *s.m.* sleigh 雪橇

trenó de impacto sled (for sled test)（台车试验用）台车，滑车

trepadeira *s.f.* climbing plant 攀缘植物

trepanação *s.f.* trepanation 环锯；环钻

trépano *s.m.* trepan 钻井机，凿井机

trépano com ponta de diamante diamond bit trepan 金刚石钻头钻井机

trépano de rodízios tunnel boring machine 隧道掘进机

trepidação *s.f.* chatter 颤动

trepidação da válvula valve chatter 活门跳动

treptomorfismo *s.m.* treptomorphism 等化学变质作用

três *num.card.* three 三，三个

◇ triplo triple, threefold 三倍的

◇ um terço one third 三分之一

◇ terceiro third 第三的

trevo *s.m.* cloverleaf, cloverleaf interchange 苜蓿叶形立体交叉

trevo em losango diamond interchange 菱形立体交叉

trevo em trombeta trumpet interchange 喇叭形立体交叉

trevo parcial (/incompleto) partial cloverleaf 部分苜蓿叶形立体交叉

trevo rodoviário (/completo) ⇨ trevo

trevorite *s.f.* trevorite 铁镍矿，磁镍铁矿

triagem *s.f.* screening, sorting 筛选，筛分

triagem magnética magnetic sorting 磁力筛选

triagem manual manual sorting 人工筛选，人工分拣

triagem por ventilação wind sorting 风力筛选

triangulação *s.f.* triangulation 三角测量；三角形划分

triangulação aérea aerial triangulation 航空三角测量

triangulação aérea tridimensional three-dimensional aerotriangulation 三维航空三角测量

triangulação espacial space triangulation 空间三角化

triangulação por imagens triangulation

from photographs 像片三角测量

triangulação por satélite satellite triangulação 卫星三角测量

triangulação radial radial triangulation 辐射三角测量

triangulação terrestre ground triangulation 地面三角测量

triangulação tridimensional three-dimensional triangulation 三维三角测量

triangulado *adj.* triangulated 分成三角形的；通过一系列三角形构件达到稳定结构的

triângulo *s.m.* triangle 三角形；三角形物体，三角形构件

triângulo acutângulo acute-angled triangle 锐角三角形

triângulo curvilíneo curvilinear triangle 曲线三角形

triângulo de cores color triangle 颜色三角形

triângulo de engate hitch frame 连接装置主架

triângulo de erro triangle of error 示误三角形

triângulo de reversão reversing triangle 转向三角线

triângulo de segurança (/pré-sinalização) warning triangle 三角警示牌

triângulo equilátero (/eqüilátero) equilateral triangle 等边三角形

triângulo escaleno scalene triangle 不等边三角形

triângulo esférico spherical triangle 球面三角形

triângulo isósceles isosceles triangle 等腰三角形

triângulo oxígono oxygon 锐角三角形

triângulo plano plane triangle 平面三角形

triângulo rectângulo right-angled triangle 直角三角形

triângulo recto orthogon, right-angled triangle 直角三角形

triângulo reflector ⇨ triângulo de segurança

triarticulado *adj.* three-hinged 三铰的

Triásico *adj.,s.m.* Triassic; Triassic Period; Triassic System [葡]（地质年代）三叠纪（的）；三叠系（的）

Triásico Inferior Lower Triassic; Lower Triassic Epoch; Lower Triassic Series 下三叠世；下三叠统

Triásico Médio Middle Triassic; Middle Triassic Epoch; Middle Triassic Series 中三叠世；中三叠统

Triásico Superior Upper Triassic; Upper Triassic Epoch; Upper Triassic Series 上三叠世；上三叠统

Triássico *adj.,s.m.* [巴] ⇨ Triásico

triaxial *adj.2g.* triaxial 三轴的

tribologia *s.f.* tribology 摩擦学；综合润滑技术

triboluminescência *s.f.* triboluminescence 摩擦发光

tribómetro/tribômetro *s.m.* tribometer 摩擦计

tribossistema *s.m.* tribo-system 摩擦学系统

tribuna *s.f.* tribune, platform 讲台，讲坛；主席台

tribuna de honra VIP box 贵宾席

tribunal *s.m.* court, tribunal 法院，法庭

tribunal arbitral arbitral tribunal 仲裁法庭

tribunal civil civil court 民事法院，民事法庭

tribunal constitucional constitutional court 宪法法院

Tribunal de Contas Audit Court 审计法院

tribunal militar military court 军事法院，军事法庭

tribunal supremo supreme court 最高法院

tributação *s.f.* taxation 征税，课税

tributar *v.tr.* (to) tax 收税，征税

tributário ❶ *adj.* tributary, contributing 纳税的，税务的 ❷ *adj.* tributary （水）支流的 ❸ *s.m.* tributary 支流，注入河

tributário da margem direita right bank tributary 右岸支流

tributário da margem esquerda left bank tributary 左岸支流

tributo *s.m.* tax, levy 税，赋税

tricicleta *s.f.* ⇨ triciclo

triciclo *s.m.* tricycle 三轮车

triciclo agrícola farm tricycle 农用三轮车

triclínico *adj.* triclinic 三斜的；三斜晶系的

triclínio *s.m.* triclinium 躺卧餐桌

tricróico *adj.* trichroic 三色的；三色现象的

tricroísmo *s.m.* trichroism 三色性；三向色性；三色现象

tricroíte *s.f.* trichroite, cordierite 菫青石

tridimensional *adj.2g.* three-dimensional 三维的，立体的

tridimensionalidade *s.f.* three-dimensionality 三维性，立体性

tridimite *s.f.* tridymite 鳞石英

triedro ❶ *adj.* trihedral 三面的 ❷ *s.m.* trihedron, trihedral 三面体

trifana *s.f.* triphane 锂辉石

trifásico *adj.* three-phase 三相的

trifilite *s.f.* triphylite 磷铁锂矿

trifoliado *adj.* trifoliate 三叶的；三叶形饰的

trifólio *s.m.* trefoil 三叶饰；三叶拱

trifório *s.m.* triforium （教堂拱门上面的）狭窄拱廊

trifósforo *s.m.* triphosphor 三基色荧光粉

trigatrão *s.m.* trigatron 触发管

tríglifo *s.m.* triglyph 三联浅槽饰；三槽板陶立克柱式

trigo *s.m.* wheat 小麦

trigonal *adj.2g.* trigonal 三方晶系的

trigonometria *s.f.* trigonometry 三角（学）

trigonometria esférica spherical trigonometry 球面三角（学）

trigonometria plana plane trigonometry 平面三角（学）

trihalometano (THM) *s.m.* trihalomethanes (THM) 三卤甲烷

trilateração *s.f.* trilateration 三边测量

trilha *s.f.* ❶ track, trail, footpath 小径，小路 ❷ threshing 脱粒；打谷

trilha floretal (/de bosque) forest trail 林荫小径

trilhas de tráfego traffic track 交通轨道

trilha sonora soundtrack 声带；声迹

trilhadeira *s.f.* thresher 脱粒机

trilhadeira estacionaria stationary thresher 固定式脱粒机

trilhador *s.m.* thresher 脱粒机

trilhador de rolos roller conditioner 滚筒式脱粒机

trilhão *num.card.,s.m.* billion (long scale), trillion (short scale) （短级差制的）万亿，兆，合 10¹²

trilhões de metros cúbicos (tcm) trillion cubic meters (tcm) 万亿立方米

trilhar *v.tr.* (to) thrash, (to) thresh 打谷，脱粒

trilho *s.m.* ❶ rail 轨道，滑轨；（列车的）钢轨 ❷ thresher 脱粒机

trilho americano flanged rail; flat-bottom rail 宽底钢轨

trilho com aço de alto teor de carbono high carbon rail 高碳钢钢轨

trilho continuamente soldado continuous welded rail (CWR) 连续焊接钢轨

trilho contra-agulha ⇨ trilho de encontro

trilho corroído corroded rail 腐蚀轨道

trilho corrugado corrugated rail 波浪状磨耗轨

trilho curto short rail 短轨

trilho curto do coração do jacaré short point rail 短心轨

trilho curto soldado short welded rail 焊接短钢轨

trilho danificado damaged rail 破损钢轨

trilho de aço steel girder 钢梁

trilho de aço-carbono carbon rail 碳钢轨

trilho de aço inoxidável stainless steel rail 不锈钢导轨

trilho de aço-liga alloy rail 合金钢轨

trilho da agulha de amv switch rail 辙尖轨

trilho da armação frame rail 车架纵梁

trilho de base plana flat-bottom rail 平底轨

trilho de boleto endurecido hardened rail 淬火轨

trilho de cremalheira cog rail 齿轨

trilho de curva gasto curveworn rail 磨损弯轨

trilho de deslize ❶ slide rail, slide track 滑轨 ❷ window run 车窗玻璃导轨

trilho do deslocamento central center-shift rail 转盘滑轨

trilho de duplo boleto bull-headed rail 圆头钢轨

trilho de encontro (/encosto) stock-rail 基本轨

trilho de encosto curvo bent stock rail 弯曲基本轨

trilho de encosto de agulha de amv stock rail 道岔正轨

trilho de encosto de jacaré móvel knuckle rail 肘形轨

trilho de ferro iron rail 铁轨

trilho da ferrovia railroad track 铁轨

trilho de guia guide rail, lead rail 导轨

trilho de guia do ejector ejector guide rail 推卸器导轨

trilho de ligação closure rail 连接轨

trilho de lingoteamento contínuo continuous cast rail 连铸铁路

trilho de pára-choque buffer rail 调节轨；缓冲轨

trilho de ponte levadiça lift rail 开合桥轨道

trilho de reforço reinforcing rail 加强钢轨

trilho de retardador friction rail 摩擦轨

trilho de retorno ❶ U-rail U 形滑轨 ❷ return rail 回流轨

trilho de roda tread of a wheel 车轮踏面

trilho de rolamento running rail 走行轨

trilho de segunda-mão relay rail 重铺轨

trilho de segurança safety rail 护轨

trilho defeituoso rail with defect 有缺陷钢轨

trilho dentado cograil 镶齿轨

trilho desalinhado kinked rail 折曲轨

trilho externo high rail 外轨

trilho gasto worn rail, eroded rail 磨损轨

trilho-guia sliding rail 滑轨

trilho intermediário de amv closure rail 连接轨

trilho interno em curva inside rail of curve 曲线内轨

trilho invertido a 180° turn rail 翻轨机

trilho lateral side rail 导轨；护轨

trilho longo do coração long point rail 长轨点

trilho longo soldado ⇨ trilho continuamente soldado

trilho para vagonete tram road, tramway 电车轨道

trilho parcialmente gasto part worn rail 部分磨损钢轨

trilho partido (/rompido) failed rail 断裂钢轨

trilho reciclado re-rolling rail 再轧钢轨

trilho sobressalente spare rail 备用轨

trilho tratado termicamente heat treated rail 热处理钢轨

trilho usado relay rail 重铺轨

trilião *num.card.,s.m.* trillion (long scale), quintillion (short scale) （长级差制的）百万兆，合 10^{18}

trílito *s.m.* trilithon 三石塔

trilobulado *adj.* trifoliate 三叶的；三叶形饰的

trimaran *s.m.* trimaran 三体船

trimerite *s.f.* trimerite 三斜石

trimestre *s.m.* quarter 三个月，一个季度

trimétrico *adj.* trimetric 三维的，斜方（晶）的

trimorfismo *s.m.* trimorphism 三形性；三晶现象

trinca *s.f.* ❶ 1. crack, gap 裂口，裂缝，开裂 2. cracking 开裂 ❷ gammoning 船首斜桁系索，船首斜桁铁箍

trinca composta compound fissure 复合裂缝

trinca do mastro dolphin 系船柱

trinca de reflexão reflection cracking 反射裂缝

trinca de resfriamento quenching crack 淬火裂纹

trinca diagonal diagonal crack 对角裂缝

trinca na alma do trilho rail split web 轨腰劈裂

trinca na furação da alma do trilho bolt hole crack 螺孔裂纹

trinca no lado da pista de rolamento rail side cracking 轨侧开裂

trinca estrela star crack 星状裂纹

trinca horizontal do boleto horizontal split head 轨头平裂

trinca longitudinal longitudinal crack 纵向裂缝

trinca por sulfito sulfide stress cracking 硫化物应力裂纹

trinca por têmpera ⇨ trinca de resfriamento

trinca subsuperficial subsurface crack 内部裂纹

trinca superficial surface crack 表面裂纹

trinca tipo crocodilo (/jacaré) alligator cracking 路面龟裂

trinca transversal transversal crack 横向裂缝

trinca vertical do boleto vertical split of rail head 轨头垂直劈裂

trincas ocasionadas por fissuras craze cracking 龟裂

trincamento *s.m.* cracking 开裂；裂化

trincamento assistido pelo hidrogénio hydrogen-assisted cracking 加氢裂化

trincha *s.f.* broad brush 油漆刷子，较扁平的刷子

trincheira *s.f.* ❶ trench, long narrow ditch 沟，壕沟；坑道 ❷ exploratory trench 探沟，探槽

trincheira corta-águas cut-off trench 截水槽

trincheira de drenagem drainage trench 排水渠坑道

trincheira de infiltração infiltration trench 渗滤沟

trincheira de inspecção exploratory trench; test trench 探槽

trincheira de retenção de seixos gravel trap 砾石拦截坑

trincheira de vedação cut-off trench 截水槽

trincheira de vedação de argila clay filled cut-off 黏土截渗槽

trincheira de vedação de concreto concrete cut off 混凝土截水墙

trincheira filtrante filtering trench 过滤沟

trincheiradora *s.f.* trencher; ditcher 挖沟机，开沟机

trincheirar *v.tr.* (to) trench 挖沟，开沟

trinco *s.m.* latch 门闩，插销；闩锁

trinco com fecho hasp-type latch 搭扣锁

trinco de chaveta thumb lacth 门闩；插销

trinco do porta-luvas glove box latch 手套箱盖锁扣

trinco de retenção holding latch 锁键；制动器

trinidade *s.f.* trinity 三位一体；三个一组的东西

trinidade de Steinmann Steinmann trin-ity Steinmann 三连体

trio *s.m.* trio 三个，三个一组，三件套

tríodo *s.m.* triode 三极管

triortogonal *adj.2g.* triorthogonal 三直角的，三重正交的

tripé *s.m.* ❶ tripod 三脚架 ❷ shear-legs 人字起重架

tripé de ferro iron tripod 铁三角架

tripla *s.f.* three-way plug 三通插头

tripleto *s.m.* ❶ triplet 三合透镜 ❷ triplet 三层石，三层宝石

tríplex *s.m.2n.* ❶ triplex glass 三层玻璃 ❷ triplex 三层楼房；三套房式房屋

triplicado *s.m.* triplicate 一式三份中的一份

triplicar *v.tr.,pron.* (to) triplicate, (to) triple (使)增至三倍，乘以三

triplicata *s.f.* (the third) triplicate 一式三份中的第三份

tríplice *adj.2g.* ⇨ triplo

triplo *adj.* triple 三重的

trípode *s.m.* tripod 三脚桌

tripolar *adj.2g.* triple pole, tripolar 三极的

trípoli *s.m.* tripoli 硅藻土；风化硅石

tripolite *s.f.* tripolite 板状硅石

tríptico *s.m.* triptych 三折画，三折页

tripulação *s.f.* crew 全体船员；全体机组成员

tripulante *s.2g.* crew member 乘务员，机组人员

tripulante de cabine cabin crew 乘务人员

tripulante de voo flight crew 机组人员

tristanito *s.m.* tristanite 碱长粗安岩

tristilo *adj.,s.m.* tristyle 三柱式（的）

triticultura *s.f.* wheat growing 小麦种植

trítio *s.m.* tritium 氚

triturabilidade *s.f.* grindability 易磨性

trituração *s.f.* ❶ grinding 磨碎，碾碎 ❷ spalling 裂成碎片

trituração diferencial differential grinding 选择磨矿

trituração em circuito aberto open-circuit grinding 开路粉磨；开路磨矿

triturador *s.m.* ❶ crusher, grinder 粉碎机；碎石机 ❷ chipper 削片机

triturador a cilindros roller mill 辊磨机

triturador Blake Blake crusher 下动颚式破碎机；布莱克型颚式破碎机

triturador com guia pilot mill 导向铣刀

triturador de entulho scrap grinder, garbage crusher 废料粉碎机

triturador de escória slag breaker 碎渣机

triturador de galhos wood chipper 碎木机

triturador de gelo ice crusher 冰块粉碎机

triturador de lixo garbage disposer 垃圾粉碎机

triturador de minério ore grinder 碎矿机；矿石碾磨机

triturador de palha straw chopper 茎秆粉碎机

triturador de palhas c/ 2 cabeças two-head straw chopper 双头茎秆粉碎机

triturador giratório gyratory crusher 旋摆式碎石机

trituradora *s.f.* crusher, grinder 粉碎机；碎石机

trituradora de papel paper shredder 碎纸机

triturar *v.tr.* (to) triturate, (to) grind 磨碎，研磨

troca *s.f.* exchange 交换

troca de ar air exchange 气体交换

troca de aro rerimming 更换轮缘

troca de base base exchange 碱交换；离子交换；盐基交换

troca de trilho rail replacement 钢轨更换

troca iónica ion exchange 离子交换

trocador *s.m.* ❶ exchanger 交换器；交换剂 ❷ changing table （婴儿）换尿布台

trocador de calor heat exchanger 换热器，热交换器

trocador de calor arrefecido a água water-cooled heat exchanger 水冷式热交换器

trocador de calor casco e tubo shell and tube heat exchanger 壳管式换热器

trocador de calor circular adiabático adiabatic wheel heat exchanger 绝热轮换热器

trocador de calor de contacto directo direct contact heat exchanger 直接接触式换热器

trocador de calor de deslocamento displacement heat exchanger 容积式换热器

trocador de calor de fluidos fluid heat exchanger 流体热交换器

trocadores de calor de mudança de fase phase-change heat exchanger 相变换热器

trocador de calor de placas plate heat exchanger 板式换热器；膜片式热交换器

trocador de calor de placas aletadas plate fin heat exchanger 板翅式换热器

trocador de calor de superfície raspada scraped surface heat exchanger (SSHE) 刮板式换热器，刮面式换热器

trocador de calor espiral spiral heat exchanger (SHE) 螺旋形换热器

trocador iónico ion exchanger 离子交换剂

trocador iónico altamente ácido highly acidic cation exchanger 强酸性离子交换剂

trocador iónico altamente básico highly basic anion exchanger 强碱性离子交换剂

trocar *v.tr.,pron.* (to) exchange, (to) switch, (to) swap 交换；互换

troço *s.m.* stretch 路段；[用作量词]（一）段（路）

troctolito *s.m.* troctolite, troutstone 橄长岩

troilite *s.f.* troilite 陨硫铁，硫铁矿

trole/trólei *s.m.* trolley （电车上的）触轮，取电器；空中吊运车；缆车

trole de linha gang car 线路工区用车

trólei do guindaste crane trolley 起重机吊运车

trólei elétrico electric trolley 电车

trólei manual manual trolley 手摇车

trólebus *s.m.* trolleybus 无轨电车

trolha ❶ *s.m.* bricklayer 泥瓦匠 ❷ *s.f.* mortar-board 托灰板

tromba *s.f.* the part of the chimney that rises above the roof 烟囱突出屋面的部分

tromba-d'água *s.f.* waterspout 水龙卷

trombólito *s.m.* thrombolite 锑铜矿

trompa *s.f.* squinch 内角拱，突角拱，对角斜拱

trona *s.f.* trona 天然碱

tronco *s.m.* ❶ trunk 树干；柱身 ❷ frustum 截头锥体；平截头体

tronco de cone truncated cone 截锥

tronco de cone de abrams slump cone 坍落度筒

tronco de pirâmide frustum of pyramid 截棱锥

troncocónico *adj.* trunco-conical, (of) truncated cone shape 截锥形的

trondjemito *s.m.* trondhjemite 奥长花岗岩

troneira *s.f.* embrasure（防御工事上的）炮眼

tropical *adj.2g.* tropical 热带的

tropicalização *s.f.* tropicalization 热带适应性；热气候处理

trópico *s.m.* ❶ tropic 回归线 ❷ tropic 热带

tropodifusão *s.f.* tropospheric scattering 对流层散射

tropopausa *s.f.* tropopause 对流层顶

troposfera *s.f.* troposphere 对流层

trop-plein *s.m.* trop-plein 溢流；溢出的液体

tróquilo *s.m.* trochilus（柱基等的）凹弧边饰

trotineta *s.f.* kickscooter（儿童）滑板车

trovão *s.m.* thunder 雷声，雷鸣

trovoada *s.f.* thunderstorm 雷暴

  trovoada advectiva advective thunderstorm 平流性雷暴

  trovoada convectiva convective thunderstorm 对流性雷暴

  trovoada de frente fria cold front thunderstorm 冷锋雷暴

  trovoada de frente quente warm front thunderstorm 暖锋雷暴

  trovoada de massa de ar air mass thunderstorm 气团雷暴

  trovoada frontal frontal thunderstorm 锋面雷暴

  trovoada orográfica orographic thunderstorm 地形雷暴

truncado *adj.* truncated 截去顶端的

truncatura *s.f.* truncation （外营力造成的）夷平

truque *s.m.* truck（火车的）转向架

  truque ferroviário ⇨ truque

tsavorite *s.f.* tsavorite 沙弗莱石

tschermakite *s.f.* tschermakite 钙镁闪石

tschermigite *s.f.* tschermigite 铵明矾

tsunâmi *s.m.* tsunami 海啸

tsunamito *s.m.* tsunamite 海啸岩

TTG *sig.,s.m.* TTG (trondhjemite, tonalite, granodiorite) TTG 岩石，奥长花岗岩-英云闪长岩-花岗闪长岩

tubagem *s.f.* piping, pipeline 管道；管线

  tubagem à vista open piping 外露管道，明管

tubagem-cabeça header 集管

tubagem de ampolas ampoule tubing 安瓶用玻璃管

tubagem de combustível fuel pipe, fuel line 燃油管道

tubagem de distribuição de água distribution main (water) 配水管

tubagem de distribuição primária primary distribution main (water supply) 主配水管

tubagem de equilíbrio balance pipe 平衡管

tubagem de perfuração drilling pipe (DP) 钻杆

tubagem de perfuração pesada heavyweight drill pipe 加重钻杆

tubagem de pressão pressure piping 压力管道

tubagem de produção production pipe, tubing 生产管

tubagem de produção de pequeno diâmetro macaroni tubing 小直径油管

tubagem de saída outlet pipework 出水管

tubagem de subida rising main 上行水管；上行电缆；泵送干管

tubagem do ventilador fan coil 风机盘管

tubagem dupla twin pipe 双管式管道

tubagem embebida embedded pipe 埋地管道

tubagem fixa stationary line 固定管道

tubagem móvel mobile irrigation line（灌溉用）移动式软管

tubagem oculta concealed piping 暗管

tubagem presa stuck pipe 被卡住的钻杆

tubeira *s.f.* nozzle 喷嘴，喷管

  tubeira a vapor steam nozzle 蒸汽喷嘴

  tubeira divergente divergent nozzle 扩散形喷管

tubérculos *s.m.pl.* tubers 块茎类植物

tubo *s.m.* ❶ tube 管，管子 ❷ tube（建筑结构）筒体

  tubo abocardado flared pipe 喇叭口管

  tubo acendente rising pipe 提升管

  tubo alimentador supply pipe, feed pipe 给水管，供水管

  tubo alongado extended pipe 加长管，延

长管

tubos amarrados bundled tubes 束筒

tubo anelado looped pipe 波纹管

tubo anti-sifonagem (/anti-sifónico) anti-siphonage pipe 反虹吸作用管

tubo anti-sifónico principal main anti-siphonage pipe 总反虹吸管

tubo armado trussed tube 桁架筒

tubo armado treliçado latticed truss tube 格构桁架筒

tubo articulado flexible joint pipe 柔性接口管

tubo ascendente rising main 上行水管

tubo auxiliar ⇨ tubo ramal

tubo bengala standpipe 立管

tubo biogénico boring 虫孔构造

tubo blindado armored flexible tube 铠装软管

tubo Bourdon Bourdon tube 波登管

tubo capilar capillary tube 毛细管

tubo catalisador catalytic converter pipe 催化转化器管

tubo cego blank pipe 无孔管

tubo ciclônico cyclone tube 旋风分离管

tubo colector collector pipe 集气管；集水管

tubo colorimétrico colorimetric tube, colorimetric cylinder 比色管

tubo compensador compensating pipe 补偿管

tubo compensador corrugado corrugated compensating pipe 波纹补偿管

tubo condutor de semente seed tube, drill tube, delivery tubes 播种机输种管

tubo conector connector pipe 连接管

tubo corrediço sliding tube 滑动管

tubo corrugado corrugated tube 螺纹管

tubo corrugado de dupla parede corrugated pipe with double wall 双壁波纹管

tubo curto pup joint 短节，短管

tubo curvo elbow pipe 弯管

tubo curvo de sucção intake elbow 进气弯管

tubo de abastecimento filler pipe 注入管；注油管

tubo de abastecimento de água supply pipe, feed pipe 给水管，供水管

tubo de aço steel pipe, steel tube 钢管

tubo de aço carbono carbon steel tubing 碳素钢管

tubo de aço carbono sem costuras seamless carbon steel tube 无缝碳素钢管

tubo de aço doce mild steel pipe 软钢管

tubo de aço galvanizado galvanized steel pipe 镀锌钢管

tubo de aço galvanizado revestido com pó electrostático galvanized steel pipe electrostatic powder coated 静电粉末喷涂镀锌钢管

tubo de aço inox stainless steel tube 不锈钢管

tubo de aço preto black steelpipe 黑色钢管

tubo de aço preto sem costuras (/emenda) black seamless steel pipe 黑色无缝钢管

tubo de aço revestido de plástico plastic-lined pipe 衬塑钢管

tubo de aço sem costuras seamless steel pipe 无缝钢管

tubo de aço soldado welded steel pipe 焊接钢管

tubo de admissão inlet manifold, inlet pipe 进气管；进水管

tubo de aeração vent pipe, air vent 通风管

tubo de água water pipe 水管

tubo de água resfriada chilled water pipe 冷水管

tubo de alimentação feed pipe 进料管

tubo de amostragem sampling tube 取样管

tubo de apoio supporting tube 支撑管，支柱管

tubo de aquecimento ❶ heating tube 发热管 ❷ heating pipe 暖气管

tubo de ar air pipe/ pipework 通气管；送气管

tubo de ar comprimido compressed air cylinder 压缩空气罐

tubo de ar flexível air-hose 空气软管

tubo de areia sand tube 砂管

tubo de argila envidraçada glazed clay pipe 釉面陶土管

tubo de ascensão rising main 上行水管

tubo de aspersão spray tube 喷雾管

tubo da barra de direcção tie rod tube 系杆管

tubo de barro earthenware pipe 陶管

tubo de betão concrete pipe 混凝土管

tubo de betão armado reinforced concrete pipe 钢筋水泥管

tubo de bolha bubble tube 气泡管

tubo de borracha rubber tube 橡皮管

tubos da caldeira boiler tubes 锅炉管

tubo de calefacção heating pipe 加热管

tubo de camisa casing, jacket pipe 套管

tubo da camisa do cilindro cylinder jacket pipe 汽缸套管

tubo de canalização de gás gas main 煤气总管

tubo de carga swivel chute 回转滑槽

tubo de chama interno internal flue 内烟管；室内烟道

tubo de chaminé flue 烟道

tubo de cilindro cylinder barrel 缸筒

tubo de cimento cement pipe 水泥管

tubo de cloreto de polivinilo polyvinyl chloride pipe 聚氯乙烯管，PVC 管 ⇨ tubo (de) PVC

tubo de cobre copper pipe, copper tube 铜管

tubo de comunicação header 联管，导管，主管

tubo de condensação condensate pipe 冷凝水管

tubos do condensador condenser tubes 冷凝管

tubo de conexão connecting pipe 连接管

tubo de conventamento shear wall tube 剪力墙筒体

tubo de descarga ❶ 1. blow-down pipe 放水管 2. waste pipe 废水管 3. down pipe, fall pipe 水落管；下降管 ❷ 1. discharge tube 放电管；排出管；排泄管；卸料管 2. blast pipe 鼓风管 ❸ 1. delivery chute 输送滑槽 2. grain tank unloader 粮箱卸载装置

tubo de descarga de lixo garbage shute 垃圾槽，垃圾输送槽

tubo de descarga de lixo com 12 entradas garbage shute with 12 intakes 12 入口垃圾槽

tubo de descarga de roupas linen shute 布草传送槽

tubo de descarga primário header pipe 总管；集流管

tubo de descida down pipe 水落管；下降管

tubo de descida vertical vertical down pipe 直立式落水管

tubo de desvio d'água water bypass pipe 水旁通管

tubo de dilatação expansion pipe 膨胀管

tubo de distribuição distributing pipe 分配管

tubo de distribuição interna internal distribution main 内部输水管

tubo de drenagem (de água) drain pipe, drain tube 排水管

tubo do eixo axle tube 桥管，轴管

tubo do eixo de transmissão propeller shaft tube 传动轴轴套

tubo de enchimento filler pipe, filler neck 加注管

tubo de enchimento do cárter crankcase filler pipe 曲轴箱注油管

tubo de enchimento de óleo oil filler pipe 加油管；注油管

tubo de enchimento de refrigerante coolant filler neck 冷却液加注口

tubo de ensaio test-tube 试管

tubo de entrada breather pipe 通气管

tubo de escape ❶ 1. exhaust pipe, exhaust extension 排气管 2. tail pipe 尾管 ❷ blast-pipe 鼓风管

tubo de escape traseiro rear exhaust pipe 后排气管

tubo de escoamento drain pipe, drain tube 排水管

tubo de esgoto sewage pipe 污水管

tubo de esguicho spray tube 喷雾管

tubo de evacuação delivery pipe 输出管

tubo de expansão expansion pipe 膨胀管

tubo de fermentação fermentation tube 发酵管

tubo de ferro iron pipe, black iron pipe 铁管，黑铁管

tubo de ferro dúctil ductile iron pipe 球

墨铸铁管

tubo de ferro fundido cast iron pipe 铸铁管

tubo de ferro galvanizado galvanized iron pipe, galvanized iron tube 镀锌铁管

tubo de ferro galvanizado não revestido unlined galvanized iron pipe 无内搪层镀锌铁管

tubo de ferro quadrado square iron pipe 方形铁管

tubo de ferro rectangular rectangular iron pipe 矩形铁管

tubo de filtrante filter pipe 过滤管

tubo de flange ⇨ tubo flangeado

tubo de fluxo flow pipe 送水管；流管

tubo de fluxo do combustível fuel flow tube 燃油流量管

tubo de fornecimento supply pipe 供水管；供给管

tubo de fumaça smokestack 烟囱

tubos de Galloway Galloway tubes 加洛威管

tubo de gás gas pipe 煤气管

tubo de grés cerâmico vitrified-clay pipe 缸瓦管；陶土管

tubo de guia ⇨ tubo-guia

tubo de injecção ❶ injection pipe 喷射管；注射管 ❷ grout pipe, grout tube 灌浆管

tubo de jato jet pipe 射流管

tubo de lama mud pipe 泥管

tubo de lavagem wash pipe 冲管，冲洗管

tubo de lubrificação lubricating pipe 润滑油管

tubo de medição meter tube 测量管

tubo de montante do teodolito striding level 跨水准器

tubo de néon neon tube 氖气管，霓虹灯管

tubo de nível level tube 水准管

tubo de nylon nylon tube 尼龙管

tubo de óleo oil tube 油管

tubo de poço de ventilação upcast shaft 出风井

tubo de pressão pressure tube 压力管

tubo de protecção protective tube 保护管

tubo da purga do cilindro cylinder drain pipe 汽缸泄水管

tubo de queda down pipe, rainwater pipe 落水管，雨水管

tubo de queda de água pluvial downspout, rain water pipe (RWP) 雨水管

tubo do radiador radiator tubes 散热器管

tubo de raio catódico cathode ray tube (CRT) 阴极射线管

tubo de ramal branch pipe 支管

tubo de recombustão afterburner pipe 加力燃烧室喷管

tubo de reforço stay tube 撑管

tubo de refrigeração cooling duct 冷却管

tubo de respiração air-pipe 通风管

tubo de respiro vent tube 通气管

tubo de retorno return pipe 回水管；回油管

tubo de retorno do aquecedor heater return pipe 热水器回水管

tubo de retorno de lubrificante oil return tube 回油管

tubo de revestimento ❶ casing, oil well casing 油井套管 ❷ immersed tube 沉管 ❸ blankliner 无眼衬管

tubo de saída outlet pipe 排水管

tubo de saída de ar air flue, vent pipe 排气管

tubo de saída de radiador radiator outlet pipe 散热器出水管

tubo de sedimentos basket sub, bit basket, basket tube 篮式取心筒

tubo de silicone silicone tube 硅胶管

tubo de sinal sensing tube 传感管

tubo de sinal de pressão pressure sensing tube 感压管

tubo de soprar blowpipe 吹管

tubo de subida stand pipe 立管

tubo de sucção ❶ intake pipe; air intake pipe 取水管；进气管 ❷ draft tube, suction tube 尾水管；吸出管

tubo de tiragem draft tube 吸出管

tubo de tomada de ar air stack, air inlet extension 通风立管，进气通风管

tubo de transferência de ar air transfer pipe 空气输送管道

tubo de vácuo vacuum tube 真空管

tubo de vapor steam pipe 蒸汽管

tubo da vareta de nível dipstick tube,

dipstick guide tube 油尺管

tubo de ventilação ventilating pipe 通风管

tubo de ventilação do cárter fumes disposal tube 排烟管

tubo de vidro glass tube 玻璃管

tubo de zinco zinc pipe 锌管

tubo deflector baffle tube 导流筒

tubo derivado ⇨ tubo ramal

tubo despressurizado non-pressure pipe 无压管道

tubo difusor baffle tube 扩散管

tubo distanciador spacer tube 定距管，间隔管

tubo em ângulo recto right angled tube 直角管

tubo em cotovelo ⇨ tubo em S

tubo em espiral coil pipe 盘管

tubo em S swan neck 鹅颈管；弯头管

tubo em T pipe "T", Tee pipe 三通管

tubo em U U-tube U 形管

tubo em Y Y-pipe Y 形三通管；叉管，叉形管

tubo embutido embedded pipe 埋地管道

tubo emergente riser 立管

tubo espaçador spacer tube 定距管，间隔管

tubo espiral spiral tube 螺旋管

tubo estaiado braced tube 斜撑筒体

tubo estirado drawn tube 拉制管

tubo estrutural structural tubing 结构管材

tubo expansor expanding tube 胀管

tubo extraforte extra strong tube 加强管，特强管

tubo extraforte duplo double extra-strong tube 超厚加强管

tubo fendido dry pipe, antipriming pipe 过热蒸汽输送管

tubo fenestrado screen tube 滤网管；捕渣管

tubo fibrocimento fiber cement pipe 纤维水泥管

tubo-filtro/tubo filtrante pipe filter 管式过滤器

tubo flambado buckled pipe 弯曲管

tubo flangeado flanged pipe 法兰管，凸缘管

tubo flexível flexible pipe 软管

tubo fluorescente fluorescent tube 日光灯管，荧光灯管

tubo galvanizado galvanized tube 电镀管

tubo-guia ❶ guide tube 导管 ❷ drive-pipe 主动管；取样套管

tubo imersor dip tube 导管

tubo imersor de água quente hot water dip tube 热水导管

tubo inconsútil seamless tube 无缝管

tubo intermediário intermediate pipe 中间排气管

tubo isolador ⇨ tubo isolante

tubo isolante insulating tube 绝缘管

tubo ladrão overflow tube, bleed off pipe 溢流管

tubo liso blankliner 无眼衬管

tubo livre sleeve pipe 滑套管

tubo macaroni macaroni tubing 小直径油管

tubo mestre ❶ main tube, main pipe 主管，总管 ❷ drill-collar 钻环；钻铤

tubo metálico metal tube 金属管

tubo metálico flexível flexible metal tube 金属软管

tubo moldador casing pipe, grout sleeve （灌浆用的）护筒，套管

tubo moldador perdido (TMP) permanent casing pipe 永久性护筒

tubo moldador recuperável (TMR) recoverable casing pipe 可回收护筒

tubo multicamada multilayered tube, multilayered pipe 多层管

tubo ondulado corrugated tube 波纹管

tubo oscilante oscillating arm 摆臂

tubo para fermentação fermentation tube 发酵管

tubo (de) PE/tubo de polietileno PE pipe, polyethylene pipe 聚乙烯管，PE 管

tubo perfurado perforated pipe 穿孔管，多孔管

tubo (de) PEX PEX pipe 交联聚乙烯管

tubo piezométrico piezometer tube 测压管

tubo piloto drive-pipe 主动管；取样套管

tubo Pitot Pitot tube 皮托管，皮托静压管

tubo plástico plastic pipe 塑料管

tubo pneumático pneumatic wheel, tire 充气轮

tubo porta-vento blast pipe; bustle pipe 风管；环风管

tubo (de) PP corrugado corrugated PP pipe PP 波纹管

tubo (de) PP/tubo de polipropileno PP pipe, polypropylene pipe 聚丙烯管，PP 管

tubo preso stuck pipe 被卡住的钻杆

tubo (de) PRFV glass fiber-reinforced plastic pipe 玻璃强化胶管

tubo principal main pipe 干管

tubo pulverizador spray tube 喷雾管

tubo (de) PVC PVC pipe PVC 管

tubo (de) PVC não pressurizado non pressure PVC pipe PVC 无压管

tubo quadrado square tube 方管

tubo ramal branch pipe 支管

tubo ranhurado slotted pipe 槽缝管，割缝管

tubo recto straight tube 直管

tubo recurvado goose-neck 鹅颈管

tubo redutor reducing pipe 减径管

tubo refrigerante cooling pipe 冷却管

tubo retangular rectangular tube 矩形管

tubo revestido a cimento cement lined pipe 水泥衬里管

tubo roscado screw-thread pipe 螺纹管

tubo secundário ⇨ tubo ramal

tubo sem emenda (/costura) seamless tube 无缝管

tubo sensor sensing tube 传感管

tubo sensor de pressão pressure sensor tube 压力传感器管

tubo shelby Shelby tube 薄壁取样管

tubo silenciador drowning pipe 潜管

tubo soldado a topo butt-welded tube 对缝焊管

tubo soldador blow pipe 焊炬

tubo (de) SSPE steel mesh skeleton polyethylene pipe (SSPE) 钢丝网骨架 PE 复合管

tubo sub-principal sub-main 次干管

tubo submerso immersed tube 沉管

tubo telescópio variável draw tube 伸缩管

tubo termoencolhível (/termoretrác-til) heat-shrinkable tube 热缩管，热收缩管

tubo transversal cross tube, spreader tube 连通管，交叉连通管

tubo travejado framed tube 框架筒

tubo tricomposto threelayer tube 三层复合管

tubo (de) uPVC uPVC pipe uPVC 管

tubo Venturi Venturi tube, Venturi meter 文丘里管

tubo Venturi-Pitot Venturi-Pitot tube 文丘里-皮托管

tubo vertical riser 立管；竖管

tubo vertical de gás gas riser 煤气竖管；煤气立管

tubo vertical descendente downcomer 下导管；水落管

tubogotejador s.m. dripline 滴灌带

tubulação s.f. piping, line 管线，管道

tubulação aérea overhead pipeline 架空管线

tubulação alimentadora supply pipe; feeder main 供水管线

tubulação ascendente rising main 上行水管

tubulação by-pass by-pass pipe 旁通管

tubulação de admissão inlet manifold 进气歧管

tubulação d'água water line 水管道

tubulação de ar air line 空气管道

tubulação de basculação hoist line 提升系统管路

tubulação da bomba pump line 泵管

tubulação da bomba hidráulica hydraulic pump line 液压泵管

tubulação da calefacção heating line 供热管道

tubulação do cilindro da lança boom cylinder line 动臂液压缸线

tubulação do combustível fuel line 燃油管道

tubulação de condensado de uPVC uPVC condensate piping uPVC 冷凝管

tubulação de derivação shunt line 分路管线；旁通管

tubulação de deslocamento lateral da lâmina blade sideshift line 铲刀侧移管路

tubulação da direcção steering line 转向

系统管路

tubulação de drenagem drain line 排水
管线

tubulação de entrada d'água water inlet
line 进水管线

tubulação de escapamento exhaust line
排气管线

tubulação do freio brake line 制动油管

tubulação do freio de serviço (/mar-
cha) service brake line 行车制动器管路

tubulação de injecção do combustível
fuel injection line 喷油管线

tubulação da lâmina bulldozer line 铲刀
控制管线

tubulação do líquido arrefecedor coolant line 冷却液管路

tubulação de lubrificação do turbocompressor turbocharger lubrication line
涡轮增压器润滑管线

tubulação de óleo oil line 输油管线

tubulação de óleo da direcção steering
oil line 转向油路

tubulação de óleo da embreagem de
direcção steering clutch oil line 转向离合
器油路

tubulação de óleo do motor engine oil
line 发动机油路

tubulação de óleo do trem de força
power train oil line 动力传动系油路

tubulação de óleo do turbocompressor turbocharger oil line 涡轮增压器油路

tubulação do óleo lubrificante lube oil
line, lubricating oil line 润滑油管路

tubulação de pressão pressure line 加压
管路

tubulação de respiro vent line 通风管道

tubulação de retorno return line 回汽管;
回水管; 回油管路

tubulação de retorno do combustível
fuel return line 燃油回油管路

tubulação do sistema de arrefecimento cooler line 冷却器管路

tubulação do sistema de transmissão
transmission oil line 传动油管路

tubulação do sistema hidráulico hydraulic system line 液压系统管路

tubulação de sucção suction line 吸入

管路

tubulação de suprimento do combustível fuel supply line （燃油）供油管路

tubulação de suprimento de óleo oil
supply line 供油管路

tubulação divergente divergent nozzle
扩散形喷管

tubulação flexível do combustível flexible fuel line 燃油软管

tubulação hidráulica hydraulic line,
hydraulic oil line 液压管路, 液压油路

tubulação injectora injection line 注水
管线

tubulação laminada rolled tube 轧制管

tubulação pressurizada de água water
forced main 加压供水总管

tubulação principal de vento blast main
鼓风总管

tubulação subterrânea underground
pipework 地下管线

tubulação traseira de escape short stack
短排气道

tubuladura *s.f.* tubulure 短管状开口

tubuladura colectora collector pipe 集气
管; 集水管

tubuladura de descarga outlet 排水管,
排气管

tubulão *s.m.* air caisson （圆筒形）沉井,
沉箱

tubulão a ar comprimido compressed-
air caisson 气压沉箱, 沉箱

tubulão a céu aberto open caisson 开口
沉井, 开口沉箱

tubulão revestido com camisa de aço
steel open caisson 钢沉井

tubular *adj.2g.* tubular 管状的

tucho *s.m.* ❶ tappet, valve lifter 挺杆, 凸
子; 气门挺杆 ❷ cam follower 凸轮从动件

tucho de bomba pump tappet 泵挺杆

tucho de válvula valve lifter 气门挺杆

tucho hidráulico hydraulic lifter 液力挺杆

tufa *s.f.* tufa 石灰华

tufa calcária (/carbonática) calcareous
tufa 石灰华, 钙华

tufáceo *adj.* tuffaceous 凝灰质的

tufão *s.m.* typhoon 台风

tufito *s.m.* tuffite 层凝灰岩

tufo *s.m.* tuff 凝灰岩

tufo algáceo algal tufa 藻华

tufo cristalino crystalline tuff 结晶凝灰岩

tufo palagonítico palagonitic tuff 玄玻凝灰岩

tufo soldado welded tuff 熔结凝灰岩

tufo vulcânico volcanic tuff 火山凝灰岩

tufolava *s.f.* tufflava 凝灰熔岩；熔结凝灰岩

tulha *s.f.* granary 粮仓，咖啡仓

túlio (Tm) *s.m.* thulium (Tm) 铥

tulite *s.f.* thulite 锰黝帘石

túmulo *s.m.* tomb 墓，坟墓

tundra *s.f.* tundra 冻土层，冻土带

túnel *s.m.* tunnel 隧道，地道

túnel aerodinâmico ⇒ túnel de vento

túnel blindado steel lined tunnel, armored tunnel 钢板衬砌隧道

túnel de acesso access tunnel 进口隧道

túnel dos barramentos busbar gallery; busbar tunnel 母线廊道

túnel de cabos cable tunnel 电缆隧道

túnel de Cut and Cover cut and cover tunnel 挖填方式兴建的隧道，明挖式隧道

túnel de desvio (/derivação) diversion tunnel 导流隧洞

túnel de efluente effluent tunnel 污水隧道

túnel de entrada entrance tunnel 入口隧道

túnel de fuga (/sucção/restituição) tailrace tunnel 尾水管洞

túnel de lava lava tunnel 熔岩隧道

túnel de limpeza scour tunnel 冲砂隧洞

túnel de tubo submerso immersed tube tunnel 沉管隧道

túnel de veículos vehicular underpass/ tunnel 行车隧道

túnel de ventilação ventilation tunnel 通风隧道，通风廊道

túnel de vento wind tunnel 风洞

túnel do vertedouro spillway tunnel 溢流隧洞

túnel em pressão (/carga) pressure tunnel 压力隧洞

túnel helicoidal (/em espiral) loop tunnel 环形隧道

túnel rodoviário road tunnel 公路隧道

tunelador *s.m.* ⇒ tuneladora

tuneladora *s.f.* tunnelling machine 隧道掘进机

tunelite *s.f.* tunellite 图硼锶石

tungstato *s.m.* tungstate 钨酸盐

tungsténio/tungstênio (W) *s.m.* tungsten (W) 钨

tungstenite *s.f.* tungstenite 硫钨矿；辉钨矿

tungstite *s.f.* tungstite 钨华

tunisite *s.f.* tunisite 碳钠钙铝石，突尼斯石

tupia *s.f.* wood shaper, router 刨槽工具，木材雕刻机

tupia de base corrediça sash router 滑动平台式雕刻机

tupia de mesa router table 木工铣削台

tupia fresa joinery router, plunge router 电木铣，木工用雕刻机

tupia tipo mergulho router 手动式电木铣，手动式雕刻机

turanite *s.f.* turanite 羟钒铜矿

turbidez *s.f.* turbidity 混浊度

turbidimetria *s.f.* turbidimetry 比浊法

turbidímetro *s.m.* turbidity meter 浊度仪

turbidisonda *s.f.* silt sampler 泥沙取样器

turbidito *s.m.* turbidite 浊积岩，浊流岩

turbidito alodápico allodapic turbidite 钙质浊积岩

turbidito distal distal turbidite 远端浊积岩

turbidito proximal proximal turbidite 近源浊积岩

túrbido *adj.* turbid 混浊的

turbilhão *s.m.* whirlwind, eddy 旋涡，涡流

turbilhão confinado confined eddy 固定旋涡

turbilhão livre free eddy 自由旋涡

turbilhão superficial surface eddy 表面涡流

turbilhonamento *s.m.* eddying 涡流

turbina *s.f.* turbine 涡轮，透平，涡轮机

turbina a gás gas turbine 煤气轮机

turbina a vapor steam turbine 汽轮机

turbina (de fluxo) axial axial flow turbine 轴流式水轮机

turbina-bulbo bulb tubular turbine 灯泡贯流式水轮机

turbina de ação action turbine 冲动式涡轮机，冲击式水轮机

turbina de acionamento direto shaft turbine 涡轴发动机

turbina de combustão combustion turbine 燃气轮机

turbina do compressor compressor turbine 压气机透平，压气涡轮

turbina de condensação condensation turbine 冷凝式蒸汽涡轮

turbina de extração extraction turbine 抽汽式涡轮机

turbina de fluxo axial axial-flow turbine 轴流涡轮机

turbina de fluxo misto mixed-flow turbine 混流式涡轮机

turbina de hélice propeller turbine 螺旋桨涡轮

turbina de impulsão impulse wheel 冲击式水轮机

turbina de reacção reaction turbine 反力式涡轮，反动式透平

turbina de recuperação de gases de escape blowdown turbine 冲击式涡轮机

turbina de volume constante constant volume turbine 定容式燃气轮机

turbina eólica wind turbine 风力涡轮机；风轮机

turbina francis Francis turbine 混流式水轮机，弗朗西斯水轮机

turbina hidráulica hydraulic turbine, water turbine 水轮机

turbina kaplan Kaplan turbine 卡普兰涡轮机

turbina mista mixed-flow turbine 混流式水轮机

turbina múltiplo-estágio multistage turbine 多级涡轮机

turbina pelton Pelton turbine 培尔顿水轮机；水斗式水轮机

turboalimentado adj. turbocharged 涡轮增压的

turboalimentado e pós-arrefecido (/pós-resfriado) turbocharged and aftercooled 涡轮增压和后冷

turboalimentado e pós-arrefecimento resfriado a ar (ATAAC) turbocharged and air-to-air aftercooling (ATAAC) 涡轮增压和空对空后冷系统

turboalimentador *s.m.* turbocharger 涡轮增压机，涡轮增压器

turboalimentador de duplo estágio regulado regulated 2-stage turbocharger (R2S) "R2S" 2 级涡轮增压器

turboalternador *s.m.* turboalternator 涡轮交流发电机

turbo-arranque *s.m.* turbo-starter 涡轮起动机

turbobomba *s.f.* turbopump 涡轮泵

turbocompressor *s.m.* ❶ turbocompressor 涡轮压缩机 ❷ turbocharger 涡轮增压机，涡轮增压器

turbocompressor da cabine cabin supercharger 座舱增压器

turbocompressor de geometria variável (VGT) variable-geometry turbocharger (VGT) 可变截面涡轮增压器

turbodiesel *s.m.* turbodiesel 涡轮柴油机

turbofan *s.f.* turbofan 涡扇

turbogerador *s.m.* turbogenerator 涡轮发电机

turboglifo *s.m.* turboglyph, flute mark, flute cast 流水痕

turboglifo intersepto furrow flute cast 沟槽铸型

turbojato *s.m.* turbojet 涡轮喷气发动机；涡轮喷气式飞机

turbomáquina *s.f.* turbomachine 涡轮机

turbomáquina hidráulica hydraulic turbomachine 水力涡轮机

turbomáquina hidrodinâmica rotodynamic turbomachine 转子动力涡轮机

turbomotor *s.m.* turbo engine 涡轮发动机

turborrotunda *s.f.* turbo-roundabout 涡轮环岛，涡轮式环形交叉口

turbulência *s.f.* turbulence 湍流

turbulência de céu claro clear air turbulence 晴空湍流

turbulência de compressibilidade compressibility burble 压缩性扰流

turco *s.m.* davit 吊艇柱

turfa *s.f.* peat loam, turf 泥炭

turfa branca white peat 白泥炭

turfa calcária lime peat 石灰泥炭

turfa da gramíneas gramineous peat 草本泥炭

turfa de musgo moss peat 高位泥炭；高沼泥炭

turfa de tundra tundra peat 苔原泥煤

turfa de turfeira alta highmoor peat 高沼泥炭

turfas e argilas turf and clay 泥炭和黏土

turfa extraída à mão hand-cut peat 手切泥炭

turfa extraída à máquina machine-cut peat 机切泥炭

turfa fibrosa fibrous peat 纤维泥炭

turfa lenhosa woody peat 木质泥炭

turfa preta black peat 黑泥炭

turfa terrestre terrestrial peat 陆成泥炭

turfeira *s.f.* bog, peat bog 泥炭沼泽

turfeira boreal boreal peat bog 北方泥炭沼泽

turfeira ombrógena ombrogenous peat bog 高位泥炭沼泽

turfeira topógena topogenous peat bog 低位泥炭沼泽

turfização *s.f.* peatification 泥炭化作用

turgite *s.f.* turgite 水赤铁矿

turingite *s.f.* thuringite 鳞绿泥石

turismo *s.m.* tourism 旅游业

turismo cervejeiro ⇨ cerveturismo

turjaíto *s.m.* turjaite 黄长黑云霞岩

turjito *s.m.* turjite 方解沸石榴云岩

turma *s.f.* team, gang 组、队、群

turma de avanço do lançamento da via laying track gang 铺轨队

turma de conserva de obra-de-arte especial bridge gang 桥梁养护队

turma de renovação da via production gang 道路维修队

turma de topografia surveying crew 勘测队

turmalina *s.f.* tourmaline 电气石

turmalina bicolor bicolor tourmaline 双色电气石

turmalina cromífera chrome tourmaline 铬电气石

turmalina paraíba paraiba tourmaline 帕拉依巴电气石

turmalinito *s.m.* tourmalinite 电气石岩

turmalinização *s.f.* tourmalinization 电气石化作用

turmeiro *s.m.* roadworker [巴] 修路工

Turnaciano *adj.,s.m.* Tournaisian; Tournaisian Age; Tournaisian Stage [葡]（地质年代）杜内期（的）；杜内阶（的）

turno *s.m.* ❶ working shift 工作班次 ❷ run（机器的）运行、运转；运转期

turno da noite night shift 夜班；夜班工人

turno de produção production run 生产性运行

turno de sonda drill shifts 钻眼班

turnout *s.m.* railroad switch, turnout 道岔、转辙器

turnover *s.m.* turnover 营业额

Turoniano *adj.,s.m.* Turonian; Turonian Age; Turonian Stage （地质年代）土伦期（的）；土伦阶（的）

turquês *s.m.* pincers, nippers 铁工钳子

turquês de arameiro wire cutter 钢丝钳

turquesa *s.f.* turquoise 土耳其玉、绿松石

turrelito *s.m.* turrelite 沥青页岩

turvação *s.f.* turbidity 混浊度

turvo *adj.* muddy, cloudy, darkish 模糊的、昏暗的

tutia *s.f.* tutty 粗氧化锌

tutor *s.m.* arbor, hedge frame（攀缘植物的）藤架、篱架

tutvetito *s.m.* tutvetite 钠碱正长似粗面岩

TV *sig.,s.f.* television, TV set 电视；电视机 ⇨ televisão

TV de vigilância surveillance TV 监控电视

TV digital digital TV 数字电视

TV LCD LCD TV 液晶电视

TV-paga pay-TV 付费电视

TV plasma plasma TV 等离子电视

TV por cabo CATV (Cable Television) 有线电视系统

tveitasito *s.m.* tveitasite 霓辉碱长混染岩

txopela *s.f.* ⇨ tchopela

tyuyamunite *s.f.* tyuyamunite 钙钒铀矿

U

uádi *s.m.* wadi, oued 旱谷，枯水河

uatite *s.f.* ouatite 锰土

udert *s.m.* udert 湿变性土

udógrafo *s.m.* rain recorder 雨量记录器

udograma *s.m.* rainfall chart 雨量图

udómetro/udômetro *s.m.* rain gauge, pluviometer 雨量计

ugandito *s.m.* ugandite 暗橄白榴岩

ugrandite *s.f.* ugrandite 铬钙铁榴石

ULD *sig.,s.m.* ULD (unit load device) 航空集器器

　　ULD não aeronáutico non-aircraft ULD 非航空器单位装载用具

ulexite *s.f.* natroborocalcite, ulexite 钠硼解石

ullage *s.f.* ullage 缺量，空高，液体容器未装满的部分

ullmanite *s.f.* ullmanite 锑硫镍矿

ultimação *s.f.* ❶ termination, finishing 结束，完成 ❷ perfection, finishing touch 收尾（工作），完善（工作）

ultimar *v.tr.* (to) terminate, (to) finish 结束，收尾

ultissolo *s.m.* ultisol 老成土

ultor *s.m.* ultor 高压最后阳极

ultra-alta tensão (UAT) *s.f.* tension, voltage 电压

ultrabásico *adj.* ultrabasic 超基性的；超碱的

ultrabasito *s.m.* ultrabasite 异辉锑铅银矿

ultracataclasito *s.m.* ultracataclasite 超碎裂岩

ultracentrifugação *s.f.* ultracentrifugation 超速离心

ultrafiltração *s.f.* ultrafiltration 超滤

ultrafiltrar *v.tr.* (to) ultrafilter 以超滤器过滤

ultrafiltro *s.m.* ultrafilter 超滤器，超滤装置

　　ultrafiltro de alumina alumina ultrafilter membrane 氧化铝超滤膜

ultraleve *s.m.* ultralight aircraft 超轻航空器，超轻型飞机

ultramáfico *adj.* ultramafic 超铁镁质的，超基性的

ultramafitito *s.m.* ultramafitite, ultramafic rock 超镁铁岩

ultramafitolito *s.m.* ultramafitolite, ultramafic rock 超镁铁岩

ultramar *s.m.* overseas 海外

ultramarino *adj.* overseas 海外的

ultrametamorfismo *s.m.* ultrametamorphism 超变质

ultramicroscópio *s.m.* ultramicroscope 超显微镜

ultramicroterramoto *s.m.* ultramicro-earthquake [葡] 超微震

ultramicroterremoto *s.m.* ultramicro-earthquake [巴] 超微震

ultramilonito *s.m.* ultramylonite 超糜棱岩

ultrapassagem *s.f.* ❶ overtaking, passing 超车 ❷ excessive consumption 超额使用（水、电等）

ultrapassar *v.tr.* ❶ (to) surpass, (to) exceed 超过，超越，超出 ❷ (to) overtake （车辆）超车 ❸ (to) overrun 超限运行

ultrapasteurização *s.f.* ultrapasteurization 超高温灭菌法

ultrapressão *s.f.* ultra-high pressure 超高压

ultrapuro *adj.* ultrapure 超纯的

ultra-som/ultrassom *s.m.* ❶ ultrasound 超声（现象）❷ ultrasonic wave 超声波

ultra-sónico/ultrassônico ❶ *adj.* ultrasonic 超声波的 ❷ *s.m.* ultrasonic wave 超声波 ❸ *adj.* ultrasonic 超声速的

ultravioleta ❶ *adj.* ultraviolet 紫外的，紫外线的 ❷ *s.f.* ultraviolet 紫外线

ultravulcanismo *s.m.* ultravolcanic explosion 超火山爆发

ulvospinela *s.f.* ulvospinel 钛尖晶石

um/uma ❶ *num.card.* one 一，一个，单个 ◇ primeiro first 第一的

um só dente *adj.,s.m.* single shank 单齿的；单齿式

um-toque *s.m.* one-touch 一键式

umangite *s.f.* umangite 红硒铜矿

umbela *s.f.* sunshade, canopy 伞状饰；雨棚

umbilical *s.m.* umbilical 脐带缆

　umbilical de controlo control umbilical 控制脐带缆

　umbilical hidráulico hydraulic umbilical 液压脐带缆

umbral *s.m.* door-post, side-post （门窗的）边框；门槛

　umbral da chaminé chimney jamb 烟囱侧墙

　umbral de suspensão hanging stile 铰链栅门

umbrept *s.m.* umbrept 暗始成土

umbria *s.f.* nightside （山的）背阳面

úmbrico *adj.* umbric 暗色的

umectante *adj.2g.* wetting, humectant [巴] 湿润性的，湿润剂的

umedecedor *s.m.* humidifier [巴] 增湿器

umedecer *v.tr.* (to) humidify, (to) moisten [巴] 使潮湿；使湿润

umedecimento *s.m.* humidification [巴] 加湿

umidade *s.f.* humidity; dampness, moisture [巴] 潮湿（状态）；湿气，水分；湿度，含水量

　umidade específica specific humidity 比湿；比湿度

　umidade ótima optimum moisture 最佳含水量；最优含水量

　umidade superficial surface moisture 表面水分

úmido *adj.* wet [巴] 湿的，湿润的

umptequito *s.m.* umptekite 碱闪正长岩

unaquito *s.m.* unakite 绿帘花岗岩

unbinílio (Ubn) *s.m.* unbinilium (Ubn) 120 号元素

uncompagrito *s.m.* uncompahgrite 辉铁黄长岩

undatema *s.m.* undathem 波域堆积物

undecágono *s.m.* hendecagon 十一边形，十一角形

undecastilo *adj.,s.m.* undecastyle 十一柱式（的）

underplating *s.m.* underplating 底侵作用

undianuno preto *s.m.* cordia wood 亚马孙破布木（*Cordia geoldiana Huber*）

ungaíto *s.m.* ungaite 奥长英安岩

unha *s.f.* claw 脚爪形器具

unhão *s.m.* splice （绳、线等）编接，捻接

união *s.f.* ❶ union 接合，连接 ❷ union fitting 联管节；管套节

　união adaptadora adapter union 转接头

　união automática automatic coupling 自动挂钩；自动连接器

　união cardan cardan joint 万向接头

　união com talas fished joint 鱼尾板接合；夹板接头

　união de cabo wireline splicing 电缆接头

　união de canto corner connection 角接

　união de compressão pré-isolada pre-insulated compression junction 预绝缘压缩型连接装置

　união de cravação splice 电缆连接条

　união de esferas socket and ball joint 球窝接头

　união de explosão blast joint 耐磨接头

　união de macho e fêmea tongue-and-groove joint 企口接合；舌槽式接合

　união de reforço strutting 支撑物

　união de rosca screw-joint 螺纹套管接头；螺旋接合

　união de travadouros heading bond 丁砖砌合

　união dos veios da manivela crankshaft coupling 曲轴联轴节

　união em T tee joint 三通

　união em V vee joint 尖槽缝

união esferoidal spheroidal jointing 球状节理

união expansiva expansion joint 伸缩节

união flamenga simples single Flemish bond 同层丁顺交错砌面

união flush flush joint 平接

união justaposta abutting joint 对接接头

união mecânica mechanical joint 机械连接

união pré-isolada preinsulated cable sleeve 预绝缘线缆套管

união rápida quick union [葡][安] 快接接头

uniaxial *adj.2g.* uniaxial 单轴的

unidade *s.f.* ❶ unit （计量或计数等使用的）单位；单元 ❷ unit, entity （群体、机构等）单位；部队 ❸ unit, set, package （泛指一件、一套）设备、装置，机组，单元；[用作量词]（一）件，套

unidade absoluta absolute unit 绝对单位

unidade astronómica (au) astronomical unit (au) 天文单位（天文学距离单位，约合1.496 亿千米）

unidade auxiliar de força auxiliary power unit 辅助动力装置

unidade básica ⇨ unidade de base

unidade bioestratigráfica biostratigraphic unit 生物地层单位

unidade calorífica calorific unit 热单位

unidade central de controlo (UCC) central control unit (CCU) 中央控制器，CCU

unidade central de processamento (CPU) central processing unit (CPU) 中央处理器，CPU

unidade consumidora consumer unit 用户电箱

unidade controladora controller unit 控制单元

unidade cronoestratigráfica chronostratigraphic unit 年代地层单位

unidade de absorção absorption unit 吸收式制冷机组

unidade de alimentação power pack 供电单元

unidade de alimentação ininterrupta uninterrupted power supply (UPS) 不间断电源，不间断供电单位

unidade de alvenaria sólida solid masonry unit 实心砌块

unidade de antena aerial unit 天线装置

unidade de ar condicionado air conditioner unit 空调装置

unidade de arame wireline unit; slick line unit [巴] 钢丝绞车

unidade de área area unit 面积单位

unidade de avanço por vácuo vacuum advance unit 真空提前装置

unidade de base base unit 基本单位

unidade de basquetebol basketball stand, basketball unit 篮球架

unidade de bomba de combustível fuel sending unit 燃料泵送装置

unidade de bombagem para abastecimento de água pressurizada pressurized water supply pumping unit 加压供水泵机

unidade de busca e salvamento search and rescue unit 搜救单元

unidade de cabo de aço wireline unit; slick line unit [葡] 钢丝绞车

unidade do calendário calendar unit 日历单位

unidade de calor heat unit 热单位

unidade de calor britânica (BTU) British Thermal Unit 英制热量单位

unidade de carga cargo unitization 成组化货运

unidade do carregador charger unit 充电装置

unidade da cauda tail unit 尾翼（组）

unidade de ciclo combinado combined cycle unit 联合循环发电机组

unidade de comando control unit 控制单元

unidade de comando de voz voice-activated control unit 声敏控制装置

unidade de comprimento length unit 长度单位

unidade de controle do banco seat control unit 座椅控制单元

unidade de controle de combustível fuel control unit 燃料控制单元

unidade de controlo de comunicações

communication control unit 通信控制单元，通信控制器

unidade de controlo de ignição ignition control unit 点火控制单元

unidade de controlo do sensor de detonação knock sensor control unit 爆震传感器控制单元

unidade de controlo de transmissão transmission control unit 传动控制单元

unidade de controlo electrónico (ECU) ECU (electronic control unit) 电子控制单元

unidade de controlo servotrónico servotronic control unit 随速转向助力系统控制单元

unidade de cristal piezoeléctrica piezoelectric crystal unit 压电晶体

unidade de cuidados intensivos (UCI) ICU (intensive care unit) 重症监护病房

unidade de descarga fixture unit 卫生器具当量

unidade de desinfecção decontaminating apparatus 消毒装置

unidade de dessulfurização de escape flue gas desulphurization unit 废气脱硫装置

unidade de diagrafias logging unit [葡] 测井仪

unidade de discos disc drive 磁盘驱动器

unidade de disparo do tiristor thyristor trigger unit 晶闸管触发器

unidade de esterilização ultravioleta ultraviolet sterilizing unit 紫外线消毒装置

unidade de estrônico strontium unit (SU) 锶单位

unidade de fácies sísmicas seismic facies unit 地震（岩）相单元

unidade de farinação de milho corn flourprocessing unit 玉米粉加工厂

unidade de flexitubo coiled tubing unit 挠性管作业机

unidade de flotação flotation unit 浮选装置

unidade de força power package 动力机组；整装电源机组

unidade de força móvel independent power package 独立电源

unidade de geração de azoto nitrogen generation unit [葡] 制氮装置

unidade de geração de nitrogénio nitrogen generation unit [巴] 制氮装置

unidade de indução induction unit 诱导器

unidade de injeção eletrónica de accionamento mecânico mechanically-actuated electronically controlled unit injection (MEUI) 机械驱动式电控单体喷油系统

unidade de interface de computador computer interface unit 计算机接口装置

unidade de interpretação simultânea simultaneous interpreting unit 同声传译翻译单元

unidade de janela aberta open window unit 敞窗单位

unidade de leitura de cartões card reader unit 读卡机

unidade de ligação unit of bond 砌层单元

unidade de manejo de ar air handling unit (AHU) 空气处理机组

unidade de massa mass unit 质量单位

unidade de massa atómica (amu) atomic mass unit (amu) 原子质量单位

unidade de medida (/medição) unit of measurement 计量单位

unidade de milimassa (mmu) milli-mass unit (mmu) 毫质量单位

unidade de "milk shake" milk shake unit 奶昔机

unidade de Osmose Inversa reverse osmosis device 反渗透装置

unidade de pacote de filtro filter package unit 过滤器机组

unidade de perfilagem logging unit [巴] 测井仪

unidade de prateleira shelving unit 架

unidade de prateleira, móvel shelving unit, mobile 可移动架

unidade de preparação de vegetais vegetable preparation unit 蔬菜准备装置

unidade de pressão pressure unit 压力单位

unidade de pressurização pressurization unit 增压装置

unidade de processamento de gás gas processing unit 天然气处理装置

unidade de processamento de óleo de soja soybean oil processing unit 豆油加工厂

unidade de processamento gráfico (GPU) graphics processing unit (GPU) 图形处理单元，GPU

unidade de propulsão propulsion unit 推进装置

unidade de recuperação de calor de resíduos waste heat recovery unit 废热回收装置

unidade de resfriamento chiller plant 制冷设备

unidade de resfriamento líquido liquid chiller 液体冷冻机

unidade de resgate (UR) rescue unit, ambulance [巴]（用于运送有生命危险病人的）救护车

unidade de resgate e salvamento aquático (URSA) water rescuing unit [巴] 溺水紧急救护车

unidade de scanning scanning unit 扫描单元

unidade de sedimentação sedimentation unit 沉积单元

unidade de serviço de canal channel service unit (CSU) 信道服务单元

unidade de superfície area unit 面积单位

unidade de supervisão unit of supervision 监管单位

unidade de suporte avançado (USA) advanced rescue unit [巴] 高级救护车

unidade de tempo geológico geologic time unit 地质时间单位

unidade de tráfego traffic unit 交通单元

unidade de transmissão transmission unit 传递单元；传输单元

unidade de transmissão de força power transmission unit 动力传动装置

unidade de transporte hauling unit 运输设备

unidade de tratamento de ar (UTA) air handling unit 空气处理机组

unidade de tratamento de ar extraído draw-through air handling units 穿流式空调机组

unidade de tratamento de ar novo (UTAN) new air handling unit, makeup air unit (MAU) 新风处理机组，新风系统

unidade de tratamento intensivo (UTI) ICU (intensive care unit) 重症监护病房

unidade de tratamento químico chemical treatment unit 化学处理单元

unidade de variador de velocidade variable speed drive 变速传动装置

unidade de vigilância dependente automática automatic dependent surveillance unit 自动相关监视单元

unidade de volume volume unit 体积单位；容积单位

unidade de terminal remota (RTU) remote terminal unit (RTU) 远程测控终端

unidade Debye Debye unit 德拜单位

unidade divisora de torque torque divider unit 扭矩分配装置

unidade ecológica (UE) ecological unit (EU) 生态单元

unidade económica estatal (U.E.E.) state-owned economic unit 国有经济单位，国有企业

unidade electromagnética electromagnetic unit 电磁单位

unidade estrutural structural unit 结构单元；构造单位；构件

unidade exterior (/externa) (UE) outdoor unit （空调）室外机

unidade fisiográfica physiographic unit 地文单位

unidade flutuante de alto calado deep draft caisson vessel 深沉船

unidade flutuante de armazenamento e transferência floating storage and offloading unit (FSO) 浮动储油与卸油单位，卸油船

unidade flutuante de produção, armazenamento e transferência floating production, storage and offloading unit (FPSO) 浮式生产、储存和卸载装置

unidade geocronológica geochronological unit 地质年代单位

unidade geradora generating unit 发电机组

unidade geradora de base base load

generating unit 常载发电机

unidade geradora de reserva reserve generating unit 备用发电机组，备载发电机组

unidade geradora reversível reversible generator unit 可逆式发电电动机

unidade hidráulica de força hydraulic power unit (HPU) 液压动力装置，液动压力机构

unidade independente self-contained unit 自足式装置

unidade industrial de processamento de arroz rice processing unit 大米加工厂

unidade interior (UI) indoor unit 室内机

unidade litodêmica lithodemic unit 岩石谱系单位

unidade litoestratigráfica lithostratigraphic unit 岩石地层单位

unidade litoestratigráfica formal formal lithostratigraphic unit 正式岩石地层单位

unidade magnética magnetic unit 磁单位

unidade magnetostratigráfica magnetostrati-graphic unit 地磁地层单位

unidade motriz ❶ power package, power unit 动力机组；整装电源机组 ❷ drive unit 机头部；驱动机组

unidade móvel de produção marítima mobile offshore production unit 移动近海生产单元

unidade orçamental (UO) budget unit 预算单位

unidade organizacional organizational unit 组织单位

unidade polar single pole 单杆；单柱；单刀

unidade pré-enxague prerinse unit 预冲洗装置

unidade remota de telemetria remote telemetry unit 远程电传组件

unidade resfriadora de ar air cooler unit 空气冷却机组

unidade resfriadora de líquido liquid cooling unit 液体冷却机组

unidade sismoestatigráfica seismostratigraphic unit 地震地层单位

unidade térmica thermal unit 热单位；热量单位

unidades de bateria ventilada ocultas/expostas concealed/exposed fan coil units 暗装／明装式风机盘管机组

unidades gaussianas Gaussian units 高斯制单位

unidades múltiplas (UM) multiple units (MU) [葡] 动力分布式列车，动车组

unidades múltiplas a Diesel (UMD) diesel multiple units 动力分散式内燃动车组；柴油动车组

unidades múltiplas eléctricas (UME) electric multiple units 动力分散式电气动车组；电气动车组

unidades práticas practical units 实用单位

unidades racionalizadas rationalized units 有理化单位

unidade térmica britânica (/inglesa) (BTU) British Thermal Unit (BTU) 英制热量单位

unidente *adj.2g.* uni-tooth 单齿的

unidimensional *adj.2g.* one-dimensional, unidimensional 一维的

unidireccional *adj.2g.* one-way 单向的

unificação *s.f.* unification, unitizing 统一；（使）一致；联合，（地块）整合

unificação da carga unitizing loads 成组化货运

unificar *v.tr.* (to) unify 统一；（使）一致；联合

uniforme ❶ *adj.2g.* uniform 均匀的；统一的 ❷ *s.m.* uniform 制服

uniformidade *s.f.* uniformity 均匀度，一致性

uniformidade do campo acústico uniformity of sound field 声场均匀度

uniformidade longitudinal longitudinal uniformity 纵向均匀度

uniformitarianismo *s.m.* uniformitarianism 均变

unilateral *adj.2g.* unilateral, one-sided, one-way 单边的，单侧的

unipessoal *adj.2g.* one-person, single-member, sole 单人的，单成员的，唯一的

unipessoalidade *s.f.* unipersonality; single membership, single shareholder 单人制，单成员制，单一股东制

unipolar *adj.2g.* unipolar 单极的

unir *v.tr.,pron.* (to) unite, (to) join 联合，结合

unitização *s.f.* ⇨ unificação

univalência *s.f.* univalence, monovalence 单价，一价

univalente *adj.2g.* univalent 单价的，一价的

universal *adj.2g.* universal 通用的

untuosidade *s.f.* lubricity 润滑性

unúmbio (Uub) *s.m.* ununbium (Uub) 112 号元素的旧称。现用名：copernício

ununénio/ununênio (Uue) *s.m.* ununennium (Uue) 119 号元素

ununhéxio (Uuh) *s.m.* ununhexium (Uuh) 116 号元素的旧称。现用名：livermório

ununnílio (Uun) *s.m.* ununnilium (Uun) 110 号元素的旧称。现用名：darmstádio

ununóctio (Uuo) *s.m.* ununoctium (Uuo) 118 号元素的旧称。现用名：oganésson

ununpêntio (Uup) *s.m.* ununpentium (Uup) 115 号元素的旧称。现用名：moscóvio

ununquádio (Uuq) *s.m.* ununquadium (Uuq) 114 号元素的旧称。现用名：fleróvio

ununséptio (Uus) *s.m.* ununseptium (Uus) 117 号元素的旧称。现用名：tenesso

ununtrio (Uut) *s.m.* ununtrium (Uut) 113 号元素的旧称。现用名：nipónio

ununúnio (Uuu) *s.m.* unununium (Uuu) 111 号元素的旧称。现用名：roentgénio

upgrade *s.m.* upgrade 升级，二次开发

UPS *sig.,s.m.* uniterruptible power supply (UPS) system 不间断电源系统，UPS 系统
UPS do tipo On-line On-line UPS 在线式不间断电源

Uraliano *s.m.* Uralian 乌拉尔阶

uralite *s.f.* uralite 纤闪石

uralitização *s.f.* uralitization 纤闪石化

uraninite *s.f.* uraninite 晶质铀矿

urânio (U) *s.m.* uranium (U) 铀

uranite *s.f.* uranite 云母铀矿
uranite cálcica autunite 钙铀云母

uranocircite *s.f.* uranocircite 钡铀云母

uranófano *s.m.* uranophane 硅钙铀矿

urbainito *s.m.* urbainite 金红钛铁岩

urbanismo *s.m.* urbanization 城市建设，城市规划

urbanista *s.2g.* town planner 城市规划师

urbanização *s.f.* town planning 城市化，城市建设

urbanizar *v.tr.* (to) urbanize 城市化，建设城市

urbano *adj.* urban 城市的

urbe *s.f.* city, town 市区，城区；都会

urdidura *s.f.* warp 整经，纺织

urdimento *s.m.* ❶ flies（不在观众视野内、用于存放舞台布景等的）舞台上部空间 ❷ warp 整经，纺织 ⇨ urdidura

urdir *v.tr.* (to) warp, (to) weave 整经，纺织

urdume *s.m.* warp 整经，纺织

ureia *s.f.* urea 尿素

ureilito *s.m.* ureilite 橄辉无球粒陨石

ureyite *s.f.* ureyite 陨铬石

urinol *s.m.* urinal 小便器，小便池
urinol pendurado wall urinal, wall hung urinal 挂式便器

urtito *s.m.* urtite 磷霞岩

usabilidade *s.f.* usability, user-friendliness 易用性；用户友好性

usar *v.tr.* (to) use 使用

USB *sig.,s.m.* USB (universal serial bus) 通用串行总线

usina *s.f.* ❶ mill, plant [巴] 工厂，车间；装置，设备 ❷ power station [巴] 发电厂
usina a fio d'água run-of-river hydroelectric station 径流式水电站
usina-barragem barrier power station 堤堰式电站
usina com acumulação storage hydroelectric station 蓄水式水电站
usina com comando local locally controlled power station 当地控制电站，部分受控电站
usina comandada à distância remotely controlled power station 远程控制电站，遥控电站
usina de asfalto asphalt plant 沥青厂
usina de base base load power station 基载电站
usina de combustão interna internal combustion plant 内燃机电站
usina de combustível fóssil fossil fuel plant 化石燃料电站
usina de concreto concrete mixing plant 混凝土搅拌站
usina de dosagem e mistura batch plant

配料装置；配料车间

usina de emulsão asfáltica bitumen emulsifying plant 沥青乳化设备

usina de pré-misturado coating plant 涂布车间

usina de turbina a gás gas turbine plant 燃气轮机电站

usina elétrica a vapor steam plant 蒸汽电站，火电站

usinas em cascata (/série) power stations in cascade 梯级水电站

usina geotérmica geothermal plant 地热电站

usina hidráulica (/hidrelétrica) hydroelectric plant 水电站

usina hidrelétrica de armazenamento bombeado pumped storage hydroelectric plant 抽水蓄能水电站

usina hidrelétrica de armazenamento reversível reversible storage hydroelectric plant 可逆式抽水蓄能水电站

usina não-vigiada unattended remotely controlled power station 无人值守电站

usina nuclear nuclear power plant 核电站

usina termelétrica thermoelectric plant 热电站

usinabilidade *s.f.* machinability [巴] 可切削性；切削性能；可加工性

usinado [巴] ❶ *adj.* machined 机械加工（过）的 ❷ *s.m.* plant mix 厂拌混合料

usinado sob precisão precision machined 精密加工的

usinagem *s.f.* machining [巴] 机械加工

usinagem de precisão precision machining 精加工，高精度加工

usinagem grosseira rough machining 粗加工，低精度加工

usinagem média medium machining 中等精度加工

usinar *v.tr.* (to) machine [巴] 用机器加工

uso *s.m.* use, usage 使用；用途

uso comercial commercial use 商业用途

uso comum common use 共同使用

uso de terra land use 土地用途

uso estrutural structural use 结构用途

(de) uso geral general purpose 通用（的）

uso intensivo de capital capital-intensive 资本密集型

uso intensivo de mão-de-obra labor-intensive 劳动密集型

uso racional rational use 合理利用

uso sustentável da água sustainable use of water resources 水资源可持续利用

ustulação *s.f.* roasting 焙烧

usuário *s.m.* user 用户

usuário final end user 最终用户

usucapião *s.f.* usucapion 凭时效取得财产权

usufrutuário *adj.,s.m.* usufructuary 用益权的；用益权使用者

usufruto *s.m.* usufruct 用益权

utahite *s.f.* utahite 黄钾铁矾

utensílio *s.m.* utensil; tool 器具

utensílio de limpeza cleaning utensil 清洗用具

utente *s.2g.* user 使用者

utente de estrada road user 道路使用者

útil *adj.2g.* useful 有用的

utilidade *s.f.* ❶ utility 设施 ❷ profit, benefit 收益，效益

utilidade de um projeto usefulness of a project 工程效益

utilidade pública public utility 公用事业，公用设施

utilização *s.f.* ❶ use, utilization 使用 ❷ development; exploitation 利用，开发

utilização cúbica cube utilization 立方利用率

utilização eficaz effective use 有效利用

utilizar *v.tr.* (to) use, utilize 使用，利用

utilizável *adj.2g.* usable 可用的

uvala *s.f.* uvala, karst valley 溶蚀洼地

uvarovite *s.f.* uvarovite 钙铬榴石

uvite *s.f.* uvite 钙镁电气石

V

vaca *s.f.* cow 母牛

  vaca leiteira dairy cow 奶牛

vacância *s.f.* ❶ vacancy 空白，空缺 ❷ vacancy（晶格内的）空位，空穴 ❸ electron hole 电子空穴

vacaria *s.f.* cowshed 牛棚

vacina *s.f.* vaccine 疫苗

vacinação *s.f.* vaccination, inoculation 接种（疫苗）

vacinar *v.tr.* (to) vaccinate 接种疫苗，给…注射疫苗

vácuo *s.m.* vacuum 真空

  vácuo final final vacuum（木材防腐处理工艺）后真空

  vácuo inicial initial vacuum（木材防腐处理工艺）前真空

vacuómetro/vacuômetro *s.m.* vacuum gauge 真空表，真空计

vacuóstato *s.m.* vacuum switch 真空开关

vadoso *adj.* vadose 渗流的

vaesite *s.f.* vaesite 方硫镍矿

vaga *s.f.* wave 浪，水波

  vaga sísmica solitary wave, tsunami 孤立波

vagão *s.m.* wagon, car（火车）车厢，车皮

  vagão aberto lowry 活动顶棚车

  vagão aferidor de balança scale test car 检衡车

  vagão cheio loaded car 满载车厢

  vagão-conversível convertible car 活顶棚车

  vagão de animais livestock van 家畜运输车

  vagão de cauda brake van 守车；司闸车

  vagão de descarga pelo fundo self-cleaning car 自动卸料车

  vagão de gado stock car, cattle car 家畜运输车

  vagão de lastro ballast car 道砟车

  vagão de plataforma bogie（列车车厢等的）转向架

  vagão fechado box car 棚车

  vagão forrageiro forage wagon 青饲料运输车

  vagão frigorífico refrigerator van 冷藏车厢

  vagão gôndola gondola car 敞车

  vagão intermodal intermodal car 多式联运平板车

  vagão-leito sleeping car 卧铺车厢

  vagão limpa-trilhos track cleaning car 轨道清洁车

  vagão para contêineres container truck 货柜车

  vagão para transporte de pedras com basculamento lateral side dump quarry trailer 侧倾倒采石场拖车

  vagão-plataforma/vagão-prancha flat car 平台型铁路货车

  vagão-plataforma de socorro derrick car 汽车起重车

  vagão-tanque tank wagon 油罐车

  vagão tipo hopper hopper car 底卸式车

  vagão vazio empty car 空矿车

vago *adj.* vacant; free; spare 空闲的，空缺的

vagoneta *s.m.* wagon（轨道上用的）小翻

斗车

vaivém *s.m.* ❶ shuttle 航天飞机 ❷ to-and-fro, back and forth, swinging 摆动，来回晃动

vala *s.f.* ditch, drain, trench 沟，地沟；管沟

vala a céu aberto open ditch 明沟

vala agrícola farm ditch 农沟；毛渠

vala cega blind drain 暗沟

vala de cabos cable trench 电缆沟，电缆槽，电缆坑

vala de conduta pipe trench 管道沟

vala de conduta com grelha removível pipe trench with detachable grid 管道沟配可拆卸格栅

vala de drenagem drain ditch 排水沟

vala de fundo plano flat bottom ditch 平底沟

vala de infiltração absorption trench 吸收沟，吸收槽

vala em V V-ditch V 形沟

vala negra drainage ditch, stinking ditch 污水沟；"臭水沟"

valado *s.m.* fence; ditch （用来做隔断的）围墙，沟

Valanginiano *adj.,s.m.* Valanginian; Valanginian Age; Valanginian Stage （地质年代）瓦兰今期（的）；瓦兰今阶（的）

valchovite *s.f.* valchovite 褐煤树脂

vale *s.m.* ❶ valley, vale 峡谷 ❷ voucher, coupon; receipt 凭单；收据

vale abandonado abandoned valley 干谷

vale antigo buried valley 古谷；埋藏谷

vale assimétrico asymmetric valley 不对称谷

vale axial axial trough 轴槽

vale cego blind valley 盲谷

vale de afundamento sinking valley 陷谷

vale de fractura (/falha) fault valley 断层谷

vale do rift (/em rifte) rift valley 地沟；地堑；断缝谷

vale de suspensão ⇨ vale suspenso

vale dendrítico dendritic valley 树突状谷

vale depressionário trough 槽谷

vale em U U-shaped valley U 形谷

vale em V V-shaped valley V 形谷

vale encaixado entrenched valley 深切谷

vale fluvial river valley 河谷

vale fóssil fossil valley 埋藏谷，掩埋谷

vale glaciário glacial valley 冰川谷

vale inundado drowned valley 沉没谷；溺谷

vale maduro mature valley 成年谷

vale morto dead valley 干谷

vale pequeno small valley; dale 小山谷

vale postal postal order 邮政汇票

vale seco dry valley 干谷

vale submarino submarine valley 海底谷

vale subsequente strike valley 走向谷

vale suspenso hanging valley 悬谷

vale tectónico tectonic valley 构造谷

valência *s.f.* valence 化合价

valência electroquímica electrochemical valence 电化合价

valência electrostática electrostatic valence 静电价

valencianite *s.f.* valencianite 冰长石

valentinite *s.f.* valentinite 锑华

valerite *s.f.* vallerite 墨铜矿

valeta *s.f.* ditch, drain 排水沟

valeta de coroamento (/crista de corte/protecção de corte) crown ditch 坡顶截水沟

valeta de drenagem gutter 排水沟

valeta de pé toe ditch 坡脚截水沟

valeta de protecção intercepting ditch 截水沟，天沟

valeta de protecção de aterro toe ditch, ditch at foot of slope 坡脚截水沟

valeta empedrada paved ditch 铺砌沟

valeta lateral lateral ditch 支沟，侧沟，排水边沟

valeta longitudinal longitudinal ditch 纵向沟

valeta-sangradouro ditch at top of slope, intercepting ditch 坡顶排水沟

valetadeira *s.f.* ❶ ditcher, ditching machine; trench excavator, trencher 挖沟机，挖坑机 ❷ ditching plow 开沟犁

valetamento *s.m.* ditching 开沟

validação *s.f.* validation 生效

validação do BL validation of B/L 提单生效期

validade *s.f.* validity 有效；有效期

validar *v.tr.* (to) validate; (to) authenticate（使）生效；认证（有效性）

válido *adj.* valid 有效的

valley jack *s.m.* valley jack 屋顶斜构处撑杆

valor *s.m.* ❶ 1. value 值，数值 2. rating 定额 ❷ value, price, amount 价值；款项；金额 ❸ bond; security 有效证券，票据 ❹ ⇨ valores disseminados

valor acrescentado added value 附加价值

valor acrescentado bruto (VAB) gross added value (GAV) 总附加值

valor actual present worth 现值

valor actualizado ⇨ valor descontado

valor antidetonante antiknock value 抗爆值

valor anual bruto gross annual value 年总产值

valor aparente apparent value 视值

valor-base base value 基值

valor calorífico calorific value 热值

valor característico characteristic value 特征值

valor CIF CIF 到岸价

valor cimentante cementing value 黏结值

valor de aglomeração (/aglutinação) agglomerating value 集块值

valor de aluvião alluvial value 沉积矿回收值

valor de carbono equivalente (CEV) CEV (carbon equivalent value) 碳当量

valor do coeficiente de transmissão térmica (U) thermal transmittance value 传热值

valor de crista crest value 峰值

valor da escala scale value 刻度值

valor de impedância impedance value 阻抗值

valor de Izod Izod value 埃左冲击值

valor de pH pH value pH 值，酸碱度值

valor da produção production value 产值

valor de projeto design value 设计值

valor de publicidade advertising value 广告价值

valor de torque torque value 扭矩值

valor de transferência térmica geral overall thermal transfer value 总热传送值

valor de visibilidade da pista runway

visibility value 跑道能见度值

valor descontado discounted value 贴现值

valor desejado setpoint 期望值

valores disseminados disseminated values 散粒矿物

valor econômico de um projeto economic worth of a project 项目经济价值

valor efectivo effective value 有效值

valor eficaz ❶ effective value 有效值 ❷ root-mean-square value (RMS) 均方根值

valor eficaz de corrente root-mean-square current 有效电流

valor eficaz de potência root-mean-square power 有效马力

valor eficaz de pressão sonora root-mean-square sound pressure 有效值声压

valor específico ⇨ valor ouro

valor esperado expected value 预期值，期望值

valor estimativo estimated value 估算值

valores estrangeiros foreign exchange 外汇

valor extrínseco extrinsic value 外在价值；非固有价值

valor facial face value 面值

valor global ❶ total value, total amount 总价 ❷ (vg) unit, item（一）项 [常以缩写形式 vg 在集单中作为单位使用，表示以总价包干模式计价的一个项目]

valores imóveis real estate 房地产

valor indicado indicated value（仪表的）指示值

valor instantâneo instantaneous value 瞬时值

valor interpolado interpolated value 内插值

valor intrínseco intrinsic value 内在价值

valor limite limit value 极限值；容许限值

valor líquido presente net present value (NPV) 净现值

valor máximo peak value 峰值

valores medidos actual quantities; measured quantities 测得数值，测得结果

valor médio mean value 平均值

valor modal modal value 模态值

valor monetário esperado expected

monetary value 预期货币价值

valor negativo minus value 负值

valor nominal ❶ nominal value 标称值
❷ nominal value 票面价值

valor nutritivo nutritional value 营养价值

valor óhmico ohmic value 欧姆值

valor ouro gold point 黄金输送点；金点

valor padrão standard value 标准值

valor preferido preferred value 优先值，
首选值，基准价值

valor presente present value (PV) 现值

valor presente descontado discounted
present value 贴现现值

valor próprio ❶ eigenvalue; natural frequency 特征值；固有频率 ❷ latent root 潜
伏本征根；特征根

valor quadrático médio (VQM) root
mean square (RMS) 均方根

valor quiescente quiescent value 开路值；
静态值

valor-R R-value 热阻（材料抗热流能力的
量度）

valor real real value 实际价值

valor residual residual value 残值

valor segurável insurable value 可保价值

valor-tecto ceiling value 上限值

valor-U U-value 传热系数

valoração s.f. valuation 评估；估价

valoração ambiental environmental valuation 环境价值评估

valorização s.f. ❶ appreciation, increase in
value 增值，升值 ❷ value creation; utilization 价值创造；开发，利用

valorizar v.tr. (to) appraise 增值，升值

valuma s.f. leech 帆后缘

valverdite s.f. valverdite 风化黑曜岩；瓦尔
维德玻璃

válvula s.f. ❶ 1. valve 阀门，阀；气门，活门
2. sluice, gate 水闸，闸门 ❷ valve, vacuum
tube 真空管，电子管

válvula a alavanca lever valve 杠杆阀

válvula à cabeça ⇨ válvula no cabeçote

válvula a solevamento lift valve, seat-
ing-type valve 提升阀

válvula abre quando em falha ⇨ válvula de falha segura aberta

válvula ajustadora de folga slack adjuster valve 松紧调节器阀

válvula Allan Allan valve 阿兰滑阀

válvula angular angle valve 角阀

válvula anti-golpe de ariete anti-water
hammer check valve 抗水锤阀

válvula antioscilação anti-surge valve 防
喘振阀，防喘振活门

válvula anti-retorno ⇨ válvula de
retenção

válvula antitermossifão anti-thermosi-
phon valve 热虹吸防止阀

válvula anti-vácuo vacuum breaker
valve 真空破坏阀

válvula ar/água air water valve 气液型气
门嘴

válvula auxiliar booster valve 助力阀

válvula bidireccional eléctrica electric
two-way valve 电动两通阀

válvula blow-off blow-off valve 吹洗阀，
喷放阀

válvula (de) borboleta butterfly valve 蝶
阀，蝶形阀

válvula borboleta na tubulação de
escape exhaust manifold heat valve 排气
歧管加热阀

válvula choke choke valve 扼流阀，节流阀

válvula clic-clac clic-clac valve 弹跳式落
水头

válvula compensadora compensating
valve, equilibrium valve 补偿阀，平衡阀

válvula compensadora de agulha compensating needle valve 补偿针阀

válvula cónica mushroom valve, lift
valve 菌形阀

válvula corta-fogo fire valve 防火阀

válvula curvada ⇨ válvula angular

válvula de abastecimento supply valve
供给阀；供应阀

válvula de admissão inlet valve 进水阀；
进气阀

válvula de admissão de ar intake valve,
air inlet valve 进气阀

válvula de água gelada chilled water
valve 冷水阀门

válvula de agulha needle valve 针阀

válvula de ajustagem de carga load

adjusting valve 负荷调节阀

válvula de alarme alarm valve 报警阀

válvula de alarme húmida wet alarm valve 湿式报警阀

válvula de aleta flap valve 瓣阀

válvula de alimentação feed valve 给水阀，进料阀

válvula de alívio relief valve 安全阀，卸压阀；溢流阀

válvula de alívio com dupla função two-way relief valve 双向减压阀

válvula de alívio com piloto pilot operated relief valve 先导式溢流阀

válvula de alívio de inclinação tilt relief valve 倾斜式减压阀

válvula de alívio de invólucro casing relief valve 套管泄压阀

válvula de alívio de pressão pressure relief valve 泄压阀，压力排放阀；减压安全阀

válvula de alívio de segurança maximum pressure relief valve, safety relief valve 安全阀，卸压阀；溢流阀

válvula de alívio de seqüência sequence relief valve 顺序安全阀

válvula de alívio de vácuo vacuum relief valve 真空回气阀；真空卸压阀

válvula de alívio dupla ⇨ válvula de alívio com dupla função

válvula de alívio e seqüência do avental apron sequence relief valve 闸门程序控制泄压阀

válvula de alívio simples ⇨ válvula de alívio unidirecional

válvula de alívio unidirecional one-way relief valve 单向溢流阀

válvula de alteração de deslocamento displacement change valve 位移控制阀

válvula de amortecimento kill valve, damper valve 减震阀，阻尼阀

válvula de ângulo ⇨ válvula angular

válvula de ar air valve 进出气阀；放气阀

válvula de ar acoplável air coupling valve 空气连接阀

válvula de asperção flush valve 冲洗阀

válvula de aspiração suction valve 吸水阀

válvula de azoto nitrogen valve 氮气阀

válvula de base ⇨ válvula de pé

válvula de bóia ⇨ válvula de flutuador

válvula de bola ⇨ válvula de esfera

válvula de borboleta tipo Wafer wafer type butterfly valve 对夹式蝶阀

válvula de borracha rubber valve 橡胶阀

válvula de by-pass ⇨ válvula de desvio

válvula de câmara de ar inner tube valve 内胎气门

válvula de camisa sleeve valve 套筒阀

válvula de canal trick valve 蒸汽机滑阀

válvula de carga ❶ charging valve 充液阀 ❷ load valve 载荷阀

válvula de carga do acumulador accumulator charging valve 蓄能器充液阀

válvula de carga do conversor de torque torque converter charging valve 液力变矩器充液阀

válvula de carretel de marcha speed spool valve 速度控制阀滑阀

válvula de carretel deslizante sliding spool valve 滑阀

válvula de carretel simples single spool valve 单滑阀

válvula de chapeleta flapper valve 挡板阀；挡瓣阀

válvula de charneira leaf valve 簧片阀

válvula de comando no cabeçote ⇨ válvula no cabeçote

válvula de combustível fuel valve 燃油阀

válvula de compensação ⇨ válvula compensadora

válvula de comporta ⇨ válvula de gaveta

válvula de compressão delivery valve 输出阀

válvula de comunicação ⇨ válvula ventosa

válvula de contrafluxo back flow valve 止回阀

válvula de contrapressão reflux valve; back-pressure valve (BPV) 回流阀；回压阀

válvula de controlo (/controle) control valve 控制阀

válvula de controlo de caudal flow control valve 控流阀，流量开关，流量控制阀

válvula de controle da direcção steering control valve 转向控制阀

válvula de controle seletivo selector control valve 选择控制阀

válvula de controlo de fluxo ⇨ válvula de controlo de caudal

válvula de controlo de líquido liquid control valve 液体控制阀

válvula de controle de óleo oil control valve 油压控制阀

válvula de controle de poluição pollution-control valve (PCV) 污染控制阀

válvula de controle de pressão pressure control valve 压力控制阀

válvula de controle operada electricamente electrically-operated control valve 电动控制阀

válvula de Corliss Corliss valve 柯立斯摆动阀

válvula de corrediça ❶ slide valve 滑阀 ❷ ⇨ válvula de gaveta

válvula de corrediça cilíndrica cylindrical spool valve 柱形滑阀

válvula de cunha ❶ wedge valve 楔形阀 ❷ ⇨ válvula de gaveta

válvula de cunha elástica elastic seat ring sealed gate valve 弹性座封闸阀

válvula de deflação deflation valve 放气阀

válvula de derivação ⇨ válvula de desvio

válvula de descarga discharge valve, dump (release) valve 倾卸阀，排水阀，排泄阀，泄水阀，排空阀

válvula de descarga de ar air dump valve 排气阀

válvula de descarga de vazio vacuum dump valve 真空排水阀

válvula de descarga rápida quick-release valve 快速释放阀，快泄阀

válvula de descarga submersa submerged discharge valve 淹没式泄水阀

válvula de desligamento de gás de emergência emergency gas shut-off valve 紧急燃气关断阀

válvula de desvio by-pass valve 旁通阀

válvula de desvio diferencial differential by-pass valve 压差旁通阀

válvula de diafragma diaphragm valve 隔膜阀

válvula de dilúvio sprinkler valve 喷淋器阀

válvula da direcção steering valve 转向阀

válvula de disco disk valve 圆盘阀

válvula de drenagem (/dreno) drain valve 排水阀，放水阀

válvula de drenagem do cárter crankcase drain valve 曲轴箱排放阀

válvula de drenagem do óleo oil drain valve 放油阀

válvula de duas direções crossover valve, two-way valve 交换阀，二通阀

válvula de duas vias two-way valve 二通阀

válvula de duplo bloqueio e dreno double block and bleed valve 双截断与排放阀

válvula de dupla vedação double sealing valve 双密封阀

válvula de êmbolo piston valve 活塞阀

válvula de enchimento ❶ fill valve 给油阀，进油阀；充水阀 ❷ inflation valve 充气阀

válvula de ensaio test valve 检查阀

válvula de entrada inlet valve 进水阀

válvula de equilíbrio balancing valve, counterbalance valve 平衡阀

válvula de escape escape valve, exhaust valve 排气阀

válvula de escape do cilindro cylinder exhaust valve 气缸排气阀

válvula de escoamento discharge valve 排泄阀

válvula de esfera ball valve 球阀，球形阀

válvula de estrangulamento ⇨ válvula de regulação

válvula de exaustão ⇨ válvula de escape

válvula de expansão ❶ expansion valve 膨胀阀 ❷ cut-off valve 截止阀

válvula de expiração exhalation valve （口罩上的）呼吸阀

válvula de expurgo ⇨ válvula de sangria

válvula de extracção exhaust valve 排气阀，排气门

válvula de falha segura aberta fail-safe open valve 故障自动开放阀

válvula de falha segura fechada fail-safe close valve 故障自动关闭阀

válvula de fechamento shut-off valve 切断阀，截止阀

válvula de fechamento da gasolina gasoline shut-off valve 汽油切断阀

válvula de fechamento rápido HCR valve, high-closing ratio valve 液压控制阀

válvula de fecho ⇨ válvula de fechamento

válvula de fecho automático self-closing valve 自闭阀

válvula de fecho lento slow closing valve 缓闭阀

válvula de fecho vertical lift valve 提升阀

válvula de flutuador float valve 浮球阀

válvula de fluxo anular needle valve 针阀

válvula de fluxo unidireccional back-pressure valve (BPV) 回压阀，止回阀

válvula do freio brake valve 制动阀

válvula do freio de estacionamento parking valve 停车制动阀

válvula de fundo bottom valve 底阀

válvula do gás gas valve 煤气阀

válvula de gatilho poppet valve 提阀，提动阀

válvula de gaveta de latão brass gate valve 黄铜闸阀

válvula de indução induction valve 进气阀

válvula de injecção ⇨ válvula injectora

válvula de intercepção shut-off valve 截止阀

válvula de intercepção de bronze bronze stop valve 铜截止阀

válvula de interconexão crossover valve 转换阀

válvula de inundação deluge valve 涌流阀

válvula de inversão inversion valve 反

向阀

válvula de isolamento isolating valve 隔离阀

válvula de isolamento OS&Y OS&Y isolating valve 轭式外螺纹隔离阀

válvula de jacto cheio jet flow gate 射流式闸门

válvula de jacto oco hollow jet valve 空注阀

válvula do kelly ⇨ válvula de segurança do tubo facetado

válvula de kick-off kick-off valve 启动阀

válvula de lama slurry valve, mud valve 浆液闸阀

válvula de lançadeira shuttle valve 换向阀；选择滑阀

válvula de lavagem wash-out valve 清洗阀；冲刷阀

válvula de levantamento ⇨ válvula de gatilho

válvula de libertação de pressão pressure release valve 泄压阀，减压阀

válvula de limitação do débito excess flow valve 溢流阀

válvula de limite de pressão pressure limit valve 限压阀

válvula de limpeza silt trap scour gate 沙阱式冲沙闸

válvula de limpeza automática automatic flush valve 自动冲洗阀

válvula de membrana flapper valve 挡板阀

válvula de mistura mixing valve 混水阀

válvula de modulação ⇨ válvula moduladora

válvula do motor engine valve 发动机气门

válvula de mudança (de marcha) shift valve 换挡阀，变速阀

válvula de orifício orifice valve 小孔阀

válvula de paragem stop valve 截止阀

válvula de paragem automática de emergência emergency shutdown valve 紧急关闭阀

válvula de paralisação ⇨ válvula de travamento

válvula de partida starting valve 起动阀

válvula de passagem through-way valve 直通阀

válvula de passeio traveling valve 游动阀

válvula de pé ❶ foot valve 底阀, 脚阀 ❷ standing valve 固定阀

válvula de pedal foot valve 底阀, 脚阀

válvula de pistoneio swab valve [巴] 抽汲闸门

válvula de pouso landing valve 起落阀

válvula de pressão pressure valve 压力阀

válvula de pressão operada pela pressão da coluna tubing pressure operated valve 油管压力操作阀

válvula de proteção guard gate; guard valve 安全闸门

válvula de purga purge valve 放气阀; 放水阀

válvula de purga de ar air valve 放气阀

válvula de quatro vias fourway valve 四通阀

válvula de queda rápida quick-drop valve 速降阀

válvula de raios electrónicos electron-rays tube 电子射线管

válvula de ramal root valve 分支阀

válvula de ramificação ⇨ válvula de desvio

válvula de reajuste reset valve 复位阀

válvula de reajuste do pistão de carga load piston reset valve 负载活塞复位阀

válvula de reajuste de segurança safety reset valve 安全复位阀

válvula de redução ❶ ⇨ válvula redutora ❷ ⇨ válvula de regulação

válvula de redução de pressão ⇨ válvula redutora de pressão

válvula de redução de vácuo vacuum relief valve 真空卸压阀

válvula de refluxo backwater valve 回水阀

válvula do reforçador booster valve 助力阀

válvula de regulação throttle valve 节流阀; 风门

válvula de regulação automática automatic regulating gate; automatic regulating valve 自动调节阀

válvula de repercussão clack 瓣阀

válvula de respiro ⇨ válvula ventosa

válvula de restrição automática automatic cut-out valve 自动切断阀

válvula de retardo ABS pressure delay valve 延时阀

válvula de retenção check valve, non-return valve, reflux valve 单向阀; 止回阀

válvula de retenção com orifício orifice check valve 小孔止回阀

válvula de retenção do circuito de retracção do fundo floor dump check valve 转动底板卸料装置单流阀

válvula de retenção de contrapressão back-pressure check valve 背压止回阀

válvula de retenção da esfera ball check valve 球形止回阀

válvula de retenção do fundo retrátil bottom door check valve 底门止回阀

válvula de retenção de portinhola swing type check valve 旋启式止回阀

válvula de retenção dupla double check valve,shuttle valve 双止回阀, 换向阀; 梭阀

válvula de retenção e seqüência do avental apron sequence check valve 闸门程序控制单流阀

válvula de retenção simples ⇨ válvula de retenção unidirecional

válvula de retenção slow-closing slow-closing check valve 慢闭止回阀

válvula de retenção tipo Wafer Wafer check valve 对夹式止回阀

válvula de retenção unidirecional one-way check valve 单向止回阀

válvula de retorno reflux valve 回流阀

válvula de retrolavagem backwash valve 反冲洗阀

válvula de reversão change valve 换向阀

válvula de roscas threaded valve 丝扣阀

válvula de saída outlet valve 出水阀

válvula de sangria bleed valve, blow-down valve 排气阀; 排污阀, 放泄阀; 排水阀

válvula de seccionamento shut-off valve, stop valve 截流阀, 截止阀

válvula de seccionamento com vedante macio soft seal gate valve 软密封闸阀

válvula de seccionamento de roscas

threaded gate valve 丝接闸阀

válvula de seccionamento indepen-dente individual stop valve 独立断流阀

válvula de seccionamento tipo cunha ⇨ válvula de gaveta

válvula de sede cónica wing valve 翼阀

válvula de segurança ❶ ⇨ válvula de alívio (de segurança) ❷ ⇨ válvula de fechamento

válvula de segurança a pressão pres-sure safety valve 压力安全阀

válvula de segurança de abertura má-xima full-opening safety valve [葡] 全通径安全阀

válvula de segurança de água baixa low-water valve 低水位阀

válvula de segurança de mola spring safety valve 弹簧安全阀

válvula de segurança de peso morto deadweight safety valve 荷重式安全阀

válvula de segurança de subsuperfície downhole safety valve (DHSV) 井下安全阀

válvula de segurança de subsuperfície controlada na superfície surface-con-trolled subsurface safety valve 地面控制井下安全阀

válvula de segurança do tubo facetado kelly cock 方钻杆旋塞

válvula de segurança por alavanca lever safety valve 杠杆式安全阀

válvula de sequência sequence valve 顺序阀，程序控制阀

válvula de serviço service valve 检修阀

válvula da servotransmissão powershift transmission valve 动力换挡变速器操纵阀

válvula de sincronização synchronizing valve 同步电子管；同步脉冲管

válvula de sucção swab valve [葡] 抽汲闸门]

válvula de sucção do anular annulus swab valve [葡] 环空抽汲阀

válvula de suprimento ⇨ válvula de abastecimento

válvula de suprimento de ar air supply valve 供气阀

válvula da suspensão suspension valve 悬挂控制阀

válvula do tanque de combustível fuel supply valve 供油阀

válvula de torneira bib-valve 弯管龙头

válvula de trava da marcha transmis-sion hold valve 传动锁闭阀

válvula de travamento lock valve 锁闭阀

válvula de travamento da inclinação das rodas wheel lean lock valve 车轮倾斜锁定器阀

válvula de três vias three-way valve 三通阀

válvula de triângulo ⇨ válvula trian-gular

válvula de tubo drop valve 落阀

válvula de tubo de ar air vent cock 通风管旋塞

válvula de única via one-way valve 单向阀，止回阀

válvula de vácuo vacuum valve 真空阀

válvula de vapor steam valve 蒸汽阀

válvula de várias vias multi-way valve 多路阀

válvula da velocidade da marcha speed valve 调速阀

válvula de ventilação ventilation valve 通风阀

válvula de vidro glass tube 玻璃电子管

válvula de zona zone valve 区域阀

válvula desligadora do governador governor cutoff valve 停供调节阀

válvula desmodrómica desmodromic valve 连控轨道阀

válvula desviadora diverter valve 导流阀，分流阀，转换阀

válvula diferencial de pressão pressure differential valve, differential valve 压差阀

válvula difusora Howell-Bunger valve 锥形阀

válvula diminuta ⇨ válvula de agulha

válvula direcional directional valve 方向控制阀，定向阀

válvula direcional de êmbolo direction-al spool valve 定向滑阀

válvula distribuitora distribution valve 分配阀；压力调节阀

válvula divisora de fluxo flow divider valve 分流阀

válvula economizadora de potência horsepower saver valve 节能阀

válvula ejectora de pó dust ejector valve 吹尘器阀

válvula eléctrica detectora detector tube 检波管

válvula electrolítica electrolytic valve 电解阀

válvula electromagnética de gás electromagnetic gas valve 电磁气阀

válvula electrónica electron valve 电子管

válvula electrónica compensadora ballast tube 镇流管

válvula electrónica rectificadora rectifier tube 整流管

válvula electropneumática electro-pneumatic valve 电动气动阀

válvula no cabeçote inhead valve 顶置气门

válvula em cotovelo ⇨ válvula angular

válvula em disco disc valve 盘形阀，圆盘阀

válvula em espiral spiral valve 螺旋阀

válvula em forma de sino bell-shaped valve 钟形阀

válvula em (/de) cogumelo mushroom valve; open chamber needle valve 菌形阀

válvula em Y Y-valve 角阀

válvula equilibrada ⇨ válvula de equilíbrio

válvula escalonada step valve 层式阀；级阀

válvula esférica ⇨ válvula de esfera

válvula "fecha quando em falha" fail-close valve 故障自动关闭阀

válvula flutuadora ⇨ válvula de flutuador

válvula (de) gaveta gate valve 闸阀

válvula (de) globo globe valve 球阀；球形阀

válvula globular ⇨ válvula (de) globo

válvula HCR ⇨ válvula de fechamento rápido

válvula hidráulica hydraulic valve 液压阀

válvula hidráulica de mudança hydraulic shift valve 液压换挡阀

válvula hidrostática hydrostatic valve 静水压力阀

válvula injectora injection valve 喷射阀

válvula injectora de combustível fuel injection valve 燃油喷射阀

válvula interceptora intercepting valve 截断阀

válvula interruptora do freio do tractor tractor brake cutoff valve 拖拉机制动截止阀

válvula Kingston Kingston valve 锥形海底阀

válvula lateral side valve 侧阀

válvula lateral do anular annulus wing valve 环空翼阀

válvula lavatória tipo botão button type lavatory valve 按键式便池冲洗阀

válvula lavatória tipo pedal pedal type lavatory valve 脚踏式便池冲洗阀

válvula macho plug valve 旋塞阀

válvula mestra ❶ master valve 主阀 ❷ drilling valve 钻井阀

válvula mestra de anular annulus master valve 环形主阀

válvula moduladora modulating valve 调制管，调幅阀

válvula moduladora de alívio (/segurança) modulating relief valve 调节溢流阀

válvula moduladora de pressão modulating pressure valve 压力调节阀

válvula motorizada motorized valve 电动阀

válvula motorizada de três vias motorized 3-way valve 电动三通阀

válvula móvel traveling valve [葡] 游动阀

válvula multifuncional multi-function valve 多功能阀

válvula neutralizadora do governador governor override valve 调速器超压阀

válvula neutralizadora da marcha neutralizer valve 空挡器阀

válvula neutralizadora do sinal predominante override shut-off valve 超驰切断阀

válvula niveladora levelling valve 水平调节阀

válvula normalmente aberta normal-

ly-open valve 常开阀
válvula normalmente fechada normal-ly-closed valve 常闭阀
válvula operada por pressão pressure-operated valve 压力操纵阀
válvula piloto pilot valve, pilot operated valve 先导阀
válvula plana de seccionamento cut-off plane valve 平面截止阀
válvula pop-off pop-off valve 爆脱阀
válvula principal main valve 主阀
válvula principal de alívio main relief valve 主溢流阀
válvula principal de alívio de pressão main pressure relief valve 主泄压阀
válvula quick-closing quick-closing valve 速闭阀
válvula redutora reducing valve 减压阀
válvula redutora do governador governor reducing valve 调速器减压阀
válvula redutora de modulação modulating reducing valve 调节减压阀
válvula redutora de mudança acima upshift reducing valve 升挡减压阀
válvula redutora de mudança para baixo downshift reducing valve 降挡减压阀
válvula redutora de pressão pressure reducing valve 减压阀
válvula redutora de prioridade priority reduction valve 优先控制减压阀
válvula redutora moduladora de pressão pressure modulating reducing valve 压力调节减压阀
válvula reguladora regulating valve 调节阀
válvula reguladora de contrapressão backpressure regulator valve 反压调节阀
válvula reguladora de pressão pressure regulating valve 压力调节阀
válvula reguladora de vácuo vacuum regulating valve, vacuum breaker 真空调节阀
válvula (de) relé relay valve 继动阀
válvula retentora de alimentação feed water check valve 给水止回阀
válvula retentora de roscas threaded

check valve 丝扣止回阀
válvula rotativa rotary valve 回转阀
válvula selectora selector valve 选择阀
válvula selectora automática automatic selector valve 自动选择阀
válvula selectora de carretel selector spool valve 选择滑阀
válvula selectora de marcha speed selector valve 速度选择阀
válvula selectora do sentido de marcha direction selector valve 方向选择阀
válvula selectora do sinal predominante override selector valve 超驰选择器
válvula selectora de velocidade do ejetor ejector speed selector valve 推卸速度选择阀
válvula selectora e de controle da pressão selector and pressure control valve 压力选择和控制阀
válvula selectora giratória rotary selector valve 旋转选择阀
válvula servo servo-valve 伺服阀
válvula sifonada siphon valve 虹吸阀, 水封阀
válvula sinalizadora signal valve 信号阀
válvula solenóide com sensor de nível solenoid valve with level sensor 带水位感应器的电磁阀
válvula solenóide (/solenoidal) solenoid valve 螺线管阀, 电磁阀
válvula submersa submerged entry nozzle 浸入式喷管入口
válvula telescópica telescopic valve 伸缩式阀
válvula termostática thermostatic valve 恒温阀
válvula tipo carretel spool valve, spool-type valve 滑阀
válvula tiristorizada thyristor valve 晶闸管阀
válvula triangular triangle valve 三角阀
válvula tubular ❶ sleeve valve, tubular valve 套筒阀 ❷ ⇨ válvula de gatilho
válvula unidireccional ⇨ válvula de retenção
válvula vaivém ⇨ válvula de retenção dupla

válvula variável variable valve 调节阀，可变阀

válvula ventosa vent valve, air vent valve 排气阀

válvula venturi venturi valve 文丘里阀

válvula W1 wing1, production wing valve 采油圆盘导翼阀

válvula W2 wing2, annulus wing valve 环空翼阀

van *s.f.* van; minibus 厢式客货两用车；小公共

vanadato *s.m.* vanadate 钒酸盐

vanadinite *s.f.* vanadinite 钒铅矿

vanádio (V) *s.m.* vanadium (V) 钒

vandalismo *s.m.* vandalism 蓄意破坏（公共财产、交通工具、历史文化遗产或艺术品等）；故意破坏他人（或公共）财物罪

vandalismo e sabotagem vandalism and sabotage 故意毁坏财物并扰乱秩序

vantagem *s.f.* advantage 优势

vantagem mecânica mechanical advantage 机械效益

vantofite *s.f.* vanthoffite 无水钠镁矾

vão *s.m.* ❶ 1. void; space 空隙，空洞；空间 2. bay （飞机的）舱，机舱 3. dead-space 死空间；死腔；死区 ❷ opening 开洞；门窗洞口 ❸ span 跨，跨度

vão aberto open well 露明梯井；开敞竖井

vão alargado splay 八字面 ⇨ capialço

vão cego interfenestration 窗间墙

vão central central span 中跨距，中心跨距

vão de abóbada severy （哥特式建筑）穹顶的分隔间

vão de caixa case bay 梁间距

vão de escada the space under the stair case 楼梯间

vão de janela window opening 窗洞

vão de porta door opening 门洞

vão duplo double span 双跨

vão estrutural structural opening 结构开洞

vão extremo end span 端跨

vão intermédio intermediate span 中间跨

vão lateral side span 旁跨；边跨

vão livre ❶ clearance 净空，间隙 ❷ clear span 净跨，净跨距 ❸ free span 管跨段

vão livre lateral side clearance 侧间隙，端面间隙

vão livre para despejo dumping clearance 卸载高度

vão livre sobre o solo ground clearance 离地净高

vão total total span 总跨度

vão-luz window opening 开窗，窗洞

vãos múltiplos multi-span 多跨

vão principal main span 主跨

vão suspenso suspended span 悬跨

vapor *s.m.* ❶ vapor; steam, water vapor 蒸气，蒸汽 ❷ *pl.* fumes 烟雾，（强烈而刺激的）气味，气体

vapor ácido acid vapor 酸性蒸气

vapor de água water vapor 水蒸气

vapor de escape exhaust steam 排出蒸汽

vapor húmido wet steam 湿蒸汽

vapor inflamável flammable vapor 易燃蒸气

vapor reaquecido frio cold reheated steam 再热蒸汽冷段

vapor reaquecido quente hot reheated steam 再热蒸汽热段

vapor saturado saturated steam 饱和蒸汽

vapor sobre pressão pressure steam 压力蒸气

vapor superaquecido superheated vapor 过热蒸汽

vapor vivo live steam 新鲜蒸气

vaporização *s.f.* vaporization 气化作用；蒸发

vaporização electrostática electrostatic spray 静电喷漆

vaporização instantânea instantaneous flash 瞬闪

vaporizador *s.m.* vaporizer 蒸发器

vaporizar *v.tr.,intr.* (to) vaporize （使）蒸发

vara *s.f.* ❶ rafter 椽条 ❷ "vara" 葡制竿（长度单位，合 1.1 米）

vara de carregamento loading pole 加载导柱

varactor *s.m.* varactor (diode) 变容二极管

varal *s.m.* clothesline 晾衣绳

varanda *s.f.* ❶ 1. veranda, balcony 阳台 2. terrace （屋顶）露台 3. balcony （两个或多个房间共通的）大阳台 ⇨ balcão corrido 4. porch 门廊；走廊 ❷ railing (of a balcony) 阳台栏杆

varanda aberta open balcony 开放式阳台

varanda alpendrada porch 门廊；走廊

varanda corrida shared balcony （两个或多个房间共通的）大阳台 ⇨ balcão corrido

varanda fechada enclosed balcony 封闭式阳台

varandim *s.m.* narrow balcony 小阳台

varão *s.m.* metal bar 铁棍，金属棍

varão de aço bar tendon 钢筋

varão de aço com estrias de secção redonda steel deformed round bar 螺纹圆钢

varão de aço de baixa-liga low alloy steel bar 低合金钢筋

varão de armário wardrobe rail 衣柜导轨

varão de cortinado curtain rail 窗帘棍

varedo *s.m.* counter batten; rafter 顺水条；[集] 椽子

varejador *s.m.* shaker 振动器，摇动器

varejador de azeitonas olive shaker 振动器，摇动器；（果实的）振动收获机

varejamento *s.m.* buckling 压曲；压弯

varejo *s.m.* retail [巴] 零售

vareta *s.f.* ❶ 1. rod [vara 的指小词] 棒，棍 2. stirring rod 搅拌棒，玻璃棒 ❷ fuel rod （核电）燃料棒

vareta de cobre enterrada copper ground rod 接地铜棒

vareta da cortina curtain rod 窗帘杆

vareta da embreagem clutch pushrod 离合器推杆

vareta de nível (de óleo) oil level dipstick, oil level gauge, oil tank dipstick 油位尺，油位计

vareta de nível de combustível fuel level plunger 燃油油位尺

vareta de pescar esfera core picker 岩心提取器

vareta de segurança locking rod 锁止杆

vareta de soldagem welding rod 焊条

vareta de válvula valve push rod 气门推杆

vareta impulsora valve stem, valve spindle 阀杆，气门杆

vareta medidora de óleo oil dipstick 油尺

vareta para solda de aço inoxidável stainless steel welding rod 不锈钢焊条

vargem *s.f.* ⇨ várzea

variação *s.f.* variation 变动

variação de caudal de ar (VAV) variable air volume (VAV) 变风量

variação das precipitações variation of rainfall 降雨量变化

variações de temperatura temperature variation 温度变化

variação de tolerância variation of tolerance 公差带

variação diurna diurnal variation 日际变化

variação eustática do nível do mar eustatic sea level change 海平面升降变化

variação magnética magnetic variation 磁差

variação relativa do nível do mar relative sea-level change 相对海平面变化

variação sazonal de tráfego seasonal variation of traffic 交通的季节性变化

variador *s.m.* variator, dimmer （旋钮式）调节开关，无级变速器

variador de frequência frequency inverter 变频器

variador de frequência em malha aberta open loop frequency variator 开环控制变频器

variador de frequência em malha fechada closed loop frequency variator 闭环控制变频器

variador de temperatura de cor color changer, color dimmer 换色器

variador de velocidade speed variator 变速器，无级变速器

variador de volume volume variator 风量调节开关

variador de volume de ar condicionado air conditioner volume variator 空调风量调节开关

variador hidráulico hydraulic speed variator, hydraulic speed changer 液压无级变速器，液压变速器

variador mecânico mechanical speed variator, mechanical speed changer 机械无级变速器，机械变速器

variância *s.f.* variance 方差

variante ❶ *adj.2g.* variant 不同的；变化的 ❷ *s.f.* variant, variation 变体；不同版本；（生

物）变种 ❸ *s.f.* detour, deviation 绕行路

variante de local alternative site 替代地盘，替代选址

variante de traçado provisória shoofly track 临时轨道

variável ❶ *adj.2g.* variable 可变的 ❷ *s.f.* variable 变量

variável aleatória random variable 随机变量

variável autónoma autonomous variable 自主变量

variável com o tempo time variant 时变（的）

variável controlada controlled variable 控制变量；受控变量

variável de perfuração drilling variables 钻井变量参数

variável de perfuração controlável controllable drilling variables 钻井可控参数

variável de perfuração não controlável non controllable drilling variables 钻井不可控参数

variável de processo process variable 过程变量

variável manipulada manipulated variable 被控变量，操纵变量

variável visual visual variable 视觉变量

variedade *s.f.* variety 多样性

variegado *adj.* variegated 杂色的，斑驳的

varímetro *s.m.* varmeter 无功功率表

varinha *s.f.* pointer, rod 短棒

varinha hidroscópica divining rod, wiggle stick, dower（用迷信方法探寻水源、矿脉等的）探水杖

varinha mágica electric mixer 电动搅拌机；电动打蛋器

varíola *s.f.* variole（玄武岩的）球颗

variolítico *adj.* variolitic 球粒玄武岩的，球颗状的

variolito *s.m.* variolite 球颗玄武岩

variómetro/variômetro *s.m.* variometer 可变电感器

variômetro magnético magnetic variometer 磁变仪

variscite *s.f.* variscite 磷铝石

varistor *s.m.* varistor 压敏电阻

varredoura *s.f.* road sweeping machine 路面清扫车

varredura *s.f.* ❶ brooming 扫；扫面，打扫浮层 ❷ scan 扫描 ❸ range 量程

varredura ascendente upsweep 向上扫描；升频扫描

varredura colorida colored sweep 有色扫描

varredura contínua continuous scan 连续扫描

varredura de contacto contact scanning 接触式扫描

varredura de velocidade velocity scan 速度扫描

varredura linear linear sweep 线性扫描

varredura multiespectral multispectral scanning 多光谱扫描

varredura não linear nonlinear sweep 非线性扫描

varrer *v.tr.* ❶ (to) sweep（用扫帚）扫 ❷ (to) scan 扫描

varvado *adj.* varved 纹泥的

varve *s.f.* varve 纹泥，季候泥

varvito *s.m.* varvite 纹泥岩

várzea *s.f.* flood plain 洪泛平原

vasa *s.f.* ooze 软泥

vasa argilosa azul blue mud 蓝泥

vasa argilosa verde green mud 绿泥

vasa argilosa vermelha red mud 赤泥，红泥

vasa biogénica biogenic ooze 生物软泥

vasa calcária calcareous ooze 钙质软泥

vasa coralina coralline ooze 珊瑚泥

vasa de cocólitos coccolith ooze 颗石藻软泥

vasa de diatomáceas diatomaceous ooze 硅藻软泥

vasa de foraminíferos foraminiferous ooze 有孔虫软泥

vasa de globigerinas globigerine ooze 抱球虫软泥

vasa de radiolários radiolarian ooze 放射虫软泥

vasa diatomácea diatom ooze 硅藻软泥

vasa sapropélica saprogeneous ooze 腐殖软泥

vasa silicosa siliceous ooze 硅质软泥

vasalito *s.m.* ⇨ pelito

vaselina *s.f.* vaseline, petroleum jelly 凡士林

vasilha *s.f.* vessel; container 器皿，容器

vasilha para gratinar grating dish 烘烤菜肴盘

vaso *s.m.* vessel（泛指）瓶、罐、缸（等容器）

vaso comunicante communicating vessel 连通器

vaso de ar comprimido air pressure vessel 贮气罐

vaso de descarga reduzida (VDR) water saving toilet 节水马桶

vaso de expansão expansion tank, expansion vessel 膨胀水箱；涨溢箱

vaso de planta flower pot 花盆

vaso de pressão pressure vessel 压力容器

vaso sanitário toilet bowl [巴] 马桶

vassoura *s.f.* broom 扫帚

vassoura de bambu bamboo broom 竹扫把

vassoura-de-bruxa firebroom rake, fire swatter 消防打火把，森林扑火工具（通常为手柄加不同材料组成的工具，我国习惯将手柄加橡皮条制作的称为二号工具，将手柄加钢丝制作的称为三号工具，将手柄加橡胶拍头制作成的称为四号工具）

vassoura mecânica mechanical broom 机械扫路机

vassoura plástica plastic broom 塑料扫帚

vassoura sopradora motor sweeper, road sweeper 道路清扫车

vaterite *s.f.* vaterite 球霰石

vátio (W) *s.m.* ⇨ watt

vatímetro/vatiómetro *s.m.* ⇨ wattímetro

vau *s.m.* beam 船只的横梁

vau de convés deck beam 甲板梁

vau frontal breast summer 过梁，大木

vaugnerito *s.m.* vaugnerite 暗色岗闪长岩

vauquelinite *s.f.* vauquelinite 磷铬铜铅矿

vauxite *s.f.* vauxite 蓝磷铝铁矿

vazado *adj.* openwork 穿孔的；网眼的

vazador *s.m.* ❶ punch 冲孔器 ❷ bailer 捞砂筒

vazador de limpeza bailer 捞砂筒，钻泥提取器

vazadouro *s.m.* dumping ground 垃圾堆积场；倾卸场

vazamento *s.m.* ❶ emptying 倒空，排空 ❷

leak, leakage, seepage 泄漏，渗漏，渗流 ❸ tipping, teeming, pouring 倾倒，浇铸

vazamento a quente hot cast 热铸

vazamento centrífugo centrifugal casting 离心铸造

vazamento contínuo continuous cast 连铸

vazamento de óleo oil leak 漏油

vazamento em moldes teeming 点冒口

vazante *s.f.* ebb 退潮

vazão *s.f.* ❶ 1. flow rate (for liquid or gas) 流速，流率，流量 2. inflow rate 流入速率 3. nominal flow 额定流量 4. volumetric rate 容积流率 ❷ discharge 排放，排出

vazão afluente influx 流入量

vazão anual yearly flow 年流量

vazão bombeada pumped flow 泵送流量

vazão constante constant rate 恒定速率；常产量

vazão crítica critical flow 临界流量

vazão crítica de produção critical production rate 临界生产率

vazão da bomba hidráulica hydraulic pump delivery 液压泵流量

vazão de cheia flood flow 洪水径流

vazão dos drenos drain discharge 排水流量

vazão de estiagem minimum flow 最小流量

vazão da fase phase flow rate 相流量

vazão de fluxo crítico critical flow rate 临界流量

vazão de fluxo crítico de gás critical gas flow rate 临界气体流量

vazão do lençol freático groundwater flow 地下水流量

vazão de pico peak flow 洪峰流量；最大流量

vazão defluente outflow 流出量

vazão diária daily flow 日流量

vazão efluente outflow 外流

vazão específica specific flow; unit flow 比量；单位流量

vazão incremental (/incrementada) increment flow 流量增量

vazão instantânea instantaneous flow 瞬时流量

vazão liberada ⇨ vazão defluente

vazão mássica mass flow rate 质量流量

vazão máxima absoluta absolute open flow (AOF) 绝对无阻流量

vazão máxima derivada maximum utilizable flow 最大可用流量

vazão média mean flow 平均流量

vazão média a longo termo average long-term flow 长期平均流量

vazão média histórica historical average flow 历史平均流量

vazões médias mensais do ano mais seco average monthly flows of the driest year 最干旱年份的平均月流量

vazão média mensal máxima maximum monthly average flow 最高月平均流量

vazão média mensal mínima minimum monthly average flow 最低月平均流量

vazão medida gauged flow 测得流量

vazão natural natural flow 自然流量

vazão nominal rated flow 额定流量

vazão nominal firme firm discharge; guaranteed flow; dependable discharge 固定流量, 可靠流量

vazão observada observed flow 观察流量

vazão regularizada regulated flow 调节流量

vazão reservada compensation water 补偿水

vazão residual residual flow 剩余流量, 残流

vazão sólida sediment load 输沙量

vazão sólida afluente sediment inflow; sediment yield 来沙（量）

vazão sólida em suspensão suspended sediment load; suspended load 悬移质；悬浮荷重

vazão sólida por arrastamento bed load, bed load sediment 推移质；底沙

vazão sólida total total sediment load; total solids load 总含沙量

vazão turbinada turbinated flow 水轮机流量（单位时间内通过水轮机的水量）

vazão turbinável turbinable flow 水轮机可用流量

vazão unitária unit flow 单位流量

vazão vertida relief flow, spillway discharge 溢流量

vazão volumétrica volumetric flow rate 体积流率, 容积流率

vazar v.tr. ❶ (to) empty 倒空，排空 ❷ (to) leak, (to) seep, (to) ooze 泄漏，渗漏，渗流 ❸ (to) tip, (to) teem, (to) pour 倾倒，浇注

vazio ❶ adj. empty 空 的 ❷ s.m. 1. void, voids 空隙, 空洞 2. gaps in the unconsolidated goaf 采空区

vazios não preenchidos none fulfilled voids 未填充的空隙

vazios permeáveis permeable voids 透水空隙

vazios preenchidos fulfilled voids 填充的空隙

vazios residuais residual voids 剩余空隙

vector/vetor s.m. vector 矢量，向量

vetor de aceleração acceleration vector 加速度矢量

vector de burger Burger's vector 伯格矢量，伯格向量

vector próprio eigenvector; modal shape 特征向量；模态振型

vectorização/vetorização s.f. vectorization 矢量化，向量化

vectorial/vetorial adj.2g. vectorial 矢量的，向量的

vedabilidade s.f. sealability 密封能力

vedação s.f. ❶ barrier, fence, fencing 围挡，围封；围栏；围网 ❷ seal 密封；密封处理

vedação à pressão pressure seal 压力密封

vedação anti-fugas watertight seal 不透水密封垫

vedação composta composite seal 复合密封

vedação da base base sealing 底部密封

vedação de cone duplo double-cone sealing 双锥密封

vedação do eixo shaft seal 真空轴密封

vedação de juntas joint sealing 填缝

vedação de líquidos liquid seal 液封

vedação de poeira dust seal 防尘封

vedação de poros sealing of pores 封闭孔隙

vedação de segurança safety fence 安全栏；防撞栏

vedação flutuante floating seal 浮动密封

vedação hidráulica hydraulic packing 液压填密，液体密封

vedação para tubo pipe seal 管接头密封

vedação rotativa rotary seal 旋转密封

vedação sobreposta gland 密封压盖

vedado *adj.* sealed 密封的

vedador *s.m.* ❶ 1. seal, sealer 密封；密封层 2. plug, end plug 塞子；端塞 ❷ sealant 密封剂，密封胶

vedadores comuns common seals 普通密封件

vedador de esteira track seal 链轨密封垫

vedador da tampa (/cabeça) bonnet seal 阀帽密封

vedador e bujão stopper and plug 塞子和插头

vedador líquido liquid selant 液体密封胶

vedador retrátil recoil seal 反冲密封

veda-juntas *s.m.2n.* ❶ joint-sealing 合模封条 ❷ waterstop; sealing strip 止水带，止水条

vedante *s.m.* sealant 密封剂，密封胶

vedante acústico acoustical sealant 隔音胶

vedante adesivo adhesive sealant 密封胶

vedante de elevado alcance high-range sealant 高位移能力密封胶（通常指位移能力大于 10%、小于 25% 的密封胶）

vedante de junta joint sealant 填缝料；夹口胶

vedante de médio alcance medium-range sealant 中位移能力密封胶（通常指位移能力不超过 10% 的密封胶）

vedante de remate cap sealant, cap bead 嵌缝胶；嵌缝胶条

vedante de soleira sill sealer （窗台、门槛处用来防风的）密封条，防风条

vedante elástico elastic sealant 弹性密封胶

vedante estrutural structural sealant 结构密封胶，结构胶

vedante polissulfídico polysulfide sealant 聚硫密封胶

vedantes para vidros glass seals 玻璃密封胶

vedar *v.tr.* (to) seal 密封

vedo *s.m.* fence, hedge 围栏，围挡

veenite *s.f.* veenite 硫锑砷铅矿

vegetação *s.f.* vegetation 植物，植被

vegetação primária primary vegetation 初生植被

vegetação rasteira ground cover 地被植物

vegetação secundária secondary vegetation 次生植被

vegetação xeromorfa xeromorphic vegetation 旱生植被

veículo *s.m.* ❶ vehicle 车辆；交通工具，载具 ❷ vehicle 载体；溶媒

veículo a motor motor vehicle 机动车辆

veículo aéreo não tripulado unmanned aerial vehicle 无人飞行器

veículo aerodinâmico aerodynamic vehicle 空气动力飞行器

veículo aeroespacial aerospace vehicle 航空航天器

veículo articulado articulated vehicle 铰接式汽车

veículo automotor ⇨ veículo a motor

veículo-betoneira truck-mixer 混凝土搅拌车

veículo comercial commercial vehicle （尤指运输用的）商用车辆

veículo de combustível flexível flexible-fuel vehicle (FFV) 机动燃料车

veículo de configuração controlada control configured vehicle 随控布局飞机

veículo de duplo piso double-decker 双层车辆

veículo de emergência emergency vehicle 紧急服务车辆，抢险车

veículo de fornecimento de mistura mix-delivery vehicle 混合输送机动车

veículo de operação operational vehicle 工作车辆

veículo de operação remota (/controlo remoto) remotely-operated vehicle (ROV) 遥控操作装置；水下机器人

veículo de passeio passenger car 客运车辆

veículo de recreio recreational vehicle 休闲车

veículo de serviço service vehicle 服务车辆

veículo de titularização special-purpose

vehicle (SPV) 特殊目的公司

veículo de tracção traseira rear wheel drivevehicle 后轮驱动车

veículo de tramitação track vehicle 履带式车辆

veículo eléctrico electric vehicle 电动车

veículo especial special vehicle 特种车辆

veículo ferroviário rail vehicle 铁路车辆

veículo fixo film former（涂料）成膜物质，黏结剂

veículo leve sobre trilhos (VLT) light rail 轻轨；轻轨列车

veículo militar military vehicles 军用车辆

veículo operado remotamente ⇨ veículo de operação remota

veículo particular ❶ private car 私家车 ❷ saloon car 轿车

veículo pesado heavy vehicle 重型车辆

veículo-quilómetro vehicle-kilometer 延车公里

veículo-restaurante dining car, restaurant car（火车上的）餐车

veículo sobre colchão de ar air cushion vehicle 气垫船

veículo sobre esteiras tracked vehicle, crawler vehicle 履带式车辆

veículo subaquático autónomo autonomous underwater vehicle (AUV)［葡］自治式水下机器人

veículo submarino autônomo autonomous underwater vehicle (AUV)［巴］自治式水下机器人

veículo terra-trilho hi-rail car, hybrid road-rail vehicle 公路铁路两用货车

veículo todo-o-terreno all-terrain vehicle 全地形车，越野车

veículo tractor towing vehicle 牵引车辆

veículo utilitário utility vehicle 多用途运载车

veículo volátil volatile vehicle 挥发性载体，（涂料）溶剂

veio s.m. ❶ shaft, power driven shaft 轴，传动轴 ❷ seam, vein 矿脉

veio cego blind vein 无露头矿脉

veio contraído vena contracta 缩流断面；缩脉

veio de água water vein 水脉

veio de argila clay vein 黏土脉

veio de cardans cardan shaft 万向轴

veio de contacto contact vein 接触矿脉

veio de excêntricos cam-shaft 凸轮轴

veio de exsudação seep vein, exudation vein 分泌脉

veio de fissura fissure vein 裂缝矿脉

veio de minério run, mineral vein 矿脉

veio de ressaltos tumbling-shaft 凸轮轴

veio flexível flexible shaft 软轴

veio horizontal fletz 层系中的异质夹层

veio indicador indicator vein 指示脉

veio intermediário intermediate shaft 中间轴

veio intermédio countershaft 中间轴，副轴

veio mineral mineral vein 矿物脉

veio primário primary shaft 主轴

veio rotativo rotating shaft 转轴

veio secundário secondary shaft 第二轴

veio sem afloramento ⇨ veio cego

veio telescópico de cardan telescopic cardan shaft 伸缩式万向轴

vela s.f. ❶ candle 蜡烛 ❷ sparking plug, spark plug, ignition plug 火花塞 ❸ sail 帆

vela de ignição sparking plug, spark plug, ignition plug 火花塞

vela de incandescência (/de pré-aquecimento/ incandescente) glow plug 电热塞

vela fria cold spark plug 冷火花塞，常温火花塞

vela grande main sail 主帆

vela injetora torch igniter 火炬式点火器

vela quente hot spark plug 热火花塞

velário s.m. velarium（古罗马露天剧场的）遮阳棚

velatura s.f. woodstain 木材染料，木材着色剂，"无穷花"

velcro s.m. velcro 维可牢尼龙搭扣

velocidade s.f. speed, velocity 速度

velocidade à plena carga full load speed 满载速度

velocidade acústica acoustic velocity 声速

velocidade angular angular velocity 角速度

velocidade anular annular velocity 环隙

流速

velocidade aparente apparent velocity 表观速度，视速度

velocidade-ar air speed 空速，空气速度

velocidade balanceada balanced speed 均衡速度

velocidade básica do vento basic wind speed 基本风速

velocidade comercial commercial speed 营运速度

velocidade constante constant speed 恒速

velocidade crítica critical velocity 临界速度

velocidade-cruzeiro cruising speed 巡航速度

velocidade de água water velocity 水流速度

velocidade de aproximação approach speed 来车速度

velocidade de atrito friction velocity 摩擦速度

velocidade de avanço forward speed 前进速度

velocidade de avanço de eléctrodo feeding speed of electrode 焊条送进速度

velocidade de bombeamento pumping speed 抽速；泵浦速度

velocidade de corrente stream velocity 气流速度

velocidade de corte cutting speed 切割速度，切削速度

velocidade de decaimento decay rate 衰变速率

velocidade de decisão decision speed 决断速度

velocidade de decolagem takeoff speed 起飞速度

velocidade de deposição da solda welding travel speed 焊接速度

velocidade de descarga exhaust speed 排气速度

velocidade de empilhamento stacking velocity 叠加速度

velocidade de entrada input speed 输入速度

velocidade de erosão crítica critical erosion velocity 临界侵蚀速率

velocidade de escape exhaust velocity 排气速度

velocidade de escorregamento slip velocity（岩屑在上返泥浆流中的）沉降速度；下滑速度

velocidade de fase phase velocity 相速度

velocidade de flape baixado maximum flap extended speed 最大带襟翼飞行速度

velocidade de fluência ❶ flow rate (for solid)（固体）流量 ❷ creeping speed 超低速，蠕行速度

velocidade de funcionamento running speed 运行速度

velocidade de giro swing speed 回转速度

velocidade de grupo group velocity 群速度

velocidade da luz (c) speed of light (c) 光速

velocidade da máquina machine speed 机械速度

velocidade de marcha running speed 行驶速度

velocidade da migração migration velocity 偏移速度，驱进速度

velocidade de motor engine speed 发动机转速

velocidade do obturador shutter speed 快门速度

velocidade da onda wave velocity 波速

velocidade de percolação seepage velocity 渗流速度

velocidade de percurso travel speed 行驶速度

velocidade de perda stall speed 失速速度

velocidade de perfuração drilling rate 钻进速度

velocidade de propagação de chamas flame-spread speed 火焰传播速度

velocidade de queda livre free falling velocity 自由落体速度；自由沉降速度

velocidade de regime slip speed 转差速率

velocidade de resfriamento cooling rate 冷却速度

velocidade de resposta speed of response 响应速度

velocidade de rotação rotation rate 转速

velocidade de saída output speed 输出速度

velocidade de segurança máxima maximum safe speed 最高安全速度

velocidade de segurança na decolagem take-off safety speed 起飞安全速度

velocidade de subida climb speed 爬升速度

velocidade da subsuperfície subsurface velocity 水下流速

velocidade de tombamento do material rodante em curvas overturning speed 倾覆速度

velocidade de tráfego traffic speed 交通流动速度

velocidade de transpasse (em amv) trespass speed 过岔速度

velocidade de vento wind speed 风速

velocidade de vento máximo maximum wind velocity 最大风速

velocidade de vento médio mean wind velocity 平均风速

velocidade directriz design speed 设计速度

velocidade efectiva ground speed 对地速度

velocidade no cabo (do guincho) line speed 钢绳速度

velocidade em relação ao ar airspeed 空速

velocidade em relação ao fundo speed over ground (SOG) 对地航速

velocidade equivalente equivalent airspeed 当量空速

velocidade erosional erosional velocity 侵蚀速度

velocidade instantânea instantaneous velocity 瞬时速度

velocidade insuficiente underspeed 速度不足

velocidade intervalar interval velocity 层速度，间隔速度

velocidade livre free speed 自由速率

velocidade máxima full speed 最高速度；（挡位）全速

velocidade máxima autorizada maximum authorized speed 最大容许速度

velocidade máxima carregada top speed-loaded 负载最高速度

velocidade máxima de deslocamento maximum travel speed 最高行驶速度

velocidade máxima de percurso travel speed maximum 最大行驶速度

velocidade máxima do vento maximum wind speed 最高风速

velocidade máxima permitida maximum speed limit 最高速限

velocidade média average speed 平均速度

velocidade mínima de decolagem take-off safety speed 起飞安全速度

velocidade nominal rated speed 额定速度

velocidade nominal do motor rated engine speed 发动机额定转速

velocidade óptima optimum speed 最佳转速

velocidade projectada design speed 设计速度

velocidade recomendada recommended speed 推荐速度

velocidade relativa ao solo ground speed 地速

velocidade síncrona synchronous speed 同步速度

velocidade sísmica seismic velocity 地震波速，地震速度

velocidade superficial superficial velocity 表面速度；空塔速度

velocidade sustentada sustained speed 持续速度

velocidade terminal terminal velocity 终端速度

velocidade-terreno ground-speed 对地速度，地面速度

velocidade verdadeira true airspeed 真空速

velocidade vertical vertical velocity 垂直速度

velocímetro *s.m.* speedometer, velocimeter 时速表，速度表

velório *s.m.* funeral home 殡仪馆

veludo *s.m.* velvet 丝绒；天鹅绒

venado *adj.* veined, veiny 有叶脉的；有脉纹的

venanzito *s.m.* venanzite 橄榄黄长白榴岩

vencido *adj.* due, expired （付款）到期（未付）的

vencer ❶ *v.tr.* (to) win 获胜，赢得 ❷ *v.intr.* (to) expire, (to) fall due, (to) mature 到期，过期

vencimento *s.m.* ❶ due time, expiration, expiry date （付款）到期日 ❷ wage, salary, pay 工资，薪金

vencível *adj.2g.* payable, maturing （付款）到期的

venda *s.f.* ❶ sale 卖，出售，售卖 ❷ selling 销售

venda de concessão a terceiros farm-out 开采权益的转出

venda de energia elétrica sale of electricity 电力出售；售电量

vendedor *s.m.* seller, vendor 卖方，卖家；销售者，商贩

vendedor ambulante street vendor 流动商贩

vendedor de mercado market vendor 市场商贩

vender *v.tr.* (to) sell 卖，销售

veneglass *s.m.* louver glass 百叶玻璃

veneziana(s) *s.f.(pl.)* louver(s) 百叶帘，百叶窗

venezianas de enrolar rolling shutters 卷帘

venezianas de liga de alumínio aluminum alloy louvers 铝合金百叶窗

venezianas fixas de alumínio aluminum fixed louvers 固定铝百叶窗

veneziana móvel shutter blind 百叶帘

venito *s.m.* venite 脉混合岩

ventania *s.f.* gale 大风，狂风

ventar *v.tr.,intr.* (to) vent （使）排气

ventarola *s.f.* fan 扇子；风扇

ventifacto *s.m.* ventifact 风棱石

ventilação *s.f.* ventilation 通风

ventilação artificial artificial ventilation 人工通风

ventilação cruzada cross ventilation 对流通风，穿堂风；交叉通风

ventilação de recuperação de calor (VRC) heat recovery ventilation 热回收通风

ventilação equilibrada balanced draught 平衡式通风

ventilação forçada forced ventilation 强制通风；机械通风

ventilação lateral lateral ventilation 横向通风

ventilação mecânica mechanical ventilation 机械通风，机动通风

ventilação mecânica controlada (VMC) controlled mechanical ventilation 机械控制通气

ventilação natural natural ventilation 天然通风

ventilação plena plenum ventilation 充气通风

ventilação pressurizada pressurized ventilation 强制通风

ventilação seca dry blowing 干蒸

ventilador radial radial fan 径向风机

ventilador *s.m.* ❶ ventilator, fan, ventilation fan 风机，通风机，通风扇 ❷ blower, exhauster, vacuum sucker 各种风机的统称，如鼓风机（soprador）、排风机（exaustor）、吸气机（aspirador）等

ventilador auxiliar booster fan 辅助鼓风机

ventilador axial axial fan 轴流风机，轴流式风扇

ventilador central whole-house ventilator 中央通风机，中央通风系统

ventilador centrífugo centrifugal fan 离心风机

ventilador centrífugo em linha inline centrifugal fan 离心管道风机

ventilador com descarga de ar oblíqua obliquely discharging fan 斜排风扇

ventilador contra geada frost fan 防霜风扇

ventilador de admissão ❶ supply fan 送风机 ❷ intake fan 进气风扇

ventilador de ar air ventilator 通风器

ventilador de ar fresco fresh air supply fan 净气供应风扇

ventilador de ar resfriado chilled air fan 冷风风扇

ventilador de aspiração air extractor 抽气机

ventilador de chão floor fan 落地风扇
ventilador de conduta duct fan 管道风机
ventilador de cortina de ar air curtain fan 风帘风扇
ventilador de descarga exhaust fan 排气机
ventilador de extracção extraction fan, extract ventilator 抽气扇
ventilador de extracção de cobertura roof extract fan 屋顶吸气扇
ventilador de hélice propeller fan 螺桨式风机
ventilador de parede wall mounted fan 挂壁风扇，挂墙风扇
ventilador de pás reversíveis ⇨ ventilador reversível
ventilador de pressão pressurization fan 加压风机
ventilador de recirculação recirculating fan 循环风机
ventilador de resfriamento cooling fan 冷却风扇
ventilador de roda de pás paddle-wheel fan 叶轮式风扇机
ventilador de sopro ⇨ ventilador soprador
ventilador de sucção suction fan, induced draft fan 吸风机；抽风机
ventilador de tecto attic ventilator 屋顶风机
ventilador de telhado roof ventilator 屋面风机，屋顶风机
ventilador de túnel tunnel ventilation fan 隧道通风机
ventilador de utilidades centrífugos centrifugal utility fan 离心式风机
ventilador eléctrico electrical fan 电风扇
ventilador helicoidal ⇨ ventilador axial
ventilador local local vent 局部通气管
ventilador por admissão periódica hit-and-miss ventilator 活动通风板
ventilador pressurizado forced draught blower 加压送风机
ventilador reversível reversible-type fan 可逆式风扇
ventilador reversível infinitamente

variável infinitely variable reversing fan 无级变速的逆向风扇
ventilador soprador blower fan, blast-engine 鼓风机
ventilador suspenso do tecto ceiling fan 吊扇
ventilar v.tr. (to) ventilate, (to) fan 通风，换气
ventiloconvector s.m. fan-coil 风机盘管
ventiloconvector oculto horizontal concealed horizontal fan-coil 卧式暗装风机盘管
ventiloconvector refrigerado a água water-cooled fan coil 水冷式风机盘管
vento s.m. ❶ wind 风 ❷ blowhole（铸件上的）气孔
ventos alísios trade-winds 贸易风，信风
vento anabático anabatic wind 上坡风
vento ascendente updraft 上升气流
vento contrário head wind, contrary wind 顶风，逆风
vento cruzado crosswind 横风，侧风
vento de cauda tailwind （飞机）顺风，尾风
vento de popa tailwind （船）顺风，尾风
vento de proa headwind 逆风；顶头风
vento descendente downdraft 下降气流
vento divergente divergent wind 辐散风
vento duro steady wind 稳风
ventos equinociais equinoctial storm 分点风暴；二分点风暴
vento favorável fair wind 顺风
vento gradiente gradient wind 梯度风
vento intenso gale 大风
vento lateral cross wind 侧风
vento norte Boreas 朔风；北风
vento reinante prevailing wind 盛行风
vento relativo relative wind 相对风
vento rotacional rotational wind 旋转风
vento sul Notus 南风
vento transversal transverse wind 横向风力
ventoinha s.f. ❶ fan （家用）风扇 ❷ propeller fan 螺桨式风机
ventoinha de arrefecimento cooling fan 冷却风扇；散热风扇
ventoinha de tecto attic fan 屋顶风扇

ventosa *s.f.* ❶ vent, ventilation opening 通风口 ❷ vent valve, air vent valve 排气阀 ❸ sucker 吸盘

ventosa adicional additional vent 加设通风口

ventosa automática air valve 空气阀；气阀；气门

ventosa úmida wet vent 排气污水管

ventralito *s.m.* ventrallite 霞石粗玄岩

venturi *s.m.* venturi (tube) 文丘里管；文丘里流量计

venturina *s.f.* ⇨ aventurina

vénula *s.f.* veinlet 细脉

veracidade *s.f.* veracity 真实性

veranico (de maio) *s.m.* Indian summer 小阳春

verão *s.m.* summer 夏季，夏天

verba *s.f.* ❶ funds 资金 ❷ clause; article （文件的）条款，条目

verba para desemprego dole 失业救济金

verba para imprevistos contingency (amount) 应急储备金；不可预见费

verdadeiro *adj.* true, real 真正的，真实的

verde ❶ *adj.2g.,s.m.* green 绿色的；绿色 ❷ *adj.2g.* green 绿化的，绿色植物覆盖的 ❸ *adj.2g.* green, environmentally friendly 绿色的，环保的

verde-azulado bluish green 蓝绿色

verde-claro light green 浅绿色

verde-escuro dark green 深绿色

verde esmeralda emerald green 翡翠绿

verde-garrafa bottle-green 酒瓶绿，深绿色

verde-mar aquamarine, sea-green 水绿色

verde-antigo *s.m.* verd-antique 古绿石

verdelite *s.f.* verdelite 绿电气石

verdete *s.f.* copper rust 铜绿，铜锈

verdite *s.f.* verdite 铬云母

verdura *s.f.* vegetables 蔬菜

vereda *s.f.* path, footpath 小径，小路

verga *s.f.* ❶ lintel （门窗上的）楣，横梁 ❷ wicker 藤条，柳条 ❸ bar iron, rebar 铁条，钢筋

verga de ferro square iron 方铁

vergada *s.f.* ❶ veinage 纹理，脉络 ❷ bent piece 被压弯变形的部件

vergalhão *s.m.* rebar 钢筋；螺纹钢

vergalhão de aço ⇨ vergalhão

vergência *s.f.* vergence 透镜焦度，聚散度

verificação *s.f.* check, verification 检验，查验

verificação de duplicação duplication check 双重检验，重复校验

verificação de erro error checking 错误检验；误差校验

verificação do escopo scope verification 范围核实

verificação de segurança security check 保安检查

verificação geral walk-around check 环绕检查

verificação metrológica metrological verification 计量检定

verificador *s.m.* verifier 审核人；检验器

verificador de códigos de barras bar code verifier 条码检测仪

verificador de tensão tester screwdriver 验电螺丝刀

verificador medidor padrão master meter prover 标准流量计检定装置

verificar *v.tr.* (to) verify, (to) check 检查，检验

verito *s.m.* verite 金橄榄脂岩，金云粗面岩

vermelho *adj.,s.m.* red 红色的；红色

vermelho ácido acid red 酸性红

vermelho amarelado salmon, bisque 鲑肉色的，橙红色的

vermelho cereja cherry-red 樱桃红

vermelho de cobre copper 红铜色

vermelho de toluidina toluidine red 甲苯胺红

vermelho destaque accent red 醒目红色

vermelho inglês *s.m.* rouge 红铁粉；铁丹

vermelho vivo blood red 鲜红色

vermiculado *adj.* vermiculated 有虫迹形装饰的

vermicular *adj.2g.* vermicular 蠕虫状的

vermiculite *s.f.* vermiculite 蛭石

vermiculite expandida expanded vermiculite 膨胀蛭石

vermiculura *s.f.* vermiculation 虫迹形装饰

vernadite *s.f.* vernadite 复水锰矿；水合软锰矿

vernier/verniê *s.m.* vernier scale, nonius 游标尺

verniz *s.m.* varnish 清漆

verniz à base de álcool ⇨ verniz de álcool

verniz a óleo ⇨ verniz de óleo

verniz acrílico acetinado satiny acrylic varnish 光面丙烯酸清漆

verniz alquídico uretano urethane alkyd varnish 氨基甲酸乙酯醇酸清漆

verniz aplicado com boneca French polish 法国抛光漆

verniz aquoso water paint 水性漆

verniz betuminoso bituminous varnish 沥青清漆

verniz celuloso cellulose varnish 纤维素清漆

verniz chinês Chinese lacquer 中国生漆，大漆

verniz de álcool alcohol varnish 醇溶清漆，酒精清漆

verniz de cola de ouro gold-size 金胶；贴金漆

verniz de cozimento baking finish; stoving varnish 烤漆

verniz de deserto desert varnish 沙漠岩漆

verniz de espato spar varnish 晶石清漆

verniz de óleo oil varnish 油漆

verniz de polimento flatting varnish 无光清漆

verniz de poliuretano polyurethane varnish 聚氨酯清漆

verniz de poliuretano acetinado satiny polyurethane varnish 光面聚亚安酯清漆

verniz de secagem ao ar airy dry varnish 风干清漆

verniz de velatura acetinado satiny woodstain varnish 光面木材着色清漆

verniz de velatura mate matte woodstain varnish 哑光木材着色清漆

verniz fotoelástico photoelastic coating 光弹性涂层

verniz frágil brittle coating 脆性涂层

verniz gordo ester gum varnish 酯胶清漆

verniz japonês black Japan 日本黑漆，黑亮漆

verniz marinho marine varnish 海洋漆，船舶漆

verniz marinho brilhante gliceroftáli-co glossy glycerol-phthalic marine varnish 醇酸亮海洋漆

verniz sintético synthetic varnish 合成清漆

verniz vinílico vinyl lacquer 乙烯漆

verruma *s.f.* auger bit 木螺锥，麻花钻头

verruma de meia-cana podauger 纵槽钻头

verruma dupla double twist auger bit 双螺旋钻头

verruma francesa French bit 法国式钻

versatilidade *s.f.* versatility 多功能性

versiana *s.f.* blinds, louver 百叶窗，气窗

versianas ajustáveis adjustable louver 可调放热孔

versianas de admissão de ar air inlet louver 进气百叶

vertedouro/vertedor *s.m.* spillway; overflow weir 溢洪道；溢流堰

vertedouro afogado drowned weir; submerged weir 潜堰

vertedouro auxiliar auxiliary spillway 辅助溢洪道

vertedouro auxiliar de sela saddle spillway 凹口溢洪道

vertedouro bico de pato duckbill spillway U 形堰，鸭嘴形堰

vertedouro Cipolletti Cipolletti weir 西波勒梯堰

vertedouro com aberturas a diversos níveis multi-level outlet shaft spillway 多层进水竖井式溢洪道

vertedouro com comporta controlled spillway; gated spillway 有（闸门）控制的溢洪道

vertedouro de calha chute spillway 陡槽式溢洪道

vertedouro de cheia spillway 洪水溢洪道

vertedouro de lâmina contraída contracted weir 收缩堰

vertedouro de lâmina livre free fall weir; overflow spillway 自由溢流堰

vertedouro de medição flow gauging weir, measuring weir 量水堰

vertedouro de segurança emergency spillway 非常溢洪道

vertedouro de soleira delgada sharp

crested weir 薄壁堰，锐缘堰

vertedouro de soleira espessa broad crested weir 宽顶堰

vertedouro do tipo Y Y type spillway Y 形溢洪道

vertedouro em degraus stepped spillway 阶梯式溢洪道，跌水式溢洪道

vertedouro em leque fan spillway 扇形溢洪道

vertedouro em poço shaft spillway 井式溢洪道

vertedouro em salto de esqui skijump spillway 滑雪道式溢洪道

vertedouro em sifão siphon spillway 虹吸溢洪道

vertedouro fusível fuse plug spillway 自溃式溢洪道

vertedouro labirinto labyrinth spillway 迷宫式溢洪道

vertedouro lateral side spillway 旁侧溢洪道

vertedouro livre uncontrolled spillway 无（闸门）控制的溢洪道

vertedouro livre de lâmina aderente free overflow spillway 开敞式溢洪道

vertedouro livre de lâmina não-aderente overfall spillway 自落式溢洪道

vertedouro margarida daisy-shape spillway 菊花形溢洪道

vertedouro principal main spillway 主溢洪道

vertedouro-sifão ⇨ vertedouro em sifão

vertedouro triangular v-notch weir 三角形堰，V形缺口堰

vertedouro tulipa bellmouth spillway; morning glory spillway 喇叭口溢洪道

vertente *s.f.* ❶ slope, versant 坡面，山坡 ❷ slope 屋顶坡面

vertente cilíndrica cylindrical hip 圆柱形屋顶

vertente continental continental slope 大陆坡

vertente insular insular slope 岛坡

vertente inteira whole hip 四坡屋顶

vertical ❶ *adj.2g.* vertical 垂直的 ❷ *s.f.* vertical 垂线

vertical do lugar local vertical 当地垂线

vertical primário prime vertical 卯酉圈；东西圈；主垂线

verticalidade *s.f.* verticality 垂直度

vértice *s.m.* vertex 顶点

vértice da agulha switch point 辙尖

vértice de arco crown of arch 拱顶

vértice da ortodrómia vertex (of great circle) 大圆顶点

vértice da rede grid corner point 网格角点

vértice de tecto hip ridge 屋脊

vértice de triangulação triangulation point 三角点，三角测点

vértice de uma projecção center (of a map projection) 投影中心

vértice geodésico triangle station, geodesic survey station 三角测量站，大地测量站

vertimento *s.m.* spillage 溢出，溢流

vertissolo *s.m.* vertisol 变性土

vesbito *s.m.* vesbite 辉黄白榴岩

vesecito *s.m.* vesecite 钙镁橄黄煌岩

vesícula *s.f.* vesicle 小气孔，气泡

vesicular *adj.2g.* vesicular 泡性的，泡状的，多孔状

vespa *s.f.* vespa, scooter 踏板小摩托车

vessada *s.f.* fertile valley 肥沃的山谷

vestiário *s.m.* locker room 更衣室，更衣用房

vestiário do Spa e ginásio Spa and health changing room SPA 和健身房更衣室

vestíbulo *s.m.* hall, vestibule 前厅；门廊

vestimentas cenotécnicas *s.f.pl.* stage setting [集] 舞台布景

vestuário *s.m.* clothing, cloths 衣服，服装

vestuário anti-poeira dust-proof clothing 防尘服

vestuário de protecção protective suit, protective clothing 防护服

vestuário de protecção contra calor heat protective clothing 隔热服

vestuário de protecção contra frio cold protective clothing 防寒服

vestuário de protecção mecânica mechanical protective clothing 物理防护服

vestuário de protecção química chemical protective clothing 化学防护服

vesuvianite *s.f.* vesuvianite 符山石

vesuvito *s.m.* vesuvite 碧玄白榴岩

veterinária *s.f.* veterinary medicine 兽医学

veterinário ❶ *s.m.* veterinarian 兽医 ❷ *adj.* veterinary 兽医的

véu *s.m.* fog, veil（底片的）灰雾，翳

vez *s.f.* ❶ time 次，次数，回数 ❷ 1. time 倍数 2. (length of one) brick "砖"（砖墙厚度单位，以一块砖的长度为一单位）

VGA *sig.,s.m.* VGA (video graphics array) 视频图形阵列

via ❶ *s.f.* 1. way, road 路 2. lane 车道 3. track 铁轨 ❷ *s.f.* wheel tread 轮距 ❸ *s.f.* copy 副本，副件；（发票等的）联 ❹ *prep.* via 通过…；途经…[源自拉丁语 via 的夺格形式 viā]

via aérea ❶ airway, air route 航线 ❷ airmail 航空邮寄

via arriada lower track 下道

via arterial arterial way 干线道路

via bloqueada ⇨ via expressa

via calçada embedded track, street track 埋入式轨道

via carroçável carriageway 行车道

via choqueada (/com ressaltos) rough riding track 不平顺的轨道，有波浪形磨耗的轨道

via colectora feeder road 分路支线

via com o tecto ancorado roof-bolted roadway 锚杆支护巷道

via com trânsito reversível reversible carriageway 限时单行道

via com transportador conveyor track 带式输送机

via côncava hump track 驼峰线路

via de acesso access road, slip road 进出路径；进口，进场道路

via de acesso a lavador de trens train washing track 洗车区段轨

via de armazém storage track 存车线

via de contorno belt highway 环形公路，环行公路

via de lastro poluído dirt track 煤渣跑道

via de mão dupla two-way street 双行道

via de mão única one-way street 单行道

via de ônibus busway 公交专用道

via de passagem through road 直通道路

via de pista única undivided way 无分隔带公路

via de saída ❶ exit road 出口道路 ❷ (em pátios) departure track 发车线

via de sentido duplo two-way road 双向道路

via de sentido único one-way road 单向道路

via de subida up-line 上行线路

via de transporte transport way 运输道路

via de uso restrito single-purpose road 单用车道

via Decauville narrow gauge railway 窄轨距铁路

via desnivelada uneven track 不平顺的轨道

via desviada turnout track 分岔道

via directa runningtrack 直线轨道

via dividida divided way 分车道公路

via dupla double track 双轨

via em laje slab track 平板轨道

via em tangente straight track 直线跑道

via embutida embedded track 埋入式轨道

via ensarilhada ⇨ via flambada

via especial special way 专用道

via estreita light railway 轻轨铁路

via estruturante arterial road 主干路

via expressa expressway 快速道路；快速公路

via expressa de montanha mountain expressway 山区高速公路

via expressa urbana urban express way 城市快速路

via férrea railway 铁路 ⇨ caminho-de-ferro, ferrovia

via férrea da cremalheira rack railway 齿轨铁道

via flambada buckled track, warning track 胀轨跑道

via fluvial river way 河道

via ímpar up-line 上行线路

Via Láctea Milk Way, Galaxy 银河

via lastrada ballasted track 有碴轨道

via local local road 地方道路

via marginal (/lateral) frontage street 临街道路

via marítima seaway 海上航道

via navegável waterway 水路

via par down-line 下行线路
via para linha de bonde street track 有轨电车轨道
via parque parkway 林荫道
via particular private road 私有道路
via perimetral belt highway, perimetral way 环形公路
via permanente permanent way 永久性道路
via planejada planned road 规划道路
via preferencial preferential way 优行通道
via principal main way 主路
via pública public road, public way 公路
via radial radial wa 辐射式公路
via radial urbana radial urban way 城市环网式道路
via rápida freeway 快速路
via rodoviária highway 公路
via rural rural road 郊区道路
via secundária secondary road 二级道路
via sem condições de tráfego impassable track 不可通行的轨道
via sem lastro ballastless track 无碴轨道
via singela single track 单轨
via terciária tertiary road 三级道路
via terrestre landway 陆路
via urbana urban way 城市道路
vias de processamento processing routes 工艺路线，加工路线
vias navegáveis navigable waters 通航水域
◇ primeira via first page, top copy 第一联
◇ segunda via second page; duplicate 副本，副件；（发票的）第二联；补办的证件、手机卡
viabilidade *s.f.* feasibility 可行性
viabilidade económica economic viability 经济可行性
viabilidade técnico-económica technical and economic feasibility 技术经济可行性
viabilizar *v.tr.* (to) enable, (to) make feasible; (to) facilitate 使可行；提供便利
viação *s.f.* transport 交通；运输
viaduto *s.m.* flyover, viaduct 立交桥；高架桥
viagem *s.f.* ❶ travel, trip 旅行；航行 ❷ run

（交通运输的）班次
viagem de experiência trial run 试车；操作测试
viagem de ida e volta return trip, round trip 往返旅行
viagem de negócios business trip 商务旅行
viagem inaugural maiden voyage（船舶）处女航
viário *adj.* (of) road 道路的
viatura *s.f.* vehicle, car 车辆，运输车辆
viatura autotanque dos bombeiros fire-fighting vehicle 消防车
viatura cabine dupla double-box car 两厢车
viatura com escada de passageiro stair vehicle 客梯车
viatura contra incêndio fire-fighting vehicle 消防车
viatura de abastecimento de ar comprimido compressed air supply truck 压缩空气供给车
viatura de abastecimento de nitrogénio nitrogen supply truck 氮气供给车
viatura de abastecimento de oxigénio medicinal medical oxygen supply truck 医用氧气供给车
viatura de ar-condicionado air conditioned vehicle 空调车
viatura de limpeza de pista runway cleaning car 跑道清洁车
viatura para manutenção integrada de asfalto pavement maintenance vehicle 路面养护车
viatura para mistura de asfalto asphalt mixture transit vehicle 沥青混合料转运车
viável *adj.2g.* feasible; passable 可行的；可通行的
viborgito *s.m.* wiborgite 奥长环斑花岗岩；奥环状花岗岩
vibração *s.f.* vibration 振动，震动
vibração aleatória random vibration 随机振动
vibração artificial artificial vibration 人工振动
vibração atômica atomic vibration 原子振动

vibração axial da broca bit bouncing 跳钻，憋钻

vibração de torção torsional vibration 扭转振动

vibração forçada forced vibration 强迫振动，强制振动

vibração mecânica mechanical vibration 机械振捣

vibração óptima optimal vibration 最佳振动

vibração simpática sympathetic vibration 共振

vibração transitória transient vibration 瞬态振动

vibração vertical vertical vibration 垂直振动

vibracionista s.2g. vibrator operator 振捣器操作员

vibrador s.m. ❶ vibrator 振动器；振捣器 ❷ vibrating table 振动台

vibrador de agulha needle vibrator 针形振捣器

vibrador de betão concrete vibrator 混凝土振捣器

vibrador de cimento cement vibrating table 水泥振动台

vibrador de cofragem (/fôrma) formwork vibrator 模板振捣器

vibrador de gasolina gasoline vibrator 汽油振捣器

vibrador de imersão immersion vibrator, poker vibrator 插入式振动器，插入式振捣器

vibrador de imersão pendular pendulum type immersion vibrator 钟摆式插入振捣器

vibrador de imersão pneumático pneumatic immersion vibrator 气动式插入振捣器

vibrador de manche stick shaker 抖杆

vibrador de placa plate-type vibrator （混凝土）平板振动器

vibrador externo external vibrator 外部振动器；附着式振捣器

vibrador sísmico seismic vibrator 地震振动器

vibrador tipo régua surface vibrator 表面振动器

vibrador vertical vertical vibrator 立式振动器

vibrar v.tr. (to) vibrate 振动；颤动

vibro-acabadora s.f. vibrofinisher 振动轧平机

vibro-acabadora de asfalto asphalt vibrofinisher 沥青振动轧平机

vibrocompactação s.f. vibro-compacting 振捣夯实

vibrocompactação profunda deep vibration compaction 深层振荡式压实

vibrocompactador s.m. vibro-compacter 振动打夯机

vibrocultor s.m. s-type cultivator, danish cultivator S形松土铲中耕机

vibroflutuação s.f. vibroflotation, vibroflot 振冲法

vibrómetro/vibrômetro s.m. vibrometer 测振仪

vibrómetro digital digital vibration meter 数字振动计

vibropunçor s.m. vibratory pile driver 振动沉桩机

vice- pref. vice- 表示"副，副职"

vice-gerente s.2g. assistant manager 副经理

vice-governador s.m. vice governor 副省长；（银行）副行长

vice-presidente s.2g. vice president 副总统；副总裁；副主席

◇ primeiro-vice-presidente first vice president 第一副总统；第一副总裁；第一副主席

vice-primeiro-ministro s.m. deputy prime minister 副总理

◇ primeiro-vice-primeiro-ministro first deputy prime minister 第一副总理

vicinal s.f. side road 旁路

vicoíto s.m. vicoite 白榴碱玄响岩

vida s.f. ❶ life, service life, life span [常用于 vida útil] 期限；服务期限；使用寿命 ❷ shelf life [常用于 vida útil] 贮藏寿命；（事物）保存期限 ❸ fire 火彩；宝石内的色散

vida a fadiga fatigue life 疲劳寿命

vida média average life 平均寿命

vida média de lâmpadas average life of lamps 灯泡平均寿命

vida média nominal rated life 额定寿命

vida mediana de lâmpadas median life

of lamps 灯泡中值寿命

vida útil de lâmpadas lamp life 灯泡寿命，灯具寿命

vida útil da mistura effective compacting time（混合料的）有效压实时间

vida útil de pavimento pavement life 路面使用寿命

vida útil do projecto design life 设计使用年限

vida útil do trilho rail life time 轨道寿命

vida útil sob fadiga ⇨ vida a fadiga

video- *pref.* video- 表示"视觉，视频"

vídeo ❶ *adj.inv.,s.m.* video 视频（技术）；录像（技术）❷ *s.m.* video 视频（节目、文件）❸ *s.m.* video recorder 录像机 ⇨ videogravador

videocassete *s.f.* VCR 磁带录像机

videoconferência *s.f.* video conference 视频会议

videofone *s.m.* video phone 可视电话

videogravador *s.m.* video recorder 录像机

videoporteiro *s.m.* video door phone 可视门禁系统，可视（门口）对讲系统

videovigilância *s.f.* video monitoring 视频监控

videovigilância por circuito fechado de televisão (CFTV) CCTV 闭路电视监控系统

videowall *s.m.* video wall 电视墙

vídia *s.f.* metal carbide 金属碳化物，硬质合金

vidraça *s.f.* pane, window-pane; window-glass 玻璃窗，玻璃和窗框的合称

vidraça circular wheel window 轮形扇窗

vidraças com chumbo leaded light 花饰铅条窗

vidraça de suspensão hanging sash 吊窗

vidração *s.f.* glazing; enamelling 施釉，上釉

vidraceiro *s.m.* glazier 玻璃安装工

vidraço *s.m.* glasslike stone, grainstone 颗粒岩；粒状灰岩

vidrado *s.m.* glaze; varnish 釉，釉料

vidrado desvitrificado devitrification glaze 失透釉

vidraria *s.f.* glasswork 玻璃施工作业，玻璃工艺

vidro *s.m.* glass 玻璃

vidro-A A-glass A 玻璃

vidro à prova de balas bullet-proof glass 防弹玻璃

vidro absorvedor (/absorvente) de calor heat absorbing glass 吸热玻璃

vidro acidado acid ashed glass 蒙砂玻璃

vidro acústico acoustical glass 隔声玻璃

vidro anti-deslumbrante antidazzle glass, glare-reducing glass 防眩玻璃

vidro anti-fogo fire-resisting glass 防火玻璃

vidro anti-reflexo anti-reflective glass 防反射玻璃

vidro anti-solar anti-solar glass 阳光防护玻璃

vidro antracite black glass（灶台等用的）黑色玻璃

vidro antracite acidado acid embossed black glass 黑色酸蚀玻璃

vidro armado (/aramado) wire glass 夹丝玻璃，嵌丝玻璃

vidro armado com fio de ferro wired glass 夹铁丝玻璃

vidro basáltico basaltic glass 玄武玻璃

vidro bizotado beveled glass 斜边玻璃，斜面玻璃

vidro blindado multiple safety glass 多层安全玻璃

vidro bolinha dotted glass 珠点玻璃

vidro cálcico bottle glass 瓶罐玻璃

vidro canelado ⇨ vidro estriado

vidro celular cellular glass 泡沫玻璃

vidro cerâmico ⇨ vitro-cerâmica

vidro cilindrado cylinder glass 筒形玻璃

vidro colorido stained glass 彩色玻璃

vidro com bisel beveled glass 斜角玻璃

vidro com junção de chumbo leaded glass 铅框玻璃

vidro com protecção solar solar protection glass 遮阳玻璃

vidro com rincão grooved glass 槽纹玻璃

vidro comum crown glass 冕玻璃

vidro corado dark glass 深色玻璃

vidro corrugado corrugated glass 瓦楞玻璃

vidro (de) cristal crystal glass 晶质玻璃

vidro curvo curved glass 热弯玻璃，曲面玻璃

vidro de baixa emissividade low-emissivity glass 低放射玻璃

vidro de borossilicato borosilicate glass 硼硅玻璃

vidro de chumbo lead glass, flint glass, strass 铅玻璃

vidro de cobertura cover glass 盖玻片

vidro de filtrar filter glass 滤光玻璃

vidro de inspecção inspection glass 观察镜

vidro de isolamento acústico sound-insulating glass 隔声玻璃

vidro de isolamento térmico insulating glass 绝热玻璃

vidro de lantânico lanthanum glass 镧玻璃

vidro de lava preta black lava glass 黑色熔岩玻璃

vidro de microcristalino microcrystalline glass 微晶玻璃

vidro de moscóvia Muscovy glass 白云母

vidro de placa polida polished plate glass 抛光平板玻璃

vidro de quartzo quartz glass 石英玻璃

vidro de relógio clock glass, watch glass 表面皿；表面玻璃，表蒙子

vidro de segurança safety glass 安全玻璃

vidro de segurança laminado plástico plastic laminated safety glass 塑胶夹层安全玻璃

vidro de tímpano spandrel glass 幕墙玻璃

vidro de Wood Wood's glass 伍德玻璃

vidro decorado ⇨ vidro estampado

vidro derretido glass paste 玻璃浆

vidro despolido ⇨ vidro opaco

vidro duplo double glazing glass 双层玻璃

vidro duplo vedado sealed double glazing 密封双层玻璃

vidro duro hard glass 硬质玻璃

vidro ECR electrical and corrosion resistant glass, ECR glass ECR 玻璃

vidros elétricos electric windows 电动车窗

vidro em chapa sheet glass 平板玻璃

vidro em fusão melted glass 熔融玻璃

vidro escurecido tinted glass 着色玻璃

vidro esmaltado enamelled glass 釉面玻璃

vidro espelhado glass mirror 镜面玻璃

vidro estampado patterned glass 凹凸花纹玻璃

vidro estirado drawn glass 拉制玻璃

vidro estriado striated glass 条纹玻璃

vidro fibroso fibrous glass 玻璃纤维

vidro flotado float glass 浮法玻璃

vidro fosco frosted glass 毛玻璃

vidro fotossensível photosensitive glass 光敏玻璃

vidro fumado smoked glass 烟熏玻璃

vidro fumado bronze smoked bronze glass 烟熏古铜色玻璃

vidro givrê ice glass, glue-etched glass 冰花玻璃

vidro impresso rolled glass, textured glass 压花玻璃

vidro incolor transparente white glass 白玻璃

vidro inquebrável shatterproof glass, safety glass 防碎玻璃，安全玻璃

vidro invisível invisible glass 无反光玻璃

vidro isolante insulating glass 绝热玻璃

vidro jaspeado clouded glass 毛玻璃

vidro jateado etched glass 毛玻璃

vidro lacado preto black lacquered glass 黑色漆面玻璃

vidro laminado laminated glass 夹层玻璃

vidro laminado não-estilhaçável shatterproof laminated glass 夹层防爆玻璃

vidro lapidado cut glass, polished glass 去除了毛边的玻璃，抛光玻璃

vidro leitoso bone glass 乳色玻璃

vidro liso smooth glass 光面玻璃

vidro martelado hammered glass 锤痕玻璃

vidro miniboreal miniboreal glass 一种像素格风格的毛玻璃

vidro não-estilhaçável shatterproof glass 防碎玻璃

vidro não lapidado uncut glassware 毛边玻璃

vidro natural natural glass 天然玻璃

vidro obscurecido obscured glass 毛面玻璃

vidro ondulado wavy glass 波浪形玻璃

vidro opaco opaque glass, ground glass 不透明玻璃；磨砂玻璃，毛玻璃

vidro opalescente opalescent glass 乳白色玻璃

vidro opalino opal glass 乳色玻璃

vidro óptico optical glass 光学玻璃

vidro óptico de alta dispersão optical flint 火石光学玻璃，高色散光学玻璃

vidro orgânico organic glass 有机玻璃

vidro para altas temperaturas ⇨ vidro refractário

vidro pintado painted glass 涂色玻璃

vidro pintilhado frosted glass （噪点风格的）毛玻璃

vidro plano plate glass, sheet glass 平板玻璃

vidro plano liso smooth plate glass 光滑平板玻璃

vidro polido polished glass 磨光玻璃，抛光玻璃

vidro preto para soldar black welding glass 电焊黑玻璃

vidro prismático prismatic glass 棱玻璃

vidro protector de raio X X-ray protective glass X 射线防护玻璃

vidro recozido annealed glass 回火玻璃，退火玻璃

vidro recozido-reforçado annealed-strengthened glass 回火强化玻璃

vidro reflectivo reflective glass 反光玻璃

vidro refractário refractory glass 耐高温玻璃

vidro resistente à electricidade e à corrosão ⇨ vidro ECR

vidro revestido coated glass 镀膜玻璃

vidro serigrafado screen-printed glass 丝印玻璃

vidro silicioso silica glass 石英玻璃

vidro solúvel sodium silicate, water glass 水玻璃

vidro soprado blown glass 吹制玻璃

vidro stopsol stopsol glass 热反射玻璃

vidro temperado tempered glass 钢化玻璃

vidro termo-absorvente heat-absorbing glass 吸热玻璃

vidro translúcido translucent glass 半透明玻璃

vidro transparente clear glass 透明玻璃

vidro ustório burning glass 点火镜；取火镜

vidro vulcânico volcanic glass 火山玻璃

vidro-cerâmica s.f. glass-ceramic 玻璃陶瓷

vidrotil s.m. mosaic glass, tessera 玻璃马赛克，纸皮石

viela s.f. alley, alleyway 小巷；小路；小径

viga s.f. beam 梁

viga alta deep beam 深梁；壁梁

viga apoiada free end beam 悬臂梁

viga armada trussed beam 桁架梁

viga armada com dois pendurais queen truss 双柱桁架

viga arqueada ⇨ barra arqueada

viga articulada hinged girder 铰接梁

viga auxiliar pony girder 阳台横梁

viga balcão camber beam, polygonal beam 弯形梁、折线梁等非直线梁的合称

viga baldrame grade beam 地基梁，基础梁

viga Benkelman Benkelman beam 贝克曼梁

viga biengastada fixed beam 固定梁；固端梁

viga bowstring bowstring girder 弓形横梁；弓弦大梁

viga caixão box girder 箱形梁

viga cantilever cantilever beam 悬臂梁

viga celular cellular beam 格形梁

viga-cinta strap beam 带形梁

viga circular circular beam 圆梁，圆弧梁

viga composta composite beam, keyed beam, built-up beam 组合梁，键接梁

viga contínua (/corrida) continuous beam 连续梁

viga curta curve beam 曲梁

viga de aço steel beam 钢梁

viga de aço de alma aberta open web joist, open web beam 空腹梁

viga de aço laminado rolled steel joist 轧钢工字梁

viga de aço longitudinal longitudinal steel beam 纵向钢梁

viga de alma cheia solid web beam; plate girder 实腹梁；板梁

viga de alma entalhada castellated beam 堞形梁

viga de alma vazada (/alma rota) open web beam 空腹梁

viga de amarração binder, binding beam 系杆，系梁

viga de âncora anchor bar 锚筋

viga de apoios simples ⇨ viga simples

viga de armação collar beam 系梁

viga da barra porta-ferramenta tool bar beam 机具架梁

viga de betão pós-tensionado post-tensioned concrete beam 后张混凝土梁

viga de betão pré-esforçada prestressed concrete beam 预应力混凝土梁

viga de betão pré-esforçado pré-fabricada precast prestressed concrete beam 预制预应力混凝土梁

viga de betão pré-moldada precast concrete beam 预制混凝土梁

viga de betão pré-tensionado pré-fabricada precast pre-tensioned concrete beam 预制先张混凝土梁

viga de bordadura (/borda) boundary beam, edge beams 边梁

viga de calha channel beam, semi-box-beam 槽形梁；半箱形梁

viga de cavalete ridge purlin 脊檩

viga de concreto armado reinforced concrete beam 钢筋混凝土梁

viga de contorno ring beam, girth 圈梁，围梁

viga de contrapeso lifting beam 吊梁，起重梁

viga de coroamento coping beam 压顶梁，冠梁

viga de costaneira flitch beam 组合板梁

viga de cumeeira ridge beam 屋脊梁木

viga de encaixe dragging beam 承托脊椽梁

viga de ensaio test beam 试验梁

viga de equilíbrio equilibrium beam, compensating beam 平衡梁

viga de extremidades fixas ⇨ viga engastada

viga de fachada principal top beam 顶梁

viga de fundação foundation beam, footing beam, grade beam 基础梁；基脚梁，地基梁；地梁

viga de guarnição wall plate 墙板；承梁板

viga de içamento lifting beam 吊梁，起重梁

viga de laró joist 托梁

viga de ligação tie beam 连梁，联系梁

viga de madeira wooden beam 木梁

viga de máquina machine beam 曳引机承重钢梁

viga do munhão trunnion beam; trunnion block 支铰梁

viga de piso floor beam 楼板梁

viga de ponte bridge girder 桥大梁

viga de reforço stiffening beam, reinforcing beam 加强梁

viga de rincão ridge beam 屋脊梁木

viga de secção rectangular rectangular beam 矩形梁

viga de secção trapezoidal trapezoidal beam 梯形梁

viga de solidarização intermédia breast beam 腰梁

viga de suspensão lifting beam, rider beam 吊梁

viga de sustentação do consolo mantel tree 壁炉过梁

viga de sustentação do soalho floor joist 楼板搁栅，楼板龙骨

viga de topo overhead beam 顶梁

viga de transição transfer girder 转换梁

viga de travamento straining beam 拉梁，基础拉梁

viga dentada ledger beam 花篮梁

viga Differdingen Differdingen beam 工字梁，工字钢，宽缘梁 ⇨ viga em I de abas largas

viga duplo T ⇨ viga em I

viga em ângulo angle rafter 角椽

viga em balanço ⇨ viga cantilever

viga em caixão box beam 箱形梁

viga em caixão multicelular multi-cell box girder 多孔箱形梁

viga em esquadria hip 斜面梁；角椽

viga em H H-beam 工字梁

viga em I I-beam 工字梁

viga em I de abas largas (/banzos largos) H-girder, wide-flange girder 工字梁，工字钢，宽缘梁

viga em L L-beam L 形梁

viga em meia treliça half lattice girder 半格构梁

viga em T T-beam T 字梁

vigas em T ligadas attached drop beams 附加（连接）的落梁

viga em treliça lattice girder 桁架梁

viga em U channel, channel beam U 字梁，槽形梁

viga em Z zee 之字梁，Z 形梁

viga embebida concealed beam 暗梁

viga embutida ⇨ viga fixa

viga encastrada fixed beam 固定梁；固端梁

viga encastrada nas duas extremidades beam with both ends fixed 两端固定的梁

viga encastrada numa extremidades cantilever beam 悬臂梁

viga engastada anchored ends beam 固定端梁

viga escorada trussed beam 桁架梁

viga estrutural structural beam, frame beam 结构梁，框架梁

viga fixa fixed girder 固定梁

viga fundamental ground sill 基础梁

viga Gerber Gerber beam 悬臂连续梁

viga Howe Howe beam Howe 式桁梁

viga inteiriça plain girder 实腹梁

viga invertida inverted beam, upstand beam 直立梁；反梁

viga isolada isolated beam 独立梁

viga laminada laminated beam 层压梁

viga longitudinal intermediária intermediate longitudinal girder 中间纵桁

viga mestra girder, main beam 大梁

viga-mestra de apoio ceiling joist, bridging joist 平顶搁栅，吊顶龙骨

viga-mestra de soalho binding joist 系杆

viga-mestra mista composite truss 组合桁架

viga-mestra tipo belga Belgian truss 比利时式桁架

viga-mestra transversal transverse ar-

chitrave 横线脚

viga metálica de alma cheia metallic plate girder 金属板梁

vigas-parede wall-beam 墙梁

vigas-parede alternada staggered wall-beams 错列墙梁结构

viga pescadora lifting beam 吊梁，起重梁

viga Pratt Pratt beam Pratt 式桁梁

viga principal ⇨ viga mestra

viga principal lenticular lenticular girder bridge 透镜式梁桥

viga rectangular box beam, box girder 箱形梁

viga reforçada trussed beam 桁梁

viga rotulada articulated beam 联系梁，连接梁

viga saliente close timbering 密闭支撑

viga sanduíche sandwich beam 夹层梁，层结构

viga secundária secondary beam 次梁

viga semples com um engastamento beam with one fixed end 悬臂梁

viga simples single beam 单梁

viga simplesmente apoiada simply supported beam 简支梁

viga sobreposta superposed beam 叠合梁

viga suporte de tecto crown bar 顶杆

viga suspensa overhanging beam 悬臂梁，外伸梁

viga suspensa dupla double overhanging beam 双悬梁

viga terciária tertiary beam 竖向补助梁；三级梁

viga transversal transverse beam, cross beam 横梁

viga travadora braced girder 连接梁，桁梁

viga treliçada lattice girder 格构梁

viga universal universal beam 通用钢梁

viga Vierendeel Vierendeel beam 空腹梁

viga Warren Warren girder 沃伦式木梁架

vigamento *s.m.* beams, framework [集] 梁

vigência *s.f.* validity 有效期

vigia *s.f.* ❶ peephole 窥视孔 ❷ hatch （船舱的）窗口

vigilância *s.f.* monitoring 监控

vigilância aérea aerial inspection 空中检查

vigilância dependente automática automatic dependent surveillance 自动相关监视

vigilância dependente automática-endereçável automatic dependent surveillance-addressable (ADS-A) 选址式自动相关监视

vigilância dependente automática por contrato automatic dependent surveillance-contract (ADS-C) 合约式自动相关监视

vigilância dependente automática por radiodifusão automatic dependent surveillance-broadcast (ADS-B) 广播式自动相关监视

vigilância radar radar surveillance 雷达监视

vigor *s.m.* force, effect 效力，效果

vigorite *s.f.* blasting powder 爆破炸药

vigota *s.f.* ❶ joist, small beam 托梁 ❷ girt 围梁

vigota de apoio dropped girt 下翻梁

vigota pré-esforçada prestressed beam 预应力梁

vigota principal main runner 吊顶主龙骨

vigota suspensa raised girt 上翻梁

vigote *s.m.* rafter, joist, spar 椽；椽子

vila *s.f.* ❶ village 村，镇 ❷ villa 别墅；（市区或市郊的）花园住宅

vila de operadores operating staff quarters 操作员宿舍

vila para o pessoal do canteiro construction camp; village 施工营地

vilamaninite *s.f.* villamaninite 黑硫铜镍矿

vilarejo *s.m.* small village, hamlet 小村庄

viliaumite *s.f.* villiaumite 氟盐

vilemite *s.f.* willemite 硅锌矿

vincar *v.tr.* (to) crease 折出折痕

vindima *s.f.* grape harvest; vintage 收获葡萄

vinha *s.f.* vineyard 葡萄园

vinheta *s.f.* ❶ vignette 装饰图案，小插图 ❷ vignette 晕影图

vinicultura *s.f.* wine-making 葡萄酒酿造术，葡萄酒酿造学

vinil/vinilo *s.m.* vinyl 乙烯基

viniléster *s.m.* vinyl ester 乙烯基酯

violação *s.f.* violation, infringement; breaking, breach 违背，违反，背离

violação de contrato breach of contract 违约

violano *s.m.* violane 青辉石

violar *v.tr.* (to) violate, (to) break, (to) infringe 违反，违犯，触犯（法律、法规、规定）

violeta *adj.2g.,s.m.* violet 紫色的；紫色

violeta de metilo (/metila) methyl violet 甲基紫

VIP ❶ *sig.,s.2g.* VIP (very important person) 贵宾，要客，要员；高级客户 ❷ *sig.,adj.inv.* VIP 贵宾的；高级别的；贵宾专用的（设施、场所、服务等）

virabrequim *s.m.* crankshaft [葡] 曲轴，曲柄轴

virado paulista *s.m.* clay concrete 黏土混凝土 ⇨ concreto de argila

virador *s.m.* turner 翻晒机

virador-encordoador-espalhador turner-stringer-spreader 摊晒机，摊铺-集草-翻晒机

virador-juntador combine rake and tedder 搂草翻晒机

virador-juntador de correntes chain side delivery rake 链式搂草翻晒机

virador-juntador de pentes (/de dentes reguláveis) combined side-rake and tender, rake bar 栅栏式搂草翻晒机

virador-juntador tipo girassol (/de discos) finger wheel rake, sunrake 指盘式搂草翻晒机

virador rotativo de forquilhas inclinadas rotating-head swath turner, rotary multihead type swath spreader 转子翻晒机

virador rotativo de tambor rotary hay tedder, rotary drum tedder 旋转耙式翻晒机

viragem *s.f.* ❶ turning 翻转，反转，倒转 ❷ turn （车辆、飞机等）转向

virar *v.tr.,intr.* (to) capsize 船倾覆，翻船

virga *s.f.* ⇨ verga

virgação *s.f.* virgation 褶皱束；分枝

virgem *adj.2g.* whole, virgin, unworked 完整无损的；未开发的；未开采的

viridina *s.f.* viridine 锰红柱石

viridite *s.f.* viridite 针铁绿泥石

virola *s.f.* ferrule 套圈，金属箍

virola de nylon nylon ferrule 尼龙套圈

virola isolada insulated ferrule 绝缘套圈
virose *s.f.* virosis, viral disease 病毒性疾病
virtual *adj.2g.* ❶ 1.virtual; possible, potential 具有可能性但未成为事实的, 可能的; 具有可产生某种效果的内在力的, 有潜力的, 潜在的 2. virtual; almost what is stated 将要成为事实或产生某种效果的, 很接近的, 几乎… 的 3. virtual; in fact though not officially, practical 具备某种实质但未被正式承认的, 有实无名的; 实质上的, 事实上的 ❷ 1. similar, equivalent（与某事物）相似的, 相当的 2. virtual（该事物的）虚的, 虚拟的（版本）;（图像）虚像的 ❸ 1. virtual（由计算机或网络）虚拟的, 模拟的, 仿真的 2. online, cyber, (of) web 线上的, 网络的
vírus *s.m.2n.* virus 病毒; 计算机病毒
vírus do mosaico mosaic virus 花叶病毒
visada *s.f.* ❶ 1. sighting, boning 照准; 测平 2. fix spot observation 定点观测 ❷ sight vane, diopter 照准器, 瞄准器
visão *s.f.* ❶ vision, view 视觉; 视野; 概括 ❷ (corporate) vision（企业、机构）愿景
visão completa (/integral) end-to-end view 端到端视图
visão de fim end view 端视图
visão escotópica scotopic vision 暗视觉
visão estereoscópica stereoscopic vision 立体视觉
visão fotópica photopic vision 明视觉
visão geral overview 概述, 总览
visão geral do projecto project overview 项目概述
viscoelasticidade *s.f.* viscoelasticity 黏弹性
viscosidade *s.f.* viscosity 黏度; 黏滞度, 黏稠度
viscosidade a alta temperatura e alto cisalhamento high-temperature and high-shear (HTHS) viscosity 高温高剪切黏度
viscosidade absoluta absolute viscosity 绝对黏度
viscosidade aparente apparent viscosity 表观黏度, 视黏度
viscosidade cinemática kinematic viscosity 运动黏度; 动黏滞率
viscosidade de lama mud viscosity 泥浆黏度
viscosidade dinâmica dynamic viscosity 动力黏度
viscosidade efetiva effective viscosity 有效黏度
viscosidade extensional extensional viscosity 拉伸黏度
viscosidade interfacial interfacial viscosity 界面黏度
viscosidade Marsh Marsh funnel viscosity 马氏漏斗黏度
viscosidade plástica plastic viscosity 塑性黏度
viscosidade Saybolt Saybolt viscosity 赛氏黏度
viscosificante *s.m.* viscosifier 增黏剂, 稠化剂
viscosimetria *s.f.* viscosimetry 黏度测定
viscosímetro *s.m.* viscometer 黏度计
viscosímetro absoluto absolute viscometer 绝对黏度计
viscosímetro capilar capillary viscometer 毛细管黏度计
viscosimetro Fann Fann viscosimeter, V-G meter 范氏黏度计
viscosímetro mini-rotary mini-rotary viscometer 微型旋转黏度计
viscosímetro relativo relative viscometer 对比黏度计
viscosímetro rotativo rotational viscometer 旋转黏度计
viscoso *adj.* viscous 有黏性的
Viseano *adj.,s.m.* [巴] ⇨ Viseiano
Viseiano *adj.,s.m.* Visean; Visean Age; Visean Stage [葡]（地质年代）维宪期（的）; 维宪阶（的）
viseira *s.f.* visor 护目镜
viseira do capacete helmet visor 头盔护目镜
viseira de segurança face shield 防护面罩
visibilidade *s.f.* visibility 视野; 明视度; 可见度
visibilidade no solo ground visibility 地面能见度
visibilidade em voo flight visibility 飞行能见度
visibilidade horizontal horizontal visibility 水平能见度
visibilidade nocturna night-time visibil-

ity 夜间能见度

visibilidade predominante prevailing visibility 主导能见度

visibilidade vertical vertical visibility 垂直能见度

visita *s.f.* visit 考察；参观；访问

visita ao local da obra visit to the construction site 工程现场考察

visitante *s.2g.* visitor 参观者；访问者

visitar *v.tr.* (to) visit 访问，参观

visitável *adj.2g.* visitable 可访问的；（建筑、施工场地）可上人的

visor *s.m.* ❶ viewfinder 取景器 ❷ visor（小的）屏幕，显示屏 ❸ operable transom 可开启门上窗

visor antiofuscante glare shield 防眩板

visor de nível sight gauge, visual sight gauge 观测水准仪

visor telescópico telescopic viewfinder 伸缩式取景器

vista *s.f.* ❶ view; photograph 视图，视野；图像，照片 ❷ eave board 披水条

vista aérea (/geral/ panorâmica) aerial view, bird's eye view 鸟瞰；鸟瞰图

vista com eixo óptico pouco inclinado ao horizonte photograph with approximately horizontal axis, high oblique photograph 高倾航照

vista de cima top view, plant view 俯视图，顶视图

vista de perto close-up 特写；近摄图

vista diagramática cutaway 剖面图，剖面模型

vista explodida (/expandida) exploded view 部件解体图，分解图，爆炸图

vista frontal (/de frente) front view 正视角度；正视图，正立面图

vista lateral side view 侧视角度；侧视图

vista oblíqua oblique photograph 倾斜航摄像片

vista superior reflected plan 仰视断面图

vista zenital zenith photo 天顶摄影（照片）

visto *s.m.* ❶ visa; permit 签证；许可 ❷ check mark; approval mark 核查标记；批准标记

visto de entrada entry visa 入境签证

visto de negócios business visa 商务签证

visto de trabalho work visa; work permit 工作签证；工作许可

visto de trânsito transit visa 过境签证

visto de turista tourist visa, visitor visa 旅游签证

vistoria *s.f.* inspection, survey 视察，检查

vistoria e recepção inspection and receipt 验收

vistoria técnica technical inspection 技术检查

vistoriador *s.m.* inspector 检查员，验收员

vistoriar *v.tr.* (to) inspect, (to) examine 检查，检验

visual *adj.2g.* visual 视觉的

visualização *s.f.* visualization 显示；视图

visualização de dados data display 数据显示

viteleiro *s.m.* oxstall 牛舍

viterbito *s.m.* viterbite 拉榴粗面岩

viterite *s.f.* witherite 毒重石，碳酸钡矿

viticultura *s.f.* viticulture 葡萄栽培

vitivinicultura *s.f.* viniculture 葡萄栽培与葡萄酒酿造

viton *s.m.* viton 氟胶

vitral *s.m.* stained glass (window) 彩色玻璃（窗）；彩绘玻璃

vitrénio *s.m.* vitrain, vitrite 镜煤

vítreo *adj.* ❶ vitreous 玻璃质的，非晶态的 ❷ glassy 玻璃状的

vitrificação *s.f.* vitrification 玻璃化

vitrificado *adj.* vitrified 玻璃化的，变成玻璃状的

vitrificado por fusão glaze-fired 烧釉的

vitrificante *s.m.* frit 玻璃原料

vitrificar *v.tr.* (to) vitrify 使…成玻璃，（使）玻璃化

vitrificável *adj.2g.* vitrifiable 易玻璃化的

vitrina *s.f.* showcase 玻璃展示柜，玻璃橱窗

vitrinertite *s.f.* vitrinertite 微镜惰煤

vitrinite *s.f.* vitrinite 镜质体

vitrino *s.m.* ⇨ vitrénio

vítriolo *s.m.* ❶ vitriol 硫酸 ❷ vitriol 硫酸盐

vítriolo azul blue vitriol 蓝矾，胆矾

vitrite *s.f.* vitrite 微镜煤

vitrito *s.m.* ⇨ vitrénio

vitrô *s.m.* ⇨ vitral

vitrocerâmica *s.f.* glass ceramic, devitroceram 玻璃陶瓷

vitroclarénio *s.m.* vitroclarain 镜亮煤

vitroclástico *adj.* vitroclastic 玻璃碎屑的

vitrodurénio *s.m.* vitrodurain 镜暗煤

vitrofírico *adj.* vitrophyric 玻基斑状的

vitrófiro *s.m.* vitrophyre 玻（基）斑岩

vitroporfírico *adj.* vitroporphyritic 玻基斑状的

vitropórfiro *s.m.* glass porphyry 玻璃斑晶

vitrossolo *s.m.* vitrosol 水玻璃，硅酸钠

viveiro *s.m.* nursery, plant nursery 苗圃

vivenda *s.f.* villa, house 住宅，住处

vivianite *s.f.* vivianite 蓝铁矿

vivo *adj.* live 带电的

vizinhança *s.f.* neighbourhood, vicinity 邻近，邻近范围

vlasovite *s.f.* vlasovite 硅锆钠石

voamento *s.m.* splay 八字面 ⇨ capialço

voar *v.tr.* (to) fly 飞行

vobulação *s.f.* vobbulation 频率摆动

voçoroca *s.f.* gully 冲沟 ⇨ boçoroca

voçorocamento *s.m.* gullying 冲沟作用

vogal *s.m.* member (of a board,committee) （董事会等的）成员，（委员会等的）委员

vogesito *s.m.* vogesite 闪辉正煌岩，镁铝榴石

volante *s.m.* ❶ steering wheel 方向盘 ❷ flywheel 飞轮 ❸ hand wheel 操作手轮

volante à direita right hand drive (RHD) 右侧方向盘

volante à esquerda left hand drive wheel 左侧方向盘

volante aquecido heated steering wheel 可加热方向盘

volante de cabedal leather cover steering wheel 真皮方向盘

volante de direcção steering wheel 方向盘

volante do motor flywheel 飞轮

volante de relógio balance wheel 平衡轮

volante magnético flywheel magneto 飞轮式磁电机

volátil *adj.2g.* ❶ volatile 挥发性的，易挥发的 ❷ volatile 不稳定的，易波动的 ❸ volatile （存储器）易失性的，电源关闭时不保存数据的

volatilidade *s.f.* ❶ volatility 挥发性，挥发度 ❷ volatility （价格、指标等）波动性，波动率

voleibol/vólei *s.m.* volley ball 排球

volfrâmio *s.m.* wolfram 钨锰铁矿；钨

volframite *s.f.* wolframite 黑钨矿

volt (V) *s.m.* volt (V) 伏特（电压单位）

volta-de-dentro *s.f.* lintel 门楣，窗楣

voltador *s.m.* turner 翻晒机

voltador para compostagem windrow turner 草条翻晒机

voltagem *s.f.* voltage 电压

voltagem de aceleração acceleration voltage 加速电压

voltagem de anódio anode voltage 阳极电压

voltagem de fase phase voltage 相电压

voltagem de fechamento cut-in voltage 闭合电压

voltagem da impedância impedance voltage 阻抗电压

voltagem de linha line voltage 线电压

voltagem de ruptura breakdown voltage 破坏电压，击穿电压

voltagem em vazio no-load voltage 空载电压

voltagem nominal nominal voltage 额定电压

voltagem rectificada rectified voltage 整流电压

voltaico *adj.* voltaic 电流的；伏特的

voltâmetro *s.m.* voltameter 伏特计，电量计

volt-ampere (VA) *s.m.* volt-ampere (VA) 伏安，伏特安培

volt-amperímetro *s.m.* volt-ampere tester 伏安表

voltar *v.tr.* (to) return, (to) come back, (to) regress 返回

volteio *s.m.* ❶ turning, rotating 旋转，回转 ❷ rollover structure 滚动构造

voltímetro/voltômetro *s.m.* voltmeter 电压表，伏特计

voltímetro a válvula vacuum-tube voltmeter 真空管电压表

voltômetro-ohmeômetro volt-ohmmeter 伏特欧姆表，万用表 ⇨ multímetro

volume *s.m.* ❶ 1. volume 量，数量；流量 2. volume 容积；体积 3. volume 音量 ❷ volume 包，捆；（书籍的）卷，册

volume absoluto absolute volume 绝对

容积；绝对体积

volume anual annual runoff 年径流

volume aparente apparent volume, bulk volume 表观容积，松散体积

volume aparente de um solo apparent volume of soil 土壤的表观体积

volume aparente de uma partícula apparent volume of a particle 颗粒的表观体积

volume ativo active volume; usable storage 可用容量；可用库容；（相当于中国标准的）兴利库容，调节库容

volume básico base volume 基本容量

volume com empolamento bulk volume 松散体积，毛体积

volume correspondente ao assoreamento storage volume filled with sediment 沉降体积

volume crítico critical volume 临界体积，临界容积

volume de ar air volume 风量

volume de ar variável (VAV) variable air volume (VAV) 可变风量

volume de armazenamento storage volume 储存容量

volume de armazenamento total do reservatório gross capacity of reservoir; gross storage 水库总容量，总库容

volume da barragem volume of dam 坝体积

volume da câmara de combustão clearance volume 余隙容积

volume da câmara de compressão clearance volume of cylinder 气缸余隙容积

volume de carga cargo volume 货运量

volume de cheia flood storage 防洪库容

volume de deslocamento displacement volume 置换容积

volume da enésima hora nth highest hour volume 第 n 位最高小时交通量

volume de espera flood control capacity （相当于中国标准的）防洪库容

volume de facturação turnover 营业额；销售额

volume de 30ª hora 30th highest hour volume 第 30 位最高小时交通量

volume da massa florestal canopy density 林木郁闭度

volume de negócios volume of business 营业额，成交额

volume de pico peak traffic 高峰交通量

volume de poço borehole volume 井径测井体积

volume de poros pore volume 孔隙体积，孔隙容积

volume de precipitação (/queda) quantity of rainfall, amount of precipitation 降雨量

volume de projecto project volume 设计容量

volume de refrigerante variável (VRV) VRF (variable refrigerant flow) 变制冷剂流量

volume de reserva balancing storage; conservation storage 调节库容，平衡库容

volume do reservatório reservoir capacity, storage capacity 水库容量，库容

volume de serviço service volume 服务量；服务交通量

volume de trabalho work amount 工程量

volume de tráfego (/trânsito) traffic flow, traffic volume 行车量，车流量

volume de tráfego (/trânsito) de projecto design traffic volume 设计交通量

volume de tráfego (/trânsito) diário médio (VDM) average daily traffic (ADT) 平均日交通量

volume de tráfego (/trânsito) estimado estimated traffic flow 设计交通量

volume de tráfego (/trânsito) previsto foreseen traffic flow 设计交通量

volume de transporte de mercadorias freight traffic volume 货运量

volume de uma partícula particle volume 颗粒体积

volume de vazios volume of voids 空隙率

volume de vazios de um solo void volume of a soil 土壤的孔隙体积

volume em jardas cúbicas yardage 码数

volume escoado volume of runoff 径流量

volume específico specific volume 比容

volume horário (VH) hourly traffic volume 小时交通量

volume horário máximo anual (VH

máx) maximum annual hourly volume 年最大小时交通量

volume horário máximo de trânsito maximum hourly traffic volume 最大小时交通量

volume in situ dos materiais in situ volume 现场比容

volume inativo idle volume; dead storage 闲置容量；（相当于中国标准的）死库容

volume líquido padrão net standard volume 净标准体积

volume mássico ⇨ volume específico

volume máximo operativo maximum reservoir capacity 最大库容

volume médio diário anual (VMDA) annual average daily traffic volume 年平均日交通量

volume mínimo operativo minimum operating volume 最低运营库容

volume morto dead storage 死库容

volume nominal rated volume 额定容量

volume poroso ⇨ volume de poros

volume recuperável recoverable volume 可采油量

volume reduzido reduced volume 对比体积

volume residual residual volume 残余气量

volume téorico ⇨ volume nominal

volume útil effective storage 有效库容

volumetria *s.f.* ❶ volumetry 容量分析；容量测定 ❷ building volume 建筑体量

volúmetro *s.m.* volumeter 容积计

voluta *s.f.* ❶ 1. volute 涡旋饰 2. curtail, lamb's tongue （楼梯扶手端部）卷形端头 ❷ volute （风机等的）蜗壳

vôo/voo *s.m.* ❶ flight 飞行，航行 ❷ flight 航班

voo acrobático acrobatic flight 特技飞行

vôo cego instrument flying, blind flying 仪表飞行；仪表导航

voo charter charter flight 包机

voo de aceitação acceptance flight 验收飞行

voo de cheque check flight 检验飞行

voo doméstico domestic flight 国内航班

voo em curva turning flight 转弯飞行

vôo fotogramétrico photogrammetric flight 摄影测量飞行

voo IFR IFR flight 仪表飞行

voo livre hang-gliding 悬挂式滑翔

voo nivelado steady flight 稳定飞行，定常飞行

voo normal normal flight 正常飞行

voo pairado hovering flight 悬停飞行

voo pairado dentro do efeito solo hovering in ground effect 地面效应悬停

voo pairado fora do efeito solo hovering out of ground effect 离地悬停

vôo planado volplane 滑翔

voo por instrumentos instrument flight 仪表飞行

voo rasante hedgehopping 超低空飞行

voo regular scheduled flight 定期航班

voo solo solo flight 单独飞行

voo vertical vertical flight 垂直飞行

voo VFR VFR flight 目视飞行

voo VFR especial special VFR flight 特种目视飞行

vórtice/vórtex *s.m.* vortex 旋涡；涡流

vórtice de ponta de asa wing tip vortex 翼梢涡流

vórtice de sifão siphon vortex 虹吸涡旋

vorticidade *s.f.* vorticity 涡度，涡量，涡流强度

vorticidade da velocidade vortex vector 旋涡矢量

vossoroca *s.f.* ⇨ voçoroca

vomitório *s.m.* vomitorium （尤指古罗马圆形剧场与主通道相连的）出入口，出入通道

voxel *s.m.* voxel 体素，立体像素

VPN *sig.,s.f.* VPN (virtual private network) 虚拟专用网

vredenburgite *s.f.* vredenburgite 磁锰铁矿

vuímetro *s.m.* VU meter 声量计

vulcanicidade *s.f.* volcanicity 火山活动；火山性

vulcanismo *s.m.* volcanism 火山作用

vulcanismo central central volcanism, central eruption 中心式喷发

vulcanismo epigenético epigenetic volcanism 后期火山作用

vulcanismo fissural fissure volcanism, fissure eruption 裂缝式喷发

vulcanismo orogénico orogenic volcanism 造山火山活动

vulcanismo sedimentar sedimentary volcanism 沉积火山作用

vulcanite *s.f.* vulcanite 硬橡胶

vulcanito *s.m.* volcanite 火山岩

vulcanização *s.f.* vulcanization 硫化；硬化

vulcanização a altas temperaturas (HTV) HTV 高温固化

vulcanizado *adj.* vulcanized 硫化的，硬化的

vulcanizar *v.tr.* (to) vulcanize 硫化；硬化

vulcanoclástico *adj.* volcanoclastic 火山碎屑的

vulcanogenético/vulcanogénico *adj.* volcanogenic 源于火山的，火山生成的

vulcanologia *s.f.* volcanology 火山学

vulcanológico *adj.* volcanological 火山学的

vulcanólogo *s.m.* volcanologist 火山学家

vulcano-plutonismo *s.m.* volcanism and plutonism 火山作用-深成作用

vulcanossedimentar *adj.2g.* volcanosedimentary 火山沉积的

vulcanostratigrafia *s.f.* volcanostratigraphy 火山地层学

vulcão *s.m.* volcano 火山

vulcão activo active volcano 活火山

vulcão adormecido dormant volcano 休眠火山

vulcão (com cratera) central central volcano, central type volcano 中心式火山

vulcão complexo complex volcano 复火山

vulcão compósito (/composto) compos-

ite volcano 复式火山；复成火山

vulcão de areia sand volcano 砂火山

vulcão de lama mud volcano 泥火山

vulcão em domo dome volcano 穹形火山

vulcão em escudo shield volcano 盾状火山

vulcão embrionário maar 小火山口

vulcão extinto extinct volcano 死火山

vulcão gémeo twin volcano 双火山

vulcão inactivo inactive volcano 不活动火山，休眠火山

vulcão misto ⇨ vulcão compósito

vulcão monogenético monogenetic volcano 单成火山

vulcão poligenético polygenetic volcano 复成火山

vulcão simplex simple volcano 单火山

vulcão subaéreo subaerial volcano 陆上火山

vulcão subaquático subaquatic volcano 水下火山

vulcão submarino submarine volcano 海底火山

vulcãozinho *s.m.* ballast pocket, ballast tub 道砟窝，道砟陷槽

vulpinite *s.f.* vulpinite 鳞硬石膏

vulsinito *s.m.* vulsinite 透长粗安岩

vusuviano *adj.* vesuvian 维苏威火山的；突然爆发的

vute *s.m.* haunch (of a beam ou arch) 梁腋，拱腋

W

wacke *s.m.* wacke 瓦克岩；玄武土
wackestone *s.m.* wackestone 粒泥灰岩
wad *s.m.* wad 锰土
wagnerite *s.f.* wagnerite 磷镁石；氟磷镁石
wakefieldite *s.f.* wakefieldite 氧钒钇矿
walkie-talkie *s.m.* walkie-talkie 对讲机
WAN *sig.,s.f.* WAN (wide area network) 广域网
wardite *s.f.* wardite 水磷铝钠石
warrant *s.m.* warrant 栈单，货栈（或仓库）的进货收据
waterstop *s.m./f.* waterstop 止水带，止水条
watt (W) *s.m.* watt (W) 瓦，瓦特 ⇨ vátio
watt de luz light watt 光瓦特
watt-hora (Wh) watt-hour (Wh) 瓦时
watt-segundo watt second 瓦秒
watt síncrono synchronous watt 同步瓦
wattagem *s.f.* wattage 瓦特数，瓦数
watt-horímetro *s.m.* watthour meter 瓦时计
wattevillite *s.f.* wattevillite 灰芒硝
wattímetro *s.m.* wattmeter 瓦特计，功率计
wattímetro compensado compensated wattmeter 补偿瓦特计
wattímetro de fio aquecido hot-wire wattmeter 热线式瓦特计
wattímetro de palheta vane wattmeter 扇形功率计
wattímetro electrodinâmico electrodynamic wattmeter 电动式瓦特计
wattímetro electrónico electronic wattmeter 电子式功率表
wattímetro electrostático electrostatic wattmeter 静电瓦特计

wavellite *s.f.* wavellite 银星石
way-out *s.m.* way-out 出口，太平门
WC *sig.,s.m.* WC (water closet) 卫生间，厕所
web *s.f.* web 网络
webcam *s.f.* webcam, IP-camera 摄像头，网络摄像头
web design *s.m.* web design 网页设计
web designer *s.2g.* web designer 网站设计师
weber (Wb) *s.m.* Weber (Wb) 韦伯（磁通量单位）
webinar/webinário *s.m.* webinar 网络研讨会，线上研讨会
websterite *s.f.* websterite 矾石
websterito *s.m.* websterite 二辉岩
wehrlito *s.m.* wehrlite 叶碲铋矿；异剥橄榄岩
weiselbergito *s.m.* weiselbergite 拉辉玻玄岩
weissite *s.f.* weissite 黑碲铜矿
weloganite *s.f.* weloganite 水碳锆锶石
wengué ❶ *s.m.* wenge 鸡翅木；崖豆木（*Millettia laurentii*）❷ *adj.2g.,s.m.* wenge 深棕色的；深棕色
Wenlockiano *s.m.* [巴] ⇨ Wenlóckico
Wenlóckico *adj.,s.m.* Wenlock; Wenlock Epoch; Wenlock Series [葡]（地质年代）温洛克世（的）；温洛克统（的）
wernerite *s.f.* wernerite 方柱石
wet leasing *s.m.* wet leasing 全机出租（指飞机、机组人员及服务项目等全套出租）
whartonite *s.f.* whartonite 含镍黄铁矿
whitleiíto *s.m.* whitleyite 杂顽火无球粒陨石
whitlockite *s.f.* whitlockite 白磷钙石

wickmanite *s.f.* wickmanite 羟锡锰石
widget *s.m.* widget 桌面小程序
wigwam *s.m.* wigwam（土著美洲人的）茅屋
wilkmanite *s.f.* wilkmanite 斜硒镍矿
willemite *s.f.* willemite 硅锌矿
williamsite *s.f.* williamsite 纤蛇纹石
wilsonite *s.f.* wilsonite 紫红方柱石
windsorito *s.m.* windsorite 淡英二长岩
windsurf *s.m.* windsurf 风帆冲浪
winebergite *s.f.* winebergite 羟块铝矾
winglet *s.f.* winglet, tip fin 翼梢小翼
winterização *s.f.* winterization（油脂）冬
　化 ⇨ desmargarinação
wiomingito *s.m.* wyomingite 金云白榴响岩
wireless *adj.inv.,s.m.* wireless; wireless
　connection 无线的（网络）；无线连接
wiserine *s.f.* wiserine 锐钛矿
witerita *s.f.* witherite 碳酸钡矿
wittite *s.f.* wittite 硫硒铅铋矿
wocheinito *s.m.* wocheinite 纯铝土矿
wodanite *s.f.* wodanite 钛云母
wollastonite *s.f.* wollastonite 硅灰石

won (KPW, ₩) *s.m.* won (KPW, ₩) 韩元
Wordiano *adj.,s.m.* Wordian; Wordian Age;
　Wordian Stage（地质年代）沃德期（的）；
　沃德阶（的）
workshop *s.m.* workshop 研讨会
WPC *sig.,s.m.* WPC (wood plastic compos-
　ites) 木塑板
Wuchiapingiano *adj.,s.m.* ［巴］⇨ Wu-
　jiapinguiano
Wujiapinguiano *adj.,s.m.* Wuchiapingian;
　Wuchiapingian Age; Wuchiapingian Stage
　[葡]（地质年代）吴家坪期(的); 吴家坪阶(的)
wulfenite *s.f.* wulfenite 钼铅矿
Wuliuano *adj.,s.m.* Wuliuan; Wuliuan Age;
　Wuliuan Stage（地质年代）乌溜期（的）；
　乌溜阶（的）
wurtzilite *s.f.* wurtzilite 韧沥青
wurtzite *s.f.* wurtzite 纤维锌矿
wyomingito *s.m.* ⇨ wiomingito
WYSIWYG *s.m.* WYSIWYG (what you
　see is what you get) "所见即所得"

X

x-acto *s.m.* cutter, craft-knife, snap-off knife 美工刀

xadrez *s.m.* checker, checkerwork 方格子；格纹，方格图案

xalostocite *s.f.* xalostocite 蔷薇榴石

xantiosite *s.f.* xanthiosite 黄砷镍矿

xantitânio *s.m.* anatase 锐钛矿

xantofilite *s.f.* xanthophyllite 绿脆云母；黄绿脆云母

xantolite *s.f.* xantholite, staurolite 十字石

xantossiderite *s.f.* xanthosiderite 黄针铁矿

xantoxenite *s.f.* xanthoxenite 黄磷铁钙矿

xaroco *s.m.* sirocco 热风；西罗科风（由北非吹向欧洲南部的干热沙尘风）

xenoblástico *adj.* xenoblastic 他形变晶状的

xenocristal *s.m.* xenocrystal 捕房晶

xenólito *s.m.* xenolith 捕房岩

xenomórfico *adj.* xenomorphic 他形的

xénon (Xe) *s.m.* xenon (Xe)［葡］氙

xenônio/xênon (Xe) *s.m.* xenon (Xe)［巴］氙

xenotermal *adj.2g.* xenothermal 浅成高温热液的

xenótimo *s.m.* xenotime 磷钇矿

xenotópico *adj.* xenotopic 他形的

xérico *adj.* xeric 干燥的，好干性的（土壤）

xerografia *s.f.* xerography 静电复印，静电印刷术

xerossolo *s.m.* xerosol 干旱土

xerotérmico *adj.* xerothermic 干热的

xerox *s.2g.2n.,adj.inv.* ❶ xerox 静电复印术（的）❷ xerox 静电复印机（的）❸ xerox 静电印刷品（的），影印件（的）

xiangjiangite *s.f.* xiangjiangite 湘江铀矿

xícara *s.f.* cup; cupful（一）杯；量杯（容量单位，合 0.24 升）

xifengite *s.f.* xifengite 喜峰矿

xilantite *s.f.* xylanthite 才兰树脂

xilema *s.m.* xylem 木质部

xileno *s.m.* xylene 二甲苯

xilingolite *s.f.* xilingolite 锡林郭勒矿

xilografia *s.f.* wood-engraving 木刻术

xilol *s.m.* xylol 二甲苯

xilólite *s.f.* xylolite 木屑板

xilólito *s.m.* fossil wood 化石木

xílon *s.m.* xylon 木纤维，木质

xilopala *s.f.* xylopal 木蛋白石；木化石

xilotilo *s.m.* xylotile 铁石棉

xilovitrénio *s.m.* xylovitrain 木质镜煤；无结构镜煤

xinar *v.tr.* (to) cut［安］切割

xinxarel *s.m.* ⇨ chincharel

xisto *s.m.* schist 页岩，板岩

xisto arenoso sandy shale, foliated grit 砂质页岩

xisto argiloso ❶ argillous shale 泥质页岩 ❷ mudstone, clay-slate 泥板岩

xisto azul blue schist 蓝片岩

xisto betuminoso bituminous shale 沥青页岩

xisto calcífero calcareous shale 石灰质页岩

xisto carbonoso carbonaceous shale 碳质页岩

xisto clorítico chlorite schist 绿泥片岩

xisto combustível combustible shale 可

燃页岩

xisto de óleo oil-shale 油页岩

xisto de Shale Burgess Shale 布尔吉斯页岩

xisto estaurolítico staurolite schist 十字石片岩

xisto ferruginoso ferruginous schist 铁质片岩

xisto glaucofânico glaucophane schist 蓝闪石片岩

xisto grafitoso graphitic schist 石墨片岩

xisto gresoso ⇨ xisto arenoso

xisto horneblêndico hornblende schist 角闪石片岩

xisto intumescente heaving shale 膨胀页岩

xisto luzente ⇨ filito

xisto margoso marly shale 泥灰质页岩

xisto micáceo micaceous schist 云母片岩

xisto mosqueado spotted schist 斑点片岩

xisto negro black shale 黑色页岩

xisto pelítico pelitic schist 泥质片岩

xisto porfiroblástico porphyroblastic schist 斑状变晶片岩

xisto psamítico psammitic schist 砂屑片岩

xisto quiastolítico chiastolite schist 空晶石片岩

xisto rico em diatomáceas diatomaceous shale 硅藻页岩

xisto sericítico sericite schist 绢云片岩

xisto silicioso siliceous schist 硅质片岩

xisto talcoso talc schist 滑石片岩

xisto verde greenschist 绿片岩

xistocristalino adj. schisto-crystalline 片状结晶的

xistóide adj.2g. schistoid 似片岩的

xistosidade s.f. schistosity 片理

xistosidade de plano axial axial plane cleavage 轴面劈理

xistoso adj. schistose, slaty 片岩的, 片岩质的, 片岩状的

XLPE s.m. XLPE 热固性聚乙烯 ⇨ polietileno termofixo

xoano s.m. xoanon 木雕神像

xonaltite s.f. xonaltite 硬硅钙石

xonotlite s.f. xonotlite 硬硅钙石

xulipa s.f. ⇨ chulipa

xunquinito s.m. ⇨ shonkinite

Y

yardang *s.m.* yardang 风蚀土脊；白龙堆 ⇨ iardangue

yaroslavite *s.f.* yaroslavite 复水氟铝钙石

yavapaiíte *s.f.* yavapaiite 斜钾铁矾

yen (JPY, ¥) *s.m.* yen (JPY, ¥) 円，日元 ⇨ iene

yin-yang *s.m.* yin-yang 阴阳

yocto- (y) *pref.* yocto- (y) 表示 "10⁻²⁴"

yoderite *s.f.* yoderite 紫硅镁铝石

yosemitito *s.m.* yosemitite 斜长黑云花岗岩；淡色花岗岩

yotta-/yota- (Y) *pref.* yotta- (Y) 表示 "10²⁴"

Ypresiano *adj.,s.m.* Ypresian; Ypresian Age; Ypresian Stage [巴]（地 质 年 代 ）伊普里斯期（的）；伊普里斯阶（的）⇨ Ipresiano

yuan (CNY, ¥) *s.m.* yuan (CNY, ¥)（人民币）元

yukonite *s.f.* yukonite 英闪细晶岩

yurt *s.m.* yurt 蒙古包

Z

zabuyelite *s.f.* zabuyelite 扎布耶石
zamak *s.m.* zamak 锌基压铸合金
zamboninite *s.f.* zamboninite 氟钙镁石
zanazziíte *s.f.* zanazziite 水磷铍镁石
Zancleano *adj.,s.m.* [巴] ⇨ Zancliano
Zancliano *adj.,s.m.* Zanclean; Zanclean
 Age; Zanclean Stage [葡]（地质年代）赞
 克勒期（的）；赞克勒阶（的）
zaragatoa *s.f.* swab 棉签；药棉拭子
zaratite *s.f.* zaratite 翠镍矿
zarcão *s.m.* red lead 红丹；铅丹
zebrado *s.m.* zebra crossing 斑马线，人行
 横道
zelerite *s.f.* zellerite 碳钙铀矿
zelosia *s.f.* ⇨ muxarabiê
Zen *adj.2g,s.m.* Zen 禅（的），禅境（的），
 静修（的）
zénite *s.f.* zenith; culminating point 天顶
zeolite/zeólita *s.f.* zeolite 沸石
zeolítico *adj.* zeolitic 沸石的
zepto- (z) *pref.* zepto- (z) 表示"10⁻²¹"
zeragem *s.f.* ⇨ zeramento
zeramento *s.m.* return to zero 归零；清零
 zeramento automático automatic zero
 set 自动归零
zerar *v.tr.* (to) return-to zero, (to) zero 归
 零；清零
zero *num.card.,s.m.* zero 零；零点；零度
 zero absoluto absolute zero 绝对零度
 zero hidrográfico chart datum 海图基准面
zetta-/zeta- (Z) *pref.* zetta- (Z) 表示"10²¹"
zeugogeossinclinal *s.m.* zeugogeosyncline
 配合地槽

zeunerite *s.f.* zeunerite 翠砷铜铀矿
zeuxite *s.f.* zeuxite 绿碧玺
zhanghengite *s.f.* zhanghengite 张衡矿
zharchikhite *s.f.* zharchikhite 氟三水铝石
zhemchuzhnikovite *s.f.* zhemchuzhnikovite 草酸铝钠石
zhonghuacerite *s.f.* zhonghuacerite 中华
 铈矿
ziesite *s.f.* ziesite 钒铜矿
zigburgito *s.m.* zigburgite 一种琥珀
ziguezague *s.m.* ❶ zigzag 之字形 ❷ zigzag
 molding 曲折线脚
zigurate *s.m.* ziggurat（古代亚述和巴比伦
 的）金字形神塔；尖塔
zimbabweíte *s.f.* zimbabweite 钛铌铅钠石
zimbório *s.m.* dome, cupola 圆屋顶
zimotecnia *s.f.* zymotechnics 发酵法，酿
 造法
zinalsite *s.f.* zinalsite 硅锌铝石
zincado *adj.* galvanized, zinc plated 镀锌的
zincagem *s.f.* galvanizing 镀锌
zincaluminite *s.f.* zincaluminite 锌明矾
zincar *v.tr.* (to) galvanize, (to) zinc 镀锌于，
 用锌处理
zincite *s.f.* zincite 红锌矿
zinckenite *s.f.* zinckenite 辉锑铅矿
zinc-melanterite *s.f.* zinc-melanotherite 锌
 水绿矾
zinco (Zn) *s.m.* zinc (Zn) 锌
 zinco sem (/isento de) arsénio zinc
 free-from arsenic 无砷锌粒
zincobotryogen *s.m.* zincobotryogen 锌赤
 铁矾

zincochromite *s.f.* zincochromite 锌铬尖晶石

zingamocho *s.m.* pinnacle, top 尖顶，塔尖

zinkenite *s.f.* zinkenite 辉锑铅矿

zinnwaldite *s.f.* zinnwaldite 铁锂云母

zipeíte *s.f.* zippeite 水铀矾

zipagem *s.f.* installation of metal roof board 安装金属屋面板

zipar *v.tr.* (to) zip 压缩（计算机文件）

zircão *s.m.* zircon 锆石
  zircão metamíctico metamict zircon 变生锆石

zircofilite *s.f.* zircophyllite 锆星叶石

zircónio (Zr) *s.m.* zirconium (Zr) 锆

zirconite *s.f.* zirconite 褐锆石；锆石

zirconolite *s.f.* zirconolite 钛锆钍矿

zirkelite *s.f.* zirkelite 钛锆钍矿

zitavito *s.m.* zittavite 弹性沥青；脆褐煤

zoisite *s.f.* zoisite 黝帘石

zona *s.f.* zone 区域，地带
  zona abissal abyssal zone 深海区
  zona abissopelágica abyssopelagic zone 远洋深海带
  zona abortiva abort zone 中断飞行区
  zona aerada aerated layer 风化层
  zona afótica aphotic zone 无光带，无阳光深水区
  zonas alagadiças wetlands 沼泽地
  zona alterada altered zone 蚀变区
  zona anamórfica anamorphic zone 合成变质带，复合变质带
  zona antárctica Antarctic zone 南极带；南极区
  zona árctica Arctic zone 北极带；北极区
  zona Barroviana Barrovian zone 巴罗式带
  zona batial bathyal zone 半深海区
  zona batipelágica bathypelagic zone 深海区
  zona bioestratigráfica biostratigraphic zone 生物地层带
  zona capilar capillary fringe 毛细上升区，毛细管酌带
  zona catódica cathodic zone 阴极区
  zona cega blind zone 盲区
  zona central comercial central business district (CBD) 中心商业区

zona central de transição fringe area 边缘区

zona climática climatic zone 气候带

zona correspondente ao abaixamento do nível d'água drawdown zone 水面降落区

zona costeira coastal zone 海岸带

zona crítica critical extraction area 临界开采区

zona cronoestratigráfica chronostratigraphic zone 年代地层

zona danificada damaged zone 损伤区

zona de acumulação accumulation area 堆积区

zona de adaptação adaptation zone 适应区

zona de aeração (/arejamento) aeration zone 含气层；饱气带

zona de alteração zone of weathering 风化带，风化层

zona de amplitude range zone 分布区带

zona de ancoragem anchorage zone 锚固区

zona de assembleia assemblage zone 组合带；化石组合带

zona de associação association zone 生物组合带

zona de baixa velocidade (ZBV) low-velocity zone (LVZ) 低速带

zona de bem-estar ⇨ zona de conforto

zona de Benioff (-Wadati) Benioff (-Wadati) zone 贝尼奥夫带，消减带，隐没带，俯冲带

zona de biointervalo biointerval zone 生物间隔带

zona de calmas tropicais horse latitude 亚热带无风带

zona de capilaridade zone of capillarity 毛细地带

zona de carga loading area 收货区

zona de carga e descarga loading zone 装卸区

zona de cimentação zone of cementation 胶结带

zona de cisalhamento shear zone 剪切带

zona de cisalhamento dúctil ductile shear zone 塑性剪切带

zona de colisão collision zone 板块碰撞带

zona dos colorados ⇨ zona de oxidação

zona de combustão bosh (high furnace) 炉腹

zona de compressão compression zone 压缩区；受压部

zona de conforto comfort zone 舒适区

zona de controle control zone 控制区

zona de convergência convergence zone 会聚区；辐合区

zona de convergência intertropical intertropical convergence zone 热带辐合带

zona de cortante shear zone 剪力区；剪切带

zona de corte cutting zone 切削区

zona de deposição deposition zone 沉积带

zona de desabamento caving zone, fractured zone 冒落带，裂隙带

zona de descarga discharging zone 卸货区

zona de desenvolvimento development zone 开发区

zona de deslizamento slipping zone 滑移区

zona de erosão zone of weathering 风化带

zona de espera da eclusa lock lay-by 船闸停泊区

zona de estacionamento parking area 停车场

zona de estacionamento pago paid parking zone 收费停车场

zona de falha fault zone 断层带

zona de fendas a jusante do glaciar bergschrund 冰川边沿裂隙

zona de fogo fire zone （区域规划中的）防火区，火灾高风险区

zona de fósseis ⇨ zona fóssil

zona de Fresnel Fresnel zone 菲涅耳带；菲涅耳区

zona de fusão fusion zone 熔化带

zona de ganho gain zone 增益区

zona de identificação de defesa aérea air defense identification zone 防空识别区

zona de iluviação zone of illuviation 淀积带

zona de influência influence zone 影响区域

zona de intemperismo zone of weathering 风化带

zona de intemperismo duplo double-layer weathering 双风化层

zona de intersecção intersection zone （交通）交会处

zona de intervalo interval zone 间隔带

zona de inundação flood zone 洪水区

zona de isometamorfismo isometamorphism zone 等变带，等变质带

zona de linhagem lineage zone 谱系带

zona de líquenes lichen zone 地衣区

zona de maré intertidal zone 潮间带

zona de marés médias mesotidal 中潮带

zona de meandros meander belt 曲流带；河曲带

zona de meia-luz twilight zone 微明区，微亮带，微弱透光带

zona de não visibilidade area of obstructed vision 视线受阻区

zona de Oppel Oppel zone 奥佩尔带

zona de origem source zone 源区

zona de oxidação oxidation zone, oxidized cap 氧化带

zona de parada stopway 停止道

zona dos pavonados ⇨ zona de cementação

zona de pressão pressure zone 压力区，受压区

zona de produção production area 生产区

zona de protecção protective zone 保护区

zona de rasgamento tear fault 撕断层

zona de rebentação breaker zone 破浪带，碎波区

zona de retenção buffer area 缓冲区

zona de saturação saturation zone 饱和带

zona de segurança safety zone, belly band 安全地带，安全岛

zona de silêncio wipe-out zone [巴] 无反射区

zona de sobreposição current range zone 共存延限带

zona de sombra shadow zone 阴影区

zona de subducção subduction zone 消减带，隐没带，俯冲带 ⇨ zona de Benioff zona de sulfureto sulphide zone 硫化矿物带

zona de surfe surf zone 碎波带；冲浪带

zona de tensão stress zone 应力区

zona de toque touchdown zone 接地带

zona de tráfego traffic zone, traffic area 交通区

zona de tráfego de aeródromo aerodrome traffic zone 机场交通地带

zona de transição transition zone; semi-pervious zone 过渡区；半透水区

zona de ultrapassagem proibida no passing zone 禁止超车路段

zona de visibilidade area of vision 视界范围

zona de Wadati-Benioff Wadati-Benioff zone, Benioff zone 瓦班氏带，贝尼奥夫带

zona desimpedida clearway 净空道

zona desobstruída clear zone 清晰区，封闭区，净区

zona disfótica disphotic zone 弱光带

zona económica especial (ZEE) special economic zone (SEZ) 经济特区

zona económica exclusiva (ZEE) exclusive economic zone (EEZ) 专属经济区

zona epifreática epiphreatic zone 洪泛区

zona epipelágica epipelagic zone 海洋光合作用带

zona equipotencial equipotential zone 等电位区域

zona estéril sterile area 无菌区

zona eufótica euphotic zone 光亮带

zona eulitoral eulittoral zone 真沿岸带

zona evolutiva ⇨ zona de linhagem

zona fauniana faunizone 动物群岩层带

zona filogenética ⇨ zona de linhagem

zona fóssil fossil zone 化石带

zona fótica photic zone 透光带

zona franca free zone 自由区，自由港区，自由贸易区

zona freática phreatic zone 地下水区

zona fria cold section 发动机冷段

zona frígida frigid zone 寒带

zona frontal frontal zone 锋带

zona geográfica (geographical) zone 地理带

zona hadal hadal zone 超深渊带

zona hadopelágica hadopelagic zone 超深渊带

zona industrial industrial zone 工业区

zona injetada da fundação grout blanket 基础灌浆层

zona insaturada unsaturated zone 非饱和区

zona interdita prohibited area 禁区，禁航区

zona intermediária intermediate zone 中间地带，过渡带

zona intertidal intertidal zone 潮间带；潮间地区

zona inundável flood zone 洪泛区

zona invadida invaded zone 侵入带

zona isotérmica isothermal zone 等温区

zona ladra thief zone 漏失带

zona litoral arenosa psammo-littoral zone 砂质海滨地带

zona litoral periférica circalittoral zone 环岸带

zona litoral (/litorânea) littoral zone 海岸带

zona livre de obstáculos obstacle-free zone 无障碍物区

zona lixiviada leached zone 淋滤带

zona mesopelágica mesopelagic zone 中远洋带

zona metalogenética metallogenic zone 成矿带

zona metamórfica metamorphic zone 变质带

zona morfogenética morphogenetic zone 形态发生带

zona morta ❶ (de instrumento de medida) dead band （测量仪器）不灵敏区 ❷ dead band 死区；无控制作用区 ❸ dead ground 无矿地层

zona negativa negative region 负极区

zona nerítica neritic zone 浅海带

zona neutra neutral zone 中立区

zona nobre upscale area 高档(住宅/消费)区域

zona oculta blind area 盲区

zona oligofótica oligophotic zone 微明区

zona opaca opaque zone 不透明带

zona pelágica pelagic zone 浮游带

zona peri-urbana peri-urban area 城市周边地区

zona permeável pervious zone 透水区

zona polivalente multipurpose area 多功能区

zona positiva positive region 正极区

zona produtiva productive zone, paying zone 生产区；产油层

zona profunda pay zone 产油气带

zona proibida prohibited zone 禁区

zona redutora inner flame 内焰

zona residencial housing district, residential zone 生活区，居住区

zona rural rural area 农村地区，乡郊地区

zona sem sinais wipe-out zone [葡] 无反射区

zona sobrepressurizada overpressurized zone 超压区

zona sublitoral sublittoral zone 亚滨海带，亚沿岸带

zona suburbana suburban district 远郊区

zona supralitoral supralittoral zone 潮上带

zona tampão buffer area 缓冲区

zona temperada temperate zone 温带

zona térmica temperature zone 温度带

zona terrestre onshore [葡] 陆上的，海滨上的

zona tórrida torrid zone 热带

zona triangular triangle zone 三角带

zona vadosa zone of aeration, vadose zone 渗流带

zona verde green area, green belt 绿地，绿化带

zona zoogeográfica zoogeographical zone 动物地理带

zonação s.f. ❶ zoning 分区，分带 ❷ zonation 区划；带状配列（动植物的生物地理学的地带分布）

zonação biótica biotic zonation 生物分区

zonação oscilatória oscillatory zoning 振荡分带，振荡环带

zonado adj. ⇨ zonal

zonal adj.2g. zonal 带状的；地带的，区域（性）的

zonalidade s.f. zonality 地带性；地区性

zonalidade climática climatic zonelity 气候分带性

zonamento s.m. zoning [葡] 分区

zonar ❶ v.tr.,intr. (to) zone [葡]（使）分区 ❷ adj.2g. zonal 带状的；地带的，区域（性）的 ⇨ zonal

zoneamento s.m. zoning [巴] 分区

zoneamento de tráfego traffic zoning 交通区划分

zonear v.tr.,intr. (to) zone [巴]（使）分区

zoóforo s.m. zoophorus （西方古建筑挑檐腰线上的）兽形装饰，人形装饰

zoogénico adj. zoogenic 动物生成的

zoólito s.m. zoolite 动物化石

zoom s.m. ❶ zoom lens 变焦镜头 ❷ zoom 变焦摄影

zooplâncton s.m. zooplankton 浮游动物

zootecnia s.f. animal science 畜牧学

zooturbação s.f. zooturbation 动物扰动

zorra s.f. ❶ lorry, dray （运送石材、木方等重物的）四轮载重板车 ❷ hard pan, alio 硬土层

zumbidor s.m. buzzer （仪表、设备上的）蜂鸣器

zumbidor de marcha a ré reversing buzzer 倒车蜂鸣器

zungueiro s.m. street vendor [安] 小贩，流动商贩

zussmanite s.f. zussmanite 硅钾镁铁矿

zwitterião s.m. zwitterion [葡] 两性离子，兼性离子

zwitteríon s.m. zwitterion [巴] 两性离子，兼性离子

zwitteriónico/zwitteriônico adj. zwitterionic 两性离子的

附录1 缩略词和符号表

说明：

1. 本表第一列为可在葡语中使用的缩略词或符号，第二列为与该词直接对应的全写形式。如该词全写为葡语外的其他语言（多为英语），则在第三列中给出其葡语对应表达。第四列为中文释义。
2. 第三列给出的葡语对应表达仅为帮助理解，部分在实务中不使用。少数缩略词尚无准确的葡语对应表达，故空缺。

缩略词 / 符号	全写（非葡语用斜体标出）	葡语对应表达	中文释义
A	ampere		安(培)(电流单位)
Å	angström		埃（长度单位）
a	are		公亩
a	atto-, ato-		表示"10^{-18}"
a	decâmetro quadrado		100平方米，合1公亩
A/CNK	*aluminum saturation index*	índice de saturação em alúmina	铝饱和指数
AAV	*automatic air vent*	respiradouro automático	自动通风口
AB	arqueação bruta		总吨位，总吨数
AB	autobomba		[巴]消防车
ABD	*addressable module*	módulo de endereçamento	寻址模块
ABE	autobomba de escada		[巴]云梯消防车
ABP	autobomba de plataforma		[巴]登高平台消防车
ABQ	autobomba química		[巴]化学洗消消防车
ABS	acrilonitrilo-butadieno-estireno		丙烯腈-丁二烯-苯乙烯，ABS塑料
ABS	*anti-lock braking system*	sistema de freio antitravamento, sistema anti-bloqueio dos travões	防抱死制动系统，ABS系统
ABS	autobomba de salvamento		[巴]抢险救援消防车

（续表）

ABT	autobomba de tanque		[巴]（容量不大于6000升的）水罐消防车
AC	*alternating current*	corrente alternada	交流电
Ac	actínio		锕
Ac	ar condicionado		空调
ADD	*average daily water demand*	procura de água média diária	平均每日用水量
ADSL	*asymmetric digital subscriber line*	linha de assinante digital assimétrica	非对称数字用户线路
AE	auto-escada		[巴]云梯车
AG	autoguincho		[巴]拖吊车
Ag	prata		银
AH	aproveitamento hidreléctrico		水电站
AI	auto-iluminação		[巴]照明车
AIA	avaliação de impacto ambiental		环境影响评估
AIS	*automatic identification system*	sistema de identificação automática	船舶自动识别系统
Akz	kwanza		宽扎（安哥拉货币单位）
AL	arqueação líquida		净吨位，净吨数
Al	alumínio		铝
ALA	argila laterítica com areia		加砂红黏土
ALARA	*as low as reasonably achievable*	tão baixo quanto razoavelmente possível	（环境保护、污染物排放的）最低合理可行
ALARP	*as low as reasonably practicable*	tão baixo quanto razoavelmente praticável	（安全、风险控制管理的）最低合理可行
ALF	*accelerated loading facility*	dispositivo para carregamento acelerado	路面快速加载试验机
AM	ambulância		[巴]（用于运送无生命危险病人的）救护车
Am	amerício		镅
AMOCS	*advanced modular cooling system*	sistema avançado de resfriamento modular	模块化冷却系统
amu	*atomic mass unit*	unidade de massa atómica	原子质量单位
amv	aparelho de mudança de via		道岔，转辙器

（续表）

aMW	*average annual megawatts*	megawatts anuais médios	年平均兆瓦
AND	ácido desoxirribonucleico		脱氧核糖核酸
AOA	kwanza		宽扎（安哥拉货币单位）
AOK	kwanza		宽扎（安哥拉货币单位）
AP	autoplataforma		[巴]登高平台车
APP	autoprodutos perigosos		[巴]危险品运输车
app	*application*	aplicação	应用程序
AQ	autoquímico		[巴]化学品运输车
AQS	água quente sanitária		卫生用热水
Ar	árgon		氩
ARI	cimento de alta resistência inicial		高早强水泥
ART	anotação de responsabilidade técnica		技术责任注释
AS	auto-salvamento		[巴]抢险救援车
As	arsénio, arsênio		砷
ASCII	*American Standard Code for Information Interchange*	Código Padrão Americano para o Intercâmbio de Informação	美国信息交换标准码
ASD	angiografia de subtração digital		数字减影血管造影
ASE	auto-salvamento especial		[巴]特种抢险救援车
AT	alta tensão		高压，高电压
At	ástato		砹
ATAAC	*turbocharged and air-to-air aftercooling*	turboalimentado e pós-arrefecimento resfriado a ar	涡轮增压和空对空后冷系统
ATB	autotanque de bomba		[巴]（容量大于6000升的）水罐消防车
ATD	análise térmica diferencial		差热分析法
ATE	armário de telecomunicação do edifício		电信电缆交接箱
atm	atmosfera		大气压(压强单位)
ATR	autotanque de reboque		[巴]拖挂式水罐车
ATS	*auto(matic) transfer switch*	interruptor de transferência automática	自动转换开关

（续表）

ATS	automatic transfer system	sistema de trasfega automático	自动传送系统；自动输油系统
Au	ouro		金
au	astronomical unit	unidade astronómica, unidade astronômica	天文单位（天文学距离单位）
AV	áudio e vídeo		音视频
AVAC	aquecimento, ventilação e ar condicionado		暖通空调，采暖通风
avgas	aviation gasoline	gasolina de aviação	航空汽油
AWG	American wire gauge	escala americana de bitolas de fios	美制电线标准，美国线规
B	bel		贝尔（音量比率单位）
B	boro		硼
B	byte		字节
b	barn		靶（核反应截面单位）
b	bit		比特
B&B	bridge and buiding	ponte e edifício	桥梁和建筑
B/L	bill of lading	documento de carga	运输提单
B/s	byte por segundo		字节／秒
B2B	business-to-business	de empresa para empresa	企业对企业电子商务
B2C	business-to-consumer	de empresa para consumidor	企业对客户电子商务
Ba	bário		钡
BAC	betão autocompactável		自密实混凝土
BAS	brake assist system	sistema de assistência do freio	辅助制动系统
BBOE	billion barrels of oil equivalent	bilhões de barris equivalentes de petróleo	十亿桶石油当量
bcm	billion cubic meters	bilhões de metros cúbicos	十亿立方米
BDS	Beidou Navigation Satellite System	Sistema de Navegação por Satélite Beidou	北斗卫星导航系统
Be	berílio		铍
BEFC	barragem de enrocamento com face de concreto		混凝土面板堆石坝
BEL	barramento de eqüipotencia lização local		局部等电位联结
BEN	Balanço Energético Nacional		国家能源平衡表

（续表）

BEP	barramento de eqüipotencialização principal		总等电位联结
bep	barril equivalente de petróleo		桶油当量（能源计量单位）
BES	barramento de eqüipotencialização suplementar		辅助等电位联结
Bg	factor de volume de formação do gás		天然气地层体积系数
Bh	bóhrio		铍
BI	bilhete de indentidade		身份证
Bi	bismuto		铋
BIM	*building information model(ing)*	modelagem de informação da construção, modelo de informação da construção	建筑信息建模，建筑信息模型
BK	bens de capital		资本货物；固定资产；生产资料
Bk	berquélio		锫
BKE	bens de capital sob encomenda		单件生产的资本货物
BKS	bens de capital seriado		连续生产的资本货物
BLEVE	*boiling liquid expanding vapor explosion*	explosão do vapor de expansão de um líquido sob pressão	沸腾液体膨胀蒸汽爆炸
BMS	*building management system*	sistema de gestão do edifício	楼宇管理系统
Bo	factor de volume de formação do óleo		原油地层体积系数
BOP	*blowout preventer*	obturador de segurança	防喷器
BOQ	*bill of quantities*	mapa de quantidade	量单
BOT	*Build-Operate-Transfer*	construção-operação-transferência	建造、营运及移交
bps	bit por segundo		位秒，每秒比特
Bq	becquerel		贝可勒耳（放射性活度单位）
Br	bromo		溴
BRL	real		雷亚尔（巴西货币单位）
BS	*British Standard*	Padrão Inglês	英国标准，英标
BT	baixa tensão		低压，低电压

（续表）

BTEX	benzeno, tolueno, etilbenzeno, xileno		苯系物
BTU	*British thermal unit*	unidade térmica britânica	英制热量单位
BWR	*boiling water reactor*	reator a água fervente	沸水反应堆
C	carbono		碳
C	*centum*	cento	表示罗马数字 "一百"
C	coulomb		库仑（电量单位）
c	centi-		表示"厘，百分之一"
c	velocidade da luz		光速
C&F	*Cost and Freight*	Custo e frete	含运费价格；货价加运费
C2C	*consumer-to-consumer*	de consumidor para consumidor	消费者对消费者电子商务
CA	coeficiente de aproveitamento		地积比率，建筑容积率
CA	concreto asfáltico		沥青混凝土
CA	corrente alternada		交流电
Ca	cálcio		钙
CAC	cartografia assistida por computador		计算机辅助制图
CAC	coeficiente de isolamento acústico		隔音系数
CAD	*computer-aided design*	desenho assistido por computador	计算机辅助设计
CAE	contrato de aquisição de energia		购电协议
CAG	controle automático de geração		自动发电控制
Cal	caloria		卡（路里）
CATV	*cable television*	TV a cabo, televisão a cabo	有线电视系统
CAUQ	concreto asfáltico usinado a quente		热拌沥青混凝土
CBD	*central business district*	distrito central de negócios	中心商业区
cbl	cabo		链（长度单位）
CBR	*California bearing ratio*	índice de suporte California, índice californiano	加州承载比
CBUQ	concreto betuminoso usinado quente		热拌沥青混凝土

（续表）

CC	*closed caption*	legenda oculta	闭路字幕，隐藏字幕
CC	corrente contínua		直流电
cc	centímetro cúbico		立方厘米
CCE	contrato de compra de energia		购电协议
CCI	contrato de compartilhamento de instalações		设施共享协议
CCR	concreto compactado a rolo		碾压混凝土
CCTV	*closed circuit television*	circuito fechado de TV	闭路电视
CD	centro de distribuição		配水中心
CD	*compact disc*	disco compacto	光盘，激光唱片，CD
Cd	cádmio		镉
cd	candela		坎（德拉）（发光强度单位）
CE	*center of excellence*	centro de excelência	卓越中心
Ce	cério		铈
CEM	compatibilidade electromagnética		电磁兼容性
CEV	*carbon equivalent value*	valor de carbono equivalente	碳当量
CF	coliformes fecais		粪大肠菌群
CF	corta-fogo		隔火(的)，阻火(的)
Cf	califórnio		锎
CFR	*Cost and Freight... (insert named port of destination)*	Custo e frete··· (porto de destino designado)	成本加运费（指定目的港）
CFTV	videovigilância por circuito fechado de televisão		闭路电视监控系统
CGS	centímetro-grama-segundo		厘米-克-秒单位制
cGy	centigray		厘戈瑞
Ci	curie		居里（放射性强度单位）
CIF	*Cost, Insurance and Freight... (insert named port of destination)*	Custo, seguro e frete··· (porto de destino designado)	成本、保险加运费（指定目的港）
CIP	*Carriage and Insurance Paid to... (insert named place of destination)*	Transporte e seguro pagos até··· (local de destino designado)	成本、运费、保费付至(指定目的地)
CIP	*clean in place*	limpo no local	就地清洗
cj	conjunto		（一）套
Cl	cloro		氯；氯气

cl	centilitro		厘升
Cm	cúrio		锔
cm	centímetro		厘米
CMAM	central de medicamentos e artigos médicos		（国家）医药仓储中心
CMM	*coordinate measuring machine*	máquina de medição de coordenadas	坐标测量仪，三坐标测量机
CMP	cheia máxima provável		可能最大洪水
CMS	*computerized monitoring system*	sistema de monitoração computadorizado	计算机化监控系统，计算机监测系统
Cn	copernício		鿔
CNC	comando numérico computadorizado, controle numérico computadorizado		计算机数字控制
CND	certidão negativa de débitos		无欠款证明
CNY	yuan		（人民币）元
Co	cobalto		钴
cobogó	Amadeu Oliveira **Co**imbra + Ernest August **Bo**eckmann + Antônio de **Gó**is		[巴]镂空墙面；镂空墙砖
CoDec	codificador-descodificador		编解码器
COT	carbono orgânico total		总有机碳
covid-19	*coronavirus disease 2019*	doença de coronavírus 2019	新型冠状病毒肺炎，2019 冠状病毒病
CPA	central de programa armazenado		程控交换机
CPM	*critical path method*	método do caminho crítico	关键路径法
CPN	cimento Portland normal		普通波特兰水泥
CPP	contrato de partilha de produção		产量分成合同
CPT	*Carriage Paid to... (insert named place of destination)*	Transporte pago até··· (local de destino designado)	成本、运费付至(指定目的地)
CPT	*cone penetration test*	ensaio de penetração de cone	锥体贯入度试验
CPU	*central processing unit*	unidade central de processamento	中央处理器，CPU
Cr	crómio, cromo		铬

CRF	classe de resistência ao fogo		耐火等级
CRP	*constant rate penetration test*	carregamento a uma velocidade de recalque constante	等贯入率试验
CS	comando seccional		分部传动，分段驱动
Cs	césio		铯
CSU	*channel service unit*	unidade de serviço de canal	信道服务单元
CT	coliformes totais		总大肠菌群
Cu	cobre		铜
CV	cavalo-vapor		马力
CVE	escudo de Cabo Verde		埃斯库多（佛得角货币单位）
CVT	*continuously variable transmission*	transmissão continuamente variável	无级变速器
CVU	custo variável unitário		单位变动成本
CxLxA	Comprimento por Largura por Altura		长 × 宽 × 高
D		quinhentos	表示罗马数字"五百"
d	deci-		表示"分，十分之一"
da	deca-		表示"十"
DAC	depósito alfandegado certificado		认证保税仓库
DAF	*Delivered at Frontier*	Entregue na fronteira	边境交货
dam	decâmetro		十米
DAP	*Delivered at Place (insert named place of destination)*	Entregue no local... (local de destino designado)	目的地交货（指定地点）
DAP	diâmetro à altura do peito		胸高直径
DAT	*Delivered at Terminal (insert named terminal at port or place of destination)*	Entregue no terminal... (terminal designado no porto ou local de destino)	终点地交货（指定终点站）
Db	dobra		多布拉（圣多美和普林西比货币单位）
Db	dúbnio		𨧀
dB	decibel		分贝
dBA	decibel absoluto		绝对分贝

（续表）

DBO	demanda biológica de oxigénio		生物需氧量
DBO	demanda bioquímica de oxigénio		生化需氧量
DC	*direct current*	corrente contínua	直流电
DDC	*direct digital control*	controlo digital directo	直接数字控制
DDE	*dynamic data exchange*	intercâmbio de dados dinâmicas	动态数据交换
DDP	*Delivered Duty Paid... (insert named place of destination)*	Entregue com direitos pagos... (local de destino designado)	完税后交货（指定目的地）
DDT	diclorodifeniltriloroetano		滴滴涕，二氯二苯三氯乙烷
DDU	*Delivered Duty Unpaid*	Entregue sem direitos pagos	未完税交货
DEM	*digital elevation model*	modelo digital de elevação	数字高程模型
DEQ	*Deliverde Ex Quay*	Entregue no cais	目的港码头交货
DES	*Delivered Ex Ship*	Entregue no navio	目的港交货
DG	director-geral		总经理，总裁；主任，局长，总干事
DGA	director-geral adjunto		副总经理，副总裁；副主任，副局长
DGM	*digital geological model*	modelo digital geológico	数字地质模型
dl	decilitro		分升
dm	decímetro		分米
dm²	decímetro quadrado		平方分米
dm³	decímetro cúbico		立方分米
DME	*distance measuring equipment*	distanciómetro	测距仪，测距规
DMM	desmontagem, movimentação e montagem		拆卸、迁移与安装
DN	diâmetro nominal		标称直径，公称直径
dN	decanewton		十牛（顿）
DNS	*domain name server*	servidor de nomes de domínios	域名服务器
DP	director do projecto		项目经理
dpm	desintegrações por minuto		每分钟衰变数
DPU	*Delivered at Place Unloaded (insert named place of destination)*	Entregue no local descarregado (local de destino designado)	卸货地交货（指定地点）

DQO	demanda química de oxigénio		化学需氧量
dr	dracma		德拉克马（重量单位）
DRX	difractometria de Raios X		X 射线衍射学
Ds	darmstádio		鿏
DSC	*dye-sensitized solar cell*	célula solar de tintura-sensibilizada	染料敏化太阳能电池
DSI	disseminação selectiva de informação		信息的选择性传播
DST	descarregador de sobretensão		电涌放电器
DTM	desmontagem, transporte e montagem		拆卸、运输与安装
DTM	*digital terrain model*	modelo digital de terreno	数字地形模型
DU	dia útil		工作日
DVD	*digital video disk*	disco digital de vídeo	数字视频光盘，DVD
DVD		disco verstáfil digital	数字通用光盘，DVD
DVR	*digital video recorder*	gravador de vídeo digital	硬盘录像机
Dy	disprósio		镝
E	electrão		电子
E	energia		能量
E	este, leste		东方，东部
E	exa-		表示 "10^{18}"
E&P	exploração e produção		勘探与生产
E.P.	empresa pública		国有企业，公用事业公司
EAP	estrutura analítica de projeto		项目分解结构
EAT	extra-alta tensão		超高（电）压
EB	exabyte		艾字节
Eb	exabit		艾比特
EBA	*emergency brake assist*	assistência de travagem de emergência	紧急刹车辅助
EBITDA	*earnings before interest, taxes, depreciation, and amortization*	lucros antes de juros, impostos, depreciação e amortização	税息折旧及摊销前利润
EBT	extra-baixa tensão		超低（电）压
ECM	*electronic control module*	módulo de controle eletrônico	电子控制模块

（续表）

ECR	electrical and corrosion resistant glass, ECR glass	vidro resistente a electricidade e a corrosão	ECR 玻璃
ECU	electronic control unit	unidade de controlo electrónico	电子控制单元
EDI	electrodeionização		电去离子
EDM	electrical discharge machining	usinagem por eletroerosão	电火花加工
EE	estação elevatória		二次泵房，抽水站；扬水站，（污水）升液站
EEAB	estação elevatória de água bruta		原水提升泵站
EF	estreptococos fecais		粪链球菌
EIA	estudo de impacto ambiental		环境影响报告书
EIRELI	empresa individual de responsabilidade limitada		[巴]一人有限责任公司
EIRL	estabelecimento individual de responsabilidade limitada		[葡]（有限责任）个人独资企业
EM	especificação de material		物料规范
EMS	electronic monitoring system	sistema de monitoramento eletrônico	电子监控系统
EN	European Norm	Norma Europeia	欧洲标准
END	ensaio não destrutivo		非破坏性试验
ENE	és-nordeste		东东北
EPC	Engineering Procurement Construction	engenharia, aquisições, construção	设计、采购、施工
EPC	entidade pública contratante		公共采购实体
EPC	equipamento de protecção colectiva		集体防护装备
EPDM	ethylene-propylene-diene monomer	borracha de etileno-propilenodieno	三元乙丙橡胶
EPI	equipamento de protecção individual		个人防护装备
EPIRB	emergency position-indicating radio beacons	rádio-balizador para indicar posicionamento de emergência	应急指位无线电示标
EPR	equipamento de proteção respiratória		呼吸防护装备

EPR	ethylene propylene rubber	borracha etileno-propileno	乙丙橡胶
EPS	emergency power supply	alimentação de energia de emergência	应急电源
Er	érbio		铒
ERA	estação de reuso de água		回用水处理厂
ES	especificação de serviço		服务规范
Es	einstéinio, einstêinio		锿
Esc	escudo de Cabo Verde		埃斯库多（佛得角货币单位）
ESE	és-sueste		东东南
ESP	electronic stability program	controlo de estabilidade	电子稳定系统
ESW	electro-slag welding	soldagem por eletroescória	电热熔碴焊接
ETA	estação de tratamento de água		水厂，水处理厂，净水厂
ETAP	estação de tratamento de água de processamento		工艺废水处理厂
ETAR	estação de tratamento de água residual		废水处理厂
ETDI	estação de tratamento de despejos industriais		工业废水处理厂
ETE	estação de tratamento de esgoto		污水处理厂
ETI	equipamento de tecnologia da informção		信息技术设备
ETL	estação de transferência de lixos		垃圾转运站
ETRSU	estação de tratamento de resíduos sólidos urbanos		城市固体废弃物处理厂
Eu	európio		铕
EUR	euro		欧元
Euribor	Euro Interbank Offered Rate	taxa interbancária de oferta do Euro	欧元银行间同业拆借利率
eV	electrão-volt, elétron-volt		电子伏特
EVA	estudo de viabilidade ambiental		环境可行性研究
EVDAL	armação em esteira vertical dupla para poste de alinhamento		双回路悬垂绝缘子串直线杆塔
EVDAN	armação em esteira vertical dupla para poste de ângulo		双回路悬垂绝缘子串转角杆塔

EVFAN	armação em esteira vertical para amarração dos condutores a fuste de poste de ângulo		悬垂绝缘子串转角杆塔
EVFR	armação em esteira vertical para amarração dos condutores a fuste de poste de reforço		悬垂绝缘子串补强杆塔
EVTC	estudo de viabilidade técnico e comercial		商业和经济可行性研究
EVTE	estudo de viabilidade técnico-económico		经济和技术可行性研究
EVTL	estudo de viabilidade técnico e legal		法律和经济可行性研究
EXW	*Ex Works... (insert named place of delivery)*	Na origem... (local designado)	工厂交货（指定地点）
F	farad		法拉
F	flúor		氟
f	femto-, fento-		表示"千万亿分之一，10^{-15}"
f	força		力
f	frequência		频率
f	função		函数
f.e.m.	força eletromotriz		电动势
FACP	*fire alarm control panel*	painel de controlo de alarme de incêndio	消防报警控制面板
FAD	flotação por ar dissolvido		溶气浮选
FARP	*fire alarm repeater panel*	painel repetidor de alarme de incêndio	消防报警中继面板
FAS	*Free Alongside Ship... (insert named port of shipment)*	Franco ao longo do navio··· (porto de embarque designado)	装运船边交货（指定装运港）
fc	*foot-candle*	pé-vela	英尺烛光（光照度单位）
FCA	*Free Carrier... (insert named place of delivery)*	Franco transportador··· (local de signado)	货交承运人（指定地点）
FCAW	*flux-cored arc welding*	soldagem a arco com eléctrodo tubular	药芯焊丝电弧焊
FCD	fluxo de caixa descontado		贴现现金流
FCL	*full container load*	contentor com carga completa	整柜装箱装载
FDP	*flaming droplets/ particles*	queda de gotas e partículas inflamadas	燃烧滴落物／微粒
Fe	ferro		铁

FF	franco		法郎，法国法郎
fg	frigoria		千卡／时，负大卡（冷冻率单位）
FIDIC	*Fédération Internationale Des Ingénieurs Conseils*	Federação Internacional de Engenheiros Consultores	国际咨询工程师联合会
FIGRA	*fire growth rate*	taxa de desenvolvimento do fogo	燃烧增长速率
Fl	fleróvio		铁
fl dr	*liquid drachma*	dracma líquido	液体德拉克马
fl oz	*fluid ounce*	onça líquida, onça fluida	液量盎司
FM	factor de manutenção		维护系数
FM	*frequency modulation*	modulação de frequência	调频
Fm	férmio		镄
FOB	*Free on Board... (insert named port of shipment)*	Franco a bordo⋯ (porto de embarque designado)	装运船上交货（指定装运港）
FOFA	forças, oportunidades, fraquezas e ameaças		SWOT 分析法
fo-fo	*float-on float-off*		浮装浮卸
FOR	*free on rail*		火车上交货价
foramol	*foraminifera-mollusca*		有孔虫–软体动物组合碳酸盐岩
FOT	*free on track*		车上交货
Fr	frâncio		钫
Fr	franco CFA		西非法郎（几内亚比绍货币单位）
fs	*full-scale*	escala total	满量程精度
FSW	*friction stir welding*	soldagem por fricção e mistura mecânica	搅拌摩擦焊
FTS	*full tail swing*	giro traseiro total	全机尾回转
G	condutância		电导，电导率
G	gauss		高斯（磁感应单位）
G	giga-		表示"千兆，十亿，10^{12}"
g	aceleração de gravidade		重力加速度
g	grama		克
Ga	gálio		镓
GAL	armação em galhardete para poste de alinhamento		叉骨型直线杆塔

（续表）

gal	galão		加仑（容量单位）
GAN	armação em galhardete para poste de ângulo		叉骨型转角杆塔
GB	gigabyte		千兆字节
GB	*Guo Biao*	Norma Nacional da República Popular da China	中华人民共和国国家标准，国标
Gb	gigabit		千兆比特，千兆位
GB/s	gigabyte por segundo		千兆字节每秒
GBP	libra esterlina		英镑
Gbps	gigabit por segundo		千兆位每秒
GBq	gigabecquerel		千兆贝克勒尔
Gd	gadolínio		钆
Ge	germânio		锗
gert	*graphical evaluation and review technique*		图解评审法
Gf	gel final		终切力
Gf	grave-força		千克力
gf	gravet-força		克力
GGG	gálio-gadolínio-granada		钆镓石榴石
GHz	giga-hertz		千兆赫（兹）
Gi	gel inicial		初切力
GLD	gerenciamento do lado da demanda		需求端管理
GLONASS	*Global Navigation Satellite System*	Sistema de Navegação Global por Satélite	全球导航卫星系统
GLP	gás liquefeito de petróleo		液化石油气
GMAW	*gas metal arc welding*	soldagem a arco sob gás e eléctrodo consumível	气体保护金属极弧焊
GNL	gás natural liquefeito		液化天然气
GNSS	global navigation satellite system	sistema global de navegação por satélite	全球导航卫星系统
GPL	gás de petróleo liquefeito		液化石油气
GPRS	*General Packet Radio Service*	serviço genérico de pacotes via rádio	通用分组无线业务
GPS	*Global Positioning System*	Sistema de Posicionamento Global	全球定位系统
GPU	*graphics processing unit*	unidade de processamento gráfico	图形处理单元，GPU
GQT	gestão da qualidade total		全面质量管理
gr	grão		格令（英制重量单位）
GRP	*glassfiber reinforced plastic*	plástico reforçado com fibra de vidro	玻璃钢，玻璃纤维强化塑料

Gt	gigatonelada		十亿吨
GTAW	*gas tungsten arc welding*	soldagem TIG, soldagem a arco sob gás inerte e eléctrodo de tugstênio	气体保护钨极弧焊
GTC	gestão técnica centralizada		中央管理
Gtoe	*giga tons of oil equivalent*	gigatonelada equivalente de petróleo	十亿吨石油当量
GUE	Guichê Único da Empresa, Guiché Único para Empresas		一站式企业服务中心
GW	gigawatt		千兆瓦，十亿瓦特
GWh	gigawatt-hora		千兆瓦时
Gy	gray		戈瑞（吸收剂量单位）
H	henry		亨，亨利（电感单位）
H	hidrogénio, hidrogênio		氢
h	hecto-		表示"百"
h	hora		小时
Ha	homem-ano		人年，人工作年
ha	hectare		公顷（面积单位）
HAP	hidrocarboneto aromático policíclico		多环芳烃
HD	*hard disk*	disco duro	硬盘
HD	*high definition*	alta definição	高清晰度
Hd	homem-dia		工日，人日；人工作日
HDC	*hill descent control*	controlo automático de descida	陡坡缓降控制，坡道自动控制
HDF	*high density fiberboard*	painel de alta densidade	高密度纤维板
HDMI	*high definition multimedia interface*	interface multimédia de alta definição	高清晰度多媒体接口
He	hélio		氦
Hf	háfnio		铪
Hg	mercúrio		汞，水银
Hh	homem-hora		工时，人工作时
hi-fi	*high fidelity*	alta fidelidade	高保真
HKD	*Hong Kong dollar*	dólar de Hongkong	港元，港币
hl	hectolitro		百升
hm	hectómetro		百米
Hme	homem-mês		人月，人工作月
Ho	hólmio		钬

hp	horsepower	cavalo-de-força	马力
hp(E)	electric horsepower	cavalo-de-força elétrico	电马力
hp(I)	mechanical horsepower	cavalo-de-força mecânico	机械马力
hp(M)	metric horsepower	cavalo-de-força métrico	公制马力
hp(S)	boiler horsepower	cavalo-de-força da caldeira	锅炉马力
hp*h	horsepower hour	cavalo-de-força hora	马力小时
hPa	hectopascal		百帕（斯卡）
HRR	rate of heat release	taxa de libertação de calor	热释放率
Hs	hássio		镙
Hsem	homem-semana		人周，人工作周
HSN	highly saturated nitrile	nitrila altamente saturada	高饱和丁腈
HTV	high temperature vulcanizing	vulcanização a altas temperaturas	高温硫化
Hz	Hertz		赫（兹）
I	iodo		碘
I		um, uma	表示罗马数字"一"
i	corrente eléctrica		电流
I/O	input/output		输入／输出；投入／产出
IA	inteligência artificial		人工智能
IACS	International Annealed Copper Standard	Padrão International de Cobre Recozido	国际退火铜标准
Ic	índice de consistência		一致性指数；稠度系数
IEC	International Electrotechnical Commission	Comissão Electrotécnica Internacional	国际电工委员会
IED	intelligent electronic device	dispositivo electrónico inteligente	智能电子设备
IF	índice félsico de Simpson		（辛普森）长英指数
II	índice de injectividade		注入指数；吸水指数
IL	índice de liquidez		液性指数
IMF	índice de metilfenantreno		甲基菲指数
In	índio		铟
in	inch	polegada	英寸
in²	square inch	polegada quadrada	平方英寸
in³	cubic inch	polegada cúbica	立方英寸

INCOTERMS	International Trade Terms, International Rules for the Interpretation of Trade Terms	Termos Internacionais de Comércio, Regras Internacionais para a Interpretação de Termos Comerciais	国际贸易术语，国际贸易术语解释通则
IP	iluminação pública		公共照明
IPS	intrusion prevention system	sistema de anti-intrução	防入侵系统
Ir	irídio		铱
IRC	índice de reprodução de cor		色彩再现指数
IRT	imposto de rendimento do trabalho		收入税
ISO	International Standardization Organization	organismo de internacional de normalização	国际标准化组织
ITED	Infraestruturas de Telecomunicações em Edifícios		建筑物电信基础设施，弱电系统
IVA	imposto sobre valor acrescentado		增值税
J	joule		焦（耳）
JIT	just-in-time	a tempo	准时生产（的），无库存生产（的）
JPY	yen, iene		円，日元
JTI	junta travada interna		内牙型管接头
JV	joint venture		合资企业
JVCA	joint venture, consortium or association		合资企业、联营体或联盟
K	coeficiente de condutividade térmica		热传导系数，导热系数
K	kelvin		开（尔文）（热力学温度单位）
K	potássio		钾
K	quilate		开（黄金纯度单位）
k	quilo, kilo		千，一千
Kat	katal		开特（催化活性单位）
KB	quilobyte		千字节
kb	quilobit		千比特
KB/s	quilobyte por segundo		千字节每秒
kBOE	kilobarrel of oil equivalent	quilobarril equivalente de petróleo	千桶石油当量
Kbps	quilobit por segundo		千位每秒

（续表）

kBq	quilobecquerel		千贝克勒尔
kcal	quilocaloria		千卡，大卡
kcal/h	*kilocalorie per hour*	quilocaloria por hora	千卡／小时
kcmil	*1000 circular mils*	1000 mils circular	1000 圆密耳
KeV	quilo-electrão-volt		千电子伏
kg	quilograma		千克，公斤（重量单位）
kg/m³	quilograma/metro cúbico		千克／立方米
kgf	quilograma-força		千克力
Kgfm	quilograma-força-metro		千克力米
kHz	quilo-hertz		千赫（兹）
kip	*kilopound*	quilolibra	千磅
kipf	kip-força		千磅力（力学单位）
kJ	quilojoule		千焦（耳）
kl	quilolitro		千升
km	quilómetro		千米，公里
km²	quilómetro quadrado		平方千米，平方公里
km³	quilómetro cúbico		立方千米
km/h	quilómetro/hora		千米／小时，公里／小时
kN	quilonewton		千牛（顿）
kp	quilopond		千克力
kPa	quilopascal		千帕（斯卡）
KPW	won		韩元
Kr	crípton		氪
kt	quilotonelada		千吨；千吨当量
kV	quilovolt		千伏
kVA	quilovolt-ampère		千伏安
kVAr	quilovolt-ampère reactivo		千乏，无功千伏安
kVArh	quilovolt-ampère reactivo-hora		千乏时
kW	quilowatt, quilovátio		千瓦（特）
kWh	*kilowatt-hour*	quilowatt-hora	千瓦时；（一）度
Kz	kwanza		宽扎（安哥拉货币单位）
L	comprimento de Planck		普朗克长度
L	leste		东方，东部
L		cinquenta	表示罗马数字"五十"
l	litro		升（容积单位）
l atm	*liter atmosphere*	atmosfera-litro	公升大气压
La	lantânio		镧

LAJIDA	lucros antes de juros, impostos, depreciação e amortização		税息折旧及摊销前利润
LAN	*local area network*	rede local	局域网
laser	*light amplification by stimulated emission of radiation*	amplificação de luz por emissão estimulada de radiação	受激辐射式光频放大
LASH	*lighter aboard ship*		子母船
lb	libra		磅（重量单位）
lb·ft	*pound-feet*	pé-libra	磅-英尺（扭矩单位）
lbf	*pound-force*	libra-força	磅力（力学单位）
LBW	*laser beam welding*	soldagem a laser	激光焊接
LCD	*liquid crystal display*	monitor de cristal líquido	液晶监视器
LCL	*less than container load*	contentor com carga de grupagem	未满载集装箱，拼箱
LDF	*low density fiberboard*	painel de fraca densidade	软质纤维板
led	*light-emitting diode*	díodo emissor de luz	发光二极管
LFO	*low frequency oscillator*	oscilador de baixa frequência	低频振荡器
LGE	líquido gerador de espuma		起泡液，发泡液
LGN	líquido de gás natural		天然气液
Li	lítio		锂
Libor	*London Inter-bank Offer Rate*	taxa interbancária de oferta de Londres	伦敦银行间同业拆借利率
lidar	*light detection and ranging*	detecção e distanciometria por luz	光探测和测距
LIS	*land information system*	sistema de informação territorial	土地信息系统
lm	lúmen		流明（光通量单位）
LNB	*low noise block*	bloco de baixo ruído	低噪声隔离器，高频头
LNP	laboratório não permanente		非永久性实验室
LP	laboratório permanente		永久性实验室
Lr	laurêncio		铹
LSA	*linear servo actuator*	servo-atuador linear	线性伺服执行器
LSF	*light steel frame*		轻钢龙骨
LT	linha de transmissão		输电线路
Lu	lutécio		镥
Luibor	*Luanda Interbank Offered Rate*	taxa interbancária de oferta de Luanda	罗安达银行间同业拆借利率

（续表）

Lv	livermório		铊
lx	lux		勒克斯（照度量单位）
M	massa de Planck		普朗克质量
M	mega-		表示"兆，百万，10^6"
M		mil	表示罗马数字"一千"
m	metro (linear/corrido)		米，延米
m	mili-		表示"毫，千分之一"
m s.l.m.	*m.a.s.l. (meters above sealevel)*		海平面以上高度
m/s	metro por segundo		米每秒
m/s²	metro por segundo quadrado		米每二次方秒
m²	metro quadrado		平方米
m²/s	metro quadrado por segundo		二次方米每秒
m³	metro cúbico		立方米
m⁴	metro elevado à quarta potência		四次方米
mA	miliampere		毫安
ma	miriare		万公亩
MAE	mercado atacadista de energia elétrica		电力批发市场
maglev	*magnetic levitation transport*	comboio de levitação magnética	磁悬浮（交通系统）
Maqh	máquina-hora		机时，台时
maser	*microwave amplification by stimulated emission of radiation*	amplificação de micro-ondas por emissão estimulada de radiação	受激辐射式微波放大
MATV	*master antenna television*		共用天线电视，主天线电视
MB/s	megabyte por segundo		兆字节每秒
Mbps	megabit por segundo		兆位每秒
MBq	megabecquerel		兆贝克勒尔
MC	meridiano central		中央子午线（CM）
Mc	moscóvio		镆
mC	milicoulomb		毫库仑
mC/kg	milicoulomb por quilograma		毫库仑每千克
MCA	*maximum ceiling absolute*	tecto máximo absoluto	绝对最高升限

（续表）

mca	metro de coluna d'água		水柱米（水压单位）
Mcal	megacaloria		兆卡（路里），百万卡（路里）
mcg	micrograma		微克
mCi	milicurie		毫居里
MCM	*1000 circular mils*	1000 mils circular	1000 圆密耳
Md	mendelévio		钔
MDD	*maximum daily water demand*	procura de água máxima diária	最高日用水量
MDF	*medium density fibreboard*	aglomerado de fibras de densidade média, fibra de média densidade	中密度纤维板，中密度板，层压板
MDIF	misturador-decantador à inversão de fases		基于相位反转的混合沉降器
MDL	mecanismo de desenvolvimento limpo		清洁发展机制
MEI	microempreendedor individual		[巴]个体工商户
MEUI	*mechanically-actuated electronically controlled unit injection*	unidade de injeção eletrónica de accionamento mecânico	机械驱动式电控单体喷油系统
MEV	microscopia electrónica de varrimento		电子扫描显微术
MeV	megaelectrão-volt		兆电子伏
MFC	*melamine faced chipboard*	aglomerado de partículas revestidos a melamina	三聚氰胺板，三聚氰胺贴面刨花板
Mg	magnésio		镁
mg	miligrama		毫克
mGf	miligrave-força		克力
mGy	miligray		毫戈瑞
MHD	*peak hourly demand*	procura horária de pico	高峰期每小时用水量
MHz	mega-hertz		兆赫（兹）
mi³	milha cúbica		立方英里
MIG	*gas metal arc welding*	soldagem MIG, soldagem por arco elétrico com gás de protecção	惰性气体金属弧焊
min	minim		量滴（容量单位）
MJ	megajoule		兆焦（耳）
mkg	quilograma-metro		千克米
MKS	metro-quilograma-segundo		米-千克-秒单位制

ml	mililitro		毫升
mm	milímetro		毫米
mm²	milímetro quadrado		平方毫米
mm³	milímetro cúbico		立方毫米
mm HP	milímetro de mercúrio		毫米汞柱；毫米水银柱高（血压单位）
MMA	*manual metal arc*	soldagem de arco metálico manual	手工金属电弧焊
MMBTU	milhão de BTU		百万英热单位
MMI	*man machine interface*	interface homem-máquina	人机接口；人机界面
MMR	medidor magnético de recalque		磁性沉降仪，磁性位移计
mmu	*milli-mass unit*	unidade de milimassa	毫质量单位
MN	meganewton		兆牛（顿），百万牛（顿）
Mn	manganés, manganês, manganésio		锰
Mn	miriâmetro		万米
mN	milinewton		毫牛（顿）
Mo	molibdénio, molibdênio		[葡]钼
MOD	*money of the day price*	preço de valor ao câmbio actual, preço MOD	付款当日价格
modem	*modulator-demodulator*	modulador-desmodulador	调制解调器
mol	mole		摩尔，克分子（物质的量单位）
MON	*motor octane number*	número de octanas motor	马达法辛烷值
MOP	pataca macaense		澳门元
MP 2,5	material particulado fino		细颗粒物，PM2.5
MP 10	material particulado inalável		可吸入颗粒物，PM10
MPa	megapascal		兆帕（斯卡），百万帕（斯卡）
mph	milha por hora		英里每小时
mR	miliroentgen		毫伦琴
MRE	mecanismo de realocação de energia		能源再分配机制
ms	milissegundo		毫秒
MSSP	*master selector switch panel*	painel interruptor-selector mestre	主选择开关面板
mSv	milisievert		毫希沃特

MT	média tensão		中压
MT	metical		梅蒂卡尔（莫桑比克货币单位）
Mt	mcitnério		镁
MTC	*main terminal cabinet*	armário do terminal principal	主终端控制柜
Mtoe	*million tons of oil equivalent*	megatonelada equivalente de petróleo	百万吨石油当量
MV	megavolt		兆伏；百万伏特
MW	megawatt		兆瓦
MWT	megawatt térmico		热兆瓦
MZN	metical		梅蒂卡尔（莫桑比克货币单位）
N	newton		牛（顿）
N	nitrogénio, nitrogênio		氮
N	norte		北，北方
N	número de Avogadro		阿伏伽德罗常数
n	nano-		表示"纳，毫微，十亿分之一，10^{-9}"
Na	sódio		钠
naut.leag	*nautical league*	légua náutica	航海里格（长度单位）
Nb	nióbio		铌
NBR	Norma Brasileira		巴西标准
Nd	neodímio ·		钕
NDB	*network database*	base de dados da rede	网络数据库
NE	nordeste		东北方，东北部
Ne	néon		氖
Nh	nipónio		钵
Ni	níquel		镍
NIF	número de identificação fiscal		纳税人识别号，税号
Nm	newton metro		牛（顿）米
nm	nanómetro		纳米
NMC	nível de máxima cheia		最高水位，洪水位
NNE	nor-nordeste		北东北
NNO	nor-noroeste		北西北
NNW	*north-northwest*	nor-noroeste	北西北
NO	noroeste		西北方，西北部
No	nobélio		锘
NP	Norma Portuguesa		葡萄牙标准，葡标
Np	néper		奈培（衰耗单位）
Np	neptúnio		镎

（续表）

NPA	nível de pleno armazenamento		正常蓄水位
ns	nanossegundo		纳秒
NW	*northwest*	noroeste	西北方，西北部
O	oeste		西，西方
O	oxigénio, oxigênio		氧
O&D	estudo de origem e destino		起讫点调查，OD调查
OAC	obra-de-arte corrente		涵洞
OAE	obra-de-arte especial		桥
OAW	*oxyacetylene weldin*	soldagem oxicombustível	氧炔焊
Og	oganésson		鿫
OGM	organismo geneticamente modificado		转基因生物
OIML	Organização Internacional de Metrologia Legal		国际法制计量组织
ONG	organização não governamental		非政府组织
ONO	oés-noroeste		西西北
OPEP	Organização dos Países Exportadores de Petróleo		石油输出国组织
OPGW	*optical fiber composite overhead ground wire, optical ground wire*	cabos de guarda com fibra óptica	复合光缆地线，光纤复合架空地线光缆
Os	ósmio		锇
OS&Y	*outside screw and yoke type*		轭式外螺纹
OSB	*oriented standard board*	aglomerado de partículas longas e orientadas	欧松板，定向刨花板
OSO	oés-sudoeste		西西南
oz	onça		盎司（重量单位）
P	fósforo		磷
P	pataca macaense		澳门元
P	peta-		表示"千万亿，10^{15}"
P	potência		功率
P		quatrocentos	表示罗马数字"四百"
p	pico-		表示"万亿分之一，10^{-12}"
p	pressão		压力
PA	poliamida		聚酰胺

Pa	pascal		帕斯卡（压强单位）
Pa	protactínio		镁
PALAN	travessa de pórtico de alinhamento ou ângulo		门型直线转角杆塔
PAR	*photosynthetically active radiation*	radiação fotossintéticamente activa	光合成有效辐射
PAR	*precision approach radar*	radar de aproximação de precisão	精密进场雷达
PAS	*public address system*	sistema de difusão pública	公共广播系统
PAW	*plasma arc welding*	soldadura por arco plasma, soldagem a arco por plasma, soldagem plasma	等离子弧焊
PB	petabyte		千万亿字节
PB	polibutileno		聚丁烯
PB	pontos-base		基点（利率单位）
Pb	chumbo		铅
Pb	petabit		千万亿比特，千万亿位
PBD	polibutadieno		聚丁二烯
PBX	*private branch exchange*	posto particular de comutação	专用交换机
PC	pára-chamas		隔火（的），阻火（的）
PC	policarbonato		聚碳酸酯
pc	parsec		秒差距（天文学距离单位）
PCA	plano de controle ambiental		环境控制计划
PCA	presidente do conselho de administração		董事会主席，董事长
PCB	*polychlorinated biphenyl*	bifelina policlorada	多氯联二苯
PCH	pequena central hidrelétrica		小型水力发电厂
PCI	poder calorífico inferior		低热值，净热值，低位发热量
PCS	poder calorífico superior		高热值，总热值，高位发热量
Pd	paládio		钯
PE	polietileno		聚乙烯
PEAD	polietileno de alta densidade		高密度聚乙烯

PEBD	polietileno de baixa densidade		低密度聚乙烯
PEI	plano de emergência individual		个人应急预案
PELV	extrabaixa tensão protegida		保护特低（电）压
PER	polietileno reticulado		交联聚乙烯
PERT	*program evaluation and review technique*	técnica de avaliação e revisão de programas	计划评审技术
PET	*polyethylene terephthalate*	politereftalato de etileno	聚对苯二甲酸乙二醇酯
PEX	polietileno reticulado		交联聚乙烯
PGL	placa de gesso laminado		石膏板
pH	potencial de hidrogénio		酸碱度，氢离子浓度指数
PIB	poliisobutileno		聚异丁烯
PIB	Produto Interno Bruto		国内生产总值
PIE	produtor independente de energia		独立发电商
PIN	*product identification number*	número de identificação do produto	产品识别号码，PIN 码
PIP	poliisopreno		聚异戊二烯
PIP	programa de investimento público		公共投资计划
PLMAE	preço limite do mercado de curto prazo		短期市场限价
PLP	produção em lotes pequenos		小批量生产
Pm	promécio		钷
PMAE	preço do mercado de curto prazo		短期市场价格
PME	pequenas e médias empresas		中小企业
PMMA	*polymethyl methacrylate*	polimetacrilato de metilo	聚甲基丙烯酸甲酯，亚克力
Po	polónio		钋
POM	polioximetileno, polióxido de metileno		聚甲醛
PP	polipropileno		聚丙烯
ppb	partes por bilhão		十亿分率
ppm	partes por milhão		百万分率
PPO	*polyphenylene oxide*	óxido de polifenileno	聚苯醚
PPP	parceria pública-privada		公私合营

Pr	praseodímio		镨
PRAD	plano de recuperação de área degradada		退化地区恢复计划
PRF	travessa de pórtico de reforço ou fim de linha		门型补强或终端铁塔
PRFV	plástico reforçado com fibra de vidro		玻璃钢，玻璃纤维增强塑料
PS	posto de seccionamento		开关站
PST	posto de seccionamento e transformação		开关变电站
PT	pilar de transição		过渡墩
PT	posto de transformação		[葡]变电站
Pt	platina		铂，白金
pt	pinta		品脱（容量单位）
PTFCE	politrifluorocloroetileno		聚三氟氯乙烯
PTFE	politetrafluoroetileno		聚四氟乙烯
PTO	*power take off shaft*	tomada de força	动力输出轴
Pu	plutónio, plutônio		钚
PVA	*polyvinyl alcohol*	álcool polivinílico	聚乙烯醇
PVAC	*polyvinyl acetate*	acetato de polivinila	聚醋酸乙烯
PVB	*polyvinyl butyral*	butiral de polivinilo	聚乙烯醇缩丁醛；聚乙烯醇缩丁醛树脂，PVB树脂
PVC	polivinil clorido		聚氯乙烯，PVC
PWR	*pressurized water reactor*	reator a água pressurizada	压水反应堆
q	quintal métrico		公担
QI	quociente de inteligência		智商
QML	*quick maintained load test*	carregamento rápido em estágios	快速维持荷载法试验
QSSA	qualidade, segurança, saúde e ambiente		质量，安全，卫生和环境
qt	quarto		夸脱
R	resistência		电阻
R$	real		雷阿尔（巴西货币单位）
R/C	rés-do-chão		底层，零层
Ra	rádio		镭
RAD	revestimento de alta densidade		高密度贴面胶合板
rad	radiano		弧度
radar	*light detection and ranging*	detecção e distanciometria por luz	光探测和测距

（续表）

RAM	random access memory	memória de acesso aleatório	随机存储器
RAP	relatório ambiental preliminar		初步环境报告
Rb	rubídio		铷
rd	rutherford		卢瑟福（放射性强度单位）
Re	rénio, rênio		铼
REBIO	Reserva Biológica		生物保护区
rem	roentgen equivalent in man		雷姆，人体伦琴当量
RF	receita fixa		固定收入
Rf	rutherfórdio		𬬻
RG	risco geológico		地址风险
Rg	roentgénio		𬬭
RGO	razão gás-óleo		气油比
Rh	ródio		铑
RIMA	relatório de impacto ambiental		环境影响报告
RMD	revestimento de média densidade		中密度贴面胶合板
RN	referência de nível		基准标记
Rn	rádon		氡
RNB	Rendimento Nacional Bruto		国民总收入
RNF	razão de não uniformidade do feixe		射束非均匀率
RNT	resumo não técnico		非技术性总结
ROM	read only memory	memória somente de leitura	只读存储器
RON	research octane number	número de octanas teórico	研究法辛烷值
ro-ro	roll-on roll-off		滚装装卸
ROT	recursos ordinários do tesouro		国库一般资金
RPM	rotações por minuto		每分钟转数，转速
RPPN	Reserva Particular do Patrimônio Natural		私人自然遗产保护区
RQD	rock-quality designation index	designação qualitativa de rocha (RQD)	岩石质量指标
RSU	resíduos sólidos urbanos		城市固体废物
RTD	resistance temperature detector	termorresistência	电阻温度检测器

（续表）

RTU	remote terminal unit	unidade de terminal remota	远程测控终端
Ru	ruténio, rutênio		钌
RVT	radar de vigilância do tempo		天气监视雷达
S	enxofre		硫
S	siemens		西，西门子（电导率单位）
S	sul		南方，南部
s	segundo (s/")		秒（时间单位）
S/MATV	satellite master antenna television/master antenna television		共用天线电视或卫星公共接收电视
SA	sociedade anónima		（可向社会公众发行股票的）股份有限公司
SACA	sistema automático de controlo de acessos		自动门禁控制系统
SADG	sistema automático de detecção de gases tóxico e explosivos		自动有毒易爆气体检测系统
SADI	sistema automático de detecção de incêndios		自动火灾探测系统
SAEE	sistema automático de evacuação de emergência		自动紧急疏散系统
SAEG	sistema automático de extinção por gases		自动气体灭火系统
SAFL	solo arenoso fino laterítico		细粒红土
SAI	sistema automático de detecção de intrusão		防入侵自动警报系统
SAIR	sistema de alarme contra intrusão e roubo		防入侵和防盗报警系统
SAN	styrene-acrylonitrile copolymer	copolímero de acrilonitrilo-estireno	苯乙烯-丙烯腈共聚物
SARL	sociedade anónima de responsabilidade limitada		股份有限公司
SAW	submerged arc welding	soldagem a arco submerso	埋弧焊
Sb	antimónio, antimônio		锑
Sc	escândio		钪
SCADA	supervisory control and data acquisition system	sistema de supervisão, controlo e aquisição de dados	监控与数据采集系统

SCDE	sistema de coleta de dados de energia		能源数据收集系统
SCL	sistema de contabilização e liquidação		计费和结算系统
SCP	sociedade em conta de participação		（大陆法系中的）隐名合伙
SCQV	sistema de controle químico e volumétrico		化学与容积控制系统
SE	sudeste		东南方，东南部
Se	selénio, selênio		硒
SELV	*separated extra low voltage*	extrabaixa tensão de segurança	安全特低（电）压
Sg	seabórgio		𨭎
SGBD	sistema de gestão de bases de dados		数据库管理系统
SGCP	sistema de gestão centralizada de perigos		危险源集中管理系统
SI	sistema internacional de unidades		国际单位制
Si	silício		硅
SIA	sistema de identificação automática		船舶自动识别系统
SIG	sistema de informação geográfica		地理信息系统
SIN	sistema interligado nacional		全国联网系统
SIVCEN	sistema de informação e visualização da carta electrónica de navegação		电子海图显示与信息系统
SLAD	solo laterítico agregado descontínuo		红土碎石
SLU	sociedade limitada unipessoal		[巴] 一人有限责任公司
Sm	samário		钐
SMATV	*satellite master antenna television*		卫星公共接收电视
SMAW	*shielded metal arc welding*	soldagem a arco com eléctrodo revestido	自动保护金属极电弧焊
SML	*slow maintained load test*	carregamento lento em estágios	慢速维持荷载法试验
SMOGRA	*smoke growth rate*	taxa de desenvolvimento de fumo	烟气生成速率
Sn	estanho		锡；白铁

（续表）

SO	sudoeste		西南方，西南部
Softh	software-obra		（投入生产的）软件，软设备，软材料
sonar	*sound navigation and ranging*	detecção e distanciometria por som	声音探测和测距
SPDA	sistema de protecção contra descargas atmosféricas		防大气放电系统
SPE	sociedade de propósito específico		特殊目的实体
SPT	*standard penetration test*	ensaio-padrão de penetração	标准贯入试验
SPV	*special-purpose vehicle*	veículo de titularização	特殊目的公司
Sr	estrôncio		锶
sr	esterradiano		球面度
SRG	*signal reference grid*	malha de referência de sinal	信号基准网，信号基准网格
SRR	sistema de refrigeração do reator		反应堆冷却系统
SSE	*south-southeast*	su-sueste	南东南
SSPE	steel mesh skeleton polyethylene pipe		钢丝网骨架 PE 复合管
SSO	su-sudoeste		南西南
SSW	*south-southwest*	su-sudoeste	南西南
st	*stone*	pedra	英石（英制重量单位）
STD	dobra		多布拉（圣多美和普林西比货币单位）
SUCS	sistema unificado de classificação de solos		土质统一分类法
SUM	*unified modular system*		建筑统一模数制
Sv	sievert		希沃特（放射吸收剂量当量单位）
SW	*southwest*	sudoeste	西南方，西南部
SWG	*standard wire gauge*	bitola padrão de fio	标准线规
SWOT	*strengths, weaknesses, opportunities, threats*	pontos fortes, pontos fracos, oportunidades e ameaças	优势、劣势、机会和威胁分析法，SWOT 分析法
T	tempo de Planck		普朗克时间
T	tera-		表示"万亿，10^{12}"

T	tesla		特斯拉（磁通量单位）
T	tipologia de habitação		房屋布局，房型，户型
t	tonelada		吨
Ta	tântalo		钽
TAB	toneladas de arqueação bruta		（以排水吨计算的）总吨位
TAC	tomografia axial computorizada		计算机轴断层扫描
TAL	toneladas de arqueação líquida		（以排水吨计算的）净吨位
TAP	*Trunk AdaPter*		中继线适配器
TB	terabyte		兆兆字节
Tb	terabit		兆兆比特，兆兆位
Tb	térbio		铽
TB/s	terabyte por segundo		兆兆字节每秒
Tbps	terabit por segundo		兆兆位每秒
TC	tensão contratada		合同电压
Tc	tecnécio		锝
tcm	*trillion cubic meters*	trilhões de metros cúbicos	万亿立方米
TCS	*traction control system*	sistema de controlo da tracção	牵引力控制系统
TDF	tomada de força		动力输出轴
Te	telúrio		碲
tec	tonelada equivalente de carvão		吨标准煤
tep	tonelada equivalente de petróleo		吨油当量（能源计量单位）
TEU	*twenty feet equivalent unit*	unidade equivalente a vinte pés	标准箱（集装箱运量统计单位）
TFV	tijolo face-à-vista		面砖
Th	tório		钍
THC	*terminal handling charge*	encargos de manuseamento no terminal	码头附加费
THM	trihalometano		三卤甲烷
Ti	titânio		钛
TIG	*tungsten inert gas welding*	soldagem TIG, soldagem a arco sob gás inerte e eléctrodo de tugstênio	气体保护钨极弧焊
TIR	taxa interna de retorno		内部收益率

Tl	tálio		铊
Tm	túlio		铥
TMP	tubo moldador perdido		永久性护筒
TMR	tubo moldador recuperável		可回收护筒
tnf	tonelada-força		英吨力
TO	taxa de ocupação		建筑密度
TOC	*total organic carbon*	carbono orgânico total	总有机碳
TOP	*take or pay*	retirar ou pagar	照付不议；必付合约
TPA	terminal de pagamento automático		自动支付终端，POS 终端，POS 机
Ts	tenesso		础
TTG	trondhjemito, tonalito, granodiorito		奥长花岗岩-英云闪长岩-花岗闪长岩，TTG 岩石
TUD	trem-unidade diesel		动力分散式内燃动车组；柴油动车组
TUE	trem-unidade elétrico		动力分散式电气动车组；电气动车组
TV	televisão, televisor		电视；电视机
TW	*thermit welding*	soldagem aluminotermia	铝热焊
U	urânio		铀
U.E.E.	unidade económica estatal		国有经济单位
UAT	ultra-alta tensão		特高（电）压
Ubn	unbinílio		120 号元素
UCA	*ultrasonic cement analyzer equipment*	equipamento de análise ultrassónica de cimento	超声波水泥分析仪
UCC	unidade central de controlo		中央控制器
UCI	unidade de cuidados intensivos		重症监护病房
UE	unidade ecológica		生态单元
UE	unidade exterior, unidade externa		（空调）室外机
UI	unidade interior		室内机
ULCC	*ultra-large crude carrier*	superpetroleiro	超巨型油轮
ULD	*unit load device*	dispositivo de carga unitizada	航空集装器
UM	unidades múltiplas		[葡]动力分布式列车，动车组
UMD	unidades múltiplas a Diesel		动力分散式内燃动车组；柴油动车组
UME	unidades múltiplas eléctricas		动力分散式电气动车组；电气动车组

un	unidade		（一）件，（一）套
UO	unidade orçamental		预算单位
UPS	*uninterrupted power supply*	unidade de alimentação ininterrupta	不间断电源系统，UPS 系统
UR	unidade de resgate		[巴]（用于运送有生命危险病人的）救护车
URSA	unidade de resgate e salvamento aquático		[巴]溺水紧急救护车
USA	unidade de suporte avançado		[巴]高级救护车
USB	*universal serial bus*	barramento série universal	通用串行总线
USD	*United States dollar*	dólar americano	美元
UT	*Universal Time*	tempo universal	世界时
UTA	unidade de tratamento de ar		空气处理机组
UTAN	unidade de tratamento de ar novo		新风处理机组，新风系统
UTC	*Coordinated Universal Time*	tempo universal coordenado	协调世界时
UTI	unidade de tratamento intensivo		重症监护病房
UTM	*Universal Transverse Mercator Projection*	Projecção Universal Transversa de Mercator	通用横轴墨卡托投影
Uub	unúmbio		112 号元素的旧称，同 copernício (Cn)
Uuh	ununhéxio		116 号元素的旧称，同 livermório (Lv)
Uun	ununnílio		110 号元素的旧称，同 darmstádio (Ds)
Uuo	ununóctio		118 号元素的旧称，同 oganésson (Og)
Uup	ununpêntio		115 号元素的旧称，同 moscóvio (Mc)
Uuq	ununquádio		114 号元素的旧称，同 fleróvio (Fl)
Uus	ununséptio		117 号元素的旧称，同 tenesso (Ts)
Uut	unúntrio		113 号元素的旧称，同 nipónio (Nh)
Uuu	ununúnio		111 号元素的旧称，同 roentgénio (Rg)

UVIS	*under vehicle inspection system*	sistema de inspecção de chassis de viaturas	车辆底盘检测系统
V	vanádio		钒
V	volt		伏特（电压单位）
V		cinco	表示罗马数字"五"
VA	volt-ampere		伏安，伏特安培
VAB	valor acrescentado bruto		总附加值
VAV	*variable air volume*	variação de caudal de ar	变风量
VCTC	*variable capacity torque converter*	conversor de torque de capacidade variável	变容式液力变矩器
VDM	volume de tráfego diário médio		平均日交通量
VDR	vaso de descarga reduzida		节水马桶
vg	valor global		（一）项
VGA	*video graphics array*		视频图形阵列
VGT	*variable-geometry turbocharger*	turbocompressor de geometria variável	可变截面涡轮增压器
VH	volume horário		小时交通量
VLT	veículo leve sobre trilhos		轻轨；轻轨列车
VMC	ventilação mecânica controlada		机械控制通气
VPN	*virtual private network*	rede privada virtual	虚拟专用网
VQM	valor quadrático médio		均方根
VRC	ventilação de recuperação de calor		热回收通风
VRV	*variable refrigerant flow*	volume de refrigerante variável	变制冷剂流量
VSC	*vehicle stability control*	controlo de estabilidade do veículo	车身稳定控制系统
W	região de Warburg		瓦尔堡范围
W	*sweep width*	largura da varredura	扫海宽度
W	tungsténio, tungstênio		钨
W	watt, vátio		瓦特（功率单位）
W	*west*	oeste	西，西方
WAN	*wide area network*	rede de área ampla	广域网
Wb	weber		韦伯(磁通量单位)
WC	*water closet*	casa de banho	厕所
WNW	*west-northwest*	oés-noroeste	西西北
WPC	*wood plastic composites*	compósito de plástico e madeira	木塑板
WSW	*west-southwest*	oés-sudoeste	西西南

（续表）

WYSIWYG	*what you see is what you get*	aquilo que se vê corresponde ao que se pode obter	"所见即所得"
X	reactância		电抗
X		dez	表示罗马数字"十"
X		incógnita	表示"未知数"
Xe	xénon, xenônio		氙
XLPE	polietileno termofixo		热固性聚乙烯
XOF	franco CFA		西非法郎（几内亚比绍货币单位）
Y	admitância		导纳
Y	ítrio		钇
Y	yota-		表示"10^{24}"
y	yocto-		表示"10^{-24}"
Yb	itérbio		镱
yd	*yard*	jarda	码（长度单位）
yd²	*square yard*	jarda quadrada	平方码
yd³	*cubic yard*	jarda cúbica	立方码
Z	número atómico		原子序数
Z	zeta-		表示"10^{21}"
z	desvio para o vermelho		红移；红移值
z	zepto-		表示"10^{-21}"
ZBV	zona de baixa velocidade		低速带
ZEE	zona económica especial		经济特区
ZEE	zona económica exclusiva		专属经济区
Zn	zinco		锌
Zr	zircónio		锆
ZTS	*zero tail swing*	giro traseiro nulo	零机尾回转
Θ	temperatura de Planck		普朗克温度
λ	coeficiente de esbeltez		长细比
μ	micro-		表示"微，百万分之一，10^{-6}"
μCi	microcurie		微居里
μGy	microgray		微戈瑞
μl	microlitro		微升
μm	mícron		微米
μN	micronewton		微牛顿
μPa	micropascal		微帕斯卡
μR	microroentgen		微伦琴
μs	microssegundo		微秒
μSv	microsievert		微希沃特
π	pi		圆周率
Ω	ohm		欧姆（电阻单位）

'	minuto		分（弧度单位）
'	minuto		分，分钟（时间单位）
"	segundo		秒（弧度单位）
"	segundo		秒（时间单位）
º	grau		度，度数
ºC	grau Celsius		摄氏度（温度单位）
ºF	grau Fahrenheit		华氏度（温度单位）
ºRe	grau Réaumur		列氏度（温度单位）
$	escudo de Cabo Verde		埃斯库多（佛得角货币单位）
$	*Hong Kong dollar*	dólar de Hongkong	港元，港币
$	*United States dollar*	dólar americano	美元
£	libra esterlina		英镑
¥	yen, iene		円，日元
¥	yuan		（人民币）元
₣	franco		法郎，法国法郎
₩	won		韩元
€	euro		欧元
%	inclinação por cento		斜率，百分比坡度
%	por cento		百分之…的
‰	inclinação por mil		千分比坡度
‰	por mil		千分之…的
‰₀	por dez mil		万分之…的

附录2 数词表

说明:

　　本附录仅收录基数词和数词前缀表。常用序数词、分数词、倍数词，可参阅词典正文中相关基数词条目下菱形号◇之后的词汇

1. 基数词

（一）大数的基数词

数值	葡语		英语	
	长级差制	短级差制	长级差制	短级差制
10^9	mil milhões	bilhão	milliard	billion
10^{12}	bilião	trilhão	billion	trillion
10^{15}	mil biliões	quatrilhão	billiard	quadrillion
10^{18}	trilião	quintilhão	trillion	quintillion
10^{21}	mil triliões	sextilhão	trilliard	sextillion
10^{24}	quatrilião	septilhão	quadrillion	septillion
10^{27}	mil quatriliões	octilhão	quadrilliard	octillion
10^{30}	quintilião	nonilhão	quintillion	nonillion
10^{33}	mil quintiliões	decilhão	quintilliard	decillion
10^{36}	sextilião	undecilhão	sextillion	undecillion
10^{39}	mil sextiliões	duodecilhão	sextilliard	duodecillion
10^{63}	mil deciliões	vigesilhão, vigintilhão	decilliard	vigintillion
10^{303}	——	centilhão	——	centillion
10^{600}	centilião	——	centillion	——

（二）0-1000000的基数词

数值	葡语	英语
0	zero	zero
1	um, uma	one
2	dois, duas	two
3	três	three
4	quatro	four
5	cinco	five
6	seis	six
7	sete	seven
8	oito	eight
9	nove	nine
10	dez	ten
11	onze	eleven
12	doze	twelve
13	treze	thirteen
14	[葡] catorze, [巴] quatorze	fourteen
15	quinze	fifteen
16	[葡] dezasseis, [巴] dezesseis	sixteen
17	[葡] dezassete, [巴] dezessete	seventeen
18	dezoito	eighteen
19	[葡] dezanove, [巴] dezenove	nineteen
20	vinte	twenty
30	trinta	thirty
40	quarenta	forty
50	cinquenta	fifty
60	sessenta	sixty
70	setenta	seventy
80	oitenta	eighty
90	noventa	ninety
100	cem (cento)	a/one hundred
200	duzentos, as	two hundred
300	trezentos, as	three hundred
400	quatrocentos, as	four hundred
500	quinhentos, as	five hundred
600	seiscentos, as	six hundred
700	setecentos, as	seven hundred
800	oitocentos, as	eight hundred
900	novecentos, as	nine hundred
1,000	mil	a/one thousand
10,000	dez mil, miríade*	ten thousand, myriad*
100,000	cem mil	a/one hundred thousand
1,000,000	um milhão	a/one million

* 通常不使用。

2. 数词前缀

（一）常用数词前缀

数值	葡语前缀	英语前缀
1/2	semi-, hemi-, meio-, meia-	semi-, hemi-, demi-, half-
1	uni-, mono-	uni-, mono-
2	bi(s)-, di-, duo-	bi(s)-, di-, duo-
3	tri(s)-, terci-	tri(s)-, ter-
4	quatr(i)-, quadr(i)-, tetra-	quadr-, tetra-
5	quint(i)-, quinque-, penta-	quint-, quinque-, penta-
6	sext(i)-, hexa-	sex-, hexa-
7	sept(i)-, hepta-	sept-, hepta-
8	oct(i)-	oct-
9	non(i)-, enea-	nona-, ennea-
10	deca-	deca-
11	undec(i)-, hendeca-	undec-, hendeca-
12	duodec(i)-, dodeca-	duodec-, dodeca
20	vigint(i)-, icos(i)-	vigint-, icos-
100*	hecto-	hecto-
1000*	quilo-, kilo-	kilo-
10000	miri(a)-	myria-

* 葡语及英语中，前缀 cent(i)-/centi、mil(i)-/milli- 分别也可表示 "100"、"1000"，但受国际单位制词头规范影响，现通常仅用于表示 "1/100"、"1/1000"。

（二）国际单位制（SI）词头

所表示的因数	葡语前缀	英语前缀	中文名称	缩写符号
10^{30}	quetta-	quetta-	昆［它］	Q
10^{27}	ronna-	ronna-	容［那］	R
10^{24}	yotta-, yota-	yotta-	尧［它］	Y
10^{21}	zetta-, zeta-	zetta-	泽［它］	Z
10^{18}	exa-	exa-	艾［可萨］	E
10^{15}	peta-	peta-	拍［它］	P
10^{12}	tera-	tera-	太［拉］	T
10^{9}	giga-	giga-	吉［咖］	G
10^{6}	mega-	mega-	兆	M
10^{3}	quilo-, kilo-	kilo-	千	k
10^{2}	hecto-	hecto-	百	h
10^{1}	deca-	deca-	十	da
10^{-1}	deci-	deci-	分	d
10^{-2}	centi-	centi-	厘	c
10^{-3}	mili-	milli-	毫	m
10^{-6}	micro-	micro-	微	μ
10^{-9}	nano-	nano-	纳［诺］	n
10^{-12}	pico-	pico-	皮［可］	p
10^{-15}	femto-, fento-	femto-	飞［母托］	f
10^{-18}	atto-, ato-	atto-	阿［托］	a
10^{-21}	zepto-	zepto-	仄［普托］	z
10^{-24}	yocto-	yocto-	幺［科托］	y
10^{-27}	ronto-	ronto-	柔［托］	r
10^{-30}	quecto-	quecto-	亏［科托］	q

附录3 楼层的常见表达方式

1. 数字性表达

葡式计数法	葡语	英语1	英语2	中文	中式计数法
N	Nº andar, Nº piso, piso N	Nth floor	(N+1)th floor	N+1 楼，N+1 层	N+1
…	……	……	……	……	…
2	2º andar, 2º piso, piso 2	second floor	third floor	三楼，三层	3
1	1º andar, 1º piso, piso 1	first floor	second floor	二楼，二层	2
0	rés-do-chão (R/C), piso 0	ground floor	first floor	一楼，一层；底层，零层	1
-1	cave 1, piso -1, sub-rés-do-chão	basement 1	basement 1	地下一层	-1
-2	cave 2, piso -2	basement 2	basement 2	地下二层	-2
…	……	……	……	……	…
-N	cave N, piso -N	basement N	basement N	地下 N 层	-N

2. 非数字性表达

葡式计数法	葡语	英语	中文	中式计数法
	terraço	terrace	楼顶平台	
	último andar, último piso; andar superior, piso superior	top floor, last floor	顶楼，顶层	
>0	andar superior, piso superior	upper floor, upper storey	上层（一层以上）	>1
0	andar nobre, piano nobile	main storey, piano nobile	主楼层（多指一层/零层）	1
0	rés-do-chão, andar térreo, piso térreo, pavimento térreo	ground floor, first floor	一楼，一层；底层，零层	1
<0	piso do porão, andar de porão, piso de cave, cave, subsolo	basement floor	地下室层	<0

附录4 国际单位制（SI）常用单位

基本单位

物理量名称	葡语名称	英语名称	中文名称	符号
长度	metro	metre, meter	米	m
质量	quilograma	kilogram	千克（公斤）	kg
时间	segundo	second	秒	s
电流	ampere	ampere	安［培］	A
热力学温度	kelvin	kelvin	开［尔文］	K
物质的量	mole	mole	摩［尔］	mol
发光强度	candela	candela	坎［德拉］	cd

辅助单位

物理量名称	葡语名称	英语名称	中文名称	符号
弧度	radiano	radian	弧度	rad
球面度	esterradiano	steradian	球面度	sr

导出单位（部分）

物理量名称	葡语名称	英语名称	中文名称	符号
频率	hertz	hertz	赫［兹］	Hz
力	newton	newton	牛［顿］	N
功、能	joule	joule	焦［耳］	J
功率	watt, vátio	watt	瓦［特］	W
电荷（量）	coulomb	coulomb	库［仑］	C
电压	volt	volt	伏［特］	V
电容	farad	farad	法［拉］	F
电阻、阻抗	ohm	ohm	欧［姆］	Ω
磁感应强度	tesla	tesla	特［斯拉］	T
磁通（量）	weber	weber	韦［伯］	Wb
电感	henry	henry	亨［利］	H
电导	siemens	siemens	西［门子］	S
光通量	lúmen	lumen	流［明］	lm
光照度	lux	lux	勒［克斯］	lx
放射性活度	becquerel	becquerel	贝可［勒尔］	Bq
吸收剂量	gray	gray	戈［瑞］	Gy
放射吸收剂量当量	sievert	sievert	希［沃特］	Sv
催化活性	katal	katal	开特	Kat
温度	grau Celsius	degree Celsius	摄氏度	℃
温度	grau Fahrenheit	degree Fahrenheit	华氏度	℉
压力、压强	pascal	pascal	帕［斯卡］	Pa

附录5 化学元素表

原子序数	葡语名称	英语名称	中文名称	元素符号
1	hidrogénio, hidrogênio	hydrogen	氢	H
2	hélio	helium	氦	He
3	lítio	lithium	锂	Li
4	berílio	beryllium	铍	Be
5	boro	boron	硼	B
6	carbono	carbon	碳	C
7	nitrogénio, nitrogênio	nitrogen	氮	N
8	oxigénio, oxigênio	oxygen	氧	O
9	flúor	fluorine	氟	F
10	néon	neon	氖	Ne
11	sódio	sodium (natrium)	钠	Na
12	magnésio	magnesium	镁	Mg
13	alumínio	aluminum, aluminium	铝	Al
14	silício	silicon	硅	Si
15	fósforo	phosphorus	磷	P
16	enxofre	sulphur, sulfur	硫	S
17	cloro	chlorine	氯	Cl
18	árgon	argon	氩	Ar
19	potássio	potassium (kalium)	钾	K
20	cálcio	calcium	钙	Ca
21	escândio	scandium	钪	Sc
22	titânio	titanium	钛	Ti
23	vanádio	vanadium	钒	V
24	crómio, cromo	chromium	铬	Cr
25	manganésio, manganés, manganês	manganese	锰	Mn
26	ferro	iron	铁	Fe
27	cobalto	cobalt	钴	Co
28	níquel	nickel	镍	Ni
29	cobre	copper	铜	Cu
30	zinco	zinc	锌	Zn
31	gálio	gallium	镓	Ga
32	germânio	germanium	锗	Ge
33	arsénio, arsênio	arsenic	砷	As
34	selénio, selênio	selenium	硒	Se
35	bromo	bromine	溴	Br
36	crípton	krypton	氪	Kr
37	rubídio	rubidium	铷	Rb

38	estrôncio	strontium	锶	Sr
39	ítrio	yttrium	钇	Y
40	zircónio	zirconium	锆	Zr
41	nióbio	niobium	铌	Nb
42	molibdénio, molibdênio	molybdenum	钼	Mo
43	tecnécio	technetium	锝	Tc
44	ruténio, rutênio	ruthenium	钌	Ru
45	ródio	rhodium	铑	Rh
46	paládio	palladium	钯	Pd
47	prata	silver (argentum)	银	Ag
48	cádmio	cadmium	镉	Cd
49	índio	indium	铟	In
50	estanho	tin (stannum)	锡	Sn
51	antimónio, antimônio	antimony (stibium)	锑	Sb
52	telúrio	tellurium	碲	Te
53	iodo	iodine	碘	I
54	xénon, xenônio	xenon	氙	Xe
55	césio	cesium	铯	Cs
56	bário	barium	钡	Ba
57	lantânio	lanthanum	镧	La
58	cério	cerium	铈	Ce
59	praseodímio	praseodymium	镨	Pr
60	neodímio	neodymium	钕	Nd
61	promécio	promethium	钷	Pm
62	samário	samarium	钐	Sm
63	európio	europium	铕	Eu
64	gadolínio	gadolinium	钆	Gd
65	térbio	terbium	铽	Tb
66	disprósio	dysprosium	镝	Dy
67	hólmio	holmium	钬	Ho
68	érbio	erbium	铒	Er
69	túlio	thulium	铥	Tm
70	itérbio	ytterbium	镱	Yb
71	lutécio	lutetium	镥	Lu
72	háfnio	hafnium	铪	Hf
73	tântalo	tantalum	钽	Ta
74	tungsténio, tungstênio	tungsten (wolframium)	钨	W
75	rénio, rênio	rhenium	铼	Re
76	ósmio	osmium	锇	Os
77	irídio	iridium	铱	Ir
78	platina	platinum	铂	Pt
79	ouro	gold (aurum)	金	Au
80	mercúrio	mercury (hydrargyrum)	汞	Hg

81	tálio	thallium	铊	Tl
82	chumbo	lead (plumbum)	铅	Pb
83	bismuto	bismuth	铋	Bi
84	polónio	polonium	钋	Po
85	ástato	astatine	砹	At '
86	rádon	radon	氡	Rn
87	frâncio	francium	钫	Fr
88	rádio	radium	镭	Ra
89	actínio	actinium	锕	Ac
90	tório	thorium	钍	Th
91	protactínio	protactinium	镤	Pa
92	urânio	uranium	铀	U
93	neptúnio	neptunium	镎	Np
94	plutónio, plutônio	plutonium	钚	Pu
95	amerício	americium	镅	Am
96	cúrio	curium	锔	Cm
97	berquélio	berkelium	锫	Bk
98	califórnio	californium	锎	Cf
99	einstéinio, einstêinio	einsteinium	锿	Es
100	férmio	fermium	镄	Fm
101	mendelévio	mendelevium	钔	Md
102	nobélio	nobelium	锘	No
103	laurêncio	lawrencium	铹	Lr
104	rutherfórdio	rutherfordium	𬬻	Rf
105	dúbnio	dubnium	𬭊	Db
106	seabórgio	seaborgium	𬭳	Sg
107	bóhrio	bohrium	𬭛	Bh
108	hássio	hassium	𬭶	Hs
109	meitnério	meitnerium	鿏	Mt
110	darmstádio	darmstadtium	𫟼	Ds
111	roentgénio	roentgenium	𬬭	Rg
112	copernício	copernicium	鿔	Cn
113	nipónio	nihonium	𬭶	Nh
114	fleróvio	flerovium	𫓧	Fl
115	moscóvio	moscovium	镆	Mc
116	livermório	livermorium	𫟷	Lv
117	tenesso	tennessine	鿬	Ts
118	oganésson	oganesson	鿫	Og